PHYSIKALISCHES WÖRTERBUCH

HERAUSGEGEBEN VON

WILHELM H. WESTPHAL
BERLIN

ZWEI TEILE IN EINEM BAND

MIT ETWA 10500 STICHWÖRTERN
UND 1595 TEXTFIGUREN

SPRINGER-VERLAG BERLIN HEIDELBERG GMBH 1952

ISBN 978-3-662-12707-0 ISBN 978-3-662-12706-3 (eBook)
DOI 10.1007/978-3-662-12706-3

URSPRÜNGLICH ERSCHIENEN BEI SPRINGER-VERLAG OHG, BERLIN,
GÖTTINGEN AND HEIDELBERG 1952

MITARBEITER

BARTELS, JULIUS, Prof. Dr., Göttingen.
BARTHOLOMEYCZYK, WILHELM, Dozent Dr., Wolfenbüttel.
BEHR, ALFRED, Dr., Freiburg i. Br.-Schauinsland.
BOCK, HERBERT, Dr., Weida (Thür.).
BOPP, FRITZ, Prof. Dr., München.
BRENNECKE, ERICH, Prof. Dr., Berlin.

DESSAUER, FRIEDRICH, Prof. Dr., Freiburg (Schweiz).
DIEMINGER, WALTER, Privatdozent Dr. rer. techn., Lindau (Harz).
DÖRING, WERNER, Prof. Dr.-Ing., Gießen.
DRECHSLER, MICHAEL, Dr., Berlin.
DRESLER, ALBERT, Dr.-Ing., Melbourne (Australien).

EBERT, HERMANN, Oberregierungsrat Dr., Braunschweig.
EBERT, MICHAEL, Dr., Mainz.
EHMERT, ALFRED, Dr.-Ing. Weißenau (Württ.).
ENGELHARD, ERNST, Dr., Braunschweig.
EWALD, HEINZ, Dr., Mainz.

FLAMMERSFELD, ARNOLD, Dozent Dr., Mainz.
FLÜGGE, JOHANNES, Dr., Göttingen.
FRANZ, WALTER, Prof. Dr., Münster (Westf.).

GOBRECHT, HEINRICH, Prof. Dr.-Ing., Berlin.
GÖTTE, HANS, Dr., Mainz.
GRASSMANN, PETER, Prof. Dr., Zürich.
GROTH, WILHELM, Prof. Dr., Bonn.

HANLE, WILHELM, Prof. Dr., Gießen.
HAUL, ROBERT, Dozent Dr., Pretoria (Südafrika).
HELWIG, HANS JOACHIM, Dr.-Ing., Berlin.
HERR, WILFRIED, Dr., Mainz.
HERRMANN, HEINRICH, Dr., Berlin.
HEUSE, WILHELM, Oberregierungsrat Dr., Berlin.
HINTENBERGER, HEINRICH, Privatdozent Dr., Mainz.

ISRAËL, HANS, Prof. Dr., Buchau a. Federsee (Württ.).
JAECKEL, RUDOLF, Prof. Dr.-Ing., Köln.
JORDAN, PASCUAL, Prof. Dr., Hamburg.

KAPLAN, REINHARD, Dr., Voldagsen über Elze.
KLUGE, WERNER, Prof. Dr.-Ing., Stuttgart.
KOCHENDÖRFER, ALBERT, Prof. Dr. rer. techn., Düsseldorf.
KOHLER, MAX, Prof. Dr., Braunschweig.
KORTH, KARL, Dr., Kiel.
KRÖNERT, JOSEF, Privatdozent Dr., Erlangen.

LINCKH, HANS, Dr.-Ing., Berlin.
LORENZ, HANS, Dr.-Ing., Heidelberg.
LUDWIG, GÜNTHER, Prof. Dr., Berlin.

MACKE, WILHELM, Dr., Göttingen.
MAHL, HANS, Dr.-Ing., Wildsteig bei Weilheim (Obb.).
MANN, PAUL, Dr., Neu-Ulm.
MENZER, GEORG, Prof. Dr., München.
MEYER-EPPLER, WERNER, Dozent Dr., Bonn.
VON MEYEREN, WILHELM, Prof. Dr., Gehrden bei Hannover.
MÖLLER, FRITZ, Prof. Dr., Mainz.
MÜLLER, ERWIN, Prof. Dr., Berlin.

NAGEL, KURT, Dozent Dr., Erlangen.

OTTO, JOSEF, Oberregierungsrat Dr., Braunschweig.

PÄSLER, MAX, Prof. Dr., Berlin.
PREUSS, EKKEHARD, Privatdozent Dr., München.

RAJEWSKY, BORIS, Prof. Dr., Frankfurt a. M.
REINECKE, LUDOLF, Dipl.-Phys., Braunschweig.
RICHTER, MANFRED, Privatdozent Dr.-Ing., Berlin.
RIEDEL, OSWALD, Dr., Mainz.
RITSCHL, RUDOLF, Prof. Dr., Berlin.
ROSENHAUER, KURT, Dipl.-Ing., Braunschweig.

SCHIMANK, HANS, Prof. Dr., Hamburg.
SCHRAMM, GERHARD, Dozent Dr., Tübingen.
SCHULER, MAX, Prof. Dr.-Ing., Göttingen.
SEELMANN-EGGEBERT, WALTER, Prof. Dr., Tucuman (Argentinien).
SIEDENTOPF, HEINRICH, Prof. Dr., Tübingen.
VON SIMSON, CLARA, Privatdozent Dr., Berlin.
STEIN, WERNER, Dr., Berlin.
STEINKE, WERNER, Prof. Dr., Santa Fé (Argentinien).
STILLE, ULRICH, Privatdozent Dr., Braunschweig.
STINTZING, HUGO, Prof. Dr., Darmstadt.
STUART, HERBERT, Prof. Dr., Hannover.
VON STUDNITZ, GOTTHILFT, Prof. Dr., Bad Schwartau bei Lübeck.

THIENHAUS, ERICH, Dozent Dr.-Ing., Hamburg.
TINGWALDT, CARL, Regierungsrat Dr., Braunschweig.

VOGT, HEINRICH, Prof. Dr., Heidelberg.

WALDMANN, LUDWIG, Prof. Dr., Mainz.
WERNET, JOSEF, Dozent Dr., Freiburg i. Br.
WESTPHAL, WILHELM, Prof. Dr., Berlin.
WIRTZ, KARL, Prof. Dr., Göttingen.
WISSHAK, FRITZ, Dr. rer. techn., Heidenheim a. d. Brenz.

VORWORT

Seit dem Erscheinen der 2. Auflage des Physikalischen Handwörterbuchs von Arnold Berliner und Karl Scheel sind fast 20 Jahre verflossen, in denen die Physik ihren schnellen Erkenntnisfortschritt in unvermindertem Tempo fortgesetzt hat. Es sei — um nur eines zu erwähnen — daran erinnert, daß die eigentliche Kernphysik erst im Laufe dieser 20 Jahre entstanden ist. So wurde das Bedürfnis nach einem diesem Fortschritt entsprechenden Nachschlagewerk immer stärker fühlbar. Der seither eingetretene Zuwachs an neuen Erkenntnissen und Begriffen ist aber so groß, daß eine einfache Neubearbeitung des alten Handwörterbuchs nicht mehr tunlich schien. Deshalb haben Verlag und Herausgeber sich entschlossen, ein völlig neues Werk zu schaffen. Es sollte aber im gleichen Geiste gehalten sein wie das Handwörterbuch, dem Benutzer eine schnelle erste Belehrung geben, ihm in vielen Fällen den zeitraubenden Umweg über Lehrbücher und Spezialwerke ersparen, aber auch auf weiterführende Literatur hinweisen.

Gegenüber dem Handwörterbuch sollten die Physikalische Chemie und die Astrophysik, die heute integrierende Teile der Physik bilden, gleichberechtigt neben die übrigen Gebiete der Physik treten, und auch die Geophysik und die Biophysik sollten in einem gewissen Umfange berücksichtigt werden. Ferner schien es erwünscht, aus der Mathematik dasjenige aufzunehmen, was der Physiker bei seiner Arbeit laufend braucht. Auch die Aufnahme eines kurzen Abrisses der Geschichte der Physik sowie einer Liste der Lebensdaten von etwa 875 Physikern dürfte einem Bedürfnis entsprechen. Ein Nachtrag zum alphabetischen Teil enthält eine Anzahl von Stichwörtern, die erst während der Drucklegung aufgenommen wurden, bzw. Ergänzungen zu den Stichwörtern des Hauptteils.

Die Fülle des gegenüber dem Handwörterbuch neu hinzugekommenen Stoffes zwang aber zu einer wesentlichen Beschränkung, wenn das Werk sich in Umfang und Preis in heute tragbaren Grenzen halten sollte. Der behandelte Stoff wurde deshalb im wesentlichen auf den Bereich dessen beschränkt, was man als Grundlagenforschung zu bezeichnen pflegt, und die angewandte Physik nur am Rande bzw. in dem Umfange berücksichtigt, wie es ihrer Bedeutung für die reine Forschungsarbeit entspricht.

Gedacht ist das Werk in erster Linie für den Physiker, der sich über eine Frage, in der er nicht Spezialist ist, unterrichten will, aber auch für den Ingenieur, den Chemiker, den Biologen, den Mediziner usw., kurz für jeden, der einer Information über Begriffe und Probleme der Physik bedarf und zumindest eine gewisse physikalische Vorbildung hat.

Das neue Wörterbuch ist eine Gemeinschaftsarbeit von 80 Mitarbeitern. Um es — soweit das überhaupt möglich ist — einigermaßen einheitlich zu gestalten, bedurfte es zahlreicher redaktioneller Maßnahmen, vor allem der Beseitigung von Überschneidungen, der Zusammenfassung von Artikeln zu einem Ganzen, der möglichsten Vereinheitlichung der verwandten Symbole, ganz zu schweigen von dem Problem der Maßsysteme. Selbstverständlich haben alle Mitarbeiter ihre Korrekturen gelesen, und ihren etwaigen berechtigten

Wünschen wurde Rechnung getragen. Dennoch fühle ich mich verpflichtet, der Öffentlichkeit gegenüber die letzte Verantwortung für den Inhalt dieses Werkes zu übernehmen.

Die Freuden und Leiden des Herausgebers eines Wörterbuchs haben die Herausgeber des Physikalischen Handwörterbuchs im Vorwort zu dessen 1. Auflage in drastischer Weise geschildert, und auch mir ist manches nicht erspart geblieben. Ich darf aber doch sagen, daß die Fälle, in denen ich völlig im Stich gelassen wurde, nur ganz vereinzelt waren. Ich bin im Gegenteil den Mitarbeitern zu größtem Dank dafür verpflichtet, daß Manuskripte und Korrekturen fast immer pünktlich eingegangen sind, und daß sie auf meine zahlreichen Wünsche und Rückfragen stets willig eingegangen sind. Mein ganz besonderer Dank gebührt Herrn Privatdozent Dr. ULRICH STILLE in Braunschweig, der alle Korrekturen mitgelesen und mich vor allem auch in der heute so überaus heiklen Frage der Maßsysteme und Einheiten beraten hat. Nur dieser verständnisvollen Mitarbeit ist es zu danken, daß das Werk nach fast 5 Jahren, allerdings sehr mühevoller Arbeit, der Öffentlichkeit übergeben werden kann.

Berlin, im Januar 1952.

WILHELM H. WESTPHAL

Hinweise zur Benutzung des Wörterbuchs.

1. ä, ö, ü sind wie a, o, u (nicht wie ae, oe, ue) eingeordnet, also z.B. „Kräfte“ wie „Kraft“. (Aber nicht Stichwörter wie Aërosol, Oersted usw.)

2. Stichwörter mit griechischen Buchstaben stehen am Schluß des entsprechenden deutschen Buchstabens, z.B. „β-Strahlen“ am Ende des Buchstabens B, „Ψ-Funktion“ am Ende des Buchstabens P.

3. Wenn mehrere Stichwörter mit dem gleichen Hauptwort oder Adjektiv beginnen, denen noch ein Hauptwort oder Adjektiv folgt, so entspricht die Reihenfolge dem Anfangsbuchstaben des letzteren, z.B. „Rekombination in der Ionosphäre“ vor „Rekombination der Luftionen“, „Radioaktives Isotop“ vor „Radioaktive Meßmethoden“.

4. Hauptwörter mit Adjektiv sind nur dann unter dem Anfangsbuchstaben des Adjektivs eingeordnet, wenn diesem in dem vorliegenden Zusammenhang die größere Bedeutung zukommt.

5. Ein Pfeil (→) weist auf ein anderes Stichwort hin, wo entweder (bei bloßen Hinweisstichworten evtl. unter einem Synonym) das betreffende Stichwort behandelt oder mitbehandelt ist oder wo sich weiteres zu diesem Thema findet.

6. Auf Artikel im Nachtrag ist, wenn es noch möglich war, im Hauptteil hingewiesen worden. In manchen Fällen war das aber nicht mehr möglich, so daß der Leser u.U. ein im Hauptteil vermißtes Stichwort noch im Nachtrag finden wird.

INHALTSVERZEICHNIS

ERSTER TEIL

ZWEITER TEIL

Berichtigung

zu „Größen, elektrische und magnetische“.

S. 509. Gl. (3′) **lies:** $K_m = c_0 p_1' p_2'/r^2$. — In der vorhergehenden Zeile statt m_1' und m_2' **lies:** p_1' und p_2'.

S. 510. Gl. (3 b) **lies:** $K_m = p_1 p_2/(4\pi \mu_0 r^2)$.

S. 511. In den Gl. (5*) und (6*) statt μ_0 **lies:** μ_0^*.

ERSTER TEIL

Stichwörter A—L

wobei die Konstante so bestimmt wird, daß die Sterne vom Spektraltyp *Ao* zwischen $5{,}^{m}5$ und $6{,}^{m}5$ im Mittel die gleiche Helligkeit erhalten wie im visuellen System. Die zu $p(\lambda)\,e(\lambda) = 1$ gehörige, also auf die Gesamtstrahlung bezogene Größenklasse heißt *bolometrische Helligkeit* (s. u.), die Differenz der auf verschiedene $e(\lambda)$ bezogenen Helligkeiten → *Farbenindex*.

Die Helligkeiten der Sterne sind in zahlreichen photometrischen Katalogen niedergelegt, die bis jetzt rund 500000 Sterne bis 19^{m} umfassen, wobei bis 9^{m} Vollständigkeit erzielt ist. Als *Fundamentalsystem* der Sternhelligkeiten dient die → Polsequenz.

II. Absolute Helligkeit. Unter absoluter Helligkeit M eines Sternes versteht man die Größenklasse, in der der Stern erscheinen würde, wenn man ihn in die Einheit der Entfernung rückte. Als Entfernungseinheit ist dabei ein Abstand von 10 Parsec (Parallaxe $\pi = 0{,}''1$) festgelegt worden. Ein Stern der scheinbaren Größe m, der die Parallaxe π'' besitzt, hat daher die absolute Helligkeit

$$M = m + 5 + 5\log\pi'',$$

wenn keine interstellare Absorption vorhanden ist. Besteht eine gleichförmige Absorption von k Größenklassen je Parsec, so lautet die Beziehung zwischen scheinbarer und absoluter Helligkeit

$$M = m + 5 + 5\log\pi'' - \frac{k}{\pi''}.$$

Außer aus scheinbarer Helligkeit und Parallaxe lassen sich absolute Helligkeiten von Sternen auch direkt aus Linienintensitäten im Sternspektrum und bei periodischen Veränderlichen aus der Periode des Lichtwechsels bestimmen (→ Entfernungsmessung im Weltall).

III. Bolometrische Helligkeit ist die auf den gesamten Spektralbereich bezogene Größenklasse der Sterne. Da sie wegen der Absorption in der Erdatmosphäre nicht direkt beobachtet werden kann, muß sie aus der in einem begrenzten Spektralbereich gemessenen Helligkeit extrapoliert werden, wobei eine bestimmte Annahme über die Intensitätsverteilung im kontinuierlichen Sternspektrum erforderlich ist. Bei Annahme schwarzer Strahlung ergeben sich folgende Werte für die an der visuellen Größenklasse m_{vis} anzubringende bolometrische Korrektion bei verschiedenen Werten der effektiven Temperatur T:

Temperatur [°K]	Bolometrische Korrektion $m_{bol} - m_{vis}$
3000	$-1{,}^{m}7$
3500	$-1{,}^{m}0$
4000	$-0{,}^{m}6$
5000	$-0{,}^{m}1$
6000	$0{,}^{m}0$
8000	$0{,}^{m}1$
10000	$-0{,}^{m}3$
15000	$-1{,}^{m}0$
20000	$-1{,}^{m}6$
30000	$-2{,}^{m}6$

Die auf die photometrische Entfernungseinheit 10 Parsec bezogene absolute bolometrische Größe M_{bol} eines Sternes hängt mit seiner Leuchtkraft L, d. h. seiner in erg · cm^{-2} · s^{-1} ausgedrückten Gesamtausstrahlung, zusammen nach der Beziehung

$$M_{bol} = -2{,}5\log L + 88{,}55.$$

Die absolute bolometrische Größe der Sonne beträgt $+4{,}^{M}62$.

Becker, W.: Sterne u. Sternsysteme. Dresden u. Leipzig 1950. *Siedentopf, H.*: Grundriß d. Astrophysik. Stuttgart 1950.

Helligkeitsbeiwerte → Additionstheorem der Helligkeiten.

Helmholtz-Doppelschicht → Doppelschicht, elektrochemische.

Helmholtz-Gleichung. 1. → Affinität, chemische, → Reaktionsisochore.

2. Für die → Abbildung eines kleinen achsensenkrechten Objekts von der Größe dy durch ein dingseitiges Strahlenbündel mit dem kleinen → Öffnungswinkel σ in das achsensenkrechte Bild von der Größe dy' durch das bildseitige Strahlenbündel mit dem kleinen Öffnungswinkel σ' gilt die Helmholtz-Gleichung

$$n\,dy\,\sigma = n'\,dy'\,\sigma',$$

wobei n, n' die → Brechungszahlen im Ding- bzw. Bildraum sind (Abb.). Das Produkt $n\,dy\,\sigma$ ist längs

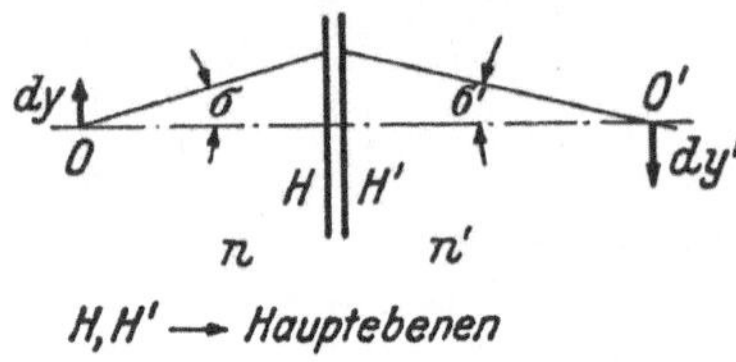

H, H' → Hauptebenen

Zur Helmholtz-Gleichung.

des ganzen Abbildungsweges invariant, d. h. die obige Beziehung gilt auch für alle → Zwischenbilder.

Eine Verallgemeinerung der Helmholtz-Gleichung auf astigmatische Strahlenbündel ist die *Gullstrandsche Fundamentalgleichung*.

Boegehold, H.: Über d. Entwicklung d. Theorie d. opt. Instrumente seit *Abbe*. Ergebn. exakt. Naturw. VIII. Berlin 1929.

Helmholtz-Pendel = → Pendelunterbrecher.

Helmholtz-Resonator, zur gehörmäßigen Analyse von Klängen verwendeter kugelförmiger Hohlraumresonator, der eine dem Schallfeld zugewandte Öffnung und einen Ansatzstutzen zur Einführung in den Gehörgang besitzt. Hat die Öffnung den Durchmesser D und der Hohlraum das Volumen V, dann beträgt die Eigenfrequenz des Resonators

$$\nu_0 = \frac{c}{2\pi}\sqrt{\frac{D}{V}}$$

(c Schallgeschwindigkeit). Der Resonator verstärkt aus dem ihm dargebotenen Klang diejenigen Teiltöne besonders, die in seinen Resonanzbereich fallen.

Trendelenburg, F.: Akustik. Berlin-Göttingen-Heidelberg 1950.

Helmholtzsches Reziprozitätsgesetz, allgemeiner Satz der Optik, der die Veränderungen, die ein Lichtstrahl auf irgendeinem Wege durch optische Medien erleidet, mit den Änderungen vergleicht, die der Lichtstrahl auf genau dem umgekehrten Weg erfährt. *Helmholtz* hat den Satz folgendermaßen ausgesprochen: Vom Punkte A gehe das Einheitsquantum an Licht von bestimmter Farbe, polarisiert nach einer bestimmten Richtung α, in einer solchen Strahlrichtung aus, daß nach einer Reihe von Spiegelungen und Brechungen schließlich in B das Quantum X ankommt, und zwar nach einer Richtung β polarisiert. Läßt man von diesem Ziel rückwärts in der umgekehrten Richtung des Endstrahlers das Einheitsquantum nach β polarisierten Lichtes von derselben Farbe ausgehen, so kommt nach all jenen reziproken und reversiblen Vorgängen, die das Licht erleidet, dasselbe Quantum X, also derselbe Bruchteil nach α polarisierten Lichtes, am Ausgangsort an. Nach *Helmholtz* gilt der Satz auch noch, wenn man außer Reflexion und Brechung auch Änderungen durch Absorption und Zerstreuung, also irreversible Änderungen, zuläßt. *V. Fragstein* hat nachgewiesen, daß der Satz in dieser allgemeinen Form nicht richtig ist. Man erhält jedoch eine richtige Formulierung des Gesetzes, wenn man sich auf Strahlungsvorgänge beschränkt, für welche der thermodynamische Gleichgewichtszustand erfüllt ist, und wenn man ferner den von den Stellen A und B ausgehenden Strahlen die Strahldichten beilegt, welche dem thermodynamischen Gleichgewichtszustand entsprechen. Nur wenn A und B in gleichen Medien liegen, haben die von hier ausgehenden Strahlen gleiche Strahldichten.

Helmholtzscher Satz → Verschiebung.

Hemeralopie oder *Nachtblindheit*, gekennzeichnet durch einen Ausfall oder eine starke Einschränkung des → Dämmerungssehens (auf nahe der Schwelle des → Tagessehens gelegene Intensitäten), ferner durch eine ± stark reduzierte Dunkeladaptation (→ Adaptation) in den stäbchenhaltigen Netzhautbezirken. Sie wird auf Bildungsstörungen des in den → Stäbchen enthaltenen → Sehpurpurs zurückgeführt (→ Duplizitätstheorie). Hierfür spricht auch das Auftreten von Hemeralopie bei Netzhautablösung vom → Pigmentepithel und Mangel an Vitamin A, durch dessen Zufuhr sie in solchen Fällen behoben werden kann. Ein anderes wirksames Mittel ist das Lutein bzw. seine Ester. Von den angeborenen Formen der Hemeralopie vererben sich eine dominant, zwei weitere, stets mit → Myopie verbundene, einfach- bzw. geschlechtsgebunden-rezessiv.

Hemiedrie → Meroedrie.

Hemikolloide, nach *Staudinger* organische Molekül-Kolloide von verhältnismäßig niedrigem Polymerisationsgrad. In Lösungen haben sie Molekulargewichte von 1000 bis 10000, die z. B. kryoskopisch, wie bei echten Lösungen, bestimmt werden können. Sie nehmen wie die → Semikolloide, bei denen allerdings kolloide und niedermolekulare Teilchen nebeneinander im Gleichgewicht vorhanden sind, eine Übergangsstellung zu den eigentlichen Kolloiden ein. Durch weitere Polymerisation der Hemikolloide entstehen die → Eukolloide (Makromoleküle).

Staudinger, H.: Organ. Kolloidchemie. Braunschweig 1950.

Hemimorphie → Meroedrie.

Hemitopie, der Zustand einer zur Hälfte besetzten Elektronenschale.

Henry, abgek. H, Einheit der Induktivität. Das H wurde ursprünglich vom 2. Internationalen Elektrizitätskongreß 1889 in Paris als das 10^9fache der elektromagnetischen Einheit für die nicht-rational in einem Gleichungssystem mit drei Grundgrößen (→ Größen, elektrische und magnetische) definierte Induktivität festgelegt und dient heute als abgestimmte Induktivitätseinheit in den elektrischen Vier-Grundeinheiten-Systemen bei rationaler Gleichungenschreibung (→ Einheitensysteme, elektrische). Das H ist eine abkürzende Bezeichnung für Voltsekunde/Ampere (Vs/A) oder Weber/Ampere (Wb/A); es ist zwischen absolutem (H_{abs}) und internationalem Henry (H_{int}) zu unterscheiden (→ Ampere, → Volt), zwischen denen die Relation $1\ H_{int} = p\ H_{abs} = 1{,}00019\ H_{abs}$ besteht (→ Anhang III, Tabelle 8). Seit dem 1. 1. 1948 ist das H_{abs} die international gültige Induktivitätseinheit.

Henry-Daltonsches Gesetz, Sonderfall des Henryschen Verteilungssatzes: Die Sättigungskonzentration eines Gases in einer Flüssigkeit ist seinem Partialdruck über der Flüssigkeit proportional. → Absorption von Gasen.

Henry Draper Extension → Draper-Katalog.

Henrysches Gesetz → Absorption von Gasen.

Heraphit, ein für Polarisationsfolien verwendetes Chininsalz.

Herausragender Faden von Thermometern. Temperaturmessungen mit Flüssigkeitsthermometern können fehlerhaft werden, wenn das Thermometer, dessen Angaben bei ganz eintauchendem Faden (d. h. wenn das Thermometer bis zur Ablesestelle in den Raum der zu messenden Temperatur eintaucht) richtig sind, sich nur zum Teil in dem Raum der zu messenden Temperatur befindet. Je 100° herausragenden Fadens, die eine um 100° abweichende Temperatur gegenüber der zu messenden haben, verfälschen die Angaben eines Quecksilberthermometers um etwa 1,6°. Zur Ermittlung einer entsprechenden Korrektion ist die Messung der mittleren Temperatur des herausragenden Fadens erforderlich. Hierbei bedient man sich eines neben dem Faden angebrachten Hilfsthermometers oder bei sehr hohen Anforderungen an die Sicherheit eines → Fadenthermometers.

Die Korrektion ist nach der Formel $k\,a(t - t_0)$ zu berechnen. Hierin ist t die zu messende Temperatur, a die in Gradabschnitten ausgedrückte Länge des herausragenden Fadens, t_0 seine Temperatur und k die scheinbare Ausdehnung der Thermometerflüssigkeit in Glas, bei Quecksilber etwa $^1/_{6000}$, bei benetzenden Flüssigkeiten etwa $^1/_{800}$. Im allgemeinen ist es angängig, für t die Ablesung am Beobachtungsthermometer zu setzen, nur in Ausnahmefällen ist eine Rechnung in zweiter Annäherung durchzuführen.

Wenn Beobachtungen häufig mit derselben Anordnung und im gleichen Temperaturbereich wiederholt werden und der Gebrauch des Thermometers mit herausragendem Faden erwünscht ist, läßt man zweckmäßig die Thermometer so einstellen und teilen, daß sie in der Anordnung, in der sie gebraucht werden sollen, richtig anzeigen.

Herbstpunkt → Ekliptik.

Heringsche Theorie → Gegenfarben, → Vierfarbentheorie.

Herkunft der Sterne. Hierüber bestehen grundsätzlich verschiedene Hypothesen. Die ältere und heute noch keineswegs widerlegte Hypothese nimmt an, daß die Sternsysteme (außergalaktischen Nebel) hervorgegangen sind aus ungeheueren Turbulenzelementen in einer das Weltall ursprünglich gleichmäßig erfüllenden Materie und die Einzelsterne wiederum aus Turbulenzelementen niederer Ordnung innerhalb der Haupttturbulenzelemente. Eine andere, neuere Hypothese, die von *P. Jordan* stammt, nimmt an, daß durch spontane Neuerzeugung von Materie immer wieder neue Sterne entstehen, die jeweils plötzlich als Ganzes in Erscheinung treten und für die im Augenblick der Entstehung ihre (negative) potentielle Gravitationsenergie gerade die Ruheenergie ihrer Masse kompensiert, so daß das Energieprinzip gewahrt bleibt. Dabei soll die Masse eines entstehenden Sternes, als Folge der mit zunehmendem Weltalter einhergehenden Abnahme der Gravitationskonstante, eine Funktion des Weltalters sein; sie soll um so größer sein, je später ein Stern entsteht bzw. entstanden ist, so daß man aus der Masse eines Sternes angenähert sein Alter berechnen kann.

Aber auch wenn man sich nicht auf den Boden der Jordanschen Hypothese stellt, kommt man doch wohl kaum um die Annahme herum, daß auch jetzt immer noch Sterne entstehen. Denn die hellsten Riesensterne und auch die Sterne am oberen Ende der Hauptreihe, die *O*- und *B*-Sterne, können, wie sich zeigen läßt, in ihrer jetzigen Helligkeit nicht länger als 10^7 bis 10^8 Jahre gestrahlt haben, wenigstens wenn man nicht annehmen will, daß es für die Sterne noch Energiequellen gibt, deren physikalische Natur uns bis jetzt verborgen ist. Wichtig ist in diesem Zusammenhang, daß es, wie die Beobachtung in den letzten Jahren ergeben hat *(Baade)*, zwei verschiedene Arten von Sternansammlungen gibt (→ Population). Charakteristisch für die eine Art von Sternansammlung (Typ I) sind vor allem die sehr hellen *O*- und *B*-Sterne und für die andere (Typ II) die kurzperiodischen *RR* Lyrae-Veränderlichen. Typ I kommt anscheinend in solchen Sternsystemen bzw. Teilen von Sternsystemen vor, die von interstellarer Materie durchsetzt sind, und Typ II in Systemen bzw. Teilen von Systemen, die von interstellarer Materie frei oder doch nur schwach durchsetzt sind. Man hat deshalb auch schon die Vermutung ausgesprochen, daß in Sternsystemen bzw. Teilen von Systemen des Typs I, d. h. also in Systemen, die von interstellarer Materie durchsetzt sind, immer wieder aufs neue *O*- und *B*-Sterne und wohl auch andere Sterne aus interstellarer Materie entstehen, und diese Vermutung wird auch gestützt durch die Existenz der → Globulen, bei denen es sich um kleine dunkle Nebelflecken mit starker zentraler Verdichtung und mit einer Masse von der Größenordnung der Masse eines Sternes handelt und bei denen es unbedingt naheliegt, sie als Sterne im Entstehen anzusehen.

Unsöld, A.: Kernphysik u. Kosmologie. Z. Astrophysik **24**, 278 (1948). *Jordan, P.:* Die Herkunft d. Sterne. Stuttgart 1947.

Hermite-Determinanten sind → Determinanten $\|a_{ik}\|$ $(i, k = 1, 2, \ldots, n)$, deren in der Diagonalreihe stehende Elemente a_{ik} für $i = k$ reelle Größen sind, während die a_{ik} für $i \neq k$ komplex sind derart, daß stets $a_{ik} = \bar{a}_{ki}$ ist, wobei $\bar{a}$ die zu a konjugiert komplexe Zahl ist. Für den Sonderfall, daß die a_{ik} $(i \neq k)$ reelle Zahlen sind, geht die Hermite-Determinante in eine *symmetrische* über. Sind die a_{ik} rein imaginäre Größen, so liegt eine *schiefsymmetrische* Determinante vor. Ist $\Delta = \|a_{ik}\|$ eine Hermite-Determinante, so besitzt die Gleichung

$$\begin{vmatrix} a_{11} - x & a_{12} & a_{13} \cdots & a_{1n} \\ a_{21} & a_{22} - x & a_{23} \cdots & a_{2n} \\ \cdot\;\cdot\;\cdot & \cdot\;\cdot\;\cdot & \cdot\;\cdot\;\cdot & \cdot\;\cdot\;\cdot \\ a_{n1} & a_{n2} & & a_{nn} - x \end{vmatrix} = 0$$

lauter reelle Wurzeln.

Schmeidler, W.: Determinanten u. Matrizen. Berlin 1949. *Neiß, F.:* Determinanten u. Matrizen. Berlin 1948.

Hermite-Funktionen, die mit $e^{-x^2/2}$ multiplizierten → Hermite-Polynome. → Orthogonalfunktionen.

Hermite-Matrix. Wird ein → Hermite-*Operator* durch eine Matrix (a_{ik}) dargestellt, so gilt $a_{ik} = \overline{a_{ki}}$. Die gespiegelte Matrix ist mit der konjugiert komplexen identisch.

Hermite-Operator. Ein (dichtdefinierter) → Operator A heißt selbstadjungiert oder hermitisch, wenn $A = A^*$. (Zwei Operatoren A und B heißen gleich, wenn ihre Definitionsbereiche ϑ_A und ϑ_B gleich sind und wenn $Af = Bf$.) Die Operatoren der Quantenmechanik, die den Observablen zugeordnet werden, sind alle selbstadjungiert. → adjungierter Operator.

Hermite-Polynome, die Koeffizienten, die sich durch Entwicklung der Funktion $\Phi(x, p) = e^{-p^2 + 2px}$ nach steigenden Potenzen von p ergeben. Setzt man $\Phi(x, p) = \sum_{n=0}^{\infty} H_n(x) \frac{p^n}{n!}$, so wird $H_n(x)$ $= (-1)^n e^{+x^2} \frac{d^n e^{-x^2}}{dx^n} = (2x)^n - \frac{n(n-1)}{1!} (2x)^{n-2}$ $+ \frac{n(n-1)(n-2)(n-3)}{2!} (2x)^{n-4} + \cdots$. Hieraus ergibt sich für die ersten Polynome: $H_0(x) = 1$, $H_1(x) = 2x$, $H_2(x) = 4x^2 - 2$, $H_3(x) = 8x^3 - 12x$, $H_4(x) = 16x^4 - 48x^2 + 12$ usw. Sie enthalten entweder nur gerade oder nur ungerade Potenzen von x, je nachdem ob n gerade oder ungerade ist. Setzt man $H_n(x) = \sum_{i=0}^{n} \alpha_i x^{n-i}$, so läßt sich der Koeffizient α_{i-2} aus α_i vermittels der Rekursionsformel $(n - i + 2)(n - i + 1)\alpha_{i-2} + 2i\alpha_i = 0$ berechnen. Da der Koeffizient von x^n immer 2^n ist, sind die folgenden Koeffizienten leicht zu ermitteln.

Die H_n genügen der linearen homogenen Differentialgleichung 2. Ordnung: $H_n'' - 2xH_n' + 2H_n n = 0$. Multipliziert man H_n mit $e^{-\frac{x^2}{2}}$, so erhält man die Hermite-Funktion $y(x) = H_n(x) e^{-\frac{x^2}{2}}$, die im Intervall $-\infty < x < \infty$ ein System von → Orthogonalfunktionen darstellt. Es gilt die *Orthogonalitätsrelation* $\int_{-\infty}^{+\infty} H_n(x) H_m(x) e^{-x^2} dx = 0$, sofern $m \neq n$, und die *Normierungsbeziehung* $\int_{-\infty}^{+\infty} H_n^2(x) e^{-x^2} dx$ $= 2^n n! \sqrt{\pi}$ für $n = m$. Die Hermiteschen Funktionen genügen der Differentialgleichung $y'' + (2n + 1 - x^2) y = 0$.

Courant, R., u. *D. Hilbert:* Methoden d. math. Physik I. Berlin 1930. *Lense, J.:* Reihenentwicklung in d. math. Physik. Berlin 1947. *Magnus-Oberhettinger:* Formeln u. Sätze d. speziellen Funktionen d. math. Physik. Berlin 1948.

Hermitesche Form → bilineare Form.

Hermitisch konjugiert → adjungierter Operator.

Heronsbrunnen. *Heron von Alexandrien* hat Vorrichtungen erdacht, um eine Flüssigkeit in einem teilweise gefüllten Behälter unter Druck zu setzen, so daß sie in einem Rohr aufsteigt und aus diesem oberhalb des Spiegels im Behälter als Strahl austritt. Dieses Prinzip des „Heronsballes", das u. a. den Siphonflaschen zugrunde liegt, hat er auch auf einen intermittierend arbeitenden Brunnen, den „Heronsbrunnen", angewendet. Er besteht aus zwei Behältern, die übereinander angeordnet und teil-

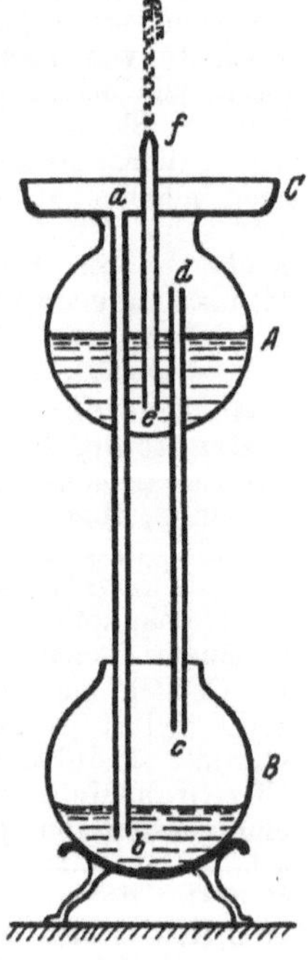

Heronsbrunnen.

weise mit Flüssigkeit gefüllt sind und deren Lufträume durch ein Ausgleichrohr miteinander verbunden sind. Die Flüssigkeit kann aus dem oberen Behälter wie beim Heronsball durch ein Rohr als Strahl nach oben austreten. Das Wasser des Strahles wird in einer Schale wieder aufgefangen, aus der es in den unteren Behälter zurückfließt. Da auf diese Weise der Überdruck in den beiden Behältern erhalten bleibt, hält der Strahl so lange an, bis das Strahlrohr nicht mehr in das Wasser im oberen Behälter eintaucht. Das Spiel kann wiederholt werden, wenn man die Flüssigkeit in den beiden Behältern wieder umfüllt.

Herpolhodie, Herpolhodiekegel → Kreisel, → Poinsotbewegung.

Herschel-Effekt. Eine gewöhnliche photographische Schicht werde mit weißem Licht gleichmäßig belichtet. Danach werde ein Teil der Schicht mit rotem oder ultrarotem Licht weiter belichtet, der andere Teil aber gegen die langwellige Strahlung abgedeckt. Nach Entwicklung der Schicht ist der mit weißem Licht allein belichtete Teil schwärzer als der auch mit langwelliger Strahlung belichtete Teil. Rotes und ultrarotes Licht beseitigen also zum Teil das vom weißen Licht erzeugte latente Bild, d. h. sie bewirken offenbar eine Wiedervereinigung photochemisch gebildeter freier Ag- und Halogen-Atome zu Silberhalogenid. Eine genaue Vorstellung vom Mechanismus dieses *Herschel-Effekts* besteht heute noch nicht. → Photographie, → Elementarprozeß, photographischer.

Hertz, abgek. Hz, → Frequenz. Hz ist ein → Sondereinheitszeichen für s^{-1}, welches zur Kennzeichnung von s^{-1} als Einheit der Frequenz benutzt werden soll; seine Verwendung bei der mit der Frequenz f gleichdimensionalen Kreisfrequenz $\omega = 2\pi f$ ist unzulässig.

Hertz-Effekt. 1. Die *Verminderung der Funkenverzögerung* durch Bestrahlung der Elektroden mit ultraviolettem Licht (1887); gab die Veranlassung zur Entdeckung des → lichtelektrischen Effekts durch *Hallwachs* (1888). Der Hertz-Effekt beruht auf der Auslösung von Elektronen aus der Kathode der Funkenstrecke, also zu einer den dunklen → Vorstrom verstärkenden Ionisierung der Entladungsbahn, welche den Durchschlag erleichtert.

2. *Bei elektrischen Wellen. H. Hertz* stellte fest, daß eine linear polarisierte elektrische Welle beim Durchgang durch ein aus Metallstäben gebildetes Gitter, je nach der Lage des elektrischen Vektors zur Stabrichtung, verschieden geschwächt wird. Ein Minimum tritt auf, wenn der elektrische Vektor zur Richtung der Stäbe (Hertz-Effekt) senkrecht steht. Der Grund für diese Erscheinung liegt darin, daß die zu den Stäben parallele Komponente des elektrischen Vektors in diesen Ströme erregen, die selbst als Strahler wirken und mit der einfallenden Welle interferieren. Der Hertz-Effekt wird bei Kurz- und Ultrakurzwellen-Verbindungen über Land berücksichtigt, indem zur Verringerung der Dämpfung durch die vertikalen, wie senkrechte Gitterstäbe wirkenden Baumstämme der Wälder horizontal polarisierte Wellen verwendet werden.

Hertzsches Diffusionsverfahren *(G. Hertz)*, Verfahren zur Isotopentrennung von gasförmigen Substanzen mittels Diffusion. → Isotopentrennung.

Hertzscher Oszillator (Dipol). Bei der Frage nach der Existenz elektrischer Wellen fand *H. Hertz* 1888 eine Lösung der Maxwellschen Gleichungen, die einem von einem Zentrum ausgehenden Wellenvorgang entspricht. An Stelle des Vektorpotentials $\mathfrak{A}$ führt er eine als *Hertzscher Vektor* bezeichnete Größe $\mathfrak{Z}$ ein, die auch der Wellengleichung gehorcht und aus der man durch Zeitableitung das Vektorpotential findet: $\frac{\partial}{\partial t}\mathfrak{Z} = \mathfrak{A}$. $\mathfrak{Z}$ ergibt sich als zeitlich veränderliches Dipolfeld (→ Dipol, elektrischer).

Um diesen Strahler (Sender) zu realisieren, benutzte *Hertz* einen Funkeninduktor, dessen Funkenstrecke aus zwei Kugeln gebildet war. Deren Kapazität und die Induktivität des Systems bilden einen Schwingungskreis und führen auch zur Erzeugung stärkerer Funken.

In der Abb. sind vier zeitlich aufeinanderfolgende Feldlinienbilder dargestellt. Die magnetischen Feldlinien sind Kreise um die Dipolachse, die elektrischen liegen senkrecht dazu.

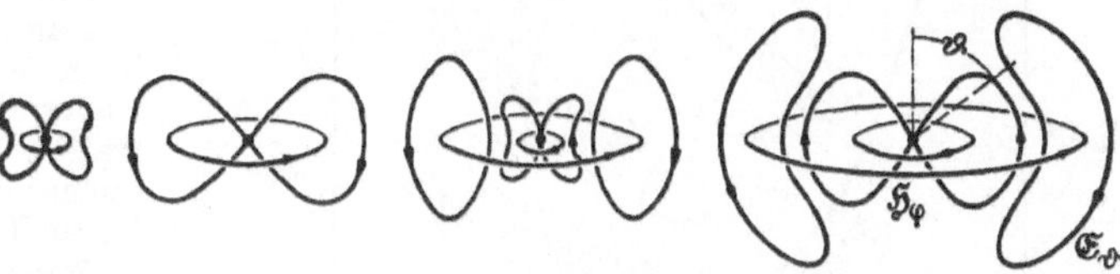

Vier aufeinanderfolgende Phasen des elektrischen Feldes eines Hertzschen Oszillators.

Man hat beim Hertzschen Dipol drei Zonen zu unterscheiden, die *Nahzone*, deren Entfernung klein ist gegenüber der Wellenlänge, ein *Übergangsgebiet* und die praktisch allein interessierende *Fernzone*, das eigentliche *Strahlungsfeld*. Hier ist das elektrische Feld stets in meridionaler, das magnetische Feld in azimutaler Richtung gerichtet:

$$\mathfrak{E}_\vartheta = \frac{1}{4\pi\varepsilon_0}\frac{p\,\omega^2}{c^2 r}\sin\vartheta; \qquad \mathfrak{H}_\varphi = \frac{p\,\omega^2}{4\pi c r}\sin\vartheta.$$

Diese Feldgrößen wie auch die später auftretende Stromstärke J sind als Effektivwerte zu verstehen. p ist der Effektivwert des Dipolmomentes.

Die gesamte je Sekunde ausgestrahlte Energie, also die *Strahlungsleistung*, ergibt sich durch Integration des Poyntingschen Vektors über eine den Sender umschließende Fläche

$$\int \mathfrak{S}\,df = \int \mathfrak{E}_\vartheta\,\mathfrak{H}_\varphi\,df = \frac{p^2\omega^4}{6\pi\varepsilon_0 c^3} = \frac{2}{3}\pi\sqrt{\frac{\mu_0}{\varepsilon_0}}\left(\frac{l}{\lambda}\right)^2 J^2.$$

$J = \frac{dQ}{dt}$ stellt den in den Dipol fließenden Strom dar. Der Dipol ist also äquivalent einem Widerstand $R_s = 80\,\pi^2 l^2/\lambda^2\,[\Omega]$, an den ein Strom die Leistung $R_s J^2$ abgibt. Dieser Widerstand heißt *Strahlungswiderstand*. Dabei ist im $V_{abs}\,A_{abs}$ m s-System der → Wellenwiderstand des Vakuums $\sqrt{\mu_0/\varepsilon_0} = 120\,\pi\,\Omega$.

Hollmann, H. E.: Physik u. Technik d. ultrakurzen Wellen. Berlin 1936. *Sommerfeld, A.:* Vorl. über theor. Physik III. Leipzig 1949.

Hertzscher Sender → Hertzscher Oszillator.

Hertzscher Vektor → Hertzscher Oszillator.

Hertzsche Wellen, heute nur noch selten benutzte Bezeichnung der von *H. Hertz* 1888 entdeckten, von einem Dipol abgestrahlten elektromagnetischen Wellen.

Hertzsprung-Russell-Diagramm. Trägt man in einem Diagramm die beobachteten → Leuchtkräfte bzw. absoluten bolometrischen Größen der Sterne gegen ihre → Spektraltypen oder Oberflächentemperaturen auf, so erhält man eine charakteristische Verteilung, die zuerst von *Hertzsprung* und *Russell* diskutiert wurde und auch als *Farbenhelligkeitsdiagramm* oder *Zustandsdiagramm* bezeichnet wird. Sie hat zu einer Gliederung der Sterne in bestimmte Typen geführt, wie in der beigefügten schematischen Darstellung gezeigt ist. Etwa 90% aller Sterne ordnen sich längs der Hauptreihe an. Bei

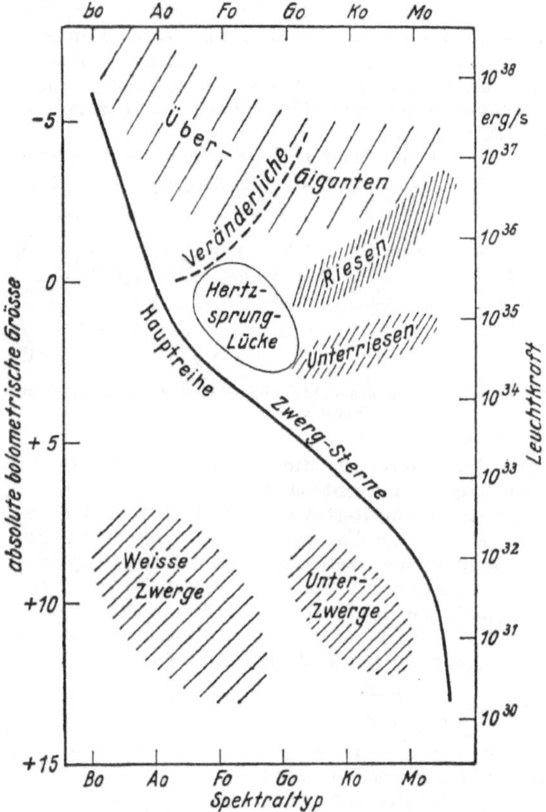

Schematisches Hertzsprung-Russell-Diagramm.

diesen *Hauptreihensternen* zeigen alle → Zustandsgrößen eine enge Korrelation zueinander: Mit abnehmender Leuchtkraft werden Masse, Oberflächentemperatur, Radius und mittlere Energieerzeugung kleiner, während die mittlere Dichte zunimmt. Die Sterne der Spektraltypen G — M mit absoluten Größen um 0^M bis -2^M werden als *Riesensterne* bezeichnet; sie haben Massen von 3 bis 10 Sonnenmassen, große Radien und geringe mittlere Dichten und sind viel seltener als die Hauptreihensterne gleichen Spektraltyps, die auch als *Zwergsterne* bezeichnet werden. Bemerkenswert ist das Fehlen von Riesensternen der Spektraltypen A 5 — F, das die *Hertzsprung-Lücke* im Diagramm hervorruft. Die *weißen Zwergsterne* zeichnen sich durch kleine Leuchtkräfte bei großer Oberflächentemperatur, daher kleine Radien und extrem hohe Dichten aus; ihre Häufigkeit beträgt etwa 10% der normalen Zwergsterne. Oberhalb von Riesenast und Hauptreihe liegen die sehr seltenen Übergiganten mit großen Massen und Radien und extrem geringen Dichten. Längs eines eng begrenzten Streifens im Bereich der Übergiganten liegen die → Veränderlichen Sterne, deren periodischer Lichtwechsel durch radiale Puslationen hervorgerufen wird. Weniger wichtige Gruppen sind die Unterriesen im Bereich zwischen Riesenast und Hauptreihe und die Unterzwerge unterhalb der Hauptreihe. Die Häufigkeit der Sterne nimmt von der absoluten Größe -6^M bis 0^M um einen Faktor 300 zu, von da bis 5^M nochmals um einen Faktor 100, dann bleibt sie bis zu den schwächsten Sternen ungefähr konstant. Diese Aussagen beziehen sich auf das allgemeine Sternfeld in der Milchstraßenebene in der Umgebung der Sonne. In einzelnen Sternhaufen findet man etwas abweichende Farbenhelligkeitsdiagramme, bei denen verschiedene Gruppen nicht vorkommen; die Hauptreihe von AO bis M ist aber stets vorhanden und sehr scharf ausgeprägt. Sehr dichte Sternsysteme wie Kugelhaufen und Zentralgebiete von Spiralnebeln zeigen ein wesentlich anderes Zustandsdiagramm; es fehlen die Übergiganten und hellen Hauptreihensterne vom Spektraltyp B, der Riesenast gabelt sich an der Hertzsprung-Lücke, die durch eine gradlinige Fortsetzung des Riesenastes ausgefüllt wird, während eine horizontale Fortsetzung beim Spektraltyp AO in die Hauptreihe einmündet und zahlreiche kurzperiodische Veränderliche vom RR-Lyrae-Typ enthält. → Population.

Becker, W.: Sterne u. Sternsysteme. Dresden u. Leipzig 1950. *Siedentopf, H.:* Grundriß d. Astrophysik. Stuttgart 1950.

Herzberg-Banden. 1. Singulett-Bandensystem des Moleküls CO zwischen 3680 und 4970 Å; 2. Triplett-System des Moleküls O_2 zwischen 2595 und 2429 Å, Kombination mit dem Molekül-Grundzustand.

Herzkurve → Rollkurven.

Hesse-Determinante, eine → Determinante $\|a_{ik}\|$, deren Elemente $a_{ik} = \frac{\partial^2 f}{\partial x_i \partial x_k}$ die partiellen Ableitungen 2. Ordnung einer von den n Veränderlichen x_i $(i = 1, 2, \ldots, n)$ abhängigen Funktion $y = f(x_1, x_2, \ldots, x_n)$ sind.

Hessesche Normalform der Geraden, in der analytischen Geometrie die Gleichung einer Geraden $y = m x + n$, in der die Konstanten m (= Steigung der Geraden) und n (= Abschnitt der Geraden auf der y-Achse) durch den kürzesten Abstand d der Geraden vom Koordinatenursprung und den Neigungswinkel φ des Lotes d gegen die x-Achse ausgedrückt sind (Abb.). In diesen Größen

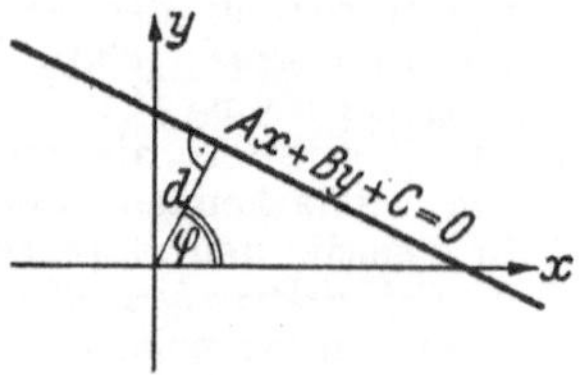

Hessesche Normalform.

lautet die Geradengleichung $x \cos\varphi + y \sin\varphi - d = 0$. Aus der allgemeinen Gleichung einer Geraden $Ax + By + C = 0$ berechnet man die Konstanten der Normalform mittels der Formeln $\cos\varphi = \frac{A}{\sqrt{A^2 - B^2}}$, $\sin\varphi = \frac{B}{\sqrt{A^2 + B^2}}$, $d = \frac{-C}{\sqrt{A^2 + C^2}}$, so daß die Hessesche Form $\frac{Ax + Bx + C}{\mp \sqrt{A^2 + B^2}} = 0$ heißt. Dabei ist das $\mp$-Zeichen im Nenner zu nehmen, je nachdem ob $C \gtrless 0$ ist.

Ebenso wie für die Gerade $Ax + By + C = 0$ in der Ebene gibt es auch für die Ebene $Ax + By + Cz + D = 0$ im Raum eine Hessesche Normalform, indem wieder der senkrechte Abstand d vom Ursprung und seine drei Richtungswinkel α, β, γ gegen die x, y, z-Achse des Koordinatensystems eingeführt werden. Die Normalform lautet in d, α, β, γ ausgedrückt: $x \cos\alpha + y \cos\beta + z \cos\gamma - d = 0$. Die Konstanten dieser Darstellung stehen mit jenen der Normalform in folgender Verbindung: $\cos\alpha = A/W$, $\cos\beta = B/W$, $\cos\gamma = C/W$, wobei $W = \sqrt{A^2 + B^2 + C^2}$ ist. Aus der vorgegebenen Normalform $Ax + By + Cz + D = 0$ wird die Hessesche Normalform der Ebene also durch Division durch $\mp W$ gefunden: $(Ax + By + Cz - D) : \pm \sqrt{A^2 + B^2 + C^2} = 0$.

Heß, A: Analytische Geometrie. Berlin 1945. *Courant, R.*: Differential- u. Integralrechnung II. Berlin 1948.

Heßscher Satz von den *konstanten Wärmesummen*: Wird ein chemisches System über eine Kette von Reaktionen schließlich wieder in den Anfangszustand gebracht, so ist die algebraische Summe aller → Wärmetönungen der einzelnen Teilreaktionen gleich Null. Dies folgt auf Grund des Zusammenhanges zwischen Wärmetönung und Energie- bzw. Enthalpieänderung aus dem 1. → Hauptsatz der Thermodynamik. Man kann diesen Sachverhalt auch so ausdrücken: Wird ein System von einem Zustand I in einen Zustand II auf zwei verschiedenen Wegen überführt, so ist in beiden Fällen die algebraische Summe der Wärmetönungen aller Teilreaktionen gleich. Dieser Satz wurde von *Heß* bereits 1840 vor der Formulierung des allgemeinen Energieprinzips ausgesprochen. Er gilt sowohl für Wärmetönungen bei konstantem Volumen wie für Wärmetönungen bei konstantem Druck und gestattet die Berechnung von Wärmetönungen für Reaktionen, die nicht unmittelbar beobachtet werden. So läßt sich z. B. die Bildungswärme einer Verbindung W_B aus den → Verbrennungswärmen der Elemente W_{El} und der Verbindung W_{Verb} mittels der Beziehung

$$W_B = W_{El} - W_{Verb}$$

berechnen. Ebenso ist die Wärmetönung irgendeiner Reaktion aus den Verbrennungswärmen der verschiedenen Reaktionsteilnehmer berechenbar.

Eucken, A.: Grundriß d. physikal. Chemie. Leipzig 1948. Tabellenwerke: *Landolt-Börnstein, D'Ans-Lax*: Taschenbuch.

Heßsche Strahlung, ursprüngliche Bezeichnung der von *V. F. Heß* entdeckten → kosmischen Strahlung.

Heterochrome Photometrie. Bei dem subjektiven photometrischen Vergleich verschiedenfarbiger Lichtquellen sind besondere Vorsichtsmaßnahmen zu berücksichtigen, um Fehlmessungen zu vermeiden. Am besten eignen sich das → Filterverfahren und das → Flimmerverfahren bzw. eine Kombination beider. Eine objektive heterochrome Photometrie ist nur bei sorgfältiger Anpassung der spektralen Empfindlichkeit des verwendeten Strahlungsempfängers an die international genormte Kurve der spektralen → Hellempfindlichkeit möglich. Bei entsprechendem Aufwand gelingt dieser Angleich sowohl bei Photoelementen wie bei Thermoelementen so gut, daß die objektive heterochrome Photometrie genauere und richtigere Meßergebnisse liefert als die subjektiven Methoden.

Heterodyngerät, Gerät zum Empfang einer hochfrequenten elektrischen Schwingung der zu messenden Frequenz f, bei dem eine Schwingung ähnlich großer Hilfsfrequenz f' erzeugt wird. Beide Frequenzen werden in die Differenzfrequenz $\Delta f = f - f'$ umgewandelt, die, falls sie in der Größenordnung von Hör- bis Hochfrequenz liegt als Zwischenfrequenz, falls sie darunterliegt, als Schwebungsfrequenz bezeichnet wird. → Schwebungsempfang.

Heterogen = verschieden oder entgegengesetzt beschaffen.

Heterogenes Gleichgewicht, Reaktion → chemisches Gleichgewicht.

Heteropolare Bindung → polare Bindung, → Bindung der Materieteilchen in Kristallgittern.

Heulton. Zur Bestimmung der akustischen Eigenschaften von Räumen verwendet man an Stelle stationärer Töne, die zu Interferenzerscheinungen führen würden, besser Heultöne, deren Höhe einige Male in der Sekunde periodisch um einen festen Mittelwert schwankt. Als Heultongenerator dient meist ein Schwebungssummer mit rotierendem Abstimmkondensator; ferner sind Heulton-Schallplatten im Handel.

Heuslersche Legierungen, ferromagnetische Legierungen des Legierungsdreieckes Mn–Cu–Al und Mn–Cu–Sn. Besonders bemerkenswert ist an ihnen die Tatsache, daß ihre Bestandteile im reinen Zustand alle nicht ferromagnetisch sind. Die höchste Sättigungsmagnetisierung beobachtet man bei der ungefähren Zusammensetzung $MnAlCu_2$, $MnSnCu_2$ und Mn_3SnCu_6. Sie erreicht nahezu die gleiche Größe wie beim Nickel. Bei der ersten der drei genannten Legierungen tritt Ferromagnetismus nur auf, wenn sich ein Gitter mit geordneter Atomverteilung ausbildet, was entweder durch Abschrecken von Temperaturen oberhalb 800 °C oder durch längeres Tempern bei Temperaturen unterhalb 350 °C erreicht werden kann. Durch längeres Erwärmen auf dazwischenliegende Temperaturen wird der Ferromagnetismus zerstört. Da noch zahlreiche andere Manganlegierungen ferromagnetisch sind, vermutet man, daß die Manganatome die eigentlichen Träger des Ferromagnetismus sind, diese Eigenschaft aber nur in ganz bestimmten Gittern zur Geltung bringen können.

Stoner, E. C.: Magnetism and Matter. London 1934. *Valentiner, S.*, u. *G. Becker*: Z. Phys. **83**, 371 (1933).

Hexaeder = → Würfel.

Hexagonales System, umfaßt die 5 Kristallklassen mit einer 6zähligen Drehungsachse sowie entweder die 2 Klassen mit einer 6zähligen Drehspiegelachse oder die 2 Klassen mit einer 6zähligen Inversionsachse. Bisweilen werden zum hexagonalen System auch die 5 rhombischen oder die 5 trigonalen Klassen hinzugezählt, so daß es 12 Kristallklassen enthält (→ Kristallklassen). Die kristallographischen Symbole des hexagonalen Systems → Symbole von Kristallflächen usw.

Hexagyre = sechszählige → Drehungsachse.

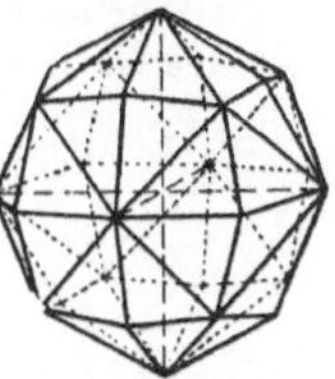
Hexakisoktaeder.

Hexakisoktaeder oder *Achtundvierzigflächner* (Abb.), die allgemeine Form $\{hkl\}$ der kubischen Holoedrie 43i, besteht aus 48 von ungleichseitigen Dreiecken begrenzten Flächen, von denen 24 den übrigen 24 Flächen spiegelbildlich gleich sind. Das Hexakisoktaeder ist die flächenreichste einfache Kristallform.

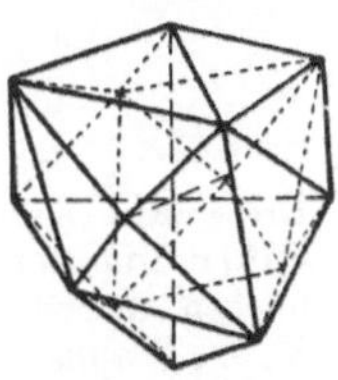
Hexakistetraeder.

Hexakistetraeder, die allgemeine Form $\{hkl\}$ der kubischen Kristallklasse 23n, wird aus 24 von ungleichseitigen Dreiecken begrenzten Flächen gebildet, von denen die eine Hälfte gleiche, die andere

Hälfte dazu spiegelbildlich gleiche Flächen sind. Es gibt zwei Stellungen der Form: das *positive* Hexakistetraeder $\{hkl\}$ mit positiven Indizes h, k, l und das aus den Gegenflächen zum positiven bestehende, inverse *negative* Hexakistetraeder $\{\bar{h}\bar{k}\bar{l}\}$ oder $\{hk\bar{l}\}$.

HFS, übliche Abkürzung für → Hyperfeinstruktur.

H-Funktion, die von *Boltzmann* gefundene Funktion H der Geschwindigkeitsverteilungsfunktion f eines Gases, die dem → H-Theorem genügt. Es ist

$$H = \iiint f \ln f \, dv_x \, dv_y \, dv_z .$$

Hiebtöne. An scharfkantigen Gegenständen, die sich mit genügender Geschwindigkeit durch die Luft bewegen, lösen sich in periodischer Folge Wirbel ab, die als sausende oder pfeifende Hiebtöne hörbar sind. Ferner → Anfahrwirbel, → Musikinstrumente.

Hilbertraum $\mathfrak{H}$ ist eine Menge von Elementen $f, g, h, \ldots$, die den folgenden Bedingungen 1 bis 4 genügt:

1. $\mathfrak{H}$ ist ein linearer Raum, d. h. in $\mathfrak{H}$ ist eine Addition $f + g$ und eine Multiplikation $a f$ mit komplexen Zahlen a definiert, und es gelten für diese Operationen die üblichen Rechenregeln der Vektoralgebra.

2. Jedem Paar f, g von Elementen aus $\mathfrak{H}$ ist eine komplexe Zahl (f, g), ihr „inneres Produkt", zugeordnet, und zwar so, daß $(f, ag) = a(f, g)$, $(f, g_1 + g_2) = (f, g_1) + (f, g_2)$, $(f, g) = \overline{(g, f)}$, $(f, f) > 0$ für $f \neq 0$ und $(f, f) = 0$ für $f = 0$.

3. $\mathfrak{H}$ ist vollständig, d. h. jede Folge f_n, für die $\|f_n - f_m\| = \sqrt{(f_n - f_m, f_n - f_m)} \to 0$ (wenn $n, m \to \infty$) konvergiert gegen ein Element von $\mathfrak{H}$.

Eine Menge $\mathfrak{R} \subset \mathfrak{H}$ heißt eine Grundmenge, wenn die endlichen Linearkombinationen $\sum c_k f_k$ $(f_k \in \mathfrak{R})$ im Sinne des Abstandes $\|f - g\|$ in $\mathfrak{H}$ dicht liegen, d. h. daß mit geeignetem f_k und c_k für jedes $f \in \mathfrak{H}$ sich $\|f - \sum c_k f_k\| < \varepsilon$ (ε beliebig > 0) erreichen läßt. Die kleinstmögliche Mächtigkeit einer Grundmenge heißt *Dimension* von $\mathfrak{H}$.

4. Die Dimension von $\mathfrak{H}$ ist abzählbar unendlich.

Beispiele von Hilberträumen:

1. $f = (a_1, a_2, a_3, \ldots)$ eine unendliche Zahlenfolge mit $\sum_{i=1}^{\infty} |a_i|^2 < \infty$. Mit $g = (b_1, b_2, \ldots)$ wird gesetzt $(f, g) = \sum_{i=1}^{\infty} \bar{a}_i b_i$.

2. $f = f(x, y, z)$ eine komplexe Funktion des Raumes mit $\int |f|^2 dx\,dy\,dz < \infty$ und $(f, g) = \int \bar{f} g \, dx\,dy\,dz$.

Hilfsbrücke (Hilfszweig). Die störende Kapazität des Nullzweigs einer Wechselstrombrücke gegen

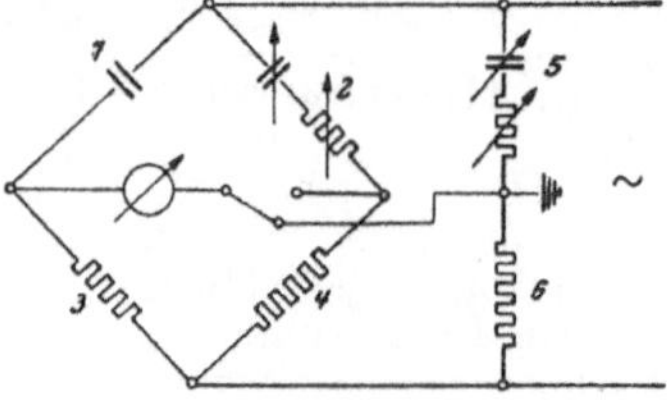

Hilfsbrücke.

Erde läßt sich, wenn man eine vollständige Abschirmung der ganzen Brücke vermeiden will, am besten durch einen Hilfszweig zur Erdung nach *K. W. Wagner* (Abb.) unschädlich machen. Man muß die Zweige 5 und 6 gegenüber den Zweigen 1 und 3 getrennt von der eigentlichen Brückenabgleichung mit Hilfe des eingebauten Galvanometerumschalters abgleichen und erreicht damit, daß das Nullinstrument auf Erdpotential liegt.

Hilfslampe *(Helwig)*. Die in eine → Ulbrichtsche Kugel eingebrachten Lampen absorbieren selbst einen Teil des im Innern der Kugel wiederholt reflektierten Lichtes. Da der absorbierte Betrag von der Art und Ausführung der Lichtquellen abhängt, muß er besonders berücksichtigt werden. Dies geschieht mit einer an der Nähe der Kugelwand untergebrachten Lichtquelle, die ihren Lichtstrom ausschließlich auf einen Teil der Kugelinnenwand strahlt. Bringt man in eine so beleuchtete Kugel einen Fremdkörper, z. B. die zu messende Lichtquelle, die selbst nicht eingeschaltet wird, so ändert sich das Beleuchtungsniveau entsprechend der von dieser Lichtquelle verursachten Absorption.

Hillsche Differentialgleichung → rheolineare Systeme im *Nachtrag*

Himmelsäquator, der Schnitt der Erdäquatorebene mit der scheinbaren Himmelskugel.

Himmelsfarbe, -licht → Himmelsstrahlung; → Nachthimmelleuchten.

Himmelsfernrohr → astronomisches Fernrohr.

Himmelsstrahlung. Die kurzwellige Strahlung des Taghimmels ist in der Atmosphäre gestreute → Sonnenstrahlung. Die beiden streuenden Materien beim Fehlen von Wolken: reine Luft (→ Rayleigh-Streuung) und atmosphärischer → Dunst, verhalten sich sowohl in der Richtungsabhängigkeit der Streuung wie in der Veränderung mit der Wellenlänge sehr verschieden.

Die Streuung an *reiner Luft* erfolgt proportional λ^{-4}. Deshalb ist das Spektrum des klaren Himmels gegenüber dem Sonnenspektrum nach kurzen Wellen verschoben und umfaßt nur den Bereich 0,3 bis 0,9 μ. Die größten Intensitäten liegen zwischen 0,34 und 0,45 μ, der Himmel erscheint blau. Bei zunehmender Trübung erhöht sich der Anteil der von λ weniger abhängigen Dunststrahlung (→ Extinktion), das Spektrum wird dem der Sonne ähnlicher, die Färbung weißlicher. Beginnende Kondensation verstärkt die Strahlung besonders im Rot und Ultrarot, daher wird die intensivste Himmelsstrahlung bei dünnster Zirrusbewölkung gemessen.

Die nach vorn und hinten gleiche Intensität des Rayleigh-Streulichtes würde bei Zenitstand der Sonne bewirken, daß die Himmelsstrahlung H ebenso groß ist wie die Rückstrahlung in den Weltraum, wodurch $S + 2H = S_0$ würde (S Sonnenstrahlung). Die Streustrahlung des *Dunstes* ist nach vorn vielfach größer als nach rückwärts, so daß die Einbuße an Zustrahlung, die das Vorhandensein der Atmosphäre für die Erdoberfläche bewirkt, geringer, der Himmel heller ist als bei reiner Luft. Die *Verteilung* der Strahlungsintensität *über dem Himmel* wird einesteils durch die Richtungsabhängigkeit der Streustrahlung bestimmt, die in der Nähe der Sonne einen Höchstwert, annähernd senkrecht zu dieser Richtung ein Minimum hat, andernteils durch die Zunahme der strahlenden Masse vom Zenit zum Horizont. Infolgedessen liegt der Punkt geringster Himmelsstrahlung, zugleich auch geringster Leuchtdichte (dunkelster Punkt) im Sonnenvertikal bei 90° Abstand von der Sonne, rückt aber bei steigender Sonne dieser etwas näher und wird vom Horizont abgedrängt. Am deutlichsten ist die Zunahme der Strahlung zum Horizont hin im langwelligen Teil und in der *Leuchtdichte*, während im UV die

Reichweite der Strahlung zu klein ist, als daß die Zunahme der strahlenden Masse eine Wirkung hätte: die UV-Verteilung über die Himmelskugel ist sehr gleichmäßig (Abb.). Daher hat auch der dunkelste Punkt am Himmel den relativ größten Anteil an kürzeren Wellenlängen. Die Himmelsstrahlung des gesamten Spektralbereiches 0,3 bis 0,9 μ wird *Totalstrahlung*, die Summe von Himmels- und Sonnenstrahlung *Globalstrahlung* genannt. Der Anteil der totalen Himmelsstrahlung an der Globalstrahlung wächst bei reiner Luft von 4% bei Zenitstand der Sonne auf 30% bei tiefstehender Sonne, bei trüber Luft von etwa 20% auf über 75%. Im UV ist dieser Anteil im Mittel 69%, die Schwankungen sind klein. Die Sonne selbst liefert also direkt nur halb soviel UV wie der Himmel.

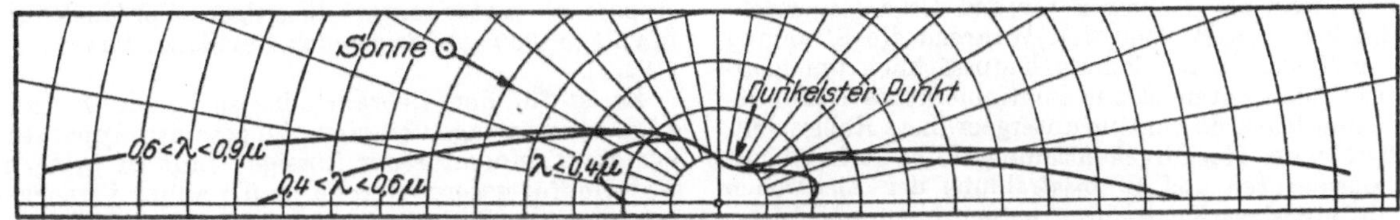

Verteilung der Himmelsstrahlung in reiner Luft (Rayleigh-Streuung) über den Vertikalkreis durch die Sonne bei einer Sonnenhöhe von 30° für kurze, mittellange und lange Wellen.

Die *Himmelsfarbe* wird meist mit Hilfe der → Farbtafeln der 16teiligen *Blauskala* nach *Linke* und *Ostwald* geschätzt. Exakte Farbmessungen zeigen jedoch, daß die Himmelsfarbe mit Ausnahme der deutlich ins Gelb spielenden Stellen kaum Unterschiede im Farbton aufweist. Selbst bei Bewölkung ist der Farbton der gleiche wie am klaren Himmel. Die Blauskala liefert also im wesentlichen die Unterschiede von Helligkeit und Sättigung, gibt aber demungeachtet gut wieder, was das Auge empfindet.

Bei bedecktem Himmel ist die *Globalstrahlung* aller Wellenlängen auf 22% derjenigen des wolkenlosen Himmels herabgesetzt. Bei sehr dünnen Wolken ist der Prozentsatz höher. Ebenso wird die UV-Strahlung bei bedecktem Himmel nur auf etwa die Hälfte ihres Wertes bei wolkenlosem Himmel vermindert.

Über Himmelsstrahlung bei Nacht → Nachthimmelleuchten, über Strahlung im langwelligen Ultrarot → terrestrische Strahlung. Über den Einfluß des Ozons → Ozon.

Handb. d. Geophysik 8, Kapitel 7. Berlin 1943.

Hipernik, Firmenbezeichnung einer magnetisch weichen Legierung mit der ungefähren Zusammensetzung 50 % Ni, 50 % Fe.

Keinath, G.: ATM Z 913—1 (1931).

Hipersil, Firmenbezeichnung für ferromagnetische Bleche aus siliziumhaltigem Eisen, in denen durch Kaltwalzen und Glühen eine Rekristallisationstextur und magnetische Anisotropie erzeugt worden ist; zeichnen sich vor gewöhnlichen Fe–Si-Blechen dadurch aus, daß die Verluste bei Wechselmagnetisierung für hohe Werte der maximalen Induktion geringer sind.

Bitter, F.: Introduction to Ferromagnetism. New York u. London 1937.

Hittorffscher (Crookesscher) Dunkelraum, auch *Kathodendunkelraum*, liegt zwischen der ersten Kathodenschicht und dem negativen Glimmlicht der → Glimmentladung. Er leuchtet tatsächlich schwach und erscheint nur durch Kontrast mit dem Glimmlicht als dunkel.

Hitzdrahtmeßgeräte haben einen stromdurchflossenen Leiter, dessen von der Stromwärme hervorgerufene mechanische Veränderungen auf das bewegliche Organ mittelbar oder unmittelbar übertragen werden. Entsprechend der Meßwertbildung durch die Stromwärme wird der Skalenverlauf bei Hitzdrahtmeßgeräten grundsätzlich quadratisch mit dem Strom. Durch entsprechende Wahl der Abmessungen des Hitzdrahtes und des Übertragungsmechanismus kann jedoch der Skalencharakter von einem Zehntel des Endwertes ab nahezu proportional gemacht werden. Die Anzeige von Hitzdrahtmeßgeräten ist in weiten Grenzen von Frequenz und Kurvenform unabhängig; sie werden deshalb bevorzugt für höhere Frequenzen verwendet. Hitzdrahtmeßgeräte haben einen gewissen Anwärmefehler und sind von der Raumtemperatur nicht ganz unabhängig.

Hitzebanden, die spektralen Banden der Lichtemission, welche bei → Phosphoren nur bei Erwärmung auftreten. Das Nachleuchten vieler Phosphore besteht aus mehreren Banden, die bei verschiedener Temperatur auftreten. Die Hitzebanden treten bei Zimmertemperatur überhaupt nicht auf.

HK, Symbol für die Lichtstärkeeinheit → Hefner-Kerze.

Hlm, Symbol für die Lichtstromeinheit Hefner-Lumen (→ Lumen, → Lichteinheiten).

Hlx, Symbol für die Beleuchtungsstärkeeinheit Hefner-Lux (→ Lux, → Lichteinheiten).

Hochdruckentladung, im Gegensatz zur Niederdruckentladung dadurch gekennzeichnet, daß in ihrem → Plasma die Elektronentemperatur sich der Gastemperatur mehr oder weniger angeglichen hat.

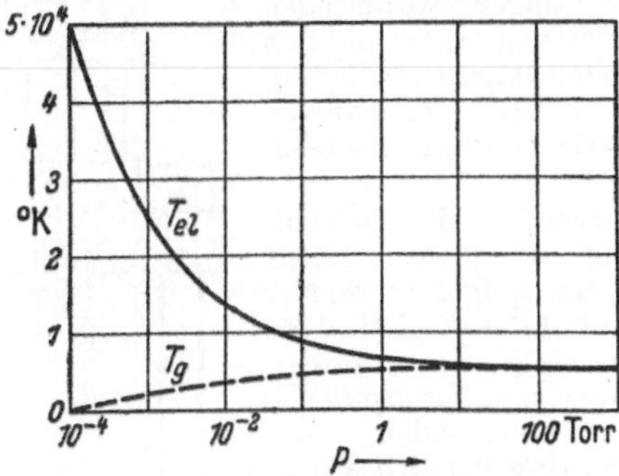

Übergang von der Nieder- in die Hochdruckentladung (Hg, 3 A). T_{el} Elektronen-, T_g Gastemperatur.

Den Übergang von der Niederdruck- in die Hochdruckentladung bei wachsendem Druck durch Angleichung der Gas- und Elektronentemperatur zeigt die Abb. bei einer mit 3 A belasteten Quecksilberdampfsäule. Die Ionisation in der Hochdrucksäule erfolgt wesentlich thermisch. Die Elektronentemperatur muß etwas über der Gastemperatur liegen, da die Aufheizung des Plasmas aus der von den Elektronen im Feld aufgenommenen Energie stammt. Die Hochdrucksäule kontrahiert sich aus thermischen Gründen (→ kontrahierte Entladung). Im Gegensatz zur Niederdruckentladung, bei der die Gastemperatur höchstens einige hundert Grad über der Raumtemperatur liegt, hat das Gas hier Temperaturen von mehreren tausend Grad (Hg-Hochdrucksäule z. B. 7500 °K). Während die Strahlung der Niederdruckentladung hauptsächlich linienhaftes Stoßleuchten ist und kontinuierliches Rekombinationsleuchten nur eine untergeordnete Rolle spielt, tritt in der Hochdruckentladung durch Rekombinationsleuchten und Bremsstrahlung der Elektronen ein intensives Kontinuum im Sichtbaren und Ultravioletten auf. → Quecksilberdampflampe, Xenonlampe, → positive Säule.

Hochdruckgebiet → Antizyklone.

Hochdrucklampe → Quecksilberdampflampe.

Hochdrucksäule → Säule, positive.

Hochdrucktechnik. Bei Arbeiten mit Drucken über 10000 at sind besondere Maßnahmen erforderlich. Es müssen besonders ausgesuchte Werkstoffe für den Bau der Apparate bzw. einzelner Apparateteile zur Verfügung stehen, z. B. Widia, das bei gewöhnlichem Druck sehr spröde ist, aber oberhalb 20000 at plastisch verformbar wird. Ferner hat sich eine mechanische Vorbehandlung fertiger Apparatestücke bewährt (Autofrettage s. *A. E. Macrae:* Overstrain of metals usw. His Majest. Stationery Office London, 1930). Endlich kann die Festigkeit einer Hochdruckapparatur durch Kräfteeinwirkung von außen her wesentlich erhöht werden, indem der Hochdruckraum durch Aufschrumpfen von starken Ringen Spannungen aufgezwungen erhält, die den in seinem Innern erzeugten, nach außen gerichteten Druckkräften entgegengesetzt sind (Abb. 1).

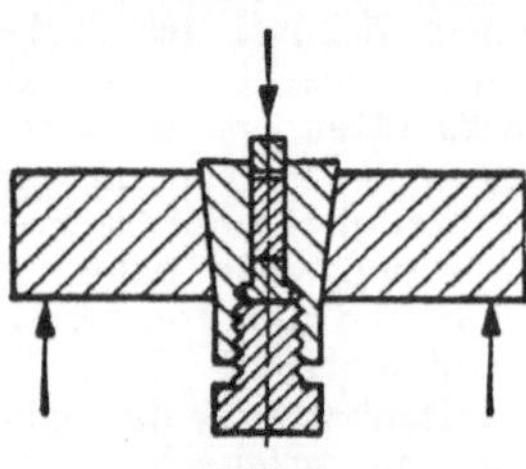

Abb. 1. Hochdruckraum mit Aufschrumpfring.

Bei Drucken der Größenordnung von 10000 at reicht allein ein aufgeschrumpfter Ring aus [*Basset:* CR. **195**, 1242 (1932)]. Es empfiehlt sich, die Berührungsfläche konisch auszubilden, und zwar so, daß der den Hochdruck erzeugende Stempel zugleich den Hochdruckraum in den äußeren Ring hineindrückt. Für Drucke zwischen 20 bis 30000 at ist eine Trennung dieser Doppelfunktion des Druckstempels zweckmäßig. Alsdann muß eine zweite Presse hinzugenommen werden, um jenen Stempel zu belasten, der den eigentlichen Druckraum in den Stützring treibt. Die Anlage wird dann gewissermaßen zweistufig. Für den Gebrauch bis 50000 at wird ein weiterer Stützring mit eigener Presse hinzugenommen, so daß die Anlage dann dreistufig wird (Abb. 2). Für noch höhere Drucke (100000 at, bei Tastversuchen 425000 at) wird die gesamte Apparatur unter einen allseitigen Vordruck gebracht (30000 at) [*Bridgman:* Rev. Mod. Phys. **18**, 1 (1946)].

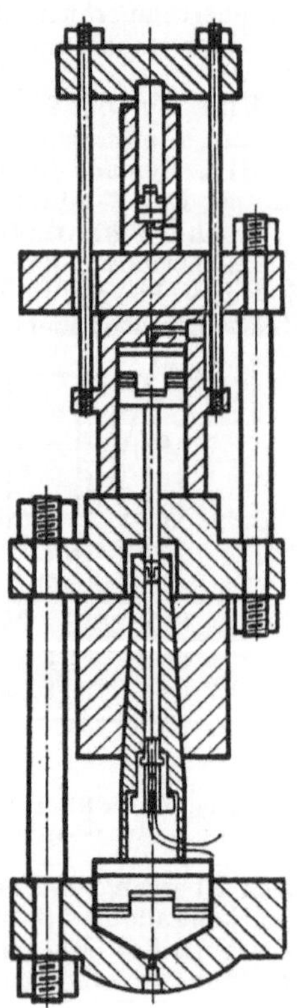

Abb. 2. 3stufige Hochdruckpresse.

Es ist für den Gebrauch bei so hohen Drucken auch vorgeschlagen worden, die gesamte Apparatur auf die Temperatur der flüssigen Luft zu bringen, wobei dafür gesorgt werden muß, daß im Versuchsraum selbst Zimmertemperatur herrscht [*Basset:* J. Phys. Radium (8) **1**, 121 (1940); **4**, 62 (1943); ohne praktische Erprobung].

Zur Übertragung des Druckes dient bis 30000 at Isopentan, darüber hinaus Blei oder Indium. Bei Versuchen bei tiefen Temperaturen ist auch Eis verwendet worden [*Lasarew* u. *Kan:* J. exp. theor. Phys. UdSSR **14**, 439 (1944)], das allerdings keine Beobachtung von Volumenänderungen am Versuchsstück selbst zuläßt.

Abb. 3. Hochdruckpiezometer.

Bei Durchführung von Versuchen in diesem Druckbereich sind vor allem ein Piezometer (Abb. 3) und das Herausführen isolierter elektrischer Leitungen (Abb. 4) technisch wichtig.

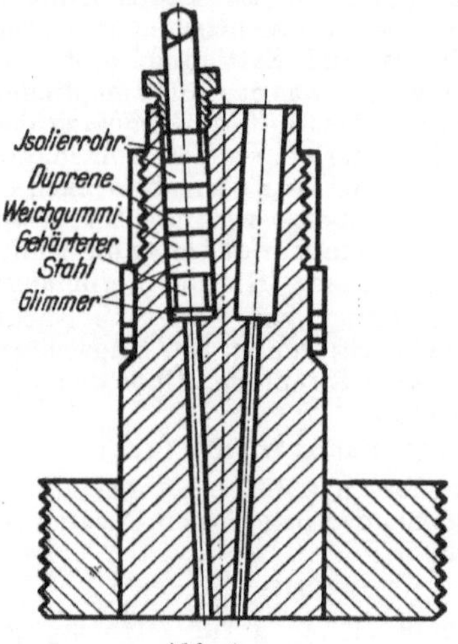

Abb. 4. Herausführung von isolierten Leitungen.

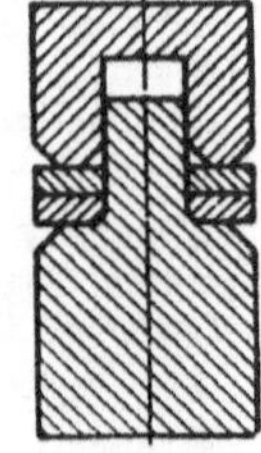

Abb. 5. Kolbenkopf für Hochdruck.

Ferner wird als im Versuch bewährt die in Abb. 5 gezeigte Form eines Kolbenkopfes für die letzte Druckstufe empfohlen. — Ferner → Höchstdrucke.

Hochelastisch → elastisch.

Hochfrequenz, Frequenzen $\gtrsim$ 20 kHz. Die Frequenzen von 20 bis 100 kHz nennt man oft auch Zwischenfrequenzen und zählt dann zur Hochfrequenz erst den Bereich oberhalb 100 kHz. Hochfrequenz wird heute fast ausschließlich mit Röhrensendern erzeugt, wobei man bis zu Frequenzen von 300 MHz mit normalen Rückkopplungsschaltungen arbeitet und nur entsprechend der Wellenlänge die Schwingkreiselemente verkleinert. Für höhere Frequenzen benutzt man wegen der endlichen Elektronenlaufzeit im Kathoden-Anodenraum außer Spezialröhren mit äußerst kleinen Abmessungen → Laufzeit- oder Wanderfeldröhren, mit denen man noch im cm-Wellenlängengebiet große Leistungen erzeugen kann.

Hochfrequenzentladung → elektrodenlose Entladung.

Hochfrequenzlitze → Litzendraht.

Hochfrequenzspektren, 1. gelegentlich benutzte Bezeichnung der Röntgenspektren; → Mikrowellenspektren.

Hochfrequenzvakuumprüfer, Gerät zur groben Prüfung des in einem Vakuumgefäß vorhandenen Druckes. Beim Anlegen einer hochfrequenten Wechselspannung an die Außenwand eines Vakuumgefäßes beobachtet man in diesem Entladungserscheinungen, deren Form und Farbe vom Druck abhängig sind. Verwendet werden hierzu meistens einfache Hochfrequenzgeräte, wie sie auch in der medizinischen Therapie Verwendung finden.

Hochfrequenzverstärker, im allgemeinen ein selektiver Verstärker, der nur ein schmales Frequenzband verstärken und dieses meist aus einem Gemisch von Hochfrequenzen heraussieben soll. Dementsprechend sind die Röhren über abgestimmte Schwingkreise gekoppelt, deren Dämpfung bzw. Resonanzüberhöhung durch die Parallelschaltung des Verlustwiderstandes des jeweiligen Kreises und des Innen- und Gitterableitwiderstandes der beiden Röhren gegeben ist (Abb.). Durch geringes gegenseitiges Verstimmen der einzelnen Kreise kann man

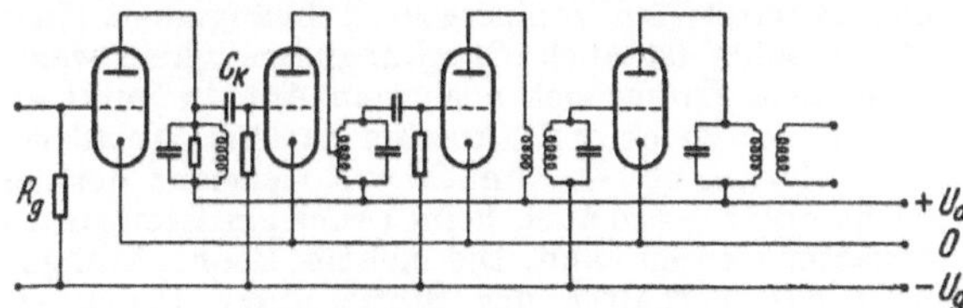

Selektiver Hochfrequenzverstärker mit verschiedenartigen Kopplungen zwischen den Stufen.

statt einer spitzen Resonanzkurve einen mehr rechteckigen Verlauf erhalten; das gleiche erzielt man mit Bandfiltern (gekoppelten Schwingungskreisen). Als Röhren werden meist Pentoden verwendet, da sie wegen ihres höheren Innenwiderstandes den Schwingkreis weniger dämpfen und wegen der geringen Gitter-Anodenkapazität keine Neutralisierungsschaltungen verlangen. Um bei hohen Verstärkungsgraden Rückkopplungen leichter vermeiden zu können, bedient man sich vielfach des Überlagerungsverfahrens. Hierbei wird der gewünschte Hochfrequenzbereich zunächst vorverstärkt und dann durch Überlagerung mit einer zweiten Frequenz ein Zwischenfrequenzband gebildet, das selektiv weiter verstärkt wird (Abb. → Meßverstärker).

Für Breitbandverstärker wie Meß-, Fernseh- und Oszillographenverstärker dagegen, deren Verstärkung innerhalb eines breiten Bandes nur eine geringe Frequenzabhängigkeit bezüglich der Amplituden und der Laufzeit aufweisen soll, ist Widerstandskopplung zwischen den Röhren notwendig. Nach hohen Frequenzen zu bewirken die Parallelkapazitäten (Röhren- und Schaltkapazitäten) eine Abnahme von Außenwiderstand und Verstärkung. Bei niedrigen Frequenzen entsteht an den Koppelkapazitäten ein zunehmender Spannungsabfall und dadurch eine Aufteilung der Anodenwechselspannung auf Koppelkapazität und Gitter-Kathodenstrecke der folgenden Stufe.

Rothe, H., u. *W. Kleen:* Elektronenröhren als Anfangsstufenverstärker. Leipzig 1948. *Barkhausen, H.:* Elektronenröhren II. Verstärkerstufen. Leipzig 1938.

Hochheimsche Legierung → im *Nachtrag*.

Hochintensitätslichtbogen → Beckbogen.

Hochohmwiderstände. Hochohmige *Metallwiderstände* werden als Widerstandskordeln in der Hochspannungstechnik verwendet. Dazu werden sehr dünne Widerstandsdrähte (→ Widerstandslegierungen) auf lange Kordeln aus Ioslierstoff (z. B. Seide oder Asbest) spiralig aufgewickelt. Auf diese Weise lassen sich hochbelastbare Widerstände bis zu einigen $10^5\,\Omega$ herstellen. Für geringe Belastungen ergeben dünne, auf isolierenden Unterlagen aufgebrachte Metallschichten brauchbare Hochohmwiderstände. Nach *Krüger* erhält man mit dünnen, im Vakuum auf Bernsteinstäbe aufgedampften Platinschichten gute und zeitlich konstante Widerstände bis zu etwa $10^4\,M\Omega$.

Heute werden bevorzugt dünne, auf Porzellanröhrchen aufgebrachte *Kohle-Schichtwiderstände* verwendet. Wegen ihrer geringen Kapazität und ihrer sehr kleinen Induktivität sind sie für die Hochfrequenztechnik unentbehrlich. Ferner zeichnen sie sich durch völlige *Spannungsunabhängigkeit* aus. Die bekanntesten Typen sind die → Karbowid- und Dralowid-Widerstände. Sie werden für Widerstandswerte zwischen $10\,\Omega$ und $10^5\,M\Omega$ hergestellt. Die früher aus Siliziumkarbid gefertigten Silitwiderstände werden wegen ihrer starken Spannungsabhängigkeit heute nicht mehr verwendet.

Flüssigkeitswiderstände werden wegen ihrer starken Temperaturabhängigkeit und wegen häufig auftretender Polarisationseffekte heute seltener benutzt. — Ferner → Hochspannungswiderstände.

Hochpaß → Kondensatorkette.

Hochpolymere → polymer.

Hochspannungsbrücken sind die gebräuchlichsten Geräte zur Messung der dielektrischen Verluste und der Kapazität (Dielektrizitätskonstante) bei

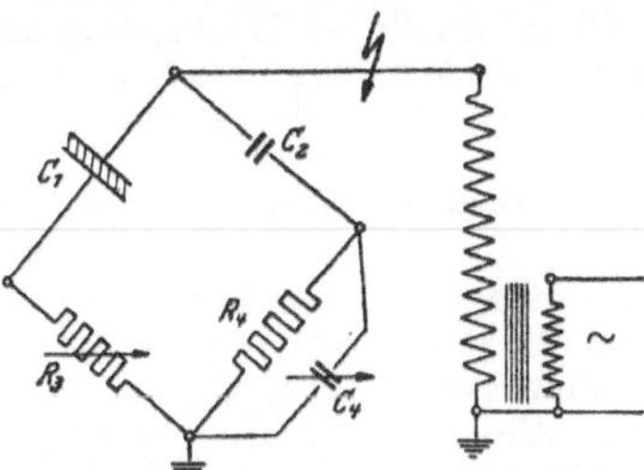

Hochspannungsbrücke nach *Schering*.

Hochspannung. Die Brücken werden als Vierzweigbrücken mit dem Prüfling und einem verlustfreien Normalkondensator (z. B. Preßgaskondensator, → Kondensatoren) in den beiden Hochspannungszweigen ausgebildet. In den beiden Niederspannungszweigen liegen entweder ebenfalls Kondensatoren oder Widerstände. Der Winkelabgleich wird durch Parallelschaltung eines Kondensators zu dem einen Widerstand oder durch Reihenschaltung eines Widerstandes zu einem der Kondensatoren erreicht. Als Beispiel ist in der Abb. die heute meist verwendete Hochspannungsbrücke nach *Schering* wiedergegeben. Bei abgeglichener Brücke ist $C_1 : C_2 = R_4 : R_3$ und $\operatorname{tg} \delta = R_4\, \omega\, C_4$.

Hochspannungsgeneratoren → Bandgenerator, → Kaskadenschaltung, → Röntgenapparate.

Hochspannungsmesser. Für Wechselspannungsmessungen werden → *Spannungswandler* mit Niederspannungsvoltmetern auf der Unterspannungsseite oder, sofern man die Scheitelspannung messen will, Meßkugelfunkenstrecken oder Ventilröhrenanordnungen verwendet (→ Scheitelspannungsmesser). Spannungsmesser, die auf Feldkräften beruhen, benutzen das Prinzip der Thomsonschen absoluten Spannungswaage; sie sind auch für Gleichspannungsmessungen verwendbar. Bei dem *Hochspannungsvoltmeter nach Starke und Schröder* werden z. B. zwei plattenförmige Elektroden verwendet, in deren einer der bewegliche Flügel eines Meßsystems in den Feldraum hineinragt. Das Meßsystem ist mit einem Spiegel versehen, dessen Drehung durch einen Lichtzeiger sichtbar gemacht wird. Auch das *Einfadenelektrometer* kann für Hochspannungsmessungen bis 50 kV hergestellt werden. Spannungsmessungen mit dem *Klydonographen* beruhen auf der Erzeugung und Auswertung von Bildern, die durch elektrische Entladung auf photographischen Schichten hervorgerufen werden. Eine Metallspitze berührt die Schichtseite eines Films, dessen andere Seite auf einer Metallplatte als Gegenelektrode aufliegt. Im Bereich von 2 bis 20 kV ergeben sich Lichtenbergsche Figuren, deren Durchmesser ein Maß für die Spannung ist und deren Form erkennen läßt, ob positive oder negative Polung der Spitze vorgelegen hatte. Da bereits Spannungen von nur $3 \cdot 10^{-8}$ s Dauer angezeigt werden, ist das Verfahren für Wanderwellenmessungen besonders geeignet.

Brion-Vieweg: Starkstrommeßtechnik V. Berlin 1933.

Hochspannungsmessungen. Messung der Spannung → Hochspannungsmesser und → Scheitelspannungsmesser. Messung der Spannungs*verteilung* bei Hochspannung durch leichte Versuchskörper, z. B. Strohhalme oder Holundermarkkügelchen, die sich in Feldrichtung einstellen, oder durch Sondenmessungen. Messung der *dielektrischen Verluste* bei Hochspannung durch wattmetrische Anordnungen und vor allem durch → Hochspannungsbrücken. Oszillographische Messungen mit dem Hochspannungs-Kathodenstrahloszillographen; → Oszillographen.

Hochspannungsvoltmeter → Hochspannungsmesser.

Hochspannungswiderstände. Als → Hochohmwiderstände für Hochspannung dienen aus Silizium gegossene Widerstandsstäbe, Massewiderstände oder mit einem Widerstandsdraht bewickelte Flachgewebebänder (bis zu 2 Ω je m). Auch Flüssigkeitswiderstände in Glasrohren werden vielfach verwendet. Bei Salzsäurelösungen in Wasser ist dabei die Abhängigkeit des Widerstandswertes von der Frequenz und der Steilheit der Stoßwellenstirn verhältnismäßig gering, da für die Elektrolytlösung, um den Wienschen Spannungseffekt niedrig zu halten, Stoffe verwendet werden müssen, die in einwertige Ionen dissoziieren. Halbleiter wie Silit, Ozelit oder Widerstandsstäbe aus Kupferoxyd oder mit kolloidalem Graphit oder kristalliner Hartkohle werden durch Stoßspannungsbeanspruchung verändert und schließlich zerstört. Winkelfreie hochbelastbare Drahtwiderstände für Meßzwecke sind bis zu 2,5 MΩ aus Manganindraht von 0,05 mm Durchmesser in bifilarer Wicklung gebaut worden und sind bis etwa 70 kV verwendbar.

Höchstdrucke. Dieser Begriff — vielleicht sogar noch durch Zusatz weiterer Vorsilben gesteigert — ist nicht eindeutig festlegbar und sollte daher zur Zeit noch vermieden werden. Während beim Vakuum eine Unterteilung der Gebiete durch das Verhältnis der freien Weglänge zu den geometrischen Abmessungen der umgebenden Wände zwangsläufig gegeben ist, ist bei Drucken oberhalb 1 at bisher kein analoges Kriterium gefunden worden. Die Drucktechnik ist noch größenordnungsmäßig hinter der Vakuumtechnik zurück. Für Laboratoriumsvakuumapparaturen liegt der Beginn eines merklichen Einflusses durch die umgebenden Wände etwa beim Verhältnis 10^6, die äußerste Möglichkeit einer Vakuummessung bei 10^{12}, d. h. absolute Drucke von 10^{-12} at sind gerade noch meßbar, während das Endvakuum, das mit einer modernen Diffusionsluftpumpe erzeugt werden kann, nicht meßbar ist. Anders beim Druck oberhalb 1 at. Erreicht ist erst das Verhältnis 10^5, d. h. die erreichten Drucke liegen bestenfalls in der Größenordnung von 100000 at. Wahrer allseitiger Druck ist wohl nur bis 30 bzw. 50000 at erreicht. Die experimentellen Schwierigkeiten sind unermeßlich groß.

Auf Laboratoriumsmaßstab angewandt, lassen sich vielleicht einige Faustregeln über das Verhalten der Materie bei höheren Drucken aufstellen. Indes hat es sich gezeigt, daß das Verhalten der Materie so mannigfaltig ist, daß sehr viele Ausnahmen von diesen Regeln auftreten. Allgemein kann man sagen, daß bei physikalischen Vorgängen eine Druckerhöhung einer Temperaturerniedrigung gleichkommt; bei Temperaturunabhängigkeit einer Erscheinung ist auch Druckunabhängigkeit wahrscheinlich. Es hat sich noch kein Anhaltspunkt ergeben, der zu einer Diskussion darüber Anlaß gegeben hätte, ob — ähnlich wie vielleicht bei der Temperatur — so auch beim Druck ein Grenzdruck erwartet werden kann. Die meisten Beobachtungen über das Verhalten der Stoffe unter Druck erstrecken sich auf die Untersuchung der elektrischen Leitfähigkeit. Das technische Ziel dieser Untersuchungen ist u. a. das Auffinden eines geeigneten Stoffes zum Bau eines Widerstandsmanometers als Grundgerät für eine Druckmessung in diesen Bereichen. Das physikalische Ziel der Druckarbeiten ist die Aufstellung einer Zustandsgleichung.

Zur Schaffung einer möglichst breiten Grundlage dafür hat vor allen *Bridgman* die Druck- und Temperatur-Abhängigkeit von Eigenschaften vieler Stoffe untersucht: Volumenkompressibilität, Umwandlungen (Schmelzen, Polymorphie), elektrische und thermische Leitfähigkeit, Thermoelektrizität und Viskosität. Die dazu nötigen Apparaturen sind von ihm entworfen und erprobt worden. Besonders schwierig gestalteten sich dabei die Absolutmessungen, die allein den Anschluß an das Gebiet im Bereich kleiner Drucke ermöglichen.

Eine Übersicht über die bisher gewonnenen Ergebnisse hat *Bridgman* in seinem Nobel-Vortrag gegeben (General Survey of certain Results in the Field of high Pressure Physics. Stockholm 1948.)

Im Bereich kleiner Drucke (unterhalb 5000 at) haben *Flüssigkeiten* eine sehr große Kompressibilität, die mit steigendem Druck stark abnimmt und wertmäßig der der Festkörper ähnlich wird. *Gase* verhalten sich oberhalb 1000 at den Flüssigkeiten gleich. Allgemein läßt sich sagen, daß die Volumenkompression der letzteren zwischen 0 und 5000 at dem Betrage nach ebenso groß ist, wie die zwischen 5000 und 50000 at. Erklärt wird diese Tatsache durch die Art, wie der Einfluß des allseitigen Druckes sich auswirkt, einmal auf den zwischen den einzelnen Molekülen vorhandenen freien Raum, außerdem auf die Gestalt der Moleküle selbst, die, vor allem nachdem sie miteinander in Berührung gebracht wurden, selbst verformt werden. Es ist das Ziel dieser Untersuchungen, in Analogie zur Theorie der Gase, das Verhalten der „idealen Flüssigkeit" kennenzulernen, wobei in dieser Beziehung auf Grund der bisher vorliegenden Ergebnisse die gewöhnlichen organischen Flüssigkeiten offensichtlich die meisten Anhaltspunkte geben, da deren Kompressibilitäten bei höheren Drucken einander sehr ähnlich werden.

Große Unterschiede dagegen treten bei *Festkörpern* auf. So ist z. B. Cs 350mal kompressibler als Diamant. Es wird erwartet, daß fester Wasserstoff und festes Helium noch kompressibler sind. Im Gegensatz zum Verhalten der Flüssigkeiten zeigt sich bei den Festkörpern eine bei allen Drucken gleichmäßige Abnahme der Kompressibilität mit dem Druck. Es entfällt bei ihnen das Auffüllen des „freien Raumes".

Es sind aber bei Festkörpern auch Abweichungen vom allgemein als normal angesehenen Verhalten gefunden worden. So nimmt z. B. bei Quarzglas bis 35000 at die Kompressibilität nicht unerheblich zu, um erst vom genannten Druck an das bei andern Stoffen als üblich gefundene Verhalten zu zeigen (Umwandlung höherer Ordnung). Auch die Kristallrichtung ist bisweilen für den Betrag der Kompression von wesentlicher Bedeutung. Zn ist in Richtung der hexagonalen Achse 8mal so kompressibel wie senkrecht zu ihr. Tellur zeigt längs der Hauptachse sogar negative Kompressibilität, dehnt sich also unter Druck in dieser Richtung aus. Theoretisch sind diese Dinge bisher nur in besonders einfachen Fällen erfaßt (NaCl-Typ von *Born*, für Atome mit einem freien Elektron, Alkali-Metalle, von *Bardeen*). Unter den durch Druck bewirkten *Phasenwandlungen* nimmt das Schmelzen (Schmelztemperatur in Abhängigkeit vom Druck) eine ähnliche Stellung ein, wie das Verdampfen (Übergang flüssig-gasförmig) in der Gastheorie. So interessiert vor allem die Frage nach der Existenz eines kritischen Gebietes. Die bisher vorliegenden Ergebnisse sind keinerlei Stütze dafür, sondern machen es im Gegenteil wahrscheinlich, daß kein kritisches Gebiet vorliegen kann (Kurve der Volumenunterschiede fest-flüssig ist konvex zur p-Achse; latente Umwandlungswärme und Volumenunterschiede müßten bei gleichem Druck und gleicher Temperatur verschwinden).

Wasser, Wismut und Gallium, die sich beim Schmelzen unter gewöhnlichem Druck zusammenziehen, zeigen in diesem Druckbereich ein gegenüber den andern Stoffen abweichendes Verhalten. Das Gitter dieser 3 Stoffe bildet sich bei höheren Drucken in ein solches normalen Typs um, und zwar Wasser bei 2000 at, Gallium bei 12000 at und Wismut bei 25000 at. Diese Stoffe sind zugleich die bekanntesten Vertreter für die Polymorphie (Umwandlung fest-fest, Auftreten einer neuen → Modifikation). Von Wismut sind z. Z. 6, von Wasser 7 und von Kampfer 11 verschiedene Modifikationen bekannt.

Während die bisher aufgeführten Umwandlungen reversibel sind (beim Nachlassen des Druckes wieder Übergang in die für den geringeren Druck stabile Form), gibt es bei einigen Stoffen auch irreversible, wie z. B. der Übergang gelben Phosphors in schwarzen; bei CS_2 ist ebenfalls eine irreversible Umwandlung gefunden worden.

Die Untersuchung der Änderung der *elektrischen* und *thermischen* Leitfähigkeit ergab, daß der Druckkoeffizient des elektrischen Widerstandes etwa 10mal größer ist als die Volumenkompressibilität. Im allgemeinen nimmt der elektrische Widerstand mit steigendem Druck ab; bei Li, Sr und Bi sowie einigen Legierungen (Cu–Mn, Ag–Mn) dagegen nimmt er zu, während er bei Cs, Rb und Ba erst ab- und dann nach Durchschreiten eines Minimums wieder zunimmt. Auch hier werden zwei verschiedene Effekte zur Erklärung herangezogen, und zwar einmal der Einfluß der Dimensionsänderungen auf die freie Weglänge der Elektronen, außerdem die Umbesetzung der → Energiebänder (Änderung der effektiven Zahl der freien Elektronen). Halbleiter, wie Se und AgS, zeigen eine Abnahme des elektrischen Widerstandes um relativ große Beträge. Die Druckabhängigkeit der Wärmeleitfähigkeit läßt sich nur schwer beobachten. Soweit experimentelle Ergebnisse vorliegen, kann mit den üblichen Einschränkungen das → Wiedemann-Franzsche Gesetz als erfüllt angesehen werden. Bei Flüssigkeiten wächst im Bereich bis 10000 at die Wärmeleitfähigkeit um den Faktor 2 bis 3, bei Wasser etwa nur um 50%. Der Zusammenhang mit der Schallgeschwindigkeit gibt eine wesentliche Hilfe für die experimentelle Durchführung und theoretische Deutung dieser Verhältnisse. Auch die *Thermoelektrizität* ist bzgl. ihres Verhaltens bei höheren Drucken noch nicht in allen Punkten geklärt. Thermoelemente aus gleichem Metall, deren Schenkel aber verschiedenen allseitigen Drucken ausgesetzt sind, wurden untersucht und eine durchaus meßbare Thermokraft gefunden.

Eine besonders hohe Druckabhängigkeit zeigt die *Zähigkeit* von Flüssigkeiten; sie ändert sich exponentiell mit dem Druck und ist stark mit den Ketten und Knäueln der Moleküle verknüpft. Bis 10000 at ändert sich die Zähigkeit von
einatomigem Hg um 30%,
einfachen Flüssigkeiten (Wasser) um das 2- bis 3fache,
Methyl-Alkohol um das 10fache,
Propyl-Alkohol um das 100fache,
Amyl-Alkohol um das 1000fache,
Eugenol um das 10^7fache.

Bei chemischen Vorgängen — hier steht die industrielle Verwertung der Druckversuche stark im Vordergrund — kann im allgemeinen erwartet werden, daß durch den Druck eine Reaktion beschleunigt wird.

Bei biologischen Vorgängen macht sich ein Anwachsen der Aktivität unter Druck bemerkbar. Neben dem einschränkenden Hinweis auf häufige Ausnahmen ist in diesem Zusammenhang noch hervorzuheben, daß bei biologischen Prozessen das Verhalten des Wassers unter hohem Druck wegen seiner Fähigkeit, in andere Modifikationen überzuwechseln, eine besondere Rolle spielt. Ferner ist die Zeit — die Dauer der Druckeinwirkung — ausschlaggebend. Häufig tritt eine Druckwirkung bei konstant gehaltenem Druck erst nach längerer Einwirkung auf.

Die Geophysik ist ebenfalls an den Hochdruckversuchen in hohem Maße interessiert bzgl. des Verhaltens der Mineralien, des Einflusses der auftretenden Scherkräfte sowie der Kenntnis der Dehnungs-Konstanten. Auch das Diamant-Problem, das vielfach den Hochdruckversuchen einen fördernden Impuls gab, hat vielen Arbeiten zugrunde gelegen, ist aber bisher bzgl. der Erzeugung künstlicher Diamanten erfolglos geblieben. Laut Gleichgewichtsbetrachtungen müßte, wenn überhaupt, eine solche Umwandlung bereits bei nicht allzu hohen Drucken (3000 bis 5000 at) möglich sein. Da sie bisher auch bei Drucken bis 400000 at nicht möglich war, ist der Weg des erhöhten Druckes wohl aussichtslos. Es fehlt offensichtlich noch die Beherrschung eines weiteren entscheidenden Faktors bei der Herstellung künstlicher Diamanten.

Von ganz anderer Größenordnung sind jene Drucke, die bis in den elementaren Aufbau der Materie eingreifen, zumal wenn zugleich die Temperatur beträchtliche Werte annimmt. Es könnten sich aus diesen Betrachtungen heraus für später Anhaltspunkte zur Unterteilung des Druckbereiches geben, in dem als erstes Kriterium das Zusammenrücken der Moleküle auf ihr Kovolum dienen könnte, also etwa vor unmittelbarer Beeinflussung der äußersten Elektronenbahnen. Das entspräche etwa einem „kondensierten" Zustand. Als weiteres Kriterium käme dann der erste Eingriff in die Struktur der Atomhülle in Frage, ohne bereits Kernumwandlungen zuzulassen. An diesem Punkt nun setzen die Überlegungen *Hunds* ein [Ergebn. exakt. Naturw. **15,** 189 (1936)]. Er untersucht die Abhängigkeit der Dichte ϱ von p und T. Da bei einigermaßen hohen Werten von Druck und Temperatur die besondere Natur des Stoffes von geringem Einfluß ist, kann in diesem Falle von einer Zustandsgleichung der Materie schlechthin gesprochen werden. *Hund* sieht vom Vorhandensein eines Gravitationsfeldes ab. Er trennt also begrifflich zwischen der Energie der Materie im Gravitationsfeld und ihrem sonstigen Energieinhalt (Gravitationspotential klein gegen c^2). Ausgangspunkt ist das thermodynamische Potential $\Phi = E + pV - TS$ (Energie, Volumen und Entropie einer gegebenen Stoffmenge). Bei Steigerung der Temperatur werden die Atome allmählich ionisiert, um bei sehr hohen Temperaturen schließlich in Elektronen und Kerne zu zerfallen. Betrachtet wird dann ein ideales Gas aus Elektronen, deren Coulombsche Kräfte dadurch unwirksam sind, daß sie sich in einer positiven Raumladung (der Kerne) bewegen (→ Elektronengas). Da eine für das ganze Gebiet gültige Zustandsgleichung mathematisch sehr verwickelt ist, werden 4 Grenzfälle, in denen die Dinge übersichtlicher erfaßt werden können, behandelt: entartet (Nullpunktsenergie groß gegen den thermischen Energieanteil), nicht entartet (Nullpunktsenergie klein gegen den thermischen Energieanteil). Beide Gruppen werden unterteilt in nicht relativistisch (Geschwindigkeit der Elektronen klein gegen die Lichtgeschwindigkeit) und relativistisch (Geschwindigkeit der Elektronen fast gleich der Lichtgeschwindigkeit).

Hund erhält für diese 4 Fälle:

1. Nichtrelativistisch, nichtentartet:

$$p_1 = n k T, \quad \Phi_1 = n V k T \log \frac{2^{1/2} \pi^{3/2} \hbar^3 p_4}{m^{3/2} (k T)^{5/2}},$$

2. Nichtrelativistisch, entartet:

$$\Phi_2 = \frac{5}{2} p_2 V, \quad p_2 = \frac{3^{2/3} \pi^{4/3} \hbar^2}{5 m} n^{5/3},$$

3. Relativistisch, nichtentartet:

$$p_3 = n k T, \quad \Phi_3 = n V k T \log \frac{\pi^2 \hbar^3 c^3 p_3}{2 (k T)^4}.$$

4. Relativistisch, entartet:

$$\Phi_4 = 4 p_4 V, \quad p_4 = \frac{3^{1/3} \pi^{2/3}}{2^2} \hbar c n^{4/3}$$

(n die Zahl der Elektronen in der Raumeinheit, $\hbar = h/2\pi$, p Partialdruck der Elektronen, c Lichtgeschwindigkeit, k Planck-Boltzmannsche Konstante, m Elektronenmasse, M Protonenmasse).

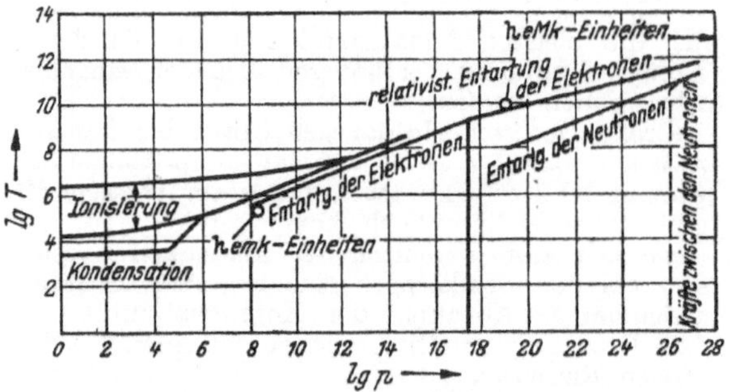

Abb. 1. Wichtige Grenzlinien im p—T-Zustandsdiagramm.

Es ergeben sich die Zustandsdiagramme der Abb. 1 und 2. Die Verhältnisse sind ohne Berücksichtigung des Strahlungsdruckes dargestellt.

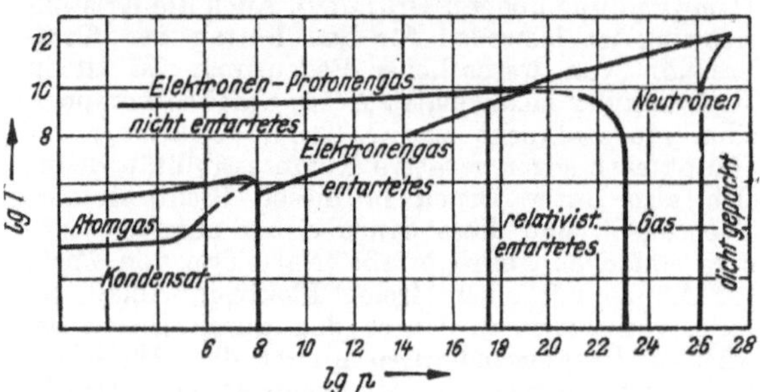

Abb. 2. Zustandsgebiete der Materie.

Sehr hohe Drucke und Temperaturen sind im Laboratorium noch nicht erreicht worden. Die von *Bridgman* erzeugten Drucke (10^5 at) sind vom Übergang der festen Körper in den Zustand der Kompressibilität des entarteten Elektronengases noch weit entfernt. Aus Überschlagsrechnungen kann geschlossen werden, daß im Erdmittelpunkt $3 \cdot 10^6$ at herrschen; d. h. das Erdinnere ist in gewöhnlichem kondensiertem Zustand, einem Gebiet, in dem die durch die Elektronen bedingten Eigenschaften der Materie nicht wesentlich von der Temperatur abhängen. Im Mittelpunkt des Jupiter kann mit einem Druck von etwa $5 \cdot 10^7$ at gerechnet werden, so daß in seinem Innern ein Zustand des Übergangs zwischen Atomgas, Kondensat und entartetem Elektronengas herrscht. Im Mittelpunkt der Sonne kann ein Druck von $2{,}5 \cdot 10^{11}$ at angesetzt werden; also ist dort die Materie noch im Gebiet des nicht entarteten Elektronengases. Für den Siriusbegleiter (einen → weißen Zwerg) wird ein Mittelpunktsdruck von etwa 10^{17} at berechnet (Übergangsgebiet zum relativistisch entarteten Elektronengas).

Höchstdrucklampe → Quecksilberdampflampe.

Hochstrombogen. Bei Gleichstrombögen zwischen homogenen oder Dochtkohlen (→ Beckbogen) setzt oberhalb einer Anodenbelastung von 100 bis 150 A · cm^{-2} (etwa das 2- bis 5fache der üblichen Belastung von Kohlelichtbögen) eine stürmische Verdampfung von Anodenmaterial ein, da die der Anode von den einströmenden Elektronen zugeführte Leistung nicht mehr vollständig durch Wärmeleitung und Konvektion abgeführt werden kann. Der → Abbrand, der im Niederstrombogen hauptsächlich durch chemische Reaktionen (Verbrennung) erfolgt, steigt von dem hierdurch bedingten Wert von ~ 1,2 mg · s^{-1} nach Überschreiten der kritischen Anodenbelastung infolge der Verdampfung etwa linear mit dem Strom an und erreicht bei 100 A je nach der Kohlensorte Werte von 10 bis 50 mg · s^{-1}. — Die Charakteristik ist im Hochstromgebiet wegen stark steigender Charakteristik des (anomalen) Anodenfalls ebenfalls steigend. Der aus der Anode hervorbrechende Dampf wird im Anodenfall je nach Stromdichte und Anodenmaterial (Dochtfüllung) auf 5000 bis 7000 °K aufgeheizt und strömt mit Geschwindigkeiten von 10 bis 50 m · s^{-1} als thermisch leuchtende Anoden- oder positive Flamme (auch Beckflamme) aus dem Krater heraus. Die Erhöhung des Anodenfalls und die steigende Anodenfallcharakteristik beruhen darauf, daß das durch den Dampfstrahl fortgeblasene und gestörte Bogenplasma (→ Plasma) regeneriert werden muß. Bei Stromstärken über 100 A bildet sich das Bogenplasma, das bei kleineren Strömen noch räumlich ausgedehnt in die positive Flamme einmündet, zu einem engen Entladungsschlauch (kontrahierte Säule) um, der als negative Stichflamme (Kathodenflamme) mit weißlich-grünlichem Kern und rötlichem Saum aus dem Kathodenbrennfleck herausschießt und die Anodenflamme beiseite bläst [*Rohloff:* Reichsber. f. Phys. **1**, 216 (1944)]. Die Kontraktion erfolgt thermisch unter wesentlicher Mitwirkung des Eigenmagnetfeldes des Säulenstroms [*Tonks:* Phys. Rev. **56**, 360 (1939)]. Abb. 1 gibt schematisch nach *Finkelnburg* die Struktur des typischen Hochstrombogens: *1* Anodenfallgebiet, in dem die Aufheizung der Anodenflamme erfolgt, *2* negative Stichflamme mit Mantel, kontrahierte Bogensäule, *3* Ladungstransportzone in der Anodenflamme, durch Dampfstrom turbulent gestörtes und dadurch an der Kontraktion gehindertes Plasma, *4* Anodenflamme, nicht am Stromtransport beteiligt, Abkühlung durch Strahlung. Je nach den äußeren Bedingungen und dem gewählten Dochtmaterial sind ruhig brennende, stark zischende und knatternde Formen des Bogens zu beobachten, die sich auch in der Charakteristik erheblich unterscheiden (Abb. 2).

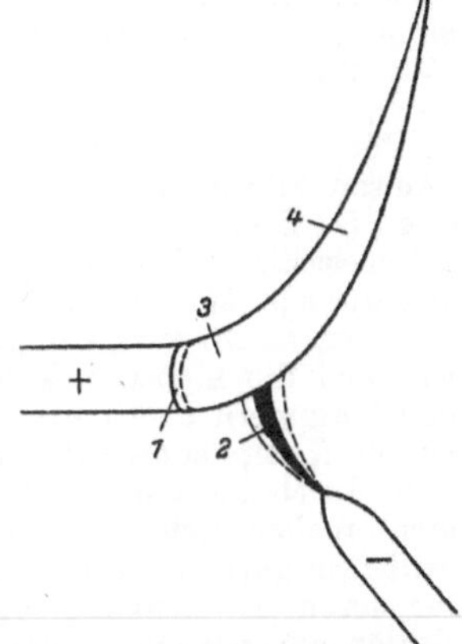

Abb. 1. Hochstrombogen schematisch (nach *Finkelnburg*). *1* Anodenfallgebiet, *2* negative Stichflamme (Kern und Mantel) = kontrahierte Säule, *3* Ladungstransportzone der Anodenflamme = gestörte Säule, *4* Anodenflamme, nicht am Stromtransport beteiligt.

Da zu der Strahlung des Kratergrundes noch die Strahlung der im Krater vorhandenen hocherhitzten

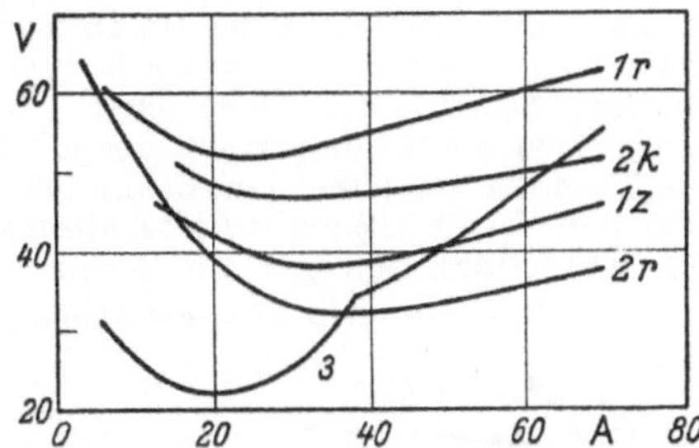

Abb. 2. Charakteristiken von Hochstrombögen (nach *Finkelnburg*). *1r* Homogenkohle ruhig, *1z* Homogenkohle zischend, *2r* Kaliumsilikatdochtkohle ruhig, *2k* Kaliumsilikatdochtkohle knatternd, *3* Beckbogen mit Cerfluoriddochtkohle.

Dampfschicht kommt, steigt die Leuchtdichte mit wachsender Anodenbelastung stark an. → Beckbogen, → Gerdien-Bogen.

Finkelnburg, W.: Hochstromkohlebogen. Berlin 1948.

Hochvakuum → Vakuum.

Hochvakuumentladungsspektrum → Gasentladungsspektrum.

Hochvakuumfunken → Funkenspektrum.

Hochvakuumhähne, Absperrorgane in Hochvakuumleitungen aus Glas oder Metall (Abb.). Das Küken dieser Hähne muß mit → Vakuumfett abgedichtet werden.

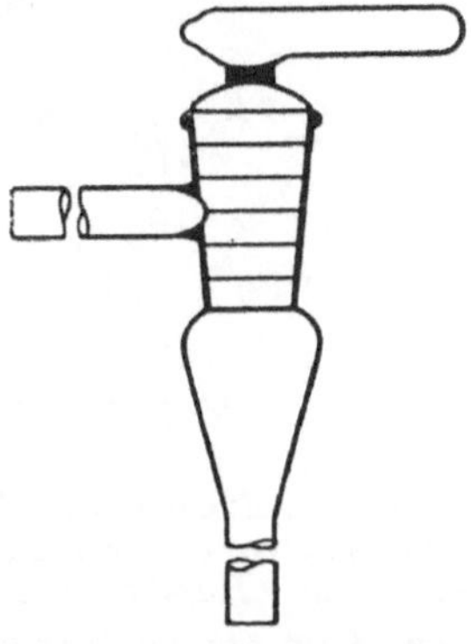
Hochvakuumeckhahn aus Glas.

Normblatt DIN 12557.

Hochvakuumventile. In weiten Hochvakuumleitungen verwendet man statt der → Hochvakuumhähne als Absperrorgane Ventile in verschiedenen Ausführungsformen (Abb.). Dabei haben nur das Klappventil und das Schiebeventil die Eigenschaft, in geöffnetem Zustand einen völlig freien Durchgang zu ermöglichen.

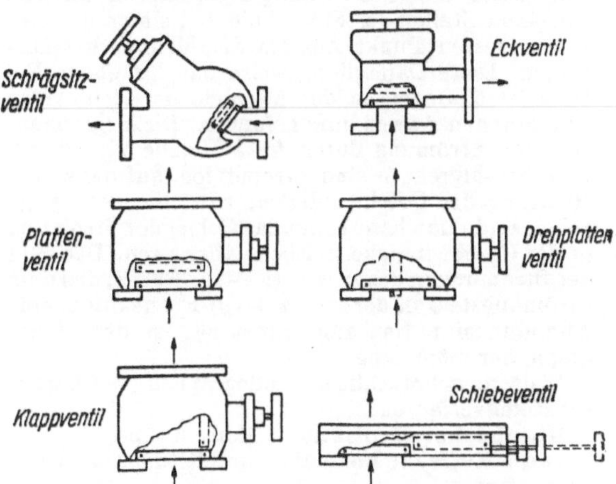

Die verschiedenen Typen der Hochvakuumventile.

Hodograph *(Geschwindigkeitskurve).* Bedeutet t die Zeit, und trägt man von einem Bezugspunkt P_0 aus den Ortsvektor $\mathfrak{r}(t)$ eines sich bewegenden Massenpunktes P ab, so stellt die Gesamtheit der Endpunkte von $\mathfrak{r}(t)$ die Bahn des sich bewegenden Punktes dar. Seine → Geschwindigkeit $\mathfrak{v} = \dot{\mathfrak{r}}(t)$ wird durch einen Vektor dargestellt, der die Richtung der Tangente im jeweiligen Bahnpunkt hat. Trägt man den Vektor $\mathfrak{v}(t)$ unter Beibehalten seiner Richtung und seines Betrages von einem neuen Punkt $\bar{P}_0$ ab (Abb.), so stellt die Gesamtheit seiner

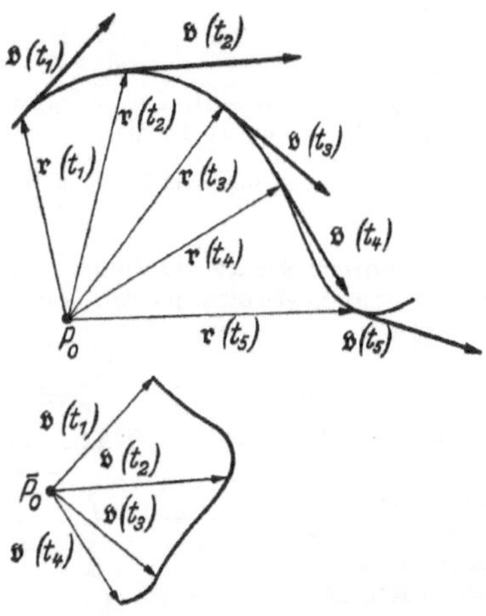

Bahnkurve und Hodograph.

Endpunkte eine neue, als Hodograph oder Geschwindigkeitskurve der Bewegung von P bezeichnete Kurve dar *(Hamilton).* Durchläuft P die tatsächliche Bahn, so läuft sein Bildpunkt $\bar{P}$ auf dem Hodograph. Er hat dabei eine Geschwindigkeit $\dot{\mathfrak{v}}(t) = \ddot{\mathfrak{r}}(t)$, die gleich dem → Beschleunigungsvektor $\mathfrak{b}(t) = \dot{\mathfrak{v}}(t)$ der Bewegung von P ist.

In einem *Stromfaden* ändert sich im allgemeinen die Geschwindigkeit nach Richtung und Größe. Man kann die Geschwindigkeitsvektoren an den einzelnen Stellen der Stromlinie von einem gemeinsamen festen Punkt aus als Strahlenbüschel auftragen. Diese Darstellungsweise hat für ebene Potentialströmungen in der Methode der konformen Abbildungen Anwendung gefunden. Die Begrenzungen der Strömung durch feste Wände und durch freie Strahlgrenzen sind Stromlinien, auf denen die Richtung der Geschwindigkeit bzw. ihr Betrag gegeben sind. Man kann somit das Gebiet der Strömung in der Geschwindigkeits-Ebene abgrenzen. Das Bild der Strömung in dieser $w = (u - iv)$-Ebene, das dem Strömungsfeld in der $z = (x + iy)$-Ebene durch eine Abbildungsfunktion zugeordnet ist, ist der Hodograph der Strömung.

Weitere gebräuchliche Hodographen → Charakteristikenverfahren.

Höeghscher Meniskus → Meniskuslinse.

van't Hoffsche Formel → Halbleitung, → Ionenleiter, feste.

van't Hoffscher Reaktionskasten, ein Musterbeispiel der in der Thermodynamik benutzten Gedankenexperimente, dient zur Berechnung der Affinität einer chemischen Reaktion durch Ermittlung der bei reversibler, isothermer Führung der Reaktion im idealen Gaszustand nach außen abgegebenen maximalen Arbeit.

Der gedachte Kasten ist ein Reaktionsgefäß, das mit Zylindern in Verbindung steht, in denen Kolben reibungslos bewegt werden können. Für jeden Reaktionspartner ist ein Zylinder vorgesehen, der vom Reaktionsgefäß durch eine semipermeable Wand getrennt ist, die nur für diesen Reaktionspartner durchlässig ist. Das Gedankenexperiment besteht darin, daß man die in ihren Zylindern befindlichen Ausgangsstoffe von den Anfangsbedingungen durch reversible Verschiebung der Kolben auf den Druck bringt, der ihrem Partialdruck im Gleichgewicht entspricht, und dann einen molaren Umsatz im Reaktionsgefäß vor sich gehen läßt, wobei unter geeigneter Bewegung der Kolben die jeweils benötigte Molzahl der Ausgangsstoffe in den Kasten eintritt, während die Reaktionsprodukte durch die ihnen zugeordneten semipermeablen Wände unter entsprechender Bewegung der Kolben unter ihrem Partialdruck in ihre Zylinder eintreten. Nach Abschluß des Umsatzes ist es nur noch nötig, die Reaktionsprodukte von dem Gleichgewichtsdruck durch Kolbenbewegung auf die für sie vorgesehenen Bedingungen zu überführen. Für das Ergebnis der Rechnung → Affinität.

Eucken, A.: Grundriß d. Physikal. Chemie. Leipzig 1948.

van't Hoffsche Regel → Reaktionsgeschwindigkeit.

Hoffmannsche Stöße, die in einer Ionisationskammer gemessenen plötzlichen Übergänge einer relativ großen Ionenmenge (10^5 bis 10^9 Ionenpaare), die durch das gleichzeitige Durchsetzen der Ionisationskammer durch viele Elektronen oder auch einige Kerntrümmerteilchen entstehen. In ersterem Fall ist ein solcher Stoß mit einem → Schauer identisch, der z. B. auch mit mehreren Zählrohren oder in der Nebelkammer gemessen werden kann. Im zweiten Fall entspricht er einem Zertrümmerungsstern (→ Sterne in photographischen Platten). Ionisationsstöße, welche durch direkt aus der Luft oder aus dünnen Materialschichten kommende Korpuskeln verursacht sind, entsprechen den Luftschauern, während die hinter dicken Materialschichten über den Kammern beobachteten Stöße nicht durch die weiche Komponente der kosmischen Strahlung, sondern durch die harte ausgelöst sein müssen. Auch hier ergeben sich, ähnlich wie bei den Schauern, Stöße aus durchdringenden Korpuskeln (→ Mesonen), für deren Entstehungsvorgang noch keine genaue Erklärung gegeben werden kann. Die Häufigkeitsverteilung der Stöße ist abhängig von der Stoßgröße, d. h. von der die Kammer durchsetzenden Korpuskelzahl, also bei den Stößen aus Luft (Luftstöße) abhängig von der Flächendichte der Korpuskeln. Bezeichnet man mit $H(n)$ die Häufigkeit für alle Stöße, zu deren Erzeugung mindestens n Korpuskeln notwendig sind, so ergibt sich ein Zusammenhang von der Form $H(n) \sim n^{-z}$. Der Exponent z liegt bei den großen Luftstößen etwa bei 2, während er bei kleinen Stößen, die sich nicht über große Flächen erstrecken (Kerntrümmereffekte ?), auf 3 bis 4 ansteigt. Aus diesen Stoßgrößenverteilungskurven kann unmittelbar das Energiespektrum der sie erzeugenden Korpuskeln erschlossen werden.

Welche Anteile der kosmischen Strahlung besonders zur Erzeugung der Stöße beitragen, ist zur Zeit noch nicht in allen Einzelheiten geklärt. Aus dem sehr raschen Ansteigen der Stoßhäufigkeit mit der Höhe (der → Höheneffekt für Stöße ist wesentlich größer als der für das ganze Strahlengemisch oder für die Vertikalstrahlung) muß geschlossen werden, daß besonders die weiche Komponente für diesen Teil verantwortlich ist. Andererseits weisen die Stöße hinter großen Absorberdicken auf die Mesonenkomponente als Ursache für diese Stöße hin.

Literatur → kosmische Strahlung.

Hoffnung, mathematische → Erwartung.

Höhenbestimmung der Ionensphärenschichten, beruht auf der Reflexionsfähigkeit der Ionosphäre für Radiowellen. Man benützt heute durchweg die → *Echolotungs*-(Impuls-)Methode von *Breit* und *Tuve* (1928) und mißt die Laufzeit von Wellengruppen, die an der Ionosphäre reflektiert werden. Die Methode der *Frequenzvariation* von *Appleton* (1925), mit der erstmalig der direkte Nachweis von reflektierenden Schichten in der hohen Atmosphäre erbracht wurde, hat nur noch historisches Interesse. Bei ihr wird die Frequenz einer ungedämpften Welle in einem gewissen Bereich kontinuierlich geändert. Am Empfänger entstehen dann charakteristische Schwebungen durch die Änderung des Gangunterschiedes zwischen direkter und reflektierter Welle. Ist n die Zahl der Schwebungen, die bei einer Frequenzvariation Δf beobachtet wird, so ist die Laufzeitdifferenz $\tau = n/\Delta f$. Die Ergebnisse beider Methoden sind identisch.

Höheneffekt *(Tiefeneffekt).* Unter den *Höhenkurven* bzw. *Tiefenkurven* der → kosmischen Strahlung versteht man den Zusammenhang zwischen

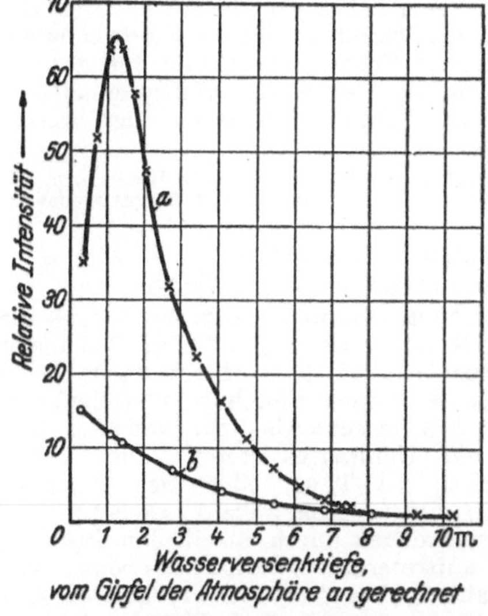

Abb. 1. Verlauf der Vertikalintensität in der Atmosphäre in mittleren geomagnetischen Breiten, gemessen mit senkrechten Zählrohrkoinzidenzen: a) Gesamtstrahlung (*Pfotzer*), b) harte Komponente (*Schein*).

der Änderung der Strahlungsintensität und der Änderung der Höhe der Beobachtungsstation über dem Meeresniveau bzw. der Tiefe der Absorberschicht, vom Beginn der Atmosphäre an gerechnet. Diese Änderung ist verschieden, je nachdem ob man das gesamte Strahlengemisch, die harte Komponente allein (10 cm Blei durchdringend), die weiche Komponente allein oder die Schaueranteile betrachtet, ferner ob man dabei die aus allen Richtungen einfallenden Korpuskeln zur Messung benutzt oder sich nur auf die vertikal einfallenden Strahlen beschränkt. Abb. 1 zeigt den Verlauf der mit senkrechten Zählrohrkoinzidenzen in mittleren geomagnetischen Breiten gemessenen Verlauf der Vertikalstrahlung, einmal des gesamten Strahlengemischs und dann nur den des durchdringenden Anteils. Nach den in der letzten Zeit mit Raketen ausgeführten Messungen ist die obere Kurve folgendermaßen zu ergänzen: Von dem in etwa 16 bis 18 km Höhe (bei etwa 1 m Wasseräquivalent) erreichten Maximum fällt die Kurve mit zunehmender Höhe über dem Erdboden wieder ab und bleibt von etwa 50 km Höhe ab bis zu der erreichten Maximalhöhe von 160 km mit rund 40 bis 50% der Maximumintensität konstant. Die in diesem Bereich (50 bis 160 km) gemessene Ionisation ist demnach durch die primären Bestandteile hervorgerufen, die aus sonstigen Gründen (→ Ost-West-Effekt) überwiegend (70%) als Protonen mit geringen Beimengungen von schwereren Teilchen und mit dem Rest als positive und

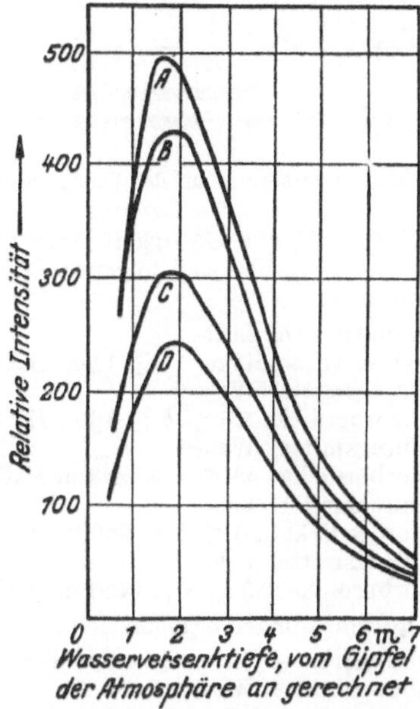

Abb. 2. Höhenkurven der ungefilterten Vertikalstrahlung in verschiedenen geomagnetischen Breiten (*Millikan* u. Mitarbeiter). A: 45 bis 51° N, B: 41° N, C: 25° N, D: 3 bis 15° N.

negative Elektronen angenommen werden. Das Maximum wird durch Sekundärprozesse in der beginnenden Atmosphäre hervorgerufen, insbesondere durch die Entstehung von Mesonen und die Ausbildung von Elektronenkaskaden. Die aus Elektronen bestehende weiche Komponente nimmt mit zunehmender Absorberdicke der Luftmassen rasch ab. Im Meeresniveau beträgt ihre Intensität nur noch etwa 5 bis 10% der gesamten Ionisation. Die harte Komponente, aus Mesonen bestehend, zeigt Kurve b der Abb. 1. Auch dort müßte, da die Mesonen ja erst in der Atmosphäre entstehen, ein Maximum der Intensität erwartet werden, das aber bisher noch nicht gefunden ist. Ihre Intensität überwiegt von mittleren Höhen und besonders vom Meeresniveau an ausschließlich. Daß bei solchen Höhenkurven wegen des Breiteneffekts die gemessenen Intensitäten stark von der geomagnetischen Breite des Beobachtungsortes abhängen, zeigt Abb. 2. Dem gesamten Intensitätsverlauf der Vertikalstrahlung bis zu größeren Höhen und Tiefen überblickt man am besten in Abb. 3, wo beide Achsen logarithmisch geteilt sind. Als Ordinate ist das Verhältnis der gemessenen Intensität gegenüber der Intensität in Meereshöhe aufgetragen. Es zeigt sich, daß eine Darstellung in Potenzfunktionen der

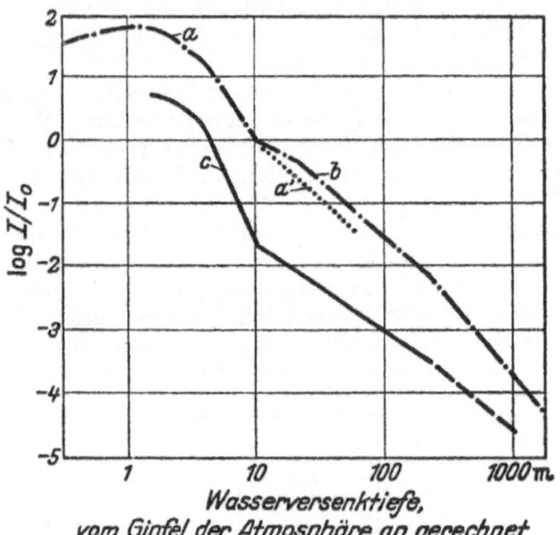

Abb. 3. Intensitätsverlauf der Vertikalstrahlung.

Form $N(d) = N_0\, d^{-z}$ Gültigkeit über größere Bereiche hat. Es ergeben sich folgende Werte für den Exponenten z:

Schwächungsmittel Luft
bei Absorberdicke $h \geqq 11$ m H_2O $z = 1{,}87$
Schwächungsmittel Wasser
bei Absorberdicke $13 \leqq h \leqq 43$ m H_2O $z = 1{,}56$
Schwächungsmittel Wasser
bei Absorberdicke $43 \leqq h \leqq 243$ m H_2O $z = 1{,}87$
Schwächungsmittel Fels
bei Absorberdicke $20 \leqq h \leqq 250$ m H_2O $z = 1{,}77$
Schwächungsmittel Fels
bei Absorberdicke $250 \leqq h \leqq 1420$ m H_2O $z = 2{,}52$.

Bei Schauermessungen ergeben sich folgende Werte:

Schwächungsmittel Luft $h \geqq 350$ Torr $z = 5$
Schwächungsmittel Wasser
$10 \leqq h \leqq 243$ m H_2O $z = 1{,}4$.

Einige Anomalien beim Übergang von einem zum anderen Medium werden als Übergangseffekte gedeutet. Man erkennt deutlich das Vorhandensein zweier Anteile, des weichen und des harten. Vom Meeresniveau an ist der harte Anteil so gut wie ausschließlich übrig. Vielleicht ist die Ionisation in Tiefen über 250 m Wasser noch durch eine allerdings sehr intensitätsarme Komponente von neutralen Teilchen hervorgerufen (Neutrinos, evtl. auch Neutrettos).

Literatur → kosmische Strahlung.

Höhenformel, barometrische → Barometerformel, → statische Grundgleichung der Atmosphäre.

Höhenklima. Unter den zahlreichen Problemen zwischen der Physik der Atmosphäre und den Reaktionen von Pflanzen, Tieren und Menschen nimmt die Erforschung des Höhenklimas und seiner Wirkungen einen bevorzugten Platz ein. Eine beträchtliche Anzahl von Forschungsinstituten hat sich die Klärung dieser Verhältnisse zur Hauptaufgabe gemacht. Grundlegend waren die Forschungen von *Karl Dorno* in Davos, dessen Arbeiten dort von *Mörikofer* weitergeführt werden. Die biologischen Wirkungen erschöpfen sich nicht in Sauerstoffmangel und dem veränderten Strahlungsklima, sondern es sind noch andere Faktoren dabei beteiligt.

Höhenmessung, barometrische, erfolgt unter Anwendung der barometrischen Höhenformel. → statische Grundgleichung der Atmosphäre.

Höhensonne, Quarzquecksilberlampe mit intensiver UV-Strahlung, insbesondere für medizinische Zwecke. → Gasentladungsspektrum.

Höhenstrahlung, ältere, aber noch häufig benutzte Bezeichnung der → kosmischen Strahlung.

Höhenstufe, barometrische → statische Grundgleichung der Atmosphäre.

Hohlanodenröhren → Röntgenröhren.

Hohlkathoden. Stehen zwei ebene Kathoden parallel in solchem Abstand einander gegenüber, daß die negativen Glimmlichter ineinanderfließen, so nehmen sie eine erheblich größere Stromdichte auf als eine Einzelkathode bei gleichem Druck und Kathodenfall. Derselbe Einfluß zeigt sich an konkav gekrümmten Kathoden, wie Zylinder- und Kugelkathoden. Solche Hohlkathoden liefern sehr starke Ströme bei mäßigem Kathodenfall. Erklärung: Begünstigung der Ionisierung, da bei umschlossenem Glimmlicht nur wenige Träger, Lichtquanten und metastabile Atome der Entladung durch seitliche Diffusion verloren gehen.

Lompe, A., R. Seeliger u. *E. Wolter:* Ann. Phys. (5) **36**, 9 (1939).

Hohlkathodenspektrum → Gasentladungsspektrum.

Hohlleiter, Rohre mit leitenden Innenwänden und beliebigem, aber konstantem Querschnitt. Sie dienen bei sehr hohen Frequenzen (λ in der Größenordnung des Durchmessers) zur Fortleitung elektromagnetischer Energie als Ersatz für gewöhnliche Leitungen. Die technisch interessierenden Hohlleiterformen haben rechteckigen oder kreisrunden Rohrquerschnitt.

Meinke, H. H.: Felder u. Wellen in Hohlleitern. München 1949. *Gundlach, F. W.:* Grundlagen d. Höchstfrequenztechnik. Berlin 1950.

Hohlmaße → Raummaße.

Hohlraumbildung → Kavitation.

Hohlraumresonatoren. Abgeschlossene metallische Hohlräume lassen sich für Wellenlängen von der Größenordnung ihrer Abmessungen zu elektromagnetischer Resonanz (stehenden Wellen) anregen. Je nach den Anregungsbedingungen und der Geometrie des Hohlraums treten dabei Wellen des elektrischen (E-)Typs oder des magnetischen (H-)Typs auf (→ Rohrwellen). Gedämpft werden die Schwingungen durch die in den Begrenzungsflächen auftretenden Oberflächenströme, während eine Strahlungsdämpfung nicht vorhanden ist. Hohlräume, in denen E- bzw. H-Wellen mit verteilter elektrischer und magnetischer Energie schwingen, werden als Hohlraumresonatoren bezeichnet.

Bei beiden Schwingungstypen ist eine dreifache Mannigfaltigkeit an Schwingungsformen möglich. Sie werden entsprechend der Anzahl der Halbperioden indiziert, die bei rechteckigen Körpern längs der Kanten, bei Kreiszylindern längs Hohlraumumfang, -radiusvektor und -länge auftreten können. So bezeichnet z. B. E_{010} die elektrische, H_{111} die magnetische Grundschwingung in einem kreisrunden Hohlzylinder (Abb.).

Für Anwendungszwecke wählt man meist die Dimensionen so, daß nur ein eindeutiger Wellentyp entstehen kann. Da beim kreisrunden Hohlzylinder die Grenzwellenlänge λ_g für die H_{11}-Welle bei $\lambda_g = 1{,}71\,a$ (a = Durchmesser), für die E_{01}-Welle bei $\lambda_g = 1{,}31\,a$ liegt, stellt die H_{11}-Welle im

Bereich $1{,}31a < \lambda < 1{,}71a$ einen eindeutigen Schwingungstyp dar.

Die Dämpfung d von Hohlraumresonatoren ist sehr gering. Sie bilden daher für cm- und mm-

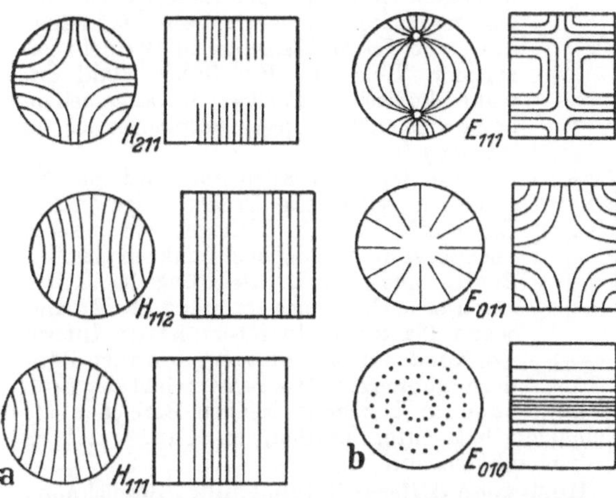

Verlauf der elektrischen Feldlinien im Hohlraumresonator mit kreisrundem Querschnitt bei verschiedenen Schwingungsformen a) von H-Wellen, b) von E-Wellen.

Wellen sehr hochwertige elektrische Schwingungskreise. Für die E_{01}-Welle entspricht d der Beziehung

$$d = R_0 \frac{2}{\omega\,\mu_0}\left(\frac{1}{l} + \frac{2}{a}\right)$$

(l Zylinderlänge, R_0 spez. Oberflächenwiderstand).

Meinke, H. H.: Felder u. Wellen in Hohlleitern. München 1949. *Gundlach, F. W.:* Grundlagen d. Höchstfrequenztechnik. Berlin 1950.

Hohlraumstrahlung. Die Strahlung des → schwarzen Körpers oder *schwarze Strahlung* wird auch Hohlraumstrahlung genannt, weil sie sich im Innern eines von strahlungsundurchlässigen, gleichtemperierten Wänden umgebenen Hohlraumes einstellt (→ Strahlungsgleichgewicht).

Hohlrohrwellen → Rohrwellen.

Hohlspiegel, *Konkavspiegel,* → Spiegel, gewölbte.

Hohlwirbel → Strudel.

Höldersche Ungleichung, eine Abart der → Schwarzschen Ungleichheit für die $2n$ Zahlen $u_i, v_i \geqq 0$ $(i = 1, 2, \ldots, n)$. Sie lautet $\sum_{i=1}^{n} u_i v_i \leqq \left(\sum_{i=1}^{n} u_i^{\alpha}\right)^{1/\alpha} \left(\sum_{i=1}^{n} v_i^{\beta}\right)^{1/\beta}$, wobei α und β zwei Exponenten > 0 sind, die der Bedingung $1/\alpha + 1/\beta = 1$ genügen müssen.

Holismus, eine von *Smuts* begründete, in England vor allem von *Haldane* vertretene biologisch-philosophische → Ganzheitslehre. Danach gliedert sich die Natur in drei „Sphären", die Psychosphäre, die Biosphäre und die Abiosphäre, und zwar derart, daß die beiden letzteren in der jeweils vorhergehenden, ihr übergeordneten Sphäre im Hegelschen Sinne „aufgehoben" sind und ihre Gesetze aus denen dieser Sphäre durch „holistische Simplifikation" (*Meyer-Abich*) ableitbar sein sollten, wenn diese einmal in ihrem vollen Umfange bekannt sein werden. Nach dieser Theorie sind die Gesetze der anorganischen Naturwissenschaften nur Sonderfälle umfassenderer biologischer Gesetze und können vollständig nur erfaßt werden, wenn sie in diesem Sinne begriffen werden. „Daß Biologie und Physik sich zu irgendeiner Zeit einmal vereinigen werden, das erscheint wohl nicht zweifelhaft. Aber wir können zuversichtlich vorhersagen, daß, wenn dieser Moment eintritt und eine der beiden Wissenschaften von der anderen aufgesogen werden wird, dieses ganz gewiß nicht die Biologie sein wird" (*Smuts*, nach *Meyer-Abich*). Seitens der Physik wird dieser Standpunkt durchweg abgelehnt, wobei aber wohl allgemein die Überzeugung vertreten wird, daß nicht etwa umgekehrt das Problem des Lebens mit den Methoden und Begriffen der heutigen anorganischen Naturwissenschaften gelöst werden kann.

Holländisches Fernrohr, auch *Galilei-Fernrohr* genannt, besteht aus einer sammelnden Objektivlinse und einer meist einfachen Zerstreuungslinse als Okular. Die Anordnung ist so getroffen, daß der bildseitige Brennpunkt des Objektives F'_1 und der objektseitige Brennpunkt der Zerstreuungslinse F_2 zusammenfallen (Abb. 1). Bei dem so entstandenen

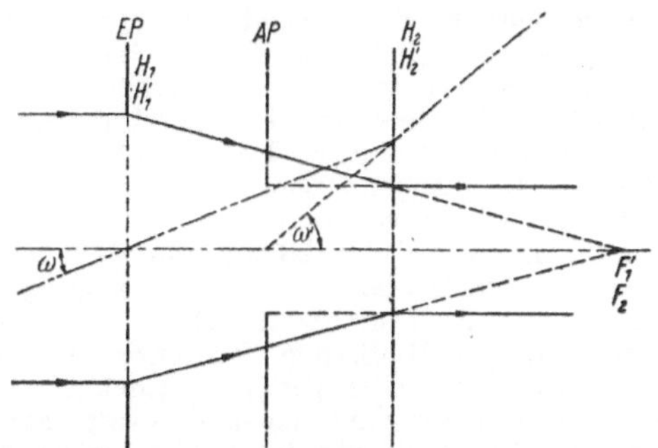

Abb. 1. Strahlengang und Strahlenbegrenzung im Holländischen Fernrohr.

teleskopischen System treten also parallel eintretende Strahlen wieder parallel aus, jedoch ist der Gesichtswinkel ω eines weit entfernten Objekts gegenüber dem Sehen ohne Fernrohr entsprechend der Fernrohrvergrößerung Γ' vergrößert. Ist ω' der scheinbare Gesichtswinkel bei Betrachtung durch das Fernrohr hindurch, die Bildbrennweite des Objektives f'_1 und die des Okulars f'_2, so ist die Fernrohrvergrößerung $\Gamma' = \operatorname{tg}\omega'/\operatorname{tg}\omega = -\frac{f'_1}{f'_2}$. Da entsprechend den optischen Vorzeichenregeln f'_2 negativ einzusetzen ist, ergibt sich ein positiver Ausdruck, was bedeutet, daß das Bild aufrecht steht.

Betrachtet man das Holländische Fernrohr allein, so ist meist die Objektivfassung Eintrittspupille EP. Das Okular, in Abb. 1 durch seine zusammenfallenden Hauptebenen H_2 und H'_2 dargestellt, entwirft davon ein zwischen Objektiv und Okular gelegenes virtuelles Bild als Austrittspupille AP. Bei Benutzung kann daher die Pupille des Auges nicht in die Austrittspupille des Instruments gebracht werden. Bei den gebräuchlichen, schwach vergrößernden Holländischen Fernrohren ist fast immer die Austrittspupille größer als die Augenpupille. In Verbindung mit dem Auge (Abb. 2) ist dann die Augenpupille Aperturblende und gleichzeitig Austrittspupille AP, und die Eintrittspupille EP des Systems Auge und Fernrohr liegt virtuell hinter dem Kopf des Beobachters. Die Objektivfassung, d. h. die Eintrittspupille des Fernrohres allein, wird dann Eintrittsluke und ihr Bild wirkt dann als Austrittsluke AL.

Diese liegt aber nicht in der deutlichen Sehweite und wird unscharf gesehen. Es tritt daher Vignettierung oder → Abschattung des Gesichtsfeldes auf.

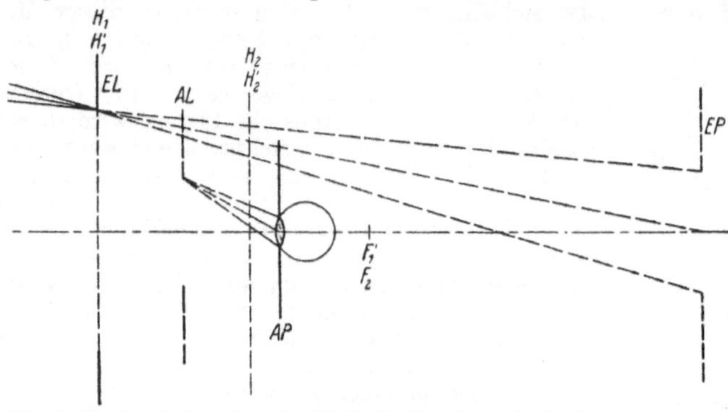

Abb. 2. Strahlenbegrenzung im Holländischen Fernrohr in Verbindung mit dem unbewegten Auge.

Alle Objektpunkte, deren Strahlenbündel die Eintrittspupille *EP* voll ausfüllen, erscheinen bis auf die Glasverluste in derselben Helligkeit wie beim freien Sehen. Das Gesichtsfeld ist durch die Objektivfassung begrenzt. Seine Größe hängt von der Entfernung der Augenpupille vom Okular, vom Durchmesser der Augenpupille, d. h. von der Beleuchtung und von der relativen Lage der Augenpupille zum Okular, also von der Bewegung des Auges um den Augendrehpunkt ab.

Vorteile des Holländischen Fernrohres sind sein geringes Gewicht, seine geringe Baulänge, seine große Lichtdurchlässigkeit und seine gute Kontrastwiedergabe. Nachteile sind das Fehlen einer scharfen Gesichtsfeldbegrenzung und das Fehlen einer einfachen Möglichkeit zur Einfügung einer Strichplatte oder eines Fadenkreuzes.

Die optische Korrektion wird gewöhnlich für das gesamte Fernrohr durchgeführt, da das Okular oft eine einfache nichtachromatisierte Linse ist.

Die Vergrößerung ist selten über 4- bis 6fach. Objektivdurchmesser sind dann 40 bis 60 mm. Holländische Fernrohre werden gelegentlich als Vorsatzglieder zur stufenweisen Veränderung der Vergrößerung anderer Systeme benutzt, indem diese Systeme entweder allein oder mit vergrößerndem oder mit umgekehrt benutztem, also verkleinerndem Holländischen Fernrohr verwendet werden. Im Kamerabau benutzt man umgekehrte Holländische Fernrohre als Newtonsucher. Hierbei ist die Negativlinse das Objektiv. Sie ist dann entsprechend dem Gesichtsfeld des Kameraobjektives viereckig. Um die Lage des Auges festzulegen, ist die dann positive Okularlinse sehr klein ausgeführt. Die Vergrößerung ist meist ~ 1/2.

Holoedrie oder *holoedrische Klasse* ist die mit der höchsten Symmetrie begabte Kristallklasse eines jeden Systems. Das sind die sieben Kristallklassen i, 2i, 22i, 32i, 42i, 62i und 43i. Alle übrigen sind → *Meroedrien* oder *meroedrische Kristallklassen*.

Holomorphie = → Homomorphie.

Holonom → Bedingungsgleichung.

Holosterikbarometer → Barometer.

Holotopie, der Zustand einer voll besetzten Elektronenschale.

Homogen heißt ein Körper, der in allen seinen Teilen aus dem gleichen und gleichbeschaffenen Stoff oder Stoffgemisch besteht, andernfalls *inhomogen*. Beispiel: Eine einheitliche Flüssigkeit ist homogen, wenn sie überall gleiche Temperatur und gleichen Druck hat, andernfalls inhomogen. Eine Lösung ist homogen, wenn der gelöste Stoff überall gleiche Konzentration hat, andernfalls inhomogen. Ob ein Körper als homogen oder als inhomogen zu betrachten ist, hängt u. U. von der Größe seiner in Betracht gezogenen Teile ab. Ein Stück Stahl ist, makroskopisch betrachtet, im allgemeinen homogen, mikroskopisch betrachtet jedoch inhomogen.

Diese Begriffe werden auch auf manche andere physikalische Größen angewendet. Ein Kraftfeld heißt homogen, wenn seine Feldstärke in allen seinen Punkten gleichen Betrag und gleiche Richtung hat. Das elektrische Feld eines genügend großen und engen Plattenkondensators ist im Innern des Kondensators homogen, an seinen Rändern inhomogen. Das Schwerefeld der Erde kann in genügend kleinen Bereichen als homogen betrachtet werden, im Ganzen ist es jedoch inhomogen.

Homogene Differentialgleichung, Bezeichnung zweier verschiedener Begriffe: 1. versteht man unter einer homogenen Differentialgleichung eine solche, in der nur Glieder auftreten, die die gesuchte Funktion y und deren Ableitungen enthalten, dagegen kein von diesen Größen freies Glied. Handelt es sich etwa um eine lineare, gewöhnliche Differentialgleichung n-ter Ordnung, so hat sie, wenn sie homogen ist, die Form $f_n(x)\, y^{(n)} + f_{n-1}(x)\, y^{(n-1)} + \cdots + f_1(x)\, y' + f_0(x)\, y = L_n(y) = 0$. Lautet dagegen die Differentialgleichung $L_n(y) = g(x)$ mit $g(x) \neq 0$, so heißt die Differentialgleichung *inhomogen*.

2. wird die Bezeichnung homogene Differentialgleichung für solche gebraucht, die die Form $y' = f(y/x)$ haben. Solche Gleichungen gehören zu den → integrablen Typen. Setzt man $y/x = z$, so heißt die allgemeine Lösung $\ln x = \int \frac{dz}{f(z) - z} + \text{const.}$

Homogene Funktionen $\varphi(x_1, x_2, \ldots, x_n)$ der n Veränderlichen x_i $(i = 1, 2, \ldots, n)$ heißen solche, die für jeden Wert von t die Bedingung $\varphi(t x_1, t x_2, \ldots, t x_n) = t^m \varphi(x_1, x_2, \ldots, x_n)$ erfüllen. Die Zahl m heißt der *Grad* der homogenen Funktion. Beispiel: $\varphi(x_1 x_2 x_3) = x_1^2 + x_2^2 + x_3^2$ und $\varphi(x_1, x_2) = a x_1^2 + b x_1 x_2 + c x_2^2$ $(a, b, c = \text{const})$ sind homogene Funktionen zweiten Grades; $\varphi(x_1, x_2, x_3, x_4) = (x_1 x_2 + x_2 x_3 + x_3 x_4)/(\sqrt{x_1^2 + x_2^2 + x_3^2} \cdot \sqrt{x_2^2 + x_3^2 + x_4^2})$ ist eine homogene Funktion vom Grade $m = 0$ usw. Ist φ eine homogene Funktion der n Variablen x_i $(i = 1, 2, \ldots, n)$ vom m-ten Grade, so gilt für sie die als Eulerscher Satz bezeichnete Relation

$$x_1 \frac{\partial \varphi}{\partial x_1} + x_2 \frac{\partial \varphi}{\partial x_2} + \cdots + x_n \frac{\partial \varphi}{\partial x_n} = \sum_{i=1}^{n} x_i \frac{\partial \varphi}{\partial x_i}$$

$= m\, \varphi(x_1, x_2, \ldots, x_n)$. Die Erfüllung dieser Beziehung ist notwendige und hinreichende Bedingung für die Homogenität von φ.

Homogenes Gleichgewicht → chemisches Gleichgewicht.

Homogene Reaktionen sind chemische Reaktionen, die innerhalb *einer* Phase verlaufen. Die wichtigsten sind die Gasreaktionen und die Reaktionen in flüssiger Lösung. → chemisches Gleichgewicht.

Homologe Elemente sind solche, die der gleichen Spalte des periodischen Systems angehören und sich demnach chemisch ähnlich verhalten, z. B. die Halogene oder die Alkalimetalle.

Homologe Kreisel, zwei schwere symmetrische Kreisel, die in allen Größen einschließlich des Anfangs-Impulsmoments übereinstimmen und sich nur in dem Trägheitsmoment um die Figurenachse unterscheiden. Dann beschreiben die Figurenachsen homologer Kreisel dieselben Kegel. Man kann also die Bewegung jedes symmetrischen Kreisels auf die Bewegung des homologen Kugelkreisels zurückführen *(G. Darboux)*.

Darboux, G.: Liouvilles Journ. de math. **1**, 403 (1885). Handb. Phys. V. Berlin 1927.

Homomorphie. Eine homomorphe Abbildung unterscheidet sich von einer → isomorphen nur dadurch, daß die Eindeutigkeit nur in einer Richtung verlangt wird. So ist z. B. die Gruppe $\mathfrak{G}$ homomorph auf die → Faktorgruppe $\mathfrak{G}/\mathfrak{g}$ abgebildet. Ist $\mathfrak{G}_1$ auf $\mathfrak{G}_2$ homomorph abgebildet, so kann also $\mathfrak{G}_2$ weniger Elemente als $\mathfrak{G}_1$ enthalten.

Ist eine Gruppe $\mathfrak{G}$ homomorph auf $\overline{\mathfrak{G}}$ abgebildet, kurz $\mathfrak{G} \sim \overline{\mathfrak{G}}$, so ist $\overline{\mathfrak{G}}$ isomorph zur Faktorgruppe $\mathfrak{G}/\mathfrak{g}$, kurz $\overline{\mathfrak{G}} \cong \mathfrak{G}/\mathfrak{g}$, wobei $\mathfrak{g}$ aus denjenigen Elementen aus $\mathfrak{G}$ besteht, denen allen das Einselement aus $\overline{\mathfrak{G}}$ zugeordnet ist.

Homöoplanasiebedingung, die bei der optischen → Abbildung eines Dingpunktes durch ein achsensymmetrisches optisches System, die nicht scharf, jedoch mit rotationssymmetrischer Kaustik (→ Abbildungsfehler) erfolgt, notwendige und eingeschränkt hinreichende Bedingung dafür, daß auch die Kaustik benachbarter Punkte rotationssymmetrisch ist, die Abbildung somit als *homöoplanatisch* (gleichmäßig) zu bezeichnen ist.

Z. Instrumentenkde. **48**, 483 (1928).

Homöopolare Bindung → kovalente Bindung, → Bindung der Materieteilchen in Kristallgittern.

Homosil geschmolzener Quarz, der keine Doppelbrechung zeigt.

Honda-Stahl, Legierung für permanente Magnete, welche von japanischen Forschern entdeckt wurde, bestehend aus Eisen, Nickel, Aluminium, Kobalt und evtl. Titan. → Oerstit.

Hönlsche Formel, dient zur Berechnung der Intensität der Multiplett-Komponenten beim → Zeeman-Effekt.

Hookesches Gesetz, die zuerst von *Hooke* auf empirischer Grundlage formulierte Aussage, daß zwischen den in einem elastischen Körper herrschenden Spannungen σ_{ik} $(i, k = x, y, z)$ und den entstandenen Deformationen ε_{ik} ein *linearer* Zusammenhang besteht. Dies gilt keineswegs streng; indessen erweist die Erfahrung, daß bei vielen Stoffen bei nicht zu starker Beanspruchung innerhalb gewisser Grenzen eine ziemlich weitgehende lineare Proportionalität zwischen Spannungen und Dehnungen besteht. Die → Elastizitätstheorie setzt absolute Gültigkeit des Hookeschen Linearitätsgesetzes voraus und setzt daher für die σ_{ik} folgende Gleichungen an: $\sigma_{xx} = c_{11}\,\varepsilon_{xx} + c_{12}\,\varepsilon_{yy} + c_{13}\,\varepsilon_{zz} + c_{14}\,\varepsilon_{yz} + c_{15}\,\varepsilon_{xz} + c_{16}\,\varepsilon_{xy}$ und 5 entsprechende für $\sigma_{yy}, \sigma_{zz}, \sigma_{yz}, \sigma_{xz}, \sigma_{xy}$. Die in diesen linearen Beziehungen auftretenden Größen c_{lm} $(l, m = 1, 2, \ldots, 6)$ heißen die Elastizitätsmoduln. Statt mit ihnen rechnet man oftmals auch mit den ihnen „reziproken" Elastizitätskoeffizienten s_{lm} $(l, m = 1, 2, \ldots, 6)$, als welche man die in den natürlich wiederum linearen Gleichungen auftretenden Konstanten s_{lm} bezeichnet, die man erhält, wenn man die Gleichungen $\sigma_{ik} = c_{11}\,\varepsilon_{xx} + \cdots$ nach den ε_{ik} auflöst. Durch die Spannungen σ_{ik} drücken sich dann die ε_{ik} wie folgt aus: $\varepsilon_{xx} = s_{11}\,\sigma_{xx} + s_{12}\,\sigma_{yy} + s_{13}\,\sigma_{zz} + s_{14}\,\sigma_{yz} + s_{15}\,\sigma_{xz} + s_{16}\,\sigma_{xy}$ und 5 analoge für $\varepsilon_{yy} \ldots \varepsilon_{xy}$. Die Gleichungssysteme $\sigma_{ik} = f(\varepsilon_{ik})$ bzw. $\varepsilon_{ik} = \varphi(\sigma_{ik})$ heißen die → Spannungs-Dehnungs- bzw. Dehnungs-Spannungs-Beziehungen. Beim allgemeinsten elastischen Körper enthalten sie scheinbar $6 \cdot 6 = 36$ verschiedene Elastizitätskonstanten. Indessen wurde von *Green* nachgewiesen, daß die Matrix der $\{c_{ik}\}$ symmetrisch ist, also $c_{ik} = c_{ki}$ gilt. Damit reduziert sich für den allgemeinsten Fall die Anzahl der Elastizitätsmoduln auf 21. Besitzt der Körper gewisse Symmetrien, so verkleinert sich die Anzahl der c_{ik} weiterhin. Beim isotropen Körper beträgt die Anzahl der voneinander unabhängigen Konstanten nur zwei. Sie werden nach *Lamé* mit λ und μ bezeichnet. Mit ihnen schreiben sich die Spannungs-Dehnungs-Beziehungen, d. h. also der quantitative Ausdruck des Hookeschen Gesetzes für den isotropen Körper: $\sigma_{xx} = 2\,\mu\,\varepsilon_{xx} + \lambda\,\Theta$, $\sigma_{yy} = 2\,\mu\,\varepsilon_{yy} + \lambda\,\Theta$, $\sigma_{zz} = 2\,\mu\,\varepsilon_{zz} + \lambda\,\Theta$, $\sigma_{xy} = 2\,\mu\,\varepsilon_{xy}$, $\sigma_{xz} = 2\,\mu\,\varepsilon_{xz}$, $\sigma_{yz} = 2\,\mu\,\varepsilon_{yz}$ $(\Theta = \varepsilon_{xx} + \varepsilon_{yy} + \varepsilon_{zz} =$ Volumendilatation). Durch Ausrechnung der ε_{ik} erhält man das Hookesche Gesetz in der als Dehnungs-Spannungs-Beziehung bekannten Form, die vorstehenden Gleichungen analog gebaut ist: $\varepsilon_{xx} = 2\,\mu'\,\sigma_{xx} + \lambda' \sum$ und zwei analoge, $\varepsilon_{xy} = 2\,\mu'\,\sigma_{xy}$, und zwei analoge mit

$$\sum = \sigma_{xx} + \sigma_{yy} + \sigma_{zz},\; 2\,\mu' = \frac{1}{2\,\mu},\; \lambda' = -\frac{1}{2\mu}\,\frac{\lambda}{2\mu + 3\lambda}.$$

Führt man statt der Laméschen Konstanten λ und μ die praktisch gebräuchlichen E (Elastizitätsmodul) und m (Poissonsche Konstante) ein, so erhält man das Hookesche Gesetz für isotrope Körper in der von der technischen Festigkeitslehre benutzten Form: $\sigma_{xx} = \dfrac{E}{1+m}\left\{\varepsilon_{xx} + \dfrac{m}{1-2m}\,\Theta\right\}$ und zwei analoge, $\sigma_{xy} = \dfrac{E}{1+m}\,\varepsilon_{xy} = 2\,G\,\varepsilon_{xy}$ und zwei analoge.

Schaefer, Cl.: Theor. Physik I. Berlin 1944. *Sommerfeld, A.:* Vorl. über theor. Physik II. Leipzig 1949.

Hopfield-Birge-Banden, Gruppe von Singulett-Bandensystemen des Moleküls CO zwischen 950 und 1730 Å, Kombinationen mit dem Molekül-Grundzustand.

Hörbarkeit in der Atmosphäre → Reichweite von Schallsignalen.

Hörbereich. Das normale menschliche Ohr ist imstande, Schallschwingungen im Frequenzbereich von etwa 20 bis 20000 Hz als Töne wahrzunehmen. Diese obere Hörgrenze wird jedoch nur von jugendlichen Personen erreicht. Luftdruckschwankungen von weniger als etwa 20 Hz werden einzeln gefühlt, ohne daß eine Tonhöhenempfindung zustande kommt. Die geringste noch wahrnehmbare Schallstärke, die → Hörschwelle, liegt bei 10^{-16} Watt · cm^{-2}, entsprechend einem Schalldruck von $2 \cdot 10^{-4}$ dyn · cm^{-2}. Als obere Grenze für die gerade noch ohne Schmerzempfindung ertragbare Schallstärke gilt die → Schmerz- oder Fühlschwelle bei etwa 10^{-4} Watt · cm^{-2}. Der von ihr und der Hörschwelle eingeschlossene Bereich ist der *Hörbereich*. In der Abbildung sind die den Hörbereich durchziehenden „Kurven gleicher Lautstärke" nach *Kingsbury* sowie *Fletcher* und *Munson (Kingsbury*-

Kurven) dargestellt; der Bereich der Umgangssprache ist schraffiert.

Trendelenburg, F.: Akustik. Berlin-Göttingen-Heidelberg 1950.

Hörbereich.

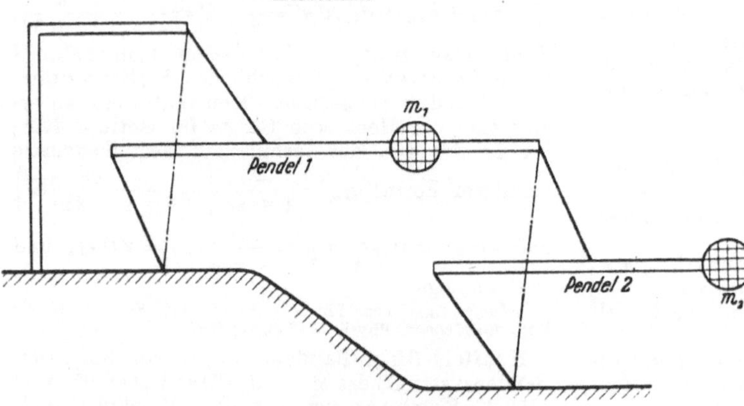

Abb. 2. Horizontaldoppelpendel.

Hörfläche, derjenige Bereich in der graphischen Darstellung der Linien gleicher → Lautstärke (→ Hörbereich) in Abhängigkeit von der Frequenz, der zwischen der → Hörschwelle und der → Schmerzschwelle liegt.

Hörfrequenz = → Tonfrequenz.

Horizont, künstlicher → Kreiselhorizont.

Horizontalantenne → Kapazitätsformeln.

Horizontalintensität, erdmagnetische → erdmagnetische Messungen.

Horizontalkreis → Halo.

Horizontalpendel, ein Pendel (Abb. 1), dessen Schwingungsebene um den kleinen Winkel i gegen die Horizontalebene geneigt ist, so daß der Schwerebeschleunigung g nur die kleine Komponente $g \sin i$ das Richtmoment liefert. Die Schwingungsdauer ist entsprechend groß. Das Horizontalpendel wird insbesondere zur Registrierung von Lotschwankungen verwendet, um die Wirkung der Gezeitenkräfte auf die Erdkruste zu beobachten, auch als Seismograph. — Eine Verbesserung des Horizontalpendels ist das

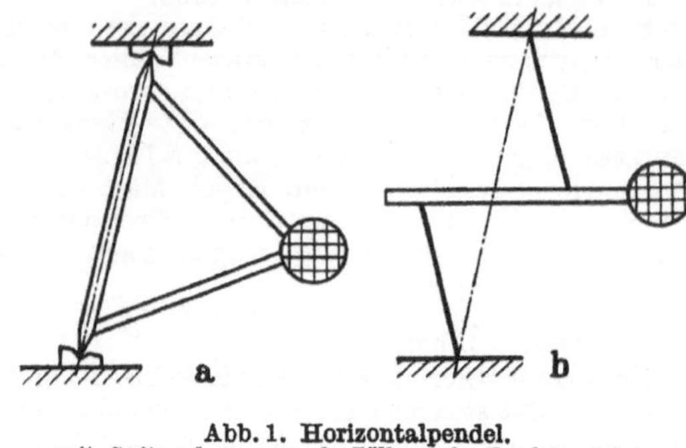

Abb. 1. Horizontalpendel.
a mit Spitzenlagerung, b *Zöllner*sche Drahtaufhängung.

aus einer Verbindung zweier solcher bestehende *Horizontaldoppelpendel* nach *Lettau* (Abb. 2).

Meißer, O.: Prakt. Geophysik. Dresden 1943. *Lettau, H.*: Z. Geophys. **13**, 25 (1937).

Hörnerblitzableiter, Überspannungsschutz bei Hochspannungsanlagen. Nach dem Überschlag wandern die Ansatzpunkte des Bogens, von den heißen Bogengasen hochgerissen, an den Bügeln hinauf. Dabei wird der Bogen auf eine solche Länge gestreckt, daß er abreißt.

Horner-Schema, ein Verfahren, das es gestattet, verhältnismäßig schnell den numerischen Wert einer ganzen Funktion $y = \sum_{\nu=0}^{n} a_\nu x^\nu$ für ein gewisses $x = x_0$ zu berechnen. Da $y = a_n x^n + a_{n-1} x^{n-1} + \cdots + a_1 x + a_0 = \{[((a_n x + a_{n-1}) x + a_{n-2}) x + a_{n-3}) + \cdots + a_1]\} x + a_0$ ist, findet man $y(x_0)$, indem man nach folgendem Schema rechnet:

a_n	$a_n x_0 + a_{n-1}$	$b_{n-1} x + a_{n-2}$	$b_{n-2} x + a_{n-3}$	$\cdots$	$b_3 x_0 + a_2$	$b_2 x_0 + a_1$	$b_1 x_0 + a_0$
a_n	$= b_{n-1}$	$= b_{n-2}$	$= b_{n-3}$	$\cdots$	$= b_2$	$= b_1$	$= y(x_0)$

Hornhaut → Auge.

Horopter, der geometrische Ort aller Punkte im Außenraum, die bei gegebener Blickstellung auf korrespondierenden Netzhautstellen der beiden Augen abgebildet werden (Total-Horopter → Binokularsehen). Vertikal-Horopter: die Gesamtheit aller Punkte im Außenraum, die bei gegebener Blickstellung auf korrespondierenden Vertikalschnitten durch die Netzhaut abgebildet werden. Entsprechend der Horizontal-Horopter, der die Form eines durch die Knotenpunkte beider Augen und den angeblickten Punkt verlaufenden Kreises besitzt (Horopterkreis).

Trendelenburg, W.: Der Gesichtssinn. Berlin 1943.

Hörsamkeit, Eignung eines Raumes für die Übermittlung akustischer Vorgänge an einen Kreis von Zuhörern. Die Güte der Hörsamkeit ist abhängig a) von der Größe und der → raumakustischen Ausgestaltung des Raumes unter Berücksichtigung des Verwendungszweckes, b) von der Besetzung des Raumes, c) von der räumlichen Anordnung von Schallquelle und Zuhörerschaft.

Hörschwelle. Das Ohr empfindet Luftschwingungen nur dann als Schall, wenn der Schalldruck einen Minimalwert, die Hörschwelle, überschreitet. Sie ist frequenzabhängig; ihr niedrigster Wert liegt für das normale Ohr bei Frequenzen zwischen 1000 und 2000 Hz mit einem Schalldruck von $2 \cdot 10^{-4}$ Mikrobar (dyn $\cdot$ cm^{-2}), dem eine Schallstärke von 10^{-16} Watt $\cdot$ cm^{-2} entspricht (Abb. bei → Hörbereich).

horse power, abgek. HP, angelsächsisches → Leistungsmaß, das der deutschen → Pferdestärke (PS) in der Technik entspricht. Das HP ist definiert als 550 → foot·pound weight/second: 1 HP $\equiv$ 550 ft·lb (wt)/s = 1,01387 PS = 745,70 W_{abs}. — Daneben ist noch ein horse power üblich, das in seiner Definition direkt an die elektrische Leistungseinheit absolutes → Watt (W_{abs}) angeschlossen ist: 1 HP_{electr} $\equiv$ 746,000 W_{abs} = 1,00040 HP = 1,01428 PS (→ Anhang III, Tabelle 4).

horse power hour, abgek. HP.hr, in der angelsächsischen Technik gebräuchliches Energiemaß. In der ursprünglichen, vom pound weight abgeleiteten Definition gilt: 1 HP.hr = 273745 kpm = $2{,}68452 \cdot 10^6$ Nm, in der „elektrischen", an das W_{abs} angeschlossenen Definition: 1 HP_{electr}.hr $\equiv$ 2685600 J_{abs}.

Hörtheorien. Zur Erklärung der Vorgänge, die zur Umsetzung von akustischen Reizen in Tonempfindungen führen, sind die verschiedenartigsten Hörtheorien entwickelt worden, von denen aber nur die peripheren, d. h. die auf das Ohr bezüglichen, nicht aber die zentralen, auf das Nervensystem bezüglichen, ein physikalisches Interesse beanspruchen. Die peripheren Theorien nehmen allgemein das Innenohr, speziell die Schnecke (cochlea), als Transformationsorgan für die Umwandlung von Schall in Nervenreize an, wobei der Basilarmembran überragende Bedeutung zukommt, da an ihr der Hörnerv ansetzt. Im einzelnen unterscheidet man: 1. Die *Resonanz-* oder *Einortstheorie (Helmholtz),* bei der die Basilarmembran als ein System von nahezu kontinuierlich verteilten Resonatoren in Form von quergespannten Fasern verschiedener Eigenfrequenz angesehen wird, 2. die *Vielortstheorie (Ewald),* nach der sich auch bei einer sinusförmigen Schallschwingung auf der Basilarmembran mehrere eng begrenzte Zonen maximalen Mitschwingens ausbilden sollen, die mit zunehmender Frequenz näher aneinanderrücken, 3. die *Schallbildertheorie* (*Hurst, Bonnier* u. a.), die sich auf die Konfiguration der ungestörten Welle im Innenrohr stützt, 4. die *Jungsche Theorie* (Berücksichtigung der Viskosität und des → akustischen Widerstandes der Schneckenflüssigkeit), 5. die *Wirbeltheorie (v. Békésy),* die hydrodynamische Effekte zur Erklärung heranzieht, 6. die *Gleichrichter-Theorie* (*Stowell* u. *Deming*) und 7. die *Gleichrichter-Resonanztheorie (Ranke),* die eine Erweiterung der Einortstheorie unter Berücksichtigung der Flüssigkeitsschwingungen in der Schnecke ist, 8. die elektrophysiologische *Salventheorie (Wever),* in der ein Zusammenwirken von peripherer und zentraler Analyse angenommen wird. Es ist indes noch nicht gelungen, eine mit *allen* Beobachtungen vereinbare Theorie zu finden.

Jung, H.: Akust. Z. **5**, 268 (1940). *Trendelenburg, F.:* Klänge u. Geräusche. Berlin 1935. *Wever, E.G.:* Theory of Hearing. New York u. London 1949.

l'Hospitalsche Regel → unbestimmte Formen.

HP, Symbol für die in den englischsprechenden Ländern übliche Leistungseinheit → horse power.

Hph, Symbol für die Einheit Hefner-Phot der spezifischen Lichtausstrahlung (→ Phot, → Lichteinheiten).

HP.hr, Symbol für die in den englischsprechenden Ländern übliche Energieeinheit → horse power hour.

Hsb, Symbol für die Leuchtdichteeinheit Hefner-Stilb (→ Stilb, → Lichteinheiten).

H-Strahlen. Bei ihrem Durchgang durch wasserstoffhaltige Substanzen (Wasser) erzeugen energiereiche α-Teilchen durch Stoß H-Kerne, also Protonen, die infolge ihrer hohen Energie ionisierend wirken und eine höhere Reichweite haben als die α-Teilchen. Auch die bei der Umwandlung von Stickstoff in Sauerstoff durch α-Strahlen erzeugten Protonenstrahlen wurden ursprünglich als H-Strahlen bezeichnet.

H-Theorem *(Boltzmann),* gibt die Grundlage der kinetischen Ableitung des 2. Hauptsatzes der Wärmelehre. Auf Grund der Boltzmann-Gleichung der → kinetischen Gastheorie konnte *Boltzmann* (1872) zeigen, daß es eine Funktion H der Verteilungsfunktion f der Moleküle gibt, die im Mittel nur abnehmen kann: $dH/dt \leqq 0$. Das Gleichheitszeichen gilt nur dann, wenn thermodynamisches Gleichgewicht im Gas vorhanden ist (Maxwell-Verteilung). Die Funktion H ist definiert durch:

$$H = \int f \ln f \, d\omega,$$

wobei über den ganzen Geschwindigkeitsraum zu integrieren ist. Das H-Theorem enthält den 2. Hauptsatz der Thermodynamik, da zwischen der Entropiedichte S und H im Gleichgewicht die Beziehung besteht: $S = -kH$ (k Boltzmannsche Konstante).

Die Haupteinwände der Zeitgenossen *Boltzmanns* gegen das H-Theorem waren: *Zermelos* → Wiederkehreinwand und *Loschmidts* → Umkehreinwand. Die begriffliche Klärung der statistischen Grundlagen des H-Theorems verdankt man insbesondere *P. Ehrenfest* und *M. von Smoluchowski*. Der Boltzmannsche Beweis des H-Theorems stützt sich auf einfache Molekülmodelle einatomiger Gase. Einen allgemeineren Beweis (ebenfalls auf klassischer Basis) für mehratomige Moleküle gab 1887 *H. A. Lorentz*. Den allgemeinen Beweis auf quantenmechanischer Basis gab 1928 *W. Pauli*. In neuester Zeit gaben *M. Born* und Mitarbeiter einen Beweis des H-Theorems für einatomige Flüssigkeiten.

Die Bedeutung des H-Theorems liegt nicht nur in der statistischen Begründung des 2. Hauptsatzes der Thermodynamik, sondern auch darin, daß es gestattet, allgemeine Aussagen über Zustände zu machen, die vom thermodynamischen Gleichgewicht weit entfernt sind.

Chapman, S., u. *T. G. Cowling:* Mathemat. Theory of Non-uniform Gases. Cambridge University Press 1939. *Pauli jr., W.:* Probleme d. modernen Physik. Leipzig 1928. *Green, H. S.:* Proc. Roy. Soc., Lond. **189**, 103 (1947).

Hubble-Konstante, die Expansionskonstante, → Expansion des Weltalls.

Hübl-Zahl → Dichte lichtdurchlässiger Schichten.

Hufeisenmagnet. Permanente Magnete aus Magnetstahl müssen zur günstigsten Ausnutzung eine verhältnismäßig langgestreckte Form besitzen. Wünscht man ein starkes Feld auf kleinem Raum zu erzeugen, so ist Hufeisenform günstig, weil dann die beiden Pole nahe beieinander stehen.

Hufeisenwirbel. Die Tragflügeltheorie ergibt ein der Potentialströmung vom Tragflügel aufgeprägtes Wirbelsystem, das in vereinfachter Darstellung aus dem an den Flügel „gebundenen" Wirbel, aus den beiden freien Wirbeln, die mit einander entgegengesetztem Drehsinn von seinen Enden nach hinten abströmen, und aus dem → Anfahrwirbel besteht. Da dieser im Anfahrzustand mit der Strömung abwandert, verbleibt für die stationäre Strömung ein hufeisenförmiges Wirbelgebilde, dessen Zirkulation durch die Zirkulation des Tragflügels bestimmt ist (Abb. 1). Die erweiterte Theorie ergibt an Stelle des hufeisenförmigen Einzelwirbels eine Unstetigkeitsfläche hinter der Hinterkante der Tragfläche, die erst weiter stromabwärts in die beiden freien Einzelwirbel übergeht (Abb. 2).

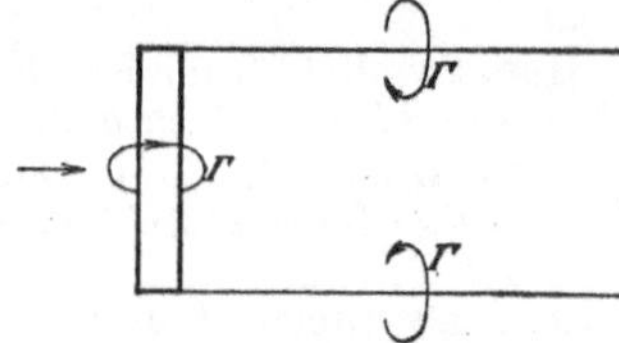

Abb. 1. Hufeisenwirbel.

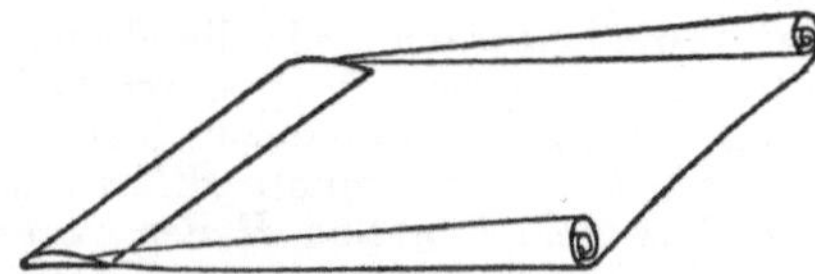
Abb. 2. Wirbelfläche hinter einem Tragflügel.

Hugoniot-Gleichung, die Beziehung zwischen den Änderungen des Querschnittes F und der Geschwindigkeit c, die sich für eine eindimensionale (hydraulische) Strömung kompressibler Flüssigkeiten aus der → Kontinuitätsgleichung, der → Bernoullischen Gleichung und der Adiabatengleichung ableiten läßt (→ Düse):

$$\frac{dF}{F} = \frac{dc}{c}\left[\frac{c^2}{a^2} - 1\right] = \frac{dc}{c}\left[Ma^2 - 1\right]$$

(a Schallgeschwindigkeit, Ma → Machsche Zahl).

Hugoniot-Kurve (→ Druckwelle, → Verdichtungsstoß). Aus der Kontinuitätsgleichung

$$\varrho_1 u_1 = \varrho_2 u_2, \tag{1}$$

dem Impulssatz

$$\varrho_1 u_1 (u_1 - u_2) = p_2 - p_1 = \Delta p \tag{2}$$

und dem Energiesatz

$$\frac{u_1^2}{2} + i_1 = \frac{u_2^2}{2} + i_2 \tag{3}$$

folgt die von *Hugoniot* angegebene Beziehung zwischen den Druck- und Dichteänderungen eines Verdichtungsstoßes

$$\frac{p_2}{p_1} - \frac{\varrho_2}{\varrho_1} = \frac{\varkappa - 1}{2}\left(1 + \frac{p_2}{p_1}\right)\left(\frac{\varrho_2}{\varrho_1} - 1\right), \tag{4}$$

deren Werte in der Abb. für Luft ($\varkappa = c_p/c_v = 1{,}4$) im Vergleich mit der Kurve der adiabatischen Verdichtung wiedergegeben sind. Bei schwachen Stößen ist der Verlauf gleichartig, doch werden infolge der Entropievermehrung die Abweichungen mit zunehmender Stärke des Stoßes sehr beträchtlich. Die Geschwindigkeit der Fortpflanzung der Stöße wächst, bei

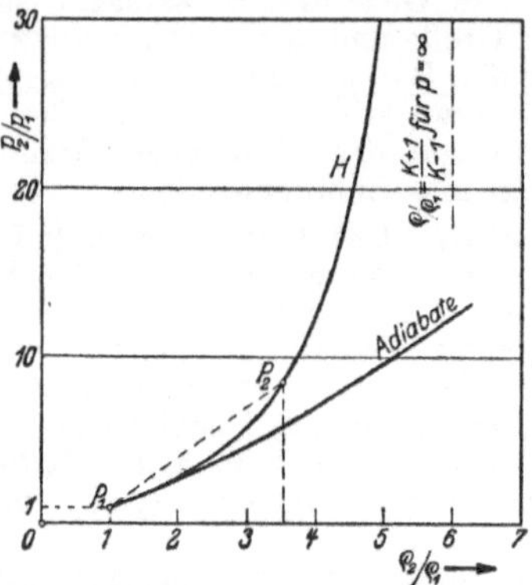

Hugoniot-Kurve.

schwachen Stößen von der Schallgeschwindigkeit $a = \sqrt{\frac{dp}{d\varrho}}$ ausgehend, gemäß der Beziehung $u_1 = \sqrt{\frac{\varrho_2}{\varrho_1}\frac{\Delta p}{\Delta \varrho}}$, die aus der Abb. ermittelt werden kann, sehr stark an. Wenn in der Stoßwelle eine exotherme Reaktion je Masseneinheit mit der Wärmetönung Q erfolgt, lautet die Gl. (4) in etwas geänderter Schreibweise

$$c_{v_2}(T_2 - T_1) = Q + \frac{1}{2}(p_1 + p_2)\frac{\varrho_2 - \varrho_1}{\varrho_1 \varrho_2}. \tag{5}$$

Hüllenintegral, ein Doppelintegral, das über eine geschlossene Fläche („Hülle" eines räumlichen Bereiches) zu erstrecken ist.

Hüllkurve = → Enveloppe.

Hume-Rothery-Regel: Legierungen mit ganz verschiedenem Verhältnis der Komponenten kristallisieren, sofern das Verhältnis sich in eine stöchiometrische Form kleiden läßt, wie CuZn, Cu_3Al, Cu_5Sn, im gleichen Strukturtyp, wenn das Verhältnis der Summe aller Valenzen zur Anzahl der Atome der Formeleinheit 3:2 ist. Der Strukturtyp ist für die genannten Verbindungen das raumzentrierte kubische Gitter. Andere Strukturtypen ergeben sich bei den Verhältnissen 7:4 ($AgZn_3$, Cu_3Ge, Au_5Al_3) oder 21:13 (Cu_5Zn_8, Cu_9Al_4, $Cu_{31}Sn_8$) usw. Zur letzten Reihe gehört aber auch Fe_5Sn_{21}; hier müßte Fe die Valenz 0 zugeschrieben werden. Es gibt auch andere Ausnahmen. Die Legierungsphasen, die der Hume-Rothery-Regel gehorchen, werden als *Hume-Rothery-Phasen* bezeichnet.

Hundsche Regel. Durch die Wechselwirkung der Elektronen untereinander entstehen aus einer → Elektronenkonfiguration mehrere Terme (→ Aufbauprinzip). Die Hundsche Regel sagt, daß von diesen Termen derjenige mit der größten → Multiplizität am tiefsten liegt und von diesen, falls es mehrere mit derselben Multiplizität gibt, wieder derjenige mit größtem L.

Hunds Kopplungsfälle. Hunds Fälle a) und b) unterscheiden die Stärke des Einflusses der Rotation auf die Elektronenbewegung in Molekülen. Im Fall a) ist dieser Einfluß klein gegenüber der Wechselwirkung des resultierenden Bahnimpulsmomentes der Elektronen L und des resultierenden Spinmomentes S. Ist Λ die Komponente von L in

Richtung der Kernverbindungslinie, so stellt sich S gegen Λ ein, jeder Λ-Term spaltet in $2S+1$ Komponenten auf, der resultierende Impulsvektor Ω setzt sich mit dem Rotationsimpuls O zu J zusammen: $J = \Omega, \Omega+1, \ldots, \Omega+O$. Es ist $O = N + G$, worin G die Komponente von L senkrecht zur Kernverbindungslinie, N den Rotationsimpuls der Kerne bedeutet.

Im Falle b) ist die Wechselwirkung zwischen dem durch die Rotation der Kerne erzeugten Magnetfeld und dem Elektronenspin größer als die Wechselwirkung zwischen Λ und S. S ist in Richtung der Kernrotationsachse richtungsgequantelt ($K = \Lambda + N$). Jeder Rotationsterm spaltet wieder in $2S+1$ Komponenten auf.

Fall a) ist bei langsamer, Fall b) bei rascher Rotation verwirklicht. Σ — Σ-Übergänge ($\Lambda' = \Lambda'' = 0$) gehören ganz zu Fall b. Eine weitere Dublettaufspaltung (σ-Verdopplung) rührt von schwacher Wechselwirkung zwischen dem Magnetfeld der Kernrotation und L her.

Außer diesen beiden wichtigsten Kopplungsfällen gibt es nach *Hund* noch drei weitere, seltener verwirklichte Fälle.

Hurrikan → Zyklone, tropische.

Huth-Kühn-Schaltung, eine Selbsterregerschaltung mit einem Gitter- und Anodenschwingkreis, bei der die Rückkopplung durch die innere Röhrenkapazität C_{ga} hervorgerufen wird (Abb.). Für Piezoquarzsender wird häufig von dieser Schaltung Gebrauch gemacht (Pierce-Schaltung); dabei ersetzt der Piezokristall den Gitterschwingkreis.

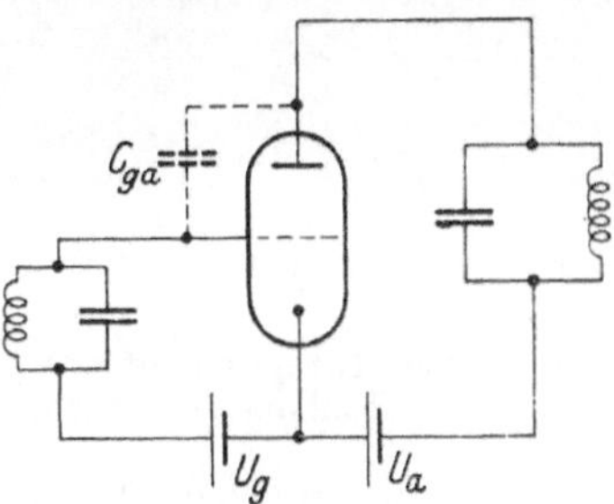

Huth-Kühn-Schaltung.

Rothe, H., u. *W. Kleen:* Elektronenröhren als Schwingungserzeuger u. Gleichrichter. Leipzig 1948. *Barkhausen, H.:* Elektronenröhren III. Leipzig 1949.

Huygens-Okular → Okular.

Huygenssche Konstruktion. Konstruktion von → Reflexion und → Brechung nach dem → Huygensschen Prinzip. In der Abb. sind zwei Stellungen einer ebenen Licht-Wellenfront eingezeichnet, welche aus Luft auf die ebene Grenzfläche gegen ein brechendes Medium von der Brechungszahl n einfällt. Während die Welle sich um die Strecke d fortbewegt, erzeugt sie jeweils dort, wo sie die Grenzfläche trifft, elementare Kugelwellen. Diese breiten sich in Luft — ebenso wie die einfallende Welle — mit der Lichtgeschwindigkeit c aus, in dem brechenden Medium mit der Geschwindigkeit c/n. Die in der Ausgangsstellung der Wellenfront erzeugten Elementarwellen haben daher gerade Kugeln von den Radien d bzw. d/n erreicht, bis sich die einfallende Welle um die Strecke d fortgepflanzt hat. Die Radien der übrigen (nicht eingezeichneten) Elementarwellen sind — proportional zum zeitlichen Abstand — kleiner. Die Enveloppe aller dieser Elementarwellen ist je eine ebene Wellenfront in der Luft und im brechenden Medium: die reflektierte Welle, welche ebenso wie die einfallende mit der Grenzfläche den Winkel α einschließt (Einfallswinkel = Reflexionswinkel, → Reflexionsgesetz) bzw. die gebrochene Welle, deren Winkel β gegen die Grenzfläche, wie man aus der Abb. entnehmen kann, zu α in der Beziehung steht:

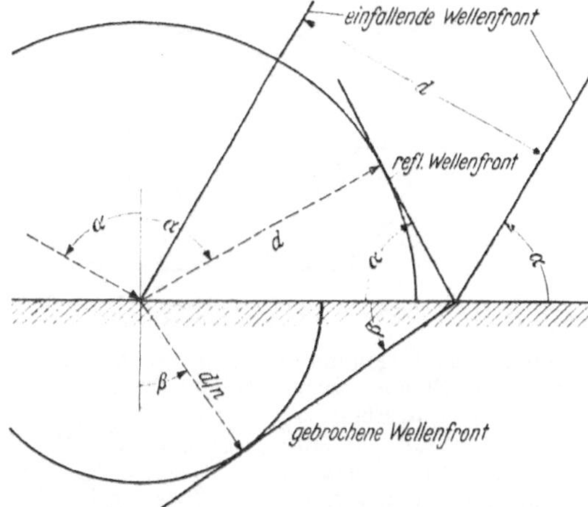

Huygenssche Konstruktion der Reflexion und Brechung.

$$\sin\alpha = n \sin\beta$$

(Snellsches → Brechungsgesetz).

In der angegebenen Gestalt läßt sich die Huygenssche Konstruktion auf Licht- und Schallwellen in isotropen Medien anwenden, ferner auf die → ordentlichen Strahlen der → Kristalloptik. Dagegen ist für die → außerordentlichen Strahlen die Fortpflanzungsgeschwindigkeit richtungsabhängig, weshalb die Elementarwellen nicht, wie oben angenommen, Kugelwellen, sondern Ellipsoidwellen sind. Mit diesen läßt sich jedoch die Konstruktion ganz analog durchführen.

Bei elastischen (speziell seismischen) Wellen treten sowohl in Reflexion wie bei der Brechung je zwei Wellen verschiedener Fortpflanzungsgeschwindigkeit auf (Longitudinal- und Transversalwellen); die Wellenfront jeder einzelnen von diesen kann mittels der Huygensschen Konstruktion bestimmt werden.

Huygenssches Prinzip (1678), besagt, daß man in homogenen Medien die zu einer gegebenen → Wellenfläche F benachbarten Wellenflächen F_1 und F_2 dadurch konstruieren kann, daß man jeden Punkt von F als Ausgangspunkt einer → Elementarwelle (z. B. einer Kugelwelle) ansieht (Abb. 1). Die Hüllflächen aller Elementarwellen, deren Zentrum in F liegt, bilden die neuen Wellenflächen F_1 und F_2.

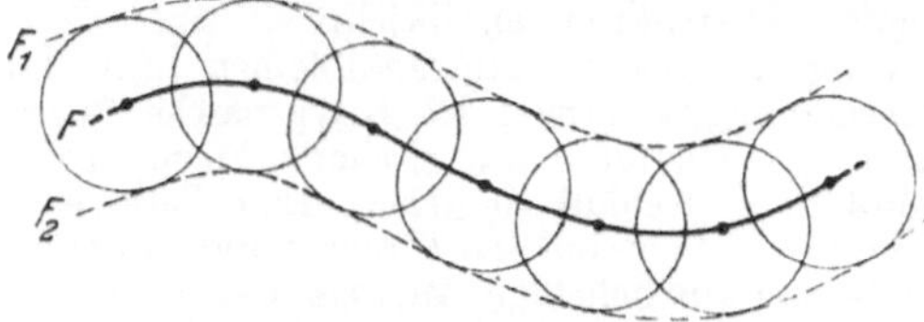

Abb. 1. Huygenssches Prinzip.

So leitet man z. B. die Wellenfläche einer ebenen, fortschreitenden Welle auf die in Abb. 2 skizzierte Weise ab. Die Ausgangspunkte für die Elementarwellen liegen zur Zeit t_1 auf der Ebene F_{t_1}, zu der späteren Zeit t_2 auf F_{t_2} und zur Zeit t_3 auf F_{t_3}. Zu

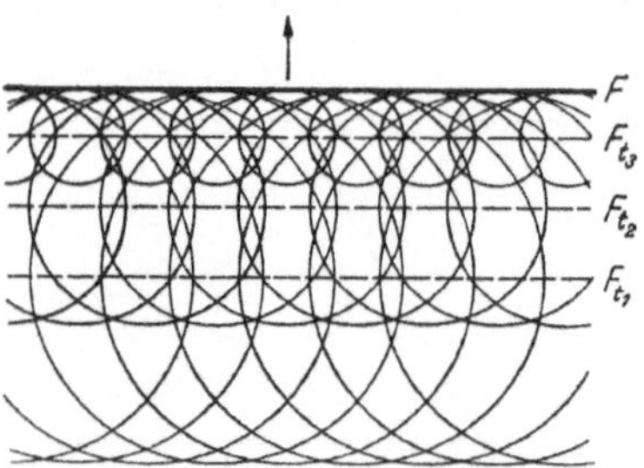

Abb. 2. Ausbildung einer fortschreitenden ebenen Welle.

einem auf t_3 folgenden Zeitpunkt haben die von allen drei Ebenen ausgehenden Elementarwellen gemeinsam die Ebene F erreicht, in der sie eine Wellenfläche aufbauen. Würde man einen noch späteren Zeitpunkt betrachten, dann hätte sich die Wellenfläche in der Pfeilrichtung fortbewegt. Auch die Reflexion an ausgedehnten Objekten ist einer elementaren geometrischen Konstruktion zugänglich, wie es Abb. 3 für eine an einem ebenen Spiegel reflektierte Kugelwelle zeigt.

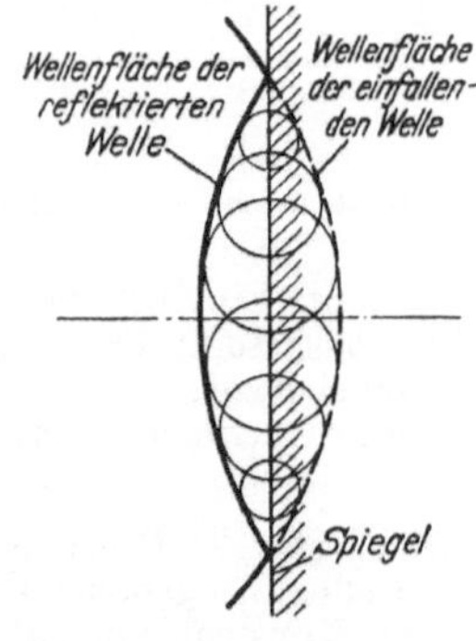

Abb. 3. Reflexion einer Kugelwelle an einem ebenen Spiegel.

Wie die Brechung einer ebenen Welle beim Übergang von einem Medium 1 mit der Phasengeschwindigkeit c_1 in ein Medium 2 mit der Phasengeschwindigkeit c_2 mit Hilfe des Huygensschen Prinzips darzustellen ist, lehrt Abb. 4, welche der → Huygensschen Konstruktion entspricht.

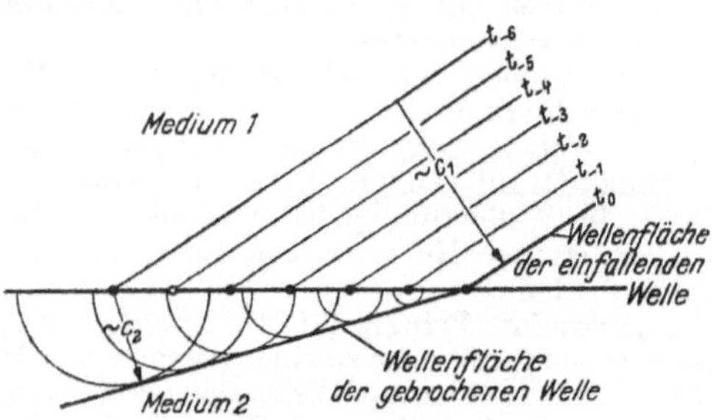

Abb. 4. Brechung einer ebenen Welle.

Über die bei Beugungsproblemen auftretenden Erscheinungen vermag das Huygenssche Prinzip in seiner elementar-geometrischen Form nur beschränkt Aufschluß zu geben. Eine bessere Näherung liefert hier eine von *Fresnel* vorgenommene Erweiterung auf beliebige Anfangsphasen der Wellenerregung. Er entwickelte auf der Grundlage des Huygensschen Prinzips eine stichhaltigere Form der → Beugungstheorie, indem er erkannte, daß die Interferenz eine wesentliche Rolle beim Zustandekommen von Wellenfronten spielt; dadurch werden die rückwärtigen Enveloppen der Huygensschen Elementarwellen ausgeschlossen, da sich auf ihnen die Elementarwellen durch Interferenz auslöschen. Ihre angemessene mathematische Behandlung finden Beugungsprobleme in der → Kirchhoffschen Formel, wenn auch die Verhältnisse in nächster Nähe der beugenden Objekte von ihr nicht erfaßt werden, da die Anwendung der Formel eigentlich bereits die Lösung des zu bearbeitenden Problems voraussetzt.

In sehr vielen Fällen kann man ein auf das Huygens-Fresnelsche Prinzip führendes Problem durch ein photographisches Modellverfahren lösen, indem man Diapositive, auf denen die Elementarwelle in Dichteschrift (z. B. als Kreisraster) aufgezeichnet ist, mit der ihrem Erregungszentrum zukommenden Intensität übereinanderkopiert. Abb. 5 zeigt das auf diese Weise gewonnene Modell eines

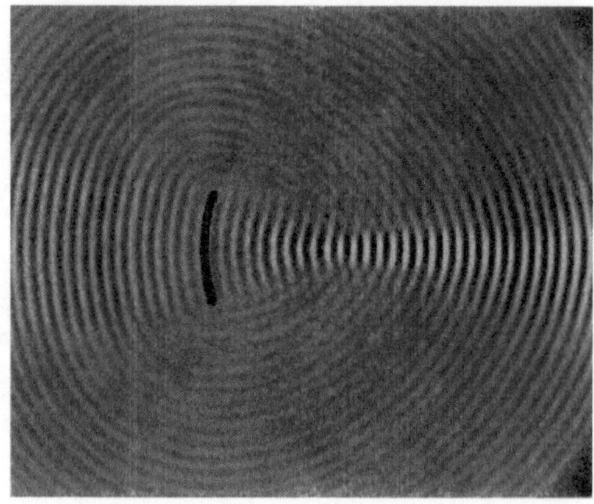

Abb. 5. Wellenfeld (photographisches Modellverfahren).

Wellenfeldes, dessen Erregung auf einem Kreisbogen liegt (Modell eines Hohlspiegels oder einer Sammellinse).

Bemerkt sei noch, daß sich das Huygenssche Prinzip nur in Räumen mit ungerader Dimensionszahl anwenden läßt.

Courant, R., u. *D. Hilbert:* Methoden d. math. Physik. Berlin 1937. *Joos, G.:* Lehrb. d. theoret. Physik. Leipzig 1945. *Meyer-Eppler, W.:* Optik **1**, 465 (1946). **4**, 454 (1948). *Pohl, R. W.:* Einf. in die Optik. Berlin 1949.

Hybridization → Valenzzustände.

Hydrat → Kristallwasser.

Hydratation. Die klassische Theorie der verdünnten Lösungen geht von der Annahme aus, daß die im Lösungsmittel gelösten Teilchen unabhängig neben denen des Lösungsmittels existieren. Die *Milner-Debyesche Theorie* der starken Elektrolyte macht allein die Dielektrizitätskonstante des Lösungsmittels und einen hypothetischen mittleren Ionenradius für die Wechselwirkung zwischen den Ionen und dem Lösungsmittel verantwortlich. Die Tatsachen lassen keine eindeutige Entscheidung darüber zu, ob die in Lösung befindlichen Ionen an die Moleküle des Lösungsmittels chemisch gebunden sind, derart, daß bei der Lösung ein in stöchiometrischem Verhältnis sich vollziehender Umsatz stattfindet, oder ob die Ionen das Lösungsmittel lediglich als eine adhärierende Schicht mit sich führen oder ob die dem Ion unmittelbar anliegende Hülle chemisch gebunden ist und nur die äußeren Schichten eine elektrostatische Anziehung und Richtwirkung auf die Ionenladung hin erleiden. Diese dielektrische Polarisierung des Lösungsmittels klingt jedenfalls erst in größerer Entfernung allmählich ab, ohne daß sich eine bestimmte Zahl für die angelagerten Moleküle des Lösungsmittels angeben läßt. Für die zuletzt erwähnte Möglichkeit spricht insbesondere die von *Kohlrausch* gefundene Regel, daß der Temperaturkoeffizient der Leitfähigkeit bei unendlicher Verdünnung für die einwertigen Ionen im allgemeinen von annähernd gleichem Betrage, und zwar gleich dem Temperaturkoeffizienten der → Fluidität des Wassers ist. Auch die von *Walden* an zahlreichen Lösungsmitteln bestätigte Beobachtung erscheint hiernach verständlich, wonach das Produkt aus Äquivalentleitvermögen bei unendlicher Verdünnung und innerer Reibung des Lösungsmittels für jede Ionensorte eine nur von der Temperatur abhängige Konstante ist. Betrachtet man die Ionen mit ihrer Lösungsmittelhülle als Kugeln, die sich unter der treibenden Kraft des Potentialgefälles mit konstanter Geschwindigkeit bewegen, so kann man, wenigstens in erster Näherung, das Stokessche Reibungsgesetz zur Abschätzung des Ionendurchmessers benutzen. Als gesichert kann gelten, daß das Wasserstoffion in wäßrigen Lösungen einen stabilen Komplex H_3O^+ bildet, der außerdem von polarisierten Wasserdipolen umgeben ist.

Zum Maß für die Affinität zwischen dem Wasser und den Ionen eignen sich besser als die Schätzungen der hydratisierten Wassermenge die thermochemischen Effekte bei der Lösung der Elektrolyte. Man bezeichnet das Wärmeäquivalent derjenigen Arbeit, die nötig ist, um aus der wäßrigen Lösung eines Salzes die wasserfreien Ionen in das Vakuum zu befördern, als *Hydratationswärme*. Aus der nach der elektrostatischen Gittertheorie bekannten Sublimationswärme eines heteropolaren Kristalls beim Übergang in seine gasförmigen Ionen und aus der Lösungswärme des Salzes bei Anwendung von viel Wasser ergibt sich zunächst nur die Summe der Hydratationswärmen von Kation und Anion. Um die Hydratationswärme der einzelnen Ionengattung, z. B. der H-Ionen zu erhalten, bedarf es der Anwendung der Helmholtzschen Gleichung auf das „absolute Potential" der Wasserstoffelektrode. Addiert man zu der so errechneten Energie die bekannte Dissoziationswärme des Wasserstoffmoleküls und die Ionisierungsarbeit des Wasserstoffatoms, unter Abzug der Verdampfungswärme der Elektronen aus der Platinelektrode ($\sim$100000 cal·mol^{-1}), so ergibt sich die Hydratationswärme des Wasserstoffatoms. Auf Grund dieser Annahmen berechnete *M. Born* die folgenden Hydratationswärmen:

H	262 kcal/kmol	Tl	82 kcal/kmol
Li	110	Ca	344
Na	103	Cl	77
K	82	Bs	68
Rb	73	J	57
Cs	74		

Wegen der Unsicherheit in der Bestimmung des absoluten Einzelpotentials kommt diesen Werten nur eine relative Bedeutung zu. — → Kristallwasser.

Grube, G.: Lehrb. d. Elektrochemie. Leipzig 1930. Eine Tabelle der Hydratationswärmen in *D'Ans-Lax:* Taschenb. f. Chemiker u. Physiker. Berlin 1949.

Hydraulik, die näherungsweise, eindimensionale Darstellung technisch wichtiger Strömungen von Flüssigkeiten und, bei geringen Dichteänderungen, auch von Gasen. Die großen Schwierigkeiten bei der mathematischen Behandlung der → Hydrodynamik, insbesondere bei der mehrdimensionalen Darstellung, haben Anlaß gegeben, die Strömungen z. B. in Leitungen oder Gerinnen als eindimensional in Richtung der Hauptströmung zu betrachten und für Geschwindigkeit und Druck Mittelwerte über den Querschnitt der Leitung anzusetzen. Entsprechend der äußeren Gestalt dieses Stromfadens werden mehr oder weniger empirische Werte für die Änderung der Druck- und Bewegungsenergie angenommen. Der Verlauf der Gesamtströmung sowie von Teilströmungen wird zumeist an Hand des → Bernoulli-Theorems und seiner Erweiterung mit Hilfe empirischer Verlustziffern angenähert ermittelt.

Hydraulische Presse. Die allseitige Ausbreitung des Druckes in einer Flüssigkeit (→ hydrostatischer Druck), die auch den → kommunizierenden Röhren zugrunde liegt, hat bereits *Pascal* (**1623** bis **1662**) Anlaß gegeben, eine Vervielfachung der auf eine Flüssigkeit ausgeübten Kraft zu ersinnen. Diese Idee ist in den späteren Ausführungen der hydraulischen Pressen zu einem der wichtigsten Werkzeuge der Technik geworden. Mit Hilfe einer Druckpumpe

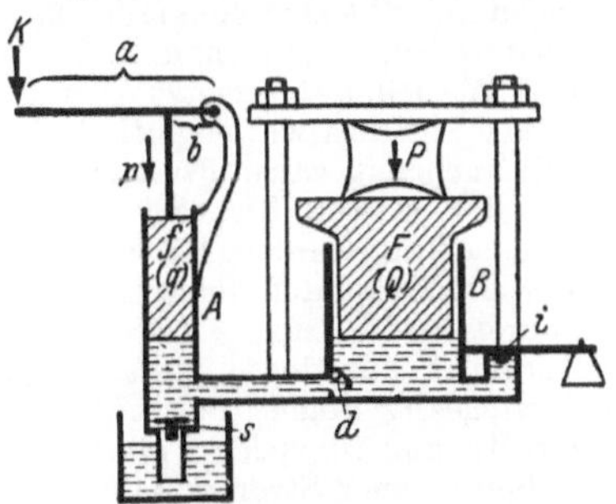

Hydraulische Presse.

von kleinem Querschnitt und daher von kleiner Kolbenkraft wird die Flüssigkeit (Wasser oder Öl) in einen größeren Preßzylinder gefördert. Dort vermag sie einen Preßkolben zu bewegen. Die von der Druckpumpe einerseits und von der Flüssigkeit am Preßkolben andererseits ausgeübten Kräfte verhalten sich wie die Kolbenquerschnitte. Auf diese Weise kann man die Kräfte sowohl vergrößern als auch verkleinern. In jedem Falle wird ein Teil der aufgewendeten Arbeit durch Reibung und andere Verluste aufgebraucht und dadurch die Wirkung der Presse gegenüber dem theoretischen Wert vermindert.

Hydraulischer Radius r_h dient als charakteristische Länge für die geometrische Anordnung einer Flüssigkeitsströmung in einer geschlossenen oder offenen Leitung, deren Querschnitt nicht kreisförmig ist. Er ist der Quotient des Querschnittes des Flüssigkeitsstromes F und des benetzten Umfangs U, $r_h = F/U$. Für den Kreisquerschnitt ist der hydraulische Radius $r_h = d/4$; für den Rechteckquerschnitt bei großer Breite und freier Oberfläche ist er gleich der Wassertiefe, $r_h = y$; für eine Strömung zwischen parallelen Wänden in einem Abstand b ist er $r_h = b/2$.

Hydrodynamik, die Lehre von den Erscheinungen bei strömender Bewegung (Kinematik und Dynamik) von Flüssigkeiten. Da die strömenden Gase sich von den Flüssigkeiten im wesentlichen nur durch die stärkere Zusammendrückbarkeit unterscheiden, wird darunter im weiteren Sinne auch die Lehre von der Bewegung der Gase verstanden. Die Hydrodynamik geht von der Theorie der idealen Flüssigkeit aus, die infolge der vereinfachenden Annahmen nur ein idealisiertes Bild der wirklichen Flüssigkeitsbewegung gibt. Für Flüssigkeiten mit geringer Reibung stimmen die Ergebnisse, sofern man von den Einflüssen an den Begrenzungen der Strömung absieht, mit den Beobachtungen überein. Neben den Einflüssen der Zusammendrückbarkeit und der Reibung ist im gegebenen Falle auch die Kapillarität zu berücksichtigen.

Die Vorgänge in der strömenden idealen Flüssigkeit sind durch das Gleichgewicht zwischen den Druckkräften und den Massenkräften bedingt, wie es die Eulersche Gleichung angibt. Die Kinematik der Strömung entspricht der Bedingung der Erhaltung der Masse und wird durch die Aussagen über die Kontinuität wiedergegeben. Viele Vorgänge, z. B. Ausfluß, Strahlbildung, Umströmen fester Körper, Wellenbewegungen, können in erster Näherung als wirbellose Potentialströmungen behandelt werden. Die Strömung um eine Tragfläche oder eine Schaufel läßt sich ebenfalls als Potentialströmung darstellen, wenn man z. B. das Profil durch einen Wirbelfaden ersetzt denkt und die Zirkulation als Potentialwirbel auffaßt.

Für die Betrachtung zäher Flüssigkeiten müssen die Einflüsse der inneren Reibung und der Wandreibung berücksichtigt werden. Die Eulersche Grundgleichung der Bewegung der idealen Flüssigkeit wird durch Reibungsglieder zur → Navier-Stokesschen Gleichung ergänzt, aus der u. a. das Reynoldssche → Ähnlichkeitsgesetz abgeleitet werden kann. Die Zähigkeitskräfte sind in vielen Fällen bzw. in größeren Teilgebieten einer Strömung im Verhältnis zu den übrigen Kräften vernachlässigbar klein; jedoch sind sie in unmittelbarer Nähe einer festen Begrenzung von der Größenordnung der Trägheitskräfte oder größer. Auf diesen Voraussetzungen beruht die → Grenzschichttheorie, deren Ergebnisse mit den Erfahrungen weitgehend übereinstimmen. Sie hat wesentlich zur Entwicklung der modernen Strömungslehre beigetragen. Die → Turbulenz ist ein statistisches Problem der Flüssigkeitsmechanik, das der Verteilung der Energie auf eine große Zahl von Freiheitsgraden entspricht. Bei → laminarer Strömung ist ihre Zahl gering, da die Zähigkeit sehr schnell die kleinen Wirbel dämpft. Beide Strömungsarten sind nicht nur für die Ausbildung der Grenzschicht von Bedeutung, vielmehr können sie auch die Gesamtströmung z. B. infolge → Ablösung wesentlich beeinflussen.

Ausgehend von den hydrodynamischen Grundvorstellungen lassen sich weite Anwendungsgebiete der Strömungslehre behandeln, z. B. beim Bau von Strömungsmaschinen, bei wasserbaulichen Problemen, im Schiffbau und in der Luftfahrt sowie auch in der dynamischen Meteorologie.

Lamb, H.: Lehrb. d. Hydrodynamik. Leipzig 1931. Handb. d. Physik VII. Berlin 1927. Handb. d. Experimentalphysik IV/4. Leipzig 1930 bis 1933. Handb. d. phys. u. techn. Mechanik V. Leipzig 1928 u. 1931. *Prandtl, L.:* Führer durch die Strömungslehre. Braunschweig 1949.

Hydrodynamischer Druck, der statische Druck einer Flüssigkeitsströmung. → Flüssigkeitsdruck.

Hydrodynamische Fernkräfte. Wenn ein Körper in einer hin und her schwingenden Flüssigkeit schwimmt und im gleichen Takt sein Volumen vergrößert und verkleinert, so erfährt er eine Kraft in Richtung der Flüssigkeitsschwingung; im Zustand der größeren Dichte bleibt er gegenüber der Flüssigkeitsbewegung zurück, im anderen Falle eilt er voraus. Nimmt man an, daß die Flüssigkeitsschwingung von einem zweiten pulsierenden Körper herrührt, so ersieht man, daß beide vermittels der Flüssigkeit sogenannte hydrodynamische Fernkräfte aufeinander ausüben, die in etwa elektrostatischen oder magnetischen Fernkräften analog sind *(Bjerknes-Kräfte)*. Bei gleichem Takt ergibt sich eine anziehende, bei Gegentakt eine abstoßende Kraft. Läßt man z. B. mit Hilfe von Schallschwingungen Druckschwankungen auf Luftbläschen in einer Flüssigkeit einwirken, so daß sie in gleichem Takt ihr Volumen ändern, so ziehen sie sich gegenseitig an und vereinigen sich zu größeren Bläschen. Auf diese Weise kann die → Entgasung von Flüssigkeiten beschleunigt werden.

Bjerknes, V.: Vorl. über hydrodynam. Fernkräfte. Leipzig 1900 u. 1902.

Hydrodynamisches Paradoxon. Ein in eine → ideale Flüssigkeit eingetauchter, bewegter Körper erfährt keinen Widerstand, d. h. keine Kraft in der Bewegungsrichtung. Die Potentialströmung schließt sich wieder hinter dem Körper, ohne daß eine Störung in der Flüssigkeit zurückbleibt, so daß Kontrollflächen vor und hinter dem Körper gleich großen Impuls und Druck und daher keinen Widerstand ergeben. Dies gilt auch für sog. Halbkörper,

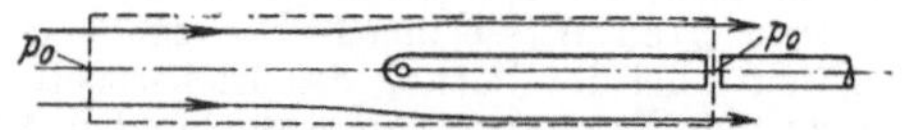

Strömung um einen Halbkörper mit Kontrollflächen.

die sich stromabwärts ins Unendliche erstrecken, sofern die Breite des Körpers oder des Totwassers in geringerem Maße zunimmt, als es der Quadratwurzel aus der Entfernung vom vorderen Spaltungspunkt entspricht. Ersetzt man in diesem Falle den Körper einschließlich des Totwassergebietes durch Quell-Senkenströmungen und verlegt man die stromabwärts befindliche Kontrollfläche in einen engen Spalt, der den Körper in hinreichender Entfernung vom vorderen Staupunkt quer zur Strömungsrichtung teilt und in dem der Druck des Außenraumes herrscht, so wird der infolge der Anwesenheit des Körpers an dieser Stelle im Außenraum fehlende Impuls durch einen gleichwertigen Impuls der Ersatzströmung ergänzt. Dieses der Erfahrung bei zähen Flüssigkeiten widersprechende Verhalten der Potentialströmung heißt hydrodynamisches (d'Alembertsches oder Dirichletsches) Paradoxon.

Hydrogele → kolloide Systeme mit wäßrigem Dispersionsmittel, die sich im → Gelzustand befinden.

Hydrologie, physikalische, erforscht die physikalischen Erscheinungen des Grundwassers, der Flüsse und der Seen, wie Bewegungen, Abflußvorgänge, Flußbettveränderungen, Verdunstung, Temperaturverteilung, Gehalt des Wassers an gelösten und festen Stoffen. Anwendungen beim Bau und Betrieb von Talsperren, Entwässerung, Flußschiffahrt, Fischerei. „Forschungsanstalt für Gewässerkunde" in Bielefeld.

Hydrolyse bedeutet zunächst die Aufspaltung des Wassers in H^+- und OH^--Ionen. Soweit mit dieser Aufspaltung auch eine Aufspaltung einer Verbindung in 2 Atomgruppen, von denen das eine Spaltstück H, das andere OH aufnimmt, verbunden ist, wird auch diese Spaltung unter Wasserzersetzung und -aufnahme als Hydrolyse bezeichnet. Diese Bezeichnung wird auch auf den Fall ausgedehnt, daß die Spaltung nicht unter Wasseraufnahme, sondern unter Einwirkung von Säuren oder Basen geschieht. Beispiel einer solchen Hydrolyse ist die Verseifung eines fettsauren Alkohols unter Einwirkung einer Base zu fettsaurem Metallsalz (Seife) und Alkohol. Im übertragenen Sinne wird der Ausdruck Verseifung synonym mit der zweiten Bedeutung von Hydrolyse benutzt.

Hydrolytische Klassen von Gläsern. Zur Erzielung mancher konstruktiv notwendiger Werte der Brechzahl und Dispersion sind bei optischen Gläsern chemische Zusammensetzungen notwendig, die hygroskopische Gläser ergeben. Auf diesen Gläsern bildet sich bei Berührung mit dem Wasserdampf der Luft ein hauchartiger Beschlag mikroskopisch feiner Tröpfchen einer alkalischen Flüssigkeit. Zur zahlenmäßigen Kennzeichnung dieses Verhaltens sind von der PTR je nach der Verwitterungsalkalität Av fünf hydrolytische Klassen eingeführt worden. Als Maßzahl der Verwitterungsalkalität Av gilt die je m^2 auf frischen Bruchflächen nach 7tägiger Verwitterung in mit Wasserdampf bei 18 °C gesättigter Luft gebundene Anzahl mg Jodeosin.

Hydrolytische Klasse	Av
h 1	0— 5
h 2	5—10
h 3	10—20
h 4	20—40
h 5	über 40

Von der Verwitterungsalkalität ist die natürliche Alkalität, d. h. die auf unverwitterten frischen Bruchflächen gebundene Menge Jodeosin zu unterscheiden. Optische Gläser, die Außenflächen optischer Systeme bilden, sollen immer einer niedrigen hydrolytischen Klasse angehören. Andernfalls würden sie von der Atmosphäre angegriffen werden. Gläser hoher hydrolytischer Klassen müssen zwischen andere Gläser eingekittet werden. Für Außenflächen ist außer auf die hydrolytische Klasse noch auf die Säurefestigkeit (→ Fleckenempfindlichkeit) des Glases zu achten. Andernfalls entstehen bei Berührung selbst mit schwachen Säuren (z. B. Schweiß) irisierende, metallisch glänzende Flecken.

Mylius, F.: Glastechn. Ber. **1**, 33 (1923). *Berger, E.:* Glastechn. Ber. **14**, 351 (1936).

Hydromechanik, die Zusammenfassung der Lehre vom Gleichgewicht (→ Hydrostatik) und von der Bewegung (→ Hydraulik, → Hydrodynamik) tropfbarer Flüssigkeiten.

Hydrometeore sind alle festen und flüssigen Erscheinungsformen des Wassers in der Atmosphäre mit Ausnahme von Wolken. Dazu gehören → Nebel und → Dunst, die fallenden → Niederschläge und die dem Boden anlagernden Niederschlagsformen der Tau- und Reifarten. Bei diesen wird die zur Entstehung notwendige Übersättigung durch Strahlungsabkühlung fester Gegenstände bewirkt. Kondensation aus der anliegenden nebelfreien Luft auf waagerechten Flächen erzeugt den *Tau,* auf vertikalen Flächen den *Beschlag.* Er kann in einer Nacht 0,5, in den Tropen 1 bis 3 mm Niederschlagswasser liefern. Bei Kondensation des Wasserdampfes zu schuppen-, nadel- oder becherförmigen Kristallen bildet sich in analoger Weise *Reif.* Dagegen ist *Rauhreif* eine kristallinische Anlagerung aus unterkühlten Nebeltröpfchen, die sich an der Windseite aufrechter Gegenstände anlagert und dem Winde entgegenwächst. Als *Rauhfrost* bezeichnet man kompaktere undurchsichtige, körnig schneeähnliche Massen, die sich bei unterkühltem nässendem Nebel mit größeren Tropfen anlagern. *Glatteis* ist ein klarer glatter Eisüberzug an waagerechten und senkrechten Gegenständen, die entweder durch unterkühlten Regen oder Sprühregen oder durch auffallenden nichtunterkühlten Regen auf einem von vorhergegangenem Frost unter 0 °C abgekühlten Erdboden entsteht. Rauhfrost und Glatteis können Dicken von mehreren cm erreichen.

Hann, J., u. *R. Süring:* Lehrb. d. Meteorologie, 5. Teil. Leipzig 1939. *Chromow, S. P.:* Einf. i. d. synopt. Wetteranalyse. Wien 1940.

Hydrophil nennt man Atomgruppen, wie —OH, —COOH, —NH_2 u. a., die auf Grund ihres polaren Charakters eine merkliche Affinität zum Wasser besitzen („wasserliebend" vom griech. hydor = Wasser, philos = lieb). Atomgruppen wie die unpolaren Kohlenwasserstoffreste, die von Wassermolekeln abgestoßen werden, bezeichnet man als *hydrophob* („wasserfürchtend" vom griech. phobos = Furcht). Falls man nicht speziell die Wechselwirkung von Molekeln mit Wasser betrachtet, spricht man allgemein von *lyophil* bzw. *lyophob* (vom griech. lyein = lösen). Das Verhalten der Stoffe gegenüber Lösungsmitteln oder Festflächen wird durch den lyophilen bzw. lyophoben Charakter der in ihnen enthaltenen Atomgruppen bestimmt, z. B. Löslichkeit der hydrophilen Alkohole, Unlöslichkeit der hydrophoben Paraffinkohlenwasserstoffe in Wasser. Aus der Fülle der hier in Betracht kommenden Grenzflächenerscheinungen seien folgende Beispiele erwähnt: Erniedrigung der Oberflächenspannung von Lösungen durch → kapillaraktive Stoffe, Orientierung polarer Molekeln (z. B. Fettsäuren) in → Oberflächenfilmen, Stabilität hydrophiler → Kolloide (z. B. Gelatine), bevorzugte → Adsorption von Wasser an dem hydrophilen → Silikagel, unvollkommene Benetzung der hydrophobierten Erzteilchen bei der → Flotation usw.

Hydrophob → hydrophil.

Hydrosole, kolloide Lösungen mit wäßrigem Dispersionsmittel, die sich im → Solzustand befinden.

Hydrostatik, die Lehre von der Ruhe bzw. vom Gleichgewicht schwerer Flüssigkeiten. Bei den meisten statischen Erscheinungen verhalten sich die wirklichen Flüssigkeiten wie die → ideale Flüssigkeit. Ein Teil der Aussagen der Hydrostatik kann auch für die Lehre vom Gleichgewicht der Gase (→ Aerostatik) übernommen werden, sofern bei diesen Erscheinungen die Zusammendrückbarkeit der Gase nicht berücksichtigt zu werden braucht. Die Grundaufgabe der Hydrostatik ist die Ermittlung der Druckverteilung, des *Druckfeldes,* in einer homogenen Flüssigkeit. Ein wichtiger Fall ist auch das Gleichgewicht einer inkompressiblen Flüssigkeit in Verbindung mit ganz oder teilweise eingetauchten Körpern (Archimedisches Prinzip, statischer → Auftrieb, → Schwimmen). Man rechnet zur Hydrostatik auch Erscheinungen, die unter dem Einfluß eines andern Kraftfeldes als unter dem eines homogenen Schwerefeldes stehen, z. B. die Lehre von den Gleichgewichtsfiguren rotierender Flüssigkeiten.

Hydrostatischer Druck → Flüssigkeitsdruck.

Hydrostatische Wägung, Auftriebsmethoden zur Bestimmung der → Dichte.

Hygrometrie oder *Feuchte-Meßkunde.* Zur Messung der Luftfeuchtigkeit (→ Feuchtigkeit) dienen folgende Verfahren:

Absorptions-, Wägeverfahren (absolut, die aus einer bekannten Gas- bzw. Luftmenge niedergeschlagene Wasserdampfmenge wird durch Wägung bestimmt).

Kondensations- (→ Taupunkts-) Verfahren [Niederschlagen des Wasserdampfes an einer abgekühlten Fläche, Bestimmung der Taupunkts-Temperatur (*Daniell, Regnault* u. a.), Abb. 1].

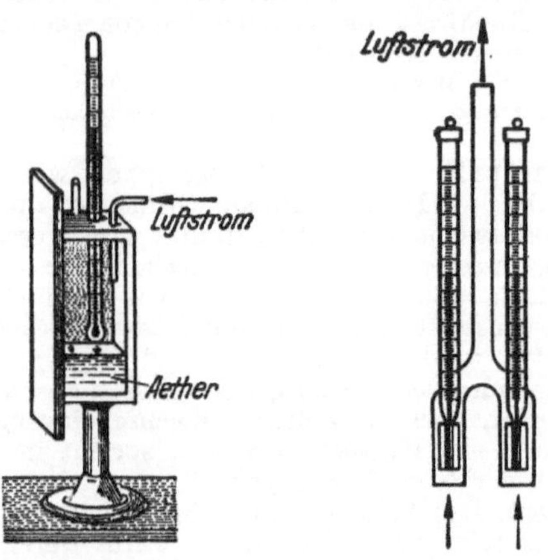

Abb. 1. Taupunkt-Hygrometer. Abb. 2. Aspirations-Psychrometer.

Psychrometer (Feststellen der Temperaturdifferenz zwischen einem trockenen und einem künstlich befeuchteten Thermometer; zur Erlangung eindeutiger Temperaturwerte ist Vorbeiblasen der Luft — mindestens $2\ \mathrm{m}\cdot\mathrm{s}^{-1}$ — unerläßlich; Aspirationspsychrometer nach *Aßmann* (Abb. 2).

Hygroskopische Verfahren (Verwendung eines hygroskopischen Stoffes, meist Haare, nach bestimmter Vorbehandlung zur Anzeige der Luftfeuchtigkeit; *Saussure*, Abb. 3).

Verdunstungsverfahren (die in einer bestimmten Zeit verdunstete Wassermenge als Feuchtigkeitsmaß; *Wild*).

Ist der Taupunkt τ, so wird der zu dieser Temperatur gehörige Sättigungsdruck p_d aus einer Tabelle entnommen; das ist dann der bei der wirklich herrschenden Temperatur t vorhandene Dampfdruck. Dann ist die relative Feuchtigkeit $\varphi = p_d/p_s$, wobei p_s der zur Temperatur t gehörige Sättigungsdruck ist.

Bei Berechnung von φ mittels f, dem Wassergehalt in $1\ \mathrm{m}^3$ Luft, muß, wenn das zu τ gehörige f' herausgesucht wurde, dieses f' auf die Temperatur t bezogen werden durch Multiplikation mit $(273+\tau)/(273+t)$; das ergibt f. Dann ist $\varphi = \frac{f}{f_s}$.

Abb. 3. Haar-Hygrometer.

Beim Psychrometer-Verfahren ist auf Grund einer Wärmemengenbilanz *(Ebert-Pfeiffer 1928)*

$$t - t_f = \frac{r\left(\frac{\gamma_f}{\gamma_{lf}} - \frac{\gamma_d}{\gamma_l}\right)}{c_p + \frac{\gamma_d}{\gamma_l}\,\frac{\lambda_t - \lambda_f}{t - t_f}}$$

(r Verdampfungswärme des Wassers bei t_f, γ_l bzw. γ_{lf} die Dichte der Luftkomponente in dem am feuchten Thermometer ankommenden bzw. in dem fortstreichenden Dampf-Luft-Gemisch, γ_d bzw. γ_f die Dichte der entsprechenden Dampfkomponenten, λ_t bzw. λ_f die Wärmeinhalte von 1 kg Sattdampf bei den Temperaturen t bzw t_f, c_p die spezifische Wärme der trockenen Luft, bezogen auf 1 kg). Diese Gleichung gilt für beliebige Werte der Temperaturen und Drucke. Nach Einführen der Partialdrucke des Dampfes p_t und p_f im Sättigungszustand bei den Temperaturen t und t_f sowie des Dampfdrucks p_d, der wirklich bei t herrscht, ergibt sich für Temperaturen bis 40 °C aus der Zahlengleichung

$$p_d = p_f - 0{,}00066\, b\,(t - t_f)$$

(b [Torr] Barometerstand) oder, wenn $b \sim 750$ Torr,

$$p_d - p_f - 0{,}5\,(t - t_f)$$

(Sprungsche Formel).

Man achte auf richtige Art der Befeuchtung und bei Temperaturen unter 0 °C auf die Verhältnisse am befeuchteten Thermometer bzgl. des Aggregatzustandes des Wassers. Im Falle einer Bedeckung mit Eis (vorübergehender Temperatur-Anstieg durch Freiwerden der Schmelzwärme) z. B. muß in die Formel die Sublimationswärme des Eises eingesetzt werden. Auch der Dampfdruck über Eis ist ein anderer. Abhilfe durch Verwendung eines den Gefrierpunkt herabsetzenden Stoffes (Formaldehyd). Registrierung durch Verwendung von Widerstandsthermometern.

Bei den hygroskopischen Feuchtemessern (Dehnungshygrometer) sind neben dem nach einem bestimmten Verfahren vorbehandelten Haar eine Anzahl anderer Naturstoffe (Grannen der Storch- und Reiherschnabelsamen, Strohfasern, Holz, tierische Häute), Zellulosefilme u. ä. verwendbar.

Weitere Verfahren: *Gewichtshygrometer* (*H. Hertz*, mit Chlorkalziumlösung getränktes Seidenpapier an feinem Torsionfaden oder Briefwaage).

Leitfähigkeits-Hygrometer unter Heranziehung der Leitfähigkeitsänderung hygroskopischer Stoffe *(Lübben)*.

Ferner Hygrometer unter Ausnutzung der *Änderung der Brechungszahl (Giraud)* oder der Farbänderung bei *Wechsel der Kristallwassermenge (Schwartz)*.

Weitere Verfahren, die auch für die Bestimmung des Feuchtegehaltes fester Stoffe, z. B. Getreidekörner, geeignet sind, beruhen auf der Änderung der Dielektrizitätskonstanten, der elektrischen Leitfähigkeit (*Erlwein* und *Becker*), der Wärmeleitfähigkeit (allerdings mit Einschränkung, *Grüß* und *Rosecraus* sowie *Schmick*, 1928).

Der relative Feuchtegehalt fester und flüssiger Stoffe ist der Quotient aus Mengenverlust infolge Trocknen (Wägen vor und nach der Behandlung der Stoffe nach einem Standardverfahren) durch Menge vor dem Trocknen.

Hygroskopisch heißt ein Stoff, der aus einem Wasserdampf-Gas-Gemisch ersteren an sich zu ziehen vermag. Stark hygroskopische Stoffe nehmen soviel Wasser auf, daß sich ihr Gewicht um 10 bis 20% vergrößert, manche Salze (z. B. Chlorcalcium) sogar so viel, daß sie zerfließen. In der Laboratoriumstechnik, insbesondere auch in der Vakuumtechnik, dient das sehr stark hygroskopische Phosphorpentoxyd (Phosphorsäureanhydrid, P_2O_5) bevorzugt als Trockenmittel. Sehr stark hygroskopisch ist auch konzentrierte Schwefelsäure.

Hygrostat, eine Einrichtung zum Einstellen und Konstanthalten bestimmter Feuchtegrade. Besonders bewährt haben sich Anlagen, bei denen das Gas (meist Luft) umgewälzt wird.

Die Feuchtegrade werden hergestellt entweder mit Hilfe wäßriger Lösungen, durch die das Gas durchgeleitet wird, oder durch Mischen zweier Gasströme, eines vollkommen trockenen und eines vollkommen feuchten. Für wäßrige H_2SO_4-Lösungen gilt:

% H_2SO_4	0	10	20	30	40	50	60	70	80
% Feuchte	100	97	87	75	56	35	17	5	2

Hyperbel → Kegelschnitte.

Hyperbelbewegung, die Bewegung eines Elektrons im räumlich und zeitlich konstanten elektrischen Feld bei konsequenter Berücksichtigung der aus der speziellen Relativitätstheorie folgenden Veränderlichkeit der Masse mit der Geschwindigkeit.

v. Laue, M.: Relativitätstheorie. Braunschweig 1951.

Hyperbelfunktionen sind gewisse aus der Exponentialfunktion $y = e^x$ aufgebaute Ausdrücke, und zwar definiert man: $\mathfrak{Sin}\,x = \frac{e^x - e^{-x}}{2}$, $\mathfrak{Cof}\,x = \frac{e^x + e^{-x}}{2}$, $\mathfrak{Tg}\,x = \frac{\mathfrak{Sin}\,x}{\mathfrak{Cof}\,x} = \frac{1 - e^{-2x}}{1 + e^{+2x}}$, $\mathfrak{Ctg}\,x = \frac{1}{\mathfrak{Tg}\,x}$. Statt $\mathfrak{Sin}\,x$ schreibt man auch sin hyp x oder shx, gesprochen in allen Fällen: sinus hyperbolicus oder Hyperbelsinus Den Verlauf der hyperbolischen Funktionen zeigt die Abb. Während die Gleichungen $x = \cos t$, $y = \sin t$ einen Kreis $(x^2 + y^2 = 1)$ darstellen, weshalb man $\sin x$, $\cos x$ auch als Kreisfunktionen bezeichnet, definieren $x = \mathfrak{Cof}\,t$, $y = \mathfrak{Sin}\,t$ eine gleichseitige Hyperbel $x^2 - y^2 = 1$, wodurch die Bezeichnung Hyperbelfunktionen verständlich wird. Für diese gelten folgende wichtige Beziehungen: $\mathfrak{Cof}^2\,x - \mathfrak{Sin}^2 x = 1$, $\mathfrak{Sin}(x \pm y) = \mathfrak{Sin}\,x\,\mathfrak{Cof}\,y \pm \mathfrak{Cof}\,x\,\mathfrak{Sin}\,y$, $\mathfrak{Cof}(x \pm y) = \mathfrak{Cof}\,x\,\mathfrak{Cof}\,y \pm \mathfrak{Sin}\,x\,\mathfrak{Sin}\,y$, $(\mathfrak{Cof}\,x \pm \mathfrak{Sin}\,x)^n = \mathfrak{Cof}\,n\,x \pm \mathfrak{Sin}\,n\,x$, $\mathfrak{Tg}(x \pm y) = (\mathfrak{Tg}\,x \pm \mathfrak{Tg}\,y) : (1 \pm \mathfrak{Tg}\,x\,\mathfrak{Tg}\,y)$. Für große x gilt asymptotisch: $\mathfrak{Cof}\,x \sim \mathfrak{Sin}\,x \sim \frac{e^x}{2}$, $\mathfrak{Tg}\,x \sim \mathfrak{Cotg}\,x \sim 1$. Die Ableitungen sind: $(\mathfrak{Sin}\,x)' = \mathfrak{Cof}\,x$, $(\mathfrak{Cof}\,x)' = \mathfrak{Sin}\,x$, $(\mathfrak{Tg}\,x)' = 1/\mathfrak{Cof}^2 x = 1 - \mathfrak{Tg}^2 x$, $(\mathfrak{Ctg}\,x)' = -(1/\mathfrak{Sin}^2 x)$. Mit den trigonometrischen Funktionen besteht folgender Zusammenhang: $\mathfrak{Cof}\,x = \cos i x$, $\mathfrak{Sin}\,x = -i \sin i x$, $\mathfrak{Tg}\,x = -i\,\mathrm{tg}\,i x$, woraus umgekehrt folgt: $\sin x = \frac{1}{2i}(e^{+ix} - e^{-ix})$, $\cos x = \frac{1}{2}(e^{ix} + e^{-ix})$, $\mathrm{tg}\,x = \frac{1}{i}\,\frac{e^{ix} - e^{-ix}}{e^{ix} + e^{-ix}}$, ferner die außerordentlich wichtige *Euler-Moivresche Formel*: $e^{ix} = \cos x + i \sin x$.

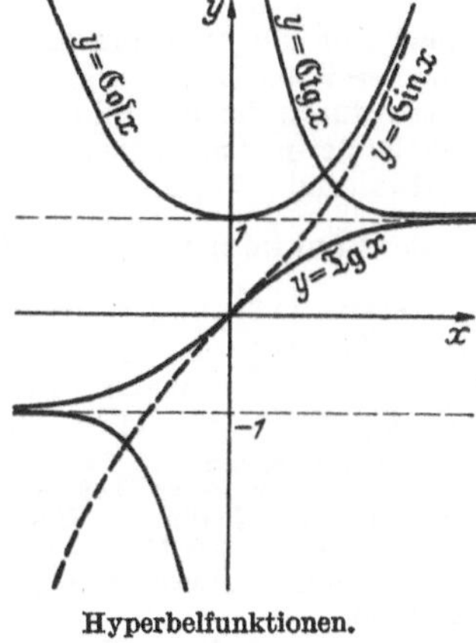

Hyperbelfunktionen.

Die Umkehrfunktionen der Hyperbelfunktionen sind die → Areafunktionen. Die numerischen Werte der Hyperbelfunktionen sind für große Bereiche des Argumentes x getafelt.

Rothe, R.: Höhere Mathematik. Leipzig 1948. *Courant, R.:* Differential- und Integralrechnung. Berlin 1948. *Baule, B.:* Die Mathematik d. Naturf. u. Ingenieurs I u. VI. Leipzig 1944. *v. Mangold-Knopp:* Höhere Mathematik. Leipzig 1948. Tafeln: *K. Hayashi:* Tafeln d. Hyperbelfunktionen (5stellig). Berlin 1930. *Tölke, F.:* Prakt. Funktionenlehre. Berlin 1950.

Hyperbolische Differentialgleichung → elliptische Differentialgleichung.

Hyperboloid, eine Fläche 2. Ordnung, deren Gleichung in bezug auf die Hauptachsen eines räumlichen karthesischen rechtwinkligen Koordinatensystems durch $\frac{x^2}{a^2} + \frac{y^2}{b^2} - \frac{z^2}{c^2} \mp 1 = 0$ gegeben ist. Die Konstanten $2a$, $2b$, $2c$ nennt man die *Achsen* des Hyperboloids. Wenn in dieser Gleichung das —-Zeichen vor der 1 gilt, ist das Hyperboloid *eine* sich ins Unendliche erstreckende Fläche. Mit einer Ebene zum Schnitt gebracht, kann eine Ellipse, Parabel oder Hyperbel als Schnittkurve entstehen. Sind die beiden Achsen $2a$ und $2b$ einander gleich, so ist das Hyperboloid eine Drehfläche, die durch Rotation einer Hyperbel um die z-Achse entsteht. Gilt in der Flächengleichung das +-Zeichen vor der 1, so besteht das Hyperboloid aus *zwei* sich ins Unendliche erstreckenden Mänteln (*zweischaliges* Hyperboloid). Für $a = b$ liegt ein *rotationssymmetrisches* zweischaliges Hyperboloid vor.

Bieberbach, L.: Analyt. Geometrie. Leipzig 1944.

Hyperchromatisch → Farbenfehler.

Hyperfeinstruktur der Spektrallinien. Während die Feinstruktur von Spektrallinien Aufschluß gibt über die magnetischen Kräfte in der Elektronenhülle des Atoms, erlaubt die Hyperfeinstruktur, welche man bei optimaler Auflösung der Linien erhält, Rückschlüsse auf den Kern.

Isotopenverschiebung. Bei den leichteren Elementen spielt die Mitbewegung des Kerns eine wesentliche Rolle, durch die die Elektronenmasse m reduziert wird auf eine effektive Masse μ vermittels $1/\mu = 1/m + 1/M$ (M Kernmasse). Die Spektrallinien der Isotopen eines Elements sind daher wegen des unterschiedlichen M ein wenig gegeneinander verschoben. Doch wird dieser Effekt mit wachsender Massenzahl immer geringer und ist nur bei den leichteren Elementen beobachtbar. → Isotopieeffekte.

Bei den schweren Elementen fällt dagegen der Umstand ins Gewicht, daß die Kernladung nicht mehr als punktförmig anzusehen ist, das Potential also vom Coulombpotential Ze/r bei kleinen r abweicht. Nach *Breit* und *Rosenthal* [Phys. Rev. **41,** 459 (1932)] läßt sich diese Art der Isotopenverschiebung richtig wiedergeben unter der Annahme einer konstanten Ladungsdichte im Kern, wodurch das Coulombpotential der Isotope erst bei etwas kleineren Radien abgerundet wird. Diese Isotopenverschiebung der Linien beträgt z. B. zwischen $^{200}_{80}$Hg und $^{202}_{80}$Hg $28 \cdot 10^{-3}\,\mathrm{cm}^{-1}$. Aus der Linienstärke der einzelnen Komponenten berechnet sich die Häufigkeitsverteilung der Isotope. Die Verhältnisse liegen relativ einfach bei Kernen vom Spin 0 (gerade Neutronen- und Protonenzahl). Bei von Null verschiedenem Spin jedoch komplizieren sich die Verhältnisse. → Kernmoment.

Magnetisches Moment. Hat der Elektronenzustand der Atomhülle einen resultierenden Spin j und der Kern den Spin i, so setzen sich die Spins infolge magnetischer Kopplung zusammen zu einem Gesamtdrehimpuls f, dessen Werte nach den Gesetzen der Raumquantelung sich nur um ganze Zahlen unterscheiden können: $f = j + i,\ j + i - 1,\ \ldots,\ |j - i|$.

Die Gesamtzahl der Komponenten, in welche ein Energieterm aufspaltet, ist daher gleich dem kleineren der Werte $2j+1$ oder $2i+1$ und gibt im Falle $j > i$ sofort den Wert des Kernspins. Die Energie der einzelnen Komponenten ist dem skalaren Produkt

$$i\,j\,\overline{\cos(i,j)} = \frac{f^2 - j^2 - i^2}{2} = \frac{f(f+1) - j(j+1) - i(i+1)}{2}$$

proportional. Das letzte Glied der Gleichung folgt aus der Wellenmechanik. Die Abstände benachbarter Terme verhalten sich daher wie

$$f_0 : f_1 : \ldots : f_{2i-1} \quad \text{bzw.} \quad f_{2j-1}.$$

Dies ist die Landésche → Intervallregel. Die Kenntnis der Wechselwirkungskraft, welche die Aufspaltung hervorruft, führt zur Bestimmung des magnetischen →Kernmoments, die allerdings auf diese Weise nur recht ungenau möglich ist.

Quadrupolmoment. Die Landésche Intervallregel ist im allgemeinen nicht exakt erfüllt. Nach *Schüler* wird die Übereinstimmung befriedigend, wenn für die Aufspaltungsterme der Ansatz

$$\alpha \cos(i,j) + \beta \cos^2(i,j)$$

gemacht wird. Dieses zweite Glied läßt sich verstehen unter der Voraussetzung eines nicht kugelsymmetrischen Coulombpotentials, etwa

$$V_{\text{Coul}} = \frac{Ze}{r} + \frac{3\cos^2\vartheta - 1}{r^3}\, q\, e.$$

Hierbei ist $qe = \int d\tau\, \varrho(\mathfrak{r})\, Ze\,(3z^2 - r^2)$ das elektrische Quadrupolmoment des Kerns. Für die Kugel ist $q = 0$, für eine Zigarre $q > 0$, und für ein abgeplattetes Rotationsellipsoid $q < 0$. Das Verhältnis β/α wird durch das Experiment sehr genau geliefert und gibt bis auf eine Konstante das Verhältnis von elektrischem Quadrupolmoment qe und magnetischem Dipolmoment μ an.

Hyperfläche. Ist $z = f(x, y)$ eine Funktion der beiden voneinander unabhängigen Veränderlichen x und y, so kann man z anschaulich als Fläche in einem dreidimensionalen rechtwinkligen kartesischen Koordinatensystem darstellen. Beispiel: $x^2 + y^2 + z^2 = r^2 = \text{const}$ ist eine Kugel, $z = x^2 + y^2$ ein Rotationsparaboloid usw. In Erweiterung dieser Tatsache sagt man, die von den n voneinander unabhängigen Variablen $x_1, x_2, \ldots, x_n$ abhängige Funktion $z = \varphi(x_1, x_2, x_3, \ldots, x_n)$ stelle eine Hyperfläche in einem $(n+1)$-dimensionalen rechtwinkligen Koordinatensystem oder schlechthin in einem $(n+1)$-dimensionalen Raum dar. → n-dimensionaler Raum.

Hypergeometrische Reihe oder *hypergeometrische Funktion,* eine durch elementare Funktionen nicht ausdrückbare unabhängige Lösung der Gaußschen Differentialgleichung $x(1-x)\,y'' + [-(\alpha+\beta+1)\,x + \gamma]\,y' - \alpha\beta\,y = 0$, worin α, β, γ feste Werte sind, jedoch $\gamma \neq 0, -1, -2, \ldots$. Das Auffinden der Lösung obiger Differentialgleichung geschieht durch den Reihenansatz $y = \sum_{i=1}^{\infty} a_i x^i$ und führt zu der Koeffizientenrekursionsformel $(i+1)(i+\gamma)\,a_{i+1} = (i+\alpha)(i+\beta)\,a_i$. Damit ergibt sich als eine Lösung der Gaußschen Gleichung

$$y_1 = a_0\left[1 + \frac{\alpha}{1!}\frac{\beta}{\gamma}x + \frac{\alpha(\alpha+1)}{2!}\frac{\beta(\beta+1)}{\gamma(\gamma+1)}x^2 + \cdots\right].$$

Der sich hieraus mit $a_0 = 1$ ergebende Ausdruck, also die eckige Klammer, ist die Gaußsche hypergeometrische Reihe: $F(\alpha, \beta, \gamma; x) = 1 + \frac{\alpha}{1!}\frac{\beta}{\gamma}x + \frac{\alpha(\alpha+1)}{2!}\frac{\beta(\beta+1)}{\gamma(\gamma+1)}x^2 + \frac{\alpha(\alpha+1)(\alpha+2)}{3!} \times \frac{\beta(\beta+1)(\beta+2)}{\gamma(\gamma+1)(\gamma+2)}x^3 + \cdots$. Der Konvergenzradius dieser Potenzreihe ist 1. Als Differentialgleichung 2. Ordnung besitzt die Gaußsche Gleichung zwei voneinander unabhängige Lösungen. Für die zweite findet man $y_2 = x^{1-\gamma} F(\alpha - \gamma + 1,\ \beta - \gamma + 1,\ 2 - \gamma;\ x)$. Die hypergeometrische Reihe führt für gewisse spezielle Werte von α, β, γ zu bekannten elementaren bzw. aus solchen zusammengesetzten Funktionen. So ist z. B. $F(1, \beta, \beta; x) = \frac{1}{1-x^2} = 1 + x + x^2 + \cdots$ die gewöhnliche geometrische Reihe; $F(-n, 1, 1; -x) = 1 + \binom{n}{1}x + \binom{n}{2}x^2 + \cdots = (1+x)^n$, die binomische Reihe; $x\,F(1; 1; 2; -x) = x - \frac{x^2}{2} + \frac{x^3}{3} \ldots = \ln(1+x)$. Ferner wird durch Grenzwertbildung: $\lim_{\beta\to\infty} F\left(1, \beta, 1; \frac{x}{\beta}\right) = 1 + \frac{x}{1} + \frac{x^2}{2!} + \cdots = e^x$ die e-Funktion erhalten, oder aus $\lim_{\alpha,\beta\to\infty} x\,F\left(\alpha, \beta, \frac{3}{2}; \frac{x^2}{4\alpha\beta}\right) = \sin x$ gelangt man zur sin-Funktion usw. Eine insbesondere für die → Wellenmechanik wichtige Funktion erhält man durch die lim-Bildung $\beta \to \infty$, $x \to \infty$, $\beta x \to z$, die zu der nur noch die die beiden Parameter α und γ enthaltende konfluente hypergeometrische Reihe (oder Funktion) $F(\alpha, \gamma; z) = 1 + \frac{\alpha}{\gamma}\frac{z}{1} + \frac{\alpha(\alpha+1)}{\gamma(\gamma+1)}\frac{z^2}{2} + \frac{\alpha(\alpha+1)(\alpha+2)}{\gamma(\gamma+1)(\gamma+2)}\frac{z^3}{3!} + \cdots$ führt. Sie genügt der konfluenten hypergeometrischen Differentialgleichung $zF'' + (\gamma - z)\,F' - \alpha F = 0$.

Magnus-Oberhettinger: Formeln u. Sätze d. spez. Funktionen d. math. Physik. Berlin 1948. *Knopp, K.:* Theorie u. Praxis d. unendl. Reihen. Berlin 1948. *Sommerfeld, A.:* Atombau u. Spektrallinien II. Braunschweig 1944.

Hyperkomplexe Einheiten → hyperkomplexe Zahlen.

Hyperkomplexe Zahlen spielen eine hervorragende Rolle in Diracs Theorie des Spin-Elektrons. Die hyperkomplexen *Einheiten* γ_β $(\beta = 1, 2, 3, 4)$ sind in 4 Dimensionen definiert durch die Bedingungen: $\gamma_\beta^2 = 1$ und $\gamma_\alpha \gamma_\beta + \gamma_\beta \gamma_\alpha = 0$, wo α 1, 2, 3, 4 $\neq \beta$. Die γ-Größen verhalten sich bei der Multiplikation antikommutativ, denn es ist $\gamma_\alpha \gamma_\beta = -\gamma_\beta \gamma_\alpha$. Die γ lassen sich durch vierreihige Matrizen darstellen, jedoch nicht in eindeutiger Weise.

Aus der gewöhnlichen Einheit 1 und den vier hyperkomplexen Einheiten γ_β entstehen durch Multiplikation im ganzen 16 verschiedene aufeinander nicht zurückführbare Einheiten. Die allgemeinste Zahl des Körpers der γ ist 16gliedrig. Eine Untergruppe dieses Körpers ist die der Biquaternionen, die nur 8 der 16 Einheiten umfaßt. Untergruppen mit 4 Einheiten sind isomorph zur Quaternionengruppe, Untergruppen von 2 Einheiten isomorph zur Gruppe des gewöhnlichen komplexen Zahlkörpers (mit den Einheiten 1 und i).

Sommerfeld, A.: Atombau u. Spektrallinien II. Braunschweig 1944.

Hyperm, Firmenbezeichnung für einige technisch verwendete, magnetisch weiche Legierungen. Hyperm 4 ist eine Fe–Si-Legierung mit etwa 4% Si, Hyperm 36 und Hyperm 50 sind Fe–Ni-Legierungen mit 36% bzw. 50% Ni.

ATM Z 911—6 und 7 (1936).

Hypermetropie, *Weit-* oder *Übersichtigkeit* durch anomale Verkürzung der Augenachse oder relativ zu geringe Brechkraft der bildentwerfenden Einrichtungen (→ Auge); → Fernpunkt dadurch virtuell, hinter dem Auge gelegen. Korrektur durch Sammelgläser (→ Brillen). Brechkraftverminderung der Linse im Alter: Alters-Hypermetropie (→ Myopie).

Hypermultiplett. Die Übergänge zwischen → Hyperfeinstruktur-Termen ergeben die Hypermultipletts, die ein ähnliches Aussehen wie die Multipletts, nur in verkleinertem Maßstabe, haben.

Hyperopie → Hypermetropie.

Hyperquantelung. Die → Quantentheorie der Wellenfelder bezeichnet man als Hyperquantelung, weil die Gleichungen der Wellenfelder (bis auf das elektromagnetische), wie z. B. das Elektronenwellenfeld, selber durch einen Quantisierungsprozeß gefunden wurden (→ Schrödingergleichung, → Diracgleichung). Als Beispiel zur Hyperquantelung möge der Artikel → Quantenelektrodynamik dienen, wo explizit gezeigt wird, wie die Hyperquantelung des elektromagnetischen Feldes und des Elektronenwellenfeldes durchzuführen ist.

Wentzel, G.: Quantentheorie d. Wellenfelder. Wien 1943.
Heitler, W.: Quantum Theory of Radiation. Oxford 1944.

Hyperschallwellen. An das Gebiet des → Ultraschalles schließen sich bei Frequenzen von der Größenordnung 10^{10} Hz die als Hyperschallwellen bezeichneten thermischen Schallwellen in Flüssigkeiten an, von deren Existenz man durch die Feinstruktur der Rayleighschen → Lichtstreuung Kenntnis erhält.

Rao, K. N.: Proc. Ind. Acad. Sci. (A) **8**, 124 (1938); **9**, 422 (1939).

hypersonic (engl.) = die Schallgeschwindigkeit (in Luft) übersteigend.

Hypersonics, keramische Kunststoffe aus Titan, die neuerdings an Stelle von Piezoquarzen verwendet werden. Ihre notwendige Anisotropie erhalten sie durch ein während ihrer Herstellung wirkendes elektrisches Feld.

Umschau **51**, 347 (1951).

Hyperzentrisch → Perspektive.

Hypochromatisch → Farbenfehler.

Hypohexagonal, hypokubisch → Pseudosymmetrie.

Hypozentrum = → Erdbebenherd.

Hypozykloide → Rollkurven.

Hypsochrome Gruppen → chromophore Gruppen.

Hypsometer = → Siedethermometer.

Hysterese, dielektrische → Relaxation, dielektrische.

Hysterese, elastische → Nachwirkung, elastische.

Hysterese in Gasentladungen, Nachwirkungen früherer Entladungszustände auf den momentanen Zustand; äußert sich z. B. darin, daß die → Charakteristik anders verläuft, je nachdem, ob sie mit steigendem oder fallendem Strom oder mit Wechselstrom aufgenommen wird. Ursache der *langsamen* Hysterese ist die thermische Trägheit der Elektroden und des Gases. *Schnellere* Hysterese-Erscheinungen werden hervorgerufen von Raumladungen, Wandladungen und metastabilen Atomen, die sich veränderten Entladungsbedingungen erst mit einer gewissen Verzögerung anpassen. Ferner → Wechselstrombogen.

Hysterese, magnetische. Unter magnetischer Hysterese versteht man die bei fast allen zyklisch magnetisierten ferromagnetischen Substanzen beobachtete Erscheinung, daß die Induktion bzw. die Magnetisierung bei wachsendem Betrage der magnetischen Feldstärke geringere Werte annimmt als im gleichen Feld bei abnehmendem Betrage der Feldstärke. Die Ursache der Hysterese liegt darin, daß in einem ferromagnetischen Material infolge Wechselwirkung zwischen den Elementarmagneten eine spontane Magnetisierung besteht. Diese besitzt zwar im allgemeinen nicht im ganzen Material die gleiche Richtung, wohl aber in kleinen, schon fast makroskopischen Bereichen, deren Volumen vom magnetischen Zustand abhängt und wahrscheinlich stets größer als etwa 10^{-10} cm³ ist. Für die Magnetisierung eines solchen Bereiches gibt es infolge des Zusammenwirkens zwischen Kristallenergie, Spannungsenergie und magnetischem Feld in der Regel mehrere Vorzugsrichtungen, aus denen er nur unter Energieaufwand herausgedreht werden kann. Die Magnetisierungsrichtung fällt stets mit einem Minimum der freien Energie zusammen. Es hängt aber von der vorhergehenden Behandlung ab, welches der verschiedenen Minima wirklich eingenommen wird. Denn wegen der Größe der einheitlich magnetisierten Bezirke reichen die thermischen Schwankungen nicht aus, um die Magnetisierung aus einer Vorzugslage über die energetisch ungünstigen Zwischenlagen in eine andere zu werfen. Die ferromagnetische Hysterese macht sich nicht nur an der Magnetisierungskurve bemerkbar, sondern an allen Vorgängen, welche die Richtung der spontanen Magnetisierung beeinflussen oder von ihr abhängen, also auch bei dem Einfluß von Zugspannungen auf die Magnetisierung, bei der Magnetostriktion und der Widerstandsänderung der ferromagnetischen Materialien im Magnetfeld sowie bei den magnetomechanischen Erscheinungen. → Hystereseschleife.

Magnetomechanische Hysterese → magnetomechanische Effekte.

Becker, R., u. *W. Döring:* Ferromagnetismus. Berlin 1939.

Hystereseerwärmung → Hystereseverluste.

Hystereseschleife. Die Magnetisierung eines ferromagnetischen Materials hat wegen der → Hysterese bei zunehmender und abnehmender Feldstärke verschiedene Werte. Läßt man die Feldstärke zwischen zwei Extremwerten wiederholt hin- und herlaufen, so durchläuft die Magnetisierung I bei Auftragung über der Feldstärke H eine geschlossene Schleife, die *Hystereseschleife* (Abb. 1). Besonders wichtig ist der Fall, daß die Extremwerte des Feldes entgegengesetzt gleich sind. Steigert man, vom unmagnetischen Zustand ausgehend, die Amplitude des Feldes stetig, so sind auch die Extremwerte der Magnetisierung auf jeder Schleife entgegengesetzt gleich. Man erhält dann für verschiedene Werte der Feldamplitude eine Kurvenschar, wie sie in der Abb. 1 für ein normales Material dargestellt ist. Bei sehr kleinen Amplituden setzt sich die Hystereseschleife aus zwei Parabelbögen zusammen (Rayleighschleife). Bei sehr großen Amplituden erreicht man eine Grenzkurve, die sich bei weiterer Steigerung der Amplitude nicht mehr ändert. Sie verläuft mit abnehmender Feldstärke von der Sättigung mit zunehmender Steilheit abwärts über den *Remanenzpunkt* R (Feldstärke $H = 0$) bis zu der Gegenfeldstärke H_c, der *Koerzitivkraft*, bei der die Magnetisierung verschwindet. Bei weiterer Steigerung der

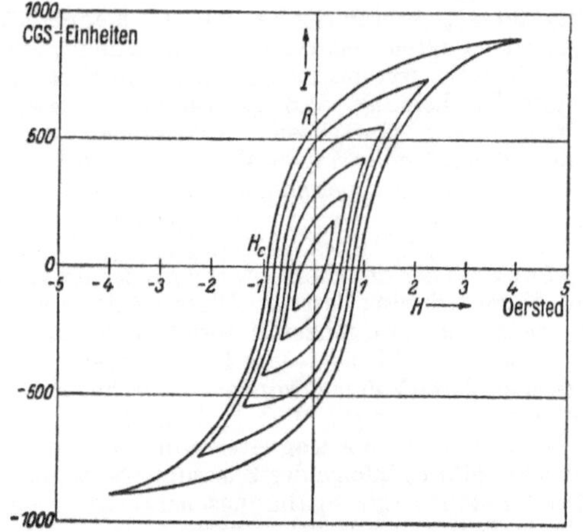

Abb. 1. Hystereseschleifen eines normalen Materials (hochlegierte Eisen-Silizium-Bleche) für Wechselfelder verschiedener Feldamplitude.

Feldstärke in Gegenrichtung nimmt die Steilheit dJ/dH im allgemeinen wieder ab, bis sie in der Sättigung in Gegenrichtung verschwindet. Durch

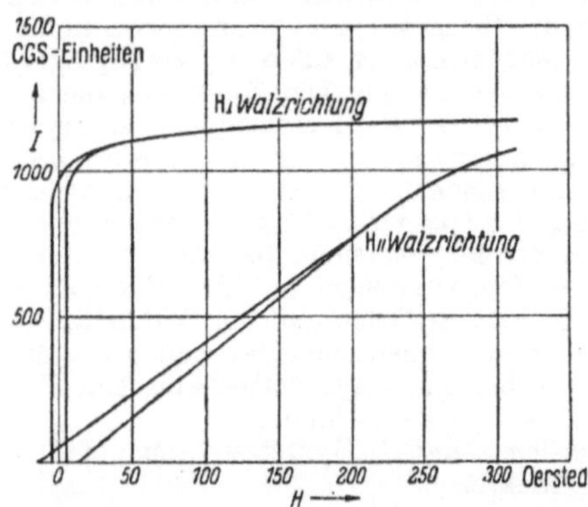

Abb. 2. Hystereseschleifen von gewalzten Fe–Ni-Blechen mit Rekristallisationstextur, senkrecht und parallel zur Walzrichtung als Beispiel für eine sehr steile Schleife, ähnlich den Rechteckschleifen bei Permalloy unter Zug, und eine flache, fast geradlinige Schleife, wie sie auch bei Nickel unter Zug auftritt.

Anwendung von Spannungen oder gewisse mechanische und thermische Behandlungen kann man nicht nur die Höhe der remanenten Magnetisierung und der Koerzitivkraft stark beeinflussen, sondern auch die Form der Hystereseschleife (Abb. 2). Bei Fe–Ni-Legierungen mit positiver Magnetostriktion (40% bis 76% Ni) kann man durch Anwendung von Zugspannungen in Feldrichtung eine exakt rechteckige Schleife erreichen (→ Rechteckschleife), bei der die Magnetisierung in *einem* großen → Barkhausensprung bei fester äußerer Feldstärke von der Sättigung in der einen Richtung in die Sättigung in der Gegenrichtung umspringt. Durch Tempern im Magnetfeld ist dies Verhalten nahezu auch ohne Zugspannungen zu erhalten. Bei Nickel (negative Magnetostriktion) erzeugt eine Zugspannung in Feldrichtung eine ganz flache, fast geradlinige Schleife mit nur ganz geringer Fläche zwischen dem aufsteigenden und absteigenden Kurventeil. Bei den Isopermen und bei in bestimmter Weise gewalzten Fe–Ni-Legierungen tritt eine ähnliche Schleife auch ohne Zug auf (→ Walzanisotropie).

Becker, R., u. *W. Döring:* Ferromagnetismus. Berlin 1939.

Hystereseverluste. Wird ein ferromagnetisches Material in einem magnetischen Wechselfeld periodisch magnetisiert, so wird wegen des Vorhandenseins der → Hysterese dem Material durch das Feld Energie zugeführt, welche sich irreversibel in Wärme verwandelt. Die bei einmaligem Durchlaufen der Hystereseschleife zugeführte Magnetisierungsarbeit ist je Volumeneinheit des Materials $\int H\,dJ$, also gleich der Fläche der Hystereseschleife (*Warburgsches Gesetz*). Durch sehr genaue Temperaturmessungen an thermisch isolierten Proben hat man festgestellt, daß diese irreversible *Hystereseerwärmung* längs einer großen Hystereseschleife, welche in beiden Feldrichtungen bis nahezu zur Sättigung führt, hauptsächlich im steilsten Teil in der Umgebung der Koerzitivkraft auftritt, wo auch die → Barkhausensprünge am intensivsten sind. Der irreversiblen Erwärmung überlagert sich dabei jedoch eine reversible Erwärmung und Abkühlung, welche von der gleichen Größenordnung ist (→ magnetokalorischer Effekt).

In einer Spule mit einem ferromagnetischen Kern trägt die Hysterese dazu bei, daß der Wechselstromwiderstand höher ist als der Gleichstromwiderstand (→ Eisenverluste). Den von der Hysterese herrührenden Widerstandsanteil kann man experimentell von den Verlustanteilen infolge von Wirbelströmen und magnetischer Nachwirkung im ferromagnetischen Kern und von den dielektrischen Verlusten abtrennen durch Messung der Abhängigkeit des Widerstands von der Amplitude des Wechselstromes. Der Hysteresewiderstand verschwindet im Grenzfall verschwindend kleiner Feldamplitude und ist in magnetischen Wechselfeldern, deren Amplitude klein gegen die Koerzitivkraft ist, zum Effektivwert des Stromes proportional (→ Rayleighsches Gesetz). Alle anderen Verlustanteile sind amplitudenunabhängig.

Becker, R., u. *W. Döring:* Ferromagnetismus. Berlin 1939.

Hz, Symbol für das Frequenzmaß → Hertz.

I

I oder **i,** Bezeichnung der Quantenzahl des → Drehimpulses (Spins) der Atomkerne.

I.A., Symbol für die Internationale → Ångström-Einheit.

IBK = Internationale Beleuchtungskommission. *IBK-Kurve* = V_λ-Kurve (→ Hellempfindlichkeit, relative spektrale).

I.C.P., Symbol für die Lichtstärkeeinheit → International Candle Power.

Ideale Flüssigkeit. Die technisch wichtigsten „Flüssigkeiten" (Wasser und Luft) haben eine verhältnismäßig geringe Zähigkeit. Daher ist für viele Vorgänge das idealisierte Bild einer reibungsfreien Flüssigkeit eine hinreichende Annäherung an die wirkliche Strömung. Ist eine natürliche Flüssigkeit im Gleichgewicht, d. h. in Ruhe, und ist kein äußeres Kraftfeld vorhanden, so ist in ihrem Innern der Druck in jedem Punkt „isotrop", d. h die Druckkraft wirkt auf allen Flächenelementen, die durch diesen Punkt gehen, in Richtung der Normalen auf diese Flächenelemente, und der Druck hat für jede Richtung den gleichen Betrag. Ist die natürliche Flüssigkeit in Bewegung, so wirken außer diesen Normalkräften Scherkräfte in der Ebene der Flächenelemente bzw. an den Begrenzungen der Strömung, die bei der idealen Flüssigkeit vernachlässigt werden. Demnach gilt auch für eine strömende ideale Flüssigkeit das Gesetz des isotropen Druckes. Ihr Schubmodul ist unendlich klein, sie setzt dem Gleiten keinen Widerstand entgegen. Das Verhalten der idealen Flüssigkeit wird gegenüber den wirklichen Flüssigkeiten weiterhin durch die Annahme vereinfacht, daß die Dichte im ganzen Flüssigkeitsgebiet konstant ist, daß also der Kompressionsmodul unendlich groß ist. Unter bestimmten Voraussetzungen verhalten sich auch Gase angenähert wie die ideale Flüssigkeit, sofern nämlich die örtlichen Unterschiede der Drucke und Temperaturen gering im Vergleich zu ihren absoluten Werten und die Geschwindigkeiten klein gegenüber der Schallgeschwindigkeit sind. Die Theorie der idealen Flüssigkeit versagt bei Strömungen an festen Begrenzungen. Die Idealisierung kann dann nur für die übrigen Teilgebiete der Strömung aufrechterhalten werden. Für den jeweiligen Bereich ihrer Gültigkeit bedeutet sie eine wesentliche Vereinfachung der Berechnung, insbesondere wenn es sich um eine → Potentialströmung handelt.

Prandtl, L.: Führer durch die Strömungslehre. Braunschweig 1949.

Ideales Gas → Gas, ideales.

Idealkristall → Mosaikkristall.

Idealwiderstand, elektrischer. Nach den Vorstellungen der → Elektronentheorie der Metalle über das Zustandekommen des elektrischen Widerstandes in Metallen ist der Idealwiderstand definiert als derjenige Widerstand, den eine ideal reine Metallprobe mit idealer, einkristalliner Struktur bei einer gegebenen Temperatur hat. Dieser Idealwiderstand R_{id} wird einzig und allein hervorgerufen durch die Streuung der Elektronenwellen an den durch die Wärmebewegung der Gitteratome hervorgerufenen Gitterstörungen. Er ist daher eine Funktion der Temperatur. Experimentell wird er unter Benutzung der → Mathiessenschen Regel an möglichst reinen Metallproben bestimmt, indem man den temperaturunabhängigen → Restwiderstand der Metallprobe vom gemessenen Gesamtwiderstand in Abzug bringt. Die so erhaltenen Werte für den Idealwiderstand bei verschiedenen Temperaturen bilden die Grundlage für das elektrische → Widerstandsgesetz der Metalle.

Grüneisen, E.: Elektr. Leitfähigkeit d. Metalle bei tiefen Temperaturen. Ergebn. exakt. Naturw. **21** (1945).

Identische Darstellung. Jede Gruppe läßt diejenige → Darstellung zu, die jedem Element der Gruppe die Zahl 1 zuordnet. Diese Darstellung ist eindimensional und heißt die identische Darstellung.

Identische Elemente eines Raumgitters sind außer den → identischen Punkten seine parallelgerichteten Netzebenen, Gittergeraden und Symmetrieelemente, die durch identische Punkte gehen.

Identische Punkte eines Raumgitters sind alle Punkte, die sich durch Translation zur Deckung bringen lassen. Ein einfaches Translationsgitter enthält daher nur identische Gitterpunkte. Ihre Koordinaten sind sämtlich ganze Zahlen, wenn einer der Punkte zum Ursprung gewählt wird.

Identität. 1. *Mathematisch* eine Gleichheit zwischen zwei Ausdrücken, die für *jeden* Wert der in ihr auftretenden Größen erfüllt ist. Beispiel: $(a + b)^2 = a^2 + 2\,ab + b^2$. Ist eine oder sind mehrere oder alle Größen veränderlich, so liegt dann eine Identität vor, wenn eine Gleichung für *alle* Werte, die die Variablen annehmen können, stets erfüllt ist. Beispiel: $\sin^2 x + \cos^2 x = 1$; $\sin (x + y) = \sin x \cos y + \cos x \sin y$. Im Gegensatz dazu stellt die Gleichheit $\sin x \cos x = \frac{1}{2}$ keine Identität, sondern eine Gleichung für die Unbekannte x dar, da sie nur für bestimmte Werte von x richtig ist. Um Identitäten äußerlich zu kennzeichnen, benutzt man statt des =-Zeichens das *Identitätszeichen* $\equiv$. Es wäre also oben genauer zu schreiben $(a + b)^2 \equiv a^2 + 2\,ab + b^2$.

2. In der *Kristallgeometrie* bedeutet Identität das Fehlen jeder Symmetrie. Man faßt sie auch als einzählige Drehungsachse auf und gibt ihr dementsprechend das Symbol 1.

Identitätsabstand, der Abstand zwischen aufeinanderfolgenden identischen Punkten oder Elementen eines Raumgitters.

Identitätsperiode, der Abstand zwischen zwei aufeinanderfolgenden identischen Punkten einer Gittergeraden. Ist die Gittergerade eine Koordinatenachse eines Kristallgitters, so deckt sich der Begriff mit dem der → Gitterkonstanten.

Idiochromatische Kristalle nennen *Gudden* und *Pohl* solche, die bei Einstrahlung im Bereich ihrer eigenen optischen Absorptionsbande bereits einen lichtelektrischen Strom geben. Alle idiochromatischen Kristalle sind durch eine hohe Brechungszahl gekennzeichnet. Es gilt die Regel, daß diese größer als 2 sein muß, damit ein Kristall lichtelektrisch wirksam ist. Neben den Silberhalogeniden sind hier die Kuprohalogenide sowie Merkuro-, Thallo- und Bleihalogenide anzuführen, ferner zahlreiche Sulfide, wie Ag_2S, Sb_2S_3, HgS, Bi_2S_3, MoS_2, PbS sowie viele andere Schwefelverbindungen, wie Pyrargyrit (Ag_3SbS_3), Oxyde wie Cu_2O oder Sb_2O_3, ferner $PbCO_3$, Schwefel, Selen, gelber Phosphor, Jod, Diamant, Naphthalin. Einige dieser Substanzen sind im Dunkeln vollkommene Isolatoren, andere, die → Halbleiter, haben auch ohne Belichtung bereits eine gewisse Leitfähigkeit (→ allochromatische Kristalle).

Idiozyklophane Kristalle zeigen beim Betrachten gegen eine helle, diffuse Lichtquelle ohne Polarisationsapparat Interferenzbilder, wie man sie sonst nur im konvergenten, polarisierten Licht sieht. Die Erscheinung beruht darauf, daß das Licht zunächst vom Kristall polarisiert wird, dann eine Ablenkung in die Richtung einer optischen Achse erfährt und durch eine zweite Ablenkung wieder in die alte Richtung gelangt, wobei der Kristall nunmehr als Analysator wirkt. Die Richtungsänderung kann entweder an einer eingelagerten Zwillingslamelle erfolgen (Kalkspat, Aragonit $CaCO_3$) oder indem das Licht an zwei gegenüberliegenden Flächen eines Kalkspatparallelepipeds total reflektiert wird. Beim Kalkspat sieht man wegen des großen Winkels zwischen ordentlichem und außerordentlichem Strahl zwei Interferenzbilder nebeneinander: eines mit dunklem Balkenkreuz und ein zweites mit komplementären Farben und hellem Kreuz, wie bei der

Betrachtung zwischen zwei Nicols mit parallelen Polarisationsebenen.

Ignitron, ein technischer Stromrichter mit Initialzündung.

IK, Symbol für die Lichtstärkeeinheit Internationale Kerze (→ Kerze, → Lichteinheiten, Internationale).

Ikonoskop. Die → Braunsche Röhre wird in der Weise abgewandelt, daß der Leuchtschirm durch eine *Mosaik-Photokathode* ersetzt wird (Abb.). Das

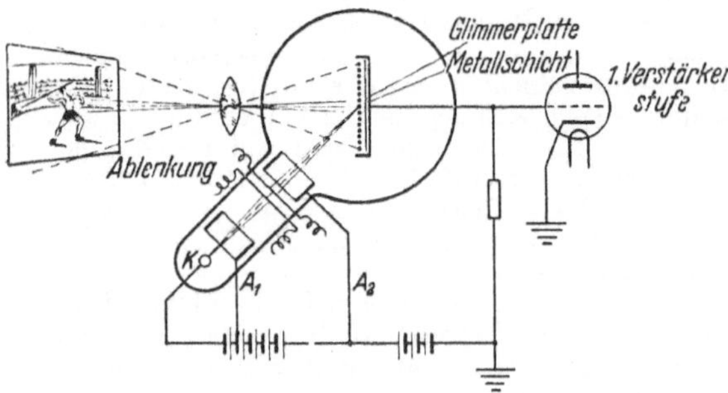

Ikonoskop.

beim Fernseh-Vorgang zu übertragende Bild wird auf diese Kathode projiziert. Sie besteht aus vielen kleinen Photokathoden (Mikrokathoden), die auf einer Glimmerplatte aufgebracht und somit gegeneinander isoliert sind. Auf der Rückseite der Glimmerplatte befindet sich eine Metallplatte als *Signalelektrode.* Durch das auf die Mosaik-Photokathode projizierte Lichtbild werden je nach der auf die einzelnen Mikrokathoden entfallenden Lichtmenge Photoelektronen ausgelöst, die von der Anode A_2 aufgenommen werden. Die einzelnen Mikrokathoden laden sich dementsprechend verschieden hoch positiv auf. Hierdurch entsteht auf der Kathode ein dem Lichtbild entsprechendes latentes Ladungsbild. Dieses wird nun von dem Elektronenstrahl zeilenweise abgetastet. Dabei überdeckt der Elektronenstrahl in der Regel eine Fläche von etwa 0,25 mm Durchmesser. Es werden d bei jeweils 1000 bis 10000 Mikrokathoden erfaßt. Durch diese Abtastung wird das Ladungsbild im Zusammenwirken mit Sekundärelektronenbildung bis zu einem Gleichgewichtszustand wieder entladen. Die Entladungsstöße werden kapazitiv auf die Signalelektrode übertragen und von dort einem Verstärker zugeführt. Während bei der früher üblichen Abtastanordnung der einzelne Punkt des zu übertragenden Bildes bei z. B. 10000 Bildpunkten nur 10^{-4} s zur Wirkung kommt, der übrige Hauptteil der Lichtmenge dagegen nutzlos verlorengeht, wird beim Ikonoskop die gesamte Zwischenzeit genutzt. Es wird deshalb auch *Speicherröhre* oder *Bildspeicherröhre* genannt.

Heimann, W., u. *K. Wemheuer:* ENT **15,** 1 (1938). *Brüche, E.,* u. *A. Recknagel:* Elektronengeräte. Berlin 1941.

Ikositetraeder, die spezielle Form {*hll*}, $h > l$, der kubischen Kristallklassen 23*i*, 43, 43*i* (Abb.). Sie besteht aus 24 gleichen Deltoiden, d. h. papierdrachenförmigen Vierecken, die von 2 längeren und 2 kürzeren, untereinander gleichlangen Seiten begrenzt wird. Die Deltoide grenzen zu vieren mit ihren längeren und zu dreien mit den kürzeren Seiten aneinander.

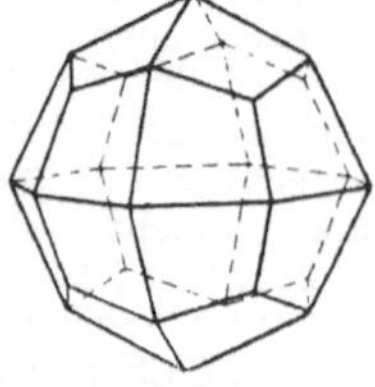

Ikositetraeder.

Illinium, Bezeichnung des Elements 61, die ihm bei seiner vermeintlichen Entdeckung (als stabiles Element) vorläufig gegeben wurde. Heute weiß man, daß dieses Element kein stabiles Isotop hat. Es heißt jetzt → *Promethium* (Pm).

Ilm, Symbol für die Lichtstromeinheit Internationales Lumen (→ Lumen, → Lichteinheiten, Internationale).

Ilx, Symbol für die Einheit Internationales Lux der Beleuchtungsstärke (→ Lux, → Lichteinheiten, Internationale).

image iconoscope, das → Superikonoskop.

Imaginärteil einer komplexen Größe → Realteil.

Imahori-Gerät, ein Gerät zur Aufzeichnung des → Zeit-Frequenz-Spektrums von Schallvorgängen. Die Abbildung zeigt ein derartiges Spektrogramm.

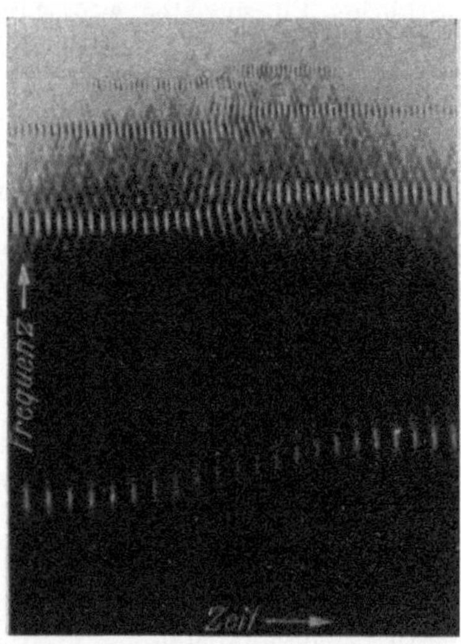

Mit dem Imahori-Gerät erhaltenes Spektrogramm.

Das Gerät enthält eine von dem zu analysierenden Vorgang gesteuerte Gasentladungslampe, ein konvergentes Raster und einen vor dem Raster vorbeilaufenden lichtempfindlichen Film, auf dem das Spektrum registriert wird.

Imahori, K.: Nature, Lond. **144,** 708 (1939).

Immersions-Elektronenlinse, eine elektrostatische Linse (→ Elektronenlinse), bestehend aus meist zwei Elektroden, bei der die Elektronen bei ihrem Austritt eine andere Energie haben als bei ihrem Eintritt in die Linse. Je nachdem die Elektronen durch die Linse beschleunigt oder verzögert werden, spricht man von einer *Beschleunigungs-* oder *Verzögerungs*-Immersions-Linse (Abb.). Elektronen-

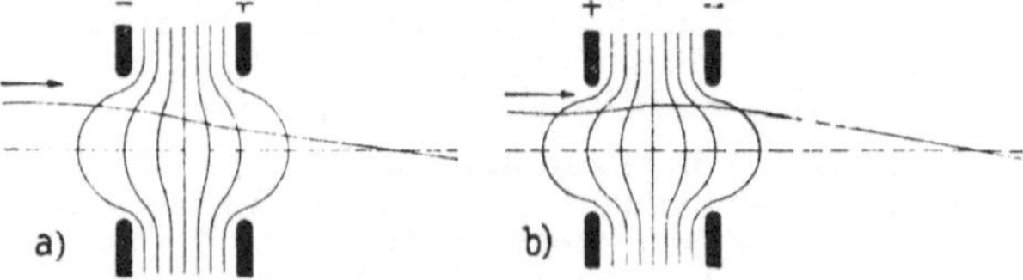

Immersions-Elektronenlinse, a) Beschleunigung, b) Verzögerung.

optisch sind Immersionslinsen dadurch charakterisiert, daß ihre objektseitige Brennweite von der bildseitigen Brennweite verschieden ist. Die Brennweiten verhalten sich zueinander wie die Quadratwurzeln der Potentiale im Bildraum und im Objektraum. Immersionslinsen, die durch gegenüberstehende Rohrelektroden (Rohrlinsen) oder Kreislochelektroden gebildet werden können, werden meist zur Strahlfokussierung in Elektronengeräten (z. B. Braunsche Röhre) benutzt, wobei gewöhnlich das Beschleunigungsfeld als Linsenfeld ausgebildet wird. Eine besondere Rolle spielen Immersionslinsen bei der Abbildung von Kathodenflächen im → Emissions-Mikroskop. Das Linsenfeld einer solchen Kathodenlinse (Immersions-Objektiv) greift unmittelbar als Beschleunigungsfeld die im „Eigenlicht" abzubildende Kathodenfläche an.

Johannsen, H.: Ann. Phys. **18**, 385 (1933); **21**, 274 (1934).

Immersionsmethode → Einbettungsmethode.

Immersionssystem → Mikroskop.

Impedanz → Wechselstromwiderstand.

Imperial Standard Pound, Yard → pound, → yard.

Impfung → Kristallkeime.

Implizite Form → explizite Form.

Impuls, das gleiche wie die → *Bewegungsgröße* $m\,\mathfrak{v}$ eines Körpers. Oft wird aber (tatsächlich auch der eigentlichen Wortbedeutung besser entsprechend) unter Impuls der → *Kraftstoß* $\int_0^t \mathfrak{K}\,dt = m\,\mathfrak{v} - m\,\mathfrak{v}_0$, also die *Änderung* der Bewegungsgröße durch eine Kraft, verstanden.

Impulsachse → Kreisel.

Impulsdarstellung, diejenige → Darstellung des → Hilbertraumes durch Funktionen $\varphi(p')$, in der der → Impulsoperator p die Form $p\,\varphi(p') = p'\,\varphi(p')$ hat. Der → Ortsoperator lautet in dieser Darstellung $q\,\varphi(p') = -\frac{\hbar}{i}\frac{\partial}{\partial p'}\varphi(p')$. → Impulsraum.

Impulsellipsoid *(Schwungellipsoid)* → Poinsot-Bewegung.

Impulsintegral → Stoßintegral.

Impulsmessung → Beobachtung, → Messungsbegriff in der Quantenmechanik.

Impulsmethode → Echolotung.

Impulsmodulation. Die zu übertragenden Schwingungen werden in bestimmten regelmäßigen Zeitabständen mit kurzzeitigen Impulsen auf ihren Amplitudenwert abgetastet. Dieser wird nun als Impulsbreite oder als Phasenverschiebung (Abb. 1) gegenüber fest vorgegebenen Zeitwerten oder, wenn die Amplitude durch eine vorgegebene feste Anzahl von Zahlenwerten (Abb. 2) gekennzeichnet wird, in Form eines Code dem Träger aufmoduliert. Die Impulsfolgefrequenz muß so gewählt werden, daß die höchste zu übertragende Frequenz etwas mehr als zweimal abgetastet wird. Dieses Modulationsverfahren, besonders in Form der Impuls-Code-Modulation, hat den Vorteil, daß Störungen, deren Amplitudenwerte bis zu 50% der Hochfrequenzimpulsamplitude betragen, sich noch eliminieren lassen.

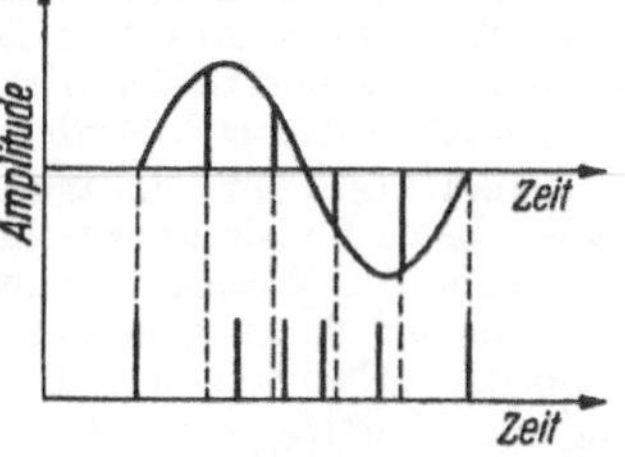

Abb. 1. Impuls-Phasenmodulation.

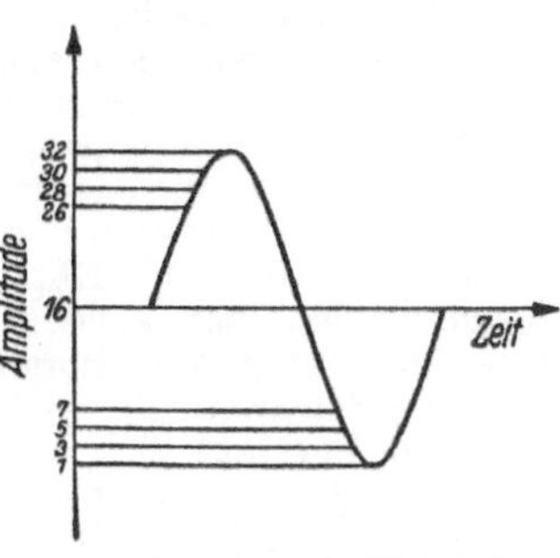

Abb. 2. Impuls-Code-Modulation.

Hölzler, E.: Z. Fernmeldetechn. **2**, 1 (1949).

Impulsmoment, in der Punktmechanik das → Moment der Bewegungsgröße, also der Vektor $\mathfrak{p} = [\mathfrak{r}, m\mathfrak{v}]$. (Wegen der Bezeichnung → Impuls.) Er kann auch, weil $[\mathfrak{r}, m\mathfrak{v}] = m\,[\mathfrak{r}\,\dot{\mathfrak{r}}]$ ist, definiert werden als das m-fache des Vektors, der sich durch vektorielle Multiplikation aus dem nach dem Massenpunkt m weisenden Ortsvektor $\mathfrak{r}$ und seiner zeitlichen Änderung $\dot{\mathfrak{r}} = \mathfrak{v}$ ergibt. Der Impulsmomentvektor $\mathfrak{p}$ hat unmittelbare Anschaulichkeit, da er der von $\mathfrak{r}$ in der Zeit dt überstrichenen Fläche $dF = \frac{1}{2}\,|\,[\mathfrak{r}\,d\mathfrak{r}]\,|$ (Abb.) proportional ist. Der durch dt dividierte Betrag von $dF/dt = f$ ist dann der Betrag der in der Zeiteinheit von $\mathfrak{r}$ überstrichenen Fläche, die ***Flächengeschwindigkeit.*** Gilt nun insbesondere für eine Bewegung, daß der Impulsmomentvektor $\mathfrak{p}$ = const ist, also $m\,[\mathfrak{r}\,\dot{\mathfrak{r}}]$ = const, so bedeutet das, weil $\mathfrak{p}$ senkrecht auf $\mathfrak{r}$ und $\dot{\mathfrak{r}}$ steht, daß deren Normale eine stets unveränderliche Richtung besitzt, die Bewegung also in einer Ebene verläuft. Die notwendige und auch hinreichende Bedingung für eine ebene Bahn ist also: $\frac{d}{dt}[\mathfrak{r}\,\dot{\mathfrak{r}}] = 0$ oder $\dot{\mathfrak{p}} = 0$, d. h. also Konstanz des Impulsmomentvektors (→ Flächensatz).

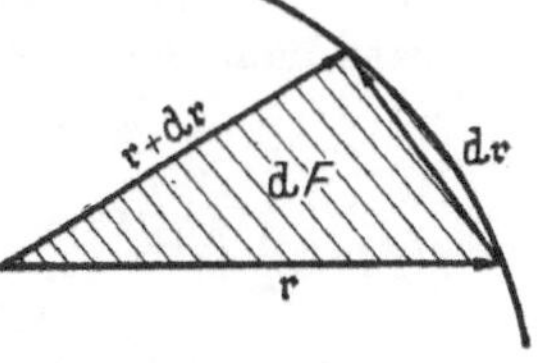

Zum Impulsmoment.

Liegt nicht ein einzelner Massenpunkt, sondern ein System von n solchen vor, so kann man für jeden Massenpunkt m_i ($i = 1, 2, \ldots, n$) den Impulsmomentvektor $\mathfrak{p}_i = m_i\,[\mathfrak{r}_i\,\dot{\mathfrak{r}}_i]$ bilden. Die $\mathfrak{p}_i$ werden dabei auf einen zwar willkürlich wählbaren, aber dann für alle m_i gemeinsam geltenden Pol bezogen. Die vektorielle Summe $\mathfrak{N} = \sum_{i=1}^{n} \mathfrak{p}_i = \sum [\mathfrak{r}_i, m_i\,\dot{\mathfrak{r}}_i]$ stellt dann den Impulsmomentvektor des Punktsystems dar, den man in diesem Fall den *Drehimpuls* oder *Drall* des Systems nennt. In der Mechanik der Systeme wird bewiesen, daß die zeitliche Änderung $\dot{\mathfrak{N}}$ des gesamten Drehimpulses eines Systems gleich dem resultierenden Moment $\mathfrak{M}$ aller von außen auf die m_i wirkenden Kräfte $\mathfrak{K}_i$ ist. Dabei ist $\mathfrak{M} = \sum_{i=1}^{n} \mathfrak{M}_i = \sum_{i=1}^{n} [\mathfrak{r}_i\,\mathfrak{K}_i]$ bezogen auf den gleichen Pol wie die $\mathfrak{p}_i$. Es gilt also: $\dot{\mathfrak{N}} = \mathfrak{M}$. Ist insbesondere $\mathfrak{M} = 0$, so folgt $\mathfrak{N}$ = const, d. h. der *Erhaltungssatz des Drehimpulses.* Für einen Massenpunkt ($n = 1$) geht er in den Flächensatz über. — → Kreisel.

Impulsmoment des Atomkerns → Kernspin.

Impulsmomentensatz → Integrale der Bewegungsgleichungen.

Impulsoperator. Wir betrachten der Einfachheit halber nur eine statt dreier Dimensionen. Der → Observablen Impuls ist ein → Operator zugeordnet, der mit dem → Ortsoperator q die Vertauschungsrelation

$$p\,q - q\,p = \frac{\hbar}{i}\,1$$

erfüllt, woraus folgt, daß p wie der Ortsoperator nur ein kontinuierliches Spektrum besitzt. In der

→ Impulsdarstellung ist daher
$$p\,\varphi(p') = p'\,\varphi(p').$$
In der → Ortsdarstellung gilt also die bekannte Beziehung:
$$p\,\psi(q') = \frac{\hbar}{i}\,\frac{\partial}{\partial q'}\,\psi(q').$$
Es gibt hier die nicht im Hilbertraum liegenden (!) Eigenfunktionen $e^{\frac{i}{\hbar}\lambda q'}$ mit
$$p\,e^{\frac{i}{\hbar}\lambda q'} = \lambda\,e^{\frac{i}{\hbar}\lambda q'}.$$
Man kann dann die → Spektralschar von p in der Form
$$p = \int \lambda\, d E_\lambda;$$
$$E_\lambda\,\psi(q') = \frac{1}{\hbar}\int\limits_{-\infty}^{\lambda} e^{\frac{i}{\hbar}\tau q'}\left(\int\limits_{-\infty}^{+\infty}\psi(q'')\,e^{-\frac{i}{\hbar}\tau q''}\,dq''\right)d\tau$$
ansetzen. Der → Entwicklungssatz lautet hier einfach
$$\psi(q') = \frac{1}{\hbar}\int\limits_{-\infty}^{+\infty} e^{\frac{i}{\hbar}\lambda q'}\left(\int\limits_{-\infty}^{+\infty} e^{-\frac{i}{\hbar}\lambda q''}\,\psi(q'')\,dq''\right)d\lambda.$$
Bei mehr als einer Dimension und mehr als einem Teilchen gilt für alle Impulskomponenten p_i ($i = 1, 2, \ldots$) z. B.
$$p_i\,\psi(q_1', q_2', \ldots) = -\frac{\hbar}{i}\,\frac{\partial}{\partial q_i}\,\psi(q_1', q_2', \ldots).$$
Ähnlich sind die anderen Gleichungen zu erweitern.

Impulsraum. Die Eigenwerte der drei Komponenten des → Impulsoperators bilden einen dreidimensionalen Raum, den Impulsraum. Die → Impulsdarstellung beschreibt die Zustände eines physikalischen Systems durch Wellenfunktionen im Impulsraum.

Impulssatz, der *Erhaltungssatz des → Impulses* (der Bewegungsgröße), eines der Grundgesetze der Physik. Er ist ein Erfahrungssatz und gleichwertig mit dem *Schwerpunktsatz* (→ Bewegungsgleichungen, Integrale) und dem → *Wechselwirkungsgesetz* (3. *Newtonsches* Axiom). Er besagt, daß die vektorielle Summe der Impulse der einem → abgeschlossenen, also keinen äußeren, sondern nur inneren Kräften unterworfenen System angehörenden Körper (Massenpunkte) konstant ist, und läßt sich aus dem Wechselwirkungsgesetz auf folgende Weise ableiten. Es seien m_i die einzelnen Massenpunkte eines abgeschlossenen Systems, $\mathfrak{r}_i$ ihre auf den gleichen Punkt bezogenen Ortsvektoren, und es sei $\mathfrak{K}_{ij}$ die zwischen m_i und einem ebenfalls dem System angehörenden Massenpunkt m_j wirkende Kraft. Dann wirkt auf m_i insgesamt die Kraft $\mathfrak{K}_i = \sum_j \mathfrak{K}_{ij}$ $(i \neq j)$. Der Impuls des Massenpunktes ist $\mathfrak{p}_i = m_i\,\dot{\mathfrak{r}}_i$. Dann beträgt die zeitliche Änderung seines Impulses gemäß der Newtonschen Bewegungsgleichung $\dot{\mathfrak{p}}_i = m_i\,\ddot{\mathfrak{r}}_i = \mathfrak{K}_i = \sum_j \mathfrak{K}_{ij}$ und die vektorielle Summe der Impulsänderungen aller Massenpunkte des Systems $\dot{\mathfrak{p}} = \sum_i \dot{\mathfrak{p}}_i = \sum_i \sum_j \mathfrak{K}_{ij}$. Nun ist aber nach dem Wechselwirkungsgesetz $\mathfrak{K}_{ij} = -\mathfrak{K}_{ji}$. Daher heben sich je zwei Summenglieder der vorstehenden Gleichung gegenseitig auf, und es ist $\dot{\mathfrak{p}} = 0$, also der Gesamtimpuls des abgeschlossenen Systems $\mathfrak{p} = \text{const}$. Treten zu den inneren Kräften noch äußere Kräfte $\mathfrak{K}_i^a$ hinzu, so ist $\dot{\mathfrak{p}} = \sum_i \mathfrak{K}_i^a$. Die zeitliche Änderung der Impulssumme des Systems ist gleich der vektoriellen Summe der an ihm angreifenden äußeren Kräfte.

Da das Weltall ein abgeschlossenes System ist, so folgt, daß die Impulssumme des Weltalls konstant ist.

Ein analoger Satz, der *Drehimpulssatz,* gilt für das Moment des Impulsvektors bezüglich eines Punktes, den Impulsmomentenvektor. → Impulsmoment.

IMS → Institut de Métrologie.

in. oder ″, Symbol für die Längeneinheit → inch.

inch, abgek. in. oder ″, angelsächsisches Zoll: $^1/_{36}$ yard = $^1/_{12}$ foot = 1 inch; in Großbritannien ist das in. an das Imperial Standard Yard angeschlossen, in den USA an das Yard-Maß der USA (→ yard). Es gelten folgende gesetzliche Umrechnungsbeziehungen: in Großbritannien 1 imper. in. = 25,399978 mm, in den USA 1 in. (USA) ≡ $^1/_{39,37}$ m = 25,4000508 mm. Für technische Messungen ist in beiden Ländern durch die zuständigen Normenausschüsse die Relation 1 in. = 25,400000 mm festgelegt worden, die auch für das deutsche Stahlmaß (→ Zoll) gilt.

inch of mercury, inch of water → Druckeinheiten in den englisch sprechenden Ländern.

Indefinite Form → Form.

Index einer Untergruppe. Ist $\mathfrak{g}$ eine Untergruppe von $\mathfrak{G}$, so kann man die Elemente von $\mathfrak{G}$ in Nebenklassen $a\,\mathfrak{g}$ einteilen. Da jede Nebenklasse gleich viele Elemente enthält, so ist die Ordnung N von $\mathfrak{G}$ ein ganzzahliges Vielfaches der Ordnung n von $\mathfrak{g}$: $N = j\,n$. j nennt man den Index der Untergruppe $\mathfrak{g}$.

Indexellipsoid, Indexfläche → Kristalloptik.

Indikatoren, chemische, sind Stoffe, die durch einen Farbumschlag oder eine andere sinnfällige Veränderung anzeigen, daß eine Reaktion ein bestimmtes Stadium erreicht hat, insbesondere die Farbstoffe, die in der Azidimetrie (→ Maßanalyse) das Ende der Titration anzeigen. Diese Indikatoren erfahren bei einer bestimmten → Wasserstoffionen-Konzentration eine innere Umlagerung, die mit einer Farbänderung verbunden ist. Ein Indikator ist dann zur Kontrolle einer azidimetrischen Titration geeignet, wenn sein Farbumschlag bei der Wasserstoffionen-Konzentration erfolgt, die in der Lösung bei stöchiometrischer Gleichheit herrscht.

Eggert, J.: Grundriß d. Physikal. Chemie. Berlin 1948.

Indikatoren für Neutronen. Da ein Neutron selbst kein Ionisierungsvermögen hat, muß sein Nachweis auf Wechselwirkungen mit Atomkernen beruhen, bei denen geladene Teilchen entstehen.

Langsame Neutronen, z. B. thermischer Geschwindigkeit, übertragen nicht so viel Energie auf die Kerne, daß diese in der Lage wären, zu ionisieren. Da aber gerade langsame Neutronen oft einen großen Wirkungsquerschnitt für Kernumwandlungen haben (→ Neutroneneinfang), benutzt man zum Nachweis Kernreaktionen, z. B. $^{10}B\,(n, \alpha)\,^7Li$. Die α-Teilchen, deren Energie 1,6 MeV beträgt, sind im Proportionalzählrohr oder in der Ionisationskammer nachzuweisen. Entweder benutzt man das gasförmige Bortrifluorid BF_3 als Füllgas oder, was bequemer ist, man kleidet die Kammerwand mit einer 0,1 mm dicken Borschicht aus (0,1 mm ist etwa die Reichweite der α-Teilchen in Bor). — Ähnlich wie Bor läßt sich ^{235}U verwenden, welches durch langsame Neutronen gespalten wird; die natürliche α-Aktivität ist dabei als Nulleffekt zu berücksichtigen. — Dysprosium, Rhodium, Silber,

Gold und mehrere andere Elemente erleiden durch langsame Neutronen (n, γ)-Umwandlungen und werden β-aktiv. Die mit dem Zählrohr, bei großer Stärke auch mit dem Elektrometer, in üblicher Weise meßbare Aktivierung einer solchen Indikatorsubstanz ist ein Maß für die Neutronenintensität.

Schnelle Neutronen können auf leichte Kerne durch Stoß so viel Energie übertragen, daß sie ionisierend wirken. Die Neutronen geben an die gleich schweren Protonen beim Stoß die meiste Energie ab, nämlich bis zu 100%; im Durchschnitt verlieren Neutronen an M-mal so schwere Teilchen den Bruchteil $4\,M/[3\,(M+1)^2]$ ihrer Energie. Dementsprechend werden schnelle Neutronen mit Proportionalzählrohren nachgewiesen, die innen mit Paraffin ausgekleidet sind. Größere Intensitäten werden mit wasserstoffgefüllten Ionisationskammern nachgewiesen. Die durch schnelle Neutronen bewirkte Spaltung von ^{238}U wird ebenfalls für Indikatoren verwendet. — Die von schnellen Neutronen an Kernen ausgelösten Reaktionen zeichnen sich durch jeweils bestimmte Schwellenenergien aus; d. h. die Neutronen müssen eine gewisse Mindestenergie haben, um die Reaktion auszulösen. Durch (n, p)- und (n, α)-Reaktionen an leichten Elementen kann man in dieser Weise qualitativ einen Aufschluß über die Energieverteilung der schnellen Neutronen von verschiedenen Neutronenquellen gewinnen. So hat die Reaktion $^{31}P\,(n, p)\,^{31}Si$, bei der ein β-aktives Siliziumisotop entsteht, eine Schwelle von etwa 1 MeV. — Neutronen über 10 MeV werden aus der Li(d, n)-Reaktion erhalten (→ Neutronenquellen), die inhomogene Neutronenenergien liefert. Um jedoch auch mit Neutronen dieser Energien Wirkungsquerschnitte einigermaßen genau zu ermitteln, werden als Indikatoren Reaktionen mit geeignet liegender Ansprechschwelle gewählt. So haben die Reaktionen $^{12}C\,(n, 2n)\,^{11}C$ und $^{63}Cu\,(n, 2n)\,^{62}Cu$, bei denen positronenstrahlende Isotope entstehen, Ansprechschwellen von etwa 21 bzw. 11 MeV.

Indikatoren, radioaktive → Indikatormethode.

Indikatordiagramm → Arbeitsdiagramm.

Indikatormethode, auch *Tracer-Methode* (engl. trace = Fährte), beruht auf der → Isotopie. Da sich Isotope eines Elements in chemischen Reaktionen vollkommen gleich verhalten und dabei in keiner Weise getrennt werden, läßt sich der Reaktionsweg aller an einer Reaktion beteiligten Atomarten eines Elements beobachten, wenn man eins seiner Isotope verfolgen kann. Geringfügige Abweichungen, die mit kleinerer Masse des verwendeten Elements zunehmen, aber erst beim Wasserstoff ins Gewicht fallen, können meist vernachlässigt werden. Gelingt es also, ein Isotop zu kennzeichnen, so kann man mit seiner Hilfe eine Mischung von ihm und nicht gekennzeichneten Isotopen des gleichen Elements nachweisen.

Eine Möglichkeit solcher Kennzeichnung bietet die *Radioaktivität.* Radioaktive Atomarten lassen sich stets durch ihre Strahlung nachweisen. Solange sie nicht zerfallen sind, verhalten sie sich genau wie ihre stabilen Isotope. Das Verhalten eines Elements, dem ein radioaktives Isotop beigemischt ist, läßt sich also leicht verfolgen, und zwar noch in Mengen, die nicht mit den üblichen analytischen Mitteln quantitativ erfaßt werden können. Dabei ist der Betrag der Aktivität ein Maß für die Menge des inaktiven Isotops, wenn das Verhältnis von aktivem zu inaktivem Isotop vom Versuchsbeginn her bekannt ist. An Stelle der Wägung oder volumetrischen Bestimmung tritt also die Messung von Aktivitäten. Dies geschieht mit Hilfe von Geiger-Müller-Zählrohren oder Ionisationskammern und Verstärkereinrichtungen.

Bei der Messung ist eine Reihe von experimentellen Feinheiten zu beachten, die von der jeweiligen Besonderheit des benutzten Radioelements abhängt. So spielt z. B. bei weichen β-Strahlern die Schichtdicke der untersuchten Präparate und die durch sie bedingte Absorption der β-Strahlen eine wesentliche Rolle und muß berücksichtigt werden.

Bildet das als Indikator verwendete Element eine radioaktive Tochtersubstanz nicht zu kurzer Halbwertszeit nach, so kann sich diese natürlich während des Versuchs anders verhalten als die eigentliche Indikatorenatomart. Ebenso können etwaige radioaktive Verunreinigungen das Ergebnis solcher Versuche verändern.

Enthält der Indikator nicht nur *ein* radioaktives Isotop des zu verfolgenden Elements, sondern zwei oder mehr mit verschiedenen Halbwertzeiten, so muß man während des Versuchs den Abfall eines abgezweigten Teiles des Isotopengemisches verfolgen, um den jeweiligen Wert der Aktivität zu jedem Zeitpunkt des Versuchs zu kennen. Im Falle eines reinen Isotopes genügt es, die Anfangsaktivität zu kennen, um mit Hilfe der Halbwertzeit die jeweils noch vorhandene Aktivität zu errechnen. Alle während des Versuchs erhaltenen Meßwerte, die ja zu ganz verschiedenen Zeiten innerhalb einer Versuchsreihe gewonnen werden, müssen infolge des radioaktiven Zerfalls des zugesetzten Indikatorisotops auf einen Bezugswert, meist auf die zu Beginn des Versuchs vorhandene Aktivität, umgerechnet werden.

Mit der Indikatormethode können in Chemie, Biochemie, Biologie, Medizin, Physiologie und auch schon in der Technologie Probleme untersucht werden, die mit anderen Methoden nicht angegangen werden können. Einmal lassen sich Fragen, die durch den Nachweis von Austausch oder Nichtaustausch von gleichen Atomen beantwortet werden können, klären. Man hat z. B. beweisen können, daß im Thiosulfation die beiden Schwefelatome verschieden angeordnet sind und daß zwischen ihnen kein Austausch stattfindet. Man stellte zu diesem Zweck ein Thiosulfat aus Sulfitionen und Schwefel her, der das radioaktive Schwefelisotop $^{35}_{32}S$ enthielt. Wird dieses Thiosulfat in Wasser gelöst und die Thioschwefelsäure durch Zugabe von Mineralsäure in Freiheit gesetzt, so findet sich nach ihrer Zersetzung der gesamte radioaktive Schwefel des Thiosulfats in dem durch die Zersetzung abgeschiedenen Teil des Schwefels. Die verbleibenden Sulfitionen sind inaktiv. Würden die Schwefelatome innerhalb des Ions ausgetauscht oder wären sie gleichartig angeordnet, so müßte nach der Zersetzung die eine Hälfte der Aktivität beim abgeschiedenen Schwefel, die andere in den Sulfitionen zu finden sein.

Eine andere Arbeitsweise fragt nur nach dem Verbleib des radioaktiv markierten Elements und benutzt den Strahlennachweis, um den Weg des zu untersuchenden Elements zu verfolgen. So hat man mit Hilfe von radioaktivem Jod die Jodaufnahme in der Schilddrüse bei kranken und gesunden Versuchspersonen verglichen, indem man ihnen am Hals ein Geiger-Müller-Zählrohr befestigte und den Anstieg der Aktivität in Abhängigkeit von der Zeit feststellte. Es ließ sich zeigen, daß die kranke Schilddrüse viel mehr Jod speichert als die gesunde. Ohne

Anwendung eines radioaktiven Isotops wäre es in einem solchen Fall unmöglich, am lebenden Objekt die Verteilung eines Stoffes zu verfolgen.

Während man bei chemischen Versuchen die Aktivitäten der zugesetzten radioaktiven Isotope in gewissen Grenzen beliebig zu wählen vermag und so nicht nur mit Geiger-Müller-Zählern, sondern auch mit Ionisationskammern und Elektroskopen messen kann, ist bei medizinischen oder Tierversuchen daran zu denken, daß höhere Aktivitäten dem Organismus schaden können. 10 Mikrocurie je kg Körpergewicht, d. h. $3{,}7 \cdot 10^5$ Teilchen je s, bedeuten jedoch noch keine wesentlichen Störungen dieser Art, wenn die Versuchsdauer sich nicht auf zu lange Zeit ausdehnt.

Die Zahl der für derartige Versuche vorhandenen Isotope ist beträchtlich. Welche Isotope verwendet werden können, hängt von verschiedenen Bedingungen ab; die wichtigste ist die Versuchsdauer. Diese bestimmt, welche Halbwertzeit die radioaktive Atomart mindestens haben muß, um während des Versuchs gemessen werden zu können, da nach zehn Halbwertzeiten die aktive Substanz praktisch, d. h. bis auf 0,1%, zerfallen ist. In gleicher Weise beeinflußt die Transportdauer von der Erzeugungsquelle der Präparate bis zum Platz des Indikatorenversuches die Auswahl der Isotope. Schließlich aber hängt die Menge und Art der Isotope auch von der Apparatur ab, mit der sie erzeugt werden. Heute sind die im → pile erzeugten radioaktiven Isotope vielfach in solchen Mengen vorhanden, daß sie bereits für wissenschaftliche Zwecke bezogen werden können.

Aber auch mit Hilfe *inaktiver Atomarten* kann man nach der Indikatormethode arbeiten. Gibt man einem Element eine bekannte Menge eines seiner stabilen Isotope bei oder verwendet man eine Mischung der Isotope, in denen *ein* Isotop angereichert wurde, so kann man mit Hilfe des → Massenspektrographen aus Proben, die während der Versuchsreihe entnommen werden, auch dieses Isotopengemisch verfolgen. Diese Arbeitsweise ist wegen der Benutzung des komplizierten Massenspektrographen viel mühsamer; sie bietet jedoch bei leichten Elementen Vorteile, da bei einigen von ihnen keine radioaktiven Isotope mit geeigneten Halbwertzeiten und Strahlungen vorhanden sind. Das gilt insbesondere für Stickstoff und Sauerstoff.

Untersuchungen mit dem schweren Isotop des Wasserstoffs, dem Deuterium, sind leichter durchzuführen, da man im allgemeinen aus der Dichte den Gehalt des Wassers an Deuterium ermitteln kann. Dazu ist es allerdings nötig, den Wasserstoff der untersuchten Verbindung zu Wasser zu verbrennen. Zu beachten ist jedoch, daß das Deuterium sich infolge des 100%igen Massenunterschiedes in chemischer Hinsicht doch schon abweichend gegenüber dem gewöhnlichen Wasserstoff verhalten kann.

Heisenberg, W.: Die Physik der Atomkerne. Braunschweig 1949. *Riezler, W.:* Einf. in die Kernphysik. Berlin 1950. *Schubert, G.:* Kernphysik u. Medizin. Göttingen 1947. *v. Ardenne, M.:* Die physikal. Grundl. d. Anwendung radioaktiver oder stabiler Isotope als Indikatoren. Berlin 1944.

Indikatrix, 1. die Kurve der räumlichen Lichtstärke- oder Leuchtdichteverteilung einer Lichtquelle sowie auch einer durch Lichtreflexion oder Transmission leuchtenden Fläche. Sie kann in Polar- oder kartesischen Koordinaten aufgetragen werden. → Rousseau-Diagramm.

2. *Fletchersche* Indikatrix → Kristalloptik.

Individualität von Elementarteilchen → Nichtunterscheidbarkeit der Elementarteilchen.

Indizes, kristallographische, → Symbole von Flächen usw.

Indizierung von Röntgenstrahlinterferenzen, die Zuordnung eines jeden Interferenzstrahls (eines Interferenzflecks oder einer Kurve der Diagramme) zur beugenden Netzebene (*hkl*). Sie erfolgt entweder auf Grund der → Braggschen Gleichung und mit Hilfe der → quadratischen Formen der Indizes oder über das → reziproke Gitter und die → Ewaldsche Konstruktion. Die erste Methode wird hauptsächlich bei der Indizierung von Pulveraufnahmen kubischer oder den wirteligen Systemen angehörender Kristalle verwendet. Für die letzten gibt es auch graphische Verfahren, z. B. das von *A. W. Hull.*

Bijvoet, J. M., N. H. Kolkmeijer u. *C. H. MacGillavry:* Röntgenanalyse von Krystallen. Berlin 1940.

Induktanz = induktiver Blindwiderstand. → Wechselstromwiderstand.

Induktion, 1. die Verkettung zeitlich veränderlicher elektrischer und magnetischer Felder, → Induktionsgesetz; 2. die magnetische Feldgröße $\mathfrak{B}$, → Induktion, magnetische; 3. → vollständige Induktion.

Induktion, magnetische, $\mathfrak{B}$, wird verschieden definiert, je nachdem die rationale oder die nichtrationale Schreibweise und je nachdem ein Begriffssystem mit 3 oder 4 Grundgrößen verwendet wird (→ Größen, elektrische und magnetische). Bei nichtrationaler Schreibweise und 3 Grundgrößen ist die Induktion definiert als $\mathfrak{B} = \mathfrak{H} + 4\pi\mathfrak{J}$ ($\mathfrak{H}$ magnetische Feldstärke, $\mathfrak{J}$ Magnetisierung). Im Vakuum sind dann $\mathfrak{B}$ und $\mathfrak{H}$ identisch. Die dieser Schreibweise entsprechende magnetostatische Einheit der Induktion ist das → Gauß. Bei rationaler Schreibweise und 4 Grundgrößen ist die Induktion definiert als $\mathfrak{B} = \mu_0\mathfrak{H} + \mathfrak{J}$. μ_0 ist die magnetische →Feldkonstante. Im international vereinbarten elektrischen Maßsystem ist die Einheit der Induktion $1\,\mathrm{V \cdot s \cdot m^{-2}}$ ($\mathrm{Wb \cdot m^{-2}}$) bzw. $\mathrm{V \cdot s \cdot cm^{-2}}$ ($\mathrm{Wb \cdot cm^{-2}}$).

Das Vektorfeld von $\mathfrak{B}$ ist stets quellenfrei: $\operatorname{div}\mathfrak{B} = 0$. Nach dem → Induktionsgesetz besteht rings um ein zeitlich veränderliches Induktionsfeld stets ein elektrisches Wirbelfeld nach der Maxwellschen Gleichung

$$\operatorname{rot}\mathfrak{E} = -\frac{1}{c}\frac{\partial\mathfrak{B}}{\partial t}$$

($\mathfrak{B}$ in Gauß, $\mathfrak{E}$ in esE, c Lichtgeschwindigkeit) bzw.

$$\operatorname{rot}\mathfrak{E} = -\frac{\partial\mathfrak{B}}{\partial t}$$

($\mathfrak{B}$ in $\mathrm{V \cdot s \cdot m^{-2}}$, $\mathfrak{E}$ in $\mathrm{V \cdot m^{-1}}$).

G. Mie, A. Sommerfeld und andere vertreten heute den Standpunkt, es sei richtiger, die Größe $\mathfrak{B}$ als magnetische Feldstärke und die Größe $\mathfrak{H}$ als magnetische Erregung zu bezeichnen (→ Größen, elektrische und magnetische, III).

Induktionsfluß, magnetischer, Φ durch eine Fläche, das Flächenintegral über die Normalkomponente der Induktion B, also $\Phi = \int\int B_n\, df$. Der Induktionsfluß in den verschiedenen Querschnitten eines schlauchförmigen Raumes, dessen Mantelfläche von lauter Induktionslinien gebildet wird, ist wegen der Quellenfreiheit von B überall gleich groß. Bei einem Ring aus ferromagnetischem Material, welcher dicht und gleichmäßig mit einer Feldspule bewickelt ist (Ringspule), ist die Induktion nur im Innern der Spule von Null verschieden. Bei andersgestalteten magnetischen Kreisen gilt das angenähert auch, jedoch wegen der magnetischen Streuung nicht genau. In solchen Kreisen versteht man unter Induktionsfluß schlechthin in der Regel den Induktionsfluß durch die ganze Querschnittfläche des Kreises bzw. über den ganzen Querschnitt des Luftspaltes in ihnen. Wenn man die Streuung vernachlässigt, ist der Fluß an allen Stellen des Kreises gleich groß.

Induktionsgesetz. Umschließt eine Leiterschleife ein magnetisches Feld und damit einen →Induktionsfluß $\Phi = \int \mathfrak{B}\, d\mathfrak{f} = \int B_n\, df$, so erzeugt jede Änderung des Flusses in der Leiterschleife eine induzierte elektromotorische Kraft. Diese Änderung kann hervorgerufen werden durch eine Änderung der magnetischen → Induktion $\mathfrak{B}$ (auch infolge einer Änderung des das Innere der Schleife erfüllenden Mittels) bei ruhender Schleife oder durch eine Bewegung der Schleife, infolge derer sich der sie durchsetzende Fluß ändert.

Das Faradaysche Induktionsgesetz besagt, daß die zeitliche Änderung des Flusses ein elektrisches Wirbelfeld erzeugt, dessen Linienintegral über den geschlossenen Leiter (die elektrische Randspannung) nicht, wie bei den Feldern von Ladungen, verschwindet, sondern entgegengesetzt gleich der zeitlichen Änderung des vom Leiter umfaßten magnetischen Flusses ist:

$$U = \oint \mathfrak{E}\, d\mathfrak{s} = -\dot{\Phi}. \tag{1}$$

Durch Zeitintegration erhält man hieraus das Zeitintegral der induzierten Spannung, den Spannungsstoß:

$$\int_1^2 U\, dt = +(\Phi_2 - \Phi_1). \tag{2}$$

Die Leiterschleife dient nur zur Feststellung der auch bei ihrem Fehlen vorhandenen elektrischen Randspannung U.

Mit Hilfe des Stokesschen Satzes erhält man aus

$$\oint \mathfrak{E}\, d\mathfrak{s} = -\frac{d}{dt}\int \mathfrak{B}\, d\mathfrak{f} \tag{3}$$

die differentielle Form (1. → Maxwellsche Gleichung)

$$\text{rot}\, \mathfrak{E} = -\dot{\mathfrak{B}}. \tag{4}$$

Bei einer Spule mit n Windungen ist statt ihres Querschnitts f ihre Windungsfläche nf einzusetzen.

Die vor allem in der Technik beliebte Aussage, daß Induktion eintritt, wenn ein Leiter *magnetische Feldlinien schneidet*, ist in dieser Allgemeinheit falsch und deshalb besser zu vermeiden. Wenn sich z. B. eine ebene Leiterschleife senkrecht zur Richtung eines homogenen magnetischen Feldes bewegt, so schneidet sie zwar Feldlinien, aber eine Induktion tritt nicht ein, da eine Änderung des die Schleife durchsetzenden Induktionsflusses nicht erfolgt.

Pohl, R. W.: Einf. in die Elektrizitätslehre. Berlin 1949. Handb. d. Physik XV. Berlin 1927. *Mie, G.:* Lehrb. d. Elektrizität u. d. Magnetismus. Stuttgart 1948. *Sommerfeld, A.:* Vorl. über theoret. Physik III. Leipzig 1949.

Induktionskoeffizient → Induktivität.

Induktionskonstante = magnetische → Feldkonstante.

Induktionslinien sind Raumkurven, deren Tangentenrichtung an jeder Stelle mit der Richtung der magnetischen → Induktion $\mathfrak{B}$ übereinstimmt. Da diese quellenfrei ist, kann man aus einer Darstellung der Induktionslinien eines Feldes eine qualitative Vorstellung von der Verteilung der Größe der Induktion gewinnen; denn längs der Induktionslinien ist die Induktion um so größer, je kleiner der Abstand der Linien ist. Induktionslinien haben wegen der Quellenfreiheit von $\mathfrak{B}$ niemals einen Anfangs- oder einen Endpunkt, sondern sind geschlossene Kurven.

Induktionsmeßgeräte, auch *Ferraris-Meßgeräte* genannt. Durch zwei räumlich und zeitlich um 90° versetzte, feststehende Wechselfelder wird ein Drehfeld erzeugt, das auf eine drehbare Metallscheibe oder ein Metallrohr durch Induktionswirkung ein Drehmoment ausübt. Als Strom-, Spannungs- und Leistungsmesser sind diese Geräte wegen der starken Temperatur- und Frequenzabhängigkeit durch das billigere und genauere → Dreheisenmeßgerät bzw. den → elektrodynamischen Leistungsmesser weitgehend ersetzt; dagegen werden Wechselstrom-Elektrizitätszähler fast ausschließlich als Induktionsmeßgeräte gebaut. Als Quotientenmesser werden Induktionsmeßgeräte in der Bauart als Zeigerfrequenzmesser mit einem Anzeigefehler von ± 0,03% bei einem Meßbereich von 49,5 bis 50,5 Hz verwendet.

Induktionsnormale → Induktivitätsnormale.

Induktionsschluß → Wahrscheinlichkeit, → vollständige Induktion.

Induktionsstrom, ein durch Induktion (→ Induktionsgesetz) in einem Leiter hervorgerufener Strom. Hierzu gehören auch die → Wirbelströme.

Induktionsvariometer → Induktivitätsspulen.

Induktivität. Betrachtet man die magnetische Energie $W = \frac{1}{2}\int \mathfrak{H}\,\mathfrak{B}\, dV$ (→ Energiedichte, elektrische, magnetische) einer speziellen Anordnung von stromdurchflossenen Drähten, bei denen der → Hauteffekt vernachlässigt werden soll, so ergibt die Ausführung einer partiellen Integration

$$\begin{aligned} 2W &= \mu\mu_0 \int \mathfrak{H}\, \text{rot}\, \mathfrak{A}\, dV \\ &= \mu\mu_0 \int \text{rot}\, \mathfrak{H}\, \mathfrak{A}\, dV + \mu\mu_0 \int \text{div}\, [\mathfrak{A}\mathfrak{H}]\, dV \text{ mit } \mathfrak{H} \\ &= \text{rot}\, \mathfrak{A}. \end{aligned}$$

Das Integral über die Divergenz verschwindet im Gesamtraum. Mit dem Ausdruck

$$\mathfrak{A} = \frac{1}{4\pi}\int \mathfrak{J}'\frac{dV'}{r}$$

für das Vektorpotential $\mathfrak{A}$ ergibt sich mit $\mathfrak{J} = \text{rot}\, \mathfrak{H}$

$$2W = \frac{\mu\mu_0}{4\pi}\iint \mathfrak{J}\mathfrak{J}'\frac{dV\, dV'}{r}.$$

Bei der Ausführung des Integrals betrachten wir zunächst zwei Stromkreise mit den Stromstärken J_1 und J_2, über deren Punkte unabhängig zu integrieren ist. Das ergibt viererlei Zusammenstellungen, und die Energie wird

$$W = \tfrac{1}{2}(L_{11} J_1^2 + L_{12} J_1 J_2 + L_{21} J_2 J_1 + L_{22} J_2^2),$$

wobei die Größen L_{ik} von der geometrischen Anordnung abhängige Integrale sind. Die Symmetrie der Integration bewirkt, daß

$$L_{12} = L_{21} = M$$

ist.

Der → Induktionsfluß $\Phi = \int \mathfrak{B}\, df = \mu\mu_0 \int \text{rot}\, \mathfrak{A}\, df$ kann auch in $\mu\mu_0 \oint \mathfrak{A}\, d\mathfrak{s}$ (→ Stokesscher Satz) umgeformt werden. Sind Φ_1 und Φ_2 die von den Stromstärken J_1 und J_2 umfaßten Flüsse, so ist ersichtlich $J_1\Phi_1 + J_2\Phi_2 = \mu\mu_0 \int (\mathfrak{A}\mathfrak{J})\, dV = \int \mathfrak{A}\, \text{rot}\, \mathfrak{H}\, dV = 2W$. Der Name Induktivität ist nun einfach deutbar; es ist

$$\Phi_1 = L_{11} J_1 + M J_2 \quad \Phi_2 = M J_1 + L_{22} J_2,$$

und nach dem → Induktionsgesetz ist die in den Kreisen erzeugte elektrische Randspannung (EMK.)

$$U_{\text{ind}_1} = L_{11}\frac{dJ_1}{dt} + M\frac{dJ_2}{dt},$$

$$U_{\text{ind}_2} = L_{22}\frac{dJ_2}{dt} + M\frac{dJ_1}{dt}.$$

L_{11} und L_{22} werden wegen der Rückwirkung auf den eigenen Stromkreis *Selbstinduktionskoeffizient* oder meist kurz *Induktivität* genannt. M ist der *Gegen-*, *Wechsel-* oder *Kopplungsinduktionskoeffizient* oder meist kurz → *Gegeninduktivität.*

Die Induktivität einer langen, enggewickelten Spule oder einer Ringspule mit der Windungszahl n, dem Querschnitt F und der Länge l beträgt

$$L = \mu \mu_0 \frac{n^2 F}{l}$$

(μ relative Permeabilität des Materials im Innern der Spule, μ_0 magnetische → Feldkonstante).

Wegen des Begriffs „*elektrische* Induktivität" → Potentialkoeffizient. *Akustische* Induktivität → akustischer Widerstand.

Mie, G.: Lehrb. d. Elektrizität u. d. Magnetismus. Stuttgart 1948. *Sommerfeld, A.:* Vorl. über theor. Physik III. Leipzig 1949. *Pohl, R. W.:* Einf. in die Elektrizitätslehre. Berlin 1949.

Induktivitätsnormale, auf Isolierkörper (im allgemeinen Marmor oder Keramik) gewickelte Spulen geeigneter Bauart und Dimensionierung zur Reproduktion der Induktivitätseinheit → Henry. Sie werden im allgemeinen für Induktivitätswerte der Größenordnung $10^{-4} \ldots 1$ H, und zwar als Selbst- wie als Gegeninduktivitätsnormale, hergestellt und dienen als Gebrauchsnormale.

Induktivitätsspulen dienen in der Bauweise als Luftspulen vor allem als → Induktivitätsnormale (Gegeninduktivitätsnormale) in Wechselstrombrückenschaltungen, oder sie werden in Gemeinschaft mit Kondensatoren zum Aufbau von Schwingkreisen verwendet. Sie haben entweder eine konstante Induktivität oder bestehen z. B. aus zwei hintereinandergeschalteten und gegeneinander drehbaren Spulen, so daß ihre Induktivität von dem Winkel abhängt, der zwischen den beiden Spulen eingestellt ist, oder es wird z. B. bei Hochfrequenzspulen das die Spule bildende Solenoid zusammengedrückt bzw. auseinandergezogen (Induktionsvariator, Variometer). Als Bürden bei Wandlermessungen oder als Schaltelement, z. B. bei Siebketten oder in Röhrenschaltungen (→ Drosselspulen), werden auch Induktivitätsspulen mit Eisenkern verwendet. Bei Niederfrequenz wird oft der magnetische Widerstand des Eisenkerns veränderlich gemacht.

Wird eine Induktivitätsspule mit einer kleinen Kapazität zusammen zu einem Schwingungskreis vereinigt, so kommt besonders bei hohen Frequenzen die Eigenkapazität der Spulen in Betracht. Um diese möglichst herabzudrücken, muß die Spule so gewickelt werden, daß Stellen größten Spannungsunterschiedes möglichst weit auseinanderliegen. Mitunter wird die Eigenkapazität der Spule auch mitbenutzt, um sie in ihrer Eigenfrequenz, die durch ihren Selbstinduktionskoeffizienten und ihre Eigenkapazität gegeben ist, schwingen zu lassen. Bei Hochfrequenz ist außerdem noch auf den → Hauteffekt zu achten, der durch die Verwendung von Litzendraht herabgedrückt wird.

Die Forderungen eines hohen Selbstinduktionskoeffizienten, geringen Widerstandes, kleiner Kapazität und kleiner Abmessungen führten zu verschiedenen Ausführungen von Induktivitätsspulen (Zylinder-, Flach-, Konusspulen u. a.).

Lehrbücher der drahtlosen Telegraphie von *Zenneck-Rukop, Rein-Wirtz, Nesper* u. a.

Induktor, ein Hochspannungstransformator mit offenem Eisenkern, dessen Primärwicklung meist mit intermittierendem Gleichstrom beschickt wird. Als Gleichstromunterbrecher dienen Hammer-, Quecksilber- oder elektrolytische Unterbrecher (*Wehnelt*). Sekundärseitig können Spannungen der Größenordnung 100000 V erzeugt werden. Der Verlauf der Strom- und Spannungskurve des Induktors als Funktion der Zeit hängt von der Art der Unterbrechung und der Induktivität der Primärspule ab und ist für die jeweilige Verwendung von Wichtigkeit.

Müller-Pouillet: Lehrb. d. Physik IV. Braunschweig 1932. *Bouwers, A.:* Elektr. Höchstspannungen. Berlin 1939.

Induzierte Radioaktivität, ältere Bezeichnung der radioaktiven → Infektion.

Induzierter Widerstand. Infolge der endlichen Spannweite (b) von Tragflächen (F Grundrißfläche) ist der Auftrieb (A) ungleichmäßig über den Flügel verteilt. Die von der Tragfläche abgehenden Wirbel, deren Intensität nach den Flügelenden zu wächst, verursachen („induzieren") eine Abwärtsgeschwindigkeit der Strömung am Orte des Tragflügels, die bei elliptischer Verteilung des Auftriebs über die Spannweite einen konstanten Wert w, demnach zur Strömungs bzw. Fluggeschwindigkeit die konstante Neigung $\operatorname{tg} \varphi = w/v$ hat. Die Luftkraft ist ebenfalls um diesen Betrag gegen die Hauptströmungsrichtung geneigt, so daß sich auch bei reibungsfreier Strömung ein Widerstand ergibt, der von der Stärke des Auftriebs und von der Spannweite abhängig ist,

$$W_i = A \frac{w}{v} = \frac{A^2}{\pi b^2 \varrho v^2/2} \quad \text{bzw.} \quad c_{w_i} = \frac{c_a^2 F}{\pi b^2}.$$

(→ Profilbeiwerte). In Analogie zu den Induktionserscheinungen der Elektrodynamik wird er als „induzierter" Widerstand bezeichnet.

Inertialsystem nennt man ein Bezugssystem, in dem das → Trägheitsgesetz gilt bzw. in dem keine → Trägheitskräfte auftreten. Die Erfahrung zeigt, daß man sich ein solches Bezugssystem (auch *Fundamentalsystem* genannt) im Milchstraßensystem verankert denken kann. Wichtig für die Mechanik ist die Tatsache, daß aus der Existenz *eines* Inertialsystems sofort folgt, daß es *unendlich viele andere* gibt, und zwar sind alle relativ zu jenem einen Inertialsystem *gleichförmig* und *geradlinig* bewegte Bezugssysteme ebenfalls Inertialsysteme.

Beweis: Das als existierend vorausgesetzte Inertialsystem heiße S_1, das sich relativ zu diesem gleichförmig und geradlinig bewegende S_2. Der vom Ursprung von S_1 nach dem Ursprung von S_2 weisende Ortsvektor sei $\mathfrak{r}_0$. Ist ferner $\mathfrak{r}_1(\mathfrak{r}_2)$ der nach einem Raumpunkt P weisende Ortsvektor in $S_1(S_2)$, so gilt (Abb.) $\mathfrak{r}_1 = \mathfrak{r}_0 + \mathfrak{r}_2$. Durch zeitliche Differentiation folgt für die Geschwindigkeit von P: $\dot{\mathfrak{r}}_1 = \dot{\mathfrak{r}}_0 + \dot{\mathfrak{r}}_2$. Hierin ist $\dot{\mathfrak{r}}_0 = \mathfrak{v}_0$ die Relativgeschwindigkeit von S_2 in bezug auf S_1. Voraussetzungsgemäß ist $\mathfrak{v}_0$ sowohl dem Betrag (gleichförmig) als auch der Richtung (geradlinig) nach konstant. Daher liefert erneute Differentiation nach der Zeit für die Beschleunigungen $\ddot{\mathfrak{r}}_1 = \ddot{\mathfrak{r}}_2$. Das bedeutet, daß die Beschleunigung, die P erfährt, von beiden Systemen aus beobachtet dieselbe ist, obwohl sich S_2 relativ zu S_1 auch bewegt. Erfährt P insbesondere in bezug auf S_1 keine Beschleunigung ($\ddot{\mathfrak{r}}_1 = 0$), so gilt dasselbe auch bzgl. S_2. Das Trägheitsgesetz hat also in beiden Systemen Gültigkeit. Wenn S_1, so ist auch S_2 ein Inertialsystem. Es gibt also unendlich viele Inertialsysteme. Die Transformation

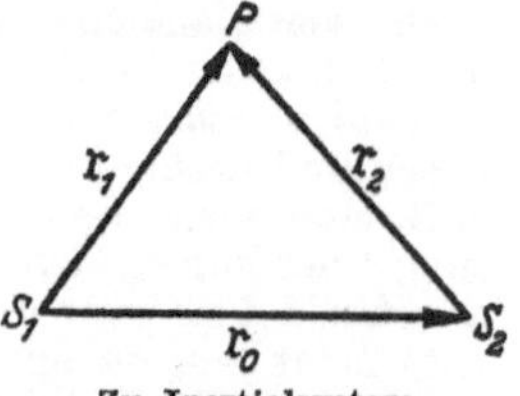

Zu Inertialsystem.

$\mathfrak{r}_1 = \mathfrak{r}_2 + \mathfrak{v}_0 t$ gestattet den Übergang von einem Inertialsystem S_1 zu einem anderen S_2.

Diese Transformation heißt die *Galilei-Transformation*. In ihr ist $\mathfrak{v}_0 = \text{const}$ und bedeutet die Geschwindigkeit, mit der sich S_2 relativ zu S_1 bewegt. Läßt man zu Anfang ($t = 0$) beide Systeme zusammenfallen und dann S_2 sich in Richtung der x-Achse von S_1 bewegen, so nimmt die Galilei-Transformation die übliche Form $x_1 = x_2 + v_0 t$, $y_1 = y_2$, $z_1 = z_2$ an. Hierbei ist stillschweigend vorausgesetzt, daß der Zeitablauf in beiden Systemen derselbe sei: $t_1 = t_2$. Gegenüber der Galilei-Transformation ist also die Newtonsche Bewegungsgleichung invariant. Das bedeutet, daß eine geradlinige gleichförmige Bewegung (Translation) mittels mechanischer Beobachtungen nicht feststellbar ist (klassisches Relativitätsprinzip). Erkennbar ist lediglich, ob und wie schnell man sich relativ zu einem anderen Körper bewegt. →Relativitätstheorie.

Handb. d. Physik IV. Berlin 1929. *Müller-Pouillet:* Lehrb. d. Physik I/2. Braunschweig 1929.

Infektion (Verseuchung, Contamination), radioaktive, tritt auf, wenn radioaktive Substanzen sich unkontrolliert ausbreiten. Da radioaktive Stoffe häufig in unsichtbaren und unwägbaren Mengen vorliegen und die Radioaktivität mit den fünf Sinnen nicht wahrgenommen werden kann, bedeutet die radioaktive Infektion eine beträchtliche Gefahr sowohl für die einwandfreie Durchführung von Versuchen (z. B. Einschleppen fremder Aktivitäten) als auch für den Experimentator, der den Strahlen ausgesetzt ist. (Von außen einwirkende Strahlen, Einatmen des radioaktiven Staubes oder Aufnahme mit Nahrungsmitteln.) Es sind besondere Spürgeräte entwickelt worden, die mit Geiger-Müller-Zählrohren arbeiten (in den USA Monitore genannt), mit denen Geräte und Arbeitsräume auf radioaktive Infektionen untersucht werden können. Das Beseitigen von Infektionen erfordert besondere Maßnahmen, die vom chemischen Charakter des verseuchenden Radioisotops abhängen.

Przibram, K.: Radioaktivität, Samml. Göschen 317. Berlin u. Leipzig 1932.

Infinitesimale Transformation. In einer →kontinuierlichen Gruppe seien die r Parameter $p_1, p_2, \ldots, p_r$ so gewählt, daß $p_1 = p_2 = \cdots = p_r = 0$ dem Einselement e entspricht. Die Elemente in der Umgebung des Einselementes lassen sich dann in der Form $e + \sum_{\nu=1}^{r} dp_\nu J_\nu$ schreiben. Hierbei heißen die J_ν infinitesimale Transformationen. Für sie gilt eine Vertauschungsregel der Form:

$$[J_\nu, J_\mu] = J_\nu J_\mu - J_\mu J_\nu = \sum_{\varrho=1}^{r} c^{\varrho}_{\nu\mu} J_\varrho .$$

Infinitesimalgruppe, bei einer → kontinuierlichen Gruppe der Teil der Gruppe, der der Einheit benachbart ist.

Influenz, *elektrische,* oder *elektrische Verteilung,* ist die Aufladung von Körpern, die sie durch die Anwesenheit in einem elektrischen Felde erfahren. Darauf beruht z. B. die Erscheinung (*Canton* 1754), daß die Blättchen eines Elektroskops sich bereits spreizen, wenn sich ein elektrisch geladener Körper noch in großem Abstand von ihm befindet, ebenso, daß sie wieder zusammenfallen, wenn die Ladung auf irgendeine Weise entfernt wird. Andere Beobachtungen in dieser Richtung wurden später von *Wilke* angestellt (1757), aber erst *Faraday* (1839) erkannte die innere Zusammengehörigkeit der verschiedenen Erscheinungen und ihren prinzipiellen Charakter, der dann unter dem Namen Influenz zusammengefaßt wurde.

Die mannigfachen Erscheinungen der Influenz, die bei dem Arbeiten mit Elektroskopen eine wichtige Rolle spielen, pflegen an Probekügelchen aus Holundermark demonstriert zu werden. Als grundsätzliche Regeln gelten, daß

1. ein Leiter in der Nähe eines elektrischen Körpers durch Verteilung (Ladungstrennung, Influenz, elektrostatische Induktion) elektrisch wird, und zwar an der diesem Körper zugewendeten Seite ungleichnamig, an der ihm abgewendeten Seite gleichnamig,

2. daß die gleichnamige Ladung ableitbar (frei), die ungleichnamige nicht ableitbar (gebunden) ist.

Das Wesen der Influenz auf Leitern beruht in der Trennung der im Leiter in gleicher Zahl vorhandenen positiven und negativen Ladungsträger — die negativen (Elektronen) sind im Leiter frei beweglich — unter der Wirkung eines elektrischen Feldes, wobei die Feldlinien durch den Leiter unterbrochen werden (→ Elektrizitätsverteilung auf Leitern). Diese Erscheinung ist am einfachen Fall eines Plattenpaares im homogenen Feld eines Plattenkondensators leicht zu zeigen (→ Verschiebungsdichte, dielektrische). Im allgemeinen Fall des inhomogenen Feldes und in dieses Feld eingeführter Körper beliebiger Gestalt werden die Feldlinien nicht nur unterbrochen, sondern auch verzerrt (→ Feldverzerrung). An den Unterbrechungsstellen der Feldlinien treten stets „influenzierte" Ladungen auf.

Influenzierungskoeffizient → Kapazitätskoeffizient.

Influenzierungskondensator. *Harms* (1904) wies auf die Bedeutung exakt definierter Luftkondensatoren für genaue elektrostatische Messungen hin. Der Harmssche Influenzierungskondensator ist ein Normal-Luftkondensator mit fest zu eichender Kapazität; er besteht aus drei ineinandergestellten und gegeneinander isolierten Metallhüllen. Die äußere Hülle 3 liegt an Erde, die mittlere Hülle 2 dient als Konduktor, an den innerhalb der geerdeten äußeren Hülle 3 Spannung angelegt und dadurch auf der inneren Hülle 1 eine Ladung influenziert werden kann. Kalibriert und benutzt wird die (Influenzierungs-)Kapazität C_{12} zwischen den beiden inneren Belegungen; sie beträgt beim Harmsschen Kondensator etwa 40 pF. Weitere Modelle sind z. B. von der Physikalisch-Technischen Reichsanstalt und dem Electrotechnical Laboratory in Tokio entwickelt worden.

Influenzierungsring, eine Anordnung, die mit einem Elektrometer zunächst an einen kalibrierten Kondensator angeschlossen und kalibriert wird, um dann mit dem Elektrometer als kalibrierter Normalkondensator zur Kapazitätsbestimmung von Versuchsapparaturen zu dienen. Man setzt auf ein Fadenelektrometer einen kleinen geerdeten Ring auf, der in sich den (gegen ihn und die übrige Anordnung isolierten) Influenzierungsring I trägt und auf den der kalibrierte Kondensator, z. B. ein Schutzringkondensator von genau berechenbarer Kapazität (mit dem Schutzring gegenüberliegender Platte P), aufgesetzt wird. Durch Anlegen von genau abgeglichenen Spannungen an I und P wird nach der Nullmethode (Brückenschaltung) der → Kapazitätskoeffizient α_{IP} bestimmt, woraus sich (bei dem um I praktisch geschlossenen elektrostatischen

Feld) der Eichwert für I ergibt. Mit der so kalibrierten Anordnung kann dann durch Ersetzen des Kondensators durch die zu messende Anordnung deren Kapazität ermittelt werden.

Influenzkonstante = elektrische → Feldkonstante.

Influenzmaschinen, Geräte zur Erzeugung von Spannungen (bis über 10^5 V) nach *Toepler*, *Holtz* und *Wimshurst*. Die Stromstärken bleiben meist unter 10^{-5} A. Die Geräte erzeugen die hohe Spannung dadurch, daß zwei Leiter bei kleinem Abstande durch Influenz entgegengesetzt geladen und dann auf großen Abstand gebracht werden, aber ihre Kapazität verkleinert wird. Sie haben heute fast nur noch historisches Interesse und werden wohl nur noch gelegentlich in der Vorlesung zu Aufladungszwecken benutzt. Jedoch hat ein ähnliches Prinzip neuerdings beim → *van de Graaf*-Generator Anwendung gefunden. → Duplikator.

Pohl, R. W.: Einführung in die Elektrizitätslehre. Berlin-Göttingen-Leipzig 1949.

Influenzrauschen → Röhrenrauschen.

Influenzstrom → Laufzeiterscheinungen.

Infrarot, selten benutzte Bezeichnung des → ultraroten Spektralbereichs.

Infraschall, die unterhalb der unteren Hörgrenze von etwa 20 Hz liegenden elastischen Wellen, entsprechend der Bezeichnung der oberhalb des Hörbereichs liegenden Schallfrequenzen als → *Ultraschall*. Viele geophysikalische Erscheinungen, wie z. B. die Erdbebenwellen, spielen sich im Infraschallgebiet ab.

Ingenieurseismik, die Anwendung künstlicher Bodenerschütterungen zur Untersuchung bautechnisch wichtiger Bodeneigenschaften, insbesondere: Ausbreitungsgeschwindigkeit von Wellen, Absorption und Dispersionskurven. Daraus wird auf die Tragfähigkeit des Bodens oder die Verdichtung aufgeschichteter Böden geschlossen. → Bodenuntersuchung, dynamische.

Köhler, R.: Naturf. u. Medizin in Deutschland 1939/46, Geophysik II. Wiesbaden 1948.

Inhomogen = nicht → homogen.

Initialströmung → Stoßdruck.

Initialzündung → Detonation, → Detonationsgrenzen.

Inklination → erdmagnetische Messungen.

Inkohärent sind Wellen, die nicht den beiden Kennzeichen der → Kohärenz genügen und daher nicht interferenzfähig sind.

Inkohärente Streustrahlung → Streustrahlung von Molekulen.

Inkompressibilitätsbedingung → Kontinuitätsgleichung.

Innenfokussierung → anallaktisches Fernrohr im *Nachtrag*.

Innenwinkel → Außenwinkel.

Innenzentriertes Gitter → Translationsgitter.

Innerer Druck wird die Änderung der inneren Energie U eines homogenen isotropen Körpers mit dem Volumen v bei konstanter Temperatur T genannt. Vgl. erster → Hauptsatz der Thermodynamik für die aus ihm folgende Beziehung zwischen $\left(\frac{\partial u}{\partial v}\right)_T$, der Differenz der spezifischen Wärmen bei konstantem Druck und konstantem Volumen und dem thermischen Ausdehnungskoeffizienten des Körpers.

Der innere Druck eines Körpers kommt durch die Kräfte zustande, welche die einzelnen Moleküle aufeinander ausüben. Definitionsgemäß ist der innere Druck der idealen Gase also gleich null. Nach der → van der Waalsschen Zustandsgleichung ist er für reale Gase und für Flüssigkeiten gleich a/v^2, wo die van der Waalssche Konstante a durch die kritischen Daten ausgedrückt werden kann. Hieraus läßt sich z. B. der innere Druck von Stickstoff unter Normalbedingungen zu 0,0022 atm berechnen, während der des Wassers bei 0 °C etwa 6000 atm beträgt. Es ist aber zu beachten, daß die van der Waalssche Gleichung nur als eine grobe Annäherung an die wirklichen Verhältnisse angesehen werden kann, so daß die aus den thermischen Daten ermittelten inneren Drucke stark von den so berechneten abweichen können. Der direkten Messung sind sie bisher nicht zugänglich.

Eucken, A.: Grundriß d. physikal. Chemie. Leipzig 1948.

Innere Ionisation → Präionisation.

Innere Kräfte eines Systems sind solche, die lediglich zwischen den einzelnen Massenpunkten des Systems wirken, im Gegensatz zu den auf das System wirkenden *äußeren* Kräften. Fehlen letztere, so liegt ein → *abgeschlossenes System* vor.

Inneres Produkt = → skalares Produkt zweier Vektoren.

Innere Quantenzahl, die Quantenzahl J des Gesamtdrehimpulses der Elektronenhülle.

Innere Umwandlung. Bleibt nach einer spontanen Umwandlung ein Atomkern angeregt zurück, so strahlt er im allgemeinen die Anregungsenergie als ein γ-Quant ab. Zuweilen erfolgt aber der Übergang auch so, daß die Energie auf ein Elektron der Atomhülle (meistens aus der K- oder L-Schale) übertragen wird, welches das Atom mit einer Energie verläßt, die gleich der Anregungsenergie vermindert um die Ablösearbeit ist. Eine ältere Vorstellung faßte den Vorgang so auf, daß das γ-Quant erst als solches vom Atomkern ausgesandt wird, dann aber in der betreffenden Elektronenschale einen inneren Photoeffekt hervorruft. Je nach der Schale, in der die Umwandlung vor sich geht, ist die Ablösearbeit verschieden, und daher können aus einer Anregungsenergie mehrere diskrete Elektronenenergien entstehen, die aus der K-, L-, M- usw. Schale stammen (e^--Linien, → β-Spektrum). Der Faktor der inneren Umwandlung, d. h. die Intensität der e^--Linien, hängt stark von der Energie der γ-Quanten, der Kernladungszahl Z und von den Spin- und Symmetrie-Eigenschaften des angeregten und Grundzustandes ab.

Inseln oder *Mikro-Inseln*, eine Atomgruppe eines Kristallgitters, die dadurch definiert wird, daß zwei Inseln entweder kein gemeinsames Atom haben oder alle Atome der einen Insel auch den anderen angehören. Dieser geometrischen Definition entspricht die dynamische der *Dynade*: P ist ein Atom einer Dynade, wenn die Kraft, mit der es an die Dynade gebunden wird, größer ist als jede von einer anderen Dynade auf P ausgeübte Kraft. Bei Raumgruppen mit Gleitspiegelebenen oder Schraubungsachsen können sich die Inseln und Dynaden in der Gleit- und Schraubungsrichtung ins Unendliche erstrecken (*Inselketten, -netze und -raumgitter*). Beide Begriffe, der Inseln und Dynaden, wurden 1925 von *K. Weißenberg* vorgeschlagen, haben jedoch in der Praxis der Strukturuntersuchung wenig Anklang gefunden.

Weißenberg, K.: Z. Kristallogr. **62**, 52 (1925).

Inselgitter, ein aus Molekülen oder deutlich abgegrenzten Komplexen aufgebautes Kristallgitter.

Instabilität der Atmosphäre. Im Gegensatz zur *statischen* Instabilität (→ Gleichgewicht, atmosphärisches), wo die miteinander reagierenden Kräfte der vertikale Druckgradient und die Schwerkraft sind und wo das Gleichgewicht im Falle der Ruhe gegeben ist, versteht man unter *dynamischer* Instabilität den Fall, daß horizontaler Druckgradient und horizontale ablenkende Kraft der Erddrehung (Coriolis-Kraft) im Wechselspiel stehen, wobei der Fall des Gleichgewichtes durch eine geradlinige unbeschleunigte (geostrophische) → Windbewegung verwirklicht ist. Die Bewegung einer Partikel ist indifferent, wenn die umgebende Windströmung eine Geschwindigkeitszunahme quer zu ihrer Richtung vom Betrage $2\,\omega \sin \varphi$ hat (ω Winkelgeschwindigkeit der Erddrehung, φ geographische Breite). Bei Überschreitung dieses Grenzwertes wird die Strömung labil, während im stabilen Bereich Trägheitsschwingungen entstehen können (→ Trägheitskreis).

Kleinschmidt, E.: Ann. Hydrogr. **69**, 305 (1941).

Instabilität der Permeabilität → Permeabilität.

Instantane Rotationsachse → Kreisel.

Institut de Métrologie de l'Union des Républiques Soviétiques Socialistes (IMS), Leningrad, Staatsinstitut der Sowjetunion (→ Meterkonvention, Abschnitt 4a bis c).

Instrumental-Imitatoren → Register.

Instrumentkonstante, der Kehrwert der → Empfindlichkeit eines Meßgeräts.

Integrabilitätsbedingungen → exaktes Differential.

Integrable Typen von Differentialgleichungen. In vielen Fällen nimmt eine → gewöhnliche Differentialgleichung eine besondere Form an, etwa wenn die unabhängige Variable oder die zu bestimmende Funktion nicht explizit auftritt, wenn die Koeffizienten der Ableitungen Konstanten sind usw. Dann gelingt es häufig, durch Anwendung gewisser „*klassischer* Integrationsmethoden" die Lösung einer solchen Differentialgleichung zu ermitteln. Jedes dieser Lösungsverfahren verlangt (neben der Existenz eines Integrals) die Erfüllung gewisser Voraussetzungen, die den *integrablen Typ* der Differentialgleichung bestimmen. Als wichtigste dieser Typen seien genannt:

1. Die Differentialgleichung habe die Form $A(x)\,B(y) + C(x)\,D(y)\,y' = 0$. Dann läßt sich nach Multiplikation mit $dx/[B(y)\,C(x)]$ die Gleichung schreiben $\frac{A(x)}{C(x)}\,dx + \frac{D(y)}{B(y)}\,dy = 0$, und gewöhnliche Integration führt zu der Lösung $\int \frac{A}{C}\,dx + \int \frac{D}{B}\,dy = K$ (= const) in impliziter Darstellung, aus der $y = y(x)$ ausgerechnet werden kann. Dieses Verfahren heißt Methode der *Trennung der Variablen* und ist auf Gleichungen obigen Typs oder solche, die durch geeignete Umformung darauf zurückführbar sind, anwendbar.

2. Die Differentialgleichung ist vom Typ $y' = F(y/x)$. Sie heißt dann *homogene* Differentialgleichung. Mit Hilfe der Substitution $y/x = u$ geht sie in $xu' + u = F(u)$ über. Lösung:

$$x = \exp\{\int du/[F(u) - u] + C\}.$$

Hieraus ist $u = u(x, C)$ zu bestimmen, womit $y = u\,x$ gefunden ist.

3. Genügen die Koeffizienten $A(x, y)$ und $B(x, y)$ der Differentialgleichung $A(x, y) + B(x, y)\,y' = 0$ der Bedingung $\partial A/\partial y = \partial B/\partial x$, so liegt eine *totale* oder *exakte* Differentialgleichung vor, so genannt, weil ihre linke Seite $A\,dx + B\,dy$ das totale Differential der Funktion $\varphi(x, y) = \int A\,dx + \int [B - \partial/\partial y \int A\,dx]\,dy$ ist. Die allgemeine Lösung wird durch $\varphi(x, y) = C =$ const gegeben. Ist eine lineare Differentialgleichung nicht total (also $\partial A/\partial y \neq \partial B/\partial x$), so kann man durch geeignete Wahl einer Funktion $\lambda(x, y)$ [oder $\mu(x, y)$] erreichen, daß $\lambda A\,dx + \lambda B\,dy = 0$ eine totale Differentialgleichung wird. λ nennt man den → *integrierenden Faktor.*

4. $y = \varphi(y'')$ oder $\psi(y, y'') = 0$. Die erste Ableitung y' und die unabhängige Variable x treten nicht explizit auf. Allgemeine Lösung:

$$x = C_1 + \int \frac{dy}{\sqrt{2 \int \varphi(y)\,dy + C_2}}.$$

5. $y'' = \varphi(y', x)$. In diesem Typ tritt y nicht explizit auf, und man kann daher durch die Substitution $y' = p(x)$ zu einer linearen Differentialgleichung erster Ordnung $p' = \varphi(p, x)$ für p gelangen. Mit deren allgemeiner Lösung $p = p(x, C_1)$ findet man $y = \int p(x, C_1)\,dx + C_2$.

6. $y'' = \varphi(y', y)$. Hier tritt x nicht explizit auf. Diesen Typ von Gleichungen integriert man durch die Substitution $y' = p(y)$, wodurch die vorgegebene Differentialgleichung 2. Ordnung in eine solche 1. Ordnung $p\frac{dp}{dy} = \varphi(p, y)$ für p übergeht. Ist deren allgemeines Integral $p = p(y, C_1)$, so findet man als Lösung der ursprünglichen Gleichung $x = C_2 + \int dy/p(y, C_1)$.

7. Einen anderen Typ einer besonderen Differentialgleichung stellt die von der Form $y'' + f(x)\,y' + g(y)\,y'^2 = 0$ dar, in der die beiden Koeffizienten je eine Funktion von x bzw. y allein sind. Hier führt der Ansatz $y' = \varphi(x)\,\psi(y)$ zur Lösung. Die unbekannten Funktionen φ und ψ sind Lösungen der homogenen linearen Differentialgleichungen $\varphi' + f(x)\varphi = 0$ bzw. $\psi' + g(y)\psi = 0$. Aus $y' = \varphi\psi$ ist y dann sofort nach Trennung der Variablen durch gewöhnliche Integration zu bestimmen.

Beispiele weiterer integrabler Typen von Differentialgleichungen → Clairautsche, → Bernoullische, → Eulersche, → Riccatische, → Lagrangesche, → Jacobische Differentialgleichung.

Literatur → gewöhnliche Differentialgleichung.

Integral → allgemeines, → bestimmtes, → Duhamelsches, → elliptisches Integral; Eulersches Integral → Gammafunktion; → Fouriersches, → Fresnelsches, → intermediäres, → komplexes, → Kurvenintegral; partielles, singuläres → gewöhnliche Differentialgleichung; → Stieltjessches, → unbestimmtes, → uneigentliches Integral; vollständiges → gewöhnliche Differentialgleichungen.

Integrale der Bewegungsgleichungen. Die Bewegung eines mechanischen Systems, das aus n Massenpunkten m_i ($i = 1, 2, \ldots, n$) besteht, von denen der i-te unter der Einwirkung von → äußeren Kräften stehe, deren Resultante $\mathfrak{K}_i$ sei, wird durch die Newtonsche Gleichung $m_i \ddot{\mathfrak{r}}_i = \mathfrak{K}_i$ beschrieben, in denen $\mathfrak{r}_i$ den vom Ursprung eines Inertialsystems nach m_i weisenden Ortsvektor bedeutet. Aus diesen n vektoriellen, also $3\,n$ skalaren Differentialgleichungen lassen sich gewisse intermediäre Integrale finden, die die Erhaltung, d. h. die zeitliche Konstanz, bestimmter Systemgrößen aussagen und daher auch *Erhaltungssätze* genannt werden.

Ein erstes Integral findet man, indem man jede der n Gleichungen mit $\dot{\mathfrak{r}}_i$ skalar multipliziert und alle sich dann ergebenden Ausdrücke addiert. Man erhält $\sum_{i=1}^{n} m_i(\ddot{\mathfrak{r}}_i\dot{\mathfrak{r}}_i) = \sum_{i=1}^{n}(\mathfrak{K}_i\dot{\mathfrak{r}}_i)$. Für die linke Seite kann man auch schreiben $\frac{d}{dt}\sum_{i=1}^{n}\frac{m_i}{2}\dot{\mathfrak{r}}_i^2 = \frac{dT}{dt}$. Die Größe $T = \sum_{i=1}^{n}\frac{m_i}{2}\dot{\mathfrak{r}}_i^2$ heißt die *kinetische* oder *Bewegungsenergie* (früher auch lebendige Kraft) des Punktsystems. Wird vorausgesetzt, daß die $\mathfrak{K}_i$ sich aus einem Potential U herleiten lassen, das System also die potentielle Energie U besitzt, so ist $\mathfrak{K}_i = -\operatorname{grad}_i U$ (d. h. die Komponente $X_i = -\frac{\partial U}{\partial x_i}$ usw.), so daß $\sum_{i=1}^{n}(\mathfrak{K}_i\, d\mathfrak{r}_i) = -\sum_{i=1}^{n}\operatorname{grad}_i U\, d\mathfrak{r}_i = -dU$ wird. Daher lassen sich die mit $\dot{\mathfrak{r}}_i$ multiplizierten Bewegungsgleichungen in der Form $\frac{d}{dt}(T+U) = 0$ schreiben, aus denen $T + U = E = \text{const}$ folgt. Dieses Integral der Bewegungsgleichung besagt, daß die Summe aus kinetischer + potentieller Energie eines Systems zeitlich konstant ist, und wird daher als Energieintegral oder *Satz von der Erhaltung der Energie*, kurz *Energieprinzip*, bezeichnet. Er gilt in obiger Form, wie aus der Herleitung ersichtlich, für Systeme, auf die nur Potentialkräfte wirken und die man daher auch → konservative Systeme nennt.

Ein anderes Integral der Bewegungsgleichungen erhält man, indem diese mit $\mathfrak{r}_i$ vektoriell multipliziert und dann wieder addiert werden. Dies führt zu $\sum_{i=1}^{n} m_i[\mathfrak{r}_i\ddot{\mathfrak{r}}_i] = \sum_{i=1}^{n}[\mathfrak{r}_i\mathfrak{K}_i]$. Wegen $\frac{d}{dt}[\mathfrak{a}\,\dot{\mathfrak{a}}] = [\dot{\mathfrak{a}}\,\dot{\mathfrak{a}}] + [\mathfrak{a}\,\ddot{\mathfrak{a}}]$ und unter Beachtung von $[\dot{\mathfrak{a}}\,\dot{\mathfrak{a}}] = 0$ kann man für obige Gleichung auch schreiben $\frac{d}{dt}\sum_{i=1}^{n} m_i[\mathfrak{r}_i\dot{\mathfrak{r}}_i] = \sum_{i=1}^{n}[\mathfrak{r}_i\mathfrak{K}_i]$ und dafür $\frac{d\mathfrak{P}}{dt} = \mathfrak{M}$, wenn man den Drehimpulsvektor $\mathfrak{P} = \sum_{i=1}^{n} m_i[\mathfrak{r}_i\dot{\mathfrak{r}}_i]$ und das resultierende Drehmoment $\mathfrak{M} = \sum_{i=1}^{n}[\mathfrak{r}_i\mathfrak{K}_i]$ der äußeren Kräfte einführt. Die letzte Gleichung sagt aus, daß in einem mechanischen Punktsystem die zeitliche Änderung des gesamten Drehimpulses gleich dem resultierenden Moment der von außen auf das System einwirkenden Kräfte ist. (Dieser Satz gilt bei beliebiger Wahl des Bezugspunktes für $\mathfrak{P}$ und $\mathfrak{M}$.) Ist nun insbesondere das System frei, d. h. $\mathfrak{K}_i = 0$ oder läßt sich durch eine geeignete Wahl des Bezugspunktes das Moment $\mathfrak{M}$ zum Verschwinden bringen (was z. B. bei → Zentralkräften möglich ist, indem man das Zentrum, nach dem die $\mathfrak{K}_i$ gerichtet sind, als Bezugspunkt wählt, denn dann ist $\mathfrak{K}_i \parallel \mathfrak{r}_i$, also $\sum_{i=1}^{n}[\mathfrak{K}_i\mathfrak{r}_i] = \mathfrak{M} = 0$), so folgt aus der Impulsgleichung: $\mathfrak{P} = \text{const}$, d. h. der *Erhaltungssatz für den Drehimpuls* eines Systems, kurz, der *Drehimpulssatz* oder *Drallsatz*. Er wird vielfach auch als → *Flächensatz* bezeichnet, da $d\mathfrak{P}/dt = 0$ auch geschrieben werden kann $\frac{d}{dt}\sum m_i[\mathfrak{r}_i\dot{\mathfrak{r}}_i] = 0$. Für einen einzelnen Massenpunkt ($n = 1$) besagt die letzte Gleichung unmittelbar, daß der vom Bezugspunkt nach m weisende Ortsvektor $\mathfrak{r}$ in gleichen Zeiten gleiche Flächen überstreicht (→ Zentralkraft). Für $n \geqq 2$ geht die Anschaulichkeit als Flächensatz verloren, dagegen sagt dann $\mathfrak{P} = \sum_{i=1}^{n} m_i[\mathfrak{r}_i\dot{\mathfrak{r}}_i] = \text{const}$ aus, daß für jedes freie System und für solche, bei denen $\mathfrak{M} = 0$ wird, ein konstanter Impulsvektor existiert. Die Ebene, auf der $\mathfrak{P}$ senkrecht steht, heißt die *invariante (invariable) Ebene* (→ Poinsot-Bewegung).

Zu einem dritten Erhaltungssatz gelangt man, indem man die n Bewegungsgleichung addiert: $\sum_{i=1}^{n} m_i\ddot{\mathfrak{r}}_i = \sum_{i=1}^{n}\mathfrak{K}_i$ und den Ortsvektor $\mathfrak{x} = \frac{\sum m_i\mathfrak{r}_i}{\sum m_i}$ nach dem → Schwerpunkt S des Systems einführt. Bezeichnet man mit $\mathfrak{K} = \sum\mathfrak{K}_i$ die Resultante der äußeren Kräfte und mit $M = \sum m_i$ die Gesamtmasse des Systems, so nehmen die Bewegungsgleichungen die Form $M\ddot{\mathfrak{x}} = \mathfrak{K}$ an, und besagen somit: Der Schwerpunkt des Systems bewegt sich so, als sei die gesamte Systemmasse M in ihm vereinigt und der Resultante der gesamten auf das System einwirkenden Kräfte unterworfen. Insbesondere folgt für ein keiner äußeren Kraft unterworfenes System $\ddot{\mathfrak{x}} = 0$, d. h. $\mathfrak{x} = \mathfrak{v}_0 t + \mathfrak{x}_0$, d. h. der Schwerpunkt eines freien Systems bewegt sich stets geradlinig mit konstanter Geschwindigkeit $\mathfrak{v}_0$ *(Schwerpunktsatz)*. Ist diese gleich Null, so bleibt der Schwerpunkt in Ruhe. Auf dieser Tatsache beruhen u. a. die Rückstoßerscheinungen. Der Schwerpunktsatz wird auch Satz von der Erhaltung des Impulses (nicht mit Impulsmoment zu verwechseln), kurz *Impulssatz*, genannt, da im kräftefreien Fall auch geschrieben werden kann $\sum m_i\ddot{\mathfrak{r}}_i = \frac{d}{dt}\sum m_i\dot{\mathfrak{r}}_i = \frac{d}{dt}\sum\mathfrak{G}_i = \frac{d\mathfrak{G}}{dt} = 0$, also $\mathfrak{G} = \text{const}$, wenn $\mathfrak{G} = \sum\mathfrak{G}_i = \sum m_i\dot{\mathfrak{r}}_i$ der gesamte Impuls (→ Bewegungsgröße) des Systems ist.

Die Herleitung der drei Integrale aus den Bewegungsgleichungen geschah unter der Annahme, daß zwischen den Massenpunkten selbst keine Kräfte wirken. Sind solche vorhanden, die $\mathfrak{K}_{hk}$ heißen und zwischen den Massenpunkten m_h und m_k wirken mögen, so lautet die Bewegungsgleichung $m_i\ddot{\mathfrak{r}}_i = \mathfrak{K}_i + \sum_{i \neq k}\mathfrak{K}_{ik}$. Man kann zeigen, daß, falls $\mathfrak{K}_{ik}$ in Richtung des Vektors von m_i nach m_k fällt bzw. ihr entgegengesetzt ist, die Gültigkeit der drei Erhaltungssätze unverändert bleibt.

Der Energiesatz liefert 1 Integrationskonstante, der Impulssatz 6 (je 3 für die Lage und je 3 für die Geschwindigkeit des Schwerpunktes), während der Drallsatz noch 3 weitere Integrationskonstanten gibt. Im ganzen sind also 10 Integrale gewonnen worden. Notwendig sind indessen im allgemeinen Fall $2 \cdot 3 \cdot n$ Integrationen (n Zahl der Massenpunkte).

Sommerfeld, A.: Vorl. über theor. Physik I. Leipzig 1948. *Schaefer, Cl.:* Einf. in d. theor. Physik I. Berlin 1944. *Franck, Ph.*, u. *R. v. Mises:* Differential- u. Integralgleichungen d. Mechanik u. Physik II. Braunschweig 1927.

Integrales Reflexionsvermögen. Fällt auf eine Netzebenenschar eines idealen Kristalls ein paralleles Röntgenstrahlbündel unter dem Braggschen Reflexionswinkel auf, so vereinigen sich die an allen Teilchen des Kristalls gebeugten Strahlen zu einem einzigen Interferenzstrahl. Die wirklichen Kristalle sind jedoch Mosaikkristalle, von deren Blöckchen sich stets nur ein Teil in der exakten Reflexionslage befindet. Man muß den Kristall um einen gewissen Betrag drehen, um alle Blöckchen nacheinander in die Interferenzlage zu bringen. Mißt man die gesamte, während dieser Drehung durch den Interferenzstrahl übertragene Energie E, so ist der Quotient $R_i = E\,\omega/(I_0\,q)$ für eine bestimmte Interferenz eine konstante Größe, unabhängig vom Mosaikzustand des Kristalls. R_i wird als *integrales Reflexionsvermögen* oder *integrale Reflexion* bezeichnet; I_0 ist die Intensität des Primärstrahls je Flächeneinheit, q sein Querschnitt, wenn dieser kleiner als die Kristallfläche ist, und ω die Winkelgeschwindigkeit der Drehung.

Bei Pulver- und Drehaufnahmen auf photographische Schichten wird als Intensität der Beugungskurven oder -flecke stets das integrale Reflexionsvermögen gemessen, allerdings mit einem von den Aufnahmebedingungen abhängigen, unbestimmt bleibenden, für alle Interferenzen einer Aufnahme konstanten Faktor.

Integralformel → Cauchysche Integralformel.

Integralgleichung, eine funktionale Beziehung, in der eine unbekannte, zu bestimmende Funktion $\varphi(x)$ unter einem Integralzeichen auftritt. Im einfachsten Falle, wenn man sich auf lineare Integralgleichungen, d. h. solche, in denen $\varphi(x)$ nur in der ersten Potenz vorkommt, beschränkt, hat eine Integralgleichung die Form $f(x) = \int_a^b K(x, \xi)\,\varphi(\xi)\,d\xi$. In ihr sind $f(x)$ und $K(x, \xi)$ bekannte Funktionen, während $\varphi = \varphi(x)$ zu ermitteln ist. $f(x)$ muß im Intervall $a \leqq x \leqq b$ natürlich hinreichend → „vernünftig" sein und die als Kern bezeichnete Funktion $K(x, \xi)$ im Gebiet $a \leqq x \leqq b$, $a \leqq \xi \leqq b$ die erforderlichen Integrabilitätseigenschaften besitzen.

Die oben angegebene Integralgleichung heißt Integralgleichung *erster Art* zum Unterschied von der *zweiten Art,* bei welcher die gesuchte Funktion $\varphi(x)$ auch außerhalb des Integrals auftritt. Im linearen Falle hat diese die Form $f(x) = \varphi(x) - \lambda \int_a^b K(x, \xi)\,\varphi(\xi)\,d\xi$. Die hierin auftretende Größe λ heißt der *Parameter.* Bei einer Integralgleichung 2. Art sind zwei Fälle möglich: Es kann die Funktion $f(x) = 0$ sein, dann heißt die Gleichung $\varphi(x) = \lambda \int_a^b K(x, \xi)\,\varphi(\xi)\,d\xi$ eine *homogene,* anderenfalls $(f \neq 0)$ eine *inhomogene* Integralgleichung zweiter Art.

Die angegebenen Integralgleichungen beziehen sich auf Funktionen von nur einer Variablen (*eindimensionale* Integralgleichung). Für solche, die von mehreren Veränderlichen $x, y, \ldots$ abhängen, lauten die Integralgleichungen entsprechend verallgemeinert: n-dimensionale lineare Integralgleichung 1. Art: $\int\int \cdots \int K(x, y, \ldots, \xi, \eta, \ldots)\,\varphi(\xi, \eta, \ldots)\,d\xi\,d\eta \ldots = f(x, y, \ldots)$; n-dimensionale lineare inhomogene Integralgleichung 2. Art: $f(x, y, \ldots) = \varphi(x, y, \ldots) - \lambda \int\int \ldots \int K(x, y, \ldots, \xi, \eta, \ldots)\,\varphi(\xi, \eta, \ldots)\,d\xi\,d\eta \ldots$. Bei verschwindendem $f(x)$ stellt die letzte Gleichung die zugehörige homogene Gleichung dar. Die jeweilig auftretenden n-fachen Integrale sind über einen n-dimensionalen beschränkten Bereich zu erstrecken.

Neben diesen beiden Typen, von denen den Integralgleichungen 2. Art eine größere Bedeutung zukommt als denjenigen 1. Art (die nicht immer eine Lösung zu besitzen brauchen), gibt es noch einige spezielle Formen von Integralgleichungen, die meist den Namen desjenigen Mathematikers tragen, der sich erstmalig mit ihnen eingehender beschäftigte (→ Abelsche, → Volterrasche u. a. Integralgleichungen).

Die Frage, ob eine vorgegebene Integralgleichung eine Lösung besitzt *(Existenz),* ob es nur *eine* gibt *(Eindeutigkeit)* und wie man eine ggf. vorhandene Lösung zu finden und darzustellen hat, ist die Hauptaufgabe der Theorie der Integralgleichungen. Sie wurde (für einen Sonderfall) zuerst von *Abel,* später (auf breiterer Grundlage) insbesondere von *Fredholm, Hilbert* und *E. Schmidt* behandelt. → Abelsche, → Volterrasche Integralgleichung.

Wiarda, W.: Integralgleichungen. Leipzig 1943. *Hamel, G.:* Integralgleichungen. Berlin 1949. *Schmeidler, W.:* Integralgleichungen. Leipzig 1950.

Integrallogarithmus, die Funktion $Li(x) = \int_0^x \frac{dx}{\ln x}$. Für $x \geqq 1$ wird das Integral uneigentlich und ist durch Grenzwertbestimmung zu berechnen. Mit $x = e^{-y}$ wird $Li(x) = Li\,(e^{-y}) = \int_\infty^y \frac{e^{-y}}{y}\,dy$ und kann nach Entwicklung und gliedweiser Integration durch die konvergente Reihe $Li\,(e^{-y}) = \ln y - y + \frac{y^2}{2 \cdot 2!} - \frac{y^3}{3 \cdot 3!} + \cdots + C$ dargestellt werden, in der $C = 0{,}5772\ldots$ die → Euler-Mascheronische Konstante ist.

Jahnke-Emde: Funktionentafeln. Leipzig 1948. *Tölke, F.:* Tafeln elementarer Funktionen. Berlin 1950.

Integralkurven → gewöhnliche Differentialgleichung.

Integraloperator → Darstellung eines Hilbertraumes.

Integralprinzipe der Mechanik → Prinzipe der Mechanik.

Integralsätze → Cauchyscher, → Gaußscher, → Stokesscher Integralsatz.

Integralsinus, die Funktion $Si(x) = \int_0^x \frac{\sin x}{x}\,dx$. Sie ist durch die bekannten elementaren Funktionen nicht darstellbar, jedoch kann man nach Reihenentwicklung des Integranden $Si(x)$ selbst als Reihe darstellen. Es ist $Si(x) = x - \frac{x^3}{3 \cdot 3!} + \frac{x^5}{5 \cdot 5!} - \frac{x^7}{7 \cdot 7!} + \cdots$. Diese Reihe ist für $|x| < \infty$ konvergent. Für $x = \infty$ gilt $Si(\infty) = \frac{\pi}{2}$. Die numerischen Werte für $Si(x)$ sind tabelliert.

Jahnke-Emde: Funktionentafeln. Leipzig 1948.

Integration, die Umkehrung der Differentiation (→ Differentialquotient) bzw. die Auflösung einer → Differentialgleichung. → partielle Integration, → unbestimmtes Integral, → komplexes Integral, → integrable Typen von Differentialgleichungen, → Integrationsmethoden.

Integrationskonstante → unbestimmtes Integral.

Integrationsmethoden sind Rechenvorschriften, die es gestatten, ein nicht mit den Grundformeln der Integralrechnung (→ unbestimmtes Integral) übereinstimmendes Integral $F(x) = \int f(x)\,dx$ in eines derselben überzuführen. Wichtigste Methoden:

1. Partielle (Teil- oder Produkt-) *Integration.* Sie verwendet die Formel $\int u(x)\,dv(x) = u(x)\,v(x) - \int v(x)\,du(x)$, durch deren geeignete Anwendung das neu auftretende Integral $\int v(x)\,du(x)$ oft einfacher als das vorgegebene wird. Beispiel: $\int \ln x\,dx = x\ln x - \int x\frac{dx}{x} = x(\ln x - 1) + \text{const}$.

2. Substitutionsmethode. Sie versucht, den gegebenen Integranden $f(x)$ durch Einführung einer neuen Integrationsvariablen z mittels der Substitution $x = g(z)$ geeignet umzuformen: $\int f(x)\,dx = \int f[g(z)]\frac{dg}{dz}dz$. Beispiel: Zur Berechnung von $F(x) = \int (ax+b)^m dx$ setze man $(ax+b) = z$, also $dx = dz/a$, womit wird: $\int F(x)\,dx = \frac{1}{a}\int z^m dz = \frac{z^{m+1}}{a(m+1)} + \text{const} = \frac{(ax+b)^{m+1}}{a(m+1)} + \text{const}$.

3. Partialbruchzerlegung. Dieses Verfahren findet bei der Integration gebrochener rationaler Funktionen $f(x) = \frac{g(x)}{h(x)}$ Verwendung. Es werde angenommen, daß der Grad m des Zählers $g(x)$ kleiner als der Grad n ($> m$) des Nenners $h(x)$ sei, was, wenn es nicht der Fall sein sollte, stets durch „Ausdividieren" erreicht werden kann. Man setzt für das auszuwertende Integral $\int\frac{g(x)}{h(x)}dx = \int\sum\frac{C_i}{x-a_i}dx$ an, wobei a_i $(i = 1, 2, \ldots, n)$ die n Wurzeln der Gleichung $h(x) = 0$ sind, die alle reell und voneinander verschieden seien. Dann sind die Koeffizienten C_i gegeben durch $C_i = \frac{g(a_i)}{h'(a_i)}$ und es wird $\int\frac{g(x)}{a(x)}dx = C_0 + \sum C_i \ln(x - a_i)$. Sind einige Wurzeln a_i von $h(x) = 0$ mehrfach, so daß für den Nenner die Produktendarstellung $h(x) = (x-a_1)^p(x-a_2)^q(x-a_3)^r\ldots$ gilt, so ist anzusetzen: $f(x) = \frac{g(x)}{h(x)} = \sum_{i=0}^{p-1}\frac{A_i}{(x-a_1)^{p-i}} + \sum_{j=0}^{q-1}\frac{B_j}{(x-a_2)^{q-j}} + \sum_{k=0}^{r-1}\frac{C_k}{(x-a_3)^{r-k}} + \cdots$. Die Koeffizienten A_i sind aus folgenden Gleichungen zu berechnen, in denen $\varphi(x) = h(x):(x-a_1)^p$ ist:

$$g(a_1) = A_0\,\varphi(a_1),$$
$$g'(a_1) = A_0\,\varphi'(a_1) + A_1\,\varphi(a_1),$$
$$g''(a_1) = A_0\,\varphi''(a_1) + 2A_1\,\varphi'(a_1) + 2A_0\,\varphi(a_1),$$
$$\cdots\cdots\cdots\cdots\cdots\cdots$$
$$g^{(p-1)}(a_1) = A_0\,\varphi^{(p-1)}(a_1) + A_1\,p\,\varphi^{(p-2)}(a_1) + A_2\,p(p-1)\,\varphi^{(p-3)}(a_1) + \cdots + p!\,A_{p-1}\,\varphi(a).$$

Entsprechende Gleichungen gelten zur Berechnung der $B_j, C_k, \ldots$ Für den Fall, daß $h(x) = 0$ einfache oder mehrfache ***komplexe*** Wurzeln hat, vgl. die Literatur.

Bei gewissen rationalen Funktionen von nichtrationalem oder transzendentem Argument gelingt die Überführung in eine „reine" rationale Funktion durch geeignete Substitution. Es seien folgende Typen genannt, wobei $R(\ldots)$ eine rationale Funktion der in (..) stehenden Ausdrücke sei.

a) $\int R\left(x, \sqrt[n]{\frac{\alpha x+\beta}{\gamma x+\delta}}\right)dx$ geht in eine rationale Funktion vermittels der Transformation $\xi = \sqrt[n]{\frac{\alpha x+\beta}{\gamma x+\delta}}$ über. Es ist also zu setzen $x = -\frac{\delta\xi^n - \beta}{\gamma\xi^n - \alpha}$, $dx = \frac{\alpha\delta - \beta\gamma}{(\gamma\xi^n - \alpha)^2}n\,\xi^{n-1}$.

b) $\int R(\sin x, \cos x)\,dx$. Substitution: $\xi = \operatorname{tg}\frac{x}{2}$, d. h. $\sin x = \frac{2\xi}{1+\xi^2}$, $\cos x = \frac{1-\xi^2}{1+\xi^2}$, $dx = \frac{2\,d\xi}{1+\xi^2}$.

c) $\int R(\operatorname{Sin} x, \operatorname{Cof} x)\,dx$. Substitution: $\xi = \operatorname{Tg}\frac{x}{2}$, d. h. $\operatorname{Sin} x = \frac{2\xi}{1-\xi^2}$, $\operatorname{Cof} x = \frac{1+\xi^2}{1-\xi^2}$, $dx = \frac{2\,d\xi}{1-\xi^2}$.

d) $\int R(e^{mx})\,dx$. Substitution: $\xi = e^{mx}$, $dx = d\xi/(m\,\xi)$.

e) $\int R(x, \sqrt{ax^2+2bx+c})\,dx$. Substitution: $\xi = (ax+b)/\sqrt{|ac-b^2|}$.

Es gelten hier folgende oft gebrauchte spezielle Formeln, wobei stets $a > 0$ sei:

$$\int dx/\sqrt{ax^2+2bx+c} = \frac{1}{\sqrt{a}}\ln(b + ax + \sqrt{a}\sqrt{ax^2+2bx+c}) + C,$$

$$\int dx/\sqrt{-ax^2+2bx+c} = \frac{1}{\sqrt{a}}\arcsin\frac{ax-b}{\sqrt{b^2+ac}} + C,$$

$$\int x\,dx/\sqrt{ax^2+2bx+c} = \frac{1}{a}\sqrt{ax^2+2bx+c} - \frac{b}{\sqrt{a^3}}\ln(b + ax + \sqrt{a}\sqrt{ax^2+2bx+c}) + C,$$

$$\int x\,dx/\sqrt{-ax^2+2bx+c} = -\frac{1}{a}\sqrt{-ax^2+2bx+c} + \frac{b}{\sqrt{a^3}}\arcsin\frac{ax-b}{\sqrt{b^2+ac}} + C.$$

Wegen weiterer ähnlicher Integrale und genauerer Darlegung der einzelnen Integrationsmethoden vgl. jedes Lehrbuch über Integralrechnung.

Courant, R.: Differential- u. Integralrechnung. Berlin 1948. *Rothe, R.:* Höhere Mathematik. Leipzig 1948. *Baule, B.:* Mathematik d. Naturf. u. Ingenieurs I. Leipzig 1944. *Tölke, F.:* Funktionslehre (umfangreiche Integraltafeln). Berlin 1950.

Integrierbarkeit → bestimmtes Integral, → integrable Typen von Differentialgleichungen.

Integrierender Faktor. Ist $A(x, y)\,dx + B(x, y)\,dy = 0$ eine lineare Differentialgleichung erster Ordnung, in der die Größen A und B gegebene Funktionen von x und y sind, so kann diese sofort integriert werden, wenn $A\,dx + B\,dy = dz$ ein exaktes → Differential einer Funktion $z(x, y) = \text{const}$ ist. Diese stellt dann wegen $dz = \frac{\partial z}{\partial x}dx + \frac{\partial z}{\partial y}dy = A\,dx + B\,dy = 0$ die Lösung der vorgegebenen Differentialgleichung dar. Obwohl nun im allgemeinen $A\,dx + B\,dy$ kein totales Differential sein wird, kann man es stets in ein solches überführen, indem man die Differentialgleichung mit einer zunächst noch unbestimmten Funktion $\lambda(x, y)$ multipliziert: $\lambda A\,dx + \lambda B\,dy = 0$, und λ so wählt, daß der letzte Ausdruck ein vollständiges Differential wird. λ heißt dann integrierender Faktor (auch integrierender Multiplikator). Man bestimmt ihn aus der ihm auferlegten Forderung $\frac{\partial(\lambda A)}{\partial y} = \frac{\partial(\lambda B)}{\partial x}$. Dies liefert die partielle Differentialgleichung für den Multiplikator $-A\frac{\partial\ln\lambda}{\partial x} + B\frac{\partial\ln\lambda}{\partial y} = \frac{\partial A}{\partial y} - \frac{\partial B}{\partial x}$, deren vollständige Lösung im allgemeinen nicht leicht zu ermitteln ist. Indessen genügt es, ein partikuläres Integral zu finden. In manchen Fällen genügt es, λ als Funktion von nur einer Veränderlichen anzusetzen, wodurch die Bestimmung des Multiplikators sich vereinfacht. Ist ein solcher gefunden, so wird die Lösung der ursprünglichen Differentialgleichung durch $z = \int \lambda(A\,dx + B\,dy) = \text{const}$ gegeben. Ein in der Physik wichtiger integrierender „Nenner" ist z. B. die absolute Temperatur T.

Intensität, allgemeiner Ausdruck für die „Stärke" einer Größe, z. B. die Intensität eines elektrischen Stromes = Stromstärke. → Intensitäts- und Quantitätsgrößen.

Intensitätsfaktoren 1. *der Kristallgitterbestimmung.* Die Intensität eines am Kristallgitter gebeugten Röntgenstrahls hat den Betrag $I = I_0 \cdot E \cdot D \cdot A \cdot P \cdot L \cdot H \cdot F^2$, worin I_0 die Intensität des auf den Kristall auffallenden Primärstrahls, E das Beugungsvermögen eines Elektrons, D der → Debyesche Wärmefaktor und F^2 der → Strukturfaktor ist. Die Faktoren A (→ Absorptions-), P (→ Polarisations-), L (→ Lorentz-) und H (→ Flächenhäufigkeitsfaktor) werden als Intensitätsfaktoren bezeichnet, weil sie mit dem Quadrat der Strukturamplitude F multipliziert werden. Auch der Wärmefaktor D wird meist als Intensitätsfaktor behandelt unter der vereinfachenden Annahme, daß alle Atomarten eines Kristallgitters die gleiche Wärmeschwingung ausführen. Streng genommen ist er aber ebenso wie die Atomformamplitude Bestandteil der → Strukturamplitude F.

2. *quantenbiologisch* → Zeitfaktor.

Intensitätsgesetze in Bandenspektren. Für die Intensität einer Bandenlinie gilt, wie für Atomlinien, das Prinzip: Die Intensität ist proportional der Zahl der im Ausgangszustand befindlichen Teilchen sowie der mit $h\nu$ multiplizierten → Übergangswahrscheinlichkeit. Für die Übergangswahrscheinlichkeiten der Rotationslinien gelten die Formeln von *Hönl* und *London.* Die Intensitäten nehmen vom Bandenursprung aus rasch zu und fallen nach Durchlaufen eines breiten Maximums gegen Null ab.

Der Faktor der Besetzungszahl des Ausgangszustandes führt bei symmetrischen Molekülen zu einem *Intensitätswechsel* zwischen benachbarten Rotationslinien infolge des Kernspins i der Atome: Das Intensitätsverhältnis benachbarter Linien beträgt $(i + 1)/i$; für $i = 0$ fällt jede zweite Linie aus.

Die Besetzungszahlen der angeregten Molekülzustände hängen von der Temperatur des Molekülgases ab. Sie folgen dem → Maxwell-Boltzmannschen Verteilungsgesetz: Die Zahl der in einem Zustand mit der Rotationsquantenzahl J befindlichen Teilchen ist proportional

$$(2\,J + 1) \exp\,[-B\,J\,(J + 1)/(k\,T)],$$

worin J die Rotationsquantenzahl, $B = h/(8\pi^2 c I)$, h das Plancksche Wirkungsquantum, c die Lichtgeschwindigkeit, I das mittlere Trägheitsmoment des Moleküls, T die absolute Temperatur, k die Planck-Boltzmannsche Konstante ist. Aus dem Intensitätsverlauf innerhalb von Einzelbanden läßt sich daher die Temperatur ermitteln.

Störungen des normalen Intensitätsverlaufs sind oft Folge von → Prädissoziationserscheinungen. Die Intensitätsverteilung innerhalb eines Schwingungskantensystems wird durch das → Franck-Condon-Prinzip geregelt.

Intensitäts- und Quantitätsgrößen. Intensitätsgrößen (oder *intensive* Größen) sind (nach *A. Sommerfeld*) physikalische Größen, die auf die Frage „wie stark?", Quantitätsgrößen (oder *extensive* Größen) solche, die auf die Frage „wie viel?" antworten. So ist z. B. der Druck eines Gases eine Intensitätsgröße, das Volumen eine Quantitätsgröße. Bei einem überall im gleichen Zustand befindlichen Körper bleibt eine Intensitätsgröße (z. B. die Temperatur, die Dichte) bei einer gedachten Unterteilung für alle seine Teile erhalten, eine Quantitätsgröße (z. B. die Masse) dagegen nicht.

Intensitätsmarke → Spektralphotometrie, photographische.

Intensitätsmessung im Röntgengebiet. Hierfür können alle Wechselwirkungen der Röntgenstrahlen mit der Materie herangezogen werden. Am wichtigsten ist die *Ionisationsmethode.* Man bestimmt bei ihr durch eine Ladungsmessung die Anzahl Ionen, die durch ein definiert ausgeblendetes Strahlenbündel in Luft, Argon, Schwefeldioxyd oder anderen schweren Gasen erzeugt wird. Das Prinzip der Meßanordnung zeigt die Abb. I ist die → Ionisationskammer, ein geerdetes Metallgefäß mit zwei isoliert eingeführten Elektroden und zwei Fenstern für den Eintritt und Austritt der Strahlung. Die eine Elektrode wird mit einem empfindlichen Elektrometer und einem Erdungsschalter verbunden. Die andere Elektrode wird an den negativen Pol einer Batterie von 100 bis 200 V gelegt. Der positive Pol ist geerdet. Tritt Strahlung durch die Kammer, so werden die im Innern erzeugten Ionen auf die Elektroden geführt. Bei geöffnetem Erdungsschalter lädt sich das Elektrometer langsam auf. Die Aufladegeschwindigkeit gibt ein Maß für die Intensität der Strahlung. Bei *absoluten* Intensitätsmessungen ist der in der Kammer absorbierte Bruchteil der Strahlung zu bestimmen. Kennt man die Energie, die zur Erzeugung eines Ionenpaares erforderlich ist (≈ 32,5 eV für Luft), so läßt sich die Intensität bestimmen. Mit Hilfe einer Elektrometerröhre und einer Verstärkerschaltung läßt sich der Ionenstrom auch durch ein direkt anzeigendes Instrument messen.

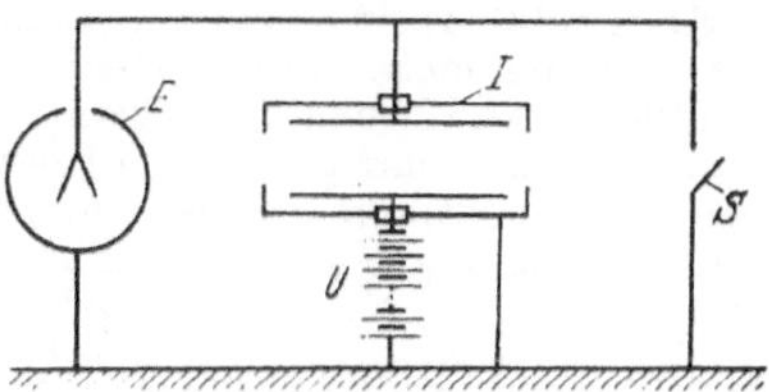

Intensitätsmessung mit der Ionisationskammer. I Ionisationskammer, E Elektrometer, U Batterie von 100 bis 200 V, S Erdungsschalter.

Empfindlicher als die Ionisationskammer ist das → *Zählrohr.* Bei diesen Instrumenten wird die Stoßionisation ausgenützt. Die einzelnen Stöße lassen sich mit Hilfe von Verstärkerschaltungen sichtbar oder hörbar machen oder durch ein Zählwerk registrieren.

Auch die → *Nebelkammer* läßt sich für Intensitätsmessungen heranziehen. Ihr Vorzug besteht, wie der des Zählrohres, darin, daß man *Elementarvorgänge* erfassen kann.

Sehr bequem ist die *photographische* Intensitätsmessung. Sie steht jedoch den genannten Methoden an Genauigkeit nach. Man mißt bei ihr die Intensität auf dem Weg über die *Schwärzung* der photographischen Schicht. Diese ist durch die Gleichung $S = \log\,(I_0/I)$ definiert. In ihr bedeuten I_0 die Intensität des beim Photometrieren auf die geschwärzte Platte auffallenden Lichtes und I die Intensität des durchgelassenen Lichtes. Die Schwärzung einer Platte hängt nicht nur von der Intensität und Dauer der Röntgenbestrahlung, sondern auch von der Plattensorte und der Art der Entwicklung ab. Diese letzteren Einflüsse müssen bei quantitativen Messungen dadurch eliminiert werden, daß die Platte geeicht wird, d. h., daß *Intensitätsmarken* aufphotographiert werden. Die Schwärzung wird mit einem → *Mikrophotometer* gemessen.

Sehr unempfindlich, aber für Absolutmessungen unentbehrlich sind die *kalorimetrischen Methoden* der Intensitätsmessung, wie sie auch im Gebiet des sichtbaren Lichtes üblich sind.

Für medizinische und technische Zwecke werden direkt anzeigende, auf der Ionisationsmethode beruhende *Dosismesser* hergestellt.

Küstner, H.: Strahlentherapie XVII. Berl'n u. Wien 1924. Handb. d. Physik XVII. Berlin 1927. Handb. d. Experimentalphysik XXIV/1. Leipzig 1930.

Intensitätsregeln. Allein aus dem Charakter der Terme, d.h. der Symmetrie ihrer Eigenfunktionen (→ Gruppentheorie und Quantenmechanik, → Aufbauprinzip), kann man Aussagen über die Intensitätsverhältnisse von Spektrallinien machen. Für den Zeemaneffekt ist für $J \to J-1$ das Verhältnis der Linien mit $M \to M-1$, M, $M+1$ gegeben durch $A_{M\to M-1} : A_{M\to M} : A_{M\to M+1} = (J+M)(J+M-1) : 2(J+M)(J-M) : (J-M-1)(J-M)$; für den Übergang $J \to J$ entsprechend durch $A_{M\to M-1} : A_{M\to M} : A_{M\to M+1} = (J-M+1)(J+M) : 2M : (J+M+1)(J-M)$; und schließlich für $J \to J+1$ durch $A_{M\to M-1} : A_{M\to M} : A_{M\to M+1} = (J-M+1)(J-M+2) : (J-M+1)(J+M+1) : (J+M+1)(J+M+2)$.

Ein zweites Beispiel sind die Intensitäten von Feinstrukturkomponenten, die durch die Hönl-Kronigschen Intensitätsformeln gegeben werden. Die Intensität einer Linie $NSLJ \to N'S'L'J'$ ist gegeben durch $(2J'+1)\,|V_{NSLJ;\,N'SL'J'}|^2$ mit

$$V_{NSLJ;\,N'SL-1J+1} = v_{NSL;\,N'SL-1}\sqrt{\frac{(L+S-J-1)(L+S-J)\times(J+S-L+1)(J+S-L+2)}{(2J+2)(2J+3)\,2L(2L+1)}};$$

$$V_{NSLJ;\,N'SL-1J} = v_{NSL;\,N'SL-1}\sqrt{\frac{(L+S-J)(J+S-L+1)\times(J-S+L)(J+L+S+1)}{2J(2J+2)\,L(2L+1)}};$$

$$V_{NSLJ;\,N'SL-1J-1} = v_{NSL;\,N'SL-1}\sqrt{\frac{(J-S+L-1)(J-S+L)\times(J+L+S)(J+L+S+1)}{2J(2J-1)\,2L(2L+1)}};$$

$$V_{NSLJ;\,N'SLJ+1} = v_{NSL;\,N'SL}\sqrt{\frac{(L+S-J)(J-S+L+1)\times(J+S-L+1)(J+L+S+2)}{(2J+2)(2J+3)\,2L(L+1)}};$$

$$V_{NSLJ;\,N'SLJ-1} = v_{NSL;\,N'SL}\sqrt{\frac{(L+S-J+1)(J-S+L)\times(J+S-L)(J+L+S+1)}{2J(2J-1)\,2L(L+1)}};$$

$$V_{NSLJ;\,N'SLJ} = v_{NSL;\,N'SL}\,\frac{J(J+1)+L(L+1)-S(S+1)}{2\sqrt{J(J+1)}\sqrt{L(L+1)}};$$

und für $L' = L+1$:

$$V_{N'SL-1J';\,NSLJ} = \frac{v_{N'SL-1,\,NSL}}{v_{NSL;\,N'SL-1}}\,V_{NSLJ;\,N'SL-1J'}.$$

Ferner → Intensitätsgesetze in Bandenspektren.

Intensitätsverteilung der Röntgenstrahlung → Bremsstrahlung.

Intensitätswechsel → Intensitätsgesetze in Bandenspektren.

Intensive Größen → Intensitäts- und Quantitätsgrößen.

Interferentialrefraktometer, Gerät zur interferometrischen Bestimmung (→ Interferometrie) von Brechungszahlen, auch sehr kleiner Unterschiede solcher, insbesondere von Gasen. Das Jaminsche Interferentialrefraktometer (Abb. 1) besteht aus zwei gleichen, planparallelen Glasplatten, welche nahezu parallel zueinander aufgestellt werden. Ein einfallendes, paralleles Lichtbündel wird durch Reflexion einmal an einer Plattenvorderfläche und einmal an einer versilberten Rückfläche in zwei Strahlen zerlegt, welche sich am Ende nahezu ohne Gangdifferenz wieder vereinigen. In die beiden um einige cm getrennten Strahlenwege bringt man in zwei gleichen Glasröhren die zu untersuchenden oder vergleichenden Substanzen, und beobachtet die Verschiebung der Interferenzstreifen, welche mit freiem Auge oder einem auf ∞ eingestellten Fernrohr beobachtet werden. Eine noch

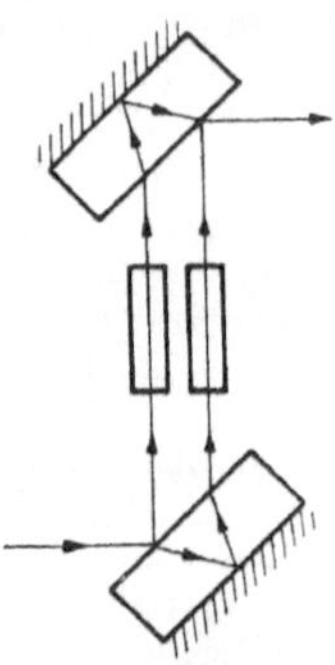

Abb. 1. Interferentialrefraktometer von *Jamin.*

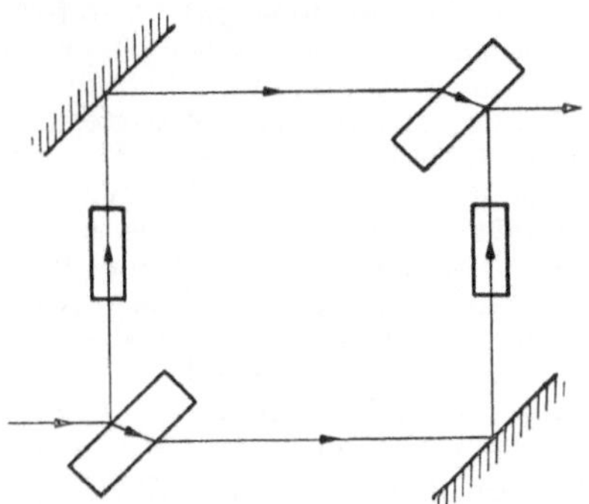

Abb. 2. Interferentialrefraktometer von *Mach.*

weitere Trennung der beiden Strahlenwege erreicht man beim Interferentialrefraktometer von *Mach,* welches aus zwei planparallelen Platten und zwei Spiegeln besteht (Abb. 2).

Interferenz, die Gesamtheit der Erscheinungen, welche durch die Überlagerung zweier am gleichen Ort zusammentreffender Wellenzüge (elastische, elektromagnetische, Materiewellen, Oberflächenwellen) hervorgerufen werden.

1. *Interferenz von Wellenzügen gleicher Frequenz.* Bei gleicher Phase zweier am gleichen Ort zusammentreffender, stationärer Wellen (wenn also homologe Punkte beider Wellen zusammenfallen, z. B. die Wellenberge bzw. die Wellentäler) erfolgt maximale *Verstärkung.* Bei vorhandener Phasendifferenz tritt eine um so größere gegenseitige *Schwächung* ein, je näher die Phasendifferenz dem Betrag π ist. Bei der Phasendifferenz π tritt maximale gegenseitige Schwächung (Wellenberg fällt auf Wellental) und bei gleichen Amplituden vollständige gegenseitige *Auslöschung* ein. Einen Sonderfall bilden die → *stehenden Wellen,* die entstehen, wenn zwei Wellen gleicher Frequenz und Amplitude einander ent-

gegenlaufen. Die Interferenzfähigkeit nichtstationärer Wellenzüge wird durch ihren Kohärenzgrad bestimmt (→ Kohärenz).

2. *Interferenz von Wellenzügen verschiedener Frequenz.* Erscheinungen dieser Art sind die → *Schwebungen.*

Beim Licht und bei den Materiewellen ist der Nachweis ihrer Interferenzfähigkeit der einzige, aber zwingende Grund für die Anwendung eines Wellenmodells dieser Erscheinungen, soweit es sich um Ausbreitungsvorgänge handelt.

→ die folgenden Artikel.

Joos, G.: Lehrb. d. theoret. Physik. Leipzig 1950. *Trendelenburg, F.:* Akustik. Berlin-Göttingen-Heidelberg 1950.

Interferenz elektrischer Wellen. Bei der Reflexion von elektrischen Wellen an der Ionosphäre treten fast immer mehrere → Ausbreitungswege nebeneinander auf, so daß mehrere Wellen am Empfangsort interferieren. Wenn sich die Phasenlage und die Amplitude der einzelnen Wellen ändert, wie es tatsächlich dauernd der Fall ist, so erhält man mehr oder weniger regelmäßige Feldstärkeschwankungen (→ Fading). Diese erfolgen im allgemeinen um so schneller, je höher die Sendefrequenz ist. Im Bereich der Bodenwelle treten außerdem Interferenzen zwischen dieser und den an der Ionosphäre reflektierten Wellen auf.

Interferenz von Elektronenstrahlen → Beugung von Elektronenstrahlen.

Interferenzen aus Gitterquellen sind Interferenzen von Röntgen- oder Elektronenstrahlen am Gitter eines Kristalls, in dem sie erzeugt werden. → Kikuchi-Linien, → Kossel-Effekt.

Interferenz des Lichtes. Der Beweis der Wellennatur des Lichtes — oder, wie man heute richtiger sagt, für die Berechtigung des Wellenmodells des Lichtes wurde durch den Nachweis seiner Interferenzfähigkeit erbracht. Licht addiert, kann unter Umständen auch zu gegenseitiger Schwächung oder gar zu völliger Auslöschung führen.

Beobachtbare Interferenzen von Licht erhält man jedoch nur unter ganz besonderen Umständen; denn die außerordentlich hohe Frequenz und die außerordentlich kleine Wellenlänge bewirken, daß im allgemeinen die Interferenzerscheinung sowohl zeitlich wie räumlich einem so raschen Wechsel unterworfen ist, daß eine Beobachtung völlig unmöglich ist. Um die *zeitliche* Veränderung zu unterbinden, muß die Frequenz der beiden Wellen genau dieselbe sein (oder doch nahezu dieselbe, → Lichtschwebungen), und nur wenn die Richtung beider Strahlen nahezu übereinstimmt, erhält die Erscheinung eine beobachtbare *räumliche* Ausdehnung. Außerdem müssen beide Strahlen kohärent (→ Kohärenz) und nicht senkrecht zueinander polarisiert (→ Polarisation) sein. Man läßt im praktischen Interferenzversuch vom gleichen Punkt einer Lichtquelle zwei Strahlen in verschiedenen Richtungen ausgehen (von der gleichen Lichtquelle müssen sie herrühren, um kohärent zu sein) und bringt sie, nahezu (→ Fresnelscher Spiegelversuch) oder völlig (→ Pérot-Fabry-Platte) parallel gemacht, zur Vereinigung, etwa auf einem Schirm. Beträgt der Gangunterschied ein ganzes Vielfaches der Wellenlänge, dann sind die Phasen gleich, und die Intensität ist maximal; macht dagegen der Gangunterschied ein ungeradzahliges Vielfaches der halben Wellenlänge aus, so sind die Phasen entgegengesetzt, und die Intensität ist minimal. Eine schöne Illustration hierzu geben Aufnahmen von *Arkadiew* (Abb.). Links sieht man zwei inkohärente Strahlen, welche einfache Addition der Intensitäten zeigen, und rechts zwei kohärente Strahlen, welche bei ihrer Überdeckung die charakteristischen dunklen Interferenzstreifen erzeugen.

Überlagerung zweier Lichtstrahlen. Links inkohärent, rechts kohärent. Nach *Arkadiew.*

Die Interferenz bedeutet *keine Wechselwirkung* der Lichtstrahlen, sondern ist lediglich eine *Folge* ihres gemeinsamen Vorhandenseins, eine Überlagerung (→ Superposition von Schwingungen); haben sich die beiden Strahlen nach Durchsetzung eines gemeinsamen Raumgebietes wieder getrennt, so tragen sie keinerlei Spuren der Begegnung an sich (s. jedoch → Streuung von Licht an Licht!).

Über weitere Einzelheiten → Interferenzstreifen, → Newtonsche Ringe, → Haidingersche Ringe, → Interferenzfarben, → Farben dünner Blättchen, → stehende Lichtwellen, → Talbotsche Streifen, → Fizeau-Foucaultsche Streifen.

Praktisch finden die Interferenzen in einer großen Zahl von Meßinstrumenten Verwendung (Beugungsgitter, → Etalon, optisches, → Pérot-Fabry-Platte, → Glasplattenspektroskop, → Interferenzfilter, → Interferenz-Längenmessung, → Interferenzrefraktometer, → Interferometer, → Luftplatten-Etalon, → Lummersche Platte, → Lummer-Gehrke-Platte, → Michelson-Interferometer).

Sind die Lichtquellen, deren Strahlung zur Interferenz gebracht wird, nicht punktförmig, sondern ausgedehnt, so macht sich dies in der Interferenzfigur bemerkbar, sobald der Gangunterschied der Randstrahlen sich um etwa eine halbe Wellenlänge unterscheidet. Darauf beruht die Methode von *Michelson* zur Messung von Sterndurchmessern und Doppelsternabständen (→ Sterninterferometer).

Interferenz von Materiewellen → Beugung von Materiewellen.

Interferenz von Röntgenstrahlen. *M. v. Laue* zeigte 1912, daß Röntgenstrahlen an den Materieteilchen der Kristallgitter gebeugt werden und daß die von den einzelnen Teilchen ausgehenden gebeugten Wellen miteinander interferieren, so daß nur unter bestimmten Bedingungen (→ Lauesche Gleichungen, → Braggsche Gleichung) *Interferenzstrahlen* zustande kommen. Die Richtung eines Interferenzstrahls schließt mit der Richtung des auf den Kristall fallenden *Primärstrahls* den *Beugungswinkel* ϑ ein. → Beugung und Interferenz von Röntgenstrahlen.

Interferenz von γ-Strahlen → Spektrometrie der γ-Strahlen.

Interferenz der Wahrscheinlichkeiten = Interferenz der als Wahrscheinlichkeitswellen aufgefaßten Materiewellen, → Beugung von Materiewellen.

Interferenzbilder in konvergentem polarisiertem Licht. Betrachtet man im stark konvergenten Licht des Konoskops (→ Polarisationsmikroskop) das Interferenzbild der durch das Objekt hindurchgegangenen, in der Brennebene des Objektivs zusammentreffenden Lichtwellen, so sieht man nebeneinander die → Interferenzerscheinungen eines ganzen Vollkegels von Wellen verschiedener Richtungen.

Das stark vereinfachte Schema der Interferenzerscheinungen eines optisch einachsigen Kristalls ist in Abb. 1 dargestellt. Auf die Kristallplatte fällt ein konvergentes Bündel linear-polarisierten Lichts.

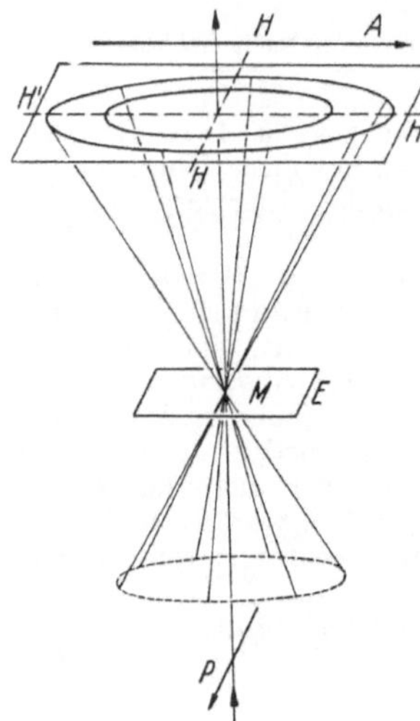

Abb. 1. Interferenzbild eines optisch einachsigen Kristalls im konvergenten polarisierten Licht.

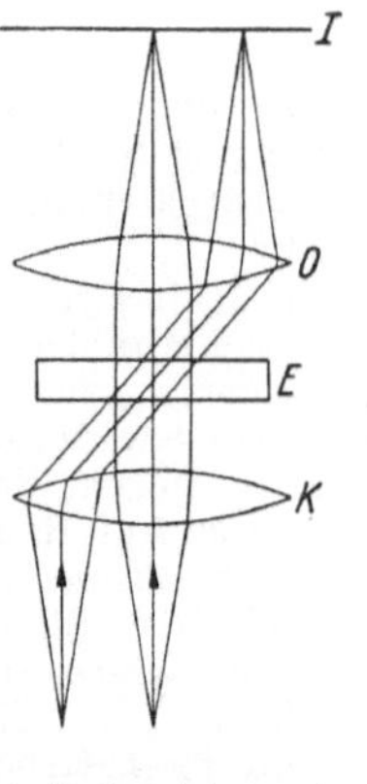

Abb. 2. Entstehung eines Interferenzbildes durch Sammlung divergenter Lichtbündel in der Brennebene des Objektivs. Z-Richtung ist die vertikale Achse der Figur.

Jede Welle des Bündels zwischen Kondensor K (Abb. 2) und Objektiv O, also auch im Objekt E, ist allerdings selbst ein parallelstrahliges Bündel, das durch das Objektiv O in dessen Brennebene I gesammelt wird. Man sieht daher in der Brennebene in ihrem Mittelpunkt die Interferenzerscheinung der zentralen, in der Tubusrichtung fortschreitenden Welle Z. Die Interferenzerscheinungen der zur Tubusachse geneigten Strahlen sind um so weiter vom Mittelpunkt entfernt, je stärker ihre Neigung ist. Die Platte E sei senkrecht zur optischen Achse geschliffen. Dann verläuft in ihr in der Z-Richtung eine unpolarisierte Welle. Alle dazu geneigten Wellen sind polarisiert und schwingen im Hauptschnitt (Ebene durch optische Achse und Wellennormale) und senkrecht dazu (→ Kristalloptik). Es werden daher diejenigen Wellen ausgelöscht, deren Hauptschnitte parallel den Schwingungsrichtungen des Polarisators (P) und des Analysators (A) liegen. Das sind in Abb. 1 die schwarzen Balken HH und $H'H'$. Dazwischen herrscht Helligkeit, mit einem Maximum unter 45° gegen die Balken, aber nur dort, wo die beiden senkrecht zueinander schwingenden Wellen gleicher Richtung sich gegenseitig verstärken, also bei Gangunterschieden um $(2n-1)\lambda/2$ (n ganze Zahl). Bei Gangunterschieden um $n\lambda$ löschen sie sich aus. Wegen der Rotationssymmetrie der Optik einachsiger Kristalle liegen diese Auslöschungen auf Kreisringen um Z. Die ganze Interferenzerscheinung besteht somit aus einem dunklen Kreuz, dessen Balken bei der Drehung des Objekts um Z parallel P und A liegenbleiben, und einem System konzentrischer dunkler Ringe, die den Gangunterschieden $n\lambda = \lambda,\ 2\lambda,\ \ldots$ entsprechen (*Interferenzbild* oder *-figur, optisches Achsenbild*, Abb. 3).

Abb. 3. Interferenzbild eines optisch einachsigen Kristalls.

Legt man durch den Schnittpunkt jeder Welle mit der Ebene der Interferenzfigur die beiden Schwingungsrichtungen der Welle und projiziert sie orthogonal auf die Ebene, so erhält man ein Bild wie in Abb. 4. Die Kurven i, die Orte gleicher Projektionsrichtungen der Schwingungen verbinden, werden *Isogyren* genannt. Das sind bei optisch einachsigen Kristallen radiale Gerade der Interferenzfigur. *Hauptisogyren* verbinden die Projektionsrichtungen, die parallel den Nicolschwingungsrichtungen liegen; sie bilden das dunkle Kreuz. Die konzentrischen Kreise der Abb. 3 sind *Kurven gleichen Gangunterschiedes* oder *isochromatische Kurven*.

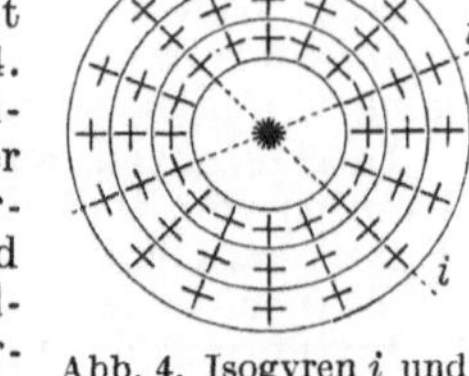

Abb. 4. Isogyren i und isochromatische Kurven eines optisch einachsigen Kristalls.

Der Gangunterschied in Richtung der optischen Achsen ist auch bei zweiachsigen Kristallen gleich Null. Den Achsen müssen daher im Achsenbild dunkle Punkte entsprechen. Die isochromatischen Kurven (Abb. 5) haben die Form von Lemniskaten. Sie ähneln in der nächsten Umgebung der dunklen Punkte, also für kleine Gangunterschiede, kleinen Kreisen, nehmen für

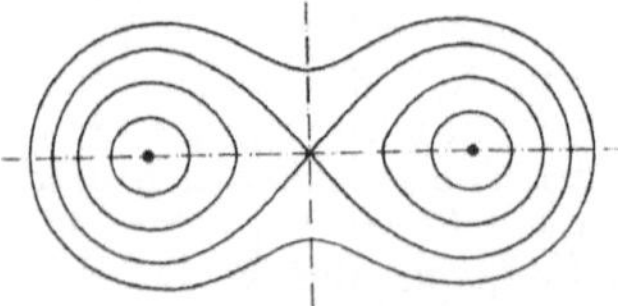

Abb. 5. Isochromatische Kurven eines optisch zweiachsigen Kristalls.

größere Gangunterschiede Brillenform und schließlich eine ovalähnliche Form an. Man kann die Kurven auch aus den → Flächen gleichen Gangunterschiedes konstruieren.

Zeichnet man die Projektionen der Schwingungsrichtungen wie in Abb. 4 für einen zweiachsigen Kristall ein, so erhält man ein Schema von der Art der Abb. 6. Die Isogyren (i) sind im allgemeinen gekrümmte Kurvenäste (Isogyrenhyperbeln), die durch je eine optische Achse hindurchgehen. Nur die beiden *Hauptisogyren* der *Normalstellung*, bei der die optische Achsenebene und die Polarisationsebene des einen Nicols zusammenfallen, sind gerade. Sie bilden das dunkle Kreuz des Interferenzbildes in Normalstellung (Abb. 7). Dreht man jedoch die Platte um die Tubusachse, so werden zwei gekrümmte Isogyren zu Hauptisogyren. Das dunkle Kreuz löst sich in zwei Hyperbeln auf, die bei einer Drehung um 45° gegenüber der Normalstellung eine in bezug auf die Figur symmetrische Lage einnehmen (*Diagonalstellung* oder 45°-Stellung, Abb. 8).

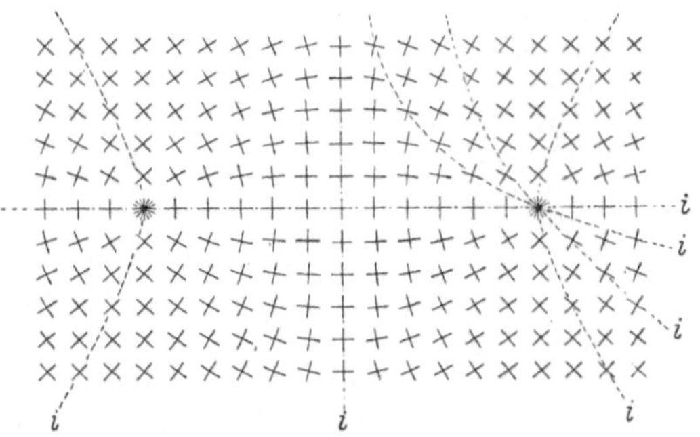

Abb. 6. Isogyren i eines optisch zweiachsigen Kristalls. * Orte der optischen Achsen.

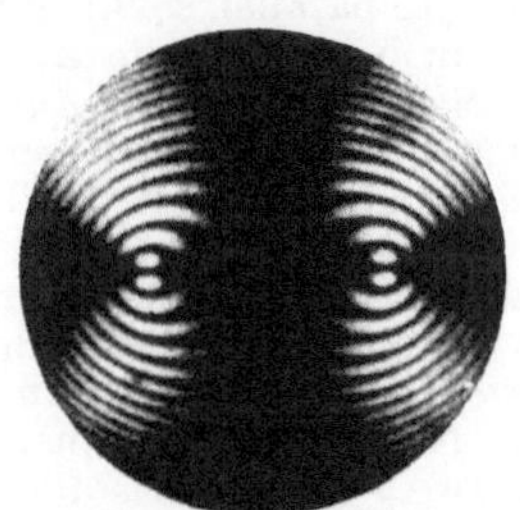
Abb. 7. Interferenzbild eines optisch zweiachsigen Kristalls in Normalstellung.

Abb. 8. Interferenzbild eines optisch zweiachsigen Kristalls in Diagonalstellung.

Eine etwas andere Projektion der Schwingungsrichtungen als in Abb. 4 sind die *Skiodrome*. Legt man um M (Abb. 1) als Mittelpunkt eine Kugel, zieht durch die Durchstoßpunkte der Wellennormalen durch die Kugel die Schwingungsrichtungen der Welle und schreitet von jedem beliebigen Durchstoßpunkt in den beiden Schwingungsrichtungen fort, so ergibt die Orthogonalprojektion der beschrittenen Wege auf irgendeine Ebene ein System sich senkrecht durchkreuzender Kurven, das Skiodrom (Abb. 9). Bisweilen werden auch die einzelnen Kurven schon als Skiodrome bezeichnet.

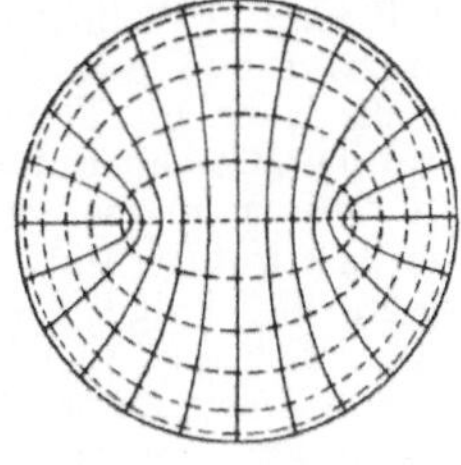
Abb. 9. Skiodrom.

Mit Hilfe eines Gips- oder Glimmerblättchens oder eines Kompensators, die sämtlich in Diagonalstellung verwandt werden, kann man einem Achsenbild entnehmen, ob der Kristall optisch positiv oder negativ ist *(optischer Charakter)*. Optisch einachsige Kristalle, in denen die Schwingungen der außerordentlichen Wellen radial, die der ordentlichen tangential erfolgen (Abb. 10), zeigen in zwei gegenüberliegenden Quadranten Addition, in den beiden übrigen Subtraktion der Interferenzfarben. Die Verzerrung des Achsenbildes durch ein Gips- oder Glimmerblättchen, dessen langsamere Welle in Richtung $n_\gamma = c$ schwingt, ist in Abb. 11 (Gipsplättchen) und Abb. 12 (Glimmerblättchen) dargestellt, wenn das Achsenbild einem negativen (Abb. 11a, 12a) oder positiven Kristall (Abb. 11b, 12b) angehört. Die römischen Ziffern sind die Ordnungszahlen der roten Interferenzfarben: Rot I., II. usw. Ordnung. O bedeutet das Schwarz der Auslöschung.

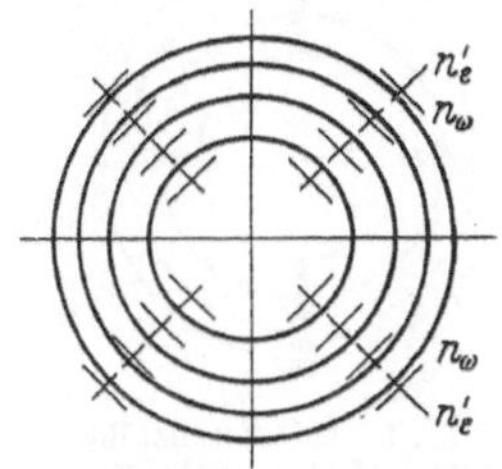

Abb. 10. n_ω Schwingungsrichtung der ordentlichen, n_ε' Schwingungsrichtung der außerordentlichen Welle.

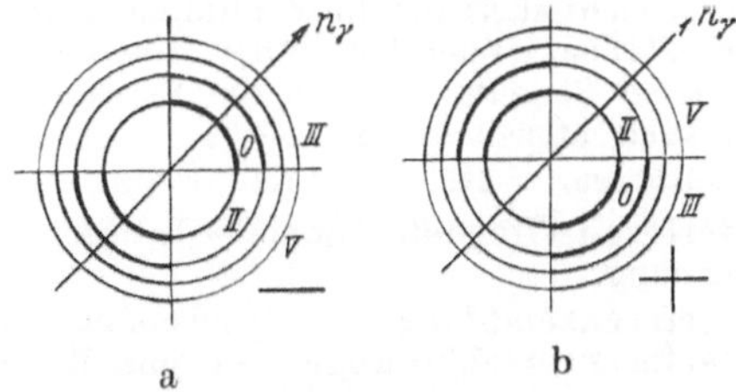

Abb. 11. Verschiebung der isochromatischen Kurven durch ein Gipsplättchen (Rot I. Ordnung).

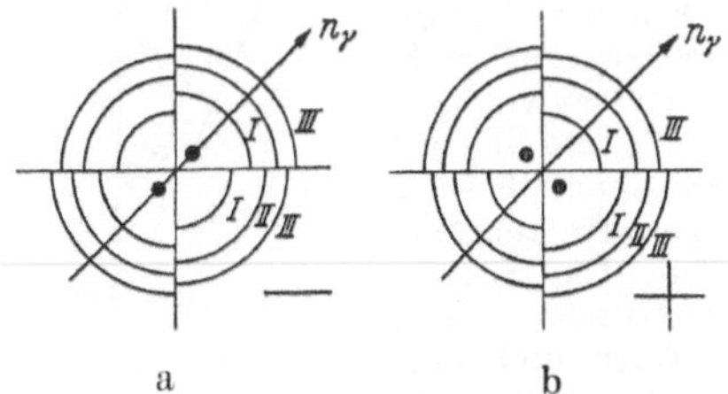

Abb. 12. Verschiebung der isochromatischen Kurven durch ein Glimmerblättchen ($\lambda/4$-Blättchen).

Den optischen Charakter zweiachsiger Kristalle bestimmt man am einfachsten durch Kompensation der Interferenzfarbe der spitzen Bisektrix (Halbierende des Winkels zwischen den beiden optischen Achsen) in Diagonalstellung. Erweist sich dabei die Spur der optischen Achsenebene als Schwingungsrichtung des langsameren Strahls (mit der größten Brechzahl n_γ), so ist der Kristall optisch negativ, im entgegengesetzten Fall (mit der kleinsten Brechzahl n_α) positiv.

Bei optisch aktiven Kristallen überlagert sich der Doppelbrechung eine Drehung der Polarisationsebene, welche die Auslöschung von Wellen, die kleine Winkel mit einer optischen Achse bilden, aufhebt. So verschwindet bei Quarzplatten, die wenige mm dick sind, das dunkle Kreuz innerhalb des ersten Ringes (Abb. 13). Je eine Rechts- und Linksquarzplatte gleicher Dicke zeigen, übereinandergelegt, nicht wieder das schwarze rechtwinklige Kreuz, sondern ein spiralenförmiges, dessen Krümmungssinn entgegengesetzt ist, je nachdem, ob der Rechtsquarz über oder unter dem Linksquarz liegt (*Airysche Spiralen*, Abb. 14).

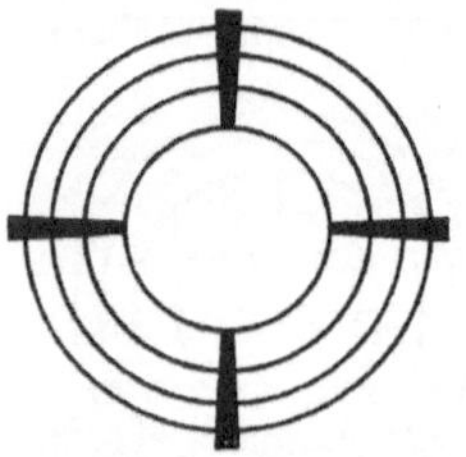

Abb. 13. Interferenzbild eines optisch einachsigen aktiven Kristalls.

Abb. 14. Airysche Spiralen.

Die Beobachtung der Achsenbilder, die lange von größter Wichtigkeit für die Bestimmung der Optik von Kristallen, namentlich in der Mineralogie, war, verliert an Bedeutung durch die Verwendung der Universaldrehtischmethode.

Handb. d. Physik XX. Berlin 1928.

Interferenz-Doppelprisma → Interferenz-Längenmessung.

Interferenzempfang = → Schwebungsempfang.

Interferenzerscheinungen in parallelstrahligem, polarisiertem Licht. Eine monochromatische linear-polarisierte Welle W, die, im Polarisationsmikroskop vom Polarisator kommend, senkrecht auf eine planparallele, doppelbrechende Kristallplatte fällt, wird beim Eintritt in die Platte in zwei senkrecht zueinander schwingende Wellen W_1 und W_2 zerlegt, die ebenfalls senkrecht zur Plattenebene verlaufen. Die Schwingungsrichtungen sind durch Form und Lage der Indikatrix des Kristalls gegeben (→ Kristalloptik). Die Amplituden a_1 und a_2 der beiden Wellen folgen vektoriell aus der Amplitude a der einfallenden Welle (Abb. 1. Wellennormale senkrecht zur Zeichnungsebene). Hätten die Wellen W_1 und W_2 im Kristall gleiche Geschwindigkeiten, so würden sie die Platte ohne Phasenverschiebung gegeneinander wieder verlassen; die beiden Amplituden a_1 und a_2 würden in der Richtung der Analysatorschwingung A (Abb. 2) zwei Wellen W' mit den Amplituden $a_1' = a \cos\alpha \sin\alpha = a_2'$ ergeben, die gegeneinander eine Phasenverschiebung $\lambda/2$ aufweisen und sich daher völlig auslöschen. Die Geschwindigkeiten sind jedoch verschieden, falls die Platte nicht senkrecht zu einer optischen Achse geschnitten ist. Die beiden Wellen W_1' und W_2' sind daher im allgemeinen nicht um $\lambda/2$, sondern um $\lambda/2 + \Gamma$ gegeneinander verschoben, wenn Γ der Gangunterschied ist, den W_1 gegen W_2 in der Platte erreicht. Es tritt daher Addition der Amplituden und größte Helligkeit des durchgelassenen Strahls nur dann ein, wenn $\Gamma = (2n+1)\lambda/2$. Für alle übrigen Gangunterschiede entspricht die Helligkeit einem Wert zwischen 0 und der Amplitude $2a_1'$.

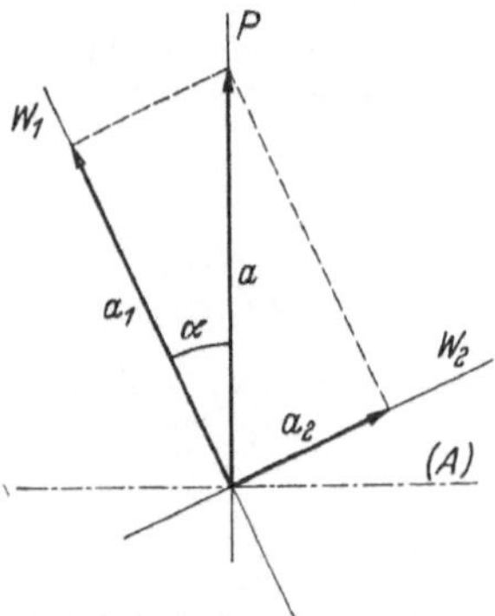

Abb. 1. Zerlegung einer linear polarisierten Welle *(P)* in zwei zueinander senkrecht schwingende Wellen W_1 und W_2 durch eine doppelbrechende Kristallplatte.

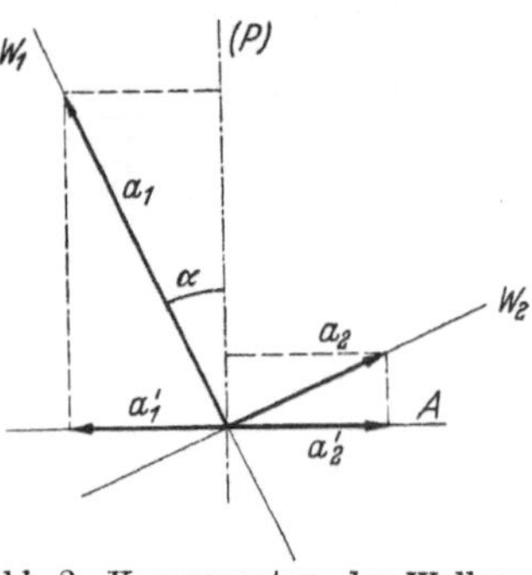

Abb. 2. Komponenten der Wellen W_1 und W_2 in der Schwingungsrichtung des Analysators A.

Dreht man die Platte um die Wellennormale, so ändern sich die Azimute α und mit ihnen die Amplituden $a_1' = a_2' = a \cos\alpha \sin\alpha = \frac{1}{2} a \sin 2\alpha$. Für $\alpha = 0°$ (oder 90°) fallen die Schwingungsrichtungen in der Platte mit denen der Nicols zusammen *(Parallelstellung)*. Es wird $a_1' = a_2' = 0$, die Platte erscheint dunkel: sie *löscht aus (Auslöschungsstellung)*. Dagegen gehen a_1' und a_2' durch ein Maximum für $\alpha = 45°$ *(Diagonalstellung)*; die Platte erscheint in maximaler Helligkeit.

In der Parallelstellung werden die Schwingungsrichtungen des Kristalls ermittelt, die auch als *Auslöschungsrichtungen* bezeichnet werden. Man spricht von einer *geraden* (richtiger wäre: symmetrischen) *Auslöschung*, wenn die Spuren von Kristallebenen oder Spaltrisse der Kristallplatte parallel, senkrecht oder paarweise symmetrisch in bezug auf die Auslöschungsrichtungen stehen. Sonst liegt *schiefe Auslöschung* vor; in diesen Fällen wird der Winkel zwischen einer Auslöschungsrichtung und einer Kristallflächenspur als *Schiefe der Auslöschung* bezeichnet. Diese hängt von der Lage der Schliffebene zum Kristallgitter ab; daher ist nur ihr Höchstwert, die *maximale Auslöschungsschiefe*, aus der Beobachtung vieler Schliffe der gleichen Kristallart gewonnen, von Bedeutung. Bei optisch zweiachsigen Kristallen ist die Schiefe der Auslöschung im allgemeinen von der Wellenlänge des Lichtes abhängig. Ein derartiger Kristall löscht daher zwischen gekreuzten Nicols meist nicht vollkommen aus. Es wird nur ein kleiner Wellenlängenbereich ganz ausgelöscht, während die übrigen Wellen, wenn auch stark geschwächt, hindurchkommen. Die Auslöschungsrichtungen für verschiedene Wellenlängen liegen gewöhnlich in der Reihenfolge der Wellenlängen (*normale Dispersion* der Schwingungsrichtungen). Dreht man den Kristall um die Wellenrichtung als Achse, nach beiden Seiten etwas aus der Dunkelstellung heraus, so wechselt er im Farbton zwischen einem Dunkelbraun und einem dunklen Graublau. Meist ist jedoch die Dispersion so gering, daß man keinen Farbwechsel wahrnimmt. *Anomale Dispersion* liegt vor, wenn die Folge der Auslöschungsrichtungen bei einer mittleren Wellenlänge umkehrt.

In allen anderen Stellungen der Platte, in denen $\alpha \neq 0$ ist, werden bei Verwendung von weißem Licht die Wellen verschiedener Wellenlänge λ verschieden stark geschwächt oder sogar ausgelöscht; denn Γ hängt von λ ab. Das hindurchgehende Licht nimmt eine Mischfarbe, die → Interferenzfarbe, an.

Diese wird meist in Diagonalstellung untersucht, und zwar mit Hilfe von → Kompensatoren, denen man im gewissen Sinn auch das Gips- und Glimmerblättchen hinzurechnen kann. In allen Fällen steht auch der Kompensator in Diagonalstellung. Liegen die Schwingungsrichtungen der im Objekt und im Kompensator schnelleren Welle parallel, so addieren sich die Gangunterschiede der beiden Kristallschichten *(Additionslage)*. Stehen sie senkrecht aufeinander, so bleibt nur die Differenz übrig *(Subtraktionslage)*. Das Gipsblättchen ändert die Interferenzfarbe des Objekts um eine ganze Ordnung und wird hauptsächlich für schwach doppelbrechende Objekte mit grauen Interferenzfarben benutzt, die es in Additionslage in das Blau II., in Subtraktionslagen in das Gelb I. Ordnung überführt. Kompensatoren werden stets in Subtraktionslage verwendet. Ihr veränderlicher und meßbarer Gangunterschied wird so eingestellt, daß er den Gangunterschied des Objekts gerade aufhebt und Auslöschung bewirkt.

Handb. d. Physik XX. Berlin 1928.

Interferenzfarben. Wird weißes Licht einer Interferenz unterworfen, so interferieren Wellen verschiedener Wellenlänge in ganz verschiedener Weise miteinander; während die einen nach der Interferenz wieder in gleicher Phase sind und sich gegenseitig verstärken, können andere ganz ausgelöscht oder stark geschwächt sein. Das resultierende Licht ist dann farbig (chromatische Polarisation, *F. Arago* 1811). Die Interferenzfarben sind jedoch keine reinen Spektralfarben, sondern stets Mischfarben, die sich in ein Spektrum zerlegen lassen, in dem eine oder mehrere oder viele Spektrallinien ausgelöscht und ihre Umgebungen stark geschwächt sind.

In der Kristalloptik treten Interferenzfarben bei der Beobachtung von Kristallen zwischen Polarisatoren auf. Gewöhnlich sind die Polarisatoren gekreuzt. Dann werden diejenigen Wellen ausgelöscht, deren zueinander senkrecht schwingenden Komponenten im Kristall einen Gangunterschied von einer ganzen Anzahl von Wellenlängen erleiden. Für den Gangunterschied Null sind alle Wellen ausgelöscht; der Kristall erscheint dunkel. Der (in Wellenlängen ausgedrückte) Gangunterschied wächst schneller für kurze Wellen, d. h. für blaue und violette Strahlen. Daher geht für kleine Gangunterschiede das Schwarz der Auslöschung über in ein bläuliches Grau, das mit wachsendem Gangunterschied immer heller wird und über ein grünliches Weiß beim Gangunterschied von ungefähr $\frac{1}{2} \cdot 5000$ Å in ein blasses Gelb (Strohgelb) umschlägt, weil in diesem Bereich das im Spektrum stark vertretene und physiologisch stark wirksame grüne und gelbe Licht den Gangunterschied $\lambda/2$, also maximale Intensität aufweist. Beim Gangunterschied $\lambda/2 \approx \frac{1}{2} \cdot 5900$ Å, der halben Wellenlänge der spektralen D-Linie, ist die Interferenzfarbe ein kräftiges Gelb, denn hier beträgt der Gangunterschied für violettes und blaues Licht bereits fast eine Wellenlänge, wodurch dieses Licht nahezu vernichtet wird, während die weniger, aber fast gleich stark geschwächten, komplementären roten und grünen Strahlen sich zu einem Weiß ergänzen, welches das Gelb nur heller erscheinen läßt. Bei Phasendifferenzen um 5500 Å ist der grüne Spektralbereich stark geschwächt. Es resultiert daher ein kräftig roter Farbton, der als *Rot I. Ordnung* bezeichnet wird. Beträgt der Gangunterschied für grüne Strahlen 2, 3 usw. Wellenlängen, so resultiert immer wieder ein Rot: das Rot II., III. usw. Ordnung. Die Interferenzfarben vom Grau bis zum Rot I. Ordnung werden als Farben I. Ordnung bezeichnet. Die II. Ordnung beginnt mit einem kräftigen Blau und schließt mit dem Rot II. Ordnung usw. Mit wachsender Ordnungszahl treten immer mehr Auslöschungsgebiete im Spektrum der Interferenzfarbe auf, die Auslöschungen verteilen sich immer gleichmäßiger über das Spektrum, und die Interferenzfarben nähern sich einem Weiß, dem *Weiß höherer Ordnung* (etwa von der V. Ordnung ab).

Für den allgemeinen Fall, daß die Schwingungsrichtungen von Polarisator und Analysator einen beliebigen Winkel $v - w$ einschließen, ist die Intensität des Interferenzstrahls eines bestimmten kleinen Wellenlängenbereichs

$$I = \cos^2 (v - w)\, I_0 - \sin 2v \sin 2w\, I_0 \sin^2 \Delta/2,$$

worin v und w die Winkel zwischen einer der beiden Schwingungsrichtungen im doppelbrechenden Medium und der Polarisator- bzw. Analysatorrichtung sind; I_0 ist die Intensität des Primärstrahls, Δ die Phasendifferenz. Das erste Glied der Gleichung gibt die gleiche spektrale Intensitätsverteilung wieder wie im Primärstrahl; es ist der Anteil weißen Lichts im Interferenzstrahl, wenn auch der Primärstrahl weißes Licht führt, und verschwindet für $v = w \pm \pi/2$, d. h. bei gekreuzten Polarisatoren.

Handb. d. Physik XX. Berlin 1928.

Interferenzgerät, benutzt die → Fizeauschen Interferenzkurven gleicher Dicke zur Ausmessung der Unebenheiten einer Fläche. Bei dem Gerät von *Brodhun* und *Schönrock* (Abb.) wird die genau ebene Unterfläche der (leicht keilförmigen) Vergleichsplatte V mit Hilfe von Stellschrauben möglichst parallel zu der Prüffläche P gestellt (was man an der größtmöglichen Breite der Interferenzstreifen erkennt). Ist diese ganz eben, so kann man die Interferenzstreifen völlig zum Verschwinden bringen; andernfalls treten geschlossene Kurven um diejenige Stelle auf, welche genau parallel zu V ist. Die Streifen sind dann Höhenlinien, welche das Relief der Fläche P zeichnen. Beobachtet wird durch eine im Brennpunkt der Linse L gelegene Öffnung des Gehäuses, durch deren eine Hälfte mit Hilfe eines Reflexionsprismas beleuchtet wird.

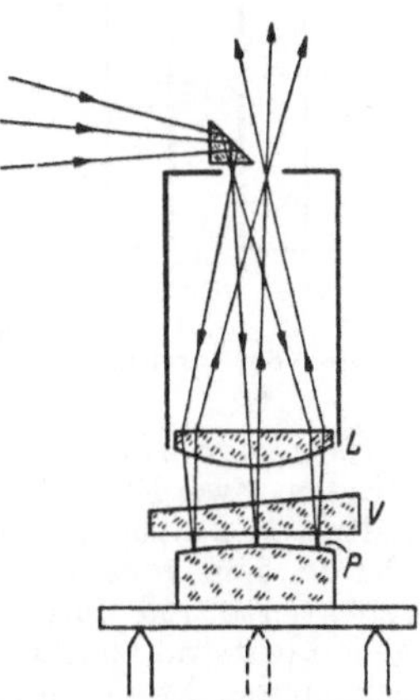

Interferenzgerät von *Brodhun-Schönrock*, schematisch.

Interferenzkomparator → Interferenz-Längenmessung.

Interferenzlänge = → Kohärenzlänge.

Interferenz-Längenmessung, beruht auf der Anwendung von Lichtinterferenz zur Messung von Strecken. Handelt es sich nicht nur um den Vergleich oder die Bestimmung des Verhältnisses, sondern um die unmittelbare Auswertung von Strecken in Lichtwellenlängen, so wird auch ausdrücklich von *Absolut*-Interferenz-Längenmessung gesprochen.

Zur Interferenz-Längenmessung können die Interferenzerscheinungen an einer planparallelen Platte (Etalon) oder an einem Keil benützt werden. Je nachdem werden Streifen gleicher Neigung (→ Haidinger-Ringe) oder Streifen gleicher Dicke (→Fizeau-Streifen) beobachtet. Aufgabe der Interferenz-Längenmessung ist die Zählung der auf die Platten- bzw. Keildicke entfallenden Lichtwellenlängen. Die überschießenden Bruchteile werden durch Ausmessung der Ringdurchmesser bestimmt bzw. an einer Marke am Keil abgelesen. Die Gesamtordnungszahl wird entweder durch direkte Auszählung (Methode von *Michelson*) oder einfacher, wenn ein Näherungswert bekannt ist, durch Feststellung der Bruchteile in verschiedenen Wellenlängen von bekanntem gegenseitigem Verhältnis ermittelt (Methode von *Fabry* und *Benoît*). Wichtig für die interferentielle Längenmeßtechnik ist, daß die Messung mit Streifen gleicher Dicke die Keilstärke an einer bestimmten Stelle, die Messung mit Streifen gleicher Neigung jedoch nur die mittlere Plattendicke ergibt. Bei der Messung eines Etalons ist außerdem eine schwer zu bestimmende Korrektion wegen der Phasenänderung des Lichts bei der Reflexion an den halbverspiegelten Flächen notwendig. Praktische Bedeutung hat daher nur die Methode der Interferenzen am Keil. Hier ist darauf zu achten, daß die Interferenzen mit kleiner Öffnung und senkrecht zum Keil betrachtet werden müssen.

Zur Vervielfachung oder Unterteilung von Strecken finden in der interferentiellen Längenmeßtechnik die Überlagerungsstreifen (→Brewster-Streifen) Anwendung. Abb. 1 zeigt das Schema des Vervielfachungs-

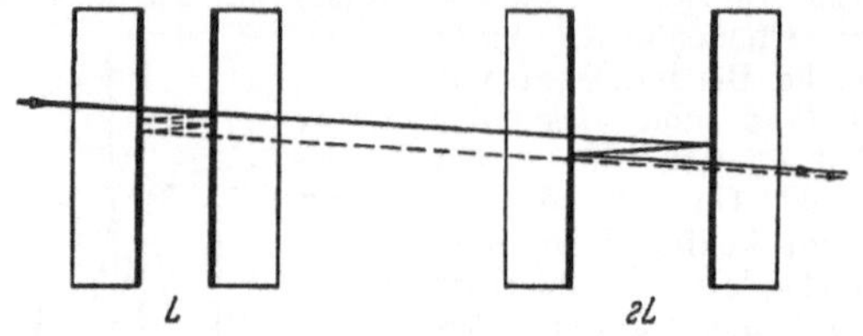

Abb. 1.
Schema des Vervielfachungsverfahrens von *Fabry* und *Pérot*.

verfahrens von *Fabry* und *Pérot* durch Überlagerungsstreifen. Zwei Etalons, deren Längen genau im Verhältnis 1 : 2 stehen, sind hintereinander angeordnet. Der in dem kurzen Etalon zweimal hin- und herreflektierte und durch den langen hindurchgegangene Lichtstrahl hat die gleiche Phase wie der durch den kurzen Etalon hindurchgegangene und im langen einmal hin- und herreflektierte Lichtstrahl. Bei geringer Neigung des einen Etalons werden mit weißem Licht farbige Interferenzen im Unendlichen beobachtet. Der achromatische Mittelstreifen entspricht dem ganzzahligen Verhältnis der Etalons. In entsprechender Weise können Strecken in einem Zuge verzehnfacht werden.

Die Interferenz-Längenmessung ergibt unmittelbar, wieviel Interferenzstreifen, d. h. halbe Lichtwellenlängen, auf eine Strecke entfallen. Um diese in Metern ausdrücken zu können, ist es nötig, festzustellen, in welchem Verhältnis die Lichtwellenlänge zum Meter steht. Das ist die Aufgabe eines *Meteranschlusses* (→ Wellenlängennormale).

Zur Absolut-Interferenz-Längenmessung von technischen Parallel-Endmaßen (→ Endmaße) bis zu 100 mm Länge dient der *Interferenzkomparator* nach *Kösters* (Abb. 2), im Prinzip ein →Michelson-Interferometer für hohe Gangunterschiede. Das von einem Monochromator kommende Parallelstrahlenbündel fällt unter einem Winkel von 45° auf die halbdurchlässig verspiegelte Trennplatte *Pl* auf. Diese erzeugt von dem ebenen Spiegel S_1 ein virtuelles Bild *R*, das zwischen den Meßflächen des Parallelendmaßes liegt. Der Beobachter blickt durch die

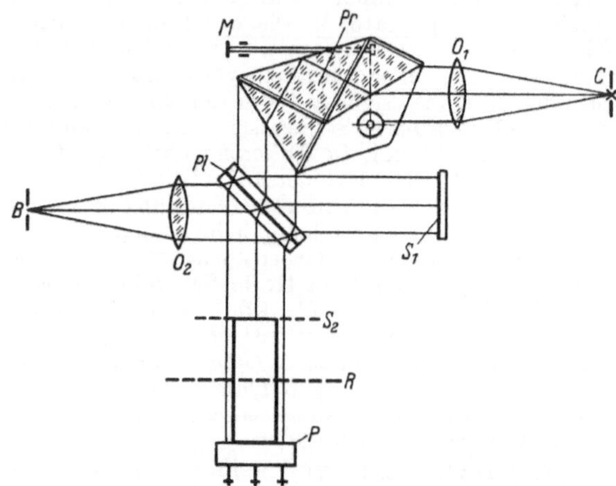

Abb. 2. Interferenzkomparator nach *Kösters*.

Blende *B* und akkomodiert mit Hilfe der Linse O_2 auf die Meßflächen. Bei Neigung des Endmaßes *E* zu der Referenzebene *R* bildet diese mit den Meßflächen des Endmaßes zwei entgegengesetzt gerichtete Keile, und es sind daher zwei Systeme von Interferenzen gleicher Dicke zu beobachten. Diese sind nur dann parallel gerichtet, wenn die Meßflächen des Endmaßes genau parallel sind (Abb. 3). Die gegenseitige Verschiebung der beiden Streifensysteme, in Bruchteilen einer Streifenbreite ausgedrückt, stellt den für die Endmaßlänge maßgeblichen Bruchteil dar. Zur Bestimmung der Ordnungszahl werden die Streifenbruchteile in verschiedenen Farben ermittelt. Von diesen werden die sog. Sollbruchteile subtrahiert. Das sind die Bruchteile für die Sollänge des Endmaßes, die sich aus den bekannten Wellenlängen berechnen lassen. Die übrigbleibenden Bruchteile beziehen sich auf die Reststrecke Istmaß weniger Sollmaß. Diese beträgt im allgemeinen nur wenige Streifen. Für sie läßt sich die richtige Ordnungszahl durch Probieren leicht feststellen. Der so erhaltene Fehler des Maßes ist wegen der Abhängigkeit der Lichtwellenlängen vom Zustand der Atmosphäre auf den Normalzustand (760 Torr, 20 °C, 10 mm Feuchtigkeit) zu reduzieren. Die Korrektur wird in der Praxis aus den beobachteten Werten des Luftdrucks, der Temperatur und der Luftfeuchtigkeit mit Hilfe eines Spezial-Rechenschiebers ermittelt. Der Meßfehler beträgt beim Zeißschen Interferenzkomparator nur wenige 10^{-2} μ.

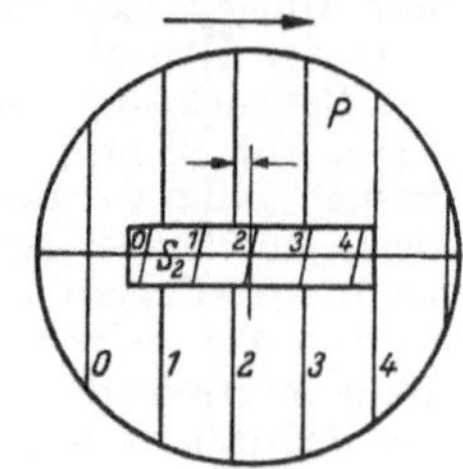

Abb. 3. Gesichtsfeld des Interferenzkomparators nach *Kösters*.

Zur interferentiellen Messung von längeren Endmaßen wird zweckmäßigerweise das *Interferenz-Doppelprisma* nach *Kösters* verwendet (Abb. 4). Zwei vollkommen symmetrische Prismen *ABD* und *ACD* sind an der halbdurchlässig verspiegelten Fläche *AD* mit Öl zu dem gleichseitigen Prisma *ABC* aneinandergesetzt, so daß sie sich gegeneinander verschieben lassen. Ein bei *E* in das Prisma eintretender Lichtstrahl teilt sich an der Fläche AD. Beide Teilstrahlen werden von einem Spiegel FLF_1 in sich selbst reflektiert und gelangen in das Auge O des Beobachters. Das Doppelprisma bildet die beiden Flächenhälften FL und F_1L aufeinander ab. Bei geringer Neigung der Prismenhälften entsteht ein virtueller Keil mit zu FF_1 paralleler Kante. Es werden daher Streifen gleicher Dicke beobachtet.

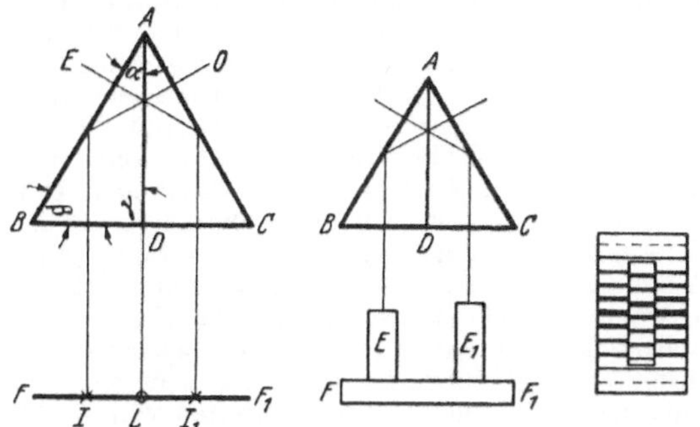

Abb. 4. Schema und Wirkungsweise des Interferenz-Doppelprismas nach *Kösters*.

Die Abb. 4 zeigt schematisch den Vergleich von zwei Endmaßen mit Hilfe des Doppelprismas. Die beiden Endmaße E und E_1 sind an die Platte FF_1 angesprengt. Das Doppelprisma bildet beide Endmaßoberflächen aufeinander ab. Bei passender Neigung der Prismenhälften werden zwei Systeme von Interferenzstreifen beobachtet, falls die Maßdifferenz nicht zu groß ist, auch im weißen Licht. Die Maßdifferenz kann als Verschiebung des achromatischen Streifens direkt abgelesen werden. Größere Differenzen können mit dem von *Kösters* angegebenen achromatischen *Streckenkompensator* bestimmt werden. Der Meßbereich des Streckenkompensators beträgt 25 μ, die Ablesegenauigkeit $10^{-3}\,\mu$. Da die miteinander interferierenden Lichtstrahlen beim Doppelprisma zueinander parallel sind, lassen sich damit lange Endmaße besonders bequem messen (Abb. 5). In einem dickwandigen, mit einem Deckel luftdicht verschließbaren Trog aus Aluminiumguß ist das *Interferenz-Doppelprisma* untergebracht. Es liefert von der Referenzebene R ein virtuelles Bild R_1 in der Mitte des langen Endmaßes. Dieses bildet mit den Meßflächen des Endmaßes zwei Keile von entgegengesetzter Richtung. Es treten daher, wie beim Interferenzkomparator von *Zeiß*, zwei Systeme von Streifen gleicher Dicke auf. Die Brechung der Luft wird dadurch ausgeschaltet, daß sie mit einer Vakuumkammer V bei jeder Messung mitbestimmt und berücksichtigt wird. Mit dem Trog ist ein Hohlzylinder verbunden, in dem ein luftdicht abschließender Kolben mit einer Spindel hin- und herbewegt werden kann. Dadurch ist es möglich, das Trogvolumen und bei dicht abgeschlossenem Trog

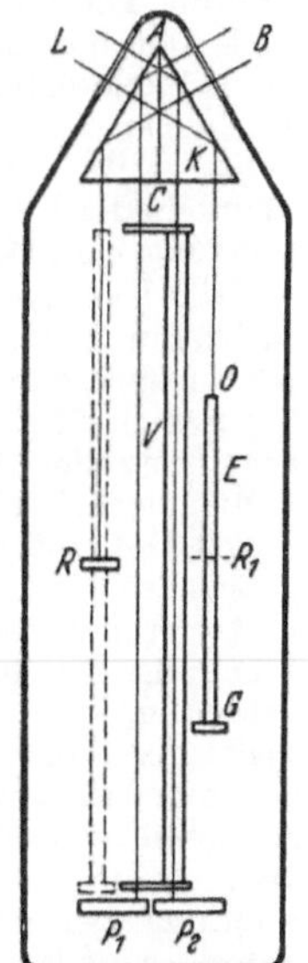

Abb. 5. Messung langer Endmaße mit dem Doppelprisma nach *Kösters*.

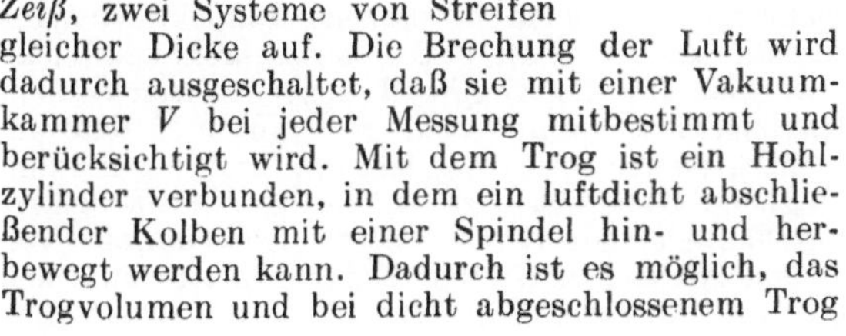

die Luftdichte in meßbarer Weise so lange zu verändern, bis auf die Endmaßlänge eine ganze Zahl von Streifen entfällt, d. h. der Streifenbruchteil Null ist. An einer Skala am Druckkolben sind die bei einer Strecke von 1 m auf die Luftbrechung allein entfallenden Streifenzahlen für die zur Messung benutzten Wellenlängen abzulesen. Ist die Endmaßlänge nur ein Bruchteil von 1 m, so sind die abgelesenen Zahlen mit diesem Bruchteil zu multiplizieren. Die erhaltene Zahl ist von der Gesamtzahl der Streifen abzuziehen, um die Streifenzahl zu bekommen, die auf die Endmaßlänge im Vakuum entfallen würde. Da die Gesamtzahl der auf die Endmaßlänge entfallenden Streifen bei der entsprechenden Kolbenstellung eine ganze Zahl ist, so stellen die dekadischen Ergänzungen der an der Skala abgelesenen und auf die Endmaßlängen reduzierte Bruchteile die Vakuumbruchteile dar. Sie ergeben sich, ohne daß das Endmaß in das Vakuum gebracht werden müßte, was erhebliche Schwierigkeiten verursachen würde, und ohne daß von irgendwie anderweitig bestimmten Werten der Luftbrechung Gebrauch gemacht würde. Aus den Vakuumbruchteilen werden die Ordnungszahlen nach dem gewohnten Koinzidenzverfahren erhalten. Die mit dem Interferenzkomparator für lange Endmaße erreichte Meßgenauigkeit beträgt etwa 1 : 100000000, d. h. etwa 0,01 μ/m. Mit den praktisch zur Verfügung stehenden Lichtquellen können Maße von 500 mm noch gut absolut-interferometrisch gemessen werden. Bei längeren Maßen geht man von einem Endmaß von 500 mm Länge aus und ersetzt die Referenzebene durch das Endmaß, dessen Länge gesucht ist. Das Doppelprisma bildet die vorderen und die angesprengten Meßflächen der beiden Endmaße aufeinander ab. Sowohl die vorderen als auch die angesprengten Meßflächen erzeugen ein Interferenzstreifensystem. Die gegenseitige Verschiebung der beiden Interferenzstreifensysteme ist maßgeblich für die Differenz der Maße. Auf diese Weise gelangte *Kösters* bei seinem Anschluß der Lichtwellenlänge an das Meter in 2 Schritten zu der Länge von 1 m, während *Fabry* und *Pérot* deren 5, *Michelson* sogar 18 benötigte.

Zur interferentiellen Messung großer Strecken, insbesondere zur Basismessung in der Geodäsie, wird vielfach das von *Väisälä* angegebene *Vervielfachungsverfahren* (Abb. 6) benutzt. Der an dem halbdurchlässigen Spiegel B n-mal reflektierte Teilstrahl hat dieselbe Phase, wie der an dem Spiegel C einmal reflektierte unter der Voraussetzung, daß die Strecke AC n-mal so groß wie AB ist. Bei Beobachtung mit weißem Licht ist der achromatische Streifen das Kriterium für die Ganzzahligkeit des Verhältnisses von AC und AB. Die Strecke AB ist gleich 1 m und wird mit einem Endmaß bestimmt. Nach mehreren Schritten gelangte *Väisälä* im Freien bis zu einer maximalen Distanz von 192 m. Die Genauigkeit ist etwa 0,1 μ/m und überschreitet damit die in der Geodäsie mit den bisherigen Methoden erreichte um das Zehnfache.

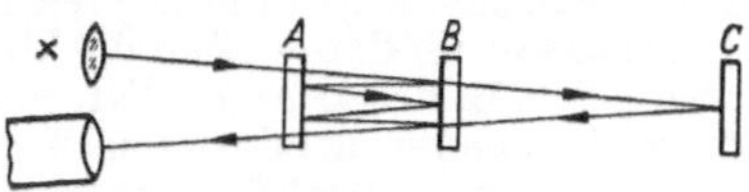

Abb. 6. Basismessung nach *Väisälä*.

Als Lichtquellen kommen für Absolut-Interferenz-Längenmessungen vorwiegend Entladungsröhren in Frage, in denen die Bogenlinien von einatomigen Gasen oder Dämpfen erregt werden. Für die Erzeugung und Auswahl von Spektrallinien ist eine Reihe von Bedingungen maßgebend, namentlich geringe Breite, symmetrische Intensitätsverteilung im Frequenzmaßstab, Strukturlosigkeit und Unveränderlichkeit der Wellenlänge. Die Linienbreite begrenzt die Kohärenzlänge und damit die Genauigkeit der Messung. Zur Verminderung der Doppler-Verbreiterung werden die Entladungsröhren vielfach in flüssiger Luft gekühlt und mit Glühelektroden ausgestattet. Als Füllung eignen sich vorzugsweise Gase oder Dämpfe von großem Atomgewicht, die bei tiefsten Temperaturen noch genügend hohen Druck aufweisen. Für allerhöchste Ansprüche kommt die Verwendung eines Atomstrahls in Frage. Wegen der Druckverbreiterung darf der Betriebsdruck in den Entladungsröhren nicht größer als etwa 0,1 Torr sein, auch ist bei der Auswahl von Linien die unterschiedliche Druckempfindlichkeit zu beachten. Röhren mit Fremdgaszusatz sind unvorteilhaft. Infolge der Resonanzverbreiterung eignen sich weniger intensive Linien besser als sehr helle. Linienunsymmetrie und Linienstruktur sind die Ursachen von gefährlichen Ungleichmäßigkeiten der Einteilung des Lichtwellenmaßes. Unsymmetrische Intensitätsverteilung tritt im Gefolge von Druckverbreiterung oder von Linienumkehr auf. Daher verbietet sich die Füllung der Entladungsröhren mit hohem Druck. Verdacht auf Unsymmetrie liegt auch vor bei Linien, die zu Selbstumkehr neigen, insbesondere bei Resonanzlinien oder bei Linien mit metastabilen Grundtermen. Periodische Teilfehler des Lichtwellenmaßes sind charakteristisch für Linienstruktur, die entweder als → Isotopieeffekt zu deuten ist oder auf das magnetische Moment von Kernen mit ungerader Massenzahl zurückgeführt werden muß (→ Hyperfeinstruktur). Für sehr genaue interferentielle Längenmessungen werden daher Linien herangezogen, die von geradzahligen Isotopen emittiert werden. Erhebliche Fehler bei der Interferenz-Längenmessung können durch Wellenlängendifferenzen infolge von Druckverschiebung der Spektrallinien entstehen, die mit der Druckverbreiterung unauflöslich verknüpft ist (→ Druckeinfluß). Bei Fülldrucken unter 0,1 Torr sind die Verschiebungen selbst für genaueste Messungen ohne Belang. Etwaige Dopplereffektverschiebungen treten bei den gebräuchlichen Entladungsröhren praktisch nicht auf. Am besten werden zur Zeit die Linien eines Kryptonisotops, z. B. des Isotops ^{84}Kr, den Anforderungen gerecht, wenn sie in mit flüssigem Stickstoff gekühlten Röhren mit Glühelektroden erzeugt werden. In neuerer Zeit treten damit die Linien des Isotops ^{198}Hg in Wettbewerb (→ Wellenlängennormale). Für weniger genaue Messungen sind Geißlersche Röhren, die mit gewöhnlichem Krypton oder mit Helium gefüllt sind, oder Kadmium-Spektrallampen der Osram-Studiengesellschaft in Verwendung. Für Vergleichsmessungen eignet sich am besten weißes Licht. Der achromatische Streifen spielt in der interferentiellen Längenmeßtechnik die wichtige Rolle eines Index für den Gangunterschied Null.

Kösters, W.: Werkstattstechnik u. Werksleiter **23**, 527 (1938). *Kösters, W.:* Handb. d. phys. Optik I. Leipzig 1927. *Michelson, A. A.:* Light-waves and their Uses. Chikago 1903. *Väisälä, V.:* Z. Instrumentenkde. **47**, 399 (1927).

Interferenzlichtfilter, auch *Interferenzfilter* oder *Linienfilter* genannt, sind Lichtfilter, die durch Interferenz ein oder mehrere Wellenlängengebiete auslöschen und dadurch, meist in Verbindung mit geeigneten → Farbgläsern, oft nur sehr enge Wellenlängengebiete durchlassen oder reflektieren. Man unterscheidet *Metallinterferenzfilter* und *Polarisationsinterferenzfilter*.

Metallinterferenzfilter nach *W. Geffcken* bestehen aus einer Glas- oder Quarzplatte, auf die zwei teilweise (z. B. 90%) reflektierende, teilweise durchlässige, möglichst gleiche Metallschichten (z. B. Silber oder Aluminium) aufgebracht sind, die durch eine dazwischenliegende durchsichtige, dünne Nichtmetallschicht (Brechzahl n_λ) möglichst gleichmäßiger optischer Dicke $n_\lambda d$ getrennt sind. Wie bei einem → Pérot-Fabry-Etalon erfährt das eintretende Licht zahlreiche Mehrfachreflektionen. Durch die entstehenden wellenlängenabhängigen Phasendifferenzen wird das hindurchtretende Licht je nach Wellenlänge durch Interferenz verstärkt oder geschwächt. Durch Steigerung der Anzahl der Mehrfachreflektionen verengt sich die spektrale Lichtdurchlässigkeitskurve bis auf einige sehr enge Wellenlängengebiete mit Halbwertsbreiten von $\sim 10\,\mathrm{m}\mu$ bei 10 bis 60% max. Lichtdurchlässigkeit. Bei senkrechtem Lichteinfall ergibt sich angenähert die Wellenlänge maximaler Durchlässigkeit $\lambda_{\max} = 2\, n_\lambda\, d/k$, wobei k die Interferenzordnungszahl 1, 2, 3, 4, ... ist. Beträgt z. B. die optische Dicke der Nichtmetallschicht 600 mμ, so tritt das Maximum 1. Ordnung bei 1200 mμ, das 2. Ordnung bei 600 mμ, das 3. Ordnung bei 400 mμ usw. auf, wovon die gewünschte Ordnung durch Kombination mit einem Farbfilter oder dgl. allein zur Wirkung kommt. Die Kurve der spektralen Lichtdurchlässigkeit und die Lage des Durchlässigkeitsmaximums ist winkelabhängig, und bei größeren Winkeln treten Polarisationserscheinungen auf, weswegen derartige Filter in telezentrischem Strahlengang mit Winkeln der Filternormalen zur Strahlendurchtrittsrichtung bis max. 15 bis 20° benutzt werden sollen.

Polarisationsinterferenzfilter bestehen aus 2 oder mehreren Polarisatoren, zwischen denen sich eine oder mehrere doppelbrechende Substanzen geeigneter Schichtdicke befinden. Sie beruhen auf der Erscheinung der Müllerschen Streifen, die in einem kontinuierlichen Spektrum entstehen, wenn man die durch Doppelbrechung eines zwischen Polarisatoren gebrachten Materials entstehende Polarisationsfarbe (Interferenzfarbe) spektral zerlegt. Wird die Doppelbrechung durch die Differenz der beiden Brechzahlen $n_2 - n_1$ ausgedrückt, beträgt die Schichtdicke der Substanz d und ist ihre optische Kristallachse um 45° gegen die Schwingungsebene der Polarisatoren gedreht (Diagonalstellung), so tritt bei gekreuzten Polarisatoren durch Interferenz Auslöschung bei den Wellenlängen auf, für die $\lambda = d\,(n_2 - n_1)/k$ ist, wobei $k = 1, 2, 3, \ldots$ ist. Die Interferenzfarbe ist dann diejenige, die durch Mischung der vom sichtbaren Gesamtspektrum übrigbleibenden Wellenlängen entsteht. Bei parallelen Polarisatoren ist die Erscheinung komplementär zu der bei gekreuzten Polarisatoren. Durch Anordnung von mehreren verschieden dicken doppelbrechenden Substanzen zwischen je 2 Polarisatoren kann man erreichen, daß sich die jeweils ausgelöschten Wellenlängengebiete summieren, so daß nur das gewünschte enge Spektralgebiet hindurchtreten kann. Mögliche Nebenmaxima werden durch Farbgläser unschädlich gemacht. Unter Verwendung von 4 Quarzplatten und einer Kalkspatplatte zwischen 6 Filterpolarisatoren in Verbindung mit einem Rotfilter gelang es *M. Haase*, z. B. ein Interferenzfilter für die H_α-Linie mit einer Halbwertsbreite von 2 mμ und einer Lichtdurchlässigkeit von $\sim$25% herzustellen.

Derartige Polarisationsinterferenzfilter zeigen infolge der Verwendung der Filterpolarisatoren Beschränkungen, sind also im ultravioletten Gebiet nicht mehr brauchbar, und das austretende Licht ist polarisiert. Sie sollen in parallelem oder nahezu parallelem Strahlengang benutzt werden.

Als Linienfilter sind weiterhin → Dispersionsfilter nach *Christiansen* brauchbar.

Geffcken, W.: Z. angew. Chem., A **60**, 1 (1948). *Müller-Pouillet:* Lehrb. d. Phys. II, 1. Braunschweig 1929. *Siedentopf, H.*, u. *J. Wempe:* Astron. Nachr. **270**, 276 (1940). *Haase, M.:* Zeiß-Nachr. **4**, 51 (1941). *Hadley, L. N.*, u. *D. M. Dennison:* J. opt. Soc. Amer. **37**, 451 (1947).

Interferenz-Ordnungszahl → Beugungsordnungen.

Interferenzringe, Systeme konzentrischer, abwechselnd heller und dunkler Kreisringe, welche bei Interferenzanordnungen mit axialer Symmetrie entstehen, wenn man monochromatisches Licht verwendet. Bei Verwendung weißen Lichtes entstehen farbige Ringe (→ Interferenzfarben). Interferenzringe gleicher Neigung (→ Interferenzstreifen) sind die → Haidingerschen Ringe, solche gleicher Dicke die → Newtonschen Ringe.

Interferenzschwund → Fading.

Interferenz-Spektralapparat, ausgezeichnet durch sehr großes → Auflösungsvermögen. Er benutzt die → Interferenz einer relativ kleinen Zahl monochromatischer, paralleler Lichtbündel mit sehr hohen Gangunterschieden und wird deshalb vorwiegend zur Analyse sehr enger Linienmultipletts, ferner der Fein- und Hyperfeinstruktur und der Intensitätsverteilung innerhalb einzelner Spektrallinien verwendet. Die zur Untersuchung gelangenden engen Spektralbereiche müssen aus der Strahlung der Lichtquelle ausgesondert werden, bevor sie in den Interferenzapparat eintreten. Dies geschieht mit Hilfe eines →Prismen-Spektralapparates oder eines → Monochromators als *Vorzerleger*. Gelegentlich wird ein einfaches Farbfilter benutzt. Man kann auch den Interferenz-Spektralapparat in den Strahlengang des Spektrographen bringen, entweder zwischen das Prisma und die photographische Platte oder vor den Spektrographenspalt. Dabei müssen die Dispersionsrichtungen der beiden Spektralapparate zueinander senkrecht verlaufen. Man erhält so für jede Spektrallinie die Interferenzerscheinungen auf der photographischen Platte.

Die Interferenz-Spektralapparate werden für das sichtbare und langwellige ultraviolette Spektralgebiet, nur selten für das ultrarote verwendet. Die Wirkungsweise der in der Spektrometrie gebräuchlichen Interferenzapparate ergibt sich aus den an der planparallelen Luftplatte auftretenden Interferenzerscheinungen. Diese seien hier kurz behandelt.

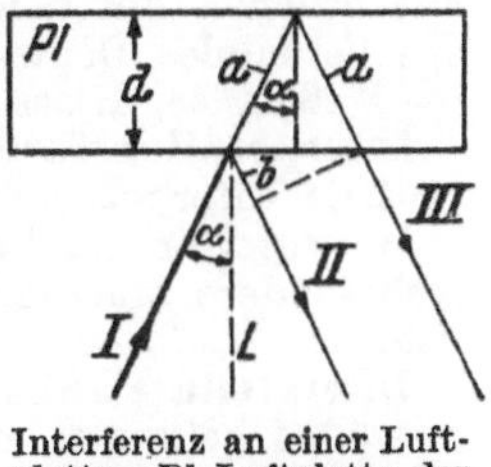

Interferenz an einer Luftplatte. *Pl* Luftplatte der Dicke *d*; *I* einfallendes Parallellichtbündel; *II*, *III* an der Unter- bzw. Oberseite von *Pl* reflektiertes Lichtbündel; *L* Einfallslot.

Die Luftplatte der Dicke d werde z. B. von zwei Glasplatten im gegenseitigen Abstand d gebildet (Abb.). Ein Lichtbündel *I* falle unter dem kleinen Einfallswinkel α auf die untere Grenzfläche auf. An der Auftreffstelle teilt sich das Lichtbündel in das direkt reflektierte Bündel *II* und das an der oberen Grenzfläche reflektierte *III*. *II* und *III* treten parallel zueinander aus mit einem Gangunterschied $\Delta s = 2\,a - b = 2\,d/\cos\alpha - 2\,d\sin\alpha\,\mathrm{tg}\,\alpha = 2\,d\cos\alpha$. (Hierbei ist aus Gründen der Einfachheit der Unterschied zwischen den Brechzahlen der Luftplatte und des angrenzenden Mediums vernachlässigt.) Die Lichtbündel *II* und *III* interferieren miteinander im ∞. Durch eine in den Strahlengang von *II* und *III* eingeschaltete Sammellinse läßt sich die Interferenzerscheinung in die Brennebene der Linse verlegen. Bei streng monochromatischem Licht ergeben sich für eine kontinuierliche Aufeinanderfolge von α-Werten abwechselnd gegenseitige Schwächung und Verstärkung der Intensitäten von *II* und *III*. Intensitätsmaxima treten für solche α-Werte auf, für welche gilt: $\Delta s = 2\,d\cos\alpha = m\,\lambda$, wobei m die Reihe der ganzen Zahlen durchläuft. (Ist die Luftplatte von einem anderen optischen Medium begrenzt, so muß wegen des Phasensprunges bei Reflexion am optisch dichteren Medium statt $m\,\lambda$ der Ausdruck $(m + 1/2)\,\lambda$ gesetzt werden.) Läßt man nun ein ausgedehntes Bündel monochromatischen Lichtes — ein solches enthält stets Richtungen mit allen möglichen kleinen Winkeln α — senkrecht auf die Luftplatte auffallen, so erblickt ein auf ∞ akkomodiertes Auge in der Einfallsrichtung wegen der Rotationssymmetrie abwechselnd helle und dunkle Interferenzringe (Kurven gleicher Neigung).

Ist die Luftplatte nicht genau planparallel, sondern etwas keilförmig, so ergibt ein senkrecht auffallendes Lichtbündel parallele Interferenzstreifen (Kurven gleicher Dicke), welche der Beobachter bei Akkomodation auf die obere Fläche der Platte erblickt.

Die heute gebräuchlichen Interferenz-Spektralapparate sind das → Michelsonsche Interferometer, das → Pérot-Fabry-Interferometer, die → Etalonplatte und die → Lummer-Gehrcke-Platte. Ferner rechnet man auch das → Stufengitter zu den Interferometern, obwohl es streng genommen ein Beugungsgitter ist. Das Michelson-Interferometer wird in der Spektrometrie heute nur noch in abgewandelter Form für die Auswertung von Strecken, speziell des Normalmeterstabes, in Wellenlängen benutzt (→ Interferenz-Längenmessung).

Handb. d. Physik XVIII, XIX, XX. Berlin 1929.

Interferenzstreifen, Systeme paralleler, abwechselnd heller und dunkler Streifen, welche durch Interferenz zweier sich durchsetzender Parallelstrahlbündel monochromatischen Lichtes entstehen, z. B. beim → Fresnelschen Spiegelversuch. Bei Verwendung weißen Lichtes entstehen farbige Streifen (→ Interferenzfarben). Die von Streifen zu Streifen wachsenden Gangunterschiede können auf verschiedene Weise zustande kommen. Treffen sich dort Strahlen, welche ein streng planparalleles System unter wechselndem Winkel durchsetzt haben, so spricht man von Interferenzstreifen *gleicher Neigung*; kommen dagegen die verschiedenen Gangdifferenzen durch unterschiedliche Dicke des durchsetzten Systems zustande, so spricht man von Interferenzkurven *gleicher Dicke*.

Interferometer, akustisches → Schallinterferometer; optisches → Interferenz-Spektralapparat, → Interferenz-Längenmessung, → Interferentialrefraktometer.

Interferometrie, Messungen besonderer Präzision, welche auf der Interferenz des Lichtes beruhen.

a) Längenmessung → Interferenz-Längenmessung.

b) Refraktometrie. Die interferometrische Bestimmung von Brechungszahlen verläuft prinzipiell ebenso wie die Längenmessung; denn man bestimmt dabei die Änderung des → optischen Weges, welche ebenso durch Änderung der geometrischen Weglänge wie der Brechungszahlen verursacht sein kann. Man hat lediglich dafür zu sorgen, daß die schließlich interferierenden Strahlengänge zunächst räumlich weit genug getrennt werden, um gleichzeitig Substanzen verschiedenen Brechungsvermögens durchlaufen zu können (→ Interferentialfraktometer).

c) Messung kleiner Winkel. Nach *Michelson* werden kleinste Winkel, nämlich Fixsterndurchmesser und Doppelsternabstände, interferometrisch gemessen. → Sterninterferometer.

Interferrikum, ein nicht ferromagnetischer Stoff, der eine Unterbrechung eines magnetischen Kreises erfüllt, außer wenn es sich um Luft handelt (dann → Luftspalt).

Intergalaktisch, im Raum zwischen den Galaxien — den außergalaktischen Nebeln — befindlich.

Intergalaktische Materie. Materie im Raum zwischen den Spiralnebeln müßte sich ähnlich wie die → interstellare Materie durch ihre Emissions- und Absorptionswirkung bemerkbar machen. Eine merkliche Linienemission oder -absorption, die auf ein intergalaktisches Gas schließen ließe, ist nicht beobachtet, dagegen kann die von *Stebbins* und *Whitford* gemachte Feststellung, daß das Licht entfernter Spiralnebel eine viel stärkere Rötung aufweist, als sie die Rotverschiebung durch die → Expansionsbewegung hervorruft, als Folge einer wellenlängenabhängigen Streuung an staubförmigen Partikeln interpretiert werden. Die Gesamtmasse dieses intergalaktischen Staubes müßte nach dem Betrag der beobachteten Verfärbung von der gleichen Größenordnung sein wie die Masse der in den Spiralnebeln vereinigten Materie. Durch die Lichtschwächung würde die Sichtweite im Weltraum auf etwa 800 Millionen Lichtjahre begrenzt. Die mit der Verfärbung verbundene Lichtschwächung sollte sich wegen ihres Einflusses auf die Entfernungsbestimmungen in den Abzählungen der schwächsten bisher beobachteten Nebel bereits deutlich bemerkbar machen; die Beobachtungen geben zwar keinen Hinweis für einen solchen Effekt, sind aber noch nicht zuverlässig genug, um die Frage endgültig zu entscheiden. Gröbere Partikel von meteoritischen bis zu planetaren Dimensionen würden direkt nicht nachweisbar sein, da ihre Absorptionswirkung zu gering ist; sie könnten höchstens aus einem Widerspruch zwischen der gemessenen Raumkrümmung und der aus der mittleren Dichte der Spiralnebelmaterie folgenden erschlossen werden, wenn ihre Gesamtmasse hinreichend groß ist, um die Raumkrümmung zu beeinflussen.

Interkombinationslinien sind solche, welche abweichend von den → Interkombinationsregeln auftreten.

Interkombinationsregeln, -verbot. Durch die → Auswahlregeln ist näherungsweise ein Übergang zwischen Termen verschiedener Multiplizität verboten.

Intermediäre Integrale oder *Zwischenlösungen* einer Differentialgleichung n-ter Ordnung nennt man Lösungen, die sich durch ein- oder mehrmalige Integrationen ergeben. Dadurch wird die Ordnung der Differentialgleichung verringert, während gleichzeitig eine der Anzahl der durchgeführten Integrationen entsprechende Anzahl willkürlicher Konstanten (Parameter) auftritt. Zu einer Differentialgleichung n-ter Ordnung lassen sich beliebig viele intermediäre Lösungen angeben; doch sind nur n von ihnen voneinander unabhängig. Beispiele von intermediären Lösungen sind die als *Erhaltungssätze* bezeichneten → Integrale der Newtonschen Bewegungsgleichungen (Energiesatz, Schwerpunktsatz, Drallsatz).

Baule, B.: Die Mathematik d. Naturf. u. Ingenieurs IV. Leipzig 1943. *Bieberbach, L.:* Differentialgleichungen. Berlin 1931.

International Candle Power, abgek. I.C.P., auch Internationale Kerze (IK) genannt, Bezeichnung der 1909 von den Staatsinstituten Frankreichs, Großbritanniens und der USA vereinbarten Lichtstärkeeinheit, welche in diesen drei Ländern vom 1. 4. 1909 bis zum 31. 12. 1947 als Grundeinheit im System der → Internationalen Lichteinheiten benutzt wurde. Die I.C.P. ging aus der → US-standard candle, der britischen → pentane candle und der französischen → bougie décimale durch Angleichung der ersten an die beiden letzten Lichtstärkeeinheiten hervor und wurde durch Normalsätze von Kohlefadenlampen einer Farbtemperatur von etwa 2050 °K definiert und aufbewahrt. Das Verhältnis der in Frankreich, Großbritannien und den USA eingeführten I.C.P. zu der in Deutschland und anderen europäischen Ländern üblichen → Hefner-Kerze (HK) wurde bei der Farbtemperatur $T_f \approx 2050$ °K bestimmt und von der → Internationalen Lichtmeßkommission 1913 zu 1 I.C.P. = 1,11 HK festgelegt. Bei einer Farbtemperatur von 2043 °K (Temperatur des erstarrenden Platins) gilt die Umrechnungsbeziehung zu den Lichtstärkeeinheiten im System der → Hefner-Lichteinheiten und im System der neuen → Lichteinheiten: 1 I.C.P. = 1,128 HK = 1,019 cd.

Internationales Bureau und Komitee für Maß und Gewicht → Meterkonvention.

Internationale Regeln für Meßgeräte wurden 1933 in Paris beraten und 1935 in Brüssel als Publication 51 der IEC (International Electrotechnical Commission) aufgestellt. Sie gelten bei Strommessern, Spannungsmessern und Einphasenleistungsmessern für Gleich- und Wechselstrom der Frequenzen 15 ... 60 Hz für Drehspul-, Dreheisen-, Induktions- und elektrodynamische Meßgeräte. Die Vorschriften der internationalen Regeln stimmen im wesentlichen mit denen der Regeln für Meßgeräte des Verbandes Deutscher Elektrotechniker überein (→ Meßgeräte, Klassifizierung).

Interpolationsformeln → Lagrangesche, → Newtonsche Interpolationsformel.

Interstellar, im Raum zwischen den Sternen — insbesondere innerhalb der Milchstraße — befindlich.

Interstellare Absorptionslinien. *J. Hartmann* hat 1904 gefunden, daß bei dem → spektroskopischen Doppelstern δ Orionis die K-Linie 3933 Å von Ca^+ nicht an den durch die Bahnbewegung bewirkten periodischen Linienverschiebungen teilnimmt. Diese *ruhende Kalziumlinie* muß daher durch Absorption in einem zwischen Stern und Beobachter liegenden Medium entstanden sein. Seither sind in vielen Sternspektren ruhende Kalziumlinien aufgefunden worden sowie verschiedene andere Absorptionslinien interstellaren Ursprungs. Bis jetzt sind folgende interstellare Atom-Linien bekannt:

Na I	3302, 3303, 5890, 5896 Å
K I	7664, 7698
Ca I	4227
Ca II	3933, 3968
Ti II	3073, 3229, 3242, 3384

Weitere Linien konnten den Molekülen CH, CN und NaH zugeschrieben werden. Bei einigen noch nicht identifizierten Linien besteht die Möglichkeit, daß es sich um Linien von festen Stoffen handelt, da bei einigen Salzen das Absorptionsspektrum sich bei tiefen Temperaturen auf wenige scharfe Linien reduziert. Alle Atomlinien gehen vom Grundzustand aus; sie sind extrem scharf, da bei den geringen Dichten (freie Wegzeiten von einigen Wochen) eine Verbreiterung durch Stoßdämpfung oder Starkeffekt entfällt.

Die Linienintensitäten wachsen mit der Entfernung der Sterne, auf deren Spektren die Linien beobachtet werden; sie können daher als Maß für Sternentfernungen dienen. Aus den gemessenen Linienintensitäten lassen sich ferner Schlüsse auf den Ionisationszustand und die räumliche Dichte des interstellaren Gases ziehen; es sind im Mittel etwa 0,1 bis 10 Atome, überwiegend Wasserstoff, und etwa 1 bis 2 Elektronen in cm^3 vorhanden. Die oft beobachtete komplexe Struktur der interstellaren Linien ist eine Folge der wolkenartigen Verteilung des interstellaren Gases und seiner turbulenten inneren Bewegungen.

Die aus den interstellaren Linien abgeleiteten mittleren Radialgeschwindigkeiten zeigen die gleichen Effekte der differentiellen → galaktischen Rotation wie die stellaren Linien. Das interstellare Gas nimmt also an der Rotation des Milchstraßensystems teil.

Literatur → interstellare Materie.

Interstellare Materie. Der Raum zwischen den Sternen des Milchstraßensystems ist nicht leer, sondern mit Atomen, Ionen, Elektronen, Molekülen und gröberen Partikeln von kolloidalen bis zu meteoritischen Dimensionen erfüllt. Die Gesamtmasse der interstellaren Materie ist von gleicher Größenordnung wie die Gesamtmasse der leuchtenden Sterne, wobei der Anteil der gasförmigen Materie den der staubförmigen um rund eine Zehnerpotenz übersteigt. Die staubförmige Materie ist in einer verhältnismäßig dünnen → galaktischen Absorptionsschicht längs der Milchstraßenebene konzentriert. Ihre Verteilung in dieser Schicht ist sehr ungleichförmig; sie besteht aus einem Netzwerk von → Dunkelwolken, deren Dichte das 10- bis 100fache der mittleren Staubdichte beträgt und deren Absorptionswirkung sich in den → Sternleeren längs der Milchstraße zeigt. Partikel der interstellaren Materie, die auf ihrem Flug durch den Raum in die Erdatmosphäre eindringen, können sich je nach ihrer Größe als → Meteore, → Sternschnuppen oder diffuse Erhellung (→ Leuchtstreifen) bemerkbar machen. Der Anteil der interstellaren Partikeln, die sich durch Überschreiten der hyperbolischen Grenzgeschwindigkeit von den zum Sonnensystem gehörigen Partikeln unterscheiden, ist bei den Sternschnuppen und Meteoren noch umstritten.

Die atomar verteilte Materie wird nachgewiesen durch die → interstellaren Absorptionslinien, vor allem von Ca II und Na. In den → Emissionsnebeln wird die atomare Materie durch die UV-Strahlung benachbarter Sterne hoher Oberflächentemperatur zum Leuchten angeregt, wobei neben den Linien von H und He vor allem „verbotene" Linien von O II, O III und N II, die sogenannten → *Nebellinien* auftreten. Aus den Linienintensitäten folgt, daß der Wasserstoff — wie in den Sternatmosphären — das häufigste Element in interstellaren Raum ist; es sind etwa 0,1 bis 10 H-Atome, in der weiteren Umgebung von Sternen hoher Oberflächentemperatur größtenteils ionisiert, also als freie Protonen, in cm^3 enthalten. Die Elektronentemperatur des interstellaren Gases beträgt in den ionisierten Schichten etwa 10^4 Grad.

Becker, W.: Sterne u. Sternsysteme. Dresden u. Leipzig 1950. *Schalén, C.:* Unters. über die interstellare Materie. Naturwiss. **36**, 33 (1949). *Siedentopf, H.:* Grundriß d. Astrophysik. Stuttgart 1950.

Intervall (mathematisch), die Menge derjenigen Werte, die eine Veränderliche x annehmen kann. Ist dies etwa für alle zwischen den Zahlen a und b liegenden Werte der Fall, so schreibt man $a < x < b$ oder auch (ab) und nennt dies ein *beiderseitig offenes* Intervall, womit zum Ausdruck gebracht werden soll, daß x die Werte a und b der Endpunkte des Intervalls nicht annehmen kann. Ist x noch der Werte $x = a$ und $x = b$ fähig, also $a \leqq x \leqq b$, so bewegt sich die Variable in einem *geschlossenen* Intervall, im Zeichen $[a\,b]$. Gehört a bzw. b nicht mehr zum Wertevorrat von x, so heißt das Intervall *rechts-* bzw. *links abgeschlossen* oder *links-* bzw. *rechts offen*, im Zeichen $(ab]$ bzw. $[ab)$.

Auf der Zahlengeraden stellt das Intervall $a \ldots b$ den zwischen a und b liegenden Bereich dar, ein- oder ausschließlich der Endpunkte, je nachdem ob das Intervall abgeschlossen oder beiderseits offen ist. Liegen zwei veränderliche Größen x und y vor, die voneinander unabhängig gewisse Werte annehmen können, und deutet man jedes mögliche Wertepaar x, y als die Koordinaten eines Punktes $P(x, y)$ in einer xy-Ebene, so stellt die Gesamtheit aller Werte der Variablen x und y einen in jener liegenden *Bereich* dar. Dieser Bereich ist etwa, wenn $a \leqq x \leqq b$ und $c \leqq y \leqq d$, ein Rechteck. Können die Veränderlichen x und y nur solche Werte annehmen, daß stets die Bedingung $x^2 + y^2 < R^2$ erfüllt ist, so ist der Bereich durch einen Kreis mit dem Radius R um den Nullpunkt gegeben, dessen Randpunkte gemäß Forderung *nicht* mehr dem Bereich angehören. Dies ist ein Beispiel für einen offenen Bereich, der auch *Gebiet* genannt wird. Dagegen ist das oben angeführte Rechteck ein abgeschlossener Bereich.

Kann man von jedem Punkte eines Bereiches (bzw. Gebietes) zu irgendeinem anderen längs einem aus endlich vielen Geradenstücken bestehenden Streckenzug gelangen, dessen Punkte *alle* dem Bereich (Gebiet) angehören, so heißt der Bereich (Gebiet) *zusammenhängend*. Insbesondere spricht man von einem *einfach zusammenhängenden* Bereich (Gebiet), wenn der ihn (es) begrenzende Rand eine sich nicht selbst überschneidende geschlossene Kurve $\mathfrak{C}$ ist (Abb.). Wird der Bereich von mehreren geschlos-

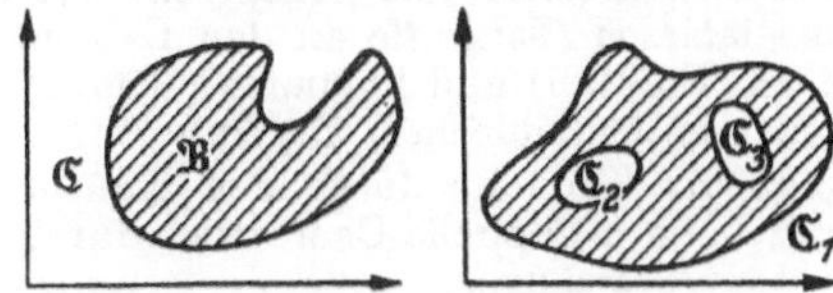

a) einfach, b) mehrfach zusammenhängender Bereich.

senen Kurven umrandet, dann spricht man von einem *mehrfach zusammenhängenden* Bereich (Abb.).

Courant, R.: Differential- und Integralrechnung, 2. Bd. Berlin 1948. *v. Mangold-Knopp:* Höhere Mathematik. Leipzig 1945/47.

Intervall (akustisch). Abstand zwischen zwei Tönen (bzw. den Grundtönen zweier Klänge) mit den Frequenzen m und n. Angabe:

1. als Verhältnis der Schwingungszahlen:

$$m/n \quad (m > n),$$

2. im logarithmischen Intervallmaß → cent, das so gewählt ist, daß die Oktave ($m/n = 2$) 1200 cent, der temperierte Halbton ($= \frac{1}{12}$ Oktave) 100 cent und alle temperierten Intervalle ganzzahlige Vielfache von 100 cent sind. Allgemein gilt: das Intervall m/n hat $3986{,}31 \cdot \overset{10}{\log}\,(m/n)$ cent; 1 cent $\widehat{=}$ 1% eines temperierten Halbtones. In ähnlicher Weise wird gelegentlich auch die Oktave in 1000 mo (Millioktaven) eingeteilt, so daß sich für 1 temperierten Halbton 83,33 mo ergeben.

3. Musikalische Intervallbezeichnung: Sekunde (= 2. Stufe, c–d), Terz (= 3. Stufe, c–e), Quarte (= 4. Stufe, c–f), Quinte (c–g), Sexte, Septime, Oktave, None, Dezime, Undezime, Duodezime (= Oktave + Quinte). Die Frequenzen *reiner* Intervalle bilden einfache Zahlenverhältnisse miteinander: Quinte $= \frac{3}{2} \widehat{=}$ 702 cent, Quarte $= \frac{4}{3} \widehat{=}$ 498 cent, usw. (→ Konsonanz, → Tonsysteme).

Intervallmaß → Cent.

Intervallregel (Landé), bezieht sich auf die Aufspaltung eines Grobstrukturterms, gekennzeichnet durch die Quantenzahlen L und S (und irgendeine weitere Kennzeichnung N), in seine durch die Quantenzahlen J gekennzeichneten Feinstrukturkomponenten. Für nicht zu große Spin-Bahnwechselwirkung beträgt die Energieaufspaltung

$$\Delta E_J^{NSL} = \varepsilon_{NSL}\,[J(J+1) - L(L+1) - S(S+1)],$$

wobei ε_{NSL} eine vom Grobstrukturterm abhängige Konstante ist.

Eine genau entsprechende Intervallregel gilt bei der Aufspaltung eines Terms der Elektronenhülle in seine Hyperfeinstrukturkomponenten, wobei J durch F, L durch J und S durch I zu ersetzen ist.

Intonation. 1. Tongebung, vorwiegend bei Streichinstrumenten in bezug auf die richtige Tonhöhe: saubere, unsaubere Intonation.

2. Erzielung der gewünschten und gleichmäßigen Klangfarbe beim Klavier (Einstellung der günstigsten Anschlagstelle, Behandlung der Hammerfilze) bzw. der Tonstärke beim Cembalo (Einregulierung des Zupfmechanismus).

3. Erzielung der gewünschten und gleichmäßigen Klangfarbe, Schallstärke und Ansprache (Klangeinsatz) bei labialen (Eingriffe an den Labien, am Kern und am Fußloch) und lingualen (Behandlung der Zungen und Schallbecher) Orgelpfeifen.

4. Angabe der Tonhöhe durch den Kantor für den Einsatz beim a-Cappella-Chor bzw. durch die Orgel für den Altarsänger.

Intrinsic mass (wörtl. „wahre" Masse) → eingeprägte Masse.

Intrinsic viscosity = Grundviskosität → Viskosität.

Invar, Eisen–Nickel-Legierung mit 36% Ni (Fe im γ-Zustand), hat bei Raumtemperatur in der Reihe der Fe–Ni-Legierungen (beide Metalle bilden in jedem Mischungsverhältnis einheitliche Mischkristalle) die kleinste Wärmeausdehnung, $\alpha = 1$ bis $2 \cdot 10^{-6}$ grad^{-1}; wird daher auch häufig als einer der Partner bei Bistreifen benutzt. Es läßt sich durch besondere Wärmevorbehandlung erreichen, daß Invar einen negativen Ausdehnungskoeffizienten erhält. Oberhalb 250 °C ist die Wärmeausdehnung des Invars fast die gleiche wie die des Eisens:

Temperaturbereich [°C]	20/50	20/100	100/200	200/250	250/300	300/400	400/700
Wärmeausdehnungskoeffizient $\alpha \cdot 10^6$ [grad^{-1}]	0,8	1,1	2,6	5	11	16	18

Invar ist nicht härtbar und hat eine große Widerstandsfähigkeit gegen Rosten. Durch Zusatz von 1% Be ist die Festigkeit des Invars auf 110 kp·mm^{-2} bei 5% Dehnung vergütbar.

Invariable Ebene → Integrale der Bewegungsgleichungen, → Poinsot-Bewegung.

Invariante. Liegt eine → Transformationsgruppe vor (z. B. alle Drehungen des 3-dimensionalen Raumes), so nennt man Größen, welche bei allen Transformationen der Gruppe unverändert bleiben, Invarianten dieser Gruppe. (Im Falle der Drehgruppe ist der Abstand zweier Punkte eine Invariante der Drehgruppe.) — → Invarianz.

Invariante Ebene → Integrale der Bewegungsgleichungen, → Poinsot-Bewegung.

Invarianten der optischen → Abbildung. Die wichtigsten sind (Abb.):

die Grundinvariante:

$$I = n \sin\varepsilon = n' \sin\varepsilon', \tag{1}$$

die Abbesche Invariante

$$Q = n\left(\frac{1}{r} - \frac{1}{s}\right) = n'\left(\frac{1}{r} - \frac{1}{s'}\right), \tag{2}$$

die Invariante der → Helmholtzschen Gleichung

$$n\,dy\,\sigma = n'\,dy'\,\sigma', \tag{3}$$

der optische Fluß (→ Lichttechnik, optische)

$$n^2 \iint df \cos\varepsilon\,d\omega = n'^2 \iint df' \cos\varepsilon'\,d\omega'. \tag{4}$$

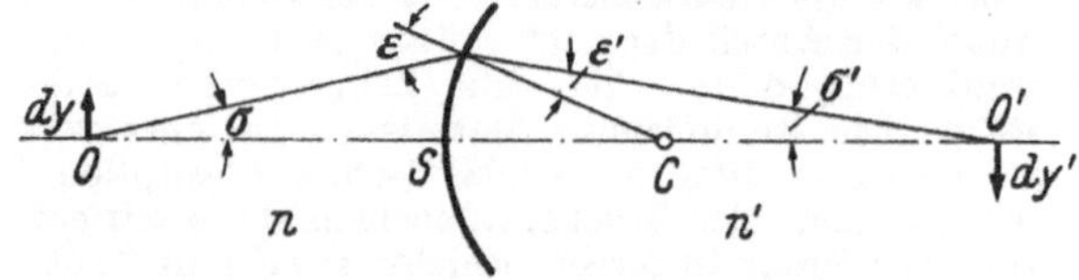

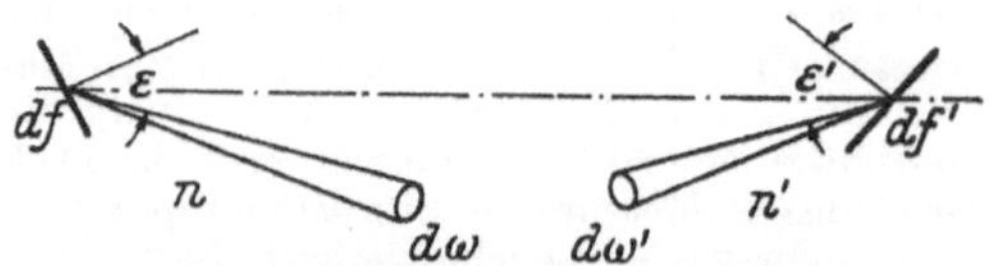

Invarianten der optischen Abbildung.

Von diesen sind (3) und (4) auch durch eine ganze → Flächenfolge hindurch invariant.

Invarianz heißt Unveränderlichkeit. In der Quantenmechanik und der Gruppentheorie wird der Begriff mehrfach benutzt. Die Energie eines abgeschlossenen physikalischen Systems ist z. B. invariant gegenüber der Gruppe der räumlichen Drehungen (→ Symmetriegruppe). Die Eigenfunktionen zu einem bestimmten Eigenwert der Energie bilden dann einen invarianten Teilraum des Hilbertraumes in bezug auf die räumlichen Drehungen. (Zusatz bei der Korrektur: Eine allgemeine Diskussion der Invarianz in der Physik s. bei *Wigner*.)

Wigner, E. P.: Phys. Bl. 7, 433 (1951).

Inverse Funktionen. Ist $y = f(x)$ eine Funktion und gibt es eine zweite Funktion $x = g(y)$ derart, daß sowohl $y \equiv f[g(y)]$ als auch $x \equiv g[f(x)]$ *identisch* gelten, so nennt man die beiden Funktionen zueinander invers (Beispiel: $y = x^n$, $x = \sqrt[n]{y}$). Vertauscht man in einer der beiden Funktionen, etwa in $x = g(y)$, die beiden Variablen x und y miteinander, so entsteht die Funktion $y = g(x)$, die man die *Umkehrfunktion* von $y = f(x)$ nennt. Vielfach wird auch für diese beiden Funktionen der Begriff invers gebraucht. Beispiele: $y = a^x$, $y = {}^a\log x$; $y = \sin x$, $y = \operatorname{arc} \sin x$. Ist die durch $y = f(x)$ festgelegte Kurve bekannt, so findet man das Bild der zu y gehörigen Umkehrfunktion $y = g(x)$ durch Spiegelung von $y = f(x)$ an der Geraden $y = x$ (Abb.).

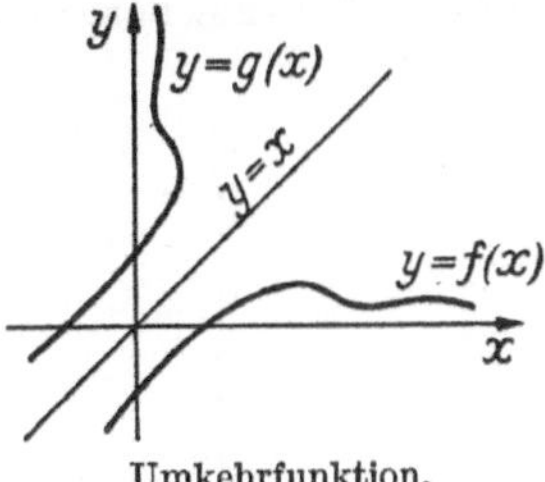

Umkehrfunktion.

Inverser Operator → Operator.

Inverse Stöße. Besteht ein Stoßprozeß in der Wechselwirkung von n Teilchen (n beliebig), bei dem diese Teilchen aus einem Anfangszustand in einen Endzustand übergeführt werden, so ist der inverse Stoß derjenige Wechselwirkungsprozeß von n Teilchen, bei dem die Anfangs- und Endzustände miteinander vertauscht sind.

Inverse β-Strahler → K-Einfang.

Inversion, die Koordinatentransformation

$$x' = -x,\ y' = -y,\ z' = -z.$$

Kristallographisch entspricht die Inversion der Symmetrioperation, die einen Körper in einen anderen durch Abbildung an einem Punkt, dem *Inversions-* oder *Symmetriezentrum* i, überführt. Die Abbildung erfolgt auf die Weise, daß von jedem Punkt P des Gegenstandes eine Gerade nach i gezogen und darüber hinaus um die gleiche Strecke verlängert wird. Der Endpunkt der Verlängerungsstrecke ist der entsprechende Punkt P' des Bildes. Die Inversion ist identisch mit der Drehspiegelung an einer 2-zähligen Drehspiegelachse. Sie führt deshalb einen Körper, der nicht selbst ein Inversionszentrum oder eine Symmetrieebene besitzt, nicht in einen ihm gleichen, sondern in einen ihm spiegelbildlichgleichen oder *inversen* Körper über. Ebenso wird jede Kristallfläche in eine ihr kongruente abgebildet.

Inversionen (meteorol.) sind atmosphärische Schichten mit Temperatur*zunahme* nach oben, also Umkehrung der normalen vertikalen Temperaturabnahme. Hauptformen:

1. Die *Ausstrahlungs-* oder *Bodeninversion* bildet sich in Zeiten und Räumen starker Wärmeabgabe des Erdbodens durch effektive Ausstrahlung; die Ausbreitung der Abkühlung nach oben erfolgt durch Wärmestrahlung und → Scheinleitung. Bevorzugte Bildung nachts bei geringer Bewölkung; jedoch fehlt sie auch in bedeckten Nächten nicht, ist aber nur wenige dm oder m dick; wächst in klaren windstillen Nächten auf einige 100 m Dicke und einen Betrag von etwa 10 °C und erreicht im Polarwinter Beträge von 20 bis 30 °C sowie 1 bis 2 km Dicke. Sie hält sich hier auch tagsüber und wird nur gelegentlich bei Sturmwetterlagen zerstört. Große Windgeschwindigkeiten verhindern durch Turbulenz die Ausbildung von Bodeninversionen; Tallagen fördern sie durch Zusammenfließen der an den Hängen abgekühlten Luft. In der Bodeninversion herrscht hohe relative Feuchtigkeit, starke Anreicherung mit → Dunst oder → Nebelbildung, darüber meist geringe Feuchte.

2. Die in 1 bis 3 km Höhe in Hochdruckgebieten auftretenden *Schrumpfungs-*, Absink- oder Abgleit*inversionen* (Abb. → Atmosphäre, Aufbau). Ihre Entstehung kann durch die verstärkte Wärmeausstrahlung kleiner Dunstanreicherungen bedingt sein; die Inversion trennt dann nicht Luftmassen verschiedener Herkunft; oder sie ist dynamisch durch Absinken der Luft darüber und → Schrumpfen der Inversionsschicht selbst entstanden. Die durch die stabile Schichtung bewirkte Turbulenzfreiheit der Inversion läßt die darüber und darunter befindlichen Luftmassen aneinander „gleiten", wodurch sie zu einer *Grenzfläche* zwischen Luft verschiedener Herkunft werden kann; dies ist durch rasche Änderung des Windvektors mit der Höhe erkennbar. Die Passatinversion ist keine Grenzfläche; sie besitzt keinen Windsprung und keine Änderung der → pseudopotentiellen Temperatur, da die Temperaturzunahme durch starke Feuchtigkeitsabnahme wettgemacht wird. Inversionen behindern die thermische → Konvektion und wirken dadurch als *Sperrschicht*. Ebenso verhindert ihre stabile Schichtung den Vertikaltransport von Wasserdampf durch → Massenaustausch, so daß unter ihr starke Dunstanreicherung, schlechte Sicht und schließlich Bildung von Schichtwolken (Stratus, → Wolke aus Wassertröpfchen in 1 bis 3 km Höhe) eintritt, die sich dann durch Wellenbildung in Stratocumulus oder Altocumulus (Wogenwolken in 1 bis 5 bzw. 5 bis 7 km Höhe, aus Wassertröpfchen bestehend) auflockern. In der absinkenden, adiabatisch erwärmten und äußerst trockenen Luft darüber herrscht Wolkenfreiheit und hervorragende Fernsicht. Eine *Dunstgrenze* kann also primär die Ursache der Inversionsbildung sein, aber auch als Folgeerscheinung der Sperrschicht sich weiter verstärken. Die antizyklonalen Inversionen haben Beträge von 3 bis 10 °C und einige 100 m Dicke.

3. *Aufgleitinversionen* trennen aufgleitende Warmluftmassen mit Wolkenbildung von der darunter lagernden Kaltluft. Sie sind also advektiv bedingt, haben deutlichen Windsprung, meist nur geringen Temperatursprung, Zunahme der relativen Feuchte nach oben und dadurch Zunahme der äquivalentpotentiellen Temperatur. Sie sind nur im Jugendstadium gut ausgeprägt; mit zunehmendem, aus den oberen Wolken ausfallendem Niederschlag verwischt sich der Feuchte- und Temperaturunterschied immer mehr.

4. *Inversion der Stratosphäre* → Atmosphäre, Aufbau.

Handb. d. Physik XI. Berlin 1926. *Hann, J.*, u. *R. Süring*: Lehrb. d. Meteorologie, 3. Teil. Leipzig 1939.

Inversion des Rohrzuckers. Versetzt man eine wäßrige Rohrzuckerlösung mit Salzsäure und erwärmt das Gemisch, so wird der Zucker invertiert, d. h. der stark rechtsdrehende Rohrzucker verwandelt sich unter Aufnahme von Wasser in ein linksdrehendes, Invertzucker genanntes Gemisch von gleichen Molzahlen linksdrehender Fructose und schwächer rechtsdrehender Glucose. Diese Umwandlung wird als Inversion bezeichnet. Auf der Inversionsmethode (→ Drehung der Polarisationsebene) beruht die Bestimmung des Zuckergehaltes bei Gegenwart noch anderer drehender Substanzen, weil diese, wie z. B. Glucose und Invertzucker, ihre Drehung bei der Behandlung mit Salzsäure nicht verändern.

Inversionsachse, ein Element zusammengesetzter Symmetrie, dessen Symmetrieoperation, die *Drehinversion,* aus gleichzeitiger Drehung und Inversion besteht. Der Drehungswinkel kann 60°, 90° und 180° betragen. Dementsprechend gibt es 2-, 4- und 6-zählige Inversionsachsen $\dot{2}$, $\dot{4}$, $\dot{6}$. Die 2-zählige führt einen Punkt P_1 (Abb. 1) durch Drehung um

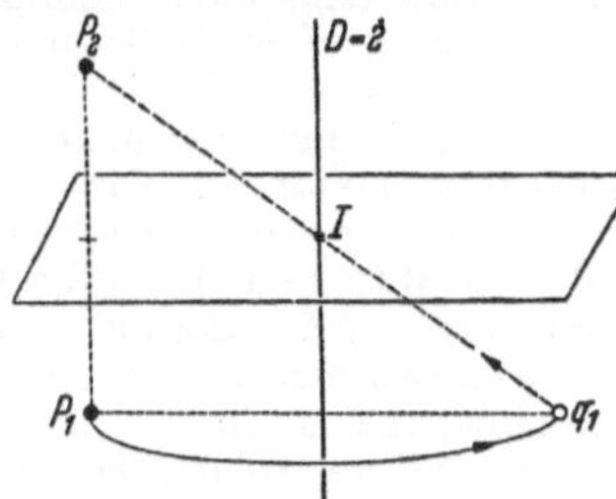

Abb. 1. Zweizählige Inversionsachse $\dot{2}$.

180° um die Inversionsachse D nach q_1 und durch Inversion an I nach P_2 und ist identisch mit der Spiegelung an der zu D senkrechten Ebene; $\dot{4}$ führt jeden Punkt P_i, $i = 1, 2, \ldots$ (Abb. 2) durch

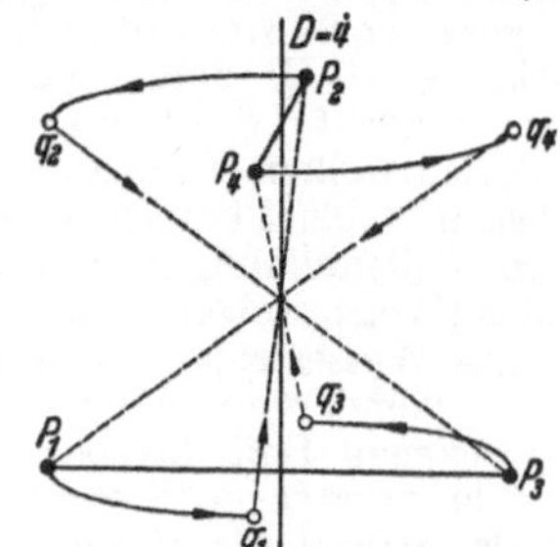

Abb. 2. Vierzählige Inversionsachse $\dot{4}$.

Drehung um D um je 90° nach q_i und durch Inversion an I nach P_{i+1} und ist identisch mit der 4-zähligen Drehspiegelachse $\bar{4}$; $\dot{6}$ (Abb. 3) setzt sich

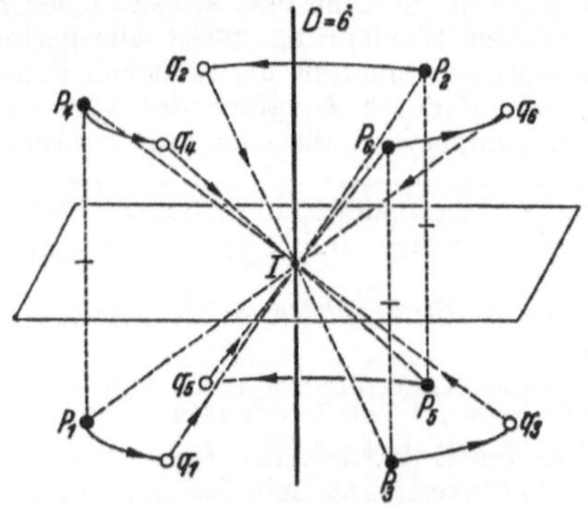

Abb. 3. Sechszählige Inversionsachse $\dot{6}$.

aus einer gleichgerichteten 3-zähligen Drehungsachse und der dazu senkrechten Hauptspiegelebene zusammen.

Inversionskurve → Joule-Thomson-Effekt.

Inversionsspektrum. Die Existenz von zwei Gleichgewichtslagen des Stickstoff-Atoms im Molekül NH_3, die durch eine Potentialschwelle getrennt sind, ruft eine Verdopplung jedes Energieniveaus des Gesamtsystems der Rotations- und Schwingungszustände hervor. Die Übergänge von dem einen Energieniveaupaar zu dem anderen für alle Rotationsniveaus im Schwingungsgrundzustand kann direkt beobachtet werden. Sie ergeben eine starke Absorptionslinie im → Mikrowellenspektrum bei 23870 MHz (Verwendung bei der *Atomuhr* als Frequenznormal, → Zeitmaße). Mit besonderen Hochfrequenzmethoden kann die Absorption der Linien, die von den verschiedenen Niveaus ausgehen, getrennt werden. Man

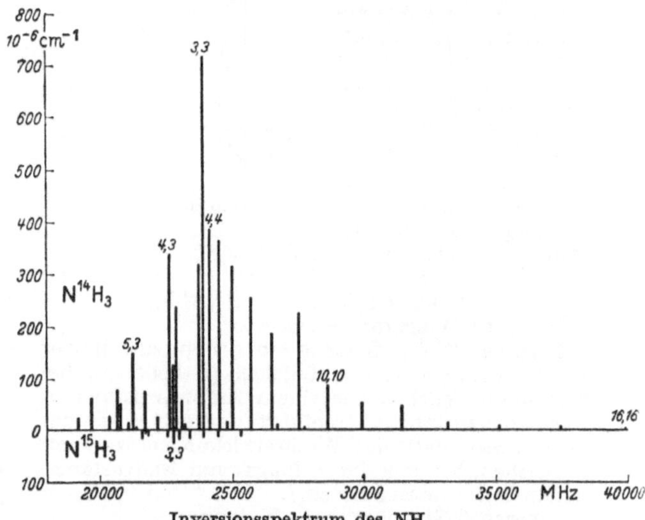

Inversionsspektrum des NH_3.

beobachtet zwischen 20000 und 40000 MHz 43 Absorptionslinien (Abb.). Die Linien von $^{14}NH_3$ zeigen eine Hyperfeinaufspaltung mit einem gegenseitigen Abstand der 4 Satelliten von einigen MHz, die als Einfluß des Quadrupolmomentes des ^{14}N-Kernes gedeutet wird. Inversionsspektren zeigen auch die Moleküle ND_3, PH_3, AsH_3. Den Stark-Effekt des Inversionsspektrums berechnete *Jauch.*

Jauch, J. M.: Phys. Rev. (2) **72,** 715 (1947).

Inversionstemperatur, die Temperatur, unterhalb derer ein Gas sich durch adiabatische Entspannung abkühlt. → Joule-Thomson-Effekt.

Inversionszentrum → Inversionen (meteorol.).

Invertiertes Atom, ein hypothetisches Atom, dessen Kern aus Antiprotonen und Antineutronen (→ Antiteilchen) besteht, also eine negative Ladung trägt und dessen Hülle aus Positronen besteht. Anzeichen für die Existenz solcher Atome sind nicht vorhanden.

Ionen (= wandernde Teilchen), Sammelname für alle atomaren und molekularen (mit Ausnahme der Elektronen) und auch für größere submikroskopische Ladungsträger, so genannt, weil sie sich im elektrischen Felde bewegen, sofern sie frei beweglich sind. *Positive* Ionen wandern *in* der Feldrichtung, also zur Kathode (daher *Kationen* genannt), *negative* zur Anode *(Anionen).* — Der Begriff Ion stammt von *Faraday.*

Ionenausbeute → Ionisation, → differentielle Ionisierung; bei biologischen Strahlenwirkungen → Treffbereich.

Ionenaustausch (→ Adsorption), stöchiometrischer Austausch von Ionen zwischen einer Lösung und einem Festkörper, meist hoher Porosität. Ionenaustauscher wurden zuerst zur → Wasserenthärtung angewendet (*Gans*, 1910); sog. → Zeolithe, in der Natur vorkommende Natrium–Aluminium-Silikate, welche Na-Ionen gegen z. B. Ca-Ionen austauschen:

$$\left.\begin{matrix} Ca^{\cdot\cdot} \\ Mg^{\cdot\cdot} \end{matrix}\right\} + Na_2Z \underset{\text{Regenerierung}}{\overset{\text{Enthärtung}}{\rightleftarrows}} \left.\begin{matrix} CaZ \\ MgZ \end{matrix}\right\} + 2\,Na^{\cdot}.$$

Später wurden auch synthetische Zeolithe (Permutite) verwendet. 1935 entwickelten *Adams* u. *Holmes* und gleichzeitig die I.G.-Farbenindustrie sog. Austausch-Kunstharze (Wofatite). Diese können entweder Kationen oder Anionen austauschen, je nachdem sie saure ($-COOH$, $-SO_3H$) oder basische ($-NH_2$) Gruppen enthalten. Die Bindungsstärke der Kationen wächst mit steigender Ladung und abnehmender Größe. Eine Ausnahmestellung nimmt das besonders stark adsorbierbare H-Ion ein. Zum Anionenaustausch dienen basische Kunststoffe oder auch anorganische Substanzen, wie Hydroxylapatit. Dieser wird z. B. zur Entfernung von Fluor-Ionen benutzt, indem diese mit Hydroxyl-Ionen austauschen; regeneriert wird mit Natriumhydroxyd.

Anwendungen: Wasserenthärtung; wichtige Methode zur Trennung der Spaltungsprodukte bei Atomkernreaktionen; Isotopenanreicherung, Gewinnung und Rückgewinnung von Metallen aus verdünnten Lösungen; Trennung und Reinigung organischer Stoffe, wie Aminosäuren, Alkaloide, Zucker. In der Bodenkunde spielt der an Tonsubstanzen stattfindende Ionenaustausch eine große Rolle.

Im technischen Betrieb wird der körnige Austauscher fest in einer Reihe von Kolonnen angeordnet, und die Lösung durchströmt diese im „Gegenstrom". Es wird abwechselnd „ausgetauscht" und nach Erschöpfung des Austauschens regeneriert.

Nachod, F. C.: Ion Exchange, Theory and Application. New York 1949. Symposium on Ion Exchange: Ind. and Engin. Chem. **43**, 1062 (1951).

Ionenbeweglichkeit. In allen Fällen, in denen Ionen die ihnen durch ein elektrisches Feld erteilte Bewegungsenergie längs sehr kleiner Wege ständig mit den Molekülen oder Atomen ihrer Umgebung austauschen — also in allen Elektrolyten und in Gasen von nicht zu geringer Dichte —, haben sie eine konstante durchschnittliche Geschwindigkeit v, welche der Feldstärke E proportional ist, $v = u_i E$. u_i heißt die Ionenbeweglichkeit; ihre übliche Einheit ist $1\,cm^2 \cdot s^{-1} \cdot V^{-1}$.

Gelegentlich wird bei Elektrolyten auch das Produkt $F u_i = \Lambda_i$ aus u_i und der → Faraday-Konstanten (Einheit $1\,cm^2 \cdot \Omega^{-1} \cdot val^{-1}$) als Ionenbeweglichkeit bezeichnet. Die Tabelle gibt einige Ionenbeweglichkeiten für beide Definitionen bei 18 °C. Wegen der Ionenbeweglichkeit in Gasen → Beweglichkeit von Ladungsträgern in Gasen.

Ionendichte in der Ionosphäre → Ionisation der Ionosphäre.

Ionenfalle. Diese spielt bei den Bildschreiberöhren für Fernsehzwecke eine große Rolle. Bei Kathodenstrahlröhren mit magnetischer Ablenkung ist sie zur Vermeidung des → Ionenflecks dann erforderlich, wenn man auf einen metallischen Belag auf dem → Leuchtschirm verzichten will. Die Ionenfalle dient zur Ablenkung der Ionen aus dem Strahlengang. Dies wird erreicht durch ein elektrisches Feld und ein Magnetfeld, welche senkrecht zueinander stehen. Bei zur Achse schrägem Einfall der Strahlen kann ersteres auch fehlen.

Ionenfleck. Dieser ist bei Braunschen Röhren eine sehr störende Erscheinung. Er entsteht bei Röhren mit magnetischer Ablenkung in beiden Richtungen und ist ein dunkler Fleck in der Mitte des Leuchtschirmes, der durch auftreffende Ionen hervorgerufen wird. Die vor der Kathode gebildeten Ionen erhalten durch die magnetischen Ablenkfelder eine geringere Ablenkung als die Elektronen. Bei elektrostatischer Ablenkung ist dies nicht der Fall, bei dieser werden die langsamer fliegenden Ionen gerade ebenso abgelenkt wie die Elektronen. Deshalb gibt es bei elektrostatischer Ablenkung keinen Ionenfleck. Man vermeidet heute bei den Fernsehbildschreiberöhren den Ionenfleck auf zwei Weisen: a) Auf dem Leuchtschirm befindet sich eine sehr dünne Folie aus Aluminium, den zwar die Elektronen, aber nicht die Ionen durchsetzen; b) Elektronen und Ionen passieren hinter der Kathode eine → Ionenfalle, durch welche die Ionen an die Seite abgelenkt werden.

Ionengitter sind Kristallgitter, deren Gitterpunkte von Ionen, d. h. elektrisch geladenen Atomen, besetzt sind, die sich nicht zu Molekülen verbinden. Fast alle anorganischen Verbindungen von zwei oder mehr Atomarten bilden Ionengitter. Läßt sich ein Teil der Ionen zu größeren Komplexen zusammenfassen, so spricht man auch von *Komplexionen-* oder *Radikalgittern.*

Ionenhalbleiter → Halbleiter.

Ionenhaufen → Ionisation in organischer Substanz.

Ionenladung. Die elektrische Ladung eines Ions ist stets ein (kleines) ganzzahliges Vielfaches der positiven oder negativen → Elementarladung. Ferner → *spezifische* Ionenladung.

Ionenleiter, bipolarer, unipolarer → Ionenleiter, fester, → Tubandt-Methode.

Ionenleiter, feste. *1. Allgemeines.* Die nichtmetallischen Festkörper, besonders die kristallisierten heteropolaren Verbindungen, haben eine stark temperaturabhängige elektrische Leitfähigkeit. Nach *v. Hevesy* liegt bei ihnen ganz allgemein gleichzeitig elektronische und Ionenleitfähigkeit vor, doch überwiegt bei einem Teil sehr stark die Elektronenleitung, bei einem anderen Teil die Ionenleitung. Im folgenden werden die praktisch reinen Ionenleiter

Kationen	$[cm^2 \cdot s^{-1} \cdot V^{-1}]$	$[cm^2 \cdot \Omega^{-1} \cdot val^{-1}]$	Anionen	$[cm^2 \cdot s^{-1} \cdot V^{-1}]$	$[cm^2 \cdot \Omega^{-1} \cdot val^{-1}]$
H^+	$33 \cdot 10^{-4}$	314,5	OH^-	$18{,}2 \cdot 10^{-4}$	174
Na^+	$4{,}6 \cdot 10^{-4}$	43,5	Cl^-	$6{,}85 \cdot 10^{-4}$	65,5
K^+	$6{,}75 \cdot 10^{-4}$	64,6	NO_3^-	$6{,}5 \cdot 10^{-4}$	61,7
Ag^+	$5{,}7 \cdot 10^{-4}$	54,3	$\frac{1}{2}\,SO_4^{--}$	$7{,}1 \cdot 10^{-4}$	68

Ionenbindung, -beziehung → polare Bindung.

Ionencharakter einer chemischen Bindung → polare Bindung, → Elektronegativität.

behandelt. Derartige auch als *feste Elektrolyte* bezeichnete Ionenleiter sind nach *v. Hevesy* im allgemeinen die heteropolaren Verbindungen eines

Anions mit starker Elektronenaffinität und eines Kations mit kleiner Ionisierungsarbeit, z. B. die Alkalihalogenide. Im Gegensatz hierzu sind heteropolare Verbindungen eines Anions mit geringer Elektronenaffinität und eines Kations mit großer Ionisierungsarbeit typische Elektronenleiter (→ Halbleiter), wie etwa die Oxyde, Sulfide und Selenide der Schwermetalle.

2. Leitungsart. Den exakten, experimentellen Nachweis des elektrolytischen Charakters der Stromleitung in vielen festen Ionenleitern — etwa durch Prüfung des Faradayschen Gesetzes für den Stoffumsatz an den Elektroden — zu erbringen, gelingt erst nach Ausschaltung verschiedener sekundärer Effekte an den Elektroden während des Stromdurchganges. Die zu untersuchende Stoffprobe — entweder ein Einkristall oder eine aus polykristallinem Material gepreßte Pastille — erhält die Form eines Zylinders mit abgeschliffenen Stirnflächen, an welchen die Elektroden aus geeigneten Metallen angebracht werden. Die während des Stromdurchganges abgeschiedenen Elektrolyseprodukte reagieren in den meisten Fällen mit den Elektroden oder mit dem zu untersuchenden Material selbst und werden dadurch dem direkten Nachweis entzogen. Ferner wachsen häufig die metallischen Elektrolyseprodukte von der Kathode aus in Form dünner, oft verästelter Metallfäden *(Tubandtsche Fäden)* bis zur Anode vor, bilden so eine metallisch leitende Brücke zwischen den Elektroden und täuschen dann Elektronenleitung vor. *C. Tubandt* hat eine Methode entwickelt, welche die Ausschaltung aller dieser Schwierigkeiten erlaubt (→ Tubandtsche Methode zur Bestimmung der Leitungsart in nichtmetallischen Festkörpern). Wo eine zuverlässige Feststellung der Gültigkeit des Faradayschen Gesetzes unmöglich ist, vermag sie durch Überführungsmessungen, also Messungen des Stofftransportes während der Stromleitung, den einwandfreien Nachweis der Ionenleitung zu erbringen. Darüber hinaus ergeben die Überführungsmessungen die genauen Anteile der beiden Ionenarten — Anion und Kation — an der Stromleitung. Die Bildung von Metallfäden aus der Kathode heraus wird durch Einschalten geeigneter *Schutzelektrolyte* verhindert. Ferner hat *H. Braune* durch Messung der Diffusionskonstanten und damit der Beweglichkeiten der beiden Ionenarten deren Anteile an der elektrolytischen Leitung in festen Ionenleitern bestimmen können.

Daneben gibt es eine Reihe qualitativer Nachweismethoden für die Leitungsart. So läßt der Verlauf der Strom-Spannungs-Kennlinie einen Schluß auf die vorliegende Leitungsart zu. Bei reiner Elektronenleitung ist die Kennlinie eine exakte, durch den Nullpunkt gehende Gerade (Abb. 1, Kurve *a*). Bei reiner Ionenleitung fließen mit zunehmender Spannung zwischen den Elektroden anfänglich nur sehr geringe Ströme, bis bei Erreichen der Zersetzungsspannung der Strom plötzlich auf einen hohen Wert ansteigt (Kurve *b*). Bei gemischter Leitung ist die Kennlinie vom Nullpunkt aus zunächst eine Gerade (reine Elektronenleitung); bei Erreichen der Zersetzungsspannung bleibt der Strom dann wegen der Ausbildung der Polarisations-Gegenspannung nahezu konstant und steigt oberhalb der Zersetzungsspannung wieder an (Kurve *c*).

Ferner ist nach *v. Hevesy* die Größe des Leitfähigkeitssprunges beim Erreichen des Schmelzpunktes ein Kriterium für die Leitungsart. Danach deutet eine Leitfähigkeitserhöhung um mindestens eine Zehnerpotenz beim Übergang vom festen in den flüssigen Zustand auf Ionenleitung hin.

In flüssigen Elektrolyten sind die beiden Ionenarten der Größenordnung nach etwa gleich stark am Stromtransport beteiligt; die Überführungszahlen sowohl des Kations wie des Anions liegen im allgemeinen zwischen den Werten 0,2 und 0,8. Die Tubandtschen Messungen an festen Ionenleitern haben ergeben, daß bei diesen in den meisten Fällen nur *eine* Ionenart den Stromtransport besorgt. Am häufigsten vertreten sind die Kationenleiter (AgCl, AgBr, AgJ, CuCl, CuBr, CuJ, Ag_2S, Cu_2S, Ag_2Se). Reine Anionenleiter sind z. B. $PbCl_2$, $PbBr_2$, PbF_2, $BaCl_2$, $BaBr_2$. Bipolare Leitung, d. h. gleichzeitig Kationen- und Anionenleitung, zeigt z. B. NaCl bei höherer Temperatur.

3. Die Leitfähigkeit und ihre Temperaturabhängigkeit. Die festen Ionenleiter zeigen außerordentlich große Unterschiede in ihren Leitfähigkeitswerten. Bei 150 °C z. B. sind folgende Werte gemessen worden: NaCl: $2{,}5 \cdot 10^{-15}$, AgBr: $1 \cdot 10^{-5}$, AgJ: 1,33 $[\Omega^{-1} \cdot cm^{-1}]$.

Bei sehr tiefen Temperaturen sind die festen Ionenleiter durchweg gute Isolatoren. Mit steigender Temperatur nimmt ihre Leitfähigkeit sehr stark zu. Für NaCl z. B. wächst die Leitfähigkeit bei Steigerung der Temperatur von 0 °C bis zum Schmelzpunkt um etwa 13 Zehnerpotenzen! Nach *W. Biltz* ist der Temperaturkoeffizient der Leitfähigkeit um so größer, je kleiner der Absolutwert der letzteren ist.

Für die unipolaren, festen Ionenleiter wird die Temperaturabhängigkeit der spezifischen Leitfähigkeit $\varkappa$ durch die van't Hoffsche Exponentialformel wiedergegeben: $\varkappa = A \exp(-B/T)$. Hierin sind A und B Konstanten; T ist die absolute Temperatur.

Für die bipolar leitenden festen Ionenleiter gilt die aus zwei van't Hoffschen Gliedern bestehende

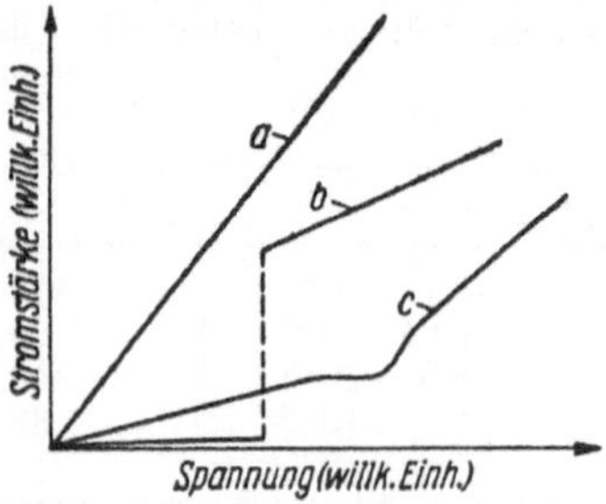

Abb. 1. Strom-Spannungs-Kennlinien fester Leiter; *a* reiner Elektronenleiter, *b* reiner Ionenleiter, *c* gemischter Leiter (gleichzeitig Elektronen- und Ionenleitung).

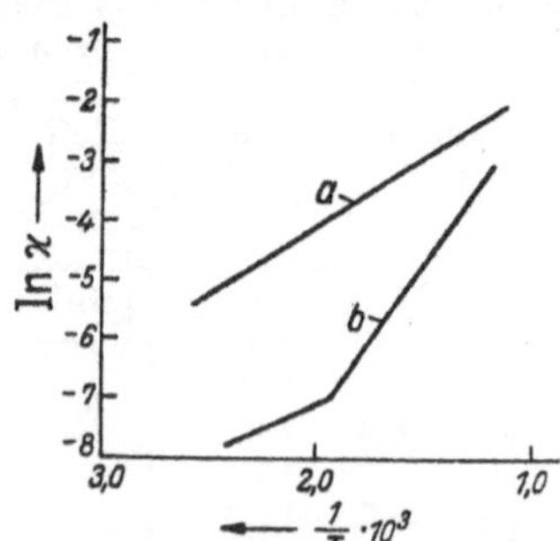

Abb. 2. Temperaturabhängigkeit der Leitfähigkeit fester Ionenleiter; *a* unipolarer Leiter ($PbCl_2$), *b* bipolarer Leiter (PbJ); Abszisse: Kehrwert der absoluten Temperatur; Ordinate: Natürlicher Logarithmus der spez. Leitfähigkeit.

Formel von *Smekal*:

$$\varkappa = A_1 \exp(-B_1/T) + A_2 \exp(-B_2/T).$$

Hierin sind wieder A_1, A_2, B_1, B_2 Konstanten.

Abb. 2 gibt die Temperatur-Leitfähigkeits-Kurven für einen unipolaren ($PbCl_2$, Anionenleiter, Kurve *a*) und für einen bipolaren (PbJ, Kurve *b*) festen Ionenleiter wieder. Aufgetragen ist der natürliche Logarithmus der spez. Leitfähigkeit gegen den Kehrwert der absoluten Temperatur. Kurve *a* ist dann entsprechend der van't-Hoff-Formel eine Gerade, Kurve *b* besteht aus zwei gegeneinander geneigten geraden Teilen in Übereinstimmung mit der Formel von *Smekal*.

4. Der Leitungsmechanismus. Der Grundvorgang der Stromleitung in festen Ionenleitern ist folgender: Durch Aufnahme eines hinreichend großen Betrages thermischer Energie vermag ein geeignetes Ion seinen Platz im Kristallgitter zu verlassen. Es bewegt sich dann unter dem Einfluß eines äußeren elektrischen Feldes in der durch dieses gegebenen Vorzugsrichtung eine bestimmte Strecke weit durch den Kristall und lagert sich dann an einer geeigneten Stelle im Gitter, z. B. in einer Gitterlücke, wieder an. Die durch Überführungs- und Diffusionsmessungen nachgewiesene Existenz reiner Kationen- und reiner Anionenleiter zeigt, daß die verschiedenen Ionenarten verschieden fest im Gitter gebunden sind. Nur die weniger fest gebundenen Ionen können ihre Gitterplätze verlassen und am Stromtransport teilnehmen. Es läßt sich nun zeigen, daß in einem Ionenleiter bevorzugt diejenigen Ionen an Platzwechselvorgängen teilnehmen, welche die geringere Deformierbarkeit, aber die größere deformierende Wirkung haben. Dies ist für die meisten Kationen der Fall. Damit ist das Überwiegen der Kationenleitung qualitativ erklärt. Ferner wird die in geringerer Anzahl vorliegende Ionenart, weiter die mit der höheren Ladung versehene Ionenart seltener Platzwechsel ausführen als die zahlreicher vertretene bzw. die mit kleiner Ladung behaftete.

So wirken Ag- und Cu-Kationen z. B. stark deformierend; deshalb sind Ag- und Cu-Halogenide Kationenleiter im Gegensatz zu den Alkalihalogeniden, deren Alkaliionen (Edelgascharakter!) nur schwach deformierend wirken. Die Alkalihalogenide sind bipolare Leiter.

Cu_2S und Ag_2Se sind typische Kationenleiter; die Kationen sind gegenüber den Anionen in der doppelten Anzahl vorhanden, die Anionen sind ferner mit der höheren Ladung versehen und zudem stark deformierbar. Die Salze der zweiwertigen Metalle, z. B. $PbCl_2$ und $PbBr_2$, sind dagegen Anionenleiter; die Anionen sind in der doppelten Menge vertreten und tragen die kleinere Ladung.

Die exponentielle Abhängigkeit der Leitfähigkeit von der absoluten Temperatur ist qualitativ ebenfalls einfach zu deuten. Zur Entfernung aus dem Kristallgitterverband muß ein Ion eine als *Ablösearbeit* bezeichnete Mindestenergie E aufnehmen und kann danach an Platzwechselvorgängen teilnehmen. Die Zahl der bei der absoluten Temperatur T diesen Energiebetrag E aufnehmenden Ionen ist nach dem Maxwell-Boltzmannschen Geschwindigkeitsverteilungsgesetz proportional $\exp[-E/(RT)]$ (R allgemeine Gaskonstante). Setzt man die Leitfähigkeit proportional zu dieser Anzahl, so ergibt sich bei unipolarer Leitung die Formel von *van't Hoff*; die Konstante B in dieser Formel erhält also die Bedeutung von E/R. Bei bipolarer Leitung — zwei Ionenarten mit den Ablösearbeiten E_1 bzw. E_2 — ergibt sich die zweigliedrige Formel von *Smekal* mit der entsprechenden Bedeutung der Konstanten B_1 und B_2.

Außer der durch die Temperatur bedingten Auflockerung des Kristallgitters und der damit verursachten Beweglichkeit der Ionen können auch mechanische Störungen eine Gitterauflockerung verursachen. Während die thermische Auflockerung völlig reversibel ist, erweist sich die mechanische Auflockerung als irreversibel. Letztere ist verantwortlich für die verschiedenen Leitfähigkeitswerte desselben Kristallmaterials nach verschiedenartiger mechanischer Vorbehandlung.

Handb. d. Experimentalphysik XII/1. Leipzig 1932. Handb. d. Physik XIII. Berlin 1928.

Ionenleiter, flüssige → Elektrolyte.

Ionenleitfähigkeit, -vermögen → Elektrolyte, → Halbleiter, → Ionenleiter, feste.

Ionenleitung in Metallen. Der Stromtransport in reinen, festen Metallen erfolgt bei tiefen Temperaturen und auch bei höheren, sofern diese der Schmelztemperatur nicht zu nahe kommen, ausschließlich durch Leitungselektronen. In Metallen mit Verunreinigungen durch Fremdatome bzw. -moleküle kann dagegen auch Ionenleitung stattfinden. So hat *A. Coehn* an mit Wasserstoff beladenem Palladium bei Zimmertemperatur festgestellt, daß Protonen, also positiv geladene Wasserstoffatomionen, an der Stromleitung beteiligt sind. Offenbar haben die Protonen innerhalb des Palladiumgitters infolge ihrer Kleinheit eine beträchtliche Beweglichkeit schon bei Zimmertemperatur. Fremdatome anderer Art, z. B. Metall- oder Kohlenstoffatome, können erst dicht unterhalb des Schmelzpunktes des verunreinigten Metalles infolge der starken Auflockerung des Metallgitters einen Platzwechsel vornehmen. Sind die Verunreinigungen als Ionen im Metall vorhanden, so wandern sie unter dem Einfluß eines äußeren elektrischen Feldes in einer durch dieses gegebenen Vorzugsrichtung und tragen zum Stromtransport bei.

Handb. d. Experimentalphysik XII/1. Leipzig 1932.

Ionenmoleküle. In der Physik wird unterschieden zwischen polaren und unpolaren Molekülen, je nachdem, ob ein festes elektrisches Dipolmoment vorhanden ist oder nicht.

Bei Molekülen im Gaszustand unterscheidet man nach *Franck* Atommoleküle und Ionenmoleküle. Erstere dissoziieren bei hinreichender Steigerung der Schwingungsenergie in zwei neutrale Moleküle, letztere in zwei entgegengesetzt geladene Ionen.

Die Elementmoleküle (H_2, N_2, O_2) sind unpolare Atomverbindungen; NO, CO, HJ, AgCl sind polare Atommoleküle. Die Alkalihalogenid-Moleküle sind Ionenmoleküle.

Die Unterscheidung zwischen Atom- und Ionenmolekülen kann aus spektroskopischen Daten getroffen werden.

Sponer, H.: Molekülspektren II. Berlin 1936.

Ionenoptik, zur → Elektronenoptik analoges Verfahren, angewandt auf Ionenstrahlen, insbesondere in der → Massenspektroskopie zur Fokussierung derselben. Ferner → Feldionenmikroskop im *Nachtrag*.

Ionenquellen, verschiedene Anordnungen zur Erzeugung von Ionenstrahlen im Vakuum.

Das einfachste und älteste Verfahren bedient sich der → *Kanalstrahlröhre* (Abb. 1). Bei Gasdrucken von 10^{-2} bis 10^{-3} Torr brennt zwischen zwei Elektroden bei einer Gleichspannung von 10 bis 50 kV eine Gasentladung. Es wandern dabei Elektronen zur Anode und positive Gasionen zur Kathode. Ist

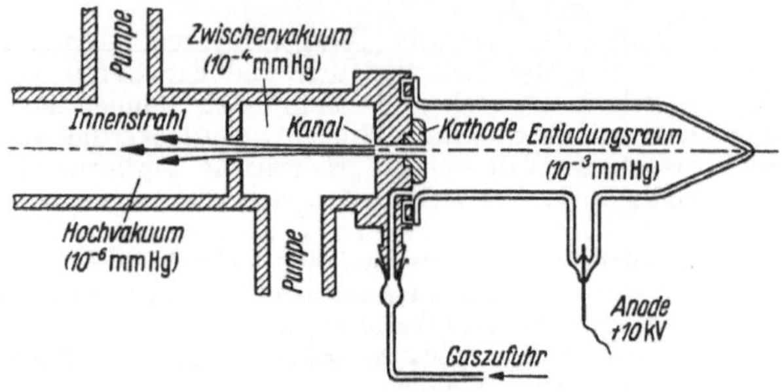

Abb. 1. Kanalstrahlrohr.

die Kathode in der Mitte durchlöchert, so fliegen die Ionen mit großer Geschwindigkeit durch diese Öffnung, den Kanal, hindurch und können im Raum hinter der Kathode, in dem durch Pumpen ein hohes Vakuum aufrecht erhalten wird, untersucht werden.

Auch im *Funken* findet Ionenbildung statt. Als Ionenquelle für massenspektrographische Zwecke wurde von *Dempster* der Hochfrequenzfunken entwickelt, mit dem insbesondere von festen Körpern Ionen erzeugt werden können (→Dempsterfunken).

Eine sehr intensive Ionenquelle ist der *Kapillarbogen* (Abb. 2), der besonders von *Lamar, Sampson*

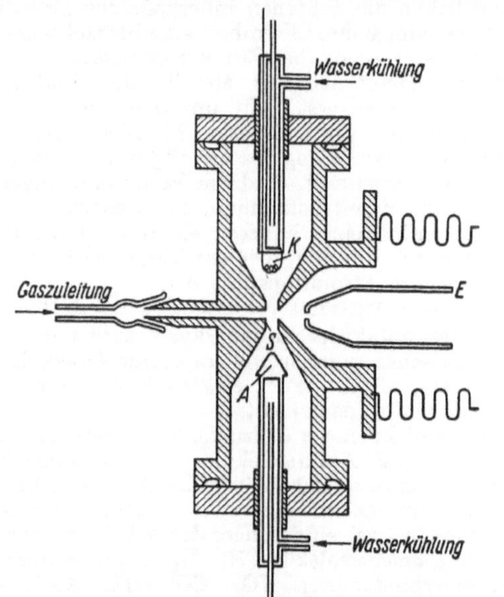

Abb. 2. Kapillarbogen zur Ionenerzeugung. In der Kapillare *S* brennt zwischen der Glühkathode *K* und der Anode *A* ein Niedervoltbogen. Die Ionen werden durch die seitliche Öffnung mit Hilfe der negativ geladenen Beschleunigungselektrode *E* herausgezogen.

und *Compton* zur Ionenerzeugung entwickelt wurde. Zwischen einer Glühkathode und einem Metallstift als Anode brennt bei einem Druck von 10^{-3} Torr ein Lichtbogen, der durch eine Kapillare hindurchgeführt wird. Durch eine Öffnung in der Mitte der Kapillare können Ionen aus dem Bogen herausgezogen werden.

Ein weiteres Verfahren zur Ionenerzeugung benutzt *Elektronen* von etwa 100 eV, die durch einen Schlitz in ein Blechkästchen eintreten, in dem sich Gas unter einem Druck von 10^{-4} bis 10^{-6} Torr befindet (Abb. 3). Das Gas wird durch Elektronenstoß ionisiert, und die Ionen werden mit Hilfe eines schwachen elektrischen Feldes durch eine Öffnung

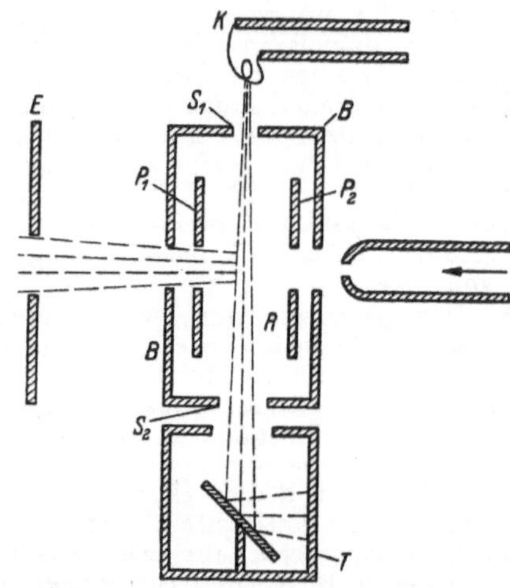

Abb. 3. Elektronenstoßionenquelle schematisch. Elektronen aus der Glühkathode *K* werden durch eine Spannung von etwa 100 Volt gegen den Schlitz S_1 beschleunigt und bilden im Stoßraum *R* Gasionen, die durch ein schwaches elektrisches Feld zwischen P_1 und P_2 aus dem Stoßraum herausgezogen und gegen die Elektrode *E*, an der eine negative Spannung liegt, beschleunigt werden.

im Anodenkästchen herausgezogen. Man kann auch Ionen von festen Substanzen erzeugen, wenn man, statt Gas einzulassen, die Substanz aus einem Öfchen in den Stoßraum hineindampft.

Ein sehr einfaches Verfahren, das aber nur für Stoffe mit kleiner Ionisierungsarbeit, besonders für die Alkalimetalle, aber auch noch für die Erdalkalimetalle, die seltenen Erden und einige andere Elemente verwendet werden kann, ist die Erzeugung von *thermischen Ionen* (→ Thermionen, → Kunsman-Anoden). Dabei wird eine Verbindung des Stoffes auf eine elektrisch heizbare Wolfram- oder Platinfolie aufgetragen und im Vakuum erhitzt. Bei ungefähr 1000 °C (die Temperatur ist für verschiedene Ionenarten verschieden) beginnen Ionen abzudampfen.

Ionenquellen werden insbesondere in der → Massenspektrographie benötigt, sind aber auch bei künstlichen Atomumwandlungen und anderen Untersuchungen unentbehrlich.

Bomke, H.: Erzeugung von Atom- u. Ionenstrahlen. Braunschweig 1939. *Bothe, W.*, u. *W. Gentner:* Ergebn. exakt. Naturw. **19**, 107 (1940). *Ewald, H.*, u. *H. Hintenberger:* Methoden u. Anwendungen d. Massenspektroskopie. Weinheim/Bergstr. 1952.

Ionenradien. Zwei Ionen *A* und *B* haben in den verschiedensten Verbindungen annähernd die gleichen Abstände. Daraus folgerte *W. L. Bragg* 1920, daß man die Atome eines jeden chemischen Elements als Kugeln mit einem bestimmten Radius und die Kristallgitter als Packungen derartiger Kugeln auffassen kann. Um aus den Atomabständen die Radien der kugelförmigen Atome festzulegen, bestimmte *Bragg* zunächst die Radien der Kationen aus den Metallstrukturen. Es zeigte sich jedoch, daß es für Ionengitter zweckmäßiger ist, von den Radien der Anionen auszugehen. *J. A. Wasastjerna* bestimmte 1923 auf Grund optischer Daten den Radius ϱ der *L*-Schale des zweiwertigen Sauerstoff- und des einwertigen Fluorions zu $\varrho_O = 1{,}32$ Å und $\varrho_F = 1{,}33$ Å. Auf diesen Werten aufbauend, entwickelte *V. M. Goldschmidt* in den folgenden Jahren ein vollständiges System von *Ionenradien* für alle möglichen Kationen und Atomradien auf Grund der Wellenmechanik. Seine und *Goldschmidts* empirische Größen stimmen innerhalb etwa 5% untereinander und mit der Erfahrung

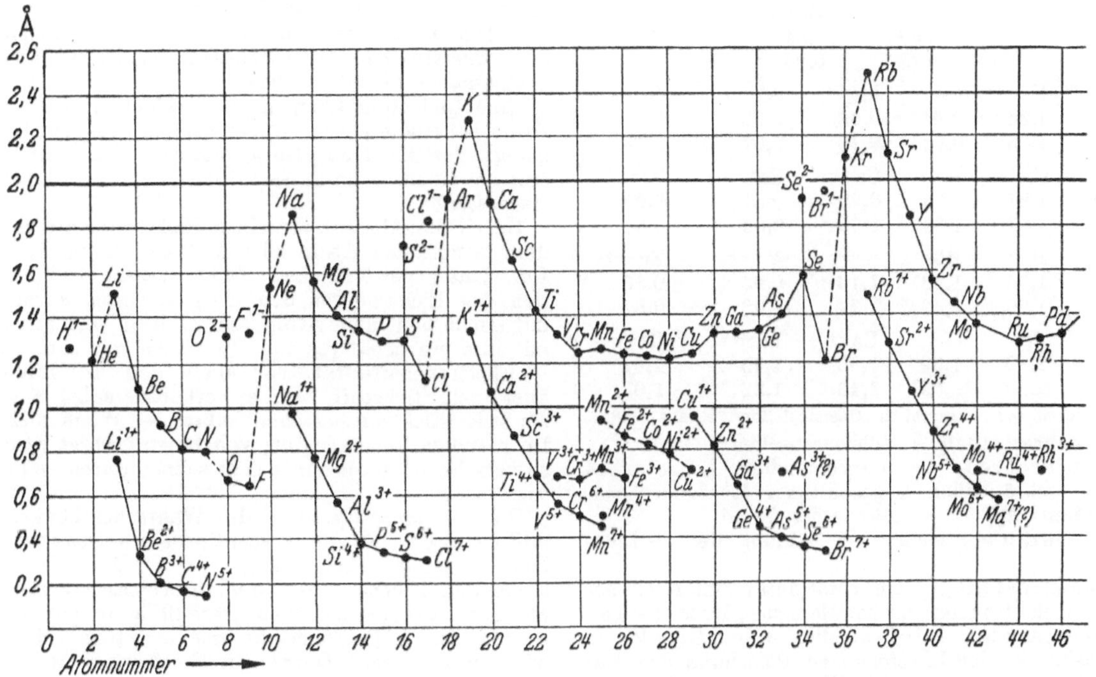

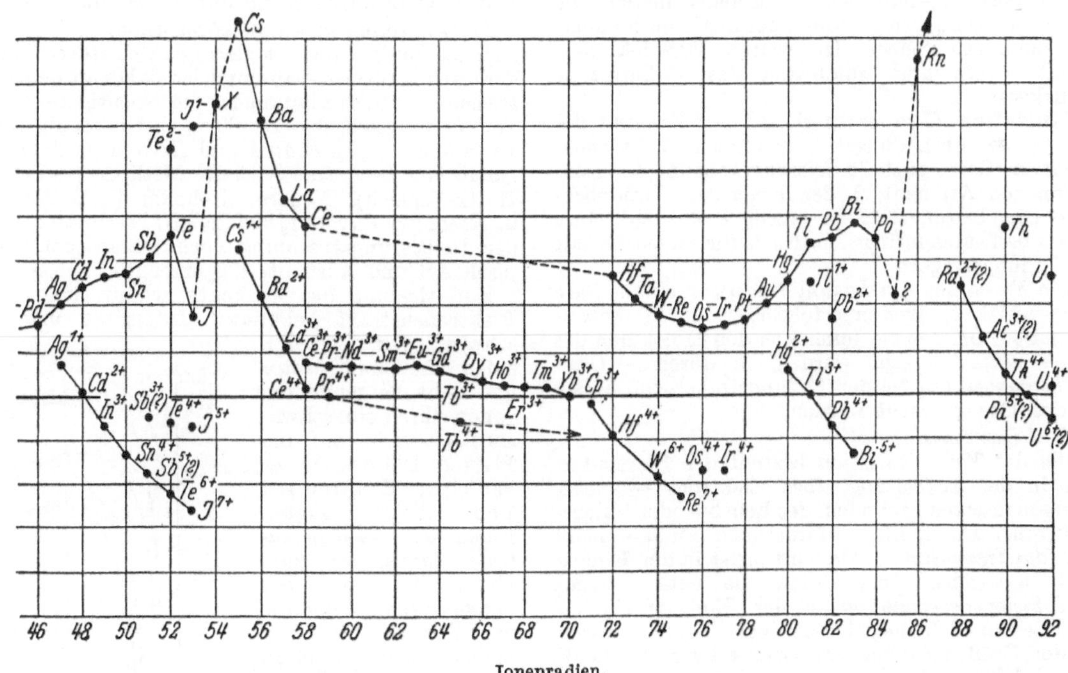

Ionenradien.

Anionen und verbesserte die Werte der Radien neutraler Atome. Diese Radien sind in der Abb. in Form einer Kurve dargestellt, welche der Kurve der → Atomvolumina von *Lothar Meyer* sehr ähnlich ist. *L. Pauling* berechnete 1927 die Ionen- und überein. Die größeren Abweichungen werden durch Polarisation des Atoms oder durch Einfluß der Umgebung (→ Koordinationszahl) erklärt. Von *Pauling* stammt auch der Hinweis darauf, daß die Ionen einiger Elemente (z. B. As, Sb, Bi) nicht kugelförmig, sondern unsymmetrisch sind. Die Tabelle gibt einige Zahlenwerte in Å (1. Zeile: *Pauling*; 2. Zeile: *Goldschmidt*). Ferner → kovalente Atomradien.

		Li^{+}	Be^{++}		
		0,60	0,31		
		0,78	0,34		
O^{--}	F^{-}	Na^{+}	Mg^{++}	Al^{+++}	Si^{++++}
1,40	1,36	0,95	0,65	0,50	0,41
1,32	1,33	0,98	0,78	0,57	0,39
S^{--}	Cl^{-}	K^{+}	Ca^{++}	Se^{+++}	Ti^{++++}
1,84	1,81	1,33	0,99	0,81	0,68
1,74	1,81	1,33	1,06	0,83	0,64
Se^{--}	Br^{-}	Bb^{+}	Sr^{++}	Y^{+++}	Zr^{++++}
1,98	1,95	1,48	1,13	0,93	0,80
1,91	1,96	1,49	1,27	1,06	0,87
Te^{--}	J^{-}	Cs^{+}	Ba^{++}	La^{+++}	Ce^{++++}
2,21	2,16	1,69	1,35	1,15	1,01
2,11	2,20	1,65	1,43	1,22	1,02

Pauling, L.: Nature of the Chemical Bond. Ithaca 1948.

Ionenrauschen → Röhrenrauschen.

Ionenröhren, die ursprünglichen, heute nicht mehr gebräuchlichen, gashaltigen Röntgenröhren.

Ionenwind = → elektrischer Wind.

Ionenzähler, Gerät zur Zählung der → Luftionen.

Ionenzentrifuge, ein rotationssymmetrisch gebauter elektromagnetischer Massenseparator (→ Isotopentrennung), bei dem die → Ionenquelle im Mittelpunkt der kreisförmigen Polschuhe des Magneten angebracht ist. Die Feldstärke des Magneten ist so gewählt, daß die Kreisbahnen der leichten Ionen ganz innerhalb des Magnetfelds bleiben, die Ionen des schweren Isotops aber aus dem Magnetfeld austreten können. Die weitere Entwicklungsarbeit wurde aber zugunsten des → Calutrons zurückgestellt.

Ionisation (Ionisierung), 1. der *Vorgang* der Erzeugung von Ladungsträgern (Ionen, Elektronen) in einem Gase, auch *Ionisierung* genannt (→ Ionisation von Atomen); 2. der durch das *Vorhandensein* von Ladungsträgern erzeugte *Zustand* eines Gases bzw. allgemeiner Ausdruck für seinen Gehalt an Ladungsträgern.

Die *Erzeugung von Ladungsträgern* in einem Gase kann auf zwei Weisen erfolgen: 1. durch *Volumionisation*, bei der die Ionen aus den Molekülen des Gases selbst erzeugt werden, 2. durch → *Oberflächenionisation*, bei der Ladungsträger von außen in das Gas gebracht werden.

I. Allgemeines.

Bei der *Volumionisation* besteht der Elementarakt in der Abspaltung eines Elektrons — meist, weil am losesten gebunden, des Leucht- oder Valenzelektrons. Die hierfür erforderliche Energie heißt die *Ionisierungsarbeit*. Sie wird meist in der Einheit 1 eV angegeben oder durch die entsprechende → *Ionisierungsspannung* in der Einheit 1 V gekennzeichnet. Sie liegt bei den verschiedenen Gasen in der Größenordnung von etwa 4 bis rund 25 eV. Die Zuführung der Ionisierungsarbeit kann auf verschiedene Weisen erfolgen:

1. Durch *Stoß* eines genügend schnellen Teilchens (→ *Stoßionisation*), und zwar entweder durch Stoß von elektrisch beschleunigten Ladungsträgern (*Elektronen-*, *Ionenstoß*) oder durch Zusammenstoß ausreichend schneller Atome infolge ihrer thermischen Bewegung (*Atomstoß*) bei genügend hoher Temperatur (→ *Temperaturionisation*, → Flammenleitung). Im Innern der Fixsterne ist deren Materie infolge der Temperaturionisation durch Abtrennung zahlreicher, u. U. sogar aller Elektronen von den Atomen sogar sehr hoch ionisiert.

2. Durch Absorption eines Lichtquants genügender Energie $h\nu$ (ultraviolettes, Röntgen- oder γ-Quant, → *Photoionisation*).

Eine Ionisation kann auch so erfolgen, daß das Atom bei einem ersten, zu schwachen Stoß nur angeregt, das Elektron also gelockert und das Atom erst bei einem zweiten Stoß ionisiert wird (→ *Stufenionisation*).

Durch die Abtrennung eines Elektrons wird aus dem betroffenen Atom oder Molekül ein positives Ion. Unter gewöhnlichen Verhältnissen verbindet sich das Elektron bei den meisten Gasen alsbald mit einem neutralen Atom oder Molekül und bildet mit ihm ein negatives Ion. In Gasen mit geringer → Elektronenaffinität, vor allem den Edelgasen, aber auch Stickstoff, kann es verhältnismäßig lange als freies Elektron bestehenbleiben. — Wenn nicht für ständige Neuerzeugung von Ionen gesorgt wird, so verschwinden die Ionen sehr schnell durch → *Rekombination*.

Die *Ionenausbeute*, d. h. die Wahrscheinlichkeit, daß ein Stoß oder die Absorption eines Quants zu einer Ionisation führt, hängt von der Energie des stoßenden Teilchens bzw. des absorbierten Quants ab. Ein etwaiger Energieüberschuß kann zur Erregung des → Funkenspektrums des Ions führen oder als kinetische Energie in Erscheinung treten, die sich nach dem Impulssatz auf das Ion und das abgespaltene Elektron, aber (wegen seiner kleinen Masse) ganz überwiegend auf dieses, überträgt.

II. Ionisation durch Elektronenstoß.

Diese Ionisierungsart zeichnet sich durch besonders hohe Ausbeute aus und ist daher in den elektrischen → Gasentladungen die wichtigste Quelle von Ladungsträgern. Zu ihrer Untersuchung dient vor allem die von *Franck* und *Hertz* nach dem Vorgange von *Lenard* entwickelte Methode (→ Franck-Hertz-Versuch). Neuere Methoden [z. B. *Kallman* u. *Rosen*: Z. Phys. **61,** 332 (1930)] bestimmen außer der Ionisierungsspannung noch massenspektroskopisch Art und Ausbeute der erzeugten Ionen.

Zur Messung der Ausbeute schießt man einen Elektronenstrahl bekannter Intensität und Geschwindigkeit durch einen Meßkondensator und zieht die gebildeten Ionen durch ein schwaches Querfeld auf die Platten. Die Anzahl der von einem Elektron auf 1 cm Weg erzeugten Ionen heißt → *differentielle Ionisierung* zum Unterschied von der → *totalen Ionisierung*, die die Anzahl der von einem Elektron längs seiner gesamten Reichweite erzeugten Ionen angibt. Da die erstere dem Druck proportional ist, reduziert man sie meistens auf 1 Torr. Nach *Lenard* ist die differentielle Ionisierung für

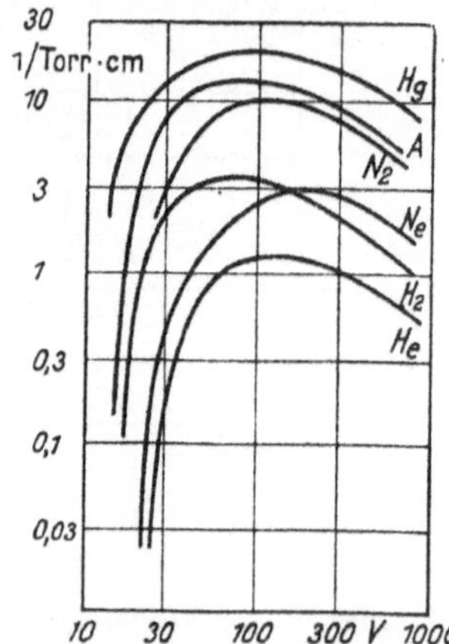

Abb. 1. Differentielle Ionisierung durch Elektronenstrahlen in verschiedenen Gasen nach *Smith*.

schnelle Elektronen (> 1000 eV) dem Molekulargewicht proportional — wobei allerdings Wasserstoff und seine Verbindungen eine Ausnahme bilden. Die Abb. 1 zeigt die differentielle Ionisierung in verschiedenen Gasen. Aus ihr leitet man durch Division mit der Anzahl der Stöße, die ein Elektron auf 1 cm Wegstrecke erleidet, die Ionisierungsausbeute (-Wahrscheinlichkeit) ab. Die *Ionisierungsfunktion*, d. i. die Anhängigkeit der Ausbeute von der Voltgeschwindigkeit, ist exakt 0 bis zur Ionisierungsspannung, steigt dann steil an und fällt nach einem Maximum bei einer Geschwindigkeit entsprechend ~ 100 V allmählich ab (Abb. 2). Eine anschauliche Erfassung

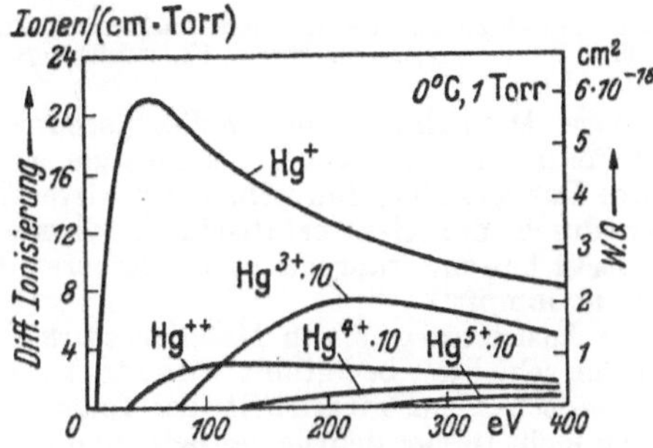

Abb. 2. Ionisierungsfunktionen verschiedener Hg-Ionen nach *Bleakney*.

der Ausbeute gibt der Begriff des *atomaren* → *Wirkungsquerschnitts* für Ionisation *(Ionisationsquerschnitt)*. Der maximale Ionisationsquerschnitt ist $^1/_{10}$ bis $^1/_{20}$ des gaskinetischen Querschnitts, während er für Mehrfachionisierungen noch erheblich kleiner ist. Noch kleiner sind die Querschnitte für die Ablösung innerer Elektronen (*K*- oder *L*-Ionisation), wozu Elektronenenergien von einigen 1000 bis 100000 eV erforderlich sind und wobei Emission der charakteristischen Röntgenstrahlung auftritt.

Obwohl die klassische Theorie nur für solche Stoßprozesse verwendbar ist, für die die → Elektronenwellenlänge klein gegen die Atomdimensionen ist, also für höhere Elektronenenergien, gibt sie doch den Verlauf der Ionisierung in großen Zügen richtig wieder. Beim Durchdringen der Elektronenhülle wechselwirken die Strahlelektronen mit den Atomelektronen. Bei kleinen Geschwindigkeiten reicht die Energie zur Ablösung nicht aus, während bei großen Geschwindigkeiten die Zeit der Wechselwirkung zu klein ist, um eine ausreichende Energie zu übertragen. Die Ionisation zeigt daher bei mittleren Geschwindigkeiten ein Maximum. Die Durchführung der klassischen Überlegungen [*Thomson, J. J.:* Phil. Mag. **23**, 449 (1912)] führt auf den Ausdruck $Q_i = (e^4/A^2)(A/A_i - 1)$ für den Ionisierungsquerschnitt (A Energie des Strahlelektrons, A_i Ionisierungsarbeit, e Elementarquantum in esE).

Die wellenmechanische Theorie faßt den Stoßvorgang auf als Beugung einer Welle im Felde des Atoms, wobei elastische und unelastische Stöße (Anregung und Ionisierung) sich dadurch unterscheiden, ob die Beugung ohne oder mit Wellenlängenänderung erfolgt. Als Ergebnis erhält man zunächst die Winkelabhängigkeit der Intensität der gestreuten Welle, aus der dann durch Integration die elastischen bzw. Anregungs- und Ionisationsquerschnitte berechnet werden. Mit Hilfe der Bornschen Näherung hat *Bethe* [Ann. Phys. **5**, 325 (1930)] für schnelle Elektronen (Geschwindigkeit ≫ Geschwindigkeit der Atomelektronen) die Ionisationsquerschnitte berechnet. Für langsame Elektronen liegen numerische Rechnungen von *Mott* und *Massey* (Theory of atomic collisions. Oxford 1933) vor.

III. Ionisation durch Ionen- und Atomstoß.

Während die Ionisierung durch Elektronenstoß experimentell und theoretisch gut durchforscht ist, sind unsere Kenntnisse über die Ionisierung durch Ionen- und Atomstoß wegen größerer experimenteller Schwierigkeiten, besonders beim Atomstoß, geringer. Über die Erzeugung der Ionen → Ionenquellen. Störend ist die → Umladung der Ionen, die aber andererseits ein Mittel bietet, Atomstrahlen definierter Geschwindigkeit herzustellen. Eine erhebliche Fehlerquelle bildet die Ionisation durch an Grenzflächen von den Ionen ausgelöste Sekundärelektronen.

Aus stoßkinetischen Gründen kann beim Zusammenstoß eines Ions oder Atoms der Masse m_1 mit einem ruhenden Atom der Masse m_2 nur der Bruchteil $m_2/(m_1 + m_2)$ der kinetischen Energie zur Anregung oder Ionisierung ausgenutzt werden, so daß ein Ion ein Atom gleicher Masse nur ionisieren kann, wenn seine kinetische Energie mindestens das doppelte der Ionisierungsarbeit beträgt. Tatsächlich sind die Einsatzspannungen das Mehrfache der Ionisierungsspannung, wie aus Versuchen von *Beek* und *Mouzon* [Phys. Rev. **38**, 967 (1931); Ann. Phys. (5) **11**, 737, 858 (1931)] über die Ionisation von Edelgasen durch Alkaliionen hervorgeht (Tabelle).

	Ne	Ar	Kr	X
Li^+	307	100	420	250 eV
Na^+	175	105	400	360
K^+	320	95	80	120
Rb^+	423	180	100	145
Cs^+	437	365	243	105

Die Einsatzspannung ist am kleinsten und die Ausbeute am größten für die Kombination eines Edelgases mit dem im periodischen System folgenden Alkaliion. Nach *Brasefield* [Phys. Rev. **41**, 394 (1932)] sind die Einsatzspannungen für die Ionisierung von He, Ne, Ar durch ihre eigenen Ionen: He 100, Ne 90 (150), Ar 55 (95) eV.

Langsame Ionen sind also wesentlich schlechtere Ionisatoren als Elektronen gleicher kinetischer Energie. Schnelle Ionen (Kanalstrahlen, Alpha- und Protonenstrahlen) ionisieren dagegen stärker als Elektronen gleicher Geschwindigkeit (→ differentielle Ionisierung).

Die Ionisation durch Atomstoß verläuft anders; die Ausbeute ist nahezu konstant und sinkt nur langsam bei größeren Geschwindigkeiten. Im eigenen Gas ist die Ionisation besonders stark. Es liegen Anzeichen dafür vor, daß die Ionisation bei dem theoretisch erwarteten Wert, der doppelten Ionisierungsspannung, einsetzt. — → α-Strahlen.

IV. Ionisation durch → Stöße 2. Art.

Sie erfolgt mit großer Wahrscheinlichkeit, wenn die Anregungsenergie des einen Stoßpartners nur wenig größer ist als die Ionisierungsenergie des im Grundzustand befindlichen anderen. Ein solcher Fall liegt für Neon mit den → metastabilen Niveaus s_3 und s_5 der Anregungsenergien 16,7 und 16,6 eV gegenüber Argon mit der Ionisierungsenergie 15,7 vor. Der Zusammenstoß zweier angeregter, metastabiler Atome führt praktisch immer zur Ionisierung des einen von ihnen.

Handb. d. Physik XXII/1, XXIII/2. Berlin 1933.

Ionisation in der Atmosphäre. Mittlere Ionisation über dem Festland in Bodennähe:

1. Durch radioaktive Stoffe in der Luft	α-Strahlen	etwa	4,6 I	(Ionenpaare je cm^3 u. s)
	β-Strahlen	„	0,2	
	γ-Strahlen	„	0,15	
2. Durch radioaktive Stoffe im Boden	β-Strahlen	„	0,1	
	γ-Strahlen	„	3,0	
3. Durch Ultrastrahlung in Bodennähe		„	1,5	
		Summe:	9,55 I	

Mittlere Ionisation über den Ozeanen (praktisch nur Ultrastrahlung wirksam) etwa 1,5 I

Mit zunehmender Höhe treten die radioaktiven Strahlungen rasch gegenüber der Ionisierung durch

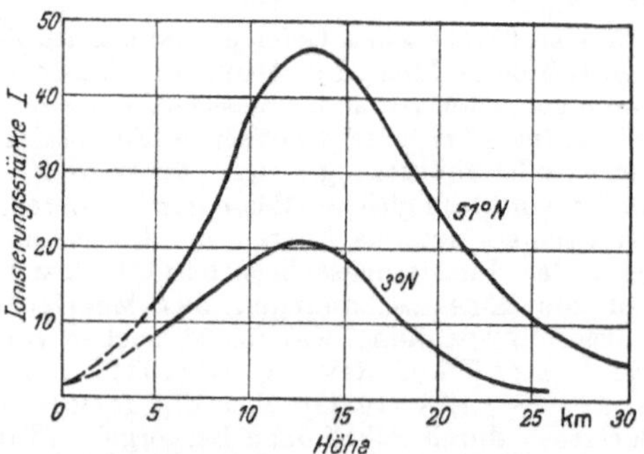

Ionisierungsstärke in Abhängigkeit von der Höhe für zwei magnetische Breiten nach den Ultrastrahlungswerten von *J. S. Bowen*, *R. A. Millikan* u. *H. V. Neher*: Phys. Rev. **52**, 80 (1937).

Ultrastrahlung zurück. Die Abb. gibt deren Ionisierungsstärke bis zu 30 km Höhe für zwei magnetische Breiten an (→ Ultrastrahlung).

Über die Ionenvernichtung → Wiedervereinigung. — Ferner → Ionisation in der Ionosphäre.

Ionisation von Atomen. Von einer bestimmten Grenze an zu höheren Energiewerten hin ist das Energiespektrum eines Atoms kontinuierlich. Es gibt keine absolut stationären Zustände oberhalb der Ionisationsenergie, die gleich dem Energieabstand des Grundterms von der unteren Grenze des kontinuierlichen Energiespektrums ist. Wird dem Atom im Grundzustand eine Energie zugeführt, die größer als die Ionisationsenergie ist, so können ein oder mehrere Elektronen das Atom verlassen. Sie lassen ein Ion zurück, dessen Ladungszahl gleich der Zahl der abgetrennten Elektronen ist. Diese Zahl heißt *Ionisierungsgrad*. Die durch Division mit der Elementarladung aus der Ionisationsenergie sich ergebende Spannung heißt Ionisationsspannung (Ionisierungsspannung).

Ionisation durch Elektronen → Ionisation, spezifische.

Ionisation an glühenden Metallen *(Langmuir-effekt).* Wenn die Ionisierungsarbeit V_i eines auf ein Metall auftreffenden Atoms kleiner ist als die Austrittsarbeit φ eines Elektrons aus dem Metall, kann das Atom bei genügend hoher Temperatur des Metalls als Ion abdampfen, ein Vorgang, der z. B. beim Auftreffen von Cs-Atomen mit $V_i = 3{,}86$ eV auf Wolfram mit $\varphi = 4{,}52$ eV beobachtet wird. Diese Erscheinung hängt mit den → Adsorptionsvorgängen von Fremdatomen an Metallen zusammen. Wenn $V_i < \varphi$, so befindet sich das System Metall–Atom in einem energetisch tieferen Zustand, wenn das Atom sein Valenzelektron an das Metall abgibt. Beim Auftreffen auf das Metall wird daher das Atom mit einer durch die Höhe und Breite der Potentialschwelle (Abb.) bedingten Wahrscheinlich-

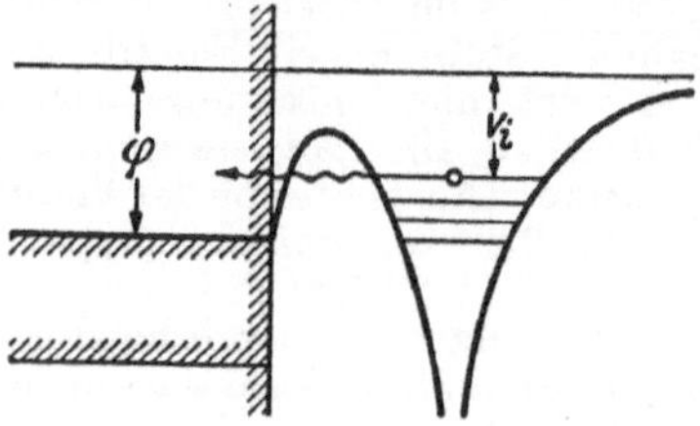

Ionisation eines Atoms an einer Metalloberfläche durch Tunneleffekt für $V_i < \varphi$. φ Austrittsarbeit, V_i Ionisierungsarbeit.

keit unter Mitwirkung des wellenmechanischen Tunneleffekts ionisiert, wobei die Energie $\varphi - V_i$ frei wird. Das gebildete Ion wird bei niederer Temperatur durch die elektrostatische Bildkraft am Metall festgehalten, während es bei höherer Temperatur abdampft.

Da die Austrittsarbeit von Metallen stark durch Oberflächenschichten beeinflußt wird, tritt die Beziehung zwischen Austrittsarbeit und Ionisierungsspannung nicht immer deutlich zutage, und es kommen scheinbare Abweichungen davon vor. Dieser Effekt kann zur Erzeugung von intensiven Ionenstrahlen benutzt werden (→ Ionenquellen).

de Boer, J.H.: Elektronenemission u. Adsorptionserscheinungen. Leipzig 1937.

Ionisation in der Ionosphäre wird hervorgerufen durch ionisierende Strahlung, die von außen in die hohe Atmosphäre einfällt und dort absorbiert wird. Ihre Hauptursache ist zweifellos das ultraviolette Licht der Sonne (Wellenstrahlung). Die Ionenproduktion durch UV weist in einer bestimmten Höhe ein Maximum auf, weil einerseits die Dichte der ionisierbaren Teilchen nach oben hin abnimmt, andererseits die ionisierende Strahlung durch Absorption um so schwächer wird, je tiefer sie eindringt. Der Ionisierung entgegen wirkt die → Rekombination bzw. → Anlagerung. Zwischen diesen Vorgängen stellt sich ein temporärer Gleichgewichtszustand ein, solange die ionisierende Strahlung wirksam ist. Für die Zahl der tatsächlich vorhandenen Ladungsträger ergibt sich qualitativ die gleiche Verteilung wie für die Ionenproduktion; man erhält eine „Schicht". Nach dem Aufhören der ionisierenden Strahlung fällt die Zahl der Ladungsträger je cm^3 nach dem Gesetz

$$N_t = N_0 \frac{1}{1 + N_0 \alpha t}$$

ab (N_0 Trägerdichte beim Aufhören der Strahlung, α Rekombinationskoeffizient, t Zeit). Das Auftreten mehrerer Schichten wird damit erklärt, daß verschiedene Gase bzw. Gase in verschiedenem Zustand (atomar, molekular) von verschiedenen Spektralbereichen des UV ionisiert werden. Welche Prozesse dies im einzelnen sind und ob die UV-Intensität der Sonne als schwarzer Strahler von rd. 6000 °K zur Erzeugung der beobachteten Trägerdichten ausreicht oder ob ein UV-Überschuß der Sonnenstrahlung von mehreren Zehnerpotenzen angenommen werden muß, darüber besteht noch keine allgemein anerkannte Ansicht. Üblicherweise nimmt man an, daß in Höhen über 130 km der Sauerstoff vollständig dissoziiert ist. In 100 km Höhe ist die dissoziierende Strahlung restlos absorbiert; man hat daher zwischen 130 und 100 km einen Übergang von 100% O zu 100% O_2. Innerhalb dieses Bereiches entsteht die E-Schicht durch Ionisierung des molekularen Sauerstoffs im ersten Ionisierungspotential (12,2 eV). Die F_1-Schicht wird der Ionisierung von atomarem Sauerstoff im 1. Ionisierungspotential (13,5 eV), die F_2-Schicht der von atomarem Sauerstoff im 2. und 3. Ionisierungspotential (16,9 und 18,5 eV) sowie von molekularem Stickstoff im 1. und 2. Ionisierungspotential (15,5 und 18,7 eV) zugeschrieben. Daneben wird die Auffassung vertreten, daß die F_1- und F_2-Schicht dem gleichen Prozeß entstammen und lediglich durch die verschieden rasche Rekombination in den verschiedenen Höhenbereichen getrennt werden. Der Ionisierungsmechanismus der D-Schicht ist noch vollständig unklar. Für die E-Schicht wird auch die Möglichkeit einer Ionisierung durch Photonen hoher Energie (Röntgenstrahlen) aus der Sonnenkorona diskutiert. Die wesentlichste Stütze für die Annahme einer solaren Wellenstrahlung als Ionisierungsursache sind der tages- und jahreszeitliche Gang der Trägerdichte und die → Sonnenfinsternisbeobachtungen.

Bates, D. R., u. *H. S. W. Massey:* Proc. Roy. Soc. A **187**, 261 (1946).

Im Gegensatz zu der Wellenstrahlung hat die Ionisierung durch Teilchenstrahlung einen durchaus unregelmäßigen Verlauf. Sie tritt nur auf, wenn die Erde in einen Strom von Teilchen gerät, die von der Sonne zeitweise emittiert werden. Da diese offenbar geladen sind, werden sie vom Magnetfeld der Erde so abgelenkt, daß sie in der Polarlichtzone auf die Erdatmosphäre treffen und dort charakteristische Wirkungen hervorrufen (→ Ionosphärensturm).

Chapman, S., u. *J. Bartels:* Geomagnetism I u. II. Oxford University Press (1940).

Auch Meteore hinterlassen bei ihrem Flug durch die Erdatmosphäre eine kurzlebige Spur (→ Meteorechos), die aber nur bei außergewöhnlich starken Schauern einen wesentlichen Beitrag zur Ionisierungsbilanz der Ionosphäre liefern. Ionisierung durch die kosmische Strahlung fällt wegen deren geringer Intensität gegenüber dem UV nicht ins Gewicht.

Hey, J. S.: Monthly Notices Roy. Astron. Soc. **109**, 179 (1949).

Verhältnis Elektronen/Ionen. Bei der Ionisierung entstehen in der Ionosphäre zunächst gleichviel Elektronen und positive Ionen. Es ist jedoch wahrscheinlich, daß durch → Anlagerung auch negative Ionen entstehen, die möglicherweise die Elektronen zahlenmäßig übertreffen. Das tatsächliche Verhältnis kann man aus den Echolotungen nicht bestimmen, wohl aber einen oberen Grenzwert dafür angeben, und zwar folgendermaßen: Aus dem Betrag der magnetischen Aufspaltung (→ Larmorfrequenz) geht hervor, daß *Elektronen* für die Dispersion der Ionosphäre verantwortlich sind. Da Ionen im Verhältnis Masse Ion zu Masse Elektron ($\approx 10^4$) weniger in die Brechzahl eingehen als Elektronen, so wäre ein Einfluß der Ionen von 50% erst dann vorhanden, wenn sie im gleichen Verhältnis zahlreicher wären als Elektronen. Da der Einfluß sicher unter 5% liegt, so kann das Verhältnis höchstens $\approx 10^3$ sein. Aus gaskinetischen Überlegungen, insbesondere der langsamen Rekombination, wird für die E-Schicht ein beträchtlicher Ionenüberschuß gefolgert. Für die F-Schicht dürfte das Verhältnis etwa 1 sein.

Goubau, G.: Hochfrequenztechn. u. Elektroak. **46**, 37 (1935).

Ionisation durch Mesonen und Protonen → Ionisation, spezifische.

Ionisation durch Röntgenstrahlen. Gase werden durch Röntgenstrahlen elektrisch leitend. Die Ursache der Leitfähigkeit ist eine Ionisation infolge von lichtelektrisch ausgelösten Elektronen. Die Anzahl primär durch die Röntgenstrahlen selbst erzeugter Ionen ist etwa ein Tausendstel der Anzahl sekundär durch die Photoelektronen ausgelöster Ionen. Der Elementarvorgang bei der Ionisierung durch Röntgenstrahlen läßt sich mit der → *Nebelkammer* untersuchen. Die Abb. zeigt eine Aufnahme von Photoelektronen, die durch ein eng ausgeblendetes Bündel Röntgenstrahlen in Luft ausgelöst wurden.

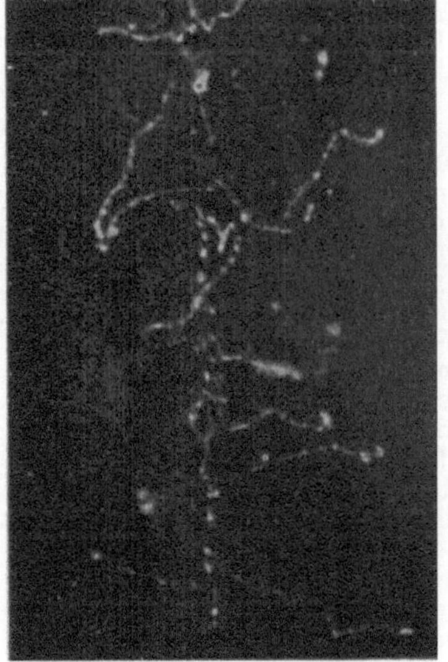
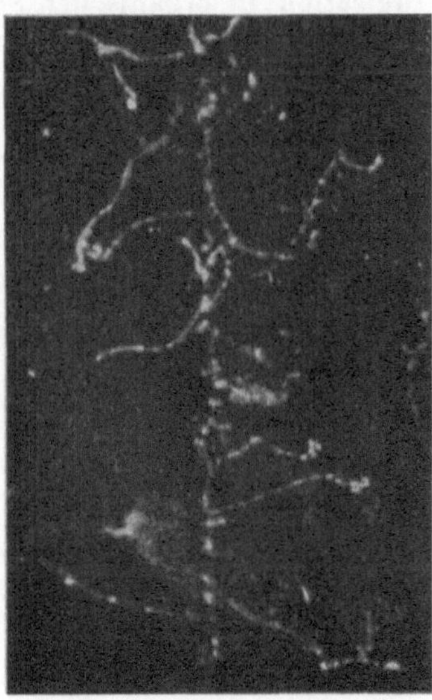

Durch Röntgenstrahlen ausgelöste Photoelektronen in Luft (stereoskopische Wilsonaufnahme). Die Röntgenstrahlen verlaufen von oben nach unten.

Zum quantitativen Erfassen der Ionen dient die *Ionisationskammer* (→ Intensitätsmessung im Röntgengebiet), in welcher durch ein elektrisches Feld im Meßraum die Ionen zu den Elektroden gezogen werden. Der Strom durch die Ionisationskammer gibt ein Maß für die in der Sekunde gebildete Anzahl Ionen. Durch eine gleichzeitige Bestimmung der absorbierten Energie nach einer kalorimetrischen Methode erhält man die zur Bildung eines Ionenpaares erforderliche Energie. Für Luft beträgt sie 33 eV je Ionenpaar unabhängig von der Wellenlänge, für Wasserstoff ist sie 2%, für Sauerstoff 9% kleiner, für Stickstoff 7% größer als für Luft.

Kirchner, F.: Allg. Physik der Röntgenstrahlen. Leipzig 1930. Handb. d. Physik XXIII/2. Berlin 1933.

Ionisation, spezifische. Die Zahl der von einem bewegten, geladenen Teilchen je cm Bahnlänge in Normalluft erzeugten Ionenpaare. Sie kann mittelbar aus Messungen mit geeigneten → Ionisationskammern oder Proportional-→Zählrohren oder unmittelbar durch direkte Auszählung in → Nebelkammeraufnahmen bestimmt werden. Die Ionisation ändert sich sehr stark mit der Masse und der Energie bzw. dem Impuls der ionisierenden Teilchen. Besonders wichtig für die Untersuchungen der kosmischen Strahlung sind die Unterschiede in der spezifischen Ionisation für Elektronen, Mesonen und Protonen hoher Energie. Nach den Nebelkammeraufnahmen von *Blackett*, *Wilson* und *Williams* ergibt sich: Die spezifische Ionisation der Elektronen steigt bei Zunahme der Impulsgröße von 1 auf 1000 MeV/c (c Lichtgeschwindigkeit) von etwa 35 Ionenpaaren je cm auf 65, die der Mesonen im Intervall 500 bis 10000 MeV/c von 40 auf 50 Ionenpaare je cm, während sie für sehr schnelle Protonen von 1000 MeV/c bei etwa 75 Ionenpaaren je cm liegt.

Gentner, Maier-Leibnitz u. *Bothe:* Atlas typischer Nebelkammerbilder. Berlin 1940. *Janossy:* Cosmic Rays. Oxford 1948. *Landolt-Börnstein:* Physikal., chem. u. techn. Zahlenwerte. Berlin 1949.

Ionisation in organischer Substanz. Für die treffertheoretische Analyse (→ Treffertheorie) der Wirkungen ionisierender Strahlen auf Organismen ist die Kenntnis der Ionisationseffekte in organischer Substanz von prinzipieller Bedeutung. Die hierfür wichtigen Konstanten wurden nicht nur aus Messungen an Modellsubstanzen (z. B. Öl), sondern meist durch Übertragung der Erfahrungen über die Ionisation in Luft und anderen Gasen auf die Verhältnisse im organischen Material gewonnen und sind darum mit gewissen Unsicherheiten behaftet. Die die Ionisation auslösenden Teilchen sind bei Röntgen- und Gammastrahlung durch photoelektrischen oder (bei kurzen Wellenlängen) Compton-Effekt aus den Atomen des Materials freigemachte Sekundärelektronen, bei Neutronen durch Zusammenstoß mit dem Wasserstoff des Materials beschleunigte *H*-Kerne (Rückstoßprotonen). Alpha- und Betastrahlen wirken unmittelbar durch ihre Teilchen, die im Gegensatz zu denen der anderen beiden Strahlen das Material in einer bestimmten Richtung (abgesehen von Streuung) durchsetzen. Die im folgenden gegebenen Tabellen der wichtigsten Daten sind dem unten zitierten Buch von *Timofeeff-Ressovsky* und *Zimmer*, z. T. mit kleinen Änderungen, entnommen. Ihre nähere Begründung und weitere Einzelheiten müssen dort nachgelesen werden. Die *Zahl I der Ionisationen* je cm³ biologischen Materials durch eine int. Röntgeneinheit sowie der durchschnittliche *Abstand b der Ionisationen* entlang der Teilchenbahn (Wellenlängen in Å, Energie in keV) gibt die Tabelle 1.

Tabelle 1.

			$I \cdot 10^{-12}$	b
Betastrahlen			1,74	166 mμ
Gammastrahlen	0,014 Å ≙	880 keV	1,74	67
Röntgenstrahlen	0,15	82	1,70	15,8
„ (CuK)	1,5	8,2	1,30	6,7
„ (AgL)	4,1	3,0	1,54	3,7
„ (AlK)	8,3	1,5	1,52	1,4
Rückstoßprotonen durch schnelle Neutronen			1,72	0,91
Alphastrahlen			2,63	0,26

Die mittlere *Reichweite* der Sekundärelektronen von Röntgenstrahlen im biologischen Material resultiert aus der der Photo- (Rp) und der Comptonelektronen (Rc), entspricht also einem sehr heterogenen Gemisch (Rg) beider, dessen Mischungsverhältnis von der Wellenlänge λ der Strahlung abhängt. Für die Trefferanalyse ist daher die relative, integrale Reichweite (Ri) aller erzeugten Sekundärelektronen oft am brauchbarsten (Tabelle 2). Die Reichweite von α-Strahlung im Gewebe ergibt sich zu $R_{Luft} \cdot 1{,}1 \cdot 10^{-3}$, beträgt also z. B. bei der Strahlung von Ionium etwa 35 μ, bei der von Radon etwa 45 μ.

Tabelle 2.

λ [Å]	keV	Rp	Rc	Rb	Ri
0,360	34	23 μ	2,1 μ	21 μ	1,5*
0,304	41	34	3,1	27,8	1,6
0,182	68	70	7,7	38,8	1,4
0,148	84	95	12,3	36,9	1,1
0,143	87	108	14,1	38,5	1,0
0,085	145	180	45,0	57,2	1,1
0,046	268	640	262	202	2,7
0,031	397	1240	618	618	4,0
0,021	585	2790	1520	1520	6,5

* Willkürliche Einheiten.

Wegen der zufallsgemäßen Verteilung der Zusammenstöße der Teilchen mit den Atomen des durchsetzten Materials sind auch die Ionisationen ungleichmäßig auf der Teilchenbahn verteilt, und *b* stellt nur einen Mittelwert über die ganze Bahnlänge dar. Gegen Ende der Bahn wird wegen der Bremsung des Teilchens der Abstand der Ionisationen geringer, so daß diese dort dichte Pakete (Ionisationsschwänze) bilden. Aber auch

Tabelle 3.

keV	Zahl der Ionisationen je Häufchen in O_2	H_2
96	4,2	2,0
169	3,6	1,9
251	3,4	1,8
443	2,7	1,5

schon eher kommt es auf der Bahn gelegentlich zur Bildung von energiereicheren Tertiärelektronen (δ-Strahlen), welche dichte Ionenhaufen auf ihrer relativ kurzen Zweigbahn erzeugen. Die Anzahl solcher größeren Haufen in 1 cm³ Substanz ist

$$\approx I/j\, 2 \ln[T/(BZ)] \approx \frac{1{,}7 \cdot 10^{12}}{15\, j},$$

wobei j (> 3) die Zahl Ionenpaare je Haufen, T die Teilchenenergie (z. B. ≈ 10^5 eV bei mittelharten Röntgenstrahlen), $B \approx 11{,}2$ eV die mittlere Bindungsenergie der Elektronen und $Z \approx 4$ die mittlere Ordnungszahl des Materials bedeutet. Außer diesen großen Inhomogenitäten der Ionisationsverteilung sind aber noch geringere zu berücksichtigen, insofern als die Ionisationen meist nicht einzeln auf der Bahn, sondern in Gruppen von 2 und 3 zusammenliegen, die auf je eine primäre Ionisation zurückgehen. Die mittlere Größe dieser *Ionenhäufchen* nimmt mit steigender Teilchenenergie ab (Tabelle 3). Die in Tabelle 1 gegebenen b müssen daher mit dem Faktor 2 bis 3 multipliziert werden, falls das → Treffereignis ein Ionisationshäufchen bzw. primäre Ionisation darstellt. Außer den Ionisationen veranlassen die Strahlenpartikel noch *Anregungen*, deren Zahl etwa das Ein- bis Zweifache der Ionisationen beträgt, die aber bisher in den treffertheoretischen Analysen kaum berücksichtigt worden sind.

Timofeeff-Ressovsky, N. W., u. *K. G. Zimmer:* Das Trefferprinzip in der Biologie. S. Hirzel 1947. *Fano, U.:* Nature **151**, 698 (1943).

Ionisation durch α-Strahlen → α-Strahlen.

Ionisationsarbeit, -energie eines Atoms oder Moleküls, die Mindestenergie, die erforderlich ist, um von ihnen ein Elektron abzutrennen.

Bedeutet J_m die Ionisationsarbeit, D_n die Dissoziationsarbeit eines neutralen Moleküls, J_a die Ionisationsarbeit eines ihm angehörigen neutralen Atoms, D_i die Dissoziationsarbeit des ionisierten Moleküls, so gilt $D_n + J_a = D_i + J_m$. Aus dreien dieser Größe kann man die vierte berechnen.

Ionisationsdichteeffekte biologischer Strahlenwirkungen. Bei Reaktionen von Organismen auf ionisierende Strahlen, die durch Treffer in kleinen, sensiblen Bereichen ausgelöst werden, wobei der Treffer eine Mindestenergie U im Treffbereich abgeben muß, damit die Reaktion erfolgt, hängt die Wahrscheinlichkeit des Effektes von der mittleren Dichte der Ionisationen auf der Teilchenbahn ab. Denn beim Durchgang eines Teilchens (z. B. eines Röntgen-Sekundärelektrons) durch den Treffbereich finden bisweilen mehrere Ionisationen in diesem statt, und die Wahrscheinlichkeit hierfür ist um so größer, je geringer der durchschnittliche Ionisationsabstand b entlang der Bahn ist (→ Ionisation in organischer Substanz). Falls die benötigte Energie U *größer* als die einer Ionisation ($E \approx 32{,}5$ eV) ist, so wird bei gleicher Dosis, also gleicher Zahl Ionisationen in 1 cm³, die Wahrscheinlichkeit eines wirksamen Durchgangs, d. h. die Trefferwahrscheinlichkeit, um so größer sein, je kleiner der Ionisationsabstand b, je größer also z. B. die Röntgenstrahlwellenlänge ist. Bei echten Mehrtrefferreaktionen (→ Trefferzahl), bei denen die Energie der Einzeltreffer summiert wird, sind um so weniger Treffer nötig, je kleiner b ist, da ein Treffer bei kleinen Ionisationsabständen mehr Ionisationen, also auch mehr Energie erzeugt als bei großen. Wegen der größeren Wirksamkeit hoher Konzentration der Ionen auf der Bahn spricht man in diesen Fällen von → *Konzentrationseffekt*. Eine geringere Wirksamkeit kleinerer b, also eine Umkehrung des Effekts tritt ein, wenn ein Durchgang mehr Energie liefert als der Reaktionsstart benötigt. Dann ist der Treffbereich schon durch *einen* Treffer an Energie gesättigt (→ Sättigungseffekt) und ein Teil der Ionisationen überflüssig. Mit Abnahme von b wird der Anteil überschüssiger und daher unwirksamer Ionisationen größer, und da dieser Anteil bei der Dosismessung mitgezählt wird, nimmt die Wirksamkeit einer Dosiseinheit ab. Die Trefferzahl bleibt bei so kleinem b unbeeinflußt gleich 1, da jeder Treffer Energiesättigung erzeugt. Gefundene formale → Trefferzahlen entsprechen hier der Anzahl M getrennter → Treffbereiche je Individuum. In den Fällen $U < E$ (z. B. → Genmutation von Drosophila) schließt sich an das von der Ionisationsdichte unabhängige Gebiet großer b unmittelbar das Sättigungsgebiet bei kleinem b an, während bei $U > E$ sich erst das Gebiet des Konzentrationseffektes dazwischenschiebt.

Rajewski, B., u. *M. Schön:* Biophysik I. Naturwiss. u. Medizin in Deutschland 1939/46. Wiesbaden 1948.

Ionisationsgrad, die Zahl der von einem neutralen Atom abgespaltenen Elektronen. Er wird bei 1- bis 2facher Ladung des entstehenden positiven Ions meist in der Form H^{+}, O^{++}, bei höheren Graden in der Form Fe^{VI} usw. angegeben.

Ionisationskammer. Das Prinzip der Ionisationskammermessungen besteht darin, daß von den in einem abgeschlossenen Gasvolumen durch ionisierende Strahlung gebildeten Ionenpaaren vermöge eines elektrischen Feldes die Ionen des einen Vorzeichens an die Wand oder eine Hilfselektrode und die des anderen Vorzeichens über eine Auffangelektrode zu einem Elektrometer geführt und dort gemessen werden. Das elektrische Feld, welches so stark sein muß, daß es zum Abscheiden aller gebildeten Ionen ausreicht (Sättigung), wird entweder durch vorherige Aufladung des Elektrometers, das sich dann allmählich entlädt (Entlademethode, Abb. a, b), oder durch eine konstante Hilfsspannung zwischen Kammerwand und Elektrometer erzeugt. Im ersten Fall kann das Elektrometersystem selber als Auffänger dienen und innerhalb der Kammer angeordnet sein; im letzteren Fall dagegen wird das außerhalb der Kammer liegende Elektrometer durch die Abscheidung der Ladungen aufgeladen (Auflademethode, Abb. c). Die nach dem

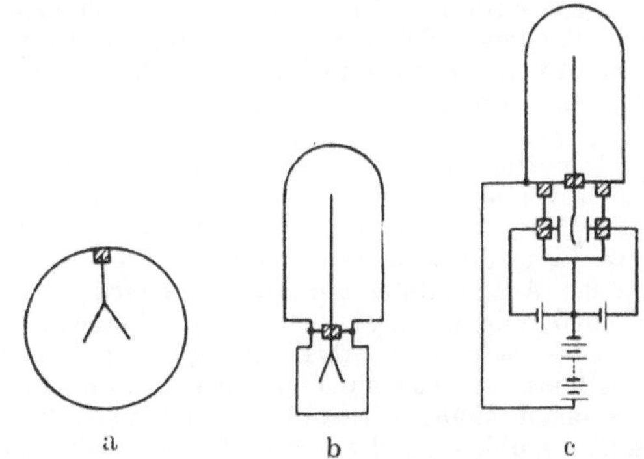

Ionisierungskammer a mit eingebautem Elektrometer, b mit angebautem Elektrometer, c mit angebautem Elektrometer und Hilfsfeld.

erstgenannten Prinzip arbeitenden Geräte zeichnen sich durch besondere Einfachheit und Handlichkeit aus, haben aber, weil ohne Hilfsfeld arbeitend, nur eine beschränkte Empfindlichkeit. Die nach dem Aufladeverfahren arbeitenden Apparaturen vermeiden den Nachteil, daß der Isolator des Elektrometers auf hohe Spannungen beansprucht wird. Durch Hilfsvorrichtungen kann sogar eine vollständige Kompensation der durch die Strahlung bewirkten Aufladung erreicht werden. Diese Kompensation beruht auf der Erzeugung einer gleich großen Gegenladung entweder mittels Influenzierung von Ladungen oder durch eine auf Gegenspannung liegende und radioaktiv bestrahlte kleine Gegenkammer. Die dann mögliche Verwendung sehr empfindlicher Elektrometer oder von Röhrenelektrometern gestattet die Erreichung sehr großer elektrischer Empfindlichkeiten bis zum Nachweis von Einzeleffekten.

Zur Verstärkung der Ionisierung wird die Kammer mit Füllgasen größerer Dichte und höheren Druckes beschickt. Dadurch wird gleichzeitig der relative Anteil des meist von α-Teilchen aus den Kammerwänden herrührenden inneren → Restganges der Apparatur an der Gesamtionisation herabgesetzt. Allerdings ist dabei zu beachten, daß mit zunehmendem Druck die Sättigung wegen mangelnder Ionenbeweglichkeit auch bei hohen Feldstärken immer schwerer und schließlich gar nicht zu erreichen ist. Deshalb werden insbesondere reine Edelgase zur Füllung verwendet.

Der Quotient aus abgeschiedener Ladung einerseits und Volumen mal Zeit andererseits dient als Maß für die Stärke der diesen Ionenstrom erzeugenden Strahlung. Unter 1 I als Maßeinheit versteht man dabei die Erzeugung von einem Ionenpaar je s und cm^3 Normalluft. Zur Reduktion der in anderen Gasen gemessenen Ionisation auf Normalluft als Normalfüllgas ist es notwendig, den Verstärkungsfaktor für dieses Gas bei dem betreffenden Druck und der benutzten Feldstärke gegenüber voller Sättigung bei Normalluft experimentell zu bestimmen. Der Restgang muß gesondert gemessen werden (Bergwerk, tiefe Seen). Mit solchen Hochdruckionisationskammern gelingt es, die Messung der kosmischen Strahlung im Meeresniveau ($\sim$ 2 I) bei Summierung über eine Stunde mit einer Genauigkeit von einigen $^0/_{00}$ vorzunehmen. Andererseits ermöglicht eine solche Kammer in Verbindung mit Röhrenelektrometern auch den Nachweis von besonders großen Einzeleffekten, wie z. B. des plötzlichen gemeinsamen Durchgangs mehrerer Korpuskeln bei den → Schauern und → Hoffmannschen Stößen. Auch können dann mehrere solche Anordnungen zu Koinzidenzanordnungen verbunden werden.

Die Ionisationskammer wird mit besonderem Vorteil dort verwendet, wo es sich um die möglichst genaue Messung von Strahlungsintensitäten über längere Zeiträume handelt, ohne daß dabei eine räumliche Ausblendung der ankommenden Strahlung notwendig ist. Das → Zählrohr dagegen erweist seine besondere Stärke in der Möglichkeit, Einzeleffekte zu messen und durch Koinzidenzanordnungen saubere Strahlenbündel und Richtungen auszublenden. Dadurch können solche Anordnungen wesentlich freier von Störstrahlen gemacht werden, als dies bei Ionisationskammern der Fall ist.

Kohlrausch, F.: Prakt. Physik II. Leipzig u. Berlin 1950.

Ionisationsmanometer. Mißt man an einer normalen 3-Elektrodenröhre (Triode), die nicht völlig

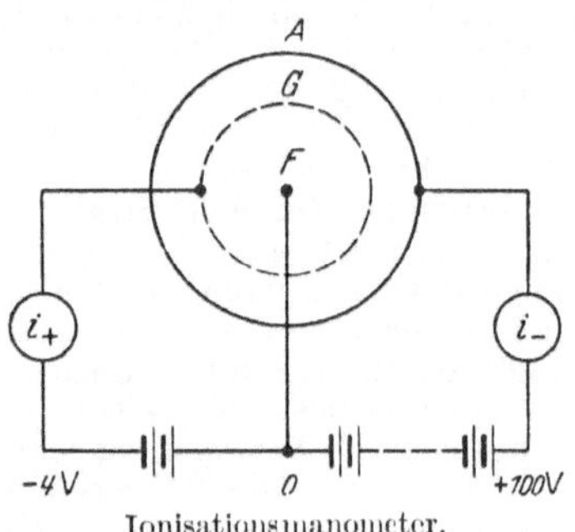

Ionisationsmanometer.

evakuiert ist, den Gitterstrom i_+ und den Anodenstrom i_- (Abb.), so können Elektronen, die von dem heißen Glühfaden F (meist einem Wolframfaden) ausgehen, durch den Gasraum auf den positiven Anodenzylinder A gelangen, das negativ geladene Gitter G jedoch nicht erreichen. Sie erzeugen aber auf ihrem Wege durch den Gasraum durch Stoß positive Ionen, die auf das negativ geladene Gitter G gelangen. Das Verhältnis des mit einem empfindlichen Galvanometer zu messenden Gitterstromes i_+ und des zum Anodenzylinder gelangenden Elektronenstromes i_- ist also ein Maß für die Stoßwahrscheinlichkeit und damit für den im Gasraum vorhandenen Druck. Dieser soll nicht höher als 10^{-3} Torr sein, da sonst die Gefahr besteht, daß der Wolframfaden durchbrennt. Nach niedrigen Drucken zu reicht der Meßbereich bis zu den niedrigsten erreichbaren Drucken. Als Ionisationsmanometermeßröhren werden sowohl in der Radiotechnik übliche Triodensysteme verwendet als auch spezielle Meßröhren, wo bei letzteren der Anschluß für die die Ionen sammelnde Elektrode möglichst hoch isoliert herausgeführt wird. Spezielle Ausführungsformen sind das → Philips-Vakuummeter und das → Alphatron.

Blears, J.: Proc. Roy. Soc. A **188**, 62 (1946).

Ionisations-, Ionisierungsspannung eines Atoms ist die Spannung, die ein einfach geladenes Teilchen, z. B. ein Elektron, frei durchlaufen muß, um diejenige Energie zu gewinnen, die zur Ionisierung des Atoms, d. h. zur Abtrennung eines Elektrons aus seiner Hülle, erforderlich ist. Ihr Produkt mit der Elementarladung ist die Ionisationsarbeit des Atoms.

Ionisationsstoß → Stoßionisation, → Hoffmannsche Stöße.

Ionisationstemperatur von Sternen, wird berechnet aus dem Intensitätsverhältnis der Linien neutraler und ionisierter Atome nach der Eggert-Saha-Gleichung (→ thermische Ionisation). Für die Sonne ergibt sie sich zu 6180 °K (gegenüber einer effektiven Temperatur von 5713 °K). → Sterntemperaturen.

Ionisierung, das gleiche wie → Ionisation. Sofern man aber einen Unterschied machen will, kann unter Ionisierung der Vorgang verstanden werden, der eine Ionisation (Zustand) hervorruft.

Ionisierungskarten. Darstellung der örtlichen und zeitlichen Variation der → Elektronendichte in den verschiedenen Schichten der Ionosphäre. Man trägt als Abszisse die Tageszeit von 0 bis 24 h und als Ordinate die geographische Breite von 90° N bis 90° S auf und zeichnet Linien gleicher Elektronendichte bzw. gleicher → Grenzfrequenzen ein (ähnlich den Isobaren in Wetterkarten). Parallele zur Abszisse ergeben dann den Tagesgang für eine bestimmte geographische Breite, Parallele zur Ordinate die Breitenabhängigkeit für eine bestimmte Tageszeit. Eine Vertauschung von Zeit und geographischer Länge ist für die F_2-Schicht wegen der → Längenabhängigkeit der Ionosphäre nicht ohne weiteres möglich. Man muß vielmehr für jede Zone (→ Längenabhängigkeit) eine eigene Karte entwerfen. Zur Zeichnung benötigt man naturgemäß ein genügend dichtes Netz von Beobachtungsstationen, das in vielen Teilen der Erde bereits vorhanden ist.

Ionisierungskoeffizient → Ionisierungszahlen.

Ionisierungsstärke → Ionisation in der Atmosphäre, → Wiedervereinigung der Luftionen.

Ionisierungszahlen, *-koeffizienten (Townsendsche Stoßzahlen),* beziehen sich auf die Ionisation durch Elektronen oder Ionen, die sich unter dem

Einfluß eines elektrischen Feldes in einem Gas mit konstanter Driftgeschwindigkeit bewegen. α bzw. β ist die Zahl der von einem Elektron bzw. Ion je cm Weg erzeugten Trägerpaare. Nach *Townsend* läßt sich α abschätzen aus der Verteilung der freien Weglänge λ, $w(x) = \exp(-x/\lambda)$, unter der zusätzlichen Annahme, daß das Elektron ionisiert, wenn es auf einem Freiflug zwischen zwei Zusammenstößen vom Felde E mindestens die Ionisierungsenergie eU_i aufgenommen hat: $exE \geq eU_i$ (U_i Ionisierungsspannung). Es ergibt sich

$$\alpha = \frac{1}{\lambda} e^{-\frac{U_i}{\lambda E}}.$$

Tatsächlich läßt sich die gemessene Ionisierungszahl über große Bereiche empirisch durch die *Townsendsche Formel*

$$\frac{\alpha}{p} = A e^{-\frac{Bp}{E}}$$

darstellen. Die Tabelle enthält die Werte von A und B einiger Gase.

	A [$cm^{-1} \cdot Torr^{-1}$]	B [$V \cdot cm^{-1} \cdot Torr^{-1}$]	Gültigkeitsbereich E/p [$V \cdot cm^{-1} \cdot Torr^{-1}$]
Luft	8,8	255	40 ... 150
N_2	7,0	273	40 ... 150
H_2	5,1	132	30 ... 1000
He	2,9	39	25 ... 200
Ar	2,8	34	100 ... 600

Die Messung von β ist schwierig, da es um Größenordnungen kleiner ist als α und daher von der Ionisation durch stets vorhandene Elektronen überdeckt wird. → Stoßionisation.

Ionium, Io, Thoriumisotop der → Uran–Radium-Reihe mit der Massenzahl 230. Es zerfällt unter Aussendung von α-Strahlen, deren Energie 4,68 MeV beträgt, mit einer Halbwertszeit von $8{,}3 \cdot 10^4$ Jahren in Radium. Seine Muttersubstanz ist das Uran II. Erstmalig wurde es 1906 von *Boltwood* aufgefunden.

Meyer-Schweidler: Radioaktivität. Berlin u. Leipzig 1927. *Przibram, K.:* Radioaktivität, Samml. Göschen 317. Berlin u. Leipzig 1932.

Ionosphäre, der oberste Teil der Atmosphäre, in dem durch extraterrestrische Strahlung die Gase zu einem merklichen Bruchteil ionisiert sind; beginnt bei etwa 60 km und reicht bis an die Grenze der Lufthülle der Erde. Sie umfaßt mehrere Schichten und vermag elektrische Wellen abzulenken und u. U. zu reflektieren. Frühere Bezeichnung: *Heaviside-Schicht.* Wichtigste Daten für 50° nördl. Breite s. die Tabelle.

→ D-, → E-, → F-Schicht, → Ionisation in der Ionosphäre.

Zenneck, J.: Ionosphäre. Ergebn. exakt. Naturw. 22. Berlin 1949.

Ionosphärensturm, Störung der → Ionosphäre, offenbar hervorgerufen durch Ströme geladener Korpuskeln von der Sonne. Diese werden vom Erdmagnetfeld so abgelenkt, daß sie bevorzugt in hohen Breiten (Polarlichtzonen) auf die Erdatmosphäre auftreffen. Dabei entstehen gleichzeitig durch Anregung Lichterscheinungen (→ Nordlicht) und durch Ladungsverschiebungen als sekundärer Effekt Schwankungen des → erdmagnetischen Feldes (magn. Stürme). Die Wirkung der Ionosphärenstürme ist nicht auf hohe Breiten beschränkt, sondern reicht vielfach bis zum Äquator. Die Erscheinungsform variiert erheblich mit der Intensität des Sturmes und der geogr. Breite. In gemäßigten Breiten beobachtet man bei Stürmen, die tagsüber beginnen, häufig zunächst eine positive Phase mit einer Zunahme und anschließend eine negative Phase mit einer Abnahme der Elektronenkonzentration und einer Zunahme der Schichthöhe und -dicke. In äquatorialen Breiten überwiegt die positive Phase, in polnahen die negative. Stürme, die nachts beginnen, haben in gemäßigten Breiten offenbar nur eine negative Phase. Ein besonderes Kennzeichen der polaren Form ist eine starke, aber flüchtige Zunahme der Elektronenkonzentration in und oberhalb der E-Schicht (→ Nordlicht-E-Schicht). Bei sehr schweren Stürmen tritt u. U. so starke Absorption durch Zunahme der Ionisation in der unteren Ionosphäre (D-Schicht) auf, daß keinerlei Reflexionen mehr zurückkommen (black-out). Nach starken Stürmen dauert es 1 bis 2 Tage, bis der Normalzustand wieder erreicht ist. Gelegentlich wiederholen sich Ionosphärenstürme in Perioden von rd. 27 Tagen entsprechend der Sonnenrotation. Ihre Häufigkeit beträgt in mittleren Breiten 2 bis 3 je Monat, schwankt aber in weiten Grenzen und nimmt nach hohen Breiten stark zu.

Die drahtlose Nachrichtenübermittlung auf Kurzwellen wird durch Ionosphärenstürme vor allem auf Strecken, die durch hohe Breiten führen, stark beeinträchtigt. Dabei fallen wegen der Abnahme der Elektronenkonzentration die hohen Frequenzen des sonst brauchbaren Wellenbereiches aus. In niederen Breiten beobachtet man dagegen entsprechend der positiven Phase oft eine auffallende Verbesserung des Funkverkehrs. Bei black-out's kommt der gesamte Kurzwellenweitverkehr zum Erliegen. In der Polarlichtzone werden beim Auftreten der Nordlicht-E-Schicht gelegentlich sehr hohe Frequenzen (bis zu 150 MHz) reflektiert. — Eine umfassende Theorie der Ionosphärenstürme fehlt noch.

Iontophorese → Kataphorese.

Iph, Symbol für die Einheit Internationales Phot für die spezifische Lichtausstrahlung (→ Phot, → Lichteinheiten, Internationale).

Irdisches Maßsystem, neuerdings gelegentlich benutzte, aber wenig glückliche Bezeichnung des

Schicht	D	E	F_1	F_2
Höhe [km]	70	120	220	300
Teilchendichte [cm^{-3}]	$5 \cdot 10^{18}$	$6 \cdot 10^{12}$	10^{11}	$2 \cdot 10^{10}$
Grenzfrequenz [MHz]	?	0,5—4	5—7	1,5—14
Elektronendichte [cm^{-3}]	?	$3 \cdot 10^3$—$2 \cdot 10^5$	$3 \cdot 10^5$—$6 \cdot 10^5$	$2{,}8 \cdot 10^4$—$2{,}5 \cdot 10^6$
Höhe der homogenen Atmosphäre H [km]	6 ?	10	30	50—70
Stoßzahl [s^{-1}]	10^7	10^5	10^4	$2 \cdot 10^3$
Rekombinationskoeffizient [$cm^3 \cdot s^{-1}$]	?	1—$2 \cdot 10^{-8}$	$4 \cdot 10^{-9}$	$5 \cdot 10^{-11}$
Verhältnis der Elektronendichte Sonnenflecken-Min./Max. (1933/1938)	?	1 : 1,5	1 : 1,56	1 : 4

technischen mechanischen Maßsystems mit den Grundgrößen Länge, Zeit, Kraft.

Iris, vor die Linse des Wirbeltier- und Tintenfischauges geschaltetes und die → Pupille umschließendes, auch als Regenbogenhaut bezeichnetes System pigmentierter Muskelfasern mit Blendenfunktion. Der Aufbau der Iris der Wirbeltiere ist durch zwei antagonistisch wirkende Muskeln, den die Pupille zirkulär umlaufenden Sphinkter und den radial von ihr ausstrahlenden Dilatator bewirkt. Die Verkürzung der Sphinkterfasern und die Erschlaffung des Dilatatorsystems bei Erhöhung, der umgekehrte Vorgang bei Verminderung der Intensität bewirken die Veränderungen der Pupillenweite bei Beleuchtungswechsel (→ Adaptation), deren Durchmesser beim Menschen zwischen 8 und 2 mm schwanken kann (Abnahme des Hell- wie Dunkel-Durchmessers mit zunehmendem Alter). Ebenso ist eine Pupillenverengerung mit der die → Akkommodation begleitenden Konvergenzbewegung der Augen bei Naheinstellung (Fixieren) verknüpft.

Irisblende, eine aus einzelnen übereinandergreifenden Sektoren gebildete Blende. Durch Drehen eines Ringes lassen sich die Sektoren gemeinsam so bewegen, daß in der Mitte immer ein angenähert kreisförmiges Loch von veränderlichem Durchmesser frei gelassen wird.

Irisierende Wolken, Beugungserscheinung in Wasser- und Eiswolken, auch in größeren Abständen (bis über 15°) von Sonne oder Mond als die eigentlichen → Kränze. Infolge der wechselnden Tropfengröße meist unregelmäßige Farbenfolge, die nicht in konzentrischen Ringen um die Sonne, sondern parallel den Wolkenrändern angeordnet ist (→ Perlmutterwolken).

Irradiation, Abweichungen von einer punktförmigen Strahlenvereinigung auf der Netzhaut, die sowohl durch → Aberration als auch durch mehrfache Strahlenreflektion an innerokularen Flächen, Rückstrahlung an der Netzhaut und Lichtzutritt durch die (nichttransparenten Teile der) Augenwandung verursacht werden. Die Irradiation führt zu Sinnestäuschungen, z. B. dem Größererscheinen heller Objekte gegenüber gleichgroßen dunklen und der Unterdrückung hell begrenzter dunkler Bezirke. Die objektive Irradiation ist ausgedehnter als die subjektive, da die (progressiv lichtschwächere) Peripherie der Zerstreuungskreise schließlich unter die Reizschwelle der Sinneszellen fällt. Eine gewisse Kompensation der Irradiation bewirken ferner die → Kontrasterscheinungen.

Irrationalzahlen, Zahlen r, die nicht in der Form $r = p/q$ (p, q ganzzahlig) darstellbar, also nicht der Quotient zweier ganzer Zahlen p und $q \neq 0$ sind. Beispiele sind alle unendlichen nichtperiodischen Dezimalbrüche, alle „Wurzeln" $\sqrt[n]{a}$, sofern nicht a die n-te Potenz einer rationalen Zahl r ist, usw.

Perron, O.: Irrationalzahlen. Berlin 1947. *v. Mangoldt-Knopp:* Höhere Mathematik I. Leipzig 1948.

Irreduzible Darstellung. Eine → Darstellung heißt irreduzibel, wenn der zugehörige Darstellungsraum irreduzibel ist, d. h. keine Teilräume besitzt, die von den Operatoren der Darstellung invariant gelassen werden.

Irreduzible Säkulargleichung. In der → Störungstheorie der Quantenmechanik erhält man bei der Berechnung der Aufspaltung eines entarteten Eigenwertes durch eine Störung V für die Aufspaltung ε die → Säkulargleichung

$$|V_{ik} - \varepsilon\,\delta_{ik}| = 0.$$

Sie entspringt aus dem Problem, Vektoren $\psi = \sum_i a_i\,\varphi_i$ zu finden, für die $\sum_k V_{ik}\,a_k = \varepsilon\,a_i$ ist, wobei die φ_i die zu dem entarteten Eigenwert gehörigen Eigenfunktionen sind. Gestattet nun der Operator V eine Symmetriegruppe, so erhält man in dem durch die φ_i aufgespannten Teilraum eine → Darstellung dieser Symmetriegruppe, die man in ihre irreduziblen Bestandteile zerlegen kann. Man kann nun statt der φ_i eine neue Basis φ'_i einführen, die dieser Ausreduktion angepaßt ist. In dieser Basis sind nur diejenigen Matrixelemente

$$(\varphi'_i,\ V\varphi'_j) = V'_{ij} \neq 0,$$

für die φ'_i und φ'_j zwei äquivalente Vektoren äquivalenter Darstellungen sind. Die Säkulargleichung zerfällt damit in lauter „irreduzible" Teile, und zwar gehören zu jeder irreduziblen Darstellung so viel gleiche irreduzible Säkulargleichungen, wie der Grad der Darstellung beträgt. Der Grad der irreduziblen Säkulargleichungen wiederum ist gleich der Vielfachheit, mit der eine bestimmte irreduzible Darstellung bei der Ausreduktion auftritt. Kommt also jede irreduzible Darstellung nur einmal vor, so ist der Grad der irreduziblen Säkulargleichungen gleich 1, d. h. in der neuen Basis φ'_i hat dann die Säkulardeterminante nur Diagonalglieder.

Irreduzibler Teilraum. Die Aussage der Irreduzibilität bezieht sich immer auf einen Vektorraum $\mathfrak{R}$ mit einem System $\sum$ von Operatoren. Ein invarianter Teilraum $\mathfrak{r}$ ist ein solcher, dessen Vektoren (Elemente) durch die Operatoren von $\sum$ wieder in Vektoren aus $\mathfrak{r}$ übergeführt werden. Ein Teilraum heißt irreduzibel, wenn er selber keine invarianten Unterräume mehr besitzt.

Irreversibel → reversible Vorgänge.

Irreversible Ausdehnung von Gasen, die Ausdehnung eines Gases ins Vakuum (also ohne äußere Arbeitsleistung und Wärmezufuhr von außen). Diese Ausdehnung ist irreversibel, da die Entropie des Gases bei diesem Vorgang zunimmt.

Isabellin, eine → Widerstandslegierung.

Isb, Symbol für die Einheit Internationales → Stilb der Leuchtdichte (→ Lichteinheiten, Internationale).

Isenerge, Kurve in einem Zustandsdiagramm, die Punkte gleicher innerer Energie verbindet.

Isenthalpe *(Drossellinie)*, Kurve in einem Zustandsdiagramm, die Zustände gleicher Enthalpie $I = U + pV$ verbindet. Eine isenthalpe Zustandsänderung tritt ein, wenn ein strömender Stoff ohne Leistung äußerer Arbeit und ohne Wärmeaustausch mit der Umgebung entspannt wird (→ Drosselung, → Joule-Thomson-Effekt). Die Zustandsänderung ist irreversibel und wird in der Kältetechnik ausgenutzt.

Isentrope → Adiabate.

Isobar, eine Bezeichnung, die 1. im Sinne von *gleich schwer* (→ isobare Atomarten), 2. für Vorgänge verwendet wird, die bei *konstantem Druck* verlaufen (→ Isobare).

Isobare, in einem zwei- oder mehrdimensionalen Diagramm eine Kurve oder Fläche, die Punkte gleichen Druckes verbindet. Auf den Wetterkarten verbinden die Isobaren alle Punkte gleichen Luftdrucks, wobei dieser Druck auf die Höhe des Meeresspiegels umgerechnet ist. Man kann daraus unter Berücksichtigung der Corioliskraft die Richtung und Stärke des Windes entnehmen. Isobare Zustandsänderungen spielen in der Wärme- und Kältetechnik in den Gegenstromkühlern eine große Rolle. Der Stoff nimmt bei isobarer Erwärmung die

Wärmemenge $Q = \int_{T_1}^{T_2} c_p \, dT$ auf und leistet die Expansionsarbeit $A = p\,(V_2 - V_1)$. Für ideale Gase gilt: $Q = c_p\,(T_2 - T_1)$ und $A = R\,(T_2 - T_1)$. — → thermodynamische Systeme.

Isobare Atomarten sind Atomarten von gleicher → Massenzahl, die aber verschiedenen Elementen angehören. Sie stimmen in der Anzahl ihrer Kernbausteine (Nukleonen, also Protonen + Neutronen) überein, unterscheiden sich aber durch das Verhältnis Protonenzahl/Neutronenzahl. Wegen der Möglichkeit spontaner Umwandlungen von Protonen in Neutronen und umgekehrt besteht vom Standpunkt der → Kernsystematik eine nähere Verwandtschaft zwischen isobaren als zwischen → isotopen Atomarten. Deshalb gründet sich die Kernsystematik vorwiegend auf die Einteilung der Atomarten in isobare Gruppen.

Isobarenregel: Es kann keine stabilen → isobaren Atomarten geben, deren → Ordnungszahlen sich nur um eine Einheit unterscheiden (*Mattauch* 1934). Wenn zwei isobare Atomarten mit benachbarter Ordnungszahl in der Natur vorkommen, ist wenigstens eine davon radioaktiv. So gibt es z. B. bei der Masse 87 sowohl ein natürliches Rubidiumisotop mit der Ordnungszahl 37 als auch ein natürliches Strontiumisotop mit der Ordnungszahl 38. Das Rubidiumisotop ist radioaktiv und geht unter Aussendung von β-Strahlen in das stabile Strontiumisotop der Masse 87 über. Zur Zeit ihrer Aufstellung schien es von dieser Regel eine beträchtliche Anzahl von Ausnahmen zu geben, die sich aber bei näherer Nachprüfung als Fehlbestimmungen erwiesen haben. Übriggeblieben sind nur noch 2 Paare benachbarter Isobaren (${}^{113}_{49}\mathrm{In}$–${}^{113}_{48}\mathrm{Cd}$, ${}^{123}_{52}\mathrm{Te}$–${}^{123}_{51}\mathrm{Sb}$), bei denen sich bis jetzt keine Radioaktivität nachweisen ließ (→ Kernsystematik).

Jensen, H.: Naturwiss. **27**, 794 (1939).

Isochore *(Isopykne, Isoplere, Isostere)*, in einem Zustandsdiagramm die Kurven, die Zustände gleichen Volumens verbinden. Die isochore Zustandsänderung erfolgt ohne Austausch von äußerer Arbeit; die Wärmemenge, die bei isochorer Erwärmung zugeführt werden muß, berechnet sich zu $Q = \int_{T_1}^{T_2} c_v \, dT$. → thermodynamische Systeme.

Isochromaten (Kurven gleicher „Farbe", d. h. gleicher Wellenlänge bzw. Frequenz) sind Kurven, die die Strahlungsenergie eines Körpers für eine bestimmte Wellenlänge (Frequenz) als Funktion eines Parameters, bei Temperaturstrahlern der absoluten *Temperatur* T, darstellen. Trägt man den log der Energie als Funktion von $1/T$ auf, so sind die Isochromaten im Gültigkeitsbereich des Wienschen Verschiebungsgesetzes Gerade. → Strahlungsgesetze, → Strahlungsmessung.

Handb. d. Physik XXIII/1. Berlin 1933.

In Isochromaten der → Bremsstrahlung wird die Intensität J_λ bei einer bestimmten Wellenlänge λ (bzw. Frequenz ν) als Funktion der *Spannung* U aufgetragen. Es ergeben sich angenähert Gerade. Bei Annäherung an die Grenzspannung (→ Duane-Hunt-Gesetz) fällt die Intensität ziemlich steil gegen Null, so daß sich die Isochromatenmethode gut für eine Bestimmung des Verhältnisses → h/e eignet.

Handb. d. Physik XIII/2. Berlin 1933. *Ohlin, P.:* Determination of h/e by the Method of Isochromates. Nature **145**, 223 (1940). Arkiv Mat., Astr. o. Fys. **29 b**, Nr. 4 (1942). An X-Ray Determination of h/e. Diss. Uppsala 1941. *Panofsky, W. K. H., A. E. S. Grun* u. *J. W. M DuMond:* Phys. Rev. **62**, 214 (1942). *Bearden, J. A., F. T. Johnson* u. *H. M. Walts:* Phys. Rev. **81**, 70 (1951).

Isochromatische Kurven → Interferenzbilder in konvergentem Licht.

Isochrome Photometrie. Sollen gleichfarbige Lichter, strenggenommen solche mit relativ gleicher spektraler Energieverteilung, miteinander verglichen werden, so kann bei subjektiven Messungen ohne besondere Vorsicht hinsichtlich der Auswahl der Beobachter nach ihrer spektralen Hellempfindlichkeit vorgegangen werden. Auch kann jedes Meßverfahren verwendet werden. Bei objektiven Messungen darf sinngemäß auf eine Anpassung der spektralen Empfindlichkeit der verwendeten Strahlungsempfänger an die des Auges weitgehend verzichtet werden.

Isodimorphie → Isomorphie.

Isodyname. 1. Kurve in einem Zustandsdiagramm, die Punkte gleicher → freier Energie verbindet. 2. → erdmagnetische Messungen.

Isoelektronisch heißen Atome und Ionen mit gleich vielen Elektronen. Ein Beispiel einer isoelektronischen Folge ist: Na, Mg^{+}, Al^{++}, Si^{+++}. Über die Spektren isoelektronischer Atome und Ionen → Verschiebungssatz, spektroskopischer.

Isogamme = Linie gleicher Schwerebeschleunigung.

Isogonale Trajektorien. Ist p ein Parameter, so stellt die Gleichung $\varphi(x, y, p) = 0$ in einer xy-Ebene eine (einparametrige) Schar von Kurven dar, die sich ergeben, indem man p verschiedene Werte erteilt, z. B. eine Schar konzentrischer Kreise, die man erhält, wenn man bei festem Mittelpunkt den Parameter $p = R$ (= Radius) variiert. Diejenige Kurvenschar, die die gegebene in jedem Punkte unter dem gleichen Winkel α schneidet, nennt man die isogonalen Trajektorien (= winkelgleichen Schnittlinien). Insbesondere spricht man von *orthogonalen* Trajektorien für den Fall, daß der Schnittwinkel $\alpha = 90°$ beträgt. Aus einer vorgegebenen Kurvenschar $\varphi(x, y, p) = 0$ findet man die Gleichung $y = y(x)$ der dazugehörigen isogonalen Trajektorien, indem man aus $\varphi(x, y, p) = 0$ und

$$\left(\frac{\partial \varphi}{\partial x} \cos \alpha - \frac{\partial \varphi}{\partial y} \sin \alpha\right) + \left(\frac{\partial \varphi}{\partial x} \sin \alpha + \frac{\partial \varphi}{\partial y} \cos \alpha\right) \frac{dy}{dx} = 0$$

den Parameter p eliminiert. Die sich dann ergebende Differentialgleichung bestimmt $y = y(x)$. Für den Fall orthogonaler Trajektorien sind die Ausgangsgleichungen $\varphi = 0$ und $\frac{\partial \varphi}{\partial x} dy = \frac{\partial \varphi}{\partial y} dx$. Ein Beispiel einer orthogonalen Kurvenschar sind die → Feld- oder Kraftlinien, die überall die Äquipotentialflächen des Feldes senkrecht schneiden.

Isogone → erdmagnetische Messungen.

Isogyre → Interferenzbilder in konvergentem Licht.

Isokline → erdmagnetische Messungen.

Isolationsmessung → Isolationswiderstand, → Ohmmeter.

Isolationsrauschen → Röhrenrauschen.

Isolationswiderstand, der zwischen zwei durch Isoliermaterial getrennten Metallteilen vorhandene Widerstand. Er umfaßt den Oberflächenwiderstand und den Widerstand im Innern und wird durch Gleichspannungsmessungen ermittelt. → Ohmmeter.

Isolator, ein den elektrischen Strom nicht bzw. praktisch nicht leitender Stoff. → Dielektrikum.

Isolierter Punkt → singuläre Punkte.

Isomere Kerne können entstehen bei radioaktiven Prozessen oder bei künstlichen Kernumwandlungen. Es sind Kerne mit gleicher Ordnungs- und

Massenzahl, aber verschiedenem Energieinhalt, also in verschiedenen Anregungszuständen. Die Kernisomerie wurde von *Hahn* (1921) an den Kernen UX2 und UZ entdeckt, welche bei der gleichen Kernladung 91 und der gleichen Massenzahl 234 verschiedene Lebensdauern für ihren β-Übergang in UII haben, nämlich 1,14 min und 6,7 h. UX_2 und UZ sind zwei verschiedene Zustände des Kerns ^{234}Pa, und zwar ist UZ der Grundzustand und UX_2 ein metastabiler Anregungszustand. Ein β-Übergang (zum Folgekern ^{234}U) erfolgt nicht nur aus dem Grundzustand UZ heraus, sondern auch vom angeregten Niveau UX_2 aus; der γ-Übergang in den Grundzustand ist so hoch verboten, daß ihm der β-Zerfall zuvorkommen kann. Der *direkte* Übergang des angeregten Zustandes UX_2 in den Grundzustand UZ erfolgt verhältnismäßig selten, die γ-Strahlung (0,394 MeV) ist aber zu beobachten. Die Lebensdauer eines angeregten Zustandes ist um so größer, je größer die Drehimpulsdifferenz und je kleiner die Energiedifferenz zwischen Anfangs- und Endzustand ist. Auch in der Atomhülle sind Übergänge um so unwahrscheinlicher, je größer die Drehimpulsdifferenz ist, die das Lichtquant mitnehmen muß. Da Halbwertszeiten bis herunter zu etwa 10^{-9} s meßbar sind, kennt man heute ungefähr 80 Fälle von Isomerie, vor allem bei den künstlich radioaktiven Kernen. Darunter gibt es auch Fälle, in denen ein Kern nicht nur ein, sondern zwei metastabile Niveaus hat, wie das aus ^{123}Sb durch Einfang langsamer Neutronen entstehende ^{124}Sb*. Dieser Körper hat gegen den β^--Zerfall in ^{124}Te die Halbwertszeiten 1,3 min und 60 d; ein zweites metastabiles Niveau zerfällt in das 60-d-Niveau ausschließlich durch einen isomeren Übergang von 20 keV mit 21 min Halbwertszeit, wobei die Quanten aber, wie stets bei den niedrigen Energien unter 100 keV, fast völlig in Elektronen umgewandelt sind.

Von der *Mattauchschen Isomerenregel*, nach der es keine Isomerenpaare mit gerader Protonen- und Neutronenzahl geben darf, wird nur für sehr kurze Lebensdauern von einigen 10^{-8} s und weniger abgewichen. Für längerlebige metastabile Zustände ist diese Regel aber gültig.

Überraschenderweise lassen sich Kerne, die einen isomeren Übergang erfahren haben, oft chemisch voneinander trennen. Z. B. erfolgt der isomere Übergang ^{80}Br* → ^{80}Br, dessen Energie 48,9 keV ist, unter vermutlich vollständiger innerer Umwandlung an einem K-Elektron. Nach der Wiederauffüllung der K-Schale fehlt daher ein äußeres Elektron, das Atom ist ionisiert und verläßt den Molekülverband. Dieser Vorgang ähnelt dem → Szilard-Chalmers-Verfahren, in welchem radioaktive Isotope [entstanden durch (n, γ)-Prozesse an inaktiven] dadurch abgetrennt werden, daß die chemische Bindung infolge des Rückstoßes reißt, den der Zwischenkern bei der Emission des γ-Quants erfährt. Der Effekt der Isomeren-Trennung wird benützt, um darüber Aufschluß zu erhalten, welche Halbwertszeit der Mutter- und welche der Tochtersubstanz zuzuordnen ist. So erfolgt beim Brom der γ-Übergang in den Grundzustand ^{80}Br mit einer Halbwertszeit von 4,5 Stunden, der Grundzustand selbst ist aber mit 18 Minuten Halbwertszeit β-aktiv.

Meistens entstehen isomere Kerne indirekt, indem in einer Kernreaktion ein hochangeregter Kern gebildet wird, der nach Emission mehrerer Quanten schließlich ein metastabiles Niveau erreicht. Gelegentlich werden solche Niveaus direkt erreicht, hauptsächlich bei β-Zerfällen. Auch durch elektromagnetische Strahlung lassen sich höchstens indirekt metastabile Niveaus erhalten, nicht direkt, da dieselben Auswahlregeln, die eine sofortige Emission verbieten, auch für die Absorption von Quanten gelten.

Die Isomerie, d. h. die lange Lebensdauer metastabiler Niveaus, wird nach *v. Weizsäcker* (1936) damit erklärt, daß die beiden Kernniveaus, zwischen denen der Übergang stattfindet, einen Drehimpulsunterschied $l > 1\,\hbar$ haben. Dadurch ist Dipolstrahlung verboten, es ist nur elektrische oder magnetische Multipolstrahlung der Ordnung 2^l erlaubt. Nach *Heitler* besitzt nämlich das von einem elektrischen 2^l-Pol herrührende elektromagnetische Feld einen Drehimpuls $l \cdot \hbar$ bezüglich des Koordinatenursprungs, auf den auch der Multipol bezogen ist. Hat der höhere Zustand den Spin I', der tiefere den Spin I, so wird demnach durch

$$l = |\, I - I' \,|$$

die Strahlung der niedrigsten möglichen Ordnung, also die wahrscheinlichste, angegeben.

Um die Lebensdauer eines metastabilen Niveaus zu berechnen, ist es beim gegenwärtigen Stand des Wissens vom Kernbau zweckmäßig, eine Modellvorstellung zu wählen, die möglichst wenig Hypothesen erfordert. Nach *Bethe* werden die Matrixelemente der Übergänge einfach ersetzt durch die der Multipolordnung entsprechenden Potenzen des Kernradius, multipliziert mit der Elementarladung e. Modellmäßig ausgedrückt: Der Kern soll so strahlen, wie eine mit der Kerndimension als Amplitude schwingende Einzelladung. Ähnlich wie bei analogen Näherungen für die Atomhülle erhält man hier einen Wert für die Halbwertszeit τ_γ, um welchen Schwankungen bis zum 10- bis 100fachen vorkommen können. Es ist

$$\tau_\gamma = \frac{3(l!)^2}{\varrho^{2l}} \left(\frac{137}{W}\right)^{2l+1} \cdot \frac{\hbar}{m c^2}, \tag{1}$$

worin m die Masse des Elektrons, ϱ der Kernradius in Einheiten $e^2/(mc^2)$ und W die Anregungsenergie in Vielfachen von mc^2 ist. Die experimentell gefundene Halbwertszeit τ_{exp} ist kleiner als der theoretische Wert τ_γ, weil mit der Quantenemission die innere Umwandlung konkurriert. Ist N_e/N_γ der Koeffizient der gesamten inneren Umwandlung, so ist

$$\tau_\gamma = \tau_{\text{exp}} \cdot \left(1 + \frac{N_e}{N_\gamma}\right). \tag{2}$$

Da ϱ eine Funktion der Massenzahl A ist, so trägt man zum Vergleich zwischen Theorie und Experiment zweckmäßigerweise nicht einfach $\log \tau_\gamma$ gegen $\log W$ auf, sondern bezieht ϱ^{2l} mit ein. Im folgenden, von *Axel* und *Dancoff* (1949) stammenden Diagramm, ist daher $\log(\tau_\gamma \cdot \varrho^{2l})$ gegen $\log W$ aufgetragen. Es sind nur solche Isomere berücksichtigt, die vorwiegend in einen anderen Zustand desselben Kerns übergehen und die mindestens eine Sekunde lang leben; sie sind nach Gl. (2) eingetragen. Außer diesen insgesamt 59 Kernen sind die nach der Formel (1) berechneten theoretischen Geraden für $l = 3$, 4, 5 und 6 eingezeichnet; der Kernradius ist dabei als $r = 1{,}5 \cdot A^{1/3} \cdot 10^{-13}$ cm angenommen worden. Die Punkte weichen von den Geraden alle höchstens um den schon erwarteten Faktor 100 ab, d. h. um $|\,\Delta \log(\tau_\gamma \cdot \varrho^{2l})\,| \leq 2$. Die Existenz der

Gruppen mit $l = 4$ und $l = 5$ bestätigt die theoretischen Vorstellungen und erweist die Formel (1) als berechtigt. Das Tröpfchenmodell ergibt andere

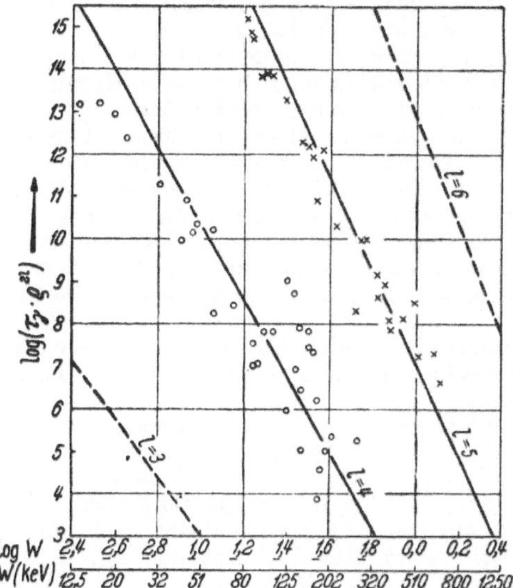

Klassifikation der isomeren Kerne. Nach *Axel* und *Dancoff*.

Zahlenfaktoren in der Formel für τ_γ, außerdem hängt dann τ_γ auch noch von Z^2 ab. Für die hohe Verbotenheit $l = 6$ ist kein Kern bekannt und $l = 3$ bleibt unbesetzt, da die dementsprechenden kurzen Halbwertszeiten in dem Diagramm außer Betracht gelassen sind. Die nach Gl. (2) verwendeten Korrektionsfaktoren $(1 + N_e/N_\gamma)$ haben bei großem W die Größe 1,04 und gehen für niedriges W hinauf bis auf $7{,}8 \cdot 10^7$. Dabei mußten für die innere Umwandlung in Ermangelung experimenteller Daten theoretische Werte benutzt werden. Die Abbildung ist daher gleichzeitig als eine Bestätigung der bisherigen Theorie der inneren Umwandlung zu bewerten. Das *Axel-Dancoff-Diagramm* hat sein Analogon beim β-Zerfall im Sargent-Diagramm, beim α-Zerfall in der Geiger-Nuttal-Beziehung.

Für die Auswahlregeln der Multipolstrahlung spielt die → Parität von Anfangs- und Endzustand eine entscheidende Rolle. Sie ist ein Maß für die Symmetrie einer Eigenfunktion um den Koordinatenursprung. Die Multipolordnung bestimmt die Lebensdauer des Niveaus, da — wie die Strahlungstheorie zeigt — die Intensität der Multipolstrahlung abnimmt mit Potenzen von $r/\lambda\!\!\!^{-}$, darin ist r der Kernradius und $\lambda\!\!\!^{-}$ die Wellenlänge der Quantenstrahlung, dividiert durch 2π. Der hier gebrauchte näherungsweise Ersatz der Matrixelemente verlangt ja, daß $r/\lambda\!\!\!^{-} \ll 1$ ist. Elektrische und magnetische Multipolstrahlung, die zur gleichen Potenz von $r/\lambda\!\!\!^{-}$ gehören, haben Intensitäten von gleicher Größenordnung. Die Auswahlregeln sind in Tabellenform zusammengestellt. Das Ziel der Analyse der Isomeren ist außer der Messung von Energien und Halbwertszeiten die Feststellung ihres Spins und der mit den Übergängen verbundenen Paritätswechsel.

Da auch schon bei einer graphischen Darstellung von $\log \tau_{exp}$ als Funktion von $\log W$ die Gruppenbildung deutlich hervortritt, kann man oft ohne weiteres den l-Wert festlegen. In Zweifelsfällen, nämlich dann, wenn bei demselben Übergang sowohl elektrische als auch magnetische Multipolstrahlung auftritt, kann manchmal der l-Wert durch Messung der Umwandlungskoeffizienten in der K- und in der L-Schale gefunden werden, deren Verhältnis davon abhängt, ob der Multipol elektrischer oder magnetischer Art ist. Kennt man l und die Multipolart, dann liegt auch der Paritätswechsel fest. Oft ist es aber mit den Auswahlregeln allein nicht möglich, den Niveaus eines Zerfallsschemas Spins und Paritäten sicher zuzuordnen. Jedoch bietet die nähere Untersuchung der Quantenstrahlung weitere Möglichkeiten. So kann ein l-Wert auch noch dadurch erschlossen werden, daß untersucht wird, inwieweit Quanten, die nacheinander emittiert werden, in ihrer Intensitätsverteilung von der sphärischen Symmetrie abweichen (*Brady* und *Deutsch*). Ferner läßt sich aus der Polarisationsrichtung aufeinanderfolgender Quanten nicht nur auf den l-Wert, sondern auch noch auf die Multipolart schließen. Diese beiden Methoden sind jedoch nur für rasche Übergänge anwendbar. Sie scheiden also für die eigentlichen Isomere aus, können aber trotzdem für diese aufschlußreich sein, da isomere Niveaus durch Übergänge mit kürzerlebigen metastabilen Niveaus verknüpft sein können.

Durch innere Umwandlung kann auch der für Quantenemission völlig verbotene Übergang (s. Tabelle) zwischen zwei spinlosen Zuständen stattfinden, wenn sie dieselbe Parität haben. Die Übergangswahrscheinlichkeit hängt dabei ausschließlich ab von der Aufenthaltswahrscheinlichkeit von Atomelektronen im Kern. Sind die Paritäten da-

Tabelle. Auswahlregeln für isomere Übergänge.
Jeweils zusammengehörige Multipolarten, Spindifferenzen und Paritätswechsel.

Potenz von $r/\lambda\!\!\!^{-}$ in der Intensität	2	4	6	8	10
Elektrische Strahlung . . .	Dipol	Quadrupol	Oktopol	16-Pol	32-Pol
$\|I + I'\| \geqq$ $\|I - I'\| \leqq$	1	2	3	4	5
Paritätswechsel?	Ja	Nein	Ja	Nein	Ja
Magnetische Strahlung . . .	—	Dipol	Quadrupol	Oktopol	16-Pol
$\|I + I'\| \geqq$ $\|I - I'\| \leqq$	—	1	2	3	4
Paritätswechsel?	—	Nein	Ja	Nein	Ja

Ein Übergang zwischen zwei Zuständen mit je $I = 0$ ist für jede Multipolordnung verboten.

gegen verschieden, so ist auch dieser Prozeß verboten. Ein Übergang findet dann nur als Effekt 2. Ordnung statt, d. h. durch Emission von 2 Quanten oder 2 Elektronen, die dann im Gegensatz zu gewöhnlichen γ-Quanten oder Umwandlungselektronen eine sehr breite Energieverteilung haben. Dieser Fall tritt möglicherweise beim 1,5-min-Isomer ^{192}Ir ein.

Das Auftreten mehrerer metastabiler Niveaus desselben Kerns, wie beim erwähnten ^{124}Sb, erfordert einen hohen Spin des höchsten Niveaus, nämlich $I = 5 \ldots 8$. Es ist oft schwierig oder sogar unmöglich, Spins und Paritäten der Niveaus in den Umwandlungsschemata isomerer Kerne festzustellen. Die tieferliegende Frage nach der Ursache hoher Drehimpulsdifferenzen benachbarter Niveaus ist bisher noch nicht beantwortet. Den zur Zeit aussichtsreichsten Ansatz bietet hier anscheinend das Schalenmodell des Kerns.

Segrè, E., u. *A. C. Helmholz:* Zusammenf. Ber. in Rev. Mod. Phys. **21**, 271—304 (1949). *Flügge, S.:* Phys. Z. **42**, 221 (1941). *Axel, P.*, u. *S. M. Dancoff:* Phys. Rev. **76**, 892 (1949). *Brady, E. L.*, u. *M. Deutsch:* Phys. Rev. **72**, 870 (1947).

Isomerie, chemische. Als Isomere werden in der Chemie Stoffe bezeichnet, die die gleiche Bruttoformel haben, d. h. deren Moleküle aus an Art und Zahl gleichen Atomen bestehen, die aber infolge verschiedener Anordnung oder Verkettung der Atome mehr oder minder große Unterschiede in ihrem chemischen und physikalischen Verhalten aufweisen. Das erste Beispiel einer Isomerie fand *Liebig* für die Silbersalze der Cyansäure und Knallsäure. Je ähnlicher isomere Stoffe gebaut sind, desto geringer sind die Unterschiede in ihrem chemischen und physikalischen Verhalten. *Kettenisomerie* (etwa primäre oder sekundäre Alkohole, je nachdem, ob die OH-Gruppe zu einem endständigen Kohlenstoffatom einer Kohlenstoffkette oder zu einem in der Mitte einer Kette befindlichen Kohlenstoffatom gehört) und *Stellungsisomerie*, die ortho-, meta-, para-Stellung zweier Substituenten am Benzolring, z. B. ortho-, meta-, para-Xylol, $C_6H_4(CH_3)_2$:

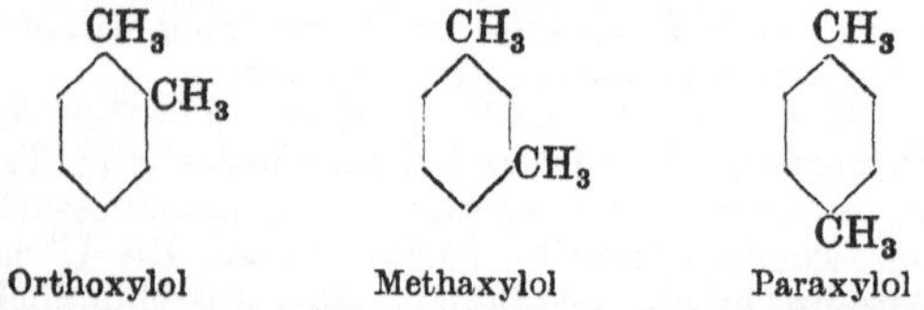

CH_3 / CH_3 — Orthoxylol; CH_3 / CH_3 — Methaxylol; CH_3 / CH_3 — Paraxylol

sind Beispiele von *Strukturisomerie*, bei der der Unterschied zwischen den Formen verhältnismäßig groß ist. Andere, einander ähnliche Isomere, die vornehmlich im Zusammenhang mit Kohlenstoffdoppelbindungen auftreten, werden als geometrische oder cis-trans-Isomere bezeichnet, z. B.:

H COOH		H COOH
C═C	und	C═C ,
HOOC H		H COOH
Fumarsäure		Maleinsäure

von denen die Fumarsäure als trans-, und die Maleinsäure als cis-Form bezeichnet wird. Am ähnlichsten sind sich Stoffe mit asymmetrischen Molekülen, die sich spiegelbildlich gleich sind. Solche Stoffe unterscheiden sich nur durch ihre optische Aktivität (→ Drehung der Polarisationsebene). Man nennt diese Form der Isomerie Spiegelbildisomerie oder optische Isomerie und die beiden Formen optische Antipoden. Beispiele solcher asymmetrischer Moleküle sind Substitutionsprodukte des Methans, in denen die vier Valenzen des Kohlenstoffatoms durch vier verschiedene Reste abgesättigt sind. Da die vier Valenzrichtungen des Kohlenstoffatoms mehr oder minder verzerrt in die vier Ecken eines Tetraeders weisen, innerhalb dessen sich das Kohlenstoffatom befindet, lassen sich zwei Formen bilden, die durch Drehung nicht zur Deckung gebracht werden können, sich aber durch eine ebene Darstellung nicht unterscheiden lassen.

Besonders interessant sind die Fälle, in denen die isomeren Formen sich in Lösung, Dampfform oder Schmelze mit merklicher Geschwindigkeit ineinander umwandeln (→ Desmotropie). Bei genügend großer Umwandlungsgeschwindigkeit kann man auf die Reaktionen isomerer Gemische die Gesetze des chemischen Gleichgewichts anwenden (→ Tautomerie).

Isomerie, kernphysikalische → isomere Kerne.

Isomerie, optische → Drehung der Polarisationsebene.

Isometrisch. 1. → unitärer Operator, 2. → Kristallhabitus. — *Isometrisches System* = → kubisches Kristallsystem; → Kristallklassen.

Isomorphie, kristallographische, bedeutet die Formähnlichkeit (Formgleichheit) der Kristalle chemisch verwandter Verbindungen, wie z. B. der Karbonate $CaCO_3$ (Kalkspat), $MgCO_3$, $MnCO_3$, $FeCO_3$. Die Isomorphie wurde 1818/19 von *E. Mitscherlich* entdeckt. Kristalle isomorpher Verbindungen gehören der gleichen Kristallklasse an, besitzen meist die gleichen Kristallformen und nahezu die gleichen Flächen- und Kantenwinkel, Gitterkonstanten und Atomparameter. Isomorphe Kristalle können → Mischkristalle bilden. Auch Verbindungen, die sich in chemischer Beziehung ferner stehen, jedoch ähnliche Ionenradien ihrer Elemente aufweisen, z. B. $CaCO_3$ und $NaNO_3$, sind nicht selten isomorph. Wenn solche Verbindungen nicht zur Mischkristallbildung fähig sind, nennt man sie neuerdings *isotyp*, d. h. zum gleichen Strukturtyp gehörig.

Geht man bei der Untersuchung der Kristalle chemischer Verbindungen von der gegenseitigen Anordnung der nächsten Nachbarn aus, so lassen sich Gesetzmäßigkeiten der Kristallformen finden, wenn man systematisch in kristallinen Verbindungen Elemente durch andere mit der gleichen Wertigkeit oder der gleichen Koordinationszahl ersetzt. Man erhält so gewisse Regelmäßigkeiten der Achsen und Winkel, die *morphotropen* Beziehungen, unter denen die Isomorphie den Grenzfall darstellt, der eintreten kann, wenn Elemente derselben Gruppe des Periodischen Systems ausgetauscht werden.

Für den Fall, daß eine der Verbindungen → polymorph ist, kann es vorkommen, daß ihrer instabilen Gitteranordnung die Anordnung der stabilen Anordnung einer anderen Verbindung entspricht und sie mit dieser → Mischkristalle bildet. Hier wird die stabile Form der zweiten Verbindung der ersten aufgezwungen. Man spricht in diesem Falle von *Isodimorphie* oder allgemeiner von *Isopolymorphie.* Wenn beide Stoffe polymorph sind, können mehrere Mischkristallarten auftreten, die jeweils der stabilen Form der einen und der instabilen Form der anderen Verbindung entsprechen.

Hückel, W.: Anorgan. Strukturchemie. Stuttgart 1948. *Wittig, G.:* Stereochemie. Leipzig 1930.

Isomorphie, mathematische, die eindeutige und eindeutig umkehrbare Abbildung eines Systems $\mathfrak{G}_1$ auf ein zweites $\mathfrak{G}_2$, wobei die charakteristischen Beziehungen der Elemente erhalten bleiben. $\mathfrak{G}_1$ heißt dann zu $\mathfrak{G}_2$ isomorph.

Sind $\mathfrak{G}_1$ und $\mathfrak{G}_2$ Gruppen mit den Elementen $\mathfrak{G}_1 : a, b, c, \ldots$ und $\mathfrak{G}_2 : \alpha, \beta, \gamma, \ldots$ und ist die isomorphe Abbildung durch $a \longleftrightarrow \alpha$, $b \longleftrightarrow \beta, \ldots$ gegeben, so muß auch $(a\,b) \longleftrightarrow (\alpha\,\beta)$ sein. Man schreibt: $\mathfrak{G}_1 \cong \mathfrak{G}_2$.

Sind $\mathfrak{H}_1$ und $\mathfrak{H}_2$ zwei → Hilberträume mit den Elementen $\mathfrak{H}_1 : f, g, \ldots$ und $\mathfrak{H}_2 : \varphi, \gamma, \ldots$ und ist die isomorphe Abbildung durch $f \longleftrightarrow \varphi$, $g \longleftrightarrow \lambda, \ldots$ gegeben, so muß auch $(f, g) = (\varphi, \gamma)$, $f + g \longleftrightarrow \varphi + \gamma$, $a\,f \longleftrightarrow a\,\varphi$ sein, wobei a eine komplexe Zahl ist. → Gruppentheorie, → Quantenmechanik.

Isopache, eine Linie gleicher Hauptspannungssumme in der → Elastooptik.

Isoperimetrisches Problem, die Aufgabe, eine geschlossene ebene Kurve vorgegebener Länge zu ermitteln, die eine möglichst große Fläche einschließt (Lösung: Kreis). Diese Aufgabe ist ein Spezialfall des *allgemeinen* isoperimetrischen Problems, das darin besteht, ein bestimmtes Integral zu einem Extremwert zu machen, während gleichzeitig gewisse Nebenbedingungen, die ebenfalls Integrale sind, vorgegeben sind.

Bliß-Schwank: Variationsrechnung. Leipzig 1932. *Baule, B.:* Die Mathematik d. Naturf. u. Ingenieurs. Leipzig 1945.

Isoperm, Firmenbezeichnung für ferromagnetische Fe–Ni–Cu-Walzbleche mit der ungefähren Zusammensetzung 36% Ni, 9 bis 13% Cu, Rest Fe. Wenn man diese Bleche von hohen Temperaturen abschreckt und dann kalt auf weniger als ein Zehntel der ursprünglichen Dicke auswalzt, so entsteht eine Vorzugsrichtung für die spontane Magnetisierung senkrecht zur Walzebene und als Folge davon eine flache Hystereseschleife mit sehr geringer Hysterese, geringe Instabilität der Permeabilität und niedrige Remanenz. Wegen des kleinen Beiwertes h des Hystereseanteiles des Wechselstromwiderstandes (→ Eisenverluste) und des kleinen → Klirrfaktors sind diese Bleche für Kerne von Pupinspulen und sonstigen Geräten der Fernmeldetechnik geeignet. Die Ursache dieser besonderen Eigenschaften liegt an der Art der Ausscheidung von Kupfer beim Kaltwalzen.

Becker, R., u. *W. Döring:* Ferromagnetismus. Berlin 1939.

Isophasen. In den Zustandsdiagrammen (außer p–T-Diagramm) reiner Stoffe fallen im Gebiet teilweiser Kondensation, d. h. bei Koexistenz zweier (oder dreier) Phasen, die Isobaren und Isothermen zusammen: Bei Änderung des Volumens und des Wärmeinhaltes bleiben Druck und Temperatur konstant; es ändert sich nur der relative Anteil der Phasen an der Gesamtmenge. Die Linienstücke, die Isobaren und Isothermen gemeinsam sind, heißen Isophasen.

Isopieste = → Isobare.

Isoplanasiebedingung, die von *Staeble* und von *Lihotzky* gefundene wichtige Verallgemeinerung der → Sinusbedingung für nicht gehobenen Öffnungsfehler (→ Abbildungsfehler). Sie besagt, daß die Abweichung von der Sinusbedingung proportional dem Öffnungsfehler ($\bar{s}' - s'$) sein muß, damit die Nachbarpunkte eines achsensenkrechten Flächenelementes durch achsensymmetrische Systeme nicht unschärfer als der Achsenpunkt selbst abgebildet werden:

$$\frac{\bar{\beta}' - \beta'}{\beta'} = \frac{\bar{s}' - s'}{s' - s'_{AP}}$$

(s'_{AP} = → Schnittweite der → Austrittspupille). Bei unendlicher Dingentfernung lautet die Isoplanasiebedingung

$$\frac{\bar{f} - f}{f} = \frac{\bar{s}' - s'}{s' - s'_{AP}}$$

und bei → afokalen Systemen

$$\frac{n\,\bar{p}}{n'\,\bar{p}'} \cdot \frac{\cos\bar{\sigma}}{\cos\bar{\sigma}'} = \gamma'$$

($\bar{p}, \bar{p}'$ Halbmesser der → Ein- und der → Austrittspupille, γ' Winkelverhältnis im → fadenförmigen Raum).

Die praktische Anwendung der Isoplanasiebedingung beim → Optikrechnen erfordert gewisse Umformungen der obigen mathematischen Formulierungen, um den Einfluß von Abrundungsfehlern beim Zahlenrechnen zu eliminieren. Derartige Umformungen führen auf die Proportionalitätsbedingung und auf das Koinzidenzkriterium.

Berek, M.: Grundl. d. prakt. Optik. Berlin u. Leipzig 1930.

Isoplere = → Isochore.

Isopolymorphie → Isomorphie.

Isopore → erdmagnetische Messungen.

Isopykne = → Isochore.

Isoquoten, nach *W. Schaub* die Flächen im Felde zweier gravitierender Massen m, M, die einem konstanten Verhältnis k_m/k_M der Beträge der von den beiden Massen ausgehenden Gravitationskräfte entsprechen. Sie bilden zwei Scharen von Kugelflächen, welche je eine der beiden Massen einhüllen, und deren Mittelpunkte auf der Verbindungslinie m—M liegen. Ihre Mittelpunkte sind um so weiter von der betreffenden Masse entfernt, je größer ihr Radius ist. Die Isoquoten spielen eine Rolle bei Problemen einer künftigen Raumschiffahrt.

Schaub, W.: Weltraumfahrt, S. 4, 1951.

Isoseisten, Linien gleicher Erschütterungsstärke bei einem Erdbeben, die aus den makroseismischen Berichten in eine Karte eingetragen werden. Ihre Abweichung von konzentrischen Kreisen um das Epizentrum des Bebens hängt auch mit der geologischen Struktur des Untergrundes zusammen. Auf lockerem Boden (Flußablagerungen, Marschland) sind die beobachteten Erschütterungen stärker als auf Felsgestein.

Isostasie. Man erwartete früher, daß die Gravitationsanziehung einer großen Gebirgsmasse sich am Fuße des Gebirges in einer Lotstörung zeigen müßte. Man versuchte diese nach dem Gravitationsgesetz zu berechnen und schlug sogar vor, durch Vergleich mit den Beobachtungen daraus die Gravitationskonstante zu bestimmen. Überraschenderweise ergaben die geodätisch-astronomisch beobachteten Lotstörungen aber viel kleinere Beträge als berechnet, z. B. beim Himalaja 1 Bogensekunde statt 45. Die Erklärung gaben *Pratt* und *Airy* 1855: Die Anziehung der Gebirgsmasse ist dadurch kompensiert, daß sich unter dem Gebirge spezifisch leichteres Gestein (die Gebirgswurzel) befindet als in der Umgebung. Auch bei einem Eisberg würde ja die Wirkung des über das Wasser hinausragenden Teils (Massenüberschuß) kompensiert durch das Massendefizit des unter Wasser liegenden Eises gegenüber dem verdrängten Wasser. *Dutton* führte 1889 für dieses Prinzip die Bezeichnung Isostasie ein. Man idealisierte die Verhältnisse dahin, daß der Erdmantel aus zwei verschiedenen Bestandteilen bestünde: Das Tiefenmaterial (Magma) ist eine zähflüssige (säkularflüssige) Masse, die langandauernden äußeren Kräften nachgibt und sich in eine Gleichgewichtslage einstellt. Auf dem Magma schwimmt die Erdkruste. Diese ist starr, zerfällt aber in einzelne Schollen. Das Material der Kruste ist leichter (granitartig, Dichte 2,7 g · cm^{-3}) als das Magma (basaltartig, Dichte 3,0 g · cm^{-3}). Die Isostasie verlangt nun hydrostatisches Gleichgewicht. Oberirdische Massenanhäufungen (Gebirge) werden durch unterirdische Massendefekte ausgeglichen; in einer gewissen Tiefe, der *Ausgleichstiefe*, gibt es eine Niveaufläche, die *isostatische Ausgleichsfläche*, über deren Flächenelementen stets gleiche Massen liegen. Nach *Pratt* (Abb.) entstehen die Unregelmäßigkeiten

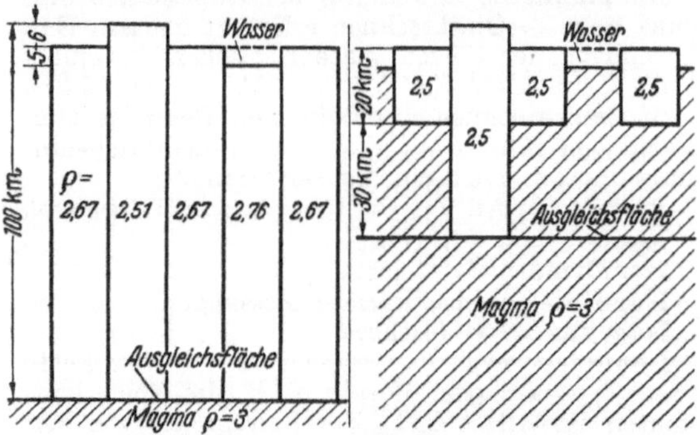

Isostasie nach *Pratt* (links) und *Airy* (rechts).

der Erdoberfläche (Gebirge und Meere) durch verschiedene Dichte der Krustenschollen, während die Ausgleichsfläche mit der Oberfläche des Magmas zusammenfällt. Nach *Airy* haben alle Schollen gleiche Dichte, aber verschiedene Mächtigkeit. Man gibt heute allgemein der Airyschen Hypothese den Vorzug. Aus Messungen der Schwerestörung berechnet man für die Ausgleichstiefe Werte zwischen 50 und 300 km. Für die gesamte Erde ergeben Messungen der Schwere und der Lotabweichungen, daß große Schollen im wesentlichen isostatisch gelagert sind. Ausnahmen kommen nur in solchen Gebieten vor, in denen auch viele Erdbeben stattfinden (Außenrand der Inselbögen von Java bis Japan). Hier ist der isostatische Ausgleich noch nicht abgeschlossen. Auch die isostatische Hebung Skandinaviens — nach der Entlastung vom diluvialen Eis — ist vielleicht noch im Gange. Die direkte (seismische) Erforschung der Erdkruste mittels großer Sprengungen wird auch die Ansichten über die Isostasie präzisieren.

Isostere = → Isochore.

Isostere Moleküle, nach *Lewis* und *Langmuir* gewisse Moleküle aus gleich vielen Atomen, welche infolge ähnlichen Baus ihrer äußeren Elektronenschale vielfach ähnliche physikalische Eigenschaften haben, z. B. in ihren Bandenspektren. Beispiele sind u. a. die Paare N_2–CO und N_2O–CO_2. Eine besonders große Ähnlichkeit besteht zwischen C_6H_6 (Benzol) und $B_3N_3H_6$ (Borazol, „anorganisches Benzol"), die in der Mehrzahl ihrer physikalischen Eigenschaften ganz auffallend nahe übereinstimmen.

Goubeau, J.: Naturwiss. 1928 Heft 8. *Wiberg, E.:* Naturwiss. 1948 Heft 6 u. 7.

Isoteniskop, ein Gerät, mit dem man statisch den Sättigungsdruck von Flüssigkeiten ermitteln kann (Abb.). Die Substanz wird in das kugelförmige Gefäß gebracht und füllt auch noch das untere U-Rohr. Sobald der Apparat auf die gewünschte Temperatur gebracht worden ist, wird der Druck mittels einer Hilfsapparatur so eingestellt, daß die Flüssigkeit in den

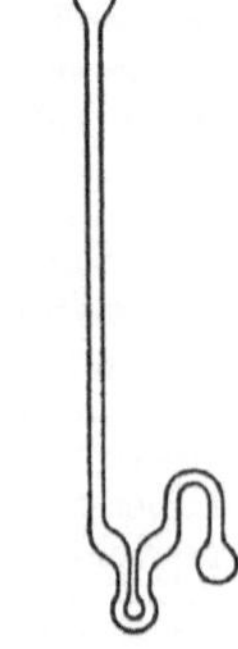

Isoteniskop nach *Smith* u. *Menzies*.

Schenkeln des U-Rohrs gleich hoch steht. Der Druck kann dann an einem Quecksilbermanometer abgelesen werden. Die Methode ist auch für feste Stoffe anwendbar, wenn die Sperrflüssigkeit keine merkliche Dampfspannung hat und mit dem festen Körper nicht reagiert.

Smith, A., u. *A. W. C. Menzies:* Ann. Phys. **33**, 971 (1910). *Kohlrausch, F.:* Prakt. Physik. Leipzig u. Berlin 1950.

Isotherme, eine Kurve oder Fläche, die Punkte gleicher Temperatur verbindet. Der Temperaturgradient steht auf der Isothermenfläche senkrecht und gibt in homogenen Stoffen die Richtung des Wärmestromes an. Auf den Karten der Wetter- und Klimakunde wurde die Einzeichnung der Isothermen von *A. v. Humboldt* eingeführt (1817). Ferner → Strahlungsmessungen.

Isotherme Gerade. Das Gesetz der isothermen Geraden wurde 1927 von *Grüneisen* und *Goens* empirisch gefunden. Trägt man den spezifischen Wärmewiderstand verschiedener Proben eines Metalles (mit verschiedenem Reinheitsgrad) als Funktion des jeweiligen spezifischen elektrischen Widerstandes in einem Diagramm auf, so liegen die verschiedenen Punkte bei einer bestimmten Temperatur auf einer Geraden. Ist w der spezifische Wärmewiderstand, ϱ der spezifische elektrische Widerstand, so gilt die Beziehung:

$$w = w_0 + \varrho/(Z\,T),$$

wo Z eine Größe von der Dimension der → Wiedemann-Franz-Lorenzschen Zahl ist und empirisch eine leichte Temperaturabhängigkeit aufweist, näherungsweise aber etwa gleich dem Sommerfeldschen Wert dieser Zahl, $2{,}44 \cdot 10^{-8}\ V^2\,grad^{-2}$, ist. Die

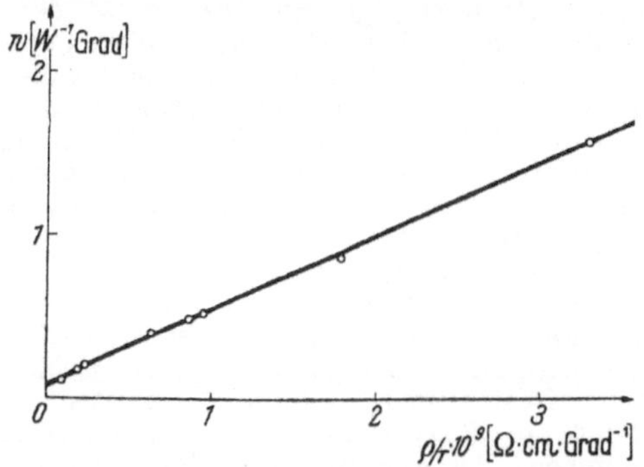

Isotherme Gerade nach *Grüneisen* und *Goens* an Cu bei 21,2 °K.

Abb. bezieht sich auf Messungen von *Grüneisen* und *Goens* an Cu bei 21,2 °K, wobei aber als Abszisse nicht ϱ, sondern ϱ/T gewählt ist. Das Gesetz wurde von *Grüneisen* dazu benutzt, um die Wärmewiderstände realer Metallproben auf ideale Reinheit zu reduzieren, gemäß der Beziehung: $w = w_{id} + \varrho_R/(Z\,T)$, wo ϱ_R der elektrische → Restwiderstand und w_{id} der Wärmewiderstand der ideal reinen Metallprobe ist, der nur eine Funktion der Temperatur ist. Eine gewisse Willkür bleibt bei der Wahl des Wertes von Z.

Vom Standpunkt der → Elektronentheorie der Metalle aus bedeutet die Gleichung $w = w_{id} + \varrho_R/(Z\,T)$ das thermische Analogon zur → Mathießenschen Regel für den elektrischen Widerstand. Das 2. Glied der rechten Seite kann als der durch die Verunreinigungen und sonstigen Gitterstörungen bei der Temperatur T hervorgerufene Wärmewiderstand bezeichnet werden. Wie die Mathießensche Regel, so ist auch das Gesetz der isothermen Geraden ein Näherungsgesetz. Im Falle extrem großer Verunreinigungen (Mischkristalle) treten Abweichungen auf, die mit der Wärmeleitung des Kristallgitters (→ Gitterleitfähigkeit) zusammenhängen.

Grüneisen, E., u. *E. Goens:* Z. Physik **44**, 615 (1927).

Isotherme Zustandsänderungen sind solche, die bei konstanter Temperatur verlaufen. Sie lassen sich daher meßtechnisch verhältnismäßig leicht realisieren. Für ideale Gase gilt das Boyle-Mariottesche Gesetz; für reale Gase → Boyle-Punkt. Bei einer isothermen Zustandsänderung wird die zugeführte Wärme restlos in Arbeit verwandelt; darauf beruht die technische Bedeutung dieser Zustandsänderungen (→ Kreisprozeß). Bei isothermer Phasenänderung, z. B. Verdampfung, bleibt ein Teil der zugeführten Wärme latent, d. h. er leistet keine äußere Expansionsarbeit, sondern vergrößert die innere Energie u des Stoffes. Für ideale Gase gilt

$$Q_{12} = A_{12} = p_1 V_1 \ln \frac{V_2}{V_1} = p_1 V_1 \ln \frac{p_1}{p_2}.$$

→ thermodynamische Systeme.

Isotomeograph → Erddrehung, terrestrische Messung.

Isotone, Atomarten, deren Atomkerne gleich viele Neutronen, aber verschieden viele Protonen enthalten. Sie haben verschiedene → Massenzahlen und gehören verschiedenen Elementen an. → Kernsystematik.

Isotonisch heißen Lösungen, welche gleiche Anzahlen von Grammatomen des gelösten Stoffes je Volumeinheit enthalten und daher gleichen osmotischen Druck zeigen. *(Daher auch isosmotisch.)*

Isotope, Atomarten, die zum gleichen Element gehören, aber verschiedene Massen haben. Da die chemischen Eigenschaften des Atoms nur durch die → Ordnungszahl, d. i. die Zahl der positiven Ladungen im Atomkern gegeben ist, die Masse aber durch die Gesamtzahl der Kernbausteine (Protonen und Neutronen), enthalten die Atomkerne verschiedener Isotope eines Elements die gleiche Anzahl von Protonen, aber verschieden viele Neutronen. → Isotopie.

Heisenberg, W.: Physik d. Atomkerne. Braunschweig 1949.
Mattauch u. *Flammersfeld:* Isotopenbericht. Tübingen 1949.

Isotopengemisch, natürliches. Die meisten Elemente bestehen aus mehreren Atomarten (→ Isotope), die zwar die gleichen chemischen Eigenschaften, aber verschiedene → Massenzahlen haben. In der Natur finden sich bei jedem Element die Isotope fast stets im gleichen Häufigkeitsverhältnis miteinander gemischt. Nur wenn ein Isotop eines zusammengesetzten Elementes beim natürlichen radioaktiven Zerfall entsteht, wie das z. B. bei Strontium und Blei der Fall ist (→ Geologische Altersbestimmungen), treten Abweichungen von der normalen Isotopenzusammensetzung auf. Auch bei den leichten Elementen, vor allem beim Wasserstoff, ferner beim Helium und sogar beim Sauerstoff (→ Sauerstoffisotope), sind leichte Schwankungen der Isotopenzusammensetzung in der Natur nachgewiesen worden, die auf Isotopentrennvorgänge im geologischen Geschehen zurückzuführen sind.

Isotopengewicht = → Massenwert.

Isotopenhäufigkeiten, relative, der Anteil an der Anzahl der Atome eines Elements, der auf ein bestimmtes Isotop entfällt, meist in % der Gesamtanzahl der Atome des Elementes angegeben. Zuweilen setzt man auch die Häufigkeit des stärksten Isotops gleich 100 und gibt die Häufigkeiten der übrigen Isotope in % des stärksten Isotops an. Manchmal werden auch die Isotope nach ihren Häufigkeiten geordnet und dann die Häufigkeitsverhältnisse zweier benachbarter Isotope angegeben. Dieses letztere Verfahren ist besonders der photographischen Häufigkeitsbestimmung angepaßt.

Aston, F. W.: Mass Spectra and Isotopes. London 1942.
Mattauch u. *Flammersfeld:* Isotopenbericht. Tübingen 1949.

Isotopennummer, der Überschuß $N-Z$ der Zahl N der Neutronen eines Kerns über die Zahl Z der Protonen (Ordnungszahl). Da die → Massenzahl $A = N + Z$ ist, so ist $N - Z = A - 2Z$.

Isotopenspin. Proton und Neutron werden in der Kernphysik als zwei verschiedene Eigenzustände eines Teilchens, des Nukleons, angesehen, dessen Wellenfunktion auf diese Weise einen weiteren Freiheitsgrad bekommt, die Ladungsvariable. Sei τ ein Operator, der auf diese Variable s wirkt, dann soll

$$\tau\psi = \pm 1 \psi$$

gelten, je nachdem sich das Teilchen im Zustande Proton oder Neutron befindet. Die vollständige Behandlung dieses Operators läuft analog zum Spinoperator σ mit dem Unterschied, daß $\vec{\sigma}$ Vektor im gewöhnlich dreidimensionalen Ortsraum ist, während der Isotopenspin $\vec{\tau}$ Vektor eines konstruierten Konfigurationsraumes (Spinraum) wird. → Nukleon, → Wellengleichung.

Rosenfeld, L.: Nuclear Forces. Amsterdam 1948.

Isotopentrennung. Zur Anreicherung und Reindarstellung von Isotopen gibt es eine Reihe von Verfahren, bei denen verschiedene → Isotopie-Effekte ausgenutzt werden.

Ein sehr wirksames Verfahren, das sich vor allem zur Herstellung des schweren Wasserstoffs bewährte, ist die *Elektrolyse.* Bei der elektrolytischen Zersetzung des Wassers reichert sich in der Flüssigkeit das schwere, im Gas das leichte Isotop an (*Urey* u. *Washburn* 1932). Darauf konnte ein technisches Verfahren zur Reindarstellung von → schwerem Wasser entwickelt werden. Es wird dabei ein großes Volumen Wasser (einige Tonnen) bis auf einen kleinen Rest von wenigen cm^3 elektrolysiert. Bei der Herstellung des schweren Wassers spielt die verschiedene Wanderungsgeschwindigkeit der Ionen im Elektrolyten keine wesentliche Rolle. Der Trennvorgang kommt hauptsächlich bei der Abscheidung des Wasserstoffs an der Elektrode zustande. Unterschiede in der Ionenwanderungsgeschwindigkeit der Isotope sind erst in neuerer Zeit ausgenutzt worden, und zwar sowohl bei der Elektrolyse wäßriger Lösungen (*A. K. Brewer* 1946) als auch in elektrolytisch leitenden festen Körpern und Salzschmelzen (*A. Klemm* 1944 und 1947).

Schon sehr frühzeitig wurden die verschiedenen *Diffusionsgeschwindigkeiten* der Isotope bei Isotopenversuchen ausgenutzt. Da der → Trennfaktor beim einzelnen Diffusionsvorgang nur sehr klein ist, so müssen Verfahren angewendet werden, bei denen sich die Wirkungen vieler Diffusionsvorgänge summieren können, um zu einer brauchbaren Isotopenanreicherung zu kommen. Ein solches Verfahren wurde 1932 von *G. Hertz* angegeben, das, weil ähnliche Kunstgriffe bei den meisten Trennmethoden Anwendung finden, näher erläutert sei. Es wird dabei eine große Anzahl von Trenngliedern (Abb.) benutzt, die je aus zwei Tonrohren R_1 und R_2 bestehen, die in ein Glasrohr eingeschmolzen sind. Das

Gasgemisch strömt von A nach D. Ein Bruchteil des Gasstromes diffundiert durch das Rohr R_1. Dieser Bruchteil wird an leichtem Isotop angereichert und

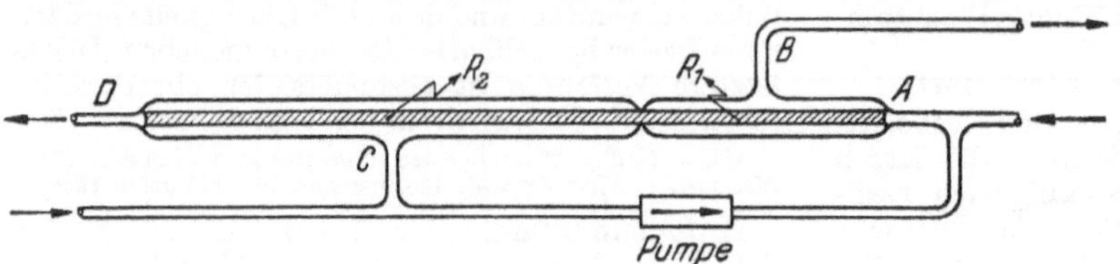

Trennglied einer Diffusionsanlage zur Isotopentrennung nach *G. Hertz*.

bei B abgepumpt. Das in das Rohr R_2 eintretende Gas ist mit der schweren Komponente angereichert. Ein Teil davon diffundiert durch das Rohr R_2 und wird bei C abgepumpt. Dieser Teil hat ungefähr die gleiche Zusammensetzung wie das Ausgangsgemisch und wird daher wieder an A zurückgeführt. Das an schwerem Isotop angereicherte Restgas verläßt bei D das Trennglied. In einer Trennanordnung werden viele solche Trennglieder hintereinander geschaltet, wobei das bei D aus dem einen Trennglied austretende Gas an der Stelle A des nächst schwereren Trenngliedes eintritt und die bei B abgepumpte leichte Komponente an der Stelle C des nächst leichteren Trenngliedes zugeführt wird. Nach diesem Verfahren sind starke Trennwirkungen an Neon, Sauerstoff, Argon, Kohlenstoff und Stickstoff erzielt worden. Die Anzahl der Trennglieder lag meist zwischen 10 und 50. Es sind auch Großanlagen zur Anreicherung des Uranisotops der Masse 235 durch Diffusion gebaut worden, in denen größenordnungsmäßig 1000 Trennglieder zur Anwendung kommen.

Ein Verfahren, das besonders von *Urey* entwickelt wurde, benutzt den Isotopie-Effekt bei *chemischen Austauschreaktionen*. Es wird insbesondere mit gutem Erfolg zur Anreicherung des Stickstoffisotops ^{15}N benutzt. Bei der Lösung von NH_3 in Wasser zeigt das schwere Stickstoffisotop eine größere Löslichkeit als das leichte und reichert sich daher in der Lösung an. Der Effekt ist sehr klein, so daß mittels eines Gegenstromverfahrens eine Verstärkung der Anreicherung durchgeführt werden muß. Das geschieht in einer Rektifikationssäule, in der die Lösung mit möglichst großer Oberfläche nach unten rieselt, dort wird NH_3 als Gas ausgetrieben, das in ständiger Wechselwirkung mit der Lösung in der Säule nach oben streicht und entweicht. Am unteren Ende reichert sich das schwere Isotop an, während die Isotopenzusammensetzung in der zugeführten Ammoniaklösung normal ist. Auch das entweichende NH_3-Gas, das mit der eintretenden Lösung in Wechselwirkung steht, hat normale Isotopenzusammensetzung. Auch für andere leichte Elemente ist dieses Verfahren mit Erfolg benutzt worden.

Ein weiteres Verfahren zur Isotopentrennung benutzt das *Trennrohr* (*Clusius* und *Dickel* 1938), in dem durch → *Thermodiffusion* Entmischung entsteht. Das Verfahren ist sowohl bei gasförmigen als auch bei flüssigen Substanzen anwendbar. Nach diesem Verfahren wurden die Chlorisotope praktisch rein dargestellt und die Isotope anderer Elemente stark angereichert. Auch die Isotopenzusammensetzung des Urans wurde in einer Großanlage unter Benutzung einer flüssigen Uranverbindung durch Thermodiffusion stark verändert und so angereichertes Material erhalten, das als Ausgangssubstanz für die elektromagnetische Reindarstellung des Uranisotops der Masse 235 benutzt wurde (s. u.).

Da der Dampfdruck fester und flüssiger Stoffe eine Isotopenabhängigkeit zeigt, kann auch durch *Verdampfen* eine Isotopenanreicherung erzielt werden. Der Effekt einer einzelnen Verdampfung ist wieder sehr klein, so daß ähnlich wie beim Diffusionsverfahren oder beim chemischen Austauschverfahren für eine oftmalige Wiederholung des Prozesses gesorgt werden muß. In neuerer Zeit konnte schweres Wasser in großem Maßstab nach diesem Verfahren hergestellt werden.

Auch in der *Zentrifuge* tritt eine Entmischung der Isotope auf. Obwohl im Laboratoriumsversuch u. a. auch bei den Uranisotopen gute Trennwirkungen erzielt wurden, hat sich das Verfahren wegen beträchtlicher technischer Schwierigkeiten im Großen bis jetzt noch nicht bewährt.

Eine praktisch vollständige Trennung der Isotope tritt im → *Massenspektrographen* auf. Allerdings sind bei den üblichen Apparaten die Mengen, die von den einzelnen Isotopen erhalten werden, unwägbar klein. Es sind daher besonders intensitätsstarke Apparate (*Massenseparatoren*) entwickelt worden, mit denen Isotope auch in wägbaren Mengen getrennt werden können. Ein solcher Massenseparator besteht aus einer → Ionenquelle, in der von der Substanz, deren Isotope getrennt werden sollen, ein möglichst intensiver Ionenstrom hergestellt wird, aus einer Hochspannungsanlage, mit der die Ionen beschleunigt werden, und aus einem Magnetfeld, in dem die Ionen je nach ihrer Masse verschieden stark abgelenkt werden. In einem geeigneten Auffänger werden dann die nach ihren Massen getrennten Ionen gesammelt. Größenordnungsmäßig können mit solchen Anlagen, wie sie für wissenschaftliche Untersuchungen in manchen Laboratorien aufgestellt wurde, 10^{-6} bis 10^{-4} g eines Isotops je Stunde hergestellt werden. Es sind aber auch Großanlagen mit Serien von Separatoren für die Produktion des Uranisotops 235 gebaut und in Betrieb genommen worden (→ Calutron, → Ionenzentrifuge, → Isotron).

Walcher, W.: Ergebn. exakt. Naturw. **18**, 1939.

Isotopie, die Eigenschaft vieler Elemente, aus → *Isotopen*, d. h. aus mehreren Atomarten, die chemisch einander gleich, aber in ihren Massen verschieden sind, bestehen.

Man hat lange Zeit angenommen, daß die Atome eines Elementes untereinander alle gleich sind. Wie sich zuerst bei den radioaktiven Substanzen zeigte, ist das nicht der Fall. Es gibt radioaktive Stoffe, die chemisch voneinander nicht unterschieden werden können, die aber völlig verschiedene radioaktive Eigenschaften haben. Die Elemente, denen diese Stoffe angehören, müssen also komplex sein. Einen weiteren Hinweis dafür ergaben die Endprodukte der radioaktiven Zerfallsreihen. Diese enden in Stoffen, die chemisch vom Blei nicht unterschieden werden können. Wie aber aus den Zerfallsreihen geschlossen werden kann, muß das Endprodukt der Uranreihe die Massenzahl 206, das der Thoriumreihe die Massenzahl 208 haben. Gewöhnliches Blei hat das Atomgewicht 207,18. Dieses Verhalten der radioaktiven Stoffe hat *Soddy* 1913 veranlaßt, den Begriff der Isotopie zu prägen. *Aston* hat dann zeigen können, daß die Isotopie nicht auf die radioaktiven Substanzen beschränkt ist, sondern eine sehr verbreitete Eigenschaft der meisten stabilen Elemente ist. Er hat in seinem Massenspektrographen durch Ablenkung der Ionen der Elemente in elektrischen und magnetischen Feldern diese nach ihren Massen zerlegen und auf verschiedenen Stellen einer Photoplatte auffangen können (→ Massenspektren).

Aston, F. W.: Mass Spectra and Isotopes. London 1942.
Heisenberg, W.: Die Physik d. Atomkerne. Braunschweig 1949.

Isotopieeffekte, zusammenfassende Bezeichnung für alle Erscheinungen, welche darauf beruhen, daß ein Element aus mehreren → Isotopen besteht. Sie treten grundsätzlich überall auf, wo die Massen der einzelnen Atome im Spiel sind.

1. Nicht-optische Isotopieeffekte. Solche treten insbesondere auf bei der Verdampfung und der Diffusion. Die leichten Isotope verdampfen bevorzugt, auch ihre Diffusionskonstante ist größer als für die schweren Isotope. Auch die chemische Reaktionsgeschwindigkeit und die Geschwindigkeit der elektrolytischen Ionenwanderung in Lösungen und in Salzschmelzen ist für die leichten Isotope größer als für die schweren. In einem Gas oder einer Flüssigkeit, in der eine Temperaturdifferenz aufrechterhalten wird, ist im Gleichgewichtszustand die Isotopenzusammensetzung an Stellen verschiedener Temperatur verschieden (→ Thermodiffusion). Auch auf andere Größen, wie z. B. Schmelzpunkt, Siedepunkt, Viskosität und Kapillarität, ist ein Einfluß der Isotopenzusammensetzung vorhanden, doch sind diese Einflüsse klein und nur beim Wasserstoff und seinen Verbindungen nachgewiesen (→ schweres Wasser), wo 1. die Isotopieeffekte wegen des großen relativen Massenunterschiedes der Wasserstoffisotope verhältnismäßig groß sind und 2. eine Reindarstellung der Isotope verhältnismäßig leicht möglich ist und schon seit langem durchgeführt werden kann.

2. Optische Isotopieeffekte (Isotopieverschiebung).

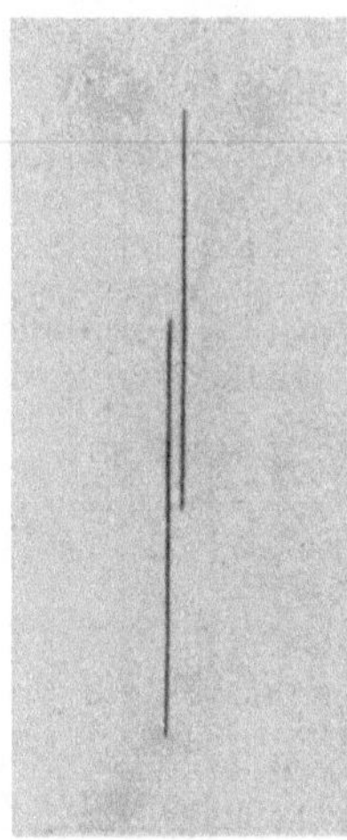

Abb. 1. H_α-Linie des leichten und D_α-Linie des schweren Wasserstoffs. (Die vertikale Verschiebung hat nur experimentelle Gründe.)

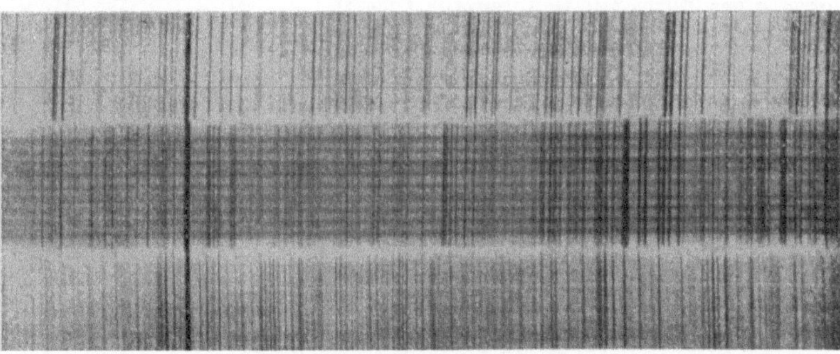

Abb. 4. Molekülspektrum (Viellinienspektrum) von H_2 (oben), von $H + HD + D_2$ (Mitte) und von D_2 (unten).

a) Atomspektren. Wegen der Mitbewegung des Kerns liegen die Energieterme isotoper Atomarten wegen der verschiedenen Kernmasse etwas verschieden. Beim Wasserstoffatom ist die die → Balmer-Terme bestimmende Rydbergkonstante (→ Rydberg-Zahl)

$$R = \frac{2\pi^2 \mu e^4}{c_0 h^3} \left(\text{bzw.} \frac{\mu e^4}{8 \varepsilon_0^2 c_0 h^3}\right),$$

wobei $\mu = m m_e/(m + m_e)$ die → reduzierte Masse des Systems ist (m Kernmasse, m_e Elektronenmasse), die beim schweren Wasserstoff etwas größer ist als beim gewöhnlichen, leichten Wasserstoff. Die Abb. 1 zeigt den Unterschied an der ersten Linie der Balmer-Serie. Auf diese Weise entdeckte

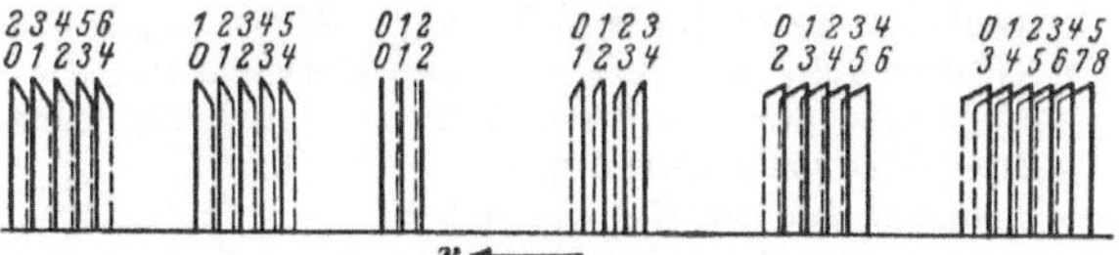

Abb. 2. Isotopieeffekt der Schwingung.

Urey den schweren Wasserstoff. Bei den schwereren Atomarten wird der Einfluß der Mitbewegung des Kerns schnell unbeobachtbar klein.

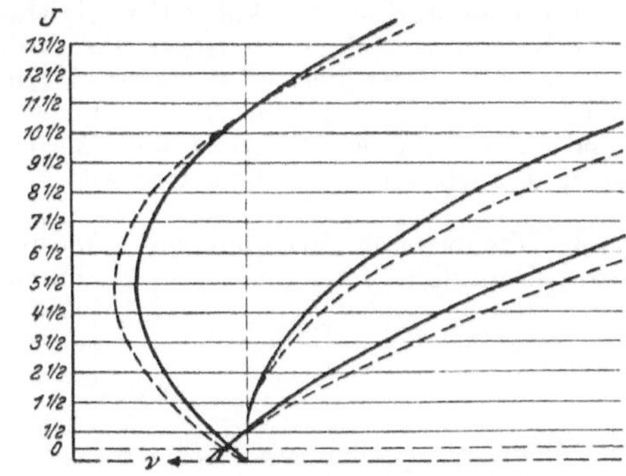

Abb. 3. Isotopieeffekt der Rotation.

Ein weiterer Isotopieeffekt zeigt sich in einer → Hyperfeinstruktur gerade der schwereren Elemente und beruht auf kleinen Verschiedenheiten des Kernfeldes der Isotope.

b) Molekülspektren. Der Isotopieeffekt in den Molekülspektren beruht auf kleinen Unterschieden der Schwingungs- und Rotationsterme der verschiedenen Isotope, aus denen ein Molekül zusammengesetzt sein kann (Abb. 2 u. 3). Ist $\mu = m m'/(m + m')$ die reduzierte Masse eines zweiatomigen Moleküls, beziehen sich μ_1 und μ_2 auf zwei Moleküle mit verschiedenen Isotopen, und setzt man $p = (\mu_1/\mu_2)^{\frac{1}{2}}$, so gilt für die Schwingung $\nu_2 - \nu_1 = (p - 1)\,\nu_1$, für die Rotation $\nu_2 - \nu_1 = (p^2 - 1)\,\nu_1$. Die Abb. 4 zeigt den Isotopieeffekt im Molekülspektrum des Wasserstoffs, dessen Molekül auf drei verschiedene Weisen aus den Isotopen H (${}^1_1H$) und D (${}^2_1H$) zusammengesetzt sein kann.

Eucken-Wolf: Hand- u. Jahrb. d. Chem. Physik II. Leipzig 1940.

Isotopieverschiebung → Isotopieeffekte.

Isotron, elektromagnetischer *Massenseparator* nach dem Laufzeitprinzip, dessen Entwicklung aber zugunsten der Calutronmethode zurückgestellt wurde (→ Isotopentrennung, → Calutron).

Isotrop sind Stoffe, die sich in allen Richtungen physikalisch gleich verhalten. Das sind in erster Linie amorphe Stoffe: Gase, Flüssigkeiten, ferner Gläser. Darüber hinaus sind die kubischen Kristalle isotrop für eine Reihe physikalischer Vorgänge, z. B. für die Lichtgeschwindigkeit und -durchlässigkeit, Wärme- und Elektrizitätsleitung, Wärmeausdehnung. Wegen der gleichen Lichtgeschwindigkeit in allen Richtungen werden die kubischen Kristalle als optisch-isotrop bezeichnet im Gegensatz zu den doppelbrechenden Kristallen aller nichtkubischen Systeme. In bezug auf Kohäsion, Piezoelektrizität, im Verhalten gegenüber Röntgen- und Materiestrahlen sind auch die kubischen Kristalle nicht isotrop.

Isotrope Ebene (auch *Minimalebene*), die durch die lineare Funktion $Ax+By+Cz+D=0$ dargestellte Fläche, sofern nicht die Koeffizienten $A=B=C=D=0$ sind und sie die Bedingung $A^2+B^2+C^2=0$ erfüllen. Die Minimalebenen sind imaginäre Gebilde.

Blaschke, W.: Differentialgeometrie. Berlin 1945.

Isotrope Kurven, sind Kurven auf einer durch $w_x = x(u,v)$, $w_y = y\,(u,v)$, $w_z = z\,(u,v)$ (u, v Parameter) gegebenen Fläche, die die Differentialgleichung $ds^2 = E\,du^2 + 2\,F\,du\,dv + G\,dv^2 = 0$ erfüllen. Darin sind E, F, G die → Fundamentalgrößen 1. Art. Durch jeden Flächenpunkt sind zwei isotrope Kurven möglich.

Literatur → isotrope Ebene.

Isotypie → Isomorphie.

Isthmus-Methode. Zur Messung der magnetischen → Induktion in einem ferromagnetischen Material in starken Feldern kann man die stabförmige Probe als Isthmus (Überbrückung) zwischen den kegelförmig zugespitzten Polschuhen eines Elektromagneten möglichst ohne Luftspalt so anbringen, daß sie durch Umschlagen um 180° ummagnetisiert werden kann. Die Probe trägt zwei Meßspulen gleicher Windungszahl mit verschiedenem Querschnitt übereinander. Der Spannungsstoß in einer Spule allein beim Umschlagen liefert die Induktion. Beim Gegeneinanderschalten der beiden Spulen erhält man einen Spannungsstoß proportional zur Feldstärke. Die Methode liefert nur die Spitzenkurve der ferromagnetischen Probe und wird heutzutage nur noch selten angewandt.

Ewing, J. A.: Magnetic Induction in Iron and other Metals. London 1900.

Iterierte Operatoren → Operatoren.

J

***j*,** vor allem in der Elektrotechnik (statt i) übliches Symbol für $\sqrt{-1}$.

J, Symbol für die Energieeinheit → Joule.

***J, j*, Quantenzahlen.** J gibt für ein Atom den Drehimpuls der *ganzen* Elektronenhülle eines Atoms an als die Summe aller Bahn- und Spindrehimpulse. Die Darstellung der → Drehgruppe durch die Eigenfunktionen eines Terms zur Quantenzahl J ist D_y, und der Term ist $(2\,J + 1)$fach entartet. Für ein *einzelnes* Elektron bezeichnet man den Gesamtdrehimpuls, d. h. die Summe von Bahn- und Spindrehimpuls, mit der Quantenzahl j.

Jacobi-Ellipsoid → Gleichgewichtsfiguren.

Jacobi-Prinzip, eine Formulierung des → Maupertuis-Prinzips $\delta S = 0$, wenn die Zeit t eliminiert wird. Dies ist bei konservativen Systemen möglich, da für solche der Energiesatz $T + U = E = \text{const}$ (T kinetische Energie, U potentielle Energie, E Gesamtenergie) gilt. Da für ein aus n Massenpunkten m_i ($i = 1, 2, \ldots, n$) bestehendes System $T = \frac{1}{2}\sum_{i=1}^{n} m_i v_i^2 = \sum_{i=1}^{n} \frac{m_i}{2}\left(\frac{ds_i}{dt}\right)^2$ ist, folgt hieraus $dt = \sqrt{\frac{\sum_{i=1}^{n} m_i\,ds_i^2}{2\,T}}$. Andererseits ist nach dem Energiesatz $T = E - U$, also wegen $\delta S = \delta\int_A^B T\,dt = 0$ auch $\delta\int_A^B 2\,T\,dt = \delta\int_A^B \sqrt{2\,(E-U)}\sqrt{\sum m_i\,ds_i^2} = 0$. Zu integrieren ist über die Bahn zwischen einer festen Anfangs- und Endlage A_0 und B_0. Die letzte Gleichung ist ein die Zeit t nicht enthaltendes, „echtes" Variationsproblem, das sofort die Bahn liefert. Führt man einen Integrationsparameter σ ein, so wird $\delta\int_{\sigma_1}^{\sigma_2}\sqrt{(E-U)\sum m_i\,\dot{s}_i^2}\,d\sigma = 0 \left(\dot{s} = \frac{ds}{d\sigma}\right)$. Wählt man insbesondere für σ die Bogenlänge s, so wird $\delta\int (E - U)\,ds = 0$ und im Fall der Kräftefreiheit ($U = 0$) $\delta\int ds = 0$. Das ist das Hertzsche → Prinzip der geradesten Bahn.

Jacobische Differentialgleichung, eine lineare Differentialgleichung 1. Ordnung von der Form $[(Ax + By)\,x + (ax + by)]\,y' = (Ax + By)\,y + \alpha x + \beta y$, in der A, B, a, b, α, β Konstanten sind. Eine solche läßt sich durch geeignete Umformung in eine Bernoullische Gleichung überführen. Auflösung nach y' ergibt: $y' = \frac{\left(A + B\frac{y}{x}\right)y + \alpha + \beta\frac{y}{x}}{\left(A + B\frac{y}{x}\right)x + a + b\frac{y}{x}}$, und die Substitution $y/x = z$ führt zu $xz' = \frac{\alpha + (\beta - a)\,z - b\,z^2}{(A + Bz)\,x + a + bz}$ mit $z' = dz/dx$. Wird nun statt $z = z(x)$ die Funktion $x = x(z)$ betrachtet, so geht die letzte Gleichung in $[\alpha + (\beta - a)z - bz^2]\frac{dx}{dz} - (a + bz)\,x = (A + Bz)\,x^2$ über, die eine Differentialgleichung vom Bernoulli-Typ ist und daher durch eine erneute Transformation in eine lineare Differentialgleichung übergeführt werden kann.

Jahr, abgek. a, anomalistisches, astronomisches, bürgerliches, gregorianisches, julianisches, siderisches, tropisches Jahr → Zeitmaße.

Jahresgang der kosmischen Strahlung. Die harte Komponente der → kosmischen Strahlung zeigt einen Jahresgang der Intensität mit einer Amplitude von maximal $\pm 2\%$. Die Amplitude hängt von der geomagnetischen Breite des Beobachtungsortes ab. Sie nimmt mit abnehmender Breite ab; ebenso der Zeitpunkt des Eintretens des Maximums. Für nördliche Breiten liegt das Minimum etwa im Dezember–Januar, für südliche Breiten im Juli–August; es treten aber auch Abweichungen davon auf. Die Ursache des Effektes ist bis jetzt noch nicht restlos geklärt.

Literatur → kosmische Strahlung.

Jahresgang der Ionosphäre. Entsprechend den jahreszeitlichen Änderungen der Sonneneinstrahlung weist auch die Elektronenkonzentration in der Ionosphäre deutlich eine jahreszeitliche Veränderung auf. In der → E-Schicht erhält man die höchste Elektronenkonzentration im Sommer; in der → F-Schicht sind die Nachtwerte ebenfalls im Sommer höher als im Winter. Tagsüber bewirkt dagegen vermutlich eine thermische Expansion, daß im Sommer die Elektronenkonzentration wesentlich geringer ist als im Winter. Gleichzeitig spaltet sich die F-Schicht in eine F_1- und F_2-Schicht auf. Auch die sporadische E-Schicht tritt im Sommer wesentlich häufiger auf als im Winter.

Jeans-Modell, ein → Molekülmodell.

Jeansches Strahlungsgesetz → Strahlungsgesetze.

***j–j*-Kopplung.** Ist die energetische Wechselwirkung der Spin- mit der Bahnbewegung von größerem Einfluß auf die Lage der Atomterme als die Coulombsche Wechselwirkung der Elektronen untereinander, so kann man sich die Atomterme folgendermaßen entstanden denken. Für jedes einzelne Elektron außerhalb der abgeschlossenen Schalen ist die Energie ohne Spineinfluß gekennzeichnet durch $(n\ l)$. Durch die Spin-Bahn-Wechselwirkung entstehen für jedes einzelne Elektron aus einem solchen Term 2 verschiedene Terme, die durch den Gesamtdrehimpuls j des betreffenden Elektrons gekennzeichnet sind. Durch Zusammenfügen der verschiedenen Elektronen und das „Einschalten" der Coulombwechselwirkung entstehen aus dem Summenterm verschiedene Terme mit der Drehimpulsquantenzahl J, die sich durch Addition der verschiedenen Elektronendrehimpulse j unter Berücksichtigung des Pauliprinzips ergeben. → Aufbauprinzip, → Terme.

Jochlinse, magnetische → Elektronenlinse, bei der der magnetische Fluß durch kräftige Eisenjoche von den seitwärts angeordneten Spulen den Polschuhen zugeführt wird. Jochlinsen haben gegenüber den gewöhnlichen eisengekapselten magnetischen → Elektronenlinsen den Vorteil, daß einerseits die offenliegenden Spulen leichter zu kühlen sind und daß andererseits der Polschuhraum von außen her bequem zugänglich ist, wodurch bei → Elektronenmikroskopen das Auswechseln von Polschuhen oder von Blenden wesentlich erleichtert wird. Wegen des verhältnismäßig starken störenden Streufeldes, das die Jochlinsen aufweisen, sind besondere an den Polschuhen angesetzte eiserne Symmetrierungszylinder erforderlich. Jochlinsen werden meist in Form symmetrischer Doppeljochanordnungen benutzt (Abb.).

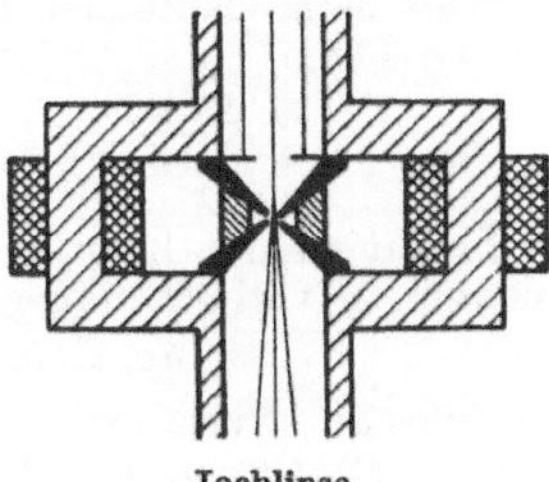

Jochlinse.

Jochmethode. Um bei der Messung der magnetischen Eigenschaften eines ferromagnetischen zylindrischen Stabes den Einfluß des entmagnetisierenden Feldes auszuschalten, versieht man ihn häufig mit einem Schlußjoch oder besser mit einem Doppeljoch, durch welches sich der Induktionsfluß im Probestab schließt. Der Stab trägt zwei Spulen übereinander, eine über seine ganze Länge gewickelte Spule zur Erzeugung des Feldes und eine kurze zur ballistischen Messung der Induktion. Der magnetische Widerstand des Joches muß bei den Messungen als Korrektur berücksichtigt werden, deren Größe aber wegen des unvermeidlichen kleinen Luftspaltes an den Einspannungsstellen des Stabes immer etwas unsicher ist. Sie macht um so weniger aus, je geringer die Permeabilität des Probestabes und je höher die Permeabilität und der Querschnitt des Joches sind. Für genaue Messungen ist es deshalb notwendig, die magnetische Feldstärke im Probestab zugleich mit der Induktion zu messen. Das kann mit einem magnetischen → Spannungsmesser geschehen, dessen Enden den Probestab an den Enden der Induktionsspule berühren. Diese Meßmethode wird beim *Spannungsmesserjoch* (Siemens) verwendet. Da bei dieser Anordnung das Magnetfeld im Probestab nicht aus der Stromstärke berechnet wird, ist es gleichgültig, wo die Feldspule auf dem magnetischen Kreis angebracht ist. Die Anbringung neben den Enden des Probestabes über den Schenkeln des Joches ist dann am bequemsten.

Kohlrausch, F.: Prakt. Physik II. Berlin u. Leipzig 1950. *Neumann, H.:* ATM J 63 — 1 (1935), J 66 — 1 (1935).

Jodvoltameter, ein → Coulometer, bei welchem die anodisch *abgeschiedene Jodmenge* (1,31526 mg je C_{abs}) durch Titration bestimmt und daraus die hindurchgeflossene Elektrizitätsmenge berechnet wird. Elektrolyt: angesäuerte Jodkalium-Lösung. → Faraday-Konstante.

Joffé-Effekt, erhebliche Erhöhung der → Plastizität und der Reißfestigkeit (→ Bruch) von Ionenkristallen bei gleichzeitiger Einwirkung eines Lösungsmittels (*Joffé* 1924). Geeignet sind reine Lösungsmittel und ungesättigte Lösungen, gesättigte Lösungen dagegen sind ohne Einfluß. Ein stäbchenförmiger Steinsalzkristall kann z. B. unter Wasser leicht um den Finger gebogen werden. Das Sohnckesche → Normalspannungsgesetz gilt auch unter diesen Verhältnissen. Der Effekt bleibt auch noch einige Zeit bestehen, wenn der Kristall aus dem Lösungsmittel herausgenommen und getrocknet wird.

Zur Erklärung des Effekts wurde einerseits angenommen, daß das Lösungsmittel die festigkeitserniedrigenden Oberflächenrisse beseitigt (*Joffé*), andererseits, daß das Lösungsmittel in den Kristall eindringt (Nachweis durch Ultrarotabsorption) und das Gleiten erleichtert (*Smekal*). *L. Graf* hat genauer diskutiert, wie hierdurch die durch die Heteropolarität erschwerte Wanderung der → Versetzungen erleichtert werden kann.

Smekal, A.: Handb. d. Phys. XXIV/2. Berlin 1933. *Schmid, E.,* u. *W. Boas:* Kristallplastizität. Berlin 1935. *Graf, L.:* Z. Metallkde., **43** (1952).

Johnson-Rhabeck-Effekt. Eine Metallplatte M_1 und eine massive Halbleiterplatte HL (z. B. Lithographenschiefer) liegen mit ebengeschliffenen Flächen aufeinander. Auf die andere Fläche der Halbleiterplatte ist eine Metallelektrode M_2 geklebt (Abb.). Wird eine elektrische Spannung von 100 bis 200 V zwischen M_1 und M_2 angelegt, so haften M_1 und HL fest aneinander. Diese Haftwirkung kommt folgendermaßen zustande: Zwischen HL und M_1 vermitteln den Stromtransport nur einige wenige, sehr kleine Kontaktflächen (→ Kontaktwiderstand), welche einen sehr hohen Engewiderstand besitzen. Infolgedessen liegt die gesamte angelegte Spannung praktisch zwischen den benachbarten Flächen von HL und M_1. Der Abstand dieser Flächen ist von der Größe 10^{-4} bis 10^{-5} cm. Die elektrische Feldstärke in diesem Gebiet wird somit von der Größenordnung 10^5 bis 10^6 V · cm^{-1}. Diese hohen Feldstärkewerte verursachen die kräftige elektrostatische Anziehung zwischen HL und M_1.

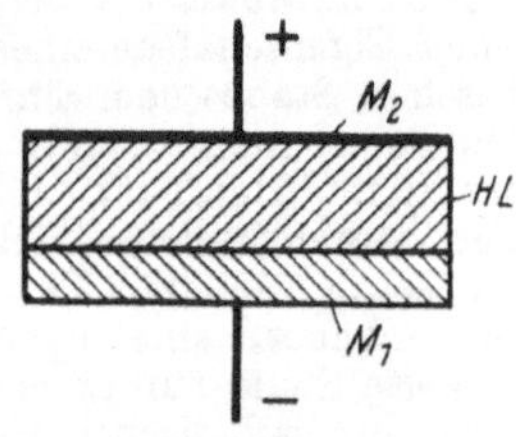

Johnson-Rhabeck-Effekt. M_1, M_2 Metallelektroden, HL Halbleiter.

Jollysche Federwaage, Gerät zur Messung der Dichte fester und flüssiger Stoffe mit Hilfe des Auftriebs. → Dichte.

de-Jong-Bouman-Methode → Röntgengoniometer.

Joukowsky-Profil. Wenn man Kreise aus der ζ-Ebene durch konforme Abbildung gemäß einer Funktion $\zeta = z + b/z^2$ in die z-Ebene überträgt, so ergeben sich Profile, die den Tragflügelprofilen ähnlich sind und den Vorzug haben, eine einfache Berechnung der Tragflügelströmung zu ermöglichen (Abb.). Der Nachteil dieser Joukowsky-Profile, daß der Winkel an der Hinterkante verschwindet, wurde durch die Erweiterung auf Kreis-Zweieck-Abbildungen von *v. Kármán-Trefftz* beseitigt. *v. Mises* erweiterte die Abbildungen auch auf druckpunktfeste Profile. Mit Hilfe derartiger potentialtheoretischer Näherungsverfahren kann man die zweidimensionale Strömung um ein gegebenes Profil oder umgekehrt aus einer vorgegebenen Geschwindigkeits- oder Druckverteilung das zugehörige Profil angenähert berechnen.

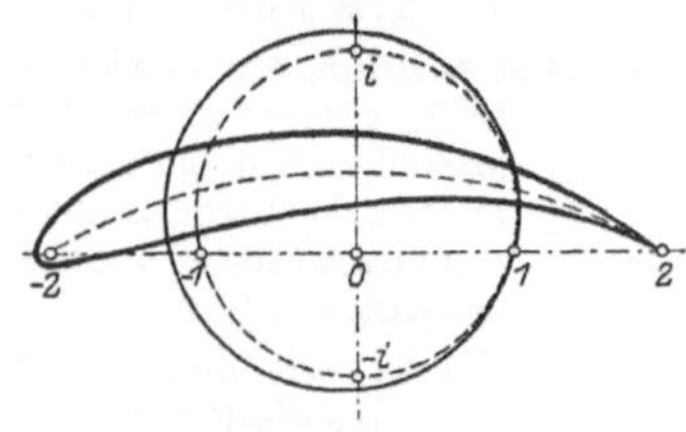

Joukowsky-Profil.

Joule, abgek. J, Name der elektrischen Energieeinheit Voltamperesekunde (VAs) oder Wattsekunde (Ws). Zum System der internationalen elektrischen Einheiten gehört das internationale Joule (J_{int}), zum System der seit dem 1. 1. 1948 eingeführten absoluten elektrischen Einheiten das absolute Joule (J_{abs}), welches mit der Energieeinheit → Newtonmeter (Nm) des → MKS-Systems identisch ist. Der Zusammenhang zwischen J_{int} und J_{abs} wird durch die elektrischen Umrechnungsfaktoren p und q (→ Einheitensysteme, elektrische, Abschnitt II, 2) gegeben: $1\ J_{int} = pq^2\ J_{abs} = 1{,}000\ 19\ J_{abs} = 1{,}000\ 19$ Nm (→ Tabelle 3 am Schluß des Buches).

Joule-Effekt, 1. = → Magnetostriktion, 2. → thermoelastische Erscheinungen.

Joulesches Gesetz, Joulesche Wärme → Stromarbeit, elektrische.

Joule-Thomson-Effekt (1853), die Temperaturänderung, die reale Gase bei Entspannung durch ein Ventil, durch einen porösen Pfropfen oder eine Kapillare von höherem auf tieferen Druck, also bei einer adiabatisch isenthalpischen Expansion, erleiden. Bei normalen Temperaturen ist der Effekt bei den meisten Gasen positiv, d. h. bei Abnahme des Druckes sinkt auch die Temperatur. Nur bei Wasserstoff, Neon und Helium tritt eine Abkühlung erst ein, wenn man diese Gase vor der Entspannung auf eine gewisse, jedem Gas eigentümliche Temperatur *(Inversionstemperatur)* abkühlt. Meist wird der *differentiale Effekt*, d. h. der Differentialquotient $(\partial T/\partial p)_i$ angegeben. Der *integrale Effekt* ist gegeben durch den Quotienten aus der endlichen Temperatursenkung ΔT und der Drucksendung $\Delta p = p_1 - p_2$, wobei der Druck p_2 so niedrig zu wählen ist, daß bei weiterer Entspannung keine merkliche Temperaturerniedrigung mehr eintritt. Da der Effekt bei allen Gasen bei genügend hohen Temperaturen und auch im Flüssigkeitsgebiet negativ wird, ist bei zwei bestimmten Temperaturen, die aber wieder vom Druck abhängen, $(\partial T/\partial p)_i = 0$. Die Gesamtheit aller Punkte im (T, p)-Diagramm, die dieser Bedingung genügen, wird als *Inversionskurve* des (differentialen) Joule-Thomson-Effekts bezeichnet. Auch für den integralen Effekt lassen sich entsprechende Punkte und Kurven definieren. Meßtechnisch günstiger ist häufig die Verfolgung des *isothermen Drosseleffekts*, wobei die zunächst durch die Entspannung verursachte Temperatursenkung ΔT durch Heizung wieder kompensiert wird. — Falls Zustandsdiagramme für das betreffende Gas verfügbar sind, kann der integrale Effekt leicht aus diesen entnommen werden. Bei Luft von 0 °C beträgt der differentiale Effekt unter 1 atm 0,266, unter 200 atm 0,097 °C/atm, bei Wasserstoff —0,03 °C/atm. Anwendung → Drosselentspannung.

Hausen, H.: VDI-Forsch.-Heft Nr. 274. Berlin 1925. *Edmister, W. C.:* Petroleum Refiner XXVIII, 1949. Ferner die Lehr- und Handb. d. Thermodynamik.

Jourdain-Prinzip. Während beim → d'Alembert-Prinzip, dessen formelmäßiger Ausdruck durch

$$\sum_{i=1}^{n} (X_i - m_i \ddot{x}_i)\, \delta x_i = 0 \tag{1}$$

gegeben ist, nur die Ortskoordinaten x_i variiert werden, dagegen die Komponenten der Geschwindigkeit $\dot{x}_i$ und der Beschleunigung $\ddot{x}_i$ unverändert bleiben, also

$$\delta \dot{x}_i = 0, \quad \delta \ddot{x}_i = 0, \tag{2}$$

werden beim Gaußschen Prinzip, das mathematisch in die Form

$$\sum_{i=1}^{n} (X_i - m_i \ddot{x}_i)\, \delta \ddot{x}_i = 0 \tag{3}$$

gebracht werden kann, die Beschleunigungskomponenten $\ddot{x}_i$ variiert, dagegen ist

$$\delta x_i = 0, \quad \delta \dot{x}_i = 0 \tag{4}$$

(Gaußsche Variation, → Prinzip des kleinsten Zwanges). Die beiden durch Gl. (1) und (3) ausgedrückten Prinzipe unterscheiden sich formal nur dadurch, daß in Gl. (3) die Beschleunigungsvariation $\delta \ddot{x}_i$ an *der* Stelle steht, an der in Gl. (1) die Koordinatenvariationen δx_i auftreten. *Jourdain* fand, daß man ein mechanisches Differentialprinzip angeben kann, das die Form

$$\sum_{i=1}^{n} (X_i - m_i \ddot{x}_i)\, \delta \dot{x}_i = 0 \qquad (5)$$

hat. Hier bleiben die Ortskoordinaten x_i ungeändert ($\delta x_i = 0$), dagegen werden die Geschwindigkeitskoordinaten $\dot{x}_i$ variiert, wobei natürlich die $\delta \dot{x}_i$ mit vorhandenen Nebenbedingungen verträglich sein müssen. Das bedeutet, daß man Vergleiche am gleichen Ort ($\delta x_i = 0$) aber mit verschiedenen Geschwindigkeiten ($\delta \dot{x}_i \neq 0$) vornimmt. Die als *Jourdain-Prinzip* bezeichnete Gl. (5) steht, bildlich gesprochen, „zwischen" dem d'Alembertschen und Gaußschen Prinzip. Formal könnten noch beliebig andere Differentialprinzipe ähnlicher Form aufgestellt werden, jedoch käme solchen keine praktische Bedeutung zu.

Julianische Periode → Zeitmaße.

Julius-Aufhängung → Aufhängung, erschütterungsfreie.

Jungfräuliche Kurve = → Neukurve.

Jungner-Zelle → Edison-Akkumulator.

Jupiter, der bei weitem größte aller Planeten; Äquatordurchmesser 144600 km, Masse 317 Erdmassen, mittlere Dichte 1,34 g · cm^{-3}, mittlerer Abstand von der Sonne 778 · 10^{6} km, Umlaufszeit 11,86 Jahre. Trotz seines siebenmal größeren Sonnenabstandes steht er der Venus nur wenig an Helligkeit nach. In der mittleren Oppositionsentfernung ist seine scheinbare Helligkeit von der —2. Größe.

Wie man schon mit einem kleinen Teleskop erkennt, ist die Jupiterscheibe stets von einer Anzahl dem Äquator des Planeten paralleler Streifen durchzogen, deren Aussehen sehr veränderlich ist. Die Streifen sind durch sehr helle Zonen voneinander getrennt, und zwar ist die Äquatorzone zwischen den beiden mittleren Streifen die hellste. Außer den dem Äquator parallelen Streifen sieht man kleinere, dunkle, wolkenartige Flecken in den hellen Zonen und weiße, helleuchtende Gebilde in den dunklen Streifen. Aus der Tatsache, daß das Aussehen der Jupiterscheibe einem beständigen Wechsel unterworfen ist, kann man schließen, daß das, was wir beobachten, nichts mit einer festen Oberfläche des Planeten zu tun hat. Auch die hohe → Albedo des Jupiter (0,6) weist darauf hin, daß das Licht der Sonne die Atmosphäre des Planeten gar nicht bis zu seiner eigentlichen Oberfläche durchdringt, sondern von der dichten Wolkenhülle reflektiert wird, in die der Planet eingehüllt ist.

Das stabilste Gebilde auf dem Jupiter ist der große „Rote Fleck". Dieser ist nachweisbar seit über 100 Jahre in seiner Grundform fast unveränderlich, obgleich er seine Farbe ändert. Zur Zeit ist er sogar wohl das „weißeste" Gebilde der Jupiteroberfläche. Der größte Durchmesser des Flecks beträgt etwa $^1/_5$ bis $^1/_4$ des Durchmessers der Jupiterscheibe, und seine Fläche ist größer als die gesamte Erdoberfläche. Seine Entstehungsursache ist wahrscheinlich an der eigentlichen Oberfläche des Planeten zu suchen.

Wahrscheinlich handelt es sich bei Jupiter um einen Planeten, dessen Oberfläche noch nicht ganz oder nur in geringem Maße erhärtet ist. Darauf weisen die gewaltigen Strömungen und Umwälzungen in seiner Atmosphäre hin, die die Ursache der beobachtbaren Streifen und Flecken auf der Jupiterscheibe sind.

Das Spektrum Jupiters ist durch starke, breite Absorptionsbanden im Orange und Rot charakterisiert, die dem Methan und Ammoniak angehören. Temperaturmessungen ergeben für den Planeten Werte bei ungefähr —120 °C. Bei dieser Temperatur wird das Ammoniak schon teilweise zu Flüssigkeitströpfchen kondensiert sein, und wahrscheinlich sind die Streifen und Flecken auf der Jupiterscheibe Wolken kondensierten Ammoniaks.

Die Rotationsperiode des Planeten ist in Anbetracht seiner Größe eine sehr kurze, nur ungefähr gleich 9^{h} 50^{m}. Eine Folge der raschen Rotation ist eine ziemlich starke Abplattung, die etwa gleich $^1/_{15}$ ist (der polare Durchmesser ist etwa 10000 km kleiner als der Äquatordurchmesser). Die Rotationsgeschwindigkeit ist keine einheitliche. In der Äquatorzone ist sie etwas größer als in höheren Breiten, und sie variiert auch innerhalb ein und derselben Breite.

Jupiter hat 11 Satelliten. Die vier hellsten von ihnen, die bereits *Galilei* 1610 entdeckte, sind ungefähr von Mondgröße und -masse. Diese können bei ihrer tiefen Temperatur wohl noch schwerere Gase als Atmosphäre festhalten. Die Veränderlichkeit ihrer Phasenkurven, wie sie *Guthnick* durch lichtelektrische Messungen festgestellt hat, scheint auch auf eine wolkige und deshalb veränderliche Atmosphäre hinzuweisen. Von kosmogonischem Interesse ist, daß die drei äußersten der elf Satelliten rückläufig sind, d. h. sich in der entgegengesetzten Richtung um den Planeten bewegen, als dieser rotiert.

[*Newcomb-Engelmann:* Populäre Astronomie. Leipzig 1949.

Justiertemperatur → Bezugstemperatur, internationale.

K

k, Formelzeichen der → Boltzmann-Konstante.

K, Symbol für die allgemeine Lichtstärkeeinheit → Kerze.

k-, Symbol für die → Vorsatzsilbe Kilo-.

°K, Symbol für 1. den Temperaturgrad der absoluten thermodynamischen → Temperaturskala, 2. das atomphysikalische Energiemaß → Temperaturgrad.

Kadmium- → Cadmium-.

Kalantaroff-Giorgisches Dimensionssystem. Das Giorgische Vierer-System für die Elektrodynamik wurde von *Kalantaroff* 1929 abgewandelt. Er schlug vor, an Stelle der vier Grunddimensionen (→ Dimension, → Dimensionssystem) für Länge, Masse, Zeit und Widerstand solche für Länge, Zeit, elektrische Ladung und magnetischen Fluß (Polstärke) zu wählen: LTQΦ-System. Dieses System läßt sich sehr einfach aus einem Dreier-System für Länge, Zeit und Wirkung (LTH-System) durch Aufspaltung der Wirkung in die beiden Faktoren elektrische Ladung und magnetischen Fluß entwickeln und weist für alle elektrischen und magnetischen Größen nur ganzzahlige Exponenten in den Dimensionsausdrücken auf, wobei sich eine bemerkenswerte Symmetrie zwischen den Dimensionsausdrücken für elektrische und entsprechende magnetische Größen zeigt.

Kalender → Zeitmaße.

Kalibrierung von Kapillaren. Zur Ermittlung des Querschnitts von Kapillaren bringt man in sie einen abgewogenen Quecksilberfaden und mißt dessen Länge, gegebenenfalls in verschiedenen Bereichen der Kapillaren. Aus der Masse und der Länge des Fadens und der Dichte des Quecksilbers ($\varrho = 13{,}55$ g · cm^{-3} bei 20 °C) ergibt sich dann der Querschnitt.

Kohlrausch, F.: Prakt. Physik I. Berlin u. Leipzig 1950. Handb. d. Physik II. Berlin 1926.

Kalibrierung von Thermometern. Da der Querschnitt der Kapillare eines Quecksilberthermometers im allgemeinen nicht auf deren ganzer Länge die gleiche ist, so wird das zwischen je zwei Teilstrichen befindliche Volumen nicht an allen Stellen der Skala dasselbe sein. Die Kalibrierung, d. h. die Feststellung des genauen Zusammenhangs zwischen Einteilung der Skala und Volumen der Kapillare, ist im allgemeinen nicht mehr erforderlich, da durch Vergleichung mit dem Platinwiderstandsthermometer die Ablesungen an der Thermometerteilung unmittelbar auf die gesetzliche Skala bezogen werden. Notwendig bleibt die Kalibrierung bei Thermometern mit veränderlicher Füllung (→ Beckmannthermometer). Auch bei Kalorimeterthermometern, mit denen Temperaturdifferenzen sehr genau bestimmt werden sollen, ist sie ratsam. Die Kaliberberichtigungen dienen dazu, die Angaben des Thermometers auf die eines solchen umzurechnen, bei dem zwischen Anfang und Ende des Meßbereiches gleichen Teilungsabschnitten gleiche Volumina der Kapillare entsprechen. Zur Feststellung der Kaliberberichtigungen wird ein Quecksilberfaden, dem man zweckmäßig die Länge von annähernd einem Gradabschnitt gibt, in der Kapillare über den Meßbereich verschoben und die Länge des Fadens in Teilungsabschnitten längs der Teilung gemessen.

Kalium, K. Das in der Natur vorkommende Alkalielement besteht aus den Isotopen mit den Massenzahlen 39 (93,3%), 40 (0,011%) und 41 (6,7%). Das Isotop $^{40}_{19}$K zeigt in der Hauptsache β-Zerfall mit einer Halbwertszeit von 1,11 · 10^9 Jahren. Die Maximalenergie seiner β-Strahlen beträgt 1,35 MeV. Außerdem werden γ-Strahlen mit einer Energie von 1,54 MeV ausgesandt. In kleinem Prozentsatz findet auch K-Einfang statt.

Kalkspatdichte. Die Dichte ϱ ($CaCO_3$) des Kalkspats ist eine physikalische Hilfskonstante, die in die Bestimmung der → Loschmidt-Konstanten aus der Elementarzelle des Kalkspatkristalls eingeht. Die hierzu erforderlichen Daten werden durchweg auf $p_0 = 1$ atm und 20 °C bezogen. Als Mittelwert aus den vorliegenden Dichtemessungen ergibt sich: $\varrho^{p_0}_{20°}$ ($CaCO_3$) $= 2{,}7102_9 \pm 0{,}0004$ g · cm^{-3}.

Kalkspatgitterkonstante d ($CaCO_3$), physikalische Hilfskonstante, die in die Bestimmung der → Loschmidt-Konstanten N_L aus der Elementarzelle des Kalkspatkristalls eingeht. d_∞ ($CaCO_3$) ist definiert als die wahre physikalische Gitterkonstante des Kalkspats, d. h. als die durch Reflexion von Röntgenlicht beobachtete Kantenlänge des Kalkspat-Spaltrhomboeders nach Reduzierung bzgl. der mit der Reflexion am Kristall gleichzeitig auftretenden Brechung. Die N_L-Bestimmung wird am Kalkspat durchweg bei $p_0 = 1$ atm und 20 °C vorgenommen. Aus der die → Siegbahnsche X-Einheitenskala definierenden Festsetzung $d_\infty^{18°}$ ($CaCO_3$) $\equiv 3029{,}45$ Siegb. X.E., dem relativen Ausdehnungskoeffizienten bei 20 °C $\frac{1}{d}\frac{\Delta d}{\Delta \vartheta} = 1{,}04 \cdot 10^{-5}$ · grad^{-1} und dem 1947 international zu $(1{,}00202 \pm 0{,}00003) \times 10^{-13}$ vereinbarten → Skalenäquivalent k_λ = 1 Siegb. X.E./1 m folgt $d_\infty^{20°}$ ($CaCO_3$) $= 3029{,}51$ Siegb. X.E. $= (3{,}0356_3 \pm 0{,}0001) \cdot 10^{-10}$ m.

Kalkspatmolekulargewicht, physikalische Hilfskonstante, die in die Bestimmung der → Loschmidt-Konstanten N_L aus der Elementarzelle des Kalkspatkristalls eingeht. Das Molekulargewicht von reinem $CaCO_3$ beträgt in der chemischen → Atomgewichtsskala (M_{CaCO_3}) $= 100{,}090$. Die für die N_L-Bestimmung benutzten klar durchsichtigen und optisch reinen Kristalle sind nicht frei von Beimengungen. Der in der Natur vorkommende Kalkspatkristall erweist sich als ein Substitutionsmischkristall. Nach Analysen von *Straumanis* und Mitarbeitern enthält ein Island-Kalkspat, der im allgemeinen für Präzisionsbestimmungen von Gitterkonstanten und Dichten benutzt wird, in meßbarer Menge $FeCO_3$, $MnCO_3$, $ZnCO_3$ und $SrCO_3$. Aus diesen Analysenergebnissen folgt für das effektive Molekulargewicht des Kalkspats in der chemischen Atomgewichtsskala als Mittelwert: ($\overline{M}_{CaCO_3}$) $= 100{,}09_5 \pm 0{,}01$.

Kalkspatstrukturfaktor Φ ($CaCO_3$), physikalische Hilfskonstante, die in die Bestimmung der → Loschmidt-Konstanten aus der Elementarzelle des Kalkspatkristalls eingeht. Hierbei wird nicht die kristallographische Elementarzelle, sondern ein Spaltrhomboeder vom Rhomboederwinkel β benutzt. Als Mittelwert dieses Rhomboederwinkels ergibt sich bei $p_0 = 1$ atm und 20 °C aus den vorliegenden Messungen $\beta_{20°} = 101° \, 54' \, 12'' \pm 1'$. Hieraus folgt für den Kristallfaktor, der die Abweichung des Rhomboedervolumens vom Kubus d^3 (→ Kalkspatgitterkonstante) angibt und eine Funktion von β ist, $\Phi_{20°}$ ($CaCO_3$) $= (1 + \cos\beta)^2/(1 + 2\cos\beta)$. $\sin\beta = 1{,}0959_8 \pm 0{,}0003$.

Kalomel-Elektrode, eine Elektrode → 2. Art mit einer definierten, leicht reproduzierbaren → Galvanispannung; sie findet deshalb vor allem als → Bezugs-Elektrode Verwendung. *Stofflicher Aufbau:* Quecksilber/Kaliumchloridlösung mit Kalomel als Bodenkörper. → Potentialbestimmend sind die Quecksilberionen mit Reaktionsbindung (→ einfache Elektrode) nach

$$\tfrac{1}{2}\,Hg_2^{++} + Cl^-_{aq} \rightarrow \tfrac{1}{2}\,Hg_2Cl_2 .$$

Die *Galvanispannung* hängt von der Aktivität der mitpotentialbestimmenden Chlorionen ab:

$$g = \underline{g} - \frac{R\,T}{F} \ln (a_{Cl^-}/\underline{a}_{Cl^-}),$$

$\underline{g}$ Grundwert der Galvanispannung bei der Grundaktivität $\underline{a}_{Cl^-}$, speziell bei $a_{Cl^-} = 1$ mol · l^{-1}. Für Zimmertemperatur und idealverdünnte Lösungen gilt die Zahlenwertgleichung:

$$g = \underline{g} - 0{,}058 \log c_{Cl^-} .$$

Nach der *Konzentration des Kaliumchlorids* unterscheidet man die 1/10 n, 1 n und gesättigte Kalomel-Elektrode. Die E_h-Werte (→ Wasserstoff-Elektrode) für Zimmertemperatur (18 °C) sind:

0,1 n: 0,3380 V_{int},
1 n: 0,2864,
gesättigt: 0,2503.

Kalorie, abgek. cal. Die Kalorie wurde ursprünglich aus der spezifischen Wärmekapazität des Wassers abgeleitet (Wasser-Kalorie), die ihrerseits wieder eine Funktion der Temperatur ist. Die meist gebräuchliche ist die 15°-Kalorie ($cal_{15°}$), welche als die Wärmemenge definiert wird, welche 1 g reinen Wassers von 14,5 °C auf 15,5 °C erwärmt. Die experimentelle Bestimmung ihres Skalenäquivalents zur mechanischen oder elektrischen Energieeinheit war Gegenstand zahlreicher Untersuchungen. Als Mittelwert resultiert $1\,cal_{15°} = 4{,}1854 \pm 0{,}0008\,J_{abs} = 4{,}1846 \pm 0{,}0008\,J_{int}$. Das Internationale Komitee für Maß und Gewicht hat 1950 die Relation $1\,cal_{15°} = 4{,}1855\,J_{abs}$ vereinbart. Der Quotient $4{,}1855\,J_{abs}/cal_{15°} = 4{,}1847\,J_{int}/cal_{15°} \equiv 1$ wird mechanisches oder elektrisches → Wärmeäquivalent J genannt; J ist, als physikalische Größe betrachtet, eine dimensionslose Größe vom Betrage Eins. Die auf die t als Masseneinheit bezogene kalorische Energieeinheit, die in Frankreich entsprechend dem dort üblichen → MTS-System in Gebrauch ist, heißt *frigorie*, ihr 1000facher Betrag *thermie* (th): $1\,th_{15°} = 10^3\,frigorie_{15°} = 10^6\,cal_{15°} = 4{,}1855 \cdot 10^6\,J_{abs}$. Neben der $cal_{15°}$ wird noch eine mittlere Kalorie ($\overline{cal}$) benutzt. Die $\overline{cal}$ ist gleich dem 100. Teil der Wärmemenge, welche 1 g reinen Wassers von 0 °C auf 100 °C, d. h. über den Fundamentalabstand der Internationalen → Temperaturskala erwärmt: $1\,\overline{cal} = 4{,}1897\,J_{abs}$. Nach Beschlüssen der Internationalen Union für Chemie (1947), der Internationalen Union für reine und angewandte Physik (1948) und der 9. Generalkonferenz für Maß und Gewicht (1948) soll die Wasser-Kalorie als Wärmemengeneinheit in Zukunft nicht mehr benutzt und durch das absolute Joule ersetzt werden.

An elektrische Energiemaße angeschlossen sind durch zahlenmäßige Festsetzungen die von der 1. Internationalen Dampftafel-Konferenz 1929 in London vereinbarte Internationale Tafel-Kalorie (cal_{IT}) und die von *Rossini* 1931 zunächst für das National Bureau of Standards festgelegte thermochemische Kalorie ($cal_{thermochem}$), welche 1934 vom ständigen Komitee für Thermochemie in der Internationalen Union für Chemie anerkannt und angenommen wurde. Die beiden Definitionen lauten:

$$1\,cal_{IT} \equiv \frac{3600}{860}\,J_{int} = 4{,}186047\,J_{int} = 4{,}18684\,J_{abs},$$

$1\,cal_{thermochem} \equiv 4{,}1833\,J_{int}(NBS) = 4{,}18320\,J_{int} = 4{,}18399\,J_{abs}$; $J_{int}(NBS)$ bedeutet das internationale Joule so, wie es im NBS durch die dort befindlichen Stämme von → Normalwiderständen und → Normalelementen jeweils realisiert ist; zum Anschluß der $cal_{thermochem}$ an das J_{int} oder J_{abs} ist also noch die Kenntnis der jeweiligen Abweichungen der im NBS aufbewahrten internationalen elektrischen Einheiten von ihren internationalen Mittelwerten erforderlich (Ω_M und V_M; → Ohm, → Volt).

Bei der Berechnung von Gasgleichgewichten in der Thermodynamik wird gelegentlich eine Kalorie benutzt, die in ihrer Definition an die allgemeine → Gaskonstante R_0 anschließt; aus der sie über die Relation $R_0 \equiv 1{,}9860\,cal^*/mol_{Ch.Sk.} \cdot grad$ abgeleitet ist. Mit dem Wert $8{,}3144 \pm 0{,}0007\,J_{abs}/mol_{Ch.Sk.} \times grad$ für die Gaskonstante ergibt sich die Umrechnungsbeziehung:

$$1\,cal^* \equiv \frac{R_0}{1{,}9860}\,(mol_{Ch.Sk.} \cdot grad) = 4{,}186\bar{5}\,J_{abs}.$$

Stille, U.: Z. Phys. **125,** 159 (1948).

Kalorifer *(Andrews),* auch *Thermophor,* dient zur Vergleichung der spezifischen Wärmen zweier Flüssigkeiten. Es ist ein Körper, der in zwei verschiedenen Versuchen nacheinander die gleiche Wärmemenge an die beiden Flüssigkeiten abgibt. Um die Versuchsbedingungen in beiden Versuchen möglichst gleich zu machen, bringt man gleiche Flüssigkeitsmengen nacheinander in das gleiche Kalorimetergefäß. Das Kalorifer von *Andrews* ist ein gläsernes, thermometerähnliches Gerät, das etwa 100 g Quecksilber enthält. Auf seinem kapillaren Teil befinden sich in größerer Entfernung voneinander zwei Marken. Man erhitzt zunächst das Gefäß, bis der Quecksilbermeniskus über der oberen Marke steht. Nun läßt man das Gerät langsam abkühlen. In dem Augenblick, in dem der Meniskus die obere Marke erreicht, taucht man das Instrument in die Flüssigkeit des Kalorimetergefäßes und nimmt es heraus, wenn der Meniskus gerade an der unteren Marke vorbeigeht. Die Temperaturerhöhungen in den beiden Flüssigkeiten verhalten sich umgekehrt wie die entsprechenden spezifischen Wärmen.

Handb. d. exp. Physik VIII/1. Leipzig 1929.

Kalorikum (calorique), von *Gay-Lussac* und den französischen Physikern seiner Zeit verwendete Bezeichnung für das den Wärmeerscheinungen zugrunde liegende Etwas. → Phlogiston.

Schimank, H.: Naturwiss. **38,** 268 (1951).

Kalorimeter → Eiskalorimeter, → Kalorifer, → Kalorimetrie, → kalorimetrische Bombe, → Nernst-Kalorimeter.

Kalorimetrie, die Messung von Wärmemengen, die einer Stoffmenge zugeführt oder von ihr abgegeben werden, wenn diese physikalische oder chemische Veränderungen erleidet. Solche Vorgänge sind z. B. in der Physik die Erwärmung und Abkühlung von Körpern (spezifische Wärme), die Überführung eines Körpers von einem Aggregatzustand in einen anderen (Schmelz- und Erstarrungswärme, Verdampfungs- und Kondensationswärme), der Übergang von einem Kristallisationszustand in einen anderen usw. (Umwandlungswärme). Aus dem Gebiet der Chemie interessieren alle Arten von Wärmetönungen, z. B. Bildungs- und Verbindungswärme, bei Verbindung eines Stoffes mit Sauerstoff Oxydations- oder Verbrennungswärme und beim Zerfall von Molekülen infolge Temperaturerhöhung die Dissoziationswärme. Aus dem Gebiet der physikalischen Chemie seien genannt die Lösungswärme, die Adsorptions- und Absorptionswärme, die Hydrationswärme.

Als Einheit der Wärmemenge (Wärmeeinheit) diente bisher fast allgemein die → Kalorie (cal), die vom Verhalten des Wassers abgeleitet ist. In neuerer Zeit verwendet man besonders bei genaueren Messungen, die größtenteils auf einer elektrischen Energiemessung beruhen, in steigendem Maße das Joule zur Angabe der Wärmemenge (→ Kalorie).

Unter den kalorimetrischen Meßmethoden hat die → Mischungsmethode die größte Bedeutung. Sie beruht auf dem thermischen Ausgleich zweier miteinander in direkte Mischung oder Berührung gebrachter Massen und ist auf fast allen Gebieten anwendbar. Einige Geräte, die sich dieser Methode als Grundlage bedienen, werden besonders beschrieben (→ Kalorifer von *Andrews,* → kalorimetrische Bombe). Auf der Kenntnis der Schmelzwärme des Eises und der Verdampfungswärme des Wassers beruhen das → Eiskalorimeter bzw. das → Dampfkalorimeter.

In neuerer Zeit gewinnen die *elektrischen Methoden* immer mehr an Bedeutung, die sich vom Wasser als Vergleichsflüssigkeit freimachen und den Charakter absoluter Messungen annehmen. Sie beruhen auf folgendem Prinzip. Ein elektrischer Strom von der Stärke i A entwickelt in einem Draht mit dem Widerstand R Ω, an dessen Enden eine Spannung von U V herrscht, eine Wärmemenge, deren Betrag in 1 s der Leistung $N = i^2 R$ W $= U\,i$ W äquivalent ist. Während t Sekunden wird dann durch den Strom insgesamt die Energie $N\,t$ Joule entwickelt, die der Wärmemenge 0,2390 $N\,t$ cal_{15^0} gleichgesetzt werden kann. Erfährt demnach ein Körper von der Masse m g durch die Zuführung elektrischer Energie die Temperaturerhöhung $\Delta\vartheta$ grad, so läßt sich seine spezifische Wärme berechnen nach der Gleichung $c = 0{,}2390\, N t/(m \Delta\vartheta)$ $\mathrm{cal}_{15^0}\,\mathrm{g}^{-1}\,\mathrm{grad}^{-1}$. Nach diesem Prinzip sind zahlreiche Versuchseinrichtungen entwickelt worden.

Kohlrausch, F.: Prakt. Physik I. Leipzig 1950. Handb. d. exp. Physik VIII/1. Leipzig 1929.

Kalorimetrische Bombe, nach *Berthelot,* dient zur Bestimmung von → Verbrennungswärmen fester und flüssiger Stoffe. Sie besteht aus einem druckfesten Gefäß aus nichtrostendem Stahl mit verschraubbarem Deckel, durch den Kanäle für die Zuführung von Sauerstoff und ein isolierter Draht zur Einleitung der Verbrennung mittels elektrischer Zündung geführt sind. Nachdem die zu untersuchende Substanz in einem Behälter in die Bombe gebracht worden ist, wird diese mit reinem Sauerstoff von etwa 30 atm gefüllt und in ein Flüssigkeitskalorimeter gebracht. Die während der Verbrennung abgegebene Wärmemenge kann aus der Temperaturerhöhung des Wasserkalorimeters nach der → Mischungsmethode ermittelt werden, wenn vorher die Konstanten und der Wasserwert des Kalorimeters festgestellt worden sind. Letzterer wird durch Verbrennung einer Normalsubstanz gemessen. Als solche benutzt man gewöhnlich Benzoesäure, deren Verbrennungswärme 6319 cal · g^{-1} beträgt.

Kohlrausch, F.: Prakt. Physik I. Leipzig 1950.

Kaltbearbeitung, Deformation von Metallen ohne Erhitzen, z. B. Walzen, Pressen, Hämmern, Schneiden. Dabei erleiden die Metallkristallite Störungen des Gitters, wie Schiebung, Gleitung, Verbiegung, Spannung und Herabsetzung der Korngröße. Bei der Untersuchung mittels Röntgenstrahlen äußern sich die Störungen in → Asterismen und Verbreiterungen der Beugungsflecke und -kurven. Die Beseitigung der Störungen wird durch Tempern angestrebt.

Kältebäder → Bäder konstanter Temperatur, → Kälteerzeugung.

Kältebanden, Spektralbanden des Phosphoreszenzleuchtens, welche nur bei tieferer Temperatur beobachtbar sind. Bei Zimmertemperatur sind diese Emissionsbanden von dem während der Erregung ausgesandten → Spontanleuchten nicht zu trennen. Bei tieferer Temperatur jedoch sind sie im Nachleuchten erkennbar. Im Gegensatz hierzu → Hitzebanden.

Kälteerzeugung. Die Verfahren zur Erzeugung von Kälte sind einzuteilen in *einmalige* Vorgänge, bei denen eine vorgegebene Substanzmenge geschmolzen, verdampft oder gelöst wird, und in *kontinuierliche* Verfahren, bei denen unter dauerndem Arbeitsaufwand laufend Kälte erzeugt wird. Jene finden zur einmaligen Abkühlung kleinerer Substanzproben im Laboratorium noch vielfach Verwendung, während in der Kältetechnik fast ausschließlich kontinuierliche Verfahren, evtl. unter periodischem Wechsel zwischen Kälteerzeugung und Regeneration des Kältemittels, angewandt werden.

Nach dem 2. → Hauptsatz muß, um einen Behälter von der absoluten Temperatur T, der sich in einer Umgebung der Temperatur T_u befindet (Kühlwasser), die Wärmemenge Q zu entziehen, mindestens die Arbeit

$$A = Q\,\frac{T_u - T}{T}$$

geleistet werden. Dabei ist natürlich für A und Q die gleiche Einheit zu verwenden. Die tatsächlich aufzuwendende Arbeit ist im günstigsten Fall für $T = 223$ °K 2mal, für $T = 90$ °K (flüssige Luft) 4mal, für $T = 20$ °K (flüssiges H_2) 12mal und für $T = 4$ °K (flüssiges He) 20 bis 100mal so groß wie nach der obigen Gleichung.

1. Kältemischungen. Zahlreiche Salze, deren → Lösungswärmen stark negativ sind, ergeben bei Auflösung im Wasser merkliche Temperaturerniedrigungen, wie folgende Tabelle 1 zeigt:

Tabelle 1.

Auf 100 Teile Wasser	Abkühlung in °C von	bis	um
36 Teile NH_4Cl	+ 13,3	— 5,1	18,4
250 „ $CaCl_2 \cdot 6\,aq$	+ 10,8	— 12,4	23,2
60 „ NH_4NO_2	+ 13,6	— 13,6	27,2
139 „ KCNS + 10 Teile NH_4NO_3	+ 15,0	— 22,4	37,4
33 „ NH_4Cl + 67 „ Na_2CO_3	—	—	31,0

Wird an Stelle von Wasser Schnee oder geschabtes Eis verwandt, so tritt zu der Lösungswärme noch die → Schmelzwärme des Eises, und es lassen sich dann folgende Temperaturen erreichen:

Tabelle 2.

Auf 100 Teile Schnee	Endtemperatur in °C
25 Teile NH_4Cl	— 15,4
33 „ NaCl	— 21,3
143 „ $CaCl_2 \cdot 6\,H_2O$	— 55

Noch tiefere Temperaturen ergibt feste Kohlensäure (→ Trockeneis), wenn sie mit Flüssigkeiten gemischt wird, z. B. mit Äthyläther — 77 °C, mit Methylchlorid oder mit schwefliger Säure — 82 °C, im Vakuum sogar — 106 °C.

Landolt-Börnstein I, S. 672 bis 631; Ergb. II, S. 342. *Pohlmann, W.:* Taschenb. f. Kältetechniker. Hamburg 1947.

2. Schmelz- und Verdampfungsvorgänge. Die Schmelzwärme des Eises beträgt 79,7 cal · g^{-1}, so daß bei Anwärmung auf +20° rund 100 cal · g^{-1} zur Verfügung stehen. Bei der Verdampfung der für die Kühlung gebräuchlichsten verflüssigten Gase werden folgende Wärmemengen frei:

Tabelle 3.

	Normaler Siedepunkt	Verdampfungswärme am normalen Siedepunkt			Kälteabgabe bei Verdampfung und Anwärmung auf + 20 °C
	°C	cal · g⁻¹	cal · cm⁻³	kcal · Nm⁻³	cal · g⁻¹
NH_3	— 33,4	327	222	252	356
CO_2 (Trockeneis)	— 78,48	137[1]	214[1]	271[1]	156,4
C_2H_6	— 88,6	129	70,4	175	157,5
O_2	— 182,97	51,0	57,7	72,8	95,5
Luft	— 194	47,0	41,1	60,8	98,3
N_2	— 195,81	47,6	38,6	59,5	101,6
H_2	— 252,78	110	7,8	9,9	930
He	— 268,9	5	0,625	0,89	363

[1] Die angegebenen Werte sind die Sublimationswärmen der Kohlensäure. Weitere Angaben in Tabelle 4.

Bei fast allen Stoffen nimmt die Verdampfungswärme mit abnehmender Temperatur zu. Um die unbeabsichtigte Wärmezufuhr aus der Umgebung möglichst zu unterbinden, werden diese Kältemittel in thermisch gut isolierten Gefäßen (→ Dämmstoffe) oder in Vakuummantelgefäßen (→ Dewargefäße) aufbewahrt, was bei flüssigem H_2 und He allein in Frage kommt.

Die Temperatur des normalen Siedepunktes kann durch dauernde Entfernung des gebildeten Dampfes sehr wesentlich unterschritten werden, entweder indem er durch ein über die Flüssigkeit streichendes Gas dauernd fortgeführt wird (→ Verdunstung) oder durch Absaugen mit einer Pumpe, wobei die Flüssigkeit sich natürlich in einem sonst allseitig geschlossenen Gefäß befinden muß. Bei nicht allzu hohem Gesamtdruck ist die sich einstellende Siedetemperatur allein vom Partialdruck des Dampfes der betreffenden Flüssigkeit abhängig. Dieser stellt sich um so höher ein, je größer die je Zeiteinheit verdampfte Menge, d. h. je größer die Wärmezufuhr zum Flüssigkeitsbad, dividiert durch die Verdampfungswärme der Flüssigkeit, ist. Andrerseits kann ein um so tieferer Partialdruck erreicht werden, je größer die Sauggeschwindigkeit der verwendeten Pumpe ist. Einen Überblick über die wesentlichsten Kältemittel gibt Tabelle 4.

Im Laboratorium werden Eis, → Trockeneis und vor allem → flüssige Luft, die sich beim Stehen an der Luft immer mehr mit O_2 anreichert, verwendet, wobei man die Dämpfe ins Freie entweichen läßt. Bei Verwendung wertvoller, stark riechender oder giftiger Kältemittel ist man jedoch gezwungen, die Dämpfe wieder zu kondensieren, also im Kreislauf zu arbeiten. Man gelangt dann zur Kaltdampfmaschine.

Henning, F.: Wärmetechn. Richtwerte. Berlin 1938. VDI-Kältemaschinenregeln. Karlsruhe 1950. *Plank* u. *Kuprianoff:* Kleinkältemaschinen. Berlin 1948.

3. *Die Kaltdampfmaschine (Verdichtungs-Kältemaschine).* Nach Abb. 1 besteht die Kaltdampf-

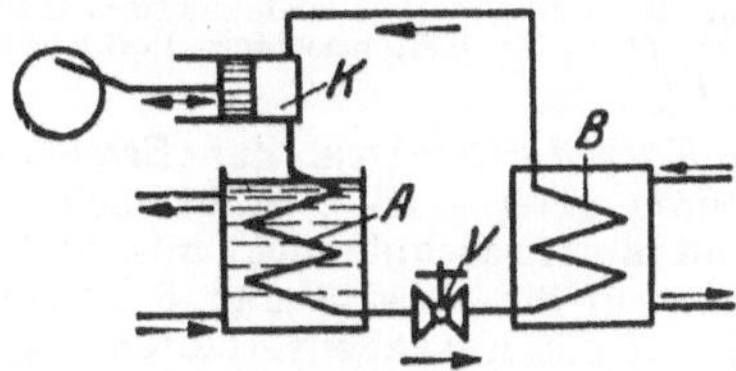

Abb. 1. Kaltdampfmaschine.

maschine aus dem Kompressor K (mit hin- und hergehenden Kolben, rotierenden Kolben oder, besonders bei größeren Anlagen, auch mit Turboverdichtern), der die Kältemitteldämpfe auf einen so hohen Druck verdichtet, daß sie in der meist durch Kühl-

Tabelle 4.

Kältemittel	Siedepunkt in °C bei einem Druck in Torr von				Tripelpunkt	Normkubikmetergewicht des Dampfes bei 0 °C, 760 Torr	Dichte der Flüssigkeit am normalen Siedepunkt	Kritischer Druck	Kritische Temperatur
	760	100	10	1	°C	kg·Nm⁻³	kg·l⁻¹	atm	°C
Wasser	100,00	+ 52	+ 11	— 17	+ 0,01	0,804	0,957	217,5	+ 374,2
Freon 12 CF_2Cl_2	— 29,8	— 69	—	—	— 155	5,50	1,486	39,5	+ 111,7
NH_3	— 33,4	— 67	— 92	— 110	— 77,7	0,7714	0,683	111,5	+ 132,4
CO_2	— 78,48	— 101	— 120	— 136	— 56	1,9768	1,564	73	+ 31,0
C_2H_6	— 88,6	— 120	— 145	— 163	— 183,6	1,356	0,546	49	+ 35
O_2	— 182,97	— 200	— 211	— 220	— 218,83	1,42895	1,131	49,7	— 118,8
N_2	— 195,80	— 210	— 219	— 226	— 210,02	1,2505	0,810	33,5	— 147,1
H_2	— 252,78	— 258	— 261	— 269	— 259,20	0,08987	0,0708	12,8	— 240,0
He °C	— 268,94	— 271	— 271	— 272	—	0,1785	0,125	2,26	— 267,9
He °K	4,211	2,64	1,74	1,27					5,24

wasser, eventuell auch durch Luft gekühlten Rohrschlange A (Kondensator) verflüssigt werden können. Das flüssige Kältemittel wird sodann durch das Ventil V entspannt und tritt in den Verdampfer B ein, in dem es unter vermindertem Druck siedet und dabei seiner Umgebung Wärme entzieht. Diese Kälteleistung wird entweder unmittelbar auf die zu kühlenden Körper übertragen, oder es wird zunächst ein → Kälteübertragungsmittel (Kühlsole, Luft und andere) damit gekühlt, das dann seinerseits an die zu kühlenden Körper herangeführt wird. Die in B entwickelten Dämpfe werden vom Kompressor wieder angesaugt und vollführen den Kreislauf von neuem. Derartige Anlagen werden für kleinste Einheiten (ab etwa 50 kcal/h), z. B. Haushaltkühlschränke, wie auch für große Industrieanlagen gebaut.

Ist das Druckverhältnis in A und B größer als etwa 1 : 5, was einem Temperaturintervall von etwa 50° entspricht, so wird der Kompressor K meist mehrstufig ausgeführt (*Verbundkältemaschine*). (Vgl. den linken Kompressor K_1 in Abb. 2.)

Der durch die Kompression in der ersten Stufe Z' erhitzte Dampf wird meist im Zwischengefäß Zw durch Einspritzen des flüssigen Kältemittels durch Ventil V' gekühlt und dann in der zweiten Stufe Z'' auf den zur Verflüssigung in A erforderlichen Enddruck verdichtet.

Am häufigsten werden folgende Kältemittel benutzt: NH_3 (Ammoniakmaschine), Methyl- und Äthylchlorid, → Freone, ferner auch CO_2 *und* SO_2.

Plank u. *Kuprianoff:* Die Kleinkältemaschine. Berlin 1948. *Hirsch, M.:* Die Kältemaschine. Berlin 1932. *Pohlmann, W.:* l. c.

4. Das Kaskadenverfahren. Zur Erreichung von Temperaturen unter —70 °C reicht auch die mehrstufige Kaltdampfmaschine nicht aus, und man ist dann außer auf die unter 7 und 8 beschriebenen Verfahren auf das Kaskadenverfahren angewiesen. Bei ihm werden zwei oder mehrere stofflich voneinander getrennte Kältekreisläufe verwendet, die mit verschiedenen Kältemitteln beschickt sind. Diese sind so ausgewählt, daß das erste unter Anwendung geeigneter Drucke noch gut bei Raumtemperatur verflüssigt werden kann, während die Verflüssigungstemperatur des zweiten so liegen muß, daß es, wieder unter Anwendung eines entsprechenden Druckes, unter der im Verdampfer des ersten Kreises herrschenden Temperatur verflüssigt wird. Entsprechend kann zur Erreichung noch tieferer Temperaturen ein weiterer Kreislauf mit einem noch tiefer siedenden Kältemittel zugeschaltet werden.

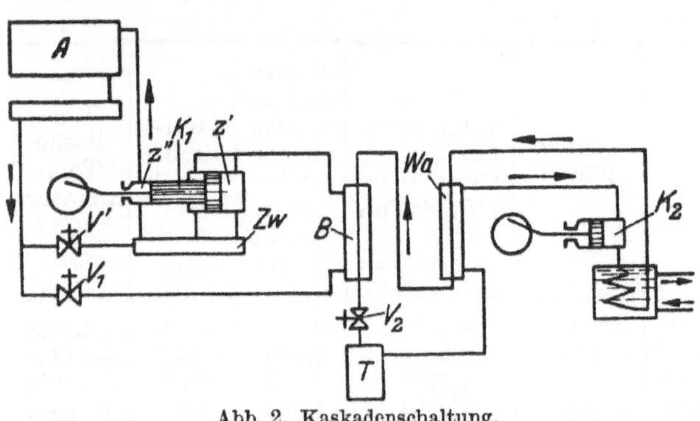

Abb. 2. Kaskadenschaltung.

Das Prinzip einer Kaskadenschaltung mit zwei mit verschiedenen Kältemitteln (Zweistoffanlage), z. B. mit NH_3 und C_2H_4 gibt Abb. 2.

Im Verdampfer B des ersten (zweistufigen) Kältekreislaufs Z'–Zw–Z''–A–V_1–B–Z' wird eine Temperatur von —55 °C erreicht. Die hier frei werdende Kälte wird im Verdampfer-Kondensator B auf das auf etwa 12 atm verdichtete Äthan übertragen, das sich dadurch verflüssigt. Es wird in V_2 auf einen Druck entspannt, der so niedrig ist, daß im Tiefverdampfer T die gewünschte Temperatur erhalten wird. Der Äthylendampf gibt im Wärmeaustauscher WA seine Kälte an den komprimierten Äthylendampf ab und wird im Kompressor K_2 wieder komprimiert. Zur Erreichung noch tieferer Temperaturen kann natürlich auch dieser Kompressor zweistufig ausgeführt werden.

Auch zur Luftverflüssigung wurde dieses Verfahren benutzt, so z. B. in der bekannten 1892 gebauten Kaskade des *Leidener Kältelaboratoriums* mit CH_3Cl, C_2H_4 und O_2 als Kältemittel. Wenn auch gerade für wissenschaftliche Institute die zahlreichen Bäder mit verschiedener Temperatur gewisse Vorteile bieten, so wurde dieses Verfahren für die Luftverflüssigung doch heute fast restlos durch die in Abschn. 6 u. 7 beschriebenen Verfahren verdrängt. Die zahlreichen Kältekreisläufe mit ihren Kompressoren, Wärmeaustauschern usw. sind für den praktischen Betrieb zu umständlich.

van Lammeren, J. A.: Technik d. tiefen Temperaturen. Berlin 1941. *Hirsch, M.:* Die Kältemaschine. Berlin 1932.

5. Strahlkältemaschinen. Bei dieser Maschinenart, die zur Gruppe der Verdichtungskältemaschinen gezählt werden kann, dient zum Absaugen des Kühlmitteldampfes aus dem Verdampfer ein mit Wasser- oder Quecksilberdampf oder dergleichen betriebenes Dampfstrahlgebläse. Sie kann z. B. dazu verwandt werden, um Lösungen oder auch Kühlsolen durch teilweises Verdampfen des Lösungsmittels bzw. des Wassers zu kühlen, zu entgasen, zu konzentrieren und eventuell eine Abscheidung der gelösten Stoffe oder ein Gefrieren des Wassers zu erreichen.

Ostertag, P.: Kälteprozesse. Berlin 1933, ferner die unter 3. angegebene Literatur.

6. (Ab)Sorptionskältemaschinen. Während bei der Kaltdampfmaschine mechanisch Energie dazu verwandt wird, um mittels des Kompressors die Dämpfe des Kältemittels aus dem Verdampfer abzusaugen und in den Kondensator zu drücken, geschieht dies bei der Absorptionskältemaschine mittels thermischer Energie. So nimmt z. B. — um gleich das

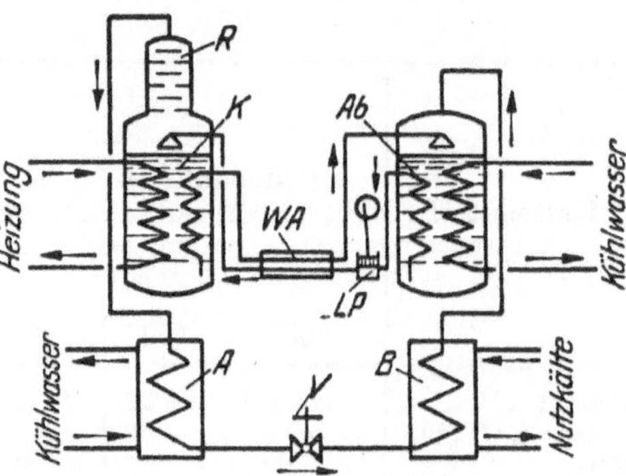

Abb. 3. Absorptions-Kältemaschine.

meist verwendete Stoffpaar $NH_3 + H_2O$ einzuführen — Wasser gierig NH_3-Dämpfe auf, vermag diese also aus dem Verdampfer abzusaugen, während umgekehrt eine konzentrierte wäßrige Ammoniaklösung beim Erhitzen NH_3 entwickelt, dessen Druck bei genügender Ausgangskonzentration und Temperatur hoch genug ist, um eine Verflüssigung im Kondensator zu ermöglichen. Dementsprechend wird im Kocher K (Abb. 3) aus der konzentrierten wäßrigen NH_3-Lösung NH_3-Dampf entwickelt, der im Kondensator A unter Abgabe der Kondensationswärme an das Kühlwasser verflüssigt wird. Entsprechend den Vorgängen in der Kaltdampfmaschine wird das flüssige Kältemittel in V entspannt und in B verdampft. Die Dämpfe werden im Absorber Ab von der armen Lösung absorbiert. Die dabei erzeugte Wärme wird vom Kühlwasser abgeführt. Die Lösungspumpe LP fördert die mit NH_3 angereicherte Lösung von dem unter niedrigem Druck stehenden Absorber Ab in den unter hohem Druck stehenden Kocher K. Der bei der Auskochung in K mit dem NH_3-Dampf abziehende Wasserdampf wird im Rektifikator R (→ Rektifikation) abgetrennt.

Bei derartigen Maschinen können mit je kcal Heizdampfwärme bestenfalls 0,7 kcal Nutzkälte erzeugt werden. Um besonders niedrige Temperaturen zu erreichen, z. B. —60 bis —100 °C, muß die in Ab eintretende Lösung weitgehend entgast sein, es müssen also im Kocher K hohe Temperaturen, d. h. z. B. Heizdampf hoher Spannung, zur Verfügung stehen. Wird nach *E. Altenkirch* ein zweiter Lösungskreislauf und ein sog. Resorber eingeführt, so kann die Kälteleistung auf über 1 kcal je kcal Heizleistung verbessert werden. Besonders bei kleinen, vollautomatischen Aggregaten, z. B. bei Haushaltkühlschränken, macht die betriebssichere Durchbildung der Lösungspumpe und der Entspannungsventile gewisse Schwierigkeiten. Um diese Bauelemente vollständig zu vermeiden, wurden Anlagen entwickelt, die außer Wasser und Ammoniak noch ein neutrales Gas, z. B. Wasserstoff, enthalten. Dadurch kann bei überall gleichem Gesamtdruck ein von Ort zu Ort verschiedener Partialdruck des NH_3 erreicht werden, wodurch eine Verflüssigung und Verdampfung des NH_3 bei zwei verschiedenen Temperaturen ermöglicht wird. Außer $NH_3 + H_2O$ wurde früher auch $H_2O + H_2SO_4$ und wird neuerdings $H_2O + LiBr$ verwandt, in periodisch wirkenden Maschinen auch $NH_3 + CaCl_2$.

Bei den Adsorptionsmaschinen, meist mit → Aktivkohle oder → Silikagel als Adsorptionsmittel, wird von der Tatsache Gebrauch gemacht, daß analog wie bei der Absorption auch die adsorbierte Gasmenge (z. B. Wasserdampf oder Ammoniak) mit steigender Temperatur abnimmt. Die bei der Desorption von Helium an Kohle erzeugte Kälte wurde von *Simon* zur → Heliumverflüssigung verwendet.

Plank, R., u. *J. Kuprianoff:* Die Kleinkältemaschine. Berlin 1948. *Hirsch, M.:* Die Kältemaschine. Berlin 1932. *Niebergall, W.:* Arbeitsstoffpaare für Absorptionskälteanlagen. Mühlhausen 1949.

7. Entspannung unter äußerer Arbeitsleistung (Kaltluftmaschine). Hierbei wird, ähnlich den Vorgängen in einer Dampfmaschine oder Dampfturbine, die vom Gas geleistete Arbeit als mechanische Arbeit nach außen abgeführt, wobei besonders bei tiefen Temperaturen der Vorteil dieser Art der Kälteerzeugung weniger in der Rückgewinnung äußerer Arbeitsleistung liegt als vielmehr in der Erzeugung einer Kälteleistung, die dieser mechanischen Arbeit äquivalent ist. Diesen theoretischen Vorteilen stehen jedoch einige Schwierigkeiten der praktischen Ausführung gegenüber (Schmierung, Flüssigkeitsschläge bei Beginn der Verflüssigung, Wärmezuleitung). Besonders bei kleineren Anlagen und bei tiefen Temperaturen machen sie eine praktische Anwendung oft schwierig. Bei Verwendung von Expansionsturbinen ergeben sich bei kleinen Gasmengen und höheren Druckgefällen ungünstig hohe Drehzahlen. So haben diese Verfahren zwar in der Tieftemperaturtechnik, besonders auch bei der Zerlegung von Gasgemischen, z. B. von Luft (→ Luftverflüssigung, → Luftzerlegung), vielfach Anwendung gefunden; jedoch auch hierbei dienen sie nur zur Vorkühlung, während für die eigentliche Verflüssigung die unter 8 beschriebene Drosselentspannung dient. In die experimentelle Technik des Physikers führt sich diese Art der Kälteerzeugung erst neuerdings ein (→ Heliumverflüssigung).

Angestrebt wird ein adiabatisch isentropischer Vorgang, bei dem die erreichbare Temperatursenkung entweder nach den Gesetzen der idealen Gase (→ adiabatische Entspannung) berechnet oder — was bei höheren Drucken und tieferen Temperaturen mehr zu empfehlen ist — aus den Zustandsdiagrammen (→ Mollierdiagramm) abgegriffen werden kann. Praktisch wird nur der durch den adiabatischen Wirkungsgrad gegebene Bruchteil (40 bis 85%) der theoretisch möglichen Verminderung des → Wärmeinhalts erreicht.

Wird ein in einem Druckbehälter eingeschlossenes Gas entspannt, so tritt wegen der Arbeitsleistung beim Ausschieben des Gases eine merkliche Abkühlung ein, die z. B. zur → He-Verflüssigung verwandt wird.

van Lammeren, J. A.: Technik der tiefen Temperaturen. Berlin 1941. *Ostertag, P.:* Kälteprozesse. Berlin 1933.

8. Entspannung ohne äußere Arbeitsleistung (Drosselentspannung). Bei der Verwendung der → Drosselentspannung als Kältequelle wird das zu kühlende Gas komprimiert, durch Kühlwasser wieder auf Raumtemperatur gekühlt und anschließend durch ein Ventil oder durch eine sonstige Drosselstelle auf niedrigeren Druck entspannt, ohne daß hierbei Arbeit oder Wärme nach außen abgeführt wird. Bei den meisten Gasen tritt auf Grund eines positiven → Joule-Thomsoneffektes schon bei Raumtemperatur eine Abkühlung ein. Auch H_2 und He kühlen sich ab, wenn sie schon vor der Entspannung auf eine Temperatur unterhalb der bei ihnen allerdings sehr tief liegenden → Inversionstemperatur gebracht wurden. Da der Joule-Thomsoneffekt lediglich durch die Abweichungen vom idealen Gasgesetz bedingt ist, ist die Abkühlung meist sehr klein und beträgt z. B. für Luft etwa 0,25° je atm Drucksenkung. In erster Näherung kann der erzielte Kälteeffekt der Druck*differenz* proportional gesetzt werden. Der Temperatursturz bei der Entspannung wird etwa bis zum Eintritt der Verflüssigung um so größer, je weiter das Gas bereits vor der Entspannung gekühlt ist. Die genaueren Werte können leicht aus den Zustandsdiagrammen der Gase oder aus Tabellen entnommen werden. Wegen der Kleinheit des Effekts kann er zur Erreichung tiefer Temperaturen, wie sie beispielsweise für die → Gasverflüssigung erforderlich sind, nur verwandt werden, wenn das entspannte Gas in einem → Wärmeaustauscher zur Vorkühlung des zum Entspannungsventil strömenden Gases dient, was dann zu der schematisch in

Abb. 4 gezeigten Anordnung führt, mit der erstmals 1895 von *C. v. Linde* Luft verflüssigt wurde (→ Luftverflüssigung). Der Vorteil der Drosselentspannung ist, daß sie ohne bewegliche Teile auskommt und ohne Schwierigkeit auf beliebig tiefe Temperaturen übertragen werden kann, wobei es nichts ausmacht, wenn bei der Entspannung eine teilweise Verflüssigung des Gases auftritt. Ihr Nachteil ist ihr schlechter Wirkungsgrad, was ein Arbeiten mit hohem Druck und sehr gut arbeitende Wärmeaustauscher erfordert.

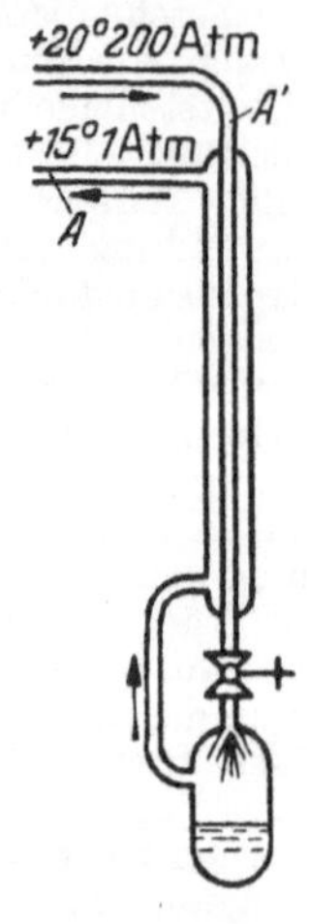

Abb. 4. Lindesche Luftverflüssigungsanlage.

Durch Aufstellen der Wärmebilanz folgt, daß die Kälteleistung einer derartigen Anlage nur von der Differenz der → Wärmeinhalte des entspannten und komprimierten Gases am *warmen* Ende des Austauschers, also bei *A* und *A'*, abhängt.

van Lammeren, J. A.: Technik d. tiefen Temperaturen Berlin 1941. *Ruhemann, M.:* The Separation of Gases. Oxford 1945.

9. Verschiedene Methoden zur Kälteerzeugung. Eine interessante und für die Laboratoriumspraxis vielleicht gelegentlich zweckmäßige Art der Kühlung stellt das → Wirbelrohr dar.

Der → Peltiereffekt wurde wegen seiner Kleinheit zur Kälteerzeugung bisher kaum verwandt (vgl. jedoch *E. Justi:* Leitfähigkeit u. Leitungsmechanismus fester Stoffe. Göttingen 1948).

Zur Erzeugung von Temperaturen unter 1 °K dient die adiabatische → Entmagnetisierung.

Kältemaschine → Kälteerzeugung.

Kältemischungen → Bäder konstanter Temperatur, → Kälteerzeugung.

Kaltemission = → Feldemission.

Kälteübertragungsmittel. Für die Übertragung der Kälte können bis zu Temperaturen von höchstens — 50 °C wäßrige Salzlösungen *(Kühlsolen)*, bei tieferen Temperaturen Flüssigkeiten mit niedrigem Gefrierpunkt, z. B. Isopentan, Äthylchlorid, Chloroform, einige → Silikone oder auch verflüssigte Gase verwandt werden. Sie werden zweckmäßig umgepumpt oder gerührt. Gase erfordern große Übertragungsflächen oder hohe Strömungsgeschwindigkeiten. Dagegen können mit kondensierenden Dämpfen und verdampfenden Flüssigkeiten sehr hohe Wärmeübergangszahlen erreicht werden.

Kalzium → Calcium.

Kamera, photographische → Lichtbildgeräte.

Kamerlingh-Onnes-Pendel. An Stelle des dicken Drahtes, an dem *Foucault* (→ Foucault-Pendel) sein längeres Pendel zum Nachweis der Erdrotation befestigte, wird eine → cardanische Aufhängung benutzt, wodurch auch kurze Pendel verwendbar werden. Solche Versuche hatte auch *Gauß* geplant.

Kamerlingh-Onnes, H.: Diss. Groningen 1879.

Kammerton → Normstimmton, → Tonskalen.

Kanadabalsam. Die meist aus verschiedenen Glasarten bestehenden Teile eines optischen Systems werden verkittet, um sie zu verbinden und einen Lichtübergang zwischen ihnen ohne Reflexionsverluste zu erzielen. Als Kitt dient meist Kanadabalsam, der als Terpentin aus den besonders in Kanada vorkommenden Tannenarten (Abies balsamea, Abies fraseri, Tsuga canadensis) gewonnen wird. Er hat im Mittel eine Brechzahl wie Kronglas, ist farblos bis schwach gelblich und je nach Verdünnung mit Xylol sirupartig flüssig bis fest. Je nach der Erweichungstemperatur spricht man von weichen und harten Kitten. An Stelle von Kanadabalsam können Lärchenfeinterpentin und gelegentlich Kolophonium oder synthetische Kunstharze verwendet werden. Man hat aber darauf zu achten, daß sie bei Kälte nicht zu schnell spröde werden, bei Erwärmung nicht zu schnell erweichen und bei Bestrahlung mit ultraviolettem Licht oder bei längerer Erwärmung nicht trübe werden.

Kanalstrahlen, von *Goldstein* 1886 entdeckt, entstehen bei tiefem Druck aus den positiven Ionen einer Gasentladung, die — zunächst im Kathodenfall beschleunigt — durch eine Bohrung („Kanal") in der Kathode in den Raum hinter der Kathode fliegen, wo sie als schwach leuchtende Strahlen zur

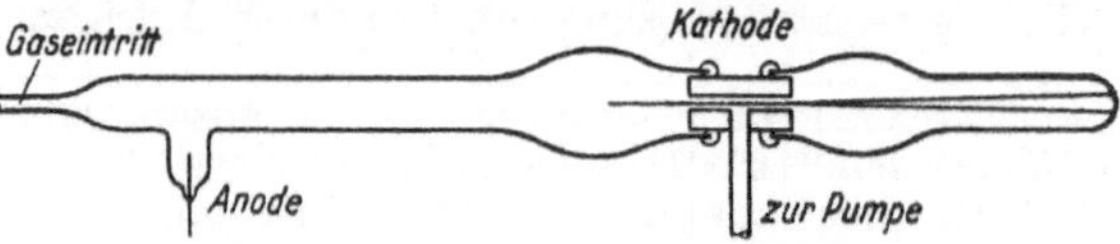

Abb. 1. Kanalstrahlrohr nach *W. Wien.*

Beobachtung gelangen (Abb. 1). Die spektroskopische Untersuchung zeigt, daß das *Kanalstrahlleuchten* teils von den schnell bewegten Kanalstrahlteilchen (*bewegte* Intensität, → Stark-Doppler-Effekt), teils von den von ihnen durch Stoß angeregten Atomen des Gasrestes (*ruhende* Intensität) stammt. Durch möglichst vollständige Evakuation des Raumes hinter der Kathode, dessen Druck mit Hilfe der Wienschen Durchströmungsmethode vom Druck im Erzeugungsraum unabhängig gemacht werden kann, läßt sich an dem Abklingen des Leuchtens der Kanalstrahlen längs ihrer Bahn die Lebensdauer angeregter Zustände beobachten *(W. Wien)*.

Die Kanalstrahlen erfahren im Kanal und hinter der Kathode vielfach → Umladungen, Ladungsverluste und Anlagerungen. Ihre Analyse durch Ablenkung in elektrischen und magnetischen Feldern ergibt nämlich, daß sie aus ein oder mehrfach geladenen positiven und negativen Atom-, Molekülionen und aus neutralen Atomen und Molekülen bestehen, die dem Füllgas der Röhre und seinen Verunreinigungen entstammen. Sie sind also keineswegs reine positive Ionenstrahlen, obwohl diese nach Durchlaufen von Gasstrecken durch Umladung usw. eine ähnliche komplexe Zusammensetzung annehmen. Die Zusammensetzung hängt in sehr unübersichtlicher Weise vom Gasdruck, Kanallänge und sonstigen Erzeugungsbedingungen ab. Primär gebildete Molekülionen zerfallen bei Zusammenstößen mit den Gasresten, so daß bei langen Kanälen die Ausbeute an Atomionen größer wird. Nachgewiesen wurden z. B. in Wasserstoffkanalstrahlen H^+, H^-, H_2^+, H_3^+; in Sauerstoffstrahlen O^+, O^-, O_2^+, O_2^-, O_3^-, O_3^+, O^{++}; in Quecksilber Hg^+ bis Hg^{VIII+}.

Die Geschwindigkeit der Teilchen ist auch nicht homogen wegen der verschiedenen Entstehungsorte im Fallraum und wegen der Umladungen, die die Teilchen während des Beschleunigungsvorgangs infolge von Zusammenstößen mit den Gasresten erleiden. Die Geschwindigkeit der schnellsten ist etwa 80 bis 90% der aus dem Kathodenfall U mittels $m v^2/2 = e U$ berechneten.

Aus der Kanalstrahlanalyse durch magnetische und elektrische → Ablenkung entwickelte sich die moderne → Massenspektroskopie. Da die Spannungsfestigkeit des Kanalstrahlrohrs auf einige 10 bis 100 kV beschränkt ist, wird zur Erzeugung schnellster Strahlen für Kernreaktionen stufenweise Nachbeschleunigung im Hochvakuum angewandt (→ Vielfachbeschleuniger, → Zyklotron). Eine neuere Konstruktion eines Kanalstrahlrohrs als Ionenquelle für Kernreaktionen für 30 kV Entladungsspannung, 3 mA Entladestrom und 0,1 mA Ionenstrom nach *Bothe* und *Gentner* zeigt Abb. 2.

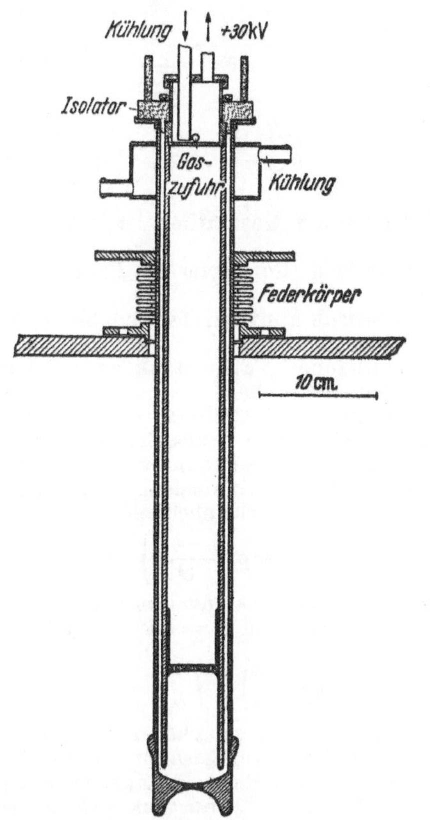

Abb. 2. Modernes Kanalstrahlrohr von *Bothe* und *Gentner*. Betriebsbedingungen 30 kV, 3 mA, austretender Ionenstrahl 0,1 mA.

Kanalstrahlen können durch die Erregung von Phosphoreszenz und ihre photographische Wirkung in derselben Weise wie Kathodenstrahlen nachgewiesen werden. Den geladenen Anteil der Strahlen mißt man mit Faradaykäfig und Elektrometer, während man bei thermoelektrischer Messung der Wärmewirkung den neutralen Anteil mit erfaßt. Durch dünne Zelluloidfolien lassen Kanalstrahlen sich in Ionisationskammern, Spitzenzähler und Zählrohre einschießen und durch ihre ionisierende Wirkung messen.

Die Wechselwirkung mit Materie umfaßt Streuung, Energieverlust durch Ionisation und Anregung der getroffenen Atome und für die Teilchen selbst als charakteristisch die → Umladung. Für schnellste Strahlen kommt noch die Auslösung von Kernreaktionen hinzu.

Bei der *Streuung* ist, wie bei → Elektronenstrahlen, Einzel-, Mehrfach- und Vielfachstreuung zu unterscheiden, da je nach der Dicke der durchstrahlten Schicht die Teilchen an einem, einigen wenigen oder vielen Atomen gestreut werden. Bei der Einzelstreuung erfolgt die Streuung nur an *einem* Atomkern. Klassische Theorie und Wellenmechanik führen beide auf das → Rutherfordsche Gesetz, wenn die Masse des gestreuten Teilchens klein gegen die Masse des streuenden Atoms ist. Für den Fall vergleichbarer Massen ist nach *Darwin* [Phil. Mag. **23**, 901 (1912) u. **27**, 499 (1914)] wegen der Impulsübertragung die Rutherfordsche Formel durch ein komplizierteres Gesetz zu ersetzen. Für den Fall der Streuung an gleichen Teilchen (α-Strahlen in He, Protonenstrahlen in H) ergibt die Wellenmechanik je nach Spin und Statistik der Teilchen wegen der Nichtunterscheidbarkeit von gestreuten und Rückstoßteilchen, daß zu dem klassischen Rutherford-Darwinschen Streugesetz ein „Interferenzfaktor" [Mottscher Faktor, *Mott:* Proc. Roy. Soc. A **126**, 239 (1930)] hinzutritt (Abb. 3). Experimentelle Bestätigung für Alphastrahlen durch *Chadwick*, *Blackett* und *Champion*, für Protonen durch *Gerthsen*.

Abb. 3. Mottscher Faktor für die Streuung von α-Strahlen der Geschwindigkeit $v = 1{,}05 \cdot 10^{9}\,\mathrm{cm \cdot s^{-1}}$ an Helium.

Die Ionisierung und Anregung der durchstrahlten Gase erfolgt durch Ionen- oder Atomstoß. Die abgelösten Elektronen treten als Sekundärelektronen in Erscheinung. Teilweise neutralisieren sie die positiven Ionen des Strahls oder lagern sich unter Bildung negativer Ionen an neutrale Strahlteilchen an, beides Vorgänge, welche bei der Umladung eine wichtige Rolle spielen. Die → differentielle Ionisierung von H-Kanalstrahlen in Luft und Wasserstoff für verschiedene Strahlenergien nach *Gerthsen* gibt die Tabelle:

Strahlenergie	Differentielle Ionisierung Ionenpaare/cm bei 1 Torr	
	Luft	Wasserstoff
19,1 keV	19	8,5
25,9	23,5	10
35,4	26,5	11

Handb. d. Physik XXII/2. Berlin 1933.

Kanalstrahlen, lichtelektrische → Photoeffekt, inverser.

Kanonisch, Bezeichnung für physikalische Größen oder Gleichungen, die der Darstellung bestimmter Beziehungen und Gesetze besonders gut angepaßt sind.

Kanonische Bewegungsgleichungen. Die Bewegung eines mechanischen Systems von f Freiheitsgraden wird durch die → Lagrange-Gleichungen 2. Art $\frac{d}{dt}\left(\frac{\partial L}{\partial \dot{q}_k}\right) - \frac{\partial L}{\partial q_k} = 0$ ($k = 1, 2, \ldots, f$) beschrieben, in denen $L = L(q_k, \dot{q}_k, t)$ die Lagrange-Funktion in Abhängigkeit von den f generalisierten Koordinaten q_k, deren Geschwindigkeiten $\dot{q}_k$ und ggf. der Zeit t ist. Es existieren f derartige Gleichungen, die von 2. Ordnung sind. Sie lassen sich durch Einführung einer geeigneten neuen Variablen p_k in ein System von $2f$ Gleichungen von 1. Ordnung überführen. Als neue Veränderliche wählt man die Größen $p_k = \partial L/\partial \dot{q}_k$, die → *generalisierte Impulse* genannt werden. Dann heißt das Gleichungssystem $p_k = \frac{\partial L}{\partial \dot{q}_k}$, $\dot{p}_k = \frac{\partial L}{\partial q_k}$. Während die letzte Gleichung unmittelbar $\dot{p}_k$ ausdrückt, sind die q_k im System der vorstehenden Gleichungen implizit enthalten. Um sie zu berechnen, führt man statt der Lagrange-Funktion die → Hamilton-Funktion ein, definiert durch $H(q_k, p_k, t) = \sum_k p_k \dot{q}_k - L(q_k, \dot{q}_k, t)$. Bildet man deren Differential $dH = \sum \dot{q}_k\, dp_k + \sum p_k\, d\dot{q}_k - \sum \frac{\partial L}{\partial q_k} dq_k - \sum \frac{\partial L}{\partial \dot{q}_k} d\dot{q}_k - \frac{\partial L}{\partial t} dt = \sum \left(p_k - \frac{\partial L}{\partial \dot{q}_k}\right) d\dot{q}_k + \sum \dot{q}_k\, dp_k - \sum \frac{\partial L}{\partial q_k} dq_k - \frac{\partial L}{\partial t} dt$, so fällt darin nach Definition die erste Summe fort, und man erhält aus dem verbleibenden Rest $\dot{q}_k = \frac{\partial H}{\partial p_k}$, $\dot{p}_k = -\frac{\partial H}{\partial q_k}$. Diese beiden symmetrischen Ausdrücke nennt man die *kanonische* Form der Bewegungsgleichungen, in denen H als Funktion der p_k und q_k geschrieben zu denken ist. Diese beiden Variablen nennt man zueinander *kanonisch konjugiert*. Da die Bewegungsgleichungen in der kanonischen Form erstmalig von *Hamilton* hergeleitet wurden, werden sie auch die Hamiltonschen Gleichungen der Dynamik genannt. Sie lassen sich auch aus dem Variationsproblem $\delta \int L\, dt = \delta \int \{ \sum p_k \dot{q}_k - H(q_k, p_k, t) \}\, dt = 0$ herleiten (→ Hamilton-Prinzip). Bei den obigen Ansätzen wurde der Allgemeinheit wegen L (und damit auch H) als von t explizit abhängig angenommen. Dies kann (z. B. bei bewegten Koordinatensystemen, auf die man eine Beschreibung bezieht), muß aber nicht unbedingt so sein. Im letzteren Fall folgt aus der oben angegebenen Formel, daß $\frac{dH}{dt} = \sum \left(\frac{\partial H}{\partial q_k} \dot{q}_k + \frac{\partial H}{\partial p_k} \dot{p}_k\right)$, was aber wegen der Gültigkeit der kanonischen Gleichung gleich Null ist, woraus $H = \text{const}$ folgt. Dies ist *ein* Integral der Bewegungsgleichungen. Für den Sonderfall, daß L eine homogene quadratische Funktion der $\dot{q}_k$ ist, wird H mit der Gesamtenergie E identisch (→ Hamilton-Funktion); daher stellt die Gleichung $H = \text{const}$ den Energiesatz dar. Bei bewegten Koordinatensystemen kann $H = \text{const}$ ebenfalls ein Integral der Bewegungsgleichungen sein; es ist dann aber *nicht* das Energieintegral.

Pöschl, Th.: Analyt. Mechanik. Karlsruhe 1949. *Sommerfeld, A.:* Vorl. über theor. Physik I. Leipzig 1948. Handb. d. Physik V. Berlin 1927.

Kanonische Feldgleichungen. Die in der Physik betrachteten Feldgleichungen lassen sich aus einem Variationsprinzip

$$\delta \int L\, dx_1\, dx_2\, dx_3\, dx_\varphi = 0 \quad (x_\varphi = i\,c\,t,\ t = \text{Zeit})$$

herleiten, wobei L eine Funktion der Feldvariablen $\psi_\varkappa(x_\sigma)$ und ihrer Ableitungen ist und $\psi_\varkappa$ variiert werden soll. Ist z. B. $L = L\left(\psi_\varkappa, \frac{\partial \psi_\varkappa}{\partial x_\sigma}\right)$, so lauten die Feldgleichungen:

$$\frac{\delta L}{\delta \psi_\varkappa} = \frac{\partial L}{\partial \psi_\varkappa} - \sum_{\sigma=1}^{4} \frac{\partial}{\partial x_\sigma}\left(\frac{\partial L}{\partial \frac{\partial \psi_\varkappa}{\partial x_\sigma}}\right) = 0.$$

Die kanonische Form dieser Feldgleichungen erhält man, indem man die zu den $\psi_\varkappa$ kanonisch konjugierten Felder

$$\pi_\varkappa = \frac{\partial L}{\partial \left(\frac{\partial \psi_\varkappa}{\partial t}\right)}$$

einführt und die Hamiltonsche Dichte

$$H\left(\psi_\varkappa, \pi_\varkappa, \frac{\partial \psi_\varkappa}{\partial x_l}, \frac{\partial \pi_\varkappa}{\partial x_l}\right) = \sum_\varkappa \pi_\varkappa \frac{\partial \psi_\varkappa}{\partial t} - L, (l = 1,2,3)$$

einführt. Die Feldgleichungen lassen sich dann schreiben

$$\frac{\partial \psi_\varkappa}{\partial t} = \frac{\delta H}{\delta \pi_\varkappa} = \frac{\partial H}{\partial \pi_\varkappa} - \sum_{l=1}^{3} \frac{\partial}{\partial x_l}\left(\frac{\partial H}{\partial \frac{\partial \pi_\varkappa}{\partial x_l}}\right),$$

$$\frac{\partial \pi_\varkappa}{\partial t} = -\frac{\delta H}{\delta \psi_\varkappa} = -\frac{\partial H}{\partial \psi_\varkappa} + \sum_{l=1}^{3} \frac{\partial}{\partial x_l}\left(\frac{\partial H}{\partial \frac{\partial \psi_\varkappa}{\partial x_l}}\right).$$

Kanonische Gesamtheit → kanonische Verteilung.

Kanonisch konjugiertes Feld → kanonische Feldgleichungen.

Kanonisch konjugierte Variable → kanonische Bewegungsgleichungen.

Kanonische Valenzstrukturen → Resonanz, quantenmechanische.

Kanonische Verteilung, einer der grundlegenden Begriffe der → Gibbsschen-Statistik. Im $6N$-dimensionalen Phasenraum von N Massenpunkten entfällt auf das Volumelement dV des Phasenraumes die Wahrscheinlichkeit:

$$\exp\left(\frac{\psi - E}{\Theta}\right) dV,$$

wo E die dem Phasenvolumelement dV entsprechende Energie und $\Theta = kT$ ist. Außerdem ist:

$$\exp\left(-\frac{\psi}{\Theta}\right) = \int_{(6N)} \!\!\cdots \int e^{-\frac{E}{\Theta}}\, dV.$$

Die obige Verteilungsfunktion wird nach *Gibbs* die *kanonische Verteilung* genannt. Sie beschreibt eine kanonische Gesamtheit. Physikalisch entspricht sie einem System im Energieaustausch mit einem unendlich großen Wärmebad der Temperatur T. Die Energie E des Systems führt daher Schwankungen aus.

Kanonische Zustandsgleichung → Zustandsgleichung, kanonische.

Kantenemission (engl. *edge emission*), ein bei → Kristallphosphoren wichtiger Begriff, ist die Lichtemission, welche sich bei spektraler Zerlegung unmittelbar an die Absorptionskante anschließt und nur bei tiefer Temperatur auftritt. Unter Absorptionskante versteht man das schmale Wellenlängengebiet, in welchem der Absorptionskoeffizient des Kristallphosphors außerordentlich stark ansteigt. Auf der kürzerwelligen Seite dieser Absorptionskante liegt die starke Absorption des Grundgitters. Im Bändermodell der Phosphoreszenz erscheint die Kantenemission als Übergang zwischen dem unteren Rand des oberen Leitfähigkeitsbandes und dem oberen Rand des Grundbandes.

Kantenindizes, -symbole → Symbole von Kristallflächen usw.

Kantennormalengesetz → Zwillinge.

Kantenschema, ein quadratisches Schema, in das man die Wellenzahlen (cm^{-1}) der → Bandenkanten oder genauer der → Nullinien aller zu einem Molekül-Elektronensprung gehörenden Einzelbanden einträgt, und zwar so, daß in den Vertikalspalten die Übergänge mit konstanter Schwingungsquantenzahl v'' des tieferen, in den Horizontalzeilen die Übergänge mit konstanter Schwingungsquantenzahl v' des höheren der beiden Elektronen-Anregungszustände stehen. Die Spalten und Zeilen stellen die Bandenserien, die Diagonalen mit Δv = const die Bandengruppen dar. Die Intensitätsverteilung im Kantenschema wird durch das → Franck-Condonsche Prinzip geregelt.

Kantenwiderstand. Wenn man den Widerstand geschleppter ebener Platten ermittelt, ergibt sich auch ein Einfluß der Längskanten. Die Strömung wird durch sie in den Randgebieten der Platte und noch über die Breite der Platte hinaus beeinträchtigt, so daß sie nur in dem mittleren Teile des Strömungsfeldes als zweidimensional angesehen werden kann. Der Unterschied zwischen dem Gesamtwiderstand und dem (zweidimensionalen) → Reibungswiderstand (Oberflächenwiderstand) wird als Kantenwiderstand bezeichnet.

Kant-Laplacesche Theorie. Die Bezeichnung ist insofern irreführend, als damit meist nur die Laplacesche Theorie der Entstehung des → Planetensystems gemeint ist. Die Kantsche Theorie und die Laplacesche haben auch gar keine innere Verwandtschaft miteinander und sind als Einheit ganz undenkbar. Die Kantsche Theorie geht aus von einem Zustand größter Unordnung, von einer chaotischen Staubwolke, in der sich die einzelnen diskreten Teilchen, den Gesetzen ihrer gegenseitigen Anziehung gemäß, in allen möglichen Richtungen bewegen, Zusammenstöße erleiden, dadurch ihre Bewegungsrichtungen einander anpassen und sich zu größeren oder kleineren Massen vereinigen. Die Laplacesche Theorie dagegen setzt einen Zustand höchster Ordnung voraus, eine rotierende Sonne, von der sich als Folge ihrer Kontraktion sukzessiv eine Reihe von Ringen abtrennte, aus denen sich dann die Planeten bildeten.

Kapazitanz, wenig gebräuchliche Bezeichnung des → Wechselstromwiderstandes $1/(C\,\omega)$ einer Kapazität (C Kapazität, ω Kreisfrequenz).

Kapazität, akustische → akustischer Widerstand.

Kapazität, elektrische. Die auf einen → Kondensator aufbringbare Ladung Q hängt von zwei Faktoren ab, von denen der eine nur eine Funktion der geometrischen Abmessungen und der Art der Raumerfüllung im Kondensator ist, während der andere rein elektrisch, und zwar durch die Kondensatorspannung U bedingt wird. Den geometrisch-stofflich bestimmten Faktor nennt man die Kapazität C des Kondensators, welche also durch die Gleichung $C = Q/U$ definiert wird.

Die Kapazität wurde nicht nur für einen Kondensator im engeren Sinne eingeführt, sondern ist allgemein für eine beliebige Leiteranordnung oder ein Leitersystem definiert. Dabei setzt sich die Kapazität eines solchen komplizierter gebauten Gebildes aus verschiedenen Teilen zusammen (→ Teilkapazitäten), aus denen nach den Rechenverfahren der Potentialtheorie die wirksame oder → Betriebskapazität der gesamten Anordnung berechnet werden kann. Nach potentialtheoretischen Methoden hatte schon *Maxwell* seine Kapazitätsgleichungen aufgestellt (→ Kapazitätskoeffizient, → Influenzierungskoeffizient).

Die allgemeine Potentialgleichung (→ Potential) ist nur für einige Sonderfälle einer ausgeprägten geometrischen Symmetrie streng lösbar und führt für einige spezielle Kondensatorformen und Leiteranordnungen zu → Kapazitätsformeln.

Kapazitätsformeln für Leiteranordnungen und Kondensatoren (→ Kapazität, → Kondensator). Für einige Fälle besonderer geometrischer Symmetrie lassen sich strenge Formeln für die Kapazität von Leitersystemen potentialtheoretisch ableiten:

1. Einzelleiter frei im Raum (→ Erdkapazität gegenüber der „unendlich fernen" Erde vom Potential $\varphi = 0$):

Kugel vom Radius R:
$$C = 4\,\pi\,\varepsilon_0\,R,$$
Rotationsellipsoid der Achsen $2a$ und $2b < 2a$, große Achse $2a$ als Rotationsachse:
$$C = 4\,\pi\,\varepsilon_0 \sqrt{a^2 - b^2}/\ln\{(a + \sqrt{a^2 - b^2})/b\},$$
speziell Zylinder vom Radius R und der Länge l, $R \ll l$:
$$C = 2\,\pi\,\varepsilon_0\,l/\ln(l/R),$$
Rotationsellipsoid der Achsen $2a$ und $2b < 2a$, kleine Achse $2b$ als Rotationsachse:
$$C = 4\,\pi\,\varepsilon_0\,a/\mathrm{arc\,tg}(a/b),$$
speziell Kreisplatte vom Radius R und der Dicke d, $d \ll R$:
$$C = 8\,\varepsilon_0\,R/(1 - d/\pi R).$$

2. Leiter gegenüber leitender Ebene (→ Erdkapazität gegenüber der geerdeten Ebene vom Potential $\varphi = 0$):

Kugel vom Radius R, Mittelpunktsabstand von der Ebene h, $R \ll h$:
$$C = 4\,\pi\,\varepsilon_0 R(1 + R/2\,h);$$
Zylinder vom Radius R und der Länge l:

a) Zylinder parallel zur Ebene („Horizontalantenne"); Achsabstand von der Ebene h;

α) $R \ll l$:
$$C = 2\,\pi\,\varepsilon_0\,l/\ln\left\{\frac{l}{R}\left[\frac{\sqrt{l^2 + 16\,h^2} - l}{\sqrt{l^2 + 16\,h^2} + l}\right]^{1/2}\right\},$$
falls ferner $4\,h \ll l$:
$$C = 2\,\pi\,\varepsilon_0\,l/\ln(2\,h/R);$$
β) $2\,h \ll l$:
$$C = 2\,\pi\,\varepsilon_0\,l/\ln\{(h + \sqrt{h^2 - R^2})/R\},$$
falls ferner $R \ll h$:
$$C = 2\,\pi\,\varepsilon_0\,l/\ln(2\,h/R);$$

b) Zylinder senkrecht zur Ebene („Vertikalantenne"); Abstand der unteren Zylinderstirn von der Ebene h; $R \ll l$:
$$C = 2\,\pi\,\varepsilon_0\,l/\ln\{(l/R)\,[(4\,h + l)/(4\,h + 3\,l)]^{1/2}\},$$
falls ferner $4\,h \ll l$:
$$C = 2\,\pi\,\varepsilon_0\,l/\ln(l/R\sqrt{3}).$$

3. Kondensatoren:

2 Kugeln:

a) Radien $r_1 = r_2 = R$, Mittelpunktabstand $a > 2\,R$ („Kugelfunkenstrecke"):
$$C = 2\pi\varepsilon_0 R[1 + R(a^2 - R^2)/a(a^2 - R^2 - a\,R)],$$
falls $R \ll a$:
$$C = 2\,\pi\,\varepsilon_0\,R(1 + R/a);$$

b) Konzentrische Kugeln; Radien r_1 und $r_2 > r_1$ („Kugelkondensator"):
$$C = 4\,\pi\,\varepsilon_0\,r_1\,r_2/(r_2 - r_1).$$

2 Zylinder:

a) Radien $r_1 = r_2 = R$, Länge l, Achsabstand a („Doppelleitung"):
$$C = \pi \varepsilon_0 \, l / \ln \{(a + \sqrt{a^2 - 4R^2})/2R\}$$
falls $2R \ll a$:
$$C = \pi \varepsilon_0 \, l / \ln (a/R);$$

b) Koaxiale Zylinder; Radien r_1 und $r_2 > r_1$ („Zylinderkondensator"):
$$C = 2\pi \varepsilon_0 \, l / \ln (r_2/r_1).$$

c) Nicht-koaxial ineinander gesetzt; Achsabstand a; $(r_2^2 - a^2) \gg a r_1$:
$$C = 2\pi \varepsilon_0 \, l / \ln \{(r_2^2 - a^2 - a r_1)/r_1 r_2\},$$

2 ebene Flächen F im Abstand s („Plattenkondensator"); $s^2 \ll F$:
$$C = \varepsilon_0 F/s.$$

Bei Ausfüllung des Feldraumes mit einem Medium der D.K. ε vergrößert sich die Kapazität jeweils um den Faktor ε. Die Kapazität von mehrteiligen Kondensatoren mit geschichteten Medien evtl. verschiedener D.K. ist aus den Beiträgen der einzelnen Schichten zur Gesamtkapazität unter Berücksichtigung der Formeln für Parallel- und Serienschaltung von → Kondensatoren zu berechnen.

Kapazitätskoeffizient (→ auch Teilkapazität). Liegen n verschiedene elektrische Leiter mit den Ladungen Q_i in beliebig verteilten Dielektrika, so hängt das Potential φ_i eines jeden Leiters linear von der Ladung Q_k aller Leiter ab und berechnet sich zu $\varphi_i = \sum_{k=1}^{n} K_{ik} Q_k$, wobei K_{ik} die Maxwellschen → Potentialkoeffizienten sind. Löst man dieses Gleichungssystem nach den Q_i auf, so erhält man für die Ladung Q_i des i. Leiters die Beziehung $Q_i = \sum_{k=1}^{n} \alpha_{ik} \varphi_k$. Die Faktoren α_{ik} bilden genau wie die K_{ik} eine symmetrische Matrix ($\alpha_{ik} = \alpha_{ki}$; → Reziprozitätsgesetz) und haben die Dimension einer Kapazität.

Die Diagonalglieder α_{ii} dieser Matrix heißen Kapazitätskoeffizienten; sie bedeuten die Kapazität des i. Leiters gegen Erde, wenn er allein Spannung gegen Erde besitzt ($\varphi_i \neq 0$) und alle anderen Leiter geerdet sind ($\varphi_{k \neq i} = 0$).

Die Glieder α_{ik} der Matrix mit verschiedenen Indizes $i \neq k$ heißen *Influenzierungskoeffizienten* der einzelnen Leiter und bedeuten die Kapazität des i. Leiters gegen dem k., die man erhält, wenn der i. Leiter allein eine Spannung gegen Erde besitzt ($\varphi_i \neq 0$) und alle anderen Leiter geerdet sind ($\varphi_{k \neq i} = 0$) oder, da $\alpha_{ik} = \alpha_{ki}$ ist, wenn alle Leiter mit Ausnahme des k. ($\varphi_k \neq 0$) geerdet sind ($\varphi_{i \neq k} = 0$).

Die α_{ii} und α_{ik} sind den Dielektrizitätskonstanten der dielektrischen Medien proportional, die im Wirkungsbereich für die einzelnen α_{ii} und α_{ik} liegen. Befindet sich beispielsweise die gesamte Leiteranordnung zunächst im leeren Raum und wird dieser dann durch ein Dielektrikum der D.K. ε ausgefüllt, so steigen die α_{ii} und α_{ik} auf ihren ε-fachen Betrag an.

Die potentielle elektrische Energie (→ Energie des elektrostatischen Feldes) des ganzen geladenen Leitersystems läßt sich darstellen als
$$W_{pot} = \tfrac{1}{2} \sum_{i=1}^{n} \sum_{k=1}^{n} \alpha_{ik} \varphi_i \varphi_k.$$

Kapazitätsmessung. Zur genauesten absoluten Bestimmung von Kapazitäten dient die Brückenanordnung nach *Maxwell*, bei der die zu messende Kapazität C mit der Frequenz f [Hz] auf die Gleichspannung U geladen und wieder entladen wird. Die mittlere Stromstärke durch den Kondensator ist dann gleich UCf; die Kapazität verhält sich wie ein Widerstand vom Betrag $1/(Cf)$. Die Kapazitätsmessung ist damit auf eine Widerstandsbestimmung zurückgeführt. Liegt in der einen Brückenhälfte die Kapazität C einschließlich des Unterbrechers mit dem Widerstand R_2 in Reihe an der Spannung U und wird die andere Brückenhälfte von den Widerständen R_3 und R_4 gebildet, so ist bei Stromlosigkeit eines in den Nullzweig geschalteten Drehspulgalvanometers
$$1/(Cf) = R_2 R_3 / R_4.$$

Für den Vergleich zweier Kapazitäten wird am besten die Brücke nach *Giebe* und *Zickner* verwendet, bei der in der einen Brückenhälfte die beiden Kapazitäten, in der anderen Brückenhälfte Widerstände liegen, denen zum Winkelabgleich (Verlustwinkel der Kapazität) Drehkondensatoren parallel geschaltet werden. Um die störende Kapazität des Nullzweiges auszuschalten, kann man einen Hilfszweig (→ Hilfsbrücke) nach *Wagner* verwenden.

Bei der *Glimmbrücke* wird der zu messende Kondensator über einen hohen Widerstand mit Gleichspannung aufgeladen; er entlädt sich periodisch über eine ihm parallel liegende Glimmstrecke, wodurch in einem vor den Kondensator geschalteten Telephon ein Ton bestimmter Tonhöhe zu hören ist. Diese stellt man nach Substitution mit einem Drehkondensator bekannter Kapazität wieder ein und erhält damit die gesuchte Kapazität gleich der am Drehkondensator eingestellten Kapazität.

Als *direktzeigender Kapazitätsmesser* ist ein auf dem Prinzip des Induktions-Elektrodynamometers (→ Induktionsmeßgeräte) beruhendes Meßgerät entwickelt worden, das in gewissen Grenzen unabhängig von Spannungs- und Frequenzänderungen eine direkte Ausschlagsanzeige mit einer Fehlergrenze von 1% gestattet.

Bei Hochspannung wird meist die *Schering-Brücke* zur Messung von Kapazität und dielektrischem Verlustfaktor verwendet (→ Hochspannungsbrücken).

Kapazitätsnormale, Luftkondensatoren bestimmter Bauart, durch die dezimale Teile der Kapazitätseinheit → Farad reproduziert werden. Sie werden im allgemeinen für Kapazitätswerte der Größenordnung 10 . . . 10^6 pF hergestellt und dienen als Gebrauchsnormale.

Handb. d. Physik XVI. Berlin 1927.

Kapazitron, in England und den USA benutzte Bezeichnung der → Kaskadenschaltung.

Kapazitätsvariometer sind meßbar veränderliche Kapazitäten, meist → Drehkondensatoren.

Kapillaraktivität. Stoffe, welche die Oberflächenspannung, z. B. des Wassers, nur wenig verändern, meist geringfügig erhöhen, wie insbesondere die elektrolytisch dissoziierenden Salze, nennt man kapillar*inaktiv*, solche, die bereits in geringer Konzentration eine starke Erniedrigung bewirken, wie Alkohole, Fettsäuren u. a., kapillar*aktiv*. Die Oberflächenspannung der Lösung wird dadurch erniedrigt, daß der kapillaraktive Stoff mit der geringeren Oberflächenspannung in der Grenzfläche angereichert wird (→ Gibbssches Adsorptionsgesetz). Da die Oberflächenenergie bereits durch monomolekulare Schichten beeinflußt wird, sind oft Spuren kapillaraktiver Substanzen wirksam. Besonders stark kapillaraktiv sind lange Kohlenwasserstoffketten mit einem polaren Ende, z. B. Seifen (Schaumbildung). Ein Maß für die Kapillaraktivität verschiedener Substanzen ist die spezifische Kapillaraktivität (→ Szyszkowskische Formel, → Traubesche Regel).

Freundlich, H.: Kapillarchemie. Leipzig 1932.

Kapillaranalyse, allgemein die Trennung von Stoffen auf Grund ihrer verschiedenen Adsorptionsfähigkeit in einem Kapillarsystem, z. B. bei der → Chromatographie. Im engeren Sinne versteht man unter Kapillaranalyse das verschieden hohe Aufsteigen von gelösten Stoffen in Filtrierpapierstreifen (*Goppelsroeder* 1906). Infolge der auftretenden Strömungspotentiale spielt der Ladungssinn der Teilchen eine entscheidende Rolle; z. B. werden positiv geladene Kolloidteilchen durch die negativ aufgeladene Faseroberfläche ausgeflockt. In jüngster Zeit ist diese Methode in abgeänderter Form dazu verwendet worden, um u. a. Eiweißbestandteile (Aminosäuren) voneinander zu trennen *(Papierchromatographie).*

Wieland, Th., u. *E. Fischer:* Naturwiss. **35**, 29 (1948). *Clegg, D. L.:* Ann. Chem. **22**, 48 (1950).

Kapillaraszension, die lange bekannte Erscheinung (*Leonardo da Vinci* 1500), daß beim Eintauchen von Kapillaren (engen Rohren) in Flüssigkeiten diese spontan aufsteigen, sofern die Wandungen gut benetzbar sind; z. B. steigt Wasser in einem sorgfältig gereinigten Glasrohr von 0,1 mm Durchmesser bis zu einer Höhe von etwa 300 mm auf. Dies beruht auf der Wirkung der → Oberflächenspannung, die mit dieser → Steighöhenmethode ermittelt werden kann. Die Kapillaraszension ist für das Aufsteigen des Saftes in Pflanzen wichtig.

Kapillardepression. Beim Eintauchen einer Kapillare in eine Flüssigkeit, welche die Wandung nur unvollkommen benetzt, wird die Flüssigkeitssäule in dem Rohr spontan herabgedrückt (→ Steighöhenmethode zur Bestimmung der → Oberflächenspannung). Dies bewirkt z. B., daß Quecksilber, welches sich in einem U-Rohr aus Glas befindet, dessen Schenkel 1 und 10 mm weit sind, eine Niveaudifferenz von 9,7 mm aufweist. Die Kapillardepression ist daher bei Verwendung von Quecksilber-Manometern, z. B. dem MacLeod-Manometer, zu beachten.

Kapillardruck. Bei gekrümmten Oberflächen steht das Innere einer Flüssigkeit unter einem zum Binnendruck zusätzlichen, von der → Oberflächenspannung (σ) herrührenden Kapillardruck *(Krümmungsdruck).* Bei einer kleinen Flüssigkeitskugel vom Radius (r) beträgt dieser:

$$p = \frac{2\,\sigma}{r}.$$

Dies ergibt sich durch Gleichsetzen der bei Vergrößerung der Kugel um den Radiuszuwachs dr aufzuwendenden Oberflächenarbeit (A_1) und der dabei gewonnenen Volumenarbeit (A_2)

$$d A_1 = d A_2, \quad \text{also} \quad 8\,\pi\, r\, \sigma\, dr = 4\,\pi\, r^2\, p\, dr.$$

Wenn die Flüssigkeit eine beliebige Krümmung mit den Hauptkrümmungsradien r_1 und r_2 hat, so gilt *(Laplace):*

$$p = \sigma \left\{ \frac{1}{r_1} + \frac{1}{r_2} \right\}.$$

Je größer die Krümmung, je kleiner also z. B. ein Flüssigkeitströpfchen ist, um so höher ist der Kapillardruck; für ein Quecksilbertröpfchen von 0,1 μ beträgt er etwa 100 atm. Zwei miteinander in Verbindung stehende, verschieden große Seifenblasen verändern sich infolge des unterschiedlichen Kapillardruckes so, daß die größere auf Kosten der kleineren so lange anwächst, bis die von der kleineren Blase übrigbleibende Kalotte den gleichen Radius, also auch den gleichen Binnendruck hat wie die größere. Die beiden Kalotten ergänzen sich dann zu einer vollständigen Kugelfläche.

Handb. d. exp. Physik VI. Leipzig 1928.

Kapillarelektrische Erscheinungen → Elektrokapillarkurve.

Kapillarelektrometer *(Lippmann),* jetzt kaum noch angewandt. Es wird die *kapillarelektrische* Verschiebung (→ Elektrokapillar-Kurve, Abb.) der Grenzfläche Quecksilber/Elektrolyt in einer Glaskapillaren benutzt, um kleine Spannungen zu messen. Auch als Nullinstrument fand es früher vielfach Verwendung.

Kapillaritätskonstante. Da die → Oberflächenspannung (σ) eine Materialkonstante der Flüssigkeiten ist und mit den mannigfaltigen Kapillarerscheinungen zusammenhängt, bezeichnet man sie auch als Kapillaritätskonstante. Gelegentlich, besonders in älteren Darstellungen, versteht man darunter im Anschluß an die Gleichung für die → Steighöhe von Flüssigkeiten in Kapillaren das stoffspezifische Produkt aus Steighöhe (h) und Kapillarradius (r) $\alpha^2 = r\,h = 2\,\sigma/(\varrho\, g)$ (ϱ Dichte der Flüssigkeit).

Kapillarkondensation. In der Nähe des Sättigungsdruckes einer Flüssigkeit werden deren Dämpfe von porösen Adsorbentien, wie → Aktivkohle oder → Silikagel, in großen Mengen aufgenommen (steiler Anstieg der → Adsorptionsisotherme). Hierbei erfolgt Kondensation des Dampfes in den benetzbaren Kapillaren des Adsorptionsmittels, da in diesen entsprechend der → Thomsonschen Beziehung der Dampfdruck von Flüssigkeiten geringer ist. Mit steigendem Druck werden diskontinuierlich immer mehr Kapillaren von zunehmendem Durchmesser mit Flüssigkeiten angefüllt. Man kann daher umgekehrt aus der bei verschiedenen Gleichgewichtsdrucken aufgenommenen Flüssigkeitsmenge auf die Anteile von Kapillaren verschiedenen Durchmessers schließen *(Porenstatistik).* Dabei wird oft nicht beachtet, daß diese Überlegungen nur für verhältnismäßig weite Kapillaren gelten; bei engeren verliert der Begriff der Oberflächenspannung seinen Sinn (→ Adsorption in mehrfachmolekularen Schichten).

Eucken, A.: Lehrb. d. chem. Physik. Leipzig 1944.

Kapillarwellen, *Kräuselwellen* oder *Riffeln* sind lediglich durch die Oberflächenspannung als Richtkraft bedingte → Oberflächenwellen oder → Grenzflächenwellen.

Kaplan-Banden, zwei Bandensysteme des Moleküls CO zwischen 2520 und 2575 Å.

Kapselpumpen, ältere Form der rotierenden → Ölluftpumpen nach dem Drehschieberprinzip.

Kapteynsche Eichfelder *(selected Areas).* Da es sich als undurchführbar herausgestellt hatte, für stellarstatistische Untersuchungen den ganzen Himmel bis zu schwächsten Sternen vollständig zu durchmustern, hat man sich entschlossen, den Kapteynschen Plan einer Beschränkung auf 206 begrenzte, gleichförmig am Himmel verteilte Eichfelder (selected Areas) anzunehmen. In den Feldern sollen von verschiedenen Sternwarten folgende Daten bestimmt werden:

1. Genäherte Positionen aller Sterne bis zur 16. Größe.
2. Möglichst genaue photographische und visuelle bzw. photovisuelle (Aufnahme durch Farbfilter) Helligkeiten dieser Sterne.
3. Für etwa $^1/_{10}$ aller Sterne genaue Eigenbewegungen mit einem wahrscheinlichen Fehler, der $\pm 0\overset{''}{.}01$ nicht übersteigen darf.
4. Für dieselben Sterne genaue Parallaxen, deren wahrscheinlicher Fehler $\pm 0\overset{''}{.}02$ nicht übersteigen darf.
5. Für möglichst viele Sterne der Spektraltyp und
6. die Radialgeschwindigkeit.
7. Die Gesamthelligkeit des Himmels, um Rückschlüsse auf die Anzahl der unter der Empfindlichkeitsschwelle liegenden Sterne ziehen zu können.

Der Plan wurde später durch Hinzunahme von 46 Milchstraßenfeldern erweitert. An der Durchführung, die zum großen Teil als abgeschlossen gelten kann, sind im wesentlichen folgende Sternwarten beteiligt: Harward (photographische Helligkeiten), Groningen (Positionen), Mount Wilson (Untersuchungen über die Helligkeitsskala), Potsdam und Bergedorf (Spektraltypen), Radcliffe (Eigenbewegungen). Weitere Beobachtungen sind an anderen Sternwarten noch im Gange.

von der Pahlen, E.: Lehrb. d. Stellarstatistik. Leipzig 1937.

Karat, 1. abgek. c oder k, international für den Handel mit *Edelsteinen* vereinbarte und an das → metrische System angeschlossene Masseneinheit: 1 c = 200 mg.

2. Maßeinheit für den *Gehalt einer Legierung an Feingold.* 1karätiges Gold bezeichnet eine Legierung, die zu $^1/_{24}$ aus reinem Gold besteht; d. h. reines oder Feingold hat 24 Karat.

Karbid → Eisen.

Karbowid-Widerstand, Kohle-Schichtwiderstand von geringer Kapazität und Induktivität. Die Herstellung geschieht folgendermaßen: Ein im Vakuum auf sehr hohe Temperatur erhitztes Porzellanröhrchen wird mit Kohlenwasserstoffen in Kontakt gebracht. Durch katalytische Wirkung der Porzellanoberfläche werden die Kohlenwasserstoffe zersetzt und Kohlenstoff in feinkristalliner Form auf der Porzellanoberfläche abgeschieden (Schichtdicke $\sim 10^{-4}$ mm). Die auf diese Weise erhaltenen Widerstände zeigen eine hervorragende Konstanz, sind spannungsunabhängig und verändern sich auch nicht bei wechselnder Luftfeuchtigkeit. Sie werden für Widerstandswerte zwischen 20 Ω und 100 kΩ, in Spezialausführungen bis 10^5 MΩ und für Belastungen von 0,5 bis 200 W hergestellt. Ihr Temperaturkoeffizient ist gering.

Kardanisch → cardanisch.

Kardinalfarben → Urfarben.

Kardinalpunkte → Auge.

Kardioide → Rollkurven.

Kardioid-Kondensor, ein koaxialer Dunkelfeldkondensor mit einer unteren Grenzapertur von 1,05 und einer oberen Grenzapertur von 1,3 für ultramikroskopische Untersuchung hochdisperser Stoffe (→ Dunkelfeldbeleuchtung). Nach *Siedentopf* müßte bei einem mikroskopischen Dunkelfeldkondensor zur idealen Abbildung der Lichtquelle bzw. der Leuchtfeldblende (→ Köhlersche Beleuchtung) eine Spiegelung an einer Kugelfläche und an einem Rotationskardioid erfolgen. In der praktischen Ausführung wird statt der Kardioidfläche eine schmale Kugelzone ähnlicher optischer Wirkung benutzt. Das Objekt muß sich genau in der Ebene der Strahlenvereinigung des Kondensors befinden, weswegen Objektträger passender Dicke (die auf dem Kondensor angegeben ist) benutzt werden müssen. Ein weiterer aplanatischer Zweiflächen-Spiegelkondensor wurde von *v. Ignatowski* angegeben.

Siedentopf, H.: Über bisphärische Spiegelkondensoren für Ultramikroskopie. Ann. Phys. (4) **39**, 1175 (1912). *v. Ignatowski, W.:* Ein neuer Spiegelkondensor. Z. Mikroskopie **25**, 64 (1908).

Kármánsche Wirbelstraße. Hinter einem Hindernis bildet sich in einer Strömung ein Gebiet mit Totwasser aus, das im Falle einer zweidimensionalen Strömung seitlich von zwei Trennungsflächen bzw. -linien begrenzt ist. Da diese Schichten instabil sind, lösen sie sich kurz nach ihrem Entstehen in einzelne Wirbel auf, deren Moment gleich der → Zirkulation um dasjenige Stück der Trennungsfläche ist, aus dem sie durch Aufrollen entstanden

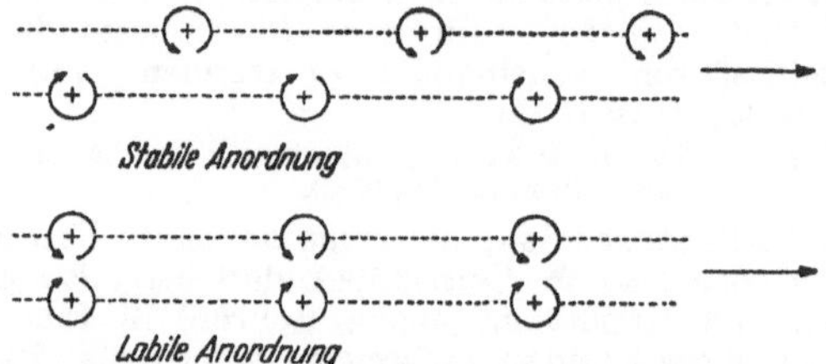

Abb. 1. Stabile und labile Anordnung von Wirbeln.

sind. Mit Hilfe der Methode der kleinsten Schwingungen hat *v. Kármán* (1911) ermittelt, daß eine Anordnung von Wirbeln stabil ist, wenn die Wirbelzentren in gleichen Abständen l voneinander auf zwei parallelen Geraden im Abstand a auf Lücke

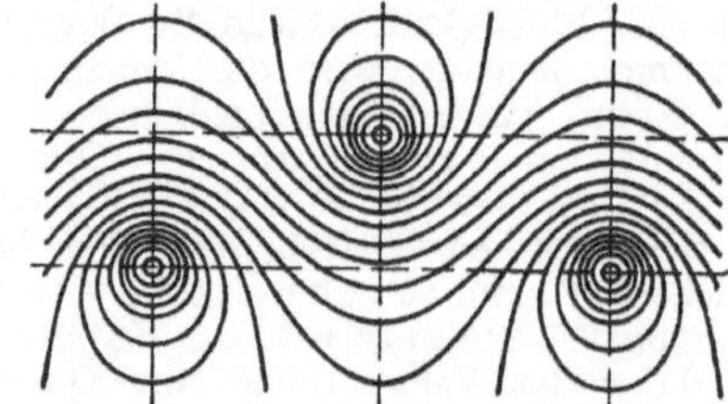

Abb. 2. Kármánsche Wirbelstraße. Stromlinien.

liegen, wenn die Wirbel gleiche Zirkulation, jedoch in den beiden Reihen entgegengesetzten Drehsinn haben und wenn diese Wirbel sich in den Reihen mit gleichförmiger Geschwindigkeit u fortbewegen, sofern die Beziehung besteht $a/l = 0{,}283$. Mit Hilfe des Impulssatzes kann man den Widerstand W (bezogen auf die Längeneinheit in Richtung der Wirbelachsen) des die Wirbel erzeugenden Körpers bestimmen, wenn dieser mit einer Relativgeschwindigkeit U gegenüber der Hauptströmung bewegt wird und wenn das Verhältnis u/U sowie die Größen a bzw. l und die Dichte ϱ bekannt sind,

$$W = \varrho\, l\, U^2 \{0{,}799\, u/U - 0{,}323 (u/U)^2\}.$$

Für umströmte Zylinder (Durchmesser D) entsprechen den Beobachtungswerten die Werte $u/U = 0{,}14$ und $l/D = 4{,}3$ bzw. $a/D = 2$.

Prandtl, L.: Führer durch die Strömungslehre. Braunschweig 1949. *v. Kármán, Th.:* Gött. Nachr. **12**, 509 (1911); **13**, 547 (1912). *Durand, W. F.:* Aerodynamic Theory II. Berlin 1935.

Karolus-Zelle, technische Ausführungsform einer Kerrzelle.

Kaskadenbildung in der kosmischen Strahlung → Schwächungsprozesse.

Kaskadenschaltung, eine von *Greinacher* (1921) angegebene Schaltung, die aus Wechselspannungen Gleichspannungen bis zu mehreren Millionen V erzeugt. — Arbeitsweise: E ist ständig geerdet und hat das Potential Null, C_1 und C_2 sind gleichgroß (Abb. 1). Die Kaskade wird durch einen Hochspannungstransformator mit einer Wechselspannung $u = U \sin(2\pi f t)$ gespeist (u ist also das Potential in S, s. Abb. 2); $U \simeq 100$ kV, $f = 500$ Hz. Am Anfang sind alle Punkte auf Erdpotential. In der ersten Viertelperiode ist $du/dt = \dot{u}$, d. h. die zeitliche Änderung der Eingangsspannung u, positiv, so daß V_2 öffnet: C_1 und C_2 liegen hintereinander und haben am Ende der ersten Viertelperiode je die Spannung $^1/_2\,U$. In der zweiten Viertelperiode ist $\dot{u}$ negativ, daher sinkt Potential I, so daß V_2 schließt. Die weitere Überlegung zeigt, daß das Potential I in der Mitte der ungeraden Halbperioden folgende Werte hat: $^1/_2\,U$, $\left(\frac{1}{2}+\frac{3}{4}\right)U$, $\left(\frac{1}{2}+\frac{3}{4}+\frac{3}{8}\right)U$, $\left(\frac{1}{2}+\frac{3}{4}+\frac{3}{8}+\frac{3}{16}\right)U$ usw. Nach unendlich vielen Perioden ist der Endwert $\frac{1}{2}U+\frac{3}{2}\left(\frac{1}{2}+\frac{1}{4}+\frac{1}{8}+\dots\right)U = 2\,U$ erreicht; in den geraden Halbperioden ist das Potential I immer Null. Der Punkt II erhält bei positivem $\dot{u}$ über V_2 Spannung; bei negativem $\dot{u}$ sperrt V_2 und verhindert das Potential II am Ausgleich. Zwischen II und E kann eine Gleichspannung $2\,U$ abgenommen werden. Den Spannungsverlauf in den einzelnen Punkten als Funktion der Zeit zeigt Abb. 2; es sind dabei ideal arbeitende Ventile angenommen. Die Hintereinanderschaltung von n derartigen Elementen (Abb. 3) gibt eine Gleichspannung $2\,n\,U$. Die Hochspannungsgleichrichterröhren werden einzeln geheizt, meist über isoliert aufgestellte und über Isolierwellen angetriebene kleine Dynamomaschinen. Es werden so Spannungen bis 2 MV erzielt bei einer Stromentnahme bis zu 15 mA. Die Welligkeit der Hochspannung beträgt etwa 0,1% je mA Stromentnahme.

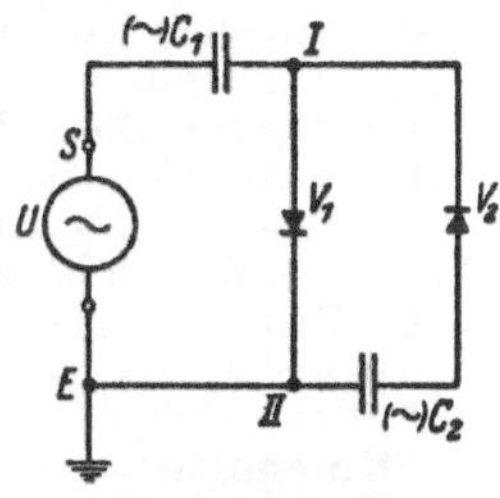

Abb. 1. Kaskadenelement. V_1, V_2 Ventilrohre.

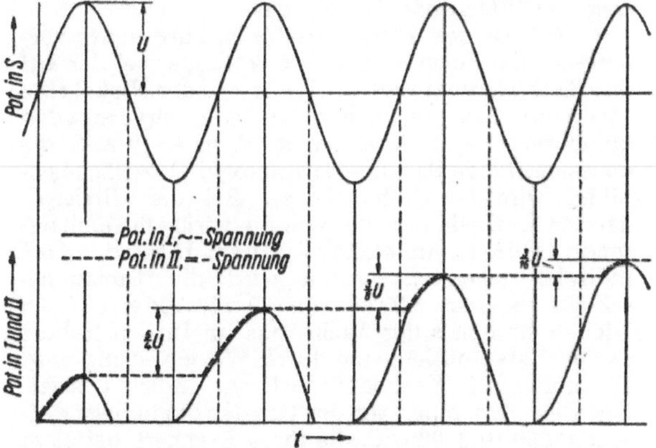

Abb. 2. Einschwingvorgang eines Kaskadenelements.

Mit der hohen Spannung lassen sich dann Ionen, die in einer Hilfsentladung (Ionenquelle) erzeugt wurden, auf hohe Energien bringen und für Kernumwandlungen benutzen. *Cockroft* und *Walton* fanden mit Protonen, die in einer Kaskadenschaltung auf 700 keV beschleunigt waren, 1932 erstmals einen von künstlich beschleunigten Teilchen bewirkten Kernprozeß $^7\text{Li} + p \to 2\,\alpha$.

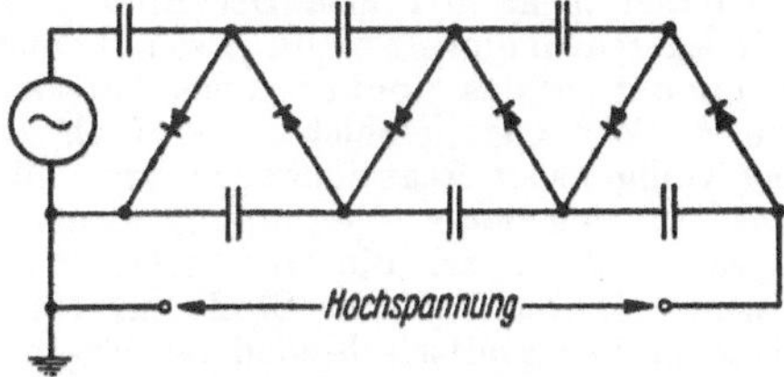

Abb. 3. Kaskadenschaltung.

Bouwers, A., u. *A. Kuntke:* Z. techn. Phys. **18**, 209 (1937).

Kaskadenschauer im Kern, Theorie von *Heitler*, *Janossy* zur Deutung von Kernexplosionen, bei denen viele Mesonen in aufeinanderfolgenden Einzelprozessen entstehen. → Austauschkraft zwischen Elementarteilchen, → Zertrümmerungssterne.

Kaskadensprünge, In einem Termschema eines Atoms kann der Grundterm durch Lichtemission von einem angeregten Zustand aus manchmal nicht nur direkt (das kann durch Auswahlregeln sogar verboten sein), sondern auch über andere Terme als Zwischenstufen erreicht werden. Es werden dann, den einzelnen Übergängen entsprechend, mehrere Linien ausgesandt, deren Frequenzsumme die Frequenz des direkten Überganges ergibt. Solche Übergänge heißen Kaskadensprünge.

Kaskadenzerfall, die Aussendung mehrerer γ-Quanten unmittelbar nacheinander, indem der Übergang aus dem angeregten Zustand des Kerns nicht direkt in den Grundzustand erfolgt, sondern über ein oder mehrere dazwischen liegende Niveaus.

Kastralgläser → Brillen.

Katalysator, Katalysatorgift → Katalyse.

Katalyse ist die Beeinflussung, speziell die Beschleunigung der Geschwindigkeit chemischer Reaktionen durch geringe Fremdstoffmengen, die durch den chemischen Umsatz nicht verändert werden. Bei Verzögerung der Reaktion pflegt man von *negativer* Katalyse zu sprechen. Der unverändert bleibende Fremdstoff wird als *Katalysator* bezeichnet. Der Betrachtung sämtlicher katalytischen Vorgänge ist voranzuschicken, daß man durch Zusatz eines Katalysators zwar die Reaktionsgeschwindigkeit, niemals aber die Lage eines chemischen Gleichgewichtes zu verändern vermag. Trotzdem können chemische Umsetzungen unter Zusatz geeigneter Katalysatoren zu verschiedenen Endprodukten führen, je nachdem nämlich unter mehreren nebeneinander möglichen Reaktionsfolgen die eine oder andere katalytisch beschleunigt wird (→ Reaktionsgeschwindigkeit). Die Katalyse spielt in chemischen Lebensvorgängen sowie in der chemischen Industrie eine außerordentlich wichtige Rolle.

Entsprechend der Einteilung der chemischen Vorgänge in homogene und heterogene Reaktionen unterscheidet man homogene und heterogene Katalyse. Ist der Katalysator Bestandteil eines Gasgemisches oder einer Lösung, so handelt es sich um *homogene Katalyse*. In der → Arrheniusschen Formel $k = C\,e^{-E/(RT)}$ für die Geschwindigkeitskonstante k

chemischer Reaktionen wird die kinetische Stoßzahl durch Zusatz des Katalysators nicht verändert; eine wesentliche Änderung der Konstanten C kommt daher nicht in Frage. Der Einfluß auf die Reaktionsgeschwindigkeit beruht also auf einer Herabsetzung der auf das Mol bezogenen Aktivierungsenergie E. Wie das geschieht, ob durch Ermöglichung völlig neuer Reaktionswege, etwa über die Bildung intermediärer Verbindungen mit dem Katalysator oder durch die Herabsetzung der zur Umsetzung führenden, im Stoß zuzuführenden Mindestenergie vermittels besonderer Energieübertragungsmechanismen zwischen Katalysator und reagierendem Molekül, ist bisher nur in wenigen Fällen zufriedenstellend geklärt worden.

Die *heterogene Katalyse*, auch *Oberflächen- oder Kontaktkatalyse* genannt, zeigt vermöge der großen Verschiedenheit in der Oberflächengestaltung der Katalysatoren — in diesem Falle auch *Kontakte* genannt — ein noch viel verwirrenderes Bild als die homogene Katalyse. Aber auch hier spielt die mehr oder minder große energetische Veränderung der reagierenden Moleküle unter dem Einfluß der an der Oberfläche des Katalysators wirkenden Kräfte und die damit verbundene Herabsetzung der Aktivierungsenergie eine ausschlaggebende Rolle. Wir kennen alle Übergänge zwischen der leichten Verzerrung eines Moleküls und der dadurch vergrößerten Umsetzungsfähigkeit bis zu seiner völligen Aufspaltung unter Verbindungsbildung mit Atomen oder Atomgruppen der Kontaktoberfläche. Dabei ist zu beachten, daß u. U. die katalytische Wirkung auch auf die vermehrte Gelegenheit zur Umsetzung zurückzuführen ist, wenn z. B. verschiedene Reaktionspartner nebeneinander an der Katalysatoroberfläche adsorbiert sind.

In der Technik spielen eine immer größere Rolle die *Mischkatalysatoren*, deren Komponenten *einzeln* katalytisch nicht oder kaum wirksam sind. Aber nicht nur die Zusammensetzung, sondern auch die Art der Herstellung und Vorbehandlung sind für die Wirksamkeit eines Katalysators ausschlaggebend. Auf der anderen Seite kann man die Wirkung eines Katalysators durch Zusatz von Substanzen zum reagierenden Gemisch herabsetzen und unter Umständen völlig lahmlegen. Man spricht in solchen Fällen, in denen eine Substanz durch bevorzugte Adsorption an der Katalysatoroberfläche deren Einfluß verhindert, von der *Vergiftung* des Katalysators und von Katalysatorgiften oder Antikatalysatoren.

Ein besonderes Kapitel der Reaktionsbeschleunigung stellt die Beschleunigung der Phasenbildung dar, d. h. die Bildung von Dampfbläschen in überhitzten Flüssigkeiten, von Tröpfchen in unterkühlten oder überspannten Dämpfen, von Kriställchen in übersättigten Lösungen oder unterkühlten Schmelzen. In allen diesen Fällen ist eine gewisse Mindestgröße eines Keimes erforderlich, damit er, anstatt wieder zu vergehen, weiter wachsen kann. Die katalytische Wirkung von Spitzen und Spalten fester Wände, von Staubteilchen oder elektrisch geladenen Teilchen, von Druckwellen, von kapillaraktiven Stoffen beruht darauf, daß bereits kleine Keime so stabilisiert werden, daß sie weiterwachsen können oder daß die zur Bildung der größeren Keime notwendige Aktivierungsenergie so herabgesetzt wird, daß die Keime sich mit der genügenden Häufigkeit bilden können.

Schwab, G.-M.: Katalyse vom Standpunkt d. chem. Kinetik. Berlin 1931.

Kataphorese = → Elektrophorese; in der medizinischen Literatur auch fälschlich als *Iontophorese* bezeichnet.

Katathermometer, dient zur Messung der physiologisch wichtigen Wärmeabgabe, die ein Körper von Bluttemperatur 37 °C erleidet, wenn er frei exponiert der Abkühlung durch den Wind sowie der Abkühlung und Erwärmung durch lang- und kurzwellige Strahlung unterliegt. Es ist ein Flüssigkeitsthermometer mit großem Gefäß und weiter Kapillare, mit dem nach vorheriger Erwärmung die Zeit des Temperaturrückganges von 38° auf 35° gemessen wird. Diese Zeit ist umgekehrt proportional der → Abkühlungsgröße, die man in $\mathrm{Mcal \cdot cm^{-2} \times s^{-1}}$ angibt (→ Frigorimeter). Das Katathermometer wird auch bei der Bearbeitung von Problemen der Heizungs- und Lüftungshygiene verwendet.

Handb. d. meteorol. Instrumente. Berlin 1935. *Büttner, K.:* Physikal. Bioklimatologie. Leipzig 1938.

Katenoide = → Kettenlinie.

Kathetometer → Längenmessung.

Kathode, allgemein die Austrittsstelle des (positiven) Stromes aus einem Elektrolyten oder einem Gase.

1. *Elektrochemische Kathode,* ein stromdurchflossenes elektrochemisches Zweiphasensystem Metall/Lösung, wenn der positive Strom, z. B. in Form der Metallionen, *von der Lösung ins Metall* fließt. Jeder Kathode steht eine → Anode gegenüber. Sind nicht die Metallionen sondern die Elektronen → potentialbestimmend, so treten sie kathodisch vom Metall zur Lösung über, z. B. unter Wasserstoffentwicklung nach $\ominus + H^+ \rightarrow \frac{1}{2} H_2$ (→ Wasserstoff-Elektrode). Oft wird die Metallphase *allein* als Kathode, die benachbarte Lösung als Kathodenraum bezeichnet.

2. *Kathode einer Gasentladung. Kalte* Kathoden müssen aus einem möglichst wenig zerstäubenden Material (meist Aluminium, → Kathodenzerstäubung) hergestellt werden. Wo es auf niedrigen Kathodenfall und hohe Stromdichte — insbesondere auch im Hochvakuum — ankommt, werden durchweg → *Glühkathoden* verwendet.

3. *Kathode von Elektronenröhren.* Ihre heute vorherrschende Form ist die Oxydkathode, bei der auf das Kathodenmaterial aus Wolfram oder Nickel eine Paste aus Bariumkarbonaten oder -hydroxyden aufgebracht und durch einen Formier-Prozeß die emissionsfähige Barium–Bariumoxyd-Oberfläche gebildet wird (→ Glühkathode). Bei der direktgeheizten Kathode befindet sich die wirksame emittierende Schicht unmittelbar auf dem Heizfaden; bei indirekt geheizten Röhren wird die Emissionsschicht in einer Stärke von 30 bis 100 μ auf ein Nickelröhrchen aufgebracht, das im Innern isoliert den Heizstab enthält und durch Wärmeleitung bzw. Strahlung die Kathodenoberfläche indirekt heizt. Die Betriebstemperatur der Oxydkathode liegt zwischen 650 und 900 °C, die ihres Brenners bei etwa 1200 bis 1500 °C. Da die indirekt geheizte Kathode über die ganze Länge auf gleichem Potential liegt, nennt man sie auch *Äquipotentialkathode* (→ Glühkathode). Die *Lebensdauer* einer Röhre ist im allgemeinen durch die der Glühkathode bestimmt. Bei normalem Betrieb beträgt sie im Mittel einige tausend Stunden.

Rothe, H., u. *W. Kleen:* Grundl. u. Kennlinien d. Elektronenröhren. Leipzig 1948.

Kathodendunkelraum → Hittorffscher Dunkelraum.

Kathodenfall, Spannungsabfall in dem vor der Kathode von → Gasentladungen (auch unselbständigen) liegenden Kathodenfallgebiet (→ Gasentladungen, Abb. 2). bedingt durch positive Raumladungen. Er ist in selbständigen Entladungen zur Aufrechterhaltung des Trägererzeugungsmechanismus unbedingt erforderlich, da sich in ihm die zur Elektronenemission der Kathode führenden Rückwirkungsprozesse (→ Rückführung) abspielen. Die Stromdichte an der Kathode setzt sich zusammen aus dem Ioneneinstrom i_+ und dem Elektronenstrom i_-, wobei $i_+/i_- \ll 1$ ist. Glimm- und Bogenkathoden (→ Glimm- und → Bogenentladung) unterscheiden sich wesentlich durch die Art der Rückwirkung.

Kathodenflamme → Bogenflammen, → Kohlelichtbogen.

Kathodenschicht (auch erste Kathodenschicht), dünne, schwach leuchtende Lichthaut, die in Molekülgasen der Kathode der → Glimmentladung unmittelbar aufsitzt, in Edelgasen von ihr noch durch den → Astonschen Dunkelraum getrennt ist (→ Glimmentladung, Abb. 2).

Kathodenstrahlen, die von der Kathode einer → Glimmentladung ausgehenden → Elektronenstrahlen; in früherer Zeit (bes. *P. Lenard*) auch allgemein Elektronenstrahlen beliebiger Herkunft (β-Strahlen usw.).

Kathodenstrahl-Oszillograph → Braunsches Rohr.

Kathodenzerstäubung. Die auf die Kathode der Glimmentladung aufprallenden Ionen und neutralen Teilchen lösen von ihr Atome ab, die im Gasraum einen Metalldampf bilden, der an die Gefäßwände diffundiert und dort den Bestäubungsniederschlag bildet. Ein Teil — bei hohem Druck bis zu 90% — diffundiert zur Kathode zurück: Selbstbestäubung der Kathode. Technisch ausgenutzt wird der Effekt, um Gegenstände, z. B. Spiegel, mit Metallüberzügen zu versehen.

Die zerstäubte Menge ist der Stromstärke proportional und steigt mit dem Kathodenfall. Oxydhäute bei Al und Mg setzen die Zerstäubung erheblich herab. Sie ist besonders groß, wenn Gas und Kathode miteinander reagieren (elektrochemische Zerstäubung, z. B. Sb in H_2). Zu den am leichtesten zerstäubbaren Elementen gehören Bi, As, Ag, während Ta, Cr, Mg und Al schwer zerstäuben; mittlere Zerstäubung liegt bei Cu, Pb, Au und Fe vor. Eine einwandfreie Reihenfolge der Zerstäubbarkeit aufzustellen, ist schwierig, da die Meßergebnisse wegen vieler störender Nebeneinflüsse widerspruchsvoll sind. Auch die Reihenfolge der Gase nach steigender Zerstäubungswirkung (H_2, He, N_2, Hg, A) ist recht unsicher. Für die zerstäubte Menge in Wasserstoff bei einem Kathodenfall von 850 V ergeben sich

Mg	Ta	Cr	Al	Mo
2,5	4,5	7,5	8	$16 \cdot 10^{-3}$ mg · C^{-1}

W	Ni	Fe	Cu	Ag
16	18	19	48	$205 \cdot 10^{-3}$ mg · C^{-1}

Deuterium und Wasserstoff bewirken an Pt und Cu gleiche Zerstäubung. Der Mechanismus der Zerstäubung scheint im Zusammenhang zu stehen mit der Elektronenauslösung durch Ionenstoß. Es handelt sich also entweder um eine direkte Impulsübertragung auf das getroffene Metallatom oder um eine Verdampfung des Metalls an der lokal erhitzten Auftreffstelle *(v. Hippel)*.

Güntherschulze, G.: Z. Phys. **36**, 563 (1926); **38**, 575 (1926).

Kathodolumineszenz, die mit Kathodenstrahlen erzeugte bzw. erregte Lumineszenz. Die meisten → Kristallphosphore werden durch Kathodenstrahlen zum Leuchten erregt. Die Elektronen dringen nur sehr wenig in den Kristall ein. Eine große Anwendung findet die Kathodolumineszenz bei der Braunschen Röhre; beim Bildwandler und beim Elektronenmikroskop. — Befindet sich der Leuchtstoff auf Glas oder einer anderen isolierenden Unterlage, so ist zu bedenken, daß die eingestrahlten Elektronen sehr bald zu einer Aufladung des → Leuchtschirmes führen müssen. Glücklicherweise findet jedoch meist ein Ausgleich durch eine starke Sekundärelektronenemission des Leuchtstoffes statt. Bei einer Geschwindigkeit der eingestrahlten Elektronen unterhalb 500 V und oberhalb 20000 V (die Werte schwanken und sind besonders von der Art des Leuchtstoffes abhängig) kann der Ausgleich durch Sekundärelektronen nicht mehr erfolgen, so daß für eine Ableitung gesorgt werden muß (z. B. durch Metallunterlage).

Kationen, die positiven Ionen eines → Elektrolyten, insbesondere H^+- und Metall$^+$-Ionen. In einem elektrochemischen Dreiphasensystem Metall/Elektrolyt/Metall wandern die Kationen in der positiven Stromrichtung der als → Kathode bezeichneten Phasengrenze Metall/Elektrolyt zu.

Kationenleiter, fester → Ionenleiter, fester, → Tubandt-Methode.

Kausalität. Der Begriff der Kausalität kann, um für die Physik verwendbar zu sein, nur im Sinne nachprüfbarer Tatsachen verstanden werden. Der Physiker betrachtet Kausalität als gleichbedeutend mit *Determiniertheit* (→ Determinismus), also mit der eindeutigen naturgesetzlichen Festlegung des Künftigen durch das Gegenwärtige. In der klassischen Punktmechanik, mit Fernwirkungen nach der Art der Gravitation oder Coulombkraft, ist dann die Gültigkeit des *Kausalitätsprinzips* eine mathematische Folgerung aus den Newtonschen Bewegungsgleichungen. Ebenso kann die Erfüllung des Kausalitätsprinzips mathematisch bewiesen werden im Rahmen klassischer Feldtheorien, und zwar ist man in diesem Falle nicht, wie in der Punktmechanik mit Fernkräften, auf die Voraussetzung eines *abgeschlossenen*, mit der Außenwelt nicht in Wechselwirkung stehenden Systems angewiesen. Vielmehr können wir in dem Felde einen bestimmten endlichen Raumbereich R abgrenzen. Wenn die fraglichen Feldgrößen und ihre ersten zeitlichen Ableitungen zur Zeit t_1 überall in R bekannt sind, so sind dadurch auch die Feldstärken für eine spätere Zeit t_2 in allen denjenigen Punkten vorausbestimmt, deren Abstand von der Oberfläche von R so groß ist, daß er innerhalb der Zeit $t_2 - t_1$ mit Lichtgeschwindigkeit (maximale Ausbreitungsgeschwindigkeit der Feldwirkungen) noch nicht durcheilt werden kann. Die hier heranzuziehenden mathematischen Sätze sind diejenigen über das sogenannte „Abhängigkeitsgebiet" bei partiellen Differentialgleichungen vom hyperbolischen Typ.

Innerhalb der klassischen oder Makro-Physik ist also die Determinierung der Zukunft durch die Gegenwart eine mathematisch beweisbare Folgerung aus den empirisch bewiesenen → Naturgesetzen. Ob aber in der Mikrophysik ebenfalls eindeutige Determinierung, also Kausalität, besteht, ist eine nicht durch Deduktion oder Philosophie, sondern nur durch experimentelle Forschung zu klärende Frage. Die → Quantenmechanik oder

→ Wellenmechanik, welche alle empirisch bekannten Tatsachen aus der Physik der Elementarteilchen mäßiger Geschwindigkeit lückenlos zutreffend beschreibt, hat diese Frage dahingehend beantwortet, daß die primären Naturgesetze der Mikrophysik *statistische* Gesetze sind, welche nur das *Durchschnittsgeschehen* eindeutig determinieren. Diese neuartige Form von Naturgesetzen hat also in ihrer makrophysikalischen Anwendung unmittelbar die Bedeutung kausaler Gesetze, läßt aber im Mikrogeschehen dem *Zufall* einen bestimmten Spielraum, der als ebenso charakteristisch und wesentlich gelten muß, wie die kausale Bindung im Makroskopischen. Die mathematische Analyse der in der Quantentheorie formulierten Naturgesetze läßt erkennen, daß die Hypothese einer vorhandenen, aber heute noch unentdeckten mikrophysikalischen Kausalität nicht etwa nur eine denkbare *Ergänzung* der Quantentheorie in ihrer jetzigen Form bedeuten würde, sondern bei *jeder* möglichen mathematischen Durchführung die ausdrückliche Widerlegung eines Teiles der heute als sicher begründet anzusehenden Gesetzlichkeiten verlangen würde.

Courant, R., u. *D. Hilbert:* Methoden d. math. Physik II. Berlin 1929. *v. Neumann, J.:* Math. Grundl. d. Quantenmechanik. Berlin 1928.

Kaustik → Abbildungsfehler, → Strahlensystem.

Kavitation. Nach der → Bernoullischen Gleichung kann der statische Druck in einer Flüssigkeitsströmung unter den Dampfdruck der Flüssigkeit p' herabsinken. Dann verdampft ein Teil der Flüssigkeit und bildet einen Dampfraum (Hohlraum). Beträgt der Druck der ruhenden Flüssigkeit p_0, so ist die Kavitationszahl

$$\sigma = \frac{p_0 - p'}{\varrho v^2/2}$$

ein Maß für die Wahrscheinlichkeit der Dampfbildung. Sie setzt, je nach der Formgebung oder nach dem Gehalt der Flüssigkeit an Gasen, etwa bei Werten $0{,}2 < \sigma < 0{,}5$ ein. Der Hohlraum erstreckt sich so weit stromabwärts, bis der Druckanstieg in der Strömung den Dampf wieder kondensieren läßt. Die Dampfblasen fallen hierbei plötzlich zusammen, so daß Flüssigkeitsteilchen mit verschiedenen Geschwindigkeiten hart gegeneinander bzw. auf die festen Wände auftreffen und an diesen Anfressungen hervorrufen können. Das Aufeinanderprallen verursacht starke Geräusche. Das Volumen der Dampfblasen kann das Strömungsfeld erheblich ändern, so daß neben der mechanischen Beeinträchtigung wesentliche Leistungsverluste eintreten. Die mechanischen Anfressungen an den Wänden können durch elektrochemische Einwirkungen noch verstärkt werden. Besonders gefährdet sind schnellaufende Schiffsschrauben und Wasserturbinenräder. Bei hydraulischen Turbinen mit einem Gesamtgefälle H ist bei der Kavitationszahl

$$\sigma = \frac{p_0 - p' - \varrho g h}{\varrho g H}$$

auch die Saughöhe h des Turbinenläufers über dem Unterwasserspiegel zu berücksichtigen.

Prandtl, L.: Führer durch die Strömungslehre. Braunschweig 1949.

Kavitation durch Schallwellen. In einer zu kräftigen Ultraschallschwingungen erregten Flüssigkeit können so starke Zugspannungen auftreten, daß die Flüssigkeit stellenweise zerreißt. Es kommt zur Bildung luftleerer (dampferfüllter) Hohlräume, deren Zusammensturz beträchtliche mechanische Kräfte erzeugt. Man führt die → Dispergierung und Emulgierung im Ultraschallfeld sowie die → Entgasung von Flüssigkeiten und Schmelzen zum Teil hierauf zurück.

Bergmann, L.: Der Ultraschall. Stuttgart 1949.

K-Effekt. Mittelt man die von der Sonnenbewegung befreiten Radialgeschwindigkeiten der Sterne über die ganze Sphäre, so findet man bei einigen → Spektralklassen, daß dieser mit K bezeichnete Mittelwert von Null verschieden ist. Diese, als K-Effekt bezeichnete Erscheinung tritt bei den Spektraltypen A bis M nicht auf und ist bei O- bis B-Sternen von der scheinbaren Helligkeit der Sterne abhängig, wie die folgenden Tabellen zeigen.

Abhängigkeit des K-Terms vom Spektraltyp.

Spektrum	K-Term km · s^{-1}
Oe 5 bis B 5 .	$+4{,}2 \pm 0{,}6$
B 8 bis B 9 .	$+1{,}4 \pm 0{,}8$
A	$+0{,}4 \pm 0{,}5$
F	$+1{,}0 \pm 0{,}8$
G	$-0{,}6 \pm 1{,}1$
K	$+1{,}0 \pm 0{,}6$
M	$-0{,}7 \pm 1{,}6$

Abhängigkeit des K-Terms von der scheinbaren Größenklasse.

Größenklasse	O	B 0 — B 2	B 3 — B 5
$< 5^m{,}5$ . .	$+6{,}4 \pm 1{,}6$	$+5{,}3 \pm 0{,}8$	$+4{,}8 \pm 0{,}6$
5,5 bis 6,5	$+7{,}2 \pm 2{,}5$	$+0{,}2 \pm 1{,}2$	$+1{,}4 \pm 0{,}8$
$> 6{,}5$ . .	$+4{,}0 \pm 1{,}7$	$-0{,}5 \pm 1{,}4$	$-0{,}5 \pm 0{,}6$
9,0 bis 11,0	—	$-4{,}4 \pm 1{,}5$	

Keiner der bisherigen Deutungsversuche führt zu einer befriedigenden Lösung. Der Versuch einer Erklärung durch Strömungen in den Sternatmosphären steht im Widerspruch mit der Abhängigkeit von der scheinbaren Helligkeit. Aus dem gleichen Grunde kann eine Deutung durch relativistische → Rotverschiebung nicht genügen. Die kinematische Deutung einer wirklichen Fluchtbewegung befriedigt nur wenig, da der Effekt bei schwächeren, d. h. entfernteren Objekten verschwindet bzw. sogar sein Vorzeichen ändert, so daß die in letzter Zeit gehegten Zweifel an der Realität dieses Effektes nicht ganz unberechtigt erscheinen.

Die Untersuchung der Abhängigkeit des K-Terms von der galaktischen Länge λ führte zu der Entdeckung der Doppelwelle $K = \text{const} \cdot \sin 2(\lambda - \lambda_0)$, die als Folge der Rotation der → Milchstraße bei allen Spektraltypen auftritt (λ_0 galaktische Länge der Richtung zum Zentrum der Milchstraße).

Becker, W.: Sterne u. Sternsysteme. Dresden u. Leipzig 1950.

Kegelschnitte, die Kurven, die sich ergeben, wenn man eine Ebene mit dem Mantel eines geraden Kreiskegels zum Schnitt bringt. Je nachdem, ob die zur Schnittebene parallele Ebene durch den Kegelscheitel nur *diesen berührt* oder den *Kegel* längs einer Erzeugenden *berührt*, oder ihn in einem Geradenpaar *schneidet*, heißt der entstehende Kegelschnitt eine Ellipse, Parabel oder Hyperbel. Ist insbesondere die schneidende Ebene parallel zur Grundfläche des Kegels, so ist die Schnittkurve ein Kreis, der also ein Spezialfall der Ellipse ist. Die

Kegelschnitte sind ebene Kurven und stellen den geometrischen Ort aller solcher Punkte dar, die von einem festen Punkte F und einer festen Geraden L ein konstantes Abstandsverhältnis ε besitzen. Man nennt F den *Brennpunkt*, L die *Leitlinie* und ε die *numerische Exzentrizität* des Kegelschnittes. Je nachdem, ob $\varepsilon \lesseqgtr 1$ ist, liegt eine Ellipse, Parabel oder Hyperbel vor.

Zur Herleitung ihrer gemeinsamen Gleichung auf Grund obiger Definition ist es zweckmäßig, jene auf folgendes rechtwinkliges Koordinatensystem $K(x, y)$ zu beziehen (Abb. 1). Als x-Achse wird eine auf L senkrecht stehende, durch F gehende Gerade gewählt. Sie schneide L im Punkte M. Zwischen ihm und F muß es einen Punkt S geben, der dem Kegelschnitt angehört, da die Strecke MF stets durch einen Punkt S derart geteilt werden kann, daß gemäß der Definition des Kegelschnitts $SF : SM = \varepsilon$ wird. S wird der Scheitel des Kegelschnittes genannt, worunter man jeden seiner Schnittpunkte mit der x-Achse versteht. Wählt man den Scheitel als Ursprung des Koordinatensystems $K(x, y)$, so findet man aus der zweiten Definition der Kegelschnitte als deren gemeinsame *Scheitelgleichung*

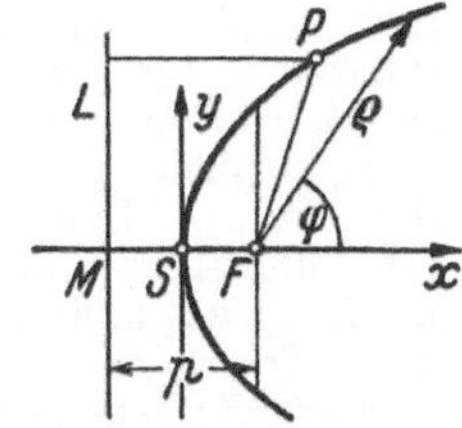

Abb. 1. Zur Kegelschnittgleichung.

$$y^2 = 2\,p\,\varepsilon\,x + (\varepsilon^2 - 1)\,x^2.$$

Hierbei wurde der Abstand $FM = p$ gesetzt. Es sind nun die drei möglichen Fälle $\varepsilon \lesseqgtr 1$ zu unterscheiden (Abb. 2):

1. $\varepsilon < 1$, die *Ellipse*. Sie schneidet die x-Achse in zwei Punkten S_1 $(x_1 = 0,\ y_1 = 0)$, $S_2\,(x_2 = 2\,p\,\varepsilon/(1 - \varepsilon^2) > 0,\ y_2 = 0)$. Setzt man den Scheitelabstand $S_1 S_2 = 2\,a$ (= große Achse) und $p\,\varepsilon = p_1$, so ergibt sich als Scheitelgleichung der Ellipse $y^2 = 2\,p_1\,x - (p_1/a)\,x^2$.

2. $\varepsilon = 1$, die *Parabel*. Für sie reduziert sich die Scheitelgleichung auf $y^2 = 2\,p\,x$. Sie hat nur einen Scheitel S (0,0).

3. $\varepsilon > 1$, die *Hyperbel*. Sie hat wiederum 2 Scheitelpunkte $S_1(x_1 = 0,\ y_1 = 0)$, $S_2(x_2 = 2p\varepsilon/(1 - \varepsilon^2) < 0,\ y_2 = 0)$. Führt man wieder die große Achse $S_1 S_2 = 2\,a$ und die Größe $p_2 = p\,\varepsilon(\varepsilon > 1)$ ein, so lautet die Hyperbelgleichung, bezogen auf den Scheitel S_1: $y^2 = 2\,p_2\,x + (p_2/a)\,x^2$.

Eine andere gemeinsame Kegelschnittgleichung ergibt sich bei Verwendung von ebenen Polarkoordinaten (ϱ, φ), wenn statt des Scheitels S_1 der Brennpunkt F als Pol gewählt wird (Abb. 2), in Form der Polargleichung:

$$\varrho = \frac{p}{1 - \varepsilon \cos\varphi}.$$

Wie aus den oben angegebenen Scheitelgleichungen hervorgeht, besitzen Ellipse und Hyperbel je *zwei* quadratische Glieder, während in der Gleichung der Parabel nur *ein* solches auftritt. Es ist daher die Parabel bzgl. einer Koordinatenachse (bei der hier getroffenen Wahl bzgl. der x-Achse) symmetrisch, während Ellipse und Hyperbel doppelte Symmetrie besitzen. Diese beiden Kegelschnitte müssen also einen Mittelpunkt O besitzen. Wählt man diesen als Ursprung eines neuen Koordinatensystems $K(\bar{x}, \bar{y})$, dessen Achsenrichtungen mit denen der *Achsen* (das sind die Symmetrierichtungen) von Ellipse bzw. Hyperbel zusammenfallen, so erhält man in bezug auf $K(\bar{x}, \bar{y})$ als *Mittelpunkt-* bzw. *Achsengleichungen* für Ellipse bzw. Hyperbel

$$\frac{\bar{x}^2}{a^2} \pm \frac{\bar{y}^2}{b^2} = 1.$$

Hierbei ist a die halbe große Achse (s. o.) und b die halbe kleine Achse, definiert durch

$$b = \sqrt{a\,p_1}$$

bzw. $b = \sqrt{a\,p_2}$.

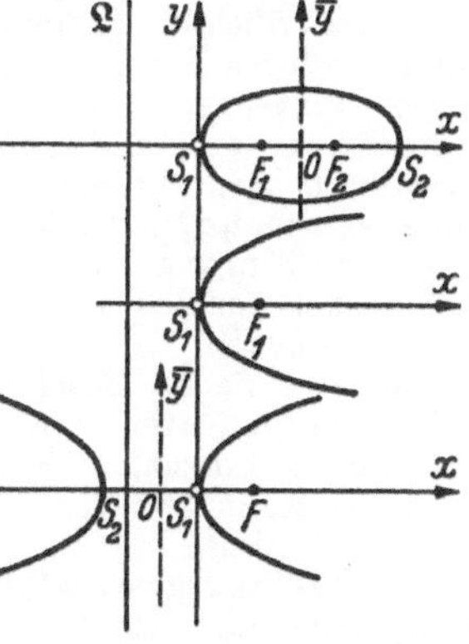

Abb. 2. Zur Kegelschnittgleichung.

Wählt man keins der bisher genannten speziellen Koordinatensysteme als Bezugssystem, sondern ist dieses beliebig, fallen also insbesondere die Koordinatenachsen nicht mit den Kegelschnittachsen und der Koordinatenursprung nicht mit einem ausgezeichneten Kurvenpunkt (Scheitel, Brenn- oder Mittelpunkt) zusammen, so ergeben sich die Kegelschnittgleichungen als Spezialfälle der allgemeinen quadratischen Funktion $f(x, y) = a\,x^2 + 2\,b\,x\,y + c\,y^2 + 2\,d\,x + 2\,e\,y + f = 0$. Je nach den Werten der Koeffizienten $a, b, \ldots, f$ erhält man verschiedene Fälle. Das Auftreten des gemischten Gliedes $2\,b\,x\,y$ zeigt an, daß die x-Achse des Systems $K(x, y)$ gegen die Achse des Kegelschnitts um einen Winkel $\varphi = \operatorname{arc\,tg} \dfrac{2b}{a - c}$ gedreht ist. Durch eine geeignete Koordinatentransformation kann man die Drehung rückgängig machen, d. h. zu einem neuen System $K(x', y')$ übergehen, in bezug auf welches $f(x', y') = 0$ kein gemischtes Glied mehr enthält.

Konjugierte Kegelschnitte heißen in der affinen Geometrie solche, deren Gleichungen bis auf das Vorzeichen des absoluten Gliedes identisch sind. In einem affinen Koordinatensystem wird durch die beiden Gleichungen $x^2 - y^2 = 1$, $x^2 - y^2 = -1$ je eine Hyperbel dargestellt, die zueinander konjugiert im obigen Sinne sind.

Heß, A.: Analyt. Geometrie. Berlin 1945. *Bieberbach, L.:* Analyt. Geometrie. Leipzig 1944. *Bürklen, Th.:* Math. Formelsammlung, Samml. Göschen 51. Berlin 1943.

Kegeltextur → Textur.

Kehlkopf *(larynx)*, ist durch die Luftröhre (trachea) mit der Lunge und über die Pharynxhöhle

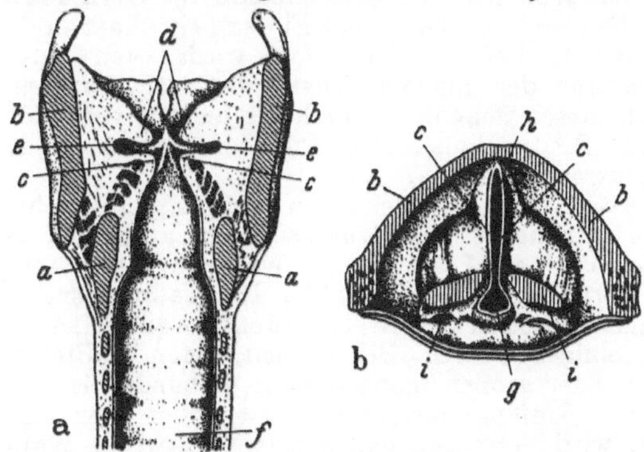

Kehlkopf, a Längsschnitt, b Querschnitt. *a* Ringknorpel, *b* Schildknorpel, *c* Stimmlippen, *d* falsche Stimmlippen, *e* Morgagnische Taschen, *f* Luftröhre, *g* Knorpelritze, *h* Lippenritze, *i* Stellknorpel.

mit den Rachen-, Mund- und Nasenhöhlen verbunden. Er besteht aus mehreren Knorpeln, deren größter, der Schildknorpel, gegenüber dem unterhalb befindlichen Ringknorpel gekippt werden kann, wodurch die zwischen den beiden Knorpeln ausgespannten → Stimmlippen mehr oder weniger gestrafft werden. Auf diese Weise kann die Frequenz der durch den Atemluftstrom erregten Stimmlippenschwingungen willkürlich beeinflußt werden. Der obere Eingang des Kehlkopfes kann durch den Kehldeckel (epiglottis) verschlossen werden, z. B. beim Schlucken.

Keil → einfache Maschinen.

Keilkompensator → Kompensatoren, optische.

Keim → Aerosol, → Entwicklung, photographische, → Keimverfahren, → Kondensationskerne, → Kristallkeime.

Keimbildungsgeschwindigkeit → Kristallisationsgeschwindigkeit.

Keimverfahren nach *Zsigmondy*, dient zur Herstellung kolloider Goldlösungen (→ Gold, kolloides) mit Teilchen von bestimmter, beliebig zu wählender Größe. Hierbei werden zu alkalihaltigen Goldchloridlösungen neben dem Reduktionsmittel (Formaldehyd, Hydroxylamin u. a.) gewisse Mengen einer *Keimlösung* hinzugegeben. Als solche verwendet man ein sehr feinteiliges, hochrotes Goldhydrosol, das man aus Goldchlorid durch Reduktion mit einer ätherischen Phosphorlösung gewinnt. Bei den Keimen handelt es sich um etwa 20 bis 30 Å große, ultramikroskopisch nicht mehr wahrnehmbare Goldkristalle, die dann in der Goldlösung zu größeren Teilchen heranwachsen. Durch Variation der Menge angewandter Keimlösung kann man sehr gleichteilige Goldhydrosole genau abgestufter Teilchengröße erhalten, die als Testobjekt allgemeinere Bedeutung haben.

K-Einfang. Beim → β^+-Zerfall (Positronenzerfall) strahlt im allgemeinen der Atomkern ein Positron und ein Neutrino aus und geht damit in einen neuen Grundzustand über, unter Verringerung seiner Kernladung Z um 1. Dabei besteht aber stets eine gewisse Wahrscheinlichkeit dafür, daß der Kern den gleichen Grundzustand erreicht, indem an Stelle der Emission des Positrons ein Elektron aus der innersten Schale, der K-Schale, eingefangen und die überschüssige Energie als γ-Quant abgestrahlt wird. Dadurch verwandelt sich ein Proton des Kerns in ein Neutron. Diese Möglichkeit besteht insbesondere, weil für die Wellenfunktionen der K-Elektronen $\psi(\mathfrak{r} = 0) \neq 0$ ist, sie also mit endlicher Wahrscheinlichkeit ohnehin im Kern anzutreffen sind. Da nach dem Einfang ein Platz in der K-Schale frei ist, der sofort wieder von einem Elektron der äußeren Schalen besetzt wird, zeigt sich dieses Phänomen durch die hiermit verbundenen Röntgenlinien des Emissionsspektrums der Elektronenhülle an.

β^+-aktive Kerne, bei denen der Energieüberschuß bis zum neuen Grundzustand nicht ausreicht, die Masse eines Positrons zu erzeugen, sind reine K-Strahler, z. B. ${}^{41}_{20}Ca$, ${}^{54}_{25}Mn$. Die Halbwertszeiten liegen meist in der Größenordnung von Tagen bis zu einigen Jahren. Bei Kernen, deren K-Einfang mit einer großen Spinänderung verbunden ist und deren Einfangwahrscheinlichkeit daher sehr klein ist, wird vermutet, daß eine nennenswerte Wahrscheinlichkeit dafür besteht, daß ein Elektron aus der zweiten Schale, also mit Drehimpuls, eingefangen wird. Ein solcher *L-Einfang* ist verschiedentlich diskutiert, aber bislang noch nicht beobachtet worden. Die Übergangswahrscheinlichkeit hierfür kann auch nur äußerst gering sein, da für Elektronenzustände mit Drehimpuls bekanntlich infolge der Zentrifugalkraft stets $\psi(\mathfrak{r} = 0) = 0$ ist.

Der K-Einfang wird gelegentlich auch als inverser β-Zerfall bezeichnet.

Kellner-Okular → Okular.

Kelvin-Skala, *thermodynamische* oder *absolute* → Temperaturskala. Der Kelvin-Grad wird als °K abgekürzt. Die Skala beginnt am → absoluten Nullpunkt mit 0 °K; ihr Skalenmaß wird durch einen Zahlenwert für den → Wasser-Tripelpunkt bestimmt, welcher so festgelegt wird, daß die Skalenteilung möglichst genau mit der (centesimalen) Internationalen → Temperaturskala oder → Celsius-Skala übereinstimmt. Von der 9. Generalkonferenz für Maß und Gewicht wurde 1948 für den Wasser-Tripelpunkt T_{tr} der Wert $T_{tr} = T_0 + 0{,}0100$ °K festgelegt. Die Festsetzung des → Eispunktes T_0 wurde bis zur Durchführung neuer Präzisionsmessungen verschoben. Als derzeit vertretbarer Wert für den Eispunkt gilt $T_0 = 273{,}16$ °K. Umrechnungsbeziehung: $\{T\}_{°K} = 273{,}16 + \{t\}_{°C}$.

Kemmersche Wellengleichungen sind der → Diracschen Wellengleichung nachgebildete Gleichungen der Form

$$\left\{\left(\beta_\mu, \frac{\hbar}{i}\frac{\partial}{\partial x_\mu} + \frac{e}{c}A_\mu\right) + i m c\right\}\psi = 0,$$

in denen die Matrixoperatoren β folgenden → Vertauschungsrelationen genügen:

$$[\beta_\mu, \beta_\nu] = -i\,\beta_{\mu\nu}, \; [\beta_{\mu\nu}, \beta_\lambda] = -i(\beta_\mu\,\delta_{\nu\lambda} - \beta_\nu\,\delta_{\mu\lambda}),$$

welche ganz allgemein für Teilchen beliebigen → Spins gelten. Für die Kemmermatrizen gilt speziell $\beta_\mu^3 = \beta_\mu$. Es ergeben sich zwei Typen von Wellengleichungen: die skalare zum Spin 0 und die vektorielle zum Spin 1 gehörige. Es ist mit $mc/\hbar = \varkappa$, wenn wir das elektromagnetische Viererpotential $A_\alpha = 0$ setzen, im vektoriellen Fall:

$$\frac{\partial U_\nu}{\partial x_\mu} - \frac{\partial U_\mu}{\partial x_\nu} = G_{\mu\nu}, \quad \frac{\partial G_{\mu\nu}}{\partial x_\nu} = -\varkappa^2 U_\mu;$$

im skalaren Fall:

$$\frac{\partial \psi}{\partial x_\mu} = U_\mu, \quad \frac{\partial U_\mu}{\partial x_\mu} = \varkappa^2\psi.$$

Beim Übergang zur Ruhmasse 0 ($\varkappa = 0$) ergeben die vektoriellen Gleichungen die Maxwellschen. Skalare Quanten der Ruhmasse 0 sind unbekannt. *Møller* und *Rosenfeld* haben beide Gleichungen kombiniert.

Wentzel, G.: Quantentheorie der Wellenfelder. Wien 1943.

Kennely-Heaviside-Schicht, ältere Bezeichnung der → Ionosphäre, speziell der → F_2-Schicht.

Kennlinie, = → Charakteristik; Kennlinie von Leitern → Widerstand, elektrischer.

Kennwerte, -zahlen sind Zahlengrößen, die das Verhältnis bestimmter physikalischer Wirkungen zueinander kennzeichnen. In der Hydrodynamik geben diese Werte z. B. das Verhältnis der Trägheitskräfte der Strömung zu den übrigen Kräften an (→ Ähnlichkeitsgesetze).

Kennziffern, erdmagnetische, kennzeichnen den Störungsgrad jedes dreistündlichen Intervalls (00 bis 03 Weltzeit usw.) durch eine der Ziffern 0 (ganz ruhig) bis 9 (starker Sturm); international eingeführtes Maß für die erdmagnetische Aktivität (englisch: three-hour-range index). Aus den Kennziffern für eine Reihe von Observatorien werden planetarische Kennziffern abgeleitet, die die Intensität des solaren Partikelstroms charakterisieren, ehe er vom Magnetfeld der Erde in die Polarlichtzonen abgelenkt wird. Veröffentlicht im Bull. Int. Assoc. Terr. Magn. Electr. No. 12 (für 1940 bis 1946), 12a (1947) usw.

Bartels, J.: Naturwiss. u. Medizin in Deutschland 1939/46, Geophysik I. Wiesbaden 1947; J. Geophysical Research **54**, Sept. 1949; auch (für 1940—50) Abh. Ak. d. Wiss. Göttingen, Math.-phys. Kl., Sonderheft, 1951.

Kenotopie, der Zustand einer unbesetzten Elektronenschale.

Kenotron, ein Wechselstromventil, bestehend aus einer hochevakuierten Röhre mit Glühkathode.

Kentern, eine Änderung der Schwimmlage, bei der ein zunächst im stabilen Gleichgewicht schwimmender Körper umschlägt, wenn z. B. der Krängungswinkel über die Schwimmlage bei verschwindender Stabilität (Kenterpunkt) hinaus anwächst und der Körper über das labile Gleichgewicht hinaus in eine andere stabile Lage (Kiel oben) gerät. Über die statische Stabilität → Metazentrum. Die dynamische Stabilität ist besonders zu berücksichtigen.

Kepler-Fernrohr → astronomisches Fernrohr.

Keplersche Gesetze. Anfang des 17. Jahrhunderts entdeckte *Kepler* drei Gesetze der Planetenbewegung, die er aus einer langen Reihe von Planetenbeobachtungen, besonders des Mars, ableitete. Die beiden ersten Gesetze veröffentlichte er in seinem 1609 zu Prag erschienenen Werk „Astronomia nova de motibus stellae Martis ex observationibus Tychonis Brahe", das dritte Gesetz in seinem 1619 zu Linz herausgegebenen Werk „Harmonices mundi libri V". Die drei Gesetze lauten:

1. Die Bahn jedes Planeten ist eine Ellipse, in deren einem Brennpunkt die Sonne steht.

2. Der Radiusvektor eines Planeten (Verbindungslinie Sonne—Planet) überstreicht in gleichen Zeiten gleiche Flächen (→ Flächensatz).

3. Die Quadrate der Umlaufszeiten zweier Planeten verhalten sich wie die Kuben der großen Achsen der Bahnellipsen.

Das von *Kepler* gegebene 3. Gesetz setzt voraus, daß die Planetenmassen gegenüber der Sonnenmasse zu vernachlässigen sind. Seine strenge Form lautet:

Die Quadrate der Umlaufszeiten zweier Planeten, jedes multipliziert mit der Summe der Massen der Sonne und des jeweilig betrachteten Planeten, verhalten sich wie die Kuben der großen Achsen der Bahnellipsen.

Kern. 1. = → *Atomkern,* der nahezu die Gesamtmasse eines Atoms enthaltende zentrale Teil eines solchen; 2. = → *Kondensationskern*; 3. in verschiedenen weiteren Bedeutungen. → die folgenden Stichwörter.

Kern, instabiler → Atomzerfall.

Kern eines magnetischen Kreises. In Transformatoren, Pupinspulen, Elektromagneten, Relais und vielen ähnlichen Geräten befindet sich im Innern einer stromdurchflossenen Spule ein Kern aus einem ferromagnetischen Material. In Transformatoren und Pupinspulen ist er in sich geschlossen und dient dazu, bei gegebenem Strom einen um ein Vielfaches höheren Induktionsfluß zu erzeugen als ohne Kern. In Elektromagneten und Relais ist der Kern nicht ganz geschlossen, sondern enthält einen Luftspalt. Er bewirkt dann, daß das Magnetfeld, dessen Linienintegral über den ganzen geschlossenen Weg einer Induktionslinie durch den Strom gegeben ist, nur im Luftspalt hohe Werte erreicht und auf dem übrigen Weg klein ist. Aufbau und Material des Kernes sind sehr verschieden. In Elektromagneten kann man massives Weicheisen verwenden. In Wechselfeldern muß man zur Unterdrückung der Wirbelströme den Kern in Bleche oder Drähte unterteilen. In Transformatoren benutzt man Bleche aus Fe—Si-Legierungen. In Pupinspulen besteht der Kern entweder aus dünnen gewalzten Spezialblechen (Fe—Ni-Walzbleche oder Isoperme), oder es wird ein → Massekern verwendet.

Kern, stabiler, Atomkern, der sich nicht von selbst umwandelt, im Gegensatz zu einem *instabilen,* radioaktiven Atomkern.

Kern, statistische Theorie, → Atomkerne, → Bindungsenergie, → Tröpfchenmodell, → Thermodynamik im Atomkern.

Kernabschirmung → Abschirmung der Kernladung.

Kernanregung. Ein angeregter Kern kann auf mehrere Arten entstehen.

1. Der Kern absorbiert Quanten passender Energie: Kernphotoeffekt. Der beschossene Kern wird in ein höheres Niveau gehoben, von wo aus er dann irgendwie in den Grundzustand übergeht. Der Wirkungsquerschnitt ist klein.

2. Der Kern wird durch unelastische Stöße, wie (n, n) (p, p), (e^-, e^-) (γ, γ) angeregt, → Kernstreuung. Die Anregungsenergie gibt er meist in einem isomeren Übergang ab, d. h., er ist mit bestimmter Halbwertszeit γ-radioaktiv.

Mit einer Veränderung der Nukleonenzahl sind folgende Anregungsprozesse verbunden.

3. Ein Teilchen wird dem Kernverband eingegliedert. Das tritt oft bei bestimmter kinetischer Energie des Teilchens ein, → Kernniveaus. Es entsteht ein Kern von anderer Art als der Ausgangskern, nämlich entweder ein → Zwischenkern, der sich nach unmeßbar kurzer Zeit umwandelt, oder ein radioaktiver Kern mit definierter Halbwertszeit. Geladene Teilchen müssen, um in den Kern eindringen zu können, energiereich sein (Mindestenergie etwa 100 keV), weil sie das Coulombfeld zu überwinden haben. Neutronen dagegen können auch schon bei sehr geringen, z. B. thermischen, Energien in Kerne eindringen.

4. Bei der Spaltung des Urans (mit Neutronen), des Bi (mit schnellen α-Teilchen) usw. entstehen angeregte Kerne mittlerer Massenzahlen. Durch sehr energiereiche Teilchen, meist durch Deuteronen, werden Mehrteilchenreaktionen, die → Spallationen oder Absplitterungen bewirkt (z. B. $^{121}Sb(d, 6p\, 5n)$ ^{112}Pd); der Restkern ist angeregt. → Kernreaktionen. — Ferner → angeregte Kerne.

Kernbaustein = → Nukleon.

Kernchemie, derjenige Zweig der → Kernphysik, der die natürlichen und künstlichen → Atomumwandlungen behandelt. Sie ist von der Chemie im üblichen Sinne, auch von der → Radiochemie, durchaus zu unterscheiden und eine rein physikalische Wissenschaft, die mit physikalischen Methoden betrieben wird. Ihre Bezeichnung als Kern*chemie* rechtfertigt sich nur durch gewisse Analogien. Während in der gewöhnlichen Chemie die Elemente des Periodischen Systems als unwandelbare Einheiten beim Auf- und Abbau von Verbindungen angesehen werden, sind es in der Kernchemie gerade diese Grundstoffe, die ineinander verwandelt werden. Kernchemische Prozesse sind also solche, bei denen die Atomkerne selbst miteinander oder mit Elementarteilchen reagieren. Ihre Reaktionsprodukte sind stets wieder Atomkerne.

Ähnlich wie in der gewöhnlichen Chemie läßt sich eine kernchemische Reaktion durch eine Gleichung ausdrücken, die auch durch Angaben der Energietönung der Reaktion ergänzt werden kann. Jedoch ist für kernchemische Prozesse eine besondere Schreibweise eingeführt worden. So wird die erste von *Rutherford* entdeckte kernchemische Reaktion oder Atomumwandlung

$$^{14}_{7}N + ^{4}_{2}He \rightarrow ^{17}_{8}O + ^{1}_{1}H \; (+ \text{ Energie}),$$

bei der sich ein Stickstoffkern $^{14}_{7}N$ unter Aufnahme eines Heliumkerns $^{4}_{2}He$ (Alphateilchen, α) in einen Sauerstoffkern $^{17}_{8}O$ und einen Wasserstoffkern $^{1}_{1}H$ (Proton, p) verwandelt, heute meist

$$^{14}_{7}N\,(\alpha, p)\,^{17}_{8}O$$

geschrieben. → Gleichungen, kernchemische.

Vogt, H.: Atomenergie u. Atomumwandlung. Darmstadt 1948.

Kerndichte. Infolge der → Absättigung der Kernkräfte ist das Volumen der Atomkerne etwa der Nukleonenzahl A proportional, also $v_0 = \frac{4\pi}{3} R_0^3 \cdot A$ mit $R_0 = 1{,}41 \cdot 10^{-13}$ cm, und modellmäßig mit einem Flüssigkeitstropfen vergleichbar. Hieraus folgt weiter für alle Atomkerne eine nahezu konstante Materiedichte (m_n Nukleonenmasse)

$$\varrho = \frac{m_n}{v_0} \approx 10^{14}\,\text{g} \cdot \text{cm}^{-3}\; (= 10^8\,\text{t} \cdot \text{cm}^{-3}).$$

Kerneinfang von Mesonen → Meson.

Kernenergie → Bindungsenergie der Atomkerne.

Kernentmagnetisierung, von *C. J. Gorter* [Phys. Z. **35,** 923 (1934)] und *N. Kürti* und *F. Simon* [Proc. Roy. Soc. A **149,** 152 (1935)] vorgeschlagenes Verfahren, um zu Temperaturen unterhalb der mittels der adiabatischen → Entmagnetisierung (→ magnetokalorischer Effekt) erreichbaren vorzudringen. Es beruht darauf, daß wegen der sehr geringen Wechselwirkung zwischen den magnetischen Momenten der Atomkerne für diese das → Curiesche Gesetz des Paramagnetismus bis etwa 10^{-5} °K erfüllt sein dürfte. Die Verwirklichung dieses Verfahrens scheiterte bisher (1950) an der Schwierigkeit der Wärmeübertragung unter 0,01 °K; denn der Probekörper muß in einem starken Magnetfeld ungefähr auf diese Temperatur abgekühlt werden, was nur durch Abführung der Wärme an einen Körper, der der adiabatischen Entmagnetisierung unterworfen war, möglich erscheint. Sodann müßte der Körper thermisch isoliert und entmagnetisiert werden.

Außer der Erreichung sehr tiefer Temperaturen wäre das Verfahren besonders durch die dabei eintretende Ausrichtung der Kerne von Interesse, die die Untersuchung eventueller Anisotropien bei radioaktiven Prozessen oder auch der Wirkungsquerschnitte bei Absorptionsprozessen ermöglichen würde.

Gorter, C. J.: Experientia **4,** 464 (1948).

Kernentropie → Thermodynamik im Atomkern.

Kernfeld. Die zwischen Nukleonen herrschenden anziehenden → Kernkräfte lassen sich (analog zu den Kräften zwischen Elektronen) darstellen durch Kraftfelder, die sich von je einem Teilchen ausbreiten und auf die übrigen Teilchen wirken. Die Eigenschaften dieser Felder werden in der → Mesonentheorie der Kernkräfte diskutiert.

Kernflüssigkeit → Tröpfchenmodell.

Kern-g-Faktor → kernmagnetische elektrodynamische Resonanzeffekte 1.

Kerninduktion, eine magnetische Induktion, welche auf dem infolge der magnetischen Momente der Kerne vorhandenen Paramagnetismus makroskopischer Körper beruht. Der Effekt wird benutzt zur Messung von → gyromagnetischen Verhältnissen von Kernen, ferner zur → Magnetfeldstabilisierung. Näheres → kernmagnetische elektrodynamische Resonanzeffekte, 4. Abschnitt.

Kernisomerie → isomere Kerne.

Kernkorrosion nennt man die bei dauernder Einwirkung von → Kernprozessen in deren Umgebung auftretenden Materialveränderungen. So wird im → Pile das Halterungsmaterial in seiner mechanischen Struktur zerstört, porös oder brüchig. Aluminium verändert sich unter Einwirkung von Neutronen durch folgende Kernprozesse:

$$^{27}_{13}Al\,(n, \gamma)\,^{28}_{13}Al; \quad ^{28}_{13}Al \xrightarrow{\beta} {}^{28}_{14}Si$$

$$^{27}_{13}Al\,(n, \alpha)\,^{24}_{11}Na; \quad ^{24}_{11}Na \xrightarrow{\beta} {}^{24}_{12}Mg,$$

so daß z. B. Aluminiumhalterungen mit Silizium und Magnesium durchsetzt und ihre mechanischen Eigenschaften verändert werden.

Kernkräfte sind die zwischen den → Nukleonen der Atomkerne herrschenden Anziehungskräfte, welche Kerne zu stabilen Konfigurationen binden. Sie haben zum elektromagnetischen Feld der Lichtquanten keinerlei Beziehung, sondern werden durch völlig andere Felder, die Mesonenfelder, vermittelt. In der → Mesonentheorie der Kernkräfte wird eine solche Herleitung a priori versucht, die auch wenigstens qualitativ richtige Ergebnisse erzielt.

So ist man bemüht um eine phänomenologische Beschreibung der Kernkräfte, welche sich unmittelbar an das Experiment anlehnt. Da diese Kernkräfte im Gegensatz zu den elektrischen stets nur in unmittelbarer Umgebung von Kernen auftreten, können sie nur eine beschränkte Reichweite haben, und ihr Potential muß vom Typ e^{-kr}/r (*Yukawa*) oder $e^{-(kr)^2}$ sein. Da der genaue örtliche Verlauf sich bislang nicht exakt ermitteln läßt und auch ohne wesentlichen Einfluß ist, begnügt man sich oft damit, das Potential durch einen rechteckigen Potentialtopf von der Tiefe V_0 und dem Radius r_0 anzunähern.

Streuversuche zwischen Protonen und Protonen lassen auf eine Abweichung vom Coulombschen Abstoßungspotential schließen, die durch Annahme eines Potentialtopfs mit $V_0 = -11{,}3$ MeV und $r_0 = e^2/(m_0 c_0^2)$ bzw. $e^2/(4\pi^2 \varepsilon_0 m_0 c_0^2) = 2{,}8 \cdot 10^{-13}$ cm (klassischer Elektronenradius) richtig wiedergegeben wird. Die Kräfte zwischen Neutronen sind keiner unmittelbaren Messung zugänglich. Sie dürften jedoch als ebenso groß angenommen werden, da der Unterschied in den → Bindungsenergien von $^{3}_{1}H$ und $^{3}_{2}He$ nur 0,74 MeV beträgt, was gerade dem Betrag der beim Helium größeren inneren elektrostatischen Abstoßung entspricht.

Für die Kräfte zwischen Protonen und Neutronen liefert neben Streuversuchen noch die Bindungsenergie des Deuteron von 2,19 MeV ein weiteres Kriterium. Dabei stellt sich heraus, daß die Kräfte spinabhängig sind. Der stabile Zustand des Deuterons (Spin 1) entspricht einer Parallelstellung des Spins (je $\frac{1}{2}$) sowie einem Potentialtopf mit $V_0 = -21$ MeV. Ein stabiler Singulettzustand (Spin 0) des Deuterons existiert nicht. Aus Streuversuchen geht hervor, daß bei antiparallelen Spins $V_0 = -12{,}8$ MeV ist [bei

$r_0 = e^2/(m_0 c_0^2)$ bzw. $e^2/(4\pi \varepsilon_0 m_0 c_0^2)$]. Darüber hinaus besitzt aber das Deuteron bereits ein → Quadrupolmoment von $q = 0{,}00273 \cdot 10^{-24}\,\mathrm{cm}^2$, ein Hinweis auf das Vorhandensein von nicht kugelsymmetrischen Kräften, deren Betrag von den gegenseitigen Spinrichtungen abhängt und im Mittel verschwindet. Eine solche „Tensorkraft" S hat die Form

$$S = \left\{ \frac{3(\vec{\sigma}_1, \mathfrak{r})\,(\vec{\sigma}_2, \mathfrak{r})}{r^2} - (\vec{\sigma}_1\, \vec{\sigma}_2) \right\} V(r).$$

Beim Deuteron ist $V(r) = -13{,}89$ MeV für $r < r_0$. Weitere Kriterien für die Kernkräfte liefern die → Bindungsenergien schwerer Kerne, deren Betrag im wesentlichen proportional zur Massenzahl ist, ein Umstand, der sich nur unter Annahme einer → Absättigung der Kernkräfte verstehen läßt. Diese Absättigung führt weiter zu dem Schluß, daß die Kernkräfte → Austauschkräfte sein müssen. Der anschauliche Sinn dieser Austauschkräfte liegt darin, daß die Kraft zwischen Proton und Neutron hervorgerufen wird durch ein zwischen beiden hin- und hereilendes geladenes Meson, wobei die Proton- und Neutron-Eigenschaft der beiden Teilchen dauernd vertauscht wird. Ein Ansatz für das Potential zweier Nukleonen, der allen Forderungen möglichst gerecht zu werden sucht, aber keineswegs der einzig mögliche ist, ist:

$$V(r) = -V_0\, e^{-2r/r_0} \left(\frac{1 + P_{(12)}^{(\mathfrak{r})}}{2} \right) \left(1 + \gamma\, S_{12} \right)$$

mit den Werten

$$V_0 = \begin{cases} 106{,}6\ \text{MeV} \\ 69{,}3\ \text{MeV} \end{cases} \text{im} \begin{array}{l} \text{Singulett-} \\ \text{Triplett-} \end{array} \text{Zustand},$$

$$r_0 = 1{,}5 \cdot 10^{-13}\,\text{cm}, \quad \gamma = 1{,}85.$$

Bei Kernen mit mehr als 4 Teilchen, in denen wegen des Pauliprinzips auch höhere Drehimpulszustände besetzt werden, macht sich noch eine weitere Kraft bemerkbar, die *Thomaskraft*

$$V_{Th} = -\tfrac{1}{2} \left(\frac{\hbar}{mc} \right)^2 \frac{\lambda}{r} \frac{\partial V}{\partial r} \vec{l}\, \vec{\sigma},$$

welche durch die Drehbeschleunigung eines Teilchens im mittleren Potential V hervorgerufen wird und eine Kopplung zwischen Spin $\vec{\sigma}\hbar$ und Bahndrehimpuls $\vec{l}\hbar$ der betreffenden Teilchen hervorruft. Bei rein elektrischen Kräften wird sie überkompensiert durch das am Ort des Teilchens hervorgerufene Magnetfeld. Bei der Annahme von Vektormesonen als Vermittler der Kernkräfte dagegen kann V_{Th} noch um einen Faktor 20 größer sein. Diese Spinbahnkopplung ist für die Termordnung der zusammengesetzten Kerne und ihre Periodizitätseigenschaften von entscheidender Bedeutung. → Austauschkraft im Atomkern, → Hartreemodell, → Oszillatormodell.

Heisenberg, W.: Theorie des Atomkerns. Göttingen 1951.

Kernladung, effektive → effektive Kernladung.

Kernladungszahl Z, charakteristische Konstante des Atomkerns, welche für dessen chemischen Eigenschaften verantwortlich ist, da diese bekanntlich rein elektrischer Natur sind. Sie ist identisch mit der *Ordnungszahl* des betreffenden Elements im → Periodischen System. Die elektrische Gesamtladung ist positiv und gleich Ze mit der Elementarladung $e = 1{,}602 \cdot 10^{-19}$ C. Die Kernladungszahl in der Natur vorkommender Kerne liegt zwischen 1 und 92. Die vom Kern ausgehenden elektrischen Kräfte sind abgesättigt nach Bindung von Z Elektronen, welche der Quantentheorie entsprechend sich nur in bestimmten Zuständen um den Kern herum aufhalten können. Nach dem Pauliprinzip dürfen die Zustände nur einzeln von Elektronen besetzt werden, so daß jeder Kern Z besetzte Elektronenzustände aufweist. Die Anordnung dieser Zustände ist durch die Symmetrieeigenschaft des 3dimensionalen Raumes festgelegt, wobei ähnliche Zustände periodisch wiederkehren. → Aufbauprinzip, → Periodisches System der Elemente.

Kernmagnetische elektrodynamische Resonanzeffekte, gestatten, die → gyromagnetischen Verhältnisse von Atomkernen zu messen, und zwar an makroskopischen Körpern, welche die betreffende Atomart enthalten. Diese Effekte beruhen darauf, daß elektromagnetische Wellen durch einen paramagnetischen Körper absorbiert und dispergiert werden. Hier ist speziell die von den magnetischen Momenten μ der Kerne herrührende paramagnetische Suszeptibilität gemeint, welche aus μ, dem Spin und der Temperatur nach der quantentheoretischen Curieformel zu errechnen ist. Ein Körper von N Kernen wird jedoch lediglich infolge statistischer Schwankungen ein sehr kleines, ausschließlich von den Kernen herrührendes Moment haben, nämlich $\mu\sqrt{N}$. Sehr viel größer wird es jedoch durch ein äußeres Magnetfeld von einigen 1000 Oe, welches die magnetischen Kernmomente zu gleicher Orientierung zwingt, indem es die Kerne, analog einem Paschen-Back-Effekt, von ihrer Elektronenhülle entkoppelt. Die Larmor-Präzession der Kernmomente kann dabei im Gebiet technischer Hochfrequenz (d. i. hier die Größenordnung von 10 MHz) liegen.

1. *Allgemeines.* Die Kerne des magnetischen Moments μ (in Gauß · cm³) und der Spinquantenzahl I besitzen — vorausgesetzt, daß die N einzelnen Kernspins nicht miteinander wechselwirken — in einem konstanten Magnetfeld H [Oe] durch Zeeman-Aufspaltung $2I+1$ Energieniveaus, die voneinander je gleiche Abstände $\Delta E = \frac{\mu}{I} H$ haben. Weil $\Delta E = \hbar\nu$ ist, so ist $\nu = \frac{\mu H}{I\hbar}$. Die Messung der Resonanzfrequenz ν ergibt bei bekanntem H das gyromagnetische Verhältnis γ des Kerns gemäß

$$2\pi\nu = \omega = \frac{\mu}{I\hbar} H, \quad \frac{\mu}{I\hbar} = \gamma \quad \text{oder} \quad \omega = \gamma H. \tag{1}$$

γ hat die Größenordnung $10^4\ \mathrm{Oe}^{-1}\,\mathrm{s}^{-1}$. Gelegentlich wird das Verhältnis von magn. Moment zu Spin des Kerns auch durch den dimensionslosen Kern-g-Faktor angegeben, welcher gleich μ^*/I ist und die Größenordnung 1 hat; μ^* ist hierbei der Zahlenwert des magn. Moments des Kerns in Kernmagnetonen.

Mit den Einflüssen der kernmagnetischen Momente auf elektromagnetische Wellen lassen sich die γ-Werte für viele Kernarten in verschiedener Weise messen; diese Verfahren treten ergänzend neben die bisher schon bekannten, wie vor allem die Hyperfeinstruktur- und die Atomstrahlmethode. Die bisher entwickelten und angewandten neuen elektrodynamisch arbeitenden Apparaturen benutzen außer dem einfachen Nachweis einer Absorption oder Dispersion der Wellen auch noch die Kerninduktion, d. i. eine besondere Form einer Dispersion, und solche Verfahren, die in einer Differentiation der Resonanzkurve bestehen, welche durch eine der soeben genannten Methoden erhalten wird. Die zu untersuchenden Körper müssen diamagnetisch sein, d. h. es dürfen am Ort des Kerns keine starken inneren, durch den Bau des Atoms oder Moleküls bedingten Magnetfelder herrschen, damit die äußeren Felder wirklich auf die Kerne einwirken. Die Beeinflussung des Kerns durch den Diamagnetismus der Hüllelektronen bewirkt (bei sämtlichen Meßverfahren, die nicht hüllenfreie Kerne betrachten), daß ein etwas zu kleines γ gemessen wird, woraus sich nach Gl. (1) ein zu kleines Kernmoment ergäbe. Die gemessenen Werte müssen daher korrigiert werden, und zwar durch Multiplikation mit dem Faktor $1/(1-DZ^{4/3})$. Z ist die Ordnungszahl; ein ev. Ionisationszustand bleibt unberücksichtigt. D beträgt beim Fermi-Thomas-Modell $3{,}19 \cdot 10^{-5}$, bei dem weniger vereinfachenden Hartree-Modell ist D etwas kleiner und eine Funktion von Z.

Während die absolute Genauigkeit der gemessenen γ-Werte von der Genauigkeit der Magnetfeldmessung abhängt, sind die Verhältnisse der γ-Werte für verschiedene Kerne durch diese Methoden mit einer relativen Genauigkeit von 10^{-6} bis 10^{-5} meßbar. Ein von der Magnetfeldmessung prinzipiell unabhängiger γ-Wert z. B. für Protonen kann gewonnen werden, indem im Zyklotron Protonenresonanz eingestellt wird, während im Feld des Zyklotronmagneten die kernmagnetische Resonanz von Protonen gemessen wird; γ ist dann gleich dem Verhältnis der beiden Resonanzfrequenzen multipliziert mit $e/(m_p c_0)$ (*Hipple* und Mitarbeiter).

Die Absorptionsmethode (2.) zeigt die Linienform deutlicher als die Kerninduktion (4.), welche jedoch auch das Vorzeichen von γ festzustellen gestattet. Den neuesten Geräten, welche die Differentiation der Resonanzkurve aufzeichnen, den Kernspektrometern (5.), können beide Methoden zugrunde liegen. Da jeder Kernart ein bestimmtes γ zukommt, können die in einer Substanz enthaltenen verschiedenen Kernarten einzeln nacheinander gemessen werden.

2. *Kernmagnetische Absorption und Dispersion* (*Purcell, Pound* u. Mitarb., 1946). Sie entsprechen dem Imaginär- bzw. Realteil der kernmagnetischen Suszeptibilität χ, die beide von gleicher Größenordnung sind. Die Belegung der $2I+1$ Niveaus gehorcht bei thermischem Gleichgewicht dem Boltzmannfaktor $\exp[-\mu H m_i/(kT)]$; darin ist $m_1, \ldots m_i, \ldots$ die zwischen $+I$ und $-I$ liegende magnetische Quantenzahl. Es sind nur die Übergänge $\Delta m_i = -1$ (d. h. induzierte Emission) und $\Delta m_i = +1$ (Absorption) möglich; eine spontane Emission kommt bei den geringen Niveaudifferenzen ΔE nicht vor. Z. B. entspricht für Protonen ($I = 1/2$) bei $H = 7000$ Oe der Abstand $h\nu = 2\mu H$ der beiden Niveaus einer Frequenz von $\nu \approx 30$ MHz. Die Besetzungszahlen der beiden Zustände unterscheiden sich in guter Näherung um $h\nu/(kT)$, bei Zimmertemperatur also nur um etwa 0,001%. Obgleich also nur ein sehr geringer Bruchteil der Kerne durch Absorption von passenden Hochfrequenzquanten $h\nu$ in das höhere Niveau übergehen kann, erhält man — vorausgesetzt, daß wirklich thermisches Gleichgewicht herrscht — einen meßbaren Effekt, weil die Zahl der beteiligten Kerne so groß ist. Den grundsätzlichen Aufbau einer Meßapparatur zeigt die Abb. 1. Die Substanz befindet sich innerhalb einer Spule im Feld eines Elektromagneten, ihre Menge ist durch den Polschuhabstand begrenzt, bei größeren Magneten kann sie bis zu 1 Liter betragen. Die Spule ist Bestandteil einer Hochfrequenz-Brücke, deren Gleichgewicht bei Resonanz durch die Absorption (oder Dispersion) der Probe

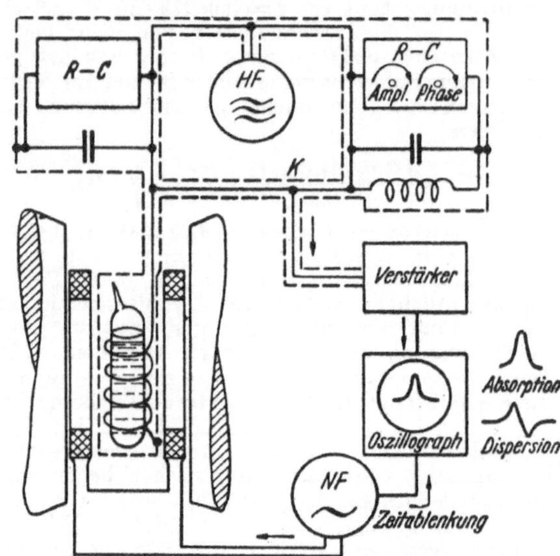

Abb. 1. Apparatur zur kernmagnetischen Absorption und Dispersion [vgl. *Bloembergen, Purcell* u. *Pound*: Phys. Rev. **73**, 679 (1948)]. Durch das Spulenpaar in Helmholtzscher Anordnung wird das konstante Magnetfeld H mit einer geringen Amplitude von wenigen Oe und einer tiefen Frequenz sinusförmig moduliert. Im Resonanzfall verringert die dann eintretende Kernabsorption den Ohmschen Widerstand, den man sich dem (auf die HF der Größenordnung 10 MHz abgestimmten) Schwingungskreis im linken Zweig parallelgeschaltet zu denken hat, während die begleitende Dispersion seine Resonanzfrequenz etwas verändert. Die Brücke wird zunächst so abgeglichen, daß Punkt K ein Spannungsknoten ist; dann wird, je nachdem ob auf dem Schirm der Braunschen Röhre (deren Zeitablenkung mit der Niederfrequenz der Magnetfeldmodulation erfolgt) eine Absorptions- oder Dispersionskurve geschrieben werden soll, entweder ein Amplituden- oder Phasenübergewicht eingestellt. Die Widerstands-Kondensator-Kombination des rechten Zweiges gestattet, Amplitude und Phase unabhängig voneinander zu regeln.

beeinflußt wird. Im allgemeinen wird mit der Absorptionskurve gearbeitet.

3. *Relaxationserscheinungen.* Obwohl die Hochfrequenzeinstrahlung sehr gering ist, erhöht sie die Temperatur der Besetzung der Zeeman-Niveaus. Das System der Kernspins stellt sich auf ein neues Gleichgewicht ein, welches bestimmt wird durch die HF-Absorption und die Übertragung von Energie an ein Wärmereservoir (hier „Gitter" genannt), das dargestellt wird durch alle anderen inneren Freiheitsgrade der betr. Substanz. Diese „Spin–Gitter-Wechselwirkung" wird beschrieben durch eine Zeit T_1, welche anschaulich diejenige Zeit bedeutet, die nach Einschaltung des magnetischen Gleichfeldes bis zur Erreichung des thermischen Gleichgewichtes verstreicht. Sie kann bestimmt werden z. B. aus dem Abklingen der „Sättigung": Man erhöht durch starke HF-Einstrahlung die der Verteilung der Zeeman-Niveaus entsprechende Temperatur so stark, bis sich keine HF-Absorption mehr zeigt. Nach dem Abschalten des starken HF-Feldes dauert es dann eine gewisse Zeit, bis die Absorptionskurve wieder zu sehen ist. Die Relaxationszeit ist schon für mehrere Arten von Kernen in verschiedenen Substanzen bestimmt worden, die Werte liegen zwischen 10^{-4} s und 10 min. Für die Messung der gyromagnetischen Faktoren wird sie meist durch Zusatz von paramagnetischen Stoffen (z. B. im Falle

von Wasser Auflösen von etwas $MnSO_4$) als Katalysatoren auf einen optimalen Wert gebracht, d. h. auf den für die gewählte Modulationsfrequenz des Magnetfeldes (Abb. 1) günstigsten. Andererseits kann aus der Größe der Relaxationszeit auf die Beschaffenheit des Körpers geschlossen werden, da sie, wenn auch sehr verwickelt, für einen gegebenen Kern abhängig ist von der Struktur der Elektronenhüllen in der Substanz sowie von dem Abstand und von der Bewegung der Atome.

Die Voraussetzung, daß die Kernspins nicht aufeinander einwirken, ist nur annähernd richtig. Abgesehen von elektrischen Quadrupolmomenten der Kerne und von evtl. vorhandenen magnetischen Momenten von Elektronenzuständen des Atoms sind es vor allem die den Kernspins eigenen magnetischen Kernmomente, die die Kernspins aufeinander einwirken lassen. Eine solche „Spin-Spin-Wechselwirkung" beruht demnach auf magnetischen Feldern in atomaren Bereichen, erzeugt durch benachbarte Kerne. Diese örtlichen Magnetfelder bestimmen zusammen mit der Inhomogenität des äußeren Magnetfeldes eine Relaxationszeit T_2, so daß $1/\pi\, T_2$ die Halbwertsbreite der Absorptionslinie ist. Je kleiner die örtlichen Felder sind und je geringer die Inhomogenität ist, um so kürzer ist T_2; es liegt in der Größenordnung von 10^{-4} s. Obwohl die Spin-Spin-Wechselwirkung natürlich keine Energie auf das Gitter überträgt, hängt sie mit der Spin-Gitter-Wechselwirkung dadurch zusammen, daß jede der beiden die Existenz von störenden Magnetfeldern am Kern erfordert.

In Festkörpern scheint für die Relaxation das elektrische Quadrupolmoment der Kerne verantwortlich zu sein.

4. *Kerninduktion* (*F. Bloch* u. Mitarb., 1946). Im magnetischen Gleichfeld H hat der Körper die kernparamagnetische Polarisation, d. i. das magnetische Moment je cm³, $M = \chi H$. Bei thermischem Gleichgewicht der Kerne mit dem „Gitter" beträgt M ungefähr einige Mikrogauß. Die Kerne präzedieren dabei um die Feldrichtung mit der Larmor-Frequenz $\omega = \gamma H$. Wirkt H in z-Richtung, so steht bei thermischem Gleichgewicht auch der an den einzelnen präzedierenden Kernmomenten resultierende Kern-Polarisationsvektor $\mathfrak{M}$ in z-Richtung. Die Kerninduktion besteht nun darin, daß der makroskopische Vektor $\mathfrak{M}$ durch ein senkrecht zu H, nämlich in der x-Richtung wirkendes magnetisches Wechselfeld H_x zu einer Präzessionsbewegung um die z-Richtung veranlaßt wird, Abb. 2 zeigt den Präzessionskegel.

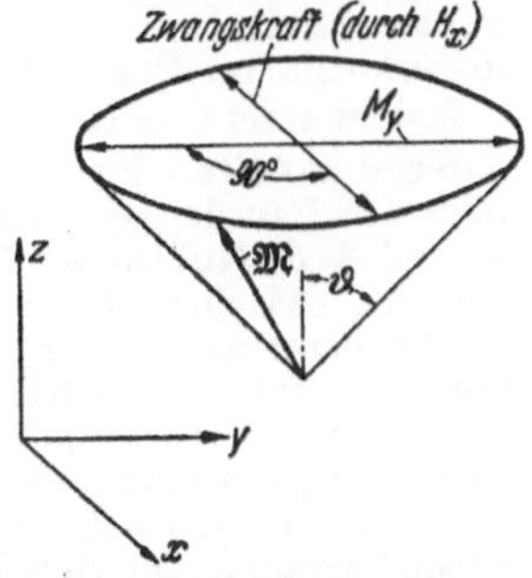

Abb. 2. Präzession des makroskopischen Polarisationsvektors $\mathfrak{M}$ des Kern-Paramagnetismus. Der Kegel wird um so flacher, je näher H seinem Resonanzwert H^* kommt.

Ist $H_x = 2\, H_1 \cos \omega t$, so muß man nach der klassischen Anschauung erwarten, daß $\mathfrak{M}$ besonders merklich von der z-Richtung abweichen wird, wenn das Gleichfeld H sich dem Resonanzwert $H^* = \omega/|\gamma|$ nähert. Nach der quantitativen, klassischen Rechnung hat der makroskopische Polarisationsvektor die Komponenten

$$M_x = \frac{M}{\sqrt{1+\delta^2}} \cos \omega t, \quad M_y = \mp \frac{M}{\sqrt{1+\delta^2}} \sin \omega t,$$
$$M_z = \frac{M\,\delta}{\sqrt{1+\delta^2}}. \qquad (2)$$

Das Vorzeichen von M_y ist für positives γ negativ; δ ist gleich $(H - H^*)/H_1$, bedeutet also die Abweichung des Gleichfeldes H von seinem Resonanzwert H^*. Der Winkel ϑ des Präzessionskegelmantels

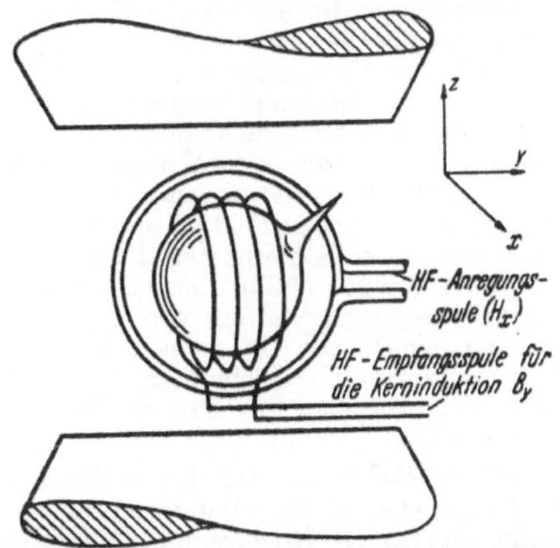

Abb. 3. Apparatur zur Kerninduktion, schematisch. Magnetisches Gleichfeld in z-Richtung; die Spule für die Hochfrequenzanregung H_x steht senkrecht zur Spule für den Empfang der Kerninduktion B_y. Der Probekörper hat ein Volumen von nur wenigen cm³. Das empfangene *HF*-Signal von einigen mV kommt nach Verstärkung und Gleichrichtung auf eine Oszillographenröhre, deren Zeitablenkung wie in Abb. 1 durch die Niederfrequenz der Magnetfeldmodulation erfolgt, weshalb auch hier ein (nicht eingezeichnetes) Helmholtzsches Spulenpaar angebracht ist. Die Windungszahlen in Empfangs- und Anregungsspule sind von der Größenordnung 10.

gegen die z-Richtung ist gegeben durch $\delta = \operatorname{ctg} \vartheta$. M ist für thermisches Gleichgewicht gleich χH. Die Theorie zeigt, daß der zeitliche Verlauf von M durch die beiden Relaxationszeiten T_1 und T_2 geregelt wird.

Man ist berechtigt, $\mathfrak{M}$ klassisch zu berechnen, weil quantenmechanische Erwartungswerte in ihrer Zeitabhängigkeit den klassischen Bewegungsgleichungen folgen. Die Lösung $\mathfrak{M} = \mathfrak{M}(\omega t)$, Gl. (2), ist, quantenmechanisch gesehen, eine Überlagerung aller stationären, durch $\cos \vartheta = m/I$ bestimmten Zustände der einzelnen Kerne von verschiedener magnetischer Quantenzahl m derart, daß sich die angegebenen Werte für M_x, M_y, M_z ergeben. Sie werden überdies auch durch eine quantenstatistische Rechnung bestätigt. Um die rotierende Komponente von $\mathfrak{M}$ eine Zeitlang beobachten zu können, muß die Überlagerung der Zustände kohärent sein, d. h. die Phasendifferenzen der den einzelnen Zuständen $\cos \vartheta = m/I$ entsprechenden Wellenfunktionen dürfen sich nicht ändern. Dank der Relaxation kann diese Kohärenz nach Abschalten von H_x noch bis zu einigen Minuten lang weiter anhalten. Im Experiment wird die Komponente M_y durch ihre Induktion $B_y = 4\pi\, M_y$ beobachtet (Abb. 3). Das Vorzeichen von γ wird daran erkannt, ob B_y gegen H_x um $\pi/4$ vor- oder nacheilt (Abb. 2).

Die Gl. (2), obwohl zunächst für stationäre Verhältnisse abgeleitet, gelten auch weiter, wenn die Feldstärke H adiabatisch, d. h. gemäß

$$|d\delta/dt| \ll |\gamma H_1|$$

variiert wird, wenn also eine Feldänderung $\Delta H \approx H_1$ in einer gegen $1/|\gamma H_1|$ langen Zeit erfolgt. Um die Resonanzkurve wie unter 2. oszillographisch aufzunehmen, kann daher das Gleichfeld H auch hier niederfrequent moduliert werden. H_1 muß groß sein gegen die Feldstärken im Körper, welche durch die Wirkung der Kerne aufeinander entstehen und etwa 1 Oe betragen; $2 H_1 \approx 10$ Oe genügt also. Auch hier wird durch Zusatz paramagnetischer Substanzen die Relaxation auf den bei der betreffenden Magnetfeldmodulation günstigsten Wert gebracht.

Die rechtwinklig zum erregenden Hochfrequenz-Magnetfeld erfolgende Induktion ist ein spezifischer Effekt der Kernmomente. Er ähnelt dem Faraday-Effekt (→ Drehung, magnetische). An die Stelle des Lichtes tritt das hochfrequente erregende Feld, während die Empfangsspule als Analysator anzusehen ist, welcher die Drehung (Abb. 2) des magnetischen Feldvektors anzeigt. Die Kerninduktion ist, auch hierin dem Faraday-Effekt ähnlich, ein Dispersionseffekt, denn die Größe von B_y gibt die Richtungsänderung von $\mathfrak{M}$ (Winkel ϑ) an, während der Betrag $|\mathfrak{M}|$ seinen Wert behält. Auf dem Oszillographenschirm wird B_y als Funktion von H geschrieben; es hat die Form einer Absorptionskurve.

5. *HF-Kernspektrometer*. Auf den beiden unter 2. und 4. beschriebenen Prinzipien beruhend, sind neuerdings sogenannte Hochfrequenz-Kernspektrometer gebaut worden. Sie zeichnen die erste Ableitung der Resonanzkurve nach der Feldstärke H auf; auch hier nämlich wird H adiabatisch variiert. Durch das höhere Auflösungsvermögen erhält man Linienform und Linienmitte noch genauer. Man ist dabei bestrebt, eine phasenempfindliche Brückenschaltung (Abb. 1) zu vermeiden, da sich eine Phase über die für die Messungen erforderlichen langen Zeiträume nicht genügend lange konstant halten läßt.

6. *Quadrupolmomente und Spins* (*R. V. Pound*, 1950). Das am Kern vorhandene örtliche elektrische Feld wirkt auf sein elektrisches Quadrupolmoment Q. In einer Flüssigkeit bleibt aber die örtliche Konstellation, verglichen mit der Periodendauer der Resonanzfrequenz, nur kurze Zeit erhalten. Ein Einfluß des Quadrupolmoments mittelt sich deswegen zeitlich heraus. In einem Kristall dagegen wird infolge der in den Elementarzellen herrschenden Gradienten der elektrischen Feldstärke das magnetische Resonanzspektrum eines Kerns in $2I$-Komponenten aufgespalten. Die beiden äußersten Trabanten des Aufspaltungsbildes schließen einen Frequenzbereich $\Delta\nu$ ein, dessen Größe abhängt von Q/I und von jenem Gradienten. Da die Gradienten aber meistens nur angenähert bekannt sind, liegen Absolutmessungen von Q nach dieser Methode noch nicht vor. Bei isotopen Kernen in derselben Kristallart kann man, da dann die kristallelektrischen Felder dieselben sind, Q-Verhältnisse finden. So gilt etwa für die Kerne ^{6}Li ($I = 1$) und ^{7}Li ($I = 3/2$)

$$|Q_6/Q_7| = \Delta\nu_6 I_6/\Delta\nu_7 I_7.$$

Während das Vorzeichen von Q nicht entscheidbar ist, zeigt sich in der Anzahl der Aufspaltungskomponenten ($= 2I$) ganz eindeutig der Kernspin I.

Benötigt wird ein geeigneter Einkristall, der die betr. Kerne reichlich und in gleichwertigen Lagen enthält. Das Aufspaltungsbild wird beeinflußt durch die Orientierung der Kristallachsen zum äußeren Magnetfeld. An gepulverten Kristallen zeigt lediglich die Form der kernmagnetischen Absorptionslinie qualitativ das Vorhandensein eines Quadrupolmomentes an.

7. *Anwendungen*. Durch Kombination der Atomstrahlmethode mit der Kerninduktion sind die Verhältnisse der magnetischen Momente von Neutron, Proton und Deuteron zueinander bestimmt worden: Das magnetische Moment des Neutrons wird mit der Neutronenstrahlmethode (*Alvarez* u. *Bloch*, 1940) gemessen, während gleichzeitig in demselben Feld die Resonanzen von Protonen und Deuteronen verfolgt werden. Das Verhältnis der Resonanzfrequenzen ist aber viel genauer angebbar, als — wie es früher gemacht werden mußte — das Verhältnis von magnetischen Feldstärken. — Die Relaxationszeiten können etwas aussagen über die Umgebung der Kerne, also über den Zustand der Substanz; → Zustandsänderungen aus kernmagnetischen Resonanzen. — Bei bekanntem γ können umgekehrt Magnetfelder gemessen werden. Ferner → Magnetfeldstabilisierung.

Bloembergen, Purcell u. *Pound:* Absorption und Dispersion. Phys. Rev. **73**, 679 (1948). *Bloch, F.*, u. *Bloch, Hansen* u. *Packard:* Kerninduktion. Phys. Rev. **70**, 460 u. 474 (1947). *Pound, R. V.*, u. *D. W. Knight:* *HF*-Kernspektrometer nach der Absorptionsmethode. Rev. Sci. Instr. **21**, 219 (1950). *Pound, R. V.:* Phys. Rev. **79**, 685 (1950). Tabellarische Zusammenfassung der überhaupt gemessenen I- und μ-Werte im „Isotopenbericht" von *Mattauch* und *Flammersfeld*, Tübingen 1949, sowie von *J. E. Mack* in Rev. Mod. Phys. **22**, 64 (1950).

Kernmagneton → Magneton.

Kernmasse. Die Masse eines Atomkerns beträgt $m = M m_0$, wenn M sein → Massenwert und $m_0 = 1$ → Dalton ist. Der Massenwert eines Protons ist $M_P = 1{,}007581$ und der eines Neutrons $M_N = 1{,}008939$. Der Massenwert eines zusammengesetzten Kernes ist

$$M = Z M_P + N M_N - \Delta M,$$

wobei Z und N die Protonen- und Neutronenzahl ist und ΔM der *Massendefekt*, welcher seinerseits mit der → Bindungsenergie E im Zusammenhang $-\Delta M m_0 c_0^2 = E$ steht. Von der → Massenzahl $A = Z + N$ unterscheidet sich M um den *Packungsanteil* (auf A bezogen):

$$f = \frac{M - A}{A} = \frac{Z(M_P - 1) + N(M_N - 1)}{A} - \frac{\Delta M}{A}.$$

Hierbei ist $\Delta M/A$ der *Massenexzeß* und bis auf den Faktor $m_0 c_0^2$ gleich der mittleren Bindungsenergie je Nukleon, im Durchschnitt etwa 8 MeV.

Kernmaterie → Kerndichte.

Kernmodelle. Nach allgemeinen Erfahrungen über den Bau der → Atomkerne bestehen diese aus $A = Z + N$ Nukleonen (Z Protonen und N Neutronen), zwischen denen ein Anziehungspotential $V(12)$ herrscht, dessen analytische Form ungefähr bekannt ist (→ Kernkräfte). Um mit diesen Grundvoraussetzungen Bau und Eigenschaften der Atomkerne systematisch zu verstehen, bedürfte es der mathematischen Lösung eines Problems von $3A$ Freiheitsgraden auf der Basis nichtrelativistischer Quantenmechanik, also der Lösung einer entsprechenden Schrödingergleichung.

Da eine exakte Durchführung dieses Problems außerhalb der mathematischen Möglichkeiten liegt, bedarf es vereinfachender Annahmen, die zu den verschiedenen gebräuchlichen Modellvorstellungen führen und voneinander abweichen, je nach den gerade ins Auge gefaßten Fragestellungen.

Das Deuteron als einfachster zusammengesetzter Kern läßt sich noch quantenmechanisch exakt behandeln. Für die nächst einfachen Kerne $^3_1$H, $^3_2$He und $^4_2$He bedient man sich bereits einer Näherungsmethode, und zwar des → Ritzschen Variationsverfahrens. Die Form der Wellenfunktion, welche einen dieser Kerne beschreiben soll, wird vorher abgeschätzt, wobei noch einige Parameter freibleiben, über welche so verfügt wird, daß die Bindungsenergie ein Maximum (d. h. möglichst hoch negativ) wird.

Für die Kerne der Massenzahlen $A = 5$ bis 16 ist auch dieses Verfahren zu kompliziert, und es wird das → Hartree-Modell verwandt, wonach sich in 0. Näherung jedes Teilchen einzeln durch ein mittleres Wechselwirkungspotential bewegt und die wirkliche Wechselwirkung zwischen je zwei Teilchen erst in höherer Näherung berücksichtigt wird. Dieses Modell erlaubt eine Berechnung der → Kernmomente und gibt Schalenstruktur, → Absättigung und dgl. befriedigend wieder. → Schalenmodell im *Nachtrag*.

Bei den mittleren und schwereren Kernen jedoch begnügt man sich zumeist mit der 0. Näherung dieses Verfahrens, dem Oszillatormodell, dem Potentialtopfmodell oder dem Haxel-Jensen-Sueß-Modell (→Oszillatormodell), welches die periodischen Eigenschaften der Atomkerne noch in den großen Zügen verständlich macht.

Noch allgemeinere Eigenschaften, wie der Verlauf der → Bindungsenergien über alle A, Stabilität gegen α- und β-Zerfall und Kernspaltung lassen sich bereits durch eine noch einfachere Modellvorstellung verstehen, das → Tröpfchenmodell. Hiernach ist der Atomkern als eine Kugel aufzufassen, die mit einer „Kernflüssigkeit" aus Protonen und Neutronen konstanter Dichteverteilung gefüllt ist und durch Oberflächenspannungen etwa kugelförmig zusammengehalten wird. Diese Flüssigkeit hat einige bemerkenswerte Eigenschaften: wegen des Pauliprinzips befolgen Protonen und Neutronen die Fermistatistik. Sie besetzen im Impulsraum je eine → Fermikugel und weisen daher eine Nullpunktsenergie auf. Ein Kern im Grundzustand dürfte daher eher als superfluides und außerdem geladenes Tröpfchen angesehen werden. Bei schweren Kernen überwiegt die elektrische Ladung die Oberflächenspannung, so daß diese „Tröpfchen" keinen Widerstand mehr gegen Formänderungen haben und eine Übergangswahrscheinlichkeit besitzen, in zwei Teile zu zerfallen.

In angeregten schweren Kernen sind bereits thermodynamische Betrachtungen sinnvoll wegen der großen Zahl der vorhandenen Freiheitsgrade (→ Thermodynamik im Atomkern). Eine statistische Eigenschaft von n Dingen weist bekanntlich eine mittlere relative Schwankung $\frac{1}{\sqrt{n}}$ auf. Das heißt in diesem Falle, daß Begriffe wie → Kerntemperatur, → Kernentropie oder dgl. bei einem Kern mit $A = 100$ bereits auf $^1/_{10}$, also 10% definiert ist.

Dänzer, H.: Einf. in die theoret. Kernphysik. Karlsruhe 1948. *Gamow-Critchfield:* Theory of Atomic Nucleus and Nuclear Energy Sources. Oxford 1949. *Kopfermann, H.:* Naturwiss. 38, 29 (1951). *Heisenberg, W.:* Die Theorie d. Atomkerns. Göttingen (Max-Planck-Ges.) 1951.

Kernmomente. Ein Kern von der Ladungsverteilung $\varrho(\mathfrak{r})$ um $\mathfrak{r} = 0$ befinde sich im Potential $V(\mathfrak{r})$. Dann ist seine Energie bei Entwicklung von V

$$E = \int dv\, \varrho(\mathfrak{r})\, V(\mathfrak{r})$$
$$= V(o) \int dv\, \varrho(\mathfrak{r}) + \sum_{k=1}^{3} \frac{\partial V}{\partial x_k} \int dv\, x_k\, \varrho + \frac{1}{2} \sum \frac{\partial^2 V}{\partial x_i\, \partial x_k} \int dv\, x_i\, x_k\, \varrho + \cdots.$$

Das erste Integral ist die Gesamtladung des Kerns Ze, das zweite das elektrische Dipolmoment des Kerns, weiter folgen Quadrupol-, Oktupolmoment usw. Das elektrische Dipolmoment verschwindet stets wegen der Abwesenheit negativer Ladungen im Kern. Das Quadrupolmoment wird im allgemeinen in der Form verwendet, welche sich bei Entwicklung von V nach Kugelfunktionen ergibt:

$$Q = qe = \frac{1}{4} \int dv\, \varrho(3x^2 - r^2)$$

(x Koordinate in Richtung der Symmetrieachse). Bei rotationssymmetrischen Ellipsoiden ($\varrho = \text{const}$) ist $q \gtrless 0$, wenn diese in der Hauptachse verlängert oder abgeflacht sind. Für die Kugel gilt $q = 0$.

Das magnetische Dipolmoment einer mit der Geschwindigkeit $\mathfrak{v}(\mathfrak{r})$ bewegten Ladungsverteilung $\varrho(\mathfrak{r})$ ist allgemein

$$\vec{\mu} = \frac{\mu_0}{2} \int dv\, \varrho(\mathfrak{r})\, \mathfrak{r} \times \mathfrak{v} = \frac{\mu_0 Z e \hbar}{2M}\, j,$$

wenn $\hbar j = \frac{1}{Ze} \int dv\, \varrho\, \mathfrak{r} \times M\mathfrak{v}$ ihr mittlerer Gesamtdrehimpuls, Ze ihre Gesamtladung und M ihre Masse ist. Beim zusammengesetzten Kern wie auch bereits beim einzelnen Proton oder Neutron stimmt diese Betrachtung nur noch größenordnungsmäßig. $\mu_0 e\hbar/(2m_p)$ ist mit m_p = Protonenmasse das Kernmagneton. Die tatsächlichen magnetischen Momente sind dann in dieser Einheit

$$\mu^* = g\, i,$$

mit g als dem *gyromagnetischen Verhältnis*, dem Verhältnis von magnetischem Moment zum Drehimpuls (Spin) i. Für Proton und Neutron ist zum Beispiel $\mu^* = 5{,}59$ und $\mu^* = -3{,}82$. Im übrigen s. Tabelle.

Tabelle.

Empirisch bekannte Kernmomente. i Spinquantenzahl, μ^* magnetisches Moment in der Einheit $\mu_0 e\hbar/(2m_p)$, Quadrupolmoment Q in der Einheit $e \cdot 10^{-24}$ cm², A Massenzahl.

Atom	A	i	μ^*	Q
n	1	1/2	−1,91280	—
H	1	1/2	+2,79255	—
H	2	1	0,857354	+0,00273
H	3	1/2	2,9778643	—
He	3	1/2	(−)2,127414	—
Li	6	1	+0,82189	$\lvert < 9 \cdot 10^{-4} \rvert$
Li	7	3/2	+3,25586	(0,02)
Be	9	3/2	(−)1,1774±8	—
B	10	3	+1,8004	+0,06
B	11	3/2	+2,68858	+0,03
C	13	1/2	+0,70225	—
N	14	1	+0,40365	+0,02
N	15	1/2	−0,28299	—
F	19	1/2	+2,6285	—
O	17	5/2	—	—
Ne	21	3/2 ?	0	—
Na	22	3	+1,74582	—
Na	23	3/2	+2,21711	—

Tabelle (Fortsetzung).

Atom	A	i	μ^*	Q
Mg	25	5/2	— 0,96	—
Al	27	5/2	+ 3,6408	+ 0,156
P	31	1/2	+ 1,13165	—
S	33	3/2	—	— 0,08
S	35	3/2	—	+ 0,06
Cl	35	3/2	+ 0,82191	— 0,0795
Cl	36	2	—	— 0,0172
Cl	37	3/2	+ 0,68414	— 0,0621
K	39	3/2	+ 0,391	—
K	40	4	— 1,291	—
K	41	3/2	+ 0,215	—
Sc	45	7/2	+ 4,8	—
Mn	55	5/2	+ 3,4681	—
Co	59	7/2	+ 4,6484	—
Cu	63	3/2	+ 2,22617	— 0,26
Cu	65	3/2	+ 2,3845	— 0,15
Zn	67	5/2	+ 0,9	—
Ga	69	3/2	+ 2,0167	+ 0,2318
Ga	71	3/2	+ 2,5614	+ 0,1461
Ge	73	9/2	—	— 0,21
As	75	3/2	+ 1,4	+ 0,3
Br	79	3/2	+ 2,10576	+ 0,26
Br	81	3/2	+ 2,2696	+ 0,21
Kr	83	9/2	— 0,9704	+ 0,15
Rb	85	5/2	+ 1,3532	—
Rb	87	3/2	+ 2,7501	—
Sr	87	9/2	— 1,1	—
Y	89	1/2	— 0,14	—
Nb	93	9/2	+ 6,1659	$\sim$ 0
Rh	103	1/2	— 0,056	—
Ag	107	1/2	— 0,111	—
Ag	109	1/2	— 0,129	—
Cd	111	1/2	— 0,59492	—
Cd	113	1/2	— 0,62238	—
In	113	9/2	+ 5,486	+ 1,144
In	115	9/2	+ 5,500	+ 1,161
Sn	115	1/2	— 0,91779	—
Sn	117	1/2	— 0,99982	—
Sn	119	1/2	— 1,04600	—
Sb	121	5/2	+ 3,3595 ± 4	— 0,3 ± 2
Sb	123	7/2	+ 2,5470 ± 3	— 1,2 ± 2
J	127	5/2	+ 2,8086	— 0,59
J	129	7/2	(+) 2,74	— 0,43
Xe	129	1/2	— 0,7768 ± 1	—
Xe	131	3/2	+ 0,7	$\lvert < 0,1 \rvert$
Cs	133	7/2	+ 2,5771	$\lvert \leq 0,3 \rvert$
Cs	135	7/2	+ 2,7271	—
Cs	137	7/2	+ 2,8397	—
Ba	135	3/2	+ 0,8346	—
Ba	137	3/2	+ 0,9351	—
La	139	7/2	+ 2,7760	—
Pr	141	5/2	+ 4,5938	—
Nd	143	7/2	—	—
Nd	145	7/2	—	—
Eu	151	5/2	+ 3,4	+ 1,2
Eu	153	5/2	+ 1,5	+ 2,5
Yb	171	1/2	+ 0,45	—
Yb	173	5/2	— 0,65	+ 3,9
Lu	175	7/2	+ 2,6	+ 5,9
Lu	176	7	+ 3,8	+ 7
Ta	181	7/2	+ 2,1	+ 6
Re	185	5/2	+ 3,3	(+ 2,8)
Re	187	5/2	+ 3,3	+ 2,6
Ir	191	(3/2)	—	—
Ir	193	3/2	—	—
Pt	195	1/2	+ 0,60592	—

Tabelle (Fortsetzung).

Atom	A	i	μ^*	Q
Au	197	3/2	+ 0,20	—
Hg	199	1/2	+ 0,50413	—
Hg	201	3/2	— 0,5590	+ 0,5
Tl	203	1/2	+ 1,61166	—
Tl	205	1/2	+ 1,62750	—
Pb	207	1/2	+ 0,58950	—
Bi	209	9/2	+ 4,082	— 0,4
μ	235	(5/2)	—	—

Experimentell lassen sich die Kernmomente aus der → Hyperfeinstruktur bestimmen. Die magnetischen Momente sind aber auch direkten Methoden zugänglich. So werden bei der Methode der Kerninduktion (→ kernmagnetische elektrodynamische Resonanzeffekte) Genauigkeiten von 10^{-5} erzielt.

Eine exakte *theoretische Berechnung* der magnetischen Momente von Proton und Neutron liegt noch nicht vor. Es sind mehrfach Deutungsversuche nach der → Mesonentheorie der Kernkräfte unternommen, die aber wegen der bekannten Divergenzschwierigkeiten dieser Theorien keine brauchbaren Ergebnisse brachten. Setzt man dagegen diese Werte empirisch voraus, so läßt sich prinzipiell das magnetische Dipolmoment sowie das elektrische Quadrupolmoment der zusammengesetzten Kerne berechnen. Praktisch ist die Genauigkeit solcher Rechnungen begrenzt durch die Genauigkeit, mit der die → Kernkräfte bekannt sind, und abhängig von der Modellvorstellung, unter der man das Vielkörperproblem des Kerns löst. So stützt sich eine Rechnung von *Bethe-Rose* [Phys. Rev. **51**, 205 (1937)] für die leichteren Kerne der Massenzahl 4 bis 16 auf das → Hartree-Modell, nach welchem sich jedes Nukleon in einem mittleren (Oszillator-) Potential bewegt, welches durch die Gesamtheit der übrigen hervorgerufen wird. Die Abweichung der direkten Wechselwirkung je zweier Teilchen vom mittleren Potential wird dabei nur als eine Störung in erster Näherung mit Russel-Saunders-Kopplung (→ normale Kopplungsverhältnisse) behandelt.

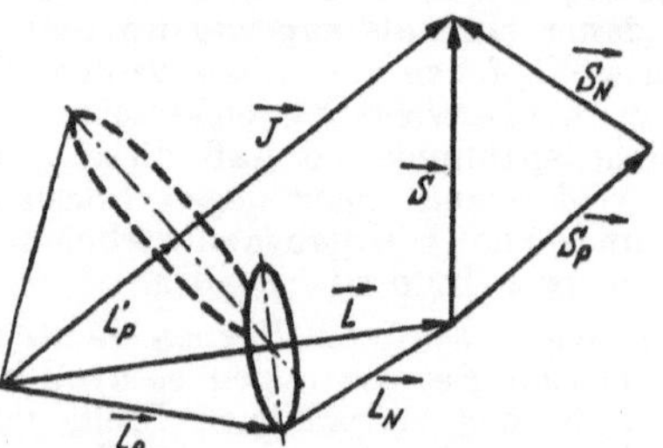

Russel-Saunders-Kopplung im Atomkern $\vec{L} = \vec{L_P} + \vec{L_N}$ = Gesamtbahndrehimpuls der Protonen und Neutronen. $\vec{S} = \vec{S_P} + \vec{S_N}$ = Gesamtspin. $\vec{J} = \vec{L} + \vec{S}$ = Gesamtdrehimpuls des Atomkerns = Kernspin. Eingezeichnet ist die zweifache Präzessionsbewegung von $\vec{L_P}$, einmal um $\vec{L}$ und dann um $\vec{J}$. Es resultiert daraus die Komponente $L_P = L_P \overline{\cos(L_P L)} \, \overline{\cos(L J)}$.

Hiernach setzen sich (Abb.) die Bahndrehimpulse von Protonen und Neutronen einzeln zusammen, desgleichen die Spinimpulse. Aus beiden wiederum setzt sich der Gesamtimpuls zusammen. Da, wie eingezeichnet, die einzelnen Vektoren umeinander Präzessionsbewegungen ausführen, kommen von den ursprünglichen magnetischen Momenten (L Bahn, S Spin)

$$\mu(L_N) = 0, \quad \mu(L_P) = \frac{e\hbar}{2\,Mc} L_P \text{ bzw. } \frac{\mu_0}{2}\frac{e}{M}\hbar,$$

$$\mu(S_P) = \frac{e\hbar}{Mc} g_P S_P \text{ bzw. } \mu_0 \frac{e}{M}\hbar\, g_P S_P,$$

$$\mu(S_N) = \frac{e\hbar}{Mc} g_N S_N \text{ bzw. } \mu_0 \frac{e}{M}\hbar\, g_N S_N,$$

$$g_P = 2{,}79, \quad g_N = -1{,}9$$

nur noch die Komponenten um die Präzessionsachsen zur Wirkung:

$$\mu = \overline{\mu(L_P)} + \overline{\mu(S_P)} + \overline{\mu(S_N)}$$

$$\overline{\mu(L_P)} = \mu(L_P)\,\overline{\cos(L_P L)}\;\overline{\cos(L J)}$$

$$\overline{\mu(S_P)} = \mu(S_P)\,\overline{\cos(S_P S)}\;\overline{\cos(S J)}$$

$$\overline{\mu(S_N)} = \mu(S_N)\,\overline{\cos(S_N S)}\;\overline{\cos(S j)}.$$

Unter $\overline{\cos}$ ist dabei der quantenmechanische Cosinus zu verstehen:

$$2\,LJ\,\overline{\cos(LJ)} = J(J+1) - S(S+1) - L(L+1).$$

Die Genauigkeit dieser Berechnungen des magnetischen Moments liegt bei 10 bis 20%.

Mack, J. E.: Rev. mod. Phys. **22**, 64 (1950). *Kopfermann, H.*: Naturwiss. **38**, 29 (1951).

Kernmomentbestimmung aus Bandenspektren. Durch das mechanisch-magnetische Eigendrehmoment der Atomkerne werden die → Symmetrieeigenschaften der Moleküle beeinflußt; diese sind maßgebend für die Besetzungszahlen der Rotations-Quantenzustände, aus denen wieder die Intensitäten der Rotationslinien der verschiedenen Arten von Molekülspektren (Rotationsspektren, Rotations-Schwingungsspektren, Elektronenbanden, Ramanspektren) folgen. Bei symmetrisch gebauten Molekülen ist das Intensitätsverhältnis je zweier benachbarter Rotationslinien gleich $i/(i+1)$, wenn $i\hbar/2\pi$ das mechanische Kernmoment der Atome ist ($\hbar$ Wirkungsquantum). Für $i = 0$ fällt jede zweite Rotationslinie aus. Je nachdem, ob die betreffenden Atomkerne der Statistik von *Bose* oder von *Fermi* gehorchen und welche Symmetrieeigenschaft die Elektronen-Eigenfunktionen des Moleküls hat, ist die Laufzahl der stärkeren bzw. der nicht ausfallenden Rotationslinien geradzahlig oder ungeradzahlig. → Mikrowellenspektren.

Kernniveaus sind angeregte Zustände eines Kerns (→ Kernanregung). Sie treten in Erscheinung bei Kernreaktionen und bei Kernzerfällen. Niveauschemata können daher gewonnen werden 1. bei unelastischer Streuung, z. B. (p, p), aus der Messung der Energie des Geschosses vor und nach dem Stoß, 2. bei Reaktionen der Art (d, p), (α, p) usw. aus den diskreten Energien der fortgehenden Teilchen und den auftretenden γ-Linien, 3. aus den bei p-, n-, d- und α-Beschuß auftretenden „Kernresonanzen", das sind Maxima der Anregungsfunktion (= Reaktionsausbeute als Funktion der Geschoßenergie), 4. aus β- und γ-Spektren und α-Zerfallsenergien und 5. aus der direkten Anregung der Kerne in Kernphotoeffekten (γ, n), (γ, α) usw. Eine unelastische Streuung (γ, γ') ist bisher nicht nachgewiesen.

Bei den leichten Kernen, vor allem bis $Z = 10$, sind recht viele Niveaus bekannt, und zwar oft nicht nur — wie bei den schwereren Kernen — hinsichtlich ihrer Höhe über dem Grundzustand desselben Kerns, sondern auch in ihrer Lage zu den in Kernreaktionen erreichten Niveaus benachbarter Kerne. Bei den schwereren Kernen, besonders bei denen mit $Z > 20$, beschränkt sich die Kenntnis einerseits auf die „niedrigen" Niveaus bis zu einigen MeV über dem Grundzustand, welche aus β- und γ-Spektren radioaktiver Isotope erschlossen werden, andererseits sind durch → Neutronenresonanzen gerade die Niveaus oberhalb der Bindungsenergie des Neutrons bekannt. Keines der heute bekannten Termsysteme dürfte vollständig sein, da es höchstwahrscheinlich noch Niveaus von hohem Drehimpuls gibt. Diese aber können nicht angeregt werden, da die für die Auslösung einer Kernreaktion genügend nahe kommenden Geschosse nur geringen Drehimpuls besitzen.

I. Niveauschemata. Im gesamten Bereich der Anregungsenergien, vom Grundzustand bis jenseits einer Energie, die der Bindungsenergie eines Nukleons entspricht, gibt es breite Anregungskontinua. Experimentell feststellen lassen sich meist nur die verhältnismäßig scharf definierten Niveaus. In der Folge dieser Niveaus eines Kerns sind 3 Bereiche zu unterscheiden. *1.* Vom Grundzustand bis zum ersten Niveau, bei dem ein Teilchen emittiert wird; dieses Niveau entspricht der Bindungsenergie eines Nukleons, liegt also etwa bei 8 MeV. Die in diesem Bereich liegenden angeregten Zustände emittieren nur Lichtquanten; die Niveaubreite ist allein durch die Wahrscheinlichkeit einer γ-Emission bedingt. Im Durchschnitt ist der Abstand dieser Niveaus etwa 400 keV, bei den leichten Kernen mehr. Außer aus γ-Energien können aus dem Energiespektrum der fortgehenden Teilchen (s. o. 2.) Niveaus des Endkerns erschlossen werden. So treten in der Reaktion ^{19}F (p, α) ^{16}O α-Teilchen von fünf verschiedenen Energien auf, die zum Grundzustand und zu 4 angeregten Zuständen des Endkerns ^{16}O führen. *2.* An diesen Bereich schließt an eine Folge von Niveaus, in denen auch Emission von Teilchen vorkommt, das *Resonanzgebiet.* Das Spektrum der angeregten Zustände ist hier aber noch diskret, d.h. die Abstände der Niveaus voneinander sind größer als ihre Breiten. Nach höheren Anregungszuständen nehmen die Breiten der Niveaus zu, weil dann immer mehr Prozesse wahrscheinlich werden und damit die Lebensdauer der Zustände kürzer wird. *3.* Schließlich, bei einer ganz bestimmten für den Kern charakteristischen Anregungsenergie, werden die Abstände der Niveaus von gleicher Größenordnung wie ihre Breiten, die Niveaus liegen sehr dicht. Das Spektrum der angeregten Zustände ist jetzt kontinuierlich.

II. Das Resonanzgebiet. Die Resonanzniveaus werden aufgefaßt als Anregungen eines Zwischenkerns mit Energien, die oberhalb der Bindungsenergie U des eintretenden Teilchens liegen. So wird etwa durch den Einschuß eines Protons in den Kern ^{23}Na als Zwischenkern ein Zustand des ^{24}Mg gebildet, der eine Anregungsenergie

$$E = U + E_{S}$$

besitzt. U ist die aus der Differenz der Massen bestimmbare Bindungsenergie

$$U \equiv (^{23}\text{Na} + p) - {}^{24}\text{Mg} = 11{,}74 \text{ MeV}.$$

U wird indirekt erschlossen aus den Wärmetönungen der Reaktion ^{23}Na (d, p) ^{24}Na und des Übergangs $^{24}\text{Na} - \beta^- \rightarrow {}^{24}\text{Mg}$. E_{S} ist die im Schwerpunktssystem gemessene kinetische Energie des Geschosses, welche eine zusätzliche Anregung liefert. Ein Teilchen darf im allgemeinen nicht eine beliebige Energie E_{S} haben, wenn es von einem Kern eingefangen werden soll. Ist E_L die Geschoßenergie in Laboratoriumskoordinaten, m die Masse des Geschosses und M die Masse des Zwischenkerns, dann errechnet sich nach dem Impulssatz

$$E_{St} = \left(1 - \frac{m}{M}\right) E_L .$$

E_{St} ist meist nur einige % kleiner als E_L. Im Resonanzgebiet ist der durchschnittliche Niveauabstand z. B. beim Lithium 500 keV, die Niveaubreite 11 keV, während die ungefähren Werte für Al nur 30 bzw. 1 keV sind. In Kernen der Massenzahlen 100 bis 200 sind die Abstände von der Größenordnung 100 eV bis einige eV; die Niveaubreiten gehen bis auf 10^{-2} eV herunter. Die Niveaus im Resonanzgebiet werden festgestellt durch Beschießen mit Teilchen bestimmter Energie und Messung ihrer Absorption. Mit α-Teilchen, Protonen und Deuteronen sind Niveaus leichterer Kerne bestimmt worden. Bei ^{30}Zn sind die Breiten der Niveaus schon so groß und die Abstände so klein geworden, daß die zur Verfügung stehenden Strahlen schneller Teilchen nicht mehr genügend homogen sind, um die Niveaus aufzulösen. Dagegen brauchen Neutronen als ungeladene Teilchen nicht das Coulombfeld des Kernes zu überwinden; daher können auch sehr langsame, z. B. thermische Neutronen ($E = \sim \frac{1}{30}$ eV) von Kernen eingefangen werden. Da sich mit neueren Mitteln Strahlen von Neutronen mit Energien bis herauf zu etwa 1000 eV sehr homogen herstellen lassen, sind selbst bei schweren Kernen mit Niveaubreiten von etwa 0,1 eV und Abständen von einigen eV die Niveaus genau meßbar. Da bei diesen Messungen jedoch nur ein verhältnismäßig kleiner Energiebereich erfaßt wird ($\approx$ 1 keV), ist es vielleicht nicht ausgeschlossen, daß es sich nur um Feinstrukturen an sich weit getrennter Niveaus handelt.

III. γ-Übergänge. Übergänge zwischen den niederen angeregten Zuständen sind zahlreich. Sie geschehen durch Emission von γ-Quanten. Es können sich hier Anfangs- und Endniveau im Drehimpuls auch um 2 oder mehr Einheiten unterscheiden und nicht nur um 0 oder 1, wie bei den Atomspektren. Daher kommt Quadrupolstrahlung etwa gleich häufig vor wie Dipolstrahlung. Die Erklärung liegt darin, daß Dipolstrahlung nur emittiert wird, wenn Ladungs- und Massenschwerpunkt gegeneinander bewegt sind; fallen die beiden Schwerpunkte aber zusammen, dann wird Quadrupol- und höhere Multipolstrahlung emittiert. Letzteres ist im Kern aber der Fall, da sich Protonen und Neutronen hinsichtlich ihrer Bewegung im Kern nicht unterscheiden, so daß die Ladung gleichmäßig über die Masse verteilt ist. Da Quadrupolstrahlung verboten, d. h. weniger wahrscheinlich ist als Dipolstrahlung, sind die quadrupolemittierenden angeregten Zustände etwa 10^4 mal langlebiger als die dipolemittierenden, nämlich rund 10^{-12} bis 10^{-13} s. Allgemein ist die Lebensdauer um so größer, je größer die Drehimpuls- und je kleiner die Energiedifferenz zwischen Anfangs- und Endniveau ist. Bei schwereren Kernen, etwa ab $A > 40$, sind metastabile Niveaus bekannt, die sog. → isomeren Kerne.

IV. Beispiele. Über die Lage der Energieniveaus radioaktiver Kerne geben die α- und β-Teilchen durch ihre recht genau meßbaren Energiedifferenzen Auskunft.

a) Geht ein Kern A durch α- oder β-Strahlung in einen Kern A' über und treten verschiedene α- oder β-Energien auf, so entsteht der Folgekern A' nicht nur im Grundzustand, sondern auch in angeregten Zuständen, nämlich dann, wenn die α- oder β-Strahlen zum Teil kleinere Energien als die für den Übergang $A \to A'$ beobachtete größte α- oder β-Energie haben. Die Energiedifferenzen der verschiedenen Gruppen der α- bzw. β-Strahlen liefern die Niveaus des Folgekerns A', wie man am Schema des Übergangs ThB → ThD sieht (Abb. 1).

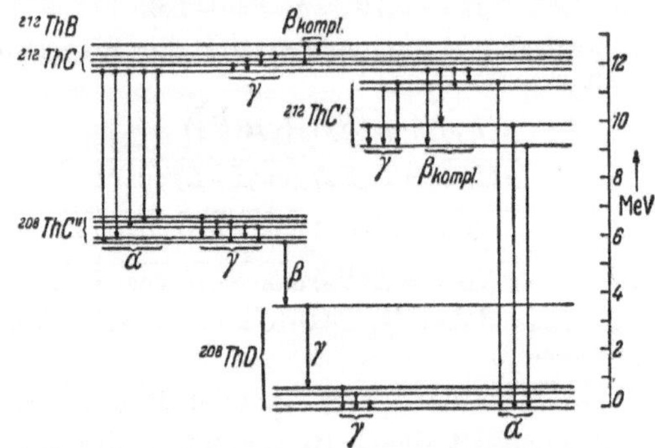

Abb. 1. Energieniveaus des Übergangs $ThB \to ThD$. β_{kompl}: komplexes β-Spektrum.

Bei Übergängen innerhalb desselben Kerns wird γ-Strahlung emittiert. Nicht alle γ-Übergänge, die möglich sein könnten, kommen auch wirklich vor; wie bei der Atomhülle bestehen auch im Kern Auswahlregeln. Die γ-Linien erfüllen Kombinationsbeziehungen.

b) Bei sehr kurzlebigen Kernen (ThC', RaC') gibt es neben einer Hauptgruppe von α-Strahlen auch solche übernormaler Energie, die in der Nebelkammer an ihrer größeren Reichweite erkannt werden. In diesen Fällen kam die α-Emission des Ausgangskernes der γ-Emission zuvor. Die Häufigkeit solcher Ereignisse ist 10^{-6} bis 10^{-5}; vorkommen kann dies überhaupt nur, wenn auch der α-Zerfall schon eine sehr kurze Halbwertszeit hat, nämlich 10^{-7} bis 10^{-4} s.

Während bei den schweren, natürlich radioaktiven Kernen nur γ-Energien bis höchstens 3 MeV vor-

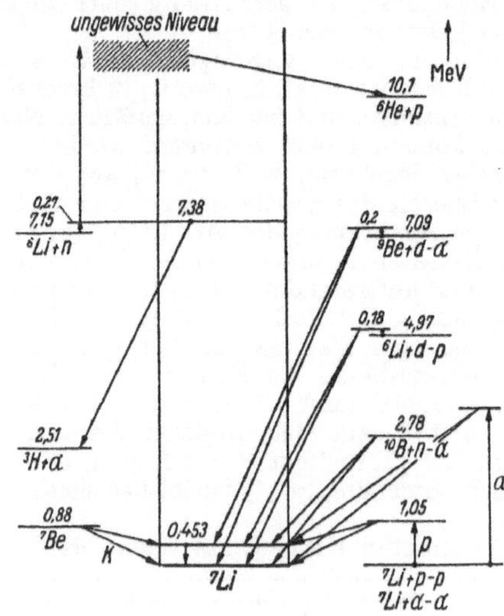

Abb. 2. Energieniveaus in ^{7}Li (nach *Hornyak* und *Lauritsen*). Als Nullniveau ist der Grundzustand des ^{7}Li gewählt.

kommen, emittieren die leichten, nur künstlich anzuregenden Kerne γ-Energien bis 17,5 MeV. Hier ist die zur Feststellung der Niveaus nötige Energiemessung noch schwierig, so daß man sich in stärkerem Maße als bei den natürlich radioaktiven Kernen auf emittierte Teilchen stützen muß.

Als besonders einfaches Beispiel zeigt die Abb. 2 das Termschema des ^{7}Li-Kerns. Die Lage des angeregten Niveaus ^{7}Li* bei 453 keV wird aus folgenden Reaktionen erschlossen:

1. $^6\mathrm{Li}(d, p)\left\{\begin{matrix} ^7\mathrm{Li} \\ ^7\mathrm{Li}^* \end{matrix}\right.$, γ-Energie = Abstand der beiden Protonengruppen = Höhe des angeregten Niveaus.

2. $^7\mathrm{Li}(p, p)\,^7\mathrm{Li}^*$, Niveauhöhe = Energie der auf den (p, p)-Prozeß folgenden γ-Strahlung des ^{7}Li*-Kerns.

3. Eine entsprechende Reaktion gibt es auch mit α-Strahlen: $^7\mathrm{Li}(\alpha, \alpha)\,^7\mathrm{Li}^*$.

4. $^7\mathrm{Be}(\mathrm{K})\left\{\begin{matrix} ^7\mathrm{Li} \\ ^7\mathrm{Li}^* \end{matrix}\right.$, ^{7}Be zerfällt durch K-Einfang mit einer Halbwertszeit von 52 Tagen. Etwa $^1/_{10}$ der Be-Kerne geht dabei ins angeregte Niveau über, was sich in der Intensität der γ-Strahlung verrät.

5. $^9\mathrm{Be}(d, \alpha)\left\{\begin{matrix} ^7\mathrm{Li} \\ ^7\mathrm{Li}^* \end{matrix}\right.$, ähnelt der Reaktion 1.

6. Bei der Reaktion $^{10}\mathrm{B}(n, \alpha)\left\{\begin{matrix} ^7\mathrm{Li} \\ ^7\mathrm{Li}^* \end{matrix}\right.$ gehen sogar etwa 90% der Borkerne ins angeregte Niveau über.

Die eingezeichneten Energien bedeuten Ruhmasse $\cdot\, c^2$, sie werden jedoch vom Grundzustand des ^{7}Li als Nullpunkt gezählt. Die Energiedifferenzen sind die Q-Werte (Wärmetönungen) der Reaktionen; z. B. haben die Reaktionen

$$^6\mathrm{Li} + d - p \left\{\begin{matrix} \to {}^7\mathrm{Li} \\ \to {}^7\mathrm{Li}^* \end{matrix}\right.,$$

welche Deuteronen von 180 kV benötigen, die Q-Werte 4,97 bzw. 4,52 MeV. Umgekehrt kann man auch, in Ergänzung zur massenspektroskopischen Methode, aus gemessenen Q-Werten auf die Ruhmassen schließen. Ist der Zwischenkern nur ein angeregter Zustand des Endkerns, wie bei dem oben erwähnten Prozeß $^{23}\mathrm{Na}\,(p, \gamma)\,^{24}\mathrm{Mg}$, so ist die Wärmetönung gleich der Bindungsenergie, $Q \equiv U$. In das Termschema des ^{7}Li gehören eigentlich noch hinein die Reaktionen $^6\mathrm{Li}(n, p)\,^6\mathrm{He}$ und $^6\mathrm{Li}(n, \alpha)\,^3\mathrm{H}$, bei denen der ^{7}Li-Kern mit einer Anregungsenergie von 7,38 MeV als Zwischenkern entsteht, von dem aus jedoch keine γ-Übergänge erfolgen, weil der Kern schon vorher in $^6\mathrm{He} + p$ bzw. $^3\mathrm{H} + \alpha$ zerfällt. Mit steigender Ordnungszahl werden die Niveaus zahlreicher, namentlich im Resonanzgebiet. Dadurch werden die Termschemata komplizierter und die Zuordnung der experimentellen Befunde schwieriger.

Das Niveauschema des einzelnen Kerns bildet eigentlich nur einen Ausschnitt aus einem großen Diagramm, in welchem man sich die Kerne mit allen ihren Niveaus nebeneinander gezeichnet zu denken hat. Alle Kernreaktionen sind dann als Querverbindungen zwischen Niveaus verschiedener, mehr oder weniger benachbarter Kerne darzustellen.

V. Theorie. Mit der Berechnung der Niveauabstände und -breiten bei Anregungen $> U$ befaßt sich die statistische Kerntheorie (*Bohr, Weißkopf*). Die niedrigliegenden Niveaus werden z. B. auf Grund des Tröpfchenmodells behandelt, indem man dem Tröpfchen gequantelte Rotations- oder Schwingungszustände zuschreibt (*Bohr, Wigner*). Im Vergleich mit experimentellen Daten schneiden am besten ab Rechnungen von *Wilson*, der den Kernkräften ein Sättigungsstreben zuschreibt, wodurch das Kernmodell eine kugelige Hohlschale wird. Die Schwingungsniveaus dieser Schale sind innerhalb der experimentellen Genauigkeitsgrenzen den bisher bekannten Meßwerten gleich. → angeregte Kerne, → Neutronenresonanzen.

Volz, H.: Angeregte Zustände leichter Kerne. Ergebn. exakt. Naturw. **21**, 1945. *Latyshev, G. D.*: Rev. Mod. Phys. **19**, 132 (1947). *Weißkopf, V. F.*: Zwischenkern u. Kernresonanzen. Helv. phys. Acta **23**, 187 (1950). *Hornyak, W. F., T. Lauritsen, P. Morrison* u. *W. A. Fowler*: Bis $Z = 10$. *Alburger, D. E.*, u. *E. M. Hafner*: $Z = 11 \ldots 20$. Rev. Mod. Phys. **22**, 291—372 bzw. 373—385 (1950). *Wilson, H. A.*: Hohlschalenmodell. Phys. Rev. **77**, 516 (1950).

Kernphotoeffekt, Atomkernumwandlung durch Einwirkung von γ-Strahlen. → Kernreaktionen, → Kernanregung.

Kernphysik. Zweig der Atomphysik, der die Gesetze und den Aufbau der Atomkerne beschreibt. Während die Physik der Atomhülle ein zwar noch nicht völlig abgeschlossenes aber doch weitgehend erforschtes Gebiet darstellt, ist die kernphysikalische Forschung eine junge Wissenschaft. Der Anstoß zu ihr wurde allerdings schon durch die Entdeckung der → Radioaktivität 1898 gegeben. Sie geht zurück auf die ersten Arbeiten von *Rutherford* und sein Atommodell, sowie die erste von ihm entdeckte → Kernreaktion im Jahre 1919. Wie kaum eine andere Forschungsrichtung hat sie sich seitdem sprunghaft entwickelt. Der ersten Kernreaktion mit künstlich beschleunigten Teilchen im Jahre 1932 folgten in schneller Folge die Entdeckung des → Positrons, des → Neutrons, der künstlichen → Radioaktivität, der → Uranspaltung und des → Mesons. Als Ergebnis dieser Arbeiten liegt heute vor uns die technische Ausnutzung der → Atomenergie. Weitere Ergebnisse sind aus der Erforschung der → kosmischen Strahlung zu erwarten.

Mit Hilfe der kernphysikalischen Erkenntnisse war es möglich, den → Energiehaushalt der Sonne und der Fixsterne zu erklären und Vorstellungen über den Aufbau der einzelnen Sterntypen zu entwickeln. Die Kernphysik erbrachte den Beweis für die Äquivalenz von Masse und Energie, die *Einstein* postuliert hatte. Während die Astronomie und Astrophysik die Vielfältigkeit der Erscheinungen des Weltraumes und seine über jede Vorstellung gehenden Entfernungen und Massen erfaßt, beschäftigt sich die Kernphysik mit dem Kleinsten, was die materielle Natur zu bieten hat. Hier versagt die Anschauung ebensosehr wie im Großen, und nur mit unvollkommenen Modellen kann der Vorstellung geholfen werden. Die exakte Beschreibung ist nur mit Hilfe der Mathematik möglich. Die von der Kernphysik zutage geförderten mikrophysikalischen Erkenntnisse unterliegen ähnlich wie die Einzelvorgänge in der Atomhülle nicht mehr den Gesetzen der Kausalität, die in der Makrophysik ihre unbestrittene Gültigkeit haben. Damit entsteht eine neue Einstellung des Menschen zur Natur. Nicht nur die Ausnutzung der Atomenergie und die sich daraus ergebenden Folgen stellen die Menschheit an einen Scheideweg, sondern die kernphysikalischen Erkenntnisse selbst schaffen eine ähnliche Situation.

Im einzelnen beschäftigt sich die Kernphysik mit den Vorgängen der → Radioaktivität, der → Kernumwandlung und den → Kernprozessen sowie mit dem Aufbau des → Atomkerns, den → Kernkräften, die ihn zusammenhalten, und den Eigenschaften der → Elementarteilchen.

Das Handwerkszeug des Kernphysikers besteht einmal in den Apparaten zur Erzeugung von schnellen Teilchen für die Auslösung von Kernreaktionen (→ Strahlenerzeugung), sodann in empfindlichen Meß- und Registriervorrichtungen, die es ermöglichen, das Verhalten einzelner Atomkerne und Elementarteilchen zu verfolgen, wie z. B. die → Nebelkammer, das → Zählrohr, der → Leuchtstoffzähler und neuerdings vor allem die Photozelle. Über die → Bindungsenergien und damit über den Energieinhalt der Atomkerne geben Untersuchungen mit dem → Massenspektrographen Auskunft. Die → β-Spektroskopie gibt Aufschlüsse über den Mechanismus des radioaktiven Zerfalls, ebenso die Methode der Koinzidenzmessung.

Riezler, W.: Einf. in die Kernphysik. Buxtehude u. Berlin 1950. *Dänzer, K.:* Einf. in die theoretische Kernphysik. Karlsruhe 1948. *Heisenberg, W.:* Physik der Atomkerne. Braunschweig 1949. *Mattauch, J.*, u. *S. Flügge:* Kernphysikalische Tabellen. Berlin 1942. *Bothe, W.*, u. *S. Flügge:* Kernphysik u. Kosmische Strahlen. Naturf. u. Med. in Deutschland 1939/46. Wiesbaden 1948.

Kernphysikalische Masseneinheit → Masseneinheiten.

Kernprozeß, -reaktion → Kernumwandlung, künstliche, → Radioaktivität.

Kernradien. Die ersten Bestimmungen der Größe von Atomkernen wurden durch Streuung von α-Teilchen an Kernen gewonnen. Unter der Annahme von punktförmigen Kernen der Kernladungszahl Z und Coulomb-Potential $V = 2\,Z\,e^2/r$ sollte die Intensität der Winkelverteilung der gestreuten α-Teilchen nach der → Rutherfordschen Streuformel erfolgen.

Die Experimente geben jedoch bei großen Streuwinkeln Abweichungen von dieser Formel, welche sich nur durch Annahme eines veränderten Potentials V' (Abb.) verstehen lassen, das V_0 und r_0 als Konstante enthält.

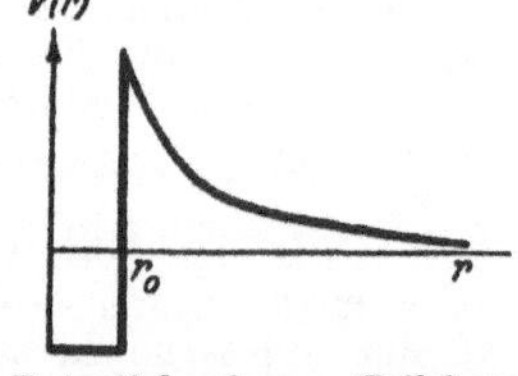

Potential eines α-Teilchens in der Nähe eines Kerns. Bei kleinen Radien anziehendes Kernpotential, bei großen Radien abstoßendes elektrostatisches Potential.

Bei schweren Kernen ist jedoch die elektrische Abstoßung so groß, daß sich bei den verfügbaren Einfallsenergien keine wesentlichen Abweichungen von der Rutherfordschen Formel mehr bemerkbar machen. Hier geben jedoch die α-aktiven Kerne Auskunft, deren → Tunneleffekt eine Beziehung zwischen Zerfallszeit, Austrittsgeschwindigkeit, V_0 und r_0 liefert. Die experimentellen Ergebnisse lassen sich befriedigend durch die Zahlenwertgleichung

$$r_0 = (1{,}7 + 1{,}22\,\sqrt[3]{A}) \cdot 10^{-13}\ \text{cm}$$

wiedergeben, mit A als der Massenzahl des Atoms.

Gamow-Critchfield: Theory of Atomic Nucleus and Nuclear Energy Sources. Oxford 1949.

Kernreaktionen (Experimentelles). Die künstliche Umwandlung von Atomkernen erfordert verhältnismäßig großen experimentellen Aufwand aus zwei Gründen: Einmal sind die Atomkerne so klein, daß es selten vorkommt, daß ein Atomkern direkt von einem Geschoß getroffen wird, und zweitens muß das (geladene) Geschoß eine große Energie besitzen, damit es das starke elektrische Feld des Atomkernes durchdringen kann. Die erste künstliche Atomumwandlung gelang 1919 *E. Rutherford* bei der Beschießung von Stickstoff mit sehr energiereichen α-Strahlen des RaC′. Die Energie der als Geschoß benutzten α-Teilchen (He-Kerne) stammt dabei also aus Atomkernen und hat deswegen die richtige Größenordnung, um in den N-Kern einzudringen. Der Vorgang verläuft nach der Gleichung

$${}^{14}_{7}\text{N} + {}^{4}_{2}\text{He} \to {}^{17}_{8}\text{O} + {}^{1}_{1}\text{H},$$

d. h. der ^{14}N-Kern wird durch das eindringende α-Teilchen in einen ^{17}O-Kern verwandelt, und ein ${}^{1}_{1}$H-Kern (Proton) wird emittiert. Im Verfolg dieser grundlegenden Entdeckung gelang es *Rutherford* und Mitarbeitern mit den α-Strahlen der natürlich radioaktiven Elemente künstliche Kernumwandlungen bei fast allen leichten Elementen vom $_5$B bis $_{19}$K mit den Ausnahmen C und O hervorzurufen. Alle diese Prozesse haben gemeinsam, daß zur Auslösung der Umwandlung α-Teilchen benutzt werden und daß Protonen emittiert werden; nach einem Vorschlag von *Fleischmann* und *Bothe* werden sie als (α, p) Prozesse bezeichnet.

In ein neues Stadium traten die Experimente, als es *Cockroft* und *Walton* 1932 gelang, mit in Hochspannungsanlagen künstlich beschleunigten Wasserstoffkanalstrahlen (Protonen) beim Lithium Kernumwandlungen hervorzurufen nach dem Prozeß

$${}^{7}_{3}\text{Li} + {}^{1}_{1}\text{H} \to {}^{4}_{2}\text{He} + {}^{4}_{2}\text{He} \text{ oder abgekürzt } {}^{7}_{3}\text{Li}\,(p,\alpha)\,{}^{4}_{2}\text{He}.$$

Besonders die künstlich beschleunigten Atomkerne des schweren Wasserstoffisotops ${}^{2}_{1}$H (Deuteronen) erwiesen sich dann als geeignet zur Hervorrufung von Umwandlungen, z. B. am schweren Wasserstoff selbst, der nach den Gleichungen

$${}^{2}_{1}\text{H} + {}^{2}_{1}\text{H} \to {}^{3}_{1}\text{H} + {}^{1}_{1}\text{H} \text{ oder } {}^{2}_{1}\text{H} + {}^{2}_{1}\text{H} \to {}^{3}_{2}\text{He} + {}^{1}_{0}n$$

reagiert. Der größte Fortschritt wurde erzielt, als *Joliot* und *Curie* 1934 zeigten, daß bei derartigen Kernumwandlungen auch Atomkerne gebildet werden können, die nicht in der Natur vorkommen, und die daher radioaktiv sind (künstliche → Radioaktivität). So entsteht bei der Bestrahlung von Aluminium mit α-Strahlen ein Phosphorisotop der Massenzahl 30 nach folgender Reaktion:

$${}^{27}_{13}\text{Al} + {}^{4}_{2}\text{He} \to {}^{30}_{15}\text{P} + {}^{1}_{0}n \text{ oder abgekürzt } {}^{27}\text{Al}\,(\alpha, n)\,{}^{30}\text{P}.$$

Der ^{30}P ist radioaktiv und wandelt sich mit einer Halbwertszeit von $T = 2{,}18$ min unter Aussendung von Positronen in das stabile ^{30}Si um.

Ein weiterer Fortschritt wurde nach der Entdekkung des Neutrons erzielt; fußend auf Arbeiten von *Bothe* und *Becker* konnte *Chadwick* 1932 nachweisen, daß bei der Bestrahlung von Beryllium mit α-Strahlen Neutronen frei werden, es findet der Prozeß ${}^{9}_{4}\text{Be}(\alpha, n)\,{}^{12}_{6}\text{C}$ statt. Diese Neutronen sind wegen Fehlens einer elektrischen Ladung besonders befähigt, in den Atomkern einzudringen, und können dort, wie *Fermi* 1934 gezeigt hat, zahlreiche Kernumwandlungen auslösen.

In der Folgezeit wurden durch Beschießen mit geeigneten Teilchen an allen Atomkernen künstliche Umwandlungen erzielt, die zum größten Teil zu instabilen Atomkernen führen. So steht heute fest, daß alle Atomkerne umwandelbar sind; ob und wie ein solcher Prozeß stattfindet, hängt im wesentlichen von der kinetischen Energie des Geschosses und den Massen der beteiligten Kerne ab.

Energiebilanz bei Kernprozessen. Im allgemeinen wird bei jedem Kernprozeß Energie umgesetzt; ob Energie gebunden oder freigesetzt wird, hängt davon ab, ob die Summe der Massen der Reaktionspartner vor der Umwandlung größer ist oder kleiner als die entsprechende Summe nach der Reaktion. Dem verbrauchten Teil der Masse entspricht dann nach der Beziehung $E = mc_0^2$ eine entsprechende Quantität Energie, die als kinetische Energie der Reaktionspartner auftritt. So muß jede Kernumwandlungsgleichung zur völligen Charakterisierung noch die „Umwandlungsenergie Q" enthalten. Als Beispiel soll die Umwandlung des ^{7}Li mit Protonen betrachtet werden:

$$^7_3\text{Li} + ^1_1\text{H} \rightarrow ^4_2\text{He} + ^4_2\text{He} + Q.$$

Die Massen (in ME) der Partner auf der linken Seite sind:

$$\begin{aligned} ^7\text{Li} &= 7{,}018203 \\ ^1\text{H} &= 1{,}008130 \\ \hline &\ 8{,}026333. \end{aligned}$$

Für die rechte Seite ist:

$$\begin{aligned} ^4\text{He} &= 4{,}003887 \\ ^4\text{He} &= 4{,}003887 \\ \hline &\ 8{,}007774. \end{aligned}$$

Die Differenz von 0,018559 ME wird also bei dieser Reaktion in Energie verwandelt, d. h. $Q = +0{,}018559$ ME oder $Q = +17{,}29$ MeV, so daß die vollständige Umwandlungsgleichung zu schreiben ist:

$$^7_3\text{Li} + ^1_1\text{H} \rightarrow ^4_2\text{He} + ^4_2\text{He} + 17{,}29 \text{ MeV}.$$

Die verschiedenen Arten der Kernumwandlungen. Die folgende Tabelle enthält die verschiedenen Arten von Teilchen, die gewöhnlich für Zwecke der Kernumwandlungen auf große Energien beschleunigt werden und für Kernumwandlungen in Frage kommen.

chen Prozeß beim ^{7}Li tritt eine sehr intensive γ-Strahlung von 17 MeV Energie auf, die für viele Zwecke der Kernforschung sehr wichtig ist. Die (p, γ)-Prozesse zeigen meist sehr ausgeprägte Resonanzen, z. B. der Prozeß $^{27}\text{Al}(p, \gamma)\,^{28}\text{Si}$. Sehr oft führen derartige Reaktionen auch zu radioaktiven Endkernen, z. B.

$$^{12}_6\text{C}(p, \gamma)\,^{13}_7\text{N}.$$

(p, n)-Prozesse sind sehr häufig, sie erfordern stets einen Energieaufwand, da einmal die Masse des Neutrons größer ist als die des Protons und zweitens der entstandene Kern radioaktiv ist und sich z. B. unter Positronenemission in den Ausgangskern zurückverwandelt. Bei der Positronenemission wandelt sich nämlich ein Proton in ein Neutron + Positron um, wodurch die (p, n)-Reaktion rückgängig gemacht wird.

Beispiel:

$$^{13}_6\text{C}(p, n)\,^{13}_7\text{N};\quad ^{13}_7\text{N} \rightarrow ^{13}_6\text{C} + e^+.$$

Weiterhin sind noch bekannt (p, d), $(p, 2n)$ und (p, p)-Prozesse.

b) Kernumwandlungen mit Deuteronen. Die Zahl der mit Deuteronen erzielbaren Kernreaktionen ist besonders groß. Die häufigsten unter ihnen sind die (d, p)-Prozesse, z. B.

$$^{23}\text{Na}(d, p)\,^{24}\text{Na} \text{ oder } ^{31}\text{P}(d, p)\,^{32}\text{P}.$$

Im Effekt kommen diese (d, p)-Prozesse also einer Anlagerung eines Neutrons gleich, und nach *Oppenheimer-Phillips* kann man sich den Vorgang so vorstellen, daß das leicht zerlegbare Deuteron im Felde des beschossenen Atomkernes polarisiert wird und das vom Feld nicht beeinflußte Neutron allein in den Kern eindringt, wodurch die große Ausbeute dieser Prozesse verständlich wird.

Ein weiterer, sehr wichtiger Prozeß findet am schweren Wasserstoff selbst statt:

$$^2\text{H}(d, p)\,^3\text{H}.$$

Tabelle.

Name	Symbol	Masse [ME]	Ladung	Beschleuniger	Energie (max)
1. Elektron	e^-	0,000549	$-e$	Betatron	330 MeV
2. Positron	e^+	0,000549	$+e$	Radioakt. Präp.	5 MeV
3. Proton	$^1_1$H	1,008130¹	$+e$	Synchrozyklotron	380 MeV
4. Neutron	^1_0n	1,008939	0	Synchrozyklotron²	200 MeV
5. Deuteron	$^2_1$H	2,014721¹	$+e$	Synchrozyklotron	200 MeV
6. α-Teilchen	$^4_2$He	4,003887¹	$+2e$	Synchrozyklotron	400 MeV
7. γ-Quant	$h\nu$	$\frac{h\nu}{c^2}$	0	Betatron²	330 MeV
8. Neutrino	η	$< 0{,}00001$	0	Radioakt. Präp.	12 MeV
9. Meson	π, μ, σ	—	$\pm e, 0$	Kosmische Strahlung, Synchrozyklotron²	bis 10^{12} eV

¹ Masse für das neutrale Teilchen. ² indirekt.

Von diesen Partikeln werden für Kernumwandlungen am häufigsten Neutronen, Deuteronen, Protonen, α-Teilchen und γ-Quanten benutzt.

a) Kernumwandlungen mit Protonen. Die historisch erste Reaktion mit Protonen ist die Umwandlung $^7\text{Li}(p, \alpha)\,^4\text{He}$, die von *Cockroft* und *Walton* aufgefunden wurde. Mit dem leichten Li-Isotop findet gleichzeitig die Reaktion $^6\text{Li}(p, \alpha)\,^3\text{He}$ statt, die zu einem He-Isotop der Masse 3 führt. Auch Einfangung von Protonen findet in einigen leichten Kernen statt; die freiwerdende Energie wird als γ-Quant abgestrahlt [(p, γ)-Prozeß]. Bei einem sol-

Hierbei entsteht das (instabile) Wasserstoffisotop der Masse 3, das Triton. Von großer Bedeutung sind auch die (d, n)-Prozesse, z. B.

$$\begin{aligned} &^2\text{H}(d, n)\,^3\text{He} \text{ mit } Q = +\ 3{,}31 \text{ MeV}, \\ &^7\text{Li}(d, n)\,^8\text{Be} \text{ mit } Q = +14{,}55 \text{ MeV}, \\ &^9\text{Be}(d, n)\,^{10}\text{B} \text{ mit } Q = +\ 4{,}020 \text{ MeV}. \end{aligned}$$

Wegen der großen bei ihnen freiwerdenden Energie sind diese Prozesse bereits mit Deuteronen geringerer Energie (0,2 bis 1 MeV) gut zu erzielen und spielen daher eine große Rolle bei der Erzeugung von Neutronen.

Im allgemeinen geben Reaktionen mit Deuteronen eine größere Ausbeute als Umwandlungen mit Protonen oder α-Teilchen. Bei kleinen Energien steigt

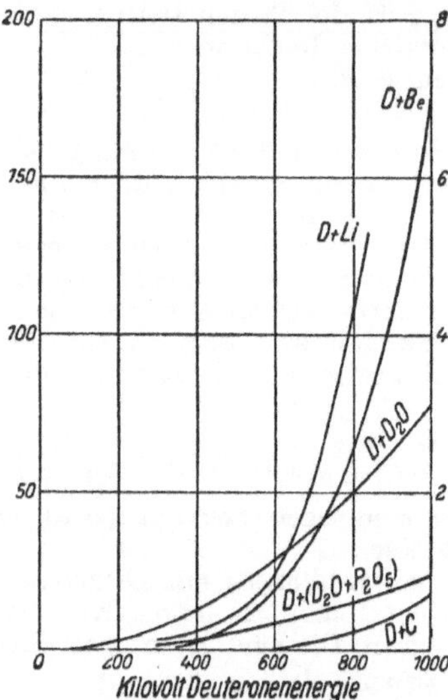

Ausbeute von Neutronen.

die Ausbeute exponentiell mit der Deuteronenenergie, bis die Höhe des Potentialwalls erreicht ist, worauf der Anstieg wesentlich flacher wird.

c) Kernumwandlungen mit α-Teilchen. Die ersten künstlich erzeugten Kernumwandlungen wurden mit α-Strahlen erzielt, da in den natürlich radioaktiven Substanzen, z. B. den Folgeprodukten des Radiums, starke Strahlenquellen mit ausreichender Energie der α-Strahlen zur Verfügung standen. Diese Prozesse waren (α, p)-Reaktionen, bei denen der Nachweis der erzeugten Protonen mit dem Szintallitionsschirm erfolgte. Besonders große Ausbeute ergeben Bor, Stickstoff und Aluminium. Die Umwandlungsgleichung für den von *Rutherford* zuerst gefundenen Prozeß lautet:

$$^{14}_{7}\mathrm{N} + {}^{4}_{2}\mathrm{He} \rightarrow {}^{17}_{8}\mathrm{O} + {}^{1}_{1}\mathrm{H} - 1{,}26\ \mathrm{MeV}.$$

Trotz der negativen Energietönung haben die Protonen bei Verwendung der üblichen α-Energien eine größere Reichweite als die α-Strahlen. Im allgemeinen haben die Protonen bei einheitlicher α-Energie auch definierte Energien bzw. Reichweiten, so daß von Protonengruppen gesprochen wird. (α, n)-Prozesse sind sehr häufig und, da sie Neutronen liefern, als Neutronenquelle interessant. Der wichtigste Prozeß im Hinblick auf Neutronenerzeugung ist der (α, n)-Prozeß am Beryllium:

$$^{9}_{4}\mathrm{Be} + {}^{4}_{2}\mathrm{He} \rightarrow {}^{12}_{6}\mathrm{C} + {}^{1}_{0}n.$$

Die meisten leichten Elemente geben (α, n)-Reaktionen und liefern dabei meist radioaktive Endprodukte. Mit größeren α-Energien (~ 20 bis 30 MeV) sind auch zahlreiche $(\alpha, 2\,n)$-Reaktionen erhalten worden.

d) Kernumwandlungen mit Neutronen. Wegen der fehlenden elektrischen Ladung sind Neutronen besonders befähigt, in Atomkerne einzudringen und Umwandlung hervorzurufen, und aus diesem Grunde ist auch die Zahl der bekannten Atomkernumwandlungen für Neutronen am größten. Der häufigste Kernprozeß ist der einfache *Einfangprozeß:* Ein Neutron dringt in den Kern ein und bleibt dort stecken; die freiwerdende Bindungsenergie des Neutrons (~ 5 bis 8 MeV) wird in Form von γ-Strahlung emittiert. Derartige (n, γ)-Prozesse gehen besonders gut mit langsamen Neutronen; die hierbei auftretenden Wirkungsquerschnitte sind oft wesentlich größer als bei allen anderen Kernprozessen. Da auch meist radioaktive Kerne entstehen, sind die (n, γ)-Prozesse besonders wichtig für die Herstellung radioaktiver Atomarten.

Mit schnellen Neutronen (d. h. Energien bis etwa 15 MeV) sind auch zahlreiche Umwandlungen beobachtet, die mit Ausstoßung geladener Teilchen vor sich gehen, etwa (n, p)- und (n, α)-Prozesse. Als Beispiel möge dienen die Umwandlung des Aluminiums:

1. $^{27}_{13}\mathrm{Al} + {}^{1}_{0}n \rightarrow {}^{28}_{13}\mathrm{Al} + \gamma$
   (n, γ)-Prozeß; $^{28}\mathrm{Al}$ radioaktiv.
2. $^{27}_{13}\mathrm{Al} + {}^{1}_{0}n \rightarrow {}^{27}_{12}\mathrm{Mg} + p$
   (n, p)-Prozeß; $^{27}\mathrm{Mg}$ radioaktiv.
3. $^{27}_{13}\mathrm{Al} + {}^{1}_{0}n \rightarrow {}^{24}_{11}\mathrm{Na} + \alpha$
   (n, α)-Prozeß; $^{24}\mathrm{Na}$ radioaktiv.

Mit sehr energiereichen Neutronen finden auch Kernumwandlungen statt, die zur Aussendung *zweier* Neutronen führen, z. B.

$$^{63}_{29}\mathrm{Cu} + {}^{1}_{0}n \rightarrow {}^{62}_{29}\mathrm{Cu} + 2\,{}^{1}_{0}n$$

$(n, 2\,n)$-Prozeß; $^{62}\mathrm{Cu}$ radioaktiv.

Eine besonders wichtige Kernumwandlung durch Neutronen ist die Spaltung von schweren Kernen in zwei etwa gleiche Bruchstücke (→ Kernspaltung).

e) Kernumwandlungen mit γ-Strahlen. Wenn ein Atomkern ein γ-Quant hoher Energie absorbiert, so erhält er u. U. so viel Energie, daß ein oder mehrere Kernbestandteile ausgestoßen werden können *(Kernphotoeffekt).* Mit den γ-Strahlen des $^{7}\mathrm{Li}(p,\gamma)$-Prozesses ($E_\gamma = 17{,}2$ MeV) sind sowohl (γ, n)- wie (γ, p)-Prozesse beobachtet worden, z. B.:

$$^{63}_{29}\mathrm{Cu} + \gamma \rightarrow {}^{62}_{29}\mathrm{Cu} + {}^{1}_{0}n \quad (\gamma, n)\text{-Prozeß},$$
$$^{30}_{14}\mathrm{Si} + \gamma \rightarrow {}^{29}_{13}\mathrm{Al} + {}^{1}_{1}p \quad (\gamma, p)\text{-Prozeß}.$$

Mit γ-Strahlen höherer Energie sind auch Kernumwandlungen beobachtet worden, die unter Abspaltung mehrerer Teilchen verlaufen.

f) Kernumwandlungen mit extrem hohen Geschoßenergien. Mit dem Synchro-Zyklotron ist es gelungen, Deuteronen bis 195 MeV und α-Teilchen bis 380 MeV zu beschleunigen. Beschießt man Atomkerne mit derartig energiereichen Teilchen, so erhält der Zwischenkern so viel Energie, daß viele Kernbausteine abgesplittert werden können (→ Spallation). Z. B. sind bei der Bestrahlung des Arsens mit Deuteronen 28 verschiedene Kernprozesse nachgewiesen, die angefangen von

$^{75}_{33}\mathrm{As}\,(d, 2n)\,{}^{75}_{34}\mathrm{Se}$
$(d, 4n)\,{}^{73}\mathrm{Se}$
. . . .
$(d, 6n)\,{}^{71}\mathrm{Se}$
. . . .
über $(d, p\,2n)\,{}^{74}\mathrm{As}$
. . . .
$(d, 5p\,5n)\,{}^{67}\mathrm{Cu}$
. . . .
bis $(d, 10p\,16n)\,{}^{51}\mathrm{Cr}$ reichen.

Der letzte, extremste Prozeß bedeutet also, daß das eine Deuteron aus dem Kern 10 Protonen und 16 Neutronen abspaltet, wodurch ein $^{51}\mathrm{Cr}$-Kern übrigbleibt. Ähnliche Prozesse sind mit α-Teilchen, Protonen und Neutronen erhalten und werden z. B. mit (α, Spallation) abgekürzt.

g) Kernumwandlungen durch schwerere Teilchen. In jüngster Zeit sind Kernumwandlungen mit auf 116 MeV beschleunigten ^{12}C-Kernen bekanntgeworden [*Miller, J.F., J.G. Hamilton* u. Mitarbeiter: Phys. Rev. **80**, 486 (1950)]. Es handelt sich um folgende Reaktionen:

$^{27}_{13}$Al ($^{12}_{6}$C, n) $^{34}_{17}$Cl und $^{197}_{79}$Au ($^{12}_{6}$C, $4n$) $^{205}_{85}$At.

Übersicht über die bekannten Kernprozesse.

(Die Zahlen unter den Reaktionstypen besagen, an wie vielen Atomarten der betreffende Prozeß bis Frühjahr 1951 beobachtet wurde.)

Neutronen:	(n,γ)	(n,p)	$(n,2n)$	(n,α)	$(n,3n)$
	205	87	105	57	1
	$(n,p\,2n)$	$(n,p\,3n)$	$(n,\alpha\,n)$	(n,n)	
	1	1	1	6	
	$(n$, Spallation)				
	15				

Protonen:	(p,n)	(p,α)	(p,γ)	(p,pn)	(p,p)	$(p,2n)$
	132	13	33	4	2	2
	$(p$, Spallation)					
	1					

Deuteronen:	(d,p)	(d,n)	(d,α)	(d,γ)	$(d,2n)$	$(d,3n)$
	153	100	57	1	76	12
	$(d,4n)$	$(d,5—8n)$	$(d,9n)$	$(d,{}^3\mathrm{H})$		
	4	7	1	12		
	$(d,2p)$	$(d,\alpha\,n)$	$(d,\alpha\,p)$	(d,d)		
	7	2	2	2		
	$(d$, Spallation)					
	75					

α-Teilchen:	(α,n)	(α,p)	(α,γ)	$(\alpha,2n)$	(α,pn)
	102	37		22	11
	$(\alpha,3n)$	$(\alpha,4—7n)$	$(\alpha,8n)$	$(\alpha,\alpha n)$	(α,α)
	18	10	1	3	1
	$(\alpha$, Spallation)				
	68				

γ-Quanten:	(γ,n)	(γ,p)	(γ,α)	$(\gamma,2n)$	$(\gamma,2p)$
	70	20	1	5	3
	$(\gamma,p2n)$	$(\gamma,3pn)$	$(\gamma,\alpha n)$	(γ,pn)	(γ,γ)
	2	1	2	1	14

Elektronen:	(e^-,e^-)	(e^-,e^-n)
	6	4
^{3}H-Teilchen:	$(^3\mathrm{H},p)$	$(^3\mathrm{H},{}^3\mathrm{He})$
	2	1
$^{12}_{6}$C-Kerne:	$(^{12}_{6}\mathrm{C},n)$,	$(^{12}_{6}\mathrm{C},4n)$
	1	1

Weiteres → Kernreaktionen (Theorie) und im *Nachtrag.*

Riezler, W.: Einf.i.d.Kernphysik. Leipzig 1944. *Mattauch, J.,* u. *A. Flammersfeld:* Isotopenbericht. Tübingen 1949.

Kernreaktionen (Theorie). Eine Kernreaktion *(künstliche Kernumwandlung)* tritt ein durch Beschuß eines Atomkerns mit Teilchen, wobei der Kern getroffen wird und ein anderes Teilchen (oder das gleiche) den Kern wieder verläßt. Als Teilchen kommen hierbei in Frage: Neutron (n), Proton (p), Deuteron (d), $^4_2$He-Kerne (α), Lichtquanten hoher Energie (γ) und bei Prozessen mit sehr großer Energieumwandlung ($\geqq$ 200 MeV) auch Mesonen. Die normalerweise umgesetzten Energien sind von der Größenordnung 1 bis 10 MeV. Der getroffene Kern nimmt das Teilchen auf und bildet mit ihm einen meist hoch angeregten Zwischenkern, der nach einer mittleren Lebensdauer von 10^{-13} bis 10^{-17} s unter Aussendung eines anderen Teilchens wieder zerfällt.

Die wichtigsten Typen von Kernreaktionen sind:

1. *Austauschreaktionen.* Ein Teilchen dringt in den Kern ein, während ein anderes ihn verläßt, z.B.: (α, p), (p, n), (d, p). Der erste Buchstabe in der Klammer bezeichnet üblicherweise das eintretende, der zweite das austretende Teilchen.

2. *Einfangsreaktionen* (n, γ), (p, γ). Ein Teilchen dringt ein, bleibt im Kern stecken, welcher unter Aussendung eines γ-Quants in seinen Grundzustand zurückfällt. Der (n, γ)-Prozeß ist besonders häufig und wird allgemein als → Neutroneneinfang bezeichnet.

3. *Unelastische Stöße* (n, n), (p, p). Ein Teilchen dringt in den Kern ein, der entstehende Zwischenkern sendet ein Lichtquant aus, und das Teilchen verläßt den Kern wieder unter Energieverlust. Gegebenenfalls verläßt statt des Lichtquants auch ein zweites Neutron den Kern, falls die Energie des einfallenden Neutrons ausreicht, die Bindungsenergie des zweiten ($\sim$ 8 MeV) zu kompensieren $(n, 2n)$, $(d, 2n)$.

4. *Kernphotoeffekt* (γ, n). Ein eindringendes γ-Quant schlägt ein Neutron aus dem Kern heraus. Die Bedingung dafür ist auch hier, daß die Energie des γ-Quants die Bindungsenergie des Neutrons überwiegt.

5. *Kernspaltung.* Nach Aufnahme eines Neutrons wird ein sehr schwerer Kern instabil. Der Einfluß der inneren elektrostatischen Abstoßungsenergie überwiegt den entgegengesetzten der Oberflächenspannung des Kerns (→ Tröpfchenmodell). Der Kern setzt Änderungen seiner Form keinen Widerstand mehr entgegen und zerfällt in 2 annähernd gleich große Teile und mehrere Neutronen (da bei leichteren stabilen Kernen der Neutronenüberschuß bekanntlich geringer ist als bei schwereren).

Bei der *theoretischen Behandlung* der Kernreaktionen handelt es sich allgemein um die Behandlung von drei Problemen: die Berechnung der Treffwahrscheinlichkeit, also des → Wirkungsquerschnitts für den Einfang, die Vorgänge im Atomkern nach Einfang des Teilchens und schließlich die Austrittswahrscheinlichkeit für ein Teilchen. Dabei verhalten sich geladene Teilchen $(p, d, \alpha, \ldots)$ prinzipiell anders als ungeladene, weil sie außer mit dem Kernfeld mit dem elektrostatischen Feld des Kerns in Wechselwirkung treten.

1. *Einfangprozesse.* Beim „Einfang eines γ-Quants" herrschen ähnliche Bedingungen wie in der Atomhülle. Die in Schalen gebundenen Protonen des Kerns sind dem Felde der elektromagnetischen Welle ausgesetzt und gehen unter Absorption jeweils eines γ-Quants in angeregte Zustände über. Die Wirkungsquerschnitte sind hierbei zumeist klein, größenordnungsmäßig $10^{-30}\,\mathrm{cm}^2$, weil der Kern kein elektrisches Dipolmoment besitzt und die Wechselwirkung zwischen Materie und Strahlung hier nur durch das elektrische Quadrupolmoment des Kerns vermittelt werden kann.

Die Wechselwirkung zwischen *Neutronen* und Atomkernen äußert sich als elastische Streuung, unelastische Streuung (bei Energieverlust) und Absorption. Die Absorption findet vornehmlich statt, wenn die Energie des einfallenden Neutrons klein ist oder in Resonanz mit einem angeregten Zustand des Kerns steht. Wenn v die Geschwindigkeit des einfallenden Neutrons ist, so verhält sich der Wirkungsquerschnitt $\sigma(v)$ bei kleinen Energien proportional $1/v$, während er an den Resonanzstellen steile Maxima zeigt. Für sehr schnelle Neutronen reduziert sich schließlich der Einfangquerschnitt auf $\sigma = R^2 \pi \xi$, den geometrischen Wirkungsquerschnitt mit einem Faktor $\xi \leq 1$, der als Undurchlässigkeitskoeffizient wirkt ($\xi = 1$ bedeutet Undurchlässigkeit).

Bei *Absorption geladener Teilchen* müssen diese während der Zeit ihres Aufenthalts in Kernnähe einen → Tunneleffekt durch den Coulombschen Potentialwall ausführen, um in den Kern zu gelangen. Der Wirkungsquerschnitt für diesen Prozeß ist

$$\sigma = \frac{1}{v\tau} \frac{4}{3} \pi R^3 \, |\psi|^2_{r=0},$$

wenn ψ die ebene Welle des einfallenden Teilchenstromes ist (auf 1 normiert, d. h. für ein Teilchen je s und cm²) und τ die mittlere Zeit, nach der ein Tunneleffekt stattfindet. (Beim → α-Zerfall wird τ auch als mittlere Lebensdauer bezeichnet.)

2. Der *Zwischenzustand* des Atomkerns, welcher sich nach Einfang eines Teilchens einstellt, ist im allgemeinen hoch angeregt. Bei schweren Atomkernen mit vielen Freiheitsgraden ist daher eine Behandlung mit der quantenstatistischen → Thermodynamik möglich. Unabhängig von der Art des eingefallenen Teilchens, also unabhängig von der Art der Anregung, verteilt sich die überschüssige Energie schnell statistisch über die Freiheitsgrade des Kerns und erlaubt die Definition einer inneren → Kerntemperatur, welche größenordnungsmäßig im allgemeinen etwa 10^{10} grad beträgt. Aus derart angeregten Zuständen wandelt sich der Kern unter Aussendung eines Teilchens nach einer Zerfallszeit von 10^{-17} bis 10^{-13} s wieder um und sucht dabei einen neuen stabilen Endzustand auf.

Infolge des thermodynamischen Vorgangs, welcher sich zwischen Eintritt und Austritt von Teilchen schaltet, ist die Art des austretenden Teilchens unabhängig davon, auf welche Weise der Kern angeregt wurde, was für ein Teilchen also eingetreten ist.

3. Die *Austrittswahrscheinlichkeit eines γ-Quants* wird durch Quadrupolstrahlung hervorgerufen, evtl. auch durch höhere Multipolstrahlung, wenn mit dem Übergang in den neuen Grundzustand eine Änderung des → Kernspins um mehr als zwei Einheiten verbunden ist.

Für den *Austritt von Neutronen* dagegen ist die Richardsongleichung (→ Richardson-Effekt) maßgeblich, die im allgemeinen den Austritt von Elektronen aus einem erwärmten Metall angibt, hier aber auf das Kerninnere angewandt wird. Man spricht daher auch von *Neutronenverdampfung*. An Stelle der Stromdichte j tritt hier die Gesamtaustrittswahrscheinlichkeit in der Zeiteinheit $w = 4\pi R^2 j$, welche sich ergibt zu

$$w = \frac{2\pi g m}{h^3} (k T)^2 e^{-\lambda/(k T)}.$$

λ ist die Austrittsarbeit, k die Boltzmann-Konstante, T die Kerntemperatur, m die Masse des herausfliegenden Teilchens und h das Wirkungsquantum. Die Gewichtsfunktion ist $g = 2i + 1$, und i ist die Spinquantenzahl des Teilchens, beim Neutron also $i = \frac{1}{2}$, daher $g = 2$. Denn ein Teilchen vom Spin i kann in $2i + 1$ verschiedenen Spinstellungen (Zuständen) gemäß der Richardsongleichung „abgedampft" werden. Für die Verdampfung eines weiteren Teilchens liegen natürlich wieder völlig neue Verhältnisse vor, insbesondere eine andere Temperatur.

Der *Austritt eines geladenen Teilchens* unterliegt dagegen völlig anderen Bedingungen, da dieses den hohen Potentialwall der Coulombkräfte überwinden muß, der außerhalb der Kernkraftreichweite beginnt (Abb. → Kernradien). Die Kerntemperatur spielt dabei nur eine sekundäre Rolle. Sie liefert lediglich die für das austretende Teilchen verfügbare Maximalenergie E, mit der das Teilchen einen → Tunneleffekt ausführt. Hier liegen im wesentlichen die Bedingungen des α-Zerfalls vor, mit allerdings meist viel höheren Energien E und somit kürzesten Zerfallszeiten.

Weiteres → Kernreaktionen (Experimentelles).

Dänzer, H.: Einf. in die theoret. Kernphysik. Karlsruhe 1948. *Gamow-Critchfield:* Theory of Atomic Nucleus and Nuclear Energy Sources. Oxford 1949. *Heisenberg, W.:* Die Theorie d. Atomkerns. Göttingen (Max-Planck-Ges.) 1951.

Kernreaktionen in Sternen. Für die Ursache der Energieerzeugung in Sternen, wie insbesondere der Sonne, sind → Kernreaktionen in Betracht zu ziehen, die im thermodynamischen Gleichgewicht bei sehr hohen Temperaturen (10^6 bis 10^8 grad) stattfinden und eine Erklärung für den hohen Betrag der Energieerzeugung (bei der Sonne im Mittel $2\,\mathrm{erg} \cdot \mathrm{s}^{-1} \cdot \mathrm{g}^{-1}$ im Einklang mit ihrer Ausstrahlung) sowie für ihre Gleichmäßigkeit über große Zeiträume ($\geqq 10^9$ Jahre) zu geben imstande sind. Dabei kommen Neutronen nicht in Frage, weil sie nach

Die wichtigsten Kernreaktionen im Sterninnern (Q = beim Einzelprozeß freiwerdende Energie).

Reaktion	Mittlere Reaktionszeit	Q [TME]	Energieproduktion [erg/(g · s)]
$^1H + {^1H} \to {^2H} + e^+$	$1{,}5 \cdot 10^{10}$ a	1,53	1,1
$^2H + {^1H} \to {^3He} + \gamma$	2 s	5,9	4,10
$^3He + {^1H} \to {^4He} + \gamma$	0,2 s	21,3	9,10
$^2H + {^2H} \to {^3He} + n$	30 s	3,5	1,10
$^6Li + {^1H} \to {^3He} + {^4He}$	5 s	4,1	3,10
$^7Li + {^1H} \to 2\,He^4$	1 min	18,6	1,10
$^9Be + {^1H} \to {^6Li} + {^4He}$	15 min	2,4	8,10
$^{10}B + {^1H} \to {^{11}C} + \gamma$	1000 a	9,2	8,10
$^{11}B + {^1H} \to 3\,He^4$	3 d	9,4	9,10
$^{11}C + {^1H} \to {^{12}N} + \gamma$	10^8 a	0,4	3,10
$^{12}C + {^1H} \to {^{13}N} + \gamma$	$2{,}5 \cdot 10^6$ a	2,0	6,10
$^{13}C + {^1H} \to {^{14}N} + \gamma$	$5 \cdot 10^4$ a	8,2	1,10
$^{14}N + {^1H} \to {^{15}O} + \gamma$	$4 \cdot 10^6$ a	7,8	1,10
$^{15}N + {^1H} \to {^{12}C} + {^4He}$	20 a	5,2	2,10
$^{16}O + {^1H} \to {^{17}F} + \gamma$	10^{12} a	0,5	4,10
$^{19}F + {^1H} \to {^{16}O} + {^4He}$	$3 \cdot 10^7$ a	8,8	1,10
$^{22}Ne + {^1H} \to {^{23}Na} + \gamma$	$2 \cdot 10^{13}$ a	10,7	2,10
$^{26}Mg + {^1H} \to {^{27}Al} + \gamma$	10^{17} a	8,0	3,10
$^{30}Si + {^1H} \to {^{31}P} + \gamma$	$3 \cdot 10^{20}$ a	7,0	6,10
$^{37}Cl + {^1H} \to {^{38}A} + \gamma$	$2 \cdot 10^{25}$ a	12,0	1,10
$^4He + {^4He} \to {^8Be} + \gamma$	10^{13} a	0,05 ?	1,10
$^7Li + {^4He} \to {^{11}B} + \gamma$	$4 \cdot 10^{14}$ a	9,1	2,10
$^9Be + {^4He} \to {^{11}C} + \gamma$	$2 \cdot 10^{20}$ a	8,0	5,10
$^{12}C + {^4He} \to {^{16}O} + \gamma$	10^{33} a	7,8	1,10

kurzer Zeit absorbiert werden. Für Reaktionen zwischen schweren Atomkernen reicht dagegen die Temperaturenergie nicht aus, um die elektrostatischen Abstoßungskräfte zu überwinden.

Diejenigen Prozesse, welche im Innern von Sternen die wichtigste Rolle spielen, sind daher Reaktionen, bei denen Protonen von leichteren Kernen unter Aussendung von γ-Quanten oder Positronen absorbiert werden, also Einfangreaktionen vom Typ (p, γ) und (p, β^+). Diese Reaktionen finden vornehmlich im Zentrum der Sterne statt („Punktquelle"), wo Dichte, Druck und Temperatur ein Maximum haben. Die betreffenden Kernreaktionen sind in der Tabelle dargestellt mit ihren Auswirkungen unter Bedingungen, wie sie etwa im Zentrum der Sonne herrschen: Temperatur $T = 2 \cdot 10^7$ grad; Dichte $\varrho = 80\,\mathrm{g \cdot cm^{-3}}$; Konzentration der jeweiligen Reaktionspartner $= 0{,}3\,\mathrm{g \cdot cm^{-3}}$.

Der Tabelle ist zu entnehmen, daß (unter weiterer Berücksichtigung ihrer künstlichen Radioaktivität) alle Kerne der Massenzahl $A < 12$ bei kleinen Reaktionszeiten nur im Geburtsstadium des Sterns eine Rolle spielen können und dabei verbraucht werden, so daß als Endprodukt nur ${}^4_2\mathrm{He}$ verbleibt sowie ${}^1_1\mathrm{H}$ wegen seiner langen Reaktionszeit. Für die Sonne und alle ihr verwandten Sterntypen, die nach dem → Hertzsprung-Russel-Diagramm der Hauptserie angehören, wird dagegen eine Reaktionsserie von ${}^1_1\mathrm{H}$ mit Kernen von $A = 12$ bis $A = 15$ angenommen, der *Bethe-Weizsäcker-Zyklus*, bei dem ein Kern ${}^{12}_6\mathrm{C}$ nacheinander 4 Protonen ${}^1_1\mathrm{H}$ unter inneren Verwandlungen aufnimmt und einen ${}^4_2\mathrm{He}$-Kern schließlich wieder herausstößt. Die C-Kerne wirken dabei also nur als Katalysatoren, ohne ihren Bestand zu verringern. Verbraucht wird lediglich der Wasserstoff, der in Helium umgewandelt wird, wobei jedesmal eine Energie von 28 MeV frei wird. Die quantitative Durchführung liefert für die Sonne in der Tat $1{,}6\,\mathrm{erg \cdot g^{-1} \cdot s^{-1}}$, in guter Übereinstimmung mit der Erfahrung. Die einzelnen Reaktionen dieses Zyklus sind (ν Neutrino):

$$
\begin{aligned}
&{}^{12}\mathrm{C} + {}^1\mathrm{H} \rightarrow {}^{13}\mathrm{N} \rightarrow {}^{13}\mathrm{C} + e^+ + \nu,\\
&{}^{13}\mathrm{C} + {}^1\mathrm{H} \rightarrow {}^{14}\mathrm{N},\\
&{}^{14}\mathrm{N} + {}^1\mathrm{H} \rightarrow {}^{15}\mathrm{O} \rightarrow {}^{15}\mathrm{N} + e^+ + \nu,\\
&{}^{15}\mathrm{N} + {}^1\mathrm{H} \rightarrow {}^{12}\mathrm{C} + {}^4\mathrm{He}.
\end{aligned}
$$

Die hierbei freiwerdende Energie beträgt etwa 25 MeV. Die fehlenden 3 MeV gehen durch die Aussendung der beiden → Neutrinos ν verloren.

Diese Typen von Kernprozessen können mit Sicherheit als die wesentlichen angesehen werden, die bei den in Frage kommenden Temperaturen eine Rolle spielen. → Urca-Prozesse, bei denen ein Elektron in den Kern eindringt und zusammen mit einem Neutrino den Kern wieder unter Energieverlust verläßt, kommen erst bei Temperaturen oberhalb 10^9 Grad in Betracht. Ferner → Energiehaushalt der Sterne.

Gamow-Critchfield: Theory of Atomic Nucleus and Nuclear Energy Sources. Oxford 1949.

Kernschatten → Schatten.

Kernschichten einer strömenden Flüssigkeit, im Gegensatz zu den *Wandschichten* die von den Wänden fernen Schichten, in denen kein wesentliches Geschwindigkeitsgefälle mehr herrscht, so daß sie mit fast einheitlicher Geschwindigkeit auf den Wandschichten gleiten, in denen ein hohes Geschwindigkeitsgefälle herrscht.

Kernspaltung. Die schwersten Atomkerne spalten, wenn man ihnen genügend Energie zuführt, in zwei leichtere Bruchstücke auf. Entdeckt wurde dieser nicht vermutete → Kernprozeß im Jahre 1939 durch *Hahn* und *Straßmann* am Uran und Thorium. Bei der Uranspaltung entstehen zahlreiche Isotope der Elemente mit den Ordnungszahlen 30 (Zink) bis 63 (Europium), deren Ordnungszahlen zusammen die Ordnungszahlen 92 des Urans ergeben, darunter bevorzugt als korrespondierende Bruchstücke Krypton 36 und Barium 56 sowie Xenon 54 und Strontium 38 und auch die in ihrer Nachbarschaft stehenden Halogene, Alkalien und besonders Erdalkalien, z. B.:

$$ {}^{235}_{92}\mathrm{U} + {}^1_0 n = {}^{139}_{56}\mathrm{Ba} + {}^{94}_{36}\mathrm{Kr} + 3\,{}^1_0 n. $$

Insgesamt sind bis jetzt etwa 200 verschiedene → Spaltprodukte des Urans nachgewiesen worden, die fast alle β^--aktiv sind, da sie einen großen Neutronenüberschuß aufweisen. Dieser rührt daher, daß die schweren spaltbaren Elemente im Verhältnis mehr Neutronen besitzen als die leichten und so die auftretenden Bruckstücke für die ihnen entsprechenden Kernladungszahlen zunächst zu viele Neutronen enthalten. In manchen Fällen ist der Neutronenüberschuß so groß, daß von ihnen auch Neutronen emittiert werden. So hat man beim Krypton und Xenon einige Neutronenstrahler nachweisen können. → Neutronenemission, verzögerte.

Darüber hinaus werden bei jeder Spaltung zusätzlich noch je Spaltprozeß ein bis drei Neutronen emittiert. Diese *Spaltneutronen* haben hohe Energien. Sie können, wenn sie verlangsamt werden, ihrerseits wieder neue Spaltreaktionen hervorrufen und so die → Kettenreaktion, die die Ausnutzung der → Atomenergie ermöglicht, vonstatten gehen lassen. Diese Primärneutronen bilden den Hauptanteil der bei der Spaltung entstehenden; die Neutronenstrahler liefern nur etwa 1% der gesamten Neutronenausbeute.

Bei jeder Kernspaltung ist entsprechend der → Massendefektkurve eine Energie von etwa 200 MeV zu erwarten. Die → Bindungsenergie der mittleren Kerne des Periodischen Systems ist größer als die der schweren; daher muß bei der Spaltung ein Teil der Masse des schweren Kerns entsprechend der → Einsteinschen Gleichung $E = m c_0^2$ als Energie frei werden. Tatsächlich tritt sie auch als kinetische Energie der Bruchstücke auf. Die bei der Spaltung je Atom freiwerdende Energie ist etwa 50 Millionen mal größer als bei chemischen Vorgängen.

Daß die Kernspaltung trotz ihres exothermen Charakters nur sehr selten spontan eintritt (→ Spontanspaltung), liegt daran, daß der sich spaltende Atomkern, ähnlich wie ein sich teilender Flüssigkeitstropfen, erst eine gestreckte und dann eine eingeschnürte Form durchlaufen muß, ehe sich die beiden Teile trennen. Diese gestreckte Form ist in Analogie zum Flüssigkeitstropfen energetisch ungünstiger als die ursprüngliche Kugelform. Es muß also eine Anregungsenergie zugeführt werden, um die Spaltung einzuleiten. Je schwerer der zu spaltende Atomkern ist, je weiter er von den mittleren Kernen, bei denen die Bindungsenergie ein Maximum zeigt, entfernt ist und je größer der Quotient Z^2/A ist, um so geringer braucht die Anregungsenergie zu sein (Z Ordnungszahl, A Massenzahl). Sie beträgt bei den schwersten Kernen nur einige MeV, eine Energie, die schon bei der Bindung eines Neutrons frei wird.

Die zur Spaltung benötigte Energie ist auf Grund der Annahme, daß der Atomkern einem Flüssigkeitstropfen ähnliche Eigenschaften besitzt, berechnet worden. Dabei liegt die Vorstellung zugrunde, daß die zwischen den Neutronen und Protonen wirkenden → Kernkräfte sich jeweils nur auf direkt benachbarte Teilchen erstrecken, ähnlich wie die zwischenmolekularen Kräfte bei den Molekülen einer Flüssigkeit. Die Coulombsche Abstoßung der Protonen hingegen verteilt sich gleichmäßig über den ganzen Kern und wirkt so den Kernkräften entgegen. Des weiteren wird angenommen, daß die einzelnen Kernbausteine gegeneinander leicht verschiebbar und nicht wie die Bausteine eines Kristallgitters in bestimmter Weise zueinander angeordnet sind.

Der Energieinhalt eines solchen Tröpfchens wächst bei Deformation infolge der Vergrößerung seiner Oberfläche, weil gegen die Oberflächenspannung Arbeit geleistet werden muß. Gleichzeitig aber verringert er sich wegen der mit größerer Entfernung abnehmenden Coulombschen Abstoßung der im Kern gebundenen Protonen. Die Konkurrenz dieser beiden Erscheinungen ergibt quantitativ die Höhe der bei der Spaltung eines Kernes zu überwindenden Potentialschwelle. Nach *Bohr* und *Wheeler* errechnet sie sich in MeV aus folgender Zahlenwertgleichung:

$$V_{\max} = \left[10{,}18\left(1 - 0{,}0209\frac{Z^2}{A}\right)^3 - 4{,}62\left(1 - 0{,}0209\frac{Z^2}{A}\right)^4\right]A^{\frac{2}{3}}.$$

Dabei bedeuten A und Z die Massen- und Ordnungszahl des gespaltenen Kernes — z. B. des durch Neutroneneinfang gebildeten Zwischenkerns.

Die geringste Anregungsenergie benötigen die Isotope ungrader Neutronenzahl. Daher lassen sich die Isotope ^{233}U und ^{235}U sowie ^{239}Pu mit thermischen Neutronen spalten, während das ^{238}U oder das ^{232}Th Neutronenenergien von 1,1 MeV zur Spaltung benötigen. Mit noch energiereicheren Teilchen, z. B. 190 MeV Deuteronen oder 380 MeV α-Teilchen ist die Kernspaltung bis zum Element 73 nachgewiesen worden. Auch harte γ-Strahlung vermag Kernspaltungen zu veranlassen. Die Art der Auslösung des Spaltprozesses scheint ohne Einfluß auf die Art der Spaltprodukte zu sein. Eine Anzahl von ihnen findet sich auch bei Spaltungen anderer Elemente wieder.

Die Kernspaltung bildet die Quelle für die heute nutzbar gemachte →*Atomenergie*.

Neben der Spaltung in zwei Bruchstücke hat sich beim Uran auch eine Dreifachspaltung in zwei mittelschwere und ein leichteres Bruchstück nachweisen lassen. Dieser Prozeß tritt sehr viel seltener (etwa 1%) auf als die Zweifachspaltung.

Mit Teilchen sehr hoher Energie ist es neuestens gelungen, einen der Kernspaltung ähnlichen Prozeß, der in der amerikanischen Literatur als → Spallation bezeichnet wird, aufzufinden. Im Gegensatz zur eigentlichen Kernspaltung ist diese Kernreaktion endotherm. Werden Elemente der mittleren Ordnungszahlen (z. B. As, Cu, K) mit 190 MeV Deuteronen oder 380 MeV α-Teilchen beschossen, so wird unter Abspaltung einer verschieden großen Zahl von Protonen und Neutronen eine Reihe von Radio-Isotopen gebildet. Die Zahl der abgespaltenen Protonen kann nach den bisherigen Versuchen bis zu 16, die der Neutronen bis zu 19 betragen. Im allgemeinen werden mehr Neutronen als Protonen abgesplittert, so daß die Reaktionsprodukte überwiegend positronen-aktiv sind. Auf diesem Wege ist eine Reihe von Positronenstrahlern aufgefunden worden. Die auftretenden Reaktionen lassen sich durch folgende Gleichung beschreiben:

$${}^{A}_{Z}X(d; ap, bn)\ {}^{A+2-b}_{Z+1-a}Y \quad {}^{A}_{Z}X(\alpha; ap, bn)\ {}^{A+4-b}_{Z+2-a}Y$$

Dabei bedeuten: A die Massenzahl, Z die Ordnungszahl des Ausgangselementes, X und Y Ausgangselement und Reaktionsprodukt. a und b sind die Anzahlen der abgespaltenen Protonen und Neutronen.

Aus ${}^{75}_{33}$As ließen sich so mit Deuteronen Isotope von ${}^{75}_{34}$Se bis ${}^{51}_{24}$Cr herstellen. ${}^{63}_{29}$Cu und ${}^{65}_{29}$Cu ergaben mit Deuteronen und α-Teilchen Isotope von ${}^{62}_{30}$Zn bis ^{32}P. Beim Bestrahlen von Fluor, Natrium, Silizium, Chlor und Kalium hat sich das Neutronen strahlende Isotop ${}^{17}_{7}$N nachweisen lassen.

Dänzer, H.: Einf. in die theoret. Kernphysik. Karlsruhe 1948.

Kernspektren, die Energiespektren der von einem Atomkern ausgesandten α-, β- oder γ-Strahlen.

Kernspin. Wie das Gesamtatom, so hat auch der aus Protonen und Neutronen aufgebaute Atomkern einen resultierenden Gesamtdrehimpuls, dessen Größe nach allgemeinen Gesetzen der Quantenmechanik ein ganz- oder halbzahliges Vielfaches von $\hbar = h/2\pi$ sein muß, den Kernspin. Bei Kernen mit gerader Protonen- und Neutronenzahl ist der Spin stets gleich 0. Dann aber ist im Kern keine Richtung ausgezeichnet, an der sich irgendwelche Dipol- oder höhere Momente orientieren können. Magnetisches Dipolmoment und elektrisches Quadrupolmoment verschwinden. Kerne vom Spin $\hbar/2$ haben nur zwei mögliche Einstellungen ($\uparrow \downarrow$) zu einer gegebenen Feldrichtung. Sie können daher ein magnetisches Dipolmoment besitzen. (Ein elektrisches Dipolmoment fehlt, da im Kern nur positive elektrische Ladungen vorhanden sind.) Ein Quadrupolmoment jedoch können nur Kerne vom Spin $\geqq 1$ aufweisen, da nur solche Kerne ihren Spin auch senkrecht zu einer vorgegebenen Feldrichtung einzustellen vermögen.

Der Kernspin ist entscheidend dafür, welche quantenmechanische Statistik der Kern befolgt. Kerne halbzahligen Spins gehorchen der Fermistatistik, während solche mit ganzzahligem Spin die Bose-Einstein-Statistik befolgen. Ferner → Spin, → Kernmomente.

Heisenberg, W.: Die Theorie d. Atomkerns. Göttingen (Max-Planck-Ges.) 1951.

Kernstabilität → Bindungsenergie, → Stabilität von Atomkernen.

Kernstatistik. Nach allgemeinen Gesetzen der → Quantentheorie der Wellenfelder haben Teilchen und abgeschlossene mechanische Systeme einen Eigendrehimpuls, der ein ganz- oder halbzahliges Vielfaches von $\hbar = h/2\pi$ sein muß. Bei den Atomkernen wird dieser Eigendrehimpuls als → Kernspin bezeichnet.

Bilden nun viele Kerne einer Sorte ein quantenmechanisches System, so muß die Wellenfunktion dieses Systems symmetrisch oder antimetrisch gegen Vertauschung zweier Teilchen sein, je nachdem, ob die beschriebenen Kerne ganzzahligen oder halbzahligen Spin besitzen. Herrscht zwischen den Kernen nur geringe Wechselwirkung und kann man daher von Energiezuständen einzelner Kerne reden, so darf im ersteren Falle jeder solche Energiezustand beliebig oft besetzt werden, und es liegt → Bose-Einstein-Statistik vor. Im zweiten Falle dagegen (halbzahliger Spin) wechselt die Wellenfunktion ihr

Vorzeichen bei Vertauschung zweier Teilchen. Befänden sich aber beide im gleichen Teilchenzustand, so müßte die Wellenfunktion gleichzeitig unverändert bleiben, daher also identisch verschwinden. Es ist somit nur einfache Teilchenbesetzung der Energiezustände möglich, ein Fall von Statistik, der als → Fermi-Dirac-Statistik bezeichnet wird. Die Elementarteilchen Proton und Neutron haben den Spin $\hbar/2$ und genügen somit der Fermistatistik, während z. B. das Deuteron mit einem Spin $\hbar$ die Bosestatistik befolgt.

Kernstreuung. Aus der Winkelverteilung von α-Teilchen, die in Materieschichten gestreut wurden, schloß *Rutherford* 1911 auf den Kernradius, d. h. eigentlich auf die Reichweite des Coulombfeldes. Sobald die Teilchen aber in den Kern eindringen, gilt die → Rutherfordsche Streuformel nicht mehr (anomale Streuung). Streuversuche mit leichten Kernen an leichten Kernen, wie Protonen, Neutronen und Deuteronen, geben Aufschluß über die beim Bau der Kerne wirksamen Kräfte. → Stoßtheorie, quantenmechanische.

Kernstruktur → Atomkerne, → Kernmodelle, → Kernsystematik.

Kernsystematik. Betrachtet man die Kerneigenschaften in ihrer Abhängigkeit von der Massenzahl A und Kernladungszahl Z, so stellt der mittlere Verlauf aller diesbezüglichen Kurven gewissermaßen eine 0. Näherung in der Betrachtung dar, zu deren Verständnis wenige grundsätzliche physikalische Eigenschaften genügen, die im allgemeinen nach dem → Tröpfchenmodell verstanden werden können. Hierzu gehören etwa die Absättigung der Kernkräfte, die allgemeine Diskussion der → Bindungsenergien, die → Kernradien und die konstante → Kerndichte, wie auch Stabilität gegen α-Zerfall und Kernspaltung.

Dagegen zeigen sich von dieser „0. Näherung" aus systematische Abweichungen, die unter dem Wort Kernsystematik zusammengefaßt werden und im allgemeinen eine mehr ins Einzelne gehende Diskussion erfordern, der das Tröpfchenmodell nicht mehr gerecht wird. So ist die Stabilität eines Kerns weitgehend davon abhängig, ob er aus einer geraden (g) oder ungeraden (u) Anzahl Protonen oder Neutronen besteht. Von den 4 Typen (gg), (gu), (ug) und (uu) ist der erstere am häufigsten in der Natur vertreten, der zweite und dritte etwa gleich häufig, während vom vierten Typ nur die 4 stabilen Elemente $^2_1$H, $^6_3$B, $^{10}_5$B, $^{14}_7$N existieren *(Harkinssche Regel)*, also nur Elemente gleicher Protonen- und Neutronenzahl. Mit dem Oszillator- oder Potentialtopfmodell (→ Kernmodelle) wird dieses Verhalten ohne weiteres verständlich, wenn man berücksichtigt, daß in den (uu)-Kernen je ein oberster Protonen- und Neutronenzustand einzeln besetzt ist. Liegen diese obersten Zustände in verschiedenen Niveaus, so wandelt sich durch β^-- oder β^+-Zerfall der (uu)-Kern im allgemeinen um in einen (gg), wobei ein Proton in ein Neutron verwandelt wird oder umgekehrt (→ Bindungsenergie von Atomkernen) und dabei in einen tieferen Energiezustand herunterfällt.

Eine weitere systematische Eigenschaft der Atomkerne besteht in der Auszeichnung gewisser Protonen- und Neutronenzahlen, der sog. *magic numbers*:

2, 6, **8**, 14, **20**, **28**, 40, **50**, 70, **82**, 92, 112, **126**

(die fettgedruckten Zahlen heben sich besonders hervor). Elemente dieser Protonen- oder Neutronenzahl sind in der Natur besonders häufig. Ihre Bindungsenergien sind, soweit bekannt, besonders groß. Auch diese Zahlen lassen sich vom Standpunkt des → Oszillatormodells aus verstehen, unter Voraussetzung starker Spinbahn-Kopplungen, wie sie z. B. durch Thomaskräfte (→ Kernkräfte) hervorgerufen werden.

Für die Spins und → Kernmomente ist bezeichnend, daß bei allen (gg)-Kernen die Spins abgesättigt sind (Gesamtspin = 0) und demzufolge auch keine Kernmomente auftreten.

Zusammengefaßt lauten die empirischen Regeln der Kernsystematik:

1. Die Massenzahl A eines stabilen Atomkerns ist bei den leichteren Elementen ungefähr doppelt so groß wie ihre Ordnungszahl Z. Der Atomkern besteht dann also aus ungefähr gleich vielen Protonen und Neutronen. Mit zunehmender Ordnungszahl wächst die Anzahl der Neutronen stärker an als die Anzahl der Protonen, so daß für die schwersten Kerne A ungefähr 2,6 mal größer ist als Z.

2. Stabile Kerne existieren nur für die Ordnungszahlen 1 bis 83. Innerhalb dieses Intervalles gibt es zu jeder Ordnungszahl mindestens einen stabilen Kern mit Ausnahme der beiden Ordnungszahlen 43 und 61.

3. Für jede Ordnungszahl Z (außer 43 und 61) existiert wenigstens ein stabiler Kern mit ungerader Massenzahl oder höchstens zwei *(Astonsche Regel)*.

4. Jede ungerade Massenzahl ist nur durch einen stabilen Kern vertreten.

5. Kerne mit geraden Massenzahlen A haben stets eine gerade Anzahl von Protonen Z und damit auch eine gerade Anzahl von Neutronen *(Harkinssche Regel)*. Ausnahmen: $^2_1$D, $^6_3$Li, $^{10}_5$B, $^{14}_7$N.

6. Es gibt keine stabilen Kerne gleicher Massenzahl, deren Ordnungszahlen sich nur um 1 unterscheiden *(Mattauchsche → Isobarenregel)*.

Heisenberg, W.: Die Physik der Atomkerne. Braunschweig 1949. Die Theorie d. Atomkerns. Göttingen (Max-Planck-Ges.) 1951.

Kerntemperatur. Bei der Anlagerung eines Neutrons geringer Energie an einen schweren Kern wird dieser um den Betrag der Bindungsenergie des Neutrons ($\sim$ 8 MeV) angeregt. Diese Energie verteilt sich schnell über die Freiheitsgrade des Kerns und erzeugt in ihm eine Anregung, die einer inneren Temperatur von $\sim 10^{10}$ grad entspricht, eine Temperatur, die die höchsten sonst bekannten Temperaturen im Innern von Fixsternen noch hundertfach übertrifft. → Thermodynamik im Atomkern, → Kernreaktionen.

Kernterme → Kernniveaus.

Kerntheorie. Für den → Atomkern liegt gegenwärtig noch keine geschlossene Theorie vor, da die Felder, welche die Kräfte zwischen Protonen und Neutronen hervorrufen, nur ungenügend bekannt sind. In der → Mesonentheorie der Kernkräfte wird versucht, Mesonenfelder für diese Kräfte verantwortlich zu machen. Diese Überlegungen liefern qualitativ richtige Resultate, stimmen jedoch insbesondere bei kleinen Teilchenabständen nicht mehr. Hier wird es erst möglich sein, Klarheit zu schaffen durch Aufstellung einer geschlossenen Theorie der → Elementarteilchen.

Die phänomenologische Kerntheorie dagegen behandelt den Kern als ein quantenmechanisches Vielkörperproblem, wobei sie die → Kernkräfte der experimentellen Erfahrung entnimmt. Hiermit läßt sich nach den verschiedenen Modellvorstellungen (→ Kernmodelle) das gesamte experimentelle Erfahrungsmaterial unter ordnenden Gesichtspunkten verstehen, wenn auch noch nicht in allen Fällen exakt ableiten. → Atomkerne.

Dänzer, H.: Einf. in die theoret. Kernphysik. Karlsruhe 1948. *Ganow-Critchfield:* Theory of Atomic Nucleus and Nuclear Energy-Sources. Oxford 1948. *Bethe, H.:* Elementary Nuclear Theory. New York 1947. *Heisenberg, W.:* Die Theorie d. Atomkerns. Göttingen (Max-Planck-Ges.) 1951.

Kernumwandlungen, künstliche → Kernreaktionen.

Kernumwandlungen, natürliche → Radioaktivität.

Kernverdampfung. In einem durch ein energiereiches Teilchen sehr hoch angeregten schweren Atomkern herrschen thermodynamische Verhältnisse. Der Kern sucht einen stabilen Grundzustand unter Emission von Neutronen nach einem Gesetz, das der Richardson-Gleichung für Elektronenemission in Metallen völlig äquivalent ist. → Kernreaktionen, → Thermodynamik im Atomkern.

Kernzähler. Die in der Atmosphäre vorhandenen Kondensationskerne sind submikroskopisch klein. Im Kernzähler wird durch plötzliche Expansion einer Kammer die kernhaltige und mit Wasserdampf gesättigte Luft unter den Taupunkt abgekühlt, wodurch Kondensation an den Kernen eintritt (→ Nebelkammer). Die sich bildenden Tröpfchen fallen auf eine Meßplatte und werden mit einer Lupe gezählt.

Handb. d. meteorol. Instrumente. Berlin 1935. *Heymann, B.:* Zbl. ges. Hyg. **24**, 1 (1931).

Kernzerfall *(Atomzerfall)*, veralteter Ausdruck für die spontane Umwandlung natürlich oder künstlich radioaktiver, also instabiler Atomarten in stabile unter Aussendung von α-, β^+-, β^--Strahlung oder K-Einfang. → Radioaktivität.

Kernzersplitterung → Spallation, → Zertrümmerungssterne.

Kernzertrümmerung → Atomzertrümmerung.

Kernzustände → Kernniveaus.

Kerr-Effekt. 1. *Elektrooptischer Kerr-Effekt* → Doppelbrechung, elektrische.

2. *Magnetooptischer Kerr-Effekt.* Läßt man linear polarisiertes Licht auf einen Metallspiegel auffallen, so wird es im allgemeinen elliptisch polarisiert, außer wenn es parallel oder senkrecht zur Einfallsebene schwingt. Die bei der Reflexion an einem kräftig magnetisierten ferromagnetischen Spiegel auftretenden Veränderungen der Phasen und Amplituden werden nach ihrem Entdecker als magnetooptischer Kerr-Effekt bezeichnet. Diese Erscheinungen werden am besten bei senkrechter Inzidenz beobachtet, da dann Oberflächenschichten am wenigsten stören.

Handb. d. exp. Physik XVI/1. Leipzig 1936. *Müller-Pouillet:* Lehrb. d. Physik II/2. Braunschweig 1929.

Kerr-Konstante, -Zelle → Doppelbrechung, elektrische.

Kerze, abgek. K, allgemeine Bezeichnung für die Einheit der → Lichtstärke. Im System der Hefner-→ Lichteinheiten heißt sie → Hefner-Kerze (HK), im System der Internationalen → Lichteinheiten → Internationale Kerze (IK, International Candle Power); HK und IK werden als Grundeinheiten dieser beiden Systeme betrachtet. Die Kerze der heute üblichen neuen Lichteinheiten trägt den Namen → *Candela* (cd). Bei einer → Farbtemperatur von 2043 °K (Temperatur des erstarrenden Platins) gilt die Umrechnungsbeziehung: 1 cd = 0,981 IK = 1,107 HK.

Ketteler-Helmholtz-Gleichung → Dispersionsformeln.

Ketten, elektrochemische, elektrochemische Mehrphasensysteme, deren Endphasen I und I' eine meßbare Differenz $_I\varphi - _{I'}\varphi = E$ der inneren elektrischen Potentiale φ aufweisen (→ elektromotorische Kraft, → Potentiale einer elektrochemischen Einzelphase). *Beispiele:* Daniell-Kette (→ Daniell-Element), → Knallgas-Kette.

Handb. d. Experimentalphysik XII/2. Leipzig 1933.

Kettenexplosion. Während bei den reinen → Wärmeexplosionen die zeitlich zunehmende chemische Reaktionsgeschwindigkeit durch Temperatursteigerung hervorgerufen wird, erfolgt die Anlaufszeit (Induktionszeit) der Kettenexplosion nahezu isotherm. Die zeitlich wachsende Reaktionsgeschwindigkeit wird infolge Bildung aktiver Teilchen (freie Atome, Radikale) durch Reaktionsketten mit Verzweigung *(Semenoff)* erzeugt. Ist die Reaktionsgeschwindigkeit so groß, daß als Folge davon auch eine Temperatursteigerung eintritt, so tritt wieder eine Wärmeexplosion ein. Die Annahme solcher Kettenexplosionen ist notwendig, um die experimentell beobachteten → Explosionsgrenzen zu deuten. Der kritische Explosionsdruck (der Druck, oberhalb dessen bei konstanter Temperatur Explosion erfolgt) hat als Funktion der Temperatur oft das in der Abb. gezeichnete Aussehen. Explosion

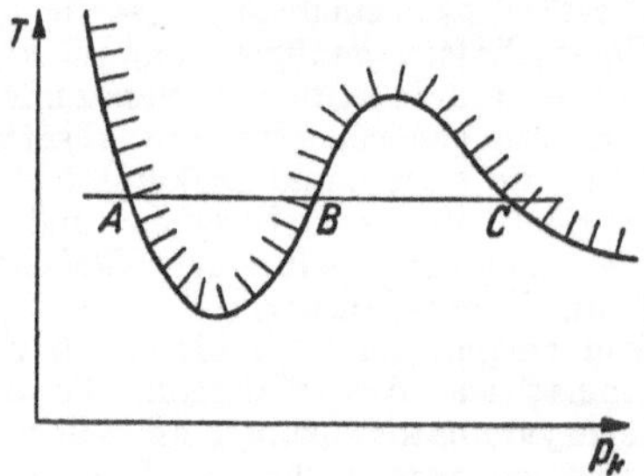

Kritischer Explosionsdruck in Abhängigkeit von der Temperatur.

tritt nur im schraffierten Gebiet auf. Eine Grenze bei A läßt sich so verstehen: Erfolgt der Kettenabbruch (Desaktivierung) an der Wand, so ist dafür die Diffusion aktiver Teilchen an die Wand maßgebend. Diese nimmt aber mit abnehmendem Druck p (proportional zu p^{-1}) zu. Daher ist für sehr niedrige Drucke schließlich der Kettenabbruch (Desaktivierung) zu stark, und es kann keine Explosion mehr auftreten. Aktive Teilchen sind nicht immer freie Atome oder Radikale (bei den Kettenreaktionen spricht man dann von *Stoffketten*); es können auch andere energiereiche (stabile) Teilchen für die Fortführung der Reaktion verantwortlich sein. Man spricht dann von *Energieketten.*

Jost, W.: Explosions- u. Verbrennungsvorgänge in Gasen. Berlin 1939. *Semenoff, N.:* Chain Reactions. Oxford 1935.

Kettengitter, Kristallgitter, die aus verhältnismäßig schwach miteinander verknüpften *Kettenverbänden* oder *Inselketten* (→ Inseln) aufgebaut sind, wie die Gitter der Amphibole (z. B. $Ca_2Mg_5(OH)_2Si_8O_{22}$) und Pyroxene (z. B. $MgSiO_3$), in denen die Ketten von aneinandergereihten SiO_4-Tetraedern gebildet werden. Die Pyroxene weisen einfache SiO_4-Ketten auf, in denen einem Si-Ion 3 O-Ionen angehören (Abb. 1), die Amphibole

Doppelketten (Abb. 2), bei denen ein O-Ion jedes zweiten SiO_4-Tetraeders einer Kette die Verbindung

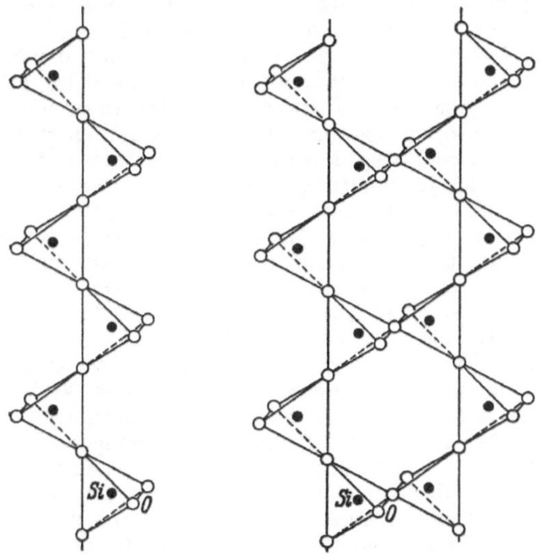

Abb. 1. Kettenverband.

Abb. 2. Doppelkette.

zur anderen Kette herstellt, so daß auf 4 Si-Ionen 11 O-Ionen kommen.

Kettenleiter bestehen aus mehreren hintereinander geschalteten → Vierpolen. Sind diese unter sich gleich und symmetrisch, so liegt ein symmetrischer, homogener Kettenleiter vor, der besonders in Form der → Siebketten vielfache Anwendung gefunden hat. Ist ein Kettenleiter am Ende mit seinem → Wellenwiderstand abgeschlossen, so besteht zwischen Strom bzw. Spannung am Anfang und hinter dem n-ten Kettenleiterglied die Beziehung

$$\mathfrak{U}_0 = \mathfrak{U}_n e^{n\mathfrak{g}}; \quad \mathfrak{i}_0 = \mathfrak{i}_n e^{n\mathfrak{g}}; \quad \mathfrak{U}_0 = \mathfrak{i}_0 \mathfrak{Z},$$

wo $g = \beta + j\alpha$ ist $(j = \sqrt{-1})$. ng ist das Übertragungsmaß des Kettenleiters, $n\beta$ die Dämpfung und $n\alpha$ die Größe des Übertragungswinkels. Für die effektiven Werte von Strom und Spannung ergibt sich

$$U_n = U_0 e^{-n\beta}; \quad i_n = \frac{U_0}{|\mathfrak{Z}|} e^{-n\beta}.$$

Kettenlinie *(Katenoide)*, die Kurve, die sich im Gleichgewicht einstellt, wenn die Endpunkte eines unelastischen, homogenen und vollkommen biegsamen Seiles von konstantem Querschnitt an zwei (nicht notwendig gleich hohen) Stellen im Schwerefeld befestigt sind und das Seil außer seinem eigenen Gewicht keinen anderen Belastungen unterworfen ist (Abb.). Beispiele liefern etwa die Gleichgewichtskurve einer mit den beiden Händen festgehaltenen dünnen Kette, stärker durchhängende Telegraphendrähte usw.

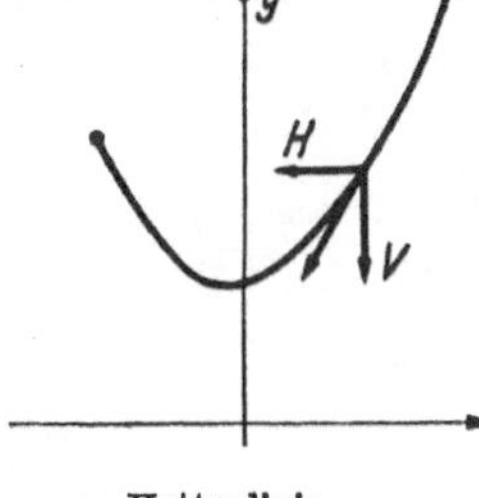

Kettenlinie.

Die Kettenlinie hat die Eigenschaft, daß die Resultierende aus der Horizontalkraft H und Vertikalkraft V an jeder Stelle stets in Richtung des Linienelementes ds fällt. Da $dV = \gamma ds$ ist (γ Gewicht je Längeneinheit), so gilt $H \frac{dy}{dx} = V$ oder $H \frac{d^2y}{dx^2} dx = dV = \gamma ds$, so daß sich als Differentialgleichung der Kettenlinie $H y'' = \gamma \sqrt{1 + y'^2}$ ergibt. Ihre Lösung wird durch $y = a\, \mathfrak{Cof}(x/a)$ gegeben, wobei $a = H/\gamma$ der Parameter der Kettenlinie ist und $y'(0) = 0$ gefordert wurde. Dies läßt sich durch geeignete Wahl des Koordinatensystems stets erreichen. Die Kettenlinie hat ein Minimum an der Stelle $x = 0$, ihrem Scheitel. In seiner Umgebung kann die Kettenlinie durch eine Parabel ersetzt werden, wie sich aus der Entwicklung $y \approx a\left(1 + \frac{x^2}{2a^2} + \cdots\right)$ ergibt. Von Interesse sind die Formeln für die Bogenlänge s und den Krümmungsradius ϱ der Kettenlinie. Sie lauten: $s = a\left(\mathfrak{Sin}\frac{x_2}{a} - \mathfrak{Sin}\frac{x_1}{a}\right) = 2a\, \mathfrak{Sin}\frac{x_1 - x_2}{2a}\, \mathfrak{Cof}\frac{x_1 + x_2}{2a}$ (x_1 und x_2 die Abszissen der Punkte, zwischen denen die Bogenlänge berechnet werden soll) und $\varrho = y^2/a$.

Geckeler, J. W.: Elastostatik. Handb. d. Physik VI. Berlin 1928. *Hamel, G.:* Theoret. Mechanik. Berlin 1949.

Kettenmoleküle. Ein normales (n-) Kettenmolekül ist eine aliphatische Verbindung, in der die Kohlenstoffatome unverzweigt, also in einer einzigen Reihe aneinander gebunden sind. Iso-Verbindungen haben eine Kettenabzweigung. Man kennt Moleküle mit den verschiedensten Verzweigungen.

Im weiteren Sinne pflegt man in der Chemie der hochmolekularen Stoffe solcher Polymere als Kettenmoleküle zu bezeichnen, in denen die sich polymerisierenden Moleküle im wesentlichen nur an je einer Stelle aneinander gebunden sind.

Kettenreaktion, chemische, ist eine Reaktionsfolge. Auf eine Startreaktion folgt jeweils eine Kette von Folgereaktionen, in denen ein oder mehrere Zwischenprodukte mit den Ausgangsstoffen so reagieren, daß dabei die Zwischenprodukte nachgeliefert werden. Diese Reaktionskette läuft, bis durch eine Abbruchreaktion die für die Weiterführung notwendigen Zwischenprodukte anderweitig verbraucht werden. Durch solche Kettenreaktionen kommen komplizierte Abhängigkeiten der → Reaktionsgeschwindigkeit von den Konzentrationen der Reaktionsteilnehmer zustande. Alle Verbrennungsvorgänge sind solche Kettenreaktionen. Gut untersuchte Beispiele sind die Bildung des Bromwasserstoffs aus den Elementen und die Phosgenzersetzung: $H_2 + Br_2 = 2\,HBr$ und $COCl_2 = CO + Cl_2$. Es hat sich gezeigt, daß zur Zersetzung des Phosgens die Anwesenheit von Chlor notwendig ist. Die experimentell gefundenen Geschwindigkeiten beider Reaktionen lassen sich deuten, wenn man als Startreaktion die Dissoziation des Halogens in seine Atome und als Folgereaktionen die Umsetzung dieser Atome mit den Ausgangsstoffen annimmt. Als Abbruchreaktion wirkt dann die Wiedervereinigung zweier Halogenatome zu einem Molekül.

Eine solche Kettenreaktion kann, wenn sie stark exotherm ist, d. h. unter Wärmeabgabe verläuft, so weit beschleunigt werden, daß sie zur Explosion (→ *Kettenexplosion*) wird. Das kann darauf zurückzuführen sein, daß die Wärme nicht abgegeben, sondern zur Temperatursteigerung verwendet wird und daß dadurch die stark temperaturabhängige Reaktionsgeschwindigkeit wächst. Damit steigt dann auch die in der Zeiteinheit entwickelte

Wärmemenge, was wieder die Reaktionsgeschwindigkeit steigert, und so fort. Eine Explosion kann aber auch auf Kettenverzweigung zurückzuführen sein, d. h. daß im Reaktionsverlauf die Zahl der reaktionsfähigen Zwischenprodukte in geometrischer Progression ansteigt und daß die Reaktionsgeschwindigkeit als Summe aller gleichzeitig verlaufenden Einzelvorgänge damit außerordentlich schnell wächst. Ein gut untersuchtes Beispiel bildet die Knallgasexplosion.

Wird die Startreaktion durch Absorption von Strahlung beschleunigt, so kann dadurch eine Kettenreaktion eingeleitet werden *(Lichtreaktion)*, während das betreffende System im Dunkeln bei der gleichen Temperatur praktisch stabil ist *(Dunkelreaktion)*. Ein sehr bekanntes Beispiel hierfür bietet die Explosion von Chlorknallgas unter Bestrahlung durch hinreichend kurzwelliges Licht.

Kettenreaktion, kernphysikalische. Die bei der → Kernspaltung freiwerdende Atomenergie läßt sich mit Hilfe einer Kettenreaktion nutzbar machen. Man bezeichnet diesen Reaktionsmechanismus so, weil jede Einzelreaktion eine oder mehrere gleiche nach sich zieht und diese wieder weitere.

Bei der Kernspaltung werden je Spaltprozeß ein bis drei Neutronen in Freiheit gesetzt. Mindestens eines von ihnen muß nun eine neue Spaltung auslösen, damit aus diesem Prozeß wieder neue Neutronen gebildet werden, die ihrerseits neue Spaltungen veranlassen können usf.

Man kann durch geeignete technische Kunstgriffe erreichen, daß im Durchschnitt nur eines der bei der Spaltung entstehenden Neutronen wieder eine Spaltung veranlaßt. In diesem Falle handelt es sich um eine *kontrollierte, steuerbare* Kettenreaktion, wie sie z. B. im → *Pile* die kontinuierliche Produktion der Atomenergie ermöglicht. Es ist aber auch möglich, in geeigneter Anordnung dafür zu sorgen, daß durchschnittlich mehr als eins der entstehenden Spaltneutronen neue Spaltungen hervorruft. Dann wächst die Zahl der Spaltungen und damit die der Neutronen im Bruchteil einer Sekunde lawinenartig an. Auf diesem Prozeß beruht die *explosive* Kettenreaktion. Im einzelnen liegen die Verhältnisse beim heute technisch genutzten Uran wie folgt:

Das zu 1/140 im natürlichen Uran vorkommende Uran-Isotop mit der Masse 235 spaltet besonders gut mit verlangsamten Neutronen, d. h. mit solchen, deren kinetische Energie sich etwa auf die Größenordnung der molekularen Wärmebewegung erstreckt (→ thermische Neutronen). Die Einfangwahrscheinlichkeit wird für höhere Energie jedoch nicht Null, sondern sinkt proportional $1/v$ (v Geschwindigkeit der Neutronen). Es besteht also auch für schnelle Neutronen noch eine Möglichkeit, Uran 235 zu spalten. Anders verhält sich das zu 99,3% im natürlichen Uran vorhandene Uranisotop der Masse 238. Auch dieses läßt sich spalten; jedoch müssen die Neutronen Energien von mindestens 1,1 MeV haben. Neutronen geringerer Energie reagieren nicht mit dem Uran 238. Eine Ausnahme bilden die im Gebiet einiger eV vorliegenden Resonanzstellen. Neutronen, die diesem Resonanzenergiegebiet angehören, werden vom Uran 238 eingefangen und bilden das unter zweimaligem β-Zerfall in Plutonium übergehende Uran-Isotop 239. Die bei der Spaltung von Uran 235 oder Plutonium 239 auftretenden Neutronen weisen Energien bis zu 5 und mehr MeV auf.

Auf Grund dieser Tatsachen lassen sich die beiden Arten der Kettenreaktion verstehen. Im *pile*, wo die gesteuerte Kettenreaktion im Uran natürlicher Isotopenzusammensetzung abläuft, entstehen durch Einwirkung langsamer Neutronen auf das Isotop 235 je Spaltung 1 bis 3 neue Neutronen. Diese sind, da sie sehr schnell auf Energien unter 1 MeV abgebremst werden, in der überwiegenden Mehrzahl zu energiearm, um Uran 238 zu spalten. Die wenigen, die eine Spaltung des Urans 238 veranlassen, reichen nicht aus, um auf der Grundlage der Spaltung von 238 die Reaktion in Gang zu halten. Die Energie dieser Spaltneutronen ist aber noch zu groß, um unter den gegebenen Verhältnissen eine genügende Anzahl von Spaltungen im Uran 235 hervorzurufen und damit genügend Neutronen für den Ablauf der Kettenreaktion zu liefern. Dazu ist die Konzentration des Uran 235 zu gering. Die entstehenden Neutronen werden vielmehr durch elastische oder unelastische Stöße mit Atomkernen des Urans bald so weit in ihrer Geschwindigkeit verringert, daß sie in das Resonanzgebiet des Einfangs durch das Isotop 238 gelangen. Innerhalb dieses Energiegebietes werden durch Uran 238 erheblich viel mehr Neutronen eingefangen als durch Uran 235. Der Prozeß der Kettenreaktion würde also zum Erliegen kommen, wenn nicht durch einen physikalischen Kunstgriff mit Hilfe der → Moderatoren ein Teil der Neutronen, ehe sie Gelegenheit haben, mit Uran 238 zu reagieren, bis unterhalb der Resonanzenergie verlangsamt werden könnten. Diese dann bis auf thermische Energien abgebremsten Neutronen können wieder Spaltungen am Uran 235 auslösen und so die Kettenreaktion in Gang halten.

Anders liegen die Verhältnisse bei der ungesteuerten (explosiven) Kettenreaktion. Sie tritt ausschließlich in reinem spaltfähigem Material, also reinem Uran 235 oder Plutonium 239 auf. Eine irgendwie ausgelöste Spaltung produziert Neutronen, die, wenn die → kritische Größe der Spaltmaterialmenge vorhanden ist, neue Spaltungen veranlassen. Da hier keine in der Neutronenabsorption mit dem Spaltprozeß konkurrierende Prozesse auftreten, steigt die Zahl der Spaltprozesse, obwohl der Wirkungsquerschnitt für die schnellen Spaltneutronen geringer ist als für langsame, lawinenartig an, und die gesamte Menge wird im Bruchteil einer Sekunde umgesetzt. Bei der Umsetzung

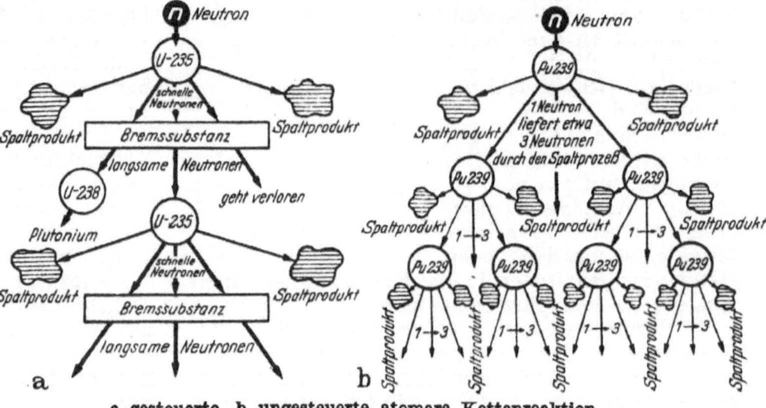

a gesteuerte, b ungesteuerte atomare Kettenreaktion.

von 1 kg spaltbaren Stoffes wird nur etwa 1 g dieser Masse in Energie verwandelt, die etwa gleich 10^{12} mkp oder $2 \cdot 10^9$ kcal ist. Wegen der alsbald einsetzenden Verdampfung wird aber in der Tat nur ein Bruchteil des Stoffes tatsächlich umgesetzt. Innerhalb des Materials entstehen momentan Temperaturen von vielen Millionen Grad.

Die Abb. zeigt eine schematische Darstellung der gesteuerten und der ungesteuerten Kettenreaktion.

Hahn, O.: Die Kettenreaktion d. Urans u. ihre Bedeutung. Düsseldorf 1948. *Vogt, H.:* Atomenergie u. Atomumwandlung. Darmstadt 1948. *Bothe, W.*, u. *S. Flügge:* Naturwiss. u. Med. in Deutschland 1939/46, Bd. 13. Wiesbaden 1948.

Kettenregel, die Vorschrift, nach der zusammengesetzte Funktionen zu differenzieren sind. Es sei $y = f(u)$ und $u = g(x)$, d. h. $y = f[g(x)]$. Für die Ableitung gilt dann $\frac{dy}{dx} = y' = \frac{df}{du}\frac{du}{dx} = f'(u)\,g'(x)$, wobei die Striche wie üblich die Ableitung nach dem jeweiligen Argument bedeuten. Ist allgemeiner $y = f(u)$, $u = g(v)$, $v = h(w)$, $w = \cdots$, so lautet die Kettenregel $y' = \frac{df}{du}\frac{du}{dv}\frac{dv}{dw}\cdots$. Formal ergibt sich also die Ableitung y' durch Multiplikation der einzelnen Differentialquotienten, also $y' = f'u'v'\cdots$.

kg, Symbol für die MKS-Masseneinheit → Kilogramm.

Kielwasser → Druckwiderstand.

Kikuchi-Linien. Bei der Beugung von Elektronen an dickeren Kristallschichten (etwa 1000 Å und darüber für mittelschnelle Elektronen) sowie bei streifendem Einfall von Elektronen auf dicke Kristalle kann man neben den regulären Interferenzflecken, oder auch ohne diese, dunkle und helle, praktisch gerade Linien beobachten, von denen meist

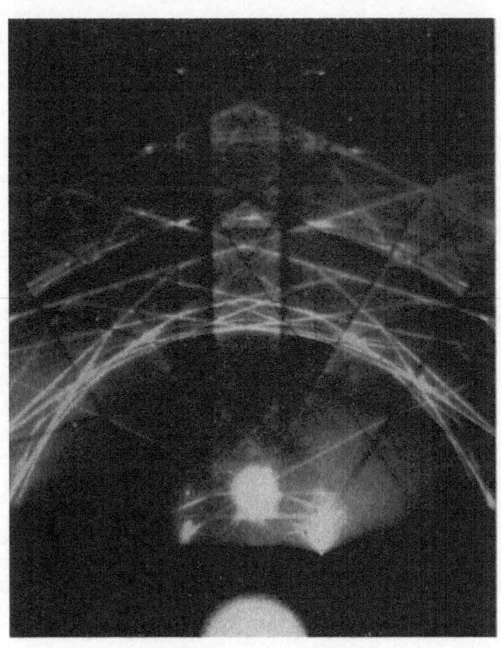

Kikuchi-Linien und -Bänder.

je eine helle und eine dunkle parallel laufen. Die Linien wurden nach *S. Kikuchi*, der sie 1928 entdeckte und deutete, benannt. Sie kommen durch die Interferenz der im Kristall nach allen Richtungen diffus oder unelastisch gestreuten und dann an seinen Netzebenen gebeugten Elektronen zustande. An jeder Netzebene entstehen Kegel gebeugter Strahlen. Die Kegel haben die Netzebenennormale zur gemeinsamen Achse, Öffnungswinkel von $180° - \vartheta$ und liegen paarweise spiegelbildlich zur Netzebene. Weil der Beugungswinkel ϑ bei Elektroneninterferenzen klein ist (weniger als 10°), sind die Kegel sehr flach und ihre Schnittkurven mit der Ebene der photographischen Platte fast gerade. Jedem Kegel gebeugter Strahlen entspricht aber auch ein gleichgroßer, auf der entgegengesetzten Seite der Netzebene liegender Kegel geschwächter „Primärstrahlen“ der diffusen Strahlung. Es fällt daher jeder Interferenzkegel mit einem Absorptionskegel zusammen, wodurch der Kikuchi-Effekt eine Schwächung erfährt. Daß er nicht ganz aufgehoben wird, rührt von der verschieden starken Absorption der diffusen „Primärstrahlen“ und der Interferenzstrahlen infolge der verschieden langen Wege dieser Strahlen in der Kristallschicht her.

Außer den fast geraden Kikuchi-Linien treten auch deutlich gekrümmte Kurven auf, die mehrere Kikuchi-Linien zu berühren scheinen, jedoch gerade an den Berührungsstellen unterbrochen sind *(Kikuchi-Enveloppen)*. Sie werden durch die Wechselwirkung primärer und gebeugter Strahlen (→ dynamische Theorie) gedeutet.

Zwischen zwei parallelen Kikuchi-Linien, die inversen Interferenzkegeln entsprechen, hebt sich der Untergrund des Beugungsdiagramms im photographischen Negativ als meist dunkles Band, also als strahlungsreicheres Gebiet, gegenüber der Umgebung ab. Diese Erscheinung der *Kikuchi-Bänder* hat noch keine Erklärung gefunden.

kilderkin, in Großbritannien benutztes Hohlmaß für Trockensubstanzen, definiert als 18 → gallon (Brit): 1 kilderkin = 81,829 dm³.

Killer werden solche Metalle genannt, welche, einem Phosphor in geringer Menge zugegeben, die Leuchtfähigkeit oder die Nachleuchtfähigkeit eines Kristallphosphors stark schwächen. Bekannt ist das lange Nachleuchten des Zinksulfids, das mit Kupfer aktiviert ist. Nach der Erregung mit violettem Licht leuchtet dieser Phosphor noch Stunden nach. Diese Fähigkeit des langen Nachleuchtens kann jedoch fast völlig unterdrückt werden, wenn man dem Phosphor bei der Präparation Spuren von Nickel zugegeben hat. Die Wirkung eines Killers ist also entgegengesetzt der Wirkung eines Sensibilisators.

Kilo-, abgek. k-; → Vorsatzsilben.

Kilogramm. Ursprünglich war das Kilogramm (kg) in seiner Definition an Eigenschaften der Erdoberfläche und des Wassers geknüpft. Die französische Nationalversammlung legte 1795 durch Gesetz das Gramm als die Masse von einem Kubikzentimeter Wasser bei der Temperatur des schmelzenden Eises (d. h. bei 0 °C) fest; dabei sollte das Kubikzentimeter vom Meter in seiner ursprünglichen Definition aus der Erdfigur (→ Meter) hergeleitet werden. Diese erste Definition der metrischen Masseneinheit wurde später noch insofern abgeändert, als man 4 °C (die Temperatur maximaler Wasserdichte) an Stelle von 0 °C als Bestimmungsgrundlage für die Masse des Wasserwürfels festsetzte. Entsprechend dieser Definition fertigte *Fortin* für den tausendfachen Betrag des Gramms, das Kilogramm, aus Platin einen Zylinder von gleicher Höhe und Durchmesser an, welcher am 22. 1. 1799 als *kilogramme des archives* im französischen

Staatsarchiv hinterlegt und von der französischen Nationalversammlung im gleichen Jahre als richtige Verkörperung ihrer Kilogrammdefinition durch Gesetz anerkannt wurde.

Entsprechend den Festlegungen der → Meterkonvention wurde später aus einer Legierung von 90% Platin und 10% Iridium eine Reihe von Kilogrammzylindern hergestellt, deren Masse mit der des kilogramme des archives soweit als möglich übereinstimmen sollte, was innerhalb der erzielten Meßgenauigkeit praktisch auch der Fall war. Auf der 1. Generalkonferenz für Maß und Gewicht wurden 1889 an die Mitgliedstaaten der Meterkonvention diese Platiniridium-Zylinder als → Kilogrammprototype durch Los verteilt, die in diesen Ländern dann die gesetzliche Masseneinheit verkörpern, in Deutschland durch das Reichsgesetz vom 26.4.1893.

Der Kilogrammprototyp stellt nach der Meterkonvention nicht nur die *Verkörperung*, sondern auch die *Definition* des Kilogramms dar, die damit von den Eigenschaften der Erdoberfläche und des Wassers losgelöst wurde. Das Kilogramm ist hiernach definiert als die *Masse des Kilogrammprototyps*. Das Kilogramm ist die Grundeinheit für die Masse im → MKS-System, welches sich heute immer weiter in Technik und Wissenschaft durchsetzt.

Der Vergleich des Kilogrammprototyps bzw. des Fortinschen Urkilogramms mit der an die Masse von 1 dm³ Wasser bei 4 °C angeschlossenen Kilogrammdefinition der französischen Nationalversammlung wurde in den Jahren von 1898 bis 1907 nach verschiedenen Methoden mit großer Präzision durchgeführt. Als Gesamtresultat ergab sich, daß die Masse des Kilogrammprototyps (und damit auch die des praktisch gleich schweren Urkilogramms) um $28 \cdot 10^{-6}$ kg größer ausgefallen ist als die eines Wasserwürfels von 1 dm³ bei 4 °C. Dieser Unterschied zwischen ursprünglich theoretischer Definition und erster praktischer Verkörperung des Kilogramms bzw. dem Kilogrammprototyp der Meterkonvention wirkt sich auch in der Differenz zwischen Kubikdezimeter und → Liter aus.

kilogramme des archives, im französischen Staatsarchiv am 22. 1. 1799 deponierte erste Verkörperung der Kilogrammdefinition der französischen Nationalversammlung (→ Kilogramm).

Kilogrammprototyp, Bezeichnung für die Verkörperungen des internationalen → Kilogramms. Die Prototype wurden entsprechend den Festsetzungen der → Meterkonvention hergestellt und von der Generalkonferenz für Maß und Gewicht an die Mitgliedstaaten der Meterkonvention verteilt. Sie stellen Zylinder aus einer Legierung von 90% Platin und 10% Iridium dar, deren Höhe und Durchmesser 39 mm beträgt. Der von der Generalkonferenz ausgewählte und als internationaler Prototyp erklärte Zylinder, welcher im → Internationalen Bureau für Maß und Gewicht aufbewahrt wird, wurde ursprünglich mit K III bezeichnet und erhielt als internationales Prototyp die Bezeichnung $\mathfrak{K}$. Von den hergestellten Prototypen erhielt das Deutsche Reich bei der Verlosung den Zylinder Nr. 22, welcher der damaligen Kaiserlichen Normal-Eichungskommission (ab 1919 Reichsanstalt für Maß und Gewicht) zur Aufbewahrung überantwortet und 1923 bei Eingliederung dieser Institution in die Physikalisch-Technische Reichsanstalt von dieser übernommen wurde. Masse und Konstanz der Prototype wird durch periodische Vergleichungen im Internationalen Bureau kontrolliert. Die Masse des deutschen Kilogrammprototyps beträgt: m (Pr 22) = 0,999 999 98 kg.

Kilopond, abgek. kp, in Deutschland, Österreich und Schweden übliche technische → Krafteinheit, definiert als das → Normgewicht des Kilogramms: 1 kp ≡ g_n kg = 9,806 65 N; Grundeinheit der Kraft im technischen m kp s-System (→ Maßsysteme, mechanische, → Krafteinheiten, Anh. III, Tab. 1).

Kilopondmeter, abgek. kpm, auch *Meterkilopond* (mkp) genannt, Energieeinheit des technischen → Maßsystems der Mechanik: 1 kpm ≡ 9,806 65 Nm. Das kpm wird von Teilen der Technik als „Kilogrammmeter" oder „Meterkilogramm" (mkg*) bezeichnet (→ Krafteinheiten), was mit Rücksicht auf die Festlegung des Kilogramms als *Massen*einheit bedenklich und unzweckmäßig ist (Umrechnungstafel → Anh. III, Tab. 3).

Kilowattstunde, abgek. kWh, elektrische Energieeinheit, definiert als das 3 600 000 fache des → Joule: $1\,\mathrm{kW_{abs}h} = 3\,600\,000\,\mathrm{J_{abs}}$, $1\,\mathrm{kW_{int}h} = 3{,}600\,68 \cdot 10^6\,\mathrm{J_{abs}}$. Die kWh, seit dem 1. 1. 1948 die $\mathrm{kW_{abs}h}$, wird in der Technik viel benutzt (Umrechnungstafel → Anh. III, Tab. 3).

Kimmtiefe, der Winkel zwischen dem Sehstrahl, der vom Beobachtungspunkt ausgehend die Erdoberfläche tangiert, und der Horizontalen. Wegen der Strahlkrümmung durch die → Refraktion ist sie kleiner als die geometrische (geodätische) Kimmtiefe. Sie ist abhängig von der Temperaturschichtung über der Wasseroberfläche, die meist durch die in üblicher Weise gemessene Luft- und Wassertemperatur ermittelt wird. Wichtig für Gestirnshöhenmessungen über See.

Kinematik *(Phoronomie, Bewegungslehre)*, derjenige Teil der Mechanik, der sich mit den → Bewegungen von Körpern beschäftigt, sie analysiert und in verschiedene Typen ordnet, ohne die Frage nach der Ursache von Bewegungsänderungen aufzuwerfen (Untersuchung der Bewegung „an sich"). Da eine Bewegung durch eine Raum–Zeit-Beziehung gegeben ist, hat die Kinematik rein geometrischen Charakter, weshalb man auch oft von einer geometrischen Bewegungslehre, einer kinematischen Geometrie oder einer Geometrie der Bewegungen spricht.

Kinematische Theorie der Raumgitterinterferenzen → geometrische Theorie.

Kinetik, chemische → chemische Kinetik.

Kinetische Energie oder *Translationsenergie.* Wirkt auf einen Massenpunkt m eine ihn beschleunigende Kraft $\mathfrak{K}$ (mit den Komponenten X, Y, Z), so wird der die jeweilige Lage von m angebende Ortsvektor $\mathfrak{r}$ (mit den Komponenten x, y, z) durch die Newtonsche Bewegungsgleichung $\mathfrak{K} = m\ddot{\mathfrak{r}}$ bestimmt. Multipliziert man diese skalar mit $\dot{\mathfrak{r}}$, so folgt: $m\,\dot{\mathfrak{r}}\,\ddot{\mathfrak{r}} = \frac{m}{2}\frac{d}{dt}\dot{\mathfrak{r}}^2 = (\mathfrak{K}\,\dot{\mathfrak{r}})$ oder $d\left(\frac{m}{2}\dot{\mathfrak{r}}^2\right) = (\mathfrak{K}\,d\mathfrak{r}) = X\,dx + Y\,dy + Z\,dz$. Die rechte Seite ist das von der Kraft $\mathfrak{K}$ längs des Weges $d\mathfrak{r}$ geleistete Arbeitselement dA. Es kann, wie aus der Gleichung ersichtlich, als vollständiges Differential einer aus dem halben Produkt der sich bewegenden Masse m und des Quadrats ihrer jeweiligen Geschwindigkeit $\dot{\mathfrak{r}}$ darstellbaren Größe $T = \frac{m}{2}\dot{\mathfrak{r}}^2 = \frac{m}{2}v^2$ dargestellt werden, die man als kinetische Energie, früher (nach *Leibniz*) auch als lebendige Kraft bezeichnete. Die letzte Gleichung kann man nun in der Form $dT = dA$ schreiben. Sie besagt, daß die

Änderung der kinetischen Energie eines Körpers gleich der für seine Beschleunigung aufgewendeten Arbeit ist.

Aus dieser Aussage kann man ein Integral der Bewegungsgleichung gewinnen, wenn $\mathfrak{K}$ nur eine Funktion der Koordinaten ist und sich als Gradient einer Ortsfunktion $U(x, y, z) = U(\mathfrak{r})$ darstellen läßt: $\mathfrak{K} = -\operatorname{grad} U$. Dann muß $U = -\int \mathfrak{K}\, d\mathfrak{r}$ sein und wird *als potentielle Energie* des Massenpunktes (oft kurz auch → Potential) genannt. [Hängt $\mathfrak{K}$ nur von *einer* Raumkoordinate ab, so läßt sich immer eine Potentialfunktion U angeben. Bei mehrdimensionalen Kraftfeldern $\mathfrak{K} = \mathfrak{K}(x, y)$ bzw. $\mathfrak{K} = \mathfrak{K}(x, y, z)$ ist dazu notwendig und hinreichend, daß $\operatorname{rot} \mathfrak{K} = 0$ ist.] Bei Existenz eines Potentials wird aus der Beziehung $dT = dA = (\mathfrak{K}\, d\mathfrak{r}) = -\operatorname{grad} U\, d\mathfrak{r} = -dU$, woraus durch Integration $T + U = \text{const} = E$ folgt. Diese Beziehung besagt, daß die Summe aus kinetischer und potentieller Energie konstant ist und wird als *Energiesatz* bezeichnet. Die Konstante E heißt Energiekonstante und stellt die gesamte Energie dar. Wendet man den Energiesatz auf zwei beliebige Lagen $\mathfrak{r}_1$ und $\mathfrak{r}_2$ eines bewegten Massenpunktes m an, so gilt $T(\mathfrak{r}_1) + U(\mathfrak{r}_1) = T(\mathfrak{r}_2) + U(\mathfrak{r}_2)$ oder $T(\mathfrak{r}_2) - T(\mathfrak{r}_1) = -\{U(\mathfrak{r}_2) - U(\mathfrak{r}_1)\}$, d. h. aber, daß die Änderung der kinetischen Energie des Massenpunktes m bei seinem Übergang aus dem Raumpunkt $\mathfrak{r}_1$ in den Raumpunkt $\mathfrak{r}_2$ gleich der Potentialdifferenz $U(\mathfrak{r}_2) - U(\mathfrak{r}_1)$ ist, also weder von dem Weg, auf dem m von $\mathfrak{r}_1(x_1, y_1, z_1)$ nach $\mathfrak{r}_2(x_2, y_2, z_2)$ gelangt, noch von der dazu benötigten Zeit abhängt. Bewegt sich also ein Massenpunkt in einem aus einem Potential herzuleitenden Kraftfeld auf einer irgendwie geformten, jedoch geschlossenen Bahn, die ihn wieder in seine Ausgangslage zurückführt, so ist nach Rückkehr dorthin die kinetische und auch die potentielle Energie von m wieder dieselbe. Liegt statt eines Massenpunktes m ein System von n solchen m_i $(i = 1, 2, \ldots, n)$ vor, so gilt für die kinetische Energie des Systems $T = \sum_{i=1}^{n} \frac{m_i}{2} \dot{\mathfrak{r}}_i^2 = \sum_{i=1}^{n} \frac{m_i}{2} v_i^2$, d. h. sie ist gleich der Summe der kinetischen Energie aller einzelnen Massenpunkte. Dabei ist vorausgesetzt, daß das System nur eine Translation, dagegen keine Drehbewegung ausführt. Durch eine solche wird die Bewegungsenergie um einen als → Rotationsenergie bezeichneten Anteil erhöht, der zur kinetischen Energie des Systems additiv hinzuzufügen ist.

Kinetische Gastheorie. Die kinetische Theorie der Materie ist in ihrer frühesten Entwicklung kaum von der Atomtheorie zu trennen. Von den Begründern der kinetischen Gastheorie sind zu nennen: *Joule* (1848), *Krönig* (1856), *Clausius* (1857), *Maxwell* (1859 bis 1879) und *Boltzmann* (1868 bis 1904). Die letzten drei Forscher haben die wesentlichsten Fortschritte erzielt. Die moderne Entwicklung der Gastheorie ist eng mit der Quantentheorie verknüpft. Eine Reihe von grundsätzlichen Schwierigkeiten, wie z. B. die Frage des Einfrierens von Molekülfreiheitsgraden bei tiefen Temperaturen, die bei der klassischen Behandlung auftraten, fand erst durch die Quantentheorie die befriedigende Lösung.

Die Aufgabe der kinetischen Gastheorie ist einerseits darin zu sehen, die makroskopischen Eigenschaften der Gase, wie deren Temperatur, Druck, Energie, Entropie, ihre Reibung, Wärmeleitfähigkeit, Diffusionsgeschwindigkeit usw., als Eigenschaften großer Atom- bzw. Molekülhaufen zu verstehen, anderseits aus den makroskopischen Eigenschaften der Gase Rückschlüsse zu gewinnen auf die elementaren Eigenschaften der Moleküle. Da man nicht jedes Molekül auf seinem Weg einzeln verfolgen kann, so muß man zur Behandlung des gaskinetischen Problems wahrscheinlichkeitstheoretische Methoden verwenden, was auch schon frühzeitig geschah, ohne daß allerdings der statistische Gehalt der Theorie von Anfang an klar erkannt wurde.

Es gibt eine Reihe von Problemen der Gastheorie, die einer wahrscheinlichkeitstheoretischen Behandlung zugänglich sind, ohne auf Einzelheiten des Wechselwirkungsmechanismus der Moleküle eingehen zu müssen. Es genügt für diesen Problemenkreis schon das Vorhandensein irgendeines Wechselwirkungsmechanismus, der für die Einstellung des Gleichgewichtszustandes sorgt. Es sind dies die sog. *Gleichgewichtsprobleme*, die den Gegenstand der statistischen Thermodynamik bilden. Bei vielen anderen Problemen ist aber gerade der spezielle Wechselwirkungsmechanismus von Bedeutung für die zu untersuchende Größe. Es sind dies die typischen *Nichtgleichgewichtserscheinungen* (Reibung, Wärmeleitung, Diffusion), die den eigentlichen Gegenstand der Gaskinetik bilden.

I. Die elementare Theorie behandelt die → Transporterscheinungen in Gasen nach einer Methode, bei der die mittlere freie → Weglänge die ausschlaggebende Rolle spielt. In dieser elementaren Behandlung erhält man für die wesentlichen Transportgrößen eines Gases, das sind die Konstanten der inneren Reibung (→ Viskosität, η), der Wärmeleitung (λ) und der Selbstdiffusion (D_{11}) die Ausdrücke:

$$\eta = \frac{1}{3}\varrho\,\bar{c}\,\bar{\Lambda}; \quad \lambda = \frac{1}{3}\varrho\,c_v\,\bar{c}\,\bar{\Lambda}; \quad D_{11} = \frac{1}{3}\bar{c}\,\bar{\Lambda},$$

wo $\bar{c}$ die mittlere Molekülgeschwindigkeit, c_v die spez. Wärme bei konstantem Volumen, ϱ die Gasdichte und $\bar{\Lambda}$ die mittlere freie Weglänge. Diese Formeln sind nur qualitativ richtig, denn danach sollte sein: $\lambda/(\eta\, c_v) = 1$ und $D_{11}\,\varrho/\eta = 1$. Tatsächlich sind diese Verhältnisse auf Grund des empirischen Befundes nicht gleich 1, sondern bei einatomigen Gasen z. B. ist der 1. Quotient gleich 2,5. Außerdem ist die mittlere freie Weglänge $\bar{\Lambda}$ für starre Kugelmoleküle temperaturunabhängig; daher sollte die Temperaturabhängigkeit der Transportgrößen durch diejenige von $\bar{c}$ gegeben sein (bei der Wärmeleitfähigkeit käme noch die von c_v hinzu), d. h. proportional zu $\sqrt{T}$. In Wirklichkeit beobachtet man in fast allen Fällen eine stärkere T-Abhängigkeit von η und λ als Proportionalität zu $\sqrt{T}$. Für die Diffusionskonstante D_{12} einer binären Gasmischung liefert die elementare Theorie eine starke Abhängigkeit vom Mischungsverhältnis, die experimentell nicht gefunden wird. Die elementare Theorie liefert in korrekter Weise die Unabhängigkeit der Viskosität η und der Wärmeleitfähigkeit λ vom Gasdruck. Die Inkonsequenzen der elementaren Theorie kann man durch Hilfsbetrachtungen etwas mildern. So findet die stärkere T-Abhängigkeit von η eine Erklärung durch die Berücksichtigung anziehender Kräfte zwischen den Kugeln. Diese bewirken eine scheinbare Variation des Moleküldurchmessers mit der Temperatur; denn durch diese Kräfte werden Moleküle so weit aus ihrer geradlinigen Bahn abgelenkt, daß sie manchmal noch zum Stoß kommen, statt aneinander vorbeizufliegen. Die Moleküle stoßen häufiger zusammen, was formal einem größeren Stoßdurchmesser entspricht. Dieser Effekt der scheinbaren Änderung der Moleküldurchmesser durch die Anziehungskräfte wird um so kleiner, je höher die Temperatur ist, und zwar infolge der geringeren Ablenkbarkeit der Moleküle bei höheren Geschwindigkeiten. Das Molekülmodell der starren Kugel mit anziehenden Kräften stammt von *Sutherland* (→ Sutherlandmodell). Die Veränderung des Stoßquerschnittes $\pi \sigma^2$ als Funktion der Temperatur T wird durch die Formel

$$\pi \sigma^2 = \pi \sigma_\infty^2 (1 + C/T)$$

gegeben, wo C die *Sutherlandkonstante* ist, die eng mit den Anziehungskräften zusammenhängt, und σ_∞ ist der Stoßdurchmesser bei Vernachlässigung der Anziehungskräfte. Die → Sutherland-Formel für die Reibungskonstante gibt zwar die T-Abhängigkeit vieler Gase in einem größeren T-Bereich befriedigend wieder; sie ist aber theoretisch nur im Grenzfall $C/T \ll 1$ streng begründbar.

Eine weitere Korrektur, die man an den elementaren Betrachtungen anbringen kann, besteht in der Berücksichtigung der sog. → Persistenz der Moleküle. Es handelt sich dabei um die Tatsache, daß ein Molekül nach einem Zusammenstoß im allgemeinen seine Bewegungsrichtung nicht völlig verliert, sondern immer noch eine merkliche Geschwindigkeitskomponente in der ursprünglichen Richtung beibehält. Durch die Persistenz wird der für den Transport irgendeiner physikalischen Größe maßgebende Weg, der früher mit der mittleren freien Weglänge identifiziert wurde, vergrößert.

II. Die strenge Theorie von Maxwell-Chapman-Enskog beruht auf der strengen Lösung der Boltzmannschen Fundamentalgleichung für die → Verteilungsfunktion f der Moleküle. Sie lautet:

$$\frac{\partial f}{\partial t} + v_x \frac{\partial f}{\partial x} + v_y \frac{\partial f}{\partial y} + v_z \frac{\partial f}{\partial z} + F_x \frac{\partial f}{\partial x} + F_y \frac{\partial f}{\partial y} + F_z \frac{\partial f}{\partial z} = \iiint (f' f_1' - f f_1)\, g\, b\, db\, d\varepsilon\, d\omega_1,$$

wo v_x, v_y, v_z die Komponenten der Molekülgeschwindigkeit, F_x, F_y, F_z die Komponenten der äußeren Kraft je Masseneinheit. Die rechte Seite trägt dem Einfluß der Molekülzusammenstöße auf die Geschwindigkeitsverteilung Rechnung durch alleinige Berücksichtigung von Zweierstößen. Die Größe g ist der Absolutwert der Relativgeschwindigkeit der beiden stoßenden Moleküle, b und ε sind geometrische Variable und $d\omega_1$ das Volumelement im Geschwindigkeitsraum des Moleküls 1.

Für kleine Abweichungen vom Maxwellschen Geschwindigkeitsverteilungsgesetz f_0 wird gesetzt: $f = f_0(1 + \Phi)$, wo $|\Phi| \ll 1$. Die Boltzmanngleichung geht dann für Φ in eine lineare inhomogene Integralgleichung 2. Art mit symmetrischem Kern über *(Hilbert)*. Eine exakte Lösung dieser Gleichung gelang erstmalig *Maxwell* im Falle der sog. → Maxwell-Moleküle. Die Rechnungen von *Maxwell* wurden dann wesentlich später (1917) von *Chapman* und *Enskog* auf allgemeinere Molekülmodelle ausgedehnt und damit das Problem der Berechnung der Transportgrößen eines Gases aus dem molekularen Kraftgesetz grundsätzlich gelöst. Das inverse Problem der Berechnung des molekularen Kraftgesetzes aus den Transportgrößen hat z. Z. noch keine befriedigende Lösung gefunden.

Die Chapman-Enskogsche Theorie ist strenggenommen nur auf einatomige Gase und deren Mischungen anwendbar. Die Anwendung der Ergebnisse dieser Theorie auch auf mehratomige Gase (z. B. deren Reibungskoeffizient) läßt sich durch den Hinweis plausibel machen, daß die mehratomigen Moleküle rotieren und sich daher im Mittel ähnlich benehmen werden wie zentralsymmetrische Moleküle (einatomige Moleküle).

Eine der wesentlichen Leistungen der strengen Gastheorie war die Vorhersage des → Thermodiffusionseffektes, welcher den Begründern der Gastheorie entgangen war, da er gerade für Maxwell-Moleküle in Strenge verschwindet.

III. Höhere Näherungen. Man entwickelt die Verteilungsfunktion nach steigenden Potenzen eines Parameters p, der von der Größenordnung des Verhältnisses der mittleren freien Weglänge zu einer makroskopischen Dimension der Versuchsanordnung ist. Es sei:

$$f = f_0 [1 + \sum_{\nu=1}^{\infty} (p^\nu \Phi_\nu)].$$

Die Funktionen Φ_ν sind unabhängig von der mittleren freien Weglänge. Die üblichen Transporterscheinungen erhält man, indem man nur ein Glied ($\nu = 1$) der obigen Entwicklung beibehält. Berücksichtigt man auch höhere Glieder (z. B. auch $\nu = 2$), so werden die Reibungskräfte und Wärmestromkomponenten im Gas nicht mehr allein Funktionen der ersten räumlichen Differentialquotienten der Strömungsgeschwindigkeit des Gases und der Temperatur, sondern es treten auch noch die 2. Ableitungen dieser Größen hinzu. Derartige Effekte werden erst in hochverdünnten Gasen von Bedeutung oder in extrem inhomogenen Strömungsfeldern. Diese Effekte sind experimentell noch nicht genauer untersucht, spielen aber nach *Maxwell* eine Rolle bei der kinetischen Erklärung der → Radiometererscheinungen, ferner in der → Superaerodynamik.

IV. Quantentheorie und Transportphänomene. Die Quantentheorie bedingt zunächst bei tiefen Temperaturen Erscheinungen, die mit der → Gasentartung zusammenhängen. Abgesehen von den leichtesten Gasen (H_2, D_2, He) werden diese Erscheinungen vollkommen überdeckt durch den Einfluß der molekularen Anziehungskräfte. Die Quantentheorie brachte eine vollständige Klärung des → Gibbsschen Paradoxons. Hinsichtlich der Transporterscheinungen bringt sie hauptsächlich zwei wesentlich neue Gesichtspunkte:

1. Der Zusammenstoß zweier Moleküle muß als quantentheoretisches Stoßproblem betrachtet werden. Abweichungen von den Ergebnissen der klassischen Rechnungen treten dann auf, wenn die de-Broglie-Wellenlänge der stoßenden Partikel von der Größenordnung der Moleküldurchmesser wird. Dies ist bei tiefen Temperaturen bei den leichten Molekülen der Fall. Im Grenzfall, wo die de-Broglie-Wellenlänge groß gegenüber dem Moleküldurchmesser ist, geht der quantentheoretische Stoßquerschnitt gegen den 4fachen Wert des klassischen Molekülquerschnitts.

2. Die Ununterscheidbarkeit zweier gleichartiger Moleküle ist beim Zusammenstoß zu berücksichtigen.

Diese quantentheoretischen Effekte bedingen Korrekturen an den klassisch berechneten Stoßquerschnitten und sind zu berücksichtigen bei der Berechnung der Transportgrößen in den leichtesten Gasen bei tiefen Temperaturen. Von Bedeutung wäre es, zu wissen, wie sich die Quantelung der Rotations- und Schwingungsbewegung der Moleküle auf die Transportphänomene auswirkt; doch ist darüber so gut wie nichts bekannt.

V. Transporterscheinungen in mehratomigen Gasen. In mehratomigen Gasen kommt als neue Transportgröße die → Volumreibung oder Volumviskosität hinzu. Sie trägt der endlichen Einstellzeit der Energie der inneren Freiheitsgrade Rechnung und äußert sich in vergrößerter Schallabsorption.

Das einzige quantitativ untersuchte Molekülmodell ist das der ideal rauhen Kugel von *Bryan-Pidduck*. Die Moleküle sind als rotierende Kugeln angenommen. Beim Zusammenstoß zweier Moleküle ändert die Relativgeschwindigkeit der Berührungspunkte der beiden Kugeln ihr Vorzeichen (Definition der idealen Rauheit). Dieses Modell zeigt den geringen Einfluß der Rotation der Moleküle auf den Reibungs- und Diffusionskoeffizienten und gestattet außerdem, den Volumreibungskoeffizienten infolge der endlichen Einstellzeit der Rotationsenergie zu berechnen.

VI. Transporterscheinungen in dichten Gasen. Die erste konsequente Theorie der Transporterscheinungen in dichten Gasen, wo die mittlere freie Weglänge nicht mehr sehr groß ist gegenüber den molekularen Dimensionen, wurde von *Enskog* (1922) entwickelt. Sie betrachtet die Moleküle als starre Kugeln mit anziehenden Kräften. Neben dem Impulstransport durch die freie Bewegung der Moleküle zwischen zwei Zusammenstößen wird der Impulstransport durch die Zusammenstöße selbst (momentane Impulsübertragung vom Ort des Mittelpunktes der einen Kugel auf den Ort des Mittelpunktes der anderen Kugel) berücksichtigt. Für den Reibungskoeffizienten erhält *Enskog* die Formel:

$$\frac{\eta}{\varrho} = b\,\eta_0\left[\frac{1}{\chi\, b\,\varrho} + \frac{4}{5} + 0{,}7614\, b\,\varrho\,\chi\right],$$

wo η_0 der Reibungskoeffizient im Normalgas (der unabhängig von der Dichte ϱ ist) und $b\varrho = \frac{2}{3}\pi n \sigma^3$ (σ Moleküldurchmesser, n Molekülzahl je cm^3). Die Größe χ läßt sich empirisch finden aus der gemessenen Temperaturabhängigkeit des Druckes bei konstanten Volumen:

$$\frac{\partial p}{\partial T} = n\,k(1 + b\,\varrho\,\chi).$$

Obige Formel für η gestattet, die Druckabhängigkeit des Reibungskoeffizienten von N_2 bis zu Drucken von etwa 1000 atm in guter Näherung darzustellen.

Die ersten allgemeinen Ansätze für eine Theorie der Transportgrößen in dichten Gasen und Flüssigkeiten wurden neuerdings von *Born* und Mitarbeitern gegeben.

VII. Transporterscheinungen in hochverdünnten Gasen. In diesem Falle spielen die Zusammenstöße der Moleküle untereinander mit wachsender Verdünnung des Gases mehr und mehr nur eine untergeordnete Rolle. Ist die mittlere freie Weglänge schließlich groß gegenüber den Apparatdimensionen, so überwiegt der Einfluß der Zusammenstöße der Moleküle mit den Gefäßwänden, wodurch gewissermaßen die mittlere freie Weglänge nicht mehr durch die Gasdichte, sondern durch die Gefäßdimensionen bestimmt wird. Ausschlaggebend für die dabei auftretenden Effekte werden dann die Oberflächeneigenschaften des der Untersuchung dienenden Gefäßes (→ Geschwindigkeitssprung, → Temperatursprung, thermische → Molekularströmung).

Chapman, S., u. *T. C. Cowling:* Theory of Nonuniform Gases. Cambridge 1939. *Eucken, A.:* Lehrb. d. Chem. Physik II/1. Leipzig 1944.

Kinetisches Potential = Lagrange-Funktion. → Lagrangesche Bewegungsgleichung.

Kinetische Theorie der Flüssigkeiten. Während die Molekulartheorie der Gase und festen Körper einen hohen Entwicklungsstand erreicht hat, ist dies für den flüssigen Zustand weit weniger der Fall. Die allgemeine Grundlage zur Formulierung einer kinetischen Theorie einatomiger Flüssigkeiten hat neuerdings *M. Born* (1946) gegeben. Das Wesentliche dieser Theorie ist die Einführung von Verteilungsfunktionen höherer Ordnung der Moleküle. Während man in der Gastheorie mit der Aussage auskommt, wie viele Moleküle sich in einem bestimmten Volumelement bzw. Geschwindigkeitsbereich befinden, sind in der Flüssigkeitstheorie Aussagen über das gleichzeitige Vorhandensein von Molekülen in verschiedenen Volumelementen bzw. Geschwindigkeitsbereichen notwendig. In ihrer weiteren Durchführung stößt diese Theorie auf große mathematische Schwierigkeiten, die bisher in strenger Form nicht überwunden sind. Eine Näherungslösung ist die → Löchertheorie der Flüssigkeiten. Man stellt sich vor, daß sich im Innern der Flüssigkeit, im Gegensatz zum Kristall, Löcher befinden, die es den einzelnen Partikeln erlauben, ihre Gitterplätze zu verlassen und sich in Richtung einer verhältnismäßig schwachen äußeren Kraft zu bewegen. Auf Grund dieser Vorstellung kommt man zu folgender Näherungsformel (Zahlenwertgleichung) für den → Selbstdiffusionskoeffizienten D einer Flüssigkeit: $D = 1330\,(\Delta V)^2\,\Theta_D\,V^{-2/3}\,(\sigma/L)\exp[-\varepsilon/(k\,T)]\,[cm^2/s]$. Es bedeuten: σ Oberflächenspannung, L molare Schmelzwärme, Θ_D Debyesche charakteristische Temperatur, ΔV Änderung des Molvolumens am Schmelzpunkt, ε eine Aktivierungsenergie, die beim Eindringen einer Partikel in das Loch zu überwinden ist, k Boltzmann-Konstante, T abs. Temperatur, V Molvolumen (alle Größen in CGS-Einheiten). Für den Reibungskoeffizienten η der Flüssigkeit gewinnt man daraus die Zahlenwertgleichung: $\eta = 4{,}1 \cdot 10^{-4}\,(T/\Delta V\,\Theta_D)\exp[\varepsilon/(k\,T)]$. Benutzt man für Θ_D die → Lindemannsche Schmelzpunktsformel $\Theta_D = 134\sqrt{T_s/(M\,V^{2/3})}$ (T_s die abs. Schmelztemperatur und M Molekulargewicht), so kann man einen zuerst von *da Andrade* (1934) angegebenen Zusammenhang finden:

$$\eta = \text{const}\; M^{1/2}\,T_s^{1/2}\,V^{-2/3}\exp[\varepsilon/(k\,T)].$$

Die angegebenen Formeln sind nur auf einatomige Flüssigkeiten anwendbar. Weniger entwickelt ist die kinetische Theorie der Wärmeleitung in Flüssigkeiten. Überträgt man die für die → Gitterleitfähigkeit in Nichtleitern gefundene Formel: $\lambda = \text{const}\;\varrho\,u(C_v/M)\,\Lambda$ (λ Wärmeleitfähigkeit, ϱ Dichte, u Schallgeschwindigkeit, C_v Molwärme bei konstantem Volumen, M Molekulargewicht und Λ eine mittlere freie Weglänge der Gitterwellen) und setzt man const Λ gleich $0{,}95 \cdot 10^{-8}$ cm, so erhält man für eine Reihe von einfachen unpolaren Flüssigkeiten eine gute Darstellung des experimentellen Materials über die Wärmeleitfähigkeit.

Born, M., u. *H. S. Green:* Proc. Roy. Soc., Lond. A **188**, 10 (1946); **189**, 103 (1947); **190**, 455 (1947); **192**, 166 (1948). *Eucken, A.:* Lehrb. d. chem. Physik II/2. Leipzig 1944.

Kingsbury-Kurven, Kurven gleicher → Lautstärke im Schalldruck-(Schallstärke-)Frequenz-Netz; die zur Lautstärke 0 phon gehörende Kingsbury-Kurve ist die Hörschwelle. → Hörbereich.

Kinoobjektive. Zur gewöhnlichen Aufnahme kinematographischer Bilder dienen für Normalfilm von 35 mm Breite Objektive mit Brennweiten von etwa 35 bis 50 mm bei Öffnungsverhältnissen bis etwa 1 : 1,5. Der Übergang zu noch kleineren Brennweiten bei großen Öffnungsverhältnissen macht Schwierigkeiten, weil die bildseitige Schnittweite lang genug bleiben muß, um Verschluß und Filmführung, die zusammen etwa 15 mm benötigen, unterzubringen. Für Schmalfilm von 16 mm Breite benutzt man vielfach Objektive von etwa 20 mm Brennweite bei 1 : 1,4 Öffnungsverhältnis. Für Kleinfilm von 8 mm Breite sind Objektive mit etwa 10 mm Brennweite und Öffnungsverhältnisse von etwa 1 : 2 in Gebrauch.

Markenobjektive sind: Tessar 1 : 2,7, Heliar 1 : 2,8, Kino-Hypar 1 : 3,0, Ernostar 1 : 2,0, Kino-Plasmat 1 : 2,0, Heliostigmat 1 : 2,5, Tachar 1 : 1,8, Tachon 1 : 0,95, Biotar 1 : 1,4, Hektor-Rapid 1 : 1,4, Xenon 1 : 2,8 u. a. m. Für Kinoaufnahmen von Röntgenbildern ist das R-Biotar mit 1 : 0,85 Öffnungsverhältnis bestimmt. Seine Brennweite beträgt für Normalfilm 55 mm. Spiegelobjektive gibt es mit Öffnungsverhältnissen von 1 : 0,65.

Kippschwingungen *(Relaxationsschwingungen)* sind selbsterregte mechanische oder elektrische Schwingungen, deren Frequenz durch die Dauer von gewissen Auf- und Entladezeiten (→ Relaxationszeiten) und nicht durch Eigenschwingungen im klassischen Sinne bestimmt wird. Ihr Verlauf ist nur in Ausnahmefällen sinusförmig, vielmehr meist rechteckig oder dreieckig (Sägezahnschwingung), kann aber auch aus Kombinationen beider oder aus Impulsen beliebiger Form bestehen (Abb. 1). Die Frequenz der Kippschwingungen ist wenig konstant und stark von den Betriebsbedingungen abhängig. Andererseits ist die Amplitude von äußeren Einflüssen wenig abhängig.

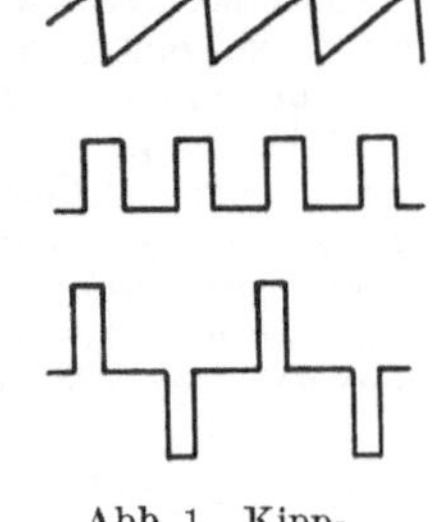

Abb. 1. Kippschwingungsformen.

Kippschwingungen kann man mit Glimmlampe und Stromtor (Abb. 2) genau so erzeugen wie mit allen Anordnungen, die zur Selbsterregung von Sinusschwingungen führen, wobei man nicht mit Schwingkreisen, sondern nur mit Induktivitäten und Widerständen oder mit Kapazitäten und Widerständen arbeitet. Da sich die Frequenz von Kippschwingungen leicht beeinflussen läßt, kann man sie mit einer anderen Frequenz synchronisieren. Das ist auch möglich, wenn die fremde Frequenz 2, 3, ... n mal höher ist. Die Kippschwingung nimmt dann genau die 1/2, 1/3, ..., $1/n$ mal tiefere Frequenz an. Das wichtigste Anwendungsgebiet der Kippschwingungen ist die Ablenkung von Kathodenstrahlen in Braunschen Röhren. Ferner werden sie zur Erzeugung von Oberwellen und zur Frequenzteilung verwendet.

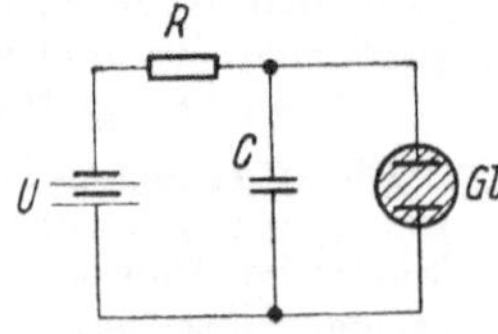

Abb. 2. Kippschaltung mit Glimmstrecke zur Erzeugung von Dreieckschwingungen.

Richter, H.: Elektr. Kippschwingungen. Leipzig 1941. *Vilbig, F.,* u. *J. Zenneck:* Fortschr. d. Hochfrequenztechnik II. Leipzig 1943. *Wagner, K. W.:* Einf. i. d. Lehre v. d. Schwingungen u. Wellen. Wiesbaden 1947.

Kirchhoffsche Beugungstheorie → Beugung des Lichtes am schwarzen Schirm.

Kirchhoffsche Formel. Die Wellenerregung in einem Punkte P läßt sich mit Hilfe des → Huygensschen Prinzips aus den Erregungen benachbarter Punkte des Wellenfeldes nur dann berechnen, wenn keine Hindernisse (Ränder) in der Nähe sind. In diesem für alle Beugungserscheinungen wichtigen Fall ist eine Berechnung des Wellenfeldes mittels der Kirchhoffschen Formel möglich, die die Erregung u_P in P mit der Erregung u auf einer den Punkt P einschließenden Fläche F in Verbindung setzt:

$$u_P = \frac{1}{4\pi} \oint_F \left(\frac{e^{-\frac{2\pi i r}{\lambda}}}{r} \operatorname{grad} u - u \operatorname{grad} \frac{e^{-\frac{2\pi i r}{\lambda}}}{r} \right) d\mathfrak{F}$$

(r Abstand des gerichteten Hüllflächenelements $d\mathfrak{F}$ vom Punkte P, λ Wellenlänge).

Kirchhoffsches Gesetz: Für jeden Temperaturstrahler ist das Verhältnis von Strahlungsdichte und Absorptionsvermögen, bezogen auf eine beliebige Wellenlänge, gleich der auf die gleiche Wellenlänge bezogenen Strahlungsdichte eines → schwarzen Körpers der gleichen Temperatur wie der Strahler. Das Gesetz folgt aus dem 2. Hauptsatz der Wärmelehre.

Kirchhoffsche Regeln → Stromverzweigung.

Kirchhoffscher Satz von der Temperaturabhängigkeit der Wärmetönungen → Wärmetönung.

Kirchhoffsche Waage *(absolutes Elektrometer)*, dient zur Spannungsmessung und ist ein → Schutzringelektrometer, das aber als zweiarmige Waage ausgebildet ist. Die Nullstellung wird durch einen elektrischen Kontakt angezeigt. Die Waage ist zur Messung von Spannungen ($>$ 1000 V) geeignet.

Klang, ein aus harmonischen Teiltönen zusammengesetzter Schall, wenn dessen Grundton in den → Hörbereich fällt. Mehrere gleichzeitige Klänge mit verschiedenen Grundtönen bilden ein *Klanggemisch* (z. B. die Akkorde).

Klanganalyse, -analysator → Fourier-Analyse von Klängen, → Schallspektroskopie.

Klangfarbe. Die Qualität von Schallschwingungen, durch die der charakteristische Unterschied des Eindrucks hervorgerufen wird, den zwei Klänge erzeugen, die als gleich hoch empfunden werden, aber aus verschiedener Quelle stammen, hängt eng mit ihrem → Frequenzspektrum zusammen. Für die Klangfarbe von stationären Sprachlauten (Vokalen und Dauerkonsonanten) sind bestimmte, für jeden Laut konstante Frequenzgebiete (→ Formanten) maßgebend, die auch bei einer Änderung des gesprochenen oder gesungenen Lautes ihre Lage beibehalten. Das gleiche gilt für Musikinstrumente, deren Klang durch Resonatoren von unveränderlicher Größe (z. B. die Resonanzkörper von Streichinstrumenten) geformt wird. Daneben kann die spezifische Klangfarbe eines Instruments jedoch auch mit Obertönen von bestimmter *Ordnung* verknüpft sein, deren Frequenz sich dann mit der Lage des Grundtones verändert. So wird beispielsweise ein Klang, dem die geraden Harmonischen fehlen, als „hohl" empfunden (Klarinette).

Klangfiguren, die Knotenlinien auf der Oberfläche schwingender Platten und Membranen. Sie können nach *Chladni* durch Aufstreuen von pulverförmigen Substanzen (Sand) sichtbar gemacht werden (Abb.), weil die Körner zu den Stellen geringster Bewegung hingetrieben werden. Ferner → Musikinstrumente.

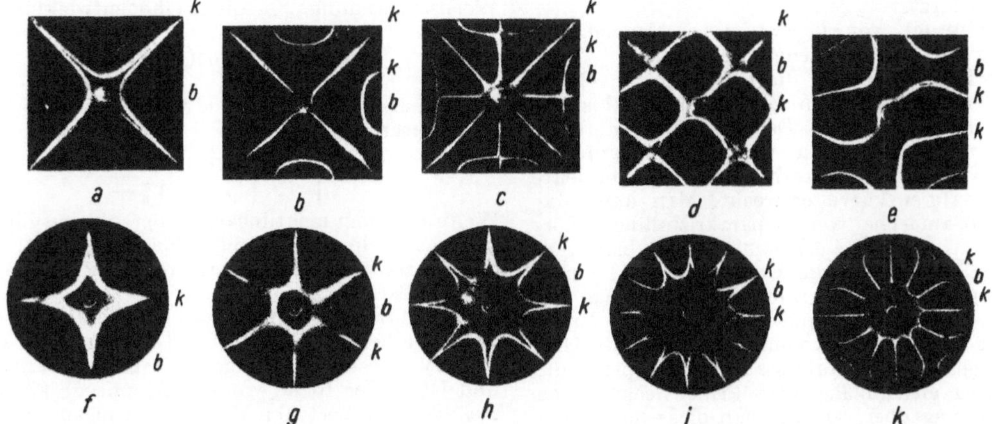

Chladnische Klangfiguren einer quadratischen und einer kreisförmigen Platte. *k* Knoten, *b* Bäuche.

Klasse. In einer → Gruppe bezeichnet man zwei Elemente a und b als zur gleichen Klasse gehörig, wenn es ein anderes Element x mit $a = x\,b\,x^{-1}$ gibt.

Klassen, kristallographische → Kristallklassen.

Klassische Physik. Unter diesem Begriff versteht man diejenigen Theoriengebäude, welche etwa um die Wende des 20. Jahrhunderts im wesentlichen abgeschlossen dastanden, also insbesondere die klassische Mechanik, Thermodynamik, Elektrodynamik und Optik einschließlich der auf diese gegründeten elektromagnetischen Wellentheorie des Lichtes. Die wesentlichsten Merkmale der klassischen Physik sind die Axiome der grundsätzlichen Anschaulichkeit sowie der Stetigkeit jedes Naturgeschehens und daher seiner Beschreibbarkeit durch Differentialgleichungen. Die Entwicklung der Physik des 20. Jahrhunderts hat erwiesen, daß diese Axiome nicht allgemein aufrechterhalten werden können, und daß sie im Bereich des atomaren Geschehens völlig versagen. Die klassische Physik erweist sich als ein nur unter bestimmten Bedingungen gültiger Grenzfall einer viel umfassenderen Naturgesetzlichkeit. Das gilt vor allem für die Quantentheorie (→ Korrespondenzprinzip), während die Relativitätstheorie in gewissem Sinne als eine letzte Vollendung der klassischen Physik angesprochen werden kann. Im Rahmen ihrer klar erkannten Grenzen bleibt die klassische Physik auch heute noch in voller Geltung.

Klebrigkeit, der Kehrwert der → Schlüpfrigkeit, kennzeichnet die Eigenschaft zäher Flüssigkeiten, an festen Flächen zu haften und zugleich einer Gleitbewegung einen mit der Schubkraft wachsenden Widerstand entgegenzusetzen.

Kleine Planeten = → Planetoiden.

Kleinionen → Luftionen.

Klein-Nishina-Formel. Fällt Licht der Intensität (je Flächeneinheit) S_0 und der Polarisationsrichtung $\mathfrak{e}_0$ auf ein freies, ruhendes Elektron, so ist die Intensität (je Raumwinkeleinheit) $S(\mathfrak{s})$ des in Richtung $\mathfrak{s}$ um den Winkel Θ gegenüber der Einfallsrichtung in den Raumwinkel $d\Omega$ gestreuten Lichtes gleich

$$S(\mathfrak{s})\,d\Omega = S_0\,d\Omega\,\frac{e^4}{c_0^4\,m^2}\,\frac{1}{(1+\alpha(1-\cos\Theta))^3}\left[1-(\mathfrak{e}_0,\mathfrak{s})^2+\frac{\alpha^2(1-\cos\Theta)^2}{2(1+\alpha(1-\cos\Theta))}\right],$$

wobei $\alpha = \frac{\hbar\,\nu^0}{m\,c_0^2}$ und ν^0 die Frequenz des einfallenden Lichtes ist. Für die Frequenz des gestreuten Lichtes gilt $\frac{1}{\nu} = \frac{1}{\nu^0} + \frac{\hbar}{m\,c_0^2}(1-\cos\Theta)$. Die obige Formel für $S(\mathfrak{s})$ wird häufig als Klein-Nishina-Formel zitiert.

Handb. d. Physik XXIV/1. Berlin 1933.

Klein-Rosseland-Stöße = → Stöße 2. Art.

Kleinsches Paradaxon. Trifft nach der Diracschen Theorie des Elektrons eine Elektronenwelle auf eine Potentialschwelle der Höhe V, so wird sie für $E + E_0 > V > E - E_0$ (E Energie der Elektronen, $E_0 = m\,c_0^2$ Ruheenergie des Elektrons) total reflektiert, für $V > E + E_0$ aber nicht mehr. Dieses merkwürdige Verhalten, Kleinsches Paradoxon genannt, beruht auf den negativen Eigenwerten der Energie für die → Diracgleichung. Physikalisch erfährt das Paradoxon dadurch seine Aufklärung, daß (z. B. schon auf Grund der Diracschen → Löchertheorie durch die Polarisation des Vakuums) für sehr hohe Felder $\left(|\mathfrak{E}| \sim \frac{m^2 c^3}{e\,\hbar}\right)$ die Maxwellsche Theorie abzuändern ist, so daß die Aussagen der einfachen Diracgleichung für einen Potentialsprung ($|\mathfrak{E}| = \infty$) sinnlos werden und nur für einen solchen stetigen Anstieg des Potentials gültig bleiben, der zu Feldstärken $|\mathfrak{E}| \ll \frac{m^2 c^3}{e\,\hbar}$ führt. In diesem Falle wird aber auch für $V > E + E_0$ die Elektronenwelle total reflektiert.

Kleinste Länge = → Elementarlänge.

Kleinstufenmethode, ein photometrisches Verfahren, bei dem die zu vergleichenden Lichtquellen in sehr engen Spektralbereichen nacheinander über das ganze sichtbare Spektrum ausgemessen werden. Die Isolierung bestimmter Spektralbereiche geschieht meist durch spektrale Zerlegung, gelegentlich auch durch geeignete Kombinationen stark selektiver Glasfilter. Die Methode wird praktisch nur zur Ermittlung der → spektralen Hellempfindlichkeit benutzt.

Kleinwimmel, von *Lenard* vorgeschlagene Bezeichnung der → Brownschen Bewegung.

Kleinwinkelstreuung, die Streuung von Röntgenstrahlen in der Umgebung des Primärstrahls. Sie wird in einer Abart der Debye-Scherrer-Methode untersucht, wobei sich die Untersuchung auf den Winkel zwischen Primärstrahl und der ersten deutlichen Interferenzkurve erstreckt. Man kann dadurch echt-amorphe von → parakristallinen Körpern unterscheiden. Bei echt-amorphen Substanzen, z. B. Flüssigkeiten, ist die Umgebung des Primärstrahls auf einem Diagramm nur schwach geschwärzt. Der erste — und meist einzige — Interferenzring hebt sich stark vom Untergrund ab. Umgekehrt geht bei parakristallinen Körpern die Schwärzung gleichmäßig vom Primärfleck in den Interferenzring über, so daß man diese nicht voneinander trennen und den Interferenzring nicht als solchen, sondern nur als Rand des Primärflecks erkennen kann.

Die Kleinwinkelstreuung wird auch zur Untersuchung von Stoffen (z. B. hochpolymeren organischen Substanzen) mit sehr großen Gitterkonstanten oder mit einigermaßen gleich weit voneinander entfernten, parallelorientierten Makromolekülen verwendet. Die inneren Interferenzringe sind dann in eine Anzahl mehr oder weniger diffuser Interferenzflecke, ähnlich denen von Drehkristallaufnahmen, aufgelöst.

Kleistsche Flasche = → Leidener Flasche.

Klemmenspannung → Arbeitsspannung, → Stromquelle.

Klima, photochemisches, der Erdatmosphäre. Das organische Leben auf der Erde wird in seiner jetzigen Form durch zwei photochemische Prozesse ermöglicht: die → *Assimilation* und das *Ozongleichgewicht in der Erdatmosphäre.* Die in der Atmosphäre vorhandene Ozonschicht ist zwar sehr gering (die Schichtdicke beträgt, auf 0 °C und 760 Torr umgerechnet, nur 2 bis 4 mm), aber infolge der starken Lichtabsorption des Sauerstoffs (Maximum bei 1450 Å) und des Ozons (Maximum bei 2500 Å) wird alles Licht mit kleinerer Wellenlänge als 2900 Å vom Auftreffen auf die Erdoberfläche abgehalten. Das bedeutet einen Schutz der lebenden Substanz gegen zahlreiche photobiologische Wirkungen zerstörender Art, aber auch die Verhinderung der Vitamin-D-Bildung. Die Ozonschicht entsteht aus dem Zusammenwirken von Ozonbildung aus dem Sauerstoff der Atmosphäre [Primärreaktion: $O_2 + h\nu = 2\,O$; Sekundärreaktion: $O + O_2 + M = O_3 + M$ (Dreierstoßreaktion)] und der photochemischen und thermischen Ozonzersetzung; sie erstreckt sich in einer Höhe von 15 bis 45 km mit einem breiten Maximum zwischen 20 und 30 km Höhe und ist starken örtlichen und zeitlichen Schwankungen unterworfen. In der Uratmosphäre der Erde sind wahrscheinlich photochemisch aus Wasserdampf und Kohlensäure freier Sauerstoff und einfachste organische Stoffe (Aldehyde) entstanden, welche die Vorbedingung für die Entstehung des organischen Lebens gebildet haben.

Regener, E.: Naturwiss. **33**, 163 (1946).

Klimatologie → Meteorologie.

Klirrfaktor, bei Wechselströmen oder -spannungen mit nicht streng sinusförmigem Verlauf das Verhältnis der Summe der Effektivwerte aller Oberwellen zur Summe der Effektivwerte von Grund- und Oberwellen. Wenn also die Fourieranalyse einer Wechselspannung $V_{(t)}$ die Reihenentwicklung

$$V_{(t)} = \sum_{n=1}^{\infty} V_n \cos(n\,\omega\,t + \gamma_n)$$

(ω Kreisfrequenz der Grundwelle) liefert, so ist der Klirrfaktor

$$K = \sqrt{\frac{V_2^2 + V_3^2 + \cdots}{V_1^2 + V_2^2 + V_3^2 + \cdots}}.$$

Wenn an einem nichtlinearen Übertragungsglied primär eine rein sinusförmige Spannung liegt, so ist der Klirrfaktor der Sekundärspannung ein Maß der Nichtlinearität.

Ein Klirrfaktor tritt sowohl bei Elektronenröhren als auch bei Pupinspulen und Übertragern wegen der Hystereseerscheinungen des Kernmaterials auf und ist in der Regel von der Amplitude abhängig. Bei Trioden bestehen die Verzerrungen praktisch ausschließlich aus geradzahligen Oberwellen (2. und 4. Harmonische); bei der Pentode setzen sie sich hauptsächlich aus der 2. und 3. Harmonischen zusammen, wobei es abhängig vom Außenwiderstand einen Punkt gibt, wo die 2. Harmonische fast vollständig verschwindet. Bei der Verzerrung durch einen ferromagnetischen Kern ist nach den → Rayleighschen Gesetzen bei sinusförmigem Strom nur die 3. Oberwelle neben der Grundwelle wesentlich. In diesem Falle ist der Klirrfaktor bei genügend kleiner Amplitude gleich $^3/_5$ des Beitrages der Hysterese zum Verlustwiderstand (→ Eisenverluste), dividiert durch den induktiven Anteil ωL der Impedanz (L Selbstinduktivität). Liegen am Eingang einer derartigen nichtlinearen Anordnung mehrere Frequenzen, so entstehen an ihrem Ausgang außer Oberwellen Differenzfrequenzen (Kombinationstöne), die bei größerer Amplitude akustisch störend wirken (daher der Name). Die Anwesenheit von Gliedern 3. Ordnung gibt Anlaß zur → Kreuzmodulation (Nebensprechen bei Leitungen).

Rothe, H., u. *W. Kleen:* Elektronenröhren als Anfangsstufenverstärker. Leipzig 1940. *Vilbig, F.:* Lehrb. d. Hochfrequenztechnik II. Leipzig 1944.

Klydonograph → Gleitentladung.

Klystron, eine → Triftröhre mit Hohlraumresonatoren als Schwingkreisen. Im Steuerorgan *St* (Abb.) erfolgt die Geschwindigkeitssteuerung

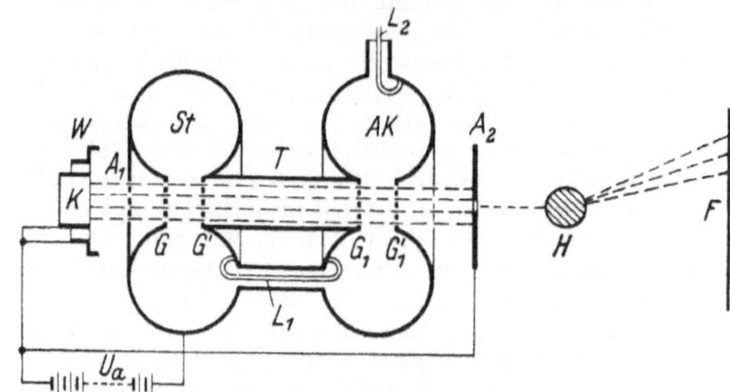

Klystron, schematisch.

der durch die Hilfselektrode A_1 beschleunigten Elektronen, im Laufraum T die Umwandlung des Elektronenstrahles in einen dichtemodulierten Strahl und durch das Auskoppelorgan *Ak* die Auskoppelung der ultrahochfrequenten Energie. Die Rückkopplung zwischen *Ak* und *St* erfolgt durch eine konzentrische Energieleitung L_1 und die Entnahme der Nutzenergie über die Leitung L_2. Zur elektronenoptischen Kontrolle wird ein schmales Elektronenbündel ausgeblendet und durch ein magnetisches Prisma *H* spektral zerlegt, so daß auf dem Leuchtschirm *F* die Kompression sowie der damit verbundene Energieverlust der Elektronen unmittelbar erkennbar ist. Zwischen 10 und 50 cm Wellenlänge wurden mit dem Klystron bei Beschleunigungsspannungen von 300 bis 4000 V Hochfrequenzleistungen von mehreren 100 W erreicht.

Vilbig, F., u. *J. Zenneck:* Fortschr. d. Hochfrequenztechnik I. Leipzig 1941. *Gundlach, F. W.:* Grundl. d. Höchstfrequenztechnik. Berlin 1950. *Honerjäger, R.:* Naturwiss. **38**, 34 (1951).

kn (kn), Symbol der Geschwindigkeitseinheit Knoten, → knot.

Knall, kurzer Schallstoß von großer Schallstärke. → Knallwelle.

Knallfunkensender, Funkensender (*Braunscher Sender*, Abb.), bei dem die Erregung des Antennen-

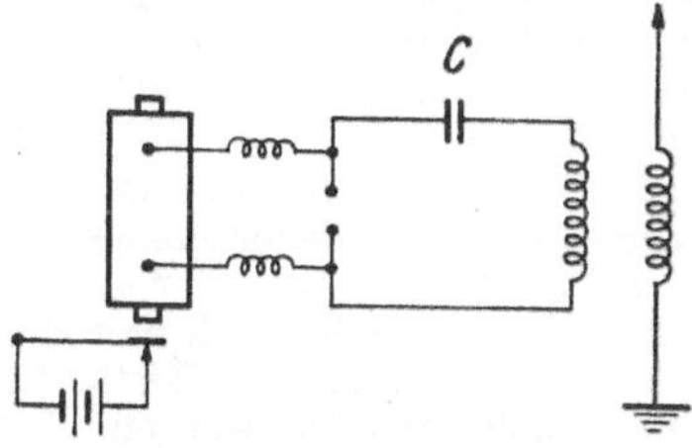

Braunscher Sender.

kreises über einen Zwischenkreis mit größerer Entladungsenergie ($CU^2/2$) erfolgt; so genannt wegen des beim Funkenübergang auftretenden Geräusches.

Vilbig, F.: Lehrb. d. Hochfrequenztechnik. Leipzig 1944.

Knallgaskette. In der Knallgaskette steht eine → Wasserstoffelektrode einer → Sauerstoffelektrode gegenüber. Erstere bildet den negativen, letztere den positiven Pol der Kette. Bei Stromentnahme läuft die freiwillige Reaktion $\frac{1}{2}\,H_2 + \frac{1}{4}\,O_2 \to \frac{1}{2}\,H_2O$, also die *Verbrennung von Wasserstoff zu Wasser* ab. Aus der Affinität dieser Reaktion ergibt sich nach $E = \mathfrak{R}/F'$ (→ elektromotorische Kraft, $\mathfrak{R}$ Reaktionsarbeit, F' → Faraday-Ladung) eine EMK von 1,23 V. Die Einstellung dieses idealen Wertes wird durch die große Trägheit des Elektronenüberganges im Sinne der Sauerstoffelektrode beeinträchtigt. Im Stromfluß tritt zusätzlich ein starker Spannungsabfall durch elektrochemische → Polarisation auf. Praktische Bedeutung hat die Knallgaskette vor allem für die Entwicklung der → Brennstoffelemente.

Knallgasvoltameter, ein → Coulometer, bei welchem das Volumen des anodisch bzw. kathodisch entwickelten Sauerstoffs und Wasserstoffs gemessen und daraus die hindurchgeflossene Elektrizitätsmenge berechnet wird. Als Elektrolyt dienen saure oder alkalische wäßrige Lösungen. Insgesamt wird im Sinne der unfreiwilligen Richtung der → Knallgaskette *Wasser zersetzt* nach $\frac{1}{2}H_2O \to \frac{1}{2}H_2 + \frac{1}{4}O_2$ (Äquivalentumsatz je Faraday-Ladung). 1 *Coulomb* entwickelt bei 0 °C und 760 Torr 0,1740 *cm³ Knallgas.*

Da sich Sauerstoff in meßbaren Mengen in Wasser löst und neben Sauerstoff in geringem Umfange auch Ozon entwickelt wird, ist es zweckmäßig, die Gase getrennt aufzufangen, nur die entwickelte Wasserstoffmenge zu messen und das Volumen mit 3/2 zu multiplizieren.

Bei geringen Stromdichten kann man die Sauerstoffelektrode durch eine reversibel arbeitende, *anodisch* belastete → Wasserstoffelektrode ersetzen, welche den kathodisch entwickelten Wasserstoff wieder verbraucht. Da dann insgesamt keine Änderung der Gasphase eintritt, kann das Elektrolysegefäß vollständig abgeschlossen werden. Anwendung bei dem volumetrisch anzeigenden Wasserstoffzähler.

Knallwelle. Eine plötzliche starke Druckerhöhung, wie sie durch ein expandierendes Gasvolumen (z. B. beim Funkenüberschlag, bei der → Detonation von Sprengstoffen), bei der Bewegung mit → Überschallgeschwindigkeit (Geschoß, Peitsche) oder beim Zusammenprall fester Körper hervorgerufen wird, breitet sich als Knallwelle aus. Häufig sind die Drucke in der Nähe des Knallzentrums so hoch, daß wegen der erhöhten Gasdichte die Ausbreitungsgeschwindigkeit der Knallwelle dort merklich höher ist als die normale Schallgeschwindigkeit. Der *Kopf* der Knallwelle, d. h. das Druckmaximum, läuft also schneller als der Fuß der Welle und holt diesen daher mit der Zeit ein. Die Wellenstirn wird immer steiler und der Druckanstieg kürzer und höher (Riemannsche → Stoßwelle), wie es die Abbildung

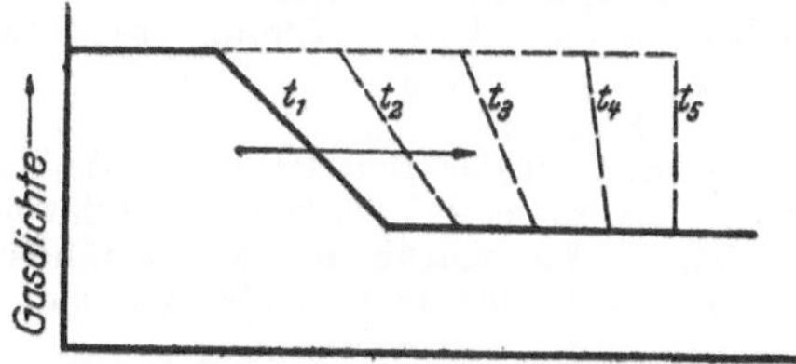

Ausbildung einer Riemannschen Stoßwelle.

für verschiedene aufeinanderfolgende Augenblicke $t_1, t_2, t_3, \ldots$ veranschaulicht. Umgekehrt wird eine Verdünnungswelle während ihrer Ausbreitung immer flacher. Das akustische Spektrum einer Knallwelle erfüllt einen um so breiteren Frequenzbereich, je kürzer der Druckanstieg, d. h. je steiler die Wellenfront ist; die Schallstärke wächst mit dem Quadrat der Druckdifferenz. Bei Explosionen hört man deshalb nur den Verdichtungsstoß, nicht aber die ihm folgende Verdünnungswelle. — → Druckwelle.

Miller, D. C.: Sound waves, their shape and speed. New York 1937. *Prandtl, L.:* Führer durch die Strömungslehre. Braunschweig 1949.

Knauss-Banden, Singulett-Bandensystem des Moleküls CO zwischen 2925 und 3250 Å.

Knicklast *(Eulersche).* Ein homogener Balken von der Länge l und konstantem Querschnitt sei so befestigt, daß die beiden Enden bei einer Belastung des Balkens in seiner Längsrichtung sich nicht seitlich ausbiegen können. Dann wird bei einer bestimmten Belastung P_0 ein Ausknicken des Balkens eintreten. Diese kritische Belastung ist $P_0 = \pi^2\,EJ/l^2$, die in der Festigkeitstheorie Eulersche Knicklast heißt. In ihr bedeutet E den Elastizitätsmodul und J das Flächenträgheitsmoment des Balkenquerschnitts in bezug auf eine senkrecht zur Balkenlängsrichtung durch den Schwerpunkt des Querschnitts gehende Achse.

Föppl, A.: Drang u. Zwang. München 1943.

Knochenleitung. Schallschwingungen können der Schnecke (Cochlea) unter Umgehung der Schallleitungsorgane des Mittelohres (Trommelfell und Gehörknöchelchen) auch unmittelbar durch die

Schädelknochen zugeführt werden. Von dieser Möglichkeit der Knochenleitung macht man bei → Schwerhörigkeit Gebrauch, wenn diese auf einer Störung der Schalleitung des Mittelohres beruht.

Knorpelritze → Stimmlippen.

knot, abgek. kn, englische Bezeichnung der → nautical mile: 1 kn = 1 n.mi (Brit.) = 1,85318 km. Das knot, deutsch *Knoten*, wird in laxer, aber allgemein üblicher Ausdrucksweise auch als Geschwindigkeitsmaß benutzt. Die Aussage: „Ein Schiff läuft 1 Knoten", besagt, daß es 1 Knoten/Stunde = 1,85318 km/Stunde = 0,5148 m/s läuft.

Knoten. 1. Diejenigen Bereiche → *stehender Wellen*, in denen die Schwingungsamplitude dauernd den Wert Null hat. Eindimensionale Gebilde (z. B. Saiten, Lecherleitungen) haben *Knotenpunkte*, zweidimensionale (z. B. Membranen) *Knotenlinien*, dreidimensionale (z. B. Hohlräume) *Knotenflächen*. Im zweidimensionalen Fall werden die Knotenlinien als → Klangfiguren beim Chladnischen Versuch sichtbar. → Bäuche.

2. → knot.

Knotenlinie → Knoten, → Eulersche Winkel.

Knotenpunkte von Linsen oder zusammengesetzten optischen Systemen, die → konjugierten Punkte auf der optischen Achse, für die das → Winkelverhältnis $\gamma' = +1$ ist. Konjugierte Strahlen durch die Knotenpunkte sind also einander parallel. — Ferner → Knoten.

Knotenstrahl, an das Bild stehender Wellen erinnernde → kontrahierte Elektronenstrahlform, die ähnlich den → Fadenstrahlen bei vermindertem Gasdruck in einem bestimmten Druckbereich auftritt.

Knudsen-Effekte. 1. Es seien zwei Gefäße durch ein Rohr miteinander verbunden, dessen innerer Durchmesser klein gegenüber der mittleren freien Weglänge des Gases in den beiden Gefäßen ist. Bestehen in den beiden Gasgefäßen verschiedene Drucke und verschiedene Temperaturen p_1, p_2 bzw. T_1, T_2, so ist nach *Knudsen* die je s durch die Röhre strömende Gasmenge in mol gegeben durch:

$$\frac{1}{2} A \frac{1}{L\sqrt{2\pi M R}} \left(\frac{p_2}{\sqrt{T_2}} - \frac{p_1}{\sqrt{T_1}}\right),$$

wo M die Molmasse, A eine die Querschnittsform der Röhre charakterisierende Größe (für kreisförmige Querschnitte vom Durchmesser d ist $A = 2\pi d^3/3$) und L die Rohrlänge ist. Dieser Effekt wird als Knudsen-Effekt oder *thermische Molekularströmung* bezeichnet.

Knudsen, M.: Ann. Phys. **28**, 75, 999 (1908). *Jaeckel, R.:* Kleinste Drucke, ihre Messung u. Erzeugung. Berlin 1949.

2. → Hebelbeziehung der Phasen.

Koagulation, die Ausflockung einer → kolloiden Lösung, indem durch Zusammenlagerung (Aggregation) der Kolloidteilchen deren Größe so weit anwächst, daß sie unter dem Einfluß der Schwerkraft sedimentieren.

Bei → hydrophoben Solen kommt vor allem Koagulation durch Erhitzen und Zusatz von Elektrolyten in Betracht. Entgegengesetzt geladene Ionen bewirken eine Entladung der Kolloidteilchen (→ Mizellen), so daß diese bei genügender Annäherung aneinander haftenbleiben. Besonders wirksam sind gut adsorbierbare Ionen, wie H˙-, OH′-, organische Ionen und ferner mehrwertige Ionen (*Schulze-Hardysche-Regel*). Bei Zusatz insbesondere hochgeladener Ionen kann bei niedrigen Konzentrationen Flockung, bei höheren dagegen ohne Flockung Umladung der Kolloidteilchen und bei noch größeren Mengen wiederum Flockung erfolgen (unregelmäßige Reihen).

Die klassischen Untersuchungen über die Elektrolytkoagulation wurden an → Goldsolen ausgeführt (*Zsigmondy*). Hierbei wurde die Koagulationsgeschwindigkeit entweder durch Beobachtung der charakteristischen Verfärbung (Umschlag) von rot nach blau oder durch Messung der sich zeitlich verändernden Teilchengröße mit Hilfe des Ultramikroskopes ermittelt. Während die Koagulationsgeschwindigkeit zunächst mit der Konzentration des Elektrolyten zunimmt (*langsame* Koagulation), ist sie jeweils oberhalb einer gewissen Konzentration konstant (*rasche* Koagulation). Im letzteren Fall werden die → Mizellen vollständig entladen, und jeder Zusammenstoß der Kolloidteilchen führt zum Haften. Die experimentell mehrfach geprüfte Theorie der Koagulation hat *v. Smoluchowski* (1916) entwickelt. Die Flockung kann durch mechanische Einflüsse erheblich gesteigert werden, z. B. durch Rühren; liegt eine gerichtete Bewegung vor, welche die Flockung zusätzlich erhöht, z. B. im Schwere- oder Zentrifugalfeld, so spricht man von *orthokinetischer* Koagulation.

Flockung von Kolloiden kann ferner durch Zusatz entgegengesetzt geladener Kolloide, durch Adsorption (→ Kapillaranalyse) oder auch im elektrischen Feld erfolgen. Die Koagulation kann wesentlich vermindert und damit die Beständigkeit eines hydrophoben Sols erhöht werden, indem man → Schutzkolloide zufügt. Durch hinreichendes Auswaschen der koagulierten Flocken eines Sols kann die Elektrolytkonzentration so weit erniedrigt werden, daß die Substanz wieder kolloid in Lösung geht (*Peptisieren*).

Hydrophile Kolloide, wie z. B. Gelatinesole, sind gegen kleine Elektrolytzusätze relativ unempfindlich. Größere Mengen führen zum „Aussalzen", das ebenso wie die Flockung durch Temperaturerhöhung oder durch Zusatz geeigneter Lösungsmittel, z. B. Alkohol, auf einer Desolvatation der Kolloidteilchen beruht. Eiweißsole sind besonders am → isoelektrischen Punkt flockungsempfindlich.

Die verhältnismäßig geringe Beständigkeit der → Aerosole beruht auf ihrer im Vergleich zu Hydrosolen viel rascher erfolgenden Koagulation, die man durch ein *elektrisches Feld* noch beschleunigen kann (Abscheidung von Stauben durch Elektrofilter).

Die in Emulsionen oder als Aerosol in Gasen suspendierten Teilchen erfahren im Felde kräftiger *Schall-* oder *Ultraschallwellen* hydrodynamische Anziehungskräfte (→ Schallkräfte), durch die sie zu größeren Aggregaten zusammengeballt werden und ihre Koagulationsgeschwindigkeit erhöht wird (Niederschlagen von Nebel durch Ultraschallsirenen).

Jirgensons, B., u. *M. Straumanis:* Kurzes Lehrb. d. Kolloidchemie. Berlin-München 1949. *Bergmann, L.:* Der Ultraschall. Stuttgart 1949.

Koartikulation oder *Synkinese*, die Erscheinung, daß die Artikulationen der Lautfolgen stets so vor sich gehen, daß die zur Vorbereitung eines Lautes nötigen Bewegungen in den vorhergehenden Lauten stattfinden, so daß etwa ein Wort von Beginn an als Ganzes intendiert wird und die Artikulationen so weit vorausgenommen werden, wie sie einander nicht stören.

Menzerath, P., u. *A. de Lacerda:* Koartikulation, Steuerung u. Lautabgrenzung. Berlin u. Bonn 1933.

Koerzibel, veraltete Bezeichnung aus der Zeit, in der man noch glaubte, zwischen verflüssigbaren (koerziblen) und nicht verflüssigbaren (permanenten) Gasen unterscheiden zu müssen.

Koerzimeter, ein Gerät zur Messung der → Koerzitivkraft. Man nutzt bei ihm zur Messung die Tatsache aus, daß bei der Magnetisierung Null der Probekörper, unabhängig von seiner Form, ein äußeres Feld nicht verzerrt. Neben dem einen Ende des am besten stabförmigen Probekörpers, aber nicht auf seiner Achse, befindet sich im Innern einer großen Feldspule eine rotierende Induktionsspule, deren Rotationsachse parallel zum Feld der Spule ist, so daß nur eine zum Spulenfeld senkrechte Feldkomponente in ihr Spannungen induziert. Der Zustand der Magnetisierung Null ist daran zu erkennen, daß in der Induktionsspule, genau wie bei Abwesenheit des Probekörpers, keine Spannungen induziert werden.

Koerzitivfeld, physikalisch sinnvolle, aber bisher kaum gebräuchliche andere Bezeichnung der → Koerzitivkraft.

Koerzitivkraft eines ferromagnetischen Materials, diejenige Feldstärke, welche nach einer Magnetisierung bis zur Sättigung in Gegenrichtung angewandt werden muß, um die Magnetisierung wieder zum Verschwinden zu bringen (→ Hystereseschleife). Genau genommen muß man zwischen der Koerzitivkraft der Magnetisierung und der Koerzitivkraft der Induktion unterscheiden, je nachdem, welche Größe zu Null gemacht werden soll. Die Koerzitivkraft der Induktion ist stets etwas kleiner, aber meist ist der Unterschied sehr gering. Materialien mit großer Koerzitivkraft nennt man *magnetisch hart*, solche mit kleiner Koerzitivkraft *magnetisch weich*. Den höchsten Wert für die Koerzitivkraft der Induktion, welche für die Eignung als permanenter Magnet allein wichtig ist, hat man an einer Pt–Co-Legierung mit $H_c = 2600$ Oe gefunden. Den kleinsten Wert besitzt die Legierung Supermalloy mit $H_c = 0{,}003$ Oe.

Neumann, K.: ATM J 66-3 (1935).

Koexistierende Phasen. Besteht ein System, z. B. der Inhalt eines Gefäßes, nicht aus einem homogenen Stoff, sondern aus zwei oder mehreren verschiedenartigen Bestandteilen, die miteinander im Gleichgewicht sind, so bezeichnet man diese als koexistierende Phasen. Ein chemisch einheitlicher Stoff kann in drei Aggregatzuständen auftreten. Die Gibbssche Phasenregel besagt für diesen Fall, daß die drei Phasen nur bei einem einzigen Zustandspunkt, dem → Tripelpunkt, koexistent sind. Die koexistierenden Phasen haben gleiche Temperatur, gleichen Druck und gleiches thermodynamisches Potential.

Ist eine Phase weniger vorhanden, so ist eine Variable beliebig wählbar, das System hat *einen* Freiheitsgrad. Bei dem System Wasser–Dampf ist z. B. die Siedetemperatur in weiten Grenzen frei wählbar, der Sättigungsdruck jedoch durch die Wahl der Temperatur festgelegt. Gemische chemisch verschiedenartiger Stoffe können nur eine Gasphase, aber beliebig viele feste und flüssige Phasen haben. Ist die Maximalzahl der möglichen koexistierenden Phasen vorhanden, so sind die Variablen Druck und Temperatur eindeutig festgelegt: *Mehrfachpunkt.*

Kogredient → kontravarianter Vektor.

Kohärentes Licht → Kohärenz.

Kohärente Streustrahlung → Streustrahlung von Molekülen.

Kohärenz. *Kohärent* heißen zwei oder mehrere Wellenzüge, deren → Wellengruppen sich trotz ihrer begrenzten Länge im Beobachtungsgebiet überlappen oder durchschneiden, den Beobachtungsort also nicht zeitlich getrennt passieren, so daß sie zur → Interferenz fähig sind. Außerdem müssen die aufeinanderfolgenden → Wellengruppen in den Wellen gleichzeitig zur Überlappung kommen und in ihrer → Wellenlänge λ, → Schwingungsebene und → Schwingungsphase konstant verharren; → Kohärenzgrad.

Anwendung auf das *Licht*: Erfahrungsgemäß kann man mit zwei getrennten Lichtquellen niemals Interferenzen erzeugen, auch nicht mit *zwei* Punkten *einer* Lichtquelle. Im allgemeinen bestehen nämlich zwischen zwei Lichtwellenzügen keine der für Kohärenz genannten Beziehungen, da die → Lichtemission aus einer großen Anzahl kurzdauernder Emissionsakte ($\sim 10^{-8}$ s) besteht, die eine Folge von Wellengruppen mit stets wechselnder Phase und Polarisation erzeugen. Zwei Lichtwellenzüge können daher nur kohärent sein, wenn ihr Licht aus dem *gleichen elementaren Emissionsakt* stammt und die Gangdifferenz nicht zu groß ist (→ Kohärenzlänge). Rechtwinklig zueinander polarisierte Strahlen derselben Lichtquelle sind inkohärent. Kohärente Lichtwellen haben dieselbe (oder doch nahezu dieselbe, → Lichtschwebung) Frequenz. Dagegen lassen sich Schallinterferenzen auch mit zwei verschiedenen Schallquellen (z. B. zwei Stimmgabeln) erzeugen. Die Strahlung einer leuchtenden Fläche vom Durchmesser $2y$ in einem Mittel von der Brechungszahl n ist erfahrungsgemäß nur innerhalb eines Lichtbündels kohärent, dessen numerische Apertur $n \sin\sigma$ die *Kohärenzbedingung*

$$n \sin\sigma \ll \frac{\lambda}{4y}$$

erfüllt. Innerhalb eines solchen Bündels verhält sich die Strahlung so, als ob sie von einer punktförmigen Lichtquelle herrührt.

Pohl, R. W.: Einf. in die Optik. Berlin 1949.

Kohärenzgrad. Zwei Schwingungen $F(t)$ und $G(t)$ sind in dem Grade kohärent, wie ihr Spektrum nach Betrag und Phasenwinkel übereinstimmt. Als *Kohärenzgrad* bezeichnet man den Quotienten $\overline{FG}/(\tilde{F}\tilde{G})$, in dem $\overline{FG}$ den zeitlichen Mittelwert des Produkts der beiden Schwingungsfunktionen und $\tilde{F}$ bzw. $\tilde{G}$ ihre Effektivwerte bedeuten. Bei Wellenvorgängen ist der Kohärenzgrad identisch mit der Interferenzfähigkeit. Interferenzminima vom Betrage 0 (völlige Auslöschung) sind nur bei völliger Kohärenz möglich.

Zernicke, F.: Physica **5**, 785 (1938). *van Cittert, P. H.:* Physica **6**, 1129 (1939).

Kohärenzlänge *(Interferenzlänge)*, der größte → Gangunterschied zweier von einer Lichtquelle herrührenden Lichtstrahlen, bei welchem noch → Interferenzen auftreten. Erste Voraussetzung dafür ist die → Kohärenz der Strahlen: die durch den Gangunterschied bedingte Zeitdifferenz darf nicht größer werden als die Dauer eines Emissionsaktes (etwa 10^{-8} s); daher sind die größtmöglichen Kohärenzlängen einige Meter. Diese maximale Kohärenzlänge hängt eng mit der natürlichen → Linienbreite zusammen. Sekundäre Ursachen, durch welche eine weitere Verbreiterung der Spektrallinien hervorgerufen wird (→ Doppler-Verbreiterung), setzen auch die Kohärenzlänge herab. Für eine monochromatische Strahlung der Wellenlänge λ und der Halbwertsbreite δ ist die Kohärenzlänge ungefähr gleich $\lambda^2/2\delta$. Diese Formel kann auch für nicht monochromatische Strahlung, wenn also δ von der Größenordnung der Wellenlänge ist, zur Berechnung der Kohärenzlänge verwendet werden; unter Halbwertsbreite δ muß dabei wegen der starken Veränderlichkeit der Empfindlichkeit des Auges bzw. der photographischen Schicht die spektrale Entfernung zwischen der Stelle maximalen und halben Reizes verstanden werden. Bei visueller Beobachtung weißen Lichtes kann man etwa mit $\lambda = 550$ mμ und $\delta = 50$ mμ rechnen, also mit einer Kohärenzlänge von etwa 3 μ.

Kohäsion, das Wirken von Anziehungskräften zwischen Teilchen, z. B. den Molekeln einer Flüssigkeit oder den Atomen eines Festkörpers. Diese Kräfte treten dann in Erscheinung, wenn gegen sie Arbeit geleistet werden muß, z. B. beim Zerteilen eines Stoffes, wobei gleichzeitig zwei neue Grenzflächen gebildet werden. Man kann daher aus der Zerreißfestigkeit bzw. → Grenzflächenenergie (Oberflächenspannung bei Flüssigkeiten) auf die Größe der Kohäsionskräfte schließen. Die Kohäsion bewirkt auch die Vergrößerung der Kompressibilität eines realen gegenüber einem idealen Gase. In der → van der Waals-Gleichung wird diesem *Kohäsionsdruck* π Rechnung getragen:

$$(p + \pi)(v - b) = RT = \left(p + \frac{a}{v^2}\right)(v - b).$$

Kohäsionsdruck → Binnendruck, → Kohäsion.

Kohlelichtbogen, frei in Luft brennende Bogenentladung zwischen Kohleelektroden, von *Davy* 1810 zuerst beobachtet. Die Entladung setzt an der durch Abbrand zugespitzten negativen Kohle im kleinen kathodischen Brennfleck als kathodisches Büschel (bei großen Stromstärken negative Stichflamme, → Hochstrombogen) an. Die positive Kohle brennt zum Anodenkrater aus. Bläulich-violette Flammen (positive und negative) brechen in der Umgebung der Brennflecke aus den weißglühenden Elektroden hervor. Die Entladungsbahn ist von einer Aureole heißer Gase umgeben, in der chemische Reaktionen des Elektrodendampfes mit der umgebenden Luft stattfinden. Je nach der Stellung der Kohlen wechselt der äußere Anblick (Abb. 1), da die heißen Bogengase die Entladungsbahn deformieren. Da die Anode stärker als die Kathode erhitzt wird, beträgt ihre Strahlung etwa 85% der Gesamtlichtstrahlung; der Anodenkrater wird daher als Lichtquelle hoher Leuchtdichte für Projektionsbeleuchtung benutzt (→ Effektbogen, → Beckbogen). Temperatur und Leuchtdichte des positiven Kraters sollten nach *Lummer* unabhängig von der Belastung bei 3820 °K und 18500 sb liegen. Neuere Untersuchungen *(Finkelnburg, Podzus, Steinle)* zeigen jedoch, daß die Leuchtdichte im Anodenbrennfleck mit der Belastung steigt, die Sublimationstemperatur des Kohlenstoffs also noch nicht erreicht wird.

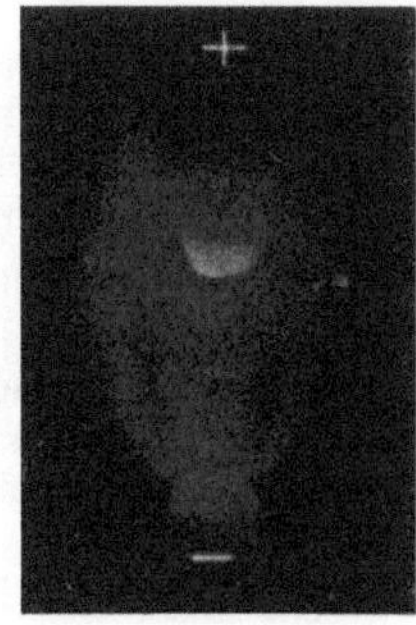

Abb. 1. Kohlelichtbogen.

Im Stromstärkebereich von 2 bis 20 A beträgt der Kathodenfall 9 bis 11 V, der Anodenfall 11 bis 12 V, Stromdichte und Temperatur im kathodischen Brennfleck 470 A · cm^{-2}, 3500 °K, im anodischen 65 A · cm^{-2} und 4200 °K.

Die Charakteristik läßt sich durch die Ayrtonsche Gleichung $U = a + \frac{b}{i} + \left(c + \frac{d}{i}\right) l$ (i Stromstärke, l Bogenlänge, gemessen zwischen Kraterrand und Kathodenspitze) darstellen. Die beiden ersten Glieder enthalten Kathoden- und Anodenfall sowie Übergangsgebiete, während der dritte Summand die Säulenspannung darstellt. Die Konstanten a, b, c, d hängen von den Versuchsbedingungen ab. Für Homogenkohlen von 10 mm ⌀ gilt im Bereich $l = 1$ bis 7 mm, $i = 2$ bis 20 A:

$a = 40$ V, $b = 12$ V · A, $c = 20$ V · cm^{-1}, $d = 100$ V · A · cm^{-1}.

Beim Überschreiten einer von der Bogenlänge abhängigen Stromstärke beginnt der Bogen, wahrscheinlich wegen pulsierender Verdampfungs- und Oxydationsvorgänge an der Anode, zu zischen *(Zischbogen)*, wobei die Brennspannung um etwa 10 V sinkt. Abb. 2 zeigt eine Kennlinienschar mit

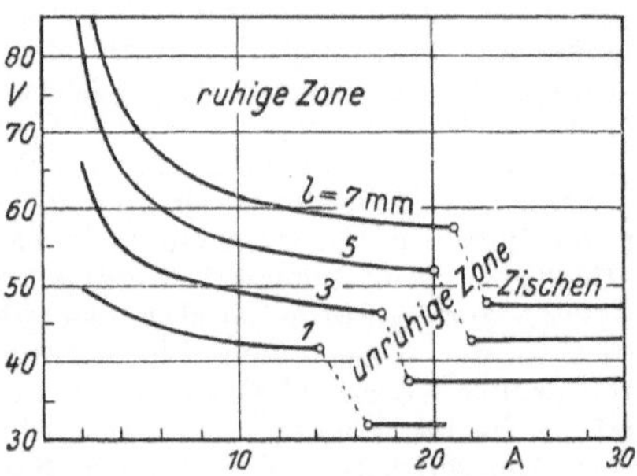

Abb. 2. Charakteristik des Kohlelichtbogens mit Übergang zum Zischbogen nach *Ayrton.*

Übergang vom ruhigen in den zischenden Bogen.

→ Effektbogen (Dochtkohlebogen), → Beckbogen, → Hochstrombogen, → Wechselstrombogen, → Bogenentladung.

Handb. d. Experimentalphysik XIII. Berlin 1929. *Engel-Steenbeck:* Elektr. Gasentladungen II. Berlin 1934.

Kohlensack, eine besonders auffällige → Dunkelwolke.

Kohlensäure-Assimilation → Assimilation der Kohlensäure.

Kohlenstoff, zwei- und vierwertiger → Valenzzustände.

Kohlenstoff, radioaktiver. Von den drei bekannten radioaktiven Kohlenstoffisotopen (^{10}C, ^{11}C, ^{14}C) ist das wichtigste das mit der Masse 14. Es spielt eine überragende Rolle bei Untersuchungen mit der → Indikatormethode, insbesondere für die biologische und medizinische Forschung. Bei den mit ^{14}C markierten Verbindungen tritt eine neue Art der → Isomerie auf, da ^{14}C an verschiedenen Stellen des Moleküls stehen kann. Man muß z. B. zwischen $^{14}CH_3COOH$ (methylmarkierter) und $CH_3{}^{14}COOH$ (carboxylmarkierter) Essigsäure unterscheiden.

Auch im natürlich vorkommenden Kohlenstoff ist eine geringe ^{14}C-Aktivität vorhanden. Diese entsteht durch die aus der kosmischen Strahlung gebildeten Neutronen. Infolge des gegenüber den anderen in Frage kommenden Reaktionen beträchtlichen Wirkungsquerschnittes des Kernprozesses $^{14}_{7}N(n, p)\,^{14}_{6}C$ werden fast alle in die Atmosphäre gelangenden Neutronen durch diesen Prozeß gebunden. Nimmt man an, daß der Neutronenstrom auf der Erdoberfläche in den letzten 20000 Jahren oder länger konstant geblieben ist, so muß sich innerhalb dieser Zeit ein Gleichgewicht eingestellt haben; d. h. es zerfallen ebensoviel ^{14}C-Atome, wie Neutronen einfallen. Die Zahl der je cm² und s auf die Erdoberfläche gelangenden Neutronen wird ungefähr auf 0,8 geschätzt. Die Erdoberfläche beträgt $5{,}1 \cdot 10^{18}$ cm². In 1 s zerfallen also etwa $4 \cdot 10^{18}$ ^{14}C-Atome. Bei einer Halbwertszeit von mehr als 5000 Jahren für ^{14}C läßt sich die Menge dieses Kohlenstoffisotops auf der Erde zu etwa 22 t berechnen. Das entspricht einer Aktivität von $1{,}1 \cdot 10^{8}$ Curie.

Der in der Atmosphäre gebildete ^{14}C reagiert mit dem vorhandenen Sauerstoff zu $^{14}CO_2$. Die Gesamtmenge des im Kohlendioxydkreislauf befindlichen Kohlendioxyds wird auf $8{,}1 \cdot 10^{13}$ t geschätzt, also auf 1,3 mol/cm² der Erdoberfläche. (Die Biosphäre enthält etwa $5 \cdot 10^{13}$ t, die Atmosphäre $6 \cdot 10^{11}$ t, die Ozeane $3 \cdot 10^{13}$ t).

Daraus errechnet sich — gleichmäßige Verteilung vorausgesetzt —, daß je Gramm Kohlenstoff $0{,}3 \cdot 10^{-12}$ g ^{14}C vorhanden sind, was einer spezifischen Aktivität von drei β-Zerfällen je Minute und Gramm Kohlenstoff entspricht. Diese Schätzungen hängen von der Genauigkeit der Angaben der Gesamtkohlenstoffmenge und der Neutronenintensität auf der Erdoberfläche ab. Sie dürften auf einen Faktor 2 bis 3 genau sein.

Aus Biomethan hat man eine Aktivität von 10 β-Zerfällen je Gramm Kohlenstoff je Minute in guter Übereinstimmung mit der errechneten Zeit bestimmen können. Methan, das aus Erdöl gewonnen wurde, dessen Kohlenstoff also außerhalb des Kreislaufs der Kohlensäure stand, wies keine nennenswerte Aktivität auf.

Zu bemerken ist noch, daß der ^{14}C für derartige Untersuchungen zuerst nach dem Clusiusschen Trennrohrverfahren angereichert werden muß.

Neueste Arbeiten beschreiben die direkte Messung der Kohlenstoffaktivität mit einem 18,32 cm langen Schirmzählrohr. Durch elf das Geiger-Rohr umgebende → Antikoinzidenzzählrohre und eine Eisenabschirmung wird der → Nulleffekt auf 4,5 Impulse je Minute herabgedrückt, so daß die natürliche Aktivität des ^{14}C im gewöhnlichen Kohlenstoff gemessen werden kann.

Damit ergibt sich eine interessante Perspektive für die prähistorische Forschung. In allen Fällen, wo der Kohlenstoff der organischen Substanz nicht wieder in die Atmosphäre zurückgelangt — z. B. in mumifizierten Leichen-, Skeletteilen, Getreidekörnern oder dergleichen in Grabkammern — nimmt der Gehalt an ^{14}C in diesen Substanzen ab, da dieses Isotop zerfällt und kein neues ^{14}C über den Kreislauf des organischen Lebens zugeführt wird. Aus dem vorhandenen ^{14}C-Gehalt läßt sich dann unmittelbar das Alter eines derartigen prähistorischen Fundes berechnen. Da die Halbwertszeit des ^{14}C 5800 Jahre beträgt, ist er nach 58000 Jahren praktisch völlig zerfallen, so daß dieser Zeitraum die Grenze der Altersbestimmbarkeit solcher Funde darstellt.

Norris, L. D., u. *Arthur H. Snell:* Nucleonics, Sept. 1949, S. 18. *Weinhouse, S. W.*, *A. F. Reid*, *A. D. Kirshenbaum* u. *A. v. Grosse:* Phys. Rev. **72**, 391 (1947). *Anderson*, *Arnold* u. *Libby:* Rev. Sci. Instr. **22**, 225 (1951). *Götte, H.:* Umschau **51**, 513 (1951).

Kohlenstoffatom, asymmetrisches → Drehung der Polarisationsebene.

Kohlenstoffplatin. Platin zeigt nach *Collier* beim Aufschmelzen in einem Graphittiegel innerhalb einer halben Stunde eine Schmelzpunktserniedrigung um 40 °C und enthält dann 1,2 Gew.-% C, wovon der größere Teil aus Graphitkristallen besteht, 0,25% treten in atomarer Form in das Gitter und bilden eine feste Lösung von C in Pt. Die Gitterkonstante erfährt eine geringe Vergrößerung.

König, H.: Naturwiss. **38**, 154 (1951).

Kohleofen, von *King* angegebener Ofen zur thermischen Anregung der Atom- und Ionenspektren von Gasen und Dämpfen; ein elektrisch bis zu Temperaturen von 3000° aufgeheiztes Kohlerohr, welches die zu untersuchenden Substanzen enthält. Der Ofen kann überdies im Vakuum untergebracht werden. Durch sukzessive Temperatursteigerung werden immer höhere Anregungsstufen der Atome angeregt. Die von diesen ausgehende Linienemission wird durch ein Fenster beobachtet. Die Häufigkeit, mit welcher ein bestimmter Energiezustand eines Atoms angeregt wird, hängt von der Temperatur ab und wird durch den Ausdruck $g \cdot \exp[-E/(kT)]$ gemessen. E ist die vom Grundzustand des Atoms aus gemessene Energie des angeregten Zustandes, g sein statistisches Gewicht, T die absolute Temperatur, k die Planck-Boltzmannsche Konstante. Eine Abänderung des King-Ofens haben *Schüler* und *Wolf* vorgenommen. Zur Erzeugung eines Eisenspektrums benutzen sie eine halbselbständige Bogenentladung.

Handb. d. Experimentalphysik XXI. Leipzig 1929.

Köhlersche Beleuchtung, ein in der Mikroskopie viel benutztes Verfahren. Hierbei dient die beleuchtete Blendenöffnung S (Abb. 1) zur Beleuchtung. Die

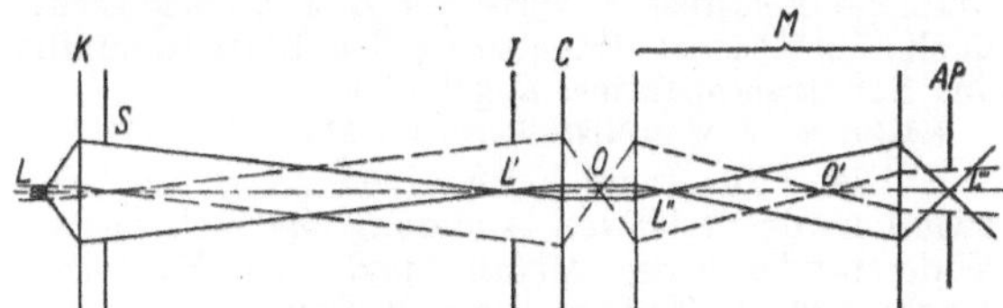

Abb. 1. Köhlersches Beleuchtungsverfahren.

Lichtquelle L wird in der Pupille abgebildet, so daß ihre Struktur nicht sichtbar wird. Das Verfahren erlaubt eine genaue Regelung der Apertur und des ausgeleuchteten Gesichtsfeldes. Es ist zweckmäßig, bei Mikrobeobachtung beide auf ein Mindestmaß zu beschränken, da dadurch kontrastschwächendes Streulicht abgehalten wird und auch die Erwärmung der Objekte noch durch Anbringen von Küvetten oder Wärmeschutzgläsern so gering wie möglich gehalten werden kann. Die Linse K wird Kollektor oder Kollektivlinse genannt. In Abb. 1 und 2 sind die Linsen als dünne Linsen mit zusammenfallenden Hauptebenen dargestellt. Das vom Kollektor erzeugte Bild L' der Lichtquelle liegt in der Ebene der Blende I. Diese Linse oder das Linsensystem C bildet ihrerseits die gleichmäßig beleuchtete Blendenöffnung S in der Objektebene O des Mikroskops ab. Da die Blende I die Eintrittspupille des Mikroskops darstellt, liegen weitere Bilder der Lichtquelle in der Aperturblende des Mikroobjektives bzw. in der Austrittspupille AP des gesamten Mikroskops M. Die Lichtquelle hat eine kleine Abmessung (2 bis 5 mm Durchmesser des Leuchtsystems), aber hohe Leuchtdichte (z. B. Niedervoltlampe). Die Linse K ist oft eine asphärische Linse vom Öffnungsverhältnis 1 : 1 oder mehr. Als Blende I ist bei großen Mikroskopen die Irisblende des Abbeschen Beleuchtungsapparates zu benutzen, und die Linse C ist der Mikrokondensor. Die Blende S heißt Sehfeldblende und erlaubt es, das erleuchtete Gesichtsfeld abzugrenzen. Die Aperturblende I wird entsprechend der Apertur des Mikroobjektives geöffnet (Beobachtung im Tubus bei herausgenommenem Mikro-Okular). Für viele Zwecke ist es günstig, nur etwa $^1/_2$ bis $^2/_3$ der Objektivapertur zu benutzen.

Für Auflichtbeleuchtung kann das Köhlersche Beleuchtungsverfahren durchgeführt werden, falls ein Vertikalilluminator benutzt wird.

Das Köhlersche Verfahren ist in etwas abgewandelter Form gelegentlich auch zur Beleuchtung von Spektralapparaten brauchbar (Abb. 2). Durch die Linse K wird das Bild L' der Lichtquelle in der Ebene der Blende I entworfen. Durch die Linse M entsteht von der unmittelbar bei K befindlichen gleichmäßig beleuchteten Blende S auf dem Spalt Sp des Spektralapparates SpA ein Bild S'. Der Spalt Sp, der durch die Optik des Spektralapparates in der Bildebene Sp' abgebildet wird, ist also gleichmäßig ausgeleuchtet. Durch die vor dem Spalt befindliche Feldlinse F wird das Bild L' der Lichtquelle im Prisma Pr, also in der Eintrittspupille des Spektralapparates, abgebildet.

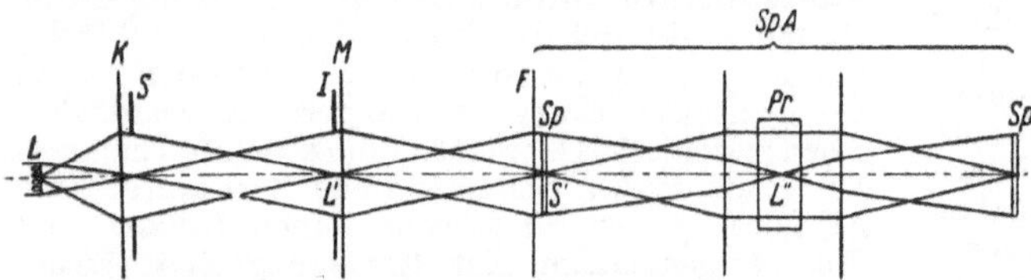

Abb. 2. Köhlersches Beleuchtungsverfahren für Spektralapparate.

Köhler, A.: Z. wiss. Mikroskopie **10**, 433 (1893).

Kohlersche Regel, gibt einen Zusammenhang zwischen der relativen Änderung des elektrischen Widerstandes eines Metalls und den Faktoren: Magnetfeld H, Temperatur und Reinheitsgrad des Metalls. Es ist näherungsweise: $\Delta\varrho/\varrho_0 = F(H/\varrho_0)$, wo ϱ_0 der elektrische Widerstand ohne Magnetfeld, $\Delta\varrho$ die Widerstandszunahme im Magnetfeld H und $F(H/\varrho_0)$ eine Funktion des Verhältnisses H/ϱ_0 ist. Diese ist von Metall zu Metall verschieden. Danach bewirkt eine Erniedrigung des feldfreien Widerstandes ϱ_0 auf den n-ten Teil (infolge Abkühlung) dieselbe relative Widerstandserhöhung wie eine Vergrößerung des Magnetfeldes auf den n-fachen Wert. Dadurch erklärt sich die starke Abhängigkeit der relativen Widerstandsvermehrung im Magnetfeld von der Temperatur und dem Reinheitsgrad der Metallproben. Die Regel läßt sich elektronentheoretisch begründen und ist empirisch gut bestätigt. Abweichungen davon hängen oft mit Abweichungen von der → Mathiessenschen Regel zusammen. Diese bildet die Grundlage für das reduzierte Diagramm der magnetischen → Widerstandsänderung.

Justi, E.: Elektrizitätsleitung u. Leitungsmechanismus in festen Körpern. Göttingen 1948.

Koinzidenzbedingung → Abbildungsfehler.

Koinzidenzkriterium → Isoplanasiebedingung.

Koinzidenzschaltung. Ordnet man mindestens 2 oder besser 3 oder noch mehr Zählrohre so an, daß die Zählrohrachsen zueinander parallel und in einer Ebene liegen, und stellt man den Verstärker hinter den einzelnen Röhren so ein, daß die gemeinsame Endröhre nur dann einen Stromimpuls

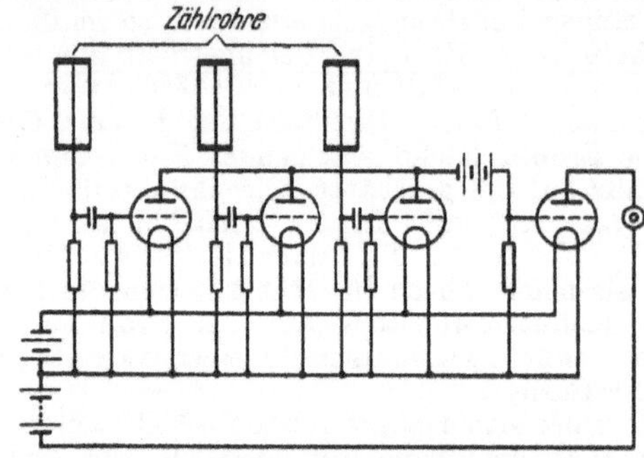

Schema einer Dreifachkoinzidenzanordnung (nach *Rossi*).

abgibt, wenn alle Zählrohre gleichzeitig von Korpuskeln (also in der Regel von der *gleichen* Korpuskel) durchflogen sind, so hat man durch diese *Koinzidenzmethode* ein *Zählrohrteleskop* geschaffen (Abb.). Mit seiner Hilfe können einfache Richtungs- und Absorptionsmessungen vorgenommen werden, auch können solche Anordnungen zur Steuerung von anderen Vorgängen, z. B. zur Betätigung von Nebelkammern verwendet werden. Die Zählrohre können bei einem Schauer aber auch durch verschiedene Korpuskeln (s. u.) zum Ansprechen gebracht worden sein und dann eine Richtungsausblendung nur *vortäuschen.* Um diesen Anteil zu bestimmen, muß man eines der Zählrohre (z. B. bei dreien das mittlere) etwas aus der Ebene, in der die anderen Zählrohre und das gesteuerte Gerät liegen, seitlich verschieben. Meistens ist dieser Anteil nur ein sehr geringer Bruchteil der Gesamtkoinzidenzzahl. Zur exakten Richtungsausblendung kann man die eigentlichen Koinzidenzzählrohre noch seitlich mit je einer Reihe von Antikoinzidenzzählrohren umgeben. Die elektrische Schaltung wird dann so vorgenommen, daß nur solche Koinzidenzen der Ausblendungszählrohre gewertet werden, die nicht mit Impulsen in den seitlichen Antikoinzidenzzählrohren zusammenfallen. Auf diese Weise sind — allerdings mit erheblichem apparativem Aufwand — saubere Richtungsausblendungen und damit exakte Absorptionsbestimmungen möglich.

Ordnet man dagegen 3 oder mehrere Zählrohre so an, daß ihre einander parallelen Achsen die Ecken eines Dreiecks oder Vielecks durchsetzen, und mißt man wiederum nur die koinzidenten Impulse dieser Rohre, so können diese nicht mehr durch eine einzige Korpuskel hervorgerufen sein, sondern zu ihrer Erzeugung müssen mindestens 2 Korpuskeln wirksam gewesen sein. Solche Anordnungen werden zur Messung von → Schauern benutzt. Durch möglichst großes Auflösungsvermögen des Verstärkers und durch Verwendung von möglichst vielen Zählrohren (3, 4 oder 5) können die natürlichen zufälligen Koinzidenzen zwischen nicht zusammengehörigen Korpuskeln weitgehend herabgedrückt werden. So kann bei der kosmischen Strahlung nicht nur das Ansteigen der Paarerzeugung (Kaskadenbildung) in dünnen Materialschichten sauber gemessen werden, sondern es können auch die demgegenüber sehr seltenen Effekte der ausgedehnten Luftschauer durch

Koinzidenzen der über große Flächen verteilten Zählrohre bestimmt werden.

Endlich können durch Kombination zweier solcher Koinzidenzanordnungen, von denen die eine veränderliches Auflösungsvermögen hat oder zwischen die man eine zeitliche Verzögerung bekannter Größe legt, zusammengehörige Prozesse mit geringster Zeitdifferenz gemessen werden, wie z. B. das Zerfallen eines Mesons und die damit verbundene Aussendung des Zerfallselektrons.

Kohlrausch, F.: Prakt. Physik II. Leipzig 1950. *Maier-Leibnitz, H.:* Z. Phys. **143**, 333 (1942).

Koinzidenzteleskop → Koinzidenzschaltung.

Kolbenmanometer → Druckmesser.

Kolbenpumpe *(Stiefelpumpe)*, der ursprüngliche, zuerst (1663) von *Otto von Guericke* angegebene Typ einer mechanischen → Vakuumpumpe, deren Schöpfraum durch einen hin und her gehenden Kolben begrenzt wird; heute insbesondere großtechnisch zur Erzeugung mäßiger Vakua verwendet.

Kollektiv. 1. → Kollektivmaßlehre, 2. = → Feldlinse.

Kollektivfarbe → Farbmischung, additive.

Kollektivgegenstand → Kollektivmaßlehre.

Kollektivlinse = → Feldlinse.

Kollektivmaßlehre. Bei der statistischen Bearbeitung versteht man unter einem *Kollektiv* (K.) oder *Sammelgegenstand* eine Zusammenfassung gleichartiger Gegenstände, die im allgemeinen eine Reihe charakteristischer *Merkmale* aufweisen. Die Anzahl der in einem K. vereinigten Einzelgegenstände (Individuen, Exemplare, Glieder) wird der *Umfang* des K. genannt. Die Aufgabe der Kollektivmaßlehre (KM.) besteht in der Gewinnung eines typischen *Repräsentanten* in bezug auf *eines* der vorhandenen Merkmale (*ordnendes Merkmal* oder *Argument* des K.) und eines Maßes für seine *Beständigkeit.* Die KM. steht damit im „Gegenüber" zur → Ausgleichsrechnung nach der → Methode der kleinsten Quadrate (M.d.kl. Qu.), bei der die Beobachtungsgegenstände als im wesentlichen unverändert oder in ihren Veränderungen gesetzlich erfaßbar gelten. Sie wurde von *Th. Fechner* begründet und erhielt durch *H. Bruns* ihre erste lehrbuchmäßige Darstellung. In ihrem Begriffsgerüst und ihrer Zeichensprache stützt sie sich — ebenso wie die → Korrelationsrechnung — auf das in der M.d.kl. Qu. entwickelte formale Ausdruckssystem. Zur Vermeidung von Mißverständnissen wäre es notwendig gewesen, die später entstandenen Begriffe und Zeichen der KM. an die früher gebildeten der Ausgleichungsrechnung entsprechend anzuschließen.

In den gegenwärtigen technischen Gebieten einschließlich der → Großzahlforschung spielt die KM. eine bedeutende Rolle.

Hugershoff, R.: Ausgleichsrechnung, Kollektivmaßlehre u. Korrelationsrechnung im Dienste d. Technik, Wissenschaft u. Wirtschaft, Samml. Wichmann 10. Berlin 1948.

Kollektoren, Geräte verschiedener Art zur Messung des luftelektrischen Feldes; → Potentialsonden, luftelektrische.

Kollimator. Für viele Zwecke benötigt man im Laboratorium ein unendlich fernes Objekt, ohne daß es möglich ist, dieses Objekt selbst in genügend große Entfernung zu bringen. Ordnet man ein Objekt in der vorderen Brennebene einer Sammellinse an, so liegt es bei Beobachtung durch die Linse hindurch virtuell im Unendlichen, denn die von einem Punkt des Objektes ausgehenden Strahlen treten untereinander parallel aus. Ein solches Gerät heißt Kollimator. Für Meßzwecke muß die Brennweite des Kollimatorobjektives genügend lang sein, um die Fehler der Kollimatoreinstellung genügend klein zu machen. Ferner muß die freie Öffnung des Kollimatorobjektives dem Beobachtungszweck angepaßt werden.

Kollineare Verwandtschaft → fadenförmiger Raum.

Kolloide, → disperse Systeme, bei denen Stoffe in einem Dispersionsmittel so zerteilt sind, daß die Teilchen Abmessungen zwischen 10^{-7} und etwa $5 \cdot 10^{-5}$ cm besitzen. Kolloide sind also keine besonderen Stoffe, sondern *Zerteilungszustände* der Materie, in denen grundsätzlich alle Stoffe auftreten können. Der kolloid-disperse Bereich ist nach oben durch das Auflösungsvermögen des Lichtmikroskopes, nach unten durch die Größe der Molekeln begrenzt und durch charakteristische Eigenschaften der stofflichen Zerteilungen ausgezeichnet. So ist z. B. flüssiges Wasser ebenso wie Wasserdampf optisch klar, während der aus kolloiden Wassertröpfchen bestehende Nebel mehr oder weniger undurchsichtig ist. Metallisches Gold zeigt ebenso wie Lösungen von Goldsalzen gelbe Farbe, während kolloides Gold kirschrot bis tiefblau gefärbt sein kann. Kompaktes Eisen reagiert mit trockenem Sauerstoff nur unter Bildung einer Oberflächenoxydschicht, während sich kolloid zerteiltes Eisen spontan unter Verglimmen oxydiert, d. h. pyrophor ist.

Unter den kolloid-dispersen Systemen sind die *kolloiden Lösungen* am wichtigsten; an ihnen sind auch die allgemeinen Gesetzmäßigkeiten der Kolloide untersucht worden. Die ersten systematischen Untersuchungen gehen auf *Graham* (1861) zurück, der fand, daß Stoffe, die von ihm Kolloide benannt wurden, wie etwa Leimlösungen (griech. kolla = Leim), nicht durch Membrane diffundieren (dialysieren). Einige charakteristische Eigenschaften kolloider Lösungen sind in umstehender Übersicht zusammengestellt.

Man unterscheidet bei den Kolloiden den Sol- und Gelzustand. In den → *Solen* sind die Teilchen verhältnismäßig weit voneinander entfernt, nicht geordnet, und können sich unabhängig voneinander bewegen. In den *Gelen* findet dagegen eine gegenseitige Ordnung der Kolloidteilchen statt, zwischen denen orientierte Flüssigkeitsschichten eingelagert sind. Die reversible Sol–Gel-Umwandlung bezeichnet man als → Thixotropie.

Weiter teilt man die Kolloide in → *lyophobe* und *lyophile* bzw. → *hydrophobe* und *hydrophile* ein. Für die Beständigkeit hydrophober Kolloide, etwa eines Gold- oder Arsensulfid-Hydrosols, ist die gleichsinnige elektrische Aufladung der Kolloidteilchen durch Adsorption von Ionen wesentlich. Durch Zusatz größerer Mengen von Elektrolyten können dagegen die Teilchen entladen werden, so daß es zur → Koagulation des Hydrosols kommt. Die Elektrolytempfindlichkeit lyophober Kolloide kann durch Zusatz von → Schutzkolloiden erheblich herabgesetzt werden. Kolloidteilchen von Metallen, Sulfiden u. a. sind negativ, solche von Oxyden oder Hydroxyden positiv geladen, wie man durch Beobachtung der → Kataphorese feststellen kann. Für die Stabilität lyophiler Sole, etwa kolloider Lösungen von Gelatine, Kautschuk, Kieselsäure usw., ist nicht so sehr die elektrische Ladung ihrer Teilchen, sondern vielmehr ihre starke → Sol-

Einige charakteristische Eigenschaften der Kolloide.

Grobe Dispersionen Teilchen $> 5 \cdot 10^{-5}$ cm	Kolloide Teilchen 10^{-7} bis $5 \cdot 10^{-5}$ cm	Molekulardispersoide Teilchen 10^{-8} bis 10^{-7} cm
Lichtmikroskopisch und elektronenmikroskopisch abbildbar.	Lichtmikroskopisch nicht sichtbar; elektronenmikroskopisch abbildbar; ultramikroskopisch wahrnehmbar.	Licht-, ultra- und elektronenmikroskopisch nicht sichtbar.
Durch Papier- und Ultrafilter zurückgehalten.	Zeigen Tyndalleffekt, sind oft charakteristisch gefärbt.	Kein Tyndalleffekt.
	Laufen durch Papierfilter; durch Ultrafilter zurückgehalten.	Laufen durch Papier- und Ultrafilter.
Dialysieren nicht.	Dialysieren nicht.	Dialysieren.
	Diffundieren nur langsam; zeigen lebhafte → Brownsche Bewegung.	Diffundieren.
Sedimentieren rasch.	Sedimentieren nicht oder langsam.	Sedimentieren nicht.

vatation maßgebend, also die gerichtete Anlagerung von Molekeln des Dispersionsmittels.

Je nachdem der disperse Anteil flüssig oder fest ist, spricht man von → Emulsoiden oder → Suspensoiden, wobei der feste Stoff sowohl amorph als auch kristallin sein kann. Besteht das gesamte Kolloidteilchen aus einer großen Zahl (10^3 bis 10^9) homöopolar gebundener Atome, also aus einem einzigen Makromolekül, so bezeichnet man solche Systeme als → Eukolloide.

Die Eigenschaften der Kolloide hängen wesentlich von der → Teilchengröße und → Teilchengestalt ab.

Außer den Kolloiden mit flüssigem Dispersionsmittel sind wichtig die → Aerosole, → Schäume und → Pyrosole.

Die Herstellung von Kolloiden kann entweder durch Zerteilung grobdisperser Stoffe erfolgen (Dispersionsmethoden) oder durch Vergröberung molekulardisperser (Kondensationsmethoden). *Dispergierung* z. B. durch → Kolloidmühle, → Ultraschall (→ Emulgierung), Vernebelung von Flüssigkeiten. *Kondensation* z. B. durch Löslichkeits- bzw. Dampfdruckerniedrigung (Schwefelsol durch Eingießen einer alkoholischen Schwefellösung in Wasser, Kondensation von Wasserdampf zu Nebel), durch chemische Reaktionen wie Oxydationen, Reduktionen, Hydrolyse (z. B. Reduktion einer Goldsalzlösung zu → kolloidem Gold). Bei der Zerstäubung im elektrischen Lichtbogen spielen sowohl Dispergierungs- als auch Kondensationsvorgänge eine Rolle.

Freundlich, K.: Kapillarchemie. Leipzig 1932. *Staudinger, H.:* Organ. Kolloidchemie. Braunschweig 1950. *Jirgenson, B.,* u. *M. Straumanis:* Kurzes Lehrb. d. Kolloidchemie. München u. Berlin 1944.

Kolloide Siebe → Ultrafiltration.

Kolloidmühlen dienen zur technischen Herstellung kolloider, zum mindesten feinstteiliger Stoffe durch mechanische Zerkleinerung. Hierzu werden vor allem hochwirksame Kugelschlagmühlen *(Plouson)* oder schnellrotierende Scheibenmühlen verwendet, in welchen das zu zerteilende Gut mit einem Dispersionsmittel in Gegenwart geeigneter Peptisationsmittel und → Schutzkolloide vermahlen wird. In besonders konstruierten Schwingmühlen gelingt durch mechanische Kräfte ein Abbau makromolekularer Substanzen, wie Zellulose oder Polystyrol, in weniger hochmolekulare Bestandteile (Depolymerisation). Durch mechanische Dispergierung hergestellte Kolloide sind im allgemeinen sehr heterodispers.

Hess, K.: Kolloid-Z. 98, 290 (1940).

Kolloidteilchen → Kolloide, → Teilchengröße, → Teilchengestalt.

Kolonne → Rektifikation.

Kolonnenionisation, stark inhomogene Ionisation eines Gases durch Korpuskularstrahlen (α-, β-Strahlen). Die Ionen sind perlschnurartig längs der Bahn der einzelnen ionisierenden Teilchen angeordnet, worauf die Sichtbarmachung solcher Bahnen in der → Nebelkammer beruht.

Kolorimetrie (wörtlich: Farbmessung), Bestimmung der Konzentration von Farblösungen aus der Stärke der Färbung. Man bringt die zu untersuchende Lösung in ein Gefäß mit zwei ebenen Endflächen, schickt Licht hindurch und beobachtet die Absorption. Die Messung erfolgt dadurch, daß man eine Vergleichslösung bekannter Konzentration in solcher Schichtdicke herstellt, daß die Absorption dieselbe ist. Nach dem → Lambert-Beerschen Grundgesetz der Kolorimetrie verhalten sich dann die Konzentrationen umgekehrt wie die Schichtdicken, vorausgesetzt allerdings, daß für die betreffende Lösung eine Konzentrationsänderung keine chemische Veränderung (insbesondere keine Änderung der Dissoziation) hervorruft. Nur Farbsubstanzen, welche diese Voraussetzung der *Unabhängigkeit des Extinktionsmoduls von der Konzentration* erfüllen, sind für kolorimetrische Untersuchung geeignet.

Um die Genauigkeit der Bestimmung zu erhöhen, verwendet man Licht derjenigen Spektralbereiche, welche von der Farbsubstanz absorbiert werden;

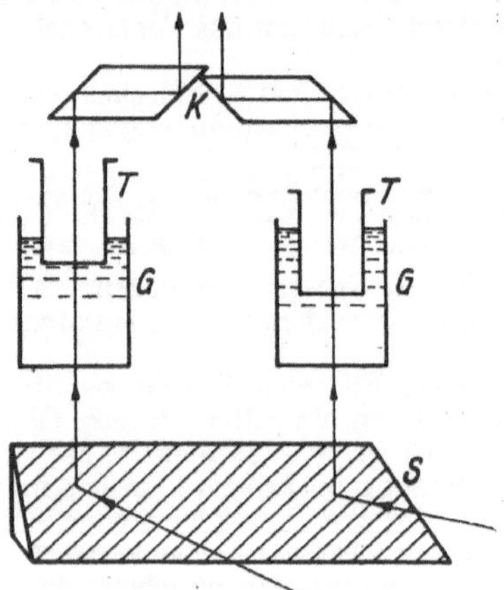

Tauchkolorimeter, schematisch.

man läßt das weiße Licht zuerst ein zur Substanz gegenfarbiges Farbfilter durchsetzen, welches diejenigen Spektralbereiche wegfiltert, welche von der Farbsubstanz weniger stark absorbiert werden.

Ein Kolorimeter besteht aus zwei Gefäßen mit den zu vergleichenden Flüssigkeiten, einer Beleuchtungseinrichtung, welche die beiden Flüssigkeiten gleichmäßig und gleich hell beleuchtet, und einem Kolorimeterkopf, in welchem das Licht nach dem Durchsetzen der Gefäße in zwei Halbfeldern mit feiner Trennungslinie zur Beobachtung gebracht wird, so daß ein genauer Helligkeitsvergleich möglich ist. Die Dicke der Flüssigkeitsschicht in den Gefäßen, wenigstens in einem von ihnen, verändert man, indem man entweder Flüssigkeit aus- und zulaufen oder in einen Flüssigkeitsbehälter eine kleinere, mit einer ebenen Bodenplatte versehene Röhre eintauchen läßt. Das Schema eines derartigen Tauchkolorimeters zeigt die Abb. Als Kolorimeterkopf ist dabei das Fresnelsche Prismenpaar verwendet.

Das vorstehende Verfahren wird heute vielfach durch die *Absolut*kolorimetrie, ein abgekürztes spektralphotometrisches Verfahren, ersetzt.

Für die Bestimmung von Farbmaßzahlen, die manchmal auch als Kolorimetrie bezeichnet wird, soll nur noch die Bezeichnung → Farbmessung benutzt werden.

Kortüm, G.: Kolorimetrie u. Spektralphotometrie. Berlin 1942.

Koma, 1. der Asymmetriefehler im Meridianschnitt. → Abbildungsfehler. 2. → Kometen.

Komafreier Spiegel → Schmidt-Spiegel.

Kombination 1. von n Individuen (Elementen) zur p-ten Klasse, alle Anordnungen, die sich aus je p der gegebenen n Elemente bilden lassen, wobei es auf deren Reihenfolge nicht ankommt. Man unterscheidet zwischen Kombinationen *mit* und *ohne Wiederholung*. Die Anzahl der Kombinationen mit Wiederholung ist $K_p^W(n) = \binom{n+p-1}{p}$, diejenige ohne Wiederholung $K_p^{oW}(n) = \binom{n}{p}$.

Beispiel: Anzahl der Elemente $n = 4$ (1, 2, 3, 4). Sie lassen $K_2^{oW}(4) = \binom{4}{2} = 6$ Kombinationen ohne Wiederholung zur $p = 2$. Klasse zu (12, 13, 14, 23, 24, 34) und $K_2^W(4) = \binom{4+2-1}{2} = \binom{5}{2} = 10$ Kombinationen mit Wiederholungen zu. Dies sind die Anordnungen: 11, 12, 13, 14, 22, 23, 24, 33, 34, 44.

2. → Kombinationsformen.

Kombinationsbeziehungen. Aus dem Kombinationsprinzip: $E'/(hc) - E''/(hc) = T' - T'' = \tilde{\nu}\,[\mathrm{cm}^{-1}]$, worin E', E'' die Energie des Anfangs- und des Endtermes, h das Plancksche Wirkungsquantum, c die Lichtgeschwindigkeit, T', T'' den Anfangs- und Endterm und $\tilde{\nu}$ die Wellenzahl bedeuten, im Verein mit den → Auswahlregeln, leitet man Kombinationsbeziehungen zwischen den Rotationstermen der Elektronenbanden ab. Sie gestatten, den Endterm bzw. den Anfangsterm vollständig zu isolieren und geben Sicherheit dafür, daß die Bezeichnung der Linien in den einzelnen Zweigen der Bande richtig getroffen ist. Sie sichern außerdem in den Fällen, wo wegen der geringen Zahl der Einzelbanden die Anordnung des → Kantenschemas zweifelhaft ist, die Anordnung der Teilbanden.

Kombinationsformen oder *Kombinationen* sind Kristallformen, die sich aus zwei oder mehr einfachen Formen einer Kristallklasse zusammensetzen, z. B. aus dem Würfel {100} und dem Oktaeder {111} (Abb. 1 u. 2). Sie werden durch Angabe

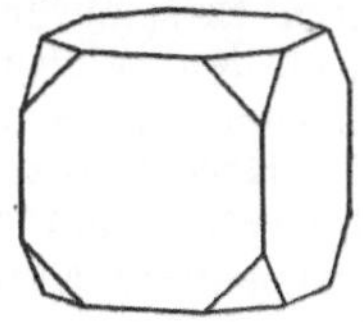

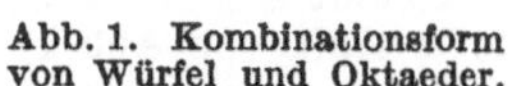

Abb. 1. Kombinationsform von Würfel und Oktaeder.

Abb. 2. Kombinationsform von Oktaeder und Würfel.

der Symbole aller beteiligten einfachen Formen in der Reihenfolge des Anteils dieser Formen an der Oberfläche der Kombination beschrieben, z. B. bei der Kombination von Würfel und Oktaeder durch {100}, {111} (Abb. 1) oder {111}, {100} (Abb. 2), je nachdem, ob der Würfel oder das Oktaeder vorherrscht.

Kombinationsprinzip *(Rydberg-Ritz).* Die Wellenzahl jeder Spektrallinie läßt sich als Differenz zweier Terme darstellen, und mit gewissen Einschränkungen (→ Auswahlregeln) ergibt jede Differenz von irgend zwei Termen die Wellenzahl einer Spektrallinie. → Linienspektrum. Das Prinzip ist auch bei γ-Strahlen bestätigt (→ Spektrometrie von γ-Strahlen).

Kombinationsschwingungen. Ein Molekül, das die Grundschwingungen mit den Schwingungskreisfrequenzen $\omega_1, \omega_2, \ldots, \omega_n$ hat, kann außer diesen selbst häufig auch die Kombinationsschwingungen mit den Kreisfrequenzen $n_1\,\omega_1 \pm n_2\,\omega_2 \pm \cdots n_n\,\omega_n$ emittieren oder absorbieren, worin $n_1, n_2, \ldots, n_n$ kleine ganze Zahlen oder Null sein können. Manche Molekülschwingungen sind nicht allein, sondern nur in Kombination mit anderen Schwingungen beobachtbar. Schwingungen, die allein in Emission oder Absorption erscheinen, heißen *ultrarot-aktiv;* solche, die nur im → Ramaneffekt auftreten, heißen *Raman-aktiv.*

Kombinationsstreifung tritt an Kristallen auf, wenn sich zwei (oder mehr) Kristallflächen ver-

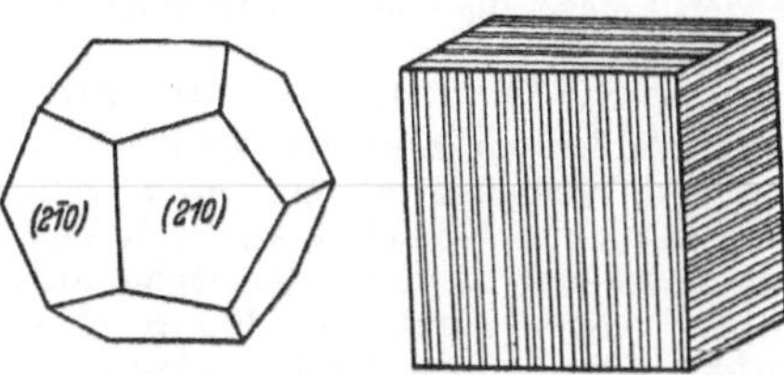

Abb. 1. Pyrit. Links {210}-Flächen, rechts Würfel mit Kombinationsstreifung.

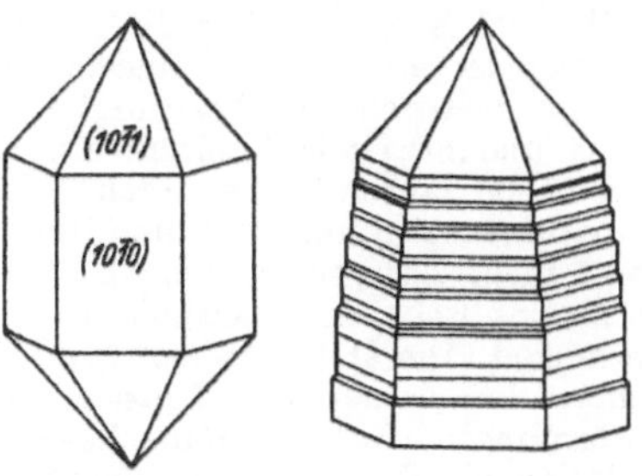

Abb. 2. Quarz, links mit den Formen {10$\bar{1}$0}, {10$\bar{1}$1}, rechts mit Kombinationsstreifung beider Formen.

schiedener Lage abwechselnd in alternierend vor- und einspringenden Kanten schneiden. Die Flächen können der gleichen Form oder verschiedenen Formen einer Kombination angehören. Beispiel für den ersten Fall ist der Pyrit FeS_2, an dem infolge abwechselnder (210)- und ($2\bar{1}0$)-Flächen eine in Richtung der Schnittkante dieser Flächen gestreifte Würfelfläche erscheint (Abb. 1). Kombinationsstreifung durch Abwechslung von Prismenflächen $\{10\bar{1}0\}$ und Pyramidenflächen $\{10\bar{1}1\}$ kommt auf den Prismenflächen von Bergkristall SiO_2 häufig vor (Abb. 2).

Kombinationstöne. Nichtlineare Verzerrungen im Ohr bewirken, daß man in einem Klang außer den objektiv im Schallfeld nachweisbaren Spektralkomponenten *(subjektive)* Kombinationstöne hört, deren Frequenzen sich als Linearkombinationen von je zwei Teiltonfrequenzen ν_p und ν_q in der Formel $\nu = | m \nu_p \pm n \nu_q |$ mit ganzzahligem m und n ergeben. Den Sonderfall $m = n = 1$ bilden die *Summations-* $(\nu = \nu_p + \nu_q)$ und *Differenztöne* $(\nu = \nu_p - \nu_q)$. Bei mehr als zwei Komponenten eines Tongemischs mit gleichen Frequenzdifferenzen kann der Differenzton so stark werden, daß man *ihn* und nicht die objektiv tiefste Komponente für den Grundton hält. In schlechten elektroakustischen Übertragungsanlagen treten ebenfalls nichtlineare Verzerrungen auf, die zu *objektiver* Kombinationstonbildung führen und das Klangbild erheblich fälschen können.

Trendelenburg, F.: Klänge u. Geräusche. Berlin 1935.

Kombinationsverbot → Auswahlregeln, → Interkombinationsverbot.

Kombinationswelle, entsteht durch → Interferenz von zwei oder mehr Wellen der gleichen Frequenz. Die Bahnen ihrer Amplitudenmaxima bilden ein raumfestes Muster, im speziellen Fall der Überlagerung zweier ebener Wellen ein Parallelstreifensystem. Läßt man z. B. eine ebene Ultraschallwelle der Wellenlänge λ auf einen ebenen Reflektor unter einem Winkel α zur Normalen auftreffen, so zeigt das nach einem Schlierenverfahren sichtbar gemachte, aus einfallender und reflektierter Welle zusammengesetzte Schallwellenfeld Streifen parallel zur reflektierenden Fläche, die einen Abstand $\lambda/\cos\alpha$ voneinander haben.

Seidl, F.: Acta phys. Austr. **1**, 155 bis 166 (1947).

Kometen. Außer den Planeten und ihren Satelliten gehört zum Sonnensystem eine große Zahl von Himmelskörpern, die Kometen, die sich ebenfalls wie die Planeten um die Sonne bewegen, sich von diesen aber bereits durch die Bahnverhältnisse unterscheiden. Die Bahnen der Kometen haben im Gegensatz zu denen der Planeten im allgemeinen große Exzentrizitäten und die Neigungen ihrer Bahnebenen gegen die Ekliptik alle möglichen Werte. Von ungefähr 500 Kometen sind die Bahnen mit mehr oder weniger großer Genauigkeit bekannt. 25% von ihnen bewegen sich bestimmt in elliptischen Bahnen, und ihre Umlaufszeiten variieren zwischen 3 und 10000 Jahren. Die anderen 75% haben Bahnen, von denen man nur weiß, daß ihre Exzentrizität von 1 nicht sehr verschieden ist, aber nicht, ob sie noch elliptisch oder parabolisch oder gar hyperbolisch sind. Die Mehrheit der zum Sonnensystem gehörenden Kometen dürfte sich im Aphel bis zu Entfernungen von der Sonne bewegen, die 30mal größer als die Entfernung des Neptuns sind.

Wenn ein Komet im Fernrohr entdeckt wird, ist er meist nur ein kleiner runder Nebel mit zentraler Verdichtung. Mit wachsender Annäherung an die Sonne ändert sich sein Bild. Immer deutlicher tritt dann hervor der Kopf des Kometen, bestehend aus einem helleren Kern und einer den Kern umgebenden Nebelhülle (Koma), und — wenigstens bei gut ausgebildeten Kometen — als Fortsetzung der Koma der Kometenschweif. Dieser ist kein dauernder Bestandteil des Kometen, sondern er bildet sich erst, wenn der Komet der Sonne näherkommt. Bei helleren Kometen kann man feststellen, daß die eigentliche Ursprungsstelle des Schweifes die der Sonne zugekehrte Seite des Kometenkernes ist, wo ein Ausströmen von leuchtenden Gasen oder Dämpfen vor sich geht, die sich zunächst eine kurze Strecke gegen die Sonne hin bewegen, dann umbiegen und den Schweif bilden. Die Länge des Kometenschweifs ist im Perihel der Kometenbahn oft sehr beträchtlich. Er kann sich über eine Strecke gleich der Entfernung der Erde von der Sonne ausdehnen. Es gibt aber auch Kometen, bei denen überhaupt keine nennenswerte Schweifentwicklung feststellbar ist. Der Durchmesser eines Kometenkopfes kann viele tausend Kilometer betragen; er kann größer sein als der des Jupiters. Trotzdem ist die Masse selbst der größten Kometen so klein, daß sie sich nicht im geringsten durch Anziehungswirkungen auf die Planeten bemerkbar macht. Die mittlere Dichte eines Kometenkopfes muß also außerordentlich gering sein, was auch dadurch bestätigt wird, daß man durch einen Kometenkopf hindurch Fixsterne ungeschwächt beobachtet. Man nimmt an, daß die Kometen selbst in ihren dichtesten Teilen hauptsächlich aus sehr kleinen, meteorartigen, durch weite Zwischenräume voneinander getrennten Körperchen bestehen und daß diese Körperchen unter dem Einfluß der Sonnenstrahlung Gase oder Dämpfe entwickeln, die dann durch den von der Sonne ausgehenden Strahlungsdruck als Schweifmaterie nach der von der Sonne abgekehrten Seite vom Kometenkern weggetrieben werden.

Das Spektrum der Kometen besteht aus einem schwach leuchtenden kontinuierlichen Untergrund mit darüber gelagerten hellen Linien und Banden, die die Anwesenheit von Kohlenwasserstoffverbindungen, Zyan, Kohlenstoff, Natrium, Eisen, Nickel und Chrom verraten. Ein ähnliches Spektrum erhält man, wenn man Meteorsteine verdampft und die entweichenden Gase zum Leuchten bringt. Kopf und Schweif zeigen in spektraler Hinsicht Verschiedenheiten, die wohl zum großen Teil auf die großen Druckunterschiede innerhalb der einzelnen Kometenteile zurückzuführen sind.

Es besteht insofern ein Zusammenhang zwischen Kometen und Meteorschwärmen, als sich unter dem Einfluß der von der Sonne und den Planeten ausgehenden Gezeitenkräfte Kometen teilweise oder auch ganz in Meteorschwärme auflösen können.

Newcomb-Engelmann: Populäre Astronomie. Leipzig 1949.

Kometenschwanzbanden, Dublettsystem des Molekülions CO^+ zwischen 3080 und 6380 Å, Kombination mit dem Molekül-Grundzustand.

Komma, 1. *allgemein:* Unterschied zwischen zwei aus verschiedenartigen reinen Intervallen (Oktaven, Quinten, Terzen) zusammengesetzten größeren Intervallen, deren gesamte Stufenzahl jedoch gleich oder höchstens um 1 Stufe verschieden ist: z. B. Oktave — 3 große Terzen = kleine Diesis $\left(\frac{128}{125}\right)$.

2. *speziell:* 12 Quinten — 7 Oktaven = *Pythagoräisches* Komma, 4 Quinten — 2 Oktaven — 1 große Terz = Syntonisches oder *Didymisches* Komma. Durch die Temperierung werden die Komma-Abweichungen auf eine größere Anzahl von Intervallen verteilt und dadurch praktisch zum Verschwinden gebracht. Dafür muß aber eine geringfügige Verstimmung aller Intervalle des temperierten Tonsystems in Kauf genommen werden. → Tonsysteme.

Kommunikationstheorie, befaßt sich mit der statistischen Struktur von Nachrichten und ihren Übertragungssystemen unter Berücksichtigung des zu übermittelnden Nachrichteninhalts. Sie ermöglicht einen einwandfreien Vergleich der verschiedenen Verfahren der Nachrichtentechnik hinsichtlich ihrer Leistungsfähigkeit und ist gleicherweise auf akustische wie elektrische, optische, taktile und sonstige zur Nachrichtenübermittelung geeignete Signale anwendbar, also auf Sprache, Telegraphie, Buchdruck, Blindenschrift usw.

Shannon, C. E., u. *W. Weaver:* The Mathematical Theory of Communication. Urbana 1949.

Kommunizierende Röhren (→ hydrostatischer Druck). Wenn auf eine homogene Flüssigkeit nur Vertikalkräfte wie z. B. die Erdschwere wirken, so ist die freie Oberfläche als Niveaufläche horizontal. Dies trifft in jedem Falle, unabhängig von der besonderen Gestalt des Flüssigkeitsbehälters, zu. Daher steht auch in untereinander im Flüssigkeitsbereich verbundenen Röhren die Flüssigkeit in allen Schenkeln gleich hoch. Dieses Prinzip wird z. B. bei Wasserstandmessern angewendet. Auch der Springbrunnen und der Artesische Brunnen sind Erscheinungen dieser Art.

Befinden sich über dem Flüssigkeitsspiegel in den Schenkeln der kommunizierenden Röhren Gase unter verschiedenem Druck, so ist der Höhenunterschied der Flüssigkeitsspiegel ein Maß für den Druckunterschied. (Anwendungen beim Manometer bzw. beim Barometer.)

Kommutativgesetz. Gilt bei einer (z. B. als Multiplikation geschriebenen) Verknüpfung zweier Elemente a und b, daß $ab = ba$ ist, so heißt die Verknüpfung kommutativ und $ab = ba$ das Kommutativgesetz.

Kommutator. 1. Für zwei Operatoren A, B nennt man $AB - BA = [A, B]$ den Kommutator. Wenn A und B vertauschbar sind, so ist der Kommutator Null. → Vertauschungsrelation.

2. Ein Stromwender zur Umkehrung der Richtung eines Stromes.

Kommutierungskurve. Läßt man in einem ferromagnetischen Material die magnetische Feldstärke wiederholt zwischen einem bestimmten Wert und dem gleichen Wert in Gegenrichtung hin- und herwechseln, so läuft die Induktion ebenfalls zwischen entgegengesetzt gleichen Werten hin und her, vorausgesetzt, daß man vom unmagnetischen Zustand ausging und die Amplitude langsam gesteigert hat. Die Kurve, welche die Amplitude der Induktion in Abhängigkeit von der Amplitude der Feldstärke angibt, heißt *Kommutierungskurve* oder *Spitzenkurve*. Sie ist der geometrische Ort der Spitzen aller Hystereseschleifen, die symmetrisch zum unmagnetischen Zustand liegen.

Komparatoren → Kompensatoren (optische), → Längenmessung.

Kompatibilitätsbedingungen (Verträglichkeitsbedingungen): Da der Dehnungstensor (→ Deformation) symmetrisch ist, also durch 6 Komponenten $\varepsilon_{xx}, \varepsilon_{yy}, \ldots, \varepsilon_{yz}$ gegeben ist, die mit den Komponenten u, v, w des Verschiebungsvektors $\mathfrak{s}$ durch die Beziehungen $\varepsilon_{xx} = \frac{\partial u}{\partial x}$, $\varepsilon_{yy} = \frac{\partial v}{\partial y}$, ..., $\varepsilon_{xy} = \frac{1}{2}\left(\frac{\partial u}{\partial y} + \frac{\partial v}{\partial x}\right)$, $\varepsilon_{yz} = \ldots$, $\varepsilon_{zx} = \ldots$ verknüpft sind, so können die ε_{ik} nicht willkürlich gewählt werden, da sich aus obigen Gleichungen nachstehende Identitäten herleiten lassen:

$$\frac{\partial^2 \varepsilon_{xx}}{\partial y^2} + \frac{\partial^2 \varepsilon_{yy}}{\partial x^2} = 2\frac{\partial^2 \varepsilon_{xy}}{\partial x\, \partial y}$$

und zwei analoge sowie

$$\frac{\partial^2 \varepsilon_{xx}}{\partial y\, \partial z} = \frac{\partial}{\partial x}\left\{\frac{\partial \varepsilon_{xy}}{\partial z} + \frac{\partial \varepsilon_{xz}}{\partial y} - \frac{\partial \varepsilon_{yz}}{\partial x}\right\}$$

und zwei analoge. Diese 6 Beziehungen heißen Kompatibilitätsbedingungen. Mit ihnen müssen die ε_{ik} verträglich sein, wenn sie einen physikalisch sinnvollen Dehnungszustand darstellen sollen. Entsprechendes gilt für die Komponenten des ebenfalls symmetrischen Spannungstensors. Die Kompatibilitätsbedingungen sind gleichwertig mit dem Verschwinden der Komponenten des Riemannschen Krümmungstensors und besagen daher, daß in einem deformierten Körper eine euklidische Geometrie gültig ist.

Kompensationsapparate → Kompensatoren (elektr.).

Kompensationsfarbe → Gegenfarbe.

Kompensationsokular → Okular.

Kompensations-Photozelle, wird in Photozellen-Brückenschaltungen außer der eigentlichen Meßzelle verwendet, um die meist unvermeidbaren Schwankungen der Lichtquelle zu kompensieren. Die Kompensation ist vollkommen, wenn man die Zweizellen-Methode zu einer Substitutionsmethode ausgestaltet, bei der das Galvanometer bzw. Elektrometer als Nullinstrument arbeitet.

Kortüm, G.: Kolorimetrie u. Spektralphotometrie. Berlin 1942.

Kompensations-Pyrheliometer → Pyrheliometer.

Kompensationspendel → Uhren.

Kompensationsregler, Temperaturregler für Öfen, Bäder, Klimaanlagen, verwenden einen Temperaturfühler in Form eines Widerstandsthermometers oder eines Thermoelementes, der in eine elektrische Brückenschaltung so eingebaut ist, daß bei einer Änderung der Temperatur der Zeiger eines als Nullgalvanometer geschalteten Drehspulmeßgerätes ausschlägt. Ein Steuerwerk mit Abtastbügeln und Druckstücken tastet die Zeigerstellung ab und betätigt abhängig von der Zeigerstellung Quecksilberschalter, die Heizwicklungen zu- oder abschalten oder Steuerventile betätigen, bis die Solltemperatur wieder erreicht ist. Eine thermische Rückführung hat die Aufgabe, die Wärmeträgheit der Anlage soweit zu berücksichtigen, daß ein Überregeln vermieden wird.

Kompensatoren, elektrische, auch *Kompensationsapparate* genannt, gestatten, die Spannung an den Klemmen eines Prüflings mit der Spannung eines Normalelements messend zu vergleichen, ohne daß dabei nach erfolgtem Abgleich dem Normalelement oder dem Prüfling Strom entnommen wird. Abb. 1 zeigt das grundsätzliche Schaltbild. Eine Hilfsbatterie B speist den Kompensator vom Gesamtwiderstand R mit einem durch den Hilfsstromregler H einstellbaren Hilfsstrom derart, daß das über das Galvanometer an dem abgegriffenen Teilwiderstand r des Kompensators G liegende Normalelement N stromlos bleibt. Wird nun durch den

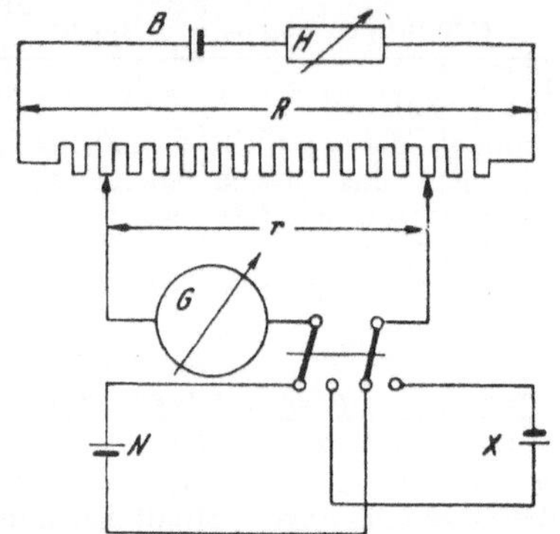

Abb. 1. Grundsätzliche Schaltung des Kompensators.

gezeichneten Umschalter auf den Prüfling X umgeschaltet und der Widerstandsabgriff r verändert, bis das Galvanometer wieder stromlos ist, so stehen die Spannungen von N und X im Verhältnis der beiden Einstellungen r zueinander. Der Kompensator ist so gebaut, daß man den Wert von r an dekadisch gestuften Kurbeln unmittelbar ablesen kann. Macht man die Einstellung von r bei der Kompensation gegen das Normalelement ziffernmäßig gleich der Spannung des Normalelements, so ergibt die Einstellung von r bei der Kompensation gegenüber dem Prüfling ebenfalls den ziffernmäßigen Wert der Prüflingsspannung an.

Der fünfstufige Kompensator von *Feußner* (Abb. 2) benutzt zwei einfache und drei Doppelkurbeln. Durch die Doppelkurbeln wird selbsttätig jeweils

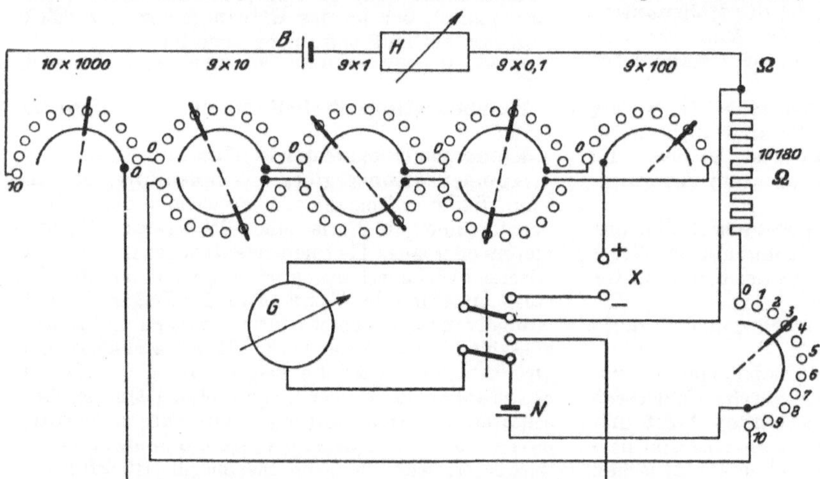

Abb. 2. Feußner-Kompensator mit Normalelementdekade (Prinzipschaltbild).

im äußeren Stromkreis von R soviel Widerstand zugeschaltet, wie im inneren Stromkreis zur Einstellung von r abgeschaltet werden mußte, und umgekehrt, so daß der Gesamtwiderstand R des Kompensators und damit der eingestellte Hilfsstrom bei der Prüflingsmessung unverändert bleibt. Eine besondere Kurbel gestattet die getrennte Einstellung des Normalelementabgriffs.

Bei dem Kompensator von *Raps* dagegen wird je eine Abzweigungsdekade des Widerstandes r an die beiden Doppelendkurbeln gelegt, die gleichfalls aus Dekadensätzen bestehen. Auf diese Weise werden vier Stellen erhalten; eine fünfte Dekade, die den kleinsten Widerständen entspricht, verändert den Strom etwas, falls man nicht eine höhere Spannung für die Batterie B und einen größeren Hilfswiderstand H anwendet. Die erwähnten Kompensatoren haben einen Gesamtwiderstand $R = 10000\,\Omega$. Thermokraftfreie Messungen bei kleinem Widerstand $R \leqq 90\,\Omega$ (Thermoelemente, Widerstandsthermometer) gestattet der Kompensator von *Diesselhorst*, bei dem im Galvanometerkreis Kurbelkontakte vermieden sind; dafür ist der Hilfsstrom über die Kurbelkontakte geleitet und im Verhältnis 1:10 verzweigt, so daß die beiden Hälften der drei im Hauptstromkreis vorhandenen Doppelkurbeln von verschieden starkem Strom durchflossen werden. Ein ähnlicher Kompensator ist von *v. Steinwehr* angegeben worden. Eine sehr handliche Ausführung als technischer Kompensator → Stufenkompensatoren.

Die Kompensatoren können außer zur unmittelbaren Spannungsmessung in mannigfacher Weise benutzt werden, z. B. mittels Normalwiderständen auch zu Strom- und Widerstandsmessungen. Die Kompensatoren dienen außer zur Messung der Spannung von Thermoelementen zur Einmessung von Gleichstrominstrumenten und eisenfreien Wechselstrominstrumenten (Dynamometern) auf die gesetzlichen elektrischen Einheiten der Stromstärke, der Spannung und der Leistung. Neuere Dreheisenmeßgeräte besitzen so gute Eiseneigenschaften, daß sie ebenfalls mit dem Kompensator eingemessen werden können.

Handb. d. Physik XVI. Berlin 1927.

Kompensatoren, optische (auch *Komparatoren*), sind Vorrichtungen zur Kompensierung: 1. von Gangunterschieden, die bei der Doppelbrechung auftreten (→ Interferenzerscheinungen im parallelstrahligen Licht), 2. der Drehung der Polarisationsebene durch optisch aktive Substanzen (→ Polarimeter). Bei allen Kompensatoren wird der durch Doppelbrechung hervorgerufene Gangunterschied oder die Drehung der Polarisationsebene durch eine einstellbare Phasendifferenz oder Drehung des Kompensators von gleicher Größe, aber entgegengesetztem Vorzeichen rückgängig gemacht (kompensiert). Außer dem Kompensator von *Michel-Levy* (→ *Quarzkeil*), dem → *Berek*-, → *Brace*-, → *Ehringhaus*-, → *Sénarmont*-Kompensator und ähnlichen gibt es einige auf Quarzkeilkombinationen beruhende Konstruktionen (Abb. 1 bis 6; ←→ Richtung der optischen Achsen, • deutet an, daß die optische Achse parallel den Keilschneiden verläuft; K Richtung der Mikrometerschraube; L Einfallsrichtung des Lichts).

1. *Babinet-Kompensator:* zwei Quarzkeile von etwa 30′ Keilwinkel (Abb. 1). Die optische Achse des einen Kristalls liegt parallel, die des anderen senkrecht zur Schneide, beide parallel den äußeren Keilflächen.

2. *Soleil-Kompensator* (Abb. 2a): ebenfalls zwei Quarzkeile, die optischen Achsen in beiden jedoch parallel der Schneide oder in beiden senkrecht zur Schneide (Abb. 2b). Dazu eine planparallele Quarzplatte, deren optische Achse parallel den

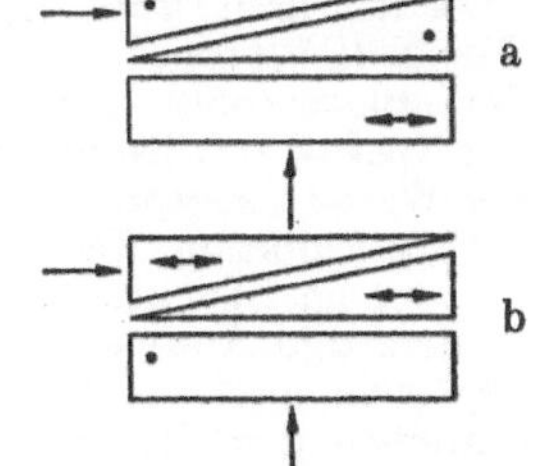

Abb. 1. Babinet-Kompensator. Abb. 2. Soleil-Kompensator.

Plattenflächen und senkrecht zur Richtung der optischen Achsen beider Keile verläuft.

Bei beiden Kompensatoren läßt sich der eine Keil mit Hilfe einer Mikrometerschraube senkrecht zur Schneide verschieben.

Speziell für die Untersuchung der optischen Aktivität namentlich von Zuckerlösungen (→ Polarimeter) werden *Quarzkeilkompensationen* benutzt. Das sind Kombinationen von rechts- und linksdrehenden Quarzkeilen und -platten.

3. *Soleil-Keilkompensation* (Abb. 3): aus zwei Rechts- oder zwei Linksquarzkeilen und einer entgegengesetzt drehenden Platte. Die optischen Achsen aller drei Quarze stehen senkrecht auf der Plattenebene. Der längere Keil ist durch Mikrometerschraube verschiebbar.

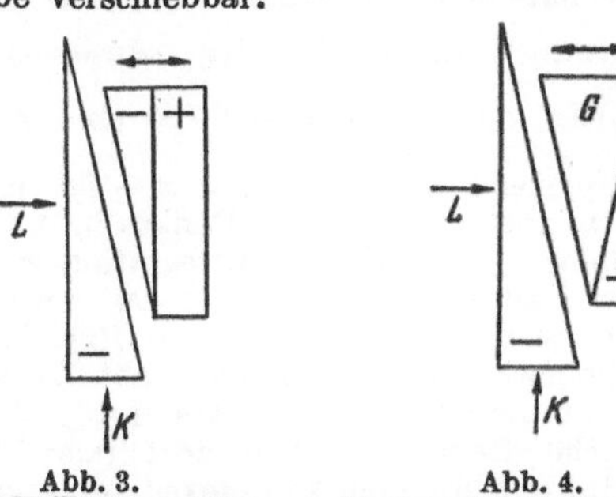

Abb. 3. Soleil-Keilkompensation. Abb. 4. Martens-Keilkompensation.

4. *Martens-Keilkompensation* (Abb. 4): je ein Rechts- und Linksquarzkeil, dazwischen ein Glaskeil *G* zur Vermeidung von Dispersion und Strahlablenkung; die optischen Achsen senkrecht zu den äußeren Keilflächen.

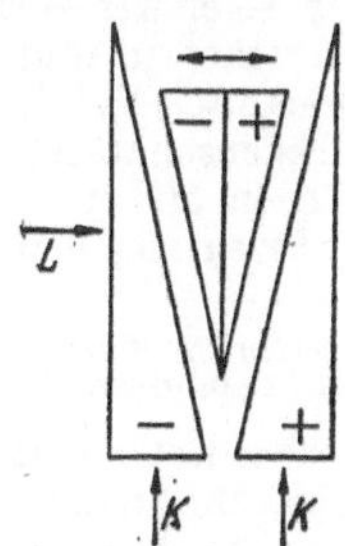

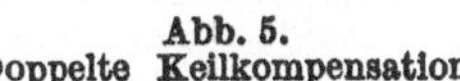

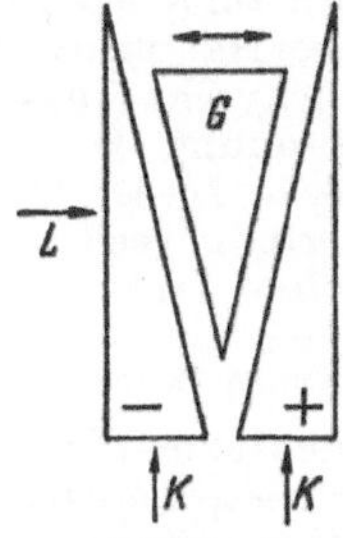

Abb. 5. Doppelte Keilkompensation. Abb. 6. Doppelte Keilkompensation.

Um sowohl große positive (Rechts-) als auch negative (Links-)Drehungen messen zu können, hat man *doppelte* Keilkompensationen (Abb. 5, 6) konstruiert. Die Empfindlichkeit der Kompensatoren kann durch Halbschattenvorrichtungen gesteigert werden.

Handb. d. Physik XIX. Berlin 1928.

Komplementärfarbe → Gegenfarbe.

Komplementarität. Zwei → Observable in der Quantenmechanik heißen zueinander komplementär, wenn ihre Messungen nicht miteinander verträglich sind, d. h. die Messung der einen die der anderen unmöglich macht. Die mathematische Bedingung hierfür ist, daß die zugehörigen → Operatoren nicht → vertauschbar sind. Das bekannteste Beispiel sind Ort und Impuls (→ Beobachtung). Wegen dieser Komplementarität können die beobachtbaren Eigenschaften nicht den Objekten direkt zugeordnet werden, wie es in der klassischen Physik geschieht, sondern sie stellen immer eine Beziehung zwischen Objekt und beobachtendem Subjekt dar, aus der das Subjekt nicht weggedacht werden kann. So z. B. „hat" das Teilchen keinen Ort oder Impuls. Im Gegenteil führt die Annahme, daß das Teilchen nach gemessenem Impuls auch wenigstens „an sich" einen (zwar unbekannten) Ort hätte, zu Widersprüchen mit der Erfahrung (→ Beobachtung; → Messungsbegriff).

Ebenso wie Ort und Impuls sind auch die Energie eines Atoms (mit mehreren Elektronen) und irgendwelche Eigenschaften der einzelnen Elektronen zueinander komplementär. Das im Grundzustand befindliche Atom hat an sich keine Teile, sondern ist ein neues Ganzes (→ Zusammensetzung von Teilsystemen zu einem Ganzen). Die Teile existieren erst nach Zerschlagung des Atoms, wonach seine Energie nicht mehr bestimmt ist, d. h. das Atom als solches nicht mehr existiert.

Die Erweiterung des Gedankens der Komplementarität auf die Probleme des Lebendigen eröffnet die sehr wahrscheinliche Möglichkeit, daß die physikalisch-chemische Beschreibungsweise (d. h. die durch physikalisch-chemische Methoden an Lebewesen beobachtbaren Erscheinungen, wie sie die Physiologie untersucht) der Lebewesen komplementär zur lebendigen (biologischen) Beschreibungsweise steht, eine Komplementarität, die wir durch den Gegensatz tot—lebendig charakterisieren *(Bohr, Jordan)*. Die vollständige physikalische Beschreibung (wo also alle möglichen physikalisch beobachtbaren Erscheinungen auch festgestellt werden) führt automatisch zur Abtötung des Lebens. Der wirklich physikalisch bekannte Körper eines Lebewesens benimmt sich auch vollständig nach den physikalischen Gesetzen, nämlich, er verwest wie ein toter Körper. Ein Lebewesen bildet also nach dieser Hypothese ein neues Ganzes, das in sich nicht mehr die Materie in derselben Art enthält wie ein toter Körper.

Jordan, P.: Anschauliche Quantentheorie. Berlin 1936. *Jordan, P.:* Die Physik u. das Geheimnis d. organ. Lebens. Braunschweig 1947. Handb. d. Physik XXIV/1. Berlin 1933.

Komplexes β-Spektrum → β-Spektrum.

Komplexe Darstellung von Wechselstromgrößen. Die rechnerische Behandlung von Wechselstromproblemen gewinnt an Einfachheit, wenn man sich statt der trigonometrischen Funktionen der komplexen Zahlen bedient. Denkt man sich das → Zeigerdiagramm eines Wechselstroms in die Ebene der komplexen Zahlen verlegt, derart, daß die Anfangspunkte zusammenfallen, so kann man jedem Zeiger eine komplexe Zahl zuordnen. Der Zeiger $\mathfrak{i}_1$ läßt sich dann in der Form schreiben: $\mathfrak{i}_1 = x_1 + j\,y_1 = r_1(\cos\varphi_1 + j\sin\varphi_1) = r_1\,e^{j\varphi_1}$, wobei $j = \sqrt{-1}$, $r_1 = \sqrt{x_1^2 + y_1^2} = |\,\mathfrak{i}_1\,|$ den Betrag oder die Länge des Zeigers und φ_1 den Winkel mit der reellen Achse bezeichnen, $\operatorname{tg}\varphi_1 = y_1/x_1$. Im speziellen Fall $\varphi_1 = \pi/2$ ergibt sich $r_{1(\pi/2)} = j r_1$, die Multiplikation mit $+j$ bedeutet demnach eine Drehung von r_1 um 90° in positiver Richtung (dem Uhrzeiger entgegengesetzt), die Multiplikation mit $e^{j\varphi}$ eine Drehung um den Winkel φ. Bei den Wechselstromgrößen könnte man die Kreisfrequenz durch Hinzufügen des Faktors $e^{j\omega t}$ zum Ausdruck bringen, also $\mathfrak{i} = i_{\max} e^{j\varphi} e^{i\omega t}$, worauf man in der Regel verzichtet, weil es bei Wechselstromproblemen weniger auf die zeitliche Änderung der Größen, als auf ihre gegenseitige Lage, ihre Phasendifferenz ankommt.

Für die praktische Durchführung der Rechnungen ist folgendes zu beachten: Sind zwei Zeiger $\mathfrak{i}_1 = x_1 + j\,y_1$ und $\mathfrak{i}_2 = x_2 + j\,y_2$ vorhanden, so ist ihre Summe $\mathfrak{i} = \mathfrak{i}_1 + \mathfrak{i}_2 = x_1 + x_2 + j(y_1 + y_2)$. Sie entspricht der geometrischen Addition der beiden Zeiger; man hat also lediglich die entsprechenden komplexen Größen zu addieren. Entsprechendes gilt für die Subtraktion.

Die Multiplikation der beiden Zeiger $\mathfrak{i}_1$ und $\mathfrak{i}_2$ ergibt $\mathfrak{i} = \mathfrak{i}_1\,\mathfrak{i}_2 = r_1 r_2 e^{j(\varphi_1+\varphi_2)}$, einen Zeiger $\mathfrak{i}$, dessen Betrag gleich dem Produkt der beiden Beträge ist und dessen Winkel mit der Achse gleich der Summe der beiden Winkel ist. Die Multiplikation einer komplexen Größe $\mathfrak{i}_1$ mit einer anderen $\mathfrak{i}_2$ bedeutet also eine Streckung mit dem Betrag von $\mathfrak{i}_2$ und eine Linksdrehung um den Winkel φ_2.

Darstellung von Wechselstromzeigern durch komplexe Zahlen.

Der Differentialquotient des Zeigers $\mathfrak{i}$ nach der Zeit ist $d\,\mathfrak{i}/dt = j\,\omega\,\mathfrak{i}$, das Integral von $\mathfrak{i}$ ist $\int \mathfrak{i}\,dt = \mathfrak{i}/(j\,\omega)$.

Für einen Stromkreis mit Induktivität und Ohmschem Widerstand besteht zwischen Spannung und Strom die Beziehung $U = R\,i + L\,di/dt$ oder in komplexer Schreibweise $\mathfrak{U} = (R + j\,\omega L)\,\mathfrak{i}$. Für einen Stromkreis mit Kapazität und Ohmschem Widerstand

$U = R\,i + 1/C \int i\,dt$ oder $\mathfrak{U} = [R + 1/(j\,\omega\,C)]\,\mathfrak{i}$.

Mittels der symbolischen Darstellung der Zeiger durch komplexe Zahlen gilt also für Wechselströme die gleiche Beziehung wie für Gleichstrom $\mathfrak{U} = \mathfrak{R}\,\mathfrak{i}$, wobei $\mathfrak{R}$ als *Widerstandsoperator* bezeichnet wird.

Die Wechselstromleistung findet man durch Bildung des Produktes der komplexen Spannung mit dem konjugiert komplexen Strom bzw. umgekehrt, wobei man durch einen * die konjugiert komplexe Größe $\mathfrak{i}^* = i\,e^{-j\varphi_2}$ bzw. $\mathfrak{U}^* = U e^{-j\varphi_1}$ bezeichnet, also $\mathfrak{N} = \mathfrak{U}\,\mathfrak{i}^* = \mathfrak{U}^*\,\mathfrak{i}$.

Dabei ist die Wirkleistung N_w der reelle und die Blindleistung N_b der imaginäre Teil dieses Produktes.

Möller, H. G.: Behandlung von Schwingungsaufgaben m. komplexen Amplituden u. Vektoren. Leipzig 1950.

Komplexe Funktion, genauer: *Funktion einer komplexen Variablen* ist die Übertragung des → Funktionsbegriffs „ins Komplexe". Ebenso wie im Reellen definiert man: Es sei $z = x + i\,y$ (x, y reell, $i = \sqrt{-1}$) eine komplexe Zahl, die die Werte innerhalb eines gewissen Bereiches $\mathfrak{B}$ der Gaußschen Zahlenebene annehmen kann. Wird nun vermöge einer bestimmten Vorschrift jedem Wert z in $\mathfrak{B}$ ein Wert w zugeordnet, so heißt w eine Funktion des komplexen Argumentes z, symbolisch dargestellt durch $w = f(z)$. Der Bereich $\mathfrak{B}$ ist der *Variabilitätsbereich* der Veränderlichen z und der *Definitionsbereich* der Funktion $f(z)$. Wird durch das Gesetz $f(z)$ jedem möglichen Wert z in $\mathfrak{B}$ nur *ein* Wert w zugeordnet, so heißt $w = f(z)$ eine *eindeutige* Funktion. Da $z = x + i\,y$ aus einem reellen und einem imaginären Teil besteht, kann w auch in derartige Anteile aufgespalten werden, die man allgemein mit u und v bezeichnet. Man kann also schreiben $w = f(z) = u(x, y) + i\,v(x, y)$, wo nun u und v zwei *reelle* Funktionen der *reellen* Variablen x und y sind. Obwohl man für u und v beliebige Funktionen ansetzen kann, interessieren in der Mathematik und insbesondere in den Anwendungen nur diejenigen Funktionen w, deren Real- und Imaginärteil den → Cauchy-Riemannschen Differentialgleichungen $\partial u/\partial x = \partial v/\partial y$, $\partial u/\partial y = -\partial v/\partial x$ genügen. Gleichwertig damit ist die Forderung, daß $f(z)$ stetig differenzierbar ist, d. h., daß der Differentialquotient $f'(z) = \lim\limits_{\Delta z \to 0} \frac{f(z + \Delta z) - f(z)}{\Delta z}$ existiert und unabhängig von der Art ist, wie $\Delta z = \Delta x + i\,\Delta y \to 0$ geht. Komplexe Funktionen, die der Forderung, differenzierbar zu sein, genügen, nennt man → *analytische* Funktionen, mit deren Eigenschaften sich die Funktionentheorie beschäftigt.

Knopp, K.: Funktionentheorie, Samml. Göschen 1109, 668, 703, 877/8. Berlin 1944. *Hurwitz-Courant:* Funktionentheorie. Berlin 1922. *Bieberbach, L.:* Funktionentheorie. Leipzig 1923/27.

Komplexes Integral, der Ausdruck $J(z) = {}^{\mathfrak{C}}\!\int_{z_0}^{z_1} f(z)\,dz$, dessen Integrand $f(z)$ eine Funktion der komplexen Variablen $z = x + i\,y$ ist. Die Grenzen z_0 und z_1 sind dabei Punkte in der Gaußschen Ebene, die durch den Integrationsweg $\mathfrak{C}$ zu verbinden sind. Man nennt $J(z)$ das längs $\mathfrak{C}$ genommene bestimmte Integral von $f(z)$. Es stellt einen Grenzwert dar, den man ebenso wie im Reellen definiert (→ bestimmtes Integral). Eine anschauliche Bedeutung wie dort (als Flächeninhalt) gibt es bei einem komplexen Integral nicht.

Das komplexe Integral ${}^{\mathfrak{C}}\!\int f(z)\,dz$ läßt sich durch Aufspalten in Real- und Imaginärteil wie folgt schreiben: ${}^{\mathfrak{C}}\!\int f(z)\,dz = {}^{\mathfrak{C}}\!\int (u + i\,v)\,(dx + i\,dy) = {}^{\mathfrak{C}}\!\int (u\,dx - v\,dy) + i\,{}^{\mathfrak{C}}\!\int (v\,dx + u\,dy)$.

Beide Anteile sind Linienintegrale, die längs der Kurve $\mathfrak{C}$ zu erstrecken sind. Von den vielen Sätzen, die über komplexe Integrale gelten, seien der → Cauchysche Hauptsatz der Funktionentheorie und die → Cauchysche Integralformel genannt. Vgl. auch → Residuum. Die besonderen Eigenschaften, die komplexe Integrale besitzen, werden oft auch zur Auswertung reeller bestimmter Integrale benutzt *(komplexe Integration)*.

Literatur → komplexe Funktion; ferner *E. Whittaker* u. *G. Watson:* A Course of Modern Analysis. Cambridge 1927.

Komplexes Potential. Bei zweidimensionalen Potentialströmungen können die Methoden der Funktionentheorie, insbesondere der konformen Abbildung, mit Vorteil angewendet werden, wenn man zusätzlich zum → Geschwindigkeits-Potential φ die → Stromfunktion ψ einführt. Auch ψ genügt dann der Laplaceschen Gleichung $\Delta\psi = 0$. Daher können auch die Werte $\varphi = \text{const}$ als Stromlinien einer konjugierten Potentialströmung aufgefaßt werden.

Auch können Potentialströmungen durch Überlagerung von Teilströmungen gebildet werden, wenn diese den Potentialbedingungen für sich genügen. Das komplexe Potential $\overline{\omega} = \varphi + i\,\psi$ wird als Funktion der komplexen Variablen $z = x + i\,y$ aufgefaßt, woraus sich das (orthogonale) Netz der Potentiallinien und der Stromlinien mit Hilfe der konformen Abbildung angeben läßt. Die Geschwindigkeiten lassen sich aus $d\,\overline{\omega}/dz = u - i v$ ermitteln und damit auch die Drucke und die resultierenden Kräfte berechnen.

Komplexion im Sinne der statistischen Mechanik ist eine mikroskopische Realisierungsmöglichkeit eines makroskopischen Zustandes. Alle Komplexionen sind im allgemeinen gleichwahrscheinlich. Ein bestimmter makroskopischer Zustand ist um so wahrscheinlicher, durch je mehr Komplexionen er verwirklicht werden kann. Dieser Sachverhalt bildet die Grundlage der wahrscheinlichkeitstheoretischen Begründung des 2. Hauptsatzes.

Komplex-Ionen → cluster-Ionen.

Komplex-Ionengitter → Ionengitter.

Komplexstruktur der Terme. In einiger Näherung erhält man die Lage der Terme allein aus der Bahnbewegung der Elektronen. Daß aber in Wirklichkeit die meisten der so berechneten Terme in mehrere Einzelterme aufspalten, bezeichnet man als Komplexstruktur und beruht auf dem Einfluß des Spins der Elektronen. → Multiplettstruktur.

Komplexverbindungen. In einer Komplexverbindung (→ auch semipolare Bindung) sind einem Zentralatom andere Atomgruppen oder Atome „beigeordnet“ — koordiniert. Man unterscheidet: *Anlagerungskomplexe*, in denen die Liganden ihre Selbständigkeit weitgehend bewahren, weniger fest gebunden sind, und nicht ausgesprochen gemeinsame Schalen von Elektronen des Zentralatoms mit solchen der Liganden gebildet werden und bei denen die *Zahl* der Liganden (Koordinationszahl) nicht weitgehend festgelegt ist [$Ca(OH_2)_6Cl_2$; $Ca(OH_2)_4Cl_2$]; *Durchdringungskomplexe*, in denen die Valenzelektronen des Zentralatoms mit äußeren Elektronen bzw. Elektronenpaaren gemeinsame Schalen bilden. Sie sind stabiler, die *Koordinationszahl* ist weitgehend festgelegt (z. B. Koordinationszahl 6 beim 3wertigen Kobalt) und durch → Valenzzustände des Zentralatoms bestimmt. In den Ionenkomplexen der Übergangselemente (z. B. Fe, Co, Ir, Pt) bleiben häufig Elektronen innerer Schalen (d-Elektronen) ungepaart. Ihre magnetischen Momente geben zu einem Paramagnetismus dieser Ionen Anlaß (→ semipolare Bindung). — Ferner → Koordinationszahl (bei Kristallen).

Pauling, L.: Nature of Chemical Bond. Ithaca, N.Y. 1940.
Hückel, W.: Anorgan. Strukturchemie. Stuttgart 1948.

Kompositionsreihe, eine → Normalreihe, die keine Verfeinerung mehr erlaubt. Zwei Kompositionsreihen $\mathfrak{G} \supset \mathfrak{H}_1 \supset \mathfrak{H}_2 \supset \cdots \supset \mathfrak{E}$ und $\mathfrak{G} \supset \mathfrak{H}'_1 \supset \mathfrak{H}'_2 \supset \cdots \supset \mathfrak{E}$ sind immer isomorph in dem Sinne, daß ihre Längen gleich sind und daß in irgendeiner Reihenfolge die Kompositionsfaktoren $\mathfrak{H}_\nu/\mathfrak{H}_{\nu+1}$ isomorph (als Gruppen) den Kompositionsfaktoren $\mathfrak{H}'_\mu/\mathfrak{H}'_{\mu+1}$ sind.

Kompressibilität = → Zusammendrückbarkeit, → Elastizitätskonstanten.

Kompression, dynamisch adiabatische, ist eine Kompression (Erhöhung des Druckes p_1 eines Stoffes auf p_2), wie sie in einer ebenen → Stoßwelle vollzogen wird. Dabei ändern das Volumen und die Temperatur ihre Werte von v_1, T_1 auf v_2, T_2. Bei idealen Gasen lautet der Zusammenhang zwischen Temperaturverhältnis T_2/T_1, Volumenverhältnis v_1/v_2 und Druckverhältnis $\Pi = p_2/p_1$:

$$\frac{T_2}{T_1} = \Pi\,\frac{\Pi + \zeta}{\Pi\zeta + 1}; \quad \frac{v_1}{v_2} = \frac{\Pi\zeta + 1}{\Pi + \zeta}.$$

[$\zeta = 2/(\varkappa - 1)$, $\varkappa = C_p/C_v$ Verhältnis der spezifischen Wärmen bei konstantem Druck bzw. bei konstantem Volumen.] Diese Gleichungen gelten mit konstantem ζ nur für einatomige Gase und solange die Ionisation bei der Kompression noch keine Rolle spielt. Das Volumen v_2 nähert sich mit $\Pi \to \infty$ einem Grenzwert v_1/ζ, während die Temperatur stets wesentlich größer ist als diejenige bei gewöhnlicher adiabatischer Kompression und gleichem Druckverhältnis. Die dynamisch adiabatische Kompression spielt eine wichtige Rolle in der Theorie der → Detonation.

Kompressionsmanometer. Die bekannteste Form ist das Manometer nach → *McLeod*. Abarten sind die drehbaren Kompressionsmanometer, z. B. das Vakuskop nach *Gaede*. Eine wesentliche Fehlerquelle der Kompressionsmanometer besteht darin, daß kondensierbare Dämpfe bei der Kompression niedergeschlagen und damit der Messung entzogen werden. Die drehbaren Vakuummeter haben vor allem Bedeutung zur Anzeige mittlerer Drucke zwischen 2 und 10^{-2} Torr.

Kompressionsmodul → Elastizitätskonstanten.

Kompressionsreibung → Volumviskosität.

Kompressionswellen → elastische Wellen, → Longitudinalwellen.

Kompressor → Druckerzeuger.

Kondensanz = kapazitiver Blindwiderstand, → Wechselstromwiderstand.

Kondensat → Kondensation.

Kondensation, der Übergang eines Stoffes aus der Dampf- (Gas-) Phase in die flüssige (oder bei sublimierenden Stoffen die feste) Phase *(Kondensat)*, wenn seine Dichte die für seine Temperatur maßgebende Sättigungsdichte überschreitet. Sie kann also auf zwei Weisen erfolgen: 1. durch Abkühlung des Dampfes unter seinen → Taupunkt bei konstantem Volumen, 2. durch ausreichende Verminderung seines Volumens bei konstanter Temperatur. In beiden Fällen bleibt dann der nicht kondensierte Anteil gesättigt. Der sich kondensierende Anteil bildet einen Nebel. Dabei wird die vorher bei der Verdampfung gebundene → Verdampfungswärme als *Kondensationswärme* frei. Beispiele für eine Kondensation unmittelbar in die feste Phase liefern z. B. Jod und Sublimat sowie die Bildung von Reif und Schnee.

Bei sehr reinen Dämpfen — besonders beim Wasserdampf — bleibt die Nebelbildung auch unterhalb des Taupunkts zunächst aus und tritt erst bei vielfacher (bei Wasserdampf bei bis zu 8facher) *Übersättigung* ein. Zur Einleitung der normalen Kondensation genügt aber die Anwesenheit kleinster Fremdteilchen (→ *Kondensationskerne*) — Staubteilchen und besonders wirksam Gasionen —, an denen sich der Dampf bevorzugt kondensiert. (Wichtige Anwendung in der → Nebelkammer.)

Kondensation, chemische, entweder eine Reaktion, bei der zwei oder mehrere Moleküle zusammentreten (→ Additionsreaktion) oder die Bildung einer neuen Substanz durch verschiedene Reaktionsweisen, meist unter Austritt von Wasser, Alkohol, Ammoniak oder Chlorwasserstoff. Die Kondensation spielt eine große Rolle bei der Herstellung einer Reihe moderner Kunststoffe.

Kondensation im Impulsraum → Einstein-Kondensation.

Kondensationsadiabate → Feuchtadiabate.

Kondensationskalorimeter → Dampfkalorimeter.

Kondensationskerne, atmosphärische (→ Kondensation), diejenigen atmosphärischen Suspensionen, welche die Ansatzpunkte für die Wasserdampfkondensation darstellen. Kondensation ohne solche Kerne erfordert erfahrungsgemäß eine hohe Übersättigung; bei Vorhandensein von Kernen dagegen ist nur eine geringe, von der Größe und den chemischen Eigenschaften der Kerne abhängige Übersättigung erforderlich. In der Abb. ist in den Kurven *1* und *2* die Übersättigung dargestellt, bei der

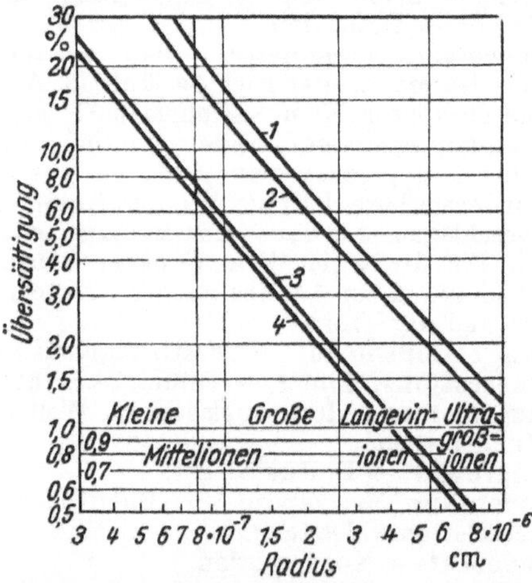

Zur Kondensation erforderliche Übersättigung in Abhängigkeit vom Kernradius für verschiedene Kernarten und Temperaturen (nach *Chr. Junge*).

Tröpfchen reinen Wassers von 0 und 15 °C bestehen können, ohne zu verdampfen; zum Vergleich geben die Kurven *3* und *4* dasselbe für Tröpfchen, die auf einem aus H_2SO_4-Lösung mit einem Schwefelsäuregehalt von $15{,}1 \cdot 10^{-19}$ g bestehenden Kondensationskern entstanden sind; der Abszissenbereich ist gemäß dem Größen-Spektrum der Ionen unterteilt (→ Luftionen). Der Einfluß der elektrischen Ladung ist nur bei ganz kleinen Kernen (von der Größenordnung der kleinen Mittelionen abwärts) von merklichem, kondensationsförderndem Einfluß.

Die Kernquellen sind vorwiegend terrestrischer Natur: Natürliche Kernquellen sind verdunstete Spritzwassertröpfchen — überwiegender Anteil, zu etwa 80% geschätzt —, Vegetationsbrände, Vulkantätigkeit u. a.; künstliche Kernquellen sind — als Folge der menschlichen Tätigkeit — die Verbrennungsprodukte der Siedlungen, speziell der Großstädte und Industriezentren.

Meßergebnisse lassen vermuten, daß sich Kernerzeugung und Kernvernichtung (Absinken im Schwerefeld; Niederschlagsbildung und -ausfall; Koagulation) bei Nichtberücksichtigung der anthropogenen Kernerzeugung die Waage halten; d. h. es erscheint eine zivilisatorisch bedingte Beeinflussung des Kernhaushaltes in Gestalt wachsenden Gesamt-Kerngehaltes der Atmosphäre möglich *(H. Lettau)*. Die zur Wolkenbildung in der Troposphäre erforderliche Kernzahl ist stets und überall vorhanden.

Mittlere Kernzahlen in Großstädten, Kleinstädten, Landstationen bzw. über den Ozeanen in Landferne betragen (in Klammern jeweils die bisher bekannt gewordenen Maximalwerte): 147000 (4000000), 34000 (400000), 9500 (300000) bzw. 600 bis 1000 (40000) je cm³. Mit der Höhe nehmen die Kerne im Mittel rasch ab — bis in 2 km Höhe auf etwa 1% des bodennahen Wertes, von da ab verlangsamt nach einer *e*-Funktion mit etwa 1000 m Halbwertshöhe —, an Sperrschichten meist sprunghaft. Die periodischen Variationen im Laufe des Tages und Jahres entsprechen ungefähr denen des Potentialgefälles.

Meteorologisch wird der Kerngehalt stark beeinflußt: Abnahme mit zunehmender Windstärke und mit zunehmender Sicht; Zusammenhang mit dem Luftkörper und — je nach der Lage von Siedlungen relativ zum Meßort — mit der Windrichtung; Feuchtigkeitsschwankungen haben deutlichen Einfluß auf die Kerngröße (Vorkondensationsstadium); Niederschläge setzen durch Auswaschen die Kernzahl stark herab.

Ein Teil der Kondensationskerne trägt eine elektrische Ladung infolge Anlagerung von Kleinionen (Mittel- und Großionenbildung); der Prozentsatz des geladenen Anteils schwankt etwas und liegt etwa zwischen 30 und 40%. Die Kernladung ist fast durchweg gleich der Elementarladung; doch scheint ein kleiner Teil der geladenen Kerne zwei (und gelegentlich mehr) Elementarladungen zu tragen.

Je nach Stoff und Gefüge wirken die Kondensationskerne als Absorber für die radioaktiven Emanationen in der Atmosphäre.

Über die biologische Wirksamkeit der Kondensationskerne, die fraglos vorhanden ist, liegen nur spärliche Untersuchungen vor. Weiteres → Aerosol.

Burckhardt, H., u. *H. Flohn:* Die atmosphärischen Kondensationskerne. Berlin 1939. *Landsberg, H.:* Gerlands Beitr. Geophys. Suppl. 3; Ergebn. d. kosm. Physik 1938, S. 155.

Kondensationspumpe, von einer zu einfachen Deutung herrührende englische Bezeichnung der → Diffusionspumpen.

Kondensationswärme → Kondensation.

Kondensator. Allgemein werden zwei Körper, zwischen denen eine elektrische Spannung hergestellt werden kann, als Kondensator bezeichnet. Der Raum zwischen den Körpern kann leer oder von einem → Dielektrikum erfüllt sein. In der Praxis sind Kondensatoren aus zwei (geometrisch-)symmetrisch geformten Metallstücken bzw. -flächen (z. B. Plattenkondensator, Zylinderkondensator, Kugelkondensator) oder aus mehrfachen Kombinationen solcher einfacher Anordnungen aufgebaut. Je nach der Art des Dielektrikums unterscheidet man Luft-, Glimmer-, Papier-, Öl-, Elektrolytkondensatoren, Kondensatoren mit Glas, keramischen Stoffen, Polystyrol usw. Die den Kondensator kennzeichnende Größe ist die → Kapazität. Sie hängt von den geometrischen Abmessungen des Kondensators ab und ist proportional der D.K. ε des Dielektrikums. Kondensatoren mit festem oder flüssigem Dielektrikum haben infolge der endlichen, wenn auch sehr geringen Leitfähigkeit solcher Dielektrika und der dielektrischen Nachwirkungen einen → „Verlustwinkel", der noch von Feldstärke, Temperatur und Frequenz abhängt und bei Glimmerkondensatoren besonders klein ist.

Für geometrisch einfach gebaute Kondensatoren läßt sich die Kapazität potentialtheoretisch berechnen (→ Kapazitätsformeln). Dabei ist zu beachten, daß diese Formeln — z. B. bei Platten- und Zylinderkondensatoren — unter Vernachlässigung der tatsächlichen Randbedingungen abgeleitet wurden. Der Randwirkung, d. h. dem Einfluß der endlichen Ausdehnung der in der Praxis benutzten Kondensatorflächen, muß entweder durch eine → Randkorrektion Rechnung getragen werden, oder man muß sich für Messungen höherer Präzision einer → Schutzring-Anordnung bedienen. Weiter ist zu beachten, daß bei einem Kondensator in einem Leiterkreis nicht nur die Kapazität zwischen seinen Belegungen, sondern auch die → Teilkapazitäten zu den übrigen in seiner Nähe befindlichen Gegenständen und Leiterteilen sowie zur „Erde" in die → Betriebskapazität eingehen.

Bei der Zusammenschaltung von mehreren Kondensatoren unterscheidet man grundsätzlich zwei Fälle:

1. *Parallel-* oder *Nebeneinanderschaltung*; es werden n Kondensatoren der Kapazitäten C_i parallel geschaltet; dann addieren sich ihre Kapazitäten direkt zu der resultierenden Kapazität $C_{res} = \sum_{i=1}^{n} C_i$.

2. *Reihen-*, *Serien-* oder *Hintereinanderschaltung*, auch *Kaskadenschaltung* genannt; es werden n Kondensatoren der Kapazitäten C_i in Serie, d. h. hintereinandergeschaltet; dann addieren sich die Kapazitäten reziprok, und die resultierende Kapazität berechnet sich aus der Beziehung $1/C_{res} = \sum_{i=1}^{n} 1/C_i$.

Für genaueste Messungen werden die Kondensatoren als *Luftkondensatoren* ausgebildet, wobei durch sparsamste Verwendung hochwertigen Isoliermaterials Rückstandsbildung, dielektrische Verluste und Temperaturkoeffizient klein gehalten werden. Normalluftkondensatoren der PTR werden als Plattenkondensatoren bis etwa 0,01 μF gebaut; zur Abstützung der Platten dient Quarzglas. Die Kondensatoren haben einen Temperaturkoeffizienten der Kapazität von etwa $2 \cdot 10^{-5}$ grad^{-1}. Der Verlustfaktor ist, abgesehen von Kondensatoren sehr kleiner Kapazität, unter der Grenze der Meßmöglichkeit. Der Isolationswiderstand liegt, wenn der Kondensator trocken gehalten wird, in der Größenordnung von 10^{13} bis $10^{15}\,\Omega$. Durch drehbare Anordnung des einen Plattensystems gegen das andere lassen sich die Kondensatoren als Kapazitätsvariatoren (→ Drehkondensatoren) ausbilden.

Für Hochspannungsmessungen verwendet man → Schutzring-Zylinderkondensatoren in Preßgas (meist Stickstoff), um die Durchbruchsfeldstärke heraufzusetzen. Die Firma Hartmann & Braun baut Preßgaskondensatoren für die Verwendung in Hochspannungsverlustbrücken und zur kapazitiven Spannungsteilung bis zu einer Betriebsspannung von 500 kV, die bei 15 at Druck eine Kapazität von etwa 50 bis 100 pF haben; ihr Verlustfaktor ist vernachlässigbar klein.

Bei größeren Kapazitäten verwendet man *Kondensatoren mit festem Dielektrikum*, z. B. Glimmer oder Styroflex. Ihr Verlustfaktor liegt in der Größenordnung von einigen $\cdot 10^{-4}$, der Temperaturkoeffizient der Kapazität ist etwa $2 \cdot 10^{-4}$ grad^{-1}. Kondensatoren mit Papier als Dielektrikum sind wesentlich billiger, aber sowohl hinsichtlich des Verlustfaktors als auch des Temperaturkoeffizienten ungünstiger. Kondensatoren mit festem Dielektrikum werden für Meßzwecke oft als Stöpselkondensatoren oder Dekadenkurbelkondensatoren schaltbar eingerichtet.

Für Hochfrequenzmeßkondensatoren wird Edelporzellan mit aufgebranntem Metallbelag, für Hochspannungskondensatoren Porzellan, Hartpapier oder Minosglas verwendet. Dieses von der Firma Schott & Gen. hergestellte Bleiglas mit hohem Bleigehalt hat einen Verlustfaktor von etwa 10^{-3} und eine Dielektrizitätskonstante von etwa 8. Für Spannungen bis 25 kV Scheitelwert werden die Kondensatoren in Form von Leydener Flaschen mit Ölfüllung und Sprühschutz hergestellt (Minosflaschen), die aufeinandergesetzt und dadurch für höhere Spannungen verwendet werden können.

Kondensatorbatterie, eine Zusammenstellung von mehreren, meist untereinander gleichen Kondensatoren in Parallel- oder Serienschaltung (→ Kondensator). Bei der ersten Schaltungsart wird die Kapazität vergrößert, bei der zweiten erreicht man eine höhere Spannung als die von der Elektrizitätsquelle gelieferte, wenn man die Batterie in Parallelschaltung durch die Elektrizitätsquelle auflädt, dann die Batterie von dieser ab- und auf Serienschaltung umschaltet. Die potentielle elektrische Energie einer Kondensatorbatterie aus n Kondensatoren der potentiellen Energien W_i ist in jedem Fall — unabhängig von der Art der Zusammenschaltung der einzelnen Batterieglieder — als $W_{pot} = \sum_{i=1}^{n} W_i$ gegeben.

Kondensatorkette *(Hochpaß)*, eine → Siebkette, deren Längsglieder aus Kondensatoren und deren Querglieder aus Induktivitäten bestehen (Abb. 1).

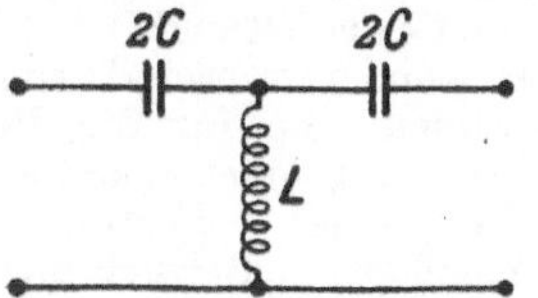

Abb. 1. Kondensatorkette.

Ihre Grenzkreisfrequenz ist durch die Beziehung $\omega_0 = 1/(2\sqrt{LC})$ gegeben. Bei einer verlustfreien Kette ist für Frequenzen $\omega > \omega_0$ die Dämpfung Null, das Winkelmaß nimmt von π nach 0 ab (Abb. 2). Für

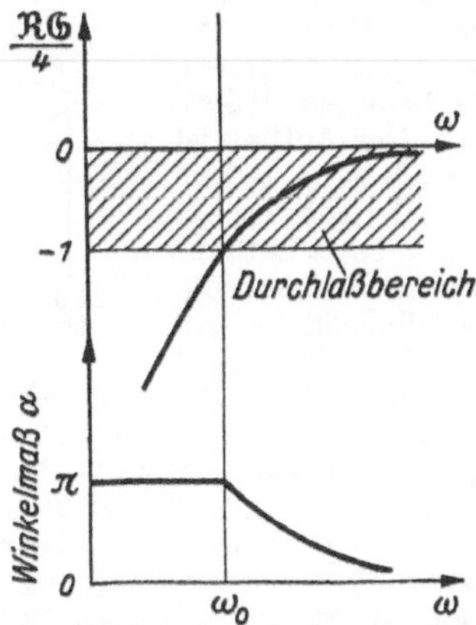

Abb. 2. Durchlaßbereich und Winkelmaß der Kondensatorkette in Abhängigkeit von der Kreisfrequenz.

Kreisfrequenzen $\omega < \omega_0$ nimmt die Dämpfung rasch zu, und das Winkelmaß ist konstant gleich π.

Der Kennwiderstand der Kondensatorkette ist

für das T-Glied $\mathfrak{Z}_T = \sqrt{\frac{L}{C}}\sqrt{1-\left(\frac{\omega_0}{\omega}\right)^2}$,

für das π-Glied $\mathfrak{Z}_\pi = \sqrt{\frac{L}{C}}\,\frac{1}{\sqrt{1-\left(\frac{\omega_0}{\omega}\right)^2}}$.

Vilbig, F.: Lehrb. d. Hochfrequenztechnik. Leipzig 1944. *Feldtkeller, R.:* Einf. i. d. Siebschaltungstheorie d. elektr. Nachrichtentechnik. Stuttgart 1950.

Kondensierte Entladung, die Funkenentladung eines Kondensators.

Kondensierte Phase, durch Abkühlung von Dampf (Gas) erzeugtes Kondensat. → Kondensation.

Kondensiertes System ist ein solches, das nur aus reinen festen und flüssigen (gegebenenfalls unterkühlten) Phasen besteht; existiert nur bei Drucken, die größer sind als der Dissoziationsdruck des festen Stoffes und kann ohne Aggregatzustandsänderungen oder allotrope Umwandlungen bis zu beliebig tiefen Temperaturen abgekühlt werden. Dabei ist für die flüssige Phase vorauszusetzen, daß sie sich beliebig unterkühlen läßt. Ein Unterschied zwischen einer Flüssigkeit und deren fester unterkühlter Form (Glas) besteht physikalisch nicht, da der Übergang in den glasigen Zustand als Umwandlung höherer Art für diese Betrachtungen als stetig angesehen werden kann. Die kondensierten Systeme erfüllen im Gegensatz zum idealen Gas unmittelbar die Voraussetzungen des → Nernstschen Wärmetheorems (ferner → Gasentartung).

Kondensor. Kondensoren sind sammelnde Linsen oder Linsensysteme, die für die Beleuchtung in optischen Geräten von Wichtigkeit sind. Sie haben meist die Wirkung einer → Feldlinse, indem sie für einen zweckmäßigen Beleuchtungsstrahlengang durch Abbildung der Lichtquelle in eine Pupille des Instruments sorgen. Im wesentlichen unterscheidet man: Mikrokondensoren, und zwar Durchlichthellfeldkondensoren und Durchlichtdunkelfeldkondensoren, und Kondensoren für Projektionsgeräte.

Abb. 1. Dreilinsiger Mikrokondensor.

Durchlichthellfeldkondensoren sind zwei- oder dreilinsige Kondensoren, die dem beleuchtenden Bündel etwa die gleiche Apertur geben, wie sie das benutzte Mikroobjektiv hat. Der Aufbau ist einem vergrößerten Mikroobjektiv ähnlich (Abb. 1). Der dreilinsige Kondensor hat eine überhalbkugelige Frontlinse a, daran anschließend einen aplanatischen Meniskus b und davor eine Linse bester Form c (kleinster sphärischer Aberration). Die numerische Apertur eines solchen Mikrokondensors beträgt bis 1,4, seine Brennweite liegt zwischen 10 und 20 mm, und die Schnittweite beträgt etwa 1,3 mm. Hierdurch kann die letzte plane Fläche der überhalbkugeligen Frontlinse, die also dicht am Objektträger d liegt, gegebenenfalls durch Immersionsflüssigkeit Fl mit diedem verbunden werden. Der Kondensor ist meist aus einfachen Linsen aufgebaut; nur in seltenen Fällen verwendet man achromatische Kondensoren. Durchlichtdunkelfeldkondensoren → Dunkelfeldbeleuchtung.

Kondensoren für Projektionsgeräte haben einen Durchmesser entsprechend der Diagonalen der zu projizierenden Diapositive. Ihre Brennweite ist unter Beachtung der sphärischen Aberration so zu wählen, daß sie die Lichtquelle in die Blende des Projektionsobjektives abbilden, wobei dieses Bild gerade die Blende ausfüllen soll. Allgemein gebräuchlich sind Kondensoren aus zwei Plankonvexlinsen, derart, daß zwischen den beiden Plankonvexlinsen telezentrischer Strahlengang vorhanden ist. Gelegentlich befindet sich noch zwischen Lampe und den beiden Plankonvexlinsen ein Meniskus (Abb. 2). Kondensoren in Kinoprojektoren bilden die Lichtquelle im Filmfenster ab. Man benutzt hierzu Hohlspiegel oder Kombinationen von Hohlspiegel und Linsen. Die Abbildung muß durch optische Fehler (sphärische Aberration und Nichterfüllung der Sinusbedingung) so verschlechtert sein, daß die Struktur der Lichtquelle verschmiert ist und eine nahezu gleichmäßige Ausleuchtung erfolgt.

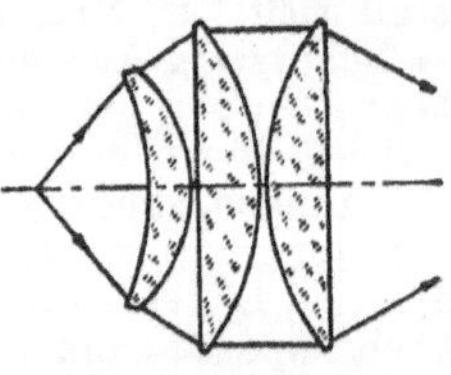
Abb. 2. Dreilinsiger Kondensor für Projektionsgeräte.

Konduktanz = Wirkleitwert. → Wechselstromwiderstand.

Konduktometrische Titration → Titration.

Konfigurationsleuchten bestimmter → Kristallphosphore, die auch *Konfigurationsstrahler* genannt werden, bedeutet die Lichtemission dieser Phosphore, bei denen nicht das gesamte Kristallgitter am Emissionsakt beteiligt ist, wie dies beim → Gitterleuchten der Fall ist, sondern bei denen das Leuchten durch den → Aktivator, seine Elektronenkonfiguration und die Konfiguration seiner Umgebung bestimmt wird. Konfigurationsstrahler sind z. B. Mangan im Zinksilikat oder im Zinksulfid, ferner Thallium in den Alkalihalogeniden.

Konfigurationsraum. Im 6-N-dimensionalen Phasenraum eines Systems von N Massenpunkten versteht man in der → Gibbsschen Statistik unter dem Konfigurationsraum einen $3N$-dimensionalen Unterraum, der von den $3N$ generalisierten räumlichen Koordinaten des Systems aufgespannt wird.

Konforme Abbildung. Es sei $\mathfrak{B}$ ein in einer Ebene gelegener Bereich. Jedem seiner Punkte P entspreche vermöge einer vorliegenden Rechenvorschrift ein Punkt P' in einem anderen Bereich $\mathfrak{B}'$. Es seien nun $\mathfrak{C}_1$ und $\mathfrak{C}_2$ zwei in $\mathfrak{B}$ gelegene Kurven, die sich in einem Punkt Q unter einem Winkel α schneiden mögen. Den die beiden Kurven $\mathfrak{C}_1$ und $\mathfrak{C}_2$ bildenden Punkten in $\mathfrak{B}$ entsprechen in $\mathfrak{B}'$ zwei Punktmengen, die unter gewissen Voraussetzungen wiederum zwei sich schneidende Kurven $\mathfrak{C}_1'$ und $\mathfrak{C}_2'$ darstellen. Ist der Schnittwinkel α' von $\mathfrak{C}_1'$ und $\mathfrak{C}_2'$ gleich α und gilt dies, gleichgültig, wo der Schnittpunkt Q sich in $\mathfrak{B}$ befindet, so nennt man die Gebietsabbildung eine *winkeltreue*. Wird ferner bei der Abbildung von $\mathfrak{B}$ auf $\mathfrak{B}'$ jede Länge, d. h. die Entfernung zweier Punkte R und S in $\mathfrak{B}$, stets im gleichen Verhältnis geändert, ist also der Quotient $RS : R'S' = \text{const}$, unabhängig davon, wo R und S liegen, so heißt die Abbildung *maßstabstreu*. Besitzt eine Abbildung die Eigenschaft, sowohl winkelals auch maßstabstreu zu sein, so liegt eine *konforme* Abbildung vor. Solche werden z. B. von einer Funktion einer komplexen Veränderlichen $w = f(z)$ vermittelt, indem der Definitionsbereich von $f(z)$, d. i. der Variabilitätsbereich $\mathfrak{B}$ von $z = x + iy$, in der

Gaußschen Zahlenebene auf einen Bereich $\mathfrak{B}'$ in der w-Ebene abgebildet wird.

Bieberbach, L.: Konforme Abbildungen, Samml. Göschen 768. Berlin 1915. *Knopp, K.:* Funktionentheorie, Samml. Göschen 1109. Berlin 1944. *Bieberbach, L.:* Funktionentheorie. Leipzig 1923/27. *Hurwitz-Courant:* Funktionentheorie. Berlin 1929..

Konimeter → Staubzähler.

Konische Refraktion. Ein Lichtstrahl, dessen Wellennormale beim Eintritt in einen optisch zweiachsigen Kristall die Richtung einer optischen Achse annimmt, wird an der Eintrittsstelle in einen Kegelmantel von Strahlen aufgespalten und verläßt den Kristall im allgemeinen ebenfalls als Kegelmantel oder in dem speziellen, aber üblichen Fall, daß Ein- und Austrittsstelle planparallele Flächen sind, als Zylindermantel (*innere* konische Refraktion, Abb. 1). Die Erklärung folgt aus der Indikatrix (→ Kristalloptik): Legt man durch die optische Achse einerseits und durch jede der unendlich vielen Schwingungsrichtungen der ihr parallel verlaufenden Welle anderseits eine Ebene, so schneidet jede dieser Ebenen die Indikatrix in einer Ellipse, deren zur Schwingungsrichtung konjugierter Durchmesser die Strahlrichtung ist (Abb. 2). Die innere konische Refraktion läßt sich unter dem Mikroskop bei stark doppelbrechenden Kristallen (am besten bei Aragonit $CaCO_3$) als heller Lichtkreis leicht beobachten, wenn man auf eine zu einer optischen Achse senkrecht geschliffene Platte ein feines parallelstrahliges Lichtbündel fallen läßt. Das erreicht man am einfachsten durch eine Lochblende unmittelbar unter der Kristallplatte.

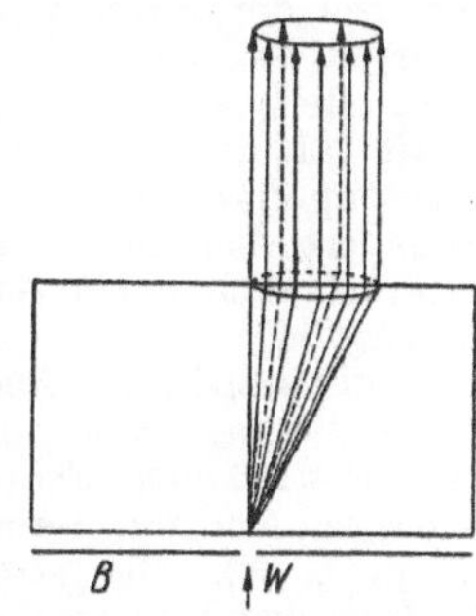

Abb. 1. Innere konische Refraktion. *W* einfallende Welle, *B* Lochblende.

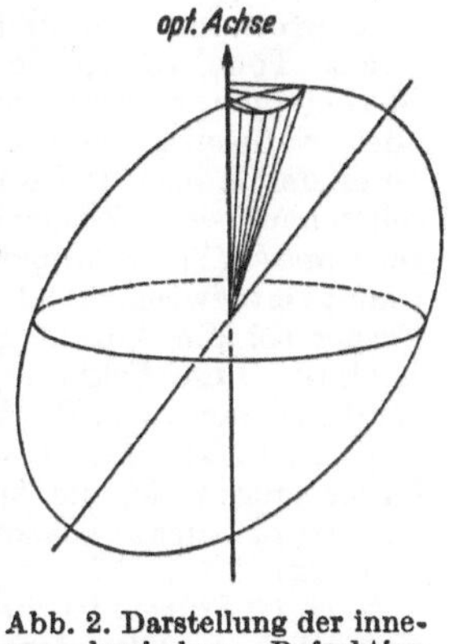

Abb. 2. Darstellung der inneren konischen Refraktion mit Hilfe der Indikatrix.

Umgekehrt gibt es zu den *Strahlen*, die sich in den Richtungen der sekundären optischen Achsen (→ Strahlenfläche) fortpflanzen, Kegelmäntel von Wellennormalen. Bedeckt man auch die Austrittsfläche des Kristalls mit einer Lochblende, wobei die Verbindungsgerade der beiden Löcher die Richtung einer sekundären optischen Achse haben soll, und läßt man auf die Eintrittsblende einen Vollkegel konvergenten Lichts auffallen, so kann man im Mikroskop einen Lichtkreis beobachten, der einem Kegelmantel von Wellennormalen entspricht (*äußere* konische Refraktion, Abb. 3).

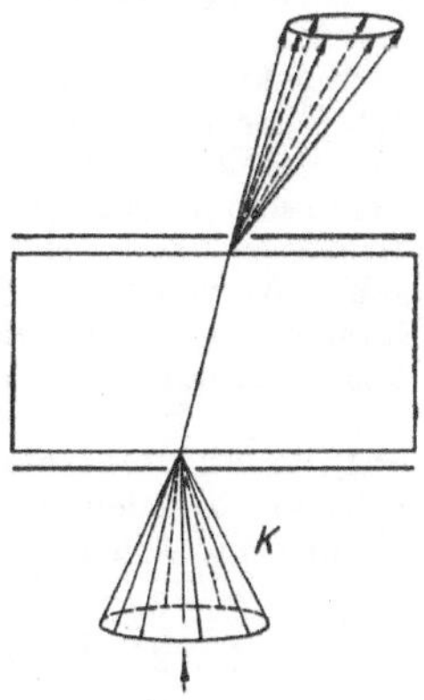

Abb. 3. Äußere konische Refraktion. *K* Kegel des einfallenden Lichts.

Handb. d. Physik XX. Berlin 1928.

Konjugationsenergie → Resonanz, quantenmechanische.

Konjugierte Doppelbindung → Resonanz, quantenmechanische.

Konjugierte Flächen 2. Grades sind Flächen, deren Gleichungen in affinen Koordinaten bis auf das Vorzeichen des absoluten Gliedes übereinstimmen. Beispiele dafür sind das hyperbolische und das elliptische Hyperboloid. Auch das nullteilige und einteilige Ellipsoid sind zueinander konjugierte Flächen.

Konjugierte Größen → kanonische Bewegungsgleichungen. Dieser klassische Begriff geht in derselben Form in die Quantenmechanik über. Für kanonisch konjugierte Größen gilt die Heisenbergsche → Unbestimmtheitsrelation. → Berührungstransformationen.

Konjugiert komplexe Zahl. Ist $z = a + ib$ (a, b reelle Zahlen), so heißt $\bar{z} = a - ib$ die zu z konjugiert komplexe Zahl. Geometrisch stellt sie den durch Spiegelung von z an der reellen Achse der Gaußschen Zahlenebene sich ergebenden Punkt dar (Abb.). Die zu $\bar{z}$ konjugiert komplexe Zahl $\bar{\bar{z}}$ ist wieder z, also $\bar{\bar{z}} = z$. Zwischen z und $\bar{z}$ gilt die wichtige Beziehung $\sqrt{z\bar{z}} = |z|$. Liegt nicht eine komplexe Zahl, sondern ein komplexer Ausdruck $f(z)$ vor, etwa eine Funktion $f(z)$ der komplexen Variablen z, der in seinen reellen und imaginären Anteil aufgespalten die Form $f(z) = u(x, y) + i\,v(x, y)$ hat, in der u und v reelle Größen sind, so versteht man unter dem zu $f(z)$ konjugiert komplexen Ausdruck denjenigen, der sich ergibt, wenn in f die imaginäre Einheit i durch $-i$ ersetzt wird: $\bar{f}(z) = u - i\,v$.

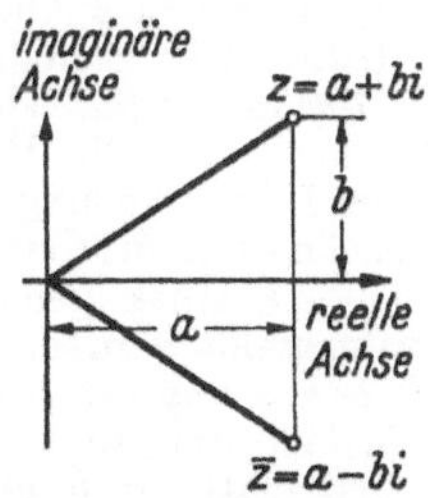

Konjugiert komplexe Zahlen.

Konjugierte Punkte sind Punkte im Ding- und im Bildraum einer optischen Anordnung, die ineinander abgebildet werden.

Konkavgitterspektrograph. Spektralapparat mit großem → Auflösungsvermögen und großer → Dispersion; hat den Vorteil, ohne weitere abbildende Systeme (Linsen, Hohlspiegel) scharfe Spektren zu liefern. Das zuerst von *Rowland* hergestellte Konkavgitter ist ein Reflexions-Beugungsgitter und besteht aus einer konkaven, metallischen Kugelfläche. Die Strichteilung erfolgt in gleichmäßigen Abständen längs der Sehne.

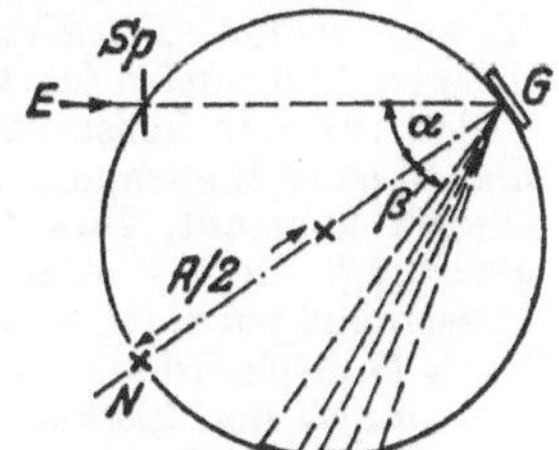

Rowlandsches Konkavgitter. *G* Konkavgitter, *GN* Gitternormale, *Sp* Spalt; *0, I, II* Ort der Spektren 0., 1., 2. Ordnung, *E* Einfallsrichtung der Strahlung.

Wirkungsweise des Konkavgitters: Abb. 1. Der Krümmungsradius des Gitters sei R. Ein Spalt Sp (senkrecht zur Zeichenebene) befindet sich auf der Peripherie eines Kreises vom Radius $R/2$. Dieser Kreis berührt die Gitterfläche in G. GN ist die Gitternormale. Dann liegen die Spektren sämtlicher Ordnungen ebenfalls auf dem Kreise $R/2$. Dieser Kreis heißt *Rowlandscher Kreis.* Bezeichnen α und β den Einfalls- bzw. Beugungswinkel, so ist die Lage der Intensitätsmaxima für eine Wellenlänge λ durch die gleiche Beziehung festgelegt, die auch für das ebene Gitter gilt:

$$a(\sin\alpha + \sin\beta) = m\lambda.$$

a ist die Gitterkonstante, m die Ordnung des Spektrums ($m = 0, 1, 2, \ldots$).

Die Abbildung des Konkavgitters ist astigmatisch, d. h. für jeden Punkt des Spaltes *Sp* ist das Bild eine Linie parallel zum Spalt. Um scharfe Spektrallinien zu erhalten, muß deshalb der Spalt *Sp* peinlich genau parallel zu den Gitterstrichen aufgestellt werden. Eine stigmatische Abbildung läßt sich nur durch Einschalten von Zylinderlinsen in den Strahlengang erreichen (*Runge* u. *Mannkopff*). Um große → Lichtstärke *und* großes → Auflösungsvermögen zu erreichen, wählt man die geteilte Gitterfläche und die Gesamtzahl der Gitterfurchen recht groß (über 200000 Striche auf einer Fläche von 20 cm Länge und 4 cm Höhe). Der Radius R liegt zwischen 1 und 6,5 m.

Gitterfehler. Periodische Schwankungen sowohl der Gitterkonstanten als auch der Tiefe der Gitterfurchen, also die Überlagerung weiterer Perioden über die der Teilung, verursachen das Auftreten von falschen Linien (*Geister*). Diese müssen durch Untersuchung eines genau bekannten Linienspektrums festgestellt werden.

Aufstellung des Konkavgitters. Konkavgitter werden fast stets in Verbindung mit der photographischen Platte, d. h. als Spektrographen benutzt. Die Aufstellung muß wegen der großen Brennweite des Gitters sehr stabil und in einem Raum sehr konstanter Temperatur erfolgen. Gebräuchlich sind die → Rowlandsche, die → Runge-Paschensche und die → Eaglesche Gitteraufstellung.

Kohlrausch, F.: Prakt. Physik I. Leipzig u. Berlin 1950. Handb. d. Physik XX. Berlin 1929.

Konkavspiegel → Spiegel, gewölbte, → Zerstreuungsspiegel.

Konoskop → Polarisationsmikroskop.

Konservative Kräfte nennt man solche, die sich als negativer Gradient eines (in diesem Fall als → Kräftefunktion bezeichneten) Potentials V darstellen lassen. Für eine konservative Kraft $\mathfrak{K}$ gilt also: $\mathfrak{K} = -\operatorname{grad} V$, d. h. die Komponenten K_x, K_y, K_z von $\mathfrak{K}$ sind: $K_x = -\partial V/\partial x$, $K_y = -\partial V/\partial y$, $K_z = -\partial V/\partial z$. Die Komponente nach einer beliebigen Richtung n ist $K_n = -\partial V/\partial n$.

Bewirkt eine konservative Kraft eine Beschleunigung eines Massenpunktes, so bleibt seine Gesamtenergie konstant. Dies folgt aus der Bewegungsgleichung, die — wenn $\mathfrak{r}(t)$ der Ortsvektor des Massenpunktes m ist — lautet: $m\ddot{\mathfrak{r}} = \mathfrak{K} = -\operatorname{grad} V$. Nach Multiplikation mit $\dot{\mathfrak{r}}$ folgt $m\dot{\mathfrak{r}}\ddot{\mathfrak{r}} = -\dot{\mathfrak{r}} \operatorname{grad} V = -dV/dt$ und hieraus nach Integration über die Zeit zwischen den Zeiten t_1 und t_2: $\frac{m\dot{\mathfrak{r}}^2(t_1)}{2} - \frac{m\dot{\mathfrak{r}}^2(t_2)}{2} = V_2 - V_1$, also $(T+V)_2 = (T+V)_1 = \text{const} = E$, wenn $T = \frac{m\dot{\mathfrak{r}}^2}{2}$ die kinetische und E die Gesamtenergie ist. Entsprechendes gilt, wenn es sich nicht um die Bewegung eines einzelnen Massenpunktes, sondern um ein System von solchen handelt. Mechanische Systeme, für die der → Energiesatz Gültigkeit besitzt, nennt man → *konservative Systeme.*

Konservatives System. Wirken in einem mechanischen System → konservative Kräfte, so gilt für das System der → Energiesatz, und man nennt ein solches daher ein konservatives System. Man kann es auch dadurch charakterisieren, daß in ihm die *Gesamt*energie E sich in einen *kinetischen* Anteil T und einen *potentiellen* Anteil V zerlegen läßt. Ist dies nicht möglich, so heißt das System *nichtkonservativ* oder *dissipativ,* weil dann im allgemeinen ein Teil der Energie (meistens durch Übergang in Wärme, → Energiedissipation) zerstreut (dissipiert) wird. Beispiel: Eine unter Einfluß einer Reibungskraft ablaufende freie Schwingung etwa eines Massenpunktes (ein in Luft schwingendes Pendel). Existiert bei nichtkonservativen Systemen eine Kräftefunktion (Potential), so ist diese zeitabhängig.

Konsonanten. Eine eindeutige *physikalische* Grenzziehung zwischen Vokalen und Konsonanten ist nicht möglich. Echte, nicht-silbenbildende Konsonanten sind nur die nichtstationären Laute (b, d, g, p, t, k). Die stimmlosen Dauerkonsonanten (s, f, ch usw.) unterscheiden sich in ihrem allgemeinen spektralen Aufbau kaum von den geflüsterten Vokalen. Den Übergang zu den stimmhaften Vokalen bilden die stimmhaften Dauerkonsonanten (l, m, n, r, w, j, ng usw.); einige von ihnen zeigen neben ihrem Toncharakter eine deutliche Geräuschbeimengung.

Konsonanz, wohlklingender Zusammenklang zweier Töne verschiedener Frequenz ohne innere Spannungen, so daß das Ohr keine Weiterführung oder Auflösung verlangt. Nach *Helmholtz* ist der Grad der Konsonanz durch die Frequenz des zwischen den beiden Primärtönen auftretenden → Differenztones (Schwebungen) gegeben (Schwebungsrauhigkeit zwischen 30 und 40 Hz am stärksten). Ferner sei die Anzahl gemeinsamer Obertöne von Einfluß. Diese Erklärung ist jedoch nicht befriedigend, da danach z. B. die Quinte C—G (Differenzton ≈ 33 Hz) stark dissonant sein müßte und da ferner Intervalle, die aus reinen Tönen bestehen, überhaupt nicht konsonant oder dissonant sein könnten.

Nach *C. Stumpf* ist die „Verschmelzung" zu einer einheitlichen Klangfarbe maßgebend. Die Verschmelzung ist verschieden, je nachdem, ob beide Primärtöne demselben Ohr (bzw. beiden Ohren gemeinsam) oder ob sie (durch Kopfhörer) den Ohren getrennt dargeboten werden. Eine umfassende Definition der Konsonanz ist noch nicht gefunden worden.

Musikalisch hat sich der Konsonanzbegriff im Lauf der Jahrhunderte stark gewandelt. Während man noch im 13. Jahrhundert Terzen und Sexten als dissonant empfand, gelten heute sogar kl. Septimen vielfach als konsonant. Die Grenzen zwischen Konsonanz und Dissonanz sind gleitend und hängen oft von der Funktion des fraglichen Akkordes innerhalb des harmonischen Ablaufes ab. In der Regel betrachtet man als Konsonanzen alle → Intervalle mit einfachen Zahlenverhältnissen, d. h. solchen, bei denen das Produkt aus Zähler und Nenner nicht größer als 40 ist:

$$\frac{2}{1}, \frac{3}{2}, \frac{4}{3}, \frac{5}{3}, \frac{5}{4}, \frac{7}{4}, \frac{6}{5}, \frac{7}{5}, \frac{8}{5}.$$

Konstante Proportionen. Die Gewichtsmengen verschiedener Stoffe, z. B. Chlor, Brom, Jod, die sich mit der gleichen Menge, z. B. von Silber, verbinden, stehen zueinander in denselben Verhältnissen wie die Gewichtsmengen dieser Stoffe, die sich mit der gleichen Menge Wasserstoff, Kalium oder eines anderen Elementes verbinden. Mit gewissen einfachen Einschränkungen (→ multiple Proportionen) gilt dies Gesetz für alle chemischen Verbindungen. Es führte seinen Entdecker *Dalton* zur Definition der → Äquivalentgewichte und weiterhin zur Atomtheorie.

Konstanz der Lichtgeschwindigkeit. *Einstein* hat dieses Prinzip 1905 als empirisches Postulat an die Spitze seiner speziellen → Relativitätstheorie gestellt. Es gründet sich auf das Ergebnis des → Michelson-Versuchs und besagt, daß die → Vakuumlichtgeschwindigkeit unabhängig davon ist, ob der emittierende Körper relativ zum Beobachter ruht oder sich bewegt.

Konstanz der Sehdinge, die selbst unter wechselnden Beleuchtungsbedingungen relativ weitgehende Konstanz von Bunt- (→ Farbton) und Unbunttönen (Weiß, Grau, Schwarz), die überhaupt erst eine Charakterisierung von Sehdingen nach der Qualität und Quantität der von ihnen absorbierten, durchgelassenen, reflektierten oder emittierten Strahlen gestattet. Als physiologische Grundlage der Konstanz haben → Adaptation, → Kontraste und → Ermüdung zu gelten, welch letztere die Empfindlichkeit für in dem Reizlicht besonders bevorzugte Wellenlängen herabsetzt, für deren Gegenfarben aber entsprechend erhöht. Von psychologischer Seite sind empirische Vergleiche und „Transformationen" zur Deutung der Konstanz herangezogen worden.

Handb. d. norm. u. pathol. Physiologie XII/2. Berlin 1929.

Konstitutionsformel → Bruttoformel, chemische.

Kontakt. 1. → Kontaktwiderstand, 2. → Katalyse.

Kontaktkatalyse → Katalyse.

Kontaktpotential → Volta-Potential.

Kontaktrauschen, das durch die besonderen Eigenschaften metallischer Kontakte (→ Kontaktwiderstand) hervorgerufene → Rauschen. Es ist insbesondere bei Schaltern sehr unregelmäßig und nimmt in der Regel mit der Zahl der Schaltungen zu.

Rump, W.: Metallforsch. **2**, 138 (1947).

Kontaktscheiben → Brillen.

Kontaktthermometer sind Quecksilberthermometer, in deren Kapillare an zwei oder mehr Stellen Metalldrähte eingeschmolzen sind. Bei einer bestimmten Temperatur kommt der Quecksilbermeniskus bei steigender Temperatur in Berührung, bei fallender Temperatur außer Berührung mit einem der Drähte. Dieser Vorgang dient zum Schließen bzw. zum Öffnen eines Stromkreises, der Warn- oder Regelgeräte betätigen kann.

Kontaktverfahren, massenspektroskopisches. Um in einem Massenspektrum die Linien radioaktiver Atome von den Linien stabiler Atome unterscheiden zu können, legt man die in einem Massenspektrographen belichtete Photoplatte Schicht an Schicht eine bestimmte Zeit auf eine zweite. Durch die von den radioaktiven Linien ausgehende Strahlung werden diese, und nur diese, auf der zweiten Platte abgebildet *(Radiogramm)*. Man nennt dieses Verfahren auch Kontaktverfahren. → Massenspektren radioaktiver Substanzen.

Kontaktwiderstand. Ist in einem Stromkreis ein metallischer Leiter an irgendeiner Stelle unterbrochen worden und werden dann die beiden freien Enden des Leiters wieder zum Kontakt gebracht, so ist der Stromkreis zwar erneut geschlossen, doch tritt an der Kontaktstelle ein zusätzlicher *Kontaktwiderstand* auf. Diese Widerstände sind bei allen Schaltelementen, z. B. Schaltern, Klemmen, Steckern, vorhanden. Die Eigenschaften derartiger Kontakte sind von *Holm* eingehend untersucht worden. Der Kontaktwiderstand kommt danach folgendermaßen zustande: Die Berührungsstelle der beiden Kontaktglieder besteht — auch wenn letztere aus gut plan geschliffenen Flächen bestehen — nur aus wenigen, sehr kleinen Kontaktflächen. Aber auch von einer Kontaktfläche trägt nur ein kleines, oxydfreies Stück wirklich zum Stromtransport bei. Diese den Strom tragenden Teilflächen nennt man a-Flächen (Abb. 1). In einer a-Fläche findet eine

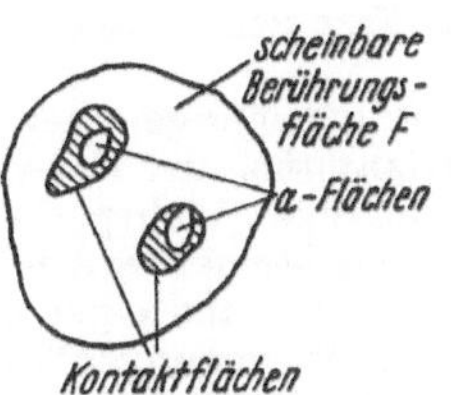

Abb. 1. Kontaktflächen mit a-Flächen.

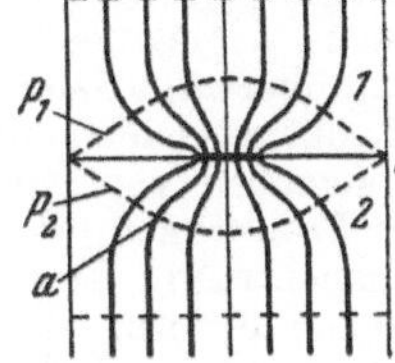

Abb. 2. Engewiderstand.

starke Verdichtung der elektrischen Stromlinien statt, welche einen das Ohmsche Gesetz befolgenden *Engewiderstand* der Kontaktstelle zur Folge hat (Abb. 2). F ist die scheinbare Berührungsfläche der Kontaktglieder 1 und 2, a die a-Fläche (mittlerer Durchmesser a). Die Theorie ergibt, daß der Widerstand des von den Äquipotentialflächen P_1 und P_2 umschlossenen Gebietes praktisch mit dem Engewiderstand identisch ist, und liefert für diesen den Ausdruck: $R_e = \varrho/2a$ (ϱ spez. Widerstand).

Andererseits zeigt die Erfahrung, daß Metallflächen stets mit einer mindestens einmolekularen Schicht von adsorbiertem Gas, meist Sauerstoff, bedeckt sind. Danach dürfte eine a-Fläche überhaupt keinen metallischen Kontakt zwischen den Gliedern 1 und 2 ergeben, sondern würde ein Spalt von etwa $5{,}5 \cdot 10^{-8}$ cm Weite sein, welcher mit einer zwei Moleküle dicken Gasschicht ausgefüllt ist. Dies ist in der Tat der Fall. Daß trotzdem die Leitungselektronen den Kontaktspalt praktisch ungehindert passieren, ist eine Folge des wellenmechanischen → Tunneleffektes. Die Wellenmechanik zeigt, daß ein solcher Spalt einen Widerstand *(Tunnelwiderstand)* darstellt, dessen Wert durch die Spaltweite und die Elektronenaustrittsarbeit des Metalls bestimmt ist. Für die oben genannte Spaltweite und für eine Austrittsarbeit von 4 eV ergibt sich ein Tunnelwiderstand von der Größenordnung $10^{-7}\,\Omega \cdot \text{cm}^{-2}$, also praktisch unmerklich klein. Den Widerstand der den Spalt ausfüllenden Gashaut bezeichnet man auch als *Hautwiderstand*. Der Widerstand der metallischen Teile eines Kontaktes heißt auch *Ausbreitungswiderstand*.

In einmetallischen Stromkreisen mit Kontaktstellen treten auch Thermokräfte auf. Sie erklären die Benedicksschen Beobachtungen über Thermokräfte an Drosselkreuzen (→ Benedicks-Effekt).

Holm, R.: Die techn. Physik d. elektr. Kontakte. Berlin 1941. *Kohler, M.:* Ann. Phys. **38**, 542 (1940).

Kontaktwinkel = → Randwinkel.

Kontinentverschiebung → Polflucht.

Kontinuierlich, soviel wie stetig, ununterbrochen. Gegenteil: *diskontinuierlich,* oder unstetig, auch *diskret,* s. dazu weiter unten. Ein Beispiel für eine Größe, die kontinuierlich verläuft, ist das Bild einer → „vernünftigen" Funktion, etwa einer Geraden, einer Ellipse usw., während z. B. der → Einheitssprung ein Beispiel einer diskontinuierlichen Funktion ist. In der Physik nennt man die Eigenschaft einer Größe ganz analog kontinuierlich bzw. diskontinuierlich, je nachdem, ob sie stetig, d. h. ohne Auslassung irgendeines, auch noch so kleinen möglichen Wertes verläuft oder nicht. Ein Beispiel sind die optischen Spektren. Man unterscheidet auch hier zwischen kontinuierlichen und „diskreten" Spektren, je nachdem, ob die Frequenzen der Lichtstrahlung einen gewissen Frequenzbereich stetig erfüllen oder ob man nur einzelne, scharf abgegrenzte Linien mit je einer einzigen Frequenz (monochromatische Linie) beobachtet.

Man überträgt den der Optik angehörigen Begriff des Spektrums auch auf die Gesamtheit der Fourierkomponenten von periodischen bzw. nichtperiodischen Funktionen (→ Fouriersche Reihe, → Amplitudenspektrum). Erstere setzen sich aus einer unendlichen Summe von „Partialschwingungen" zusammen, deren Frequenzen ein ganzes Vielfaches einer Grundfrequenz sind. Trägt man also die Größe der Amplituden der Teilschwingungen (einer periodischen Funktion) in Abhängigkeit von der Frequenz auf, so erhält man für ganz bestimmte („diskrete") Frequenzwerte einen nicht verschwindenden Amplitudenwert. Ihre Gesamtheit bildet das diskrete Spektrum.

Andererseits findet man für eine unperiodische Funktion ein kontinuierliches Spektrum, d. h. eine solche setzt sich aus einer (ebenfalls unendlichen) Summe von Schwingungen zusammen, bei denen im allgemeinen *jede* Frequenz vertreten ist.

Als weiteres Beispiel seien die Begriffe „diskreter" Massenpunkt bzw. kontinuierliche Massenverteilung genannt. Mit ersterem soll zum Ausdruck gebracht werden, daß man sich die in Wirklichkeit immer über ein endliches Raumgebiet verteilte Masse eines Körpers auf einen einzigen Raumpunkt (im geometrischen Sinne) konzentriert denkt. Liegt etwa die Aufgabe vor, die gegenseitige Beeinflussung mehrerer, z. B. n Körper zu untersuchen, so idealisiert man diese zu einem System von n „diskreten" Massenpunkten, indem man etwa die jeweilige Lage der einzelnen Schwerpunkte der Körper mit der entsprechenden Masse „belegt". Diese Idealisierung ist indessen nicht immer erlaubt, sondern an gewisse Voraussetzungen gebunden. Sind diese nicht erfüllt, so ist der endlichen Ausdehnung des Körpers Rechnung zu tragen, d. h. es ist die kontinuierliche Verteilung der Masse des Körpers über dessen Volumen zu beachten. Doch ist die Annahme einer solchen Verteilung — wie sie in der Mechanik der Kontinua vorgenommen wird — wiederum nur eine oft, aber keineswegs immer (z. B. nicht in der kinetischen Gastheorie, in der Gittertheorie der Kristalle usw.) zulässige Idealisierung der tatsächlich diskontinuierlichen, nämlich aus diskreten Molekülen bzw. Atomen bzw. Nukleonen und Elektronen bestehenden Stoffe.

Kontinuierliche Gruppe. Unter einem n-dimensionalen Bereich wollen wir eine Menge von Elementen verstehen, in denen man ein System von Teilmengen, Umgebungen genannt, definieren kann, die den folgenden Bedingungen genügen:

1. Zu jeder Umgebung $\mathfrak{B}$ gibt es eine eineindeutige Abbildung der Elemente von $\mathfrak{B}$ auf die Punkte einer Hyperkugel $\sum$ des n-dimensionalen euklidischen Raumes. Die Elemente von $\mathfrak{B}$, die den inneren Punkten von $\sum$ entsprechen, heißen *innere Elemente* von $\mathfrak{B}$, die anderen *Randelemente* von $\mathfrak{B}$.

2. Jedes Element des Bereiches ist inneres Element mindestens einer Umgebung.

3. Es sei $\mathfrak{B}$ eine Umgebung, $\sum$ die zugehörige Hyperkugel, a ein inneres Element aus $\mathfrak{B}$, α der a in $\sum$ entsprechende Punkt und σ eine ganz in $\sum$ liegende Hyperkugel um α als Zentrum. Es gibt dann eine Umgebung $\mathfrak{B}'$ innerhalb $\mathfrak{B}$, so daß alle den Elementen von $\mathfrak{B}'$ entsprechenden Punkte der Kugel σ angehören.

4. Es sei a ein inneres oder Randelement von $\mathfrak{B}$, α der a entsprechende Punkt aus $\sum$ und $\mathfrak{B}'$ eine Umgebung, die a im Inneren enthält. Es gibt dann eine Kugel σ mit α als Zentrum, so daß alle die Elemente innerhalb $\mathfrak{B}'$ liegen, die denjenigen Punkten entsprechen, die gleichzeitig σ und $\sum$ angehören.

5. Zu zwei verschiedenen Elementen a, b kann man zwei Umgebungen finden, die a bzw. b als innere Elemente enthalten, aber selbst keine Elemente gemeinsam haben.

Der Bereich heißt *zusammenhängend,* wenn man je zwei Elemente durch einen stetigen Weg verbinden kann.

6. Es gibt abzählbar (oder endlich) viele Umgebungen, so daß jedes Element mindestens einer Umgebung angehört.

Ein Bereich heißt *offen* oder *abgeschlossen,* je nachdem, ob man eine unendliche Folge von Elementen finden oder nicht finden kann, die kein Häufungselement besitzen.

Eine → Gruppe von unendlich vielen Elementen $a, b, \ldots$ heißt eine *endliche kontinuierliche Gruppe* der Ordnung r, wenn ihre Elemente einen r-dimensionalen Bereich im obigen Sinne bilden, wobei für $a_n \to a$ und $b_n \to b$ auch $a_n b_n \to ab$ folgt, und für $a_n \to 1$ ($1 =$ Einselement der Gruppe) auch $a_n^{-1} \to 1$ folgt.

Die Gruppe heißt weiterhin *zusammenhängend,* wenn ihr Bereich zusammenhängend ist.

Für eine endliche kontinuierliche Gruppe folgt die obige Forderung 6 aus den übrigen und kann deshalb fortgelassen werden. → Isomorphie und → Homomorphie von zwei Gruppen $\mathfrak{G}$ und $\mathfrak{G}'$ sind wie üblich definiert.

$\mathfrak{G}$ und $\mathfrak{G}'$ heißen *örtlich* isomorph, wenn die Isomorphie für zwei Umgebungen des Einselementes in $\mathfrak{G}$ bzw. $\mathfrak{G}'$ erfüllt ist.

Ein Bereich und ebenso eine Gruppe heißen *einfach zusammenhängend,* wenn jeder geschlossene Weg stetig auf einen Punkt zusammengezogen werden kann, sonst *mehrfach zusammenhängend.*

Für eine nicht einfach zusammenhängende Gruppe $\mathfrak{G}$ kann man die *Überlagerungsgruppe* $\overline{\mathfrak{G}}$ konstruieren: Die Elemente von $\overline{\mathfrak{G}}$ bestehen aus $[a, C]$, einem Element a aus $\mathfrak{G}$ und einem stetigen Weg von 1 nach a. $[a, C]$ und $[a', C']$ sind identisch, wenn $a = a'$ und C stetig in C' deformierbar ist. Um das Produkt $[a, C]\,[a', C']$ zu definieren, denke man sich ein auf C' wanderndes Element b und betrachte ab, das von a ausgehend einen Weg C'' beschreibt. Dann setze man $[a, C]\,[a', C'] = [aa', C + C'']$. $\overline{\mathfrak{G}}$ ist einfach zusammenhängend. $\overline{\mathfrak{G}}$ ist homomorph zu $\mathfrak{G}$, und daher ist $\mathfrak{G}$ isomorph zu der Faktorgruppe $\overline{\mathfrak{G}}/\mathfrak{N}$, wobei $\mathfrak{N}$ derjenige Normalteiler aus $\overline{\mathfrak{G}}$ ist, der auf das Einselement von $\mathfrak{G}$ abgebildet wird. $\mathfrak{N}$ ist eine *Abelsche diskontinuierliche Gruppe*, die Fundamentalgruppe des Bereiches der Gruppe $\mathfrak{G}$. $\mathfrak{G}$ und $\overline{\mathfrak{G}}$ sind örtlich isomorph.

Eine endliche kontinuierliche Gruppe $\mathfrak{G}$ heißt eine *Liesche Gruppe*, wenn jedes Element a durch Parameter $\alpha_1, \ldots, \alpha_r$ charakterisiert werden kann und wenn aus $ab = c$ für die Parameter $\alpha_i, \beta_i, \gamma_i$ folgt, daß $\gamma_i = \varphi_i(\alpha_k, \beta_k)$ zweimal stetig differenzierbare Funktionen sind. Man kann dann die Parameter sogar so wählen, daß die Funktionen φ_i analytisch werden. Jedes Element aus der Umgebung des Einselementes kann man in der Form $1 + \sum_{i=1}^{r} \delta\alpha_i X_i$ schreiben, wobei man die X_i als *infinitesimale Transformationen* bezeichnet.

Es gilt

$$X_i X_j - X_j X_i = [X_i, X_j] = \sum_k c_{ij}^k X_k,$$

wobei die c_{ij}^k den Beziehungen

$$\sum_k (c_{ij}^k c_{kl}^h + c_{jl}^k c_{ki}^h + c_{li}^k c_{kj}^h) = 0$$

genügen.

Auf einer *abgeschlossenen* Gruppe (ihr Bereich ist also abgeschlossen) kann man eine Volummessung einführen, indem man ein Volumelement aus der Umgebung des Einselementes durch Multiplikation von links oder rechts (was hierbei auf dasselbe hinauskommt) an eine andere Stelle des Gruppenbereiches transportiert und dort als gleich groß wie das ursprüngliche Volumelement definiert. Man kann das Volumen, das auf die obige Art nur bis auf einen Faktor festgelegt ist, so normieren, daß das Volumen des ganzen Gruppenbereiches 1 wird. Wird die Gruppe durch Rechts- oder Linksmultiplikation mit einem ihrer Elemente auf sich selbst abgebildet, so bleibt hierbei die Volummessung invariant. → Charakter einer Darstellung. Beispiel: → Drehgruppe.

Wigner, E.: Gruppentheorie u. Quantenmechanik. Braunschweig 1931. *Kowalewski, G.:* Einf. in die Theorie d. kontinuierl. Gruppen. Leipzig 1931.

Kontinuierliche Matrix → Darstellung eines Hilbertraumes.

Kontinuierliches Spektrum. Nach ihrer äußeren Erscheinung unterteilt man die Spektren in → Linienspektren, → Bandenspektren und kontinuierliche Spektren. Während die diskreten Frequenzen in den ersten beiden Spektrenarten dem Übergang zwischen diskreten Energieniveaus in zwei verschiedenen stationären Zuständen eines Atoms oder Moleküls zugeordnet sind, entsteht ein echtes kontinuierliches Spektrum in allen Fällen, wenn einer der beiden Zustände, zwischen denen der Übergang erfolgt, oder beide nicht stationär, sondern frei sind und keinen Quantenbedingungen unterliegen (→ Grenzkontinuum, → Molekülspektren). Den durch solche Primärprozesse zustandegekommenen *echten* kontinuierlichen Spektren stehen die *statistischen* Kontinua gegenüber. Sie bilden sich infolge komplizierter Wirkungen zahlreicher Einzelsysteme aufeinander, d.h. durch Gruppenvorgänge. Diese Gruppenvorgänge spielen bei dichter Packung von Atomen und Molekülen, also im festen und flüssigen Zustand der Materie, eine entscheidende Rolle. Aus den scharfen Energieniveaus werden dann breite → Energiebänder, aus deren Kombination sich die kontinuierlichen Spektren erklären lassen (→ Linienbreite). Bei einer zweiten Gruppe, den statistisch modifizierten Kontinua, wird die Intensitätsverteilung des ursprünglichen Spektrums durch fortgesetzte Absorption und Reemission so entstellt, daß eine Zuordnung zu dem für die Emission verantwortlichen Prozeß nicht mehr möglich ist. Besteht dann noch zwischen allen materiellen Bestandteilen des strahlenden Systems und der Strahlung selbst thermodynamisches Gleichgewicht, so ist die Intensitätsverteilung im gesamten Spektrum lediglich eine Funktion der Temperatur (→ Temperaturstrahlung) und durch das Plancksche → Strahlungsgesetz gegeben. Das Medium emittiert dann schwarze Strahlung. Auch die Emission beliebiger fester Körper im Glühzustand ist eine Temperaturstrahlung und kann in erster Näherung oft als schwarze Strahlung angesehen werden. Ferner → Amplitudenspektrum, → Bremsstrahlung.

Finkelnburg, W.: Kontinuierl. Spektren. Berlin 1938.

Kontinuierliches Spektrum von Operatoren → Spektrum von Operatoren.

Kontinuitätsgleichung, die mathematische Formulierung der Aussage, daß von der Menge einer strömenden „Quantität" (z. B. Flüssigkeit, Elektrizität) nichts verschwinden und nichts entstehen kann (Erhaltungssatz der „Quantität"). In dem durch die Gesamtheit aller Geschwindigkeitsvektoren gebildeten Strömungsfeld mögen sich irgendwie stetig verteilte Quellen befinden, die alle innerhalb eines gewissen endlichen Raumgebietes $\mathfrak{G}$ liegen sollen. Ist die Ergiebigkeit (= erzeugte Menge der Quantität je Volumen- und Zeiteinheit) der Quellen gleich q, so wird von der Gesamtheit der Quellen innerhalb $\mathfrak{G}$ die Quantität

$$Q = \iiint_{\mathfrak{G}} q\, d\tau \tag{1}$$

geliefert. Diese kann dazu beitragen:

1. daß die Dichte ϱ der Quantität und damit deren Menge innerhalb $\mathfrak{G}$ größer wird. Der Zuwachs Q_1 der Quantität auf Grund der Dichteerhöhung ist (je Zeiteinheit)

$$Q_1 = \iiint_{\mathfrak{G}} \frac{\partial \varrho}{\partial t}\, d\tau, \tag{2}$$

2. daß durch die Begrenzung $\mathfrak{F}$ von $\mathfrak{G}$ mehr austritt als einströmt. Dieser Überschuß Q_2 ist, wenn $\mathfrak{v}$ den Geschwindigkeitsvektor bedeutet,

$$Q_2 = \iint_{\mathfrak{F}} \varrho\, \mathfrak{v}_n\, df. \tag{3}$$

Formt man dieses über die Berandung $\mathfrak{F}$ von $\mathfrak{G}$ zu nehmende Integral nach dem Gaußschen Satz in ein über $\mathfrak{G}$ zu erstreckendes Integral um, so erhält man aus der Bilanz

$$Q = Q_1 + Q_2, \tag{4}$$

$$\iiint q\, d\tau = \iiint \frac{\partial \varrho}{\partial t}\, d\tau + \iiint \operatorname{div}(\varrho\, \mathfrak{v})\, d\tau, \tag{5}$$

woraus auf die Gleichung

$$q = \frac{\partial \varrho}{\partial t} + \operatorname{div}(\varrho\, \mathfrak{v}) \tag{6}$$

geschlossen werden kann, die innerhalb jedes Gebietes gilt, in dem ϱ und $\mathfrak{v}$ eindeutige, endliche und differenzierbare Funktionen sind. Insbesondere folgt für quellenfreie Gebiete ($q = 0$) die Beziehung

$$\frac{\partial \varrho}{\partial t} + \operatorname{div} \varrho\, \mathfrak{v} = 0, \tag{7}$$

die die *Kontinuitätsgleichung* darstellt.

Indem man den bisher allgemein gehaltenen Ausdruck „Quantität“ als Flüssigkeit deutet, hat man in den Gl. (6) bzw. (7) die *hydrodynamische* Kontinuitätsgleichung, in der dann sinngemäß ϱ die Dichte und $\mathfrak{v}$ die Geschwindigkeit der strömenden Flüssigkeit ist. Durch Einführung der rechtwinkligen Komponenten des Geschwindigkeitsvektors $\mathfrak{v}$, für die es üblich ist, die Bezeichnung u, v, w zu verwenden, nimmt Gl. (7) in analytischer Schreibweise die Form an:

$$\frac{\partial \varrho}{\partial t} + \frac{\partial(\varrho u)}{\partial x} + \frac{\partial(\varrho v)}{\partial y} + \frac{\partial(\varrho w)}{\partial z} = 0. \qquad (8)$$

Ein wichtiger Sonderfall liegt vor, wenn die Dichte ϱ räumlich und zeitlich konstant ist. Für eine derartige *volumenbeständige* oder *inkompressible* Flüssigkeit vereinfacht sich (bei Quellenfreiheit) Gl. (8) zu

$$\operatorname{div} \mathfrak{v} = \frac{\partial u}{\partial x} + \frac{\partial v}{\partial y} + \frac{\partial w}{\partial z} = 0 \qquad (9)$$

(Inkompressibilitätsbedingung). Ist das Strömungsfeld einer inkompressiblen Flüssigkeit wirbelfrei, so existiert ein → Geschwindigkeitspotential φ (→ Potential), d. h. es gilt

$$\mathfrak{v} = -\operatorname{grad} \varphi, \qquad (10)$$

und die Kontinuitätsgleichung geht dann in die Laplacesche Gleichung über:

$$\operatorname{div} \operatorname{grad} \varphi = \frac{\partial^2 \varphi}{\partial x^2} + \frac{\partial^2 \varphi}{\partial y^2} + \frac{\partial^2 \varphi}{\partial z^2} = \Delta \varphi = 0. \qquad (11)$$

Im Falle zweidimensionaler Strömungsprobleme gelten dieselben Gleichungen, jedoch sind alle Ableitungen nach einer Koordinate, etwa nach z, gleich Null zu setzen.

Zu einer „elektrischen“ Kontinuitätsgleichung als der quantitativen Formulierung der Erfahrungstatsache, daß elektrische Ladungen weder verschwinden noch entstehen können, gelangt man, indem die „Quantität“ mit elektrischer Ladung identifiziert wird. Führt man für die Größe $\varrho \mathfrak{v}$ den Vektor der Stromdichte $\mathfrak{i}$ ein, so wird aus Gl. (7)

$$\frac{\partial \varrho}{\partial t} + \operatorname{div} \mathfrak{i} = 0. \qquad (12)$$

Dieser Kontinuitätsgleichung kann man die Form der Inkompressibilitätsbedingung geben, wenn man einen → *Vierervektor* $\mathfrak{S}^i$ $(i = 1, 2, 3, 4)$ mit den Komponenten

$$\mathfrak{S} = \mathfrak{S}\{i_x, i_y, i_z, \varrho c\} \qquad c = \text{Lichtgeschw.} \qquad (13)$$

und eine vierte Koordinate

$$x_4 = ct \qquad (14)$$

einführt (c Lichtgeschwindigkeit). Damit wird, wenn

$$x = x_1, \quad (15) \qquad y = x_2, \quad (16) \qquad z = x_3 \quad (17)$$

gesetzt wird, schließlich aus Gl. (12) die zu Gl. (9) analoge vierdimensionale Gleichung

$$\left.\begin{aligned} \frac{\partial i_x}{\partial x_1} + \frac{\partial i_y}{\partial x_2} + \frac{\partial i_z}{\partial x_3} + \frac{\partial (c\varrho)}{\partial x_4} &= \sum_{i=1}^{4} \frac{\partial \mathfrak{S}^i}{\partial x_i} \\ &= \mathfrak{Div}\, \mathfrak{S} = 0. \end{aligned}\right\} \qquad (18)$$

→ Diracgleichung.

Kontinuum, Begriff der → Mengenlehre, definiert als die Gesamtheit der Punktmenge des abgeschlossenen (Zahlen-) Intervalls [0, 1]. Ein Satz besagt, daß alle Intervalle sowie Halbgeraden und Geraden dem Kontinuum im Sinne der Mengenlehre äquivalent sind, d. h. es lassen sich die Elemente der genannten Mengen den Elementen des Kontinuums eineindeutig zuordnen. (Übrigens sind obige Mengen auch untereinander äquivalent.)

Außer in der Mengenlehre wird das Wort Kontinuum in der Physik auch mit anderer Bedeutung verwendet, und zwar meint man damit häufig einen Bereich, innerhalb dessen eine Eigenschaft einer Größe lückenlos und stetig alle Werte annimmt, deren sie unter den vorliegenden Umständen fähig ist. Gelegentlich wird auch die Größe dann selbst als ein Kontinuum bezeichnet. Besser ist es, das Eigenschaftswort → kontinuierlich zu verwenden. Beispiele: kontinuierliches Spektrum, die Gesamtheit der Kapazitätswerte, die ein Drehkondensator annehmen kann, usw.

Ferner wird vielfach ein Kontinuum durch Idealisierung gewonnen, z. B. eine kontinuierliche Massenverteilung, indem man von der tatsächlich diskontinuierlichen atomistischen Struktur der Materie absieht und das Volumen eines etwa festen Körpers sich lückenlos, eben kontinuierlich mit Masse ausgefüllt („verschmiert“) denkt. Der Körper ist dann ein „materielles Kontinuum“.

Weitere unmittelbar anschauliche Beispiele sind die geometrischen Bilder mathematischer Funktionen, wenn diese stetig sind. Im Falle einer nur von einer Variablen abhängigen Funktion (die $\neq$ const sei) bedeutet dies, daß der Kurvenast, der zwei verschiedene Funktionswerte y_1 und y_2 miteinander verbindet, jeden beliebigen zwischen y_1 und y_2 liegenden möglichen Wert mindestens einmal annimmt. → kontinuierlich, → stetige Funktion.

Kontragredient → Vektor, kontravarianter.

Kontrahierte Entladung. Die → Säule einer Gasentladung kann sich unter gewissen Bedingungen (nicht zu tiefer Druck, stärkere Belastung) von der Rohrwand ablösen und einen wesentlich kleineren Querschnitt ausfüllen. Diese Kontraktion ist wie bei der Bogensäule thermisch bedingt. In dem radialen Temperaturgefälle von der Rohrachse bis zur Wand bevorzugt die Entladung die Achsengegend, da hier eine geringe Gasdichte eine kleine Feldstärke ermöglicht. Die dadurch erzeugte Erhöhung der Stromdichte bedingt wegen Stufenionisation eine weitere Begünstigung der Kontraktion. Hinzu kommt, daß die Trägerverluste durch ambipolare Diffusion zur Wand wegen der äußeren kälteren Partien ebenfalls herabgesetzt werden.

Bei einer besonderen Form der kontrahierten Entladung, der *Schlauchentladung* in elektronegativen Gasen oder in Gasen mit derartigen Verunreinigungen, kontrahiert sich die Säule auf einen sich oft schlängelnden Faden. Hier bilden die aus der Entladungsbahn herausdiffundierenden Elektronen in den Außenbezirken negative Ionen, deren Raumladung die Rolle der Wandladung der Säule übernimmt.

In → Hochstrombögen tritt zur thermischen Kontraktion noch eine Kontraktion der Säule durch das Eigenmagnetfeld hinzu.

Seeliger, R., u. *K. Sommermeyer:* Z. Phys. **98**, 733 (1935). *Tonks, L.:* Phys. Rev. **56**, 369 (1939).

Kontraktion bedeutet Zusammenziehung auf kleineren Raum (oder einen kleineren Querschnitt), ist also das Gegenteil einer → Dilatation.

Kontraktionsziffer. Der kleinste Querschnitt eines aus einer kreisrunden Mündung austretenden Strahles F_{St} ist im allgemeinen kleiner als der Querschnitt der Öffnung F, da die der Mündung zuströmende Flüssigkeit nur allmählich umgelenkt werden kann. Die Kontraktionsziffer (Einschnürungszahl) $\alpha = F_{St}/F$ ist für die → Borda-Mündung $\alpha = 0{,}5$, für eine scharfkantige Öffnung in einer ebenen Wand, z. B. → Staurand, $\alpha \cong 0{,}61$—$0{,}64$; für abgerundete Mündungen kann sie den Wert 1 erreichen (→ Düse, → Venturi-Rohr). Bei nicht kreisförmigem Austrittsquerschnitt ist α wenig von dem Wert bei kreisrunder Öffnung verschieden.

Kontraste, optische, die gegenseitige und gegenüber der beeinflussenden Empfindung in entgegengesetzter Richtung verlaufende Beeinflussung von Lichtempfindungen bei gleichzeitiger Reizung benachbarter *(Simultan-Kontrast)* oder aufeinanderfolgender Reizung identischer *(Sukzessiv-Kontrast)* Netzhautstellen mit quantitativ (→ Helligkeitswert) oder qualitativ (→ Farbton) verschiedenen Reizen, wobei größere Reizflächen ein Übergewicht über kleinere besitzen: ein grauer Fleck erscheint in hellerer Umgebung dunkler, in dunklerer heller als es der von ihm emittierten Lichtenergie entspricht, in farbiger Umgebung nimmt er den Ton der → Gegenfarbe an (z. B. Farbigkeit gewisser Schatten, gegenfarbige Felder verstärken ihren Farbton gegenseitig). Entsprechendes gilt für die sukzessive Reizung [→ Nachbilder]. Die Deutung der Kontraste ist in einer gegenseitigen Beeinflussung der zu den verschiedenen Empfindungen führenden Erregungen zu suchen. Wegen ihrer Bedeutung → Irradiation und → Konstanz der Sehdinge.

Kontrastfarbe → Gegenfarbe.

Kontrastphotometer. Auf ungefähr $^1/_2$% genau, also etwa mit der doppelten Genauigkeit wie beim → Gleichheitsphotometer, vermag das Auge zu beurteilen, wann symmetrisch liegende leuchtende Flächen *a* und *b* (Abb.) aus ihrer gleichfalls leuchtenden Umgebung *A* und *B* gleich hell oder dunkel hervortreten. Diese Einstellung auf gleichen Kontrast liefert die höchste bei subjektiven Messungen überhaupt erreichbare Genauigkeit, wenn der im Augenblick der Einstellung auftretende Leuchtdichteunterschied zwischen *a* und *B* sowie zwischen *b* und *A* sich wie 1 : 1,035 verhält. Die sonst für eine ordnungsmäßige → Photometrie aufgestellten Forderungen müssen hierbei natürlich ebenfalls erfüllt sein.

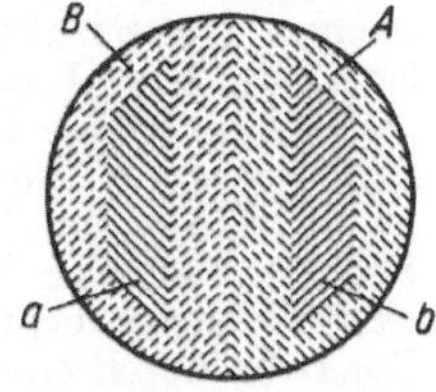

Gesichtsfeld eines Kontrastphotometers.

Kontravariant → Vektor, kontravarianter.

Konvektion, allgemein die molaren Strömungen in Flüssigkeiten und Gasen, die durch Pumpen (erzwungene Konvektion) oder durch äußere Felder (freie Konvektion) entstehen. Besonders wichtig — vor allem auch in der Atmosphäre — ist die *Wärmekonvektion,* die unter dem Einfluß eines Temperaturfeldes zum → Wärmeübergang beiträgt. Sie entsteht normalerweise dadurch, daß sich z. B. eine Gasmenge an einer warmen Fläche erwärmt, sich dabei ausdehnt und unter dem Einfluß der Schwerkraft durch kältere Gasmengen nach oben abgedrängt wird. Die entstehenden Strömungsbahnen sind nur selten stabil; die Konvektion führt daher trotz langsamer Bewegung zu turbulenzartiger Durchmischung. – → Konvektion in der Atmosphäre.

Konvektion in der Atmosphäre, das thermisch bedingte Aufsteigen von Luft in vertikalen Strömen von 100 m bis einigen km Durchmesser. Zu unterscheiden sind die trockene *Kleinkonvektion* unterhalb des Kondensationsniveaus und die *Großkonvektion* mit Quellwolkenbildung. Voraussetzung ist in jedem Fall eine statisch labile oder indifferente Schichtung (→ Gleichgewicht, atmosphärisches). Sie wird unterhalb 1000 m durch die tagsüber stark positive → Wärmebilanz des Erdbodens und Erwärmung der unmittelbar aufliegenden Schichten hervorgerufen. Das Aufsteigen der von den Segelfliegern als *Thermikschläuche* bezeichneten Luftsäulen von 100 bis 500 m Durchmesser wird entweder durch die → Turbulenz in Bodennähe bewirkt oder durch thermische Unregelmäßigkeiten der Erdoberfläche (verschiedene Bodenbedeckung, Küstenwirkung, Bodenwellen). Über ungestörtem flachem Gelände ist die Anordnung der Aufwinde oftmals regelmäßig; der Abstand wird dann entsprechend der Bénardschen Zellenkonvektion durch die Labilität, die Dicke der erfaßten Schicht und die → Scheinreibung bestimmt. Auch die konvektive Auflösung von Schichtwolkenfeldern (→ Wolken) in der freien Atmosphäre (Stratocumulus, Altocumulus und Cirrocumulus, Wogenwolken in geringen, mittleren und großen Höhen der → Troposphäre, alle aus Wassertröpfchen bestehend), insbesondere das labile Hochschießen solcher Wolken (Castellatusform, → Wolken), wird durch die Gesetze der Zellenkonvektion geregelt. Bei den Vorgängen in Bodennähe erfolgt die Verbreiterung der Thermikschläuche nach oben hin wahrscheinlich durch seitliche Einbeziehung von Massen nach Art einer → Strahlbildung. Oberhalb des Kondensationsniveaus werden die Aufwindgebiete durch Cumuluswolkenbildung sichtbar. Ist die Weiterbewegung nicht durch eine Inversion behindert, so wird die Labilität durch die freiwerdende Kondensationswärme vergrößert. Bei starker, advektiv bedingter → Labilität der höheren Schichten und einer Erleichterung des Aufsteigens durch seitliche Konvergenz der Luftmassen, die durch die Wetterlage gegeben ist, wachsen die Haufenwolken zu Schauer- und Gewitterwolken von 2 bis 10 km Durchmesser und einer vertikalen Erstreckung, die günstigenfalls bis zur Tropopause reicht. Diese Großkonvektion wird ebenso wie die gewöhnliche Haufenwolkenbildung auch durch die → thermischen Winde an Bergen befördert und eingeleitet. Die Vertikalbewegungen der trockenen Konvektion haben Geschwindigkeiten von 1 bis $3\ \mathrm{m \cdot s^{-1}}$; in Gewittern sind $30\ \mathrm{m \cdot s^{-1}}$ und mehr festgestellt.

Handb. d. Experimentalphysik XXV/1. Leipzig 1928.

Konvektionsglied → Konvektionsströme.

Konvektionsströme pflegt man (im Gegensatz zu den Leitungsströmen und den Strömen in verdünnten Gasen) solche gleichsinnigen Ladungsbewegungen zu nennen, bei denen die Ladungsträger nicht durch elektrische oder elektrodynamische Kräfte, sondern einfach durch Bewegung des Körpers hervorgerufen werden, auf oder in denen sich die Ladungsträger befinden. Der Nachweis, daß derartige Konvektionsströme die gleichen magnetischen Wirkungen haben wie gewöhnliche elektrische Ströme, hat in der Geschichte der Elektrodynamik eine wichtige Rolle gespielt. → Röntgen-Eichenwald-Versuch, → Rowland-Effekt, → Wilson-Versuch.

Von manchen Autoren wird allgemein die Größe ϱv (ϱ Ladungsdichte, v Geschwindigkeit) als *Konvektionsglied* bezeichnet, ohne Rücksicht auf die Ursache der Ladungsbewegung. Gegensatz dann: → Verschiebungsstrom.

Konvergentes Licht, ein → Strahlenbündel oder → Strahlenbüschel, dessen Strahlen im Sinne der Lichtbewegung zusammenlaufen. — Erscheinungen im konvergenten polarisierten Licht → Interferenzbilder, → Polarisationsmikroskop.

Konvergenz (von Folgen und Funktionen → Grenzwert). Bei einer unendlichen Reihe $a_1 + a_2 + a_3 + \cdots$ liegt Konvergenz vor, wenn die Folge der Teilsummen $s_n = \sum_{\nu=1}^{n} a_\nu$ einen Grenzwert besitzt. Ist dieser $\lim_{n\to\infty} s_n = S$, so nennt man S die Summe der Reihe: $S = \sum_{\nu=1}^{\infty} a_\nu = a_1 + a_2 + a_3 + \ldots$ und sagt, diese sei *konvergent*. Anderenfalls, das ist, wenn $\lim_{n\to\infty} s_n = \infty$ wird, heißt die Reihe *(eigentlich) divergent*. Besitzt die Reihe keinen oder mehrere Grenzwerte, so heißt sie *oszillierend* oder auch *uneigentlich divergent*. Konvergiert außer der vorgegebenen Reihe $\sum a_\nu$ auch die Reihe ihre absoluten Beträge $\sum |a_\nu| = |a_1| + |a_2| + \cdots$, so nennt man $\sum a_\nu$ *absolut konvergent*, ist jedoch $\sum a_\nu$ konvergent, dagegen $\sum |a_\nu|$ divergent, so heißt $\sum a_\nu$ *bedingt konvergent*.

Einige Eigenschaften konvergenter Reihen: Die Summe zweier konvergenter Reihen ist wieder konvergent und gleich der Summe der beiden einzelnen Reihen: $\sum a_\nu + \sum b_\nu = \sum (a_\nu + b_\nu)$. Das Produkt zweier konvergenter Reihen ist auch konvergent, wenn wenigstens einer der beiden Faktoren absolut konvergent ist, und gleich dem Produkt der beiden gegebenen Reihen. Man pflegt es in Form der *Cauchyschen Produktreihe* zu schreiben:

$$\sum a_\nu \sum b_\nu = \sum (a_1 b_\nu + a_2 b_{\nu-1} + \cdots + a_\nu b_1).$$

Sind die beiden Reihen $\sum a_\nu$ und $\sum b_\nu$ absolut konvergent, so ist $\sum (a_\nu + b_\nu)$ und $\sum a_\nu \sum b_\nu$ ebenfalls absolut konvergent.

Zur Entscheidung, ob eine vorgegeben unendliche Reihe konvergiert oder nicht, dient das allgemeine notwendige und hinreichende *Konvergenzkriterium*: Damit eine unendliche Reihe $\sum a_\nu$ konvergiert, ist notwendig und hinreichend, daß sich zu jedem beliebig kleinen $\varepsilon > 0$ eine ganze Zahl $N(\varepsilon)$ angeben läßt, so daß für alle $n > N(\varepsilon)$ die Partialsummen $s_n = \sum_{\nu=1}^{n} a_\nu$ die Bedingung $|s_{n+m} - s_n| < \varepsilon$ erfüllen für *alle* ganzen $m > 0$. Außer diesem allgemeinen Lemma gibt es noch eine Reihe spezieller Konvergenzkriterien (→ Majorantenprinzip, → Cauchysches Wurzel- und Quotientenkriterium, d'Alembertsches Kriterium). Die vorstehenden Definitionen bleiben (bis auf ggf. sinngemäße Abänderungen bzw. Erweiterungen) erhalten, wenn man die Glieder der Reihen nicht, wie bisher angenommen, als konstant, sondern als veränderlich ansieht. Dann sind die a_ν Funktionen einer Variablen x, also $a_\nu = f_\nu(x)$, $\nu = 1, 2, \ldots, m$.

Die Gesamtheit aller x, für die $\sum a_\nu = \sum f_\nu(x)$ konvergiert, nennt man den *Konvergenzbereich* der Reihe. Im Falle der Konvergenz einer Reihe mit variablen Gliedern wird die im Konvergenzkriterium auftretende Zahl N nicht nur von $\varepsilon > 0$, sondern auch von der Stelle des Konvergenzbereiches, also von x, abhängen: $N = N(\varepsilon, x)$. Kann man indessen ein N finden, das von x unabhängig ist: $N = N(\varepsilon)$, und gilt für alle dem Konvergenzbereich angehörigen x, wie es das Konvergenzkriterium verlangt: $|s_{n+m} - s_n| < \varepsilon$ für alle $n > N(\varepsilon)$ und alle ganzzahligen $m > 0$, so nennt man die Reihe im Bereich *gleichmäßig konvergent*. In den Anwendungen spielen von Reihen mit veränderlichen Gliedern die → Potenzreihen die größte Rolle.

Rothe, R.: Höhere Mathematik II. Leipzig 1948. *Courant, R.:* Vorl. über Differential- u. Integralrechnung. Berlin 1948. *Falkenberg, H.:* Elementare Reihenlehre, Samml. Göschen 943/1027. Berlin 1944/45.

Konvergenzbereich → Konvergenz.

Konvergenzmethode der Kristallgitterbestimmung → Kratkysche Konvergenzmethode.

Konvergenzradius → Potenzreihe.

Konvergenzsatz → Abelscher Konvergenzsatz.

Konvergenzstelle → Bandenkonvergenz.

Konvergenzverhältnis → Winkelverhältnis.

Konversionselektronen, Elektronen, die durch aus dem Kern radioaktiver Atome kommende γ-Strahlen in der Atomhülle frei gemacht werden; = sekundäre β-Strahlen.

Konzentration → Konzentrationsmaße.

Konzentrationsauslöschung → Selbstauslöschung.

Konzentrationseffekt bei biologischen Strahlenwirkungen tritt ein, wenn die Wirksamkeit einer Strahlung bei größerer Ionisationsdichte auf der Teilchenbahn (→ Ionisationsdichteeffekte) verstärkt ist. Ursache dafür ist, daß bei kleinem mittlerem Ionisationsabstand b (→ Ionisationsdichte) ein Teilchendurchgang die zur Erzielung der Mindestenergie U nötige Ionisationszahl j im Treffbereich häufiger erzeugt als bei großem. Der Effekt tritt nur bei solchen Trefferreaktionen ein, bei denen U größer ist als die einer Ionisation entsprechende Energie E ($\approx$ 32 eV). Er ist verschieden, je nachdem ob die Mindestenergie durch einen einzigen Treffer erreicht werden muß oder ob im Treffbereich die Energie mehrerer Treffer summiert werden kann (echte Mehrtrefferprozesse). Im ersten Fall wird die Reaktion durch einen in den Treffbereich fallenden Ionisationshaufen der Mindestgröße j gestartet. Nach *Fano* ist die Zahl der Ionenhaufen mit j Ionen je cm^3 und Dosiseinheit gleich $(J/j)\, 2 \ln(T/BZ)$, wobei J die Zahl Ionisationen je cm^3 und Dosiseinheit, T die Energie eines Röntgensekundärelektrons in eV, B die mittlere Bindungsenergie der Elektronen (11,2 eV) und Z die mittlere Ordnungszahl in biologischer Substanz ($\approx$ 4) ist. Die Treffwahrscheinlichkeit w (→ Treffertheorie) ist dann $w = (VJ/j)\, 2 \ln(T/BZ)$. Läßt sich das Treffvolumen V anderweitig, z. B. aus biologischen Daten, schätzen, so kann die Mindestenergie $U = jE = (EJV/w)\, 2 \ln(T/BZ)$ errechnet werden. Für Chromosomenbrüche im Tradescantia-Pollen ist z. B. bei $V = 7{,}6\ \mu^3$ und $w = 0{,}05$ die Anzahl der auslösenden Ionisationen im Haufen $j = 17$, U also etwa 540 eV. Einen Konzentrationseffekt dieser Art zeigt auch die Tötung von Bacillus mesentericus sowie die Teilungsschädigung der Hefe. Die konstante, formale Trefferzahl $n = 5$ bei Hefe deutet auf 5 getrennte Treffbereiche hin. Ein anderer Konzentrationseffekt tritt auf bei *Trefferspeicherung*, da dann um so weniger Treffer stattfinden müssen, je dichter die Ionisationen auf der mittleren Länge a des vom treffenden Teilchen im Treffbereich zurückgelegten Weges liegen. Die Trefferzahl n ist dann gleich der Zahl j nötiger Ionisationen geteilt durch pa/b, die Zahl wirksamer, treffender Ionisationen, also $n = jb/(pa)$; d. h. n ist proportional b (p ist die Wirkungswahrscheinlichkeit einer treffenden Ionisation, → Treffbereich). Die Treffwahrscheinlichkeit wird dann unter Berücksichtigung der Elektronenreichweite R nach *Sommermeyer* u. *Glocker* $w = \frac{J\,b}{R}\,\frac{a+R}{a}\,V$; für $R \gg a$ gilt $w = J\,b\,V/a$. Da die → Halbwertsdosis $D_{1/2} \approx n/w$ gesetzt werden kann, ist $D_{1/2} \approx j/(p\,J\,V)$, d. h. konstant bei variablem b. Wird b so klein, daß jeder Durchgang die nötige Ionenzahl erzeugt, d. h. ein Treffer ist, also $jb/(pa) \leq 1$, so ist $n = 1$ und $D_{1/2} = 0{,}69/w = 0{,}69\,a/(J\,V\,b)$. Die Halbwertsdosis ist nun umgekehrt proportional b, was den Übergang zum → Sättigungseffekt bedeutet. Die bei Strahlen so kleiner Ionisationsabstände gefundenen formalen Trefferzahlen entsprechen der Anzahl getrennter Treffbereiche im Individuum. Die z. B. bei der Tötung von Drosophila-Eiern und der Wuchshemmung von Bohnenkeimlingen durch Röntgenstrahlen gefundenen Effekte fügen sich diesen theoretischen Ansätzen gut ein.

Fano, U.: Nature **151**, 698 (1943). *Sommermeyer, K.*: Strahlentherapie **68**, 645 (1940).

Konzentrationsketten entstehen durch Gegeneinanderschalten von zwei gleichartigen Elektroden, z. B. von zwei Metallelektroden, die sich nur durch die Konzentration der → potentialbestimmenden Ionen unterscheiden.

Phasenschema einer aus 2 Metallelektroden aufgebauten Konzentrationskette:

Me^+ ←	→ Me^+ (a_1) H_2O;	(a_2) Me^+ ←	→ Me^+
⊖	An^-	An^-	⊖

Feste Phasen sind durch zweimaliges, flüssige durch einmaliges Unterstreichen gekennzeichnet.

Elektromotorische Kraft:

$$E = \frac{R\,T}{z\,F}\ln\frac{a_1}{a_2} + \to \text{Flüssigkeitspotential}$$

(z Wertigkeit, a Aktivität des Metallions).

Bei Zimmertemperatur, Ausschaltung des Flüssigkeitspotentials und idealverdünnten Lösungen ergibt sich die Zahlenwertgleichung

$$E = \frac{0{,}058}{z}\log\frac{c_1}{c_2}\,[V].$$

Auch zwei gegeneinander geschaltete → *Wasserstoffelektroden* mit gleicher H^+-Ionenkonzentration, aber mit verschiedenem Wasserstoffdruck, ergeben eine Konzentrationskette

$$E = -0{,}029\log(p_1/p_2)\,[V].$$

Handb. d. Physik XI. Berlin 1926. *Kortüm, G.*: Lehrb. d. Elektrochemie. Wiesbaden 1948.

Konzentrationsmaße. Die Zusammensetzung eines Gemisches oder einer Lösung kann auf die verschiedensten Weisen angegeben werden. Die gebräuchlichsten sind:

1. *Massenkonzentration:* Masse des gelösten Stoffes in g je 100 cm³ oder je Liter Lösung.

2. *Gewichts(Massen-)prozente:* Gewichtsmenge (Masse) des gelösten Stoffes je 100 Gewichts-(Massen-)teile *Lösung* (*Gewichtsgehalt*).

3. *Gewichts(Massen-)menge* des gelösten Stoffes je Gewichtsmenge (Masse) des *Lösungsmittels* (*Mengenverhältnis*).

4. *Volumprozente:* Volumen der reinen Substanz, die in 100 *Raumteilen* der Lösung enthalten ist (*Volumengehalt*).

5. *Molarität:* Anzahl der Mole des gelösten Stoffes je Liter Lösung.

6. *Normalität:* Anzahl der Grammäquivalente des gelösten Stoffes je Liter Lösung. Die Normalitätsangabe verlangt zusätzlich die Angabe der Reaktion, an der der gelöste Stoff teilnimmt, da das Äquivalentgewicht verschiedene Werte annehmen kann.

7. *Molalität:* Anzahl der Mole gelöste Substanz je 1000 g des reinen Lösungsmittels.

8. *Molenbruch:* Verhältnis der Anzahl der Mole des gelösten Stoffes zur Gesamtzahl der in der Lösung vorhandenen Mole. Diese Angabe wird auch in Gasmischungen vielfach verwendet; sie ist gleich dem Verhältnis des Partialdruckes eines Gases zum Gesamtdruck.

Die Konzentrationsangaben in Volumenanteilen lassen sich in Gewichtsanteile umrechnen und umgekehrt, wenn die Dichten der betreffenden Stoffe und Lösungen bekannt sind. Die Gewichtsangaben (eigentlich Massenangaben) haben vor den Volumenangaben den Vorzug, temperaturunabhängig zu sein, während die Volumenangaben eine unmittelbare Auswertung titrimetrischer Messungen erlauben.

Konzentrationspolarisation stellt sich als Sonderfall der elektrochemischen → Polarisation an einem Zweiphasensystem, einer → Elektrode ein, wenn die im Stromfluß auftretende Verschiebung der → Galvani-Spannung auf eine *Änderung der Konzentration* der → potentialbestimmenden Ionen oder Moleküle zurückgeht. Beispiel: System Silber/Silbernitratlösung (Silberelektrode). Im Stromfluß I kommt es als Folge des → Strom-Stoffumsatzes in der Nähe der Phasengrenze zu einer *Änderung der Konzentration* des Silbernitrats. Stellt sich bei Fehlen von Aktivierungshemmungen die Galvani-Spannung g auf den neuen Wert c_I der Ag^+-Konzentration ein, so ist ihre Verschiebung bei idealer Verdünnung gegeben durch:

$$\Delta g = g_I - g_{Ruhe} = \frac{R\,T}{F}\ln\frac{c_I}{c}.$$

c ist dabei der vorgegebene Ruhewert der Konzentration, welcher im Inneren der Silbernitratlösung

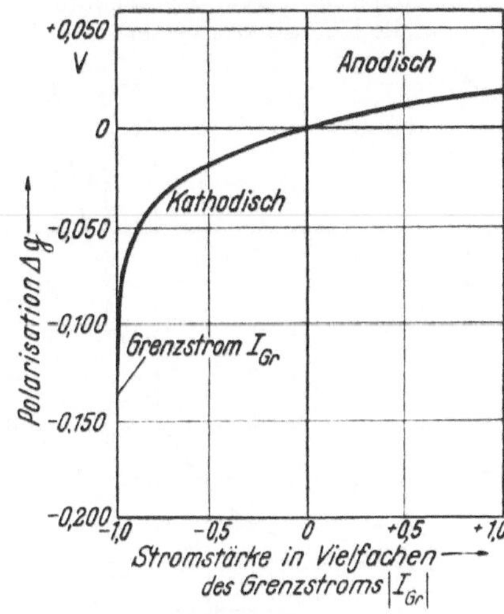

Stationäre Strom-Spannungskurve der Konzentrationspolarisation.

auch bei Stromfluß erhalten bleibt. Die Konzentrationsdifferenz $\Delta c = c_I - c$ zwischen Phasengrenze und ungeändertem Lösungsinnerem bedeutet ein Konzentrationsgefälle und führt zu einer Diffusion von Silbernitrat in einer dünnen, der Phasengrenze anliegenden Diffusionsschicht. Die

Größe von Δc und damit von Δg wird maßgebend von Hemmungen beeinflußt, die sich der ausgleichenden Wirkung der Diffusion entgegenstellen. Wird die Dicke δ der Diffusionsschicht durch Rührung der Lösung oder Rotation der Elektrode begrenzt, so kommt es schließlich zur Einstellung einer maximalen Konzentrationsänderung und damit zu einer *stationären* Konzentrationspolarisation. Dieser stationäre Zustand ist gekennzeichnet durch ein im Idealfall geradliniges Konzentrationsgefälle innerhalb der Diffusionsschicht. Bei Gegenwart von genügend viel Fremdelektrolyt, z. B. von KNO_3, bewegen sich die Silberionen in der Diffusionsschicht praktisch nur auf Grund des vorhandenen Konzentrationsgefälles; der nach dem Fickschen Gesetz (→ Diffusion) bei einem Querschnitt q sich ergebende Diffusionsstrom $\frac{F q D}{1000} \frac{\Delta c}{\delta}$ (D Diffusionskonstante, c in $\text{mol} \cdot \text{l}^{-1}$) ist dann gleich dem vorgegebenen, im äußeren Stromkreis meßbaren Strom I. Für die *stationäre Strom-Spannungskurve* der Konzentrationspolarisation erhält man daraus:

$$I = \frac{q u R T}{1000 \, \delta} c \left[\exp\left(\frac{\Delta g F}{R T}\right) - 1 \right]$$

oder

$$\Delta g = \frac{R T}{F} \ln \left(\frac{1000 \, I \, \delta}{q c u R T} + 1 \right)$$

(u Beweglichkeit der Ag^+-Ionen).

Wenn mit wachsender kathodischer Polarisation die Phasengrenzkonzentration sich dem Wert Null nähert, stellt sich ein Grenzwert des Stromes, der → *Grenzstrom*, ein. Dieser ist bei konstant gehaltener Temperatur und Rührgeschwindigkeit proportional der Konzentration der Silberionen.

Kortüm, G.: Lehrb. d. Elektrochemie. Wiesbaden 1948. Handb. d. Experimentalphysik XII/2. Leipzig 1933. Handb. d. Physik XIII. Berlin 1928.

Koordinatenpapiere. Das gewöhnliche, in der analytischen Geometrie zur „Veranschaulichung" von Funktionen $y = y(x)$ verwendete rechtwinklige kartesische Koordinatensystem besteht aus zwei

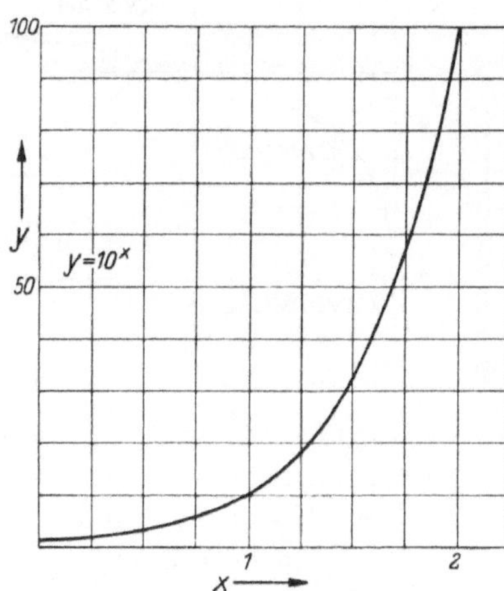

Abb. 1. Rechtwinkliges Koordinatensystem, bei dem die beiden Achsen nach verschiedenen Einheitenbeträgen unterteilt sind.

senkrecht aufeinanderstehenden Achsen, die je eine Zahlengerade für die beiden Variablen x und y darstellen, deren Schnittpunkt der gemeinsame Nullpunkt ist. Die Einheitspunkte $x = 1$ bzw. $y = 1$ werden im allgemeinen so gewählt, daß beide den gleichen Abstand vom Nullpunkt haben. Die Wahl gleich großer Einheitenbeträge für beide Zahlengeraden ist keineswegs notwendig (Abb. 1), sondern wird lediglich aus Zweckmäßigkeitsgründen getroffen. Wählt man insbesondere als Einheit 1 cm und unterteilt diese noch in 10 Teile, so erhält man die als *Millimeterpapier* bekannte Einteilung. Es kann etwa dadurch gekennzeichnet werden, daß gleich große (äquidistante) Strecken auf der Geraden gleichen Differenzen der Variablen entsprechen (lineare Einteilung). Eine Einteilung dieser Art ist

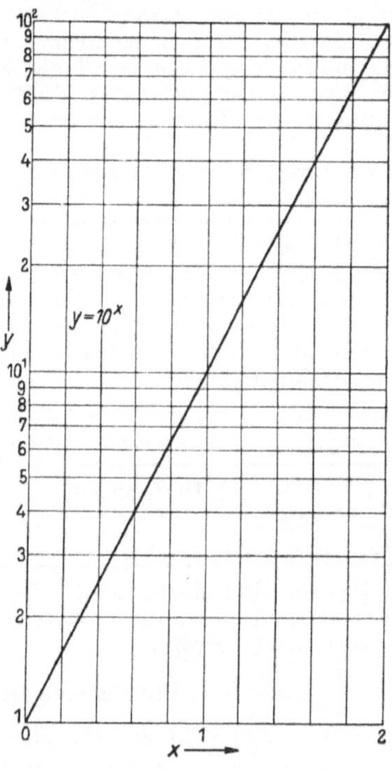

Abb. 2. log-Papier.

nicht immer zweckmäßig, z. B. dann nicht, wenn beim Durchlaufen einer Variablen durch einen nur verhältnismäßig kleinen Bereich die andere relativ große Schwankungen aufweist. Dies ist etwa dann der Fall, wenn die beiden Veränderlichen durch ein Potenz- oder Exponentialgesetz verknüpft sind, wie z. B.

$$y = x^n \quad \text{oder} \quad y = a^x. \qquad (1)$$

In solchen Fällen wählt man für eine Gerade (Achse) die lineare Einteilung, während man die andere *logarithmisch* einteilt, d. h. nach Wahl einer Einheit 1 nicht *diese* fortlaufend, sondern die Logarithmen der Zahlen 2, 3, ... aufträgt, aber die erhaltenen Punkte als Numeri, d. h. mit 2, 3, ... bezeichnet. Eine solche Einteilung entspricht den Skalen der Rechenschieber. Koordinatensysteme, deren eine Achse linear, die andere logarithmisch geteilt ist, nennt man *einfach-logarithmische* Systeme. In ihnen nehmen die Potenz- und logarithmischen Funktionen die Form einer *Geraden* an, während sie „auf Millimeterpapier" gekrümmte Kurven darstellen. Die Abb. 1 und 2 zeigen dies für die Funktion $y = 10^x$. Zu bemerken ist, daß auf der logarithmisch geteilten Zahlengeraden *kein* Nullpunkt existiert.

Will man *beide* Variablen sehr große Bereiche durchlaufen lassen, so benutzt man ein *doppelt-*

logarithmisches Koordinatensystem, in dem *beide* Achsen logarithmisch geteilt sind (Abb. 3). Solches Papier eignet sich besonders für die Darstellung von Funktionen von der Form $y = a x^b$ oder $\log y = \log a + b \log x$, da sich in diesem Fall eine Gerade ergibt. Bei Eintragung von Funktionswerten in log-log-Papier können keine Punkte von der Form (o, y) oder (x, o) eingezeichnet werden. Insbesondere gibt es nicht den Punkt (o, o). Einfach- und doppeltlogarithmische Koordinatenpapiere spielen in der Nomographie eine äußerst wichtige Rolle.

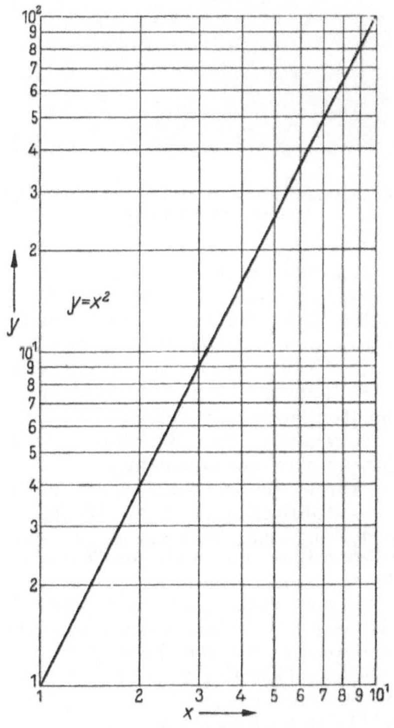

Abb. 3. log-log-Papier.

Bezüglich der Anwendung von logarithmisch geteilten Papieren sei bemerkt, daß sie insbesondere bei Meßreihen solcher Art weitgehende Verwendung finden, die den Zweck verfolgen, eine unbekannte Gesetzmäßigkeit, durch die zwei (oder mehr) Größen quantitativ miteinander verknüpft sind, zu ermitteln. Führt das Meßergebnis, etwa auf log-Papier aufgetragen, zu einer Geraden, so kann auf ein Potenz- bzw. Exponentialgesetz geschlossen werden, was aus der gekrümmten Kurve, die sich bei Verwendung von mm-Papier ergibt, nicht ohne weiteres erkannt werden kann.

Überhaupt ist die Benutzung von log- bzw. log-log-Papier zur Darstellung von Meßwerten dann geboten, wenn dadurch eine merklich bessere Annäherung an eine Gerade erzielt wird als auf mm-Papier, ferner, wenn eine bzw. beide Variablen sich in Schritten ändern, die wenigstens ungefähr exponentiell anwachsen. Denn es ist dann wesentlich leichter, durch die Meßpunkte eine glatte Kurve zu ziehen. Hiervon wird in der Physik noch viel zu wenig Gebrauch gemacht. Ein besonders lehrreiches Beispiel des Nutzens von log-log-Papier s. *W. Westphal:* Physikal. Praktikum, 26. Aufgabe.

Außer den genannten gibt es noch zahlreiche andere Koordinatenpapiere, z. B. Polarkoordinatenpapier, die aber meist nur in der Technik verwendet werden.

Koordinatentransformation, der Übergang von einem zur analytischen Beschreibung eines Vorganges benutzten System von Größen (Koordinaten) $x_1, x_2, \ldots, x_n$ zu einem anderen Größensystem $\overline{x}_1, \overline{x}_2, \ldots, \overline{x}_n$. Der Übergang geschieht vermittels der Transformationsgleichung $\overline{x}_i = f_i(x_1, x_2, \ldots)$ $(i = 1, 2, \ldots, n)$, wodurch jedem System x_i ein neues System $\overline{x}_i$ zugeordnet wird. Von den f_i muß verlangt werden, daß sie stetige analytische Funktionen sind. Sind die $\overline{x}_i$ lineare Funktionen der x_i, also $\overline{x}_i = \sum_{k=1}^{n} a_{ik} x_k + b_i$ $(a_{ik}, b_i = \text{const})$, so spricht man von einer *linearen* Transformation, die für $b_i = 0$ in die *spezielle lineare homogene* Transformation übergeht. Ist $n = 3$ und deutet man $x_1 = x$, $x_2 = y$, $x_3 = z$ als die drei räumlichen kartesischen Koordinaten, so stellt die homogene lineare Transformation geometrisch eine Drehung der Achsen des (x, y, z)-Systems um seinen Ursprung dar. Ist die Transformation *inhomogen* $(b_i \neq 0)$, so kommen noch zusätzlich drei Translationen (geradlinige Verschiebungen) parallel zu den drei Achsen hinzu. Besitzen die Koeffizienten a_{ik} der linearen Transformation die spezielle Eigenschaft, daß $\sum_{j=1}^{n} a_{ji}^2 = 1$, $\sum_{j=1}^{n} a_{ji} a_{jk} = 0$ $(j \neq k)$ ist, so heißt die Transformation *orthogonal*. [Allgemein heißt $\overline{x}_i = f_i(x_1, x_2, \ldots)$ eine orthogonale Transformation, wenn

$$\sum_{j=1}^{n} \frac{\partial f_i}{\partial x_j} \frac{\partial f_k}{\partial x_j} = 0,$$

→ krummlinige Koordinaten]. Bei einer orthogonalen linearen Transformation bleibt der Ausdruck $\sum_{i=1}^{n} x_i^2$ invariant: $\sum_{i=1}^{n} x_i^2 = \sum_{i=1}^{n} \overline{x}_i^2$. Außer dem räumlichen kartesischen Koordinatensystem (x, y, z) finden vielfach Verwendung die sphärischen Polarkoordinaten, Zylinderkoordinaten, elliptischen und parabolischen Koordinaten.

Koordinationsbindung → semipolare Bindung.

Koordinationsgitter sind Kristallgitter, in denen jedes Atom, Ion oder Molekül von seinen Nachbarn in den Ecken eines → Koordinationspolyeders, in dessen Mittelpunkt es sich selbst befindet, umgeben ist und alle gleichartigen Partikel gleiche Umgebung haben.

Koordinationslehre → Koordinationszahl.

Koordinationspolyeder ist im Kristallgitter jeder Vielflächner um ein Ion in seinem Mittelpunkt und mit den nächsten, gleichartigen Nachbarn dieses Ions in seinen Eckpunkten. Die Polyeder sind entsprechend der Symmetrie des Kristalls entweder einfache Kristallformen (besonders häufig: Tetraeder, Oktaeder, Würfel) oder Kombinationsformen (Kubooktaeder, trigonales Prisma mit Basisflächen usw.). In den einfachsten Fällen treten an die Stelle der Polyeder Polygone (Dreieck, Quadrat, Sechseck) oder gar eine Gerade mit dem zentralen Ion in der Mitte. Bei komplizierteren Strukturen haben die Koordinationspolyeder meist nur angenähert die Form regelmäßiger Vielflächner oder Vielecke.

Koordinationszahl → Komplexverbindungen. — Bei den Kristallen entspricht die Koordinationszahl der Anzahl von Ionen, die in den Ecken eines → Koordinationspolyeders liegen. Die häufigsten Koordinationszahlen sind: 4 (z. B. die Sauerstoffumgebung eines Si-Ions in den Ecken eines mehr oder weniger regelmäßigen Tetraeders), 6 (z. B. die Sauerstoff- oder Fluorumgebung eines Al- oder $Fe^{\cdots}$-Ions in den Ecken meist leicht deformierter Oktaeder, die gegenseitige Umgebung der Na- und Cl-Ionen im Steinsalz NaCl, in den Ecken des regelmäßigen Oktaeders), 8 (z. B. die wechselseitige Umgebung der Ionen im CsCl-Gitter oder der Atome im raumzentrierten Gitter, in den Ecken eines Würfels) und 12 (die Umgebung aller Atome in den beiden dichtesten Kugelpackungen). Nicht selten ist die Koordinationszahl 3 in Strukturen mit RO_3-Radikalen und Dreiecken als Koordinationspolygone.

Kopfstimme → Register.

Kopfwelle. Bewegt sich ein kleiner Körper mit → Überschallgeschwindigkeit durch eine Gasmasse oder strömt die Gasmasse mit Überschallgeschwindigkeit an einem kleinen ruhenden Hindernis vorbei, so können die von dem Körper ausgehenden Druckwirkungen sich nur in einem Kegel hinter dem Körper ausbreiten. Abb. 1 verdeutlicht diese Erscheinung mit Hilfe des → Huygensschen Prinzips. Die von dem Körper ausgehenden kugelförmigen Druckwellen bilden sich in der Zeichenebene als Kreise ab, deren Radius um so größer ist, je weiter ihr Ursprung vom Gegenwartspunkt 0 aus in der Vergangenheit liegt (Punkte 1, 2, 3, ...). Die Hüllfläche aller von dem Körper erregten Kugelwellen ist ein Kegelmantel, dessen halber Spitzenwinkel α (der → Machsche Winkel) mit der Bewegungsgeschwindigkeit v des Körpers bzw. der Strömungsgeschwindigkeit des Gases und der Schallgeschwindigkeit c in dem Gase durch die Relation $\sin\alpha = c/v$ verbunden ist. In der durch den Kegelmantel repräsentierten Kopfwelle, die einen Verdichtungsstoß darstellt, nimmt die auf den Körper bezogene Strömungsgeschwindigkeit von Überschallgeschwindigkeit auf Unterschallgeschwindigkeit ab. Der hiermit verbundene Druckanstieg verringert sich mit wachsender Entfernung vom Körper. Akustisch äußert sich der Durchgang der Kopfwelle durch den Standort des Beobachters als scharfer Knall (Geschoßknall). Die Kopfwelle von schnell fliegenden Körpern läßt sich mit Hilfe eines → Schlierenverfahrens sichtbar machen (Abb. → Machscher Winkel).

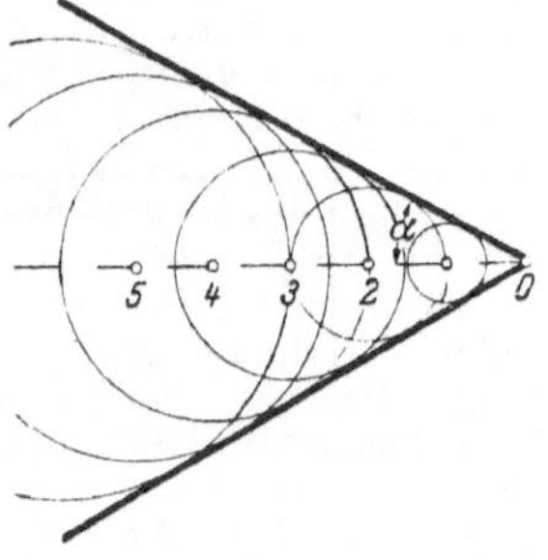

Abb. 1. Entstehung der Kopfwelle.

Eine Kopfwelle entsteht ferner, wenn eine Knallwelle aus einem Medium 1 (Abb. 2) mit der Schallgeschwindigkeit c_1 in ein Medium 2 mit der größeren Schallgeschwindigkeit c_2 hineinläuft. Nach der Theorie von *O. v. Schmidt* kommt diese Erscheinung dadurch zustande, daß von jedem Punkt der mit der Geschwindigkeit c_2 im zweiten Medium fortschreitenden Wellenfront Wellen mit der Geschwindigkeit c_1 in das erste Medium zurücklaufen. Die entstehende Kopfwelle k—k liegt mit ihrer Spitze auf der Wellenfront der durchgehenden Welle und ist Tangentenfläche zur reflektierten Welle. Der Winkel α gehorcht der Beziehung $\sin\alpha = c_1/c_2$. Die Existenz von Grenzschicht-Kopfwellen wurde ebenfalls durch Schlierenaufnahmen sichergestellt Abb. 3). → Totalreflexion elast. Wellen.

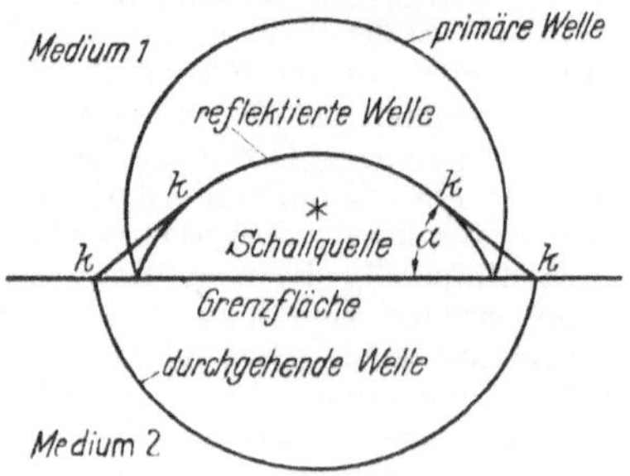

Abb. 2. Kopfwelle an der Grenzschicht zweier Medien.

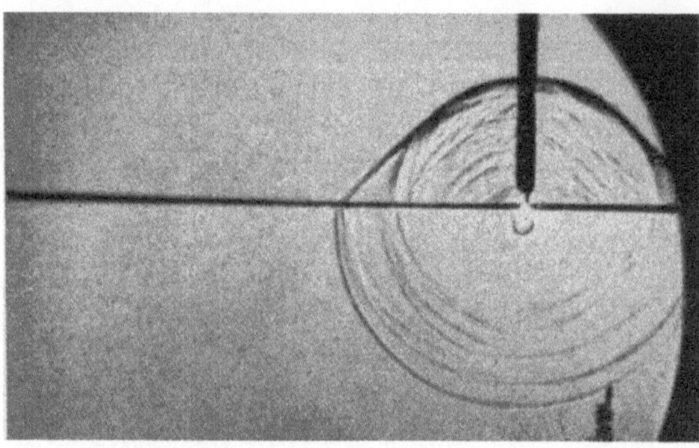
Abb. 3. Schlierenaufnahme einer Knallwelle (die Schallquelle liegt in der Grenzschicht).

Prandtl, L.: Führer durch die Strömungslehre. Braunschweig 1949. *Trendelenburg, F.:* Einf. in die Akustik. Berlin, Göttingen, Heidelberg 1950.

Auch bei der Ausbreitung *elektrischer Wellen* in der Ionosphäre hat man das Auftreten einer Kopfwelle vermutet, die an der oberen Grenze einer dispersionslosen ionisierten Schicht laufen und dabei große Strecken ohne wesentliche Dämpfung zurücklegen soll. Doch ist dies stark umstritten, da es den Ergebnissen der → Echolotung widerspricht und da ein eindeutiger experimenteller Nachweis fehlt.

Koppelschwingungen → Kopplung, → Doppelpendel, → Pendel.

Kopplung, Begriff aus der Theorie der → Schwingungen, durch welchen eine zwischen zwei schwingungsfähigen Systemen bestehende energetische Wechselwirkung zum Ausdruck gebracht wird. Besteht eine solche, dann nennt man die beiden sich gegenseitig beeinflussenden Schwinganordnungen ein *gekoppeltes Schwingsystem.* Diejenigen seiner Elemente, durch welche der Energieaustausch ermöglicht wird, heißen die *Koppelglieder.* Je nachdem ob die gegenseitige Beeinflussung der aufeinander rückwirkenden Schwingsysteme stark oder schwach ist, spricht man von *fester* oder *loser* Kopplung (s. unten). Als Beispiel eines gekoppelten Systems seien etwa zwei sich beeinflussende elektrische Schwingungskreise genannt (Abb. 1), die für die gesamte Hochfrequenztechnik von grundlegender Bedeutung sind. Aus ihnen lassen sich das Wesen der Kopplung und insbesondere die drei verschiedenen *Grundkopplungsarten* äußerst anschaulich erläutern. In Abb. 1a ist den beiden Schwingkreisen *1* und *2* durch den in diesem Fall das Kopplungselement darstellenden Kondensator C_{12} ein elektrischer Verschiebungsstrom gemeinsam, weshalb man eine solche Anordnung *elektrisch* oder *kapazitiv* gekoppelt nennt. Entsprechend heißen zwei Kreise ***magnetisch*** oder ***induktiv*** gekoppelt, wenn sie durch eine Gegeninduktivität L_{12} miteinander magnetisch verknüpft sind (Abb. 1b). Schließlich liegt eine *galvanische* oder *Ohmsche* Kopplung vor, wenn beiden Kreisen ein Ohmscher Widerstand R_{12} gemeinsam ist (Abb. 1c). Aus diesen drei Grundkopplungsarten kann man zu *gemischter* Kopplung gelangen, indem man verschiedene Schaltelemente gleichzeitig als Koppelorgane fungieren läßt. Beispiel: galvanisch-kapazitive Kopplung zweier Kreise (Abb. 1d).

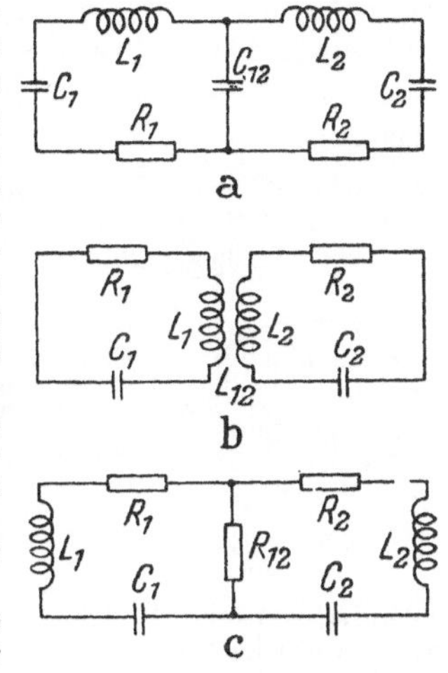

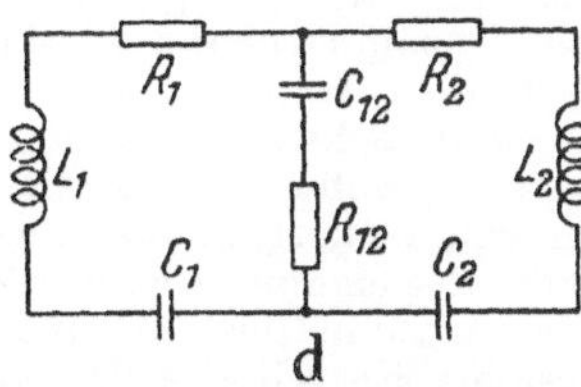

Abb. 1.
Verschiedenartig gekoppelte elektrische Schwingkreise.

Die gegenseitige Rückwirkung zweier miteinander in Wechselwirkung stehender Kreise wird am deutlichsten aus den quantitativen Beziehungen ersichtlich, die für gekoppelte Systeme gelten. Um zu jenen zu gelangen, werde etwa an die induktiv miteinander verknüpften Kreise (Abb. 1b) angeknüpft und nach den in ihnen fließenden Strömen i_1 bzw. i_2 gefragt, die entstehen, wenn die auf den Kondensatoren C_1 und C_2 sitzenden elektrischen Ladungen Q_1 bzw. Q_2 irgendwie zum Ausgleich gebracht werden. Stellt man die Spannungsbilanz für die beiden Kreise auf, so muß gelten

$$U_{C_1} + U_{R_1} + U_{L_1} + U_i^{(12)} = 0, \tag{1}$$

$$U_{C_2} + U_{R_2} + U_{L_2} + U_i^{(21)} = 0, \tag{2}$$

wobei der Index an einer Spannung U andeuten soll, auf welches Schaltorgan sich diese bezieht. U_i^{12} bedeutet die im Kreis *1 (Primärkreis)* durch den Kreis *2 (Sekundärkreis)* in jenem induzierte Spannung. Setzt man die einzelnen Werte ein, so erhält man (L_{12} Gegeninduktivität)

$$\frac{Q_1}{C_1} + i_1 R_1 + L_1 \frac{d i_1}{d t} + L_{12} \frac{d i_2}{d t} = 0, \tag{3}$$

$$\frac{Q_2}{C_2} + i_2 R_2 + L_2 \frac{d i_2}{d t} + L_{12} \frac{d i_1}{d t} = 0. \tag{4}$$

Da der Strom i mit der Kondensatorladung Q durch die Beziehung $i = \frac{dQ}{dt}$ verknüpft ist, erhält man nach Differentiation nach t von Gl. (3) und (4) die den zeitlichen Verlauf der Ströme i_1 und i_2 bestimmenden Gleichungen

$$L_1 \frac{d^2 i_1}{d t^2} + R_1 \frac{d i_1}{d t} + \frac{i_1}{C_1} + L_{12} \frac{d^2 i_2}{d t^2} = 0. \tag{5}$$

$$L_2 \frac{d^2 i_2}{d t^2} + R_2 \frac{d i_2}{d t} + \frac{i_2}{C_2} + L_{12} \frac{d^2 i_1}{d t_2} = 0. \tag{6}$$

Dividiert man durch L_1 bzw. L_2 und führt die Bezeichnungen $\delta = L/2R$ (Dämpfungsfaktor), $\omega_0 = 1/\sqrt{LC}$ (Eigenkreisfrequenz des Kreises) ein, so resultiert

$$\frac{d^2 i_1}{d t^2} + 2\,\delta_1 \frac{d i_1}{d t} + \omega_{01}\, i_1 + \frac{L_{12}}{L_1} \frac{d^2 i_2}{d t^2} = 0, \tag{7}$$

$$\frac{d^2 i_2}{d t^2} + 2\,\delta_2 \frac{d i_2}{d t} + \omega_{02}\, i_2 + \frac{L_{12}}{L_2} \frac{d^2 i_1}{d t^2} = 0. \tag{8}$$

Aus diesen Gleichungen geht der Einfluß der Kopplung deutlich hervor: Der in einem der beiden Kreise fließende Strom wird nicht durch die jenen aufbauenden Schaltelemente (L, C, R) allein bestimmt, sondern ist darüber hinaus noch abhängig von dem im anderen Kreis fließenden Strom, und zwar in dem gerade herausgegriffenen Beispiel von der 2. zeitlichen Ableitung desselben. Das die Kopplung vermittelnde Organ, die Gegeninduktivität L_{12}, ist abhängig von den beiden Einzelinduktivitäten L_1 und L_2. Man setzt dafür die Beziehung

$$L_{12} = k \sqrt{L_1 L_2} \tag{9}$$

und definiert den dimensionslosen Proportionalitätsfaktor k als den *Kopplungskoeffizient.* Er ist gemäß seiner Definition von der Geometrie der beiden Kreise abhängig und bestimmt *nicht allein* den *Kopplungsgrad,* d. h. die Stärke der Rückwirkung. Diese ist vielmehr, wie durch Einsetzen von Gl. (9) in Gl. (7) und (8) aus den letzten Gliedern der dann entstehenden Gleichungen

$$\frac{d^2 i_1}{d t^2} + 2\,\delta_1 \frac{d i_1}{d t} + \omega_{01}^2\, i_1 + k \sqrt{\frac{L_2}{L_1}} \frac{d^2 i_2}{d t^2} = 0 \tag{10}$$

$$\frac{d^2 i_2}{d t^2} + 2\,\delta \frac{d i_2}{d t} + \omega_{02}^2\, i_2 + k \sqrt{\frac{L_1}{L_2}} \frac{d^2 i_1}{d t^2} = 0 \tag{11}$$

hervorgeht, durch den Quotienten

$$ü = \sqrt{\frac{L_1}{L_2}} \tag{12}$$

gegeben, den man *Übertragungsverhältnis* nennt. Ist $ü$ groß, so wird der Einfluß des letzten Gliedes in Gl. (11), d. h. die Rückwirkung des Primärkreises auf den sekundären, merklich sein, während umgekehrt die Stromverhältnisse im Primärkreis durch die des Sekundärkreises nur unwesentlich geändert werden. Für $ü \gg 1$ wird der Primärkreis praktisch keine Beeinflussung durch den Sekundärkreis erfahren, er wird sich also mit guter Näherung wie ein freies Schwingsystem verhalten, das indessen auf den Sekundärkreis eine starke Störung ausübt, der dann eine → erzwungene Schwingung ausführt. Dies ist der Fall *extrem loser Kopplung.* Demgegenüber spricht man bei Verhältnissen, bei denen eine nicht zu vernachlässigende beiderseitige Rückwirkung vorhanden ist, von *fester Kopplung.* Für $k \approx 0$ oder $= 0$ schließlich degenerieren Gl. (10) und (11) in zwei voneinander unabhängige Gleichungen, die mit der gewöhnlichen Differentialgleichung der freien → gedämpften Schwingung übereinstimmen.

Durch Diskussion der Lösungen der simultanen Gl. (10) und (11) läßt sich der Einfluß der Kopplung auf den Schwingungsvorgang ermitteln. Bevor darüber das Wichtigste berichtet werde, sei auf folgendes ausdrücklich hingewiesen. Im Vorstehenden wurde zur Erläuterung des Kopplungsbegriffs auf gekoppelte *elektrische* Schwingsysteme zurückgegriffen. Ganz analoges gilt aber auch für gekoppelte *mechanische* Schwingsysteme. Bei diesen ist jedoch die zwischen ihnen bestehende Kopplung oft nicht unmittelbar so deutlich ersichtlich wie im elektrischen Fall, weshalb zur Erläuterung speziell an diesen angeknüpft wurde. Als ein Beispiel von miteinander in Wechselwirkung stehenden mechanischen Schwingern zu nennen, sei das → Doppelpendel erwähnt. Wie dessen unter diesem Stichwort als Gl. (12) und (13) angegebenen Bewegungsgleichungen erkennen lassen, ist es dem oben behandelten gekoppelten elektrischen Schwingkreisen mechanisch „äquivalent", da die Gl. (1) und (2) unter Stichwort → Doppelpendel mit den vorstehenden (7) und (8) bzw. (10) und (11) formal übereinstimmen. (Daß in letzteren noch die erste zeitliche Ableitung enthaltende Glieder auftreten, beruht lediglich auf der Tatsache, daß in den elektrischen Kreisen ein von Null verschiedener Ohmscher Widerstand R angenommen wurde, der das elektrische Analogon zu einer mechanischen Reibungskraft ist, von der der Einfachheit halber bei der Behandlung des Doppelpendels abgesehen wurde.) Einiges über den Einfluß der Kopplung auf die entstehenden Schwingungsverhältnisse wurde bereits beim Doppelpendel gesagt. Im allgemeinen gilt folgendes: Infolge der Kopplung werden sowohl die Eigenfrequenzen als auch die Dämpfungen der beiden Kreise verändert. Hatten diese, sofern die Kreise frei sind, d. h. keine Wechselwirkung zwischen ihnen besteht, die „ungedämpften" Eigenkreisfrequenzen $\omega_{0_1} = 1/\sqrt{L_1 C_1}$ und $\omega_{0_2} = 1/\sqrt{L_2 C_2}$ und die Dämpfungen δ_1 bzw. δ_2 ($\delta_i = L_i/2R_i$), so haben die entstehenden *Koppelschwingungen* die *Koppelkreisfrequenzen*

$$\Omega_{1,2} = \pm \sqrt{\frac{\omega_{0_1}^2 + \omega_{0_2}^2 \mp \sqrt{(\omega_{0_1}^2 + \omega_{0_2}^2)^2 - 4\sigma\,\omega_{0_1}^2\,\omega_{0_2}^2}}{2\sigma}}. \quad (13)$$

Hierbei ist

$$\sigma = 1 - k^2 \quad (14)$$

[k Kopplungskoeffizient, vgl. Gl. (9)] der *Streukoeffizient*. Haben insbesondere beide Systeme die gleiche Eigenkreisfrequenz

$$\omega_{0_1} = \omega_{0_2} = \omega_0, \quad (15)$$

so folgt aus (13) für die Koppelkreisfrequenzen

$$\Omega_{1,2} = \frac{\omega_0}{\sqrt{1 \pm k}}. \quad (16)$$

Es treten also jetzt *zwei* Kreisfrequenzen auf. Zwei Schwingsysteme, die die gleiche Eigenfrequenz haben, nennt man *aufeinander abgestimmt*. Gl. (16) bringt zum Ausdruck, daß infolge einer zwischen den beiden Systemen herrschenden Kopplung die Abstimmung zerstört wird. Die ursprünglich gleichen Kreisfrequenzen werden bei hinreichend fester Kopplung durch diese in eine „langsame" (Ω_1) und eine „schnelle" Koppelkreisfrequenz (Ω_2) abgeändert. Eine Abstimmung ist nicht mehr möglich, da den beiden Schwingsystemen durch die Kopplung neue Frequenzen „zugeordnet" werden. Ähnliches gilt für die Dämpfungen δ_1 und δ_2 der Schwinger. Werden diese zunächst als gleich angenommen, so zeigt die Rechnung, daß die Dämpfung derjenigen Schwingung, die mit der „schnelleren" Frequenz Ω_1 abläuft, vergrößert, diese Schwingung also stärker gedämpft wird. Waren die beiden Schwingsysteme ursprünglich aufeinander abgestimmt, hatten sie jedoch verschiedene Dämpfungen, so werden diese, wenn sie die Kopplung überwiegen, durch letztere in gewisser Weise ausgeglichen, indem die Dämpfung des stärker gedämpften Systems um einen gewissen Betrag δ' herabgesetzt wird, während das schwächer gedämpfte System durch die Kopplung eine entsprechende Dämpfungserhöhung δ' erfährt. Einzelheiten vgl. die Literatur.

Über den Verlauf der (nichterzwungenen) Koppelschwingungen gilt das unter → Doppelpendel gesagte. Aus der zu diesem Stichwort gehörigen Abb. geht auch anschaulich die energetische Wechselwirkung hervor: Wenn momentan das primäre System am heftigsten schwingt, also ein Maximum an Energie besitzt, befindet sich das sekundäre in Ruhe, ist also (bei geeigneter Normierung) energielos. Allmählich geht ein Teil der Energie vom Primärsystem in das sekundäre über, und dieses beginnt ebenfalls Schwingungen auszuführen, die intensiver werden, wobei gleichzeitig das Primärsystem an Energie verliert, um gerade dann zur Ruhe zu kommen, also energielos zu werden, wenn das Sekundärsystem am heftigsten schwingt. Dann hat dieses die gesamte Energie des Primärsystems aufgenommen. Wird keine Energie nach außen abgegeben, so dauert dieses Wechselspiel beliebig lange an. Treten dagegen dissipative Kräfte auf (im mechanischen Fall: Reibung; in elektrischen Kreisen: Ohmsche Verluste), so klingt die Schwingung mit der Zeit ab, und es ergeben sich Verhältnisse, die in Abb. 2 angedeutet sind.

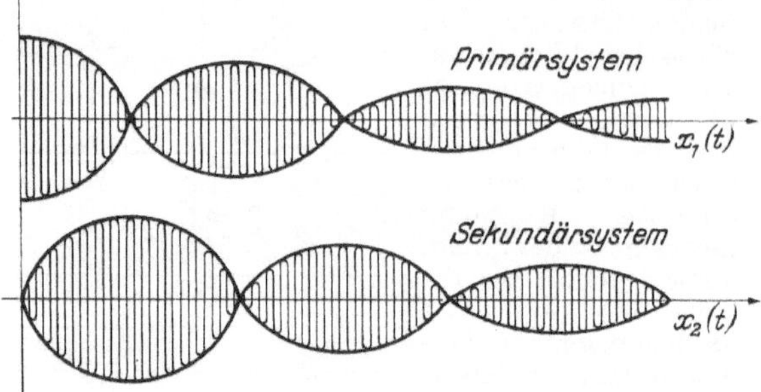

Abb. 2. Grundsätzlicher Verlauf von Koppelschwingungen.

Das vorstehend behandelte Beispiel stellt einen Sonderfall insofern dar, als nur eine einzige Kopplungsart — die induktive — berücksichtigt war. Sie bewirkte das Auftreten eines die 2. zeitliche Ableitung der sekundären schwingenden Größe enthaltenden Gliedes in der Differentialgleichung des Primärsystems. Wären auch die beiden anderen Kopplungsarten — galvanische und kapazitive — in die Betrachtung mit einbezogen worden, so hätten sie Anlaß zu weiteren Gliedern gegeben, die der 1. bzw. 0. Ableitung des rückwirkenden Schwingers proportional sind. Ganz entsprechendes gilt auch für gekoppelte mechanische Systeme. Die allgemeinste Form der Bewegungsgleichungen zweier einander beeinflussender Systeme lauten daher, wenn man die beiden schwingenden Größen, die sowohl elektrisch als auch mechanischer Natur sein können, mit x_1 bzw. x_2 bezeichnet, für den Fall *freier* Schwingungen:

$$\left.\begin{aligned} &\frac{d^2 x_1}{dt^2} + 2\delta_1 \frac{dx_1}{dt} + \omega_{0_1}^2 x_1 + \varkappa_1 \frac{d^2 x_2}{dt^2} + \\ &\quad + 2\delta_1 \varkappa_2 \frac{dx_2}{dt} + \omega_{0_1}^2 \varkappa_3 x_2 = 0, \end{aligned}\right\} \quad (17)$$

$$\left.\begin{aligned} &\frac{d^2 x_2}{dt^2} + 2\delta_2 \frac{dx_2}{dt} + \omega_{0_2}^2 x_2 + \bar{\varkappa}_1 \frac{d^2 x_1}{dt^2} + \\ &\quad + 2\delta_2 \bar{\varkappa}_2 \frac{dx_1}{dt} + \omega_{0_2}^2 \bar{\varkappa}_3 x_1 = 0. \end{aligned}\right\} \quad (18)$$

In dieser Form wurden die Gleichungen von *M. Wien* 1897 erstmalig aufgestellt. Sie bilden den Ausgangspunkt der Theorie der freien Koppelschwingungen. Statt des früheren Kopplungskoeffizienten treten nun entsprechend der Verallgemeinerung des Problems drei bzw. sechs Größen $\varkappa_i, \bar{\varkappa}_i$ $(i = 1, 2, 3)$, die dem früheren $k/\ddot{u}$ bzw. $k\,\ddot{u}$ entsprechen. Während die zusätzlichen letzten drei Glieder in Gl. (17) und (18) bei gekoppelten elektrischen Kreisen einer induktiven, Ohmschen bzw. kapazitiven Wechselwirkung entsprechen, deutet man sie im mechanischen Fall als *Trägheits-, Widerstands- (= Reibungs-)* bzw. *elastische* Kopplung. Die analytische Behandlung der Gl. (17) und (18) wurde bereits von *Wien* selbst für eine Reihe von Sonderfällen durchgeführt und ist im einzelnen in der Literatur behandelt. Eine Erweiterung des Problems stellen die *erzwungenen* Koppelschwingungen dar, die dann entstehen,

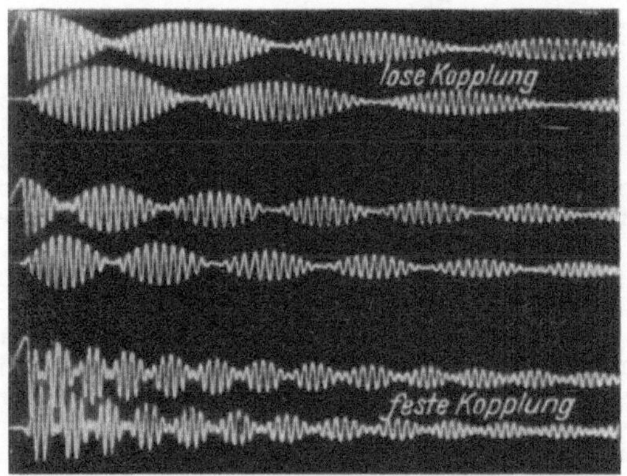

Abb. 3. Oszillogramme von Koppelschwingungen bei loser und fester Kopplung.

wenn ein System, etwa das primäre, noch einer *Störungskraft* $\varphi(t)$ unterworfen ist. Dann ist die rechte Seite von Gl. (17) abzuändern, und die Schwingungen werden durch die Gleichungen

$$\cdots + 2\,\delta_1\,\varkappa_2\frac{d\,x_2}{d\,t} + \omega_{01}^2\,\varkappa_3\,x_2 = \frac{\varphi(t)}{m} \qquad (19)$$

$$\cdots + 2\,\delta_2\,\bar{\varkappa}_2\frac{d\,x_1}{d\,t} + \omega_{02}^2\,\bar{\varkappa}_3\,x_1 = 0 \qquad (20)$$

beschrieben.

Die Abb. 3 zeigt einige Beispiele von Koppelschwingungen bei loser und fester Kopplung.

Hort, W.: Schwingungslehre. Berlin 1922. *Kalähne, A.*: Grundzüge d. math.-phys. Akustik I. Leipzig 1910. Handb. d. Experimentalphysik XVII. Leipzig 1934. *Kammerloher, J.*: Hochfrequenztechnik I. Leipzig 1944. *Wagner, K. W.*: Einf. i. d. Lehre von den Schwingungen u. Wellen. Wiesbaden 1947.

Kopplung von Drehimpulsen. Im → Aufbauprinzip der Atomterme wird immer wieder Gebrauch gemacht von der Addition (Kopplung) zweier Drehimpulse, die durch die Quantenzahlen j und j' gegeben sein mögen. Der durch Addition entstehende Gesamtdrehimpuls kann dann die Quantenzahlen $J = j + j', j + j' - 1, \cdots |j - j'|$ annehmen. Dies beruht darauf, daß die Produktdarstellung $D_j \times D_{j'}$ der → Drehgruppe nach der Gleichung $D_j \times D_{j'} = \sum_{r=|j-j'|}^{j+j'} D_r$ in irreduzible zerfällt. → Vektormodell.

Kopplung von elektrischen Schwingungskreisen → Kopplung.

Kopplung in Molekülen. Die verschiedenen Bewegungen im Molekül (Elektronenbewegung, Kernschwingung und Rotation) sind nicht unabhängig voneinander, sondern stets in bestimmter Weise miteinander gekoppelt, so daß sich die Konstanten der Formeln für die Lage der Energieterme von einem zum anderen Anregungszustand ändern. Die Kopplung zwischen Schwingung und Rotation z. B. wird berücksichtigt durch ein Glied $-\alpha\,(v + 1/2)\,J(J + 1)$, das zum Term $BJ(J + 1)$ der Rotationsenergie hinzutritt ($v = 0, 1, 2, \ldots$ Schwingungsquantenzahl, $J = 0, 1, 2, \ldots$ Rotationsquantenzahl, B Rotationskonstante; α ist eine kleine Konstante). — → Hunds Kopplungsfälle.

Kopplungseffekt bei Spektrallinien → Linienbreite.

Kopplungsenergie → Zusammensetzung von Teilsystemen.

Kopplungsgrad → Kopplung.

Kopplungskoeffizient → Gegeninduktionskoeffizient, → Kopplung.

Koppsche Regel: Die Molwärme einer festen Verbindung (Produkt aus spezifischer Wärme und Molmasse) ist gleich der Summe der → Atomwärmen der im Molekül enthaltenen Atome. Die Koppsche Regel ist wie das → Dulong-Petit-Gesetz nur ein Näherungsgesetz. Sie kann jedoch als ein für viele praktische Zwecke hinreichend genaues Hilfsmittel empfohlen werden, wenn man sich z. B. über die ungefähre Molwärme oder die spezifische Wärme einer festen Verbindung unterrichten will. Für solche Zwecke benutzt man als Zahlenwerte der Atomwärme (in cal g-atom^{-1} grad^{-1}) für die metallischen Elemente (mit Ausnahme des Siliziums): 6,2; für O: 4,0; für H: 2,4; für F: 5,0; für Cl: 6,5; für C: 1,8; für Si: 3,8; für S: 5,4; für P: 5,4.

Koepsel-Apparat, dient zur Aufnahme der Magnetisierungskurven und Hystereseschleifen ferromagnetischer Substanzen, die in Form zylindrischer Probestäbe vorliegen müssen. Der im Innern einer Magnetisierungsspule befindliche Probestab ist in ein magnetisches Joch eingespannt, durch welches sich der Induktionsfluß schließt. In dem Joch befindet sich ein Luftspalt und eine Drehspule wie bei einem Galvanometer. Während des Versuches fließt durch die Drehspule ein konstanter Strom, dessen Stärke umgekehrt proportional zum Querschnitt des Probestabes eingestellt wird. Dann ist der Ausschlag des Zeigers der Drehspule, multipliziert mit einer Apparatkonstanten, gleich der Magnetisierung im Probestab. Kompensationswicklungen auf dem Joch beseitigen den Einfluß, den die Magnetisierungsspule schon ohne den Probestab ausübt.

Kohlrausch, F. Prakt. Physik II. Leipzig u. Berlin 1950.

Korkzieherregel = → Schraubenregel.

Korn, Korngrenzen, Korngrenzendiffusion → Vielkristall; ferner → Nachwirkungserscheinungen, elastische.

Kornverfeinerung → Emulgierung durch Ultraschall.

Kornvergrößerung, das Wachstum größerer Kristallite eines Kristallaggregats auf Kosten der kleineren, namentlich bei Temperaturen nicht weit unterhalb des Schmelzpunkts.

Korona → Koronaentladung, → Koronalinien, → Sonnenkorona.

Koronaentladung, *Sprühen, Glimmen,* eine selbständige → Gasentladung, die in der Umgebung der

Oberfläche von spannungsführenden Drähten, Spitzen und Kanten nach Überschreiten einer kritischen Feldstärke durch Stoßionisation einsetzt (→ Spitzenentladung). Die Träger gleicher Polarität werden im elektrischen Feld des Leiters zu der meist entfernten Gegenelektrode geführt. Die Zone, in der die Ionisierung stattfindet, und die als leuchtende *Koronahaut* die spannungführende Elektrode umgibt, ist bei Atmosphärendruck von der Größenordnung 1 mm. Die kritische Feldstärke (Anfangsfeldstärke) gehorcht nach *Peek* für einen positiven Draht des Radius r [cm] bei der relativen Luftdichte δ ($\delta = 1$ für 760 Torr und 0 °C) der Zahlenwertgleichung

$$E_0^+ = 36{,}8\,\delta + 8{,}5\,\sqrt{\delta/r}\,[\mathrm{kV \cdot cm^{-1}}],$$

für einen negativen Draht

$$E_0^- = 33{,}9\,\delta + 10\,\sqrt{\delta/r}\,[\mathrm{kV \cdot cm^{-1}}].$$

Die Anfangsspannung U_0 errechnet sich hieraus nach Sätzen der Potentialtheorie. Nach *Townsend* ist für kleine Ströme die Charakteristik $i = c\,(U - U_0)\,U$.

Die Korona ist unter gewissen Bedingungen intermittierend (Trichel), wobei Büschel von schwachen Leuchtfäden oder hellere Kanäle sich fortwährend umbilden.

Zur Herabsetzung der Koronaverluste und zur Erhöhung der Maximalspannung von elektrostatischen Bandgeneratoren wird der Luft Freon (CCl_2F_2) beigemischt. Die Wirkung beruht wohl wesentlich auf Dissipation der Elektronenenergie, so daß Stoßionisation erschwert wird.

Technisch bedeutsam ist die Wechselspannungskorona an Hochspannungsfreileitungen wegen der erheblichen Verluste. Z. B. betragen die Verluste für eine Drehstromleitung von 220 kV bei 50 Hertz 3,6 kW je km.

Engel-Steenbeck: Elektr. Gasentladungen II. Berlin 1934.
Seeliger, R.: Physik d. Gasentladungen. Leipzig 1934.

Koronalinien. Die Emissionslinien der → Sonnenkorona, die ursprünglich einem hypothetischen Element *Koronium* zugeschrieben wurden, konnten 1941 von *Edlén* auf Grund von Ergebnissen der Vakuumspektroskopie identifiziert werden. Die hellsten Linien und ihre Identifizierung sind in der nebenstehenden Tabelle enthalten; es handelt sich in allen Fällen um „verbotene Übergänge". Die angegebenen Linienintensitäten, deren Einheit ein Millionstel der Emission eines 1 Å breiten Gebietes des kontinuierlichen Sonnenspektrums bei der betreffenden Wellenlänge ist, unterliegen starken zeitlichen und lokalen Schwankungen. Die Halbwertsbreite der Emissionslinien beträgt etwa 1 Å, woraus auf eine turbulente Bewegung von $\pm$ 35 km · s^{-1} bzw. bei Deutung durch thermische Dopplerverbreiterung auf eine Temperatur von über 10^6 grad geschlossen werden kann.

Edlén, B.: Z. Astrophysik **22**, 30 (1942).

Wellenlänge in Luft I. A.	Intensität	Element	Übergang	Ionisationspotential V
3388,10	16	Fe XIII	$^3P_2 - {}^1D_2$	325
3600,97	2,1	Ni XVI	$^2P_{1/2} - {}^2P_{3/2}$	455
4086,29	1,0	Ca XIII	$^3P_2 - {}^3P_1$	655
4231,4	2,6	Ni XII	$^2P_{3/2} - {}^2P_{1/2}$	318
5116,03	4,3	Ni XIII	$^3P_2 - {}^3P_1$	350
5302,86	100	Fe XIV	$^2P_{1/2} - {}^2P_{3/2}$	355
6374,51	18	Fe X	$^2P_{3/2} - {}^2P_{1/2}$	233
6701,83	2,0	Ni XV	$^3P_0 - {}^3P_1$	422
7891,94	13	Fe XI	$^3P_2 - {}^3P_1$	261
8024,21	0,5	Ni XV	$^3P_1 - {}^3P_2$	422
10746,80	55	Fe XIII	$^3P_0 - {}^3P_1$	325
10797,95	35	Fe XIII	$^3P_1 - {}^3P_2$	325

Koronium → Koronalinien.

Koronograph (*B. Lyot* 1931), Instrument zur Beobachtung der → Sonnenkorona und der Erscheinungen am Sonnenrand, die früher nur bei totalen Sonnenfinsternissen untersucht werden konnten. Der mit dem Koronographen erzielte Fortschritt beruht auf der weitgehenden Ausschaltung des instrumentalen Streulichtes; das atmosphärische Streulicht wird durch Aufstellung des Instruments auf Bergstationen oberhalb der mittleren Hauptdunstgrenze klein gehalten. Der Aufbau geht aus der Abb. hervor: Als Objektiv O dient eine einfache Linse mit bester Politur ohne Bläschen, Trübungen und Kratzer, bei der jede Staubablagerung sorgfältig beseitigt wird. Die Sonne wird auf eine kegelförmige verspiegelte Blende B_1 abgebildet, die das Photosphärenlicht seitlich hinauswirft; ihr Durchmesser ist ein wenig größer als der des Sonnenbildes gehalten. Die Feldlinse F bildet das Objektiv O auf einen Blendenring B_2 ab, der den von der Eintrittsblende B herrührenden Beugungsring abfängt. Das Linsensystem $L_1 L_2$ bildet die Blende B_1 und damit das primäre Bild der Sonnenumgebung vergrößert in die Bildebene E ab, wo es direkt photographiert werden kann oder wohin man den Eintrittsspalt eines Spektroskops oder Spektrographen bringt. Bei direkter Beobachtung wird in den parellelen Lichtweg zwischen L_1 und L_2 ein Interferenzfilter für die grüne oder rote Koronalinie gebracht, so daß man in E monochromatische Koronabilder erhält. Protuberanzen werden mit einem Interferenzfilter für $H\alpha$ beobachtet. Die Feldlinse F läßt man um ihre optische Achse rotieren, damit die auf ihr befindlichen Staubteilchen usw. nicht in E abgebildet werden. Durch den Koronographen gelingt es, das instrumentelle Streulicht auf den Bruchteil 10^{-5} der Flächenhelligkeit der Sonnenscheibe herabzusetzen.

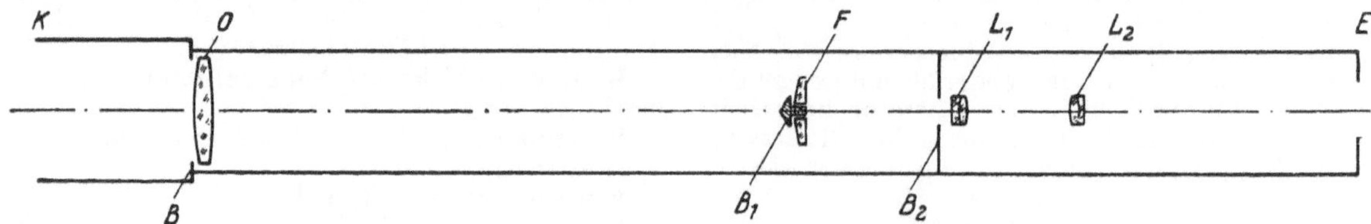

Anordnung des Koronographen.

Körperfarbe, die Farbe eines Nichtselbstleuchters, die er bei Beleuchtung oder Durchleuchtung mit sichtbarem Licht zeigt. Ihre → Farbvalenz ist von der spektralen Beschaffenheit des beleuchtenden Lichtes und dem spektralen Remissions- (bzw. Transmissions-) Vermögen abhängig. Der ideale Grenzfall einer Körperfarbe ist die → Optimalfarbe.

Körperschall, ein durch einen festen Stoff geleiteter Schall.

Körperschwingungen → Schwingungen, elastische.

Korpuskel, fast synonym mit *Teilchen, Partikel,* vor allem im Gegensatz zur Welle, etwa in Korpuskularstrahlen. Der Begriff der Korpuskel bezeichnet gegenüber dem der Partikel die abgeschlossene Einheit. Das Molekül ist eine aus Atomen zusammengesetzte Korpuskel. Die Atome sind Partikel des Moleküls. Der Atomkern ist aus den Elementarteilchen Proton und Neutron aufgebaut. Doch sind die Protonen- und Neutronenstrahlen Korpuskularstrahlen.

Korpuskularstrahlung, eine aus einzelnen bewegten Korpuskeln bestehende Strahlung wie die Kathodenstrahlen, Kanalstrahlen, die Alpha- und Betastrahlen, im Gegensatz zu den Wellenstrahlungen.

Korpuskularstrahlung der Sonne. Von verschiedenen Stellen der Sonnenoberfläche werden in stark wechselnder Intensität geladene Teilchen emittiert, und zwar, der chemischen Zusammensetzung der Sonnenatmosphäre entsprechend, vorwiegend Protonen und Elektronen. Die Korpuskelströme sind als Ganzes neutral. Die Geschwindigkeiten der Teilchen liegen zwischen etwa 400 und 2000 km · s^{-1}; ihr Weg Sonne–Erde wird von den Teilchen in 1 bis 4 Tagen zurückgelegt. Die langsameren Korpuskeln mit Geschwindigkeiten um 400 bis 600 km · s^{-1} gehen vorzugsweise von den Stellen der Sonnenscheibe aus, wo sich → Protuberanzen befinden; sie sind identisch mit den Strahlen der → Sonnenkorona. Beim Eindringen in die Erdatmosphäre rufen sie die schwachen erdmagnetischen Störungen hervor. Da die Quellen der langsamen Korpuskularstrahlung auf der Sonne sehr langlebig sind, wiederholen sich diese magnetischen Störungen nach oft je 27 Tagen entsprechend der Rotationsperiode der Sonne. Im Magnetfeld von Sonnenflecken erfahren die Strahlen starke seitliche Ablenkungen, so daß im Fleckenminimum die Wiederholungstendenz am deutlichsten ist, während im Maximum die Korrelation zwischen Filamenten und magnetischen Störungen verloren geht.

Die schnellen Korpuskeln mit 2000 km · s^{-1} werden von den intensiven → Eruptionen an der Sonnenoberfläche emittiert; sie rufen die großen magnetischen Stürme und intensiven Polarlichter auf der Erde hervor. Da der Querschnitt des von einer Eruption meist radial ausgehenden Korpuskelstromes verhältnismäßig klein ist, besteht nur bei Eruptionen nahe dem Zentralmeridian der Sonne eine größere Wahrscheinlichkeit, daß die Teilchen die Erde treffen, so daß nicht bei jeder Eruption ein Nordlicht oder magnetischer Sturm auftritt.

Korrektion von Messungsergebnissen → Verbesserung.

Korrektion (Korrektur), optische, die möglichst weitgehende Aufhebung der → Abbildungsfehler optischer Systeme.

Korrektionsfassung. Starke Mikroobjektive, insbesondere Apochromate, stärkste Trockensysteme und Wasserimmersionen, sind oft mit einer Korrektionsfassung zur Einstellung des Objektives auf verschiedene Deckglasdicken versehen. Durch Drehen eines Rändelringes wird die Entfernung der unteren Linsen des Mikroobjektives von den oberen so verändert, daß die durch die verschiedene Deckglasdicke hervorgerufene sphärische Aberration durch die des Mikroobjektivs kompensiert wird.

Korrektionsmethoden der optischen → Abbildungsfehler. Die → Farbenfehler werden in den meisten Fällen durch die Wahl der optischen Gläser (höhere → Abbesche Zahl im brechkräftigeren Teil) und entsprechende Abstimmung der Einzelbrechkräfte (→ Achromasiebedingungen) korrigiert, nicht jedoch mit der → Durchbiegung der Linsen. Der Öffnungsfehler wird im allgemeinen durch Einführung von anteilsweise gegenwirkenden Flächen bzw. Linsen (bei sammelnden Systemen durch zerstreuend wirkende Flächen bzw. Linsen) und durch die Änderung der Durchbiegung korrigiert. Der Asymmetriefehler kann durch Einführung einer Blende an geeigneter Stelle (natürliche Blende) oder durch symmetrische Anlage des Systems sowie durch Änderung der Durchbiegung von dafür besonders empfindlichen Linsen bzw. Flächen behoben werden. Der Zweischalenfehler wird durch die Baulänge des Systems, durch die Blendenstellung, durch die Änderung der Durchbiegungen geeigneter Einzellinsen und durch die Brechkräfteverteilung der letzteren mehr oder weniger günstig beeinflußt. Die Korrektion der Bildfeldwölbung verlangt häufig auch eine zweckmäßige Glaswahl (→ Petzvalbedingung). Der Verzeichnungsfehler ist in vielen Fällen durch weitgehende Symmetrie der Anlage korrigierbar. Sehr oft beeinflußt die anzuwendende Korrektionsmethode für einen bestimmten Abbildungsfehler mehr oder weniger die anderen Abbildungsfehler, so daß das → Optikrechnen ein fortgesetztes probierendes Abgleichen der einzelnen Fehler ist, wobei die Grundregeln der Theorie der Abbildungsfehler beachtet werden. Im Endzustand bleiben von den verschiedenen Abbildungsfehlern Reste, die sich nicht völlig beheben lassen, jedoch so untereinander ausgeglichen sind, daß eine genügende Gesamtkorrektion resultiert.

v. Rohr, M.: Die Bilderzeugung in opt. Instrumenten I. Berlin 1904. *Conrady, A. E.:* Applied Optics and Optical Design, London 1929.

Korrelate, Korrelatengleichung → Ausgleichungsrechnung.

Korrelation → Korrelationsrechnung.

Korrelationsenergie beim Elektronengas. Die Gesamtenergie eines „Gases" von N Elektronen, die sich in einem Volumen V von gleich großer positiver, ausgeschmierter Ladung bewegen, ist klassisch gegeben durch die Formel

$$H = \sum_{k}^{N} \frac{\mathfrak{p}_k^2}{2\,m_e} + \sum_{i<k}^{N} \frac{e^2}{|\mathfrak{r}_i - \mathfrak{r}_k|} + \cdots, \qquad (1)$$

in der $\mathfrak{r}_k$ und $\mathfrak{p}_k$ Ort und Impuls des k-ten Elektrons, e und m_e die Elektronenladung und -masse sind. Fortgelassen sind die Glieder, welche die Wechselwirkung mit der positiven Ladung sowie die Selbstenergie dieser festen Ladung enthalten.

Quantentheoretisch erhält man die Energie des niedrigsten Zustandes (zur Temperatur $T = 0$) getrennt als kinetische und potentielle Energie. Die erstere ist gleich der unter → Fermikugel abgeleiteten Nullpunktsenergie, welche dadurch zustande kommt, daß die Elektronen im Impulsraum eine Kugel $\frac{4\pi P^3}{3} = \frac{h^3}{(2s+1)} \frac{N}{v}$ auffüllen. Dabei ist $s = \frac{1}{2}$ der Spin des Elektrons. Die potentielle Energie dagegen erhält man, wenn man die mittlere gegenseitige Aufenthaltswahrscheinlichkeit zweier Elektronen kennt. Diese ist für Elektronen gleicher und entgegengesetzter Spinrichtung verschieden und enthält ein konstantes Glied (statistische Verteilung der Elektronen), verringert um das sog. „Austauschloch" $b(\mathfrak{r}_1 - \mathfrak{r}_2)$, welches nur für kleine $|\mathfrak{r}_1 - \mathfrak{r}_2|$ Beiträge liefert und infolge des Pauliprinzips verhindert, daß Teilchen gleichen Spins sich zu nahe kommen. Hinzu tritt noch ein „Ausweichloch" $a(\mathfrak{r}_1 - \mathfrak{r}_2)$ von ähnlicher Form, jedoch etwa 5mal so klein, welches durch die elektrostatische Abstoßung hervorgerufen wird, also

$$\left.\begin{aligned} w(\mathfrak{r}_1\mathfrak{r}_2, \nearrow\swarrow) &= \frac{1}{V^2}[1 - a(\mathfrak{r}_1\mathfrak{r}_2)], \\ w(\mathfrak{r}_1\mathfrak{r}_2, \nearrow\nearrow) &= \frac{1}{V^2}[1 - a'(\mathfrak{r}_1\mathfrak{r}_2) - b(\mathfrak{r}_1\mathfrak{r}_2)], \\ w(\mathfrak{r}_1\mathfrak{r}_2) &= \frac{1}{2}[w(\nearrow\swarrow) + w(\nearrow\nearrow)]. \end{aligned}\right\} \quad (2)$$

Mit diesen Bestimmungen ist die Gesamtenergie des Elektronengases:

$$\begin{aligned} E &= E^{kin} + E^{pot} \\ &= N\frac{3}{5}\frac{P^2}{2m_e} + \frac{N(N-1)}{2}\iint d\mathfrak{r}_1\, d\mathfrak{r}_2 \frac{e^2}{r_{12}} w(\mathfrak{r}_1\mathfrak{r}_2). \quad (3) \end{aligned}$$

Die konstanten Glieder in der Wahrscheinlichkeit geben die Coulombsche Wechselwirkungsenergie der Elektronen, welche zusammen mit der Selbstwechselwirkungsenergie der positiven Ladungsdichte und der gegenseitigen Wechselwirkung zwischen beiden verschwindet. Durch das Austauschloch b dagegen wird die (negative) Austauschenergie E^A hervorgerufen und durch das Ausweichloch a die ebenfalls negative Korrelationsenergie E^k, welche sich von E^A nur um einen Faktor u unterscheidet, dessen Abhängigkeit von P und damit von

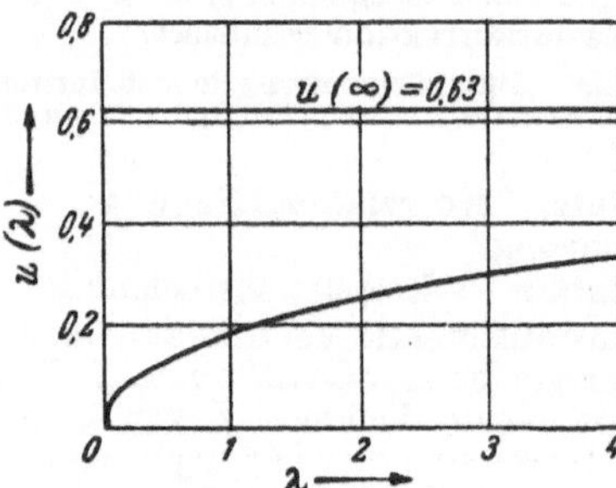

Verhältnis von Korrelationsenergie zur Austauschenergie in Abhängigkeit von $\lambda \sim \sqrt[3]{v/N}$.

der Dichte in der Abb. wiedergegeben ist. Die Ausrechnung ergibt

$$\begin{aligned} E &= E^{kin} + E^A + E^k \\ &= N\left\{\frac{3}{5}\frac{P^2}{2m_e} - \frac{3e^2P}{2h}\left(1 + u(\lambda)\right)\right\}. \quad (4) \end{aligned}$$

An Stelle von P ist als dimensionsloser Parameter $\lambda = 4\, m_e e^2/(hP)$ gewählt, welcher bis auf einen Zahlenfaktor gleich dem Verhältnis von mittlerem gegenseitigem Elektronenabstand zum Bohrschen Wasserstoffradius ist. Die Elektronengase der meisten Metalle entsprechen etwa $\lambda \approx 1$, also $u \sim 0{,}2$. — → Austauscheffekt.

Bei sehr dünnen Gasen wird $u(\lambda) = u(\infty) \approx 0{,}6$. Für die Durchführung der Rechnungen siehe *W. Macke:* Z. Naturforsch. **5a**, 192 (1950).

Korrelationskoeffizient. Für die anschauliche Darstellung eines vermuteten Zusammenhanges zwischen zwei Kollektiven (→ Kollektivmaßlehre) erhält man aus einer Auftragung der Beobachtungswerte auf zwei rechtwinklige Achsen wegen unberücksichtigter Faktoren, die sowohl kausaler als auch rein zufälliger (→ Zufall) Art sind, zunächst zwei → Regressionsgeraden (RG.), für die allgemein eine mittlere eingeführt wird. Um den Grad des Zusammenhanges auch analytisch in bezug auf die gleiche Maßeinheit auszudrücken, wird der *Korrelationskoeffizient* (Kf.) r eingeführt, der sich aus $r = \frac{[xy]}{\sqrt{[xx]\,[yy]}}$ ergibt, wobei x_i und y_i die Koordinaten der aufgetragenen Punkte in dem bis zu ihrem Schwerpunkt parallel verschobenen ursprünglichen Koordinatensystem und [ ] das Gaußsche Summenzeichen (→ Ausgleichsrechnung) bedeuten. Bestünde ein streng funktionaler Zusammenhang, so fielen die beiden RG. zusammen, und r würde $+1$ oder -1 (gleicher oder entgegengesetzter Verlauf der Korrelation). Bei fehlendem Zusammenhang sind die RG. parallel zu den entsprechenden Achsen, und r wird 0. Es ist daher eine um so stärkere Korrelation im positiven oder negativen Sinne zu vermuten, je mehr sich r dem Wert $+1$ oder -1 nähert. Die Unsicherheit f der durch r ausgedrückten Korrelation wird durch den Ausdruck $\frac{0{,}67449(1-r^2)}{\sqrt{n}}$ charakterisiert, wobei n die Anzahl der Wertepaare bedeutet.

Exner, F. M.: Über die Korrelationsmethode. Jena 1913.

Korrelationsrechnung. Die Korrelationsrechnung (KR.) (oder Korrelationsmethode) ist eine Methode der → Statistik zur mathematischen Erfassung eines vermuteten Zusammenhanges zwischen irgendwelchen veränderlichen Erscheinungen, z. B. der Körpergröße des Vaters und der des Sohnes; dabei sollen statt bildlicher Darstellung (Kurven oder sonstige graphische Verfahren) eine oder mehrere Zahlen so repräsentativ sein, daß zutreffende Vergleiche und vorausbestimmende Werturteile gewonnen werden können. Die Beziehung zwischen den zu betrachtenden veränderlichen Größen kann sowohl kausal sein als auch mehr oder weniger nur äußerlich. Die KR. konstatiert grundsätzlich *nur* die äußeren Tatsachen und kann daher das Wesen des Verhältnisses auf Ursache und Wirkung hin nicht klären. Sie setzt zunächst einen linearen Zusammenhang voraus, für den aber u. U. ein quadratischer oder einer von höherer (meist nicht größer als 3.) Ordnung eingeführt werden muß. In den Fällen, wo mehr als 2 Variable in korrelativer Abhängigkeit stehen, wie z. B. bei Ernteerträgen, die von der Regenmenge und der Temperatur abhängen, sind die Korrelationen nicht nur paarweise, sondern in ihrer mehrfachen Verbundenheit festzustellen. Die wichtigsten Begriffe in der KR. sind der → Korrelationskoeffizient, die → Regressionsgerade und die mittleren → Schwankungen.

Czuber, E.: Die statist. Forschungsmethoden. Wien 1938.

Korrelator. Zur Kennzeichnung von statistischen oder mit statistischen Methoden darstellbaren

Schwingungsvorgängen (→ Rauschen, Sprache, Musik) bedient man sich mit Vorteil der *Autokorrelation*, die den ursprünglichen Vorgang $F(t)$ in seine

$$\text{Autokorrelierte } \Phi(\tau) = \lim_{T\to\infty} \frac{1}{2T} \int_{-T}^{T} F(t)\, F(t+\tau)\, dt$$

überführt. Alle Schwingungsvorgänge von gleicher spektraler Zusammensetzung haben, unabhängig von der speziellen Schwingungsform, die gleiche Autokorrelierte. Die zur praktischen Ausführung der Autokorrelation dienenden Geräte heißen *Korrelatoren*; sie enthalten im wesentlichen ein Speichersystem, einen Modulator und einen Integrator.

Korrespondenzprinzip. Bei der Entdeckung der Quantenmechanik (wie auch noch heute bei der Aufstellung der → Hamiltonoperatoren) spielte das Korrespondenzprinzip eine wesentliche Rolle. Es besagt, daß die Quantenvorgänge, die sich nicht durch die klassische Mechanik, sondern nur durch die Quantenmechanik beschreiben lassen, nicht etwa restlos andersartigen Gesetzen als der klassischen Mechanik genügen, sondern daß im Gegenteil die Quantenvorgänge analog, d. h. entsprechend (korrespondenzmäßig) wie die klassischen ablaufen. Daß die quantenmechanischen Erscheinungen weitgehend in Korrespondenz zu den klassischen stehen, so daß man bei einigem Geschick aus den klassischen Formeln direkt die quantenmechanisch richtigen „raten" kann, ist die wichtige Erkenntnis von *Bohr* gewesen. Die endgültige Durchführung dieses Gedankens führte dann *Heisenberg* zur Entdeckung der Quantenmechanik.

Eine klassische Koordinate läßt sich im Falle einer periodischen Bewegung in eine → Fourierreihe entwickeln:

$$q = \sum_{\tau=-\infty}^{+\infty} q_\tau e^{i\omega\tau} \quad (\tau = 1, 2, 3, \ldots).$$

q_τ sind die Amplituden der verschiedenen Oberschwingungen. Quantenmechanisch zeigt aber nach der Erfahrung das physikalische System nicht die Oberschwingungen $\tau\omega$, sondern die Übergangsfrequenzen $\omega_{nn'}$, für die das Ritzsche → Kombinationsprinzip gilt. Man kommt so zu der *Korrespondenz*:

$$\tau\omega \to \omega_{n+\tau,\, n}.$$

Statt der q_τ müssen dann entsprechende Amplituden eingeführt werden:

$$q_\tau \to q_{n+\tau,\, n}.$$

Da die Amplitude des Dipolmomentes maßgebend für die elektromagnetische Ausstrahlung ist, konnte auf diese Weise *Bohr* die Auswahlregeln der Atomspektren erraten, genau so wie es *Kramers* und *Heisenberg* gelang, aus der klassischen Dispersionsformel die richtige quantenmechanische zu erraten.

In weiterer Durchführung des Gedankens kommt man dazu, daß jeder → Observablen q eine Matrix $q_{nn'}$ (d. h. ein Operator, und zwar ein → Hermitescher) zugeordnet wird, derart daß die → Bewegungsgleichungen der Quantenmechanik formal identisch mit den Hamiltonschen Gleichungen der klassischen Mechanik werden und daß die → Heisenbergsche → Unbestimmtheitsrelation gelten muß. Alles dies zusammen sind aber die Grundlagen der → Quantenmechanik.

Jordan, P.: Anschaul. Quantentheorie. Berlin 1936. *Sommerfeld, A.:* Atombau u. Spektrallinien. Braunschweig 1944. Handb. d. Physik XXIV/1. Berlin 1933.

Korrespondierende Zustände. Als Theorem der korrespondierenden oder übereinstimmenden Zustände (T.k.Z.) wird die Behauptung bezeichnet, daß die thermischen und kalorischen Eigenschaften sämtlicher Stoffe durch eine einzige universelle Gleichung $F(p_r, T_r, v_r) = 0$ dargestellt werden können, wenn nur an Stelle der in den individuellen Zustandsgleichungen auftretenden Variablen p, v, T usw. die *reduzierten Zustandsgrößen* p_r, v_r, T_r usw. eingeführt werden, für die Umrechnungsgleichungen der Form $p_r = p/p'$, $T_r = T/T'$ usw. bestehen. Für die Zustandsgrößen werden also nicht die üblichen Einheiten, wie atm, °K usw., sondern die für jeden Stoff spezifischen Einheiten p', T' usw. verwandt. Da der kritische Punkt der markanteste Punkt innerhalb der gesamten Zustandsfläche ist, so wählt man für die gestrichenen Einheiten häufig die kritischen Werte, setzt also $p_r = p/p_k$ usw. Für den kritischen Punkt ist sowohl die Zustandsgleichung selbst erfüllt wie auch $(\partial p/\partial v)_T = 0$. So erhält man z. B. an Stelle der → van der Waalsschen Gleichung $RT = (p + a/v^2)(v - b)$, wobei a und b spezifische Konstanten des betreffenden Stoffes sind, die reduzierte universelle Gleichung

$$8\, T_r = (p_r + 3/v_r^2)(3\, v_r - 1).$$

Außer den in dieser speziellen Gleichung auftretenden Zahlenfaktoren könnten in einer derartigen Gleichung auch universelle Konstanten, z. B. das Wirkungsquantum h [*Byk, A.:* Ann. Phys. **69**, 162 (1922)], auftreten, was auf Grund des Vorhandenseins einer → Nullpunktsenergie verständlich ist. Jedoch darf keine Zustandsgleichung, soll sie dem T.k.Z. genügen, mit Einschluß des Molekulargewichtes mehr als drei voneinander unabhängige individuelle Konstanten enthalten.

Die experimentelle Prüfung ergab, daß das T.k.Z. meist mit guter Näherung, aber nie streng erfüllt ist, was bei der Verschiedenheit der Gestalt der Moleküle und der zwischen ihnen wirkenden Kräften durchaus verständlich ist. Bessere Übereinstimmung erreicht man, wenn man sich auf den Vergleich ähnlicher Stoffe beschränkt und an Stelle der hier als Beispiel gewählten van der Waalsschen Gleichung unter den zahlreichen möglichen → Zustandsgleichungen diejenige auswählt, die der mittleren Zustandsfläche der betrachteten Stoffklasse besonders gut angepaßt ist. Ferner können für kleinere Bereiche der Zustandsfläche die Einheiten p', v', T' immer so gewählt werden, daß hier die reduzierten Größen selbst mit ausreichender Näherung übereinstimmen, während sich für die Ableitungen der Zustandsgrößen unter Umständen größere Abweichungen ergeben können.

Eucken, A.: Grundriß d. Phys. Chemie. Leipzig 1948. Lehrb. d. Chem. Physik II/1. Leipzig 1943. Handb. d. Experimentalphysik VIII/2. Leipzig 1929.

Korrosion. Die meisten der heute gebrauchten Metalle haben beim Kontakt mit chemischen Reagenzien das Bestreben, Verbindungen einzugehen, entsprechend denen, aus denen sie durch Verhüttung gewonnen wurden. Jede solche Verbindungsbildung unter dem Einfluß der Umgebung wird als Korrosion bezeichnet. Man unterscheidet Korrosion durch die Atmosphäre und Korrosion durch Feuchtigkeit. Die Korrosion ist in den meisten Fällen auf lokale elektrochemische Vorgänge (Lokalströme) zurückzuführen (→ mehrfache Elektrode). Die wesentlichsten Mittel zu ihrer Verhütung sind außer der Abtrennung des Metalls von der Umgebung durch Farb- oder Lacküberzüge die Vermeidung der elektrochemischen Vorgänge durch entsprechende Behandlung der Flüssigkeit, durch die sie weniger aktiv und das Metall passiv (→ Passivität) gemacht wird, durch Überziehen mit einem widerstandsfähigeren Metall und kathodische Polarisation des Metalles.

Kosinusgesetze, Lambertsche. Das *erste* Kosinusgesetz sagt aus, daß bei der Bestrahlung einer Fläche aus einer als konstant angenommenen Richtung die *Bestrahlungsstärke* proportional dem cos des Einfallswinkels ist. Auf die *Ausstrahlung* einer leuchtenden Fläche (selbst- oder nichtselbstleuchtend) bezieht sich das *zweite* Kosinusgesetz, welches als Lambertsches Kosinusgesetz schlechthin bezeichnet wird (1760). Es besagt, daß die Strahlstärke der Fläche dem cos des Ausstrahlungswinkels proportional ist. Demnach wäre die Strahlungsdichte von der Ausstrahlungsrichtung unabhängig. *Lambert* erschloß dies aus der Beobachtung des Sonnenballes als einer gleichmäßig hellen Scheibe. (Tatsächlich ist sie am Rande dunkler als in der Mitte → Photosphäre.) Während das erste Gesetz schon aus einfachen geometrischen Erwägungen einleuchtet, kann über das zweite Gesetz nur das Experiment entscheiden. Es gilt in Strenge nur für den schwarzen Körper, während es für alle anderen in der Natur vorkommenden Strahler nur in bisweilen hoher Annäherung erfüllt ist.

Die beiden Gesetze haben nicht nur für elektromagnetische Strahlung Bedeutung, sondern gelten u. U. wenigstens näherungsweise auch für die von einer festen Fläche emittierten bzw. reflektierten *Gasmoleküle*, wobei angenommen ist, daß die Fläche zur Grenzfläche eines festen Körpers mit einem Gasraum gehört.

Mit Rücksicht auf das 1. Kosinusgesetz müssen *Photometer*, insbesondere Beleuchtungsmesser, die aus verschiedenen Richtungen einfallenden Lichtströme gemäß dem cos des Einfallswinkels bewerten. Das läßt sich mit ebenen Lichtauffangflächen nur mäßig, mit kalottenförmigen besser verwirklichen. Die Kosinusgesetze spielen auch in der theoretischen Photometrie bzw. Lichttechnik eine Rolle (→ photometrisches Grundgesetz), da mit ihnen Berechnungen über den Strahlungsaustausch zwischen verschiedenen Flächen möglich sind.

Eckert, E.: Techn. Strahlungsaustauschrechnungen. Berlin 1937.

Kosinusrelation. Gegeben seien im Ding- und im Bildraum einer optischen Folge zwei benachbarte Strahlen in allgemeiner Lage. Auf beiden Strahlen sei im Dingraum wie im Bildraum je ein

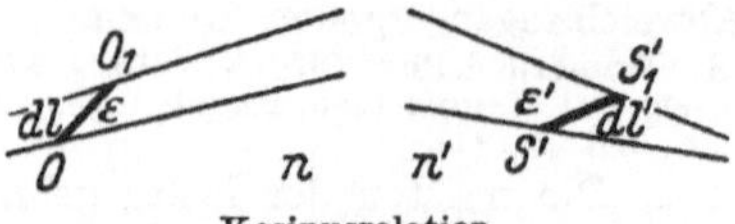

Kosinusrelation.

beliebiger Punkt angenommen, die nicht konjugiert zu sein brauchen, O, O_1 im Dingraum, S', S'_1 im Bildraum (Abb.). Dann gilt für die → Lichtwege

$$(O_1S'_1) - (OS') = n'(S'S'_1)\cos\varepsilon' - n(OO_1)\cos\varepsilon.$$

Bei scharfer Abbildung von O in S' bzw. O_1 in S'_1 ist als Folge des → Fermatschen Prinzips

$$\left.\begin{aligned} OS' &= \text{const},\\ O_1S'_1 &= \text{const},\\ \text{folglich } (O_1S'_1) - (OS') &= \text{const},\end{aligned}\right\}\text{für alle } \varepsilon \text{ und } \varepsilon';$$

d. h. $n'\,dl'\cos\varepsilon' - n\,dl\cos\varepsilon = \text{const}$.

Dieses Gesetz hat seine Bedeutung auch, wenn O nicht scharf auf S' abgebildet wird. Es entspreche im Bildraum dem Punkt O eine → Kaustik. Dann ist die Kosinusrelation die Beziehung dafür, daß die dem Nachbarpunkt O_1 entsprechende Kaustik (bis auf Größen höherer Ordnung) mit der Kaustik für O kongruent ist.

Für den Fall scharfer Abbildung läßt sich die Kosinusrelation auch schreiben

$$\frac{n\,(\cos\varepsilon - \cos\varepsilon_0)}{n'\,(\cos\varepsilon' - \cos\varepsilon'_0)} = \frac{dl'}{dl} = \beta' = \text{const}.$$

Die Kosinusrelation ist nicht nur eine notwendige, sondern auch eine hinreichende Bedingung für scharfe oder doch gleichmäßige Abbildung.

Als Folgerung leitete *Boegehold* ab: Wenn ein Punkt O und zwei durch ihn gehende Linienstücke scharf abgebildet werden, so wird das ganze Ebenenstück scharf abgebildet, wobei die Abbildung kollinear ist.

Wenn ein Punkt O und die durch ihn gehenden, nicht komplanaren Linienstücke scharf abgebildet werden, so wird das ganze Raumelement scharf abgebildet; dies ist aber nur möglich, wenn O die Eigenschaft eines → Knotenpunktes hat. Als Sonderfall für die scharfe Abbildung achsensenkrechter Flächenelemente ergibt sich aus der Kosinusrelation die → Sinusbedingung.

Boegehold, H.: Über die Entwicklung d. Theorie d. opt. Instrumente seit *Abbe*, Ergebn. exakt. Naturw. VIII. Berlin 1929.

Kosmische Konstanten → Anhang III, Tabelle 12/III.

Kosmische Kurzwellenstrahlung, kosmisches Rauschen → Kurzwellenstrahlung, kosmische.

Kosmischer Staub. Aus der Schwächung und Verfärbung des Sternlichts durch die kosmischen Staubteilchen läßt sich nach der Mieschen Theorie der Streuung des Lichts an kleinen Teilchen ableiten, daß an der Absorptionswirkung vornehmlich Teilchen mit Radien um 100 mμ beteiligt sind. Über den Anteil feinerer und wesentlich gröberer Teilchen können optische Messungen nichts aussagen. Das Vorhandensein gröberer Teilchen folgt aber aus den Beobachtungen von → Sternschnuppen und → Meteoren, den Leuchtvorgängen beim Eindringen von kosmischen Teilchen in die Erdatmosphäre. Auch in Tiefseeablagerungen und auf längere Zeit ausgelegten, mit einer Glyzerinhaut bedeckten Glasplatten hat man zahlreiche kleinste, stark eisenhaltige Teilchen gefunden, die sehr wahrscheinlich kosmischen Ursprungs sind.

Siedentopf, H.: Grundriß d. Astrophysik. Stuttgart 1950.

Kosmische Strahlung. Von der auf der Erde in Meereshöhe vorhandenen Ionisation der Luft wird ein wesentlicher Anteil nicht durch Einflüsse von der Erde her hervorgerufen (z. B. natürliche Radioaktivität der Umgebung), sondern durch die Folgeprodukte einer aus dem Kosmos kommenden Strahlung. Diese Tatsache wurde zuerst von *V. F. Heß* (1912) in Fortsetzung früherer Untersuchungen von *Gockel* u. a. entdeckt. Er stellte in mehreren Ballonhochfahrten fest, daß die in einem geschlossenen Gefäß beobachtete Ionisation des Füllgases beim Erheben über dem Erdboden zwar zunächst abnimmt, weil die radioaktive Erdstrahlung durch die dazwischenliegende Luftschicht mehr und mehr geschwächt wird, daß sie dann aber mit wachsender Höhe wieder stärker wird. *Heß* zog als erster hieraus den Schluß auf die Existenz einer durchdringenden Strahlung *außerterrestischen* Ursprungs.

Die Deutung und Zuordnung dieser Strahlung, die zuerst *Heßsche Strahlung*, dann *Höhenstrahlung* oder *Ultrastrahlung* und heute meist *kosmische Stra lung* genannt wird, unterlag im Laufe ihrer Erforschung erheblichen Änderungen. Die ersten Untersuchungen erfolgten ausschließlich mit → Ionisationskammern. Wegen der großen Durchdringungsfähigkeit wurde die Strahlung zunächst allgemein für eine Wellenstrahlung gehalten, die aus mehreren Komponenten zusammengesetzt schien. Ihre Absorptionskoeffizienten ergaben sich bei dieser Deutung 10- bis 100mal kleiner als die der radioaktiven γ-Strahlung. Mit der Einführung des Geiger-Müller-→Zählrohrs (1928) und der Feststellung der Tatsache, daß schon der korpuskulare Anteil dieser Strahlung ähnlich durchdringend ist wie das gesamte Strahlengemisch, wurde die Deutung als Korpuskularstrahlung wahrscheinlich (*Rossi*). Die Entdeckung des magnetischen → Breiteneffekts, d. h. der Tatsache, daß die Strahlungsintensität in äquatorialen Breiten kleiner ist als in höheren Breiten (*Clay* 1927/32, *Compton* 1932/33), zwang dann zu der Annahme einer Primärstrahlung aus geladenen Korpuskeln, deren Bahnen durch das Magnetfeld der Erde entsprechend beeinflußt werden. Die Auffindung des einige Prozent betragenden Überschusses der aus westlicher Richtung einfallenden Anteile gegenüber den aus östlicher Richtung kommenden (West–Ost-Überschuß, → Ost–West-Effekt) erforderte das Überwiegen positiver Teilchen in dieser primär aus dem Kosmos kommenden Strahlung (*Johnson* 1933). Die Hinzuziehung der → Nebelkammer brachte die Auffindung des positiven Elektrons oder → Positrons (*Anderson* 1932) und die Erkenntnis, daß der → Paarbildungsprozeß und die Kaskadenbildung als neuartiger → Schwächungsprozeß die wesentliche Wechselwirkung zwischen so energiereicher Strahlung und Materie sind. Scheinbare Unstimmigkeiten bei Energien zwischen $2 \cdot 10^8$ und $5 \cdot 10^8$ eV (die Korpuskeln oberhalb dieser Energie ionisierten schwächer als Protonen und „strahlten" schwächer als Elektronen) führten dann *Anderson* und *Neddermeier* 1938 zum Nachweis der Existenz von Teilchen mit einer Masse zwischen der des Protons und der des Elektrons, eines → Mesons. Die Verwendung der Photoplatte mit wesentlich verbesserten Emulsionen zum Nachweis der Spuren von ionisierenden Korpuskeln (gewissermaßen als Nebelspurkammer mit beliebig langer Expositionszeit, → Zertrümmerungssterne) gestattete dann die Auffindung weiterer Mesonenarten als neuartiger Äußerungsmöglichkeiten des Kernfeldes (*Lattes*, *Occhialini*, *Powell* und Mitarbeiter 1947/48). Zur Zeit ergibt sich danach folgende Erklärungsmöglichkeit für das außerordentlich komplizierte Phänomen der Kosmischen Strahlung:

Aus dem Kosmos gelangen geladene Korpuskeln, vorwiegend Protonen, aber auch schwerere Teilchen etwa entsprechend der Verteilung im Weltraum, daneben vielleicht auch noch Elektronen beiderlei Vorzeichens, in einem breiten Energiespektrum zwischen 10^9 und etwa 10^{15} eV in die Erdatmosphäre. Woher sie kommen und ihre Energie erhalten, ist noch nicht endgültig geklärt. Manche Forscher nehmen Atomaufbau und -Abbauprozesse im interstellaren Raum als Quellen an, andere dagegen bestimmte Prozesse auf Sternen bzw. bei der Bildung von Supernovae. Auch wird das Bestehen von kosmischen Zyklotrons bei Doppelsternen oder einer der → Elektronenschleuder analogen Erscheinung in den Sonnenflecken als Möglichkeit von beschleunigenden Feldern vermutet. Experimentell erwiesen ist bisher nur ein Zusammenhang zwischen plötzlichen Intensitätsänderungen der Strahlung auf der Erde und bestimmten Sonneneruptionen (*Forbush*, *Ehmert*, s. unten). Danach entsteht ein — allerdings sehr geringer — Bruchteil der Strahlung durch Prozesse auf der Sonne, und die Möglichkeit für das Vorhandensein ähnlicher Prozesse bei anderen Gestirnen muß berücksichtigt werden.

Diese primären Korpuskeln sind durch Zählrohrmessungen zwischen 50 und 160 km Höhe nachgewiesen. In diesem Bereich ist ihre Zahl konstant. Bei tieferem Eindringen in die Atmosphäre unterhalb 50 km Höhe erleiden sie mehr und mehr Wechselwirkungen mit den Luftmolekülen. In einem neuartigen und noch nicht restlos geklärten Prozeß zwischen den primären Korpuskeln und den Luftmolekülen entstehen Gruppen von neuen Elementarteilchen, und zwar zunächst schwere Mesonen (π-Mesonen) und wahrscheinlich neutrale Mesonen (π_0-Mesonen). Die π-Mesonen haben 276fache Elektronenmasse, eine mittlere Lebensdauer von etwa 10^{-8} s und tragen eine positive oder negative Elementarladung. Sie sind wahrscheinlich identisch mit den von *Yukawa* schon 1937 theoretisch zur Deutung der Kernkräfte geforderten Elementarteilchen (→ Yukawa-Teilchen). Aus den π-Mesonen entstehen ebenfalls, außer bei sehr großen Energien, noch in der hohen Atmosphäre die μ-Mesonen, die auch eine Elementarladung des einen oder anderen Vorzeichens tragen, aber nur eine Masse von 215 m_e haben und eine wesentlich größere Lebensdauer von $2{,}15 \cdot 10^{-6}$ s besitzen. Diese Mesonen können deswegen bei genügender Energie bis zum Erdboden und weiter vordringen Sie erleiden nur sehr geringe Wechselwirkungen mit den Kernen. Mit dem Zählrohr gemessen, welches auf einzelne Korpuskeln anspricht, ergibt sich von 50 km bis zu etwa 18 km Höhe wegen der Zunahme der wirksamen Korpuskeln durch die Sekundärprozesse der Mesonenentstehung und der Paarbildung zunächst eine Zunahme der registrierten Impulshäufigkeit (auf etwa das Zwei- bis Dreifache des kosmischen Wertes) und dann wegen der Absorption der Elektronen und des allmählichen Verschwindens der Mesonen und ihrer Folgeprodukte (sie verwandeln sich in normale Elektronen plus Neutrinos) ein langsames Absinken der Intensität. Mißt man die Strahlungsintensität nicht in Zählrohrimpulsen je Zeiteinheit, sondern durch die von den Korpuskeln und Lichtquanten erzeugte Ionisation in Ionenpaaren je cm³ Normalluft und s (abgekürzt J), so zeigt sich, daß die gesamte Ionisation von etwa 300 J in der Nähe des Maximums (16 bis 20 km Höhe) bis auf etwa 2 J im Meeresniveau absinkt. Eine Darstellung des Intensitätsverlaufes durch eine Potenzfunktion von der Form $N_d = N_0 d^{-s}$ besitzt Gültigkeit über recht große Bereiche der Tiefe d vom Atmosphärenscheitel an gerechnet. Zur Deutung des komplexen Strahlengemisches ist die Annahme von mehreren verschiedenen Komponenten nötig. Zwei besonders wichtige Anteile sind einmal der harte durchdringende Anteil, aus Mesonen bestehend, und dann der weiche Anteil, aus Elektronen beiderlei Vorzeichens und Lichtquanten bestehend. Die Korpuskeln und Lichtquanten des weichen Anteils verlieren ihre Energie zunächst hauptsächlich durch Strahlungsbremsung. Elektronen und Lichtquanten wandeln sich entsprechend den Zusammenhängen der Kaskadentheorie ständig ineinander um, bis durch diese Energieteilung die Energie je Korpuskel so klein geworden ist, daß sie durch normale Ionisation verbraucht werden kann. Diese „Kaskadenstrahlung“ überwiegt in Höhen von 5 bis 20 km völlig. Mit Abnahme des Kaskadenanteils tritt dann die Mesonenstrahlung mehr und mehr in den Vordergrund. In etwa 2 km Höhe sind beide Anteile ionisationsmäßig etwa gleich stark, und im Meeresniveau ist der weiche Anteil schon auf rund 10% der dortigen Gesamtionisation gesunken, die also von da ab so gut wie ausschließlich durch die Mesonenkomponente hervorgerufen wird. Bei der weichen Komponente entstehen aus sehr energiereichen Elektronen und Lichtquanten entsprechend der Kaskadentheorie auch mehr oder minder ausgedehnte → Schauer *(Auger)* oder → *Hoffmann*sche Stöße, die sich bei entsprechender Entfernung des Meßgerätes vom Entstehungszentrum über große Flächen (mehrere Hundert m^2) erstrecken können und durch Vielfach-Zählrohranordnungen, Nebelkammern und Ionisationskammern nachgewiesen werden können. Aus ihren Größen ergeben sich Energien der sie erzeugenden Primärkorpuskeln bis etwa zu 10^{15} eV. Die Kaskadenstrahlung erzeugt auch Kernreaktionen, bei denen nicht nur einzelne Kernbausteine (Protonen und Neutronen) als Spaltprodukte entstehen, sondern auch mehrere solcher Teilchen mit schweren Kerntrümmern gemischt gleichzeitig herausgeschleudert werden. Solche Kernreaktionen lassen sich nicht nur mit Ionisations- und Nebelkammern, sondern vor allem in den Schichten besonderer, sehr feinkörniger Photoplatten besonders anschaulich nachweisen (*Blau* und *Wambacher* 1937, → Zertrümmerungssterne).

Die Mesonenkomponente erfährt ihre Schwächung einmal durch normale Ionisation und dann durch natürlichen Zerfall des Mesons. Es entstehen dabei als Folgeprodukte wiederum Elektronen, dazu Neutrinos und Lichtquanten, wobei die Elektronen ihrem Ursprung nach noch in Zerfalls- und Stoßelektronen zu trennen sind. Da aber auch durchdringende Schauer beobachtet werden und diese noch hinter dicken Materialschichten auftreten, müssen auch für Mesonen Ausbildungsmöglichkeiten von Kaskaden oder von Explosionen gegeben sein. Das im Meeresniveau beobachtete Korpuskelgemisch besteht etwa aus 75% Mesonen, 5% Stoßelektronen, 10% Zerfallselektronen (alles von der harten Komponente herrührend) und 10% Kaskadenelektronen.

Die weitere Abnahme der Strahlungsintensität (→ Höhen- und Tiefen-Effekt) unterhalb des Meeresniveaus kann entweder mit Wasser als Schwächungsmittel in genügend tiefen Seen (z. B. Messungen von *Regener* im Bodensee) oder bei Luft als Schwächungsmittel mit geneigten → Zählrohrteleskopen verfolgt werden. Verwendet man andere Schwächungsmaterialien (z. B. Blei), so ist infolge der Störung des Sekundärstrahlungsgleichgewichts und wegen der veränderten Bedingungen für die Ausbildung von Sekundärstrahlen zunächst ein → Übergangseffekt zu erwarten. Auch machen sich beim Vergleich der Schwächung in verschiedenen Materialien wegen der verschieden langen Laufzeiten der Korpuskeln die endlichen Halbwertszeiten der Mesonen bereits bemerkbar. Außerdem ist bei den Mesonen mit negativer Ladung neben dem Zerfall noch die Einfangmöglichkeit durch den positiven Kern zu berücksichtigen. Alle diese Tatsachen erschweren die exakte Deutung einfacher Absorptionsmessungen.

Messungen in magnetischen Feldern führen dagegen leichter zu Energie- bzw. Impulsbestimmungen. Den großartigsten magnetischen Ablenkungsversuch zeigt uns die Natur selbst als → Breiteneffekt. Danach ist die von der kosmischen Strahlung hervorgerufene Ionisation in äquatorialen Breiten wesentlich geringer als in Breiten über 50°. Der Unterschied macht im Meeresniveau 14%, in 4000 m Höhe schon 30% und in größeren Höhen noch erheblich mehr aus. Berechnungen der Einwirkung des schwachen, aber ausgedehnten Erdfeldes auf energiereiche Korpuskeln zeigen *(Störmer, Lemaître-Vallarta)*, daß die Energie der primären Korpuskeln zur Erreichung von Äquatorgegenden $4 \cdot 10^9$ eV übersteigen muß. Da ferner das Magnetfeld der Erde auch die Richtung der primären Korpuskeln dergestalt beeinflußt, daß sie bei bestimmter Energie und bei gegebener geomagnetischer Breite je nach dem Ladungsvorzeichen bevorzugt aus dem Osten oder Westen einfallen, so ergibt sich wegen des Überwiegens positiver primärer Teilchen ein geringerer Überschuß der aus dem Westen einfallenden Strahlung (→ Ost–West-Effekt). Weitere mit dem Magnetfeld der Erde zusammenhängende geringe Intensitätsunterschiede auf der Erde sind der → Längeneffekt und der → Nord-Süd-Effekt. Ferner treten bei Störungen des erdmagnetischen Feldes auch kleine, aber nicht immer einheitliche Intensitätsänderungen der Strahlung ein (→ geomagnetische Effekte). Dazu sind auch weltweite Schwankungen beobachtet, die sich über lange Zeiträume erstrecken und für die noch keine Erklärungen vorliegen. Kurzzeitige weltweite, starke Intentitätszunahmen dagegen werden mit Sonneneruptionen in Zusammenhang gebracht (s. unten). Zeitliche Änderungen der auf der Erde gemessenen Strahlungsintensität treten im Zusammenhang mit Änderungen des Barometerstandes und mit Änderung der Temperatur der durchsetzten Luftmasse auf (→ Barometereffekt, → Temperatureffekt). Sie sind sekundärer Natur und hängen einmal mit der Masse der durchstrahlten Luftschicht, andererseits mit der endlichen Lebensdauer der Mesonen zusammen. Periodisch auftretende Änderungen der Strahlungsintensität auf der Erde (→ Schwankungen) sind der → Tagesgang, der Gang mit Sonnenrotationen und der → Jahresgang. Ein Gang mit Sternzeit ist, wenn überhaupt vorhanden, nur außerordentlich gering. Hier sind alle bisherigen Erklärungen, die teils primäre, teils sekundäre Ursachen dafür heranziehen, noch nicht befriedigend.

Zusammenfassend kann also gesagt werden, daß die Frage nach der Natur der kosmischen Strahlung im großen ganzen als gelöst betrachtet werden kann. Ihre Untersuchung hat zur Auffindung einer Reihe neuer Elementarteilchen und unbekannter Wechselwirkungen zwischen Strahlung und Materie geführt, die für die gesamte Physik und Naturwissenschaft von größter Bedeutung geworden sind. Die Frage nach der Herkunft dieser so außerordentlich energiereichen Strahlung ist aber noch nicht als endgültig gelöst zu betrachten.

Ferner → Energiefluß, → Höhen- und Tiefen-Effekt, → Ionisation (spezif.), → Richtungsverteilung, → Rossi-Kurve.

Kosmische Strahlung von der Sonne. Im Laufe zehnjähriger Registrierungen der Ultrastrahlung mit gepanzerten Ionisationskammern wurden bisher 3 bemerkenswerte, plötzlich einsetzende Zunahmen der Ionisation gemessen, welche innerhalb von zwei Stunden einen maximalen Wert erreichten und dann im Laufe mehrerer Stunden wieder abklangen. Der zeitliche Verlauf war an allen amerikanischen Stationen derselbe. Nur am Äquator fiel der Effekt aus. Allen drei Störungen war eine chromosphärische Eruption auf der Sonne vorausgegangen. Bei der stärksten Störung am 25. 7. 1946 war auch diese Eruption von einer vorher nie beobachteten Ausdehnung und Heftigkeit. Die Störung vom 7. 3. 1942 begann in Amerika gegen Mitternacht. *Forbush* sprach bei der Veröffentlichung dieser Beobachtungen die Vermutung aus, daß sehr wahrscheinlich die Sonne in diesen Fällen eine Korpuskularstrahlung mit Teilchenenergien zwischen $3{,}5 \cdot 10^9$ und 10^{10} eV emittiert hat. Die Richtigkeit dieser Deutung konnte *Ehmert* durch seine Registrierung am Bodensee mittels der Zählrohr-Koinzidenzmethode sicherstellen. Diese Methode lieferte am 7. 3. 1942 +27% im Einstundenmittel gegenüber 8% im Zweistundenmittel der amerikanischen Messungen. So wurden in den Jahren 1941 bis 1943 insgesamt 29 sporadische Zunahmen festgestellt; aber während des ersten Effektes in Amerika am 28. 2. 1942 trat am Bodensee nicht die geringste Zunahme ein. Dies beweist, daß von der Sonne kommende Korpuskeln mit positiver Ladung, also Protonen oder schwerere ionisierte Atome, primär für die Extrastrahlungen verantwortlich sind. Denn solare Protonen mit $4 \cdot 10^9$ eV können wegen ihrer Ablenkung im Erdfeld am Bodensee nur um Mitternacht wirksam werden, energiereichere im Laufe des Vormittags und die energiereichsten noch am frühen Nachmittag. Aber am späteren Nachmittag werden alle positiven solaren Teilchen ferngehalten. Dies war am 28. 2. 1942 in Friedrichshafen der Fall, während in Amerika noch die günstigsten Bedingungen des Vormittags vorlagen. Weiter zeigte sich, daß die Ultrastrahlung erst eine Stunde nach Beginn der Eruption ansteigt und daß noch mehrere Stunden nach dem Verlöschen der Eruption Ultrastrahlung eintreffen kann. Diese Verzögerung kann nicht als Laufzeit gedeutet werden.

Man nimmt an, daß die Teilchen ihre Beschleunigung in ausgedehnten elektrischen Feldern erhalten, welche bei räumlichen und zeitlichen Veränderungen der ungeheuren Magnetfelder von Sonnenfleckengruppen induziert werden. Dabei sind aber gerade die starken Magnetfelder für das Verständnis des Vorganges sehr störend. Einige der wirksamen Eruptionen traten sehr nahe dem Sonnenrand auf, so daß die Ultrastrahlung fast tangential abgestrahlt wurde.

Schopper fand bei der Auszählung von Kernzertrümmerungen in photographischen Schichten eine unverhältnismäßig hohe Zunahme in Zeitabschnitten, während welcher solare Ultrastrahlung beobachtet worden war.

Der Anteil der solaren Ultrastrahlung an der gesamten, die Erde treffenden Ultrastrahlung ist im zeitlichen Mittel sehr geringfügig. Es gibt aber Sterne, die magnetisch aktiver sind als die Sonne, und es erscheint heute möglich, daß die Vielzahl solcher Sterne die allgemeine Ultrastrahlung erzeugt. Dafür spricht, daß bei chromosphärischen Eruptionen auch Ultrakurzwellenstrahlung entsteht, deren Stärke zur solaren Ultrastrahlung nach *Unsöld* in einem größenordnungsmäßig ähnlichen Verhältnis steht wie das galaktische Rauschen zur allgemeinen Ultrastrahlung.

Am 19. 11. 1949 ereignete sich nach einer Eruption ein neuer Ausstoß von Ultrastrahlung. Dieser ergab in Europa nur Zunahmen um 10%, in Amerika aber diesmal um 43% in Meereshöhe und um 180% in 3900 m Höhe (*Forbush, Stinchcomb* und *Schein*). *Adams* und *Braddick* beobachteten dabei eine Zunahme der schnellen Neutronen in Meereshöhe um 550%, wobei der zusätzliche Neutronenstrom erst im Lauf von 12 Stunden verebbte. Der Neutroneneinfall zur Nachtzeit zeigt, daß diese Neutronen als Sekundäre einer im Magnetfeld um die Erde herumgeführten Primärstrahlung mit elektrischer Ladung aufzufassen sind.

Litwin, Lord und *Schein* fanden zu anderer Zeit in photographischen Schichten, die sie durch besondere Mechanismen mittels frei fliegender Ballone jeweils mehrere Stunden in 27,5 km Höhe hatten schweben lassen, am Tag etwa 2,5 mal so viele Spuren von schnellen schweren Kernen als zur Nachtzeit und schließen daraus, daß diese von der Sonne kommen. Ihre Zahl ist etwa 1000 mal geringer als die Zahl der Protonen, welche sehr wahrscheinlich aus den Tiefen der Milchstraßen kommen.

Heisenberg, W.: Kosmische Strahlung. Berlin 1943. *Bagge, E., G. Molière, K. H. Höcker* u. *A. Ehmert:* Kosmische Ultrastrahlung. Naturf. u. Med. in Deutschland 1939/46. Wiesbaden 1948. *Bagge, E.:* Ursprung u. Eigenschaften d. Kosm. Strahlung. Ergebn. exakt. Naturw. **22.** Berlin 1949. *Landolt-Börnstein:* Physikal., chem. u. techn. Tabellen. Berlin 1949. *Ehmert, A.:* Über den Ursprung der kosmischen Ultrastrahlung. Phys. Bl. **5,** 206 (1950). *Powell, C. F.:* Phys. Bl. **7,** 385 (1951).

Kosmogenide, nach *Emden* die → Polytrope der Klasse 3, der ursprünglich eine besondere Bedeutung für den Aufbau der Sterne zugeschrieben wurde.

Kosmogonie, das Wissenschaftsgebiet, das sich mit dem Ursprung und der Entwicklung der Welt als Ganzes und mit der genetischen Deutung der verschiedenen Typen kosmischer Objekte befaßt. Es handelt sich dabei um ein Gebiet, in dem sich das gesicherte Beobachtungsmaterial auf ein Minimum reduziert und wo Hypothesen oft die einzige Grundlage bilden, auf der man aufbauen kann. Vor allem die Beantwortung der Frage nach der Entstehung der Welt als Ganzes hat man deshalb auch bis in die neueste Zeit immer wieder als überhaupt außerhalb des Aufgabenbereichs der Naturforschung liegend angesehen. Erst in den zwei letzten Jahrzehnten ist hierin eine grundlegende Wandlung eingetreten, als sich nämlich gewichtige Argumente (insbesondere im Zusammenhang mit der → Expansion des Weltalls) dafür ergaben, daß das → Alter des Weltalls wahrscheinlich nur einige Milliarden Jahre beträgt (→ Kosmologie, → Weltmodelle, → Ursprung der Welt, → Herkunft der Sterne, → Sternentwicklung).

Bavink, B.: Weltschöpfung. München u. Basel 1950. *Heckmann, O.:* Verh. Ges. D. Naturf. u. Ärzte 1950, S. 126. Berlin 1951. *Schoenberg, E.:* Z. Naturforsch. **6a,** 222 (1951).

Kosmologie, die Lehre vom Zustand und der Entwicklung des *Weltalls als Ganzes.* Ihre wichtigsten Probleme sind die Fragen nach der (endlichen oder unendlichen) Ausdehnung des Weltalls, der in ihm herrschenden → Metrik und deren etwaiger Beeinflussung durch die den Raum erfüllende Materie, nach der Stabilität und nach einer etwaigen ständigen Wandlung des Zustandes des Weltalls.

Schon *C. Neumann* und *H. von Seeliger* haben Ende des 19. Jahrhunderts gezeigt, daß sich unter der Annahme eines unendlich großen Weltalls mit endlicher mittlerer Massendichte Schwierigkeiten ergeben, indem dann die auf die einzelnen Massen wirkenden Kräfte nach Betrag und Richtung völlig unbestimmt würden, und *Seeliger* hat versucht, diese Schwierigkeit durch eine geringfügige Abänderung des Newtonschen Gravitationsgesetzes zu vermeiden. An der Gültigkeit der Euklidischen Geometrie im Weltall entstanden damals noch keine Zweifel.

Während man bis dahin also nicht an eine Abhängigkeit der Metrik des Weltalls von seiner Erfüllung mit Materie und an eine Endlichkeit des Weltalls gedacht hatte, ist nach der allgemeinen → Relativitätstheorie die Metrik des Raumes durch die Dichte der in ihm enthaltenen Materie bestimmt, und *Einstein* gab eine mit der wahrscheinlichen mittleren Massendichte verträgliche Lösung des kosmologischen Problems, nach der das Weltall ein nichteuklidischer *sphärischer Raum* mit *endlichem Krümmungsradius* und *endlichem Volumen* ist. Dabei nahm er ein *statisches*, d. h. im ganzen unveränderliches Weltall an. Dann ergab sich aber (vor allem *de Sitter, Friedmann, Lemaître, Eddington*), daß ein solches statisches Weltall *instabil* sein müsse und daß nur ein *nichtstatisches* Weltmodell in Frage kommen könne, das sich entweder stetig ausdehnt oder stetig zusammenzieht (→ Weltmodelle). Diese Voraussage gab den ersten Anstoß zu einer eingehenden Erforschung der Spektren der → außergalaktischen Nebel und zur Entdeckung der allgemeinen → Rotverschiebung in ihnen (*Humason* und *Hubble*). Deutet man diese, wie es zumindest wahrscheinlich ist, als einen echten, durch eine allgemeine Fluchtbewegung der Nebel hervorgerufenen Doppler-Effekt, so befindet sich das Weltall tatsächlich im Zustande einer ständigen → Expansion. Eine solche kann allerdings auch auf dem Boden der klassischen Mechanik gedeutet werden. Zu einer endgültigen Entscheidung über die Metrik des Weltalls (euklidisch oder sphärisch oder hyperbolisch) reichen die bisher verfügbar gewesenen Beobachtungsmittel noch nicht aus (→ Rotverschiebung).

Die Probleme der Kosmologie, insbesondere auch die Fragen nach dem → Ursprung und dem → Alter des Weltalls, nach der Entstehung der Sterne usw., sind heute noch in vollem Fluß.

Heckmann, O.: Theorien d. Kosmologie. Berlin 1942. Verh. Ges. D. Naturf. u. Ärzte 1950, S. 126, Berlin 1951.

Kosmologisches Glied → λ-Glied.

Kosmologische Konstante λ *(λ-Glied)*, eine Konstante in den Einsteinschen Feldgleichungen der allgemeinen Relativitätstheorie. Sie wurde von *Einstein* (1917) eingeführt, damit ein geschlossener statischer Weltraum als Lösung der Feldgleichungen der Gravitation (die Einsteinsche Zylinder-Welt, → Relativitätstheorie, allgemeine) möglich ist. Nachdem man heute die Forderung nach einem statischen Universum nicht mehr erhebt (→ Expansion des Weltalls), ist die Annahme der kosmologischen Konstanten nicht mehr erforderlich (*Einstein* 1931).

Kosmos = → Weltall.

Kosmoterrestrischer Effekt, von *Takata* 1941 zuerst beschriebener Einfluß einer von der Sonne ausgehenden durchdringenden, bisher nicht identifizierten Strahlung auf die Flockungsstabilität des menschlichen Blutes, neuerdings von *Bomke* bestätigt.

Bomke, H. A.: Physikal. Verh. Heft 5, 99 (1951).

Kosmotron, ein in den USA in Bau befindlicher, 4000 t schwerer Teilchenbeschleuniger, dessen Wirkung diejenige des Zyklotrons in Berkeley um etwa das 10fache übersteigen soll.

Kossel-Effekt, eine dem → Kikuchi-Effekt ähnliche Erscheinung bei der Beugung einer Kugelwelle der Röntgenstrahlung am Kristall, in dem die Strahlung erzeugt wird. Beim eigentlichen Kossel-Effekt (1935) ist der beugende Kristall zugleich die Antikathode der Röntgenröhre. Die Röntgenstrahlung wird, wie üblich, durch Kathodenstrahlen hervorgerufen. Sie kann jedoch auch durch Röntgenstrahlung als längerwellige sekundäre oder Fluoreszenzstrahlung im Kristall außerhalb der Röntgenröhre angeregt werden (*G. Borrmann* 1935).

Die beim Kossel-Effekt auftretenden gebeugten Strahlen und die durch die abgespaltenen Interferenzstrahlen geschwächten Primärstrahlen liegen wie beim Kikuchi-Effekt auf Kegeln beiderseits der beugenden Netzebene und schließen mit dieser den Braggschen Reflexionswinkel $\vartheta/2$ ein. Die Kegel, die jeden beliebigen Öffnungswinkel haben und daher die Ebene der photographischen Platte als beliebig stark gekrümmte Kurven schneiden können, wurden von *M. v. Laue Kossel-Kegel* genannt.

Die Schnittlinien der Kossel-Kegel mit der photographischen Platte sind die *Kossel-Kurven* oder *Kossel-Linien.* Je nachdem, ob es sich um einen Kegel von Interferenzstrahlen oder von geschwächten Primärstrahlen handelt, heben sie sich vom Schwärzungsuntergrund der belichteten Platte meist als dunkle bzw. helle Linien ab. Nicht selten erscheinen die Linien infolge unvollständiger Überlagerung der beiden Kegelarten als aus einer hellen und einer dunklen Kurve zusammengesetzt, die nebeneinander laufen. Die Absorption der Strahlen im Kristall kann auch den Umschlag einer Linie von Hell in Dunkel und umgekehrt der Länge nach verursachen.

Kossel-Kurven → Kossel-Effekt.

Kosselsche Theorie der chemischen Bindung → polare Bindung.

Kossel-Stranskische Wachstumstheorie → Kristallwachstum.

Kovalente Atomradien (Atomabstände in chemischen Bindungen). Zwei Atome, die durch kovalente oder überwiegend kovalente Bindungen verbunden sind, haben Abstände, die durch die Ausdehnung der Elektronenhülle der beiden Partner bestimmt sind. Es lassen sich für jedes Atom empi-

	H				
Einfachbindung . .	0,30				
	B	C	N	O	F
Einfachbindung . .	0,88	0,771	0,70	0,66	0,64
Doppelbindung . .	0,76	0,665	0,60	0,55	0,54
Dreifachbindung .	0,68	0,602	0,547	0,50	
		Si	P	S	Cl
Einfachbindung . .		1,17	1,10	1,04	0,99
Doppelbindung . .		1,07	1,00	0,94	0,89
Dreifachbindung .		1,00	0,93	0,87	
		Ge	As	Se	Br
Einfachbindung . .		1,22	1,21	1,17	1,14
Doppelbindung . .		1,12	1,11	1,07	1,04
		Sn	Sb	Te	J
Einfachbindung . .		1,40	1,41	1,37	1,33
Doppelbindung . .		1,30	1,31	1,27	1,23

Doppelbindungen in konjugierten Systemen haben abweichende, meist größere Werte.

rische Abstandsinkremente, sog. *kovalente* Radien, angeben, die seinen Beitrag zur Länge einer kovalenten Bindung darstellen. Eine Bindungslänge ist die Summe zweier solcher Radien. Im Einzelfall findet man gelegentlich geringe Abweichungen von den empirischen Radien. In der Tabelle sind empirische kovalente Radien in Å nach *Pauling* zusammengestellt.

Kovalente Bindung (= homöopolare oder Atombindung = Elektronenpaarbindung), enthält in reiner Form kein permanentes elektrisches Moment. Sie kommt rein bei Molekülen vor, die aus zwei gleichen Atomen bestehen, H_2, Cl_2 usw. Symbol ist der *Valenzstrich*: $H—H = H_2$. Eine scharfe Abgrenzung gegen andere Typen (→ chemische Bindung) ist oft schwierig. Häufig treten kovalente und polare Bindung gemischt auf (→ polare Bindung).

Die physikalische Erklärung der kovalenten Bindung wurde 1927 von *Heitler* und *London* am Beispiel des H_2-Moleküls gegeben. Danach ist die kovalente Bindung eine Folge des „Austausches" der beiden gleichberechtigten Valenzelektronen zwischen den Atomkernen. Man bezeichnet diese Möglichkeit der Elektronen, zwischen zwei gleichberechtigten Kernen den Platz zu tauschen, auch als → *Resonanz (quantenmechanische)*, in Analogie zum bekannten Fluktuieren der Energie zwischen zwei gekoppelten mechanischen Pendeln. Austausch bzw. Resonanz führt stets zur Aufspaltung der beteiligten Energiezustände, hier zur chemischen Bindung. Der formale Zusammenhang nach der Wellenmechanik ist folgender. Seien $\psi_I^{(1)}$ und $\psi_{II}^{(2)}$ die Eigenfunktionen der Elektronen 1 und 2 der Atome *I* und *II*. Das Molekül hat dann zwei extreme „Strukturen". Entweder die Elektronen 1 und 2 befinden sich bei den zugehörigen Kernen; dem entspricht eine Moleküleigenfunktion $\psi_A = a\,\psi_I^{(1)} + b\,\psi_{II}^{(2)}$. Oder die Elektronen sind vertauscht $\psi_B = a\,\psi_I^{(2)} + b\,\psi_{II}^{(1)}$. *a* und *b* sind Konstante, die bei H_2 gleich sind. Die wirkliche Moleküleigenfunktion wird durch eine Kombination $\psi = \alpha\,\psi_A + \beta\,\psi_B$ angenähert. Die → Schrödingergleichung liefert mit ψ eine Energie, die niedriger ist als etwa bei Benutzung von ψ_A oder ψ_B. Im Ausdruck für die Energie tritt außer der Coulomb-Wechselwirkung ein Austauschintegral *A*, auch Resonanzintegral genannt, auf. Die Coulombkraft gibt bei großen und mittleren Abständen Anziehung, bei kleinen Abstoßung. Das Austauschintegral ist im allgemeinen negativ und verursacht unter der Voraussetzung, daß die beiden Elektronen antiparallelen Spin haben, Anziehung („Resonanzenergie"). Daher auch der Name „Elektronenpaarbindung" und der Begriff der „Spinabsättigung" *(Spinvalenz)*. Das Austauschintegral hat die Form:

$$A = \int \psi_I^{(1)}\,\psi_{II}^{(1)}\,\psi_I^{(2)}\,\psi_{II}^{(2)} \left(\frac{1}{R} - \frac{1}{r_{I_2}} - \frac{1}{r_{II_1}} + \frac{1}{r_{12}}\right) d\tau.$$

Die *r* sind die Abstände zwischen den durch die Indizes angedeuteten Partikeln; *R* = Kernabstand. *A* ist zuerst von *Sugiura* [Z. Phys. **45**, 484 (1927)] berechnet worden. Trotz späterer Verbesserungen ergab die Rechnung nur 80% der beobachteten Bindungsenergie von H_2. Eine wesentliche Verbesserung liefert die Berücksichtigung der sog. „polaren Zustände" in der Eigenfunktion. Dies bedeutet, daß in der Molekel eine gewisse Wahrscheinlichkeit dafür besteht, daß beide Elektronen sich in der Nähe desselben Kerns befinden, so daß zwischen den Atomen zusätzlich polare Anziehung herrscht. Auch eine „reine kovalente Bindung" wie in H_2 enthält also polare Kräfte. Bei Molekülen vom Typ *AB*, mit ungleichen Atomen, wird in der Regel einer der beiden Kerne eine größere → Elektronegativität haben; die Bindung erhält polaren Charakter (= Ionencharakter); solche Bindungen sind fester als reine kovalente Bindungen. *Pauling* u. a. haben einen empirischen quantitativen Zusammenhang zwischen der Elektronegativität und dieser Verfestigung hergestellt. Da die Wahl der Strukturen ψ_A und ψ_B, die der Approximation der molekularen Eigenfunktion ψ zugrunde gelegt werden, einer gewissen Willkür unterliegt, haftet auch dem Begriff der Resonanz und der Resonanzenergie eine gewisse Willkür an, die jedoch Wert und Fruchtbarkeit der Begriffe nicht einschränkt.

Handb. d. Physik XIV/1. Berlin 1933. *Pauling, L.:* Nature of chemical bond. Ithaca, N.Y. 1940.

Kovalenter Charakter einer chemischen Bindung → polare Bindung, → kovalente Bindung, → Elektronegativität.

Kovariant → Vektor, kontravarianter.

Kovariante Quantenelektrodynamik, Theorie von *Tomonaga* und *Schwinger* zur Quantelung des elektromagnetischen Strahlungsfeldes. Bekanntlich führt die Quantentheorie der Felder in höheren Gliedern der Störungsrechnung von der zweiten nicht verschwindenden Näherungsstufe an zu divergenten Ausdrücken. *Bethe* hat gezeigt, daß die → Mikrofeinstruktur durch konvergente Bestandteile solcher divergierender Terme erklärt wird. Es ist eine Methode erforderlich, diese konvergenten Anteile zu erkennen.

Tomonaga und *Schwinger* haben gezeigt, daß dies möglich ist, wenn man die Quantenelektrodynamik kovariant formuliert; d. h. wenn man die an sich lorentzinvariante Theorie so behandelt, daß die Lorentzinvarianz bei der ganzen Rechnung explizit erscheint. Es zeigt sich, daß die für die Mikrofeinstruktur und ähnliche Effekte wesentlichen Terme neben finiten Ausdrücken divergente enthalten, die jedoch verschwinden, wenn man die Symmetrieeigenschaft der Integranden berücksichtigt.

Das Ergebnis bedeutet nicht, daß damit alle Divergenzen der Theorie verschwinden. Diejenigen, die von der unendlichen Energie des Feldes einer Punktladung herrühren (→ Selbstenergie), bleiben erhalten, sind aber für die untersuchten physikalischen Probleme ohne Bedeutung.

Schwinger, I.: Phys. Rev. **74**, 1439 (1948).

Kovolumen, das Eigenvolumen der Moleküle. Es wird in der → van der Waals-Gleichung durch eine Volumenkorrektur *b* berücksichtigt. → Grenzvolumen.

kp, Symbol für die technische Krafteinheit → Kilopond.

Krabben-Nebel → Crab-Nebel.

Kracken, die thermische Spaltung großer organischer Moleküle in kleinere Bruchstücke.

Kraft. Nach dem 1. Newtonschen Axiom (→ Trägheitssatz) bewegt sich ein Körper, der *keinen* äußeren Einflüssen unterliegt, gleichförmig und geradlinig bzw. er verharrt in Ruhe. Eine Abweichung von diesem Bewegungszustand bedeutet das Auftreten einer → Beschleunigung, die dann vorhanden ist, wenn entweder die Gleichförmigkeit der Bewegung aufhört (d. h. der *Betrag* der Geschwindigkeit sich ändert) oder wenn die Geradlinigkeit der Bahn unterbrochen wird (d. h. die Geschwindigkeits*richtung* sich ändert). Im allgemeinen werden sich sowohl Betrag als auch Richtung der Geschwindigkeit ändern. Tritt bei einer Bewegung eine Beschleunigung auf, so definiert man als deren Ursache eine Kraft. Dieser Begriff ist aus der Erfahrung von der physiologischen Muskel-Kraft-Empfindung hergeleitet, weil wir erfahrungsgemäß mit unserer Muskelkraft Beschleunigungen hervorrufen können. Die Ursachen von Beschleunigungen können aber sehr vielfältig sein. Sie sind immer in der Anwesenheit irgendwelcher anderer Körper in größerer oder kleinerer Entfernung von dem beschleunigten Körper und in deren speziellen Eigenschaften (Masse, elektrischer, magnetischer, elastischer Zustand usw.) und ihrem Verhalten (z. B. ihrer Geschwindigkeit bei bewegten Ladungen) begründet. Die an die Muskelkraft anknüpfende Verallgemeinerung des Kraftbegriffs, dahingehend, daß man — ohne Rücksicht auf die eigentliche Ursache der Beschleunigung, also die Umweltbedingungen — als Ursache jeder Beschleunigung immer schlechthin eine Kraft, und zwar bei *gleicher Beschleunigung* auch immer eine *gleich große Kraft* als wirkende Ursache postuliert, ist tatsächlich nichts als ein sehr genialer Kunstgriff, der es ermöglicht, eine einheitliche *Dynamik* (Kräftelehre), d. h. eine gesetzmäßige kausale Verknüpfung zwischen den Beschleunigungen und den Kräften als ihre — in Wirklichkeit fiktiven — Ursache, zu entwickeln. Damit wird die Dynamik von der Berücksichtigung der vielen verschiedenen, eigentlichen Ursachen der Beschleunigungen entlastet. Das wird dann in den verschiedenen Gebieten der Physik (Gravitation, Elektrostatik, Elektrodynamik, Kerntheorie usw.) im einzelnen gesondert nachgeholt, indem erst dort die eigentlichen Ursachen der Beschleunigungen als Ursachen der zwischen sie und die Beschleunigungen eingeschalteten Kräfte behandelt werden.

Nach *Newton* ist die eine Beschleunigung $\mathfrak{b}$ hervorrufende Kraft als ein Vektor $\mathfrak{K}$ (oder $\mathfrak{k}$) definiert, der der Beschleunigung gleichgerichtet und bei dem gleichen Körper ihr proportional ist, $\mathfrak{K} = \mathrm{const}\,\mathfrak{b} = \mathfrak{b}/m$, wobei m eine Eigenschaft des betreffenden Körpers ist. Die Erfahrung zeigt, daß die Größe m bei gleicher Substanz deren Menge proportional ist. Je mehr Substanz ein Körper enthält, desto kleiner ist bei gleich großer Kraft seine Beschleunigung. Die Größe m kann also als ein Ausdruck für den Widerstand des Körpers gegen Änderungen seines Bewegungszustandes, also für seine Trägheit, angesehen werden und wird daher als *träge Masse m* des Körpers bezeichnet. Damit kann die Beziehung zwischen einer Kraft $\mathfrak{K}$ und der von ihr bewirkten Beschleunigung $\mathfrak{b}$ in der Form: *Kraft* = *(träge) Masse* × *Beschleunigung* ($\mathfrak{K} = m\,\mathfrak{b}$) ausgesprochen werden (→ Newtonsche Bewegungsgleichung). Hierdurch wird die Möglichkeit gegeben, Kräfte durch Vergleich der an der gleichen Masse hervorgerufenen Beschleunigungen zu messen (dynamische → Kraftmessung). (→ Krafteinheiten).

Mach, E.: Die Mechanik in ihrer Entwicklung. Leipzig 1921. Handb. d. Physik V. Berlin 1927.

Kraftdichte, die auf die Volumeinheit eines Körpers entfallende Kraft. → Massenkraft.

Kräfte, elektrische. Die Kraft, welche auf eine Ladung Q in einem elektrischen Feld der → Feldstärke $\mathfrak{E}$ (am Orte der Ladung) wirkt, beträgt: $\mathfrak{K} = Q\,\mathfrak{E}$.

Der allgemeine Ausdruck für die Kraft $\mathfrak{k}_e\,d\tau$, die auf ein materielles Volumenelement $d\tau$ eines → Dielektrikums vom Feld ausgeübt wird ($\mathfrak{k}_e$ Kraftdichte), läßt sich über den Energiesatz oder die → Maxwellschen Spannungen ableiten. Es ergibt sich für die Volumenkraft

$$\mathfrak{k}_e = \mathfrak{E}\,\mathrm{div}\,\mathfrak{D} - \frac{\varepsilon_0}{2}\,\mathfrak{E}^2\,\mathrm{grad}\,\varepsilon - \mathrm{rot}\,\mathfrak{E} \times \mathfrak{D}.$$

Das erste Glied gibt die Volumenkraft auf räumlich verteilte wahre Ladungen ($\eta = \mathrm{div}\,\mathfrak{D}$), das zweite ist überall dort wirksam, wo sich die → Dielektrizitätskonstante ε örtlich ändert ($\mathrm{grad}\,\varepsilon \neq 0$), während das dritte die Volumenkraft in räumlich verteilten Wirbeln der elektrischen Feldstärke darstellt ($\mathrm{rot}\,\mathfrak{E} \neq 0$); das dritte Glied verschwindet also im wirbelfreien elektrostatischen Feld. Falls die D.K. ε eine Funktion der Dichte (Masse/Volumen) ϱ — also $\varepsilon = \varepsilon(\varrho)$ — ist oder sich als solche darstellen läßt, tritt zu den drei genannten Gliedern für die Volumenkraft noch ein viertes von der Größe $\frac{\varepsilon_0}{2}\,\mathrm{grad}\left(\mathfrak{E}^2 \frac{d\varepsilon}{d\varrho}\,\varrho\right)$, welches für die Berechnung der → Elektrostriktion wichtig ist.

Die Maxwellschen Spannungen rufen im elektrischen Feld einen elektrostatischen → Druck oder Zug von der Größe

$$\mathfrak{p} = \mathfrak{E}(\mathfrak{D}\cdot\mathfrak{n}) - \mathfrak{n}\,\frac{\mathfrak{E}\cdot\mathfrak{D}}{2}$$

hervor.

An Trennflächen (Medium 1 der D.K. ε_1, Medium 2 der D.K. ε_2; Flächennormale $\mathfrak{n}_{12}$ in das Medium 2 gerichtet) treten Flächenkräfte $\mathfrak{p}_1$ (ins Medium 1 gerichtet) und $\mathfrak{p}_2$ (ins Medium 2 gerichtet) auf, deren Differenz sich aus den Maxwellschen Spannungen zu

$$\mathfrak{p}_2 - \mathfrak{p}_1 = \frac{\mathfrak{E}_1 + \mathfrak{E}_2}{2}\,\mathrm{Div}\,\mathfrak{D} - \frac{\varepsilon_0}{2}\,\mathfrak{E}_1\cdot\mathfrak{E}_2\,\mathrm{Grad}\,\varepsilon + \mathrm{Rot}\,\mathfrak{E} \times \frac{\mathfrak{D}_1 + \mathfrak{D}_2}{2}$$

berechnet. Das erste Glied gibt die Flächenkraft auf die Flächendichte der Ladung ($\sigma = \mathrm{Div}\,\mathfrak{D}$); das zweite ist überall dort wirksam, wo die D.K. einen Flächensprung macht ($\mathrm{Grad}\,\varepsilon \neq 0$), während das dritte die Flächenkraft auf Flächenwirbel der elektrischen Feldstärke darstellt ($\mathrm{Rot}\,\mathfrak{E} \neq 0$); das dritte Glied verschwindet im wirbelfreien elektrostatischen Feld. Als Flächenkraft auf ungeladene Sprungflächen ($\mathrm{Div}\,\mathfrak{D} = 0$) wirkt die Differenz

$$\mathfrak{p}_2 - \mathfrak{p}_1 = -\frac{\varepsilon_0}{2}\,\mathfrak{E}_1\cdot\mathfrak{E}_2\,\mathrm{Grad}\,\varepsilon = \frac{\varepsilon_0}{2}\,\mathfrak{E}_1\cdot\mathfrak{E}_2\,(\varepsilon_1 - \varepsilon_2)\,\mathfrak{n}_{12},$$

also stets in Richtung auf Gebiete *kleinerer* D.K.; steht die Feldstärke senkrecht auf der Sprungfläche ($\mathfrak{E} \parallel \mathfrak{n}_{12}$; d. h. $\mathfrak{D}_1 = \mathfrak{D}_2 = \mathfrak{D}$), so wirkt eine Flächenkraft

$$\mathfrak{p}_2 - \mathfrak{p}_1 \doteq (\varepsilon_1 - \varepsilon_2)\,\mathfrak{D}^2\,\mathfrak{n}_{12}/(2\,\varepsilon_0\,\varepsilon_1\,\varepsilon_2),$$

liegt die Feldstärke in der Sprungfläche ($\mathfrak{E} \perp \mathfrak{n}_{12}$; d. h. $\mathfrak{E}_1 = \mathfrak{E}_2 = \mathfrak{E}$), so ist die Flächenkraft

$$\mathfrak{p}_2 - \mathfrak{p}_1 = \varepsilon_0(\varepsilon_1 - \varepsilon_2)\,\mathfrak{E}^2\,\mathfrak{n}_{12}/2.$$

An der Grenzfläche zwischen Leiter (Medium 1; Flächenladungsdichte σ) und Nichtleiter (Medium 2) ergibt sich wegen der Feldfreiheit im Innern von Leitern ($\mathfrak{E}_1 = 0$) für die Flächenkraft

$$\mathfrak{p}_2 - \mathfrak{p}_1 = \frac{1}{2}\,\sigma\,\mathfrak{E}_2 = \mathfrak{n}_{12}\,\frac{\mathfrak{E}\cdot\mathfrak{D}}{2}.$$

Die Kraft, mit der sich z. B. zwei parallele Kondensatorplatten im Abstand s anziehen, beträgt bei Konstanthaltung der Spannung: $K = C\,U^2/2\,s$, bei Konstanthaltung der Ladung: $K = Q^2/(2\,s\,C)$.

Auf einen elektrischen → Dipol vom Moment $\mathfrak{m}_e$ wird im homogenen Feld der Feldstärke $\mathfrak{E}$ keine Kraft ausgeübt, vielmehr wirkt dort ein Drehmoment $\mathfrak{N} = \mathfrak{m}_e \times \mathfrak{E}$, welches den Dipol in die Feldrichtung hineinzudrehen sucht. Im inhomogenen Feld erfährt der Dipol die Kraft $\mathfrak{K} = \mathfrak{m}_e\, \mathrm{grad}\, \mathfrak{E}$ (Vektorgradient). Auf einen ungeladenen, homogen polarisierten Körper vom Volumen V und der Elektrisierbarkeit ψ $\left(\psi = \frac{\mathfrak{P}}{\mathfrak{E}_0} = \varepsilon_0\, \xi\, \mathfrak{E}_{LK}/\mathfrak{E}_0;\right.$ → Polarisierbarkeit$\Big)$ wirkt die Kraft $\mathfrak{K} = \frac{1}{2}\psi V\, \mathrm{grad}\, \mathfrak{E}^2$, speziell auf eine ungeladene Kugel vom Radius a und der D.K. ε:

$$\mathfrak{K} = 2\pi\varepsilon_0 a^3\, \mathrm{grad}\, \mathfrak{E}^2 (\varepsilon - 1)/(\varepsilon + 2).$$

Kräfteaddition. Da mehrere in einem Punkt angreifende Kräfte immer nur eine Wirkung haben können, die auch durch eine Einzelkraft hervorgerufen sein könnte, so ist es in vielen Fällen nützlich, jene Kräfte durch eine Einzelkraft, ihre *Resultierende* oder *Resultante*, ersetzt zu denken. Das kann rechnerisch oder graphisch geschehen. In der klassischen Mechanik darf dabei das → Unabhängigkeitsprinzip als gültig vorausgesetzt, also die gemeinsame Wirkung der Kräfte als identisch mit Summe der Wirkungen der einzelnen Kräfte angesetzt werden. Das bedeutet, daß in einem Punkt angreifende Kräfte nach den Gesetzen der → Vektoraddition zu einer Vektorsumme, ihrer Resultierenden, zusammengefaßt werden können.

Es seien $\mathfrak{k}_1, \mathfrak{k}_2$, Beträge k_1, k_2, zwei in einem Punkt angreifende Kräfte, $\mathfrak{k}_{12}$, Betrag k_{12}, ihre Resultierende, β der Winkel zwischen den Richtungen von $\mathfrak{k}_1, \mathfrak{k}_2$. Dann ist

$$\mathfrak{k}_{12} = \mathfrak{k}_1 + \mathfrak{k}_2,\quad k_{12} = \sqrt{k_1^2 + k_2^2 - 2\,k_1 k_2 \cos(\mathfrak{k}_1, \mathfrak{k}_2)}.$$

Der Vektorpfeil $\mathfrak{k}_{12}$ ist also die dritte Seite eines von den beiden aneinandergefügten Vektorpfeilen $\mathfrak{k}_1, \mathfrak{k}_2$ als weiteren Seiten gebildeten Dreiecks und weist vom Schwanz von $\mathfrak{k}_1$ zur Spitze von $\mathfrak{k}_2$ (Abb. 1) ($\mathfrak{k}_1$ und $\mathfrak{k}_2$ können auch vertauscht werden). Zum gleichen Ergebnis führt auch die hiernach ohne weiteres verständliche Konstruktion des *Kräfteparallelogramms* (Abb. 2a).

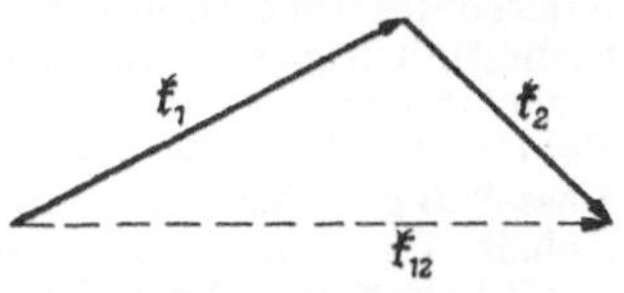

Abb. 1. Resultante zweier Kräfte.

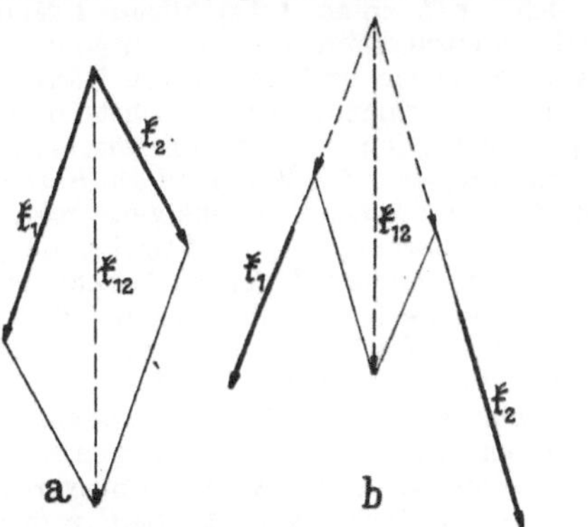

Abb. 2. Kräfteparallelogramm.

Greifen die beiden Kräfte nicht im gleichen Punkt an, liegen aber ihre Wirkungslinien in der gleichen Ebene, so verschiebt man die Vektorpfeile längs ihrer Wirkungslinien und verfährt dann wie oben (Abb. 2b).

Handelt es sich um mehr als zwei Kräfte, deren Wirkungslinien alle in der gleichen Ebene liegen, so gelangt man durch Fortsetzung des in der Abb. 1 dargestellten Verfahrens zur Konstruktion des *Kräftepolygons (Krafteck)*, in dem der durch die einzelnen Vektorpfeile $\mathfrak{k}_1, \mathfrak{k}_2, \mathfrak{k}_3, \ldots$ gebildete Linienzug durch die (gegenläufige!) Resultierende $\mathfrak{k}$ geschlossen wird (Abb. 3).

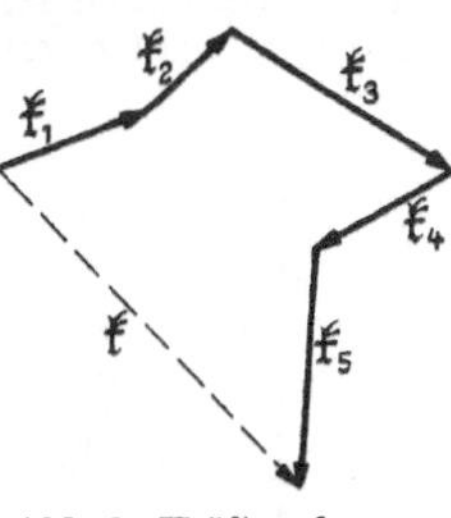

Abb. 3. Kräftepolygon.

Bei beliebig orientierten Kräften läßt sich die Addition durch Fortsetzung des Verfahrens und ggf. unter geeigneter Zerlegung und Zusammenfassung immer solange weiterführen, wie es noch zwei Kräfte oder Kraftkomponenten bzw. Resultierende gibt, deren Wirkungslinien sich schneiden. Im allgemeinen Fall bleibt nur *eine* resultierende Einzelkraft und *ein* Kräftepaar übrig. Das ist selbstverständlich, denn beliebige Kräfte können im Zusammenwirken nie etwas anderes bewirken als eine Beschleunigung der Translation und eine Beschleunigung der Rotation, als deren Ursache *eine* Einzelkraft und *ein* einzelnes Kräftepaar angesehen werden können.

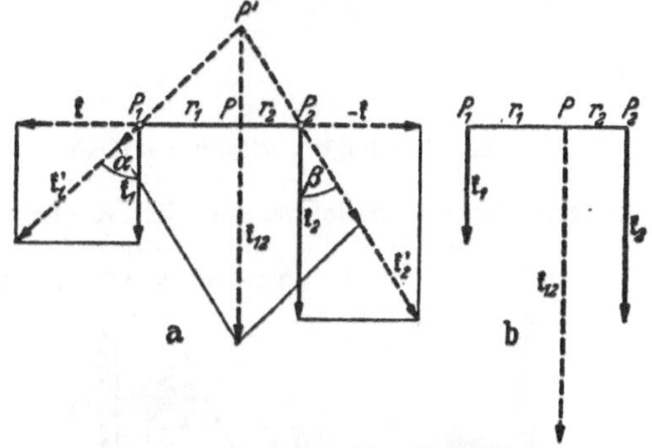

Abb. 4. Resultante paralleler Kräfte.

Bei parallelen und gleich oder entgegengesetzt (antiparallel) gerichteten Kräften versagt die obige Konstruktion zunächst. Man kann sie aber durchführen, wenn man zu den beiden Kräften $\mathfrak{k}_1, \mathfrak{k}_2$ die beiden gleich großen, entgegengesetzt gerichteten und in den gleichen Wirkungslinien liegenden Kräfte $\mathfrak{k}, -\mathfrak{k}$ addiert, die sich in ihrer Wirkung aufheben (Abb. 4a) und nur die Parallelität beseitigen, so daß man die neuen, aber den alten gleichwertigen Kräfte nunmehr im Punkt P' zur Resultierenden $\mathfrak{k}_{12}$ vereinigen kann. Man kann sich diese im Punkt P, dem *Mittelpunkt* der Kräfte $\mathfrak{k}_1, \mathfrak{k}_2$, angreifend denken, für dessen Abstände r_1, r_2 von den Angriffspunkten P_1, P_2 der Einzelkräfte die Gleichung $r_1 k_1 = r_2 k_2$ gilt. Er teilt also die Strecke P_1P_2 *innen* im umgekehrten Verhältnis der betreffenden Kräfte. Die Abb. 4b zeigt dies noch einmal in vereinfachter Form.

Genau so verfährt man bei antiparallelen Kräften. In diesem Fall gilt die obige Gleichung ebenfalls; doch liegt jetzt P außerhalb von P_1P_2 auf der Seite der größeren Kraft und teilt P_1P_2 *außen* im umgekehrten Verhältnis der betreffenden Kräfte

(Abb. 5). Bei zwei *gleich großen* antiparallelen Kräften versagt auch diese Konstruktion (formal, weil dann P in unendliche Ferne rückt und $\mathfrak{k}_{12} = 0$ wird). Tatsächlich läßt sich ein solches → *Kräftepaar* auch nicht durch eine Einzelkraft ersetzen.

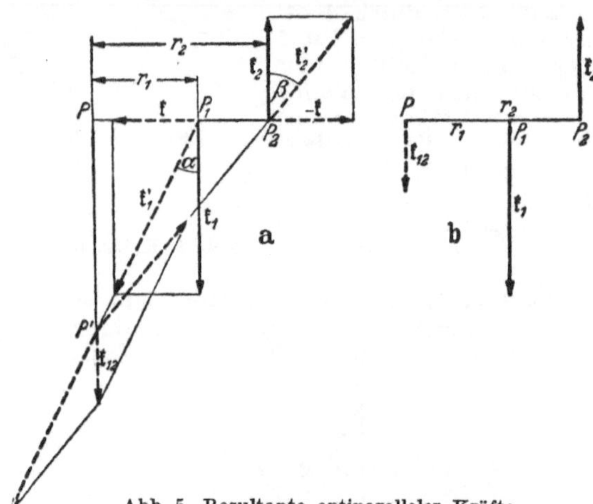

Abb. 5. Resultante antiparalleler Kräfte.

Der Satz vom Parallelogramm der Kräfte ist schon von *Stevin* (1548 bis 1620) aufgestellt und durch den in der Abb. 6 dargestellten Versuch be-

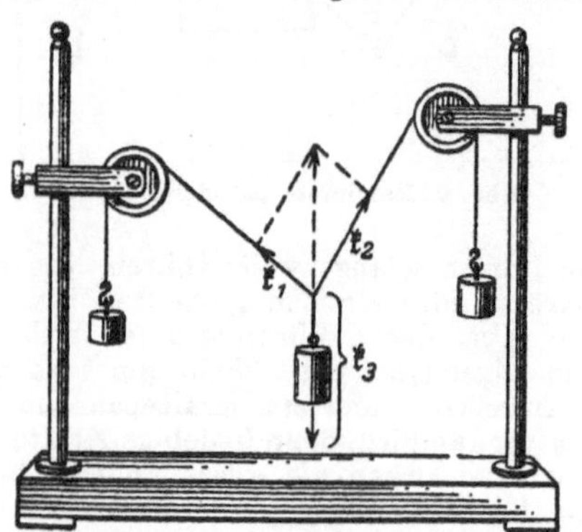
Abb. 6. Der Versuch von *Stevin*.

wiesen worden, der aber seinem eigentlichen Wesen nach ein Beweis für das → Unabhängigkeitsprinzip ist.

Krafteck → Kräfteaddition.

Kräftefunktion nennt man eine → Potentialfunktion $V(x, y, z)$, wenn sich aus ihr durch Gradientenbildung ein nur ortsabhängiger Kraftvektor $\mathfrak{K}(x, y, z)$ herleiten läßt, also $\mathfrak{K} = -\operatorname{grad} V$. Die Komponenten von $\mathfrak{K}$ nach den Achsen eines rechtwinkligen Koordinatensystems sind also an einer beliebigen Stelle x, y, z des Kraftfeldes gegeben durch $K_x = -\partial V/\partial x$, $K_y = -\partial V/\partial y$, $K_z = -\partial V/\partial z$. Die nach einer beliebigen Richtung n genommene Komponente ist $K_n = -\partial V/\partial n$. Kräfte, die sich als Gradient einer Kräftefunktion darstellen lassen, nennt man auch → konservative Kräfte.

Krafteinheiten. Die in Physik und Technik benutzten Krafteinheiten werden den verschiedenen physikalischen und technischen Maßsystemen der Mechanik (→ Maßsysteme, mechanische) entnommen.

Als *physikalische Krafteinheiten* sind international die CGS-Einheit *Dyn* (dyn) und die MKS-Einheit *Newton* [N; früher auch *Großdyn* (Dyn) genannt und identisch mit dem abs. Joule/m (J_{abs}/m)] in Gebrauch: $1\,\text{dyn} \equiv 1\,\text{cm} \cdot \text{g} \cdot \text{s}^{-2}$, $1\,\text{N} \equiv 1\,\text{m} \cdot \text{kg} \cdot \text{s}^{-2} = 10^5\,\text{dyn}$; in Frankreich ist weitgehend die Krafteinheit des → MTS-Systems unter der Bezeichnung *sthène* (sn) üblich: $1\,\text{sn} \equiv 1\,\text{m} \cdot \text{t} \cdot \text{s}^{-2} = 10^3\,\text{N} = 10^8\,\text{dyn}$. Im nationalen foot-pound-second-System Großbritanniens und der USA hat die Krafteinheit den Namen → poundal: 1 poundal $\equiv 1\,\text{ft.\,lb\,(wt)/s}^2 = 0{,}138\,25\bar{5}\,\text{N}$.

Die *technischen Krafteinheiten* sind als *Gewicht* der physikalischen Masseneinheiten definiert. Da das Gewicht von der Fallbeschleunigung und diese vom Beobachtungsort abhängt, wurde als Krafteinheit das → Normgewicht, d. h. das Gewicht der Masseneinheit am Orte der → Normfallbeschleunigung g_n festgelegt. Für g_n vereinbarte die 3. Generalkonferenz für Maß und Gewicht 1901 den Wert $9{,}80665\,\text{m} \cdot \text{s}^{-2}$. Als Name für das Normgewicht des → Kilogramms wurde 1938 die Bezeichnung *Kilopond* (kp) vorgeschlagen, welche 1939 von der Physikalisch-Technischen Reichsanstalt für ihren Geschäftsbereich eingeführt wurde: $1\,\text{kp} = 9{,}80665\,\text{N}$. Die Bezeichnung Kilopond wurde später auch in anderen Ländern, z. B. in Österreich und Schweden, übernommen.

Die Benutzung des Wortes Kilopond für die technische Krafteinheit trägt dazu bei, eine Reihe von Meinungsverschiedenheiten und Mißverständnissen aus der Welt zu schaffen, die seit Jahrzehnten zwischen Physik und Technik bestanden. Wie zu dieser Frage schon die Generalkonferenz im Jahre 1901 eindeutig feststellte, ist das *Kilogramm* als Einheit der *Masse* festgelegt, während das *Gewicht* eine Größe von der Art einer *Kraft* darstellt, für deren Einheit füglich nicht der gleiche Name Kilogramm gebraucht werden darf. Trotzdem wurde in weiten Kreisen der Technik unter dem Kilogramm die Gewichtseinheit g_n kg verstanden. Man versuchte, sich zunächst dadurch zu helfen, daß man die Masseneinheit als „Massenkilogramm" oder „Kilogramm-Masse" (kg^+ oder kg_m) bezeichnete, die Gewichtseinheit als „Kraftkilogramm" oder „Kilogramm-Kraft" (kg^* oder kg_p). Diese Bezeichnungen wurden aber in der Praxis u. a. wegen der Länge dieser Wortbildungen weitgehend nicht übernommen — man sprach in beiden Fällen im allgemeinen nur vom „Kilogramm", wodurch die verwirrende Verwechslung von Massen- und Krafteinheit weiter um sich griff. Eine tatsächliche Lösung dieser Schwierigkeiten kann nur die konsequente Anwendung eines neuen und geeigneten Namens für die Krafteinheit bringen, der zunächst in dem Wort Kilopond gefunden ist. Von französischer Seite wurden neuerdings für das Kilopond die Bezeichnungen *Poinsot* oder *Fortin* vorgeschlagen; man neigt in Frankreich überhaupt zu der Absicht, die Gewichtseinheit weitestgehend fallen zu lassen und auch in der Technik als Krafteinheit nach Möglichkeit die MKS-Einheit Newton zu benutzen. Auch in England hat die Erkenntnis, daß die Nichtunterscheidung zwischen physikalischer Masseneinheit und technischer Krafteinheit zu ständigen Mißverständnissen Anlaß gibt, zu Abänderungsversuchen geführt. Das National Physical Laboratory hat zunächst (1948) vorgeschlagen, das bislang → pound weight genannte Normgewicht der angelsächsischen Masseneinheit → pound (lb) durch das Symbol Lb abzukürzen: $1\,\text{Lb} \equiv g_n\,\text{lb} = 0{,}453\,592\,\text{kp}$. Analog soll für das → long ton weight, das Normgewicht des long ton (tn.l.), das Formelzeichen T gebraucht werden: $1\,\mathrm{T} \equiv g_n$ tn.l. $= 1016{,}0\bar{5}$ kp. Für einige wichtige Krafteinheiten sind die Umrechnungsfaktoren in der Tabelle 1, Anhang III, zusammengefaßt.

Kräftepaar, zwei gleich große, antiparallele Kräfte $\mathfrak{k}$, $-\mathfrak{k}$, deren Wirkungslinien nicht zusammenfallen (Abb.). Es läßt sich nicht zu einer Resultierenden vereinigen (→ Kräfteaddition), bewirkt daher an einem Körper auch keine Beschleunigung der Translation, sondern eine *Beschleunigung der Rotation*. Es übt auf den Körper ein *Drehmoment* aus, das mit dem *Moment* des Kräftepaares identisch ist. Dieses ist definiert als das Vektorprodukt $\mathfrak{M} = [\mathfrak{a}\,\mathfrak{k}]$. Dabei kann unter $\mathfrak{a}$ jeder beliebige von einem Punkt der Wirkungslinie von $-\mathfrak{k}$ nach irgendeinem Punkt der Wirkungslinie von $\mathfrak{k}$ weisende Fahrstrahl verstanden werden, z. B. der den Schwanz des Pfeils $-\mathfrak{k}$ mit dem Schwanz des Pfeils $\mathfrak{k}$ verbindende Fahrstrahl (Abb.). Wählt man $\mathfrak{a}$ senkrecht zu den beiden Wirkungslinien, so nennt man den Betrag $|\mathfrak{a}| = a$ den *Arm* des Kräftepaares.

Aus der Definition des Drehmoments folgt, daß sein Betrag gleich der Fläche des von den Kraftpfeilen $\mathfrak{k}, -\mathfrak{k}$ als gegenüberliegenden Seiten gebildeten Parallelogramms ist. Hieraus und aus der beliebigen Verschiebbarkeit der Kraftpfeile längs ihrer Wirkungslinien folgt ohne weiteres, daß die Wahl von $\mathfrak{a}$ ganz beliebig sein kann.

Man kann das Drehmoment als einen zur Ebene der beiden Wirkungslinien senkrechten axialen Vektor darstellen, dessen Richtung sich aus der Definition von $\mathfrak{M}$ nach der → Schraubenregel ergibt, der also z.B. in der Abb. senkrecht nach oben gerichtet ist (Drehung von $\mathfrak{a}$ auf dem kürzesten Wege in die Richtung von $+\mathfrak{k}$).

Kräftepaar.

Für die Wirkung eines Kräftepaares kommt es nur auf Betrag und Richtung dieses Vektors an, nicht auf $\mathfrak{k}$ und $\mathfrak{a}$ im einzelnen. Der Drehimpulsvektor besitzt eine viel größere „Freizügigkeit“ als der Kraftvektor. Er darf, wie sich leicht beweisen läßt, an jeden beliebigen Raumpunkt verschoben gedacht werden, sofern er nur seinen Betrag und seine Richtung beibehält.

Die Gesetze der Translation lassen sich in diejenigen der Rotation übersetzen, wenn man Kräfte durch Drehmomente, Massen durch Trägheitsmomente und Geschwindigkeiten und Beschleunigungen durch Winkelgeschwindigkeiten und Winkelbeschleunigungen ersetzt. So entspricht z. B. der Beziehung Kraft = Masse × Beschleunigung die Beziehung Drehmoment = Trägheitsmoment × Winkelbeschleunigung.

Kräfteparallelogramm, -polygon → Kräfteaddition.

Kräftezerlegung. Die Zerlegung einer gegebenen Kraft in 2 oder 3 Komponenten (als deren Resultierende sie gedacht werden kann) nach vorgegebenen Richtungen ist eine besonders in der theoretischen Physik ständig wiederkehrende Aufgabe und erfolgt einfach durch Umkehrung des Verfahrens der → Kräfteaddition. Bei der Zerlegung in zwei Komponenten zeichnet man durch den Schwanz des vorgegebenen Kraftpfeils $\mathfrak{k}$ zwei Wirkungslinien in den beiden vorgegebenen Richtungen und ergänzt die Figur durch die Pfeile $\mathfrak{k}_1, \mathfrak{k}_2$ zu einem Parallelogramm (Abb. 1). Dann ist, wie verlangt, $\mathfrak{k}_1 + \mathfrak{k}_2 = \mathfrak{k}$. Je nach den vorgegebenen Richtungen gibt es unendlich viele verschiedene Möglichkeiten zur Zerlegung einer Kraft in zwei Komponenten.

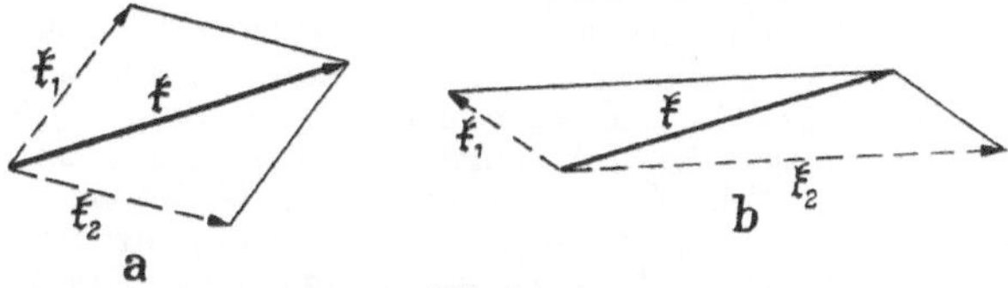

Abb. 1. Zerlegung einer Kraft nach zwei vorgegebenen Richtungen.

Besonders wichtig ist die Zerlegung nach den Achsenrichtungen (x, y) eines ebenen oder (x, y, z) eines räumlichen, rechtwinkligen Koordinatensystems (Abb. 2a und b). Im letzteren Fall ist die vorgegebene Kraft $\mathfrak{k} = \mathfrak{k}_x + \mathfrak{k}_y + \mathfrak{k}_z$ die Raumdiagonale des Rechtecks mit den Seiten $\mathfrak{k}_x, \mathfrak{k}_y, \mathfrak{k}_z$.

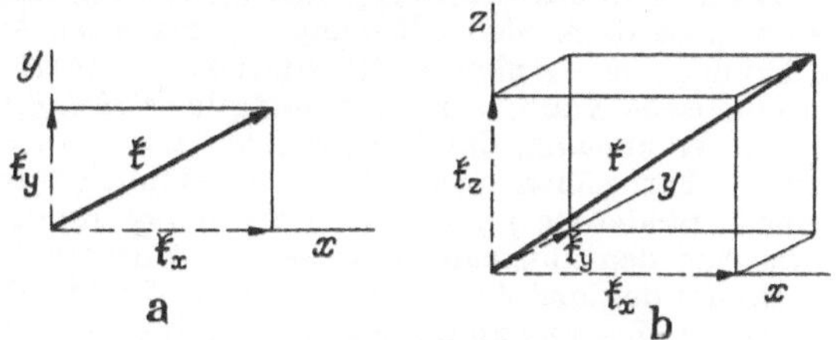

Abb. 2. Zerlegung einer Kraft nach den Achsenrichtungen eines rechtwinkligen Koordinatensystems: a) x, y, b) x, y, z.

Kraftfelder. Wenn ein Körper innerhalb eines Raumbereichs infolge der Anwesenheit oder des Verhaltens anderer, in diesem Bereich befindlicher Körper eine Kraft erfährt, so bezeichnet man diesen Raumbereich allgemein als ein *Kraftfeld*, im einzelnen je nach der primären Ursache der Kraft als ein Gravitations-, elektrisches, magnetisches Feld usw. Das Auftreten einer Kraft ist bedingt durch das Vorhandensein einer bestimmten, von der Ursache des Feldes abhängigen Eigenschaft des Körpers (im Gravitationsfeld seiner Masse, im elektrischen Feld seiner Ladung usw.). Die in einem Raumpunkt auf einen die Einheit (ggf. die positive Einheit) dieser Eigenschaft (Masseneinheit, Ladungseinheit usw.) besitzenden Körper wirkende Kraft, dividiert durch die Eigenschaftseinheit, heißt die *Feldstärke*. Diese ist also ein Vektor.

Ein Kraftfeld kann durch Angabe der *Feldstärke* als Funktion des Ortes beschrieben werden (*Vektorfeld*). Läßt sich die Feldstärke von einem → *Potential* ableiten, so kann auch dessen örtliche Verteilung zur Beschreibung des Feldes dienen (*skalares Feld*, da das Potential ein Skalar ist). Letzteres ist meist einfacher, da ein Vektor durch 3 Angaben (etwa seine 3 Komponenten), ein Skalar aber schon durch eine einzige Angabe vollständig gegeben ist. Notwendige und hinreichende Bedingung für die Möglichkeit der Darstellung eines Kraftfeldes durch ein Potential ist die Bedingung $\operatorname{rot} \mathfrak{k} = 0$. Solche Felder werden auch als *wirbelfrei* bezeichnet im Gegensatz zu den → *Wirbelfeldern*, bei denen $\operatorname{rot} \mathfrak{k} \neq 0$ ist.

Feldstärke und Potential können sich sowohl örtlich als auch zeitlich ändern. Ändern sie sich periodisch, so bezeichnet man das Feld als ein *Wechselfeld*.

Besonders wichtig sind folgende einfache Typen von Kraftfeldern:

1. *Homogenes Feld.* Die Feldstärke ist nach Betrag und Richtung in allen Punkten des Feldes die gleiche (z. B. das elektrische Feld im Innern eines geladenen Kondensators).

2. *Kugelsymmetrisches Feld.* Die Feldstärke hängt nur von der Entfernung r von einem bestimmten Punkt ab. Ist sie insbesondere proportional $1/r^2$ (Gravitationsgesetz, Coulombsches Gesetz), so nennt man das Feld ein *Newtonsches Kraftfeld.* Ist sie in jedem Raumpunkt auf jenes Zentrum hin oder von ihm weg gerichtet, so liegt ein *Zentralfeld* vor (Gravitationsgesetz, Coulombsches Gesetz).

Weiter unterscheidet man → wirbelfreie und → Wirbelfelder.

Zur anschaulichen Darstellung von Kraftfeldern kann man sich der → Feld-(Kraft-)Linien bedienen.

Der Begriff des Kraftfeldes stammt von *Faraday.* Er vollzog damit den Übergang von der alten Anschauung der *Fernkräfte* (Gravitation, elektrische, magnetische Kräfte) zur Anschauung der *Nahekräfte,* indem er annahm, daß die scheinbar unvermittelt aus der Ferne übertragenen Kräfte tatsächlich durch eine Veränderung im Zustande des *leeren* Raumes zwischen den aufeinander wirkenden Körpern bewirkt werden und daß die *unmittelbare* Ursache der Kraft der Zustand an der Stelle des Raumes ist, an dem sich der Körper befindet, auf den die Kraft wirkt.

Kraftfluß → Fluß, dielektrischer, → Induktionsfluß.

Kraftlinien → Feldlinien.

Kraftmessung. 1. *Dynamische (absolute)* Kraftmessung. Sie beruht auf der Newtonschen Gleichung Kraft = Masse × Beschleunigung und schließt aus einer Bewegungsänderung auf die sie bewirkende Kraft. Werden von zwei Kräften an einem gleichen Körper gleiche Beschleunigungen hervorgerufen, so bezeichnet man die Kräfte als gleich.

2. *Statische (relative)* Kraftmessung. Sie ist eine Nullmethode und beruht auf der Kompensation der zu messenden Kraft durch eine andere bekannte Kraft, in der Regel die Schwerkraft oder eine elastische Kraft (Federkraft). Geräte, mit denen eine Kraftmessung mittels einer elastischen Deformation geschieht, heißen (Druck- oder Zug-) *Dynamometer.* Als solches kann jede Federwaage dienen. Die Eichung solcher Geräte erfolgt mit Hilfe der Schwerkraft, d. h. mittels Gewichten.

Im allgemeinen wird für die Messung von Kräften praktisch nur die statische Messung benutzt, dagegen die dynamische zur Messung von → Kraftstößen (→ ballistisches Pendel).

Kraftröhre, ein röhrenförmiger Bereich, der seitlich durch Feld-(Kraft-)Linien begrenzt wird, so daß Feldlinien nur an seinen Enden ein- oder austreten.

Kraftschraube. Wirken auf einen starren Körper n verschiedene Kräfte $\mathfrak{k}_i$ $(i = 1, 2, \ldots, n)$, deren vektorielle Summe $\mathfrak{k} = \sum_{i=1}^{n} \mathfrak{k}_i$ sei, und bildet man das resultierende Moment $\mathfrak{M}$ aller Momente von $\mathfrak{k}_i$ in bezug auf einen beliebigen, aber für alle $\mathfrak{k}_i$ gemeinsamen Punkt P: $\mathfrak{M} = \sum_{i=1}^{n} \mathfrak{M}_i = \sum_{i=1}^{n} [\mathfrak{r}_i\, \mathfrak{k}_i]$, so wird im allgemeinen $\mathfrak{M}$ nicht in die Richtung von $\mathfrak{k}$ fallen. Für den Fall, daß $\mathfrak{M}$ und $\mathfrak{k}$ zueinander parallel sind: $\mathfrak{M} \| \mathfrak{k}$, spricht man von einer Kraftschraube. Sie wird also veranschaulicht durch eine Kraft $\mathfrak{k}$ und ein Kräftepaar, das in einer Ebene wirkt, deren Normale zu $\mathfrak{k}$ parallel ist. Sind $\mathfrak{k}$ und $\mathfrak{M}$ nicht parallel, so kann durch geeignete Wahl eines neuen Bezugspunktes Q immer erreicht werden, daß $\mathfrak{M} \| \mathfrak{k}$. Es gilt (Abb.) $\mathfrak{M}_Q = \sum [\bar{\mathfrak{r}}_i\, \mathfrak{k}_i] = \sum [\mathfrak{r}_i + \mathfrak{x}, \mathfrak{k}_i] = \sum [\mathfrak{r}_i\, \mathfrak{k}_i] + [\mathfrak{x} \sum \mathfrak{k}_i] = \mathfrak{M} + [\mathfrak{x}\, \mathfrak{k}]$. Zerlegt man nun $\mathfrak{M}$ in zwei zueinander senkrechte Komponenten $\mathfrak{M}_1$ und $\mathfrak{M}_2$, von denen $\mathfrak{M}_1 \| \mathfrak{k}$ und $\mathfrak{M}_2 \perp \mathfrak{k}$, und bestimmt man den Vektor $\mathfrak{x}$ so, daß $[\mathfrak{x}\, \mathfrak{k}] = -\mathfrak{M}_2$ wird, so verbleibt $\mathfrak{M}_Q = \mathfrak{M}_1$, und diese Komponente ist nach Voraussetzung parallel zu $\mathfrak{k}$, da sich die Resultante $\mathfrak{k}$ beim Übergang vom Bezugspunkt P zu Q nicht ändert. Es liegt somit, wenn man das Moment auf letzteren bezieht, eine Kraftschraube vor. Der von P nach Q weisende Vektor $-\mathfrak{x}$ steht nach Definition des Vektorproduktes senkrecht auf der von $\mathfrak{k}$ und $\mathfrak{M}_2$ gebildeten Ebene und hat den Betrag $|\mathfrak{x}| = \frac{|\mathfrak{M}_2|}{|\mathfrak{k}|}$. Dadurch ist der neue Bezugspunkt Q bestimmt. Die Kraftschraube kann als das „dynamische" Gegenstück zur kinematischen → Bewegungsschraube angesehen werden.

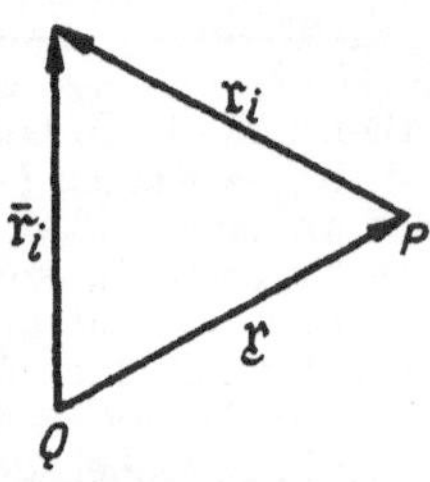

Zur Kraftschraube.

Kraftstoß, das Zeitintegral einer Kraft $\mathfrak{k}$ über die Zeit von t_1 bis t_2, während derer die Kraft auf eine Masse m wirkt, also

$$\mathfrak{p} = \int_{t_1}^{t_2} \mathfrak{k}\, dt.$$

Da gemäß der Newtonschen Bewegungsgleichung $\mathfrak{k} = m\ddot{\mathfrak{r}}$ ist, so folgt

$$\mathfrak{p} = \int_{t_1}^{t_2} \mathfrak{k}\, dt = m\dot{\mathfrak{r}}(t_2) - m\dot{\mathfrak{r}}(t_1).$$

Der Kraftstoß ist also gleich der durch die Kraft bewirkten Änderung der → Bewegungsgröße (des Impulses) $m\dot{\mathfrak{r}}$ der Masse m. War diese anfänglich in Ruhe, so ist der Kraftstoß gleich dem Impuls selbst. (Aus diesem Grunde wird gelegentlich auch der Kraftstoß als Impuls bezeichnet.)

Kraftsumme → Kräfteaddition.

Kraftverstärker oder *Leistungsverstärker* haben im Gegensatz zum Anfangsstufenverstärker, der eine möglichst hohe Spannungsverstärkung liefern soll, die Aufgabe, an einen Außenwiderstand eine möglichst große Wechselstromleistung bei bester Ausnutzung der Röhre abzugeben. Diese maximale Leistung wird dann erzielt, wenn der Verbraucher an den inneren Widerstand der Röhrenersatzschaltung angepaßt wird. Dabei ist allerdings der Wirkungsgrad der Röhre (abgegebene Wechselstromleistung/aufgenommene Gleichstromleistung) gering (~25%). Im allgemeinen wird daher der Außenwiderstand gleich dem 5- bis 10fachen R_{iL}-Wert der Röhre (→ Endröhren) gemacht, womit sich ein Wirkungsgrad von 40 bis 50% ergibt. Die Anpassungsverhältnisse richten sich vielfach auch nach dem zulässigen → Klirrfaktor, dessen Größe sich mit $\mathfrak{R}_a/R_{iL}$ ändert. Eine Erhöhung der Leistung ist dann nur durch A/B- oder B-Betrieb möglich, bei dem für Kraftverstärker immer die → Gegentaktschaltung anzuwenden ist (→ Verstärker).

Rothe, H., u. *W. Kleen:* Elektronenröhren als End- u. Sendeverstärker. Leipzig 1945.

Kraftwirkung, magnetische, auf bewegte Ladungen → Lorentzkraft.

Kränze, auch *Lichthof, Sonnenhof, Mondhof,* sind farbige Beugungsringe um die Lichtquelle, die an den Wolkenelementen (Tropfen, vielleicht auch Kristallen) entstehen. Häufig wird nur der innerste, an das Gestirn anschließend weiße, in gelblich übergehende und braunrot gesäumte erste Ring *(Aureole)* beobachtet. Weitere Ringe sind bis zur 4. und 5. Ordnung beobachtet. Ihr Abstand ist vom Tropfenradius r und der Wellenlänge λ des Lichtes abhängig. Für Sonnenlicht mißt man als Winkelradius δ der Minima die Außenränder der roten Ringe, bei größeren Lichtquellen von deren Außenrand ab: $\sin\delta = C\lambda/r$, wo C für das 1. und 2. Minimum 0,61 und 1,116 ist. Die Durchmesser der Wolkenelemente sind hiernach zu 10 bis 30 μ bestimmt.

Handb. d. Experimentalphysik XXV/1. Leipzig 1928. *Pernter, J. M.,* u. *F. M. Exner:* Meteorol. Optik. Wien 1922.

Krater, positiver → Abbrand der Bogenkohlen.

Kratkysche Konvergenzmethode. Zur Bestimmung der Kristallstruktur mikroskopisch kleiner Kriställchen führte *O. Kratky* eine Weitwinkelmethode ein, für welche geringste Dimensionen der Kammer und eine keilförmige Blende charakteristisch sind. Die Blende wird mit dem weiten Ende direkt an das Fenster der Röhre gesetzt; sie hat in der einen Richtung (in der Ebene der Abb.) einen Öffnungswinkel von 30°, in der dazu senkrechten jedoch nur von 1° und eine lichte Weite von 0,01 mm am Kristall K und 0,05 mm an der Röhre R. Länge der Blende und Abstand des Kristalls vom photographischen Film F betragen nur wenige mm.

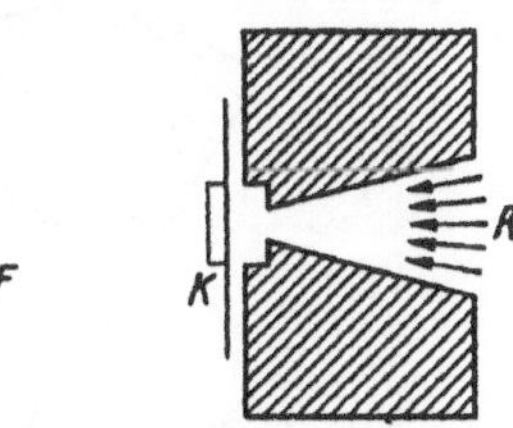

Kratkysche Konvergenzmethode.

Kratky, O.: Z. Kristallogr. **73**, 567 (1930); **76**, 261 (1931).

Kräuselwellen = → Kapillarwellen. → Grenzflächenwellen, → Oberflächenwellen.

Kreis, magnetischer → magnetischer Kreis.

Kreisbewegung, die spezielle krummlinige Translation eines Massenpunktes, dessen Bahn ein Kreis ist (oft fälschlich als → Rotation bezeichnet). Der Massenpunkt muß also durch irgendeine Kraft gezwungen werden, ständig einen festen Abstand r von einem Zentrum A innezuhalten (z. B. Kreisbahn eines an einem Faden gehaltenen Gegenstandes).

Legt der Massenpunkt in gleichen (beliebig wählbaren) Zeiten gleiche Wegstrecken zurück, so spricht man von einer *gleichförmigen Kreisbewegung,* was aber nur so zu verstehen ist, daß die *Bahngeschwindigkeit* des Massenpunktes konstanten *Betrag* hat. Da sich aber die *Richtung* der Geschwindigkeit ständig ändert, so handelt es sich tatsächlich um eine *beschleunigte Bewegung.*

Bei Verwendung von ebenen Polarkoordinaten r, φ und mit der Winkelgeschwindigkeit $\mathfrak{u}$, also $\mathfrak{v} = [\mathfrak{u}\,\mathfrak{r}]$, ergibt sich die Beschleunigung des Massenpunktes zu

$$\mathfrak{b} = \dot{\mathfrak{v}} = [\dot{\mathfrak{u}}\,\mathfrak{r}] + [\mathfrak{u}\,\dot{\mathfrak{r}}] = \mathfrak{b}_\varphi + b_r$$

mit $\mathfrak{b}_\varphi = [\dot{\mathfrak{u}}\,\mathfrak{r}]$, $\mathfrak{b}_r = [\mathfrak{u}\,\dot{\mathfrak{r}}]$.

$\mathfrak{b}_\varphi$ ist die *azimutale* oder *Tangential-Beschleunigung,* und erfolgt stets in Richtung der jeweiligen Bahntangente. $\mathfrak{b}_\varphi$ ist die *radiale* oder *Zentripetal-Beschleunigung* und ist stets auf den Kreismittelpunkt hin gerichtet. Sie wird durch eine stets nach dem Mittelpunkt hin gerichtete Kraft bewirkt, die man *Zentripetalkraft* nennt. Für das Zustandekommen einer Azimutalbeschleunigung ist eine weitere, zur Bahn tangentiale Kraft erforderlich. Nur wenn eine solche fehlt, ist die Kreisbewegung gleichförmig, also $\dot{\mathfrak{u}} = 0$ und die Winkelgeschwindigkeit $\mathfrak{u} = \text{const}$. Die Zentripetalkraft beträgt $\mathfrak{k}_r = m\mathfrak{b}_r$. Setzt man die absoluten Beträge $|\mathfrak{v}| = v$, $|\mathfrak{u}| = u$, $|\mathfrak{b}_r| = b_r$, so ergibt sich mit $v = ru$ für den Betrag der Zentripetalkraft

$$k = m b_r = m r u^2 = m u v = m\frac{v^2}{r}.$$

Da $\mathfrak{k}_r$ dem Fahrstrahl $\mathfrak{r}$ entgegengerichtet ist, kann man hiernach vektoriell auch schreiben

$$\mathfrak{b}_r = -u^2\mathfrak{r}, \quad \mathfrak{k}_r = -m u^2\mathfrak{r}.$$

In dieser Form gilt die Beziehung auch für jede beliebige krummlinige Bewegung, wenn man für $\mathfrak{r}$ den von Ort zu Ort veränderlichen Krümmungsradius einsetzt.

Bei einer gleichförmigen Kreisbewegung ist $u = \dot{\varphi} = \varphi/t$. Für einen vollen Umlauf ist $\varphi = 2\pi$. Demnach beträgt die *Umlaufszeit* $t = T = 2\pi/u$. Die *Frequenz,* die Zahl der Umläufe in der Zeiteinheit, beträgt also $\nu = 1/T = u/2\pi$. Die Winkelgeschwindigkeit $u = 2\pi\nu = 2\pi/T$ heißt auch die *Kreisfrequenz* der Kreisbewegung.

Da die Kreisbewegung in jedem Fall eine beschleunigte Bewegung ist, so ist der Massenpunkt *nicht im Gleichgewicht.* Anders in einem mit dem Massenpunkt rotierenden Bezugsystem, dessen ruhender Ursprung sich im Kreismittelpunkt befindet. In diesem ruht auch der Massenpunkt, ist also im Gleichgewicht. Dieses wird durch die der Zentripetalkraft $\mathfrak{k}_r$ entgegengerichtete Trägheitskraft $\mathfrak{k}_t = -\mathfrak{k}_r = m u^2\mathfrak{r}$ hervorgerufen, welche — von diesem System aus beurteilt — die Wirkung der Zentripetalkraft genau aufhebt. Man nennt diese Trägheitskraft die *Fliehkraft* oder *Zentrifugalkraft,* weil sie — vom mitrotierenden System aus beurteilt — den Massenpunkt radial nach außen zu beschleunigen sucht, was nur eine andere Beschreibung der Tatsache ist, daß er sich — von einem ruhenden Bezugsystem aus beurteilt — infolge seiner Trägheit tangential zu seiner jeweiligen Bahn zu bewegen sucht. Man beachte aber genau, daß man von einer Zentrifugalkraft, da sie eine Trägheitskraft ist, nur dann sprechen darf, wenn man die Bewegung in einem mitrotierenden Bezugsystem beschreibt. Das zu tun, ist häufig zweckmäßig, da wir uns selbst sehr oft in der Lage eines mitrotierenden Beobachters befinden, z. B. bei der Beobachtung von Vorgängen auf der rotierenden Erde, als Insassen von Fahrzeugen in einer Kurve usw.

Unter der Kreisbewegung eines starren Körpers wird in der Regel seine → Rotation verstanden, bei der sich seine Orientierung gegenüber einem raumfesten Koordinatensystem mit der Winkelgeschwindigkeit der Kreisbewegung ändert. Eine rein translatorische Kreisbewegung eines starren Körpers ist die → Exzenterbewegung.

Kreisbogenfunktionen → zyklometrische Funktionen.

Kreisel.

I. Aufbau des Kreisels.

1. Begriff des Kreisels. Jeder starre Körper, der sich dreht, ist ein Kreisel. In der Kreisellehre werden nur Drehungen um einen festen Punkt behandelt. Ist ein fester Bezugspunkt nicht gegeben, so kann stets der Schwerpunkt des Körpers als fester Bezugspunkt gewählt werden, gleichgültig wie sich der Körper im Raume bewegt.

2. Einteilung der Kreisel. Die Bewegungen des Kreisels hängen nur von der Gestalt des Trägheitsellipsoides des Kreiselkörpers und von den Kraftmomenten ab, die auf den Kreisel wirken, sind aber sonst von der Form des Kreiselkörpers ganz unabhängig. Man unterscheidet den kräftefreien Kreisel, auf den keine äußeren Kraftmomente wirken, und den Kreisel unter äußeren Kraftmomenten.

Das Trägheitsellipsoid ist für den festen Bezugspunkt zu bilden. Seine Hauptachsen seien A, B, C (→ Trägheitsmoment). Für die eine Hauptachse hat das Trägheitsmoment den größten, für eine zweite den kleinsten Wert. Die zu beiden senkrechte dritte Achse besitzt bei einem unregelmäßigen Körper ein Trägheitsmoment von mittlerer Größe. Bezeichnet man diese als B-Achse, so lauten die Definitionen der verschiedenen Kreiselarten:

a) Unsymmetrischer Kreisel:

$$\Theta_A > \Theta_B > \Theta_C$$

oder

$$\Theta_A < \Theta_B < \Theta_C.$$

Dabei bedeutet Θ das Trägheitsmoment, und die Indizes A, B, C sind die Achsen, für die das Trägheitsmoment zu bilden ist. Das Trägheitsellipsoid ist in diesem Falle ein dreiachsiges Ellipsoid.

b) Symmetrischer Kreisel:

$\Theta_A = \Theta_B > \Theta_C$ *verlängerter* symmetrischer Kreisel.

$\Theta_A = \Theta_B < \Theta_C$ *abgeplatteter* symmetrischer Kreisel.

Das Trägheitsellipsoid ist in diesem Falle ein Rotationsellipsoid und hat eine ausgezeichnete Achse, nämlich seine Symmetrieachse.

c) Kugelkreisel:

$$\Theta_A = \Theta_B = \Theta_C.$$

Das Trägheitsellipsoid ist in diesem Falle eine Kugel, und es gibt überhaupt keine ausgezeichnete Achsenrichtung.

II. Kinematik des Kreisels.

1. Die Kreiselachsen. Die Drehung eines Körpers wird durch die Bewegung eines körperfesten Koordinatensystems gegen ein raumfestes Koordinatensystem beschrieben. Der Nullpunkt beider Koordinatensysteme liegt im Festpunkt O. Zweckmäßig wird der Zusammenhang beider Systeme mit Hilfe der → Eulerschen Winkel festgelegt. Am besten läßt man die Achsen des körperfesten Koordinatensystems mit den Hauptträgheitsachsen zusammenfallen. Eine körperfeste Achse greift man heraus und nennt sie *Figurenachse.* Die Abb. 1 zeigt das raumfeste Koordinatensystem x, y, z und das körperfeste mit den Hauptträgheitsachsen zusammenfallende Koordinatensystem A, B, C. Dabei ist die C-Achse als Figurenachse gewählt.

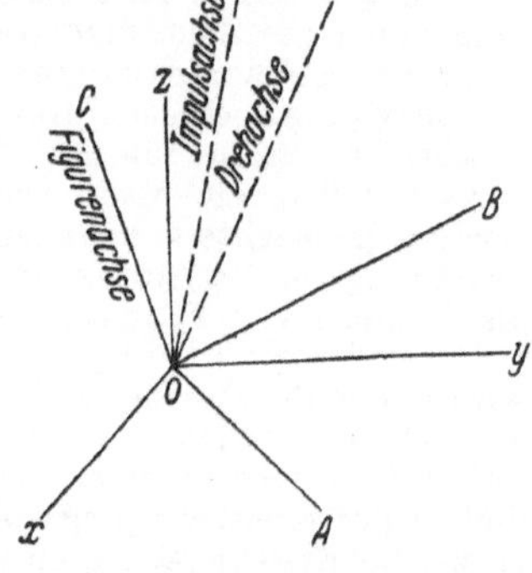

Abb. 1. Die Achsen des Kreisels.

Die *Drehachse* geht ebenfalls durch den Festpunkt O und hat eine bestimmte, aber zeitlich veränderliche Richtung sowohl im Körper wie im Raume. In Richtung der Drehachse fällt der *Drehvektor.* Die Pfeilrichtung ergibt den Drehsinn, die Länge des Vektors ist ein Maß für die Drehgeschwindigkeit. In den deutschen Normen ist festgelegt, daß der Körper sich im Uhrzeigersinne dreht, wenn man in Richtung des Vektors sieht. Für die Addition von Drehgeschwindigkeiten gilt die Vektoraddition.

Die *Impulsachse* ist die Richtung des *Kreiselimpulses.* Sie bildet mit der Drehachse einen spitzen Winkel. In Ausnahmefällen kann die Impulsachse mit der Drehachse zusammenfallen.

2. Abrollkegel und Abrollkurven. Die Drehachse beschreibt im Raume einen Kegel mit der Spitze im Festpunkt O, den *Herpolhodiekegel* oder *Spurkegel.* Im Körper beschreibt die Drehachse ebenfalls einen Kegel mit der Spitze im Festpunkt O (Abb. 2),

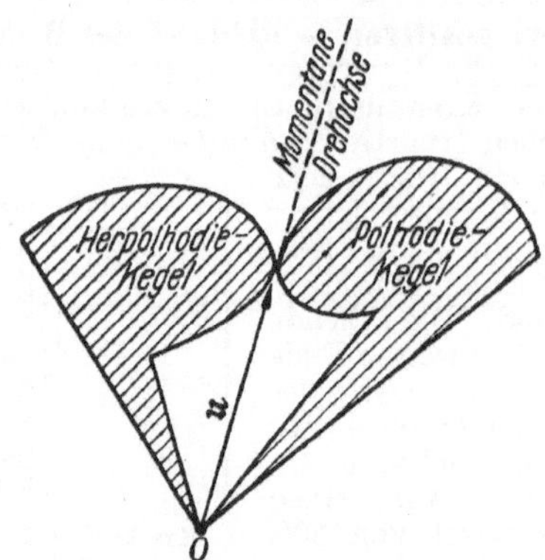

Abb. 2. Herpolhodie- und Polhodiekegel.

den *Polhodiekegel* oder *Polkegel.* Die Berührungslinie der beiden Kegel ist die *augenblickliche Drehachse,* auch *Momentandrehachse* oder *instantane Rotationsachse* genannt. Die allgemeinste Bewegung eines Kreisels entsteht durch Abrollen des körperfesten Polhodiekegels auf dem raumfesten Herpolhodiekegel. Dabei brauchen die Kegel in allgemeinen Fällen nicht geschlossen zu sein.

Der Endpunkt des Drehvektors $\mathfrak{u}$ beschreibt auf dem Herpolhodiekegel eine Kurve, die *Herpolhodie (Spurbahn).* Auf dem Polhodiekegel beschreibt er die *Polhodie (Polbahn).* Bei der Kreiselbewegung rollt die körperfeste Polhodie auf der raumfesten Herpolhodie ab. Diese Sätze gelten allgemein sowohl für den kräftefreien Kreisel als auch für den Kreisel unter stetigen aber sonst beliebigen Kraftmomenten.

3. Kreiselimpuls, auch *Impulsmoment, Drehimpuls, Schwung* oder *Drall.* Der Kreiselimpuls ist ein Vektor und bedeutet den *Drehstoß,* der nötig ist, um den Kreisel aus der Ruhe in den augenblicklichen Bewegungszustand zu versetzen. Die Achse dieses Vektors nennt man *Impulsachse.* Der Kreiselimpuls $\mathfrak{B}$ wird aus dem Drehvektor und den Trägheitsmomenten des Körpers nach folgender Regel gebildet:

$$\mathfrak{B} = \Theta_A \mathfrak{u}_A + \Theta_B \mathfrak{u}_B + \Theta_C \mathfrak{u}_C. \quad (1)$$

Dabei ist die Addition vektoriell auszuführen. $\mathfrak{u}_A, \mathfrak{u}_B, \mathfrak{u}_C$ sind die Komponenten des Drehvektors $\mathfrak{u}$ in Richtung der Hauptachsen A, B, C. Der Betrag von $\mathfrak{B}$ berechnet sich aus

$$B^2 = \Theta_A^2 u_A^2 + \Theta_B^2 u_B^2 + \Theta_C^2 u_C^2. \quad (2)$$

Die einfachen Gln. (1) und (2) gelten aber nur, wenn man der Komponentenzerlegung die Hauptachsen A, B, C zugrunde legt. Nach Gl. (1) bilden Impuls- und Drehachse einen spitzen Winkel und haben nur dann dieselbe Richtung, wenn die Drehung um eine Hauptachse erfolgt. Nur beim Kugelkreisel fallen Drehachse und Impulsachse immer zusammen.

III. Dynamik des Kreisels.

1. Flächensatz. Er lautet beim Kreisel: Die zeitliche Änderung des Kreiselimpulses ist gleich dem äußeren Moment, das auf den Kreisel wirkt. Das führt zu der Differentialgleichung:

$$\frac{d\mathfrak{B}}{dt} = \mathfrak{M}, \tag{3}$$

mit dem Integral

$$\mathfrak{B}_2 = \mathfrak{B}_1 + \int_{t_1}^{t_2} \mathfrak{M}\, dt. \tag{4}$$

Man kann zwei Sonderfälle unterscheiden:

a) Der *Aufzug*: $\mathfrak{M}$ geht in Richtung von $\mathfrak{B}$. Der Vektor $\mathfrak{B}$ ändert nur seine Größe, aber nicht seine Richtung.

b) Die *Präzession*: $\mathfrak{M}$ steht senkrecht auf $\mathfrak{B}$. Der Vektor $\mathfrak{B}$ ändert nicht seine Größe, sondern nur seine Richtung. Ist α der *Präzessionswinkel*, so gilt:

$$B\frac{d\alpha}{dt} = M. \tag{5}$$

Dabei steht der Vektor $\mathfrak{p}$ der Präzessionsgeschwindigkeit $d\alpha/dt$ senkrecht zu dem Kraftmoment $\mathfrak{M}$ und dem Kreiselimpuls $\mathfrak{B}$. Man kann also Gl. (5) auch schreiben:

$$\mathfrak{p} = \frac{\mathfrak{B} \times \mathfrak{M}}{\mathfrak{B}^2}. \tag{6}$$

Dieser Satz gilt streng nur für die Impulsachse. Bei einem sich schnell um eine Hauptachse drehenden Kreisel weicht die Figurenachse nicht viel von der Impulsachse ab. So erhält man als Näherungsgesetz für die Präzessionsbewegung:

„Wirkt ein Kraftmoment auf einen schnell laufenden Kreisel, so gibt die Kreiselachse diesem Moment nicht nach, sondern weicht rechtwinklig dazu aus. Der Kreisel sucht sich beim Ausweichen gleichsinnig drehend mit dem Kraftmoment zu stellen."

2. Energiesatz. Die kinetische Energie des Kreisels ist

$$T = \frac{1}{2} u^2 \Theta. \tag{7}$$

Dabei ist Θ das Trägheitsmoment um die augenblickliche Drehachse.

Man kann aber auch die Komponenten der Drehgeschwindigkeit u_A, u_B, u_C in Richtung der Hauptachsen A, B, C einführen und erhält dann die Energiegleichung:

$$T = \frac{1}{2}\left[u_A^2 \Theta_A + u_B^2 \Theta_B + u_C^2 \Theta_C\right]. \tag{8}$$

Mit Einführung des Kreiselimpulses kann man Gl. (8) auch schreiben:

$$T = \frac{1}{2}\left(\mathfrak{B} \cdot \mathfrak{u}\right). \tag{9}$$

Aus Gl. (8) und (9) folgt auch die Form:

$$T = \frac{1}{2}\left[\frac{B_A^2}{\Theta_A} + \frac{B_B^2}{\Theta_B} + \frac{B_C^2}{\Theta_C}\right]. \tag{10}$$

Durch partielle Differentiation von Gl. (8) nach u_A, u_B, u_C erhält man:

$$B_A = \frac{\partial T}{\partial u_A}, \quad B_B = \frac{\partial T}{\partial u_B}, \quad B_C = \frac{\partial T}{\partial u_C}. \tag{11}$$

Andererseits ergibt die partielle Differentiation der Gl. (10) nach B_A, B_B, B_C:

$$u_A = \frac{\partial T}{\partial B_A}, \quad u_B = \frac{\partial T}{\partial B_B}, \quad u_C = \frac{\partial T}{\partial B_C}. \tag{12}$$

In den meisten Fällen kann man bei stetigen Kraftmomenten zwei Kreiselbewegungen unterscheiden. Eine *langsame* Bewegung, die *Präzession*, die um so langsamer wird, je schneller der Kreisel läuft, und eine *schnelle* Bewegung, die *Nutation*, die um so schneller wird, je schneller der Kreisel läuft. Beim Übergang zum kräftefreien Kreisel verschwindet die Präzession, während die Nutation erhalten bleibt [→ Kreiselgleichungen, → Poinsotbewegung (Nutation), → Präzession des Kreisels].

Klein, F., u. *A. Sommerfeld:* Über d. Theorie d. Kreisels. Leipzig 1897 bis 1910. *Grammel, R.:* Der Kreisel, seine Theorie u. seine Anwendungen. Berlin 1950. *Müller-Pouillet:* Lehrb. d. Physik I/1. Braunschweig 1929. Handb. d. Physik V/8. Berlin 1927. Handb. d. physikal. u. techn. Mechanik II. Leipzig 1930. *Gray, A.:* Gyrostatics and Rotational Motion. London 1918.

Kreiselachsen. Man unterscheidet:

1. *Figurenachse*, eine durch die Gestalt des Kreisels ausgezeichnete körperfeste Achse.

2. *Hauptträgheitsachsen*, die Achsen des Trägheitsellipsoides des Kreiselkörpers.

3. *Drehachse* oder *Rotationsachse*, der geometrische Ort der Punkte, die sich augenblicklich in Ruhe befinden.

4. *Impulsachse*, die Richtung des Drehimpulsvektors (→ Kreisel).

Kreiselgleichungen. 1. *Eulersche Kreiselgleichungen. Euler* hat die Bewegungsgleichungen auf die Hauptträgheitsachsen A, B, C des Kreisels bezogen. Er hat also ein im Raum rotierendes, aber im Kreiselkörper ruhendes Koordinatensystem zugrunde gelegt. Er kommt zu folgender Form.

a) Für den *unsymmetrischen Kreisel*:

$$\left.\begin{aligned} \Theta_A \frac{du_A}{dt} &= (\Theta_B - \Theta_C)\, u_B u_C + M_A, \\ \Theta_B \frac{du_B}{dt} &= (\Theta_C - \Theta_A)\, u_C u_A + M_B, \\ \Theta_C \frac{du_C}{dt} &= (\Theta_A - \Theta_B)\, u_A u_B + M_C. \end{aligned}\right\} \tag{1}$$

$\Theta_A, \Theta_B, \Theta_C$ sind die Trägheitsmomente, u_A, u_B, u_C sind die Komponenten der Drehgeschwindigkeit $\mathfrak{u}$ und M_A, M_B, M_C die Komponenten des äußeren Kraftmomentes um die Achsen A, B, C.

b) Für den *symmetrischen Kreisel* vereinfachen sich die Gleichungen wesentlich.

Hiermit haben wir drei Gleichungen für die drei Unbekannten u_A, u_B, u_C. Will man die Bewegung der Kreiselachse im Raume haben, so muß man diese Größen in die raumfesten Winkel ϑ, ψ, φ transformieren (→ Eulersche Winkel). Die Lösung der Eulerschen Gleichungen ist aber bisher nur in den einfachsten Fällen gelungen, nämlich für den unsymmetrischen kräftefreien und den symmetrischen schweren Kreisel.

Anders ist es, wenn die Aufgabe umgekehrt gestellt ist. Gegeben sind die Größen u_A, u_B, u_C als Funktionen der Zeit. Man soll daraus die äußeren Momente M_A, M_B, M_C berechnen. Diese Aufgabe ist mittels Gl. (1) immer lösbar. Auch wenn die räumliche Bewegung der Figurenachse in den Euler-Winkeln ϑ, ψ, φ als Funktion der Zeit gegeben ist, kann man daraus stets die Größen u_A, u_B, u_C als Funktionen der Zeit berechnen und deshalb auch die äußeren Kraftmomente M_A, M_B, M_C.

2. *Föpplsche Kreiselgleichungen.* Da die strenge Auflösung der Kreiselgleichungen nach *Euler* so große Schwierigkeiten macht, sind die Näherungsgleichungen von *A. Föppl* bei der heutigen Kreiseltechnik von besonderer Wichtigkeit. Sie sind auf den symmetrischen Kreisel beschränkt. Ferner wird vorausgesetzt, daß die Kreiselachse (C) eine Gleichgewichtslage hat, um die sie nur kleine Bewegungen ausführt. *Föppl* legt ein raumfestes Koordinatensystem x, y, z zugrunde, wobei sich die z-Achse mit der Gleichgewichtslage der Figurenachse deckt (Abb.). Der Winkel zwischen Kreiselachse C und x–z-Ebene sei α, der Winkel zwischen Kreiselachse C und y–z-Ebene β. Bei Beschränkung auf kleine Winkel fallen die Vektoren der Drehgeschwindigkeit $d\alpha/dt$ und $d\beta/dt$ annähernd in Richtung der x- bzw. y-Achse (Abb.). Bei konstantem Kreiselimpuls B_G um die Figurenachse ergeben sich folgende beiden Gleichungen:

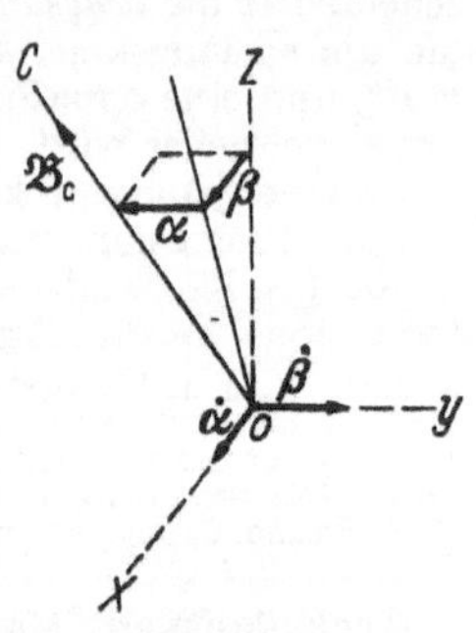

Die Winkel α und β der Föpplschen Kreiselgleichungen.

$$\left.\begin{aligned} \Theta_x \frac{d^2\alpha}{dt^2} + B_G \frac{d\beta}{dt} &= M_x, \\ \Theta_y \frac{d^2\beta}{dt^2} - B_G \frac{d\alpha}{dt} &= M_y. \end{aligned}\right\} \tag{2}$$

Dabei ist Θ_x das gesamte Trägheitsmoment um die x-Achse und Θ_y ebenso um die y-Achse. Diese Trägheitsmomente schließen die Massen des Kreisels und alle von dem Kreisel mitgenommenen Massen ein. M_x und M_y sind die äußeren Kraftmomente um die x- bzw. y-Achse.

Damit hat man zwei gekoppelte lineare Differentialgleichungen mit konstanten Koeffizienten für die Winkel α und β gewonnen. In sehr vielen Fällen kann man unter den Föpplschen Voraussetzungen die Kraftmomente als lineare Funktionen der α und β und deren Zeitableitungen betrachten. Man erhält als Lösung zwei sich überlagernde Schwingungen: Eine ***langsame*** Schwingung, die ***Präzession***, und eine ***schnelle*** Schwingung, die ***Nutation***.

Wirken periodische Kraftmomente auf den Kreisel, so sind die Gleichungen ebenfalls lösbar. Man erhält erzwungene Schwingungen des Kreisels. Dabei ergeben sich zwei Resonanzstellen, nämlich bei der Präzession und bei der Nutation.

So haben die Föpplschen Gleichungen (Methode der kleinen Schwingungen) für die Kreiseltechnik die größte Bedeutung gewonnen.

Literatur → Kreisel.

Kreiselhorizont, auch *künstlicher Horizont,* ein Kreiselgerät, das auf einem bewegten Schiff oder Flugzeug möglichst genau das wahre Lot anzeigt, während normale Pendel sich in das Scheinlot einstellen, das von dem wahren Lot durch die Zentrifugalkräfte, die beim schlingernden Schiff und kurvenden Flugzeug entstehen, ganz erheblich abweicht. Man verwendet einen Kreisel mit vertikaler Achse, der kardanisch aufgehängt ist und eine möglichst große Schwingungszeit besitzt. Die kurzen Störungsfrequenzen, z. B. des Schlingerns, werden durch die lange Schwingungszeit des Kreiselpendels herausgefangen. Um auch die Fehler bei kurvendem Flugzeug in mäßigen Grenzen zu halten, wird die Weisung des Kreiselpendels durch Schwerependel, die sich in Richtung des Scheinlotes einstellen, überwacht. Dadurch wird der Kreisel in die mittlere Scheinlotrichtung einer längeren Zeit eingestellt, und diese weicht nicht viel von dem wahren Lot ab. Die Rechnung zeigt, daß richtig angebrachte Pendel dämpfend auf die Schwingungen des Kreiselpendels wirken. Diese Instrumente sind bei Wolkenflügen sehr wichtig, weil sie dem Flieger seine Lage gegen die Erde angeben.

Der Vorschlag von *M. Schuler,* die Schwingungszeit des Kreiselhorizontes auf 84 Minuten abzustimmen und so alle Fehler der Beschleunigungskräfte auszuschalten, konnte bisher noch nicht verwirklicht werden. Die längste bisher erreichte Schwingungszeit beträgt etwa 40 Minuten (→ Vierundachtzig-Minutenpendel).

Schmid, E.: Luftf.-Forsch. XIV, 1937. *Schuler, M.:* ebd. XVI, 1939.

Kreiselimpuls → Kreisel.

Kreiselkompaß. Nach *Foucault* entsteht bei einem Kreisel, dessen Achse nur in der horizontalen Ebene schwingen kann, ein → Coriolismoment durch die Erddrehung, das die Kreiselachse in die Meridianebene einzustellen sucht. Der Kreisel verhält sich also zu dem geographischen Meridian ähnlich wie eine Magnetnadel zu dem magnetischen Meridian. *H. Anschütz-Kaempfe* gelang es, den ersten brauchbaren Kreiselkompaß zu schaffen (1908), indem er einen elektrisch angetriebenen Kreisel von genügend großem Kreiselimpuls baute und durch schwimmende Aufhängung alle Reibungskräfte möglichst verringerte. Die Achse des Kreisels wird durch ein Schweremoment in der Horizontalebene gehalten. Die Schwingungen in der Horizontalebene sind bei einem solchen Kreiselkompaß stets gekoppelt mit Schwingungen in der Vertikalebene. Man kann die Schwingungen in der Vertikalebene durch eine Schlingertankanordnung beruhigen und erhält damit auch eine Dämpfung der Schwingungen in der Horizontalebene.

Die Schwierigkeit, einen brauchbaren Kreiselkompaß für Schiffe zu bauen, besteht darin, die Fehler zu beseitigen, die durch die Schiffsbewegungen hereinkommen. Der Kreisel von *Anschütz* wird durch ein Schweremoment in der Horizontalebene gehalten. Es entstehen bei Kurs- und Fahrtänderungen Beschleunigungskräfte im Schwerpunkt, die

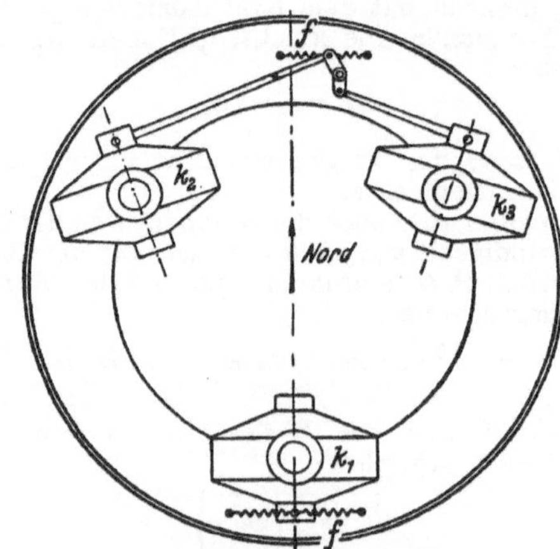

Abb. 1. Dreikreisel-Kompaß von *Anschütz* im Grundriß. k_1, k_2, k_3 sind die Kreisel; f sind die Federn, welche die Kreisel in ihrer Gleichgewichtslage halten.

eine Präzession des Kreisels in der Horizontalebene hervorrufen. Nach *M. Schuler* verschwinden diese Fehler bei Abstimmung des Kreiselkompasses auf 84 Minuten (→ Vierundachtzig-Minuten-Pendel). Die Schlingerfehler bei Seegang können nach *M. Schuler* durch den Einbau mehrerer Kreisel, deren Achsen in der Horizontalebene gegeneinander geneigt sind, fast ganz beseitigt werden. Die Kreiselanordnung eines Anschützschen Dreikreiselkompasses ist in der Abb. 1 dargestellt.

Brown und *Sperry* verwenden einen Kreisel, der möglichst reibungsfrei im Schwerpunkt kardanisch aufgehängt ist. Beim Brownschen Kompaß werden durch ein Pendel Flüssigkeitsmassen so gesteuert, daß die Kreiselachse durch das Gewicht der Flüssigkeit in die horizontale Lage gedrückt wird (Abb. 2a).

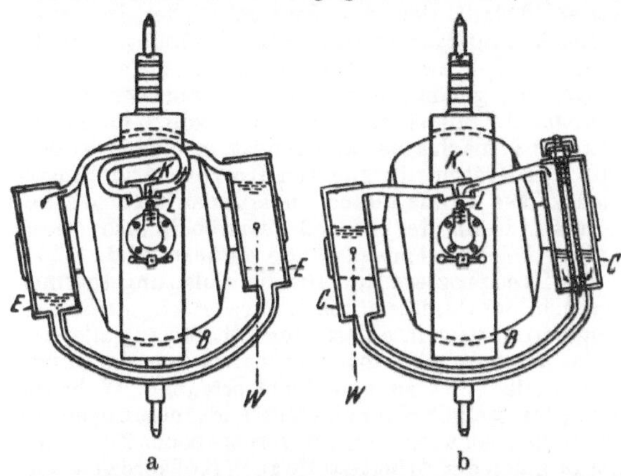

Abb. 2. Der Brownsche Kreiselkompaß im Aufriß. a) Stabilisierungstanks, b) Dämpfungstanks. *B* Kreiselgehäuse, *L* Blasdüse, *K* Auffangrohre, *E* Stabilisierungstanks, *C* Dämpfungstanks, *W* Übergewicht der stabilisierenden bzw. dämpfenden Flüssigkeit.

Aus einer Düse *L* strömt ein Luftstrahl, der die Flüssigkeit stets in das höhere Gefäß drückt. Natürlich weicht auch hier das Scheinlot des die Flüssigkeit steuernden Pendels vom wahren Lot bei Beschleunigung des Fahrzeuges ab. Die dadurch entstehenden Fehler können auch hier nach dem Satz von *Schuler* durch Abstimmung der Kreiselschwingungen auf 84 Minuten behoben werden. Die Dämpfung des Kompasses beruht auf dem Schlingertank-Prinzip. Dabei werden die Flüssigkeitsmassen zusätzlich durch den Luftstrahl so gesteuert, daß sie in das tiefer liegende Gefäß fließen (Abb. 2b). Den Schlingerfehler kann man klein halten, indem man die Verbindungsrohre der Gefäße so eng macht, daß die Flüssigkeit den kurzen Schwankungen des Seeganges nicht folgen kann.

Beim Sperry-Kompaß wird umgekehrt vorgegangen. Man steuert Flüssigkeit in Gefäßen so, daß sie die Kreiselachse aus ihrer horizontalen Lage herausdrücken. Dies entspricht einer labilen Aufhängung des Kreisels um die Ost-West-Achse. Dabei ist eine stabile Weisung nur möglich, wenn der Drehvektor des Kreisels entgegengesetzt dem Drehvektor der Erde gerichtet ist. Der Satz vom gleichsinnigen Parallelismus gilt hier nicht mehr in der Foucaultschen Form. Für die Fehler durch Schiffsbeschleunigungen und Schlingerbewegungen gelten dieselben Überlegungen wie beim Brownschen Kreiselkompaß.

Grammel, R.: Der Kreisel, seine Theorie u. seine Anwendung. Berlin 1950. *Schuler, M.:* ZAMM Bd. 2, 1922. *Rawlings, A. L.:* The Theory of the Gyroscopic Compass. London 1929. *Geckeler, J. W.:* Ing.-Arch. IV, 1933.

Kreiselmagnetische Effekte → gyromagnetische Effekte.

Kreiselmodell der Moleküle. Zur theoretischen Behandlung der Rotationsenergien eines Moleküls legt man in erster Näherung einen Kreisel, d. h. einen starren Rotationskörper, zugrunde. Je nach dem Verhältnis der Hauptträgheitsmomente erhält man den symmetrischen Kreisel und den asymmetrischen Kreisel. Erst in nächster Näherung berücksichtigt man die Schwingungen der Atomkerne um ihre Gleichgewichtslage sowie die Änderung der Trägheitsmomente mit zunehmender Rotation und Schwingung.

Kreiselmoment, auch *Kreiselkraft, Gyralmoment, Gyralkraft,* das Kraftmoment, das ein Kreisel auf die Führung ausübt, wenn man seine Achse schwenkt. Bei schnell laufendem Kreisel wird dieses Moment außerordentlich groß. Will man einen Kreisel (Abb.) von der Richtung 1 um einen Winkel α in die Richtung 2 schwenken, so muß der Kreiselimpuls von der Lage $\mathfrak{B}_1$ in die Lage $\mathfrak{B}_2$ kommen. Dazu ist eine → Präzession der Kreiselachse um den Winkel α nötig. Der Vektor der Präzessionsgeschwindigkeit $\mathfrak{p}$, der den Betrag $p = d\alpha/dt$ hat, steht auf der Ebene der Abb. senkrecht und zeigt nach vorn. Der Vektor des äußeren Momentes $\mathfrak{M}$, das diese Präzession erzwingt, steht senkrecht auf dem Kreiselimpuls $\mathfrak{B}$ und auf $\mathfrak{p}$. Er liegt also in der α-Ebene (Zeichnungsebene). Es gilt

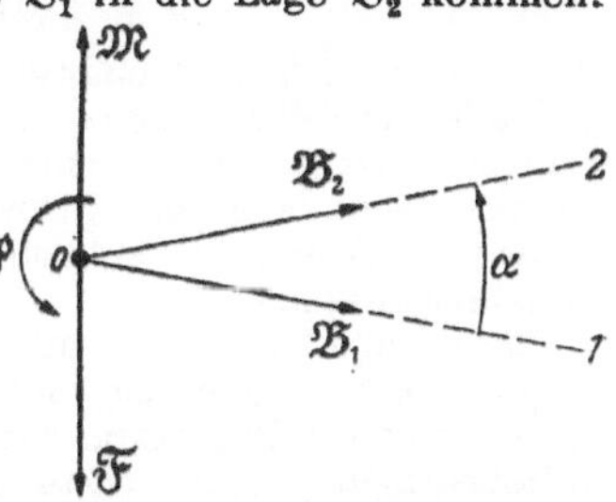

Das Kreiselmoment $\mathfrak{F}$ bei Schwenkung der Kreiselachse um den Winkel α.

$$\mathfrak{M} = \frac{d\mathfrak{B}}{dt}. \tag{1}$$

Der Kreisel übt auf seine Führung ein Kreiselmoment $\mathfrak{F} = -\mathfrak{M}$ aus. Danach ist

$$\mathfrak{F} = -\frac{d\mathfrak{B}}{dt}. \tag{2}$$

Da $\mathfrak{B}$ nur seine Richtung und nicht seine Größe ändern soll, gilt nach dem Präzessionsgesetz:

$$\mathfrak{F} = \mathfrak{B} \times \mathfrak{p}. \tag{3}$$

Der Vektor des äußeren Kraftmomentes $\mathfrak{M}$ und der Vektor des Kreiselmomentes $\mathfrak{F}$ sind in der Abb. eingetragen. Die Momentenebene steht in der Abb. senkrecht zur Zeichnungsebene. Die Größe $\mathfrak{F}$ hängt von dem Kreiselimpuls und der Schwenkgeschwindigkeit ab.

Gl. (3) gibt das Kreiselmoment abhängig von der Schwenkgeschwindigkeit des Kreiselimpulses. Will man $\mathfrak{F}$ abhängig von der Schwenkgeschwindigkeit der Figurenachse berechnen, so kann man dies über die Eulerschen Gleichungen (→ Kreiselgleichungen) erreichen. Dabei sind die nach *Euler* berechneten Momente das Negative der Kreiselmomente. Man erhält nach *Euler* das Kreiselmoment in einem körperfesten Koordinatensystem und muß es, wenn man es im raumfesten Koordinaten wünscht, transformieren (→ Eulersche Winkel).

Eine technische Anwendung des Kreiselmomentes bilden die Kollermühlen, wo die Kreiselkräfte der umlaufenden Mahlsteine so groß werden, daß sie genügen, auch hartes Gestein zu zerkleinern.

Literatur → Kreisel.

Kreiselpendel, ein sphärisches Pendel, in das ein Kreisel mit vertikaler Achse eingebaut ist. → Präzession des Kreisels.

Kreiselstabilisierung, auch *gyrostatische Stabilisierung* genannt. Eine Kreisellage oder Kreiselbewegung heißt stabil, wenn nach einer unendlich kleinen Störung die Abweichungen für alle Zeiten unendlich klein bleiben. Man unterscheidet dabei zwei Arten von Labilität:

1. Die *dynamische Labilität.* Der Kreisel überschlägt sich und ist in der vorliegenden Form gar nicht zu einer ruhigen Bewegung zu bringen.

2. Die *energetische Labilität.* Die einzelne Kreiselbewegung ist wohl noch stabil. Aber einmal angestoßene kleine Schwingungen schaukeln sich dauernd auf, bis der Kreisel sich überschlägt oder zerbricht.

Man kann die Stabilität nach der Methode der kleinen Schwingungen untersuchen. Für eine Störung der Gleichgewichtsbewegung (-lage) setzt man an:

$$x = A\, e^{\lambda t}. \tag{1}$$

Für λ ergibt sich eine „charakteristische Gleichung" 4. Grades. Die Wurzeln sind im allgemeinen komplex. Den zwei Wurzelpaaren entsprechen zwei Schwingungen: eine langsame Schwingung (Präzessions-Schwingung) und eine schnelle Schwingung (Nutations-Schwingung).

Als Beispiel diene der auf der Spitze tanzende symmetrische Kreisel. Er vollführt Präzessionen um die Lotlinie (→ Präzession des Kreisels). Als Stabilitätsbedingung für die vertikale Gleichgewichtslage gilt:

$$u_C^2 > \frac{4\, G\, s\, \Theta_A}{\Theta_C^2}. \tag{2}$$

Fällt die Drehgeschwindigkeit u_C um die Symmetrieachse C unter diesen Betrag, so ist eine aufrechte Stellung des Kreisels nicht mehr möglich. (G Gewicht des Kreisels, s Abstand Schwerpunkt — Unterstützungspunkt, Θ_C Trägheitsmoment um die Symmetrieachse, Θ_A Trägheitsmoment um eine äquatoriale Achse.)

Es handelt sich hier um eine dynamische Stabilität. Eine angestoßene Präzession oder Nutation behält im stabilen Falle dauernd ihre Größe bei. Das System ist energetisch indifferent, solange von Reibung abgesehen wird.

Ein guter Spielkreisel ist jedoch energetisch nicht indifferent, sondern richtet sich in die Lotlinie auf, wie dies in der Abb. angedeutet ist. Dies entsteht durch die Form der Kreiselspitze, die eine Halbkugel ist. Wenn sie auf einer ebenen Platte abrollt, ist die bohrende Reibung (Komponente des Reibungsmomentes in Richtung der Flächennormale) am kleinsten und die rollende Reibung (Komponente des Reibungsmomentes in Richtung der Auflagefläche) am größten. Dadurch entsteht ein Drehmoment, das den Kreisel aufrichtet, und damit wird die Präzession des Kreisels um die Lotlinie auch energetisch stabil. Die Grenze der dynamischen Stabilität wird aber auch hier durch die Ungleichung (2) gegeben.

Der auf der Spitze tanzende Spielkreisel, der sich durch die Reibung aufrichtet.

Technische Anwendungen der Kreiselstabilisierung findet man beim Fahrrad (→ Stabilisierung des Fahrrades) und bei der Einschienenbahn (→ Stabilisierungskreisel).

Klein, F., u. *A. Sommerfeld:* Über die Theorie des Kreisels. Leipzig 1897 bis 1910. *Müller-Pouillet:* Lehrb. d. Physik I. Braunschweig 1929. *Grammel, R.:* Der Kreisel. Berlin 1950.

Kreisfrequenz, die Konstante ω in dem Ausdruck $x = x_0 \sin \omega t$ für eine harmonische Schwingung. Mit der → Frequenz ν und der → Schwingungsdauer T hängt ω durch die Beziehungen $\omega = 2\pi\nu = 2\pi/T$ zusammen. ω ist gleich der Zahl der Schwingungen in 2π s. Bei einer (als zirkulare Schwingung aufgefaßten) gleichförmigen → Kreisbewegung ist ω identisch mit dem Betrag u der Winkelgeschwindigkeit u.

Die Einheit der Kreisfrequenz ist s^{-1}. Die gelegentlich vorkommende Verwendung der für die Frequenz vorbehaltenen Sondereinheitsbezeichnung → Hertz (Hz) ist unzulässig.

Kreispendel → Pendel.

Kreisprozeß. In der Thermodynamik versteht man unter einem Kreisprozeß einen Vorgang, nach dessen Ablauf sich das System wieder in genau demselben Zustand wie im Anfang befindet. Schließt man den Fall zweier entgegengesetzt gleicher Vorgänge aus, gelangt man also vom Zustand *I* zum Zustand *II* auf einem Wege, der von dem Rückweg von *II* nach *I* verschieden ist, so bleiben außerhalb des Systems in anderen Körpern Änderungen zurück. Die Größe dieser Änderungen läßt sich berechnen, wenn der Prozeß reversibel, also durch lauter Gleichgewichtszustände geführt wird.

Die Kreisprozesse sind für die Ableitung thermodynamischer Gesetze nützlich; ihre praktische Bedeutung beruht darauf, daß sie den Arbeitsgang aller periodisch arbeitenden thermodynamischen Maschinen darzustellen und zu berechnen erlauben. Während Idealprozesse nur reversible Zustandsänderungen zulassen, können aus empirisch vorgegebenen Zustandsdiagrammen der Arbeitsstoffe auch Kreisprozesse mit irreversiblen Zustandsänderungen berechnet werden, z. B. der Prozeß einer Lindeschen Luftverflüssigungsmaschine: Isothermen, Isobaren und Isenthalpe. Der wichtigste Idealprozeß ist der → Carnotsche; als Vergleichsprozeß für Dampfmaschinen wird der → Rankine-Clausius-Prozeß benutzt. Ein weiteres Beispiel ist der → Clapeyronsche Kreisprozeß, → thermodynamische Systeme. — Ein Beispiel eines nicht thermodynamischen gedachten Kreisprozesses ist der → Haber-Bornsche Kreisprozeß.

Handb. d. Physik IX. Berlin 1926. *Müller-Pouillet:* Lehrb. d. Physik III/1. Braunschweig 1926.

Kreisschnittebenen sind Ebenen, die durch den Mittelpunkt eines 3achsigen Ellipsoids gehen und dieses in Kreisen schneiden. Es sind nur zwei solche Ebenen möglich. Sie gehen durch die mittlere Hauptachse des Ellipsoids und schließen mit der größten bzw. mit der kleinsten Hauptachse gleiche Winkel ein. Die Kreisschnittebenen sind in der Kristalloptik und bei einfachen Schiebungen von Bedeutung.

Kreisstrom, ein in einem geschlossenen, kreisförmigen Leiter fließender Strom. Auch eine mitsamt ihrem makroskopischen Träger rotierende Ladung bildet einen Kreisstrom, ebenso auch ein auf einer Kreisbahn bewegter einzelner Ladungsträger, z. B. ein Elektron. Ist e seine Ladung, u seine Winkelgeschwindigkeit, so tritt er in 1 s $u/2\pi$ mal durch jeden Querschnitt seiner Bahn, ist also einem Strom $i = e\,u/2\pi = e/T$ äquivalent (T Umlaufzeit). → Ampèresche Molekularströme.

Kreisteilungsgleichung, eine Gleichung der Form $x^n - 1 = 0$, weil ihre n Wurzeln

$$x_{k+1} = \cos\frac{2\pi k}{n} + i \sin\frac{2\pi k}{n}$$

$$(i = \sqrt{-1},\ k = 0, 1, 2, \ldots, n-1)$$

in der Gaußschen Zahlenebene ein auf dem Einheitskreis liegendes n-Eck bilden, dessen eine Ecke stets der Punkt (1, 0) ist. Die Wurzeln der Kreisteilungsgleichung heißen daher auch *Einheitswurzeln*.

Kreuzfadenpyrometer, optisches Glühfadenpyrometer (→ Strahlungspyrometer), das kein Gerät zur Messung des Stromes oder der Spannung der Vergleichslampe erfordert (Abb.). Die Vergleichslampe enthält zwei gekreuzte Fäden von

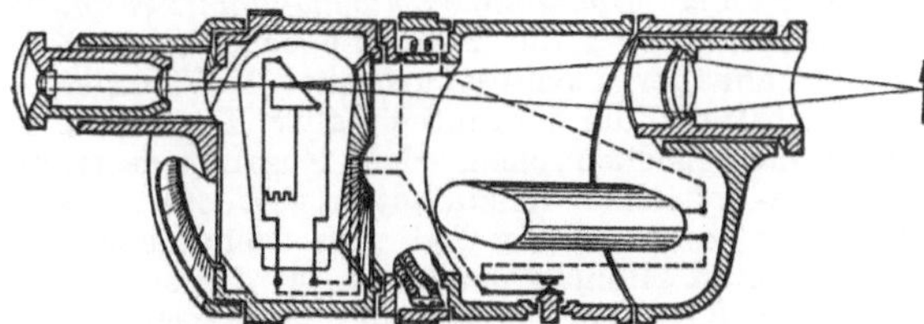

Kreuzfadenpyrometer mit Strahlengang.

ungleichen Abmessungen, die nacheinander vom Strom durchflossen werden. Durch die ungleichen Dimensionen der Fäden wird erreicht, daß ihre Helligkeitszunahme bei steigendem Heizstrom verschieden groß ist und daß es eine bestimmte Stromstärke gibt, bei der die Fäden an der Kreuzungsstelle gleich hell sind. Diese Stromstärke wird vor der eigentlichen Messung optisch eingestellt und dann konstant gehalten. Die Temperatur, die bei der Abgleichung vor dem schwarzen Körper dieser Stromstärke entspricht, ist der Anfangswert der Skala. Bei der Beobachtung vor einem schwarzen Körper höherer Temperatur wird die Strahlung durch eine verstellbare Graukeilschwächung so weit herabgesetzt, daß Strahler und Lampenfaden gleich hell erscheinen. Dieser Stellung des Graukeils entspricht eine bestimmte Temperatur, die an einer mit dem Graukeil verbundenen Skala abgelesen wird.

Kreuzgitter, ein Beugungsgitter, welches entweder aus zwei gekreuzten Strichgittern oder aus einem undurchlässigen Schirm besteht, welcher an den Kreuzungsstellen zweier Strichgittersysteme jeweils gleiche Öffnungen besitzt. Die Interferenz der an den einzelnen Öffnungen (bzw. an den durch die Gitterstriche eingeschlossenen Parallelogrammen) gebeugten Wellen läßt Intensität nur in diejenigen Richtungen abstrahlen, in welchen sich die Beugungskegel der beiden Strichgitter (→ Beugungsgitter) schneiden. Dies ist eine endliche Anzahl fester Richtungen, welche z. B. für ein quadratisches Kreuzgitter ebenfalls quadratisch angeordnet sind. Man beobachtet dies, wenn man einen aufgespannten Regenschirm oder ein anderes gleichmäßig-quadratisches Gewebe gegen eine punktförmige Lichtquelle hält.

In den *Kristallen* treten Kreuzgitter, also zweifach-periodische Punktanordnungen in der Ebene, als Netzebenen der Translationsgitter in die Erscheinung. Das reziproke Gitter eines Kreuzgitters ist nicht das in dessen Ebene liegende, ihm reziproke Kreuzgitter, sondern dieses wird zu einem räumlichen Gebilde dadurch, daß senkrecht zu seiner Ebene durch jeden seiner Gitterpunkte unendliche Gerade („Stäbe") gezogen sind. Nach der → Ewaldschen Konstruktion gibt es daher für jede Lage des Kreuzgitters Interferenzstrahlen vom Mittelpunkt der Ausbreitungskugel zu deren meist zwei Schnittpunkten mit jedem Stab.

Reine Kreuzgitter sind noch nicht beobachtet worden. Aber es gibt Schichtgitter, in denen der Zusammenhang zwischen dünnen, aus wenigen Netzebenen bestehenden Schichtpaketen durch äußere Einwirkung so stark gelockert ist, daß die Abstände der Pakete unregelmäßig und die Pakete gegeneinander regellos verschoben sind. Röntgen- und Elektronenaufnahmen an solchen Schichtgittern stehen denen wirklicher Kreuzgitter sehr nahe. Recht ähnlich sind ihnen schon die Elektronenaufnahmen an sehr dünnen Kristallblättchen.

Kreuzmodulation oder *hochfrequentes Übersprechen* nennt man die Modulierung einer Trägerwelle mit den Modulationsschwingungen einer anderen Trägerwelle infolge nichtlinearer Übertragungsverhältnisse. Werden z. B. die beiden Trägerwellen $u_h = U_h \cos h\,t$ und $u_s = U_s \cos s\,t(1 + m_s \cos n_s\,t)$ auf den Eingang einer Röhre mit einer nicht linearen Kennlinie der Form $i = k_0 + a\,U + b\,U^2 + c\,U^3$ gegeben, so treten in dem entstehenden Frequenzgemisch auch die Seitenbänder

$$3/2 \cdot c\, m_s U_h U_s^2 \cos(h \pm n_s)\, t$$

auf. Die vorher unmodulierte Trägerfrequenz h ist also mit der Modulationsfrequenz n_s der Trägerfrequenz s moduliert. Wenn also in der Gleichung der Röhrenkennlinie noch Glieder 3. Ordnung auftreten, wird die Modulation des einen Trägers auf den anderen übertragen.

Zur Vermeidung eines solchen Übersprechens muß ein starker Störsender vor dem Gitter der ersten Röhre eines Verstärkers durch trennscharfe Abstimmkreise genügend geschwächt werden.

Vilbig, F.: Lehrb. d. Hochfrequenztechnik. Leipzig 1944. *Rothe, K.,* u. *W. Kleen:* Elektronenröhren als Anfangsstufenverstärker. Leipzig 1948.

Kreuzspulmeßgeräte sind → Drehspulmeßgeräte mit zwei um einen festen Winkel gegeneinander gekreuzten Meßwerkdrehspulen, die entgegengesetzte Drehmomente bilden; mechanisches Richtmoment ist nicht vorhanden, das Gerät ist daher im stromlosen Zustand labil. Der Ausschlag ist etwa dem Quotienten der Ströme in beiden Meßwerkspulen proportional. Kreuzspulmeßgeräte eignen sich daher z. B. als Widerstandsmesser. → Ohmmeter.

Kreuzstrom → Wärmeaustauscher.

Kreuzwicklung, Wicklung für → bifilare, kapazitätsfreie Widerstände. Zwei eng benachbarte Lagen Widerstandsdraht sind parallel geschaltet und in entgegengesetztem Sinne übereinander gewickelt.

Kriechbewegung, die aperiodische Bewegung eines (bei geringer Dämpfung schwingungsfähigen) Systems, mit der es beim Überschreiten eines bestimmten Dämpfungsgrades (aperiodischer Grenzfall) nach einer Auslenkung seiner Gleichgewichtslage zustrebt. → gedämpfte Schwingung.

Kriechen, das → Gleiten oder → Fließen von Festkörpern bei Spannungen unterhalb der → Streckgrenze mit kleinen und kleinsten Geschwindigkeiten. Vielfach nimmt die Kriechgeschwindigkeit, nachdem sie anfänglich auf einen längere Zeit beibehaltenen konstanten Wert abgenommen hat, wieder beträchtlich zu, bis unter Ausbildung von Einschnürungen der → Bruch eintritt. Die Gesetzmäßigkeiten des Kriechens sind in den letzten Jahren in Verbindung mit denen der elastischen → Nachwirkung nach wissenschaftlichen und technischen Gesichtspunkten (→ Dauerstandfestigkeit) in großem Umfange experimentell untersucht worden.

Auch ihre theoretische Untersuchung auf Grund der Vorstellungen über die atomaren Vorgänge beim → Gleiten (Wanderung von → Versetzungen) hat in der Theorie der → Plastizität einen breiten Raum eingenommen.

Report of the Bristol Conference on the Strength of Solids. London 1948. *Zener, Cl.*: Elasticity and Anelasticity of Metals. Chikago 1948. *Sully, C.*: Metallic Creep. London 1950.

Kriechgalvanometer. Mit einem Galvanometer ohne Richtmoment, das geringes Trägheitsmoment, aber außerordentlich hohe Dämpfung hat, kann man Spannungs- oder Stromstöße messen, wie sie z. B. bei einer Kondensatorentladung oder bei der Änderung des magnetischen Flusses in Induktionsspulen entstehen (→ Fluxmeter). Bei einem Stromstoß zeigt die Drehspule des Galvanometers einen Ausschlag, der dem Integral des Stromes über die Zeit entspricht. Dies gilt im Gegensatz zum ballistischen Galvanometer auch dann, wenn der Stromimpuls noch anhält, während sich die Drehspule schon merklich bewegt. Zur Rückführung des Zeigers in die Ausgangslage schaltet man einen Gegenstrom aus einer fremden Stromquelle ein.

Kriechströme sind Ströme, welche in leitenden Beschlägen (Wasserhäuten, zerstäubtem Metall u. dgl.) an der Oberfläche von Isolatoren (z. B. der Glaswand von Entladungsröhren, der Isolation eines Elektrometers usw.) fließen. — In *Photozellen* entstehen sie vorzugsweise durch dünne Niederschläge von überschüssigem freiem Alkalimetall auf den freien Glasflächen in der Zelle zwischen Anode und Kathode. In neuzeitlichen Zellen mit → zusammengesetzten Photokathoden werden solche dünnen Niederschläge durch Herstellungsfehler verursacht. Sie führen zur Erhöhung des Störspiegels und bei Verwendung im Tonfilm u. U. auch zu Störgeräuschen. Normalerweise sollte der Dunkelwiderstand an Photozellen nicht kleiner als 10^{10} bis $10^{12}\,\Omega$ sein. Die Heranziehung von geerdeten Schutzringen zwischen Anode und Kathode ist heute höchstens noch an laboratoriumsmäßigen Photozellen üblich.

Kristall, ursprünglich eine von κρυστάλλος = Eis und dem damit in Verbindung gebrachten Bergkristall SiO_2 (cristallus) abgeleitete Bezeichnung für feste Körper, die von gleichmäßig angeordneten ebenen Flächen begrenzt sind. Bereits 1611 deutete *J. Kepler* den Aufbau der Schneekristalle (Schneesterne) durch eine periodische räumliche Anordnung feinster Dunsttröpfchen. Dieser Gedanke wurde, mehrfach modifiziert und zeitweilig vergessen, im Lauf von 300 Jahren, namentlich durch *R. J. Haüy* und, wohl unter dem Einfluß einer Arbeit von *L. A. Seeber* über Kristallgitter (1824), durch *M. L. Frankenheim*, *A. Bravais*, *L. Sohncke*, *E. S. Fedorow* und *A. Schoenflies* ausgebaut. Die Entdeckung der Röntgenstrahlinterferenzen an Kristallen durch *M. von Laue* (1912) brachte die Bestätigung dafür, daß die Kristalle dreifach-periodisch oder raumgittermäßig aufgebaut sind. *W. H.* und *W. L. Bragg* zeigten 1913, daß die Gitterpunkte von Atomen oder, wie es sich später zeigte, meist von Ionen besetzt werden. Daher ist ein Kristall zu definieren als ein fester Körper, dessen Atome oder Ionen raumgittermäßig angeordnet sind.

Handb. d. Physik XXIV/2. Berlin 1933. *Kossel, W.*: Das Molekül. Braunschweig 1949.

Kristall, gebogener → Röntgenlinse, → Spektrometrie der γ-Strahlen.

Kristallaggregat, ein Haufwerk kleiner oder größerer, mehr oder weniger willkürlich orientierter Kristalle (Kristallite) ohne nennenswerte Lücken zwischen den einzelnen Individuen, die bis zur gegenseitigen Berührung gewachsen sind und daher unregelmäßige, nicht rationale, d. h. nicht parallel zu Netzebenen verlaufende Grenzflächen haben. Außer Aggregaten, in denen die Kristallite vollkommen ungeordnet oder regellos verteilt sind, gibt es solche mit einer gewissen Ordnung (→ *Textur*) der Kristallite. Stengelige oder nadelförmige Kristallite legen sich häufig entweder parallel (*Faseraggregate*) oder radialstrahlig (*Sphärolithe*) aneinander; bei plättchenförmigen sind die Plättchenebenen aller Kristallite annähernd parallel geordnet. → Vielkristall.

Kristallart, die Gesamtheit aller Kristallindividuen der gleichen chemischen Zusammensetzung und des gleichen Kristallgittertyps. Bei Mischkristallen, in denen ein Teil eines chemischen Elements durch ähnliche ersetzt ist, wird die Abgrenzung von Kristallarten nach der gegebenen Definition unmöglich. Deshalb faßt man die ganze Mischkristallreihe, meist ohne die reinen Endglieder, zu einer Kristallart zusammen. Hat die Mischkristallreihe jedoch eine Mischungslücke, so zählt man die Mischkristalle zu demjenigen Endglied, das in ihnen als Komponente vorherrscht.

Die Mischkristallreihen besonders wichtiger Mineralien werden auch in mehrere Mineralarten unterteilt.

Kristallberechnung, die Ermittlung der Achsenabschnittverhältnisse der Einheitsfläche und der Symbole aller Flächen eines Kristalls aus den gemessenen Flächenwinkeln.

v. Groth, P.: Physikal. Krystallographie, Abschnitt über Berechnung u. graph. Darst. d. Krystallformen. Leipzig 1905.

Kristallchemie, die Wissenschaft von der chemischen Zusammensetzung und den chemischen Umwandlungen der Kristalle. Meist wird darunter jedoch in neuerer Zeit der Einfluß der Größenverhältnisse der Ionen und ihrer Polarisierbarkeit auf ihr Zusammentreten zu bestimmten Kristallstrukturtypen verstanden (Grundgesetz der Kristallchemie von *V. M. Goldschmidt*). → Geochemie.

Kristalldetektor → Detektor.

Kristallenergie. In einem unverspannten ferromagnetischen Einkristall hängt die bis zur Erreichung der Sättigung aufzuwendende Magnetisierungsarbeit von der Richtung des Feldes relativ zu den Kristallachsen ab. Die Richtung mit der kleinsten Magnetisierungsarbeit nennt man die *leichte Richtung*. Die Differenz zwischen der Magnetisierungsarbeit je Volumeneinheit in einer beliebigen Richtung und derjenigen in der leichten Richtung nennt man die *Kristallenergie*. Sie ist eine Funktion der Richtung und hat in kristallographisch gleichwertigen Richtungen denselben Wert. In kubischen Kristallen haben sich die Meßergebnisse bisher stets durch einen zweigliedrigen Ausdruck der Gestalt

$$F_k = K_1(\alpha^2\beta^2 + \beta^2\gamma^2 + \gamma^2\alpha^2) + K_2\,\alpha^2\beta^2\gamma^2$$

darstellen lassen (α, β, γ = Richtungskosinusse in bezug auf die tetragonalen Achsen als Koordinatenachsen). Die Konstanten K_1 und K_2 nennt man die *Anisotropiekonstanten*. Das erste Glied ist meist viel größer als das zweite und genügt oft allein zur formelmäßigen Erfassung der Messungen. Bei kleinem K_2 ist die leichte Richtung je nach dem Vorzeichen von K_1 die Würfelkantenrichtung oder die Raumdiagonale. Der erste Fall ist beim Eisen (K_1 positiv), der zweite beim Nickel (K_1 negativ) realisiert. Im letzteren Fall muß man entsprechend

Tabelle der einfachen Kristallformen.

Triklines, monoklines, rhombisches System.

Klasse	Allgemeine Form $\{hkl\}$ 4. Art[1]	Spezielle Formen $\{0kl\}$ 1. Art	$\{h0l\}$ 2. Art	$\{hk0\}$ 3. Art	$\{100\}$ erstes	$\{010\}$ zweites	$\{001\}$ drittes
1	Pedion	Pedion	Pedion	Pedion	Pedion	Pedion	Pedion
i	Pinakoid	Pinakoid	Pinakoid	Pinakoid	Pinakoid	Pinakoid	Pinakoid
2	Sphenoid	Sphenoid	Pinakoid	Sphenoid	Pinakoid	Pedion	Pinakoid
n	Doma	Doma	Pedion	Doma	Pedion	Pinakoid	Pedion
2*i*	Prisma	Prisma	Pinakoid	Prisma	Pinakoid	Pinakoid	Pinakoid
22	Bisphenoid	Prisma	Prisma	Prisma	Pinakoid	Pinakoid	Pinakoid
2*n*	Pyramide	Doma	Doma	Prisma	Pinakoid	Pinakoid	Pedion
22*i*	Bipyramide	Prisma	Prisma	Prisma	Pinakoid	Pinakoid	Pinakoid

Tetragonales System.

Klasse	Allgemeine Form $\{hkl\}$ 3. Art[1]	Spezielle Formen $\{hhl\}$ 1. Art	$\{h0l\}$ 2. Art	$\{hk0\}$ 3. Art	$\{110\}$ 1. Art	$\{100\}$ 2. Art	$\{001\}$ [2]
$\bar{4}$	Bisphenoid	Bisphenoid	Bisphenoid	t. Prisma	t. Prisma	t. Prisma	Pinakoid
$\bar{4}2$	Skalenoeder	Bisphenoid	Bipyramide	dt. Prisma	t. Prisma	t. Prisma	Pinakoid
4	Pyramide	Pyramide	Pyramide	t. Prisma	t. Prisma	t. Prisma	Pedion
42	Trapezoeder	Bipyramide	Bipyramide	dt. Prisma	t. Prisma	t. Prisma	Pinakoid
4*i*	Bipyramide	Bipyramide	Bipyramide	t. Prisma	t. Prisma	t. Prisma	Pinakoid
4*n*	dt. Pyramide	Pyramide	Pyramide	dt. Prisma	t. Prisma	t. Prisma	Pedion
42*i*	dt. Bipyramide	Bipyramide	Bipyramide	dt. Prisma	t. Prisma	t. Prisma	Pinakoid

Rhomboedrisches und hexagonales System.

Klasse	Allgemeine Form $\{hkil\}$ 3. Art[1]	Spezielle Formen $\{h0\bar{h}l\}$ 1. Art	$\{hh\overline{2h}l\}$ 2. Art	$\{hki0\}$ 3. Art	$\{11\bar{2}0\}$ 1. Art	$\{10\bar{1}0\}$ 2. Art	$\{0001\}$ [2]
3	tr. Pyramide	tr. Pyramide	tr. Pyramide	tr. Prisma	tr. Prisma	tr. Prisma	Pedion
32	tr. Trapezoeder	Rhomboeder	tr. Bipyramide	dtr. Prisma	tr. Prisma	h. Prisma	Pinakoid
3*i*	Rhomboeder	Rhomboeder	Rhomboeder	h. Prisma	h. Prisma	h. Prisma	Pinakoid
3*n*	dtr. Pyramide	tr. Pyramide	h. Pyramide	dtr. Prisma	h. Prisma	tr. Prisma	Pedion
32*i*	dtr. Skalenoeder	Rhomboeder	h. Bipyramide	dh. Prisma	h. Prisma	h. Prisma	Pinakoid
3*m*	tr. Bipyramide	tr. Bipyramide	tr. Bipyramide	tr. Prisma	tr. Prisma	tr. Prisma	Pinakoid
32*m*	dtr. Bipyramide	h. Bipyramide	tr. Bipyramide	dtr. Prisma	tr. Prisma	h. Prisma	Pinakoid
6	h. Pyramide	h. Pyramide	h. Pyramide	h. Prisma	h. Prisma	h. Prisma	Pedion
62	h. Trapezoeder	h. Bipyramide	h. Bipyramide	dh. Prisma	h. Prisma	h. Prisma	Pinakoid
6*i*	h. Bipyramide	h. Bipyramide	h. Bipyramide	h. Prisma	h. Prisma	h. Prisma	Pinakoid
6*n*	dh. Pyramide	h. Pyramide	h. Pyramide	dh. Prisma	h. Prisma	h. Prisma	Pedion
62*i*	dh. Bipyramide	h. Bipyramide	h. Bipyramide	dh. Prisma	h. Prisma	h. Prisma	Pinakoid

Kubisches System.

Klasse	Allgemeine Form $\{hkl\}$	Spezielle Formen $\{hll\}$ $h > l$	$\{hhl\}$ $h > l$	$\{hk0\}$	$\{111\}$	$\{110\}$	$\{100\}$
23	tetraedr. Pentagondodekaeder	Triakistetraeder	Deltoiddodekaeder	Pentagondodekaeder	Tetraeder	Rhombendodekaeder	Würfel
23*i*	Disdodekaeder	Ikositetraeder	Triakisoktaeder	Pentagondodekaeder	Oktaeder	Rhombendodekaeder	Würfel
23*n*	Hexakistetraeder	Triakistetraeder	Deltoiddodekaeder	Pyramidenwürfel	Tetraeder	Rhombendokekaeder	Würfel
43	Pentagonikositetraeder	Ikositetraeder	Triakisoktaeder	Pyramidenwürfel	Oktaeder	Rhombendodekaeder	Würfel
43*i*	Hexakisoktaeder	Ikositetraeder	Triakisoktaeder	Pyramidenwürfel	Oktaeder	Rhombendodekaeder	Würfel

Anmerkungen.

[1] Die Ausdrücke dieser Zeile sind den Formennamen anzufügen bzw. vorauszusetzen, z. B. Pedion 4. Art, 3. Pedion usw. Die Bezeichnung 4. Art fällt fort beim rhombischen Bisphenoid und der rhombischen Pyramide und Bipyramide; ebenso die Bezeichnung 3. Art bei den Skalenoedern, Trapezoedern und den dh.-, dt.-, dtr.-Formen.

[2] Die Formen (001) im tetragonalen und (0001) im trigonalen und hexagonalen System werden stets als *Basis* bezeichnet, unabhängig davon, ob es sich um ein Pedion oder Pinakoid handelt.

Die Abkürzungen bedeuten:
d. = hexagonale(s), t. = tetragonale(s), tr. = trigonale(s), dh. = dihexagonale(s), dt. = ditetragonale(s), dtr. = ditrigonale(s).

der Definition zu obiger Formel noch den Ausdruck $-K_1/3-K_2/27$ hinzufügen, damit F_k in der leichten Richtung [111] verschwindet.

Beim hexagonalen Kobalt gilt

$$F_k = K_1' \sin^2 \vartheta + K_2' \sin^4 \vartheta$$

(ϑ Winkel gegen die hexagonale Achse). K_1' ändert bei etwa 260 °C sein Vorzeichen. Unterhalb dieser Temperatur ist die hexagonale Achse die leichte Richtung, oberhalb liegt sie senkrecht dazu.

Man stellt sich vor, daß in spannungsfreien ferromagnetischen Kristallen die spontane Magnetisierung bei Abwesenheit eines Feldes stets in einer der leichten Richtungen liegt. F_k kann dann gedeutet werden als die Arbeit, die erforderlich ist, um die Volumeneinheit der spontanen Magnetisierung aus der leichten Richtung in eine beliebige Richtung zu drehen. Die Magnetisierungsarbeit in der leichten Richtung ist nach dieser Auffassung nur deshalb nicht Null, weil durch innere Spannungen und sonstige Kristallbaufehler die verschiedenen kristallographisch gleichwertigen leichten Richtungen in Wirklichkeit nicht überall genau gleichwertig sind.

Recker, B. u. *W. Döring:* Ferromagnetismus. Berlin 1939.

Kristallerregung → lichtelektrische Erregung.

Kristallflächen, ursprünglich die an Kristallen auftretenden ebenen Begrenzungsflächen. Mit der Zeit fand jedoch eine Erweiterung und z. T. Verlagerung des Begriffsinhalts statt: Man versteht darunter jede an einem Kristall mögliche rationale Fläche, d. h. jede Begrenzungsfläche, die einer Netzebene parallel ist, im weiteren Sinne auch die Spaltflächen, Gleitflächen und Zwillingsebenen. Die → Symbole der Kristallflächen sind infolgedessen die gleichen wie die der ihnen parallelen Netzebenen.

Die wirklichen Begrenzungs- oder *Wachstumsflächen* der Kristalle erweisen sich häufig als ein wenig geneigt gegenüber den Netzebenen (→ Vizinalflächen).

Kristallform, einfache, oder *einfache Form,* ist die Gesamtheit aller Flächen eines Kristalls, die man durch Anwendung aller seiner Symmetrieelemente oder -operationen aus einer beliebigen rationalen Kristallfläche erzeugen kann. Je nach der Lage dieser Ausgangsfläche gegenüber den Symmetrieelementen kann die Anzahl der Flächen einer Kristallform bei gleicher Symmetrie recht verschieden sein. Man unterscheidet zwischen *Flächen allgemeiner* oder *allgemeinster Lage* und Flächen *spezieller Lage*: Eine Fläche allgemeiner Lage schneidet alle drei Koordinatenachsen des Kristalls in verschiedenen endlichen Abständen vom Ursprung; jede Fläche, die zwei oder drei Achsen im gleichen Abstand schneidet oder mindestens einer Achse parallel läuft, ist eine Fläche spezieller Lage. Aus einer Fläche allgemeiner Lage erzeugen die Symmetrieoperationen eine *allgemeine Form,* aus einer Fläche spezieller Lage eine *spezielle Form.* Eine Zusammenstellung aller einfachen Formen ist in der Tabelle (S. 739) gegeben, die Beschreibung und Abbildung bei den Formen selbst.

Die Formen werden unterteilt in *geschlossene* und *offene.* Geschlossene Formen, wie Würfel oder Oktaeder, umhüllen mit ihren Flächen ein Volumen vollkommen. Bei offenen Formen ist die Umhüllung lückenhaft oder einseitig. Der Raum, der z. B. von einer Pyramide begrenzt wird, hat eine direkte, nicht durch die Pyramidenflächen gehende Verbindung mit der Umgebung in dem der Pyramidenspitze gegenüberliegenden Bereich. Ein Prisma läßt den Raum an seinen beiden Enden unbegrenzt. Offene Formen können an einem allseitig ausgebildeten Kristall nicht für sich allein, sondern nur in Kombination mit anderen Formen auftreten.

Über das Symbol einer Kristallform → Symbole der Kristallflächen usw.

Kristallformfaktor, ein Faktor in der Theorie der Interferenzerscheinungen an Kristallen, welcher der äußeren Begrenzung der Kristallite Rechnung trägt. Er wurde von *M. v. Laue* benutzt, um die stachelförmige Struktur von Elektroneninterferenzflecken durch die submikroskopische Form von Kristalliten zu deuten.

v. Laue, M.: Materiewellen u. ihre Interferenzen. Leipzig 1944.

Kristallgeometrie, Teilgebiet der Kristallographie, das sich mit den geometrischen Gesetzmäßigkeiten der Kristalle und Kristallgitter befaßt. Die Kristallgeometrie läßt sich aus dem Raumgitterbegriff deduktiv ableiten. Sie kann unterteilt werden in: 1. Die Geometrie des einfachen Translationsgitters (Gitterbegriff, Grundgesetz der Kristallographie, Gittersymmetrie, Geometrie und Symbole von Punkten, Gittergeraden und Netzebenen, Zonengesetz), 2. die Geometrie der Kristallformen oder Geometrie des Kontinuums (Kristallklassen, Kristallformen; Projektion, Berechnen und Zeichnen von Kristallen), 3. die Geometrie der Kristallgitter oder die Geometrie des Diskontinuums (Raumgruppen, Punktlagen, Kugelpackungen, Kristallzwillinge und -verwachsungen, reziproke Gitter).

Kristallgitter, das Gitter eines Kristalls. Es besteht aus ineinandergestellten, parallelen und kongruenten, einfachen Translationsgittern, die, soweit sie durch Symmetrieoperationen miteinander zur Deckung gebracht werden können, von der gleichen Atomart, im übrigen von beliebig vielen Atomarten besetzt sein können. Die Bestimmungsstücke eines Kristallgitters sind der Typ und die Konstanten $a, b, c, \alpha, \beta, \gamma$ seines Translationsgitters sowie die Anzahl und Anordnung aller seiner Translationsgitter, d. h. seine Symmetrie (Raumgruppe) und die Koordinaten (Parameter) je eines Punktes eines jeden Gitterkomplexes, der im Kristallgitter vorkommt. — Häufig wird jedoch der Begriff des Kristallgitters dem des Raumgitters oder sogar des Translationsgitters gleichgesetzt.

Kristallgitterbestimmung, *Strukturanalyse* oder *Röntgenanalyse* ist die Ermittlung von Größe und Form der Elementarzellen von Kristallen und die Lokalisierung der Lagen ihrer Atome oder Ionen in den Zellen mit Hilfe von Röntgenstrahl-Interferenzen (→ Drehkristall-, → Laue-, → Pulver-, → Röntgengoniometermethoden). In den meisten Fällen wird keine *vollständige* Kristallgitterbestimmung durchgeführt. Für viele Zwecke, z. B. für die Identifizierung von Kristallarten, genügt die Aufnahme eines Diagramms oder die Angabe der Beugungswinkel evtl. nebst einer groben Intensitätsschätzung. Mineralogische und chemische Probleme finden häufig ihre Lösung schon durch die Bestimmung der → Gitterkonstanten und der aus den Auslöschungen von Interferenzen (→ Auslöschungsgesetze) gefolgerten Raumgruppe. Für gewisse Probleme der Kristallgitterbestimmung werden auch Interferenzen von Elektronen und neuerdings Neutronen verwendet (→ Beugung von Elektronen in Kristallen).

Bijvoet, J. M., N. H. Kolkmejer u. *C. H. MacGillavry:* Röntgenanalyse von Krystallen. Berlin 1940.

Kristallgittertypen oder *Strukturtypen*, die von Elementen oder Verbindungen realisierten Kristallgitter gleicher Symmetrie und aus gleichen Gitterkomplexen gebildet, jedoch ohne Rücksicht auf die zahlenmäßige Größe der Elementarzelle und der Parameter der Atome oder Ionen. Kristalle, die dem gleichen Strukturtyp, aber unter Vertauschung der Orte von Anionen und Kationen, angehören, werden nach *V. M. Goldschmidt* als Anti-Typen bezeichnet, z. B. gehört Li_2O dem Antifluorittyp an (vgl. C 1 der Tabelle).

Eine Zusammenstellung aller bis 1939 bestimmten, annähernd 1000 Strukturen befindet sich in den 7 Bänden der Strukturberichte der Z. f. Kristallographie (fortgesetzt als Structure Reports, Utrecht, Bd. 19 für 1947/48). Daselbst ist die bisher einzige vollständige Systematik der Strukturtypen durchgeführt. Jeder Typ wird durch einen großen Buchstaben und eine fortlaufende Zahl, die keine weitere Bedeutung hat, bezeichnet. Die Buchstaben bedeuten:

A Elemente,
B Verbindungen AB zweier Elemente im stöchiometrischen Verhältnis 1 : 1,
C Verbindungen AB_2,
D Verbindungen $A_m B_n$, m oder n oder beide $\geqq 2$,
E Verbindungen mit mehr als zwei Atomarten ohne Komplexbildung,
F Verbindungen mit 2- oder 3atomigem Radikal,
G Verbindungen mit 4atomigem Radikal BX_3,
H Verbindungen mit 5atomigem Radikal BX_4,
J Verbindungen mit 7atomigem Radikal BX_6,
K Verbindungen mit komplexeren Radikalen,
S Silikate,
OB usw. anorganische Verbindungen mit organischen Radikalen,
O organische Verbindungen.

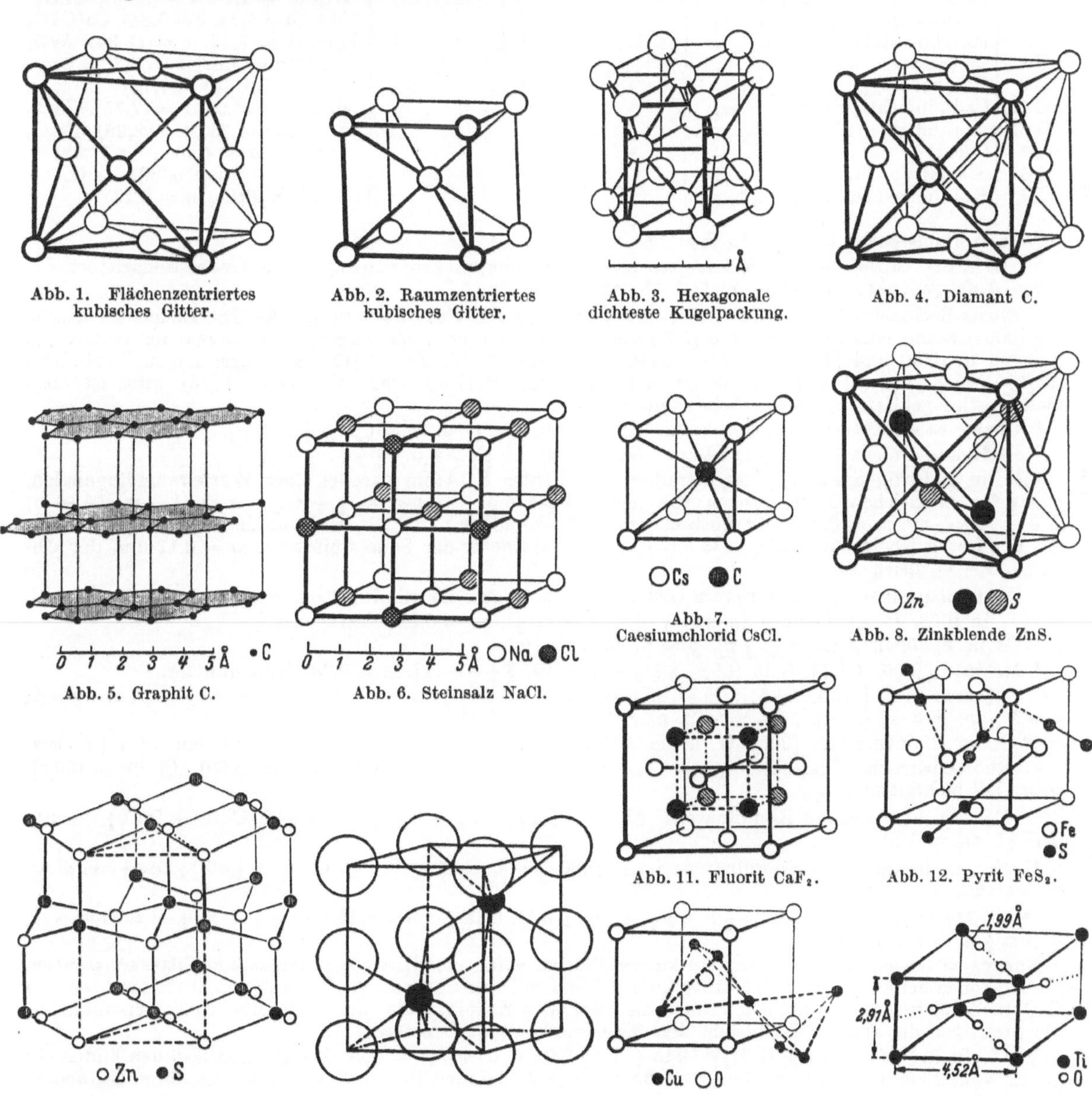

Abb. 1. Flächenzentriertes kubisches Gitter.
Abb. 2. Raumzentriertes kubisches Gitter.
Abb. 3. Hexagonale dichteste Kugelpackung.
Abb. 4. Diamant C.
Abb. 5. Graphit C.
Abb. 6. Steinsalz NaCl.
Abb. 7. Caesiumchlorid CsCl.
Abb. 8. Zinkblende ZnS.
Abb. 9. Wurtzit ZnS.
Abb. 10. Rotnickelkies NiAs.
Abb. 11. Fluorit CaF_2.
Abb. 12. Pyrit FeS_2.
Abb. 13. Cuprit Cu_2O.
Abb. 14. Rutil TiO_2.

Tabelle der am häufigsten vorkommenden oder wichtigsten Strukturtypen.

	Strukturtyp	Gitterkomplexe	Wichtigste Vertreter*
A 1	Flächenzentriertes kubisches Gitter	Γ_c'	Cu ($a = 3{,}61$), Al, Ag
A 2	Raumzentriertes kubisches Gitter	Γ_c''	W ($a = 3{,}15$), Mo, Na, K, α-Fe
A 3	Hexag. dichteste Kugelpackung	Γ_h $[000, \frac{2}{3}\frac{1}{3}\frac{1}{2}]$**	Mg ($a = 3{,}20$, $c = 5{,}20$), Zn
A 4	Diamanttyp	Γ_c' $[000, \frac{1}{4}\frac{1}{4}\frac{1}{4}]$	C ($a = 3{,}56$), Si, α-Sn
A 9	Graphittyp	[1]	C ($a = 2{,}46$, $c = 6{,}80$ oder 10,20)
B 1	Steinsalztyp	Γ_c', Na [000], Cl $[\frac{1}{2}\frac{1}{2}\frac{1}{2}]$	NaCl ($a = 5{,}628$), MgO, PbS
B 2	Caesiumchloridtyp	Γ_c, Cs [000], Cl $[\frac{1}{2}\frac{1}{2}\frac{1}{2}]$	CsCl ($a = 4{,}11$)
B 3	Zinkblendetyp	Γ_c', Zn [000], S $[\frac{1}{4}\frac{1}{4}\frac{1}{4}]$	ZnS ($a = 5{,}42$), CSi
B 4	Wurtzittyp	[2]	ZnS ($a = 3{,}84$, $c = 6{,}28$), ZnO
B 8	Rotnickelkiestyp	[3]	NiAs ($a = 3{,}61$, $c = 5{,}03$), FeS
C 1	Fluorittyp	Γ_c', Ca [000], F $[\frac{1}{4}\frac{1}{4}\frac{1}{4}, \frac{3}{4}\frac{3}{4}\frac{3}{4}]$	CaF_2 ($a = 5{,}45$), Li_2O
C 2	Pyrittyp	[4]	FeS_2 ($a = 5{,}40$); CO_2, N_2O
C 3	Cuprittyp	[5]	Cu_2O ($a = 4{,}26$)
C 4	Rutiltyp	[6]	TiO_2 ($a = 4{,}58$, $c = 2{,}95$), SnO_2
C 6	Cadmiumjodidtyp	[7]	CdJ_2 ($a = 4{,}24$, $c = 6{,}84$), $Ca(OH)_2$
C 7	Molybdenittyp	[8]	MoS_2 ($a = 3{,}15$, $c = 12{,}30$), WS_2
C 8	Quarztyp	[9]	SiO_2 ($a = 4{,}89$, $c = 5{,}38$)
C 9	Cristobalittyp	[10]	SiO_2 ($a = 7{,}12$)
C 19	Cadmiumchloridtyp	[11]	$MgCl_2$ ($a = 4{,}00$, $c = 17{,}75$), $CdCl_2$
D 51	Korundtyp	[12]	Al_2O_3 ($a = 4{,}75$, $c = 12{,}96$), Fe_2O_3
G 1	Calcittyp	[13]	$CaCO_3$ ($a = 4{,}98$, $c = 17{,}02$)
H 11	Spinelltyp	[14]	$MgAl_2O_4$ ($a = 8{,}09$), Fe_3O_4
J 1_1	Kaliumhexachloroplatinat . .	[15]	K_2PtCl_6 ($a = 9{,}73$)

* Gitterkonstanten a und c in Å.

** D. h. der Gitterkomplex besteht aus zwei ineinandergestellten hexagonalen Translationsgittern Γ_h, deren Anfangspunkte in [000] und $[\frac{2}{3}\frac{1}{3}\frac{1}{2}]$ liegen.

[1] Ebene Sechsecknetze parallel (0001) mit Atomen in den Ecken der Sechsecke. Die Elementarmasche der (0001)-Ebene enthält die Punkte [000] und $[\frac{2}{3}\frac{1}{3}0]$. Ob es zwei verschiedene Lagen der Netze, beginnend in [000] und $[\frac{2}{3}\frac{1}{3}\frac{1}{2}]$ (Strukturbestimmung von *A. W. Hull*, 1917), oder drei Lagen, beginnend in [000], $[\frac{2}{3}\frac{1}{3}\frac{1}{3}]$ und $[\frac{1}{3}\frac{2}{3}\frac{2}{3}]$ (Strukturbestimmung von *P. Debye* und *P. Scherrer*, 1916), gibt, ist noch nicht restlos geklärt. Typisches Schichtgitter.

[2] Hexagonale dichteste Kugelpackung: Zn in $[000, \frac{2}{3}\frac{1}{3}\frac{1}{2}]$, S in $[00p, \frac{2}{3}\frac{1}{3}\frac{1}{2}+p]$, $p \approx 3/8$.

[3] Hexagonale dichteste Kugelpackung: Ni in $[000, 00\frac{1}{2}]$, As in $[\frac{2}{3}\frac{1}{3}\frac{1}{4}, \frac{1}{3}\frac{2}{3}\frac{3}{4}]$.

[4] Fe in Γ_c' [000], S auf je einer Geraden durch jedes Fe-Atom parallel einer Würfelraumdiagonalen, paarweise in gleichen Entfernungen von jedem Fe-Atom: $\pm[mmm, \frac{1}{2}+m\,\frac{1}{2}-m\,\overline{m}, \frac{1}{2}-m\,\overline{m}\,\frac{1}{2}+m, \overline{m}\,\frac{1}{2}+m\,\frac{1}{2}-m]$, $m = 0{,}39$. Der Abstand zweier S-Atome ist nur 0,22 der Raumdiagonalen oder 2,10 Å. Bei der festen Kohlensäure CO_2 ($a = 5{,}63$) ist der Parameter der Sauerstoffatome $m = 0{,}11$ und der Abstand C — O gleich 1,07 Å.

[5] O-Atome in einem raumzentrierten Gitter [000], Cu-Atome im allseitig-flächenzentrierten Gitter $[\frac{1}{4}\frac{1}{4}\frac{1}{4}]$.

[6] Ti in $[000, \frac{1}{2}\frac{1}{2}\frac{1}{2}]$, O in $\pm[mm0, \frac{1}{2}+m\,\frac{1}{2}-m\,\frac{1}{2}]$, $m = 0{,}31$. Tetragonal.

[7] Cd in Γ_h [000], J in $\pm[\frac{2}{3}\frac{1}{3}p]$, $p = \frac{1}{4}$, Schichtgitter.

[8] Mo in Γ_h $[000, \frac{2}{3}\frac{1}{3}\frac{1}{2}]$, S in $[00p, \frac{2}{3}\frac{1}{3}\frac{1}{2}+p, 00\overline{p}, \frac{2}{3}\frac{1}{3}\frac{1}{2}-p]$, $p = 0{,}38$, Schichtgitter.

[9] α-Quarz: Si in $[m00, 0m\frac{2}{3}, \overline{m}\,\overline{m}\,\frac{1}{3}]$, $m_{Si} = 0{,}46$, O in $[mnp, n-m\,\overline{m}\,\frac{1}{3}+p, \overline{n}\,m-n\,\frac{2}{3}+p, m-n\,\overline{n}\,\overline{p}, n\,m\,\frac{2}{3}-p, \overline{m}\,n-m\,\frac{1}{3}-p]$, $m_O = 0{,}42$, $n_O = 0{,}28$, $p_O = 0{,}11$.

[10] Si im Diamantgitter [000], O in der Mitte zwischen zwei benachbarten Si-Atomen, in $\frac{1}{8}\frac{1}{8}\frac{1}{8}$ usw.

[11] Rhomboedrische Translationsgitter Γ_{rh} in hexagonaler Aufstellung: Cd in [000], Cl in $\pm[00p]$, $p = \frac{1}{4}$, Schichtgitter.

[12] Γ_{rh}; in hexagonalen Koordinaten: Al in $\pm[00p, 00\frac{1}{2}+p]$, $p_{Al} = 0{,}145$, O in $\pm[m0\frac{1}{4}, 0m\frac{1}{4}, \overline{m}\,\overline{m}\,\frac{1}{4}]$, $m_O = 0{,}30$.

[13] Γ_{rh}; in hexagonalen Koordinaten: Ca in $[000, 00\frac{1}{2}]$, C in $\pm[00\frac{1}{4}]$, O in $\pm[m0\frac{1}{4}, 0m\frac{1}{4}, \overline{m}\,\overline{m}\,\frac{1}{4}]$, $m_O = 0{,}25$.

[14] Γ_c', Mg in $\pm[\frac{1}{8}\frac{1}{8}\frac{1}{8}]$, Al in $[\frac{1}{2}\frac{1}{2}\frac{1}{2}, 0\frac{1}{4}\frac{3}{4}, \frac{1}{4}\frac{3}{4}0, \frac{3}{4}0\frac{1}{4}]$, O in $\pm[mmm, \overline{m}\,\frac{1}{4}+m\,\frac{1}{4}+m, \frac{1}{4}+m\,\overline{m}\,\frac{1}{4}+m, \frac{1}{4}+m\,\frac{1}{4}+m\,\overline{m}]$, $m_O \sim \frac{1}{4}$.

Für $m_O = 1/4$ bilden die O-Ionen ein kubisch-flächenzentriertes Gitter von der halben Gitterkonstanten, die Mg-Ionen befinden sich in den Mittelpunkten von O-Tetraedern, die Al-Ionen in den Mittelpunkten von O-Oktaedern. Bei einigen Spinellen sollen die 2wertigen Kationen die eine Hälfte des Al-Gitterkomplexes, die 3wertigen die andere Hälfte und den Mg-Gitterkomplex besetzen.

[15] Γ_c', Pt in [000], K in $\pm[\frac{1}{4}\frac{1}{4}\frac{1}{4}]$, Cl in $\pm[m00, 0m0, 00m]$, $m = 0{,}24$. Die Pt- und K-Ionen bilden ein Gitter vom Fluorittyp; die Pt-Ionen werden von je 6 Cl-Ionen in den Ecken eines regulären Oktaeders umgeben.

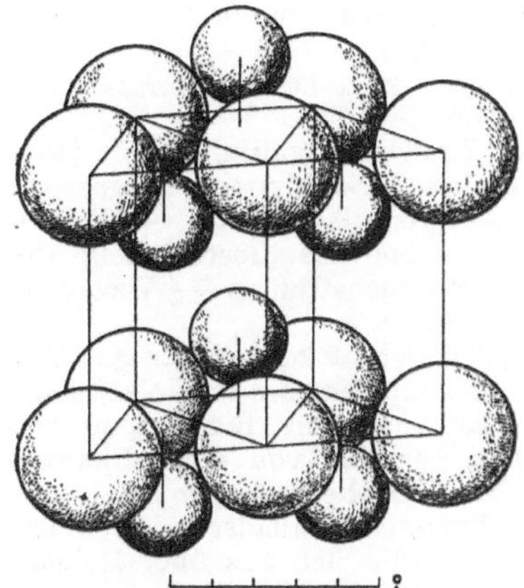

Abb. 15. Cadmiumjodid CdJ_2.

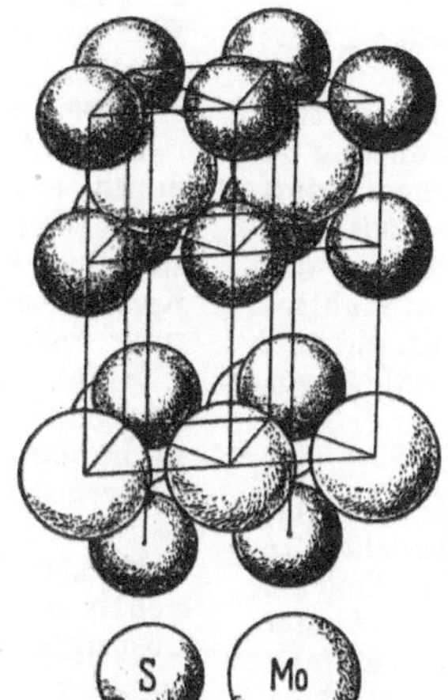

Abb. 16. Molybdenit MoS_2.

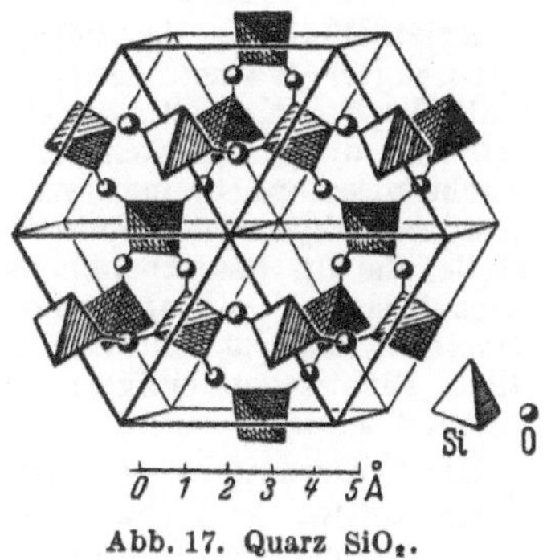

Abb. 17. Quarz SiO_2.

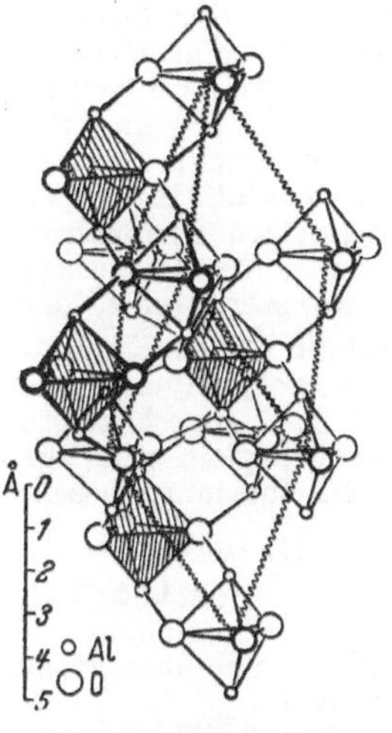

Abb. 20. Korund Al_2O_3.

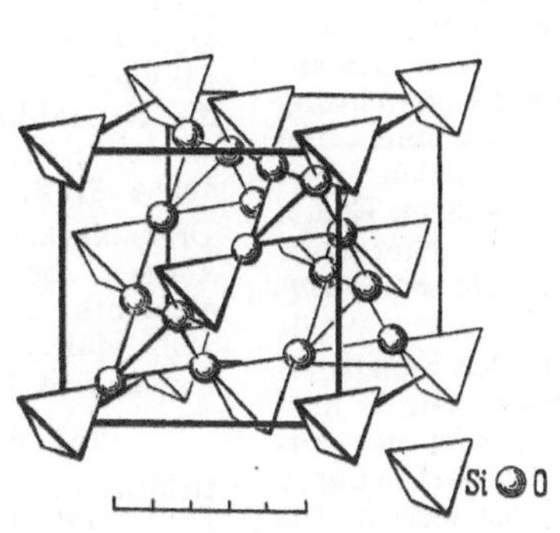

Abb. 18. Cristobalit SiO_2.

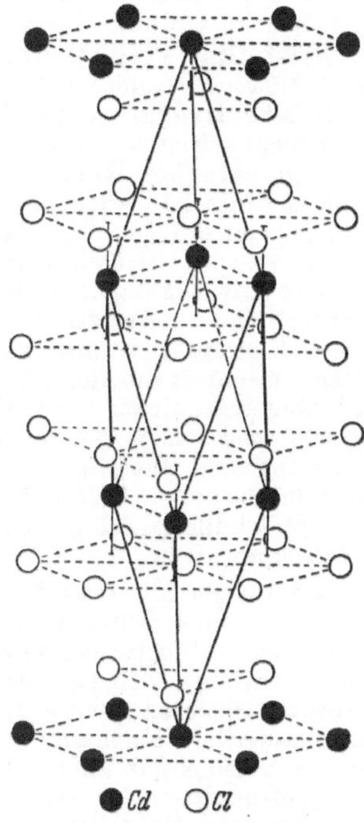

Abb. 19. Cadmiumchlorid $CdCl_2$.

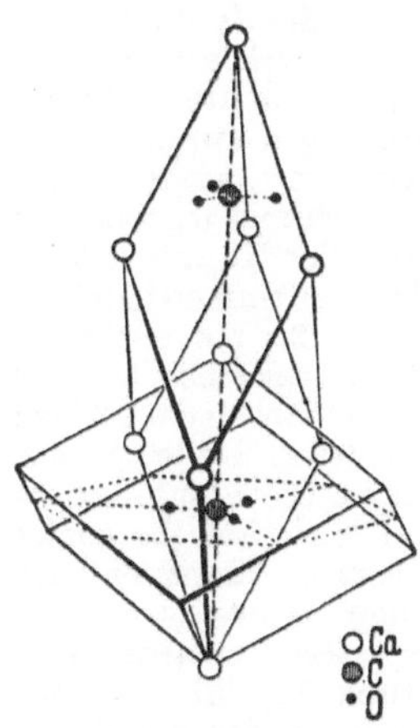

Abb. 21. Calcit $CaCO_3$.

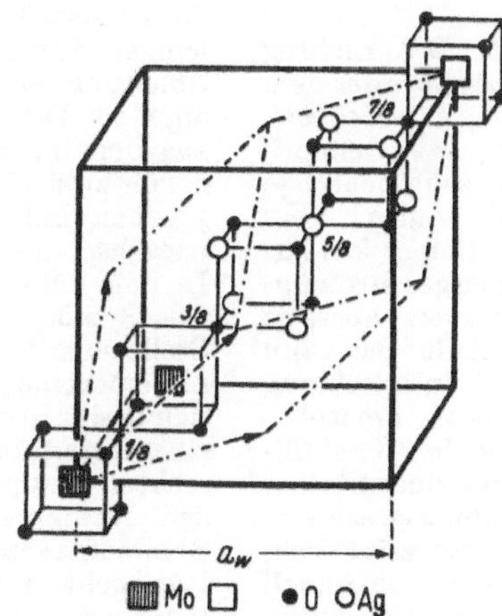

Abb. 22. Spinell $MgAl_2O_4$.

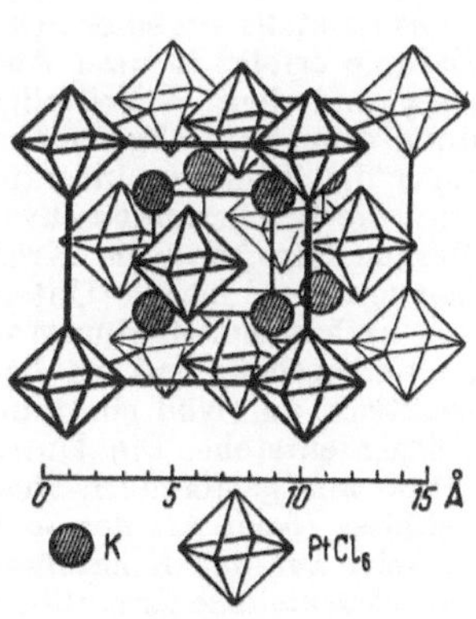

Abb. 23. Kalium-hexachloroplatinat K_2PtCl_6.

Kristallgleichrichter = → Transistor.

Kristallhabitus, das Vorhandensein oder Fehlen bevorzugter Wachstumsrichtungen bei einem Kristall. Ist der Kristall nach einer einzigen Richtung *gestreckt*, d. h. hauptsächlich in dieser Richtung gewachsen, so spricht man von *prismatischem, säuligem, stengeligem* oder *nadelförmigem* Habitus. Kristalle, die im wesentlichen nach einer Ebene entwickelt sind, haben *tafeligen* oder *blättrigen* Habitus. *Isometrischen* Habitus weisen Kristalle auf, die nach allen Richtungen einigermaßen gleichmäßig ausgebildet sind.

Kristallhaufwerk → Kristallaggregat.

Kristallin, der Zustand des festen Körpers mit raumgittermäßiger Anordnung seiner Teilchen im Gegensatz zum → amorphen, in dem die Teilchen nach Zufall angeordnet sind. Auch in den →*kristallinen Flüssigkeiten* besteht eine, meist einfach-periodische Ordnung ihrer Teilchen (Moleküle).

Kristalline Flüssigkeiten oder *mesomorphe Phasen.* Flüssige organische Verbindungen, deren Moleküle eine langgestreckte Form besitzen, erweisen sich nicht selten als physikalisch anisotrop, namentlich in optischer Hinsicht. Der Grund dafür ist, daß sich die Längsrichtungen der Moleküle, besonders, wenn auf die Flüssigkeit mechanische Kräfte etwa bei der Strömung oder elektromagnetische Kräfte einwirken, parallel legen wie bei einer Fasertextur. Nach *G. Friedel* werden zwei Typen kristalliner Flüssigkeiten unterschieden: 1. die *nematischen,* in denen die Moleküle in ihrer Längsrichtung beliebig gegeneinander verschoben sein können, und 2. die *smektischen,* bei denen alle parallelen Moleküle von zwei gemeinsamen Ebenen an ihren Enden begrenzt werden. Flüssigkeitsgebiete gleicher Lage der Moleküllängsrichtungen werden als *Schwärme* bezeichnet.

Kristallisation, fraktionierte. Bilden zwei Komponenten einer Schmelze keine Mischkristalle miteinander (→ Zustandsdiagramm), so läßt sich aus der Schmelze nur eine der beiden Kristallarten durch Auskristallisieren gewinnen. Bilden sie jedoch eine kontinuierliche Folge von festen Lösungen und liegt der Schmelzpunkt aller Mischungen zwischen den Schmelzpunkten der reinen Komponenten, so ist fraktionierte Kristallisation durch Trennung von fester und flüssiger Phase und erneute Ausscheidung analog der fraktionierten Destillation möglich. Für die graphische Darstellung des Vorganges → Zustandsdiagramm.

Kristallisationsgeschwindigkeit. Die Bildung eines Kristalls aus einer Schmelze, Lösung oder dem Dampfe erfolgt in zwei Abschnitten, der *Keimbildung* und dem → *Kristallwachstum.* Die Keimbildung erfolgt im allgemeinen um so zahlreicher, je tiefer die Schmelze unterkühlt wird; zugleich aber wird die Wachstumsgeschwindigkeit immer kleiner. Daraus folgt, daß die Kristallisationsgeschwindigkeit mit zunehmender Unterkühlung zuerst ansteigt und nach einem Maximum wieder abfällt. Das kann so weit gehen, daß sie bei großer Unterkühlung praktisch auf Null sinkt und ein glasig amorpher Körper entsteht. Die Untersuchung der Kristallisation aus gasförmiger Phase erlaubt quantitative Schlüsse (nach Art der → Verdampfungsgeschwindigkeit) auf das Kristallwachstum. Es zeigt sich, daß verschiedene Kristallflächen verschieden schnell wachsen, manche schneller, als der Nachschub durch das Gas erlaubt. Daraus folgt, daß die an anderen Flächen auftreffenden Moleküle zu den bevorzugten Flächen befördert werden.

Volmer, M.: Kinetik d. Phasenbildung. Dresden 1939.
Tammann, G.: Der Glaszustand. Leipzig 1933.

Kristallit, jedes Kristallindividuum, d. h. jeder durch ein einheitliches Kristallgitter ausgezeichnete Teil eines → Kristallaggregats. → Einkristall, → Vielkristall. Über die Bestimmung der Kristallitgröße mit Röntgenstrahlen → Verbreiterung von Interferenzlinien.

Kristallkanten, die Schnittkanten der Kristallflächen. Verlaufen die letzteren parallel Netzebenen, so haben die Kristallkanten die Richtungen von Gittergeraden. Über Symbole von Kristallkanten → Symbole von Kristallflächen usw.

Kristallkeime, -kerne, die kleinsten, noch unsichtbaren Kriställchen, die sich aus übersättigten Lösungen oder unterkühlten Schmelzen oder bei der Sublimation bilden. Es wird angenommen, daß sie entsprechend der Kossel-Stranskischen Wachstumstheorie entstehen. Häufig werden auch die feinen Kriställchen oder Kristallsplitter, die zur *Impfung*, d. h. zur Auslösung der Kristallisation in übersättigte Lösungen usw. gebracht werden, als Kristallkeime bezeichnet.

Kristallklassen. Die Gesamtheit der Symmetrieelemente eines Kristalls wird als seine *Kristallklasse* bezeichnet. Die geringste Symmetrie hat die Kristallklasse, die kein eigentliches Symmetrieelement aufweist, sondern nur das formale der einzähligen Drehungsachse 1 oder *Identität.* Ihr folgen die Kristallklassen mit einem einzigen Symmetrieelement: einer Spiegelebene *n*, einer Drehungsachse 2, 3, 4, 6, dem Inversionszentrum *i*, der Drehspiegelachse $\bar{4}$. Den Abschluß bilden Kristallklassen, bei denen zwei oder mehr Symmetrieelemente kombiniert sind. *J. F. C. Hessel* zeigte 1831, daß nur 32 Kristallklassen möglich sind. Sie lassen sich in folgendes Schema zusammenfassen.

Tabelle 1. Die 32 Kristallklassen.

triklin	1	*i*	*n*	2	2*i*	monoklin
	(2)	(2*i*)	2*n*	22	22*i*	rhombisch
	3	3*i*	3*n*	32	32*i*	rhomboedrisch
		3*m*			32*m*	hexagonal
	6	6*i*	6*n*	62	62*i*	hexagonal
	4	4*i*	4*n*	42	42*i*	tetragonal
	$\bar{4}$			$\bar{4}2$		tetragonal
	23	23*i*	23*n*	43	43*i*	kubisch.

Jede Kristallklasse ist darin durch die Symbole derjenigen Symmetrieelemente charakterisiert, die zur Ableitung aller ihrer Symmetrieelemente notwendig sind. Die übrigen Elemente folgen zwangsläufig aus den im Symbol genannten. In Symbolen, in denen zwei Ziffern, d. h. zwei Drehungsachsen, angegeben sind, entspricht die erste der Hauptsymmetrieachse, die zweite einer Nebensymmetrieachse. In den kubischen Kristallklassen 23 bis 43*i* tritt das Symbol der 3zähligen Drehungsachse an die Stelle einer Nebenachse. Die eingeklammerten Klassen erscheinen noch an einer anderen Stelle, wo sie sich besser in das Schema einfügen. Die Kombination einer geradzähligen Achse und einer auf ihr senkrechten Hauptsymmetrieebene *m* ist identisch mit der Kombination der gleichen Achse und des Symmetriezentrums. Dem letzteren wurde mit Rücksicht auf seine Bedeutung für die Gittertheorie der Vorzug gegeben. Nur bei der 3zähligen Achse sind 3*i* und 3*m* zu unterscheiden. Die punktierte Linie in Tabelle 1 trennt die *Laue-Klassen* voneinander (→ Laue-Symmetrie).

Bei allen Kristallklassen einer Zeile, mit Ausnahme der ersten, lassen sich die Kristallelemente (Flächen, Kanten sowie die Punkte des Kristallgitters) auf ein Koordinatensystem der gleichen Symmetrie, und zwar der Symmetrie der höchstsymmetrischen Klasse der Zeile, beziehen. Deshalb faßt man sie aus Zweckmäßigkeitsgründen zu *Kristallsystemen* oder *Syngonien* zusammen. Die erste Zeile enthält zwei Systeme.

Für die Klassen 1 und i kann jede Kristallkante oder Gittergerade als Koordinatenachse gewählt werden. Die drei Koordinatenachsen sind ungleichwertig; sie lassen sich durch keine Symmetrieoperation zur Deckung bringen. Die Abstände identischer Gitterpunkte sind auf ihnen verschieden: a auf der X-, b auf der Y-, c auf der Z-Achse (Abb. 1). Auch die Winkel α, β, γ zwischen Y- und Z-Achse bzw. Z- und X-Achse bzw. X- und Y-Achse sind keine rechten. Es ist $a \neq b \neq c$ und $\alpha \neq \beta \neq \gamma$. Die beiden Klassen bilden das *trikline System*.

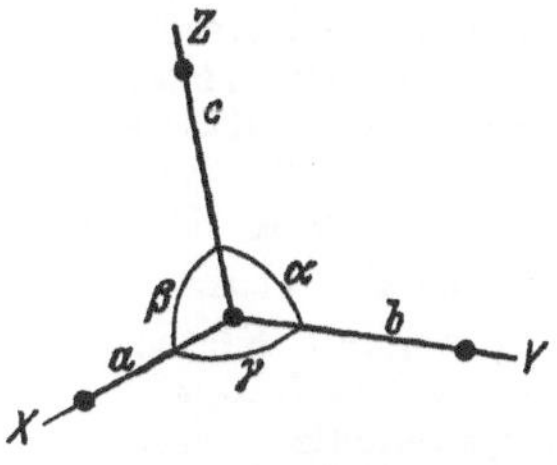

Abb. 1. Triklines Koordinatensystem.

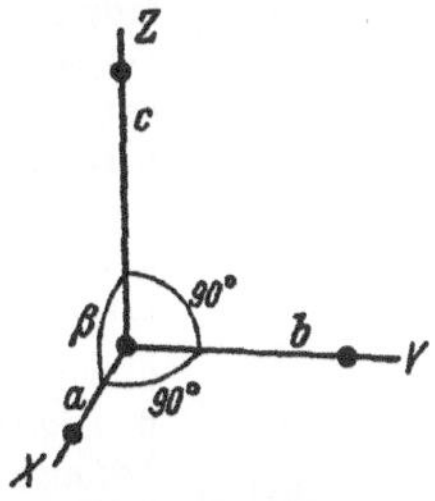

Abb. 2. Monoklines Koordinatensystem.

Die zweizählige Drehungsachse der Klassen 2 und $2i$ und die auf der Spiegelebene der Klasse n senkrechte Gittergerade oder Kante wird zur Y-Achse gewählt. Die beiden übrigen Koordinatenachsen stehen darauf senkrecht und können einen beliebigen Winkel β einschließen. Es ist $a \neq b \neq c$, $\beta \neq 90°$ (Abb. 2): *Monoklines System*.

Bei den Klassen $2n$, 22 und $22i$ stehen die drei Koordinatenachsen senkrecht aufeinander. In 22 und $22i$ sind es die 2zähligen Drehungsachsen, in $2n$ die zur Z-Achse gewählte Drehungsachse sowie zwei zu ihr senkrechte Gittergeraden, die in den beiden Spiegelebenen liegen. $a \neq b \neq c$, $\alpha = \beta = \gamma = 90°$ (Abb. 3): *Rhombisches System*.

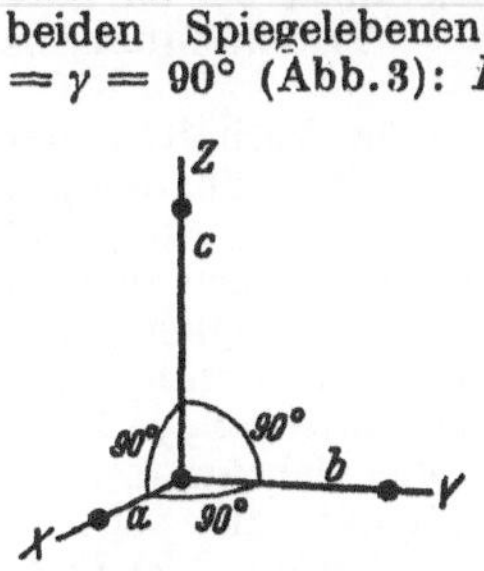

Abb. 3. Rhombisches Koordinatensystem.

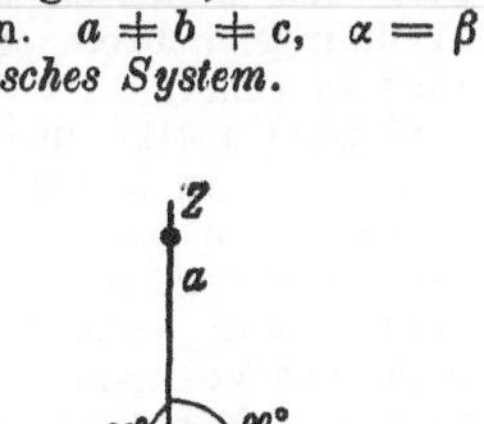

Abb. 4. Tetragonales Koordinatensystem.

Für die Klassen der fünf folgenden Zeilen wird die 3-, 4- oder 6zählige Achse zur Z-Achse gewählt. X- und Y-Achse sind entweder 2zählige Nebenachsen oder Gittergeraden in der zu Z senkrechten Ebene. Nimmt man dazu zwei Richtungen, die bei den Kristallklassen mit 4zähliger Symmetrieachse einen Winkel von 90° (Abb. 4), bei den übrigen einen Winkel von 120° (Abb. 5) einschließen, so sind die X- und Y-Achsen gleichwertig. Es ist $a = b \neq c$, $\alpha = \beta = 90°$, $\gamma = 90°$ bzw. 120°. Die Klassen mit 4zähligen Hauptachsen bilden das *tetragonale*, die übrigen das *hexagonale* System. Die fünf Klassen 3 bis $32i$ können auch auf ein schiefwinkliges Koordinatensystem bezogen werden, dessen Achsen drei Gittergeraden bilden, die sich durch

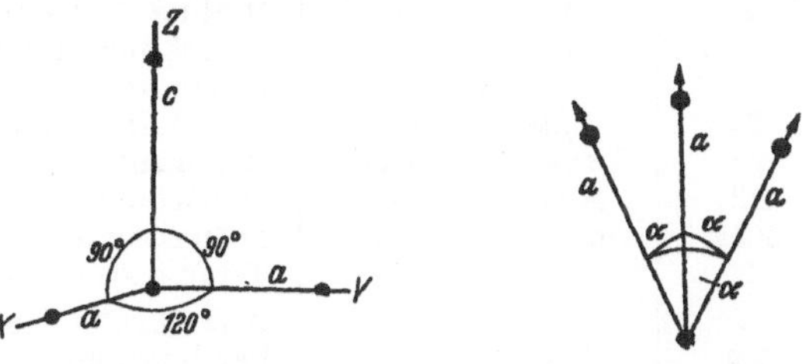

Abb. 5. Hexagonales Koordinatensystem.

Abb. 6. Rhomboedrisches Koordinatensystem.

Drehung um die 3zählige Symmetrieachse zur Deckung bringen lassen (Abb. 6). Es ist $a = b = c$, $\alpha = \beta = \gamma \neq 90°$. Weil die drei Koordinatenebenen zusammen mit drei ihnen parallelen und gleich weit entfernten Ebenen ein Rhomboeder einschließen, werden diese fünf Klassen zu einem *rhomboedrischen System* zusammengefaßt. Für die Klassen $3m$ und $32m$ ist diese sog. *rhomboedrische Aufstellung* nicht möglich, weil bei ihnen sechs Gittergeraden gleichwertig sind. Gelegentlich werden die Klassen 3, $3m$, $3n$, 32, $32m$ oder auch alle sieben Klassen mit 3zähliger Hauptachse einem *trigonalen System* zugeordnet.

Die letzten fünf Klassen (23 bis $43i$) werden auf das Cartesische Koordinatensystem ($a = b = c$, $\alpha = \beta = \gamma = 90°$) bezogen (Abb. 7); sie bilden das *kubische System*.

Die Benennung der 32 Kristallklassen ist sehr mannigfaltig. Sie werden entweder nach ihren Symmetrieelementen oder nach der Symmetrie oder Gestalt ihrer allgemeinen Flächenform bezeichnet. In neuerer Zeit setzt sich immer mehr das Bestreben durch, sie durch kurze, auf der Symmetrie fußende Symbole zu charakterisieren. In der Tabelle 2 (S. 746) sind außer den hier verwandten Klassensymbolen die z. Z. gebräuchlichsten Bezeichnungen zusammengestellt. Über die Bedeutung der Symbole der dritten Spalte → *Schoenfliessche Symbole*.

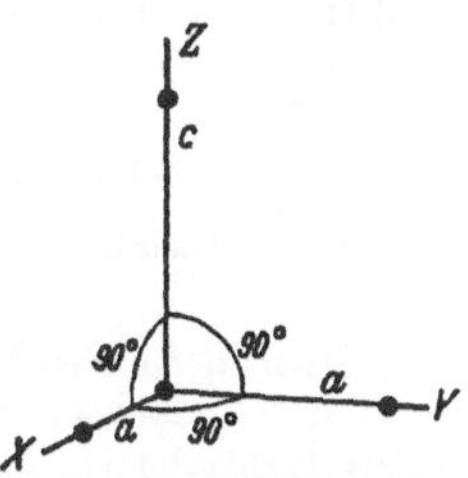

Abb. 7. Kubisches Koordinatensystem.

Kristallmorphologie, die Lehre von den Kristallformen, ein Teilgebiet der Kristallgeometrie. Als Hilfswissenschaft ist sie von größter Bedeutung für die Mineralogie und bildet dort den Hauptteil der sog. allgemeinen Mineralogie.

Kristallographie, eine exakte, der Physik nahestehende Naturwissenschaft, welche die Eigenschaften, den Bau und die Bildung der Kristalle erforscht. Sie umfaßt die Gebiete der Kristallgeometrie, -physik und -chemie sowie das große, durch *M. v. Laues* Entdeckung der Röntgenstrahlbeugung an Kristallen eingeleitete und durch die Materiewellenbeugung vertiefte Gebiet der Kristallstrukturanalyse.

Tabelle 2. Die gebräuchlichsten Bezeichnungen der 32 Kristallklassen im Vergleich mit den in diesem Buch benutzten.

Physik. Wörterbuch	*Mauguin-Hermann*	*Schoenflies Niggli*	*Niggli*	*v. Groth*
1	1	C_1	trikline Hemiedrie	pediale (asymmetrische) Klasse
i	$\bar{1}$	C_i	trikline Holoedrie	pinakoidale Klasse
n	*m*	C_s	monokline Hemiedrie	domatische Klasse
2	2	C_2	monokline Hemimorphie	sphenoidische Klasse
2*i*	2/*m*	C_{2h}	monokline Holoedrie	prismatische Klasse
2*n*	*mm*	C_{2v}	orthorhombische Hemimorphie	pyramidale Klasse
22	222	D_2	orthorhombische Hemiedrie	bisphenoidische Klasse
22*i*	*mmm*	D_{2h}	orthorhombische Holoedrie	bipyramidale Klasse
3	3	C_3	Tetartoedrie I. Art [1]	trigonal-pyramidale Klasse
3*i*	$\bar{3}$	C_{3i}	paramorphe Hemiedrie [1]	rhomboedrische Klasse
3*n*	3*m*	C_{3v}	hemimorphe Hemiedrie [1]	ditrigonal-pyramidale Klasse
32	32	D_3	enantiomorphe Hemiedrie [1]	trigonal-trapezoedrische Klasse
32*i*	$\bar{3}m$	D_{3d}	Holoedrie [1]	ditrigonal-skalenoedrische Klasse
$\bar{4}$	$\bar{4}$	S_4	Tetartoedrie II. Art [2]	bisphenoidische Klasse
$\bar{4}2$	$\bar{4}2m$	D_{2d}	Hemiedrie II. Art [2]	tetragonal-skalenoedrische Klasse
4	4	C_4	Tetartoedrie I. Art [2]	tetragonal-pyramidale Klasse
4*i*	4/*m*	C_{4h}	paramorphe Hemiedrie [2]	tetragonal-bipyramidale Klasse
4*n*	4*mm*	C_{4v}	hemimorphe Hemiedrie [2]	ditetragonal-pyramidale Klasse
42	42	D_4	enantiomorphe Hemiedrie [2]	tetragonal-trapezoedrische Klasse
42*i*	4/*mmm*	D_{4h}	Holoedrie [2]	ditetragonal-bipyramidale Klasse
3*m*	$\bar{6}$	C_{3h}	Tetartoedrie II. Art [3]	trigonal-bipyramidale Klasse
32*m*	$\bar{6}2m$	D_{3h}	Hemiedrie II. Art [3]	ditrigonal-bipyramidale Klasse
6	6	C_6	Tetartoedrie I. Art [3]	hexagonal-pyramidale Klasse
6*i*	6/*m*	C_{6h}	paramorphe Hemiedrie [3]	hexagonal-bipyramidale Klasse
6*n*	6*mm*	C_{6v}	hemimorphe Hemiedrie [3]	dihexagonal-pyramidale Klasse
62	62	D_6	enantiomorphe Hemiedrie [3]	hexagonal-trapezoedrische Klasse
62*i*	6/*mmm*	D_{6h}	Holoedrie [3]	dihexagonal-bipyramidale Klasse
23	23	T	Tetartoedrie [4]	tetraedrisch-pentagondodekaedrische Klasse
23*i*	*m*3	T_h	paramorphe Hemiedrie [4]	disdodekaedrische Klasse
23*n*	$\bar{4}3m$	T_d	hemimorphe Hemiedrie [4]	hexakistetraedrische Klasse
43	43	O	enantiomorphe Hemiedrie [4]	pentagonikositetraedrische Klasse
43*i*	*m*3*m*	O_h	Holoedrie [4]	hexakisoktaedrische Klasse

[1] des rhomboedrischen Systems. [2] des tetragonalen Systems. [3] des hexagonalen Systems. [4] des kubischen Systems.

Kristallographische Achsen, Sammelbegriff für → Symmetrieachsen und Koordinatenachsen eines Kristallsystems (→ Kristallklassen).

Kristallographisches Grundgesetz → Grundgesetz der Kristallographie, → Kristallchemie.

Kristallographische Konstanten, in der Kristallmorphologie die drei Winkel α, β, γ zwischen den Koordinatenachsen Y und Z, Z und X, X und Y sowie das Achsenabschnittsverhältnis $a:b:c$ oder $\frac{a}{b}:1:\frac{c}{b}$. Die kristallographischen Konstanten eines Kristallgitters sind die gleichen drei Winkel und die → *Gitterkonstanten.*

Kristallographische Zone → Zone.

Kristallolumineszenz, das Leuchten, welches beim Kristallisieren auftreten kann, z. B. bei Natriumhydroxyd, welches aus der Schmelze auskristallisiert. Löst man 16 g Saccharin unter Erwärmung in 100 cm³ Azeton, kühlt langsam ab und kühlt schließlich mit Eis, so entsteht bei der Kristallisation helles Aufleuchten. Beim Kristallisieren von Natriumhydroxyd aus der Schmelze beobachtet man manchmal sehr helle Blitze. Kristallolumineszenz tritt aber nur dann auf, wenn die Übersättigung der Lösung oder Schmelze so groß ist, daß Bewegung von Kristallen vorkommt. Damit wird das Leuchten beim Kristallisieren auf das Trennungsleuchten oder die → Tribolumineszenz zurückgeführt.

Kristalloptik, die Lehre vom Verhalten der Lichtwellen in Kristallen, das sich von demjenigen in amorphen Körpern dadurch unterscheidet, daß jede Lichtwelle im Kristall im allgemeinen in zwei Wellen von verschiedener Geschwindigkeit und senkrecht zueinander stehenden Schwingungsrichtungen aufgespalten wird *(Doppelbrechung).* Dazu kommt, wie auch bei manchen nichtkristallinen Stoffen, gelegentlich die Fähigkeit, die Schwingungsrichtung zu drehen, die → *Drehung der Polarisationsebene* oder *optische Aktivität.*

Die Doppelbrechung wurde 1669 von *Erasmus Bartolinus* am isländischen Doppelspat (Kalkspat $CaCO_3$) entdeckt. Alle ihre Gesetzmäßigkeiten lassen sich mit Hilfe zweier einfacher Bezugsflächen, der Fletcherschen Indikatrix und der Indexfläche, darstellen, von denen man die erste entweder als durch die Erfahrung gegeben ansehen oder aus den Maxwellschen Gleichungen ableiten kann, während die zweite eine aus der Indikatrix folgende Hilfsfläche ist.

Durch einen Punkt O im Kristall gehe die Fortpflanzungsrichtung einer Welle oder die *Wellennormale*, die senkrecht auf der als eben angesehenen *Wellenfront* steht. Man kann empirisch, z. B. mit dem Totalreflektometer, feststellen, daß der Welle zwei verschiedene Brechungszahlen n_1 und n_2, also zwei verschiedene Geschwindigkeiten, die *Wellengeschwindigkeiten* v_1 und v_2 zukommen, daß sie also aus zwei Wellen gleicher Richtung zusammengesetzt ist; und zweitens, daß die beiden Wellen linear polarisiert sind und ihre Schwingungsrichtungen und infolgedessen ihre Polarisationsebenen senkrecht aufeinander stehen. Trägt man von O aus die Schwingungsrichtungen und auf ihnen als Strecken die zugehörigen Brechungszahlen (Brechungs*indizes*) ab und wiederholt das für jede beliebige Wellennormalenrichtung, so ergeben die Endpunkte aller von O ausgehenden Strecken ein im allgemeinen dreiachsiges Ellipsoid, die *Fletchersche Indikatrix* (Abb. 1 und 2), auch *optische Indexfläche, Indexellipsoid, Cauchysches Polarisationsellipsoid* genannt. Ihre drei senkrecht aufeinanderstehenden Hauptachsen sind zugleich zweizählige Drehungsachsen und werden als *Hauptschwingungsrichtungen* oder *optische Symmetrieachsen* bezeichnet. Ihre halben Längen, vom Mittelpunkt bis zur Oberfläche des Ellipsoids, sind die *Hauptbrechungszahlen* $n_\alpha < n_\beta < n_\gamma$. Mit diesen Buchstaben kennzeichnet man auch die Hauptschwingungsrichtungen; die Bezeichnung $\mathfrak{a} > \mathfrak{b} > \mathfrak{c}$ nach den Hauptelastizitätsachsen des Lichtäthers ist veraltet. Die drei Ebenen durch je zwei Hauptschwingungsrichtungen sind die *Hauptschnitte*.

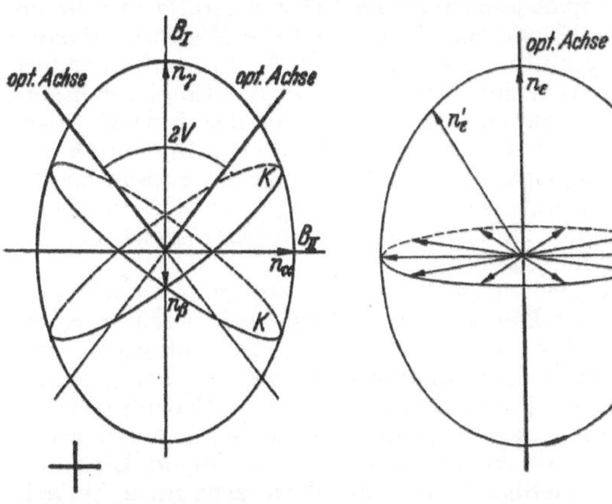

Abb. 1. Indikatrix eines optisch zweiachsigen Kristalls. B_I spitze, B_{II} stumpfe Bisektrix.

Abb. 2. Indikatrix eines optisch einachsigen Kristalls.

Ist die Indikatrix eines Kristalls bekannt, so lassen sich aus ihr für jede Wellennormalenrichtung N die beiden zugehörigen Schwingungsrichtungen und die beiden Brechungszahlen n'_α und n'_γ angeben ($n_\alpha \leq n'_\alpha \leq n_\beta \leq n'_\gamma \leq n_\gamma$). Man legt senkrecht zu N durch O eine Ebene, die die Indikatrix in einer Ellipse schneidet. Ihre beiden Hauptachsen sind die Schwingungsrichtungen und längenmäßig die Brechungszahlen n'_α und n'_γ. Unter allen möglichen Schnittellipsen gibt es zwei Kreise (K, Abb. 1), deren Ebenen durch n_β und ein dazu senkrechtes $n'_\alpha = n'_\gamma = n_\beta$ gehen und symmetrisch in bezug auf die Hauptschnitte liegen. Die Welle senkrecht zu einem Kreisschnitt hat keine ausgezeichneten Schwingungsrichtungen; sie ist unpolarisiert. Ihre Geschwindigkeit und ihre Brechungszahl sind für alle Schwingungsrichtungen gleich. Die Normalen der Kreisschnittebenen sind Richtungen optischer Isotropie, die primären *optischen Achsen*. Der Winkel zwischen ihnen, und zwar im allgemeinen der spitze, ist der optische Achsenwinkel $2V$. Seine Größe ergibt sich aus der Gleichung

$$\operatorname{tg} V = \sqrt{(1/n_\alpha^2 - 1/n_\beta^2)/(1/n_\beta^2 - 1/n_\gamma^2)} = \frac{n_\gamma}{n_\alpha}\sqrt{\frac{n_\beta^2 - n_\alpha^2}{n_\gamma^2 - n_\beta^2}},$$

V als Winkel zwischen einer optischen Achse und n_γ gemessen. Die Ebene durch beide optischen Achsen, die (n_α, n_γ)-Ebene, heißt die *optische Achsenebene*. Senkrecht auf ihr steht die *optische Normale* n_β. Die Halbierende des spitzen Achsenwinkels wird als *I. Mittellinie* oder *I.* oder *spitze Bisektrix*, die darauf senkrechte Halbierende des stumpfen Winkels als *II. Mittellinie* oder *II.* oder *stumpfe Bisektrix* bezeichnet. Die beiden Mittellinien sind n_α und n_γ. Ist n_γ spitze Bisektrix, so heißt der Kristall *optisch positiv*; ist es n_α, so wird er *optisch negativ* genannt.

Der numerische Wert der *Doppelbrechung* in der Richtung einer Wellennormalen ist die Differenz $n'_\gamma - n'_\alpha$ der beiden Brechungszahlen der Welle. Die Differenz $n_\gamma - n_\alpha$ ist die *maximale Doppelbrechung*; sie kommt den Wellen zu, die in Richtung der optischen Normale n_β fortschreiten.

Kristalle mit einem dreiachsigen Ellipsoid als Indikatrix werden wegen der zwei Richtungen optischer Isotropie als *optisch zweiachsig* bezeichnet. Hierzu gehören die Kristalle des triklinen, monoklinen und rhombischen Systems. Gehört jedoch der Kristall einem wirteligen System an, besitzt er also eine 3-, 4- oder 6zählige Symmetrieachse, so muß die darauf senkrechte Schnittellipse zu einem Kreis, die Indikatrix zu einem Rotationsellipsoid und die Symmetrieachse zur Rotationsachse werden. Der Kristall hat nur noch *einen* Kreisschnitt und *eine* optische Achse (Abb. 2). Er ist *optisch einachsig*. Nur noch die Ebenen durch die optische Achse sind Hauptschnitte. Man spricht sogar nur von *dem* Hauptschnitt, der durch die gerade betrachtete Wellennormale geht. Aus der Indikatrix folgen wie bei den zweiachsigen Kristallen für jede Wellennormale die beiden Schwingungsrichtungen und Brechungszahlen. Die eine Hauptachse jeder Schnittellipse liegt in der Kreisschnittebene. Die entsprechende Brechungszahl ist daher für alle Wellennormalen der gleiche, und die zugehörige Schwingungsrichtung steht senkrecht auf dem Hauptschnitt. Eine solche Welle wird als die *ordentliche* oder *ordinäre Welle*, ihre Brechungszahl mit n_ω oder ω bezeichnet. Für die zweite Welle, deren Schwingungsrichtung *im* Hauptschnitt liegt, kann die Brechungszahl n'_ε oder ε' zwischen n_ω und einem extremen Wert n_ε oder ε variieren, der durch die halbe Rotationsachse gegeben ist. Es ist die *außerordentliche* oder *extraordinäre Welle*. Die Differenz $n_\varepsilon - n_\omega$ ist die *maximale Doppelbrechung* einachsiger Kristalle. Je nachdem, ob sie positiv oder negativ ausfällt, ist der Kristall *optisch positiv* oder *optisch negativ*. In kubischen Kristallen, die stets vier dreizählige Drehungsachsen besitzen, ist die Indikatrix eine Kugel und jede Richtung eine Richtung optischer Isotropie (*optisch isotrope* Kristalle).

Es ist für doppelbrechende Kristalle eigentümlich, daß die Übertragung der Lichtenergie im allgemeinen nicht in Richtung der Wellennormalen erfolgt, sondern unter meist kleinen Winkeln dagegen in zwei *Strahlen*, die in den beiden Schwingungsebenen der Welle liegen. Bei gegebener Wellennormalen und bekannter Indikatrix lassen sich die Richtungen der Strahlen aus der Indikatrix konstruieren. Die Schwingungsebenen ergeben mit der Indikatrix zwei neue Schnittellipsen. Deren zu den Schwingungsrichtungen der Welle konjugierte Durchmesser sind die Richtungen der Strahlen.

Trägt man die Brechungszahlen nicht wie bei der Indikatrix auf den Schwingungsrichtungen, sondern auf den Wellennormalen auf, so bilden die Endpunkte aller Strecken eine zweischalige Fläche, die *Indexfläche*. Mit ihrer Hilfe läßt sich der Verlauf der Wellennormalen der in einem Kristall gebrochenen Wellen ermitteln. In der Abb. 3 sei *I* ein optisch isotropes Medium mit der Brechungs-

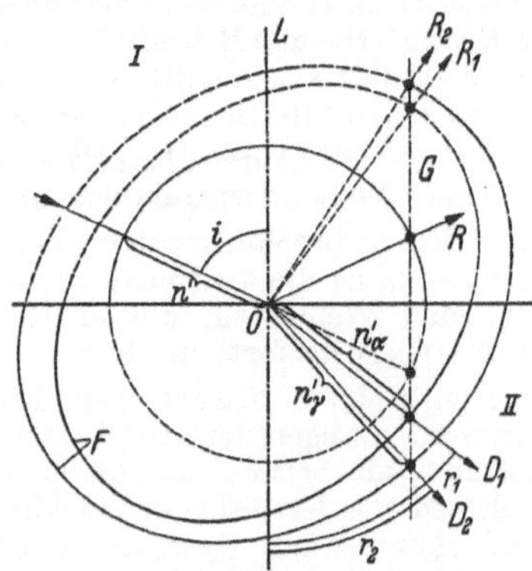

Abb. 3. Schnitt durch die Indexfläche eines doppelbrechenden Kristalls.

zahl *n*, *II* ein doppelbrechender Kristall mit der Indexfläche *F*, *L* das Einfallslot, *i* der Einfallswinkel eines Strahls im Medium *I*. Die Indexfläche des Mediums *I*, eine Kugel vom Radius *n*, ist auch in *II* eingezeichnet. Beide Indexflächen haben den gemeinsamen Mittelpunkt im Schnittpunkt *O* des Strahls mit der Grenzfläche. Verlängert man den einfallenden Strahl bis zum Schnitt mit der gezeichneten Halbkugel und legt durch den Durchstoßpunkt eine Gerade *G* parallel *L*, so sind die Verbindungsgeraden von *O* zu den Durchstoßpunkten von *G* durch die beiden Schalen der Indexfläche *F* die in den Kristall gebrochenen Wellennormalen D_1 und D_2. Die Konstruktion beruht auf der Snelliusschen Gleichung in der Form $n \sin i = n_r \sin r$. R_1 und R_2 sind die an der Rückseite einer planparallelen Kristallplatte reflektierten Strahlen.

Andere zweischalige Flächen, die sich aus der Indikatrix ableiten lassen, sind die → *Wellennormalen-* und die → *Strahlenfläche*.

Weitere Teilgebiete der Kristalloptik → Polarisation, optische, → Drehung der Polarisationsebene, → Interferenzerscheinungen in parallelstrahligem und → Interferenzbilder in konvergentem Licht, → Interferenzfarben, → Dispersion, → Pleochroismus, → Polarisationsmikroskop.

Pockels, F.: Lehrb. d. Kristalloptik. Leipzig 1906. Handb. d. Physik XX. Berlin 1928.

Kristallphosphore sind Leuchtstoffe, welche nur im kristallinen Zustand bei Erregung mit kurzwelligem Licht oder Elektronen leuchten. Das bedeutet, daß für den Leuchtvorgang nicht allein *ein* Ion oder *ein* Molekül verantwortlich ist, sondern ein größerer oder kleinerer Kristallbereich. Anderenfalls müßte das Ion oder das Molekül das Leuchten auch in Lösung zeigen, wie z. B. beim Uranylradikal. Alle bekannten Kristallphosphore sind anorganische Verbindungen. Die vielen organischen Substanzen, welche fluoreszieren, gehören nicht hierher, auch nicht die Verbindungen des → Uranyls UO_2^{++}, die Platinzyanüre und die Salze und Lösungen der Seltenen Erden, denn bei allen diesen Molekülkomplexen oder Ionen ist der Einbau in das Kristallgitter nicht erforderlich.

Die bekanntesten Kristallphosphore sind die Zinksulfide und die Zinkcadmiumsulfide, die Zinksilikate und die Sulfide und Oxyde der Erdalkalien (Lenardphosphore). Bei der Präparation der Kristallphosphore werden diese Grundstoffe zunächst in äußerster Reinheit hergestellt; dann werden die → Aktivatoren, das sind Schwermetalle in sehr geringer Menge, zugegeben und die Mischung längere Zeit geglüht. Bei diesem → Glühprozeß wandern die Schwermetallatome in das Kristallgitter hinein und bilden mit der Umgebung des Kristallgitters zusammen die sog. Leuchtzentren. Die durch das Kristallgitter absorbierte Lichtenergie kann zu den Aktivatoren wandern. An diesen erfolgt die Lichtemission. Näheres → Leuchtmechanismus bei der Phosphoreszenz.

Die Lichtemission, welche während oder sehr kurz nach der Einstrahlung erfolgt, wird auch → Spontanleuchten genannt. Das Leuchten hingegen, welches auch noch längere Zeit nach der Einstrahlung auftritt, → Nachleuchten oder → Phosphoreszenz. Während das Spontanleuchten um so heller ist, je stärker die Erregung mit kurzwelligem Licht ist, ist die Helligkeit der Phosphoreszenz nicht beliebig weit zu steigern; es zeigt sich eine Sättigung. Ein besonders charakteristisches Merkmal der Phosphoreszenz ist die Tatsache, daß sich das Nachleuchten durch tiefe Temperatur einfrieren läßt. Man kann also das Nachleuchten dadurch unterbinden, daß man den Phosphor stark abkühlt, und zu beliebig späterer Zeit durch Erwärmung die gesamte → Lichtsumme auf einmal erhalten.

Durch Verwendung von mehreren Aktivatoren kann man sog. Mischphosphore erhalten, ebenso durch verschiedene Grundmaterialien. Die übliche Bezeichnungsweise für Kristallphosphore ist z. B. ZnSCu, was bedeutet, daß das Grundmaterial Zinksulfid als Aktivator Kupfer enthält. Entsprechend bedeutet ZnCdSAg einen Phosphor, der aus einem Mischkristall Zinkcadmiumsulfid besteht und Silber als Aktivator enthält. Dieser zuletzt genannte Phosphor hat besondere Bedeutung erhalten; durch zunehmenden Cadmiumgehalt kann seine Lichtemission von Blau nach Rot verschoben werden.

Kristallphotoeffekt. In natürlichen Kupritkristallen lassen sich durch Belichtung photoelektromotorische Kräfte wecken, deren Richtung von der Richtung des erregenden Lichtstrahles abhängt. Bei den verwendeten Einkristallen handelt es sich der äußeren Form nach zumeist um Oktaeder oder Rhombendodekaeder von 10 bis 14 mm Dicke. Nach *H. Dember* wird angenommen, daß durch die längs des Lichtweges erfolgende Lichtabsorption ein Elektronen-Konzentrationsgefälle entsteht, welches die Elektronen in Richtung des Lichtes vorwärts treibt. Der lichtelektrische Strom ist der Beleuchtung proportional, während die EMK einem Sättigungswerte zustrebt. Der Kristallphotoeffekt läßt sich bisher am eindrucksvollsten an den Kupriteinkristallen aus Tsumeb (Südwestafrika) zeigen. An klarer Zinkblende ist er auch nachweisbar. Er hat mit dem → Sperrschicht-Photoeffekt nichts zu tun.

Dember, H.: Phys. Z. **32**, 554 (1931). *Fleischer, R.*, u. *H. Teichmann:* Die lichtelektr. Zelle u. ihre Herstellung. Dresden u. Leipzig 1932.

Kristallphysik, das Grenzgebiet der Kristallographie und Physik, das sich mit den physikalischen Eigenschaften der Kristalle befaßt. Ihr wichtigstes Teilgebiet ist die → *Kristalloptik*. Aber auch manche andere physikalische Disziplin erhält in der Anwendung auf Kristalle und Kristallgitter eine eigene Note, die sich im Vergleich zur Anwendung auf amorphe Körper meist durch beträchtliche Komplikation auszeichnet. Hier sind zu nennen die elastischen, thermischen, elektrischen (z.B. Piezo- und Pyroelektrizität), photoelektrischen, magnetischen Eigenschaften fester Körper.

Kristallplastizität → Plastizität.

Kristallprojektion. Kristalle, Kristallformen, Raum- und Kristallgitter werden fast ausschließlich in der Orthogonalprojektion gezeichnet. Dabei können die Objekte mit wichtigen Symmetrieebenen oder -achsen parallel oder senkrecht zur Projektionsebene oder auch dagegen beliebig geneigt angeordnet sein. Im ersten Fall erhält man *Kopf-* oder *Stirnbilder* (Abb. 1), in denen die senkrecht auf der

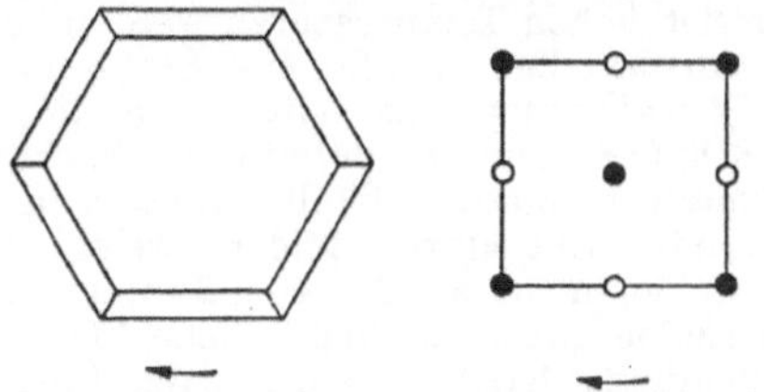

Abb. 1. Stirnbild eines hexagonalen Kristalls und der Elementarzelle des allseitig flächenzentrierten Gitters.

Projektionsebene stehenden Flächen und Netzebenen als Geraden, die Kanten und Gittergeraden als Punkte abgebildet werden. Um auch solche Elemente in einer Zeichnung sichtbar zu machen, wird der Kristall aus der vorigen Lage herausgeneigt. Ist

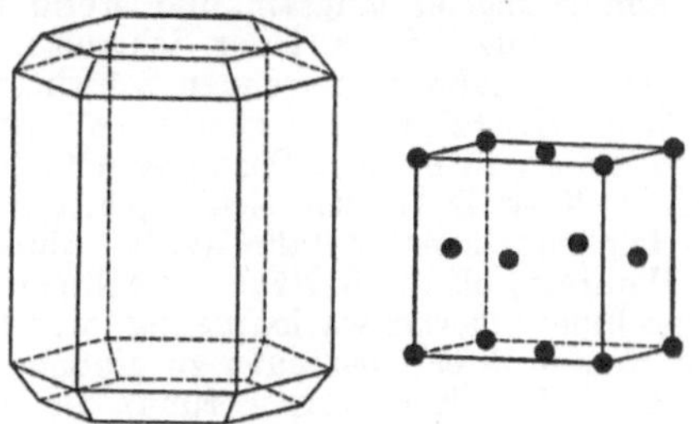

Abb. 2. Gebräuchliche Orthogonalprojektion der gleichen Körper wie in Abb. 1.

das Kopfbild durch Projektion in Richtung entgegen der *Z*-Achse entstanden, so ist es üblich, den Kristall um etwa 10° bis 20° in dem durch einen Pfeil (Abb. 1) angegebenen Sinn zu drehen und dann die *Z*-Achse um 85° bis 80° nach oben zu kippen (Abb. 2).

Diese Projektion wird häufig fälschlich als schräge Projektion bezeichnet. Nur für stereoskopische Zeichnungen benutzt man eine der perspektiven Projektion ähnliche.

Für die Kristallberechnung und für das Kristallzeichnen in der oben geschilderten Orthogonalprojektion werden zunächst fast immer *Zentralprojektionen* angefertigt, bei denen die Kristallflächen durch Lote, die man von einem festen Punkt aus auf sie fällt, projiziert und als Punkte *(Pole)* abgebildet werden. Solche Zentralprojektionen sind die → gnomonische und die → stereographische Projektion.

Kristallpulvermethode → Debye-Scherrer-Verfahren.

Kristallrefraktometer → Refraktometer.

Kristallskelette sind Kristalle, die — meist infolge überstürzten Wachstums — hauptsächlich an ihren Kanten und Ecken Substanz anlagern. Das bekannteste Beispiel sind die 6strahligen Schneesterne, die sich vornehmlich in den Richtungen von 6 gleichwertigen Kanten entwickeln, oder die weniger regelmäßigen Eisblumen an Fensterscheiben. Ähnliche federförmige Gebilde entstehen beim Wachstum verschiedener anorganischer (z.B. Ammoniumsalze) und organischer Verbindungen sowie auf Lunkern aus Schmelzen erstarrender Metalle. Zu den Kristallskeletten gehören auch die kastenförmigen Kristalle z.B. von Kochsalz NaCl, die sich aus der Lösung in der Form von stufenartig begrenzten, innen hohlen, viereckigen Pyramiden oder als Würfel mit pyramidenförmigen Vertiefungen bilden, so daß vom Würfel nur die Pyramidenwände von seinem Mittelpunkt zu den Kanten hin übrigbleiben.

Kristallstruktur, der Aufbau eines Kristalls oder auch *der Kristalle* aus Raumgittern; häufig als Synonym für → Kristallgitter gebraucht.

Kristallsysteme → Kristallklassen.

Kristalltracht, die Kombination aller an einem Kristall vorkommenden Kristallformen. Sie wird gewöhnlich durch die vorherrschenden Formen, mitunter auch durch die wichtigste Form allein charakterisiert. Kristalltracht ist nicht mit Kristallhabitus zu verwechseln, der nur eine grobe Kennzeichnung der Hauptwachstumsrichtungen eines Kristalls ist.

Kristallverstärker = → Transistor.

Kristallwachstum. Kristalle wachsen durch Anlagerung von Substanz aus ihrer Umgebung, und zwar bei der Erstarrung einer Schmelze, Abkühlung einer Lösung, Verdampfung des Lösungsmittels, bei der Elektrolyse oder der Ausscheidung aus dem gasförmigen Zustand (Sublimation und kathodische Zerstäubung). Unter der Voraussetzung elektrostatischer Bindungskräfte zwischen den Ionen eines Ionenkristalls haben *W. Kossel* und *I. N. Stranski* eine Theorie der Kristallbildung und des Kristallwachstums entwickelt, wonach die Wahrscheinlichkeit, daß sich eine Netzebene an der Oberfläche des wachsenden Kristalls durch Anlagerung von Ionen bis zur vollständigen Bedeckung der unter ihr liegenden Kristallfläche ausbildet, größer ist als die der Anlagerung eines einzelnen Ions an irgend einem Ort *auf* dieser Netzebene. Dabei vollzieht sich das Wachstum im allgemeinen nach Gittergeraden. Es ist wahrscheinlicher, daß sich ein Ion an das Ende einer wachsenden Gittergeraden anschließt, als daß es sich seitwärts an die Gittergerade legt. Der Kristall wächst also dadurch, daß sich Netzebene auf Netzebene der an ihm auftretenden Kristallfläche anlagert. Auch bei Kristallen mit → Atomgitter (z. B. Metalle) oder → Molekülgitter (z. B. organische Verbindungen) müssen ähnliche Kräfte vorausgesetzt werden.

Im Gegensatz zur *Kossel-Stranskischen Theorie* steht die Hypothese anderer Autoren, nach der ein Kristall sich durch Parallelanlagerung kleinster Kristallblöckchen aufbaut. Über die Entstehung der Blöckchen, der Kristallkeime, sagen diese Hypothesen nichts aus.

Kossel, W.: Das Molekül. Braunschweig 1949.

Kristallwasser. Zahlreiche kristallisierte chemische Verbindungen enthalten Sauerstoff und Wasserstoff nebeneinander. Bisweilen läßt sich in solchen Fällen der Wasserstoff als Kation auffassen, z. B. bei den sauren Salzen wie $NaHCO_3$ oder Na_2HPO_4. In den meisten Fällen erscheint das Wasser jedoch als gesonderte Komponente in stöchiometrischem Verhältnis zum übrigen Teil der Verbindung, z. B. im Gips $CaSO_4 \cdot 2\,H_2O$. Durch Erhitzen kann das Wasser ganz oder teilweise vertrieben werden: Aus der wasserhaltigen Verbindung, dem *Hydrat*, entstehen durch Entziehung des Kristallwassers *(Dehydratation)* zuerst der gebrannte Gips $CaSO_4 \cdot \frac{1}{2} H_2O$ und schließlich die wasserfreie Verbindung, das *Anhydrid*, in diesem Fall der totgebrannte Gips oder der Anhydrit $CaSO_4$, als neue Kristallarten mit verschiedenen Kristallgittern. Die Kristallstrukturanalyse zeigt, daß es H_2O-Gruppen gibt, die an das Kation oder an das Anion gebunden sind, und solche, die als eigentliches Kristallwasser isoliert im Gitter auftreten. Beide Arten von Kristallwasser können nebeneinander im Gitter vorkommen. Das Wasser der → Zeolithe und → Permutite, das noch loser an das Gitter gebunden ist, kann nicht als Kristallwasser gelten.

Viele Ionen behalten ihre Hydrathülle vermutlich auch in Lösung bei (→ Hydratation).

Hückel, W.: Anorgan. Strukturchemie. Stuttgart 1948.

Kristallwinkelmessung → Anlege-, → Reflexionsgoniometer.

Kristallzähler, Anordnung zum Nachweis von Korpuskular- oder von Wellenstrahlung bei der, ähnlich wie beim Geigerschen Zählrohr, einzelne Korpuskeln oder Quanten nachgewiesen werden. Es wird ein isolierender Kristall benutzt, an den eine elektrische Spannung gelegt wird. Jedes auftreffende Korpuskel- oder Strahlungsquant erzeugt eine elektrische Leitfähigkeit und damit einen Stromstoß, der verstärkt und registriert werden kann. Als Kristalle können u. a. Diamant, Silberchlorid, Thalliumchlorid oder Kadmiumsulfid benutzt werden.

Auch fluoreszierende Kristalle können als Zähler verwendet werden. Die von dem Kristall ausgehenden Lichtblitze werden mit Hilfe eines Photoelektronenvervielfachers, dessen Eingangselektrode als Photozelle ausgebildet ist, in Stromstöße verwandelt. Besonders günstig sind solche → Leuchtstoffzähler zum Nachweis von γ-Strahlen, wobei als Leuchtsubstanz ein Naphthalinkristall verwendet wird.

Stöckmann, F.: Die physikal. Grundl. d. Kristallzähler. Naturwiss. **36**, 82 (1949). *Broser, J.,* u. *H. Kallmann:* Z. Naturforsch. **2a**, 439 (1947); **2a**, 642 (1947); **3a**, 6 (1948). *Hofstadter, R.:* Crystal Counters, Nucleonics. April 1949.

Kristallzeichnen, die Abbildung von Kristallen, Kristallformen oder Kristallgittern in orthogonaler Parallelprojektion (→ Kristallprojektion). Das Zeichnen von Kristallen und Kristallformen erfolgt fast ausnahmslos über eine Zentralprojektion, die → stereographische oder die → gnomonische Projektion. Da man bloß Kanten zeichnet, genügt die Kenntnis ihrer absoluten Längen l, der Richtungen ihrer Projektionen auf der Projektionsebene und der Winkel $\varkappa$, die sie mit der Projektionsebene einschließen. Die Richtungen der Kantenprojektionen und die Winkel $\varkappa$ werden der Zentralprojektion entnommen, die ersteren aus der Zentralprojektion, in der sie alle vom Mittelpunkt aus radial verlaufen, auf das Zeichnungsblatt übertragen. Man beginnt die Zeichnung mit einer beliebigen Kante, indem man auf ihrer Projektionsrichtung die Länge $l \cos \varkappa$, meist multipliziert mit einem konstanten Vergrößerungsfaktor K, aufträgt. Von den Enden der Projektion der ersten Kante ausgehend, zeichnet man Geraden parallel den Projektionen der an sie anstoßenden Kanten des Kristalls, trägt auf diesen Geraden die ihnen entsprechenden $K\,l \cos \varkappa$ auf usw., bis sämtliche Kantenprojektionen und damit der ganze Kristall gezeichnet sind. Gewöhnlich werden die Kanten der vorderen (sichtbaren) Seite des Kristalls voll ausgezogen, die der hinteren gestrichelt oder punktiert wiedergegeben.

Kristallzüchtung, die laboratoriumsmäßige Erzeugung größerer, gut ausgebildeter Kristalle unter möglichst gleichmäßigen Wachstumsbedingungen, wie chemischer Zusammensetzung der Schmelze oder Lösung, Temperatur oder Druck. Kristallisation aus Lösungen in flüchtigen Lösungsmitteln (wie Wasser u. dgl.) bei normalem Druck erfolgt in *Thermostaten* von etwa 10 bis · 100 l Inhalt. Für Kristallzüchtungen bei höheren und hohen Drucken und meist hohen Temperaturen werden verschließbare starkwandige Gefäße aus Stahl, häufig mit einer Auskleidung aus einer von der Lösung oder Schmelze schwer angreifbaren Substanz, sog. *Autoklaven*, benutzt. Kristalle, die sich in Thermostaten oder Autoklaven bilden, weisen meist an ihren freien, nicht an die Gefäßwände angewachsenen Enden gut entwickelte ebene Flächen auf.

Einheitliche Kristalle vieler salzartiger Verbindungen, die nicht selten sogar weniger Störungen aufweisen als in der Natur gewachsene, kann man durch zeitlich sehr gleichmäßige, von einem Punkt ausgehende Abkühlung der Schmelzen erhalten. Ähnlich ist die Herstellung von Metallkristallen nach der *Methode von Kyropoulos*: In die Schmelze eines Metalls wird ein etwas unter die Schmelztemperatur gekühlter Stab leicht eingetaucht. Wird der Stab dann genügend langsam und stetig herausgezogen, so können die aus der Schmelze herausgehobenen und dabei erstarrenden Schichten einen einheitlichen Kristall von der Breite des Stabes und einer Länge bis zu einigen Dezimetern bilden.

Größere Kristalle lassen sich auch durch Erhitzen feinkristalliner Metalle (z. B. Aluminium, Eisen, Wolfram) bis in die Nähe der Schmelztemperatur gewinnen; hierbei wachsen einige wenige Körner auf Kosten ihrer Umgebung zu großen einheitlichen Kristallen (Kornvergrößerung). In den drei zuletzt genannten Fällen der Kristallzüchtung entwickeln sich an den Kristallen keine ebenen, parallel Netzebenen verlaufende Flächen.

Auf eigentümliche Art werden Korunde Al_2O_3 (Rubine, Saphire) und die durch etwas MgO stabilisierten kubischen γ-Korunde (sog. synthetische Spinelle) nach *A. Verneuil* (1891) fabrikmäßig gezüchtet. Durch einen auf über die Schmelztemperatur von Al_2O_3 geheizten Ofen, der die Form eines vertikalen Zylinders hat, fällt auf einen kleinen Tonzylinder am unteren Ofenende Al_2O_3-Pulver, das im Ofen schmilzt und auf dem Tonzylinder zu einer Druse kleiner Korundkristalle erstarrt. Ein besonders günstig orientierter Kristall überragt bald alle übrigen und wächst zu einem einheitlichen Kristall ohne oder fast ohne Kristallflächen (Birne) heran, der bis über 5 cm lang und 2 cm im Durchmesser werden kann, aber meist recht starke Spannungen und optische Anomalien aufweist. Dem Al_2O_3-Pulver werden für die Herstellung von γ-Korunden MgO und zur Färbung Oxyde von Titan, Chrom, Vanadin und anderen Metallen beigemischt.

Eitel, W.: Die exp. Hilfsmittel z. Mineralsynthese unter hohen Drucken u. hohen Temperaturen. Fortschr. Mineralog., Krist., Petrogr. **10**, 157 (1925).

Kristallzwillinge → Zwillinge.

Kriterium → Zufallskriterien.

Kritische Frequenz → Grenzfrequenz.

Kritische Geschwindigkeit. 1. Bewegen sich Flüssigkeiten in offenen Gerinnen, so können sich je nach der Durchflußmenge, dem Gefälle und der Rauhigkeit der Berandung zwei verschiedene Strömungsformen einstellen (→ Strömen und Schießen). Die Grenzgeschwindigkeit, der zugleich eine kritische Wassertiefe y_{kr} entspricht (→ Stau), heißt die kritische Geschwindigkeit $v_{kr} = \sqrt{g\, y_{kr}}$.

2. Ein Gas strömt mit der kritischen Geschwindigkeit v_{kr}, wenn seine Strömungsgeschwindigkeit gleich der örtlichen Schallgeschwindigkeit a ist, demnach bei der → Machschen Zahl $Ma = v/a = 1$ $(a = \sqrt{\varkappa\, p/\varrho})$. Sind die Zustandsänderungen im Verlauf der Strömung adiabatisch, so ist die kritische Geschwindigkeit

$$v_{kr} = a_{kr} = \sqrt{\frac{2\,\varkappa}{\varkappa + 1}\left(\frac{p}{\varrho}\right)_0}$$

von dem Verhältnis des Druckes zur Dichte im Ruhezustand $(p/\varrho)_0$ und dem Verhältnis der spezifischen Wärmen $\varkappa = c_p/c_v$ abhängig. Diesem Zustand entsprechen die Werte des kritischen Druckes $p_{kr} = \left(\frac{2}{\varkappa+1}\right)^{\frac{\varkappa}{\varkappa-1}} p_0$, der kritischen Dichte $\varrho_{kr} = \left(\frac{2}{\varkappa+1}\right)^{\frac{1}{\varkappa-1}} \varrho_0$ und der kritischen Temperatur $T_{kr} = \frac{2}{\varkappa+1}\, T_0$.

3. Die Bezeichnung „kritische Geschwindigkeit" tritt noch in verschiedenen anderen Zusammenhängen auf (z. B. → Helium flüssig und fest, → Oberflächenwellen). Auch die → Vakuumlichtgeschwindigkeit ist gelegentlich so bezeichnet worden, um ihre über den Bereich der Lichterscheinungen hinausgehende, universelle Bedeutung zu charakterisieren.

Kritische Größe (Masse), die Mindestgröße eines Körpers aus einem spaltbaren Stoff (→ Kernspaltung), bei der in ihm eine → Kettenreaktion möglich ist. Hierfür ist erforderlich, daß von den 2 bis 3 bei jedem Spaltungsprozeß frei werdenden Neutronen mindestens durchschnittlich *eines* eine weitere Spaltung auslöst. Dem wirkt — neben anderen Einflüssen — der Verlust an Neutronen durch Entweichen aus der Oberfläche entgegen. Dieser tritt aber als ein Oberflächeneffekt gegenüber der Neutronenerzeugung als Volumeffekt mit wachsender Körpergröße mehr und mehr zurück. Während aus einem kleinen Körper fast alle Neutronen nach außen entweichen, nimmt ihre relative Anzahl mit zunehmender Größe mehr und mehr ab, bis schließlich bei Erreichung der kritischen Größe die oben erwähnte Bedingung für das Anlaufen der Kettenreaktion erfüllt ist. Die kritische Größe ist bei einem Körper aus reinem Uran 235 oder Plutonium bei einer Masse von der Größenordnung von 5 bis 10 kg, bei einem → Pile erst bei einer Masse von mehreren Tonnen erreicht. Zwei oder mehr Körper von unterkritischer Größe aus reinem spaltbarem Stoff detonieren, sobald sie zu *einem* Körper von überkritischer Größe vereinigt werden.

Kritischer Koeffizient → Youngsche Konstante.

Kritischer Lösungspunkt. Die gegenseitige Löslichkeit zweier teilweise mischbarer Flüssigkeiten nimmt im allgemeinen mit steigender Temperatur zu. Hierbei nähern sich die Zusammensetzungen der beiden Schichten immer mehr, bis sie bei der *kritischen Lösungstemperatur* (dem *kritischen Mischungspunkt*) einander gleich werden. Damit ist vollkommene Mischbarkeit erreicht, die im allgemeinen bei weiterer Temperatursteigerung auch erhalten bleibt. Jedoch sind Beispiele (Nikotin/Wasser) bekannt, in denen bei sinkender Temperatur die Mischungslücke wieder schmaler wird, so daß außer dem oberen kritischen Lösungspunkt ein unterer existiert. Theoretisch möglich ist in solchen Fällen das Eintreten erneuter Entmischung bei noch tieferer Temperatur.

Zur Auffindung der sonst schwer feststellbaren Konzentration am kritischen Lösungspunkt bedient man sich im Konzentrations-Temperatur-Diagramm einer ähnlichen Konstruktion, wie der Cailletet-Mathiasschen geraden → Mittellinie zur Auffindung der kritischen Dichte von Flüssigkeiten.

Die kritische Lösungstemperatur hängt vom Druck ab und ist gegen Zusätze dritter Stoffe in hohem Maße empfindlich. Mit der Annäherung an den kritischen Lösungspunkt verschwindet die gegenseitige Grenzflächenspannung der koexistierenden Gemische allmählich. Die äußerst kleinen Werte der Grenzflächenspannung erleichtern in der Nähe des kritischen Punktes die Entmischung in Form von Tröpfchenbildung. Infolge davon geben die natürlichen Schwankungen der Zusammensetzung und Energie auch oberhalb der kritischen Temperatur Veranlassung zu den von Kolloidlösungen her bekannten Opaleszenzerscheinungen.

Eucken, A.: Chem. Physik. Leipzig 1930.

Kritischer Mischungspunkt → kritischer Lösungspunkt.

Kritische Punktmethode. Diese von *F. Anderson* angegebene elektronen mikroskopische Präparationsmethode für empfindliche in Flüssigkeiten suspendierte Präparate (z. B. Bakterien) besteht darin, daß die Suspensionsflüssigkeit über mehrere Zwischenstufen von miteinander mischbaren Flüssigkeiten schließlich durch flüssige Kohlensäure unter Druck ersetzt wird. Beim Erwärmen der flüssigen Kohlensäure bis über ihren kritischen Punkt verschwindet die Grenzfläche zwischen Flüssigkeit und Gas, so daß beim langsamen Entweichen der Kohlensäure am Objekt keine Oberflächenspannungskräfte auftreten, die sonst bei der üblichen Eintrocknung der Objekte zu Objektdeformationen führen können.

Kritische Zustandsgrößen eines Stoffes sind sein spezifisches Volumen (oder sein Molvolumen) v_k, sein Druck p_k und seine absolute Temperatur T_k im kritischen Punkt. → van der Waals-Gleichung, → Gasverflüssigung.

Kronecker-Produkt → Verschmelzung der Wellengleichungen.

Krummlinige Koordinaten. Die in bezug auf ein rechtwinkliges Koordinatensystem durch die Koordinaten x, y, z gegebene Lage eines Punktes $P(x, y, z)$ kann als Schnittpunkt dreier zu den Koordinatenebenen paralleler Ebenen gedeutet werden. In vielen Fällen erweist es sich als zweckmäßiger, den Punkt P durch den Schnittpunkt dreier *gekrümmter* Flächen festzulegen. Deren Gleichungen definiert man durch Einführung geeigneter neuer Variablen ξ, η, ζ, die mit den ursprünglichen x, y, z durch die drei stetig differenzierbaren Funktionen $\xi = f_1(x, y, z)$, $\eta = f_2(x, y, z)$, $\zeta = f_3(x, y, z)$ verknüpft sind. Die Flächenscharen $f_i = f_i(x, y, z) = \text{const}$ $(i = 1, 2, 3)$ nennt man krumme Koordinatenflächen, die Größen ξ, η, ζ selbst krummlinige Koordinaten. Aus Zweckmäßigkeitsgründen werden im allgemeinen solche Flächen gewählt, die in ihrem Schnittpunkt paarweise aufeinander senkrecht stehen. Derartige Scharen nennt man ein *dreifach orthogonales Flächensystem.* Damit die f_i ein solches bilden, ist notwendig, daß die *Orthogonalitätsbedingungen*

$$\frac{\partial f_i}{\partial x}\frac{\partial f_k}{\partial x} + \frac{\partial f_i}{\partial y}\frac{\partial f_k}{\partial y} + \frac{\partial f_i}{\partial z}\frac{\partial f_k}{\partial z} = \delta_{ik} \qquad (i, k = 1, 2, 3)$$

erfüllt sind. Für die Anwendungen wichtig sind insbesondere folgende zwei Sonderfälle:

1. *Sphärische (räumliche) Polarkoordinaten* r, ϑ, φ (Abb.). Sie stehen mit den xyz in folgender Beziehung:

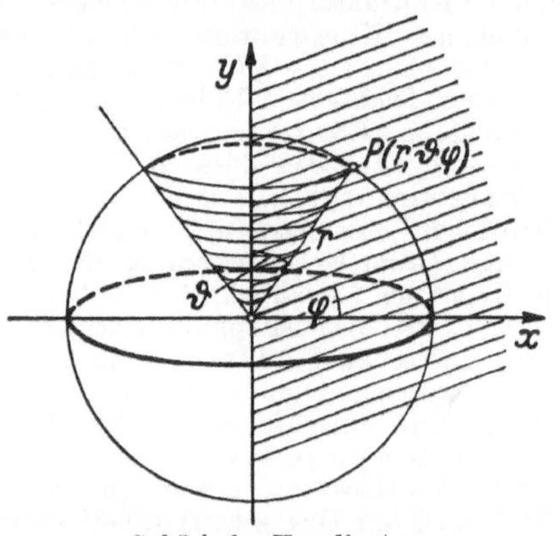

Sphärische Koordinaten.

$x = r\cos\varphi\sin\vartheta$, $y = r\sin\varphi\sin\vartheta$, $z = r\cos\vartheta$ und umgekehrt $r = \sqrt{x^2+y^2+z^2}$, $\varphi = \operatorname{arc\,tg}\frac{x}{y}$,

$\vartheta = \arccos\frac{z}{\sqrt{x^2+y^2+z^2}}$.

Die Koordinatenebenen sind die konzentrischen Kugelflächen ($r = \text{const}$) um den Koordinatenursprung, gerade Kreiskegel ($\vartheta = \text{const}$), deren Spitzen im Ursprung liegen, und deren Symmetrieachse die z-Achse ist, und Halbebenen ($\varphi = \text{const}$) durch die z-Achse. In sphärischen Polarkoordinaten drücken sich wichtige Ausdrücke wie folgt aus:

Linienelement: $ds^2 = dr^2 + r^2 d\vartheta^2 + r^2\sin^2\vartheta\, d\varphi^2$.

Laplace-Operator:

$$\Delta = \frac{1}{r^2}\left[\frac{\partial}{\partial r}\left(r^2\frac{\partial}{\partial r}\right) + \frac{1}{\sin\vartheta}\frac{\partial}{\partial\vartheta}\left(\sin\vartheta\frac{\partial}{\partial\vartheta}\right) + \frac{1}{\sin^2\vartheta}\frac{\partial^2}{\partial\varphi^2}\right].$$

Gradientenoperator:

$$\text{grad}_r = \frac{\partial}{\partial r},\quad \text{grad}_\vartheta = \frac{1}{r}\frac{\partial}{\partial\vartheta},\quad \text{grad}_\varphi = \frac{1}{r\sin\vartheta}\frac{\partial}{\partial\varphi}.$$

Divergenz eines Vektors:

$$\operatorname{div}\mathfrak{A} = \frac{1}{r^2}\frac{\partial}{\partial r}(r^2 A_r) + \frac{1}{r\sin\vartheta}\frac{\partial}{\partial\vartheta}(\sin\vartheta\cdot A_\vartheta) + \frac{1}{r\sin\vartheta}\frac{\partial A_\varphi}{\partial\varphi}$$

Komponenten der Rotation:

$$\text{rot}_r\,\mathfrak{A} = \frac{1}{r\sin\vartheta}\left[\frac{\partial A_\vartheta}{\partial\varphi} - \frac{\partial}{\partial\vartheta}\sin\vartheta\, A_\varphi\right],$$

$$\text{rot}_\vartheta\,\mathfrak{A} = \frac{1}{r}\left[\frac{\partial}{\partial r}(r A_\varphi) - \frac{1}{\sin\vartheta}\frac{\partial A_r}{\partial\varphi}\right],$$

$$\text{rot}_\varphi\,\mathfrak{A} = \frac{1}{r}\frac{\partial A_r}{\partial\vartheta} - \frac{1}{r}\frac{\partial(r A_\vartheta)}{\partial r}.$$

2. *Zylinderkoordinaten*: r, φ, z. Sie sind mit den kartesischen verknüpft durch die Gleichungen $x = r\cos\varphi$, $y = r\sin\varphi$, $z = z$ und umgekehrt

$$r = \sqrt{x^2+y^2},\quad \varphi = \operatorname{arc\,tg}\frac{y}{x},\ z = z.$$

Die Koordinatenflächen sind senkrecht zur xy-Ebene stehende Kreiszylinder ($r = \text{const}$) um die z-Achse, ferner Halbebenen ($\varphi = \text{const}$) durch die z-Achsen und Ebenen ($z = \text{const}$) parallel zur xy-Ebene. In Zylinderkoordinaten drücken sich aus:

Linienelement: $ds^2 = dr^2 + r^2 d\varphi^2 + dz^2$;

Δ-Operator: $\Delta = \frac{1}{r}\frac{\partial}{\partial r}\left(r\frac{\partial}{\partial r}\right) + \frac{1}{r^2}\frac{\partial^2}{\partial\varphi^2} + \frac{\partial^2}{\partial z^2}$.

Gradientenoperator:

$$\text{grad}_r = \frac{\partial}{\partial r},\quad \text{grad}_\varphi = \frac{1}{r}\frac{\partial}{\partial\varphi},\quad \text{grad}_z = \frac{\partial}{\partial z}.$$

Divergenz: $\operatorname{div}\mathfrak{A} = \frac{1}{r}\frac{\partial}{\partial r}(r A_r) + \frac{1}{r}\frac{\partial A_\varphi}{\partial\varphi} + \frac{\partial A_z}{\partial z}$.

Rotorkomponenten: $\text{rot}_r\,\mathfrak{A} = \frac{1}{r}\frac{\partial A_z}{\partial\varphi} - \frac{\partial A_\varphi}{\partial z}$,

$$\text{rot}_\varphi\,\mathfrak{A} = \frac{\partial A_r}{\partial z} - \frac{\partial A_z}{\partial r},\quad \text{rot}_z\,\mathfrak{A} = \frac{1}{r}\frac{\partial(r A_\varphi)}{\partial r} - \frac{1}{r}\frac{\partial A_\varrho}{\partial\varphi}.$$

Für $z = 0$ erhält man aus den Zylinderkoordinaten die *ebenen* Polarkoordinaten r, φ.

Führt man als Koordinatenfläche eine Schar von Flächen 2. Ordnung durch $\frac{x^2}{a^2-\varrho^2} + \frac{y^2}{b^2-\varrho^2} + \frac{z^2}{c^2-\varrho^2} = 1$ ein, in der ϱ ein Parameter ist, so werden damit zum Ellipsoid $\frac{x^2}{a^2} + \frac{y^2}{b^2} + \frac{z^2}{c^2} = 1$ konfokale Flächen definiert. Die nähere Diskussion führt zu den *elliptischen* (oder *Laméschen*) und den *parabolischen* Koordinaten.

Lense, J.: Reihenentwicklung in d. math. Physik. Berlin 1947. *Courant, R.*, u. *D. Hilbert*: Methoden d. math. Physik. Berlin 1929. *Madelung, E.*: Math. Hilfsmittel d. Physikers. Berlin 1950.

Krümmung. *I. Ebene Kurven.* Es seien $y = f(x)$ eine ebene Kurve und $P(x, y)$ und $P'(x + \Delta x, y + \Delta y)$ zwei benachbarte Punkte derselben. Bezeichnet $\Delta\alpha$ den Winkel zwischen den Tangenten in P und P' und Δs die Länge des Bogenstückes PP', dann versteht man unter der mittleren Krümmung k des Bogens PP' den Quotienten $k = \frac{\Delta\alpha}{\Delta s}$. Als Krümmung $\varkappa$ der Kurve im Punkte P definiert man den Grenzwert, dem k zustrebt, wenn man P' gegen P rücken läßt: $\varkappa = \lim\limits_{P'\to P} k = \lim\limits_{\Delta s\to 0}\frac{\Delta\alpha}{\Delta s}$. Für diesen Wert ergibt sich unter Benutzung der Kurvengleichung $\varkappa = \frac{y''}{(+\sqrt{1+y'^2})^3}$. Durch die Festlegung, daß die im Nenner stehende Wurzel stets positiv zu nehmen ist, erhält die Krümmung dasselbe Vorzeichen wie y''. Punkte, in denen $y'' = 0$, d. h. die Krümmung verschwindet, heißen → *Wendepunkte*.

Den reziproken Wert $1/\varkappa = \varrho$ nennt man *Krümmungsradius*. Der mit dem Radius ϱ geschlagene Kreis, dessen Mittelpunkt M auf der Normalen im Kurvenpunkt P liegt, geht durch P und heißt der *Krümmungs-* oder *Schmiegungskreis* der Kurve.

Die Mittelpunktkoordinaten ξ, η des Krümmungskreises in einem Punkte $P(x, y)$ einer ebenen Kurve $y = f(x)$ sind durch $\xi = x - \frac{(1+y'^2)\,y'}{y''}$, $\eta = y + \frac{1+y'^2}{y''}$ gegeben. Den geometrischen Ort aller Krümmungsmittelpunkte einer Kurve $y = f(x)$ bildet die als zu y gehörige *Evolute* bezeichnete Kurve. Die Evolutengleichung und die Krümmungsmittelpunktkoordinaten ξ, η findet man durch Elimination der Punktkoordinaten x, y aus $y = f(x)$.

Ein Krümmungsradius ist Tangente an die Evolute und Normale zur ursprünglichen Kurve, die man auch *Evolvente* nennt. Diese Bezeichnung rührt daher, weil die Punkte einer Evolutentangente beim Abwickeln von der Evolute Bahnen beschreiben, die zur ursprünglichen Kurve parallel verlaufen (evolvere = abwickeln). — → Gaußsche Krümmung.

Rothe, R.: Höhere Mathematik I. Berlin 1948. *Courant, R.:* Vorl. über Differential- u. Integralrechnung I. Berlin 1948. *v. Mangold-Knopp:* Höhere Mathematik I. Leipzig 1948.

II. Raumkurven. Bedeutet $\mathfrak{r}$ den von einem festen Punkt ausgehenden Ortsvektor mit den in bezug auf ein kartesisches Koordinatensystem genommenen Komponenten x, y, z, und ist t ein Parameter, so wird durch $\mathfrak{r} = \mathfrak{r}(t)$ eine Raumkurve beschrieben. Bildet man die Ableitungen der Komponenten von $\mathfrak{r}$ nach dem Parameter t:

$$\frac{d\mathfrak{r}}{dt} = \lim_{\Delta t \to 0} \frac{\mathfrak{r}(t+\Delta t) - \mathfrak{r}(t)}{\Delta t} = \dot{\mathfrak{r}}(t) = \mathfrak{t}, \quad (1)$$

so entsteht der neue Vektor $\dot{\mathfrak{r}} = \mathfrak{t}$, der die Richtung der Tangente im Punkte $P\{\mathfrak{r}(t)\}$ angibt. Wenn man $\mathfrak{r}(t)$ als eine von einem Massenpunkt durchlaufene Bahn und t als die Zeit deutet, ist $\dot{\mathfrak{r}}$ der Geschwindigkeitsvektor. Identifiziert man den (beliebig zu wählenden) Parameter mit der von einem willkürlichen Kurvenpunkt an gemessenen *Bogenlänge* s der Raumkurve, ist diese also durch die Parameterdarstellung $\mathfrak{r} = \mathfrak{r}(s)$ gegeben, so liegt der durch Ableitung nach s(!) aus $\mathfrak{r}$ entstehende Vektor

$$\frac{d\mathfrak{r}}{ds} = \lim_{\Delta s \to 0} \frac{\mathfrak{r}(s+\Delta s) - \mathfrak{r}(s)}{\Delta s} = \mathfrak{r}'(s) = \mathfrak{t}^0 \quad (2)$$

natürlich ebenfalls in Richtung der Tangente des durch den jeweiligen Wert von s bestimmten Kurvenpunktes, unterscheidet sich aber dadurch von $\dot{\mathfrak{r}}(t)$, daß er ein → Einheitsvektor ist, d. h.

$$|\mathfrak{r}'| = \sqrt{\mathfrak{r}'^2} \equiv 1. \quad (3)$$

Dies folgt unmittelbar aus der Darstellung

$$\left(\frac{d\mathfrak{r}}{ds}\right)^2 = \left(\frac{dx}{ds}\right)^2 + \left(\frac{dy}{ds}\right)^2 + \left(\frac{dz}{ds}\right)^2 \quad (4)$$

$$= \frac{dx^2 + dy^2 + dz^2}{ds^2} = 1. \quad (5)$$

Man bezeichnet diesen speziellen Tangenteneinheitsvektor mit $\mathfrak{t}^0$. Durchläuft man die Raumkurve in irgendeinem Sinne, so wird sich der Tangenteneinheitsvektor $\mathfrak{t}^0$ in einem und *nur* in einem Fall *nicht* ändern, nämlich dann, wenn die Raumkurve eine Gerade ist. Die *Änderung* von $\mathfrak{t}^0$, das ist die Änderung seiner Richtung, denn $|\mathfrak{t}^0|$ ist ja const = 1, kann daher als Maß für die Abweichung von der Geradlinigkeit, d. h. für die *Krümmung* $\varkappa$ der Kurve dienen. Als diese definiert man

$$\varkappa = \left|\frac{d\mathfrak{t}^0}{ds}\right| = |\mathfrak{r}''|. \quad (6)$$

Der reziproke Wert

$$\frac{1}{\varkappa} = \varrho \quad (7)$$

wird der *Krümmungsradius* ϱ genannt. Der Vektor $\mathfrak{r}''$ ist demnach kein Einheitsvektor, sondern hat den (eben die Krümmung charakterisierenden) Betrag $\varkappa$. Seine Richtung kann sofort angegeben werden; denn aus

$$(\mathfrak{t}^0)^2 = 1 \quad (8)$$

folgt durch Differentiation

$$\mathfrak{t}^0 \frac{d\mathfrak{t}^0}{ds} = 0, \quad (9)$$

d. h.

$$\mathfrak{r}'' \perp \mathfrak{t}^0. \quad (10)$$

Bezeichnet man den in Richtung von $\mathfrak{r}''$ fallenden Einheitsvektor mit $\mathfrak{n}^0$, so folgt für

$$\mathfrak{r}'' = \varkappa\,\mathfrak{n}^0. \quad (11)$$

$\mathfrak{n}^0$ wird als ein auf dem Tangentenvektor senkrecht stehender Vektor als *Hauptnormaleneinheitsvektor*, oft auch nur kurz Normaleneinheitsvektor bezeichnet. Die von ihm und $\mathfrak{t}^0$ gebildete Ebene nennt man *Schmiegebene*.

Aus den beiden Einheitsvektoren $\mathfrak{t}^0$ und $\mathfrak{n}^0$ läßt sich durch vektorielle Multiplikation ein dritter Einheitsvektor

$$\mathfrak{b}^0 = [\mathfrak{t}^0\,\mathfrak{n}^0] \quad (12)$$

herleiten, der sowohl auf $\mathfrak{t}^0$ und $\mathfrak{n}^0$ senkrecht steht und *Binormalen*(einheits)vektor heißt. $\mathfrak{t}^0, \mathfrak{n}^0, \mathfrak{b}^0$ bilden ein Rechtssystem und stellen das → begleitende Dreibein (manchmal auch Dreikant genannt) der Raumkurve dar. Der Binormalenvektor $\mathfrak{b}^0$ steht definitionsgemäß senkrecht auf der Schmiegebene und wird daher, wenn sich deren Orientierung ändert, entsprechend seine Richtung ändern. Eine Orientierungsänderung der zu benachbarten Punkten einer Raumkurve gehörenden Schmiegebene bedeutet aber ein Heraustreten der Kurve aus einer bestimmten Ebene, ein „Herauswinden". Als Maß für die Größe dieser *Windung* w oder auch *Torsion* der Raumkurve wird die Richtungsänderung des Binormalenvektors $\mathfrak{b}^0$, bezogen auf die Bogenlänge s, genommen, und zwar setzt man

$$\frac{d\mathfrak{b}^0}{ds} = -w\,\mathfrak{n}^0. \quad (13)$$

Daß die Änderung von $\mathfrak{n}^0$ in Richtung des Normalenvektors $\mathfrak{n}^0$ fällt, folgt aus seiner Definition Gl. (12) in Verbindung mit der Tatsache, daß $\mathfrak{b}^0$ ein Einheitsvektor ist. Das auf der rechten Seite von Gl. (13) gesetzte —-Zeichen ist deshalb gewählt, damit eine einer Rechtsschraube entsprechende Kurve (rechtsgewundene Kurve) eine positive Windung erhält. Ist für eine Kurve stets $w \equiv 0$, so muß wegen $d\mathfrak{b}^0/ds = 0$ sein: $\mathfrak{b}^0 = \text{const}$, d. h. der

Vektor hat dauernd die gleiche Richtung, die Kurve ist also eben. Nichtebene Kurven werden auch doppelt gekrümmte Kurven genannt.

Die diese charakterisierenden Größen, Krümmung $\varkappa$ und Windung w, verknüpfen die drei Einheitsvektoren $\mathfrak{t}^0$, $\mathfrak{n}^0$, $\mathfrak{b}^0$ und deren Ableitungen durch einfache Beziehungen (Frenetsche Formeln). Zwei von ihnen sind durch die Gl. (11) und (13) gegeben, die auch in der Form

$$\mathfrak{t}^{0\prime} = \varkappa\, \mathfrak{n}^0, \tag{14}$$

$$\mathfrak{b}^{0\prime} = -w\, \mathfrak{n}^0 \tag{15}$$

geschrieben werden können. Ferner läßt sich beweisen, daß noch die Gleichung

$$\mathfrak{n}^{0\prime} = -\varkappa\, \mathfrak{t}^0 + w\, \mathfrak{b}^0 \tag{16}$$

gilt (3. Frenetsche Formel). Ihre Symmetrie wird besonders deutlich, wenn man die drei Gleichungen in Matrizenform schreibt:

$$\begin{pmatrix} \mathfrak{t}^{0\prime} \\ \mathfrak{n}^{0\prime} \\ \mathfrak{b}^{0\prime} \end{pmatrix} = \begin{pmatrix} 0 & \varkappa & 0 \\ -\varkappa & 0 & w \\ 0 & -w & 0 \end{pmatrix} \begin{pmatrix} \mathfrak{t}^0 \\ \mathfrak{n}^0 \\ \mathfrak{b}^0 \end{pmatrix}. \tag{17}$$

Rothe, R.: Differentialgeometrie, Samml. Göschen 1113. Berlin 1943. *Baule, B.:* Mathematik d. Naturf. u. Ingenieurs II. Leipzig 1945.

Krümmung der Lichtstrahlen tritt in Körpern mit einem Gefälle (Gradient) der → Brechungszahl auf. Der Krümmungsradius r ist gleich $n/(dn/dr)$. Eine Krümmung der Lichtstrahlen kommt in den Augen der Tiere vor, besonders in den Facettenaugen der Insekten, aber auch in der Linse des Wirbeltier- und des Menschenauges. Ferner spielt sie bei der atmosphärischen Strahlenbrechung eine große Rolle; z. B. kann man u. U. bei einer totalen Mondfinsternis die Sonne und den verfinsterten Mond, einander gegenüberstehend, beide oberhalb des Horizontes sehen. Die Krümmung ist besonders stark für kurzwelliges Licht, daher der → „grüne Strahl" bei Sonnenuntergang. Auch Schwerefelder wirken krümmend auf Lichtstrahlen (→ Relativitätstheorie, allgemeine).

Krümmung der Schallstrahlen → Reichweite von Schallsignalen.

Krümmungsdruck → Kapillardruck.

Krümmungsradius → Krümmung. — Der Krümmungsradius einer lichtbrechenden oder spiegelnden Fläche, die gerichtete Strecke vom Flächenscheitel bis zum Krümmungsmittelpunkt, ist in der geometrischen Optik positiv in der Fortpflanzungsrichtung des Lichtes. Bei Werkstattsangaben wird der Krümmungsradius positiv bei → konvexen, negativ bei → konkaven Flächen bewertet.

Krümmungstensor → Riemannsche Geometrie.

Kryohydrat, kryohydratischer Punkt. Ein Kryohydrat ist ein eutektisches Gemisch (→ Zustandsdiagramm) aus Salz, z.B. Salmiak, und Eis. Beim Abkühlen einer verdünnten Salzlösung scheidet sich zunächst reines Eis ab, bis mit sinkender Temperatur die Lösung ihren Sättigungspunkt erreicht. Von nun ab kristallisiert aus der Lösung bei konstanter Temperatur ein Eis–Salz-Gemisch konstanter Zusammensetzung aus. Man hat daher seinerzeit unter der falschen Annahme, daß es sich um eine chemische Verbindung handele, diesem Gemisch den Namen Kryohydrat gegeben. Als kryohydratischer Punkt wird der → Quadrupelpunkt bezeichnet, in dem gesättigte Lösung, Eis, Salz und Dampf über der Lösung miteinander im Gleichgewicht stehen.

Kryometer = Thermometer für tiefe Temperaturen; Füllung Toluol, Pentan oder Petroläther.

Kryophor, Gerät zur Demonstration der Abkühlung einer Flüssigkeit durch Verdampfung (Abb.). In der oberen Kugel des gut evakuierten Glasgefäßes befindet sich Wasser, so daß das Gefäß mit gesättigtem Wasserdampf gefüllt ist. Kühlt man das untere Ende mit Äther oder einer Kältemischung, so kondensiert dort Wasserdampf zu Eis. Oben verdampft neues Wasser, und das Wasser gefriert dort infolge Abgabe der Verdampfungswärme.

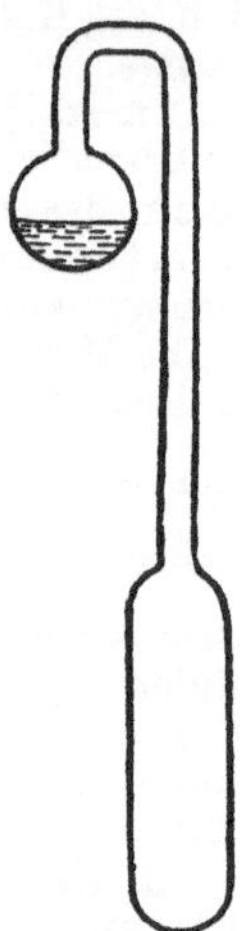

Kryophor.

Kryoskopie, Meßverfahren, die auf der Ermittlung der Gefrierpunktserniedrigung von Lösungen beruhen.

Kryoskopische Konstante → Gefrierpunktserniedrigung.

Kryosol, ein kolloides System mit flüssigem Dispersionsmittel, das nur bei niedriger Temperatur beständig ist, z. B. kolloides Eis in organischen Lösungsmitteln, Alkalimetallorganosole u. a.

Kryptokristallin (κρυπτὸς = versteckt) sind scheinbar amorphe Substanzen, die nur mit Hilfe von Röntgenstrahlen als kristallin erkannt werden können. Im Gegensatz dazu nennt man Kristalle, die mit bloßem Auge, mit der Lupe oder unter dem Mikroskop als solche erkennbar sind, *phanerokristallin* (φανερὸς = offenbar).

Kryptonlampe → Xenonlampe.

Krypton-Wellenlänge → Wellenlängennormal.

K-Schale, die Elektronenzustände mit der Hauptquantenzahl $n = 0$. → Aufbauprinzip, → Periodisches System der Elemente.

K-Serie → charakteristische Röntgenstrahlung.

K-Strahler → K-Einfang.

K-Strahlung der Sonne → Kurzwellenstrahlung, kosmische.

Kubikmeteratmosphäre, abgek. m^3atm bzw. m^3at, bei der Behandlung von Arbeitsleistungen der Gase gebräuchliche Energiemaße. Die Kubikmeteratmosphäre ist definiert als die Arbeit, die erforderlich ist, um das Volumen eines Gases beim Druck einer Atmosphäre um 1 m^3 zu vergrößern; dabei ist als Druckeinheit sowohl die *physikalische* → Atmosphäre (atm) wie auch die *technische* Atmosphäre (at) üblich: 1 m^3atm = 101325,0 Nm, 1 m^3at = 98066,5 Nm. In der Technik wird die m^3at bevorzugt (→ Anhang III, Tabelle 3).

Kubikmetergewicht, das im Technischen Maßsystem, also in kp · m^{-3}, gemessene spezifische Gewicht (Wichte) eines Stoffes. Da 1 kp · m^{-3} = 10^{-3} · kp · dm^{-3} bzw. p · cm^{-3}, so sind die Maßzahlen der Kubikmetergewichte 10^3mal größer als die üblichen Tabellenwerte der spezifischen Gewichte (bzw. Dichten).

Kubische Gleichung, eine Gleichung für die Unbekannte x, in der diese in der 3. Potenz auftritt. Die allgemeine Form einer kubischen Gleichung ist daher $f(x) = Ax^3 + Bx^2 + Cx + D = 0$.

Lösung einer solchen: Zunächst Division durch A, was zu $x^3 + ax^2 + bx + c = 0$ führt. Mit Hilfe der Substitution $x = \xi - \frac{a}{3}$ geht diese in die *reduzierte* kubische Gleichung $\xi^3 + 3p\xi + 2q = 0$ über, so genannt, weil in ihr das quadratische Glied durch obige Transformation zum Verschwinden gebracht wurde. Aus den Koeffizienten $3p$ und $2q$ läßt sich mit Hilfe der *Cardanischen Formel*

$$\xi_1 = \sqrt[3]{-q + \sqrt{q^2 + p^3}} + \sqrt[3]{-q - \sqrt{q^2 + p^3}} = u + v$$

eine reelle Wurzel ξ_1 ausrechnen, sofern $q^2 + p^3 \geqq 0$ ist. Ist diese Beziehung erfüllt, so existiert nur die *eine reelle* Wurzel ξ_1. Die *beiden* anderen sind *komplex konjugiert* und lauten, wenn u und v die obigen Wurzeln sind (s. o.): $\xi_{2,3} = -\frac{1}{2}[(u+v) \mp i\sqrt{3}(u-v)]$, wenn $i = \sqrt{-1}$ die imaginäre Einheit ist. Ist $q^2 + p^3 < 0$, so liegt der sog. *casus irreducibilis* vor, in welchem alle drei Wurzeln reell sind. Die Anwendung der Cardanischen Formel ist hier nicht möglich, vielmehr muß die Auflösung auf trigonometrischem Wege durchgeführt werden. Die drei reellen Wurzeln sind bestimmt durch

$$\xi_1 = 2\underset{+}{\sqrt{-p}} \cos\frac{\varphi}{3},\ \xi_{2,3} = -2\underset{+}{\sqrt{-p}} \cos\left(\frac{\varphi}{3} \pm 60^\circ\right).$$

Der Winkel φ ist durch die Koeffizienten p und q der kubischen Gleichung festgelegt und aus $\cos\varphi = -q/(+\sqrt{-p^3})$ zu berechnen. Für den Fall, daß $p^2 + q^3 = 0$ ist, sind ebenfalls drei reelle Wurzeln vorhanden, von denen aber mindestens zwei zusammenfallen. Geometrisch bedeutet $p^3 + q^2 > 0$, also der Fall, daß eine Wurzel reell und die beiden anderen imaginär sind, daß die Funktion $y = f(x) = Ax^3 + \cdots = 0$ die x-Achse nur einmal schneidet, im Falle $p^3 + q^2 < 0$ sind drei Schnittpunkte vorhanden, von denen (mindestens) zwei zusammenfallen, wenn $p^3 + q^2 = 0$ wird (Abb.).

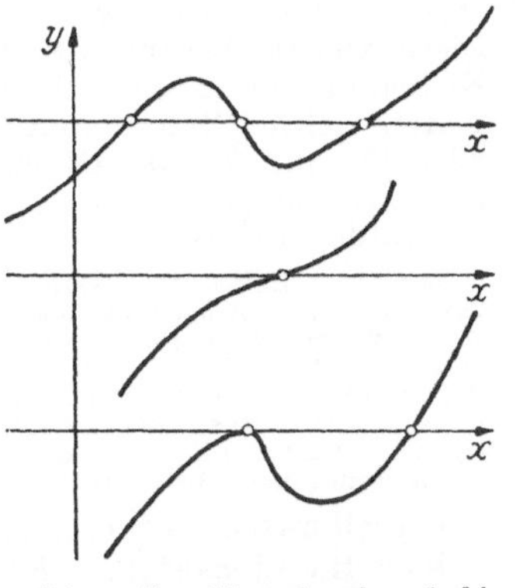

Die reellen Wurzeln einer kubischen Gleichung.

Perron, O.: Algebra. Berlin 1932/33.

Kubisches System → Kristallklassen.

Kubooktaeder, die *Gleichgewichtsform* der Kombination von Würfel {100} und Oktaeder {111}. Bei ihr berühren sich in jeder Ecke je zwei Oktaeder- und Würfelflächen (Abb.).

Kubooktaeder.

Kugelblitz → Gewitter.

Kugelflächenfunktionen → Kugelfunktionen.

Kugelfunkenstrecke-Kondensator → Kondensator, → Kapazitätsformeln.

Kugelfunktionen. Ist $V_n(x, y, z)$ eine homogene ganze rationale Funktion vom Grade n, die außerdem der Laplaceschen Differentialgleichung genügt, so heißt V_n eine räumliche (harmonische) Kugelfunktion n-ten Grades (gelegentlich auch eine Laplacesche Funktion). Sie muß also gleichzeitig die beiden Bedingungen $\Delta V_n = 0$ und $x\frac{\partial V_n}{\partial x} + y\frac{\partial V_n}{\partial y} + z\frac{\partial V_n}{\partial z} = nV_n$ erfüllen. Dabei ist n eine beliebige reelle Zahl. Das einfachste Beispiel einer räumlichen Kugelfunktion ist $V_{-1} = \frac{1}{r}$, die vom (-1)-sten Grade ist. Alle ihre Ableitungen sind weitere Beispiele räumlicher Kugelfunktionen. Geht man von den rechtwinkligen Ortskoordinaten x, y, z zu sphärischen Polarkoordinaten r, ϑ, φ über, so wird $V_n(x, y, z) = V_n(r\sin\vartheta\cos\varphi, r\sin\vartheta\sin\varphi, r\cos\vartheta) = \bar{V}(r, \vartheta, \varphi)$. Aus der Forderung, daß $\bar{V}$ eine homogene Funktion n-ten Grades ist, folgt für sie die Produktdarstellung $\bar{V}_n = r^n S(\vartheta, \varphi)$, deren Faktor S nicht mehr von r, sondern nur von φ und ϑ abhängt. Diese Größe $S_n = S(\vartheta, \varphi)$ heißt die zu V_n gehörige *Kugelflächenfunktion*. Während $\bar{V}(r, \vartheta, \varphi)$ der auf sphärische Polarkoordinaten transformierten Laplaceschen Differentialgleichung

$$\frac{\partial}{\partial r}\left(r^2\frac{\partial V_n}{\partial r}\right) + \frac{1}{\sin\vartheta}\frac{\partial}{\partial\vartheta}\left(\sin\vartheta\frac{\partial V_n}{\partial\vartheta}\right) + \frac{1}{\sin^2\vartheta}\frac{\partial^2 V_n}{\partial\varphi^2} = 0$$

genügt, sind die S_n Lösungen der Gleichung

$$n(n+1)S_n + \frac{1}{\sin\vartheta}\frac{\partial}{\partial\vartheta}\left(\sin\vartheta\frac{\partial S_n}{\partial\vartheta}\right) + \frac{1}{\sin^2\vartheta}\frac{\partial^2 S_n}{\partial\varphi^2} = 0.$$

Während die Bezeichnung *räumliche* Kugelfunktionen für $V_n(x, y, z)$ zum Ausdruck bringt, daß V_n von drei Veränderlichen x, y, z abhängt, die als die rechtwinkligen Koordinaten eines Punktes im *Raume* gedeutet werden können, soll der Name Kugel*flächen*funktion für $S_n(\vartheta, \varphi)$ darauf hinweisen, daß die Funktionen S_n von Variablen abhängen, die als die Koordinaten von Punkten auf einer festen Kugel*fläche* angesehen werden können. Der *Variabilitätsbereich* der Veränderlichen, von denen S_n abhängt, ist also die Gesamtheit aller Punkte einer Kugeloberfläche. Man gewinnt nun eine weitere spezielle Kugelfunktion, wenn S_n von φ nicht mehr abhängt, also $\partial S_n/\partial\varphi = 0$ wird. Die dann nur noch von ϑ abhängige, mit $P = P_n(\vartheta)$ bezeichnete Funktion heißt *zonale (harmonische)* oder nur *einfache Kugelfunktion*, die — wie unmittelbar aus der Differentialgleichung für S_n folgt — der (nun gewöhnlichen) Differentialgleichung $n(n+1)P_n + \frac{1}{\sin\vartheta}\frac{d}{d\vartheta}\left(\sin\vartheta\frac{dP_n}{d\vartheta}\right) = 0$ genügt. Geht man mittels der Transformation $\xi = \cos\vartheta$ von der Veränderlichen ϑ zu der neuen Variablen ξ über, so nimmt die Differentialgleichung für die $P_n(\xi)$ die Form $n(n+1)P_n - 2\xi P_n' + (1-\xi^2)P_n'' = 0$ an, deren Lösungen $P_n(\cos\vartheta) = P_n(\xi)$, als Funktion von ξ betrachtet, auch *Legendre-Polynome* (n-ten Grades) heißen. Sie besitzen, wie *Legendre* zuerst zeigte, eine erzeugende Funktion, d. h. sie lassen sich als Entwicklungskoeffizienten einer gewissen Funktion $\Phi(\xi, p)$ darstellen, wenn diese nach steigenden Potenzen des Parameters p entwickelt wird. Die erzeugende Funktion der Legendre-Kugelfunktionen ist $\Phi(\xi, p) = (1 - 2p\xi + p^2)^{-1/2}$. Es gilt $\Phi(\xi, p) = \sum_{n=0}^{\infty} P_n(\xi)\,p^n$. Φ ist dem reziproken Abstand $1/R$ zweier Punkte $P(x, y, z)$ und $Q(o, o, \bar{r})$ proportional, deren Entfernung vom Nullpunkt eines Koordinatensystems $r = \sqrt{x^2 + y^2 + z^2}$ bzw. $\bar{r}$ ist. Mit $p = r/\bar{r}$ und $\xi = \cos\vartheta$, wenn $\vartheta = \sphericalangle(r, \bar{r})$ ist, findet man $\Phi = \bar{r}/R$.

Für die ersten Legendre-Polynome ergibt sich $P_0(\xi) = 1$, $P_1(\xi) = \xi$, $P_2(\xi) = \frac{1\cdot 3}{2!}\left(\xi^2 - \frac{1}{3}\right)$, $P_3(\xi) = \frac{1\cdot 3\cdot 5}{3!}\left(\xi^3 - \frac{3}{5}\xi\right)$, usw. In der Abb. sind die P_n einmal über $\xi = \cos\vartheta$ und einmal über ϑ aufgetragen. Die Koeffizienten der Polynome P_n

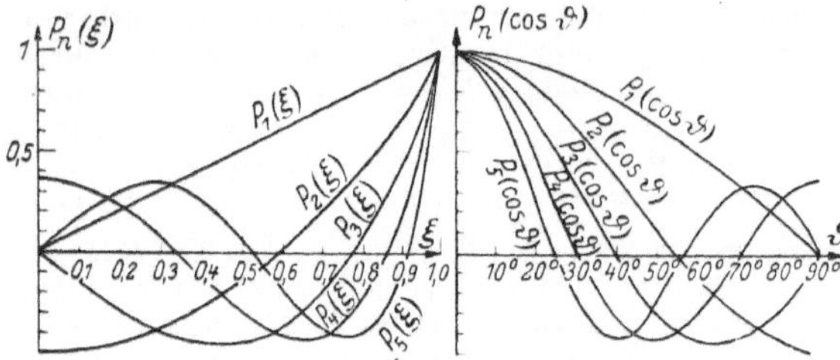

Verlauf der ersten Kugelfunktionen P_n.

lassen sich aus den vorhergehenden berechnen. Die allgemeine Darstellung der Legendre-Kugelfunktion n-ten Grades ist $P_n(\xi) = \frac{1\cdot 3\cdot 5\cdots(2n-1)}{n!}$

$$\left\{\xi^n - \frac{n(n-1)}{2(2n-1)}\xi^{n-2} + \frac{n(n-1)(n-2)(n-3)}{2\cdot 4(2n-1)(2n-3)}\xi^{n-4} - \cdots\right\}.$$

Daneben gibt es noch eine andere ähnliche Form. Ferner existieren zahlreiche Rekursionsformeln, die einfache Kugelfunktionen verschiedenen Grades miteinander und mit ihren Ableitungen verknüpfen (vgl. *Magnus-Oberhettinger*, s. u.). Für die zonalen Kugelfunktionen gibt es auch Darstellungen in Integralform, von denen genannt seien:

$$P_n(\xi) = \frac{1}{\pi}\int_0^\pi (\xi \pm i\sqrt{1-\xi^2}\cos\varphi)^n\, d\varphi \quad (Laplace),$$

$$P_n(\xi) = \frac{1}{\pi}\int_0^\pi \frac{d\psi}{(\xi \pm i\sqrt{1-\xi^2}\cos\psi)^{n+1}} \quad (Jacobi).$$

Aus einem von *Laurent* angegebenen komplexen Linienintegral läßt sich die wichtige *Rodrigues*sche Differentialquotientendarstellung

$$P_n(\xi) = \frac{1}{2^n n!}\frac{d^n(\xi^2-1)^n}{d\xi^n}$$

gewinnen, die später unabhängig auch *Ivory* und *Jacobi* fanden. Aus letzterer Gleichung ergibt sich, daß alle Nullstellen von $P_n(\xi) = 0$ reell sind und zwischen -1 und $+1$ liegen. Differenziert man die Legendre-Kugelfunktion $m < n$-mal nach ihrem Argument, so erhält man ein Polynom $(n-m)$-ten Grades in ξ. Dieses mit $(1-\xi^2)^{m/2}$ multipliziert, nennt man eine *zugeordnete* Kugelfunktion m-ten Grades und bezeichnet sie mit P_n^m. Es ist also $P_n^m(\xi) = \sqrt{(1-\xi^2)^m}\, P_n^{(m)}(\xi)$. $P_n^m(\xi)$ genügt der Differentialgleichung $(1-\xi^2)\frac{d^2 P_n^m}{d\xi^2} - 2\xi\frac{d P_n^m}{d\xi} + \left[n(n+1) - \frac{m^2}{1-\xi^2}\right]P_n^m = 0$. Auch für die zugeordneten Kugelfunktionen gibt es Integraldarstellungen, etwa

$$P_n^m(\xi) = \frac{(n+m)!}{n!\,\pi\, i^m}\int_0^\pi (\xi + i\sqrt{1-\xi^2}\cos\varphi)^n \cos m\varphi\, d\varphi$$

u. a.

Die $P_n(\xi)$ bilden im Intervall $-1 \leq \xi \leq 1$ ein vollständiges System von → Orthogonalfunktionen, die nach Multiplikation mit $\sqrt{\frac{2n+1}{2}}$ auf 1 normiert werden, d. h. die dann der Beziehung $\int_{-1}^{+1} P_n(\xi)\, P_m(\xi)\, d\xi = \frac{2}{2n+1}\delta_{nm}$ genügen. Die Orthogonalität gestattet es, die Potenzen ξ^k ($k \geq 0$, ganzzahlig) durch Legendre-Kugelfunktionen darzustellen. So gilt z. B. $\xi^0 = P_0(\xi)$, $\xi = P_1(\xi)$, $\xi^2 = \frac{2}{3}P_2(\xi) + \frac{1}{3}P_0(\xi)$, $\xi^3 = \frac{2}{5}P_3(\xi) + \frac{3}{5}P_1(\xi)$ usw. Aber auch vorgegebene Funktionen $f(\xi)$, die im Intervall $-1 \leq \xi \leq +1$ gewisse Stetigkeitseigenschaften besitzen, lassen sich nach Kugelfunktionen entwickeln. Setzt man $f(\xi) = \sum_{n=1}^{\infty} c_n P_n(\xi)$, so ist der Entwicklungskoeffizient bestimmt durch $c_n = \frac{2n+1}{2}\int_{-1}^{+1} f(\xi)\, P_n(\xi)\, d\xi$. Auch Funktionen $f(\vartheta, \varphi)$, die von den Polarwinkeln ϑ und φ abhängen, können nach Kugelflächenfunktionen S_n entwickelt werden.

Die Differentialgleichung der P_n ist von 2. Ordnung und muß daher neben P_n noch eine zweite davon unabhängige Lösung Q_n besitzen, so daß das allgemeine Integral, wenn man in jener P_n durch y ersetzt, die Form $y = A P_n(\xi) + B Q_n(\xi)$ hat. Diese andere Lösung nennt man die Legendre-Kugelfunktion 2. *Art* im Gegensatz zu denen 1. Art, welche Bezeichnung man den $P_n(\xi)$ auch gibt. Für die Q_n gibt es ebenfalls eine Reihe Rekursionsformeln, Integraldarstellungen, Beziehungen zu den P_n^m usw.

Lense, J.: Reihenentwicklung in d. math. Physik. Berlin 1947. *Lense, J.:* Kugelfunktionen. Leipzig 1950. *Sommerfeld, A.:* Vorl. über theor. Physik VI. Leipzig 1947. *Courant, R.*, u. *D. Hilbert:* Methoden d. math. Physik I. Berlin 1937. *Magnus-Oberhettinger:* Formeln u. Sätze d. spez. Funktionen d. math. Physik. Berlin 1948. *Jahnke-Emde:* Funktionentafeln. Leipzig 1948. *Hayashi, K.:* Tafeln d. Besselschen Kugel- u. anderen Funktionen. Berlin 1930.

Kugelhaufen → Sternhaufen.

Kugelkondensator → Kondensator, → Kapazitätsformeln.

Kugelkoordinaten → krummlinige Koordinaten.

Kugelkreisel, ein Kreisel mit drei gleichen Hauptträgheitsmomenten. Sein Trägheitsellipsoid ist eine Kugel. Auf die Gestalt des Kreisels kommt es dabei nicht an. → Trägheitsmoment, → Kreisel.

Kugelpackungen sind raumgittermäßige Anordnungen von gleich großen oder von zwei oder mehreren Arten verschieden großer Kugeln, die sich zu mehreren berühren. Theorien der Kugelpackungen entwickelten *W. Barlow* und *W. J. Pope* (um 1900). Besonders wichtig sind die *dichtesten* Packungen gleich großer Kugeln. In der *ebenen dichtesten Kugelpackung* (Abb.) wird jede Kugel von 6 anderen, sich untereinander berührenden, umgeben, deren Mittelpunkte ein regelmäßiges

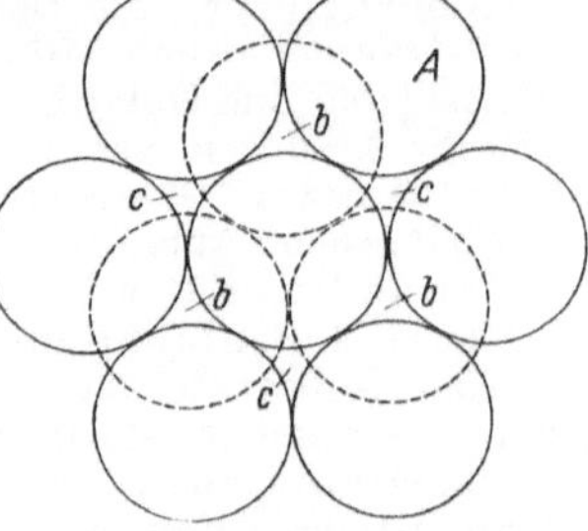

Kugelpackung.

Sechseck bilden. Legt man auf eine derartige, horizontalgestellte Schicht A eine weitere Kugel der gleichen Größe, so fällt sie durch die Schwere in eine der Lücken b oder c, wo sie 3 Kugeln der ersten Schicht berührt. Die gleichbezeichneten Lücken sind voneinander um einen Kugeldurchmesser entfernt. Daher können z. B. alle Lücken b mit einer neuen dichtest gepackten Schicht B belegt werden, die ihrerseits Lücken in a und c hat. Je nachdem, ob man die Lücken a oder c mit einer dritten Schicht A' (vertikal über A) oder C belegt, erhält man die Schichtenfolge $ABAB\ldots$ *(hexagonale dichteste Kugelpackung)* oder $ABCABC\ldots$ *(kubische dichteste Kugelpackung)*, die mit dem allseitig flächenzentrierten kubischen Translationsgitter identisch ist.

Das Verhältnis des Abstandes zweier aufeinanderfolgender Schichten (d. h. der Ebenen durch die Kugelmittelpunkte) zum Abstand a der Mittelpunkte zweier sich berührender Kugeln ist $\sqrt{2}/\sqrt{3} \approx 0{,}8165$. Die Elementarzelle der hexagonalen Packung hat zu Gitterkonstanten den Abstand a in Richtung der X-Achse und den Abstand c zwischen zwei identischen Kugelschichten, z. B. A, in der Z-Richtung; das Verhältnis der Gitterkonstanten $c:a$ ist daher $2\sqrt{2}/\sqrt{3} \approx 1{,}6330$.

Kugelpendel → Pendel.

Kugelphotometer → Ulbricht-Kugel.

Kugelstrahler. Von der Vielfalt der akustischen Strahler sind nur wenige einfache Typen und unter diesen vorzugsweise die Kugelstrahler einer exakten mathematischen Behandlung zugänglich. Als Kugelstrahler 0. Ordnung, *Nullstrahler* oder *atmende Kugel* bezeichnet man den praktisch nur angenähert zu verwirklichenden Fall einer Kugel, deren Durchmesser periodisch schwankt; das Feld dieses Strahlers ist kugelsymmetrisch. Beim Kugelstrahler 1. Ordnung führen die beiden durch einen in Ruhe bleibenden Großkreis (Knotenkreis) getrennten Kugelhälften gegenphasige Bewegungen aus; eine mit kleiner Amplitude oszillierende Kugel gestattet, diesen Strahlertyp zu realisieren. Der Kugelstrahler 2. Ordnung schließlich besitzt zwei zueinander senkrechte Knotenkreise, die die Kugel in gegenphasig schwingende Gebiete unterteilen.

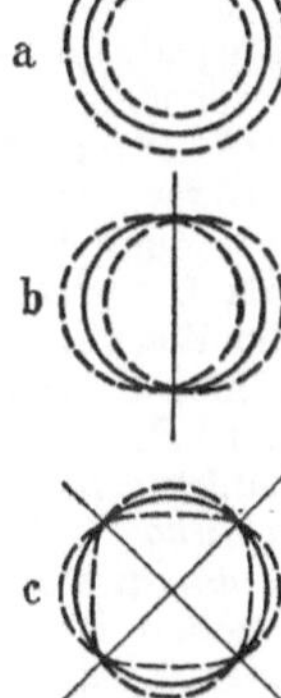

Kugelstrahler; a) 0., b) 1., c) 2. Ordnung.

Trendelenburg, F.: Akustik. Berlin-Göttingen-Heidelberg 1950.

Kugelsymmetrie. Ein physikalisches System heißt kugelsymmetrisch, wenn es als → Symmetriegruppe alle räumlichen → Drehungen um einen Punkt zuläßt. Z. B. sind alle Atome kugelsymmetrisch um den Atomkern, solange keine äußeren Felder vorhanden sind. Zur Bedeutung dieser Eigenschaft für die Quantenmechanik → Drehimpuls, → Gruppentheorie, → Quantenmechanik.

Kugelverwandtschaft → Partikelfeld.

Kugelwellen. Die einfachste Form dreidimensionaler Wellen in isotropen Medien sind die von einem → Kugelstrahler 0. Ordnung und speziell von einer punktförmigen Quelle ausgehenden Kugelwellen. Ihre Amplitude hängt nur von der Entfernung vom Wellenzentrum, nicht aber vom Azimut ab; eine divergierende Kugelwelle wird dargestellt durch $[F(ct - r)]/r$ (c Ausbreitungsgeschwindigkeit der Welle). — Durch Aufreihen von Kugelstrahlern gleicher Phase auf einer Geraden entsteht eine Zylinderwelle. Eine mit gleichphasigen Kugelstrahlern gleichmäßig belegte Ebene ergibt eine in Richtung der Ebenennormale fortschreitende ebene Welle. Auf solche Weise lassen sich alle Wellenvorgänge auf den Grundtyp der Kugelwelle zurückführen.

Wagner, K. W.: Einf. in die Lehre von den Schwingungen u. Wellen. Wiesbaden 1947. *Schaefer, Cl.:* Lehrb. d. theor. Physik. Berlin 1950.

Kühlfalle oder *Ausfriertasche*, eine meist aus Glas gefertigte → Dampffalle, in der durch Einwirkung tiefer Temperatur besonders in der Hochvakuumtechnik störende Dämpfe, wie Wasser, Fett (von den Schliffen) und Hg (von der Pumpe) niedergeschlagen werden. Am einfachsten kann dies durch ein zwischen Pumpe und Rezipienten eingeschaltetes U-Rohr, das außen mit Trockeneis oder flüssiger Luft gekühlt ist, erreicht werden. Wirksamer ist die Konstruktion nach nebenstehender Abbildung, die, was besonders bei Hochvakuum wichtig ist, einen kleinen Strömungswiderstand bei geringem Platzbedarf aufweist. Um thermomolekulare Druckdifferenzen (→ Knudsen-Effekt) auszuschalten, muß $D:d \gtrsim 1{,}6:1$ sein. Vakuumtechnisch noch günstiger sind Fallen, die unmittelbar über der Pumpe angebracht sind. Der Kältemittelverbrauch ist dann aber wesentlich höher.

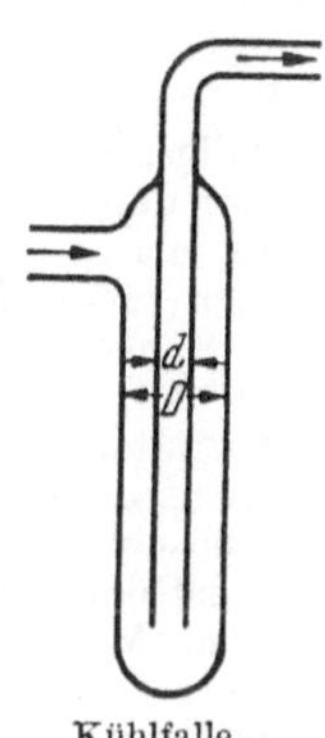

Kühlfalle.

Mönch, G.: Vakuumtechnik im Laboratorium. Weimar 1937. *Jaeckel, R.:* Kleinste Drucke. Berlin-Göttingen-Heidelberg 1950.

Kühlsolen → Kälteübertragungsmittel.

Kuhn-Rittmannsche Hypothese → Erdkern.

Kulissenwirkung → binokulare Fernrohre.

Kundt-Effekt, die außerordentlich große magnetische → Drehung der Polarisationsebene in ferromagnetischen Stoffen, wie sie an sehr dünnen Schichten untersucht werden kann. An sehr reinen Schichten ergeben sich Werte der Kundt-Konstanten von der Größenordnung 700000 bis 800000°·cm^{-1}.

König, H.: Optik **3**, 101 (1948).

Kundt-Konstante → Drehung, magnetische, der Polarisationsebene.

Kundt-Rohr. In ein mit einem verschiebbaren Stempel (Reflektor) R versehenes Glasrohr G ragt ein longitudinal schwingender Stab S hinein (Abb 1). Die

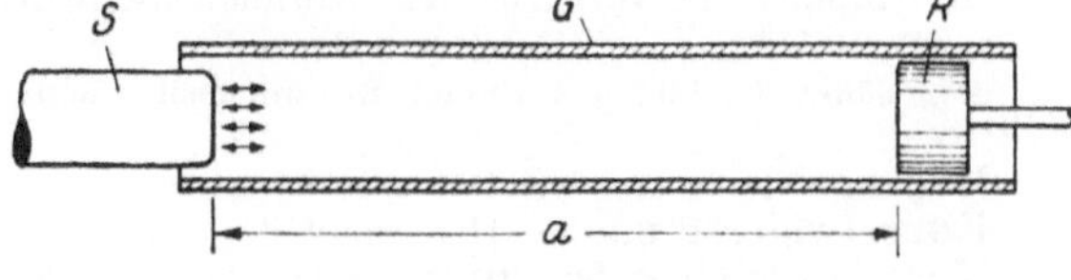

Abb. 1. Kundt-Rohr.

von dessen Stirnfläche abgestrahlten Schallwellen werden an R reflektiert. Durch Interferenz der im Rohr hin- und zurücklaufenden Schallwellen entsteht eine stehende Welle, wenn der Abstand a zwischen der Stirnfläche des Stabes und dem Reflektor ein ganzzahliges Vielfaches der halben Wellenlänge ist. Zur Messung der Wellenlänge bringt man in das Rohr leichte Staubteilchen (z. B. Lycopodiumsamen), die sich in den Schwingungsknoten, also in Abständen $\lambda/2$, ansammeln *(Kundtsche Staubfiguren*, Abb. 2). Aus der Wellenlänge und der Schwingungsfrequenz des Stabes ergibt sich die

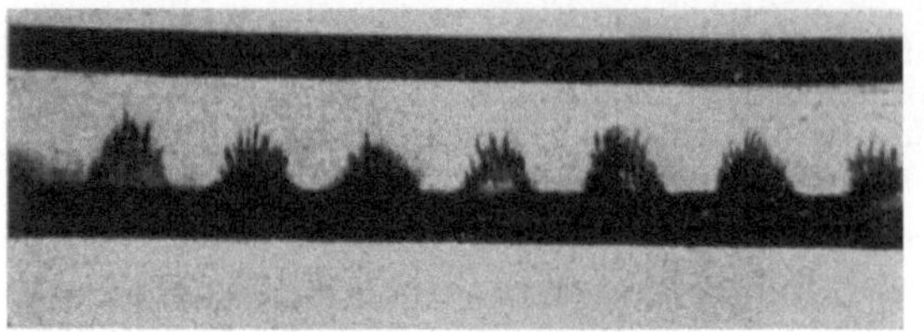

Abb. 2. Kundtsche Staubfiguren.

Schallgeschwindigkeit des zur Füllung des Rohres verwendeten Gases. Auch Flüssigkeiten können untersucht werden, wobei als Indikator Aluminiumpulver verwendet wird.

E. N. da C. Andrade: Proc. Roy. Soc., Lond. (A) **134**, 445 (1931).

Kundtsche Staubfiguren → Kundt-Rohr.

Kunsman-Anoden, → Ionenquellen, die auf thermischem Wege verhältnismäßig starke positive Ionenströme von Alkali- und Erdalkalimetallen liefern. Man schmilzt Eisenoxyd, dem 1 bis 3% eines Alkali- oder Erdalkalioxyds zugesetzt sind, pulverisiert die Schmelze nach dem Erstarren und bringt das Pulver auf eine elektrisch heizbare Platin- oder Wolframfolie. Beim Erhitzen der Folie im Vakuum verdampfen Ionen des Alkali- oder Erdalkalimetalls. Vor der Verwendung zur Ionenemission wird das Oxyd in Wasserstoff teilweise reduziert. Die Austrittsarbeit liegt zwischen 2 und 4 eV (→ Thermionen, → Ionenquellen).

Kunsman, O. H.: Phys. Rev. **27**, 249, 739 (1926). *Nordmeyer, M.:* Ann. Phys. **16**, 696 (1933).

Künstlicher Horizont → Kreiselhorizont.

Kupferoxydulgleichrichter → Sperrschichtgleichrichter.

Kupferoxydulphotozelle → Halbleiterphotoelement.

Kupfervoltameter, ein → Coulometer, bei welchem die kathodisch abgeschiedene Kupfermenge als Maß der durchgegangenen Elektrizitätsmenge benutzt wird. Mit der Ladung 1 C_{abs} werden 0,32923 mg Kupfer abgeschieden.

Kupfer-Zink-Element → Lalande-Element.

Küpfmüller-Beziehung. Zwischen der Bandbreite $\Delta\nu$ eines einwelligen Resonators oder Filters und der Dauer τ der durch nichtstationäre Vorgänge (z. B. Impulse) hervorgerufenen Ausgleichsschwingungen besteht die Beziehung $\tau\,\Delta\nu = 1$.

Küpfmüller, K.: Einf. i. d. theoret. Elektrotechnik. Berlin 1941.

Kupron-Element → Lalande-Element.

Kurbelwiderstände → Dekadenwiderstände.

Kurven gleichen Gangunterschiedes → Interferenzbilder in konvergentem Licht.

Kurvenformeinfluß bei Meßgeräten. Elektrodynamische und thermische Meßgeräte geben den Effektivwert auch bei beliebiger Kurvenform richtig an. Infolge magnetischer Sättigungserscheinungen können jedoch Dreheisenmeßgeräte bei stark oberwellenhaltigem Strom zusätzliche Anzeigefehler haben, wenn das Dreheisen sehr dünn und schmal ist, und zwar zeigen sie bei flacher Kurvenform zuviel, bei spitzer Kurvenform zuwenig an. Ebenso verhalten sich Induktionsmeßgeräte mit magnetischem Nebenschluß (Elektrizitätszähler). Bei Spannungsmessern erhöht sich durch die Oberwellen der induktive Widerstand der Meßwerkspulen, so daß das Meßgerät zu wenig anzeigt; doch ist der Einfluß wegen des meist vorhandenen relativ großen Ohmschen Vorwiderstandes gering. Gleichrichtermeßgeräte geben bei Oberwellen nur dann den Effektivwert richtig an, wenn die Gleichrichter eine quadratische Kennlinie haben. Bei exponentieller und linearer Gleichrichtung können erhebliche Fehler auftreten. Außer diesem „äußeren" Kurvenformfehler ist noch ein „innerer" vorhanden, der durch die Induktivität des Meßwerkrähmchens und die Kapazität des Gleichrichters hervorgerufen ist und der vor allem bei höheren Frequenzen eine Rolle spielt.

Kurvenintegrale. Es seien $U = U(x, y)$ und $V = V(x, y)$ zwei einschließlich ihrer Ableitungen stetige Funktionen der beiden unabhängigen Variablen x und y; weiterhin seien P_1 und P_2 zwei Punkte auf einer ebenen Kurve $\mathfrak{K}$, deren Gleichung in Parameterform durch $x = x(t)$, $y = y(t)$ gegeben sei. Der Parameter t bewege sich in dem Intervall $t_a \leq t \leq t_b$. P_1 entspreche dem im Intervall liegenden Parameterwert $t = t_1$, P_2 dem Wert $t = t_2$. Als das über das zwischen P_1 und P_2 gelegene Kurvenstück $\mathfrak{C}$ genommene Integral definiert man

$$J(\mathfrak{C}) = \int_{P_1}^{P_2} (U\,dx + V\,dy) = \int_{t_1}^{t_2} \left\{ U[x(t), y(t)]\frac{dx}{dt} + \right.$$

$$\left. + V[x(t), y(t)]\frac{dy}{dt} \right\} dt.$$

Es ist also ein bestimmtes Integral, dessen Integrand Werte besitzt, die wesentlich von dem *Weg* $\mathfrak{C}$ abhängen, den man bei der Integration durchläuft. Man bezeichnet $\int (U\,dx + V\,dy)$ als ein über $\mathfrak{C}$ genommenes Kurven- oder Linienintegral, das dann existiert, wenn sein Integrand eine nach t integrable Funktion ist. Der Wert des Linienintegrals hängt von den Funktionen U und V, von den Integrationsgrenzen P_1 und P_2 und von dem gewählten, diese beiden Punkte verbindenden Weg $\mathfrak{C}$ (von der *Linienführung*) wesentlich ab. Dagegen ist $J(\mathfrak{C})$ unabhängig davon, durch welche Parameterdarstellung $\mathfrak{C}$ gegeben ist. Auch hat die Wahl bzw. Lage des Bezugssystems keinen Einfluß auf den Wert des Linienintegrals. Die Abhängigkeit von $J(\mathfrak{C})$ vom Wege $\mathfrak{C}$ ist keine unbedingte. Ist nämlich $U\,dx + V\,dy = d\varphi(x, y)$ das totale Differential einer Funktion $\varphi = \varphi(x, y)$, so ist $J(\mathfrak{C})$ nur von den Integrationsgrenzen, dagegen nicht von der sie verbindenden Kurve $\mathfrak{C}$ abhängig. Denn in diesem Sonderfall wird: $\int_{P_1}^{P_2} (U\,dx + V\,dy) = \int_{P_1}^{P_2} d\varphi(x, y)$ $= \varphi\,[x(t_2)\; y(t_2)] - \varphi\,[x(t_1)\; y(t_1)] = \varphi(x_2, y_2) - \varphi(x_1, y_1)$. Ist etwa die untere Grenze P_1 eine feste Größe, dagegen P_2 variabel, so stellt $J(\mathfrak{C})$, falls $U\,dx + V\,dy = d\varphi$ ist, eine (bei Erfüllung der erforderlichen Voraussetzungen) stetige Funktion der oberen Grenze dar. Notwendige Bedingung dafür, daß ein Linienintegral wegunabhängig ist, ist das Erfülltsein der *Integrabilitätsbedingung* $\frac{\partial U}{\partial y} = \frac{\partial V}{\partial x}\left(= \frac{\partial^2 \varphi}{\partial x\,\partial y}\right)$. Man drückt die Unabhängigkeit von $J(\mathfrak{C})$ vom Wege oft in einer anderen Form aus, die sich ergibt, wenn man P_1 und P_2 zusammenfallen läßt, also längs einer von P_1 ausgehenden und in diesen Punkt wieder zurücklaufenden, also *geschlossenen* Kurve integriert. In diesem Fall muß der Wert des Linienintegrals verschwinden. Deutet man die Integration über eine geschlossene Kurve durch $\oint$ an, so ist $\oint (U\,dx + V\,dy) = 0$, sofern $\partial U/\partial y = \partial V/\partial x$ ist.

Beispiele: Für das Linienintegral $J = \int [y\,dx + (y - x)\,dy]$, für das $\frac{\partial y}{\partial y} \neq \frac{\partial (y - x)}{\partial x}$ ist, ergeben sich, je nach dem Weg, verschiedene Werte. So wird etwa, wenn man längs der geradlinigen Verbindung $y = x$ zwischen $P_1(0,0)$ und $P_2(1,1)$ $(x = t,\ y = t)$ integriert, $J = \int_0^1 t\,dt = {}^1/_2$. Ist der Integrationsweg die Parabel $x = y^2$ (Abb.) $x = t^2,\ y = t$, so wird $J = \int_0^1 (t^2 + t)\,dt = {}^5/_6$, also $\neq \frac{1}{2}$. Bei anderen Integrationswegen nimmt J wiederum

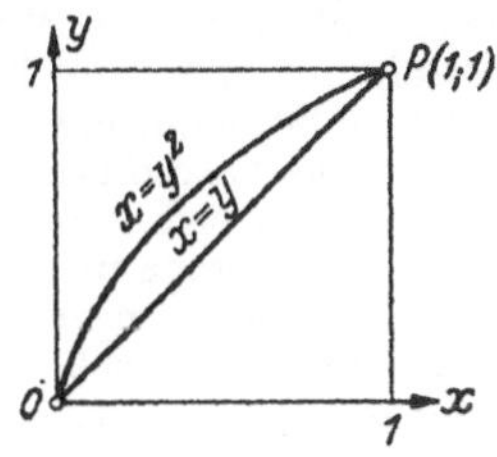

Zum Linienintegral.

andere Werte an. Bei dem Linienintegral $J = \int [2x(x + 2y)\,dx + (2x^2 - y^2)\,dy]$ ist die Integrabilitätsbedingung erfüllt: $\frac{\partial}{\partial y}[2x(x + 2y)] = \frac{\partial}{\partial x}(2x^2 - y^2) = 4x$, daher ist J vom Wege unabhängig. Der Integrand ist das totale Differential der Funktion $\varphi(x, y) = \frac{2}{3}x^3 + 2x^2 y - \frac{1}{3}y^3$. Wählt man etwa als Integrationsgrenzen $P_1(0, 0)$, $P_2(1, 2)$, so wird $\int_{P_1}^{P_2}(\ldots) = \varphi(P_2) - \varphi(P_1) = 2$.

Der oben erklärte Ausdruck $\int (U\,dx + V\,dy)$ ist ein Linienintegral in der Ebene, welcher Begriff leicht auf ein räumliches Kurvenintegral erweitert werden kann. Unter einem solchen versteht man den Ausdruck

$$\int_{t_1}^{t_2} (U\,dx + V\,dy + W\,dz) = \int_{t_1}^{t_2} \left\{ U[x(t), y(t), z(t)] \frac{dx}{dt} + V[x(t), y(t), z(t)] \frac{dy}{dt} + W[x(t), y(t), z(t)] \frac{dz}{dt} \right\} dt,$$

wo nun $U = U(x, y, z)$, $V = V(x, y, z)$, $W = W(x, y, z)$ drei stetige Funktionen der unabhängigen Variablen x, y, z sind, während P_1 und P_2 zwei der durch die Parameterstellung $x = x(t)$, $y = y(t)$, $z = z(t)$ gegebenen Kurve angehörige Punkte sind, die den Parameterwerten $t = t_1$ bzw. $t = t_2$ entsprechen. Ebenso wie ein zweidimensionales Linienintegral hängt auch ein räumliches Kurvenintegral von dem zwischen P_1 und P_2 gewählten Weg $\mathfrak{C}$ ab, es sei denn, $U\,dx + V\,dy + W\,dz = d\psi$ ist ein totales Differential einer Funktion $\psi(x, y, z)$. Dies ist dann der Fall, wenn die „räumlichen" Integrabilitätsbedingungen $\frac{\partial W}{\partial y} = \frac{\partial V}{\partial z}$, $\frac{\partial U}{\partial z} = \frac{\partial W}{\partial x}$, $\frac{\partial V}{\partial x} = \frac{\partial U}{\partial y}$ erfüllt sind. Dann ist stets $\oint (U\,dx + V\,dy + W\,dz) = 0$.

Ein räumliches Linienintegral läßt sich in besonders einfacher Weise darstellen, wenn man U, V, W als die Komponenten eines Vektors $\mathfrak{A}$ und dx, dy, dz als die Komponenten eines Wegelementes $d\mathfrak{s}$ auffaßt. Es wird dann $\int_{P_1}^{P_2}{}^{\mathfrak{C}} (U\,dx + V\,dy + W\,dz) = \int_{P_1}^{P_2}{}^{\mathfrak{C}} \mathfrak{A}\,d\mathfrak{s}$, welcher Ausdruck das Linienintegral des Vektors $\mathfrak{A}$ längs einer P_1 und P_2 verbindenden Kurve $\mathfrak{C}$ darstellt. Solche Vektorintegrale treten in der theoretischen Physik häufig auf, etwa beim Begriff der Arbeit, der elektrischen Spannung u. a. m.

Kurvenkreisel oder *perimetrischer Kreisel*, nach *G. Sire* ein Kreisel, dessen Figurenachse an einer Kurve abrollt. Zieht man den Kreisel kräftig auf und bringt man das freie Achsenende an eine feste Kurve, während das andere Achsenende in einem Punkte festgehalten wird, so wird das freie Achsenende durch die Rollreibung weitergeschoben. Dadurch entsteht eine Schwenkbewegung des Kreisels, die Kreiselmomente auslöst. Diese sind bei geeigneter Massenverteilung des Kreisels stets so gerichtet, daß sie die Kreiselachse gegen die Kurve drücken. Dadurch wird die Rollreibung erhöht, und so ist es möglich, daß der Kreisel beliebigen Kurven folgt.

Grammel, R.: Der Kreisel, seine Theorie u. seine Anwendungen. Berlin 1950.

Kurvenparameter. Sind $x = x(t)$ und $y = y(t)$ zwei eindeutige Funktionen der Veränderlichen t, die sich innerhalb eines gewissen Intervalls bewegen kann, so stellen die beiden Gleichungen eine ebene Kurve dar, deren übliche analytische Darstellung $y = f(x)$ man durch „Elimination" von t erhält, sofern dies möglich ist. Die analytische Festlegung einer Kurve durch $x = x(t)$ und $y = y(t)$ nennt man deren *Parameterdarstellung*, t den *Kurvenparameter*. Beispiel: Durch $x = a \cos t$, $y = b \sin t$ wird, wenn t das Intervall $0 \leqq t \leqq 2\pi$ durchläuft, die Ellipse $\frac{x^2}{a^2} + \frac{y^2}{b^2} = 1$ mit den Halbachsen a und b dargestellt, wie man sofort durch Elimination von t findet.

Courant, R.: Differential- u. Integralrechnung. Berlin 1948.

Kurvenschar → einparametrige Kurvenschar.

Kurzendfarbe → Optimalfarbe.

Kurzschluß → Stromquelle.

Kurzsichtigkeit → Myopie.

Kurzwellen, der Wellenbereich zwischen 10 und 100 m ($3 \cdot 10^6$ bis $3 \cdot 10^7$ Hz). Gegenüber den Mittel- und Langwellen nehmen sie nur bezüglich der Ausbreitung eine Sonderstellung ein. Die Bodenwelle ist in verhältnismäßig geringer Entfernung vom Sender fast völlig absorbiert. Dann folgt eine empfangstote Zone, die um so ausgeprägter ist, je kleiner die Wellenlänge ist. Nach einer gewissen Entfernung (Sprungentfernung) erfolgt wieder ein plötzlicher Anstieg der Feldstärkewerte durch die in der Ionosphäre reflektierte Raumwelle, für die auch am Tage geeignete Reflexionsbedingungen vorhanden sind. Die geringe Schwächung der Raumwellen bewirkt häufig einen mehrfachen Umlauf der Welle um die Erde und gibt Anlaß zu „Echos". Die unterschiedlichen Ausbreitungsbedingungen der einzelnen Wellenlängen infolge des wechselnden Zustandes der Ionosphäre bei Tage und bei Nacht machen bei Kurzwellenverbindungen einen mehrfachen täglichen Wechsel der Betriebswellenlänge notwendig. Infolge Doppelbrechung in der Ionosphäre unter dem Einfluß des erdmagnetischen Feldes ist die am Empfangsort ankommende Raumwelle im allgemeinen elliptisch polarisiert und zeigt infolge dauernder Zustandsänderungen der Ionosphäre starke Polarisationsschwankungen. Für Richtpeilungen sind daher vom Polarisationszustand unabhängige Peilverfahren erforderlich.

Vilbig, F., u. *J. Zenneck*: Fortschr. d. Hochfrequenztechnik. Leipzig 1941/43. *Bergmann, W.*, u. *H. Lassen*: Ausstrahlung, Ausbreitung u. Aufnahme elektr. Wellen. Berlin 1940.

Kurzwellenstrahlung, kosmische. 1. Wie *Jansky* (1932) entdeckte, kommt aus der Milchstraße eine Strahlung im Gebiet der Meterwellen, die an der Erdoberfläche mit Richtantennen und empfindlichen rauscharmen Empfängern nachgewiesen werden kann. Die Intensität beträgt bei $\lambda = 3$ m größenordnungsmäßig $3 \cdot 10^{-24}$ W/(m² · Quadratgrad · Hz); sie steigt zwischen 1 und 10 m Wellenlänge etwa proportional λ. Längs der Milchstraße hat diese UKW-Strahlung ein Maximum in Richtung des galaktischen Zentrums (Sagittarius) und ein Minimum in der Gegenrichtung. Das Intensitätsverhältnis zwischen Maximum und Minimum entspricht der exzentrischen Stellung der Sonne im Milchstraßensystem. Ein Nebenmaximum in Richtung des Sternbilds Cygnus erreicht etwa 40% der Höhe des Hauptmaximums und wird vielleicht durch die Objekte längs eines Spiralarmes des Milchstraßensystems hervorgerufen. Die Abbildung zeigt eine Isophotenkarte des *galaktischen Rauschens* bei $\lambda = 1{,}87$ m.

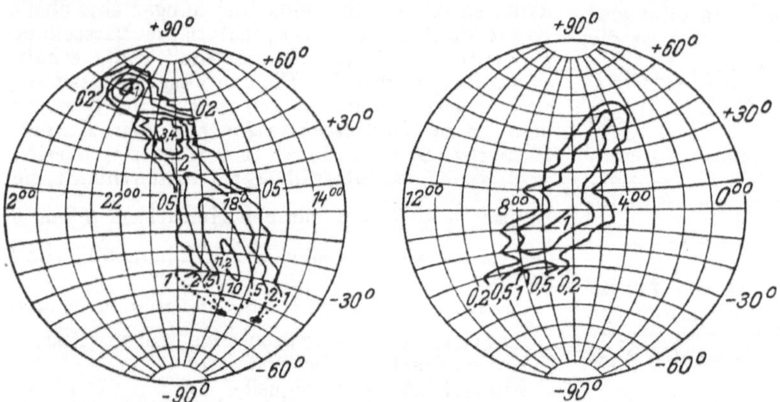

Isophotenkarte der UKW-Strahlung aus der Milchstraße für $\lambda = 1{,}87$ m nach *C. Reber*. Einheit 10^{-24} W/(m² · Quadratgrad · Hz).

An einzelnen Stellen des Himmels beobachtet man starke lokale Emissionen in Gebieten von weniger als 8′ ⌀ mit Gesamtintensitäten bis zu $130 \cdot 10^{-24}$ W/(m² · Hz). Diese lokalen Rauschquellen haben sich nur in vereinzelten Fällen (Crabnebel → planetarische Nebel) mit sichtbaren Objekten identifizieren lassen, so daß ihre Natur noch weitgehend ungeklärt ist.

Auch der Adromedanebel sendet eine UKW-Strahlung aus, deren Gesamtintensität $4 \cdot 10^{-25}$ W/(m² × Hz) beträgt. Zu ihrem Nachweis war ein Antennensystem von ∼ 4000 m² Empfangsfläche erforderlich.

Als Quelle des galaktischen Rauschens hatte man nach *Henyey* und *Keenan* (1940) die → frei-frei-Übergänge von Elektronen in der ionisierten → interstellaren Materie in Betracht gezogen. Es zeigt sich aber, daß dann die Elektronentemperatur im interstellaren Medium mindestens 10^5 Grad betragen müßte, was im Widerspruch zu den Beobachtungen im sichtbaren Spektralgebiet steht. Es ist daher anzunehmen, daß das galaktische Rauschen weitgehend nicht-thermischen Ursprung hat und an der Oberfläche aktiver Sterne und an sonstigen lokalen Rauschquellen infolge von Plasmaschwingungen emittiert wird.

2. Auch von der Sonne her erreicht uns eine Radiostrahlung wechselnder Intensität im Wellenlängenbereich zwischen etwa 1 cm und 10 m. Bei $\lambda = 10$ cm (3000 MHz) liegen die beobachteten Intensitäten zwischen etwa 10^{-20} und $2 \cdot 10^{-20}$ W/(m² · Hz), bei $\lambda = 3$ m zwischen $2 \cdot 10^{-22}$ und $2 \cdot 10^{-20}$ W/(m² × Hz). Bei starken Ausbrüchen können diese Werte im Meterwellengebiet kurzzeitig noch um mehrere Zehnerpotenzen übertroffen werden.

Man kann unterscheiden zwischen einer ungestörten nahezu konstanten Strahlung, die von den freien Elektronen der → Sonnenkorona emittiert wird, und einer vor allem bei den Meterwellen auftretenden Störstrahlung, die zum Teil im Zusammenhang mit den → Sonnenflecken und → Eruptionen auftritt. Die konstante thermische Strahlung (frei-frei-Übergänge) läßt sich aus der bekannten Dichteverteilung in der Korona und ihrer Temperatur in guter Übereinstimmung mit der Beobachtung berechnen. Für die optische Dicke τ_λ der Korona bei der Wellenlänge λ [cm] ergibt sich angenähert die Zahlenwertgleichung $\tau_\lambda = 0{,}5 \cdot 10^{-3}\,\lambda^2$, bei $\lambda > 50$ cm ist daher die Korona optisch dick und strahlt wie ein schwarzer Körper von der Elektronentemperatur $0{,}7 \cdot 10^6$ Grad; bei kürzeren Wellenlängen wird die optische Dicke kleiner als 1, und der zu τ_λ proportionalen Koronastrahlung überlagert sich die schwarze Strahlung der → Chromosphäre mit einer Temperatur von rund 10^4 Grad. Bei der Berechnung der ausgestrahlten Intensität ist noch zu berücksichtigen, daß infolge der Brechung der Strahlen in der Korona die Ausbreitung nicht geradlinig erfolgt und die Strahlung nur aus den Teilen kommen kann, wo die Brechungszahl $n_\lambda > 0$ ist. Der Grenzwert $n_\lambda = 0$ wird bei der → Grenzfrequenz mit der Wellenlänge $\lambda_g = 1{,}06 \cdot 10^6 \cdot N^{-1/2}$ [cm] erreicht (N Zahl der freien Elektronen im cm³). Infolge der Absorption und Brechung kommt die Strahlung im Mittel aus um so weiter außen gelegenen Gebieten der Korona, je größer die Wellenlänge ist.

Die Störstrahlung besteht entweder in einem Anstieg des allgemeinen Rauschpegels oder in einzelnen Spitzen wechselnder Stärke und Zeitdauer. Die Störungen sind im allgemeinen am stärksten beim Durchgang einer Sonnenfleckengruppe durch den Zentralmeridian. Die dabei erreichten Intensitäten gehen gewöhnlich bis zum 100fachen der ungestörten Strahlung, können aber bei besonders intensiven Ausbrüchen, wie sie gelegentlich bei chromosphärischen Eruptionen beobachtet sind, noch weit höhere Beträge erreichen. Die Störstrahlung ist meist zirkular polarisiert. Mit der Wellenlänge wächst die Intensität der Störstrahlung im Mittel proportional λ^2. Im allgemeinen erfolgen die kurzzeitigen Ausbrüche bei den verschiedenen Wellenlängen unabhängig voneinander; sie müssen daher aus verschiedenen engbegrenzten Gebieten der Korona stammen. In einigen Fällen hat man beobachtet, daß starke Spitzen bei den verschiedenen Wellenlängen nacheinander auftreten, zuerst bei den kürzeren, dann bei den längeren Wellen. Diese Störungen breiten sich also von unten nach oben in der Korona aus, wobei Ausbreitungsgeschwindigkeiten von gleicher Größenordnung (600 km · s^{-1}) gefunden werden wie die Geschwindigkeit der in den Koronastrahlen ausströmenden Korpuskularstrahlung der Sonne.

Da die Beobachtung der Strahlung wegen ihrer Unabhängigkeit von Wetter und Wolken eine laufende Überwachung der Sonnenaktivität bei $\lambda = 10$ bis 25 cm und der Vorgänge in der Korona bei den Meterwellen gestattet, wird sie sich sicher zu einem der wichtigsten Hilfsmittel der Sonnenforschung entwickeln.

Unsöld, A.: Naturwiss. **34**, 194 (1947). — *Siedentopf, H.:* Radio-Astronomie. Phys. Bl. **7**, 442 (1951). — *Waldmeier, M.:* Naturwiss. **38**, 1 (1951).

Kurzzeitmesser (Behm) →Uhren, ferner →Kurzzeitmessung im *Nachtrag.*

Kutta-Joukowsky-Gleichung. Eine → Zirkulation Γ um ein Stück eines Tragflügels von der Länge l in Richtung der Spannweite erzeugt bei einer Relativgeschwindigkeit v_0 zwischen dem Tragflügel und der Flüssigkeit von der Dichte ϱ eine Kraft senkrecht zur Richtung der Strömung, den → Auftrieb $A = l\,\varrho\,v_0\,\Gamma$. Diese für die Hydrodynamik und die Aerodynamik wichtige Beziehung (*Kutta* 1902, *Joukowsky* 1906) ergibt sich z. B., wenn man die Druckverteilung auf einer Profiloberfläche oder um einen Kreiszylinder berechnet. Im letzteren Falle ist die Geschwindigkeit am Kreisumfang $v = 2\,v_0 \sin\vartheta + \frac{\Gamma}{2\,\pi\,r_0}$ und die Druckverteilung nach der → Bernoullischen Gleichung $\Delta p = \frac{\varrho}{2}(v_0^2 - v^2)$.

Daraus folgt die Querkraft

$$A = l\int_0^{2\pi}(\Delta p\,r_0\,d\vartheta)\sin\vartheta$$

$$= \frac{l\varrho r_0}{2}\int_0^{2\pi}\left[v_0^2 - \left(2v_0\sin\vartheta + \frac{\Gamma}{2\pi r_0}\right)^2\right]\sin\vartheta\,d\vartheta = l\varrho v_0\Gamma.$$

Diese Beziehung gilt zunächst in einer ebenen Strömung, wie sie für einen Flügel von unendlicher Spannweite vorliegt, der in allen Querschnitten gleiches Profil und gleichen Anstellwinkel besitzt. Jedoch auch für Tragflächen endlicher Spannweite ergibt sich, wenn man von Sonderfällen, z. B. bei sehr kleinem Seitenverhältnis, absieht, allgemein

$$\int_{-b}^{+b} A\,dy = \varrho\,v_0\int_{-b}^{+b}\Gamma\,dy.$$

kWh, Symbol für die Energieeinheit → Kilowattstunde.

Kybernetik, von *N. Wiener* eingeführte Bezeichnung für die Erforschung derjenigen Kommunikationsformen, die einerseits beim Menschen als „geistige Funktionen" und andererseits in den Ingenieurwissenschaften als Kontroll-, Steuer- und Fernmeldeverfahren bezeichnet werden. Ihr Ziel ist die Auffindung derjenigen Prinzipien, die der Funktion automatischer Maschinen und menschlicher Nervensysteme gemeinsam sind, und die Entwicklung einer Theorie, die das gesamte Gebiet der Kontrolle, Steuerung und Rückmeldung bei Maschinen und Lebewesen umfaßt.

Wiener, N.: Cybernetics. New York 1948.

Kymographion, ein vorzugsweise zur Registrierung langsamer Schwingungsvorgänge verwendetes Gerät, bei dem berußte Trommeln oder Bänder mittels Hebeln beschrieben werden. Gelegentlich bezeichnet man damit auch optische Registriergeräte.

Kyropoulus-Verfahren zur Züchtung einheitlicher Metallkristalle → Kristallzüchtung.

L

l, Symbol für 1. die Volumeneinheit →Liter, 2. die →Nebenquantenzahl.

L, Symbol der Quantenzahl des gesamten →Bahndrehimpulses der Elektronenhülle des Atoms.

Labilität, das Gegenteil von →Stabilität; *atmosphärische* Labilität, statische →Gleichgewicht, atmosphärisches; dynamische →Instabilität, dynamische.

Labyrinth, das mit Lymphflüssigkeit gefüllte und aus den Bogengängen, dem Vestibulum und der Schnecke (Cochlea) bestehende innere Ohr, das die Funktionen des Gleichgewichts- und Hörorgans in sich vereinigt.

Bütschli, O.: Vorl. über vergleichende Anatomie. Berlin 1921.

Ladung, elektrische (→Elektrizität). Die Ladung wird vielfach als elektrische Grundgröße (Größen, elektrische und magnetische) in der Darstellung der Elektrodynamik mit 4 Grundgrößen betrachtet. Als natürliche Ladungseinheit könnte die →Elementarladung e dienen, deren Ladungsbetrag das Elektron, das Positron und das Proton tragen. Die international angenommene Einheit für die elektrische Ladung oder Elektrizitätsmenge ist das absolute →Coulomb (C_{abs}). Jedes →Äquivalent ($val_{Ch.\,sk.}$) von Ionen trägt oder transportiert die gleiche Ladungsmenge von 96498 C_{abs} (→Faraday-Konstante). Die Ladung ist die wesentlichste Größe des elektrostatischen →Feldes, dessen alleinige Quellen sie darstellt: alle Feldlinien des elektrostatischen Feldes beginnen und enden auf Ladungen.

Ladung der Elementarteilchen. Bisher sind nur neutrale Elementarteilchen und solche mit einer einzigen positiven oder negativen Elementarladung gefunden. Außer im Falle des Protons gibt es zu jedem positiven Teilchen ein negatives gleicher Art. Über die Existenz eines negativen Protons in der kosmischen Strahlung ist nichts Endgültiges bekannt. Gründe für und gegen die Annahme eines solchen Teilchens und die Möglichkeit seiner künstlichen Erzeugung sind in der Literatur diskutiert (→Proton, negatives, im *Nachtrag*). Auch das Verhältnis zwischen neutralen und geladenen Teilchen ist noch nicht geklärt. →Antiteilchen.

Ladung, spezifische, →spezifische Ladung.

Ladungsaustausch im Atomkern, besteht in der Wanderung positiver oder negativer Elementarladungen zwischen den →Nukleonen, bei der sich ständig Protonen und Neutronen ineinander umwandeln. Die Vorstellung stammt aus der Quantentheorie der homöopolaren Bindung, nach der die Valenzbindung in der Chemie (→kovalente Bindung) eine Folge interatomaren Elektronenaustausches ist. Der Ladungsaustausch zwischen Nukleonen ist eine der Ursachen für die Kernbindungskräfte (→Austauschkraft im Atomkern). Träger des Ladungsaustausches sind im Partikelbild geladene →Mesonen bzw. im Wellenbild →Mesonenfelder. Im Gegensatz zur chemischen Bindung ist weder das Proton aus Neutron und positivem Meson noch das Neutron aus Proton und negativem Meson zusammengesetzt. Der Ladungsaustausch im Atomkern gleicht vielmehr dem Lichtquantenaustausch zwischen geladenen Teilchen: Ein Nukleon erzeugt und emittiert ein Meson, welches von einem benachbarten Nukleon wieder absorbiert wird. Besonders zu beachten ist, daß es sich bei dem Ladungsaustausch um einen im Sinne der Quantenmechanik *virtuellen* Prozeß handelt, bei dem sich das Meson in einem Zustand befindet, den es als freies Teilchen nicht einnehmen könnte, weil die beträchtliche Ruhenergie des Mesons (die zwei- bis dreihundertfache der des Elektrons) nicht gedeckt ist. Die Lebensdauer eines virtuellen Zustandes ergibt sich nach der →Ungenauigkeitsrelation für Energie und Zeit aus dem Betrag der ungedeckten Energie. In unserem Fall ist also diese Zeit etwa $\tau = \hbar/(mc^2)$ (m Mesonenmasse). Der maximale in dieser Zeit zurückgelegte Weg $l = c\tau = \hbar/(mc)$ ist ein rundes Maß für die von dem Mesonenaustausch herrührende Reichweite der →Kernkräfte.

Rosenfeld, L.: Nuclear Forces. Amsterdam 1948.

Ladungsdichte, elektrische, freie, induzierte →Elektrizität, wahre, →Flächenladungsdichte; induzierte →Flächenladungsdichte, →Influenz; scheinbare, wahre →Elektrizität, wahre, →Flächenladungsdichte.

Ladungsdichte von Feldern. Lassen sich die Feldgleichungen für ein Feld $\psi_{(M)}$ aus einem Variationsprinzip

$$d\int L\,dx^1\,dx^2\,dx^3\,dx^4 = 0$$

mit der Lagrange-Funktion $L(\psi_{(M)}, \psi_{(M)|k})$ herleiten, so erhält man die Vektordichte der Ladungsstromdichte durch folgenden Ausdruck:

$$\mathfrak{t}^k = -\frac{\partial L}{\partial \psi_{(M)|k}}\,\pi\,\psi_{(M)}.$$

Hierbei ist $\psi_{(M)|k} = \dfrac{\partial \psi_{(M)}}{\partial x^k}$ und π die infinitesimale Eichtransformation des Feldes $\psi_{(M)}$ nach der Gleichung

$$\psi'_{(M)} = -\lambda\,\pi\,\psi_{(M)}, \quad \lambda \ll 1,$$

wobei sich die elektromagnetischen Potentiale transformieren nach:

$$\varphi'_k = \varphi_k - \lambda_{|k}.$$

Die zeitliche Komponente $\mathfrak{t}^4$ dieses Vierervektors ist die Ladungsdichte. Für die Gesamtladung gilt der Erhaltungssatz, daß $\int \mathfrak{t}^4\,dx^1\,dx^2\,dx^3$ konstant ist. Er ist eine Folge der Divergenzrelation $\mathfrak{t}^k{}_{|k} = 0$.

Ersetzt man nach der →Hyperquantisierung die Feldvariablen durch Operatoren, so erhält man die den Observablen zugeordneten Operatoren, deren Eigenwerte die möglichen Meßwerte dieser Observablen sind (z. B. →Quantenelektrodynamik). Die Ladung stellt sich hierbei heraus als ein ganzzahliges Vielfaches einer Grundeinheit, der Elementarladung. Das Feld selber erscheint in der Quantisierung zusammengesetzt aus Korpuskeln, deren Ladung durch die Eigenwerte des Operators $\frac{1}{i}\,\pi$ bestimmt sind.

Ladungseigenwerte →Ladungsdichte von Feldern.

Ladungskapazität eines Akkumulators, das über die Zeit seiner vollständigen Entladung erstreckte Integral $\int_0^t i\,dt = Q$, also die gesamte während seiner Entladung durch jeden Querschnitt seiner Strombahn geflossene Elektrizitätsmenge. Sie beträgt wegen der Energieverluste durch Stromwärme, irreversible stoffliche Umsetzungen usw. nur etwa 95% des gleichen, über die Dauer seiner vollständigen Aufladung erstreckten Integrals (*Stromwirkungsgrad*). Die von einem Akkumulator bei seiner Entladung gelieferte Energie beträgt aus dem gleichen Grunde nur etwa 85% der für seine Ladung aufzuwendenden Energie (*Energiewirkungsgrad*).

Ladungsmessung. 1. Die Ladung Q eines Kondensators kann mittels eines ballistischen Galvanometers gemessen werden, das auf Ladungen $(Q = \int_0^\infty i\,dt)$ geeicht ist.

2. Kleine Ladungen können mit einem auf Spannung geeichten Elektrometer gemessen werden, wenn seine Kapazität nebst derjenigen seiner Zuleitungen (insgesamt C) bekannt ist: $Q = CU$. Zur Ermittlung von C kann man so verfahren, daß man bei konstant gehaltener Ladung Q zu C eine bekannte Kapazität C' hinzuschaltet, die von gleicher Größenordnung wie C ist. Dann sinkt die Spannung von U auf U'. Es ist $Q = CU = (C + C')U'$, also $C = C'U'/(U - U')$.

Ladungsoperator →Ladungsdichte von Feldern.

Ladungsspin. Veränderungen irgendeines physikalischen Systems, das nur zweier Zustände fähig ist, lassen sich mathematisch analog wie der Elektronenspin durch Pauli-Matrizen beschreiben. Das gilt speziell für das System Proton-Neutron und die Umwandlungen zwischen diesen beiden Nukleonenzuständen. Sei $\psi = (\psi_1, \psi_2)$ die Wellenfunktion eines Nukleons, $|\psi_1|^2$ die Wahrscheinlichkeit dafür, daß es ein Proton, und $|\psi_2|^2$ die, daß es ein Neutron ist, seien speziell $\psi_p = (1,0)$ und $\psi_n = (0,1)$ die Wellenfunktionen für Proton und Neutron, so ist der Ladungsoperator, wenn wir die auf die Nukleonenkoordinate wirkenden Pauli-Matrizen mit τ_x, τ_y und τ_z, kurz als Vektor $\vec{\tau}$, bezeichnen: $Q = (1 + \tau_z)/2$ mit den Eigenwerten 1 und 0. Die Matrizen τ_x und τ_y verwandeln Protonen in Neutronen, und umgekehrt. Im einzelnen ergibt die Anwendung von

	τ_x	τ_y	τ_z
auf ψ_p:	ψ_n	$-i\,\psi_n$	ψ_p
ψ_n:	ψ_p	$+i\,\psi_p$	$-\psi_n$

Rosenfeld, L.: Nuclear Forces. Amsterdam 1948.

Ladungssymmetrie. Die Tatsache, daß die Kernkräfte unabhängig von der Ladung sind, bezeichnet man als Ladungssymmetrie. Die Kernkräfte werden durch ein →Mesonenfeld hervorgerufen. Damit diese Kräfte nun die Bedingung der Ladungssymmetrie erfüllen, muß das Mesonenfeld einschließlich seiner Kopplung mit den Nukleonen invariant sein gegenüber einer Transformationsgruppe, die sich als Drehgruppe in einem dreidimensionalen Raum, dem →isotopen Spinraum, deuten läßt.

Ladungsteilung. Wird eine Ladung Q auf einen Kondensator der Kapazität C_1 aufgebracht, so stellt sich an diesem Kondensator eine Spannung $U_1 = Q/C_1$ ein. Schaltet man dann einen zweiten Kondensator der Kapazität C_2 parallel zu dem ersten, so erniedrigt sich die Spannung der Kondensatoren auf $U_2 = Q/(C_1 + C_2)$, wobei die Ladung Q sich auf die beiden Kondensatoren im Verhältnis ihrer Kapazitäten verteilt: $Q_1/Q_2 = C_1/C_2$ mit $Q = Q_1 + Q_2$. Die Methode der Ladungsverteilung wird angewandt beim Vergleich oder zur Messung der Kapazität von Kondensatoren. Beispielsweise sei C_1 bekannt und C_2 zu bestimmen. Mißt man mit einem Elektrometer von gegenüber C_1 und C_2 vernachlässigbarer Kapazität U_1 und U_2, so berechnet sich die gesuchte Kapazität zu $C_2 = C_1(U_1 - U_2)/U_2$. Eine nicht mehr zu vernachlässigende Elektrometerkapazität kann durch eine entsprechende dritte Ladungsteilermessung eliminiert werden; ebenso ist bei genauen Messungen der Einfluß der Zuführungsdrähte zu berücksichtigen.

Ladungsträger, allgemeine Bezeichnung für elektrisch geladene, insbesondere atomare und molekulare Teilchen (Elektronen, Ionen).

Ladungswolke.

$$w(\mathfrak{r}) = \sum_{j=1}^{n} \int \cdots \int |\psi(\mathfrak{r}_1 \ldots \mathfrak{r}_{j-1}, \mathfrak{r}, \mathfrak{r}_{j+1}, \ldots, \mathfrak{r}_n)|^2 \times \times d\mathfrak{r}_1 \ldots d\mathfrak{r}_{j-1}\, d\mathfrak{r}_{j+1} \ldots d\mathfrak{r}_n$$

ist die Wahrscheinlichkeitsdichte von n Elektronen im Zustand $\psi(\mathfrak{r}_1, \mathfrak{r}_2, \ldots, \mathfrak{r}_n)$, d. h. $w(\mathfrak{r})\, d\mathfrak{r}$ ist die Wahrscheinlichkeit, im Volumelement $d\mathfrak{r}$ ein Elektron bei einer Messung anzutreffen. Die Dichteverteilung $w(\mathfrak{r})$ bezeichnet man anschaulich als Elektronenwolke und $e w(\mathfrak{r})$ (e Elementarladung) als Ladungswolke. Wenn man auch bei vielen energetischen Betrachtungen mit Nutzen die Vorstellung der Ladungswolke als kontinuierliche Ladungsverteilung anwenden kann, so ist doch eindeutig festzustellen, daß sie nur *statistischen* Charakter hat.

Ladungszahl = →Kernladungszahl.

Lageenergie = →potentielle Energie.

Lagegenauigkeit →Fehlerellipse, →Punktfehler.

Lagekoordinaten, die Koordinaten, die zur eindeutigen Beschreibung der Lage eines Massenpunktes oder eines Systems solcher erforderlich sind. Bei *einem* Massenpunkt sind so viel Koordinaten notwendig, wie die Zahl seiner →Freiheitsgrade beträgt, für einen frei im Raum beweglichen also drei, etwa die drei kartesischen Koordinaten. Statt ihrer benutzt man indessen aus Zweckmäßigkeitsgründen oft andere, z. B. sphärische oder Zylinderkoordinaten. Unterliegt der Massenpunkt irgendwelchen →Bindungen, so verringert jede →Bedingungsgleichung die Anzahl der Lagekoordinaten um 1. Zur Beschreibung der Lage eines Systems von n freien Massenpunkten sind also $3n$ Koordinaten erforderlich. Bestehen $m < 3n$ Nebenbedingungen, so verringert sich die Anzahl jener auf $3n - m$.

Lagrange-Funktion →Lagrangesche Bewegungsgleichungen.

Lagrange-Gleichungen (hydrodyn.). Für die Aufgabe, die Bahnen der Flüssigkeitsteilchen in den Koordinaten x, y, z in Abhängigkeit von der Zeit t anzugeben, verwendet man zweckmäßig (rechtwinklige oder generalisierte) Anfangskoordinaten a, b, c, welche die Lage der Teilchen im Zeitpunkt $t = t_0 = 0$ bestimmen. An die Stelle der „substantiellen" Differentialquotienten der →Eulerschen Gleichungen $\frac{du}{dt} = \frac{d^2 x}{dt^2}$ usw. treten die partiellen Differentialquotienten $\frac{\partial^2 x}{\partial t^2}$ usw., wobei auch die äußeren Kräfte und der Druck als abhängig von a, b, c und t zu betrachten sind. Hieraus folgt

$$\frac{\partial^2 x}{\partial t^2}\frac{\partial x}{\partial a} + \frac{\partial^2 y}{\partial t^2}\frac{\partial y}{\partial a} + \frac{\partial^2 z}{\partial t^2}\frac{\partial z}{\partial a} = X\frac{\partial x}{\partial a} + Y\frac{\partial y}{\partial a} + Z\frac{\partial z}{\partial a} - \frac{1}{\varrho}\frac{\partial p}{\partial a} \qquad (1\text{a})$$

und entsprechend

$$\frac{\partial^2 x}{\partial t^2}\frac{\partial x}{\partial b} + \cdots \qquad (1\text{b})$$

und

$$\frac{\partial^2 x}{\partial t^2}\frac{\partial x}{\partial c} + \cdots \qquad (1\text{c})$$

Haben die äußeren Kräfte ein Potential U, so wird

$$X\frac{\partial x}{\partial a} + Y\frac{\partial y}{\partial a} + Z\frac{\partial z}{\partial a} = -\frac{\partial U}{\partial a} \qquad (2)$$

usw. Da die freie Oberfläche einer Flüssigkeit stets aus denselben Flüssigkeitsteilchen besteht, ist das Lagrangesche Gleichungssystem z. B. für die Untersuchung der instationären Bewegungen an freien Oberflächen geeignet. Für die Lösung derartiger Aufgaben muß auch die →Kontinuitätsgleichung in den unabhängigen Veränderlichen a, b, c und t ausgedrückt werden. Mit Hilfe der Jacobischen Determinante

$$D = \frac{\partial(x, y, z)}{\partial(a, b, c)} = \begin{vmatrix} \frac{\partial x}{\partial a} & \frac{\partial y}{\partial a} & \frac{\partial z}{\partial a} \\ \frac{\partial x}{\partial b} & \frac{\partial y}{\partial b} & \frac{\partial z}{\partial b} \\ \frac{\partial x}{\partial c} & \frac{\partial y}{\partial c} & \frac{\partial z}{\partial c} \end{vmatrix} \qquad (3)$$

lautet diese für die Flüssigkeitsmenge

$$m = \int \varrho\, dx\, dy\, dz = \int \varrho\, D\, da\, db\, dc$$

$$\frac{\partial}{\partial t}[\varrho D] = 0. \qquad (4)$$

Für $t = t_0 = 0$ und $\varrho = \varrho_0$ ist $D = 1$. Somit wird die Kontinuitätsgleichung $\varrho D = \varrho_0$ und speziell für volumenbeständige Flüssigkeiten $D = 1$.

Lagrangesche Bewegungsgleichungen. Die Bewegung eines aus n Massenpunkten m_i ($i = 1, 2, \ldots, n$) bestehenden Punktsystems, das den $m < 3n$ Bedingungsgleichungen $\varphi_j(x_i, y_i, z_i) = \varphi_j(\mathfrak{r}_i) = 0$ ($j = 1, 2, \ldots, m$) unterworfen ist ($\mathfrak{r}_i$ Ortsvektor mit den Komponenten x_i, y_i, z_i nach dem i-ten Massenpunkt), wird gemäß dem →d'Alembert-Prinzip durch die Bewegungsgleichungen $\mathfrak{K}_i - m_i \ddot{\mathfrak{r}}_i + \sum_{j=1}^{m} \lambda_j \operatorname{grad}_i \varphi_j = 0$ beschrieben. Darin ist $\mathfrak{K}_i$ die Resultierende aller auf den i-ten

Massenpunkt einwirkenden Teilkräfte. Dies sind die *Lagrangeschen Bewegungsgleichungen 1. Art.* Sie sind Differentialgleichungen für die n Unbekannten $\mathfrak{r}_i(t)$. Da die Gleichungen außer den n Größen $\ddot{\mathfrak{r}}_i$ noch die m Multiplikatoren λ_f enthalten, so sind zur eindeutigen Lösung noch weitere Gleichungen erforderlich. Dazu dienen die m Bindungen $\varphi_f(\mathfrak{r}_i) = 0$. Aus diesem System von $n+m$ Gleichungen lassen sich die $\mathfrak{r}_i$ und die λ_f berechnen. Letztere interessieren oft, weil sie den →Zwangskräften, durch die man die Bindung ersetzen kann, proportional sind. Wenn nämlich $\mathfrak{Z}_i$ die auf den i-ten Massenpunkt wirkende Zwangskraft ist, so gilt nach dem d'Alembertschen Prinzip: $\mathfrak{Z}_i = \sum_{f=1}^{m} \lambda_f \frac{\partial \varphi_f}{\partial \mathfrak{r}_i} = \sum_{f=1}^{m} \lambda_f \operatorname{grad}_i \varphi_f(\mathfrak{r}_i)$. Andererseits ist nach dem →Wechselwirkungsgesetz die Zwangskraft entgegengesetzt gleich der Kraft, die die Massenpunkte auf den Mechanismus (Führung) ausüben, der der jeweiligen Nebenbedingung entspricht. Man nennt diese rückwirkenden Kräfte daher Reaktionskräfte. Wenn sie auch oft von großer praktischer Bedeutung sind, ist ihre Kenntnis für die Ermittlung der stattfindenden Bewegung nicht erforderlich.

Die Lagrange-Gleichungen 1. Art gelten nicht nur für holonome, sondern für beliebig geartete Bedingungsgleichungen, von denen übrigens jeder Typus gleichzeitig neben den anderen bestehen kann. Wenn skleronome, also die Zeit t enthaltende Bindungen vorliegen, ist (→Prinzip der virtuellen Verschiebung) t nicht zu variieren, sondern konstant zu halten. Aus den Lagrange-Gleichungen 1. Art läßt sich eine andere Form herleiten, wenn man statt der $3n$ unfreien Koordinaten x_i, y_i, z_i $(i = 1, 2, \ldots, n)$ die $f = 3n - m$ →generalisierten Koordinaten q_k $(k = 1, 2, \ldots, f)$ einführt. Die x_i, y_i, z_i mögen mit den q_k durch die Beziehungen $x_i = x_i(q_k, t)$ verknüpft sein. Dann gehen die Lagrange-Gleichungen über in $\frac{d}{dt}\left(\frac{\partial T}{\partial \dot{q}_k}\right) - \frac{\partial T}{\partial q_k} = \sum_i \left[(\mathfrak{K}_i + \mathfrak{Z}_i)\frac{\partial \mathfrak{r}_i}{\partial q_k} + \cdots\right]$. In ihnen ist $T = T(q_k, \dot{q}_k, t)$ die kinetische Energie des mechanischen Systems, ausgedrückt als Funktion der generalisierten Koordinaten q_k und Geschwindigkeiten $\dot{q}_k$ und ggf. der Zeit t. Nun verlangt aber das d'Alembert-Prinzip, daß $\sum \mathfrak{Z}_i\, \delta x_i = \sum \mathfrak{Z}_i \frac{\partial \mathfrak{r}_i}{\partial q_k}\, \delta q_k = 0$ ist. Also verbleibt auf der rechten Seite $\sum \mathfrak{K}_i \frac{\partial \mathfrak{r}_i}{\partial q_k} = \sum \left(X_i \frac{\partial x_i}{\partial q_k} + Y_i \frac{\partial y_i}{\partial q_k} + Z_i \frac{\partial z_i}{\partial q_k}\right)$. Führt man für diesen Ausdruck die Größe $Q_k(q_k, t)$ ein, die eine bekannte Funktion der $q_k, \dot{q}_k$ und ggf. der Zeit t ist und als →generalisierte Kraft bezeichnet wird, so nehmen die Gleichungen schließlich die Form $\frac{d}{dt}\left(\frac{\partial T}{\partial \dot{q}_k}\right) - \frac{\partial T}{\partial q_k} = Q_k$ an. Diese f Beziehungen sind die *Lagrangeschen Bewegungsgleichungen 2. Art.* Sie lassen sich auf eine noch etwas einfachere Form bringen, wenn $\mathfrak{K}_i$ aus einem Potential $U(\mathfrak{r}_i)$ ableitbar ist. Dann muß gelten: $\mathfrak{K}_i = -\operatorname{grad}_i U$; also wird die generalisierte Kraftkomponente $Q_k = -\sum \frac{\partial U}{\partial \mathfrak{r}_i} \frac{\partial \mathfrak{r}_i}{\partial q_k} = -\frac{\partial U}{\partial q_k}$. Ist insbesondere $\frac{\partial U}{\partial \dot{q}_k} = 0$, so kann man mit Benutzung der Funktion $L = T - U$ schließlich die Bewegungsgleichungen schreiben: $\frac{d}{dt}\left(\frac{\partial T}{\partial \dot{q}_k}\right) - \frac{\partial L}{\partial q_k} = \frac{d}{dt}\left(\frac{\partial L}{\partial \dot{q}_k}\right) - \frac{\partial L}{\partial q_k} = 0$. Die Größe $L = L(q_k, \dot{q}_k, t)$ nennt man die *Lagrange-Funktion* des Systems oder auch sein *kinetisches Potential.*

Enthalten die das System beeinflussenden Kräfte Anteile, die nicht aus einem Potential herleitbar sind (z. B. bei geschwindigkeitsabhängigen Kräften, etwa Reibungskräften), so gelten im allgemeinen die Lagrange-Gleichungen 2. Art in der zuletzt angegebenen Form nicht, da dann auf der rechten Seite der Teil $\overline{Q}_k$ der Kräfte, die kein Potential haben, übrigbleibt. In manchen Spezialfällen gelingt es aber auch, eine Funktion $\overline{U}$ zu finden, derart, daß $\frac{d}{dt}\left(\frac{\partial \overline{U}}{\partial \dot{q}_k}\right) - \frac{\partial \overline{U}}{\partial q_k} = \overline{Q}_k$ wird, so daß dann mit der neuen Lagrange-Funktion $\overline{L} = T - U - \overline{U}$ wiederum die Gleichungen in der Form $\frac{d}{dt}\left(\frac{\partial \overline{L}}{\partial \dot{q}_k}\right) = \frac{\partial \overline{L}}{\partial q_k}$ gelten. (Ein Beispiel für eine geschwindigkeitsabhängige Kraft, bei der dies möglich ist, ist die →Lorentz-Kraft $\mathfrak{K} = -e\left\{\frac{1}{c}[\mathfrak{v}\mathfrak{H}] - \mathfrak{E}\right\}$, die eine mit der Geschwindigkeit $\mathfrak{v}$ bewegte elektrische Ladung e in einem elektrischen Felde $\mathfrak{E}$ und einem magnetischen $\mathfrak{H}$ erfährt.)

Während die Lagrange-Gleichungen 1. Art für beliebige, also auch nichtholonome rheonome Bedingungsgleichungen gelten, ist dies bei den Lagrange-Gleichungen 2. Art nicht der Fall, da ihre obige Herleitung aus jenen nur beim Bestehen von *holonomen* Nebenbedingungen durchführbar ist. Diese werden durch die Benutzung der generalisierten Koordinaten eliminiert. Liegen indessen noch nichtholonome Bindungen vor, so gehen diese in die Gleichungen ein. Lauten die Nebenbedingungen $\sum \alpha_{lk}\, dq_k - \alpha_r\, dt = 0$ $(l = 1, 2, \ldots, m = $ Anzahl der Bindungen), so ergeben sich als Lagrange-Gleichungen $\frac{d}{dt}\left(\frac{\partial T}{\partial \dot{q}_k}\right) - \frac{\partial T}{\partial q_k} = Q + \sum_k \lambda_k \alpha_{lk}$.

Man kann die Lagrange-Gleichungen auch in →Quasikoordinaten schreiben, womit man ihre allgemeinste Form erhält (*L. Boltzmann, G. Hamel*).

Hamel, G.: Mechanik. Berlin 1949. — *Schaefer, Cl.:* Theoret. Physik I. Berlin 1944.

Lagrangesche Differentialgleichung, Differentialgleichungen 1. Ordnung von der Form $y = x\, f(y') + g(y')$, in der f und g Funktionen der Ableitung y' sind. Setzt man $y' = p$, so läßt sich das allgemeine Integral der Differentialgleichung als $x = x(p)$ ausdrücken. Es ist

$$x = e^{-\int \frac{f'(p)}{f(p)-p}\, dp} \left\{C - \int \frac{g'(p)}{f(p)-p}\, e^{\int \frac{f'(p)\, dp}{f(p)-p}}\, dp\right\}.$$

Lagrangesche Interpolationsformel nennt man den Ausdruck

$$y(x) = y_0 \frac{(x - x_1)(x - x_2)\ldots(x - x_n)}{(x_0 - x_1)(x_0 - x_2)\ldots(x_0 - x_n)} + y_1 \frac{(x - x_0)(x - x_2)\ldots(x - x_n)}{(x_1 - x_0)(x_1 - x_2)\ldots(x_1 - x_n)} + \cdots + y_n \frac{(x - x_0)(x - x_1)\ldots(x - x_{n-1})}{(x_n - x_0)(x_n - x_1)\ldots(x_n - x_{n-1})}.$$

Er liefert eine ganze Funktion n-ten Grades, die für die $n + 1$ (voneinander verschiedenen) Argumente $x = x_0, x_1, x_2, \ldots, x_n$ ($x_i \neq x_k$) die Werte $y = y_0, y_1, y_2, \ldots, y_n$ annimmt. Geometrisch stellt die Lagrangesche Interpolationsformel eine Parabel n-ter Ordnung dar, die durch die $n + 1$ Punkte $P_0(x_0 y_0), P_1(x_1 y_1), \ldots, P_n(x_n y_n)$ geht. Handelt es sich bei diesen etwa um empirisch gefundene Werte, so stellt $y(x)$ ein angenähertes Gesetz dar, das den zwischen den Größen x und y bestehenden funktionalen Zusammenhang zum Ausdruck bringt. Eine andere Gleichung, die dasselbe leistet, ist das →Newtonsche Interpolationsgesetz.

Laguerre-Polynome nennt man die Koeffizienten, die in der Entwicklung der Funktion $\Phi(x, p) = e^{-\frac{xp}{1-p}}/(1 - p)$ nach steigenden Potenzen des Parameters p auftreten. Setzt man $\Phi(x, p) = \sum_{n=0}^{\infty} L_n(x) \frac{p^n}{n!}$, so wird $L_n(x) = n! \sum_{k=0}^{n} \frac{(-1)^k}{k!} \binom{n}{k} x^k$ $= (-1)^n \left[x^n - \frac{n^2}{1!} x^{n-1} + \frac{n^2(n-1)^2}{2!} x^{n-2} + \cdots + (-1^n) n! \right]$. Damit äquivalent ist die Darstellung $L_n(x) = e^x \frac{d^n (x^n e^{-x})}{d x^n}$. Für die ersten Polynome ergibt sich aus der Rekursionsformel: $L_0(x) = 1$, $L_1(x) = -x + 1$, $L_2(x) = x^2 - 4x + 2$, $L_3(x) = -x^3 + 9x^2 - 18x + 6, \ldots$ usw. Die Laguerreschen Polynome genügen der homogenen Differentialgleichung 2. Ordnung: $xL_n'' + (1 - x)L_n' + nL_n = 0$ ($n = 0, 1, 2, \ldots$). Multipliziert man $L_n(x)$ mit $e^{-x/2}$, so erhält man das System der im Intervall $0 \leqq x \leqq \infty$ definierten Laguerre-Funktionen $y_n = L_n(x)\, e^{-x/2}$. Die y_n sind →Orthogonalfunktionen, d. h. je zwei y_i, y_k mit verschiedenem Index $i \neq k$ erfüllen die Orthogonalitätsrelation $\int_0^\infty L_i(x) L_k(x)\, e^{-x}\, dx = 0$. Im Falle gleicher Indizes gilt die *Normierungsbeziehung* $\int_0^\infty e^{-x} L^2(x) dx = (n!)^2$. Die y_n genügen einer ebenfalls homogenen Differentialgleichung 2. Ordnung $x y_n'' + y_n' + \left(\frac{1}{2} + n - \frac{x}{4}\right) y_n = 0$.

Lense, J.: Reihenentwicklung in d. math. Physik. Berlin 1947. — *Courant, R.,* u. *D. Hilbert:* Methoden d. math. Physik I. Berlin 1937. — *Sommerfeld, A.:* Vorl. über theoret. Physik VI. Leipzig 1947.

Lalande-Element (→Elemente, galvanische). *Stofflicher Aufbau. Negativer Pol:* Zink in Natronlauge. Potentialbestimmend sind die Zink-Ionen. *Positiver Pol:* Kupfer/Kupferoxyd in Natronlauge. Potentialbestimmend sind die Kupfer-Ionen.

Bei Stromentnahme löst man am anodisch belasteten negativen Pol Zink zu Zinkat auf, am kathodisch belasteten positiven Pol wird Kupferoxyd zu Kupfer reduziert. Der *gesamte Strom-Stoff-Umsatz* je F ist also

$$\tfrac{1}{2}\,\mathrm{CuO} + \tfrac{1}{2}\,\mathrm{Zn} + \tfrac{1}{2}\,\mathrm{OH^-} \rightarrow \tfrac{1}{2}\,\mathrm{Cu} + \tfrac{1}{2}\,\mathrm{ZnO_2H^-}.$$

Nach anderen Literaturangaben geht die Reduktion nur bis zum Kupferoxydul. Durch mäßiges Erwärmen kann das gebildete fein verteilte Kupfer bzw. Kupferoxydul wieder zu Kupferoxyd oxydiert, die positive Elektrode also regeneriert werden. Die *Ruhespannung* des Lalande-Elements beträgt etwa 1 V. Als *Arbeitsspannung* wird 0,85 bis 0,80 V (je nach Belastung) angegeben. Nach längerer Stromentnahme sinkt die Spannung auf 0,70 bis 0,60 V.

Lalande-Elemente wurden unter verschiedenen Namen (z. B. Kupron- oder Delef-Element) in den Handel gebracht und werden in größeren Einheiten u. a. zu Eisenbahnsicherungszwecken benutzt.

Drucker, C., u. *A. Finkelstein:* Galvan. Elemente u. Akkumulatoren. Leipzig 1932. — *Güntherschulze, A.:* Galvan. Elemente. Halle 1928.

lambert, in den englisch sprechenden Ländern gebräuchliche Einheit für die →Leuchtdichte: 1 lambert $\equiv 1/\pi$ sb $= 10^4$ asb (→Stilb, →Apostilb).

Lambert-Beersches Gesetz. Die *Absorption* monochromatischen Lichtes durch einen homogenen Stoff (einheitlicher Stoff oder Lösung bestimmter Konzentration) steht in einem quantitativen Zusammenhang mit der durchstrahlten Schichtdicke: durch gleiche Schichtdicken dD werden gleiche Bruchteile $d\Phi/\Phi$ des eindringenden Lichtstromes Φ absorbiert (*Lambertsches Gesetz* $-d\Phi/\Phi = K_1\, dD$). Die Konstante K_1 ist bei vielen Lösungen der Konzentration c des gelösten Stoffes proportional $-d\Phi/\Phi = K_2 c\, dD$ bzw. $\Phi = \Phi_0 \exp(-K_2 c D)$. Die Schwächung des Lichtes ist also außer von K_2 nur von dem Produkt cD, d. h. von der Zahl der gelösten Moleküle, abhängig (*Beersches Gesetz*).

Lambertsches Gesetz 1. →Kosinusgesetz, 2. →Lambert-Beersches Gesetz.

Lambshift →Wasserstoffspektrum.

Lamésche Konstanten →Elastizitätskonstanten.

Lamellendoppelbrechung → Formdoppelbrechung.

Laminarbewegung. Während in einer ruhenden Flüssigkeit und in der bewegten →idealen Flüssigkeit nur →hydrostatische Drucke vorhanden sind, wirken in den Strömungsfeldern natürlicher Flüssigkeiten und Gase auch Kräfte zwischen benachbarten, sich relativ zueinander bewegenden Flüssigkeitsschichten. Diese Scherkräfte zwischen zwei um die Strecke dy voneinander entfernten Schichten, die eine um den Betrag du verschiedene Geschwindigkeit besitzen, wird dem Geschwindigkeitsgefälle du/dy und dem Zähigkeitskoeffizienten η proportional angenommen $\tau = \eta \frac{du}{dy}$ (*Newton*). Mit dieser Kennzeichnung der Kraftwirkungen lassen sich bereits wichtige, einfache Strömungsformen (Laminar- oder Schichtenströmungen) behandeln, bei denen die Flüssigkeitsschichten übereinander hinweggleiten, z. B. die →Poiseuille-Strömung. Wenn bei Relativbewegungen von Körpern in zähen Flüssigkeiten die Trägheitskräfte gegenüber den Druck- und Reibungskräften vernachlässigt werden können, halten sich die letzteren das Gleichgewicht, so daß bei geometrischer Ähnlichkeit von Strömungsvorgängen auch die mechanische Ähnlichkeit gegeben ist. Nach den →Ähnlichkeitsgesetzen verhalten sich in diesen Fällen die Reibungs- bzw. Widerstandskräfte wie das Produkt $\eta v l$. Die Stokessche Lösung für die Bewegung einer Kugel vom Radius R ergibt einen Widerstand

$$W = 6 \pi \eta\, v R$$

und bei einer Dichte ϱ_1 der Kugel gegenüber der Dichte ϱ_2 der umgebenden Flüssigkeit eine Fallgeschwindigkeit

$$u = \frac{2}{9} \frac{\varrho_1 - \varrho_2}{\eta} g R^2.$$

Diese Beziehungen gelten nur für Reynoldssche Zahlen $Re < 1$, z. B. für feinen Nebel. Die Trägheitskräfte können ferner vernachlässigt werden bei Strömungen von Wasser und Luft durch Sand (Grundwasserströmungen), bei Strömungen in einem engen Spalt zwischen parallelen Wänden (→Hele-Shaw-Versuch) und bei den Problemen der →Schmiermittelreibung.

Laminar-Dispersoide →disperse Systeme.

Laminargitter →Ultrarotspektrometer.

Landéscher g-Faktor. Das magnetische Moment eines Atoms mit der Bahndrehimpulsquantenzahl L und der Spindrehimpulsquantenzahl S und Gesamtdrehimpulsquantenzahl J ist proportional dem Gesamtdrehimpuls. Ist $M = J, J-1, \ldots, -J$ die Quantenzahl der Komponente des Drehimpulses in Richtung eines Magnetfeldes, so ist die Komponente des magnetischen Momentes gleich $\mu_B g M$ (μ_B Bohrsches →Magneton). g ist der Landésche g-Faktor der nach der Quantentheorie in Übereinstimmung mit der Erfahrung

$$g = 1 + \frac{J(J+1) - L(L+1) + S(S+1)}{2J(J+1)}$$

ist.

Landésche Intervallregel →Intervallregel.

Landolt-Ringe (Abb.), dienen an Stelle der veralteten Buchstabentafeln zur Ermittlung der →Sehschärfe. Es handelt sich um Kreisringe, meist um schwarze Ringe auf weißem Untergrund,

Landolt-Ringe.

die an einer Stelle eine Öffnung von der Größe der Ringdicke besitzen. Auf Tafeln, die der Sehschärfeprüfung dienen, sind derartige Ringe von verschiedener Größe und unterschiedlicher Lage der Ringöffnung enthalten. Die Versuchsperson muß die jeweilige Stellung der Ringöffnung ermitteln.

Landwind →thermische Winde.

Längenabhängigkeit der Ionosphäre. Da der Zustand der →Ionosphäre, insbesondere die Elektronendichte in den einzelnen →Schichten, vom Sonnenstand abhängt, ergibt sich eine Längenabhängigkeit entsprechend dem Unterschied der Ortszeit. Daneben besteht noch eine echte Längenabhängigkeit insofern, als die Tagesgänge an verschiedenen Punkten in gleicher geogr. Breite voneinander abweichen, und zwar sind z. B. die Werte über Ostasien höher als über Amerika. Man kann daher Zeit und geogr. Länge nicht ohne weiteres vertauschen. Für praktische Zwecke teilt man die Erde in die E- (east) und W- (west) Zone und die dazwischenliegenden I- (intermediate) Zonen ein. Die E-Zone umfaßt Asien und Australien, die W-Zone Nord- und Südamerika, die I-Zonen Europa und Afrika bzw. Neuseeland und Alaska. Der Grund für die Längenabhängigkeit ist wahrscheinlich, daß nicht nur die geographische, sondern auch die geomagnetische Breite für den Zustand der Ionosphäre maßgebend ist.

Langendfarben →Optimalfarbe.

Längendilatation →Dilatation.

Längeneffekt bei der kosmischen Strahlung, die Variation des →Breiteneffektes mit der geographischen Länge, hervorgerufen durch die Unregelmäßigkeit des Erdfeldes. (Der Mittelpunkt des magnetischen Dipols der Erde fällt nicht mit dem Mittelpunkt der Erde zusammen.) Der Breiteneffekt erreicht im Meeresniveau sein Maximum mit 14% in der Nähe der Philippinen und sein Minimum mit 7% in der Gegend Perus. Dieser Unterschied ist der Längeneffekt.

Literatur →kosmische Strahlung.

Längeneinheiten. Als Längeneinheiten wurden ursprünglich Längen benutzt, die von Abmessungen des menschlichen oder tierischen Körpers oder solchen der täglichen Umgebung und Tätigkeit des Menschen abgeleitet sind, wie z. B. →Zoll, →Fuß, Elle, Klafter, Roßhaarbreite, Steinwurf usw. Die von Gliedmaßen des Menschen abgeleiteten Maße wurden teilweise in Maßstäben verkörpert, und zwar entweder als Durchschnittswerte einer Anzahl von Personen oder als menschliche Maße des Landesherrn. Da diese Maße aber sehr schwankend waren und bei den einzelnen Stämmen und Völkern sehr verschieden ausfielen, bemühte man sich um die Auffindung und Herstellung von Maßen, welche von den speziellen Eigenschaften einzelner Individuen unabhängig sind.

Diese Bestrebungen führten zum internationalen →Meter, welches in seiner Definition und Verkörperung dem →Urmeter oder →mètre des archives der französischen Nationalversammlung nachgebildet (→Meterprototyp) war und von der →Meterkonvention als für die Signatarstaaten dieses metrologischen Vertragswerkes verbindlich angenommen wurde. Es wird durch einen Platin-Iridium-Stab definiert und verkörpert und ist außerdem noch durch einen Wellenlängenanschluß (→Wellenlängennormal) bestimmbar.

Eine weitere wichtige Verkörperung eines Längenmaßes stellt das Imperial Standard Yard (→yard) dar, welches die Definitionsgrundlage des englischen Zoll-Systems bildet. Als spezielle, für die Wissenschaft bedeutsame Längeneinheiten sind noch das Internationale →Ångström als spektroskopisches Längenmaß der Astrophysik und Physik und die Siegbahnsche →X-Einheit als Längenmaß der Röntgenspektroskopie zu nennen; das erstere wird durch die Wellenlänge der roten Cadmiumlinie in →Normalluft, das zweite durch die Gitterkonstante des →Kalkspatkristalls bestimmt.

Längenmaße →Längeneinheiten.

Längenmessungen. Zur Verkörperung der →Längeneinheit dienen Längennormale (*Maßstäbe*); sie werden aus verschiedenen Materialien, Metall, Glas, Holz hergestellt, je nachdem man eine größere oder kleinere Meßgenauigkeit und Unveränderlichkeit verlangt. Sie sind entweder *Strichmaße* oder →*Endmaße*. Auf den ersteren ist die zu verkörpernde Länge durch die Entfernung zweier Striche, an den letzteren durch den Abstand der Begrenzungsflächen gegeben. Längennormale haben im allgemeinen die Form von Stäben; kürzere Endmaße kommen auch als Platten oder als Zylinder vor, deren Durchmesser dann die normale Länge darstellt. Für geodätische Zwecke werden sehr lange Strichmaße in der Form von Drähten oder Bändern (*Bandmaße*) benutzt.

Maßstäbe sollen einen so großen Querschnitt haben, daß sie sich auch dann nicht durchbiegen, wenn ihre Unterlage nicht vollkommen eben ist. Um an Material zu sparen und das Gewicht zu verringern, gibt man besseren Maßstäben vielfach X- oder H-förmigen Querschnitt. Die internationalen Meternormale und ihre nationalen Kopien (→Meter) haben den in der Abb. abgebildeten Querschnitt. Das ganze Profil ist in einem Quadrat von 20 mm Seitenlänge enthalten; das Metall hat meist eine Stärke von 3 mm; nur der Unterbau ist etwas geschwächt, um den Querschnittsschwerpunkt in die Ebene *a* der Teilung zu bringen, welche genau in halber Höhe des Maßstabes liegt. Die Ebene der Teilung fällt auf diese Weise mit der neutralen Faser (→Biegung) zusammen, wodurch die größtmögliche Unabhängigkeit des Abstandes der Striche von allen Durchbiegungswirkungen erreicht ist.

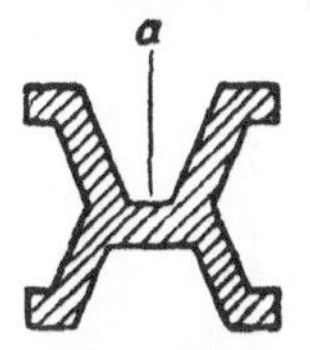

Querschnitt des internationalen Meternormals.

Da die Länge eines Maßstabes von der Temperatur abhängig ist, so hat er nur bei einer ganz bestimmten Temperatur seine Sollänge. Messingmaßstäbe ändern ihre Länge für 1° Temperaturdifferenz um 19 Millionstel ihres Wertes, also 1 m um 0,019 mm, Maßstäbe aus Invar (64% Eisen, 36% Nickel) dagegen nur um 0,001 bis 0,002 mm/m. Zur Charakterisierung eines Maßstabes genügt es also nicht, seine Länge bei der Normaltemperatur 0°C anzugeben, sondern man muß auch noch seinen Ausdehnungskoeffizienten kennen. Dies führt zu der vollständigen *Gleichung des Maßstabes*. Diese lautet für die seinerzeit dem Deutschen Reiche zugefallene Kopie des Meters

$$l\,(\mathrm{Pr}\ 18) = 1\,\mathrm{m} - 1{,}50\,\mu + (8{,}621\,t + 0{,}00180\,t^2)\,\mu,$$

wo t der in °C gemessene Zahlenwert der jeweiligen Temperatur des Maßstabes ist.

Um die Gleichung eines Maßstabs abzuleiten, vergleicht man ihn mit einem anderen Maßstab bekannter Länge. Endmaße legt man zu diesem Zweck, das unbekannte und das bekannte nacheinander, in eine *Lehre*, deren einer Anschlag fest, und deren anderer Anschlag beweglich ist (Schublehre). Die Stellung des freien Anschlages wird an einem *Nonius* abgelesen. Eine Verfeinerung der Messung kann dadurch erzielt werden, daß man den freien Anschlag durch eine Mikrometerschraube bewegt (Schraubenmikrometer). Die höchste Verfeinerung der Messung erreicht man, wenn man auch den zweiten Anschlag unbeweglich macht und die Entfernung zwischen ihm und der Maßstab-Endfläche mittels Interferenzerscheinungen in Lichtwellenlängen auswertet.

Strichmaße vergleicht man am einfachsten durch Aneinanderlegen der Teilungen, indem man schätzt, wieviel der eine Maßstab an jedem Ende länger oder kürzer ist als der andere. Eine andere Art der Vergleichung besteht darin, daß man die eine Länge in einen Zirkel, am besten einen Stangenzirkel, faßt und auf die andere Länge überträgt. Die Vergleichung läßt sich dadurch verfeinern, daß man die Zirkelspitzen durch optische Visiere ersetzt; das sind Vorrichtungen, die dem beobachtenden Auge immer dieselbe Sehrichtung gewährleisten, am besten ein Mikroskop. Durch sein Objektiv wird von dem einzustellenden Strich ein reelles Bild entworfen, welches durch das Okular betrachtet wird. Am Ort des reellen Bildes befindet sich als Visiereinrichtung ein Faden oder ein Fadenpaar, die ebenfalls durch das Okular wahrgenommen werden. Das Visieren erfolgt in der Weise, daß der einzustellende Strich durch Verschieben des Mikroskops mit dem Faden zur Deckung gebracht oder in die Mitte des Fadenpaares genommen wird. Die Stellung des Mikroskops wird wieder an einem Nonius oder an einer Mikrometerschraube abgelesen. Besser noch ist es, nicht das Mikroskop zu bewegen, sondern das Fadenpaar durch eine Mikrometerschraube (→Okularmikrometer) verschiebbar zu machen.

Geräte mit Stangenzirkel und mit Mikroskopen als Visieren nennt man *Kathetometer* und *Komparatoren*, je nachdem der Stangenzirkel und die zu vergleichenden Maßstäbe vertikal oder horizontal angeordnet sind. An den Kathetometern ist der Stangenzirkel in der Regel um seine vertikale Längsachse drehbar, so daß man die Mikroskope nacheinander auf die beiden vertikal nebeneinander aufgehängten Maßstäbe richtet. — Die beiden vertikal gerichteten Mikroskope des Komparators sitzen auf einem horizontal verschiebbaren Schlitten oder Wagen, der entweder parallel (*Longitudinalkomparator*) oder senkrecht (*Transversalkomparator*) zur Längsrichtung der beiden auf horizontalen Tischen liegenden Maßstäbe bewegt wird. Transversalkomparatoren werden auch so gebaut, daß die Mikroskope fest angeordnet sind und die Maßstäbe mit einem Wagen abwechselnd unter die Mikroskope gefahren werden.

Als Longitudinalkomparator bezeichnet man auch ein Gerät, dessen Mikroskope nicht an den Enden eines Stangenzirkels, sondern beide an einem mit dem Schlitten verbundenen, senkrecht zur Gleitbahn stehenden Arm sitzen. Die Mikroskope laden etwas verschieden weit aus, so daß man in dem einen die Striche des einen, in dem anderen die Striche des anderen Maßstabes sieht, die beide nebeneinander auf dem Tische des Komparators liegen. Die Vergleichung der Maßstäbe erfolgt hier so, daß man zunächst links die Fadenpaare auf die linken Maßstabstriche einstellt (a auf I, b auf II), dann ebenso rechts verfährt (c auf I, d auf II). Der Längenunterschied der beiden Maßstäbe ist dann

$$(c - a)\,x - (d - b)\,y,$$

wo x und y die Reduktionsfaktoren der beiden Okularmikrometer auf metrisches Maß bedeuten.

Eine besondere Form des Longitudinalkomparators ist die *Teilmaschine*. An die Stelle des einen Mikroskops tritt ein *Reißerwerk*, mit welchem man, während man durch das übriggebliebene Mikroskop einen Maßstab anvisiert, einen Stichel über die zu teilende Fläche des zweiten Stabes führt. Bei der *Schraubenteilmaschine* wird der Schlitten nicht von Hand, sondern mit Hilfe einer über die ganze Länge des Instrumentes reichenden Schraube bewegt. Diese dient dann nicht nur als Transportschraube, sondern kann auch an Stelle des im Mikroskop befindlichen Okularmikrometers als Meßschraube benutzt werden.

Der gegenseitige Anschluß von Endmaßen und Strichmaßen erfolgt unter Verwendung von *Anschiebezylindern*. In ihrer einfachsten Form sind das zwei mit je einem Teilstrich versehene Zylinder, die jeder mit einer Endfläche des Endmaßstabes zur Berührung gebracht werden. Das Endmaß wird so in ein Strichmaß verwandelt, das mit einem schon bekannten verglichen wird. Hierauf entfernt man den Endmaßstab, bringt die Anschiebezylinder unmittelbar miteinander zur Berührung und ermittelt die Entfernung ihrer Indexstriche wie bei der ersten Messung. Die

Differenz beider Längenmessungen gibt die Länge des Endmaßes.

Ferner →Interferenz-Längenmessung.

Scheel, K.: Prakt. Metronomie. Braunschweig 1911.

Längennormale sind Normale, durch die wissenschaftliche oder gesetzliche Längeneinheiten reproduziert und aufbewahrt werden. Von den verkörperten Längennormalen haben heute der Internationale →Meterprototyp der Meterkonvention und das Imperial Standard Yard (→yard) praktische Bedeutung. Wann die metrische Längeneinheit durch den Anschluß an eine Lichtwellenlänge definiert werden wird, hängt von den weiteren Ergebnissen der entsprechenden Untersuchungen ab (→Wellenlängennormal).

Langevin-Funktion. Besitzen die Atome oder Moleküle einer Substanz magnetische Momente μ, die sich ohne gegenseitige Beeinflussung frei im Raume drehen können, so hängt theoretisch der Quotient aus der Magnetisierung J und der maximalen, bei vollständiger Parallelstellung aller molekularen Magnete erreichbaren Magnetisierung J_∞ nur von dem Verhältnis $\alpha = \mu H/(kT)$ ab (H magnetische Feldstärke, T absolute Temperatur, k Boltzmann-Konstante: $J/J_\infty = L(\alpha)$. Die Funktion $L(\alpha)$ heißt Langevin-Funktion, weil sie von *Langevin* erstmalig aus der klassischen statistischen Mechanik abgeleitet wurde. Nach der Quantenstatistik lautet $L(\alpha)$ verschieden je nach der Größe der Drehimpulsquantenzahl j der Molekularmagnete bzw. der Anzahl $2j + 1$ ihrer Einstellungsmöglichkeiten im Magnetfeld. Für $j = \frac{1}{2}$ (freier Elektronenspin) lautet sie: $L(\alpha) = \mathfrak{T}\mathfrak{g}\,\alpha$. Für ein beliebiges j lautet sie

$$L(\alpha) = \frac{2j+1}{2j}\,\mathfrak{Ctg}\,\frac{2j+1}{2j}\,\alpha - \frac{1}{2j}\,\mathfrak{Ctg}\,\frac{\alpha}{2j}.$$

Im Grenzfall der klassischen Mechanik, $j \to \infty$, erhält man

$$L(\alpha) = \mathfrak{Ctg}\,\alpha - \frac{1}{\alpha}.$$

Bei paramagnetischen Substanzen ist stets $\alpha \ll 1$. Dann gilt angenähert

$$\frac{J}{J_\infty} = \frac{j+1}{3j}\,\alpha = \frac{j+1}{3j}\,\frac{\mu H}{kT}.$$

Damit ist theoretisch das →Curiesche Gesetz begründet.

Stoner, E. C.: Magnetism and Matter. London 1934.

Langevin-Ionen →Luftionen.

langley, abgek. ly, Name für die Einheit cal/cm² (→Kalorie). Das ly wird benutzt zur Angabe von Zahlenwerten für die je Zeiteinheit auf 1 cm² Oberfläche der Erdatmosphäre auffallende Sonnenstrahlung; dementsprechend wird z. B. die →Solarkonstante in ly/min angegeben, für die nach der international beschlossenen Abschaffung der Kalorie als Wärmemengeneinheit sich wohl das W/cm² als übliche Einheit einbürgern wird.

Langmuir-Effekt →Ionisation an glühenden Metallen, →Thermionen.

Langmuirsche Beziehung →Triode.

Langmuir-Sonde, in das Plasma von →Gasentladungen eingeführte kleine metallische Sonde (meist ein dünner Draht), der ein gegenüber dem Plasma beliebiges Potential aufgeprägt werden kann, dient zur Bestimmung der das →Plasma charakterisierenden Größen (Elektronentemperatur, Trägerdichte, Raumpotential). Mit der Schaltung (Abb. a) nimmt man den Sondenstrom als Funktion der Sondenspannung V_s, die Sondencharakteristik, auf (Abb. b). Am übersichtlichsten sind die Verhältnisse bei ebenen Sonden. Bei negativer Sonde werden die Plasmaelektronen von der Sonde abgestoßen, vor ihr bildet sich eine positive

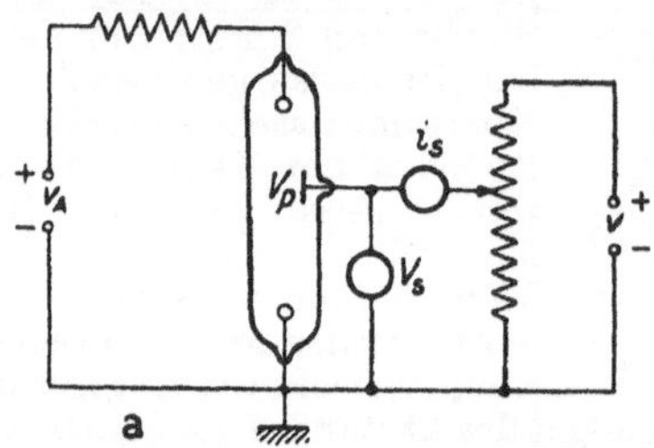

Schaltung der Langmuir-Sonde.

Raumladungsschicht (als Dunkelraum erkennbar), die die Sonde gegen das Plasma abschirmt. Zur Sonde fließt ein Diffusionsstrom von Ionen. Mit zunehmender Sondenspannung nimmt lediglich die Dicke der Raumladungsschicht ab, bis die

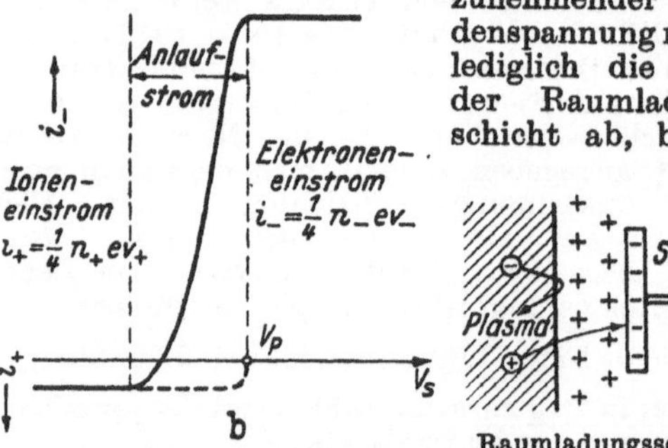

Sondencharakteristik.

Raumladungsschicht vor negativer Sonde.

schnellsten Elektronen gegen das Feld anlaufen können. Der jetzt beginnende Anlaufstrom der Elektronen $i_- = \frac{1}{4} n v_- \exp(-eU/kT)$, wo U die Differenz von Sonden- und Plasmapotential ist, erreicht seinen Sättigungswert, wenn die Sonde das Potential des Plasmas erreicht. Das Plasmapotential ist also an dem Knick der Kennlinie erkennbar. Die Spannung U_{st}, bei der Elektronenanlaufstrom und Ioneneinstrom sich kompensieren, ist das Potential, das eine isolierte Sonde im Plasma annimmt (statisches Sondenpotential). Aus der halblogarithmischen Darstellung des um den Ionenstrom korrigierten Anlaufstroms der Elektronen berechnet man nach der obigen Gleichung die Elektronentemperatur. Die Trägerkonzentration folgt dann aus dem Sättigungsstrom. Da an der ebenen Sonde Randstörungen auftreten und das Plasma selbst durch den großen Trägerentzug gestört wird, verwendet man in der Praxis Zylinder- oder Kugelsonden, deren Charakteristik den Knick beim Plasmapotential nicht so scharf zeigt, da keine Sättigung des Elektroneneinstroms eintritt.

Störungen treten bei hohen Drucken ein durch Ionisation in der Raumladungsschicht, durch Auslösung von Elektronen durch Ionen oder Metastabile an der Sondenoberfläche. Abweichungen von der Maxwell-Verteilung sind an der Sondencharakteristik zu erkennen, besonders wenn zwei Gruppen von Elektronen verschiedener mittlerer Geschwindigkeit im Plasma vorhanden sind.

Engel-Steenbeck: Elektr. Gasentladungen II. Berlin 1934.

Längsdämpfung →gedämpfte Wellen.

Längseffekt →Zeeman-Effekt.

Längsschwinger, Stäbe aus elastischem Material, die zu Longitudinalschwingungen angeregt werden. Sie finden Verwendung bei der Messung der Schallgeschwindigkeit im →Kundt-Rohr und zur Erzeugung hochfrequenter Schallschwingungen nach dem piezoelektrischen oder magnetostriktiven Prinzip (→Schwingquarz, →magnetostriktiver Schwinger).

Längswellen = →Longitudinalwellen.

Langwelliger Ausläufer, Teil der Lichtabsorptionskurve von lichtelektrisch leitenden Kristallen (→lichtelektrische Leitung); bedeutsam an →idiochromatischen Kristallen im Rahmen der Bestätigung des Quantenäquivalentgesetzes. → Quantenausbeute.

Langwellige Grenze →spektrale lichtelektrische Empfindlichkeit, →Lenard-Einstein-Gesetz.

Langwelliges Maximum →spektrale lichtelektrische Empfindlichkeit.

Lanthaniden oder *Seltene Erden*, die Elemente mit den Ordnungszahlen 58 (Ce) bis 71 (Lu, früher Cp); silberglänzende Metalle von großer Affinität zu Sauerstoff und den Halogenen. Deshalb werden zu Untersuchungen fast ausschließlich ihre Verbindungen benutzt. Die Lanthaniden gehören zu den →Übergangselementen, bei deren Elektronenhülle der Aufbau einer inneren (der $4f$-) Schale nachgeholt wird (→Periodisches System). Sie haben daher alle die gleiche äußere Elektronenkonfiguration wie das ihnen vorangehende Lanthan (57), weshalb sie ihren heute in zunehmendem Maße benutzten Namen Lanthaniden tragen, und sind ihm und untereinander chemisch und vielfach auch physikalisch außerordentlich ähnlich und sehr schwer zu trennen. Die gesamte Elektronenkonfiguration der drei ersten Lanthaniden ist in der Tabelle dargestellt. Bei den folgenden 11 Elementen (61—71) setzt sich der Aufbau entsprechend fort, bis die $4f$-Schale mit 14 Elektronen aufgefüllt ist (→Anhang III, Tabelle 11). Ein Analogon zu den Lanthaniden sind die →Actiniden. (Die Chemiker rechnen heute oft noch die sich chemisch ähnlich verhaltenden Elemente Scandium, Yttrium und Thorium zu den Seltenen Erden, was aber unserer heutigen Kenntnis nicht mehr entspricht.)

Schale:	*K*	*L*		*M*			*N*				*O*			*P*		
$n=$	1	2		3			4				5			6		
$l=$	0	0	1	0	1	2	0	1	2	3	0	1	2	0	1	2
	s	*s*	*p*	*s*	*p*	*d*	*s*	*p*	*d*	*f*	*s*	*p*	*d*	*s*	*p*	*d*
Element																
58 Ce	2	2	6	2	6	10	2	6	10	1	2	6	1	2		
59 Pr	2	2	6	2	6	10	2	6	10	2	2	6	1	2		
60 Nd	2	2	6	2	6	10	2	6	10	3	2	6	1	2		

In ihren Verbindungen haben die Lanthaniden ihre 3 Valenzelektronen — die beiden $6s$-Elektronen und ihr eines $5d$-Elektron — abgegeben. Ihre Ionen haben also außer der (außer bei Lu) nur teilweise aufgefüllten $4f$-Schale nur abgeschlossene Schalen. Das hat zur Folge, daß die Elektronen der $4f$-Schale (außer bei Lu) sich bezüglich Bahnimpuls und Spin leicht verschiedenartig gruppieren können. Hierzu genügt relativ wenig Energie, schon die des sichtbaren Lichtes. Das bedeutet, daß die Ionen der Lanthaniden im sichtbaren Spektrum Licht absorbieren. Dadurch aber, daß die $4f$-Elektronen durch äußere Elektronen geschützt sind, können Störungen durch Nachbaratome, z. B. im Kristall, sich kaum auf die $4f$-Elektronen auswirken. Die Spektren bestehen daher aus *scharfen Linien*, ähnlich wie bei Atomen im Gaszustand. (Ionen, welche ebenfalls Elektronen mit der Möglichkeit solcher Energieänderung besitzen, bei welchen aber diese Elektronen nicht durch äußere geschützt sind, zeigen sehr viel breitere Absorptionsgebiete, z. B. $CuSO_4$.) Ein Teil der das Ion umgebenden elektrischen Felder greift aber doch noch durch die schützende Elektronenhülle hindurch; dadurch sind die Linien aufgespalten (Stark-Effekt). Infolge der Wärmeschwingungen sind diese Felder zeitlich nicht konstant; daher sind die Linien erst bei tieferer Temperatur wirklich so scharf wie die Linien eines Gases. Da jedes dreiwertige Ion der Lanthaniden andere Absorptionslinien hat, bieten diese ein ausgezeichnetes Mittel zur Erkennung der einzelnen Elemente. Das Vorhandensein von Lanthaniden ist selbst in großer Verdünnung leicht mit einem Taschenspektroskop zu erkennen. Der Abstand der Absorptionsbanden ist von der Größenordnung 1000 cm^{-1}, die Breite der Absorptionsbande, also die Aufspaltung durch Stark-Effekt, von der Größenordnung 100 cm^{-1}. In Lösungen und auch in Gläsern sind wegen der fehlenden strengen Ordnung die elektrischen Felder der Umgebung bei jedem Ion verschieden; daher bleiben die Banden auch bei tiefer Temperatur unaufgelöst. Wegen der großen Zahl der möglichen Energiestufen befindet sich die Termanalyse dieser Spektren erst im Anfangsstadium. Sicher bekannt sind auf jeden Fall die Grundterme. Die mit ihrer Kenntnis errechneten paramagnetischen Suszeptibilitäten stimmen mit den experimentellen Ergebnissen gut überein.

Die Absorptionsspektren entstehen also ohne Änderung der Hauptquantenzahl und ohne Änderung der Nebenquantenzahl. Übergänge mit Änderung dieser Quantenzahlen kommen aber auch vor; sie ergeben Spektren im kurzwelligen Ultraviolett, die an der Verwaschenheit ihrer Banden kenntlich sind. Hierfür ein typisches Beispiel beim Cer: Das eine $4f$-Elektron hat keine Gelegenheit, seinen Bahnimpuls und Spin mit dem anderer $4f$-Elektronen in verschiedener Weise zusammenzusetzen. Somit hat das Cer-Ion im sichtbaren Spektralbereich keine Absorptionsbanden. Aber im Ultraviolett treten breite, verwaschene Absorptionsgebiete auf, die nur durch Übergang von $4f$ nach $5d$ zu erklären sind.

Die verschiedenen Möglichkeiten der vektoriellen Zusammensetzung des Bahnimpulses der $4f$-Elektronen geben nicht nur die Möglichkeit der Lichtabsorption, sondern auch die der Lichtemission nach erfolgter Energieaufnahme. So ist bekannt, daß die Salze der folgenden Elemente *fluoreszieren:* Ce, Sm, Eu, Gd, Tb, Dy. Die Ionen aller Lanthaniden leuchten, wenn sie als →Aktivatormetalle in fremde Kristallgitter eingebaut sind. Die Fluoreszenz der reinen Salze der übrigen Elemente scheint im ferneren Ultrarot zu liegen. Der Einbau in fremde Kristallgitter bietet mehr Möglichkeiten der Lichtemission, weil infolge der Gitterverzerrung höhere elektrische Kristallfelder auftreten und diese andere →Auswahlregeln schaffen. Daß tatsächlich höhere Kristallfelder auftreten, erkennt man daran, daß bei solchen eingebauten Ionen die Stark-Effekt-Aufspaltung größer ist.

Aus den letzten Sätzen geht hervor, daß die Ionen der Lanthaniden als *Sonden* benutzt werden können, die durch ihre Lichtabsorption und Lichtemission Aufschluß über die elektrischen Felder in den Kristallen geben, und zwar über die Größe wie auch über die Symmetrie. Die Schärfe der Spektrallinien auch der eingebauten Ionen weist darauf hin, daß jedes gitterfremde Ion den gleichen Platz einnimmt.

Andererseits können auch die Strahlungseigenschaften der Atome in hohen elektrischen Feldern verschiedener Symmetrie an den Ionen der Lanthaniden studiert werden. So konnten Übergänge zwischen Termen beobachtet werden, die normalerweise bei den Atomen im Gaszustand niemals vorkommen. Infolge der verschiedenen Möglichkeiten der Zusammensetzung von Bahnimpuls und Spin hat jeder Term eine Multiplettstruktur, ist also ein Vielfachterm. So hat das eine $4f$-Elektron des Cer zwei Möglichkeiten: seinen Spin parallel oder antiparallel zum Bahnimpuls zu stellen. Der einzig mögliche Term ist also ein Dublett-F-Term mit den beiden inneren Quantenzahlen 5/2 und 7/2. Das gleiche gilt für das Ytterbium-Ion, welches 13 $4f$-Elektronen hat und damit nur *eine* Lücke bis zur voll aufgefüllten $4f$-Schale. Es konnten nun Übergänge innerhalb des gleichen Terms beobachtet werden. Das würde für den Fall des Yb bedeuten: Übergang von ${}^2F_{7/2}$ nach ${}^2F_{5/2}$. Tatsächlich ist beim Yb dieser Übergang gefunden worden, indem genau an der berechneten Stelle im Ultrarot bei $\lambda \approx 1\,\mu$ eine Absorptionslinie photographiert wurde (*H. Gobrecht* 1937). Sie entsteht also durch Spinumkehr. Die Größe der Aufspaltung des Dublett-Terms erklärt sich durch die hohe Kernladungszahl.

Außer diesem wissenschaftlichen Interesse haben die Lanthaniden auch einige technische Anwendungen gefunden. Die selektive Lichtabsorption gibt die Möglichkeit der Herstellung von Lichtfiltern. (Neophanbrillen haben Glas, das mit Neodym gefärbt ist.) Cer gibt mit Eisen die bekannte pyrophore Metallegierung, die als Feuerstein Verwendung findet.

Von großer Bedeutung war jedoch die Erfindung des Gasglühlichtes (*Auer v. Welsbach* 1885). Hierdurch erhielt die Beleuchtungstechnik einen gewaltigen Aufschwung. Das Gewebe der Glühstrümpfe besteht aus Ramie oder Kunstseide, getränkt mit einer Mischung von Thoriumnitrat und Cernitrat. Nach der Verbrennung besteht die Asche aus 99% ThO_2 und 1% CeO_2. Diese feste Lösung von Ceroxyd in Thoriumoxyd hat die Eigenschaft, die durch die Leuchtgasflamme zugeführte Energie nicht vorwiegend als unsichtbare Wärmestrahlung, sondern als sichtbares Licht auszustrahlen. Durch diese selektive Lichtemission wird eine wesentlich höhere Lichtausbeute erzielt.

Laplace-Funktionen →Kugelfunktionen.

Laplace-Gleichung, Bezeichnung zweier verschiedener Gesetzmäßigkeiten:

1. Die *Schallgeschwindigkeit* ist in Gasen bei adiabatischer Ausbreitung gegeben durch $c = \sqrt{\varkappa\, p/\varrho}$ ($\varkappa$ Verhältnis c_p/c_v der spezifischen Wärmen, p Druck, ϱ Dichte).

2. Der infolge der *Oberflächenspannung* σ an einer Stelle einer Flüssigkeitsoberfläche auftretende *Krümmungsdruck* ist $p = \sigma(1/r_1 + 1/r_2)$, wo r_1 und r_2 den größten und den kleinsten Krümmungsradius an dieser Stelle bedeuten.

Laplace-Operator (nach *Lamé* auch *Differentialparameter 2. Ordnung*) nennt man den Operator $\Delta = \frac{\partial^2}{\partial x^2} + \frac{\partial^2}{\partial y^2} + \frac{\partial^2}{\partial z^2}$, den man sich auf eine Funktion $u = u(x, y, z)$ ausgeübt zu denken hat. Er spielt in der Mathematik und insbesondere in der theoretischen Physik insofern eine große Rolle, als viele physikalische Vorgänge quantitativ durch Differentialgleichungen beschrieben werden, in denen der Laplacesche Operator auftritt (→partielle Differentialgleichungen). So genügt z. B., wenn u ein Potential darstellt, dieses an quellenfreien Stellen des Raumes der Gleichung $\Delta u = 0$. Ferner wird durch $\Delta u = \frac{1}{c^2}\frac{\partial^2 u}{\partial t^2}$ (c = const, t = Zeit) ein wellenförmiger Vorgang beschrieben, während der raumzeitliche Ablauf von Wärme- und Diffusionsvorgängen durch die Differentialgleichung $\Delta u = \frac{1}{\eta}\frac{\partial u}{\partial t}$ (η = const, t = Zeit) festgelegt wird.

Es ist bemerkenswert, daß man diese Gleichungen anschaulich deuten kann, da Δu einer physikalischen Deutung fähig ist. Zu einer solchen gelangt man, indem man den räumlichen Mittelwert $\bar{u}$ an einer Stelle P_0 ausrechnet, in welcher u den Wert u_0 habe. Man findet dann, daß $\bar{u} - u_0 \sim \Delta u$ ist, d. h. Δu gibt an, um wieviel die Größe u an der Stelle P_0 unter dem Mittelwert $\bar{u}$ der Umgebung liegt. Demnach ist das der Gleichung $\Delta u = 0$ genügende Potential u eine physikalische Größe, deren Wert an jeder Stelle ihres Feldes mit dem Mittelwert der Umgebung übereinstimmt.

Beispiel: Das Gravitations- oder elektrostatische Feld außerhalb der es erzeugenden Massen bzw. elektrischen Ladungen. Innerhalb desselben genügt das Potential der Poisson-Gleichung $\Delta u = -4\pi\varrho$ bzw. ϱ/ε_0, wobei $\varrho = \varrho(x, y, z)$ die im allgemeinen örtlich variable Massen- bzw. Ladungsdichte ist, welche Gleichung aussagt, daß die Anwesenheit von Materie bzw. Ladung Ursache dafür ist, daß lokaler und Mittelwert des Potentials nunmehr nicht mehr übereinstimmen, sondern voneinander abweichen. Dieses Abweichen ist gemäß der Poisson-Gleichung *beständig*, d. h. *für alle Zeiten* vorhanden. Im Gegensatz dazu bringt die Wärmeleitungs- bzw. Diffusionsgleichung $\Delta u = \frac{1}{\eta}\frac{\partial u}{\partial t}$ zum Ausdruck, daß durch sie physikalische Vorgänge beschrieben werden, bei denen der vom Mittelwert $\bar{u}$ abweichende lokale Wert der Größe u bestrebt ist, den Betrag des Mittelwertes im *Laufe der Zeit* anzunehmen. Es tritt also ein einem stationären Zustand zustrebender *Ausgleichvorgang* auf, weshalb man die Beziehung $\Delta u = \frac{1}{\eta}\frac{\partial u}{\partial t}$ auch schlechthin die Differentialgleichung der Ausgleichvorgänge nennt. Die Schwingungsgleichung $\Delta u = \frac{1}{c^2}\frac{\partial^2 u}{d t^2}$ endlich kann dahingehend gedeutet werden, daß die Differenz $\bar{u} - u$ die Ursache für das Auftreten einer der *Beschleunigung* (= 2. zeitliche Ableitung eines Weges) ähnlichen Größe ist, die die durch u dargestellte physikalische Größe nach einer Störung ihres Gleichgewichtszustands in diesen zurückzuführen bestrebt ist.

Laplacesche Differentialgleichung. Es sei $u = u(x, y, z)$ eine von den drei Raumkoordinaten x, y, z abhängige physikalische Größe. Erfüllt sie die Beziehung $\frac{\partial^2 u}{\partial x^2} + \frac{\partial^2 u}{\partial y^2} + \frac{\partial^2 u}{\partial z^2} = 0$, so sagt man, u genüge der Laplaceschen Gleichung und schreibt dafür abgekürzt $\Delta u = 0$, wobei $\Delta = \frac{\partial^2}{\partial x^2} + \frac{\partial^2}{\partial y^2} + \frac{\partial^2}{\partial z^2}$ der →*Laplace-Operator* ist. Funktionen, die der Laplace-Gleichung genügen, nennt man oft auch *Potentialfunktionen*, da das wohlbekannte →Newtonsche Potential $u \sim 1/r$ eine der einfachsten Funktionen ist, die $\Delta u = 0$ erfüllen. Die Laplacesche Differentialgleichung $\Delta u = 0$ kann als Sonderfall einer allgemeineren Gleichung, der →*Poisson-Gleichung* $\Delta u = -4\pi\varrho$, aufgefaßt werden. Für $\varrho = 0$ geht die Poisson-Gleichung in die Laplacesche über.

Webster, A., u. *G. Szegö:* Partielle Differentialgleichungen d. Physik. Leipzig 1930. — *Baule, B.:* Mathematik d. Naturf. u. Ingenieure VI. Leipzig 1944. — *Sauter, F.:* Differentialgleichungen d. Physik, Samml. Göschen 1070. Berlin 1950.

Laplacescher Geist. *Laplace* wies darauf hin, daß ein überragender Geist, der fähig wäre, in irgendeinem Augenblick den physikalischen Gesamtzustand der Welt in allen Einzelheiten quantitativ zu kennen, imstande wäre, auch Vergangenheit und Zukunft vollständig zu berechnen. Die Quantenmechanik hat die dabei gemachten Voraussetzungen einer lückenlosen →Kausalität und der Möglichkeit einer gleichzeitigen vollständigen Kenntnis aller Zustandsgrößen atomarer Gebilde als nicht zutreffend erwiesen (→Determinismus, →Komplementarität). Damit fällt auch der aus ihnen gezogene Schluß.

Laplacesche Theorie des Planetensystems →Kant-Laplacesche Theorie.

Laplacescher Zerlegungssatz →Unterdeterminante.

Laplace-Transformation, der Übergang von einer Funktion $F(t)$ der Variablen t zu einer neuen Funktion $f(p)$ der Variablen p vermöge der Integraltransformation

$$\int_0^\infty F(t)\, e^{-pt}\, dt = f(p). \tag{1}$$

Durch Gl. (1) läßt sich jeder Funktion, für die das Integral existiert, eine neue zuordnen, die man die zu $F(t)$ gehörige Laplace-Transformierte nennt, im Zeichen

$$\mathfrak{L}\{F(t)\} = f(p). \tag{2}$$

Es ist üblich (nach *G. Doetsch*), t als Oberbereichvariable bzw. $F(t)$ als Oberfunktion und p als Unterbereichvariable bzw. $f(p)$ als Unterfunktion zu bezeichnen. Der Inbegriff aller Oberfunktionen stellt den Oberbereich dar; entsprechend bildet die Gesamtheit aller Unterfunktionen den Unterbereich. Aus der Definitionsgleichung (1) ist zu erkennen, daß die Laplace-Transformation aus dem →Fourier-Integral

$$A(\omega) = \int_{-\infty}^{+\infty} F(t)\, e^{-j\omega t}\, dt \tag{3}$$

hervorgeht, wenn man

$$j\omega = p \tag{4}$$

setzt und $F(t)$ nur für Werte $t \geqq 0$ von Null verschieden ist, dagegen für $t < 0$ verschwindet.

In den Anwendungen kommt der $\mathfrak{L}$-Transformation eine stets wachsende Bedeutung zu, insbesondere weil gewisse, an einer Oberfunktion $F(t)$ vorgenommene Rechenoperationen sich in ganz bestimmter und charakteristischer Weise, unabhängig von $F(t)$ im Unterbereich widerspiegeln. So ist etwa, um die vielleicht wichtigste Gesetzmäßigkeit zwischen Ober- und Unterbereich zu nennen, einer n-maligen Differentiation von $F(t)$ nach t im wesentlichen eine Multiplikation von $f(p)$ mit p^n äquivalent. Genau gilt

$$\mathfrak{L}\left\{\frac{d^n F(t)}{dt^n}\right\} = p^n f(p) - \sum_{i=1}^{n-1} p^{n-1-i} F^{(i)}(0), \tag{5}$$

wobei $F^{(i)}(0)$ den Wert der i-ten Ableitung von F für $t = 0$ ist. Aus Gl. (5) folgt speziell für $n = 1$ und 2

$$\mathfrak{L}\left\{\frac{dF(t)}{dt}\right\} = p f(p) - F(0), \tag{6}$$

$$\mathfrak{L}\left\{\frac{d^2 F(t)}{dt^2}\right\} = p^2 f(p) - pF(0) - F'(0). \tag{7}$$

Von der Gültigkeit insbesondere dieser Formeln wird bei der Integration von linearen Differentialgleichungen weitgehend Gebrauch gemacht; denn transformiert man diese in den Unterbereich, so erhält man dort (sofern die Koeffizienten der einzelnen Ableitungen Konstanten sind) eine rein algebraische Gleichung von derselben Ordnung wie die des höchsten auftretenden Differentialquotienten. Die Bildgleichung wird nach den Regeln der Algebra nach der Unterfunktion der gesuchten Größe aufgelöst, diese also als Funktion von p errechnet. Zur Lösung im Oberbereich gelangt man durch eine Rücktransformation, die man in Analogie zu Gl. (2) symbolisch

$$\mathfrak{L}^{-1}\{f(p)\} = F(t) \tag{8}$$

schreibt und bei gegebenen $f(p)$ (unter Beachtung gewisser Vorsichtsmaßregeln) aus der „komplexen Umkehrformel"

$$F(t) = \frac{1}{2\pi i} \int_{c-i\infty}^{c+i\infty} f(p)\, e^{pt}\, dp \tag{9}$$

ermitteln kann. Das Integral ist dabei längs einer Vertikalen mit der Abszisse c innerhalb der Konvergenzhalbebene der Unterfunktion $f(p)$ zu erstrecken. Die Auswertung des Integrals Gl. (9) kann nach funktionentheoretischen Methoden (Residuenbestimmung) geschehen. Aber es gibt auch andere Möglichkeiten zur Bestimmung von $\mathfrak{L}^{-1}\{f(p)\}$, z. B. Reihenentwicklung. Indessen ist wohl selten eine gesonderte Rechnung im einzelnen durchzuführen, da die wichtigsten Korrespondenzen Unterfunktion $\sim$ Oberfunktion tabellarisch zusammengestellt sind (Laplace-Lexikon, →die Literatur).

Die Überführung einer Differentialgleichung in eine algebraische Gleichung mittels $\mathfrak{L}$-Transformation gelingt nur bei linearen (gewöhnlichen) Differentialgleichungen mit *konstanten* Koeffizienten. Sind diese jedoch auch Funktionen der Oberbereichvariablen t, so gestalten sich die Verhältnisse insofern anders, als man nun im allgemeinen auch im Unterbereich wieder auf Differentialgleichungen stößt. Sie sind aber im allgemeinen von anderer Art als die vorgegebenen des Oberbereichs und lassen sich in gewissen Fällen auf einfache Typen reduzieren. Erstmalig ist dies auf Probleme der theoretischen Physik in größerem Umfange wohl von *H. Kallmann* und *M. Päsler* angewendet worden, welche die wichtigsten Fragestellen der „Oberbereichwellenmechanik" (Theorie des H-Spektrums, Stark-Effekt, Dirac-Gleichungen, Störungstheorie u. a.) in den Unterbereich übertrugen und in diesem eine neue Darstellung der Wellenmechanik gaben. Sie untersuchten auch die physikalische Bedeutung der $\mathfrak{L}$-Transformation und fanden, daß sie einen Übergang in den Impulsraum „in gemischter Darstellung" bedeutet.

Historisch sei bemerkt, daß die für das Rechnen mit der $\mathfrak{L}$-Transformation gültige Grundregel Gl. (5) schon lange bekannt war, jedoch jegliche Begründung für sie fehlte. Man hatte sie (im übrigen unvollständig, denn das Σ-Glied fehlte) rein empirisch aufgestellt. Es war wohl *Heaviside*, der diese Regel aufgriff und mit ihr als Grundlage den nach ihm benannten Operatorenkalkül entwickelte. Wenn es mit diesem auch in oft verblüffender Weise gelang, Differentialgleichungen höchst einfach durch „Algebraisierung" zu lösen, so versagte sein Verfahren doch gelegentlich, weshalb es keine allgemeine Anerkennung fand. Erst in jüngster Zeit konnte aus dem Heavisideschen Kalkül durch eingehende Untersuchungen (*G. Doetsch*, *K. W. Wagner*, *J. Carson*) und genaue Formulierung der Rechenregeln und Feststellung ihrer Gültigkeit eine wohlbegründete Operatorenrechnung entwickelt werden, die heute als Laplace-Transformation bekannt ist. Die grundlegendsten Arbeiten hierzu lieferte *G. Doetsch*.

Doetsch, G.: Theorie u. Anwendung d. Laplace-Transformation. Berlin 1937. — *Doetsch, G.:* Tabellen zur Laplace-Transformation. Berlin 1947. — *Wagner, K.W.:* Operatorenrechnung. Leipzig 1940. — *Kallmann, H.*, u. *M. Päsler:* Ann. d. Phys. (6) **2**, **3**, **4**, **6** (1949) — Z. Phys. **126**, 734, 749 (1949); **128**, 347 (1950).

Laportsche Regel. Für die Übergänge durch Dipolstrahlung gilt die Auswahlregel, daß gerade Terme nur mit ungeraden und umgekehrt kombinieren können. →Auswahlregeln.

Lärm, nach der Definition des AEF jede Art von Schallschwingung, die eine gewollte Schallaufnahme oder die Stille stört.

Larmor-Frequenz. $o = \frac{1}{2\pi}\,\frac{eH}{2mc}$ (H Magnetfeld, symmetrische Größendefinition), tritt als Präzessionsfrequenz von Drehimpulsen um die Feldrichtung auf (→Larmor-Präzession). Weiterhin ist die Aufspaltung eines Termes beim →Zeeman-Effekt gegeben durch $\Delta E_m = h\, o\, g\, m\,(m = J, J-1, \ldots, -J)$. J ist die innere Quantenzahl oder auch Gesamtdrehimpulsquantenzahl genannt und g ist der →Landésche g-Faktor.

Larmor-Präzession. Einem Atom kommt auf Grund der Bahnbewegung ein magnetisches Moment $\mathfrak{M} = -\frac{e}{2mc}\vec{L}$ zu (symmetrische Größendefinition), wobei L der Operator des Bahndrehimpulses ist. In einem Magnetfeld H tritt ein Drehmoment auf, was zu einer Präzession des Erwartungswertes von L um die Richtung des Feldes führt. Die Redensart, daß beim Einschalten eines Feldes L in die Richtung des Feldes einquantelt, d. h. daß die z-Komponente L_z (z Richtung des Feldes) einen der diskreten Werte $n\hbar$ annimmt, führt zu falschen Vorstellungen. Hat man vor dem Einschalten des Feldes die Drehimpulskomponente in einer bestimmten Richtung gemessen, die mit dem nachher einzuschaltenden Feld den Winkel ϑ einschließt, so liegt der Erwartungswert von L genau in dieser Richtung, in der man die Messung ausgeführt hat. Beim Einschalten des Feldes geht die Richtung des Erwartungswertes von L *nicht* in die des Feldes über, sondern präzediert um das Feld mit der →Larmor-Frequenz $o = \frac{1}{2\pi}\,\frac{eH}{2mc}$, wobei sie mit dem Felde weiterhin den Winkel ϑ einschließt, so daß auch der Erwartungswert der Komponente von L_z in Richtung des Feldes kein ganzes Vielfaches von $\hbar$ ist. Erst eine *Messung* der Komponente von L in Feldrichtung ergibt für diese einen Wert $n\hbar$ und *nach* der Messung als Richtung des Erwartungswertes von L die des Feldes.

Dies gilt alles ebenso für den Elektronenspin, nur daß die Präzessionsfrequenz $2o$ ist, weil das Verhältnis zwischen magnetischem Moment und mechanischem Drehimpuls doppelt so groß ist wie bei der Bahnbewegung. Auch viele Atomkerne besitzen magnetische Momente und Drehimpulse. Durch Anlegen von magnetischen Wechselfeldern und Bestimmung der Resonanz mit der zugehörigen Larmor-Frequenz ist es in letzter Zeit möglich geworden, die Magnetisierung auf Grund der Kernmomente von der viel größeren Magnetisierung auf Grund der Elektronen zu trennen und magnetische Kernmomente zu messen.

Laryngostroboskop →Stroboskop.

lat, Symbol für das Energiemaß technische →Literatmosphäre.

Latentes Bild →Elementarprozeß, photographischer, →Bildwandler.

Latente Wärme →Umwandlungswärme.

Latenzzeit, allgemein die zwischen dem Eintreten einer Ursache und dem Eintreten ihrer beobachtbaren Wirkung verstreichende Zeit (→Retardierung, →Potentiale, retardierte). Entsprechend versteht man in der *Physiologie* eine vom Reizbeginn bis zum Auftreten einer Reaktion (oder Empfindung) verstreichende und mit physiologischen Vorgängen (Bildung, Leitung und Schaltung der →Erregung) ausgefüllte Zeitspanne, in der physiologischen Optik jetzt meist nur die zwischen dem Ende der →Nutz- bzw. →minimalen Expositionszeit und dem Reaktionsbeginn gelegene Zeit. Diese erweist sich als unabhängig von dem Adaptationszustand, der Intensität und Wellenlänge des Reizlichts, verkürzt sich jedoch mit steigender Temperatur (→Empfindungszeit, →Reaktionszeit).

v. Studnitz, G.: Physiologie des Sehens — Retinale Primärprozesse. Leipzig 1952.

latm, Symbol für das Energiemaß physikalische →Literatmosphäre.

Laue-Diagramm →Laue-Methode.

Laue-Gleichungen. Ein Röntgen- oder Materiestrahl R von der Wellenlänge λ treffe auf eine Punktreihe $P_1, P_2, \ldots$ mit dem Identitätsabstand a unter dem Winkel α_0 auf (Abb.). Dann

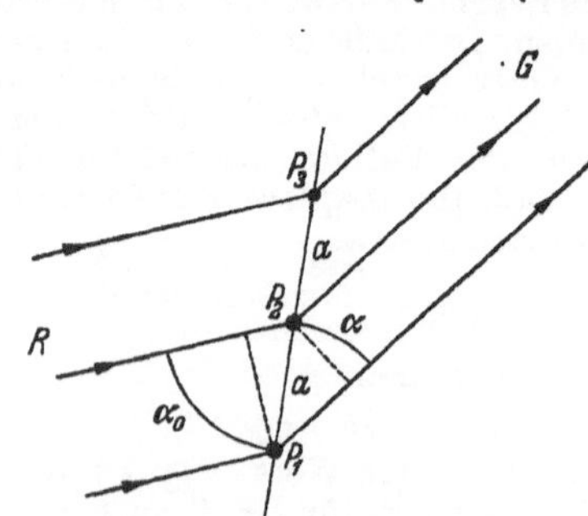

Zu den Laue-Gleichungen.

werden von der Punktreihe gebeugte Strahlen in denjenigen Richtungen ausgesandt, für welche die von allen Punkten der Reihe herrührenden Wellen die gleiche Phase haben. Das sind alle Wellen, deren Fortpflanzungsrichtungen auf Kegeln mit dem halben Öffnungswinkel α um die Punktreihe als Achse liegen, wobei die Winkel α die Gleichung

$$a(\cos\alpha - \cos\alpha_0) = h_1\lambda$$

erfüllen müssen und h_1 eine ganze Zahl einschließlich Null ist. Für die Beugung an einem Kreuzgitter muß eine weitere analoge Bedingung $b(\cos\beta - \cos\beta_0) = h_2\lambda$ hinzukommen, in der b, β und β_0 sich auf eine zweite Punktreihe beziehen, welche der ersten nicht parallel ist; für das Raumgitter ist eine dritte Gleichung $c(\cos\gamma - \cos\gamma_0) = h_3\lambda$ erforderlich, die einer dritten, den beiden ersten nicht komplanaren oder parallelen Punktreihe (Gittergerade) entspricht. Die drei Formeln sind die *Laue-Gleichungen*, die Größen h_1, h_2, h_3 die →*Laue-Indizes*. Die Kegel der gebeugten Strahlen um die Gittergeraden werden als *Interferenz-* oder *Laue-Kegel* bezeichnet. Ein gebeugter Strahl muß allen drei Laue-Gleichungen genügen, d. h. es müssen sich in ihm drei Laue-Kegel zugleich schneiden.

Laue-Indizes h_1^*, h_2^*, h_3^* oder h^*, k^*, l^* sind die Gangunterschiede, die parallele Röntgen- oder Materiestrahlen gegeneinander erhalten, wenn sie an je zwei benachbarten identischen Punkten der zu den Koordinatenachsen parallelen Gittergeraden eines Raumgitters gebeugt werden (→Laue-Gleichungen). Die Laueschen Indizes sind identisch mit den Produkten aus den Millerschen Indizes h, k, l mit der Braggschen Ordnungszahl n eines Reflexes an der Netzebene (hkl), d. h. es ist $h^* = nh$, $k^* = nk$, $l^* = nl$.

Die Punkte des reziproken Gitters, deren Koordinaten die Laueschen Indizes sind, werden durch die *Laue-Symbole* $(h_1^* h_2^* h_3^*)$ oder $(h^*\, k^*\, l^*)$ gekennzeichnet.

Laue-Kegel →Laue-Gleichungen.

Laue-Klasse →Laue-Symmetrie.

Laue-Methode, das älteste Verfahren der Kristallstrukturbestimmung, das im Gegensatz zu allen anderen nicht eine monochromatische Röntgenstrahlung verwendet, sondern die „weiße" Bremsstrahlung. Die Versuchsanordnung ist folgende: Ein durch zwei feine Lochblenden B von etwa 1 mm Durchmesser, deren Abstand etwa 5 bis 10 cm beträgt, hindurchtretender Röntgenstrahl fällt senkrecht auf eine dünne Kristallplatte K und wird an den Netzebenen des Kristalls gebeugt (Abb. 1). Die gebeugten und durch den

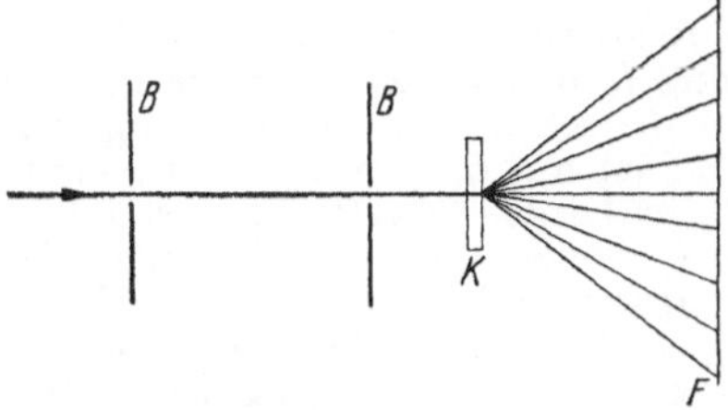

Abb. 1. Laue-Methode.

Kristall hindurchgehenden Strahlen fallen auf eine, zur Richtung des Primärstrahls meist senkrechte, photographische Platte F, auf der sie *Interferenzflecke* erzeugen (*Laue-Aufnahme* oder *-Diagramm*, Abb. 2). In der Metallographie werden auch solche Beugungsstrahlen aufgenommen, die durch die gleiche Fläche der Kristalle austreten, durch die der Primärstrahl in ihn eintritt. Für solche *Laue-Rückstrahlaufnahmen* wird ein für den Durchlaß des Primärstrahls durchbohrter Film zwischen Röntgenröhre und Metallplatte benutzt.

Der Winkel, unter dem der Röntgenstrahl auf eine Netzebene (hkl) trifft, ist durch die Lage des während der Aufnahme ruhenden Kristalls gegenüber dem Strahl von vornherein gegeben. Er muß gleich dem halben Beugungswinkel $\vartheta/2$ des an der Netzebene reflektierten Strahls sein, der unter dem gleichen Winkel $\vartheta/2$ gegen die Netzebene den Kristall verläßt. Der Beugungswinkel ϑ ist daher nur durch die Lage der Netzebene bestimmt, die aus dem kontinuierlichen Spektrum diejenige Wellenlänge auswählt, welche die →Braggsche Gleichung befriedigt. Die Indizierung der Interferenzflecken, d. h. deren Zuordnung zu den beugenden Netzebenen, erfolgt mit Hilfe der gnomonischen Projektion, am einfachsten mittels des →gnomonischen Lineals.

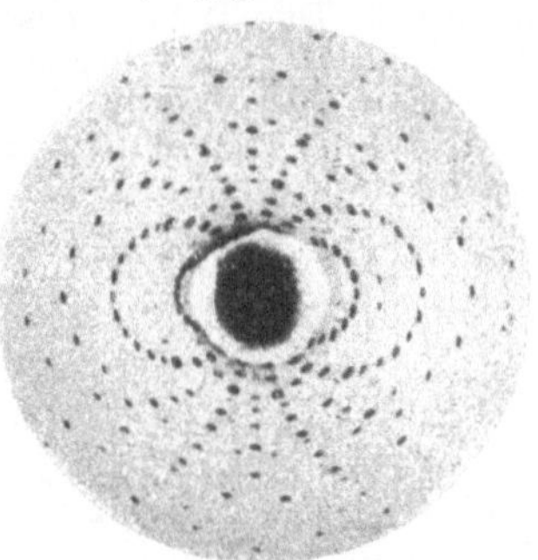

Abb. 2. Laue-Diagramm von Cerussit $PbCO_3$.

Der Nachteil der Methode besteht darin, daß die Wellenlänge eines gebeugten Strahls unbekannt ist. Es ist daher nicht möglich, den Netzebenenabstand der beugenden Netzebene und somit auch die Gitterkonstanten des Kristalls zu bestimmen. Anderseits ist auch bei bekannten Gitterkonstanten die Bestimmung der Intensitäten der Interferenzmaxima dadurch erschwert, daß es erforderlich ist, die Intensitätsverteilung im Primärstrahlspektrum zu kennen. Dieser Schwierigkeiten wegen wird die Laue-Methode meist nur zur Bestimmung der Kristallsymmetrie (→Laue-Symmetrie) gebraucht.

Glocker, R.: Materialprüfung m. Röntgenstrahlen. Berlin 1949.

Lauesche Theorie der Supraleitung. Die ersten Ansätze dieser phänomenologischen Theorie der Supraleitung gehen auf *F.* und *H. London* sowie *R. Becker*, *G. Heller* und *F. Sauter* zurück. Der Leitungsmechanismus des elektrischen Stromes wird in einen Ohmschen und einen Supraleitungsanteil getrennt. Sind $\mathfrak{J}$, $\mathfrak{J}^{(0)}$, $\mathfrak{J}^{(1)}$ bzw. die Vektoren der gesamten Stromdichte, der Dichte des Ohmschen Stromes und des Suprastromes, so gilt: $\mathfrak{J} = \mathfrak{J}^{(0)} + \mathfrak{J}^{(1)}$. Weiter bestehen (neben den Maxwellschen Gleichungen) die Beziehungen: $c \operatorname{rot} \mathfrak{G} = -\mathfrak{H}$ und $\mathfrak{E} = \frac{\partial \mathfrak{G}}{\partial t}$ (Gleichungsschreibweise passend für das Gaußsche Maßsystem, c die Vakuumlichtgeschwindigkeit, $\mathfrak{E}$ die elektrische, $\mathfrak{H}$ die magnetische Feldstärke, $\mathfrak{G}$ der →Supraimpulsvektor). In der älteren linearen Theorie ist $\mathfrak{G} = \lambda\, \mathfrak{J}^{(1)}$ (λ eine temperaturabhängige Materialkonstante, die in nichtkubischen Kristallen ein Tensor 2. Stufe ist). Allgemein sind die Komponenten von $\mathfrak{G}$ nichtlineare Funktionen der Komponenten von $\mathfrak{J}^{(1)}$. Die Gleichung $\mathfrak{E} = \partial \mathfrak{G}/\partial t$ (Beschleunigungsgleichung) entspricht in der linearen Theorie (wo $\mathfrak{G} = \lambda\, \mathfrak{J}^{(1)}$) der Bewegungsgleichung eines Elektrons unter dem Einfluß der elektrischen Feldstärke $\mathfrak{E}$. Die Haupterfolge dieser Theorie bestehen in der Deutung des →Meissner-Effektes, der →Dauerstromversuche und des Hochfrequenzwiderstandes der Supraleiter. Nach dieser Theorie wird ein äußeres Magnetfeld durch eine Schutzschicht von Strömen in der Oberfläche des Supraleiters abgeschirmt. Die Dicke dieser Schutzschicht, die Eindringtiefe, ist erfahrungsgemäß von der Größenordnung 10^{-5} cm. Wird die Dicke eines supraleitenden Drahtes von der Größenordnung der Eindringtiefe, so nimmt der magnetische →Schwellenwert größere Werte an als im Falle dicker Drähte.

v. Laue, M.: Theorie d. Supraleitung. Berlin u. Göttingen 1950.

Laue-Symmetrie ist die Symmetrie eines Kristalls, zusätzlich des Inversionszentrums, sofern es nicht bereits vorhanden ist. Es gibt nur 11 *Laue-Klassen,* nämlich die 11 Kristallklassen mit Inversionszentrum i der Tabelle 1 der →Kristallklassen. Alle in dieser Tabelle vor einer Laue-Klasse stehenden Klassen ohne Inversionszentrum haben mit ihr die gleiche Laue-Symmetrie; nur die Klassen $\bar{4}2$ und $32\,m$ sind den Laue-Klassen $42\,i$ und $62\,i$ zuzuordnen. Die Laue-Symmetrie beruht darauf, daß unter normalen Bedingungen (→Friedelsche Regel) die Interferenzen an den Netzebenen (hkl) und $(\bar{h}\bar{k}\bar{l})$ (d. h. den Vor- und Rückseiten der gleichen Netzebenen) die gleichen Intensitäten aufweisen.

Man kann die Laue-Symmetrie auch als die Symmetrie des reziproken Gitters bezeichnen, wenn man dessen Gitterpunkte durch die Intensitäten der entsprechenden Interferenzen bewertet. Aus diesem Grunde kann man aus Aufnahmen nach der Laue- und der de Jong-Bouman-Methode (→Röntgengoniometer), welche die Symmetrie des reziproken Gitters wiedergeben, die Laue-Symmetrie unmittelbar ablesen.

Laue-Versuch, die erstmalige Anwendung der →Laue-Methode zum Nachweis der Wellennatur der Röntgenstrahlung und der Gitterstruktur der Kristalle durch *M. Laue, W. Friedrich* und *P. Knipping* (1912).

Lauffeldröhren. Bezeichnung für Röhren, deren Verstärkungseffekt darauf beruht, daß Elektronenströmungen im Felde fortschreitender Wellen laufen und an diese Energie übertragen. Dazu gehören:

1. Die Traveling-Wave (TW)-Röhre (→ Wanderfeldröhre);
2. die →Elektronenwellen-Röhre (EW-Röhre);
3. das Traveling-Wave-Magnetron (TW-Magnetron), eine Röhre mit einer materiellen Verzögerungsleitung, einem elektrostatischen und einem zeitlich konstanten magnetischen Querfeld;
4. das Elektronenwellen-(EW-)Magnetron, analog dem TW-Magnetron, aber mit einer zweiten Elektronenströmung an Stelle der materiellen Verzögerungsleitung.

Laufterm, -zahl. Als Serie von Spektrallinien bezeichnet man eine solche, wo der eine Term fest und der zweite, der *Laufterm,* variabel ist und für ein Leuchtelektron die verschiedenen Hauptquantenzahlen (*Laufzahlen*) dieses Elektrons durchläuft (bei fester Bahndrehimpulsquantenzahl des Leuchtelektrons). Zum Beispiel →Alkalispektren, →Hauptserie, →Nebenserie, →Balmer-Serie, →Bergmann-Serie.

Laufzeit, allgemein die Zeit, die ein Signal oder eine bestimmte Wellenphase oder eine Korpuskel zum Durchlaufen einer bestimmten Strecke oder eines physikalischen (z. B. eines akustischen, elektrischen) Systems benötigt. Gemäß der Unterscheidung von Gruppen- und Phasengeschwindigkeit ist auch zwischen einer *Gruppen-* oder *Signal*laufzeit und einer *Phasen*laufzeit zu unterscheiden. Laufzeit von Neutronen →Neutronenspektrometrie.

In der *Geophysik* spielt die Laufzeit T von Erdbeben- und Luftschallwellen vom Herd zum Beobachtungsort eine wichtige Rolle. Die Zeit T, die eine Erdbeben- oder Luftschallwelle vom Herd

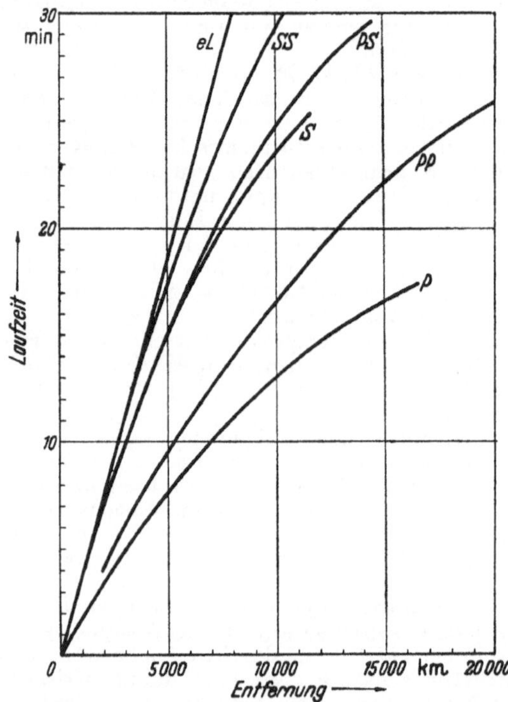

Laufzeitkurven der Vorläufer von Fernbeben (→Erdbeben, Abb. 2); *eL* Einsatz der langen Oberflächenwellen.

bis zum Registrierort benötigt, als Funktion der Entfernung E aufgetragen, gibt die *Laufzeitkurve.* dE/dT ist die scheinbare Oberflächengeschwindigkeit V. Sie ist mit der wahren Geschwindigkeit v der Welle nahe der Oberfläche verbunden durch $v = V \sin i$, wobei i der Einfallswinkel der Welle mit der Horizontalebene ist. Das Komplement $(90° - i)$ heißt in der Seismik *Emergenzwinkel.* V ist auch gleich der Wellengeschwindigkeit im Scheitel des Strahls (bei Erdbeben an der tiefsten Stelle des Strahls). Wenn die Laufzeitkurven der verschiedenen Wellenarten einmal bekannt sind, kann man E berechnen aus den Laufzeitdifferenzen zwischen longitudinalen und transversalen oder zwischen direkt gelaufenen und ein- oder mehrfach reflektierten Wellen. Aus den Laufzeitkurven für künstliche Erschütterungswellen (Sprengungen) ergeben sich Ausbreitungsgeschwindigkeiten und Tiefen für bestimmte Bodenschichten mit einheitlichen Geschwindigkeiten: unter Norddeutschland z. B. rund 8 km/s für Schallwellen in einer Schicht, die in rund 27 km Tiefe beginnt und die, mit fast gleichen Geschwindigkeiten, aber wechselnden Tiefen, auf der ganzen Erde angetroffen wird.

Landolt-Börnstein Bd. III, Berlin 1952. — *Wallot, J.*: Theorie d. Schwachstromtechnik. Berlin 1944.

Laufzeiterscheinungen. Durchläuft ein Elektron ein elektrisches Wechselfeld, dessen Periode T in der gleichen Größenordnung wie die Elektronenlaufzeit τ liegt, so ist die Phase der Wechselspannung beim Austritt des Elektrons aus dem Feld im allgemeinen eine andere als beim Eintritt. Je nach seiner Startphase kann es vom steuernden Hochfrequenzfeld beschleunigt oder verzögert werden. Bei Beschleunigung des Elektrons wird die Energie dem elektrischen Feld entzogen, bei Verzögerung ihm zugeführt. Durch Mittelwertbildung über alle in einer Periode das Wechselfeld durchlaufenden Elektronen ergibt sich die Energiebilanz, die besagt, ob dem steuernden Hochfrequenzfeld Energie zugeführt oder entzogen wird.

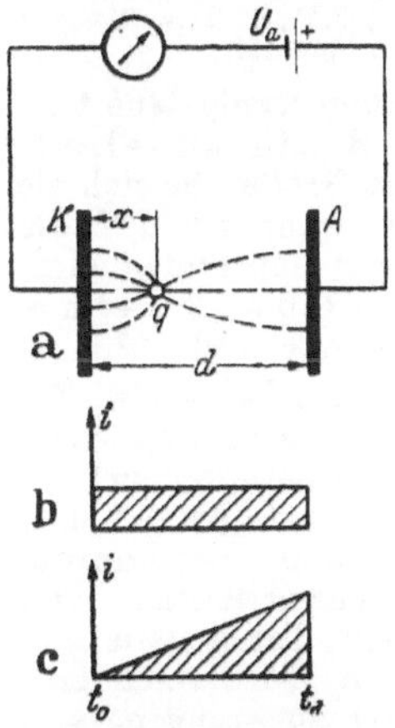

Influenzstrom durch eine bewegte Ladung. a) Anordnung, b) Influenzstrom bei konstanter Bahngeschwindigkeit ($U_a = 0$), c) bei beschleunigter Ladung.

Dabei ist es gleichgültig, ob das Elektron überhaupt zu den Elektroden gelangen kann. Denn im Gegensatz zu den stationären Vorgängen, wo der Konvektionsstrom für den Energieaustausch maßgebend ist, ist es bei nichtstationären Vorgängen der mit der Elektronenbewegung verbundene Verschiebungsstrom, der als *Influenzstrom* bezeichnet wird. Eine mit gleichbleibender Geschwindigkeit v_0 zwischen den Elektroden K und A sich bewegende Ladung q (Abb. a) influenziert auf der Platte K die Ladung $q_k = -q\left(1 - \frac{x}{d}\right)$ und auf der Platte A die Ladung $q_a = -q\frac{x}{d}$. Differentiation nach der Zeit gibt den im äußeren Kreis fließenden Ausgleichstrom

$$i = \frac{dq_a}{dt} = -\frac{dq_k}{dt} = -q\frac{v_0}{d}.$$

Während der ganzen Übergangszeit der Ladung von K nach A fließt ein gleichbleibender Strom der Stärke i (Abb. b), bis sich beim Auftreffen auf A die gesamte Ladung ausgeglichen hat

$$\int_0 \frac{q}{d}\frac{dx}{dt}\,dt = \frac{q}{d}\int_0^d dx = q.$$

Wird die Ladung durch eine Spannung beschleunigt, so nimmt ihre Geschwindigkeit mit wachsender Entfernung von K in erster Näherung proportional mit der Laufzeit zu. Dementsprechend wächst der Influenzstrom entsprechend Abb. c. Da bei einem Elektronenstrom jedes einzelne Elektron den Betrag $\frac{e}{d}\frac{dx}{dt}$ zum Ausgleichstrom beiträgt, ist der gesamte Influenzstrom durch die Beziehung gegeben $i = \frac{i_0}{d}\int_{t_0}^{t_a}\frac{dx}{dt}\,dt$, worin d die Laufstrecke, x deren Koordinate, i_0 die Gleichstromstärke, t_0 die Startzeit und t_a die Ankunftszeit auf der Anode sind.

Dieser Influenzstrom ist die Ursache dafür, daß bei hohen Frequenzen im Gitterkreis einer Elektronenröhre selbst bei negativer Vorspannung, bei der statisch kein Gitterstrom mehr fließen kann, ein Hochfrequenzstrom mit positiver Wirkkomponente und ein entsprechender Leistungsverbrauch auftritt, so daß schließlich die Leistungsverstärkung versagt. Andererseits spielt er eine entscheidende Rolle in allen *Laufzeitröhren*, bei denen es darauf ankommt, möglichst viele Elektronen in die richtige Phase zur äußeren Wechselspannung zu bringen, um Leistung an den äußeren Kreis abzugeben und die falschphasigen Elektronen, die der Schwingung infolge ihrer Beschleunigung im Feld wieder Energie entziehen, auszuschalten. — →Laufzeitgeräte.

Hollmann, H. E.: Erzeugung u. Verstärkung von Dezimeter- u. Zentimeterwellen. — *Gundlach, F. W.*: Grundl. d. Hochfrequenztechnik. Berlin 1950.

Laufzeitgeräte sind Geräte, deren Wirkung auf →Laufzeiterscheinungen beruht. Sie teilen sich in vier Gruppen.

1. *Vielfachbeschleuniger* (→Zyklotron, →Linearbeschleuniger). Ladungsträger werden durch eine verhältnismäßig kleine Wechselspannung auf ein Vielfaches dieser Spannung beschleunigt, indem sie jeweils dann in den Beschleunigungsraum eintreten, wenn die beschleunigende Halbwelle das Feld bestimmt. In der übrigen Zeit bewegen sie sich in einem feldfreien Raum.

2. *Dynamische →Photoelektronenvervielfacher* bewirken eine Intensitätserhöhung eines Elektronenstromes, indem die Beschleunigung der Elektronen von einer Elektrode zur nächsten, Sekundärelektronen emittierenden Prallelektrode durch ein hochfrequentes Wechselfeld erfolgt, dessen Frequenz der Elektronenlaufzeit entspricht.

3. *Laufzeitröhren* bedienen sich der Laufzeiterscheinungen zur Erzeugung hochfrequenter Schwingungen (<3 m, Laufzeitschwingungen). Dabei werden Energieansammlungen, die durch →Phasenfokussierung entstehen, auf einen angekoppelten Schwingungskreis übertragen. Hierher gehören die verschiedenen Typen der →Bremsfeldröhren und des →Magnetrons, die →Triftröhren und die →Wanderfeldröhren.

Literatur →die Hinweisstichwörter. — Zu 3: *Vilbig, F.*, u. *J. Zenneck*: Fortschr. d. Hochfrequenztechnik I. Leipzig 1941.

Laufzeitspektrograph (Velocitron). Ein →Massenspektrograph, bei dem man aus einer Ionenquelle kommende Teilchen gleicher kinetischer Energie aber verschiedener Masse nach Durchlaufen eines längeren Weges auffängt. Dann gelangen Teilchen verschiedener Masse zu verschiedenen Zeiten in den Auffänger. Vorläufig liegt das Auflösungsvermögen dieser Geräte noch beträchtlich unterhalb derjenigen anderer Massenspektrographen (→Isotron).

Eine solche Anordnung kann auch als Geschwindigkeitsspektrograph für Teilchen gleicher Masse, aber verschiedener Energie (z. B. für Elektronen) benutzt werden; dann gelangen Teilchen verschiedener Geschwindigkeiten zu verschiedener Zeit in den Auffänger, und es entsteht ein Geschwindigkeitsspektrogramm.

Stephens, W. E.: Phys. Rev. **69**, 691 (1946). — *Cameron, A. E.*, u. *D. F. Eggers:* Rev. Sci. Instr. **19**, 605 (1948). — *Goudsmit, S. A.:* Phys. Rev. **74**, 622 (1948).

Laufzeitverzögerung elektrischer Wellen →Reflexionshöhe.

Laurent-Platte, eine dünne Quarzplatte, parallel zur optischen Achse geschliffen und senkrecht zur Drehachse des Analysators eines Polarimeters so befestigt, daß sie die Hälfte der Diaphragmenöffnung bedeckt. Ihre Dicke soll für Na-Licht 0,03236 mm betragen. Meist wird jedoch ein ungerades Vielfaches davon gewählt. Die Laurent-Platte wird in älteren Polarimetern als Halbschattenvorrichtung verwendet.

Laurent-Reihe. Es sei $w = f(z)$ eine Funktion der komplexen Variablen $z = x + iy$ (x, y reell, $i = \sqrt{-1}$), deren singuläre Stellen so in der Gaußschen Ebene verteilt seien, daß man um eine Stelle $z = z_0$ ein ringförmiges, durch die Kreise $\mathfrak{K}_1$ (Radius r_1) und $\mathfrak{K}_2$ (Radius $r_2 > r_1$) begrenztes Gebiet angeben kann, innerhalb dessen $f(z)$ regulär ist (Abb.). Dann gilt die für jedes im Ringgebiet R liegende z gültige, als Laurent-Reihe bezeichnete Reihenentwicklung „um z_0": $f(z) = \sum_{n=-\infty}^{n=+\infty} a_n (z - z_0)^n$, deren Koeffizienten durch $a_n = \frac{1}{2\pi i} \oint \frac{f(\zeta)}{(\zeta - z_0)^{n+1}} d\zeta$ gegeben sind, wobei die Integrale über eine zwar beliebige, aber ganz in R gelegene geschlossene Kurve zu nehmen sind. Nach dem Hauptsatz der Funktionentheorie sind die a_n vom Integrationsweg unabgängig. Da $f(z) = \sum_{n=-\infty}^{+\infty} a_n (z - z_0)^n = \sum_{n=0}^{\infty} a_n (z - z_0)^n + \sum_{n=+1}^{\infty} a_{-n} (z - z)^{-n} = f_1(z) + f_2(z)$ geschrieben werden kann, besagt die Laurent-Reihe, daß $f(z)$ in R in eine nach steigenden $[f_1(z)]$ und eine nach fallenden $[f_2(z)]$ Potenzen von $(z - z_0)$ fortschreitende Reihe entwickelt werden kann. Der die steigenden Potenzen enthaltende Anteil $f_1(z)$ ist eine gewöhnliche, für alle innerhalb $\mathfrak{K}_2$ liegenden Werte von z konvergierende Potenzreihe, während der nach fallenden Potenzen fortschreitende Anteil $f_2(z)$ eine überall außerhalb $\mathfrak{K}_1$ konvergierende Potenzreihe darstellt. Für die im Ringgebiet R liegenden z-Werte $r_1 < |z - z_0| < r_2$ konvergieren beide Teilreihen f_1 und f_2, und ihre Summe $f_1(z) + f_2(z) = f(z)$ stellt dort $f(z)$ dar. Die Laurent-Reihe stellt also innerhalb des Ringgebietes ein Analogon zu der gewöhnlichen Potenzreihenentwicklung dar. Man kann beweisen, daß die Laurent-Entwicklung einer gegebenen Funktion eindeutig ist.

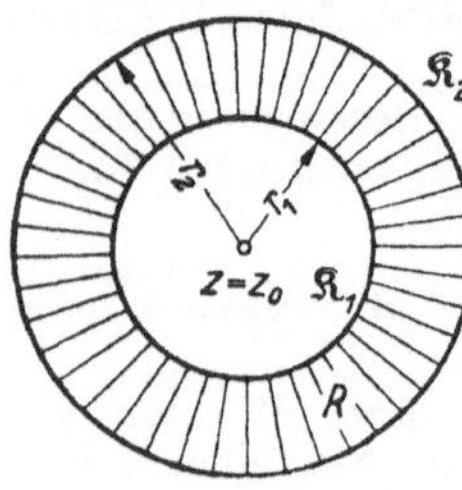

Laurent-Reihe.

Hat $f(z)$ an einer Stelle $z = z_0$ eine Laurent-Reihe, deren fallender Teil mit dem Glied $a_{-n} (z - z_0)^{-n}$ abbricht, $a_{-n} \neq 0$ $(n \geqq 1)$ aber alle $a_{-m} = 0$ $(m \geqq n + 1)$, so sagt man, die Funktion $f(z)$ besitze an der Stelle $z = z_0$ einen *Pol n-ter Ordnung* (manchmal auch als *nichtwesentliche Singularität* bezeichnet). Durch Multiplikation mit $(z - z_0)^n$ entsteht dann die Funktion $g(z) = (z - z_0)^n f(z)$, die für $z = z_0$ den Wert $g(z_0) = a_{-n} \neq 0$ annimmt und in z_0 und in seiner Umgebung regulär ist.

Bricht bei der Laurent-Reihe einer Funktion der abfallende Teil nicht ab, besitzt diese also unendlich viele Glieder von der Form $a_{-\nu}/(z - z_0)^{-\nu}$ $(\nu = 1, 2, \ldots)$, so ist $z = z_0$ ein *Pol von unendlich hoher Ordnung* oder eine *wesentlich singuläre Stelle.*

Hat die Funktion $f(z)$ für $z = z_0$ eine Laurent-Entwicklung, in der *keine* fallenden Potenzen auftreten und die niedrigste Potenz des ansteigenden Teils $f_1(z)$ den Exponenten n besitzt: $f(x) = a_n (z - z_0)^n + a_{n+1} (z - z_0)^{n+1} + \cdots$ $[a_n \neq 0$ $(n \geqq 1)$ aber alle $a_m = 0$ $(m \leqq n - 1)]$, so heißt $z = z_0$ eine *Nullstelle n-ter* Ordnung der Funktion $f(z)$.

Knopp, K.: Funkentheorie, Samml. Göschen 1109, 668, 703, 877, 878. Berlin 194. — *Hurwitz-Courant:* Funktionentheorie. Leipzig 1931/34. — *Whittaker, E. T.*, u. *G. N. Watson:* A Course of Modern Analysis. Cambridge 1927

Lautheit, im Gegensatz zu dem wenigstens teilweise physikalisch definierten Begriff der →Lautstärke eine rein psychologische Größe, die sich als Antwort auf die Frage ergibt, wann ein Ton als „doppelt so laut" wie ein anderer empfunden wird. Dem Bereich der Lautstärke von 0 bis 120 →Phon entsprechen Lautheiten zwischen 1 und 10^6.

Lautsprecher, elektrischer Luftschallsender für größere Leistungen. Die z. Zt. gebräuchlichste Ausführungsform (*dynamischer* Lautsprecher) besitzt als schallabstrahlendes Element eine in sich starre Konusmembran, die von einer stromdurchflossenen, im Felde eines permanenten oder Elektromagneten schwingenden Tauchspule angetrieben wird. Um im ganzen Hörbereich eine gleichmäßige Schallabstrahlung zu erzielen, verwendet man Kombinationen von Hoch- und Tieftonlautsprechern, die zur Erhöhung der Schallleistung mit Schallwänden oder Schalltrichtern versehen sind. An weiteren Ausführungsformen sind zu nennen: der nur noch historisches Interesse beanspruchende *elektromagnetische* Lautsprecher, *elektrostatische, magnetostriktive, piezoelektrische* (Kristall-) und *Bändchen*lautsprecher, die im oberen Hörbereich und nahen Ultraschallbereich brauchbar sind, und schließlich die *Druckluft-* und →*Explosions*-Schallsender.

Philips Taschenbuch für Elektroakustik und Tonfilmtechnik. Hamburg 1951.

Lautstärke, das Maß für die von einem Schallvorgang gegebener Schallstärke hervorgerufene Schallempfindung. Wegen der Gültigkeit des →Weber-Fechnerschen Gesetzes im Bereiche der physiologischen Akustik hat man als Einheit der Lautstärke L eine dem dekadischen Logarithmus des auf die →Hörschwelle p_0 bezogenen relativen Schalldrucks p/p_0 proportionale Zahl, das →*Phon*, eingeführt. Für $\nu = 1000$ Hz gilt $L = 20 \log (p/p_0)$ mit $p_0 = 2 \cdot 10^{-4}$ mb. Die Lautstärke bei anderen Frequenzen wird durch subjektiven Vergleich des zu messenden Schalles mit einem Normalschall von 1000 Hz im beidohrigen Sukzessivverfahren bestimmt. Lautstärken von mehr als 120 Phon führen zu Schmerzempfindungen (→Schmerzschwelle). Die in Abhängigkeit von der Schallfrequenz aufgezeichneten Kurven gleicher Lautstärke haben bei 1000—2000 Hz ein Minimum, welches das Gebiet der größten Ohrempfindlichkeit kennzeichnet (→Hörbereich). Mit zunehmender Lautstärke wird das Minimum immer flacher, d. h. hohe Lautstärken sind bei gegebener Schallstärke weniger frequenzabhängig als niedrige.

Trendelenburg, F.: Akustik. Berlin-Göttingen-Heidelberg 1950.

Laval-Düse. Die bei verlustloser adiabatischer Entspannung eines Gases vom Anfangszustand p_0, ϱ_0 auf einen Endzustand p, ϱ je Masseneinheit frei werdende kinetische Energie ist

$$\frac{c^2}{2} = \frac{\varkappa}{\varkappa - 1}\left(\frac{p_0}{\varrho_0} - \frac{p}{\varrho}\right) = \frac{\varkappa}{\varkappa - 1}\left[1 - \left(\frac{p}{p_0}\right)^{\frac{\varkappa-1}{\varkappa}}\right], \quad (1)$$

während sich die Schallgeschwindigkeit a gemäß

$$a^2 = \varkappa \frac{p}{\varrho} = \varkappa \frac{p_0}{\varrho_0}\left(\frac{p}{p_0}\right)^{\frac{\varkappa-1}{\varkappa}} \quad (2)$$

ändert. *de St. Venant* und *Wantzel* haben bereits 1839 erkannt, daß die Geschwindigkeit im engsten

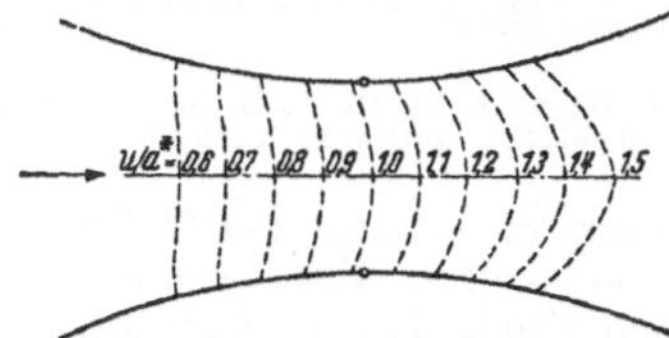

Abb. 1. Geschwindigkeitsverteilung in einer Laval-Düse.

Querschnitt nicht über die Schallgeschwindigkeit des dort vorliegenden Gaszustandes gesteigert werden kann. Aus der von *Hugoniot* angegebenen Beziehung

$$\frac{dF}{F} = \frac{dc}{c}\left[\frac{c^2}{a^2} - 1\right] \quad (3)$$

geht hervor, daß oberhalb der kritischen Schallgeschwindigkeit $Ma_{kr} = c/a_{kr} = 1$ eine weitere Zunahme der Geschwindigkeit nur bei einer Erweite-

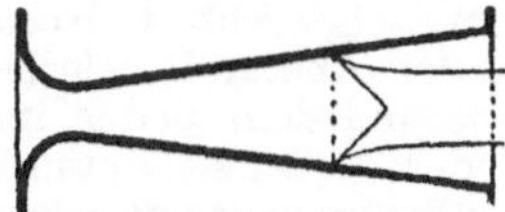

Abb. 2. Strahlablösung in einer Laval-Düse bei zu großem Gegendruck.

rung des Querschnittes möglich ist. *de Laval* (1890) hat entsprechend erweiterte Düsen entwickelt und damit in den Turbinen das Wärmegefälle des Dampfes über das kritische Entspannungsverhältnis hinaus, das sich aus (1) und (2) für $c^2/a^2 = 1$ zu

$$\frac{p_{kr}}{p_0} = \left(\frac{2}{\varkappa + 1}\right)^{\frac{\varkappa}{\varkappa-1}} \quad (4)$$

ergibt und für Luft $\cong 0{,}53$, für Heißdampf $\cong 0{,}546$, für Sattdampf $\cong 0{,}57$ beträgt, ausnutzen können. Bei starker Erweiterung des Querschnittes werden allerdings die Verluste durch Reibung (bei großer Baulänge) und durch Ablösung (bei großem Öffnungswinkel) beträchtlich. Ferner können Verluste durch →Verdichtungsstöße auftreten, wenn am Ende der Düse ein höherer Gegendruck herrscht, als er der Düsenform entspricht. Die Untersuchungen an Laval-Düsen waren für Theorie und Praxis der Strömungen mit Überschallgeschwindigkeit von großem Wert. →Düse.

Lawine, Bezeichnung für Effekte, die nach Auslösung an einer einzigen Stelle, u. U. an einem einzigen Atom, durch Übertragung auf die Nachbarschaft in sehr kurzer Zeit die gesamte Umgebung ergreifen, wie z. B. bei allen Arten von →Kettenreaktionen oder bei der Bildung einer →Elektronenlawine beim Einsetzen einer Funkenentladung (ferner Verstärkertheorie).

lb, Symbol der Masseneinheit →pound; lb.ap. desgl. für pound apothecary; lb.av. desgl. für pound avoirdupois; lb.wt. oder Lb Symbol der Krafteinheit pound weight. →pound.

L-Band →Energiebänder.

LCE →Conservatoire national des Arts et Métiers.

ld = ^{2}log, →Zweierlogarithmus.

Lebendige Kraft, ältere Bezeichnung der kinetischen Energie, die, weil irreführend, nicht mehr verwendet werden sollte.

Lebensdauer, mittlere. Zur Zeit $t = 0$ seien n_0 gleichartige instabile Teilchen (radioaktive Atome, instabile Elementarteilchen) vorhanden. Dann wandelt sich von ihnen in gleichen Zeiten dt stets der gleiche Bruchteil dn/n der zu irgendeiner Zeit t noch vorhandenen n Teilchen um, so daß

$$\frac{dn}{n} = -\lambda\, dt. \quad (1)$$

Die Lösung dieser Gleichung lautet

$$n = n_0 e^{-\lambda t}. \quad (2)$$

λ heißt die *Zerfallskonstante* (*Abklingkonstante*) der Teilchenart, und $\lambda\, dt$ ist die *Wahrscheinlichkeit* für jedes Teilchen, sich innerhalb der Zeitspanne dt umzuwandeln. Die Zeit $\tau = 1/\lambda$, in der $n = n_0/e$ wird, ist die *mittlere Lebensdauer* der Teilchen. Die Wahrscheinlichkeit für irgendein Teilchen, nach der Zeit t (von einem beliebigen Zeitpunkt an gerechnet) noch unzerfallen zu existieren, beträgt $w = \exp(-t/\tau)$. Aus praktischen Gründen wird aber meist die *Halbwertzeit* T angegeben, innerhalb derer n_0 auf $n = n_0/2$ absinkt. Es ist

$$T = \tau \ln 2 = 0{,}6931\,\tau.$$

Ganz Entsprechendes gilt für den Übergang *angeregter Zustände* eines Atoms in den Grundzustand (→Übergangswahrscheinlichkeit).

Dieselben Gleichungen gelten aber auch für makroskopische Vorgänge, bei denen irgendeine Größe, z. B. eine elastische Deformation oder die Amplitude einer gedämpften Schwingung, mit einer ihrem jeweils noch vorhandenen Betrage proportionalen Geschwindigkeit abklingt. In diesen Fällen wird τ als →*Relaxationszeit* oder *Abklingzeit* bezeichnet.

Lebensdauer von Elementarteilchen. Beim Zerfall bzw. der Umwandlung instabiler Elementarteilchen können mehrere Prozesse konkurrieren, z. B. bei Mesonen der radioaktive Zerfall und der Einfang durch den Atomkern. Bisher sind die folgenden mittleren Lebensdauern instabiler Elementarteilchen bekannt: Neutron $\tau = 20$ min, μ-Meson $\tau = 2{,}2 \cdot 10^{-6}$ s, π-Meson $\tau = 0{,}9 \cdot 10^{-8}$ s.

Marshak, R. E., u *H. A. Bethe:* Phys. Rev. **72**, 506 (1947).

Lecher-System, ein System aus zwei parallelen Leitungen (Drähten, Blechstreifen, konzentrischen Zylindern), bei dem Widerstand, Ableitung, Kapazität und Induktivität gleichmäßig über die Länge

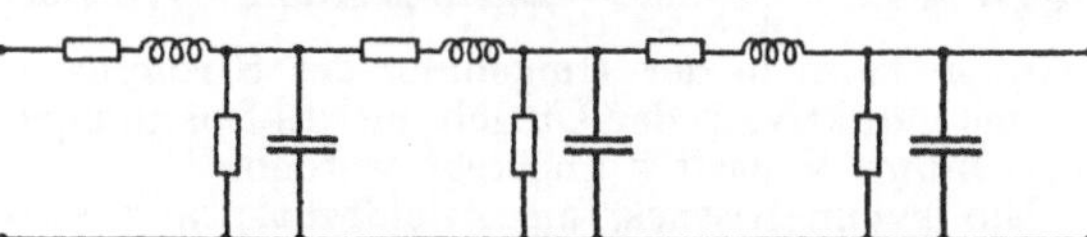

Abb. 1. Ersatzschaltbild einer Lecher-Leitung.

verteilt sind. Wie aus dem Ersatzschaltbild einer derartigen Leitung (Abb. 1) ersichtlich, stellen solche Systeme resonanzfähige Schwingungsgebilde dar, die als Ersatz für Schwingkreise für

Wellenlängen $\lambda < 1$ m verwendet werden. Bei Erregung durch einen Sender der Wellenlänge λ bilden sich im Resonanzfall längs des Systems →stehende elektrische Wellen aus. Am offenen Ende eines Lecher-Systems liegt ein Stromknoten und Spannungsbauch, am kurzgeschlossenen Ende umgekehrt ein Strombauch und Spannungsknoten. Die Abstimmung des Systems auf eine bestimmte Frequenz erfolgt durch Änderung der Länge des Systems, z. B. mittels eines verschiebbaren Kurzschlußbügels.

Sei im Resonanzfall am kurzgeschlossenen Ende einer verlustlosen Lecher-Leitung der Strom $\mathfrak{i}_0$, so sind Strom und Spannung im Punkt l

$$\mathfrak{i} = \mathfrak{i}_0 \cos 2\pi l/\lambda, \quad \mathfrak{U} = \mathrm{j}\,\mathfrak{i}_0 Z \sin 2\pi l/\lambda,$$
$$\mathfrak{i}_{max} = \mathfrak{i}_0, \quad \mathfrak{U}_{max} = \mathfrak{i}_{max} Z$$

(Z Wellenwiderstand der Leitung). Die Knoten der Spannung liegen bei $l = n\,\lambda/2$ (n ganze Zahl), die Bäuche bei $l = (\lambda/4 + n\,\lambda/2)$. Alle Absolutwerte wiederholen sich nach $\lambda/2$. Der Eingangswiderstand (Widerstand am offenen Ende) der kurzgeschlossenen Leitung ist

$$\mathfrak{R} = \mathfrak{U}/\mathfrak{i} = \mathrm{j}X = \mathrm{j}\,Z\,\mathrm{tg}\,2\pi l/\lambda,$$

also ein reiner Blindwiderstand $\mathrm{j}X$. Seinen Widerstandsverlauf als Funktion der Ortskoordinate zeigt Abb. 2.

X ist zwischen $l = 0$ und $l = \lambda/4$ induktiv und anwachsend, zwischen $\lambda/4$ und $\lambda/2$ kapazitiv. Im Abstand $\lambda/2$ wiederholen sich alle Widerstandswerte. Eine kurzgeschlossene Leitung einstellbarer Länge gestattet also die Erzeugung jedes Blindwiderstandes zwischen $-\infty$ und $+\infty$. Die großen Widerstände liegen in der Umgebung von $l = \lambda/4$, die kleinen von $l = \lambda/2$. Eine einseitig kurzgeschlossene $\lambda/4$-Leitung wirkt also am Anfang wie ein Parallelschwingkreis.

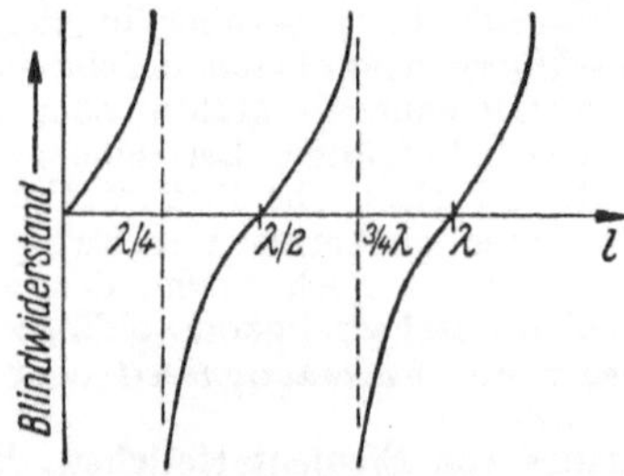

Abb. 2. Eingangswiderstand der kurzgeschlossenen Lecher-Leitung.

Da man jeden Blindwiderstand durch eine am Ende kurzgeschlossene Leitung erzeugen kann, entsprechen die Vorgänge auf einer mit einem Blindwiderstand abgeschlossenen Leitung denen einer um l_0 längeren kurzgeschlossenen Leitung (Abb. 3), deren Eingangswiderstand $\mathfrak{R} = jX = jZ\,\mathrm{tg}\,2\pi\,\frac{l + l_0}{\lambda}$ ist. — Ein abgestimmtes Lecher-System kann in der Umgebung des Strommaximums induktiv, in der Umgebung des Spannungsmaximums kapazitiv angeregt werden.

Ein symmetrisches, als Zweidrahtleitung ausgebildetes Lecher-System hat nicht nur den Nachteil zusätzlicher Strahlungsverluste, sondern stellt in Wirklichkeit ein dreipoliges System mit benachbarten Metallblechen oder Leitungen als drittem Leiter dar, wodurch besonders an den Knoten Störungen auftreten können. Dagegen sind konzentrische, unsymmetrische Leitungen zur absoluten Frequenzmessung bei dm-Wellen geeignet. Da man hierfür die Ausbreitungsgeschwindigkeit v genau kennen muß, sind auf der Meßstrecke Halterungen aus Isoliermaterial zu vermeiden. Eine derartige konzentrische Resonanzleitung, brauchbar bis zu $\lambda = 5$ cm, zeigt Abb. 4. Resonanz ist vorhanden, wenn der Abstand zwischen der linken Abschlußscheibe und dem Boden im Kurzschlußkolben $\lambda/2$, λ oder $3\,\lambda/2$ usw. entspricht. Die Auskopplung zur Resonanzanzeige wie auch die Einkopplung des Senders erfolgen induktiv.

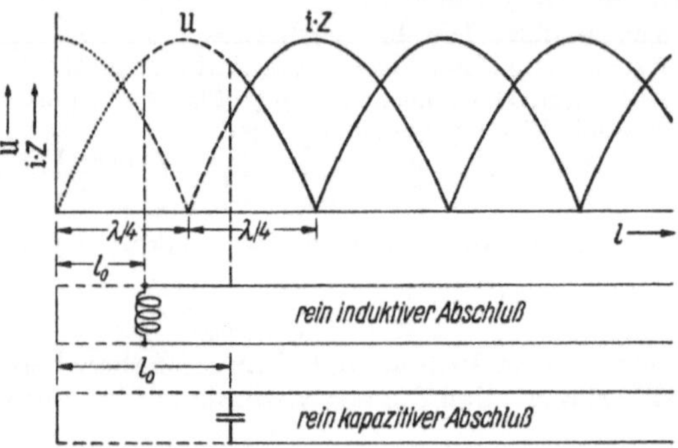

Abb. 3. Spannung und Strom (iZ) bei stehenden Wellen für rein induktiven und rein kapazitiven Abschluß.

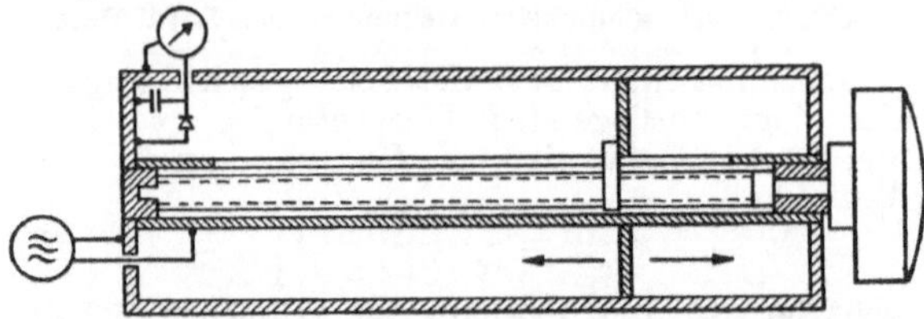
Abb. 4. Konzentrische Resonanzleitung als Frequenzmesser. Nach *O. Lincke*.

Möller, H. G.: Grundl. u. math. Hilfsmittel d. Hochfrequenztechnik. Berlin 1940. — *Zinke, O.*: Hochfrequenzmeßtechnik. Leipzig 1947.

Lecksucher. Die Auffindung von Undichtigkeiten in Hochvakuumapparaten ist eine sehr zeitraubende Aufgabe. Versucht man die Hochvakuumapparatur dadurch auf Undichtigkeit zu prüfen, daß man sie mit einer Pumpe evakuiert und den niedrigsten Druck mißt, der sich erreichen läßt, so ist man dabei nie frei von der Unsicherheit, die daher rührt, daß das erreichbare Vakuum tatsächlich durch eine Undichtigkeit oder durch von den Wänden der Apparatur abgegebene Gase und Dämpfe bedingt sein kann. Diese Unsicherheit kann nur dadurch behoben werden, daß man Aufschluß darüber erhält, welcher Art die schließlich in der Apparatur vorhandenen Gase sind. Ein zuverlässiges Mittel zur Feststellung der Art der Gase ist das Massenspektrometer.

Man benutzt daher neuerdings zur Prüfung von Hochvakuumapparaten auf Dichtigkeit folgende Anordnung (Abb.). Zwischen Pumpe *6* und Apparatur *3* wird ein Massenspektrometer *1* eingeschaltet und die zu prüfende Apparatur von außen mit einem Testgas, z. B. Helium aus einer Stahlflasche *4*, abgesprüht. Ist das Spektrometer auf die Heliumlinie eingestellt, so wird diese jedesmal dann im Spektrometer erscheinen, wenn man beim Absprühen eine Undichtigkeit überfährt. Die Intensität der Linie ist gleichzeitig ein Maß für die Größe der Undichtigkeit, und das Verfahren hat daher den weiteren Vorteil, daß man grobe Undichtigkeiten gleichzeitig neben feineren nachweisen und lokalisieren kann. Ist die Undichtigkeit der Apparatur größer als die Sauggeschwindigkeit der an das Massenspektrometer angeschlossenen Pumpe *6*, so muß man parallel zu dieser eine Grobpumpe *8* anschließen. Will man nicht eine Undichtigkeit lokalisieren, sondern nur eine ganze Apparatur auf ihre Dichtigkeit prüfen, so genügt es, wenn man die zu prüfende Apparatur in einen zweiten Behälter einschließt, der mit einem Testgas, z. B. Helium, gefüllt ist.

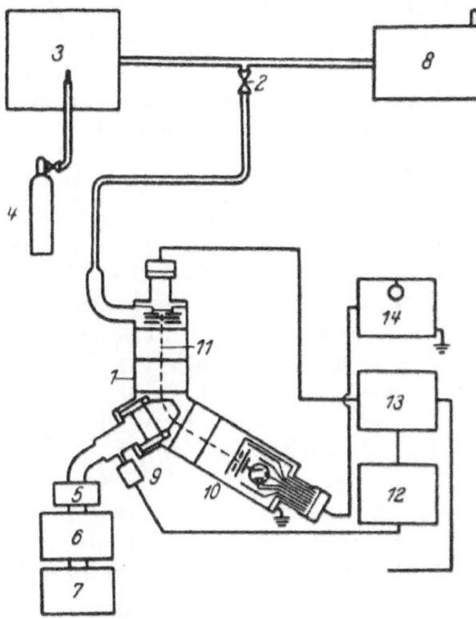

1 Massenspektrometer, *2* Drosselventil, *3* zu prüfende Vakuumapparatur, *4* Stahlflasche mit Helium, *5* Kühlfalle, *6* Öldiffusionspumpe, *7* Vorpumpe, *8* Grobpumpe, *9* Ionisationsmanometer, *10* Auffänger, *11* Ionenbahn, *12* Verstärker für Ionisationsmanometer, *13* Netzanschlußgerät für Massenspektrometer, *14* Verstärker für Auffängerstrom.

Nier, A. O., C. M. Stevens, A. Hustrulid u. *T. A. Ebbot:* J. Appl. Phys. **18**, 30 (1947).

Leclanché-Element (→Elemente, galvanische).
Stofflicher Aufbau:
Negativer Pol: Amalgamiertes Zink, Ammoniumchlorid-Lösung. Potentialbestimmend: Zinkionen mit Reaktionsbindung (→einfache Elektrode) nach

$$\tfrac{1}{2}\,Zn^{++} + NH_4^+ \rightarrow H^+ + \tfrac{1}{2}\,Zn(NH_3)_2^{++}.$$

Positiver Pol: Kohlestab, von Braunstein umgeben, Ammoniumchlorid-Lösung. Potentialbestimmend: Elektronen mit Reaktionsbindung nach

$$\ominus + MnO_2 + H^+ \rightarrow \tfrac{1}{2}\,Mn_2O_3 + \tfrac{1}{2}\,H_2O$$

(→Oxydations-Reduktions-Potential).
Strom-Stoff-Umsatz:
Negativer Pol: Auflösung von Zink, Bildung komplexer Zinksalze.
Positiver Pol: Reduktion von MnO_2 zu Mn_2O_3.
Gesamtumsatz:

$$\tfrac{1}{2}\,Zn + NH_4^+ + MnO_2 \rightarrow [\tfrac{1}{2}\,Zn(NH_3)_2^{++}] + \tfrac{1}{2}\,Mn_2O_3 + \tfrac{1}{2}\,H_2O.$$

EMK: etwa 1,5 V.
Praktische Verwendung insbesondere als →*Trockenelement.*
Auch die nassen *Carbone-Elemente*, die in großen Einheiten z. B. für Eisenbahnsicherungszwecke verwendet werden, sind vom Leclanché-Typ.

Leduc-Righi-Effekt (*A. Leduc, A. Righi* 1884), das thermische Analogon zum →Hall-Effekt. Fließt in einer rechteckigen Platte der Breite b (Länge groß gegenüber der Breite) in der Längsrichtung ein Wärmestrom der Dichte J_W und befindet sich die Platte in einem homogenen Magnetfeld der Stärke H, dessen Feldlinien senkrecht zur Platte stehen, so beobachtet man senkrecht zum Wärmestrom und Magnetfeld eine transversale Temperaturdifferenz

$$\Delta T = A_{RL} H b J_W,$$

wo A_{RL} die Konstante dieses Effektes ist, deren Vorzeichen in Analogie zum Vorzeichen der →Hall-Konstanten festgelegt wird. Das vorliegende Beobachtungsmaterial über A_{RL} ist spärlich und bezieht sich nur auf höhere Temperaturen.

Handb. d. Experimentalphysik XI/2. Leipzig 1935.

Leere Vergrößerung = →tote Vergrößerung; →Mikroskop.

Leerlauf, der Zustand einer Maschine u. dgl., bei der sie in Betrieb ist, ohne daß ihr eine Leistung entnommen wird, z. B. ein →Transformator mit offenen Sekundärklemmen. Die beim Leerlaufbetrieb aufgewendete Leistung verwandelt sich in Wärme.

Leerstellen →Gitterstörung.

Legendre-Polynome →Kugelfunktionen.

Legendre-Transformation ist eine solche, die eine Funktion $f(x, y) = 0$ in eine andere $g(x, z)$ mit $z = \partial f/\partial y$ überführt, wobei die neue Funktion $g(x, z)$ die Eigenschaft hat, daß $\partial g/\partial z = y$ ist. Beispiel: Führt man statt der →Lagrange-Funktion $L(q_i, \dot{q}_i, t)$ die →Hamilton-Funktion $H(q_i, p_i, t) = \sum_{i=1}^{n} \dot{q}_i p_i - L$ ein, so gilt $\partial H/\partial p_i = \dot{q}_i$.

Pöschl, Th.: Einf. i. d. analyt. Mechanik. Karlsruhe 1949.

Legierung, ein aus zwei oder mehreren Metallen bestehender Stoff, dessen Bestandteile mechanisch zusammenhängend einen einheitlichen Körper bilden. Das lockere Gemenge zweier Metallpulver ist noch keine Legierung. Meistens werden die Legierungen aus dem Schmelzfluß gewonnen; die Voraussetzung einer Legierungsbildung zwischen den Komponenten ist dann ihre Mischbarkeit im flüssigen Zustand. Auch durch Zusammenpressen der Komponenten und gegebenenfalls nachträgliche Erhitzung, sowie durch Elektrolyse können Legierungen gewonnen werden, die sich von den aus dem Schmelzfluß entstehenden oft nicht grundsätzlich unterscheiden. Die Grenzen des Legierungsbegriffes sind fließend. Auch für zusammenhängende Körper, die aus mehreren nichtmetallischen Stoffen, z. B. Oxyden oder Salzen, bestehen und meistens aus dem Schmelzfluß entstanden sind, wird zuweilen die Bezeichnung Legierung gebraucht.

Die Legierungen sind alle kristallinisch. Man unterscheidet homogene Legierungen, die aus einer Kristallart bestehen, und heterogene, die ein Gemenge mehrerer Kristallarten darstellen. → auch Zustandsdiagramm.

Legierungs-Photokathode →Antimon-Cäsium-photozelle.

Lehren sind Geräte zur Messung oder Kontrolle von Abmessungen. →Längenmessung.

Leibnizscher Satz →alternierende Reihe.

Leichte Richtung ferromagnetischer Kristalle, die kristallographischen Richtungen mit der kleinsten Magnetisierungsarbeit. →Kristallenergie.

Leidener Flasche. Im Jahre 1746 wurde fast gleichzeitig von dem Camminer Domherrn *E. G. v. Kleist* und von *Cunaeus* in Leiden der elektrische Kondensator entdeckt, als sie versuchten, das in einer Flasche enthaltene Wasser durch eine in das Wasser gesteckte Kette, die mit der Elektrisiermaschine verbunden war, aufzuladen. Die Erforschung der Ursache des heftigen Schlages, der bei Berührung die Beobachter traf, führte zum Bau des ersten Kondensators, der Leidener oder Kleistschen Verstärkungsflasche. Ein Glasgefäß, meist von der Form eines oben offenen Becherglases, trägt auf seiner Innen- und Außenfläche gegeneinander isoliert je eine Belegung meist aus aufgeklebtem Stanniol. Zum bequemeren Anschluß ist die innere Belegung mittels einer Metallstange, die unten in einen auf dem inneren Boden der Flasche stehenden Metallteller endet, nach außen geführt. Diese Form von Kondensatoren ist heute noch für Demonstrationszwecke und z. B. als ausgleichender Speicher bei Elektrisiermaschinen üblich.

Leidenfrost-Phänomen. Bringt man einen Tropfen einer benetzenden Flüssigkeit auf eine Metallplatte, deren Temperatur über der Siedetemperatur der Flüssigkeit liegt, so ballt er sich kugelartig zusammen wie eine nichtbenetzende Flüssigkeit. An der Auflagefläche bildet sich eine Dampfschicht, die sowohl die Benetzung verhindert als auch die Wärmeübertragung behindert, so daß der Tropfen lange Zeit erhalten bleibt. Eine entsprechende Erscheinung beobachtet man z. B. auch, wenn man einen kleinen Brocken von fester Kohlensäure (Trockeneis) auf eine Metallunterlage bringt.

L-Einfang →K-Einfang.

Leistung einer Kraft $\mathfrak{K}$ (früher auch *Effekt* genannt), die von der Kraft $\mathfrak{K}$ in der Zeiteinheit geleistete Arbeit.

Da das Arbeitselement $dA = \mathfrak{K} \cdot d\mathfrak{s}$ ist ($d\mathfrak{s}$ das Wegelement, längs dessen $\mathfrak{K}$ wirkt), ergibt sich für die Leistung $L = (\mathfrak{K} \cdot d\mathfrak{s}/dt) = (\mathfrak{K} \cdot \mathfrak{v})$. L ist also gleich dem skalaren Produkt aus momentaner Kraft und momentaner Geschwindigkeit $\mathfrak{v}$. *Elektrische* Leistung →Stromarbeit. →Leistungseinheiten.

Gelegentlich wird der Begriff „Leistung" auch in allgemeinerem Sinne (= Leistungsfähigkeit u. dgl.) verwendet, z. B. magnetische →Leistung.

Leistung, magnetische, eines permanenten Magneten, das Produkt aus seiner remanenten Induktion und seiner Koerzitivkraft; kennzeichnet angenähert die Leistungsfähigkeit des Materials für die Herstellung konstanter Magnetfelder in Meßinstrumenten. Wenn außerdem der →Ausbauchungsfaktor bekannt ist, kann man aus der magnetischen Leistung die zur genaueren Kennzeichnung nötige →Güteziffer berechnen.

Neumann, H.: ATM Z 912-1 (1937).

Leistungseinheiten. Da die Leistung als die in der Zeiteinheit umgesetzte Arbeit definiert ist, leiten sich die Leistungseinheiten über die Zeiteinheit von den →Energiemaßen her. Außerdem sind in der Mechanik und Elektrizität noch spezielle Leistungseinheiten gebräuchlich.

Als mechanische Leistungseinheit ist in der Technik noch weitgehend die →Pferdestärke (PS) üblich, die in Frankreich cheval-vapeur (CV) heißt. Der 100fache Betrag des kpm/s wird in Frankreich Poncelet genannt. In den angelsächsischen Ländern wird in der Technik das horse power (HP) benutzt, für das es eine mechanische (HP) und eine elektrische (HP_{electr}) Definition gibt. Als elektrisches und neuerdings sich auf allen Gebieten einbürgerndes Leistungsmaß ist international das Watt (W) üblich: 1 PS = 1 CV = 735,499 W_{abs}; 1 HP = 745,70 W_{abs}; 1 HP_{electr} = 746,000 W_{abs}; 1 W_{int} = 1,00019 W_{abs} (→Anh. III, Tab. 4 und die einzelnen oben aufgeführten Leistungsmaße).

Leistungsfaktor. Die Nutz- oder Wirkleistung eines Wechselstroms ist $N_w = U_{eff}\, i_{eff} \cos\varphi$. $\cos\varphi$ wird *Leistungs-* oder *Wirkfaktor* genannt. Die geometrische Bedeutung des Phasenwinkels φ zwischen Strom und Spannung und die daraus abgeleiteten Funktionen $\cos\varphi$ und $\sin\varphi$ gelten nur für reinen Sinusstrom. Bei anderen Kurvenformen und bei unsymmetrisch belasteten Mehrphasensystemen werden aus diesen Winkelfunktionen lediglich Zahlenfaktoren, mit denen man das Produkt Strom × Spannung, die →Scheinleistung, multiplizieren muß, um die Wirk- bzw. Blindleistung zu erhalten. Die Definitionen des Wirkfaktors und Blindfaktors sind demnach

$$\text{Wirkfaktor} = \cos\varphi = \left\{\frac{\text{Wirkleistung}}{\text{Scheinleistung}}\right.$$

$$\text{Blindfaktor} = \sin\varphi = \left\{\frac{\text{Blindleistung}}{\text{Scheinleistung}}\right..$$

Leistungsmessung, elektrische. Bei Gleichstrom bestimmt man die Leistung meist als das Produkt aus Spannung und Stromstärke, die mit Drehspulmeßgeräten festgestellt werden. Bei Wechselstrom werden vorzugsweise *elektrodynamische Leistungsmesser* verwendet. Sie besitzen eine feststehende Stromspule und eine bewegliche Spannungsspule. Damit bei Wechselstrommessungen der Strom in der Spannungsspule möglichst genau in Phase und unabhängig von der Frequenz ist, werden ihr induktionsfreie Widerstände vorgeschaltet. Um den Fremdfeldeinfluß zu vermeiden, werden eisenlose Präzisionsleistungsmesser häufig als astatische Meßgeräte gebaut oder eisengeschützte Leistungsmesser verwendet. Für technische Messungen hat der eisengeschlossene elektrodynamische Leistungsmesser wegen seiner Unempfindlichkeit gegen Fremdfelder und wegen seines großen Drehmoments weite Verbreitung gefunden. Er wird auch mit zwei Meßwerken in Zweileistungsmesserschaltung (Aron-Schaltung) als Drehstromwattmeter gebaut. *Induktionsleistungsmesser* haben feste Strom- und Spannungsspulen, die räumlich so gegeneinander versetzt sind, daß auf eine drehbare Metallscheibe oder Metalltrommel ein Drehmoment ausgeübt wird. Temperatur- und Frequenzeinfluß sind nicht vernachlässigbar, Fremdfeldeinfluß ist praktisch nicht vorhanden.

Für größere Stromstärken schaltet man den Leistungsmessern Präzisionsstromwandler vor, die als Stufenstromwandler für einen sekundären Strom von 5 A gebaut und deren Übersetzungs- und Winkelfehler kleiner als 0,1% sind, so daß sie bei der Leistungsmessung nicht berücksichtigt zu werden brauchen.

Für die Messung kleiner Leistungen, insbesondere bei kleinem Leistungsfaktor (z. B. Eisenverlustmessungen) sind *Brückenschaltungen* in Verwendung, bei denen mit Hilfe von Widerständen die Wirkkomponente, mit Hilfe von Kapazitäten und Induktivitäten die Blindkomponente abgeglichen wird.

Beim *Thermowattmeter* wird durch eine Parallelverzweigung von Widerständen erreicht, daß in einem Thermokreuzheizleiter die Summe, in einem zweiten Thermokreuzheizleiter die Differenz von Stromstärke und Spannung fließt. Die Thermokreuze sind über ein Instrument gegeneinandergeschaltet, dessen Ausschlag der Differenz der in den Heizdrähten erzeugten Leistungen und somit praktisch dem Produkt aus Stromstärke und Spannung proportional ist.

Für *Blindleistungsmessungen* kann man die Leistungsmesser entweder so bauen, daß der Strom in der Spannungsspule mit Hilfe von Drosseln gegen die Spannung um 90° verschoben ist, oder man kann bei Drehstrom, sofern das Spannungsdreieck hinreichend symmetrisch ist, eine Kunstschaltung verwenden, bei der jedes Leistungsmessersystem an eine gegen die zu dem betreffenden Strom bei Wirkleistungsschaltung gehörende Spannung um 90° verschobene Spannung angeschlossen wird. Bei Drehstromsystemen ohne Nulleiter (Aron-Schaltung) muß dazu ein „künstlicher Nullpunkt" mit Hilfe der Leistungsmesservorwiderstände geschaffen werden.

Leistungsverstärker →Kraftverstärker.

Leiter, elektrischer →Strom, elektrischer. Unter dem Gesichtspunkt der elektrischen Leitfähigkeit werden die Stoffe seit langem in drei Gruppen eingeteilt: *Leiter, Nichtleiter* oder →*Isolatoren*, →*Halbleiter*.

In jedem Stoff befinden sich ungeheure Mengen positiver und negativer elektrischer Ladungsträger in gleicher Anzahl. Im elektrischen *Leiter* ist ein großer Teil dieser Ladungsträger leicht beweglich. Schon unter dem Einfluß eines beliebig schwachen elektrischen Feldes erhalten die beweglichen Ladungen eine Bewegungskomponente in Richtung des Feldes oder in entgegengesetzter Richtung, je nachdem die Ladungsträger positives oder negatives Vorzeichen haben. Es fließt also ein elektrischer Strom. Der elektrische →Widerstand eines Leiters ist infolge der leichten Beweglichkeit der Träger nur gering.

In *Isolatoren* ist nur ein verschwindend kleiner Teil der Ladungsträger beweglich. Ein elektrischer Strom kommt praktisch nicht zustande. Isolatoren haben deshalb einen hohen elektrischen Widerstand. Der überwiegende Teil der Ladungsträger ist unbeweglich. Unter der Wirkung eines elektrischen Feldes erfolgen lediglich kleine Verschiebungen der positiven und negativen Ladungen gegeneinander (→Polarisation, elektrische).

Zwischen den Leitern und Isolatoren liegen die →*Halbleiter*. Diese enthalten im Vergleich zu den Leitern nur eine beschränkte Zahl beweglicher Ladungsträger. Ihr elektrischer Widerstand liegt zwischen denen der Leiter und der Isolatoren.

Zwischen Leitern, Halbleitern und Isolatoren gibt es keine scharfen Abgrenzungen. Vielmehr kommen alle möglichen Zwischenstadien vor. Viele kristalline Stoffe, z. B. die Alkalihalogenide, sind bei tiefer Temperatur gute Isolatoren, bei höheren Temperaturen Halbleiter und im geschmolzenen Zustand bei hoher Temperatur gute Leiter.

Nach der Art der in ihnen bewegten Ladungsträger zerfallen die Leiter in die *Elektronenleiter* und die →*Ionenleiter*. (Die Bezeichnung als *Leiter 1. und 2. Klasse*, die aus der Zeit vor der Erkenntnis der Leitungsmechanismen stammt, ist heute nur noch wenig gebräuchlich.) Elektronenleiter sind insbesondere die *Metalle*. Die Gesetze ihrer Leitung sind bis in die Einzelheiten durch die wellenmechanische Theorie der →metallischen Leitung geklärt. Ionenleiter sind die →Elektrolyte, also wäßrige Lösungen von Salzen, Säuren und Basen, sowie geschmolzene Salze.

Durch Kombination von Ionen- und Elektronenleitern lassen sich elektrochemische →Ketten mit meßbarer EMK aufbauen. Bei Stromfluß kommt es zu Strom-Stoff-Umsätzen an den Phasengrenzen. Es tritt eine „Zersetzung" der elektrolytisch leitenden Phase ein (früher als wesentliches Kennzeichen der Leiter 2. Klasse angesehen, obgleich ein Elektrolyt auch von einem Strom durchflossen werden kann, ohne daß ein Strom-Stoff-Umsatz eintritt).

Handb. d. Physik XIII. Berlin 1928 — Handb. d. Experimentalphysik XII/1. Leipzig 1932.

Leitfähigkeit, -vermögen, die Eigenschaft eines Stoffes, in seinem Inneren die Ausbreitung z. B. von Wärme (→Wärmeleitfähigkeit) oder die Bewegung von Ladungsträgern (elektrische Leitfähigkeit, →Strom, elektrischer, →Widerstand, elektrischer) zu gestatten. → die folgenden Artikel.

Leitfähigkeit, atomare, der Kehrwert des atomaren →Widerstandes.

Leitfähigkeit, elektrische, der Atmosphäre.

1. *Die tieferen Atmosphärenschichten.* Die Atmosphäre besitzt infolge des steten Vorhandenseins der Luftionen eine gewisse Leitfähigkeit. Die Stromdichte j in einem unter Feldwirkung stehenden ionisierten Gas ist gleich der Elektrizitätsmenge, die in der Zeiteinheit eine senkrecht zur Feldrichtung orientierte Flächeneinheit durchsetzt. Sind n_1 und n_2 die Anzahlen positiver und negativer Ionen je cm³, k_1 und k_2 deren Beweglichkeiten, E die Feldstärke und ε die Ladung eines Ions, so gilt:

$$j = \varepsilon(n_1 k_1 + n_2 k_2)E = \Lambda E.$$

Die hierdurch definierte Größe Λ wird als *spezifisches Leitvermögen* oder *totale Leitfähigkeit* der Luft bezeichnet. Die beiden Summanden $\lambda_1 = \varepsilon n_1 k_1$ und $\lambda_2 = \varepsilon_2 n_2 k_2$ führen den Namen *polare Leitfähigkeiten*. Bei Vorhandensein mehrerer Ionenarten n_{1i}, k_{1i} und n_{2i}, k_{2i} gilt allgemein:

$$\Lambda = \lambda_1 + \lambda_2 = \sum \varepsilon n_{1i} k_{1i} + \sum \varepsilon n_{2i} k_{2i}.$$

Die atmosphärische Leitfähigkeit wird auch bei hohem Großionengehalt wegen deren kleineren Beweglichkeiten fast ausschließlich von den Kleinionen getragen.

Mittelwerte. An Landstationen variiert j etwa zwischen 0,2 und $5{,}0 \cdot 10^{-4}$ esE bei einem Mittel von etwa $2{,}8 \cdot 10^{-4}$ esE $\triangleq 9{,}4 \cdot 10^{-14}$ C. λ_1/λ_2 hat etwa den Wert 1,13. Über See beträgt die Leitfähigkeit bei wesentlich geringeren Unterschieden und Schwankungen etwa $2{,}6 \cdot 10^{-4}$ esE $\triangleq 8{,}7 \cdot 10^{-14}$ C; λ_1/λ_2 etwa 1,26.

Variationen. Die tages- und jahresperiodischen Gänge der Leitfähigkeit verlaufen im allgemeinen invers zu denen des Potentialgefälles. Über See ist die Tagesschwankung außerordentlich gering — 10% des Mittelwertes und weniger. Unregelmäßige Schwankungen stehen meist in engem Zusammenhang zu Änderungen des →Aerosols.

Höhenverlauf. Mit zunehmender Höhe nimmt die Leitfähigkeit rasch zu infolge des Anwachsens der Ultrastrahlungsintensität. Die Abnahme der Feldstärke mit der Höhe (→luftelektrisches Feld) ist so geartet, daß das Produkt aus Feldstärke und Leitfähigkeit höhenkonstant ist. Man hat deshalb in dem primär gegebenen und kosmisch bedingten Leitfähigkeits-Höhenverlauf den entscheidenden Faktor zu sehen, der den atmosphärisch-elektrischen Feld-Höhenverlauf gestaltet.

Unter bestimmten Annahmen über den Massenabsorptionskoeffizient der Ultrastrahlung kann man den mutmaßlichen Leitfähigkeitsverlauf bis in die höchsten Atmosphärenschichten berechnen. In der Abb. sind die von *H. Benndorf* gewonnenen

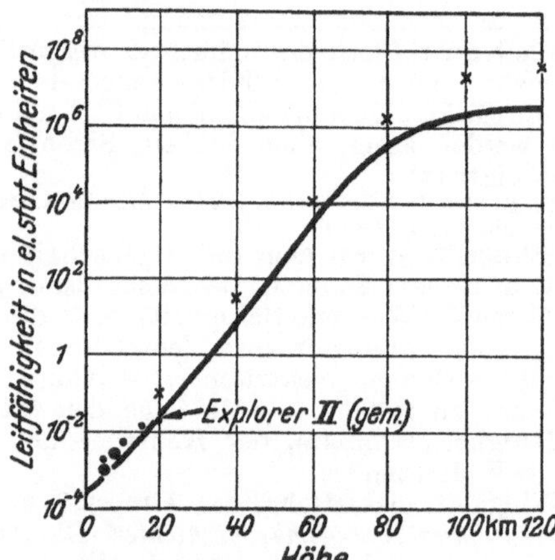

Leitfähigkeitsverlauf in der Atmosphäre.

Ergebnisse dargestellt. Unter der Annahme eines Massenabsorptionskoeffizienten von $2{,}26 \cdot 10^{-3}$ bzw. $4{,}52 \cdot 10^{-3}$ cm^2 g^{-1} berechnen sich die ausgezogene bzw. die durch Kreuze bezeichnete Kurve (logarithmischer Ordinatenmaßstab). Links unten sind die bei einem amerikanischen Hochaufstieg (Explorer II-Fahrt) bis 20 km Höhe und die im Freiballon in 6,5 und 9 km Höhe direkt gemessenen Werte eingetragen.

2. *Die Ionosphäre.* Die Anwesenheit von freien Elektronen und Ionen in der →Ionosphäre bewirkt, daß dort die Luft eine erhebliche Leitfähigkeit hat. Dies hat zwei Folgen: 1. Wenn durch Gezeitenkräfte oder Temperaturänderungen die Gasmengen in der Ionosphäre bewegt werden, so werden unter der Wirkung des erdmagnetischen Feldes in den leitenden Schichten Ströme erzeugt, die ihrerseits wieder auf das erdmagnetische Feld zurückwirken (→Schustersche Dynamotheorie). Man schließt aus den erdmagnetischen Beobachtungen auf einen spez. Gleichstromwiderstand der Ionosphäre von der Größenordnung $10^3\,\Omega\,\text{cm}^{-1}$. 2. Radiowellen durchsetzen die Ionosphäre nicht verlustlos, sondern erleiden beim Durchgang und bei der Reflexion eine →Dämpfung. Die für die Dämpfung verantwortliche Wechselstrom-Leitfähigkeit hängt außer von der Elektronendichte von dem Verhältnis der →Stoßzahl zur Frequenz der einfallenden Welle ab.

Zusatz bei der Korrektur: Die Leitfähigkeit in verschiedenen Atmosphärenhöhen bis zu 100 km wurde inzwischen auf Grund von Ultrastrahlungsmessungen bei V 2-Aufstiegen von *H. Israël* und *H. W. Kasemir* neu berechnet [Ann. de Géophys. **5**, 313 (1949)].

Leitfähigkeit, elektrolytische. Die (*spezifische*) *Leitfähigkeit* $\varkappa$ eines Elektrolyten ist dem Betrage nach gleich dem →Leitwert $1/R$ einer 1 cm langen Säule von 1 cm^2 Querschnitt. Es gilt also bei gleichförmigem Querschnitt q eines Leiters der Länge l

$$\varkappa = \frac{l}{q}\,\frac{1}{R}.$$

Bei der *Messung des Widerstandes R* müssen störende elektrochemische →Polarisationserscheinungen an der Phasengrenze Elektrode/Elektrolyt ausgeschaltet werden. Es werden deshalb überwiegend Wechselstrommethoden verwendet. Zur Erzeugung eines möglichst sinusförmigen Wechselstromes dienen Röhrengeneratoren an Stelle der früher meist verwendeten Induktoren. Als Nullinstrument wird das Telephon gegenüber anderen Wechselstrominstrumenten oder Schaltungen mit Gleichrichteranordnungen bevorzugt. Nähere Einzelheiten über den Aufbau von Brückenschaltungen für Leitfähigkeitsmessungen finden sich bei *F. Ender*, Zur Methodik der elektrolytischen Leitfähigkeitsmessung, Z. Elektrochem. **43**, 217 (1937). Besondere Methoden wurden für hohe Werte der Feldstärke, Frequenz, Temperatur und des Druckes entwickelt.

Bei *Elektrolytlösungen* erhält man l und q meist nicht durch Ausmessung, man bestimmt vielmehr durch Eichung mit einem Elektrolyten bekannter Leitfähigkeit die als →*Widerstandskapazität* des Leitfähigkeitsgefäßes bezeichnete, dem Quotienten l/q entsprechende Größe. Größe, Form und Abstand der Elektroden werden zweckmäßigerweise der Leitfähigkeit der zu messenden Lösung angepaßt. Um Störungen durch elektrochemische Polarisationserscheinungen möglichst herabzusetzen, werden die Elektroden platiniert.

Zahlenbeispiele für die Leitfähigkeit fester, schmelzflüssiger und gelöster Elektrolyte.

	Temperatur °C	(Spez.) Leitfähigkeit $\varkappa$ [$\Omega^{-1}\cdot$cm^{-1}]
Festes Silberjodid (α-AgJ)	150	1,3
Geschmolzenes Silbernitrat	209	0,65
1n KCl-Lösung	18	0,09822
30%ige Schwefelsäure .	18	0,74
Leitfähigkeitswasser . .	18	0,3 bis $1{,}0 \cdot 10^{-6}$

Neben der Verwendung als *analytisches Hilfsmittel* (→Leitfähigkeitstitration) haben Leitfähigkeitsmessungen Bedeutung für die *Bestimmung von Dissoziationskonstanten* und für die Entwicklung der *Theorie der Elektrolyte.*

Die *Leitfähigkeit eines binären*, d. h. aus zwei Ionenarten bestehenden „schwachen“ *Elektrolyten*, bei dem man die interionischen Kräfte vernachlässigen kann, berechnet sich aus der Konzentration der Kationen und Anionen c_+ bzw. c_-, der Ionenbeweglichkeit u_+ bzw. u_- und der Wertigkeit z_+ bzw. z_- nach der Zahlenwertgleichung

$$\varkappa = \frac{F}{1000}\,(z_+ c_+ u_+ + z_- c_- u_-)\ [\Omega^{-1}\,\text{cm}^{-1}]$$

u ist in [cm^2 V^{-1} s^{-1}], c in [mol/Liter] einzusetzen; F Faraday-Konstante.

Für eine Elektrolytlösung mit der Konzentration c mol/Liter und dem *Dissoziationsgrad* α gilt entsprechend

$$\varkappa = \frac{\alpha\, n\, c}{1000}\,F\,(u_+ + u_-)$$

(n Zahl der Äquivalente je mol).

An Stelle von $F(u_+ + u_-)$ kann man Λ_∞, die →Äquivalentleitfähigkeit bei unendlicher Verdünnung einführen:

$$\varkappa = \frac{\alpha n c}{1000} \Lambda_\infty .$$

Wirken sich im allgemeinen Falle auch die *interionischen Kräfte* in der Leitfähigkeit aus, so kommt ein Korrekturfaktor f_λ (Leitfähigkeitskoeffizient nach *Bjerrum*) hinzu:

$$\varkappa = \frac{\alpha n c}{1000} f_\lambda \Lambda_\infty .$$

Mit *zunehmender Konzentration* c steigt die Leitfähigkeit zunächst an; da aber gleichzeitig die Dissoziation zurückgeht und die Bremswirkung der interionischen Kräfte zunimmt, wird der Anstieg von $\varkappa$ immer mehr verlangsamt, bis schließlich — bei genügender Löslichkeit — die Leitfähigkeit nach Erreichen eines Maximums wieder abnimmt.

Der *Einfluß der interionischen Kräfte* auf die Leitfähigkeit läßt sich nach der Theorie von *Debye-Hückel-Onsager* berechnen. Für die Abnahme der Äquivalentleitfähigkeit mit wachsender Konzentration ergibt sich ein „Quadratwurzelgesetz“, das bereits 1900 von *Kohlrausch* aus Leitfähigkeitsmessungen an verdünnten Lösungen starker Elektrolyte empirisch abgeleitet wurde (→molare Leitfähigkeit).

Eine *Temperatursteigerung* wirkt sich durch Änderung der Ionenzahl und der Ionenbeweglichkeit meist im Sinne eines Anstieges von $\varkappa$ aus.

Einen besonderen auf *Grotthus* zurückgehenden *Wanderungsmechanismus* hat man für die H^+- und OH^--Ionen angenommen, um die große Beweglichkeit dieser Ionen zu erklären. Statt kontinuierlich bewegen sich diese Ionen sprunghaft, indem z. B. bei der Bewegung von H^+-Ionen am Ausgangspunkt unter Wasserzersetzung ein OH^--Ion entsteht, während am Endpunkt des Sprunges ein OH^--Ion gebunden, also Wasser gebildet wird.

Walden, P.: Das Leitvermögen d. Lösungen. Leipzig 1924. — Handb. d. Physik XIII. Berlin 1928. — Handb. d. Experimentalphysik XII/1. Leipzig 1932. — *Justi, E.:* Leitfähigkeit u. Leitungsmechanismus fester Stoffe. Göttingen 1948.

Leitfähigkeit von Gasen →Anfangsleitfähigkeit, →Flammenleitung, →Plasma.

Leitfähigkeit, magnetische, →Ohmsches Gesetz.

Leitfähigkeit, molare, einer Elektrolytlösung (→Elektrolyte, →Leitfähigkeit, elektrolytische) mit der Konzentration c mol/Liter und der spezifischen Leitfähigkeit $\varkappa$ $[\Omega^{-1}\,\mathrm{cm}^{-1}]$ ist zahlenwertmäßig:

$$\Lambda_m = \frac{\varkappa \cdot 1000}{c} = \varkappa V .$$

V [cm³] ist das Volumen der Lösung, in dem 1 Mol des Elektrolyten bei der gegebenen Konzentration gelöst ist. Λ_m wird unmittelbar gemessen, wenn man zur Messung der Leitfähigkeit zwei planparallele Elektroden im Abstande 1 cm und mit der Oberfläche $|V|$ cm² benutzt. Im Zwischenraume befindet sich dann gerade 1 Mol Elektrolyt.

Aufteilung von Λ_m auf die →Ionenbeweglichkeiten der Kationen (+) und Anionen (−) (*Gesetz der unabhängigen Ionenwanderung*):

$$\Lambda_m = F\alpha(u_+ + u_-) = \alpha(l_+ + l_-).$$

Die Formel gilt für einen *ein*wertigen Elektrolyten bei einem Dissoziationsgrad α.

Abhängigkeit von der Konzentration. Die molare Leitfähigkeit nimmt mit abnehmender Konzentration, also mit steigender Verdünnung, zu. Diese Zunahme läßt sich zurückführen auf eine Vergrößerung des Dissoziationsgrades oder eine Abnahme der elektrischen Kräfte zwischen den Ionen.

a) Einfluß des Dissoziationsgleichgewichtes. Mit wachsender Verdünnung nähert sich die molare Leitfähigkeit einem Grenzwert Λ_∞ (auch mit Λ_0 bezeichnet, d. h. Leitfähigkeit bei $c = 0$).

$$\Lambda_\infty = F(u_+ + u_-) = l_+ + l_- .$$

Wendet man das Massenwirkungsgesetz auf die Dissoziation an, und ersetzt man den Dissoziationsgrad α durch Λ/Λ_∞, so erhält man das *Ostwaldsche Verdünnungsgesetz:*

$$\frac{\Lambda_m^2 c}{\Lambda_\infty(\Lambda_\infty - \Lambda_m)} = K_c .$$

b) Einfluß der elektrischen Ionenkräfte. Die Theorie von *Debye, Hückel* und *Onsager* liefert ein bereits von *Kohlrausch* empirisch gefundenes, für hohe Verdünnungen geltendes Quadratwurzelgesetz:

$$\Lambda_m = \Lambda_\infty - a\sqrt{c} .$$

a ist eine die Viskosität und die Dielektrizitätskonstante des Lösungsmittels enthaltende Konstante. Für wäßrige Lösungen einwertiger Elektrolyte, z. B. NaCl, bei 18 °C ergibt sich zahlenwertmäßig:

$$\Lambda_m = \Lambda_\infty - (0{,}224\,\Lambda_\infty + 50{,}5)\sqrt{c} .$$

Zwei verschiedene Grenztypen von Elektrolyten.

Schwache Elektrolyte: Keine Ionenkräfte, starke Änderung des Dissoziationsgrades, dementsprechende Änderung der Leitfähigkeit.

Starke Elektrolyte: Starke Ionenkräfte, praktisch vollständig dissoziiert, geringe Änderung der molaren Leitfähigkeit in einem großen Konzentrationsbereich.

Handb. d. Experimentalphysik XII/1. Leipzig 1932. — Handb. d. Physik XIII. Berlin 1928. — *Kortüm, G.:* Lehrb. d. Elektrochemie. Wiesbaden 1948.

Leitfähigkeitsbänder →Energiebänder, →Halbleitung.

Leitfähigkeits-Titration (*konduktometrische Titration*). Wenn einer Titration eine Reaktion zugrunde liegt, bei der schnell wandernde Ionen verschwinden und langsam wandernde entstehen, oder wenn sich *im Verlauf der Titration* die Zahl der Ionen wesentlich ändert, so kann man die damit verbundene *merkliche Änderung der Leitfähigkeit* benutzen, um in bequemer Weise den Verlauf der Titration zu verfolgen. Wird z. B. eine starke Säure mit einer starken Base titriert, so werden H^+-Ionen durch Neutralisation nach $H^+ + OH^- \rightarrow H_2O$ verbraucht, es tritt also eine entsprechende Abnahme der Leitfähigkeit ein. Bei vollständiger Neutralisation wird ein Minimum der Leitfähigkeit erreicht, da nach Überschreiten des Äquivalenzpunktes die Leitfähigkeit durch die hinzukommenden OH^--Ionen wieder ansteigt. Unter günstigen Umständen sind beide Äste der Titrationskurve gerade Linien, so daß man den Endpunkt der Titration durch Interpolation festlegen kann. Auch bei Fällungs- und →Oxydations-Reduktions-Reaktionen findet die Methode der Leitfähigkeits-Titration Anwendung.

Jander, G., u. *O. Pfundt:* Leitfähigkeitstitrationen u. Leitfähigkeitsmessungen. Stuttgart 1934. — Die Leitfähigkeitstitration, Physikal. Methoden d. analyt. Chemie II, III. Leipzig 1939.

Leitfernrohr, ein kleines, an einem Fernrohr achsenparallel mit ihm befestigtes Fernrohr, mittels dessen bei photographischen Aufnahmen dessen richtige Mitführung mit der scheinbaren Himmelsdrehung laufend kontrolliert werden kann.

Leitlinie →Kegelschnitte.

Leitstrahl = →Fahrstrahl.

Leitung, elektrische, →Leiter, elektrische, →Leitfähigkeit, →Halbleitung; →lichtelektrische Leitung, →lichtelektrische Halbleitung.

Leitungsband →Energiebänder, →Halbleitung.

Leitungselektronen →Elektronentheorie der Metalle, →Gittertheorie der metallischen Bindung.

Leitungsstrom, elektrischer, →Strom, elektrischer; luftelektrischer →Vertikalstrom.

Leitvermögen = →Leitfähigkeit.

Leitwert, elektrischer, der Kehrwert $1/R$ des elektrischen →Widerstandes; Einheit $1\,\Omega^{-1} = 1$ →Siemens (S).

Leitzahl →Temperaturleitzahl.

Lemaître-Welt (*Friedmann-Lemaître-Welt*) →Kosmologie.

Lenard-Effekte. 1. die durch *ultraviolettes Licht*, besonders im Bereich von 120 bis 150 mμ bewirkte intensive *Ionisierung der Luft* und anderer Gase (von *Branley* entdeckt, durch *Lenard* sichergestellt). Dabei werden Ionenpaare erzeugt. Die negativen Ionen haben eine sehr viel höhere Beweglichkeit als die positiven. Man nimmt an, daß der Photoeffekt vorzugsweise an den relativ zu den Gasmolekülen schweren Staubteilchen erfolgt. →lichtelektrischer Effekt, äußerer.

2. →*Wasserfallelektrizität.*

3. *Wechselstrom-Gleichstrom-Effekt* (*Lenard* 1890). In Metallen nichtkubischer Kristallstruktur (Einkristalle oder polykristallin) ist der Gleichstromwiderstand größer als der Wechselstromwiderstand. Diese Erscheinung kommt zustande durch die Ausbildung eines transversalen Temperaturgefälles infolge des transversalen →Peltier-Effektes. Dieses erzeugt eine longitudinale Thermokraft infolge der transversalen →Thermokraft. Im Falle von Wechselstrom genügend hoher Frequenz kann sich das transversale Temperaturgefälle nicht ausbilden, da es zu seinem Aufbau eine gewisse Mindestzeit benötigt.

Ein analoger Effekt (*Lenard*) tritt in allen Metallen auf, die sich in einem transversalen Magnetfeld befinden. Hier ist aber der Gleichstromwiderstand kleiner als der Wechselstromwiderstand.

Borelius, G.: Handb. d. Metallphysik I/1, Teil 2. Grundl. d. metall. Zustandes. Physikal. Eigenschaften. Leipzig 1935.

Lenard-Einstein-Gleichung. *Lenard* entdeckte die grundlegende Tatsache, daß zwischen der maximalen kinetischen Energie $mv^2/2$ der beim äußeren →lichtelektrischen Effekt aus einer Metalloberfläche ausgelösten Elektronen und der Frequenz ν des auslösenden Lichtes die Beziehung

$$\tfrac{1}{2}mv^2 = \text{const}\cdot\nu - A \qquad (1)$$

besteht. Dabei hat const für alle Metalle den gleichen Wert, A ist eine Materialkonstante. *Einstein* erkannte, daß const identisch mit dem Planckschen →Wirkungsquantum h und A die von den ausgelösten Elektronen zu leistende Austrittsarbeit ist. Demnach ist $mv^2/2 = h\nu - A$ oder

$$h\nu = \tfrac{1}{2}mv^2 + A. \qquad (2)$$

Die Energie $h\nu$ der Lichtquanten dient also zu einem Teil zur Leistung der Austrittsarbeit; der verbleibende Rest liefert die kinetische Energie der aus dem Metall befreiten Elektronen.

Demnach ist die langwellige Grenze (*Grenzfrequenz* ν_g) des lichtelektrischen Effekts ($mv^2/2=0$) durch die Beziehung

$$h\nu_g = A \qquad (3)$$

und die entsprechende *Grenzwellenlänge* durch $\lambda_g = c/\nu_g$ gegeben (c Lichtgeschwindigkeit).

Einsteins Deutung der Lenardschen Beziehung war epochemachend, weil damit das Wirkungsquantum zum erstenmal außerhalb des Strahlungsgesetzes in die Erscheinung trat, und zwar in einem viel einfacheren Zusammenhang, so daß nunmehr an der Existenz von Lichtquanten nicht länger gezweifelt werden konnte, diese überhaupt erst eigentlich zum erstenmal wirklich erwiesen wurde. Von diesem Zeitpunkt an datiert der eigentliche Beginn der Quantenphysik.

Da gegenüber der hohen Quantenenergie $h\nu$ der Röntgenstrahlen die Austrittsarbeit $h\nu_g$ überaus klein ist, liefert die auf die Auslösung von Elektronen durch Röntgenstrahlen angewandte Gl. (2) eine sehr genaue Methode zur Bestimmung des Wirkungsquantums h.

Lenard-Fenster →Lenard-Rohr.

Lenard-Phosphore. Die Erdalkalisulfide und -oxyde eignen sich vorzüglich als Grundmaterialien für Leuchtstoffe und sind zuerst von *Lenard* auf ihre Leuchtfähigkeit hin systematisch untersucht worden. →Erdalkalisulfidphosphore.

Lenard-Rohr, eine Gasentladungsröhre, die den Austritt von Kathodenstrahlen ermöglicht (*Lenard-Strahlen*). Gegenüber der Kathode ist ein Metallsieb (oder eine Metallplatte mit einer einzigen Bohrung) eingeschmolzen, das durch eine mit

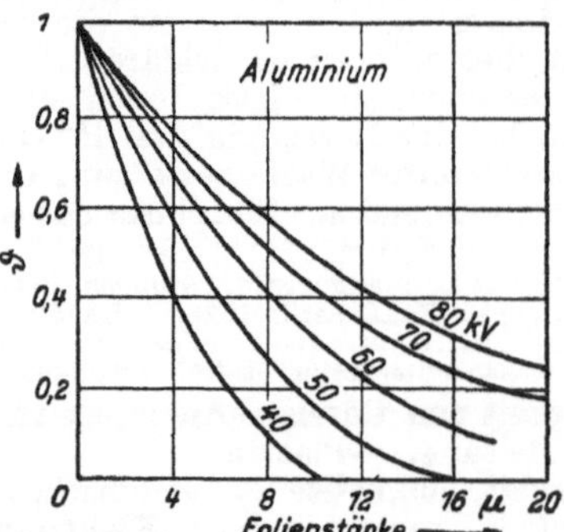

Durchlässigkeit ϑ eines Lenard-Fensters für Kathodenstrahlen von 40 bis 80 keV.

Hahnfett bestrichene Aluminiumfolie abgedichtet ist (*Lenard-Fenster*), durch welche die Elektronen austreten können. Wegen der unvermeidlichen winzigen Löcher empfiehlt sich die Verwendung einer Doppelfolie. Wegen der Durchlässigkeit der Folie s. die Abbildung.

Müller-Pouillet: Lehrb. d. Physik IV/3. Braunschweig 1933.

Lenard-Rutherfordsches Atommodell, die zuerst von *Lenard* formulierte, dann von *Rutherford* präzisierte Vorstellung, daß ein Atom aus einem sehr kleinen, fast die ganze Masse des Atoms enthaltenden →Kern (*Lenard:* Dynamide) besteht, der von Elektronen umkreist wird. In ihrer weiteren Entwicklung führte diese Vorstellung zum Bohrschen Atommodell. →Atom.

Lenard-Strahlen →Lenard-Rohr.

Lennard-Jones-Formel →Gasreibung.

Lennard-Jones-Modell, ein →Molekülmodell.

Lenzsches Gesetz, ergibt die Richtung eines Induktionsstromes und sagt aus, daß dieser stets so gerichtet ist, daß sein magnetisches Feld der die Induktion hervorrufenden Ursache entgegenwirkt. Es folgt unmittelbar aus dem Energieprinzip und beruht darauf, daß die elektrische Energie des Induktionsstromes nur auf Kosten anderer Energie entstehen kann.

Beispiele: 1. Wird einem Ende einer Spule der positive Pol eines Magneten genähert, so umfließt der Induktionsstrom die Spule, vom Pol aus gesehen, entgegen dem Uhrzeigersinn. Denn in diesem Fall folgt aus der →Schraubenregel, daß das magnetische Feld des Stromes der Bewegungsrichtung des Pols entgegengerichtet ist, dessen Bewegung also hemmt, so daß für diese ein größerer Aufwand von Arbeit erforderlich ist, als wenn kein Induktionsstrom erzeugt würde. Ebenso beweist man, daß bei Entfernung eines positiven Pols ein Strom von umgekehrter Richtung entsteht. — 2. Beim Einschalten oder Verstärken eines Stromes in einem Leiter wird in einem parallelen Leiter ein entgegengesetzt gerichteter Strom induziert; denn dieses schwächt das vom primären Strom erzeugte Feld bzw. verlangsamt sein Anwachsen. Die Energie des Induktionsstromes geht also auf Kosten der magnetischen Feldenergie des Primärstromes.

Das Lenzsche Gesetz gilt ebenfalls für den bei Abwesenheit von Leitern induzierten Verschiebungsstrom, also für die Richtung der in sich geschlossenen Feldlinien des induzierten Feldes.

Westphal, W. H.: Physik. Berlin 1950. — *Pohl, R. W.:* Elektrizitätslehre. Berlin 1949. — *Mie, G.:* Lehrb. d. Elektrizität u. d. Magnetismus. Stuttgart 1948.

Lepton, zusammenfassender Name für positives und negatives →Elektron und →Neutrino. Er soll die innere Verwandtschaft zwischen den leichten Teilchen betonen, welche sich beim β-Zerfall offenbart.

Leslie-Würfel, Metallhohlwürfel, dessen Seitenwände verschieden bearbeitete Oberflächen (spiegelnd, rauh, weiß, schwarz) haben. Wird mit heißem Wasser gefüllt und zeigt im Schauversuch, wie die Wärmestrahlung von dem Absorptionsvermögen der strahlenden Oberfläche abhängt.

LET →Electrotechnical Laboratory.

Leuchtbakterien. Es gibt mehr als 35 Arten leuchtender Bakterien, welche sich zur Untersuchung des Leuchtvorganges besser eignen als lichterzeugende Tiere (→Biolumineszenz). Ein besonderer Vorteil ist, daß sie sich auf Nährböden künstlich züchten lassen. Als Nährboden eignet sich: Pepton als Stickstoffquelle und irgendein Kohlehydrat als C-Quelle. Eine gewisse Feuchtigkeit ist notwendig.

Da der Sauerstoff die wichtigste Bedingung für das Leuchten ist und nur außerordentlich geringe Mengen von Sauerstoff erforderlich sind, kann man Leuchtbakterien verwenden, um Spuren von Sauerstoff nachzuweisen. Nach *Harvey* sind bei 21,5 °C $4{,}26 \cdot 10^{-11}$ mg O_2 je Bakterium zum Leuchten erforderlich, das sind nur 5,6 mg O_2 je m^2 Bakterienoberfläche. Die Leuchtbakterien eignen sich vorzüglich, um Stickstoff oder Wasserstoff auf etwaigen Sauerstoffgehalt zu prüfen. Man erhält sie leicht; eine Art ist Erreger des Leuchtens der toten Seefische, eine andere Erreger des Leuchtens des Schlachtfleisches. Es leuchtet die einzelne Zelle, aus welcher der Organismus besteht, jedoch nicht das Protoplasma selbst, sondern dieses erzeugt nur die Leuchtsubstanz, die diffus in der Zelle verteilt ist.

Leuchtdauer von Phosphoren. Die →Abklingung der Leuchtintensität von Phosphoren hängt stark von der Temperatur ab. Bei genügend hoher Temperatur klingt die Phosphoreszenz sehr schnell ab, während bei genügend tiefer Temperatur die gespeicherte Lichtsumme eingefroren ist, d. h. den Phosphor überhaupt nicht wieder verläßt. Man kann daher durch Wahl der Temperatur die Leuchtdauer in weiten Grenzen beliebig variieren. Einige Phosphore, z. B. CaSBi und SrSBi, also Erdalkalisulfidphosphore mit Wismut als Aktivator, zeigen auch bei Zimmertemperatur eine sehr langsame Abklingung, so daß einige Monate nach der Bestrahlung mit Licht noch ein Leuchten feststellbar ist.

Leuchtdichte (früher auch *Flächenhelle*) ist der durch ein Querschnittselement in ein Raumwinkelelement gehende, auf die Querschnitts- und die Raumwinkeleinheit bezogene →Lichtstrom. Man kann auch sagen, daß die Leuchtdichte einer Fläche für eine bestimmte Richtung der Quotient aus der Lichtstärke der Fläche in dieser Richtung und der senkrechten Projektion der Fläche auf eine zu dieser Richtung senkrechte Ebene ist. Die Leuchtdichte ist als primäre Grundgröße anzusehen, da sie in den meisten Fällen für die auf das Auge ausgeübte Lichtreizwirkung maßgebend und für allgemeingültige, von den Abmessungen der Lichtquellen unabhängige Beleuchtungsberechnung unentbehrlich ist und da auf sie die Lichteinheit gegründet ist.

Als *Leuchtdichtenormal* dient der schwarze Körper bei der Temperatur des erstarrenden Platins (Platinpunkt); seine Leuchtdichte ist durch Definition zu 60 Candela/cm^2 ≡ 60 Stilb festgesetzt worden.

Leuchtelektron. Der Grundterm eines Atoms möge zu einer bestimmten →Elektronenkonfiguration gehören. Diejenigen angeregten Terme, die aus Konfigurationen entstanden sind, bei denen gegenüber derjenigen des Grundzustandes ein oder mehrere Elektronen sich in höheren Zuständen befinden, nennt man durch Anregung eines oder mehrerer „Leuchtelektronen“ entstandene Terme. →Periodisches System der Elemente, →Alkalispektren.

Leuchten beim Kristallisieren, auch →Kristallolumineszenz genannt, ist auf das Trennungsleuchten oder die →Tribolumineszenz zurückzuführen.

Leuchtende Nachtwolken, lange nach Sonnenuntergang sichtbare Wolken, die besonders schön nach dem Krakatau-Ausbruch 1883 und nach dem sibirischen Meteorfall 1908 gesehen wurden und in dieser Zeit zugleich mit außergewöhnlich farbenprächtigen Dämmerungserscheinungen auftraten. Ihre Höhe ist durchweg bei 80 km gefunden, d. h. an der Untergrenze der ionosphärischen Temperaturinversion (→Atmosphäre, Aufbau). Sie werden in mittleren und hohen Breiten nicht häufig, jedoch beinahe alljährlich im Hochsommer gesehen. Die Sichtbarkeit reicht bis zu dem Augenblick, wo die beleuchtenden Sonnenstrahlen die Erdatmosphäre in Höhen von 30 km (→Ozonschicht) tangieren. Für ihr Erscheinen ist demnach Ultraviolettbeleuchtung erforderlich, was mehr auf eine

Zusammensetzung aus →Staub vulkanischer oder kosmischer Herkunft als auf Wassertröpfchen hinweist.

Hann, J., u. *R. Süring:* Lehrb. d. Meteorologie, 1. Teil. Leipzig 1939.

Leuchtfarben. 1. *Nicht nachleuchtende.* Bei ihnen interessiert nur das reine Fluoreszenzleuchten während der Bestrahlung mit kurzwelligem Licht. Gewöhnlich wird mit dem gefilterten ultravioletten Licht einer Quecksilberhochdrucklampe bestrahlt. Als Leuchtstoffe eignen sich vorzüglich die mit Silber aktivierten Zinkcadmiumsulfide, die sich je nach dem Cadmiumsulfidgehalt in allen Fluoreszenzfarben von Blau (ohne Cadmiumsulfid) bis Dunkelrot (90 % Cadmiumsulfid) herstellen lassen. Ferner eignet sich eine größere Zahl organischer Leuchtstoffe. Die nicht nachleuchtenden Leuchtfarben haben u. a. große Anwendung bei der Bühnentechnik gefunden. Bei Beleuchtung der Bühne mit ultraviolettem Licht lassen sich durch nicht nachleuchtende Leuchtfarben erstaunliche Effekte erzielen.

2. *Nachleuchtende.* Bei ihnen wird im allgemeinen kein ultraviolettes Licht angewendet; die Leuchtfarbe soll nach Abschalten der künstlichen Beleuchtung oder in der Nacht so viel Licht von sich geben, daß eine Orientierung im Raum oder auf der Straße möglich ist. Bekannt ist z. B. die Markierung von Lichtschaltern durch nachleuchtende Leuchtfarben. Wegen der geringen Helligkeit ist Übereinstimmung der Farbe mit der spektralen Empfindlichkeit des Auges zweckmäßig. Daher wird meist der grün leuchtende ZnSCu-Phosphor verwendet (→Sidotblende).

3. *Radioaktive.* Diese enthalten geringe Mengen eines radioaktiven Stoffes, dessen α-Strahlen den Leuchtstoff zum Leuchten anregen. Gewöhnlich wird Mesothor oder Radiothor verwendet. Das Mesothor sendet zwar selbst keine α-Strahlen aus; doch das sich aus ihm bildende Radiothor und seine weiteren Zerfallsprodukte sind sehr starke α-Strahler. Als Leuchtstoff wird gewöhnlich ZnSCu verwendet, also mit Kupfer aktiviertes Zinksulfid, das, für diesen Zweck meistens mit einem Schmelzmittel präpariert, nachleuchtend ist. Die radioaktiven Leuchtfarben werden bekanntlich sehr viel verwendet, um Zifferblätter im Dunkeln sichtbar zu machen. Durch Betrachten mit der Lupe oder einem Mikroskop im Dunkeln erkennt man deutlich das durch einzelne α-Teilchen hervorgerufene Aufblitzen (→Szintillation). Die Lebensdauer einer radioaktiven Leuchtfarbe ist wegen des Zerfalls der radioaktiven Substanz beschränkt; auch nimmt die Leuchtfähigkeit des Leuchtstoffes infolge Zerstörung durch α-Strahlen allmählich ab. Man kann etwa nach 10 bis 12 Jahren mit der halben Helligkeit rechnen.

Leuchtfeldblende, bei der Mikroskopie diejenige physische →Blende, die durch den →Kondensor in der Präparatebene abgebildet wird und daher als →Gesichtsfeldblende wirkt.

Leuchtfeldlinse = →Kondensor.

Leuchtkäfer →Biolumineszenz, →Chemilumineszenz, →Glühwürmchen.

Leuchtkraft der Sterne, die je Zeiteinheit insgesamt ausgestrahlte Energie L. Sie wird meist in erg/s ausgedrückt oder durch die absolute bolometrische Größe $M_{\text{bol}} = -2{,}5 \log [L/(2{,}6 \cdot 10^{35})] = -2{,}5 \log L + 88{,}55$ angegeben ($2{,}6 \cdot 10^{35}$ = Leuchtkraft eines Sterns mit $M_{\text{ol}} = 0$). →Zustandsgrößen der Sterne.

Leuchtkraftfunktion →Stellarstatistik.

Leuchtmassenzähler →Leuchtstoffzähler.

Leuchtmechanismus bei der Fluoreszenz. 1. Bei der Fluoreszenz von einatomigen Gasen und Dämpfen ist der Leuchtmechanismus entweder die direkte Umkehr des Absorptionsprozesses (→Resonanzstrahlung), oder die Lichtemission erfolgt durch Übergang vom angeregten Zustand über Zwischenniveaus zum Grundterm. Für die Intensität der einzelnen Linien sind die Auswahlregeln und Übergangswahrscheinlichkeiten bestimmend. Auch die Anregung braucht nicht in *einem* Akt zu erfolgen, sondern kann *stufenweise* geschehen; sie kann auch von einer Atomart auf eine andere übertragen werden (→sensibilisierte Fluoreszenz), so daß ein Atom den Absorptionsprozeß und ein anderes den Emissionsprozeß übernimmt.

2. Bei der Fluoreszenz von zweiatomigen Gasen und Dämpfen ist der Mechanismus ähnlich wie bei einatomigen. Jedoch kommt zu den Elektronenbahnen die ebenfalls quantenmäßig festgelegte Schwingungsenergie und ferner die Rotationsenergie des ganzen Moleküls, die ebenfalls Quantenbedingungen genügt. So besteht jeder Energiezustand der Elektronen aus einer feinen Aufteilung von einzelnen Niveaus, verursacht durch Überlagerung der Schwingungs- und Rotationsenergie des Moleküls. Energieübergänge zwischen diesen ohne gleichzeitigen Elektronensprung kommen nicht vor. Die Absorptions- und Fluoreszenzspektren der zweiatomigen Moleküle bestehen somit aus einer großen Anzahl scharfer Linien.

3. Bei der Fluoreszenz organischer Verbindungen ist der Leuchtmechanismus noch weitgehend ungeklärt. Zwar ist eine große Anzahl, besonders aromatischer, Verbindungen bekannt, welche fluoreszieren. Die meisten von ihnen fluoreszieren sowohl im flüssigen als auch im dampfförmigen Zustand, einige auch im festen. Man kann mit Sicherheit sagen, daß sich der Leuchtprozeß in solchen Teilen des Moleküls abspielt, welche gegen äußere Störungen geschützt sind; dennoch ist aber die Umgebung von so großem Einfluß, daß die Spektren der flüssigen und der festen Stoffe aus verwaschenen Banden bestehen. Oft ist dieser Einfluß so groß, daß die Fluoreszenzfähigkeit mit zunehmender Konzentration (→Konzentrationsauslöschung) oder beim Übergang in den festen Zustand verschwindet. Ein schon häufig gesuchter Zusammenhang zwischen den Fluoreszenzbanden und den ultraroten Eigenschwingungen ist auch im einfachsten Falle des Benzols noch nicht mit Sicherheit gefunden worden. Auch kann man aus der chemischen Konstitution nicht die Fluoreszenzfähigkeit erkennen, wenn auch gewisse Hinweise auf eine mögliche Fluoreszenzfähigkeit vorhanden sind.

4. Bei der Fluoreszenz anorganischer Verbindungen, welche sehr selten vorkommt, ist der Leuchtmechanismus in einigen Fällen bekannt, nämlich bei der Fluoreszenz der Salze und Lösungen der →Lanthaniden. Die reinen Salze und Lösungen des dreiwertigen Cer, Samarium, Europium, Gadolinium, Terbium und Dysprosium zeigen eine helle Fluoreszenz, welche aus scharfen Linien besteht (mit Ausnahme des Cer, bei welchem keine Linien, sondern Banden vorhanden sind). Das Spektrum dieser Fluoreszenz liegt bei Cer und Gadolinium im Ultraviolett, bei den übrigen Ionen im sichtbaren und ultraroten Spektralbereich. Es konnte gefunden werden (*H. Gobrecht,*

Ann. d. Phys. 1937), daß diese Fluoreszenz zustande kommt durch Übergang von einem Term in der $4f$-Schale zum ganzen Multiplett des Grundterms derselben $4f$-Schale. Das bedeutet, daß sich nur die vektorielle Zusammensetzung von Bahnimpuls und Spin der $4f$-Elektronen der Ionen der Lanthaniden ändert. Nur beim Cer erfolgt der Übergang von der $5f$-Schale in die $4f$-Schale; deshalb sind auch seine Fluoreszenzspektren wegen der leichteren Störanfälligkeit der $5d$-Schale verwaschen. Sind Zwischenniveaus vorhanden, so wird offenbar der Übergang über diese bevorzugt, weshalb bei den übrigen Ionen der Lanthaniden noch keine Fluoreszenz beobachtet worden ist, da sie im längerwelligen Ultrarot zu erwarten wäre. Alle diese innerhalb der Unterschale vorkommenden Übergänge sind an sich „verboten"; sie werden offenbar durch die hohen elektrischen Felder in den Kristallen und Flüssigkeiten ermöglicht.

Die Fluoreszenz der →Uranylverbindungen, welche stets durch das Uranylradikal UO_2 verursacht wird, ist so ungeklärt wie die der organischen Verbindungen. Es ist auch eine gewisse Ähnlichkeit mit diesen vorhanden (Spiegelsymmetrie). Auf jeden Fall ist die Fluoreszenz eine Moleküleigenschaft und wird nicht etwa durch Spuren von das Kristallgitter verzerrenden fremden Atomen verursacht, wie dies bei den Kristallphosphoren der Fall ist.

Bei der Fluoreszenz der Platinzyanüre wird zwar auch noch angenommen, daß sie ohne Verunreinigungen zustande kommt; doch muß darauf hingewiesen werden, daß bei diesen auch ein einfrierbares Nachleuchten vorhanden ist, welches sonst nur bei den Kristallphosphoren vorkommt. Es ist also nicht sicher, ob die Platinzyanüre noch zu den reinen, fluoreszierenden anorganischen Verbindungen zu rechnen sind oder zu den Kristallphosphoren. Im ersten Fall ist über den Leuchtmechanismus nichts Genaueres bekannt. Im letzteren Fall →Leuchtmechanismus bei der Phosphoreszenz.

Leuchtmechanismus bei der Phosphoreszenz. 1. *Anorganische →Kristallphosphore.* Dieser Gruppe gehören alle nachleuchtenden anorganischen →Phosphore an. Sie leuchten nur im kristallinen, nicht im gelösten Zustand nach. Somit ist bei ihnen offenbar ein größerer Bezirk für die Phosphoreszenz verantwortlich als nur ein Molekül, das auch im gelösten Zustand die Erscheinung zeigen müßte.

Charakteristisch für Kristallphosphore ist die Tatsache, daß das Nachleuchten durch hinreichend tiefe Temperatur „eingefroren" werden und zu beliebig späterer Zeit durch Erwärmung ausgelöst werden kann. Die Intensität des Nachleuchtens hängt von der Temperatur des Phosphors ab. Die speicherbare →„Lichtsumme", das Zeitintegral der Helligkeit des Nachleuchtens, ist begrenzt und stellt für jeden Phosphor einen bestimmten Wert dar. Weiter ist auch charakteristisch für Kristallphosphore, daß sie aus einem Grundmaterial und einem →Aktivator bestehen. Dieser kann ein Fremdmetall sein, das dem Grundmaterial vor dem →Glühprozeß in sehr geringer Menge zugesetzt wird, oder es kann bei einigen Phosphoren auch eine →Selbstaktivierung eintreten, indem Bestandteile des Grundmaterials ausgeschieden werden und als Aktivator dienen. Die Aktivatoratome können entweder isomorph oder im Zwischengitterraum eingebaut sein. Die letztere Möglichkeit überwiegt.

Die →Abklingung der Phosphoreszenz entspricht einem hyperbolischen Gesetz, der Vorgang ist also mit einer Rekombination verbunden. Diese Rekombination und auch die elektrisch nachweisbare Bewegung von Elektronen zeigen, daß sich die Leuchtelektronen offenbar von den Aktivatoratomen entfernen und an anderen Stellen anlagern, wo sie je nach der Temperatur längere oder kürzere Zeit verweilen. Auf Grund dieser und auch anderer experimenteller Hinweise macht man sich heute folgendes Bild vom Leuchtmechanismus der Phosphore. Zur Erleichterung nimmt man das Schema der →Energiebänder zu Hilfe (Abb.).

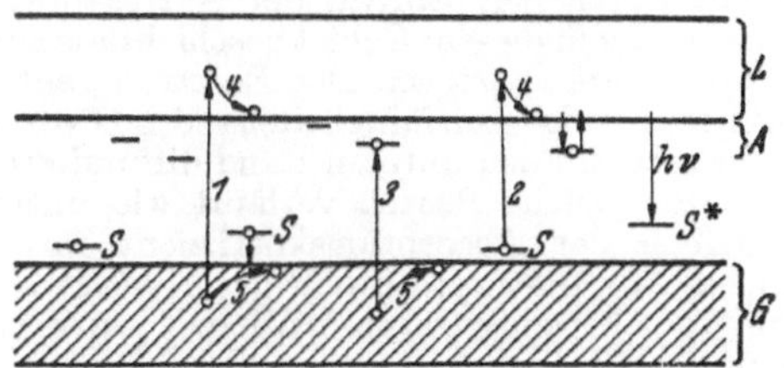

Zum Leuchtmechanismus anorganischer Kristallphosphore.

Das oberste mit Elektronen voll besetzte Band ist mit G (Grundband), das darüberliegende, normalerweise unbesetzte Band mit L (Leitfähigkeitsband) bezeichnet. Der Einbau von Aktivatoratomen hat zu Störungen des regelmäßigen Kristallgitters geführt, im Energieschema durch Störterme S gekennzeichnet. Die Stellen (Haftstellen), an welchen die Leuchtelektronen während der Aufspeicherung des Lichtes angelagert sind, haben ebenfalls eine Veränderung der Energiestufen des Kristallgitters hervorgerufen. Sie sind im Schema als Anlagerungsterme A gekennzeichnet. Die zur Phosphoreszenz führende Lichtabsorption kann erfolgen entweder im kurzwelligen Gebiet der Grundgitterabsorption oder im langwelligen Ausläufer dieses Absorptionsgebietes, welcher durch den Einbau der Aktivatorströme entsteht.

a) *Erregung durch Grundgitterabsorption.* Diese findet im ganzen Grundgitter statt und nicht etwa an den Störstellen. Wegen des großen Absorptionskoeffizienten dringt die erregende Strahlung nicht tief ein; es können bei der Lichtemission nur wenige Aktivatoratome mitwirken, die Phosphoreszenzerregung ist schwach. Im Energieschema kommt das Elektron aus dem Energieband G in das Band L (Prozeß 1), diffundiert an den unteren Rand des oberen Bandes (Prozeß 4). Die im Grundband entstandene Lücke wandert aus Symmetriegründen an den oberen Rand (Prozeß 5) und wird aus einem Störterm (Aktivatoratom) wieder aufgefüllt. Damit erst ist der Phosphor erregt, denn die Lichtemission erfolgt durch Übergang von L zu einem angeregten Störterm S^*, der ein Elektron verloren hat. Da die Konzentration der Störstellen verhältnismäßig gering ist, muß die im Grundgitter absorbierte Energie eine gewisse Strecke bis zu den Störstellen wandern (→Energiewanderung). Die Zeitdauer dieses Vorganges ist sehr kurz. Findet ein Übergang von L nach S^* statt, so spricht man auch von einem spontanen Nachleuchten oder →Spontanleuchten. Die Aussendung des Lichtes erfolgt also unmittelbar nach der Einstrahlung. Es kann aber auch das Elektron von L nach A, also zu den Anlagerungstermen, gelangen. Ein Übergang von A nach S^* ist offenbar unmöglich, so daß die Elektronen nur auf dem Umweg über L nach S^* gelangen können. Von A können sie aber nur mit Hilfe der thermischen Energie nach L gelangen. Das bedeutet, daß die Elektronen bei tiefer Temperatur bei A verbleiben. Die so speicherbare →Lichtsumme kann jedoch nicht beliebig groß sein; sie ist begrenzt. Überhaupt ist die auf diese Weise, also durch Grundgitterabsorption erregte, einfrierbare Phosphoreszenz nicht sehr stark wegen des Spontanleuchtens und der begrenzten Zahl der Haftstellen.

b) *Erregung im langwelligen Ausläufer der Grundgitterabsorption.* Dieser Ausläufer der Absorption entsteht durch den Einbau der Aktivatoratome. Die Erregung in diesem Gebiet geschieht also durch Absorption am Störterm. Das Elektron geht vom Störterm S in das Leitfähigkeitsband L (Prozeß 2), wo es wieder an den unteren Rand diffundiert und weiter der gleiche Prozeß verläuft wie unter a). Da jedoch der Absorptionskoeffizient im langwelligen Ausläufer wesentlich geringer ist als im Gebiet der Grundgitterabsorption, so dringt die erregende Strahlung tiefer ein. Es können mehr Anlagerungsterme in Aktion treten, die Erregung der Phosphoreszenz ist somit stärker.

c) Eine dritte Möglichkeit der Erregung der Phosphoreszenz besteht darin, daß — ebenfalls im längerwelligen Absorptionsgebiet — die *Absorption direkt zu einem Übergang aus dem Grundband G zu einem Anlagerungsterm* führt (Prozeß 3). Diese Absorption kann selbstverständlich nur Phosphoreszenz und kein Spontanleuchten erregen. Wegen der geringen Konzentration der Anlagerungsterme ist der Absorptionskoeffizient klein; immerhin führt jede Absorption zur einfrierbaren Phosphoreszenz.

2. Der *Leuchtmechanismus der organischen Phosphore*, welche wesentlich kürzere Nachleuchtdauern haben, ist völlig verschieden von dem der Kristallphosphore. Bei ihnen ist das Nachleuchten kaum einfrierbar, der Leuchtprozeß ist ein monomolekularer Vorgang, also eine lang dauernde Fluoreszenz. Die organischen Phosphore bestehen aus organischen, vielatomigen, fluoreszierenden Molekülen, welche zur Energieisolation in organische oder anorganische Stoffe eingebettet sind. Das Nachleuchten beruht offenbar auf dem Vorhandensein metastabiler Energiezustände und beträgt maximal etwa eine Stunde. Der Leuchtmechanismus dieser Phosphore ist noch wenig geklärt.

Birus, K.: Kristallphosphore. Erg. exakt. Naturw. **20** (1942). — *Riehl, N.:* Physik u. techn. Anwendungen d. Lumineszenz. Berlin 1941. — *Schön, M.:* Z. Phys. **119**, 463 (1942). — *Bandow, F.:* Lumineszenz. Stuttgart 1950. — *Kröger, F. A.:* Some Aspects of the Luminescence of Solids. New York 1948.

Leuchtorgane, bei Tiefseeknochenfischen, Tintenfischen, Krebsen, Insekten und Manteltieren bekannte, Licht emittierende Organe, die der Erhellung des eigenen Gesichtsfeldes, der Anlockung des Geschlechtspartners oder von Beutetieren oder auch der Abschreckung bzw. Blendung von Feindtieren dienen. Die Lichtproduktion geschieht durch die Abscheidung leuchtender Drüsensekrete oder durch in dem Leuchtorgan befindliche leuchtende Bakterien. Die Leuchtorgane können mit Pigmentmänteln, Reflektoren und Linsen ausgestattet sein. Der zum Leuchten führende Reiz ist nervöser Natur. Im Falle der Larve des Leuchtkäfers konnte ein die Produktion des Leuchtsekretes Luciferin bewirkendes Ferment, die Luciferase, nachgewiesen werden. Ursache des Meeresleuchtens ist das Geißeltierchen Noctiluca miliaris. →Biolumineszenz.

Buddenbrock, W. v.: Grundriß d. vergl. Physiologie I. Berlin 1937.

Leuchtröhren, langgestreckte Entladungslichtquellen, die die Strahlung der positiven Säule der Glimmentladung in Neon (rot), Helium (gelb), CO_2 (→Moore-Licht, Tageslichtleuchtrohr, weiß), Quecksilber (blau) usw. verwenden. Röhren mit kalten Kathoden müssen mit Hochspannung betrieben werden. Röhren für Netzspannung enthalten Glühkathoden, die von der Entladung aufgeheizt werden, aber zur Erleichterung der Zündung vorgeheizt werden müssen. Das Neonleuchtrohr wird außer für Reklame als Ansteuerungsfeuer im Flugverkehr und zur Pflanzenbestrahlung (Neon strahlt hauptsächlich im Absorptionsgebiet des Chlorophylls) verwandt. Zur Erhöhung der Lichtstärke und Erzielung besonderer Farbeffekte werden Hg-Leuchtröhren mit einem Innenbelag von Leuchtstoffen versehen, welche die UV-Strahlung in sichtbares Licht „transformieren" (→Leuchtstoffröhren).

Leuchtschirme. 1. Für *Röntgenstrahlen.* Das zuerst, auch von *Röntgen,* benutzte Fluoreszenzmaterial für diese Strahlen ist Bariumplatinzyanür, mit einem Bindemittel auf eine Pappfläche aufgetragen. Dieser sattgrün fluoreszierende Stoff wandelt sich allmählich in eine gelb-orange fluoreszierende Modifikation um, die eine wesentlich geringere Helligkeit zeigt. Außer diesem Nachteil hat dieser Leuchtstoff auch den Nachteil des hohen Preises. — Einen großen Fortschritt bedeutete 1911 die synthetische Herstellung von →Willemit, des grün leuchtenden, mit Mangan aktivierten Zinksilikats. Um etwa die gleiche Zeit wurden als Material für Röntgenleuchtschirme auch →Calciumwolframat (violett leuchtend) und →Cadmiumwolframat (blau leuchtend) eingeführt. Heute werden als Leuchtschirme die mit Silber aktivierten Zinkcadmiumsulfide (grün leuchtend) verwendet, welche trotz ihres geringeren Absorptionsvermögens für Röntgenstrahlen eine höhere Lichtausbeute geben. Als →Verstärkerfolien (Leuchtschirme, welche vor und hinter den photographischen Film gelegt werden) werden allerdings auch heute noch Leuchtschirme aus Calciumwolframat verwendet wegen der größeren Wirksamkeit ihres violetten Lichtes auf die photographische Emulsion.

2. Für *Kathodenstrahlen* werden heute meist die mit Silber aktivierten Zinkcadmiumsulfide verwendet, welche sich je nach dem Cadmiumgehalt so herstellen lassen, daß sie in allen Farben von Blau bis Rot leuchten. Dies ist besonders wichtig für die Herstellung weiß leuchtender Schirme für Fernsehröhren. Ihr Leuchtschirm besteht aus einem Gemisch von blau leuchtendem Zinksulfid und orange leuchtendem Zinkcadmiumsulfid, beide mit Silber aktiviert. — Außerdem wird noch verwendet Zinksilikat, mit Mangan aktiviert und grün leuchtend. Es ist besonders günstig für die Anregung mit langsamen Elektronen, z. B. 200 V-Elektronen bei den Abstimmanzeigeröhren von Radioapparaten. Für die Leuchtschirme von Braunschen Röhren, von welchen hauptsächlich photographische Aufnahmen gemacht werden, wird auch vielfach noch das blau leuchtende Cadmiumwolframat oder das violett leuchtende Calciumwolframat verwendet.

Bei Leuchtschirmen, die auf Glas aufgetragen sind, z. B. in Braunschen Röhren, spielt die Ausbeute der Sekundärelektronenemission eine bedeutende Rolle, da durch diese Elektronen der Stromkreis geschlossen wird. Ist der Sekundäremissionsfaktor ≤ 1, kommen also weniger Sekundärelektronen aus dem Leuchtschirm als Primärelektronen hineingehen, so hat die Aufladung des Leuchtschirmes zur Folge, daß keine weiteren Elektronen angenommen werden. Dieser Fall tritt etwa ein bei Elektronengeschwindigkeiten <500 V und >20000 V. Bei Verwendung von Sulfid-Seleniden des Zn und Cd kann die obere Grenze auf etwa 30000 V verschoben werden. Außerhalb dieses Bereiches muß für eine Ableitung der Primärelektronen gesorgt werden (Metallunterlage).

Die Aufbringung der Leuchtstoffe auf die Glas- oder Metallunterlage hat äußerst sorgfältig zu geschehen. Einerseits muß eine Schicht des Leuchtstoffes von vollkommen gleichmäßiger Schichtdicke entstehen, damit der Leuchtschirm von außen nicht verschieden hell (wegen der Lichtabsorption und -zerstreuung) erscheint, andererseits dürfen die Kriställchen des Leuchtstoffes nicht in das Bindemittel einsinken, welches die Elektronen stark bremsen würde. Als Bindemittel werden verwendet Phosphorsäure oder Wasserglas. Eine häufig verwendete Art der Aufbringung ist die Sedimentation. Die Helligkeit wächst von 2000 V an etwa linear mit der Elektronengeschwindigkeit. Die Ausbeute eines Leuchtschirmes beträgt etwa 2 bis 5 cd je Watt aufgestrahlter Elektronenleistung.

Neuerdings wird der Leuchtschirm auch häufig mit einer Aluminiumfolie belegt, und zwar auf der Seite, von welcher die Elektronen auftreffen. Dem Nachteil der Elektronenbremsung stehen mehrere Vorteile gegenüber: durch die Ableitung der Primärelektronen erhält der Leuchtschirm die volle Anodenspannung und nicht ein geringeres Aufladepotential, welches durch die Sekundärelektronen bestimmt wird. Ferner wird eine Zerstörung des Leuchtschirmes durch auftreffende Ionen vermieden. Diese Zerstörung ist besonders unangenehm bei Fernsehröhren mit magnetischer Ablenkung in beiden Richtungen und führt zu dem dunklen Ionenfleck in der Mitte des Bildes. Ein weiterer Vorteil der Folie ist beim Bildwandler die Vermeidung der optischen Rückwirkung vom Leuchtschirm auf die Photokathode.

Bei hohen Schreibgeschwindigkeiten spielt die Anklingzeit des Leuchtstoffes eine große Rolle. Wenn die Verweilzeit des Elektronenstrahles auf einem Kriställchen des Leuchtstoffes kürzer ist als die Zeit der →Anklingung, muß die Helligkeit sinken. Bei dem mit Mangan aktivierten Zinksilikat tritt dieser Effekt schon ein bei dem Schreiben eines Fernsehrasters. Der Leuchtstoff mit der geringsten Dauer der Anklingung und Abklingung ist das Zinkoxyd.

3. Für *ultraviolettes Licht*. Für die Anregung mit UV werden Leuchtschirme aus den mit Silber aktivierten Zinkcadmiumsulfiden und den mit Mangan aktivierten Zinksilikaten verwendet. Die ersteren eignen sich besser für längerwelliges, die letzteren für kurzwelliges UV. Gut eignen sich auch die Uranylverbindungen, insbesondere auch die Uranylgläser, zur Beobachtung des UV-Spektrums eines Spektrographen. Die Aufbringung der Leuchtstoffe auf eine Glasplatte oder auf Pappe ist einfach und ähnlich wie unter 1.

4. Große Leuchtschirme für *Raumbeleuchtung* mit großen Nachleuchtdauern bei Ausfall der elektrischen Beleuchtung. Verwendet wird entweder das mit Cu aktivierte ZnS oder das mit Bi aktivierte SrS. Ersteres leuchtet grün, letzteres blaugrün nach. Eine Fläche von einigen Quadratmetern gibt noch nach Stunden eine gute Orientierungsmöglichkeit im dunklen Raum. Die Auftragung geschieht einfach mit einem farblosen Bindemittel.

Leuchtstärke, spezifische, →spezifische Lichtausstrahlung.

Leuchtsteine, alter Name der →Leuchtstoffe. Bekannt war besonders der schon um 1600 von dem Schuhmacher und Alchimisten *Vincentius Cascariolo* in Bologna gefundene Bologneser Leuchtstein. Dieser Alchimist glühte Schwerspat mit Kohle und fand, daß das Produkt im Dunkeln leuchtete. So hat er den ersten Bariumsulfidphosphor präpariert.

Leuchtstoffe, auch →*Luminophore,* allgemeine Bezeichnung derjenigen *festen* Stoffe, welche die Eigenschaft der →Lumineszenz zeigen. Von besonderer praktischer Bedeutung sind die folgenden Leuchtstoffe:

1. Die mit Silber aktivierten Zinkcadmiumsulfide, je nach ihrem Gehalt an Cadmium von Blau bis Rot in allen Farben des sichtbaren Spektrums leuchtend, werden heute fast ausschließlich verwendet für →Leuchtschirme von Kathodenstrahlröhren, Fernsehröhren und als Leuchtschirme für Röntgenstrahlen. Sie haben sich für diese Verwendungszwecke durchgesetzt wegen ihrer guten Lichtausbeute. Bei Elektronenbestrahlung beträgt diese bis zu 6 cd je Watt eingestrahlte Elektronenenergie.

2. Das mit Kupfer aktivierte Zinksulfid (→Sidotblende) ist besonders geeignet für helles und langes Nachleuchten nach Bestrahlung mit Licht. Es eignet sich auch besonders gut für die Herstellung radioaktiver Leuchtfarben. Diese bestehen aus diesem Leuchtstoff mit geringem Zusatz einer radioaktiven Substanz (Mesothor).

3. Bei den Leuchtstoffröhren werden die Leuchtstoffe zur Farbkorrektur der Gasentladung auf der Innenseite der Glasröhren eingesintert. Diese Einsinterung wie auch die Gasentladung erfordern chemisch stabile Leuchtstoffe. Verwendet werden Zinksilikat mit Mangan aktiviert (grün), Cadmiumsilikat mit Mangan aktiviert (orange), Magnesiumwolframat (hellblau), ferner auch Phosphate und Borate. Die Anwendung der Leuchtstoffe in den Gasentladungsröhren hat eine wesentliche (etwa 10fache) Steigerung der Lichtausbeute zur Folge. →Lumineszenzlichtquellen.

4. Für die Erregung mit langsamen Elektronen von 200 V Geschwindigkeit wird das mit Mangan aktivierte Zinksilikat verwendet (z. B. für die Abstimmzeigeröhren von Radioapparaten).

Außer diesen technisch wichtigen Leuchtstoffen gibt es eine große Anzahl weiterer, besonders physikalisch interessanter, welche aber noch keine technische Anwendung gefunden haben. Der →Leuchtmechanismus ist weitgehend geklärt bei den →Kristallphosphoren, zu denen alle obengenannten Leuchtstoffe gehören.

Leuchtstoffröhren sind Gasentladungsröhren mit einem →Leuchtstoff zur Veränderung der spektralen Verteilung der Lichtemission. Das bekannteste Beispiel ist die Quecksilberentladung, welche intensives blaues und ultraviolettes, aber kaum rotes Licht aussendet. Hier ist die Verwendung von Leuchtstoffen nützlich, welche das kurzwellige, für das Auge nutzlose, ultraviolette Licht in das fehlende rote Licht umwandeln. Mit dieser wichtigen Farbkorrektur der Lichtquelle ist eine wesentliche Verbesserung des optischen Wirkungsgrades verbunden, da das unsichtbare ultraviolette Licht in sichtbares verwandelt wird. — Meist wird der Leuchtstoff in Pulverform mittels Phosphorsäure an der Innenwand der Glasröhre angebracht oder ohne Bindemittel eingebrannt; es werden aber auch lumineszenzfähige Gläser verwendet. Durch die Anwendung eines Leuchtstoffes wird die Lichtausbeute etwa verzehnfacht.

Leuchtstoffzähler, heute ein in der Kernphysik vielfach verwendetes Meßgerät, das in seiner Empfindlichkeit sogar das Zählrohr übertreffen kann. Der Leuchtstoffzähler, auch *Szintillationszähler* genannt, besteht aus einem →Leuchtstoff, also einer Substanz, die durch Bestrahlung mit α-, β- oder γ-Strahlen zum Leuchten erregt wird, und einer Photozelle mit Sekundärelektronenvervielfachung (Multiplier). Jeder durch ein α-Teilchen im Leuchtstoff erzeugte Lichtblitz von $\sim 10^5$ Quanten löst in der Photozelle $\sim 10^4$ Photoelektronen aus, die durch den angeschlossenen Sekundärelektronenvervielfacher auf $\sim 10^{10}$ Elektronen vermehrt werden. Diese können in einem nachgeschalteten Röhrenverstärker bequem weiter verstärkt werden. Selbstverständlich muß die spektrale Empfindlichkeit der Photokathode mit der spektralen Verteilung der Lichtemission des Leuchtstoffes möglichst übereinstimmen. Auch ist die richtige Wahl des Leuchtstoffes für die zu untersuchende Strahlenart von Bedeutung. Für α-Teilchen eignen sich gut die Zinkcadmiumsulfide, für β-Strahlen besser organische Leuchtstoffe (z. B. stark verdünnte Lösung von Anthracen in Naphthalin, ferner Stilben). Die Lichtausbeute dieser Stoffe ist zwar geringer, die Lichtdurchlässigkeit jedoch wesentlich größer, da sich große, klare Stücke herstellen lassen. Für γ-Strahlen werden die stärker absorbierenden Wolframate, wie Calciumwolframat oder Cadmiumwolframat, benutzt. Der Leuchtstoffzähler wird wegen seines hohen Auflösungsvermögens viel für Koinzidenzmessungen verwendet. Er ist bei der Messung von γ-Strahlen wesentlich empfindlicher als das Zählrohr.

Leuchtstreifen, von *Hoffmeister* seit Jahrzehnten beobachtete Erhellungen hochatmosphärischer Schichten, die er durch Einbrüche kometarischen Staubes erklärt.

ten Bruggencate, P.: Naturwiss. u. Med. in Deutschland 1939/46, Bd. 20. Wiesbaden 1948.

Leuchtzentren hat *Lenard* in den Phosphoren angenommen. Heute ist bekannt, daß bei den Kristallphosphoren der ganze Kristall an dem Leuchtvorgang beteiligt ist (→Gitterleuchten) oder bestimmte Atome oder Ionen (z. B. Mangan) infolge ihrer Elektronenkonfiguration und der Konfiguration ihrer Umgebung für den Leuchtvorgang verantwortlich sind. Gewiß könnte man noch den Aktivator und seine Umgebung als Leuchtzentrum bezeichnen, da hier die Lichtemission erfolgt. Doch sollte im Lenardschen Sinne ein Leuchtzentrum für das →Spontanleuchten, ein anderes für das Dauerleuchten, also die →Phosphoreszenz, verantwortlich gemacht werden, was wahrscheinlich nicht zutrifft. Auch sollten die Leuchtzentren eine besondere lockere Struktur haben, was auch unwahrscheinlich ist.

Leuchtzifferblätter auf Uhren oder anderen Meßgeräten sind mit einem ZnSCu-Phosphor belegt, also einem →Kristallphosphor, welcher aus Zinksulfid als Grundmaterial besteht und Kupfer als →Aktivator enthält. Dieser Phosphor hat unter allen bekannten →Leuchtstoffen eine besonders gute Lichtausbeute, deren spektrale Verteilung mit der spektralen Verteilung der Empfindlichkeit des menschlichen Auges nahezu übereinstimmt. Auch ist sein →Nachleuchten sehr lang. Infolge dieser Eigenschaft leuchten die mit diesem Leuchtstoff belegten Zifferblätter in der Dunkelheit nach vorangegangener Bestrahlung mit natürlichem oder künstlichem Licht längere Zeit nach. — Um jedoch unabhängig von der Dauer des Nachleuchtens und damit von der vorangegangenen Bestrahlung zu sein, setzt man dem Leuchtstoff eine sehr geringe Menge einer radioaktiven Substanz zu, meist Mesothorium. Die Strahlen dieser Substanz und ihrer Folgeprodukte erregen den Leuchtstoff zum Leuchten. Man kann die →Szintillationen, die durch einzelne α-Teilchen hervorgerufenen Lichtblitze, erkennen, wenn man ein Leuchtzifferblatt dicht vor das Auge hält oder mit einer Lupe betrachtet. Die Lebensdauer solcher →radioaktiver Leuchtfarben hängt von der Halbwertszeit des zugemischten radioaktiven Präparates ab. Meist ist sie nicht größer als 20 Jahre.

Levelshift →Mikrofeinstruktur.

Li (x), Abkürzung für *Logarithmus integralis,* den →Integrallogarithmus.

Libelle (*Wasserwaage*), Gerät zur Prüfung der horizontalen Lage von Flächen oder Kanten, in der Physik insbesondere zur Justierung von Meßgeräten mittels Fußschrauben benutzt. Sie bestehen aus einer schwach gekrümmten Röhre mit

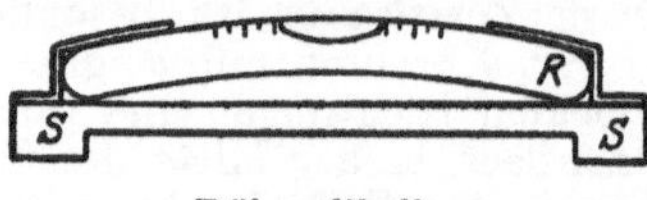

Röhrenlibelle.

Wasserfüllung und einer Luftblase (Röhrenlibelle, Abb.), welch letztere bei richtiger Justierung zwischen zwei Striche einspielt. Oder die Luftblase befindet sich in einer wassergefüllten Dose mit schwach gewölbtem Glasdeckel, in der zur Kontrolle der Justierung ein Kreis eingeätzt ist (Dosenlibelle). Eine empfindliche Libelle (sehr geringe Krümmung) kann bei einer Neigung um 1″ bereits eine Verschiebung um 1 mm zeigen.

Libration des Mondes. Infolge der Übereinstimmung der Umlaufszeit um die Erde mit seiner Rotationszeit zeigt uns das Antlitz des Mondes stets nahezu die gleichen Umrisse. Geringen, dem bloßen Auge für gewöhnlich entgehenden Verschiebungen der sichtbaren Hälfte, die man als Librationen des Mondes zu bezeichnen pflegt, haben wir es jedoch zu verdanken, daß wir im Laufe der Zeit nicht nur die Hälfte, sondern im ganzen 59% der Mondoberfläche übersehen können. Man unterscheidet verschiedene Arten von

Librationen: 1. Die Libration in *Breite*, die ihre Ursache darin hat, daß die Äquatorebene des Mondes mit der Ebene seiner Bahn einen Winkel von ungefähr $6^1/_2{}^\circ$ einschließt und wir deshalb in Intervallen von 2 Wochen abwechselnd über den Nord- und Südpol des Mondes hinaussehen können. 2. Die Libration in *Länge*, dadurch hervorgerufen, daß die Mondbahn kein Kreis, sondern eine Ellipse und deshalb die Winkelgeschwindigkeit des Mondes in seiner Bahn keine gleichförmige ist, während seine Rotationsgeschwindigkeit als angenähert konstant angesehen werden kann. 3. Die *tägliche* Libration, eine Folge davon, daß die Erde rotiert und sich deshalb der kleine Winkel zwischen der Richtung Beobachter—Mondmittelpunkt und der Richtung Erdmittelpunkt—Mondmittelpunkt im Verlauf eines Tages ändert und wir infolgedessen ebenfalls bald nach der einen, bald nach der anderen Richtung hin ein wenig von der hinteren Mondseite zu sehen vermögen. Diese Librationen bezeichnet man als *scheinbare*, weil sie nicht durch wirkliche Schwankungen der Mondrotation hervorgerufen werden. Im Gegensatz dazu gibt es auch eine Libration, die ihre Ursache in *wirklichen* Schwankungen der Mondrotation hat, die aber sehr gering sind. Es handelt sich dabei um kleine Schwingungen des Mondkörpers, die dadurch hervorgerufen werden, daß die Erde die im Durchschnitt auf sie zu gerichtete, etwas verlängerte Mondachse, sobald dieselbe wegen der Librationen in Länge und Breite nicht genau auf den Erdmittelpunkt hinzeigt, durch ihre Anziehungskraft immer wieder in diese Lage zurückzuziehen versucht.

Licht, ursprünglich nur der sichtbare Bereich des elektromagnetischen Spektrums, heute in erweitertem Sinne auch ultrarotes, ultraviolettes, Röntgenlicht, also die Gesamtheit der durch Zustandsänderungen der Elektronenhüllen der Atome und der Atome in den Molekülen erzeugten elektromagnetischen Wellen bzw. Quanten.

Licht, polarisiertes, →Polarisation, optische.

Lichtablenkung im Schwerefeld. Nach der allgemeinen Relativitätstheorie wird ein Lichtstrahl im Schwerefeld abgelenkt. Diese Lichtablenkung ist aber im allgemeinen sehr gering. Sie beträgt z. B. für einen hart am Sonnenrand vorbeigehenden Lichtstrahl theoretisch 1,75″ und ist bisher nur bei Sonnenfinsternissen beobachtbar. Dieser Wert steht in angenäherter Übereinstimmung mit den Ergebnissen der Sonnenfinsternis-Expeditionen. Die Ablenkung ist nicht nur bedingt durch die Anziehungskraft der Sonne auf die Lichtquanten, sondern auch durch die Krümmung des dreidimensionalen Raumes im Schwerefeld.

Lichtäquivalent. Während die physikalische Optik oder Strahlungslehre die einzelnen →Strahlungsgrößen in ihrer Definition jeweils auf ein *objektives Meßverfahren* bezieht, definieren und benutzen die →Photometrie und →Lichttechnik diese Größen in *subjektiver Beurteilung* und werten nur den Teil der physikalischen Strahlung, welcher vom menschlichen Auge als sichtbares Licht wahrgenommen wird (→Größen, lichtelektrische). Für helladaptiertes Auge geht dabei als charakteristische Bewertungsfunktion die relative spektrale →Hellempfindlichkeit V_λ des Internationalen Standard-Beobachters in die Definition der photometrischen Größen und Einheiten (→Einheiten, photometrische) ein.

Als Lichtäquivalent M wird das Verhältnis derjenigen (in mechanischen oder elektrischen Einheiten zu messenden) photochemisch-subjektiv bewerteten Strahlungsleistung definiert, welche mit der lichttechnischen Leistungseinheit →Lumen betragsgleich ist, zu dieser Einheit lm; das Lichtäquivalent ist genau wie das →Wärmeäquivalent als Quotient zweier gleicher Größen dimensionslos und besitzt den Betrag Eins: $M = (\int N_\lambda V_\lambda d\lambda)/\Phi \equiv 1$ (N_λ monochromatische *physikalische* Strahlungsleistung, Φ→Lichtstrom, gleich photometrisch-subjektiv bewerteter Strahlungsleistung $\int N_\lambda V_\lambda\, d\lambda$).

Bezogen auf die neuen →Lichteinheiten und die Festlegungen der Internationalen →Temperaturskala von 1948 — d. h. zweite →Strahlungskonstante $c_2 = 1{,}438$ cm grad und die Plancksche →Strahlungsformel — ergibt sich für das Lichtäquivalent über die Leuchtdichte des schwarzen Körpers am →Platinpunkt $t_{\mathrm{Pt}} = 1769{,}4 \pm 1\,°\mathrm{C}$ (1948) $[T_{\mathrm{Pt}} = 2042{,}5 \pm 1\,°\mathrm{K}]$:

$$M = (1{,}47 \pm 0{,}01) \cdot 10^{-3}\ \mathrm{W_{abs}\,lm^{-1}},$$
$$1/M = 680 \pm 5\ \mathrm{lm\,W_{abs}^{-1}}.$$

Lohse, B., u. *U. Stille:* Einführung u. Bestimmung des Lichtäquivalents. Z. Phys. **125**, 133 (1948).

Lichtäther, nach der älteren elektromagnetischen Lichttheorie der Träger des elektromagnetischen Feldes. Ein materieller Lichtäther ist mit der Relativitätstheorie unvereinbar, da er die Bevorzugung eines bestimmten Bezugssystems ergäbe. → Ätherhypothese.

Lichtausbeute, der Wirkungsgrad, mit dem →Lichtstrom aus einer bestimmten Leistung erzeugt wird. Symbol η; Einheit meist Lumen je Watt ($\mathrm{lm\,W^{-1}}$).

Lichtausbeute bei der Fluoreszenz, ist je nach Erregungsart und Stoff verschieden. Gase und Dämpfe haben bei niedrigem Druck die Quantenausbeute 1. Flüssigkeiten und feste Körper haben, sofern sie als sehr gute Fluoreszenzstoffe gelten, eine Quantenausbeute zwischen 0,1 bis maximal 0,5. Diese Zahlen gelten für Erregung mit sichtbarem oder ultraviolettem Licht. Bei Erregung mit Röntgenstrahlen ist die Quantenausbeute außerordentlich viel geringer; erst die durch die meist wenig absorbierte Strahlung abgespaltenen Elektronen rufen die Fluoreszenz hervor. Auch bei Erregung mit Elektronenstrahlen ist die Ausbeute gering, da die Elektronen in einer dünnen Oberflächenschicht steckenbleiben.

Lichtausbeute bei der Phosphoreszenz, also bei derjenigen Lumineszenzerscheinung, bei welcher das Leuchten noch nach der Erregung vorhanden und durch tiefe Temperatur einfrierbar ist. Sofern man dafür sorgt, daß kein Energieverlust durch Übergang in Wärme eintritt (Vermeidung der →Tilgung durch Ultrarot), wird für jedes absorbierte Lichtquant wieder ein Lichtquant emittiert. Man kann also erreichen, daß die Quantenausbeute 1 beträgt. — Die Gesamtzahl der speicherbaren Lichtquanten ist bis zu einer bestimmten Grenze gleich der Zahl der →Aktivatoratome.

Lichtausstrahlung, spezifische, →spezifische Lichtausstrahlung.

Lichtbeugung →Beugung des Lichts.

Lichtbildgeräte (*photographische Kamera*) bestehen aus einem lichtdichten Kasten oder Balgen, in dessen Vorderwand sich das photographische Objektiv befindet. An der Rückwand befindet sich die Mattscheibe oder die lichtempfindliche Schicht. Das Photoobjektiv bildet den Gegenstand reell auf der Mattscheibe oder der lichtempfindlichen Schicht ab. Um Gegenstände in jeder Entfernung scharf abbilden zu können, ist der Abstand zwischen lichtempfindlicher Schicht und Photoobjektiv veränderlich. Zum Lichtbildgerät in weiterem Sinne gehören noch der →Verschluß zur Regelung der Belichtungszeit, der Sucher (→Holländisches Fernrohr) und oft der →Entfernungsmesser. Lichtbildgeräte ohne Linsen →Lochkamera.

Lichtblitzentladungslampe → im *Nachtrag.*

Lichtbogen →Beck-Bogen, →Bogenentladung, →Effektbogen, →Hochstrombogen, →Kohlelichtbogen, → Quecksilberlichtbogen.

Lichtbogenschwingung. Der Lichtbogen läßt sich wegen seiner negativen Stromspannungscharakteristik (Abb.) in Verbindung mit einem Serienschwingkreis zur Erzeugung ungedämpfter Schwingungen verwenden (*Poulsen*). Erfolgt die Erregung mit einer →Tonfrequenz, so erzeugt der Lichtbogen einen hörbaren Ton (*tönender Lichtbogen*). Der Kennlinienverlauf ist nicht auf den Lichtbogen beschränkt, sondern läßt sich auch bei Röhren, z. B. durch eine Anodenstrommitkopplung, erzielen. Man bezeichnet daher vielfach elektrische Steuerorgane mit lichtbogenähnlicher Kennlinie, bei denen der Übergang vom negativen in den positiven Widerstandsast über den Wert $R_i = dU/di = 0$ geht, als Lichtbogen. Ein solches Steuerorgan ist nur in Verbindung mit einem Serienschwingkreis zu stabilen Schwingungen zu erregen.

Lichtbogen-Kennlinie.

Rothe, H., u. *W. Kleen:* Elektronenröhren als Schwingungserzeuger u. Gleichrichter. Leipzig 1948. — *Barkhausen, H.:* Elektronenröhren III. Leipzig 1949.

Lichtbogensender. Die technische Verwendung des Lichtbogens als Generator für ungedämpfte Schwingungen (→Lichtbogenschwingungen) in der drahtlosen Nachrichtenübermittlung war gegeben,

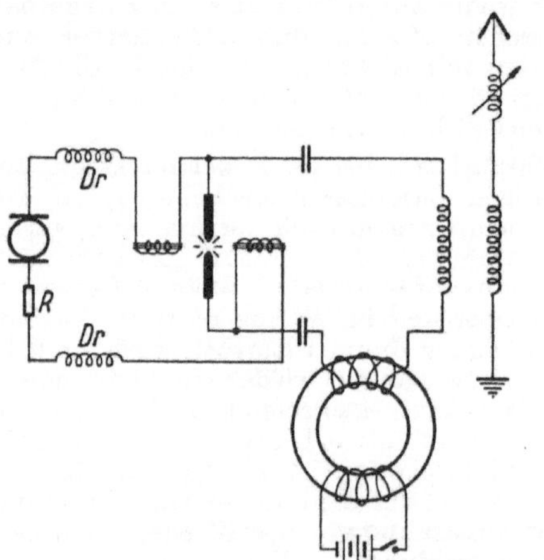

Schaltschema eines Poulsen-Lichtbogensenders.

als es *Poulsen* gelungen war, eine den damaligen Betriebsanforderungen entsprechende Ausführungsform eines Lichtbogensenders zu schaffen. Bei dieser brennt der Lichtbogen in einer Wasserstoffatmosphäre und wird durch ein Magnetgebläse auf ringförmigen Elektroden im Kreise herumgeführt. Dadurch ließen sich brauchbare Betriebsbedingungen (rasche Entionisierung und Erhöhung der Zündspannung) erzielen. Die Modulation erfolgte im Zwischenkreis. Durch die Röhrensender sind die Lichtbogensender heute fast völlig verdrängt.

Zenneck, J., u. *H. Rukop:* Drahtlose Telegraphie. Stuttgart 1925. — *Vilbig, F.:* Lehrb. d. Hochfrequenztechnik. Leipzig 1945.

Lichtbrechung →Brechung des Lichtes.

Lichtbündel, -büschel →Strahlenbündel, -büschel.

Lichtdruck →Strahlungsdruck.

Lichteinheiten oder *photometrische Einheiten,* dienen zur Messung der →photometrischen oder lichttechnischen Größen. Die Photometrie definiert und benutzt die Strahlungsgrößen in subjektiver Beurteilung, d. h. sie wertet nur den Teil der physikalischen Strahlung, der vom menschlichen Auge als sichtbares Licht wahrgenommen wird. Als physiologische Bewertungsgrundlage dient für die Definition der photometrischen Größen die relative spektrale →Hellempfindlichkeitsfunktion V_λ des internationalen →Normalbeobachters. Infolgedessen geht auch in die photometrischen Einheiten die Augenempfindlichkeitsfunktion V_λ ein, über die zahlenmäßige Vereinbarungen allerdings erst im Jahre 1924 getroffen wurden.

Die photometrischen Einheiten enthalten außer den in der Mechanik und Elektrizität bekannten und benutzten Grundeinheiten eine weitere Grundeinheit, die auf die obengenannte physiologische Bewertung in der Photometrie Rücksicht nimmt; als solche wurde ursprünglich die „Kerze" (K) festgelegt. Bezüglich der Definition und Realisierung dieser Grundeinheit für die →Lichtstärke sind nach ihrer historischen Entwicklung zwei Gruppen zu unterscheiden: Lichteinheiten, die von Flammen-Einheitslichtquellen abgeleitet werden, und solche, die sich von Glühkörper-Einheitslichtquellen herleiten. Die Grundbedingung für die Festlegung einer Lichteinheit ist die, daß sie stets in gleicher Stärke herstellbar oder reproduzierbar ist. Hierzu ist erforderlich, daß sich der Brennstoff oder Glühkörper der Einheitslichtquelle stets in der gleichen Zusammensetzung herstellen und auch während des Leuchtens erhalten läßt, daß sich die Abmessungen der wichtigsten Teile der eigentlichen Lampe genau definieren und einhalten lassen, und speziell für Glühkörper-Einheitslichtquellen, daß die Temperatur des Glühkörpers genau reproduzierbar ist. In diesem Sinne sind z. B. Glühlampensätze nicht als *primäre* Lichtnormale anzusehen. Die Photometrie legt außerdem Wert darauf, daß die Lichtstärke der Einheitslichtquelle möglichst groß ist und ihre Lichtfarbe mit der der gebräuchlichsten Beleuchtungslampen möglichst übereinstimmt.

Die *Flammen-Einheitslichtquellen,* bei denen ein Stoff unter Flammenbildung verbrennt, haben heute im wesentlichen nur noch historisches Interesse. In England wurde die Spermazeti-Walrat-Kerze oder London Standard →Spermazeti Candle (sperm candle) durch Metropolitan Gas Act 1860 und Gas Works Clauses Amendment Act 1871 als englische Normalkerze legalisiert. Auf die sperm candle folgte die →Pentan-Kerze (pentane candle oder kurz candle), welche nacheinander durch die von *Harcourt* konstruierte dochtlose 1-Kerzen-Pentanlampe (1877), 1-Kerzen-Pentandochtlampe (1887) und 10-Kerzen-Pentangaslampe (1898) repräsentiert und durch Notification of the Metropolitan Gas Referees for the year 1898 die sperm candle ablöste. In Frankreich wurde 1800 von →*Carcel* eine Einheitslichtquelle gebaut, deren Lichtstärke 1842 dort als Lichteinheit eingeführt wurde. Sie wurde 1889 von der →Violle-Einheit abgelöst. In Deutschland wurde die Vereinsparaffinkerze (V.K.) hergestellt und seit 1868 vom Verein Deutscher Gas- und Wasserfachleute kontrolliert. Dieser ersetzte 1896 die V.K. durch die →Hefner-Kerze (HK), welche als die Lichtstärke in horizontaler Richtung der unter normalen Bedingungen brennenden →Hefner-Lampe (*v. Hefner-Alteneck*, 1884) definiert war. Zur Unterscheidung von den Internationalen Lichteinheiten und den heute gebräuchlichen neuen Lichteinheiten werden die Einheiten des Hefner-Systems mit dem Vorsatz „Hefner" (H) versehen: Hefner-Kerze (HK; →Kerze), Hefner-Stilb (Hsb; →Stilb), Hefner-Lumen (Hlm; →Lumen), Hefner-Lux (Hlx; →Lux), Hefner-Phot (Hph; →Phot). Für die Hefner-Lampe stellte die Physikalisch-Technische Reichsanstalt bereits seit 1893 Beglaubigungsscheine aus. Die HK, welche später auch in Österreich und den skandinavischen Ländern eingeführt wurde, diente in Deutschland bis zum Jahre 1942 als primäre Lichteinheit und wurde am 1. 7. 1942, zunächst für den Geschäftsbereich der PTR, durch die „Neue Kerze", seit 1948 →Candela (cd) genannt, abgelöst.

In den USA wurde als Lichteinheit die →standard candle im National Bureau of Standards durch einen Satz von Kohlefadenlampen aufrechterhalten, welche in der PTR an die Hefner-Lampe angeschlossen waren; dieser Lampensatz, dessen Lichtstärke gleich der britischen Lichtstärkeeinheit sein sollte, wurde in seiner Lichtstärke gleich 1/0,88 HK = 1,14 HK (Lichtstärke der sperm candle) gemacht, so daß die US-standard candle um etwa 1,6% größer als die später in England eingeführte →pentane candle ausfiel. In Frankreich wurde der 20. Teil der Violle-Einheit unter der Bezeichnung →bougie décimale als primäre Lichteinheit benutzt; französische bougie décimale und englische pentane candle stimmten praktisch überein. Im Jahre 1909 kamen die Staatsinstitute Frankreichs, Großbritanniens und der USA überein, ihre Lichtstärkeeinheiten unter Herabsetzung der US-standard candle um 1,6% anzugleichen und diese Lichtstärkeeinheit ab 1. 4. 1909 gemeinsam unter dem Namen →International Candle Power (I.C.P.) oder Internationale Kerze (I.K.) einzuführen. Die PTR trat dieser Vereinbarung nicht bei, sondern hielt für Deutschland die HK aufrecht. Die I.C.P. wurde in den 3 Staatsinstituten durch Sätze von Kohlefadenlampen dargestellt, definiert und bis zum Jahre 1947 aufrechterhalten. Zur Unterscheidung von den Hefner-Lichteinheiten und den heute gebräuchlichen neuen Lichteinheiten werden die Einheiten des Internationalen Systems mit dem Vorsatz „International" (I) versehen: Internationale →Kerze (IK), Internationales →Stilb (Isb), Internationales Lumen (Ilm), Internationales →Lux (Ilx), Internationales →Phot (Iph).

Von den bislang genannten Lichteinheiten gehört die Violle-Einheit ihrer primären Definition und Darstellung nach bereits zu der Gruppe der Lichteinheiten, die von *Glühkörper-Einheitslichtquellen* abgeleitet werden. Bei diesen Lichtquellen wird das von einem glühenden Körper ausgestrahlte Licht der Definition einer Einheit für →Lichtstärke oder →Leuchtdichte zugrunde gelegt. Die erste praktische Realisierung einer solchen Einheitslichtquelle stammt von *Violle* (1879), welcher seine Lichteinheit durch die Lichtstärke einer glühenden Platinfläche definierte. Die Violle-Einheit wurde 1884 von der Internationalen Kommission zur Bestimmung der elektrischen Einheiten angenommen, während der 2. Internationale Elektrizitätskongreß 1889 ihren 20. Teil unter dem Namen →bougie décimale als Lichteinheit festlegte.

Heute dient als Glühkörper ein →schwarzer Körper, der eine seiner Temperatur entsprechende →schwarze Strahlung aussendet. Der Vorschlag, einen solchen schwarzen Strahler als Einheitslichtquelle zu entwickeln und zu benutzen, wurde von *Waidner* und *Burgess*, sowie von *Lummer* gemacht. Durch langjährige experimentelle Untersuchungen, die in den großen Staatsinstituten durchgeführt wurden, konnte dieses Ziel erreicht werden. 1937 beschloß das Internationale Komitee für Maß und Gewicht, die schwarze Strahlung beim Erstarrungspunkt des Platins zur Grundlage eines Systems neuer photometrischer Einheiten zu machen, welche durch die Leuchtdichte eines solchen schwarzen Strahlers bzw. die Lichtstärke von 1 cm^2 Fläche dieses Strahlers definiert wurden. Die Internationale Beleuchtungskommission bestätigte 1939 diesen Beschluß. Infolge der Kriegsereignisse konnte die zunächst für den 1. 1. 1940 angesetzte Einführung dieser *neuen Lichteinheiten* nicht zu diesem Termin wirksam werden. 1946 legte das Internationale Komitee den Einführungstermin endgültig auf den 1. 1. 1948 fest. Die neue, international angenommene Einheit der Lichtstärke erhielt 1948 von der Internationalen Beleuchtungskommission den Namen →Candela (cd), der noch im gleichen Jahre von der 9. →Generalkonferenz für Maß und Gewicht angenommen wurde. Die übrigen Lichteinheiten tragen die in den Systemen der Hefner-Lichteinheiten und der Internationalen Lichteinheiten gebräuchlichen Bezeichnungen *ohne* irgendeinen Vorsatz oder Zusatz: →Stilb, →Lumen, →Lux, →Phot.

Lichtelektrisch → auch Photo-.

Lichtelektrische Charakteristik, die Abhängigkeit des Photostromes einer lichtelektrischen Zelle von der angelegten Spannung bei konstanter Belichtung. An Vakuum-Photozellen mit zentraler Anode hat die Charakteristik (Kennlinie) den gemäß Abb. gezeigten Verlauf. Eine strenge →lichtelektrische Sättigung wird, auch beim besten Vakuum, wegen der nicht unterdrückbaren Feldemission der Photokathode (*Schottky-Effekt*) nicht beobachtet. Werden diese Zellen mit Edelgas von einem

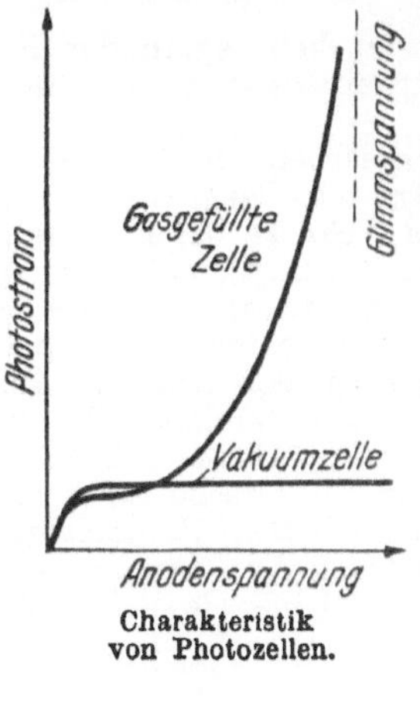

Photostrom
Gasgefüllte Zelle
Glimmspannung
Vakuumzelle
Anodenspannung

Charakteristik von Photozellen.

Druck der Größenordnung 0,1 Torr gefüllt, so nimmt die Charakteristik infolge innerer →lichtelektrischer Verstärkung durch Stoßionisation etwa einen exponentiellen Verlauf an und endet am sog. Glimmpunkt. Durch schrittweise Änderung des Gasdruckes kann man die Neigung der Charakteristik ändern. Die größte Steilheit entspricht dem Maximum der →*Stoletow*-Kurve. Die am Glimmpunkt einsetzende leuchtende Entladung ist selbständig und mit Hilfe des eingestrahlten Lichtes nicht mehr steuerbar. Beim praktischen Arbeiten nähert man die Betriebsspannung nicht zu stark der Zündspannung. Andernfalls ist in vielen Fällen die strenge Reproduzierbarkeit der Charakteristik in Frage gestellt. Auch an →lichtelektrischen Halbleiterzellen werden Charakteristiken gemessen.

Simon, H., u. *R. Suhrmann:* Lichtelektr. Zellen u. ihre Anwendungen. Berlin 1922.

Lichtelektrischer Effekt (*Photoeffekt*). I. *Äußerer lichtelektrischer Effekt*, die Abtrennung von Elektronen aus der *Oberfläche* eines Stoffes, im Gegensatz zur →*inneren* lichtelektrischen Wirkung. Der Photoeffekt wurde 1887 von *H. Hertz* entdeckt (→Hertz-Effekt) und von seinem damaligen Schüler *Hallwachs* 1888 seinem Wesen nach erkannt. (Die Bezeichnung als *Hallwachs-Effekt* hat sich wenig eingebürgert.) *Lenard* erkannte als erster die ausgelösten Strahlen als Elektronen. Die quantitative Erforschung der Gesetze des Photoeffekts ist ganz überwiegend *Lenard*, die Deutung seiner Ergebnisse *Einstein* zu verdanken (→Lenard-Einsteinsche Gleichung).

Die wichtigsten Ergebnisse *Lenards* — welche auf Grund der Deutung durch *Einstein* zur endgültigen Anerkennung der universellen Bedeutung des Planckschen Wirkungsquantums führten — sind:

1. Der Elektronenstrom ist, wie bereits *Hallwachs* in großen Zügen erkannt hatte, unter sauberen Versuchsbedingungen der absorbierten Lichtenergie streng proportional (→lichtelektrisches Proportionalitätsgesetz).

2. Die Höchstenergie $\frac{1}{2}mv^2$ (→Höchstgeschwindigkeit) der austretenden Elektronen — gemessen durch die den Strom vollkommen verhindernde Gegenspannung — ist bei monochromatischer Einstrahlung eine lineare Funktion der Frequenz ν des Lichtes,

$$\frac{1}{2}mv^2 = h\nu - A \qquad (1)$$

(→*Lenard-Einsteinsche Gleichung*, h Planckschcs Wirkungsquantum, A Austrittsarbeit der Elektronen).

3. Der Photoeffekt setzt bei Beginn der Einstrahlung praktisch trägheitslos in voller Stärke ein.

Setzt man die Austrittsarbeit gleich $A = h\nu_g$, so ist ν_g die *Grenzfrequenz* oder *langwellige Grenze* der Frequenz (auch „*rote*" *Grenze*, obgleich sie im allgemeinen gar nicht im Rot liegt), welche gerade nur zur Leistung der Austrittsarbeit ausreicht, unterhalb derer also ein Photoeffekt nicht mehr eintreten kann. Sie liegt bei den Alkalimetallen im Sichtbaren, bei den meisten anderen Metallen im Ultraviolett, kann aber durch →Sensibilisierung sogar bis ins Ultrarot verschoben werden (Photozellen). Sie ist überdies vom Reinheitsgrad der Oberfläche stark abhängig. Die Grenzfrequenz (Austrittsarbeit) ist um so kleiner, je elektropositiver das Metall ist.

Qualitativ läßt sich der Photoeffekt leicht mit einem Elektroskop nachweisen, dessen Blättchensystem mit der einen Platte eines mit einer ande-

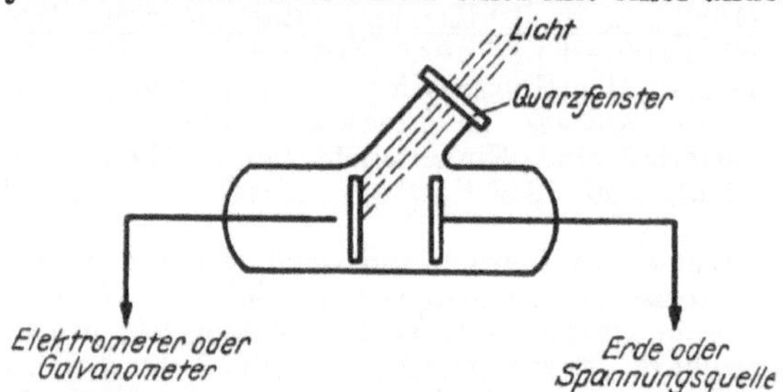

Grundsätzlicher Aufbau der ersten lichtelektrischen Zellen.

ren Platte geerdeten Kondensators verbunden ist (Abb.). Bei Bestrahlung der ersten Platte lädt sich das Elektroskop positiv auf.

Für quantitative Messungen bestrahlt man die Metalle in evakuierten Gefäßen, um störende Einflüsse der Luft zu beseitigen. Man findet dann die Grenzfrequenz ν_g entweder aus der →spektralen lichtelektrischen Empfindlichkeit oder (unter Berücksichtigung der Kontaktpotentialdifferenz) aus der mittels einer stetig gesteigerten Gegenspannung ermittelten Höchstenergie $\frac{1}{2}mv_{max}^2 = eU$ aus der Gleichung

$$h\nu_g = A = h\nu - \frac{1}{2}mv^2 \qquad (2)$$

(ν Frequenz des eingestrahlten monochromatischen Lichtes, e elektrisches Elementarquantum, U Spannung).

Die aus den Metallen frei gemachten Elektronen sind entweder Valenzelektronen der Atomrümpfe oder freie Leitungselektronen. Außer den Metallen zeigen auch Dielektrika, z. B. NaCl, einen äußeren Photoeffekt; doch ist der Nachweis hier etwas schwieriger. Auch Flüssigkeiten zeigen einen Photoeffekt, aber erst im kurzwelligen Ultraviolett bei etwa 200 mμ, Gase nur im Schumann-Gebiet und bei Röntgenstrahlen (→lichtelektrischer Effekt in Gasen). Dabei werden Elektronen von den einzelnen Gasatomen abgespalten, das Gas also ionisiert. Hierauf beruht im wesentlichen die Entstehung der →Ionosphäre. Die Grenzfrequenz entspricht in diesem Fall der Seriengrenze der Grundserie des Atoms, da die Austrittsarbeit mit der Ionisierungsenergie identisch ist. Die bei der Photoionisierung eines Gases durch Röntgenstrahlen frei gemachten Elektronen sind so energiereich, daß ihre Bahnen in der →Nebelkammer sichtbar gemacht werden können.

Die Loslösung von Leitungselektronen aus dem Raumgitter des Metalls bezeichnet man als *normalen Photoeffekt*. Er äußert sich in einem stetig und monoton ansteigenden Verlauf der spektralen Empfindlichkeitskurve (→Empfindlichkeit lichtelektrischer Zellen) von der Grenzfrequenz bis zu den höchsten erreichbaren Frequenzen. Unter völlig gleichartigen Versuchsbedingungen zeigt sich eine vollkommene Parallelität der Grenzfrequenz mit der Seriengrenze der Grundserie, also mit der Ionisierungsarbeit der freien Metallatome. Ferner erweist sich, daß die →Quantenausbeute innerhalb der gleichen Gruppe des Periodischen Systems den gleichen Wert hat, aber bei den verschiedenen Gruppen sehr stark — um rund 7 Zehnerpotenzen — variiert.

Ferner →Lichtelektrischer Effekt, normaler, selektiver.

Schulze, H.: Z. Phys. **92**, 212 (1934).

II. *Innerer lichtelektrischer Effekt.* Erscheinungen, welche auf Bewegungen von Elektronen im Innern eines mit Licht bestrahlten Körpers beruhen. Die Energie der vom Licht abgespaltenen Elektronen reicht nicht dazu aus, daß sie die Oberfläche des Körpers verlassen. Hierunter fällt auch die seit vielen Jahrzehnten bekannte Eigenschaft des Selens, seinen Widerstand unter dem Einfluß des Lichtes zu ändern (→Selenzelle). Der Schlüssel zum Verständnis dieser verwickelten Selenerscheinungen wurde von *Gudden* und *Pohl* gefunden, nämlich im Übergang vom Kristallit oder unreinen Mineral zum einheitlichen und möglichst reinen Kristall, sowie vom schlechten Elektrizitätsleiter zum Isolator. Unter diesen Umständen können die eigentlichen →lichtelektrischen Primärströme von den meist verwickelten →lichtelektrischen Sekundärströmen getrennt werden (→lichtelektrische Leitung). Die innere lichtelektrische Wirkung braucht jedoch nicht immer mit einem meßbaren lichtelektrischen Strom verbunden zu sein. Alle Abweichungen vom idealen Kristallgitter wirken hindernd für das Zustandekommen eines lichtelektrischen Elektronenstromes. Wenn man z. B. bei Kristallen von ZnS oder HgS zu gepreßten Kristallpulvern übergeht, so sind die Leitungserscheinungen wesentlich weniger ausgeprägt. Geht man zu noch feinerer Körnung über, etwa zu mikrokristallinen bzw. amorphen Niederschlägen von ZnS oder HgS, so ist auch bei großen eingestrahlten Lichtintensitäten und hohen Spannungen oft gar nichts mehr von lichtelektrischer Leitung zu merken. Die Phosphoreszenzfähigkeit zeigt aber, daß immer noch eine lichtelektrische Wirkung vorhanden ist. An verschiedenen Kristallen, wie z. B. NaCl, läßt sich außer der inneren lichtelektrischen Wirkung bei Einstrahlung hinreichend hoher $h\nu$-Beträge auch eine äußere lichtelektrische Wirkung beobachten. Unter dem Einfluß von Röntgenlicht kann an allen Isolatoren die innere lichtelektrische Wirkung wahrgenommen werden.

Gudden, B., u. *R. W. Pohl:* Z. Phys. **16**, 170 (1923). — *Pohl, R. W.:* Phys. Z. **39**, 36 (1938). — *Gudden, B.:* Lichtelektr. Erscheinungen. Berlin 1928.

Lichtelektrischer Effekt an Gasatomen (*Photoionisation*), Ablösung eines Elektrons vom Atom infolge Absorption eines Lichtquants. Die Energie des Quants $h\nu$ muß mindestens gleich der Ionisierungsarbeit $e\,U_i$ sein, wodurch eine obere Grenzwellenlänge $\lambda_i = 12340/U_i$ [Å] (U_i in V) für den Effekt festgelegt ist. Sie ist bei Cäsium mit $U_i = 3{,}88$ V gleich 3184 Å. Zur Ionisierung von Gasen oder Dämpfen ist allgemein ultraviolettes oder Röntgenlicht erforderlich. Häufig werden die Gase auch schon durch langwelligeres Licht, als der angegebenen Grenze entspricht, ionisiert; die Ionisation erfolgt dann in Stufen über einen angeregten Zustand des Atoms. Das abgelöste Elektron (Photoelektron) erhält den über der Ionisierungsarbeit liegenden Betrag des Quants $h\nu$ als kinetische Energie. Die Ionisierungsausbeute ist am größten, wenn $h\nu = e\,U_i$, und sinkt dann rasch ab (Abb.).

Im Röntgengebiet, wo man K-, L-Ionisation zu unterscheiden hat, tritt bei kürzeren Wellen, im γ-Strahlgebiet schließlich überwiegend, durch →Compton-Effekt an den locker gebundenen Hüllenelektronen eine weitere Ionisation auf, die nicht mit der Absorption des Quants verbunden ist. Da die Photoelektronen fast die gesamte Quantenenergie übernehmen, ionisieren sie sehr stark und sind an den langen Bahnen in der Nebelkammer zu

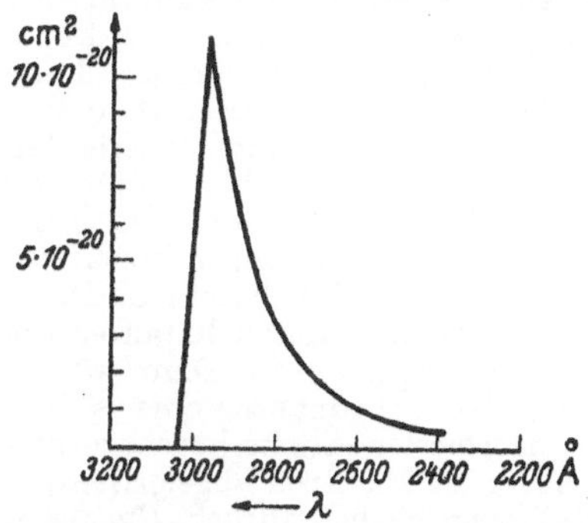

Atomarer Ionisierungsquerschnitt für Photoionisation in Rubidiumdampf nach *Mohler*.

erkennen, während die Compton- oder Rückstoßelektronen nur einen kleinen Teil der Quantenenergie übernehmen, daher schwächer ionisieren und in der Nebelkammer nur kurze Bahnen bilden.

Lichtelektrischer Effekt, inverser, ältere Fehldeutung einer positiven Aufladung des Auffängers der von einer Photokathode ausgesandten Elektronen; hervorgerufen durch einen von Streulicht am Auffänger erzeugten Photoeffekt. Die einst vermuteten „lichtelektrischen Kanalstrahlen" gibt es also nicht.

Lichtelektrischer Effekt, normaler, stetig mit abnehmender Wellenlänge monoton ansteigender Verlauf der spektralen Empfindlichkeitskurve (Abb.), beginnt an der →langwelligen Grenze und erstreckt sich bis ins meßtechnisch zugängliche kurzwellige Ultraviolett. Der normale Photoeffekt tritt immer an reinen, kompakten Metallen auf. Er besteht in der Auslösung von Leitungselektronen aus dem Raumgitter des Metalles. Unter vollständig gleichgearteten Versuchsbedingungen gelingt es, einen Parallelgang der langwelligen Grenze mit den aus den Seriengrenzen der freien Atome gewonnenen Ionisierungsarbeiten aufzufinden. Ferner kann man feststellen, daß die →Quantenausbeute in den Verwandtschaftsgruppen des Periodischen Systems denselben Wert hat, von Gruppe zu Gruppe aber um mehrere Größenordnungen (10^{-1} bis 10^{-8} C · cal^{-1}) verschieden ist.

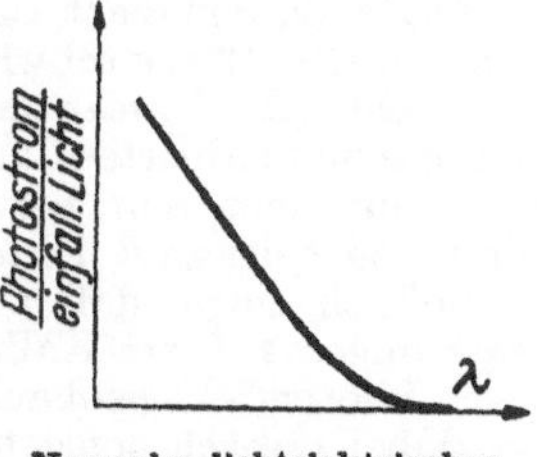

Normaler lichtelektrischer Effekt.

Schulze, R.: Z. Phys. **92**, 212 (1934).

Lichtelektrischer Effekt, selektiver, liegt an Photozellen dann vor, wenn die spektrale Empfindlichkeitskurve, bezogen auf absorbierte Lichtenergie, in einem bestimmten Wellenlängengebiet ein Maximum zeigt. Diese Feststellung ist unabhängig von der Tatsache, ob der Effekt bei polarisiertem Licht auftritt oder nicht. Hieraus ergibt sich, daß nicht jede Erhebung eines Kurvenzuges als selektiver Photoeffekt angesprochen werden darf, solange sie sich nicht auch bei Umrechnung auf absorbierte Lichtenergie als bleibendes Maximum erweist. Kurvenerhebungen, bei denen dies nicht der Fall ist, werden als *spektrales* Maximum zum Unterschied vom *spektralen selektiven* Maximum bezeichnet. An kugelförmigen Photozellen mit relativ kleinen Lichteintrittsfenstern wird nahezu alles auffallende Licht absorbiert. Der selektive Photoeffekt ist dort z.B. an den durch leuchtende Glimmentladungen in Wasserstoff hydrierten Alkalimetallen und an zusammengesetzten Photokathoden zu beobachten (Abb. →Photokathoden). An solchen Schichten besteht die unmittelbare Oberfläche aus vereinzelten adsorbierten, nicht zusammenhängenden Alkaliatomen. Diese sind so dünn gesät, daß der Metallcharakter der Atomschicht verlorengegangen ist. Dann wird durch die Einwirkung der Lichtquanten eine →Photoionisation der adsorbierten Atome hervorgerufen. Dabei wird je Atom ein Elektron abgespalten, und positive Metallionen bleiben zurück. *Gudden* und *Pohl* haben den selektiven Photoeffekt als ein „auf elektrischem Wege ausgemessenes optisches Absorptionsspektrum adsorbierter Alkaliatome bzw. Moleküle" gedeutet. Die selektive Lichtabsorption hauchdünner Alkalimetallschichten ist nachweisbar. Schräg einfallendes, linear polarisiertes Licht, dessen elektrischer Vektor 𝔈 in der Einfallsebene, also mit einer Komponente senkrecht zur Oberfläche, schwingt, liefert eine wesentlich größere Elektronenausbeute als senkrecht zur Einfallsebene, also parallel zur Oberfläche schwingendes, linear polarisiertes Licht (*R. Fleischmann*, Abb.). Sorgfältig gereinigte und entgaste Alkalimetalle scheinen keinen bzw. nur einen sehr schwachen selektiven Photoeffekt zu zeigen (*R. Fleischer*). Bemerkenswert ist schließlich noch, daß auch an flüssigen Alkalilegierungen, z.B. von Kalium und Natrium, ein selektiver Photoeffekt beobachtet wird. Die Oberfläche ist dabei optisch spiegelnd. Der selektive Effekt tritt nur dann auf, wenn der elektrische Lichtvektor eine Komponente senkrecht zur Oberfläche besitzt.

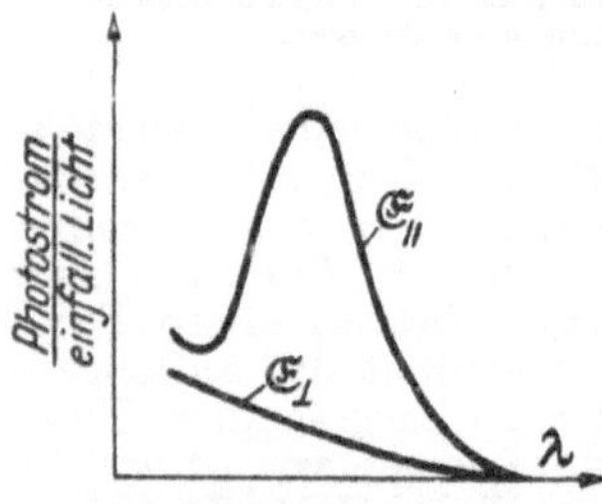

Vektorabhängiger selektiver Photoeffekt an flüssigen Alkalilegierungen.

Gudden, B.: Lichtelektr. Erscheinungen. Berlin 1928. — *Fleischmann, R.:* Nachr. Ges. Wiss. Göttingen, Math.-naturwiss. Kl. 1931, Nr. 20. — *Fleischer, R.:* Ann. d. Phys. 82, 75 (1927). — *Kluge, W.:* Z. Phys. 93, 636 (1935).

Lichtelektrische Empfindlichkeit. 1. →Empfindlichkeit *lichtelektrischer Zellen.*

2. *Spektrale lichtelektrische Empfindlichkeit,* die Abhängigkeit der Zahl der von der Einheit absorbierter, einfallender oder auch auffallender monochromatischer Lichtenergie aus der Oberfläche einer Photokathode ausgelösten Elektronen von der Wellenlänge oder Frequenz des Lichtes. In den meisten Fällen wird sie für auffallende Lichtenergie gemessen, und zwar in willkürlichen Einheiten oder auch in C cal^{-1} bzw. AW^{-1}. Im letzteren Fall spricht man auch von der *spektralen Ausbeute.* Der Verlauf der Ausbeutekurven hängt von der physikalisch-chemischen Oberflächenstruktur der Photokathode ab. Sie setzt bei der langwelligen Grenze ein und steigt dann entweder dauernd monoton an (→lichtelektrischer Effekt, normaler) oder durchläuft ein oder mehrere Maxima (→lichtelektrischer Effekt, selektiver). Einige Schwierigkeiten bereitet die exakte Messung und Festlegung der langwelligen Grenze. Notgedrungen muß man diejenige Wellenlänge als rote Grenze angeben, bei der der spektrale Photostrom den →Störspiegel der Zelle erreicht. Eine genauere Bestimmung der roten Grenze ist unter Mithilfe der Theorie des →lichtelektrischen Effektes möglich. Die spektralen Ausbeutekurven der elektronegativen Metalle liegen im Ultravioletten. Sie verschieben sich in Richtung längerer Lichtwellen, je elektropositiver das Kathodenmetall ist. Diejenigen der Alkalimetalle liegen im Sichtbaren. Sie können sich, insbesondere nach erfolgter →Sensibilisierung, bis ins Ultrarot erstrecken. Von besonderem Interesse ist die spektrale Empfindlichkeit von zusammengesetzten →Photokathoden, die heute in fast allen verwendeten Photozellen vorherrschen.

Langwellige lichtelektrische Grenze λ_g einiger Elemente.

Element	Li	Na	K	Mg	Ca	Ba	Cd	Al	Cs
λ_g	520	680	1000	330	400	560	320	330	1200 mμ

Spektrale Lage λ_m des selektiven Maximums der Alkali- und Erdalkalimetalle und einiger ihrer Legierungen bei Einwirkung von Wasserstoff.

Metall	Li	Na	K	Rb	Cs	Ca
λ_m	280	340	436	480	530	350

Sr	Ba	K-Na	K-Cs	K-Hg	
360	380	390	450	380	mμ

Lichtelektrische Entladungsmethode, Verfahren zum Messen kleiner Photoströme. Es liegt ein Stromkreis, bestehend aus Batterie, Photozelle und Schalter, vor (Abb.). Parallel zur Zelle liegt ein empfindliches Saitenelektrometer und gegebenenfalls ein hochisolierender Kondensator. Durch kurzes Schließen des Schalters wird die Zelle samt Kondensator auf die Spannung der Batterie aufgeladen. Man verfolgt nun am Elektrometer mit der Stoppuhr den zeitlichen Verlauf des Spannungsabfalles an der Zelle und errechnet aus der Zeit, der Potentialdifferenz zu Anfang und Ende der Messung sowie den bekannten Kapazitäten den Photostrom: $i = C\,dU/dt$. (→lichtelektrische Meßmethoden.)

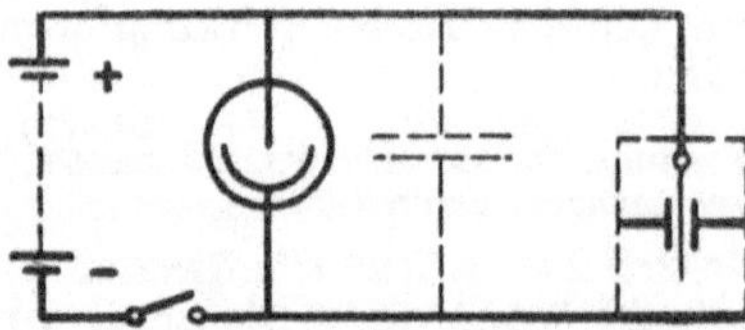

Lichtelektrische Entladungsmethode.

Lichtelektrische Ermüdung, zusammenfassende Bezeichnung aller Erscheinungen, bei denen die lichtelektrischen Ströme an Photozellen zeitlich abnehmen, obwohl die äußeren Versuchsbedingungen unverändert gehalten werden. Reine metallische Kathoden zeigen keinerlei Ermüdung, es sei denn, es findet im Laufe der Zeit eine Adsorption von Restgasen, wie Sauerstoff, statt, welche durch Bildung einer Doppelschicht mit der negativen Belegung nach außen die →Austrittsarbeit heraufsetzen. Anders liegt es bei den zusammengesetzten →Photokathoden mit dem Strukturschema [Ag]—M_2O—M (M = Alkalimetall), wobei die Verwendung von Cäsium vorherrscht. Man unterscheidet an diesen eine *bleibende* und eine *reversible* Ermüdung. Die bleibende Ermüdung ist eine über das gesamte Spektralgebiet sich erstreckende Abnahme der →Quantenausbeute. Sie wird verursacht durch eine spontan erfolgende Änderung der physikalisch-chemischen Ausgangsstruktur und kann sich über viele Jahre erstrecken, ohne daß die Zelle am Ende unbrauchbar sein muß. Da diese Änderungen meist sehr langsam erfolgen, sind sie für die Meßtechnik ohne Belang. Viel mehr stören kann die reversible Ermüdung. Sie wird durch die Emission der Photoelektronen selbst und deren Ersatz verursacht, jedenfalls *nicht* durch eine Strukturänderung der Photokathode. Sie beruht auf der Schwierigkeit in der Nachlieferung der Elektronen vom →Trägermetall durch die schlecht leitende →Zwischenschicht. Bei dicken Zwischenschichten ist die reversible Ermüdung daher besonders ausgeprägt. Im einzelnen verläuft der Vorgang wie folgt: Bei konstanter Spannung und Belichtung der Zelle stellt sich zunächst ein eindeutiger Stromwert ein. Dieser klingt im Verlauf mehrerer Minuten ab und behält dann einen Endwert. Bei stärkerer Belichtung nimmt der Abfall zu. Man erklärt ihn so, daß mit einsetzender Belichtung einige auf der schlecht leitenden Oxydzwischenschicht adsorbierte Cäsiumatome infolge der Photoelektronenverluste in den positiv geladenen Zustand übergehen (→Photoionisation). Damit verarmt die Oberfläche an lichtelektrisch wirksamen Zentren, wodurch die Austrittsarbeit erhöht wird und die Ausbeute im gesamten Spektralbereich sinkt. Es wird ein Endzustand erreicht, bei dem sich die emittierten Elektronen gerade im Gleichgewicht mit den aus dem Trägermetall angelieferten Ersatzelektronen befinden. Die reversible Ermüdung ist bei kurzwelliger Bestrahlung ausgeprägter als bei langwelliger. Der Ermüdungszustand ist vergleichbar mit der →lichtelektrischen Erregung von verfärbten Alkalihalogenid-Kristallen. Wie an diesen kann durch Erwärmung, Bestrahlung mit rotem oder ultrarotem Licht die ursprüngliche lichtelektrische Empfindlichkeit wieder vollständig hergestellt werden. Die Auslöschung der Ermüdung durch ultrarotes Licht ist so wirksam, daß man überhaupt keine Ermüdung beobachtet, wenn die Photokathode in ultrarotem Licht benutzt wird. Die reversible Ermüdung wird noch verstärkt durch einen Effekt elektrolytischer Art. Die dauernd entstehenden Cäsiumionen werden durch das zwischen Anode und Kathode angelegte elektrische Feld nach dem Innern der Schicht gezogen. Die Oberfläche verarmt dadurch an lichtelektrisch aktiven Atomen, wodurch die Empfindlichkeit gleichfalls abnimmt. Die positiven Ionen, die in das Innere gezogen wurden, werden dort neutralisiert und diffundieren als neutrale Atome wieder an die Oberfläche. Sowohl die Behinderung des Elektronennachschubs als auch die elektrolytische Verarmung der Oberfläche, die als Folge davon eintritt, sind bei tiefer Temperatur ausgesprochener als bei hoher. Die reversible Ermüdung läßt sich durch Einbau von Silber- und Cäsiumatomen in die Zwischenschicht herabmindern. In dieser Form werden heute die zusammengesetzten →Photokathoden in Wissenschaft und Technik verwendet. Sie werden durch das Strukturschema [Ag]—$Cs_2O \cdot Cs \cdot Ag$—Cs gekennzeichnet. Insgesamt hat die Erscheinung der reversiblen Ermüdung wesentlich dazu beigetragen, die Zusammenhänge zwischen Elektronenemission und Oberflächenstruktur von Photokathoden aufzuklären. Bei Füllung der Zellen mit Edelgas bleibt die reversible Ermüdung bestehen. Es tritt noch der Aufprall positiver Gasionen hinzu, der bei zu hoher Stromdichte die bleibende Ermüdung beschleunigen kann.

de Boer, J. H.: Elektronenemission u. Adsorptionserscheinungen. Leipzig 1937.

Lichtelektrische Erregung. Wenn die in einem lichtelektrisch leitenden Kristall frei gemachten Elektronen eine gewisse Strecke im Gitter zurückgelegt haben (negativer →lichtelektrischer Primärstrom) und kein oder nur ein ungenügender Ersatz erfolgt (Fehlen oder teilweises Fehlen des positiven →lichtelektrischen Primärstromes), so beobachtet man die Erscheinung der Erregung. Diese Bezeichnung wurde in Anlehnung an den entsprechenden Vorgang bei der →Phosphoreszenz gewählt. Sie entspricht z. B. bei den Alkalihalogeniden mit →Farbzentrengehalt einem Elektronenübergang von den F-Zentren zu den F'-Zentren. Durch Ultrarotbelichtung, Erwärmung oder Abwarten kann die Erregung rückgängig gemacht werden.

Auch beim äußeren Photoeffekt spricht man von einer Erregung. So werden z. B. an zusammengesetzten →Photokathoden mit dem Strukturschema [Ag]—$Cs_2O \cdot Cs \cdot Ag$—Cs Erscheinungen beobachtet, die mit der Erregung bei der lichtelektrischen Leitung verwandt sind. Wenn bei der Nachlieferung der Elektronen durch die Zwischenschicht hindurch einzelne von diesen an Korngrenzen, Störstellen u. ä. hängenbleiben, so wird eine entsprechende Anzahl positiver Ionen der Oberfläche, die durch Photoionisation gebildet wurden, nicht neutralisiert. Durch diese positive Aufladung der Oberfläche wird aber die Gesamtemission herabgesetzt. Bei längerer Belichtung beobachtet man daher eine Verringerung der Emission, die um so stärker ist, je größer die einfallende Lichtintensität ist. Dieser Vorgang läuft meistens unter der Bezeichnung →lichtelektrische Ermüdung. Gleichzeitig mit dieser ändert sich die spektrale Verteilung. Dieselben Mittel, die zur Auslöschung der Erregung an lichtelektrisch leitenden Kristallen dienen, bewirken auch bei den genannten Photokathoden die vollständige Wiederherstellung der ursprünglichen Empfindlichkeit.

Pohl, R. W.: Phys. Z. **69** 36 (1938). — *de Boer, J. H.:* Elektronenemission u. Adsorptionserscheinungen. Leipzig 1937. — *Gudden, B.:* Lichtelektr. Erscheinungen. Berlin 1928.

Lichtelektrische Halbleiterzellen = →Halbleiterphotowiderstand.

Lichtelektrische Halbleitung →lichtelektrische Leitung.

Lichtelektrische Leitung, beruht auf der Bewegung von Elektronen im Innern fester Körper, die auf lichtelektrischem Wege abgespalten wurden (→lichtelektrischer Effekt), seit 1925 besonders erfolgreich untersucht durch die Göttinger Schule (*Pohl, Gudden, Hilsch, Mollwo*). Das älteste Beispiel lichtelektrischer Leitung ist die Widerstandsabnahme von Selen bei Belichtung (→Selenzelle). Der Schlüssel zum Verständnis dieser verwickelten Erscheinungen liegt im Übergang vom Kristallit zum reinen Kristall und vom schlechten Leiter zum Isolator. Auf diese Weise gelingt es, den gesamten lichtelektrischen Strom in zwei Anteile verschiedenen Ursprungs zu zerlegen: in einen →*lichtelektrischen Primärstrom* und in einen →*lichtelektrischen Sekundärstrom.* Es sind die Sekundärströme, welche die einfachen Gesetzmäßigkeiten der lichtelektrischen Leitung verdecken. Bei Wegfall derselben, wie z. B. am Diamant, an Alkalihalogeniden mit →Farbzentren bei tiefen Temperaturen, die im Dunklen *isolieren*, oder an KH-KBr Mischkristallen bei 500 °C, die im Dunklen *elektrolytisch* leiten, sind Sättigungsströme, genaue Proportionalität zur Lichtintensität und Trägheitsfreiheit auffindbar. Die lichtelektrische Leitung, die unter diesen Umständen beobachtet wird, zeichnet sich gegenüber dem äußeren Photoeffekt in manchen Punkten durch eine größere Vollkommenheit der Versuchsbedingungen aus. Hierher gehört u. a. die genaue Messung der optischen Absorption, welche die Bestätigung des Quantenäquivalentgesetzes ermöglicht (lichtelektrische →Quantenausbeute). Die lichtelektrische Leitung sei am Beispiel des additiv verfärbten Kaliumbromid-Kristalles (→Farbzentren) näher erläutert: Gemäß der Abb. 1 laufen die im Kristallinnern durch Lichtabsorption von eingebauten

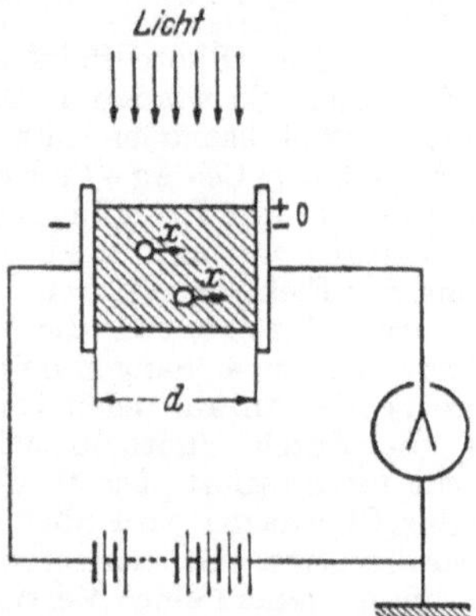

Abb. 1. Grundanordnung zur Messung der lichtelektrischen Leitung an Kristallen.

Alkaliatomen (= Farbzentren) abgelösten Elektronen eine bestimmte Strecke x durch das Gitter und bleiben dann an einer Störstelle oder an einer Korngrenze stecken. Aus dem ursprünglich neutralen Atom wird ein positives Ion, während das Elektron an die Stelle, an der es hängenbleibt, eine negative Ladung bringt. Dadurch entsteht im Kristall eine Raumladung, die den lichtelektrischen Strom hemmt. Dieser nimmt sehr rasch ab, besonders bei tiefer Temperatur und intensiver Lichteinstrahlung. Die Elektronen sind an den Stellen, wo sie steckenbleiben, sehr viel weniger fest gebunden als vorher an den Alkaliatomen. Sie können sich ziemlich leicht von diesen Stellen wieder ablösen und von neuem ein Stück Weg im Gitter zurücklegen. Mit steigender Temperatur kann man diesen Vorgang beschleunigen. Auf diese Weise kann die Raumladung wieder neutralisiert werden, denn die Elektronen vereinigen sich wieder mit den durch die Lichtabsorption entstandenen Alkalimetallionen. Die Vernichtung der Raumladung ist daher von einer zweiten Verschiebung elektrischer Ladung begleitet, welche ebenso groß ist wie die während der Belichtung und beim Aufbau der Raumladung voraufgegangene. *Gudden* und *Pohl* nennen den Strom, der unmittelbar durch die Abspaltung von Elektronen an den Farbzentren (F-Zentren) und durch die Abwanderung der Elektronen von diesen weg zustande kommt, den *negativen Anteil des lichtelektrischen Primärstromes* oder kurz *negativen Primärstrom.* Den Strom, der die Vernichtung der Raumladung begleitet, nennen sie *positiven Anteil des lichtelektrischen Primärstromes* oder kurz *positiven Primärstrom.* Der negative Primärstrom setzt mit seinem vollen Betrag trägheitslos ein, sobald das Licht auf den Kristall fällt, wobei der Einsatzwert streng proportional zur Lichtintensität ist. Jedes Photoelektron legt dabei im Mittel eine Strecke x (Schubweg) zurück (Abb. 1). Diese nimmt proportional zum angelegten Feld zu. Der ballistisch gemessene Strom ist gleich $i = n\,e\,x/d$. Dabei ist n die Zahl der je s vom Licht abgelösten Elektronen, e die Elementarladung und d die Gesamtdicke des Kristalls. Da x linear mit dem elektrischen Feld wächst, steigt der Strom proportional zur Feldstärke an, solange $x \ll d$. Wird d so klein, daß sämtliche Elektronen durch den ganzen Kristall gezogen werden, so steigt der Strom nicht mehr mit der Spannung an. Alle durch das Licht befreiten Elektronen werden auf die Anode gezogen. Der Strom ist gesättigt.

Bei dickeren Kristallschichten sind die Elektronen, nachdem sie bei der lichtelektrischen Leitung am Ende ihrer Schubwege steckengeblieben sind, sehr viel schwächer gebunden als an den ursprünglichen Farbzentren. Diese neuen Zentren nennt man F'-Zentren oder, da der Kristall erregt ist, auch *Erregungszentren.* Die schwächere Bindung der Elektronen in den F'-Zentren zeigt sich auch im Absorptionsspektrum. Während der Belichtung des verfärbten Kristalls innerhalb der F-Bande, also während der Erregung, nimmt die Absorption der Farbzentren in ihrer Intensität ab, die Zahl der F-Zentren wird kleiner. Dafür entsteht bei längeren Wellen eine neue Absorptionsbande: die F'-Bande. Gegenüber einer Belichtung verhalten sich die F'-Zentren genau wie die F-Zentren. Bei Belichtung mit längerwelligem Licht, als zur Erregung nötig war, werden von den F'-Zentren Elektronen abgelöst, welche sich durch das Gitter so lange bewegen, bis sie zur Neutralisierung eines positiven Alkalimetallions verbraucht werden, welches selbst aus einem ursprünglichen F-Zentrum durch Erregung entstanden war. Die spektrale Verteilung der lichtelektrischen Leitung eines erregten Kristalles ist demnach vollständig durch sein Absorptionsspektrum gegeben, genau wie beim unerregten Kristall.

Eine große Zahl der →Halbleiter im eigentlichen Sinne zeigt den inneren →lichtelektrischen Effekt: Durch Einstrahlung von Licht geeigneter Frequenz werden im Innern des Stoffes Leitungselektronen frei gemacht, welche unter der Wirkung eines äußeren elektrischen Feldes auf die Anode wandern. Es findet eine unselbständige Elektronenleitung statt im Gegensatz zur Dunkelleitung als selbständige Elektronenleitung. Eine solche Photoleitfähigkeit zeigen viele Oxyde, Sulfide, Selenide und Halogenide.

Von den ebenfalls zu den Halbleitern gerechneten Elementen sind außer dem bereits genannten Selen noch Tellur, Schwefel und Silicium als photoleitend bekannt. Für die lichtelektrische Leitung ist auch hier die Absorption von Licht im Absorptionsgebiet des Halbleiters, besonders im langwelligen Ausläufer der Absorption, erforderlich. Dieser Ausläufer der Absorptionsbande ist aber durch die Gitterstörungen bedingt, so daß diese als die primäre Ursache für eine lichtelektrische Leitfähigkeit anzusprechen sind. Völlige Klarheit über die Natur und Wirkungsweise dieser Störstellen besteht heute noch nicht. Wir wissen, daß bei vielen Halbleitern der Einbau geringer Spuren von Fremdstoffen in den Kristall solche Störstellen erzeugt, bei PbS und PbSe z. B. bewirken Spuren von Sauerstoff die Photoleitfähigkeit. Doch ist noch nicht geklärt, in welcher Weise der Sauerstoff in das PbS- bzw. PbSe-Gitter eingelagert ist. Auf Grund experimenteller Ergebnisse über die Fluoreszenz und Phosphoreszenz der →Leuchtstoffe, Erscheinungen, welche in engem Zusammenhang mit der Photoleitung stehen, lassen sich über die Wirkungsweise der Störstellen einige allgemeine Vorstellungen unter Heranziehung des →Energiebändermodells entwickeln (Abb. 2). Den für die Photoleitung verantwortlichen Störstellen müssen zwei Arten von diskreten, lokalisierten Störtermen zugeordnet werden (→Halbleitung). Erstens gibt es mit Elektronen besetzte *Aktivatorterme S* zwischen *G*- und *L*-Band, dicht oberhalb des ersteren. Ferner liegen dicht unterhalb des *L'*-Bandes unbesetzte *Anlagerungsterme A*. Einstrahlung von Licht in die Absorptionsbande bewirkt offenbar Übergänge von Elektronen zwischen den *S*- und *A*-Termen. Es gibt nun lichtelektrische Überschußleiter und auch lichtelektrische Mangelleiter (→Überschußhalbleitung, →Mangelhalbleitung). Es kommt also sowohl lichtelektrische Elektronenleitung im *L*-Band wie auch lichtelektrische Lochleitung (→Defektelektronen) im *G*-Band vor. Genauere Vorstellungen über den Leitungsmechanismus und die Rolle der Störterme liegen noch nicht vor.

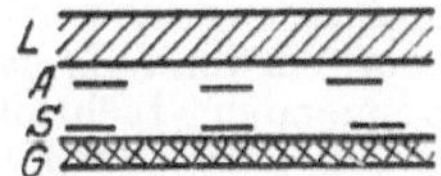

Abb. 2. Energiebandmodell eines Photohalbleiters.

Hat ein zur Untersuchung gelangender lichtelektrisch leitender Kristall eine *gemischte*, von *Elektronen* und *Ionen* herrührende →*Dunkelleitfähigkeit*, so entstehen die im lichtelektrischen Strom beobachteten Elektronen nur zum Teil im Kristall. Zu den primären, vom Licht im Kristall beweglich gemachten Elektronen kommen sekundäre, aus der Kathode herausgezogene Elektronen hinzu (→lichtelektrische Sekundärströme). Alle lichtelektrischen Ströme in Kristallen lassen sich unabhängig von Art und Größe der Dunkelleitfähigkeit berechnen. Es müssen hierzu zwei Voraussetzungen erfüllt sein: 1. ein exponentielles Verlustgesetz, 2. ein auch bei Belichtung noch homogenes Feld im Innern des Kristalles.

Gudden, B.: Lichtelektr. Erscheinungen. Berlin 1928. — *Justi, E.:* Leitfähigkeit u. Leitungsmechanismus fester Stoffe. Göttingen 1948. — *Hilsch, R.*, u. *R. W. Pohl:* Z. Phys. **108**, 85 (1938).

Lichtelektrische Meßmethoden. Photoströme lassen sich mit spitzengelagerten Strommessern herab bis zu 10^{-6} A messen. In ortsfesten Meßanordnungen mit Galvanometern aller Art sind Ströme bis 10^{-11} A meßbar. Eine verhältnismäßig trägheitsfreie Messung kleiner Photoströme gestattet die elektrometrische Methode mit dem Saitenelektrometer. Dabei wird der Spannungsabfall gemessen, den der Photostrom an einem Hochohmwiderstand hervorruft. Bei einem Widerstand von $10^{12}\,\Omega$ und einer Empfindlichkeit des Elektrometers von $5 \cdot 10^{-3}$ V Sk^{-1} sind noch Photoströme von 10^{-14} A meßbar. Sehr kleine, z. B. spektrale Photoströme kann man auch mit der Auflademethode messen. Hier wird bei Belichtung der Zelle die Elektrometerkapazität durch Photoelektronen aufgeladen. Bei der gleichen Elektrometerempfindlichkeit, einer Kapazität von 2 pF und einer Aufladezeit von 10 s sind noch Photoströme von 10^{-15} A meßbar. Die Genauigkeit kann beeinträchtigt werden durch schleichende Empfindlichkeitsänderungen des Elektrometers, bedingt durch Temperatureinflüsse u. ä. Hiervon kann man sich frei machen, wenn man das Elektrometer als Nullinstrument benutzt. Das geschieht in der Weise, daß man den am Widerstand auftretenden Spannungsabfall durch eine gleich große Gegenspannung kompensiert. In solcher Schaltung können auch gasgefüllte Zellen verwendet werden, weil hier die Spannung an der Zelle während der Messung konstant bleibt. Die Verstärkung von Photoströmen mit Röhrenverstärkern ist naheliegend. Von wenigen Fällen abgesehen, gelingt es auf diese Weise jedoch nicht, gegenüber den bereits genannten Meßmethoden höhere Empfindlichkeiten zu erzielen. Es können aber schnell anzeigende und bequem ablesbare Meßinstrumente verwendet werden. Die praktisch trägheitslos vor sich gehende Photostrombildung wird damit gut ausgenutzt.

Alle genannten Meßmethoden weisen zwei grundlegende Mängel auf: 1. Die Schwankungen der Lichtquelle gehen in die Genauigkeit der Messung ein. 2. Die möglicherweise nicht vorhandene Proportionalität zwischen Photostrom und auffallender Lichtintensität setzt ebenfalls die Genauigkeit der Messung herab. Die schädlichen Auswirkungen der Lichtquellenschwankungen lassen sich bis zu

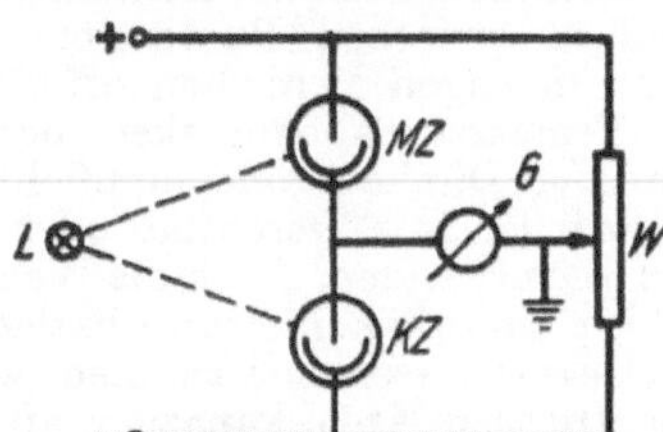

Lichtelektrische Brückenschaltung.

einem gewissen Grade herabmindern durch Anwendung von Brückenschaltungen (Abb.). Dort fällt das Licht derselben Lichtquelle auf zwei Photozellen, eine Meßzelle und eine Kompensationszelle. Das Intensitätsverhältnis beider Lichtbündel läßt man konstant und gleicht mit Hilfe der Widerstände das Brückeninstrument auf Null ab. Beim Auftreten von Lichtquellenschwankungen bleibt diese Nullstellung erhalten. Im Zustand des Ausschlages ist jedoch keine vollständige Kompensation mehr möglich. Auch die an einer Photozelle möglicherweise nicht vorhandene Proportionalität zwischen Photostrom und Lichtintensität setzt bei Zweizellenmethoden die Genauigkeit herab. Um hiervon und von den Lichtquellenschwankungen vollständig unabhängig zu werden, muß man die Zweizellenmethode zu einer Substitutionsmethode ausgestalten. Bei dieser wird die Schwächung des Lichtbündels, das auf die Meßzelle fällt, in der Weise gemessen, daß die gleiche Lichtschwächung — z. B. mittels eines Polarisationsprismenpaares — im Strahlengang zur Kompensationszelle vorgenommen wird. Das Brückeninstrument erreicht also wieder die Nullstellung, die es zu Beginn der Messung hatte. Diese Methode wird damit zu einer reinen Nullmethode. Die Messung der Lichtschwächung erfolgt nicht an der Photozelle, sondern an der Kreisteilung des Analysators. Die beiden in einer solchen Zweizellenschaltung verwendeten Photozellen brauchen keine übereinstimmende Stromspannungscharakteristik zu besitzen.

Neuerdings verdienen auch Wechsellichtmethoden Beachtung. Bei diesen fällt das Licht der gleichen Lichtquelle abwechselnd durch ein bekanntes und ein zu untersuchendes Medium auf eine Photozelle. Dies wird durch eine rotierende Scheibe bewerkstelligt, die in lichtdurchlässige und lichtreflektierende Sektoren aufgeteilt ist. Bei verschiedener absorbierender Wirkung der beiden Medien erhält die Photozelle ein Wechsellicht. Der geweckte Photowechselstrom wird zwecks bequemer Ablesung verstärkt. Er ist das Maß der vorhandenen Abweichung vom bekannten Medium. Die Anordnung ist eine Abart des lichtelektrischen →Flimmerphotometers. Zur Messung kleiner Lichtintensitäten eignet sich auch der →Photoelektronenvervielfacher. Kleinste Intensitäten, die unter dem →Störspiegel der Photozellen liegen, sind innerhalb gewisser Grenzen mit dem →Lichtzähler meßbar.

Lichtelektrische Halbleiterzellen (→Halbleiterphotowiderstand), wie Selenzellen, Thalliumzellen u. a., sind für Meßzwecke im allgemeinen mit großer Vorsicht anzuwenden, da sie eine von den Betriebsbedingungen abhängige Trägheit und stärkere Ermüdungserscheinungen zeigen als Photozellen. Die zeitliche Konstanz ist kleiner und die Proportionalität zwischen Photostrom und Belichtung nur in engen Bereichen erfüllt. Wegen der hohen Temperaturabhängigkeit der inneren Widerstände und Dunkelströme empfiehlt es sich, die Halbleiterzellen in Differential- oder Brückenschaltungen zu verwenden. Auch die Wechsellichtmethode führt zum Ziel. Photowechselstrom und Dunkelgleichstrom lassen sich trennen, wenn man den lichtelektrischen Kreis kapazitiv an die erste Röhre des Verstärkers anschließt.

Lichtelektrische Nachwirkung. Von richtig konstruierten →lichtelektrischen Zellen verlangt man Freiheit von Nachwirkungen, wie sie von →Wandladungen, die zu Feldverzerrungen zwischen Anode und Kathode führen, verursacht werden.

Lichtelektrischer Oberflächeneffekt →Quantenausbeute.

Lichtelektrischer Primärstrom, nach *Gudden* und *Pohl* bei der →lichtelektrischen Leitung die Fortbewegung primär lichtelektrisch abgespalteter Elektronen und ihr Ersatz. Die primär abgespaltenen Elektronen bilden den negativen Anteil, der Ersatz den positiven Anteil des Primärstromes. Man spricht auch kurz vom negativen und positiven Primärstrom.

Lichtelektrisches Proportionalitätsgesetz, die von *Hallwachs* in großen Zügen erkannte und dann von *Lenard* sowie von *Elster* und *Geitel* systematisch untersuchte Abhängigkeit des Photostromes in einer Photozelle von der einfallenden Lichtintensität. Hiernach ist an einer Vakuumzelle der Photostrom der eingestrahlten Lichtintensität streng proportional. Diese Eigenschaft macht die Photozelle zu einem idealen →Photometer. Wenn man an einer Zelle diese strenge Proportionalität nicht vorfindet, so sind hierfür Einflüsse sekundärer Art verantwortlich. Als solche kommen in Frage: 1. →lichtelektrische Ermüdung, 2. Überlastung der Photokathode, 3. mangelnde →lichtelektrische Sättigung, 4. Wandladungen. Zu 2.: Die Belichtung zusammengesetzter →Photokathoden sollte nicht so weit getrieben werden, daß Stromdichten von mehr als 10^{-6} A cm^{-2} entstehen. Bei starker Überschreitung dieser empirischen Grenze läßt sich kaum Proportionalität erwarten. Für rein metallische Kathoden besteht diese Grenze nicht. Zu 3.: Die Gewißheit, im Sättigungsgebiet, d. h. ohne Raumladungsstörungen, zu arbeiten, hat man nur, wenn man vor Verwendung der Zelle bei der höchsten vorkommenden Lichtintensität deren →Charakteristik aufnimmt. Zu 4.: Am störungsfreiesten arbeiten Photozellen mit zentraler Kathode und einer diese vollständig umhüllenden Anode mit kleinem Lichteintrittsfenster. Bei Verwendung von gasgefüllten Zellen nähert man sich höchstens auf 70% der Glimmspannung.

Beim inneren →lichtelektrischen Effekt an isolierenden Kristallen besteht strenge Proportionalität zwischen →lichtelektrischem Primärstrom und absorbierter Lichtenergie. An den älteren →Selenzellen und sonstigen Halbleiterzellen besteht keine Proportionalität zwischen Strom und eingestrahlter Lichtintensität, da an diesen der Primärstrom mit verwickelten Sekundärprozessen (→lichtelektrische Sekundärströme) untrennbar verknüpft ist.

Gudden, B., u. *R. W. Pohl:* Z. Phys. **16**, 170 (1923). — *Kortüm, G.:* Kolorimetrie u. Spektralphotometrie. Berlin 1942.

Lichtelektrische Quantenausbeute →Quantenausbeute 2.

Lichtelektrischer Sättigungsstrom. Nimmt man an einer Vakuumphotozelle die Stromspannungscharakteristik bei konstanter Belichtung auf, so steigt der Photostrom mit steigender Spannung an und erreicht je nach der Elektrodenkonfiguration früher oder später einen Höchstwert, den Sättigungswert, der mit weiter zunehmender Spannung beibehalten wird. Im Sättigungsgebiet gelangen alle in der Zeiteinheit ausgelösten lichtelektrischen Elektronen zur Anode. Bei einer exakt ausgeführten Messung zeigt sich allerdings, daß die Charakteristik nicht streng parallel zur Spannungsachse verläuft, sondern einen ganz geringen Anstieg zeigt (Schottky-Effekt). Der lichtelektrischen Emission überlagert sich eine →Feldemission. In der Sprache der Elektronentheorie der Metalle sagt man: Der „Rand" des zum jeweiligen Kathodenmetall zugeordneten „Elektronennapfes" (→Potentialtopf) wird durch das steigende äußere Feld mehr und mehr herabgebogen, so daß der Elektronenaustritt entsprechend erleichtert wird. An zusammengesetzten →Photokathoden ist der Schottky-Effekt deutlicher wahrnehmbar als an rein metallischen.

Bei der →lichtelektrischen Leitung ist der experimentelle Nachweis von Sättigungsströmen schwieriger. So sind bei Steinsalz Spaltstücke von wenigstens $^1/_{10}$ mm Dicke und hohe Feldstärken erforderlich, um die Sättigung am lichtelektrischen Primärstrom zu erhalten. Die lichtelektrischen Elektronen sind bei diesen Schichtdicken imstande, den ganzen Kristall zu durchwandern. Die Göttinger Schule hat gezeigt, daß man neben Steinsalz an einer ganzen Reihe von lichtelektrischen Leitern, den →idiochromatischen Kristallen, die Existenz von gesättigten Primärströmen nachweisen kann. Bei einigen Kristallen, wie KCl oder AgCl, muß man, damit diese gut isolieren, hierzu in das Gebiet der tiefen Temperaturen gehen. Lichtelektrische Ströme können auch bei Anwesenheit sekundärer Elektronen gesättigt werden, sofern am Dunkelstrom (→Vorstrom) Ionen beteiligt sind.

An den technischen Selenzellen und sonstigen lichtelektrischen Halbleiterzellen können infolge von verwickelten Sekundärvorgängen überhaupt keine primären lichtelektrischen Sättigungsströme gemessen werden.

Pohl, R. W.: Z. Phys. **39**, 36 (1938).

Lichtelektrische Sekundärströme nennen *Gudden* und *Pohl* alle Ströme, die bei der →lichtelektrischen Leitung nicht in der Wanderung lichtelektrisch abgespaltener Elektronen und ihrem Ersatz (negativer und positiver Anteil des →lichtelektrischen Primärstromes) bestehen, sondern nur ihre Folgeerscheinungen sind. Während der Primärstrom trägheitslos mit einem ganz bestimmten →Einsatzwert beginnt, entsteht der Sekundärstrom erst während der Belichtung. Wenn diese unterbrochen wird, so fließt der Sekundärstrom weiter und nimmt erst allmählich ab. Die Sekundärströme überwiegen oftmals bei weitem die Primärströme. Sie bestimmen z. B. vollständig das Verhalten der technischen Selen- und Thallofidzellen und verdecken dabei die einfachen Gesetzmäßigkeiten der lichtelektrischen Wirkung. Lichtelektrische Sekundärströme treten nur in Kristallen mit einem elektronischen Anteil der →Dunkelleitfähigkeit auf. Die Größe des Sekundärstromes kann berechnet werden. Er ist ein wohldefinierbares Vielfaches des Primärstromes, und man kann für ihn einen Sättigungswert erreichen. In den Alkalihalogenidkristallen fehlt der lichtelektrische Sekundärstrom.

Hilsch, R., u. *R. W. Pohl:* Z. Phys. **108**, 55 (1938).

Lichtelektrische Sensibilisierung, jede Maßnahme, die geeignet ist, die lichtelektrische →Quantenausbeute der Metalle, insbesondere der Alkalimetalle, zu steigern. Erfahrungsgemäß ist z. B. Kalium sensibilisiert, wenn es nicht als reines Massivmetall für Photokathoden verwendet wird, sondern in feiner, am besten atomarer Verteilung auf einer →Zwischenschicht. Die älteste Methode der Sensibilisierung ist die leuchtende Glimmentladung in Wasserstoff mit der massiven Alkalimetallschicht als Kathode. Es entsteht dann im Falle des Kaliums eine hydrierte verfärbte Photokathode mit der Oberflächenstruktur K—KH—K, deren Quantenausbeute gegenüber der ursprünglich massiven Kaliumkathode um 1 bis 2 Zehnerpotenzen erhöht ist. Das Kalium ist dort in atomarer Verteilung auf dem Kaliumhydrid als Zwischenschicht adsorbiert. Die Alkalimetalle werden neuerdings so sensibilisiert, daß man sie in feinster Verteilung auf ihren Oxyden zur Adsorption bringt. Es entstehen dann die zusammengesetzten →Photokathoden.

Lichtelektrische Steuerung. Überall, wo lichtelektrische Zellen als *Steuerorgane* Verwendung finden, handelt es sich darum, Lichtänderungen zu erfassen und in elektrische Vorgänge umzuwandeln. Die Art und Größe der Lichtänderung und die verlangte Form der Weitergabe des Lichtvorganges bilden die Grundlage für die Auswahl der Zellentype. Je nach der Art der Lichtänderung lassen sich folgende Vorgänge unterscheiden: 1. *Langsame, stetige Änderung* des einwirkenden Lichtes. Hier sollen bei Über- bzw. Unterschreitung eines vorgeschriebenen Schwellenwertes der Helligkeit Schalthandlungen vorgenommen werden. Es entstehen dann lichtelektrisch gesteuerte *Schwellenwertschalter.* An die Photozellen sind dabei folgende Forderungen zu stellen: Die Strom-Spannungs-Charakteristik darf keine zeitliche Schwankung zeigen, und der Photostrom muß sich leicht verstärken lassen. 2. *Unstetige Änderung* des Lichtvorganges. Hier schwankt der Lichtstrom zwischen zwei festen Werten Φ_a und Φ_b. Dem Lichtstrom Φ_a soll der Schaltzustand *a* und dem Lichtstrom Φ_b der Schaltzustand *b* möglichst trägheitslos folgen. Anordnungen dieser Art nennt man *Lichtrelais.* Die Photozelle muß hierbei trägheitslos arbeiten, und der Photostrom muß leicht verstärkt werden können. 3. *Beliebige* Form der Lichteinwirkung. Hier erfolgt die Messung bzw. Aufzeichnung der Lichtstärke im gesamten Bereich der Helligkeitsänderungen, wie es z. B. bei allen lichtelektrischen Photometern der Fall ist (→Mikrophotometer). Zur Messung werden empfindliche Instrumente mit geringem Leistungsbedarf verwendet. Die Forderung nach einfacher Verstärkung des Photostromes braucht nur in besonderen Fällen erfüllt zu werden. Wesentlich sind hier eine hohe zeitliche Konstanthaltung der Strom-Spannungs-Charakteristik und eine exakte Proportionalität zwischen Photostrom und Belichtung.

Geffcken-Richter-Winkelmann: Die lichtempfindl. Zelle als techn. Steuerorgan. Berlin 1933.

Lichtelektrische Verstärkung. 1. *Äußere lichtelektrische Verstärkung* ist in vielen Fällen unumgänglich zwecks bequemerer Messung oder Weitergabe an andere Geräte. Bei Gleichstromverstärkung verwendet man die Raumladungsgitter-Verstärkerröhre, die mit einer kleinen Anodenspannung betrieben werden kann. Da man an solchen Röhren das Steuergitter gegen Anode und Kathode hoch isolieren kann, sind sie als Elektrometer (→ Röhrenvoltmeter) brauchbar. Es sind Verstärkungsfaktoren von 10^7 zu erzielen. Wenn man im Anodenkreis ein Galvanometer mit einer Empfindlichkeit von 10^{-8} A Sk^{-1} verwendet, so sind noch Photoströme von 10^{-15} A meßbar. Vor Ausführung solcher Messungen wird der Anodenruhestrom mit Hilfe einer Gegenspannung auf Null kompensiert. Die gezeigte Schaltung läßt sich abwandeln zu einer solchen mit „schwebendem" Gitter. Hier werden unter zusätzlicher Anwendung verschiedener Kunstgriffe noch Photoströme von $5 \cdot 10^{-18}$ A — das sind 30 Elektronen/s — meßbar. Bei Gleichstromverstärkung begnügt man sich, um nicht allzu große Störungen in Kauf nehmen zu müssen, mit *einer* Stufe. Wenn hohe Verstärkungen erforderlich werden, so zieht man die Wechselstromverstärkung vor. Der Photowechselstrom wird durch einen vor der Photozelle rotierenden Sektor erregt. Die Verstärkung lichtelektrischer Ströme an lichtelektrischen Halbleiterzellen erfolgt in analoger Weise mit der Wechsellicht-Methode. Hierbei wird gleichzeitig der meist schwankende Dunkelstrom (→Vorstrom) vom Photostrom getrennt (→lichtelektrische Meßmethoden).

2. *Innere lichtelektrische Verstärkung.* Bei der Verwendung *gasgefüllter* lichtelektrischer Zellen (Argon, Helium) findet in diesen eine *innere* Verstärkung des lichtelektrischen Emissionsstromes — im Gegensatz zur *äußeren* Verstärkung durch Verstärkerröhren — statt. Die Photoelektronen bilden auf ihrem Flug von der Kathode zur Anode durch Stoßionisation neue Ladungsträger. Gemäß der →Stoletow-Kurve nimmt der so verstärkte Photostrom bei konstanter Zellenspannung mit steigendem Gasdruck zu, geht über ein Maximum und nimmt dann wieder ab. Man arbeitet bei gasgefüllten Zellen in der Regel in der Nähe des Stoletow-Maximums. Der Gasfüllung entsprechend unterscheiden sich Vakuumzellen und gasgefüllte Zellen grundsätzlich im Verlauf ihrer Strom-Spannungs-Kennlinien. Die innere Verstärkung des Photostromes wirkt sich besonders günstig bei Belichtungen mit kleinen Intensitäten aus. Mit steigenden Intensitäten hingegen treten die erreichbaren Gewinne an innerer Verstärkung mehr und mehr zurück, weil die Zündung der selbständigen Glimmentladung dann bei immer niedrigeren Spannungen einsetzt. Bei kleinen Intensitäten sind innere Verstärkungen um den Faktor 10 bis 100 erzielbar. Dabei muß eine Zunahme des →Photozellenrauschens in Kauf genommen werden. Man kann den Photostrom in Vakuumzellen auch noch durch Sekundärelektronen, die an zusätzlichen Elektroden gebildet werden, verstärken. Es entstehen dann die →Photoelektronen-Vervielfacher. Auch bei der →lichtelektrischen Leitung spricht man in bestimmten Fällen von einer inneren Verstärkung der lichtelektrischen Sättigungsströme. Die Verstärkungsfaktoren können berechnet werden.

Dubridge, L. R.: Phys. Rev. **37**, 396 (1931). — *Geffcken-Richter-Winkelmann:* Die lichtempfindl. Zelle als techn. Steuerorgan. Berlin 1933. — *Pohl, R. W.*, u. *F. Stöckmann:* Ann. d. Phys. **6**, 275 (1947).

Lichtelektrischer Volumeffekt →Quantenausbeute 2.

Lichtelektrische Wechsellichtmehode →lichtelektrische Meßmethoden.

Lichtelektrischer Widerstand, das Verhältnis der jeweiligen Spannung zum zugehörigen Photostrom an →Photozellen und →Halbleiterzellen, hängt von der Belichtung ab. Seine Kenntnis ist notwendig zur richtigen Anpassung lichtelektrischer Kreise an Verstärker.

Lichtelektrische Wirkung →lichtelektrischer Effekt.

Lichtelektrische Zelle (Photozelle), eine auf dem äußeren →lichtelektrischen Effekt beruhende Anordnung zur Umwandlung von Lichtenergie in Bewegungsenergie freier Elektronen. Die im Laboratorium gebrauchten Photozellen entsprechen im ganzen auch heute noch der von *Elster* und *Geitel* im Jahre 1910 eingeführten Form. In einem evakuierten Glasgefäß stehen sich eine — meist zusammengesetzte — →Photokathode und eine Anode gegenüber (Abb. 1). Wenn man an diese eine Spannung mit dem negativen Pol an der Kathode legt, so zeigt ein Galvanometer bei Belichtung der Kathode einen Strom. Die Stärke dieses *Photostromes* ist der eingestrahlten Lichtintensität proportional. Die Formen und die gegenseitige Anordnung von Anode und Kathode sind maßgebend für die Strom-Spannungs-Charakteristik der Photozellen. Man unterscheidet solche mit zentraler Anode und solche mit zentraler Kathode. Bei der ersteren wird die Kathode von der gesamten Innenwand der Zelle gebildet, so daß diese bei klein gewählten Lichteintrittsfenstern als schwarzer Körper wirkt. Die Sättigungsspannung (→lichtelektrische Sättigungsströme) liegt verhältnismäßig hoch. Photozellen mit zentraler Kathode

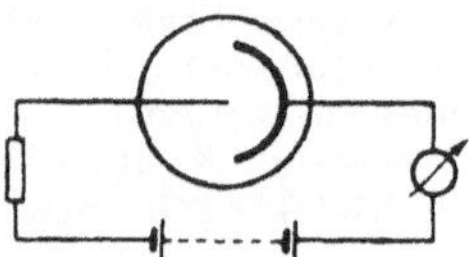

Abb. 1. Technische Photozelle. Grundschaltung mit Schaltungssymbol.

sind wesentlich seltener. Sie kommen mehr für die Untersuchung von Sonderfragen, wie Messung von →Geschwindigkeitsverteilungen, Höchstgeschwindigkeiten lichtelektrischer Elektronen, Kontaktpotentialdifferenzen u. ä., in Frage. Hier ist die Photokathode in Form einer kleinen Kugel oder

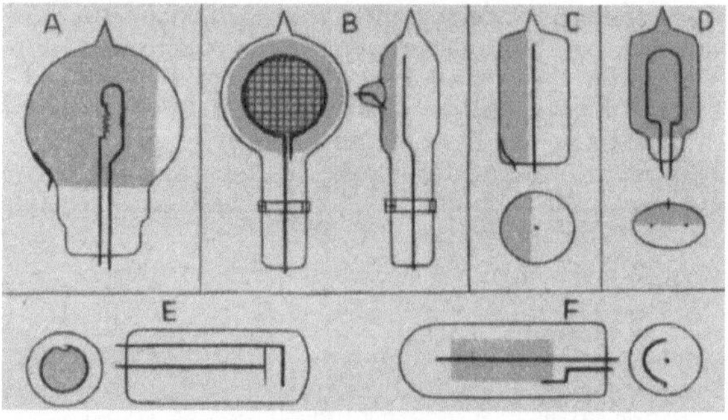

Abb. 2. Verschiedene Formen von Photozellen.

Platte in der Mitte der Zelle angeordnet. Die Sättigungsspannung ist bei dieser Feldform nahezu Null.

Für die Zwecke der technischen →Photometrie, der →lichtelektrischen Steuerung, des Tonfilms und Fernsehens werden jeweils hierfür besonders entwickelte Bauformen benutzt (Abb. 2). Sie sind fast durchweg mit zusammengesetzten →Photokathoden des Cäsiums versehen. Weiterhin müssen sie folgende physikalische Eigenschaften besitzen: 1. Hohe Stromempfindlichkeit. 2. Hohe zeitliche Konstanz der Strom-Spannungs-Charakteristik. 3. Proportionalität zwischen Photostrom und einfallender Lichtintensität. 4. Kleiner Dunkelstrom. Bei Tonfilmzellen kommt noch die Forderung nach weitgehender Rauschfreiheit (→Photozellenrauschen) hinzu.

Im oberflächlichen Sprachgebrauch werden auch →lichtelektrische Halbleiterzellen und Photoelemente als „Photozellen" bezeichnet. Im Interesse der Klarheit und Eindeutigkeit sollte man unter der Photozelle lediglich das oben erläuterte und später weiterentwickelte Gefäß von *Elster* und *Geitel* verstehen.

Handb. d. Experimentalphysik XIV. Leipzig 1927. — Handb. d. Physik XIII. Berlin 1928. — *Fleischer, R.*, u. *H. Teichmann:* Die lichtelektr. Zelle. Dresden u. Leipzig 1932.

Lichtelektrische Zentren, auch *Emissionszentren.* Beim äußeren Photoeffekt sind es die vom massiven Metallverband losgelösten Atome, die auf der unmittelbaren Oberfläche einer Photokathode adsorbiert sind. Die Unterlage ist meist ein Isolator oder ein Halbleiter (zusammengesetzte →Photokathoden). Bei der Absorption eines ausreichend hohen $h\nu$-Betrages durch das adsorbierte Atom wird ein Elektron abgetrennt. Man sagt auch: es findet eine →Photoionisation statt. Durch Feldkräfte holt sich das positive Ion ein Ersatzelektron aus der Unterlage und wird wieder zum neutralen Atom.

Bei der →lichtelektrischen Leitung sind die lichtelektrischen Zentren irgendwelche gegenüber dem regulären Kristallgitter ausgezeichnete Stellen. So sind z. B. in den verfärbten Alkalihalogenidkristallen die →Farbzentren als lichtelektrische Zentren wirksam.

Lichtenberg-Figuren →Gleitentladung.

Lichtfilter →Farbfilter.

Lichtgeschwindigkeit. Zu unterscheiden sind:

1. Die →*Vakuumlichtgeschwindigkeit* c_0, im allgemeinen gemeint, wenn man von der Lichtgeschwindigkeit schlechthin spricht. Sie ist eine universelle Konstante, die eine weit über die Lichtfortpflanzung hinausgehende allgemeine Bedeutung hat (→Relativitätstheorie). In diesem Sinne wird sie gelegentlich auch als *kritische Geschwindigkeit* bezeichnet, da sie die größte Geschwindigkeit ist, mit der sich Energie, also auch ein Signal, bewegen kann (*Signalgeschwindigkeit*), und für materielle Körper nur asymptotisch erreichbar ist. Sie kann nicht nur unmittelbar, sondern auch auf elektrischem Wege, nämlich durch Bestimmung des Verhältnisses elektrischer Größen — z. B. der Kapazität eines Kondensators in elektrostatischen und in elektromagnetischen Einheiten — gemessen werden.

2. Die →*Phasengeschwindigkeit* des Lichtes, die Geschwindigkeit, mit der sich die *Phase* einer Lichtwelle in einem Medium ausbreitet. Sie beträgt

$$c = \frac{c_0}{n}$$

(n Brechungszahl des Mediums), ist also im Vakuum mit der Vakuumlichtgeschwindigkeit identisch, sonst kleiner ($n > 1$) und nur im Fall der anomalen →Dispersion ($n < 1$) größer als diese.

3. Die →*Gruppengeschwindigkeit* des Lichtes, die Fortpflanzungsgeschwindigkeit der *Lichtenergie* in einem *Stoff*. Sie ist nur dann mit der Phasengeschwindigkeit identisch, wenn $dn/d\lambda = 0$ ist, also nur für bestimmte, aus der Ketteler-Helmholtzschen Gleichung (→Dispersionsformel) berechenbare Wellenlängen, und natürlich (wegen des Fehlens einer →Dispersion) auch im Vakuum, wo alle drei Geschwindigkeiten identisch sind.

Je nach der angewandten Methode ergibt sich bei *Lichtgeschwindigkeitsmessungen* unmittelbar die Vakuumlichtgeschwindigkeit oder die Phasengeschwindigkeit (in Luft oder anderen Stoffen).

I. Optische Methoden.

1. *Methode von Olaf Römer* (1676). Gemessen wurde die Zeitdifferenz aufeinanderfolgender Austritte eines Jupitermondes aus dem Jupiterschatten, und zwar, wenn die Erde auf ihrer Bahn um die Sonne einmal dem Jupiter am nächsten, zum anderen am entferntesten stand. Im letzteren Fall erschien das Signal gegenüber dem Uhrzeiger später, als man es nach der bekannten Dauer des Mondumlaufes erwarten mußte, weil diesmal der bekannte Erdbahndurchmesser dazwischenlag. Es ergibt sich die Vakuumlichtgeschwindigkeit.

2. *Methode von Bradley* (1728). Aus der →Aberration der Fixsterne läßt sich die Vakuumlichtgeschwindigkeit c_0 ableiten, wenn man die Winkelgröße α der Aberration mißt und die bekannte Umlaufgeschwindigkeit der Erde auf ihrem Lauf um die Sonne einsetzt: $c_0 = v/\mathrm{tg}\,\alpha$, wo v die Komponente der Erdgeschwindigkeit senkrecht zum Radiusvektor ist. *Bradley* selbst konnte den Winkel α nur verhältnismäßig ungenau messen, neuere Messungen dürften als wahrscheinlichsten Wert $20''.511$ ergeben. Die mittlere lineare Erdgeschwindigkeit berechnet sich aus der Zeit T eines siderischen Jahres in s und dem mittleren Radius R der Erdbahn, der selbst wieder aus dem Äquatorialradius r der Erde und der Sonnenparallaxe ε bestimmt wird. Dann wird die Lichtgeschwindigkeit

$$c_0 = \frac{2\pi r \sec\varphi}{T\varepsilon\alpha},$$

wo φ der Exzentrizitätswinkel der Erdbahn ist und ε sowie α in Bogenmaß einzusetzen sind.

In astronomischen Rechnungen wird die Lichtgeschwindigkeit meist mit $c_0 = 299\,774$ km s^{-1} eingesetzt. Mit diesem Wert passen $\varepsilon = 8''.79$ (aus der Erosopposition 1931) und $\alpha = 20''.507$ (in Bogenmaß $\varepsilon = 4{,}2615 \cdot 10^{-5}$; $\alpha = 9{,}9421 \cdot 10^{-5}$) zusammen. Sehr genau bekannt ist das Produkt aus Lichtgeschwindigkeit [km s^{-1}], Aberrationskonstante [Winkelsekunden] und Sonnenparallaxe [Winkelsekunden], dessen Betrag $5{,}4036914 \cdot 10^7$ sein muß. Die international festgelegten Werte $\alpha = 8''.80$ und $\varepsilon = 20''.47$ sind wahrscheinlich überholt. →Parallaxen.

3. *Methode von A. Fizeau* (1849). Das Licht einer Lampe L (Abb. 1) wird durch einen periodisch arbeitenden Verschluß V (*Fizeau* benutzte ein rotierendes Zahnrad) in einzelne Signale zerhackt. Diese laufen zu einem fernen Spiegel S und treffen auf dem Rückweg wieder den Verschluß. Wird die Periode so abgestimmt, daß die Signale auf dem Rückweg den Verschluß wieder offen vorfinden, so ist die Lichtgeschwindigkeit aus der Periode und der Entfernung zwischen Spiegel und Verschluß berechenbar.

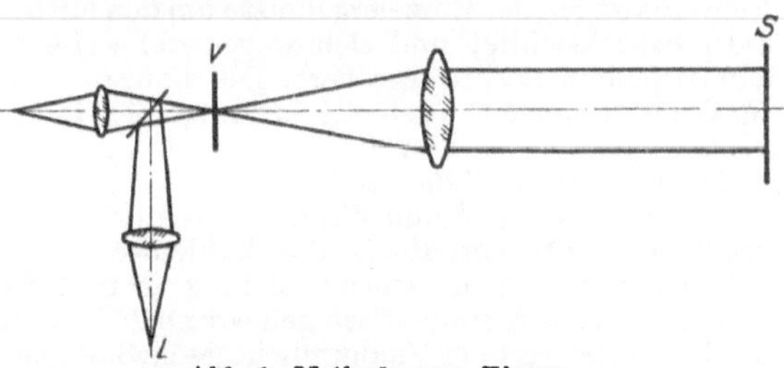

Abb. 1. Methode von *Fizeau*.

Das Prinzip der Fizeau-Methode ist neuerdings von *Bergstrand* mit neuzeitlichen Mitteln (Kerr-

und Photozelle) wiederaufgenommen worden mit dem Ergebnis $c_0 = (299\,793{,}1 \pm 0{,}25)$ km s^{-1} (1950; Fehlerangabe berücksichtigt nur zufällige Fehler).

4. *Methode von Foucault* (1850), zu höchster Präzision gebracht durch *Michelson* (seit 1878). Diese Methode gestattet die Messung der Lichtgeschwindigkeit im Laboratorium. Ein Lichtspalt S (Abb. 2) wird durch →Autokollimation in

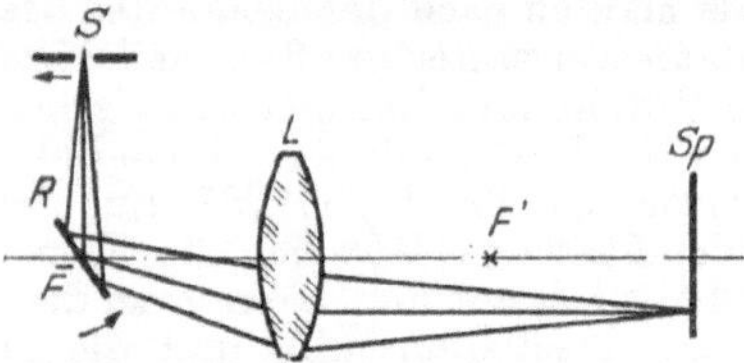

Abb. 2. Methode von *Foucault*.

sich zurück abgebildet. Wird nun zwischen Spalt und Autokollimationsspiegel Sp ein →rotierender Spiegel R geschaltet, so ist der letztere bei genügend schneller Umdrehung um einen kleinen Winkel α weitergedreht, wenn das Lichtsignal zurückkehrt. Infolgedessen ist das Spaltbild um eine kleine Strecke gegenüber dem Spalt versetzt. Aus der Versetzung und aus der Entfernung zwischen Spaltbild und rotierendem Spiegel läßt sich der Winkel α berechnen, aus der bekannten Rotationsgeschwindigkeit des Spiegels ferner die Zeit τ zwischen den Zeitpunkten, in denen der Spiegel vom hin- und zurückgehenden Licht getroffen wird; das ist die Zeit, während der das Licht den Weg zwischen dem rotierenden Spiegel und dem Autokollimationsspiegel zweimal zurücklegt. Der Quotient aus diesem doppelten Abstand und der Zeit τ ergibt dann die Lichtgeschwindigkeit. Um den Ablenkungswinkel am rotierenden Spiegel zu vergrößern, verwendete *Foucault* vielfache Spiegelungen zwischen dem Kollimatorspiegel und einem zweiten Hilfsspiegel. Durch sinnreiche Verbesserungen der optischen Einrichtung und Vergrößerung der Meßstrecke vermochte *Michelson* die Methode fortgesetzt zu verbessern; Mitarbeiter von *Michelson* steigerten die Genauigkeit weiter so erheblich, daß sich als Vakuumlichtgeschwindigkeit $c_0 = (299\,774 \pm 4)$ km s^{-1} ergab, wobei aber der mittlere Fehler nur die Schwankungen der Einzelergebnisse um den Mittelwert berücksichtigt und sich wegen der weiteren Fehlerquellen noch vergrößert. Die Foucaultsche Methode gestattet auch die Messung der Lichtgeschwindigkeit in Stoffen.

II. Elektrische Methoden.

1. Wie *Kohlrausch* und *Weber* (1857) entdeckten, ergibt sich als Verhältnis der Zahlenwerte der „elektrostatisch gemessenen" Ladung Q' und der gleichen, „elektromagnetisch gemessenen" Ladung Q'' der Zahlenwert der Vakuumlichtgeschwindigkeit c_0, gemessen in cm s^{-1}. c_0 geht in alle Verknüpfungsrelationen zwischen „elektrostatisch" und „elektromagnetisch" definierten elektrischen Größen (→Größen, elektrische und magnetische, Absch. II, 1 und Anhang III, Tabelle 5) ein, beispielsweise: $Q'/Q'' = E''/E' = \sqrt{C'/C''} = c_0$ (E elektrische Feldstärke, C Kapazität). Die besten Ergebnisse liefern Messungen des Verhältnisses C'/C'', wobei die Größe C' aus den Abmessungen eines Kondensators berechnet und die Größe C'' für den gleichen Kondensator aus der gemessenen Kapazität $C = 4\pi C''/\mu_0$ des Kondensators ermittelt wird (*J. J. Thomson, Klemencic, Himstedt, Abraham, Rosa* und *Dorsey*). Die weitaus zuverlässigste Bestimmung ist diejenige von *Rosa* und *Dorsey* (1907). Sie ergab

$$c_0 = (299\,783 \pm 30)\ \text{km s}^{-1},$$

stimmt also innerhalb der Versuchsfehler ausgezeichnet mit den besten optischen Messungen überein.

2. Aus der Ausbreitung von Radiowellen ermittelte *Aslakson* (1951) den Wert

$$c_0 = (299\,794{,}2 \pm 1{,}9)\ \text{km s}^{-1}.$$

3. Aus der Resonanzfrequenz und den geometrischen Abmessungen eines Hohlraumresonators berechneten *Essen* (1950) den Wert

$$c_0 = (299\,792{,}5 \pm 3)\ \text{km s}^{-1},$$

Hansen und *Bol* (1950) den Wert

$$c_0 = (299\,789{,}3 \pm 0{,}8)\ \text{km s}^{-1}.$$

Diese Werte liegen etwas höher als der aus den früheren Messungen berechnete Bestwert. Als heutiger Bestwert der →Vakuumlichtgeschwindigkeit kann gelten

$$c_0 = (299\,790 \pm 6)\ \text{km s}^{-1}.$$

Ferner →Lichtgeschwindigkeit im *Nachtrag*.

Handb. d. Physik XIX. Berlin 1928. — *Müller-Pouillet:* Lehrb. d. Physik II/1. Braunschweig 1928. — *Stille, U.:* Phys. Bl. 7, 260 (1951).

Lichthof. 1. Wird ein begrenztes Flächenstück einer gewöhnlichen *photographischen Platte* belichtet, so ist — vor allem bei intensiver Belichtung — nach der Entwicklung nicht nur dieses Flächenstück geschwärzt, sondern auch die dem Flächenstück angrenzenden Teile der Platte, obwohl sie kein direktes Licht erhalten haben. Es ist ein *Lichthof* entstanden. Das Zustandekommen dieser störenden Erscheinung erläutert die Abbildung. Der in der Schicht nicht absorbierte Anteil der auffallenden Strahlung J wird an den

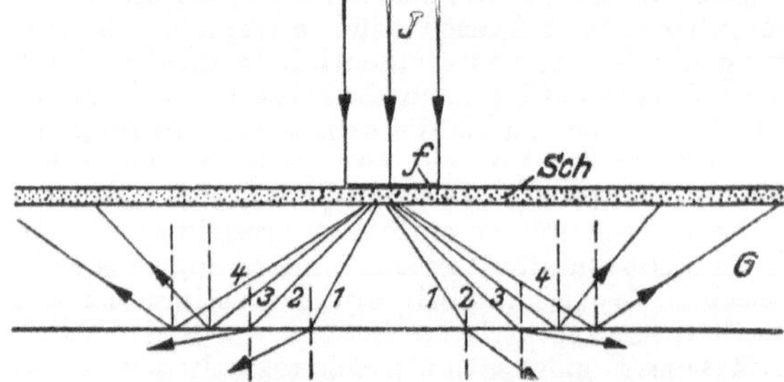

Entstehung eines Lichthofes.
Sch lichtempfindliche Schicht, *G* Glasunterlage, *f* belichtetes Flächenstück, *J* einfallende Lichtintensität.

Partikeln der Schicht gebeugt und gestreut, so daß nach dem Durchgang durch die Schicht Lichtbündel in allen möglichen Richtungen 1, 2, 3, 4, ... in die Glasunterlage G eindringen. An der gegen die Luft angrenzenden Unterseite von G werden alle Lichtbündel, welche unter größeren Winkeln als der Grenzwinkel der Totalreflexion auftreffen, in die Schicht zurückreflektiert und rufen jetzt Schwärzungen an Orten hervor, welche vom einfallenden Licht J nicht getroffen werden. Man verhindert die Lichthofbildung dadurch, daß zwischen Schicht Sch und Glasunterlage G eine lichtabsorbierende Braunsteinschicht eingefügt wird.

2. Lichterscheinung in der *Atmosphäre* →Kränze.

Lichtjahr, abgek. Lj, astronomische Längeneinheit, definiert als der Weg, den das Licht im Vakuum während eines astronomischen Jahres (→Zeitmaße) a_{astr} zurücklegt: 1 Lj $= c_0\, a_{astr} = (9{,}460\bar{5} \pm 0{,}0003) \cdot 10^{12}$ km (c_0 die →Vakuumlichtgeschwindigkeit).

Lichtkegel. Die Gleichung $r^2 - c^2 t^2 = 0$ (r Abstand vom Nullpunkt des Koordinatensystems) gibt dreidimensional eine mit der Vakuumlichtgeschwindigkeit c expandierende Kugel. In vierdimensionaler Darstellung in der Raum-Zeit-

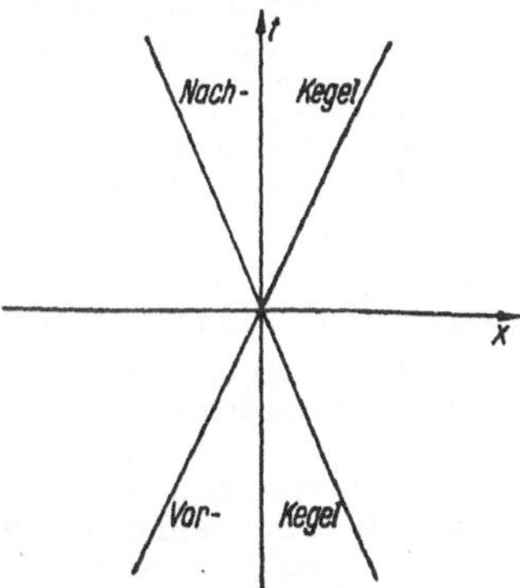

Vor- und Nachkegel.

Mannigfaltigkeit entspricht dies einem kegelförmigen dreidimensionalen Raum mit Rotationssymmetrie um die t-Achse. Nach *Minkowski* nennt man ihn den Lichtkegel. Das Innere dieses Kegels heißt *Vorkegel* oder *Nachkegel*, je nachdem, ob $t < 0$ oder $t > 0$ (Abb.).

Lichtleitwert (*optischer Fluß*) →Lichttechnik, optische.

Lichtlinien, die →Weltlinien der Lichtstrahlen in der vierdimensionalen Raum-Zeit-Welt. Sie sind allgemein geodätische →Nullinien.

Lichtmarkengalvanometer →Drehpulsgeräte.

Lichtmenge, das Produkt aus Lichtstrom und Zeit, während der der Lichtstrom ausgestrahlt wird. Sie hat also die Dimension einer Energie. Symbol Q, Einheit Lumenstunde (lmh).

Lichtmengengesetz →Bunsen-Roscoesches Gesetz.

Lichtmessung = →Photometrie.

Lichtmodulation mit Kerr-Zelle →Doppelbrechung, elektrische.

Lichtmodulation durch Ultraschall. In einer von stehenden oder fortschreitenden Ultraschallwellen durchsetzten Flüssigkeitsschicht treten Dichteschwankungen mit der Periode der Ultraschallfrequenz auf, die sich zur hochfrequenten Modulation von Licht ausnutzen lassen. Bringt man z. B. die Flüssigkeit in eine Apparatur zur Sichtbarmachung von Dichteunterschieden (→Schlierenmethode), dann erhält man ein Schlierenbild der Schicht, das mit der Ultraschallfrequenz helligkeitsmoduliert ist. Auch die beim Debye-Sears-Effekt (→Lichtbeugung an Ultraschallwellen) auftretenden verschiedenen Beugungsordnungen sind mit der Ultraschallfrequenz moduliert. Die Lichtmodulation durch Ultraschallwellen ist in den Fällen angebracht, in denen nur eine einzige, hohe Modulationsfrequenz benötigt wird (z. B. bei den zur Fluorometrie verwendeten Ultraschall-Stroboskopen und zu Fernsehzwecken) oder in denen die sonst übliche Kerr-Zelle versagt, z. B. bei der Modulation von ultraviolettem Licht.

Bergmann, L.: Der Ultraschall. Stuttgart 1949.

Lichtmühle →Radiometer.

Lichtquanten. Die Quantentheorie des Lichtes (→Diracsche Strahlungstheorie, →Quantenelektrodynamik) ergibt für das elektromagnetische Feld den →*Dualismus* verschiedener Observabler. So sind die elektromagnetischen Feldstärken nicht gleichzeitig mit der Energie des Feldes meßbar. Energie und Impuls des Feldes (wie auch die Änderung von Energie und Impuls bei Wechselwirkung des Feldes mit atomaren Systemen) lassen sich deuten als Summe von *Lichtquanten* (Photonen) der Energie $h\nu$ und des Impulses $h\nu/c$. Ist die Zahl der Lichtquanten gemessen worden, so ist der Erwartungswert für die Feldstärken bei einer folgenden Messung Null. Sind die Feldstärken gemessen worden, so ist die Zahl der Lichtquanten unbestimmt.

Als einfachstes Beispiel kann der →lichtelektrische Effekt dienen, wo Lichtquanten der Energie $h\nu$ aus einem Metall Elektronen der Energie $E = h\nu - A$ herausschlagen, wobei A die Arbeit ist, um ein Elektron aus dem Metall zu entfernen. Der →Compton-Effekt kann als weiteres lehrreiches Beispiel dienen. Die →Bohrsche Frequenzbedingung ist ebenfalls nur ein Ausdruck für den Energiesatz, wenn man dem Lichtquant die Energie $h\nu$ zukommen läßt. Die Aufklärung des Dualismus Welle-Korpuskel beim Licht kann erst die →Quantenelektrodynamik bringen. →Photon.

Lichtquantenimpuls. Der Impuls eines →Lichtquantes beträgt $h\nu/c$ (ν Frequenz, h Plancksches Wirkungsquantum, c Vakuumlichtgeschwindigkeit).

Lichtreaktion, chemische, →Kettenreaktionen, chemische.

Lichtrelais →lichtelektrische Steuerung, →Doppelbrechung, elektrische.

Lichtröhre →Strahlenbegrenzung.

Lichtschreiber sind →Lichtzeigergeräte, die eine photographische Registrierung haben. →Registriergeräte.

Lichtschwächende Medien. Man unterscheidet Vorrichtungen, bei denen eine meßbare Schwächung der Strahlung unabhängig von der Wellenlänge erfolgt, von anderen, welche durch Einschaltung geeigneter materieller Medien in den Strahlengang eine mehr oder weniger selektive Schwächung erzielen. Zu den Verfahren der ersten Art gehört die Änderung der Bestrahlungsstärke durch Abstandsänderung der Lichtquelle, die Verwendung eines →rotierenden Sektors und die Einfügung von Meßblenden in den Strahlengang, welche die Beleuchtung meßbar regeln. Den Blenden gibt man rechteckige oder kreisförmige (Irisblenden) Gestalt. Für Blenden von fester Öffnung zu stufenweiser Lichtschwächung verwendet man Gitter oder Siebe. Die Schwächung der Strahlungsdichte (bzw. Leuchtdichte) eines Strahlers durch ein in den Strahlengang gestelltes Medium kann durch Reflexion an seiner Oberfläche, durch Absorption in der Schicht oder durch Polarisation erfolgen. Starke Abschwächungen erhält man durch reguläre Reflexion des Lichtes an durchsichtigen Glasplatten. Trifft beispielsweise natürliches Licht unter einem Einfallswinkel von 30° auf die Oberfläche einer Glasplatte von der Brechungszahl $n = 1{,}5$, so wird rund 4,2% reflektiert. Nach dreimaliger Reflexion erreicht man bereits einen Schwächungsfaktor $7{,}4 \cdot 10^{-5}$. Durch die diffuse Zerstreuung an einem Magnesiaschirm wird eine starke, innerhalb weiter Grenzen veränderliche Schwächung erzielt, die außerdem in einem ausgedehnten Spektralbereich nahezu unabhängig von der Wellenlänge ist. Man hat lediglich ein Bild der Lichtquelle auf dem Magnesiaschirm zu entwerfen und das Bild als die neue

Lichtquelle anzusehen. Die Strahlungsdichte der neuen Lichtquelle ist proportional der Öffnung der abbildenden Linse und kann durch Blenden leicht im Verhältnis 100 : 1 variiert werden. Zur Lichtschwächung durch Absorption können absorbierende Lösungen, Gläser u. dgl. verwendet werden. Sehr gebräuchlich sind die Schottschen Rauchgläser. Durch Anwendung von Platten verschiedener Dicke wird die Abschwächung stufenweise verändert. Der Absorptionskoeffizient und damit der Schwächungsfaktor sind meistens beträchtlich wellenlängenabhängig. Für kontinuierlich veränderliche Schwächungen gibt man dem Rauchglas die Form eines Keiles. Vorteilhaft ist die Kombination von zwei entgegengesetzt liegenden Keilen aus derselben Substanz und vom gleichen Keilwinkel. Der eine Keil kann durch eine Mikrometerschraube über den anderen geschoben werden. Sie wirken dann wie eine planparallele Rauchglasplatte von veränderlicher Dicke. Über die in der Photometrie und Pyrometrie viel verwendete Abgleichung zweier Lichtströme durch Polarisation →Polarisationsphotometer, →Strahlungspyrometer.

Brodhun, E.: Handb. d. Physik XIX. Berlin 1928.

Lichtschwebungen sind →Interferenzerscheinungen zwischen Lichtwellen von etwas verschiedener Frequenz. Durch diese Verschiedenheit tritt eine langsame zeitliche Veränderung der →Phasendifferenz und damit eine Wanderung der Interferenzstreifen ein, also eine →Schwebung in dem auch in der Akustik gebräuchlichen Sinne. — Zur Verwirklichung ist erforderlich, daß einmal die Strahlen →kohärent sind und daß zum anderen die Schwebungsfrequenz, welche gleich der Differenz der beiden Lichtfrequenzen ist, so gering ist, daß die Beobachtung möglich wird. *Righi* erreichte beides dadurch, daß er das Licht einer Lichtquelle ein rotierendes Nicolsches Prisma durchsetzen ließ, wodurch zwei entgegengesetzte zirkulare kohärente Schwingungen von etwas verschiedener Frequenz entstehen, welche über geeignete Vorrichtungen zur Interferenz gebracht werden können. Man beobachtet dann eine Wanderung der Interferenzstreifen, deren Geschwindigkeit durch die Drehgeschwindigkeit des Nicols bestimmt wird. — An sich kann jede durch Bewegung eines Apparatteiles entstehende Wanderung von Interferenzstreifen als Lichtschwebung gedeutet werden; durch die Bewegung, etwa eines Fresnelschen Doppelspiegels, erleiden die zur Interferenz kommenden Wellen infolge →Doppler-Effekts eine verschiedene Änderung ihrer Frequenz, und dies führt zur Schwebung und damit zur Streifenwanderung.

v. Laue, M.: Optik 7, 125 (1950).

Lichtsinn, der durch die Transformation eines durch die Absorption der →Sehstoffe und der dioptrischen Medien (→Auge) begrenzten Bereichs elektromagnetischer Wellen in →Erregung ausgezeichnete Sinn. Im Auge des Menschen werden alle Wellenlängen >8300 Å und <3600 Å vorwiegend durch die Linse absorbiert, wodurch das *sichtbare Spektrum* auf das zwischen diesen Grenzen gelegene Licht beschränkt wird. Wellenlängen <3500 Å werden meist nur durch ihr (in der Linse, z. T. auch noch in der Netzhaut erzeugtes) Fluoreszenzlicht wahrgenommen. Bei →Aphakie ist Lesen noch bei Licht von 3000 Å nachgewiesen worden. Erfolgt innerhalb des gesehenen Bereichs noch eine qualitative Differenzierung verschiedener Wellenlängen, so liegt ein →Farbensehen, andernfalls nur ein Helligkeitssehen vor. Die Ausbildung eines Lichtsinns richtet sich nach der Art des ihn vermittelnden →Auges (→Hautlichtsinn) und dessen →Auflösungsvermögen, ferner nach den Leistungen der dem Auge zugeordneten zentralnervösen Einrichtungen.

Handb. d. normalen u. pathol. Physiologie XII/1. Berlin 1929. — *v. Studnitz, G.:* Physiologie des Sehens — Retinale Primärprozesse. Leipzig 1952. — Zur Pathologie des Farbensinns. Naturwiss. 29, 614 (1941). — *Trendelenburg, W.:* Der Gesichtssinn. Berlin 1943.

Lichtsonde, dient zur zonenweisen Belichtung von Kristallen bei der →lichtelektrischen Leitung.

Lichtspeicherung kann durch →Phosphore erfolgen, und zwar sowohl durch die anorganischen →Kristallphosphore als auch durch die sich völlig anders verhaltenden organischen Phosphore. Beide Arten werden mit kurzwelligem Licht erregt, leuchten während dieser Erregung in einer für den Phosphor charakteristischen Farbe und leuchten auch nach der Erregung eine gewisse Zeit nach. Die Nachleuchtdauer ist bei den Kristallphosphoren stark von der Temperatur abhängig; sie kann bei den Erdalkaliphosphoren bei mäßiger Zimmertemperatur bis zu mehreren Tagen betragen. Die Lichtenergie kann jedoch über Monate und Jahre, ja beliebig lange gespeichert werden, wenn das Nachleuchten durch entsprechend tiefe Temperatur ganz unterbunden wird, also die gespeicherte →Lichtsumme gewissermaßen *eingefroren* wird. Sie wird dann erst nach Erwärmung des Phosphors wieder ausgetrieben. Gut nachleuchtende Phosphore dieser Art sind z. B. Zinksulfid, mit Kupfer aktiviert, oder auch Strontiumsulfid, mit Wismut aktiviert. — Die Nachleuchtdauern der organischen Phosphore (→Borsäurephosphore, Harnstoff-Formaldehyd-Pulver mit Zusatz von Coronen) sind erheblich kürzer, und vor allem ist das Nachleuchten nicht einfrierbar. Die Intensität ist jedoch sehr groß.

Lichtstärke, 1. *photometrisch,* der von einem leuchtenden Flächenelement in einen sehr kleinen Raumwinkel ausgestrahlte, auf diesen bezogene →Lichtstrom. Symbol I, Einheit →Candela (cd), früher Kerze (K). Da bei endlichen Flächen die Eindeutigkeit der Richtung (innerhalb der Meßgenauigkeit) nur bei genügend großem Abstand zwischen Beobachter und leuchtender Fläche gewährleistet ist, muß bei der Messung der Lichtstärke immer auf eine hinreichend große Meßentfernung (→Grenzentfernung) geachtet werden. — 2. → die folgenden Artikel.

Lichtstärke, geometrisch-optisch. Die Beleuchtungsstärke E' eines aufgefangenen Bildes ist bei optischen Geräten mit kreisförmigen Blenden in der Nähe der optischen Achse

$$E' = \pi B' \sin^2 u'.$$

Hierin bedeutet B' die Leuchtdichte, mit der die Blende leuchtet, und u' ist der bildseitige Winkel zwischen optischer Achse und dem Rand der Austrittspupille.

Für ein Photoobjektiv kann bei großer Objektentfernung $\sin u' = p/f'$ gesetzt werden, wobei p den Radius der Eintrittspupille und f' die Bildbrennweite des Objektivs bedeuten. Also ist in diesem Falle, wenn C ein Verlustfaktor entsprechend den Absorptions- und Reflexionsverlusten ist und wenn sich Objektiv und Bild in einem

Medium mit der Brechzahl 1 befinden, in dem $B = B'$ ist:

$$E' = \frac{\pi}{4} C B \left(\frac{2p}{f'}\right)^2.$$

Beim Photoobjektiv wird $2p/f' = 1/k$ als Öffnungsverhältnis bezeichnet. Also ist

$$E' = \frac{\pi}{4} C B \left(\frac{1}{k}\right)^2.$$

Man nennt deshalb beim Photoobjektiv das Quadrat des Öffnungsverhältnisses auch *relative Lichtstärke*. Gelegentlich wird auch das Öffnungsverhältnis selbst als relative Lichtstärke bezeichnet. Besser vermeidet man diesen Begriff gänzlich. Berücksichtigt man die Absorptions- und Reflexionsverluste, so spricht man von *absoluter Lichtstärke*.

Bei Benutzung von Fernrohren ist die Beleuchtungsstärke H des auf der Netzhaut des Auges aufgefangenen Bildes für die Hellempfindung maßgebend. Beim freien Sehen (ohne Fernrohr) ist die Beleuchtungsstärke der Netzhaut H_0 proportional der Objektleuchtdichte und dem Quadrat des Durchmessers der Augenpupille. Solange also die Austrittspupille des Fernrohres größer ist als die Augenpupille, ist die Beleuchtungsstärke auf der Netzhaut bis auf die Lichtverluste durch Absorption und Reflexion die gleiche wie beim freien Sehen. Ist aber die Austrittspupille des Fernrohres (Durchmesser $2p'$) kleiner als die Augenpupille (Durchmesser $2p_a$) des Beobachters, so gilt für die Beleuchtungsstärke auf der Netzhaut

$$H = C \left(\frac{2p'}{2p_a}\right)^2 H_0 .$$

Hierin bedeutet C einen durch Reflexions- und Absorptionsverluste bedingten Faktor < 1. Gemäß obiger Formel entspricht die Fläche der Austrittspupille der relativen Lichtstärke des Fernrohres. Als Maßeinheit dient ein Kreis von 1 mm Durchmesser. Als absolute Lichtstärke bezeichnet man das Produkt aus der relativen Lichtstärke und dem Verlustfaktor C. Über die Größe des Verlustfaktors →Lichtverluste in optischen Geräten.

Lichtstärke eines Spektralapparates, charakterisiert die zur Erzeugung des Spektrums wirksame Strahlungsintensität, am größten bei Prismenspektralapparaten. Sie wird — bei voller Ausleuchtung des Prismas — theoretisch allein durch das Öffnungsverhältnis (Objektivdurchmesser dividiert durch Objektivbrennweite) der Kameralinse beim Spektrographen, des Fernrohrobjektivs beim Spektrometer bestimmt. Größere Öffnungsverhältnisse als 1 : 3 werden nur in Ausnahmefällen benutzt, weil die Abbildungsgüte mit zunehmendem Öffnungsverhältnis verschlechtert wird. Praktisch vermindern Absorptions- und Reflexionsverluste an den Linsen- und Prismenflächen die Lichtstärke erheblich, so daß das wirksame Öffnungsverhältnis wesentlich kleiner als das aus Objektivdurchmesser und -brennweite berechnete ist.

Bei Gitterapparaten ist die Lichtstärke im allgemeinen kleiner als bei Prismenapparaten, weil die einfallende Strahlungsintensität auf die verschiedenen Ordnungen verteilt wird. Hierbei entfällt der größte Teil auf die 0. Ordnung. Durch geeignete Form der Gitterfurchen läßt sich jedoch fast die gesamte einfallende Intensität auf eine bestimmte Ordnung konzentrieren (→Echelettegitter).

Die →Interferenzspektralapparate haben nur geringe Lichtstärke. Beim Stufengitter ist sie wegen der sehr kleinen Beugungswinkel an sich groß; sie läßt sich praktisch aber nicht voll ausnutzen, da zur Aufnahme der Interferenzstreifen ein Kameraobjektiv sehr langer Brennweite benutzt werden muß (→Stufengitter).

Handb. d. Physik XVIII, XIX. Berlin 1929.

Lichtstärkenormale. Als Lichtstärkenormal für die von 1896 bis 1942 in Deutschland übliche →Hefner-Kerze diente die Hefner-Lampe (Farbtemperatur ≈ 1930 °K), als Lichtstärkenormal für die von 1909 bis 1947 in Frankreich, Großbritannien und den USA benutzte International →Candle Power Kohlefadenlampensätze (Farbtemperatur ≈ 2050 °K), welche in den Staatsinstituten dieser Länder aufbewahrt wurden. Die Lichtstärkeeinheit →Candela, welche 1942 bzw. 1948 die früheren Einheiten ablöste, wird durch die Strahlung des schwarzen Körpers beim →Platinpunkt definiert und praktisch durch geeignete und an den schwarzen Körper angeschlossene Metallfaden-Lampensätze als Subnormale in den verschiedenen Staatsinstituten realisiert.

Lichtstrahl →Strahl.

Lichtstreuung →Streuung des Lichtes.

Lichtstrom ist photometrisch bewertete Strahlungsleistung. Symbol Φ, Einheit →Lumen (lm). Eine 40 Watt-Glühlampe leistet etwa 400 lm.

Lichtstromdiagramm. In einem Lichtstromdiagramm werden meist die von einer Lichtquelle in kegelförmige Raumwinkel mit senkrechter Achse ausgestrahlten Teillichtströme in einem rechtwinkligen Koordinatensystem in Abhängigkeit vom halben Kegelöffnungswinkel angegeben. Zu den Lichtstromdiagrammen rechnet auch das →Rousseau-Diagramm und solche in Polarkoordinaten dargestellten Schaubilder, aus denen sich der Lichtstrom einer Lichtquelle unmittelbar ablesen läßt. Hierfür sind verschiedene Verfahren, so z. B. von *Russel, Kennelly, Sellerio, Meyer, Sewig* usw., angegeben.

Handb. d. Lichttechnik, Abschn. C9. Berlin 1938.

Lichtstrommesser →Ulbricht-Kugel.

Lichtsumme, das Zeitintegral der Phosphoreszenzhelligkeit vom Beginn des Nachleuchtens bis zum völligen Aufhören der Phosphoreszenz. Sie ist also die gesamte gespeicherte Lichtenergie, welche je nach der Temperatur des Phosphors mehr oder weniger schnell als Licht wieder ausgesendet werden kann. Da bei manchen →Phosphoren das →Nachleuchten sehr lange dauern kann, erfolgt die Messung der Lichtsummen gewöhnlich durch Austreibung der gesamten Lichtsumme mittels Wärme. Die maximal speicherbare Lichtsumme ist begrenzt; um sie zu erreichen, muß man dafür sorgen, daß nicht schon während der Erregung eine Auslöschung der Phosphoreszenz durch das erregende Licht erfolgt. Man muß also vor allem ultrarotes Licht und Wärme vermeiden. Die zur Austreibung der Lichtsumme erforderliche Temperatur ist für jeden Phosphor verschieden; auch entstehen bei einem Phosphor in verschiedenen Temperaturgebieten häufig verschiedene Emissionsbanden. Entsteht eine Bande nur bei höherer Temperatur, so spricht man von →Hitzebanden. Die Lichtsummen hängen sehr vom Gehalt an →Aktivator ab. Verschiedene Aktivatoren in

Mischphosphoren können die Lichtsumme sehr stark beeinflussen. Bei einigen Mischphosphoren kann die durch ultrarotes Licht ausleuchtbare Lichtsumme größer sein als die durch Wärme ausgetriebene.

Brauer, P.: Z. Naturf. **2 a**, 238 (1947).

Lichttechnik, in der theoretischen Optik die Lehre von der Strahlungsvermittlung zwischen Ding und Bild; verknüpft die geometrischen Abbildungsgesetzmäßigkeiten mit den energetischen Wirkungen, durch Vermittlung einer als *optischer Fluß* (auch *Lichtleitwert*) bezeichneten Größe

$$L\,[\mathrm{cm}^2] = n^2 \iint_{f\ \omega} df\,[\mathrm{cm}^2] \cos\varepsilon\, d\omega$$
$$= \bar{n}^2 \iint_{\bar{f}\ \bar{\omega}} d\bar{f}\,[\mathrm{cm}^2] \cos\bar{\varepsilon}\, d\bar{\omega}$$

(n, $\bar{n}$ →Brechungszahlen, df Flächenelement des Strahlers in cm², ε Winkel der Ausstrahlungsrichtung gegen die Flächennormale, $d\omega$ Raumwinkelelement; $d\bar{f}$ Flächenelement des Strahlungsempfängers usw.). Bezeichnet man die →Leuchtdichte des Strahlers mit B [Stilb], so erhält man aus L und B bei verlustfreier Abbildung den →Lichtstrom

$$\Phi\,[\mathrm{Lumen}] = (B\,[\mathrm{Stilb}]/n^2)\, L\,[\mathrm{cm}^2],$$

die →Lichtstärke

$$I\,[\mathrm{Candela}] = (B\,[\mathrm{Stilb}]/n^2)\,(dL\,[\mathrm{cm}^2]/d\omega),$$

die →Beleuchtungsstärke

$$E\,[\mathrm{lux}] = (B\,[\mathrm{Stilb}]/n^2)\,(dL\,[\mathrm{cm}^2]/d\bar{f}\,[\mathrm{m}^2]) \cos\varepsilon$$

($d\bar{f}$ Flächenelement des Strahlungsempfängers in [m²]).

Der optische Fluß ist eine →Invariante längs des ganzen Strahlenganges vom Ding bis zum Bild; ebenso (bei verlustfreier Abbildung) der Lichtstrom, daher auch die *reduzierte* Leuchtdichte [$\mathfrak{B}/n^2$]. Der optische Fluß nimmt in einigen wichtigen Fällen durch Ausführung der Integration folgende Werte an:

a) wenn, zu einer gegebenen Achse zentriert und senkrecht, sich eine kleine Fläche df und eine Kreisfläche endlicher Ausdehnung gegenüberstehen, wobei der Halbmesser der letzteren von df aus unter dem Winkel σ erscheint:

$$L = \pi\, df\,(n \sin\sigma)^2;$$

b) wenn die beiden unter a) genannten Flächen klein sind (df und $d\bar{f}$) und die gegebene Entfernung k haben:

$$L = (n^2/k^2)\, df\, d\bar{f};$$

c) wenn zwei kleine parallele Flächen df und $d\bar{f}$ sich so gegenüberstehen, daß die Verbindungsgerade mit den Flächennormalen den Winkel σ_B bilden:

$$L = (n^2/k^2)\, df\, d\bar{f} \cos^4\sigma_B.$$

Lichtverluste, z. B. durch Reflexion und Absorption, werden mit dem →Durchlaßgrad τ erfaßt, der dann als Faktor hinzutritt. Der Fachausschuß „Optische Lichttechnik" der deutschen Lichttechnischen Gesellschaft hat 1941 noch die folgenden Bezeichnungen festgelegt:

$\int \cos\varepsilon\, d\omega$	Raumwinkelprojektion,
$n^2 \int \cos\varepsilon\, d\omega$	numerische Raumapertur,
$\iint df \cos\varepsilon\, d\omega$	geometrischer Fluß,
$\tau\, n^2 \iint df \cos\varepsilon\, d\omega$	Lichtwirkwert,
Raumgebilde, das den optischen Strahlengang umschließt:	Pharoid.

Lichttechnische Größen →photometrische Größen.

Lichttheorien. 1. *Newtonsche Korpuskulartheorie.* Die Lichtquellen schleudern einen unendlich feinen Stoff aus. Die drei Axiome der →Strahlenoptik (Lichtstrahlen sind gerade Linien; sie sind voneinander unabhängig; der Strahlengang ist umkehrbar) drückt die Korpuskulartheorie so aus: Die Lichtteilchen gehorchen dem →Trägheitsprinzip, sie üben keine Kräfte aufeinander aus, umgekehrt fliegen sie denselben Weg. Das →Brechungsgesetz: Beim Eintritt in das stärker brechende Medium erfahren die Lichtteilchen eine Anziehungskraft, in das niedriger brechende Medium eine Abstoßung; diese Kräfte stehen senkrecht auf der Grenzfläche. Dann müssen sich die Korpuskeln in Glas schneller bewegen als in Luft. Auch die →Totalreflexion ist erklärbar. Schwierigkeiten erwachsen der Korpuskulartheorie bei der Erklärung, warum an polierten Glasflächen ein Teil des Lichts reflektiert, ein Teil gebrochen wird (verschiedene Arten von Lichtteilchen?), ferner bei den Erscheinungen der →Beugung und →Interferenz (periodische „Anwandlungen" [fits] des Lichts?). (Genaueres z. B. bei *Siegfried Flügge*, Theoretische Optik. Wolfenbütteler Verlagsanstalt 1948.)

2. *Huygenssche Wellentheorie.* Teilchen des leuchtenden Körpers schwingen ungeheuer schnell hin und her und erregen in der ihn umgebenden allgegenwärtigen Substanz, dem *Lichtäther*, Schwingungen, die sich als Wellen fortpflanzen. Jeder Punkt einer →Wellenfront kann als Zentrum einer neuen Lichterregung angesehen werden (→*Huygenssches Prinzip*). Erklärbar sind die Geradlinigkeit der Lichtausbreitung (wenigstens heuristisch); das →Brechungsgesetz und das →Reflexionsgesetz, wobei sich herausstellt, daß die →Lichtgeschwindigkeit im stärker brechenden Medium kleiner ist (das →Experimentum crucis *für* die Wellentheorie ist die Lichtgeschwindigkeitsmessung nach *Foucault*); die →Beugung und →Interferenz.

3. *Äthertheorie des Lichts* (*Fresnel*). Das Licht ist als →elastische Schwingung des Äthers aufzufassen. a) Das Licht kann aber keine →longitudinale Ätherschwingung sein. Dann müßte nämlich der Äther eine Flüssigkeit von der Dichte Null mit einer Brechungszahl von der Größenordnung 1 sein, was sich nicht miteinander verträgt. Auch weitere Gründe führen dazu, daß die obige Annahme falsch ist. b) Das Licht kann also nur eine →transversale Ätherschwingung sein. Erklärbar wird damit auch die →Polarisation. Der Äther müßte dann aber völlig inkompressibel sein und scherenden Verformungen einen sehr viel höheren Widerstand entgegensetzen als irgendeine Materie.

4. *Elektromagnetische Lichttheorie* (*Maxwell* 1862). Das Licht ist eine Störung des elektromagnetischen Feldes, die sich durch den Raum nach elektromagnetischen Gesetzen fortpflanzt. Die elastische Äthertheorie (in der Fresnelschen Form) läßt sich wörtlich auf die elektromagnetische Lichttheorie übertragen, allerdings nur für $\mu = 1$ (→Permeabilität). Die Optik ist ein Teil der →Elektrodynamik. Die →*Maxwellschen Gleichungen* genügen, um jedes optische Problem zu lösen, sofern die nötigen Angaben über die Materialkonstanten wie →Polarisierbarkeit und ähnliches aus der →Atomtheorie der Materie entnommen wer-

den. Durch das Lorentzsche Invarianzprinzip wird es möglich, auch die Optik bewegter Körper zu behandeln. Hiermit aber findet die klassische Wellentheorie des Lichts ihren Abschluß.

5. *Die Lichtquantentheorie* (*Planck, Einstein*). Die Entdeckung des →lichtelektrischen Effekts und des →Compton-Effekts, besonders aber der Koinzidenzversuch von *Bothe* führten zu einer Neubelebung der Korpuskulartheorie *neben* der Wellentheorie. Strahlung von der Frequenz ν breitet sich in →*Lichtquanten* von der Energie $h\nu$ mit Lichtgeschwindigkeit aus. Die Lichtquanten können von den Atomen absorbiert werden, wobei die Atome in →angeregte Zustände übergehen. Sie bleiben aber nicht in diesen Zuständen, sondern fallen nach einer gewissen Zeit (Verzögerung) in den Ausgangszustand zurück, wobei sie erneut Lichtquanten emittieren. Die Annahme der Verzögerung ist notwendig, um die kleinere Geschwindigkeit des Lichts im materieerfüllten Raum zu erklären. Das ist etwa das Analogon zur klassischen Vorstellung von der Brechung.

Es ist nachweislich unmöglich, die für die Deutung der Beugungs- und Interferenzerscheinungen unentbehrliche Wellenvorstellung vom Licht mit der Lichtquantentheorie zu einem einheitlichen Bilde zu verschmelzen. Nach der heutigen Auffassung handelt es sich in beiden Fällen nur um →Modelle, während das eigentliche Wesen des Lichts (wie dasjenige der materiellen Teilchen) einer anschaulichen Beschreibung nicht zugänglich ist. →Dualismus Welle-Teilchen.

Jordan, P.: Die Physik des 20. Jahrhunderts. Braunschweig 1949.

Lichtumwandlung, die Umwandlung von Licht in solches einer anderen Frequenz. Dabei ist unter Licht durchaus nicht unbedingt sichtbares Licht zu verstehen. Bekannt ist die Umwandlung kurzwelligen Lichtes in längerwelliges Licht durch →Fluoreszenzstoffe, wozu auch die Umwandlung von Röntgenlicht oder ultraviolettem Licht in sichtbares Licht gehört. Weniger bekannt ist die Umwandlung längerwelligen Lichtes in kürzerwelliges Licht mit Hilfe des →Bildwandlers. Dieser ist ein evakuiertes Glasrohr mit einer ultrarotempfindlichen Photoschicht an einem Ende und einem Leuchtschirm am anderen Ende. Eine Elektronenoptik sorgt für die Abbildung des auf der Photokathode erzeugten Elektronenbildes auf dem →Leuchtschirm, auf welchen die Photoelektronen durch eine Spannung beschleunigt werden. Der Leuchtschirm ergibt durch die Elektronenbestrahlung sichtbares Licht. Das Gerät widerspricht nicht dem Energieprinzip, da die höhere Energie sichtbaren Lichtes gegenüber der geringeren Energie des ultraroten Lichtes dem elektrischen Netzgerät entnommen wird, welches die Beschleunigungsspannung liefert.

Lichtvektor, die elektrische Verschiebung $\mathfrak{D}$ in einer polarisierten Lichtwelle. →Polarisation, optische.

Lichtverluste in optischen Geräten entstehen im wesentlichen durch Reflexion und Absorption.

1. *Reflexionsverluste.* Selbst an einer ideal polierten Glasfläche wird infolge des Unterschiedes der Brechzahlen zwischen Glas und umgebendem Medium ein Teil des auftreffenden Lichtstromes reflektiert. Wird der einfallende Lichtstrom gleich 1 gesetzt, so ist der zurückgestrahlte Bruchteil ϱ. Bedeutet ζ den Einfallswinkel und ζ' den Ausfallswinkel (Brechungswinkel), so ist entsprechend der Fresnelschen Formel

$$\varrho_\zeta = \tfrac{1}{2}[\sin^2(\zeta-\zeta')/\sin^2(\zeta+\zeta') + \mathrm{tg}^2(\zeta-\zeta')/\mathrm{tg}^2(\zeta+\zeta')].$$

Für senkrechten Einfall geht diese Formel unter Berücksichtigung des Brechungsgesetzes in die folgende über:

$$\varrho = (n' - n)^2/(n' + n)^2,$$

wobei n die Brechzahl vor und n' die Brechzahl nach der Brechung bedeuten. Der durch eine Fläche hindurchtretende Lichtanteil ist $1 - \varrho$. Für eine Fläche ist der hindurchtretende Lichtstrom $\Phi' = (1 - \varrho)\,\Phi$ und für k hintereinandergestellte Flächen ohne Berücksichtigung der meist vernachlässigbaren Mehrfachreflexionen

$$\Phi'_k = (1 - \varrho_1)(1 - \varrho_2)\dots(1 - \varrho_k)\Phi = C_\varrho\,\Phi.$$

Ist der Reflexionsverlust an allen Flächen gleich, so gilt $C_\varrho = (1 - \varrho)^k$; grenzt z. B. eine Glasfläche mit $n' = 1{,}5$ gegen Luft mit $n = 1$, so wird der Reflexionsgrad $\bar{\varrho}$ genannt, und es ist $1 - \bar{\varrho} = 1 - 1/25 = 0{,}96$. Für eine Linse, eine Platte oder ein Prisma aus Kronglas mit $n' = 1{,}5$ mit zwei an Luft grenzenden brechenden Flächen ist also $C_\varrho = 0{,}922$. Für Flintglas mit $n' = 1{,}65$ ist entsprechend $C_\varrho = 0{,}884$. Bei einer größeren Anzahl freistehender Linsen ist der Spiegelungsverlust bedeutend, sofern nicht →reflexvermindernde Schichten aufgebracht werden; so ist bei $n' = 1{,}5$ für 2 Linsen $C_\varrho = 0{,}85$; für 3 Linsen $C_\varrho = 0{,}78$; für 4 Linsen $C_\varrho = 0{,}72$; für 8 Linsen $C_\varrho = 0{,}52$. Für Kittflächen ist der reflektierte Anteil im allgemeinen zu vernachlässigen. Ebenso ist der Einfluß der endlichen Einfallswinkel meist ohne Bedeutung.

Weitere Verluste treten durch unvollständige Spiegelung auf, sofern in den optischen Geräten spiegelnde Flächen, meist in Form von Silber- oder Aluminiumspiegeln, verwendet werden und sofern man nicht Totalreflexion anwenden kann. Wird der Reflexionsgrad des Spiegels mit ϱ bezeichnet, so ist der reflektierte Lichtstrom Φ'' bei k Spiegelungen

$$\Phi'' = \varrho_1\,\varrho_2\,\varrho_3\dots\varrho_k\Phi = C_{Sp}\,\Phi.$$

Der Reflexionsgrad ist stark von der Wellenlänge abhängig. Er zeigt aber nur geringe Abhängigkeit vom Einfallswinkel. Für weißes Licht ergeben sich folgende Mittelwerte:

Silber als Oberflächenspiegel bis	$\varrho = 0{,}95$
Silber als Rückflächenspiegel unter Glas	$\varrho = 0{,}90$
Aluminium	$\varrho = 0{,}89$
Rhodium	$\varrho = 0{,}79$
Gold	$\varrho = 0{,}70$
Chrom	$\varrho = 0{,}66$
Nickel	$\varrho = 0{,}64$
Platin	$\varrho = 0{,}62$

In neuerer Zeit sind Spiegel entwickelt worden, deren Reflexionsgrad beträchtlich erhöht wurde. Hierzu wird der Metallspiegel mit einer *Verstärkerlamelle*, d. h. mit einer dünnen Schicht der Dicke d_s aus einem Material mit einer geeigneten Brechzahl n_s versehen, so daß $n_s\,d_s = \lambda/4$ ist. Zwischen dieser Schicht und dem Metallspiegel befindet sich eine Zwischenschicht der Dicke d_z und der Brechzahl n_z, die die Bedingung $d_z\,n_z = \lambda/4$ erfüllt. Durch Ausnutzung der entstehenden Interferenz und des Phasensprungs hat man so Vorderflächensilberspiegel mit einem Reflexionsgrad von 99,5% für weißes Licht hergestellt. Die Verstärkerlamelle bietet in diesen Fällen gleichzeitig eine mechanische Schutzschicht.

2. *Absorptionsverluste.* Beim Durchgang des Lichtes durch optische Medien wird ein Teil des sie durchsetzenden Lichtes absorbiert, wobei in optischen Geräten nur die Glasabsorption merklich ist. Ohne Berücksichtigung der Reflexionsverluste ist der austretende Lichtstrom $\Phi' = \vartheta\,\Phi$, wenn Φ der eingedrungene Lichtstrom und der Durchsichtigkeitsgrad $\vartheta = \delta\,\alpha/\alpha_0$ ist. Der auf die Längeneinheit ($d = d_0$) bezogene Durchsichtigkeitsgrad heißt Durchsichtigkeitsmodul und ist wellenlängenabhängig. Als Glasweg kann in optischen Geräten meist der eines Mittelstrahles angesetzt werden. Für das viel benutzte Kronglas BK 7 des Jenaer Glaswerkes wird für sichtbares Licht und für $d_0 = 1$ cm δ cm $= 0{,}9952$ als Mittelwert angegeben. Der Absorptionsverlust (Reinabsorptionsgrad) ist $1 - \vartheta$. Verläuft der Lichtweg in verschiedenen Medien mit den Durchsichtigkeitsgraden $\vartheta_1, \vartheta_2, \ldots, \vartheta_k$, so ist der Gesamtdurchlässigkeitsgrad $\vartheta_g = \vartheta_1\,\vartheta_2 \ldots \vartheta_k$ und der Gesamtreinabsorptionsgrad $\alpha_i = 1 - \vartheta_g$.

Der insgesamt durch ein optisches Gerät hindurchtretende Lichtstrom Φ_g' ist dann, wenn Φ der eintretende Lichtstrom ist und Verluste durch Spiegelung an den brechenden Flächen durch unvollkommene Spiegelung an Spiegelflächen und durch Absorption im Glase auftreten, ohne Berücksichtigung von Mehrfachreflexionen:

$$\Phi_g' = C_\varrho\, C_{Sp}\, \vartheta_g\, \Phi.$$

Der Gesamtverlust ist dann $1 - C_\varrho\, C_{Sp}\, \vartheta_g$ des einfallenden Lichtstromes. Für einen Prismenfeldstecher mit 10 Glasflächen gegen Luft ergibt sich, wenn man den Reflexionsverlust an jeder Fläche durchschnittlich mit 5% ansetzt, $C_\varrho = 0{,}95^{10} = 0{,}599$, d. h. der Lichtverlust auf Grund der Reflexion beträgt 40,1%. Setzt man für ein Prismenglas den Glasweg in den Prismen mit 90 mm, den im Objektiv und Okular mit 18 mm, d. h. insgesamt mit 10,8 cm an, und setzt man z. B. für ein Glas δ cm $= 0{,}995$, so ist der Durchsichtigkeitsgrad des Prismenglases bei ausschließlichen Absorptionsverlusten $\vartheta = 0{,}995^{10{,}8} = 0{,}947$. Der reine Absorptionsverlust (Reinabsorptionsgrad) ist also 0,053 oder 5,3%. Der Gesamttransmissionsgrad des Prismenglases ist also $C_\varrho\,\vartheta = 0{,}599 \cdot 0{,}947 = 0{,}567$, d. h. 56,7%. Der Lichtverlust auf Grund von Reflexions- und Absorptionsverlusten beträgt also für das Prismenglas insgesamt 43,4%.

Handb. d. Physik XVIII. Berlin 1927. — *Messner, R.:* Optik 2, 229 (1947). DIN 1349.

Lichtverteilungskurve, gibt die mittlere räumliche Verteilung der Lichtstärken einer Lichtquelle an. →Indikatrix.

Lichtwechsel, die zeitliche Änderung der scheinbaren Helligkeit →veränderlicher Sterne.

Lichtweg, auch *optische Weglänge,* das Produkt aus der von einem Strahl durchlaufenen Wegstrecke l und der Brechungszahl n auf dieser Strecke. Durchsetzt der Strahl mehrere Medien mit verschiedenen Brechungszahlen, so ist der Lichtweg gleich $\Sigma n l$ bzw. $\int n\, dl$ (→Fermatsches Prinzip, →Hamilton-Funktion).

Lichtwellen, stehende, →stehende Lichtwellen.

Lichtwiderstand →Halbleiterphotowiderstand, →lichtelektrische Halbleiterzelle, →lichtelektrischer Widerstand.

Lichtwirkwert →Lichttechnik.

Lichtzähler. Die innere Verstärkung von Photoströmen kann man in der üblichen gasgefüllten Photozelle durch Steigerung der angelegten Spannung so weit treiben, bis eine selbständige Entladungsform einsetzt. Diese läßt sich durch Licht nicht mehr steuern. Der Lichtzähler ist eine Abart der gasgefüllten Photozelle. Man geht bei ihm an die Grenze dieser selbständigen Entladung heran und nutzt sie aus. Seiner Entstehungsgeschichte nach ist er aus dem Geigerschen Zählrohr hervorgegangen. Er hat die Aufgabe, kleine und kleinste Intensitäten des ultravioletten und — in Sonderfällen auch des sichtbaren — Lichtes nachzuweisen, die mit der üblichen Photozelle nicht mehr gemessen werden können, weil sie in deren Störspiegel untergehen. Der Lichtzähler heißt deshalb so, weil man jeden Entladungsstoß, den er ausführt, im Mittel auf eine bestimmte Anzahl von auffallenden Lichtquanten zurückführen kann. Er besteht aus einem zylindrischen Hartglasgefäß, in manchen Fällen mit aufgeschmolzenem Quarzfenster (Abb.). In der Mitte ist eine zylindrische Kathode aus Aluminium angeordnet. In der Achse der Kathode befindet sich ein 0,1 mm starker Wolframdraht. Das Gefäß ist mit Wasserstoff von 20 Torr gefüllt. Wenn ein Photoelektron an der Kathode ausgelöst wird, so wird es der angelegten hohen Spannung (~500 V) zufolge zur Anode hin beschleunigt und erzeugt hierbei eine starke Ladungsträgerlawine. Diese Entladung reißt jedoch ab, noch ehe sie stationär wird. Das Abreißen der Entladung und damit das eigentliche Zählen kommt im Zusammenwirken mit dem äußeren Hochohmwiderstand zustande. Ein dunkeladaptiertes Auge kann während des Entladungsstoßes eine Leuchterscheinung um den Anodendraht herum wahrnehmen. Da beim Lichtzähler die einfallende Lichtintensität sehr schwach sein soll und an Aluminiumkathoden auf etwa 10^4 einfallende Lichtquanten im Mittel nur ein Photoelektron die Oberfläche wirklich verläßt, kann eine meßbare Zeitspanne vergehen, bis ein neuer Entladungsstoß einsetzt. Die Stöße folgen aufeinander in einer zeitlich statistischen Verteilung. Lichtzähler zeigen eine mittlere lichtelektrische Ausbeute von $3 \cdot 10^4$ Lichtquanten je Stoß. Es genügt etwa ein 5 mm großer Ausschnitt des Quecksilberbogen-Plasmas einer 100 W-Lampe, um den Lichtzähler in einer Entfernung von 100 m zählen zu lassen. Dabei befindet sich zwischen Lampe und Zähler keine Optik. Wenn die Lichtquelle abgeblendet wird, erhält man noch einen Dunkelzähleffekt, vorzugsweise hervorgerufen durch radioaktive Strahlungen

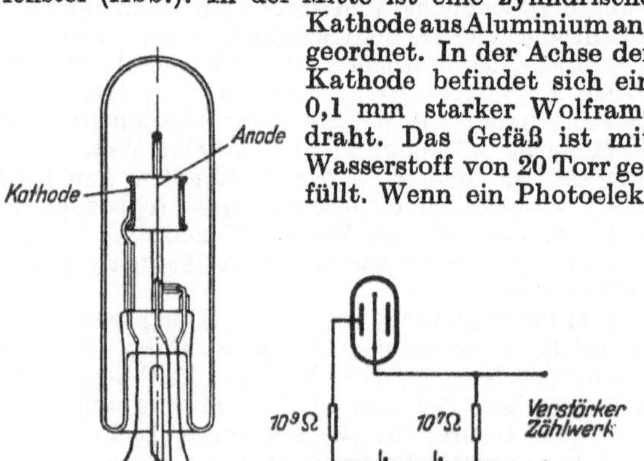

Lichtquanten-Zählrohr mit Grundschaltung.

und die Ultrastrahlung. Es ist der Störspiegel des Lichtzählers, und er ist von ganz anderer Natur als der einer gewöhnlichen Photozelle, wo er durch den →Schrot-Effekt der Kathode, ihre thermische Emission und den Kriechstrom längs der Glaswandung gegeben ist. Der Lichtzähler ist das empfindlichste Meß- und Empfangsorgan für Licht, wenn vorläufig auch nur mit Sicherheit für das ultraviolette Spektralgebiet. Er ist an Empfindlichkeit dem menschlichen Auge und, wenn gleiche und kleine Meßzeiten zur Verfügung stehen, auch der photographischen Platte überlegen.

Die wenigen bisher für sichtbares Licht entwickelten Lichtzähler besitzen Photokathoden aus Natrium oder Kalium. Ihre Arbeitsweise wird verschiedentlich als nicht verläßlich bezeichnet. Es wird daher empfohlen, die empfindliche Photokathode vom eigentlichen Entladungsraum durch eine elektronendurchlässige dünne Glasfolie zu trennen. Die Photokathode befindet sich dann im Hochvakuum, und die Photoelektronen werden derart beschleunigt, daß sie die Folie passieren und jenseits derselben im Zählraum eine Entladung zünden können. Lichtzähler dieser Bauart sind zwar im Aufbau und in der Betriebsweise kompliziert, arbeiten aber verläßlich. Bei besonderen Vorkehrungen lassen sich auch →Photoelektronenvervielfacher als Lichtzähler verwenden.

Kiepenheuer, K. O.: Z. Phys. **107**, 145 (1937). — *Bay, Z.:* Nature, Lond. **141**, 284 (1938). — *Neuert, H.:* Arch. techn. Messen V, 422—4 (1942). — *Rajewsky, B.:* Ann. d. Phys. **20**, 13 (1934). — *Kluge, W.:* ETZ **59**, 647 (1938).

Lichtzeigergerät, ein Drehsystem (z. B. Spiegelgalvanometer) mit Spiegel, Beleuchtungsvorrichtung und Skale, wobei alle Teile zu einer Einheit zusammengebaut sind. Durch Zwischenschalten einer oder mehrerer Linsen wird ein beleuchteter fester Faden oder Zeiger über den Spiegel des Drehsystems auf der Skale abgebildet. Die ursprüngliche Form verwendet eine konisch gebogene Skale; neuerdings sieht man auch verschiedene Lichtzeigerinstrumente mit von rückwärts beleuchteter ebener Skale.

Arch. techn. Messen J 015-2.

Lichtzentimeter. Im vierdimensionalen Raum der Relativitätstheorie hat ein →Weltpunkt die Koordinaten x_1, x_2, x_3, x_4. Dabei sind die drei Koordinaten x_1, x_2, x_3 mit den normalen kartesischen Raumkoordinaten des euklidischen Raumes identisch, während die vierte (Zeit-)Koordinate x_4 als $i\,c_0 t$ gegeben wird ($i = \sqrt{-1}$; c_0 die Vakuumlichtgeschwindigkeit). Als Einheit für x_4 wird das Lichtzentimeter benutzt, welches gleich dem Weg ist, den das Licht im Vakuum in 1 s zurücklegt:

$$1\ \text{Lichtzentimeter} = c_0 \cdot 1\ \text{s} = 2{,}9979 \cdot 10^{10}\ \text{cm}.$$

Liesche Gruppe →kontinuierliche Gruppe.

Liesegang-Ringe, rhythmische Niederschlagsbildungen bei chemischen Reaktionen in Gelen. Bringt man z. B. auf eine dünne, kaliumbichromathaltige Gelatineschicht einen Tropfen einer Silbernitratlösung, so entsteht eine Vielzahl konzentrischer Ringe von braunem Silberchromat. Ursache: Während der im Gel fortschreitenden Diffusion der Silbernitratlösung erfolgt abwechselnd Übersättigung und Keimbildung des Reaktionsproduktes. Rhythmische Fällungsreaktionen können auch bei freier Diffusion in Lösungen auftreten, wenn Konvektionsströme vermieden werden (z. B. in Kapillaren). Beispiel in der Mineralogie: Bänderung der Achate.

Lilienfeld-Leuchten, ein zuerst von *Lilienfeld* und *Seemann* in der Lilienfeld-Röntgenröhre an Pt-Ir-Anoden beobachtetes, vollständig polarisiertes, graublaues Leuchten (etwa 4000 bis 5000 Å), dessen elektrischer Vektor senkrecht zur Metalloberfläche schwingt; ursprünglich als Ausläufer des Bremskontinuums gedeutet, aber wahrscheinlich durch Plasmaschwingungen zu erklären.

Sommermeyer, K.: Das Lilienfeld-Leuchten usw. Z. Naturf. **4a**, 440 (1949).

Liliputaner = →Weiße Zwerge.

Limitvolumen →Grenzvolumen.

Lindemann-Fenster, ein noch für sehr weiche Röntgenstrahlung durchlässiges Fenster von Röntgenröhren aus leichtatomigem Material, meist Lithium-Beryllium-Borat (*Lindemann-Glas*).

Lindemannsche Schmelzpunktsformel, eine Näherungsformel zur Berechnung der →charakteristischen Temperatur Θ einatomiger Festkörper:

$$\Theta = 134 \sqrt{\frac{T_s}{M\,V^{2/3}}},$$

wo T_s die Schmelztemperatur (in °K), M das Atomgewicht und V das Atomvolumen ist. Diese Formel liefert für Metalle leidlich brauchbare Werte. Sie beruht auf der eigentümlichen Vorstellung, daß die Schwingungsamplituden der als starrelastische Kugeln betrachteten Atome bei Erreichen der Schmelztemperatur gerade so groß werden, daß sie zur gegenseitigen Berührung der Atomoberflächen benachbarter Atome ausreichen, wodurch dann der Zusammenhalt des Gitters aufhören soll.

Linearbeschleuniger →Vielfachbeschleuniger.

Lineare Abhängigkeit. Ein System von n Funktionen $y_i(x)$ heißt linear abhängig, wenn sich n nicht durchweg verschwindende Zahlen c_i finden lassen, so daß $\sum_{i=1}^{n} c_i y_i = 0$ wird. Notwendige und [sofern die Funktionen $y(x_i)$ analytisch sind] auch hinreichende Bedingung für die lineare Abhängigkeit der Funktionen y_i ist das Verschwinden ihrer →Wronski-Determinante. Kann die lineare Form $\sum_{i=1}^{n} c_i y_i$ nur zu Null gemacht werden, indem alle $c_i = 0$ gesetzt werden, dann heißen die y_i *linear unabhängig.*

Entsprechend heißen mehrere Vektoren $\varphi_1, \varphi_2, \ldots, \varphi_n$, z. B. des Hilbert-Raumes, linear abhängig, wenn es Zahlen $\lambda_1, \lambda_2, \ldots, \lambda_n$ (nicht alle gleich Null) mit $\sum_{\nu=1}^{n} \lambda_\nu \varphi_\nu = 0$ gibt, andernfalls linear unabhängig.

Lineare (gewöhnliche) Differentialgleichung, eine Gleichung, die in der unbekannten zu bestimmenden Funktion $y(x)$ und ihren Ableitungen $y', y'', \ldots$ linear ist. Die allgemeine Form einer linearen Differentialgleichung n-ter Ordnung ist: $L_n[y] = y^{(n)} + f_1(x)\, y^{(n-1)} + f_2(x)\, y^{(n-2)} + f_{n-1}(x)\, y' + f_n(x)\, y = F(x)$. Die Koeffizienten $f_i(x)$ $(i = 1, 2, \ldots, n)$

und $F(x)$ sind dabei vorgegebene stetige und beschränkte Funktionen der unabhängigen Variablen x. $F(x)$ nennt man *Störungsfunktion*. Ist diese gleich 0, so heißt die Gleichung $L_n[y] = 0$ eine *homogene* Differentialgleichung, während $L_n[y] = F(x)$ $(\neq 0)$ eine *inhomogene* ist. (Bemerkung: Der Begriff „homogen" wird in der Theorie der Differentialgleichungen in zweierlei Sinn verwendet, →homogene Differentialgleichung.)

Als *allgemeine Lösung* der homogenen linearen Differentialgleichung $L_n[y] = 0$ bezeichnet man eine Funktion $y = y(x, c_1, c_2, \ldots, c_n)$, die n voneinander unabhängige, sog. willkürliche Konstanten $c_1, c_2, \ldots, c_n$ enthält. Man kann beweisen, daß sich y in der Form $y = \sum_{i=1}^{n} c_i y_i$ darstellen läßt, wobei die y_i n linear voneinander unabhängige Funktionen sind, die einzeln die Differentialgleichung $L_n[y] = 0$ befriedigen. Die Gesamtheit der y_i bilden ein →Fundamentalsystem. Zu jeder homogenen linearen Differentialgleichung $L_n[y] = 0$ existiert stets ein Fundamentalsystem.

Über die Lösung einer inhomogenen linearen Differentialgleichung gilt der wichtige Satz: Das allgemeine Integral von $L_n[y] = F(x)$ setzt sich additiv aus der allgemeinen Lösung der zugehörigen homogenen Gleichung $L_n[y] = 0$ und einem partikulären Integral der inhomogenen Gleichung zusammen. Die Bestimmung des letzteren kann etwa mit Hilfe der von *Lagrange* gefundenen Methode der *Variation der Konstanten* geschehen, die von der allgemeinen Lösung $y = \sum_{i=1}^{n} c_i y_i$ der homogenen Gleichung $L_n[y] = 0$ ausgeht und den Ansatz $y_p = \sum_{i=1}^{n} c_i(x)\, y_i$ macht. Die unbekannten Funktionen $c_i(x)$ sind nun so zu ermitteln, daß sie der inhomogenen Gleichung $L_n[y] = F(x)$ genügen. Dies führt zu

$$\begin{aligned} c_1' y_1 + c_2' y_2 + \cdots + c_n' y_n &= 0 \\ c_1' y_1' + c_2' y_2' + \cdots + c_n' y_n' &= 0 \\ \cdots\cdots\cdots\cdots\cdots\cdots \\ c_1' y_1^{(n-2)} + c_2' y_2^{(n-2)} + \cdots + c_n' y_n^{(n-2)} &= 0 \\ c_1' y_1^{(n-1)} + c_2' y_2^{(n-1)} + \cdots + c_n' y_n^{(n-1)} &= F(x), \end{aligned}$$

d. h. zu einem linearen Gleichungssystem, aus dem $c_i' = \frac{d c_i(x)}{d x} = \varphi_i(x)$ ermittelt werden kann. Als allgemeines Integral von $L_n[y] = F(x)$ ergibt sich dann $y = \sum_{i=1}^{n} [A_i + \int \varphi_i(x)\, dx]\, y_i$, wobei die A_i nun die erforderlichen willkürlichen Konstanten sind. Für den öfters auftretenden Sonderfall, daß $n = 1$ ist, also die lineare Differentialgleichung 1. Ordnung $y' + f(x)\, y = F(x)$ vorliegt, ergibt das Verfahren der Variation der Konstanten die allgemeine Lösung: $y = e^{-\int f(x)\,dx}\{\int F(x)\, e^{\int f(x)\,dx} dx + A\}$.

Weitere in den Anwendungen häufig vorkommende spezielle lineare Differentialgleichungen sind solche, in denen die Koeffizienten der $y^{(i)}$ $(i = 1, 2, \ldots, n)$ von x unabhängig, also Konstante sind: $L_n[y] = a_n y^{(n)} + a_{n-1} y^{(n-1)} + \cdots + a_1 y' + a_0 y = F(x)$, wobei $\frac{\partial a_i}{\partial x} \equiv 0$. Hier gelingt es leicht, das Fundamentalsystem $\{y_i\}$ von $L_n[y] = 0$ zu finden, indem man den Ansatz $y = e^{\alpha x}$ macht, welcher zu der *charakteristischen Gleichung* $\sum_{i=0}^{n} a_i \alpha^i = 0$ führt. Sind α_j deren n (voneinander verschieden vorausgesetzte) Wurzeln, so ist das allgemeine Integral der homogenen Gleichung $y = \sum c_j e^{\alpha_j x}$. Tritt eine Wurzel mehrfach auf, etwa $\alpha_1 = \alpha_2 = \alpha_m = \alpha$ $(m < n)$, so wird das allgemeine Integral von $L_n[y] = 0$ durch $y = c_1 e^{\alpha x} + c_2 x e^{\alpha x} + c_3 x^2 e^{\alpha x} + \cdots + c_m x^{m-1} e^{\alpha x} + c_{m+1} e^{\alpha_{m+1} x} + \cdots + c_n e^{\alpha_n x}$ gegeben. Ein partikuläres Integral von $L_n[y] = F(x)$ kann dann nach der Methode der Variation der Konstanten gefunden werden.

Einen besonders wichtigen Spezialfall linearer Differentialgleichung mit konstanten Koeffizienten stellt diejenige 2. Ordnung $y'' + a y' + b y = F(x)$ dar, die in der Theorie der Schwingungen eine wesentliche Rolle spielt. Die oben angedeuteten Verfahren führen für sie zu folgendem allgemeinen Integral: $y = A e^{-\frac{a}{2} x} \cos\sqrt{b - a^2/4}\,(x + B)$

$$- \frac{1}{\sqrt{b - a^2/4}} \int_{-\infty}^{x} e^{-\frac{a}{2}(x-\xi)} F(\xi) \sin\sqrt{b - a^2/4}\,(\xi - x)\, d\xi,$$

mit den beiden willkürlichen Konstanten A und B. Über weitere Sonderfälle linearer Differentialgleichungen →integrable Typen von Differentialgleichungen.

Bieberbach, L.: Differentialgleichungen. Berlin 1930. — *Hoheisel, G.:* Differentialgleichungen, Samml. Göschen 920. Berlin 1938. — *Baule, B.:* Die Mathematik d. Naturf. u. Ingenieurs IV. Leipzig 1943. — *Rothe, R.:* Höhere Mathematik IV. Leipzig 1948. — *Horn, J.:* Gewöhnl. Differentialgleichungen. Berlin 1950.

Linearer Differentialoperator →Operator.

Lineare Moleküle sind mehratomige Moleküle, bei denen die einzelnen Atome linear auf einer Geraden angeordnet sind, z. B. CO_2 (O—C—O). Ihre Rotationsenergie ist (im Wellenzahlmaß) wie beim zweiatomigen Molekül gegeben durch $E(\text{rot}) = BJ(J + 1)$ mit $B = h/(8\pi^2 c_0 \Theta)$ (h Wirkungsquantum, c_0 Lichtgeschwindigkeit, Θ mittleres Trägheitsmoment um die Achse senkrecht zur Kernverbindungslinie, $J = 0, 1, 2, \ldots$ Rotationsquantenzahl). Die Schwingungsformen der linearen Moleküle sind die →Biegungsschwingung und die →Valenzschwingung.

Lineare Systeme sind Anordnungen (mechanischer, elektrischer oder anderer Art), deren ihre Bewegung beschreibenden Größen (Geschwindigkeit, Beschleunigung, Elongation, elektrischer Strom oder Spannung usw.) sowohl untereinander als auch mit den sie erzwingenden oder beeinflussenden Störungen („Kräften") durch lineare Beziehungen (etwa Differentialgleichungen oder gewöhnliche algebraische Gleichungen) verknüpft sind. Ein Beispiel ist ein gewöhnlicher mechanischer Schwinger, der an eine Feder mit der Federkonstanten c gebunden ist und einer der Geschwindigkeit proportionalen Bremskraft unterliegt. Wirkt eine Störungskraft K, so wird die jeweilige Ablenkung z aus der Ruhelage durch die (lineare) Differentialgleichung $m\ddot{z} + r\dot{z} + cz = K$ beschrieben. Wirken auf ein lineares System mehrere Kräfte, so ist es wegen der Linearität erlaubt, die Wirkung jeder Kraft einzeln zu berechnen und die Gesamtwirkung durch Addition der Teilwirkungen zu bilden. →nichtlineare Systeme.

Lineare Theorie des Elektrons →Feldtheorie der Elementarteilchen.

Lineare unimodulare Gruppe, die Gruppe aller linearen Transformationen eines Vektorraumes mit der Determinante 1. $\mathfrak{c}_2$, die lineare unimodulare Gruppe in zwei Dimensionen, ist isomorph zur →Lorentz-Gruppe.

Lineare Verzerrungen. Die von einem elektrischen oder mechanischen System hervorgerufenen Verzerrungen heißen linear, wenn eine in das System eingeführte sinusförmige Schwingung das System in unveränderter Form, jedoch mit einer von der Schwingungsfrequenz abhängigen Amplitude und Phase verläßt. Zur Beschreibung der linearen Verzerrungen eignet sich der *Frequenzgang* des Systems, z. B. das (komplexe) Verhältnis von Ausgangs- zu Eingangsamplitude, oder die als Ausgleichsvorgang zu erhaltende →*Apparatefunktion* bzw. →Sprungkennlinie.

Wallot, J.: Einf. in die Theorie d. Schwachstromtechnik. Berlin 1944.

Linearform, das in den n Variablen x_i ($i = 1, 2, \ldots, n$) homogene Polynom 1. Grades $L(x) = \sum_{i=1}^{n} a_i x_i$ (a_i = const). Ist λ ein konstanter Faktor, so gilt die Funktionalgleichung $\lambda L(x) = L(\lambda x)$. Für die Addition zweier Linearformen $L_1(x) = \sum_{i=1}^{n} a_i x_i = L(a x)$ und $L_2(x) = \sum_{i=1}^{n} b_i x_i = L(b x)$ gilt $L(a x) + L(b x) = L[(a + b) x]$.

Linearität von Operatoren. Ist der Definitionsbereich $\mathfrak{D}_T$ eines →Operators T eine Linearmannigfaltigkeit (d. h. enthält er mit f_1 und f_2 auch $a_1 f_1 + a_2 f_2$), und ist $T(a_1 f_1 + a_2 f_2) = a_1 T f_1 + a_2 T f_2$, so heißt T linear.

Linearkombination. Sind $\varphi_1, \varphi_2, \ldots, \varphi_n$ →Zustände, d. h. Vektoren des Hilbert-Raumes, so ist auch $\sum_\nu a_\nu \varphi_\nu$, was man eine *Linearkombination* der φ_ν nennt, ein Zustand, den man auch als *Überlagerung* der Zustände φ_ν bezeichnet.

Linearthermosäule. Eine Anzahl hintereinander geschalteter Thermoelemente wird in der Art zu einer Thermosäule vereinigt, daß die warmen Lötstellen untereinander längs einer Geraden angeordnet sind, während die kalten Lötstellen abwechselnd rechts und links liegen. Wie bei allen Strahlungsthermoelementen muß durch Wahl möglichst dünner Drähte oder Streifen die Wärmekapazität und die Wärmeableitung klein gehalten werden. Bei der Thermosäule von *Rubens* sind die kalten Lötstellen der Eisen-Konstantan-Thermoelemente ebenso groß dimensioniert wie die warmen, damit Temperaturschwankungen der Umgebung keine zusätzlichen Thermospannungen hervorrufen. Durch Empfindlichkeit und geringe Einstellzeit zeichnet sich die Mollsche lineare Thermosäule aus. Sie enthält 30 Konstantan-Manganin-Elemente in Form von 5 μ dicken, geschwärzten Streifen. Der Gleichgewichtszustand wird in etwa 2 s erreicht.

Linien →Linienspektrum, →verbotene Linien.

Linienbreite. Spektrallinien sind nie völlig scharf, sondern haben immer eine endliche Breite, genauer gesagt: sie zeigen einen Intensitätsabfall nach beiden Seiten, der durch ihre →Halbwertsbreite gekennzeichnet wird. Ihre Breite beruht auf einer erheblichen Zahl verschiedener Effekte. Unter allen Umständen vorhanden ist die →*natürliche* Linienbreite, deren Ursache gemäß der Heisenbergschen Unschärfenrelation die endliche Lebensdauer der angeregten Zustände ist. Eine weitere Unschärfe wird durch den von der thermischen Bewegung der emittierenden Atome hervorgerufenen →Stark-Doppler-Effekt hervorgerufen (→Doppler-Breite). Weitere Einflüsse rühren von der Umgebung des emittierenden Atoms her, so von der Absorption der Strahlung durch diese. Diese Effekte sind *vom Druck unabhängig*. Dazu kommt eine Reihe *druckabhängiger* Effekte (→*Druckeinfluß* auf Spektrallinien): die Stoßdämpfung, der Kopplungseffekt, die Wirkung molekularer Felder, die Strahlungsdämpfung und das Zusammenwirken von Strahlung und Stößen. Der Kopplungseffekt ist ein quantenmechanischer Resonanzeffekt und beruht auf einer besonders starken gegenseitigen Beeinflussung gleichartiger Atome. Die molekularen elektrischen Felder rufen an den Atomen einen →Stark-Effekt hervor. Im Extremfall führen diese Effekte durch Verschmelzung benachbarter Linien zum kontinuierlichen Spektrum. Linienbreite von Schall →Unschärfenrelation, akustische.

Handb. d. Physik XXI. Berlin 1929.

Liniendichte →Flächendichte.

Linienelement. Ist $\mathfrak{C}$ eine ebene Kurve, deren Gleichung durch $y = f(x)$ gegeben ist, so ist die Bogenlänge zwischen den beiden Punkten $P(x_0 y_0)$ und $P(x_1 y_1)$ gegeben durch $s = \int_{x_0}^{x_1} \sqrt{1 + y'^2}\, dx$. Das unter dem Integral stehende Differential $ds = \sqrt{1 + y'^2}\, dx$ nennt man das Linienelement (auch →Bogenelement) der Kurve. Ist $\mathfrak{C}$ in ebenen Polarkoordinaten r, φ durch $r = r(\varphi)$ gegeben, so hat das Linienelement die Form $ds = \sqrt{r^2 + \left(\frac{dr}{d\varphi}\right)^2}\, d\varphi$. Bei einer Raumkurve, deren Gleichung etwa in der Parameterform $x = x(t)$, $y = y(t)$, $z = r(t)$ gegeben ist, ist $ds = \sqrt{\dot{x}^2 + \dot{y}^2 + \dot{z}^2}\, dt$. In räumlichen Polarkoordinaten (r, ϑ, φ) schreibt sich das Linienelement $ds = \sqrt{\dot{r}^2 + r^2 \sin^2\vartheta\, \dot{\varphi}^2 + r^2 \dot{\vartheta}^2}\, dt$, während in Zylinderkoordinaten (r, φ, z): $ds = \sqrt{\dot{r}^2 + r^2 \dot{\varphi}^2 + \dot{z}^2}\, dt$ wird.

In der allgemeinen Relativitätstheorie wird der Begriff des Linienelements durch Einbeziehung der Zeit auf 4 Dimensionen verallgemeinert. →Riemannsche Geometrie.

Linienflüchtigkeit eines →Vektors, die Eigenschaft, daß er in seiner eigenen Richtung verschoben gedacht werden darf, z. B. ein Kraftvektor längs seiner Wirkungslinie.

Linienfilter = →Interferenzlichtfilter.

Linienform →Linienbreite.

Linienhafte Phosphoreszenz bedeutet, daß das Nachleuchten eines →Phosphors aus scharfen Spektrallinien besteht, während normalerweise das Spektrum der Phosphoreszenz aus einer oder mehreren breiten Banden besteht. Die mit den Seltenen Erden aktivierten Phosphore geben eine linienhafte Phosphoreszenz. Die Schärfe der Spektrallinien kommt daher, daß diese durch Übergang innerhalb der geschützten $4f$-Schale der Ionen der Seltenen Erden zustande kommen. Es ist allerdings noch völlig unklar, wie die kinetische Energie des freien Phosphoreszenzelektrons auf die innere Energie der $4f$-Schale übertragen wird.

Linienintegral →Kurvenintegrale.

Liniennormal →Spektrometrie.

Linienserien →Alkalispektren, →Balmer-Formel, →Linienspektrum, →Serienformel.

Linienspektren. Die durch Atome emittierten oder absorbierten Strahlungsfrequenzen bestehen zum großen Teil aus diskreten Linien. Die Deutung dieser Linien ist durch die Quantenmechanik möglich geworden, die sagt, daß ohne Berücksichtigung des elektromagnetischen Feldes jedes Atom eine unendliche Menge diskreter Energiezustände besitzt. Unter Berücksichtigung des Strahlungsfeldes ergibt die Quantenmechanik, daß diese Energiezustände bis auf den Grundzustand nicht stabil sind, sondern daß das Atom von einem Zustand der Energie E_n in einen Zustand der Energie $E_m < E_n$ spontan übergehen kann unter *Emission* eines Lichtquants der Frequenz $h\nu = E_n - E_m$. Ebenso ist nur die *Absorption* von Lichtquanten der Frequenz $h\nu = E_n - E_m$ möglich, indem das Atom aus dem Zustand E_m in den Zustand E_n gehoben, d. h. angeregt, wird. →Einelektronenproblem, →Zweielektronenproblem, →Aufbauprinzip, →Periodisches System der Elemente, →Diracsche Strahlungstheorie.

Linienspektren der Röntgenstrahlung →charakteristische Röntgenstrahlung.

Liniensumme →Kurvenintegrale.

Linienträgheitsmoment →Flächenträgheitsmoment.

Linienverbreiterung →Doppler-Breite, →Druckeinfluß auf Spektrallinien, →Halbwertsbreite, →Linienbreite, →Strahlungsdämpfung, →Aufspaltung von Spektrallinien, →kontinuierliches Spektrum.

Linkssystem →Rechtssystem.

Linsen sind von zwei brechenden Flächen begrenzte lichtdurchlässige Körper. Meist ist der Körper aus Glas, und die brechenden Flächen sind Kugelabschnitte. Gelegentlich sind aber die Flächen auch asphärisch, zylindrisch oder torisch. Die seitliche, optisch nicht wirksame Begrenzung (der Rand) kann sehr verschieden sein. Um gegebenenfalls das Ausbrechen scharfer Kanten zu verhüten, werden diese gebrochen (facettiert). Die Dicke ist so zu wählen, daß bei Sammellinsen eine Randdicke von $^1/_{20}$ bis $^1/_{50}$ des Durchmessers entsteht. Um Linsen zu kennzeichnen, müssen die Radien, die Mittendicke, der Durchmesser, das Material und gegebenenfalls die Facettierung angegeben werden. Auf Zeichnungen werden die Linsen oft durch ihre →Hauptebenen, ggf. als dünne Linsen mit zusammenfallenden Hauptebenen, dargestellt. →Achse, optische, →Bi-Linse, →Linse, dynamische, →optische Abbildung, →Abbildungsfehler. Ferner →Röntgenlinse, →Elektronenlinsen.

Linse, akustische, →Abbildung durch Ultraschall.

Linse, dynamische, nach einem Vorschlag von *Fr. Dessauer* eine optische Linse mit stetig veränderlicher Brennweite nach Art der Augenlinse, verwirklicht durch ein linsenförmiges, durch sehr dünne, durchsichtige und elastische Wände abgeschlossenes Gebilde mit geeigneter Flüssigkeits- oder Gasfüllung. Ihre Krümmung und damit ihre Brennweite wird durch Änderung des Druckes stetig variiert.

Meier, F. J.: Helv. phys. Acta CVI, Nr. 3 (1943). — *Briner, H.:* (Dissert. Freiburg, Schweiz). Freiburg, Schweiz 1948.

Linsen, elektrostatische, magnetische →Elektronenlinsen.

Linsenbildchen, durch die vordere (konvexe) und hintere (konkave) Begrenzungsfläche der Augenlinse entworfene Spiegelbilder vor dem Auge befindlicher Objekte (z. B. Kerzenflammen), zu denen noch das durch die Hornhautfläche entworfene 3. „Purkinje-Sansonsche Bildchen“ tritt; lediglich das von der hinteren Linsenfläche entworfene Linsenbildchen ist umgekehrt, die beiden anderen sind virtuell-aufrecht. Mit der →Akkommodation (Zunahme der Linsenkrümmung) verkleinert sich das vordere Linsenbildchen.

Linsenfehler →Abbildungsfehler.

Linsenformel, -gleichung →Abbildungsgesetze.

Linsensysteme bestehen aus getrennten Einzellinsen und sind meist Systeme zentrierter Kugelflächen (→Zentrierung, →Achse, optische). Hierbei ist das von der ersten Linse erzeugte Bild Objekt für die Abbildung durch die zweite Linse usw., wobei auch Spiegel an Stelle von Linsen als abbildende Elemente treten können. Die Gesamtheit dieser abbildenden oder auch zur Beleuchtung dienenden optischen Elemente und der dazwischen befindlichen optischen Mittel wird als optisches Linsensystem bzw. schlechthin als optisches System bezeichnet. Besteht das System nur aus zwei getrennten Einzellinsen, so spricht man mit Bezug auf die Linsenzahl von einem Duplett oder bei drei Linsen von einem Triplett.

Je nach Verwendungszweck oder grundsätzlichem Strahlenverlauf spricht man von →Mikroskopen, →Fernrohren und →Objektiven usw.

Liouvillescher Satz, ein fundamentaler Satz der klassischen Mechanik. Man betrachte ein Volumelement im $6N$-dimensionalen Phasenraum eines Systems von N Massenpunkten, das den Gesetzen der klassischen Mechanik unterworfen ist. Bewegen sich die einzelnen Phasenpunkte dieses Phasenvolumelementes nach den Bewegungsgleichungen der klassischen Mechanik und ist dV_0 die Größe des Phasenvolumelementes zur Zeit $t = 0$ und dV dieselbe Größe zu einer beliebigen Zeit t, so lautet der Liouvillesche Satz $dV = dV_0$. Außerdem ist das Phasenvolumen invariant gegenüber beliebigen Berührungstransformationen.

Lippenpfeifen →Musikinstrumente.

Lippmannsche Farbphotographie, Photographie in natürlichen Farben, von *Lippmann* im Anschluß an den Wienerschen Nachweis der →stehenden Lichtwellen erfunden, indem er haltbare →Zenker-Schichten herstellte. Diese bestehen aus einer sehr feinkörnigen photographischen Schicht, die auf einem Quecksilberspiegel aufgetragen ist.

Das Verfahren eignet sich in erster Linie zur Wiedergabe reiner Spektralfarben; bei Mischfarben wird gewöhnlich keine farbrichtige Wiedergabe erzielt. Deshalb hat dieses theoretisch interessante Verfahren keine praktische Anwendung gefunden.

Liquiduskurve →Zustandsdiagramm.

Liquokristallin →kristalline Flüssigkeiten.

Lissajous-Figuren, die Bahnen von Massenpunkten, deren Bewegung aus zwei zueinander senkrechten Teilbewegungen besteht, die Schwingungen mit *verschiedenen* Frequenzen sind (zweifach periodisches System oder zweidimensionaler Oszillator). Legt man in die beiden Schwingungsrichtungen die x- bzw. y-Achse eines rechtwinkligen Koordinatensystems, so wird die Bahn in Parameterform durch die Gleichungen $x = a \sin \omega_1 t$, $y = b \sin(\omega_2 t + \delta)$ gegeben, in denen a und b die Amplituden der beiden Partialschwingungen und δ eine Phasenkonstante sind. Bei Gleichheit der Frequenzen $\omega_1 = \omega_2 = \omega$ liegt im allgemeinen eine →elliptische Schwingung vor, weil die Bahn (im allgemeinen) eine Ellipse

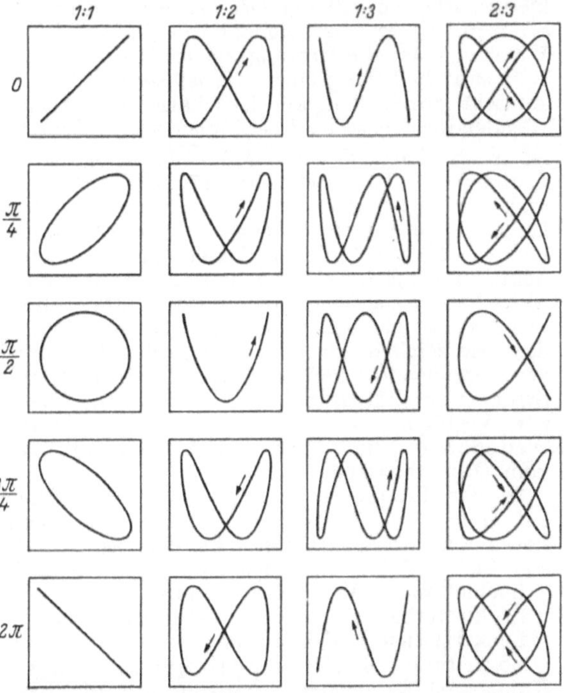

Lissajous-Kurven. Über den Vertikalreihen ist das Frequenzverhältnis, neben den Horizontalreihen die Phasendifferenz der beiden Schwingungen angegeben.

ist. Ist jedoch $\omega_1 \neq \omega_2$, so deformiert sich diese in als Lissajous-Figuren bezeichnete, eigenartig geformte Kurven, deren Gestalt wesentlich von dem Frequenzverhältnis $\bar{\omega} = \omega_1/\omega_2$ und der jeweiligen Phasendifferenz δ abhängt (Abb.). Die Kurven liegen in einem durch die Amplituden a und b festgelegten Rechteck von den Seitenlängen $2a$ und $2b$. Sie sind *geschlossene* Kurven, wenn das Frequenzverhältnis $\bar{\omega}$ eine *rationale* Zahl ist. Es handelt sich hier also um eine zeitlich *periodische* Bewegung. Sind indessen ω_1 und ω_2 *inkommensurabel*, so ist die Bahn *nicht geschlossen*, sondern eine jeden Punkt des von dem vierfachen Amplitudenrechteck eingeschlossenen Bereichs einmal berührende Kurve. Im Gegensatz zu oben liegt also bei einem irrationalen Frequenzverhältnis keine exakt periodische Bewegung vor. Weil die Bahn aber an einen einmal durchlaufenen Punkt zwar nicht mehr zurückkehrt, ihm aber beliebig nahe kommt, spricht man in diesem Fall von einer *bedingt periodischen* Bewegung und nennt ein solches System ein *bedingt periodisches System*.

Bewegungen, deren Bahnen Lissajoussche Kurven sind, kann man auch als das Ergebnis zweier senkrecht zueinander polarisierter Schwingungen mit *gleicher Frequenz*, aber zeitlich *variabler* (und zwar linear mit t sich ändernder) *Phasenkonstante* ansehen. Denn führt man die Differenz $\vartheta = \omega_2 - \omega_1$ ein, so lassen sich die Komponenten schreiben: $x = a \sin \omega_1 t$, $y = b \sin(\omega_1 t + \vartheta t + \delta)$.

Handb. d. Physik VIII. Berlin 1928.

Liter, abgek. l, ein international vereinbartes Hohlmaß. Es wird überall dort als Volumeneinheit benutzt, wo es sich um die Ausmessung geometrisch nicht mehr einfach geformter Volumina handelt, die nicht, wie etwa Quader, Würfel, Kugel usw., durch direkte Längenmessung mit ausreichender Sicherheit bestimmt werden können. Man bedient sich hierbei der wesentlich genaueren Wägung der Masse einer Standardflüssigkeit, welche das gesuchte Volumen bei bekannter Temperatur ausfüllt. Als Normalflüssigkeit wurde Wasser festgelegt. Das Liter ist definiert (3. Generalkonferenz für Maß und Gewicht, 1901) als das Volumen von 1 kg luftfreien Wassers bei seiner maximalen Dichte (760 Torr und 3,98 °C). Diese Definition stellte eine Umkehrung der ursprünglichen Kilogrammfestlegung dar, nach welcher das →kilogramme des archives als erste Verkörperung der von der französischen Nationalversammlung angenommenen metrischen Masseneinheit hergestellt wurde (→Kilogramm). Da die Masse des heutigen →Kilogrammprototyps der Meterkonvention etwas größer ausgefallen ist, als sie nach einer Definition des Kilogramms über Meter und Wasserdichte bei 4 °C hätte sein sollen, so besteht zwischen l und dm^3 ein experimentell zu bestimmender, von 1 verschiedener Umrechnungsfaktor: 1 l = 1,000028 ± 0,000003 dm^3 (→Wasserdichte, maximale).

Literatmosphäre, abgek. latm bzw. lat, bei der Behandlung von Arbeitsleistungen der Gase gebräuchliches Energiemaß. Die Literatmosphäre ist definiert als die Arbeit, die erforderlich ist, um das Volumen eines Gases beim Druck einer Atmosphäre um 1 l zu vergrößern; dabei ist als Druckeinheit sowohl die *physikalische* →Atmosphäre (atm) wie auch die *technische* Atmosphäre (at) üblich: 1 latm = 101,3278 Nm, 1 lat = 98,0692 Nm (→ **Anh. III, Tab. 3**).

Litergewicht (richtiger: *Literdichte*), bei Gasen gebräuchliche Angabe der Dichte unter →Normbedingungen in der Einheit 1 g l^{-1}; stimmt, abgesehen von dem meist zu vernachlässigenden Unterschied zwischen dem →Liter und dem Kubikdezimeter, mit dem in der Einheit 1 kg m^{-3} gemessenen Normkubikmetergewicht überein.

Lithogene Elemente (*Washington*) sind überwiegend in Gesteinen und damit verwandten Minerallagerstätten angereichert; sie stimmen weitgehend mit →lithophilen Elementen überein.

Lithophile Elemente (*V. M. Goldschmidt*, 1923) sammeln sich bei der Stoffsonderung der Erde in der Silikatschmelze (Lithosphäre) an. Es sind insbesondere O, Si, Ti, Zr, Th, B, Al, Seltene Erden, Erdalkalien, Alkalien, Halogene. →Geochemie.

Littrow-Spektrograph →Glasprismenspektrograph.

Litzendraht (*Hochfrequenzlitze*). Bei hochfrequenten Strömen wird das Innere eines massiven Drahtes wegen der Verdrängung der Stromlinien in die Oberfläche (→Hauteffekt) zur Stromleitung nicht ausgenutzt, und der Widerstand des Drahtes und damit die Verluste durch Joulesche Wärme sind sehr viel größer als bei Gleichstrom. Man verwendet daher für hochfrequente Ströme Drahtlitzen, welche aus zahlreichen, durch Lacküberzug voneinander isolierten, dünnen Drähten bestehen, welche derart verdrillt sind, daß sie abwechselnd im Innern und an der Oberfläche der Litze verlaufen.

Lj, Symbol der astronomischen Längeneinheit →Lichtjahr; in der englischen Literatur: l.y.

Lloydsche Waage, ein erdmagnetisches Variometer; →erdmagnetische Messungen.

lm, Symbol für die allgemeine Lichtstromeinheit →Lumen.

lmh, Symbol für die allgemeine Lichtmengeneinheit →Lumenstunde.

Löchertheorie des Elektrons. Die Diracsche Löchertheorie ist eine Fortführung der Quantisierung der Diracschen Feldgleichungen des Elektrons (→ Quantenelektrodynamik). Die Quantisierung ist nach dem Pauli-Prinzip durchzuführen. Man hat die Vertauschungsrelationen

$$\psi_\varrho^*(\mathfrak{r})\,\psi_\sigma(\mathfrak{r}') + \psi_\sigma(\mathfrak{r}')\,\psi_\varrho^*(\mathfrak{r}) = \delta(\mathfrak{r}-\mathfrak{r}')\,\delta_{\varrho\sigma},$$
$$\psi_\varrho(\mathfrak{r})\,\psi_\sigma(\mathfrak{r}') + \psi_\sigma(\mathfrak{r}')\,\psi_\varrho(\mathfrak{r}) = 0,$$
$$\psi_\varrho^*(\mathfrak{r})\,\psi_\sigma^*(\mathfrak{r}') + \psi_\sigma^*(\mathfrak{r}')\,\psi_\varrho(\mathfrak{r}) = 0$$

für die vierkomponentige Feldfunktion $\psi_\varrho(\mathfrak{r})$ ($\varrho = 1, 2, 3, 4$) (den Diracschen Spinor) anzusetzen. Da die →Dirac-Gleichung für ein freies Elektron positive und negative Energiewerte ($E = \pm\, c\sqrt{m\sigma^2 + p^2}$) besitzt, so ergibt die Quantisierung der Feldgleichungen Zustände, die man durch die verschiedenen Besetzungszahlen der Energieeigenwerte charakterisieren kann, wobei als Besetzungszahlen aber nur 0 und 1 auftreten. Der tiefste Energiewert des gesamten Feldes würde dem Zustand entsprechen, wo alle negativen Zustände besetzt, alle positiven Zustände leer sind. Hierbei erhielte man allerdings eine unendlich große negative Energie. Gerade diesen Zustand aber bezeichnet die Löchertheorie als „Vakuum“, indem durch einen →Subtraktionsformalismus gerade solche Werte von Energie, Ladung und Impuls abgezogen werden, daß diese für das neu definierte „Vakuum“ Null werden. Hat man dies getan, so erhält man folgende Ergebnisse:

Ein besetzter positiver Energieeigenwert ohne Löchertheorie ergibt in der Löchertheorie ein Elektron positiver Energie und negativer Ladung, ein nicht besetzter negativer Energieeigenwert ergibt entsprechend ein Positron ebenfalls *positiver* Energie, aber positiver Ladung.

Die ursprüngliche Hoffnung, durch die Löchertheorie auch das →Selbstenergieproblem des Elektrons lösen zu können, hat sich nicht bestätigt. Allerdings ist das entsprechende Impulsraumintegral für die Selbstenergie nur noch logarithmisch divergent.

Löchertheorie der Flüssigkeiten. Im Rahmen dieser Theorie deutet man die Struktur der Flüssigkeit als eine Anordnung der Molekülschwerpunkte ähnlich dem kristallinen Zustand, nur daß sich im Gitter mehr oder weniger große Löcher befinden, die dafür sorgen, daß die Gitterordnung auf weite Entfernung gestört wird. Man stellt sich vor, daß beim Schmelzvorgang eine Anzahl von Löchern entsteht, die für die Volumvergrößerung und die relativ große Beweglichkeit (den großen Diffusionskoeffizienten in der Flüssigkeit) verantwortlich sind. Die für die Bildung der Löcher erforderliche Arbeit besteht in der Schaffung neuer innerer Oberflächen und entspricht der Schmelzwärme (→kinetische Theorie der Flüssigkeiten).

Eucken, A.: Lehrb. d. Chem. Physik II/2. Leipzig 1944.

Lochkamera. Wird in einem Kasten an der Vorderseite oder in einem geeigneten Raum an passender Stelle eine Blende mit genügend kleiner Öffnung angebracht, so erzeugen die hindurchtretenden Strahlen auf einer der Blende gegenüberliegenden Wand ein verzeichnungsfreies, umgekehrtes Bild der vor dem Loch befindlichen Gegenstände. Dieses Bild setzt sich aus vielen kleinen Flecken von der Gestalt der Öffnung zusammen. Es ist von eigenartiger künstlerischer Weichheit. Ist die Öffnung zu groß, so wird das Bild zwar hell, aber unscharf; ist sie zu klein, so entsteht durch Beugung Unschärfe. Günstigster Blendendurchmesser $2r$ bei kreisförmiger Öffnung ist nach *Rayleigh* $2r = 1{,}9\sqrt{a'\lambda}$. Hierbei bedeutet a' den kürzesten Abstand zwischen Blende und Auffangebene und λ die wirksame Wellenlänge des benutzten Lichtes. Für $a' = 200$ mm und $\lambda = 550\ \mathrm{m}\mu$ (mittlere Wellenlänge des Tageslichts) ergibt sich $2r = 0{,}63$ mm. Die Lochkamera war schon *Leonardo da Vinci* bekannt. Für manche Zwecke läßt sie sich noch heute gut verwenden, denn sie zeichnet auch für sehr große Bildwinkel verzeichnungsfrei und gibt die Möglichkeit, mit Strahlen zu photographieren, für die keine Linsen zur Verfügung stehen, z. B. Röntgenstrahlen. Weiterhin ist die Abbildungsschärfe unabhängig vom Objektabstand.

In der Röntgentechnik dienen Lochkammeraufnahmen zur Messung der Größe des Brennflecks von Röntgenröhren. Die Kamera besteht aus Blei und hat ein etwa 1 mm² großes Loch.

Lochleitung →Mangelhalbleitung.

Lochunterbrecher →Wehnelt-Unterbrecher.

Lockerstellen →Fehlordnung, →Gitterstörung.

Logarithmen. 1. *Natürliche* (*Nepersche,* richtiger *Napiersche*) *Logarithmen,* bezogen auf die Basis →e. Ist also x der natürliche Logarithmus einer Zahl a, $x = \log^e a = \ln a$, so heißt das: $e^x = a$. Zwischen den natürlichen und den gemeinen (auf die Basis 10 bezogenen) Logarithmen besteht die Beziehung $\ln a = \log a/\log e = 2{,}3026 \log a$ und umgekehrt $\log a = 0{,}4343 \ln a$.

2. *Briggssche oder gemeine Logarithmen,* bezogen auf die Basis 10: $y = \log^{10} x$. Statt $\log^{10}$ wird einfach log, gelegentlich auch lg, geschrieben. Die üblichen log-Tafeln enthalten 4-, 5-, 7-, für Sonderzwecke auch 12stellige gemeine Logarithmen.

Ferner →Zweierlogarithmus.

Tafeln: *August, E.:* Vollständige log. und trig. Tafeln. Berlin 1931. — *Küster, K.:* Logarithm. Rechentafeln. Berlin 1935.

Logarithmisches Dekrement, der natürliche Logarithmus des reziproken →Amplitudenverhältnisses einer →gedämpften Schwingung.

Logarithmische Differentiation, das Verfahren, statt einer Funktion $y = f(x)$ deren natürlichen Logarithmus zu differenzieren. Dies ermöglicht oft, von verwickelteren Funktionen verhältnismäßig schnell deren Ableitung zu finden. Beispiel: Es sei $y = f(x) = u(x)^{v(x)}$. Beiderseitiges Logarithmieren gibt: $z(x) = \ln y = v \ln u$, dies differenziert $\frac{dz}{dx} = \frac{1}{y}\frac{dy}{dx} = v' \ln u + v\frac{u'}{u}$, woraus sofort $y' = u(x)^{v(x)}\left\{v' \ln u + v\frac{u'}{u}\right\}$ folgt. Das Verfahren ist auch besonders geeignet zur bequemen Berechnung des relativen Fehlers einer Messung.

Logarithmisches Potential →Potential, logarithmisches.

Logarithmische Temperaturskala →Temperaturskala, logarithmische.

Logatom. Bei Verständlichkeitsmessungen in Fernsprechsystemen überträgt man sinnlose Silben, die sozusagen Elementarteilchen der zu übertragenden Sprache darstellen und als „Logatome" bezeichnet werden. Der Prozentsatz der richtig verstandenen Logatome heißt *Silbenverständlichkeit*.

Arch. techn. Messen V 3719-1 ... 3.

Logische Möglichkeit →Wahrscheinlichkeit.

Lokaladaptation, heute meist angewandte Bezeichnung für Umstimmung oder →Ermüdung bestimmter Netzhautstellen durch lokale Reizung.

Lokalelemente →Lokalströme.

Lokalströme fließen an der Phasengrenze Metall/Lösung eines korrodierenden Metalles. Betrachtet man ein solches Metall als eine zweifache →Elektrode, bei welcher gleichzeitig Metallionen und Elektronen unter Wasserstoffentwicklung oder Sauerstoffverbrauch übergehen, so kann man den Übergang der Metallionen als einen anodischen, den Übergang der Elektronen als einen kathodischen Teilstrom auffassen. Lokalisiert sich der Me^{+}-Übergang an gewissen anodischen Stellen der Metalloberfläche, der Elektronenübergang an anderen kathodischen Stellen von makroskopischer Ausdehnung, so bilden anodische und kathodische Stellen zusammen kleine elektrochemische →Ketten, die über das Metall kurzgeschlossen sind (*Lokalelemente*).

Die *Größe des Lokalstromes*, der zwischen anodischen und kathodischen Stellen des Metalles fließt, ist bedingt durch 1. die Größe der EMK des Lokalelementes, die wiederum durch die Affinität des Korrosionsvorganges gegeben ist; 2. den inneren Widerstand, insbesondere in den Flüssigkeitsschichten und etwaigen Deckschichten, durch die der Lokalstrom fließt; 3. durch die Polarisation (→Polarisation, elektrochemische) an den Phasengrenzen, z. B. durch die →Konzentrationspolarisation des Sauerstoffs, wenn maßgebend die Hemmungen bei der Diffusion des Sauerstoffs von der Flüssigkeitsoberfläche zur Phasengrenze Metall/Lösung sind.

Als kathodische Stellen können z. B. Einschlüsse eines Fremdstoffes wirken, an denen die Hemmung für den Elektronenübergang im Sinne der Wasserstoffelektrode herabgesetzt ist. Ist das Metall von einer porösen Deckschicht überzogen, so nimmt man an, daß die Metallionen innerhalb der Poren an der Grenze Metall/Lösung, die Elektronen durch die Deckschicht hindurch übergehen.

Handb. d. Metallphysik I/2. Leipzig 1940.

London-Heitlersche Theorie des H_2 →kovalente Bindung.

London-Heitler-Verfahren →Heitler-London-Verfahren.

Londonsche Spannungen im Supraleiter bilden einen wesentlichen Bestandteil der Laue-Londonschen Erweiterung der Maxwellschen Elektrodynamik auf Supraleiter. In einem Supraleiter besteht nach dieser Theorie (→Lauesche Theorie der Supraleitung) das gesamte mechanische Spannungssystem additiv aus den Maxwellschen Spannungen des elektromagnetischen Feldes und den Londonschen Spannungen, die mit dem →Suprastrom zusammenhängen. Das ganze Spannungssystem liefert im stationären Zustand keine Volumkräfte. Die elastischen Gegenkräfte werden daher, anders als beim Normalleiter, durch Oberflächenkräfte geweckt. Ist der →Supraimpulsvektor $\mathfrak{G}$ parallel zum Stromdichtevektor $\mathfrak{J}^{(1)}$ des Suprastromes, so ist der Tensor der Londonschen Spannungen symmetrisch und die Stromlinie eine seiner Hauptachsen. Senkrecht zur Stromlinie herrscht ein Zug und parallel zu ihr ein Druck. An der Oberfläche des Supraleiters erfährt dieser einen Zug nach innen.

v. Laue, M.: Theorie d. Supraleitung. Berlin u. Göttingen 1950.

Longitudinalschwingungen oder *Längsschwingungen* sind Schwingungen von Saiten und Stäben in ihrer Längsrichtung. Ihre Frequenz ist vom Querschnitt und der Zugspannung fast ganz unabhängig.

Longitudinalwellen oder *Längswellen* heißen alle Wellenformen, bei denen die Bewegung der Mediumteilchen in der Fortpflanzungsrichtung der Welle erfolgt, im Gegensatz zu den →Transversalwellen. Reine Longitudinalwellen treten in Form von Kompressionswellen als eine Folge von abwechselnden Kompressionen und Dilatationen in allseitig ausgedehnten gasförmigen und flüssigen Medien mit zu vernachlässigender innerer Reibung auf. In seitlich begrenzten festen Körpern (z. B. Stäben) können Longitudinalwellen wegen der Wirkung der Querkontraktion nur gleichzeitig mit Transversalwellen auftreten (→Schallgeschwindigkeit).

long ton, abgek. tn.l. oder t, britische Masseneinheit (→pound): 1 tn.l.=2240 lb.av. $=1{,}0160\overline{5}$ t.

long ton weight, abgek. tn.l.wt. oder T, Gewicht einer tn.l. bei der →Normfallbeschleunigung $g_n = 9{,}80665$ m s^{-2} = 32,1741 ft s^{-2}: 1 tn. l. wt. $= 1016{,}0\overline{5}$ kp = 9964,0 N.

Lorentz-Faktoren. Die Interferenzstrahlen, die bei der Beugung von Röntgenstrahlen an Kristallen auftreten, haben wegen der endlichen Anzahl ihrer Atome eine Divergenz, die um so größer wird, je kleiner der beugende Gitterbereich ist. Im reziproken Gitter äußert sich die Interferenzverbreiterung dadurch, daß gebeugte Strahlen nicht nur dann erscheinen, wenn ein reziproker Gitterpunkt genau auf der Ausbreitungskugel liegt, sondern es genügt schon der Durchgang der Kugel durch die Umgebung des Punktes. Die „Punkte" haben eine gewisse Ausdehnung und eine Dichteverteilung, die von innen nach außen schnell abnimmt. Sie haben alle die gleiche Form und Größe. Die endliche Ausdehnung der Punkte hat einen Einfluß auf die Intensität der gebeugten Strahlen, dem durch Intensitätsfaktoren Rechnung getragen wird. Den ersten solchen Faktor berechnete für spezielle Fälle der →Laue-Methode *H. A. Lorentz* (1914), nach dem sie auch für alle übrigen Methoden benannt werden.

Die Intensität der an einem Gitter aus N Elementarzellen vom Zellenvolumen V gebeugten Strahlen ist für alle Methoden und alle Interferenzen proportional N/V. Bei allen Methoden, die auf monochromatischer Strahlung beruhen, hängen die Lorentz-Faktoren nur von der Zeit oder Wahrscheinlichkeit des Aufenthalts eines reziproken Gitterpunktes auf der Ausbreitungskugel (*Verweilzeit*) und von der Fläche, die er beim Durchgang durch die Kugel durchschreitet, ab.

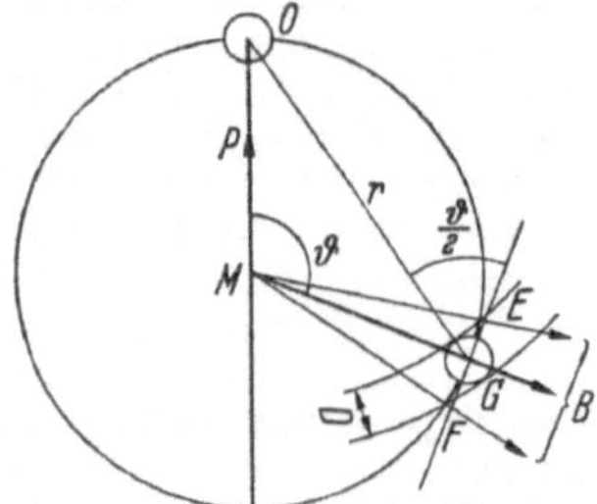

Abb. 1. Lorentz-Faktor der Drehkristallmethode.

Die Intensitäten der Äquatorinterferenzen der →*Drehkristallmethode* sind nach Abb. 1, in der G den Bereich des reziproken Gitterpunktes, P und B den primären und den gebeugten Strahl darstellen, umgekehrt proportional den Strecken $OG = r$ und den $\cos(\vartheta/2)$, weil der Gitterpunktbereich den Äquator der Ausbreitungskugel nicht in der Länge seines Durchmessers D, sondern in der des Bogens EF schneidet. Für verschiedene Wellenlängen λ ändert sich der Kugelradius $1/\lambda$, während der Bereich unverändert bleibt. Die Fläche, die er beim Durchgang durch die Kugel durchläuft, wächst daher im Verhältnis zur Kugeloberfläche proportional λ^2 und mit ihr die Intensität des Interferenzstrahls. Aus der →Braggschen Gleichung folgt $1/r = d/n = \lambda/[2\sin(\vartheta/2)]$. Durch Multiplizieren aller Teilfaktoren ergibt sich der Lorentz-Faktor zu

$$L = \frac{N}{V}\lambda^2 \frac{\lambda}{2\sin(\vartheta/2)} \frac{1}{\cos(\vartheta/2)} = \frac{N}{V}\lambda^3 \frac{1}{\sin\vartheta}.$$

Bei der Pulvermethode sind die Bereiche der reziproken Gitterpunkte (hkl) aller Pulverkörn-

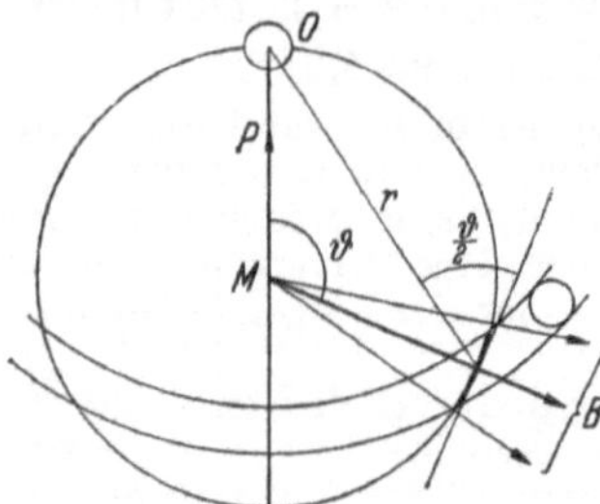

Abb. 2. Lorentz-Faktor der Pulvermethode.

chen über eine Kugelschale vom mittleren Durchmesser r um O (Abb. 2) gleichmäßig verteilt. Ihre Dichte ist umgekehrt proportional $4\pi r^2$, die von der Wellenlänge abhängige Änderung der Intensität proportional λ. Für den Lorentz-Faktor folgt daher

$$L = \frac{N}{V}\frac{\lambda^3}{16\pi}\frac{1}{\sin^2(\vartheta/2)\cos(\vartheta/2)},$$

worin N die Gesamtzahl der Elementarzellen aller Pulverkörnchen bedeutet.

Für die Laue-Methode ist

$$L = \frac{N}{V}\frac{\lambda^3}{2}\frac{1}{\sin^2(\vartheta/2)} = \frac{N}{V}\,2d^{*2}_{hkl}, \quad d^{*}_{hkl} = d_{hkl}/n$$

(d_{hkl} Netzebenenabstand, n Ordnung der Interferenz). Die Ableitung dieses Lorentz-Faktors siehe bei *M. v. Laue*.

v. Laue, M.: Röntgenstrahl-Interferenzen. Leipzig 1948.

Lorentz-Gas, eine binäre Gasmischung, in welcher folgende Bedingungen erfüllt sind: 1. Die Masse m_1 der Moleküle der einen Gaskomponente ist sehr groß im Vergleich zur Molekülmasse m_2 der 2. Komponente ($m_2 \ll m_1$). 2. Der Einfluß der Zusammenstöße der leichten Moleküle untereinander ist klein gegenüber der Wirkung der Zusammenstöße der leichten Moleküle mit den schweren Molekülen. Diese Bedingung kann erfüllt sein, wenn 1) die Zahl der leichten Moleküle sehr klein ist im Vergleich zur Zahl der schweren Moleküle, oder 2) wenn der Stoßquerschnitt der leichten Molekülart sehr klein ist. Dieses von *H. A. Lorentz* zuerst betrachtete Gasmodell wurde von ihm auf die Metallelektronen angewandt.

Lorentz-Gruppe, die Gruppe aller Transformationen $x'^{\nu} = \sum_{\mu=0}^{3} \alpha^{\nu}_{\mu} x^{\mu}$ $(\nu = 0, 1, 2, 3)$, bei denen $(x^0)^2 - (x^1)^2 - (x^2)^2 - (x^3)^2$ invariant bleibt. Setzt man $x^0 = ct$, so ist t die in normalen Einheiten gemessene Zeit, wenn c die Lichtgeschwindigkeit ist. Die *Invarianz aller physikalischen Gesetze* gegenüber der Lorentz-Gruppe ist das Postulat der speziellen Relativitätstheorie.

Die Bedeutung der Lorentz-Gruppe für die Quantenmechanik liegt darin, daß in einer relativistischen Quantentheorie die Zustände (d. h. die Vektoren im →Hilbert-Raum) eine Darstellung der Lorentz-Gruppe erleiden müssen.

Als *eigentliche* Lorentz-Transformation werden diejenigen der Determinante $+1$ bezeichnet. Gegenüber diesen speziellen Lorentz-Transformationen bezeichnet man die Gesamtheit aller Lorentz-Transformationen als *volle Lorentz-Gruppe*.

Die Darstellungen der eigentlichen Lorentz-Gruppe sind durch zwei Zahlen j und j' gekennzeichnet: $D_{(j,j')}$. Die Dimension der Darstellung ist $(2j+1)(2j'+1)$. Die Darstellung $D_{(1/2,0)}$ ist gegeben durch die Gruppe $\mathfrak{c}_2$ aller unimodularen linearen Transformationen in 2 Dimensionen, wobei die Untergruppe $\mathfrak{u}_2$ von $\mathfrak{c}_2$ ($\mathfrak{u}_2$ ist die Gruppe aller unimodularen unitären Transformationen) die Gruppe der räumlichen Drehungen als Untergruppe der Lorentz-Gruppe darstellt. Sind u^1 und u^2 die Basisvektoren des Raumes der Gruppe $\mathfrak{c}_2$ und $u^{\dot 1}, u^{\dot 2}$ zwei Vektoren, die sich konjugiert komplex zu u^1, u^2 transformieren, so bilden die Paare $u^{\nu} u^{\dot\mu}$ einen vierdimensionalen Vektorraum, in dem dann die mit der Lorentz-Gruppe selbst äquivalente Darstellung $D_{(1/2,1/2)}$ stattfindet. Ist $\sum_{\nu,\dot\mu} c_{\nu\dot\mu} u^{\nu} u^{\dot\mu}$ ein Vektor aus diesem vierdimensionalen Raum, so transformieren sich die Koeffizienten $c_{\nu\dot\mu}$ äquivalent zu x^0, x^1, x^2, x^3, wenn man $c_{2\dot 1} = x^1 + i x^2$, $c_{1\dot 2} = x^1 - i y^2$, $c_{1\dot 1} = x^0 + x^3$, $c_{2\dot 2} = x^0 - x^3$ setzt. Eine Basis für die Darstellung $D_{(j,j')}$ bilden die

$$v_{mm'} = \frac{(u^1)^{j+m}(u^2)^{j-m}}{\sqrt{(j+m)!\,(j-m)!}}\,\frac{(u^{\dot 1})^{j'+m'}(u^{\dot 2})^{j'-m'}}{\sqrt{(j'+m')!\,(j'-m')!}}$$

$$\begin{pmatrix} m = -j, -j+1, \ldots, +j \\ m' = -j', -j'+1, \ldots, +j' \end{pmatrix}.$$

Die irreduziblen Darstellungen der *vollen* Lorentz-Gruppe erhält man, wenn man je zwei Darstellungen $D_{(\mathfrak{f},\mathfrak{f}')}$ und $D_{(\mathfrak{f}',\mathfrak{f})}$ zusammenfaßt. Der Inversionsspiegelung $x_1' = -x_1$, $x_2' = -x_2$, $x_3' = -x_3$, $t' = t$ entspricht die Transformation $s u^{\lambda} = v_{\dot{\lambda}}$, $s v_{\dot{\lambda}} = u^{\lambda}$, wobei $u^1 = v_{\dot{2}}$ und $u^2 = -v_{\dot{1}}$ ist.

Sind $\sigma_1 = \begin{pmatrix} 0 & 1 \\ 1 & 0 \end{pmatrix}$, $\sigma_2 = \begin{pmatrix} 0 & -i \\ i & 0 \end{pmatrix}$, $\sigma_3 = \begin{pmatrix} 1 & 0 \\ 0 & -1 \end{pmatrix}$ die drei Paulischen Matrizen und σ_0 die Einheitsmatrix, so bleiben die Elemente $\sigma_{k\lambda\dot{\mu}}$ ($k = 0, 1, 2, 3$; $\lambda = 1, 2$; $\dot{\mu} = \dot{1}, \dot{2}$) dieser Matrizen bei Lorentz-Transformationen invariant, wenn man sie entsprechend den Indizes transformiert, also hinsichtlich k kontragredient zu x^0, x^1, x^2, x^3 und hinsichtlich $\lambda\dot{\mu}$ wie die $c_{\lambda\dot{\mu}}$. Daher ist die Gleichung

$$a_{\lambda} = \sum_{k,\dot{\mu}} x^k \sigma_{k\lambda\dot{\mu}} b^{\dot{\mu}}$$

eine Lorentz-invariante Gleichung. Ebenso bleiben die Elemente $\sigma_k'^{\dot{\mu}\lambda}$ der Matrizen $\sigma_1' = -\sigma_1$, $\sigma_2' = -\sigma_2$, $\sigma_3' = -\sigma_3$, $\sigma_0' = \sigma_0$ invariant, so daß auch

$$a^{\dot{\mu}} = \sum_{k,\lambda} x^k \sigma_k'^{\dot{\mu}\lambda} b_{\lambda}$$

eine bei allen eigentlichen Lorentz-Transformationen invariante Gleichung ist. Beide Gleichungen zusammen sind auch gegenüber der vollen Lorentz-Gruppe invariant, denn bei der Spiegelung s geht a_{λ} in $a^{\dot{\lambda}}$, b_{μ} in $b^{\dot{\mu}}$, x^k in $-x^k$ (für $k = 1, 2, 3$), x^0 in x_0 über und umgekehrt.

Größen $c_{\nu_1\nu_2\ldots\dot{\mu}_1\dot{\mu}_2\ldots}$, die sich nach Art der Indizes transformieren, nennt man *Spinoren*. Dies rührt daher, daß sie in der Theorie des Spins der Teilchen eine Rolle spielen.

Setzt man $p_k = \frac{\hbar}{i}\frac{\partial}{\partial x_k} + \frac{e}{c}\varphi_k$ ($k = 1, 2, 3$), $p_0 = \frac{\hbar}{i}\frac{\partial}{\partial ct} + \frac{e}{c}\varphi_0$, wobei φ^k das Viererpotential des elektromagnetischen Feldes ist ($\varphi^1, \varphi^2, \varphi^3$ = Vektorpotential, $\frac{1}{c}\varphi^0 = \varphi$ = dem skalaren Potential), so bilden für einen Spinor $\psi_{\lambda}(x^i)$, $\psi^{\dot{\nu}}(x^i)$ die folgenden Gleichungen ein Lorentz-invariantes System

$$\sum_{k=0,\lambda}^{0} p^k \sigma_k'^{\dot{\nu}\lambda} \psi_{\lambda} = \mu c \psi^{\dot{\nu}}; \quad \sum_{k=0,\dot{\nu}}^{3} p^k \sigma_{k\lambda\dot{\nu}} \psi^{\dot{\nu}} = \mu c \psi_{\lambda}.$$

Dieses System stellt die →Dirac-Gleichungen eines Teilchens der Ladung e, der Ruhemasse μ und des Spins $\hbar/2$ dar. Es ist identisch mit der unter Dirac-Gleichung angegebenen Gleichung

$$\sum_{k=0}^{3} \gamma^k p_k \psi + \frac{\mu c}{i}\psi = 0$$

mit den Matrizen

$$\frac{1}{i}\gamma_k = \begin{pmatrix} 0 & \sigma_k \\ -\sigma_k & 0 \end{pmatrix} \text{ für } k = 1, 2, 3,$$

$$\frac{1}{i}\gamma_0 = \begin{pmatrix} 0 & \sigma_0 \\ \sigma_0 & 0 \end{pmatrix} \quad \text{und} \quad \psi = \begin{pmatrix} \psi_1 \\ \psi_2 \\ \psi^{\dot{1}} \\ \psi^{\dot{2}} \end{pmatrix},$$

wobei z. B. $\begin{pmatrix} 0 & \sigma_1 \\ -\sigma_1 & 0 \end{pmatrix} = \begin{pmatrix} 0 & 0 & 0 & 1 \\ 0 & 0 & 1 & 0 \\ 0 & -1 & 0 & 0 \\ -1 & 0 & 0 & 0 \end{pmatrix}$

bedeutet.

van der Waerden, B. L.: Die gruppentheoret. Methode in d. Quantenmechanik. Berlin 1932.

Lorentz-Invarianz. Eine Größe wird Lorentz-invariant genannt, wenn sie bei Ausführung einer →Lorentz-Transformation ihren Wert nicht ändert. Eine solche Invariante ist z. B. die Größe $ds^2 = dx^2 + dy^2 + dz^2 - c^2 dt^2$, wo x, y, z die rechtwinkligen Raumkoordinaten eines Raumpunktes, t die Zeit und c die Vakuumlichtgeschwindigkeit sind.

Lorentz-Kontraktion, von *H. A. Lorentz* schon vor der Aufstellung der speziellen Relativitätstheorie ad hoc aufgestellte Hypothese, um das Ergebnis des →Michelson-Versuches zu erklären. Danach ist die Länge L eines Stabes, der in seiner Längsrichtung mit der Geschwindigkeit v bewegt wird, für einen ruhenden Beobachter im Verhältnis $\sqrt{1 - v^2/c^2}$ verkürzt (c Vakuumlichtgeschwindigkeit). Dieses Ergebnis folgt unmittelbar aus der →Lorentz-Transformation.

Lorentz-Kraft. Eine mit der Geschwindigkeit $\mathfrak{v}$ bewegte Ladung e erfährt in einem magnetischen Felde (Induktion $\mathfrak{B}$) eine Kraft (Lorentz-Kraft)

$$\mathfrak{K} = e[\mathfrak{v}\mathfrak{B}], \tag{1}$$

die senkrecht zu den Richtungen von $\mathfrak{v}$ und $\mathfrak{B}$ steht. Dabei ist das Vorzeichen von e zu beachten. Ist φ der Winkel zwischen den Richtungen von $\mathfrak{v}$ und $\mathfrak{B}$, so ist der Betrag der Kraft

$$K = evB\sin\varphi. \tag{2}$$

Sie verschwindet also, wenn die Ladung sich genau in der (oder gegen die) Feldrichtung bewegt. Manche Autoren bezeichnen auch die Kraft $\mathfrak{K} = e(\mathfrak{E} + [\mathfrak{v}\mathfrak{B}])$, die sich beim Zusammenwirken eines elektrischen ($\mathfrak{E}$) und eines magnetischen Feldes ergibt, als Lorentz-Kraft.

Die Richtung der Kraft nach Gl. (1) ermittelt man am einfachsten nach der →Schraubenregel, Abb. 5.

Ein senkrecht zu einem homogenen magnetischen Felde bewegter Ladungsträger vollführt eine gleichförmige Kreisbewegung, für welche die Lorentz-Kraft die Zentripetalkraft liefert. Bewegt er sich schräg zur Feldrichtung, so beschreibt er eine schraubenförmige Bahn um die Richtung der Feldlinien. Sieht man in Richtung derselben, so umläuft ein positiver/negativer Ladungsträger sie im/entgegen dem Sinne des Uhrzeigers.

Da die Kraft (mit $\sin\varphi = 1$) K die Zentripetalkraft der Kreisbewegung liefert, so ist $evB = mv^2/r$. Als Winkelgeschwindigkeit ergibt sich also

$$u = \frac{v}{r} = \frac{e}{m}B, \tag{3}$$

die doppelte →Larmor-Kreisfrequenz. Sie ist bei konstanter Masse (wenn also die relativistische Massenänderung noch nicht zu berücksichtigen ist) unabhängig vom Radius der Kreisbahn. Das spielt eine sehr wichtige Rolle beim →Zyklotron.

Lorentz-Lorenz-Gleichung →Elektronenpolarisation, →Molekularrefraktion.

Lorentz-Term, gelegentliche Bezeichnung des durch die →Polarisierbarkeit eines Dielektrikums bedingten Zusatzfeldes $P/3\varepsilon_0$.

Lorentz-Transformation. Sie lautet im einfachsten Falle:

$$x' = \frac{1}{\sqrt{1-\beta^2}}(x - \beta c t), \quad y' = y, \quad z' = z,$$

$$t' = \frac{1}{\sqrt{1-\beta^2}}\left(t - \frac{\beta}{c}x\right),$$

wo x, y, z, t die Raumkoordinaten und die Zeit im einen Bezugssystem und x', y', z', t' die entsprechenden Größen in einem anderen Bezugssystem sind, c die Vakuumlichtgeschwindigkeit und $\beta = v/c$, wo v die in der gemeinsamen x-Richtung angenommene Geschwindigkeit des gestrichenen Bezugssystems gegenüber dem ungestrichenen ist. Macht man den Grenzübergang $\beta \to 0$, läßt aber $\beta c = v$ endlich, so entsteht $x' = x - vt$, $y' = y$, $z' = z$ und $t' = t$, also die →Galilei-Transformation. Zeit und Raum sind vom Standpunkt dieser letzteren Transformation aus „absolut". Die Galilei-Transformation tritt näherungsweise an die Stelle der Lorentz-Transformation, solange $\beta = v/c \ll 1$. Die Lorentz-Transformation ist also die Verallgemeinerung der Galilei-Transformation auf große Relativgeschwindigkeiten (v vergleichbar mit c).

Die fundamentale Invariante der Lorentz-Transformation ist der Abstand zweier →Weltpunkte. Setzt man in ihr $x_1' = x'$, $x_1 = x$ und $x_4' = ict'$, $x_4 = ict$ (i = imaginäre Einheit), so läßt sich die Transformation in der Form schreiben: $x_1' = x_1 \cos\alpha + x_4 \sin\alpha$ und $x_4' = -x_1 \sin\alpha + x_4 \cos\alpha$, wo $\cos\alpha = 1/\sqrt{1-\beta^2}$, $\sin\alpha = i\beta/\sqrt{1-\beta^2}$, also: $\operatorname{tg}\alpha = i\beta$. Die Lorentz-Transformation erscheint in dieser Darstellung als eine Drehung der (x_1, x_4)-Ebene um den imaginären Winkel α (Abb.).

Zur Lorentz-Transformation.

Diese Transformation bildet die Grundlage der speziellen Relativitätstheorie und damit auch der Relativitätselektrodynamik, der Relativitätsmechanik und -thermodynamik.

Lorentz-Triplett, die Aufspaltung der einfachen Linien (Singulettlinien) wie die der Wasserstofflinien (ohne Berücksichtigung der Feinstruktur) oder der Heliumlinie 5016 Å in 3 Komponenten durch ein magnetisches Feld. Diese Aufspaltung beim normalen →Zeeman-Effekt wurde zuerst von *Lorentz* vermittels der klassischen Theorie eines im Magnetfeld schwingenden Oszillators berechnet (→Zeeman-Effekt). Die klassische Theorie kann die Erscheinungen des anomalen Zeeman-Effektes bei Multiplettlinien, wie z. B. den gelben D-Linien von Natrium, nur durch sehr spezielle Annahmen beschreiben.

Lorenzsches Gesetz →Wiedemann-Franz(-Lorenz)sches Gesetz.

Löschfunken. Ist bei →Funkensendern (Braunscher Sender) zwecks Erhöhung der Antennenenergie der Erregerkreis fester mit dem Antennenkreis gekoppelt, so entsteht Zweiwelligkeit, die sich nur dadurch beseitigen läßt, daß man den Erregerkreis in dem Augenblick unterbricht, wo seine Energie in den Antennenkreis übergegangen ist. Der Antennenkreis schwingt dann mit großer Energie in seiner Eigenfrequenz und mit der ihm eigenen Dämpfung weiter. Mittels des Löschfunkens, einer großen Anzahl hintereinander geschalteter kurzer Einzelfunken zwischen gut kühlenden Metallflächen, gelang es *Max Wien*, diesen Vorgang der Stoßerregung des Antennenkreises mit einer Funkenfolge von 200 bis 1000 je s automatisch sich abspielen zu lassen und so wenig gedämpfte Schwingungen großer Energie zu erzeugen (Abb.).

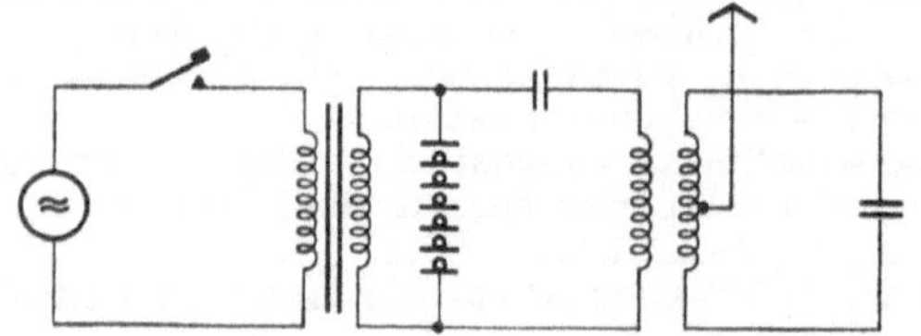

Löschfunkensender nach *M. Wien.*

Vilbig, F.: Lehrb. d. Hochfrequenztechnik. Leipzig 1945. — *Möller, H. G.:* Grundl. u. math. Hilfsmittel d. Hochfrequenztechnik. Berlin 1940.

Loschmidt-Konstante N_L, auch *spezifische Molekülzahl,* ist definiert als die Zahl der Moleküle in der individuellen chemischen Masseneinheit mol oder kmol (→Mol). N_L berechnet sich über ein bestimmtes Kristallvolumen, z. B. über die kristallographische →Elementarzelle, aus der in ihm befindlichen Zahl von Kristallmolekülen und deren Masse. Die Zahl n dieser Moleküle ergibt sich aus kristallographischen Daten, während ihre Masse aus der makroskopischen Dichte ϱ des Kristalls und dem röntgenographisch bestimmten Volumen der Elementarzelle folgt; dabei wird diese sich zunächst in der physikalischen Masseneinheit 1 g ergebende Masse über das →Molekulargewicht der Kristallsubstanz auf die individuelle Masseneinheit 1 mol umgerechnet. Das Volumen der Elementarzelle ist bei kubischen Kristallen gleich der 3. Potenz der zugehörigen Gitterkonstanten d, bei rhombisch kristallisierenden Substanzen gleich $d^3\Phi$, wobei Φ den geometrischen →Strukturfaktor bedeutet, welcher der Abweichung des Rhombus vom Kubus Rechnung trägt.

Die ausgedehntesten und genauesten Messungen sind am Kalkspat durchgeführt worden, der daher auch heute im allgemeinen noch der N_L-Bestimmung zugrunde gelegt wird. Mit den bei 20 °C ermittelten Werten für die →Kalkspatdichte in kg/m³, der →Kalkspatgitterkonstante in m und dem →Kalkspatstrukturfaktor des betrachteten Gittervolumens, mit $n = {}^1/_2$ Molekül Kalkspat und dem mittleren →Kalkspatmolekulargewicht folgt nach der Zahlenwertgleichung $N_L = (M)/(2\varrho\, d^3\Phi)$ für die Loschmidt-Konstante

$$N_L = (6{,}023_1 \pm 0{,}004) \cdot 10^{26}\ \mathrm{kmol}^{-1}_{\mathrm{Ch.\,Sk.}}$$
$$= (6{,}024_7 \pm 0{,}004) \cdot 10^{26}\ \mathrm{kmol}^{-1}_{\mathrm{Ph.\,Sk.}}\,.$$

In neuerer Zeit sind auch für einige andere Kristalle die erforderlichen Daten mit erhöhter Genauigkeit bestimmt worden. Aus diesen berechnen sich für N_L die in der folgenden Tabelle eingetragenen Werte:

Kristall	N_L
C	$6{,}022_3 \cdot 10^{26}\ \mathrm{kmol}^{-1}_{\mathrm{Ch.\,Sk.}}$
KCl	$6{,}023_7 \cdot 10^{26}\ \mathrm{kmol}^{-1}_{\mathrm{Ch.\,Sk.}}$
LiF	$6{,}024_4 \cdot 10^{26}\ \mathrm{kmol}^{-1}_{\mathrm{Ch.\,Sk.}}$
NaCl	$6{,}023_9 \cdot 10^{26}\ \mathrm{kmol}^{-1}_{\mathrm{Ch.\,Sk.}}$

Die einzelnen in diese verschiedenen berechneten N_L-Werte eingehenden Daten sind zwar mit unterschiedlicher Sicherheit gemessen worden; jedoch sind die resultierenden N_L-Werte etwa mit gleichen

Unsicherheiten behaftet. Als Mittel aus diesen N_L-Werten und dem Kalkspatwert folgt:

$$N_L = (6{,}023_{\bar{5}} \pm 0{,}002) \cdot 10^{26}\,\mathrm{kmol}^{-1}_{\mathrm{Ch.\,Sk.}}$$
$$= (6{,}025_1 \pm 0{,}002) \cdot 10^{26}\,\mathrm{kmol}^{-1}_{\mathrm{Ph.\,Sk.}}.$$

Loschmidt-Zahl, die Zahl L von Molekülen, die ein →Mol enthält. Sie unterscheidet sich von der →Loschmidt-Konstanten N_L um den dimensionsbehafteten Faktor der Masseneinheit mol. Analog N_L ergibt sich als derzeit vertretbarer Wert in der chemischen →Atomgewichtsskala:

$$L = (6{,}023_{\bar{5}} \pm 0{,}002) \cdot 10^{23}$$

[bezogen auf 1 kmol: $L_k = (6{,}023_{\bar{5}} \pm 0{,}002) \cdot 10^{26}$], in der physikalischen Atomgewichtsskala:

$$L = (6{,}025_1 \pm 0{,}002) \cdot 10^{23}.$$

Die Loschmidt-Zahl wird in den englisch sprechenden Ländern meist →Avogadro-Zahl genannt, unter der man sonst die in 1 cm³ im physikalischen →Normzustand enthaltene Zahl von Molekülen versteht.

Löschspannung, diejenige Brennspannung, bei der eine Gasentladung erlischt oder in eine stromschwächere Form umschlägt. Sie hängt auch von den Daten des äußeren Stromkreises ab.

Löslichkeit. Vom Standpunkt des heutigen Wissens aus kann nicht eindeutig vorausgesagt werden, ob zwei Körper miteinander eine Lösung zu bilden vermögen. Quantitative Beziehungen sind nur so weit bekannt, als die Thermodynamik Zusammenhänge zwischen dem Temperaturkoeffizienten der Sättigungskonzentration und der Lösungswärme bei bekannter Zustandsgleichung der gelösten Stoffe liefert. Als empirische Regel gilt, daß Körper von ähnlicher chemischer Konstitution ineinander löslich sind. Wir kennen alle Übergänge zwischen völliger Löslichkeit und praktisch völliger Unlöslichkeit. Bei vielen Stoffen ist die Löslichkeit stark temperaturabhängig, so daß bei Temperaturänderung Entmischung eintreten kann (→Mischungslücke). — Löslichkeit von Gasen →Adsorption von Gasen.

Seidell, A.: Solubility of Inorganic and Organic Compounds. New York 1919, 2. Band: Supplements 1928.

Löslichkeitsbeeinflussung. In hinreichend verdünnten Lösungen üben die Moleküle verschiedenartiger gelöster Stoffe keinerlei Wirkung aufeinander aus, wenn sie nicht auch außerhalb der Lösung, z. B. im Gaszustand, chemisch miteinander reagieren. Ist ein Stoff in Lösung mehr oder minder elektrolytisch dissoziiert, so werden aus der gesättigten Lösung weitere Mengen des Bodenkörpers ausgefällt, wenn Elektrolyte zugemischt werden, die mit dem Bodenkörper eine Ionengattung gemeinsam haben (→Löslichkeitsprodukt).

In den Lösungen starker Elektrolyte ist das Massenwirkungsgesetz nicht mehr gültig, da man die gegenseitige Beeinflussung der Ionen nicht vernachlässigen kann. Im Massenwirkungsgesetz und im Löslichkeitsprodukt treten dann an die Stelle der Konzentrationen die →Aktivitäten. Daher sind auch solche Elektrolytzusätze von Einfluß auf die Löslichkeit, welche nicht chemisch auf den Bodenkörper einwirken. Diese rein elektrostatische Wirkung der Ionenladungen führt im allgemeinen zu einer Löslichkeitserhöhung. Auch die Aussalzwirkung (→Aussalzen) von Elektrolyten auf Nichtelektrolyte läßt sich vom Standpunkt der elektrostatischen Theorie erklären.

Wie die Löslichkeit eines bestimmten Stoffes in verschiedenen Lösungsmitteln verschieden ist, so können auch Zusätze die Natur des Lösungsmittels verändern und damit die Löslichkeit beeinflussen. Hierfür gilt allgemein der Satz (*Rothmund*, 1901): Erhöht (erniedrigt) ein Zusatz von A zu einer Lösung von B in C die Löslichkeit von B, so erhöht (erniedrigt) auch ein Zusatz von B die Löslichkeit von A.

Lewis, G. N., u. *M. Randall:* Thermodynamik. Wien 1927.

Löslichkeitskoeffizient →Absorption von Gasen.

Löslichkeitsprodukt. Dissoziiert eine chemische Verbindung, wenn man sie in Lösung bringt, so stellt sich ein →chemisches Gleichgewicht zwischen den dissoziierten und undissoziierten Teilchen in der Lösung ein. Die Sättigungskonzentration des undissoziierten Stoffes ist bei gegebener Temperatur konstant, und es gilt für gesättigte Lösungen schwer löslicher Stoffe (also eine verdünnte Lösung) im Gleichgewicht das →Massenwirkungsgesetz in der Form: $c_1\,c_2 \cdots = K_L$, wo $c_1, c_2, \ldots$ die Konzentrationen der Dissoziationsprodukte bedeuten und die Konstante K_L als Lösungsprodukt bezeichnet wird. Solange in einer Lösung das Produkt $c_1\,c_2 \cdots < K_L$ ist, ist die Lösung nicht gesättigt; es ist kein Bodenkörper vorhanden. Setzt man aber der Lösung eines der Dissoziationsprodukte zu, so daß das Produkt der Konzentrationen den Wert K_L erreicht, so fällt bei weiterem Zusatz der undissoziierte Stoff als Bodenkörper aus. Fügt man z. B. zu einer Silbernitratlösung Salzsäure hinzu, so beginnt Chlorsilber auszufallen, wenn das Produkt $c_{Ag^+}\,c_{Cl^-}$ den Wert K_L ein wenig überschritten hat. Bei weiterem Zusatz von Salzsäure vermehrt man die Konzentration der Chlorionen; da das Produkt $c_{Ag^+}\,c_{Cl^-}$ aber gleich K_L bleibt, hat man durch weiteren Zusatz von Salzsäure die Möglichkeit, die Silberionenkonzentration in der Lösung beliebig zu verkleinern. Es bleibt nur so viel Silber in der Lösung, wie der Sättigungskonzentration des undissoziierten AgCl entspricht.

Man macht in der quantitativen Analyse und in der präparativen Chemie von der Kenntnis der Lösungsprodukte bei Fällungen weitgehend Gebrauch. Auf der anderen Seite berücksichtigt man sie beim Auswaschen von Niederschlägen, indem man mit nicht zu großen Flüssigkeitsmengen und gegebenenfalls unter Zusatz geeigneter Ionen auswäscht.

Die Bestimmung des Lösungsproduktes geschieht im allgemeinen durch Ermittlung des →Dissoziationsgrades und der insgesamt in Lösung gegangenen Menge.

Eucken, A.: Grundriß d. Phys. Chemie. Leipzig 1948.

Lösungen sind Flüssigkeiten oder Mischkristalle, die aus zwei oder mehreren Bestandteilen in kontinuierlich veränderlichem Mischungsverhältnis zusammengesetzt sind. Theoretisch beherrscht man bisher nur das Gebiet der stark verdünnten Lösungen (→ideale Lösungen). Sie sind dadurch ausgezeichnet, daß sich ihre Eigenschaften aus denen des Lösungsmittels und aus denen der gelösten Komponenten additiv zusammensetzen.

Lösungen, ideale. In seltenen Fällen treten bei beliebiger Mischung einander sehr ähnlicher Stoffe weder Volumenänderungen noch Wärmeeffekte auf; derartige Mischungen werden als ideale Mischungen oder ideale Lösungen bezeichnet. Unterhalb einer gewissen Konzentration treten bei weiterer Verdünnung einer jeden verdünnten Lösung weder Volumenänderungen noch Wärmeeffekte auf (→Lösungswärme). Lösungen, die diesem Konzentrationsbereich angehören, werden als ideale verdünnte Lösungen bezeichnet. Ihr osmotischer Druck P folgt einem dem idealen Gasgesetz analogen Gesetz; es gilt

$$P = \frac{n}{v} R T,$$

wo n die Anzahl Mole, v das Volumen, R die allgemeine Gaskonstante und T die absolute Temperatur bedeuten.

Lösungsdruck, elektrolytischer, ein von *Nernst* eingeführter Begriff, um die *Übergangstendenz eines Metallions* vom Metall in eine angrenzende Lösung zu kennzeichnen und den potentialbestimmenden Mechanismus zu beschreiben. Exakter läßt sich die Einstellung des elektrischen Potentialsprunges an der Phasengrenze Metall/Lösung unter Verwendung der chemischen Potentiale der →potentialbestimmenden Metallionen formulieren (→Galvani-Spannung). Da Absolutwerte der Galvani-Spannung nicht bekannt sind, haben auch alle Zahlenangaben über den Lösungsdruck nur bedingten Wert. Sie geben höchstens eine Einreihung der Metalle in edle und unedle wieder, wie sie besser nach den E_h-Werten vorgenommen wird. →Spannungsreihe.

Handb. d. Experimentalphysik XII/2, Leipzig 1933. — *Hammerschmid, H.*, u. *E. Lange:* Phys. Z 32, 958 (1931).

Lösungsfiguren, -flächen →Ätzfiguren.

Lösungskörper sind die Formen von Kristallen, die einer langsamen Auflösung, meist in schwach untersättigten Lösungen, unterworfen werden. Als Ausgangskörper werden für derartige Versuche entweder durch Wachstums- oder Spaltflächen begrenzte Kristalle oder aus Kristallen geschliffene Kugeln oder Hohlkugeln benutzt. Die Auflösung findet hauptsächlich in denjenigen Richtungen statt, in denen auch das Wachstum am schnellsten erfolgt. Das sind bei Ausgangskörpern, die von Kristallflächen begrenzt sind, die Ecken und Kanten; sie werden durch meist rauhe und verrundete Flächen (*Präerosionsflächen*) abgestumpft. Auch bei Kugeln gilt Entsprechendes; so bilden sich aus einer Kugel aus Steinsalz, das in Würfeln kristallisiert, oktaederähnliche Lösungskörper, und Hohlkugeln nähern sich durch Lösung von innen her wieder der Würfelform.

Lösungsmittel. In einer homogenen Mischung mehrerer Stoffe pflegt man den in größter Konzentration vorhandenen Stoff als das Lösungsmittel, die übrigen als die gelösten Stoffe zu bezeichnen.

Lösungsspektra. *Goldstein* hat die Beobachtung gemacht, daß fluoreszierende Moleküle ihre Fluoreszenzspektren vollständig verändern, ja daß völlig neuartige Spektren auftreten, wenn die Substanz in großer Verdünnung in ein Lösungsmittel eingebettet ist und bei tiefer Temperatur erregt wird. Sehr geringe Mengen einer Substanz genügen, um Lösungsspektren hervortreten zu lassen. Es genügt z. B. ein Naphthalingehalt in Chlorbenzol von $1:10^6$; aber selbst bei weiterer Verdünnung kann man die Hauptbanden noch erkennen. Als Lösungsmittel werden aromatische Verbindungen verwendet, z. B. Xylol, Pyridin, Chlorbenzol, die bei tiefen Temperaturen eingefroren werden. Da diese Lösungsmittel vielfach selbst fluoreszieren, muß man die Spektra der beiden fluoreszierenden Substanzen trennen können; das geht aber sehr leicht, weil die Lösungsspektren ein längeres und intensives Nachleuchten zeigen. *Goldstein* hat mit Hilfe dieser Lösungsspektren zeigen können, daß selbst die reinsten Lösungsmittel noch deutlich nachweisbare Verunreinigungen enthalten. Auch Benzol und andere aromatische Verbindungen geben Lösungsspektren in Alkohol, der auf −158 °C abgekühlt ist. Bei genau dieser Temperatur entstehen die neuen Banden, bei weiterer Abkühlung werden sie heller, und auch die Dauer des Nachleuchtens nimmt zu. Die →Anklingung ist dann sehr groß, d. h. es vergeht eine gewisse Zeit vom Beginn der Erregung bis zum vollen Fluoreszenzleuchten. (Von *Kowalski* entdeckt und als →progressive Phosphoreszenz bezeichnet.)

Lösungstension = →Lösungsdruck.

Lösungswärme, Verdünnungswärme. Bei der Herstellung einer Lösung kann man vom reinen Lösungsmittel ausgehen und allmählich den zu lösenden Stoff zusetzen. Die bei isothermer Führung des Vorganges mit der Umgebung ausgetauschte Wärmemenge nennt man *Lösungswärme*. Geht man dagegen von der reinen zu lösenden Substanz aus und setzt Lösungsmittel hinzu, so wird die auftretende Wärmemenge als *Verdünnungswärme* bezeichnet. (In beiden Fällen positiv, wenn Wärme an die Umgebung abgegeben wird.)

Man unterscheidet verschiedene Arten der Lösungs- und Verdünnungswärmen. So wird die Wärmemenge, die bei der Herstellung einer Lösung aus den reinen Ausgangsstoffen ausgetauscht wird — also die Bildungswärme der Mischung aus den Komponenten — als *integrale Lösungswärme* bezeichnet. Die *integrale Verdünnungswärme* erhält man beim Zusetzen von sehr viel Lösungsmittel zu einer gegebenen Lösung. Die Wärmemengen, die bei weiterer Verdünnung einer Lösung oder bei weiterem Zusatz von zu lösendem Stoff zu einer Lösung auftreten, heißen *intermediäre* und, wenn es sich um unendlich geringe Zusätze handelt, *differentielle* Verdünnungs- und Lösungswärmen. Besonderes Interesse hat die *erste* Lösungswärme, die auftritt, wenn man 1 Mol des reinen zu lösenden Stoffes zu einer sehr großen Menge reinen Lösungsmittels hinzufügt. Die *letzte* Lösungswärme ist die differentielle Lösungswärme bei der Sättigungskonzentration.

Ideale Lösungen zeichnen sich dadurch aus, daß ihre integralen Lösungswärmen unabhängig von der Konzentration sind. Bei weiterer Verdünnung einer durch Verdünnung ideal gewordenen Lösung ist also die differentielle oder intermediäre oder integrale Verdünnungswärme gleich Null.

Ebenso ist im Geltungsbereich der idealen Gesetze die Mischungswärme zweier Flüssigkeiten gleich Null, während die Lösungswärme eines festen Stoffes gleich seiner Schmelzwärme ist. Tritt mit der Lösung eines festen Salzes elektrolytische Dissoziation und Hydratation der Ionen ein, so sind hiermit Wärmeeffekte verbunden; es kann sowohl Wärmeverbrauch wie Wärmeabgabe beobachtet werden. Erst wenn die Lösung bis zur Idealität verdünnt ist, ist bei weiterer Verdünnung die Verdünnungswärme gleich Null.

Lo Surdo-Methode zur Beobachtung des →*Stark-Effekts.* Die Aufspaltung der Spektrallinien im elektrischen Felde ist gleichzeitig mit *J. Stark* (1913) mit einer anderen Methode auch von *Lo Surdo* entdeckt, jedoch erst anschließend an *Stark* richtig gedeutet worden. Die erforderlichen hohen Feldstärken erzielte er dadurch, daß er durch geeignete Bauart einer Entladungsröhre die Strombahn einer Glimmentladung vor der Kathode auf wenige mm einengte und so die Stromdichte und damit den Kathodenfall weit über ihre normalen Werte hinaus erhöhte. Die Beobachtung des Stark-Effekts erfolgt an den dieses Feld durchlaufenden Kanalstrahlen. Die Abb. zeigt eine der zahlreichen nach diesem Prinzip entwickelten Konstruktionen.

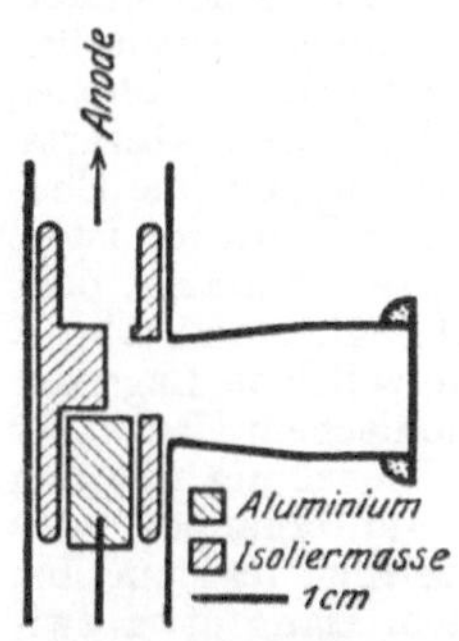

Kathode einer Lo Surdo-Röhre nach *Foster*.

Handb. d. Physik XXI. Berlin 1929. — *Müller-Pouillet:* Lehrb. d. Physik II/2, 2. Teil. Leipzig 1929.

Lotabweichungen sind die Abweichungen der Schwerkraftrichtung von der geometrischen Normalen zu dem durch astronomische und geodätische Messungen bestimmten Erdellipsoid (→Erdfigur). Sie entstehen durch unregelmäßige Massenverteilung im Erdinnern oder durch Gebirge und sind in der Größenordnung von Bogensekunden (im Harz 14″). Es zeigt sich, daß die Lotabweichungen am Fuße von Gebirgen wesentlich geringer sind, als man aus der Massenanziehung der Gebirgsmasse berechnet, es kommt sogar vor, daß sie so gerichtet sind, als wirke das Gebirge abstoßend. Diese Erscheinungen werden durch die Theorie der →Isostasie erklärt.

Lotschwankungen →Gezeiten des Erdkörpers.

Love-Wellen sind elastische Oberflächenwellen mit horizontaler Orbitalbewegung quer zur Fortpflanzung, die z. B. als →Erdbebenwellen über geschichtetem Untergrund auftreten. Die Geschwindigkeit der Transversalwellen in der oberen Deckschicht muß kleiner sein als darunter. Dann werden die Transversalwellen zwischen der Erdoberfläche und der unteren Grenzfläche innerhalb der Deckschicht hin und her reflektiert.

Handb. d. Exp.-Phys. 25/2. Leipzig 1931.

L-, L_1-, L_2-Schale. Die Einelektronenzustände mit der Hauptquantenzahl $n = 2$ bezeichnet man als L-Schale. Es sind hierbei noch die Bahndrehimpulsquantenzahlen $l = 0$ und $l = 1$ möglich. $n = 2$, $l = 0$ ist die L_1-Schale, $n = 2$, $l = 1$ die L_2-Schale. →Periodisches System der Elemente.

L-Serie →charakteristische Röntgenstrahlung.

$\mathfrak{L}$-Transformation, die →Laplace-Transformation.

Lubrizität = →Schlüpfrigkeit.

Ludolphsche Zahl, die Zahl π.

Luft, atmosphärische. Die Zusammensetzung der atmosphärischen Luft ist für N_2, O_2 und die Edelgase zeitlich und räumlich bemerkenswert konstant. Stark variabel ist vor allem der Wasserdampfgehalt, der bei uns im Durchschnitt etwa 1 Vol.%, am Äquator 2,6 Vol.-% beträgt.

Volumprozente bei Wasserdampfgehalt = 0

N_2	O_2	Ar	Ne	He	Kr	X
78,08	20,95	0,93	$1{,}8 \cdot 10^{-3}$	$5{,}3 \cdot 10^{-4}$	$1{,}1 \cdot 10^{-4}$	$9 \cdot 10^{-6}$

Der CO_2-Gehalt ist im Mittel 0,03%. Die Schwankungen infolge von Lebensvorgängen sind bei konstanter Summe $CO + O_2$ an der Kohlensäure sehr viel merkbarer als am Sauerstoff; über den Meeren als starken CO_2-Speichern ist der Gehalt etwas geringer. Helium tritt als Produkt radioaktiver Vorgänge (→α-Strahlen), insbesondere auch in den Erdgasquellen, aus dem Boden in die Atmosphäre und geht (ebenso wie wahrscheinlich H_2) an den Weltraum verloren, durchströmt also ständig die Atmosphäre mit einem Betrag von $7 \cdot 10^{-13}$ cm³ s⁻¹ je cm² der Oberfläche. In geringen Mengen sind außerdem vorhanden: Sulfat, Sulfit und Formaldehyd als Verbrennungsprodukte; Ammoniak; Arsen; Cl und Mg, aus Meerwasserspritzern stammend; H_2O_2 und H_2 sind nur selten oder gelegentlich zu finden; weiterhin →Ozon, →Radiumemanation als stark wechselndes Zerfallsprodukt des Radiums; Jod gerät vor allem als Verbrennungsprodukt von Seetang in die Luft, in Europa sind 0,05 bis $0{,}6 \cdot 10^{-6}$ g m³ vorhanden; der Gehalt ist bioklimatisch wichtig zur Verhinderung von Kropfentstehung. Spezifische Bedeutung haben weiterhin die →Kondensationskerne und der Gehalt der Luft an →Staub. Über Änderung der Zusammensetzung mit der Höhe →Diffusionsgleichgewicht.

Handb. d. Physik XI. Berlin 1926. — *Hann, J.*, u. *R. Süring:* Lehrb. d. Meteorologie, 1. Teil. Leipzig 1939.

Luftäquivalent, kennzeichnet das Bremsvermögen einer Materieschicht (Folie) für α-Strahlen. Es ist die Dicke einer Luftschicht, welche die Reichweite der α-Strahlen um den gleichen Betrag verkürzt wie jene Materieschicht. Die Masse einer Folie von 1 cm Luftäquivalent (15 °C) ist z. B. für Aluminium 1,62, Gold 3,96, Glimmer 1,43 mg/cm². Das atomare Bremsvermögen zeigt also einen Gang mit der Ordnungszahl. Das Luftäquivalent hängt ferner ab von der Geschwindigkeit der α-Teilchen, und zwar nimmt es zu kleiner werdenden Geschwindigkeiten hin für Substanzen mit höherer Ordnungszahl als Stickstoff (Luft) ab, für kleinere Ordnungszahlen zu. Bezieht man das Bremsvermögen jedoch auf Wasserstoff statt auf Luft, so nimmt es für alle Stoffe ab, wenn die α-Energie steigt.

Luftdichte. Die Dichte *trockener* Luft beträgt bei →Normalbedingungen 0,001 293 g cm⁻³, beim Druck p Torr und der absoluten Temperatur T °K

$$0{,}001\,293 \,\frac{p}{760}\,\frac{273}{T} = 0{,}000\,464\,\frac{p}{T}\ [\mathrm{g\ cm^{-3}}].$$

Wasserdampf vermindert die Luftdichte (→virtuelle Temperatur) gemäß der folgenden, für den Druck 760 Torr gültigen Tabelle.

Temperatur	−20	−10	0 °C
Luft trocken	1,395	1,342	$1{,}293 \cdot 10^{-3}$ [g cm⁻³]
„ gesättigt	1,395	1,341	$1{,}290 \cdot 10^{-3}$ [g cm⁻³]

Temperatur	10	20	30 °C
Luft trocken	1,247	1,205	$1{,}165 \cdot 10^{-3}$ [g cm⁻³]
„ gesättigt	1,241	1,194	$1{,}147 \cdot 10^{-3}$ [g cm⁻³]

Arbeiten d. Preuß. Aeron. Observ. 13, 25ff.

Luftdruck, hydrostatischer Druck der Luft unter dem Einfluß der Schwerkraft, wird meist gemessen mit dem →Barometer oder →Siedethermometer. Angaben geschehen häufig noch durch die Länge der Quecksilbersäule im Barometer, also in der Einheit 1 →Torr, reduziert auf 0 °C und Normalschwere, in der Meteorologie nur in Millibar. 1 mb = 10³ g cm⁻¹ s⁻², 1000 mb = 750,0062 Torr. Der Normalwert im Meeresniveau wird mit 1 atm 760 Torr = 1013,25 mb angenommen. Abnahme mit der Höhe gemäß der →statischen Grundgleichung. →Druckeinheiten.

Luftdruck-Variationen. Bei der Untersuchung der noch vielfach ungeklärten Ereignisse und Zustände der Atmosphäre und ihrer Einwirkung auf Pflanze, Tier und Mensch wurde in den letzten Jahren besonders auf die immer eintretenden und sich teilweise quasi-periodisch fortpflanzenden Druckschwankungen geachtet. Insbesondere in St. Louis (USA) und in Freiburg (Schweiz) wurde das Phänomen mit verfeinerten Methoden untersucht. Es gelang, Variationen von der Größe von 10^{-4} Torr sicher nachzuweisen, die immer auftreten, im Winter stärker als im Sommer, und sich ungefähr mit Schallgeschwindigkeit ausbreiten, und zwar mit bevorzugten Richtungen. Die Ursache der Erscheinungen ist noch unbekannt; doch ist Zusammenhang mit Depressionen wahrscheinlich.

Saxer, L.: Elektr.Messungen kleiner atmosphärischer Druckschwankungen. Helvet. Phys. Acta **18**, 527 (1943). — *Courvoisier, P.:* Über Luftdruckvariographen u. Luftdruckschwankungen. Übersicht mit vielen Literaturangaben. Archiv für Meteorologie, Geophysik u. Bioklimatologie Serie A. I, 1 (1948).

Luftelektrisches Feld. In der Atmosphäre herrscht stets und überall ein im allgemeinen zur Erdoberfläche hin gerichtetes elektrisches Feld. In Bodennähe beträgt die Feldstärke durchschnittlich 100 bis 130 V m^{-1} bei recht beträchtlichen periodischen und unperiodischen Schwankungen.

Wie unter →Luftelektrizität ausgeführt, ist das elektrische Feld an irgendeiner Stelle der Atmosphäre identisch mit der Potentialdifferenz an der Einheitslänge des an dieser Stelle liegenden Widerstands-Teilstückes des atmosphärischen Gesamtstromkreises. Im Gegensatz zur früheren Auffassung, nach der als Feldursache eine negative Oberflächenladung der Erde angenommen wurde, ist nach heutiger Anschauung die Erde als ganze ungeladen (→Erdladung). Die Beträge negativer Influenzladung bei normaler Feldstärke und -richtung in gewitterfernen Gebieten werden durch die unter Gewittern (und Böen) vorherrschenden — zwar auf kleinere Gesamtfläche begrenzten, dafür aber um so höheren — positiven Influenzladungen gerade kompensiert. An Stelle der früheren luftelektrischen Grundfrage nach der Aufrechterhaltung der negativen Erdladung tritt damit diejenige nach der Elektrizitätsbilanz im Gewitter.

Mit zunehmender Höhe nimmt die Feldstärke im allgemeinen rasch ab. Einen guten Anhalt für die mittlere Feldstärken-Höhen-Beziehung liefert die Zahlenwertgleichung:

$$E_h = 81{,}8\, e^{-4{,}52\, h} + 38{,}6\, e^{-0{,}375\, h} + 10{,}27\, e^{-0{,}121\, h} \quad (E_h \text{ in V m}^{-1};\ h \text{ in km}).$$

Im Einzelfall erfährt dieser Verlauf durch Dunstschichten und Wolken erhebliche Änderungen.

Dieser Feld-Höhen-Verlauf ist eine unmittelbare Folge der Leitfähigkeitszunahme mit der Höhe — als Folge der ionisierenden Wirkung der Ultrastrahlung. Das Produkt aus Feldstärke und Leitfähigkeit — der vertikale Leitungsstrom — ist erwartungsgemäß im stationären Fall höhenkonstant.

Nach der Poissonschen Gleichung ergibt sich aus dem Feldverlauf der Raumladungsaufbau in der Atmosphäre (→Raumladung).

Die Leitfähigkeit $\lambda = 1/\tau$ der Atmosphäre ist in Bodennähe so, daß sich bei Änderung eines der bestimmenden Faktoren der luftelektrischen Grundgleichung $E = i\,w = U\,w/R$ (i Stromdichte) der neue Gleichgewichtszustand in etwa 20 Minuten wiederherstellt. Man unterscheidet deshalb *stationäre* bzw. *quasistationäre luftelektrische Variationen*, die eine im Verhältnis zu dieser Relaxationszeit langsame Veränderlichkeit haben und als Aneinanderreihung von Gleichgewichtszuständen anzusehen sind, und *nichtstationäre luftelektrische Variationen* mit Periodenlängen von etwa $^1/_2$ Stunde abwärts.

Variationen. a) *Tagesgang.* Der allgemeine Charakter des Tagesverlaufes an *Landstationen* ist je nach Stationslage und Jahreszeit einfach- oder doppelperiodisch nach Ortszeit (vgl. die in Abb. 1 oben gezeichneten Typen). Die zeitliche Lage der beiden Maxima bei doppelperiodischem Charakter variiert im Laufe des Tages gleichsinnig mit den Zeiten des Sonnenauf- und -unterganges; das Frühminimum dagegen liegt zeitlich fest und bei einfach- und doppelperiodischem Gang etwa zwischen 3 und 5 Uhr Ortszeit.

Der einfachperiodische, 24stündige Gang scheint das Primäre zu sein; sein Zustandekommen ist noch nicht befriedigend aufgeklärt. Diesem überlagert sich infolge austauschbedingter →Aerosolveränderung eine mittägliche Depression typischer jahreszeitlicher Veränderlichkeit (größte Wirkung im Sommer), die bei harmonischer Analyse eine 12stündige Periode vortäuscht. Da je nach der Stabilität der atmosphärischen Vertikalschichtung der Austausch verschieden ist, ergibt sich ein Luftkörpereinfluß auf den Gefällegang (*H. Israël*). Je höher der Trübungsgrad der Luft ist, um so ausgeprägter ist ceteris paribus die Mittagsdepression: im allgemeinen Vorherrschen des einfachperiodischen Typs auf dem Land in Stadt- und Industrieferne sowie mit zunehmender Höhe.

Über See in Landferne sowie über den arktischen Gebieten erfolgt die Tagesvariation bei im allgemeinen kleineren Amplituden nach Weltzeit, d. h. auf der ganzen Erde gleichphasig (Abb. 1 unten). Da

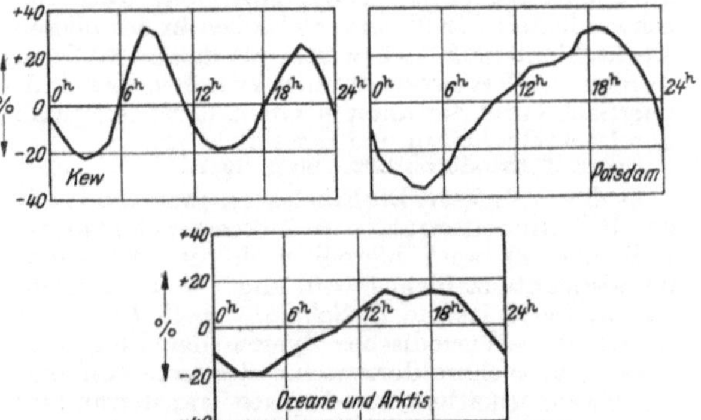

Abb. 1. Typen des täglichen Feldverlaufes am Boden. Oben links: Doppelperiodischer Gang (Kew, Juni/Juli); oben rechts: Einfachperiodischer Gang (Potsdam, Dezember/Januar); unten: Weltzeitlicher Gang (Ozeane und Arktis). Abszisse: oben Ortszeit, unten Weltzeit.

dort die Tagesvariationen von w und R praktisch verschwinden, so ergibt dieser Weltzeitgang ein direktes Maß für die Tagesveränderlichkeit der Potentialdifferenz zwischen Ionosphäre und Erde. Diese steht gemäß Abb. 2 in engstem Zusammenhang mit der Weltgewittertätigkeit.

b) *Jahresgang.* An Landstationen außerhalb des Äquatorgürtels einfachperiodisch mit höchstem (niedrigstem) Wert bei Sonnennähe (Sonnenferne); im Äquatorgürtel kein deutlicher Jahresgang; über den Ozeanen entsprechendes Verhalten erkennbar, jedoch mit wesentlich verringerter Amplitude (etwa 10 bis 15%).

c) *Breitenabhängigkeit.* Bei Landmessungen ist infolge der großen örtlichen Verschiedenheiten eine solche nicht erkennbar; nach den Carnegie-Messungen auf den Ozeanen geht der mittlere Gefällewert von etwa 155 $\mathrm{V\,m^{-1}}$ in 40° bis 60° nördl. Breite auf 120 $\mathrm{V\,m^{-1}}$ in Äquatornähe zurück und steigt nach Süden auf den gleichen Wert in entsprechender südl. Breite an.

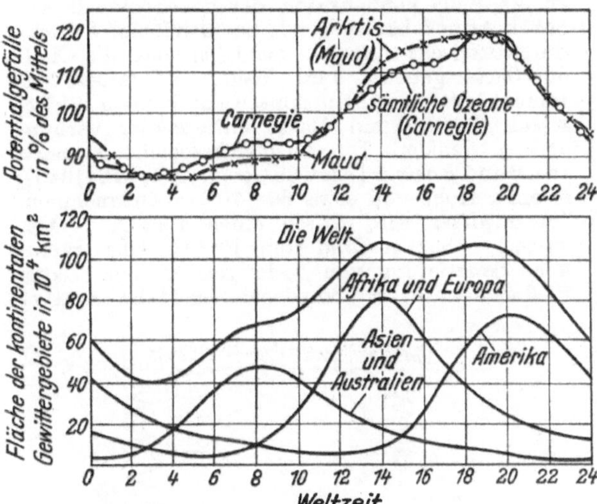

Abb. 2. Weltzeitliche Tagesgänge des Potentialgefälles über See und der Gewitterhäufigkeit auf der Erde.

d) *Wetterabhängigkeit.* Die luftelektrischen Größen zeigen allgemein starke Beeinflußbarkeit durch das Wettergeschehen. Die weitverbreitete Abstraktion der alleinigen Bearbeitung „ungestörter Tage" führt zu einem einseitigen Bild (Schönwetter-Luftelektrizität). Gemäß Abb. 1 unter →Luftelektrizität erscheint lediglich die Vermeidung des Antriebsmechanismus — d. h. die Ausschaltung solcher Werte, die bei Gewitter, Böen, allgemein Niederschlagstätigkeit, anfallen — für vergleichende Statistiken zulässig. Die Wettereinflüsse im einzelnen sind vielgestaltig und widerspruchsvoll; systematische Untersuchungen der inneren Zusammenhänge sind bisher nur spärlich.

Müller-Pouillet: Lehrb. d. Physik V/1. Braunschweig 1928. — *Gutenberg, B.:* Lehrb. d. Geophysik. Berlin 1929. — *Schonland, B. F. J.:* Atmospheric Electricity. London 1934. — Physics of the Earth VIII. Washington 1939. — *Chalmers, J. A.:* Atmospheric Electricity. Oxford 1949.

Luftelektrische Meßtechnik. 1. *Feldstärke des atmosphärisch-elektrischen Feldes (Potentialgefälle).*

a) *Kollektorverfahren.* Bestimmung der Potentialdifferenz zwischen zwei Äquipotentialflächen des Feldes, deren eine durch den Erdboden gegeben sein kann, mittels sog. „Ausgleicher": Bringt man einen beliebig geformten ungeladenen Leiter isoliert in ein elektrisches Feld, so findet in ihm durch Influenz Ladungstrennung statt (Abb.); dabei nimmt er das Potential derjenigen Niveaufläche V_L an, die auf seiner neutralen Linie $n-n$ orthogonal auf ihn einmündet. Beiderseitiger Ionenzufluß sucht bei nicht völliger Symmetrie die Influenzladungsverteilung und damit das Potential des Körpers zu verändern. Deshalb erzwingt man an einem beliebigen Punkt P Abfluß der Influenzladung und bringt damit den Körper auf das Potential einer bestimmten Niveaufläche V_R. Dieser Ausgleich wird erzeugt durch Ladungstrennung (Abtropfen oder Zerstäuben von Flüssigkeit) oder Ionisationserhöhung (Flammen, Glühionisierung bzw. — am bequemsten und übersichtlichsten — durch radioaktive Stoffe). [Näheres s. *H. Israël*, Meteorolog. Taschenb. **5**, 334 ff. (1939).]

b) *Influenzverfahren.* Messung der Influenzladungsdichte in einem dem Feld ausgesetzten Leiter liefert direkt die Feldstärke an seiner Oberfläche. Das ursprünglich von *C. T. R. Wilson* [Cambridge Proc. **13**, 184 u. 363 (1905/06); Proc. Roy. Soc., Lond. **80**, 537 (1908), **92**, 555 (1916)] entwickelte Verfahren („Wilson-Platte") hat in den Feldmeßmaschinen von *A. Matthias* (Elektrizitätswirtsch. 1926 u. 1927) und den daraus abgeleiteten „Feldmühlen" moderne Weiterentwicklungen erfahren. Feld*variographische* Anlagen s. bei *H. Israël* (Gerlands Beitr. Geophys. 1939). Über „Reduktion auf der Ebene" s. Spezialliteratur.

2. *Ionenkonstanten.* Aspirationsmethode: Strömt ionenhaltige Luft durch einen Kondensator (Spannung U), zwischen dessen Belegungen ein elektrisches Feld besteht, so läßt sich die Bahn eines Ions als Resultante aus zwei zueinander senkrechten Geschwindigkeiten — der des Luftstromes und der der Feldrichtung — berechnen. Der Ausdruck der „Grenzbeweglichkeit" $k_g = \varepsilon_0 M/(C\,U)$ (M Aspirationsmenge in $\mathrm{cm^3 s^{-1}}$, C wirksame Kapazität in F, U Spannung in V, ε_0 in $\mathrm{F\,cm^{-1}}$) sagt aus, daß alle Ionen mit einer Beweglichkeit (Einheit 1 $\mathrm{cm^2 V^{-1} s^{-1}}$) größer als k_g unter diesen Versuchsbedingungen völlig im Strömungskondensator zur Ablagerung kommen, während von denen mit einer kleineren Beweglichkeit der Bruchteil k/k_g abgefangen wird. Je nach Versuchsbedingungen kann auf diese Weise die Leitfähigkeit, Zahl und Beweglichkeit („Beweglichkeitsspektrum") der atmosphärischen Ionen bestimmt werden. Über Spezialausführungen und -methoden s. u. a. *H. Israël* [Meteorolog. Taschenbuch **5**, 299 ff. (1939)].

3. *Vertikalstrom* a) indirekt: Aus synchronen Feld- und Leitfähigkeitsmessungen nach der Beziehung $i = E\lambda$ (E Feldstärke, λ Leitfähigkeit, i Stromdichte); b) direkt: Durch galvanometrische oder elektrometrische Strommessung an Leitern, die dem Feld ausgesetzt sind. Spezialgerät von *C. T. R. Wilson* (l. c.) entwickelt („Wilson-Gerät").

4. *Raumladung.* a) Nach der →Poissonschen Gleichung. Sind die Äquipotentialflächen parallel

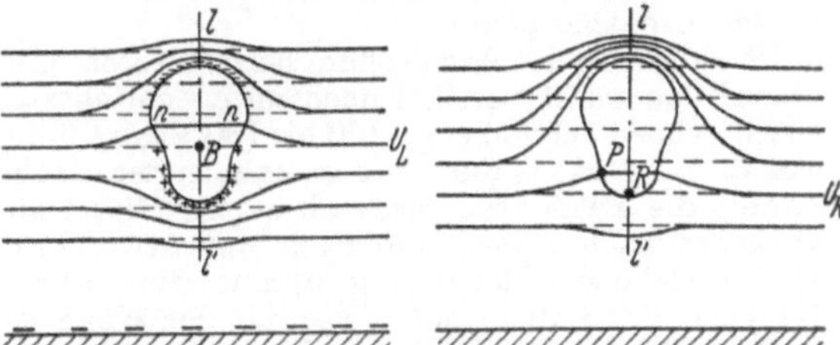

Schematische Darstellung der Wirkungsweise von Potentialsonden (Ausgleichern).

zur Erdoberfläche, so gilt nach der Poissonschen Gleichung der Potentialtheorie $d^2U/dh^2 = -4\pi\varrho$ (ϱ Raumladung, U Potential, beide in esE).

b) „Käfigmethode". Das Potential U im Mittelpunkt eines mit Raumladung der Dichte ϱ (beide in esE) gefüllten Käfigs von Kugel- oder Würfelgestalt gegenüber der geerdeten Wandung hat den Zahlenwert $U = 0{,}48\, a^2 \varrho$ (a Kantenlänge) bzw. $U = 1{,}41\, r^2 \varrho$ (r Radius). Einzelheiten bei *K. Kähler* u. *C. Dorno* [Meteor. Z. **41**, 434 (1925)] und bei *H. Benndorf* [Phys. Z. **27**, 576 (1929)].

c) „Filtermethode". Wird die Luft durch ein isoliert aufgestelltes, sehr dichtes Filter gesaugt, in dem alle vorhandenen Ladungsträger zur Ablagerung kommen, so liefert elektrometrische Aufladungsmessung des Filters die Raumladung. *W. N. Obolensky* [Ann. d. Phys. **77**, 644 (1925)] u. a.

d) Zählung sämtlicher in einem bekannten Volumen der Atmosphäre vorhandener Ionen beider Vorzeichen.

5. *Kondensationskerne.* Wird in einem feuchtigkeitsgesättigten abgeschlossenen Luftraum durch Volumvergrößerung adiabatische Abkühlung und damit Übersättigung erzwungen, so kondensiert der Wasserdampf auf den vorhandenen Kondensationskernen und läßt sie als Tröpfchen sichtbar werden. Über die einzelnen Kernzählermodelle „Aitken" und „Scholz" s. *J. Aitken* (Collected scientific papers. Cambridge 1923) und *J. Scholz* [Z. Instrumentenkde **51**, 505 (1931); Meteor. Z. **49**, 381 (1932)], über Fehlerquellen s. u. a. *H. Israël* und *M. Krestan* [Gerlands Beitr. Geophys. **58**, 73 (1941)].

6. *Radioaktive Messungen.* Der Gehalt der atmosphärischen Luft an radioaktiven Substanzen erlaubt angesichts deren hoher Ionisationsfähigkeit außerordentlich empfindliche Messungen. Die Vermittler zwischen den radioaktiven Substanzen im Boden und den in der Atmosphäre vorkommenden Produkten sind die gasförmigen Emanationen, vor allem die in der Atmosphäre mengenmäßig am stärksten vertretene Radiumemanation.

Das meßtechnische Hauptgewicht liegt dementsprechend auf der *Emanometrie* (s. u. a. *H. Israël*, Radioaktivität. Leipzig: J. A. Barth 1940).

7. *Auswahlen luftelektrischer Meßreihen.* Die stärkste Beeinflußbarkeit luftelektrischer Werte durch meteorologische Vorgänge, insbesondere durch Gewitter und Niederschlagstätigkeit, macht häufig eine gewisse Auswahl des zur Verarbeitung gelangenden Meßmaterials notwendig. Allgemeingültige Regeln dafür existieren nicht. Genaueres s. u. a. *H. Israël* und *G. Lahmeyer* (Terrestrial Magnetism **53**, Dezember 1948).

Literatur →luftelektrisches Feld.

Luftelektrizität, zusammenfassender Begriff für die elektrischen Verhältnisse und Erscheinungen in der Erdatmosphäre.

Überblick. In der Atmosphäre herrscht stets und überall ein meist vertikal nach unten gerichtetes elektrisches Feld von etwa 100 bis 130 $\mathrm{V\,m^{-1}}$ Feldstärke in Bodennähe. Mit zunehmender Höhe nimmt die Feldstärke rasch ab — im Mittel angenähert nach einer e-Funktion mit etwa 2 km Halbwertshöhe. Gleichzeitig nimmt die →Leitfähigkeit der Luft in der Weise mit der Höhe zu, daß das Produkt aus beiden — der *Vertikalstrom* — als höhenunabhängig gelten darf. Die Existenz des Feldes trotz dieses Stromes, der es in rund 20 Minuten zum Verschwinden bringen müßte, verlangt einen Aufrechterhaltungsvorgang, der durch Ladungstransport in umgekehrter Richtung den Vertikalstrom gerade kompensiert. Das elektrisch-atmosphärische Feld ist also der sinnfällige Ausdruck für das stationäre Gleichgewicht zwischen diesen beiden Stromsystemen.

Unter Zusammenfassung der Weltzeitperiode des luftelektrischen Feldes, der Weltgewitterstatistik und der neueren Ergebnisse der Gewitterforschung (→Gewitter) ergibt sich der in der Abb. im Ersatzschaltbild wiedergegebene Aspekt des luftelektrischen Geschehens. Schauplatz des Ganzen ist ein Kugelkondensator, der durch eine in der hohen Atmosphäre liegende hochleitfähige Schicht (luftelektrische Ausgleichsschicht) und die Erdoberfläche gebildet wird. Beide sind infolge des Ionengehaltes der Atmosphäre durch einen Widerstand R von rund 150 Ω miteinander verbunden zu denken. Die Ausgleichsschicht ist nach *Israël* und *Kasimir* [Ann. de Geophys. **5**, 312 (1949)] in einer Höhe von etwa 60—70 km anzunehmen. Im Gewitter wird durch einen a. a. O. (→Gewitter) näher geschilderten Prozeß eine räumliche Separierung von Ladungen erzeugt; dabei fließen über R_u in überwiegendem Maße negative

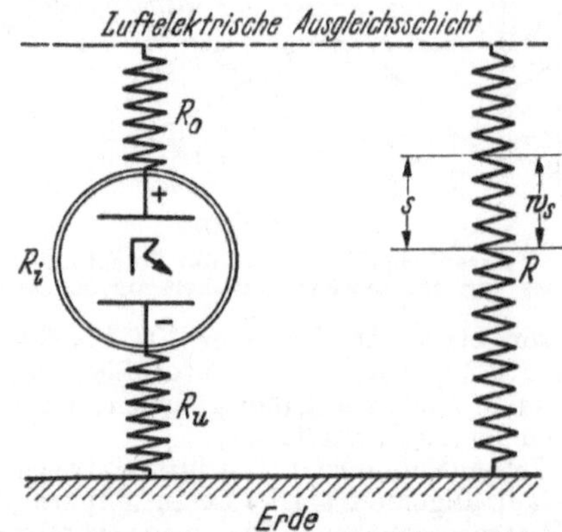

Ersatzschaltbild des atmosphärisch-elektrischen Stromsystems. (Nach *H. Israël.*)

Ladungen zur Erde und über R_o positive nach oben ab. — Das luftelektrische Geschehen ist also einem großen Kreisprozeß von weltweitem Ausmaß vergleichbar: Antrieb und Steuerung des Stromsystems ist die Weltgewittertätigkeit; Rückleitung ist die gewitterfreie Atmosphäre. Das *ungestörte Feld E*, das längs irgendeiner Strecke s gemessen wird, ist der Spannungsabfall an einem Teilstück w_s eines Widerstandes R, der durch eine Luftsäule von q cm² Querschnitt und Ionosphärenhöhe gebildet wird. Es gilt also bei stationärem Gleichgewicht (I Stromstärke im Querschnitt q):

$$E = I w_s / s = U w_s / (R s).$$

Die rasche Abnahme der Feldstärke mit zunehmender Höhe ist durch die Leitfähigkeitszunahme nach oben bedingt, die im wesentlichen von der →Ultrastrahlung und (in ganz großen Höhen) von der kurzwelligen Ultraviolettstrahlung der Sonne herrührt. Außer diesen unmittelbar feldgestaltenden kosmischen Einflüssen sind extraterrestrische Einwirkungen auf den luftelektrischen Zustand nur in geringem Umfang möglich, da die Ionosphäre als großer Faraday-Käfig alle statischen und quasistatischen äußeren Felder abschirmt; nur Korpuskeleinbrüche, die durch die Ionosphäre bis in den Käfig gelangen, lassen luftelektrische Reaktionen erwarten. Effekte dieser Art werden gelegentlich bei Einsatz von Polarlichtern beobachtet und rühren, wie diese, von Elektronenströmen her, die aus Sonnenflecken hervorbrechen.

Das luftelektrische Zustandsbild wird im einzelnen in erheblichem Maße durch meteorologische Vorgänge beeinflußt. Der spezifische Widerstand am Meßort ist durch den örtlichen Kleinionengehalt gegeben; dieser reagiert infolge der →Wiedervereinigung unmittelbar auf den Reinheitsgrad der Luft (Großionen- und Kondensationskerngehalt) und vermittelt so den Gleichlauf von Potentialgefälle und Suspensionsgehalt der Luft bei örtlichen und zeitlichen Variationen desselben. Der vertikale Massenaustausch verändert in seinem charakteristischen Tagesverlauf ununterbrochen die Zusammensetzung des Aerosols und bedingt dadurch Tagesvariationen von w und R (s. Gleichung). Die eigenartige Erscheinung, daß der Tagesverlauf des Potentialgradienten über den Ozeanen und den polaren Schneewüsten seine Extreme auf der ganzen Erde gleichzeitig durchläuft (Weltzeitgang), während diese über dem Festland ortszeitgebunden sind, ist insofern aufgeklärt, als bei dem über See und der Polaris praktisch fehlenden täglichen Austauschgang hier die Variationen von E allein durch die von U bestimmt sind; über Land dagegen sind die Variationen von w und R, die als Austauschfolge mit dem Sonnenstand zusammenhängen, für die Gänge von E verantwortlich. Ihre Aufklärung im einzelnen ist eines der wichtigsten heutigen luftelektrischen Probleme. (Weiteres →luftelektrisches Feld, →Luftionen, →Leitfähigkeit, →Vertikalstrom.)

Literatur →luftelektrisches Feld.

Luftfeuchtigkeit→Luft, atmosphärische, →Feuchtigkeit.

Luftionen. Jedes unter natürlichen Bedingungen stehende Gas enthält stets eine mehr oder weniger große Menge Ionen (→Aerosol). Durch Energiezufuhr genügend hohen Betrages (radioaktive Strahlungen, Ultrastrahlung, Lichtquanten des kurzwelligen UV u. a.) werden von einzelnen Molekülen bzw. Atomen Elektronen abgespalten, die sich bei fast allen Gasen alsbald an neutrale Moleküle oder Atome anlagern. Aus dem weiteren Verhalten so entstandener Elektrizitätsträger ist zu schließen, daß sie zum Ansatzpunkt von Molekülzusammenballungen (*cluster*) von größenordnungsmäßig 10 bis 30 Molekülen werden. Manche Beobachtungen sprechen dafür, daß die negativen Ionen-„cluster“ bevorzugt aus O_2- und H_2O-Molekülen bestehen.

Der Gehalt eines Gases an solchen *Kleinionen* ergibt sich im Zusammenwirken von Ionenbildung q (Ionenpaare je cm³ und s) und Wiedervereinigung (Wiedervereinigungskonstante für Kleinionen $\alpha = 1{,}6 \cdot 10^{-6}$ cm³ s⁻¹) gemäß der Beziehung $dn/dt = q - \alpha n^2$ (n Ionenzahl eines Vorzeichens je cm³, $n^+ = n^- = n$ gesetzt, t Zeit in s) im Gleichgewicht zu $n = \sqrt{q/\alpha}$.

Sind in der Luft Suspensionen vorhanden, so nehmen diese durch Anlagerung von Molekülionen (Kleinionen) ebenfalls z. T. elektrische Ladung an und bilden so die *Mittel-* und *Großionen*. Normalerweise wird nur *ein* Kleinion aufgenommen, so daß die Ladung der Mittel- und Großionen in weit überwiegender Mehrheit ebenso wie bei den Kleinionen gleich einem elektrischen Elementarquantum ist. Mit zunehmender Größe der Suspensionen steigt die Wahrscheinlichkeit für die freiwillige Aufnahme von mehr als einer Elementarladung an. Wolkenelemente können Hunderte und Tausende von Elementarladungen tragen. Großionen werden auch als *Langevin-Ionen* bezeichnet.

Charakterisiert wird ein Ion außer durch seine Ladung und deren Vorzeichen durch seine →Beweglichkeit k, d. h. die gleichförmige Geschwindigkeit, die es in einem elektrischen Feld von 1 V cm⁻¹ annimmt. Diese ist von Größe, Dichte und Ladung abhängig (*Stokes-Millikansches* und *Lenardsches Gesetz*).

Man teilt das *Beweglichkeitsspektrum* der atmosphärischen Ionen konventiell ein in

Kleinionen	$k > 10^{-1}$ cm² V⁻¹ s⁻¹
kleine Mittelionen . .	10^{-1} bis 10^{-2}
große Mittelionen . . .	10^{-2} „ 10^{-3}
Großionen	10^{-3} „ $2{,}5 \cdot 10^{-4}$
Ultragroßionen	$< 2{,}5 \cdot 10^{-4}$

Die zugehörigen Radien sind unter der Voraussetzung der Dichte 1 und jeweils einer Elementarladung:

kleine Mittelionen .	$r < 78 \cdot 10^{-8}$ cm
große Mittelionen . . .	78 bis $250 \cdot 10^{-8}$
Großionen	250 „ $570 \cdot 10^{-8}$
Ultragroßionen . . .	$> 570 \cdot 10^{-8}$

Wesentlich größere Suspensionen ($r > 10^{-5}$ cm) pflegt man nicht mehr den Ionen zuzurechnen.

Mittlere Ionendaten. q (Ionisierungsstärke): Über Land in Bodennähe etwa 10 je cm³ und s; über See etwa 1,5 je cm³ und s mit deutlicher Breitenabhängigkeit (1,21 bzw. 1,67 in 0° bzw. 50° magn. Breite). n (Ionenzahl): Festland etwa zwischen 100 und 1000 je cm³, über den Ozeanen nur unwesentlich weniger; etwa 15- bis 20%iges Überwiegen der positiven Kleinionen. N (Großionenzahl): Großstädte 20000 je cm³ und mehr; freies Land 1000 bis 10000. (Wiedervereinigungskoeffizienten zwischen Kleinionen und Großionen bzw. ungeladenen Suspensionen größenordnungsmäßig 10^{-6} cm³ s⁻¹.)

Die periodischen Gänge der Kleinionenzahlen entsprechen etwa denen der Leitfähigkeit, die der Großionen etwa denen des Potentialgefälles.

Das Ionenspektrum ist am stärksten besetzt im Gebiet der Kleinionen (Beweglichkeiten etwa zwischen 1 und 1,5 cm² V⁻¹ s⁻¹) und der Großionen (Beweglichkeit etwa 0,0003 bis 0,0004 cm² V⁻¹ s⁻¹).

Luftionen, biologische Wirkungen. Es besteht kein Zweifel mehr darüber, daß die Luftionen auf den menschlichen Körper wirken. Die Einzelheiten sind, obwohl mit großem Aufwand erforscht, noch von der Klärung entfernt.

Dessauer, F.: 10 Jahre Forschung a. d. physikal.-med. Grenzgebiet. Leipzig 1931.

Luftkondensator →Kondensator.

Luftleiter, der in die Luft hochgeführte Teil einer →Antenne.

Luftmassen. Unter dem Einfluß von →Strahlungsbilanz und Wärmeübertragung von der Erdoberfläche nimmt die Luft über weiten Gebieten der Kontinente oder Meere einheitliche Temperaturen an. Die Verfrachtung in den großzügigen Strömungsfeldern der Atmosphäre führt Luft von verschiedenem Ursprung dieser Art zueinander, so daß Stellen mit schärferen Übergängen (→Fronten) entstehen und dazwischen Räume, die mit Luft einheitlicherer Eigenschaften, den *Luftmassen*, erfüllt sind. Man unterscheidet der Herkunft nach *tropische*, *polare* und *arktische*, außerdem *konti-*

nentale und *maritime* Massen. Wichtiger, aber mit der genannten Einteilung nicht immer zusammenfallend, ist die Trennung nach *Warmluftmassen* und *Kaltluftmassen*. Die Warmluft kommt von wärmeren Gebieten, kühlt sich aber auf ihrem Wege stetig ab, die Kaltluft kommt von kälteren Gegenden und wird unterwegs ständig erwärmt. Aus dieser unterschiedlichen thermischen Beeinflussung ergeben sich sehr charakteristische Unterschiede im thermischen Aufbau (→pseudopotentielle Temperatur), in der stabilen Gleichgewichtsschichtung (→Gleichgewicht der Atmosphäre), Feuchtigkeit, Trübungsgehalt, Neigung zu bestimmten Niederschlägen und Wolkenarten usw.; zugleich sind diese thermischen Vorgänge die Ursache der Luftmassenalterung und -umwandlung. Hebung und Senkung der Luftmassen an den Gleitflächen im Gebiet der Fronten sind die wichtigsten Vorgänge des Wettergeschehens in den außertropischen →Zyklonen und →Antizyklonen.

Hann, J., u. *R. Süring:* Lehrb. d. Meteorologie. 7. Teil. Leipzig 1939. – *Chromow, S. P.:* Einf. in d. synopt. Wetteranalyse. Wien 1940. – *Scherhag, R.:* Wetteranalyse u. Wetterprognose. Berlin 1948.

Luftplankton →Aerosol.

Luftpumpen →Vakuumpumpen.

Luftsäule, schwingende. Die in einem Rohr der Länge l eingeschlossene Luftsäule läßt sich bei bestimmten Eigenfrequenzen zu stehenden Longitudinalwellen anregen, deren Wellenlänge bei einseitig geschlossenem Rohr ein ungerader Bruchteil der vierfachen Rohrlänge ($\lambda = 4l/n$ mit $n = 1, 3, 5, \ldots$), bei beiderseits geschlossenem oder offenem Rohr ein ganzzahliger Bruchteil der doppelten Rohrlänge ist ($\lambda = 2l/n$ mit $n = 1, 2, 3, \ldots$). Bei offenem Rohr muß zu der tatsächlichen Länge noch die Rayleighsche →Mündungskorrektur $l_{korr} = 0{,}82\,r$ (für ein kreisförmiges Rohr vom Radius r) hinzugefügt werden, weil die Druckschwankung in der Ebene der Öffnung nicht streng Null ist. Ein Spektrum diskreter Eigenfrequenzen ist auch bei linear anwachsendem Rohrdurchmesser (Konustrichter), nicht aber bei exponentiellem Anwachsen (Exponentialtrichter) vorhanden. Ferner →Musikinstrumente.

Trendelenburg, F.: Akustik. Berlin-Göttingen-Heidelberg 1950.

Luftsauerstoff-Element, entsteht aus dem →Leclanché-Element, indem man die Braunstein-Elektrode durch eine bei Stromentnahme kathodisch belastete *Luftsauerstoff-Elektrode* (→Sauerstoff-Elektrode) ersetzt.

Potentialbestimmender Ionenübergang:

$$\ominus + \tfrac{1}{4}\,O_2 + \tfrac{1}{2}\,H_2O \rightarrow OH^- .$$

Phasenendumsatz: Verbrauch von Sauerstoff und Wasser, Bildung von OH^--Ionen.

Gesamtumsatz je 1 F: Einfachste Formulierung (ohne Nebenreaktionen):

$$\tfrac{1}{2}\,Zn + \tfrac{1}{4}\,O_2 + \tfrac{1}{2}\,H_2O \rightarrow \tfrac{1}{2}\,Zn^{++} + OH^- .$$

Mit *Nebenreaktionen* (Bildung komplexer Zinksalze):

$$\tfrac{1}{2}\,Zn + \tfrac{1}{4}\,O_2 + NH_4Cl \rightarrow \tfrac{1}{2}\,Zn(NH_3)_2Cl_2 + \tfrac{1}{2}\,H_2O .$$

Die praktische Anwendung wird durch die großen Hemmungen erschwert, welche die Sauerstoffelektrode aufweist. Bei Belastung tritt dadurch eine hohe →Aktivierungspolarisation auf, die sich als starker Spannungsabfall bemerkbar macht. Bewährt als Sauerstoffüberträger hat sich besonders präparierte →Aktivkohle. Verwendung als nasses „Carbone"-Element, z. B. für Eisenbahnsicherungszwecke.

EMK: ~1,2 V, Klemmenspannung (bei mäßiger Belastung): ~1 V.

Neuartige Sauerstoffelektroden für Luftsauerstoffelemente wurden entwickelt von *Marko* und *Kordesch* [Umschau **51**, 470 (1951)].

Drucker, C., u. *A. Finkelstein:* Galvan. Elemente u. Akkumulatoren. Leipzig 1932. – *Drotschmann, C.:* Trockenbatterien. Leipzig 1944.

Luftschauer →Schauer.

Luftspalt, jede Unterbrechung eines magnetischen Kreises durch eine Luftstrecke, auch wenn sie nicht – wie z. B. bei einem Galvanometer – spaltförmig ist.

Luftspiegelungen. Bei anomaler Luftdichteverteilung, insbesondere bei schnellen Änderungen der Dichte und daher auch der Brechungszahl der Luft mit der Höhe, kann sich die Krümmung nahezu horizontaler Lichtstrahlen so verwickelt mit der scheinbaren Höhe über dem Horizont ändern, daß die von einem Punkt ausgehenden Sehstrahlen auf zwei oder mehr verschiedenen Wegen in das Auge des Beobachters gelangen. Bei Luftdichteabnahme über heißen Flächen erfolgt die Spiegelung nach unten, bei stark sprunghafter Dichteabnahme nach oben erfolgt sie nach oben. Wellenunruhe an Diskontinuitätsflächen erzeugt einen ständigen Wechsel der Spiegelbilder.

Die *Fata morgana* täuscht in Wüsten Wasserflächen am Horizont vor, die nichts anderes als gespiegeltes Himmelslicht sind. Auch die scheinbare Hebung des Meeresspiegels beruht darauf. In geringeren Höhen lagern dann stärker verdünnte Luftschichten, an denen von unten kommende Lichtstrahlen wieder nach unten reflektiert werden, so daß man am Himmel in Horizontnähe das Spiegelbild von Gegenständen sieht, die unter dem Horizont liegen. Beim *Alpenglühen* werden die Spitzen der Berge durch das in großer Höhe gestreute Licht der untergegangenen Sonne beleuchtet.

Handb. d. Experimentalphysik XXV/1. Leipzig 1928. – *Pernter, J. M.*, u. *F. M. Exner:* Meteorol. Optik. Wien 1922.

Luftstickstoff, das aus der atmosphärischen Luft gewonnene N_2. Besteht die Gewinnung nur in der Entfernung des Sauerstoffs, z. B. durch chemische Bindung, so enthält er 1,18 Vol.-% Argon (Ar), entsprechend einer Normdichte von **1,2567 kg m⁻³**, gegenüber reinem N_2 mit einer solchen von 1,2505 kg m⁻³. Das bei der →Luftzerlegung als *Neben*produkt anfallende N_2 enthält neben etwa 1,1 Vol.-% Ar noch 1 bis 5 Vol.-% O_2. Wird Stickstoff als *Haupt*produkt gewonnen, so kann der O_2-Gehalt unter 0,001 Vol.-% gesenkt werden bei unbedeutendem Ar-Gehalt und einem wesentlich kleineren Gehalt an den übrigen Edelgasen, als der Luft entspricht.

Luftthermometer →Gasthermometer.

Lufttransformator, ein →Transformator ohne Eisenkern, besteht aus zwei miteinander elektromagnetisch gekoppelten Spulen mit den ohmschen Widerständen R_1 und R_2, den Induktivitäten L_1 und L_2 und der Gegeninduktivität M. Es ist dann $M = K\sqrt{L_1 L_2}$ oder $K^2 = M^2/(L_1 L_2)$, wenn mit K der „Kopplungsfaktor" der Spulen bezeichnet wird. Bei streuungsloser Kopplung ist $K = 1$.

Die Differentialgleichungen der primären Spannung U_1 und der sekundären Spannung U_2 ergeben sich, wenn I_1 und I_2 die primären bzw. sekundären Stromstärken sind, zu

$$U_1 = I_1 (R_1 + j\omega L_1) + j\omega M I_2, \quad (1)$$

$$U_2 = I_2 (R_2 + j\omega L_2) + j\omega M I_1. \quad (2)$$

Wird der Transformator sekundär kurzgeschlossen ($U_2 = 0$), so wird nach Gl. (2) das Verhältnis der effektiven Stromstärken $(I_2/I_1)^2 = \omega^2 M^2/(R_2^2 + \omega^2 L_2^2)$

$$\frac{\omega^2 K^2 L_1 L_2}{R_2^2 + \omega^2 L_2^2} \quad (3)$$

mit $\operatorname{tg}\varphi = R_2/(\omega L_2)$.

Ist R_2 gegen ωL_2 vernachlässigbar und macht man die in erster Näherung zutreffende Voraussetzung, daß $R_1/R_2 = L_1/L_2$ ist, so ergibt sich Gl. (1) zu

$$U_1 = I_1 [R_1 (1 + K^2) + j\omega L_1 (1 - K^2)]. \quad (4)$$

Durch den Sekundärkreis wird also der ohmsche Widerstand vergrößert, die wirksame Selbstinduktion aber verkleinert.

Für das Verhältnis der Blindkomponente des Leerlaufstromes I_0 zu der des primären Kurzschlußstromes I_K ergibt sich aus den Gl. (1) und (4) $I_0/I_K = 1 - K^2$; aus dem Leerlaufversuch und dem Kurzschlußversuch läßt sich also die Gesamtstreuung $1 - K^2$ und damit der Kopplungsfaktor bestimmen.

Lufttransformatoren werden häufig als Übertrager für höhere Frequenzen oder als Gegeninduktivitäten für Meßzwecke verwendet.

Luftverflüssigung →flüssige Luft und →Gasverflüssigung. — Entsprechend der tiefen kritischen Temperatur der Luft (—140,7 °C) dient zu ihrer Verflüssigung die →Drosselentspannung als Kältequelle, und zwar bei kleinen Anlagen für sich allein, bei größeren in Verbindung mit anderen Kältequellen, z. B. NH_3-Maschine oder Expansionsmaschine (→Kälteerzeugung, Abschn. 3 u. 7). Meist wird die Luft im 4- oder 5stufigen Kompressor K auf 200 atm verdichtet, wobei durch die zwischen die ersten und zweite Kompressorstufe eingeschaltete Laugenwäsche L (Abb.) die in ihr enthaltene Kohlensäure (~0,03 Vol.-%) entfernt wird. Sie tritt sodann in einen der meist paarweise vorgesehenen →Wärmeaustauscher oder Kältetrockner KT ein, in dem sie im Gegenstrom

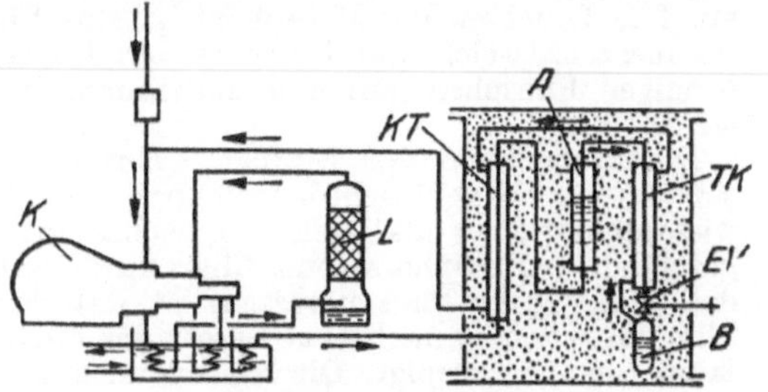

Luftverflüssigungsanlage.

zu dem nicht verflüssigten Anteil gekühlt und dadurch auch getrocknet wird. Im Anschluß an diesen Trockner kann beispielsweise die Ammoniakkühlung A vorgesehen werden. Nach weiterer Kühlung im Wärmeaustauscher oder Tiefkühler TK wird sie im Entspannungsventil EV entspannt. Der verflüssigte Anteil sammelt sich in B, während der nicht verflüssigte Anteil in den beiden Austauschern zur Kühlung der einströmenden Luft dient.

Durch zahlreiche Maßnahmen (Hoch- und Niederdruckkreislauf, Expansionsmaschine usw.) kann der Leistungsaufwand, der bei kleinen Anlagen ~2 kWh kg^{-1} Flüssigkeit beträgt, auf unter 1 kWh kg^{-1} gesenkt werden.

Es sind auch Verfahren durchgeführt worden, bei denen die Luft nur auf 10 oder 20 atm verdichtet und ihr größter Teil zur Kälteerzeugung in einer Turbine entspannt wird. Da hierbei nur ein geringer Bruchteil der verarbeiteten Luftmenge verflüssigt wird, stellt sich der Energiebedarf höher als bei den oben angeführten Verfahren.

Anwendung: →flüssige Luft, →Gaszerlegung, →Luftzerlegung.

Kolbe, L.: Flüssige Luft. Leipzig 1920. — Handb. d. Experimentalphysik IX/1. Leipzig 1929. — *van Lammeren, J. A.:* Technik d. tiefen Temperaturen. Berlin 1941.

Luftwiderstand. Die Ermittlung des Luftwiderstandes umströmter Körper, sei es, daß es sich um feste Bauten, z. B. Brücken, oder um Fahrzeuge, Flugzeuge oder Geschosse handelt, ist eine der Hauptaufgaben der Aerodynamik. Da die auf die Körperoberfläche wirkenden Kräfte im allgemeinen Komponenten senkrecht zu den Oberflächenelementen (Druckkräfte) und tangential zu ihnen (Scherkräfte infolge der Reibung) haben, so wird zweckmäßig auch der Luftwiderstand in den →Druckwiderstand und den →Reibungswiderstand unterteilt. Andere Arten der Unterscheidung →Oberflächenwiderstand, →Formwiderstand, →induzierter Widerstand, →Wellenwiderstand.

Luftwogen →Grenzflächenwellen.

Luftzerlegung. Die Zerlegung der Luft in N_2 (→Luftstickstoff) und O_2 wird heute fast ausschließlich (→Gaszerlegung) durch Verflüssigung (→Luftverflüssigung) und anschließende →Rektifikation durchgeführt. Als Nebenprodukte lassen sich dabei auch die Edelgase Ar, Ne, He, Kr und Xe gewinnen. Praktisch wird He allerdings meist aus Erdgasen dargestellt. Dagegen lohnt sich bei Kr und Xe wegen ihrer für die Füllung von Glühlampen besonders günstigen Eigen-

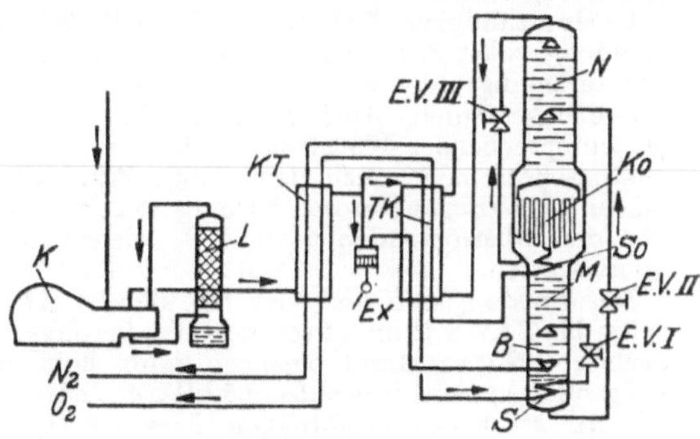

Luftzerlegungsanlage.

schaften trotz ihrer sehr geringen Konzentration in der Luft die Gewinnung daraus auch als Hauptprodukt.

Bei der als Beispiel in der Abb. gezeigten Anlage zur Gewinnung von N_2 und O_2 wird die Luft im Kompressor K auf 15 bis 25 atm verdichtet und in einer Laugenwäsche L von Kohlensäure befreit. Sie wird sodann im Kältetrockner KT im Gegenstrom (→Wärmeaustauscher) zum abziehenden N_2 und O_2 getrocknet und z. B. auf -60 °C gekühlt. Die Hälfte bis ein Drittel ihrer gesamten Menge wird sodann in einer Kolbenexpansionsmaschine Ex

oder einer Turbine zur Kälteerzeugung auf den in der Mitteldruckkolonne *M* herrschenden Druck von 5 atm entspannt und nach weiterer Kühlung im Tiefkühler *TK* am unteren Ende der Mitteldruckkolonne *M* eingeleitet. Der andere Teil der Luft wird nach weiterer Kühlung in *TK* in der im Roh-O_2-Bad befindlichen Rohrschlange *S* verflüssigt und über das Entspannungsventil *I* (*EV I*) etwas weiter oben in die Mitteldruckkolonne *M* eingeleitet. Der aus dem Roh-O_2-Bad aufsteigende Dampf durchsetzt zusammen mit der aus der Expansionsmaschine *Ex* kommenden Luft die in die Mitteldruckkolonne eingebauten Rektifikationsböden *B* und wird schließlich im Kondensator K_0 verflüssigt. Ein Teil von ihm dient dann als →Rücklauf für die Mitteldruckkolonne und bildet schließlich, nachdem er das O_2 der aufsteigenden Dämpfe weitgehend aufgenommen hat, das Roh-O_2-Bad. Diese Flüssigkeit wird durch das Entspannungsventil *II* (*EV II*) auf den in der Niederdruckkolonne *N* herrschenden Druck von 1,3 bis 1,5 atm entspannt und etwa in der Mitte eingeleitet. Der andere Teil des im Kondensator K_0 verflüssigten „Waschstickstoffs" wird durch *EV III* entspannt und am Kopf der Niederdruckkolonne als Waschflüssigkeit aufgegeben, wodurch eine Auswaschung praktisch allen Sauerstoffs aus den aufsteigenden Dämpfen ermöglicht wird, so daß am oberen Ende der Niederdruckkolonne reines N_2 gewonnen werden kann, der in *TK* und *KT* seine Kälte an die einströmende Luft abgibt. Die in der Niederdruckkolonne herablaufende Flüssigkeit nimmt das O_2 aus den aufsteigenden Dämpfen auf, erhöht dadurch ihren O_2-Gehalt auf 99,7% und wird im Außenraum des Kondensators wieder zum größten Teil verdampft, wobei die Kondensationswärme des in den Kondensatorrohren sich verflüssigenden „Waschstickstoffs" als Wärmequelle dient. Der Rest des O_2 wird als „Reinsauerstoff" in der Schlange S_0 verdampft und nach Anwärmung in *TK* und *KT* seinem Verwendungszweck zugeführt.

Es sind zahlreiche Variationen dieses Verfahrens möglich, wobei z. B. nur *eine* Kolonne (einfache Luftzerlegung) oder ein Hochdruckkreislauf usw. verwendet werden. Auch kann die Kohlensäure bei entsprechender Konstruktion in den Wärmeaustauschern oder nach dem Linde-Fränkl-Verfahren in →Regeneratoren niedergeschlagen und von dem abströmenden N_2 und O_2 wieder sublimiert werden.

Der Leistungsaufwand, der bei kleinen Apparaten bis 2 kWh je m³ gewonnenen O_2 im physikalischen →Normzustand betragen kann, läßt sich bei großen Apparaturen auf ∼ 0,5 kWh erniedrigen.

Wird statt des gasförmigen flüssiges O_2 gewünscht, so kann dieses unmittelbar aus dem Außenraum des Kondensators entnommen werden. Der Betriebsdruck ist dann entsprechend dem größeren Kältebedarf zu erhöhen, z. B. auf 150 bis 200 atm bei Gewinnung des gesamten O_2 in flüssiger Form.

Ruhemann, M.: The Separation of Gases. Oxford 1945. — *Grassmann, P.*, u. *G. Weiler:* Chemie-Ingenieurtechn. **21**, 49 (1949).

Luke. In einem Strahlengang wird diejenige reelle Blende, die das Gesichtsfeld eines optischen Gerätes begrenzt, *Gesichtsfeldblende* genannt. Durch die optische Folge selbst wird diese Blende nach den Abbildungsgesetzen abgebildet. Ihr Bild nach der Objektseite heißt *Eintrittsluke*, ihr Bild nach der Seite des Lichtaustritts heißt *Austrittsluke*. →Strahlenbegrenzung.

Lumen, abgek. lm, allgemeine Bezeichnung für die Einheit des →Lichtstromes. Zusammenhang mit der →Kerze (K): 1 lm = 1 K. sterad. Im System der Hefner-→Lichteinheiten heißt sie Hefner-Lumen (Hlm), im System der Internationalen Lichteinheiten Internationales Lumen (Ilm) und im System der heute üblichen neuen Lichteinheiten Lumen (lm). Bei einer →Farbtemperatur von 2042,5 °K (Temperatur des erstarrenden Platins) gilt die Umrechnungsbeziehung: 1 lm = 0,981 Ilm = 1,107 Hlm.

Lumenstunde, abgek. lmh, Einheit der →Lichtmenge (→Lumen).

Lumineszenz, Sammelbegriff für alle Arten des „*kalten Leuchtens*", im Gegensatz zur →Temperaturstrahlung. Je nach der Erregungsart unterscheidet man →Photolumineszenz (Erregung durch Licht aller Wellenlängen), →Elektrolumineszenz (Anregung durch elektrische Gasentladung), darunter die →Kathodolumineszenz (Erregung durch Kathodenstrahlen) und die →Teslalumineszenz (Erregung durch Teslaströme), →Radiolumineszenz (Erregung durch radioaktive Strahlung), →Chemilumineszenz (Auftreten der Lumineszenz bei einer chemischen Umwandlung), →Thermolumineszenz (Lumineszenz durch Erwärmung, wobei allerdings vorher eine Erregung stattgefunden haben muß; z. B. durch radioaktive Strahlen), →Tribolumineszenz (tritt auf beim Zerbrechen eines Kristalls, auch als Trennungsleuchten bezeichnet), →Kristallolumineszenz (tritt auf beim Kristallisieren, ist wohl auf das Trennungsleuchten zurückzuführen), →Biolumineszenz (das Leuchten der Lebewesen, z. B. Glühwürmchen), →Reibungslumineszenz (tritt auf beim Reiben von Kristallphosphoren, ist nichts anderes als Tribolumineszenz).

Leuchtet die Substanz auch nach Abschalten der Erregung gewisse Zeit nach, dann spricht man von →*Phosphoreszenz.* Diese hat nichts mit dem Leuchten des chemischen Elementes Phosphor zu tun, wohl aber stammt der Ausdruck von diesem ab. Das Leuchten des Phosphors ist eine Chemilumineszenz, welche durch Verbrennen des dampfförmigen Phosphors mit dem Luftsauerstoff entsteht.

Die Präparation von Stoffen, welche eine besonders lange Nachleuchtdauer haben, hat sowohl wissenschaftliches als auch technisches Interesse gefunden. →Phosphoreszenz. Charakteristisch für den Vorgang der Phosphoreszenz ist, daß der Abklingungsvorgang nach dem Gesetz der bimolekularen Reaktion erfolgt. Die Abklingungskurve ist eine Hyperbel.

Leuchtet die Substanz nur während der Erregung und wird mit Licht erregt, so spricht man von →*Fluoreszenz.* Die Abklingung erfolgt nach dem Gesetz einer monomolekularen Reaktion gemäß einer Exponentialfunktion.

Die spektrale Zerlegung der Lumineszenz zeigt meist charakteristische Banden, welche oft zur Erkennung bestimmter Stoffe von Wichtigkeit sind (→Lumineszenzspektralanalyse).

Lumineszenzanalyse, der Nachweis von Stoffen mit Hilfe ihres Lumineszenzlichtes ohne besondere spektrale Zerlegung. Die Erregung geschieht mit der Analysenlampe, einer ultravioletten Lichtquelle mit Filter, so daß nur kurzwelliges Licht aus der Lampe herauskommt. In einem Substanzgemisch kann oft die Anwesenheit einer bestimmten Substanz durch bloße Betrachtung mit der Analysenlampe erkannt werden, was sonst nur durch langwierige chemische Analyse möglich wäre. Bei Pulvergemischen nimmt man die Lumineszenzanalyse unter dem Mikroskop vor, indem man schräg von oben mit ultraviolettem Licht bestrahlt. — Auch bei der Beurteilung von Edelsteinen wird die Methode mit Erfolg verwendet.

Danckwortt, P. W.: Lumineszenzanalyse. Leipzig 1940. — *Haitinger, M.:* Fluoreszenzanalyse in der Mikrochemie. Wien u. Leipzig 1938 — Fluoreszensmikroskopie. Leipzig 1938.

Lumineszenzspektralanalyse. Neben der →Spektralanalyse des Bogen- und Funkenlichtes spielt die Spektralanalyse der →Lumineszenz, insbesondere der →Fluoreszenz, eine wesentliche Rolle. Bei den organischen, insbesondere aromatischen Verbindungen ist die Zahl der fluoreszierenden Stoffe beträchtlich. Wenn auch das Fluoreszenzlicht in der Regel nicht aus Linien, sondern aus verwaschenen Banden besteht, so kann doch in sehr vielen Fällen durch Lage und Zahl der Banden auf die Substanz geschlossen werden. Ein sehr empfindliches Hilfsmittel ist Einbettung in ein anderes organisches Lösungsmittel. Nach Abkühlung auf tiefe Temperatur (150 bis 180 °C) ergeben sich hierbei die sog. →Lösungsspektra, charakteristische, schmale und intensive Banden, welche nach Abschalten des erregenden ultravioletten Lichtes starkes Nachleuchten zeigen. — Von den anorganischen Stoffen fluoreszieren nur wenige: hauptsächlich das UO_2-Radikal und die Salze und Lösungen einiger Lanthaniden (Sm, Eu, Tb und Dy im sichtbaren Gebiet). Bei diesen ist allerdings die Fluoreszenz ein sehr wichtiges Hilfsmittel zur Erkennung der sehr schwer trennbaren Erden. — Auch die starke Wirksamkeit der →Aktivatoren bei der →Phosphoreszenz findet gelegentlich Anwendung bei der Analyse.

Lumineszenzlichtquellen sind solche, die ausschließlich oder zum größten Teil sog. kaltes Licht aussenden, also solches, welches keine Temperaturstrahlung ist. Hierher gehören also alle Erscheinungen der →Lumineszenz, wie →Chemilumineszenz, →Biolumineszenz, →Fluoreszenz und →Phosphoreszenz. Die größte Anwendung als Lichtquelle findet die Fluoreszenz. Je nach Wahl der Leuchtstoffe können alle Farben des sichtbaren Spektrums erzeugt werden. Besonders wird die Fluoreszenz der Leuchtstoffe in den →Leuchtstoffröhren angewendet. In diesen tritt zu der Strahlung der Gasentladung die Strahlung des Fluoreszenzlichtes. So wird ein großer Teil des sonst unausgenutzten, ultravioletten Lichtes in sichtbares Licht umgewandelt. Fluoreszierende Leuchtstoffe werden auch in der Bühnentechnik zur Erzeugung mannigfacher Lichteffekte (leuchtende Gewänder usw.) verwendet. Auch die Phosphoreszenz findet gelegentlich Anwendung als Lichtquelle. Größere, mit Phosphoren bestrichene Flächen sollen im Falle des Versagens der elektrischen Beleuchtung nachleuchten und so die Orientierung im Raum ermöglichen. Sie leuchten einige Stunden nach. Verwendet werden hierfür ZnSCu und SrSBi als Leuchtstoffe. Der erste leuchtet grün, der zweite blaugrün nach.

Lumineszenzzentren →Leuchtzentren.

Luminographie, ein Verfahren zur Herstellung von Photokopien mit Hilfe von Leuchtschirmen. Auf die bedruckte Buchseite wird die lichtempfindliche Schicht eines dünnen Photopapiers gelegt, auf dieses wird der vorher erregte, nachleuchtende Leuchtschirm gelegt. Das Licht des Leuchtschirmes durchdringt das Photopapier zum Teil und wird an der Buchseite mehr oder weniger stark reflektiert. Dieses reflektierte Licht erzeugt die Kontraste auf der lichtempfindlichen Schicht des Photopapiers, die zwar wegen des vom Leuchtschirm ausgehenden direkten Lichtes nicht sehr stark, aber nach nochmaligem Kopieren völlig ausreichend sind. Hat man einseitig bedruckte Seiten, so wird man selbstverständlich nicht durch das photoempfindliche Papier hindurch belichten, sondern durch die bedruckte Seite. Die Belichtungszeiten betragen zwischen 10 Sekunden und 1 Minute.

Luminophore sind alle lumineszierenden Stoffe, also solche, welche keine Temperaturstrahlung, sondern auf andere Weise erzeugtes Licht aussenden. Hierher gehören also alle Stoffe, welche durch →Fluoreszenz, →Phosphoreszenz, →Biolumineszenz, →Chemilumineszenz und andere Möglichkeiten ihr Licht aussenden. Die technisch wichtigen Luminophore werden meist →Leuchtstoffe genannt. Der →Leuchtmechanismus der Luminophore ist am besten geklärt bei den →Kristallphosphoren.

Luminositätsfunktion →Stellarstatistik.

Luminophorlampe →Leuchtstoffröhren.

Lummer-Brodhun-Würfel, dient als „künstlicher Fettfleck" zur Photometrie. Er besteht meist aus zwei 45°-Glasprismen, die mit ihren Hypotenusenflächen optisch aufeinandergesprengt sind. In einem der beiden Würfel ist ein kreisrundes Stück der Hypotenusenfläche weggeätzt oder abgeschliffen („künstlicher Fettfleck", in Abb. schraffiert). Das Strahlenbündel *I* durchsetzt den Würfel, ohne zum Auge des Beobachters zu gelangen, außer an der fortgeätzten Stelle. Hier tritt Totalreflexion auf, und das auf den Würfel akkommodierte Auge sieht die ausgeätzte Kreisfläche im Licht des Strahlenbündels *I*, wobei der Kreis perspektivisch zur Ellipse verzerrt wird. Vom Strahlengang *II* gelangt der Teil, der den die Kreisfläche umgebenden Ring durchsetzt, zum Auge und wird als Ellipsenring gesehen. Das auf die Kreisfläche auftreffende Licht wird total zur Seite reflektiert. Diese ursprüngliche Form des Lummer-Brodhun-Würfels ist vielfach abgewandelt worden. Das wichtigste Merkmal dieser Würfel ist, daß bei guter Ausführung die Grenze der Photometerfelder im Falle des photometrischen Abgleichs verschwindet, wodurch überhaupt erst exakte Messungen möglich werden.

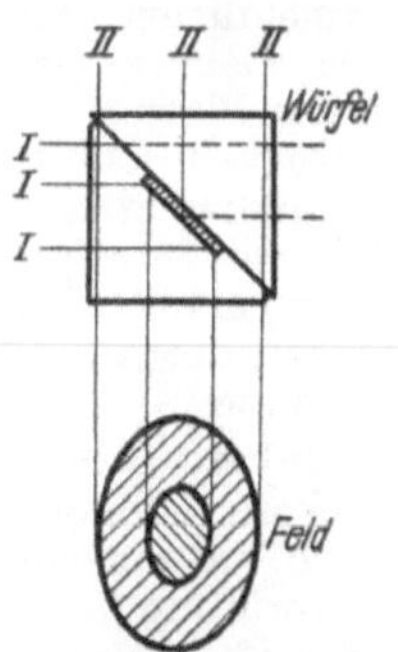

Lummer-Brodhunscher Würfel.

Handb. d. Physik XIX. Berlin 1928. — *Kohlrausch, F.:* Prakt. Physik I. Leipzig u. Berlin 1943.

Lummer-Gehrcke-Platte, ein →Interferenzspektralapparat, bestehend aus einer sehr genau planparallelen Platte aus Glas oder Quarz. Die zu untersuchende Strahlung wird mit Hilfe eines totalreflektierenden Prismas in die Platte eingeleitet, derart, daß das Licht nach mehrfacher Spiegelung die Plattenflächen fast streifend verläßt (Abb.). Der Gangunterschied zwischen zwei benachbarten Teillichtbündeln auf derselben Plattenseite ist $\Delta s = 2 d\, n \cos\alpha$ (d Plattendicke,

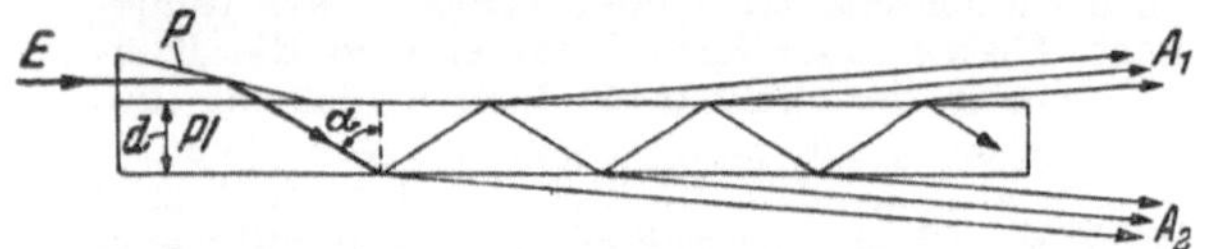

Prinzip der Lummer-Gehrcke-Platte. A_1, A_2 austretende, interferenzfähige Teilbündel, Pl planparallele Platte, P totalreflektierendes Prisma, α Brechungswinkel im Glas, E Eintrittsrichtung der zu untersuchenden Strahlung.

n Brechzahl des Plattenmaterials). Ist bei monochromatischem Licht für bestimmte kleine Winkel α der Gangunterschied zwischen zwei benachbarten Teilbündeln gerade gleich einem ganzzahligen Vielfachen der Wellenlänge λ, so tritt für solche Teilbündel maximale Intensitätsverstärkung ein: $\Delta s = 2 d\, n \cos\alpha = m\, \lambda$. Diese Bündel ergeben im ∞ liegende Systeme heller, paralleler Interferenzstreifen (Kurven gleicher Neigung). Durch eine Sammellinse lassen sich diese Streifen in die Brennebene der Linse verlegen und können dort photographisch fixiert werden.

Die Lummer-Gehrcke-Platte eignet sich besonders zur Untersuchung kleiner Wellenlängenunterschiede, etwa der Feinstruktur von Spektrallinien; sie lassen sich aus den Streifenabständen (eindeutige Funktionen der Winkel α), der Plattendicke d und der Brechzahl n des Plattenmaterials berechnen. Die Streifenabstände sind sehr genau meßbar, da zu beiden Seiten der Platte identische Streifensysteme entstehen.

Die Lummer-Gehrcke-Platte zeigt wegen unvermeidlicher Inhomogenitäten des Plattenmaterials Geister (falsche Linien). Durch Kreuzen zweier Platten lassen sich die Geister feststellen.

Handb. d. Physik XVIII, XIX, XX. Berlin 1929.

Lummer-Streifen, eine den →Brewster-Streifen ähnliche Interferenzerscheinung, von ihnen aber durch hohen Gangunterschied verschieden. Sie können deshalb nur im monochromatischen Licht auftreten.

Lunker, beim Guß von metallischen Werkstücken entstehende Hohlräume; Aufsuchung durch die verschiedenen Verfahren der →Werkstoffprüfung.

Lunte →Potentialsonde, luftelektrische.

Lupen, früher auch als „einfache Mikroskope" bezeichnet, dienen dazu, kleine Gegenstände, die dem Auge in der deutlichen Sehweite nicht unter genügendem Sehwinkel erscheinen würden, vergrößert darzubieten. Sie sind Sammellinsen mit einer →Lupenvergrößerung von etwa 3- bis 20fach für ein dicht hinter der Lupe befindliches entspanntes Auge. Bedeutet in der Abb. L die Lupe, dargestellt durch ihre zusammenfallenden Hauptebenen HH', so wird der Objektpunkt O, der sich innerhalb der Objektbrennweite befindet, virtuell nach O' abgebildet. Dem Auge A, das sich in der Entfernung p hinter der Lupe befindet, scheinen die Strahlen vom Bildpunkt O' aus der Entfernung k' zu kommen. (Nach den →Vorzeichenregeln sind hier p und k' negativ zu rechnen.) Der Winkel, unter dem das Objekt der Größe y dem Auge A erscheint, ist σ'. Ist die Bildbrennweite der Lupe f', so ergibt sich durch Anwendung der optischen Abbildungsgesetze für die →Lupenvergrößerung $\overline{\Gamma'}$ im allgemeinen Fall (alle Längen in mm gemessen):

$$\overline{\Gamma'} = \frac{250}{f'}\left(1 - \frac{f' + p}{k'}\right).$$

Bezieht man die Lupenvergrößerung auf ein entspanntes, d. h. auf die Ferne akkommodiertes Auge, so ist $k' = \infty$, und es ergibt sich die üblicherweise angegebene Lupenvergrößerung (*Normalvergrößerung*)

$$\overline{\Gamma'_0} = \frac{250}{f'}.$$

Bezieht man die Lupenvergrößerung jedoch auf ein Auge, das auf die deutliche Sehweite von -250 mm akkommodiert ist, so ist $k' = -250$. Befindet sich dieses Auge dicht hinter der Lupe, ist also $p = 0$, so ergibt sich eine Lupenvergrößerung von

$$\overline{\Gamma'_1} = \frac{250}{f'} + 1.$$

Man unterscheidet im wesentlichen einfache, achromatische, aplanatische und Aufsetzlupen. Einfache Lupen sind →Bikonvexlinsen geeigneter Brennweite. Achromatische Lupen bis $\sim 25\times$ sind innerhalb ihres Gesichtsfeldes von Farbfehlern frei, zeigen aber oft Verzeichnung. Aplanatische Lupen bestehen aus Linsen geeigneter Form (z. B. aplanatische Lupe nach *A. Steinheil*, bei der eine

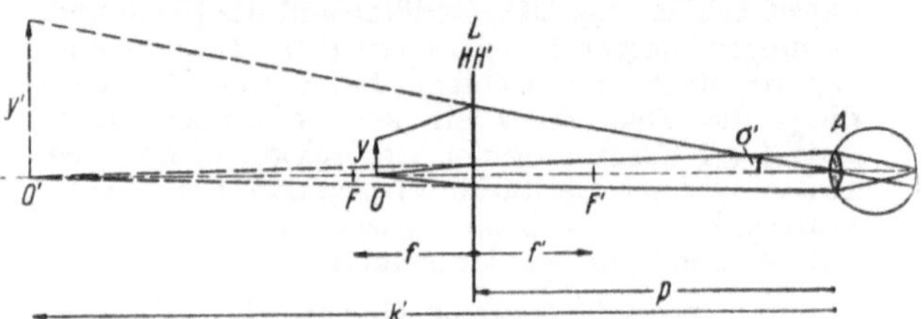

Wirkungsweise der Lupe.

bikonvexe Kronlinse in zwei gleiche Flintglasmenisken eingeschlossen ist). Aufsetzlupen sind verzeichnungsfreie Lupen mit etwa 2facher Vergrößerung, die dem zu untersuchenden Gegenstand unmittelbar aufgesetzt werden. Sie sind Plankonvexlinsen geeigneter Dicke und Brennweite. Falls ein großer freier Arbeitsabstand, d. h. Abstand des Objekts von der ersten Fläche benötigt wird, ist die Chevaliersche (Brückesche) Lupe geeignet. Sie ist aus einer dem Auge zugewandten Zerstreuungslinse und aus einer sammelnden Vorderlinse aufgebaut. Schwache Lupen großen Durchmessers werden Lesegläser genannt.

Lupenvergrößerung. Betrachtet man einen Gegenstand der Größe y aus der Entfernung l, und ist der Winkel, unter dem er erscheint, σ_a, so gilt

$$\operatorname{tg} \sigma_a = -\frac{y}{l}.$$

Das negative Vorzeichen erklärt sich aus den →Vorzeichenregeln der geometrischen Optik. Der Beobachter entfernt sein Auge dabei so weit vom Gegenstand, daß dieser sich in der für ihn →deutlichen Sehweite befindet. Für die deutliche Sehweite wird üblicherweise $l = -250$ mm gesetzt.

Als Lupenvergrößerung $\overline{\Gamma'}$ wird das Tangentenverhältnis der Winkel bezeichnet, unter denen der Gegenstand im freien Sehen (σ_a) und bei Betrachtung durch die Lupe erscheint (σ'). Es ist also

$$\overline{\Gamma'} = \operatorname{tg} \sigma' / \operatorname{tg} \sigma_a.$$

Lutetium, Lu, früher *Cassiopeium*, Cp, Element aus der Gruppe der →Lanthaniden; Kernladungszahl 71. Das im natürlichen Lutetium zu etwa $2^1/_2\%$ enthaltene $^{176}_{71}Lu$ ist instabil und zeigt β^--Zerfall und K-Einfang etwa im Verhältnis 1:2. Die β-Strahlen haben eine Maximalenergie von etwa 0,40 MeV; außerdem werden γ-Strahlen von 0,26 MeV abgestrahlt.

Bothe-Flügge: Kernphysik u. kosm. Strahlen. Naturwiss. u. Med. i. Deutschld. 1939/46. Bd. XIII. Wiesbaden 1948.

Luther-Bedingung, Bedingung für die spektrale Transmissionsfunktion τ_λ eines Farbfilters, das die gegebene spektrale Empfindlichkeitsverteilung Z_λ eines Strahlungsempfängers (Auge, Photozelle oder dgl.) in eine bestimmte andere P_λ umwandeln soll: $\tau_\lambda = c P_\lambda : Z_\lambda$. Für die Zwecke der →Farbmessung zuerst von *R. Luther* angegeben, gilt aber ganz allgemein, z. B. für die Aufnahmefilter in der Farbenphotographie.

Richter, M.: Die Technik d. Farbmessung. Licht 4, 101 (1934).

Lux, abgek. lx, allgemeine Bezeichnung für die Einheit der →Beleuchtungsstärke. Zusammenhang mit der Kerze (K): 1 lx = 1 lm/m² = 1 K. sterad je m². Im System der Hefner-→Lichteinheiten heißt sie Hefner-Lux (Hlx), im System der Internationalen Lichteinheiten Internationales Lux (Ilx) und im System der heute üblichen neuen Lichteinheiten Lux (lx). Bei einer →Farbtemperatur von 2042,5 °K (Temperatur des erstarrenden Platins) gilt die Umrechnungsbeziehung: 1 lx = 0,981 Ilx = 1,107 Hlx.

Luxmesser →Beleuchtungsmesser.

Luxsekunde, abgek. lxs, Einheit für die →Belichtung (→Lux).

Luxemburg-Effekt, die gegenseitige Modulationsbeeinflussung von zwei Sendern, die nicht durch Unvollkommenheit des Empfängers (mangelnde Trennschärfe, Kreuzmodulation), sondern durch die Eigenschaften der Ionosphäre bedingt ist. Der Effekt entsteht dadurch, daß bei den Feldstärken, die von starken Sendern (~100 kW) in der Ionosphäre erzeugt werden, das Superpositionsgesetz nicht mehr gilt. Die Dämpfung wird vielmehr im Rhythmus der einfallenden Wellen gesteuert und daher die Modulation des einen Senders derjenigen des anderen Senders aufgeprägt. Die Tiefe der unerwünschten Modulation kann bis zu einigen % betragen. Der Effekt tritt naturgemäß nur bei Wellen auf, die an der Ionosphäre reflektiert werden. Wegen dieses Effekts kann man die Leistung von Radiosendern nicht beliebig steigern. Der Name rührt daher, daß er bei seiner ersten Beobachtung durch den Sender Luxemburg hervorgerufen wurde.

lx, Symbol für die allgemeine Einheit der Beleuchtungsstärke →Lux.

lxs, Symbol für die Belichtungseinheit →Luxsekunde.

ly, Symbol für die Einheit →langley.

l. y., in den englisch sprechenden Ländern übliches Symbol für die Längeneinheit →Lichtjahr der Astronomie.

Lyman-Serie des H-Atoms, besteht aus den (im Ultraviolett gelegenen) Spektrallinien, die Übergängen von n_1 (= 2, 3, ...) nach $n_2 = 1$ entsprechen, also die Wellenzahlen $\tilde{\nu} = R_H - \frac{R_H}{n_1^2}$ haben (R_H Rydberg-Konstante für H). →Wasserstoffspektrum.

Lyman-Banden, Singulett-Bandensystem des Moleküls H_2 bei 1109 Å, Kombination mit dem Molekül-Grundzustand. — *Lyman-Birge-Hopfield-Banden,* Singulett-Bandensystem des Moleküls N_2 zwischen 1205 und 2500 Å, Kombination mit dem Molekül-Grundzustand.

Lyophil, lyophob →hydrophil.

Lyosol, eine kolloidale Lösung in einem beliebigen flüssigen Mittel; falls dieses Wasser ist: →Hydrosol.

Lyosphäre →Gel.

λ-Glied = →kosmologische Konstante.

λ-Kurve, -Punkt →Helium flüssig und fest.

ZWEITER TEIL

Stichwörter M—Z

Anhang I—III:

Geschichte der Physik — Lebensdaten von Physikern — Tabellen

Nachträge

M

m, Symbol für 1. die MKS-Längeneinheit → Meter, 2. die in den englisch sprechenden Ländern übliche Längeneinheit → mile, 3. die scheinbare → Sterngrößenklasse.

M, Symbol für 1. die CGS-Einheit → Maxwell für den magnetischen Kraftfluß, 2. die absolute → Sterngrößenklasse.

M, m, Symbole der → Achsenquantenzahlen.

m-, Symbol für die → Vorsatzsilbe Milli-.

M-, Symbol für die → Vorsatzsilbe Mega-.

Ma, Abk. der → Machschen Zahl.

MacCullagh-Ellipsoid. Der Endpunkt des Kreiselimpulsvektors liegt bei konstanter Energie eines Kreisels auf einem körperfesten Ellipsoid.

Mache-Einheit, eine Einheit für die Emanationskonzentration. Wasser hat den Emanationgehalt M.E., wenn die in 1 l befindliche Emanationsmenge (ohne Zerfallsprodukte) in einer Ionisationskammer bei allseitiger und vollständiger (→Duane-Labordesche Korrektur) Ausnutzung der Strahlung einen Sättigungsstrom von $1 \cdot 10^{-3}$ esE zu unterhalten vermag. 1 M.E. $= 3{,}64 \cdot 10^{-10}$ Curie · Liter^{-1} $= 10^{-3}$ Stat · Liter^{-1}. Der Nachteil des Strommaßes für Emanationsmessungen besteht darin, daß es eine absolute Strommessung erfordert. Da man heute zuverlässige Normal-Radiumlösungen herstellen kann, wird das durch Lösungen realisierte →Eman als Konzentrationseinheit für Radiumemanation der M.E. vorgezogen.

Machsches Prinzip. Die klassische Mechanik sowie die spezielle → Relativitätstheorie setzen das Dasein einer Gruppe von → Inertialsystemen voraus, die von allen Körpern unabhängig ist. Die verschiedenen Inertialsysteme besitzen eine gleichförmige translatorische Bewegung gegeneinander. Diese Bezugssysteme lassen sich durch physikalische Versuche fern von allen Körpern feststellen. Allerdings sind dies Gedankenexperimente, denn man ist ja mit allen Beobachtungen in der Natur auf Räume innerhalb der Sternsysteme beschränkt. *Mach* und *Einstein* sprachen zuerst den Gedanken aus, daß grundsätzlich alle denkbaren Bezugssysteme gleichberechtigt sind, also auch solche, die sich gegen die Inertialsysteme beschleunigt oder mit Drehungen oder sonstwie bewegen. Bei *Mach* war dieser Gedanke ein skeptischer Einwand gegen die Annahme von Inertialsystemen.

Machscher Winkel. Von der Spitze eines Körpers, der sich in flüssiger oder gasförmiger Umgebung mit → Überschallgeschwindigkeit v bewegt, geht eine kegelförmige → Kopfwelle aus. Keine Schallwelle, die der Körper aussendet, kann in dem mit dem Körper bewegten System den Außenraum des Kegels erreichen, sie bleibt auf den *neben* und *hinter* der Schallwelle liegenden Kegelinnenraum beschränkt. Der halbe Öffnungswinkel α des Kegels, der „Machsche Winkel", hängt vom Verhältnis der Schallgeschwindigkeit c zur Bewegungsgeschwindigkeit v ab: $\sin\alpha = c/v$.

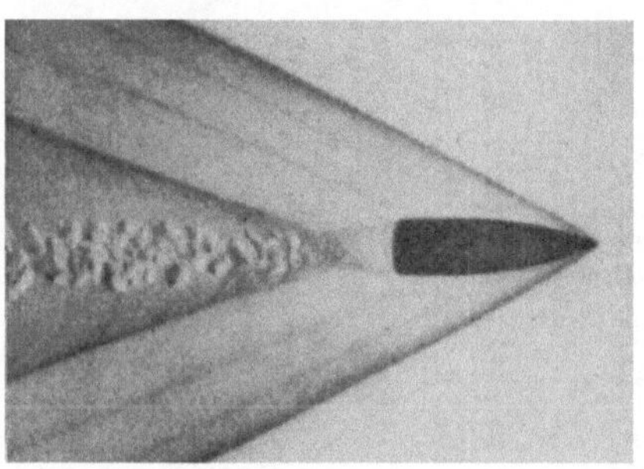

Machscher Winkel. Kopfknallwelle. (Nach *Cranz.*)

Prandtl, L.: Führer durch die Strömungslehre. Braunschweig 1949.

Machsche Zahl (→Ähnlichkeitsgesetze). Strömungserscheinungen in elastischen Medien müssen, wenn sie dynamisch ähnlich sein sollen, der Bedingung genügen, daß das Verhältnis der Trägheitskräfte $\varrho v^2/l$ zu den elastischen Kräften M/l gleich groß ist (M Kompressionsmodul). Bei adiabatischen Zustandsänderungen von Gasen ist mit dem Verhältnis der spezifischen Wärme $\varkappa = c_p/c_v$ der Volumen-Elastizitätsmodul $M = \varkappa p$. Die Größe $a = \sqrt{\frac{M}{\varrho}} = \sqrt{\frac{dp}{d\varrho}} = \sqrt{\frac{\varkappa p}{\varrho}}$ ist die Ausbreitungsgeschwindigkeit kleiner Störungen und heißt Schallgeschwindigkeit. Das Verhältnis der Strömungsgeschwindigkeit v zur Schallgeschwindigkeit a ist die Machsche Zahl Ma $= v/a$. Sie entspricht der Quadratwurzel aus dem obigen Verhältnis der Kräfte und ist daher ein Maß für die Ähnlichkeit. In der Aerodynamik kann der Einfluß der Kompressibilität je nach dem verlangten Grad der Genauigkeit, im allgemeinen etwa im Bereich $v \gtrsim 0{,}7\,a$, nicht mehr vernachlässigt werden. Der Wert Ma $= v/a = 1$ heißt *kritische* Machsche Zahl, da der Charakter der Strömung sich bei diesem Grenzwert wesentlich ändert (Abb. 1 u. 2). Dies zeigt sich auch darin, daß die Gleichungen der Potentialströmungen im Bereich der Unterschallgeschwindigkeit $0 <$ Ma < 1 vom elliptischen Typ, für den Bereich der Überschallgeschwindigkeiten $1 < \mathrm{Ma} < \infty$ vom hyperbolischen Typ (der Differentialgleichungen der Seitenschwingung) sind. Zu den stetigen Änderungen von Druck und Geschwindigkeit kommen gewisse unstetige Zustandsänderungen, die →Verdichtungsstöße, hinzu. Bei einer räumlichen Überschallströmung

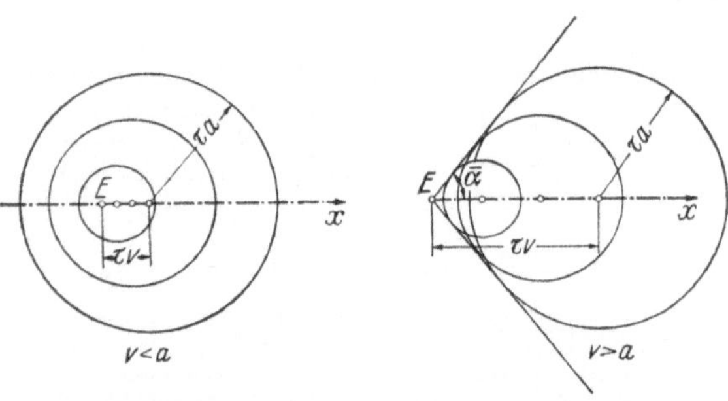

Abb. 1. Unterschallgeschwindigkeit. Abb. 2. Überschallgeschwindigkeit.

liegen alle von einer Störungsstelle ausgehenden Kugelwellen innerhalb eines Kegels, dessen halber Öffnungswinkel der →Machsche Winkel α ist, für den die Beziehung $\sin\alpha = a/v = \mathrm{Ma}^{-1}$ gilt. Die Erzeugende des Kegelmantels heißt Machsche Linie. Sie gibt demnach die Grenze der Ausbreitung kleiner Störungen an. Die Projektion des Geschwindigkeitsvektors senkrecht zu einer Machschen Linie ist gleich der Schallgeschwindigkeit. Die durch die Fortpflanzung der Störung bewirkten Dichteänderungen machen die Machschen Linien sichtbar (Schlierenmethode und Interferometermethode).

Macht, gelegentlich vorgeschlagene Bezeichnung der →potentiellen Energie, die sich aber nicht eingebürgert hat.

Maclaurin-Reihe →Taylor-Reihe.

Maclaurin-Sphäroid →Gleichgewichtsfiguren.

Macula, etwa in der Netzhautmitte gelegener Bezirk von 12—14° horizontaler und 8—10° vertikaler Ausdehnung, in dessen Zentrum sich die →Fovea centralis befindet. Die Macula weist eine gelbe Pigmentierung auf (*Gelber Fleck*), die insbesondere kurzwellige Reizlichter schwächt und mit ihr eingestellte Farbgleichungen (→Farbmischung) gegenüber den mit peripherer gelegenen Netzhautpartien ermittelten verschiebt.

Maculoso-Corbino-Effekt, die anomal große magnetische →Drehung der Polarisationsebene in der Nähe von Absorptionslinien, beobachtbar an Gasen, bei denen die normale Drehung wegen ihrer geringen Dichte unmeßbar klein ist.

Müller-Pouillet: Lehrb. d. Physik II/2, 2. Teil. Braunschweig 1929.

Madelung-Formel →kalorische Zustandsgleichung.

Madelung-Konstante, hat eine wesentliche Bedeutung für die Berechnung der →Gitterenergie polarer Kristalle (z. B. NaCl). Diese läßt sich auf ein Mol bezogen ausdrücken durch:

$$U_g = N_L\,\alpha\,\frac{n^2 e^2}{r_0}\ [\mathrm{erg\ mol^{-1}}]\,,$$

wo n die Wertigkeit der Ionen (z. B. NaCl $n = 1$), r_0 den Abstand zweier unmittelbar benachbarter, entgegengesetzt geladener Ionen, N_L die Loschmidt-Konstante, e die Elementarladung in esE und α die Madelung-Konstante (eine reine Zahl) bedeuten. Letztere ist durch den jeweiligen Gittertyp bestimmt. Für Gitter vom Steinsalztyp z. B. ist $\alpha = 1{,}7476$, für Gitter vom CsCl-Typ $\alpha = 1{,}7627$ und vom ZnS-Typ $\alpha = 1{,}6381$.

Magellansche Wolken, zwei typisch unregelmäßige, in Einzelsterne aufgelöste →außergalaktische Nebel, sind die uns nächsten von ihnen. Sie liegen in südlichen Breiten, die größere Wolke im Sternbild des Dorado und die kleinere in dem des Tukan. Beide sind mit bloßem Auge gut sichtbar als schwachleuchtende Gebilde von länglicher unregelmäßiger Form, und zwar haben sie ungefähr dieselbe Helligkeit wie die helleren Teile der Milchstraße im Schwan und im Adler. Sie sind Ansammlungen von Sternen, Sternhaufen und Nebelmassen und erinnern in ihrem Aussehen an die Sternwolken der Milchstraße. Die Entfernung der großen Wolke beträgt nur 72000, die der kleinen Wolke 81000 Lichtjahre. Sie können daher als Satelliten des Milchstraßensystems aufgefaßt werden. Es ist sogar wahrscheinlich, daß sie sich noch innerhalb der äußersten, von Sternen dünn bevölkerten Randgebiete des Milchstraßensystems befinden. Sie bilden mit diesem und einigen anderen größeren Nebeln die lokale →Nebelgruppe.

Hubble, E.: Das Reich der Nebel. Braunschweig 1938. — *Vogt, H.:* Die Spiralnebel. Heidelberg 1946.

Magische Zahlen (magic numbers), in der Kernphysik besonders ausgezeichnete Zahlen, als Protonenzahlen oder Neutronenzahlen:

2, 8, 20, 28, (40), *50, 82, 126.*

→Oszillatormodell, →Kernsystematik.

Magnete, permanente →Dauermagnete.

Magnetelektron. Das Elektron hat neben dem mechanischen Drehmoment $\hbar/2$ (→Spin) auch ein magnetisches Moment von der Größe eines Bohrschen →Magnetons. Beide Momente werden durch die →Dirac-Gleichung richtig beschrieben.

Magnetetalon. Da die Empfindlichkeit eines ballistischen Galvanometers bei Induktionsmessungen vom Widerstand des Stromkreises abhängt, ist bei genauen Messungen eine häufige Nacheichung nötig, um den Einfluß von Temperaturschwankungen zu eliminieren. Die dazu nötigen Spannungsstöße von stets genau gleicher Größe kann man mit Hilfe des *Magnetetalons* herstellen. Bei ihm sind zwei stabförmige, gealterte permanente Magnete mit entgegengesetzten Magnetisierungsrichtungen hintereinander in einem zylindrischen Rohr befestigt. Eine Induktionsspule gleitet bei der Erzeugung des Spannungsstoßes von ihrer Anfangslage über der Mitte des einen Magneten bis über die Mitte des anderen, wobei Anschläge dafür sorgen, daß Anfangs- und Endlage stets genau gleich sind. Die so erzeugten Spannungsstöße sind bei guten Magneten genauer reproduzierbar als die, welche mit einer Normalinduktivität durch Ausschalten eines bekannten Stromes erzeugt werden können. Natürlich muß die Temperaturabhängigkeit des Momentes der Magnete berücksichtigt werden.

Kohlrausch, F.: Prakt. Physik II. Berlin u. Leipzig 1944.

Magnetfeldstabilisierung. Die Feldstärke von Elektromagneten kann durch Stabilisierung des Erregerspulenstroms nicht völlig konstant gehalten werden, weil sowohl Geometrie als auch Permeabilität des Eisenkerns temperaturabhängig sind. Die modernen →kernmagnetischen elektrodynamischen Resonanzeffekte lassen sich dagegen für Stabilisierungen benutzen, die vom Magnetfeld selbst geregelt werden. Prinzip des Verfahrens: Das Magnetfeld wird niederfrequent schwach moduliert. Die — etwa in einer Kerninduktionsanordnung erhaltene — Resonanz in Form einer Absorptionskurve wird nun als Kennlinie benutzt für die Umformung der Magnetfeldmodulation in eine Modulation der empfangenen Hochfrequenz (→kernmagn. elektrodyn. Res.), ähnlich wie eine Verstärkerröhrenkennlinie die Umwandlung von Gitterspannungsschwankungen in Anodenspannungsschwankungen bestimmt. Nach Demodulation der Hochfrequenz wird die Niederfrequenz verstärkt und durchfließt nach einer Umformung in Gleichstrom das Kompensationsspulenpaar in Helmholtzscher Anordnung. Da die Amplitude der Niederfrequenz proportional zur Steigung der Absorptionskurve ist (in deren Maximum sie Null ist), so ist die Regelkurve (nämlich Gleichstrom als Funktion der magn. Feldstärke) die erste Ableitung der Absorptionskurve, verläuft also wie eine Dispersionskurve. Es kann so erreicht werden, daß z. B. bei 10% Änderung der Speisespannung das Magnetfeld innerhalb 0,02 Oe konstant bleibt.

Packard, M. E.: Rev. Sci. Instr. 19, 435 (1948).

Magnetisch hart, weich →Koerzitivkraft, →magnetisch weiche Stoffe.

Magnetisches Blatt →Doppelschicht.

Magnetische Einheiten → Einheitensysteme, elektrische, Abschn. II b.

Magnetisches Feld →Feld, magnetisches.

Magnetische Felder von Himmelskörpern. 1. *Sonne.* Starke lokale Magnetfelder mit Feldstärken von einigen Hundert bis zu 4500 Oe, oft bipolar, sind mit →Sonnenflecken verbunden. Die Existenz und Stärke eines allgemeinen Magnetfeldes der Sonne konnten noch nicht völlig geklärt werden. Ältere Beobachtungen von *Hale* am Mt. Wilson-Observatorium (1912—14) ergaben aus der Zeeman-Aufspaltung von Spektrallinien ein allgemeines Magnetfeld mit einer maximalen Feldstärke von 50 Oe, das mit der Breite wie das Magnetfeld der Erde variiert, also ein Dipolfeld darstellt. Oberhalb der →umkehrenden Schicht, im Außenraum der Sonne, ist kein allgemeines Feld nachweisbar. Neuere Messungen von *Thiessen* und *Babcock* haben das allgemeine Feld in manchen Jahren bestätigt, in anderen Jahren war dagegen kein Magnetfeld über der Nachweisgrenze von 5 Oe vorhanden. Vermutlich unterliegt das allgemeine Magnetfeld der Sonne zeitlichen Schwankungen zwischen nahezu 0 bis 50 Oe.

2. *Sterne.* Bei einigen Sternen hat *Babcock* mit dem großen Spektrographen des 2,5 m-Spiegels am Mt. Wilson die Existenz von Magnetfeldern nachweisen können. Es handelt sich durchweg um rasch rotierende Sterne vom →Spektraltyp A. Bei dem Stern 78 Virginis beträgt die gemessene Feldstärke 1500 Oe, bei γ Equulei 1900 Oe. Der Stern BD —18° 3789, dessen Absorptionslinien mit einer Periode von 9,3 Tagen veränderlich sind, zeigt ein variables Magnetfeld von maximal 7000 Oe, dessen Polarität innerhalb dieser Periode umkehrt. Ob es sich bei den Sternen um allgemeine Magnetfelder wie bei der Erde oder um die Überlagerung lokaler Felder entsprechend den Feldern der Sonnenflecken handelt, ist noch unbekannt.

Von *Blackett* wurde aus Dimensionsbetrachtungen eine Beziehung zwischen dem Drehimpuls q und dem magnetischen Moment M eines Himmelskörpers abgeleitet

$$M = \beta \sqrt{\frac{f}{c}}\, q$$

(f Gravitationskonstante, c Lichtgeschwindigkeit, β Zahlenfaktor von der Größenordnung 1), die für Erde, 78 Virg und γ Equ angenähert erfüllt ist. Die Blackettsche Dimensionsbeziehung gibt aber keinen Aufschluß über die eigentliche Ursache der Magnetfelder und kann auch nichts zum Verständnis der variablen Magnetfelder beitragen.

3. *Interstellare Magnetfelder.* Die Existenz interstellarer Magnetfelder von der Größenordnung 10^{-5} Oe wird nahegelegt durch theoretische Überlegungen über die turbulente Bewegung des ionisierten interstellaren Gases. Da sich Elektronen und Ionen wegen ihrer verschiedenen Massen nicht ganz gleichartig bewegen, werden Magnetfelder erzeugt, die wegen der hohen Leitfähigkeit des interstellaren Gases mit diesem mitbewegt werden. Durch diese ungeordneten interstellaren Magnetfelder läßt sich die beobachtete Isotropie in der Verteilung der →kosmischen Ultrastrahlung verstehen. — Ein weiterer Hinweis auf interstellare Magnetfelder wird durch die Polarisation des Lichtes entfernter, rot verfärbter Sterne geliefert (→Polarisation des Sternlichts). Man nimmt an, daß die Magnetfelder eine Richtwirkung auf die unsymmetrischen Partikel des interstellaren Staubes ausüben, die eine Schwächung und Verfärbung des Sternlichts bewirken.

Babcock, H. W.: Publ. Astr. Soc. Pac. 59, 112, 260 (1947); 60, 244 (1948). — *Grotrian, W.:* Naturwiss. 35, 321, 353 (1948).— *Schlüter, A.,* u. *L. Biermann:* Z. Naturf. 5a, 65 (1950).

Magnetische Feldkonstante μ_0 →Feldkonstanten.

Magnetischer Kreis. In zahlreichen Geräten, wie Transformatoren, Elektromagneten, Galvanometern usw., erfüllt die magnetische Induktion im wesentlichen nur ein schlauchartiges Gebiet, welches ganz oder zum größten Teil von ferromagnetischem Material, dem Eisenkern, ausgefüllt wird. Man spricht dann von einem magnetischen Kreis. Wenn er ganz mit ferromagnetischem Material ausgefüllt ist, nennt man den Kreis *geschlossen.* Wenn dagegen, wie bei Elektromagneten, die Induktionslinien an einer Stelle einen Luftspalt überschreiten müssen, nennt man ihn *offen.* Außer im Sonderfall eines kreisförmigen Ringes mit konstantem Querschnitt und gleichmäßig dicht gewickelter Feldspule (Ringspule) durchläuft stets ein mehr oder weniger großer Teil der Induktionslinien nicht den gewünschten Weg durch den ferromagnetischen Kern und auf kürzestem Weg über den Luftspalt, sondern schließt sich irgendwie anders durch den umgebenden Luftraum. Man nennt diese Erscheinung die *Streuung.* Wenn ihr Einfluß gering ist, so kann man den Induktionsfluß durch jeden Querschnitt des magnetischen Kreises angenähert als überall gleich ansehen. Wenn der Verlauf der Induktionslinien ungefähr angegeben werden kann, genügt zur näherungsweisen Berechnung des Flusses bzw. der Induktion und der Feldstärke das Durchflutungsgesetz, wonach das Linienintegral der Feldstärke beim einmaligen Umlauf auf einer geschlossenen Feldlinie gleich dem Produkt aus Stromstärke und Windungszahl der um den magnetischen Kreis gewickelten Feldspule ist. Verwendet man nicht das Internationale Maßsystem, so tritt noch ein Proportionalitätsfaktor hinzu.

Oberdorfer, G.: Lehrb. d. Elektrotechnik. München u. Berlin 1943/44. Handb. d. Physik XV. Berlin 1927.

Magnetisches Moment →Dipolmoment, →Magneton, →Spin, →Elementarteilchen, →Stern-Gerlach-Versuch, →die folgenden Artikel.

Magnetische Momente der Atome →Dipolmoment, magnetisches, der Atome.

Magnetisches Moment von Himmelskörpern →magnetische Felder von Himmelskörpern.

Magnetischer Nebenschluß →Nebenschluß.

Magnetische Punktpole. Eine von *Dirac* 1948 aufgestellte Theorie, die eine Erklärung für die Quantelung der Elektrizität geben soll, fordert die Existenz von freien Magnetpolteilchen. Diese können so verstanden werden, daß es sich dabei um den einen Pol eines magnetischen Dipols handelt, dessen anderer Pol im Unendlichen liegt. Die Feldlinien dieses Dipols sind geschlossen; aber in der Richtung vom negativen zum positiven Pol verlaufen sie innerhalb eines unendlich dünnen, beliebig gestalteten Schlauches, während ihr Verlauf in umgekehrter Richtung wegen der unendlichen Entfernung des zweiten Pols derjenige eines isolierten magnetischen Pols und dem Verlauf bei einer einzelnen elektrischen Punktladung völlig analog ist. In der makroskopischen Elektrodynamik spielen die Punktpole keine Rolle; sie dienen nur zur Entwicklung einer Quantenelektrodynamik. Nach *Dirac* muß zu diesem Zweck das zweite Paar der Maxwellschen Gleichungen in der Form $\operatorname{div}\mathfrak{B} = \varrho_m$, $\operatorname{rot}\mathfrak{E} + \dot{\mathfrak{B}} = \mathfrak{j}_m$ geschrieben werden, wobei ϱ_m eine magnetische Ladungsdichte und $\mathfrak{j}_m$ eine magnetische Stromdichte sind. Aus der Theorie folgt, daß die Erzeugung eines Polpaares also eine sehr viel größere Energie erfordern muß als diejenige eines Elektronenpaares. Punktpole müßten stark ionisieren und an Besonderheiten ihrer Bahnspur erkennbar sein.

Bauer, F. L.: Magnetische Punktpole. Phys. Bl. 6, 257 (1950).

Magnetische Quantenzahl. Die →Achsenquantenzahlen M und m heißen auch magnetische Quantenzahlen, da sie für ein Atom im Magnetfeld eine wichtige Rolle spielen. →Zeeman-Effekt.

Magnetischer Schutz →Schirmwirkung, magnetische.

Magnetische Spannung zwischen zwei Punkten A, B ist das Linienintegral

$$V = \int_A^B \mathfrak{H}\, d\mathfrak{s}$$

der magnetischen Feldstärke $\mathfrak{H}$ über einen die beiden Punkte verbindenden Weg. Nach dem Ampèreschen Gesetz ist $\oint \mathfrak{H}\, d\mathfrak{s} = \oint \mathfrak{j}\, d\mathfrak{f} = J$ (bzw. im elektromagnetischen Maßsystem $4\pi J/c$; c = Lichtgeschwindigkeit) die magnetische *Randspannung* (*Ringspannung*) auf einem geschlossenen Weg (→magnetomotorische Kraft). ($\mathfrak{j}$ = Stromdichte, J Stromstärke.) Sie ist also gleich der Stärke des umschlossenen Stromes, wobei dieser bei n-facher Umwindung n-fach zu rechnen ist. Die magnetische Spannung zwischen A und B ist also nur dann vom Integrationsweg unabhängig, wenn man diesen innerhalb stromfreier Gebiete verschiebt. Daher hat das magnetische Feld $\mathfrak{H}$ auch nur in solchen Gebieten ein Potential. — Die magnetische Spannung auf einem geschlossenen Umlauf im Felde eines magnetischen Kreises wird als →*magnetomotorische Kraft* bezeichnet.

Pohl, R. W.: Elektrizitätslehre. Berlin 1949. Handb. d. Physik XV. Berlin 1927. — *Müller-Pouillet:* Lehrb. d. Physik IV/1. Braunschweig 1932.

Magnetische Stürme →erdmagnetische Variationen, →Nordlicht.

Magnetischer Verein, eine von *Gauß* und *Weber* angeregte lose Vereinigung von etwa 50 Observatorien. An vorher verabredeten Terminen (3 bis 6 Tage im Jahr) wurden alle 5 Minuten erdmagnetische Variometer abgelesen. „Resultate" wurden für die Jahre 1836—1841 veröffentlicht.

Naturwiss. 33, 140 (1946).

Magnetische Waage, ein heute kaum noch benutztes Gerät zum Aufnehmen der →Hystereseschleife eines ferromagnetischen Probekörpers. Die Induktion wird gemessen mit Hilfe der Kraftwirkung auf ein Joch, durch welches sich der Induktionsfluß durch die zylindrische Probe über zwei Luftspalte schließt. Das Joch liegt horizontal und ist als Waagebalken ausgebildet. Der Drehpunkt liegt exzentrisch, so daß die Kraft der Felder in den beiden Luftspalten ein Drehmoment erzeugt, welches zur Messung durch Laufgewichte kompensiert wird.

Du Bois: Z. Instrumentenkde. 20, 113 (1900).

Magnetisch weiche Stoffe sind ferromagnetische Legierungen mit sehr kleiner Koerzitivkraft und hoher Permeabilität. Diese Eigenschaften finden sich an Materialien mit kleinen inneren Spannungen und sehr geringen, im Gitter heterogen ausgeschiedenen Verunreinigungen. Legierungsbestandteile, die im Gitter gelöst enthalten sind, stören nicht. Da beim Abkühlen beim Unterschreiten des Curiepunktes mit dem Entstehen der spontanen Gitterverzerrung stets innere Spannungen der Größenordnung λE (λ Sättigungsmagnetostriktion, E Elastizitätsmodul) entstehen, ist für geringe innere Spannungen eine kleine Sättigungsmagnetostriktion erforderlich. Als magnetisch weiche Werkstoffe werden in der Technik bei geringen Ansprüchen Fe-Si-Legierungen (Transformatorenbleche) benutzt, bei höheren Ansprüchen Fe-Ni-Legierungen (→Permalloy), meist mit kleinen weiteren Legierungsbestandteilen, unter den verschiedensten Firmenbezeichnungen (→magnetische Werkstoffe).

Keinath, G.: ATM. Z 913—1 (1931).

Magnetische Werkstoffe →Alnico, →Eisen, →Elinvar, →Ferrocart, →Ferroxcube, →Heuslersche Legierungen, →Hipernik, →Hipersil, →Honda-Stahl, →Hyperm, →Isoperm, →Magnetstähle, →Magniflex, →Megaperm, →Mu-Metall, →Oerstit, →Permalloy, →Permenorm, →Perminvar, →Sendust, →Supermalloy, →Tromalit, →magnetisch weiche Stoffe.

Magnetischer Widerstand →Ohmsches Gesetz, magnetisches.

Magnetisierung, das magnetische Moment der Volumeneinheit. Genauer: Wenn in einem Körper jedes kleine Volumenelement ΔV ein zu ΔV proportionales Dipolmoment $\mathfrak{J}\Delta V$ besitzt, nennt man den Vektor $\mathfrak{J}$ die Magnetisierung. Das Magnet feld eines magnetisierten Körpers kann als der negative Gradient eines magnetischen →Potentials geschrieben werden. Es ist identisch mit dem Feld einer scheinbaren magnetischen Raumladung der Größe $\varrho_m = -\operatorname{div}\mathfrak{J}$ im Innern des Körpers und einer scheinbaren magnetischen Oberflächenladung, welche gleich der Komponente von $\mathfrak{J}$ in Richtung der äußeren Normalen auf der Oberfläche ist. Dieser Satz ist identisch mit der Aussage, daß der Vektor $\mathfrak{B} = \mu_0\mathfrak{H} + \mathfrak{J}$ der Induktion quellenfrei und seine Normalkomponente an der Oberfläche verschiedener Medien stetig ist. [$\mu_0 = 4\pi \cdot 10^{-7}$ Vs/(A m) im Maßsystem der absoluten elektrischen Einheiten]. Im magnetostatischen Maßsystem gilt $\mathfrak{B} = \mathfrak{H} + 4\pi\mathfrak{J}$.

Magnetisierung, spontane. Die hohe Permeabilität eines ferromagnetischen Stoffes im Vergleich zu der eines paramagnetischen Stoffes hat ihre Ursache darin, daß infolge von Wechselwirkungskräften zwischen den Elementarmagneten schon bei Abwesenheit eines Magnetfeldes eine spontane Magnetisierung besteht. Eine ferromagnetische Substanz erscheint im Normalzustand nur deshalb unmagnetisch, weil die Richtung der spontanen Magnetisierung nicht überall die gleiche ist, sondern immer nur in kleinen Bereichen, den →*Weißschen Bezirken*, welche jedoch noch immer sehr viele Atome umfassen. Bringt man den Körper in ein Magnetfeld, so dreht sich nur die spontane Magnetisierung dieser Bezirke ohne Änderung ihres Betrages in die Feldrichtung hinein. In einem ferromagnetischen Material ändert sich also bei dem Magnetisierungsvorgang nur die mittlere Magnetisierung in Bereichen, die groß gegen die Weißschen Bezirke sind. In einem gegen die Weißschen Bezirke kleinen Volumen bleibt die Magnetisierung dem Betrage nach konstant. Wenn im ganzen Material die spontane Magnetisierung die Richtung des Magnetfeldes angenommen hat, ist die ferromagnetische →Sättigung erreicht. In diesem Zustande sind also nicht etwa alle Elementarmagnete in Richtung des Feldes ausgerichtet, sondern nur so weit, wie dies innerhalb der Weißschen Bezirke bei Abwesenheit des Feldes als Folge der Wechselwirkungskräfte von vornherein der Fall war.

Am absoluten Nullpunkt ist die spontane Magnetisierung am größten. Man kann sich vorstellen, daß dann die Wechselwirkungskräfte eine vollständige Parallelstellung aller Elementarmagnete bewirken. Mit wachsender Temperatur wird diese Parallelstellung aufgelockert, so daß die spontane Magnetisierung abnimmt, und zwar erst langsam und bei Annäherung an den Curie-Punkt immer rascher. Ein starkes Magnetfeld begünstigt im Bereich der Sättigung die Parallelstellung der Elementarmagnete und erhöht infolgedessen die Magnetisierung ein wenig über den Betrag der spontanen Magnetisierung hinaus. Bei tiefen Temperaturen ist diese *wahre Magnetisierung* unmerklich gering. Mit Annäherung an den Curie-Punkt macht sie sich aber immer stärker bemerkbar. Sie äußert sich darin, daß in der Nähe des Curie-Punktes die Magnetisierungskurve eines ferromagnetischen Materials keine Sättigung mehr erreicht, sondern über den Wert der spontanen Magnetisierung hinaus weiter ansteigt.

Becker, R., u. *W. Döring:* Ferromagnetismus. Berlin 1939.

Magnetisierung, wahre →Magnetisierung, spontane.

Magnetisierungsapparate, Geräte zur Erzeugung und Messung der Magnetisierung in ferromagnetischen Körpern in Abhängigkeit von der Feldstärke. Die meisten Geräte dieser Art benutzen magnetische Joche. Die Methoden der Induktionsmessung sind sehr verschieden (→Jochmethode, →Koepselapparat, →magnetische Waage).

Kohlrausch, F.: Prakt. Physik II. Leipzig u. Berlin 1943. Handb. d. Physik XVI. Berlin 1927.

Magnetisierungsarbeit A, die Arbeit je Volumeneinheit, die zu einer Änderung der Magnetisierung nötig ist. In der Regel wählt man als Ausgangszustand den unmagnetischen Zustand. Wird die Magnetisierungsänderung in einer Spule durch Erhöhung der magnetischen Feldstärke bewirkt, so ist die Arbeit zur Erhöhung der magnetischen Feldenergie außer Betracht zu lassen. Es ergibt sich dann $A = \int_J^{J_s} H\,dJ$. Wenn man dagegen die Magnetisierungsänderung dadurch hervorruft, daß man den Körper im Felde eines permanenten Magneten von einer Stelle mit der Feldstärke H_1 zu einer anderen mit der Feldstärke H_2 bewegt, so hat man je Volumeneinheit die Arbeit $A' = -\int_{H_1}^{H_2} J\,dH$ zu leisten. Diese Größe bezeichnet man aber nicht als Magnetisierungsarbeit. Sie ist nämlich auch dann von Null verschieden, wenn sich dabei der Magnetisierungszustand des Körpers gar nicht ändert, J also konstant bleibt, weil sich die potentielle Energie des Körpers im Feld des Magneten bei der Bewegung ändert. Die Magnetisierungsarbeit A ergibt sich aus A' erst, wenn man von A' die Differenz der potentiellen Energien $J_1H_1 - J_2H_2$ im Anfangs- und Endzustand subtrahiert. Die obigen Formeln gelten nur, wenn die Magnetisierung $\mathfrak{J}$ und die magnetische Feldstärke $\mathfrak{H}$ immer die gleiche Richtung haben. Sonst sind die Produkte stets durch die skalaren Produkte der Vektoren zu ersetzen.

In paramagnetischen Substanzen, wo J proportional zu H ist, ist $A = JH/2$ (Ausgangszustand $J_1 = 0$, $H_1 = 0$). In ferromagnetischen Körpern ist die Magnetisierungsarbeit durch Ermittlung der Fläche zwischen der →Neukurve und der Ordinatenachse zu bestimmen (Abb. 1). Ein Teil dieser

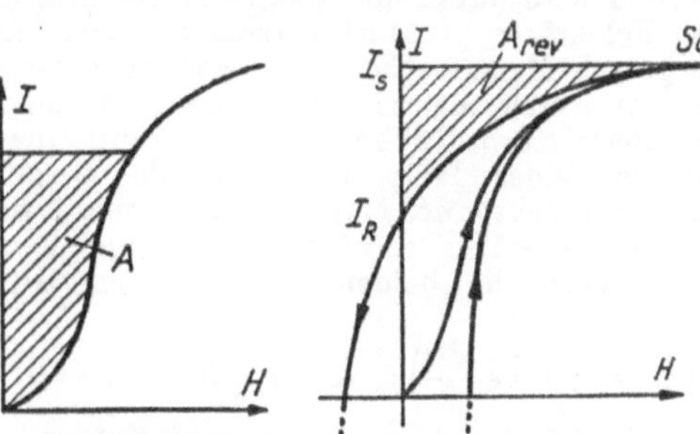

Abb. 1. Die Magnetisierungsarbeit als Fläche zwischen Magnetisierungskurve und Ordinatenachse.

Abb. 2. Die reversible Magnetisierungsarbeit als Fläche zwischen dem absteigenden Ast der Hystereseschleife und der Ordinatenachse.

Arbeit wird bei der Magnetisierung durch die →Barkhausensprünge irreversibel in Wärme verwandelt. Den reversiblen Anteil der Magnetisierungsarbeit erhält man angenähert, indem man das Integral $\int_{J_s}^{J_s} H\,dJ$ längs des absteigenden Astes der Hystereseschleife vom Remanenzpunkt bis zur Sättigung bildet (Abb. 2).

Becker, R., u. *W. Döring:* Ferromagnetismus. Berlin 1939.

Magnetisierungskoeffizient →Suszeptibilität.

Magnetisierungskurve. Bei ferromagnetischen Substanzen läßt sich der Zusammenhang zwischen Magnetisierung und magnetischer Feldstärke nicht formelmäßig wiedergeben, sondern nur durch eine Kurve, die Magnetisierungskurve. Wenn man vom unmagnetischen Zustand ausgeht, beginnt die Magnetisierungskurve mit einer endlichen Steilheit, der Anfangssuszeptibilität, und wird mit wachsender Feldstärke zunächst immer steiler. Bei Feldern von der Größenordnung der Koerzitivkraft erreicht die Steilheit ein Maximum, und dann fällt sie wieder ab, bis im Gebiet der Sättigung eine konstante Magnetisierung erreicht wird (→Hystereseschleife, →Neukurve, →Permeabilität; spezielle Kurvenformen →Rechteckschleife, →Walzanisotropie, →Isoperme, →Tempern im Magnetfeld).

Bringt man ein ferromagnetisches Material in ein magnetisches Gleichfeld H, welchem man ein Wechselfeld mit einer anfangs sehr großen und langsam bis auf Null abnehmenden Amplitude überlagert, so erreicht man im Endzustand eine Magnetisierung, welche von H allein abhängt, also keine Hysterese mehr zeigt. Die so erzielte Magnetisierung in Abhängigkeit von H ist die *ideale Magnetisierungskurve.* Trägt man die ideale Magnetisierung in einem magnetisch nicht völlig geschlossenen Kreis in Abhängigkeit von der inneren Feldstärke H_i (äußeres Feld H minus entmagnetisierendes Feld NJ) auf, so verläuft die Kurve im Anfangspunkt $J = 0$, $H = 0$ mit vertikaler Tangente: $dJ/dH = \infty$. In einem magnetisch geschlossenen Kreise (entmagnetisierendes Feld gleich Null) bleibt dagegen dJ/dH auch längs der idealen Kurve endlich.

Magnetisierungsstrom, der die Magnetisierung eines →Eisenkerns bewirkende Strom.

Magnetismus, die Lehre vom magnetischen Feld und dem Verhalten der Materie in ihm. Das magnetische Feld wird durch den Vektor $\mathfrak{H}$ der magnetischen Feldstärke in Abhängigkeit von Ort und Zeit gegeben. Magnetische Felder können erzeugt werden a) durch elektrische Ströme, b) durch magnetisierte Körper, c) durch rasch veränderliche elektrische Felder. Ist $\mathfrak{j}$ der Vektor der Stromdichte, $\mathfrak{J}$ der Vektor der Magnetisierung und $\mathfrak{E}$ die elektrische Feldstärke, so wird der Zusammenhang gegeben durch die beiden Maxwellschen Gleichungen

$$\operatorname{rot}\mathfrak{H} = \left(\mathfrak{j} + \varepsilon\varepsilon_0 \frac{\partial \mathfrak{E}}{\partial t}\right); \quad \operatorname{div}(\mu\mu_0 \mathfrak{H} + \mathfrak{J}) = 0$$

(ε Dielektrizitätskonstante, μ Permeabilität ε_0, μ_0 die beiden Feldkonstanten). Der Vektor $\mathfrak{B} = \mu\mu_0\mathfrak{H} + \mathfrak{J}$ heißt die magnetische →Induktion. Wenn die Vektoren der Magnetisierung, der Stromdichte und der elektrischen Feldstärke gegeben sind, läßt sich die magnetische Feldstärke in Form eines allgemeinen Integralausdruckes angeben. Da die Magnetisierung aber selbst wieder von der Feldstärke abhängt, so ist im allgemeinen das Feld bei gegebener Stromdichte und Verteilung der Materie im Raum nicht theoretisch zu bestimmen.

Hinsichtlich des Zusammenhanges zwischen Magnetisierung und Feldstärke kann man die Stoffe in drei Gruppen einteilen: 1. Bei den →*diamagnetischen* Stoffen ist die Magnetisierung proportional der magnetischen Feldstärke, aber entgegengesetzt zu ihr gerichtet. 2. Bei den →*paramagnetischen* Stoffen ist die Magnetisierung ebenfalls proportional zur magnetischen Feldstärke und ihr gleichgerichtet. 3. Bei →*ferromagnetischen* Stoffen ist die Magnetisierung viel größer als in den beiden anderen Fällen, nicht zur Feldstärke proportional und außerdem nicht nur von ihr, sondern auch noch von der magnetischen Vorgeschichte des Materials abhängig. Die Magnetisierung der Materie hat letzten Endes ihre Ursache in Strömen, die im Innern der Atome fließen (→Ampèresche Molekularströme) und in den magnetischen Momenten der Elektronen (→Elektronenspin) und den Atomkernen (→Kernspin). Die magnetische Wirkung der Kerne ist sehr klein und erst in jüngster Zeit mit Hilfe eines Resonanzeffektes bei hohen Frequenzen nachgewiesen worden. Bei diamagnetischen Stoffen entsteht die Magnetisierung allein durch inneratomare Ströme, welche beim Einschalten des Magnetfeldes durch das dabei entstehende elektrische Wirbelfeld erzeugt werden (→Lamorpräzession). Paramagnetismus tritt auf, wenn die Atome oder Moleküle schon vor Anwesenheit des Magnetfeldes ein magnetisches Moment besitzen und dieses frei im Raum drehbar ist. Bei fast allen paramagnetischen Stoffen rührt der überwiegende Anteil der Momente vom Elektronenspin her. Ferromagnetismus tritt immer auf, wenn in einem an sich schon paramagnetischen Stoff zwischen den atomaren Magneten eine Wechselwirkung besteht, welche die Parallelstellung begünstigt, so daß sie sich bei genügend tiefen Temperaturen untereinander parallel ausrichten.

Stoner, E. C.: Magnetism and Matter. London 1934. — *Weiß, P.*, u. *G. Foex:* Le magnetisme. Paris 1926. Handb. d. Physik XV. Berlin 1927. Handb. d. Experimentalphysik XVI/2, 3. — *Müller-Pouillet:* Lehrb. d. Physik IV/1 u. 4. Braunschweig 1932/34.

Magnetismus, spezifischer, das magnetische Moment der Masseneinheit bzw. der Quotient aus Magnetisierung und Dichte. Die Bezeichnung wird heute selten verwandt.

Magnetochemie, die Lösung chemischer Fragen mit magnetischen Methoden. Allein aus der Feststellung, ob eine Substanz paramagnetisch oder diamagnetisch ist, läßt sich in manchen Fällen eine Aussage über die Wertigkeit der in ihr enthaltenen Atome machen, da Paramagnetismus nur bei unvollständig besetzten Elektronenschalen der Atome auftritt; z. B. sind Cuprosalze diamagnetisch, Cuprisalze paramagnetisch. Manche Radikale der organischen Chemie verursachen, wenn sie einzeln auftreten, Paramagnetismus, dagegen kompensieren sich ihre Momente bei Polymerisation, dessen Grad dann magnetisch meßbar ist. Nach *Pascal* setzt sich bei diamagnetischen Verbindungen die Molsuszeptibilität additiv aus den Beiträgen der einzelnen Atome zusammen, wobei die Anteile je nach Bindungsart verschieden groß sind. Daher läßt sich aus der Größe der diamagnetischen Suszeptibilität unter Umständen ein Schluß auf die Konstitution ziehen. Die Magnetochemie hat sich erst in den letzten Jahrzehnten entwickelt und ist daher erst verhältnismäßig selten für die Lösung chemischer Probleme herangezogen worden.

Klemm, W.: Magnetochemie. Leipzig 1936.

Magnetoelastische Effekte →magnetomechanische Effekte.

Magneto-hydrodynamischer Effekt, eine Erscheinung, die durch das Zusammenwirken gewisser elektromagnetischer Vorgänge verursacht wird, wenn sich diese in einer leitenden Flüssigkeit abspielen. Die Möglichkeit eines derartigen Effektes wurde 1942 von *Alfvén* auf Grund theoretischer Betrachtungen vorausgesagt. *Alfvén* ging dabei von folgender qualitativer Überlegung aus: Herrscht in einer inkompressiblen leitenden Flüssigkeit ein homogenes Magnetfeld, so wird in ihr, wenn sie eine Bewegung ausführt, eine elektrische Spannung erzeugt. Diese hat ihrerseits elektrische Ströme zur Folge, welche wiederum eine Änderung des magnetischen Feldes bewirken. Durch die Wechselwirkung zwischen den Strömen und dem Magnetfeld werden Kräfte wirksam, die schließlich den Bewegungszustand beeinflussen.

Einen genauen Aufschluß über den Ablauf der vorstehend angedeuteten, im übrigen in ihren Einzelheiten sehr verwickelten Vorgänge erhält man aus den Maxwellschen Feldgleichungen in Verbindung mit den Grundgleichungen der Hydrodynamik. Aus ihnen läßt sich als Ergebnis herleiten, daß eine anfängliche, die Vorgänge auslösende einzelne Störung (etwa die genannte Bewegung der ursprünglich ruhenden Flüssigkeit oder eine Änderung des Magnetfeldes) sich mit einer Geschwindigkeit $v = H_0 \sqrt{\mu\mu_0/4\pi\varrho}$ fortpflanzt (H_0 Feldstärke, μ_0 elektr. Feldkonstante, μ Permeabilität, ϱ Dichte der Flüssigkeit). Die Ausbreitungsrichtung des Vorganges ist die Richtung der Feldlinien. Ist insbesondere die Anfangsstörung von wellenförmigem Charakter (d. h. periodisch in Orts- und Zeitabhängigkeit), so äußert sich der magneto-hydrodynamische Effekt darin, daß sich sowohl das elektrische Feld, das magnetische Feld und der Strom als auch der hydrodynamische Druck wellenförmig in Richtung des Magnetfeldes ausbreiten. Diese Wellen heißen *magneto-hydrodynamische Wellen.* Ihre Bestimmungsstücke (Amplitude, Phase, Polarisation) sind natürlich nicht voneinander unabhängig, sondern in einer aus den Grundgleichungen der Elektrodynamik und Hydrodynamik folgenden bestimmten Weise miteinander verknüpft.

Dieser Effekt erlangte sehr schnell wesentliche Bedeutung, als es sich zeigte, daß es mit seiner Hilfe möglich ist, gewisse bisher noch nicht erklärte astrophysikalische Erscheinungen zufriedenstellend zu deuten. So haben *Alfvén* selbst und neben ihm insbesondere *Walén* den magneto-hydrodynamischen Effekt mit gutem Erfolg zur Erklärung der Entstehung der Sonnenflecken herangezogen. Danach sollen die Sonnenflecken durch eine Störung im Innern der Sonne erzeugt werden, die dann mittels magneto-hydrodynamischer Wellen an deren Oberfläche gelangt. Eine diesbezügliche, von *Alfvén* und *Walén* in Einzelheiten entwickelte Theorie brachte zweifellos eine Klärung mancher bis dahin (etwa 1945 bis 1947) noch offener Fragen, und es wird heute allgemein anerkannt, daß die Anwendung des magneto-hydrodynamischen Effektes auf astrophysikalische Fragen einen wissenschaftlichen Fortschritt und Erfolg bedeutet. In allerjüngster Zeit (1949) wurde eine weitere Anwendungsmöglichkeit des Effektes von *Richtmeyer* und *Teller* aufgezeigt, die eine Theorie der Entstehung der kosmischen Strahlung entwickelten, in welcher jenes Phänomen eine grundlegende Rolle spielt.

Alfvén, H.: Nature, Lond. **150**, 405 (1942); Arkiv Math. Astr. Fys. **29** B, No. 2 (1942). Weitere Literaturangaben bei *S. Lindquist,* Phys. Rev. **76**, No. 12 (1949) und bei *W. Grotrian,* Naturwiss. **35**, 321, 353 (1948).

Magnetokalorischer Effekt, die bei Änderung der Magnetisierung J eines thermisch isolierten Körpers im allgemeinen auftretende Temperaturänderung. Thermodynamisch ergibt sich für seine Größe die Gleichung

$$dT = \frac{T}{\gamma}\left(\frac{\partial H}{\partial T}\right)_J dJ.$$

Darin bedeutet γ [erg · cm^{-3} · grad^{-1}] die spezifische Wärme je Volumeneinheit bei konstanter Magnetisierung; T ist die absolute Temperatur und $(\partial H/\partial T)_J$ die Ableitung der magnetischen Feldstärke H [emE] nach der Temperatur bei konstanter Magnetisierung. Da in der Regel bei höherer Temperatur auch ein höheres Magnetfeld zur Erreichung der gleichen Magnetisierung notwendig ist, ist $(\partial H/\partial T)_J$ meist positiv. Mit einer Vergrößerung der Magnetisierung ist also eine Erwärmung, mit einer Verminderung eine Abkühlung verbunden. Letzteres kann man bei einem paramagnetischen Gase leicht anschaulich einsehen. Bei einer Verminderung der Magnetisierung infolge einer starken Verkleinerung des Feldes werden die molekularen Magnete durch Molekülzusammenstöße aus der Feldrichtung, nach der sie im stärkeren Feld vollständiger ausgerichtet waren, herausgeworfen. Dazu wird kinetische Energie der Translationsbewegung verbraucht, das Gas also abgekühlt. Bei paramagnetischen Stoffen ist der Effekt um so größer, je niedriger die Temperatur ist. Der Abkühlungseffekt kann zur Erreichung extrem niedriger Temperaturen ausgenutzt werden (*Debye, Giauque*). Bei diamagnetischen Stoffen tritt kein merklicher magnetokalorischer Effekt auf. An ferromagnetischen Stoffen ist er in der Umgebung des Curie-Punktes am größten. Im ferromagnetischen Gebiet treten längs der Hystereseschleife manchmal auch kleine magnetokalorische Effekte auf, bei denen umgekehrt mit einer Magnetisierungserhöhung eine Abkühlung verbunden ist. Ihnen überlagert sich aber die irreversible →Hystereseerwärmung, für welche die obige thermodynamische Gleichung nicht gilt. — Ferner →Kernentmagnetisierung.

Stoner, E. C.: Magnetism and Matter. London 1934. — *Becker, R.,* u. *W. Döring:* Ferromagnetismus. Berlin 1939.

Magnetomechanische Effekte oder *magnetoelastische* Effekte, die mechanischen Wirkungen, welche in einem ferromagnetischen Material durch die Beeinflussung des Magnetisierungszustandes durch elastische Spannungen auftreten. Durch eine Zugspannung σ wird bei Abwesenheit eines Magnetfeldes die Richtungsverteilung der spontanen Magnetisierung so verändert, daß der damit verbundene →Magnetostriktionseffekt eine zusätzliche magnetostriktive Dehnung ε_m hervorruft, welche sich der gewöhnlichen elastischen Dehnung $\varepsilon = \sigma/E$ (E Elastizitätsmodul) überlagert. ε_m ist bei kleinen Spannungen zu σ proportional. Daher ist im pauschal unmagnetischen Zustand der Elastizitätsmodul um einen Betrag ΔE verkleinert, welcher proportional der Sättigungsmagnetostriktion und umgekehrt proportional den inneren Spannungen ist. Durch ein starkes Magnetfeld werden Richtungsänderungen der spontanen Magnetisierung verhindert, die Verkleinerung von E also aufgehoben. Daher steigt der Elastizitätsmodul beim Magnetisieren um den Betrag ΔE (*ΔE-Effekt*). Der Effekt äußert sich auch in einer *Anomalie der Temperaturabhängigkeit* des Elastizitätsmoduls ferromagnetischer Substanzen. Bei ihnen zeigt der Elastizitätsmodul nur im magnetisch gesättigten Zustand einen normalen Verlauf, bei dem E monoton mit wachsender Temperatur abnimmt. Da die anomale Erniedrigung ΔE bei Annäherung an den Curie-Punkt mit wachsender Temperatur ziemlich rasch auf Null abnimmt, hat der Elastizitätsmodul im unmagnetischen Zustand am Curie-Punkt in der Regel ein Maximum. An Materialien mit großer Volumenmagnetostriktion (Eisen-Nickel-Legierungen mit etwa 30% Ni) bewirken Spannungen außer Richtungsänderungen auch Betragsänderungen der spontanen Magnetisierung, welche sich ebenfalls in einer Verminderung des Elastizitätsmoduls bemerkbar machen. Dieser Effekt ist nicht vom Magnetfeld abhängig, sondern äußert sich nur in einer Anomalie der Temperaturabhängigkeit des Elastizitätsmoduls, welche auch im Magnetfeld bestehen bleibt. Dieser Effekt ist wahrscheinlich die Ursache für das besondere Verhalten des →Elinvars.

Außer durch die Beeinflussung des Elastizitätsmoduls macht sich die magnetostriktive Zusatzdehnung ε_m auch noch in einer *Amplitudenabhängigkeit des Elastizitätsmoduls* und in einer *Dämpfung* bemerkbar. ε_m hat in Abhängigkeit von der Spannung einen ähnlichen Verlauf wie die Magnetisierung in Abhängigkeit von der Feldstärke. Bei kleinen Spannungen steigt der Quotient ε_m/σ mit wachsender Spannung an. Der Elastizitätsmodul im pauschal unmagnetischen Zustand sinkt daher mit zunehmender Spannungsamplitude. Ferner durchläuft ε_m eine Hystereseschleife, welche bei kleinen Frequenzen eine von der Spannungsamplitude abhängige Dämpfung elastischer Schwingungen verursacht (*magnetomechanische Hysterese*). Diese Dämpfung ist bei kleinen Spannungen proportional zur Spannungsamplitude und zur Frequenz. Sie ist nicht zu verwechseln mit der Dämpfung durch Wirbelströme, welche mechanische Schwingungen infolge der Richtungsänderungen der spontanen Magnetisierung in einem ferromagnetischen Leiter hervorrufen. Diese *Wirbelstromdämpfung elastischer Schwingungen* ist zum Unterschied von der Dämpfung durch magnetomechanische Hysterese bei kleinen Spannungsamplituden unabhängig von der Amplitude und proportional zum Quadrat der Frequenz.

Becker, R., u. *W. Döring:* Ferromagnetismus. Berlin 1939.

Magnetometer, ein Gerät zur Messung der Änderung eines Magnetfeldes mit Hilfe eines kleinen permanenten Magneten (Magnetnadel). Will man Änderungen der Richtung des Magnetfeldes feststellen, wie z. B. bei der Registrierung der Schwankungen der Deklination, so hängt man den Magneten mit möglichst geringer Richtkraft auf. Er stellt sich dann in die Feldrichtung ein. Man mißt, etwa mit Spiegel und Skala, Änderungen der Ruhelage. Will man Änderungen des Betrages der Feldstärke messen, so läßt man durch die Aufhängung ein solches Drehmoment auf den Magneten wirken, daß er sich ungefähr senkrecht zur Feldrichtung einstellt. Jede Änderung der Feldgröße bewirkt alsdann eine Änderung der Gleichgewichtslage. Dabei muß aber vorausgesetzt werden, daß das zu messende Feld so schwach ist, daß es das magnetische Moment des zur Messung dienenden permanenten Magneten nicht wesentlich verändert. Solche Geräte dienen entweder zur Messung der Änderungen von Richtung und Stärke des magnetischen Erdfeldes (→Variometer) oder zur Messung des magnetischen Momentes eines Körpers auf Grund des von ihm erzeugten Magnetfeldes. Bringt man einen permanenten Magneten aus großem Abstand in die Nähe des Magnetometers, so folgt aus der Änderung der Richtung des Feldes und aus geometrischen Größen — Abstand und Richtung von Magnet zu Magnetometer — der Quotient aus dem magnetischen Moment des herangeführten Magneten und der Erdfeldstärke. Bei nicht permanent magnetisierten Körpern ordnet man auf beiden Seiten des Ablenksystems symmetrisch zwei gleiche und vom gleichen Strom in entgegengesetzter Richtung durchflossene Feldspulen so an, daß die gemeinsame Achse senkrecht auf dem Erdfeld steht und sich der Ablenkmagnet auf ihr genau in der Mitte befindet. Sind beide Spulen leer, so ändert sich beim Einschalten des Stromes an der Stelle des Magnetometers die Feldstärke weder nach Größe noch nach Richtung. Bringt man den zu untersuchenden Körper in die eine der Spulen, so tritt ein Ausschlag auf, aus dem das magnetische Moment genau so wie bei einem permanenten Magneten folgt. Empfindliche Magnetometer baut man →astatisch. Dann hängen Ruhelage und Richtmoment des Ablenksystems nicht mehr vom Erdfeld, sondern nur noch von der Aufhängung ab.

Handb. d. Physik XVI. Berlin 1927. — *Müller-Pouillet:* Lehrb. d. Physik V/1. Braunschweig 1928.

Magnetomotorische Kraft in einem →magnetischen Kreise ist das Linienintegral $V = \oint \mathfrak{H}\, d\mathfrak{s}$ der magnetischen Feldstärke $\mathfrak{H}$ über einen geschlossenen Umlauf. Im Internationalen Maßsystem ist sie gleich dem Produkt aus der Stromstärke und der Windungszahl der felderzeugenden Spule. (→magnetische Spannung.)

Wenn nur magnetisch weiche Materialien im Kreis vorhanden sind, so kann man bei Vernachlässigung der Streuung den Fluß angenähert mit Hilfe des magnetischen Ohmschen Gesetzes als Quotient aus der magnetomotorischen Kraft und dem gesamten magnetischen →Widerstand des Kreises berechnen. Wenn die Magnetisierung nur von permanenten Magneten herrührt, ist die magnetomotorische Kraft gleich Null. Wenn Stromspulen und permanente Magnete vorhanden sind, kann es zweckmäßig sein, den permanenten Magneten formal ersetzt zu denken durch ein magnetisch weiches Material, dessen Permeabilität gleich der reversiblen Permeabilität des permanenten Magneten ist, und dazu eine passende eingeprägte magnetomotorische Kraft hinzuzufügen, deren Größe dann gleich dem Linienintegral über die eingeprägte magnetische Feldstärke über die Länge des permanenten Magneten zu setzen ist.

Pohl, R. W.: Elektrizitätslehre. Berlin 1949. Handb. d. Physik XV. Berlin 1927.

Magneton. 1. *Weißsches Magneton. Weiß* (1911) schloß aus seinen Messungen über die Sättigung ferromagnetischer Stoffe bei sehr tiefen Temperaturen und über die Curie-Konstante paramagnetischer Stoffe auf die Existenz eines elementaren magnetischen Moments, als dessen ganzzahlige Vielfache die magnetischen Molekularmomente darstellbar sein sollten. Der Wert dieses Elementarmoments für $L = 6{,}023_{\bar{5}} \cdot 10^{23}$ Moleküle (→Loschmidtsche Zahl) wird Weißsches Magneton genannt; nach den Messungen von *Weiß* (1924) beträgt es $M_W = 1126 \pm 30$ Gaußsche oder symmetrische CGS-Einheiten, bzw. bezogen auf die feldtheoretische Viererdefinition der magnetischen Größen (→Größen, elektrische und magnetische, Abschn. II, 2a) $M_W = (1{,}41_{\bar{5}} \pm 0{,}04) \cdot 10^{-6}\, \mathrm{Wb_{abs}} \cdot \mathrm{m}$. Als Weißsches Elementarmoment für das einzelne Molekül ergibt sich $\mu_W = M_W/L = (2{,}3\bar{5} \pm 0{,}07) \cdot 10^{-30}\, \mathrm{Wb_{abs}} \cdot \mathrm{m}$ bzw. $1{,}87 \cdot 10^{-21}$ in Gaußschen Einheiten, also etwa $^1/_5$ des Bohrschen Magnetons.

2. *Bohrsches Magneton* μ_B, definiert als das magnetische Moment des Elektrons (ohne diamagnetische Korrektur!): $\mu_B = \mu_0 e\hbar/2m_0$ oder mit den entsprechenden Größen in mechanistisch-symmetrischer Definition (→Größen, elektrische und magnetische, Abschn. II, 1c), auf welche die symmetrischen Gaußschen CGS-Einheiten abgestimmt sind (→Einheitensysteme, elektrische, Abschn. IIc), ausgedrückt: $\mu_B = e\hbar/(2m_0 c_0)$. Aus dem Satz der hier zugrunde gelegten atomaren Ausgangskonstanten (→Atomkonstanten) ergibt sich $\mu_B = \frac{1}{4\pi}[c_0^8 \mu_0^5 F^5 (e/m_0)^2/(8 N_L^5 R_\infty)]^{1/3}$ $= (1{,}165_4 \pm 0{,}001) \cdot 10^{-29}\, \mathrm{Wb_{abs}} \cdot \mathrm{m}$ bzw. $9{,}274 \cdot 10^{-21}$ in Gaußschen Einheiten. Formal kann man μ_B auch als das Moment eines magnetischen Dipols der „Polstärke" $\pm h/e$ im Polabstand des →Elektronenradius r_0 auffassen: $\mu_B = (h/e) r_0$.

3. *Kernmagneton* μ_K, definiert als das auf die Protonenmasse m_p bezogene Magneton, d. h. als $(m_0/m_p) \cdot \mu_B$, dient als Einheit der magnetischen Kernmomente: $\mu_K = \mu_0 e\hbar/2m_p$ bzw. in mechanistisch-symmetrischer Größendefinition $\mu_K = e\hbar/(2m_p c_0)$. Aus dem Satz der hier zugrunde gelegten atomaren Ausgangskonstanten (→Atomkonstanten) ergibt sich

$$\mu_K = \frac{1}{4\pi}[c_0^8 \mu_0^5 F^8/(8 N_L^5 (M_p)^3 (e/m_0) R_\infty)^{1/3}$$

$= (6{,}346 \pm 0{,}005) \cdot 10^{-33}\, \mathrm{Wb_{abs}} \cdot \mathrm{m}$ bzw. $5{,}048 \cdot 10^{-24}$ in Gaußschen Einheiten.

Während nach unseren heutigen Kenntnissen dem Weißschen Magneton keine tiefere physikalische Bedeutung zukommt, sind nach der Bohrschen Atomtheorie alle magnetischen Bahnmomente $\mathfrak{M}_l$, die mit dem magnetischen →Spinmoment $|\mathfrak{M}_s| = 2s\,\mu_B$ (→Elektronenspin-Quantenzahl $s = {}^1/_2$) des Elektrons gekoppelt sind, ganzzahlige Vielfache des Bohrschen Magnetons ($|\mathfrak{M}_l| = m_l \mu_B$; l azimutale oder Bahndrehimpuls-Quantenzahl; m_l magnetische Bahn-Quantenzahl; bei vollständiger magnetischer Entartung ist $m_l = l$, bei Aufhebung der Entartung nimmt m_l die Werte $-l, -l+1, \ldots, l-1, l$ an).

Auch der →Kernspin $\vec{I} = I\vec{\hbar}$ der Kernbestandteile (Proton und Neutron mit $I = {}^1/_2$), wie ein von Null verschiedener Kernspin der aus Protonen und Neutronen zusammengesetzten Kerne ist mit einem magnetischen Moment verbunden. Die magnetischen Kernmomente $\mathfrak{M}_I$ sind *nicht* gequantelt, stehen also nicht in rationalen Verhältnissen zueinander; sie werden als Vielfache des Kernmagnetons angegeben

$$|\mathfrak{M}_I| = \mu_I = M_I \mu_K = g_I I \mu_K$$

(M_I Betrag des magnetischen Kernmoments, gemessen in Kernmagnetonen; I →Kernspin-Quantenzahl; g_I →Kern-g-Faktor). Die (irrationalen) Verhältnisse $M_I = g_I I$ der magnetischen Kernmomente zu μ_K müssen experimentell ermittelt werden (→Kernmomente, magnetische).

Kopfermann, H.: Kernmomente. Berlin 1935.

Magnetooptik, umfaßt alle Erscheinungen, die auf der Beeinflussung der Emission, Absorption und Ausbreitung des Lichtes durch ein magnetisches Feld beruhen, insbesondere den →Zeeman-Effekt, die magnetische →Drehung der Polarisationsebene, die magnetische →Doppelbrechung mit ihren Besonderheiten.

Müller-Pouillet: Lehrb. d. Physik II/2, 2. Teil. Braunschweig 1929.

Magnetophon, Gerät zur Aufzeichnung und Wiedergabe von Schallvorgängen. Der in einen elektrischen Wechselstrom umgewandelte Schall erzeugt in einer Spule, dem *Sprechkopf* (Abb.), ein

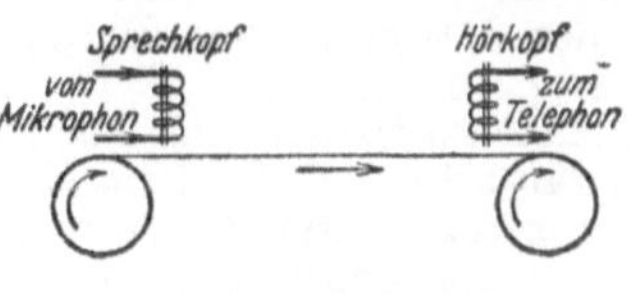

Magnetophon.

magnetisches Wechselfeld, durch das ein vor dem Sprechkopf vorbeilaufendes, mit Magnetitpulver belegtes Kunststoffband mit örtlich wechselnder Stärke magnetisiert wird. Diese Aufzeichnung bleibt beliebig lange bestehen, wenn sie nicht durch ein starkes magnetisches Gleich- oder Wechselfeld gelöscht wird. Zur Wiedergabe läßt man das Band mit derjenigen Geschwindigkeit, die es bei der Aufnahme hatte, vor einer dem Sprechkopf ähnlichen Spule, dem *Hörkopf*, vorbeilaufen. Die in ihm durch das magnetische Wechselfeld des vorbeilaufenden Bandes induzierten Spannungen werden verstärkt und über einen Lautsprecher hörbar gemacht.

Springer, A.: Frequenz **3**, 38 (1949). – *Frayne, J., G.* u. *H. Wolfe:* Elements of Sound Recording. New York 1949.

Magnetorotation →Drehung, magnetische, der Polarisationsebene.

Magnetorotationsspektrum. Befindet sich zwischen gekreuzten Nicols ein Gas, so zeigt spektral zerlegtes weißes Licht, das die Anordnung durchsetzt hat, beim Anlegen eines longitudinalen Magnetfeldes in der Nähe derjenigen Absorptionslinien, die einen →Zeeman-Effekt haben, eine Aufhellung, die aus schmalen Linien oder Banden besteht. Ihre Lage stimmt mit den Bandenkanten überein. Das Magnetorotationsspektrum ist daher wesentlich einfacher gebaut als das Absorptionsspektrum und kann zur Analyse herangezogen werden. $^1\Sigma - {}^1\Sigma$-Übergänge zeigen keinen Zeeman-Effekt und nur gelegentlich ein schwaches Magnetorotationsspektrum. Das Magnetorotationsspektrum beruht auf der magnetischen →Drehung der Polarisationsebene (Faraday-Effekt).

Handb. d. Physik XXI. Berlin 1929.

Magnetostatik, die Lehre von den zeitlich unveränderlichen magnetischen Feldern; befaßt sich mit den Gesetzen der Verteilung des Feldes in der Umgebung von permanenten Magneten und von Strömen, gegebenenfalls unter Berücksichtigung des Einflusses einer räumlich veränderlichen Permeabilität, sowie mit den Kraftwirkungen auf Magnete und Ströme im Magnetfeld.

Handb. d. Physik XV. Berlin 1927.

Magnetostatische Einheiten →Einheitensysteme, elektrische, Abschn. IIb.

Magnetostriktion, der von *Joule* entdeckte Effekt, daß ein ferromagnetisches Material bei Magnetisierung seine Abmessungen ein wenig ändert. Im wesentlichen besteht der Effekt in einer Dehnung oder Verkürzung in der Magnetisierungsrichtung und einer solchen Änderung aller Längen in Richtung senkrecht dazu, daß das Volumen nahezu unverändert bleibt. Wenn die Länge in Magnetisierungsrichtung (*Längsmagnetostriktion*) zunimmt, nennt man die Magnetostriktion positiv, bei Längenabnahme negativ. Nickel hat eine negative Magnetostriktion, welche bei Erreichung der magnetischen Sättigung etwa eine relative Längenänderung von $\lambda_s = 3{,}5 \cdot 10^{-5}$ erreicht. Bei Eisen ist die Magnetostriktion in kleinen Feldern positiv; in größeren Feldern kehrt sie ihr Vorzeichen um und ist in der Sättigung dem Betrage nach nur etwa halb so groß wie bei Nickel.

Die physikalische Ursache der Magnetostriktion liegt darin, daß bei der Entstehung der spontanen Magnetisierung das Gitter des ferromagnetischen Materials ein wenig deformiert wird. Es entsteht eine *spontane Gitterverzerrung.* Zum Beispiel wird bei Nickel die Gitterkonstante in Magnetisierungsrichtung etwas kleiner als senkrecht dazu. Beim Magnetisieren dreht sich bei der Ausrichtung der spontanen Magnetisierung in die Feldrichtung die zugehörige Gitterdeformation mit, was die Magnetstriktion hervorruft. Die Vorzeichenumkehr beim Eisen kommt daher, daß die spontane Gitterverzerrung von der Richtung der spontanen Magnetisierung relativ zu den Kristallachsen abhängt. Sie ist in Richtung der tetragonalen Achse [100] positiv; d. h. in Magnetisierungsrichtung ist die Gitterkonstante gedehnt, senkrecht dazu verkürzt. Bei Magnetisierung in Richtung der Raumdiagonalen [111] ist sie negativ und dem Betrage nach größer.

Die relativen Volumenänderungen (*Volumenmagnetostriktion*) sind rund 100mal kleiner. Dabei zeigt sich, daß außer der spontanen Gitterverzerrung noch zwei weitere physikalische Ursachen für eine Magnetostriktion vorhanden sind, welche bei der Längsmagnetostriktion nur eine geringe Rolle spielen. Bei einem endlichen Körper entstehen beim Magnetisieren an den Enden magnetische Pole, auf welche das äußere magnetische Feld eine Kraft ausübt. Diese Kraft bewirkt eine zusätzliche Deformation, welche stets in einer Verlängerung in Magnetisierungsrichtung und in einer Zunahme des Volumens besteht (*Formeffekt*). Ihre Größe hängt von der Form des Körpers, der Feldstärke und der Magnetisierung sowie von den Elastizitätskonstanten des Körpers ab, nicht jedoch von den atomaren Eigenschaften des Materials. In starken äußeren Feldern wird durch das Feld die Magnetisierung über den Wert der spontanen Magnetisierung hinaus noch ein wenig erhöht. Diese wahre Magnetisierung, die magnetisch bei normalen Temperaturen nicht mit Sicherheit nachgewiesen werden konnte, ist auch mit einem Magnetostriktionseffekt verknüpft, welcher bei der Volumenmagnetostriktion im allgemeinen am stärksten hervortritt. Diese *erzwungene Magnetostriktion* besteht in einer in allen Richtungen gleichen Zu- oder Abnahme der Abmessungen, welche proportional zum Magnetfeld ist. Dieser Effekt bewirkt, daß die Volumenmagnetostriktion bei Erreichung der magnetischen Sättigung keine Sättigung erreicht. Bei der gewöhnlichen Längsmagnetostriktion ist diese erzwungene Magnetostriktion nur bei sehr genauen Messungen bei hohen Feldern im Sättigungsgebiet bemerkbar und tut sich darin kund, daß die Magnetostriktion dort nicht ganz konstant wird. Die erzwungene Magnetostriktion ist physikalisch eng verknüpft mit der Anomalie der thermischen Dehnung am Curiepunkt.

Als *inversen Magnetostriktionseffekt* bezeichnet man den Einfluß, den eine Zugspannung auf die Magnetisierung ausübt. Dieser Effekt ist mit der Magnetostriktion thermodynamisch verknüpft, und zwar ist es so, daß bei positiver Magnetostriktion ein Zug die Magnetisierung in Spannungsrichtung bei konstanter Feldstärke erhöht, bei negativer erniedrigt. Diese durch die Spannungen bewirkten Magnetisierungsänderungen sind natürlich auch von Magnetostriktionseffekten begleitet, welche sich mechanisch äußern (→magnetomechanische Effekte).

Becker, R., u. *W. Döring:* Ferromagnetismus. Berlin 1939.

Magnetostriktionsstrahlen →Striktionsstrahlen.

Magnetostriktiver Schwinger, Gerät zur Erzeugung intensiven →Ultraschalls bis etwa 60 kHz; in seiner einfachsten Form ein Nickelstab in einer von hochfrequentem Wechselstrom durchflossenen Spule. Durch eine mit Gleichstrom beschickte zweite Spule wird der Stab vormagnetisiert, und zwar so stark, daß die Magnetisierung nie durch den Wechselstrom umgekehrt wird, sondern bei konstanter Richtung nur um einen Mittelwert schwankt. Bei Übereinstimmung der Frequenz des Wechselstroms mit einer mechanischen Eigenschwingung des Stabes gerät dieser unter der Wirkung der →Magnetostriktion in heftige Eigenschwingungen, die zur Erzeugung hochfrequenter Schallwellen dienen können. Die Vormagnetisierung ist erforderlich — ebenso wie bei Telephonmembranen —, weil die magnetostriktive Längenänderung nicht von der Richtung der Magnetisierung abhängt, also ohne die Vormagnetisierung eine Schwingung von der doppelten Frequenz des Wechselstroms entstehen würde.

Magnetpol →Pol, magnetischer, →magnetische Punktpole.

Magnetron, beruht auf der Steuerung des Anodenstroms einer Elektronenröhre durch ein magnetisches Feld. Bei senkrecht zu den elektrischen Feldlinien einer Zweipolröhre verlaufendem Magnetfeld bewegen sich die zur Anode fliegenden Elektronen auf einer Kardioide zur Kathode zurück bzw. beschreiben bei Verfehlen der Kathode eine Rosettenbahn. Der maximale Abstand a der Elektronen von der Kathode ist durch das Magnetfeld B [V s m⁻¹] und die Anodenspannung U_a [V] bedingt, $a = \sqrt{8m/e \cdot U_a}/B \cong 6{,}7 \cdot 10^{-6}\sqrt{U_a}/B$ [m]. Die Umlaufszeit des Elektrons auf der Kardioidenbahn beträgt $\tau = 1{,}23\pi a/v \cong 4{,}4 \cdot 10^{-11}/B$ [s], was einer Wellenlänge $\lambda \cong 1{,}3 \cdot 10^{-2}/B$ [m] entspricht (Abb. 1).

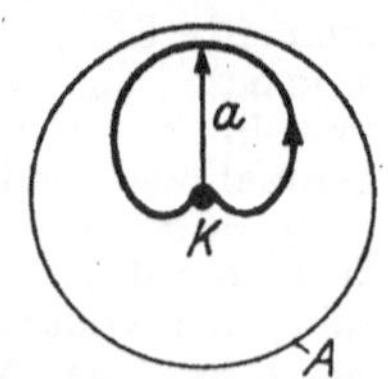

Abb. 1. Bahn eines Elektrons im Magnetron bei konstanter Anodenspannung.

Zur Selbsterregung von Schwingungen müssen Magnetfeld und Anodenspannung so gewählt werden, daß a dem Anodenradius entspricht, also ein Teil der Elektronen die Anode erreicht. Unter dem Einfluß eines dem Anodengleichfeld überlagerten Wechselfeldes von einer der Umlaufszeit gleichen Schwingungsdauer ordnen sich die Elektronen durch Ausscheiden der falschphasigen zu einer rotierenden Raumladungswolke. Die Elektronenbewegung in der Röhre ruft zwischen Anode und Kathode Stromschwankungen hervor, die man an einem Resonanzkreis zwischen beiden abnehmen kann.

Gegenüber diesen Magnetfeldröhren mit Vollanode haben durch achsenparallele Schlitze in zwei oder mehr Segmente (2-Schlitz-, 4-Schlitz-Magnetron, Abb. 2) aufgeteilte Anodenzylinder

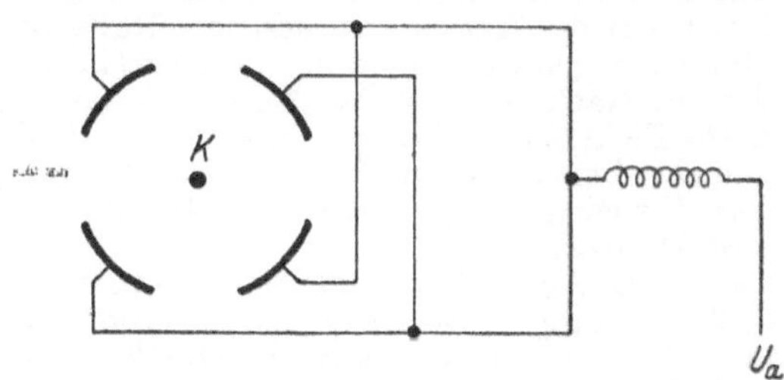

Abb. 2. Anordnung eines Vierschlitz-Magnetrons.

den Vorteil größeren Wirkungsgrades und leichterer Selbsterregung. Bei ihnen sind dem radialen Anodengleichspannungsfeld die Wechselstreufelder um die Schlitze überlagert. Das äußere Schwingungssystem wird zwischen die Segmente oder Segmentgruppen gelegt.

Mit Magnetronen lassen sich cm-Wellen mit beachtlichem Wirkungsgrad herstellen. Die kürzesten bisher damit erzielten Wellenlängen liegen bei etwa 2 mm.

Kleen, W.: Vielschlitzmagnetfeldröhren. Elektron 4, 191, 237 (1950).

Magnetstähle, Eisenlegierungen mit einer möglichst hohen Koerzitivkraft, welche als permanente Magnete Verwendung finden. Früher benutzte man abgeschreckte Eisen-Kohlenstoff-Legierungen mit etwa 1% C in glashartem Zustand. Besser sind Eisen-Wolfram-, Eisen-Chrom- oder Eisen-Molybdän-Legierungen, in denen man durch Abschrecken und nachfolgendes Anlassen eine teilweise Ausscheidung gewisser Legierungsbestandteile hervorruft. Die dadurch entstehenden hohen inneren Spannungen und Inhomogenitäten machen die Koerzitivkraft ziemlich groß. Die magnetische Leistung dieser Stähle wird durch die Fe-Ni-Al- und Co-Ni-Al-Legierungen (→Oerstit) übertroffen. Trotzdem werden die Magnetstähle wegen ihrer größeren Billigkeit, leichteren Formgebung und Bearbeitbarkeit noch heute vielfach verwendet.

Messkin, W. S., u. *A. Kussmann:* Die ferromagnet. Legierungen. Berlin 1932. — *Neumann, H.:* ATM. Z. 912—1 u. 2 (1937)

Magniflex, Werkstoff für Dauermagnete; Fe : Ni : Cu = 20 : 20 : 60.

Magnus-Effekt. An einem relativ zu einer Flüssigkeit bewegten rotierenden Zylinder bilden sich vom vorderen Staupunkt ab auf beiden Seiten verschieden starke →Grenzschichten aus. Die darin entstehenden Wirbel lösen sich vom Zylinder an Stellen ab, die in der Drehrichtung gegenüber den Stellen am ruhenden Zylinder verschoben sind (Abb.). Ebenso wie die Gesamtströmung ist auch die Druckverteilung am Zylinderumfang unsymmetrisch. Die resultierende Querkraft (→dynamischer Auftrieb) ist von der Seite, auf der Drehung und Strömung entgegengesetzt sind, zur Seite, auf der sie gleichlaufend sind, gerichtet. Dieser Effekt ist für die Seitenabweichungen von Geschossen, Tennis- und Golfbällen maßgebend. Der Versuch, an Stelle von Segeln schnell rotierende Zylinder zu verwenden (*Flettner*), war zwar erfolgreich, jedoch ist auch dieses „Segelschiff" dem Motorschiff wirtschaftlich unterlegen.

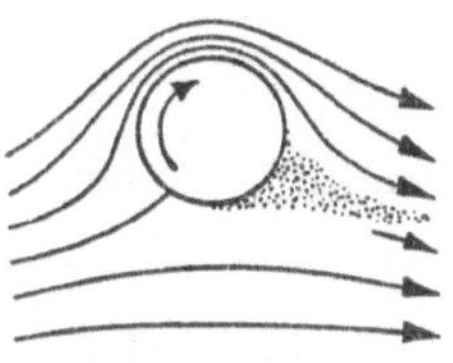

Strömung um einen rotierenden Zylinder (Magnus-Effekt).

Majorana-Effekt, die von *Majorana* 1902 entdeckte *magnetische Doppelbrechung* kolloidaler Lösungen, vor allem von Eisenoxydsolen; beruht auf der Richtwirkung des magnetischen Feldes auf die magnetisch anisotropen kolloidalen Teilchen. Durch Zusatz von Gelatine und Erstarrenlassen im Felde kann man die Lösung permanent doppelbrechend machen.

Die magnetische Doppelbrechung kolloidaler Lösungen ist oft mit einem →*Dichroismus* verbunden; d. h. senkrecht zum Felde fortschreitende, linear polarisierte Wellen werden verschieden stark absorbiert, je nachdem sie parallel oder senkrecht zum Felde schwingen.

Handb. d. Experimentalphysik XVI/1. Leipzig 1936. Handb. d. Physik XXI. Berlin 1929.

Majorana-Kraft. →Austauschkraft, bei der Ladung und Spin ausgetauscht werden, bei der also →Heisenberg- und →Bartlett-Kraft kombiniert sind. Die Wechselwirkungsenergie lautet in diesem Fall:

$$W = V(r)\,M, \quad M = H\,B = \frac{1 + \vec{\tau}_1\,\vec{\tau}_2}{2}\;\frac{1 + \vec{\sigma}_1\,\vec{\sigma}_2}{2}.$$

Ursprünglich steht wie bei der Heisenberg-Kraft $H' = (\tau_{1x}\,\tau_{2x} + \tau_{1y}\,\tau_{2y})/2$ an der Stelle von H.

Rosenfeld, L.: Nuclear Forces. Amsterdam 1948.

Majorantenprinzip oder *Oberreihe* nennt man in der Theorie der unendlichen Reihen ein Verfahren, die Konvergenz einer Reihe $\sum\limits_{\nu=1}^{\infty} b_\nu$ mit positiven b_ν durch Vergleich mit einer anderen Reihe $\sum\limits_{\nu=1}^{\infty} a_\nu$, deren Glieder ebenfalls positiv sind, zu ermitteln, indem von dem Satz Gebrauch gemacht wird, daß $\sum b_\nu$ konvergiert, wenn $\sum a_\nu$ konvergent ist und $b_\nu \leqq a_\nu$ für alle ν gilt. Die Reihe $\sum a_\nu$ heißt dann Majorante (Oberreihe) zu $\sum b_\nu$. Entsprechend gilt der Satz: Ist $\sum\limits_{\nu=1}^{\infty} c_\nu$ eine divergente Reihe mit positiven Gliedern und genügen die Glieder b_ν der Reihe $\sum b_\nu$ der Beziehung $b_\nu \geqq c_\nu$, so ist $\sum b_\nu$ divergent. Die Vergleichsreihe $\sum c$ heißt die *Minorante* (*Unterreihe*) von $\sum b$. Um das Prinzip des Reihenvergleichs anzuwenden, hat man zu versuchen, durch geeignete Vergrößerung (Verkleinerung) die Glieder einer vorgegebenen Reihe auf eine bekannte konvergente (divergente) Reihe zu bringen. Beispiel: $\sum\limits_{\nu=1}^{\infty} \frac{1}{\nu^2} = 1 + \frac{1}{2^2} + \frac{1}{3^2} + \cdots$

ist konvergent, da ihre Glieder $b_\nu = \frac{1}{\nu^2}$ $(\nu = 2, 3, \ldots)$ kleiner sind als die Glieder $a_\nu = \frac{1}{\nu(\nu-1)}$ der Reihe $1 + \sum_{\nu=2}^{\infty} \frac{1}{\nu(\nu-1)} = 1 + \frac{1}{1\cdot 2} + \frac{1}{2\cdot 3} + \cdots$, von der bekannt ist, daß sie konvergiert, weil $\frac{1}{\nu(\nu-1)} = \frac{1}{\nu-1} - \frac{1}{\nu}$, also $\lim_{n\to\infty}\left(1 + \sum_{\nu=2}^{n} \frac{1}{\nu(\nu-1)}\right) = \lim_{n\to\infty}\left(2 - \frac{1}{n}\right) = 2$. Ein anderes Beispiel →Cauchysches Wurzelkriterium.

Knopp, K.: Theorie u. Praxis d. unendl. Reihen. Berlin 1947. — *Falkenberg, H.:* Elementare Reihenlehre. Samml. Göschen 943/1027. Berlin 1944/45.

Makromoleküle →Eukolloide.

Makron →Parsec.

Makrophysik, die Physik der mehr oder weniger groben (makroskopischen) Körper im Gegensatz zur *Mikrophysik*, der Physik der Atome und der Elementarteilchen.

Makroskopisch →Makrophysik.

Malter-Effekt →Spritzkathodenentladung.

Malusscher Satz der geometrischen Optik: Ist ein →Strahlenbündel senkrecht zu einer Fläche (Wellenfläche) und infolgedessen zu allen Parallelflächen, so behält es diese Eigenschaft nach beliebig vielen Brechungen und Spiegelungen, und zwar ist der →Lichtweg zwischen zwei solchen Flächen (Wellenflächen) für alle Strahlen derselbe. Der Malussche Satz bildet eine wichtige Grundlage für die Ableitung allgemeiner Regeln über die Strahlenbündel. Er gilt auch dann, wenn das Licht nach Durchgang durch beliebig viele inhomogene oder doppelbrechende Mittel zum Schluß wieder in ein homogen brechendes eintritt.

Czapski-Eppenstein: Grundzüge d. Theorie d. opt. Instrumente. Leipzig 1924.

Malus-Versuch →Polarisation, optische.

Mangelhalbleitung. In vielen →Halbleitern (im engeren Sinn) liegt ein Überschuß an Metalloid vor oder, anders ausgedrückt, ein Mangel an Metall. Man spricht dann von *Mangelhalbleitung* oder *Defekthalbleitung*. Der Metalloidüberschuß kann z. B. in atomarer Form in das Anionenteilgitter eingebaut sein. Für jedes eingebaute Metalloidatom entsteht dann — aus Gründen der elektrischen Neutralität des ganzen Kristalles — eine Lücke im Kationenteilgitter. Abb. 1 zeigt, wie die

Abb. 1. KJ-Kristall mit J-Überschuß. Mangelhalbleitung.

durch Metalloidüberschuß entstandenen Störstellen die Leitfähigkeit des Kristalles verursachen. Als Beispiel sei das Kaliumjodid gewählt. Ein stöchiometrisch richtig gebauter KJ-Einkristall ist farblos, durchsichtig und bei Zimmertemperatur ein guter Isolator. Wird der Einkristall in Joddampf erhitzt, so wandern J-Atome in ihn hinein, werden in das Anionengitter als Atome eingebaut und zeigen eine charakteristische Lichtabsorption, welche eine Braunfärbung des Kristalles hervorruft. Versieht man den verfärbten Kristall mit zwei äußeren Elektroden und legt ein elektrisches Feld an, so zeigt der Kristall jetzt eine merkliche Leitfähigkeit. Durch Zufuhr thermischer Energie (→Halbleitung) vermag ein J^--Ion sein Elektron an ein benachbartes J-Atom (Störatom) abzugeben. Das Elektron bewegt sich hierbei ein Wegstück auf die Anode zu. Damit ist aber auch das *Elektronenloch* ○, also der Ort des J-Atoms, ein Stück auf die Kathode zu gerückt. Diese Art der Halbleitung wird deshalb auch als *Lochleitung* bezeichnet. Nach einer Weile übernimmt das gewanderte Elektronenloch von einem der Kathode noch mehr benachbarten J^--Ion das Elektron; das Loch ist wieder um ein Stück auf die Kathode zu gerückt, usw.

Eine solche, durch Mangel an Metall verursachte Mangelhalbleitung zeigen viele kristallisierende, einfache Verbindungen, besonders Oxyde: CuJ, Cu_2O, CoO, UO_2. Bei den Oxyden wird der Einbau von überschüssigem Sauerstoff auch als Oxydation bezeichnet. Man spricht dann von *Oxydationshalbleitern*. Der bekannteste Halbleiter dieser Art ist das technisch wichtige Cu_2O. Abb. 2 gibt

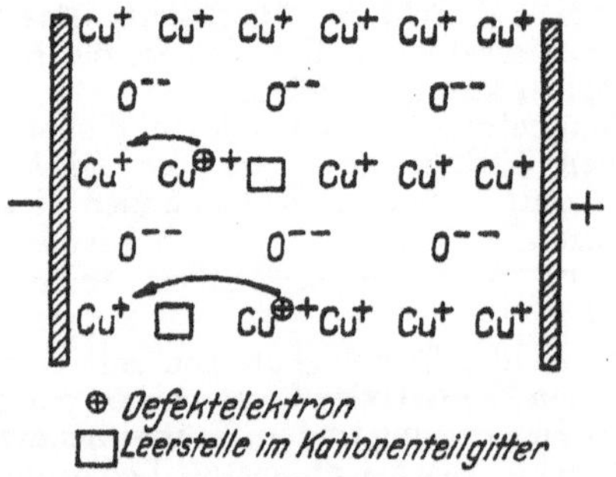

Abb. 2. Cu_2O-Kristall mit O-Überschuß. Mangelhalbleitung.

ein ebenes, schematisches Bild des Cu_2O-Halbleiters mit O_2-Überschuß. Ein überschüssiges O-Atom erzeugt zwei Lücken (□) im Cu^+-Teilgitter. Weiter ist anzunehmen, daß das O-Atom von zwei benachbarten Cu^+-Ionen je ein Elektron übernimmt, also zum O^{--}-Ion wird. Dafür befinden sich in dessen Nachbarschaft jetzt zwei zweiwertige Cu^{++}-Ionen, d. h. zwei Elektronenlöcher (⊕). Durch Zufuhr thermischer Energie gibt gelegentlich ein Cu^+-Ion ein Elektron an ein benachbartes Cu^{++}-Ion ab, wenn ein äußeres elektrisches Feld wirkt. Das Elektronenloch ⊕ wandert also in Richtung auf die Kathode.

Cu_2O ist bei richtiger stöchiometrischer Zusammensetzung ein guter Isolator; sein spezifischer Widerstand bei 20 °C beträgt mehr als $10^{10}\,\Omega$ cm. Durch Sauerstoffüberschuß kann der Widerstand um mehr als 8 Zehnerpotenzen erniedrigt werden.

Justi, E.: Leitfähigkeit u. Leitungsmechanismus fester Stoffe. Göttingen 1948.

Mangin-Spiegel →Scheinwerfer.

Mannigfaltigkeit →n-dimensionaler Raum.

Mannit-Borsäure-Widerstand →Borsäure-Mannit-Widerstand.

Mannkopff-Spektrograph →Glasprismenspektrograph.

Manometer →Druckmesser.

Mariotte-Flasche, ermöglicht es, eine Flüssigkeit aus einem Behälter mit gleichbleibender Geschwindigkeit austreten zu lassen, obgleich der Flüssigkeitsspiegel im Behälter sinkt. Prägt man der Flüssigkeit in einer Ebene zwischen dem Spiegel und dem Ausfluß ein konstantes Druckniveau, z. B. durch ein Ausgleichrohr das der äußeren Atmosphäre auf, so erfolgt der Ausfluß nur unter der Druckdifferenz, die der Flüssigkeitshöhe h zwischen der eingestellten Ebene und dem Ausfluß entspricht. Die Geschwindigkeit des Strahles bleibt daher so lange konstant, bis der Flüssigkeitsspiegel zu dieser Ebene des Atmosphärendruckes abgesunken ist.

Mariottesches Gesetz →Boyle-Mariottesches Gesetz.

Mars, mittlerer Abstand von der Sonne 228 $\cdot 10^6$ km, Umlaufszeit 1,88 Jahre, Masse 0,11 Erdmassen, Äquatordurchmesser 6780 km, mittlere Dichte 3,96 $g \cdot cm^{-3}$. Die Entfernung des Mars von der Erde ist großen Schwankungen unterworfen. In der Opposition kann er der Erde bis auf $55 \cdot 10^6$ km nahe kommen und in der Konjunktion sich bis auf $400 \cdot 10^6$ km von ihr entfernen. Dementsprechend schwankt sein scheinbarer Durchmesser zwischen 25″ und 3,5″ und seine scheinbare Helligkeit zwischen der −2,8ten und der +1,6ten Größe. Er kann also heller als Jupiter werden und ist dann nächst Venus der hellste Stern am Himmel, andererseits kann er bis nahezu zur Helligkeit eines Sternes 2. Größe herabsinken. Sein Licht ist von einer auffallend gelbroten Färbung. Die Rotationsperiode des Mars ist gleich $24^h 37^m 22^s,58$, also angenähert gleich der der Erde.

Das Landschaftsbild des Mars ist nicht so starr und unwandelbar wie etwa das des Erdmondes. Seine Veränderungen gehen zum großen Teil mit dem Wechsel der Jahreszeiten auf dem Mars parallel. Insbesondere breiten sich die Polarkalotten im Winterhalbjahr aus, im Sommerhalbjahr schmelzen sie ab, wobei dunkle Flecken und deren Verbindungslinien, die „Kanäle" (*Schiaparelli*), sichtbar werden. Man hat vermutet, daß es sich bei den dunklen Flecken um Vegetationsgebiete handelt, die der Ausbreitung der im Winter an den Polen angesammelten Feuchtigkeit ihre Existenz verdanken, und daß die Kanäle von Vegetation umgebene natürliche „Wasserstraßen" sind. Doch ist die Realität des ganzen Netzwerkes der Kanäle noch sehr umstritten.

Die Marsatmosphäre ist viel weniger dicht als die Erdatmosphäre und anscheinend sehr sauerstoffarm. Vielleicht ist der ursprünglich in größerer Menge vorhanden gewesene Sauerstoff bei der Oxydation eisenhaltiger Sandsteinformationen allmählich verbraucht worden, und vielleicht ist darauf auch die rötliche Farbe weiter Gebiete der Marsoberfläche zurückzuführen. Das Vorhandensein von Wasserdampf auf dem Mars, 1925 erstmalig von *Adams* und *John* festgestellt, ist neuerdings von *Kuiper* durch den Nachweis der Eis- bzw. Schneebeschaffenheit der Mars-Polkappen indirekt bestätigt worden. Auch Kohlensäure konnte neuerdings nachgewiesen werden.

Die Temperaturen liegen beim Mars im Durchschnitt ungefähr 20° tiefer als auf entsprechenden Breitenkreisen der Erde.

Wenn auch Mars nach der Erde von allen Planeten unseres Sonnensystems noch die günstigsten Bedingungen für organisches Leben im irdischen Sinne bietet, so sind doch alle Diskussionen über ein etwaiges Vorkommen hoch entwickelter Organismen auf dem Mars vorerst rein spekulativer Natur.

Mars wird von zwei winzigen Satelliten, Phobos und Deimos, umkreist, deren Durchmesser kaum sehr viel größer als 10 km sein dürfte. In kosmogonischer Hinsicht ist von Interesse, daß sie dem Mars ganz ungewöhnlich nahe sind und daß Phobos diesen in einem Drittel von dessen eigener Rotationsdauer umläuft.

Newcomb-Engelmann: Populäre Astronomie. Leipzig 1948. — *Vaucouleurs, G. de:* Physique de la Planète Mars. Paris 1951.

Maschinen →einfache Maschinen.

Maßanalyse. Im Gegensatz zu der oft umständlichen gewöhnlichen chemischen Gewichtsanalyse wird in der Maßanalyse ein Bestandteil in gelöster Form und möglichst ohne Abtrennung von anderen bestimmt, und zwar bedient man sich des Kunstgriffes, statt der Wägungen weitgehend die Bestimmung von Flüssigkeitsvolumina in kalibrierten Gefäßen treten zu lassen. Letzthin geht aber auch die Maßanalyse auf eine Wägung zurück, indem einmal eine Lösung von bekannter Konzentration durch direktes Einwägen der zu lösenden Substanz (Urtitersubstanz) hergestellt worden sein muß.

Das Verfahren der Maßanalyse besteht nun darin, daß man bestimmt, wie viele cm^3 der Lösung eines Stoffes von bekannter Konzentration erforderlich sind, um mit einem anderen Stoff, der sich in einer volumetrisch abgemessenen Flüssigkeitsmenge in unbekannter Konzentration gelöst befindet, vollständig zu reagieren. Da sich für die erstere Lösung aus Volumen und Konzentration die Menge des zur Reaktion gelangten Stoffes berechnen läßt, so kann nach dem stöchiometrischen Grundgesetz (Gesetz der konstanten Proportionen) die Menge des anderen Stoffes berechnet werden.

Für die Durchführbarkeit dieses Verfahrens ist es erforderlich, daß bei dem allmählichen Zusetzen der einen Lösung zu der anderen der Augenblick der Beendigung der Reaktion scharf erkannt wird. Nur in seltenen Fällen läßt die sich abspielende maßanalytische Reaktion ihre Beendigung selbst erkennen, wie dies z. B. beim Titrieren einer farblosen, einen reduzierenden Stoff enthaltenden Lösung mit Permanganatlösung der Fall ist, wo das Ausbleiben der Entfärbung des zugefügten Permanganattropfens anzeigt, daß die ganze Menge der reduzierenden Substanz verbraucht ist. In der Mehrzahl der Fälle wird eine an der maßanalytischen Hauptreaktion nicht direkt beteiligte Substanz, ein →Indikator, hinzugesetzt, der durch einen Farbumschlag das Ende der Hauptreaktion anzeigt. Es kann aber auch jede andere physikalische Eigenschaft, die sich am Ende der Reaktion sprunghaft oder stark ändert, zum Nachweis benutzt werden, etwa die durch die verschiedene Beweglichkeit der Ionen bedingte Änderung der elektrischen Leitfähigkeit.

Die Genauigkeit der Maßanalyse kann sehr groß sein, indem bei hinreichend verdünnten Lösungen großen zu messenden Flüssigkeitsvolumina kleine Substanzmengen entsprechen. Maßgebend für die

Genauigkeit ist meist die Schärfe der Erkennbarkeit des Reaktionsendes.

Viele analytische Aufgaben lassen sich, teilweise auf sehr indirektem Wege, auf zwei Grundtypen maßanalytischer Reaktionen zurückführen:

1. *Alkalimetrie* und *Azidimetrie*, d. h. Bestimmung von Säuren oder Basen durch Titration gegeneinander.

2. *Oxydation* einer reduzierend wirkenden zu bestimmenden Substanz mit bekannter Lösung eines Oxydationsmittels (z. B. Permanganatlösung) und *Reduktion* einer oxydierend wirkenden zu bestimmenden Substanz mit bekannter Lösung eines Reduktionsmittels.

Nylen, P., u. *N. Wigren*: Einf. in die Stöchiometrie. Dresden 1945.

Masse, Grundeigenschaft jeder Materie und daher eine der →Grundgrößen der Physik. Im Sinne der klassischen Physik ist die Masse eines Körpers gleichzeitig die Ursache zweier phänomenologisch durchaus verschiedener Eigenschaften: seiner *Trägheit* (*träge Masse*) und seines *Gewichts* (*schwere Masse*). Die Erfahrung zeigt, daß träge und schwere Masse einander völlig streng proportional sind. Daher wird zwischen ihnen nicht unterschieden, und man spricht nur von der Masse eines Körpers schlechthin. Die Erfahrungstatsache von der *Gleichheit* (bzw. *Äquivalenz*) *der trägen und der schweren Masse* hat erst durch die allgemeine →Relativitätstheorie ihre Deutung gefunden (Äquivalenzprinzip).

Im Bereich der klassischen Mechanik, d. h. solange die Geschwindigkeit v der Körper sehr klein gegen die Vakuumlichtgeschwindigkeit c ist, ist die Masse praktisch eine konstante Größe. Tatsächlich gilt aber gemäß der speziellen Relativitätstheorie $m = m_0/\sqrt{1 - v^2/c^2}$. m_0 ist die →*Ruhmasse* des Körpers für $v = 0$, also praktisch die Masse, mit der die klassische Mechanik rechnet.

Nach der Relativitätstheorie besteht zwischen *Masse m* und *Energie E* eine *Äquivalenz* gemäß der →Einsteinschen Gleichung $E = mc^2$, welche besagt, daß jeder Körper in Gestalt seiner Masse m einen bestimmten und (wegen des Faktors c^2) ungeheuer großen Betrag an potentieller Energie in sich birgt. Danach ist die Masse nur eine *Erscheinungsform der Energie*. Tatsächlich zeigen auch die Erscheinungen des →Massendefekts sowie der →Zerstrahlung und →Paarbildung, daß sich Masse in Energie verwandeln kann, und umgekehrt. Dabei geht die Masse m auf die entstehende Energie über, welche gemäß der obigen Gleichung die Masse $m = E/c^2$ hat. So hat z. B. ein →Lichtquant (Energie $h\nu$) die Masse $m = h\nu/c^2$.

Die Messung der Massen *makroskopischer* Körper geschieht stets durch Wägung (→Massenmessung) auf Grund ihrer Schwere, diejenige atomarer Massen durch Beobachtung der Beeinflussung ihrer Bewegung durch elektrische und magnetische Felder, also auf Grund ihrer Trägheit. →Massenspektroskopie.

Ferner →elektromagnetische Masse, →Masse, longitudinale, transversale.

Masse, longitudinale, transversale. In der speziellen Relativitätstheorie lautet der Zusammenhang zwischen der auf einen Massenpunkt wirkenden Kraft $\mathfrak{K}$ und der Geschwindigkeit $\mathfrak{v}$

$$\mathfrak{K} = \frac{d}{dt}\left(\frac{m_0\,\mathfrak{v}}{\sqrt{1 - v^2/c^2}}\right)$$

(m_0 →Ruhmasse, c Vakuumlichtgeschwindigkeit, t Zeit). Wirkt die Kraft $\mathfrak{K}$ senkrecht zur Geschwindigkeit $\mathfrak{v}$, so folgt daraus:

$$\mathfrak{K} = \frac{m_0}{\sqrt{1 - v^2/c^2}}\,\frac{d\mathfrak{v}}{dt}.$$

Ist dagegen die Kraft parallel zur Geschwindigkeit $\mathfrak{v}$, so ist

$$\mathfrak{K} = \frac{m_0}{(1 - v^2/c^2)^{3/2}}\,\frac{d\mathfrak{v}}{dt}.$$

Die Faktoren $\frac{m_0}{\sqrt{1 - v^2/c^2}}$ und $\frac{m_0}{(1 - v^2/c^2)^{3/2}}$ von $d\mathfrak{v}/dt$ nennt man transversale bzw. longitudinale Masse des Massenpunktes.

Masse des Weltalls, ergibt sich aus der heutigen kosmologischen Theorie in der Größenordnung von 10^{56} g oder 10^{80} Protonenmassen. →universelle Zahlenkonstanten, →Maßeinheiten, natürliche.

Masse und Energie →Einsteinsche Gleichung $E = mc^2$.

Maße von physikalischen Größen können, aber brauchen nicht unbedingt Einheiten derselben (also mit ihnen notwendig dimensionsgleiche Größen) zu sein. So ist z. B. die →Voltgeschwindigkeit eine im Geschwindigkeits*maß* 1 Volt ausgedrückte Geschwindigkeit, das Volt aber natürlich keine Geschwindigkeits*einheit*. Beispiele →Energiemaße. Bei der Verwendung eines nicht dimensionsgleichen Maßes sollte immer nur das Äquivalentzeichen $\triangleq$ verwendet werden, also z. B. für eine Geschwindigkeit $v \triangleq U$ [V].

Maßeinheiten →Einheiten, →Einheitssysteme, →Maßsysteme, →Zählungseinheiten, →die folgenden Artikel.

Maßeinheiten, natürliche. 1. Durch bestimmte, als unveränderlich anzusehende geometrische oder physikalische Eigenschaften der Natur definierte →Einheiten.

2. Speziell versteht man unter natürlichen Maßeinheiten solche, die von universellen physikalischen Konstanten, insbesondere von →Atomkonstanten abgeleitet sind und für die Gebiete der Atom- und Kernphysik sich als zweckmäßig erweisen.

Planck gab vier solche natürlichen Maßeinheiten an, und zwar für Länge, Masse, Zeit und Temperatur, welche er aus der →Gravitationskonstanten f, der →Vakuumlichtgeschwindigkeit c_0, dem →Planckschen Wirkungsquantum h und der →Boltzmann-Konstanten k ableitete: natürliche Einheit der Länge $\sqrt{fh/c_0^3} = 4{,}049_7 \cdot 10^{-35}$ m, natürliche Einheit der Masse $\sqrt{c_0 h/f} = 5{,}456_7 \cdot 10^{-8}$ kg, natürliche Einheit der Zeit $\sqrt{fh/c_0^5} = 1{,}350_8 \cdot 10^{-43}$ s, natürliche Einheit der Temperatur $\frac{1}{k}\sqrt{c_0^5\,h/f} = 3{,}552_9 \cdot 10^{32}$ °K.

Rüchardt wies darauf hin, daß die Beträge der Planckschen natürlichen Maßeinheiten in Größenordnungen überführt werden können, die nach der Atom- und Kernphysik für die Elementarteilchen zu erwarten sind, wenn man in den Planckschen Definitionen die Gravitationskonstante f durch das Produkt $\gamma' f$ ersetzt, wobei γ' eine dimensionslose Konstante von der Größenordnung 10^{40} ist, die in kosmologischen Betrachtungen den →Weltradius R mit einer →Elementarlänge l_0 durch die Beziehung $R \equiv \gamma' l_0$ verknüpft. Weiter führt er die Gesamtmasse M des Weltalls durch $M = a R c_0^2/f$ (a Konstante, die z. B. für den Euklidischen Raum gleich 5/3 und für den Riemannschen Raum ohne Expansion gleich $\pi/2$ wird) und eine Elementarmasse $m_0 = \hbar/(l_0 c_0) = M/N$ (N Zahl der voneinander unabhängigen Teilchen der Masse m_0 im Weltall) mit $l_0 = R\sqrt{N}$ und $N = \gamma'^2$ ein. Die hieraus folgende spezielle Relation $M = \gamma'^2 m_0$ erweitert *Rüchardt* allgemein zu $M = b\gamma'^2 m_0$ (b Konstante, die in der Jordanschen Kosmologie, ebenso wie a, gleich Eins wird) und erhält $l_0 = \frac{1}{c}\sqrt[3]{bRf\hbar/a}$ und $m_0 = \sqrt[3]{a\hbar^2/(bRf)}$. Mit einem Wert von $3 \cdot 10^9$ a für das Weltalter $A = R/c_0$ ergibt sich $R = 2{,}84 \cdot 10^{25}$ m, $\gamma' = 1{,}46 \cdot 10^{40}$, und mit $a = b = 1$ folgt $l_0 = 1{,}9 \cdot 10^{-15}$ m und $m_0 = 1{,}8 \cdot 10^{-28}$ kg $\approx 200\, m_{el}$, also etwa die Masse des μ-Mesons. Nach Vorschlägen von *Dirac* sollte man γ' nicht als Natur*konstante*, sondern in der Theorie des expandierenden Weltraumes für die Relation $R = \gamma' l_0$ als ein Maß für das heutige Weltalter $A = \gamma' \tau$ (τ Jordansche Elementarzeit) auffassen.

Rodewald wandelte die Planckschen natürlichen Maßeinheiten in einer Form ab, die ihn dazu führte, in den Planckschen Definitionen überall f durch $\gamma' f/3\pi$ zu ersetzen. Er ging von den hierarchischen Beziehungen $R_i/R_{i+x} = \sqrt{M_i/M_{i+x}} = \gamma'^{x/8}$ der physikalischen Kosmologie aus, denen die Systeme Welt ($i = 0$), Galaxie ($i = 1$), Stern ($i = 2$) und Elementarteilchen ($i = 8$) genügen sollen, und gelangte über die Gleichung $f M_0/R_0 = 3\pi c_0^2$ bzw. $f M_8/R_8 = 3\pi c_0^2/\gamma'$ (M_8 Neutronenmasse, R_8 Compton-Wellenlänge des Neutrons) zu dem System natürlicher Maßeinheiten: $R_8 = \sqrt{fh\gamma'/3\pi c_0^3} = 1{,}3196 \cdot 10^{-15}$ m, $M_8 = \sqrt{3\pi c_0 h/f\gamma'} = 1{,}6745 \cdot 10^{-27}$ kg, $\tau_8 = \sqrt{fh\gamma'/3\pi c_0^5} = 4{,}4018 \cdot 10^{-24}$ s, $t_8 = \frac{1}{k}\sqrt{3\pi c_0^5 h/f\gamma'} = 1{,}0903 \cdot 10^{13}$ °K.

Jordan ging von den vier Konstanten →Elementarlänge l (= →Elektronenradius r_0), →Vakuumlichtgeschwindigkeit c_0, Planckschen →Wirkungsquantum h und →Boltzmann-Konstante k aus und definierte als natürliche Maßeinheiten eine →Elementarlänge $l = 2{,}818 \cdot 10^{-15}$ m, eine Elementarmasse $m_M = h/(l c_0) = 7{,}841 \cdot 10^{-28}$ kg $\approx 861\, m_{el}$ (d. h. etwa die Masse eines der in letzter Zeit gefundenen schweren Mesonen), eine Elementarzeit $\tau = l/c_0 = 9{,}401 \cdot 10^{-24}$ s und eine Elementartemperatur $T_m = c_0 h/lk = 5{,}105 \cdot 10^{12}$ °K.

Finkelnburg schlägt als →Elementarlänge die →Compton-Wellenlänge des Protons vor, die gerade von der Größe der Reichweite der Kernkräfte zu sein scheint: $l' = h/m_p c_0 = 1{,}3214 \cdot 10^{-15}$ m. Mit l' würde sich eine Elementarmasse $m'_M = \hbar/(l' c_0) = m_p/2\pi = 2{,}6615 \cdot 10^{-28}$ kg $\approx 292\, m_{el}$ (d. h. also etwa die Masse des π-Mesons) einführen lassen.

Ein vollständiges System natürlicher Maßeinheiten erhält man, wenn für jedes Gebiet der Physik, dem man eine eigene, nicht aus anderen Gebieten erklärbare oder auf diese zurückführbare physikalische Qualität und somit eine unabhängige →Grundgröße zuordnet, eine elementare Grundeinheit eingeführt wird. Für den Bereich der elementaren Einheiten kann die physiologisch wertende Photometrie außer Betracht bleiben. Dann sind für sechs unabhängige Grundgrößen — und zwar je eine für die reine Geometrie, die Kinematik und die Dynamik (welche drei Teile man heute unter dem Namen Mechanik zusammenzufassen pflegt), die Elektrizität, den Magnetismus und die Thermodynamik — sechs unabhängige elementare Grundeinheiten festzulegen: Elementarlänge l, Elementarzeit τ, Elementarmasse m, Elementarladung e, magnetische Elementarpolstärke p und Elementartemperatur ϑ.

Ein solches System von elementaren Einheiten läßt sich beispielsweise aus den sechs Konstanten →Vakuumlichtgeschwindigkeit c_0, →Protonenmasse m_p, Planckschen →Wirkungsquantum h, →Elementarladung e, Kernmagneton μ_K (→Magneton) und →Boltzmann-Konstante k aufbauen: $l = h/(m\, c_0)$, $m = m_p$, $\tau = h/(m_p c_0^2)$, $e = e$, $p = \mu_K m_p c_0/\hbar$ und $\vartheta = m_p c_0^2/k$. In den aus diesen elementaren Grundeinheiten abzuleitenden natürlichen Maßeinheiten gemessen, erhalten die Feld- und Atomkonstanten sehr einfache Zahlenwerte, z. B. die Grundkonstanten c_0, e, h, k oder die beiden →Strahlungskonstanten c_1 und c_2 des →Planckschen Strahlungsgesetzes den Zahlenwert 1, Kernmagneton μ_K und Einheit des →quantenmechanischen Drehimpulses $\hbar = h/2\pi$ den Zahlenwert $1/2\pi$, während in die Zahlenwerte der übrigen Konstanten noch die Sommerfeldsche →Feinstrukturkonstante α und das Verhältnis Protonenmasse/Elektronenmasse m_p/m_{el} in verschiedenen Kombinationen eingehen. Eine atomphysikalisch sinnfällige Deutung ergibt sich auch für die charakteristische Größe γ, die in der Auffassung und Darstellung der Elektrodynamik auf der Basis von fünf Grundgrößen (→Größen, elektrische und magnetische) auftritt: $\gamma = \mu_B/[r_0(h/e)] = ep/(\alpha h) = \alpha^{-1} l^{-2} m^{-1} \tau e p$; d. h. γ stellt sich beispielsweise als die verknüpfende Größe zwischen dem als magnetische Größe eingeführten Bohrschen →Magneton μ_B und dem nur elektrische und mechanische Elemente enthaltenden Produkt aus Elektronenradius r_0 und h/e dar.

Die natürlichen Maßeinheiten sollen nicht etwa als neue Maßsysteme dienen, von denen wir schon eine ausreichende Zahl in Gebrauch finden. Natürliche Maßeinheiten dieser Art sind für die Praxis nicht brauchbar; sie können allenfalls für eine von materiellen Stoffeigenschaften unabhängige „Aufbewahrung" oder Realisierung der physikalischen Grundeinheiten sowie für vereinfachende atomphysikalische Betrachtungen Bedeutung besitzen. In der makrophysikalischen Elektrodynamik gibt es bislang kein spezifisch magnetisches Grundmeßverfahren von allgemeiner praktischer Bedeutung; die magnetischen Vorgänge und Eigenschaften werden mit elektrischen Meßverfahren untersucht und die magnetischen Größen auf elektrische zurückgeführt. Man bedient sich also heute in der Kontinuumsphysik einer Darstellung der Gesetzmäßigkeiten des elektromagnetischen Feldes auf der Basis von nur vier Grundgrößen. Die Unterdrückung einer unabhängigen magnetischen Grundgröße hat zur Folge, daß die für die Fünf-Grundgrößen-Auffassung charakteristische Größe γ dimensionslos gleich Eins wird (→Größen, elektrische und magnetische). Entsprechend kann die elementare magnetische Grundeinheit p direkt auf die Elementareinheiten l, τ, m und e zurückgeführt werden ($p \to \alpha l^2 m \tau^{-1} e^{-1}$). Für die restlichen fünf elementaren Grundeinheiten ergeben sich dann, ausgedrückt in den entsprechenden Grundeinheiten der Makrophysik, folgende Werte:

$l = 1{,}3214 \cdot 10^{-15}$ m, $m = 1{,}6723 \cdot 10^{-27}$ kg,
$\tau = 4{,}407_7 \cdot 10^{-24}$ s, $e = 1{,}6020 \cdot 10^{-19}$ C_{abs}
und $\vartheta = 1{,}0888_4 \cdot 10^{13}$ °K.

Die obengenannten natürlichen Systeme von *Planck* (bzw. *Rüchardt* und *Rodewald*) und *Jordan* passen entsprechend nur zu einer mechanistischen Auffassung und Darstellung der Elektrodynamik auf der Basis von nur drei Grundgrößen. Das gleiche gilt für die *Hartree-Einheiten*, die bei theoretischen Untersuchungen der Elektronenstruktur von Atomen und Molekülen Anwendung finden und auf eine mechanistisch-symmetrische Größendefinition (→Größen, elektrische und magnetische, Abschn. II 1c) oder Gleichungenschreibung zugeschnitten sind. Als natürliche Grundeinheiten benutzt *Hartree* (ausgedrückt in Gaußschen CGS-Einheiten)

→Elektronenladung

$$e = 4{,}802_7 \cdot 10^{-10}\ \mathrm{cm}^{3/2}\mathrm{g}^{1/2}\mathrm{s}^{-1},$$

→Elektronenruhmasse $m_0 = 9{,}107 \cdot 10^{-28}$ g,

→Bohrscher Wasserstoffradius

$$a_0 = h^2/(4\pi^2 m_0 e^2) = 5{,}292 \cdot 10^{-9}\ \mathrm{cm}.$$

Als abgeleitete Einheiten ergeben sich beispielsweise:

Einheit der Energie $e^2/a_0 = 4{,}358_8 \cdot 10^{-11}$ erg (potentielle Energie des Wasserstoffelektrons in der ersten Bohrschen Kreisbahn)

Einheit der Geschwindigkeit $v_0 = e/\sqrt{a_0 m_0} = 2\pi e^2/h = c_0 \cdot \alpha = 2{,}1877 \cdot 10^8$ cm s^{-1} (Bahngeschwindigkeit des Wasserstoffelektrons im ersten Bohrschen Kreis; h Plancksches →Wirkungsquantum; c_0 →Vakuumlichtgeschwindigkeit; α Sommerfeldsche →Feinstrukturkonstante)

Einheit der Zeit $a_0/v_0 = 2{,}41890 \cdot 10^{-17}$ s

Einheit der Frequenz $v_0/a_0 = 4{,}1341_0 \cdot 10^{16}$ s^{-1}

Einheit der Wirkung

$$\hbar = e\sqrt{a_0 m_0} = h/2\pi = 1{,}0543 \cdot 10^{-27}\ \mathrm{cm}^2\mathrm{g\,s}^{-1}$$

(Einheit des →quantenmechanischen Drehimpulses).

Maßeinheiten, physikalische, besondere Bezeichnung der →Einheiten zur Messung dimensionsbehafteter Größen, durch welche diese gegenüber den arithmetischen →Zählungseinheiten zur Messung bzw. Zählung dimensionsloser Größen abgehoben werden sollen.

Massekern. Von Pupinspulen wird durch die Erfordernisse des Fernsprechbetriebes verlangt, daß die Induktion sehr genau proportional und in Phase zur magnetischen Feldstärke ist. Man kann das erreichen, indem man den Kern aus Carbonyleisenpulver durch Zusammenpressen mit einem unmagnetischen und elektrisch isolierenden Bindemittel herstellt. Die unmagnetischen Spalte zwischen den ferromagnetischen Körnern eines solchen Massekernes vermindern zwar infolge Scherung die mittlere magnetische Permeabilität erheblich, aber die Hysterese- und Wirbelstromverluste noch viel mehr. Insbesondere erhält der Klirrfaktor dadurch die notwendige Kleinheit.

Kersten, M.: ETZ 58, 1335 (1937).

Masse-Leuchtkraft-Beziehung. Nach der Theorie des Sternaufbaus besteht eine Beziehung zwischen Masse und Leuchtkraft auf jeden Fall für Sterne von gleicher chemischer Zusammensetzung (soweit sie sich im stationären Zustand befinden), und zwar ist dann die Leuchtkraft sogar eine Funktion der Sternmasse *allein*. (Von Effekten, die durch Sternrotation oder äußere deformierende Kräfte hervorgerufen werden, wird natürlich hierbei abgesehen.) Auch die effektive Temperatur ist dann eine Funktion der Sternmasse allein, wird also bei Sternen gleicher Masse nicht streuen. Aber auch wenn die Sterne sich in ihrer chemischen Zusammensetzung unterscheiden, ist eine eindeutige Beziehung zwischen Massen, Leuchtkräften und effektiven Temperaturen zu erwarten. Die Verschiedenheit der chemischen Zusammensetzung äußert sich dann in einer Streuung der effektiven Temperaturen bei Sternen gleicher Masse. Dies ist auch insofern wichtig, als es ermöglicht, an Hand der Beobachtung auf verhältnismäßig einfache Weise festzustellen, ob die chemische Zusammensetzung der Sterne einheitlich ist oder von Stern zu Stern variiert. →Sternaufbau und Sternentwicklung.

Die Beziehung zwischen den Massen $\mathfrak{M}$ der Sterne und ihren Leuchtkräften L läßt sich in guter Näherung darstellen durch den Potenzansatz $L = \mathfrak{M}^{3,5}$, wenn man L und $\mathfrak{M}$ als Verhältniszahlen in Sonneneinheiten ausdrückt. Eine merkliche Abweichung zeigen nur die →Weißen Zwergsterne, die eine für ihre Masse um etwa 2 Zehnerpotenzen zu kleine Leuchtkraft besitzen.

Eddington, A. S.: Der innere Aufbau d. Sterne. Berlin 1928. — *Chandrasekhar, S.:* An Introduction to the Study of Stellar Structure. Chicago 1939. — *Vogt, H.:* Aufbau u. Entwicklung d. Sterne. Leipzig 1943.

Massenabsorptionskoeffizient. Erleidet eine Strahlung beim Durchlaufen einer Schichtdicke x von der Dichte ϱ eine Schwächung nach der Gleichung

$$J = J_0 e^{-\mu x} = J_0 e^{-\frac{\mu}{\varrho}\varrho x},$$

so heißt die Größe μ/ϱ der Massenabsorptionskoeffizient. →γ-Strahlen, →Schwächung der Röntgenstrahlen.

Massenäquivalent der Energie, die Masse $m = E/c^2$ eines Energiebetrages E (c Vakuumlichtgeschwindigkeit). →Einsteinsche Gleichung.

Massenaustausch in der Atmosphäre (nach *W. Schmidt*), die Übertragung gewisser Eigenschaften der Luft im Raum, die nicht durch Molekülbewegungen, sondern durch die →turbulenten Strömungen der Luft (in Gewässern durch die Strömungen des Wassers) bewirkt wird. Voraussetzung ist ein räumliches Gefälle der zu befördernden Eigenschaft s. Der Koeffizient A des Massenaustausches verknüpft dann den Fluß $\mathfrak{S}$ der Eigenschaft s mit deren Gefälle nach der Beziehung $\mathfrak{S} = -A\,\partial s/\partial x$. Aus der Ähnlichkeit dieser Gleichung mit der Wärmeleitungsgleichung erkennt man, daß der Austausch Wirkungen analog der Wärmeleitung, Diffusion oder inneren Reibung besitzt, je nachdem ob die Eigenschaft s der Wärmegehalt, die Konzentration von Beimengungen der Luft (Wasserdampf, Staub, Ionengehalt usw.) oder der Impuls ist. An die Stelle der (molekularen) Wärmeleitung oder Diffusion tritt in der Atmosphäre der durch Übertragung von Luftballen auf das 10^6-fache gesteigerte Vorgang, der zum Unterschied als *Scheinleitung* bzw. *Scheindiffusion* bezeichnet wird; an die Stelle der inneren Reibung tritt die *Scheinreibung* (→Reibung in der Atmosphäre). Die Wirkung der molekularen Vorgänge verschwindet vollständig hinter dem Austausch. Von besonderer Wichtigkeit ist, daß der gleiche Koeffizient für die Übertragung aller Eigenschaften gilt, da er ja vor allem von dem Durchmischungszustand der Luft (→Mischungsweg) und nicht von der beförderten Eigenschaft abhängig ist. Das Gefälle aller Eigenschaften ist im allgemeinen nahezu vertikal; der Austausch besorgt daher ihre vertikale Ausbreitung mit der 10^6-fachen Intensität und Reichweite molekularer Vorgänge. Er ist verantwortlich für die Ausbreitung der täglichen Temperaturwelle vom Erdboden nach oben, für die vertikale Verteilung von Windgeschwindigkeit und -richtung über dem Boden, für den aufwärts gerichteten Wasserdampfstrom und seine Veränderung an Stellen geänderten Gefälles oder Austausches und die dadurch bewirkten Stau- und Divergenzvorgänge, Wolkenbildung und -auflösung und vieles andere. In der Atmosphäre hat A die Größenordnung $10^2\,g\,cm^{-1}\,s^{-1}$ (die Koeffizienten der molekularen Vorgänge haben die Größenordnung $10^{-4}\,g\,cm^{-1}\,s^{-1}$). A nimmt entsprechend der mit dem Wandabstand linearen Zunahme des Mischungsweges von sehr kleinen Werten unmittelbar am Boden (etwa $10^{-1}\,g\,cm^{-1}\,s^{-1}$) sehr rasch nach oben zu. Stark abhängig ist es gemäß der →Richardsonschen Zahl von der vertikalen Stabilität (→Gleichgewicht, atm.), d. h. er ist in →Inversionen klein, in adiabatischer Schichtung groß.

In der Horizontalen ist wegen des geringen Gefälles der Eigenschaften der Austausch gleicher Größenordnung wenig wirksam, jedoch kann man auch die Aufeinanderfolge von Hoch- und Tiefdruckgebieten mit ihren meridionalen und zonalen Bewegungen innerhalb der Westwinddrift mittlerer Breiten als Turbulenzerscheinungen riesigen Ausmaßes in der ausgeglichenen westlichen Grundströmung ansehen. Der Koeffizient dieses horizontalen Großaustausches hat dann die Größenordnung $10^8\,g\,cm^{-1}\,s^{-1}$. Er gestattet z. B. die zahlenmäßige Erfassung des meridionalen Wärmetransportes in Richtung des polwärts weisenden Temperaturgefälles und der Wärmeabgabe der Tropen an die Polargebiete.

Lettau, H.: Atmosphär. Turbulenz. Leipzig 1939. — *Schmidt, W.:* Massenaustausch in d. Atmosphäre. Hamburg 1925. — *Geiger, R.:* Das Klima der bodennahen Luftschicht. Braunschweig 1950.

Massendefekt →Kernmasse, →Bindungsenergie.

Massendipol, von *Hönl*, *Papapetrou* als Grundlage zur modellmäßigen klassischen Beschreibung des Elektronenspins (→Spin) als →Zitterbewegung eingeführter Begriff. Wenn ein Elektron außer seiner Masse ein Massendipolmoment hat, liegt der Schwerpunkt des Teilchens außerhalb seines Ladungsmittelpunktes, so daß die Ladung im kräftefreien Fall sich um das virtuelle Zentrum herum bewegt. Sei $\mathfrak{v}$ die Geschwindigkeit und $\mathfrak{s}$ das Massendipolmoment, so resultiert neben dem →Bahndrehimpuls ein zusätzliches Impulsmoment $\mathfrak{v} \times \mathfrak{s}$, welches mit dem Spinmoment identifiziert wird.

Die formale Annahme eines Massendipolmoments braucht nicht die Hypothese positiver und negativer Massen einzuschließen. Jede Verschiebung zwischen Ladungs- und Massenmittelpunkt läßt sich in erster Näherung durch ein Massendipolmoment beschreiben. Solche Verschiebungen ergeben sich bei Emission und Reabsorption von Quanten und (wahrscheinlich in geringerem Maße) in Verbindung mit virtuellen →Paarerzeugungen, kurz als Folge von →Emissions-Reabsorptionsprozessen verschiedener Art.

Hönl, H., u. *A. Papapetrou:* Z. Physik **112**, 512 (1939); **114**, 478 (1939); **116**, 153 (1940).

Massendispersion. Ionen verschiedener Massen, aber einheitlicher kinetischer Energie beschreiben in homogenen, magnetischen Feldern Kreisbahnen, deren Radien proportional zu den Wurzeln aus den Massen sind. In den Massenspektrographen (→Massenspektroskopie) können daher unter gleichzeitiger Ausnutzung der fokussierenden Eigenschaften der Magnetfelder Ionen verschiedener Masse, die das Feld durch Spalte als gebündelte Strahlen geringer Richtungsdivergenz betreten, nach ihrer Masse räumlich voneinander getrennt aufgefangen werden. Die Entfernung zweier Ionenlinien bekannten Massenunterschiedes im photographisch oder elektrometrisch aufgenommenen Massenspektrogramm ist ein Maß für die Massendispersion der betreffenden Anordnung. Vielfach wird die Massendispersion $D_{1\%}$ für 1% Massenunterschied zweier benachbarter Linien angegeben. Bei den bekanntesten doppelfokussierenden Spektrographen liegt $D_{1\%}$ im Bereich von 1 bis 10 mm.

Masseneinheiten. 1. Die *nationalen* Masseneinheiten wurden früher vom Pfund (→Pfundmaße) abgeleitet und fielen in den einzelnen Ländern sehr verschieden aus.

Die *internationale* Masseneinheit ist das →Kilogramm (kg), welches heute durch den →Kilogrammprototyp der →Meterkonvention definiert und verkörpert wird. Neben dem kg spielt in den angelsächsischen Ländern noch das →pound (lb) als gesetzliche Masseneinheit eine große Rolle.

In dem in der Technik üblichen (m kp s)-Maßsystem (→Maßsysteme, mechanische) gilt die *technische* Masseneinheit $m^{-1}\,kp\,s^2$, für welche die Bezeichnung *hyl* vorgeschlagen wurde: 1 hyl = 9,806 65 kg. In Zukunft wird mit fortschreitender Verbreitung des →MKS-Systems die technische Masseneinheit, die bislang auch nur selten benutzt wurde, indem die Masse in der Technik meist durch den Ausdruck Gewicht/Fallbeschleunigung ersetzt wird, jegliche Bedeutung verlieren.

2. Die *kernphysikalische Masseneinheit*, abgekürzt ME, ist definiert als die Masse eines hypothetischen Atoms vom Molekulargewicht 1 in der physikalischen →Atomgewichtsskala; $[(M)_{Ph.\,Sk.} \equiv 1{,}000\,000]$; seine Masse ergibt sich, in g ausgedrückt, über die →Loschmidtsche Zahl L (bezogen auf die physikalische Atomgewichtsskala): $1\ \mathrm{ME} \equiv 1/L_{Ph.\,Sk.}\ \mathrm{g} = 1{,}6597_1 \cdot 10^{-24}\ \mathrm{g} = 1/k_A$ →Dalton, wobei k_A der Umrechnungsfaktor $1{,}000\,279 \pm 0{,}000\,003$ (Smythe-Faktor) zwischen physikalischer und chemischer Atomgewichtsskala ist. In der Kernphysik wird auf Grund der Äquivalenz von Energie und Masse, z. B. als Maß für Massendefekte, oft der tausendste Teil der Masseneinheit, die Tausendstelmasseneinheit (TME), als energetisches Maß benutzt.

3. *Individuelle Masseneinheiten:* chemische →Mol, elektrochemische →Äquivalent.

Massenexzeß →Kernmasse.

Massengleichung. Die Massen der Reaktionspartner M_1 und M_2 und der Reaktionsprodukte M_3 und M_4 einer Kernumwandlung sind durch die Massengleichung $M_1 + M_2 = M_3 + M_4 + Q$ verknüpft. Dabei ist Q das positive oder negative →Massenäquivalent der bei der Reaktion frei gewordenen oder gebundenen Energie. Bei Benutzung der Energieeinheit 1 MeV oder 1 erg und der Masseneinheit 1 TME gelten für die Umrechnung die Äquivalenzen

$$1\ \mathrm{TME} \triangleq 0{,}9311\ \mathrm{MeV} \triangleq 1{,}4917 \cdot 10^{-6}\ \mathrm{erg},$$
$$1{,}0740\ \mathrm{TME} \triangleq 1\ \mathrm{MeV} \triangleq 1{,}6020 \cdot 10^{-6}\ \mathrm{erg}.$$

Massenkraft, eine der Masse eines Körpers proportionale Kraft $\mathfrak{K} = \mathfrak{F} m$, wobei $\mathfrak{F}$ ein — im allgemeinen variabler — der Kraft $\mathfrak{K}$ gleichgerichteter

Vektor, die Kraft je Masseneinheit ist. Handelt es sich um ein Kraftfeld, so ist $\mathfrak{F}$ die →Feldstärke desselben. Da aber gemäß der Newtonschen Gleichung auch $\mathfrak{K} = m\mathfrak{b}$ ist ($\mathfrak{b}$ Beschleunigung), so ist die Feldstärke identisch mit der Beschleunigung des Körpers, sofern er frei beweglich ist. Der Prototyp einer Massenkraft ist die Gravitation, bei der es sich um die *schwere* Masse handelt, ein anderes Beispiel sind die Trägheitskräfte, bei denen m die *träge* Masse ist. Der Begriff Massenkraft wird aber auch angewendet, wenn es sich nicht um die Masse, sondern um eine andere Körpereigenschaft, z. B. seine Ladung, handelt. Doch ist dann die Feldstärke nicht mit der Beschleunigung identisch.

Ist die Masse (bzw. eine andere Eigenschaft) über den Körper in überall gleicher Dichte verteilt (z. B. die Masse bei einem homogenen Körper), so ist sie, also auch die Massenkraft, dem Volumen des Körpers proportional. Man kann die Kraft dann auch auf das Volumen V beziehen, $\mathfrak{K} = \mathfrak{P}V$, so daß $\mathfrak{P}$ die Kraft je Volumeinheit ist, und man spricht dann von einer *Volumkraft*. Ist ϱ die Dichte des Körpers, so ist $\mathfrak{P} = \varrho\mathfrak{F}$.

Beispiel: Bei der Fliehkraft ist $\mathfrak{K} = mru^2 = \varrho V r u^2$ (r Krümmungsradius der Bahn, u Winkelgeschwindigkeit) und demnach $\mathfrak{F} = ru^2, \mathfrak{P} = \varrho r u^2$.

Der Begriff der Massen- und Volumkräfte ist wichtig in der Mechanik der deformierbaren Körper.

Massenmessung. Massen können (wegen der Gleichheit der trägen und der schweren Masse) grundsätzlich entweder aus ihrer Trägheit (Masse = Kraft/Beschleunigung) oder aus ihrem Gewicht (Masse = Gewicht/Fallbeschleunigung) ermittelt werden. Praktisch geschieht bei makroskopischen Körpern immer nur letzteres, und zwar durch →*Wägung*. Diese erfolgt bei genauen physikalischen Messungen stets mit einer gleicharmigen *Hebelwaage* (→Waage, gleicharmige) durch *unmittelbaren* Vergleich mit Massennormalen (→Massensätze), bei geringeren Genauigkeitsansprüchen auch durch *mittelbaren* Vergleich mittels →Federwaagen oder Hebelwaagen mit Skala (Typ der Briefwaage), die mit Massennormalen geeicht sind. Die Anzeige aller Hebelwaagen ist vom Ort (der örtlichen Schwerkraft) unabhängig. Dagegen gilt die Eichung einer Federwaage ganz genau nur dort, wo sie geeicht wurde, sofern die Eichung auf Massen (etwa in kg) bezogen ist, jedoch überall, wenn sie auf Gewichte (etwa in kp) bezogen ist. — Die Messung atomarer Massen erfolgt nach den Verfahren der →Massenspektroskopie durch Ablenkung in elektrischen und magnetischen Feldern, also auf Grund ihrer Trägheit.

Massenmittelpunkt →Schwerpunkt.

Massennormale sind Normale, durch die wissenschaftliche oder gesetzliche Masseneinheiten reproduziert und aufbewahrt werden. Von den verkörperten Massennormalen haben heute der Internationale →Kilogrammprototyp der Meterkonvention und das Imperial Standard Pound (→pound) praktische Bedeutung.

Massenpunkt. Die Beschreibung des Bewegungszustandes eines *Körpers*, also eines dreidimensionalen, ein endliches Raumgebiet ausfüllenden Gebildes, wäre vollständig, wenn die Bewegung *jedes* Teiles des Körpers angegeben werden kann. Diese oft sehr schwierige Aufgabe kann man sich in vielen Fällen erleichtern, indem man sich auf die Betrachtung der Bewegung eines *einzigen* Punktes des Körpers beschränkt, was etwa dann erlaubt ist, wenn alle anderen Teile des Körpers genau oder fast genau dieselbe Bewegung ausführen, oder wenn man die Abmessungen des fraglichen Körpers selbst gegenüber denjenigen des sonst in Frage kommenden Raumes vernachlässigen kann. Man behandelt in solchen Fällen also den (räumlich ausgedehnten) Körper als einen (dimensionslosen) Punkt, den man sich mit der Gesamtmasse des fraglichen Körpers behaftet zu denken hat.

Der Vorteil, den die Einführung dieses als (diskreter) Massenpunkt bezeichneten Begriffes mit sich bringt, ist der, daß man zur Angabe seiner jeweiligen Lage nur 3 Koordinaten benötigt. Als Massenpunkt kann etwa jeder frei fallende (nicht rotierende) Körper, die Erde auf ihrer Bahn um die Sonne, die Masse eines Fadenpendels (schwingender Massenpunkt) u. a. m. angesehen werden.

Stehen n Körper, die als Massenpunkte idealisiert werden dürfen, miteinander in Wechselwirkung, so bilden sie ein „System von n diskreten Massenpunkten". Als ein solches kann z. B. das Sonnensystem behandelt werden.

Die Wahl des Punktes, durch den man den betreffenden Körper als Massenpunkt idealisiert, hängt von den vorliegenden Bedingungen ab. In vielen, aber nicht in allen Fällen ist es der →Schwerpunkt des Körpers. →Trägheitsmittelpunkt.

Massensätze (fälschlich meist *Gewichtssätze* genannt), sind Sätze von sekundären *Massennormalen* zur Messung anderer Massen durch Wägung. Ihre Einteilung (Stückelung) wird so gewählt, daß mit einer möglichst kleinen Stückzahl (ohne Differenzbildung, s. u.) äquidistante Massenwerte verwirklicht werden können. Das geschieht fast stets so, daß man sie aus Dekaden aufbaut, innerhalb derer jeweils die gleichen Nennwerte auftreten. Massensätze für physikalische und chemische Zwecke beginnen meist mit 100 g und enden bei 0,01 g, solche für metronomische Zwecke bei 0,1 mg. Üblich sind Stückelungen mit den Nennwerten 5, 2, 2, 1 bzw. 5, 2, 1, 1, 1 oder 4, 3, 2, 1 bzw. 5, 4, 3, 2, 1. Letzterer ist vorteilhafter, weil man dabei oft mit einer kleineren Stückzahl auskommt.

Zur Kontrolle eines Massensatzes verwendet man ein Ausgleichsverfahren, das zunächst innerhalb jeder Dekade durchgeführt wird, indem man die Summe aller oder mehrerer Stücke an ein Stück der nächsthöheren Dekade und schließlich an ein mit einem Kilogrammprototyp verglichenes Normal anschließt und auf diese Weise die an den Wägungen anzubringenden →Verbesserungen (Korrekturen) ermittelt.

Zu einem Massensatz gehört auch der Reiter, der zur Ermittlung der Bruchteile von 1 mg dient, und von dem in der Regel nur ein Stück vom Betrage 0,01 g vorhanden ist. In manchen Fällen sind aber mehrere Reiter vorhanden, dann meist auf beiden Seiten der Waage. Da dann auch Differenzbildungen möglich sind, ist es zweckmäßig, sie nach den Nennwerten 1, 3, 9, 27 usw., also nach Potenzen von 3, zu stückeln, womit bei n Stücken alle Zahlenwerte bis $(3^{n+1} - 1)/2$ verwirklicht werden können. Bei Zulassung von Differenzbildung auch bei den größeren Stücken kommt man bei entsprechender Stückelung mit der geringsten Zahl derselben aus.

Scheel, K.: Prakt. Metronomie. Braunschweig 1911. — *Kohlrausch, F.:* Prakt. Physik I. Leipzig u. Berlin 1950.

Massenseparator, intensitätsstarker →Massenspektrograph zur →Isotopentrennung. →Isotron.

Massenskalen, atomphysikalische →Atomgewichtsskala.

Massenspektren →Massenspektroskopie, →Massenspektrum der Elementarteilchen.

Massenschwächungskoeffizient für Röntgenstrahlen →Schwächung der Röntgenstrahlen.

Massenspektren radioaktiver Stoffe. Durch die Entdeckung der Uranspaltung sind in den Uranbatterien (Pile) genügend große Mengen vieler radioaktiver Substanzen verfügbar geworden, um damit massenspektroskopische Untersuchungen durchführen zu können. Man erzeugt von den radioaktiven Substanzen normale Massenspektren (→Massenspektroskopie), die nach zwei verschiedenen Verfahren untersucht werden können. Bei dem einen wird die Photoplatte mit dem Massenspektrum über den Schlitz einer Bleiabschirmung hinweggeschoben, hinter dem sich ein Zählrohr befindet. Die radioaktiven Linien werden dann vom Zählrohr angezeigt. Beim anderen Verfahren wird die Photoplatte mit dem normalen Massenspektrum, bevor sie entwickelt wird, Schicht an Schicht mit einer anderen Photoplatte zusammengelegt, die besonders empfindlich für β-Strahlen ist. Die radioaktiven Linien bilden sich dann auf der zweiten Photoplatte ab. Durch den Vergleich mit der Lage der Linien des Spektrums der stabilen Isotope können die Massen der radioaktiven Isotope ermittelt werden. Wenn man mehrere Sekundärabzüge vom gleichen Massenspektrum hintereinander macht, kann man aus dem Verhältnis der Schwärzungen einer Linie auf den verschiedenen Sekundäraufnahmen einen Schluß auf die Halbwertszeit des radioaktiven Isotopes ziehen, von dem die Linie stammt.

Lewis, L. G., u. *J. R. Hayden:* Rev. Sci. Instr. **19**, 599 (1948). — *Ewald, H.*, u. *H. Hintenberger:* Methoden u. Anwendungen d. Massenspektroskopie. Weinheim 1951.

Massenspektrograph, -spektrometer →Massenspektroskopie.

Massenspektroskopie. In den Massenspektrographen werden Ionen verschiedener Massen, die in einem eng gebündelten Strahl mit annähernd gleichen kinetischen Energien von einem Spalt ausgehen, mit Hilfe von meist homogenen Magnetfeldern voneinander getrennt. Ionen verschiedener Massen, aber einheitlicher Energien beschreiben nämlich in homogenen Magnetfeldern Kreisbahnen, deren Radien proportional zu den Wurzeln aus ihren Massen sind. Infolge der fokussierenden Eigenschaften der Magnetfelder können auch Strahlen endlicher kleiner Winkeldivergenzen Verwendung finden. Für eine bestimmte Masse kommen die Kreisbahnen von gleichem Radius, die mit etwas unterschiedlicher Anfangsrichtung vom Spalt

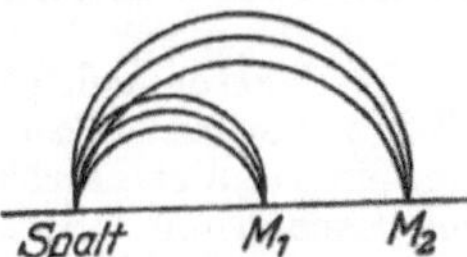

Abb. 1. 180°-Trennfeld.

ausgehen, nach 180° fast genau zur Überschneidung — zur *Fokussierung* —, falls die ganze Bahn im homogenen Felde verläuft (Abb. 1). Dies ist der einfachste Fall der *Richtungsfokussierung.* Für eine andere Masse liegt der Ort der Fokussierung entsprechend an einer anderen Stelle. Liegen Ionenquelle und Eintrittsspalt der Ionen außerhalb eines sektorförmig begrenzten homogenen Magnetfeldes, so wird ein vom Spalt A' ausgehendes Ionenbündel einheitlicher Masse und Energie in einem Punkt A'' fokussiert (Abb. 2). Für eine andere Masse erfolgt

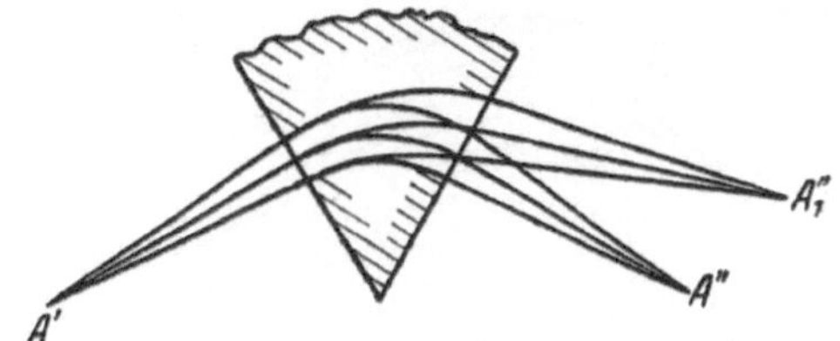

Abb. 2. Magnetisches Sektorfeld.

die Fokussierung an einer anderen Stelle. Die Fokussierungsorte für die verschiedensten Massen ergeben eine im allgemeinen gekrümmte Bildkurve, in der man das Nachweisgerät für die getrennten Ionen, die Photoplatte oder den Faraday-Käfig zur elektrometrischen Messung, anzubringen hat. Apparate mit photographischem Nachweis bezeichnet man im engeren Sinn als *Massenspektrographen,* während Apparate mit elektrometrischer Meßanordnung als *Massenspektrometer* bezeichnet werden.

Zur Kennzeichnung der *Trenneigenschaften* eines Massenspektrographen dient das durch die Beziehung $A = M/\Delta M$ definierte *Auflösungsvermögen.* Dabei ist ΔM der Unterschied zweier Massen M und $M + \Delta M$, von denen mit dem betreffenden Apparat zwei gerade noch getrennte Linien erhalten werden können. Bei einfachen richtungsfokussierenden Apparaten, die aus einer geeigneten Ionenquelle, Eintrittsspalt, magnetischem Sektorfeld und Nachweisgerät für die Ionen bestehen, ist A hauptsächlich durch die Spaltweite und die relative Energiestreuung der verwendeten Ionen begrenzt. Die Spaltweite läßt sich nun zur Erzielung eines hohen Auflösungsvermögens recht klein machen, wenn auch unter entsprechendem Intensitätsverlust; bezüglich der Energiestreuung der Ionen ist man aber an die verfügbaren Ionenquellen gebunden, deren Energiebreiten sich nicht wesentlich unter ein Promille herunterdrücken lassen. Dementsprechend ist das beste mit den einfachen Anordnungen erreichbare Auflösungsvermögen von der Größenordnung 1000. Damit lassen sich zwar Ionen verschiedener Massenzahlen sauber voneinander trennen; das genügt aber nicht zur Isolierung von Ionen gleicher Massenzahlen, die sich nur infolge unterschiedlicher Packungsanteile um größenordnungsmäßig hundertstel Masseneinheiten voneinander unterscheiden.

Ähnliche fokussierende Eigenschaften, wie sie beim magnetischen Sektorfeld vorliegen, findet man bei der Ablenkung von Ionenstrahlen im sektorförmig begrenzten elektrischen Radialfeld. Dieses besteht aus zwei konzentrischen Zylinderringausschnitten, zwischen denen durch Anlegung einer Ablenkspannung das Radialfeld erzeugt wird. Im Unterschied zum Magnetfeld, das als Impulsanalysator bzw. bei konstanter Energie der Teilchen als Massenanalysator wirkt, ist das elektrische Feld ein Energieanalysator. Ionen einer bestimmten Energie, die richtungsdivergent von einem Spaltpunkt A' ausgehen, werden wiederum in einem Bildpunkt A'' fokussiert, und zwar unabhängig von der Masse der Teilchen. Die Bildpunkte für Teilchen anderer Energien liegen entsprechend den Energieunterschieden mehr oder weniger seitlich von A'' (Abb. 3). Wenn man daher an der

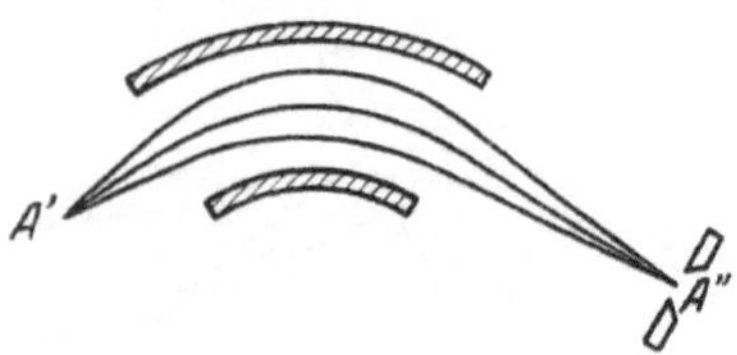

Abb. 3. Elektrisches Radialfeld.

Stelle von A'' eine enge Blende anbringt, lassen sich damit Ionen eines entsprechend engen Energiebereiches ausblenden. Dabei ist die Energie der durchgelassenen Teilchen innerhalb dieses engen Energieintervalles noch linear von der Lage ihres Durchtrittspunktes durch die Blende abhängig.

Eine gegenüber der besprochenen Richtungsfokussierung andersartige Fokussierung, die *Geschwindigkeitsfokussierung*, ergibt sich, wenn man ein Ionenbündel möglichst kleiner Winkeldivergenz (herstellbar durch zwei enge hintereinander stehende Spalte) nach Energiefilterung durch ein elektrisches Zylinderfeld mit nachfolgender Blende geeigneter Weite der Massenanalyse durch ein magnetisches Sektorfeld unterwirft (Abb. 4). Ionen

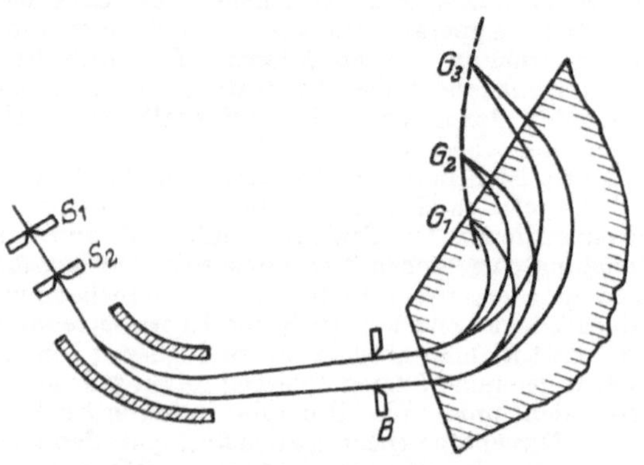

Abb. 4. Geschwindigkeitsfokussierung.

gleicher Masse, die je nach ihrem Durchtrittsort durch die Blende etwas verschiedene Geschwindigkeiten haben, werden nach der Ablenkung im Magnetfelde wieder in einen Punkt zusammengeführt. Für verschiedene Massen liegen diese Punkte wieder auf einer Kurve, der Geschwindigkeitsfokussierungskurve. Hier hat der Nachweis der getrennten Ionen zu erfolgen.

Denkt man sich bei der gleichen Feldkombination die Zwischenfeldblende so weit verengert, daß nur Teilchen praktisch gleicher Energie hindurchtreten, dafür aber den einen der Eintrittsspalte so weit geöffnet, daß Ionen einer nicht mehr vernachlässigbaren endlichen kleinen Winkeldivergenz zur Verwendung gelangen, so erhält man, von der engen Blende ausgehend, ein richtungsdivergentes, energiehomogenes Ionenbündel (Abb. 5). Dazu müssen sich Eintrittsspalt und Blende allerdings in geeigneten Abständen von den Enden des Zylinderkondensators befinden, derart, daß der Spalt für die betreffende Energie in die Blendenöffnung abgebildet wird. Das die Blende durchsetzende divergente Bündel wird dann in derselben Weise mittels des Magnetfeldes analysiert, wie schon bei der Richtungsfokussierung durch das magnetische Sektorfeld besprochen. Die Richtungsfokussierungskurve, auf der die verschiedenen Massen jetzt am besten getrennt werden, fällt im allgemeinen keineswegs mit der vorerwähnten Geschwindigkeitsfokussierungskurve zusammen.

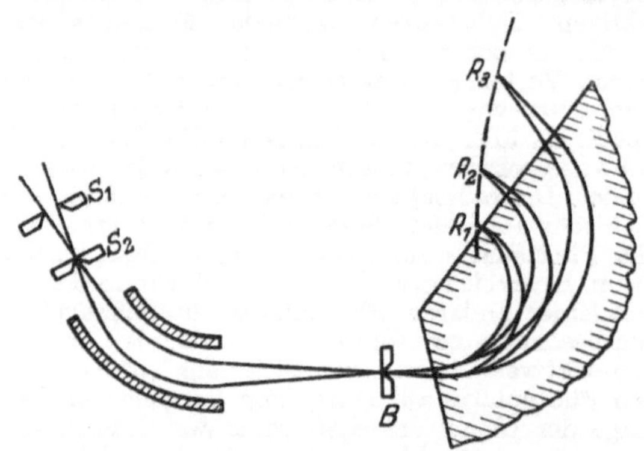

Abb. 5. Richtungsfokussierung.

Durch günstige Dimensionierung und Anordnung der beiden Felder kann jedoch erreicht werden, daß sich beide Kurven mehr oder weniger flach überschneiden oder in Sonderfällen sogar in einem größeren Bereich zusammenfallen. Man erhält dann Doppelfokussierung für eine bestimmte Stelle bzw. für einen größeren Bereich der Massenskala. Es kann dann mit Strahlen sowohl einer endlichen kleinen Winkeldivergenz (Größenordnung 1°) als auch eines endlichen kleinen Energiebereichs (relative Energiebreite der Größenordnung ein Promille), also mit etwas geöffneter Zwischenfeldblende gearbeitet werden. Das ist zur Erzielung genügender Intensitäten der getrennten Ionenströme von großer Bedeutung. Das Auflösungsvermögen der doppelfokussierenden Apparate ist in erster Näherung unabhängig von der durch die Blende hindurchgelassenen Energiebreite und nur von der Weite des Eintrittsspaltes und von geometrischen Daten des elektrischen Feldes bestimmt. Bei Verwendung sehr enger Spalte (einige Tausendstel Millimeter) haben sich daher mit doppelfokussierenden Apparaten Auflösungsvermögen der Größe 30000 erreichen lassen, die sich bei weiterer Entwicklung sicherlich über 10^5 steigern lassen.

Der Vorläufer der Massenspektrographen ist der 1911 von *J. J. Thomson* erbaute *Parabelspektrograph*, bei dem Ionen einer Kanalstrahlröhre nach Durchlaufen eines elektrischen und überlagerten, gleichgerichteten magnetischen Feldes als ein System von Parabeln auf einer Photoplatte aufgefangen werden. Dabei entsprechen die verschiedenen Parabeln den Ionen verschiedener Masse, während die Intensitätsverteilung längs einer Parabel die von der Ionenquelle gelieferte Energieverteilung der betreffenden Ionensorte widerspiegelt.

Der erste richtungsfokussierende Massenspektrograph wurde 1918 von *Dempster* erbaut, der erste geschwindigkeitsfokussierende Apparat 1919 von *Aston* vollendet. In ihm haben wir die direkte Vorstufe zu den modernen doppelfokussierenden Geräten. *Aston* erbaute 1925 und 1936 zwei weitere, verbesserte Apparate dieser Art. Doppelfokussierende Apparate wurden um das Jahr 1934 an drei voneinander unabhängigen Stellen in Angriff genommen. In Amerika erbauten *Bainbridge* wie auch *Dempster* Anordnungen, die Doppelfokussierung jeweils an einer Stelle der Massenskala lieferten. In Wien schufen *Mattauch* und *Herzog* einen Apparat, der Doppelfokussierung für einen großen Teil der Massenskala, beispielsweise im Bereich der Massenzahlen 10 bis 100, auf einer 25 cm langen Platte liefert.

Die Energiefokussierung im elektrischen Radialfeld wurde 1929 von *Hughes* und *Rojansky* theoretisch behandelt, die einfachsten Abbildungseigenschaften des magnetischen Sektorfeldes 1934 von *Stephens* gegeben. Eine umfassende ionenoptische Theorie der elektrischen und magnetischen Ablenkfelder (Zylinderlinsen) wurde zugleich mit der Theorie der doppelfokussierenden Apparate 1934 und 1938 von *Herzog, Mattauch* und *Herzog*, sowie *Herzog* und *Hauk* geliefert. Schon 1929 hatten aber *Bartky* und *Dempster* einen Spezialfall der Doppelfokussierung diskutiert.

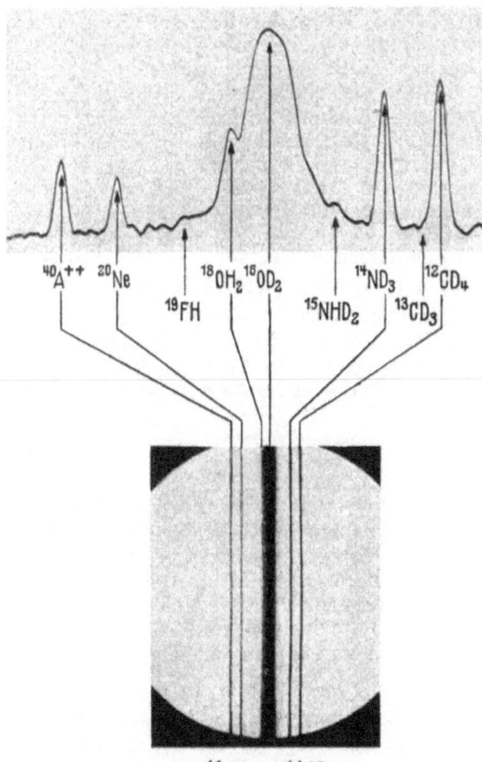

Abb. 6. Multiplett bei der Massenzahl 20. [*Mattauch, J.:* Phys. Z. **39**, 892 (1939).]

Von den Ergebnissen und Aufgaben der Massenspektrographie werde hier einiges erwähnt. Sie erbrachte die Feststellung der annähernd ganzzahligen →Massenwerte und damit im gewissen Maße die Bestätigung der →Proutschen Hypothese. *Aston* lieferte in Weiterführung von Untersuchungen *J. J. Thomsons* am Neon den Nachweis, daß stabile Elemente aus mehreren Isotopen annähernd ganzzahliger Masse zusammengesetzt sind. In vielen Untersuchungen wurde darauf die im allgemeinen konstante Isotopenzusammensetzung aller möglichen Elemente untersucht. Die genaue Messung der Isotopengewichte mit den doppelfokussierenden Apparaten geschieht nach der →Dublettmethode (Abb. 6, 7). Die relative Genauigkeit

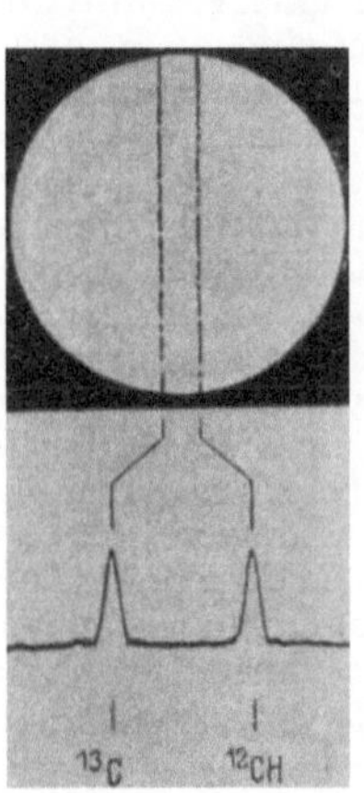

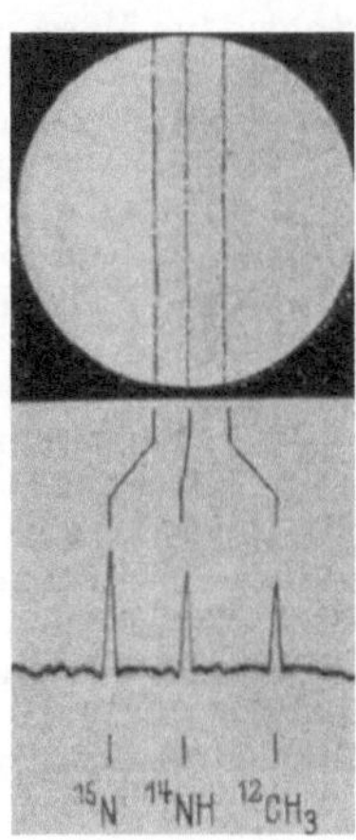

Abb. 7a u. b. Dublett und Triplett bei den Massenzahlen 13 bzw. 15. [*Ewald, H.:* Z. Naturf. **1**, 131 (1946).]

dieser Messungen ist etwa 10^{-5}. Die Bestimmungen der relativen Isotopenhäufigkeiten (Abb. 8) und der Isotopenmassen geben zusammen eine Methode zur Bestimmung der mittleren Atomgewichte der Elemente, die der chemischen →Atomgewichtsbestimmung gleichwertig ist und wohl mehr und mehr an ihre Stelle treten wird. Massenspektro-

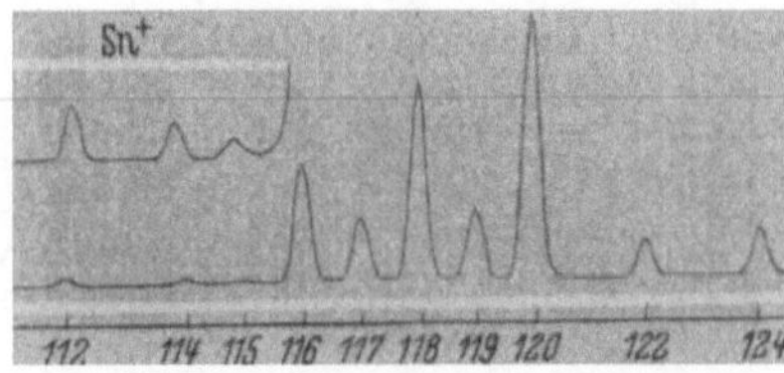

Abb. 8. Massenspektrometrische Registrierkurve der Zinn-Isotope. [*Hintenberger, H., J. Mattauch,* u. *W. Seelmann-Eggebert:* Z. Naturf. **3a**, 413 (1948).]

metrische Untersuchungen an radioaktiven Substanzen oder an inaktiven Kernreaktionsprodukten ergeben vielfach eine Massenzuordnung der beobachteten Aktivitäten. Hier sind auch die Methoden der →geologischen Altersbestimmung nach der Uran-Blei-Methode, der Helium-Methode oder auch der Strontium-Methode zu nennen, bei denen Massenspektrographen unentbehrliche Hilfsmittel sind. Auch zur Untersuchung der Ionenbildung in Gasen und Dämpfen und im Zusammenhang damit für Fragen der molekularen Bindung ist die Massenspektrometrie von Bedeutung. Sie liefert Angaben über Ionisierungs- und Dissoziationsenergien u. a. m. Ein leistungsfähiges massenspektrometrisches Verfahren zur schnellen Durchführung von quantitativen Analysen an organischen Gasen und Dämpfen ist ein jüngstes Ergebnis dieses Arbeitsbereiches.

Aston, F. W.: Mass spectra and isotopes. London 1948. — *Mattauch, J.:* Erg. d. exakt. Naturw. XIX, 170 (1940). — *Ewald, H.,* u. *H. Hintenberger:* Methoden u. Anwendungen d. Massenspektroskopie. Weinheim 1951. — Der Massenspektrograph u. seine Anwendungen. Phys. Bl. **4**, 506 (1948).

Massenspektrum der Elementarteilchen. Dieser Begriff entspringt der Vorstellung, daß der innere Zusammenhang zwischen den →Elementarteilchen auf ein übergeordnetes Gesetz hinweist, welches die Eigenschaften aller Elementarteilchen, speziell ihre verschiedene Masse, zu berechnen erlaubt. Die verschiedenen Elementarteilchen sind nach dieser Auffassung verschiedene Quantenzustände eines einzigen Fundamentalgebildes, des →*Apeiron* (*Born*). Die Ruhmassen der verschiedenen Elementarteilchen geben die Energieterme des ruhenden Apeirons an. Der Begriff Massenspektrum der Elementarteilchen wird also ganz analog zu dem der Termspektren in der Atomphysik gebraucht.

Eine a priori-Berechnung der Massen der Elementarteilchen ist gegenwärtig noch nicht möglich. Doch erscheint der Zusammenhang zwischen der Struktur des Apeirons und dem Massenspektrum gesichert. Grundsätzlich kann man zu jedem beobachteten Massenspektrum phänomenologisch eine passende Struktur des Apeirons bestimmen, aus der die Terme des Spektrums folgen.

Bopp, F.: Z. Phys. **125**, 615 (1949).

Massenstrahler (*Glagelowa-Arkadiewa*), ein Vielfachoszillator zur Erzeugung kürzester elektrischer Wellen ($\lambda \approx 0{,}1$ mm). Von einer Mischung aus Öl- und Metallfeilspänen wird ständig etwas zwischen die Elektroden einer Funkenstrecke gebracht, wodurch die Späne als Oszillatoren sehr kleiner Abmessungen zu elektrischen Schwingungen sehr kleiner Wellenlängen angeregt werden.

Z. Phys. **24**, 153 (1924); **55**, 234 (1929). — *Hollmann, H. E.:* Physik u. Technik d. Ultrakurzwellen. Berlin 1936.

Massenstreukoeffizient für Röntgenstrahlen. →Schwächung der Röntgenstrahlen.

Massensuszeptibilität, der Quotient aus dem magnetischen Moment der Masseneinheit und der im Vakuum bei der gleichen magnetischen Feldstärke herrschenden Induktion. Man erhält sie aus der gewöhnlichen Suszeptibilität durch Division mit der Dichte. Sie ist bei Gasen von der Dichte unabhängig, bei manchen Substanzen sogar vom Aggregatzustand. →Suszeptibilität, →Permeabilität.

Massenwert, Massenzahl. Der *Massenwert* (auch *Isotopengewicht*) einer Atomart ist ihre Masse in Einheiten der kernphysikalischen Massenskala (→Masseneinheiten, →Atomgewichtsskala). Massenwerte können mit hochauflösenden doppeltfokussierenden Massenspektrographen (→Massenspektroskopie) mit einer relativen Genauigkeit von $\approx \pm 10^{-5}$ gemessen werden. Ihre (wahren) Abweichungen von der Ganzzahligkeit sind nur von der Größenordnung von 0,01 Masseneinheiten.

Der auf die benachbarte ganze Zahl abgerundete Betrag des Massenwertes heißt die *Massenzahl* der Atomart und ist identisch mit der Zahl der →Nukleonen (Protonen + Neutronen) im Kern, da deren Massenwerte sich von 1 nur äußerst wenig unterscheiden und sie daher die Massenzahl 1 haben.

Der Massenwert einer Atomart ist stets kleiner als die Summe der Massenwerte ihrer Bausteine (Nukleonen + Hüllenelektronen) und unterscheidet sich von ihr um das →Massenäquivalent der bei der Bildung des Atoms aus seinen elementaren Bausteinen frei werdenden Energie (→Massendefekt, →Packungsanteil). Daher liefern Präzisionsmessungen der Massenwerte wichtige Aufschlüsse über die Bindungsenergien und den Aufbau der Atomkerne.

Massenwirkungsgesetz. Eine homogene chemische Reaktion verläuft theoretisch niemals vollständig, sondern erreicht ihr Ende, wenn ein bestimmtes Mengenverhältnis der reagierenden Stoffmengen erreicht ist, das den stabilsten Zustand oder Gleichgewichtszustand des chemischen Systems unter den gegebenen Umständen (anfängliche Mischung der Reaktionsteilnehmer, Temperatur, Druck oder spezifisches Volumen) darstellt. Die Abhängigkeit der Lage des Gleichgewichts von diesen Faktoren ist qualitativ im →Le Chatelierschen Gesetz ausgesprochen und folgt quantitativ in einfacher Weise aus dem 1. und 2. →Hauptsatz der Thermodynamik, solange die Reaktionsteilnehmer die Zustandsgleichung der →idealen Gase

$$p v = n R T \tag{1}$$

(p Druck, v Volumen, n Molzahl, R Gaskonstante, T abs. Temperatur) befolgen und solange infolgedessen der Gesamtdruck des Gemisches gleich der Summe der Partialdrucke ist, die die einzelnen Komponenten für sich allein ausüben würden. Diese Bedingungen sind mit genügender Genauigkeit bei gewöhnlicher und erst recht bei höherer Temperatur meist bis zu Drucken von vielen Atmosphären erfüllt. Soweit verdünnte Lösungen derselben Gleichung gehorchen, lassen sich die Gleichgewichte in ihnen in sehr ähnlicher Weise behandeln.

Bei konstanter Temperatur wird die Gleichgewichtslage einer homogenen Gasreaktion (und einer Reaktion in verdünnter Lösung), die nach der stöchiometrischen Formel

$$n_1 A_1 + n_2 A_2 \cdots \rightleftarrows n_1' A_1' + n_2' A_2' + \cdots \tag{2}$$

(die n-Größen sind Anzahl Mole, die A-Größen bedeuten Stoffe) verläuft und von beliebigen Mengen der Komponenten ausgeht, durch das *Massenwirkungsgesetz* (MWG) oder die *Gleichung der Reaktionsisotherme*

$$\frac{(c_1)^{n_1} (c_2)^{n_2} \cdots}{(c_1')^{n_1'} (c_2')^{n_2'} \cdots} = K_c \tag{3a}$$

geregelt, die zuerst im Jahre 1867 von *Guldberg* und *Waage* aufgestellt wurde. K_c ist die *Gleichgewichts-* oder *Massenwirkungskonstante,* die nur mit der Temperatur veränderlich ist. c_1 (und entsprechend die übrigen c- und c'-Größen) ist die Konzentration von A_1 im Gleichgewichtszustand, also ist

$$c_1 = \frac{m_1}{v}, \tag{3b}$$

wo m_1 die Molzahl von A_1 im Gleichgewicht und v die Größe des allen Komponenten gemeinsamen Reaktionsraumes bedeutet. Beispiel: Für die Reaktion des Kontaktverfahrens zur Schwefelsäuregewinnung, $2\,SO_2 + O_2 = 2\,SO_3$, liefert das MWG $\frac{(c_{SO_2})^2 (c_{O_2})}{(c_{SO_3})^2} = K_c$. Danach kann man eine möglichst vollständige Umsetzung von SO_2 in SO_3 im Gleichgewicht erzielen, indem man c_{O_2} recht groß macht, also einen hohen Überschuß von Sauerstoff anwendet.

Gl. (3a) kann man wegen (3b) auch schreiben

$$\frac{(m_1)^{n_1}(m_2)^{n_2}\cdots}{(m'_1)^{n'_1}(m'_2)^{n'_2}\cdots} = K_c \cdot v^{(n_1+n_2\cdots-n'_1-n'_2\cdots)}. \quad (3\,c)$$

Das Gleichgewicht hängt also im allgemeinen von dem einer gegebenen Reaktionsmasse zur Verfügung stehenden Volumen bzw. dem dadurch nach Gl. (1) bestimmten Druck ab: das Gleichgewicht wird bei Volumenvergrößerung (Druckverminderung) nach der Seite von Gl. (2) verschoben, die die größere Molekülzahl aufweist. Im Beispiel des Kontaktverfahrens gilt z. B.

$$\frac{(m_{SO_2})^2\,(m_{O_2})}{(m_{SO_3})^2} = K_c \cdot v^{(2+1-2)} = K_c\, v.$$

Die Schwefelsäureausbeute wird also durch Druckerhöhung verbessert. Wird die Molekülzahl durch die Reaktion nicht geändert, so ist die Lage des Gleichgewichts von Volumen und Druck unabhängig.

Da bei Gasreaktionen meist nicht das Volumen, sondern der Druck unmittelbar gegeben und während der Reaktion konstant ist, pflegt man mittels Gl. (1) die Partialdrucke p_1, p_2 in Gl. (3a) einzuführen. Das MWG nimmt dann die Gestalt an

$$\frac{(p_1)^{n_1}(p_2)^{n_2}\cdots}{(p'_1)^{n'_1}(p'_2)^{n'_2}\cdots} = K_c \cdot (RT)^{(n_1+n_2\cdots-n'_1-n'_2\cdots)} = K_p, \quad (4\,a)$$

wo K_p ebenso wie K_c eine rein temperaturabhängige Gleichgewichtskonstante ist. Bleibt bei einer Reaktion die Molekülzahl unverändert, so wird $K_p = K_c = K$. Da die Partialdrucke mit dem Gesamtdruck P durch die Gleichungen

$$p_1 = \frac{P m_1}{m_1 + m_2 \cdots + m'_1 + m'_2 + \cdots} \text{ usw.} \quad (4\,b)$$

verbunden sind, läßt sich Gl. (4a) in die Form

$$\frac{(m_1)^{n_1}(m_2)^{n_2}\cdots}{(m'_1)^{n_1}(m'_2)^{n'_2}\cdots} \quad (4\,c)$$

$$= K_p \left(\frac{(m_1+m_2\cdots+m'_1+m'_2\cdots)}{P}\right)^{(n_1+n_2\cdots-n'_1-n'_2\cdots)}$$

bringen, die explizit die Abhängigkeit der Gleichgewichtslage vom Gesamtdruck zeigt. Insbesondere ist das Gleichgewicht unabhängig vom Gesamtdruck, wenn sich bei der Umsetzung die Molzahl nicht ändert.

Jedes Lehrb. d. Physikal. Chemie, z. B. *A. Eucken:* Grundriß d. Physikal. Chemie. Leipzig 1948.

Massenwirkungskonstante →Massenwirkungsgesetz.

Massenzahl →Massenwert.

Maßstäbe →Längenmessung.

Maßstabstreue Abbildung →konforme Abbildung.

Maßsysteme →Einheitensysteme, →die folgenden Artikel.

Maßsysteme, kohärente, Bezeichnung für aufeinander abgestimmte Maßsysteme; Beispiel: mechanisches →MKS-System und Giorgisches MKS-Ω_{abs}-Maßsystem oder absolutes elektrisches (m s-$V_{abs}A_{abs}$)-Maßsystem (→Einheitensysteme, elektrische; Abschn. II, 2a u. b).

Maßsysteme, mechanische. Alle mechanischen Maßsysteme sind auf das mechanische →Größengleichungssystem abgestimmt, d. h. sie bauen sich entsprechend der in der Mechanik üblichen Größengleichungsschreibweise mit 3 Grundgrößen aus 3 Grundeinheiten auf. Man unterscheidet grundsätzlich *physikalische* und *technische Maßsysteme der Mechanik*: Die physikalischen leiten sich aus Grundeinheiten für Länge, *Masse* und Zeit, die technischen aus solchen für Länge, *Kraft* und Zeit ab. Weiter ist nach *internationalen* und *nationalen Maßsystemen der Mechanik* zu unterscheiden: Die internationalen benutzen Grundeinheiten, die durch die →Meterkonvention international verbindlich festgelegt und vereinbart wurden, die nationalen haben sich durch Gewohnheit oder Gesetz in den einzelnen Staaten herausgebildet.

1. *Physikalische Maßsysteme der Mechanik.*

a) *Internationale Maßsysteme.* Die Grundeinheiten der Meterkonvention sind das →Meter, das →Kilogramm und die von der Astronomie festgelegte mittlere →Sonnensekunde. Das zugehörige Maßsystem heißt daher →*MKS-System* und scheint sich neuerdings auf Grund allgemeiner Zustimmung und Vereinbarung der internationalen Fachorganisationen in Wissenschaft und Technik durchzusetzen. Als besondere Namen für MKS-Einheiten einiger Größen wurden bislang festgelegt:

Kraft: Newton = N = m kg s^{-2}
(früher auch Großdyn = Dyn genannt)
Energie: Joule = J = m^2 kg s^{-2}
(früher auch Großerg = Erg genannt)
Leistung: Watt = W = m^2 kg s^{-3}.

In der Physik wird weitgehend noch das →*CGS-System* mit den Grundeinheiten cm, g und s benutzt. Als besondere Namen für CGS-Einheiten sind eingebürgert:

Kraft: dyn = cm g s^{-2}
Energie: erg = cm^2 g s^{-2}
Beschleunigung:
Galilei = Gal = cm s^{-2}
Kinematische Zähigkeit:
Poise = P = cm^{-1} g s^{-1}
Fluidität: rhe = cm g^{-1} s
Dynamische Zähigkeit:
Stokes = St = cm^2 s^{-1}.

In Frankreich wurde 1919 das →*MTS-System* mit den Grundeinheiten m, t und s gesetzlich eingeführt.

b) *Nationale Maßsysteme.* Wesentliche Bedeutung haben heute neben den internationalen metrischen nur noch die angelsächsischen Systeme mit den Grundeinheiten →yard, →pound und second (*yard-pound-second-System*). Während in Großbritannien yd und lb durch eigene Prototype, das Imperial Standard Yard (→yard) und das Imperial Standard Pound (→pound), definiert und aufbewahrt werden, sind in den USA yd und lb durch in der Mendenhall Order vom Jahre 1893 zahlenmäßig niedergelegte Verknüpfungsrelationen an den →Meter- und →Kilogrammprototyp der Meterkonvention angeschlossen:

$$1 \text{ yd (USA)} = \frac{3600}{3937{,}0000} \text{ m} = 0{,}91440183 \text{ m}$$

(Cong. Metric Act of July 26, 1866)

1 lb (USA) = 0,4535924277 kg

(Vergleichsergebnis zwischen Imperial Standard Pound und Kilogrammprototyp aus dem Jahre 1883).

Ein weiteres im Britischen Empire übliches physikalisches Maßsystem ist das *foot-slug-second-*

System. Dabei ist die Masseneinheit →slug definiert als die Masse eines Gewichtsstückes, welches bei einer Fallbeschleunigung von 32,2 ft s^{-2} (→Normfallbeschleunigung) eine Kraft von 1 Lb (→Absatz 2b) auf seine Unterlage ausübt:

1 slug = 32,2 imper. lb = 14,6057 kg.

2. *Technische Maßsysteme der Mechanik.*

a) *Internationale Maßsysteme.* Zur Festlegung einer Gewichts- oder Krafteinheit wurde von den Organen der →Meterkonvention der Wert $g_n = 9{,}80665$ m s^{-2} als Normalwert der Fallbeschleunigung (→Normfallbeschleunigung) festgesetzt. Für die Krafteinheit g_n kg sind leider in Physik und Technik und in verschiedenen Ländern sehr unterschiedliche Namen vorgeschlagen worden (→Kilopond) oder in Benutzung: Kilogramm-Kraft (kg*), Kilogramm-Gewicht (kg_p), poinsot, fortin usw. In Deutschland, Österreich und Schweden ist derzeit die 1939 von der Physikalisch-Technischen Reichsanstalt eingeführte Bezeichnung Kilopond (kp) üblich. Dementsprechend ist das zugehörige technische Maßsystem der Mechanik *m-kp-s-System* zu nennen. Die grundsätzliche Verknüpfungsrelation zum MKS-System lautet

1 kp = 9,80665 N.

Neben dem m-kp-s-System ist auch das dem CGS-System entsprechende *cm-p-s-System* in Gebrauch.

b) *Nationale Maßsysteme.* In den englisch sprechenden Ländern werden Einheiten benutzt, die sich aus einem *yard-pound weight-second-System* ableiten. Nach einem neuen Vorschlag des National Physical Laboratory soll das →pound weight $= g_n$ lb zum Unterschied vom pound (lb) als „Lb" abgekürzt werden.

Stille, U.: Landolt-Börnstein I/9, Abschn. 114, Berlin-Göttingen-Heidelberg 1950.

Maßsysteme, physikalische, →Maßsysteme, mechanische.

Maßzahl →Zahlenwert.

Masurium, Ma, ältere Bezeichnung für das →Technicum.

Materialisation →Paarbildung.

Materialkonstanten oder *Stoffkonstanten* dienen zur Kennzeichnung der physikalischen Eigenschaften der Stoffe, wie z. B. die Dichte, die elastischen Konstanten, die spezifische Wärme, die elektrische Leitfähigkeit, die magnetische Permeabilität, die Brechungszahl usw. Tabellen am vollständigsten in *Landolt-Börnstein:* Zahlenwerte und Funktionen aus Physik, Chemie, Astronomie, Geophysik, Technik. 6. Aufl. Berlin 1950/51; ferner u. a. *F. Kohlrausch:* Prakt. Physik II. Berlin u. Leipzig 1950. *J. d'Ans, E. Lax:* Taschenb. für Chemiker u. Physiker. Berlin 1949.

Materialprüfung →Werkstoffprüfung.

Materie, Sammelbezeichnung für alle Stoffe, im Gegensatz zur Energie und zum Vakuum. Ferner →interstellare Materie. — *Materieerzeugung, -vernichtung* →Paarbildung, →Zerstrahlung.

Materiewellen. Um die Ortswahrscheinlichkeit von materiellen Teilchen, z. B. Elektronen, in der Quantenmechanik zu berechnen, bedient man sich am besten der →Ortsdarstellung. In dieser Ortsdarstellung wird der →Zustand eines Systems beschrieben durch eine komplexwertige Funktion der Orte aller im System befindlichen Teilchen, für *ein* Teilchen also speziell durch eine Funktion seiner drei Ortskoordinaten. Diese →Schrödinger-Funktion erscheint dann als eine Feldfunktion im Ortsraum, hat aber doch keine unmittelbare physikalische Bedeutung, denn erst das Absolutquadrat dieser Funktion gibt die Wahrscheinlichkeitsdichte im Ortsraum an. Die Schrödinger-Funktion genügt der Schrödinger-Gleichung und hat somit als Lösung dieser den Charakter einer Wellenausbreitung. Diese symbolischen Wellen beschreiben also das Wahrscheinlichkeitsverhalten der Teilchen im Ortsraum. Man nennt diese Wellen Materiewellen. Sie wurden zuerst von *de Broglie* vermutet. Auch die Beziehung zwischen der Wellenlänge dieser Wellen und dem zugehörigen Impuls der Teilchen, nämlich $p = h/\lambda$, wurde von ihm richtig auf Grund relativistischer Invarianzeigenschaften angegeben. Die symbolischen Materiewellen ergeben beim Auftreffen auf ein Hindernis nach Art eines Raumgitters (Kristalls) genau entsprechende Beugungs- und Interferenzerscheinungen wie die Röntgenstrahlen (→Beugung von Materiewellen). Teilchen werden also von einem Kristall nur in die Richtungen gestreut, in denen die Interferenzmaxima liegen.

Mathiessensche Regel, Näherungsregel für die Temperaturabhängigkeit des elektrischen Widerstandes unreiner Metallproben. Danach setzt dieser sich additiv zusammen aus einem →Idealwiderstand R_{id} des reinen Metalls und dem temperaturunabhängigen →Restwiderstand R_{Rest}, der auf die Verunreinigungen und sonstigen Gitterstörungen zurückzuführen ist. Es ist also $R = R_{\mathrm{id}} + R_{\mathrm{Rest}}$. Die Mathiessensche Regel bildet die Grundlage zur Bestimmung des Idealwiderstandes aus Meßwerten des elektrischen Widerstandes an Proben von möglichst großer Idealität und Reinheit. Die Reduktion ist mit einer gewissen Unsicherheit behaftet, da die Regel nicht streng gültig ist.

Mathieusche Differentialgleichung →rheolineares System im *Nachtrag.*

m^3 atm (m^3 at), Symbol für das Energiemaß physikalische (technische) →Kubikmeteratmosphäre.

Matrix, ein rechteckiges Schema

$$\begin{pmatrix} a_{11} & a_{12} & \dots & a_{1n} \\ a_{21} & a_{22} & & a_{2n} \\ \vdots & \vdots & & \vdots \\ a_{m1} & a_{m2} & & a_{mn} \end{pmatrix}$$

von Zahlen. →Matrizenrechnung, →bilineare Form.

Matrixdarstellung. Ist in einem Vektorraum (→Hilbert-Raum) ein linearer Operator A gegeben und φ_i eine Basis des Vektorraumes, so ist $A\varphi_k = \sum_i \varphi_i a_{ik}$. Auf diese Weise ist der Operator A durch eine Matrix a_{ik} dargestellt. Für die Bedeutung der Matrixdarstellung →Darstellung (von Hilbert-Räumen), →Transformationstheorie.

Matrizenmechanik = →Quantenmechanik, da diese in manchen →Darstellungen die Observablen durch Matrizen charakterisiert und sie zuerst in dieser Form von *Heisenberg* entdeckt wurde.

Matrizenrechnung. Das Rechnen mit Matrizen

$$A = \begin{pmatrix} a_{11} & a_{12} & \dots & a_{1n} \\ a_{21} & a_{22} & \dots & a_{2n} \\ \vdots & & & \vdots \\ a_{m1} & a_{m2} & \dots & a_{mn} \end{pmatrix} = (a_{ik})$$

geschieht nach folgenden Regeln: Mit einer Zahl α ist $\alpha A = (\alpha a_{ik})$; wenn A und B gleich viele Spalten und Zeilen haben, so ist $A + B = (a_{ik} + b_{ik})$; wenn die Zahl der Spalten von A gleich der Zahl der Zeilen von B, so ist $AB = \left(\sum_l a_{il} b_{lk}\right)$. Im allgemeinen gilt *nicht* $AB = BA$. Die Matrizenrechnung in der Quantenmechanik ist eine besondere →Darstellung der →Operatorenrechnung.

Zurmühl, R.: Matrizen. Berlin 1950.

Mattauchscher Massenspektrograph, ein doppelfokussierender Massenspektrograph, der als einziger gleichzeitige Doppelfokussierung für einen großen Bereich der Massenskala längs einer 25 cm langen, ebenen Photoplatte liefert (→Massenspektroskopie).

Mattauchsche Regel →Isobarenregel.

Mattgläser →Mattscheiben, →Zerstreuungsgläser.

Mattscheiben dienen zum Auffangen und Betrachten reeller Bilder in der Durchsicht, besonders zum Einstellen photographischer Geräte. Ihre Herstellung erfolgt durch Schleifen, Ätzen oder Bearbeiten mit Sandstrahlgebläsen, wobei aus der Oberfläche der Glasscheibe kleinste Glasteilchen unregelmäßig herausgebrochen werden. Die so entstandenen Unebenheiten bewirken eine Lichtstreuung. Die Aussprünge in der Glasoberfläche werden als Korn der Mattscheibe bezeichnet. Beim genauen Einstellen photographischer Geräte ist dieses Korn störend. Man kann die Einstellung wesentlich verbessern, wenn man die Mattscheibe schnell in ihrer Ebene bewegt oder schwingen läßt, wodurch die Körnung unsichtbar wird. Oft ist auch ein Teil der Mattscheibe frei gelassen, und man stellt mit Hilfe einer Lupe auf das reelle Luftbild ein, das gegenüber einer auf der klaren Scheibe angebrachten Marke keine →Parallaxe zeigen darf.

Mattscheibenebene →Einstellebene, →Strahlenbegrenzung.

Mauguin-Herrmann-Symbole →Raumgitter.

Maupertuis-Prinzip →Euler-Maupertuis-Prinzip.

Mavometer, Firmenbezeichnung eines empfindlichen →Vielfachmeßgeräts mit Drehspulmeßwerk in Kleinausführung.

Maximal brauchbare Frequenz (MUF = maximal usable frequency), die höchste Frequenz, die für eine bestimmte Entfernung Sender—Empfänger gerade noch an der Ionosphäre reflektiert wird. Höhere Frequenzen durchdringen die Ionosphäre und ergeben keine Übertragung mehr. Sie ist daher die obere Grenze des zur Übertragung brauchbaren Bereiches. Sie kann aus Senkrechtlotungen mit Hilfe des Satzes abgeleitet werden, daß eine Frequenz f, die unter dem Winkel φ auf die reflektierende Schicht fällt, sich genau so verhält wie eine Frequenz $f_0/\cos\varphi$, die senkrecht auf die Schicht trifft. Ist f_0' die →Grenzfrequenz für senkrechten Einfall, so ist $f' = f_0'/\cos\varphi$ die maximal brauchbare Frequenz für den Einfallswinkel φ. Der Winkel φ hängt jedoch nicht nur von der Entfernung Sender—Empfänger, sondern auch von der Höhe des Reflexionspunktes ab, die ihrerseits wieder frequenzabhängig ist. Daher wird meist ein graphisches Verfahren angewandt. Hierbei wird die Kurve, welche die scheinbare Höhe als Funktion der Frequenz wiedergibt (→Frequenzdurchlauf), mit einer zweiten Kurve zum Schnitt gebracht, welche den Wert von $1/\cos\varphi$ abhängig von der Reflexionshöhe für eine bestimmte Entfernung D wiedergibt („Übertragungskurve") (Abb.). Man erhält damit zusammengehörige Wertepaare von f_0 und $1/\cos\varphi$. Den Maximalwert des Produkts $f_0/\cos\varphi$ und damit die maximal brauchbare Frequenz erhält man, wenn die Übertragungskurve gerade die Frequenzdurchlaufkurve berührt. In einem gewissen Bereich unterhalb der maximal brauchbaren Frequenz schneiden sich die beiden Kurven an zwei Stellen; das entspricht zwei möglichen Übertragungswegen mit verschiedenen scheinbaren Höhen und verschiedenen Einfallswinkeln. Beide vereinigen sich bei der maximal brauchbaren Frequenz zu *einem* Weg. Man nennt

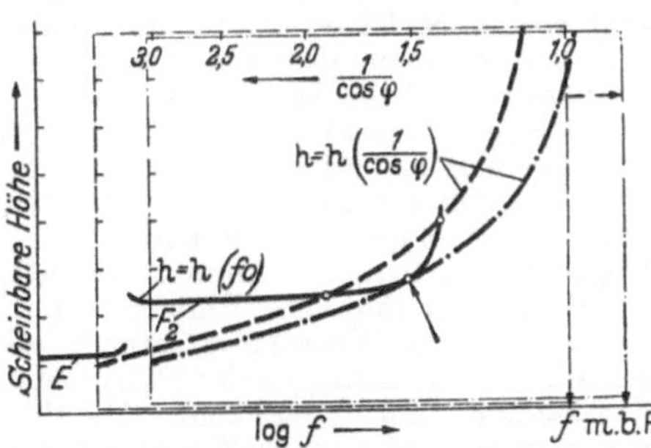

Graphische Bestimmung der maximal brauchbaren Frequenz aus einem Frequenzdurchlauf bei Senkrechtlotung. Die scheinbare Höhe in Abhängigkeit von der Frequenz wird auf halblogarithmischem Papier aufgetragen und darüber durchsichtiges Papier mit der „Übertragungskurve" $\left(h = h\left(\frac{1}{\cos\varphi}\right)\right.$, ebenfalls halblogarithmisch$\left.\right)$ gelegt und so weit verschoben, daß sie die Kurve $h = h(f_0)$ gerade berührt. Dann kann an der Stelle $1/\cos\varphi = 1$ direkt die maximal brauchbare Frequenz abgelesen werden.

diese Erscheinung „Übertragungssporn". Durch Interferenz beider Wege erhält man am Empfangsort in der Nähe der maximal brauchbaren Frequenz charakteristische Schwankungen der Feldstärke.

Wegen der unregelmäßigen Schwankungen der Ionosphäre von Tag zu Tag ist der zeitliche Verlauf der maximal brauchbaren Frequenz nicht immer der gleiche. Man bildet daher für statistische Zwecke monatliche Mittelwerte und legt diese insbesondere den Vorhersagen der Ausbreitungsbedingungen zugrunde. Das Verhältnis der maximal brauchbaren Frequenz für eine bestimmte Entfernung zur →Grenzfrequenz für senkrechten Einfall (*Umrechnungsfaktor*) hängt außer von der Entfernung von der →Schichthöhe und →Schichtform (Dicke) ab. Die laufende Bestimmung und die Vorhersage des Umrechnungsfaktors ist für den praktischen Funkdienst von großer Bedeutung und bildet daher eine wichtige Aufgabe der angewandten Ionosphärenforschung.

Maximalenergie der β-Strahlen →β-Spektrum, →Energie-Reichweite-Beziehung.

Maximalpermeabilität eines ferromagnetischen Materials, der Maximalwert der Permeabilität längs der Neukurve. Sie wird bei einer Feldstärke von der Größenordnung der Koerzitivkraft erreicht und ist im allgemeinen wesentlich größer als die →Anfangspermeabilität. Bei magnetisch weichen Stoffen erreicht sie Werte über 10^6.

Maximalstrahler, monochromatischer Strahler für das Gebiet der maximalen Augenempfindlichkeit (555 mμ). Seine Lichtausbeute ist identisch mit dem Umrechnungsfaktor von energetischem auf photometrisches Maß (→Lichtäquivalent).

Maximalwert →Beobachtungsfehler.

Maximum →Extremwerte.

Maximum- und Minimumthermometer dienen dazu, die höchste und die tiefste Temperatur festzustellen, die während eines bestimmten Zeitraumes bestanden hat. Zu diesem Zweck wird in die Kapillare des Thermometers ein Eisen- oder ein Glasstäbchen gebracht, das die Bewegung des Flüssigkeitsfadens in der einen Richtung mitmacht, in der anderen Richtung jedoch unbeeinflußt bleibt. Um die höchste Temperatur zu bestimmen, benutzt man ein Quecksilberthermometer mit einem Eisenstift, für die niedrigste Temperatur ein Alkoholthermometer mit einem Glasstift. Beide Arten von Thermometern werden horizontal angeordnet. Um sie nach der Ablesung der Extremtemperaturen wieder verwendungsbereit zu machen, genügt es, sie aufzurichten und durch leichtes Klopfen die Stifte wieder an das Ende der Flüssigkeitssäulen zu befördern.

Eine andere Art einer Maximumvorrichtung besteht in einer unterhalb der Teilung in der Kapillare angebrachten Verengung, durch die das Quecksilber beim Ansteigen der Temperatur wohl hindurchtreten, sich aber beim Abkühlen des Thermometers nicht ohne weiteres wieder zurückziehen kann. Das Quecksilber trennt sich daher an dieser Stelle und zeigt am oberen Ende des stehengebliebenen Fadenteils das erreichte Temperaturmaximum an. Um das Thermometer für eine neue Messung vorzubereiten, muß man den Quecksilberfaden durch heftiges Schwingen des ganzen Instruments durch die Verengung zurückschleudern.

Maxwell, abgek. M, Einheit des magnetischen →Induktionsflusses (Kraftflusses) im elektromagnetischen oder im Gaußschen Maßsystem (→Einheitensysteme, elektrische), vom 5. Internationalen Elektrizitätskongreß 1900 in Paris festgelegt. Das M ist auf die Größe „magnetischer Fluß" in nicht-rationaler mechanistisch-elektromagnetischer oder mechanistisch-symmetrischer Definition, d. h. bezogen auf ein nicht-rationales Größengleichungssystem mit *drei* Grundgrößen (→Größen, elektrische und magnetische), abgestimmt: $1\,\mathrm{M} = 1\,\mathrm{cm}^{3/2} \cdot \mathrm{g}^{1/2} \cdot \mathrm{s}^{-1}$ (→Umrechnungstafel für die Zahlenwerte elektrischer und magnetischer Größen, Anhang III, Tabelle 8).

Maxwell-Boltzmannsches Gesetz, betrifft die Geschwindigkeitsverteilung der Moleküle eines idealen Gases, das sich in einem *Kraftfeld* befindet. Es lautet:

$$f = A \exp\left(-\frac{\varepsilon_{\mathrm{kin}} + \varepsilon_{\mathrm{pot}}}{k T}\right),$$

wo $\varepsilon_{\mathrm{kin}} = m v^2/2$ die kinetische und $\varepsilon_{\mathrm{pot}}$ die potentielle Energie eines Moleküls im Kraftfeld ist. Die Funktion f gibt die Anzahl von Molekülen je cm³, und zwar bedeutet $f\,dv_x\,dv_y\,dv_z$ die Anzahl von Molekülen im Geschwindigkeitsbereich $v_x, v_x + dv_x$; $v_y, v_y + dv_y$; $v_z, v_z + dv_z$. Die Konstante A bestimmt sich aus der Gesamt-Molekülzahl im betrachteten Volumen.

Dieses Gesetz wurde allgemein von *L. Boltzmann* 1875 gefunden. Es führt z. B. in seiner Anwendung auf ein Gas im Schwerefeld auf die →barometrische Höhenformel. Im Falle von Gasen, deren Moleküle ein permanentes elektrisches oder magnetisches Dipolmoment besitzen, führt das Maxwell-Boltzmannsche Gesetz zu *Debyes* Theorie der elektrischen Suszeptibilität bzw. zu *Langevins* Theorie des Paramagnetismus.

Maxwell-Moleküle, ein spezielles Molekülmodell der Gastheorie, das von *Maxwell* (1866) zur Grundlage exakter kinetischer Berechnungen von Transportgrößen in Gasen (Viskosität, Wärmeleitfähigkeit, Diffusion) gemacht wurde. Diese Moleküle besitzen bei ihrer Wechselwirkung nur abstoßende Zentralkräfte, die proportional zu r^{-5} sind, wo r der Abstand der Moleküle ist. Für diesen Spezialfall des molekularen Wechselwirkungsgesetzes läßt sich die Boltzmann-Gleichung der →kinetischen Gastheorie exakt lösen. Für Maxwell-Moleküle erhält man speziell: 1. Viskosität und Wärmeleitvermögen proportional zu T, 2. der Koeffizient der Thermodiffusion ist exakt gleich Null.

Maxwellsche Beziehung. Die Phasengeschwindigkeit elektromagnetischer Wellen in einem Stoff mit der relativen Dielektrizitätskonstanten ε und der relativen Permeabilität μ beträgt $c = 1/\sqrt{\varepsilon\varepsilon_0\mu\mu_0}$, im Vakuum $c_0 = 1/\sqrt{\varepsilon_0\mu_0}$. Daraus ergibt sich die Brechungszahl des Stoffes zu

$$n = \frac{c_0}{c} = \sqrt{\varepsilon\mu} \quad \text{(Maxwellsche Beziehung).}$$

Da bei allen durchsichtigen (also nie ferromagnetischen) Stoffen praktisch stets $\mu = 1$, so kann man stets setzen $n = \sqrt{\varepsilon}$. Die Beziehung gilt aber nur für Wellenlängen, welche merklich größer als die dem langwelligsten Absorptionsgebiet des Stoffes entsprechende Wellenlänge sind. In diesem Gebiet (langwelliges Ultrarot, elektrische Wellen) ist sie gut bestätigt. →Dispersionsformeln.

Handb. d. Physik XV. Berlin 1927.

Maxwellscher Dämon, ein von *Maxwell* für gewisse gaskinetische Gedankenexperimente erdachtes Wesen, das in molekulare Vorgänge einzugreifen, z. B. einzelne Moleküle aus einer großen Zahl anderer abzufangen und dem Wirken des Zufalls entgegenzuwirken vermag. Es könnte z. B. aus einem gleichmäßig temperierten Gase alle schnelleren Moleküle in einer, alle langsameren in einer anderen Abteilung eines Behälters sammeln, so daß zwei verschieden temperierte Gasmengen entstehen, was einen Widerspruch gegen den 2. Hauptsatz bedeuten würde.

Maxwellsches Dreieck →Farbtafel.

Maxwellsches Geschwindigkeitsverteilungsgesetz, das klassische Geschwindigkeitsverteilungsgesetz für die Moleküle eines Gases. Es lautet:

$$f = n\left(\frac{m}{2\pi k T}\right)^{3/2} \exp\left[\frac{-m v^2}{2 k T}\right],$$

wo n die Molekülzahl je cm³ ist. Die Anzahl von Molekülen im Geschwindigkeitsbereich $v_x, v_x + dv_x$; $v_y, v_y + dv_y$; $v_z, v_z + dv_z$ und je cm³ ist $f\,dv_x\,dv_y\,dv_z$. Dieses Gesetz wurde 1859 von *J. C. Maxwell* zuerst angegeben. Die erste korrekte Begründung gab jedoch erst *Boltzmann* 1872 mit Hilfe seines →H-Theorem.

Von praktischer Bedeutung ist die Verteilung der Moleküle auf den Absolutwert $v = \sqrt{v_x^2 + v_y^2 + v_z^2}$ der Geschwindigkeit. Gibt $F\,dv$ die Anzahl von Molekülen je cm³ im Geschwindigkeitsbereich $v, v + dv$, so ist $F = 4\pi v^2 f$. Diese Funktion F hat einen Maximalwert an der Stelle $v_w = \sqrt{2\,k T/m}$, der *wahrscheinlichsten* Geschwindigkeit. Davon verschieden ist die *mittlere* Geschwindigkeit $\bar{v}$ (der Mittelwert der Beträge der Geschwindigkeiten), die gegeben ist durch $\bar{v} = \sqrt{8\,k T/(\pi m)}$, und die *Wurzel aus dem mittleren Geschwindigkeitsquadrat* $\sqrt{\overline{v^2}} = \sqrt{3\,k T/2 m}$). Eine einfache Form nimmt die Verteilungsfunktion an, wenn man als Variable das Verhältnis $\xi = v/v_w$ der Geschwindigkeit zur wahrscheinlichsten Geschwindigkeit einführt. Ist $\Phi\, d\xi$ die Zahl von Molekülen je cm^3 im Bereich $\xi,\ \xi + d\xi$, so folgt $\frac{\Phi}{n} = \frac{4}{\sqrt{\pi}}\xi^2 \exp(-\xi^2)$. Diese Funktion ist in der Abb. graphisch dargestellt.

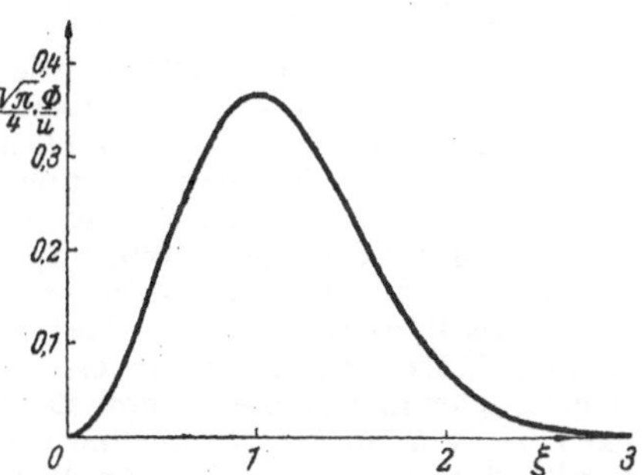

Zum Geschwindigkeitsverteilungsgesetz.

Eine glänzende Bestätigung des Geschwindigkeitsverteilungsgesetzes liefert die direkte Messung der Molekülgeschwindigkeiten mit Hilfe der Molekularstrahlmethode. So beobachtete z. B. *O. Stern* an Molekülen des Silberdampfes von 1200 °C eine mittlere Geschwindigkeit von rund 600 m s^{-1}, während sich nach dem Verteilungsgesetz 584 m s^{-1} ergibt. *Stern* und *Estermann* gelang auch die Bestätigung des Verteilungsgesetzes mittels des modernen Hilfsmittels der Beugung von Molekularstrahlen an Kristallgittern. Da jeder Geschwindigkeit eine andere de Broglie-Wellenlänge entspricht, so erhält man jedes Gitterspektrum ausgezogen in ein kontinuierliches Band, dessen Intensitätsverteilung ein Abbild der Geschwindigkeitsverteilung ist.

Eine andere Prüfung des Verteilungsgesetzes ermöglicht die Elektronenemission glühender Metalle (→Richardson-Effekt). Man hat für die Elektronen ähnlich wie für die Atome des verdampften Silbers die der Temperatur des emittierenden Festkörpers entsprechende Geschwindigkeitsverteilung zu erwarten. Man mißt die Anzahl der Elektronen, welche eine gegebene Gegenspannung zu überwinden vermögen. Das Ergebnis vieler Versuche (*Richardson, Germer, Dernski*) ist eine völlige Bestätigung des Gesetzes.

Die Quantenstatistik liefert bei tiefen Temperaturen Abweichungen vom Maxwellschen Gesetz, die bei den schwereren Gasen grundsätzlich unbeobachtbar sind, da sich diese Gase vorher verflüssigen. Nur bei den leichtesten Gasen sind diese Abweichungen grundsätzlich meßbar. Man faßt sie unter dem Namen →Gasentartung zusammen.

Jordan, P.: Statist. Mechanik. Braunschweig 1944. Handb. d. Physik IX. Berlin 1936.

Maxwellsche Gleichungen. Alle zeitlich früher entdeckten elektromagnetischen Gesetze werden zusammengefaßt durch die beiden Maxwellschen Gleichungen; sie stellen die mathematische Formulierung der von *Faraday* begründeten Feldauffassung dar und sind daher im Gegensatz zu den früheren Gesetzen partielle Differentialgleichungen. Man gewinnt sie am einfachsten aus der *Integralform*, die als Faradaysches Induktionsgesetz bzw. Ampèresches Verkettungsgesetz bekannt sind:

$$U = \int \mathfrak{E}\, d\mathfrak{s} = -\frac{d}{dt}\int \mathfrak{B}\, d\mathfrak{f} = -\dot{\Phi}\,, \qquad (1)$$

$$V = \int \mathfrak{H}\, d\mathfrak{s} = \int \mathfrak{C}\, d\mathfrak{f}\,. \qquad (2)$$

Die Änderung des magnetischen Flusses $\Phi = \int \mathfrak{B}\, d\mathfrak{f}$ ist also begleitet von einer elektrischen Randspannung $U = \int \mathfrak{E}\, d\mathfrak{s}$; das Minuszeichen ist Ausdruck des Lenzschen Gesetzes. Andererseits ist die magnetische Randspannung $V = \int \mathfrak{H}\, d\mathfrak{s}$ verursacht durch den Stromfluß $\int \mathfrak{C}\, d\mathfrak{f}$. Die Stromdichte $\mathfrak{C}$ umfaßt außer der Ohmschen Stromdichte $\mathfrak{J}$ noch die von *Maxwell* eingeführte Verschiebungsdichte $d\mathfrak{D}/dt$, die erforderlich ist, um die Kontinuitätsgleichung zu erfüllen, und deren Existenz erst das Auftreten elektromagnetischer Wellen verbürgt: $\mathfrak{C} = \mathfrak{J} + \dot{\mathfrak{D}}$. Der gesamte aus einer geschlossenen Oberfläche austretende Verschiebungsfluß ist ein Maß für die innerhalb dieser Fläche vorhandene Ladung $Q = \int \varrho\, d\tau$, wo ϱ die Raumladungsdichte bedeutet:

$$\int \mathfrak{D}\, df = Q = \int \varrho\, d\tau\,. \qquad (3)$$

Der gesamte aus einer geschlossenen Oberfläche austretende magnetische Kraftfluß $\int \mathfrak{B}\, d\mathfrak{f}$ ist hingegen erfahrungsgemäß wegen des Fehlens isolierter Magnetpole stets gleich Null:

$$\int \mathfrak{B}\, d\mathfrak{f} = 0\,. \qquad (4)$$

Die beiden Materialgleichungen $\mathfrak{D} = \varepsilon\varepsilon_0 \mathfrak{E}$ und $\mathfrak{H} = \frac{1}{\mu\mu_0}\mathfrak{B}$ bzw. $\mathfrak{B} = \mu\mu_0 \mathfrak{H}$ und das Ohmsche Gesetz $\mathfrak{j} = \sigma\mathfrak{E}$ regeln den Zusammenhang zwischen elektrischer Verschiebung $\mathfrak{D}$ und elektrischer Feldstärke $\mathfrak{E}$, magnetischer Feldstärke $\mathfrak{H}$ und magnetischer Induktion $\mathfrak{B}$ und Stromdichte $\mathfrak{j}$, Leitfähigkeit σ und elektrischer Feldstärke $\mathfrak{E}$.

Für ruhende Medien, bei denen sich also die vom Kraftfluß durchsetzte Fläche zeitlich nicht ändert, ergibt Gl. (1)

$$U = \int \mathfrak{E}\, d\mathfrak{s} = -\int \frac{d}{dt}\mathfrak{B}\, d\mathfrak{f}\,. \qquad (1')$$

Nach Umformung des Linienintegrals in Gl. (1′) und (2) mittels des Stokesschen Satzes in ein Oberflächenintegral findet man durch Vergleich der Integranden die *differentielle Form* der Maxwellschen Gleichungen

$$-\dot{\mathfrak{B}} = \operatorname{rot}\mathfrak{E}\,, \qquad \mathfrak{j} + \dot{\mathfrak{D}} = \operatorname{rot}\mathfrak{H}\,,$$

zu denen die aus Gl. (3) und (4) mittels des Gaußschen Satzes herzuleitenden Ergänzungsgleichungen treten:

$$\operatorname{div}\mathfrak{D} = \varrho\,, \qquad \operatorname{div}\mathfrak{B} = 0\,.$$

Die Aufgabe, für bewegte Medien die elektromagnetischen Grundgleichungen zu formulieren, wurde nach Vorarbeiten von *H. A. Lorentz* gelöst durch *A. Einstein* in seiner speziellen Relativitätstheorie „Zur Elektrodynamik bewegter Medien“ (1905, → Relativitätselektrodynamik). Erst in dieser vierdimensionalen Zusammenfassung offenbaren die Maxwellschen Gleichungen ihre volle Harmonie.

Sommerfeld, A.: Vorl. über theoret. Physik III. Wiesbaden u. Leipzig 1948. — *Mie, G.:* Lehrb. d. Elektrizität u. d. Magnetismus. Stuttgart 1949, sowie alle anderen Lehrb. d. theoret. Physik.

Maxwellscher Körper, ein Stoff, der dem Maxwellschen →*Relaxationstheorem* gehorcht.

Maxwellsches Kriterium. Die theoretischen Isothermen (→van der Waalssche Gleichung) haben innerhalb des Sättigungsgebietes die Form einer Kurve ungeraden Grades mit einem Minimum, einem Maximum und dazwischen einem Wendepunkt. Auf diesen Kurvenästen ist das Gleichgewicht nicht immer stabil. Vielmehr wird die Linie stabilen Gleichgewichts durch eine Parallele zur V-Achse dargestellt. Diese Parallele muß — das ist der Inhalt des Maxwellschen Kriteriums — so gelegt werden, daß die Flächen zwischen ihr und der theoretischen Isotherme ober- und unterhalb inhaltsgleich sind. Der Abstand dieser Parallelen von der V-Achse ist der Sättigungsdruck p_s.

Maxwellsche Spannungen. Nach der von *Faraday* experimentell erschlossenen und von *Maxwell* mathematisch formulierten Feldvorstellung der elektromagnetischen Erscheinungen, die keine Fernkräfte kennt, sollen alle Kraftwirkungen in kontinuierlicher Weise durch das Feld von einem Körper zum anderen übertragen werden. Man teile beispielsweise ein im elektrostatischen Gleichgewicht befindliches System in zwei Gebiete τ_1 und τ_2 dadurch ein, daß man das Gebiet τ_1 durch eine geschlossene Fläche (Hüllfläche) F von dem übrigen Gebiet τ_2 des Systems abgrenzt. Dann muß es nach der Feldvorstellung möglich sein, die gesamte auf das Gebiet τ_1 ausgeübte elektrische Kraftwirkung — ausgedrückt als das Volumenintegral der elektrischen räumlichen Kraftdichte oder Volumenkraft $\mathfrak{k}_e$ über das Gebiet τ_1 —

$$\mathfrak{K}_e = \int_{\tau_1} \mathfrak{k}_e \, d\tau$$

durch Spannungskräfte zu ersetzen, die an den Flächenelementen $d\mathfrak{f}$ (Flächennormalen aus der Hüllfläche nach außen weisend) der Hüllfläche F angreifen.

Maxwell gelang der Nachweis, daß das Volumenintegral $\int_{\tau_1} \mathfrak{k}_e \, d\tau$ in ein Hüllintegral $\oint_F \mathfrak{T}_e \, d\mathfrak{f}$ umzuformen ist. $\mathfrak{T}_e$ bedeutet den elektrischen Spannungstensor, der im allgemeinen Fall eine symmetrische Komponentenmatrix besitzt. Legt man in einem System, dessen →Dielektrizitätskonstante von der Dichte unabhängig ist, d. h. unter Ausschluß des dichte- oder druckabhängigen Anteils der →Elektrostriktion, ein Koordinatensystem so, daß die x-Achse in Richtung der Feldstärke $\mathfrak{E}$ weist und die z-Achse sowohl auf der (in das Gebiet τ_2 zeigenden) Normalen $\mathfrak{n}$ des Flächenelementes $d\mathfrak{f}$ der Hüllfläche F als auch auf der Feldstärke $\mathfrak{E}$ senkrecht steht, so ergibt sich der Vektor einer elektrischen Flächenkraft $\mathfrak{p}_e$ mit den Komponenten

$$\mathfrak{p}_{ex} = \tfrac{1}{2}\mathfrak{E}_x \mathfrak{D}_x \cos\vartheta, \quad \mathfrak{p}_{ey} = -\tfrac{1}{2}\mathfrak{E}_x \mathfrak{D}_x \sin\vartheta, \quad \mathfrak{p}_{ez} = 0,$$

wobei $\mathfrak{p}_e$, $\mathfrak{E}$ und $\mathfrak{n}$ in einer Ebene liegen und ϑ den Winkel zwischen $\mathfrak{n}$ und $\mathfrak{E}$ bedeutet.

Die Wirkung des Gebietes τ_2 auf das Gebiet τ_1 ist also äquivalent der Wirkung der Flächenkräfte $\mathfrak{p}_e$

$$\mathfrak{K}_e = \int_{\tau_1} \mathfrak{k}_e \, d\tau = \oint_F \mathfrak{p}_e \, df$$

(df Betrag des Flächenelementes). Als Resultat der Maxwellschen Überlegungen ergab sich für die elektrischen Flächenkräfte die Beziehung

$$\mathfrak{p}_e = \tfrac{1}{2}\mathfrak{E}(\mathfrak{D}\mathfrak{n}) + \tfrac{1}{2}[\mathfrak{D} \times [\mathfrak{E} \times \mathfrak{n}]]$$

($\mathfrak{D}$ dielektrische Verschiebungsdichte). Die Maxwellschen Spannungen halten sich überall das Gleichgewicht, wo auf beiden Seiten (1 und 2) des Flächenelementes $d\mathfrak{f}$ dieselbe Spannung wirkt. Dort sind sie also nicht unmittelbar wahrzunehmen und werden daher auch *fiktive* Spannungen genannt, die nicht etwa mit elastischen Spannungen verwechselt werden dürfen. Erst wo sich die Spannungskräfte räumlich ändern — an Sprungflächen oder in Gebieten räumlich stetiger Änderungen —, werden sie als meßbare mechanische Kräfte der Beobachtung zugänglich.

Der Ausdruck für die elektrischen Flächenkräfte $\mathfrak{p}_e$ führt unter Beachtung der jeweils gültigen Randbedingungen zum elektrostatischen →Druck bzw. Zug in einem elektrostatischen Feld und zur Ableitung der im elektrischen Feld tatsächlich auftretenden mechanischen Kräfte — z. B. an Unstetigkeitsflächen, wie Oberflächen nichtleitender und leitender Körper, und bei räumlich stetigen Veränderungen (→Kräfte, elektrische).

Ganz analoge Überlegungen und Ausdrücke gelten für den Fall des magnetischen Feldes, wo sich die magnetischen Kräfte $\mathfrak{K}_m$ als Volumenintegral der magnetischen räumlichen Kraftdichte oder Volumenkraft $\mathfrak{k}_m$ darstellen und in ein Hüllintegral über den magnetischen Spannungstensor $\mathfrak{T}_m$ umformen lassen

$$\mathfrak{K}_m = \int_{\tau_1} \mathfrak{k}_m \, d\tau = \oint_F \mathfrak{T}_m \, d\mathfrak{f}.$$

Die Zusammenfassung der elektrischen und magnetischen Kräfte ergibt die allgemeinen Kräfte $\mathfrak{K}$ des elektromagnetischen Feldes. Abgesehen von den durch die Volumenabhängigkeit der relativen →Dielektrizitätskonstanten bzw. der relativen →Permeabilität erzeugten Anteilen, die lediglich in materieerfüllten Feldern einen hydrostatischen Druck hervorrufen und nur zusätzliche Beiträge zu den Diagonalgliedern der Spannungsmatrix geben, läßt sich die Kraftdichte $\mathfrak{k}$ des elektromagnetischen Feldes (→Kräfte, elektrische; →Biot-Savartsches Gesetz)

$$\mathfrak{k} = \varrho\,\mathfrak{E} + \mathfrak{G} \times \mathfrak{B} = (\operatorname{div}\mathfrak{D})\,\mathfrak{E} + (\operatorname{rot}\mathfrak{H}) \times \mathfrak{B}$$

als Vektordivergenz des allgemeinen Maxwellschen Spannungstensors $\mathfrak{T}$

$$\mathfrak{k} = \operatorname{div}\mathfrak{T}$$

schreiben. Auch dieser allgemeine Spannungstensor ist symmetrisch ($T_{ik} = T_{ki}$); seine Matrixkomponenten T_{ik} setzen sich additiv aus den entsprechenden Komponenten des elektrischen Spannungstensors $\mathfrak{T}_e$ und des magnetischen Spannungstensors $\mathfrak{T}_m$ zusammen ($T_{ik} = T_{eik} + T_{mik}$). Die dreidimensionale Matrix σ des allgemeinen Maxwellschen Spannungstensors lautet

$$\sigma = \begin{pmatrix} T_{xx} & T_{xy} & T_{xz} \\ T_{yx} & T_{yy} & T_{yz} \\ T_{zx} & T_{zy} & T_{zz} \end{pmatrix} = \begin{pmatrix} H_x B_x + D_x E_x - w & H_x B_y + D_x E_y & H_x B_z + D_x E_z \\ H_y B_x + D_y E_x & H_y B_y + D_y E_y - w & H_y B_z + D_y E_z \\ H_z B_x + D_z E_x & H_z B_y + D_z E_y & H_z B_z + D_z E_z - w \end{pmatrix},$$

wobei $w = w_e + w_m = \frac{1}{2}\mathfrak{E}\mathfrak{D} + \frac{1}{2}\mathfrak{H}\mathfrak{B}$ die räumliche →Energiedichte des elektrischen und magnetischen Feldes bedeutet.

In der Relativitätstheorie wird der Maxwellsche Spannungstensor durch Ränderung mit der →Energiedichte w und dem →Poyntingschen Strahlungsvektor $\mathfrak{S}$ zum *Spannungs-Energie-Tensor* $\mathfrak{T}$ vervollständigt; d. h. die vierdimensionale Matrix T dieses relativistischen Maxwellschen Spannungstensors kann in abkürzender Schreibweise als

$$T = \left(\begin{array}{c|c} \sigma & -\frac{j}{c_0}\mathfrak{S} \\ \hline -\frac{j}{c_0}\mathfrak{S} & w \end{array}\right)$$

dargestellt werden ($j = \sqrt{-1}$). Eine wichtige Eigenschaft dieses Tensors ist die Tatsache, daß seine →„Spur", d. h. die Summe aller vier Glieder seiner Hauptdiagonale, verschwindet

$$T_{11} + T_{22} + T_{33} + T_{44} = \mathfrak{H}\mathfrak{B} + \mathfrak{D}\mathfrak{E} - 3w + w = 0\,.$$

Becker, R.: Theorie d. Elektrizität I. Leipzig u. Berlin 1944. — *Mie, G.:* Lehrb. d. Elektrizität u. d. Magnetismus. Stuttgart 1948. — *Sommerfeld, A.:* Vorl. über theoret. Physik III. Wiesbaden 1948.

McLeod-Vakuummeter, arbeitet nach dem Prinzip der →Kompressionsmanometer. Ein kleiner Druck p, der z. B. 0,01 Torr betragen möge, wird dadurch der Messung zugänglich gemacht, daß ein Quecksilberniveau A durch Heben eines Gefäßes H gehoben wird, bis bei Stellung I die in der Kugel V und der angeblasenen Kapillare K vorhandene größere Gasmenge abgesperrt wird (Abb.). Das Quecksilber füllt dann bei weiterem

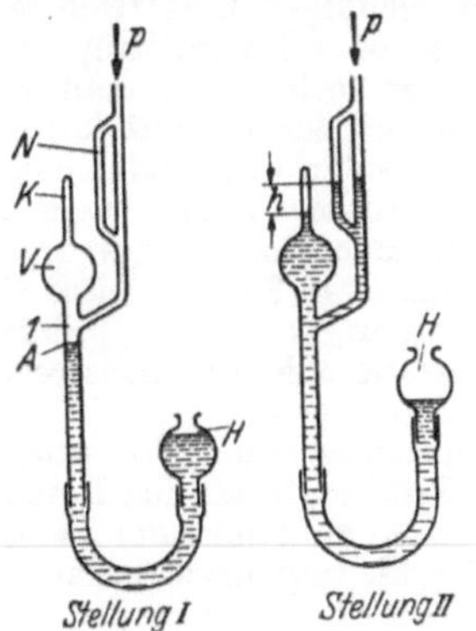

McLeod-Vakuummeter.

Heben der Kugel H schließlich die Kugel V ganz und die Kapillare K in ihrem unteren Teil mit Quecksilber an und drückt das abgesperrte Gasvolumen auf einen kleinen Teil der Kapillare K zusammen, so daß das Restvolumen beispielsweise 0,01 oder weniger des ursprünglichen Gasvolumens ausmacht. Der Druck in der Kapillare K wird dadurch auf das Hundertfache oder mehr des ursprünglichen Druckes erhöht und kann an der Höhendifferenz h des Quecksilberspiegels in den Kapillaren K und N abgelesen werden. Nach dem Boyle-Mariotteschen Gesetz wird dann aus dem Volumenverhältnis und dem gemessenen Druck der ursprünglich vorhandene Druck berechnet. Es gilt die Beziehung:

$$p\,V = (p + h)\,V_e$$

(V Volumen von Kugel V + Kapillare K, V_e restliches Gasvolumen in Kapillare K). Das früher für Vakuummessungen allgemein benutzte McLeod-Vakuummeter hat heute nur noch Bedeutung als absolutes Vakuummeter, bei dem die Drucke aus den Abmessungen des Gerätes zur Eichung anderer Vakuummeter berechnet werden können.

Me, allgemeines chemisches Symbol für ein beliebiges Metall.

ME, Symbol für die kernphysikalische →Masseneinheit.

M.E., Abk. der Emanationskonzentrations-Einheit →Mache.

Mechanik, die *allgemeine Grundlage der Physik.* Sie dient der Bildung der wichtigsten, in *allen* Gebieten der Physik vorkommenden Grundbegriffe, der Aufstellung ganz allgemeiner, ebenfalls auf allen Gebieten gültiger Gesetze und der Entwicklung mathematischer Verfahren zu ihrer Anwendung in speziellen Fällen.

Die *klassische Mechanik* gründet sich auf folgende Naturgesetze:

1. die →*Erhaltungssätze* der *Masse,* der *Energie* und des *Impulses;*

2. das →*Unabhängigkeitsprinzip.*

Die wesentliche Aufgabe der Mechanik ist die Aufstellung von →*Bewegungsgleichungen.* Ein wichtiger Kunstgriff besteht in der Idealisierung der wirklichen Körper oder ihrer Teile als →Massenpunkte oder als →starre Körper.

Ihre Stellung als Grundlage der gesamten Physik verdankt die Mechanik einem Gedanken, dessen Genialität uns heute nur auf Grund von Gewöhnung meist gar nicht mehr bewußt ist. Sie eliminiert die große Vielfalt der primären Ursachen von Bewegungsänderungen (Beschleunigungen) durch die Einführung des allgemeinen Begriffs der *Kraft* als der sozusagen intermediären Ursache von Beschleunigungen. Das erst macht es möglich, aus den obengenannten Naturgesetzen ganz allgemeine, in allen Gebieten der Physik gültige weitere Gesetze abzuleiten und allgemein anwendbare, zweckmäßige Methoden zu ihrer mathematischen Behandlung in speziellen Fällen — die →Prinzipe der Mechanik — zu entwickeln. Die Aufgabe, den Zusammenhang der Kräfte mit jenen primären Ursachen (der Anwesenheit von Massen, ruhenden oder bewegten Ladungen usw. in der Umgebung des betrachteten Körpers) herzustellen, wird den Teilgebieten der Physik überlassen. Auf diese Weise entsteht ein System von großartiger Einfachheit und Geschlossenheit.

Seit dem Beginn des 20. Jahrhunderts ist aber die klassische Mechanik mehr und mehr als ein nur unter bestimmten Voraussetzungen gültiger *Grenzfall* erkannt worden. Für den Fall sehr großer (mit der Lichtgeschwindigkeit vergleichbarer) Geschwindigkeiten muß sie zur *Relativitätsmechanik* erweitert werden, die als die Krönung der klassischen Mechanik anzusehen ist. Das Unabhängigkeitsprinzip ist in ihr durch ein etwas komplizierteres Gesetz zu ersetzen. Auch erweist sich der Erhaltungssatz der Masse als ein Sonderfall des Satzes von der Erhaltung der Energie. Die *Quantenmechanik* aber bricht mit zwei Grundvoraussetzungen der klassischen Mechanik, erstens mit der Voraussetzung der grundsätzlichen Stetigkeit jedes Naturgeschehens auf Grund der Entdeckung des Planckschen Wirkungsquantums, zweitens mit der Voraussetzung der Determiniertheit jedes Naturgeschehens. Die klassische Mechanik ist der makroskopische Grenzfall der Quantenmechanik und geht in diese über, wenn es sich um Körper handelt, die aus sehr vielen Atomen bestehen, bzw. für den Fall sehr großer Quantenzahlen. Die *Mechanik der Elementarteilchen und der Atomkerne* schließlich ist im Begriff, der Unstetigkeit des Geschehens noch eine Unstetigkeit von Raum und Zeit (→Elementarlänge) hinzuzufügen.

Man teilt die klassische Mechanik ein in die *Kinematik* (Bewegungslehre) und die *Dynamik* (Lehre von den Kräften), als deren Grenzfall die *Statik* (Lehre von den Gleichgewichten) betrachtet werden kann und die wiederum in die *Punktmechanik* (Mechanik der Massenpunkte) und die *Stereomechanik* (Mechanik der starren Körper) zerfällt. Die *Mechanik der deformierbaren Körper* (Stoffmechanik) ist die Anwendung der klassischen Mechanik auf die *wirklichen* Körper.

Die klassische Gravitationstheorie, die für gewöhnlich im Rahmen der klassischen Mechanik behandelt wird und wegen der Gleichheit der trägen und der schweren Massen zu ihr auch in einer besonders engen Beziehung steht, ist tatsächlich (ähnlich der Elektrostatik) als ein selbständiges Teilgebiet der Physik zu betrachten.

Die ersten Ansätze der klassischen Mechanik finden sich bereits bei *Galileo Galilei* (1564—1642); eine weitere Fortsetzung erfuhr sie insbesondere durch *Christian Huygens* (1629—1695). Ihre eigentliche Grundlage aber schuf *Isaac Newton* (1643 bis 1727) in seinem Werk „Philosophiae naturalis principia mathematica". Am Ende des 18. Jahrhunderts war sie in ihrer heutigen Gestalt im wesentlichen vollendet. Dies geschah vor allem durch *Lagrange* (analytische Mechanik, 1788, →Lagrangesche Bewegungsgleichungen) und *Hamilton* (→kanonische Gleichungen). Die Lagrangeschen und Hamiltonschen Gleichungen wurden später in Verbindung mit dem Quantenbegriff von *Bohr* und *Sommerfeld* zur Aufstellung der neuen (heute bereits als klassisch bezeichneten) Atommechanik benutzt. Die Relativitätsmechanik (*Einstein*) und die Quantenmechanik (*Heisenberg, Born, Jordan, Schrödinger*) sind erst im ersten Drittel des 20. Jahrhunderts entwickelt worden. Die Entwicklung der Mechanik der Elementarteilchen und der Atomkerne ist noch in vollem Fluß.

Statistische Mechanik ist ein Sammelname für 1. die →statistische Thermodynamik, 2. die →kinetische Gastheorie.

Mechanische Kräfte →Potential.

Mechanische Wärmetheorie, ältere Bezeichnung der klassischen Thermodynamik.

Mechanokalorischer Effekt →Helium flüssig und fest.

Medianwert →Zentralwert.

Medium (*Mittel* im Sinne von Vermittler), Sammelbezeichnung für alle Träger physikalischer Zustände bzw. Überträger physikalischer Wirkungen, also sowohl für die Stoffe als auch für den stofffreien Raum (das Vakuum, früher den hypothetischen Äther).

Meeresleuchten wird durch Lebewesen hervorgerufen; unter den Protozoen besonders der Cystoflagellat Noctiluca miliaris Sur. und die Dinoflagellaten. Sie sind die Hauptursache des Meeresleuchtens, besonders in den nordischen Meeren. Bei diesen Urtieren leuchten die ganzen Zellen; bei stärkerer Vergrößerung erkennt man, daß das Licht von einer großen Anzahl leuchtender Punkte ausgeht. Die Aussendung des Lichtes erfolgt nur auf Reize hin.

Mega-, abgek. M-; →Vorsatzsilben.

Megaperm, Firmenbezeichnung für magnetisch weiche ferromagnetische Fe-Ni-Mn-Legierungen. Megaperm 4510 enthält 45% Ni, 10% Mn und hat eine Anfangspermeabilität von etwa $\mu_a = 3300$, Maximalpermeabilität $\mu_{max} = 68000$, Koerzitivkraft $H_c = 0{,}05$ Oe. Megaperm 6510 enthält 65% Ni und 10% Mn und hat etwa $\mu_a = 4800$, $\mu_{max} = 26000$ und $H_c = 0{,}08$ Oe.

ATM Z. 913—2 (1931).

Megger, Firmenname eines Isolationsmessers mit Kurbelinduktor; kleinste Type: Baby-Megger.

Mehrbandenphosphore sind Kristallphosphore mit mehr als einer Emissionsbande. Die einzelnen Banden werden mit den ersten Buchstaben des griechischen Alphabets gekennzeichnet. Das Vorhandensein mehrerer Banden ist leicht erklärlich bei den →Mischphosphoren, also solchen, die mehrere Aktivatoren enthalten. Sie sind aber auch vorhanden bei Phosphoren mit nur einem Aktivator und werden hier erklärt durch verschiedenen Ladungszustand derselben Störstellen. Sowohl bei den Mehrbandphosphoren mit einem Aktivator als auch bei den Mischphosphoren zeigt sich eine verschiedene Temperaturabhängigkeit der einzelnen Banden, was zur Folge hat, daß der Phosphor bei Temperaturänderung die Farbe seiner Lichtemission ändert.

Mehrdeutige Funktion →Funktion.

Mehrdimensionaler Raum →*n*-dimensionaler Raum.

Mehrfachbeschleuniger. Elektrisch geladene Teilchen, Elektronen oder Ionen, kann man auf hohe Geschwindigkeiten bringen, indem man sie ein elektrisches Feld großer Potentialdifferenz durchfallen läßt. Aus Isolationsgründen liegt die obere Grenze der auf diese Weise einem Teilchen in einem einfachen Beschleunigungsvorgang mitteilbaren Energie bei etwa 3 MeV. Diese Grenze kann überwunden werden, wenn die Teilchen mehrere oder gar viele Beschleunigungsstrecken durchlaufen.

Bei den Linearbeschleunigern durchlaufen die von der einen Seite eintretenden Ionen eine Reihe von Zylinderrohren zunehmender Länge, zwischen denen die Beschleunigungsstrecken liegen. Die

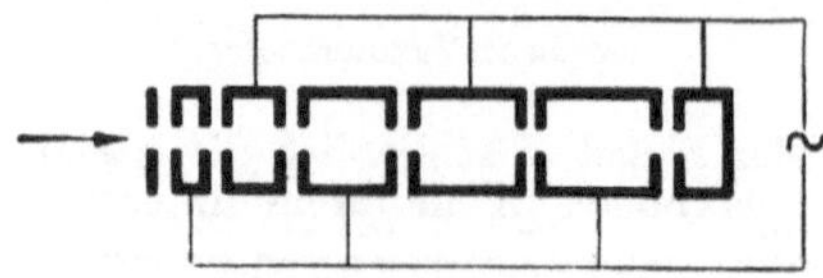

Linearbeschleuniger.

Zylinder sind abwechselnd mit dem einen und anderen Pol eines Senders sehr kurzer elektrischer Wellen (etwa Dezimeterwellen) verbunden. Die Länge der Zylinder und die Senderfrequenz müssen so abgestimmt sein, daß die Laufzeit der Ionen von einer Beschleunigungsstrecke zur nächsten gleich der halben Periodendauer der Wechselspannung wird. Dann treffen die Teilchen in jeder Beschleunigungsstrecke eine gleichgerichtete Beschleunigungsfeldstärke an.

Der erfolgreichste Mehrfachbeschleuniger ist das →Zyklotron, bei dem die Teilchenbahnen in einem starken Magnetfeld zu Kreisen zunehmender Durchmesser aufgewickelt werden und so auf einen kleineren Raum begrenzt bleiben.

Ockelmann, H.: Phys. Bl. 4, 286 (1948).

Mehrfache Elektroden. Als Beispiel einer mehrfachen Elektrode (→Elektrode) soll das theoretisch und praktisch wichtige elektrochemische Zweiphasensystem Metall/Lösung betrachtet werden. Im Gegensatz zur →einfachen Elektrode, bei welcher entweder die Metallionen oder die Elektronen übergangsfähig und damit potentialbestimmend sind, sollen jetzt *gleichzeitig Metallionen und Elektronen* übergehen können.

An einem solchen System Metall/Lösung kann sich das elektrochemische *Gleichgewicht* nur dann einstellen, wenn die E_h-Werte (→Spannungsreihe), die sich an zwei entsprechenden einfachen Elektroden für den Metallionen- bzw. den Elektronenübergang im elektrochemischen Gleichgewicht ergeben würden, übereinstimmen, d. h. wenn $E_{h, Me^+} = E_{h, \ominus}$ ist. Im allgemeinen wird das nicht der Fall sein; es stellt sich vielmehr ein Mischpotential g_M ein, dessen E_h-Wert zwischen E_{h, Me^+} und $E_{h, \ominus}$ liegt. Gleichzeitig kommt es schon im stromlosen Zustand zu irreversiblen stofflichen Umsetzungen an der Phasengrenze, zur *Korrosion des Metalles.* Die Übergänge der Me^+-Ionen und der Elektronen werden dabei zweckmäßig als sich überlagernde Teilströme (→Lokalströme) aufgefaßt.

Als *Elektronenübergang* kommt vor allem der Übergang im Sinne der →Wasserstoffelektrode mit einer Bezugsspannung E_{h, H_2} und im Sinne der →Sauerstoffelektrode mit einer Bezugsspannung E_{h, O_2} in Frage. Hat die Differenz $E_{h, H_2} - E_{h, Me^+}$ bzw. $E_{h, O_2} - E_{h, Me^+}$ einen positiven Wert, so löst sich das Metall unter Wasserstoffentwicklung bzw. Sauerstoffverbrauch auf, es kommt zur Korrosion des Metalls. Bei Gegenwart von Sauerstoff besteht, wie aus der →Spannungsreihe (elektrochemische) hervorgeht, für alle Metalle mit Ausnahme der Edelmetalle eine positive Korrosionsaffinität.

Wird eine zweifache Elektrode, z. B. ein korrodierendes Metall, mit einem äußeren Strom i belastet, so treten, wie an einer einfachen Elektrode, *Polarisationserscheinungen* auf (→Polarisation). Die Strom-Spannungskurve (→Charakteristik) einer solchen zweifachen Elektrode mit einem Mischpotential g_M ergibt sich durch Überlagerung der Teilstrom-Spannungskurven der entsprechenden einfachen Elektroden, z. B. einer einfachen Me^+-Elektrode und der Wasserstoff- oder Sauerstoffelektrode im Sinne einer Parallelschaltung der „Übergangswiderstände". Die Verschiebung der Teilströme, die im äußeren anodischen oder kathodischen Stromfluß eintritt und die sich als Änderung des an der Elektrode stattfindenden Stoffumsatzes gegenüber dem Ruheumsatz bemerkbar macht, wird als Differenzeffekt bezeichnet.

Handb. d. Metallphysik I/2. Leipzig 1940. — *Gatty, O.*, u. *E. C. R. Spooner*: The electrode potential behaviour of corroding metals in aqueous solutions. Oxford 1938.

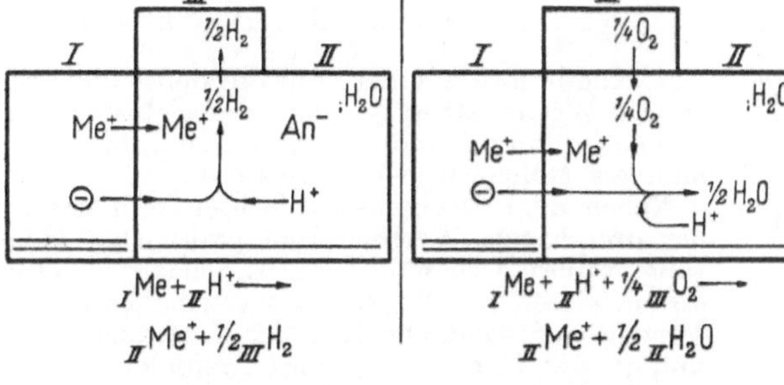

Das System Metall I/Lösung II als zweifache Elektrode. (Feste Phasen sind durch zweimaliges, flüssige Phasen durch einmaliges Unterstreichen gekennzeichnet.)

Mehrfach periodisches System nennt man (nach *N. Bohr*) ein solches, dessen sämtliche Koordinaten $q_i(t)$, $i = 1, 2, \ldots, n$ (n Anzahl der Freiheitsgrade des Systems), für sich periodische Funktionen der Zeit t sind, also mit einer bestimmten Kreisfrequenz ω_i schwingen. Das durch *sämtliche* q_i bestimmte Verhalten des Systems braucht indessen keineswegs periodisch zu sein. Vielmehr hängt dies davon ab, ob zwischen den ω_i $n-1$ Bedingungsgleichungen von der Form $\sum_{i=1}^{n} k_i \omega_i = 0$ ($k_i \neq 0$, ganze Zahlen) erfüllt sind oder nicht. Ist es der Fall, so weist auch das Gesamtsystem Periodizität auf. Das einfachste Beispiel eines mehrfach periodischen Systems ist für $n = 2$ die →elliptische Schwingung eines Massenpunktes, bei der $\omega_1 = \omega_2 = \omega$ ist (also die Bedingungsgleichung durch $k_{1,2} = \pm 1$ erfüllt wird). Die Bewegung des Massenpunktes ist auch dann noch exakt periodisch, wenn die Frequenzen ω_1 und ω_2 kommensurabel sind (→Lissajous-Figuren). Sind dagegen die Partialfrequenzen ω_i inkommensurabel, so erreicht das schwingende System einen einmal durchlaufenen Zustand nie wieder genau, kommt ihm indessen nach gewisser Zeit beliebig nahe. Dann nennt man das System *bedingt periodisch.*

Mehrfache Wurzel →Wurzelfaktor.

Mehrfach zusammenhängender Bereich →Intervall.

Mehrfachinterferenzen treten auf, wenn ein an einer Netzebene reflektierter Röntgen- oder Materiestrahl so auf eine zweite Netzebene trifft, daß auch für diese das →Braggsche Gesetz erfüllt ist. In der →Ewaldschen Konstruktion entspricht das dem gleichzeitigen Durchgang zweier Punkte $(h_1 k_1 l_1)$ und $(h_2 k_2 l_2)$ des reziproken Gitters durch die Ausbreitungskugel. In diesem Fall gibt es erstens die beiden Interferenzstrahlen $(h_1 k_1 l_1)$ und $(h_2 k_2 l_2)$, zweitens Interferenzstrahlen, die durch jeden der beiden ersten angeregt und in die Richtung des anderen und des ursprünglichen Primärstrahls entsandt werden. Faßt man den an $(h_1 k_1 l_1)$ reflektierten Strahl als neuen Primärstrahl auf, so wird der reziproke Gitterpunkt $(h_1 k_1 l_1)$ zum Ursprung des reziproken Gitters, und der Reflex $(h_2 k_2 l_2)$ erhält das neue Symbol $(h_2 - h_1,\ k_2 - k_1,\ l_2 - l_1)$. Geht man dagegen vom Reflex $(h_2 k_2 l_2)$ als Primärstrahl aus, so gelangt man zum neuen Reflex $(h_1 - h_2,\ k_1 - k_2,\ l_1 - l_2)$. Wegen der geringen Intensität eines zweifach gebeugten Strahls sind Mehrfachinterferenzen erst dann von Bedeutung, wenn eine der Interferenzen $(h_1 k_1 l_1)$ oder $(h_2 k_2 l_2)$ gesetzmäßig ausgelöscht sein müßte, jedoch über die andere Interferenz und die Interferenz $(h_2 - h_1,\ k_2 - k_1,\ l_2 - l_1)$ erscheint. Durch eine derartige *Umweganregung* über (133) und ($1\bar{1}\bar{1}$) erklärte *M. Renninger* 1937 das Interferenzmaximum (222) des Diamants, dessen Strukturfaktor gleich Null ist.

Mehrfachkoinzidenzen →Koinzidenzschaltungen.

Mehrfachprozesse (*plurale Prozesse*) →Austauschkraft zwischen Elementarteilchen.

Mehrfachpunkt →koexistierende Phasen.

Mehrfachreflexionen in der Ionosphäre. Bei den Echolotungen treten neben den Echos, die einmal an der Ionosphäre reflektiert sind, auch solche auf, die mehrmals zwischen Erde und Ionosphäre hin- und hergelaufen sind. Ihre Laufzeiten sind ganzzahlige Vielfache der Laufzeiten der Einfachreflexionen. Wie viele derartige Echos beobachtet werden können, hängt — abgesehen von den technischen Eigenschaften der Geräte — von der Dämpfung ab, welche die Welle in der Ionosphäre erleidet. Die Erde muß dabei als nahezu vollkommener Reflektor betrachtet werden. Die Zahl der Reflexionen ist ein einfaches Maß für die Dämpfung in der Ionosphäre.

Mehrfachselektivität →Photokathoden I.

Mehrfachwege elektrischer Wellen →Ausbreitung elektrischer Wellen.

Mehrgitterröhren sind Elektronensteuerröhren mit einer Mehrzahl gitterförmiger Elektroden zwischen Glühkathode und Anode. Ihre Hauptvertreter sind einerseits die →*Raumladungsröhren*, andererseits die →*Schirm-* oder *Schutzgitterröhren* (*Tetroden*) und die →*Pentoden*. Letztere haben gegenüber der Triode den Vorteil eines hohen Innenwiderstandes, großen Verstärkungsfaktors und kleiner Gitteranodenkapazität. Daher beeinträchtigten sie im Gegensatz zu Trioden in Verbindung mit hochwertigen Schwingkreisen die Dämpfung und Selektion nur unwesentlich. Als →Endröhren haben sie einen kleineren Gitterspannungsbedarf und größeren Wirkungsgrad.

Mehrgitterröhren in Form der Hexoden, Heptoden und Oktoden haben als *Doppelsteuer*-→*Mischröhren* für Überlagerungsempfang Bedeutung erlangt. Gegenüber den Pentoden und Raumladungsröhren haben sie den Vorteil, zwei durch ein positives Gitter entkoppelte Steuergitter zu besitzen, allerdings auch den Nachteil größeren Stromverteilungsrauschens.

Rothe, H., u. *W. Kleen:* Grundl. u. Kennlinien d. Elektronenröhren. Leipzig 1948.

Mehrkörperkräfte im Atomkern. Bei einem mechanischen System von n Teilchen wie beim Atomkern wird allgemein angenommen, daß zwischen den Teilchen nur Zweikörperkräfte herrschen, so daß die Gesamtwechselwirkung in der Form $\sum_{i<k}^{n} V(\mathfrak{r}_i, \mathfrak{r}_k)$ darstellbar ist. Die Annahme von Mehrkörperkräften, etwa von Dreikörperkräften, würde einem Ansatz $\sum_{i<j<k} V(\mathfrak{r}_i, \mathfrak{r}_j, \mathfrak{r}_k)$ für die Gesamtwechselwirkung entsprechen. Die Ursache solcher Mehrkörperkräfte im Kern dürfte nach der Mesonentheorie der Kernkräfte darin zu suchen sein, daß beim Mesonenaustausch zwischen den Nukleonen mehr als zwei Nukleonen beteiligt sind. Das zwischen zwei Nukleonen auszutauschende Quant kann über ein drittes, evtl. erst über eine Kette von weiteren Nukleonen zurückkehren. Die Größe der Mehrkörperkräfte ist wegen der Konvergenzschwierigkeiten unbekannt. Sie braucht bei der Mesonenwechselwirkung zwischen Nukleonen nicht extrem klein zu sein.

Solche Mehrkörperkräfte fallen bei schweren Kernen besonders ins Gewicht und können dort die relativ großen Massendefekte erklären. →Kernkräfte.

Heisenberg, W.: Vortr. über Kosm. Strahlung. Berlin 1943.

Mehrkörperproblem, die Aufgabe, die Bewegung von n frei beweglichen Massenpunkten zu ermitteln, wenn zwischen je zweien derselben eine dem Kraftgesetz $|\mathfrak{K}| \sim 1/r^2$ gehorchende Kraft wirkt. Vorgegeben ist dabei die Lage und Geschwindigkeit jedes einzelnen Massenpunktes in einem Zeitpunkt $t = t_0$. Eine derartige Aufgabe tritt z. B. bei der Berechnung der Bewegung der Planeten auf; ein analoges elektrisches Mehrkörperproblem stellt die Behandlung eines Mehrelektronensystems der Atomphysik dar. Das Mehrkörperproblem ist insofern berühmt, als es trotz aller Anstrengungen bisher nicht gelang, es mit den bekannten Methoden und Hilfsmitteln der Analysis *allgemein*, d.h. für *beliebige* Werte von n streng zu lösen. Für den Sonderfall $n = 2$ (*Zweikörperproblem*) bietet die Aufgabe keine besonderen Schwierigkeiten und findet sich in jedem Lehrbuch der theoretischen Physik als *Kepler-Problem*. Für $n > 2$ gelang eine geschlossene Lösung nur unter vereinfachenden Voraussetzungen, insbesondere über die relative Anfangslage der n Massen. So hat *Lagrange* 1772 bewiesen, daß das Dreikörperproblem streng lösbar ist, wenn die drei Massen anfänglich ein gleichseitiges Dreieck bilden und dieses sich während der Bewegung stets ähnlich bleibt. Unter einer ähnlichen Einschränkung läßt sich das Mehrkörperproblem auch für beliebiges n streng lösen. Bei n gleichen Massen müssen diese ein reguläres n-Eck bilden (Lösung der äquidistanten n-Eckpunkte), für untereinander verschiedene Massen ist das n-Eck im allgemeinen nicht regulär. Die Lösung für beliebiges n bei nicht spezieller Anfangslage kann nur genähert ermittelt werden, wozu die Hilfsmittel der →Störungstheorie verhelfen.

Hamel, G.: Theoret. Mechanik. Berlin 1949. — *Pöschl, Th.:* Analyt. Mechanik. Wiesbaden 1948.

Mehrphasen-Wechselstrom. Ordnet man n voneinander isolierte Wicklungen in gleichem Winkelabstand kreisförmig an und läßt zwischen ihnen einen Magneten mit der Winkelgeschwindigkeit ω rotieren, so wird in jeder Wicklung eine Spannung induziert. Bei gleicher Dimensionierung sind ihre Spannungen und Frequenzen gleich. Bei dem Winkelabstand der Spulen von $2\pi/n$ ergeben sich für die Spannungen

$$U_1 = U \sin \omega t; \quad U_2 = U \sin\left(\omega t - \frac{2\pi}{n}\right);$$

$$\ldots\ldots\ldots\ldots \quad U_n = U \sin\left(\omega t - (n-1)\,\frac{2\pi}{n}\right).$$

Die Kombination einer Anzahl derartiger Einphasen-Wechselstromsysteme, die elektrisch und magnetisch miteinander verkettet sind, bezeichnet man als Mehrphasen-Wechselstrom.

Neben dem Zweiphasen-Wechselstrom hat nur der dreiphasige Wechselstrom praktische Bedeutung erlangt. Gegenüber dem Einphasen-Wechselstrom weisen die Mehrphasensysteme zwei große Vorteile auf: Einfachheit in der Kraftübertragung und in der Herstellung eines Drehfeldes.

Vidmar, M.: Vorl. über d. wissensch. Grundl. d. Elektrotechnik. Berlin 1928. — *Oberdorfer, G.:* Lehrb. d. Elektrotechnik. München 1948.

Mehrzeitige Theorie. In der Quantenelektrodynamik kann man das elektromagnetische Feld plus Elektronen in der Form behandeln, daß man das Feld quantisiert und die Dirac-Gleichung für n Elektronen hinzufügt. Als Hamilton-Operator benutzt man dann $H = H_0 + \sum_n H_n$, wobei H_0 der Hamilton-Operator des Vakuumfeldes $H_0 = \frac{1}{8\pi}\int(\mathfrak{E}^2 + \mathfrak{H}^2)\,dx\,dy\,dz$ und $H_n = m c^2 \beta_n + c\left(\vec{\alpha}_n, \mathfrak{p}_n - \frac{e}{c}\mathfrak{A}(\nu_n)\right) - e\varphi(\nu_n)$ mit $\mathfrak{A}$ und φ als Vektor- und Skalarpotential, α_n und β_n die Diracschen Matrizen für das n-te Elektron und $\mathfrak{p}_n = \frac{\hbar}{i}\,\mathrm{grad}_n$ (zu differentiieren nach den Koordinaten des n-ten Elektrons) sind. Damit die relativistische Invarianz dieser Theorie besser zur Geltung kommt, liegt es nahe, neben den Orten $\mathfrak{r}_n$ der n Elektronen statt der einen Zeit t, die in der Schrödinger-Gleichung $-\frac{\hbar}{i}\Phi' = H\Phi$ auftritt, auch mehrere Partikelzeiten t_n einzuführen. Dies geschieht in der mehrzeitigen Theorie, die dann statt der einen Schrödinger-Gleichung $-\frac{\hbar}{i}\dot{\Phi} = H\Phi$ die Gleichungen $-\frac{\hbar}{i}\frac{\partial\Phi}{\partial t_n} = H_n\Phi$ benutzt, wobei allerdings H_n für $\mathfrak{A}$ und φ die zeitabhängigen Operatoren $\mathfrak{A}(\mathfrak{r}_n, t_n)$, $\varphi(\mathfrak{r}_n, t_n)$ mit $\mathfrak{A}(\mathfrak{r}, t) = e^{\frac{i}{\hbar}H_0 t}\,\mathfrak{A}(\mathfrak{r})\,e^{-\frac{i}{\hbar}H_0 t}$, $\varphi(\mathfrak{r}, t) = e^{\frac{i}{\hbar}H_0 t}\,\varphi(\mathfrak{r})\,e^{-\frac{i}{\hbar}H_0 t}$ zu benutzen sind.

Der mehrzeitige Formalismus ist nur für solche Raum-Zeit-Punkte (Weltpunkte) $\mathfrak{r}_n, t_n$ verwendbar, die raumartig zueinander liegen, für die also $(\mathfrak{r}_n - \mathfrak{r}_{n'})^2 - c^2(t_n - t_{n'})^2 > 0$ ist. Er ist dann auch auf den Fall übertragen worden, wo sowohl das elektromagnetische wie das Elektronenwellenfeld gequantelt worden. Es wird dann statt der Zeit t eine Feldfunktion $t(\mathfrak{r})$ eingeführt. Die Schrödinger-Gleichung $\frac{\hbar}{i}\frac{\partial\Phi}{\partial t} = H\Phi$ geht dann über in $-\frac{\hbar}{i}\frac{\delta\Phi}{\delta t} = H^{(1)}\Phi$, wobei Φ als Funktional von $t(\mathfrak{r})$ aufzufassen ist, $\delta\Phi/\delta t$ die Variationsableitung dieses Funktionals und $H^{(1)}$ die Hamiltonsche Dichte mit $H^{(1)} = \int H^{(1)} dx\,dy\,dz$ bedeuten, wobei $H^{(1)}$ das Wechselwirkungsglied zwischen elektromagnetischem und Elektronenwellenfeld ist.

Meidinger-Element, eine Abart des →Daniell-Elements.

Meile. Man unterscheidet *geographische* und *Seemeile.* Beide Meilenarten schwanken in ihren Werten in den einzelnen Ländern. International ist die geographische Meile als der 1350. Teil des Äquatorquadranten $Q_{\text{♁}}^{Ae}$ (entsprechend 4 Bogenminuten auf dem Äquator) und die Seemeile als der 5400. Teil des Meridianquadranten $Q_{\text{♁}}^{Me}$ (entsprechend 1 Bogenminute auf einem Erdlängenmeridian) definiert. Auf der Erd-Normbezugsfläche der Union Géodésique et Géophysique vom Jahre 1924 (→Hayfordsches Rotationsellipsoid) beträgt $Q_{\text{♁}}^{Ae} = 10019{,}148$ km und $Q_{\text{♁}}^{Me} = 10002{,}288$ km, während sich nach *Berroth* (1943) als Mittelwerte aus verschiedenen Beobachtungen der Erdkonstanten $Q_{\text{♁}}^{Ae} = 10019{,}13 \pm 0{,}08$ km und $Q_{\text{♁}}^{Me} = 10002{,}29 \pm 0{,}08$ km ergeben. Die Umrechnungsbeziehungen für die beiden Meilen zum Meter lauten also: unter Zugrundelegung der Normbezugsfläche der →Erdfigur: 1 geogr. Meile = 7,421591 km und 1 Seemeile = 1,852276 km, mit den Berrothschen Mittelwerten: 1 geogr. Meile = $7{,}42158 \pm 0{,}00006$ km und 1 Seemeile = $1{,}85228 \pm 0{,}00002$ km. In Großbritannien und den USA wird als Seemeile meist die nautical mile benutzt (→mile).

Meissner-Effekt. Die phänomenologische Theorie der Supraleitung von *Lippmann* (1919) betrachtete diese als Leiter mit unendlich großer elektrischer Leitfähigkeit. Die Maxwellsche Elektrodynamik führt unter dieser Annahme zu der wichtigen Folgerung: Das Innere eines Supraleiters ist gegen den Außenraum elektromagnetisch völlig abgeschirmt. Bringt man ihn in ein statisches Magnetfeld, so bleibt das Innere feldfrei. Dies haben direkte Ausmessungen des Feldes bestätigt. Das Ergebnis dieses Versuches sollte aber anders ausfallen, wenn man den Körper oberhalb der Sprungtemperatur in das Magnetfeld bringt und ihn dann durch Abkühlung supraleitend macht. In diesem Fall soll das Magnetfeld ungestört durch den Supraleiter hindurchgehen. Das Experiment widerlegte eindeutig diese Aussage, indem es den sog. Meissner-Effekt ergab (*W. Meissner* 1933), wonach das Innere eines hinreichend dicken Supraleiters stets magnetfeldfrei bleibt. Sowohl die Thermodynamik der Supraleiter als auch die London-von Lauesche Erweiterung der Maxwellschen Elektrodynamik auf Supraleiter fußen letzten Endes auf dem Meissner-Effekt der Feldverdrängung.

Meissner-Ochsenfeld-Effekt = →Meissner-Effekt.

Melde-Versuch →Saitenschwingungen.

Meldometer, ein Gerät zur Bestimmung hoher Schmelztemperaturen. Es besteht im wesentlichen aus einem etwa 10 cm langen und 1 mm breiten Platinband, das elektrisch regulierbar geheizt und dessen Temperaturänderung mikrometrisch nach der Verlängerung beurteilt wird.

Membrangleichgewicht, -potential, tritt am Stoffsystem Lösung/Membran/Lösung auf und wird bestimmt durch die Durchlässigkeit der Membran für die verschiedenen in den Lösungen enthaltenen Ionenarten. Es entsteht also unter ähnlichen Bedingungen wie das →Diffusions-Potential. Im Grenzfall kann es zur *vollkommenen* Hemmung einer Ionenart durch die Membran kommen. Das *elektrochemische Gleichgewicht* an einer Membran ist wie bei der Einstellung der →Galvani-Spannung an der Phasengrenze Metall/Lösung gekennzeichnet durch die Gleichheit der elektrochemischen Potentiale der durchtrittsfähigen Ionen. Nach dem um ihre Klärung besonders verdienten Forscher werden die Membranpotentiale auch *Donnan-Potentiale* genannt. Von Bedeutung sind sie vor allem für die Deutung elektrobiologischer Vorgänge. Als ein Membranpotential kann auch die →Glaselektrode aufgefaßt werden.

Donnan, F. G., u. *E. A. Guggenheim:* Z. phys. Chem. Abt. A **162**, 346 (1932). — *Bolam, T. R.:* Die Donnan-Gleichgewichte u. ihre Anwendung auf chem., physiol. u. techn. Prozesse. Dresden u. Leipzig 1934.

Membranmanometer. Bei diesem Manometer wird die Deformation eines Teiles der Wand des

Vakuumraumes zur Druckmessung ausgenutzt. Die Abb. zeigt eine der gebräuchlichsten Formen dieser Vakuummeter als *Bourdon-Röhre*, bei der

Membranmanometer.

die Deformation eines abgeplatteten, gebogenen Rohres zur Vakuummessung benutzt wird.

Membranschwingungen. Eine dünne, nicht biegungssteife Membran hat Eigenschwingungen, deren Frequenzen — im Gegensatz zu denen einer schwingenden Saite — nicht in rationalem Verhältnis zueinander stehen. Die Verhältniszahlen hängen nur von der Berandungsform der Membran, nicht aber von ihrer Spannung ab. Wenn die Membran in Luft schwingt, können wegen der beträchtlichen Dämpfung auch Schwingungen, deren Frequenz weitab von einer Eigenfrequenz liegt, mit merklicher Amplitude erzwungen werden. Ferner →Musikinstrumente.

Courant, R., u. *D. Hilbert:* Methoden d. math. Physik I. Berlin 1931. — *Wagner, K. W.:* Einführung in die Lehre von den Schwingungen u. Wellen. Wiesbaden 1947.

Menge, ein von *G. Cantor* in die Mathematik eingeführter Begriff, der als eine Gesamtheit von untereinander unterscheidbaren Objekten, den *Elementen* der Menge, erklärt wird, wobei jedes von ihnen die Eigenschaft besitzen muß, daß darüber entschieden werden kann, ob es zur Menge gehört oder nicht. Beispiele von Mengen sind etwa alle zwischen 1 und 1000 liegenden Quadratzahlen: $\mathfrak{M}_1\{1, 4, 9, \ldots, 961\}$, die Gesamtheit aller durch 7 teilbaren Zahlen: $\mathfrak{M}_2\{7, 14, 21, \ldots\}$, die Gesamtheit aller natürlichen Zahlen: $\mathfrak{M}_3\{1, 2, 3, \ldots\}$. Genauer stellt $\mathfrak{M}_1$ ein Beispiel für eine *endliche*, $\mathfrak{M}_2$ ein solches für eine *unendliche* Menge dar, als welche man solche bezeichnet, die eine endliche bzw. unendliche Anzahl von Elementen besitzen. Bei unendlichen Mengen unterscheidet man zwischen *abzählbaren* und *nichtabzählbaren* Mengen. Man versteht dabei unter ersteren solche Mengen, deren Elemente man in eindeutiger Weise der Menge der natürlichen Zahlen (also der oben angeführten Menge $\mathfrak{M}_3$) zuordnen kann oder, wie man es auch ausdrückt: deren Elemente man *numerieren* kann. Von den obengenannten Mengen sind $\mathfrak{M}_1$ und $\mathfrak{M}_2$ abzählbar, ferner stellt etwa die unendliche Menge aller Primzahlen: $\mathfrak{M}\{p_i\}$ eine abzählbare Menge dar. Auch die Menge aller rationalen Zahlen, wie auch die Menge aller algebraischen Zahlen sind abzählbar, dagegen kommt der Menge aller reellen Zahlen Abzählbarkeit nicht zu. Das Problem, die Eigenschaften von Mengen zu ermitteln, ist die Aufgabe der *Mengentheorie* oder *Mengenlehre*. Die Elemente dieser Disziplin finden sich in den einführenden Kapiteln der größeren Werke über Differential- und Integralrechnung.

Kamke, E.: Mengenlehre. Samml. Göschen 999. Berlin 1947. *Fraenkel, A.:* Einl. in die Mengenlehre. Berlin 1928.

Mengenfeuchtigkeit →Feuchtigkeit.

Mengenprodukt →Durchschnitt.

Meniskus, die infolge der Oberflächenspannung mehr oder minder gekrümmte Oberfläche einer Flüssigkeit in einer Röhre, besonders ausgeprägt in Kapillaren. Er ist bei Benetzung konkav, bei Nichtbenetzung konvex und kann in nicht allzu weiten Kapillaren bei vollständiger Benetzung oder Nichtbenetzung mit meist genügender Genauigkeit als halbkugelförmig angenommen werden. — Ferner →Meniskuslinse.

Meniskuslinse, eine Linse, deren eine Fläche konvex, deren andere Fläche konkav ist. Es gibt →sammelnde und →zerstreuende Meniskuslinsen. Eine dicke Meniskuslinse mit zwei gleich stark gekrümmten Flächen hat vermöge ihrer Dicke eine endliche Brechkraft. Sie bildet die Urform der photographischen →Anastigmate, weil sie die Eigenschaft hat, von ebenen Objekten auch ebene Bilder zu liefern (Höeghscher Meniskus). Eine verbreitete Anwendung der Meniskuslinse ist das →punktuell abbildende Brillenglas.

Mensuren, a) allgemein: charakteristische Maßbeziehungen bei Musikinstrumenten, die für den Vergleich der Instrumente untereinander wesentlich sind, z. B. Tastenmaße, Durchmesser und Länge von Blasinstrumenten, Griffbrett-Teilungen u. ä; b) speziell: alle Maßprogressionen, die die Tonhöhe und Klangfarbe der Schwingungserzeuger bei Tasteninstrumenten (Klavier, Cembalo, Orgel) bestimmen. Nach Mensuren werden entwickelt: Saitenlänge, Saitendurchmesser (bzw. -masse), Größe und Gewicht der Hammerköpfe; bei der Orgel: Pfeifenlänge, Pfeifendurchmesser, Wandstärke, Abmessungen des Pfeifenmauls, Zungenbreite und -dicke, Bechermaße, Windmenge. Wichtigste Mensuren bei labialen Orgelpfeifen: 1. Länge: Oktavverhältnis 2 : 1 (→Mündungskorrektion); 2. Durchmesser: Oktavverhältnis $\sqrt[4]{8} : 1$ (1,68 : 1) = „Normalmensur“, ergibt bei offenen Pfeifen mittlerer Weite angenähert gleichbleibende Klangfarbe für jede Tonhöhenlage (z. B. Pfeife *B* hat 168 mm ⌀, $b^0 \sim 100$ mm ⌀, $b^1 \sim 59{,}5$ mm ⌀ usw.). Variable Mensuren sind solche, bei denen sich im Verlauf der Pfeifenreihe eines Registers das Oktavverhältnis ändert (→Orgel).

Mahrenholz, Chr.: Die Orgelregister. Kassel 1930. Die Berechnung der Orgelpfeifenmensuren. Kassel 1938.

Mercalli-Skala →Erdbeben.

Meridiankreis, astronomisches Beobachtungsinstrument, das hauptsächlich zur Festlegung der Örter der helleren Sterne dient. Man beobachtet in einem visuellen Fernrohr, das um eine horizontale Ost-West-Achse drehbar gelagert ist, die Zeit und die Zenitdistanz des Durchgangs der Fixsterne durch den Meridian. Die an einer nach Sternzeit gehenden astronomischen Uhr mit Hilfe eines Chronographen gemessene Durchgangszeit ist die Rektaszension des Sternes; aus der Zenitdistanz *z*, die an einem mit dem Fernrohr fest verbundenen Teilkreis abgelesen wird, folgt nach

Anbringung der Korrektion für →Refraktion die Deklination $\delta = \varphi - z$ (φ die geographische Breite des Beobachtungsorts). Die für Durchgangszeit und Zenitdistanz erhaltenen Ablesungen sind noch wegen der Aufstellungsfehler des Instruments zu korrigieren. Diese Fehler — Neigung der Drehachse und ihre Abweichung von der Ost-West-Richtung, Abweichung des Winkels zwischen Fernrohrachse und Drehachse von 90°, Biegung des Fernrohrs — müssen durch geeignete Beobachtungen während einer Meßreihe laufend bestimmt werden. Zur Ausschaltung der Auffassungsunterschiede bei der Beobachtung der Durchgangszeit (persönliche Gleichung) dient das unpersönliche Mikrometer, bei dem ein kleines Uhrwerk das

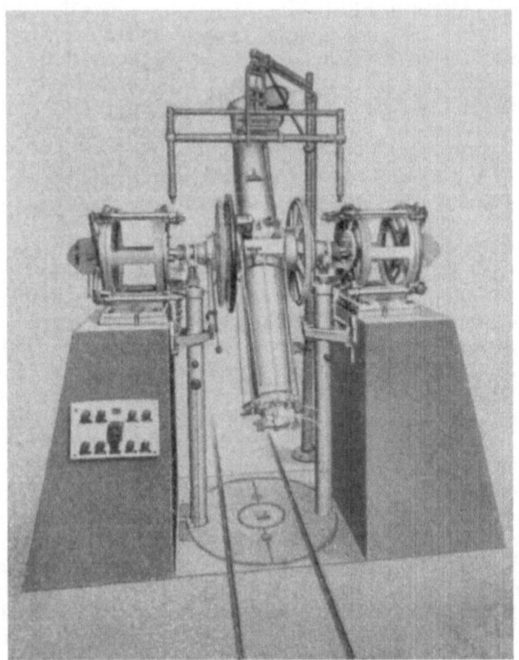

Meridiankreis mit Umlegevorrichtung und Libelle. Die 2×4 Mikroskope zur Ablesung der Teilkreise sind mit einer photographischen Registriereinrichtung verbunden.

Fadenkreuz der Bewegung des Sterns durch das Gesichtsfeld automatisch nachführt und über eine Kontaktwalze die Durchgangszeiten auf den Chronographen gibt. Der Beobachter braucht nur den Stern mit einer Korrekturschraube sorgfältig auf dem Fadenkreuz zu halten. Die Ablesung der Zenitdistanz am Teilkreis ist bei neueren Instrumenten durch photographische Registrierung automatisiert. Man hat auch versucht, Meridiandurchgänge von Sternen photoelektrisch zu erfassen.

Ein Meridianinstrument ohne Teilkreis zur δ-Bestimmung, mit dem sich nur die Zeiten des Meridiandurchgangs bestimmen lassen, wird als *Durchgangs-* oder *Passageinstrument* bezeichnet. Es wird hauptsächlich zur Zeitbestimmung mit Hilfe von Sternen genau bekannter Rektaszension benutzt.

Meridianmessung mit dem Kreisel. *M. Schuler* versuchte mit einem Kreisel, der in der horizontalen Ebene möglichst reibungsfrei schwingt, die Richtung des Meridians und damit die Richtung der horizontalen Komponente der Erddrehung möglichst genau zu messen (Abb.). Der Kreisel K wird durch einen Drehstrommotor E auf 19000 Umdrehungen in der Minute gebracht. Die Antriebsfrequenz des Drehstromes und damit auch die Tourenzahl des Kreisels wird möglichst konstant

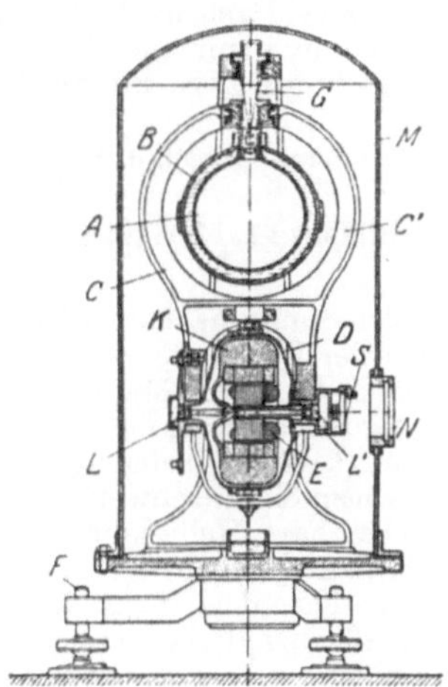

Meridianmessung mit dem Kreisel.

gehalten. Der Kreisel ist in die Kappe D eingeschlossen, damit keine Gaswirbel die Messung stören, und durch die Bügel C mit der Kugel A verbunden, die in Quecksilber schwimmt. Dadurch ist eine fast reibungsfreie Aufhängung (nach *Anschütz-Kaempfe*) geschaffen. Der Schwerpunkt des Systems ist so justiert, daß die Kreiselachse genau horizontal liegt. Die Richtung der Kreiselachse wird mit einem Theodoliten über den Spiegel S abgelesen, der an der Kreiselkappe angebracht ist. Der ganze Apparat ist luftdicht unter einer Glocke M untergebracht, die mit Wasserstoff gefüllt ist. Dadurch werden einerseits alle aerodynamischen Verluste und Fehler auf den zehnten Teil verkleinert und andererseits durch die gute Wärmeleitung des Wasserstoffes größere Temperaturdifferenzen in dem Apparat vermieden.

Der Kreisel macht unter dem Coriolis-Moment der Erddrehung Schwingungen um den Meridian, die bei der kleinen Reibung der Aufhängung nie zur Ruhe kommen. Die Umkehrpunkte dieser Schwingungen wurden beobachtet. Daraus wurde der vom Kreisel angezeigte Meridian berechnet und mit dem astronomischen Meridian verglichen. Die erste Meßreihe ergab eine Abweichung von 6 Bogensekunden, die zweite Meßreihe von 14 Bogensekunden. In beiden Fällen war das Nordende der Kreiselachse nach Westen verdreht. Dagegen betrug der mittlere Fehler einer Meßreihe nur 1,5 Bogensekunden. Die kleinen Unterschiede zwischen Kreiselmeridian und astronomischem Meridian wurden als Kollimationsfehler gedeutet. Die Genauigkeit dieser Messungen betrug etwa das 200fache der früheren Messungen.

Schuler, M.: Eine Kreiselmessung zur Bestimmung der Erdachse, Föppl-Festschrift, Berlin 1924. Der Kreisel als Richtungsweiser, Z. Geophys. 1, Heft 1/2, 1925. Die theoret. Grundl. d. Vermessungskreisels. Mitt. Markscheidew. 1922.

Meridianweiser oder *Vermessungskreisel*, ein Kreiselkompaß, der möglichst genau justiert ist, so daß man bei fester Aufstellung des Instrumentes den geographischen Meridian für Vermessungszwecke genügend genau bestimmen kann. Die Arbeiten schließen an die →Meridianmessungen mit dem Kreisel von *Schuler* an. Die heute erreichte Genauigkeit beträgt etwa eine Bogenminute. Das Instrument ist besonders wichtig für den Bergbau, weil unter Tage keine unmittelbare Bestimmung des Meridians nach dem Polarstern vorgenommen werden kann und die Weisung des Magnetkompasses unter Tage für die Vermessung zu ungenau ist.

Schuler, M.: Die theoret. Grundl. d. Vermessungskreisels. Mitt. Markscheidew. 1922.

Meridionaler Bildpunkt, Meridionalschnitt →Abbildungsfehler.

Merkur, der der Sonne nächste Planet; mittlere Entfernung von der Sonne $58 \cdot 10^6$ km, Umlaufszeit um die Sonne 88 Tage, Masse nur 0,04 Erdmassen, Äquatordurchmesser 4770 km, mittlere Dichte $3{,}8\ \mathrm{g \cdot cm^{-3}}$. Wegen seiner großen Sonnennähe ist er im allgemeinen schwer zu beobachten, obwohl seine scheinbare Helligkeit nahezu die des Sirius erreichen kann. Die Frage nach der Rotationszeit und der Achsenlage des Planeten ist noch offen, da regelmäßig wiederkehrende Einzelheiten auf seiner Oberfläche nicht zu erkennen sind und die spektroskopische Messung der Rotation bei Merkur bis jetzt versagt hat. Seine →Albedo und seine sehr steile Phasenkurve weisen auf eine Oberfläche hin, die der unseres Mondes sehr ähnlich ist. Spektroskopische und auch alle sonstigen Beobachtungen lassen keine Spur einer Atmosphäre erkennen; das Spektrum ist vollkommen identisch mit dem der Sonne. Er hat keinen Satelliten.

Newcomb-Engelmann: Populäre Astronomie. Leipzig 1949.

Meroedrie. Als meroedrisch wird jede Kristallklasse bezeichnet, deren allgemeine Formen nur die Hälfte oder ein Viertel der Flächenzahl aufweisen, welche der *Holoedrie* oder holoedrischen Klasse des gleichen Kristallsystems zukommt. Ist die Flächenzahl die Hälfte derjenigen der holoedrischen Form, so liegt *Hemimorphie* oder eine *hemimorphe* Klasse vor, wenn ihre Hauptachse polar ist, und in allen übrigen Fällen *Hemiedrie* oder eine *hemiedrische* Klasse. Beträgt die Anzahl der Flächen ein Viertel der der holoedrischen Form, so spricht man von *Tetartoedrie* oder *tetartoedrischer* Klasse. Hemimorphe Klassen sind: 2, $2n$, $3n$, $4n$, $6n$, hemiedrische: 1, n, 22, $3i$, 32, $\bar{4}2$, $4i$, 42, $32m$, $6i$, 62, $23i$, $23n$ und 43, tetartoedrische: 3, $\bar{4}$, 4, $3m$, 6, 23. In manchen Nomenklaturen werden alle 12 Klassen mit einer 3- oder 6zähligen Symmetrieachse zu einem hexagonalen System verbunden; dann ist die Klasse 3 eine *Ogdoedrie* mit einem Achtel der Flächen der holoedrischen Form, $3i$, 32 und $3n$ werden zu Tetartoedrien und $32i$ zur Hemiedrie dieses hexagonalen Systems.

Meromorphe Funktionen sind solche, die im Endlichen außer Polen keine Singularitäten besitzen. Das Verhalten der Funktion im Unendlichen ist dabei ohne Belang. Beispiel einer meromorphen Funktion: $y = 1/\sin z$. Sie besitzt nur an den Stellen $z = m\pi$ ($m = 0, 1, 2, \ldots$) Pole (und zwar einfache), weil dort der Nenner verschwindet: $\sin m\pi = 0$.

Knopp, K.: Funktionentheorie. Samml. Göschen 703. Berlin 1944. — *Hurwitz-Courant:* Funktionentheorie. Berlin 1929.

Mesokolloide →Semikolloide.

Mesomerie →Resonanz, quantenmechanische.

Mesomorphe Phasen →kristalline Flüssigkeiten.

Meson, auch *Mesotron, Yukawa-Quant,* oder *Yukon, schweres Elektron* oder *Barytron,* bei neutralen Teilchen *Neutretto* genannt. Heute wird fast ausschließlich der Name Meson (neben Mesotron) gebraucht. Doch gibt es mehrere Mesonen, die durchaus verschiedenen Charakter zu haben scheinen, so daß eine Differenzierung der Namen möglich erscheint, um mit den speziellen Namen spezifische Eigenschaften hervorzuheben. Einstweilen faßt der Name Meson alle Teilchen zusammen, deren Masse zwischen denen von Elektron und Proton liegt.

Das Meson wurde 1935 von *Yukawa* zur Deutung der →Austauschkraft im Atomkern postuliert als ein geladenes oder auch neutrales Teilchen von etwa 200 bis 300 Elektronenmassen ($200-300\ m_e$), dem Spin 0 oder 1 und mit einer Lebensdauer von etwa 10^{-8} s. Es sollte den →Kemmerschen Wellengleichungen genügen. Es liegt nahe, unter Yukawa-Quanten oder Yukonen speziell diese Teilchen zu verstehen.

Anderson hat 1937 in der kosmischen Strahlung ein mittelschweres Teilchen von rund $200\ m_e$ entdeckt, das zunächst mit den Yukonen identifiziert worden ist. Doch hat sich inzwischen gezeigt, daß dieses heute als *μ-Meson* klassifizierte Teilchen von dem die Kernkräfte bestimmenden Meson verschieden ist. Das μ-Meson ist experimentell als durchdringendes Teilchen feststellbar, von der weichen Komponente der kosmischen Strahlung durch seine Fähigkeit unterschieden, bei nicht allzu kleiner Energie 10 cm Blei durchdringen zu können. Es ist ein instabiles Teilchen von etwa 215 Elektronenmassen ($215\ m_e$). Seine Lebensdauer beträgt $\tau = 1{,}2 \cdot 10^{-6}$ s. Es ist β-aktiv und zerfällt in ein Elektron und ein Neutrino. Es ist wahrscheinlich, daß — dem Restkern beim gewöhnlichen β-Zerfall entsprechend — noch ein neutrales Meson übrigbleibt (kontinuierliches β-Spektrum?). Positive μ-Mesonen sollten stets durch β-Zerfall verschwinden; bei negativen μ-Mesonen konkurriert der Zerfall mit dem Kerneinfang. Das negative Meson wird in diesem Fall zunächst abgebremst und ähnlich wie ein Elektron der K-Schale in die Atomhülle eingefangen (auf einer Bahn mit einem im Verhältnis der Massen kleineren Radius). Die Zeit zur Bremsung und zum Einfang in die K-Schale beträgt in der kondensierten Phase etwa 10^{-13} s und in der gasförmigen 10^{-9} s (*Fermi* und *Teller*). Durch Umwandlung eines Protons in ein Neutron kann das μ-Meson vom Atomkern absorbiert werden. Bei schweren Kernen tritt praktisch nur dieser Prozeß ein, bei leichten allein der Zerfall, bei mittelschweren konkurrieren beide.

Der beobachtete β-Zerfall ist mit *Yukawas* leitender Vorstellung im Einklang. Aber sowohl die relativ große Lebensdauer von 10^{-6} statt 10^{-8} s als auch die relativ schwache Wechselwirkung mit Nukleonen — auch beim Proton sollte der Kerneinfang um viele Zehnerpotenzen größer sein als der Zerfall — widersprechen der Hypothese. Auch der negative Ausfall des Versuches der künstlichen Erzeugung von μ-Mesonen bestätigt die geringe Wechselwirkung mit Nukleonen.

Die Entdeckung der *π-Mesonen* scheint eine Auflösung der Schwierigkeiten zu bringen. Das π-Meson ist 1947 von *Lattes, Occhialini* und *Powell* in mesonenempfindlichen photographischen Schichten beobachtet worden (→Zertrümmerungssterne). Es entstammt Kernprozessen und kann in eine zweite Mesonensorte geringerer Masse zerfallen. Das Massenverhältnis ist nach neuesten Angaben $m_\pi : m_\mu = 1{,}32$. Wenn wir das Zerfallsprodukt mit dem μ-Meson identifizieren, so ist die Masse des π-Mesons 286 m_e. Seine Lebensdauer wurde zu $(0{,}9 \pm 0{,}2) \cdot 10^{-8}$ s bestimmt. Der Zerfallspartner des π-Mesons ist wahrscheinlich ein Neutrino; die Zerfallsgleichung lautet also: $\pi \to \mu + \nu$. Jedenfalls sind γ-Quanten nicht beobachtet worden. Inzwischen konnten π-Mesonen im Berkeley-→Synchro-Zyklotron mit 300 MeV-Geschossen künstlich hergestellt werden. Danach zerfallen nur die positiven π-Mesonen. Die negativen π-Mesonen (σ-Mesonen s. u.) werden vom Kern eingefangen und lösen Kernprozesse aus. Es besteht also eine starke Wechselwirkung mit Nukleonen, welche auf direkte Prozesse folgender Art hinweisen: $p \to n + \pi^+$ und $n + \pi^+ \to p$ usf. Der erste Prozeß, der für die Erzeugung des π-Mesons wichtig ist, ist natürlich nur bei Energiezufuhr möglich. Diese Reaktionsgleichung spricht für ganzzahligen Spin der π-Mesonen. Wenn man noch die starke Wechselwirkung mit Nukleonen und ihre Lebensdauer von 10^{-8} s betrachtet, so ist die Identifizierung mit den Yukonen vom Spin 0 oder 1 naheliegend. In diesem Fall ergibt sich für μ-Mesonen aus dem π-Zerfall der Spin $^1/_2$. Doch ist diese Deutung vielleicht noch nicht ganz gesichert. Insbesondere macht das Verständnis des β-Zerfalls Schwierigkeiten. Jedenfalls wird neben dem Elektron und Neutrino ein dritter Zerfallspartner notwendig, ein neutrales Meson mit halbzahligem Spin. Den μ-Einfang kann man danach als indirekten Prozeß mit virtuellem Zwischenzustand gemäß folgender Reaktionsformel quantitativ verstehen: $p + \mu^- \to p + \pi^- + \nu \to n + \nu$.

In der Theorie der →kosmischen Strahlung und auch beim Mesonenzerfall spielt noch das hypothetische *neutrale Meson*, das *Neutretto*, eine gewisse Rolle. Es ist jetzt in der oberen Atmosphäre beobachtet worden und führt zur Entstehung von geladenen Mesonen und von Teilchen der weichen Komponente der kosmischen Strahlung. Gelegentlich ist es auch als unbeobachtbarer Begleiter des μ-Mesons beim Zerfall des π-Mesons vermutet worden. Doch spricht der gegenwärtige Wert 1,32 für das Massenverhältnis zwischen π- und μ-Meson gegen die Hypothese eines neutralen Mesons der Masse 100 m_e beim π-Zerfall. Auch unter den Zerfallsprodukten des μ-Mesons wird ein neutrales Teilchen vermutet.

Unter *σ-Mesonen* versteht man aus Kernprozessen stammende und Kernverdampfung auslösende geladene →Mesonen von etwa 300 Elektronenmassen, bei denen man keinen Zerfall beobachtet. Die meisten σ-Mesonen dürften negative π-Mesonen sein.

Mehrfach ist ein Meson der Masse 1000 m_e gemeldet, aber anscheinend noch zweifelhaft (→Elementarteilchen, Tafel).

Mit wachsender Zahl der Mesonen wird es problematisch, welche von ihnen wirklich Elementarteilchen und welche Verbundsysteme auf nuklearer oder gar auf elektromagnetischer Basis (Polyelektronen) sind. Nach unseren gegenwärtigen theoretischen Kenntnissen kann aber auch die Zahl der nach Masse und Spin sich unterscheidenden Elementarteilchen beträchtlich sein. Die meisten von ihnen sind instabil und wahrscheinlich sehr kurzlebig.

Wentzel, G.: Quantentheorie der Wellenfelder. Wien 1943. — *Heisenberg, K.:* Vortr. über Kosmische Strahlung. Berlin 1943. — *Marshak, R. E.:* Phys. Rev. **75**, 700 (1949). — *Bagge, E.:* Ursprung u. Eigenschaften d. kosmischen Strahlung. Ergebn. exakt. Naturwiss. **22**. Berlin 1949.

Mesonenfelder sind durch die Wellenfunktionen in den Wellengleichungen der →Mesonen bestimmt. Bisher sind nur die Wellengleichungen der hypothetischen Yukawa-Quanten bekannt, die wahrscheinlich mit den beobachteten π-Mesonen identisch sind. →Kemmersche Wellengleichungen. Die Feldauffassung der Mesonen ist besonders in der Mesonentheorie der Kernkräfte üblich.

Wentzel, G.: Quantentheorie d. Wellenfelder. Wien 1943.

Mesonenspektrum, das Massenspektrum der →Mesonen.

Mesonentheorie der Kernkräfte. Der Versuch, die Kernkräfte durch Felder darzustellen, wie man etwa die Coulombschen Kräfte durch das elektromagnetische Feld der Lichtquanten darstellt, führt hier zu Feldtheorien, welche Teilchen von endlicher Ruhmasse, →Mesonen, beschreiben, wenn sie die kurze Reichweite von etwa $2 \cdot 10^{-13}$ cm erklären sollen. Der einfachste derartige Zusammenhang hat nach *Yukawa* die folgende Form: Ein freies Teilchen mit der Ruhmasse μ, der Energie *E* und dem Impuls $\mathfrak{p}$ läßt sich durch die de Broglie-Welle

$$\psi = e^{\frac{i}{\hbar}(\mathfrak{p}\mathfrak{r} - Et)} \tag{1}$$

darstellen und genügt dem relativistischen Energiesatz

$$\left(\frac{E}{c}\right)^2 = \mathfrak{p}^2 + (\mu c)^2 \tag{2}$$

gerade dann, wenn das Feld ψ die Wellengleichung

$$\left(\Delta - \frac{\partial^2}{c^2\,\partial t^2}\right)\psi = \varkappa^2\psi \text{ mit } 1/\varkappa = \hbar/(\mu e) \tag{3}$$

befolgt, wie man sich durch Einsetzen von Gl. (1) in Gl. (3) leicht überzeugt.

Eine statische Lösung dieses Feldes muß $\Delta\psi = \varkappa^2\psi$ befriedigen und hat dann als kugelsymmetrische Lösung die Form $e^{-\varkappa r}/r$ mit $r = 0$ als singulärer Stelle. Nehmen wir daher die Wechselwirkung so an, daß die Nukleonen die singulären Stellen des Mesonenfeldes sein sollen — wie ja auch die Elektronen singuläre Stellen des elektrostatischen Feldes sind —, dann haben wir bereits ein geeignetes Wechselwirkungspotential, das *Yukawa-Potential*, das eine endliche Reichweite von $1/\varkappa$ hat, außerhalb derer es sehr schnell exponentiell verschwindet. Fordert man nach dem Experiment $1/\varkappa \approx 2 \cdot 10^{-13}$ cm, so erhält man für μ in der Tat größenordnungsmäßig 200—300 Elektronenmassen (→Meson).

Die genauere Theorie unterscheidet skalare und pseudoskalare, vektorielle und pseudovektorielle, geladene und neutrale Mesonenfelder, je nach den Transformationseigenschaften der angenommenen Wellenfunktionen ψ, und liefert in jedem Falle voneinander etwas abweichende Kernkräfte. Weiter schreibt man den Kernen nicht nur eine „mesonische Ladung“, sondern auch ein „mesonisches Dipolmoment" zu und führt diese Überlegungen im Formalismus der →Quantentheorie der Wellenfelder durch.

Die effektiv vorhandenen Kernkräfte scheinen sich aus einer Überlagerung dieser verschiedenen Mesonenfelder zusammenzusetzen, zu denen noch die Wirkung von bislang unbekannten Feldern noch schwererer Teilchen hinzuzukommen scheint, die das Potential insbesondere für kleine r entscheidend beeinflussen.

Pauli, W.: Meson Theory of Nuclear Forces. New York 1946.

Mesonische Ladung, mesonisches Moment →Mesonentheorie der Kernkräfte.

Mesothorium. 1. *Mesothorium I*, MsTh I, Glied der →Thoriumreihe, Isotop des Radiums, Kernladungszahl 88, Massenzahl 228; 1907 von *O. Hahn* entdeckt. Muttersubstanz: Thorium. Es zerfällt unter β-Strahlung mit einer Maximalenergie von 0,053 MeV und einer Halbwertzeit von 6,7 Jahren in MsTh II. 2. *Mesothorium II*, MsTh II, Glied der →Thoriumreihe, Isotop des Actiniums, Kernladungszahl 89, Massenzahl 228. Muttersubstanz: Mesothorium I. Es zerfällt mit einer Maximalenergie von 1,5 MeV und einer Halbwertzeit von 6,13 Stunden in Radiothor.

Meyer-Schweidler: Radioaktivität. Berlin-Leipzig 1927. — *Przibram, K.:* Radioaktivität. Samml. Göschen 317. Berlin u. Leipzig 1932.

Mesotron, ältere Bezeichnung für das →Meson.

Meso-Verbindungen nennt man Verbindungen, die mehrere asymmetrische Kohlenstoffatome enthalten, deren optische Aktivität einander entgegengesetzt gleich ist, so daß die Verbindung optisch inaktiv ist. Eine Meso-Verbindung stellt also ein drittes Isomer (→Isomerie) zu zwei optischen Antipoden dar und ist von deren racemischen Gemisch (→Racemat) wohl zu unterscheiden. Das bekannteste Beispiel Isomerer mit einer Meso-Verbindung sind die Rechts-Weinsäure, Links-Weinsäure und Meso-Wein- oder -Traubensäure, deren unterschiedliche Struktur folgendermaßen versinnbildlicht werden kann:

```
     COOH              COOH             COOH
      |                 |                |
  H—C—HO           OH—C—H           H—C—HO
      |                 |                |
 OH—C—H             H—C—HO          H—C—HO
      |                 |                |
     COOH              COOH             COOH
Rechts-Weinsäure  Links-Weinsäure   Meso-Weinsäure
```

Meßbrücken →Brückenschaltungen.

Meßfunkenstrecke. Da die Zündspannungen von Entladungsstrecken mit definiertem Aufbau, Gas und Gasdruck außerordentlich gut reproduzierbar sind, können sie zur *Spannungsmessung* benutzt werden. Zur einwandfreien Messung ist nötig: 1. Das Zündfeld darf nur durch die Elektroden bestimmt sein und nicht durch die Umgebung beeinflußt werden. Bei Funkenstrecken soll daher der Abstand klein gegen die seitliche Ausdehnung der Elektroden sein. 2. Der Entladeverzug muß bei Stoß- und Scheitelspannungsmessungen durch Bestrahlung aufgehoben werden. Hierfür genügt bei Gleich- und Wechselspannung kleiner Frequenz (bis 50 Hz) die natürliche Ionisation durch die kosmische Ultrastrahlung und die radioaktive Umgebungsstrahlung; sonst Bestrahlung mit UV (Photoeffekt). Überschlagsspannungen der am häufigsten benutzten Kugelfunkenstrecke in Abb. 1. Korrekturen wegen Luftfeuchtigkeit und Luftdichte sind noch anzubringen. Die Spitzen-

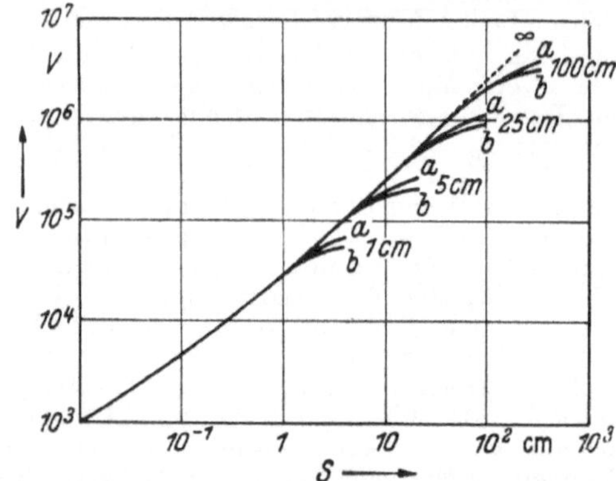

Abb. 1. Funkenspannung für ebene und kugelförmige Elektroden vom Radius 1, 5, 25 und 100 cm. *a* symmetrische Spannung gegen Erde, *b* eine Kugel geerdet, atmosphärische Luft 760 Torr und 20 °C, *s* Schlagweite. Nach *Frank*.

funkenstrecke (meist Spitze gegen Platte) hat vor der Kugelfunkenstrecke den Vorteil größerer Schlagweite, ist jedoch nur schlecht reproduzierbar (Abb. 2).

Zur Messung kurzzeitiger Spannungsstöße ist die Aufhebung des Entladeverzugs unbedingt notwendig. Bei Beanspruchungszeiten $< 10^{-6}$ s ist

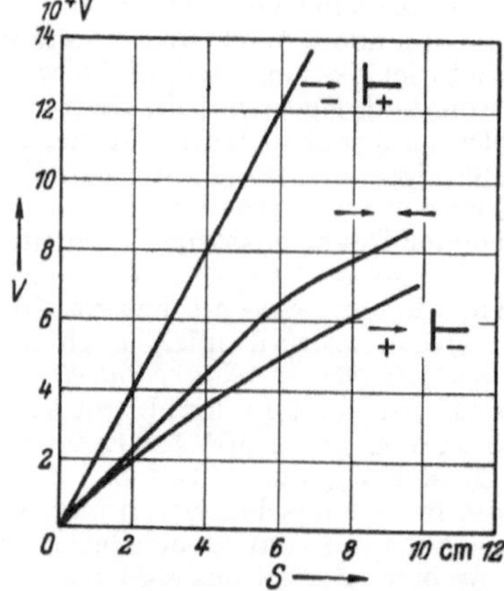

Abb. 2. Polaritätsunterschiede an der Spitzenfunkenstrecke nach *Marx*. Atmosphärische Luft, 760 Torr, 20 °C, relative Luftfeuchtigkeit 80%.

trotzdem eine höhere Spannung (Überspannung) als bei statischer Beanspruchung zum Durchschlag erforderlich. Hochfrequenz führt schon bei kleineren Spannungen zum Überschlag. Über Messung mit Gleitfunkenstrecken (Klydonograph) →Gleitentladung, →Funkenentladung.

Engel-Steenbeck: Elektr. Gasentladungen, II. Berlin 1934. — *Frank, J.:* Meßentladungsstrecken. 1931.

Meßgegenstand (*Meßobjekt, Meßling*) ist ein Körper, von dem eine Eigenschaft gemessen werden soll (DIN 1319).

Meßgeräte, elektrische, Klassifizierung. Durch die Regeln für Meßgeräte des Verbandes Deutscher Elektrotechniker (VDE 0410) sind entsprechend den zulässigen Anzeigefehlern in % des Skalenendwertes (→Anzeigefehler von Meßgeräten) die Klassen 0,2; 0,5; 1,0; 1,5 und 2,5 aufgestellt. Das Klassenzeichen wird auf dem Gerät angegeben. Über diese Fehlergrenzen hinaus ist eine Änderung des Anzeigefehlers um den dem Klassenzeichen entsprechenden Prozentsatz der Anzeige (nicht des Skalenendwertes) zugelassen:

bei einer *Temperaturänderung* um 10° gegenüber der Bezugstemperatur (20 °C),

bei einer *Frequenzänderung* um 10% der Nennfrequenz,

für Leistungsmesser bei einer *Spannungsänderung* von 20%.

Ferner darf der zusätzliche Anzeigefehler um den einfachen Betrag der Klassenfehlergrenze abweichen: bei einer Neigung des Gerätes um 5° aus der Gebrauchslage (*Lagefehler*) und bei *Vor-* und *Nebenwiderständen*, wenn sie nicht als zum Meßgerät gehörig gekennzeichnet sind. Ein Fremdfeld von 5 Gauß darf die Anzeige bei Drehspulgeräten um nicht mehr als 1,5%, bei allen anderen Geräten um nicht mehr als 3% ändern.

Für Elektrizitätszähler und Meßwandler sind Eichfehlergrenzen durch die von der PTR erlassene Eichordnung, Teil XV Meßgeräte für Elektrizität, in Prozenten der Nennwerte nach einer Fehlerformel festgesetzt. Für Gleichstromzähler, unmittelbar angeschlossene oder mit Meßwandlern als Ganzes zu prüfende Zähler für ein- oder mehrphasigen Wechselstrom betragen die Fehlergrenzen bei Nennlast 3%, für Meßwandlerzähler, die mit für sich geeichten Meßwandlern zusammengeschaltet werden, bei Nennlast 2%. Für Meßwandler sind entsprechend den bei den Nennwerten zugelassenen Fehlern in % die Klassen 0,1; 0,2 und 0,5 festgesetzt. Die Regeln des Verbandes Deutscher Elektrotechniker (VDE 0414) sehen ferner die nicht eichfähigen Klassen 1, 3 und 10 vor.

Meßgröße ist die zu messende Größe (z. B. Strom, Spannung, Kraft, Arbeit usw.) (DIN 1319).

Messier →Spiralnebel.

Meßkondensatoren sind geeichte Kapazitätsnormale, insbesondere Luft- oder Glimmerkondensatoren, für geringere Ansprüche an Genauigkeit, Konstanz und Verlustfreiheit auch Papier-, Glas- oder Ölkondensatoren. Veränderliche Meßkondensatoren werden als Stöpsel- oder Kurbelkondensatoren oder als Drehkondensatoren gebaut.

Handb. d. Physik XVI. Berlin 1927. — *Kohlrausch, F.*: Prakt. Physik II. Leipzig u. Berlin 1950.

Meßmaschinen dienen zur Vergleichung von Endmaßstäben (→Längenmessungen). Diese ruhen in Lagern auf einem soliden Unterbau und können schnell nacheinander zwischen einen festen und einen durch eine Schraube verschiebbaren Anschlag gebracht werden. Der bewegliche trägt ein Mikroskop, durch das man auf eine feste Skale neben dem Anschlag visiert und auf dieser die Längenunterschiede der Stäbe abliest. Der bewegliche Anschlag wird vielfach durch eine Meßschraube (→Mikrometerschraube) ersetzt.

Meßmaschinen sind meist mit einer Vorrichtung zur Regelung der Gleichmäßigkeit des Druckes auf die Endflächen der Maßstäbe versehen, z. B. eine mit dem festen Anschlag verbundene Sperrung, die bei einem gewissen Druck selbsttätig den Fall eines Körpers auslöst. Bei anderen Meßmaschinen drückt der feste Anschlag rückwärts auf ein Metallreservoir, welches mit Flüssigkeit gefüllt ist; diese steigt in einer Kapillare in die Höhe und zeigt den Druck an.

Bei neueren Meßmaschinen vermeidet man die mechanische Berührung mit dem beweglichen Anschlag. Man bringt den Maßstab gewissermaßen in eine Lehre mit konstanter Öffnung und ermittelt mit Hilfe von Interferenzerscheinungen die Anzahl Wellenlängen einer bestimmten Spektrallinie (→Interferenz-Längenmessung), um die das Endmaß kürzer ist als die Weite der Lehre. Aus dem Aussehen der Interferenzerscheinung gewinnt man zugleich ein Urteil darüber, ob die Endflächen des Maßstabes genügend plan geschliffen sind.

Meßmikroskop →Ablesemikroskop.

Meßschraube →Mikrometerschraube.

Meßtransformator →Meßwandler.

Messungsbegriff in der Quantenmechanik →Beobachtung, →statistische Deutung.

Meßverstärker, geeichter Verstärker zur Messung kleiner Spannungen und Ströme. Konstanter Verstärkungsgrad, Unabhängigkeit vom Röhrenwechsel und äußerst konstante, von Netzschwankungen unabhängige Röhrenspannungen sind notwendige Voraussetzungen. Sie werden je nach Anwendungs-

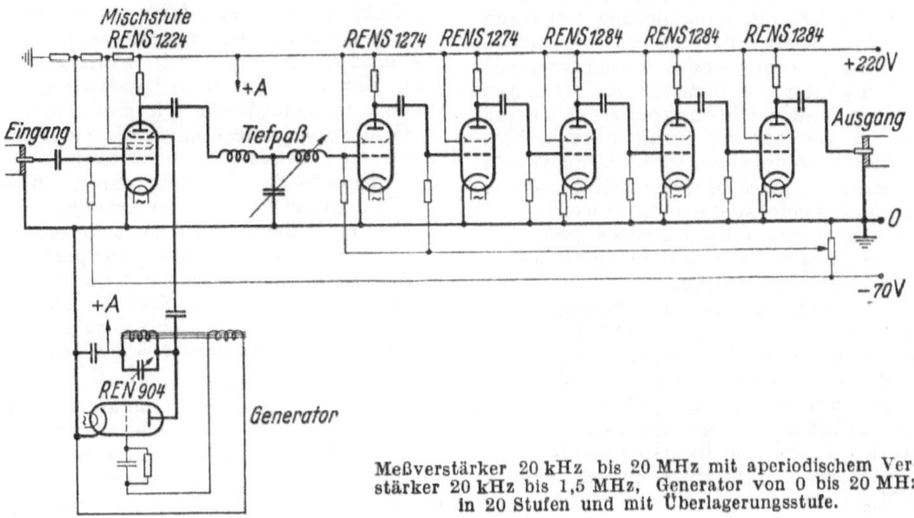

Meßverstärker 20 kHz bis 20 MHz mit aperiodischem Verstärker 20 kHz bis 1,5 MHz, Generator von 0 bis 20 MHz in 20 Stufen und mit Überlagerungsstufe.

zweck als abgestimmte Verstärker oder aperiodische Breitbandverstärker ausgeführt. Bei letzteren wird für große Frequenzbereiche vom Überlagerungsprinzip Gebrauch gemacht (Abb.). Bei aperiodischen Meßverstärkern liegt die niedrigste meßbare Spannung in der Größenordnung von 20 μV; abgestimmte Meßverstärker gestatten wegen des geringen Einflusses von Störspannungen benachbarter Frequenzen die Messung wesentlich kleinerer Spannungen.

Zinke, O.: Hochfrequenzmeßtechnik. 1947.

Meßwandler sind Transformatoren für die Erweiterung des Meßbereichs von elektrischen Meßgeräten, insbesondere von Elektrizitätszählern, Meßinstrumenten, Relais usw. in Hochspannungsnetzen. Meßtechnisch müssen die Meßwandler innerhalb einer vorgeschriebenen Fehlergrenze (→Meßgeräte, Klassifizierung) richtig sein; betriebsmäßig müssen sie die Isolierung der angeschlossenen Meßgeräte von der Hochspannung bewirken und dabei die erforderliche Isolierfestigkeit aufweisen. Diese zweite Forderung bestimmt bei Hochspannungsmeßwandlern weitgehend ihre Form und Größe.

Der →*Stromwandler* ist meßtechnisch ein praktisch im Kurzschlußzustand, der →*Spannungswandler* ein praktisch im Leerlaufzustand arbeitender Transformator. Stromwandler werden primär bis etwa 20000 A gebaut, als sekundärer Nennstrom wird vorzugsweise 5 A gewählt. Spannungswandler baut man bis Reihe 220 (220000 V); die genormte sekundäre Nennspannung ist 100 V. Die Fehler der Strom- und Spannungswandler sind von dem Scheinwiderstand (Bürde) der sekundär an sie angeschlossenen Geräte abhängig, und zwar wird dadurch einerseits die Übersetzung, das ist das Verhältnis der primären Nennwerte zu den sekundären, beeinflußt, und andererseits tritt zwischen der primären und sekundären Nenngröße eine Winkelverschiebung (Fehlwinkel) auf.

Als Sonderausführungen mit Fehlergrenzen unter 0,1% werden für Laboratoriumszwecke Stufenwandler zur Meßbereichserweiterung von Leistungsmessern oder als Normalwandler für die Wandlerprüfung hergestellt (→Wandlerprüfeinrichtungen).

Für den Bau von *Gleichstromwandlern* kommen vorwiegend zwei Verfahren zur Anwendung: Bei dem einen wird durch den zu messenden Gleichstrom die Wechselstrommagnetisierung von Eisenkernen so beeinflußt, daß deren sekundärer Wechselstrom dem zu messenden Gleichstrom entsprechend sich ändert; bei dem anderen Verfahren erregt der zu messende Gleichstrom einen Gleichstromgenerator. Der auf die Bürde kurzgeschlossene Anker liefert dann einen sekundären Gleichstrom, der dem zu messenden primären Gleichstrom entspricht. Gleichstromwandler werden nur zur Messung sehr starker Gleichströme angewendet, bei denen die Messung mit Nebenwiderstand zu große Verluste ergeben würde.

Meßwerk, besteht aus den die Bewegung erzeugenden, zueinander gehörenden Teilen eines elektrischen Meßgerätes. Ein Meßgerät kann auch mehrere Meßwerke enthalten. Nach Art des Meßwerkes werden unterschieden: Drehspulmeßwerk, Drehmagnetmeßwerk, Dreheisenmeßwerk, Induktionsmeßwerk (Drehfeldmeßwerk), elektrodynamisches Meßwerk, Hitzdrahtmeßwerk, elektrostatisches Meßwerk.

Meßwert, der gemessene Wert einer →Meßgröße (DIN 1319).

Metalix-Röhren →Röntgenröhren.

Metalldampflampen, Gasentladungslampen, die außer einem leicht verdampfbaren Metall (Hg, Na, K, Rb, Cs, Zn, Cd, Tl) zur Zündung eine Edelgasgrundfüllung erhalten. →Spektrallampen, →Natrium-, →Quecksilberdampflampe.

Metallgitter →Bindung der Materieteilchen usw.

Metallische Bindung. In einem Metall wird die Bindung der Atome durch dieselben Elektronen bewirkt, die die Träger der Leitfähigkeit sind. Vom Standpunkt der Valenztheorie (→kovalente Bindung, →Resonanz, quantenmechanische) könnte man sagen, daß die Metallelektronen an der Resonanz zwischen einer Reihe von äquivalenten „Valenzstrukturen" mit den nächsten Nachbarn teilnehmen, die nicht voll besetzt sind. Dies deutet sowohl die Elektronenbeweglichkeit als auch den Energiegewinn, der für die metallische Bindung verantwortlich ist.

Handb. d. Physik XXIV/1. Berlin 1933. — *Pauling, L.:* Proc. Roy. Soc. (Lond.) A **196**, 343 (1949).

Metallische Leitung. Die Elektrizitätsleitung in Metallen zeichnet sich nicht nur durch einen verhältnismäßig hohen Wert der elektrischen Leitfähigkeit aus, sondern insbesondere auch durch deren Temperaturabhängigkeit, die man als ein Kriterium der metallischen Leitung ansieht. Der elektrische Widerstand reiner Metallproben nimmt mit sinkender Temperatur kontinuierlich ab, um in der Nähe des absoluten Nullpunktes konstant zu werden (Ausnahme hiervon →Supraleiter). Dieser (extrapolierte) →*Restwiderstand* bei 0 °K kann durch Herstellung eines möglichst idealen Zustandes der Metallprobe (chemische Reinheit und ideale einkristalline Struktur) im allgemeinen beliebig weit herabgedrückt werden. Die Tabelle gibt die Elemente mit normaler metallischer Elektrizitätsleitung (also mit Ausschluß der Supraleiter, Halbleiter und Photoleiter). — Eine molekulartheoretische Deutung der metallischen Elektrizitätsleitung gibt die →Elektronentheorie der Metalle.

Normalleitende Elemente.

Li	Be	C (Graphit)	Na	Mg	K	Ca	Cr	Mn
Fe	Co	Ni	Cu	As	Rb	Sr	Mo	Ru	Rh	Pd
Ag	Sb	Cs	Ba	W	Os	Ir	Pt	Au	Bi

Nicht nur chemische Elemente zeigen metallische Leitereigenschaften, sondern auch eine Reihe von Verbindungen, z. B. CuO, PbS, Pb_2O, ZrB, TiN usw. Ihr elektrisches Leitvermögen ist von ähnlicher Größenordnung wie das reiner Metalle.

Erfahrungsgemäß haben die metallischen Leiter auch eine große Wärmeleitfähigkeit. Diese Erfahrungstatsache findet ihren Ausdruck im →Wiedemann-Franzschen Gesetz.

Die metallische Leitung gehorcht weitgehend dem Ohmschen Gesetz (Proportionalität von Stromstärke und Spannung bei $T = \text{const}$). Abweichungen vom Ohmschen Gesetz sind nur bei extrem hohen Stromdichten zu erwarten.

Handb. d. Experimentalphysik XXIV/2. Leipzig 1935.

Metallische Reflexion →Reflexion, metallische.

Metallmikroskop, ein besonders für Metalluntersuchungen auch an größeren Prüfstücken eingerichtetes mikroskopisches Gerät von sehr stabilem Aufbau, das meist für visuelle und für photographische Beobachtung brauchbar ist. Die

Metallstücke werden nur auf einer Seite angeschliffen, während sie sonst ihre unregelmäßige Form behalten. Das Mikroskop befindet sich unter dem Objekttisch, und seine optische Achse ist zur bequemen Beobachtung in geeigneter Weise durch ein Prisma abgeknickt. Der Metallschliff kann dann unmittelbar mit der angeschliffenen Seite auf den Objekttisch gelegt und von unten her beleuchtet und beobachtet werden. Die Auflichtbeleuchtung wird durch einen →Vertikalilluminator oder eine ähnliche Einrichtung erzeugt. →Mikroskop, →Mikroskopobjektiv.

Metallogene Elemente (*Washington*) sind überwiegend auf Erzlagerstätten angereichert, sie stimmen weitgehend mit →chalkophilen und →siderophilen Elementen überein.

Metalloptik, Elektronentheorie, wurde im Rahmen der klassischen Elektronentherapie der Metalle zuerst von *Drude* (1900) und auf Grund der neueren Quantentheorie von *R. de L. Kronig* (1929) behandelt. Die Valenzelektronen in einem Metall verhalten sich bei der Wechselwirkung mit Licht wie eine bestimmte Anzahl klassischer freier Elektronen und eine Anzahl klassischer harmonischer Oszillatoren, wobei beide Anzahlen auf 1 Atom bezogen nicht ganzzahlig zu sein brauchen. Allgemein erhält man für die →optischen Konstanten n und k folgenden Zusammenhang:

$$n^2 - k^2 = 1 - \frac{\nu_1^2}{\nu_0^2 + \nu^2} + \frac{e^2}{\pi m} \sum_{r,s} \frac{f_{rs}}{\nu_{rs}^2 - \nu^2},$$

wo $2\pi\nu_0$ die reziproke Stoßzeit der Elektronen, $\nu_1^2 = 2\sigma\nu_0$, σ die elektrische Leitfähigkeit des Metalls, e die Elementarladung, m die Elektronenmasse, ν die Lichtfrequenz, ν_{rs} die dem Übergang des Elektrons zwischen den Zuständen r und s entsprechende Frequenz und f_{rs} die diesem Übergang entsprechende →Oszillatorenstärke sind.

Während ν_1 für die einwertigen Metalle von der Größenordnung 0,8 bis $2 \cdot 10^{15}\,s^{-1}$ ist, liegen die Werte für ν_0 (bei Zimmertemperatur) für diese Metalle bei 2,8 bis $6{,}4 \cdot 10^{12}\,s^{-1}$. Die Maxwellsche Elektrodynamik mit der stationär gemessenen elektrischen Leitfähigkeit σ ist streng gültig, solange $\nu \ll \nu_0$. Die Zahl der optisch wirksamen freien Elektronen ist im Falle der einwertigen Metalle etwas kleiner als 1 je Atom. Die Alkalimetalle zeichnen sich dadurch aus, daß sie im Ultraviolett oberhalb der Frequenz ν_1 fast durchsichtig werden, wie es für freie Elektronen der Fall sein soll. Die entsprechenden Grenzwellenlängen sind: Cs bei 4400 Å, Rb bei 3600 Å, K bei 3150 Å, Na bei 2100 Å, Li bei 2050 Å. Im Falle freier Elektronen ist ν_1 gegeben durch $\nu_1^2 = Ne^2/\pi m$ (N Anzahl der Atome je cm^3). Aus dieser Beziehung erhält man für die Grenzwellenlänge in den Alkalimetallen: Cs 3600 Å, Rb 3200 Å, K 2900 Å, Na 2100 Å und Li 1550 Å, in angenäherter Übereinstimmung mit den experimentellen Werten. →Supraleiter verhalten sich in optischer Hinsicht weitgehend wie Normalleiter.

Handb. d. Physik XXIX/2. Berlin 1933. — *Fröhlich, H.*: Elektronentheorie d. Metalle. Berlin 1936.

Metallreflexion. Das Verhältnis der reflektierten →Amplitude zur einfallenden Amplitude ist bei den Metallen sehr viel größer als bei der Reflexion an durchsichtigen Körpern (→Reflexionskoeffizienten). Während es bei den letzteren einen →Polarisationswinkel gibt, hat die Metallreflexion von parallel zur Einfallsebene schwingenden Wellen lediglich ein Minimum. Der zugehörige Winkel heißt *Haupteinfallswinkel A*. Die zur Einfallsebene parallel und senkrecht schwingenden Wellen erfahren bei der Reflexion sowohl eine ungleiche Schwächung als auch eine gegenseitige Phasenverschiebung. Linear polarisiertes Licht ist nach der Reflexion im allgemeinen elliptisch polarisiert. Diese Elliptizität verschwindet für senkrechten und für streifenden Einfall. Dazwischen liegt der Haupteinfallswinkel A, für den die Phasenverschiebung gleich 90° wird. Nach zweimaliger Reflexion unter dem Haupteinfallswinkel ist das Licht wieder linear polarisiert, was zur Messung dieses Winkels dient. Die Diagonale des der Schwingungsellipse umschriebenen Rechtecks bildet mit der Einfallsebene einen Winkel Ω, den man als *Hauptazimut* bezeichnet. Man erhält diesen Winkel mit Hilfe eines →Kompensators durch Kompensation der Phasendifferenz. Die Theorie ergibt die Näherungsformeln:

$$\sin A \operatorname{tg} A = n\sqrt{1 + \varkappa^2}; \qquad \operatorname{tg} 2\Omega = \varkappa$$

(n Brechungszahl, $\varkappa$ Absorptionsindex, $n\varkappa$ Absorptionskoeffizient). Aus den gemessenen Werten von A und Ω lassen sich die optischen Konstanten n und $\varkappa$ berechnen.

Das Reflexionsvermögen bei senkrechtem Einfall des Lichtes läßt sich in einfacher Weise aus den →optischen Konstanten berechnen.

Im Grenzfall großer Wellenlänge ($\lambda > 5\,\mu$) ist das optische Verhalten der Metalle aus der Maxwellschen Theorie unter Benutzung des mit Hilfe von Gleichstrom gemessenen spezifischen elektrischen Widerstandes zu berechnen. Das führt zur →Hagen-Rubensschen Beziehung im Grenzfall sehr großer Wellenlängen ($\lambda > 12\,\mu$). Das Reflexionsvermögen R nimmt mit abnehmender Wellenlänge von Werten nahe bei 1 im Ultrarot und Sichtbaren bis zu kleinen Werten im Ultraviolett ab.

Born, M.: Optik. Berlin 1933. — *Pohl, R. W.*: Einf. in die Optik. Berlin 1948.

Metallthermometer (*Bimetallthermometer*) bestehen aus zwei miteinander verschweißten oder verlöteten Metallstreifen mit verschiedenen Ausdehnungskoeffizienten. Als besonders geeignet haben sich aus zwei Stahlarten zusammengeschweißte, auf jede beliebige Dicke auswalzbare Bimetalle erwiesen. Wird das eine Ende einer solchen Kombination festgehalten, so führt das andere Ende bei einer Temperaturänderung eine Bewegung aus, die mittels Hebelübertragung durch einen Zeiger sichtbar gemacht oder auch auf ein Schreibwerk übertragen werden kann. Solche Geräte sind als Thermographen im Handel. — Auch Federthermometer werden als Metallthermometer bezeichnet.

Metamagnetismus. In einem metamagnetischen Material hat die Magnetisierung in schwachen Feldern die Richtung des Feldes, in starken die Gegenrichtung. Die Ursache der Erscheinung ist wahrscheinlich immer eine spurenhafte ferromagnetische Verunreinigung in einer diamagnetischen Substanz. Während bei schwachen Feldern die ferromagnetische Magnetisierung überwiegt, macht sich nach Erreichung ihrer Sättigung die mit dem Feld noch immer ansteigende diamagnetische Magnetisierung schließlich mehr und mehr bemerkbar.

Metamerie, 1. ein Spezialfall der →Isomerie. In der organischen Chemie werden isomere Stoffe, die sich nur durch die substituierten Radikale unterscheiden, metamer genannt. 2. →Farben, bedingt gleiche.

Metamikte Kristalle haben durch radioaktive Einwirkung die raumgittermäßige Anordnung ihrer Atome oder Moleküle eingebüßt ohne Änderung der chemischen Zusammensetzung und der äußeren Kristallformen. Sie sind keine Kristalle mehr, sondern amorphe Körper.

Metastabil heißt ein Zustand geringer Stabilität, →Standfestigkeit, →die folgenden Artikel.

Metastabile Atomzustände. Unter Mitberücksichtigung der Strahlung ist nur der Grundzusatz eines Atoms absolut stabil. Doch gibt es gewisse angeregte Zustände, die eine sehr große Lebensdauer haben, weil der Übergang zu tieferen Zuständen durch Dipolstrahlung (oder manchmal auch noch durch Quadrupolstrahlung) durch →Auswahlregeln verboten ist. Solche Zustände heißen metastabil. Der Übergang durch Strahlung in tiefere Niveaus ergibt die sog. „verbotenen“ Linien (sie sind natürlich für höhere Multipolstrahlung erlaubt), die man unter normalen Verhältnissen nicht beobachtet, da der Übergang auch bei geringster herstellbarer Dichte statt durch Strahlung durch Zusammenstöße mit Nachbaratomen erfolgt. Dagegen treten solche Linien vielfach bei der außerordentlich dünnen →interstellaren Materie auf, da dort die mittlere Lebensdauer der metastabilen Zustände klein gegen die Zeit zwischen zwei Zusammenstößen ist, ferner auch in der →Sonnenkorona und in den hohen Atmosphärenschichten (→Nordlichtlinien). Die Identifizierung solcher Linien hat wesentlich zu unserer Kenntnis der Materie im Weltraum beigetragen. Ferner →metastabile Kernzustände.

Metastabiles chemisches Gleichgewicht →chemisches Gleichgewicht.

Metastabile Ionen sind Molekülionen, die nach kurzer Zeit spontan in geladene und auch ungeladene Bruchstücke zerfallen. Sie wurden 1945 von *Hipple* bei massenspektrometrischen Untersuchungen von Kohlenwasserstoffen gefunden. Die geladenen Bruchstücke verursachen in den Massenspektren unscharfe Linien an Stellen, denen in der Regel keine ganzen Massenzahlen entsprechen. Aus der Primärlinie, aus der Lage der diffusen Linien und aus dem Verhalten ihrer Intensität bei verschiedenen Versuchsbedingungen kann man die Massen der Bruchstücke und die Zerfallszeiten der Ionen bestimmen. Es wurden Halbwertszeiten von der Größenordnung 10^{-6} s gemessen.

Hipple, J.: Phys. Rev. **69**, 347 (1946).

Metastabile Kernzustände sind →angeregte Kernzustände, die eine wesentliche Lebensdauer (10^{-2} s und mehr) besitzen. Oft sind solche metastabilen Kernzustände die zweituntersten →Kernniveaus und unterscheiden sich vom Grundzustand durch wesentlich anderen Spin I. Ein Übergang in den Grundzustand durch Aussendung eines γ-Quants in Dipol-, Quadrupol-, Oktopol-, ..., ganz allgemein in Multipolstrahlung, ist aber nur möglich, wenn der Drehimpuls, hier also der Kernspin, sich dabei höchstens um $\Delta I = 1, 2, 3, \ldots$ ändert. Außerdem werden die Übergangswahrscheinlichkeiten für die höheren Multipolglieder immer geringer, was eben zu den metastabilen Kernzuständen führt.

Metastabile Molekülzustände sind angeregte Zustände von Molekülen, die infolge der →Auswahlregeln für die Elektronenterme mit dem Grundterm nur mit einer sehr geringen Übergangswahrscheinlichkeit unter Strahlungsemission kombinieren können. Ihre Lebensdauer beträgt daher unter ungestörten Bedingungen größenordnungsmäßig Sekunden oder Minuten. Solche Zustände spielen beim Nachleuchten aktivierter Gase wie Stickstoff oder Sauerstoff und den durch sie vermittelten Anregungsprozessen eine wesentliche Rolle.

Metastasen nennt man gewisse *Zwischen-Aggregatzustände* von meist kolloidal zerteilter Materie (*Wo. Ostwald*), die u. a. bei vielen biologischen Substanzen (Muskeln, Gallerten usw.) auftreten und vor allem dadurch zustande kommen, daß der Zerteilungsgrad in verschiedenen räumlichen Richtungen verschieden ist (Abb.). *Grenzschichten*

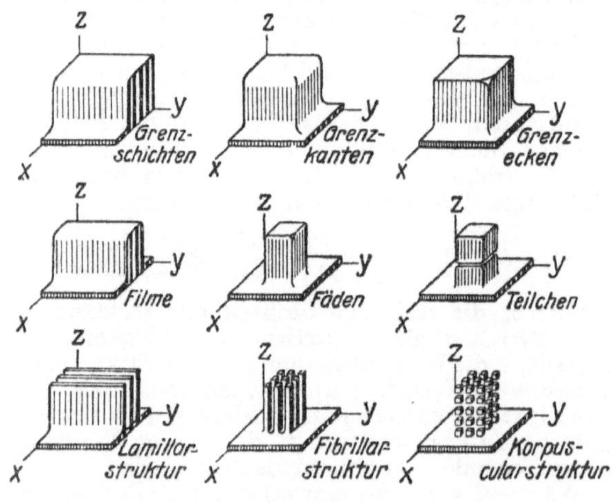

Metastasen.

liegen vor, wenn größere morphologische, z. B. Viskositätsunterschiede, längs einer Ebene bestehen, *Grenzkanten*, wenn zwei Grenzschichten, *Grenzecken*, wenn drei Grenzkanten zusammenstoßen. Bei periodischer Wiederholung entstehen Filme, Fäden oder Korpuskeln. Liegt sie in allen drei räumlichen Richtungen vor, so entsteht eine lamellare, fibrillare oder korpuskulare Struktur.

Meta-Stellung →Isomerie.

Metazentrum. In jeder Schwimmlage wird durch die Ebene der Wasseroberfläche, die *Schwimmebene*, ein eingetauchtes Volumen (Deplacement) gekennzeichnet, dessen Größe durch das →Archimedische Prinzip festgelegt ist. Jeder Schwimmebene entspricht ein bestimmter Schwerpunkt des verdrängten Flüssigkeitsvolumens als Auftriebszentrum, dessen geometrischer Ort für die verschiedenen Schwimmlagen eine Auftriebsfläche bildet. Die Mittelpunkte der beiden Krümmungskreise in den durch das jeweilige Antriebszentrum gehenden Hauptschnitten der Auftriebsfläche heißen Metazentren. Im Gleichgewicht muß das Drehungsmoment der gleich großen, aber entgegengesetzt gerichteten Kräfte des Körpergewichtes und des Auftriebes infolge der verdrängten Flüssigkeitsmenge verschwinden; es müssen also Schwerpunkt und Auftriebszentrum bzw. Metazentrum übereinanderliegen. Das Gleichgewicht ist stabil, wenn bei einer Änderung der Schwimmlage beide Metazentren oberhalb des Schwerpunktes liegen, labil, wenn eines von beiden oder beide unterhalb des Schwerpunktes liegen. Der Abstand des Metazentrums vom Schwerpunkt heißt „metazentrische Höhe“.

Meteore, gemeinsamer Name sowohl für die gewöhnlichen *Sternschnuppen* als auch die blendend hellen *Feuerkugeln* oder *Boliden.* Dabei pflegt man unter Feuerkugeln die Meteore zu verstehen, die heller als bis zur Jupiter- oder Venushelligkeit aufleuchten.

Die Bahn der Sternschnuppen ist in der Regel ein Teil eines größten Kreises, was darauf hinweist, daß das von uns gesehene Bahnstück nicht merklich von einer Geraden abweicht. Doch kommen auch auffällige Krümmungen und hin und wieder sogar wellenförmige Bewegungen vor, was leicht erklärlich ist, wenn man berücksichtigt, daß sich die Meteore auf ihrem Weg durch die Atmosphäre in einem widerstehenden Mittel bewegen und wahrscheinlich meist auch nicht genau kugelförmig sind.

Die Stärke der Lichterzeugung eines Meteors hängt ab von der kinetischen Energie, mit der es in die Erdatmosphäre eindringt. Es dürfte bereits eine Partikel von der Größe eines Stecknadelkopfes genügen, um eine Sternschnuppenerscheinung mittlerer Helligkeit hervorzurufen, und ein Meteor von der Größe eines Tennisballes kann wohl bereits Anlaß zu einer Feuerkugelerscheinung von der Helligkeit des Vollmondes geben. Die mittlere Höhe des Aufleuchtens der Sternschnuppen liegt bei ungefähr 120 km, die des Erlöschens bei etwa 85 km; große Meteore leuchten im Durchschnitt in einer Höhe von ungefähr 140 km auf und erlöschen in einer Höhe von etwa 50 km. Der Vorgang des Aufleuchtens der Meteore ist noch nicht vollständig geklärt. Eine wichtige Rolle spielt natürlich der Luftwiderstand, durch den die Bewegungsenergie eines Meteors zum Teil in Wärme umgewandelt wird. Es kommt dabei nicht nur zu einer starken Erhitzung und schließlich Verdampfung der Meteorsubstanz, sondern es wird auch die an der Vorderseite des Meteors in hohem Maße komprimierte Luft erhitzt. Trotzdem dürfte das Leuchten der Meteore nicht rein thermisch bedingt sein; anscheinend spielt auch →Lumineszenz eine wichtige Rolle.

Es gibt *Schwärme* von Meteoren (z. B. Lyriden, Perseiden, Draconiden, Orioniden, Leoniden, Andromediden, Geminiden), die sich in langgestreckten Bahnen ähnlich wie die periodischen Kometen um die Sonne bewegen, und es besteht zweifelsohne auch ein Zusammenhang zwischen Meteorschwärmen und Kometen (→Kometen). Man schätzt, daß etwa 30% der Sternschnuppen auf die periodisch wiederkehrenden Meteorschwärme entfallen. Von den anderen 70% nimmt man an, daß sie fast alle in hyperbolischen Bahnen aus dem Weltraum zu uns kommen und wahrscheinlich aus einer ausgedehnten kosmischen „Staubwolke“ stammen, durch die sich das Sonnensystem hindurchbewegt. Meteore, die uns als gewöhnliche Sternschnuppen erscheinen, verdampfen schon in den oberen Luftschichten. Größere Meteore können, wenn ihre Masse beträchtlich ist, unter günstigen Umständen die Atmosphäre nach außen hin wieder verlassen oder (oft nach vorhergehendem Zerplatzen) auf die Erde fallen. Das dabei häufig zu vernehmende donnerähnliche Getöse ist zweifelsohne auf die Lufterschütterungen beim Zuge des Meteors durch die Atmosphäre zurückzuführen.

Der Einfall von — auch sehr kleinen — Meteoriten kann mittels der an ihnen bzw. an ihrer gestörten Umgebung reflektierten Ultrakurzwellen beobachtet werden. →Meteorreflexionen.

Auf die Erde gestürzte Meteore werden nach dem Vorherrschen von Eisen oder nichtmetallischen Bestandteilen in Eisenmeteorite (reich an Nickeleisen) und Steinmeteorite (vorherrschend Kieselerde und Talkerde, aber auch Eisen) eingeteilt. Im ganzen konnten bis jetzt ungefähr 30 chemische Elemente als Bestandteile der Meteoriten und der von ihnen eingeschlossenen Gase identifiziert werden. Die Masse der aufgefundenen Meteoriten variiert zwischen wenigen Grammen und Tausenden von Kilogrammen.

Der größte bekannte Meteorit liegt noch dort, wo er gefallen ist, bei Grootfontein in Südwestafrika. Er besteht aus Nickeleisen, und sein Gewicht beträgt nach den Schätzungen mehr als 50 Tonnen. Der nächstgrößte gehört einer Gruppe von vier Meteoriten an, die *Peary* 1895 bei Kap York in Grönland gefunden hat. Drei von diesen Meteoriten hat man nach New York gebracht. Der größte der Kap York-Meteoriten hat ein Gewicht von $36^1/_2$ Tonnen.

Der gewaltigste Meteoritenfall, von dem wir wissenschaftliche Kenntnis haben, hat sich am 30. Juni 1908 in einsamem Gelände des sibirischen Urwaldes in der Gegend von Podkamennaya Tunguska, etwa 300 km nördlich von Jenisseisk ereignet. Der Fall war von einer mächtigen, Hunderte von Kilometern weit sichtbaren Feuersäule und starken Donnerschlägen begleitet. Die Erschütterung der Erdkruste durch den Anprall der Meteoriten wurde von den Seismographen der ganzen Erde aufgezeichnet. Nach dem Bericht von Expeditionen, die im Auftrag der russischen Akademie der Wissenschaften in den Jahren von 1921 bis 1930 das nur schwer zugängliche Gelände besuchten, sind im Umkreis von über 30 km um die Einschlagsstelle die Urwaldbäume durch den ungeheuren Luftdruck entwurzelt und niedergelegt.

Der größte durch einen Meteoreinschlag auf der Erde hervorgerufenen Krater, den man kennt, ist der Arizonakrater. Er befindet sich bei Canyon Diablo in Nordost-Arizona und hat einen Durchmesser von 1300 Metern. Obgleich man durch Bohrungen den Hauptmeteoriten bis jetzt nicht hat finden können, hat man aber doch in der Umgebung des Kraters einige Tonnen kleinerer Meteoritenstücke festgestellt, bei denen es sich wohl um Begleiter des Hauptmeteors handelt.

Hoffmeister, C.: Die Meteore. Ihre kosmischen u. irdischen Beziehungen. Leipzig 1937. — *Hoffmeister, C.:* Rückschau u. Ausblick a. d. Erforschung d. Meteore. Naturwiss. **36**, 68 (1949).

Meteorograph, Instrumente, die mit Flugzeugen, Drachen oder Ballonen in die freie Atmosphäre getragen werden, um Luftdruck, Temperatur, Feuchte und Wind zu registrieren. Sie benutzen als druckempfindlichen Teil →Aneroidbarometer, für die Temperatur Bimetalle, außerdem Haarhygrometer und kleine →Anemometer. Entweder läßt man die einzelnen Zeiger auf eine umlaufende Trommel schreiben oder unter Weglassung des Windes auf eine Platte, die durch das Barometer quer bewegt wird, so daß man sofort die Druck-

Temperatur- und Druck-Feuchte-Abhängigkeit erhält. Die Auswertung der Instrumente erfolgt nach Vollendung des Aufstieges, bei Registrierballoninstrumenten nach Wiederauffindung des Gerätes. Heute verwendet man meist die während des Aufstieges meldenden →Radiosonden.

Handb. d. meteorol. Instrumente. Berlin 1935.

Meteorologie, die Wissenschaft vom Zustand, den Erscheinungen und Vorgängen der Atmosphäre. Methodisch oder inhaltlich kann sie in folgende Teilgebiete aufgegliedert werden: a) *Klimatologie*: Lehre vom Normalzustand der Atmosphäre und seinen regelmäßigen Veränderungen, besonders in der örtlichen Verteilung; b) *synoptische Meteorologie*: Wetterkunde, Lehre von den unperiodischen Veränderungen der Lufthülle mit der speziellen Arbeitsmethode, die gleichzeitigen (synoptischen) Zustände in Kartenfolgen darzustellen; c) *dynamische Meteorologie*: Theoretische Untersuchungen der Bewegungen und Kräfte; d) *Thermodynamik* und *Wolkenphysik*: Untersuchungen der Veränderungen der Temperatur und der verschiedenen Aggregatzustände des Wassers in der Atmosphäre; e) *Strahlung* (Sonnen- und →Himmelsstrahlung, →terrestrische Strahlung) und *atmosphärische Optik*; f) →*Luftelektrizität*; g) *Mikroklimatologie*: Meteorologie kleiner und kleinster Räume, Einfluß des Klimas auf den Pflanzenwuchs und umgekehrt; Grenzgebiet zu Botanik, Land- und Forstwirtschaft; h) *Bioklimatologie*: Einfluß von Wetter und Klima auf Lebewesen und den Menschen; Grenzgebiet zur Medizin. (Außerdem →Aerologie.) — Als *meteorologische Elemente* bezeichnet man die Beobachtungsgrößen: Luftdruck, Temperatur, Wind, Feuchtigkeit, Bewölkung und die Hydrometeore.

Handb. d. Experimentalphysik XXV/1. Leipzig 1928. — *Müller-Pouillet:* Lehrb. d. Physik V/1. Braunschweig 1928. — *Hann, J.*, u. *R. Süring:* Lehrb. d. Meteorologie. Leipzig 1939. — *Geiger, R.:* Das Klima d. bodennahen Luftschicht. Braunschweig 1950. — *Kratzer, A.:* Das Stadtklima. Braunschweig 1937.

Meteorreflexionen. →Meteore hinterlassen bei ihrem Durchgang durch die Atmosphäre in einer Höhe von 80 bis 120 km eine ionisierte Spur in Form eines sehr schlanken Konus, der nach größenordnungsmäßig 1 s durch Diffusion und Rekombination der Elektronen wieder verschwindet. In der ersten Phase streuen die erzeugten Elektronen elektrische Wellen bis zu Frequenzen von 300 MHz kohärent. Man beobachtet demgemäß Reflexionen, sobald die Meteorbahn einen Punkt 90° querab vom Beobachtungsgerät erreicht hat. Die Intensität der beobachteten Echos ist proportional $1/f^2$, wenn f die Frequenz der verwendeten Radiowelle ist. Daher nimmt die Häufigkeit der Echos mit zunehmender Frequenz rasch ab. Außerdem treten offenbar sekundäre Ionisierungsvorgänge auf, die bewirken, daß Frequenzen <50 MHz auch unter anderen Aspekten von den Meteorbahnen reflektiert werden. Man kann unter Umständen die Bahnkurve des Meteors aus der Laufzeitänderung des zugehörigen Echos ableiten und hieraus die Geschwindigkeit des Meteors berechnen. Eine andere Möglichkeit der Geschwindigkeitsbestimmung beruht darauf, daß das Querabecho mit charakteristischen Pulsationen der Echoamplitude einsetzt, die ein Analogon zu den optischen Beugungserscheinungen an einer Kante sind. Aus der Aufeinanderfolge der Maxima und Minima kann die Geschwindigkeit berechnet werden. Durch Anwendung von Richtantennen lassen sich auch Aussagen über die Richtung von Meteorbahnen, den scheinbaren Ausstrahlungspunkt am Himmelsgewölbe (Radiant) und über die tatsächliche Höhe der Bahnen machen. Wie die langdauernden Echos (≈ 1 min) entstehen, die im Gefolge der normalen kurzlebigen Meteorechos auf Frequenzen <30 MHz beobachtet werden, ist noch ungeklärt. Die Leistung der Sender für Meteorbeobachtungen beträgt zwischen 50 und 1000 kW, die Wellenlänge 2 bis 10 m. Die Bedeutung der elektrischen Methode liegt darin, daß sie unabhängig von Beleuchtungs- und Wetterverhältnissen ist und eine objektive, automatische Registrierung der Meteore ermöglicht. Bisher sind bereits mehr als 10 Tagesströme entdeckt worden.

Meter. Das Meter (abgek. m) bildet die Grundlage des →metrischen Systems und ist die Grundeinheit der Länge im →MKS-System. Ursprünglich war das Meter in seiner Definition an die Erdfigur geknüpft: Die französische Nationalversammlung legte 1795 das Meter als den 10^7-ten Teil des Erdmeridianquadranten fest; nach Vermessungen von *Méchain* und *Delambre* auf dem Meridianabschnitt von Dünkirchen bis Barcelona fertigte *Fortin* eine Verkörperung dieses Meters in Gestalt eines Endmaßstabes aus Platin an, welcher am 22. 1. 1799 als *mètre des archives* im französischen Staatsarchiv hinterlegt und von der französischen Nationalversammlung am 10. Dezember des gleichen Jahres als das bei der Temperatur 0 °C „mètre vrai et définitif" durch Gesetz anerkannt wurde.

Die von der französischen Nationalversammlung der Meterdefinition mitgegebene Zielsetzung „à tous les temps, à tous les peuples" setzte sich nur langsam durch. Alleingültige gesetzliche Längeneinheit wurde das Meter in seinem Ursprungsland Frankreich erst ab 1. 1. 1840. Zu einer weiterreichenden Einführung verhalf dem Meter und dem →metrischen System erst die auf Anregung Deutschlands im Jahre 1875 abgeschlossene →Meterkonvention. Auf der 1. →Generalkonferenz für Maß und Gewicht wurden 1889 an die Mitgliedstaaten der Meterkonvention die neu hergestellten Prototype (Strichmaßstäbe besonderer Formgebung aus Platin-Iridium) verteilt, die in diesen Ländern dann die gesetzliche Längeneinheit verkörperten. Im Deutschen Reich galt das metrische System seit 1872 durch die Gesetze vom 16. 4. 1871 und 26. 11. 1871, welche den Geltungsbereich der Maß- und Gewichtsordnung des Norddeutschen Bundes vom 17. 8. 1868 auf das ganze Reichsgebiet ausdehnten.

Der →Meterprototyp stellt nach der Meterkonvention nicht nur die Verkörperung, sondern auch die Definition des Meters dar, die damit von den Eigenschaften der Erdoberfläche losgelöst wurde. Das Meter ist hiernach definiert als der Abstand zwischen den mittleren Strichmarken auf dem Meterprototyp bei der Temperatur des schmelzenden Eises.

Zweifel an der Unveränderlichkeit der Platin-Iridium-Stäbe und die Grenzen in der Meßgenauigkeit beim Vergleich und Anschluß der Prototype, welche bei einigen 10^{-7} liegt, führten zu dem Gedanken, das Meter durch eine von äußeren Einflüssen als praktisch unabhängig angesehene und durch Interferenzmessungen um mindestens eine Zehnerpotenz genauer zu reproduzierende Wellenlängendefinition festzulegen. Für eine solche hat sich im Prinzip die Generalkonferenz für Maß und Gewicht 1927 und 1948 positiv ausgesprochen; die Einzelheiten einer solchen Meterdefinition werden von dem Ausfall weiterer Untersuchungen an geeigneten Isotopenlinien abhängen (→Wellenlängennormale).

Voirt, Ch.: 150 Jahre Meter. Phys. Bl. 6, 364 (1950). — *Stille, U.:* 150 Jahre „mètre des archives". Z. VDI 91, 617 (1949).

Meteranschluß von Lichtwellenlängen →Wellenlängennormale.

meter-candle, in den englisch sprechenden Ländern gebräuchliche Bezeichnung für die Einheit →Lux (lx) der →Beleuchtungsstärke.

Meter-Kerze, ältere Bezeichnung für die Einheit →Lux (lx) der →Beleuchtungsstärke.

Meterkilogramm (*Kilogrammeter*) = →Kilopondmeter; Bezeichnung der Arbeitseinheit des Technischen Maßsystems, wenn dessen Krafteinheit als 1 Kilogramm bezeichnet wird.

Meterkilopond, abgek. mkp, →Kilopondmeter.

Meterkonvention, internationaler Vertrag, der am 20. 5. 1875 auf Deutschlands Initiative in Paris zwischen 17 Staaten abgeschlossen wurde, am 1. 1. 1876 in Kraft trat und heute zwischen 33 Staaten besteht. Das ursprüngliche Ziel dieser Vereinbarung war die Schaffung einer internationalen Organisation zur Vergleichung und Beglaubigung der →Meter- und Kilogrammprototype, Aufbewahrung der internationalen Prototype, regelmäßige Vergleichung der nationalen Prototype sowie Bestimmung und Vergleich geodätischer Meßstangen und -bänder und anderer Maß- und Gewichtsnormale hoher Präzision. Der Vertrag, der der Sicherung und Verbreitung des metrischen Systems dient, wurde durch die Convention du 6 octobre 1921 wesentlich erweitert und im Laufe der Zeit der Arbeits- und Wirkungsbereich auf elektrische, photometrische, Temperatur- und Wärmeeinheiten ausgedehnt. Die wichtigsten Organe der Meterkonvention sind:

1. *Conférence Générale des Poids et Mesures* (*Generalkonferenz für Maß und Gewicht*): Vollversammlung der hohen vertragschließenden Parteien, in der jeder Signatarstaat durch einen Sitz mit einer Stimme vertreten ist. Sie soll mindestens alle 6 Jahre unter dem Vorsitz des jeweils amtierenden Präsidenten der Pariser Akademie der Wissenschaften in Paris zusammentreten. Die Mitglieder des Internationalen Komitees (2) sind berechtigt, an den Sitzungen der Generalkonferenz teilzunehmen, und können zugleich Delegierte ihrer Regierungen sein. Die Generalkonferenz nimmt den Bericht des Internationalen Komitees entgegen, faßt auf Grund der vorgelegten Vorschläge und Unterlagen Beschlüsse und erneuert durch geheime Abstimmung das Internationale Komitee zur Hälfte. (1. Generalkonferenz: 1889.)

2. *Comité International des Poids et Mesures* (*Internationales Komitee für Maß und Gewicht*): Das Internationale Komitee steht unter der Autorität der Generalkonferenz, setzt sich satzungsgemäß aus 18 Mitgliedern, welche sämtlich verschiedenen Staaten angehören müssen, und dem jeweiligen Direktor des Internationalen Bureaus (3) zusammen und soll mindestens alle 2 Jahre zu Arbeitssitzungen zusammentreten. Die Beschlüsse des Internationalen Komitees bedürfen, um wirksam werden zu können, einer vorher erteilten Vollmacht oder nachträglich eingeholten Sanktionierung seitens der Generalkonferenz. (1. Sitzung des Internationalen Komitees: 1875.)

3. *Bureau International des Poids et Mesures* (*Internationales Bureau für Maß und Gewicht*): Das Internationale Bureau ist das wissenschaftliche Institut der Meterkonvention und steht unter der ausschließlichen Leitung und Aufsicht des Internationalen Komitees (2) mit Sitz im Pavillon de Breteuil in Sèvres (Seine-et-Oise). Der Direktor des Bureaus wird vom Internationalen Komitee nach geheimer Abstimmung ernannt. Die Kosten des Bureaus werden durch Beiträge der Mitgliedstaaten der Meterkonvention aufgebracht, welche anteilmäßig entsprechend der Bevölkerungszahl der vertragschließenden Staaten berechnet werden.

4a. *Comité Consultatif d'Électricité* (*beratender Fachausschuß für Elektrizität*): Beratender Fachausschuß des Internationalen Komitees (2), dem die Beratung und Betreuung von Fragen der elektrischen Einheiten obliegt. Es wurde durch Beschluß der 7. Generalkonferenz (1927) begründet und setzt sich nach Statut aus je einem Vertreter der Staatsinstitute Deutschlands, Frankreichs, Großbritanniens, Japans, der Sowjet-Union und der USA, sowie bis zu vier weiteren Mitgliedern, welche vom Internationalen Komitee ernannt werden, zusammen. Der Präsident des Comité Consultatif soll dem Internationalen Komitee angehören und wird von diesem bestimmt. Die Entschließungen des Comité Consultatif gehen als *Empfehlungen* an das Internationale Komitee weiter. (1. Sitzung des Comité Consultatif d'Électricité: 1928.)

4b. *Comité Consultatif de Photométrie* (*beratender Fachausschuß für Photometrie*): Die 7. Generalkonferenz (1927) bevollmächtigte das Internationale Komitee (2), einen beratenden Fachausschuß ins Leben zu rufen, dem die Beratung und Betreuung von Fragen der photometrischen Einheiten obliegt. Zusammensetzung und Statut des Comité Consultatif de Photométrie wurde vom Internationalen Komitee 1937 in sinngemäßer Übereinstimmung mit dem Statut des Comité Consultatif d'Électricité (4a) festgelegt. (1. Sitzung des Comité Consultatif de Photométrie: 1937.)

4c. *Comité Consultatif de Thermométrie et Calorimétrie* (*beratender Fachausschuß für Thermometrie und Kalorimetrie*): Beratender Fachausschuß für Fragen der Temperaturskala und der Wärmeeinheit, der durch Statut des Internationalen Komitees (2) vom Jahre 1937 begründet und von der 9. Generalkonferenz (1948) sanktioniert wurde; Zusammensetzung und Statut wie bei den beiden anderen Comités Consultatifs (4a) und (4b). (1. Sitzung des Comité Consultatif de Thermométrie et Calorimétrie: 1939.)

Die stimmberechtigten Vertreter (délégué) der sechs großen Staatsinstitute in diesen beratenden Fachausschüssen (4a), (4b) und (4c) können von je einem Fachspezialisten (expert) ihres Instituts begleitet sein. Veröffentlichungsorgan für die Verhandlungen des Internationalen Komitees (2) und der beratenden Fachausschüsse (4a), (4b) und (4c) sind die Procès-Verbaux des Séances, Comité International des Poids et Mesures (Verlag Gauthier-Villars, Paris). Die Ergebnisse und Beschlüsse der Generalkonferenz (1) werden in den

Comptes Rendus de la Conférence Générale des Poids et Mesures (im gleichen Verlag) niedergelegt.

Stille, U.: 150 Jahre „mètre des archives". Z. VDI 91, 617 (1949). Die 9. Generalkonferenz für Maß u. Gewicht. ETZ 70, 259 (1949); Z. VDI 91, 659 (1949).

Meterprototyp, Bezeichnung für die Verkörperungen des internationalen →Meters. Die Prototype wurden entsprechend der →Meterkonvention hergestellt und von der Generalkonferenz für Maß und Gewicht an die Mitgliedstaaten der →Meterkonvention verteilt. Sie stellen Stäbe von X-förmigem Querschnitt (einhüllende Kantenlängen: 20 mm; Stabdicke: 3 mm, →Längenmessungen, Abb. 2) aus einer Legierung von 90% Platin und 10% Iridium dar. Die Maßstäbe sind als Strichmaße ausgebildet. In die Staboberfläche, in welcher der Querschnittsschwerpunkt liegt, sind an jedem Ende drei Striche von je etwa 0,5 mm Abstand eingraviert; der Abstand der beiden mittleren Strichmarken definiert bei 0 °C das Meter. Die Achse des Prototyps, in der die Messung zu erfolgen hat, wird durch zwei Längsstriche von 0,2 cm Abstand durch die drei Querstriche auf beiden Stabenden festgelegt. Der von der 1. Generalkonferenz ausgewählte und als Internationaler Prototyp erklärte Stab, welcher im Internationalen Bureau für Maß und Gewicht (→Meterkonvention) aufbewahrt wird, trägt als Kennzeichnung den gotischen Buchstaben $\mathfrak{M}$. Von den hergestellten Prototypen erhielt das Deutsche Reich bei der Verlosung den Stab Pr 18, welcher der Physikalisch-Technischen Reichsanstalt überantwortet wurde. Länge und Konstanz der Prototype wird durch periodische Vergleichungen im Internationalen Bureau kontrolliert. Die Länge des deutschen Meterprototyps beträgt nach den letzten Messungen bei der Temperatur t (in °C):

$$l\,(\text{Pr }18) = 1\text{ m} - 1{,}50\,\mu + (8{,}621\,t + 0{,}00180\,t^2)\,\mu\,.$$

Méthode de fusion, auf *de Broglie* zurückgehender Begriff, der aus der Vorstellung kommt, daß eigentliche Elementarteilchen den Spin 1/2 haben müßten, während ganzzahliger Spin für Verbundsysteme charakteristisch sei. Nach dieser Auffassung erscheint das Lichtquant gleichsam als ein Neutrinomolekül im Triplettzustand (→Neutrinotheorie des Lichts). Als Beweis für diese Auffassung wird die Möglichkeit angesehen, Wellengleichungen für Teilchen mit höherem Spin durch einen mathematischen Prozeß der →Verschmelzung (méthode de fusion) aus denen für den Spin 1/2 abzuleiten. Die Methode ist ein wirksames Hilfsmittel zur Formulierung der Wellengleichungen für Teilchen höheren Spins oder — mehr mathematisch gesprochen — zur Ableitung aller →Darstellungen der Drehgruppe. Die rein mathematische Bedeutung des Verschmelzungsprozesses zeigt, daß man damit über die Natur eines Teilchens, ob elementar oder zusammengesetzt, nichts aussagt. Man kann z. B. auch die Wellengleichung für Teilchen mit dem Spin 1/2 durch die Verschmelzung von Gleichungen für den Spin 1 und 3/2 gewinnen.

de Broglie, L.: Théorie des particules élémentaires à spin. Paris 1943. — *Hönl, H.,* u. *H. Boerner:* Zur de Broglieschen Theorie d. Elementarteilchen. Z. Naturf. 5a, 353 (1950).

Methode der kleinsten Quadrate. Als Begründer der Methode der kleinsten Quadrate (M. d. kl. Qu.) hat *C. F. Gauß* zu gelten, der sie schon 1795 zum erstenmal gelegentlich der Wiederauffindung von beobachteten Planeten erfolgreich anwandte. Da bei hohen Genauigkeitsanforderungen wegen der gänzlich unvermeidlichen →Beobachtungsfehler wiederholte oder allgemeiner „überschüssige" Messungen ausgeführt werden müssen und dabei Unterschiede auftreten, die sich im *einzelnen* nicht gesetzmäßig erklären lassen, so müssen diese so ausgeglichen werden, daß sich die wahrscheinlichsten (der Wahrheit wahrscheinlich am nächsten kommenden) Werte der gesuchten Unbekannten ergeben. Dies soll durch die Forderung geschehen, daß die Quadrate der an die einzelnen Beobachtungen anzubringenden →Verbesserungen zusammen zur kleinsten Summe gemacht werden (*Prinzip des kleinsten Zwanges*). In der →Ausgleich(ung)srechnung nach der M. d. kl. Qu. werden die Rechenwege zur jeweiligen Erfüllung dieser Forderung aufgezeigt. In dieser „rechentechnischen Exekutive" hat sich die M. d. kl. Qu. — besonders gefördert durch die hohen Genauigkeitsanforderungen in der Astronomie und Geodäsie — einen weitgespannten, in sich widerspruchsfreien Begriffsrahmen mit einem umfangreichen Rechenformalismus geschaffen, wodurch sie ihren besonderen Charakter gewinnt. Beide finden immer mehr Anwendung in der →Kollektivmaßlehre und →Korrelationsrechnung, weil diese genau wie die Ausgleichungen grundsätzlich Mittelwerte bilden müssen.

Helmert, F. R.: Die Ausgleichsrechnung nach d. Methode d. kleinsten Quadrate. Leipzig u. Berlin 1924. — *Hugershoff, R.:* Ausgleichsrechnung, Kollektivmaßlehre u. Korrelationsrechnung im Dienste von Technik, Wissenschaft u. Wirtschaft. Samml. Wichmann 10. Berlin 1940.

mètre des archives, im französischen Staatsarchiv am 22. 1. 1799 deponierte erste Verkörperung der Meterdefinition der französischen Nationalversammlung (→Meter).

Metrik →Raum, →Riemannsche Geometrie, →pseudoeuklidische Metrik.

Metrisches Feld, in einem n-dimensionalen Riemannschen Raume das Feld des metrischen Fundamentaltensors (→Riemannsche Geometrie) in seiner Abhängigkeit von den Koordinaten der Raumpunkte.

Metrisches System, System von Maßen, die vom →Meter hergeleitet werden. Hierzu gehören die Längen- und Masseneinheiten, die als dezimale Vielfache und Teile des Meters und des →Kilogramms, welches in seiner ursprünglichen Definition über die Wasserdichte an das Meter angeschlossen war, gegeben sind, sowie die aus diesen abzuleitenden Einheiten. Das metrische System wurde durch die von der französischen Nationalversammlung am 7. 4. 1795 und 10. 12. 1799 beschlossenen Gesetze begründet. Zur allgemeinen Einführung und Vervollständigung des metrischen Systems wurde die →Meterkonvention ins Leben gerufen. Unter Hinzunahme der Zeiteinheit →Sekunde wird heute in erweiterter Auffassung der Begriff „metrisches System" vielfach mit dem →MKS-System gleichgesetzt.

Metron →Parsec.

Metronom, ein Pendel, dessen Schwingungsdauer in weiten Grenzen veränderbar ist und bei jeder Halbschwingung einen hörbaren Taktschlag ausführt. Bei manchen Metronomen kann auch ein Glockenschlag nach mehreren, z. B. 4 Taktschlägen eingestellt werden. Das Metronom dient in der Musik als Taktgeber, kann aber auch zu physikalischen Messungen verwendet werden.

MeV. 1 MeV = 10^6 eV. →Elektronenvolt.

mi oder m, Symbol für die Längeneinheit →mile.

Micell →Mizelle.

Michel-Levy-Kompensator →Kompensatoren, optische.

Michelson-Interferometer, ein →Interferenzspektralapparat. Das Prinzip gibt die Abb. wieder: Eine planparallele Glasplatte P_1 ist auf ihrer Oberseite halbdurchlässig verspiegelt. Ein von der Lichtquelle L herkommendes Lichtbündel fällt unter 45° auf die verspiegelte Oberfläche und teilt sich hier in die beiden kohärenten Bündel I und II. Diese werden nach senkrechter Reflexion an den Oberflächenplanspiegeln Sp_I und Sp_{II} durch die Platte P_1 wieder vereinigt und verlassen diese in Richtung III. In den Weg des Bündels I wird eine weitere planparallele Platte P_2 von genau gleicher Dicke wie P_1 eingeschaltet, damit die Lichtwege im Glas für die Bündel I und II einander gleich sind. Der Planspiegel Sp_I ist in meßbarer Weise parallel zu sich selbst verschiebbar angeordnet. Je nach der Länge ihrer Wege treffen

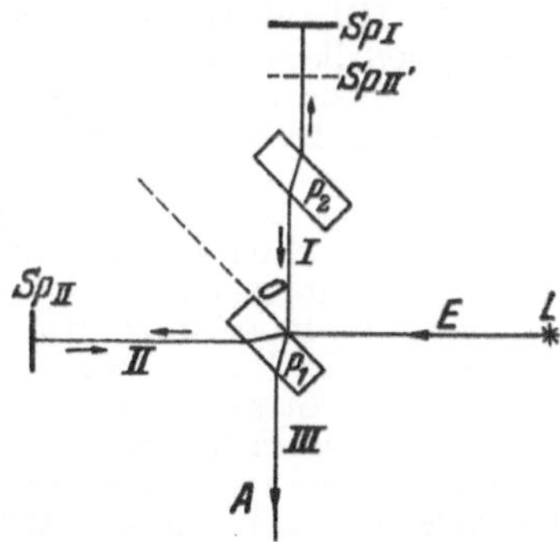

Strahlengang beim Michelson-Interferometer.
L Lichtquelle; P_1, P_2 zwei gleich dicke, planparallele Glasplatten; die Oberseite von P_1 ist halbdurchlässig verspiegelt; Sp_I, Sp_{II} Oberflächen-Planspiegel; $Sp_{II'}$ Spiegelbild von Sp_{II} an O; E, A Einfalls- bzw. Austrittsrichtung des Lichtes.

die Bündel I und II mit mehr oder weniger großem Gangunterschied wieder zum Bündel III zusammen. Die Größe dieses Gangunterschiedes ergibt sich sehr einfach, wenn man sich den Lichtweg des Bündels II an der verspiegelten Fläche von P_1 gespiegelt denkt: $Sp_{II'}$ ist dann das Spiegelbild von Sp_{II} und bildet mit Sp_I eine planparallele Luftplatte. Damit ist die Interferenzerscheinung des Michelson-Interferometers auf die der Luftplatte (→Interferenzspektralapparat) zurückgeführt. Der Gangunterschied der von der Luftplatte reflektierten Bündel ist nun $\Delta s = 2d \cos\alpha$. Blickt man also entgegen der Richtung III, so sieht das Auge bei von L kommendem monochromatischem Licht abwechselnd helle und dunkle Interferenzringe (Kurven gleicher Neigung). Helligkeit entsteht für alle die kleinen Winkel α, für welche $\Delta s = (m + \frac{1}{2})\lambda$ ist. Ändert man jetzt den Lichtweg I durch Parallelverschiebung des Spiegels Sp_I, so vergrößern sich die Interferenzringe, während gleichzeitig neue Ringe aus dem Ringzentrum quellen. Diese Erscheinung ermöglicht die

Messung der Wellenlängen von monochromatischem Licht. Man verschiebt Sp_I, bis das Ringzentrum ($\alpha = 0$) dunkel erscheint. Dann ist

$$2d = m\lambda \tag{1}$$

(m ganzzahlig). Darauf wird der Plattenabstand kontinuierlich auf den Wert d' vergrößert, wobei gleichzeitig die Zahl n der aus dem Ringzentrum neu entstandenen Ringe gezählt wird. Danach sei das Zentrum wieder dunkel. Jetzt ist

$$2d' = (m + n)\lambda. \tag{2}$$

Durch Subtraktion der Gl. (1) und (2) folgt

$$\lambda = \frac{2(d' - d)}{n}. \tag{3}$$

Das von L einfallende Licht enthalte nun nur zwei wenig voneinander verschiedene Wellenlängen λ_1 und λ_2. Dann erblickt der längs III gegen Sp_I schauende Beobachter die folgende Interferenzerscheinung: Fällt gerade ein Intensitätsmaximum für λ_1 mit einem Minimum für λ_2 zusammen, so entsteht eine über das ganze Gesichtsfeld gleichmäßige Helligkeitsverteilung. Verschiebt man dann den Spiegel Sp_I ein wenig, so entstehen für die beiden Wellenlängen λ_1 und λ_2 zwei getrennte Interferenzringsysteme. Ändert man also die Lage von Sp_I, d. h. die Dicke der Luftplatte, kontinuierlich, so entstehen und verschwinden in periodischer Aufeinanderfolge die Interferenzringsysteme. Diese Erscheinung ermöglicht die

Messung kleiner Wellenlängenunterschiede. Für eine bestimmte Lage des Spiegels Sp_I seien die Ringsysteme verschwunden. Dann fallen also für einen kleinen Einfallswinkel α die Intensitätsmaxima von λ_1 auf die Minima von λ_2, und es muß sein:

$$(m + \tfrac{1}{2})\lambda_1 = (m + l)\lambda_2 = 2d\cos\alpha \approx 2d \tag{4}$$

(m und l ganzzahlig). Darauf werde der Spiegel Sp_I um den Betrag Δd verschoben, wobei ein n-maliges Entstehen und Verschwinden der Ringsysteme zu beobachten ist. Es muß also die Ordnungszahl von λ_1 gegenüber der von λ_2 um n zugenommen haben. Somit gilt nun:

$$(m' + n + \tfrac{1}{2})\lambda_1 = (m' + l)\lambda_2 = 2(d + \Delta d). \tag{5}$$

Die Subtraktion der Gl. (4) und (5) ergibt $(k + n)\lambda_1 = k\lambda_2 = 2\Delta d$ mit der Substitution $k = m' - m$, also

$$\lambda_2 - \lambda_1 = \Delta\lambda = n\,\frac{\lambda_1\lambda_2}{2\Delta d} \approx \frac{n\lambda^2}{2\Delta d}.$$

Beobachtung von Interferenzkurven gleicher Dicke. Neigt man den Spiegel Sp_I etwas, so wird die Luftplatte schwach keilförmig. Statt der Interferenzringe (Kurven gleicher Neigung) werden dann parallele Interferenzstreifen wahrgenommen (Kurven gleicher Dicke), und zwar am Ort von Sp_I. Diese können in gleicher Weise wie das Interferenzringsystem zur Messung von Wellenlängen benutzt werden. Dies geschieht z. B. bei der Auswertung des Normalmeters in Wellenlängen der roten Cd-Linie oder der grünen Kr-Linie (→Interferenz-Längenmessung).

Ein Nachteil des Michelson-Interferometers ist der Umstand, daß nur zwei Lichtbündel miteinander zur Interferenz kommen. Hierdurch wird die Schärfe der Interferenzerscheinungen nur gering. Michelson-Sterninterferometer →Sterninterferometer.

Kohlrausch, F.: Prakt. Physik I. Leipzig u. Berlin 1950. Handb. d. Physik XVIII, XIX, XX. Berlin 1929.

Michelson-Versuch, der von *A. A. Michelson* seit 1881, später insbesondere von *Morley* und *Miller* mehrfach mit ständig verbesserten Mitteln wiederholte Versuch, die Bewegung der Erde relativ zum hypothetischen Äther zu messen. Der Grundgedanke ist folgender: Das von einer Lichtquelle L

kommende Licht wird an einem halbdurchlässigen Spiegel G geteilt und verläuft von dort auf zwei zueinander senkrechten Wegen von je der Länge l zu den beiden Spiegeln Sp_1 und Sp_2, von dort zurück nach G (Abb.). In einem Fernrohr F wird dann ein System von Interferenzstreifen beobachtet, das von der Interferenz der beiden kohärenten Lichtanteile herrührt. Künstliche Änderung der Länge des einen der beiden Wege würde zu einer Verschiebung des Streifensystems führen. Bewegt sich nun die Erde mit der Geschwindigkeit v relativ zum Äther und liegt z. B. die Richtung $G—Sp_1$ in der Richtung von v, so ergibt eine einfache

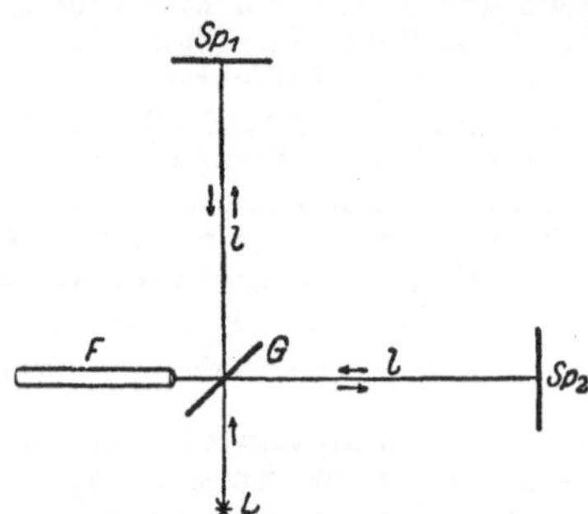

Schema des Michelson-Versuchs.

Rechnung, daß die alsdann vom Licht auf dem Wege $G-Sp_1—G$ zurückzulegende Strecke gleich $s_1 = 2l/\sqrt{1-\beta^2}$ ist ($\beta = v/c$, c Lichtgeschwindigkeit). Die längs des Weges $G—Sp_2—G$ zurückzulegende Strecke dagegen ist $s_2 = 2l/(1-\beta^2)$. Demnach ist der in der Bewegungsrichtung zurückzulegende Weg im Verhältnis $\sqrt{1-\beta^2}/1$ kleiner als der dazu senkrechte Weg. Das sollte sich bei einer Vertauschung der beiden Richtungen durch Drehung der Apparatur um 90° in einer deutlich meßbaren Verschiebung der Interferenzstreifen bemerkbar machen.

Michelson fand von diesem erwarteten Effekt keinerlei Andeutung. Der Verlauf verlief genau so, als ruhe die Erde im Äther. Diese Annahme war aber natürlich ohne weiteres abzulehnen. Auch die Annahme, daß die Erde den Äther in ihrer Nähe mitführe, ist widerlegt worden. *A. Einstein* gründete auf dieses Ergebnis seinen Satz von der Konstanz der Lichtgeschwindigkeit, der die Grundlage der speziellen →Relativitätstheorie bildet.

Handb. d. Physik XII. Berlin 1927.

Mie-Effekt, Miesche Beugungstheorie →Beugung des Lichtes an der Kugel, →Dunkelfeldbeleuchtung.

Miesches Maßsystem, elektrisches Maßsystem mit 4 Grundeinheiten, von denen zwei mechanischer Natur und zwei rein elektrischer Natur sind. Die letzteren sollen unabhängig von den mechanischen Einheiten durch elektrische Normale definiert werden. *Mie* wählte als mechanische Grundeinheiten cm und s, als elektrische V_{int} und A_{int} (→Volt, →Ampere), festgelegt durch →Quecksilberohm und →Silbervoltameter bzw. →Normalelement. Besonderer Name im Mieschen cm-s-V_{int}-A_{int}-System:

$$\text{Kraft} : \text{Sthen} = J_{int} \cdot \text{cm}^{-1}.$$

Das Miesche System ist weder auf das CGS- noch auf das MKS-System abgestimmt. Seine Beziehungen zu diesen müssen experimentell ermittelt werden:

$$J_{int} = pq^2 J_{abs} = pq^2 \cdot 10^7 \text{ erg} \qquad (pq^2 = 1{,}00019).$$

Miesche Theorie des Elektrons →Feldtheorie der Elementarteilchen.

Mikro-, abgek. μ-; →Vorsatzsilben.

Mikroanalyse, 1. der Nachweis und die Bestimmung eines extrem verdünnten Bestandteils eines Gemisches mit chemischen oder physikalischen Methoden, insbesondere mit der Mikrowaage und unter dem Mikroskop. 2. Die Analyse von Stoffen, von denen nur einige mg vorliegen.

Handb. d. Arbeitsmethoden i. d. anorgan. Chemie II. Berlin u. Leipzig 1925.

Mikrofeinstruktur. Die Entwicklung der cm-Wellen-Technik (→Mikrowellenspektrum) hat für die Aufklärung extrem benachbarter Energieterme im Atom Bedeutung gewonnen. Es zeigt sich (nach *Lamb* und *Retherford*), daß Terme, die nach der Diracschen Theorie des Elektrons entartet sind, in Wirklichkeit aufspalten (*levelshift*). Die Aufspaltung der durch die Mikrowellentechnik getrennten Terme ist klein gegen die gewöhnliche Feinstruktur. Auf eine spektroskopische Andeutung der Mikrofeinstruktur ist schon früher hingewiesen worden (*Pasternack*). Formal kann man diese Aufspaltung verstehen, wenn man ein Elektron annimmt, dessen Ausdehnung den klassischen Elektronenradius um ein bis zwei Größenordnungen übersteigt. *Bethe* hat gezeigt, daß sich die Mikrofeinstruktur aus konvergenten Bestandteilen von Störungsgliedern höherer Ordnung der Strahlungstheorie ableiten läßt. *Weißkopf* und *French* haben den Effekt anschaulicher beschrieben als Folge der Wechselwirkung des Elektrons mit dem →Nullpunktfeld der Strahlung. Unter dem Einfluß des Nullpunktfeldes macht das Elektron eine Zitterbewegung mit einer Amplitude obengenannter Größe, so daß es wie ein ausgedehntes Elektron wirkt. Die Theorie ist in der von *Bethe* u. a. gegebenen Form problematisch, weil sie voraussetzt, daß man konvergente Bestandteile aus an sich divergierenden Störungsgliedern in definierter Weise abspalten kann. Eine Rechtfertigung ist von *Tomonaga* und *Schwinger* gegeben worden in ihrer →kovarianten Quantenelektrodynamik.

Lamb, W. E., u. *R. C. Retherford:* Phys. Rev. **72**, 241 (1947).

Mikrofeld →Plasma.

Mikroinseln →Inseln.

Mikrokanonische Gesamtheit, ein Begriff der →Gibbsschen Statistik. Zu einer mikrokanonischen Gesamtheit oder Verteilung gehören nur Systeme gleicher Energie. Eine solche Gesamtheit wird auch als Repräsentant der zeitlich aufeinanderfolgenden Zustände eines und desselben isolierten Systems angesehen. Es sei

$$E(p_1, p_2, \ldots, q_1, q_2, \ldots, q_{3N}) = E$$

die zur Energie E des Systems gehörige Energiefläche im $6N$-dimensionalen Phasenraum und

$$|\text{grad}\, E| = \sqrt{(\partial E/\partial q_1)^2 + (\partial E/\partial q_2)^2 + \cdots + (\partial E/\partial p_{3N})^2}.$$

Dann hat man für die Wahrscheinlichkeit, daß die Koordinaten und Impulse des Systems innerhalb vorgegebener Grenzen liegen, den Ausdruck:

$$W = \frac{1}{|\text{grad}\, E|} \frac{\int dO}{\Omega(E)}.$$

Hierin ist das Integral im Zähler über denjenigen Teil der Energiefläche zu erstrecken, welcher dem gegebenen Koordinaten- und Impulsbereich des Systems entspricht, und $\Omega(E)dE$ gibt das Phasenvolumen zwischen den beiden Energieflächen $E(p_1, \ldots, q_{3N}) = E$ und $E(p_1, \ldots, q_{3N}) = E + dE$.

Mikroklimatologie, ein in den letzten 20 Jahren vor allem durch die Arbeiten von *R. Geiger* nahezu selbständig gewordenes Teilgebiet der Meteorologie, das sich mit den Verhältnissen der bodennahen Luftschicht befaßt. Unter dem Einfluß der Sonnen- und Himmelsstrahlung steigen bei Tage in unmittelbarer Bodennähe die Temperaturen erheblich über die Lufttemperatur in der normalen Meßhöhe (2 m) und sinken bei Nacht weit darunter (→Inversion). In welligem Gelände tritt als klimabestimmender Faktor noch das Zusammenfließen der an den Hängen abgekühlten Kaltluft (→thermische Winde, Hangabwind) hinzu. Die dadurch bewirkten extremen Klimaverhältnisse bringen Einflüsse auf das Pflanzenleben mit sich, die mit der gewöhnlichen Klimabeschreibung nicht erfaßt werden. Andererseits hat ein Vegetationsbestand je nach seiner Höhe und Dichte auch Einflüsse auf das Mikroklima. Hieraus ergeben sich enge Beziehungen der Mikroklimatologie zu Botanik, Land- und Forstwirtschaft.

Geiger, R.: Das Klima d. bodennahen Luftschicht. Braunschweig 1950.

Mikrokristallines Gefüge, mikroskopisch feinkörniges →Kristallaggregat mit oder ohne Textur, d. h. Regelung der einzelnen Kristallite.

Mikrometer. 1. Konsequente, aber nicht übliche Bezeichnung der Längeneinheit 10^{-6} m $= 1\mu$; →Mikron. 2. Geräte zur Präzisionsmessung sehr kleiner Längen, →Mikrometerschraube. 3. →Mikrometer, optische.

Mikrometer, optische. In der Optik versteht man unter einem Mikrometer eine Vorrichtung zur Messung kleiner, meist in der Bildebene optischer Geräte liegender Strecken oder zur Messung kleiner Winkel. Die Zahlenwerte der Mikrometer gelten daher meist nur in Verbindung mit einem Objektiv bestimmter Brennweite oder bei Einhaltung eines bestimmten Vergrößerungsmaßstabes. Man unterscheidet Fadenmikrometer und optische Mikrometer.

Als einfachstes Fadenmikrometer kann eine Teilung in der Bildebene eines Objektivs angesehen werden. Da diese Bildebene dann meist auch in der Bildebene des Okulars liegt, spricht man hier von *Okularmikrometern.* Die Strichplatte ist oft durch gespannte Spinnfäden ersetzt. Benutzt man nicht die Teilung oder die Spinnfäden selbst, sondern beleuchtet diese und benutzt deren leuchtendes Abbild, so erhält man z. B. helle Fäden auf dunklem Hintergrund, und man spricht von einem Fadenbild- oder Ghostmikrometer. In der Astronomie benutzt man je nach dem Verwendungszweck in der Bildebene in geeigneter Weise angeordnete Fäden und Linien, und man bezeichnet diese Anordnungen dann als Lamellen-, Kreuzstab-, Rauten- oder Ringmikrometer.

Wichtigstes *Fadenmikrometer* ist das *Schraubenmikrometer.* Es besteht aus einem festen und einem parallel dazu mit einer Schraube verschiebbaren Faden. Die Verschiebung ist in Teilen und Vielfachen der Schraubendrehung meßbar. Die Schraube selbst darf keine fortschreitenden oder mit der Ganghöhe periodisch auftretenden Fehler oder toten Gang zeigen. Vielfach werden an Stelle der Fäden in Glasplatten eingeätzte Striche verwandt. Zur Durchgangsbeobachtung von Sternen durch den Meridian wird oft der Faden mit der scheinbaren Sternbewegung durch Drehen der Mikrometerschraube mitgeführt. Elektrische Kontakte an dieser sorgen für Registrierung der Zeit, bei der eine bestimmte Lage des beweglichen Fadens vorhanden war. Mikrometer dieser Art werden als „*unpersönliche* Mikrometer" bezeichnet und wurden zuerst von *Repsold* angegeben. Ist ein Fadenmikrometer um die optische Achse des Fernrohrs meßbar drehbar, so spricht man in der Astronomie von *Positionsmikrometern.*

Statt einer Schraube können auch andere Mechanismen zur Fadenverschiebung dienen. In neuerer Zeit werden solche Einrichtungen gern mit einer Innenablesung (d. h. alle Ablesungen können im Gesichtsfeld vorgenommen werden) verbunden, um die störende Umakkommodation des Beobachterauges zwischen Bildebene und Trommelablesung zu vermeiden. Ein Fadenmikrometer dieser Art ist das *Spiralmikrometer* oder Spiralokular nach *Bauersfeld,* das besonders als Spiralmikroskop zur Ablesung von Teilungen dient. Durch eine zehngängige Doppelspirale ist hierbei das durch das Mikroskopobjektiv abgebildete Teilungsintervall in Zehntelintervalle unterteilt. Durch Drehung dieser Spiralstrichplatte um eine außerhalb des Gesichtsfeldes liegende Achse kann ein Strich der Teilung zwischen den Doppelstrich der Spirale gebracht werden. Durch die an einer gleichzeitig sichtbaren festen Strichplatte ablesbare Nummer des Spiralganges und durch den Betrag der erforderlichen Drehung gegenüber der Nullage, die ebenfalls an dieser Strichplatte ablesbar ist, kann die genaue Lage der Teilung abgelesen werden (Abb. 1).

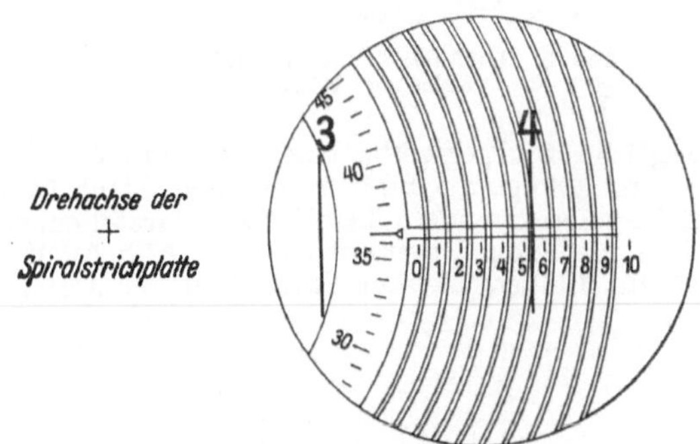

Abb. 1. Gesichtsfeld des Spiralmikrometers, Ablesung 4,5365.

Bei anderen Mikrometern wird außer der Strichplatte auch das Bild durch optische Hilfsmittel (Keile) verschoben, bis die zu messende Größe gerade zwischen die Meßfäden paßt. Ein Gerät dieser Art zum Ablesen feiner Teilungen wird als *Feinmeßokular* bezeichnet. Zwei unterhalb der Bildebene befindliche, entgegengesetzt gleiche Glaskeile (Abb. 2) werden durch eine von außen zu betätigende Schraube so gegeneinander verschoben, daß ihr Abstand voneinander in geeigneter Weise verändert wird. Das Bild der Teilung wird hierbei seitlich verschoben, bis sich ein Teilstrich zwischen den Doppelstrichen einer in der Bildebene befindlichen festen Teilung befindet. Die Intervalle der Teilung auf der festen Strichplatte betragen je ein Zehntel des Maßstabintervalls. Die seitliche Keilverschiebung ist proportional den

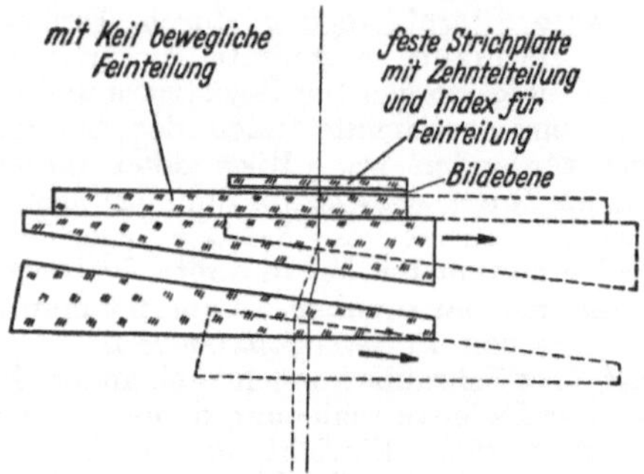

Abb. 2. Wirkungsweise des Feinmeßokulars.

Zehntelbruchteilen und kann im Okulargesichtsfeld auf einer Feinteilung abgelesen werden (Abb. 3).

Das Feinmeßokular bildet bereits den Übergang zu den *optischen* Mikrometern. Bei diesen wird ein

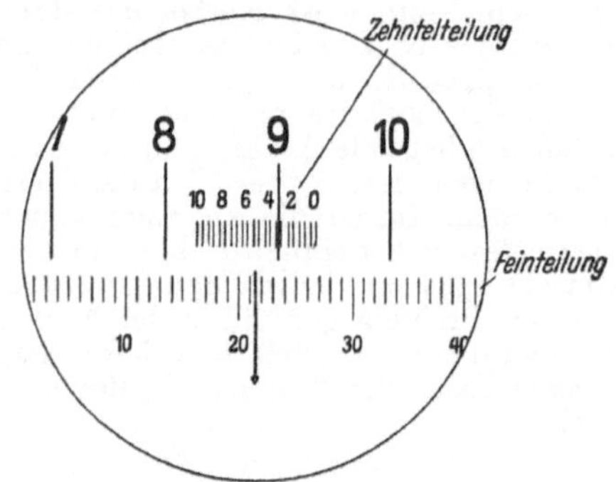

Abb. 3. Gesichtsfeld des Feinmeßokulars. Ablesung: 9,3215.

bewegliches Bild gegenüber einem festen Faden verschoben. Erfolgt die Bildverschiebung durch Linsen, die einen veränderlichen Glaskeil darstellen, so spricht man von *Linsenmikrometern* (Abb. 4). Erfolgt die Bildverschiebung durch Keile, so spricht

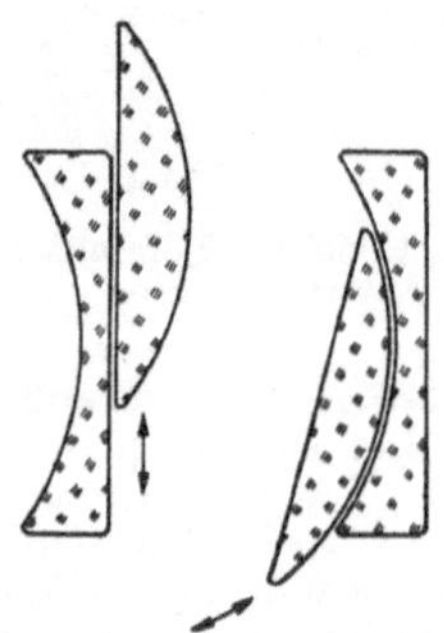

Abb. 4. Linsenmikrometer.

man von *Verschiebekeil* (Abb. 5), *Drehkeilpaaren* [Drehkeilkompensatoren (Abb. 6)] und *Schwingkeilpaaren*. Solche Einrichtungen werden hauptsächlich bei →Entfernungsmessern benutzt. Erfolgt die Bildverschiebung durch Drehen einer planparallelen Platte im konvergenten Strahlengang, so spricht man von *Parallelplattenmikrometern* (Abb. 7).

Bei manchen Anwendungen ist die Messung durch ungleichförmige Bewegung oder durch scheinbare Bewegung, z. B. durch Luftunruhe, gegenüber festen Marken erschwert. Eine Messung ist dann oft durch Verwendung von *Doppelbildmikrometern* möglich. Bei diesen werden zwei Bilder des gleichen Gegenstandes erzeugt, und man mißt die Verschiebung des einen Bildes gegenüber dem anderen. Wird ein Objektiv in zwei Segmente geteilt, so liefert jeder Teil ein Bild. Können

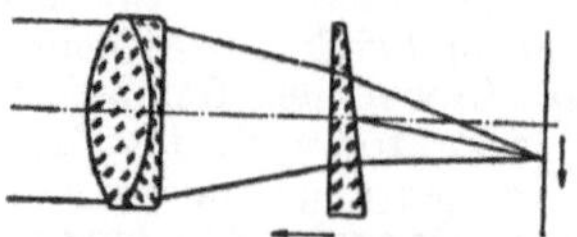

Abb. 5. Verschiebekeil.

die Segmente meßbar verschoben werden, so läßt sich erreichen, daß sich die Bilder entweder einmal gerade decken und einmal gerade am Rande berühren oder daß Berührung einmal rechts und einmal links stattfindet. Messungen dieser Art wurden zuerst an der Sonne durchgeführt, weshalb man von *Heliometern* spricht. Auch lassen sich Doppelbildmikrometer durch passende Anwendung von Doppelkeilen oder durch zwei entgegengesetzt drehbare Planplatten erzeugen. Auch durch Anwendung von Prismen aus doppelbrechenden Substanzen lassen sich Doppelbilder erzeugen und meßbar verändern. Man nennt diese dann

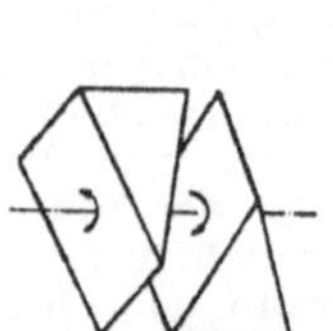

Abb. 6. Drehkeilpaar.

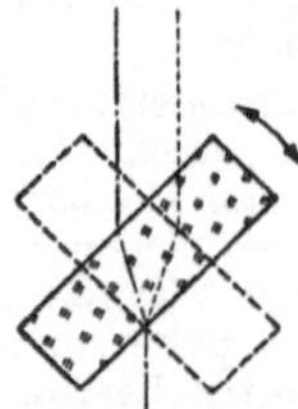

Abb. 7. Parallelplattenmikrometer.

Kristallmikrometer. Der Nachteil der Doppelbildmikrometer besteht in der Lichtschwächung jedes Einzelbildes durch Aufteilung der Strahlen. Oft werden statt der Doppelbilder auch zwei aneinanderstoßende Halbbilder erzeugt und meßbar gegeneinander verschoben (→Entfernungsmesser). Einwandfreie Messungen mit Mikrometern sind nur bei Freiheit von →Parallaxe möglich.

Mikrometerschraube (*Meßschraube*), Gerät zur Messung kleiner Längen bzw. Längendifferenzen. Auf dem Kopf einer genau gearbeiteten Schraube von kleiner Ganghöhe sitzt ein flacher Zylinder (Schraubentrommel), dessen Mantel meist in 100 Teile geteilt ist, so daß noch $^1/_{1000}$ einer Umdrehung — einer Verschiebung der Schraube um $^1/_{1000}$ der Ganghöhe entsprechend — abgelesen werden kann. Auf diese Weise kann z. B. bei einer Ganghöhe von 0,5 mm die Verschiebung einer Ablesemarke (z. B. an einem Maßstab) unter einem →Ablesemikroskop oder des Fadenkreuzes oder Doppelfadens in einem Okularmikrometer (→Mikrometer, optische) auf 0,5 μ genau gemessen werden. Eine Mikrometerschraube ist also ein Maßstab, dessen Teilung durch ihre Ganghöhe gegeben ist. →Teilungsfehler müssen durch Eichung ermittelt und in Rechnung gestellt werden. Näheres →die Literatur. Fehler infolge →toten Ganges werden dadurch vermieden, daß man sich der endgültigen Einstellung stets von der gleichen Seite her nähert.

Scheel, K.: Prakt. Metronomie. Braunschweig 1911. — *Kohlrausch, F.:* Prakt. Physik I. Leipzig u. Berlin 1950.

Mikron, 1. abgek. μ, gesprochen: my; abkürzende Bezeichnung für das Mikrometer (μm), den 10^6. Teil des Meters: $1\,\mu = 10^{-6}$ m; 2. in der Vakuumtechnik gelegentlich als Bezeichnung für die Druckeinheit 10^{-3} Torr verwendet.

Mikroobjektiv →Mikroskopobjektiv.

Mikrophon, Gerät zur Verwandlung von Schallwellen in elektrische Schwingungen. Man unterscheidet je nach der Schallfeldgröße, auf die sie ansprechen, Druck- und Druckgradienten- bzw. Schnelle-Mikrophone. Erstere haben Kugel-, letztere Achtercharakteristik (→Richtcharakteristik). Das wirksame Element der meisten Mikrophone ist eine Membran, die von den Schallschwingungen in Bewegung versetzt wird. Die Bewegung steuert entweder nach dem Relaisprinzip einen Gleich- oder Wechselstrom von konstanter Stärke (Kohlemikrophon, Hochfrequenz-Kondensatormikrophon), oder sie erzeugt unmittelbar durch Influenz oder Induktion elektrische Spannungen und Ströme (Niederfrequenz-Kondensatormikrophon, Kristallmikrophon, Tauchspulmikrophon, Bändchenmikrophon).

v. Braunmühl, H. J., u. *W. Weber:* Akust. Z. **1**, 145 (1936). — *Beranek, L. L.:* Acoustic Measurements. New York u. London 1949.

Mikrophonsummer, heute durch den →Röhrensummer verdrängt, Wechselstromerzeuger für Meßzwecke, beeinflußt durch die Schwingung einer Telephonmembran in einem Batteriekreis liegende Mikrophonkontakte und erzeugt dadurch eine weitgehend sinusförmige Änderung des Mikrophonstromes. Der Mikrophonstrom wird über einen Übertrager wiederum zur elektromagnetischen Erregung der Telephonmembran benutzt. Der Sekundärkreis des Übertragers wird zweckmäßig durch einen Kondensator elektrisch auf die Frequenz der Telephonmembran abgestimmt.

Mikrophotographie ist die photographische Aufnahme kleiner Objekte durch →Mikroprojektion. Die Industrie stellt für diese Zwecke besonders gebaute Geräte her. Auch ist es möglich, jedes →Mikroskop durch Hinzufügen einer passenden Kamera (Aufsetzkamera, Vertikalkamera, Horizontalkamera oder Kinokamera) zu einer mikrophotographischen Einrichtung auszugestalten. Hierbei ist besonders auf feste und erschütterungsfreie Aufstellung zu achten. Für Aufnahmen im ultravioletten Licht werden Monochromate und Quarzokulare, für solche im sichtbaren und ultraroten Licht hauptsächlich Apochromate und Kompensationsokulare oder Photookulare (→Mikroskopobjektive, →Okulare) benutzt. Während die Bildfeldkrümmung durch Verwendung geeigneter Optik auf ein Minimum beschränkt werden kann, kann unzureichende Tiefenschärfe bei genügend langer Belichtungszeit dadurch verbessert werden, daß während der Aufnahme die Feinbewegungsschraube um geringe Beträge verstellt wird. Zur Verminderung evtl. noch vorhandener chromatischer Abbildungsfehler werden →Farbfilter benutzt.

Stade, G., u. *H. Staude:* Mikrophotographie. Leipzig 1939. — *Michel, K.:* Grundzüge d. Mikrophotographie. Jena 1940.

Mikrophotometer dienen zur Messung der Schwärzung kleiner Stellen photographischer Aufnahmen, vor allem bei Spektralaufnahmen und bei Sternbildchen, sowie bei Tonaufzeichnungen. Es wird gewöhnlich folgende optische Anordnung benutzt (Abb.). Der Kondensator K_1 bildet die

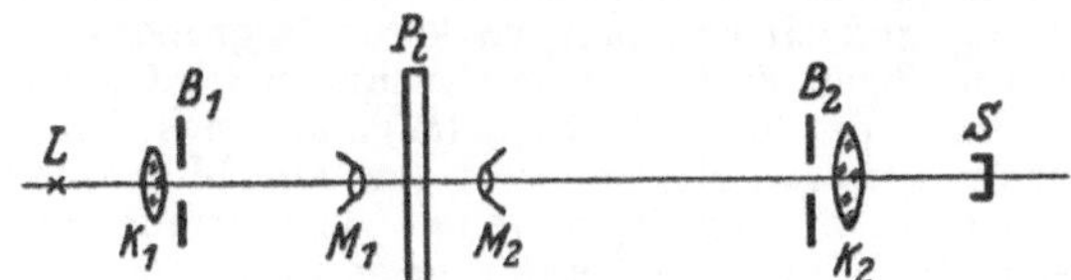

Strahlengang im Mikrophotometer.

Lichtquelle L in das Mikroskopobjektiv M_1 ab, welches auf der Schicht Pl ein verkleinertes Bild der Vorblende B_1 entwirft. Die zu messende Plattenstelle wird durch das Mikroskopobjektiv M_2 auf die Meßblende B_2 abgebildet, hinter der ein Kollektiv K_2 die Strahlung auf einem Strahlungsempfänger S (Alkali-Photozelle, Sperrschicht-Photoelement oder Thermoelement) vereinigt. Bei Mikrophotometern zur Auswertung von Spektren sind die Blenden B_1 und B_2 Spalte, wobei B_1 so eingestellt wird, daß ihr Bild auf B_2 etwas größer ist als B_2. Bei Messung des Photostroms mit Elektrometer oder Galvanometer nach dem Ausschlagverfahren läßt sich eine Registrierung der Schwärzungsverteilung längs des Spektrums durchführen, wobei durch Wahl der Übersetzung zwischen den Bewegungen der Platte Pl und dem Registrierpapier verschiedene Vergrößerungen eingestellt werden können (→*Registrierphotometer*). Die Lampe L muß mit konstanter Helligkeit brennen und wird deshalb zweckmäßig durch eine große Akkumulatorenbatterie gespeist.

Bei der Messung der Schwärzung von Sternbildchen sind B_1 und B_2 Irisblenden; die Messung erfolgt bei konstantem Ausschlag durch Einbringen einer Schwächungsvorrichtung (Graukeil) in den Lichtweg. Auch die Meßblende B_2 läßt sich zweckmäßig als Schwächungsvorrichtung verwenden, wobei dann der effektive Durchmesser des Sternscheibchens als Maß für die Bildstärke dient. Häufig wird auch, um Helligkeitsschwankungen der Lichtquelle L unschädlich zu machen, nach einem Kompensationsverfahren mit Hilfe eines zweiten Lichtweges von L zu einem zweiten gleichartigen Strahlungsempfänger (z. B. der zweiten Lötstelle eines Thermoelements) gearbeitet, wobei die Schwächungsvorrichtung, mit der auf gleiche Beleuchtung beider Strahlungsempfänger eingestellt wird, entweder im direkten oder im Vergleichslichtweg angebracht sein kann. Auch Wechsellichtverfahren mit abwechselnder Belichtung eines Strahlungsempfängers durch den direkten und den Vergleichslichtweg kommen als Nullmethode in Betracht.

Bei der optischen Einrichtung eines Mikrophotometers sorgt die Vorblende B_1 dafür, daß der Zerstreuungseffekt der photographischen Platte, d. h. die Streuung des Lichtes an der Gelatine und an den kolloidalen Silberteilchen, klein bleibt.

Handb. d. Physik XIX. Berlin 1929. *Ornstein, Moll* u. *Burger:* Objektive Spektralphotometrie. Braunschweig 1932.

Mikrophysik →Makrophysik.

Mikroprojektion ist die stark vergrößerte reelle Abbildung kleiner Objekte. Die Abbildung kann bei schwacher Vergrößerung durch Mikroskopobjektive allein erfolgen. Das in geeigneter Weise hell erleuchtete Präparat (→Mikroskop, →Mikroskopobjektiv, →Kondensor, →Köhlersche Beleuchtung) wird dann unmittelbar reell auf einem Projektionsschirm oder einer Mattscheibe abgebildet. Aus Gründen einer besseren Korrektion der Abbildungsfehler, insbesondere der Bildfeldkrümmung, und zur Erzielung stärkerer Vergrößerungen bei mäßigen Projektionsentfernungen wird jedoch vielfach der normale Strahlengang eines Mikroskops benutzt. Hierbei wird das vom Mikroskopobjektiv, oft ein Apochromat, entworfene Zwischenbild durch das Okular, dann meist ein Kompensationsokular, auf dem Auffangschirm entworfen. Als Okulare dienen für Projektionszwecke auch solche mit negativer Brennweite, wie die Homale von Zeiß oder besondere Projektions- oder Photookulare, bei denen die Augenlinse gegenüber der Feldlinse zur Scharfeinstellung des Bildes auf dem Auffangschirm verstellt werden kann. →Mikrophotographie.

Mikropyrometer, optisches Glühfadenpyrometer (→Strahlungspyrometer) mit vergrößernder Optik; dient zur Temperaturbestimmung an Strahlern geringer Ausdehnung, z. B. dünnen glühenden Drähten. Die Optik entspricht der eines Mikroskops mit großem Objektabstand. Soll in dem Pyrometer der Faden der Vergleichslampe ohne störende Beugungsränder zum Verschwinden gebracht werden können, so sind an die Öffnungsverhältnisse des Gerätes bestimmte Anforderungen zu stellen. Diese bringen es mit sich, daß man durch das Objektiv auch bei großem Öffnungsverhältnis nur mäßig hohe Vergrößerungen erreichen kann. So läßt ein Objektiv mit dem Öffnungsverhältnis 1 : 2 am Ort des Fadens der Vergleichslampe nur eine 4fache Vergrößerung zu, wenn die Bedingungen für völliges Verschwinden des Glühfadens eingehalten werden. Für die Okularvergrößerung besteht keine Beschränkung.

Hoffmann, F., u. *C. Tingwaldt:* Opt. Pyrometrie. Braunschweig 1938.

Mikroradiometer (anfänglich *Radiomikrometer* genannt), zuerst angegeben von *Boys* und verbessert von *Rubens, Hettner* und *Czerny*, vereinigt

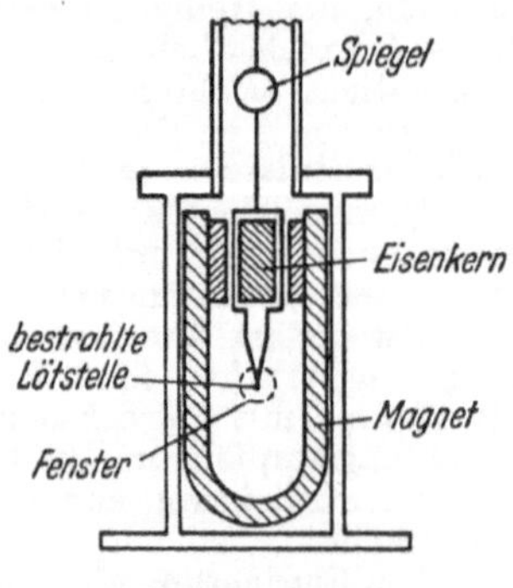

Mikroradiometer.

ein Thermoelement und ein Drehspulgalvanometer zu *einem* Gerät (Abb.). Ein Thermoelement mit kurzen dünnen Schenkeln aus Legierungen, die eine hohe Thermokraft liefern, z. B. Bi + 3% Sb gegen Bi + 5% Sn, ist an einem dünnen Kupferdraht angelötet, der, zu einer rechteckigen Schleife gebogen, an Stelle der Spule zwischen den Magnetpolen eines Galvanometers als bewegliches System aufgehängt ist. Die Drahtschleife ist am oberen Ende an einem leichten Aluminiumdraht befestigt, der den Spiegel trägt, und hängt an einem einige μ dicken Quarzfaden. In Höhe der warmen Lötstelle des Elementes ist ein vergoldeter Metallkonus angebracht, der die Strahlung auf sie konzentriert. Das Instrument steht unter einer luftdicht schließenden Glocke mit Fenstern zum Durchtritt der Strahlung und zur Beobachtung des Spiegels. Luftabschluß ist wesentlich für die Ruhelage des Spiegels, weil sonst geringe adiabatische Luftdruckschwankungen Temperaturänderungen hervorrufen und zu Ausschlägen Veranlassung geben.

Handb. d. Physik XVII, XIX. Berlin 1928/29.

Mikroskop. Die →Lupe hat im wesentlichen den Zweck, das Akkommodationsvermögen des Auges bei kurzen Abständen des Objekts zu unterstützen. Öffnungsblende ist hierbei die Augenpupille, da der Lupendurchmesser größer als diese ist. Mit kleiner werdender Brennweite wächst die Lupenvergrößerung, aber gleichzeitig muß das Objekt stark dem Auge genähert werden, so daß die Beobachtung unbequem wird. Natürlich wird gleichzeitig auch der Lupendurchmesser verringert, so daß schließlich die Linsenöffnung aperturbegrenzend wird. Solche Systeme werden als „*einfache Mikroskope*" bezeichnet. Läßt man die aus einer Lupe L parallel austretenden Strahlen, wie Abb. 1 zeigt, in ein Fernrohr eintreten, so erhält man eine *Fernrohrlupe*.

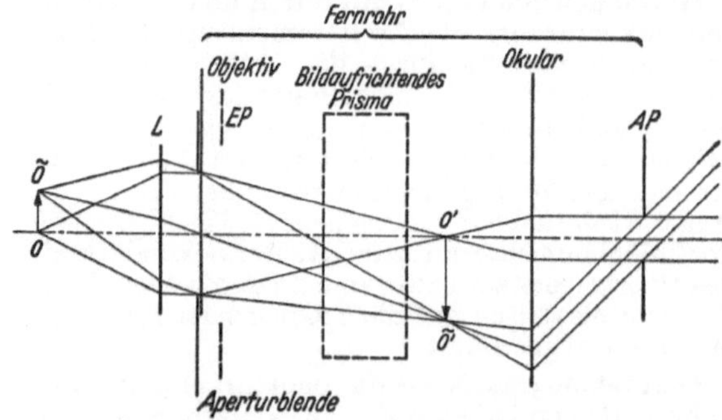

Abb. 1. Strahlenverlauf in der Fernrohrlupe.

Durch Kombination stärkerer Fernrohre mit bildaufrichtenden Prismen und schwachen Lupenlinsen lassen sich beträchtliche Vergrößerungen bei relativ großem Arbeitsabstand erzielen. Derartige Kombinationen, besonders wenn sie binokular ausgeführt sind, sind für Präparierzwecke gut geeignet. Man kann die Lupe L und das Fernrohrobjektiv der Abb. 1 zu einem Objektiv zusammenfassen und erhält so den Strahlengang eines „*zusammengesetzten Mikroskops*" (Abb. 2).

Die Lupenvergrößerung $\overline{\Gamma'}$ einer solchen Kombination ist bei entspanntem Auge $\overline{\Gamma'} = 250/f'$, wenn f' [mm] die Bildbrennweite des Gesamtsystems ist. f' ergibt sich aus der Duplettformel: $f' = -f'_1 f'_2/\Delta$. Hierbei sind f'_1 und f'_2 die Bildbrennweiten der Linsen L_1 und L_2, und Δ ist der

Abstand der einander zugekehrten Brennpunkte. Also ist die Lupenvergrößerung des Mikroskops

$$\overline{\Gamma'} = \frac{\Delta}{-f'_1}\,\frac{250}{f'_2}\,.$$

Da f'_1 die Bildbrennweite der Linse L_1 ist, so ist $\Delta/(-f'_1) = \beta'_1$ der Abbildungsmaßstab des Objektivs in der Bildebene, und $250/f'_2$ ist die Lupen-

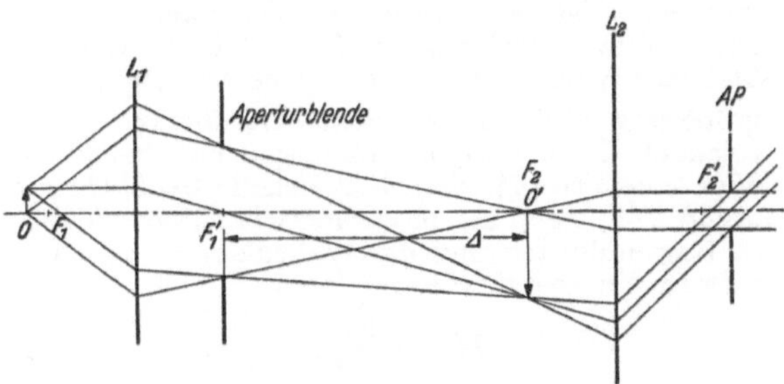

Abb. 2. Strahlenverlauf im Mikroskop.

vergrößerung $\overline{\Gamma'_2}$ des *Okulars*, wie die Linse L_2 bezeichnet wird, da diese bei visueller Beobachtung dem Auge zugekehrt ist. Also ist

$$\overline{\Gamma'} = \beta'_1\,\overline{\Gamma'_2}\,.$$

Objektiv und Okular befinden sich an den Enden eines Rohres (Tubus), das gewöhnlich an einem Mikroskopstativ senkrecht oder nahezu senkrecht angebracht ist. Objektiv und Okular sind leicht auswechselbar (Revolver-, Schlittenobjektivwechsler). Die Länge des Rohres, d. i. der Abstand zwischen dem oberen Tubusrand und der Ansatzfläche für das Objektiv, ist auf dem europäischen Festland meist 160 mm und wird als *mechanische Tubuslänge* bezeichnet. Diese ist für stark vergrößernde Objektive, die für diese Tubuslänge berechnet sind, streng einzuhalten. Bei schwachen Vergrößerungen kann man die Tubuslänge verändern, um die Vergrößerung zu variieren. Oft kann auch durch Veränderung der Tubuslänge die Verschlechterung der Korrektion des Objektivs durch eine von 0,16 mm abweichende Deckglasdichte vermindert werden. Bei Durchlichtbeobachtung liegen die Objekte über der Öffnung eines Tisches zwischen Objektträger und Deckglas, und die Objektive sind für Gebrauch mit Deckglas korrigiert. Hingegen sind die Mikroobjektive für Auflichtbeleuchtung, insbesondere für Metallmikroskope, für Gebrauch ohne Deckglas korrigiert. Der Abstand zwischen Präparat und Objektiv wird im allgemeinen durch Auf- und Abwärtsbewegung des Tubus mittels Grob- und Feintrieb verändert.

Zur Durchlichtbeleuchtung befindet sich unter der Öffnung des Mikroskoptisches der Abbesche *Beleuchtungsapparat*, der aus einem Mikrokondensor (→Kondensor) mit verschiebbarer Irisblende besteht, und ein verstellbarer Spiegel. Mit Hilfe der verschiebbaren Irisblende läßt sich jede gerade und schiefe Durchlichtbeleuchtung erzielen. Diese Irisblende ist normalerweise Aperturblende und Eintrittspupille des ganzen Mikroskops. Die Apertur eines Mikroobjektivs kann also bezüglich der Bildhelligkeit nur dann voll ausgenutzt werden, wenn der Kondensor mindestens die gleiche Apertur wie das benutzte Objektiv hat. Praktisch wählt man meist die Beleuchtungsapertur für Durchlichtbeleuchtung so, daß etwa $^2/_3$ der Aperturblende des Mikroobjektivs von der Lichtquelle ausgeleuchtet sind. Im einfachsten Fall wirft der Spiegel das Licht einer fernen, gleichmäßig leuchtenden Fläche (z. B. Wolke) in den Abbeschen Beleuchtungsapparat. Dieser bildet die ferne Lichtquelle in oder in der Nähe der Objektebene ab. Für viele Zwecke, z. B. bei Benutzung einer strukturierten oder eng begrenzten Lichtquelle, geht man aber zur →Köhlerschen Beleuchtung über. Wünscht man undurchsichtige Gegenstände zu beleuchten, so verwendet man →Vertikalilluminatoren.

Die Erkennbarkeit feiner Einzelheiten mikroskopischer Objekte, d. h. das →*Auflösungsvermögen*, ist nicht nur durch die Güte der optischen Teile, durch Eigenschaften des Objekts und des Empfängers (z. B. des Auges), sondern auch in besonderer Weise durch die Wellennatur des Lichtes begrenzt. Zur Erklärung dieses Zusammenhanges nimmt man nach dem Vorschlage *Abbes* als Objekt ein Gitter von parallelen Streifen an, die sich nur durch ihre größere oder geringe Lichtdurchlässigkeit unterscheiden, und läßt dieses Gitter von einem engen, parallel zur optischen Achse einfallenden Bündel durchstrahlen (Abb. 3). Ist der Abstand gleich-

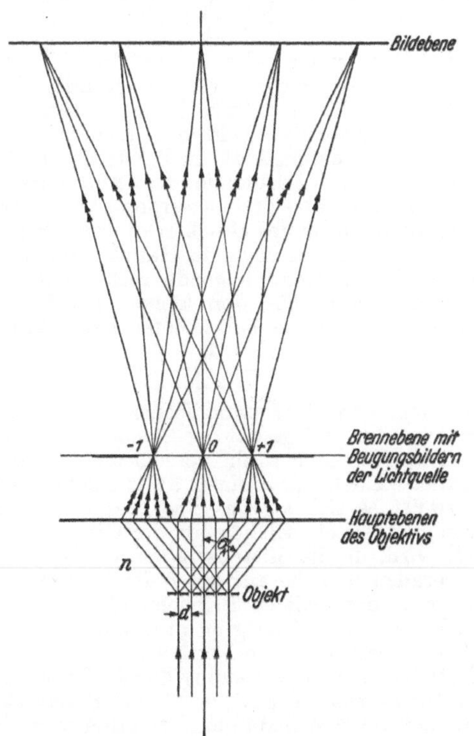

Abb. 3. Bildentstehung im Mikroskop und Auflösungsvermögen nach der Abbeschen Betrachtungsweise.

artiger Stellen des Gitters voneinander d, so entstehen am Bildort der Lichtquelle, d. h. in unendlicher Entfernung, Beugungsspektren 0, ± 1, ± 2, ± 3, ... ter Ordnung. Ist λ_0 die Wellenlänge des benutzten Lichtes in Luft, und bezeichnet σ_k den Winkel zwischen dem auf der optischen Achse liegenden 0-ten Beugungsspektrum und dem k-ten Beugungsspektrum, so gilt, wenn n die Brechzahl des hinter dem Gitter befindlichen Mittels ist,

$$n \sin \sigma_k = \frac{k\,\lambda_0}{d}\,.$$

Das Objektiv bildet die Beugungsspektren, das sind Bilder der Lichtquelle, in seiner Bildbrennebene ab. Kommt durch Abblendung an der begrenzenden Blende nur das Beugungsbild 0-ter Ordnung zur Wirkung, dann ist es so, als ob hinsichtlich der Abbildung kein Präparat vorhanden wäre. Dieser Fall tritt auch bei zu feiner Gitterstruktur ein. Das in der Bildebene des Objektivs entstehende Zwischenbild, das durch das Okular beobachtet wird, ist von der Beugungserscheinung in der Brennebene des Objektivs abhängig. *Abbe* hat nun gezeigt, daß dann und nur dann eine Abbildung des Objektes erfolgt, wenn mindestens zwei aufeinanderfolgende Beugungsmaxima durch das Objektiv hindurchtreten, und daß die durch Interferenz zustande kommende Abbildung um so ähnlicher ist, je mehr abgebeugte Strahlen, d. h. also je mehr Beugungsmaxima zur Abbildung beitragen. Die Gitterstruktur, die auch bei vielen mikroskopischen Präparaten, z. B. Diatomeen, vorhanden ist, wird also aufgelöst, wenn bei gerader Beleuchtung k mindestens ± 1 ist. Da $n \sin \sigma_k$ numerische →Apertur A genannt wird, so gilt

$$d = \frac{\lambda_0}{A}.$$

Hierbei entstehen also in der Brennebene des Objektivs neben dem in der Mitte liegenden Hauptmaximum rechts und links je ein erstes, Nebenmaximum genanntes Bild der Lichtquelle. Bei schiefer Beleuchtung, die z. B. durch seitliches Verschieben der Irisblende des Abbeschen Beleuchtungsapparates erzielt werden kann, entsteht in der Brennebene des Objektivs nur noch das an einem Blendenrand liegende Haupt- und das am anderen Blendenrand liegende rechte oder linke Nebenmaximum. Für den kleinsten auflösbaren Abstand d gilt dann bei schiefer Beleuchtung

$$d = \frac{\lambda_0}{2A}.$$

Bei einem von einer periodischen Gitterstruktur abweichenden Gefüge hat der Grenzwert nicht den gleichen, aber keinen sehr verschiedenen Wert, so daß die Formeln für d einen Anhalt geben. Ebenso erweist es sich als dasselbe, wenn statt eines engen Bündels ein solches von der Öffnung 2σ benutzt wird, da die Mittenstrahlen den Grenzwert der geraden und die äußersten Randstrahlen den Grenzwert der schiefen Beleuchtung ergeben. Die Gleichung $d = \lambda_0/2A$ gibt also die Grenze der Auflösung eines Mikroobjektivs an.

Abbe hat diese Anschauung durch Versuche mit dem Diffraktionsapparat bestätigt. *Helmholtz* erhielt fast dieselbe Bedingung, wenn er von einem selbstleuchtenden Objekt ausging und Beugung an den begrenzenden Blendenrändern annahm.

Die numerische Apertur ist $A = n \sin \sigma_\varkappa$. Der Winkel $\sigma_\varkappa$ kann höchstens 90° sein, praktisch aber nur bis etwa 72° ansteigen. Steigerung des Auflösungsvermögens ist also nur durch Steigerung der Brechzahl n des zwischen Objekt und Objektiv gelegenen Mediums oder durch Verkürzung der Wellenlänge des benutzten Lichtes möglich (→Ultramikroskopie). Befinden sich aber zwischen Gegenstand und Frontlinse mehrere ebene Flächen und zwischen ihnen Mittel mit verschiedenen Brechzahlen, so gilt für die Berechnung des Auflösungsvermögens der kleinste Wert von n. Ist das Objektiv so konstruiert, daß sich zwischen seiner Frontlinse und dem Präparat oder dem Deckglas eine Flüssigkeit (Wasser $n = 1{,}33$; Zedernholzöl $n = 1{,}51$; Monobromnaphthalin $n = 1{,}66$) befindet, so spricht man von *Immersionssystemen* im Gegensatz zu *Trockensystemen*. Ist die Brechzahl der Frontlinse nahezu die gleiche wie die der Flüssigkeit, so spricht man von *homogenen Immersionen*.

Infolge des bei bestimmter Wellenlänge und numerischer Apertur festliegenden Auflösungsvermögens ist es zwecklos, die Vergrößerung über einen Wert zu steigern, der für ein gutes Erkennen kleinster Einzelheiten erforderlich ist. Diese Vergrößerung wird als *förderliche Vergrößerung* $\overline{\Gamma_f'}$ bezeichnet. Eine darüber hinausgehende heißt *tote* oder *leere Vergrößerung*. Für visuelle Beobachtung ergibt sich, wenn der physiologische Grenzwinkel ε in Bogenminuten und die Wellenlänge λ in Millimetern eingesetzt wird:

$$\overline{\Gamma_f'} = \frac{\varepsilon A}{6{,}88\,\lambda}.$$

Setzt man für Tageslicht eine mittlere Wellenlänge von 560 mμ und nimmt man für bequemes Sehen den physiologischen Grenzwinkel für das Auflösungsvermögen des Auges $\varepsilon = 2$ bis 4′ an, so ergibt sich, daß es zwecklos ist, die Vergrößerung über das 500- bis 1000fache der numerischen Apertur zu steigern. Setzt man als Höchstwert der numerischen Apertur für eine Ölimmersion 1,6, so sieht man, daß es im Hinblick auf das Erkennen feiner Einzelheiten zwecklos ist, die Vergrößerung über das etwa 1600fache zu steigern.

Bei Tageslicht ($\lambda = 560$ mμ) und $A = 1{,}6$ ist der kleinste noch sichtbare Abstand zweier Objektpunkte 0,17 μ. Andererseits ist es aber möglich, auch noch im Mikroskop wesentlich kleinere Teilchen sichtbar zu machen, wenn man auf Abbildung ihrer Gestalt verzichtet und sich mit dem an ihnen abgebeugten Licht begnügt (→Dunkelfeldbeleuchtung).

Hat man jedoch als Objekt ein solches, dessen Einzelheiten sich nicht durch verschiedene Absorptionen, sondern durch verschiedene Brechzahl unterscheiden, so kann man die Einzelheiten durch Anwendung des →Phasenkontrastverfahrens sichtbar machen.

Über Objektive →Mikroskopobjektive. Als →Okulare werden für längere Okularbrennweiten meist Huygenssche, für kürzere Okularbrennweiten Kellnersche oder orthoskopische Okulare benutzt. Bei Anwendung starker Achromate oder Apochromate als Mikroobjektive verwendet man →Kompensationsokulare. Für größere Bildwinkel und für mikrophotographische Zwecke benutzt man periplanatische oder Ebnungsokulare oder besondere Projektionsokulare. Gelegentlich werden auch für Projektion und Mikrophotographie negative Okulare benutzt.

Das Mikroskop findet weiteste Anwendung in Wissenschaft und Technik. Es sind daher umfangreiche Sondereinrichtungen geschaffen worden, wie a) Einrichtungen für Verwendung zu Meß- und Zählzwecken; b) Mikroskope für Beobachtung mit beiden Augen für bequemes Sehen und zur stereoskopischen Betrachtung; c) Mikroskope mit Benutzung polarisierten Lichtes; d) Auflicht- und Dunkelfeldbeleuchtung; e) Metallmikroskope und universalmikroskopische Einrichtungen für Mikrophotographie und Mikroprojektion; f) Ultraviolett-, Ultrarot- und Fluoreszenzmikroskope; g) Phasenkontrastmikroskope; h) Zeichenvorrichtungen,

Heizvorrichtungen, optische Färbeeinrichtungen und Spektralapparate für Verwendung am Mikroskop. — Weiteres →Mikroskop im *Nachtrag*.

→Mikroskopie nach dem Fernsehprinzip im *Nachtrag*.

Abbe, E.: Ges. Abhandl. I. Jena 1904, Aufsätze a. d. Jahren 1873—1890. — *Czapski-Eppenstein:* Grundzüge d. Theorie d. opt. Instrumente. Leipzig 1924. — *Köhler, A.*, in: Methodik d. wiss. Biologie I. Berlin 1928. — *Köhler, A.*, in: *Abderhalden:* Handb. biol. Arbeitsmethoden, Abt. II, Tl. 2, S. 1691—1978. Berlin u. Wien 1927. — *Ambronn, W.*, u. *A. Frey:* Das Polarisationsmikroskop. Leipzig 1926. — *Ehringhaus, A.:* Das Mikroskop. Leipzig u. Berlin 1938. — *Stade, G.*, u. *H. Staude:* Mikrophotographie. Leipzig 1939. — *Michel, K.:* Das Mikroskop. Stuttgart 1939. — *Berek, M.:* Zur Theorie d. Abbildung im Mikroskop. Optik **1**, 475; **3**, 289; **4**, 377; **5**, 1, 144, 329 (1946/49). — *Michel, K.:* Die Grundl. d. Theorie d. Mikroskops. Stuttgart 1950.

Mikroskopie mittels rekonstruierten Wellenfronten →im *Nachtrag*.

Mikroskopisch heißen in erweitertem Sinne die Atome, Elementarteilchen und andere sehr kleine Teilchen, auch wenn diese so klein sind, daß sie selbst mit dem →Elektronenmikroskop nicht mehr beobachtet werden können, also die Objekte der Mikrophysik. →Makrophysik.

Mikroskopische Reversibilität, bringt zum Ausdruck, daß im kinetischen →Gleichgewicht jeder mikroskopische Elementarvorgang durch einen inversen Vorgang kompensiert wird. Die Reziprozitätsbeziehungen von →*Onsager* sind eine Folge des Prinzips.

Mikroskopobjektive werden nach verschiedenen Gesichtspunkten eingeteilt. Man unterscheidet erstens nach Art des Mittels, das sich zwischen Frontlinie und Deckglas bzw. Objekt befindet, Trocken- und Immersionssysteme.

Bei den *Trockensystemen* befindet sich zwischen Frontlinse und Deckglas Luft. Sie sind besonders empfindlich gegen Änderung der Deckglasdicke, weshalb manche solcher Mikroskopobjektive mit →Korrektionsfassungen versehen sind. Die *Immersionssysteme* werden für hohe numerische Apertur und für große Abbildungsmaßstäbe hergestellt. Nach dem zwischen Frontlinse und Deckglas befindlichen Mittel unterscheidet man Wasser-, Öl-, Glyzerin- und Monobromnaphthalinimmersionen. Wenn die Brechzahlen der Frontlinse, des Deckglases und des dazwischen befindlichen Mittels gleich oder nahezu gleich sind, so spricht man von homogenen Immersionen. Man erreicht mit Wasserimmersion eine numerische Apertur bis etwa 1,25, mit Ölimmersion bis etwa 1,40 und mit Monobromnaphthalinimmersion bis etwa 1,60.

Die Konstruktionsbedingungen, die an ein Mikroskopobjektiv gestellt sind, sind ähnlich denen eines Fernrohrobjektivs, nur daß die Korrektion für eine gegebene Tubuslänge und für eine bestimmte Deckglasdicke durchgeführt wird.

Man unterscheidet zweitens je nach dem Grad der chromatischen Korrektion Achromate, Apochromate, Semi-Apochromate oder Fluoritsysteme und Monochromate.

Bei den *Achromaten* ist die Farbenvereinigung für 2 Wellenlängen durchgeführt. Sie zeigen deshalb Farbfehlerreste (sekundäres Spektrum), die sich durch geringe farbige Säume der Objekte bemerkbar machen. Weiterhin sind Achromate für eine Wellenlänge aplanatisch, d. h. hinsichtlich sphärischer Aberration und Sinusbedingung korrigiert. Ihr Aufbau ist ähnlich einem Fernrohrobjektiv, und oft sind mehrere achromatische Einzellinsen hintereinandergestellt. Bei den starken Achromaten, insbesondere Immersionen, befinden sich vor den achromatischen Einzellinsen noch nichtachromatische Vorderlinsen, die meist aus einem aplanatischen Meniskus und einer überhalbkugeligen Frontlinse bestehen. Achromate werden meistens mit Huygens-Okularen oder mit besonderen Okularen mit geebnetem Bildfeld (periplanatische oder Ebnungsokulare, komplanatische oder besondere Photookulare) benutzt. Starke Achromate gebraucht man zweckmäßigerweise mit →Kompensationsokularen. Achromate zeigen eine Bildfeldwölbung, weshalb für manche Zwecke (Mikrophotographie, Mikroprojektion) besondere als Planachromate bezeichnete Mikroobjektive verwendet werden.

Bei den *Apochromaten* ist das sekundäre Spektrum nahezu beseitigt, indem die Farbenvereinigung für 3 Wellenlängen durchgeführt wird, während sie für 2 Wellenlängen aplanatisch sind. Als Nachteil zeigen sie eine relativ starke Bildfeldwölbung, und der Farbenvergrößerungsfehler ist stärker als bei den Achromaten. Sie werden deshalb fast immer in Verbindung mit Kompensationsokularen verwendet.

Semi-Apochromate oder *Fluoritsysteme* sind ähnlich wie Achromate aufgebaut, jedoch ist durch Verwendung von Flußspatlinsen eine bessere Farbenkorrektion erzielt, wenn auch nur 2 Farben vereinigt sind. Sie weisen deshalb noch geringe Reste des sekundären Spektrums auf.

Monochromate sind Objektive, die nur für eine einzige Wellenlänge des Lichtes korrigiert sind. Für diese ist allerdings die Korrektion ausgezeichnet. Diese Objektive sind speziell für mikrophotographische Zwecke im kurzwelligen Ultraviolett gebaut. Als Material für die optisch wirksamen Teile ist Quarzglas verwendet worden. In der Regel sind diese Objektive für eine Wellenlänge von 275 mμ korrigiert.

Mikrowaage, eine hochempfindliche Waage zur Messung sehr kleiner Massen. Ein Beispiel ist die Mikrowaage nach *Nernst*, die aus einem geknickten, auf einer runden Glas- oder Quarzstange drehbar gelagerten Quarzfaden besteht, der an seinem

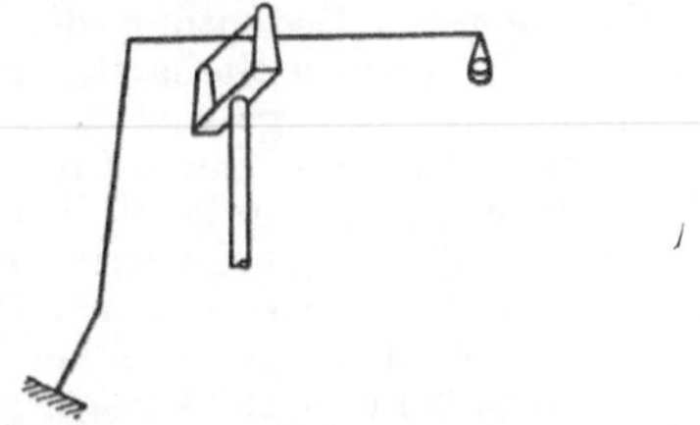

Mikrowaage nach *Nernst*.

einen Ende ein Körbchen zur Aufnahme des zu wägenden Körpers trägt und dessen anderes Ende als Zeiger auf einer Skala spielt. Weitere Konstruktionen stammen u. a. von *Salvioni*, *Steele* und *Grant*, *Stückrath*, *Warburg* und *Ihmori*, *Ångström*, *Holtz* und *Petterson* (→ die Literatur).

Kohlrausch, F.: Prakt. Physik I. Leipzig u. Berlin 1950. Handb. d. Physik II. Berlin 1926. — *Emich:* Naturwiss. **3**, 693 (1915).

Mikrowellenspektren (*Hochfrequenzspektren*). Die Energiedifferenzen zwischen benachbarten Rotationsniveaus haben bei vielen Molekülen mit großem Trägheitsmoment (3- und mehratomige Moleküle) solche Werte, daß die zwischen ihnen auftretenden Übergänge in das Gebiet der elektrischen Kurzwellen fallen (z. B. bei H_2O $\nu = 22235$ MHz, $\lambda = 1{,}343$ cm). In diesem Gebiet zeigen solche Gase und Dämpfe daher Absorptionslinien (Rotationsspektrum). In das Mikrowellengebiet fällt auch das →Inversionsspektrum von Ammoniak. Um die Empfindlichkeit der Methode zu steigern und die Messung mit gewöhnlichen Radioempfängern zu ermöglichen, entwickelten *Hughes* und *Wilson* einen Mikrowellenspektrographen, bei dem in einem Hohlraum-Resonator das Gas einem veränderlichen elektrischen Feld mittlerer Frequenz (z. B. 80 kHz) unterworfen wird. Wenn die Meßfrequenz durch eine Absorptionslinie des Gases geht, wird ein kleiner Teil der Mikrowellenenergie infolge des Stark-Effekts der Rotationslinie moduliert und wirkt auf den mit der Modulationsfrequenz gleichgestimmten Empfänger. Die Ablesung erfolgt mittels eines Braunschen Rohres.

Mit den Methoden der Mikrowellenspektroskopie lassen sich folgende Größen ermitteln: Hyperfeinstruktur, Stark-Effekt und Zeeman-Effekt von Rotationslinien; Kernspin und Quadrupolmomente der Atomkerne; magnetische Kernmomente; Trägheitsmomente und Kernabstände; Einfluß der nichtsphärischen Struktur in Molekülbindungen; Stoßverbreiterung der Rotationslinien; Isotopieverschiebung; Einfluß der Nullpunktsschwingung auf das Trägheitsmoment. — →Mikrofeinstruktur, → Wasserstoffspektrum. Ergänzungen →Mikrowellenspektren im *Nachtrag*.

Hughes, R. H., u. *E. B. Wilson*: Phys. Rev. 71, 562 (1947). — *Klinger, H. H.*: Molekülspektroskopie mit Mikrowellen. Phys. Bl. 5, 218 (1949). — *Braunbeck, W.*: Hochfrequenzspektroskopie. Naturwiss. 36, 98, 338 (1949). — *Honerjäger, R.*: Naturw. 38, 34 (1951).

mil, angelsächsische Längeneinheit: 1 mil $\equiv 10^{-3}$ →inch; 1 mil (Brit.) = 0,025399978 mm, 1 mil (USA) = 0,0254000508 mm.

Milankowitsch' Theorie →Eiszeiten.

Milchgläser →Zerstreuungsgläser.

Milchstraße. Neben den etwa 6000 mit bloßem Auge sichtbaren Sternen zeigt der Sternhimmel eine Vielzahl schwächerer Sterne, die, vom Auge nicht mehr aufgelöst, als das breite helle Band der Milchstraße erscheinen, das sich angenähert längs eines Großkreises an der Sphäre erstreckt. Wegen der überragenden Bedeutung der Milchstraßenebene für die gesamte Stellarstatistik erwies sich die Einführung des galaktischen Koordinatensystems als notwendig. Durch internationalen Beschluß wurde ein System gewählt, dessen Nordpol die äquatorialen Koordinaten $\alpha_{1900} = 12^h\,40^m$, $\delta_{1900} = 28°$ hat. Die galaktischen Längen werden vom Schnittpunkt der galaktischen Ebene mit der Äquatorebene bei $\alpha = 18^h\,40^m$ aus gezählt. Tafeln zur Umrechnung äquatorialer Koordinaten in galaktische: *Ohlson*, Ann. Lund Obs. 3 (1932).

Das Band der Milchstraße erscheint auf lang belichteten Aufnahmen stark gegliedert. Große Ansammlungen von Sternen (Sternwolken) werden unterbrochen durch wahre Sternleeren und Gebiete, in denen durch →interstellare Materie (Dunkelwolken, leuchtende Gas- und Staubnebel) große Teile des Hintergrundes abgeschirmt werden. Schon die Verteilung der hellsten Sterne an der Sphäre zeigt eine deutliche scheinbare Konzentration nach dem Milchstraßenäquator, die bei schwächeren Sternen noch viel ausgeprägter auftritt. Auch in galaktischer Länge zeigt sich eine Konzentration, die sich durch die Beziehung

$$\log N(m) = a + b \cos(\lambda - \lambda_0)$$

(a, b, λ_0 Konstanten) darstellen läßt. λ_0 ergibt sich dabei für schwächere Sterne im Mittel zu 320°. Dies ist die Richtung, in der die stärkste scheinbare Konzentration der Milchstraße, gleichzeitig aber auch die größten und hellsten Sternwolken auftreten. Ebenso zeigen starke Konzentration zur Milchstraßenebene: O- und B-Sterne, planetarische Nebel, veränderliche Sterne der Typen R Cor bor, RV Tauri, δ Cephei, Novae, c-Sterne, offene Sternhaufen, helle Nebel. Kugelförmige Sternhaufen zeigen keinerlei Konzentration zur Milchstraßenebene, die von ihnen scheinbar gemieden wird.

Die heutige Vorstellung, die die →stellarstatistische Untersuchung des Milchstraßensystems ergibt, läßt sich im folgenden zusammenfassen: Das gesamte Milchstraßensystem ist eine flache, linsenförmige Ansammlung von einzelnen Sternwolken, wahrscheinlich von der Form eines stark gegliederten →Spiralnebels. Über die Lage der Spiralarme lassen sich nur ganz vage Vermutungen anstellen. Die Sonne selbst liegt nur wenig nördlich der Symmetrieebene, jedoch erheblich außerhalb des Zentrums. In der Richtung zum Zentrum häufen sich sowohl besonders helle und große Sternwolken als auch ausgedehnte Absorptionsgebiete. Das Zentrum der Milchstraße entzieht sich infolge intergalaktischer Absorption der Beobachtung, doch hat *A. E. Whitford* 1947 mit einer Bleisulfid-Photozelle mit Empfindlichkeitsmaximum bei $\lambda \approx 2\mu$ die Existenz und die Lage des hellen Milchstraßenkerns nachweisen können. Abb. 1 gibt nach *Oort* den Verlauf der Sterndichte. Das Milchstraßen-

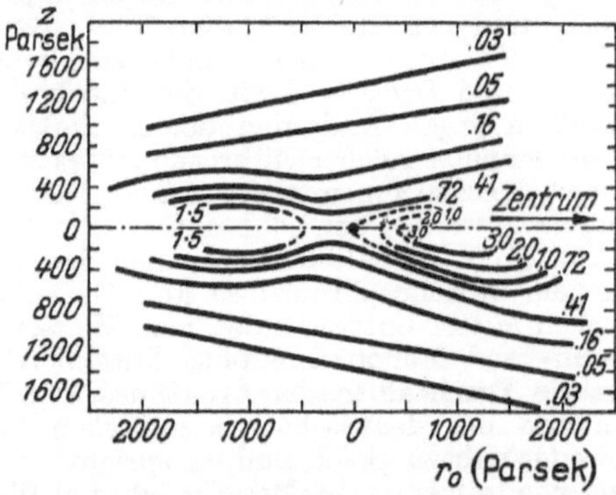

Abb. 1. Linien gleicher Sterndichte in einem Schnitt senkrecht zur Milchstraßenebene durch die Sonne (●) und das Zentrum des Systems ($\lambda = 325°$). Die Zahlen geben die Dichte in Einheiten von der in der Sonnenumgebung herrschenden an. (Nach *Oort*.)

system ist eingehüllt vom System der Kugelhaufen, das aber nicht an der Abplattung teilnimmt. Abb. 2 gibt eine Projektion des Systems der Kugelhaufen auf eine Ebene senkrecht zur Milchstraßenebene durch die Sonne und das galaktische Zentrum. Umrissen eingezeichnet ist die vermutliche Lage des Milchstraßensystems. Eine besondere Rolle im Aufbau der Milchstraße spielen die Veränderlichen vom Typ RR Lyrae, einer Untergruppe der →δ Cephei-Sterne, deren Perioden-Helligkeitsbeziehung vielfach zur Entfernungsbestimmung beigetragen hat. Während die reinen δ Cephei-Sterne (Perioden $> 1^d$) stets nahe der Milchstraßenebene bleiben, werden RR-Lyrae-Sterne vorzugsweise in Kugelhaufen gefunden. Darüber hinaus scheinen sie den gesamten Raum des Systems der Kugelhaufen zu erfüllen.

Die Kinematik der Milchstraße beruht vor allem auf der Beobachtung der Asymmetrie der Sternbewegungen (→Apex), der ellipsoidischen Geschwindigkeitsverteilung oder der beiden Sternströme (→Population, →Stellarstatistik) und der

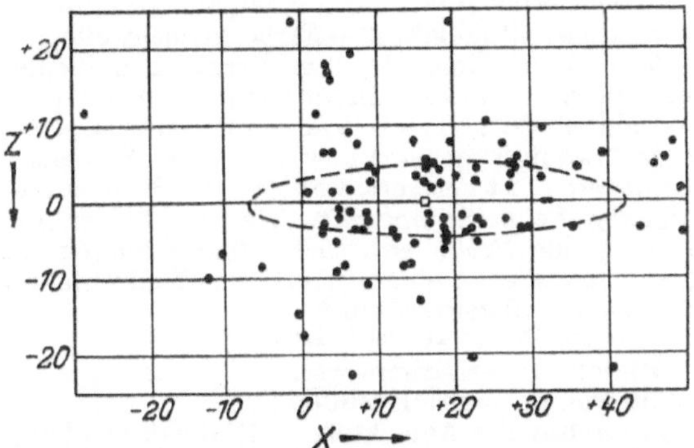

Abb. 2. Schnitt durch das galaktische System senkrecht zur Milchstraßenebene. Die Punkte stellen die senkrechten Projektionen der einzelnen Kugelhaufen auf die Bildebene dar.

Abhängigkeit der →Pekuliarbewegungen der Sterne von der galaktischen Länge. Betrachtet man die mittlere Radialgeschwindigkeit $\overline{V}_r$ der Sterne in der Entfernung r als Funktion der galaktischen Länge, so läßt sie sich durch die Gleichung

$$\overline{V}_r = A\, r \sin 2(\lambda - \lambda_0)$$

darstellen. Ebenso findet man für die in der galaktischen Ebene liegende Komponente der Eigenbewegungen

$$\overline{\mu}_r = A\, r \cos 2(\lambda - \lambda_0) + B\, r$$

(A, B, λ_0 Konstanten).

Alle diese Erscheinungen finden ihre Erklärung in der dynamischen Theorie der *Rotation* der Milchstraße von *Oort* und *Lindblad*. Im Gegensatz zu einer gleichförmigen Massendichte, die eine starre Rotation des Systems zur Folge hätte, nehmen sie unter der Voraussetzung, daß man die außerhalb des Zentrums liegenden Massen gegenüber der Zentralmasse vernachlässigen könne, an, daß sich die Einzelmassen in Keplerschen Bahnen (in der Theorie in erster Näherung Kreisbahnen) um das Zentrum bewegen. Die Bahnebenen liegen vorzugsweise in der galaktischen Ebene. Die Konstanten der galaktischen Rotation ergeben sich zu

$$A = +(0{,}0190 \pm 0{,}0009)\ \mathrm{km\,s^{-1}\,pc^{-1}}$$
$$B = -(0{,}0076 \pm 0{,}0014)\ \mathrm{km\,s^{-1}\,pc^{-1}}$$
$$\lambda_0 = 325° \pm 2°.$$

Die Rotationsgeschwindigkeit an der Stelle der Sonne ergibt sich zu

$$V = 268\ \mathrm{km\,s^{-1}}.$$

Aus den Konstanten A und B läßt sich der Abstand der Sonne vom Zentrum zu $\sim$10000 pc bestimmen. Die Gesamtmasse der Milchstraße innerhalb des Sonnenabstandes wird dann $1{,}9 \cdot 10^{11}$ Sonnenmassen, und die Umlaufszeit der Sonne ergibt sich zu $230 \cdot 10^6$ Jahren.

Die stärkste Stütze erhält die Theorie der Rotation der Milchstraße durch die Tatsache, daß auch an Spiralnebeln Rotationen der gleichen Größenordnung beobachtet wurden.

Durchmesser der Milchstraßenebene $\sim$30000 pc; Durchmesser senkrecht zur Milchstraßenebene $\sim$5000 pc; Abplattung $\sim$1:6; Durchmesser des Systems der Kugelhaufen und der RR Lyrae-Sterne $\sim$50000 pc; Abstand der Sonne von der Milchstraßenebene $\sim$15 pc nördlich; Gesamtmasse $\sim 2{,}2 \cdot 10^{11}$ Sonnen; durchschnittliche Massendichte $\sim 7 \cdot 10^{-24}$ g cm^{-3}.

von der Pahlen, E.: Lehrb. d. Stellarstatistik. Leipzig 1937. — *Becker, W.*: Sterne u. Sternsysteme. Dresden 1950. Handb. d. Astrophysik V, VII. — *Wattenberg, D.*: Die Milchstraße als Spiralnebel. Naturwiss. 35, 132, 163 (1948).

mile, abgek. mi oder m, *angelsächsische Meile*; es ist zwischen der *Landmeile*, statute mile (st. mi), und der *Seemeile*, nautical mile (n. mi), zu unterscheiden. Die st. mi ist definiert als 5280 ft (→foot): 1 st. mi (Brit.) = 1,609343 km, 1 st. mi (USA) = 1,609347 km; für die n. mi gilt in Großbritannien 1 n. mi (Brit.) ≡ 1 knot ≡ 6080 ft (Brit.) = 1,853182 km, in den USA 1 n. mi (USA) ≡ 1,853249 km = 6080,201 ft (USA).

Miller-Indizes →Symbole von Flächen usw.

Milli-, abgek. m-; →Vorsatzsilben.

Milliamperemeter, Millivoltmeter, allgemeine Bezeichnung für geeichte Strom- bzw. Spannungsmesser, mit denen Ströme bis hinab zur Größenordnung 1 mA bzw. Spannungen bis hinab zur Größenordnung 1 mV gemessen werden können.

Millibar, abgek. mbar oder mb, in der Meteorologie international übliche Druckeinheit: 1 mbar = 10^3 dyn/cm^2 = 10^2 N/m^2 (→ Druckeinheiten, →Anhang III, Tab. 2).

Millikan-Kondensator →Schwebekondensator.

Millimeter Quecksilbersäule, abgek. mm Hg, früher übliche Bezeichnung für die Druckeinheit →Torr; sie ist zu vermeiden, da sie dimensionsmäßig eine Länge darstellt und eigentlich als Maß der „Druckhöhe", d. h. der Höhe der den Druck erzeugenden Flüssigkeitssäule, vorbehalten bleiben sollte.

Millimeter Wassersäule, abgek. mm WS, in der Technik übliche Druckeinheit, definiert als der Druck von 1 mm Wassersäule maximaler Dichte am Ort der →Normfallbeschleunigung $g_n = 9{,}80665$ m s^{-2}; mit dem Wert $\varrho_m(H_2O) = 0{,}999972 \pm 0{,}000003$ g/cm^3 für die maximale →Wasserdichte folgt 1 mm WS = 0,999972 kp/m^2 = 9,80638 N/m^2 (→Druckeinheiten, Anhang III, Tab. 2).

Mimetische Kristalle sind Kristalle, die durch feine Verzwilligung eine höhere Symmetrie vortäuschen, als ihnen zukommt. Häufig besaßen sie während ihrer Entstehung bei höherer Temperatur die höhere Symmetrie wirklich und gingen erst bei der Abkühlung durch Umwandlung in eine andere Modifikation in das Zwillings- und Viellingsaggregat niedriger-symmetrischer Individuen über. Zu den mimetischen Kristallen gehören z.B. alle aus Schmelzfluß gebildeten Quarzkristalle, die oberhalb 570 °C die Symmetrie 62, unterhalb dieser Temperatur nur die Symmetrie 32 aufweisen, bei der Umwandlung ihre frühere Form beibehalten, sich jedoch aus Gebieten der neuen Symmetrie zusammensetzen. Als mimetische Kristalle kann man auch die →*Ergänzungszwillinge* auffassen, die meist nur aus zwei sich durchwachsenden Individuen bestehen.

min, Symbol für 1. das →Zeitmaß Minute, 2. das Hohlmaß →minim.

Mindestenergie biologischer Strahlenwirkungen →Treffereignis.

minim, abgek. min, Hohlmaß für Flüssigkeiten, definiert in den USA als $^1/_{61440}$ →gallon (USA): 1 min = 0,061612 cm^3, in Großbritannien als $^1/_{76800}$ gallon (Brit.): 1 min = 0,059194 cm^3.

Minimal- →auch Minimum-.

Minimalablenkung. Wird ein Prisma mit dem →brechenden Winkel φ von einem Lichtstrahl im →Hauptschnitt durchsetzt, so erfährt er infolge der zweimaligen Brechung eine Ablenkung gegenüber der Richtung des einfallenden Strahls. Der Ablenkungswinkel δ ist am kleinsten (Minimalablenkung), wenn der Durchgang des Lichtes symmetrisch erfolgt (Abb.). Durch Messung des brechenden Winkels φ des Prismas und des Winkels

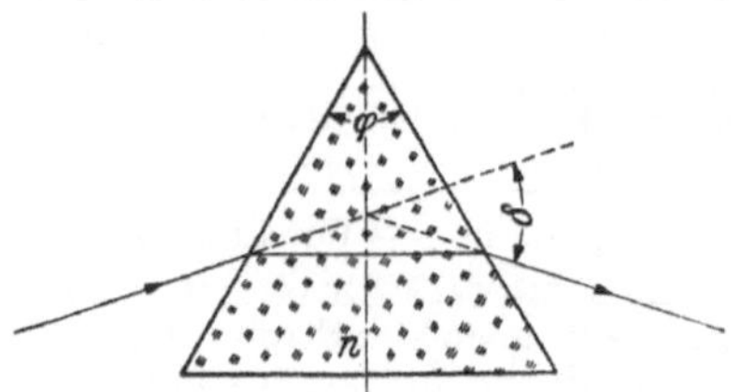

Minimalablenkung im Prisma.

des Minimums der Ablenkung δ kann die Brechungszahl n des Prismas bei der benutzten Lichtwellenlänge bestimmt werden:

$$n = \frac{\sin(\delta + \varphi)/2}{\sin \varphi/2}.$$

Im Minimum der Ablenkung ist die Dispersion proportional der Brechungszahldifferenz. Um die Minimalstellung für alle Spektralgebiete zu gewährleisten, sind deshalb manche Spektralapparate mit besonderen Vorrichtungen zur automatischen Einstellung des Minimums der Ablenkung ausgerüstet.

Minimalfeldhelligkeit →Farbenfeldschwelle.

Minimalprinzipe der Elastizitätstheorie nennt man zwei Aussagen, die den Zustand eines deformierten Körpers durch eine Minimaleigenschaft kennzeichnen. Es sind dies das *Prinzip von Castigliano* und das *Prinzip von der kleinsten potentiellen Energie*. Letzteres (auch *Prinzip der virtuellen Verschiebungen* der Elastizitätstheorie genannt) bezieht sich auf die Verschiebungen und besagt, daß im Gleichgewichtszustand bei vorgegebenen Randbedingungen (bekannte Oberflächenkräfte, bekannte Verschiebungen an der Oberfläche) die wirklich eintretenden Verrückungen die potentielle Energie zu einem Minimum machen, verglichen mit allen anderen denkbaren Verrückungen, die den an der Oberfläche vorgegebenen Werten nicht widersprechen. Der entsprechende Satz für die Spannungen ist das Castiglianosche Prinzip, nach dem diejenigen Spannungen in einem elastischen Körper mit vorgegebenen Massenkräften in Gleichgewicht sind, die die sog. *Ergänzungsarbeit* zu einem Minimum machen. Dabei wird unter Ergänzungsarbeit $\bar{A}$ die gesamte →Formänderungsarbeit A abzüglich der Arbeit der gegebenen Oberflächenkräfte verstanden. Bezeichnet man deren Komponenten mit Ξ, H, Z, die Komponenten des Verschiebungsvektors mit u, v, w, so ist also $\bar{A} = A - \iint (u\Xi + vH + wZ)\,df$. Das Castiglianosche Prinzip wird also durch $\delta\bar{A} = 0$ (also $\bar{A}$ = Minimum) dargestellt. Nur diejenigen Spannungen, die diese Gleichung erfüllen und natürlich an der Oberfläche mit den vorgegebenen Werten der Oberflächenkräfte übereinstimmen, treten in einem deformierten Körper wirklich auf. Die Minimalprinzipe erlauben oft ein verhältnismäßig schnelles Herleiten der elastischen Grundgleichungen bei verwickelten Problemen.

Handb. d. Physik VI. Berlin 1928. – *Hamel, G.:* Theor. Mechanik. Berlin 1949.

Minimalzeithelligkeit →Farbenzeitschwelle.

Minimeter, Meßgerät zum Vergleichen kleiner, nahezu gleich dicker Körper nach dem Prinzip des →Fühlhebels. Von zwei in einem Rahmen angeordneten, wenig gegeneinander versetzten Schneiden ist die eine fest gelagert, während die Probe an der anderen Schneide angreift. Kleinen Dickenänderungen der Probe entspricht eine Drehung des Rahmens, die an einem über einer Skale gleitenden Zeiger abgelesen wird.

Handb. d. Physik II. Berlin 1926.

Minimum →Extremwerte.

Minimum- → auch Minimal-.

Minimum der Ablenkung →Minimalablenkung.

Minimum separabile →Sehschärfe.

Minimum visibile, die kleinsten erkennbaren Einzelobjekte. Seine Abhängigkeiten von der Reizintensität, dem Adaptationszustand und der Lage der gereizten Netzhautstelle verweisen seine Problematik in die der →Unterschiedsschwelle (→auch Riccoscher Satz).

Minimumpendel →Uhren.

Minimumsbedingung →Methode der kleinsten Quadrate.

Minimumspannung, -feldstärke. Die →Anfangsspannung (Zündspannung, Funkenspannung) einer Entladungsstrecke durchläuft als Funktion des Produkts Druck × Schlagweite ($p\,d$) ein Minimum (d Schlagweite = Elektrodenabstand), Abb. →Zündung einer Gasentladung. Die Minimumspannung U_{min} ebener Funkenstrecken stimmt nahezu mit dem normalen →Kathodenfall der betreffenden Metall-Gas-Kombination, das kritische Produkt $(p\,d)_{min}$ in der Größenordnung mit →Fallraumdicke × Druck überein. Die Existenz der Minimumspannung hängt damit zusammen, daß bei der zugehörigen Minimumfeldstärke $E_{min} = U_{min}/d$ die Ionisation mit kleinstem Energieverbrauch erfolgt (→Stoletow-Effekt).

Minimumthermometer →Maximumthermometer.

Minkowski-Welt →Raum-Zeit-Welt.

Minor →Unterdeterminante.

Minorante →Majorantenprinzip.

Minosflasche, ein →Kondensator.

Minute, 1. Zeichen ′, →Winkeleinheiten; 2. abgekürzt min oder ^{m}; →Zeitmaße.

Mira-Sterne. Der am längsten bekannte veränderliche Stern ist *o* Ceti, dessen Veränderlichkeit bereits 1596 von *David Fabricius* entdeckt wurde. Er hielt ihn für einen neuen Stern (→Nova). Erst mehrere Jahrzehnte später erkannte man, daß dieser Stern keine Nova ist, sondern daß er periodisch seine Helligkeit von der vollständigen Unsichtbarkeit für das bloße Auge bis zur zweiten oder dritten Größe wechselt. Wegen dieser zunächst rätselhaften Eigenschaft nannte man ihn „Mira“. Nach ihm ist eine ganze Gruppe von Veränderlichen benannt. Es handelt sich bei den Mira-Veränderlichen durchweg um sehr ausgedehnte Rote Riesen, die starke Helligkeitsschwankungen mit Perioden von einigen hundert Tagen zeigen. Im allgemeinen gilt die Regel, daß, je länger die Periode, um so größer auch die Amplitude des

Lichtwechsels ist. Es gibt Fälle, in denen der Stern im tiefsten Minimum nur ein Zehntausendstel der Maximalhelligkeit hat. Periodenänderungen, insbesondere „Sprünge" in den Perioden kommen vor; systematische Änderungen, wie sie für die Kosmogonie von Wichtigkeit wären, konnten jedoch in der von unseren Beobachtungen erfaßten Zeitspanne nicht festgestellt werden. Wahrscheinlich handelt es sich bei den Mira-Veränderlichen, ähnlich wie bei den →δ Cephei-Veränderlichen, um *pulsierende* Sterne. Die Phasenbeziehungen zwischen den Radialgeschwindigkeitskurven und den Lichtkurven sind zwar im allgemeinen bei den Mira-Sternen ganz anders als bei den δ Cephei-Sternen, aber manche Merkmale der Mira-Sterne bilden andererseits so auffällig eine Fortsetzung zu denen der δ Cephei-Veränderlichen, daß an einer Verwandtschaft zwischen den beiden Typen kaum gezweifelt werden kann.

Becker, W.: Sterne u. Sternsysteme Dresden u. Leipzig 1950.

Mischbarkeit →Mischungslücke.

Mischelemente, Elemente, von denen in der Natur *mehrere* stabile →Isotope existieren; Gegensatz: *Reinelemente,* die nur *ein* stabiles Isotop haben. →Isotopengemisch, natürliches.

Mischfarben, Farben, welche im Gegensatz zu den durch monochromatisches Licht erzeugten reinen Spektralfarben durch Mischung von Licht verschiedener Wellenlänge entstehen. →Farbmischung, →Interferenzfarben.

Mischkatalysatoren →Katalyse.

Mischkristall. In einem Mischkristall sind die identischen Punkte eines Kristallgitters nicht nur von Atomen eines einzigen chemischen Elementes, sondern von Atomen zweier oder mehrerer Elemente statistisch besetzt. Zu den Mischkristallen gehören vor allem die in jedem beliebigen Verhältnis mischbaren chemischen Verbindungen, die isomorphe Kristalle bilden, z. B. $MgCO_3$, $MnCO_3$, $FeCO_3$ usw. (*isomorphe Mischkristallreihen*). In ihnen vertreten sich Atome, die die gleiche Koordination und sehr ähnliche Raumbeanspruchung (ähnliche Atom- oder Ionenradien) aufweisen. Sind die Unterschiede in der Raumbeanspruchung größer, wie z. B. bei Na und K, so kann nur ein kleiner Teil des einen Elementes durch das andere ersetzt werden. So gibt es z. B. nur sehr Na-reiche oder -arme Mischkristalle von NaCl und KCl, und Mischkristalle mit etwa gleich vielen Na- und K-Ionen fehlen (*Mischungslücke*). Bei Temperaturerhöhung steigt im allgemeinen die Mischbarkeit, so daß die Mischungslücke sich verengen und sogar ganz verschwinden kann. Beim Abkühlen zerfallen derartige Mischkristalle wieder in Mischkristalle, die überwiegend die eine, und solche, die hauptsächlich die andere Komponente enthalten (*Entmischung*). Sehr verbreitet ist die Mischkristallbildung bei Metallen (Legierungen).

Nicht selten vertreten sich in Mischkristallen verschiedenwertige Ionen, z. B. $Na^{\cdot}$ und $Ca^{\cdot\cdot}$ oder $Al^{\cdot\cdot\cdot}$ und $Si^{\cdot\cdot\cdot\cdot}$, deren Radien sich nur wenig unterscheiden. In solchen Fällen müssen zum Ausgleich der elektrischen Ladung auch andere Ionen im Gitter teilweise ersetzt sein; z. B. ist in den Kalknatronfeldspaten, die Mischkristalle von $NaAlSi_3O_8$ sind $CaAl_2Si_2O_8$ sind, neben Na und Ca auch Al und Si ausgetauscht; oder es bleibt ein Teil der Gitterpunkte unbesetzt (*Mischkristalle mit →Leerstellen*).

Anomale Mischkristalle sind submikroskopisch feine regelmäßige Verwachsungen zweier Kristallarten, die kein gemeinsames Kristallgitter aufbauen. Viele, durch Fremdsubstanzen gefärbte Kristalle gehören hierher. Mitunter werden auch die Mischkristalle mit Leerstellen zu den anomalen gerechnet.

Mischleiter →Leiter, elektrische.

Mischmoleküle. Wenn in einem Molekül mehrere Atome eines chemischen Elementes vorkommen, die verschiedenen →Isotopen dieses Elementes angehören, so spricht man von einem Mischmolekül. So bildet z. B. Wasserstoff aus dem leichten Isotop das Molekül H_2, aus dem schweren Isotop (→Deuterium) das Molekül D_2 und außerdem noch das Mischmolekül HD, indem ein schweres und ein leichtes Wasserstoffatom zu einem Molekül vereinigt sind (→Isotopieeffekte, Abb. 4); ebenso mit →Tritium T statt D. Weitere Beispiele für Mischmoleküle sind beim Wasser HDO, beim Ammoniak NH_2D, NHD_2 und beim Methan CH_3D, CH_2D_2 und CHD_3. Auch andere Elemente, die mehrere Isotope besitzen, geben Anlaß zur Bildung von Mischmolekülen.

Mischphosphore sind Kristallphosphore, die entweder mehrere Aktivatoren enthalten oder deren Grundgitter aus mehr als einer Verbindung besteht. Auch beides kann gleichzeitig vorhanden sein. So bedeutet z. B. SrSSmCe, daß dieser Phosphor aus dem Grundgitter Strontiumsulfid besteht und die Aktivatoren Samarium und Cer enthält. Wie ein Mischphosphor selbstverständlich keine Mischung der Bestandteile, darstellt sondern durch den →Glühprozeß zu einem neuen Kristallgitter wird, so sind auch die Emissionseigenschaften eines Mischphosphors meist vollständig verschieden von denen der einzelnen Phosphore. Oft wird die Lichtemission des einen vollständig unterdrückt. So gibt es z. B. die Phosphore $CaSO_4Sm$ und CaSSm, deren Spektren zwar im wesentlichen durch das Samarium-Ion bestimmt und daher ähnlich sind, aber dennoch gut zu unterscheiden sind. Ein Mischphosphor aus beiden zeigt nur das Sulfidspektrum und keine Spur des Sulfatspektrums. Oft ergeben sich bei Mischphosphoren neue oder maximale Eigenschaften; so zeigt SrSSmCe große Empfindlichkeit bei der Ausleuchtung der Lichtsumme mit ultrarotem Licht. Oft wirkt ein zweiter Aktivator auf den ersten sensibilierend. →sensibilierte Lumineszenz.

Mischröhren, zur Überlagerung oder Mischung zwecks Zwischenfrequenzbildung in Röhrenschaltungen benutzte Elektronenröhren. Neuerdings versteht man unter Mischröhren vielfach nur die (wegen ihrer zwei durch ein positives Gitter entkoppelten Steuergitter) für Überlagerungszwecke besonders geeigneten Röhrentypen Hexode, Heptode und Oktode. →Mehrgitterröhren.

Rothe, H., u. *W. Kleen:* Grundl. u. Kennlinien d. Elektronenröhren. Leipzig 1948.

Mischung der Valenzzustände →Valenzzustände.

Mischungskalorimeter →Mischungsmethode.

Mischungslücke, der Konzentrationsbereich, in dem zwei oder mehr Stoffe nicht ineinander löslich sind. Da Gase in allen Mengenverhältnissen miteinander mischbar sind, treten Mischungslücken nur in flüssigen und festen Phasen auf. Für Flüssigkeitsmischungen → kritischer Lösungspunkt; für feste Lösungen →Zustandsdiagramm. Die Temperaturabhängigkeit der Mischungslücke spielt bei der Vergütung von →Legierungen eine Rolle (→Mischkristalle).

Mischungsmethode, das bei kalorimetrischen Messungen meist verwendete Verfahren; es wird sowohl bei der Messung der spezifischen Wärme von festen Stoffen, Flüssigkeiten und Gasen als auch bei der Ermittlung aller anderen thermophysikalischen und thermochemischen Größen verwendet.

Als Beispiel sei hier ein *Mischungskalorimeter* zur Bestimmung der spezifischen Wärme eines festen Körpers im Prinzip beschrieben. Ein möglichst dünnwandiges Gefäß, das nach außen gut wärmeisoliert ist, wird mit einer genau bestimmten Wassermenge gefüllt, deren Temperatur möglichst genau abgelesen werden kann. Der zu untersuchende Körper wird in einem Dampf- oder Wasserbade bis zu einer bestimmten höheren Temperatur erwärmt. Wird jetzt der Körper in das Kalorimetergefäß gebracht, so wird die Temperatur der Kalorimeterflüssigkeit steigen. Durch starkes Umrühren des Wassers kann ein schneller Temperaturausgleich erzielt werden. Die Anfangstemperatur des Wassers im Kalorimeter sei ϑ_1, die Temperatur des erwärmten Körpers ϑ_2, die Mischungstemperatur ϑ_3, die Masse des Wassers im Kalorimeter m_w g, die des Körpers m_k g. Sind die entsprechenden spezifischen Wärmen c_w und c_k, so gilt die Beziehung:

$$c_k m_k(\vartheta_2 - \vartheta_3) = c_w m_w(\vartheta_3 - \vartheta_1).$$

Daraus folgt für die mittlere spezifische Wärme des Körpers zwischen ϑ_2 und ϑ_3:

$$c_k = c_w m_w(\vartheta_3 - \vartheta_1)/[m_k(\vartheta_2 - \vartheta_3)].$$

Wenn c_w auch annähernd gleich 1 cal g^{-1} grad^{-1} ist, so muß doch die Abweichung von 1 bei genaueren Messungen berücksichtigt werden.

Spezifische Wärme des Wassers zwischen 0° und 50 °C.

0°	1,0049	15°	1,0000	30°	0,9979
5°	1,0030	20°	0,9990	40°	0,9981
10°	1,0013	25°	0,9983	50°	0,9996

Wenn die Methode nach dem soeben beschriebenen Prinzip auch einfach erscheint, so ist, um genauere Ergebnisse zu erzielen, doch eine Reihe von Fehlerquellen zu beachten, von denen hier nur die wesentlichsten genannt werden sollen. In der Formel für c_k wird angenommen, daß die vom Körper abgegebene Wärmemenge restlos vom Wasser des Kalorimeters aufgenommen wird. In Wirklichkeit wird aber gleichzeitig der Behälter selbst, der Rührer und der eintauchende Teil des Thermometers mit erwärmt. Dem wird durch den sog. Wasserwert $r = m_x c_x$ Rechnung getragen, wo m_x die Massen und c_x die spezifischen Wärmen der miterwärmten Kalorimeterteile bedeuten. Die genauere Formel für die spezifische Wärme des Körpers lautet dann:

$$c_k = c_w(m_w + r)(\vartheta_3 - \vartheta_1)/[m_k(\vartheta_2 - \vartheta_3)].$$

Da 1 cm^3 Glas und 1 cm^3 Quecksilber zufällig recht genau die gleiche Wärmekapazität, nämlich rund 0,46 cal grad^{-1}, haben, so genügt für die Wärmekapazität eines Stabthermometers die Korrektion 0,46 V, wenn V das Volumen des eingetauchten Teils desselben ist.

Eine zweite schwer kontrollierbare Fehlerquelle sind die bei allen kalorimetrischen Messungen auftretenden Wärmeverluste, die durch den Temperaturausgleich zwischen Kalorimeter und Umgebung verursacht werden. Über weitere Einzelheiten und die speziellen Mischungsmethoden für die verschiedenen Zwecke →die Literatur.

Kohlrausch, F.: Praktische Physik I. Leipzig 1950. — *Westphal, W.:* Physikal. Praktikum. Braunschweig 1947.

Mischungswärme, die bei der Mischung von Stoffen auftretende Wärmetönung. Ferner →Lösungswärme.

Mischungsweg. Der Begriff des Mischungsweges l ist in Analogie zur freien Weglänge des molekularen Impulsaustausches eingeführt worden, um mit dieser charakteristischen Länge den Austausch zwischen (makroskopischen) Flüssigkeitsmengen der turbulenten Strömung zu kennzeichnen. Der als erste Annäherung geltende Ansatz für die Schubspannung einer turbulenten Strömung $\tau = \varrho\nu\,\partial u/\partial y$ ergibt eine scheinbare kinematische Zähigkeit $\nu = l^2|\partial u/\partial y|$. Entsprechend dieser Begriffsbestimmung wird der Mischungsweg an den Wänden gleich Null. In diesem Bereich ist die laminare →Randschicht wirksam. Sieht man von dieser dünnen Schicht ab, so ist der Mischungsweg in dem übrigen wandnahen Strömungsfeld dem Wandabstand im Verhältnis von etwa $l/y \cong 0,4$ proportional. Mit einer Verfeinerung der Theorien der Turbulenz wird auch der Begriff des Mischungsweges dem wirklichen Impulsaustausch besser angepaßt werden können. →Turbulenz.

Prandtl, L.: Führer durch die Strömungslehre. Braunschweig 1949.

Mißweisung →erdmagnetische Messungen.

Mitbewegung des Kerns. Bei der Berechnung der Terme eines Atoms nimmt man in 1. Näherung den Kern als ruhend, also seine Masse $M = \infty$ an. Wegen der Mitbewegung des Kerns sind aber die so berechneten Terme zu korrigieren, indem man statt der wirklichen Elektronenmasse m die →reduzierte Masse μ setzt. Ist $R_\infty = 2\pi m e^4/(c h^3)$ bzw. $m e^4/(8\pi\varepsilon_0^2 c h^3)$ die →Rydberg-Konstante für $M = \infty$, so ist diese also zu ersetzen durch $R_M = R_\infty M/(m + M) = R_\infty/(1 + m/M)$. (Die Elektronenmasse ist bereits als Faktor in R_∞ enthalten.) Über den weiteren Einfluß der Kernmasse auf die Terme →Isotopieeffekte.

Mitführungskoeffizient, Fresnelscher. Für die Fortpflanzungsgeschwindigkeit des Lichtes in einem bewegten Körper fand *Fizeau* 1851 experimentell, daß sich die Ausbreitungsgeschwindigkeit des Lichtes und die Körpergeschwindigkeit nicht einfach addieren oder subtrahieren (wenn Strahl und Körper sich in der gleichen oder der entgegengesetzten Richtung bewegen). Die Körpergeschwindigkeit addiert oder subtrahiert sich zu der Geschwindigkeit des Lichtes nicht im vollen Betrage, sondern man muß sie mit einem verkleinerten Faktor, dem Fresnelschen Mitführungskoeffizienten, versehen. *Fresnel* berechnete ihn zu $(1 - 1/n^2)$ (n Brechungszahl). Diese Beobachtung war ein wertvoller Prüfstein für alle Theorien der Optik bewegter Körper. Der Relativitätstheorie war es vorbehalten, nachzuweisen, daß die als selbstverständlich betrachtete einfache Addition oder Subtraktion der Geschwindigkeiten unter den hier vorliegenden Verhältnissen nicht zutrifft. Es ist vielmehr das →Additionstheorem der Geschwindigkeit von *Einstein* anzuwenden, das zwangslos zum genauen Wert des Mitführungskoeffizienten führt. (Die Fresnelsche Formel liefert ihn in 1., aber stets ausreichender Näherung.)

v. Laue, M.: Relativitätstheorie. Braunschweig 1950.

Mitkopplung, positive →Rückkopplung. →Entdämpfung.

Mitnahmeerscheinungen. Läßt man auf einem mit konstanter Frequenz schwingenden Oszillator eine äußere Wechselkraft (Wechselspannung) einwirken, so können die beiden Schwingungen ungestört nebeneinander bestehen, solange ihr Frequenzabstand groß genug ist. Unterschreitet der Frequenzabstand jedoch eine bestimmte Größe, so springt die Frequenz des Oszillators plötzlich auf die Frequenz der äußeren Kraft um; die Schwingung wird von der äußeren Kraft *mitgenommen* (*H. G. Möller*). Die Mitnahme von *Kipp*schwingungen wird als Synchronisierung bezeichnet. Die Ursache für die Mitnahme des Oszillators ist in einer nicht phasenreinen Rückkopplung bzw. in einer Nichtlinearität der Kennlinie zu suchen. Die Breite des Mitnahmebereichs wächst mit der Amplitude der äußeren Kraft.

Wagner, K. W.: Einf. in die Lehre von den Schwingungen u. Wellen. Wiesbaden 1947.

Mittel 1. = →Medium; 2. = Mittelwert, →Mittel, arithmetisches usw.

Mittel, arithmetisches, geometrisches, harmonisches. Konnte eine meßbare Größe mehrmals (praktisch 5- bis 10mal) direkt und einwandfrei gemessen werden, dann weichen im allgemeinen wegen der unvermeidlichen →Beobachtungsfehler die Messungsergebnisse $l_1, l_2, \ldots, l_n$ innerhalb genügend genau bestimmbarer Grenzen voneinander ab. Beruhen die Abweichungen der einzelnen Messungen untereinander *nur* auf zufälligen Fehlern, so spricht nichts dagegen, daß *ein* plausibler Wert *ein* Mittelwert ist, der dem wahren Wert — der Beobachtungsgenauigkeit entsprechend — nahekommt. Die gängigen Mittelwerte, die aber auch für beliebig voneinander abweichende Zahlengrößen gelten, sind:

a) das arithmetische Mittel $x = \frac{l_1 + l_2 + \cdots + l_n}{n}$,

b) das geometrische Mittel $x = \sqrt[n]{l_1\, l_2 \ldots l_n}$,

c) das harmonische Mittel

$$x = 1 : \left\{\frac{1}{n}\left(\frac{1}{l_1} + \frac{1}{l_2} + \cdots + \frac{1}{l_n}\right)\right\}.$$

(Von den mathematisch wichtigen Kombinationen des arithmetisch-geometrischen Mittels usw. kann hier abgesehen werden.) Für diese 3 Mittel gilt der Satz von *Cauchy:* a) $\geqq$ b) $\geqq$ c). Als wahrscheinlichster (plausibelster) Wert im Sinne der →Ausgleichungsrechnung (→Methode der kleinsten Quadrate) gilt das arithmetische →Mittel. Die Unterschiede zwischen den verschiedenen Mitteln sind praktisch von 2. Größenordnung, so daß bei genügend genauen Messungen die zahlenmäßigen Unterschiede zwischen den einzelnen Mitteln innerhalb der durch den Messungsprozeß bedingten Unterschiede liegen und daher nur das arithmetische Mittel auch schon wegen der bequemeren Rechnung angewandt wird.

Mittelfarbe, -fehlfarbe →Optimalfarbe.

Mittelionen →Luftionen.

Mittellinie →Kristalloptik; *gerade* Mittellinie →Cailletet-Matthiassche Regel.

Mittelpunkt paralleler Kräfte →Kräfteaddition.

Mittelpunktsflächen (*Zentralflächen*), in der Geometrie der Flächen 2. Grades solche Flächen, die einen wirklichen („eigentlichen") Mittelpunkt haben (Ellipsoide und Hyperboloide). Paraboloide haben einen uneigentlichen (im Unendlichen liegenden) Mittelpunkt.

Bieberbach, L.: Analyt. Geometrie. Leipzig 1944. Handb. d. Physik II. Berlin 1928.

Mittelwerte in der Kollektivmaßlehre und Statistik. Durch die Bildung von Mittelwerten in der →Kollektivmaßlehre und →Statistik will man die zu einem Kollektiv (K.) (→Kollektivmaßlehre) zusammengefaßten Glieder durch *einen* charakteristischen Wert hinsichtlich des betrachteten Arguments (→ebd.) des K. so ersetzen, daß man zutreffende Vergleiche mit anderen K. vornehmen und möglichst auch entsprechende Voraussagen machen kann. Von den verschiedenartigsten mathematischen Ausdrucksformen für solche Mittelwerte haben sich aus bestimmten plausiblen Forderungen (einfache Berechnung und zutreffende Charakterisierung) nur eingebürgert (geordnet nach abnehmender Verbreitung und Bedeutung): arithmetisches →Mittel, →Zentralwert, →dichtester Wert, geometrisches und harmonisches →Mittel. Da die rechnerische Behandlung verschiedener K. den gleichen Mittelwert ergeben kann, muß zu seiner Charakterisierung als weitere Angabe noch das Streuungsmaß als Maß seiner Beständigkeit und Zuverlässigkeit hinzutreten. Hierfür haben sich aus den gleichen Gründen wie oben durchgesetzt (in absteigender Reihenfolge der Anwendung): die mittlere (quadratische) Abweichung (schlechtweg auch nur Streuung genannt), die durchschnittliche Abweichung, das Quartil und das Perzentil. Formal betrachtet fallen diese Begriffe mit den entsprechenden Fehlerdurchschnittswerten der Ausgleichungsrechnung (→Beobachtungsfehler) zusammen.

Czuber, E.: Die statist. Forschungsmethoden. Wien 1938.

Mittelwert von Wechselstromgrößen, im allgemeinen das zeitliche arithmetische Mittel aus den absoluten, d. h. vorzeichenlosen Augenblickswerten $M_{ar} = \frac{1}{T}\int_0^T |a|\, dt$. Ein gewöhnlicher selbststeuernder Gleichrichter mit linearer Charakteristik liefert M_{ar}. Diesen arithmetischen Mittelwert bezeichnet man auch als *Absolut-* oder *Durchschnittsmittel.*

Zum Unterschied davon bezeichnet man als *Gleichstrommittel* M_{gl}, *elektrolytischen Mittelwert* oder zeitlichen arithmetischen Mittelwert aus allen Augenblickswerten einer Welle die Gleichstromkomponente, die sich bei Überlagerung von Gleich- und Wechselströmen und bei Gleichrichterkurven ergibt. Bei reinen Wechselströmen und Spannungen ist M_{gl} Null.

ATM V 3620–2.

Mittelwertsatz der Differentialrechnung. Ist $y = f(x)$ eine in ihrem Definitionsintervall $a < x < b$ differenzierbare und an seinen Enden, d. h. für $x = a$ und $x = b$, stetige Funktion, so gibt es mindestens einen zwischen a und b gelegenen Wert ξ, so daß die als Mittelwertsatz bezeichnete Beziehung $f'(\xi) = \frac{f(b) - f(a)}{b - a}$ $(a < \xi < b)$ gilt. Indem man $a = x_0$, $b - a = h$ setzt, nimmt obige Gleichung die auch vielfach verwendete Form $f(x_0 + h) = f(x_0) + h f'(x_0 + \vartheta h)$ mit $0 < \vartheta < 1$ an. In dieser Formulierung kann der Mittelwertsatz als Sonderfall der →Taylorschen Reihe angesehen werden. Geometrisch besagt er, daß man an die Kurve $y = f(x)$ in mindestens einem Punkt $P_0[\xi, f(\xi)]$ eine Tangente legen kann, die parallel zu der Geraden durch die Punkte $P(a, f(a))$ und $Q(b, f(b))$ verläuft (Abb. 1). Für den Fall, daß

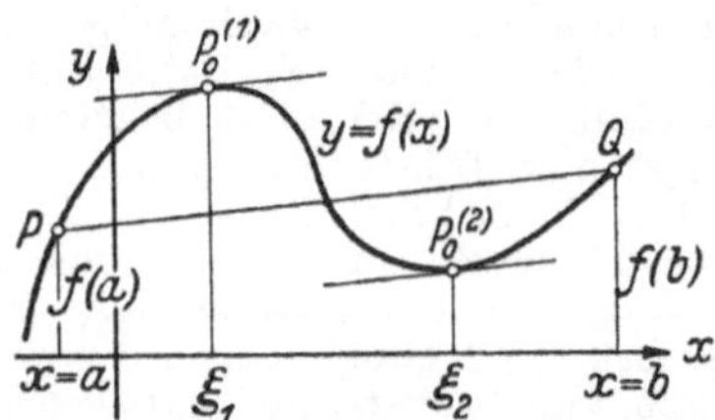

Abb. 1. Zum Mittelwertsatz der Differentialrechnung.

$f(a) = f(b)$ ist, muß es einen Kurvenpunkt $Q[\xi, f(\xi)]$ geben, in dem man eine *horizontale* Tangente legen kann. Dies ist der Satz von *Rolle* (Abb. 2).

Eine ähnliche Beziehung, wie sie oben für $f(x)$ angegeben wurde, gilt auch für zwei Funktionen

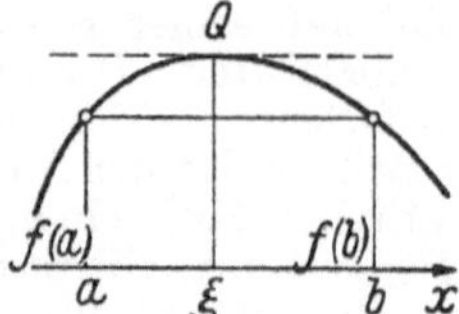

Abb. 2. Satz von *Rolle*.

$f(x)$ und $g(x)$, wobei $g(x)$ dieselben Voraussetzungen wie $f(x)$ erfüllen und überdies $g(x)$ im ganzen Intervall stetig und $\neq 0$ sein muß. Man kann dann die Gültigkeit der Formel $\frac{f(b) - f(a)}{g(b) - g(a)} = \frac{f'(\xi)}{g'(\xi)}$ beweisen, in der ξ wiederum eine zwischen a und b gelegene Stelle ist: $a < \xi < b$. Diese Aussage heißt der *verallgemeinerte* Mittelwertsatz der Differentialrechnung, der mit $a = x_0$, $b - a = h$ in $\frac{f(x_0 + h) - f(x_0)}{g(x_0 + h) - g(x_0)} = \frac{f'(x_0 + \vartheta h)}{g'(x_0 + \vartheta h)}$ mit dem *gleichen* (!) ϑ $(0 < \vartheta < 1)$ übergeht.

Für Funktionen mit mehreren Veränderlichen gilt ebenfalls ein Mittelwertsatz. Für eine Funktion $z = f(x, y)$ von zwei unabhängigen Veränderlichen nimmt er die Form an: $f(x + h, y + k) - f(x, y) = h\left(\frac{\partial f}{\partial x}\right)_{\substack{x=\xi\\y=\eta}} + k\left(\frac{\partial f}{\partial y}\right)_{\substack{x=\xi\\y=\eta}}$, wobei $\xi = x + \vartheta h$, $\eta = y + \vartheta k$, $0 < \vartheta < 1$ ist.

Rothe, R.: Höhere Mathematik I. Leipzig 1948. — *Courant, R.*: Vorl. über Differential- u. Integralrechnung. Berlin 1948. — *v. Mangold-Knopp*: Höhere Mathematik II. Leipzig 1948.

Mittelwertsatz der Integralrechnung. Es sei $f(x)$ eine in dem Intervall $a \leqq x \leqq b$ beschränkte Funktion (obere Grenze G, untere Grenze g) und $\varphi(x)$ eine in $a \ldots b$ integrierbare Funktion, die in diesem Intervall stets das gleiche Vorzeichen besitzt. Ist $f\varphi$ integrierbar, so gilt die als *1. Mittelwertsatz* der Integralrechnung bezeichnete Relation: $\int_a^b f(x)\,\varphi(x)\,dx = M\int_a^b \varphi(x)\,dx$, wobei M eine Zahl $g \leqq M \leqq G$ ist. Für $\varphi(x) = 1$ wird speziell $\int_a^b f(x)\,dx = M(b - a)$, welche Gleichung wegen der Bedeutung von M und wegen der vorausgesetzten Beschränktheit von $f(x)$ auch in der Form $\int_a^b f(x)\,dx = (b - a)\,f(\xi)$ geschrieben werden kann, wobei $a < \xi < b$. Wegen der Bedeutung des bestimmten Integrals als Flächenstück läßt sich der Inhalt dieses Satzes geometrisch deuten: Das durch $\int_a^b f(x)\,dx$ bestimmte Flächenstück läßt sich als Rechteck darstellen, dessen eine Seite $b - a$ und dessen Höhe $M = f(\xi)$, $a < \xi < b$ ist (Abb.). Bemerkt sei, daß sich die

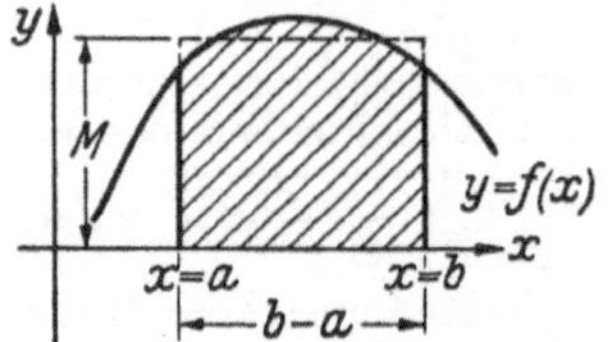

Zum Mittelwertsatz der Integralrechnung.

letzte Gleichung unmittelbar durch Anwendung des →Mittelwertsatzes der Differentialrechnung auf die Funktion $F(x) = \int_a^b f(x)\,dx$ herleiten läßt.

Als *2. Mittelwertsatz* der Integralrechnung bezeichnet man die Aussage, daß für eine in dem Intervall $a \leqq x \leqq b$ integrierbare Funktion $f(x)$ und eine dort monotone Funktion $\varphi(x)$ stets die Integralbeziehung $\int_a^b f(x)\,\varphi(x)\,dx = \varphi(a)\int_a^\xi f(x)\,dx + \varphi(b)\int_\xi^b f(x)\,dx$ gilt, wobei ξ eine in $a \ldots b$ liegende Stelle ist: $a < \xi < b$. Auch für mehrfache Integrale gibt es Mittelwertsätze. Ist $z = f(x, y)$ eine in einem Gebiet $\mathfrak{G}$ stetige Funktion, so gibt es in $\mathfrak{G}$ mindestens einen Punkt ξ, η, so daß $\iint_{\mathfrak{G}} f(x, y)\,dx\,dy = G f(\xi, \eta)$. Dabei bedeutet G den von $\mathfrak{G}$ eingeschlossenen Flächeninhalt. Entsprechend lautet der Mittelwertsatz für dreifache Integrale $\iiint_{\mathfrak{B}} f(x, y, z)\,dx\,dy\,dz = V f(\xi, \eta, \zeta)$, wobei (ξ, η, ζ) ein Punkt im Bereich $\mathfrak{B}$ und V das von B eingenommene Volumen ist. $f(x, y, z)$ ist eine in $\mathfrak{B}$ definierte und dort stetige Funktion.

Literatur →Mittelwertsatz der Differentialrechnung.

Mittlerer Kreisel, ein Kreisel mit unsymmetrischem Trägheitsellipsoid, der um die Achse des mittleren Hauptträgheitsmomentes rotiert. →Poinsot-Bewegung.

Mitschwingen. Wird ein schwingungsfähiges System an einen Schwingungsgenerator gekoppelt, so schwingt es in einem um so breiteren Frequenzbereich mit der Generatorfrequenz mit, je stärker es gedämpft ist. Die Form der erzwungenen Schwingungen stimmt am besten mit der Form der erregenden Schwingungen überein, wenn das System aperiodisch gedämpft ist (→gedämpfte Schwingung); sowohl merkliche Resonanz wie überaperiodische, extrem hohe Dämpfung beeinträchtigen die Formtreue des Mitschwingens.

Mixtur →Register.

Mizelle. Dieser Begriff wird in der Kolloidforschung mit zweierlei Bedeutung verwendet. Einmal versteht man darunter im Anschluß an *v. Nägeli* einen kristallgittermäßig geordneten Bereich kolloider Größe (auch als *das Micell* bezeichnet) in hochmolekularen Substanzen, wie Zellulose oder Kautschuk. Das mechanische Verhalten derartiger Stoffe ist wesentlich dadurch bedingt, daß kristallinische und amorphe Bereiche nebeneinander vorliegen, was man z. B. aus polarisationsoptischen oder röntgenographischen Untersuchungen entnehmen kann.

Andererseits bezeichnet man als Mizelle ein elektrisch geladenes Kolloidteilchen samt den entgegengesetzt geladenen Ionen, welche die elektrische Doppelschicht bilden, z. B. Seifenmizellen. Hierbei ist es gleichgültig, ob die Partikeln aus kristallisierten Primärteilchen oder aus flüssigkeitserfüllten Sekundäraggregaten bestehen.

Staudinger, H.: Organ. Kolloidchemie. Braunschweig 1950.

MKS-System, ursprünglich von der französischen Nationalversammlung 1795 angenommenes metrisches mechanisches →Maßsystem, wurde in der zweiten Hälfte des vorigen Jahrhunderts in der Physik fast vollkommen vom →CGS-System verdrängt. Das MKS-System wird seit dem Jahre 1901 von *Giorgi* wieder stark propagiert, da seine Einheiten auf die absoluten elektrischen Einheiten abgestimmt sind, und wegen dieser Eigenschaft heute von fast allen maßgebenden internationalen Fachorganisationen als zweckmäßigstes mechanisches Maßsystem anerkannt und empfohlen. Ein auf Beschluß der 9. Generalkonferenz für Maß und Gewicht 1948 (→Meterkonvention) vom Internationalen Komitee für Maß und Gewicht nach den Vorschlägen und Entwürfen der Mitgliedstaaten der Meterkonvention auszuarbeitendes und von den Signatarstaaten anzunehmendes Internationales Einheitengesetz wird zweifellos auch das MKS-System als Grundlage benutzen (→Maßsysteme, mechanische; Abschn. 1a).

mm Hg, Symbol für die Druckeinheit →Millimeter Quecksilbersäule.

MMK, Abk. für →magnetomotorische Kraft.

mm WS, Symbol für die Druckeinheit →Millimeter Wassersäule.

Moazagotl →Föhn.

Modelfrequenz →Amplitudenmodulation.

Modelle →Atommodelle, →Determinismus, →Modellvorstellungen.

Modellregeln der Hydrodynamik, geben an, unter welchen Voraussetzungen Strömungsvorgänge in verschiedenen Maßstäben, in verschiedenen Medien oder unter anderen verschiedenartigen physikalischen Bedingungen bei geometrischer Ähnlichkeit auch ähnliche Kraftwirkungen erwarten lassen. Sie lassen sich aus den →Ähnlichkeitsgesetzen ableiten. So müssen z. B. bei Modellversuchen über den Wellenwiderstand von Schiffen die Geschwindigkeiten sich nach dem →Froudeschen Gesetz wie die Wurzeln aus den Schiffslängen verhalten. Dieses Gesetz für den Maßstab widerspricht aber dem →Reynoldsschen Gesetz, so daß bei Beobachtung des Froudeschen Gesetzes der Reibungswiderstand am Modell und in der Großausführung nicht ähnlich sind. Für eine Untersuchung dieses Einflusses müssen die Geschwindigkeiten am Modell um das gleiche Vielfache erhöht werden, um das die Abmessungen verkleinert werden. Dies ist nur in seltenen Fällen möglich. Da der Reibungskoeffizient mit wachsender Reynoldsscher Zahl kleiner wird, kann man aus den Ergebnissen der Modellversuche zumeist nur schließen, daß der Reibungswiderstand bzw. der Druckabfall in der Großausführung im Verhältnis zu den übrigen Kraftwirkungen geringer ist, als er sich nach dem Gesetz der Ähnlichkeit aus dem Modellversuch ergibt.

Handb. d. Exp.-Phys. Bd. IV 1—4, 1930—33. – *Weber, M.:* Das allg. Ähnlichkeitsprinzip d. Phys. u. s. Zusammenhang m. d. Dimensionslehre u. d. Modellwiss. Jb. schiffbautechn. Ges. **1930**, 274.

Modellversuche. Physikalische Vorgänge, für welche das Aufstellen eines Gleichungssystems oder seine analytische Lösung nicht gelingt oder zu umständlich ist, lassen sich oft mit mehr oder weniger großer Annäherung physikalisch ähnlich nachbilden. An Hand systematischer Änderungen von Einflußgrößen (→Kennwerten) können aus Modellversuchsreihen Ergebnisse als Funktionen dieser dimensionslosen Größen gewonnen und auf andere Anordnungen übertragen werden. Da die Modellmaßstäbe der Kennwerte verschiedenartigen Gesetzen unterliegen, die zumeist unvereinbar sind, kann bei Modellversuchen oft nur *ein* Einfluß erfaßt werden. Eine Extrapolation läßt sich oft nicht vermeiden. Sie kann durch ein kritisches Gebiet der betrachteten Kennzahl oder durch den stärkeren Einfluß anderer Kennwerte so unsicher sein, daß nur qualitative Rückschlüsse möglich sind. In der Experimentalphysik und in der Technik können jedoch auf diese Weise schon mit einfachen Hilfsmitteln an kleinen Modellen wertvolle Schlüsse auf Vorgänge im großen Maßstab gewonnen werden. Zur Untersuchung hydrodynamischer Erscheinungen werden Modellversuche besonders häufig im Schiffbau, in der Luftfahrt, beim Bau von Strömungsmaschinen und von Wasserführungen angewendet. Die hierbei zu beachtenden →Modellregeln ergeben sich aus den →Ähnlichkeitsgesetzen.

Handb. d. Exp.-Physik IV, 1—4. 1930—33. Handb. d. Physik u. Techn. Mechanik V 1931. – *Durand, W.:* Aerodyn. Theory 1936, Vol. III—VI.

Modellvorstellungen. Die eigentliche Aufgabe der Physik ist es, die Vorgänge in der toten Welt durch Modelle (im weitesten Sinne) zu beschreiben. Die Physik kann nicht die „Wirklichkeit" erkennen; die Modelle sind nur Bilder und nicht identisch mit der Wirklichkeit. Sie sind Abbildungen der physikalischen Vorgänge, in denen bestimmte Strukturen und Beziehungen einfacher und übersichtlicher auftreten, als sich diese in den Erscheinungen selbst zeigen.

Als Beispiel möge die klassische Punktmechanik dienen und speziell das Planetensystem. Zur Beschreibung der Bewegung der Planeten um die Sonne ersetzt man die Himmelskörper im Modell durch „Massenpunkte", also mathematisch ideale Punkte, die sich in einem mathematisch definierten euklidischen Raum mit der eindimensionalen Zeit als Parameter bewegen, so daß im Modell der Ort eines Planeten z. B. durch die drei Koordinaten $x(t)$, $y(t)$, $z(t)$ mit t als Zeit gegeben ist. Das Modell läuft nach der Zeit ab unter Anwendung des Newtonschen Grundgesetzes $m\ddot{x} = K_x, \ldots$, wobei die Kräfte K die Gravitationskräfte sind, die von der Sonne und den anderen Planeten ausgeübt werden und im Modell exakt proportional dem Quadrat der Entfernung der beiden Massenpunkte abfallen.

Der Vergleich von Modell und Erfahrung erfolgt durch die Messung, wobei Ort und Geschwindigkeit als Funktionen der Zeit die beobachtbaren Größen sind und experimentell bis auf die Meßungenauigkeiten festgestellt werden können. Dieses Modell läuft vollkommen determiniert ab.

Zuerst versuchte man die klassischen Modelle ebenfalls auf die Atome zu übertragen. Die Erfahrung ließ dies aber nicht zu, so daß man gezwungen war, neue Modelle zu finden. Diese Modelle der Quantenmechanik haben nicht mehr diese elementar anschauliche Form wie die Modelle der klassischen Physik. Auch schon die klassischen Modelle sind mathematisch definierte Systeme, bei denen aber die vorkommenden Größen noch eine gewisse Anschaulichkeit haben, seien es z. B. in der Mechanik die Orte und Geschwindigkeiten oder etwa in der Maxwellschen Theorie die Feldstärken. Die quantenmechanischen Modelle sind dagegen unanschaulich. Sie laufen nicht unabhängig von der Beobachtung ab, sondern müssen nach jeder neuen Beobachtung neuartig beginnen. Nähere Einzelheiten →Quantenmechanik, →Determinismus, →Atommodelle, →Beobachtung, →Messungsbegriff, →Komplementarität.

Moderator oder *Bremsstoff*, dient zur Verlangsamung von schnellen Neutronen, insbesondere im →pile, um sie dadurch zur Spaltung des vorwiegend durch langsame Neutronen spaltbaren Urans 235 zu befähigen. Es wird so auch verhindert, daß sie vorher in allzu großer Zahl mit Atomen des Urans 238 reagieren, die im natürlichen Uran 140mal häufiger sind als das Isotop U 235 und von dem sie schon bei höherer Geschwindigkeit durch einen Resonanzeffekt unter Bildung von Uran 239 eingefangen werden. Der Moderator muß also drei Bedingungen genügen. Er muß erstens die Neutronen möglichst schnell verlangsamen. Das ist dann der Fall, wenn die Masse der Atome des Moderators gleich oder wenigstens nicht allzu verschieden von der Masse der Neutronen ist. Zweitens darf er selbst mit den Neutronen nicht oder nur sehr wenig reagieren. Drittens muß er in sehr hoher Reinheit herstellbar sein, damit die Neutronen nicht mit etwaigen Verunreinigungen reagieren. Allen diesen Bedingungen genügen das schwere Wasser und Kohlenstoff in Form reinsten Graphits. →pile, →thermische Neutronen.

Heisenberg, W.: Die Physik d. Atomkerne. Braunschweig 1949.

Modifikation. Viele chemische Elemente und Verbindungen haben die Fähigkeit, in verschiedenen Kristallgittertypen zu kristallisieren oder verschiedene *Modifikationen* zu bilden. Die Modifikationen gehen meist bei bestimmter Temperatur (*Umwandlungstemperatur*) und bestimmtem Druck ineinander über. Sie sind gewissermaßen verschiedene feste Aggregatzustände. Doch gibt es auch Modifikationen, die unter den gleichen Zustandsbedingungen bestehen und sogar entstehen können, z. B. die TiO_2-Modifikationen Rutil und Anatas. Umwandlungsverzögerungen, die der Unterkühlung von Flüssigkeiten entsprechen, sind sehr häufig und beträchtlich.

Die Bezeichnung der Modifikationen ist verschiedenartig. Wandeln sie sich bei bestimmter Temperatur ineinander um, so werden dem Namen der Kristallart die Buchstaben α, β, γ usw. vorgesetzt, z. B. α-Quarz, β-Quarz, und zwar α der bei niedrigster Temperatur stabilen Modifikation. Bei Mineralien ist es üblich, den Modifikationen, die sich in ihrer Symmetrie oder in ihren Achsenabschnittsverhältnissen stark unterscheiden, verschiedene Namen zu geben, z. B. Anatas, Rutil und Brookit für TiO_2, Quarz, Tridymit und Cristobalit für SiO_2 usw., während die Buchstaben α, β geringen Unterschieden vorbehalten sind. Neuerdings werden die verschiedenen Modifikationen auch durch römische Ziffern gekennzeichnet, beginnend mit der am Schmelzpunkt stabilen.

Das Vermögen, Modifikationen zu bilden, wird als *Polymorphie* bezeichnet, oder als *Dimorphie*, wenn die Anzahl der bekannten Modifikationen auf zwei beschränkt ist. Handelt es sich um ein chemisches Element, so spricht man von *Allotropie*.

Polymorphe Stoffe, bei denen nur eine der auftretenden Kristallarten im Gleichgewicht mit ihrem Dampf stabil ist, nennt man *monotrop* (*Monotropie*). Sind dagegen in verschiedenen Druck- und Temperaturbereichen verschiedene Modifikationen stabil, so spricht man von *Enantiotropie*; Beispiel: rhombischer und monokliner Schwefel. — →Isomerie.

Modul →absoluter Betrag.

Modul zweier Logarithmensysteme nennt man die Zahl M, die es gestattet, aus der Kenntnis des Logarithmus einer Zahl x in bezug auf eine Basis a den Logarithmus derselben Zahl in bezug auf ein System zur Basis b auszurechnen. Der Modul wird also durch die Gleichung $M\,{}^a\!\log x = {}^b\!\log x$ bestimmt und ergibt sich daraus zu $M(a, b) = {}^b\!\log a = 1/{}^a\!\log b$. Für das numerische Rechnen ist von besonderer Bedeutung der Modul $M(10, e)$ bzw. $M(e, 10)$ für den Übergang von den dekadischen (Briggsschen oder gemeinen) zu den natürlichen (Neperschen) Logarithmen bzw. umgekehrt. Aus der Formel für $M(a, b)$ ergibt sich für $M(e, 10) = 1/\ln 10 = \log e = 0{,}43429\ldots$ und $M(10, e) = 1/\log e = \ln 10 = 2{,}30259\ldots$

Modulation oder *Modelung*, jede Art von Beeinflussung einer relativ höher frequenten ungedämpften Trägerschwingung oder Trägerwelle (z. B. von elektromagnetischer Hochfrequenz oder Licht) zum Zwecke der Übertragung einer Nachricht, eines Signals oder eines Meßwertes. Bei der →*Amplituden*modulation schwankt die Trägeramplitude im Rhythmus der Modulationsschwingung; die Modulationsschwingung erscheint also als Hüllkurve der hochfrequenten Trägerschwingung. Bei der →*Frequenz*modulation bleibt die Trägeramplitude konstant; dafür folgt die Trägerfrequenz dem Verlauf der Modulationsschwingung. Die →*Impuls*modulation verwendet keine sinusförmige Trägerschwingung, sondern eine Reihe von kurzen Impulsen, deren Amplitude, Abstand oder Dauer dem Verlauf der Modulationsschwingung folgt. Von diesen Verfahren hat die Amplitudenmodulation bisher die größte Anwendung gefunden. Demgegenüber erlangte die Frequenzmodulation größere Bedeutung im Dezimeterwellenbereich, wo die normalen Amplitudenmodulationsverfahren große Frequenzänderungen hervorrufen. Gelegentlich treten mehrere Modulationsarten gleichzeitig auf.

Modulation des *Lichtes* →Doppelbrechung, elektrische, →Lichtmodulation durch Ultraschall.

Prokott, E.: Modulation i. d. elektr. Nachr.-Techn. Leipzig 1943. — *Vilbig, F.*, u. *J. Zenneck:* Fortschr. d. Hochfrequenztechnik II. Leipzig 1943.

Modulation, musikalische, endgültige Überleitung von einer Tonart in eine andere, wobei bestimmte Regeln der Akkordverbindungen befolgt werden müssen. Wichtigstes Hilfsmittel: Umdeutung (≙ Funktionswechsel) einzelner Akkorde.

Modulationsbeeinflussung, gegenseitige →Luxemburg-Effekt.

Modulationsgrad. Durch →Überlagerung einer hochfrequenten Trägerspannung $U_h \cos\omega_h t$ und einer niederfrequenten Modulierspannung $U_n \cos\omega_n t$ in einem nichtlinearen elektrischen Schaltelement $i = c_0 + c_1 U + c_2 U^2$ entsteht eine →*amplitudenmodulierte Schwingung* (→Amplitudenmodulation)

$$i = c_1(U_h \cos\omega_h t + U_n \cos\omega_n t) + c_2(U_h \cos\omega_h t + U_n \cos\omega_n t)^2.$$

Neben der Träger- und Modulierfrequenz und ihren Harmonischen tritt also das doppelte Produkt

$$2 c_2 U_h U_n \cos\omega_h t \cos\omega_n t$$

auf. Das Verhältnis der Amplitude dieses Produktes zur unmodulierten Trägeramplitude heißt Modulationsgrad,

$$m = \frac{2 c_2 U_h U_n}{c_1 U_h} = \frac{2 c_2 U_n}{c_1}.$$

Da für die amplitudenmodulierte Schwingung durch Umformung die Beziehung entsteht

$$i = H(1 + m \cos\omega_n t) \cos\omega_h t$$
$$= H\left[\cos\omega_h t + \frac{m}{2}\cos(\omega_h + \omega_n)t + \frac{m}{2}\cos(\omega_h - \omega_n)t\right],$$

so kann der Modulationsgrad auch aus dem Verhältnis

$$\frac{N}{H} = \frac{\text{Summe d. Amplituden d. Seitenfrequenzen}}{\text{Trägeramplitude}} = m$$

ermittelt werden ($\omega_h \pm \omega_n$ Seitenfrequenzen, H Hochfrequenzamplitude). Zur Erhaltung einer unverzerrten amplitudenmodulierten Schwingung darf der Modulationsgrad den Wert 1 nicht überschreiten. Er wird meist in Prozenten angegeben und ist ein Maß dafür, in welchem Verhältnis die Schwankungen zum Ruhewert der Trägeramplitude in Erscheinung treten. Wird der Träger mit mehreren Frequenzen moduliert,

$$i = H \cos\omega_h t \left[1 + \sum_{k=1}^{n} m_k \cos(\omega_k t + \varphi_k)\right],$$

so sind weniger die Modulationsgrade der einzelnen Frequenzen von Interesse als der maximale Modulationsgrad M, der sich aus dem Spitzenwert der Summe der einzelnen Modulationsfrequenzen ergibt. Er gibt an, bis zu welchem Wert des Modulationsgrades ein Sender ausgesteuert werden darf, ohne daß die Verzerrungen einen bestimmten Wert überschreiten.

Bei der →Phasenmodulation wird die größte Phasenabweichung φ_{01} Phasenhub oder auch Modulationsgrad genannt. Er ist der Amplitude der Modulierschwingung proportional, aber unabhängig von der Modulierfrequenz und kann im Gegensatz zur Amplitudenmodulation größer als 1 werden.

Bei der Frequenzmodulation wird als Modulationsgrad B das Verhältnis $B = b\,\omega_0/\omega_1$ bezeichnet, wo $b\,\omega_0 = \Delta\,\omega$ der Frequenzhub ist (ω_0 Trägerfrequenz, ω_1 Modulierfrequenz). Auch hier kann der Modulationsgrad B größer als 1 werden. Er ändert sich bei konstanter Amplitude der Modulierfrequenz mit der Höhe der Modulierfrequenz.

Prokott, E.: Modulation i. d. elektr. Nachr.-Techn. Leipzig 1943.

Modulationsschaltung →Sendeschaltungen.

Modulator, zur Modulation von *Schwingungen* dienende elektrische Schaltelemente mit nichtlinearer Stromspannungsabhängigkeit. Als solche werden neben dem Mikrophon und dem Eisenmodulator, einem vormagnetisierten Hochfrequenzwandler, vor allem Kupferoxydul- und Selengleichrichter und alle Arten von Elektronenröhren, Dioden, Trioden und Mehrgitterröhren benutzt. Für kleine Leistungen verwendet man vorwiegend Trockengleichrichter, während bei Großsendeanlagen meist Röhrenschaltungen angewandt werden. Da sich sämtliche Gitter für Modulationszwecke ausnutzen lassen, unterscheidet man entsprechend Gitter-, Bremsgitter-, Schirmgitter- und Anodenmodulationsschaltungen.

Ausgehend von der einfachsten Modulationsschaltung (Abb. 1a) mit einer großen Anzahl von Modulationsprodukten $n\omega_h \pm m\omega_n$, ist die Gegentakt- und Doppelgegentaktschaltung (Abb. 1b, c) entwickelt worden, bei denen schaltungsmäßig die Zahl der Modulationsprodukte so weit vermindert wurde, daß auch bei geringer Frequenzdifferenz zwischen Träger und Modulationsfrequenzen Überlagerungen von Oberwellen und Kombinationsfrequenzen vermieden werden.

Liegen nämlich Trägerfrequenz ω_h und Modulationsfrequenzband $\Sigma\,\omega_N$ bei der Amplitudenmodulation in der gleichen Größenordnung (in der Nachrichtentechnik z. B. $\omega_h = 6$ kHz, $\Sigma\,\omega_N = 300$ bis 2700 Hz), so können bei der Vielzahl der Modulationsprodukte, die im Modulator entstehen, Oberwellen und Kombinationsfrequenzen übereinanderfallen und zu Störungen Anlaß geben, da sie durch Siebmittel nicht zu trennen sind. Durch Anordnung der nichtlinearen Schaltelemente in Doppel-

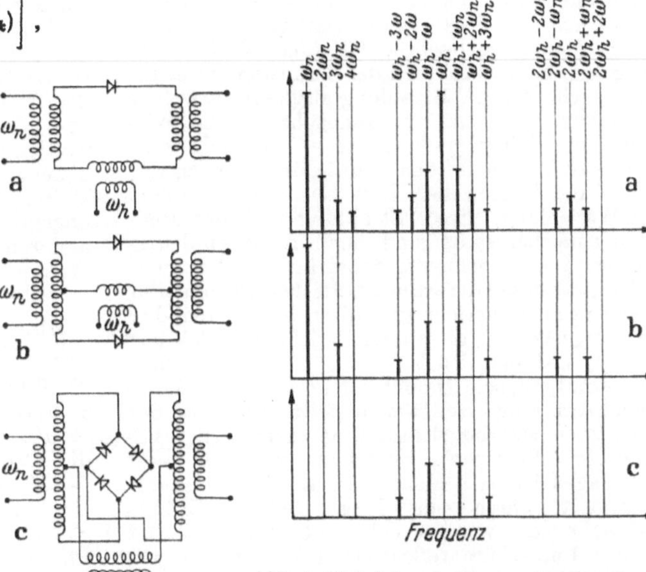

Abb. 1. Modulatorschaltungen. Rechts die am Ausgang auftretenden Frequenzen.

gegentaktschaltungen nach Art des *Ring-* oder *Sternmodulators* (Abb. 2) kann man die Träger- und Modulationsfrequenz und ihre Harmonischen

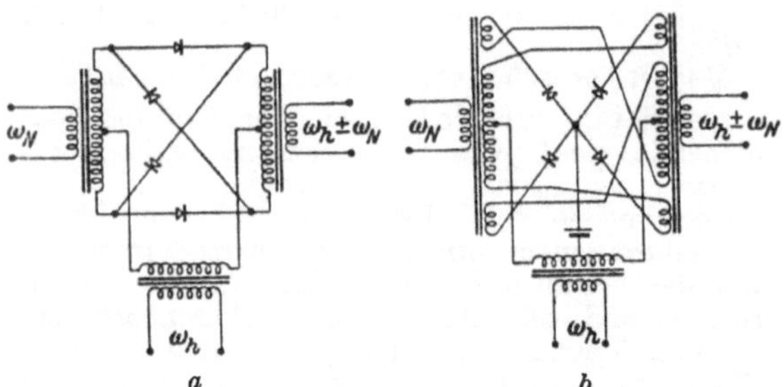

Abb. 2. a) Ringmodulator, b) Sternmodulator.

sowie eine Reihe von Kombinationsfrequenzen unterdrücken und dadurch die Aussiebung des ersten Seitenbandes $\omega_h \pm \Sigma\,\omega_N$ erleichtern.

Prokott, E.: Modulation i. d. elektr. Nachr.-Techn. Leipzig 1943. — *Vilbig, F.:* Lehrb. d. Hochfrequenztechnik. Leipzig 1945.

Modulatoren (physiol.-opt.), von *R. Granit* geprägter Begriff für die Grundlage bestimmter, von ihm beschriebener Abhängigkeiten des Aus-Effektes (→Aktionsstrom des Auges) einzelner Augennervenfasern von der Wellenlänge der vorhergehenden Belichtung. Sie soll in den durch die Synapsen der Sehzellen, Bipolaren und Ganglienzellen der Netzhaut veränderten spektralen Empfindlichkeitskurven von 3 retinalen, den Farbempfindungen zugrunde liegenden Empfängern bestehen (→Dreifarbentheorie).

Granit, R.: Sensory Mechanisms of the Retina. Oxford 1947. — *Tansley, K.:* Electrophysiology of the Retina. Ophthalmic Literature, March 1949.

Mögel-Dellinger-Effekt (SID=*sudden ionospheric disturbance*), plötzliches Aussetzen der Reflexionen an der Ionosphäre. Seine Dauer beträgt wenige Minuten bis eine Stunde. Dabei hören die Reflexionen schlagartig auf und setzen — von hohen Frequenzen beginnend — allmählich wieder ein. Meistens tritt der Effekt gleichzeitig mit einer chromosphärischen Eruption auf der Sonne auf. Oft wird dabei auch ein →*solar flare effect* des erdmagnetischen Feldes beobachtet. Offenbar wird gleichzeitig mit dem Aufblitzen der Eruption im sichtbaren Licht eine UV-Strahlung ausgesandt, welche die hohen Schichten der Ionosphäre ohne Wirkung durchdringt und in der →D-Schicht eine so starke Zunahme der Ionisierung verursacht, daß kurze Radiowellen dort absorbiert werden. Die Wellenlänge dieser Strahlung und der Ionisierungsmechanismus sind noch nicht eindeutig geklärt. Die Ströme, die dabei in der D-Schicht fließen, bewirken die erdmagnetische Störung. Für diese Erklärung spricht auch die Beobachtung, daß sehr lange Wellen, die an der D-Schicht reflektiert werden, während des Effekts höhere Feldstärken als normal ergeben. Da der Effekt durch die solare Wellenstrahlung erzeugt wird, tritt er nur auf der belichteten Halkbugel auf. Eine ursprünglich behauptete Wiederholungstendenz von 55 oder 27,5 Tagen hat sich nicht bestätigt. Im Funkverkehr tritt während eines Mögel-Dellinger-Effekts ein mehr oder weniger vollständiger Ausfall der an der Ionosphäre reflektierten Wellen ein. Ob Ultrakurzwellen gleichzeitig besonders gut reflektiert werden, ist noch nicht endgültig geklärt.

Möglichkeit, logische, reale →Wahrscheinlichkeit.

Mohrsche Waage, Gerät zur Messung der Dichte von Flüssigkeiten aus dem Auftrieb eines Körpers in ihnen. Sie ist eine einfache Hebelwaage, deren einer Arm kurz ist und ein Tariergewicht und einen kurzen Zeiger trägt. An den anderen, längeren, durch Kerben in 10 gleich lange Teile geteilten Arm kann ein gläserner und als kleines Thermometer ausgebildeter Schwimmkörper gehängt werden (Abb.). Der Zeiger soll auf eine feste Marke einstehen, wenn sich der Schwimmkörper in Luft befindet (Einregelung durch eine Fußschraube). Zur Waage gehört ein Satz von Reitergewichten. Zwei von ihnen sind gleich schwer und so bemessen, daß jeder von ihnen den Auftrieb des in Wasser von 4 °C (Dichte 1,000 g ml^{-1}) tauchenden Schwimmkörpers genau kompensiert; die weiteren (meist 3) sind dezimale Bruchteile von ihnen. Befindet sich der Schwimmkörper in einer beliebigen Flüssigkeit, so kann sein Auftrieb durch

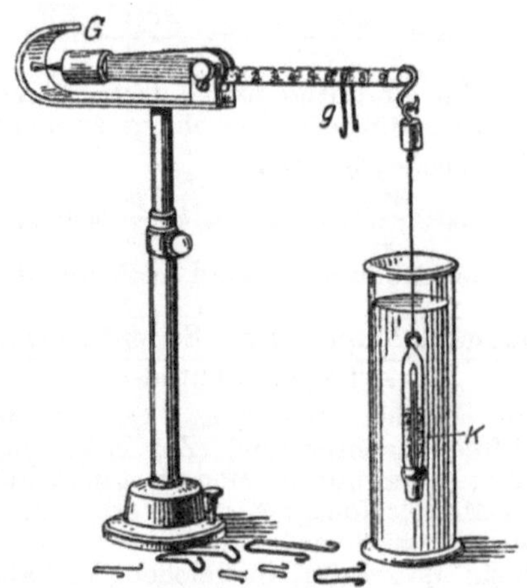

Mohrsche Waage.

Aufsetzen von Reitern auf die Teilstriche der Balkenskala kompensiert werden, wobei die Nummern der Teilstriche in leicht ersichtlicher Weise in der Reihenfolge der Reitergewichte die Stellen des Betrags der Dichte bis zur 4. Dezimale hinter dem Komma ergeben. Für Dichten > 1 g ml^{-1} werden die beiden schwersten Reiter benötigt, von denen dann der eine am Balkenende hängt. Die Reiter sind für jeden Schwimmkörper besonders abgeglichen, dürfen also nicht mit denen einer anderen Waage vertauscht werden. Eichung in Wasser bekannter Dichte ist in der Regel nötig.

Kohlrausch, F.: Prakt. Physik I. Leipzig u. Berlin 1950.

Moivre-Formel. Ist $z = x + iy$ (x, y reell, $i = \sqrt{-1}$) eine komplexe Zahl, für die bei Verwendung von Polarkoordinaten die Darstellung $z = r(\cos\varphi + i\sin\varphi)$ mit $r = +\sqrt{x^2 + y^2}$, $\operatorname{arctg}\varphi = y/x$ lautet, so gilt für eine beliebige Zahl n die Moivre-(Euler)sche Formel $z^n = r^n(\cos n\varphi + i\sin n\varphi)$. Sie besagt, daß beim Potenzieren einer komplexen Zahl der absolute Betrag $|z^n|$ gleich der n-ten Potenz von $|z|$ ist und die Phase ver-n-facht wird. Wählt man insbesondere z auf dem Rande des Einheitskreises, $|z| = 1$, so folgt $(\cos\varphi + i\sin\varphi)^n = \cos n\varphi + i\sin n\varphi$.

Durch Entwicklung der linken Seite nach dem binomischen Lehrsatz ergibt sich daraus nach Trennung von Real- und Imaginärteil eine Reihendarstellung von $\cos n\varphi$ bzw. $\sin n\varphi$ nach steigenden Potenzen von $\sin\varphi$ und $\cos\varphi$. Man findet $\cos n\varphi = \cos^n\varphi - \binom{n}{2}\cos^{n-2}\varphi\,\sin^2\varphi + \binom{n}{4}\cos^{n-4}\varphi\,\sin^4\varphi - \cdots$, $\sin n\varphi = \binom{n}{1}\cos^{n-1}\varphi\,\sin\varphi - \binom{n}{3}\cos^{n-3}\varphi\,\sin^3\varphi + \binom{n}{5}\cos^{n-5}\varphi\,\sin^5\varphi - \cdots$. In den Ausdruck für $\cos n\varphi$, der nur gerade Potenzen von $\sin\varphi$ enthält, kann $\sin^2\varphi = 1 - \cos^2\varphi$ eingeführt werden, so daß man $\cos n\varphi$ als ganze rationale Funktion von $\cos\varphi$ allein darstellen kann, während $\sin n\varphi$ sich analog durch $\sin\varphi$ allein nur dann ausdrücken läßt, wenn $n = 2m + 1$ (m ganz, sonst beliebig) ist. Bei geradem $n = 2m$ geht in die $\sin n\varphi$-Reihe immer ein $\cos\varphi$-Glied ein.

Mol, Symbol mol. Die Bezeichnung „Mol" wird leider in zweierlei verschiedener Bedeutung benutzt.

1. In seinem ursprünglich aus den Gesetzen der multiplen Proportionen in der Chemie entwickelten und heute noch in der Physik fast allgemein angewandten Sinn ist das Mol eine *Masseneinheit* (mol), und zwar eine individuelle chemische Masseneinheit, die gerade auf die atomare oder molekulare Struktur der Materie Rücksicht nimmt. 1 mol einer atomaren oder molekularen Substanz ist definiert als die *Masse* von L Atomen oder Molekülen der betrachteten Sorte, wobei L die →Loschmidt-Zahl bedeutet. Da die Massen der verschiedenen Atome und Moleküle verschieden groß sind, unterscheiden sich auch die durch 1 mol charakterisierten Massen verschiedener Substanzen voneinander. Die Verbindung zwischen dieser individuellen chemischen Masseneinheit mol und der allgemeinen physikalischen Masseneinheit Gramm (g) stellen für atomare oder molekulare Substanzen die →Molekulargewichte (M) als dimensionslose Umrechnungsfaktoren her: 1 mol $= (M)$ g. Für atomare Substanzen sind neben Mol (mol) und Molekulargewicht (M) die speziellen Bezeichnungen Gramm-Atom (g-atom) und Atomgewicht (A) gebräuchlich: 1 g-atom $= (A)$ g. Die 1000fachen Beträge Kilomol (kmol) und Kilogramm-Atom (kg-atom) sind gleichfalls üblich: 1 kmol $= (M)$ kg bzw. 1 kg-atom $= (A)$ kg. Da die Atomgewichte und Molekulargewichte auf die chemische oder die physikalische →Atomgewichtsskala bezogen werden können, ist auch zwischen einem mol, bezogen auf die chemische Atomgewichtsskala ($\text{mol}_{\text{Ch. Sk.}}$), und einem mol, bezogen auf die physikalische Atomgewichtsskala ($\text{mol}_{\text{Ph. Sk.}}$), zu unterscheiden, zwischen denen die Relation 1 $\text{mol}_{\text{Ph. Sk.}} = 1{,}000279\ \text{mol}_{\text{Ch. Sk.}}$ besteht (Smythescher Faktor).

2. In der physikalischen Chemie dient das Mol als *Mengenmaß*, d. h. als Grundeinheit der hier als Grundgröße betrachteten *Stoffmenge*. Man führt die neue Grundgröße „Stoffmenge" durch die Definition ein: Körper mit gleich viel Atomen (bei atomaren Substanzen) oder Molekülen (bei molekularen Substanzen) sind Körper mit gleichen Stoffmengen. Als Einheit der Stoffmenge dient dabei diejenige Stoffmenge, welche so viele Atome oder Moleküle enthält wie 16 g atomarer Sauerstoff, d. h. L Moleküle (→Loschmidt-Zahl); dabei führen 16 g atomaren Sauerstoffs „in der in der Natur vorkommenden Isotopenmischung" zur chemischen →Atomgewichtsskala, 16 g des häufigsten Isotops ^{16}O zur physikalischen →Atomgewichtsskala. Diese Stoffmengeneinheit wird, bezogen auf atomare Substanzen, „Gramm-Atom", bezogen auf molekulare Substanzen, „Mol" genannt. Um den Anschluß an die wichtigste additive Atom- oder Moleküleigenschaft, nämlich die Masse, und ihre allgemeine physikalische Maßeinheit Gramm zu gewinnen, ist man dann zwei verschiedene Wege gegangen.

2a) Man führt das Molekulargewicht und Atomgewicht als dimensionsbehaftete Größen von der Dimension einer Masse ein und definiert das Atomgewicht oder Molekulargewicht als die *Masse* von L Atomen bzw. Molekülen. In dieser Auffassung stellt also das Atomgewicht bzw. Molekulargewicht gerade die Masse eines „Gramm-Atoms" bzw. „Mols" der physikalischen Chemie dar, d. h. die Masse 1 g-atom $= (A)$ g bzw. 1 mol $= (M)$ g der ersten physikalischen Definitionsart.

2b) Man führt eine neue Hilfsgröße ein, und zwar die „Grammatommasse" bzw. die „Molmasse", definiert als Masse eines Körpers/Stoffmenge des Körpers. Der *Zahlenwert* der Grammatommasse, gemessen in g/„Gramm-Atom", heißt in dieser Auffassung Atomgewicht, der Zahlenwert der Molmasse, gemessen in g/„Mol", wird Molekulargewicht genannt. Die →Loschmidt-Zahl wird definiert als der Quotient Grammatommasse/Masse eines Atoms bzw. Molmasse/Masse eines Moleküls, also in der reziproken Stoffmengeneinheit „Gramm-Atom"$^{-1}$ bzw. „Mol"$^{-1}$ gemessen. (Hierzu →Molzahl.)

Die ursprüngliche und ohne Nebenbegriffe auskommende Auffassung 1) der Physik scheint sich heute weitgehend durchzusetzen. Auf alle Fälle sollte die Stoffmengeneinheit der Auffassung 2) mit einem neuen, nicht an den Wortstamm Mol anklingenden Namen bezeichnet werden, um nicht durch Doppelbenutzung des Wortes „Mol" für zwei Einheiten verschiedener Dimension — ähnlich wie in dem Fall „Kilogramm" als physikalische Masseneinheit und technische Krafteinheit (→Krafteinheiten) — einen Anlaß dauernder Mißverständnisse zu schaffen.

Molalität einer Lösung →Konzentrationsmaße.

Molare Größen →partielle molare Größen.

Molare Leitfähigkeit →Leitfähigkeit, molare.

Molarität einer Lösung →Konzentrationsmaße.

Moldispersion →Atomdispersion.

Molekül. Verbinden sich Atome durch →*kovalente Bindungen* zu einem *abgesättigten Aggregat* (→Absättigung) von definierter →stöchiometrischer Zusammensetzung, so spricht man von einem Molekül. In der Regel bleiben Moleküle in allen Aggregatzuständen unverändert. Zwischen Molekülen wirken in der Regel größenordnungsmäßig schwächere Kräfte als zwischen seinen Atomen.

Molekulare Absorption →Schallabsorption.

Molekulare Bahn (= molecular orbit). Der Begriff tritt z. B. im Zusammenhang mit der Berechnung von Resonanzenergien in Molekülen mit kanonischen Valenzstrukturen (z. B. Benzol) auf. Der Name weist darauf hin, daß die →π-Elektronen nicht auf eine durch ein Valenzstrichschema angedeutete Bindung beschränkt sind, sondern sich frei durch das Molekül bewegen können. Die „molekulare Bahn" umfaßt alle Atome eines Moleküls mit gegenseitig überlappenden p, π-Eigenfunktionen, im Benzolring also alle 6 C-Atome. Eine der Methoden zur Berechnung der Resonanzenergie derartiger Moleküle bestimmt die

Zustände *eines* Elektrons in der molekularen Bahn (2. Hückelsches Näherungsverfahren).

Hückel, E.: Z. Elektrochem. **43**, 752 (1937).

Molekulare Schichten →Oberflächenfilme.

Molekulardestillation. Will man hochsiedende Stoffe destillieren, die infolge ihrer thermischen Zersetzlichkeit hohe Temperaturen nicht vertragen, so muß die Destillation bei niedrigen Temperaturen erfolgen. Um trotzdem ausreichende Destillationsgeschwindigkeiten zu erzielen, muß man die Destillation so leiten, daß die maximal mögliche Destillationsgeschwindigkeit auch wirklich erreicht wird. Dies geschieht in der Weise, daß man die Destillation im Hochvakuum durchführt und den Abstand zwischen Verdampferfläche und Kondensationsfläche möglichst klein hält, und zwar so klein, daß die mittlere freie →Weglänge der im Gasraum noch vorhandenen Restgasmoleküle größer ist als der Abstand zwischen Verdampferfläche und Kondensationsfläche bei dem Vakuum, bei dem die Destillation durchgeführt wird. Da man dieses Verfahren zweckmäßig bei einem Druck von 10^{-4} Torr und darunter ausübt, so kann der Abstand zwischen Verdampfer- und Kondensationsfläche einige cm betragen. Angewendet wird das Verfahren vor allem auf hochempfindliche organische Stoffe, wie Vitamine, Weichmacher, pflanzliche und tierische Öle, und zur Gewinnung der →Apiezonöle und →Apiezonfette.

Jaeckel, R., u. *G. W. Oetjen:* Chem. Ing. Techn. **21**, 169 (1949). — *Burch, C. R.:* Proc. roy. Soc. Lond. (A) **123**, 271 (1929).

Molekulardispersion, die Differenz der →Molekularrefraktionen für zwei konventionell ausgewählte Wellenlängen, meist H_α und H_β des Wasserstoffs.

Molekulardrehung, Molekularrotation →Drehung der Polarisationsebene.

Molekulargewicht. 1. In der Physik definiert man heute üblicherweise das „Mol" als *Masseneinheit* (→Mol, Abschn. 1). In dieser Auffassung ist das Molekulargewicht (M) der *dimensionslose Umrechnungsfaktor* zwischen der individuellen chemischen Masseneinheit mol und der allgemeinen physikalischen Masseneinheit Gramm: 1 mol $= (M)$ g. Bei atomaren Substanzen wird das Molekulargewicht gewöhnlich als Atomgewicht (A) bezeichnet, die individuelle chemische Masseneinheit als Gramm-Atom (→Mol): 1 g-atom $= (A)$ g.

2. In der zweiten Auffassung vom „Mol" als einer *Stoffmengen*einheit (→Mol, Abschn. 2), welche die physikalische Chemie im allgemeinen bevorzugt, werden Molekular- und Atomgewicht in anderer Art eingeführt: entweder als die *Masse* von L (→Loschmidt-Zahl) Molekülen bzw. Atomen (→Mol, Abschn. 2a) oder als der *Zahlenwert* der „Molmasse" bzw. „Grammatommasse", gemessen in g/„Mol" bzw. g/„Grammatom" (→Mol, Abschnitt 2b).

Die Atom- und Molekulargewichte werden entweder auf die chemische oder auf die physikalische →Atomgewichtsskala bezogen, welche durch den Smythe-Faktor $k_A = 1{,}000279 \pm 0{,}000003$ verknüpft sind: $(\mathrm{M})_{\mathrm{Ph.\,Sk.}} = k_A \cdot (\mathrm{M})_{\mathrm{Ch.\,Sk.}}$. Die aus massenspektrographischen Bestimmungen ermittelten Atomgewichte beziehen sich durchweg auf die physikalische Skala; für die chemischen Atomgewichte gibt die Atomgewichtskommission der Internationalen Union für Chemie jährlich eine Tabelle heraus (→Tabelle 9). Für die nichtstabilen Elemente 43 (Tc), 61 (Pm), 85 (At), 87 (Fr) und die Transurane 93 (Np), 94 (Pu), 95 (Am), 96 (Cm) liegen bislang keine international vereinbarten Atomgewichte, sondern lediglich die Massenzahlen des jeweils stabilsten Isotops vor, die in [ ] in die Tabelle 9 eingetragen worden sind.

Molekulargewichtsbestimmung. Zur Bestimmung des Molekulargewichts *gasförmiger* Substanzen wird in der Mehrzahl der Methoden die Masse eines Mols mit Hilfe des idealen Gasgesetzes bestimmt, das eine Verknüpfung von absoluter Temperatur T, Druck p, Volumen v und Einwaage m oder Gasdichte $\varrho = m/v$ und Masse M eines Mols in der Form

$$M = \frac{m R T}{p v} = \frac{\varrho R T}{p}\,[\mathrm{g\,mol^{-1}}]$$

liefert (R →Gaskonstante). Das Molekulargewicht ist dann die dimensionslose Maßzahl von M. Aus den Formeln geht hervor, daß diese Verfahren auf eine Gasdichte- oder Dampfdichtebestimmung hinauslaufen.

Die verschiedenen Verfahren unterscheiden sich dadurch, welche von den Zustandsvariablen gegeben sind und welche sich im Laufe des Versuches einstellen. Von den gebräuchlichen Verfahren eignen sich die Methode von *Dumas* (T, p, v gegeben, m eingestellt), die Verdampfung im Toricellischen Vakuum nach *Gay-Lussac* und *A. W. Hofmann* (T, m gegeben, p und v abzulesen), sowie die Verdrängungsmethode von *V. Meyer* (T, p, m gegeben, v abgelesen) zur Molekulargewichtsbestimmung von Dämpfen (→Dampfdichtemessung), wogegen die Methode von *Regnault*, die grundsätzlich eine Dichtebestimmung mittels eines Pyknometers ist, sich für Präzisionsmessungen an Gasen eignet. Man muß in diesem Falle den Versuch bei verschiedenen Drucken wiederholen, um auf verschwindenden Druck, d. h. ideales Verhalten des Gases, extrapolieren zu können.

Ein anderes Prinzip für gasförmige Substanzen liegt der Bunsenschen →Ausströmungsmethode zugrunde, die die Tatsache benutzt, daß unter Beachtung gewisser Vorsichtsmaßregeln die Ausflußgeschwindigkeit von Gasen aus einer sehr engen Öffnung proportional der Molekülgeschwindigkeit der thermischen Wärmebewegung und damit proportional der Wurzel aus dem Molekulargewicht ist.

Unter den gleichen Gesichtspunkten wie die Molekulargewichtsbestimmung idealer Gase kann man diejenige von *in idealer Lösung vorliegenden Stoffen* vornehmen. Hier liefert die Beobachtung der Dampfdruckerniedrigung oder, wie es in praxi geschieht, der →Gefrierpunktserniedrigung oder →Siedepunktserhöhung einer Lösung gegenüber dem reinen Lösungsmittel unmittelbar die Anzahl der gelösten Mole, so daß man aus der vorgegebenen Substanzmenge die Masse eines Mols und damit das Molekulargewicht erhält.

Voraussetzung bei sämtlichen genannten Methoden ist die Einheitlichkeit der im Gase oder in der Lösung befindlichen Teilchen. Denn da in beiden Fällen im Grunde die *Anzahl* der Teilchen bestimmt wird, führen Assoziationen oder Dissoziationen zur scheinbaren Vergrößerung oder Herabsetzung des gefundenen Molekulargewichts. Umgekehrt läßt sich aus der Veränderlichkeit des berechneten Molekulargewichts die Verschiebung des Assoziations- oder Dissoziationsgleichgewichts mit den Versuchsbedingungen verfolgen.

Über die Bestimmung des Molekulargewichts von Makromolekülen →Ultrazentrifuge.

Molekularkräfte →van der Waals-Kräfte, →Reichweite molekularer Kräfte.

Molekularluftpumpen. Bei den Molekularluftpumpen (Abb.) kommt der Pumpvorgang in folgender Weise zustande: Eine Trommel A dreht sich mit einer Tourenzahl zwischen 2000 bis 12000 U/min in einem Gehäuse B, in das schraubenförmige Nuten eingeschnitten sind, wobei das Spiel zwischen Gehäuse B und Trommel A möglichst klein sein soll. Das zu fördernde Gas wird bei n abgesogen und bei m einer Vorpumpe zugeführt. Im hauptsächlichen Arbeitsbereich der Molekularluftpumpen ist der Druck so niedrig, daß die Tiefe der Nut im Gehäuse B klein ist gegen die freie Weglänge der Gasmoleküle. Die Moleküle erhalten dann beim Zusammenstoß mit der schnell umlaufenden Trommel A zusätzlich Impulskomponenten, die sie durch die Schraubengänge der Nut von n nach m treiben. Statt wie in der Abb. dargestellt, können die Pumpen auch

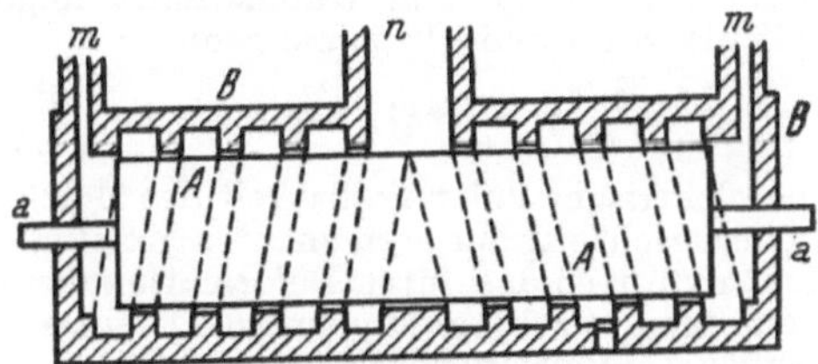

Schema der Molekularluftpumpe.

so gebaut werden, daß statt der Trommel eine Scheibe umläuft und in das Gehäuse spiralförmige Nuten eingeschnitten sind, durch die das zu fördernde Gas vom Umfang her zur Achse der Scheibe getrieben wird. Die Molekularluftpumpen erzielen Endvakua $< 10_{-6}$ Torr. Das erforderliche Vorvakuum liegt bei 0,1 Torr, die Sauggeschwindigkeit zwischen 1 und 75 l/s.

Gaede, W.: Ann. Phys., Lpz. **41**, 337 (1913). — *Kellström, G.:* Z. Phys. **41**, 516 (1927).

Molekularmagnete. In paramagnetischen Substanzen kommt die Magnetisierung dadurch zustande, daß das Magnetfeld die schon ohne Feld vorhandenen konstanten magnetischen Momente der Atome oder Moleküle teilweise ausrichtet. Sofern die ganzen Moleküle als die Träger der magnetischen Momente anzusehen sind, bezeichnet man sie als Molekularmagnete. Die Größe ihrer Momente ergibt sich aus der Curie-Konstanten (→Curiesches Gesetz).

Molekularrefraktion R, definiert als das auf die individuelle chemische Masseneinheit →mol bezogene spezifische →Refraktionsvermögen

$$R = \frac{1}{\varrho}\,\frac{n^2-1}{n^2+2},$$

bzw., falls der Zahlenwert von ϱ nicht auf das mol, sondern auf die allgemeine physikalische Masseneinheit g bezogen wird,

$$R = \frac{(M)}{\varrho}\,\frac{n^2-1}{n^2+2}$$

[n Brechzahl; ϱ Dichte; (M) Molekulargewicht, Umrechnungsfaktor zwischen mol und g]. Die Molekularrefraktion sah man früher vielfach als das von den Molekülen eines mol tatsächlich eingenommene Volumen an.

Ersetzt man in der →Clausius-Mosottischen Gleichung für die molekulare elektrische →Polarisierbarkeit

$$\alpha = \frac{3\varepsilon_0}{N_L\,\varrho}\,\frac{\varepsilon-1}{\varepsilon+2}$$

(ε_0 →elektrische Feldkonstante; N_L →Loschmidt-Konstante) die rel. →Dielektrizitätskonstante ε durch die Brechzahl n entsprechend der →Maxwellschen Beziehung

$$\varepsilon = n^2,$$

so ergibt sich für die Molekularrefraktion die *Lorentz-Lorenzsche Beziehung*

$$R = \frac{N_L}{3\varepsilon_0}\,\alpha.$$

Bei der Molekularrefraktion erfaßt man wegen der Einstellungsträgheit der Orientierungspolarisation (parelektrischer Anteil der Polarisation) nur die →Elektronenpolarisation und Atompolarisation (dielektrische Anteile der Polarisation), →Polarisierbarkeit, elektrische.

Die Molekularrefraktion ist weitgehend von Temperatur und Aggregatzustand unabhängig und für gegebene Wellenlänge des Lichtes eine charakteristische Größe für den Stoff. In Mischungen setzt sich die Molekularrefraktion additiv aus den Refraktionen der Komponenten zusammen; werden die Molenbrüche der verschiedenen Komponenten mit $\gamma_1, \gamma_2 \ldots$ bezeichnet, so gilt also

$$R = \gamma_1\mathfrak{R}_1 + \gamma_2\mathfrak{R}_2 + \cdots.$$

Die Übertragung dieser Beziehung auf chemische Verbindungen, in denen die Elemente in den stöchiometrischen Verhältniszahlen $n_1, n_2 \ldots$ vorkommen, liefert die Beziehung

$$R = n_1\mathfrak{R}_1 + n_2\mathfrak{R}_2 + \cdots,$$

wo $\mathfrak{R}_1, \mathfrak{R}_2, \ldots$ als *Atomrefraktionen* bezeichnet werden. Diese Zerlegung ist im allgemeinen nicht gerechtfertigt, da sich beim Zusammentreten der Atome zu verschiedenen Verbindungen die Polarisation der äußersten Elektronen, auf die es bei der Ableitung der Formel für die Molekularrefraktion besonders ankommt, wesentlich ändert. Vergleicht man aber Stoffe mit ähnlichen Bindungen, so ergibt sich in der Tat eine gute Additivität der Atomrefraktionen. Je nach der Art der Bindung sind für eine gegebene Atomart verschiedene $\mathfrak{R}_i$-Werte einzusetzen. Auf diese Weise gestattet die Berechnung der Molekularrefraktion aus Atomrefraktionen und der Vergleich mit der gefundenen Molekularrefraktion Aussagen über Anordnung und gegenseitige Verkettung der Atome im Molekül.

Eucken, A.: Grundriß d. Physikal. Chemie. Leipzig 1948.

Molekularrotation →Drehung der Polarisationsebene.

Molekularstrahlen →Atom- und Molekularstrahlen.

Molekularströme →Ampèresche Molekularströme.

Molekularströmung →Knudsen-Effekt.

Molekularwärme →Molwärme.

Moleküldurchmesser. Nach den Anschauungen der modernen Atomtheorie sind die Atome und Moleküle in ihrer Wechselwirkung mit materiellen Teilchen oder Strahlung als Kraftfelder aufzufassen, die mit der Entfernung von den Atomkernen mehr oder weniger rasch abfallen. Danach hat es also keinen strengen Sinn, von der Größe eines Moleküls schlechtweg zu sprechen. Wenn man die Größe eines Atoms oder Moleküls angibt, so ist dies eine willkürliche Festsetzung, die davon abhängt, welchen Teil des Kraftfeldes man als schwach betrachtet. Im festen, flüssigen und gasförmigen Zustand ist es in brauchbarer Näherung möglich, von der Größe von Molekülen zu sprechen, solange die thermische Energie eines Moleküls klein ist gegen die Bindungsenergie der Atome aneinander und der äußersten Elektronen an den Kern. Die älteste Methode zur Ableitung von brauchbaren Moleküldurchmessern lieferte die kinetische Gastheorie durch Benutzung von Daten der Gasreibung. In der folgenden Tabelle sind einige Reibungsdurchmesser von Gasen eingetragen.

	He	Ne	A	Kr	X
Durchmesser in 10^{-8} cm	1,88	2,36	2,97	3,23	3,54

Ähnliche Resultate liefern die anderen Berechnungsmethoden (z. B. aus dem Kovolumen der van der Waalsschen Gleichung, aus dem flüssigen Zustand unter Annahme dichtester Kugelpackung oder aus dem Gitterabstand im festen Zustand). Die nach den verschiedenen Methoden erhaltenen Werte für die Molekülgröße sind infolge der obenerwähnten Unmöglichkeit einer strengen Definition dieser Größe nur angenähert gleich.

Molekülgitter werden von organischen Verbindungen, den damit verwandten Verbindungen der Metalloide (z. B. CO, CO_2, N_2O usw.) und einigen elementaren Metalloiden gebildet. Die Atome sind in ihnen durch elektrostatische Kräfte zu Molekülen verbunden, die nach außen abgesättigt sind und auf ihre Nachbarmoleküle nur van der Waalssche Kräfte ausüben. Darauf ist die geringe Härte und die hohe Flüchtigkeit derartiger Kristalle zurückzuführen.

Molekülkolloide →Eukolloide.

Molekülmodelle der Gastheorie. Das älteste Modell ist die starre, elastische Kugel (Billardkugel), das später durch Hinzunahme von Anziehungskräften zum →*Sutherland-Modell* verallgemeinert wurde. Das älteste, streng behandelte Molekülmodell ist das →*Maxwell-Molekül.* Eine Verallgemeinerung dieses Modelles ist das *Modell von Chapman-Enskog*, das nur Abstoßungskräfte proportional r^{-n} kennt (r ist der Abstand zweier Moleküle, $n > 2$). Das *Modell von Lennard-Jones* berücksichtigt sowohl Anziehungs- und Abstoßungskräfte, die Potenzfunktionen der Entfernung sind. Molekülmodelle mit Rotationsbewegung sind: Das *Jeans-Modell* einer rotierenden Kugel, deren Massenmittelpunkt nicht genau mit dem Kugelmittelpunkt zusammenfällt, und das *Bryans-Modell* der ideal rauhen Kugel. Bei letzterem Modell wird die Wirkung des Zusammenstoßes zweier Moleküle so beschrieben, daß sich die Relativgeschwindigkeit der Berührungspunkte der beiden kugelförmigen Moleküle beim Zusammenstoß umkehrt.

Molekülmoment, permanentes elektrisches (→Polarisation, elektrische). In vielen isotropen, homogenen Dielektriken haben die Moleküle von Natur Dipolmomente, also permanente elektrische Momente. Die Dipolmomente polarer Moleküle sind von der Größenordnung 10^{-27} [C cm] bzw. in elektromagnetischen Einheiten 10^{-18} [$\text{cm}^{5/2}\text{g}^{1/2}\text{s}^{-1}$]. Kein Dipolmoment haben z. B. die Gase O_2, Cl_2, J_2, N_2, CO_2, ferner eine große Zahl einfacher Kohlenwasserstoffe. Ebenso haben die Edelgase praktisch das Dipolmoment Null (unpolare Moleküle). Unter der Wirkung eines elektrischen Feldes tritt bei polaren Molekülen zweierlei ein: 1. Die permanenten Momente der Moleküle werden teilweise in die Feldrichtung orientiert. 2. Jedes Molekül erhält ein zusätzliches Dipolmoment durch die Deformation der Elektronenhülle unter der Wirkung des Feldes (→Polarisierbarkeit, molekulare elektrische).

Zunächst werde allein der Beitrag des permanenten Dipolmomentes $\mathfrak{p}_0$ der Moleküle zur Polarisation des Dielektrikums betrachtet. Dieser Anteil heißt *parelektrische* Polarisation $\mathfrak{P}^*$. Ist $\mathfrak{F}$ das wirksame elektrische Feld am Ort der Dipolmoleküle, so ergibt die Theorie unter Benutzung der Maxwell-Boltzmann-Statistik:

$$\mathfrak{P}^* = \frac{N\mathfrak{p}_0^2}{3\,k\,T}\,\mathfrak{F}$$

(N Zahl der Dipolmoleküle im cm³, k Boltzmann-Konstante, T absolute Temperatur). Auf ein Molekül entfällt also im Durchschnitt folgender Anteil als wirksames Dipolmoment:

$$\mathfrak{p}^* = \frac{\mathfrak{p}_0^2}{3\,k\,T}\,\mathfrak{F} = \alpha^*\,\mathfrak{F}, \quad \text{mit} \quad \alpha^* = \frac{\mathfrak{p}_0^2}{3\,k\,T}$$

als parelektrische Polarisierbarkeit des Moleküls.

Zur Ausrichtung der permanenten Moleküldipole kommt nun noch das durch Deformation der Elektronenhüllen erzeugte Dipolmoment eines jeden Moleküls (→Polarisierbarkeit, molekulare elektrische), zur parelektrischen Polarisation $\mathfrak{P}^*$ also die dielektrische Polarisation $\mathfrak{P}$ hinzu. In polaren Flüssigkeiten und festen Körpern ($\mathfrak{F} = \mathfrak{E} + \overline{\mathfrak{P}}/3\,\varepsilon_0$ wegen der gegenseitigen Beeinflussung der Moleküldipole) erhält jedes Molekül unter der Wirkung des äußeren Feldes $\mathfrak{E}$ das Dipolmoment

$$\overline{\mathfrak{p}} = (\alpha + \alpha^*)\,(\mathfrak{E} + \overline{\mathfrak{P}}/3\,\varepsilon_0),$$

wo α die dielektrische Polarisierbarkeit des Moleküls ist. Die gesamte Polarisation $\overline{\mathfrak{P}}$ der Materie wird also

$$\overline{\mathfrak{P}} = N\overline{\mathfrak{p}} = N(\alpha + \alpha^*)\left(\mathfrak{E} + \frac{\overline{\mathfrak{P}}}{3\,\varepsilon_0}\right) = \varepsilon_0(\varepsilon - 1)\,\mathfrak{E}.$$

Hieraus folgt

$$\frac{\varepsilon - 1}{\varepsilon + 2} = \frac{N}{3\,\varepsilon_0}\left(\alpha + \frac{\mathfrak{p}_0^2}{3\,k\,T}\right).$$

Joos, G.: Lehrb. d. theoret. Physik. Leipzig 1945. Handb. d. Experimentalphysik. Leipzig 1930.

Molekülspektren (→Bandenspektren). *Diffuse Molekülspektren* entstehen, wenn die Terme, deren Kombination den betreffenden Banden zugrunde liegt, nicht scharf definiert sind. Unscharfe Terme treten auf: 1. infolge eines Auger-Prozesses, d. h. eines die Lebensdauer des angeregten Zustandes abkürzenden strahlungslosen Zerfallsprozesses, wie er auftritt, wenn der Term gleiche Energie hat wie der kontinuierliche Termbereich eines anderen Elektronenzustandes (→Prädissoziation); 2. infolge des →Tunnel-Effektes, d. h. der quantenmechanisch bedingten Erscheinung, daß Elektronen eine Potentialschwelle, zu deren Überwindung ihre Energie nicht ausreicht, mit einer gewissen Wahrscheinlichkeit durchdringen können. Dieser Fall tritt auf, wenn die Potentialkurve ein Maximum zeigt (Potentialschwelle), jenseits derer das Elektron eine Abstoßungskraft erfährt. Die gleichen Erscheinungen treten auch bei Atomen auf; 3. infolge eines sehr flachen Potentialverlaufs eines der beiden miteinander kombinierenden Elektronenterme. In diesem Fall beobachtet man eine Folge von diffusen Banden, deren Frequenzabstand den Schwingungsquanten des Zustandes mit tiefem Potentialminimum entspricht (Abb.).

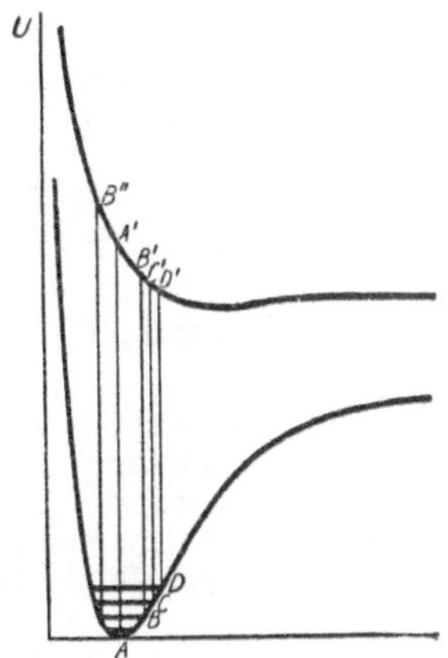

Potentialkurve von diffusen Banden.

Kontinuierliche Molekülspektren entstehen durch Übergänge zwischen zwei Zuständen eines Moleküls, von denen einer oder beide einen kontinuierlichen Bereich von Energiewerten annehmen können. Solche Zustände treten auf bei der Ionisation und der Dissoziation der Moleküle. Ein Ionisationskontinuum wurde im Spektrum von O_2 im Anschluß an die Seriengrenze der Elektronenniveaus gefunden. Die langwellige Grenze des Kontinuums liefert die zu dem betreffenden Prozeß gehörende Ionisationsarbeit des Moleküls.

An die →Bandenkonvergenz einer Serie von Einzelbanden schließt sich ebenfalls ein Kontinuum an; sein Beginn liefert die Dissoziationsarbeit des Moleküls, die zu dem betreffenden Prozeß gehört. Die Intensitätsverteilung zwischen diskreten Banden und Grenzkontinuum wird durch das →Franck-Condon-Prinzip geregelt.

Die Grenzkontinua werden in Absorption beobachtet. In Emission sind Rekombinationskontinua für die Vereinigung von Molekülion und Elektron nicht beobachtet worden; dagegen kennt man Emissionskontinua, die der Wiedervereinigung von Atomen zum Molekül entsprechen. Bei der Wiedervereinigung von zusammenstoßenden Atomen muß Energie abgeführt werden, entweder durch gleichzeitigen Stoß mit einem dritten Teilchen (*Dreierstoß*) oder durch Abstrahlung (*Zweierstoß*). Dieser Prozeß tritt aber nur bei jedem 10^5. Stoß auf. Meist muß sich das eine der stoßenden Atome in einem angeregten Zustand befinden, um die Ausstrahlung zu ermöglichen.

Andere Emissionskontinua entstehen durch den Übergang von einem stabilen angeregten zu einem tiefer liegenden Zustand mit einer Potentialkurve ohne Minimum. (Zerfallsleuchten; Beispiele: H_2- und He_2-Kontinuum.)

Finkelnburg, W.: Kontinuierl. Spektren. Berlin 1938.

Molekülspektroskopie mit Mikrowellen →Mikrowellenspektrum.

Molekülstöße →Stöße von Molekülen.

Molekülzahl, spezifische →spezifische Molekülzahl, →Loschmidt-Konstante.

Molenbruch →Konzentrationsmaße.

Molisierung, ältere Bezeichnung für die →Wiedervereinigung von Elektronen mit positiven Molekülionen in einem Gase.

Mollier-Diagramm (→Wärmediagramme). Die von *Mollier* 1904 eingeführten Zustandsdiagramme benutzen die Enthalpie als Koordinate. Das wichtigste ist das J-S- (Enthalpie-Entropie-) Diagramm. Während im Druck-Volumen-Diagramm (→Arbeitsdiagramm) die Arbeit und im Temperatur-Entropie-Diagramm die Wärmemenge als Flächen erscheinen, können diese Größen aus den Mollier-Diagrammen als Enthalpie-Differenzen, also als Strecken ermittelt werden.

Zuverlässige J-S-Diagramme des Wasserdampfes: Dampftafeln d. VDI. Berlin 1937.

Moll-Skala →Tonskalen.

Mollwosche Beziehung →Farbzentren.

Molmasse →Mol, 2b.

Molnormvolumen idealer Gase, definiert als das Volumen v_0, welches 1 mol idealen Gases im physikalischen →Normzustand, d. h. bei der Temperatur T_0 des →Eispunktes und unter dem Druck p_0 einer physikalischen →Atmosphäre einnimmt. v_0 wird im allgemeinen auf die chemische →Atomgewichtsskala bezogen, in der das Molekulargewicht des molekularen Sauerstoffs (M_{O_2}) $\equiv$ 32,000000 beträgt. Mit der →Sauerstoffnormdichte, reduziert auf idealen Gaszustand, $\varrho_0(O_2)$ $= 1{,}42769 \pm 0{,}00007$ g/l $= (1{,}4276\bar{5} \pm 0{,}00008) \cdot 10^{-3}$ g/cm³ ergibt sich: $v_0 = 22{,}413_9 \pm 0{,}001$ $\mathrm{l/mol_{Ch.\,Sk.}} = (2{,}2414_{\bar{5}} \pm 0{,}0001) \cdot 10^4\ \mathrm{cm^3/mol_{Ch.\,Sk.}}$. In der physikalischen →Atomgewichtsskala lauten die entsprechenden Werte: $v_0 = 22{,}420_2 \pm 0{,}001$ $\mathrm{l/mol_{Ph.\,Sk.}} = (2{,}2420_7 \pm 0{,}0001) \cdot 10^4\ \mathrm{cm^3/mol_{Ph.\,Sk.}}$.

Molpolarisierbarkeit, -polarisation →Polarisation, elektrische.

Molrefraktion = →Molekularrefraktion.

Molrotation →Atomrotation.

Molsuszeptibilität oder *molare Suszeptibilität* einer Substanz, das magnetische Moment je Mol, dividiert durch die im Vakuum bei der gleichen Feldstärke herrschende Induktion. Man erhält sie aus der gewöhnlichen Suszeptibilität durch Multiplikation mit dem Molekulargewicht und Division durch die Dichte. Bei diamagnetischen Salzen und organischen Verbindungen setzt sich die Molsuszeptibilität angenähert additiv aus den Beiträgen der einzelnen Atome oder Ionen zusammen, wozu noch gewisse Korrekturen hinzukommen, die für die einzelnen Bindungstypen charakteristisch sind. Bei paramagnetischen Stoffen, die dem →Curieschen Gesetz genügen, ist das Produkt der Molsuszeptibilität und der absoluten Temperatur bis auf einen universellen Umrechnungsfaktor gleich dem Quadrat des magnetischen Momentes des Moleküls.

Molvakuummeter (*Gaede*), spezielle Form des →Radiometer-Vakuummeters. Ein an einem Faden drehbar aufgehängter Aluminiumrahmen befindet sich in einem zylindrischen Gefäß, dessen Mantelfläche auf zwei einander gegenüberliegenden Seiten beheizt werden kann, während die unter 90° zu den beheizten Flächen stehenden Teile der Mantelfläche unbeheizt bleiben. Je nach der Stellung des Aluminiumrahmens üben daher die von den erwärmten Teilen der Mantelfläche kommenden Gasmoleküle einen mehr oder weniger großen Druck auf den Rahmen aus, der sich als Rückstellkraft auswirkt. Die Schwingungsdauer des Aluminiumrahmens ist von dieser und damit vom Druck abhängig, also ein Maß für das Vakuum. Werden die beheizbaren Teile der Zylindermantelfläche nicht beheizt, so kann das Vakuummeter auch als →Reibungsvakuummeter Verwendung finden.

Gaede, W.: Z. techn. Phys. **15**, 664 (1934).

Molvolumen, das Volumen von 1 mol eines im idealen Gaszustand befindlichen Stoffes. Es ist von individuellen Stoffeigenschaften unabhängig und lediglich eine Funktion von Druck und Temperatur. Ferner →*Molnormvolumen.*

Molwärme. Für theoretische Überlegungen ist es vorteilhaft, wenn man die spezifische Wärme nicht auf die Masseneinheit des Stoffes, sondern auf das Grammatom oder das mol, also auf gleiche Anzahlen von Atomen oder Molekülen bezieht. Man erhält auf diese Weise statt der spezifischen Wärmen c_p oder c_v die Atomwärmen bzw. Molwärmen (auch Molekularwärmen genannt) $C_p = Mc$, oder $C_v = Mc_v$, also die mit dem Atomgewicht bzw. Molekulargewicht multiplizierten spezifischen Wärmen. Dadurch ergeben sich oft einfache Beziehungen. Für ein ideales Gas, bei dem die Ausdehnung ohne äußere Arbeitsleistung stattfindet, ergibt sich z. B. $C_p - C_v = R$, worin $R = 1{,}986$ cal grad^{-1} mol^{-1} die Gaskonstante bedeutet. →spezifische Wärme, →Dulong-Petitsche Regel, →Koppsche Regel.

Molzahl l, eine chemische Mengengröße, definiert als der Quotient aus der Zahl N der Moleküle einer homogenen Substanz und der →Loschmidt-Zahl L

$$l = N/L.$$

l stellt die Zahl der Moleküle dar, welche 1 mol (→Mol, Abschn. 1) der homogenen Substanz enthält, und ist mit der Masse m der Substanz und der →Loschmidt-Konstanten N_L über die Relation

$$lL = mN_L$$

verknüpft. Die Molzahl l ist eine auf das atomistische Verhalten der Materie zugeschnittene dimensionslose Mengengröße und entspricht der „Stoffmenge"; l und der Zahlenwert der Größe „Stoffmenge", gemessen oder, präziser gesagt, gezählt in der Zählungseinheit „Mol" ≡ L (→Mol, Abschn. 2b) sind einander gleich. Das →Molekulargewicht (M) bzw. Atomgewicht (A) der homogenen Substanz ergibt sich als der Quotient aus dem in der physikalischen Masseneinheit g gemessenen Zahlenwert der Masse m der Substanz und ihrer Molzahl l

$$(M) \text{ bzw. } (A) = \{m\}_g / l.$$

Moment. Ist $\mathfrak{A}$ eine vektorielle Größe, so bezeichnet man als Moment von $\mathfrak{A}$ in bezug auf einen Punkt P das Vektorprodukt $\mathfrak{M} = [\mathfrak{r}\mathfrak{A}]$, in dem $\mathfrak{r}$ den von P nach dem „Angriffspunkt" von $\mathfrak{A}$ weisenden Ortsvektor bedeutet. $\mathfrak{M}$ ist also ein Vektor vom Betrag $|\mathfrak{M}| = |\mathfrak{r}|\,|\mathfrak{A}| \sin(\mathfrak{r},\mathfrak{A}) = a|\mathfrak{A}|$, wenn $a = |\mathfrak{r}| \sin(\mathfrak{r},\mathfrak{A})$ gesetzt wird. Diese Größe ist der senkrechte Abstand von $\mathfrak{A}$ von P (Hebelarm) und $|\mathfrak{M}|$ der Inhalt des von $\mathfrak{r}$ und $\mathfrak{A}$ aufgespannten Parallelogramms (Abb. 1). Die Richtung von $\mathfrak{M}$ ist so festgelegt, daß die Vektoren $\mathfrak{r}$, $\mathfrak{A}$, $\mathfrak{M}$ ein Rechtssystem bilden. Je nach der physikalischen Bedeutung von $\mathfrak{A}$ unterscheidet man verschiedene Momente. So spricht man z. B., wenn $\mathfrak{A}$ eine Kraft bzw. ein Impuls ist, von einem Kraftmoment bzw. einem Impulsmoment usw.

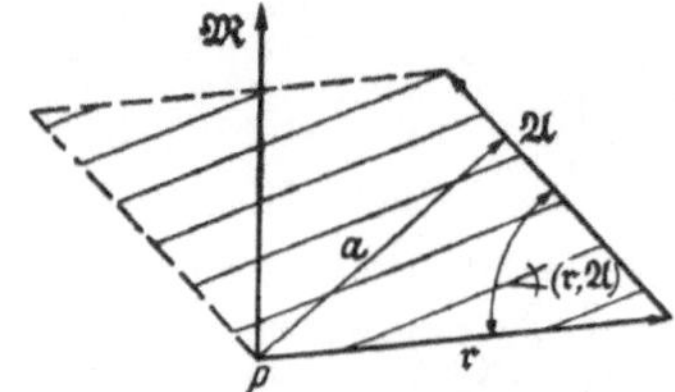

Abb. 1. Zum Moment.

Eine Änderung des Bezugspunktes P hat im allgemeinen auch eine Änderung des Momentes zur Folge. Beweis: Sei etwa der neue Bezugspunkt P' und der von diesem nach P weisende Ortsvektor $\mathfrak{r}_0$ (Abb. 2), so gilt für $\mathfrak{M}$ in bezug auf

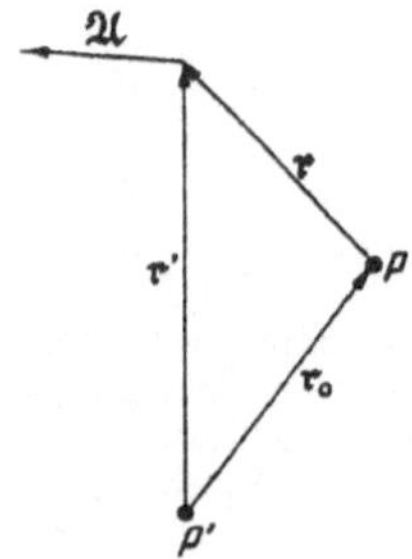

Abb. 2. Zum Moment.

P': $\mathfrak{M} = [\mathfrak{r}'\mathfrak{A}] = [(\mathfrak{r}_0 + \mathfrak{r}), \mathfrak{A}] = [\mathfrak{r}_0\mathfrak{A}] + [\mathfrak{r}\mathfrak{A}]$, was im allgemeinen $\neq [\mathfrak{r}\mathfrak{A}]$ ist, es sei denn, daß $[\mathfrak{r}_0\mathfrak{A}] = 0$ ist. Dazu ist aber, wenn $\mathfrak{r}_0 \neq 0$ und $\mathfrak{A} \neq 0$ vorausgesetzt wird, erforderlich, daß $\mathfrak{r}_0 \,||\, \mathfrak{A}$. Eine Verschiebung des Bezugspunktes, ohne den Momentenvektor zu ändern, ist also nur in Richtung des Vektors $\mathfrak{A}$ erlaubt.

Liegt nicht *eine* Vektorgröße $\mathfrak{A}$, sondern ein System solcher $\mathfrak{A}_i$ ($i = 1, 2, \ldots, n$) vor, so ist das Moment in bezug auf einen Punkt P als $\mathfrak{M} = \sum_{i=1}^{n} [\mathfrak{r}_i\mathfrak{A}_i]$ definiert, wobei $\mathfrak{r}_i$ den Ortsvektor von P nach dem Anfangspunkt $\mathfrak{A}_i$ darstellt. Auch in diesem Fall bringt eine Änderung des Bezugspunktes $P \to P'$ eine Änderung von $\mathfrak{M}$ mit sich, es sei denn, daß P in Richtung der Resultante $\mathfrak{A} = \sum_{i=1}^{n} \mathfrak{A}_i$ verschoben wird. Da mit einer Änderung des Bezugspunktes P sich auch $\mathfrak{M}$, d. h. Betrag und Richtung des Momentes, ändert, muß es einen von P ausgehenden Vektor $\mathfrak{r}^0$ geben, der zu einem Punkt P^0 führt, in bezug auf den das Moment der $\mathfrak{A}_i$ ein Minimum wird. Bezeichnet man die Resultante aller Vektorgrößen $\mathfrak{A}_i$ mit $\mathfrak{R} = \sum_{i=1}^{n} \mathfrak{A}_i$ und das auf P bezogene Moment mit $\mathfrak{M} = \sum_{i=1}^{n} [\mathfrak{r}_i\mathfrak{A}_i]$, so ist $\mathfrak{r}^0 = -\frac{1}{|\mathfrak{R}|}[\mathfrak{M}\mathfrak{R}_1]$. Hierbei ist $|\mathfrak{R}_1| = 1$ der zu $\mathfrak{R}$ gehörige Einheitsvektor. Der Endpunkt des von P ausgehenden Vektors $\mathfrak{r}^0$ ist derjenige Raumpunkt, in bezug auf den das Moment der $\mathfrak{A}_i$ ein Minimum ist (*Satz vom kleinsten Moment*).

Moment, elektrisches →Dipolmoment.

Moment, erdmagnetisches. Das magnetische Moment des Erdkörpers war 1945 gleich $8{,}06 \cdot 10^{25}$ Gauß cm^3. Das Feld eines zentrierten Dipols gleichen Moments wäre am Äquator 0,31 Oe, an den Polen 0,62 Oe.

Moment, magnetisches →Dipol, magnetischer.

Momentanfrequenz. Wenn ein Schwingungsvorgang sich ohne Zwang in der Form $F(t) = A\cos[\Phi(t)]$ darstellen läßt, so bezeichnet man $\nu_s(t) = \frac{1}{2\pi}\frac{d\Phi}{dt}$ als die Momentanfrequenz der Schwingung.

Momentanleuchten, auch Mitleuchten, m-Leuchten oder Momentanprozeß, ein Ausdruck der Lenardschen Terminologie aus dem Gebiet der Phosphoreszenz. Neben dem lang andauernden Nachleuchten eines erregten Kristallphosphors gibt es ein Leuchten des gleichen Phosphors, welches noch während der Erregung oder unmittelbar danach auftritt. Es wird neuerdings als →Spontanleuchten bezeichnet. Dieses zeigt im Gegensatz zur Phosphoreszenz keine Sättigung mit zunehmender Erregungs-Intensität; auch läßt sich dieses Leuchten nicht durch tiefe Temperatur einfrieren und zu späterer Zeit durch Erhöhung der Temperatur wieder ausstrahlen. Dieses Spontanleuchten kommt durch zwei verschiedene Prozesse zustande: a) durch den Momentanprozeß: die Erregung erfolgt durch Absorption in den Störstellen des Kristalls. b) durch den Ultraviolettprozeß: die Erregung erfolgt durch Absorption im Grundgitter des Kristalls.

Momentanwert einer Schwingung, der momentane Betrag $x = x_0 \sin \omega t$ der schwingenden Größe.

Momentanzustand, ältere Bezeichnung der Lenardschen Terminologie aus dem Gebiet der →Phosphoreszenz. Der *untere Momentanzustand* herrscht, wenn sich ein Kristallphosphor auf einer so niedrigen Temperatur befindet, daß alles die Phosphoreszenz erregende Licht zur Speicherung des Lichtes verwendet wird. Im *oberen Momentanzustand* ist dagegen die Temperatur so hoch, daß keine Speicherung mehr erfolgen kann. Das Phosphoreszenzlicht wird sofort nach der Erregung wieder ausgestrahlt.

Momentaufnahmen mit Röntgenstrahlen →Röntgen-Medizin.

Monazitsand, wichtiges Hauptvorkommen des Thoriums (1—18% ThO_2), ein isomorphes Gemisch der Phosphate und Silikate des Th, La, Ce, Nd, Pr, Y; Hauptfundstätten in Carolina, Brasilien, Ostindien, Ceylon und Tasmanien. Im Monazitsand können infolge der α-Strahlung des Thoriums und seiner Folgeprodukte wechselnde Mengen von Helium eingeschlossen sein.

Monde →Erdmond, →Satelliten.

Mondhof →Kränze.

Mondring →Halo.

Monitor →Infektion, radioaktive.

Monoatomare Schichten →Photokathoden III.

Monobares Element = →Reinelement.

Monochord, bereits den Pythagoräern bekanntes Gerät zur Untersuchung der von einer schwingenden Saite erzeugten Töne. Es besteht aus einer auf einem Resonanzkasten zwischen festen Endpunkten ausgespannten Saite. Wahrscheinlich ist das Monochord das älteste, einem rein wissenschaftlichen Zweck dienende physikalische Gerät.

Monochromasie →Farbenblindheit.

Monochromate →Mikroskopobjektive.

Monochromatisches Licht, einfarbiges Licht, Licht einer einzigen Wellenlänge, also insbesondere das Licht einer einzigen Spektrallinie.

Monochromator, Spektralapparat zur Herstellung einfarbigen (monochromatischen) Lichtes oder zur Aussonderung enger Spektralbereiche aus einer zusammengesetzten Strahlung. Für das nahe ultraviolette, das sichtbare und das nahe ultrarote Spektralgebiet verwendet man →Prismenspektralapparate mit Quarz-, Glas- bzw. Steinsalzprismen und -linsen. Am Ort des Spektrums steht eine verschiebbare und in der Breite verstellbare Spaltblende *B*, welche das gewünschte enge Spektralgebiet oder die Strahlung einzelner Spektrallinien austreten läßt (Abb. 1). Sehr gebräuchlich sind

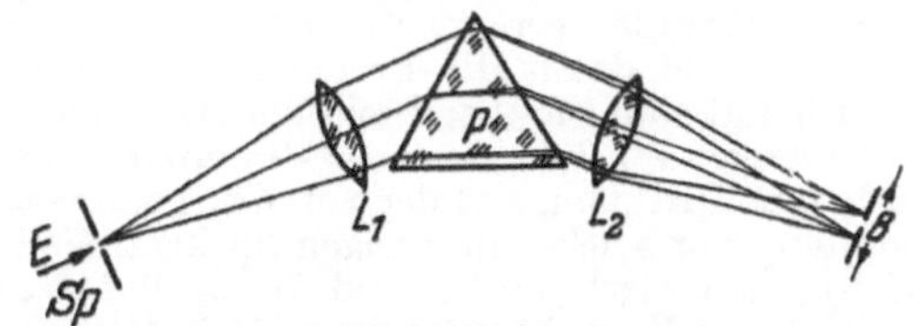

Abb. 1. Prismen-Monochromator.
P Prisma; L_1, L_2 Sammellinsen; *Sp* Eintrittsspalt; *B* in Richtung des Doppelpfeiles verschiebbare Blende mit Spalt für den Austritt enger Spektralbezirke.

Prismenmonochromatoren mit Prismen konstanter Ablenkung (→Prismenspektrometer), weil der Austrittsspalt dann fest angeordnet werden kann. Durch Drehung des Prismas werden die Wellenlängen nacheinander auf den Austrittsspalt projiziert. Für das ultrarote Gebiet werden Prismenmonochromatoren meist mit Konkavspiegeln aus Metall statt mit Linsen benutzt. Konkavspiegel zeigen keine chromatischen Fehler.

Das durch einen Monochromator ausgesonderte Licht enthält stets noch erhebliche Mengen von Streulicht anderer Wellenlängen als der gewünschten. Zu seiner Beseitigung muß die aus dem Austrittsspalt tretende Strahlung noch ein weiteres Mal spektral zerlegt werden, wenn auf sehr große spektrale Reinheit Wert gelegt wird. So entsteht der *Doppelmonochromator* (Abb. 2). Zur Aussonderung einer bestimmten Wellenlänge braucht nur der Mittelspalt Sp_3 auf die gewünschte Stelle des Spektrums geschoben zu werden.

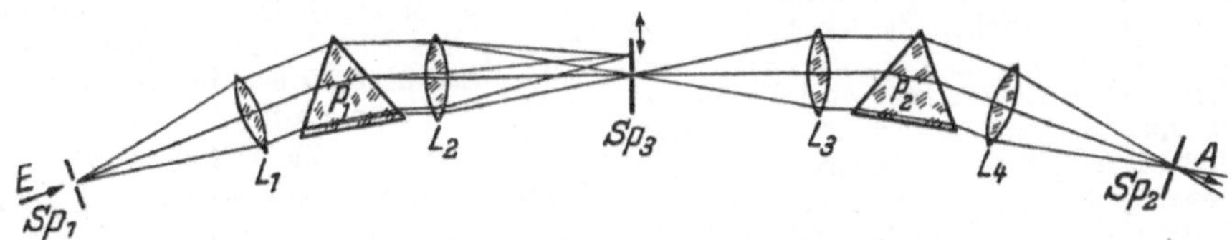

Abb. 2. Prismen-Doppelmonochromator.
P_1, P_2 Prismen; L_1, L_2, L_3, L_4 Sammellinsen; Sp_1, Sp_2 feststehende Spalte; Sp_3 in Richtung des Doppelpfeiles verschiebbarer Mittelspalt; *E*, *A* Eintritts- bzw. Austrittsrichtung des Lichtes.

Andere Möglichkeiten zur Aussonderung einzelner Wellenlängen oder enger Spektralbezirke aus einer zusammengesetzten Strahlung bieten die →Farbfilter, von denen eine sehr große Zahl für alle Spektralgebiete entwickelt worden ist. Hierher gehören auch die →Dispersionsfilter und die →Polarisationsfilter.

Für das ultraviolette Spektralgebiet hat *Ph. Lenard* eine aus zwei Quarzlinsen kurzer Brennweite bestehende Anordnung zum Ausfiltern enger Spektralgebiete angegeben (Abb. 3). Die zusammen-

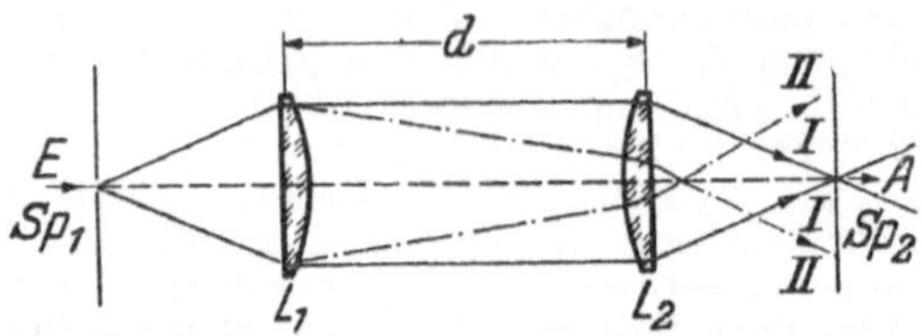

Abb. 3. Vorzerleger für ultraviolette Strahlung. (*Lenard.*) Sp_1 Eintrittsspalt, Sp_2 Austrittsspalt; L_1, L_2 kurzbrennweitige Quarzlinsen; d Linsenabstand, veränderlich; I aus dem Spalt Sp_2 gelangende Strahlung; II abgeblendete Strahlung; E, A Eintritts- bzw. Austrittsrichtung der Strahlung.

gesetzte Strahlung tritt durch den Spalt Sp_1 und passiert danach die Linsen L_1 und L_2, deren gegenseitiger Abstand verändert werden kann. Die Brechzahl und damit die Brennweite der Quarzlinsen hängt nun im Ultravioletten stark von der Wellenlänge ab. Für einen bestimmten Linsenabstand d wird dann aus der von Sp_1 kommenden Strahlung nur solche eines engen Spektralbereichs auf Sp_2 fokussiert werden und durch diesen austreten. Diese Vorrichtung wird viel als *Vorzerleger* für spektrale Untersuchungen im Ultravioletten benutzt. Monochromatoren für das ultrarote Spektralgebiet →Ultrarotmonochromator.

Handb. d. Physik XVIII, XIX. Berlin 1929.

Monochromator für Korpuskularstrahlen, Bezeichnung für Vorrichtungen zur Ausblendung oder Erzeugung von Korpuskularstrahlen einheitlicher Energie.

Monochrome →Dispersionsfilter.

Monomolekulare Schichten →Oberflächenfilme, →Ölschichten, dünne.

Monotone Folge, eine Folge von Zahlen $a_1 a_2 \ldots a_\nu$, bei der stets für zwei aufeinanderfolgende a_i, a_{i+1} $(i = 1, 2, \ldots, \nu - 1)$ gilt: entweder $a_i < a_{i+1}$ oder $a_i > a_{i+1}$. Im ersteren Fall werden die aufeinanderfolgenden Glieder stets größer, und die Folge $a_1 < a_2 < \cdots < a_\nu$ heißt *monoton wachsend.* Im zweiten Fall werden die Glieder mit zunehmendem Index stets kleiner: $a_1 > a_2 > \cdots > a_\nu$, welche Folge als *monoton fallend* bezeichnet wird. Gilt neben dem $<$- bzw. $>$-Zeichen noch das $=$-Zeichen, also etwa $a_1 \leqq a_2 \leqq \cdots \leqq a_\nu$, so nennt man die Folge *monoton* (wachsend) *im weiteren Sinne.*

Ein Beispiel einer monoton wachsenden Folge stellt die Folge der natürlichen Zahlen $1, 2, \ldots, n$ dar, während die Folge $1, \frac{1}{2}, \frac{1}{3}, \ldots, 1/n$ eine monoton fallende ist. Entsprechend wird die Monotonie einer Funktion $y = f(x)$ erklärt. Sei diese in einem Intervall $a \leqq x \leqq b$ definiert, und gelte für Werte ihres Argumentes $x_1 < x_2 < x_3 < \cdots < x_n$ stets $f(x_1) \leqq f(x_2) \leqq f(x_3) \leqq \cdots \leqq f(x_n)$, so heißt die Funktion monoton wachsend, ist dagegen $f_1(x) \geqq f(x_2) \geqq \cdots \geqq f(x_n)$, so liegt eine monoton abnehmende Funktion vor. Geometrisch stellen monotone Funktionen Kurven dar, die mit zunehmenden Argumentwerten nie fallen oder nie ansteigen. Beispiel einer monoton zunehmenden Funktion: $y = e^{\alpha x} (\alpha > 0)$, einer monoton abnehmenden Funktion: $y = e^{-\beta x} (\beta > 0)$.

Monotropie →Polymorphie.

Moore-Licht (*Tageslichtkohlensäurelampe*), Hochspannungsleuchtröhre mit Kohlensäurefüllung, ergibt weißes Licht, das praktisch mit Tageslicht übereinstimmt und deshalb zur Erreichung einer naturgetreuen Farbwiedergabe verwendet wird. Wegen der Aufzehrung des CO_2 muß das Gas durch ein Ventil oder durch Erhitzen von Karbonaten im Rohr nachgeliefert werden.

Morgenrot →Dämmerung.

Morphotropie. Ersetzt man in einer chemischen Verbindung eines ihrer Atome oder Ionen durch ein chemisch verwandtes, so erhält man eine Reihe von Verbindungen, die sich in ihren Kristallstrukturen und -formen nur wenig unterscheiden. Bleibt der Strukturtyp erhalten, so sind die Kristalle isomorph oder, bei größeren Abweichungen in ihren Gitterkonstanten, isotyp (→Isomorphie). Ändert sich jedoch der Strukturtyp etwas, was häufig mit einem Wechsel der Kristallklasse und sogar des Kristallsystems verbunden ist, so können doch verwandtschaftliche Beziehungen erhalten bleiben. Man spricht dann von *morphotropen Reihen* der Verbindungen und bezeichnet die Verwandtschaft nach *P. v. Groth* als *Morphotropie.* Vgl. auch →Pseudosymmetrie.

Morse-Potential →Potentialfunktion.

Mosaikkristall. Kristalle mit vollkommen ungestörtem, einheitlichem Gitterbau sind äußerst selten. Derartige →*Idealkristalle* kommen gelegentlich beim Diamant C, Bergkristall (Quarz) SiO_2 und Kalkspat $CaCO_3$ und einigen wenigen anderen Kristallarten vor. Die meisten Kristalle weisen jedoch Baufehler auf, die schon beim Wachstum entstehen und sich in leichten Verschiebungen und Kippungen einzelner Kristallpartien gegeneinander ausdrücken. Solche Kristalle werden als *Real-* oder *Mosaikkristalle* bezeichnet, die einzelnen Partien mit ungestörtem Gitter als *Gitter-* oder *Mosaikblöcke.* Die Größe der Blöcke kann sehr verschieden sein und bis auf einige Gitterkonstanten der Kristallart hinabgehen. Mosaikblöcke, deren Größe für Röntgenuntersuchungen hinreichend ist (etwa 1 mm und darüber), werden zu den Idealkristallen gezählt. Bei *vollkommenen* Mosaikkristallen ist die Blockgröße kleiner als 10^{-3} cm.

Der nicht selten gebrauchte Ausdruck „*Mosaikstruktur*“ für den Bau der Mosaikkristalle ist besser durch *Mosaiktextur* zu ersetzen.

Handb. d. Physik XXIV/2. Berlin 1933.

Mosaik-Photokathoden →Ikonoskop.

Moseleysches Gesetz, gibt bei den Röntgenspektren den Zusammenhang zwischen der Frequenz ν einer Spektrallinie und der Ordnungszahl Z des Elementes, zu dessen →charakteristischer Strahlung die Linie gehört. In seiner einfachsten Form lautet es

$$\sqrt{\nu} = A(Z - B),$$

wobei A und B empirische Konstanten sind. *Die Wurzel aus der Frequenz einer Linie ist eine lineare Funktion der Ordnungszahl.* Die graphische Darstellung des Moseleyschen Gesetzes wird *Moseley.*

Diagramm genannt. Die Abb. zeigt ein Moseley-Diagramm für einige Linien der K-Serie. In Zweifelsfällen läßt sich aus einem solchen die richtige Reihenfolge der Elemente im periodischen System der Elemente entnehmen, da die lineare

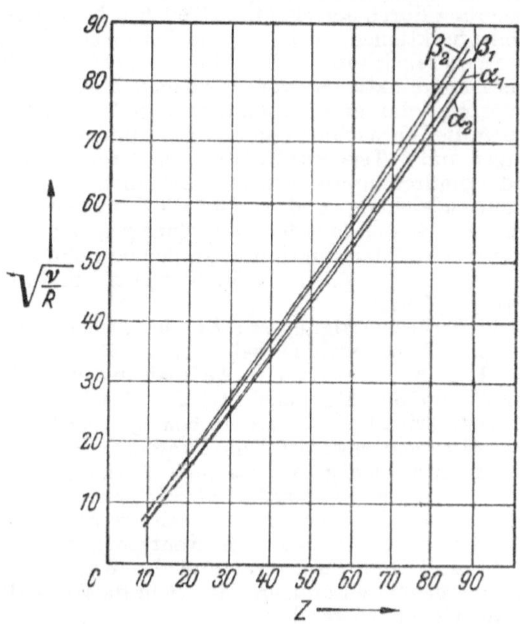

Moseley-Diagramm für einige Linien der K-Serie.

Beziehung mit großer Annäherung gilt. Das Moseleysche Gesetz ist eine wesentliche Stütze für die *Bohrsche Theorie des Atombaues*. Es läßt sich auf Grund der Quantentheorie der charakteristischen Strahlung vollständig verstehen.

Bei den langwelligen Serien gilt das Gesetz nicht ohne Ausnahmen. Der lineare Zusammenhang zwischen $\sqrt{\nu}$ und Z bleibt zwar innerhalb definierter Bereiche erhalten, die Kurven weisen jedoch an bestimmten Stellen Knicke auf. Diese können mit einer sprunghaften Änderung der Abschirmungskonstanten erklärt werden.

Siegbahn, M.: Spektroskopie d. Röntgenstrahlen. Berlin 1931. — *Sommerfeld, A.:* Atombau u. Spektrallinien I. Braunschweig 1944.

Motor. Ebenso wie man durch Zusammenfassung dreier (geeigneter) Ortsfunktionen zum Vektorbegriff gelangt, kann man durch eine ähnliche Zusammenfassung zweier (geeigneter) Vektoren zu einem entsprechend „höheren" Begriff kommen, der nach *v. Mises* als *Motor* bezeichnet wird. Er ist demnach eine aus sechs skalaren Komponenten bestehende Größe, von denen je drei jeweils eine Vektorkomponente des Motors darstellen. Die Verwendung von Motoren hat den Vorzug, daß mit ihnen durchgeführte Ansätze unabhängig sind sowohl von den Richtungen der Koordinatenachsen als auch vom Nullpunkt des Koordinatensystems, was z. B. bei Verwendung von Vektoren nicht der Fall ist, da vektorielle Ansätze nur von den gewählten Koordinatenrichtungen unabhängig sind. Das Rechnen mit Motoren geschieht nach bestimmten, durch den Motorkalkül festgelegte Regeln. Die Motorrechnung hat bei der Behandlung physikalischer Probleme bisher nur selten Anwendung gefunden.

v. Mises, R.: Z. angew. Math. Mech. 4 (1924).

Mottsche Streuformel. In der →Bornschen Näherung wird ein Streuproblem als einfache Welle behandelt, die an einem Störzentrum gestreut wird und von hier als Kugelwelle ausläuft. Die Wellenfunktion, welche diesen Sachverhalt beschreibt, ist

$$\psi = e^{i\,kz} + f(\vartheta)\,\frac{e^{-i\,kr}}{r}$$

(k = Ausbreitungsvektor), wobei allgemein $\sigma(\vartheta) = |f(\vartheta)|^2$ als differentieller Wirkungsquerschnitt bezeichnet wird.

Es muß jedoch bei Streuung von gleichen Teilchen (Protonen an Protonen, Alphateilchen an Helium) deren gegenseitige Ununterscheidbarkeit und Interferenzwirkung mit in Betracht gezogen werden. Nach *Mott* geschieht dies bei Teilchen mit halbzahligem Spin in der Form

$$\sigma(\vartheta) = \tfrac{1}{4}|f(\vartheta) + f(\pi - \vartheta)|^2 + \tfrac{3}{4}|f(\vartheta) - f(\pi - \vartheta)|^2.$$

Der Wirkungsquerschnitt für elastische Streuung setzt sich somit aus zwei Anteilen zusammen, einem →Paraterm mit dem statistischen Gewicht 1/4 (Begegnung der Teilchen mit antiparallelem Spin) und einem Orthoterm vom statistischen Gewicht 3/4 (Begegnung mit parallelem Spin, drei mögliche Spinorientierungen).

M-Reflexionen entstehen durch Radiowellen, die nach der Reflexion an der F-Schicht der Ionosphäre von der Oberseite der E-Schicht nochmals an die F-Schicht geworfen werden und dann zur Erde zurückkehren. Der Name rührt von der Ähnlichkeit des Weges mit einem M her. Sie sind nur möglich, wenn die E-Schicht löcherige Struktur hat oder so extrem dünn ist, daß sie partiell reflektiert.

M-Schale. Stellt man nach dem →Aufbauprinzip in erster grober Näherung die Energieeigenfunktionen eines Atoms als Produkte von Einelektroneneigenfunktionen dar, so bezeichnet man die Elektronen in den Zuständen $3s$, $3p$, $3d$ als Elektronen der M_1-, M_2-, M_3- oder zusammen der M-Schale. Die M-Schale ist also eine Abkürzung für die Gesamtheit der Eigenfunktionen zur Hauptquantenzahl $n = 3$. Da die Bahndrehimpulsquantenzahl l die Werte $0, 1, \ldots, n-1$ annehmen kann, kommen für die M-Schale die Werte $l = 0$ ($3s$-Elektronen), $l = 1$ ($3p$-Elektronen) und $l = 2$ ($3d$-Elektronen) in Frage. Über die Besetzungszahl der M-Schale für die einzelnen Atome →Periodisches System der Elemente.

M-Serie der Röntgenspektren → charakteristische Röntgenstrahlung.

MTS-System, mechanisches Maßsystem mit den Grundeinheiten Meter, Tonne und Sekunde, durch Gesetz vom 2. 4. 1919 und 14. 1. 1948 gesetzliches Maßsystem in Frankreich (→Maßsysteme, mechanische; Abschn. 1a). Besondere Namen für MTS-Einheiten:

Kraft: sthène = sn = $\mathrm{m\,t\,s^{-2}}$
Druck: pièze = pz = $\mathrm{m^{-1}\,t\,s^{-2}}$.

Müllersche Streifen. Eine doppelbrechende Kristallplatte, die sich zwischen zwei parallel gestellten Polarisatoren befindet und deren optische Kristallachse um 45° gegen die Schwingungsebenen der Polarisatoren gedreht ist (Diagonalstellung), zeigt bei Benutzung von weißem Licht eine Mischfarbe (*Interferenz-* oder *Polarisationsfarbe*). Durch Interferenz zwischen dem ordentlichen und dem außerordentlichen Strahl der Kristallplatte werden bei einer bestimmten Dicke der Kristallplatte die Wellenlängen ausgelöscht, für die der Gangunterschied $\lambda/2$ oder ein ganzzahliges Vielfaches davon beträgt. Die restlichen Wellenlängen ergeben dann die Mischfarbe. Wird das Licht dieser Mischfarbe spektral zerlegt, so entstehen im kontinuierlichen Spektrum der Lichtquelle die Müllerschen Streifen an den Stellen, an denen Auslöschung durch Interferenz erfolgt. Bei gekreuzten Polarisatoren und Diagonalstellung der Kristallplatte entsteht die Mitte eines Müllerschen Streifens bei der Wellenlänge $\lambda = d(n_2 - n_1)/k$, wenn d die Dicke der Kristallplatte, $n_2 - n_1$ die Differenz der beiden Brechzahlen für den ordentlichen und den außerordentlichen Strahl und k eine ganze Zahl 1, 2, 3 ... ist.

Ist das Kristallplättchen zu dünn, so entsteht noch kein dunkler Streifen, da der durch den geringen Gangunterschied hervorgerufene Helligkeitsabfall für die verschiedenen Wellenlängen keine Wellenlänge vollständig auslöscht. Bei zu dicken Platten entstehen so viele Streifen innerhalb eines geringen Wellenlängengebietes, daß als Interferenzfarbe insgesamt ein „Weiß höherer Ordnung" entsteht. Bei parallelen Polarisatoren ist die Erscheinung komplementär zu der bei gekreuzten Polarisatoren, und an Stellen maximaler Helligkeit tritt Dunkelheit und umgekehrt. →Interferenzlichtfilter, →Kristalloptik.

Müller, J.: Pogg. Ann. **69**, 98 (1846); **71**, 91 (1847). – *Müller-Pouillet:* Lehrb. d. Phys. II_1. Braunschweig 1929.

Multavi. Firmenbezeichnung eines →Vielfachmeßgerätes mit Drehspulmeßwerk in Kleinausführung.

Multikonstantentheorie →Cauchy-Relationen.

Multiple Proportionen. Wenn zwei Elemente sich miteinander verbinden, so tun sie das in einem fest bestimmten Gewichtsverhältnis (→konstante Proportionen). Bilden sie verschiedene Verbindungen miteinander, so sind deren Gewichtsverhältnisse einfache Multipla voneinander, d. h. sie gehen durch Multiplizieren mit einfach rationalen Zahlen auseinander hervor. So verbinden sich mit 16 g Sauerstoff 55,8 g Eisen zu Eisenoxydul FeO, 41,8 g Eisen zu Eisenoxyduloxyd Fe_3O_4, 37,2 g Eisen zu Eisenoxyd Fe_2O_3. Die Mengen Eisen stehen zueinander in dem Verhältnis $1 : \frac{3}{4} : \frac{2}{3}$. Diese Tatsache führte zum Begriff der →Wertigkeit und ihrer Veränderlichkeit.

Multiple Prozesse (*Vielfachprozesse*) →Austauschkraft zwischen Elementarteilchen.

Multiplett. Die meisten Spektrallinien bestehen aus mehreren einzelnen Linien, die in Gruppen zusammenliegen und bei geringem Auflösungsvermögen des Spektralapparates oft nicht voneinander getrennt werden können. Diese Komplexstruktur der Spektrallinien beruht auf dem Einfluß des Spins, der bewirkt, daß die Multiplettterme der Atome aufspalten (→Aufbauprinzip). Ist z. B. ^3P ein Tripletterm, so ist der Spindrehimpuls $S = 1$ und die Multiplizität $2S + 1 = 3$, der Bahndrehimpuls $L = 1$, da P das Symbol für den Wert $L = 1$ ist. Dieser Tripletterm spaltet dann in die Terme $^3P_2$, $^3P_1$, $^3P_0$ auf gemäß den Werten des Gesamtdrehimpulses $J = L + S$, $L + S - 1, \ldots, |L - S|$, also $J = 2, 1, 0$. Die Übergänge zwischen Multiplettermen ergeben dann als Spektrallinien die Multipletts. Mit Hilfe der →Auswahlregeln lassen sich diese Linien im einzelnen theoretisch bestimmen. →Dublett, →Triplett.

Multiplett, verkehrtes →verkehrtes Multiplett.

Multiplettbanden →Elektronenbanden.

Multiplettlinien (magnetische Aufspaltung) →Zeeman-Effekt.

Multiplettstruktur im Kern. Beschreibt man den aus Nukleonen zusammengesetzten Kern in nullter Näherung durch einzelne freie Teilchen bzw. deren Wellenfunktionen, so liefert die Berücksichtigung der Wechselwirkung in 1. Näherung gerade solche Linearkombinationen von Lösungen der Wellengleichung, die den Gesamtdrehimpuls konstant lassen. Bei Vernachlässigung von →Spinbahnkopplungen und →Tensorkräften sind außerdem Bahn- und Spindrehimpuls einzeln Konstanten der Bewegungsgleichung, und es sind die Voraussetzungen der →Russel-Saunders-Kopplung gegeben. Man unterscheidet dann nach der Größe des Bahndrehimpulses $L = 1, 2, 3, \ldots$ die Terme als S, P, D, F, G, ...-Terme.

Die Berücksichtigung der Spinbahnwechselwirkungen führt weiter bei einem Gesamtspin $S = 1, 2, 3, \ldots$ zu einer Aufspaltung des (L)-Terms von der Multiplizität $2S + 1$ (Singulett, Dublett, Triplett, ...). Es sei bemerkt, daß diese Betrachtungen sowohl für die Protonen oder Neutronen unter sich gelten als auch für die Gesamtheit von beiden. So ist z. B. $^2P(^1S\,^2P)$ ein Zustand, bei dem die Protonen sich in einem Singulett-(^1S-) Zustand befinden und die Neutronen in einem ^2P-Zustand. Der Gesamtzustand des Kerns setzt sich aus beiden zusammen und ist in diesem Falle wieder ein ^2P-Zustand.

Diese Termzählung ist nur so lange sinnvoll, wie die Aufspaltung innerhalb eines Terms klein ist gegen die Abstände verschiedener Multipletterme. Für die Kräfte heißt das: solange die spinabhängigen Kräfte klein sind gegen die spinunabhängigen, eine Voraussetzung, die bei schweren Kernen, bei denen die Terme wegen der größeren Zahl von Freiheitsgraden ohnehin dichter liegen, sicher nicht mehr erfüllt ist.

Multiplex-Interferenzspektrometer (*Gehrcke* und *Lau*), Kombination zweier →Etalonplatten, welche parallel zueinander justiert werden. Die Platten haben verschiedene Dicke (Abb.). Um die Interferenzringe, welche von der zwischen den Etalonplatten *1* und *2* liegenden Luftplatte erzeugt werden, zu beseitigen, wählt man den Abstand zwischen den Platten *1* und *2* recht groß. Dasselbe erreicht man auch mit einer dritten, nicht verspiegelten Etalonplatte, die zwischen *1* und *2* etwas geneigt aufgestellt ist.

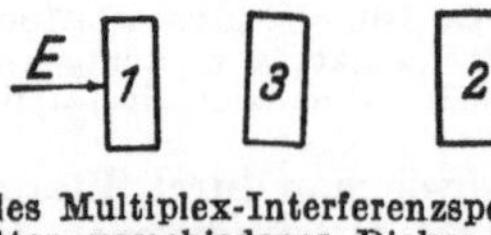

E 1 3 2

Schema des Multiplex-Interferenzspektrometers. *1*, *2* Etalonplatten verschiedener Dicke; *3* etwas gegen *1* und *2* geneigte Etalonplatte; *E* Richtung des einfallenden Lichtes.

Durch die Kombination der beiden Platten *1* und *2* entstehen für eine bestimmte Wellenlänge nur bei solchen Ordnungen m_1 und m_2 der einzelnen Platten helle Interferenzringe, für welche die beiden Ringsysteme koinzidieren. Dazwischen liegende Ordnungen löschen sich gegenseitig aus. Dieses Spektrometer hat ein besonders hohes →Auflösungsvermögen und sehr große →Dispersion.

Multiplier. 1. Vorläufer der →Influenzmaschine (Multiplikator, →Duplikator), 2. →Photoelektronen-Vervielfacher.

Multiplikationsgesetz →Wahrscheinlichkeitsrechnung.

Multiplikator 1. →integrierender Faktor; 2. →Venturirohr; 3. Vorläufer der Influenzmaschine (→Duplikator).

Multiplizität. Ein Grobstrukturterm ist durch ein Symbol ^rS, ^rP, ^rD, ... gekennzeichnet (→Termsymbole), wo $S, P, D, \ldots$ den Bahndrehimpulsquantenzahlen $L = 0, 1, 2, \ldots$ entsprechen. r heißt die Multiplizität des Terms und kann die Werte $1, 2, \ldots$ annehmen. Setzt man $r = 2S + 1$, so wird S mit der Spindrehimpulsquantenzahl identisch, und so spaltet durch die Spin-Bahn-Wechselwirkung der Grobstrukturterm in Feinstrukturterme mit der Gesamtdrehimpulsquantenzahl $J = S + L, S + L - 1, \ldots, |S - L|$ auf. Dies sind also, falls $L \geqq S$ ist, $r = 2S + 1$ verschiedene Feinstrukturterme. Obwohl für $L < S$ weniger als r Feinstrukturkomponenten vorhanden sind, heißt r doch die Multiplizität. →Aufbauprinzip.

Multirotation (Mutarotation), zeitbedingte Änderung des Drehvermögens $[\alpha]$ optisch aktiver Substanzen (Lösungen, →Drehung der Polarisationsebene). So ist das Drehungsvermögen des Traubenzuckers anfangs doppelt so groß wie nach längerer Zeit (*Dubrunfaut* 1846). Die Erscheinung beruht auf dem langsamen Verlauf der chemischen Reaktionen in der Lösung. Es bildet sich z. B. sowohl aus Milchzuckerhydrat $C_{12}H_{24}O_{12}$ ($[\alpha]^D_{20} = 88{,}4$) als auch aus wasserfreiem Milchzuckerlakton $C_{12}H_{22}O_{11} + H_2O$ ($[\alpha]^D_{20} = 36{,}2$) mit der Zeit bei 20 °C ein Gleichgewichtsgemisch beider mit dem Drehungsvermögen $[\alpha] = 55{,}3$. Durch Kochen oder durch Alkalizusatz kann die Erreichung des konstanten Endzustandes beschleunigt werden.

Multivibrator, ein über zwei Röhren rückgekoppelter Widerstandsverstärker zur Erzeugung von →Kippschwingungen (Abb.). Bei Zunahme des

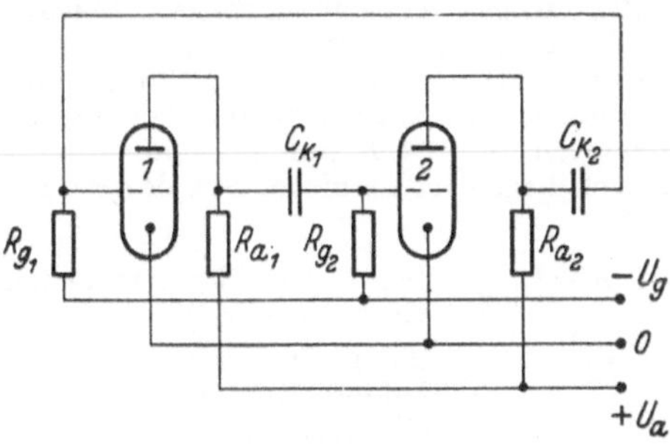

Multivibratorschaltung.

Anodenstromes i_{a1} der ersten Röhre sinkt die Anodenspannung U_{a1} und infolge der Kopplung über C_{k1} die Gitterspannung der zweiten Röhre. Dadurch steigt die Anodenspannung der zweiten Röhre, und diese Spannungserhöhung wird über C_{k2} auf das Gitter der ersten Röhre übertragen, so daß i_{a1} noch stärker anwächst. Dieser Vorgang schaukelt sich auf, bis i_{a1} seinen durch R_{a1} gegebenen Maximalwert erreicht hat und die Röhre *2* gesperrt ist. Über R_{g2} fließt die Ladung vom Gitter der Röhre *2* ab, und es wiederholt sich der gleiche Vorgang wie bei der Röhre *1* jetzt für die Röhre *2*. Es findet periodisch ein plötzliches und sprunghaftes Umkippen von dem einen Gleichgewichtszustand in den anderen statt.

Rothe, H., u. *W. Kleen:* Elektronenröhren als Schwingungserzeuger u. Gleichrichter. Leipzig 1948.

Multizellargerät, elektrostatisches Voltmeter nach Art des Quadrantelektrometers, bei welchem sich in mehreren, parallel an Spannung liegenden, feststehenden Elektrodenkammern miteinander verbundene bewegliche Nadeln befinden. Das Drehmoment ist durch diese Anordnung so vergrößert, daß die Meßgeräte mit einem Meßbereich oberhalb von 150 V als Zeigermeßgeräte gebaut werden können.

Multizet, Firmenbezeichnung eines →Vielfachmeßgerätes mit Drehspulmeßwerk in Kleinausführung.

Mu-Metall, Firmenbezeichnung für eine ferromagnetische Legierung mit hoher Permeabilität. Ungefähre Zusammensetzung: 76% Ni, 17% Fe, 5% Cu, 2% Cr. Anfangspermeabilität $\mu_a = 12000$, Maximalpermeabilität $\mu_{\max} = 45000$, Koerzitivkraft $H_c = 0{,}03$ Oe. Die Anfangspermeabilität ist nur wenig höher als die des gewöhnlichen Permalloys, aber zur Erzielung dieser Eigenschaft ist schon einfaches Ausglühen ausreichend, während Permalloy eine komplizierte Wärmebehandlung erfordert.

Keinath, G.: ATM Z 931—1 u. 2 (1931).

Mündungskorrektion. Die wirkliche Länge l eines einseitig geschlossenen Rohres, das eine schwingende →Luftsäule umschließt, ist um den Betrag der Mündungskorrektion α kleiner, als es die theoretische Länge $\lambda/4$ erwarten läßt: $\lambda/4 = l + \alpha$. Nach *Helmholtz* und *Lord Rayleigh* gilt bei zylindrischen Rohren (Radius R) ohne Mündungsflansch $\alpha = 0{,}66\,R$, mit Mündungsflansch $\alpha = 0{,}82\,R$. Dabei ist vorausgesetzt $(\lambda/n)^2 > \pi R^2$ (n Ordnungszahl des betr. Teiltones). Beim beiderseits offenen Rohr ist statt α zu setzen 2α.

Bei Orgelpfeifen ist der Einfluß des Pfeifenmaules auf die Größe der Mündungskorrektion noch wesentlich stärker als derjenige der oberen Pfeifenöffnung, so daß man dort (nach *Cavaillé-Coll*) bei zylindrisch-offenen Pfeifen mit der recht brauchbaren Erfahrungsformel $\alpha = 10\,R/3$ rechnet. Noch bessere Werte gibt — unter Annäherung des rechteckigen Pfeifenmaules (Höhe a, Breite b) durch eine Ellipse gleicher Fläche ($= ab$) mit der Exzentrizität $e = \sqrt{1 - (a/b)^2}$ — die folgende Formel: $\alpha = 2{,}62 \dfrac{R^2}{\sqrt{ab}} K(e)$. Darin ist $K(e) = \dfrac{2}{\pi} F(e) \sqrt[4]{1 - e^2}$ und $F(e)$ die vollständige elliptische Funktion 1. Ordnung. Einige praktische Werte für $K(e)$:

$b/a =$	3	4	5
$K(e) =$	0,93	0,89	0,86

Handb. d. Physik VIII. Berlin 1927. — *Mahrenholz, Chr.:* Die Berechnung d. Orgelpfeifenmensuren. Kassel 1938.

Musikinstrumente sind Geräte zur Umsetzung mechanischer Einwirkungen von seiten des Spielers in hörbare Luftschwingungen, derart, daß die entstehenden Schallvorgänge bestimmten ästhetischen Bedingungen hinsichtlich der Klangfarbe, Tonhöhe, Schallstärke und des zeitlichen Ablaufs genügen. Die Musikinstrumente besitzen grundsätzlich drei Funktionselemente:

1. Erzeugung mechanischer Schwingungen (Generator); 2. Umformung der mechanischen Schwingungen in Luftschwingungen (Schallabstrahlung,

z. T. verbunden mit der Tonhöhenbestimmung);
3. wechselseitige Beeinflussung zwischen 1) und 2) (Kopplung).

Verschiedene Gruppierungen:

1. *Bauart des Generators.*

a) Stäbe: Triangel, Xylophon, Celesta.
b) Platten, Schalen: Gong, Becken, Kastagnetten, →Glocke, Glasharmonika.
c) Membranen: Trommel, Pauke.
d) Saiten: Zither, Harfe; Laute, Mandoline; Gitarre, Balaleika, Banjo; Violen, Gamben, Kontrabaß; Geige, Bratsche, Cello; Cymbal; Klavichord, Cembalo, Spinett, Klavier.
e) Luftwirbelsysteme: Blockflöte, Querflöte; Labialpfeifen der →Orgel.
f) Rohrblätter: Oboe, Engl. Horn, Fagott, Kontrafagott; Klarinetten, Saxophone.
g) Zungen: Lingualpfeifen der Orgel; Harmonium, Akkordeon, Bandonium, Mundharmonika.
h) Lippen: Waldhorn, Tuba, Helikon; Fanfare, Trompete, Posaune.

Bezeichnungen aus der Instrumentenkunde:
Holzblasinstrumente: Flöten und alle Instrumente unter f)
Blechblasinstrumente: alle Instrumente unter h)
Idiophone: Instrumente zu a) und b)
Membranophone: „ „ c)
Chordophone: „ „ d)
Aerophone: „ „ e) bis h)

2. *Betätigung des Generators.*

a) Schlagen: Triangel, Xylophon, Glocke, Pauke, Trommel; Klavichord, Klavier, Cymbal, Celesta.
b) Zupfen: Harfe, Laute, Gitarre usw.; Cembalo.
c) Streichen: Glasharmonika; sämtliche Streichinstrumente.
d) Blasen: Holz- und Blechblasinstrumente; Orgel.

Tasteninstrumente gibt es in allen Gruppen a) bis d).

3. *Klangliche Merkmale.*

a) Reine Rhythmus-Instrumente: geschlagen (1a—c; 2a), große Zahl von stark unharmonischen Teiltönen, bestimmte Klangfarbe und Lautstärke, jedoch *kein* ausgeprägter *Tonhöhencharakter.*
b) Melodiefähige Rhythmus-Instrumente: geschlagen oder gezupft (1a—d; 2a+b), trotz überwiegend unharmonischer Teiltöne Hervortreten eines Grundtones (bzw. →Schlagtones), dadurch neben Klangfarbe und Lautstärke auch ein *gewisser Tonhöhencharakter* vorhanden.
c) Melodie-Instrumente: geschlagen, gezupft, gestrichen, geblasen (1d—k; 2a—d), überwiegend streng harmonische Teiltöne, tiefster Teilton = Grundton bestimmt die *Tonhöhe eindeutig.*

Die Art des Aufbaues der Teiltöne beim Klangeinsatz und ihre Anordnung im stationären Klangteil (Klangspektrum) bestimmen die Klangfarbe. Dabei haben die Einschwing- und Übergangsvorgänge entscheidende Bedeutung, nicht nur bei den Schlag- und Zupfinstrumenten, sondern auch bei vorwiegend stationär klingenden Instrumenten (Streich- und Blasinstrumente einschl. →Orgel). Charakteristische Färbungen ergeben sich z. B. durch Unterdrückung geradzahliger Teiltöne (Klarinette, gedackte Orgelpfeifen), durch Formanten (Fagott, Vox-humana-Register der Orgel) und durch bestimmte Eigenschaften des Klangeinsatzes (z. B. Vorläufer in Gestalt höherer, oft sogar unharmonischer Teiltöne).

Bei besonders edlen Klängen, die vor allem keinerlei „näselnde" Komponenten aufweisen, sind die Teiltöne im Bereich von etwa 1200 bis 2000 Hz (Gebiet der sog. Näselformanten) verhältnismäßig schwach vertreten, was u. a. bei guten Geigen zu beobachten ist. Die höheren Teiltöne — oberhalb etwa 2000 Hz — sind für die Klangwirkung sehr wichtig, obwohl ihr Energieanteil im allgemeinen geringfügig ist im Vergleich zur gesamten Schallenergie. So ist z. B. das Hinzutreten der „Mixtur" zum vollen Orgelwerk trotz des erheblichen subjektiven Eindruckes meßtechnisch kaum festzustellen. Abb. 1 zeigt eine Schalldruck-Verteilungskurve für eine ausgewogene klangliche Gesamtwirkung, die an der Orgel gemessen wurde, aber allgemeinere Bedeutung besitzen dürfte (*Lottermoser*).

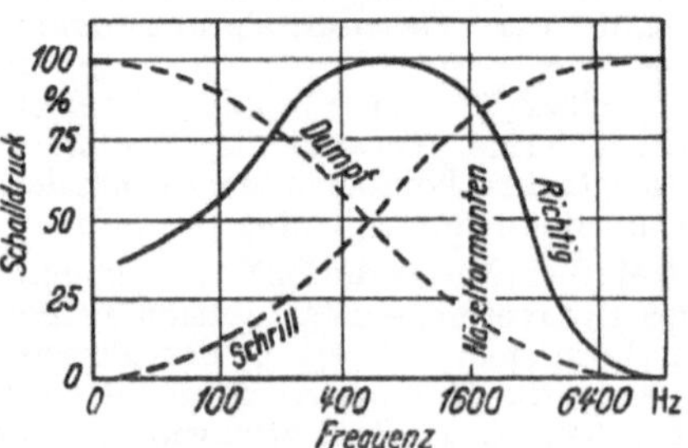

Abb. 1. Schalldruckverteilung bei verschiedenem Klangcharakter. (Nach *Lottermoser.*)

Bei der folgenden Behandlung der im „Generator" der Musikinstrumente erzeugten mechanischen Schwingungen gilt ganz allgemein: Eine Kraft, die an einem Knotenpunkt (oder Knotenlinie) einer Eigenschwingung angreift (Zupfen, Hammerschlag), erregt weder diese Teilschwingung noch alle übrigen Teilschwingungen, die an derselben Stelle einen Knoten haben.

a) *Gerade Stäbe.* Longitudinal- und Torsionsschwingungen von Stäben spielen bei den Musikinstrumenten praktisch keine Rolle. Die Eigenfrequenzen liegen harmonisch. Für den n-ten Teilton gilt

$$\omega_n = (2n-1)\,\frac{\pi c}{2l}$$ beim einseitig eingespannten Stab (fest-frei),

$$\omega_n = n\,\frac{\pi c}{l}$$ beim freischwingenden oder beiderseitig eingespannten Stab (frei-frei oder fest-fest).

Für Transversalschwingungen gilt allgemein

$$\varrho\, q\,\frac{\partial^2 y}{\partial t^2} - \varrho\, q\, r_0^2\,\frac{\partial y^4}{\partial x^2\,\partial t^2} + E\, q\, r_0^2\,\frac{\partial^4 y}{\partial x^4} = 0$$

(ϱ Dichte, q Querschnitt, r_0 Trägheitsradius, E Elastizitätsmodul, x Abszisse, y seitliche Auslenkung, c Geschwindigkeit von Longitudinalwellen), oder vereinfacht

$$\frac{\partial^2 y}{\partial t^2} + r_0^2\, c^2\,\frac{\partial^4 y}{\partial x^4} = 0, \qquad c = \sqrt{\frac{E}{\varrho}}\,.$$

Die Eigenfrequenzen liegen unharmonisch. Tabelle 1 enthält die relativen Teiltonfrequenzen (Grundton = 1), Tabelle 2 die relative Lage der Knoten x/l (Länge des Stabes $l = 1$).

Tabelle 1.

Teilton Nr.	frei-frei fest-fest	fest-frei
1	1	1
2	2,76	6,27
3	5,41	17,57
4	8,94	34,57
5	13,37	56,84

Tabelle 2.

Teilton Nr.	x/l					
	frei-frei					
1	0,224	0,776				
2	0,132	0,5	0,868			
3	0,094	0,356	0,644	0,906		
4	0,074	0,277	0,5	0,723	0,926	
5	0,060	0,226	0,409	0,591	0,774	0,940
	fest-fest					
1	0	1				
2	0	0,5	1			
3	0	0,359	0,641	1		
4	0	0,279	0,5	0,721	1	
5	0	0,228	0,409	0,591	0,772	1
	fest-frei					
1	0					
2	0	0,774				
3	0	0,5	0,868			
4	0	0,356	0,644	0,906		
5	0	0,279	0,5	0,723	0,926	

Abb. 2 zeigt die Schwingungsformen des 1. bis 3. Teiltones. Allgemein sind die Eigenfrequenzen proportional der Stabdicke (rechteckiger Querschnitt) bzw. zum Durchmesser (kreisförmiger Querschnitt) und umgekehrt proportional zum Quadrat der Länge.

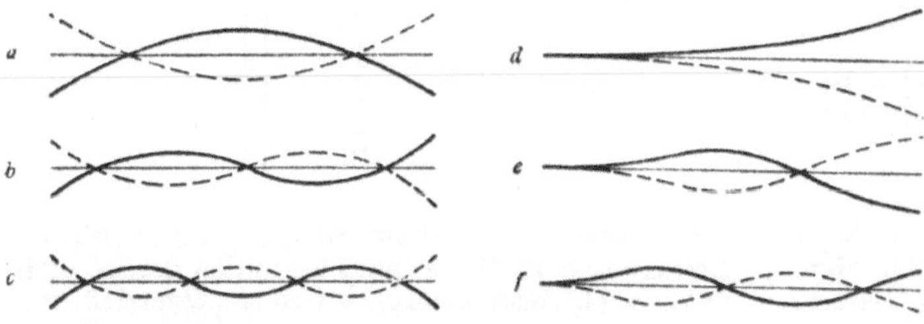

Abb. 2. Schwingungsformen der drei tiefsten Teiltöne: *a*, *b*, *c* des frei-freien Stabes, *d*, *e*, *f* des fest-freien Stabes. (Nach *Kalähne*.)

Die Stimmgabel ist mit Annäherung als ein Paar von einseitig eingespannten Stäben anzusehen, wie die (von *Auerbach*) beobachteten relativen Teiltonfrequenzen zeigen: 1, 6,2, 18,3, 35, 58 (vgl. Tab. 1). Eine Berechnung ist nur nach einer empirischen Formel möglich: $f = \varkappa \frac{d}{(l+\lambda)^2}$. Darin sind d die Zinkendicke, parallel zur Schwingungsebene gemessen, und l die Länge der Zinken (beides in mm). $\varkappa \approx 818000$ und $\lambda \approx 3{,}8$ sind empirisch ermittelte Konstanten.

b) *Ebene Platten.* Die (transversalen) Eigenschwingungen berechnen sich aus der Differentialgleichung

$$\frac{\partial^2 w}{\partial t^2} + \alpha^4 \left(\frac{\partial^4 w}{\partial x^4} + 2 \frac{\partial^4 w}{\partial x^2 \partial y^2} + \frac{\partial^4 w}{\partial^4 y} \right) = 0,$$

$$\alpha = \frac{E\, d^3}{12 \varrho (1 - \mu^2)}$$

(x, y rechtwinklige Koordinaten der Mittelebene, w Verschiebung eines Plattenpunktes senkrecht zur Koordinatenebene, E Elastizitätsmodul, d Plattendicke, ϱ Dichte, μ Poissonsche Elastizitätszahl). Für einen Wert von $\mu = 0{,}25$ gibt Tabelle 3 als Beispiel die relativen Teiltonfrequenzen f und die relativen Radien r der Knotenkreise für die Kreisplatte mit freiem Rand (Radius $R = 1$) und ohne zentrale Auflage. p und q sind die Ordnungszahlen der Knotendurchmesser und Knotenkreise (0, 1, 2 usw.).

Tabelle 3.

p	q	f	r		
2	0	1	—		
0	1	1,61	0,609		
3	0	2,31	—		
1	1	3,70	0,781		
4	0	4,05	—		
5	0	6,20	—		
2	1	6,40	0,822		
0	2	6,96	0,392	0,842	
3	1	9,64	0,845		
1	2	10,84	0,498	0,871	
4	1	13,39	0,861		
2	2	15,31	0,560	0,887	
0	3	15,90	0,257	0,591	0,894
5	1	17,63	0,873		
3	2	20,32	0,604	0,899	

Die Eigenschwingungen der Platte sind proportional zur Plattendicke d und zur Geschwindigkeit longitudinaler Wellen ($c = \sqrt{E/\varrho}$), umgekehrt proportional zum Quadrat des Plattenradius R.

Unregelmäßigkeiten im Material der Platte (Dichte, Elastizität, Form) haben Veränderungen in den Eigenschwingungen und in der Lage der Knotenlinien zur Folge. Dabei werden die Eigenfrequenzen aufgespalten, was zu hörbaren Interferenzen (Schwebungen) sowie — bei bestimmten Anregungen, z.B. durch Anschlag — auch zu Pendelungen der Knotendurchmesser um eine Ruhelage herum führen kann (*Zenneck*). Ähnliche Beobachtungen sind auch an →Glocken gemacht worden. Bei gekrümmten Platten (Schalen) sind exakte Berechnungen der Eigenfrequenzen bisher nur in wenigen Sonderfällen gelungen (Kugelschalen, Röhren). Experimentell sind die Knotenbilder der Plattenschwingungen erstmalig von *Chladni* erforscht worden (→Klangfiguren). Abb. 3 zeigt einige Knotenbilder für die quadratische Platte nach Berechnungen von *Ritz*. Bei der traditionellen, mathematisch aber nicht definierbaren Glockenform (sog. Gotische Rippe) erscheinen theoretische Berechnungen aussichtslos, zumal die Unsicherheiten in Formsymmetrie (Wandstärke) und Materialeigenschaften (unterschiedliche Härte) in den Rechenvoraussetzungen sowieso nicht genügend genau erfaßt werden könnten.

c) *Membranen* (kreisförmig). Die Eigenfrequenzen berechnen sich aus der Differentialgleichung

$$\frac{\partial^2 w}{\partial t^2} = c^2 \left(\frac{\partial^2 w}{\partial r^2} + \frac{1}{r} \frac{\partial w}{\partial r} + \frac{1}{r^2} \frac{\partial^2 w}{\partial \varphi^2} \right) = 0 \qquad c = \sqrt{\frac{p'}{\varrho'}}$$

(r, φ Polarkoordinaten, w Verschiebung eines Membranpunktes senkrecht zur Membranfläche,

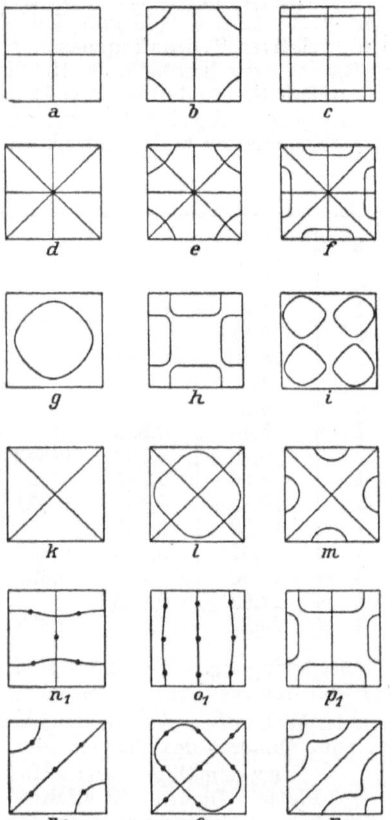

Abb. 3. Klangfiguren der quadratischen Platte: a bis m für einfache Töne, n, o und p für Doppeltöne (in je zwei der unendlich vielen möglichen Formen). (Nach *Ritz*.)

ϱ' Flächendichte, p' Flächenspannung = Kraft auf die Längeneinheit einer Kurve in der Membran). Die relativen Eigenfrequenzen f (Grundton = 1) und die relativen Radien r der Knotenkreise (Membranradius = 1), sowie die zugehörigen Ordnungszahlen der Knotendurchmesser p und der Knotenkreise q finden sich in der Tabelle 4.

Unregelmäßigkeiten in der Verteilung der Masse oder Spannung innerhalb der Membran ergeben Veränderungen in Form und Lage (insbesondere eine definierte Orientierung) der Knotenlinien und Aufspaltung der Eigenfrequenzen. Durch eine systematische Belastung der Kreismembran mit zusätzlichen Massen, derart, daß ϱ' im Mittelpunkt am größten ist und nach dem Rande hin abnimmt, lassen sich bis zu fünf harmonische Teiltöne erzielen, wobei der 3., 4. und 5. Teilton jeweils identisch in mehreren Knotenbildern erscheinen (Mi-

Tabelle 4.

p	q	f	r
0	0	1	—
1	0	1,59	—
2	0	2,13	—
0	1	2,29	0,436
3	0	2,65	—
1	1	2,92	0,546
4	0	3,15	—
2	1	3,50	0,610
0	2	3,60	0,278 0,638
5	0	3,65	—
3	1	4,06	0,654
6	0	4,13	—
1	2	4,22	0,383 0,692
4	1	4,60	0,686
7	0	4,61	—
2	2	4,83	0,442 0,724
0	3	4,90	0,204 0,468 0,734
8	0	5,07	—
5	1	5,12	0,712
3	2	5,42	0,490 0,750
1	3	5,53	0,288 0,527 0,761
9	0	5,54	—
6	1	5,66	0,731
4	2	5,97	0,528 0,769
10	0	6,02	—
7	1	6,15	0,749
2	3	$6,15_4$	0,344 0,569 0,785
0	4	6,21	0,161 0,369 0,579 0,790

dranga, eine indische Trommel; Zusammengehörigkeit der Teiltöne f und Knotenlinien p bzw. q vgl. Tab. 5).

Tabelle 5.

p	q	f
0	0	1
1	0	2
2	0	3
0	1	3
3	0	4
1	1	4
4	0	5
2	1	5
0	2	5

d) *Saiten*. Die Differentialgleichungen für die Bewegung eines Saitenpunktes in den drei Koordinaten u (Längsrichtung), v und w (Querrichtung) lauten

$$\frac{\partial^2 u}{\partial t^2} = \frac{E}{\varrho} \frac{\partial^2 u}{\partial x^2} \quad \text{longitudinal, vgl. Stäbe,}$$

$$\frac{\partial^2 v}{\partial t^2} = \frac{p}{\varrho} \frac{\partial^2 v}{\partial x^2}, \quad \frac{\partial^2 w}{\partial t^2} = \frac{p}{\varrho} \frac{\partial^2 w}{\partial x^2} \quad \text{transversal}$$

(p Spannung, ϱ Dichte, x Abszisse, l Saitenlänge). Für die Geschwindigkeit c von Transversalwellen längs der Saite gilt $c = \sqrt{p/\varrho}$, für die Eigenschwingungen $f = n \frac{c}{2l}$ ($n = 1, 2, 3, \ldots$).

Abb. 4 zeigt die Schwingungsformen einer gezupften Saite während der Dauer einer halben

Periode; Lage der Zupfstelle auf $^1/_2$, $^1/_3$ und $^1/_4$ der Saitenlänge. Tabelle 6 enthält die Amplituden der ersten 8 Teiltöne der gezupften Saite (Zupf-

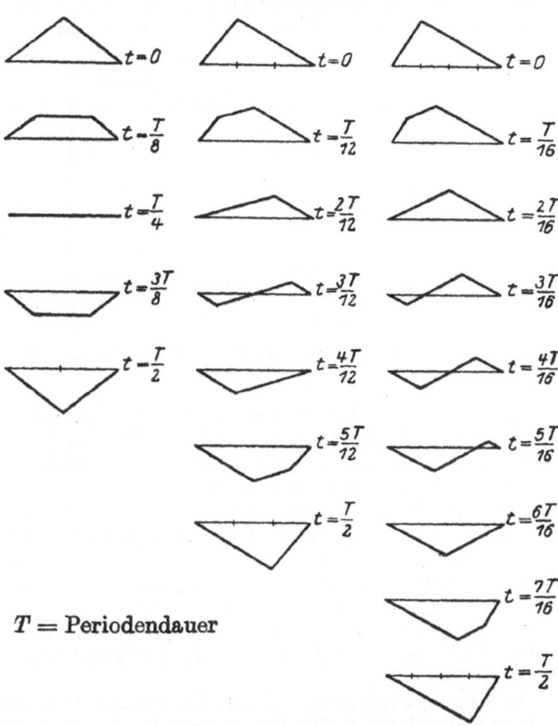

Abb. 4. Schwingungsformen der gezupften Saite in Abhängigkeit von der Zeit t. Lage der Zupfstelle auf $^1/_2$, $^1/_3$ und $^1/_4$ der Saitenlänge.

stelle liegt zwischen $l/2$ und $l/8$) in % der Grundtonamplitude. Sie errechnen sich aus der Beziehung

$$A_n \sim \frac{l^2}{n^2 a(l-a)} \sin \frac{n\pi a}{l}$$

(A_n Amplitude des n-ten Teiltones, a Abszisse der Zupfstelle, $n = 1, 2, 3, \ldots$).

Tabelle 6.

	1.	2.	3.	4.	5.	6.	7.	8.
$l/2$	100	0	11	0	4	0	2	0
$l/3$	100	25	0	7	4	0	1	1
$l/4$	100	51	11	0	4	6	2	0
$l/5$	100	66	29	7	0	3	5	4
$l/6$	100	76	44	20	4	0	2	5
$l/7$	100	81	65	32	13	3	0	2
$l/8$	100	84	65	43	24	9	2	0

Eine Nachgiebigkeit des Saitenendes (z. B. am Steg) kann durch eine Zusatzmasse m berücksichtigt werden, die durch eine Federkraft μ festgehalten wird. Überwiegt μ, so kommt das einer scheinbaren Verlängerung der Saite (also einer Erniedrigung der Schwingungszahl) gleich; überwiegt die Wirkung von m, so erfolgt eine Tonerhöhung, die jedoch bei den unteren Teiltönen stärker ist als bei den höheren (die Teiltöne werden dann unharmonisch). Im einzelnen hängt es von der Eigenfrequenz $\sqrt{\mu/m}$ im Vergleich zu der betreffenden Teiltonfrequenz ω ab, ob eine Tonerhöhung oder -erniedrigung eintritt. $\omega^2 > \mu/m$ bedeutet Tonerhöhung, und umgekehrt.

Über die beim Hammeranschlag einer Saite auftretenden Vorgänge sind noch keine allgemein befriedigenden Ergebnisse bekanntgeworden. Die verschiedenen klassischen Theorien sind von *Kalähne* im Handb. d. Physik VIII erörtert. Maßgebend ist die Frage, ob der Rückwurf des Hammers a) durch die Elastizität des Hammers allein (*Helmholtz*), b) durch die Spannungselastizität der Saite (*Kaufmann*), c) durch beide Wirkungen erfolgt, wobei c) die wahrscheinlichste Annahme darstellt (mit Vorherrschen der Wirkung der Spannungselastizität). Zweifellos bestehen starke Druckschwankungen zwischen Saite und Hammer während der Berührungsdauer, die durch den auf der Saite hin und her laufenden Impuls verursacht werden. Abb. 5 zeigt ein berechnetes

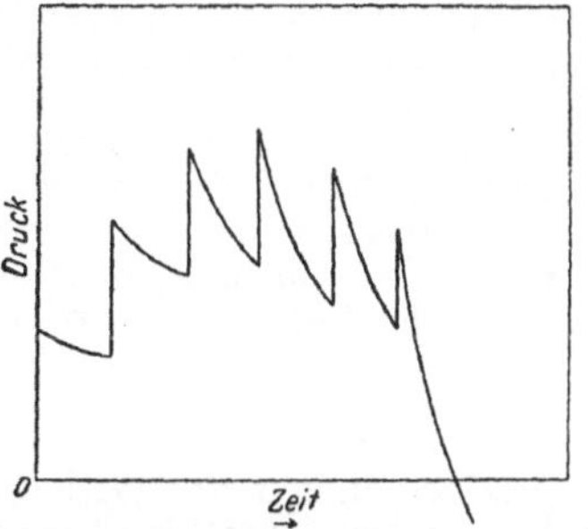

Abb. 5. Druck-Zeit-Diagramm für den Anschlag einer Saite mit einem harten Hammer. (Nach *Raman* und *Banerji*.)

Druck-Zeit-Diagramm; es weist bei den Zeiten $2a/c$, $4a/c$ usw. und $2b/c$, $4b/c$ usw. impulsartige Druckerhöhungen auf (a und b sind die Entfernungen der Anschlagstelle von den Saitenenden, c die Geschwindigkeit von Transversalwellen). Das Diagramm bezieht sich auf den harten Hammer, die Anschlagstelle ist auf $^1/_9$ der Saitenlänge angenommen (*Raman* und *Banerji*). Für den weichen Hammer ergibt sich aus der Berechnung nach *Ghosh* ein Druckverlauf entsprechend Abb. 6.

Abb. 6. Druck-Zeit-Diagramm für den Anschlag einer Saite mit einem weichen Hammer. (Nach *Ghosh*.)

Die ungedämpften Schwingungen der gestrichenen Saite entstehen dadurch, daß die Haftreibung zwischen Bogen und Saite größer ist als die gleitende Reibung: die mit steigender Relativgeschwindigkeit abnehmende Reibungskraft bedeutet eine „fallende Charakteristik", eine notwendige Bedingung für das Auftreten selbsterregter Schwingungen. Durch periodisch wechselndes Mitnehmen und Zurückspringen der Saite entstehen sägezahnähnliche Schwingungsformen der folgenden Typen (Abb. 7): Der Schwingungstyp 1. Ordnung erfordert den größten Bogendruck. Reicht dieser nicht aus, so springt die Schwingungsform in eine höhere Ordnung über. Ein periodischer Wechsel zwischen der 1. und 2. Ordnung kann bei Streichinstrumenten entstehen, wenn der Grundton der angestrichenen Saite mit einer stark hervortretenden Eigenfrequenz des Resonanzkörpers übereinstimmt. Der Bogendruck reicht dann nicht aus zur Aufbringung der erheblichen Schwingungsenergie, die der Saite

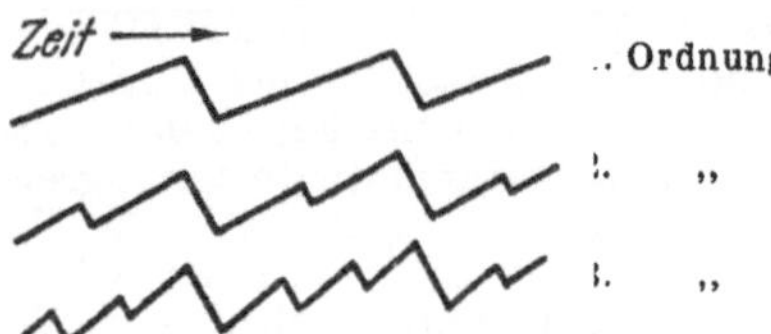

Abb. 7. Schwingungsformen der gestrichenen Saite.

durch die besonders starke Abstrahlung des Grundtones entzogen wird. Nach dem Umschlagen in die 2. Ordnung, die den Grundton schwächer enthält, ist der Bogendruck wieder ausreichend, und es bildet sich erneut der Schwingungstyp 1. Ordnung, und so fort. Dieser mehrmalige Klangfarbenwechsel je Sekunde wird als „Wolfston“ bezeichnet.

e) *Luftwirbel. Spalttöne* mit der Frequenz f entstehen beim Ausströmen einer Luftlamelle mit der Geschwindigkeit U aus einem Spalt mit der Weite d durch Pendelung des Luftstromes (Wirbelbildung). Es gilt:

$$f = \frac{u}{l} = \text{const}\,\frac{U}{d}$$

(u Wandergeschwindigkeit der Wirbel, l Abstand zweier gleichsinnig drehender Wirbel, const $\approx 0{,}045$).

Hiebtöne mit der Frequenz f entstehen, wenn ein Stab (Durchmesser D) mit der Relativgeschwindigkeit U gegen die Luft bewegt wird. Es gilt:

$$f = \text{const}\,\frac{U}{D} \qquad (\text{const} \approx 0{,}185).$$

Abb. 8 zeigt Hiebtonfrequenzen in Abhängigkeit von der Relativgeschwindigkeit und vom Stabdurchmesser (*Holle*).

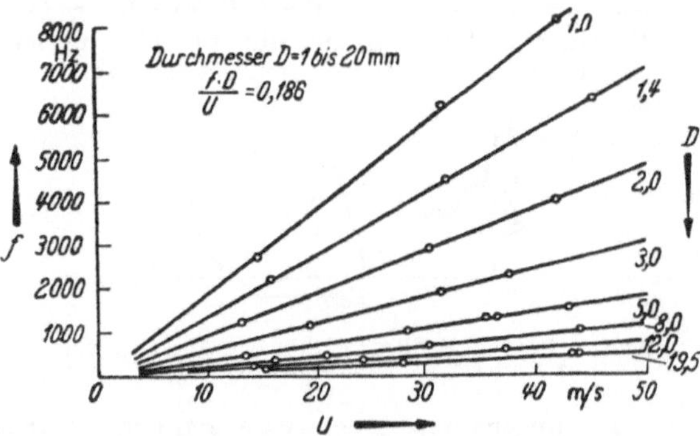

Abb. 8. Frequenz von Hiebtönen für Kreisprofile (1 bis 20 mm Durchmesser) in Abhängigkeit von der Relativgeschwindigkeit. (Nach *Holle*.)

Strömt eine Luftlamelle mit der Geschwindigkeit U gegen eine Schneide, die sich in Strömungsrichtung mit dem Abstand a von der Mündung der spaltförmigen Düse entfernt befindet, so bildet sich aus der Wirbelfrequenz ein *Schneidenton* mit der Frequenz

$$f = \frac{u}{a} = C\,\frac{U}{a},$$

d. h. die Wandergeschwindigkeit der Wirbel u ist gleich CU, wobei sich C (nach *Richardson*) aus Abb. 9 ergibt. Als Abszisse ist der Ausdruck $\pi d/a$ gewählt (d Spaltweite). Da beim Auftreffen jedes Wirbels auf die Schneide ein Stoß entsteht, der mit der Schallgeschwindigkeit c (also praktisch momentan) zurückläuft und an der Spaltdüse einen neuen, gleichsinnig drehenden Wirbel auslöst, ist a zugleich auch der Wirbelabstand.

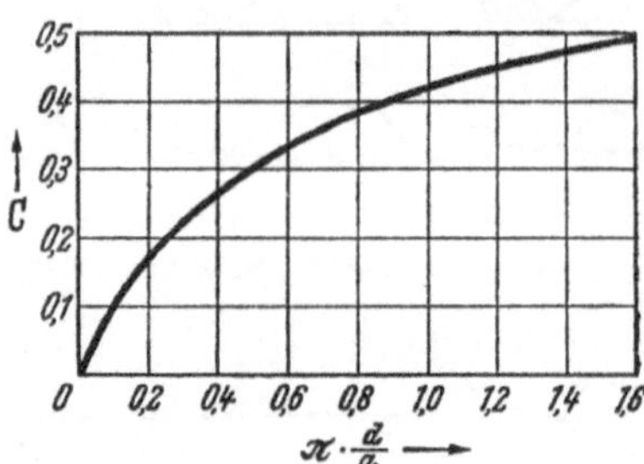

Abb. 9. Beiwert zur Berechnung von Schneidentönen. (Nach *Richardson*.)

Besonders starke Schneidentöne ergeben sich, wenn der freie Wirbelabstand l (→Spalttöne) ungefähr gleich dem durch die Strecke a erzwungenen Wirbelabstand wird. Bei wachsendem a fällt zunächst die Tonhöhe, doch springt sie um 1 Oktave hoch, wenn $a \approx 2l$ wird. Die Ausströmgeschwindigkeit U, die Dicke der Luftlamelle d (Kernspalte), der Schneidenabstand a (Aufschnitt) sowie die Lage der Schneide (Oberlabium) und die Luftstromrichtung (Kernstellung) sind die Variablen bei der →*Intonation* von labialen Orgelpfeifen (→Orgel).

Zur Theorie der *schwingenden Luftsäulen* (*Pfeifen*) sei auf die Kap. 5 (*Kalähne*) und 8 (*Raman*) im Handb. d. Physik VIII verwiesen (dort auch ausführliche Literaturangaben). Es gelten die folgenden grundlegenden Aussagen:

1. Die Eigenfrequenzen ändern sich proportional zur Wurzel aus der absoluten Temperatur.

2. Das zylindrische, beiderseitig offene Rohr bildet sämtliche harmonischen Teiltöne aus, das einseitig geschlossene Rohr (= gedackte Pfeife) nur die ungeradzahligen.

3. Der Grundton des zylindrischen, einseitig geschlossenen Rohres liegt um 1 Oktave tiefer als derjenige eines gleich langen offenen Rohres, abgesehen von den durch die →Mündungskorrektion bedingten Modifizierungen.

4. Ein beiderseits offenes, konisches Rohr besitzt sämtliche harmonischen Teiltöne, auch dann, wenn es auf der Seite des kleineren Durchmessers in eine Spitze ausläuft (kegelförmig=spitzgedackt).

5. Eine allmähliche Querschnittsänderung (Erweiterung) am Ort eines Druckbauches bewirkt eine Tonerniedrigung, eine Erweiterung am Ort eines Druckknotens eine Tonerhöhung.

In allen Blasinstrumenten bilden sich Koppelschwingungen aus zwischen dem Generator (Wirbelsysteme, Rohrblätter, Zungen, Lippen) und der Luftsäule. Die Eigenfrequenz wird durch denjenigen Teil bestimmt, der die geringere Dämpfung besitzt. Das ist bei den Labialpfeifen und allen Blasinstrumenten (Flöte, Oboe, Fagott, Klarinette, Trompete, Posaune, Waldhorn usw.) die Luftsäule, bei den Lingualpfeifen (Zungenpfeifen) der Orgel die Zunge. Die Rohrblätter, Zungen und Lippen bewirken unter dem Einfluß des Anblasedruckes eine periodische Unterbrechung des Luftstromes, die allerdings nicht immer zu einem vollkommenen Verschluß zu führen braucht.

Die Flöte verhält sich wie ein beiderseitig offenes Rohr und besitzt folglich alle harmonischen Teiltöne, wenn auch, entsprechend ihrem weichen Klang, im wesentlichen nur diejenigen niedriger Ordnungszahl (vgl. Abb. 14). In der höheren Lage wird die Flöte →überblasen, u. U. bis zum 5. Teilton. Durch Öffnen der verhältnismäßig großen Seitenlöcher wird der wirksame Teil des Rohres zur Überbrückung der zwischen den Eigentönen liegenden Intervalle verkürzt. Die Abstrahlung erfolgt vorwiegend am Mundstück.

f) *Rohrblätter*. Rohrblattinstrumente sind an der Stelle des Rohrblattes als überwiegend geschlossen anzusehen, weil die Eigenfrequenzen der verhältnismäßig starren und leichten Rohrblätter höher liegen als die Grundtöne der Luftsäulenschwingungen. Deshalb geben die Klarinetten (zylindrische Bohrung) im tiefen Frequenzbereich nur die ungeradzahligen Teiltöne, Oboe und Fagott (konische Bohrung) sowie die Saxophone (konischer Metallkörper) dagegen auch die geradzahligen. Aus dem gleichen Grunde überblasen die Klarinetten (ähnlich wie die gedackten Orgelpfeifen) in die Duodezime, Oboe, Fagott und Saxophon in die Oktave. Die Tonhöhe ergibt sich aus der — durch Seitenlöcher mit Klappen veränderten — wirksamen Rohrlänge, indem die zwischen den Eigentönen verbleibenden Intervalle (vgl. die Flöte) durch chromatische Halbtöne ausgefüllt werden. Bei den Rohrblattinstrumenten geht man beim Überblasen kaum über den 2. oder 3. Eigenton hinaus.

Die Instrumente der Oboen-Familie besitzen Doppelrohrblätter, die Klarinetten und Saxophone einfache Rohrblätter. Das Klarinettenrohrblatt schwingt als Ganzes in der Grundfrequenz der angekoppelten Luftsäule (1 Verschluß je Periode). Außerdem führt der obere, zugeschärfte Teil (von den Lippen des Bläsers an) selbständige Eigenschwingungen in einem höheren Frequenzgebiet aus, etwa zwischen 2000 und 5000 Hz, wodurch eine Art von Formantwirkung entsteht (Abb. 10, nach *Aschoff*). Der Klarinettenklang enthält die geradzahligen Teiltöne niedriger Ordnungszahl nur sehr schwach, vor allem in der tiefen Lage des Instrumentes (vgl. Abb. 14).

g) *Zungen*. Die Tonhöhe der Zungenpfeifen der Orgel ist weder durch die Eigenfrequenz der Zunge noch durch diejenige des Rohres (Schallbecher) allein gegeben, sondern durch die weniger stark gedämpfte der beiden Koppelfrequenzen. Die Kopplung zwischen beiden ziemlich stark gedämpften Teilsystemen ist verhältnismäßig fest. Es lassen sich alle aus den Berechnungen und Versuchen über Koppelschwingungen bekannten Erscheinungen beobachten, z. B. Tonsprünge und Zieherscheinungen (Abb. 11, 12).

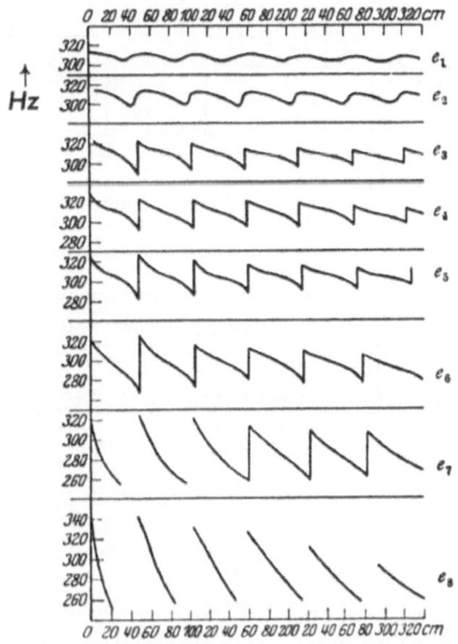

Abb. 11. Tonhöhenänderung und -sprünge, hervorgerufen durch Verlängerung des Schallbechers (zylindrisches Rohr) einer Zungenpfeife bei verschiedener Kopplung zwischen Zunge und Rohr. Von e_1 bis e_8 zunehmende Kopplung. (Nach *Wien*.)

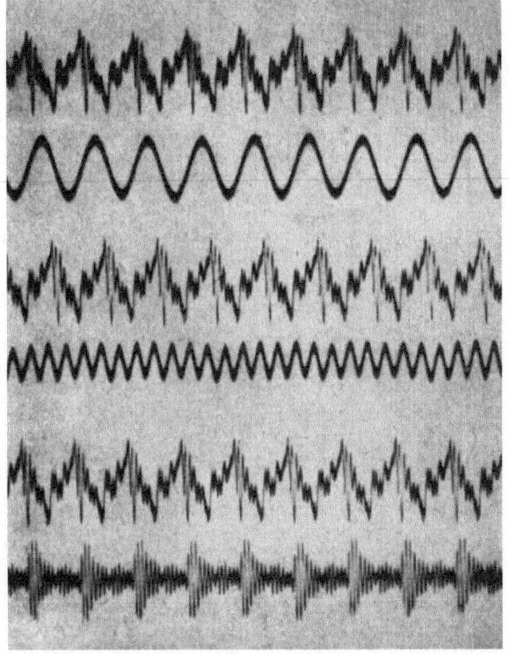

Abb. 10. Oktavsieboszillogramme des Klarinettenklanges, Grundton $a^0 = 217$ Hz. (Nach *Aschoff*.)

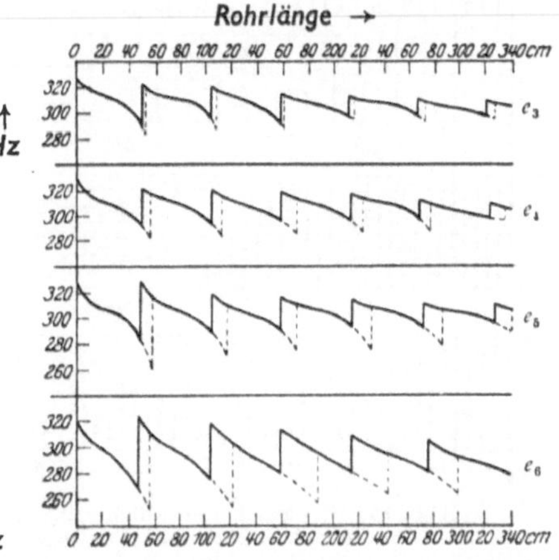

Abb. 12. „Ziehen" des Tones einer Zungenpfeife. Die Tonhöhensprünge aufwärts beim Verlängern des Rohres finden bei größerer Länge statt (punktierte Linien) als die gleichen Sprünge abwärts beim Verkürzen (ausgezogene Linien). Von e_3 bis e_6 zunehmende Kopplung. (Nach *Wien*.)

h) *Lippen.* Die Lippen des Bläsers am Kesselmundstück der Blechblasinstrumente wirken nicht als schallharter Abschluß, da ihre Eigenschwin-

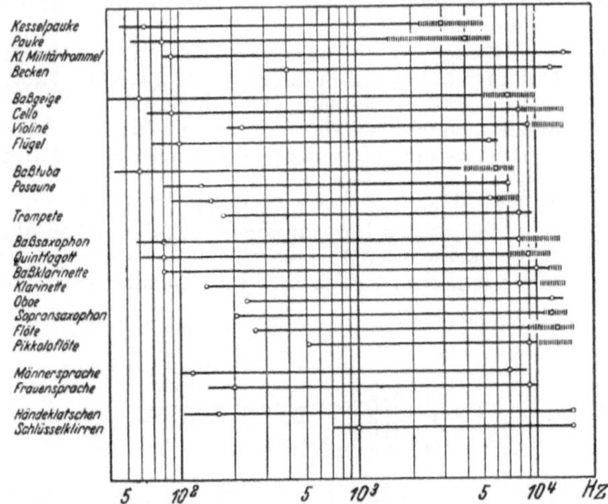

Abb. 13. Frequenzbereich von Sprache und Musik. Die Kreise kennzeichnen die Frequenzen, bei denen die Einschaltung von Filtern bemerkbar ist; ||||||||| Geräuschanteile. (Nach *Snow.*)

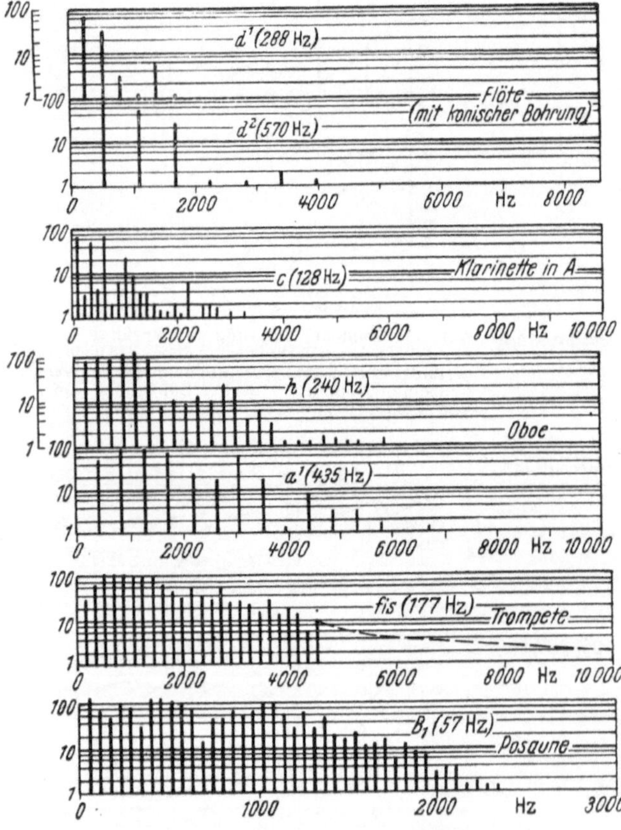

Abb. 14. Klangspektren einiger Blasinstrumente. (Nach *Meyer* und *Buchmann.*)

gungen, je nach der Lippenspannung, beliebig niedrig und jedenfalls in gleicher Größenordnung wie die Grundfrequenzen der angeblasenen Töne liegen können. Trompete, Posaune, Waldhorn und Tuba (u. a.) besitzen deshalb alle harmonischen Teiltöne, obwohl Trompete und Posaune überwiegend zylindrisch gebaut sind. Wegen der besonders engen Mensur lassen diese Instrumente sich leicht überblasen (sog. Naturtöne, praktisch ausgenutzt bis zum 16. Teilton). Die zwischen den Naturtönen gelegenen chromatischen Stufen werden durch Verlängerung des Rohres erzeugt, und zwar durch Betätigung von Ventilen (Trompete,

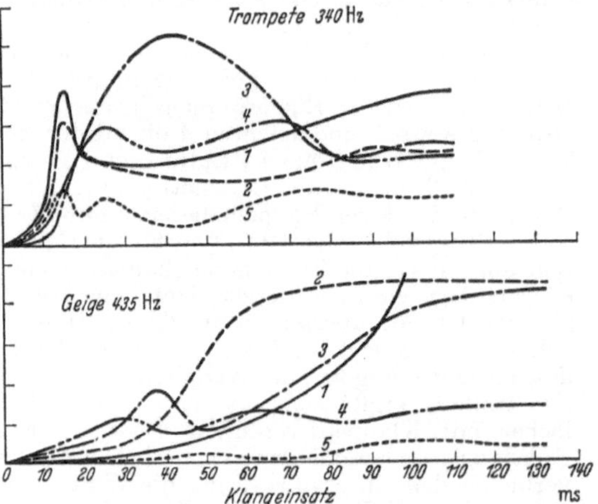

Abb. 15. Klangeinsatz einer Trompete und einer Geige. Zeitlicher Verlauf der ersten 5 Teiltöne. (Nach *Backhaus.*)

Waldhorn, Tuba) oder eines Auszuges (Zugposaune). Der Grundton selbst ist im allgemeinen nur mit großer Schwierigkeit hervorzubringen. — Ferner →elektrische Musikinstrumente.

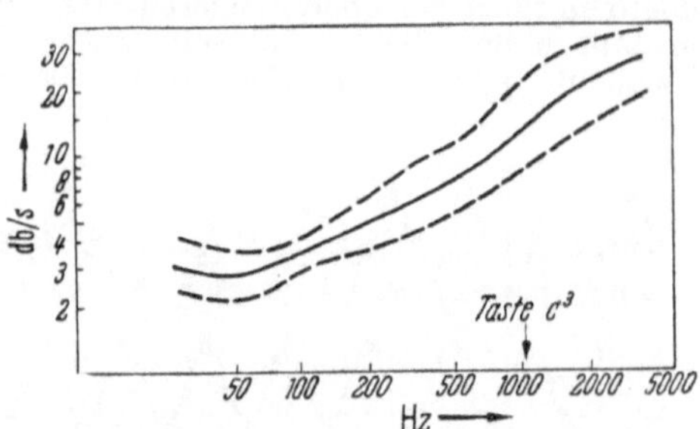

Abb. 16. Dämpfung von Klavier- und Flügelklängen. Streubereich für die verschiedenen Instrumenttypen gestrichelt. (Nach *Grützmacher* und *Lottermoser.*)

Die Abb. 13 bis 16 zeigen weitere Untersuchungsergebnisse über einige Musikinstrumente.

Handb. d. Physik VIII. Berlin 1927. – *Meyer, E.*, u. *G. Buchmann:* Die Klangspektren d. Musikinstrumente. Berl. Ber. Phys.-Math. Klasse XXXII (1931). – *Trendelenburg, F.:* Klänge u. Geräusche. Berlin 1935; Einf. in d. Akustik. Berlin 1950; ferner versch. Arbeiten in Akust. Z. 1936—1941.

Mutarotation = →Multirotation.

Mutation ist im weiteren Sinne jede Änderung des Erbsystems eines Organismus, die nicht Folge der Ver- oder Entmischung von Einzelkonstituenten der Erbmasse durch die Sexualvorgänge (Befruchtung, Geschlechtszellenbildung mit Reduktionsteilung) ist. Da bisher vor allem diejenigen Erbkonstituenten genauer analysiert wurden, die in den Chromosomen des Zellkerns lokalisiert sind, wird beim Gebrauch dieses Begriffs oft nur an die die Chromosomen betreffenden Mutationen gedacht, obwohl bekannt ist, daß neben diesen noch andere Zellbestandteile, z. B. die Plastiden (Plastidom) und das Zytoplasma (Plasmon), als autosynthetische Systeme selbständige Erbfunktionen haben und sich auch verändern können (→Autosynthese). Über die Natur der Plastiden- und Plasmonmutationen ist allerdings noch nichts bekannt, während man bezüglich der Mutationen des chromosomalen Systems verschiedene Typen erkennen konnte. Man unterscheidet: 1. →Genmutationen, 2. →Chromosomenmutationen, 3. Genommutationen (Hinzufügung oder Verlust ganzer Chromosomen oder Chromosomensätze durch Beeinflussung des Spindelfaseransatzes. Der Entstehungsmechanismus ist noch wenig geklärt, jedoch ist mikrophysikalische Auslösung nicht unwahrscheinlich). Die Häufigkeit der Mutationen (die *Mutationsrate* = Bruchteil mutierter Individuen) läßt sich besonders durch Strahlen erhöhen, wodurch die →Strahlengenetik ihre Natur weitgehend klären konnte. Die Mutationstypen lassen sich durch Kreuzungs- bzw. Selbstungsexperimente differenzieren, was aber naturgemäß nur bei Organismen mit sexueller Fortpflanzung möglich ist. Man ist aber auch berechtigt, Erbänderungen asexueller Lebewesen mit diesen Typen zu vergleichen, sofern man deren Entstehungsmechanismus, z. B. durch biophysikalische Analyse, aufgeklärt hat; denn die Kreuzungsanalyse erfaßt nur den Ort der Veränderung auf den Chromosomen, läßt aber die Natur, den inneren Bau der veränderten Zellkomponente weitgehend offen. So haben sich z. B. Mutationen von apogamen Pilzen sowie auch von Bakterien als im Auslösungsmechanismus den Genmutationen sehr ähnlich erwiesen und werden daher bisweilen als solche bezeichnet. Dies ist zulässig, wenn es sich um Organismen mit echten Zellkernen, also auch mit Chromosomen handelt. Bei den zellkernfreien Bakterien wird besser von Bakterienmutation gesprochen.

Timofeeff-Ressovsky, N. W.: Mutationsforschung in d. Vererbungslehre. Dresden 1937. — *Timofeeff-Ressovsky, N. W.*, u. *E. Zimmer:* Das Trefferprinzip in d. Biologie. Leipzig 1947. — *Kaplan, R. W.:* Mutationsforschung an Bakterien, Naturw. 37, 249, 276 (1950).

Muttersubstanz eines Gliedes einer radioaktiven Zerfallsreihe nennt man das ihm in der Reihe vorangehende Glied, durch dessen Umwandlung es entsteht, jenes Glied selbst dessen *Tochtersubstanz* oder *Folgeprodukt.* Als Muttersubstanz einer ganzen natürlichen Zerfallsreihe bezeichnet man ihr erstes in der Natur vorkommende Glied, also die beiden Uranisotope $^{238}_{92}U$ und $^{235}_{92}U$ (Actino-Uran) und das Thoriumisotop $^{230}_{92}Th$. $^{235}_{92}U$ kann wiederum Tochter künstlich hergestellter Transurane sein. Eine 4., selbständige Zerfallsreihe ist die →Neptuniumreihe.

Mutterteilung, eine Teilung, die für ein aus einer bestimmten Glassorte hergestelltes Quecksilberthermometer unter Berücksichtigung der scheinbaren Ausdehnung von Quecksilber in diesem Glase und für einen bestimmten linearen Abstand zweier Fundamentalpunkte bei fehlerfreiem Kaliber richtig ist. Sie wird auf andere Thermometer derselben Glassorte vergrößert oder verkleinert übertragen, je nachdem der Abstand der Fundamentalpunkte auf dem Thermometer größer oder kleiner ist als auf der Mutterteilung.

Myopie oder *Kurzsichtigkeit,* hervorgerufen durch anomale Verlängerung der Augenachse oder relativ zu hohe Brechkraft der bildentwerfenden Einrichtungen (→Auge); der →Fernpunkt dadurch näher am Auge, jenseits von ihm gelegene Objekte werden (an Hand der relativ zu kurzen Brennweite) nicht auf, sondern vor der →Netzhaut abgebildet. Korrektur durch Zerstreuungsgläser, deren Brennweite = Fernpunktabstand R des Myopen. Maß: $1/R - 1/\infty = 1/R$; ist $R = \frac{1}{4}$ m, so ist der Grad der Myopie $= +4$ dptr. Eine Verlängerung der Augenachse um 1 mm ergibt eine Myopie von 2,5 dptr. →Hyperopie.

μ, Symbol für die Längeneinheit →Mikron.

μ-, Symbol für die →Vorsatzsilbe Mikro-.

μ-Meson →Meson.

N

n, Symbol der →Hauptquantenzahl.

N, Symbol für die Krafteinheit →Newton.

n-, Symbol für die →Vorsatzsilbe Nano-.

Nabla, Symbol ∇, der Vektoroperator $\nabla = \mathfrak{i}\frac{\partial}{\partial x} + \mathfrak{j}\frac{\partial}{\partial y} + \mathfrak{k}\frac{\partial}{\partial z}$ ($\mathfrak{i}$, $\mathfrak{j}$, $\mathfrak{k}$ sind drei aufeinanderstehende, ein Rechtssystem bildende Einheitsvektoren). Formale Verknüpfung des ∇-Symbols mit einem Skalar bzw. Vektor führt zu den bekannten Vektorbegriffen grad, div und rot. So ergibt sich durch „Multiplikation" des „Vektors" ∇ mit der skalaren Funktion $\varphi(x, y, z)$ deren Gradient: $\nabla\varphi = \mathfrak{i}\frac{\partial\varphi}{\partial x} + \mathfrak{j}\frac{\partial\varphi}{\partial y} + \mathfrak{k}\frac{\partial\varphi}{dz} = \operatorname{grad}\varphi(x, y, z)$. Ist $\mathfrak{a} = a_x\mathfrak{i} + a_y\mathfrak{j} + a_z\mathfrak{k}$ ein Vektor, so führt skalare „Multiplikation" von Nabla mit $\mathfrak{a}$ zu $\nabla\mathfrak{a} = \frac{\partial a_x}{\partial x} + \frac{\partial a_y}{\partial y} + \frac{\partial a_z}{\partial z} = \operatorname{div}\mathfrak{a}$. Schließlich ergibt das „vektorielle Produkt" von ∇ und $\mathfrak{a}$:

$$[\nabla\mathfrak{a}] = \mathfrak{i}\left(\frac{\partial a_z}{\partial y} - \frac{\partial a_y}{\partial z}\right) + \mathfrak{j}\left(\frac{\partial a_x}{\partial z} - \frac{\partial a_z}{\partial x}\right) + \mathfrak{k}\left(\frac{\partial a_y}{\partial x} - \frac{\partial a_x}{\partial y}\right) = \operatorname{rot}\mathfrak{a}.$$

Mit Hilfe des ∇-Operators lassen sich verwickeltere Vektordifferentialausdrücke oft leichter als auf analytischem Wege schnell herleiten. Von besonderer Wichtigkeit ist das formal gebildete „skalare Produkt von Nabla mit sich selbst". $\nabla\nabla = \frac{\partial^2}{\partial x^2} + \frac{\partial^2}{\partial y^2} + \frac{\partial^2}{\partial z^2}$. Dies ist ein skalares Differentiationssymbol, das als →Laplace-Operator bezeichnet und mit $\nabla^2 = \Delta$ (spr. Delta) abgekürzt wird. Führt die Anwendung von Δ auf eine skalare oder vektorielle Funktion $\varphi(x, y, z)$ bzw. $\mathfrak{a}(x, y, z)$ zu einem verschwindenden Wert, gilt also $\Delta\varphi = 0$ bzw. $\Delta\mathfrak{a} = 0$, so sagt man, φ bzw. $\mathfrak{a}$ genüge der →Laplaceschen Differentialgleichung. Dies ist z. B. der Fall, wenn φ das Potential eines elektrostatischen Feldes bedeutet.

Nachbilder, Fortdauer (bzw. Wiedererscheinen) einer Gesichtsempfindung nach Beendigung der Reizung, die insbesondere bei Lichtabschluß (Augenschließen) deutlich wird. Das zunächst in Erscheinung tretende, der Primärempfindung in Helligkeits- und Farbenverteilung gleichende *positive* Nachbild geht allmählich in sein Negativ über (*negatives* Nachbild); farbige Flächen nehmen dabei den Ton der →Gegenfarbe an. Erfolgt nach Beendigung der primären Reizung (statt Lichtabschluß) eine solche durch mäßig helle Flächen, so tritt, unter Fortfall des positiven, nur das negative Nachbild in Erscheinung (*Sukzessivkontrast*; →Kontraste). Die Deutung der Nachbilder ist in einer durch fortgesetzte Reizung normalerweise unterdrückten Fortdauer der →Erregungen und ihrer gegenseitigen Beeinflussung zu sehen.

Nachfarben, die Verfärbung chemischer Verbindungen unter der Wirkung von Kathodenstrahlen (*Goldstein*). Die Verfärbung tritt auch auf, wenn der Stoff aus farblosen Bestandteilen aufgebaut ist (Ammoniumsalze).

Nachhall →Raumakustik.

Nachkegel →Lichtkegel.

Nachleuchten. Man spricht hiervon bei der Phosphoreszenz, wenn die Lichtemission noch eine gewisse Zeit nach der Erregung vorhanden ist. Dieses Nachleuchten besteht aus zwei grundsätzlich verschiedenen Vorgängen: Einmal ist die *eigentliche* Phosphoreszenz ein Nachleuchten, welches durch tiefe Temperatur einfrierbar ist. Zu beliebiger Zeit später kann die gespeicherte Lichtsumme durch Temperaturerhöhung ausgetrieben werden. Die →Abklingung erfolgt nach dem Gesetz einer bimolekularen Reaktion. Die Phosphoreszenz ist also ein Nachleuchten, bei welchem die *Temperatur wesentlich beteiligt* ist. Die Elektronen befinden sich auf den →Anlagerungstermen, von welchen sie nicht ohne weiteres in das untere Energieband zurückgelangen können. Dies kann nur durch Umweg über das Leitfähigkeitsband geschehen, in das sie aber nur durch Temperatur gelangen können. Die andere Art des Nachleuchtens — meist sehr viel kürzer — ist *unabhängig von der Temperatur* des Phosphors. Dieses sog. spontane Nachleuchten oder →*Spontanleuchten* ist nicht einfrierbar, auch zeigt sich keine Sättigung mit zunehmender Erregung wie bei der Phosphoreszenz. Die Erregung erfolgt durch Absorption im Grundgitter oder am Störterm; das Elektron gelangt in beiden Fällen in das unbesetzte, obere Band, von welchem es ohne Temperatureinwirkung sofort wieder heruntergelangen kann. Ferner →Leuchtmechanismus.

Nachrichtentheorie, Theorie der allgemeinen Eigenschaften von Nachrichtenquellen, Übertragungskanälen und Signalen. Sie ermöglicht einen Vergleich der Eignung der verschiedenartigsten Übertragungsverfahren zur Nachrichtenübermittlung auf rein mathematischer Basis.

Shannon, C. E.: Bell Syst. techn. J. **27**, 379, 623 (1948).

Nachstörung, die nach erdmagnetischen Stürmen zurückbleibende Schwächung der Horizontalintensität (bis zu 1%), gedeutet als Wirkung eines die Erde von Osten nach Westen außen umfließenden Ringstromes. Die Nachstörung erholt sich zunächst schnell, dann langsamer; ein Endzustand wird nie erreicht, weil stets schon ein neuer Sturm die nächste Nachstörung auslöst. Eine parallele Erscheinung zeigt sich mitunter in der kosmischen Ultrastrahlung (→erdmagn. Variationen).

Nachtblindheit →Hemeralopie.

Nachthimmelleuchten. Die normale Helligkeit des Himmels während der Nacht, die selbst bei Fehlen des Mondlichtes oder irgendwelcher Nordlichttätigkeit beobachtet wird, kann nicht allein durch die Gesamtstrahlung aller bekannten und unbekannten Himmelskörper erklärt werden. Messungen der Leuchtdichte des Nachthimmels, die unter geeigneten atmosphärischen Bedingungen und in vollkommen nordlichtfreien Nächten durchgeführt wurden, ergaben, daß das Licht sämtlicher Sterne bis zur 21. Größenklasse höchstens für ein Viertel der Leuchtdichte des Nachthimmels verantwortlich gemacht werden kann. Es muß angenommen werden, daß dieses Leuchten seinen Ursprung in den höheren Schichten der Erdatmosphäre hat und nicht mit Nordlichterscheinungen identisch ist. Es scheint sowohl in der Intensität als auch in seiner spektralen Zusammensetzung in allen Teilen der Erde und in allen Beobachtungsrichtungen leidlich konstant zu sein.

Die Absolutbestimmung der Leuchtdichte des Nachthimmels bereitet große Schwierigkeiten, da man es nicht mit einer rein kontinuierlichen, sondern einer aus einzelnen Linien und Bandengruppen zusammengesetzten Strahlung mit kontinuierlichem Untergrund zu tun hat, die sehr stark von der Energieverteilung eines schwarzen Körpers abweicht (Abb.). Nach *Grandmontagne* (1941) läßt sie

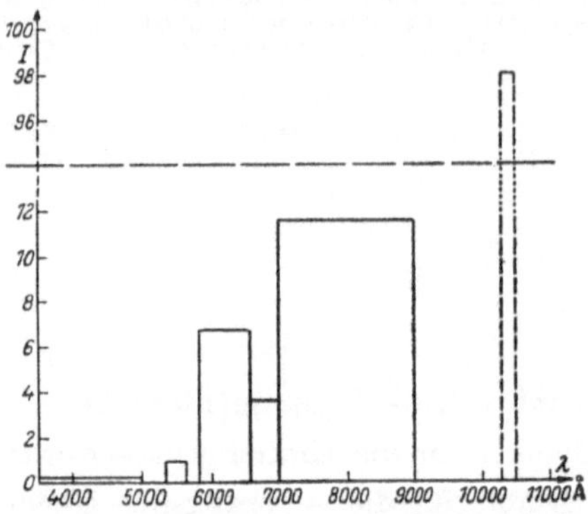

Energieverteilung des Nachthimmellichts auf verschiedene Spektralbereiche nach *Grandmontagne*
(Intensität bei 10400 Å nur größenordnungsmäßig bekannt, wurde gestrichelt ergänzt).

sich im roten Gebiet ($5800 < \lambda < 9000$ Å) mit einem Strahler der Farbtemperatur 2000 °K vergleichen. Er findet in diesem Gebiet eine Leuchtdichte von $12{,}4 \cdot 10^{-8}$ Stilb. Das entspricht der Beleuchtungsstärke einer Kerze der Farbtemperatur 2000 °K auf 16 m Entfernung. Die später entdeckte starke Ultrarotstrahlung bei 10440 Å ist hierbei noch nicht berücksichtigt. Diese hat nach den Beobachtungen von *Stebbins, Whitford* und *Swings* das Hundertfache der Strahlungsintensität im grünen Gebiet bei ~5500 Å und muß damit als die stärkste Emission des Nachthimmels betrachtet werden. Da das Auge bei Leuchtdichten $< 10^{-7}$ Stilb nur noch in einem schmalen Spektralbereich um 5100 Å empfindlich ist (→Adaptation), sind wir nicht in der Lage, die in Wirklichkeit rote Farbe des Nachthimmels wahrzunehmen und erhalten nur den Eindruck einer Leuchtdichte von etwa $1 \cdot 10^{-8}$ Stilb.

I. Spektrale Zusammensetzung. Die stärksten Linien und Banden des Nachthimmellichts sind folgende:

a) eine sehr intensive Ultrarotstrahlung bei ~10440 Å, b) das rote, verbotene Sauerstoffdublett: 6300,2 Å und 6363,9 Å (→Sauerstofflinien, verbotene), c) die grüne, verbotene Sauerstofflinie: 5577,3 Å und d) das gelbe D-Dublett des Na-Atoms: mittlere Wellenlänge 5892 Å (→Natriumlinien).

Weiter treten zahlreiche Banden auf, die unterhalb 4000 Å sehr deutlich getrennt sind und im blau-violetten Gebiet sich in einem Kontinuum verlieren. In der Nähe von 6560 Å beobachtet man schließlich wieder eine verhältnismäßig starke, breite Bandengruppe.

Die Identifizierung der sehr zahlreichen schwachen Banden und Linien — es wurden im blauen und violetten Gebiet über 100 Linien und Banden und fast ebensoviel im Ultravioletten zwischen 3900 Å und 3100 Å gemessen — bereitet große Schwierigkeiten, denn die Strahlung ist naturgemäß äußerst schwach. Wegen der damit verbundenen Ungenauigkeit der Wellenlängenmessungen ist es nur möglich, durch Vergleich mit bekannten Bandensystemen zu einer Zuordnung zu kommen. Als sehr wahrscheinlich wurde so das Vorhandensein 1. der Vegard-Kaplan-Banden des N_2 (3100 bis 6125 Å; *Cabannes* und *Dufay* 1935) (→Stickstoffbanden), 2. des Herzberg-Systems des O_2 (Ultraviolett) und 3. schwacher, zum Schumann-Runge-System des O_2 gehöriger Banden (Ultraviolett) gefunden.

Die Bandengruppe bei 6560 Å muß dem 1. positiven System des N_2 (→Stickstoffbanden) zugeschrieben werden. Weitere Zuordnungen sind noch sehr unsicher. Die von *Stebbins, Whitford* und *Swings* 1945 gefundene Ultrarotstrahlung bei 10440 Å kann ein verbotener Übergang innerhalb des N-Atoms (→Stickstofflinien, verbotene) sein oder muß der 0—0-Bande des 1. positiven Systems des N_2 (→Stickstoffbanden) zugeordnet werden. Bemerkenswert ist ihre große Intensität. (Ferner →Nachthimmelleuchten im *Nachtrag.*)

Die oben angegebenen Zuordnungen gewinnen an Sicherheit, weil man weiß, daß diese emittierenden Moleküle in der oberen Atmosphäre in der nötigen Zahl vorhanden, ihre Anregungsenergien von derselben Größe sind und es sich zumeist um verbotene Übergänge handelt, welche erfahrungsgemäß häufig an solchen lang anhaltenden Nachleuchtvorgängen wirksam beteiligt sind, bei denen die Drucke so niedrig sind, daß die metastabilen Terme die spontane Ausstrahlung erleben und nicht vorher durch Stöße entaktiviert werden.

Aus der Intensitätsverteilung innerhalb der Rotationsstruktur der beobachteten Banden läßt sich eine verhältnismäßig tiefe Temperatur von 150 bis 300 °K abschätzen. Sehr wenig geklärt ist noch das Zustandekommen eines im Ultraviolett nur schwachen, bei Wellenlängen > 4000 Å ziemlich stark werdenden Kontinuums. Nach *Barbier* (1947) mag eine bei 4000 Å beginnende Überlagerung von Vegard-Kaplan- und Herzberg-Banden die dortige Verstärkung des Kontinuums hervorrufen. Im Gebiet normaler Empfindlichkeit der Photoplatte (3700 Å bis 4500 Å) kann die Gesamthelligkeit des Nachthimmels nach *Barbier* aufgeteilt werden in:

20% aufgelöste Banden und Linien,
53% Kontinuum (mit Überlagerung schwacher und diffuser Banden),
15% →Zodiakallicht und
12% Strahlung schwacher Sterne.

II. Höhenbestimmung der Emissionen. Die bisherigen Messungen wurden durch gleichzeitige Intensitätsermittlungen an Himmelszonen verschiedener Zenitdistanz und Anwendung der Formel nach *van Rhijn* erhalten, welche die zu beobachtende theoretische Intensitätsverteilung einer dünnen emittierenden Schicht in Abhängigkeit von der Höhe angibt. Schwierigkeiten ergeben sich in der Anwendung dadurch, daß die Leuchtdichte des Nachthimmels nicht über mehrere hundert Kilometer konstant ist. Vielmehr kann man nicht selten leuchtende, wolkenartige Flächen sich langsam über den Himmel bewegen sehen, deren Helligkeit sich noch dazu ändert (*Elvey* 1943). Auch wird ein allgemeines Anwachsen der Intensität über große Teile der Himmelskugel bis auf den doppelten Betrag in nördlichen Richtungen beobachtet (*A.* u. *E. Vassy* 1944). Daher gehen die Angaben noch weit auseinander:

Beobachter:	Emission:	Höhe:
J. Dufay u. *Tscheng-Mao-Lin* (1945)	Na-D OI (6300 Å)	80—100 km 100—800 km (Max. bei 200 km)
D. Barbier (1947)	Vegard-K.-Banden	900 km
	Herzberg-Banden	350 km
A. Vassy u. *E. Vassy* (1949)	OI (6300 Å)	400—1200 km (Schichtdicke 200 km)
	OI (5577 Å)	300—800 km (Schichtdicke 200 km)

Aus den Messungen von *Vassy* u. *Vassy* scheint hervorzugehen, daß die rote Sauerstofflinie (6300 Å) während der Nacht im Durchschnitt aus höheren Schichten emittiert wird als die grüne Sauerstofflinie (5577 Å).

III. Intensitätsschwankungen. Wie schon erwähnt wurde, sind Intensitätsänderungen des Nachthimmelleuchtens außerordentlich häufig. Es wurden beobachtet:

a) Unregelmäßige Intensitätsänderungen. Diese können einerseits nur geringe Ausmaße besitzen und sich räumlich und zeitlich rasch verändern (leuchtende Wolken), andererseits aber auch große Gebiete, besonders des nördlichen Nachthimmels, in ihrer Helligkeit verstärken. Nach *Elvey* (1943) sollen solche Helligkeitsschwankungen in Zeiten magnetischer Aktivität häufig sein und zu einem Anwachsen des allgemeinen Leuchtens führen. Es ist daher wahrscheinlich, besonders weil derartige, veränderliche, leuchtende Wolken und starke Intensitätsschwankungen in niederen Breiten nicht beobachtet wurden (*P. Abadie, A. Vassy* und

E. Vassy 1949), daß sie auf Nordlichteinflüsse zurückgehen.

b) Systematische Intensitätsänderungen. Abgesehen vom →Dämmerungseffekt sind für die einzelnen Hauptlinien des Nachthimmelspektrums regelmäßige Änderungen im Laufe der Nacht und eines Jahres sowie Variationen mit der →Sonnentätigkeit gefunden worden. Durch Auswertung langer Beobachtungsreihen ergibt sich, daß in 70% der Nächte die Intensität der grünen OI-Linie (5577 Å) bis gegen Mitternacht um etwa 40% zunimmt, um dann langsam wieder abzunehmen (*Dufay* 1947). In den übrigen Nächten ist sie verhältnismäßig konstant. Die rote OI-Linie (6300 Å) und das gelbe Na-D-Dublett zeigen, abgesehen von einem langsamen Schwächerwerden nach Ende der Dämmerung und einer fortschreitenden Verstärkung vor Sonnenaufgang, keine regelmäßigen Änderungen im Laufe der Nacht.

Während eines Jahres weisen die grüne OI-Linie (5577 Å) und die Vegard-Kaplan-Banden zwei Maxima auf: ein schwächeres im Februar und ein stärkeres im Oktober. Im Gegensatz dazu werden die rote OI-und die gelbe Na-Linie mit maximaler Intensität um die Wintersonnenwende beobachtet und zeigen zur Sommersonnenwende ein Minimum. Die gelbe Na-D-Linie ist dabei im Mittel im Winter fünfmal stärker als im Sommer. Außerdem besteht eine eindeutige Beziehung zwischen der Sonnenaktivität, insbesondere ihrer 27tägigen Periode (→Sonnenrotation), und der grünen OI-Linie, sowie den Vegard-Kaplan-Banden. Die Differenzen zwischen der grünen und der roten OI-Linie — die beide von Sauerstoffatomen emittiert werden — deuten auf verschiedene Anregungsmechanismen oder unterschiedliche Emissionshöhen hin.

IV. Theorien des Nachthimmelleuchtens. Die außerordentlich verschiedenartigen Nachthimmelphänomene lassen auf einen komplexen Ursprung schließen. Bisher ist leider noch keine allen Erscheinungen gerecht werdende Theorie gefunden worden, da die Höhen, in der die Emissionen erfolgen, und die beteiligten Atome und Moleküle, deren Zusammenstöße schließlich zu einer Ausstrahlung führen, nicht allzu genau bekannt sind. Denn aus der Abwesenheit der Linien bzw. Banden eines Elements im Nachthimmelspektrum kann nicht unbedingt seine Abwesenheit oder das Nichtbeteiligtsein an dem Anregungsmechanismus gefolgert werden. So muß z. B. das Vorhandensein von Stickstoff-, Wasserstoff- und Heliumatomen in der oberen Atmosphäre, obwohl sie im besprochenen Spektrum nicht in Erscheinung treten, nach anderen Beobachtungen (→Nordlicht, *Vegard* 1941, *Bernard* 1947) angenommen werden.

Im Gegensatz zum Nordlichtspektrum sind die Anregungsenergien, die zur Emission der verschiedenen Nachthimmelstrahlungen führen, sehr niedrig und bleiben für die Hauptlinien unter 5 eV, während sie für die identifizierten Bandensysteme nicht über 9 eV gehen.

Es stehen nun für die Dauer der Nacht drei Energiequellen in der oberen Atmosphäre zur Verfügung:

1. Durch ultraviolettes Sonnenlicht dissoziierter Sauerstoff und wahrscheinlich auch Stickstoff in Regionen über 100 km, die bei ihrer Rekombination nach dem Schema:

$$O + O + X \rightarrow O_2 + X'$$

(das gleiche gilt für Stickstoff)

einem dritten Stoßpartner ihre frei werdende Dissoziationsenergie übertragen können. Diese beträgt für O_2 5,09 eV und für N_2 7,38 eV bzw. nach neueren Angaben (*Gaydon* 1944) wahrscheinlicher 9,76 eV (→Dissoziationsenergie des N_2). Für die Anregung der Na-D-Linien kann der Stoßprozeß

$$NaO + O \rightarrow Na\ (^2P\text{-Zustand}) + O_2$$

angenommen werden. Die zur Verfügung stehenden Energien reichen also für sämtliche beobachteten Emissionen aus, wenn man annimmt, daß sich N-Atome in der nötigen Konzentration in den emittierenden Schichten befinden. (*Chapman* 1931, 1937, 1939; *Wu* 1943, 1944; *Gauzit* 1941; *Nicolet* 1945; *Kastler* 1946.)

2. Die ionisierten Schichten der oberen Atmosphäre, wie die →E-Schicht in 100 bis 120 km und die →F-Schicht in etwa 300 km Höhe, können Anregungsenergie zu Nachthimmelemissionen liefern. Folgende Hauptprozesse kommen in Frage:

a) eine mit Strahlung verbundene Elektronenrekombination $O^+ + e \rightarrow O' + h\nu$;

b) zur Dissoziation führende Elektronenrekombination $O_2^+ + e \rightarrow O' + O''$;

c) Ionenrekombination $O^- + N_2^+ \rightarrow O' + N_2'$.

Die Beobachtungen zeigen aber, daß kein einfacher Zusammenhang zwischen den Vorgängen in den Ionosphärenschichten und dem Nachthimmelleuchten besteht und dieses darin kaum seinen Ursprung haben kann. Eine auf den angeführten Prozessen beruhende Theorie (*Mitra* 1943; *Ghosh* 1943) könnte im wesentlichen nur die zu Beginn der Nacht höhere Intensität der roten OI-Linie deuten.

3. Aus dem Weltenraum einfallende Partikel mögen für einen Teil des Nachthimmelspektrums, besonders den, der auch im Nordlicht vorkommt, die Anregungsenergie liefern. Da aber die geringe Teilchendichte in Höhen von etwa 200 km nur bei ungewöhnlich starkem Partikeleinfall eine ins Gewicht fallende Anregung (z. B. durch Elektronen) hervorbringen könnte, dürfte diese Erklärungsmöglichkeit (*Dauvillier* 1932; *Elvey* 1942) ausschließlich bei nordlichtähnlichen Erscheinungen angewandt werden.

Wenn auch ein großer Teil der Nachthimmelemissionen durch Anregung über rekombinierende OI-Atome nach 1. erklärt werden kann, so können auch die unter 2. und 3. aufgeführten Prozesse bei den einzelnen Nachthimmelphänomenen wirksam beteiligt sein und müssen mehr oder weniger zur theoretischen Deutung mit herangezogen werden. Im wesentlichen haben wir es also beim normalen Nachthimmelleuchten mit einem Freiwerden von potentieller Energie zu tun, die während des Tages durch das ultraviolette Licht der Sonne den oberen Atmosphärenschichten zugeführt wurde. Der wichtigste Prozeß ist hierbei die Photodissoziation des O_2-Moleküls durch Sonnenlicht unterhalb 1750 Å, der maximal in einem Bereich von 100 bis 130 km Höhe vonstatten geht. Auch die Photodissoziation des N_2 ist bei Wellenlängen < 500 Å oder nach *Herzberg* 1948 schon im Gebiet 1250 bis 1150 Å (über eine →Prädissoziation) denkbar, muß aber als wesentlich schwächer angenommen werden. Bei Anbruch der Nacht treten nun nach dem Verschwinden der Sonnenstrahlung die durch die oben angeführten Rekombinationsprozesse hervorgerufenen Emissionen hervor und klingen im Laufe der Nacht bei immer geringer werdender Zahl freier

Atome bis zur Morgendämmerung ab. Dieses lange Anhalten der Strahlung ist wegen der geringen Stoßwahrscheinlichkeit in diesen Höhen, noch dazu, weil eine Entaktivierung nur über Dreierstöße erfolgen kann, durchaus plausibel.

Nachthimmellinie, grüne →Nachthimmelleuchten.

Nachthimmelspektrograph, lichtstarker Spektrograph zur Aufnahme des Nachthimmelspektrums (→Nachthimmelleuchten) mit Glas- oder Quarzoptik. Langbrennweitiger Kollimator, Öffnungsverhältnis der Kamera 1 : 1 bis 1 : 0,5. Statt spezieller Linsensysteme hat man für die Kameraoptik auch →Schmidt-Spiegel mit Lichtweg ganz im Glas benutzt. Erforderliche Belichtungszeiten ~10 Stunden.

Nachthimmelspektrum →Nachthimmelleuchten.

Nachtmyopie, eine normalerweise mit dem →Dämmerungssehen einhergehende, etwa 2 dptr. betragende →Myopie, deren Deutung in psychisch bewirkten →Akkommodationsbewegungen, der sphärischen →Aberration und der vergrößerten optischen Weglänge durch die extrafoveale Abbildung gesucht wird.

Nachtsehen, bei manchen Autoren gebräuchliche Bezeichnung für das →Dämmerungssehen, welcher terminus in diesen Fällen vielfach im Sinne von →Zwielichtsehen beibehalten wird.

Nachtwolken →leuchtende Nachtwolken.

Nachweisempfindlichkeit lichtelektrischer Zellen, kleinste Lichteinstrahlung, die mit Hilfe von →Photozellen und →lichtelektrischen Halbleiterzellen noch nachgewiesen werden kann. Sie liegt bei Gleichlicht an der Grenze des →Dunkelstromes, bei Wechsellicht an der Grenze des Rauschpegels (→Photozellenrauschen).

Nachwirkung, dielektrische →Rückstand, dielektrischer.

Nachwirkung, elastische →Nachwirkungserscheinungen, elastische, →Rheologie.

Nachwirkung, lichtelektrische →lichtelektrische Nachwirkung.

Nachwirkung, magnetische, die Erscheinung, daß sich bei vielen ferromagnetischen Materialien nach einer Änderung des Magnetisierungszustandes die Magnetisierung in einem konstanten Magnetfeld noch zeitlich ändert. Eine sehr lange bemerkbare Nachwirkung wird auch *Alterung* genannt; jedoch denkt man bei dieser Bezeichnung hauptsächlich an die Vorgänge, die nach der Herstellung des Materials oder nach einer Glühbehandlung ablaufen, während das Wort Nachwirkung nur die durch einen Magnetisierungsprozeß hervorgerufenen, aber verspätet ablaufenden magnetischen Vorgänge bezeichnet. Eine besonders starke Nachwirkung zeigt das Carbonyleisen. Bei ihm folgt nach jeder plötzlichen Änderung der Induktion verzögert noch eine weitere Änderung in der gleichen Richtung, die über 10% der ersten betragen kann. Außer Betracht bleibt dabei die Verzögerung, die von Wirbelströmen herrührt und eine plötzliche Induktionsänderung strenggenommen unmöglich macht. Die Dauer des Abklingens der Nachwirkung hängt sehr stark von der Temperatur ab. Sie fällt von etwa 1000 s bei −12 °C mit wachsender Temperatur bis unter 10^{-3} s bei 200 °C. Wenn man in kurzem zeitlichem Abstand zwei Induktionsänderungen in verschiedener Richtung und Größe eintreten läßt, so erzeugt jede ihre eigene Nachwirkung. Durch deren Überlagerung kann eine anomale Nachwirkung eintreten, bei der die Induktion in konstantem Feld erst zunimmt und dann abnimmt. Bei Messungen des Wechselstromwiderstandes von Ringspulen bewirkt die Nachwirkung des Kernes einen zusätzlichen →Verlustwiderstand, welcher zu dem Beitrag der Hysterese und der Wirbelströme hinzukommt. Trägt man diesen Anteil des Widerstandes beim Carbonyleisen bei fester Frequenz in Abhängigkeit von der Temperatur auf, so durchläuft die Kurve ein Maximum an der Stelle, wo die Periodendauer etwa mit der Abklingdauer der Nachwirkung übereinstimmt. Die Ursache dieser Nachwirkung ist eine elastische →Nachwirkung, welche sich magnetisch wegen der mit der Magnetisierung verbundenen Magnetostriktionsverzerrung bemerkbar macht. Sie tritt nur bei geringen Verunreinigungen mit Kohlenstoff und Stickstoff auf und beruht auf Diffusionsvorgängen dieser Fremdatome im Eisengitter. Außerdem gibt es wahrscheinlich noch andere Ursachen für Nachwirkungserscheinungen. Der Rest, welcher nach Abzug des Hysterese- und Wirbelstromanteiles vom Verlustwiderstand des Kernes übrigbleibt, ist bei den meisten in der Fernmeldetechnik benutzten magnetischen Materialien angenähert proportional zur Frequenz und wenig von der Temperatur abhängig. Man nennt diesen Rest Nachwirkungsverlust, obwohl sein Zusammenhang mit der Nachwirkung nicht sichergestellt ist. Wenn diese Bezeichnung berechtigt ist, so deutet das im Vergleich zum Carbonyleisen andersartige Verhalten auf andere Ursachen, die man bisher nur unvollständig kennt.

Becker, R., u. *W. Döring:* Ferromagnetismus. Berlin 1939.

Nachwirkung der Permeabilität, das langsame Absinken der reversiblen Permeabilität vieler ferromagnetischer Materialien nach einer größeren Änderung des magnetischen Zustandes. Nicht nur Magnetisierungsänderungen, sondern auch mechanische Spannungen rufen eine solche Nachwirkung hervor. Am Carbonyleisen zeigt der Effekt eine ebenso starke Temperaturabhängigkeit wie die gewöhnliche Nachwirkung, ist also der gleichen Ursache zuzuschreiben, nämlich der Diffusion der Stickstoff- und Kohlenstoffatome im Eisengitter. Man stellt sich das folgendermaßen vor: Wenn eine Wand zwischen zwei →Weißschen Bezirken eine neue Lage einnimmt, entstehen infolge der magnetostriktiven Verzerrungen innere Spannungen. Das Gitter paßt sich dieser neuen Lage durch eine Änderung in der Verteilung der Fremdatome allmählich an. Dadurch wird die Wand in ihrer neuen Stellung stärker festgelegt, die Verschiebbarkeit unter der Wirkung des Wechselfeldes nimmt ab und damit auch die Permeabilität. Die gemessene Abklingdauer liegt bei Zimmertemperatur in der Größenordnung von einigen Minuten.

Nachwirkungsverlust, magnetischer →Eisenverluste, →Nachwirkung, magnetische.

Nachwirkungserscheinungen, elastische. Durch eine mechanische Beanspruchung wird im allgemeinen der thermodynamische Zustand eines Körpers verändert, und es dauert eine gewisse Zeit, bis sich der zu einer bestimmten Beanspruchung gehörige Gleichgewichtszustand eingestellt hat. Das bedeutet, daß die Deformationen nicht nur durch die augenblicklichen äußeren Kräfte bestimmt sind, sondern von dem Verlauf der Beanspruchung abhängen. Selbst in dem üblicherweise als elastisch bezeichneten Bereich, auf den wir uns hier beschränken, sind die Deformationen nicht vollkommen elastisch (bezüglich der Nachwirkungserscheinungen in Verbindung mit plastischen Verformungen →Fließgesetze). Unter den zu behandelnden Abweichungen von der vollkommenen Elastizität sollen die plastischen Formänderungen, die nach genügend langen Belastungsdauern auch bei beliebig kleinen Spannungen auftreten (→Kriechen), ausgeschlossen sein; denn innerhalb der für erstere in Betracht kommenden Versuchszeiten können letztere praktisch vernachlässigt werden. Die im folgenden angeführten unendlich langsamen Verformungsvorgänge sind daher als Idealisierungen anzusehen, welche ein klareres Bild der wirklichen Verhältnisse vermitteln sollen. Wir nehmen also an, daß es zu gegebenen äußeren Kräften einen eindeutig bestimmten Deformationszustand gibt, der sich im allgemeinen nur nicht sofort, sondern erst nach einer gewissen (theoretisch unendlich langen) Zeit einstellt. Über die besondere Art der Beanspruchung machen wir keine Annahme (es kann sich um Zug-, Druck-, Biege- oder Torsionsbeanspruchung handeln; rein hydrostatische Druckbeanspruchung ergibt keine Nachwirkungserscheinungen) und gebrauchen daher die Bezeichnungen Spannungen, Deformationen und elastischer Modul im üblichen verallgemeinerten Sinne.

Erfolgt eine Verformung unendlich langsam, so kann sich stets der zu einer bestimmten Spannung gehörige Gleichgewichtszustand einstellen, und der Zusammenhang zwischen Spannung und Deformation ist eindeutig. Wir bezeichnen den Deformationszustand und der Kürze halber auch die Verformung selbst aus den nachfolgend genannten Gründen dann als *relaxiert*. Im entgegengesetzten Grenzfall der unendlich raschen Verformung können die Zustandsänderungen, da sie mit endlicher Geschwindigkeit ablaufen, gar nicht stattfinden; der Zusammenhang zwischen Spannung und Deformation ist dann ebenfalls eindeutig. Wir bezeichnen eine solche Verformung als *unrelaxiert*. In Abb. 1 sind die elastischen Geraden für diese beiden Grenzfälle gezeichnet. Ihre Neigungen

$$(\sigma/\varepsilon)_r = E_r, \quad (\sigma/\varepsilon)_u = E_u \tag{1}$$

(σ Spannung, ε Deformation) geben die zugehörigen elastischen Moduln E_r (relaxierter Modul) und E_u (unrelaxierter Modul) an.

Bei allen anderen Versuchsführungen erhält man Erscheinungen, die durch den Umstand verursacht werden, daß die den jeweiligen Spannungen zugehörigen Gleichgewichtszustände nie erreicht werden, aber die Zustandsänderungen stets in Richtung auf diese verlaufen. Diese Erscheinungen besitzen aber verschiedene charakteristische Formen, so daß sie mit verschiedenen Namen belegt wurden, die heute noch üblich sind. Diese sind folgende:

Elastische Hysterese. Wird ein Körper mit konstanter Geschwindigkeit deformiert, so ist die (ϱ, ε)-Kurve eine Gerade (in Abb. 1 mit B = Belastung bezeichnet). Bei rascher Entlastung wird die in Abb. 1 mit E bezeichnete Kurve durchlaufen, die eine größere Neigung besitzt als die Belastungsgerade und daher die ε-Achse bei einer von Null verschiedenen Deformation ε_N schneidet. Dieser unterschiedliche Verlauf beider Geraden (bei allgemeinerer Versuchsführung sind es gekrümmte Kurven, bei periodischen Beanspruchungen haben sie die vom Magnetismus her bekannte Schleifenform, →Hysterese, magnetische) wird als Hysterese bezeichnet. Sie ist um so größer, je größer der Unterschied in den Belastungs- und Entlastungszeiten bzw. Geschwindigkeiten ist.

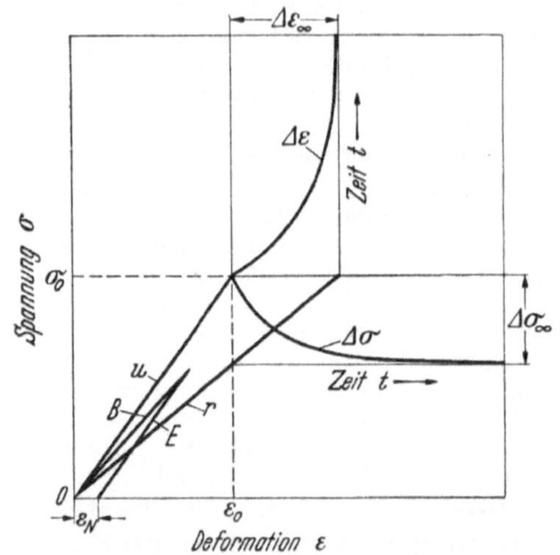

Abb. 1. Darstellung der Hysterese-, Nachwirkungs- und Relaxationserscheinungen im (σ, ε)-Diagramm.

Elastische Nachwirkung. Obwohl auf den entlasteten Körper keine äußere Kraft mehr einwirkt, so geht doch die Deformation im Laufe der Zeit auf Null zurück im allgemeinen unter der Mitwirkung innerer Spannungen, die beim Entlasten wegen der nicht abgelaufenen Zustandsänderungen entstanden sind (z. B. durch Konzentrationsunterschiede). Dieser Vorgang wird als elastische Nachwirkung schlechthin bezeichnet.

Offenbar ist jeder Deformationsvorgang bestimmt durch das Zusammenwirken der jeweiligen differentiellen Spannungsänderungen und Nachwirkungseinflüsse, so daß man die gesamten Erscheinungen am besten unter dem Begriff Nachwirkungserscheinungen zusammenfassen kann.

Relaxation. Wird nach einer raschen Verformung (Gerade u in Abb. 1) die Deformation $\varepsilon = \varepsilon_0$ konstant gehalten, so nimmt die zur Aufrechterhaltung von ε_0 erforderliche Spannung infolge der eintretenden Zustandsänderungen im Laufe der Zeit ab. In Abb. 1 ist diese Abnahme durch die Kurve $\Delta\sigma$ dargestellt. Die Spannungsabnahme erfolgt offenbar so lange, bis die Spannung $\sigma = \sigma_r(\varepsilon_0)$ der relaxierten Kurve bei $\varepsilon = \varepsilon_0$ erreicht ist; denn dann sind alle Zustandsänderungen abgelaufen. Man bezeichnet diesen Vorgang als *Spannungsrelaxation*. Im einfachsten Falle ist ihr zeitlicher Verlauf durch eine e-Funktion gegeben:

$$\Delta\sigma = \Delta\sigma_\infty\left(1 - e^{-t/\tau_\sigma}\right) \tag{2}$$

$(\Delta\sigma_\infty = \sigma_u(\varepsilon_0) - \sigma_r(\varepsilon_0))$. Die Zeit $t = \tau_\sigma$, nach welcher die Spannungsabnahme auf den e-ten Teil abgeklungen ist, d. h. nach welcher sich σ bis auf den e-ten Teil von $\Delta\sigma_\infty$ dem Endwert $\sigma_r(\varepsilon_0)$ genähert hat, heißt *Relaxationszeit.*

Wird umgekehrt nach einer raschen Verformung die Spannung $\sigma = \sigma_0$ konstant gehalten, so nimmt die Deformation im Laufe der Zeit bis zu dem Wert $\varepsilon = \varepsilon_r(\sigma_0)$ der relaxierten Geraden zu (Kurve $\Delta\varepsilon$ in Abb. 1). Im einfachsten Fall ist entsprechend Gl. (2)

$$\Delta\varepsilon = \Delta\varepsilon_\infty\left(1 - e^{-t/\tau_\varepsilon}\right) \quad (3)$$

($\Delta\varepsilon_\infty = \varepsilon_u(\sigma_0) - \varepsilon_r(\sigma_0)$).

Dämpfung. Die genannten Vorgänge sind mit Arbeitsverlusten verbunden, die im Endergebnis als Wärme in Erscheinung treten. Ihr Betrag ist im allgemeinen so gering, daß er nicht unmittelbar nachgewiesen werden kann. Wird jedoch der Körper einer periodischen Schwingungsbeanspruchung unterworfen, so ergibt die Schwingungsamplitude, in Abhängigkeit von der Kreisfrequenz ω' aufgetragen, eine Resonanzkurve, aus deren Halbwertsbreite $\Delta\omega$ das logarithmische Dämpfungsdekrement δ oder die dissipierte Energie $\Delta U/U$ je Periode (U gesamte Deformationsenergie je Periode) oder die Phasenverschiebung $\operatorname{tg}\delta$ zwischen Spannung und Deformation in bekannter Weise berechnet werden können:

$$\frac{\Delta U}{U} = 2\delta = 2\pi\operatorname{tg}\vartheta = \frac{2\pi}{\sqrt{3}}\,\frac{\Delta\omega}{\omega}. \quad (4)$$

Die Resonanzfrequenz ω ist im folgenden als Variable zu betrachten. δ kann auch aus dem Abklingen freier Schwingungen bestimmt werden.

Modellmäßige Darstellung. Um die angegebenen Erscheinungen mathematisch behandeln zu können, muß man sich eine Vorstellung darüber bilden, wie die elastischen Formänderungen und die Zustandsänderungen miteinander gekoppelt sind. In einfacheren Fällen, wie z. B. bei den thermoelastischen Erscheinungen, kann man den Zusammenhang unmittelbar auf Grund der Gesetze der Zustandsänderungen (der Wärmeleitung in dem genannten Beispiel) gewinnen. Dieser hat sich auch zur Beschreibung komplizierterer Fälle als ausreichend und physikalisch durchsichtig erwiesen. Er kann durch das in Abb. 2 dargestellte lineare

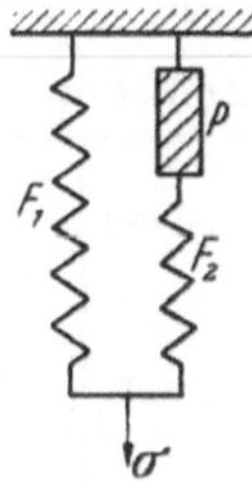

Abb. 2. Thomsonsches Modell zur formalen Beschreibung der Nachwirkungserscheinungen.

Modell, das zuerst von *J. J. Thomson* in Betracht gezogen worden ist, veranschaulicht werden. F_1 und F_2 sind vollkommen elastische Federn mit den Moduln E_1 und E_2, R ein Körper, welcher die Zustandsänderungen repräsentiert. Da die Reibung einen Prototyp der irreversiblen Vorgänge darstellt, so wird er allgemein als Reibungskörper angenommen, der dem Newtonschen Reibungsgesetz (→Viskosität)

$$\sigma = \eta\, d\varepsilon/dt \quad (5)$$

genügt (η ist wie σ und ε in allgemeiner Bedeutung aufzufassen). Dementsprechend faßt man die Ursachen der Nachwirkungserscheinungen häufig unter dem Begriff *innere Reibung* zusammen, obwohl diese Analogie nur formal ist; denn nur in besonderen Fällen spielen sich reibungsartige Vorgänge ab.

Die Bewegungsgleichung für das Modell läßt sich einfach ableiten, sie lautet

$$\sigma + \tau_\sigma\frac{d\sigma}{dt} = E_r\left(\varepsilon + \tau_\varepsilon\frac{d\varepsilon}{dt}\right), \quad (6a)$$

mit

$$\tau_\sigma = \eta/E_2,\ \tau_\varepsilon = \eta(E_1+E_2)/(E_1E_2),\ E_r = E_1,\ E_u = E_1+E_2. \quad (6b)$$

Dabei sind E_r und E_u die durch Gl. (1) definierten Moduln und τ_σ und τ_ε die in Gl. (2) und (3) auftretenden Relaxationszeiten. Die Beziehungen (6b) geben eine anschauliche Vorstellung der physikalischen Bedeutung dieser Größen und über die Natur der Verformungen mit und ohne Relaxation. Im ersten Fall ist $\sigma/\varepsilon = E_r$, im zweiten Fall $\sigma/\varepsilon = E_r\tau/\tau_\sigma = E_1 + E_2 = E_u$. Bei einer periodischen Beanspruchung ergibt sich für die Phasenverschiebung $\operatorname{tg}\vartheta$ und den „dynamischen" elastischen Modul E_ω:

$$\operatorname{tg}\vartheta = 2\Delta\frac{\omega\tau}{1+(\omega\tau)^2},\quad E_\omega = \frac{E_r + (\omega\tau)^2E_u}{1+(\omega\tau)^2}. \quad (7)$$

Dabei bezeichnen

$$\tau = \sqrt{\tau_\sigma\tau_\varepsilon},\quad E = \sqrt{E_rE_u} \quad (7a)$$

die geometrischen Mittelwerte der entsprechenden Größen und

$$\Delta = \frac{E_u - E_r}{2E} \quad (7b)$$

die *Relaxationsstärke.* Den Verlauf von $\operatorname{tg}\vartheta$ und E_ω in Abhängigkeit von ω zeigt Abb. 3. Bei

$$\omega = \bar{\omega} = 1/\tau \quad (8)$$

tritt Resonanz zwischen den mechanischen Schwingungen und den Relaxationsvorgängen auf. An der

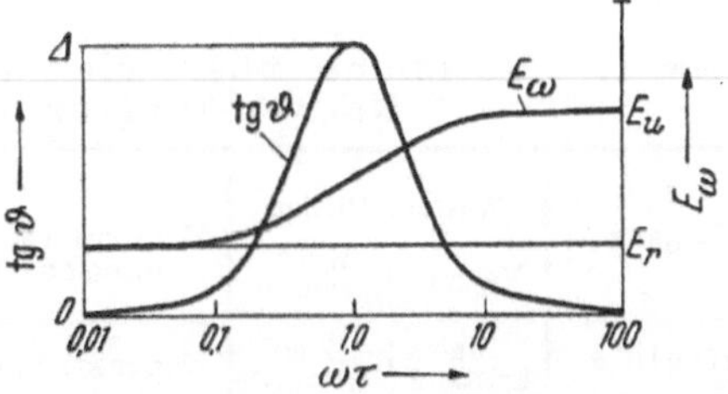

Abb. 3. Verlauf der Phasenverschiebung $\operatorname{tg}\delta$ (als Maß der Dämpfung) und des dynamischen elastischen Moduls E_ω bei periodischen Beanspruchungen in Abhängigkeit von $\omega\tau$ (ω Kreisfrequenz, τ Relaxationszeit).

Resonanzstelle findet ein Übergang des elastischen Moduls von einem relaxierten Wert E_r (bei $\omega \ll \bar{\omega}$) zu einem unrelaxierten Wert E_u (bei $\omega \gg \bar{\omega}$) statt. An der Resonanzstelle selbst ist $E_\omega = (E_r + E_u)/2$. Die Dämpfung besitzt dort ihren maximalen Wert ($\operatorname{tg}\vartheta = \Delta$) und ist in einiger Entfernung von ihr nach beiden Seiten praktisch gleich Null.

Physikalische Deutung. Die physikalische Theorie der Nachwirkungserscheinungen hat die Aufgabe, die einzelnen zu ihnen Anlaß gebenden physikalischen Vorgänge zu interpretieren und die Relaxationszeiten und -stärken als Funktionen der diese Vorgänge kennzeichnenden Parameter zu berechnen.

Bei *homogenen Körpern* kann der die Nachwirkung bewirkende Vorgang formal stets als Diffusion beschrieben werden. In allen diesen Fällen ist, unabhängig von dem besonderen Vorgang, näherungsweise

$$\tau \sim \frac{r^2}{2D}, \qquad (9)$$

wo D den Diffusionskoeffizienten und r die mittlere Entfernung, über welche sich die Diffusion erstreckt, bezeichnen. Für die Relaxationsstärke läßt sich demgegenüber keine allgemeingültige Beziehung angeben.

Zu diesen Vorgängen gehören: 1. die *Wärmediffusion* als Folge der durch thermoelastische Wirkungen verursachten Temperaturunterschiede. Diese entstehen in Einkristallen bei inhomogenen Beanspruchungen (*Volumdiffusion*) oder in Vielkristallen zwischen den Körnern, da diese wegen der Anisotropie der Kristalle verschieden deformiert werden (*Korngrenzendiffusion*). In diesen Fällen ist D die Temperaturleitfähigkeit, und die Begriffe relaxiert bzw. unrelaxiert sind gleichbedeutend mit isotherm bzw. adiabatisch. 2. *Atomdiffusion* als Folge der durch die Konzentrationsabhängigkeit der Gitterkonstanten verursachten *Konzentrationsunterschiede* in Mischkristallen. 3. *Atomdiffusion* als Folge der *Veränderung des Ordnungszustandes* in Mischkristallen durch mechanische Beanspruchungen. 4. *Atomdiffusion* als Folge der *Änderung der Verteilung gelöster Atome* in der Umgebung der Atome des Grundgitters.

Bei allen *Atomdiffusionsvorgängen* sind der Diffusionskoeffizient D und damit nach Gl. (9) die Relaxationszeit τ stark temperaturabhängig gemäß

$$D = D_0\, e^{-\frac{Q}{kT}} \quad \text{bzw.} \quad \tau = \tau_0\, e^{\frac{Q}{kT}}, \qquad (10)$$

wo k die Boltzmann-Konstante und Q die Aktivierungsenergie je Elementarvorgang bezeichnen.

In diesen Fällen kann man zur experimentellen Bestimmung der Funktionen Gl. (7) anstatt die Frequenz ω bei fester Temperatur zu verändern, auch die Temperatur bei fester Frequenz verändern, was experimentell wesentlich einfacher ist, weshalb von dieser Möglichkeit ausgiebig Gebrauch gemacht wird.

In der Tabelle 1 sind die wichtigsten Daten dieser Gruppe von Nachwirkungserscheinungen zusammengestellt. In den meisten Fällen konnten sie in Übereinstimmung mit dem Experiment theoretisch abgeleitet werden.

Heterogene Körper. Es bestehen Hinweise, daß die Korngrenzenschichten von Vielkristallen in gewissem Sinne viskose Eigenschaften besitzen (→Vielkristalle). Hinsichtlich der Nachwirkungserscheinungen sind dann Vielkristalle als heterogene Körper aufzufassen, die aus einer kristallinen Grundmasse mit eingelagerten amorphen Bereichen bestehen. Auf diese läßt sich das Modell von Abb. 2 wörtlich übertragen; der Reibungskörper R repräsentiert diese Einlagerungen. Diese Vorgänge sind noch nicht so weit erforscht wie die zuerst genannten Vorgänge in homogenen Körpern. Ihr sicherer Nachweis kann nur durch Vergleich der Ergebnisse an Ein- und Vielkristallen unter gleichen Bedingungen erfolgen. Es ist aber *Cl. Zener* und Mitarbeitern gelungen, ihre Existenz eindeutig aufzuzeigen. Einige Daten sind ebenfalls in der Tabelle angegeben.

Die experimentelle und theoretische Erforschung der elastischen Nachwirkungserscheinungen in physikalischer und formal-mathematischer Hinsicht ist in den letzten Jahren in großem Umfange durchgeführt worden, insbesondere von *K. Bennewitz* und *H. Röttger*, *W. Köster*, *M. Päsler*, *J. L. Snoek* und *Cl. Zener*. Sie hat wesentliche Einsichten in die kinetischen und thermodynamischen Verhältnisse insbesondere von Mischkristallen gebracht und zu einem Verständnis der technisch wichtigen Eigenschaften von Stählen (obere und untere Streckgrenze, Härtbarkeit) beigetragen.

Zener, Cl.: Elasticity and Anelasticity of Metals. Chicago 1948.

Tabelle 1. Übersicht über die ungefähren Zahlenwerte der für die elastischen Nachwirkungserscheinungen maßgebenden Größen.

Vorgang	Wärmediffusion		Atomdiffusion infolge				Viskoses Korngrenzenfließen	
	Volum-	Korngrenzen-	Konzentrationsunterschiede	Veränderung des Ordnungszustandes	bevorzugte Verteilung der Atome SMKr.[1])	bevorzugte Verteilung der Atome EMKr.[1])		
Beispiele:	Einkristalle	Vielkristalle	Mischkristalle	β-Cu Zn, Au Cu	α-Messing	FeC, FeN	Vielkristalle [2])	
Temperatur	[3])	[3])	800—1200	300—400	420	70	290	°C
D	0,5 [4])	0,5 [4])	10^{-12}—10^{-6}	10^{-17}—10^{-15}	10^{-12}	10^{-13}	—	cm^2/s
r	10^{-1} [5])	10^{-3}	10^{-1} [5])	Einige Å-Einheiten			—	cm
τ	10^{-2}	10^{-5}	10^{10}—10^{4} [6])	10—10^{-1} [7])	10^{-4}	10^{-3}	0,2	s
Q	—	—	25000—35000	27000	33000	19000	40000	cal/mol
Δ	10^{-3}	10^{-4}	—	10^{-3}—10^{-1}	$2{,}5 \cdot 10^{-2}$	$5 \cdot 10^{-2}$	10^{-1}	

[1]) SMKr. bzw. EMKr. = Substitutions- bzw. Einlagerungsmischkristall.
[2]) Meßwerte von Aluminium.
[3]) In den üblichen Temperaturbereichen temperaturunabhängig.
[4]) Mittelwert für Metalle.
[5]) Bei Verformungen mit transversalem Charakter (Biegung, Torsion).
[6]) Unter diesen Bedingungen sind Messungen nicht durchführbar.
[7]) Messungen bei den entsprechenden Frequenzen $\nu \sim 1\,s^{-1}$ sind noch nicht durchgeführt worden. Die bei Frequenzen von $\sim 5000\,s^{-1}$ durchgeführten Messungen haben erwartungsgemäß keine Effekte gegeben (Vorgänge unrelaxiert).

Nadelabweichung →Aktivität, erdmagnetische.

Nadelimpuls →δ-Funktion.

Nadelstrahlung, ursprünglich von *Einstein* geprägter Ausdruck, der die diskreten Bahnen der →Lichtquanten im Gegensatz zur allseitigen Ausbreitung von Kugelwellen kennzeichnen sollte; heute nicht mehr gebräuchlich.

Nahdurchschlag →Zündung von Gasentladungen.

Näherung, Ersatz eines formelmäßig gegebenen Ausdrucks durch einen anderen, der von dem ursprünglichen („strengen") mehr oder weniger abweicht. Die Näherung geschieht dadurch, daß man in verwickelten Rechnungen, in denen „kleine" Größen auftreten, diese streicht, um den Rechnungsgang zu vereinfachen, in manchen Fällen ihn überhaupt erst zu ermöglichen. Dabei versteht man unter einer „kleinen" Größe eine solche, die klein ist verglichen mit den anderen auftretenden Größen und gegenüber diesen vernachlässigt werden kann, so daß der zu ermittelnde Wert nur unwesentlich beeinflußt wird. In welchem Grade dies geschieht, hat man mittels einer von Fall zu Fall besonders durchzuführenden Fehlerabschätzung zu untersuchen.

Beispiel: Es gilt allgemein nach dem →binomischen Lehrsatz:

$$(1+x)^n = 1 + \binom{n}{1}x + \binom{n}{2}x^2 + \cdots \qquad (1)$$

Ist $x \ll 1$, so sind sein Quadrat x^2 und die höheren Potenzen x^m $(m > 2)$ erst recht sehr klein gegen 1 und können daher auf der rechten Seite von Gl. (1) gegenüber dem Anfangsglied 1 vernachlässigt werden. Man gelangt dann „in erster Näherung" zu der für $x \ll 1$ gültigen Beziehung

$$(1+x)^n \approx 1 + nx\,. \qquad (2)$$

Der entstandene sehr kleine Fehler wird herabgedrückt, wenn man noch weitere Glieder hinzunimmt. So wird in „zweiter Näherung"

$$(1+x)^n \approx 1 + nx + \tfrac{1}{2}(n-1)nx^2 \qquad (3)$$

usw. Von den bekannten elementaren Näherungsformeln seien genannt:

$$\frac{1}{1\mp x} \approx 1 \pm x, \quad x \ll 1; \qquad (4)$$

$$\sqrt{1\pm x} \approx 1 \pm \tfrac{1}{2}x, \quad x \ll 1; \qquad (5)$$

$$\left.\begin{aligned} \sin x &\approx x, \quad (6)\\ \operatorname{tg} x &\approx x, \quad (7)\end{aligned}\right\} \quad x \approx 0.$$

Als Beispiel einer „höheren" Näherungsformel kann die insbesondere in der Statistik viel benutzte →Stirlingsche Formel dienen.

Knopf, K.: Theorie u. Praxis d. unendl. Reihen. Berlin 1949.

Näherungsverfahren zur Auflösung von algebraischen oder transzendenten Gleichungen sind Rechenmethoden, die es gestatten, in Fällen, wo eine strenge Lösung einer vorgegebenen Gleichung nicht möglich ist, Werte zu ermitteln, die von deren tatsächlichen Wurzeln nur wenig abweichen. Zur Bestimmung dieser *Näherungswerte* bedient man sich u. a. insbesondere der →Newtonschen Näherungsmethode und der →Regula falsi.

Nahewirkungstheorie = →Feldtheorie.

Nahgeometrie, Weylsche, eine Verallgemeinerung der →Riemannschen Geometrie. Im Riemannschen Raum (d. i. ein Raum, in dem eine Riemannsche Geometrie gilt) kann man irgend zwei Linienelemente auch an verschiedenen Stellen des Raumes messend miteinander vergleichen. Die Möglichkeit eines solchen Fernvergleichs von Längen ist in der Weylschen Geometrie nicht mehr gegeben. Es existiert nur ein Prinzip, das die Übertragung einer Meßstrecke von einem Punkt nach einem unendlich benachbarten Punkt ermöglicht. Diese Verallgemeinerung der Riemannschen Geometrie ist von Bedeutung für die einheitliche →Feldtheorie.

Eddington, A. S.: Relativitätstheorie in math. Behandlung. Berlin 1925.

Nahordnungsgrad, eine von *Bethe* eingeführte Ordnungsgröße in einem aus zwei Atomsorten A und B bestehenden Kristall, in dem keine Leerstellen oder Zwischengitterplätze existieren. Sie ist definiert als die Differenz der Wahrscheinlichkeiten, in der unmittelbaren Nachbarschaft eines Atoms ein ungleiches oder ein gleiches Atom anzutreffen. Wenn jedes Atom Z nächste Nachbarn hat und die Plätze für A- und B-Atome gleich häufig sind, so gibt es bei N Gitterpunkten $NZ/2$ Paare von verschiedenen nächsten Nachbarn. Die Wahrscheinlichkeit eines Paares AB sei w_{AB}, entsprechend die eines Paares AA oder BB w_{AA} bzw. w_{BB}. Dann ist der Nahordnungsgrad definiert durch

$$\sigma = w_{AB} - (w_{AA} + w_{BB}).$$

Diese Größe ist grundlegend in der →Nahordnungstheorie der Kristalle.

Nahordnungstheorie in Kristallen (*Bethe* 1934), benutzt neben dem →Fernordnungsgrad den →Nahordnungsgrad. Eine reine Nahordnungstheorie löst den Kristall in viele kleinste Einzelbezirke auf und kann daher wegen der alleinigen Berücksichtigung der nächsten Nachbarn kein vollständiges Bild der Reaktion: Ordnung ⇄ Unordnung liefern. Der Fernordnungsgrad trägt dagegen der Zusammengehörigkeit aller Atome eines Kristalls Rechnung. Daher ist eine kombinierte Methode aus Nah- und Fernordnung (*Bethe*) vorzuziehen. Zwischen dem Nahordnungsgrad σ und dem Fernordnungsgrad S wird ein Zusammenhang hergestellt. Die Durchführung der Theorie ergibt, wie die Fernordnungstheorie, eine kritische Temperatur T_c (Umwandlungstemperatur), bei der die Molwärme einen Sprung aufweist. Unterhalb von T_c zeigt die T-Abhängigkeit der Molwärme einen ähnlichen Verlauf wie bei *Bragg* und *Williams* (→Fernordnungstheorie). *Bethe* hat diese Überlegungen noch verfeinert, indem er die zweiten Nachbarn bei der Definition des Nahordnungsgrades berücksichtigte. Dies führt zu einer gewissen Verbesserung der Theorie, die jedoch auch nicht zur quantitativen Darstellung der experimentellen Ergebnisse ausreicht.

Bethe, H. A.: Proc. Roy. Soc. Lond. (A) **150**, 552 (1935). — *Kirkwood, J. G.:* J. Chem. Phys. **6**, 70 1938). — *Nix, F. G.,* u. *W. Shockley:* Rev. Modern Phys. **10**, 1 (1938). — *Becker, R.:* Z. Metallkde. **29**, 245 (1937).

Nahpunkt, die Entfernung desjenigen Punktes vom →Auge, der bei stärkster →Akkommodation gerade noch scharf gesehen werden kann. Der Nahpunkt ändert sich mit fortschreitendem Alter durch allmähliche Abnahme der Akkommodationsfähigkeit von 7 cm (10 Jahre) bis zu 400 cm (70 Jahre) oder gar ∞. →Fernpunkt.

Nano-, abgek. n-; →Vorsatzsilben.

Naßdampf →Dampf.

National Bureau of Standards (NBS), Washington, gegr. 1901, Staatsinstitut der Vereinigten Staaten von Nordamerika (→Meterkonvention, Abschn. 4a—c).

National Physical Laboratory (NPL), Teddington, gegr. 1900, Staatsinstitut Großbritanniens (→Meterkonvention, Abschn. 4a—c).

Natriumdampflampe, Gasentladungslampe, deren sichtbare Strahlung fast ganz aus der gelben Doppellinie des Natriums (D-Linien 5889,963 und 5895,930 I. A.) besteht, die durch Elektronenstoß angeregt werden. Der Dampfdruck des Natriums von etwa $4 \cdot 10^{-3}$ Torr wird dadurch erzeugt, daß das Entladungsrohr nach der Zündung einer Entladung in der Grundfüllung von einigen Torr Neon auf 250—300 °C aufgeheizt wird, wodurch eingebrachtes metallisches Natrium verdampft. Im Betriebszustand leuchtet wegen der geringen Anregungsspannung nur der Natriumdampf, obgleich sein Anteil unter 1% der Gasfüllung liegt. Zur Vermeidung von Wärmeverlusten ist das Entladungsrohr in einem evakuierten Kolben oder einem Dewar-Gefäß untergebracht. Die Oxydelektroden werden von dem Entladungsstrom aufgeheizt, der zwischen 0,6 und 6 A liegt. Zur sicheren Zündung sind besondere Zündeinrichtungen erforderlich. Bei kleiner Stromdichte wird bis zu 90% der der Säule zugeführten elektrischen Leistung als Licht abgestrahlt, wobei allerdings das Entladungsrohr durch äußere Heizung auf die Betriebstemperatur gebracht wird. In technischen Natriumdampflampen wird nur 15% in den Resonanzlinien, 6% in höheren Niveaus abgestrahlt, während der Rest zur Aufrechterhaltung der Betriebstemperatur verwandt wird.

Die für Beleuchtung entwickelten Typen werden je nach Brenn- und Zündspannung entweder über eine Drossel oder über einen Streutransformator aus dem Wechselstromnetz von 220 V betrieben. Daten einiger Typen:

	SO (Na) 1000	SO (Na) 500
Leistungsaufnahme:		
Lampe allein	140	80 W
einschl. Vorschaltgerät	165	94 W
Lampenspannung . .	165	75 V
Zündspannung . . .	410	190 V
Lampenstrom . . .	0,9	1,2 A
Lichtstrom (lm) . . .	1000	500 Dlm
Lichtausbeute . . .	71,5	62,5 lm · W⁻¹
Lichtausbeute[1] . . .	61	53 lm · W⁻¹
Elektrodenabstand .	810	350 mm
Rohrdurchmesser . .	17	28 mm

[1] Einschl. Vorschaltgerät.

Für spektroskopische Zwecke ist eine kleine handliche Form entwickelt worden (→Spektrallampen).

Uyterhoeven, W.: Elektr. Gasentladungslampen. Berlin 1938.

Natriumlinien. Das Natriumatom zeigt in Absorption im wesentlichen nur die Dubletts der Hauptserie, welche Übergänge vom $3\,^2S_{1/2}$-Grundzustand zu den Termen $n\,^2P_{3/2}$ und $n\,^2P_{1/2}$ ($n = 3, 4, 5, \ldots$) darstellen (→Alkalispektren). Dabei trägt das Grunddublett

D_1: Wellenlänge 5895,930 I. A., Oszillatorstärke $f_{D_1} = 0{,}35$,

D_2: Wellenlänge 5889,963 I. A., Oszillatorstärke $f_{D_2} = 0{,}70$

wegen seiner großen Übergangswahrscheinlichkeit (→Oszillatorstärke) mit 97,5% zur gesamten Absorption von Na-Dampf bei. Diese sog. Na-D-Linien oder Resonanzlinien des Na (Anregungsspannung 2,1 eV) werden in der Spektroskopie und Optik in vielfältigster Weise verwandt.

In Emission treten zu der Hauptserie noch die Linien der 1. und 2. Nebenserie hinzu, die als untere Terme die beiden Ausgangsniveaus ($3\,^2P_{3/2\text{ u. }1/2}$) der D-Linien und als obere Zustände $n\,^2S_{1/2}$- und $n\,^2D_{5/2,\,3/2}$-Terme ($n = 3, 4, 5, \ldots$) besitzen. Ihre Intensität tritt ebenfalls hinter der der Resonanzlinien weit zurück. Bemerkenswert ist das Auftreten der Na-D-Linien im Spektrum des →Nachthimmelleuchtens und des →Nordlichts.

Natriumschicht. Die Gegenwart von Natriumatomen in der oberen Atmosphäre der Erde geht aus der spektralen Zusammensetzung des →Nachthimmelleuchtens, das besonders stark während der Dämmerung (→Dämmerungseffekt) das gelbe Na-D-Dublett aufweist, und der des →Nordlichts hervor, in dem es ebenfalls beobachtet wurde. Die obere Grenze der während der Dämmerung im Licht der untergegangenen Sonne leuchtenden Schicht ermittelten *Vegard* u. *Tonsberg* (1940), *Cario* u. *Stille* (1941) und *Vegard* u. *Kvifte* (1945) in Höhen zwischen 110 und 120 km. Dabei wurde der Augenblick des Intensitätsabfalls, sobald die Na-Schicht in den Erdschatten (→Dämmerung) trat, beobachtet. Aus den Messungen ergab sich, daß nicht die Troposphäre (→Atmosphäre, Aufbau) bis etwa 8 km Höhe, sondern die →Ozonschicht, deren obere Grenze gleichzeitig in etwa 50 km Höhe gefunden wurde und welche innerhalb 1 km bei derartigem streifendem Einfall die hier wirksame Ultraviolettstrahlung der Sonne absorbiert (*Stille* 1941), den Erdschatten hervorrufen mußte. Diese Beobachtungen ließen darauf schließen, daß die Ausstrahlung der Na-Linien als eine durch das kurzwellige Sonnenlicht < 2900 Å (im Gebiet der Hartley-Banden des Ozons) angeregte Photolumineszenz zu deuten wäre. *Bernard* (1938) gab als weitere Anregungsmöglichkeit eine optische Resonanz zwischen den Na-Atomen und der gelben Sonnenstrahlung an. Höhenmessungen von *Dufay* (1947) und Messungen von *Bricard*, *Kastler* und *Robley* (1949), die einen polarisierten Anteil der Na-D-Linien von etwa 9% fanden, lassen vermuten, daß dieser Prozeß, bei dessen Annahme man eine Höhe der Na-Schicht von 70 bis 80 km erhält, mindestens stark beteiligt ist. Eine untere Grenze der leuchtenden Na-Schicht läßt sich nur schwer bestimmen. Die Angaben für die Schichtdicke schwanken zwischen 9 und 30 km und hängen in starkem Maße von der verwendeten Meßmethode ab. Damit ist die Verteilung der Natriumatome in der oberen Atmosphäre noch keineswegs festgelegt, da die Lage einer emittierenden Schicht in starkem Maße durch den Anregungsmechanismus beeinflußt werden kann. Es könnten also auch in höheren und tieferen Schichten noch Na-Atome vorhanden sein, die aus irgendwelchen Gründen nicht zum Leuchten angeregt werden. Der prozentuale Anteil ihres Vorkommens ist extrem niedrig (nach *Swings* $\sim 1 \cdot 10^{-11}$ %). Nach *Chapman* (1939) nimmt die Dichte der Na-Atome nach oben hin exponentiell ab. Ihre Herkunft ist noch wenig geklärt. Entweder stammen sie aus Staubwolken starker Vulkanausbrüche oder haben kosmischen Ursprung, der durch Meteoriten, Sonnenpartikeln (nach *Vegard*) oder →interstellare Materie wahrscheinlich gemacht wird.

Naturgesetze. Seit der Aufstellung der Newtonschen Mechanik bis zur Durchsetzung der Maxwellschen Theorie wurden die Naturgesetze im wesentlichen als *mechanische* Gesetze verstanden; das Ziel der Forschung wurde darin gesehen, ein mechanisches Modell der Gesamtnatur zu entwickeln bzw. im Geiste der antiken Atomistik die geometrischen und mechanischen Eigenschaften der Atome vollständig zu ermitteln, womit eine „Erklärung" aller naturwissenschaftlichen Erfahrungstatsachen erreicht wäre. Diese Auffassung unterscheidet sich von der heutigen in zwei Punkten: Einerseits haben wir kein Verständnis mehr für die Meinung, daß die mechanischen Gesetze besser zu „verstehen" wären als etwa die Maxwellschen elektromagnetischen — daß eine *innere Notwendigkeit* in den mechanischen Gesetzen philosophisch-metaphysisch erkannt werden könne (ähnlich der angeblichen Möglichkeit, die Richtigkeit des Parallelenaxioms aus der „reinen Anschauung" heraus einzusehen). Zweitens haben wir die Hoffnung aufgegeben, von vornherein wissen oder festsetzen zu können, an welchen allgemeinen Rahmen sich die empirisch zu entdeckenden Naturgesetze halten müssen. Beim Erforschen eines neuen Erscheinungsgebietes sind wir darauf vorbereitet, hier vielleicht grundsätzlich *neue* Naturgesetze zu finden, die sich nicht als Anwendungsbeispiele schon bekannter Gesetzlichkeiten erweisen lassen. Allgemein verstehen wir unter Naturgesetz eine *erfahrungsgemäß immer wieder zu bestätigende Regel des Naturgeschehens;* also eine Aussage derart, daß das Vorliegen gewisser experimentell prüfbarer Bedingungen auch das Auftreten gewisser anderer beobachtbarer Verhältnisse erwarten läßt. Wir streben danach, solche Naturgesetze zu finden, die möglichst umfassende Bedeutung haben, also als →Axiome eines möglichst umfangreichen und inhaltreichen Systems naturwissenschaftlicher Tatsachenbeschreibung dienen können. Wir sind aber bereit, *jede* solche sich in der Erfahrung darbietende Regelmäßigkeit als Naturgesetz anzuerkennen, sei sie nun mechanisch oder elektromagnetisch, kausal oder statistisch.

Naturkonstanten →universelle Konstanten, →universelle Zahlenkonstanten.

Natürliche Linienbreite, diejenige Breite und Form der Spektrallinie, die allein durch die →Strahlungsdämpfung hervorgerufen wird. Ist γ_0 die Breite der Linie in der Frequenzskala ω, so erhält man etwa für die relative natürliche Linienbreite $\Gamma = \frac{\gamma_0}{\omega_0} = \frac{2}{3}\,\frac{e^2}{mc^3}\,\omega_0 = \frac{10^{-12}}{\lambda_0}$. Mit $\lambda_0 = 5\cdot 10^{-5}$ cm (sichtbares Licht), also $\gamma_0 = 8\cdot 10^7\,\mathrm{s}^{-1}$, ist $\Gamma_0 = 2\cdot 10^{-8}$. Diese Breite liegt meist weit unter der →Dopplerbreite und Druckverbreiterung (→Druckeinfluß auf Spektrallinien).

Natürliche Linienbreite von *Schall* →Unschärferelation, akustische.

Natürliche Logarithmen →Logarithmen.

Navier-Stokes-Gleichungen. Wenn die Flüssigkeitsteilchen in einer Strömung ihre Form ändern, so entstehen Spannungen wie in elastischen Körpern. Sie sind in diesem Falle jedoch nicht den Formänderungen selbst, sondern der Geschwindigkeit der Formänderung proportional. Der Proportionalitätsfaktor ist die dynamische →Viskosität η. Örtliche Spannungsunterschiede verursachen Kräfte, die sich als zusätzliche, durch die innere Reibung bedingte Kraftkomponenten in den Koordinatenrichtungen zu

$$X' = \eta\left(\frac{\partial^2 u}{\partial x^2} + \frac{\partial^2 u}{\partial y^2} + \frac{\partial^2 u}{\partial z^2}\right) + \eta\,\frac{\partial}{\partial x}\left(\frac{\partial u}{\partial x} + \frac{\partial v}{\partial y} + \frac{\partial w}{\partial z}\right) \qquad (1)$$

und in entsprechender Weise für Y' und Z' ergeben, wobei für volumenbeständige Flüssigkeiten das zweite Glied zu Null wird. Diese Zusatzglieder ergänzen die →Euler-Gleichungen für die →ideale Flüssigkeit zu den allgemeineren Bewegungsgleichungen zäher Flüssigkeiten, den Navier-Stokesschen Differentialgleichungen. Für volumenbeständige Flüssigkeiten lauten sie

$$\varrho\,\frac{du}{dt} = \varrho\left(\frac{\partial u}{\partial t} + u\,\frac{\partial u}{\partial x} + v\,\frac{\partial u}{\partial y} + w\,\frac{\partial u}{\partial z}\right) = \varrho X - \frac{\partial p}{\partial x} + \eta\left(\frac{\partial^2 u}{\partial x^2} + \frac{\partial^2 u}{\partial y^2} + \frac{\partial^2 u}{\partial z^2}\right) \qquad (2)$$

sowie entsprechende Ausdrücke für $\varrho\,\frac{dv}{dt}$ und $\varrho\,\frac{dw}{dt}$ oder

$$\varrho\left(\frac{\partial \mathfrak{v}}{\partial t} + \mathfrak{v}\,\mathrm{grad}\,\mathfrak{v}\right) = \varrho F - \mathrm{grad}\,p + \eta\,\Delta\,\mathfrak{v}, \qquad (3)$$

mit $\frac{\partial^2}{\partial x^2} + \frac{\partial^2}{\partial y^2} + \frac{\partial^2}{\partial z^2} = \Delta$. Führt man ein Geschwindigkeitspotential in dieses Gleichungssystem ein, so kann zwar die Grenzbedingung erfüllt werden, daß die Komponenten der Relativgeschwindigkeit senkrecht zur Körperoberfläche verschwinden, nicht jedoch die Komponenten der Geschwindigkeit entlang der festen Oberfläche, so daß die Bedingung des Haftens der Flüssigkeit an den Wänden nicht wiedergegeben werden kann. Um auch dieser Bedingung zu genügen, muß man die Verteilung von Wirbeln innerhalb der Strömung annehmen.

In einigen wenigen, einfachen Fällen von Strömungen zäher Flüssigkeiten liegen exakte Lösungen der Navier-Stokesschen Differentialgleichungen vor, z. B. bei der →Poiseuille-Strömung. Die meisten Lösungen müssen jedoch durch Näherungen gewonnen werden, die möglich sind, wenn die Zähigkeitskräfte die Trägheitskräfte wesentlich übertreffen (→Laminarbewegung) oder wenn bei geringer Zähigkeit ihr Einfluß sich nur auf die Vorgänge in der →Grenzschicht erstreckt.

Prandtl, L.: Führer durch d. Strömungslehre. Braunschweig 1949. — *Sommerfeld, A.:* Vorl. über theoret. Physik. Leipzig 1945.

n-Bein →Dreibein.

NBS →National Bureau of Standards.

***n*-dimensionaler Raum.** Ebenso wie man eine reelle Zahl x_1 als die Koordinate eines Punktes auf einer Linie, also in einem eindimensionalen Raum, zwei reelle Zahlen x_1, x_2 als die Koordinaten eines Punktes auf einer Fläche (= zweidimensionaler Raum) und drei reelle Zahlen x_1, x_2, x_3 als die Koordinaten im dreidimensionalen Raum deuten kann, läßt sich in entsprechender Verallgemeinerung ein System von $n \geqq 4$ Zahlen $x_1\, x_2\, x_3 \ldots x_n$ als die Koordinaten eines Punktes P in einem n-dimensionalen Raum R_n auffassen. Dieser selbst ist die Gesamtheit der Systeme von je n reellen Zahlen. Obwohl es infolge der Beschränktheit des menschlichen Vorstellungsvermögens nicht möglich ist, sich einen R_n ($n \geqq 4$) zu veranschaulichen, bereitet es keine grundsätzlichen Schwierigkeiten, eine Geometrie des R_n zu entwickeln. In der Physik spielt insbesondere die Raum-Zeit-Mannigfaltigkeit, ein R_4, eine große Rolle (→Relativitätstheorie, allgemeine).

Bestehen zwischen den n Koordinaten x_i ($i = 1, 2, \ldots, n$) $m < n$ voneinander unabhängige funktionale Beziehungen $\varphi_k(x_i) = 0$, ($k = 1, 2, \ldots, m$), so stellen diese geometrisch einen $(n - m)$-dimensionalen Raum in R_n oder, wie man es nennt, eine $(n - m)$-dimensionale Mannigfaltigkeit $\mathfrak{M}_{n-m}$ in R_n dar. Insbesondere nennt man eine $\mathfrak{M}_{n-1}$ eine Hyperfläche des n-dimensionalen Raumes, während eine $\mathfrak{M}_2$ bzw. $\mathfrak{M}_1$ in Anlehnung an die gewöhnlichen geometrischen Bezeichnungen eine Fläche bzw. Kurve in R_n heißt. Für den Sonderfall $n = 3$ wird bei $m = 1$ durch die Gleichung $\varphi(x_1 x_2 x_3) = \varphi(x, y, z) = 0$ eine Fläche dargestellt, die gleichzeitig Hyperfläche des R_3 ist. Für $m = 2$ liegen zwei Gleichungen $\varphi_1(x, y, z) = 0$, $\varphi_2(x, y, z) = 0$ vor, die eine Raumkurve bestimmen. Liegen mehrere Mannigfaltigkeiten $\mathfrak{M}_{r_1}, \mathfrak{M}_{r_2}, \ldots, \mathfrak{M}_{r_p}$ in einem R_n vor und ist $\sum_{i=1}^{n} r_i + p - 1 \lesseqgtr n$, so heißen die $\mathfrak{M}_{r_i}$ (bei Gültigkeit des $<$-Zeichens) linear unabhängig bzw. (bei Gültigkeit des $=$-Zeichens) linear abhängig.

Handb. d. Physik II. Berlin 1928. – *Klein, F.:* Vorl. über höhere Geometrie. Berlin 1926. – *Kowalewski, G.:* Analyt. Geometrie. Leipzig 1923.

Nebel, eine dem Boden aufliegende Wolke. Für den Tropfenradius gilt als Durchschnitt $2 \cdot 10^{-3}$ cm, für die Tropfenzahl etwa 100 je cm^3. Der Wassergehalt liegt meist unter 1 g m^{-3}, ist also geringer als die absolute Feuchte bei Sättigung; auch bei tiefen Temperaturen unter 0 °C bleiben die Nebelelemente flüssig (Frostnebel), während einsetzende Kristallisation den Nebel zerstört. Die zur Kondensation nötige Übersättigung wird nicht wie bei Wolken durch Hebung und Expansionsabkühlung, sondern durch →Scheinleitung vom Boden erzeugt. Demgemäß unterscheidet man 1. *Ausstrahlungs-* oder *Bodennebel,* der durch die nächtliche Ausstrahlung des Erdbodens entsteht, 2. *Advektionsnebel,* durch Abkühlung warmer Luft über kalter Unterlage (Meernebel, z. B. im Gebiet von Neufundland), 3. *Dampfnebel* durch starke Dampfzufuhr von warmen Wasserflächen zu kalter darüber hinstreichender Luft, 4. *Frontal-* und *Mischungsnebel* im Grenzgebiet verschieden warmer →Luftmassen, 5. *Hochnebel,* der durch die Ausstrahlung unter einer sehr tief liegenden antizyklonalen →Inversion und Verstärkung des →Dunstes unter dieser entsteht; er kann auch als sehr tief (20 bis 100 m über Boden) liegende Stratuswolke angesehen werden.

Nässender Nebel enthält einige sprühregenähnliche Tropfen von etwa 10^{-2} cm Durchmesser im sonst kleintropfigen Nebel (→Niederschlagsbildung). Der Stadtnebel ist ein durch überstarken Gehalt von Rauch und Staub verunreinigter Nebel. →Aerosol.

Hann, J., u. *R. Süring:* Lehrb. d. Meteorologie. 5. Teil. Leipzig 1939. – *Chromow, S. P.:* Einf. in d. synopt. Wetteranalyse. Wien 1940.

Nebel, außergalaktische, galaktische, diffuse →außergalaktische, →galaktische Nebel.

Nebel, mehrfache. Neben den *einzelnen* →außergalaktischen Nebeln findet man in dem der Beobachtung bis jetzt zugänglichen Raum Doppelnebel, dreifache Nebel, kleine →Nebelgruppen, →Nebelhaufen mit Hunderten oder Tausenden von Komponenten und metagalaktische Superhaufen oder Wolken in Analogie zu den einzelnen Sternen, Doppelsternen, mehrfachen Sternen, Sternhaufen und Sternwolken in unserem Sternsystem. Doppelte und dreifache Nebel kommen zahlreich vor. So ist z. B. der Jagdhundenebel M 51 ein Doppelnebel (Abb. →Spiralnebel). Der →Andromedanebel M 31 mit seinen beiden Begleitern M 32 und NGC 205 ist ein dreifaches System, ebenso das Milchstraßensystem mit den beiden Magellanschen Wolken. Nach *Holmberg* gehört von den helleren Nebeln sogar ungefähr jeder zweite einem Doppel- oder mehrfachen System an. →Nebelhaufen dagegen sind verhältnismäßig selten.

Hubble, E.: Das Reich d. Nebel. Braunschweig 1938. – *Vogt, H.:* Die Spiralnebel. Heidelberg 1946.

Nebelbogen →Regenbogen.

Nebelflucht →Expansion des Weltalls.

Nebelgruppe, lokale. Das Milchstraßensystem ist ein Glied einer kleinen selbständigen Nebelgruppe, d. h. einer kleinen, selbständigen Gruppe von →außergalaktischen Nebeln, der lokalen Nebelgruppe. Diese verteilt sich über einen ellipsoidischen Raum, dessen größter Durchmesser etwa eine Million Lichtjahre beträgt. Die bekannten Mitglieder der lokalen Gruppe sind das Milchstraßensystem mit seinen beiden Begleitern, den Magellanschen Wolken, ferner der Andromedanebel M 31 mit seinen beiden Satelliten M 32 und NGC 205, sowie die Nebel M 33, NGC 147, NGC 185, NGC 6822, IC 1613, das Fornax-System und das Sculptor-System. Vielleicht gehören dazu auch noch die drei weiteren Nebel NGC 6946, IC 10 und IC 342, die wir durch verdunkelnde →interstellare Materie sehen, und bei denen deshalb die photometrischen Entfernungskriterien unsicher sind. Man hat so die Möglichkeit, die Strukturen und Dimensionen außergalaktischer Nebel inmitten einer kleinen örtlichen Mustersammlung von Objekten genauer studieren zu können und daraus Anhaltspunkte für die Erforschung entfernterer Nebel zu gewinnen.

Die Mitglieder der lokalen Gruppe sind der Beobachtung verhältnismäßig gut zugänglich. Man hat in den einzelnen Nebeln sämtliche Arten von helleren Objekten feststellen können, die wir auch in unserem Milchstraßensystem beobachten: Sterne verschiedener Spektralklassen, Veränderliche, Novae und Supernovae, leuchtende Nebelflecke, Dunkelwolken, Sternhaufen usw. Auf dem Wege über aufgefundene →δ Cephei-Veränderliche ließen sich ferner die absoluten Helligkeiten und die Entfernungen und damit auch die Abmessungen der einzelnen Nebel und die mittlere absolute Helligkeit ihrer hellsten Sterne bestimmen. Auf diese Weise hat man wieder Kriterien erhalten, die sich bei Entfernungsbestimmungen von Nebeln des allgemeinen Feldes außerhalb der lokalen Gruppe anwenden lassen, falls man annimmt, daß die absoluten Helligkeiten, die Abmessungen der Nebel und die absoluten Helligkeiten der in ihnen enthaltenen hellsten Sterne in der lokalen Gruppe im Durchschnitt dieselben sind wie im allgemeinen Feld.

Literatur →Nebel, mehrfache.

Nebelhaufen sind große Anhäufungen von Hunderten oder Tausenden von →außergalaktischen Nebeln. Sie sind verhältnismäßig selten. Nach *Hubble* hat man bei Durchmusterungen, die bis zur 20. Größenklasse reichen, etwa einen Haufen auf je 50 Quadratgrad an der Sphäre zu erwarten. Die Durchmesser der meisten Nebelhaufen betragen 10^6 bis $2 \cdot 10^6$ Lichtjahre. Die mittlere Nebeldichte in einem Nebelhaufen übertrifft diejenige im Raum der Feldnebel um rund das 10^4-fache. Der nächste bekannte Nebelhaufen, der Virgo-Haufen A, befindet sich in einer Entfernung von rund $7{,}5 \cdot 10^6$ Lichtjahren, der entfernteste unter den bis jetzt erfaßten Haufen, der Ursa Major II-Haufen, in einer Entfernung von $235 \cdot 10^6$ Lichtjahren.

Literatur →Nebel, mehrfache.

Nebelkammer (Wilson-Kammer, *C. T. R. Wilson*), dient zur Sichtbarmachung der Bahnen ionisierender Teilchen. Sie benutzt die Tatsache, daß in mit Wasserdampf übersättigter Luft bei plötzlicher adiabatischer Expansion und dadurch bedingter Abkühlung der Wasserdampf sich bevorzugt und bei Fehlen sonstiger Kondensationskerne sogar ausschließlich an etwa vorhandenen Ionen niederschlägt. Er macht so die Spuren hindurchgeflogener ionisierender Teilchen durch die Bildung von Nebeltröpfchen längs der Bahn der einzelnen Teilchen sichtbar. Die Photographien solcher Nebelspuren, evtl. als Stereoaufnahmen, geben anschauliche und aufschlußreiche Bilder von dem Verhalten geladener Korpuskeln.

Zur praktischen Ausführung dieses Prinzips bewirkt man die notwendige Expansion entweder durch einen luftdicht schließenden Kolben oder besser durch eine Membran. Kolben bzw. Membran werden durch kräftige Federn oder durch Elektromagnete oder auch pneumatisch betätigt. Die Abbildungen zeigen schematisch verschiedene Nebelkammertypen. Die Ausbildung von Luftwirbeln muß durch entsprechende Schutzmaßnahmen (Netze) verhindert werden. Das Expansionsverhältnis, welches bei Luft-Wasserdampf-Füllung von Atmosphärendruck 1,32 : 1 beträgt, wird um so kleiner, je größer das Verhältnis der spezifischen Wärmen $\varkappa = c_p/c_v$ des Gasinhalts ist. Daher ist die Verwendung von Edelgasen nützlich. Argon liefert außerdem noch den Vorzug größerer Viskosität und damit größerer Tröpfchendichte. Alkohol hat gegenüber Wasser kleinere Oberflächenspannung; dadurch werden die Tröpfchen größer und erscheinen heller. Zur Verkürzung allzu großer Bahnlängen gehen manche Autoren nicht vom Normaldruck aus, sondern verwenden erhebliche Überdrucke. Zur Entfernung der Ionen kann man entweder ein schwaches elektrisches Feld ständig in der Kammer aufrechterhalten oder — was zur Erzielung scharfer Spurbilder besser ist — zwischen je 2 Expansionen kurzzeitig ein stärkeres Feld einschalten.

Zur intensiven Beleuchtung der Nebelspuren haben sich Quarz-Quecksilber-Lampen als besonders zweckmäßig erwiesen. Doch finden auch normale Glühlampen Verwendung, die dann für den kurzen Augenblick der Aufnahme mit wesentlicher Überspannung gebrannt werden. Die Auslösung der photographischen Kamera erfolgt meist erst 1—2 Zehntelsekunden nach der Expansion, weil sich in diesem Zeitraum die Nebeltröpfchen erst bis zu ihrer günstigsten Größe entwickeln. Bei Aufnahmen von relativ seltenen Ereignissen (z. B. von großen Schauern bei der kosmischen Strahlung) läßt man dieses Ereignis selbst die Expansion der Kammer auslösen, indem man durch entsprechend geschaltete Zählrohrkoinzidenzen die Expansion mit nachfolgender Belichtung und photographischer Aufnahme steuern läßt.

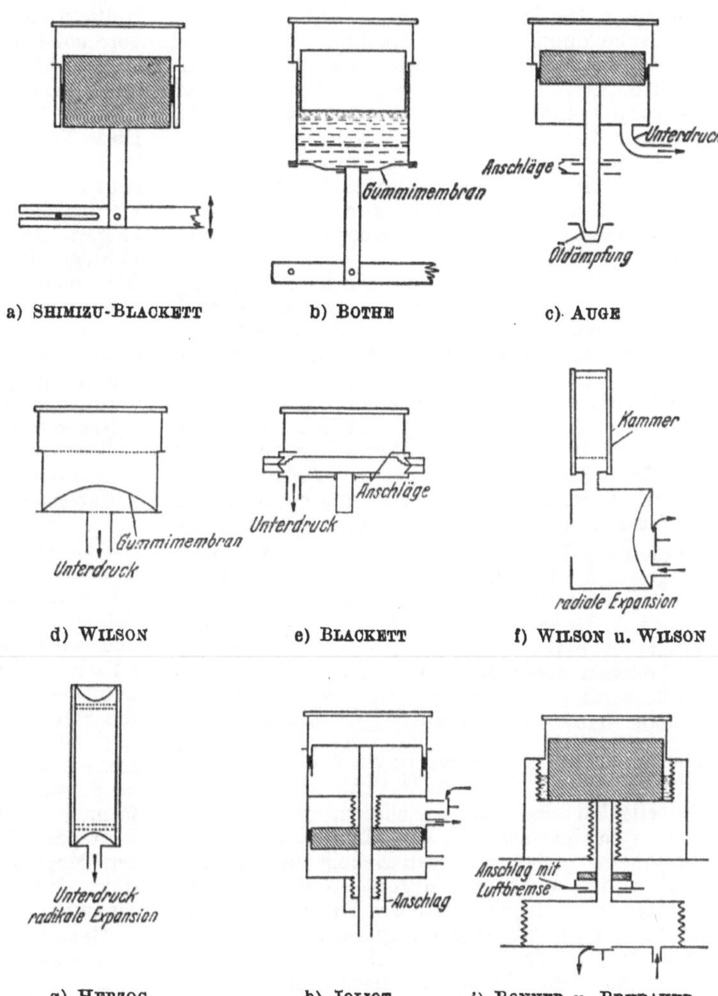

Schema verschiedener Nebelkammerkombinationen.

Enthält z. B. bei Untersuchungen der kosmischen Strahlung eine Nebelkammer einen oder mehrere Bleistreifen als Absorptionsmaterialien und bringt man das Ganze in ein genügend starkes homogenes Magnetfeld (etwa 10000 Oe), so werden mit derartigen Anordnungen folgende Feststellungen ermöglicht: 1. Aus der Bahnkrümmung die Energie- bzw. Impulsbestimmung des Teilchens und die Art der Ladung; 2. durch Ausmessen dieser Krümmung vor und nach dem Durchsetzen einer Absorptionsplatte die Bestimmung des Energie- bzw. Impulsverlustes je Dickeneinheit des Absorbers; 3. durch Auszählen der Tröpfchendichte in der Nebelspur die Bestimmung des Ionisationsverlustes aus der Zahl der Ionen je cm der Bahn und damit bei nicht zu hohen Energien die Schätzung der Masse der Korpuskeln; 4. Einblick in den Schwächungsvorgang (z. B. ob Strahlungsbremsung mit Paarbildung oder normale Ionisation). Daraus Schluß auf Masse der Korpuskeln; 5. Messung des Streuwinkels.

Die Nebelkammer hat den Nachteil, daß sie nur während einer kurzen Zeit (~ 0,1 s) empfindlich ist. Auch durch Kunstgriffe vermittels verzögerter Expansion kommt man nur bis zu etwa 1 s als wirksamer Zeit. Auf die deshalb wichtige Möglichkeit, seltene Ereignisse dadurch zu erfassen, daß durch sie zunächst eine Zählrohrkoinzidenz ausgelöst wird und von dieser dann das Arbeiten der Kammer gesteuert wird, wurde bereits hingewiesen.

Bei den Korpuskeln der kosmischen Strahlung sind zur Erzeugung genügend starker und homogener Magnetfelder über die großen Dimensionen der dort verwendeten Kammern bereits Leistungen von mehreren hundert kW nötig. Trotzdem ist es noch nicht gelungen, Teilchen von mehr als 10^{10} eV durch die technisch herstellbaren Felder von bis zu 20000 Oe zu meßbaren Krümmungen zu bringen. Auch bei etwas geringerer Energie der Korpuskeln ist allein aus der Krümmung der Bahn eine Massenschätzung nicht möglich. Denn wenn die kinetische Energie $E = \sqrt{(m_0 c^2)^2 + (pc)^2} - m_0 c^2$ groß gegen die Ruhenergie $m_0 c^2$ wird, ist praktisch der mit c multiplizierte Impuls, also pc, gleich der Energie E. Dann wird die Ablenkung unabhängig von der Ruhmasse und bei gleicher Energie für alle Teilchen beliebiger Art gleich groß.

Nebelkammeraufnahmen, z. B. →α-Strahlen.

Gentner, Maier-Leibnitz u. *Bothe:* Atlas typischer Nebelkammerbilder. Berlin 1940. — *Heisenberg, W.:* Kosmische Strahlung. Berlin 1943. — *Janossy:* Cosmic Rays. Oxford 1948. — *Deutschmann:* Z. Naturf. 2a, 61 (1947).

Nebellinien sind Emissionslinien, die in stark verdünnten Gasmassen im Weltall, z. B. in →Emissionsnebeln, →planetarischen Nebeln und den expandierenden Atmosphären von →Neuen Sternen auftreten. Die intensivsten dieser Linien bei 4959 Å und 5007 Å, oft als Hauptnebellinien N_1 und N_2 bezeichnet, wurden ursprünglich einem hypothetischen Element *Nebulium* zugeschrieben. Nach *J. S. Bowen* (1928) handelt es sich bei den Nebellinien um verbotene Übergänge zwischen den tiefsten Energieniveaus der Atomionen OII, OIII, NII, NeIII und SII. Die Linien N_1 und N_2 entsprechen den Übergängen $^1D \to {}^3P_1$ bzw. $^1D \to {}^3P_2$ des O III. Die Anregungsenergie des metastabilen Ausgangsniveaus ^1D beträgt 2,50 eV; bei den anderen Nebellinien haben die Anregungsenergien die gleiche Größenordnung. Die Anregung aller verbotenen Nebellinien erfolgt durch Elektronenstoß.

Bowen, J. S.: Astrophys. J. 67, 1 (1928); 81, 1 (1935).

Nebelspektrograph, Anordnung zur Aufnahme des Emissionsspektrums schwacher galaktischer Nebel. Auf ein Kollimatorobjektiv wird verzichtet, als Spalt dient eine schmale rechteckige Blende oder ein Spiegelstreifen in großem Abstand (~20 m). Die Spektrographenkamera ist mit einem extrem lichtstarken Objektiv oder mit einem →Schmidt-Spiegel mit Lichtweg ganz im Glas ausgerüstet, Öffnungsverhältnis bis 1 : 0,3.

Nebenachsen, -ebenen → Nebensymmetrieachsen, -ebenen.

Nebenbedingungen →Randwertproblem der Potentialtheorie.

Nebenbilder, 1. *lichtoptische* →Blendenflecke, 2. *elektronenoptische.* Bei den elektronenmikroskopischen Abbildungen von Kristallen kann bei zu großer Objektivapertur neben dem normalen Hellfeldbild ein dazu verschobenes Dunkelfeldbild von solchen Objektbereichen auftreten, die im Hellfeldbild infolge von Strahlenschwächungen durch Kristallgitterreflexe dunkler erscheinen, als es ihrer Massendicke (Dichte × Dicke) entspricht. Diese Nebenbilder kommen dadurch zustande, daß Kristallgitterreflexe, die normalerweise von der engen Aperturblende des Objektivs abgefangen werden, bei zu großer Blende in das Linsenfeld gelangen. Infolge des beträchtlichen sphärischen Fehlers aller Elektronenlinsen werden diese Reflexe nicht in dem ihrem Ausgangspunkt im Objekt entsprechenden Bildpunkt vereinigt, sondern sie erscheinen um so stärker gegen ihn verschoben, je größer der Reflexwinkel ist. Nebenbilder können durch eine genügend kleine Aperturblende immer vermieden werden.

Nebenmond →Halo.

Nebenquantenzahl, l, die Quantenzahl des →Bahndrehimpulses eines einzelnen Elektrons.

Nebenschluß. 1. *Elektrischer* Nebenschluß →Stromverzweigung. 2. *Magnetischer* Nebenschluß, eine ferromagnetische Überbrückung eines durch einen Luftspalt unterbrochenen magnetischen Kreises. Bei Messungen mit hochempfindlichen Galvanometern ist es erwünscht, wenn bei dem vorliegenden äußeren Widerstand der aperiodische Grenzzustand der Galvanometerschwingung erreicht ist. Das kann man durch Veränderung des Magnetfeldes im Luftspalt des Galvanometers mit Hilfe eines magnetischen Nebenschlusses einstellen. Ein ferromagnetischer Blechstreifen wird zu diesem Zweck so angebracht, daß er mit einem je nach Einstellung verschiedenen Querschnitt den Luftspalt überbrückt. Ein Teil des vom permanenten Magneten erzeugten Induktionsflusses geht dann durch diesen Nebenschluß. Je größer sein Querschnitt ist, um so kleiner ist das Magnetfeld im Luftspalt, ohne daß dabei die Magnetisierung des permanenten Magneten wesentlich geändert wird.

Bei Elektrizitätszählern wird magnetischer Nebenschluß beim Bremsmagneten und beim Eisen der Stromspulen verwendet. Im letzteren Falle bewirkt er ein Strecken der bei höherem Strom sonst abfallenden Fehlerkurve, da er sich früher magnetisch sättigt als das Stromeisen und dadurch eine Verstärkung des Hauptflusses herbeiführt.

Nebenserien→Alkalispektren, →diffuse, →scharfe Nebenserie.

Nebensonne →Halo.

Nebensymmetrieachsen oder *Nebenachsen* sind in den wirteligen Kristallsystemen die auf der 3-, 4- und 6zähligen Symmetrieachse senkrechten 2zähligen Achsen. Man unterteilt die Nebenachsen in zwei Gruppen: 1. 2zählige Achsen, die die Kanten der Elementarzellen bilden und deshalb zu Koordinatenachsen gewählt werden: eigentliche *Nebenachsen*; 2. 2zählige Achsen, welche die Winkel zwischen aufeinanderfolgenden Nebenachsen der ersten Art halbieren: *Zwischensymmetrieachsen* oder *Zwischenachsen.* Im kubischen System werden die sechs 2zähligen Achsen, welche die rechten Winkel zwischen zwei 4zähligen Hauptachsen halbieren, als Nebenachsen bezeichnet; konsequenter wäre es, sie Zwischenachsen zu nennen. Auch die 2zähligen Achsen, die in den rhombischen Kristallklassen 22 und 22i parallel der X- und der Y-Achse verlaufen, können als Nebenachsen bezeichnet werden.

Nebensymmetrieebenen sind Symmetrieebenen, die parallel einer Hauptachse verlaufen. Eigentliche *Nebensymmetrieebenen* sind Seitenflächen der Elementarzellen der wirteligen Kristallsysteme und der rhombischen Kristallklasse 2n. *Zwischensymmetrieebenen* halbieren die Winkel zwischen benachbarten Nebensymmetrieebenen. Im kubischen System werden die Symmetrieebenen, die parallel einer Würfelkante und einer darauf senkrechten Würfelflächendiagonalen verlaufen, als Nebensymmetrieebenen bezeichnet; richtiger wäre es, sie Zwischensymmetrieebenen zu nennen.

Nebenvalenz →Hauptvalenz.

Nebularhypothese, die Kantsche Theorie der Entstehung des Planetensystems; →Kant-Laplacesche Theorie.

Nebulium →Nebellinien, →Emissionsnebel, →Sauerstofflinien, →Stickstofflinien, verbotene.

Negadyn, eine Raumladegitterröhre, deren Kathodenstrom gesättigt und bei der daher der Verlauf der i_{g1}—U_{g2}-Kennlinie fallend ist (i_{g1} Raumladestrom, U_{g2} Steuergitterspannung). Dies kann zur Schwingungserzeugung (Abb.) bzw. bei Empfangsanordnungen zur Entdämpfung benutzt werden. Der Vorteil der Negadynschaltung sind die kleinen Spannungen (10—20 V) an Anode und Raumladegitter.

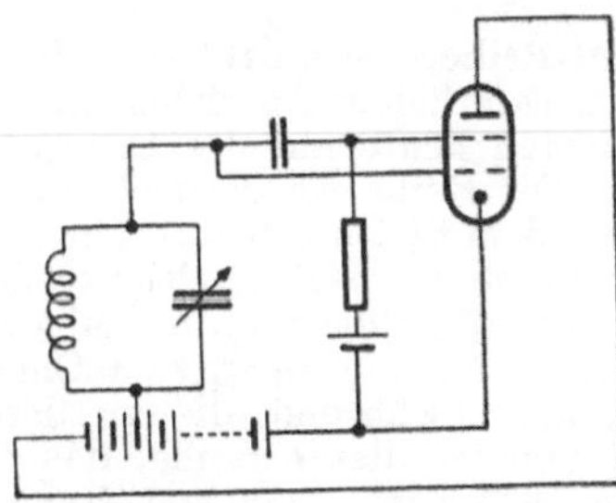

Schaltung des Negadyns zur Schwingungserzeugung.

Barkhausen, H.: Elektronenröhren III. Leipzig 1949.

Negativ →Photographie, →Entwicklung.

Negative Bandengruppe, bestimmte Bandensysteme positiver Molekülionen, die im negativen Glimmlicht einer mit Luft gefüllten Entladungsröhre auftreten (*Deslandres*). Beim Ion O_2^+: 1. neg. Gr. Dublettsystem zwischen 2000 und 4400 Å; 2. neg. Gr. zwischen 5300 und 7900 Å. Beim Ion CO^+: 1. neg. Gr. Dublettsystem zwischen 1975 und 3155 Å, Kombination mit dem Molekülgrundzustand.

Negative Flamme →Bogenflammen.

Negative Schichten, mehr oder weniger zahlreiche, im Übergangsgebiet von der Dunkelentladung zur Glimmentladung in Edelgasen bei geringen Stromdichten an der Kathode auftretende leuchtende Schichten, deren Potentialdifferenz mit einer Anregungsspannung des Edelgases übereinstimmt.

Holst, G., u. *E. Oosterhuis,:* Phil. Mag. 46, 1117 (1923).

Negative Terme. Bei manchen Atomen, wie z. B. beim O-Atom, gibt es Terme, die oberhalb der Ionisierungsenergie liegen und eigentlich zum Kontinuum gehören. Die Wahrscheinlichkeit aber, daß ein Elektron abgespalten wird, d. h. das Atom ionisiert wird, ist so gering, daß die Übergangswahrscheinlichkeit in tiefere Terme durch Strahlung größer (oder von derselben Größenordnung) ist. Daher sind Spektrallinien entsprechend diesen Termen beobachtbar. Zählt man die Terme wie üblich von der Ionisierungsenergie als Nullpunkt nach tieferen Energien zu als positiv, so kommt den Termen oberhalb der Ionisierungsenergie ein negativer Wert zu, daher der Name: negative Terme. Die geringe Wahrscheinlichkeit für die Abspaltung eines Elektrons beruht meist darauf, daß man sich diese Terme entstanden denken kann aus einem *angeregten* Term des Ions plus einem äußeren Leuchtelektron. Die Energie des Atoms würde zwar ausreichen, um das Elektron abzuspalten und das *un*angeregte Ion zurückzulassen, aber nicht, um das Ion in diesem angeregten Zustand zu belassen. →Aufbauprinzip.

Negatron, 1. auch *Negaton* (1949 von der IUPAP angenommen), ein selten, meist nur aus Gründen der Systematik benutztes Synonym für das *negative →Elektron*; 2. eine spezielle Art von *Elektronenröhren* zur Erzeugung einer fallenden Kennlinie. Sie enthält auf der einen Seite einer Glühkathode die Anode A_1 und auf deren anderer Seite ein Gitter und eine Hilfsanode A_2. Wird bei gesättigtem Kathodenstrom die Gleichspannung des Gitters G gesteigert, so nimmt der Strom i_{A_2} zur Hilfsanode zu und der Anodenstrom i_{A_1} ab. Die Steilheit des Stromes zur Anode A_1 ist also negativ.

Rothe, H., u. *W. Kleen:* Elektronenröhren als Schwingungserzeuger u. Gleichrichter. Leipzig 1948.

Neigungswaage, eine nach dem Prinzip der Briefwaage arbeitende Hebelwaage, deren einer Arm ein festes Gegengewicht trägt. Bei Belastung der Waage hebt sich das Gegengewicht und erzeugt ein um so größeres rücktreibendes Drehmoment, je weiter der Arm gedreht, also je größer die Belastung der Waage ist. Seine der Belastung nahezu proportionale Drehung ist also ein Maß für diese. Es gibt zahlreiche verschiedene Bauarten.

Nematisch →kristalline Flüssigkeiten.

Nennspannung, bei plastischen Verformungen, die auf die Einheit des Ausgangsquerschnitts bezogene Kraft. Sie ist ein Maß für die Kraft und nicht wie die →wahre Spannung ein Maß für den tatsächlich vorhandenen Spannungszustand. →Dehnungskurve.

Neonlampe →Leuchtröhren.

Neper, abgek. np, benannt nach dem englischen Mathematiker *Napier*, arithmetische →Zählungseinheit für allgemeine dimensionslose Dämpfungsgrößen, welche als *natürlicher* Logarithmus eines dimensionslosen Verhältnisses von für den Dämpfungsvorgang charakteristischen Größen (Intensitätsverhältnis, Druckverhältnis, Spannungsverhältnis usw.) eingeführt werden, z. B., falls $I \sim p^2$: $D'' = \ln(p_1/p_2) = \frac{1}{2} \cdot \ln(I_1/I_2)$, wie *früher* in der Akustik die →Schalldämmung definiert war (→die Dämpfungsgrößen D' und D beim Stichwort Bel). np ist hier nur ein hinweisender Zusatz zum Dämpfungszahlenwert D'' und identisch gleich Eins. Die dimensionslose Größe D'' hängt mit den gleichfalls dimensionslosen Größen D' und D (→Bel) über die Relation $20\,(\lg e)\,D'' = 8{,}6859\,D'' = 10\,D' = D$ zusammen; eine entsprechende „Einheiten"-Gleichung der Form „1 np = 0,86859 b = 8,6859 db" ist falsch, da die zugehörigen dimensionslosen Größen verschieden definiert sind. Es gilt vielmehr die für arithmetische →Zählungseinheiten vom Betrage Eins typische Relation np ≡ 1 ≡ b ≡ 1 ≡ db (→Bel). Das np wurde in der Akustik (mit dem Übergang von der Dämpfungsgröße D'' zu D) vom db abgelöst, ist heute jedoch noch in der Fernmeldetechnik üblich, wo es als Hinweisbezeichnung für das Dämpfungsmaß $D'' = \ln(U_1/U_2)$ Verwendung findet.

Nepersche Logarithmen (eigentl.: Napiersche), die natürlichen Logarithmen, Basis →*e*.

Nephelometer = →Trübungsmesser.

Nephoskop, ein Gerät zur Bestimmung von Richtung und relativer, d. h. auf 1000 m Höhe bezogener Geschwindigkeit des Wolkenzuges. Die beiden Ausführungsformen sind der Wolkenrechen und der Wolkenspiegel. Der *Wolkenrechen* ist eine erhöht aufgestellte waagerechte Leiste mit vertikalen Zinken, um eine vertikale Achse drehbar. Man dreht in die Zugrichtung der Wolken, indem man diese von schräg unten über den Rechen anvisiert, und stoppt die Zeit, die ein Wolkenpunkt braucht, um von einer Spitze zur nächsten zu gelangen. Der *Wolkenspiegel* arbeitet entsprechend, jedoch wird die Wolke nicht direkt anvisiert, sondern ihr Bild in einem horizontalen Spiegel mit Richtungslinien und konzentrischen Entfernungskreisen zur Geschwindigkeitsbestimmung betrachtet.

Kleinschmidt, E.: Handb. d. meteorol. Instrumente. Berlin 1935.

Neptun, im Jahre 1846 an dem von *Leverrier* (auf Grund der von dem Planeten auf Uranus ausgeübten Störungen) vorausberechneten Ort durch *Galle* entdeckt; Entfernung von der Sonne $4501 \cdot 10^6$ km, Umlaufszeit 164,79 Jahre, Äquatordurchmesser 55500 (nach neuesten Messungen 44600) km, Masse 17,2 Erdmassen, mittlere Dichte 1,58 (bzw. 2,22) g cm^{-3}. Die →Albedo ist von derselben Größenordnung wie bei Jupiter, Saturn und Uranus. Das Spektrum zeigt auch die für diese Planeten charakteristischen Methan- und Ammoniakbanden. Es ist anzunehmen, daß er ihnen in seiner Oberflächenbeschaffenheit und der Zusammensetzung der Atmosphäre ähnlich ist.

Der Äquator des Neptun ist noch stärker gegen die Ekliptik geneigt (145°) als der des Uranus. Man kennt zwei Neptunmonde, von denen der zweite erst von *Kuiper* entdeckt wurde.

Newcomb-Engelmann: Populäre Astronomie. Leipzig 1949.

Neptunium, Np, ein →Transuran, Kernladungszahl 93, kommt in der Natur praktisch nicht vor. Der erste Nachweis der Existenz eines durch Neutronenbeschuß von Uran entstehenden Elements 93 gelang 1936 *Hahn, Meitner* und *Straßmann*. 1940 wurde es von *McMillan* und *Abelson* als ein β-Strahler mit einer Halbwertzeit von 2,3 Tagen nachgewiesen und chemisch untersucht. Es handelt sich dabei um das Isotop $^{239}_{93}$Np, durch dessen Umwandlung in →Plutonium dieses Transuran im →pile in technischen Mengen entsteht. Heute kann das Isotop $^{237}_{93}$Np bereits in wägbaren Mengen hergestellt werden, und zwar durch den Prozeß:

$$^{238}_{92}\mathrm{U}\,(n, 2n) = {}^{237}_{92}\mathrm{U} \xrightarrow[\beta^-]{6{,}63^d} {}^{237}_{93}\mathrm{Np} \xrightarrow[\alpha]{2{,}25 \cdot 10^6 a}$$

Chemisch gehört Neptunium zur Gruppe der →Actiniden; es ist dem Uran sehr ähnlich. Seine 6wertigen Verbindungen sind aber unbeständiger, die 4wertigen beständiger als die entsprechenden des Urans.

Neptuniumisotope werden durch Neutronen gespalten, einige sogar mit thermischen Neutronen. →Kernspaltung.

Die radioaktiven Abkömmlinge des langlebigen $^{237}_{93}$Np bilden eine in der Natur nicht vorkommende Zerfallsreihe (→Neptunium-Reihe).

Die bis März 1949 bekanntgewordenen Isotope des Neptuniums →radioaktive Zerfallsreihen, wo im Diagramm auch die Zugehörigkeit zu einer der vier Zerfallsreihen angegeben ist. Die Herstellungsprozesse und Kernkonstanten sind jeweils bei der Zerfallsreihe, zu welcher die einzelnen Neptuniumisotope gehören, angegeben.

Hahn, O.: Künstl. neue Elemente. Weinheim/Bergstr. u. Berlin 1948.

Neptunium-Reihe, radioaktive Zerfallsreihe, deren Glieder sämtlich so kurzlebig sind, daß auch die langlebigsten heute auf der Erde nicht mehr vorkommen. Die Reihe wurde nach ihrem längstlebigen Glied, dem $^{237}_{93}$Np, benannt. Die Aufklärung der Neptunium-Reihe erfolgte gleichzeitig 1947 im Argonne National Laboratory in Chicago und in der Division of Atomic Energy in Chalk River, Ontario, Canada, während die zuallererst aufgefundenen Glieder dieser Reihe, das $^{233}_{90}$Th und $^{233}_{91}$Pa, schon 1935 bzw. 1938 von *Hahn, Meitner* und *Straßmann* entdeckt wurden.

Die Massenzahlen aller Glieder der Neptunium-Reihe entsprechen dem Ausdruck $4n + 1$, in welchem n die Werte der ganzen Zahlen zwischen 51 und 60 annehmen kann. Das Endglied der Reihe ist im Gegensatz zu den anderen Zerfallsreihen kein Bleiisotop, sondern das stabile Wismutisotop 209. →radioaktive Zerfallsreihen.

Die in der nebenstehenden Tabelle aufgeführten Konstanten der Isotope der Neptunium-Reihe sind dem erweiterten Isotopenbericht von *Mattauch* und *Flammersfeld* in dem Sonderheft der Z. Naturf. 1949 entnommen.

Tabelle. **Entstehung bzw. Herstellungsprozesse und radioaktive Konstanten der Glieder der Neptunium-Reihe.**

Z	N	Symbol	A	Halbwertszeit	Strahlenart	Zerfallsenergie [MeV]		Entstehung und Herstellungsprozesse
						α bzw. β	γ	
96	(145)	Cm	(241)	55 d	K			^{239}Pu (α, $2n$)?
95	146	Am	241	500 a	α	α: 5,45		^{241}Pu — β^- →
94	147	Pu	241	≈10 a	β^- 100% α ≈0,002%	0,01 bis 0,02		^{238}U (α, n)
94	143	Pu	237	40 d	K		keine	^{235}U (α, $2n$); ^{238}U (α, $5n$); ^{237}Np (d, $2n$)
93	144	Np	237	$2{,}25 \cdot 10^6$ a	α	α: 4,75		^{241}Am — α →; ^{237}U — β^- →
92	145	U	237	6,63±0,05d	β^-	≈ 0,23	0,2606; 0,2039; 0,0567	^{238}U (n, $2n$); ^{241}Pu — α →; ^{238}U (d, ^{3}H); ^{238}U (α, αn)
92	141	U	233	$1{,}63 \cdot 10^5$ a	α	α: 4,825±0,003		^{233}Pa — β^- →
91	142	Pa	233	27,4±0,3 d	β^-	0,23	0,337; 0,309 0,298; 0,084	^{237}Np — α →; ^{233}Th — β^- →; ^{232}Th (d, n); ^{232}Th (α, p $2n$)
90	143	Th	233	23,0 m	β^-			^{232}Th (n, γ); ^{232}Th (d, p)
92	137	U	229	1 h	K 98%; α 2%	α: 6,4		^{232}Th (α, $7n$)
91	138	Pa	229	1,5 d	K 100%; α ≈0,1%	α: 5,66		^{230}Th (d, $3n$)
90	139	Th	229	$7 \cdot 10^3$ a	α	α: 4,85		^{233}U — α →
90	135	Th	225	7,5 m	α	α: 6,6		^{229}U — α →
89	136	Ac	225	10,0 d	α	α: 5,801±0,010		^{225}Ra — β^- →; ^{229}Pa — α →
88	137	Ra	225	14,8 d	β^-	≈ 0,2		^{229}Th — α →
88	133	Ra	221	kurz	α	α: 6,7		^{225}Th — α →
87	134	Fr	221	4,8 m	α	α: 6,298±0,010		^{225}Ac — α →
86	131	Em	217	sehr kurz	α	α: 7,8		^{221}Ra — α →
85	132	At	217	21 ms	α	α: 7,023±0,010		^{221}Fr — α →
84	129	Po	213	4,2±0,8 μs	α	α: 8,336±0,005		^{213}Bi — β^- →; ^{217}Em — α →
83	130	Bi	213	47 m	β^- 96%; α 4%	β^-: ≈1,2; α: 6,0		^{217}At — α →
85	(124)	At	(209)	4,5 h	α, K?	α: 5,66		^{209}Bi (α, $4n$)?
83	126	Bi	209	stab.				
82	127	Pb	209	3,32±0,3 h	β^-	0,68 ± 0,03		^{208}Pb (n, γ); ^{208}Pb (d, p); ^{209}Bi (n, p); ^{213}Po — α →
81	128	Tl	209	2,2 m	β^-	1,8		^{213}Bi — α →

Nernst-Effekt (*W. Nernst* 1887): Ein im homogenen Magnetfeld befindlicher Leiter zeigt einen →Peltier-Effekt gegenüber dem gleichen Leiter im unmagnetischen Zustand; bisher nur an Bi und den ferromagnetischen Metallen Fe und Ni beobachtet.

Nernst-Kalorimeter. Mit dem von *Nernst* entwickelten Kalorimeter gelingt es in einfacher und klarer Weise, die elektrische Energie, die einem System zugeführt werden muß, um eine bestimmte Zustandsänderung zu erreichen, unmittelbar zu ermitteln (→Kalorimetrie, elektrische). In seiner einfachsten Form wird ein massiver Block des zu untersuchenden Stoffes durch einen Platindraht erwärmt, der in den Block eingelassen ist und nach Abstellen der Heizung als Widerstandsthermometer dient. Der Block ist an den Zuleitungen zur Heizspule in einem hochevakuierbaren Glasgefäß aufgehängt, das von einem Flüssigkeitsbad der gewünschten Temperatur, z. B. flüssiger Luft, umgeben ist. Da das Intervall, um welches die Temperatur des Probekörpers durch die elektrische Heizung erhöht wird, klein gewählt werden kann, ermittelt man mit dieser Methode die *wahre* spezifische Wärme. Um beliebige andere Stoffe untersuchen zu können, verwendet man ausgehöhlte Blöcke aus Kupfer oder Silber, deren Wärmekapazität bekannt ist. Die Methode wurde auch benutzt, um die spezifische Wärme von Wasserstoff bei konstantem Volumen in tiefen Temperaturen zu messen. Der stark komprimierte Wasserstoff befand sich dabei in einem Stahlgefäß.

Nernst, W., u. *F. A. Lindemann:* Berl. Sitz.-Ber. 1910, S. 433. — Handb. d. Experimentalphysik VIII/1. Leipzig 1929.

Nernst-Lampe →Nernst-Stift.

Nernstscher Verteilungssatz →Absorption von Gasen.

Nernstscher Wärmesatz (Wärmetheorem) →3. Hauptsatz der Thermodynamik.

Nernst-Stift, ein aus einem Gemisch von 85% ZrO_2 und 15% Y_2O_3 gepreßtes Stäbchen. Es wird durch elektrische Stromwärme aufgeheizt und zu heller Glut gebracht (*W. Nernst* 1900). Er ist früher als intensive Lichtquelle für allgemeine Beleuchtungszwecke benutzt worden. Heute ist er durch die modernen Metalldraht-Glühlampen verdrängt worden und wird lediglich noch im Laboratorium als ergiebige Lichtquelle für ultrarote Strahlung verwendet.

Bei Zimmertemperatur ist der Nernst-Stift ein sehr schlechter elektrischer Leiter. Bei hoher Temperatur hat er aber ein sehr beträchtliches Leitvermögen. Sein elektrisches Verhalten läßt ihn als typischen →Ionenleiter erkennen. Hierfür ist vor allem die Tatsache kennzeichnend, daß der im Vakuum betriebene Nernst-Stift infolge der kathodischen Metallabscheidungen sehr schnell durch Entmischung zerstört wird, während bei dem in Luft brennenden Stift der Luftsauerstoff sofort für die Oxydation der metallischen Abscheidungen an der Kathode sorgt und dadurch eine Entmischung verhindert.

Der Mechanismus der Stromleitung ist nicht restlos geklärt. Bei Temperaturen über 1000 °C liegt mit Sicherheit Ionenleitung vor. Welche Ionenart den Stromtransport trägt, ist jedoch nicht mit Bestimmtheit anzugeben. Wahrscheinlich sind es vorwiegend Sauerstoffionen, welche bei hoher Temperatur über Leerstellen im Sauerstoffteilgitter wandern.

Wagner, C.: Naturwiss. 31, 265 (1943).

Nervus opticus, der *Sehnerv,* in dem die von den einzelnen Lichtsinneszellen ableitenden Nervenfasern vereinigt von der →Netzhaut zum Gehirn verlaufen. Infolge der Bildungseigentümlichkeiten des Auges der Wirbeltiere durchbricht dessen Sehnerv die Netzhaut, um sich auf ihrer Innenfläche in die Einzelfasern aufzuspalten (→Auge, Abb.); an seiner (inneren) Durchbruchsstelle (der Papille) der →blinde Fleck.

Netzebene ist jede Ebene, die durch drei, nicht auf einer Geraden liegenden Punkte eines einfachen Translationsgitters geht. Sie hat das gleiche Symbol (hkl) oder ($hkil$) wie eine ihr parallele Kristallfläche (→Symbole von Kristallflächen usw.). Oft versteht man unter einer Netzebene auch nur die Gesamtheit aller in ihr liegenden Gitterpunkte (zweidimensionales Gitter oder Kreuzgitter).

Anzahl gleichwertiger nichtidentischer Netzebenen eines Raumgitters →Flächenhäufigkeitszahl.

Elementarmasche oder -parallelogramm einer Netzebene →Elementarmasche.

Netzebenenabstand, der Abstand d_{hkl} zwischen zwei benachbarten identischen →Netzebenen (hkl) eines Raumgitters. Für jedes Gitter ist $d_{hkl} = V/I_{hkl}$, worin V das Volumen der →Elementarzelle des Gitters und I_{hkl} den Inhalt einer →Elementarmasche der Netzebene (hkl) bedeutet. Für monokline und höher symmetrische Kristallgitter vereinfacht sich der Ausdruck zu

$$d = \sin\beta/\sqrt{h^2/a^2 + k^2\sin^2\beta/b^2 + l^2/c^2 - 2\,hl\cos\beta/(ac)}$$
für monokline,

$$d = 1/\sqrt{h^2/a^2 + k^2/b^2 + l^2/c^2}$$ für rhombische,

$$d = a/\sqrt{h^2 + k^2 + a^2 l^2/c^2}$$ für tetragonale,

$$d = \frac{a\sqrt{1 + 2\cos^3\alpha - 3\cos^2\alpha}}{\sqrt{(h^2 + k^2 + l^2)\sin^2\alpha + 2(hk + kl + lh)(\cos^2\alpha - \cos\alpha)}}$$
für rhomboedrische,

$$d = \tfrac{1}{2}\sqrt{3}\, a/\sqrt{h^2 + k^2 + hk + 3a^2l^2/4c^2}$$ für hexagonale und

$$d = a/\sqrt{h^2 + k^2 + l^2}$$ für kubische Gitter.

Netzebenenbelastung, die Dichte der Besetzung einer →Netzebene, ausgedrückt durch die Elektronenzahl oder die Masse der Atome oder Ionen je →Elementarmasche. Sie wurde zur Bestimmung einfacher Kristallgitter auf Grund der Intensitäten der Interferenzstrahlen benutzt. Jetzt findet sie nur noch bei Betrachtungen über Spaltbarkeit, Gleitung oder Tracht von Kristallen Verwendung.

Netzhaut, durch den Zusammenschluß von Lichtsinneszellen speziell der Transformation von Lichtstrahlen in →Erregung dienendes Gewebe. Im →Auge der Wirbeltiere (Mensch) kleidet sie den Augapfel innen aus (→Auge, Abb., →auch Glaskörper). Infolge von dessen Bildungseigentümlichkeiten ist die Schicht der Sinneszellen (der →Stäbchen und →Zapfen) die äußerste, d. h. der Augenwandung nächstgelegene Schicht der Netzhaut (Abb.), der (glaskörperwärts) die aus den Sehzellkernen, den nervösen Schalt- und Ganglienzellen

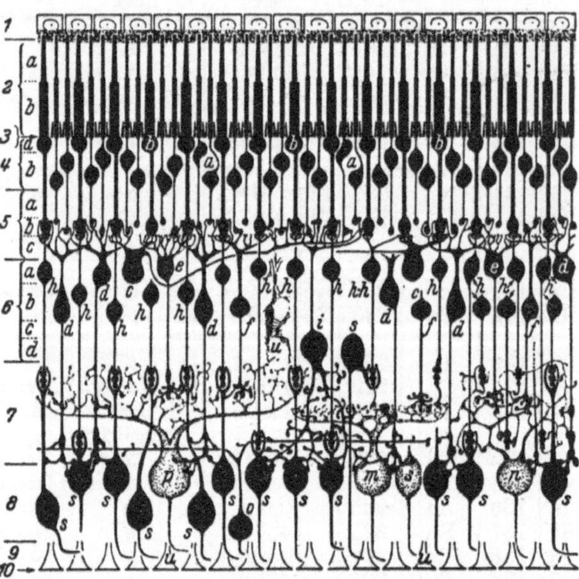

Schematisierter Querschnitt durch die menschliche Netzhaut. Schicht *1*: Pigmentepithel, Schicht *2*: Die Sinneszellschicht (Schicht der Stäbchen und Zapfen) der Netzhaut. Schichten *3*—*5*: Die Kerne der Sehzellen. Schicht *6*: Die verschiedenen Typen von Schaltzellen (Bipolaren). Schichten *7*—*8*: Die Schicht der Ganglienzellen und ihrer Synapsen mit den Bipolaren. Schicht *9* und *10*: Die Schicht der Nervenfasern (Opticusfasern). Lichteinfall von unten her. (Nach *Polyak* 1941.)

und schließlich den sich zum →Nervus opticus zusammenschließenden Nervenfasern gebildeten Schichten folgen. Diese sind von einem Lichtstrahl zu durchsetzen, bevor er zu der auf der Schicht der Stäbchen und Zapfen gelegenen Bildebene der Netzhaut gelangt. Die die Netzhaut versorgenden Blutgefäße breiten sich zwischen ihr und dem Glaskörper aus (→Area, →blinder Fleck, →Macula, →Sehschärfe).

Polyak, S. L.: The Retina, Chicago 1941.

Netzhautgrube →Area centralis.

Netzlinse, eine →Elektronenlinse, bei der die brechenden Flächen einer sphärischen Linse durch das Feld eines Kugelkondensators nachgebildet

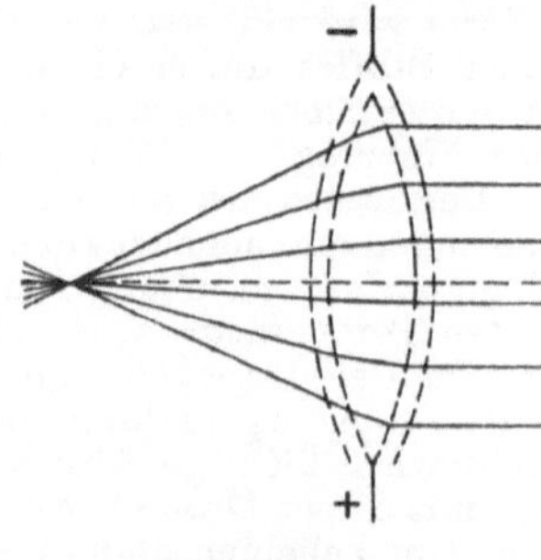

Netzlinse.

werden, der aus zwei ineinander geschalteten Netzgebilden in Form einer Linse besteht (Abb.). Wird die innere Netzfläche gegen die äußere positiv aufgeladen, so wirkt das Netzgebilde für Elektronen als Sammellinse. Die Abbildungseigenschaften einer Netzlinse werden aber durch das aus jeder Netzmasche hervorquellende elektrostatische Feld so beeinträchtigt, daß sie für elektronenoptische Abbildungen ungeeignet ist. Sie gleicht einer Glaslinse, die mit kleinen Glaswarzen bedeckt ist.

Netzstrukturen, -verbände, Kristallstrukturen, in denen chemische Komplexe durch ihre gemeinsamen Anionen nach zwei Richtungen des Kristallgitters, d. h. in ebenen Schichten, stark aneinander gebunden sind. Die Netzstrukturen sind daher meist →Schichtgitter. Zu den wichtigsten Vertretern gehören die Glimmer, z. B. Muskowit $KAl_2(OH)_2AlSi_3O_{10}$, und andere glimmerähnliche Silikate (Chlorit-, Talk-, Kaolingruppe). Die Ionenkomplexe sind SiO_4-Tetraeder, deren Si-Ionen z. T. durch Al-Ionen ersetzt sein können. Die Tetraeder sind durch gemeinsame O-Ionen zu Netzen mit Sechserringen als Maschen verbunden. Von den 4 O-Ionen eines jeden Tetraeders gehört eines diesem allein, die drei übrigen noch einem benachbarten Tetraeder an, wodurch auf ein Si-Ion $2^1/_2$ O-Ionen kommen. Für die stöchiometrischen Formeln der Netzstruktur-Silikate sind daher die Komplexe Si_4O_{10} oder $AlSi_3O_{10}$ charakteristisch.

Netz-Vervielfacher →Photoelektronen-Vervielfacher.

Netzwerk, die allgemeinste Art eines Stromkreises. Es enthält die drei Elemente: Widerstand, Kapazität und Induktivität in irgendeiner Zusammensetzung, und seine Ströme werden durch eine oder mehrere Stromquellen hervorgerufen. Unter Anwendung der Kirchhoffschen Sätze für die Knotenpunkte und Maschen $\sum_r \mathfrak{i}_r = 0$ und $\sum_r \mathfrak{U} = \sum_r \mathfrak{i}_r \mathfrak{R}_r$ lassen sich zur Berechnung von unbekannten Größen genügend Beziehungen aufstellen. Haben die Stromquellen verschiedene Frequenzen, so führt man die Rechnung für jede Frequenz getrennt durch und summiert die Teilergebnisse. Bei gleicher Frequenz der Stromquellen müssen die Phasenverhältnisse berücksichtigt werden.

Küpfmüller, K.: Einf. in d. theoret. Elektrotechnik. Berlin 1941.

Neue Kerze (NK), ältere Bezeichnung der neuen Lichteinheit →Candela.

Neue Sterne →Novae.

Neugebauer-Effekt →Doppelbrechung, elektrische.

Neugrad, abgek. ^{g}, →Winkeleinheiten.

Neukurve, *Nullkurve* oder *jungfräuliche Kurve* eines ferromagnetischen Materials, stellt den Zusammenhang zwischen Induktion $\mathfrak{B}$ und magnetischer Feldstärke $\mathfrak{H}$ bzw. zwischen Magnetisierung $\mathfrak{J}$ und Feldstärke dar für den Fall, daß der Körper, vom unmagnetischen Zustand ausgehend, in einem monoton wachsenden Magnetfeld konstanter Richtung bis zur Sättigung magnetisiert wird. Die Kurve beginnt mit einer endlichen Neigung. In der Regel wächst diese mit steigender Feldstärke bis zu einem Maximalwert in Feldern von der Größenordnung der Koerzitivkraft und nimmt dann wieder ab, bis in der Sättigung eine nahezu konstante Magnetisierung erreicht wird.

Neumann-Funktionen →Zylinderfunktionen.

Neuminute, abgek. ^{c}, →Winkeleinheiten.

Neusekunde, abgek. ^{cc}, →Winkeleinheiten.

Neutrale Ebene, Faser, Schicht →Biegung.

Neutralgitter, Kristallgitter, deren Teilchen (Atome, Moleküle) elektrisch ungeladen sind (→*Atomgitter*, →*Molekülgitter*).

Neutralisation, chemische. Die gegenseitige Abschwächung von Säuren und Basen in Lösungen führt bei einem bestimmten Mischungsverhältnis zu einem Zustand der Lösung, bei der sie neutral ist, also weder alkalische noch saure Eigenschaften hat. Dabei bilden die die Säure und die Base kennzeichnenden Bestandteile miteinander ein Salz und ihre Wasserstoff- und Hydroxylionen teilweise Wasser. Bei den im allgemeinen fast vollständig dissoziierten starken Elektrolyten bleibt dabei die Konzentration der Metallionen und der Anionen des Säurerestes nahezu unverändert. Das Wesentliche der Neutralisation ist dann die Wasserbildung, woraus sich für die starken Elektrolyte die Unabhängigkeit der *Neutralisationswärme* (13500 cal/mol) von der Art des Metalls und der Anionen ergibt.

Neutralisation bei Elektronenröhren. Durch die Gitter-Anodenkapazität C_{ga} der Elektronenröhren findet eine Kopplung zwischen Gitter- und Anodenkreis statt. Bei endlicher Anodenwechselspannung wird dadurch am Gitter eine zusätzliche Wechselspannung erzeugt, die bei abgestimmten Kreisen zur Selbsterregung führen kann. Durch eine Gegenkopplung oder Neutralisation kann man die unerwünschte positive Rückkopplung aufheben oder vermindern. Man schafft sich zu dem Zweck durch spiegelbildliche Erweiterung des Gitter- bzw. Anodenkreises über das Kathodenpotential hinaus eine zur Gitter- bzw. Anodenwechselspannung gegenphasige Wechselspannung und koppelt diese mit dem Gitter- bzw. Anodenkreis derart, daß der Einfluß der durch C_{ga} bedingten Kopplung gerade neutralisiert wird. Je nachdem, ob die Fortsetzung des Schwingkreises gitter- oder anodenseitig erfolgt, spricht man von Gitter- oder Anodenneutralisierung (Abb.).

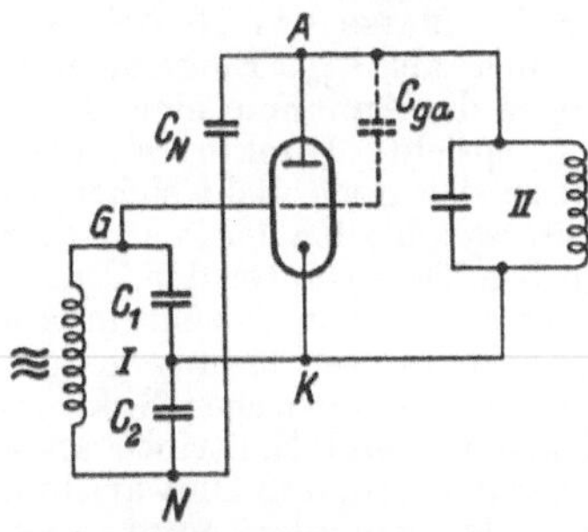

Gitter-Neutralisierungsschaltung mit kapazitivem Spannungsteiler (C_1, C_2).

Rothe, H., u. *W. Kleen:* Elektronenröhren als Anfangsstufenverstärker. Leipzig 1948.

Neutralstimmung →Ermüdung des Auges.

Neutraltheorie, spezieller Ansatz für die Wechselwirkungskraft zwischen Nukleonen, Annahme einer allein durch neutrale Teilchen vermittelten →Austauschkraft. Der Ladungsspinfaktor der →symmetrischen Theorie $\vec{\tau}_1\vec{\tau}_2$ fällt also in dem dort angegebenen Wechselwirkungsausdruck fort, so daß die Wechselwirkungsenergie folgende Form annimmt:

$$W = V_1(r) + \vec{\sigma}_1\vec{\sigma}_2 V_2(r).$$

Rosenfeld, L.: Nuclear Forces. Amsterdam 1948.

Neutretto, neutrales →Meson.

Neutrino, hypothetisches, von *Fermi* eingeführtes neutrales Teilchen zur Erklärung scheinbarer Widersprüche kernphysikalischer Daten gegen den Energie- und Drehimpulssatz. Beim β-Zerfall gehen Protonen und Neutronen unter Emission eines positiven oder negativen Elektrons ineinander über. Lautete z. B. bei einem negativen β-Zerfall die Reaktionsgleichung $n \to p + e^-$, so folgte nach dem Drehimpulssatz aus den Werten $\hbar/2$ für den Spin von Proton und Elektron der Spin 0 oder $\hbar$ für das Neutron, während er in Wirklichkeit ebenfalls $\hbar/2$ ist. Weiter ändert sich die Masse der bei einem β-Prozeß beteiligten Kerne um einen bei einer bestimmten Atomart stets gleichen Wert. Das frei werdende Elektron hat aber eine Energie, die in einem ganzen Bereich kontinuierlich variiert, so daß der Energiesatz nicht zu gelten scheint. Er ist, wie die Beobachtungen zeigen, nur für die Maximalenergie der Elektronen erfüllt. Beide Schwierigkeiten fallen weg, wenn man annimmt, daß bei der Emission noch ein zweites Teilchen vom Spin $\hbar/2$ emittiert wird, das, da es nicht merklich ionisiert, neutral sein muß, das *Neutrino* ν. Wir haben also obige Reaktionsgleichung durch die vollständigere $n \to p + e^- + \nu$ zu ersetzen. Die gesamte Zerfallsenergie verteilt sich nun auf beide Teilchen (und übrigens auf den Restkern), so daß in der Tat erst die Energiesumme in den Energiesatz eingeht, die wegen der großen Masse des Restkerns praktisch mit der Maximalenergie des Elektrons identisch ist. Ferner widerspricht die Gleichung nicht mehr dem Drehimpulssatz, da sich drei halbzahlige Spinwerte wieder zu einem halbzahligen zusammensetzen. Wenn das Neutrino wirklich emittiert wird, so muß es außerdem Impuls aufnehmen, was man an dem Rückstoßimpuls des schweren Partners messen kann. Solche Messungen geben darüber hinaus eine Aussage über die Masse des Neutrinos. Sie erweist sich kleiner als $^1/_{100}$ Elektronenmasse, so daß nichts gegen die Annahme einer Ruhmasse 0 für Neutrinen spricht. Direkte Wirkungen der Neutrinen haben sich noch nicht sicher feststellen lassen. Intensitätsanomalien der kosmischen Strahlen in sehr großen Tiefen unter der Erde hat man gelegentlich mit der großen Durchdringungsfähigkeit der Neutrinen in Verbindung gebracht. Die Wechselwirkungsenergie zwischen Nukleonen einer seits und Elektronen und Neutrinen andererseits muß von solcher Art sein, daß Umwandlungen von Nukleonen mit der Emission eines →Leptonenpaares verknüpft sind.

Gelegentlich hat man versucht, die Neutrinos als *Gravitationsquanten* aufzufassen. Beide stimmen wahrscheinlich darin überein, daß sie keine Ruhmasse haben, und sind bisher nur indirekt erschlossen. Seit man die Wellengleichungen mit höherem Spin studiert, hat die Neutrinotheorie der Gravitation an Wahrscheinlichkeit verloren. Nach allem, was wir wissen, dürften Gravitationsquanten den Spin 2 haben im Gegensatz zum Spin $^1/_2$ der Neutrinos.

Rosenfeld, L.: Nuclear Forces. Amsterdam 1948.

Neutrinotheorie des Lichtes. Versuch, das Lichtquant als eine Art Molekül aus zwei →Neutrinen im Triplettzustand (Spin 1) zu verstehen. Ihre Hauptbedeutung liegt bisher weniger in der physikalischen Vorstellung als in der Entwicklung der →méthode de fusion. Der Vorstellung steht entgegen, daß man das Lichtquant mit gleichem Recht als Triplettpaar von zwei Elektronen sollte auffassen können.

Neuerdings hat *Heisenberg* eine verwandte, Hypothese aufgestellt. Er betrachtet die Elementarteilchen als verschiedenartige Kombinationen von Basisteilchen mit dem Spin 1/2 (→Apeiron), für die jedoch, anders als in der ursprünglichen Neutrinotheorie des Lichtes, mit Rücksicht auf ständige Erzeugungs- und Vernichtungsprozesse die Gesamtheit der Basisteilchen keine Konstante der Bewegung zu sein braucht. Die zugrunde liegende Wellengleichung ist wesentlich nichtlinear.

Neutrodynempfang. Selektive Hochfrequenzverstärker mit älteren Röhrentypen neigen wegen ihrer relativ großen Gitteranodenkapazität zur Instabilität. Empfangsanordnungen, bei denen diese Schwingneigung durch →Neutralisation oder Neutrodynisieren beseitigt ist, heißen Neutrodynempfänger. Sie sind aber durch die Entwicklung moderner Hochfrequenzröhren überholt.

Vilbig, F.: Lehrb. d. Hochfrequenztechnik. Leipzig 1945. — *Barkhausen, H.:* Elektronenröhren II. Leipzig 1938.

Neutron, entdeckt von *Chadwick* 1932, ist ein →Nukleon und wie das →Proton ein schwerer →Kernbaustein. Es hat seinen Namen wegen seiner elektrischen Neutralität.

Die *Masse* m_n *des Neutrons* berechnet sich aus dem über die experimentell ermittelte Neutronenbindungsenergie zu $(M_n) = 1{,}008939 \pm 0{,}000005$ bestimmten Molekulargewicht in der physikalischen →Atomgewichtsskala und der →Loschmidtschen Konstanten N_L zu $m_n = (1{,}6745_5 \pm 0{,}0004) \cdot 10^{-27}$ kg. Sein →*Spin* ist $s = \hbar/2$; sein *magnetisches Moment* $\mu_n = -1{,}9135 \pm 0{,}0002$ →Kernmagnetonen.

Das Neutron ist instabil. Es geht durch β-Zerfall in das etwas leichtere Proton über. Seine Lebensdauer beträgt etwa 20 min. Gewöhnlich wird jedoch das Neutron, bevor es zerfällt, von einem Atomkern eingefangen. Durch →Neutroneneinfang entsteht ein isotoper Atomkern, der meist instabil ist und sich durch β-Zerfall weiter umwandelt (künstliche →Radioaktivität).

Neutronen kommen in der Natur im allgemeinen nicht frei vor. Sie werden durch zahlreiche →Kernprozesse aus dem Atomkern herausgelöst, z. B. durch Beschießen von Be mit radioaktiven α-Teilchen oder mit γ-Quanten (→Neutronengenerator). Die Erzeugung →thermischer, d. h. im thermischen Gleichgewicht mit der umgebenden Materie befindlicher Neutronen erfolgt in großem Ausmaß im →pile. — Ferner →V-Teilchen.

Die relativistische →Wellengleichung des Neutrons ist, wie die des Protons, noch unbekannt.

Rosenfeld, L.: Nuclear Forces. Amsterdam 1948.

Neutronenbeugung →Neutronenspektrometrie.

Neutronenbremsung. Nach dem elastischen Stoß eines Neutrons der Energie E_0 auf einen ruhenden Atomkern verteilt sich die Energie des Neutrons nach dem Stoß gleichmäßig auf das Intervall $E_0 > E > E_0(1-p)$ mit $p = 4M\,m_n/(M+m_n)^2$ (M Masse des Kerns, m_n Neutronenmasse), eine unmittelbare Folge aus Energie- und Impulssatz. Durch Protonen lassen sich daher wegen $p = 1$ die Neutronen am stärksten abbremsen. Die mittlere Energie der Neutronen nach n Stößen ist dann $E_0(\frac{1}{2})^n$, was auch durch eine exakte Rechnung bestätigt wird. Außerdem ist dabei die Wahrscheinlichkeit, das Teilchen nach einer beliebigen

Anzahl von Stößen im Intervall dE zu finden, gleich dE/E.

Beim Vorhandensein einer Neutronenquelle, von der Q Neutronen/s ausgehen, entsteht ein stationäres Gleichgewicht, bei dem $\frac{dE}{E}Q$ Neutronen sekundlich in das Energieintervall dE eintreten, in welchem sich $N(E)dE$ Neutronen befinden mögen. Diese verlassen im Mittel nach einer Stoßzeit $\tau = \lambda/v$ (λ mittlere Weglänge) durch erneuten Zusammenstoß das Intervall dE, so daß die Stationaritätsbedingung (einfallende = austretende Teilchenzahl) lautet

$$Q\frac{dE}{E} = \frac{N(E)\,dE}{\tau}.$$

Unter Bezugnahme auf das Geschwindigkeitsintervall folgt hieraus mit $E = (\frac{1}{2})m_n v^2$, $N(E)dE = N(v)dv$ und $dE/E = 2\,dv/v$ das *Fermische* $1/v^2$*-Gesetz*

$$N(v) = \frac{2Q\lambda}{v^2}.$$

Es tritt eine Anhäufung bei kleinen Geschwindigkeiten auf, die in Wirklichkeit jedoch durch Absorption der langsamen Neutronen vermindert wird.

Neutroneneinfang. Weil ein Neutron nicht vom Coulomb-Feld am Eindringen in den Kern gehindert wird, ist die Eindringwahrscheinlichkeit, also der Wirkungsquerschnitt für einen Einfang, um so größer, je längere Zeit sich das Neutron in Kernnähe aufhält. Diese Zeit ist aber umgekehrt proportional der Neutronengeschwindigkeit v, so daß der Einfangquerschnitt mit $1/v$ abnimmt. Bis zu hohen Energien hin (bis etwa 1 keV) ist das beim Bor in der Reaktion $^{10}B(n, \alpha)^7Li$ der Fall; eine Resonanzstelle liegt erst bei 2 MeV. Für schnelle Neutronen geht der Abfall mit $1/E$, statt mit $1/v$ (E Energie).

Vom $1/v$-Gesetz für den Einfang thermischer Neutronen wird oft abgewichen. Es kann, wie beim Cd und Eu, zwischen 0,1 und 1 eV eine Resonanzstelle liegen, oder es kann eine solche bei negativer Energie des Neutrons liegen, d. h. der Zwischenkern hat ein Niveau von etwas geringerer Energie als die Bindungsenergie des eingefangenen Neutrons, wie bei Eu und Hg (→Neutronenresonanzen, Abb.). Für elektrisch geladene Teilchen ist das $1/v$-Gesetz — abgesehen von Resonanzstellen — erst für höhere Geschwindigkeiten erfüllt, denn die Teilchen müssen ja imstande sein, das Coulomb-Feld zu überwinden, wozu sie Mindestenergien der Größenordnung 100 keV benötigen. →Resonanzeinfang.

Neutroneneinheit →radioaktive Einheiten.

Neutronenemission, verzögerte, ist die Emission von Neutronen mit bestimmter Halbwertszeit. Sie ist jedoch nur scheinbar eine neue Art von Radioaktivität. Tatsächlich liegen hier Körper vor, die gegen Neutronenzerfall äußerst kurzlebig sind und im Gleichgewicht stehen mit ihren β-aktiven Muttersubstanzen. Die Folgekerne des β-Zerfalls entstehen dabei mit einer Anregungsenergie, die höher ist als die Bindungsenergie eines Neutrons. Dieses Bild gewannen *Bohr* und *Wheeler* (1939), als schon bald nach Entdeckung der Uranspaltung unter den Spaltprodukten jene neue Art von Aktivität gefunden worden war. Auch experimentell lag diese Vermutung nahe, da für einige der Spaltungselemente, die Neutronen verzögert emittierten, bereits β-aktive Isotope mit derselben Halbwertszeit bekannt waren. Beim Brom 87 beträgt die Halbwertszeit für den β-Zerfall und damit auch für die Neutronenemission 56 s. Alle anderen bisher bekannten Halbwertszeiten für verzögerte Neutronenemission sind kürzer, bis herunter zu 0,4 s, vielleicht noch kürzer; ^{137}J hat 23 s. Das Verzweigungsverhältnis der β-Emission liegt jedoch stark zugunsten des höheren Kr- bzw. Xe-Zustands, so daß für Br und J die verzögerte Neutronenemission verhältnismäßig selten ist.

Obwohl nur ungefähr 0,07% aller bei der Uranspaltung emittierten Neutronen um etwa eine Minute verzögert sind, wird durch sie eine leichte Regelbarkeit der von einem Uranbrenner abgegebenen Leistung erreicht. Der Multiplikationsfaktor k der Neutronenproduktion folgt dem Herausziehen der Cadmiumregelstäbe aus dem Brenner nicht unmittelbar, sondern mit einer Verzögerung, die je nach der Bauart des Brenners recht beträchtlich sein kann. Jedenfalls wächst bei einem Multiplikationsfaktor >1 die Neutronendichte nicht sofort auf gefährlich hohe Werte, sondern allmählich und damit kontrollier- und regulierbar.

Außerhalb der Kernspaltung, nämlich beim Beschuß leichter Elemente mit sehr energiereichen Deuteronen, entsteht eine 4,2 s-Neutronenaktivität beim Stickstoff 17, welcher in Mehrteilchenreaktionen (→Spallationen) aus leichten Elementen entsteht, am kräftigsten aus Fluor. Die Abb. zeigt

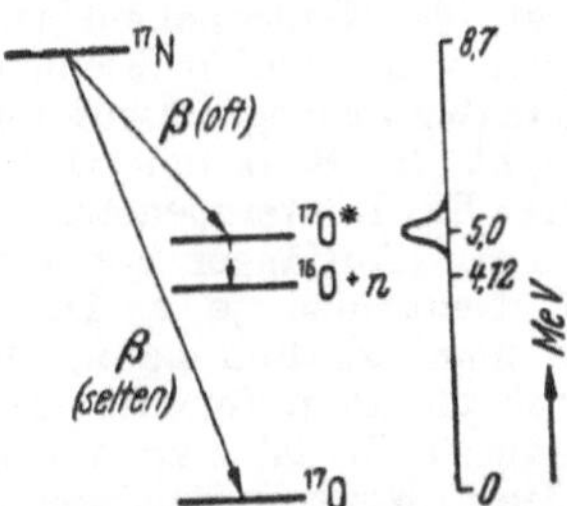

Verzögerte Neutronenemission von Stickstoff 17. Die Breite des Niveaus $^{17}O^*$ ist am Energiemaßstab angedeutet. [Nach *L. W. Alvarez:* Phys. Rev. **75**, 1127 (1949).]

das Zerfallsschema; der direkte Übergang nach ^{17}O ist wenigstens zweimal verboten, also sehr selten. Im Gegensatz zu ^{87}Br und ^{137}J liegt hier das Verzweigungsverhältnis stark zugunsten der verzögerten Neutronenemission. Hier wurde auch der Beweis von (β, n)-Koinzidenzen erbracht (*Alvarez*). Es zeigte sich, daß β-Teilchen höherer Energie begleitet sind von Neutronen geringerer Energie, und umgekehrt, so daß die Summe der Energien von Elektron und Neutron stets die gleiche ist; die Breite des Niveaus $^{17}O^*$ ist etwa 1 MeV.

Die wenigen identifizierten Neutronenstrahler (^{87}Br, ^{137}J, ^{17}N) passen gut zum Schema der →magischen Nukleonenzahlen, wenn man das emittierte Neutron auffaßt als eines, das einer abgeschlossenen Schale zugefügt und deshalb mit einer geringeren Energie gebunden ist.

Sun, K. H., R. A. Charpie u. Mitarb.: Phys. Rev. **79**, 3 (1950).

Neutronengenerator. Neutronen können überhaupt nur durch Kernreaktionen erzeugt werden; es sind die Umwandlungen (α, n), (p, n), (d, n), (γ, n) und die Spaltungen schwerster Kerne.

1. Die Reaktion $^9Be(\alpha, n)^{12}C$, an der auch das Neutron entdeckt wurde, liefert eine Neutronen-

quelle: Es wird ein Radiumsalz mit Berylliumpulver gut vermischt oder Emanation in ein Beryllium enthaltendes Röhrchen gefüllt. Die Ausbeute ist gering; je α-Teilchen entstehen etwa $2 \cdot 10^{-4}$ Neutronen. Die Neutronen haben die verschiedensten Energien (bis 13,7 MeV), da erstens mehrere Gruppen von α-Teilchen wirksam sind und zweitens außerdem noch der ^{12}C-Kern in angeregten Zuständen entstehen kann. Für Li, B und einige andere leichte Elemente sind die Ausbeuten etwas geringer, für schwere Elemente gar nicht mehr nennenswert. Wesentlich ertragreicher ist der Beschuß mit Teilchen, die mit Hilfe von Hochspannungsanlagen oder Resonanzbeschleunigern auf hohe Energien gebracht werden. Die Erhaltungssätze für Impuls und Energie bewirken dabei, daß die Energie der Neutronen, welche zunächst durch die Wärmetönung Q der Reaktion gegeben ist, abhängig wird von der Energie der auslösenden Teilchen und vom Winkel gegen den Strahl der Geschosse, unter dem die Neutronen den Auffänger verlassen.

2. Zur Erzeugung von Neutronen durch (p, n)-Prozesse benutzt man leichte oder mittelschwere Kerne. Der Prozeß $^7Li(p, n)^7Be$ liefert eine Quelle von Neutronen, deren Energie durch Variation der Energie der auslösenden Protonen eingestellt werden kann; letztere hat einen Schwellenwert von 1,86 MeV, bei geringeren Protonengeschwindigkeiten tritt der Prozeß nicht ein.

3. Höher ist die Neutronenausbeute bei den (d, n)-Prozessen von leichten Elementen. Schon bei verhältnismäßig niedrigen Deuteronenenergien ($<$400 keV) gibt die Reaktion $^2D(d, n)^3He$ eine hohe Ausbeute: Ein Deuteronenstrahl von 100 μA erzeugt aus einem Auffänger von schwerem Eis ungefähr 10^9 Neutronen je s. Die Neutronenenergien, die man erhalten kann, sind nur beschränkt durch die Deuteronenenergien, die sich herstellen lassen; z. Zt. ist man mit dieser Reaktion bis 6 MeV Neutronenenergie gekommen. Höher ($>$10 MeV) kommt man mit der Reaktion $^7Li(d, n)^8B$, die dann auch ergiebiger ist und eine Wärmetönung $Q = 14{,}55$ MeV hat. Für Deuteronenenergien von etwa 1 MeV werden Neutronenintensitäten erhalten, die mehreren kg Radium-Beryllium entsprechen. Leider ist die Geschwindigkeitsverteilung der Neutronen sehr inhomogen (im Lithium werden mehrere Niveaus angeregt), während aus den $D(d, n)$-Neutronen durch Variation des Winkels Neutronenstrahlen verschiedener, aber einheitlicher Energie ausgeblendet werden können. Dem kann dadurch begegnet werden, daß Indikatoren verschiedener Ansprechschwellen Verwendung finden (→Indikatoren für Neutronen).

4. In einem Kernphotoeffekt (γ, n) kann ein Photoneutron aus dem Kernverband gelöst werden, wenn die Energie des Quants mindestens gleich der Bindungsenergie des Neutrons ist. Für D und Be sind das nur 2,18 bzw. 1,63 MeV, wodurch der (γ, n)-Prozeß sehr erleichtert wird. Bei Benutzung einer monochromatischen γ-Strahlung von etwas höherer als der Schwellenenergie und — um die Neutronen nicht zu verlangsamen — nur kleiner Substanzmengen im Auffänger erhält man eine Quelle von Neutronen einheitlicher Energie. Die von einigen radioaktiven Isotopen ausgesandten γ-Strahlen haben mehr Energie als 2,18 MeV und liefern Neutronenquellen, wenn die Isotope in schweres Wasser gebracht werden; einige andere Isotope emittieren γ-Strahlen einer Energie zwischen 1,63 und 2,1 MeV und erzeugen Photoneutronen im Beryllium. Praktischen Wert haben vor allem die mit den langlebigen γ-Strahlern ^{124}Sb (60 Tage) und ^{140}La (40 Stunden) betriebenen Quellen Sb/Be und La/Be, welche Neutronen von 24 bzw. 620 keV liefern. Die Ausbeute des (γ, n)-Prozesses ist noch um mehrere Zehnerpotenzen geringer als die des (α, n)-Prozesses.

5. Sehr langsame Neutronen, d. h. Neutronen thermischer Geschwindigkeit ($\sim\frac{1}{40}$ eV), werden erhalten, indem man die Neutronenquelle mit einem →Moderator umgibt. Die wirksamsten Moderatoren, d. h. solche, die mit der geringsten Zahl von Zusammenstößen auskommen, sind unter den leichtesten Elementen zu finden. Am wirksamsten ist leichter Wasserstoff; Protonen haben schon nach 18 Zusammenstößen 1-MeV-Neutronen auf thermische Energie abgebremst (→Neutronenbremsung). In →piles wird schwerer Wasserstoff als Moderator verwendet, da der leichte Wasserstoff Neutronen wegfängt. In Ermangelung von schwerem Wasser oder schwerem Paraffin ist ^{12}C (Graphit) die geeignetste Substanz, obgleich 110 Zusammenstöße nötig sind. Kohlenstoff fängt nämlich keine Neutronen weg, vorausgesetzt, daß er äußerst rein ist.

6. Strahlen von Neutronen sehr einheitlicher Energie werden neuerdings im Bereich von 0,001 eV bis 10 keV mit Neutronen-Monochromatoren hergestellt. Aus den starken Neutronenintensitäten der →piles werden durch zwei Verfahren homogene Strahlen ausgeblendet, nämlich entweder durch Kristallspektrometer oder durch eine mechanische, nach dem Prinzip der Fizeauschen Lichtgeschwindigkeitsbestimmung arbeitende Methode. Ein drittes Verfahren, ebenfalls dem von *Fizeau* analog, ist auf das →Zyklotron als Neutronengenerator anwendbar. Hier wird durch elektrische Impulse der Strom der auf den Auffänger fallenden Ionen und dadurch die Neutronenintensität gesteuert; synchron, aber mit einstellbarer Zeitverschiebung, wird das neutronennachweisende Zählrohr ein- und ausgeschaltet.

Diese drei Monochromatormethoden sind nebeneinander zur →Neutronenspektrometrie im Gebrauch. Sie unterscheiden sich im Energiebereich und im Auflösungsvermögen und ergänzen sich daher gegenseitig. Die folgende Tabelle gibt darüber einige Daten.

Auflösungsvermögen verschiedener Monochromatoren.

Monochromator	Ausnutzbarer Energiebereich	Auflösungsvermögen in eV bei einer Energie von				
		0,025 eV	0,1 eV	1 eV	10 eV	100 eV
Mechanisch	0,004 bis 0,2 eV	0,005	0,1	—	—	—
Kristall	0,02 bis 50 eV	0,001	0,05	0,5	10	—
Elektr. Impulse	0,001 bis 10000 eV	0,001	0,05	0,1	1	20

Mit diesen Mitteln sind die Wirkungsquerschnitte vieler Elemente sehr genau untersucht worden, was mit den früher verwendeten Verfahren — hier ist vor allem die Borabsorptionsmethode zu nennen (sie beruht auf dem $1/v$-Gesetz) — nicht möglich war. Die Entwicklung neuer

Beschleuniger (100 MeV und mehr, →Synchrotron 4b) eröffnet die Möglichkeit, sehr schnelle Neutronen herzustellen und damit die geometrischen Querschnitte der Kerne zu bestimmen. — →Neutronenresonanz.

Alvarez, L. W.: Phys. Rev. 54, 609 (1938). — *Zinn, W. H.*: Phys. Rev. 71, 752 (1947).

Neutronenprozeß, Atomkernumwandlung durch Neutronen. →Kernumwandlungen, künstliche.

Neutronenquellen →Neutronengenerator.

Neutronenresonanzen. Wenn bei einer durch Neutronen bewirkten Kernumwandlung die Summe von Ruhenergie des Anfangskerns, Ruhenergie des Neutrons und eingebrachter kinetischer Energie des Neutrons zufällig gerade in ein Niveau des Zwischenkerns fällt, dann besteht für diese Umwandlung ein sehr viel größerer Wirkungsquerschnitt, als nach dem $1/v$-Gesetz (→Neutroneneinfang) zu erwarten wäre. So ist der Einfangquerschnitt des Cadmiums für thermische Neutronen einer Energie von rund $^1/_{30}$ eV etwa $2500 \cdot 10^{-24}$ cm^2, denn in diesem Gebiet ist der Wirkungsquerschnitt stark von der Lage der nächsten Resonanz abhängig, die für Cd bei 0,176 eV mit $7200 \cdot 10^{-24}$ cm^2 erreicht wird. Bei so geringer kinetischer Energie der Neutronen auftretende Resonanzstellen zeigen keine scharfe, hohe Spitze, da der $1/v$-Faktor einem Abfall nach niedrigen Energien hin entgegensteht. Daher können derartige Substanzen als Filter für Neutronen von größerer als der Resonanzenergie verwendet werden.

Der gesamte Wirkungsquerschnitt des Kerns für Neutronen setzt sich nach *Bohr* zusammen aus dem konstanten Querschnitt für die Streuung und einem Wirkungsquerschnitt für die Bildung eines angeregten Zwischenkerns, der je nach der Energie der Neutronen in verschiedenen Anregungszuständen entsteht, wodurch der gesamte Wirkungsquerschnitt von der Energie abhängt. Der Streuquerschnitt ist für die einzelnen Elemente verschieden; er schwankt in der Größenordnung 1 bis $20 \cdot 10^{-24}$ cm^2.

Eine bestimmte Resonanzstelle für Neutronen kann durch einen oder auch durch mehrere verschiedene Prozesse bedingt sein, z. B. (n, n), (n, γ), (n, p), (n, α) usw. Meistens überwiegt eine der Reaktionen, d. h. der Beitrag der anderen Reaktionen zur Breite der Resonanzstelle und damit zum Wirkungsquerschnitt für diesen Prozeß ist nur gering.

Für langsame Neutronen (bis 10 keV) sind nur wenige Reaktionstypen energetisch möglich. (n, p)- und (n, α)-Reaktionen kommen nur bei den leichten Elementen vor (^{14}N, ^{10}B, ^6Li); bei den schweren verhindert der Potentialwall das Entweichen schwerer geladener Teilchen. Immer möglich sind jedoch die Streuung (n, n) — es wird also wieder ein Neutron emittiert — oder der Prozeß (n, γ). Letzterer ist die einzige Möglichkeit, die Niveaus von Kernen zu finden, die schwerer sind als etwa Al, weil sich Strahlen geladener Teilchen nicht so gut monochromatisch herstellen lassen. Bei einigen sehr schweren Elementen (^{235}U und ^{239}Pu) spaltet der angeregte Zwischenkern. Die Wahrscheinlichkeit für den (n, n)-Prozeß nimmt mit dem Atomgewicht zu. Die (n, γ)-Prozesse werden für mittelschnelle Neutronen (bis 1 MeV) unwahrscheinlicher, (n, p)- und (n, α)-Prozesse kommen aber häufiger vor. Die schweren Elemente ($A > 100$) zeigen in diesem Energiebereich schon eine Verschmierung der Niveaus. In diesem Bereich tritt auch die unelastische Streuung der Neutronen auf, nämlich dann, wenn die Neutronenenergie die Energie des niedrigsten Niveaus des Auffängerkerns überschreitet. Für sehr schnelle Neutronen (über 1 MeV) sind die Materiewellenlängen der Neutronen kleiner als der Kernradius a. Die Gesamtwirkungsquerschnitte sind jetzt konstant und gleich $2\pi a^2$; die wichtigsten der konkurrierenden Prozesse sind hier die elastische Streuung, die unelastische Streuung und, wenn die Neutronen eine größere Energie haben, als der Bindung eines Neutrons im gestoßenen Kern entspricht, auch der Prozeß $(n, 2n)$. Die Wahrscheinlichkeit für (n, p)- und (n, α)-Prozesse ist größer geworden (rund 10^{-25} cm^2), während die (n, γ)-Wahrscheinlichkeit jetzt um mehrere Größenordnungen unwahrscheinlicher ist; der Gesamtwirkungsquerschnitt liegt in der Größenordnung 10^{-23} cm^2. Während die Wirkungsquerschnitte für langsame Neutronen von der zufälligen Nähe einer Resonanzstelle abhängen und deshalb keinen Gang mit der Ordnungszahl erkennen lassen, ist ein solcher festzustellen mit einem Strahl von Neutronen höherer Energie (z. B. 1 MeV) und einer gewissen Bandbreite. Weil die Niveaus in diesem Bereich sehr dicht liegen (→Kernniveaus), wird vom Neutronenstrahl eine große Anzahl Niveaus erfaßt und angeregt. Der (n, γ)-Wirkungsquerschnitt nimmt von 10^{-25} cm^2 bei $A = 100$ stetig ab auf 10^{-28} cm^2 für $A = 20$, worin sich die mit steigendem Atomgewicht zunehmende Niveaudichte zeigt.

Die zur genauen Messung nötigen monochromatischen Neutronenstrahlen werden für niedrige Energien mit Kristallspektrometern (→Neutronenspektrometrie) und mechanisch oder elektrisch modulierten Neutronenquellen erhalten, einige hohe und sehr hohe Neutronenenergien (rund 20 MeV) entstehen bei gewissen Kernreaktionen (→Neutronengenerator).

Eine Formel für den Wirkungsquerschnitt für den Einfang von Neutronen als Funktion ihrer Energie wurde von *Breit* und *Wigner* aufgestellt; sie ist erfüllt, wenn die Niveaus um mehr als ihre Breite voneinander getrennt sind. Diese „natürliche" Linienform wird, wie auch bei den optischen

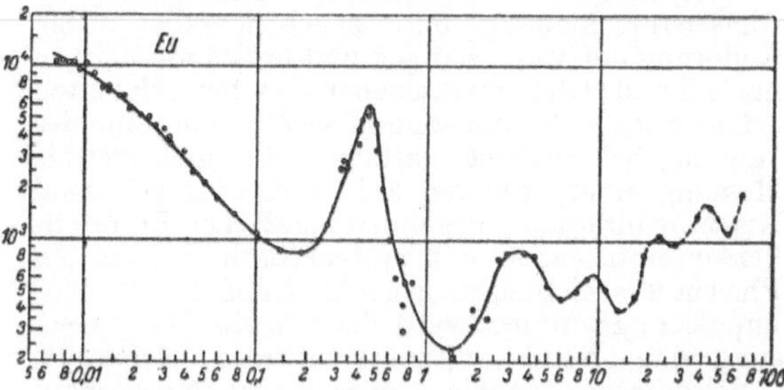

Gesamtwirkungsquerschnitt des Europiums für Neutroneneinfang. Gemessen mit einem mechanisch arbeitenden Monochromator und mit einem Kristallspektrometer. (Nach *W. J. Sturm.*) Abszisse in eV, Ordinateneinheit 10^{-24} cm^2

Spektrallinien, verwischt durch einen Doppler-Effekt, der durch die Wärmebewegung der Atomkerne relativ zur Bewegung der Neutronen entsteht.

Die Abb. zeigt ein Beispiel; zur Abweichung vom $1/v$-Gesetz am Anfang →Neutroneneinfang.

Goldsmith, H. H., H. W. Ibser, u. *B. T. Feld*: Rev. Modern Phys. 11, 259 (1947).

Neutronenspektrometrie. Eine Hauptaufgabe der Neutronenspektrometrie besteht in der Messung der Geschwindigkeitsverteilung von Neutronenstrahlen. Dafür stehen im wesentlichen zwei Methoden zur Verfügung: *Laufzeitmessungen* und *Neutronenbeugung an Kristallen.* Für langsamere thermische Neutronen findet mit Vorteil der mechanische *Geschwindigkeitsselektor* Anwendung. Dabei müssen die Neutronen zwei sich mit gemeinsamer Achse drehende Kreisscheiben seitlich durchsetzen, die bis auf kleinere Sektoren mit Cadmium belegt sind. Für langsame Neutronen sind nur die Cd-freien Sektoren durchlässig. Aus der Entfernung der Scheiben voneinander und ihrer Umdrehungszahl läßt sich die Geschwindigkeit der hinter der zweiten Scheibe gezählten Neutronen errechnen.

Zu Laufzeitmessungen innerhalb des Geschwindigkeitsbereiches 0,03 bis einige 100 V bedient man sich mit bestem Erfolg des modulierten →Zyklotrons. Bei diesem wird die Emission der Ionenquelle und damit die Neutronenemission mit Hilfe von komplizierten Impulsgeber-Geräten derart moduliert, daß nur kurze Neutronen-Rechteckimpulse ausgesandt werden, deren Dauer zwischen 5 bis 1000 μs eingestellt werden kann. Ebenso kann die zeitliche Aufeinanderfolge der Impulse im Bereich von etwa 1000 bis 10000 μs verändert werden. Ein Teil der vom Target ausgehenden und durch Paraffin mehr oder weniger verlangsamten Neutronen kann nach Durchlaufen einer etliche Meter langen Cd-Röhre in einem Bortrifluoridzählrohr zur Zählung gelangen. Der zugehörige Zählverstärker wird durch dasselbe Impulsgeber-System ebenfalls moduliert, derart, daß er nur für Zeitintervalle von etwa der gleichen Dauer wie die der Neutronenimpulse zur Zählung von Neutronen empfindlich ist. Durch einen Phasenschieber können aber die Neutronenimpulse gegen die Empfindlichkeitsimpulse des Verstärkers zeitlich verschoben werden, und zwar innerhalb des Zeitintervalles zwischen zwei Impulsen. Aus der Entfernung von Target, Zählrohr und der zeitlichen Verschiebung von Neutronen- und Verstärkerimpuls läßt sich dann unter Vornahme einiger Korrekturen die Geschwindigkeit der gezählten Neutronen ermitteln. Durch Änderung der Phasenverschiebung und gegebenenfalls durch Änderung der Impulslängen und -abstände können nacheinander die verschiedenen Geschwindigkeiten erfaßt werden. Weitgehende Vervollkommnung des Impulsgeber-Systems gestattet die gleichzeitige Messung einer größeren Zahl von zwischen zwei Neutronenimpulsen liegenden Verstärker-Empfindlichkeitsintervallen mit systematisch abgestuften Phasenverschiebungen gegenüber den Neutronenimpulsen. Hierdurch wird die schnelle Durchmessung eines Neutronenspektrums sehr erleichtert.

Seitdem in den Uran-piles starke Neutronenquellen zur Verfügung stehen, die die Ausblendung enger, annähernd gleichgerichteter Neutronenbündel gestatten, sind auch die Versuche zur Beugung von langsamen und mittelschnellen Neutronen an Kristallen von Erfolg gewesen. Die dabei verwendeten Apparaturen sind ganz ähnlich denen der Drehkristallmethode der Röntgenspektroskopie. Nur ist der Röntgenfilm durch ein Bortrifluoridzählrohr mit angereichertem ^{10}B-Isotop ersetzt, das vom reflektierten Neutronenstrahl in Richtung seiner Achse durchsetzt wird und dazu auf einem um die Drehachse des Kristall halters gesondert drehbaren Trägerarm montiert ist. Im reflektierten Strahl sind im Maximum der Geschwindigkeitsverteilung der Neutronenquelle bis zu 30000 Neutronen/min von annähernd einheitlicher Geschwindigkeit erhalten worden. Die Neutronengeschwindigkeit ergibt sich aus der dem jeweiligen Ablenkwinkel entsprechenden de Broglie-Wellenlänge der reflektierten Neutronen nach der de Broglie-Formel $\lambda = h/(m v)$.

Mit den verschiedenen Neutronenspektrometern lassen sich, wenn die Geschwindigkeitsverteilung der jeweiligen Neutronenquelle festgestellt ist, Messungen von Wirkungsquerschnitten für Neutroneneinfang in Abhängigkeit von der Neutronengeschwindigkeit an den verschiedensten Substanzen durchführen. Dazu werden die betreffenden Absorber in den Laufweg bzw. in den reflektierten Strahl der Neutronen gebracht. Auf diese Weise wurde für viele Elemente der Verlauf der Neutronenabsorption und die Lage von Resonanzlinien für Neutroneneinfang ermittelt.

Bacher, R. F., *C. P. Baker* u. *B. D. McDaniel:* Phys. Rev. **69**, 443 (1946). – *Rainwater, L. J.*, *W. W. Havens* u. a.: Phys. Rev. **70** u. folg. Jahrg. – *Zinn, W. H.:* Phys. Rev. **71**, 752 (1947). – *Sturm, W. J.:* Phys. Rev. **71**, 757 (1947). – *Fermi, E.*, u. Mitarb.: Phys. Rev. **70** u. folg. Jahrg. – *Goldsmith, H. H.*, *H. W. Ibser* u. *B. T. Feld:* Rev. Modern Phys. **19**, 259 (1947). – *Shull, C. G.*, u. *E. O. Wollan:* Naturwiss. **36**, 291 (1949).

Neutronensterne, eine zuerst von *Baade* und *Zwicky* eingeführte Hypothese zur Deutung der gewaltigen Energieentwicklung der →Supernovae. Das Aufleuchten einer solchen sollte danach seine Ursache haben in dem Zusammenbruch eines normalen Sterns und seiner Verwandlung in einen sehr kleinen Stern von der Dichte der Materie der Atomkerne ($\approx 10^{14}$ g cm^{-3}), der dann aus enggepackten Neutronen besteht. Die dabei durch Kontraktion freiwerdende Gravitationsenergie soll die ungeheure ausgestrahlte Energie liefern. Für einen Neutronenstern gibt es einen Grenzwert der Masse, oberhalb derer er wegen der Höhe des Gravitationspotentials an seiner Oberfläche in keinerlei Wechselwirkung mit unserem Weltall treten kann, indem z. B. die von ihm ausgesandten Lichtquanten beim Durchlaufen seines Gravitationsfeldes ihre gesamte Energie $h\nu$ verlieren. Er würde also unserem Weltall nicht mehr angehören.

Nach der Theorie von *Jordan* dagegen wird jeder Stern zunächst als Neutronenstern geboren, und das Aufleuchten einer Supernova ist eine Folge seiner nachfolgenden Umwandlung in einen normalen Stern.

Jordan, P.: Die Herkunft d. Sterne. Stuttgart 1947. – *Baade, W.*, u. *F. Zwicky:* Proc. Nat. Acad. Sci. **20**, 259 (1934). – *Zwicky, F.:* Phys. Rev. **55**, 726 (1939).

Neutronenverdampfung →Kernverdampfung, →Kernreaktionen.

Neutron-Proton-Streuung. Streuung langsamer und schneller Neutronen an Protonen ist vom theoretischen Standpunkt aus nichts anderes als das Deuteronproblem im kontinuierlichen Spektrum (Hyperbelbahnen). Der →Wirkungsquerschnitt beträgt bei thermischen Neutronen $\sigma \approx 50$ barn (1 barn $= 10^{-24}$ cm^2) und sinkt bei zunehmenden Energien. Bei schnellen Neutronen wurde gemessen $\sigma(40\text{ MeV}) = 0{,}217$, $\sigma(90\text{ MeV}) = 0{,}087$, $\sigma(230\text{ MeV}) = 0{,}027$ barn. Bei großen Geschwindigkeiten tritt der Austauschcharakter der Kernkräfte bei Betrachtung des differentiellen Wirkungsquerschnitts $\sigma(\vartheta)$ immer mehr in den Vordergrund. ϑ ist der Ausfallswinkel. Bei hohen

Energien sollte nämlich unter der Annahme ordentlicher Kräfte der Ausfallswinkel bevorzugt werden, wie in Kurve *I* (Abb.) angedeutet. Bei Austauschkräften tritt jedoch eine Richtungsumkehr ein und sollte sich eine Kurve *II* ergeben.

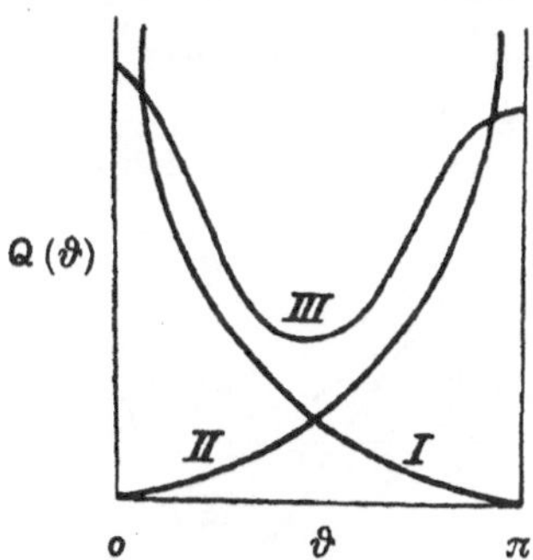

Winkelverteilung von NP-Streuung bei hohen Energien. *I* ordentliche Kraft, *II* Austauschkraft, *III* experimentelle Kernkraft zwischen Neutron und Proton.

In Wirklichkeit aber wird *III* beobachtet, was auf annähernd gleich große Anteile von Austausch- und ordentlichen Kräften schließen läßt. Es sei bemerkt, daß experimentell nicht die gestreuten Neutronen, sondern vielmehr die Rückstoßprotonen beobachtet werden.

Bethe, H.: Elementary Nuclear Theory. New York 1947.

New General Catalogue *of Nebulae and Clusters* (NGC), ein Katalog von Sternhaufen und von galaktischen und außergalaktischen Nebeln.

Newton, abgek. N, physikalische →Krafteinheit des →MKS-Systems: $1\,\mathrm{N} = 1\,\mathrm{m\,kg\,s^{-2}}$.

Newton-Fokus →Spiegelteleskop.

Newtonmeter, abgek. Nm, Energieeinheit des →MKS-Systems: $1\,\mathrm{Nm} = 1\,\mathrm{m^2kg\,s^{-2}} = 10^7$ erg $= 0{,}101972$ kpm. Das Nm wurde, bevor sich der Name Newton für die →MKS-Krafteinheit eingeführt hatte, zeitweise als *Großerg* (Erg) bezeichnet und ist mit dem absoluten →*Joule* (J_{abs}) identisch. →Tabelle 3 im Anhang III.

Newtonsches Abbildungsgesetz →Abbildungsgesetze.

Newtonsches Abkühlungsgesetz →Abkühlungsgesetz.

Newtonsche Axiome, die drei von *Newton* axiomatisch an die Spitze des von ihm entwickelten Systems der Mechanik gestellten Sätze:

1. Axiom: „Corpus omne perseverare in statu suo quiescendi vel movendi uniformiter in directum, nisi quatenus illud a viribus impressis cogitur statum suum mutare.“ Dies ist das allgemeine *Beharrungsgesetz* (*Trägheitssatz*).

2. Axiom: „Mutationem motus proportionalem esse vi motrici impressae et fieri secundum lineam rectam, qua vis illa imprimitur.“ Dies ist die exakte Formulierung des 1. Axioms und wird oft als →*Newtonsche Bewegungsgleichung* bezeichnet. Es wurde bereits von *Galilei* ausgesprochen.

3. *Axiom:* „Actioni contrariam semper et aequalem esse reactionem, sive corporum duorum actiones in se mutuo semper esse aequales et in partes contrarias dirigi.“ Dies ist das Gesetz der Gleichheit von Wirkung und Gegenwirkung, das →*Wechselwirkungsgesetz*.

Ferner führt *Newton* als *Lex quarta* noch das →*Unabhängigkeitsprinzip* an. Eine Kritik der Axiome hat u. a. *E. Mach* gegeben.

Mach, E.: Die Mechanik in ihrer Entwicklung. Leipzig 1921.

Newtonsche Bewegungsgleichung, das 2. →Newtonsche Axiom. Es besagt: Die Änderung der „Bewegung“, die ein Körper durch Einwirkung einer Kraft erfährt, ist dieser proportional und geschieht in der gleichen Richtung, in der die Kraft wirkt. Hierbei ist unter der „Bewegung“ der heute als →Bewegungsgröße oder Impuls bezeichnete Begriff zu verstehen, also das Produkt $m\mathfrak{v}$ aus der Masse m und ihrer Geschwindigkeit $\mathfrak{v} = \dot{\mathfrak{r}}$ ($\mathfrak{r}$ Ortsvektor, vom Ursprung eines geeigneten Koordinatensystems nach m weisend). Es ist also die Bewegungsgröße

$$\mathfrak{G} = m\mathfrak{v} = m\dot{\mathfrak{r}}.$$

Dann lautet die quantitative Formulierung des 2. Newtonschen Axioms:

$$\frac{d}{dt}\mathfrak{G} = \frac{d}{dt}(m\mathfrak{v}) = \mathfrak{K},$$

wenn $\mathfrak{K}$ die einwirkende Kraft ist. Dieses Bewegungsgesetz läßt sich, wenn die Masse m als konstant angesehen wird, auch als $m\dot{\mathfrak{v}} = m\ddot{\mathfrak{r}} = \mathfrak{K}$ schreiben und heißt in dieser Form *Newtonsches Beschleunigungsgesetz: Kraft = Masse × Beschleunigung.*

Indessen ist m keineswegs immer als unveränderlich anzusehen (→Relativitätstheorie). Daher ist die allgemeine Formulierung $\frac{d}{dt}(m\mathfrak{v}) = \mathfrak{K}$ zweckmäßiger. In der Relativitätsmechanik ist $m = m_0/\sqrt{1 - v^2/c^2}$ zu setzen, wo m_0 die Ruhmasse (d. h. für die Geschwindigkeit $v = 0$) und c die Lichtgeschwindigkeit ist. Die Newtonsche Formulierung $\frac{d}{dt}(m\mathfrak{v}) = \mathfrak{K}$ des Bewegungsgesetzes bewährte sich also mit „geradezu prophetischer Sicherheit“ (*A. Sommerfeld*, Vorl. über theoret. Phys. I, S. 4. Leipzig 1944) in solchen Fällen, wo m eine nicht konstante Größe ist, wie z. B. bei der Bewegung von Raketen.

Die Newtonsche Bewegungsgleichung, oben für nur eine einer *einzigen Kraft* $\mathfrak{K}$ unterworfene freie Masse m geschrieben, gilt entsprechend für ein System von Massenpunkten m_i ($i = 1, 2, \ldots, n$). Sei $\mathfrak{K}_i$ die Resultante aller auf den i-ten Massenpunkt einwirkenden äußeren Kräfte, so lauten die Bewegungsgleichungen für jenen (dessen Masse nun als zeitlich konstant angesehen werde) $m_i\ddot{\mathfrak{r}}_i = \mathfrak{K}_i + \sum \mathfrak{K}_{ik}$. Hierbei sind der Vollständigkeit halber noch die von den anderen Massenpunkten m_k auf m_i wirkenden Kräfte $\mathfrak{K}_{ik}$ ($i \neq k$) hinzugefügt worden. Jede der Bewegungsgleichungen ist eine lineare Differenzgleichung 2. Ordnung für den Ortsvektor $\mathfrak{r}(t)$, welche die unter dem Einfluß der Kräfte $\mathfrak{K}_i$ und $\mathfrak{K}_{ik}$ entstehende Bewegung beschreibt.

Aus den Bewegungsgleichungen lassen sich einige intermediäre, als *Erhaltungssätze* bekannte Integrale herleiten, die allgemeine Aussagen über die Eigenschaften gewisser Systemeigenschaften machen (→Integrale der Bewegungsgleichungen).

Im allgemeinsten Fall wird $\mathfrak{K}$ eine vom Ort $\mathfrak{r}$, von der Geschwindigkeit $\dot{\mathfrak{r}}$ und der Zeit t abhängige Funktion sein: $\mathfrak{K} = \mathfrak{K}(\mathfrak{r}, \dot{\mathfrak{r}}, t)$. Dann läßt sich über die Integration der Newtonschen Gleichungen nichts Allgemeines aussagen. Indessen gelingt diese für gewisse Sonderfälle:

1. $\mathfrak{K} = \mathfrak{K}(t)$; die Kraft ist nur *zeitabhängig*, also die Bewegungsgleichung $\ddot{\mathfrak{r}} = \mathfrak{K}(t)/m$. Hier kann sofort zweimal nach der Zeit integriert werden, was zu

$$\mathfrak{r} - \mathfrak{r}_0 = \mathfrak{v}(t - t_0) + \frac{1}{m}\int^{t} d\tau \int^{\tau} \mathfrak{K}(\sigma)\, d\sigma$$

führt. Hierbei sind $\mathfrak{r}_0$ und $\mathfrak{v}_0$ die Werte von Lage und Geschwindigkeit zur Zeit $t = t_0$.

2. $\mathfrak{K} = \mathfrak{K}(\mathfrak{r})$; die Kraft ist nur *ortsabhängig*, es liegt also ein Kraftfeld vor. Hier gelangt man über den Energiesatz zum Ziel: Multipliziert man $m\ddot{\mathfrak{r}} = \mathfrak{K}$ mit $\dot{\mathfrak{r}}$, so folgt $\frac{d}{dt}\frac{m}{2}\dot{\mathfrak{r}}^2 = \mathfrak{K}(\mathfrak{r})\dot{\mathfrak{r}}$. Ist $\mathfrak{K}$ eine →konservative Kraft, d. h. existiert ein →Potential $U = -\int \mathfrak{K}(\mathfrak{r})\, d\mathfrak{r}$ (über die dazu notwendige und hinreichende Bedingung →Potential), so läßt sich die Bewegungsgleichung schreiben:

$$\frac{d}{dt}\left(\frac{m}{2}\dot{\mathfrak{r}}^2 + U\right) = 0, \quad \text{also} \quad T + U = \text{const} = E.$$

Dies ist der Energiesatz, wenn $T = \frac{m}{2}\dot{\mathfrak{r}}^2$ die kinetische und $U = -\int \mathfrak{K}\, d\mathfrak{r}$ die potentielle Energie des Massenpunktes ist. Aus der letzten Gleichung folgt $\dot{\mathfrak{r}}^2 = \frac{2}{m}[E - U(\mathfrak{r})]$, so daß weitere Integration möglich ist, die zu

$$t - t_0 = \sqrt{\frac{m}{2}} \int_{\mathfrak{r}_0}^{\mathfrak{r}} \frac{d\mathfrak{r}}{\sqrt{E - U(\mathfrak{r})}}$$

führt. Damit ist $t = t(\mathfrak{r})$ bekannt, und $\mathfrak{r}(t)$ kann explizit dargestellt werden.

Sommerfeld, A.: Vorl. über theoret. Physik I. Leipzig 1948. — *Schaefer, Cl.:* Theoret. Physik I. Berlin 1944.

Newtonsches Dreieck →Farbtafel.

Newtonsche Gleichung. Das Quadrat der Ausbreitungsgeschwindigkeit c elastischer Wellen ist zufolge einer von *Newton* angegebenen Gesetzmäßigkeit gleich dem Verhältnis einer die elastischen Eigenschaften des Mediums beschreibenden Größe ε zu dessen Dichte ϱ: $c^2 = \varepsilon/\varrho$. Die Art der jeweils einzusetzenden Größe ε hängt vom Aggregatzustand des Mediums (fest, flüssig, gasförmig), der Wellenart (longitudinal, transversal) und den Randbedingungen (endliche Dimensionen oder unbegrenzte Ausdehnung des Mediums) ab (→Schallgeschwindigkeit).

Newtonsche Interpolationsformel, der Ausdruck $y = y_0 + (x - x_0)\bar{y}_1(x_1) + (x - x_0)(x - x_1)\bar{y}_2(x) + \cdots + (x - x_0)(x - x_1)\ldots(x - x_{n-1})\bar{y}_n(x_n)$, in dem $\bar{y}_k(x) = \frac{\bar{y}_{k-1}(x_k) - y_{k-1}(x_{k-1})}{x_k - x_{k-1}}$, $\bar{y}_1(x) = \frac{y(x_1) - y(x_0)}{x_1 - x_0}$ bedeuten. Die Newtonsche Formel liefert eine ganze Funktion n-ten Grades, die für die Argumentwerte $x = x_0, x_1, \ldots, x_n$ die Funktionswerte $y = y_0, y_1, \ldots, y_n$ annimmt. Eine andere Gleichung, die dasselbe leistet, ist die →Lagrangesche Interpolationsformel, in die der Newtonsche Ausdruck übergeführt werden kann.

Newtonsche Körper oder *reinviskose* Flüssigkeit, eine Flüssigkeit, die dem →Newtonschen Reibungsgesetz gehorcht. →Viskosität.

Newtonsches Näherungsverfahren, eine Methode, die es gestattet, bei Kenntnis einer Näherungslösung ξ für eine reelle Wurzel einer (algebraischen oder transzendenten) Gleichung $f(x) = 0$ einen genaueren Wert für jene zu finden. Dies geschieht, indem man statt der strengen Wurzel x_0 (Abb.) den Schnittpunkt ξ_1 der in $P(\xi, f(\xi))$ gelegten Tangente mit der x-Achse bestimmt. Man findet $\xi_1 = \xi - \frac{f(\xi)}{f'(\xi)}$. Ist also ξ eine Näherungslösung der Gleichung $f(x) = 0$, so ist $\xi_1 = \xi + \eta$ (im allgemeinen) eine bessere, wenn $\eta = -\frac{f(\xi)}{f'(\xi)}$. Mit dem neuen Wert ξ_1 kann durch erneute Anwendung des Newtonschen Verfahrens eine noch

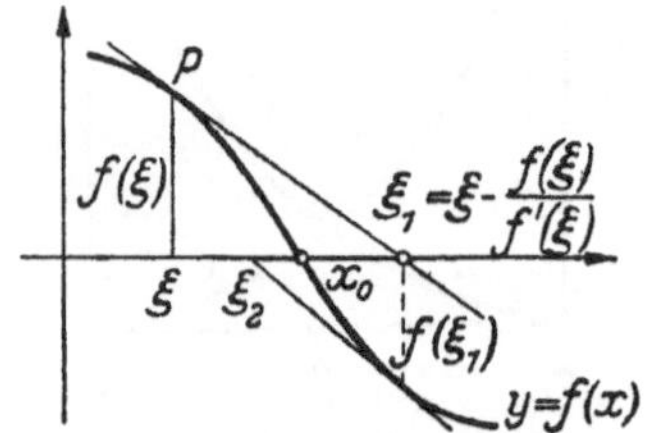

Newtonsches Näherungsverfahren.

bessere Lösung gefunden werden. Lag ξ bereits in der Nähe der exakten Wurzel x_0, so konvergiert das Verfahren sehr schnell. Eine andere Methode zur angenäherten Lösung von algebraischen und transzendenten Gleichungen →Regula falsi.

Newtonsches Potential →Potential, Newtonsches.

Newtonsches Reibungsgesetz →Viskosität.

Newtonsche Ringe →Interferenzringe gleicher Dicke im reflektierten Licht, welche entstehen, wenn man die konvexe Kugelfläche einer →Linse gegen eine ebene Glasfläche preßt (oder auch gegen eine schwächer gekrümmte konkave Linsenfläche). Im weißen Licht erscheinen farbige Ringe (→Interferenzfarben), deren Farben die Dicke der dünnen, zwischen den Glasflächen eingeschlossenen Luftschicht an jeder Stelle erkennen lassen (→Farben dünner Blättchen). In der Mitte, wo die Luftschicht die Dicke Null hat, erscheint der „schwarze Fleck", anschließend erscheinen die Farben der verschiedenen →Ordnungen. Bei größeren Schichtdicken verschwindet die Erscheinung, sofern man nicht gut parallele und monochromatische Strahlen verwendet (→Fizeausche Interferenzkurven). Auch im durchgehenden Licht kann man Newtonsche Ringe beobachten, doch sind diese komplementär zu den Ringen im reflektierten Licht; alles, was nicht reflektiert wird, erscheint ja im durchgehenden Licht. Man beobachtet also im Durchgang in der Mitte einen weißen Fleck, statt der hellen Ringe dunkle, statt der dunklen helle, und zu allen Farben die Komplementärfarben. Sehr schön beobachtet man den „schwarzen Fleck" auch bei Seifenlamellen, wenn man sie durch sehr schnelle Rotation (Zentrifugierung) sehr dünn werden läßt.

NGC →New General Catalogue.

Nichteuklidische Geometrie. Die Möglichkeit einer Verallgemeinerung der euklidischen Geometrie unter Beibehaltung aller Annahmen dieser Geometrie mit Ausnahme des Parallelenaxioms erkannten zuerst *Lobatschewskij* (1826) und *Bolyai* (1823). Dies führte zur *hyperbolischen* Geometrie. Später konnte *Riemann* (1854) zeigen, daß man in Analogie zur hyperbolischen Geometrie auch eine *elliptische* Geometrie aufbauen kann, wo es durch einen beliebigen Punkt zu einer beliebigen Geraden *keine* Parallele gibt. Die hyperbolische Geometrie entspricht der Geometrie in einem

Raum konstanter negativer Krümmung, entsprechend die elliptische Geometrie der Geometrie in einem Raum konstanter positiver Krümmung.

Durch Verzicht auf andere Axiome der Euklidischen Geometrie kann man noch andere Verallgemeinerungen derselben erhalten, z. B. eine nicht-Archimedische, eine nicht-Pascalsche, eine nicht-Desarguessche Geometrie.

Nichtkombinierende Terme sind Terme, zwischen denen nach den →Auswahlregeln keine Strahlungsübergänge stattfinden können.

Nichtkonservative Systeme →konservative Systeme.

Nichtleiter →Dielektrikum.

Nichtlineare Feldtheorie →Feldtheorie der Elementarteilchen, →Austauschkraft zwischen Elementarteilchen.

Nichtlineare Systeme →lineare Systeme. In Bewegungsgleichungen solcher Systeme treten nichtlineare Glieder auf, was die Berechnung häufig erschwert. Oft läßt sich überhaupt keine strenge Lösung angeben, und man bedient sich in solchen Fällen geeigneter →Näherungsverfahren. Ist insbesondere das nichtlineare Glied im Vergleich zu den linearen Gliedern klein, so wählt man als erste Näherung die Lösung der nach Unterdrückung des nichtlinearen Gliedes verbleibenden linearen Gleichung und geht zur Erzielung einer besser genäherten Lösung mit ihr in die ursprüngliche Gleichung ein. Ein Beispiel für ein nichtlineares System ist ein durch eine Feder elastisch gebundener Massenpunkt, auf den außer der (der Auslenkung z der Masse aus ihrer Ruhelage proportionalen Rückstellkraft cz) noch irgendeine weitere, etwa dem Quadrat der Auslenkung z^2 proportionale Kraft $c_1 z^2$ wirkt. Dann lautet die Bewegungsgleichung $m\ddot{z} + cz + c_1 z^2 = 0$.

Nichtlineare Verzerrungen werden diejenigen von einem elektrischen oder mechanischen System hervorgerufenen Verzerrungen genannt, die eine dem System zugeführte sinusförmige Schwingung so verändern, daß sie ihre Sinusform verliert. Zwischen der eingangsseitigen, unverzerrten Systemgröße S_1 und der ausgangsseitigen, verzerrten Systemgröße S_2 besteht ein Zusammenhang, der durch die Kennlinie (Charakteristik) des Systems beschrieben wird: $S_2 = F(S_1)$. Zum Beispiel besteht zwischen der Eingangsspannung U_1 eines

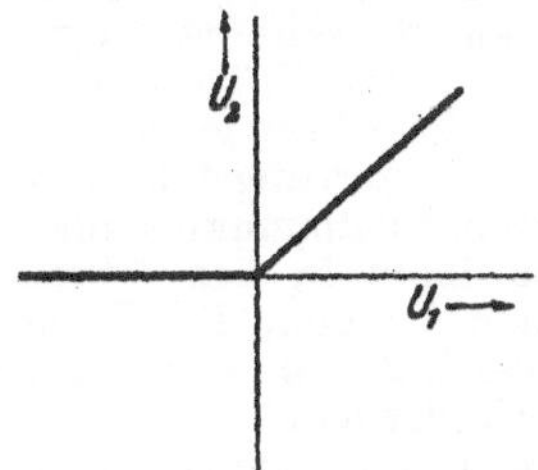

Kennlinie des idealen Einweg-Gleichrichters.

idealen Einweg-Gleichrichters und dessen Ausgangsspannung U_2 die Beziehung $U_2 = \genfrac{}{}{0pt}{}{U_1}{0}$ für $U_1 \genfrac{}{}{0pt}{}{> 0}{< 0}$ (Abb.). Die an mäßig nichtlinearen Kennlinien auftretenden Verzerrungen sinusförmiger Schwingungen lassen sich in summarischer Weise durch den →Klirrfaktor beschreiben: einen besseren Einblick in die Art der Verzerrung gibt jedoch die Messung des Differenztonfaktors nach dem →Doppeltonverfahren.

Wallot, J.: Einf. in d. Theorie d. Schwachstromtechnik. Berlin 1944.

Nichtlokalisierbare Bindungen →Resonanz, quantenmechanische.

Nichtselbstleuchter sind Objekte, deren einzelne Punkte jeder für sich Licht von verschiedenen Punkten der Beleuchtungsquelle empfangen. Das von einem Punkt des Nichtselbstleuchters ausgehende Licht genügt daher nicht der Kohärenzbedingung (→kohärent) und ist somit →inkohärent, so daß es nicht →interferenzfähig ist. →Äquivalenzsatz, optischer.

Nichtunterscheidbarkeit der Elementarteilchen. Zwei gleiche Elementarteilchen (etwa zwei Elektronen) lassen sich prinzipiell nicht unterscheiden, was zu dem →Ausschließungsprinzip, der →Bose-Einstein- oder →Fermi-Statistik Veranlassung gibt. Zwei gleiche Elementarteilchen, in einem physikalischen System vereinigt, benehmen sich nicht so wie zwei verschiedene Teilchen. Ohne die Nichtunterscheidbarkeit wären das Ausschließungsprinzip und damit alle atomaren Erscheinungen der Spektren, der chemischen Bindung usw. undenkbar.

Nichtunterscheidbarkeit der Moleküle. Die klassische Statistik berechnete die zu einem gegebenen Makrozustand gehörige Anzahl von mikroskopischen Realisierungsmöglichkeiten so, als ob die Moleküle eines Gases unterscheidbar seien. Eine derartige Unterscheidungsmöglichkeit widerspricht aber den Grundsätzen der Quantentheorie. Die Annahme der Unterscheidbarkeit gleichartiger Moleküle führte in der klassischen Statistik auch zum →*Gibbsschen Paradoxon*, das nach den modernen Vorstellungen gegenstandslos wird.

Nickel-Eisen-Akkumulator, der →Edison-Akkumulator.

Nicol = →Nicolsches Prisma; gekreuzte Nicols →Polarisationsmikroskop.

Nicolsches Prisma, durchweg kurz *Nicol* genannt, eine Vorrichtung zur Erzeugung und zur Analyse linear polarisierten Lichts. Es wird aus einem Spaltstück des rhomboedrischen Kalkspats $CaCO_3$ (Islandspat) angefertigt, das in der einen Rhomboederkantenrichtung etwa doppelt so lang ist als in den beiden anderen. Die beiden kleinen Flächen, die mit den langen Rhomboederkanten einen Winkel von 71° bilden, werden so weit schräg abgeschliffen, bis die Schliffflächen mit den langen Kanten einen Winkel von 68° einschließen. Das Prisma wird dann senkrecht zu den Anschliffflächen und senkrecht zum Hauptschnitt (das ist die Ebene parallel den langen Kanten und den

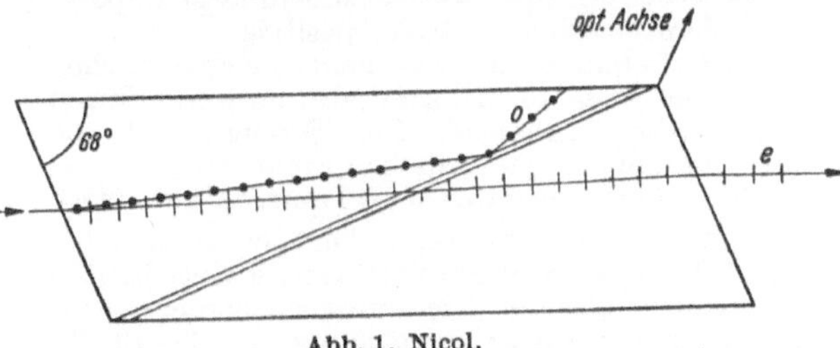

Abb. 1. Nicol.

kurzen Diagonalen der rhombischen Schliffflächen) in zwei gleiche Teile durchschnitten und mit Kanadabalsam wieder zusammengekittet (Abb. 1).

Ein auf die Schliffläche auftreffender Strahl wird im Kalkspat in den ordentlichen Strahl (Brechungszahl $n_\omega = 1{,}658$) und einen außerordentlichen ($n'_e \sim 1{,}54$) zerlegt. Der erste erleidet an der Balsamschicht ($n = 1{,}54$) Totalreflexion, wird seitlich abgelenkt und in der geschwärzten Fassung des Prismas absorbiert. Der außerordentliche Strahl, der parallel zum Hauptschnitt schwingt, geht fast ohne Brechung durch die Balsamschicht und verläßt parallel zur ursprünglichen Richtung das Prisma.

Das von *Nicol* 1829 entwickelte Prisma hat einen rhombischen Querschnitt. Von *Halle* wurde ein ähnliches Polarisationsprisma mit quadratischem Querschnitt beschrieben. Ebenfalls quadratischen Querschnitt hat das jetzt meist zur Anwendung gelangende Glan-Thompson- oder Thompson-Prisma (Abb. 2), das sich außerdem durch Endflächen senkrecht zum Strahlengang und hohe Polarisationsapertur auszeichnet. Die Schwingungsrichtung ist entweder AB oder BC parallel. Kittmittel ist Kanadabalsam oder eingedicktes Leinöl; im Glan-Prisma ist die Zwischenschicht Luft. Die Länge verhält sich zu AB etwa wie 3:1.

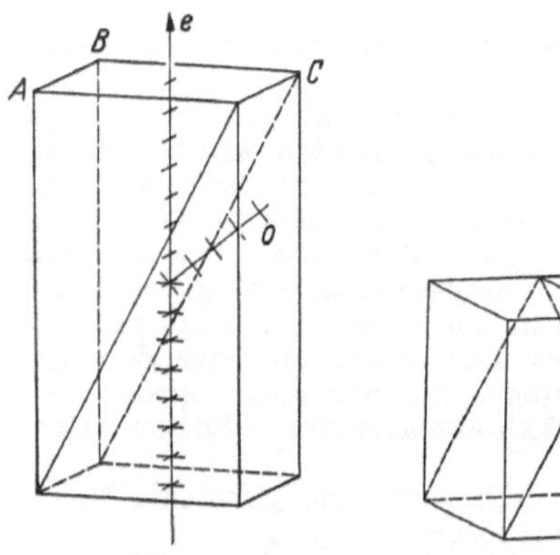

Abb. 2. Glan-Thompson-Prisma. Abb. 3. Ahrens-Prisma.

Im Ahrens-Prisma (Abb. 3) sind gewissermaßen zwei Thompson-Prismen nebeneinandergestellt, wodurch das Verhältnis der Länge zur Breite verringert wird; der Austritt der Schnittflächen in der Mitte des Gesichtsfeldes wirkt jedoch störend. Zur Ersparnis von Kalkspat haben *Ritter* und *Frank* beide Prismen so geschliffen, daß die Schwingungsrichtung parallel AC verläuft.

Handb. d. Physik XX. Berlin 1928.

Niederdruckentladung, Gegensatz zur →Hochdruckentladung.

Niederdrucklampe →Quecksilberdampflampe.

Niederdrucksäule →Säule, positive.

Niederfrequenz, der Frequenzbereich zwischen 0 Hz und etwa 10—20 kHz, also im wesentlichen der Tonfrequenzbereich. Zur Erzeugung dienen mit Ausnahme der technischen Frequenzen (Starkstrom) Röhrengeneratoren (→Tonfrequenzsender).

Niederfrequenzverstärker, dient meist zu einer möglichst gleichmäßigen Verstärkung eines breiten Frequenzbandes im Niederfrequenzbereich. Eine frequenzunabhängige Verstärkung über 8—10 Oktaven läßt sich mit Transformator- wie mit Widerstandsverstärkern erreichen.

Beim Transformatorverstärker (Abb. 1) werden die Röhren der einzelnen Stufen durch Übertrager mit Eisenkernen miteinander gekoppelt. Dabei hat man zu unterscheiden zwischen den Eingangs- und Zwischenübertragern und dem Ausgangsübertrager. Erstere führen die Spannung des Generators bzw. der vorhergehenden Röhre dem Gitter der folgenden Röhre zu und sollen zur Erzielung

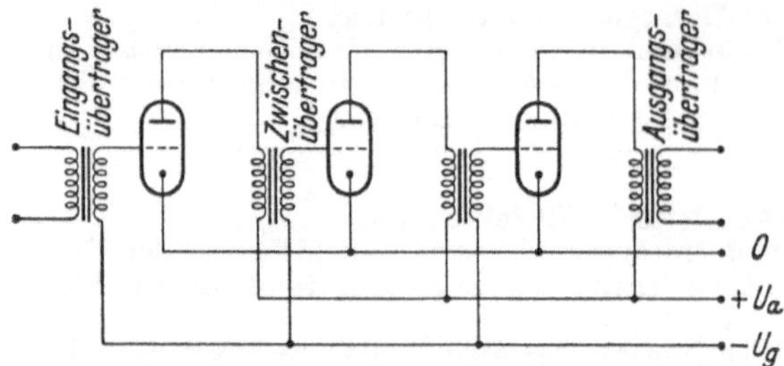

Abb. 1. Prinzipschaltung des Transformatorverstärkers.

hoher Spannungsverstärkung ein möglichst hohes Übersetzungsverhältnis haben, während der Ausgangsübertrager eine möglichst große Wechselleistung abgeben soll, also über- oder untersetzen muß.

Der Frequenzgang jeder Verstärkerstufe ist aus der Ersatzschaltung (Abb. 2) zu ersehen, wobei die Schaltelemente auf die Primärseite des Übertragers umgerechnet sind. Für die untere Grenzfrequenz (70% des Amplitudenwertes im mittleren Frequenzgebiet) ist die Parallelresonanz, die durch die Werte von L_{h1} und C gegeben ist, für die obere die Reihenresonanz, gegeben durch L_s und C,

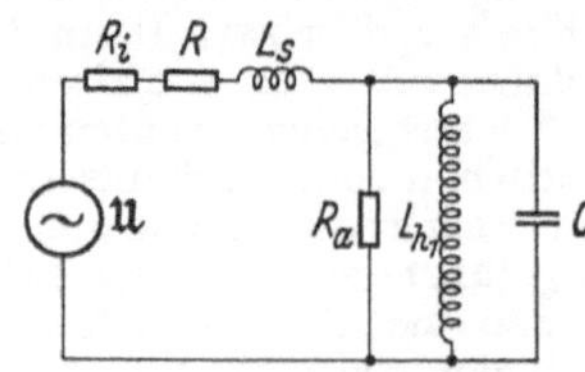

Abb. 2. Ersatzschaltbild des Transformatorverstärkers.

maßgebend. Durch die Wahl der primären Hauptinduktivität L_{h1} und der Streuinduktivität L_s lassen sich die Bandbreite und der Durchlaßbereich variieren. Mit einem Widerstandsverstärker ist mittels Kapazitäten und Entzerrungsgliedern parallel zu R_a der gleiche Frequenzgang zu erhalten.

→Klirr- und →Verzerrungsfaktor können durch Wahl des Röhrenarbeitspunktes und durch entsprechende Endröhren in den jeweils zulässigen Grenzen gehalten werden. Die Verstärkung von Frequenzen in der Nähe von 0 Hz macht besondere Anordnungen erforderlich.

Rothe, H., u. *W. Kleen:* Elektronenröhren als Anfangsstufenverstärker. Leipzig 1948. — *Barkhausen, H.:* Elektronenröhren II. Leipzig 1938.

Niederschlag, aktiver, die Folgeprodukte der drei natürlichen radioaktiven Reihen nach den Emanationen. Man unterscheidet zwischen dem *kurzlebigen* aktiven Niederschlag der Thorium-, Aktinium- und Radiumreihe bis zu RaD und dem *langlebigen* aktiven Niederschlag vom RaD ab. Läßt man die Emanation im elektrischen Feld zerfallen, so geht der aktive Niederschlag an die Kathode und läßt sich dort konzentrieren. Die

Verwendung eines Edelmetalles als Kathode erlaubt die einwandfreie chemische Handhabung. Zur dauernden Gewinnung des aktiven Niederschlages eignen sich hochemanierende Präparate, gewöhnlich $Fe(OH)_3$-Fällungen von Ra, RaTh und Ac. Die bei der Uranspaltung aus radioaktiven Edelgasen entstehenden radioaktiven Elemente können dementsprechend auch als aktiver Niederschlag bezeichnet werden.

Niederschlagsbildung. Die ersten in der Atmosphäre entstehenden Kondensationsprodukte sind die Wolkentröpfchen mit Durchmessern von 5 bis 10 μ. Aus ihnen können durch Zusammenfließen höchstens die Tropfen des *Sprühregens* oder *Nieselns* entstehen mit Größen bis 0,05 cm Durchmesser, wie die Beobachtungen ergeben. Der gewöhnliche *Regen*, mit Tropfengrößen von 0,05 bis 0,7 cm Durchmesser, entsteht im gemäßigten Klima durch Vermittlung der Eisphase; in den wasserreicheren Wolken der Tropen genügt wahrscheinlich der Zusammenfließvorgang. Sind in einer Wolke, nachdem sie über das Niveau von etwa —12 °C hinaufgewachsen ist, →Eiskristalle entstanden, so lagern sich diesen, wenn sie durch den tieferen Teil der Wolken hindurchfallen, die unterkühlten Wolkentröpfchen an, wodurch ein sehr erhebliches Größenwachstum ermöglicht wird. Die ergiebigsten Regenfälle kommen daher aus Wolken, die einen größeren Bereich mit Unterkühlung aufweisen.

Schneeflocken entstehen durch Verkettung zahlreicher Eiskristalle miteinander, was durch elektrische und mechanische Kräfte, vielleicht aber auch durch eine Art Verklebung mit flüssigen Teilen schon unter 0 °C erfolgen kann.

Die wichtigste Form der Vereinigung verschiedener Kondensationsprodukte ist die *Vergraupelung*. Man versteht darunter die Anlagerung von unterkühlten Wolkentröpfchen an Schneekristalle, wobei jedoch die Tröpfchen beim Gefrieren nicht die Kugelgestalt verlieren. Dies ist nur dicht unter 0 °C möglich. Sind die ursprünglichen Kristalle so zahlreich von angefrorenen Teilchen bedeckt, daß keine Kristallform, sondern nur noch unregelmäßige Klumpen erkennbar sind, so spricht man von *Reifgraupeln* (2 bis 5 mm Durchmesser). Ähnliche Gebilde, aber von geringerer Größe, unter 1 mm, werden als *Griesel* bezeichnet. Erfolgt das Anfrieren von Wasser auch in glasiger Form, also in größerer Menge, dann werden sie zu *Frostgraupeln*. Eine mehrfach in einer Gewitterwolke herabgefallene und von den starken Aufwinden wieder hochgeschleuderte Eiskugel ist das *Hagelkorn* mit schalenförmiger, abwechselnd glasiger und milchiger Schichtenstruktur und einer Größe von 0,5 bis 5 cm Durchmesser und mehr. Hagel und Graupel kommen nur in Schauern und Gewittern vor.

Hann, J., u. *R. Süring:* Lehrb. d. Meteorologie. 5. Teil. Leipzig 1939. — *Chromow, S. P.:* Einf. in d. synopt. Wetteranalyse. Wien 1940.

Niederschlagsladung. Alle atmosphärischen Niederschläge kommen mit einer gewissen elektrischen Ladung am Erdboden an. In summa überwiegt positiver Ladungszufluß, sowohl bei Betrachtung der Ladungsmengen allein wie auch bei der der mittleren Ladungsdichte (auf Niederschlagsmenge bezogen). Die Zahlenwerte im einzelnen schwanken je nach Meßort und -methode. Im einzelnen gilt:

Ruhiger stetiger Regen (Landregen) ist bei geringer Ladungsdichte überwiegend positiv geladen. Wie bei allen Niederschlägen sind positive und negative Teilchen gemischt vorhanden, erstere aber weit in der Überzahl.

Niederschläge aus instabiler Atmosphäre (Aufwindbewölkung, Böen, Gewitter) zeigen größere Ladungsdichten. Nichtgewittrige Schauer ergeben im allgemeinen negative Überschußladungen des Regens, während in Gewittern positiver Ladungsüberschuß gefunden wird.

Niederschläge in fester Form haben meist größere Ladungsdichte als die gleiche Regenmenge, ruhiger Schneefall geringere als solcher aus turbulenter Atmosphäre. Bezüglich des Ladungsüberschusses bei festen Niederschlägen herrschen Widersprüche. Nach *F. Schindelhauer* (Potsdam) überwiegen im ruhigen Schneefall die negativen Ladungen, während *G. C. Simpson* in Simla (Indien) in turbulentem Schneefall positives Überwiegen feststellt. Bei Graupel und Hagel herrscht mangels genügender Beobachtungsgrundlagen noch keine Klarheit.

Die Erklärung der Niederschlagsladung hängt auf das engste mit der Erklärung der Gewitterelektrisierung zusammen (→Gewitter). Für das Zustandekommen der Ladung ruhigen stetigen Regens steht eine befriedigende Erklärung bis heute noch aus.

Rückschlüsse von der Niederschlagsladung auf die Ladung bzw. Polarität der Wolken sind nicht zuverlässig, da die Niederschlagselemente beim Durchfallen der ionisierten Luft zwischen Wolkenbasis und Erde durch Ionenadsorption Ladungsgröße und -vorzeichen ändern können.

Niederschlagsmesser. Die Menge des auf eine bestimmte horizontale Fläche gefallenen Niederschlags wird in einem Gefäß gesammelt und in mm Niederschlagshöhe angegeben, Schnee, Graupel usw. durch das Schmelzwasser. Niederschlagssammler an schwer zugänglichen Stellen des Hochgebirges, die über längere Zeiten hinweg nicht abgelesen werden können, haben Einrichtungen, um selbsttätig (chemisch) den Schnee zu schmelzen und die Verdunstung zu verhindern. Sie werden *Totalisatoren* genannt.

Handb. d. meteorol. Instrumente. Berlin 1935.

Niedervoltbogen, stromstarke unselbständige Entladung mit Glühkathode (vor allem in Edelgasen und Metalldämpfen, z. B. Hg) und Plasma als stromführendem Teil, die mit extrem kleiner Spannung oft unterhalb der Ionisierungsspannung oder sogar unterhalb der kleinsten Anregungsspannung des Füllgases (*anomaler* Niedervoltbogen) brennt (Abb.); technisch wichtig für Stromrichter und Stromtore. Vor der Kathode liegt eine Raumladungsschicht, in der praktisch die gesamte Brennspannung als Kathodenfall abfällt. Wenn der Entladungsstrom unter dem Sättigungsstrom der Glühkathode liegt, bestimmen sich Elektronen- und Ionenstromdichte sowie die Fallraumdicke d aus den Langmuirschen bipolaren Raumladungsgleichungen zu

$$j_- = \frac{9}{4}\varepsilon_0 \sqrt{\frac{2e}{m_-}}\,\frac{U^{3/2}}{d^2}, \quad j_+ = \frac{9}{4}\varepsilon_0 \sqrt{\frac{2e}{m_+}}\,\frac{U^{3/2}}{d^2}.$$

Da das Verhältnis $j_+/j_- = \sqrt{m_-/m_+}$ sehr klein (z. B. bei Hg $\approx 1/_{600}$) ist, so braucht von den aus dem Fallraum in das Plasma eingeschossenen Elektronen nur ein sehr kleiner Bruchteil zu ionisieren, um den Ioneneinstrom in den Fallraum zu decken. Der Kathodenfall kann daher klein sein, um so mehr, als beim Vorhandensein metastabiler Anregungszustände →Stufenionisation mitspielt.

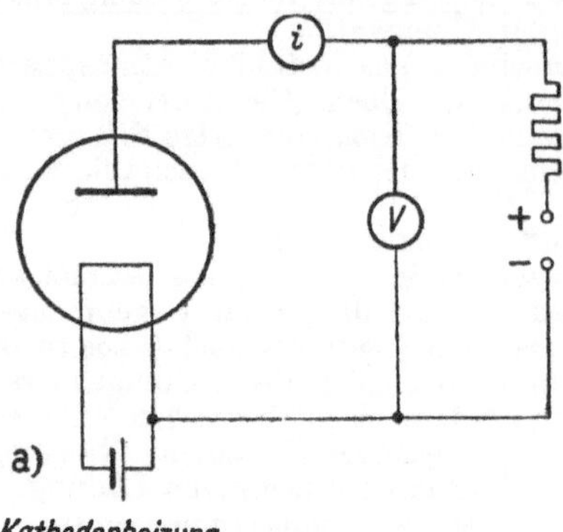

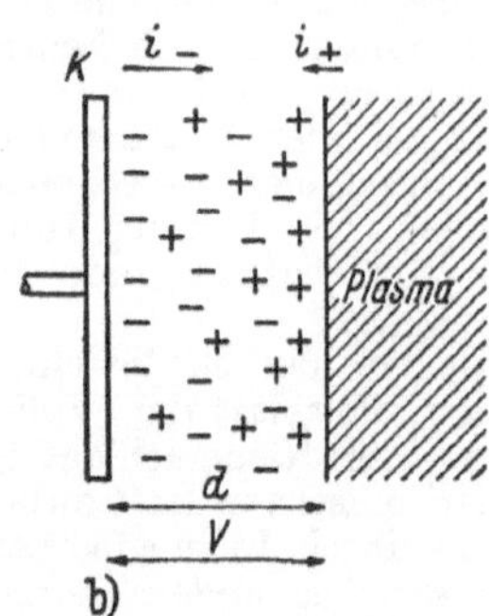

Glühkathodenentladung. a) Schaltung, b) Fallraum.

Im Plasma werden die Fallraumelektronen in einer Schicht von der Relaxationslänge (→Plasma) unter Aufheizung des Elektronengases abgebremst. Die Fallraumdicke beträgt $\approx 10^{-3}$ cm und ist im allgemeinen klein gegen die freie Weglänge. Im anomalen Niedervoltbogen zieht sich das Plasma auf eine frei im Raum zwischen den Elektroden schwebende Wolke zusammen. Sondenmessungen zeigen, daß hier das Raumpotential vor der Wolke ein über dem Wert der Anregungsspannung liegendes Maximum erreicht; dahinter liegt also ein die Elektronen zurücktreibendes Feld, gegen das sie zur Anode diffundieren. Unter gewissen Bedingungen treten von äußeren Induktivitäten und Kapazitäten unabhängige Schwingungen auf, wobei der Entladungszustand wahrscheinlich zwischen zwei Formen mit und ohne Anodenfall hin und her pendelt (Frequenz einige 1000 Hz). Wird der Entladungsstrom über den Sättigungsstrom der Glühkathode hinaus gesteigert, so erhöht sich der Kathodenfall. Oberhalb 25 V besteht die Gefahr der Abtrommlung der aktiven Schicht von der Oxydkathode und der Brennfleckbildung.

Engel-Steenbeck: Elektr. Gasentladungen II. Berlin 1934.

Nier-Apparat, richtungsfokussierendes Massenspektrometer mit einem sektorförmig begrenzten homogenen Magnetfeld und einem Scheitelwinkel von 60° (→Massenspektroskopie).

Niesel →Niederschlagsbildung.

Nife-Akkumulator →Edison-Akkumulator.

Niton, ältere Bezeichnung der Radium-Emanation, heute→Radon.

Niveauflächen →Äquipotentialflächen.

Niveaulinien →Gradient.

Niveauschema →Termschema.

***n*-Körperproblem** →Mehrkörperproblem.

Nl, Abk. für Normliter, →Sondereinheitszeichen.

Nm³, Abk. für Normkubikmeter, →Sondereinheitszeichen.

n. mi, Symbol für die Längeneinheit nautical →mile.

Nomogramm, die graphische Darstellung eines Gesetzes, das den funktionalen Zusammenhang zwischen zwei oder mehreren Größen zum Ausdruck bringt. Sie geschieht (hauptsächlich) in Form der *Netz-* und *Fluchttafeln.*

Lukey, P.: Nomographie. Math.-Phys. Bibl. 59/60. Leipzig 1949. – *Pirani-Runge:* Graph. Darstellungen in Wissenschaft u. Technik. Samml. Göschen 727. Berlin 1931.

Nonius (selten *Vernier*), dient zur Ermittlung der Bruchintervalle einer Teilung. — AB sei eine feste, gleichmäßig geteilte Skala (Abb.). Neben ihr gleitet ein Schieber CD, etwa der bewegliche Anschlag einer Schublehre, und es ist die Aufgabe, die genaue Stellung der Indexmarke 0 des Schiebers gegen die Skala AB zu finden. Zu diesem Zweck bringt man auf dem Schieber, vom Indexstrich 0 aus beginnend, eine gleichmäßige Hilfsteilung an, auf welcher meist 10 Intervalle gleich 9 Intervallen der Skala AB sind. Die Teilstriche beider Skalen sind dann, wie die Abb. zeigt, gegeneinander versetzt. Überblickt man die ganze Reihe, so findet man, daß an irgendeiner Stelle zwei Teilstriche nahe zusammenfallen, in der Abb. der Strich 78 der Haupt- und der Strich 6 der Nebenteilung. Dann entsprechen, wie leicht einzusehen, einander folgende Skalenstellen:

CD	5	4	3	2	1	0
AB	77,1	76,2	75,3	74,4	73,5	72,6

Nonius.

Dem Indexstrich 0 des Schiebers entspricht also die Ablesung 72,6 an der Hauptskala. Es folgt, daß die Bezifferung desjenigen Striches der Indexskala, der mit einem Strich der Hauptskala zusammenfällt, die Dezimalstelle für die Lage des Indexstriches ergibt. — Die Messung wird verfeinert, wenn nicht 10 und 9 Intervalle, sondern 100 Intervalle auf CD 99 Intervallen auf AB entsprechen. Auch ist manchmal der verschiebbare Maßstab CD mit $(n-1)$ Teilen in n Teilen von AB enthalten. Bei Winkelteilungen ist eine erhebliche Zahl verschiedener Nonien in Gebrauch. Die richtige Benutzung des Nonius läßt sich in jedem Falle durch eine einfache Überlegung finden.

Nordlicht (*Polarlicht, polare Aurora, Aurora borealis*).

I. Erscheinungen. In den polaren Gegenden der Nord- und Südhalbkugel der Erde beobachtet man die charakteristischen Nordlichterscheinungen, welche, anscheinend zufällig und plötzlich auftretend, den Nachthimmel in wundervollem Form- und Farbenspiel erhellen. Ist die Lage der Nordlichtzone, in der ein Nordlicht am stärksten in Erscheinung tritt und beobachtet wird, auch von Abend zu Abend durchaus wechselnd, so fand man doch auf Grund jahrelanger Beobachtungen eine *Zone maximaler Häufigkeit* in einem Winkelabstand von etwa 23° rings um den magnetischen Achsenpunkt der Erde liegend.

Es wurden die verschiedensten *Nordlichtformen* beobachtet und systematisch untersucht. Man unterscheidet:

a) Formen ohne Strahlenstruktur. Dazu gehört der *homogene, ruhige Bogen*, welcher vornehmlich in der Nähe des Horizontes auftritt. Er ist meist von grünlichgelber Farbe, wird nach oben hin diffus, während er nach unten häufig stärker abgesetzt erscheint. Zuweilen sieht man zwei oder mehrere parallele Bogen gleichzeitig. Ist die Form nicht so regelmäßig und ändert sie sich mehr oder weniger lebhaft, so spricht man von *homogenen Banden* oder Bändern. Unter einem *pulsierenden Bogen* versteht man einen solchen, dessen Intensität sich periodisch ändert. Besonders nach größeren Nordlichtentladungen tritt manchmal ein diffuses Leuchten über große Teile des Himmels auf, der *Nordlichtdunst* oder die *diffus leuchtende Fläche*. *Pulsierende Flächen* hingegen ändern in Perioden von nur einigen Sekunden ihre Lichtstärke.

b) Formen mit Strahlenstruktur. Der ruhige, homogene Bogen geht häufig nach einer gewissen Zeit in einen *Bogen mit Strahlenstruktur* über. Ebenso kennt man *Banden mit Strahlenstruktur*, die bei größerer Strahllänge *Draperien* genannt werden. Die Strahlen stehen dabei senkrecht zur Längsausdehnung des Bogens oder der Bande und scheinen sich häufig längs der Bogen fortzubewegen. Weiterhin beobachtet man auch einzelne *Strahlen* von sehr großer Höhenausdehnung. Sie konvergieren in Richtung zum erdmagnetischen Zenit und können, wenn sie in größerer Zahl auftreten, so eindrucksvolle Gebilde wie *Nordlichtfächer* oder *Nordlichtkronen* (auch *Korona* genannt) erzeugen.

Zwischen diesen Elementarformen gibt es naturgemäß zahlreiche Übergänge und Fälle, wo die eine Form sich allmählich und kontinuierlich aus einer anderen entwickelt. Wie aus der örtlichen Häufigkeit der Nordlichterscheinungen hervorgeht, zeigt sich eine eindeutige Abhängigkeit vom erdmagnetischen Feld. Damit wird auch erklärt, daß bei großen magnetischen Störungen Nordlichter auf viel südlicheren Breitengraden als der Zone maximaler Häufigkeit erscheinen können. Der Zusammenhang geht so weit, daß man das Auftreten von Nordlicht fast immer als Begleiterscheinung von erdmagnetischen Stürmen beobachtet. Hingegen braucht umgekehrt Nordlichttätigkeit, wenigstens wenn sie in der normalen Zone auftritt, durchaus nicht mit wesentlichen Störungen des Erdfeldes gekoppelt zu sein. Doch zeigen sie beide den gleichen Gang mit der Sonnenfleckenhäufigkeit, was auf eine gemeinsame Ursache hinzuweisen scheint. Eine ausgeprägte jährliche Periode der Nordlichthäufigkeit mit Maxima im Herbst und Frühling konnte statistisch nachgewiesen werden und deutet ebenfalls auf eine Abhängigkeit von der Sonne hin, während das Auftreten einer täglichen Periode noch sehr zweifelhaft ist.

Eine eigentümliche Ausrichtung zeigen die Bogen und Draperien. Sie stehen im Durchschnitt fast senkrecht auf der durch die magnetische Achse der Erde gehenden Meridianebene (mittleres magnetisches Azimut etwa 98°). Diese Erscheinung ist sehr deutlich hervortretend und wurde von fast sämtlichen Beobachtungspunkten der Nordlichtzone bestätigt. Der Mittelpunkt der Kreise gleicher Nordlichthäufigkeit, der annähernd mit dem Punkt zusammenfällt, an dem die Achse des Erdmagnetfeldes die Erdoberfläche schneidet, wird auch *Nordlichtpol* genannt.

Die Lage des *Radiationspunktes* einer Nordlichtkrone, in der sich ihre sämtlichen Strahlen zu treffen scheinen, kann mittels eines Theodoliten oder durch photographische Aufnahme ziemlich genau in angulärer Höhe und Azimut bestimmt werden. Dabei zeigt sich, daß er fast genau mit der Lage des magnetischen Zenits übereinstimmt, d. h. dem Punkt auf der Himmelskugel, welcher der magnetischen Feldlinienrichtung des betreffenden Ortes entspricht. Die Abweichungen liegen derart, daß man im Durchschnitt etwas kleinere Höhen des Radiationspunktes bestimmt, als die örtliche magnetische →Inklination beträgt.

II. Höhenbestimmungen. Wenn auch die Helligkeit eines Nordlichts häufig überschätzt wird, so genügt sie doch, um mit lichtstarken Objektiven photographische Aufnahmen mit Belichtungszeiten von weniger als 1 s Dauer zu machen. Es ist also möglich, selbst von recht beweglichen Nordlichtern scharfe Bilder zu bekommen. Eine verhältnismäßig genaue Höhenbestimmung kann nun nach *Störmer* durchgeführt werden, wenn man von zwei Beobachtungspunkten gleichzeitig dieselbe Nordlichterscheinung in der gleichen Richtung photographiert. Die Länge der Basislinie soll bei solchen *Basisaufnahmen* nicht weniger als 30 bis 40 km betragen. Durch Vergleich der Nordlichtumrisse sowie unter Verwendung der mitaufgenommenen Sterne können einander entsprechende Punkte ausgewählt und für sie die anguläre Höhe, der Azimut, die Parallaxe der von den beiden Stationen aus gesehenen Punkte und die Richtung der parallaktischen Verschiebung bestimmt werden. Auf diese Art ist eine große Anzahl Nordlichter ausgemessen und deren Höhe über der Erdoberfläche errechnet worden. Daraus ergibt sich, daß die gewöhnlichen gelbgrünen Nordlichter während der Polarnacht im Höhenintervall von 80 bis 300 km liegen. Die verschiedenen Nordlichtformen, wie Bogen, Banden, Draperien usw., zeigen alle angenähert denselben mittleren Wert der unteren Grenze. Er liegt bei etwa 108 km. Die vertikale Ausdehnung der sichtbaren Nordlichterscheinungen hängt in starkem Maße von der Form ab. Man findet so z. B. im Mittel für Bogen eine Ausdehnung von 14 km und für Strahlen von etwa 140 km. In einem gewissen Grade scheint die obere Grenze auch von der geographischen Lage abzuhängen; so erreichen z. B. die Nordlichter in Südnorwegen viel größere Höhen als in Nordnorwegen.

III. Besondere Nordlichterscheinungen. a) Das sonnenbeschienene Nordlicht. Bei starkem Nordlicht beobachtet man zuweilen spätabends oder frühmorgens Strahlen von unansehnlicher Form und grauer bis blauvioletter Farbe. Ausmessungen zeigen, daß solche Nordlichtformen bis in Höhen von 800 bis 1000 km hinaufreichen. Sie liegen dabei in vollem Sonnenlicht und haben als *sonnenbeschienenes Nordlicht* besonderes Interesse gefunden. Die Strahlen enden unten in der *Schattengrenze*. Häufig wird innerhalb des Erdschattens nach einem dunklen Zwischenraum wieder das normale Nordlicht beobachtet. Auch bei Bogen und Banden findet man bei den Teilen, die in der sonnenbeschienenen Atmosphäre liegen, einen systematischen Höhenzuwachs. Daraus geht hervor, daß durch das Sonnenlicht die zur Ausstrahlung von Nordlicht führenden Prozesse in höhere Lagen der Atmosphäre verschoben werden.

b) *Das rot gefärbte Nordlicht.* Außer der normalen grünlichgelben Nordlichtfarbe, die allerdings auch bläulichweiße und bläulichrote Tönungen annehmen kann, beobachtet man in gewissen Fällen auch tiefrote Nordlichter. Es treten dabei zwei typische Erscheinungsformen auf:

A-Typ: Die Nordlichtstrahlen sind entweder von der Basis bis zur Spitze oder in manchen Fällen nur in ihrem oberen Teil rot gefärbt.

B-Typ: Die rote Farbe ist auf den Teil nahe der unteren Kante beschränkt. Dieser Typ wird beobachtet, wenn die nordlichterregenden Korpuskeln besonders tief in die Atmosphäre eindringen. Höhenmessungen ergaben untere Grenzen dieser Nordlichterscheinung von 65 bis 75 km.

c) *Nordlichtgeräusche.* Bei den gemessenen Höhen der Nordlichter ist es nicht denkbar, daß irgendwie verursachte Geräusche direkt wahrgenommen werden können. Trotzdem wird von starken Nordlichtern immer wieder berichtet, daß sie von einem etwas knisterndem Geräusch begleitet sein sollen. Es könnte sich hier nur um sekundäre Fernwirkungen handeln. Ein Einfluß auf das luftelektrische Feld der niederen Atmosphäre ließ sich bei den gewöhnlichen Nordlichtern allerdings nicht feststellen. Doch sind große Nordlichter von starken erdmagnetischen Störungen und Erdströmen begleitet, die z. B. in Nordnorwegen Sicherungen von Telegraphenlinien zum Schmelzen brachten, Funkenbildung erzeugten und möglicherweise zu derartigen Geräuschen Anlaß geben könnten.

IV. Nordlichtspektrum. a) Identifizierung. In der Identifizierung der Nordlichtemissionen bestehen noch manche Unsicherheiten, die durch die Schwierigkeit bedingt sind, wirkliche Präzisionsmessungen bei der geringen Lichtstärke zu machen. Die Angaben sind häufig noch mit Fehlern von mehreren Å behaftet.

Die Hauptemissionen sind: 1. Die grüne (5577 Å) verbotene OI-Linie und die roten (6300, 6363 Å) verbotenen →Sauerstofflinien. 2. Die negativen Banden des N_2^+, von denen die Emissionen bei 3914 Å (0; 0); 4278 Å (0; 1) und 4709 Å (0; 2) weitaus am stärksten hervortreten (→Stickstoffbanden). 3. Zahlreiche Banden, die zum 1. und 2. positiven System des N_2 gehören. Dabei sind einige im nahen Ultrarot gelegene Banden des 1. positiven Systems besonders intensiv. 4. Schwache Banden des Vegard-Kaplan-Systems des N_2 (→Stickstoffbanden). 5. Gelegentlich werden einige Linien der Balmer-Serie des Wasserstoffs (H_α, H_β, H_γ), die Na-D-Linien und solche des HeI beobachtet. 6. Die verbotenen →Stickstofflinien bei 3466 Å und 5200 Å sind, wenn überhaupt vorhanden, meist nur schwach sichtbar.

Weiterhin soll eine Reihe Linien des Nordlichtspektrums nach *Vegard* erlaubten Übergängen des neutralen OI-Atoms, der OII- und OIII-Ionen sowie des NI, NII und NIII zugeschrieben werden. Doch sind diese Zuordnungen noch sehr unsicher. Eine Anzahl schwacher Linien und Banden konnte bisher noch nicht identifiziert werden.

b) *Intensitätsverteilung.* Wenn auch die oben unter 1., 2. und 3. angeführten Emissionen die stärksten sind, beobachtet man doch innerhalb derselben Nordlichterscheinung sowohl örtlich wie zeitlich Intensitätsverschiebungen zwischen den einzelnen Banden und Linien, die sich manchmal sogar in der Nordlichtfarbe ausdrücken.

So ist die grüne OI-Linie zwar an der Basis des gewöhnlichen Nordlichts stärker als das rote OI-Dublett, aber dessen Intensität nimmt meist mit der Höhe zu, so daß es in großen Höhen stark hervortreten kann. Beim A-Typ des rot gefärbten Nordlichts ist seine Farbe ebenfalls einer außerordentlichen Verstärkung des roten OI-Dubletts zuzuschreiben, das dabei die sechsfache Intensität der grünen Linie annehmen kann, so daß die Nordlichtstrahlen von der Spitze bis hinunter zur Basis rot gefärbt erscheinen.

Dagegen ist die rote Farbe beim B-Typ, der nur sehr selten auftritt, auf den Teil nahe der unteren Kante beschränkt und wird in diesem Fall durch eine Verstärkung von roten Banden der 1. positiven Gruppe des N_2 (→Stickstoffbanden) hervorgerufen. Wie zahlreiche Spektrogramme bestätigen, scheint ganz allgemein die relative Intensität dieser Banden der 1. positiven Gruppe nach unteren Höhenlagen hin zuzunehmen (*Vegard* 1945).

Weiterhin wurde mit der Höhe eine Intensitätszunahme der →Vegard-Kaplan-Banden des N_2 und der Linien des NI sowie eine Abnahme der grünen OI-Linie, bezogen auf die negativen Banden des N_2^+, beobachtet. Demzufolge zeigen Nordlichterscheinungen in niederen Breiten, die in besonders großen Höhen auftreten, ein Intensitätsverhältnis der roten zur grünen OI-Linie von $\frac{I_{6300}}{I_{5577}} \sim 5$ bis 10 und ein starkes Hervortreten des verbotenen NI-Dubletts bei 5200 Å, so daß solches Nordlicht durchweg rot gefärbt erscheint. Im sonnenbeschienenen Nordlicht werden ebenso das rote OI-Dublett und in geringem Maße die negativen Banden des N_2^+ gegenüber der grünen Linie des OI verstärkt gefunden.

All diese Verschiedenheiten des Nordlichtspektrums müssen mit Veränderungen in der Zusammensetzung und im physikalischen Zustand der Nordlicht aussendenden Atmosphärenschichten und wahrscheinlich auch mit gewissen Änderungen in den Eigenschaften der die Lumineszenz hervorrufenden Strahlung in Verbindung gebracht werden.

V. Anregung der Emissionen. Das Nordlicht ist gegenüber dem normalen →Nachthimmelleuchten wesentlich intensiver, und sein Spektrum unterscheidet sich grundsätzlich von dem des Nachthimmels. Aus der Höhe der Anregungsenergien der beobachteten Emissionen, welche bis zu 20 eV betragen, und aus der Art des Auftretens von Nordlichtern geht hervor, daß man keine irgendwie in der Erdatmosphäre gespeicherte potentielle Energie als Quelle der Leuchterscheinungen ansehen darf. Es wird jetzt allgemein angenommen, daß geladene Teilchen, vermutlich Elektronen, deren Herkunft Gegenstand eingehender →Nordlichttheorien ist, in den Nordlichtregionen von oben in die Erdatmosphäre eintreten und das Nordlicht erzeugen. Die Teilchen müssen wenigstens auf dem Teil ihres Weges, den sie in Erdnähe durchlaufen, geladen sein und werden so durch das erdmagnetische Feld geführt.

Über die mögliche Anregung der Nordlichtemissionen wurden folgende Theorien entwickelt:

a) Theorie von Vegard (1939). *Vegard* nimmt an, daß die Bandensysteme des Stickstoffmoleküls durch direkten Elektronenstoß angeregt werden und dabei auch aktiver →Stickstoff entsteht, welcher eine lange Lebensdauer hat und einen Energiebetrag von $E_a = 9{,}55$ eV zur Anregung der verbotenen OI-Linien (→Sauerstofflinien, verbotene) abgeben kann. So nimmt er z. B. für die grüne OI-Linie den Anregungsprozeß

$$E_a + O_2 \rightarrow O(^3P\text{-Zustand}) + O\,(^1S\text{-Zustand}) + 0{,}25\text{ eV}$$

an, nach dem das O-Atom im ^1S-Zustand unter Emission in den ^3P-Grundzustand übergeht. Ähnlich soll das rote OI-Dublett angeregt werden, wobei allerdings keine so scharfe Energieresonanz besteht. Außerdem wird angenommen, daß der metastabile $A\,^3\Sigma$-Zustand (→Stickstoffbanden) des N_2 seine Energie ebenfalls an O-Atome abgeben kann und damit zur Emission der verbotenen Linien beiträgt. Eine Schwierigkeit dieser Theorie liegt in der Frage, weshalb nicht die erlaubten Sauerstofflinien ähnlich wie das Stickstoffbandensystem angeregt werden.

b) Theorie von Mitra und Ghosh (1946). Als stärkster Primärprozeß wird die Ionisation und Anregung von molekularem Stickstoff durch den Stoß energiereicher Elektronen angenommen: $N_2 + e \rightarrow N_2^+(A'\,^2\Sigma) + 2e$. Die angeregten Ionen emittieren das negative Bandensystem des N_2^+. Des weiteren wird die Bildung von negativen Sauerstoffatomionen vorausgesetzt. Sie sollen bei Stößen mit den N_2^+-Ionen ihre Ladung abgeben: $N_2^+ + O^- \rightarrow N_2(B\,^3\Pi) + O(^1S)$, wobei genügend Energie frei wird, um die 1. positiven Banden und die verbotenen →Sauerstofflinien anzuregen. Durch Elektronenrekombination nach dem Schema $N_2^+ + e \rightarrow N_2(C\,^3\Pi)$ soll die Anregung des 2. positiven Systems des N_2 ermöglicht werden.

Die Theorie ist ganz ähnlich, wie sie für die Erzeugung des →Nachthimmelleuchtens von *Mitra* und *Ghosh* aufgestellt wurde. Gegen ihre Theorie wird von *Bates* und *Massey* (1947) der Einwand gemacht, daß ähnliche Prozesse wie derjenige, welcher zur Anregung des 2. positiven Systems des N_2 angenommen wurde, mit viel größerer Wahrscheinlichkeit verlaufen und gleichfalls zur Anregung von Emissionen führen müßten, die aber überhaupt nicht oder nur unverhältnismäßig schwach beobachtet werden konnten.

Bates und *Massey* schlagen dagegen die zur Dissoziation führende Elektronenrekombination $O_2^+ + e \rightarrow O' + O''$ als sehr wahrscheinlichen Prozeß für die Anregung der verbotenen Sauerstofflinien vor. Man muß so annehmen, daß neben den von *Mitra* und *Ghosh* vorgeschlagenen Prozessen auch noch andere möglich sind und daß es von der Elektronenenergie, dem Ionisationsgrad, der Zusammensetzung und Dichte des Gases abhängt, welcher am wirksamsten ist. In diesem Sinne sind auch die häufigen Änderungen in der spektralen Zusammensetzung des Nordlichts zu verstehen. →Nordlichttheorien.

Nordlicht-*E*-Schicht, eine Form der abnormalen →E-Schicht, die zusammen mit erdmagnetischen Störungen vor allem in der Polarlichtzone auftritt, jedoch bei starken Störungen der Ionosphäre auch in gemäßigten Breiten beobachtet wird. Die Echos, die von der Schicht reflektiert werden, sind etwas „verwaschen" und streuen über einen beträchtlichen Höhenbereich (100—180 km). Die Echos von der F_2-Schicht setzen gleichzeitig meist vollständig aus. Auf Grund des engen Zusammenhangs zwischen Nordlichterscheinungen bzw. erdmagnetischen Störungen und der Nordlicht-E-Schicht schließt man, daß diese durch solare Korpuskeln entsteht, die bis in das Niveau der E-Schicht eindringen. Die praktische Bedeutung der Schicht liegt darin, daß sie oft noch einen Funkverkehr ermöglicht, wenn die Reflexionsfähigkeit der F_2-Schicht durch eine Störung stark vermindert ist.

Nordlichtlinien →Sauerstofflinien, verbotene.

Nordlichtstörung →Ionosphärensturm.

Nordlichttheorien. Eine vollständige Nordlichttheorie hat die Aufgabe, Art und Herkunft der Nordlicht erzeugenden Partikel oder Strahlungen in Übereinstimmung mit den beobachteten Erscheinungen, wie a) Spektrum, b) Höhe, Lage und Form, c) geographische Verteilung, d) Zeit des Auftretens und e) Beziehungen dieser Eigenschaften zu Phänomenen des Erdmagnetismus und der Sonne, zu erklären.

Nach der *Birkelandschen Theorie* wird das Nordlicht durch geladene Teilchen verursacht, welche von der Sonne her kommen und vom erdmagnetischen Feld in Richtung zu den Polen hin abgelenkt werden. Dadurch treten sie von oben entweder direkt in Richtung der magnetischen Feldlinien oder auf spiralförmig verlaufenden Bahnen von ihnen geführt in die Atmosphäre ein. Zur Stützung der Theorie wurden Modellversuche unternommen, indem man Kathodenstrahlen auf ein Modell der Erde, die *Terrella* (magnetisierte Kugel), sandte. Ähnliche Experimente machten später *Villard* (1906), *Brüche* (1931) und *Malmfors* (1946). In jedem Falle fand man in der Art, wie die Elektronen zu den Polen abgelenkt wurden und in zwei Ringzonen auf die Terrella auftrafen, starke Analogien zur Form und Verteilung des Nordlichts.

Störmer hat der Birkelandschen Theorie eine mathematische Stütze gegeben. Er berechnete die Bahnen einzelner geladener Teilchen, wenn sie von der Sonne in verschiedene Richtungen und bei unterschiedlichen Orientierungen der Sonne zur Erde ausgesandt werden. Auf diese Weise bekam er auch eine nordlichtähnliche Verteilung und konnte die Modellversuche bestätigen.

Es muß also angenommen werden, daß das Nordlicht durch Teilchen erzeugt wird, die in der Nordlichtregion von oben in die Atmosphäre eintreten und die wenigstens auf dem Teil ihres Weges, den sie in Erdnähe durchlaufen, elektrisch geladen sind und so durch das Magnetfeld der Erde geführt werden können. Größere Schwierigkeiten bereitet die Beantwortung der Frage, ob es sich vornehmlich um Ionen, Elektronen oder äußerlich neutrale Partikelströme handelt, in denen beide Ladungsträger in gleicher Anzahl vorhanden sind, und welche Geschwindigkeiten sie besitzen.

Birkeland nimmt an, daß direkt von der Sonne Elektronen mit nahezu Lichtgeschwindigkeit ausgehen und auf den von *Störmer* berechneten Bahnen mit konstanter Geschwindigkeit weiterfliegen, bis sie die Nordlichtzonen der Erde treffen. Trotz der angenommenen hohen Elektronengeschwindigkeit würde nach der numerischen Rechnung die sich ergebende Nordlichtzone gegenüber der beobachteten eine zu geringe erdmagnetische Breite haben, man müßte einen Kreisstrom von geladenen Teilchen in der erdmagnetischen Äquatorebene mit einem Radius > 300000 km annehmen, um Übereinstimmung zu erzielen. Andererseits sind die Eindringtiefen dieser schnellen Elektronen in die Atmosphäre zu groß, um die beobachtete untere Grenze der Nordlichterscheinungen erklären zu können. Gegen die Theorie spricht auch der Umstand, daß die Elektronen ihren Weg von der Sonne zur Erde zu schnell durchmessen würden, verglichen mit dem Zeitraum von 1 bis 2 Tagen, der zwischen einer Eruption auf der Sonne, gekennzeichnet durch eine plötzliche, starke Ultraviolettemission, und der regelmäßigen Nachfolge von magnetischen Stürmen und Nordlichttätigkeit auf der Erde vergeht.

Störmer läßt daher in seiner Theorie auch positive Ionen zu, welche bei einer Geschwindigkeit von 1000 bis 1600 km/s schon die beobachteten Eindringtiefen in die Atmosphäre und die richtige Zeitdifferenz zwischen Sonneneruption und Nordlichttätigkeit ergeben. *Vegard* (1912) vermutet, daß es sich um α-Teilchen handelt, welche von der Sonne emittiert werden.

Beide besprochenen Theorien vernachlässigen die elektrostatischen Abstoßungskräfte, die bei Strömen gleicher Ladungsträger bei Geschwindigkeiten der Größenordnung 1000 km/s zu einer erheblichen Dispersion führen dürften. *Schuster* (1911) wies nach, daß diese Dispersion jede Theorie magnetischer Stürme ausschließt, bei denen das störende Magnetfeld einem Teilchenstrom zugeschrieben wird, der nur aus Trägern gleicher Ladung bestehen soll. *Chapman* und *Ferraro* (1929) konnten zeigen, daß Teilchenströme mit Wanderungsgeschwindigkeiten von etwa 1000 km/s fast vollkommen neutral sein müssen, damit sie die Erde erreichen.

Die meisten neueren Theorien machen sich daher die von *Lindemann* (1919) zuerst angegebene Anschauung zu eigen, daß der Partikelstrom von der Sonne zur Erde aus fast der gleichen Anzahl positiver und negativer Ladungsträger besteht, so daß er nach außen hin neutral erscheint. *Lindemann* nimmt in seiner Theorie außerdem an, daß die Ionisation der ursprünglich neutralen Teilchen, z. B. Wasserstoffatomen, auf ihrem Weg zur Erde durch das ultraviolette Licht der Sonne hervorgerufen und aufrechterhalten wird.

Einen Prozeß, durch den möglicherweise neutrale oder ionisierte Atome von der Sonne emittiert werden können, gibt *Milne* (1926) an. Er konnte zeigen, daß solche Atome oder Ionen, die starke Absorptionslinien innerhalb des Sonnenspektrums besitzen und die aus irgendeinem Grunde eine so hohe Geschwindigkeitskomponente in Richtung nach außen haben, daß die →Doppler-Breiten ihrer Linien in das kontinuierliche Sonnenspektrum außerhalb der Hauptabsorption reichen, durch den →Strahlungsdruck allmählich von der Sonne fort beschleunigt werden und Geschwindigkeiten von 1000 bis 1500 km/s erreichen können. Bewegungen, die solche Doppler-Effekte erzeugen, sind in Störungsgebieten auf der Sonnenoberfläche durchaus zu erwarten. Als emittierte Partikel kommen vor allem Wasserstoffatome und Ca^+-Ionen sowie einige andere neutrale oder ionisierte Elemente in Frage, unter denen sich auch das in der oberen Erdatmosphäre beobachtete Natrium (→Natriumschicht) befindet.

Nach neueren Auffassungen vermögen die →Protuberanzen der Sonne direkt Ionen und Elektronen einer Energie von etwa 10^2 eV auszusenden. Diese Teilchen, die eine Laufzeit Sonne—Erde von 3 bis 4 Tagen hätten, sollen die normale Nordlichttätigkeit hervorrufen. Dagegen werden bei Eruptionen Teilchen einer Energie von $\sim 10^3$ eV (Laufzeit 1 Tag) erzeugt; diese werden für die seltener auftretenden, außergewöhnlich starken Nordlichterscheinungen verantwortlich gemacht.

Sehr eingehend befaßt sich die Theorie von *Alfvén* (1939) mit der Loslösung eines neutralen Ionen-Elektronen-Stromes von der Sonne, bei der er dem Magnetfeld der Sonne eine wichtige Rolle zuschreibt. Über das Verhalten des Partikelstromes in der Nähe der Erde entwickelt er neue Vorstellungen. Gemäß den Theorien von *Birkeland* und *Störmer* nimmt er auch einen für Elektronen verbotenen, sich äquatorial um die Erde erstreckenden Raum an. Weiter macht er das Entstehen einer positiven Raumladung auf der Tagseite, welche sich durch die am Rande des verbotenen Raumes festgehaltenen Ionen ausbildet, und einer negativen, durch das Fehlen dieser Ionen auf der Nachtseite hervorgerufenen Raumladung wahrscheinlich. Diese sollen sich dann längs der magnetischen Feldlinien des Erdfeldes in der Nordlichtzone entladen und so die Aurora hervorrufen.

Eine Theorie von *Chapmann* und *Ferraro* (1931 bis 1940), die auch einen neutralen, ionisierten Teilchenstrom annimmt, beschränkt sich vorerst noch auf die Erklärung des Auftretens magnetischer Stürme.

Gegen die von *Hulburt* (1928), *Maris* und *Hulburt* (1929) und *Dauvillier* (1932) aufgestellten Theorien sind ähnliche Einwände zu machen, wie sie bei der Birkelandschen Theorie angeführt wurden. Entweder sind die Eindringtiefen in die Erdatmosphäre zu gering, oder es werden sehr schnelle Elektronen angenommen, die zu kurze Laufzeiten für den Weg von der Sonne zur Erde ergeben.

Nord-Süd-Effekt bei der kosmischen Strahlung. Mißt man mit einem →Zählrohrteleskop die unter einem bestimmten Neigungswinkel gegen die Vertikale einfallende Korpuskelhäufigkeit der kosmischen Strahlung aus nördlicher und südlicher Richtung, so stellt man einen allerdings sehr geringen Unterschied zwischen der aus Norden und der aus Süden einfallenden Strahlung fest. Auf der nördlichen (südlichen) Halbkugel ist die aus Süden (Norden) einfallende Intensität etwas größer als die aus Norden (Süden) kommende Intensität. Der Effekt wird im Rahmen der geomagnetischen Effekte als Beeinflussung der Bahnen der Korpuskeln durch das Magnetfeld der Erde und speziell als Schattenwirkung der Erde gedeutet.

Literatur →kosmische Strahlung.

Normal- → auch Norm-.

Normalaffinität einer chemischen Gasreaktion ist ihre →Affinität für den Fall, daß alle nicht als Bodenkörper vorhandenen Reaktionsteilnehmer unter der Einheit p_0 des Druckes stehen. Um jeden einzelnen, dem idealen Gasgesetz folgenden Anfangsstoff reversibel auf seinen Gleichgewichtspartialdruck p_i zu bringen (→Massenwirkungsgesetz), ist je Mol die Arbeit $RT \ln(p_i/p_0)$ erforderlich, während die Überführung der entstandenen Stoffe vom Gleichgewichtsdruck p_i' zur Druckeinheit jeweils die Arbeit $-RT \ln(p_i'/p_0)$ erfordert. Die insgesamt nach außen abgegebene maximale Arbeit und damit die Affinität ist in diesem Falle gleich $RT \ln \left(\frac{p'_1 p'_2 \cdots p'_i}{p_1 p_2 \cdots p_i} p_0^{i-j} \right)$, also gleich $RT \ln K_p$, wo K_p die Massenwirkungskonstante bedeutet.

Eggert-Hock: Lehrb. d Physikal. Chemie. Stuttgart 1948.

Normalatmosphäre, Bezeichnung für die physikalische →Atmosphäre (atm).

Normalbedingungen. Zur Angabe wichtiger physikalischer Daten, welche von verschiedenen Parametern abhängen, hat man sich auf bestimmte Bedingungen geeinigt, auf die sich die angegebenen Werte bezüglich einzelner Parameter beziehen sollen, z. B. →Normzustand, →Normdruck, →Normtemperatur, →Normfallbeschleunigung, →Normalluft usw.

Reduktion auf Normalbedingungen bedeutet die Umrechnung eines bei beliebiger Temperatur und beliebigem Druck gemessenen Gasvolumens auf Normtemperatur und -druck mittels der Zustandsgleichung.

Normalbeleuchtungsart, für die →Farbmessung an Körperfarben international vereinbarte Beleuchtungsarten, deren spektrale Energieverteilungen S_λ bekannt sind und die im Regelfalle angewendet werden sollen. Normalbeleuchtungsart „A“: Lichtquelle der →Farbtemperatur 2850 °K; „B“ und „C“: dieselbe Lichtquelle unter Vorsatz eines Flüssigkeitsfilters nach *Davis-Gibson* (Tabelle), das aus einer Doppelküvette von je 1 cm Schichtdicke besteht und mit den in der Tabelle angegebenen Lösungen beschickt wird. Daneben in Deutschland noch „E“ (mitteleurop. mittleres Tageslicht) in Gebrauch, in den Vereinigten Staaten „D“ (dortiges mittleres Tageslicht) und „S“ (blaues Himmelslicht).

Für technische Messungen sind an Stelle der Davis-Gibson-Filter jetzt besonders ausgesuchte Glasfilter üblich.

Tabelle: Zusammensetzung der Lösungen für Normalbeleuchtungen (nach *Davis-Gibson*)

	„B“	„C“	(„E“)
Lösung 1:			
Kupfersulfat			
$[CuSO_4 \cdot 5\,H_2O]$ . . . g	2,452	3,412	2,954
Mannit $[C_6H_8(OH)_6]$ . . g	2,452	3,412	2,954
Pyridin $[C_5H_5N]$ . . . cm^3	30,0	30,0	30,0
Lösung 2:			
Kobaltammoniumsulfat			
$[CoSO_4 \cdot (NH_4)_2SO_4 \cdot 6\,H_2O]$ g	21,71	30,58	28,44
Kupfersulfat $[CuSO_4 \cdot 5H_2O]$ g	16,11	22,52	17,84
Schwefelsäure $[H_2SO_4]$,			
spez. Gew. 1,835 . . cm^3	10,0	10,0	10,0

Jede Lösung wird mit dest. Wasser auf 1000,0 cm^3 aufgefüllt.

Normblatt DIN 5033: Farbmessung. 2. Ausg. 1944.

Normalbeobachter, für →Photometrie und →Farbmessung diejenige gedachte Versuchsperson, deren Spektralwerte des Auges denen entsprechen, die international dafür festgelegt sind, und die als Mittelwerte aus einer größeren Anzahl von wirklichen Beobachtern gewonnen worden sind. Für photometrische Zwecke wurde bereits 1924 der Normalbeobachter mittels der internationalen spektralen →Hellempfindlichkeitskurve V_λ festgelegt, für die Farbmessung 1931 durch die Spektralwerte für das energiegleiche →Spektrum auf Grund der Messungen von *Guild* und *Wright* (→Spektralwertbestimmung).

Commission Internationale de l'Éclairage. C. R. des Séances et Recueil des Travaux, Genève 1924. Cambridge 1931.

Normalbeschleunigung →Beschleunigung.

Normaldruck, -temperatur, -volumen, -zustand →Normalbedingungen, →Normdruck, -temperatur, -volumen, -zustand.

Normale sind Körper, Apparate und Anordnungen bestimmter Bauart und Dimensionierung, welche unter festgelegten Bedingungen physikalische Maßeinheiten (→Einheiten) definieren und realisieren.

Man unterscheidet *primäre* Normale oder *Prototype,* welche →Grundeinheiten festlegen und sichern (z. B. Meterprototyp, Kilogrammprototyp, Quecksilbersäule für das frühere int. →Ohm, Hefner-Lampe für die frühere →Hefner-Kerze), *sekundäre* oder *Subnormale,* welche eine Grundeinheit für den praktischen Eichanschluß reproduzieren (z. B. Normalwiderstand für die Widerstandseinheit, Metallfaden-Lampensätze für die Lichtstärkeeinheit), und weiter *Gebrauchsnormale,* welche nicht zur Sicherung der Einheiten selbst, sondern für praktische Eich- und Feinmeßzwecke dienen (z. B. Endmaße für die Längeneinheit, Kapazitätsnormale, Induktivitätsnormale) und teilweise mit den Subnormalen identisch sind.

Normaler Zeeman-Effekt. Nur die Singulettlinien spalten im magnetischen Feld in Tripletts auf (→Lorentz-Triplett, →Zeeman-Effekt).

Normale Kopplungsverhältnisse liegen vor, wenn die Spin-Bahnwechselwirkung klein ist gegenüber der Coulombschen Wechselwirkung der Elektronen untereinander. Dann sind zuerst die einzelnen Elektronen ohne Berücksichtigung des Spins zusammenzufügen, wobei sich aus den Bahndrehimpulsen l der verschiedenen Elektronen verschiedene resultierende Bahndrehimpulse L ergeben. Durch das Zusammenfügen der Elektronen und durch ihre Coulombsche Wechselwirkung entstehen aus einer Elektronenkonfiguration mehrere Grobstrukturterme (→Aufbauprinzip). Danach kann dann noch der Spineinfluß berücksichtigt werden, der die →Multiplettaufspaltung ergibt.

Normalebene →begleitendes Dreibein.

Normalelektrode →Bezugselektrode.

Normalelement. Als Subnormal zur Reproduktion der Spannungseinheit dient das *Weston*-Normalelement, welches eine von der Zeit und den infolge von Stromentnahme eingetretenen chemischen Veränderungen unabhängige Urspannung und einen Temperaturkoeffizienten der Urspannung von weniger als 10^{-4} V $grad^{-1}$ haben soll. Der Aufbau der Normalelemente ist so getroffen, daß die in diesen vorhandenen thermodynamischen Phasengleichgewichte durch einen die Elemente durchfließenden Strom nicht gestört werden und eine Selbstentladung sich nicht bemerkbar machen kann. Die Elemente bestehen aus H-förmigen Glasgefäßen, welche kein Alkali an den Elektrolyten abgeben dürfen, haben als positiven Pol reinstes Quecksilber, als negativen Pol ein Cadmium-Amalgam mit etwa 10 ··· 13% Cd-Gehalt, als Elektrolyt gesättigte, nichtalkalische Cadmiumsulfatlösung und als Depolarisatoren eine Paste aus beständigem Hg_2SO· und

$CdSO_4 \cdot \frac{8}{3} H_2O$ auf dem positiven Pol bzw. eine Schicht von $CdSO_4 \cdot \frac{8}{3} H_2O$-Kristallen. →Cadmium-Element.

Die Urspannung des Weston-Normalelementes soll nach internationaler Vereinbarung auf Grund internationaler Messungen bei 20 °C 1,01380 int. Volt = 1,01865 abs. Volt betragen. Normalelemente werden als elektrische Subnormale benutzt und von den Staatsinstituten geprüft und beglaubigt. Die Elementestämme der Staatsinstitute dienen der Realisierung und Aufbewahrung der Spannungseinheit (früher des int. Volt, seit 1948 des abs. Volt). Durch regelmäßige Vergleichsmessungen im Internationalen Bureau für Maß und Gewicht (→Meterkonvention) wird der relative Gang der in den sechs großen Staatsinstituten Deutschlands, Frankreichs, Großbritanniens, Japans, der Sowjetunion und der USA aufbewahrten Elementestämme kontrolliert; ihr Mittelwert stellte das 1935 definierte sog. „mittlere internationale →Volt" V_M dar.

Handb. d. Physik XIII, XVI. Berlin 1927/1928. — *Jaeger, W.*: Die Normalelemente u. ihre Anwendung in d. elektr. Meßtechnik. Halle a. S. 1901. — *Ostwald, W.*, u. *R. Luther*: Hand- u. Hilfsb. z. Ausführung physikochem. Messungen. Leipzig 1931.

Normalenfläche oder *Wellengeschwindigkeitsfläche*, auch kurz *Wellenfläche*. Trägt man von einem Punkt im Innern eines Kristalls aus auf jeder Wellennormalen die Wellen- oder Wellennormalengeschwindigkeiten der beiden längs der Normalen fortschreitenden Wellen auf, also die mit der Lichtgeschwindigkeit im Vakuum multiplizierten reziproken Werte der Brechungszahlen für diese Wellen, so erhält man die im allgemeinen zweischalige *Normalenfläche*. Sie hat für optisch zweiachsige Kristalle mit der ihr sehr ähnlichen →Strahlenfläche die drei Hauptgeschwindigkeiten a, b, c nach Größe und Richtung gemeinsam. Die drei Hauptschnitte unterscheiden sich von denen der Strahlenfläche nur dadurch, daß ihre Schnittkurven mit der Normalenfläche Ovale und nicht Ellipsen sind. Die Verbindungsgeraden der diametral gegenüberliegenden Schnittpunkte des Kreises mit dem Radius b und des Ovals mit den Halbachsen a und c (in der optischen Achsenebene) sind die *primären optischen Achsen* oder *Binormalen*.

Analog zur Strahlenfläche besteht die Normalenfläche optisch einachsiger Kristalle aus einem Rotations*ovaloid* und einer Kugel, die sich auf der Rotationsachse des Ovaloids, der optischen Achse, berühren. Die Normalenfläche optisch-isotroper (kubischer) Kristalle und aller amorpher Körper ist einschalig und bildet eine mit der Strahlenfläche identische Kugel.

Normalenvektor →Flächennormale.

Normalfrequenz. In Deutschland wird über Fernsprechkabel und Rundfunksender zu bestimmten Zeiten die Normalfrequenz 1000 Hz gesendet, die von einer guten Quarzuhr mit großer Genauigkeit abgegriffen wird. Der Frequenzfehler liegt höchstens in der 7. Dezimalen. Die Normalfrequenz dient als Hilfsnormal für wissenschaftliche Messungen und zur Eichung von Meßgeräten.

Normalgleichung →Ausgleichungsrechnung.

Normalgradient →Entladungsrumpf.

Normalität einer Lösung →Konzentrationsmaße.

Normalkerze, allgemeine Bezeichnung für die jeweils benutzte Einheit der →Lichtstärke.

Normalkoordinaten →freie Schwingungen.

Normalkoordinaten des Gitters. Die Bewegungen der Einzelatome eines Kristallgitters um ihre Ruhelagen sind durch die Wechselwirkungskräfte benachbarter Atome miteinander gekoppelt. Man kann in 1. Näherung (d. h. für kleine Abweichungen aus der Ruhelage) die potentielle Energie als eine quadratische Funktion der Abweichungen der Atome aus ihren Ruhelagen annehmen: $V = \sum_{i,k=\lambda}^{N} b_{ik} x_i x_k$, wo x_i $(i = 1, 2, 3, \ldots, N)$ die Abweichung des i-Atoms aus der Ruhelage bedeutet. Dabei ist eine lineare Kette mit N Atomen als einfachster Fall vorausgesetzt, wo eine Koordinate zur Beschreibung der Abweichung aus der Ruhelage ausreicht. Die Koeffizienten b_{ik} $(i, k = 1, 2, \ldots, N)$ sind aus dem zwischenatomaren Wechselwirkungsgesetz zu bestimmen. Durch eine lineare Transformation: $x_i = \sum_{k=1}^{N} t_{ik} y_k$ kann man nun statt der x_i neue Größen zur Beschreibung der Abweichungen der Atome aus den Ruhelagen einführen derart, daß sich sowohl die kinetische als auch die potentielle Energie des Gitters durch eine Summe von reinen Quadraten darstellen läßt. Die Lösung der Bewegungsgleichungen lautet in diesem Falle: $y_k = \eta_k \cos 2\pi \nu_k (t - \varphi_k)$ $(k = 1, 2, 3, \ldots, N)$. Hierin sind die $\eta_1, \eta_2, \eta_3, \ldots, \eta_N$ und $\varphi_1, \varphi_2, \varphi_3, \ldots, \varphi_N$ Integrationskonstanten. Die hierdurch dargestellten Sinusschwingungen bezeichnet man als Normalschwingungen und die verallgemeinerten Koordinaten y_k als Normalkoordinaten. Die Größen ν_k sind die Eigenfrequenzen. — Normalkoordinaten in Kristallgittern wurden erstmals von *Born* und *v. Karman*, am vollständigsten von *I. Waller* betrachtet.

M. Born, Dynamik d. Kristallgitter. Leipzig u. Berlin 1923. Handb. d. Physik XXIV/2. Berlin 1936. — *Waller, J.*: Dissertation. Uppsala 1925.

Normalkraft, die zum Zustandekommen einer Bewegung auf gekrümmter Bahn nötige, zur jeweiligen Geschwindigkeit senkrechte Kraft. Sie entspricht der Zentripetalkraft bei einer →Kreisbewegung und beträgt wie diese $K = mv^2/r$, wobei r der örtliche Krümmungsradius der Bahn des Körpers ist.

Normallampe →Normallichtquelle.

Normalleiter, metallische, sind Leiter, die sich hinsichtlich der Temperaturabhängigkeit des elektrischen Widerstandes bei tiefen Temperaturen normal verhalten, d. h. insbesondere nicht supraleitend werden.

Normallichtquelle, eine an der Lichteinheit geeichte Lichtquelle. Man benutzt dazu besondere Lampen, bei denen der Leuchtkörper in einer Ebene angeordnet ist. Vor ihrer Verwendung werden sie durch längeres Brennen gealtert und dabei auf Lichtkonstanz geprüft. An die meist von Staatsinstituten geeichten Hauptnormallampen werden dann weitere Gebrauchsnormallampen angeschlossen.

Normalluft, spektroskopische. Als Normalluft für alle spektroskopischen Messungen gilt wasserdampffreie Luft mit 0,03 Vol.-% Kohlensäuregehalt bei 15 °C und einer physikalischen →Atmosphäre Druck.

Normalluftkondensator →Influenzierungskondensator.

Normalpotential einer Elektrode, wird erhalten als EMK einer Bezugskette (→Bezugs-Elektrode), wenn man die →potentialbestimmenden oder mitpotentialbestimmenden Ionen oder Moleküle als *1-aktive Lösungen* vorgibt oder wenn der Druck mitpotentialbestimmender Gase 1 atm beträgt. Es ist also ein Sonderfall des →Einzelpotentials. Als Bezugs-Elektrode wird meist die Normal-→Wasserstoffelektrode verwendet. Es ergeben sich dann die $E_{h,0}$-Werte. Um Verwechslungen mit dem nicht meßbaren Absolutwert der →Galvani-Spannung (→Nullpotential) einer Elektrode zu vermeiden, ist es zweckmäßiger, statt Normalpotential die Bezeichnung *elektromotorische Grundkraft oder Grund-Bezugsspannung* (→Spannungsreihe) zu verwenden, und zwar in Analogie zur Grund-Reaktionsarbeit $\mathfrak{R}$ der Grundreaktion, welche in der Bezugskette unter den obengenannten Grundbedingungen bei Stromentnahme abläuft. Mißt man $E_{h,0}$ in V und $\mathfrak{R}$ in kcal, so gilt $E_{h,0} F = -\frac{1}{z} \mathfrak{R}$ (z Zahl der Äquivalente) mit dem Umrechnungsfaktor $F = 23{,}06$ kcal · V^{-1} (→elektromotorische Kraft).

Kortüm, G.: Lehrb. d. Elektrochemie. Wiesbaden 1948.

Normalreihe, eine endliche Reihe von Untergruppen $\mathfrak{G}_\nu$ einer Gruppe $\mathfrak{G}$:

$$\{\mathfrak{G} = \mathfrak{G}_0 \geq \mathfrak{G}_1 \geq \cdots \geq \mathfrak{G}_l = \mathfrak{E}\},$$

wenn $\mathfrak{G}_\nu$ Normalteiler in $\mathfrak{G}_{\nu-1}$ ist. $\mathfrak{E}$ ist die nur aus dem Einselement bestehende Gruppe.

Normalreiz →Farbtafel.

Normalschall. →Lautstärken lassen sich dadurch messen, daß man sie mit derjenigen eines Normalschalls vergleicht, der als ebene, fortschreitende Welle der Frequenz 1000 Hz genau von vorn auf den Kopf des Beobachters trifft. Der Schalldruck des Normalschalls wird auf einen Bezugsschalldruck von $2 \cdot 10^{-4}$ Mikrobar bezogen.

Normalschwere →Normfallbeschleunigung.

Normalschwingung →freie Schwingungen; des Gitters →Normalkoordinaten des Gitters.

Normalspannungen →Spannungen.

Normalspannungsgesetz (*L. Sohncke*). Bei spröden Kristallen tritt der Trennungsbruch (→Bruch) unabhängig von ihrer Orientierung bei einem festen Wert der Normalspannung in der Bruchebene (kritische Normalspannung) ein; die übrigen Spannungskomponenten sind also ohne Einfluß (→Schubspannungsgesetz für den Eintritt der plastischen Verformung).

Normalspektrum →Beugungsspektrum.

Normalstellung →Interferenzbilder in konvergentem Licht.

Normaltage, luftelektrische →Luftelektrizität.

Normalteiler. Ist $\mathfrak{g}$ eine Untergruppe der Gruppe $\mathfrak{G}$, so bezeichnet man die Menge der Elemente $a\mathfrak{g}$ als linksseitige Nebenklasse und $\mathfrak{g}a$ als rechtsseitige Nebenklasse. Ist $a\mathfrak{g} = \mathfrak{g}a$ für alle a aus $\mathfrak{G}$, so heißt $\mathfrak{g}$ ein Normalteiler.

Normaltemperatur →Normtemperatur.

Normalton →Normtöne.

Normalweiß, in der Farbmessung diejenige für Messungen benutzte Fläche, die als beste technische Verwirklichung der sog. vollkommen mattweißen Fläche gelten kann. Diese ist dadurch gekennzeichnet, daß der gesamte auffallende Lichtstrom aselektiv und unabhängig von seiner Einfallsrichtung nach allen Richtungen gleichmäßig, d. h. entsprechend dem Lambertschen →Kosinus-Gesetz, zurückgeworfen wird. →Reflexionsgrad und →Remissionsgrad sind also wellenlängenunabhängig und haben den Wert 1,0. — Als Normalweiß wird in der Farbmessung am häufigsten Magnesiumoxyd benutzt, das frisch auf eine weiße ebene Unterlage aus der Mg-Flamme niedergeschlagen ist, wobei natürlich die Schichtdicke genügend sein muß, um den Untergrund nicht zur Wirkung kommen zu lassen. Der Reflexionsgrad liegt bei 0,96, der Remissionsgrad für die genormte Lichteinfalls- und Beobachtungsrichtung ist 1,0. Bequemer zu benutzen ist Bariumsulfat, das in Gelatine suspendiert, auf Glasplatten gegossen und nach dem Trocknen plangeschliffen wird.

Normalwiderstand, Drahtwiderstände (Widerstandsbüchsen) zur Realisierung der Widerstandseinheit →Ohm. Das Drahtmaterial soll einen zeitlich unveränderlichen spezifischen Widerstand von mindestens $2 \cdot 10^{-8}\ \Omega$m, einen Temperaturkoeffizienten von höchstens $2{,}5 \cdot 10^{-1}\ \Omega\text{grad}^{-1}$ bei 20 °C und eine Thermospannung gegen Kupfer von höchstens $1 \cdot 10^{-6}$ Vgrad^{-1} bei 20 °C haben; im allgemeinen wird Manganin verwandt. Die Ausführung der Widerstandsbüchsen muß so erfolgen, daß diese eine hinreichende Sicherheit und Unveränderlichkeit der Widerstandswerte gewährleisten. Hierzu soll u. a. das Drahtmaterial durch geeignete Temperverfahren gealtert sein, die Stromzuführung aus hinreichend dick bemessenem Kupfer bestehen und der Aufbau so gestaltet werden, daß Schwankungen der Luftfeuchtigkeit keinen Einfluß auf den Widerstandswert haben. Widerstandsbüchsen werden im allgemeinen für Widerstandswerte der Größenordnung $10^{-4} \cdots 10^{5}\ \Omega$ hergestellt. Die Normalwiderstandstämme der Staatsinstitute dienen der Realisierung und Aufbewahrung der Widerstandseinheit (seit 1948 für das abs. Ohm). Durch regelmäßige Vergleichsmessungen im Internationalen Bureau für Maß und Gewicht (→Meterkonvention) wird der relative Gang der in den sechs großen Staatsinstituten Deutschlands, Frankreichs, Großbritanniens, Japans, der Sowjetunion und der USA aufbewahrten Normalwiderstandstämme kontrolliert; ihr Mittelwert stellte das 1935 definierte sog. „mittlere internationale →Ohm" Ω_M dar.

Normatmosphäre, gemäß den Richtlinien internationaler Beschlüsse durch DIN 5450 festgelegter mittlerer Atmosphärenaufbau hinsichtlich Temperatur, Druck und Dichte. Eingangsgrößen am Boden: 760,0 Torr, 15 °C, darüber konstante Temperaturabnahme 6,5° je km, ab 11 km isotherm bei −56,5 °C. Für größere Höhen ist in USA eine provisorische Norm angenommen worden: bis 33 km isotherm auf −56,7 °C, bis 47,7 km Anstieg auf +76,6 °C, isotherm bis 64 km, Abnahme auf −34,4 °C in 77,7 km, wieder isotherm bis 85,4 km, Anstieg auf +100,0 °C in 122,0 km. →Atmosphäre, Aufbau.

Normbezugsfläche →Erdfigur.

Normdruck. Als Normdruck werden die physikalische →Atmosphäre (atm ≡ 1,013250 · 10^6 dyn je cm^2) und die technische Atmosphäre (at ≡ 10^4 kp/m^2) benutzt; sie bestimmen druckmäßig den physikalischen bzw. technischen →Normzustand.

Normfallbeschleunigung. Zur eindeutigen Festlegung der technischen Krafteinheit →„Kilopond" und der Druckeinheiten „physikalische →Atmosphäre" bzw. →„Torr", in welche die Fallbeschleunigung eingeht, ist die Vereinbarung eines Normwertes der Fallbeschleunigung erforderlich. Die 3. Generalkonferenz für Maß und Gewicht (→Meterkonvention) setzte diesen 1901 zahlenmäßig zu 9,80665 m/s² fest. Dieser Wert entsprach den damals vorliegenden Meßergebnissen für die Fallbeschleunigung unter 45° geogr. Breite in normaler Meeresspiegelhöhe. (Nach der von *Helmert* 1910 für die „theoretische Schwere" aufgestellten Formel folgt $g_{45} = 9{,}80616$ m/s²; nach der Internationalen Schwereformel von 1930 der Internationalen Union für Geodäsie und Geophysik beträgt $g_{45} = 9{,}80629$ m/s²; →Fallbeschleunigung, absolute.)

In der Meteorologie soll als Standardwert der Fallbeschleunigung oder geographischer Basiswert die Fallbeschleunigung in Meeresniveau unter 45° geogr. Breite nach *Helmert* verwendet werden, für welche der Wert $g_{\text{met}} = g_{0,45} = 9{,}80616$ (abger. 9,8062) m/s² benutzt wird (International meteorologische Organisation, 1947).

Normierung. Eine physikalische Größe heißt normiert, wenn sie nicht in einer ihrer sonst üblichen Einheiten angegeben wird, sondern wenn als Einheit eine ihr dimensionsgleiche Größe gewählt wird, die bei dem vorliegenden Problem eine besondere Rolle spielt. Beispiele sind die Wahl einer Resonanzfrequenz als Frequenzeinheit, die Wahl der Vakuumlichtgeschwindigkeit als Geschwindigkeitseinheit in der Relativitätstheorie usw.

Ein *Vektor* φ *des →Hilbert-Raumes* heißt normiert, wenn $(\varphi, \varphi) = 1$ ist. Durch Multiplikation mit einer Zahl kann jeder Vektor außer dem Nullvektor normiert werden.

Normkubikmeter, abgek. Nm³, Kubikmeter einer Substanz im physikalischen →Normzustand. →Sondereinheitszeichen.

Normkubikmetergewicht, das im physikalischen →Normzustand gemessene →Kubikmetergewicht eines Stoffes.

Normliter, abgek. Nl, Liter einer Substanz im physikalischen →Normzustand. →Sondereinheitszeichen.

Normort ist jeder Punkt der Erde, wo die Fallbeschleunigung ihren Normwert 9,80665 m/s² hat (→Normfallbeschleunigung).

Normstimmton. Als Normstimmton wurde 1939 auf einer Tagung des zwischenstaatlichen akustischen Ausschusses der Internationalen Vereinigung der nationalen Normenausschüsse (heute ISO) in London die Frequenz von 440 Hz festgelegt; er soll bei öffentlichen Musikdarbietungen und der öffentlichen Wiedergabe von Schallaufzeichnungen (Tonfilm, Schallplatte usw.) in möglichst engen Grenzen eingehalten werden. Der Stimmton war im Laufe der Jahrhunderte vielen Schwankungen (zwischen 400 und 500 Hz) unterworfen. Um das Jahr 1700 wurde zwischen *Kammerton* und *Chorton* (letzterer bis zu einer kleinen Terz höher) unterschieden. Der heutige Normstimmton wurde schon einmal von der Deutschen Naturforschertagung in Stuttgart im Jahre 1834 als Grundlage der *deutschen Stimmung* angenommen und löste den 1885 von der Wiener Stimmton-Konferenz vereinbarten Kammerton von 435 Hz (*französische Stimmung* vom Jahre 1859) ab (→Tonskalen).

Normtemperatur. Als Normtemperaturen gelten die Temperaturen 0 °C bzw. 20 °C; sie bestimmen temperaturmäßig den physikalischen bzw. technischen →Normzustand. Die physikalische Normtemperatur 0 °C geht in wichtige Einheitendefinitionen ein [z. B. →Meter, int. →Ohm]. Die technische Normtemperatur 20 °C ist gleichzeitig die Internationale →Bezugs- oder Justiertemperatur für alle technischen Meßgefäße, Meßgeräte und Meßwerkzeuge.

Normtöne, Bezugstöne für die Tonhöhenbestimmung; Post 800 Hz, akustische Meßtechnik 1000 Hz, Musik 440 Hz (→Normstimmton).

Normzustand. Der Normzustand ist durch vereinbarte Werte für Temperatur (→Normtemperatur) und Druck (→Normdruck) definiert. Der *physikalische Normzustand* wird bei der Temperatur 0 °C und dem Druck einer physikalischen →Atmosphäre (atm ≡ 1,013250 · 10⁶ dyn/cm²) erreicht, der *technische Normzustand* bei der Temperatur 20 °C und dem Druck einer technischen →Atmosphäre (at ≡ 10⁴ kp/m²). In der *Akustik* wird weitgehend die Kombination von 15 °C und 1 atm benutzt.

Nörremberg-Polarisationsapparat, ein primitives Polarisationsmikroskop mit großer Apertur für konvergentes Licht zur Beobachtung von optischen Achsenbildern; Polarisator meist ein Glasplattensatz.

Novae oder *Neue Sterne* sind Sterne, deren Leuchtkraft in der Regel innerhalb von Stunden oder wenigen Tagen spontan auf das 10000- bis 100000-fache emporschnellt, um dann allmählich, zuerst unter kurzperiodischen Schwingungen, ungefähr wieder auf die frühere Stärke zurückzusinken (Abb.). Sie sind also nur „neue Sterne" in bezug auf ihre vorübergehende große Helligkeit. Die während eines Ausbruchs von einer Nova ausgestrahlte Energie ist von der Ordnung 10^{44} erg gegenüber einer potentiellen Energie des Sternes von 10^{48} bis 10^{49} erg. Sie ist also nur ein sehr kleiner Bruchteil des Energievorrates des Sternes. Wie man aus den Novaspektren (Doppler-Verschiebungen) entnehmen kann, ist mit dem Novaphänomen eine gewaltige Expansion des Sternes verbunden. Der Stern stößt einen Teil seiner Masse, wenn auch nur einen sehr kleinen Bruchteil, in den Weltenraum hinaus, wobei eine Ausstoßungsgeschwindigkeit von 1000 km s⁻¹ nicht selten überschritten wird. Die Masse der abgestoßenen Hülle beträgt der Größenordnung nach wahrscheinlich nur 10^{-5} Sonnenmassen, so daß die Masse einer normalen Nova praktisch die gleiche bleibt. Die photographische Helligkeit strebt nach dem Abklingen schließlich wieder der Helligkeit vor dem Ausbruch zu. Überhaupt ist anscheinend der physikalische Zustand des Sternes im *Postnova*stadium nicht wesentlich verschieden von dem im *Pränovastadium*. Die effektive Temperatur der *Postnovae* ist sehr hoch, nämlich von der Ordnung 40000°, während ihre

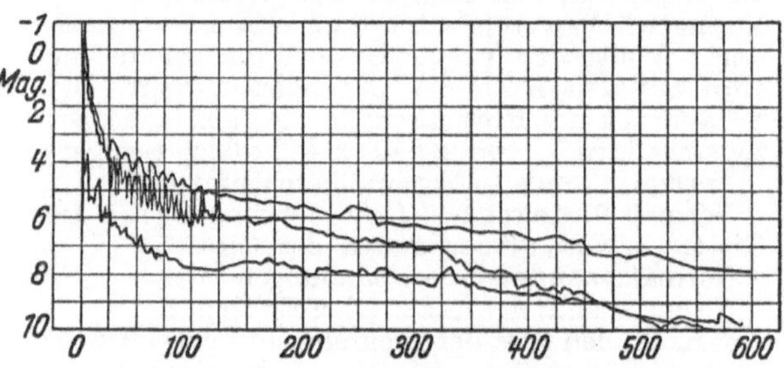

Lichtkurven der Nova Aquilae 1918 (oben), Nova Persei 1901 (Mitte) und Nova Geminorum 1912 (unten) nach *L. Campbell*. Abszisse: Tage, Ordinate: Helligkeit in Größenklassen.

visuelle absolute Helligkeit nur ungefähr gleich der dreifachen der Sonne ist. Demnach stehen die Prä- und Postnovae im Hertzsprung-Russell-Diagramm links unterhalb der Hauptreihe. Etwa alle 3 Jahre leuchtet eine Nova auf, die vor dem Ausbruch von der photographischen scheinbaren Helligkeit $15{,}0^m$ oder heller gewesen ist. Die Gesamtzahl der Sterne bis zu dieser Helligkeit beträgt $1{,}5 \cdot 10^7$. Wäre also für alle diese Sterne die Wahrscheinlichkeit die gleiche, Nova zu werden, so würden sie im Durchschnitt alle $4 \cdot 10^7$ Jahre aufleuchten. Da aber wahrscheinlich nur Sterne eines bestimmten Typs diese Eigenschaft haben, so muß man annehmen, daß ein Novaausbruch nur eine Episode in der Entwicklung eines Sternes ist, die sich bei ein und demselben Stern öfter wiederholen kann. Das Wiederaufleuchten der beiden Novae T Coronae Borealis und Sagittae 1913 hat denn auch gezeigt, daß sich die bei den neuen Sternen auftretenden physikalischen Prozesse nach verhältnismäßig kurzer Zeit wiederholen können. Anscheinend besteht auch ein stetiger Übergang von den eigentlichen Novae zu den novaähnlichen Veränderlichen wie T Pyxidis, RS Ophinchi und Z Andromedae sowie weiter zu den U Geminorum-Sternen mit sehr kurzen, nur nach Tagen zählenden Zwischenzeiten der Aufhellungen.

Welches die eigentliche Ursache für einen Novaausbruch ist, kann noch nicht als geklärt angesehen werden. Es gibt darüber eine Reihe von Hypothesen, von denen aber die meisten das Aufleuchten dieser Sterne mit dem Übergang in das Stadium eines →Weißen Zwerges in Verbindung zu bringen versuchen, wenn auch in verschiedener Form. Eine nimmt z. B. an, daß es sich bei den Novae um Sterne handelt, die ihren Wasserstoff verbraucht haben und dabei sind, sich in der Richtung auf den Zustand der Weißen Zwerge zusammenzuziehen, und daß sich in solchen Sternen thermisch instabile Schichtungen herausbilden können, die dann plötzlich umklappen und dadurch Veranlassung zum Novaausbruch geben. Eine andere Hypothese sieht die Ursache für den Ausbruch in der außerordentlich schnellen Abnahme des Absorptionskoeffizienten beim Einsetzen von Entartung der Sternmaterie, wodurch plötzlich zu viel Energie aus dem Sterninneren abfließt, und wieder eine andere Hypothese sieht die Ursache in durch kernphysikalische Vorgänge hervorgerufenen Störungen des →Energiehaushaltes eines Sternes. — Ferner →Supernovae.

Becker, W.: Sterne u. Sternsysteme. Dresden u. Leipzig 1950. — *Newcomb* u. *Engelmann:* Populäre Astronomie. Leipzig 1948. — *Gamow, G.:* Geburt u. Tod d. Sonne. Basel 1947.

Nox, abgek. nx, Einheit der Dunkelbeleuchtungsstärke (→Dunkelleuchtdichte), welche für zahlenmäßige Angaben und zum Anschluß der Dunkelbeleuchtungsstärke an die normale →Beleuchtungsstärke 1940 von der Deutschen Lichttechnischen Gesellschaft geschaffen wurde. Bezüglich der Farbtemperatur der Strahlung und des Anschlusses von Zahlenwerten der Beleuchtungsstärke E und der Dunkelbeleuchtungsstärke $\bar{E}$ gelten analog die gleichen Festlegungen wie bei der →Dunkelleuchtdichte und dem →Skot (sk). Für eine Strahlung der Farbtemperatur $T_f = 2360$ °K gilt: 1 nx $= 10^{-3}$ lx (→Lux). Für eine beliebige Strahlung *bekannter* spektraler →Strahlungsleistung S_λ lautet die Verknüpfungsbeziehung zwischen in 10^{-3} lx gemessenem Zahlenwert $\{E\}$ der Beleuchtungsstärke und in nx gemessenem Zahlenwert $\{\bar{E}\}$ der Dunkelbeleuchtungsstärke: $\{\bar{E}\}_{nx} = (2{,}161 \pm 0{,}001) \cdot \{E\}_{10^{-3}\,lx} \cdot \int S_\lambda \bar{V}_{\lambda,W}\, d\lambda / \int S_\lambda V_\lambda\, d\lambda$, wobei V_λ die relative spektrale →Hellempfindlichkeit und $\bar{V}_{\lambda,W}$ die relative spektrale →Dämmerungsempfindlichkeit des menschlichen Auges nach *Weaver* bedeuten.

Lohse, B., u. *U. Stille:* Z. Phys. 125, 133 (1948).

np, Symbol für die Zählungseinheit →Neper zur Kenntlichmachung von Dämpfungswerten.

NPL →National Physical Laboratory.

N-Serie →charakteristische Röntgenstrahlung.

Nu, Symbol der →Nusseltschen Kennzahl.

Nukleon, *schwerer Kernbaustein,* gemeinsame Bezeichnung für →Proton und →Neutron. Infolge →Ladungsaustausch, einer Ursache für die Kernbindungskräfte, vertauschen die schweren Teilchen im Atomkern ständig ihren Charakter als Proton oder Neutron, so daß ein gemeinsamer Name sachgemäß ist.

Rosenfeld, L.: Nuclear Forces. Amsterdam 1948.

Nuklid, von der Joint Commission (of the International Council of Scientific Unions, ICSU) on Standards, Units and Constants of Radioactivity 1950 festgelegte Bezeichnung für „radioaktive Substanz" unter Ausschluß der Möglichkeit, daß diese eine beliebige Zahl verschiedener natürlich oder künstlich radioaktiver Stoffe enthält.

Das Wort „Nuklid" (deutsche Übersetzung etwa „Kernart") wurde für eine Neufassung der →Curie-Definition geprägt.

Nullfolge →unendliche Folge.

Nullinstrument, -methode. Eine Nullmethode ist ein Meßverfahren, bei dem die Messung einer Größe direkt oder indirekt dadurch erfolgt, daß man eine vom Betrage der zu messenden Größe in bekannter Weise abhängige Wirkung durch eine gleich große, meßbare Gegenwirkung aufhebt, was durch das Ausbleiben eines Ausschlages am Meßgerät (Nullinstrument) erkannt wird. Beispiele sind alle Arten von Kompensationsmethoden, das Differentialgalvanometer, die Widerstandsmessung in Brückenschaltungen, auch die Wägung mit der Balkenwaage, sofern man von ihrer Verfeinerung durch Interpolation zwischen zwei Werten absieht, usw. Nullmethoden haben den Vorzug, daß das Nullinstrument keiner Eichung bedarf, sondern nur möglichst empfindlich sein muß. (Erfolgt jedoch eine Verfeinerung durch Interpolation, so ist darin eine Eichung enthalten, z. B. bei einer Waage die Bestimmung ihrer Empfindlichkeit.)

Nullkurve = →Neukurve.

Nulleiter, der mehreren spannungführenden Leitungen gemeinsame Leiter. In den meisten Fällen wird er geerdet. Die Einführung eines Nulleiters in die elektrischen Kraftverteilungssysteme hat große Vorteile gebracht. →Dreileitersystem.

Vidmar, M.: Vorl. über d. wiss. Grundl. d. Elektrotechnik. Berlin 1928.

Nullinie in Bandenspektren, diejenige Rotationslinie einer Elektronenbande oder Rotations-Schwingungsbande, für die die Rotationsquantenzahl in beiden miteinander kombinierenden Anregungszuständen den Wert Null hat. Die Nulllinie stellt die reine Elektronen- plus Oszillationsfrequenz einer Einzelbande dar. Infolge der Gesetze über den →Ausfall von Rotationslinien hat sie stets die Intensität Null. →Valenzschwingung.

Nullinien, geodätische, sind →geodätische Linien in der vierdimensionalen Raum-Zeit-Mannigfaltigkeit, deren Länge Null ist. Sie sind möglich, weil der metrische Fundamentaltensor (→Riemannsche Geometrie) der Raum-Zeit-Mannigfaltigkeit nicht positiv definit ist. Die geodätischen Nullinien entsprechen den Lichtstrahlen.

Nullücke →Ausfall von Rotationslinien.

Nullpotential →Erdpotential.

Nullpotential einer Elektrode. An der Phasengrenze eines elektrochemischen Zweiphasensystems, einer →Elektrode, baut sich eine elektrochemische →Doppelschicht mit einem elektrischen Potentialsprung, der →Galvani-Spannung g, auf. Es sind zahlreiche Versuche angestellt worden, den *Absolutwert der Galvani-Spannung* zu messen, insbesondere aber eine Elektrode mit der Galvani-Spannung $g = 0$ herzustellen. Man hat u. a. den Potentialunterschied zwischen einer ruhenden Elektrode und einer Elektrode, bei der durch *Schaben* oder *Tropfen* (→Quecksilber-Tropfelektrode) die Oberfläche dauernd erneuert wird, im Sinne eines Nullpotentials gedeutet. Bei der Normal-→Kalomel-Elektrode erreicht man z. B. durch Tropfen einen Unterschied von 0,56 V gegenüber einer ruhenden Elektrode. Durch Schabversuche kann man eine bestimmte Konzentration feststellen, bei der kein Schabeffekt mehr auftritt. Bei der Silberjodidelektrode z.B. liegt dieser Nullpunkt des Schabeffektes bei einer Ag^+-Konzentration von etwa $10^{-6}\,n$. Alle bisherigen Versuche lassen, abgesehen von ihrer mangelhaften Reproduzierbarkeit, höchstens Schlüsse auf die *Lage des Nullpunktes der Ionenadsorption* (elektrochemische →Doppelschicht) zu. Als Standard-→Bezugselektrode benutzt man deshalb nicht eine Nullelektrode, sondern die gut definierte Normalwasserstoff-Elektrode (→Normalpotential).

Handb. d. Experimentalphysik XII/2. Leipzig 1933. — *Frumkin, A.:* Die Elektrokapillarkurve. Ergebn. exakt. Naturw. 7 (1928). — *Bennewitz, K.,* u. *J. Schulz:* Z. phys. Chem., Abt. A **124**, 115 (1926). — *Kellermann, A.,* u. *E. Lange:* Kolloid-Z. **81**, 91 (1937).

Nullpunkt, absoluter →absoluter Nullpunkt.

Nullpunkt, normaler →Eispunkt.

Nullpunktsenergie. Die Energie E eines harmonischen Oszillators ist gegeben durch

$$E = h\nu(n + \tfrac{1}{2}) \qquad (1)$$

(*Planck* 1911). Für $T = 0$ und damit auch $n = 0$ bleibt also die *Nullpunktsenergie*

$$E_0 = h\nu/2\,. \qquad (2)$$

Angewandt auf Moleküle ergibt sich also für die *innermolekulare* Nullpunktsenergie ein um so höherer Betrag, je größer die Frequenz und je größer die Zahl der dem betreffenden Molekül zuzuordnenden Grundschwingungen ist. So beträgt sie z. B. für einatomige Stoffe Null, für D_2 4394,5, für H_2 6183,5, für H_2O 13097 und für C_2H_4 31100 cal/mol, ist also meist wesentlich größer als die Energie der translatorischen Bewegung bei Zimmertemperatur ($3RT/2 \sim 900$ cal/mol).

Da für die Rotationsenergie $E_{\text{rot}} = \dfrac{n(n+1)\,h^2}{(8\pi^2 J)}$ gilt (J Trägheitsmoment), so ergibt sich hier keine Nullpunktsenergie. Für den Debyeschen festen Körper (→kalorische Zustandsgleichung) folgt eine Nullpunktsenergie

$$E_0 = \tfrac{9}{8} N h \nu_m = \tfrac{9}{8} R\,\Theta \qquad (3)$$

(ν_m Grenzfrequenz, N Teilchenzahl, R Gaskonstante, Θ Debyesche charakteristische Temperatur).

Danach ergibt sich für diese *zwischenatomare* bzw. *zwischenmolekulare* Nullpunktsenergie z. B. für C (Diamant) 4100, für Al 900, für Cu 706, für Ag 480, für Au 395, für Pb 195 und für Wasser rund 428 cal/g-atom bzw. cal/mol. Auch hier ist sie durchaus vergleichbar mit dem Energieinhalt auf Grund der fühlbaren Wärme bei Zimmertemperatur.

Da der thermischen Messung nur Energie*differenzen* zugänglich sind, kann die Nullpunktsenergie durch sie grundsätzlich nicht unmittelbar nachgewiesen werden; jedoch ergibt sich ihr Vorhandensein durch Vergleich von Molekülen, die isotope oder chemisch ähnliche Atome enthalten. So stellt die Abb. die Potentialmulde einer unharmonischen

Sublimation von leichtem und schwerem Wasserstoff.

Schwingung dar, wobei sich die eingetragenen Zahlenwerte auf die Sublimation von leichtem (H_2) und schwerem (D_2) Wasserstoff beziehen. Auf Grund von Gl. (2) befindet sich das betreffende Teilchen auch für $T = 0$ nicht im energetisch tiefsten Zustand bei A, sondern bei D_2 im Niveau d, bei H_2 — wegen des größeren Wertes von ν — in dem höheren Niveau h. Obwohl die Form der Potentialmulde für H_2 und D_2 genau die gleiche ist, wird doch zur Überwindung der Potentialschwelle p bei H_2 eine zusätzliche Energie, d. h. in diesem Falle eine Sublimationswärme, für $T = 0\,°$K von nur 184, dagegen bei D_2 von 274 cal/mol verbraucht. Durch entsprechende Überlegungen lassen sich auch Dampfdruckdifferenzen und Differenzen in den chemischen Konstanten der Verbindungen von Isotopen berechnen oder wenigstens verständlich machen. Hervorzuheben ist dabei allerdings, daß nur bei tiefen Temperaturen das leichtere Isotop den größeren Dampfdruck besitzt, während bei höheren Temperaturen sehr wohl das Gegenteil auftreten kann. Auch zahlreiche scheinbare Abweichungen vom Theorem der →korrespondierenden Zustände lassen sich häufig auf Grund der Nullpunktsenergie verständlich machen.

Durch Messung des Einflusses der Temperatur auf die Intensität von Röntgeninterferenzen von Kristallen konnte die Nullpunktsenergie auch unmittelbar experimentell nachgewiesen werden (*James* und *Brindley* an KCl-Kristallen 1928).

Besonders auffällig wirkt sich die Nullpunktsenergie bei Systemen aus, deren gesamter Energieinhalt praktisch nur noch durch sie gegeben ist, so bei →Helium (flüssig und fest), bei dem →Elektronengas (→kalorische Zustandsgleichung) und ähnlichen quantentheoretischen Entartungsphänomenen. Schließlich könnte im erweiterten Sinne auch jede beim absoluten Nullpunkt noch vorhandene Energie, wie z. B. inneratomare Energie, als Nullpunktsenergie angesprochen werden. Ferner →Elektronengas.

Clusius, K.: Die Chemie **56**, 241/47 (1942).

Nullpunktsentropie in kristallinen Festkörpern. Nach dem →3. Hauptsatz der Thermodynamik sollte der ideale Festkörper am abs. Nullpunkt die Entropie $S = 0$ annehmen. Zuweilen stellt sich aber bei $T = 0$ nicht die ideale Ordnung und Orientierung der Moleküle ein, die man im thermodynamischen Gleichgewicht erwarten sollte. Ein einfaches Beispiel hierfür bietet ein Mischkristall, bei dem sich infolge rascher Abkühlung die →Überstruktur nicht ausbilden kann, wodurch dann der ungeordnete Mischkristall bei $T = 0$ „eingefroren" ist. Bei Atomgittern, außer bei Mischkristallen, kann man normalerweise mit dem Erfülltsein des Nernstschen Wärmetheorems rechnen. Bei Molekülgittern dagegen ist eine Abweichung vom Nernstschen Theorem viel häufiger. Selbst wenn ein Kristall aus einheitlichen Molekülen aufgebaut ist, kann doch, ohne daß Leerstellen oder Zwischengitterteilchen vorhanden sind, eine Abweichung von der idealen Ordnung durch eine falsche Orientierung der Moleküle auftreten.

Clusius, K., L. Popp u. *A Frank:* Physica IV, 1105, 1116 (1937). — *Eucken, A.:* Lehrb. d. Chem. Physik. Leipzig 1944.

Nullpunktsfeld. Die →Quantenmechanik des →Oszillators führt zur Annahme, daß dieser auch noch im Grundzustand, seinem Zustand tiefster Energie, Schwingungen ausführt mit der Energie $h\nu/2$, der →Nullpunktsenergie. Dieses Ergebnis überträgt sich auf das Strahlungsfeld, welches man, gemäß seiner Fourier-Zerlegung, aus verschiedenartigen Oszillatoren zusammengesetzt denkt. Obwohl man es wegen des →Singularitätsproblems gern außer Betracht läßt, kann man es nicht ganz vernachlässigen. Der Effekt z. B. des levelshift (→Mikrofeinstruktur) beruht auf Wechselwirkungen zwischen Nullpunktsfeld und Elektron.

Sommerfeld, A.: Atombau u. Spektrallinien II. Braunschweig 1944. — *Wentzel, G.:* Quantentheorie d. Wellenfelder. Wien 1943.

Nullpunktsschwingungen von Molekülen. Der Beitrag der →Schwingungsenergie zur Gesamtenergie eines Moleküls ist

$$E(\text{osc}) = hc(\omega_e(v + \tfrac{1}{2}) - \omega_e x_e(v + \tfrac{1}{2})^2 + \cdots)$$

mit h dem Planckschen Wirkungsquantum, c der Lichtgeschwindigkeit, ω_e der durch c dividierten Zahl der Atomschwingungen je *Sekunde* im Minimum der potentiellen Energie, x_e dem Maß der Anharmonizität der Bindung. Für $v = 0$ wird dieser Energiebeitrag nicht Null, sondern gleich $hc(\omega_e/2 - \omega_e x_e/4 + \cdots)$. Er stellt die Nullpunktsschwingung dar, die auch beim Nullpunkt der absoluten Temperatur nicht verschwindet. →Nullpunktsenergie.

Nullstelle →Laurent-Reihe.

Nullstrahler →Kugelstrahler.

Numerische Apertur →Apertur, numerische.

Nusselt-Jouguetsche Brennformel →Verbrennungsgeschwindigkeit.

Nusseltsche Kennzahl, *Nu*, tritt in der Ähnlichkeitstheorie des →Wärmeübergangs als dimensionslose Wärmeübergangszahl auf. Bezeichnet α die Wärmeübergangszahl, λ die Wärmeleitzahl und l eine kennzeichnende Länge der Apparatur, so ist

$$Nu = \frac{\alpha l}{\lambda}.$$

Sie läßt sich als Funktion der anderen Kennzahlen darstellen und ermöglicht damit die Berechnung der Wärmeübergangszahl. →Pécletsche und →Prandtlsche Kennzahl.

Nutation, die kräftefreie Bewegung des symmetrischen und des unsymmetrischen Kreisels (→Poinsot-Bewegung), vielfach auch als →Präzession bezeichnet.

Unter der *Nutation der Erde* versteht man die kleinen, kurzperiodischen Schwankungen der Erdachse. Die freien Nutationen (→Poinsot-Bewegung) sind bei der Erde sehr klein. Der Polhodiekegel hält sich in einem Bereich von 0,3″ um den mittleren Pol. Die Nutationszeit ist etwas mehr als 1 Jahr. Der Astronom nennt aber auch die durch äußere Störungen verursachten kurzperiodischen Schwankungen der Erdachse Nutationen. Die größten Störungen rühren vom Monde her und haben eine Periode von 9,3 Jahren. Weitere kleinere Nutationen entstehen durch die Sonne mit halbjährlicher und durch den Mond mit halbmonatlicher Periode.

Klein, F., u. *A. Sommerfeld:* Über d. Theorie d. Kreisels. Leipzig 1897/1910. — *Müller-Pouillet:* Lehrb. d. Physik I/1 Braunschweig 1929.

Nutzeffekt, nur noch selten benutzte Bezeichnung für den →Wirkungsgrad.

Nutzzeit des Auges, die zur Hervorrufung einer optimalen Empfindung (oder Reaktion) erforderliche Einwirkungszeit eines Reizes. Ihre Abhängigkeit von der Reizintensität ist innerhalb weiter Zeitgrenzen die gleiche wie die der minimalen →Expositionszeit (it = const). Beim menschlichen Auge liegt sie zwischen 0,002 und 0,125 s.

nx, Symbol für die Einheit →Nox der Dunkelbeleuchtungsstärke.

Nyquist-Formel. An den Enden eines elektrischen Leiters oder passiven Zweipols mit dem Wirkwiderstand R treten infolge der Wärmebewegung der elektrischen Ladungen unregelmäßige Spannungsschwankungen auf, die als „thermisches" oder „weißes →Rauschen" bezeichnet werden. Ihr Effektivwert U gehorcht der Beziehung

$$U^2 = 4\,k\,T\,R\,\Delta f,$$

worin k die →Boltzmann-Konstante, T die absolute Temperatur und Δf die frequenzmäßige Bandbreite des Meßgeräts ist. Die Formel gilt bis zu Frequenzen, bei denen die Laufzeit der Elektronen eine Rolle zu spielen beginnt.

Spenke, E.: Wiss. Veröff. Siemens-Werk **18**, 54 (1939).

Nystagmus, rhythmische Augenbewegungen (Blickschwankungen) im Gefolge eines in bestimmtem zeitlichem Abstande erfolgenden tatsächlichen oder scheinbaren Vorbeigleitens gleichartiger Gegenstände vor dem Auge (z. B. Telegraphenstangen neben fahrenden Zügen, Bewegung einer mit vertikalen Streifen versehenen Fläche). In dem — reflektorischen — „Bestreben", sein →Gesichtsfeld konstant zu erhalten, folgt das Auge dem fixierten Objekt, um bei dessen Verschwinden aus dem →Blickfeld „zurückzuschlagen".

ν-Wert →Abbesche Zahl.

O

o oder **O,** Symbol für die Zählungseinheit Oktave zur Kennzeichnung von Intervallmaßwerten (→Cent).

Obere Grenze →Schranke.

Oberflächen →Phasen-Grenzflächen; bearbeitete →Beilby-Schicht.

Oberflächenabbildung →elektronenmikroskopische Oberflächenabbildung.

Oberflächendichte, elektrische →Elektrizität, →Flächenladungsdichte.

Oberflächendiffusion, -energie →Grenzflächendiffusion, -energie.

Oberflächenenergie der Kristalle. Die Energie eines Kristallgitters ist von seiner äußeren Form abhängig. Man kann von einer Oberflächenenthalpie je cm² sprechen, die am abs. Nullpunkt gleich der Oberflächenenergie σ_0 ist. Sie ist dadurch definiert, daß die Herstellung einer neuen Oberfläche von F cm² eine Arbeit $F\sigma_0$ erfordert. Eine neue Fläche kann man z. B. dadurch erzeugen, daß man einen prismatischen Block von der Grundfläche $F/2$ parallel zur Grundfläche durchschneidet und dadurch zwei neue Schnittflächen von je $F/2$ cm² schafft. Die hierzu notwendige Arbeit ist $F\sigma_0$. Auf Grund der Gittertheorie polarer Kristalle wurde die Oberflächenenergie erstmalig von *Born* und *Stern* berechnet. Bei einer genaueren Rechnung muß man noch die abstoßende Wirkung der Polarisation der an der Oberfläche liegenden Ionen berücksichtigen. Auf diese Weise erhält man z. B. im Falle von NaCl für die 100-Fläche für σ_0 etwa 150 erg/cm² und für die 110-Fläche 408 erg/cm². Die experimentellen Werte sind von derselben Größenordnung, aber zu ungenau für eine quantitative Prüfung der Theorie.

Born, M., u. *O. Stern:* Berl. Ak. Ber. 1919, 901. – *Biemüller, J.:* Z. Phys. 38, 759 (1926). – *Eucken, A.:* Lehrb. d. Chem. Physik II/2. Leipzig 1944.

Oberflächenerscheinungen, elektrostatische →Elektrizitätsverteilung auf Leitern, →Kräfte, elektrische →Maxwellsche Spannungen.

Oberflächenfarben (→Körperfarben), in der Physik diejenigen Farben, die durch ausschließlich selektive *Reflexion* der Strahlung an der *Oberfläche* entstehen (während die Farben anderer Oberflächen durch die Strahlung bedingt sind, die etwas in die Oberfläche eingedrungen ist und im Innern reflektiert wird, so daß ihre Beschaffenheit durch die selektive *Durchlässigkeit* der durchstrahlten Partikeln geändert wird und deshalb farbig wirkt). In der Farbenpsychologie diejenigen Farben, die offensichtlich an der Oberfläche der Körper wahrgenommen werden; den Farbflächen kann also eine beliebige Orientierung im Raum zugeordnet werden. (Gegensatz: Flächenfarben, die stets als senkrecht zur Blickrichtung empfunden werden.)

Oberflächenfilme. Bringt man auf eine sorgfältig gereinigte Wasseroberfläche einen Tropfen z. B. einer sehr verdünnten benzolischen Lösung einer höheren Fettsäure, so breitet sich die Flüssigkeit aus, und nach Verdampfen des Lösungsmittels entsteht ein *monomolekularer* Oberflächenfilm der in Wasser unlöslichen Substanz (10^{-5} g auf einige 100 cm²). Die Ausbreitung des Films kann durch Talkumpulver, das auf die Oberfläche aufgepudert wird, sichtbar gemacht werden. Mit Hilfe der Langmuirschen Waage wird direkt der Spreitungsdruck (P_σ) gemessen, den der Film auf die Barriere ausübt, die den Oberflächenfilm von der reinen Wasseroberfläche trennt, $P_\sigma = \sigma_{H_2O} - \sigma_{H_2O+Film}$. Derartige Oberflächenfilme verhalten sich wie zweidimensionale reale Gase. Verringert man die Ausbreitungsfläche, so steigt P_σ an bis zu einem Wert, der auch bei weiterer Einengung des Films zunächst konstant bleibt. Der vorher „gasförmige" Film wird kondensiert. Erst wenn die Fläche je Molekel gleich F_q ist — z. B. bei Fettsäuren etwa 20 Å² — ist, steigt der Druck plötzlich und steil an, da die Kompressibilität des „flüssigen" oder „festen" Films gering ist. Die vorher im wesentlichen flach auf der Oberfläche liegenden Molekeln richten sich beim Kondensationsvorgang auf, so daß das hydrophile Ende (—COOH-, —OH-Gruppe u. a.) dem Wasser zugekehrt ist. F_q entspricht also dem Querschnitt der Molekeln (Methode zur Bestimmung von Molekelabmessungen, *Perrin*). Durch Anwesenheit von Kationen, wie $Ba^{\cdot\cdot}$, $Ca^{\cdot\cdot}$, werden die aus dem Wasser entstandenen Fettsäurefilme verfestigt (Seifenbildung) und können auf feste Oberflächen in vielmolekularen Schichten übertragen werden (Aufbaufilme, built-up-films). Skelettfilme sind gemischte Aufbaufilme, aus denen ein Bestandteil, z. B. die freie Fettsäure, herausgelöst ist (molekulare Siebe).

Pockels, Langmuir u. a., *N. K. Adam:* The Physics and Chemistry of Surfaces. Oxford 1938.

Oberflächenfluoreszenz tritt dann ein, wenn in einem Glasgefäß, das mit einem fluoreszierenden Dampf gefüllt ist, der Dampfdruck so hoch ist, daß infolge von Absorption nur noch eine sehr dünne Grenzschicht nahe der Wandung fluoresziert und die bei geringem Dampfdruck vorhandene Volumfluoreszenz vollständig verschwunden ist. Handelt es sich um die Fluoreszenz einer Resonanzlinie, so spricht man auch von Oberflächenresonanz.

Oberflächengestalt. Das Vorhandensein freier →Grenzflächenenergien bewirkt, daß die Grenzflächen zwischen verschiedenen Phasen im Gleichgewichtszustand solche Gestalt annehmen, daß die Summe der insgesamt auftretenden freien Grenzflächenenergien ein Minimum ist. Dies geschieht bei von äußeren Kräften freien Flüssigkeiten durch Annahme kugelförmiger Gestalt, bei Kristallen durch Ausbildung von Flächen mit möglichst kleiner Oberflächenenergie. Dies ist z. B. bei kubisch dichtester Packung die (111)- (Oktaeder-) Fläche. Tatsächlich zeigen Kriställchen von →kolloidem Gold im Elektronenmikroskop vorzugsweise oktaedrische Gestalt. Die Oberflächen von Festkörpern weisen allerdings stets mehr oder weniger große Rauhigkeiten auf (→Oberflächenstruktur).

Oberflächengröße. Die Bestimmung der absoluten Größe einer Oberfläche durch direkte Ausmessung ist nur in wenigen Fällen möglich, z. B. bei Kristallspaltflächen oder →Oberflächenfilmen. Im allgemeinen liegt jedoch eine mehr oder weniger rauhe →Oberflächenstruktur vor, so daß die makroskopisch bestimmbaren Abmessungen nichts über die z. B. bei der Adsorption, Katalyse oder bei chemischen Reaktionen wirksame Oberflächengröße aussagen, etwa bei einer Metalloberfläche oder der Oberfläche von →Aktivkohle. Unter spezifischer Oberflächengröße poröser Stoffe, z. B. von →Adsorbentien, versteht man die Oberfläche je Gramm des Stoffes. Bei →Aktivkohle liegt sie in der Größenordnung 100 m^2/g.

Eine direkte Methode zur Bestimmung der absoluten Oberflächengröße besteht in der elektronenmikroskopischen Abbildung und Vermessung der Oberfläche mit Hilfe des →Abdruckverfahrens (→Oberflächenstruktur). Sonst ist man auf indirekte Verfahren angewiesen, z. B. maximale Adsorption von Farbstoffen bekannter Molekelgröße unter Annahme einer monomolekularen Adsorptionsschicht. Besonders geeignet zur Beurteilung der Oberflächenentwicklung ist die Adsorption von Edelgasen oder Stickstoff bei tiefen Temperaturen (*Brunauer*, *Emmett* und *Teller* 1938, BET-Methode, →Adsorptionsisotherme). Über das Kapillargefüge und damit die Oberflächenentwicklung eines porösen Stoffes kann man mit Hilfe der →Emaniermethode von *O. Hahn* (1938) Aufschluß erhalten. Hierbei wird untersucht, wie die durch radioaktiven Zerfall gebildete Emanation aus dem Festkörper hinausdiffundiert. Die Oberfläche pulverförmiger Stoffe (Farben, Zement usw.) kann besonders einfach aus der Gaspermeabilität von daraus hergestellten Preßlingen ermittelt werden (*Carman* 1939, 1950).

Handelt es sich um →disperse Systeme, die aus diskreten Teilchen aufgebaut sind (z. B. feinpulverige Stoffe, Gele usw.), so kann man aus der Anzahl und Größe der Teilchen die Oberfläche ermitteln. Es kommen hier also die Methoden zur Bestimmung von →Teilchengrößen in Betracht.

Oberflächenionisation (*Grenzflächenionisation*), die Ionisierung eines Gases von Elektroden aus, an denen sich trägererzeugende Prozesse (z. B. lichtelektrische oder thermische Elektronenemission) abspielen; Gegensatz →Volumionisation.

Oberflächenladung →Elektrizität, →Flächenladungsdichte, →Elektrizitätsverteilung auf Leitern.

Oberflächenleitung, die durch eine Wasserhaut, einen Metallbeschlag (z. B. infolge Kathodenzerstäubung) usw. hervorgerufene, meist unerwünschte Leitung über die Oberfläche eines Isolators. Ferner →Hauteffekt, →Eindringtiefe des Suprastroms.

Oberflächenspannung. Die freie →Grenzflächenenergie flüssig/gasförmig bezeichnet man allgemein als Oberflächenspannung der betreffenden Flüssigkeit. Hierbei handelt es sich nicht etwa um besondere, tangential zur Oberfläche wirkende Kräfte im Sinne einer Membran, vielmehr beruht das Auftreten einer freien Oberflächenenergie darauf, daß die an der Oberfläche liegenden Molekeln nicht allseitig von Nachbarn umgeben sind. Es resultiert daher eine ins Phaseninnere gerichtete Kraft, so daß Arbeit aufgewendet werden muß, um bei einer Vergrößerung der Oberfläche Molekeln aus der Flüssigkeit in die Grenzfläche zu bringen. Formal kann man aber die Verhältnisse durch eine tangentiale Kraft beschreiben, die bestrebt ist, die Oberfläche (O) zu verkleinern. Diese wird, auf 1 cm Randlinie bezogen, als Oberflächenspannung σ (Einheit 1 $dyn\,cm^{-1} = 1\,g\,s^{-2}$) bezeichnet. Sie ist nur eine andere, historisch bedingte Ausdrucksweise für die mit ihr identische spezifische freie Oberflächenenergie (F_σ) bzw. Oberflächenarbeit (A_σ) zur Erzeugung von 1 cm^2 Oberfläche, Einheit 1 $erg\,cm^{-2} \equiv 1\,dyn\,cm^{-1}$.

$$\frac{dF}{dO} = F_\sigma \equiv \frac{dA}{dO} = A_\sigma \equiv \sigma .$$

Die Oberflächenspannung nimmt mit zunehmender Temperatur ab (→Eötvössche Regel) und wird bei der kritischen Temperatur Null. Sie ist um so größer, je stärker die →zwischenmolekularen Kräfte sind (→Stefanscher Satz). Die experimentelle Bestimmung der Oberflächenspannung kann nach statischen oder dynamischen Methoden erfolgen; im letzteren Fall erfolgt während der Messung dauernde Erneuerung der Oberfläche. Bei Flüssigkeiten, die aus polaren Molekeln aufgebaut sind, können sich hierbei erhebliche Unterschiede ergeben, da die Molekeln an der Oberfläche orientiert sind. Statische Methoden: →Steighöhe in Kapillaren (→Kapillaraszension, →Kapillardepression), maximaler →Blasendruck, maximales Tropfengewicht (→Stalagmometer), Krümmung liegender Tropfen (→Benetzung), →Adhäsionswaage. Dynamische Methoden: →schwingende Strahlen und Tropfen, →Kapillarwellen. Grundsätzlich können die gleichen Methoden auch zur Bestimmung der Grenzflächenspannung flüssig/flüssig verwendet werden.

Die Werte der Oberflächenspannung hängen im allgemeinen nur geringfügig von der Art und dem Druck des angrenzenden Gases ab, werden aber sehr erheblich durch Verunreinigungen der Flüssigkeit beeinflußt. Zahlenwerte in $dyn\,cm^{-1}$: flüssiges Helium 1,5 °K: 0,33; Äthyläther 20 °C: 17,0; Methanol 20 °C: 22,6; Wasser 20 °C: 72,8; Natriumchlorid 801 °C: 114; Quecksilber 20 °C: 476; Silber 1060 °C: 750.

Handb. d. Experimentalphysik VI. Leipzig 1928.

Oberflächenstruktur. Vollkommen glatte Oberflächen sind nur bei idealgeordneten Flächen von Einkristallen am absoluten Nullpunkt denkbar. Tatsächlich weisen Oberflächen stets eine mehr oder weniger rauhe Struktur auf (Mosaikblockstruktur der Realkristalle und Rauhigkeiten von mikroskopischen bis hinunter zu molekularen Abmessungen). Derartige Rauhigkeiten entstehen durch Unregelmäßigkeiten bei Kristallwachstumsvorgängen, durch mechanische Bearbeitung oder bei hohen Temperaturen schon durch die Wärmebewegung der Gitterbausteine. Am ehesten sind fehlerfreie Oberflächen noch bei Kristallspaltflächen oder →Oberflächenfilmen zu erwarten. Kalt bearbeitete, polierte Metallflächen besitzen angeblich eine amorphe Oberflächenstruktur (→Beilby-Schicht). Nach *Lennard-Jones* und *Dent* soll die Struktur an der Oberfläche Abweichungen gegenüber dem Innern von Kristallen aufweisen, indem die Netzebenenabstände in der Oberflächenschicht bei unpolaren Kristallen größer, bei polaren kleiner (für NaCl $\sim 5\%$) als im Phaseninnern sind. Eine zweifelsfreie experimentelle Bestätigung liegt jedoch noch nicht vor.

Grobe Oberflächenrauhigkeiten sind auf mechanischem oder optischem Wege erkennbar (Lichtschnittverfahren von *Schmaltz*). Unregelmäßigkeiten im Bereich kolloider und molekularer Abmessungen können durch Elektronenbeugungsuntersuchungen festgestellt werden. Elektronenstrahlen haben nur eine geringe Eindringungstiefe und sind somit zur Untersuchung von Oberflächen besonders geeignet. Einen unmittelbaren Einblick in die Oberflächenstruktur gewährt das Elektronenmikroskop. Man stellt z. B. mit Hilfe sehr dünner Lack- oder sonstiger Filme einen Abdruck von der betreffenden Oberfläche her und bildet diese elektronenmikroskopisch ab (→Abdruckverfahren, *Mahl* 1941). Daneben kommen noch eine Reihe indirekter Methoden, wie etwa Absorptions-, polarisationsoptische, Benetzungs-Untersuchungen u. a. in Betracht.

Auch Flüssigkeitsoberflächen weisen infolge der Wärmebewegung eine „molekulare Rauhigkeit" auf (Auftreten von Streulicht bei Reflexion von Lichtstrahlen). Immerhin liegt diese Unschärfe nur in der Größenordnung der Molekelabmessungen. Erst bei höherer Temperatur, besonders in der Nähe des kritischen Punktes, bildet sich eine dickere (einige 100 Å) Übergangsschicht zwischen Flüssigkeit und Dampf. An Flüssigkeitsoberflächen findet eine Orientierung der Molekeln statt, die besonders bei langkettigen und polaren Molekeln ausgeprägt ist (→Oberflächenfilme).

Joos, G.: Physik d. festen Körper. Wiesbaden 1947.

Oberflächenwärme →Grenzflächenenergie.

Oberflächenwellen sind →Grenzflächenwellen an der freien Oberfläche einer Flüssigkeit, bei denen von der Anwesenheit eines Mediums oberhalb derselben (Luft) abgesehen werden kann. Sie entstehen durch kreisende Bewegungen der Flüssigkeitselemente in und nahe der Oberfläche (Abb.) und sind durch steile Wellenberge und flache Wellentäler gekennzeichnet. (Ihre naive Darstellung in ungefährer sin-Form ist also durchaus falsch.)

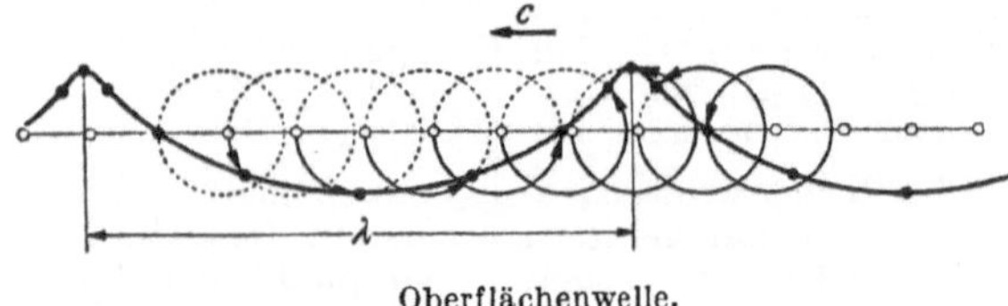

Oberflächenwelle.

Die für diese Schwingungen verantwortliche Richtkraft liefern die *Schwerkraft* und die *Oberflächenspannung*. Bei größeren Wellenlängen überwiegt erstere (reine *Schwerewellen*), bei kleinen Wellenlängen letztere weitaus (reine *Kapillar-* oder *Kräuselwellen*, *Riffeln*). Zwischen der Wellenlänge λ, der →Phasengeschwindigkeit c und der Winkelgeschwindigkeit u der Flüssigkeitsteilchen besteht die Beziehung $\lambda = 2\pi c/u$. Mit Hilfe der →Bernoullischen Gleichung ergibt sich für reine *Schwerewellen* bei nicht allzu großer Amplitude und großer Tiefe h ($h \gg \lambda$)

$$c = \sqrt{\frac{g\lambda}{2\pi}} \qquad (1)$$

(g Fallbeschleunigung). Die Wellen zeigen also *normale* →*Dispersion*, d. h. ihre Geschwindigkeit wächst mit der Wellenlänge. Für reine *Kapillarwellen* gilt

$$c = \sqrt{\frac{2\pi\vartheta}{\varrho\lambda}} \qquad (2)$$

(ϑ Oberflächenspannung, ϱ Dichte der Flüssigkeit). Sie zeigen also *anomale Dispersion*. Für *gemischte* Wellen gilt

$$c = \sqrt{\frac{g\lambda}{2\pi} + \frac{2\pi\vartheta}{\varrho\lambda}}. \qquad (3)$$

Hieraus folgt das Überwiegen der Schwerkraft bei langen Wellen, der Oberflächenspannung bei kurzen Wellen. Für $\lambda \to 0$ und für $\lambda \to \infty$ wird $c \to \infty$. Dazwischen liegt ein Minimum

$$c_{\min} = \sqrt[4]{\frac{4\vartheta g}{\varrho}} \qquad (4)$$

(*kritische Geschwindigkeit*). Eine kleinere Wellengeschwindigkeit ist also nicht möglich. Ihr entspricht die Wellenlänge $\lambda = 2\pi\sqrt{\vartheta/(\varrho g)}$. Diese beträgt bei Wasser 1,7 cm, die kritische Geschwindigkeit 23 cm s^{-1}. Wenn die Tiefe h mit der Wellenlänge vergleichbar ist, so ist in den Gl. (1) bis (4) unter der Wurzel der Faktor $\mathfrak{Tg}(2\pi h/\lambda)$ hinzuzufügen. Bei sehr geringer Wassertiefe schließlich gilt

$$c = \sqrt{gh}. \qquad (5)$$

Diese Wellen zeigen *keine* Dispersion.

Oberflächenwellen können auch an der Oberfläche fester Körper auftreten, z. B. an der Erdoberfläche (→Erdbeben).

Aus der Wellenlänge reiner Kapillarwellen kann nach Gl. (2) die Oberflächenspannung ϑ berechnet werden.

Prandtl, L.: Führer durch die Strömungslehre. Braunschweig 1949. Handb. d. Physik VII. Berlin 1927. — *Müller-Pouillet:* Lehrb. d. Physik I/2. Braunschweig 1929.

Oberflächenwiderstand. 1. *Mechanisch:* a) →Reibungswiderstand an Körperoberflächen; ferner →Formwiderstand; b) →Wellenwiderstand. 2. *Elektrisch:* niedriger Widerstand eines an sich guten Isolators infolge einer dünnen leitenden Schicht an seiner Oberfläche.

Oberfunktion →Laplace-Transformation.

Oberschwingungen. Jede periodische →Schwingung läßt sich in eine Fourier-Reihe von sinusförmigen Teilschwingungen zerlegen, deren Frequenzen ganzzahlige Vielfache der Grundfrequenz sind. Die Teilschwingung mit der doppelten Grundfrequenz heißt 1. Oberschwingung oder 2. Harmonische, die Teilschwingung mit der dreifachen Grundfrequenz die 2. Oberschwingung oder 3. Harmonische usf. Im Falle akustischer Schwingungen spricht man von *Obertönen*, im Orgelbau von *Aliquoten* (→Register).

Oberschwingungen von *Molekülen* →Schwingungsenergie von Molekülen.

Obertöne →Oberschwingungen.

Oberwelle, meist im Sinne von →Oberschwingung verwendeter Begriff, obgleich er sich nur auf echte Wellenvorgänge beziehen sollte.

Objektabschattung, dient zur Verminderung von →Objektschäden bei elektronenmikroskopischen Untersuchungen. Während der Einstellzeit wird das Objekt mit einem kleinen schneidenförmigen Stift so weit abgedeckt, daß nur ein Teil des Gesichtsfeldes auf dem Leuchtschirm des →Elektronen-Übermikroskops sichtbar bleibt, an dem dann scharf gestellt werden kann. Der abgeschattete Teil des Gesichtsfeldes wird nur für die kurze Aufnahmezeit freigegeben, so daß dieser Objektteil nur das unbedingt notwendige Minimum an Elektronenstrahlung zu ertragen hat.

Objektfunktion →Operator.

Objektive, die abbildend wirkenden Linsen oder Linsensysteme eines optischen Gerätes, die dem Objekt zugekehrt sind. Zur Behebung der verschiedenen →Abbildungsfehler sind sie meist aus mehreren einzelnen Linsen aufgebaut. Zwei oder drei Einzellinsen, die aus verschiedenen Glasarten bestehen, sind oft miteinander verkittet. Je nach dem Verwendungszweck spricht man von →photographischen Objektiven, →Mikroskopobjektiven, →Projektionsobjektiven und Fernrohrobjektiven (→Fernrohr). Sofern diese einen optischen Korrektionszustand zeigen, der sie für astronomische Beobachtung geeignet macht, spricht man von Astroobjektiven (→astronomisches Fernrohr).

Objektive Wirklichkeit. Die Physik kommt im allgemeinen mit folgender traditioneller Auffassung des Erkenntnisvorgangs aus: Unsere unmittelbare Sinneswahrnehmung zeigt uns nicht die Wirklichkeit in ihrer wahren, objektiven Gestalt, sondern sie ist Ergebnis der Wechselwirkung dieser Wirklichkeit mit unseren Sinnesorganen; Aufgabe der Forschung als Wahrheitserkenntnis ist es, aus diesen Wahrnehmungen — insbesondere denjenigen Wahrnehmungen, die wir im Rahmen von *Experimenten* machen — *Rückschlüsse* zu ziehen, welche uns die objektive Wirklichkeit entschleiern, indem sie die von unseren Sinnen herrührenden Zutaten davon abstreift. So erkennen wir z. B. blaues oder rotes Licht als Anzeichen für das Vorhandensein eines objektiven Wellenvorgangs, der sich nur durch die Wellenlänge von Radiowellen oder Röntgenwellen unterscheidet. Ältere philosophische Lehren haben dies weiter ausgeführt im Sinne der Unterscheidung „primärer“ und „sekundärer“ Qualitäten: Es sollten den Atomen ihre geometrisch-mechanischen Eigenschaften als objektive, primäre Qualitäten zugesprochen werden, während Farben, Klänge, Temperatur usw. zu dem durch unsere Empfindungsweisen gelieferten „Schleier“ der Wirklichkeit zu rechnen waren. Die Kantsche Philosophie hat radikaler auch die raum-zeitlichen Eigenschaften dem objektiven „*Ding an sich*“ abgesprochen; doch kann diese philosophische Lehre, die in engster Verknüpfung mit der für die moderne physikalische Auffassung untragbaren Lehre von der Erkenntnis a priori steht, schwerlich als verwandt mit der modernen Atomphysik betrachtet werden, die ihrerseits ebenfalls — aber aus ganz anderen Gründen — dem Atom die anschaulich-geometrischen Eigenschaften aberkannt hat, welche ihm in der antiken Atomistik zugeschrieben wurden.

Da die moderne Quantentheorie in ihrer extremen Abstraktheit und ihrer Absage an die naive →Anschaulichkeit als „objektive“ Eigenschaften des Atoms schließlich nur noch ein System von mathematischen Formeln übrigläßt — welches dazu geeignet ist, uns die experimentell beobachtbaren Eigenschaften des Atoms theoretisch berechnen zu lassen —, so gibt sie damit dem →Positivismus Nahrung, welcher behauptet, daß das eigentlich „*Wirkliche*“ nur in den erfaßbaren Tatsachen selber liege und daß die von der Theorie entwickelte Beschreibung der Natur nicht die Entschleierung des „*Wesens*“ *der Dinge* in ihrer objektiven Existenz bedeute, sondern vielmehr die Aufstellung einer Gedankenkonstruktion, die dazu dienen soll, uns das Zurechtfinden im Bereich des *Erfahrbaren* zu erleichtern — vergleichbar etwa dem Gradnetz, mit dem wir die Erdkugel überziehen.

Noch wesentlich einschneidender aber wird die traditionelle Vorstellung von objektiver Wirklichkeit als etwas vom Erfahrungsinhalt Verschiedenem angegriffen durch die Gedankengänge, in welchen der →Dualismus von Wellen und Korpuskeln seine Aufklärung gefunden hat. Diese im →Komplementaritätsprinzip zusammengefaßte Aufklärung verläuft ja so, daß sie grundsätzlich *verzichtet* auf eine vollständige „Objektivierung“ der mikrophysikalischen Vorgänge: Man kann einem Elektron in bezug auf Ort und Impuls nicht eine von den Beobachtungsvorgängen unabhängige objektive Bestimmtheit zuschreiben, sondern man muß zur Beschreibung des „Schicksals“ (statt einer klassischen *Bahn*) eines Elektrons ausdrücklich die daran ausgeführten Messungsexperimente mit beschreiben. Hier wird also deutlich, daß die in der traditionellen Vorstellungsweise als Selbstverständlichkeit angenommene „objektive Wirklichkeit“ in Wahrheit das Ergebnis einer Gedankenkonstruktion ist und daß diese sich sogar nur in beschränktem Umfang eindeutig durchführen läßt. Nur innerhalb der *Makrophysik* gelingt diese Konstruktion ohne Einschränkung. →Empirismus, →Positivismus, →Anschaulichkeit, →Modellvorstellungen.

Objektivgitter, ein Paralleldrahtgitter vor der Eintrittsöffnung eines astrographischen Linsen- oder Spiegelsystems, das in der Fokalebene zu beiden Seiten des Zentralbildes Beugungsspektren der verschiedenen Ordnungen ergibt. Bei dem gewöhnlich benutzten *Normalgitter* (Drahtdicke d = Zwischenraum s) verschwinden die Beugungsspektren gerader Ordnung, und der Intensitätsunterschied zwischen Zentralbild und Beugungsbild 1. Ordnung beträgt 0,98 Größenklassen, der zwischen Zentralbild und Bild ohne vorgesetztes Gitter 1,505 Größenklassen. Bei der Gitterkonstante $c = d + s$ liegen die Beugungsbilder 1. Ordnung im Abstand $a = \lambda f/c$ vom Zentralbild. Ist $c = 1/_{1000}$ der Brennweite f, so wird $a \approx 0{,}5$ mm, und die Beugungsbilder 1. Ordnung sind nahezu punktförmig. Auf diese Weise läßt sich eine einwandfreie photometrische Skala für photographische Sternaufnahmen erzielen. Bei der Spektralphotometrie von Sternspektren, die mit →Objektivprisma erzeugt sind, ist die Gittermethode wegen ihrer Unabhängigkeit von der Wellenlänge besonders vorteilhaft. Der Versuch, aus dem gegenseitigen Abstand der Schwärzungsschwerpunkte in den kurzen Beugungsspektren 1. Ordnung ein Farbäquivalent, d. h. ein Maß für die Sterntemperatur, aus der Intensitätsverteilung im kontinuierlichen Spektrum zu gewinnen (Methode der effektiven Wellenlängen), hat dagegen nicht zu befriedigenden Ergebnissen geführt, so daß diese Methode zur Farbmessung jetzt nicht mehr benutzt wird.

Objektivprisma, ein vor die Eintrittspupille eines →Astrographen oder eines →komafreien Spiegels gesetztes Prisma, liefert in der Fokalfläche fadenförmige Sternspektren für ein größeres Feld. Es dient in der Hauptsache zur Klassifizierung von Sternspektren und auch zur Bestimmung spektroskopischer Parallaxen; dazu genügen Spektren von wenigen Millimetern Länge, so daß der brechende Winkel des Prismas klein sein kann. Linsensysteme haben den Nachteil, daß nur ein begrenzter Wellenbereich scharf abgebildet wird. Eine Verbreiterung der Sternspektren auf 0,2 bis 0,5 mm wird gewöhnlich durch Bewegung der Kassette senkrecht zur Dispersionsrichtung erzeugt. Man hat Objektivprismen mit größerem brechendem Winkel (20 bis 50° bei 1 bis 2 m Brennweite) auch zur Beobachtung von Einzelspektren benutzt, hauptsächlich zur Bestimmung der Intensitätsverteilung im kontinuierlichen Spektrum der Sterne. Dabei läßt sich durch ein zum Prisma gekreuztes →Objektivgitter in einfacher Weise die erforderliche photometrische Skala erzeugen. Der Vorteil des Objektivprismas gegenüber dem Spaltspektrographen besteht in der wesentlich höheren Lichtstärke, da die Lichtverluste am Spalt wegfallen. Zur Bestimmung von genauen Radialgeschwindigkeiten ist es nicht geeignet, da sich ein irdisches Vergleichsspektrum nur unvollkommen durch Neodym-Gläser herstellen läßt; auch Bestimmungen von Linienintensitäten und -konturen sind nur beschränkt möglich, da die →Szintillation eine Verbreiterung der Linien hervorruft. Objektivprismen werden im allgemeinen nur bei Instrumenten kleinerer oder mittlerer Dimensionen (bis etwa 60 cm ∅) angewandt, da die Herstellung größerer einwandfreier Glasstücke schwierig ist.

Objektivprüfverfahren. Abgesehen von der Prüfung der Konstruktionselemente eines Objektivs, wie Durchmesser, Dicken, Radien, Brechzahl, Zentrierung, Apertur, Schnittweite, Brennweite usw., versteht man unter Objektivprüfung im engeren Sinn die Prüfung des Korrektionszustandes eines Objektivs. Hierbei unterscheidet man die relative Prüfung gegenüber einem als geeignet anerkannten Muster, die meist subjektiv erfolgt, von der absoluten Prüfung zur zahlenmäßigen Festlegung des erreichten Korrektionszustandes. Die relative Prüfung gibt durch Beobachtung der Bildschärfe eine summarische Beurteilung und läßt gewisse Rückschlüsse auf einzelne Abbildungsfehler zu. Sie muß deshalb in ähnlicher Weise erfolgen, wie später das Objektiv benutzt werden soll; jedoch wählt man zweckmäßig besonders empfindliche Objekte, so daß Güteabweichungen leicht zu bemerken sind.

Bei Mikroskopobjektiven erfolgt die Beurteilung ihrer Leistung meist hinsichtlich Bildschärfe und Auflösungsvermögen, und man wählt deshalb oft natürliche Präparate mit scharfen Umrißlinien oder feinen Strukturen zur Beobachtung aus. (So ist der Streifenabstand bei der Diatomee Pleurosigma angulatum 0,00046 mm.) Als künstliches Testobjekt verwendet man die Norbertsche Probeplatte, ein in Glas geritztes Gitter mit verschiedenen Strichabständen. Während diese Prüfungen ein summierendes Urteil ergeben, erlaubt die Abbesche Testplatte eine gewisse Aufteilung der optischen Fehler in sphärische und chromatische Korrektion. Auch das bei Dunkelfeldbeleuchtung entstehende Beugungsbild eines einzelnen undurchsichtigen Teilchens läßt Schlüsse auf die sphärische Korrektion zu.

Bei Photoobjektiven erfolgt die Beurteilung meist durch Beobachtung der Bildschärfe und der Auflösung in der Mitte und am Rande sowie der Verzeichnung mit Hilfe von Probeaufnahmen. In analoger Weise werden auch Projektionssysteme geprüft.

Fernrohrobjektive, insbesondere für astronomische Zwecke, werden vielfach unmittelbar an Sternen geprüft. Man kann aus der axialen und außeraxialen Beobachtung des Beugungsscheibchens und der Beugungsringe in und außerhalb der Brennebene Rückschlüsse auf den Korrektionszustand und die Leistungsfähigkeit des Objektivs und dabei besonders auch Schlüsse auf einzelne Fehleranteile oder Ursachen ziehen. Vielfach werden hierfür künstliche Sterne benutzt, die durch ein feines, in einer Metallscheibe befindliches, genau rundes Loch, das von hinten beleuchtet wird, dargestellt werden. Fernrohrobjektive für terrestrische Zwecke prüft man mit geeigneten Testobjekten (Radialgitter), die sich in genügender Entfernung oder in der Brennebene von Kollimatoren befinden.

Die absolute Objektivprüfung zur zahlenmäßigen Feststellung des Korrektionszustandes dient meist dazu, festzustellen, wie weit der durch die optische Rechnung festgelegte Korrektionszustand bei der praktischen Ausführung erreicht wurde.

Handb. d. Physik XVIII. Berlin 1927.

Objektschäden, elektronenmikroskopische, Veränderungen am elektronenmikroskopischen Präparat, die durch die notwendige Evakuierung des →Elektronenmikroskops und besonders durch die Elektronenbestrahlung auftreten können. Die Vakuumtrocknung kann besonders bei biologischen Objekten zu Schrumpfungen führen. Durch die bei der Elektronenbestrahlung auftretende Erwärmung, die schon bei normalen Strahlströmen über 100 °C betragen kann, können bei empfindlichen Objekten teilweise Verdampfungen oder chemische Zersetzungen eintreten, wodurch Formänderungen und „falsche“ Strukturen entstehen können. Durch Kohlenstoffanlagerungen, die sich durch Zersetzung von organischen Restgasen im Mikroskop bilden können, ist auch ein Teilchenwachstum möglich. Elektronenschäden lassen sich durch →Objektabschattung wesentlich vermindern.

Observable. Eine Observable oder *beobachtbare Größe* muß man sich in der Quantenmechanik definiert denken durch eine (ideelle) Meßvorschrift. Das Ergebnis der Messung auf Grund dieser Vorschrift liefert irgendeine reelle Zahl als Meßwert. So sind Energie, Ortskoordinaten, Komponenten des Impulses, des Drehimpulses usw. Observable.

Aus dem →Korrespondenzprinzip heraus gelangt die Quantenmechanik zu folgendem *Grundpostulat:* Gegeben ist ein physikalisches System (z. B. ein Wasserstoffatom). Alle Observablen dieses Systems lassen sich eineindeutig auf die →Hermiteschen Operatoren eines →Hilbert-Raumes abbilden, so daß also jeder Observablen genau ein und nur ein Hermitescher Operator und jedem Hermiteschen Operator genau eine und nur eine Observable entspricht. Es ist daher gebräuchlich, zwischen Hermiteschen Operatoren und den Observablen kaum einen Unterschied zu machen. Man spricht dann von →Energieoperator, →Ortsoperator usw.

Octoil, Treibmittel für Öl-→Diffusionspumpen; Ester der Phthal- oder der Sebacinsäure (Octoil S).

Oe, Symbol für die CGS-Einheit →Oersted der magnetischen Feldstärke.

Oersted, abgek. Oe (auch Ö), Einheit der magnetischen Feldstärke $\mathfrak{H}$ im elektromagnetischen oder im Gaußschen Maßsystem (→Einheitensysteme, elektrische), in dieser Definition von der Internationalen Elektrotechnischen Kommission 1930 in Oslo festgelegt. Das Oe ist auf die Größe „magnetische Feldstärke“ in nicht-rationaler, mechanistisch-elektromagnetischer oder mechanistisch-symmetrischer Definition, d. h. bezogen auf ein nicht-rationales Größengleichungssystem mit drei Grundgrößen (→Größen, elektrische und magnetische), abgestimmt: $1\ \text{Oe} \equiv 1\ \text{cm}^{-1/2}\text{g}^{1/2}\text{s}^{-1}$. →Anhang III, Tabelle 7.

In der Geophysik wird entgegen den Festsetzungen der I.E.C. von 1930 heute vielfach noch die emE der magnetischen Feldstärke mit →Gauß (abgek. Γ) bezeichnet; 10^{-5} Oe (bzw. $10^{-5}\,\Gamma$!) wird dort nach einem Vorschlag von *Eschenhagen* aus dem Jahre 1896 als →Gamma (γ) bezeichnet.

Oerstit, ein Material für permanente Magnete, ungefähre Zusammensetzung Fe_2NiAl. Beim Abkühlen dieser Legierung mit passender Abkühlgeschwindigkeit entsteht infolge unvollständig ablaufender innerer Gitterumwandlungen ein hartes, sprödes Material mit einer Koerzitivkraft von etwa 500 Oe und einer Remanenz von etwa 6000 Gauß. Durch Hinzufügen von einigen % Co oder von Co und Ti kann man Materialien mit noch höheren Koerzitivkräften bis zu 900 Oe erhalten. An Co-reichen Legierungen kann man durch Wärmebehandlung in einem Magnetfeld eine magnetische →Anisotropie erzeugen. In Richtung des beim Tempern angelegten Magnetfeldes wurde von *Snoek* an einer solchen Legierung die höchste →Güteziffer erreicht, die bisher gemessen wurde.

ATM Z 912-1 (1937).

Offener Bereich →Intervall.

Offene Systeme, ein von *L. von Bertalanffy* eingeführter, insbesondere biologisch wichtiger Begriff. Man versteht darunter ein physikalisch-chemisches System, in welches Stoffe ein- und austreten und in dem diese Stoffe chemische Umsetzungen durchmachen, so wie es in jedem lebenden Organismus geschieht. Solche Systeme können die Eigenschaft haben, auf Grund von Selbstregelungsmechanismen trotz wechselnder Umweltbedingungen bestimmte stationäre Zustände anzunehmen, die wie Gleichgewichtszustände aussehen, aber keine solchen sind, so daß auch für sie — für sich allein betrachtet — der 2. Hauptsatz nicht zu gelten braucht. Die theoretische Behandlung solcher offener Systeme hat bereits einleuchtende Deutungen zahlreicher biologischer Phänomene geliefert und bedeutet einen wichtigen Schritt zur Entwicklung der Biologie zu einer exakten Wissenschaft.

v. Bertalanffy, L.: Naturwiss. 33, 26 (1944). — *Bavink, B.:* Ergeb. u. Probleme d. Naturwissenschaften. Zürich 1949.

Öffnung, relative, oder *Öffnungsverhältnis,* das Verhältnis des Durchmessers der Eintrittspupille eines optischen Systems zu seiner Bildbrennweite. Es wird in der Form 1 : k angegeben, und k heißt die *Öffnungszahl.* Bei einer einfachen Linse oder einem einfachen Spiegel ist die Eintrittspupille gleich dem freien Durchmesser der Linse oder des Spiegels, und die relative Öffnung ist das Verhältnis von Linsen- oder Spiegeldurchmessern zur Brennweite.

Öffnungsblende oder *Aperturblende,* diejenige unter den in einem optischen Gerät vorkommenden Blenden — zu denen auch die Fassungen (Berandungen) der Linsen, Spiegel usw. rechnen —, die das von dem Achsendingpunkt ausgehende Strahlenbündel mit dem kleinsten Öffnungswinkel begrenzt. →Eintrittspupille, →Austrittspupille.

Öffnungsfehler. Die sphärische Aberration (→Abbildungsfehler), auch Kugelgestaltfehler genannt, tritt nur für Strahlen auf, die eine endliche Einfallshöhe haben, für die also die Eintrittspupille des optischen Systems eine endliche Öffnung hat. Man bezeichnet deshalb die sphärische Aberration gelegentlich als Öffnungsfehler.

Öffnungsverhältnis →Öffnung, relative.

Ohm, abgek. Ω, Einheit des elektrischen Widerstandes. Das Ω wurde ursprünglich vom 1. Internationalen Elektrizitätskongreß 1881 in Paris als das 10^9-fache der elektromagnetischen Einheit für den nicht-rational in einem Gleichungssystem mit drei Grundgrößen (→Größen, elektrische und magnetische) definierten Widerstand festgelegt und dient heute als abgestimmte bzw. Grundeinheit für den Widerstand in den elektrischen Vier-Grundeinheiten-Systemen bei rationaler Gleichungenschreibung (→Einheitensysteme, elektrische). Das Ω existiert in zwei verschiedenen Definitionen: als internationales Ohm (Ω_{int}) und als absolutes Ohm (Ω_{abs}).

Das Ω_{int} wurde auf dem Internationalen Elektrizitätskongreß in London 1908 festgelegt als der Widerstand, den eine Quecksilbersäule von 106,300 cm Länge und 14,4521 g Masse bei durchweg gleichem Querschnitt gegenüber einem konstanten Strom bei der Temperatur des schmelzenden Eises besitzt, und diente bis 1947 als elektrische Grundeinheit für den Eichanschluß im internationalen elektrischen Vier-Grundeinheiten-Maßsystem. Das Ω_{int} wurde definitionsgemäß durch die Quecksilbersäule reproduziert, für die Aufbewahrung der Ohm-Einheit und den praktischen Eichanschluß jedoch durch den →Normalwiderstand realisiert. Die von den Normalwiderstand-Stämmen in den einzelnen Staatsinstituten dargestellten Ohm-Einheiten weisen örtlich und zeitlich gegeneinander geringe Schwankungen auf, die in der Größenordnung von einigen $\mu\Omega$ liegen. Im Jahre 1933 wurde daher vom →Internationalen Komitee für Maß und Gewicht das „mittlere internationale Ohm" (Ω_M) angenommen, das den Mittelwert der von den Staatsinstituten Deutschlands, Frankreichs, Großbritanniens, Japans, der Sowjetunion und den USA durch ihre Normalwiderstands-Stämme repräsentierten Ohm-Einheiten darstellt. Regelmäßige Vergleichungen dieser nationalen Ohm-Einheiten werden vom Internationalen Bureau für Maß und Gewicht durchgeführt, durch welches die jeweiligen Abweichungen dieser Ohm-Einheiten vom Ω_M festgestellt und in Tabellenform veröffentlicht werden (wie beim V_M; →Normalelement, →Volt).

Das Ω_{abs}, welches eine der Grundeinheiten in dem heute wichtigen MKS Ω_{abs}-Maßsystem darstellt, wird theoretisch definiert als der Quotient V_{abs}/A_{abs} (→Ampere, →Volt) oder über den Zahlenwert, welcher der magnetischen →Feldkonstanten μ_0, gemessen in dieser durch sie festzulegenden Einheit, zugeordnet wurde: $\mu_0 = 4\pi \cdot 10^{-7}$ s/(m Ω_{abs}) $= 4\pi \cdot 10^{-7}$ H_{abs}/m (Comité Consultatif d'Électricité, 1935; Internationales Komitee für Maß und Gewicht, 1946). Praktisch wird das Ω_{abs} entweder durch eine absolute Ohmbestimmung, d. h. über die Messung einer Frequenz und der Induktivität einer vorgegebenen Ohmspule dargestellt oder durch den →Normalwiderstand über den vom Internationalen Komitee 1946 festgelegten Umrechnungsfaktor $1\,\Omega_M = p\,\Omega_{abs} = 1{,}00049\,\Omega_{abs}$ realisiert (→Anhang III, Tabelle 8); dieser Umrechnungsfaktor basiert auf den von den großen Staatsinstituten in den vergangenen Jahrzehnten durchgeführten Präzisionsmessungen. Seit dem 1. 1. 1948 ist das Ω_{abs} die international gültige Widerstandseinheit.

Ohm, akustisches →Schallwellenwiderstand.

Ohmad →British Association Unit.

Ohmmeter, unmittelbar anzeigende Meßgeräte zur Widerstandsbestimmung bei Betriebsmessungen. Bei konstanter Betriebsspannung zeigt ein Spannungsmesser den reziproken Wert der Summe des gesuchten Widerstandes und seines Eigenwiderstandes an. Verwendet werden Drehspulmeßgeräte mit eingebauter Trockenbatterie. Durch einen magnetischen Nebenschluß am Meßwerk werden Spannungsänderungen der Batterie ausgeglichen. Bei Geräten mit Doppelspulmeßwerk kann der Eigenwiderstand eliminiert und die Skala linear gemacht werden. Meßgeräte mit Kreuzspulmeßwerk ergeben den Widerstand unabhängig von der Batteriespannung.

Für Isolationsmesser verwendet man an Stelle der Batterie Kurbelinduktoren oder Batterien mit Umspanner, die Spannungen von 500 V und höher liefern, damit man mit der Messung gleichzeitig eine Isolationsprüfung verbinden kann. Für sehr hohe Isolationswiderstände muß man elektrostatische Verfahren verwenden, die z. B. den durch den Isolationsstrom an einem Meßwiderstand hervorgerufenen Spannungsabfall mittels eines Röhrenvoltmeters messen oder den zeitlichen Spannungsabfall an einem parallel zu dem unbekannten Isolationswiderstand liegenden Kondensator ermitteln.

Der Widerstand von Flüssigkeiten (Elektrolyten) bzw. ihre Leitfähigkeit wird, um Polarisation zu vermeiden, mit Wechselstrom gemessen, wobei als Anzeigegeräte meist empfindliche elektrodynamische Kreuzspulmeßgeräte dienen.

Handb. d. Physik XVI. Berlin 1927. — *Kohlrausch, F.:* Prakt. Physik II. Berlin u. Leipzig 1950.

Ohmsches Gesetz, akustisches, von *G. S. Ohm* stammende Erkenntnis, daß das Fouriersche Prinzip der Zerlegung komplizierter Schwingungsformen in sinusförmige Teilschwingungen auch für das menschliche Ohr Gültigkeit hat. Nur eine sinusförmige Schallwelle ruft die Empfindung eines einfachen Tones hervor. Jede Abweichung von der Sinusform läßt aus dem einfachen Ton ein Tongemisch oder einen Klang werden, sofern der betrachtete Schallvorgang stationär ist mit einer Periode, die nicht größer als die Einschwingdauer des Ohres (rd. 20 ms) ist. Amplituden- und Frequenzänderungen, die in längeren Zeiträumen vor sich gehen, rufen dagegen keine Änderung des reinen Toncharakters hervor, sondern nur eine Änderung der Lautstärke bzw. Tonhöhe.

Für stationäre Schwingungen gilt nach *Ohm* ferner der Satz, daß die Klangempfindung von den Phasenbeziehungen zwischen den Teiltönen unabhängig ist. Bei nichtstationären Vorgängen spielen jedoch die Phasenbeziehungen eine wesentliche Rolle. Durch bloße Änderung der Phasenwinkel der Teiltöne wird z. B. aus einer periodischen Folge von Knacken ein gleichförmiges Rauschen oder Zischen.

Das explizite Auftreten der Zeit bei der im Ohr stattfindenden →Klanganalyse (→Hörtheorien) hat zur Folge, daß zur mathematischen Darstellung dieser Analyse die Fouriersche Reihenentwicklung im allgemeinen nicht ausreicht; man muß vielmehr die auf der Fourier-Transformation beruhenden Verfahren der →Periodographie heranziehen.

Ohmsches Gesetz, elektrisches, die von *G. S. Ohm* 1826 entdeckte Beziehung

$$\frac{U}{i} = \text{const} = R$$

zwischen elektrischer Spannung U, Stromstärke i und Widerstand R, die aber mit $R = \text{const}$ nur unter bestimmten Bedingungen, insbesondere bei konstanter Temperatur, gilt (→Widerstand, elektrischer). Andernfalls ist die Gleichung $U/i = R$ kein Gesetz, sondern die Definition des Begriffs Widerstand. Mit der obigen Einschränkung gilt das Gesetz bei den metallischen Leitern und den Elektrolyten.

Ohmsches Gesetz, magnetisches. Der Zusammenhang zwischen der Induktion $\mathfrak{B}$ und der magnetischen Feldstärke $\mathfrak{H}$ lautet bei einem Material mit der Permeabilität μ in einem Einheitensystem mit 4 Grundgrößen $\mathfrak{B} = \mu\mu_0 \mathfrak{H}$. Betrachtet man nun ein schlauchartiges Gebiet, dessen Mantellinien überall parallel dem Vektor der Induktion bzw. der magnetischen Feldstärke sind und dessen Querschnitt so klein ist, daß man den Betrag B der Induktion über den Querschnitt hinweg als konstant ansehen kann, so kann man für den durch alle Querschnitte gleichen Induktionsfluß angenähert setzen $\Phi = Bq$. Zwischen dem Fluß Φ und der magnetischen Spannung $V_m = \int_1^2 \mathfrak{H}\, d\mathfrak{r}$ zwischen zwei Punkten 1 und 2 des Kreises besteht daher der Zusammenhang

$$\Phi R_m = V_m,$$

welcher wegen seiner Analogie zum elektrischen Ohmschen Gesetz als *magnetisches Ohmsches Gesetz* bezeichnet wird. Der *magnetische Widerstand* beträgt

$$R_m = \int_1^2 \frac{ds}{\mu\mu_0 q}$$

bzw., wenn der Querschnitt q und die Permeabilität μ konstant sind und der Abstand der Endpunkte 1 und 2, längs einer Feldlinie gemessen, l beträgt,

$$R_m = \frac{1}{\mu\mu_0} \frac{l}{q}.$$

Mit Hilfe dieses Gesetzes kann man in magnetischen Kreisen, welche keine permanent magnetisierten Materialien enthalten, den Fluß leicht angenähert berechnen, indem man es auf den ringförmig geschlossenen Raum des Kreises anwendet. V_m ist dann gleich der magnetomotorischen Kraft nJ (n Windungszahl, J Stromstärke in der felderzeugenden Spule). Der Gesamtwiderstand setzt sich, genau wie beim elektrischen Ohmschen Gesetz, additiv aus den Widerständen der hintereinander geschalteten Teile des Kreises zusammen. Die Größe $\mu\mu_0$ spielt dabei die gleiche Rolle wie die Leitfähigkeit beim elektrischen Ohmschen Gesetz und wird deshalb manchmal auch als *magnetische Leitfähigkeit* bezeichnet.

Oberdörfer, G.: Lehrb. d. Elektrizität. München u. Berlin 1943.

Ohmsches Gesetz, thermisches →Wärmeleitung.

Ohmsche Methode, die Messung eines Widerstandes $R = U/i$ (→Ohmsches Gesetz) aus dem Verhältnis von Spannung U und Stromstärke i.

Ohmscher Widerstand, bei einem →Wechselstromwiderstand derjenige Anteil des Widerstandes, der auf Energieverlusten der Elektronen infolge von Wechselwirkungen mit den Atomen des Leitermaterials beruht. Bei langsamen Schwingungen ist er praktisch identisch mit dem Gleichstromwiderstand, bei schnellen Schwingungen jedoch wegen der →Hautwirkung größer als dieser.

Ohr. Ein Längsschnitt durch das menschliche Ohr (Abb.) zeigt von außen nach innen: 1. den *äußeren Gehörgang A*, der durch das Trommelfell (membrana tympani) gegen das Mittelohr abgeschlossen wird, 2. das Mittelohr *B* mit der Reihe der (als →Drucktransformator wirkenden) Gehörknöchelchen — Hammer (malleus), Amboß (incus) und Steigbügel (stapes) —, 3. die das *Innenohr* bildende Schnecke *C* (cochlea), auf deren ovalem

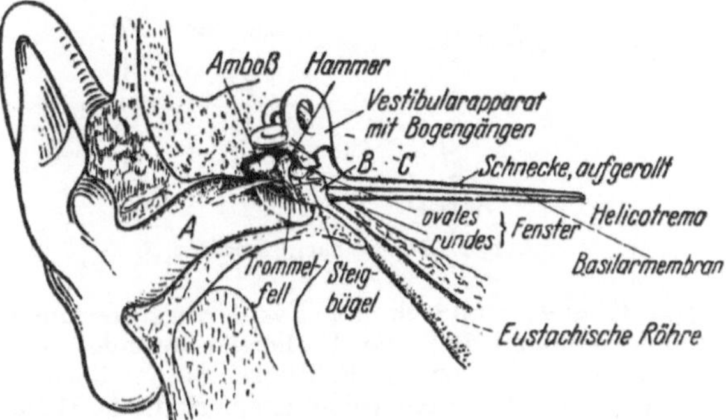

Längsschnitt durch das menschliche Ohr (nach *F. M. Wiener*).

Fenster (fenestra ovalis) der Steigbügel von außen aufsitzt. Die *Schnecke*, in der die Schallschwingungen in Nervenreize umgewandelt werden, hat etwa 3 Windungen. Sie wird durch die →Basilarmembran in zwei Hälften geteilt, die mit Lymphflüssigkeit gefüllt sind und durch das Schneckenloch (helicotrema) miteinander in Verbindung stehen. Der laterale Teil der Schnecke (scala vestibuli) hängt mit den Perilymphräumen um das Labyrinth (Gleichgewichtsorgan) zusammen, während der mediale Teil (scala tympani) gegen das Mittelohr durch das runde Fenster (fenestra rotunda) abgeschlossen ist. Die im Ohr stattfindende Klanganalyse wird bei den verschiedenen →Hörtheorien übereinstimmend in die Basilarmembran verlegt, wenn auch ihr Mechanismus im einzelnen noch nicht restlos geklärt ist. Längs der Basilarmembran erstreckt sich das Cortische Organ; es enthält Sinneszellen (Hörzellen), die sich in Hörnerven fortsetzen. Für das Zustandekommen der subjektiven →Summations- und →Differenztöne sind vermutlich nichtlineare Verzerrungen im Mittelohr verantwortlich, während der →Verdeckungseffekt im inneren Ohr entstehen dürfte.

Okklusion von Gasen, die Aufnahme von Gasen im Innern von gewissen Metallen in Gestalt von feinen Bläschen, im Gegensatz zur Absorption, die in molekularer Verteilung erfolgt.

Ökonomieprinzip (nach *E. Mach*). Der →Positivismus geht an das wissenschaftliche Erkenntnisproblem ganz anders heran als die traditionellen Vorstellungen, welche den Vorgang physikalischer Erkenntnis so auffassen, daß es sich darum handele, aus empirischen Tatsachen „*Rückschlüsse*" auf eine *hinter* der Erscheinungswelt liegende →„objektive Wirklichkeit" zu ziehen. Dem Positivismus, der dieses Bild der Sache als in nur sehr begrenztem Maße zutreffend ansieht, gilt nur die *Beschreibung* der Erfahrungstatsachen als mögliches Ziel. Um zu erläutern, daß und in welcher Weise trotzdem das tatsächlich in der physikalischen Theorienbildung angewandte Verfahren der positivistischen Einstellung durchaus entspricht, muß also die physikalische Theorienbildung als *eine Form von Beschreibung* erläutert und gekennzeichnet werden. Offensichtlich handelt es sich ja *nicht* um eine *unmittelbare* Beschreibung der einzelnen Erfahrungen selbst, sondern um eine zusammenfassende, zahlreiche Einzelfälle in einheitliche Regeln ordnende Beschreibung, die zugleich weitgehend eine *indirekte* oder *symbolische* Beschreibung ist. Ihre Rechtfertigung gegenüber dem grundsätzlich vorstellbaren, aber praktisch undurchführbaren Verfahren einer unmittelbaren Beschreibung der einzelnen Erfahrungsergebnisse als solcher liegt darin, daß dieses tatsächlich angewandte Verfahren „*denkökonomisch*" ist, daß es gekennzeichnet werden kann als die beste Möglichkeit, der ungeheuren Aufgabe einer übersichtlichen Ordnung und Beschreibung unseres Erfahrungsschatzes mit möglichst geringem Aufwand entbehrlicher, also unzweckmäßiger Denkarbeit gerecht zu werden.

Oktaeder, die spezielle Form {111} der kubischen Kristallklassen 23i, 43 und 43i, eine Doppelpyramide aus 8 gleichseitigen Dreiecken (Abb.).

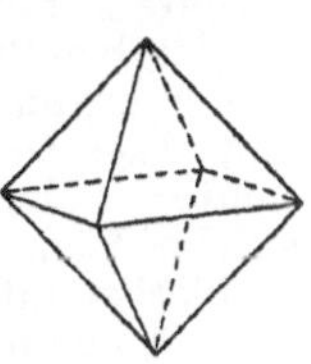

Oktaeder.

Oktave, 8. Ton der diatonischen Tonleiter (→Tonskala, →Tonsysteme, →cent). Intervall mit dem Schwingungsverhältnis 2 : 1; vollkommenste Konsonanz. Warum alle im Oktavverhältnis zueinander stehenden Töne subjektiv als so nah miteinander verwandt empfunden werden, konnte bisher weder physikalisch noch physiologisch aus der Funktion des Ohres heraus befriedigend erklärt werden (Phänomen der Oktavperiodizität).

Auch in der Optik bezeichnet man ein entsprechendes Frequenzintervall (z. B. den ihm angenähert entsprechenden Bereich des sichtbaren Spektrums) als eine Oktave.

Oktavsieb. Tonfrequente elektrische und in elektrische Ströme umgeformte akustische Schwingungen können in der Weise spektral analysiert werden, daß man mittels eines Bandfilters einen Spektralbereich von begrenzter Breite herausgreift. Der Effektivwert der das Filter verlassenden Schwingung ist gleich dem Effektivwert der Summe aller Spektralkomponenten, die in den Durchlaßbereich des Filters fallen. Praktisch verwendet man Filter, die einen Durchlaßbereich von einer Oktave (*Oktavsieb*) oder einer drittel Oktave (*Terzsieb*) haben.

Trendelenburg, F.: Klänge u. Geräusche. Berlin 1935.

Oktett-Theorie, -Lücke →Valenzzustände, →polare Bindung.

Oktopolstrahlung →Multipolstrahlung, →metastabile Kernzustände.

Okular, das dem Auge zugekehrte Linsensystem eines optischen Gerätes. Es wirkt meist als Lupe für die Betrachtung des vom Objektiv erzeugten Bildes und bildet dieses virtuell vergrößert ab. Gleichzeitig hat es die Aufgabe, eine Kreuzung der Hauptstrahlen in dem Punkt der optischen Achse (Austrittspupille) zu bewirken, in den die Augenpupille gebracht werden soll. Bei vielen Okularen werden diese beiden Aufgaben auf zwei getrennte Linsen, die entweder einfach oder verkittet sind, übertragen, und man unterscheidet dann die dem Auge zunächst liegende *Augenlinse*, die mehr als Lupe wirkt, von der die Hauptstrahlen sammelnden *Feld-* oder →*Kollektivlinse*.

In der Nähe der Feldlinse befindet sich meist die Gesichtsfeldblende. Als Brennweite f'_{OK} des Okulars wird die des gesamten Okularsystems angegeben. Sie unterscheidet sich um so weniger von der der Augenlinse, je näher die Feldlinse der Gesichtsfeldebene (Bildebene) steht. Während die einfachsten Okulare nur aus zwei in geeignetem Abstand befindlichen Plankonvexlinsen bestehen, sind andere Typen, insbesondere die stärkeren *Weitwinkelokulare*, aus optischen Konstruktions- und Korrektionsgründen aus mehreren Linsen aufgebaut, bei denen eine strenge Trennung in Augen- und Feldlinsen nicht möglich ist.

Die →Lupenvergrößerung des Okulars ist $\bar{\Gamma}' = 250/f'_{OK}$. Der Kreuzungspunkt der Hauptstrahlen, d. h. die →Austrittspupille, als Ramsdenscher Kreis sichtbar, muß genügend weit (mindestens 10 mm) vom letzten Linsenscheitel entfernt liegen, damit die Augenwimpern nicht die Linsenfläche berühren. Soll ein fehlsichtiger Beobachter das Okular benutzen, so müssen zwischen Bildebene, in der mitunter eine Strichplatte angebracht ist, und Auge befindliche Linsen oder auch das gesamte Okular, falls die Bildebene davorliegt, in axialer Richtung verschoben werden können. Es ist hierbei auf Freiheit von →Parallaxe zu achten. Aus Gründen der Fehlerkorrektion oder um dem Auge eine feste Lage zuzuweisen, befindet sich gelegentlich in der Ebene der Austrittspupille eine Okulardeckel genannte Blende.

Die Gesichtsfeldgröße ist durch den Winkel festgelegt, unter dem der Rand der Gesichtsfeldblende dem Auge von der Austrittspupille aus erscheint. Die Berechnung der Okulare erfolgt so, daß die Austrittspupille immer als Bild einer vorhergehenden Pupille des Geräts erscheint, weshalb die Austrittspupille des Okulars ohne Nachteile für die Beobachtung einen gewissen Wert nicht überschreiten darf. Bei der optischen Korrektion ist zu beachten, daß die abbildenden Büschel zwar eng sind, daß aber ein ausgedehntes Gesichtsfeld abgebildet werden soll. Korrektion erfolgt deshalb besonders hinsichtlich des Astigmatismus, der Bildwölbung, der Verzeichnung und der Farbabweichung der Vergrößerung.

Ist das Okular aus zwei Linsen gleichen Glases aufgebaut, so sind die Brennweiten für verschiedene Farben gleich, d. h. der Farbenvergrößerungsfehler ist behoben, wenn ihr Abstand d voneinander das arithmetische Mittel ihrer Brennweiten f'_F und f'_A ist: $d = (f'_F + f'_A)/2$.

Beim Huygens-Okular (Abb. 1), das aus zwei Plankonvexlinsen gleicher Glassorte aufgebaut

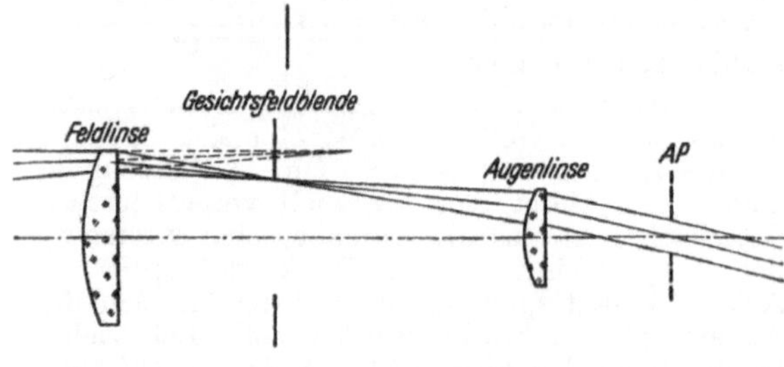

Abb. 1. Huygens-Okular.

ist, ist meist $f'_F = 2f'_A$, also $d = 3f'_A/2$, wodurch der Farbenvergrößerungsfehler behoben ist. Die Bildebene befindet sich zwischen den Linsen. Hierdurch ist sie zwar mechanisch geschützt, aber schwer zugänglich, und die Feldlinse wirkt auf die Größe des Bildes ein. Okulare dieser Bauart sind für Meßzwecke nicht besonders geeignet. Sie werden jedoch für Beobachtungszwecke in Mikroskopen und Fernrohren viel gebraucht.

Das Ramsden-Okular (Abb. 2) ist ähnlich wie das Huygenssche aufgebaut. Hier ist annähernd

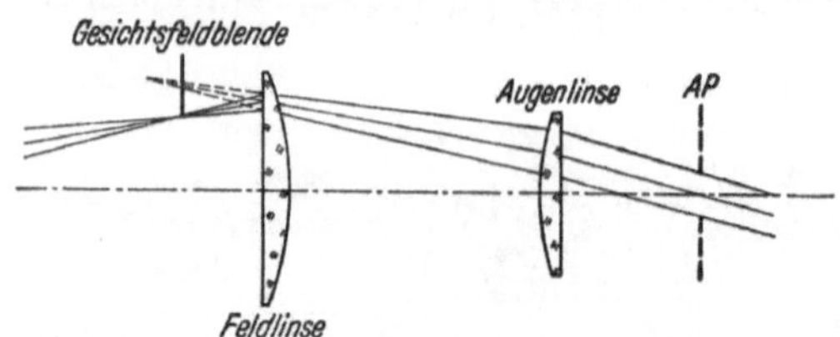

Abb. 2. Okular nach *Ramsden*.

$f'_F \approx f'_A \approx d$, wodurch der Farbenvergrößerungsfehler behoben ist. Die Bildebene befindet sich nur sehr wenig vor der Feldlinse. Sie ist deshalb zugänglich, und in der Bildebene befindliche Hilfsvorrichtungen, z. B. Distanzfäden, können bei Auswechseln des Okulars am Gerät bleiben. Ramsden-Okulare sind für Meßzwecke bei Fernrohren, Mikroskopen usw. viel in Benutzung.

Das Kellner-Okular (Abb. 3) ist ähnlich dem Ramsdenschen aufgebaut, nur daß zwecks weitergehender optischer Korrektion die Augenlinse aus zwei Einzellinsen verkittet ist. Es wird in Prismenfeldstechern allgemein verwendet und ist nahezu verzeichnungsfrei.

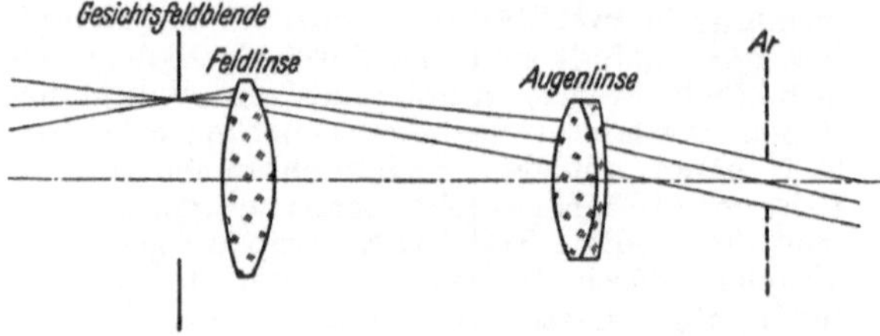

Abb. 3. Kellnersches Okular.

Kompensationsokulare sind ähnlich dem Huygensschen aufgebaut. Jedoch ist als Augenlinse und oft auch als Feldlinse eine verkittete Linse benutzt. Sie zeigen gute Gesichtsfeldebnung, und die übrigen Felder sind relativ klein. Der Farbenvergrößerungsfehler ist so berechnet, daß er den des Objektivs aufhebt. Sie werden besonders in Verbindung mit Apochromaten benutzt.

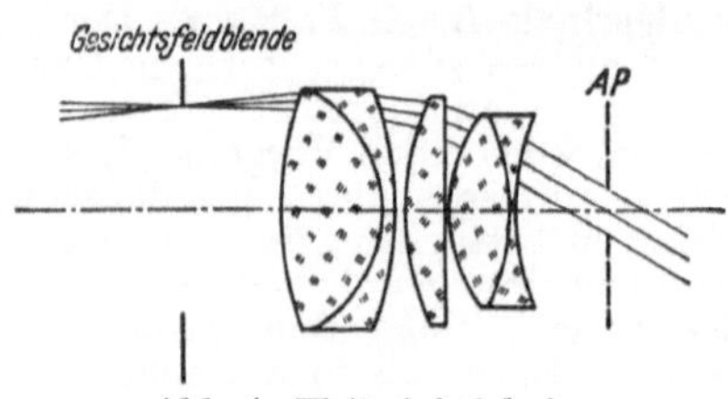

Abb. 4. Weitwinkelokular.

Zu erwähnen sind noch das *monozentrische*, *orthoskopische* und *Weitwinkelokular*, das Gesichtsfelder bis zu 75° beherrscht (Abb. 4). Unter Verzicht auf Verzeichnungsfreiheit und oft unter

Anwendung asphärischer Flächen hat man für besondere Zwecke noch wesentlich größere Gesichtsfelder erreicht. Für Zwecke der *Photographie* wurden besondere Okulare mit geebnetem Bildfeld (komplanatische, periplanatische und Ebnungsokulare) sowie besondere Photookulare, wie die Homale mit negativer Brennweite entwickelt. Für besondere Anwendung gibt es Quarzokulare, Spektralokulare, Goniometer-Okulare und Doppelbildokulare.

Für Autokollimationszwecke verwendet man die von *Gauß*, *Abbe* und *Schönrock* angegebenen Formen. Terrestrische Okulare →Erdfernrohr. Einfache Okulare mit negativer Brennweite →Galilei-Fernrohr.

Handb. d. Physik XVIII. Berlin 1927. — *Kohlrausch, F.*: Prakt. Physik. Leipzig u. Berlin 1950.

Okularmikrometer →Mikrometer.

Öl-Dampfstrahlpumpen →Dampfstrahlpumpen.

Öl-Diffusionspumpen →Diffusionspumpen.

Olivgrün →Braun.

Ölluftpumpen, rotierende, sind mechanische Pumpen (→Vakuum-Pumpen) für möglichst hohe Endvakua. Sie werden gebaut als *Drehschieber*pumpen oder als *Drehkolben*pumpen. Bei ersteren (Abb. 1) dreht sich in einem Gehäuse *1* ein exzentrisch gelagerter und geschlitzter Rotor *2* mit Schiebern 3, wodurch zwischen *1*, *2* und *3* periodisch Gasräume abgeschlossen werden, die sich erst erweitern und dann, nachdem sie die bei *4'* angesaugten Gase abgesperrt haben, allmählich wieder verkleinern und die eingeschlossenen Gase in dem Raum *6* komprimieren, bis sie sie durch das Ventil *5* wieder ausstoßen. Die Kinematik einer Drehkolbenpumpe zeigt die Abb. 2.

Für diese rotierenden Ölluftpumpen ist wesentlich, daß ihr Ventil *5* mit Öl überlagert ist, und daß durch den Kanal *8* (Abb. 1) dauernd etwas

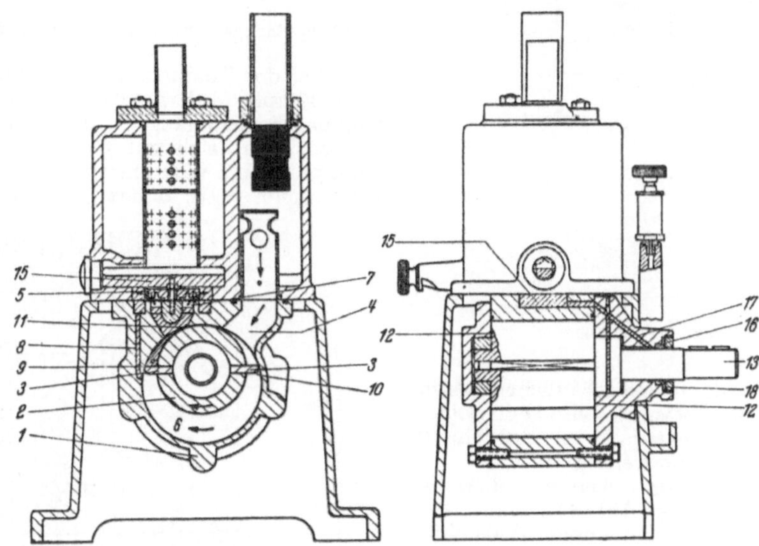

Abb. 1. Drehschieberpumpe.

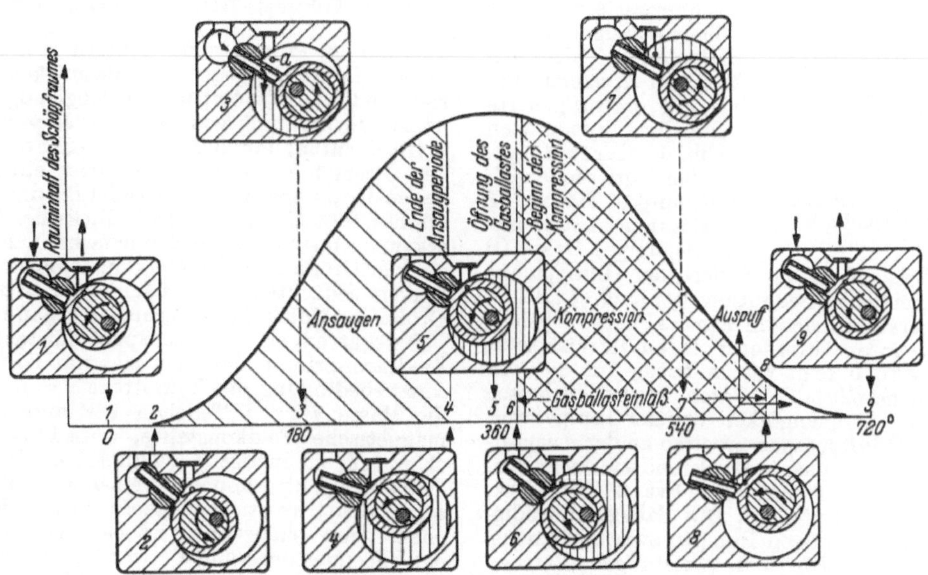

Abb. 2. Pumpvorgang in der Drehkolbenpumpe.

Öl in den Schöpfraum der Pumpe eingeführt wird. Durch das Vorhandensein des Öles wird zweierlei erreicht: Einmal dient das Öl zur Abdichtung der gegeneinander bewegten Teile, da sonst selbst bei genauester Fertigung zwischen diesen eine zu große Undichtigkeit durch die minimale Spaltbreite (etwa $^{1}/_{100}$ mm) übrigbleiben würde, um die mit den rotierenden Ölluftpumpen erreichbaren hohen Endvakuumwerte zu gewährleisten. Ferner dient das laufend in den Schöpfraum der

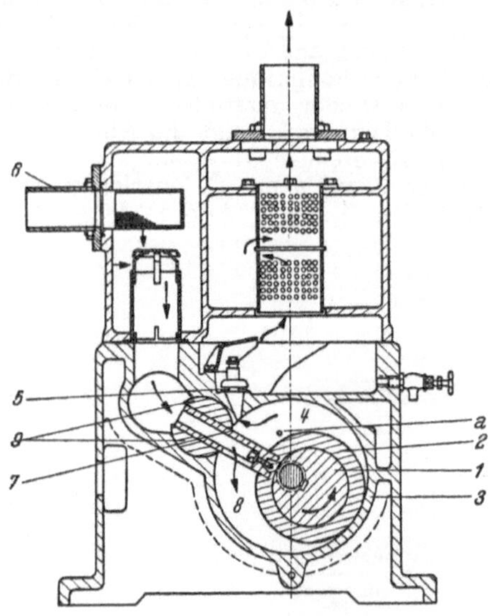

Abb. 3. Drehkolbenpumpe.

Pumpe eingeführte Öl dazu, den schädlichen Raum zwischen Ventil *5* und beispielsweise den Schiebern *3* auszufüllen, was ebenfalls zur Erreichung hoher Endvakuumwerte notwendig ist.

Rotierende Ölluftpumpen werden einstufig (Abb. 1 u. 3) oder zweistufig (Abb. 4) gebaut. Bei zweistufigen Pumpen dient die Pumpe *I* als Vorpumpe zur Pumpe *II*, so daß man mit zweistufigen Pumpen höhere →Endvakuumwerte und auch höhere→Sauggeschwindigkeiten bei niedrigen Drucken erreichen kann als mit einstufigen rotierenden Ölluftpumpen (Abb. 5, Kurve *I* einstufige rotierende Ölluftpumpe, Kurve *II* zweistufige rotierende Ölluftpumpe). Da das Öl für die Wirksamkeit der rotierenden Ölluftpumpe von entscheidender Bedeutung ist, muß es auch in dem Temperaturbereich, in dem die Pumpe arbeitet, ganz bestimmten Anforderungen an die Viskosität genügen. Abb. 6 zeigt die in bezug auf die Viskosität anzustrebenden Daten zweier technisch üblicher Öle in Abhängigkeit von der Temperatur. Rotierende Ölluftpumpen arbeiten an der Auspuffseite gegen Atmosphärendruck und erreichen einstufig Endvakuumwerte von etwa $2 \cdot 10^{-3}$ Torr, zweistufig von 10^{-5} Torr. Die Sauggeschwindigkeit liegt bei einstufigen Pumpen zwischen einigen m³/h und 1200 m³/h, bei zweistufigen Pumpen zwischen einigen m³/h und 180 m³/h. Es ist immer

Abb. 4. Schema einer zweistufigen Pumpe.

dann schwierig, den Vorzug der rotierenden Ölluftpumpen, hohe Endvakuumwerte zu erreichen, auszunutzen, wenn diese nicht nur Gase, sondern

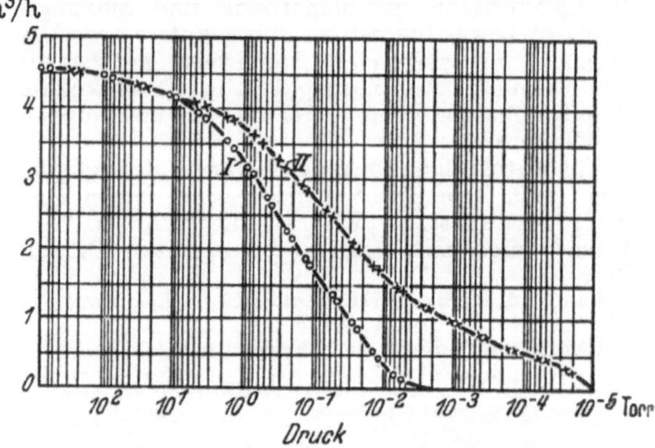

Abb. 5. Sauggeschwindigkeiten (m³/h) zweier Pumpen.

auch bei der Temperatur der Pumpe kondensierbare Dämpfe fördern sollen, da diese, die bei den Kompressionsvorgängen innerhalb der Pumpe kondensieren, sich mit dem Pumpenöl mischen, dadurch auf die Vakuumseite gelangen, dort wieder verdampfen und damit das erreichbare End-

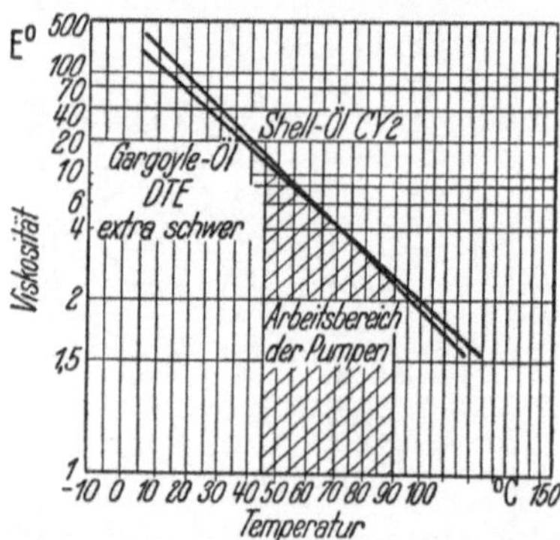

Abb. 6. Viskositäts-Temperatur-Gerade für Pumpenöle.

vakuum der Pumpe verschlechtern. Die wirkungsvollste Maßnahme gegen diese Beeinträchtigung der rotierenden Ölluftpumpen durch abgesaugte Dämpfe ist die Verwendung von →Gasballastpumpen.

Ölschichten, dünne. Die prächtige Färbung dünner Ölschichten (auf Wasser oder einer glatten festen Unterlage) ist ein Beispiel für die →Farben dünner Blättchen, welche die Dicke der Ölschicht erkennen lassen (→Interferenzfarben). *Perrin* hat aus der Größe einer mit einer monomolekularen Ölschicht bedeckten Wasserfläche zum erstenmal die Größe der Moleküle einigermaßen genau berechnet.

Omegatron, ein →Massenspektrometer nach dem Zyklotronprinzip, bei dem sich mit Hilfe der Resonanzbedingung des Zyklotrons $\nu = \mu_0 eH/(2\pi m)$ die Masse m von Teilchen bestimmen läßt. μ_0 magnetische Feldkonstante, e Ladung der Teilchen, H magnetische Feldstärke. Da in der →Massenspektroskopie die Massen nicht absolut, sondern nur relativ zur Masse eines anderen Teilchens gemessen werden, ist beim Omegatron nur eine Frequenzmessung notwendig, die sehr genau durchgeführt werden kann (H bleibt konstant).

Ein solches Gerät wurde mit einem max. Bahnradius von etwa 1 cm von *Hipple* gebaut und damit ein →Auflösungsvermögen von mehr als 5000 erreicht. Wird für ein Teilchen ν *und* H gemessen, so kann aus der Resonanzbedingung auch der Absolutwert der spezifischen Ladung e/m, z.B. des Protons, und daraus die →*Faradaykonstante* F ermittelt werden. Da H nicht sehr genau gemessen werden kann, hat *Hipple* durch Bestimmung der Kernresonanzfrequenz ν_n des Protons im gleichen Magnetfeld mit Hilfe der Beziehung $2\pi\nu_n = \gamma H$ (γ →gyromagnetisches Verhältnis) H eliminiert und damit eine Präzisionsbestimmung von F durchgeführt.

Hipple, J. A., H. Sommer, u. *H. A. Thomas*: Phys. Rev. 76, 1877 (1949); 78, 332 (1950); 80, 487 (1950).

Onnes-Effekt →Helium flüssig und fest.

Onsagersche Reziprozitätsbeziehungen sind Aussagen über Nichtgleichgewichtsvorgänge. Sie wurden 1931 von *Onsager* auf Grund schwankungstheoretischer Betrachtungen angegeben und sind allgemeine Beziehungen, deren Grundlagen nicht mehr thermodynamischer Natur sind. Beispiele dieser Reziprozitätsbeziehungen sind die →Thomsonschen Beziehungen der Thermoelektrizität, die Symmetrie der Tensoren der elektrischen und thermischen Leitfähigkeit in Metallkristallen; d.h. sind σ_{ik} und λ_{ik} $(i, k = x, y, z)$ die Komponenten dieser Leitfähigkeitstensoren, bezogen auf ein beliebiges rechtwinkliges Koordinatensystem, so ist $\sigma_{ik} = \sigma_{ki}$ und $\lambda_{ik} = \lambda_{ki}$.

Den Thomsonschen Beziehungen der Thermoelektrizität ähnliche Gleichungen bestehen zwischen den Koeffizienten der Thermodiffusion und den Koeffizienten des inversen Effektes der Thermodiffusion, des Diffusionsthermoeffektes.

Oort-Effekt, die Rotation der Fixsterne um den Schwerpunkt der →Milchstraße.

Opak →Opazität, →trübe Medien.

Opakilluminator →Vertikalilluminator.

Opaleszenz, kritische, ein auf →Dichteschwankungen einer Flüssigkeit in der Nähe des kritischen Punktes beruhender optischer Streueffekt, der sich in einer Trübung der Flüssigkeit äußert.

Opalgläser →Zerstreuungsgläser.

Opazität, nach dem Mineral Opal, welches *opak*, d. h. trübe, also zwar durchscheinend, aber nicht durchsichtig ist; der Kehrwert des optischen →Durchlaßgrades. →trübe Medien.

Operator, ein Symbol, welches zum Ausdruck bringt, daß auf den hinter dem Operator stehenden Ausdruck eine bestimmte Rechenvorschrift ausgeübt werden soll. Um welche es sich hierbei handelt, muß bei Einführung eines Operators genau definiert werden. Am bedeutungsvollsten sind die Operatoren, die die Rechenvorschrift „Differentiation einer Funktion $f(x)$" ausdrücken. Diese wird in der Analysis durch $\frac{d}{dx} f(x)$ dargestellt. Führt man für d/dx den *Differentialoperator* D ein, so wird der Differentiationsprozeß durch $D\,f(x)$ symbolisiert. Die Funktion $f(x)$, auf die der Operator einwirken soll, nennt man die *Objektfunktion*, das Ergebnis (das in dem einfachsten Falle $D\,f(x) = f'(x)$ mit der Ableitung von $f(x)$ identisch ist) die *Resultatfunktion*. Da die Bildung des 2., 3., ..., n-ten Differentialquotienten von $f(x)$ eine erneute Differentiation der 1., 2., ..., $(n-1)$-ten Ableitung von $f(x)$ bedeutet, stellt sich dies operatorisch durch $D(D\,f(x)) = D^2 f(x)$, $D(D^2 f(x)) = D^3 f(x), \ldots, D(D^{n-1} f(x)) = D^n f(x)$ dar. Verknüpft man mehrere dieser *iterierten* Operatoren mittels der elementaren Rechenoperationen, so gelangt man zu *Operatorfunktionen*, deren Einwirkung auf eine Objektfunktion die Ausübung einer sinngemäß erweiterten Rechenvorschrift besagt. So bedeutet im einfachsten Fall einer linearen Operatorfunktion von etwa 2. Grade: $L_2[D] = a_2 D^2 + a_1 D + a_0$ (a_2, a_1, a_0 = Konstanten), und das Einwirken von $L_2[D]$ auf f führt gemäß Definition zu $L_2[D]\,f(x) = \left(a_2 \frac{d^2 f}{dx^2} + a_1 \frac{df}{dx} + a_0\right) = a_2 f'' + a_1 f' + a_0 f$. Den linearen Ausdruck n-ter Ordnung in D mit konstanten Koeffizienten $L_n[D] = a_n D^n + a_{n-1} D^{n-1} + \cdots + a_1 D + a_0$ nennt man *linearen Differentialoperator*. Zu jedem Operator Op gibt es einen inversen, der die durch jenen symbolisierte Rechenvorschrift wieder aufhebt. Man bezeichnet ihn mit Op^{-1}. Im Fall des Differentialoperators D ist es also D^{-1}, womit der Integrationsprozeß gemeint wird. Es ist stets $D^{-1}(D\,f(x)) = D D^{-1} f(x) = f(x)$. Operatorenmäßig schreibt man dafür $D D^{-1} = D^{-1} D = 1$. Gemäß Definition von D ist

$$D^{-1} f(x) = \int_0^x f(\xi)\, d\xi .$$

Das Rechnen mit Operatoren geschieht nach bestimmten, in ihrer Gesamtheit den →*Operatorkalkül* darstellenden Regeln (→Laplace-Transformation).

Ertel, H.: Elemente d. Operatorenrechnung. Berlin 1940. — *Wagner, K. W.*: Operatorenrechnung. Leipzig 1950. — *Berg, E. J.*: Rechnung mit Operatoren. München 1932. — *Courant, R.*, u. *D. Hilbert*: Methoden d. math. Physik. Berlin 1931. — *Doetsch, G.*: Theorie u. Praxis d. Laplace-Transformation. Berlin 1938 — Tafeln zur Laplace-Transformation. Berlin 1948.

Operatoren im Hilbert-Raum. Ein Operator im →Hilbert-Raum $\mathfrak{H}$ ist eine Transformation T, die den Elementen f aus einer Menge $\mathfrak{D}_T \leqq \mathfrak{H}$ Werte $g = Tf$ aus $\mathfrak{H}$ zuordnet, während sie den Elementen außerhalb $\mathfrak{D}_T$ nichts zuordnet. $\mathfrak{D}_T$ heißt der *Definitionsbereich*. Die Menge aller Tf mit f aus $\mathfrak{D}_T$ heißt der *Wertevorrat* $\mathfrak{W}_T$ von T.

Operatoren, vertauschbare. Zwei (selbstadjungierte oder unitäre) →Operatoren A, B heißen vertauschbar, wenn für die zugehörigen Spektralscharen E_λ und F_μ (→Spektrum eines Operators) $E_\lambda F_\mu = F_\mu E_\lambda$ gilt. Dann gilt auch, soweit beide Seiten definiert sind, $ABf = BAf$.

Operatordarstellung der Wellengleichungen, matrizenmäßige Zusammenfassung von vektoriell-tensoriellen oder spinoriellen →Wellengleichungen der Elementarteilchen. Beispiele geben die Matrixdarstellungen der →Diracschen und der →Kemmerschen Wellengleichungen. Die Operatordarstellung umfaßt die beiden genannten und läßt noch andere, speziellen Probleme angepaßte Darstellungen zu. Betr. spezielle Formen →Wellengleichungen der Elementarteilchen.

Wentzel, G.: Quantentheorie d. Wellenfelder. Wien 1943.

Operatorgleichungen →Bewegungsgleichungen in der Quantenmechanik.

Operatorkalkül. Bezeichnet man mit $\mathfrak{D}_T$ den Definitionsbereich und mit $\mathfrak{W}_T$ den Wertevorrat des →Operators T, so ist $T_1 + T_2$ definiert durch $\mathfrak{D}_{T_1+T_2}$ gleich dem Durchschnitt von $\mathfrak{D}_{T_1}$ und $\mathfrak{D}_{T_2}$ und $(T_1 + T_2)f = T_1 f + T_2 f$ für f aus $\mathfrak{D}_{T_1+T_2}$. Ist c eine komplexe Zahl, so ist cT definiert durch $\mathfrak{D}_{cT} = \mathfrak{D}_T$ und $(cT)f = c(Tf)$ für f aus $\mathfrak{D}_{cT}$. $T_1 T_2$ ist definiert durch $(T_1 T_2)f = T_1(T_2 f)$, wenn $T_2 f$ und $T_1(T_2 f)$ sinnvoll sind, sonst nicht. $(\lim_{n\to\infty} T_n f) = \lim(T_n f)$, wenn $T_n f$ für alle hinreichend großen n sinnvoll und konvergent. Wenn $Tf = Tg$ nur für $f = g$, dann ist T^{-1} (der zu T inverse Operator) definiert durch $\mathfrak{D}_{T^{-1}} = \mathfrak{W}_T$ und $T^{-1}(Tf) = f$. Im allgemeinen ist $T_1 T_2 \neq T_2 T_1$. Diese Operationen begründen den Operatorkalkül.

Ophthalmometer (*Helmholtz, Javal*), Gerät zur Bestimmung des Krümmungsradius der Augenlinse und der Hornhaut durch Ausmessung von Spiegelbildern; gelegentlich auch zu rein physikalischen Zwecken verwendet.

Handb. d. Physik XVIII. Berlin 1927.

Opticus = →Nervus opticus.

Optik, allgemein die Lehre von der in →transversalen Wellen jeder beliebigen Länge strahlenden elektromagnetischen Energie, im besonderen die *Lehre vom Licht*. Man teilt die Optik zweckmäßig in zwei Abschnitte: 1. die Lehre von der *Fortpflanzung* der Strahlung, 2. die Lehre von der *Entstehung* und von der *Umwandlung* der Strahlung. Der erste Abschnitt zerfällt in die →*geometrische Optik* und die (physikalische) →*Wellenoptik*, wenn auch bisweilen keine scharfe Grenze zwischen diesen beiden gezogen werden kann. Ferner →Elektronenoptik.

Gelegentlich wird unter „Optik" auch das optische Zubehör eines physikalischen oder technischen Gerätes verstanden.

Optik bewegter Körper, ein wichtiges Teilgebiet der Optik. Die erste hierhergehörige Erscheinung, die beobachtet wurde, ist die →Aberration des Fixsternlichtes, aus der *Bradley* (1728) die →Lichtgeschwindigkeit bestimmen konnte. Hinsichtlich der →Mitführung des Lichtes durch bewegte, durchsichtige Körper stellte *Fresnel* (1851) die ersten Beobachtungen an und zeigte, daß der damals angenommene Lichtäther nur mit einem Bruchteil der Geschwindigkeit des Körpers an der Bewegung teilnimmt. *Fizeau* hatte diese Mitführung des Lichtes an strömendem Wasser gemessen. Der Einfluß der relativen Bewegung von Lichtquelle und Beobachter ist von *Doppler* in dem nach ihm benannten →Doppler-Effekt formuliert worden. Solange die elastische Lichttheorie galt und die Meßgenauigkeit beschränkt war, reichte die Fresnelsche Vorstellung der partiellen Mitführung des Äthers zur Deutung aller Beobachtungen aus. Die elektromagnetische Lichttheorie dagegen stieß auf prinzipielle Schwierigkeiten. Den ersten Versuch einer Elektrodynamik bewegter Körper machte *H. Hertz*. Seine Formeln stehen aber im Widerspruch zu einigen elektromagnetischen und optischen Erfahrungen. Ein großer Fortschritt war die Theorie von *H. A. Lorentz*. Sie nahm einen absolut ruhenden Äther als Träger der elektromagnetischen Erscheinungen an und führte die optischen Eigenschaften der materiellen Körper auf das Zusammenwirken von Elektronen zurück. Der Fresnelsche →Mitführungskoeffizient und überhaupt alle damals (1895) bekannten Erscheinungen ergaben sich richtig. Die ungeheure Steigerung der Meßgenauigkeit im →Michelson-Versuch führte jedoch zu einem neuen Widerspruch; es gelang nicht, den von der Lorentzschen Theorie geforderten Ätherwind experimentell nachzuweisen. Die vollständige Aufklärung brachte erst *Einsteins* spezielle →Relativitätstheorie (1905). Seitdem ist die Optik bewegter Körper ein widerspruchsfreier Teil der Elektrodynamik, um deren mathematische Ausgestaltung sich besonders *Minkowski* verdient gemacht hat.

v. Laue, M.: Relativitätstheorie. Braunschweig 1950.

Optikrechnen, die technische Anwendung der →Abbildungsfehler-Theorie mit dem Ziel, korrigierte optische Systeme zu finden, die vorgeschriebene Leistungen hervorbringen.

Optimalfarbe, ideale →Körperfarbe mit spektraler Remissionskurve, die entweder auf dem Wert $\beta_\lambda = 0$ oder $\beta_\lambda = 1{,}0$ verläuft und höchstens zwei Sprungstellen von 0 auf 1 bzw. umgekehrt besitzt. Die solchen Farbreizen zugeordneten Farbvalenzen haben ausgezeichnete Eigenschaften: Bei gegebener →Farbart ist die Optimalfarbe die hellste und bei gegebenem →Farbton und gegebener Helligkeit die am meisten gesättigte Farbe. Grundsätzlich sind vier Typen möglich (Abb.):

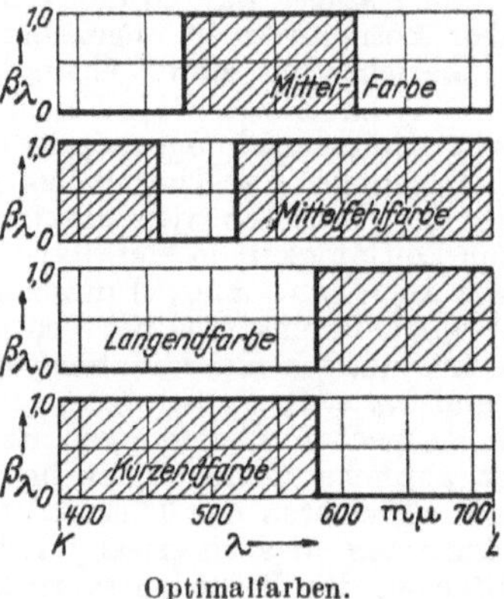

Optimalfarben.

Langendfarbe, Mittelfarbe, Kurzendfarbe, Mittelfehlfarbe.

Luther, R.: Z. techn. Phys. 8, 540 (1927).

Optimeter, Meßgerät nach dem Prinzip des →Fühlhebels mit Spiegelablesung zur Messung kleiner Dicken und Dickenänderungen.

Optische Achsen →Kristalloptik, →Strahlenfläche, →Normalenfläche.

Optische Aktivität →Drehung der Polarisationsebene.

Optische Anomalien →Spannungsdoppelbrechung.

Optischer Charakter der Doppelbrechung eines Kristalls, die Angabe, ob ein Kristall optisch positiv oder negativ ist. →Kristalloptik.

Optische Dichte, ein relativer Begriff, indem von zwei Stoffen derjenige als der optisch dichtere (dünnere) bezeichnet wird, der die größere (kleinere) →Brechungszahl hat. Der Begriff stammt aus einer Zeit, in der man noch annahm, daß die Brechungszahl allgemein mit der Massendichte zusammenhänge, was aber nur bei dem gleichen Stoff (insbesondere bei Gasen) der Fall ist. — Ferner →Dichte lichtdurchlässiger Schichten.

Optische Drehung →Drehung der Polarisationsebene, →magnetische Drehung der Polarisationsebene.

Optische Geräte, in weiterem Sinne jedes Gerät, das auf den Gesetzen der Optik und auf den Eigenschaften der elektromagnetischen Wellen beruht. Meist beschränkt man sich aber auf Geräte, die elektromagnetische Wellen des ultravioletten, sichtbaren oder ultraroten Gebietes verwenden. In engerem Sinne versteht man unter optischen Geräten nur solche, die es ermöglichen, äußere Gegenstände unserem Auge anders darzubieten, als sie das Auge ohne Instrument sehen könnte. Die Gegenstände werden meist in Form optischer Bilder dem Auge dargeboten, und diese werden durch Folgen brechender und spiegelnder Flächen erzeugt. Deshalb werden Geräte, die zur Untersuchung der Lichtstrahlung dienen oder in denen die Beeinflussung der Lichtstrahlung untersucht wird (Polarisationsapparate, Interferenzgeräte, Pyrometer, Photometer, Spektralapparate, Refraktometer), nur in weiterem Sinne zu den optischen Geräten gerechnet.

In manchen Fällen ist die Hinzurechnung schwankend; z. B. wird zuweilen das Auge als optisches Gerät bezeichnet, zuweilen beschränkt man diesen Begriff aber nur auf künstliche Vorrichtungen. Auch ob die als Sehhilfe dienenden Geräte, wie Brillen, und die Geräte, die zur Tiefenwahrnehmung oder zur Änderung der Tiefenwahrnehmung dienen, wie Stereoskop, Telestereoskop, zu den optischen Geräten gerechnet werden, ist schwankend. Gleiches gilt auch für die als Beleuchtungsvorrichtung dienenden Scheinwerfer und Kondensoren.

Optische Geräte in engerem Sinne können nach verschiedenen Gesichtspunkten geordnet werden. Eine ältere Einteilung teilt sie nach der Lage des letzten Bildes ein. Liefert das Gerät ein reelles auffangbares Bild, so spricht man von objektiven im Gegensatz zu subjektiven Geräten, bei denen virtuelle, nicht auffangbare Bilder entstehen.

Nach dem Vorschlag von *M. v. Rohr* teilt man optische Geräte in engerem Sinne in der Hauptsache nach dem Verhältnis der scheinbaren Größe eines Gegenstandes vom Augenpunkt bei Betrachtung mit und ohne Gerät, also nach der Vergrößerungszahl ein. Eine weitere Unterteilung erfolgt nach dem Objektabstand. Es ergibt sich dann die folgende Einteilung:

A. Wiederholende Geräte sind solche, bei denen eine Veränderung der scheinbaren Größe oder der Gestalt eintreten kann, die aber nicht ihr Hauptzweck ist. Hingegen wiederholt das Gerät den Gegenstand an anderem Ort und zu anderer Zeit usw. Es sind dies: 1. Vorrichtungen, die eine scheinbare räumliche Verlagerung oder Vervielfachung des Gegenstandes ermöglichen. Hierher gehören ebene Spiegel und Spiegelsysteme, Röhrengucker, Höhlengucker (Cystoskope), Sehrohre (Periskope). 2. Vorrichtungen zur Aufnahme, Wiedergabe und Betrachtung von Bildern unabhängig von Raum und Zeit. Hierher gehören Aufnahmevorrichtungen, wie photographische Apparate, kinematographische Apparate, Projektionsapparate, Betrachtungsvorrichtungen. 3. Vorrichtungen zur Beobachtung in scheinbar geändertem Bewegungszustand. Hierher gehören: Rotierende Spiegel, Spiegelräder und Schrauben, optische Ausgleiche, stroboskopische Apparate; Zeitlupe und Zeitdehner.

B. Verdeutlichende Geräte sind solche, bei denen eine Veränderung, im allgemeinen Vergrößerung, der scheinbaren Größen Hauptzweck ist, d. h. diese Geräte erhöhen die Erkennbarkeit von Objekteinzelheiten. Nach *v. Rohr* sollen in diese Klasse nur Geräte eingereiht werden, deren Vergrößerungszahl über 2 liegt. Die Verdeutlichung beruht nicht auf einer Erhöhung der Leuchtdichte der Gegenstände. Bei Beobachtung von Fixsternen handelt es sich nur um eine scheinbare Ausnahme, da die Fixsterne als punktförmige Objekte im Fernrohr nur als Beugungsbilder der Objektivöffnung sichtbar, also selbst nicht vergrößert abgebildet werden. Der von diesen Beugungsbildern ausgehende Lichtstrom ist dann aber entsprechend der Objektivöffnung gestiegen. Die verdeutlichenden Instrumente unterteilt man dann weiter nach der Objektentfernung in Lupe, Mikroskop, Ablesefernrohr und Fernrohr.

v. Rohr, M.: Naturwiss. 1, 417–445 (1913) – Die opt. Instrumente. Berlin 1930.

Optische Konstanten der Metalle. Ist λ eine Lichtwellenlänge im Vakuum und λ_1 die desselben Lichtes im Metall, so ist die Brechungszahl n definiert durch $n = \lambda/\lambda_1$. Der Absorptionskoeffizient k (auch Extinktionskoeffizient genannt) ist dadurch festgelegt, daß die Lichtintensität beim Durchlaufen der Strecke λ um den Faktor $\exp(-4\pi k)$ kleiner wird. Die komplexe Brechungszahl n^+ der Maxwellschen Theorie ist gegeben durch $n^+ = n - ik$, wo $i = \sqrt{-1}$. An Stelle des Absorptionskoeffizienten k benutzt man oft auch den Absorptionsindex $\varkappa$, der gleich k/n ist.

Das Reflexionsvermögen R eines Metallspiegels bei senkrechtem Einfall des Lichtes (als Bruchteil der zurückgeworfenen Lichtenergie) beträgt

$$R = \frac{(n-1)^2 + k^2}{(n+1)^2 + k^2}.$$

n und k sind von der Wellenlänge λ abhängig; auch die Metalle zeigen also Dispersion. Für manche Wellenlängen wird $n < 1$; folglich ist in diesen Fällen in Metallen die Phasengeschwindigkeit des Lichtes $v = c_0/n$ (c_0 Vakuumlichtgeschwindigkeit) $> c_0$.

Die genaue Messung der optischen Konstanten der Metalle ist verhältnismäßig schwierig (→Metallreflexion), weil die Ergebnisse in hohem Maße von der Beschaffenheit der Oberfläche der Metallspiegel abhängen. Die folgende Tabelle gibt die Werte von n, k und R für einige Metalle bei Zimmertemperatur für die D-Linie des Na ($\lambda = 5893$ Å):

Metall	n	k	R %
K	0,068	1,50	92
Na	0,044	2,42	97,1
Ag	0,18	3,64	95
Au	0,47	2,83	81,5

Born, M.: Optik. Berlin 1933.

Optische Lage eines optischen Werkstoffes (z. B. eines Glases) ist das Wertepaar n_d (→Brechungszahl im gelben Heliumlicht), ν (→Abbesche Zahl). In einem ebenen rechtwinkligen Koordinatensystem mit den Achsen n_d und ν ist jeder optische Werkstoff durch einen Lagepunkt darstellbar.

Optisch negativ, positiv →Kristalloptik, →Drehung der Polarisationsebene.

Optische Normale →Kristalloptik.

Optisches Pyrometer →Strahlungspyrometer, →Gesamtstrahlungspyrometer.

Optisches System, eine Folge von Linsen, Spiegeln, Prismen und Platten, die eine optische Gesamtwirkung hervorbringt, z. B. Fernrohr- oder Mikroskopobjektive, Okulare, Photoobjektive usw.

Optische Temperaturskala →Temperaturskala, optische.

Optische Tiefe (Dicke) →im *Nachtrag*.

Optische Weglänge (auch *reduzierter Weg*), das Produkt ns aus der Brechungszahl n eines Stoffes und dem von einem Lichtstrahl in ihm durchlaufenen Weg s. →Abbildung, optische.

Optischer Wirkungsgrad →Wirkungsgrad, optischer, visueller.

Ordentlicher (ordinärer) Strahl, *ordentliche Welle* →Kristalloptik.

Ordinate →Abszisse.

Ordnung einer →Gruppe ist die Zahl ihrer Elemente. Die Ordnung eines Gruppenelementes a ist die Zahl der Elemente der von diesem Element a erzeugten zyklischen Gruppe, d.h. die kleinste Zahl m, für die $a^m = e$ (e Einselement, →Einheit) gilt.

Ordnung der Interferenz (→Beugungsordnungen) ist der Gangunterschied, den zwei miteinander interferierende Wellen gleicher Schwingungsrichtung gegeneinander aufweisen, wenn die Wellen am Interferenzort gleiche Phasen besitzen, d. h. wenn die eine Welle gegenüber der anderen um ein ganzes Vielfaches einer Wellenlänge zurückgeblieben ist. Sie spielt in der Kristalloptik eine Rolle bei den →Interferenzfarben doppelbrechender Kristalle →Ordnung der Interferenzfarben.

Bei der Kristallgitterbestimmung bedeutet in der Braggschen Gleichung $2d \sin\vartheta/2 = n\lambda$ das n die *Ordnung der Interferenz* oder des *Reflexes* an der Netzebene (hkl), d. h. den Gangunterschied, den zwei an benachbarten identischen Netzebenen (hkl) gebeugte Röntgenstrahlen gegeneinander erhalten. Das Produkt der →Miller-Indizes mit der Interferenzordnung n sind die →Laue-Indizes.

Ordnung der Interferenzfarben (→Ordnung der Interferenz), Einteilung der →Interferenzfarben nach der Dicke der sie bei weißem Licht und bei senkrechter Betrachtung erzeugenden dünnen Luftschicht (→Farben dünner Blättchen). Blättchen von 0 bis 275 mμ erzeugen die Farben 1. Ordnung, von 275 bis 550 mμ die der 2. Ordnung, und so fort für je 275 mμ Dickenzuwachs; der Gangunterschied der interferierenden Strahlen ist (bis auf die Phasenumkehr bei der Reflexion am dünneren Medium) gleich der doppelten Plattendicke, so daß also die Ordnungen in Intervalle von je 550 mμ Gangunterschied eingeteilt werden (550 mμ ist diejenige Wellenlänge, für welche unser Auge am empfindlichsten ist).

Ordnung im Kristallgitter eines Mischkristalls →Atomverteilung.

Ordnungsfunktionen. Sind $f(x)$ und $\varphi(x)$ zwei Funktionen und gehen beide von derselben Größenordnung „ins Unendliche", d. h. ist der Grenzwert ihres Quotienten beschränkt: $\left|\lim\limits_{x\to\infty} \frac{f(x)}{\varphi(x)}\right| \leq M$ (M = const), so wird dies mit Hilfe der „Ordnungsfunktion" $O[\varphi(x)]$ symbolisch durch $f(x) = O[\varphi(x)]$ ausgedrückt. Beispiel: Es ist $x^2 \sin\frac{1}{x} = O(2x-1)$, weil $\lim\limits_{x\to\infty} \frac{x^2 \sin 1/x}{2x-1} = \frac{1}{2}$. — Geht $\varphi(x)$ von höherer Größenordnung als $f(x)$ mit unbegrenzt zunehmendem x „ins Unendliche", verschwindet also $\lim\limits_{x\to\infty} \frac{f(x)}{\varphi(x)} = 0$, so drückt man dies mit Hilfe der o-Funktion durch $f(x) = o[\varphi(x)]$ aus. Beispiel: $\ln\ln x = o(x)$, weil $\lim\limits_{x\to\infty} \frac{\ln\ln x}{x} = 0$ ist. Die Funktion $\varphi(x) = x$ wird stärker unendlich als die Funktion $f(x) = \ln\ln x$.

Ordnungszahl (*Atomnummer*) eines Elementes, seine laufende Nummer im →Periodischen System, identisch mit seiner →*Kernladungszahl*, also auch mit der *Zahl der Protonen* in den Kernen einer Isotope.

Organo-Germaniumoxyde →Germenone.

Organophosphore →Phosphoreszenz.

Organosole, →kolloide Zerteilungen von Stoffen in organischen Dispersionsmitteln wie Alkohol, Glyzerin, Äther, Kohlenwasserstoffen. Die Darstellungsverfahren entsprechen den bei →Hydrosolen üblichen. Für die Beständigkeit →lyophober Organosole (kolloide Metalle, Sulfide usw.) scheint die Anwesenheit geringer Mengen Wasser oder anderer Fremdstoffe erforderlich zu sein. Von großer Bedeutung sind die →lyophilen Organosole, wie etwa die kolloiden Lösungen von Cellulosederivaten, Kautschuk und Kunststoffen in Aceton, Estern oder anderen organischen Lösungsmitteln.

Freundlich, H.: Kapillarchemie. Leipzig 1932.

Orgel. Zusammenschluß einer größeren Anzahl von Blasinstrumenten (*Register*) mit unterschiedlicher Klangfarbe zu einem Tasteninstrument, welches mehrere Klaviaturen für die Hände (2 bis 4 Manuale, selten 5) und eine Klaviatur für die Füße (Pedal) besitzt. Klaviaturumfang 4—5 Oktaven in den Manualen, $2^1/_2$ Oktaven im Pedal, angefangen von C. Die Anzahl der Pfeifen jedes Registers entspricht der Tastenzahl; bei mehrfach besetzten (gemischten) Registern ist die Pfeifenzahl entsprechend größer. Man unterscheidet Labial- (Lippen-) Pfeifen und Lingual- (Zungen-) Pfeifen.

Die Tonhöhe der Labialpfeifen ergibt sich aus der Pfeifenlänge, die traditionsgemäß in „Fuß" gemessen wird (→Fußton). Die gleiche Angabe wird sinngemäß auch bei Lingualpfeifen benutzt, obwohl dort die Abstimmung der Zunge von maßgebendem Einfluß ist (→Musikinstrumente). Die Klangfarbe der Pfeifen wird einerseits durch ihre Bauart und Maße (→Mensuren), andererseits durch die Intonation bestimmt (→Musikinstrumente, →Intonation). Die wichtigsten Registergruppen sind:

Labialpfeifen: Prinzipale (in höherer Lage auch „Oktave"; ferner dazugehörend ein Teil der gemischten Register); offene Flöten (Holzflöte, Querflöte, Hohlflöte, Nachthorn); konische Flöten (Spitzflöte, Gemshorn, Waldflöte, Blockflöte); Halbgedackte (Rohrflöte, Koppelflöte); Gedackte (Gedackt, Subbaß; Lieblich Gedackt, Quintadena); Streicher (Violflöte, Gambe, Salizional); Aliquote (Quinte, Nasat, Terz; →Aliquote); gemischte und repetierende Register (Sesquialtera, Terzian; Rauschpfeife, Mixtur, Scharf, Zimbel).

Lingualpfeifen: mit ganzer Becherlänge (Posaune, Trompete, Schalmei; Dulzian, Krummhorn; Rankett); mit verkürzten Bechern (alle Regale, z. B. Trompetenregal, Dulzianregal, Rankettregal usw.; ferner Bärpfeife, Vox humana).

Eine einmanualige Orgel ohne Pedal ist im strengen Sinne keine Orgel, sondern ein *Positiv*. Die zu *einem* Manual oder Pedal gehörende Gesamtheit aller Register einschl. der Windlade wird als *Werk* bezeichnet. Klassische Anordnung: Hauptwerk (zentral), Oberwerk (oberhalb des Hauptwerkes), Brustwerk (unterhalb des Hauptwerkes, unmittelbar über dem Spieltisch), Rückpositiv (Positiv im Rücken des Spielers, d. h. in die Brüstung der Orgelempore eingebaut).

Alle konstruktiven und klanglichen Merkmale der Orgel sind aus ihrer eigentlichen Aufgabe als Darstellerin der polyphonen Musik herzuleiten: Klare Herausarbeitung der Stimmführung, auch im vielstimmigen Satz. Normalerweise enthält eine Orgel etwa 30—35% Register aus der Gruppe der Prinzipale (einschl. Rauschpfeife, Mixtur usw.), 40—50% Flöten und Gedackte und 20—25% Zungenregister. Die einzelnen Werke sind durch die Gruppierung und Mensurierung der Register unterschiedlich charakterisiert. Dabei muß ein organischer Plan (*Disposition*) zugrunde liegen, für dessen Aufstellung neben der Kenntnis gewisser Regeln auch ein erhebliches Maß an künstlerischem Empfinden und an intuitiv-konstruktiven Klangvorstellungen notwendig ist. Zum Erwerb derartiger Klangvorstellungen bedarf es einer großen Erfahrung einerseits über die klangliche Auswirkung von Bauart, Mensuren und Intonation der Pfeifen, andererseits über die Kombinationsmöglichkeiten der Register beim praktischen Orgelspiel (Registrieren). Wesentlich ist eine möglichst lückenlose Übereinanderschichtung der Obertonreihen (Oktav-, Quint- und Terzreihen), auch „Pyramidenprinzip" genannt. Zum Beispiel basiert das Pedal einer großen 4manualigen Orgel normalerweise auf dem Prinzipal 32′, das Hauptwerk auf dem Prinzipal 16′, Oberwerk-Prinzipal 8′, Rückpositiv-Prinzipal 4′, Brustwerk-Prinzipal 2′. Von großer Bedeutung sind ferner die Verteilung der gemischten Register und die Art der →Repetitionen sowie die Wahl der Mensuren (insbesondere variabler Mensuren).

Die Stärke der Tongebung der Orgelpfeifen ist durch den Anschlag nicht zu beeinflussen. An Stelle der beim Musizieren üblichen dynamischen Schattierungen (Intensitätsänderung: crescendo, decrescendo) tritt bei der Orgel eine Abstufung der Klangfarben, also gewissermaßen eine →Dynamik auf höherer Ebene (auch „Klangfarbendynamik" genannt). Die beim Registrieren zusammengestellten Register müssen zu einer einheitlichen Klangfarbe verschmelzen (Prinzip der Klangsynthese), dagegen sollen sich die *verschiedenen* Registrierungen möglichst klar voneinander abheben, eine Forderung, der beim Spielen auf mehreren Manualen der unterschiedliche Werkcharakter entgegenkommt. Sehr wesentlich für die Klangwirkung sind die Einschwingvorgänge (Klangeinsätze, sog. Ansprache, Abb. a—c).

Im Sinne der Klangeinsätze und der Verschmelzung ist die Tonkanzellenlade (Schleiflade) in Verbindung mit der mechanischen Traktur (größte Präzision in der Spielart) allen anderen Laden- und Trakturarten überlegen. Eine richtig angelegte mechanische Traktur ermöglicht durch die Art des Anschlages in geringen Grenzen eine Beeinflussung der Ansprache (Klangeinsätze). — Der Winddruck beträgt, je nach der Größe der Orgel und des Raumes, zwischen etwa 50 und 80 mm Wassersäule (0,005—0,008 atü); höhere Winddrucke sind dem Wohlklang der Pfeifen abträglich (penetrante, plumpe Klänge).

Der Orgel musikalisch und spieltechnisch verwandt ist das Cembalo (Saiteninstrument, auch Lautenklavier genannt), das gleichfalls 2 Manuale (zumindest größere Instrumente) und mehrere Register besitzt, die zur Erzielung verschiedener Klangfarben kombiniert werden. Gelegentlich rüstet man das Cembalo auch mit einem Pedal aus, um Orgelliteratur darauf spielen zu können.

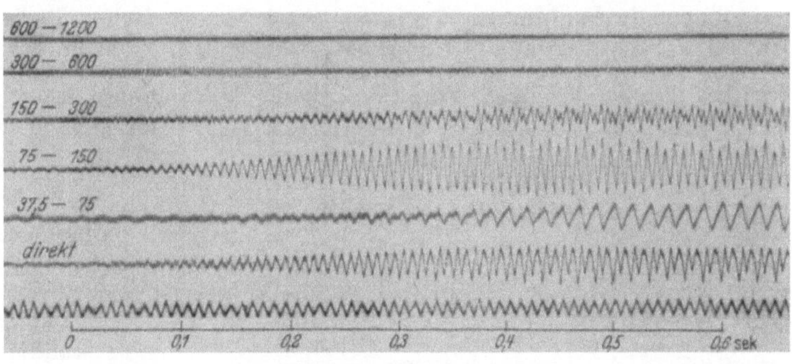

a

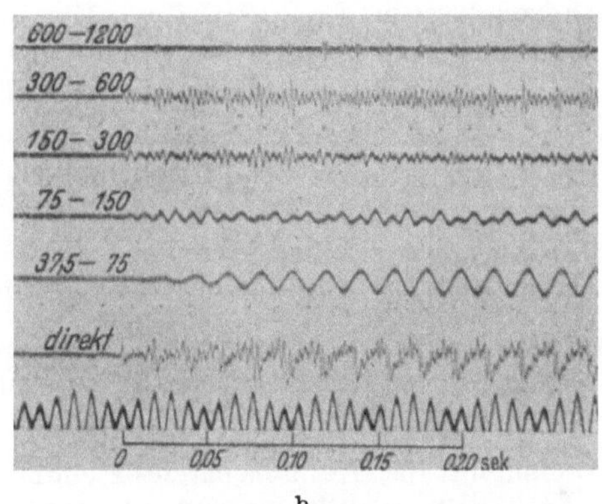

b

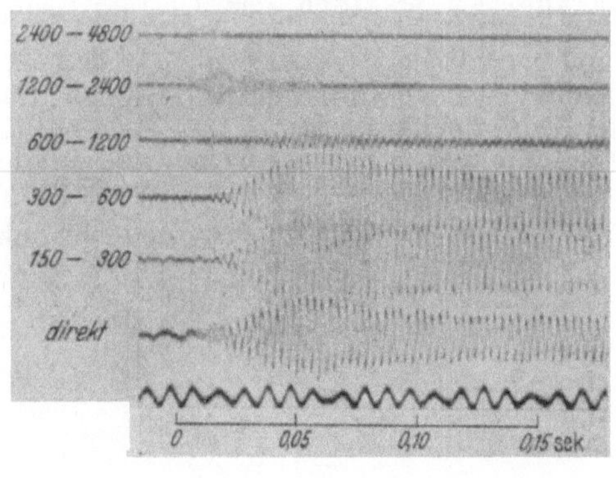

c

Oktavsieboszillogramme vom Klangeinsatz einiger Orgelregister. a) „Prinzipal", b) „Lieblich Gedackt", c) „Trompete" (nach *Trendelenburg, Thienhaus* u. *Franz*).

Sogar 3manualige Cembali hat es in der Barockzeit gegeben. Auch beim Cembalo ist die Stärke des Klanges durch den Anschlag im Prinzip *nicht* zu beeinflussen (Zupfmechanismus), wenngleich gewisse Nuancierungen — bei besonderer Anschlagskunst — doch möglich sind.

Mahrenholz, Chr.: Die Orgelregister. Kassel 1930.

Orientierungskräfte →van der Waals-Kräfte.

Orientierungspolarisation →Polarisation, dielektrische, →Polarisierbarkeit, elektrische.

Original →Abbildung.

Orthobare Dichte →Cailletet-Matthias-Regel.

Orthochromasie →Emulsion, photographische.

Orthogonales Flächensystem →krummlinige Koordinaten.

Orthogonale Funktionen, Vektoren. Zwei Vektoren des →Hilbert-Raumes f, g heißen orthogonal, wenn $(f, g) = 0$ ist. In der Darstellung des Hilbert-Raumes durch Schrödinger-Funktionen heißt das: $\int \bar{f}(x, y, z)\, g(x, y, z)\, dx\, dy\, dz = 0$. In der Darstellung durch Zahlenfolgen $f = (a_1, a_2, \ldots)$, $g = (b_1, b_2, \ldots)$ heißt das: $\sum_{\nu=1}^{\infty} \bar{a}_\nu b_\nu = 0$.

Orthogonale Matrix. Die Matrix A heißt orthogonal, wenn $A'A = 1$, wobei A' die zu A →transponierte →Matrix ist.

Orthogonale Trajektorien →isogonale Trajektorien.

Orthogonalitätsrelationen →Charakter einer Darstellung.

Orthogonalsystem. Ein System $\mathfrak{S}$ von Elementen aus einem →Hilbert-Raum heißt ein Orthogonalsystem, wenn für $\varphi \in \mathfrak{S}$ und $\psi \in \mathfrak{S}$ stets $(\varphi, \psi) = \begin{cases} 0 & \text{für } \varphi \neq \psi \\ 1 & \text{,, } \varphi = \psi \end{cases}$. Sind $\varphi_1, \varphi_2, \ldots, \varphi_m$ Elemente von $\mathfrak{S}$, so gilt die Besselsche Ungleichung

$$\|f\|^2 \geqq \sum_{k=1}^{m} |(f, \varphi_k)|^2 .$$

Das Orthogonalsystem heißt vollständig, wenn $\mathfrak{S}$ eine Grundmenge des Hilbert-Raumes ist. Die Mächtigkeit eines vollständigen Orthogonalsystems ist abzählbar unendlich. Es gilt der Entwicklungssatz: $f = \sum_i \varphi_i(\varphi_i, f)$.

Orthohelium. Das Termschema des Heliums besteht nach dem →Aufbauprinzip aus Singulett- und Tripletttermen, zwischen denen wegen der →Auswahlregeln praktisch kein Übergang möglich ist. Daher erscheint das Helium spektroskopisch als Mischung des *Parheliums* (der Atome in Singulettzuständen) und des *Orthoheliums* (der Atome in Triplettzuständen). Das Heliumspektrum zerfällt also in das des Ortho- und das des Parheliums.

Orthohexagonales Achsenkreuz, ein rechtwinkliges Koordinatensystem, das bisweilen für hexagonale Kristallgitter benutzt wird. Z-Achse ist wie beim üblichen hexagonalen Achsenkreuz die 6- oder 3zählige Symmetrieachse. Als X_0-Achse wird die kurze Basisdiagonale der hexagonalen Elementarzelle von der Länge a, als Y_0-Achse die zur X- und Z-Achse senkrechte Richtung mit der Identitätsperiode $a\sqrt{3}$ gewählt. Der einzige, unerhebliche Vorteil dieses Achsenkreuzes ist die Orthogonalität seiner Achsen. Demgegenüber steht der Verlust aller aus der Symmetrie folgenden einfachen Beziehungen zwischen den Symbolen der Flächen, Kanten und Punkte.

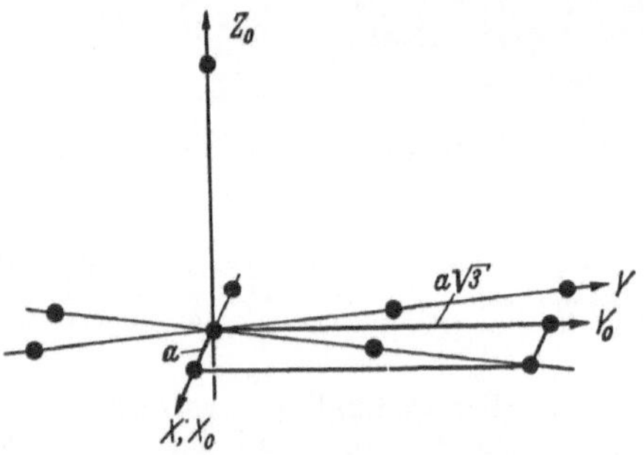

Orthohexagonales Achsenkreuz.

Die Transformationsgleichungen der Punktkoordinaten (m, n, p im hexagonalen, m_0, n_0, p_0 im orthohexagonalen Koordinatensystem) lauten

$$\left.\begin{array}{ll} m_0 = \frac{1}{2}(m + n), & n_0 = \frac{1}{2}(n - m) \\ m = m_0 - n_0, & n = m_0 + n_0 \end{array}\right\} p_0 = p .$$

Orthomorph heißt ein Kristall, dessen Symmetriegruppe keine Spiegelung als Symmetrieelement oder -operation enthält.

Orthorhombisches System, rhombisches System, →Kristallklassen.

Orthoskop →Polarisationsmikroskop.

Orthoskopische Abbildung →Stereoskop.

Orthoskopisches Okular, ein weitgehend verzeichnungsfreies →Okular mit meist großem Abstand der Austrittspupille von der letzten Linsenfläche. Es ist aus vier oder fünf gruppenweise verkitteten Einzellinsen aufgebaut.

Ortho-Stellung →Isomerie.

Orthosystem der Erdalkalien. Da die Erdalkalien als äußere Elektronen ähnlich wie das Helium zwei Elektronen in einer ns-Schale besitzen (→Periodisches System), so hat ihr Spektrum Ähnlichkeit mit dem des Heliums. Die Terme zerfallen in zwei Systeme: Singulett- und Triplettterme, die dann das Para- bzw. Orthosystem genannt werden (ähnlich wie das →Ortho- und Parhelium).

Orthowasserstoff. Die Spins der beiden Atomkerne des Wasserstoffmoleküls, der beiden Protonen, können sich im Molekül entweder zu dem Gesamtspindrehimpuls 1 addieren oder sich gegenseitig kompensieren, da jedes Proton den Spin 1/2 hat. Den Zustand mit dem Kernspindrehimpuls 1 nennt man *Orthowasserstoff*, den anderen mit dem Kernspindrehimpuls 0 *Parawasserstoff*. Da bei Zusammenstößen zweier Moleküle die Kerne praktisch kaum beeinflußt werden, so ist die Übergangswahrscheinlichkeit der einen Modifikation in die andere, besonders bei tieferen Temperaturen, sehr klein, so daß sich Wasserstoff fast immer wie eine Mischung der beiden Sorten verhält.

Bei normaler Temperatur ist das Gleichgewichtsverhältnis der beiden Sorten Ortho : Para 3 : 1. Da die Rotationsterme der beiden Sorten verschieden sind, weil die Protonen der Fermi-Statistik genügen, und somit zu den im Spin symmetrischen Funktionen des Orthowasserstoffs eine am Ort der Kerne antisymmetrische Funktion gehören muß, d. h. ein Drehimpuls der Rotation des Moleküls von $l = 1, 3, 5, \ldots$, während zum Parawasserstoff entsprechend gerade die Werte $l = 2, 4, 6, \ldots$ gehören, erhält man im Spektrum des Wasserstoffmoleküls einen typischen Intensitätswechsel der Linien im Verhältnis 3 : 1.

Bei tiefen Temperaturen ist nach der Boltzmann-Statistik stabil nur eine Mischung, die fast nur aus

Parawasserstoff besteht, da alle Moleküle in den Rotationszustand $l = 0$ übergehen. Dieses Gleichgewicht stellt sich aber in annehmbarer Zeit nur

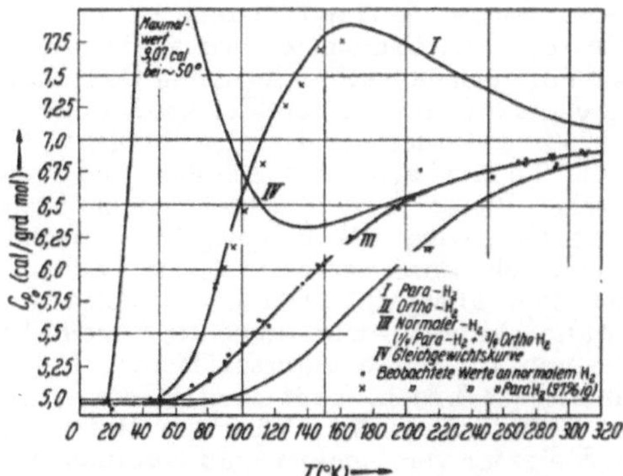

Spezifische Wärme des Wasserstoffs.

unter Anwesenheit von Katalysatoren, etwa Kohle, her. Die spezifische Wärme der verschiedenen Mischungen ergibt sich aus der Abbildung.

Eucken, A.: Lehrb. d. Chem. Physik II/1. Leipzig 1948.

Orthozustände →Para- und Orthozustände.

Ortsdarstellung, diejenige →Darstellung des Hilbert-Raumes, die zum →Ortsoperator q [bzw. bei mehreren Ortskoordinaten und mehreren Teilchen zu den Operatoren q_i $(i = 1, 2, \ldots)$] gehört. Sie heißt deshalb auch oft kurz q-Darstellung. Die Elemente des Hilbert-Raumes werden dargestellt durch Funktionen $\varphi(q')$ [bzw. $\varphi(q_1', q_2', \ldots)$], wobei q' alle Werte von $-\infty$ bis $+\infty$ durchläuft, da das Spektrum von q kontinuierlich ist und alle Werte von $-\infty$ bis $+\infty$ enthält. Es gilt dann $q\varphi(q') = q'\varphi(q')$. Der →Impulsoperator wird dargestellt durch $p\varphi(q') = \frac{\hbar}{i}\frac{\partial}{\partial q'}\varphi(q')$. In dieser Darstellung erhält man für die →Bewegungsgleichung die Schrödinger-Gleichung. Die Ortsdarstellung heißt deshalb auch *Schrödinger-Darstellung.* →Impulsraum.

Ortsfunktionen sind physikalische Größen, die explizit allein von den Koordinaten des Raumes und keinen weiteren Veränderlichen (etwa der Zeit) abhängen. So ist z. B. die zwischen zwei Massen herrschende Gravitationskraft $\mathfrak{K} = f\,\frac{m_1 m_2}{r^2}\,\frac{\mathfrak{r}}{r}$ eine Ortsfunktion.

Ortshöhe z, die Höhe eines Punktes einer Strömung mit Bezug auf eine bestimmte Horizontalebene $z = 0$. Nach der →Bernoullischen Gleichung ist die Summe von Druckhöhe, Ortshöhe und Geschwindigkeitshöhe für jeden Stromfaden auf seiner ganzen Länge konstant, sofern keine Energieverluste in der Strömung auftreten.

Ortskurven. Die Abhängigkeit einer Wechselstromgröße von einer Veränderlichen, z. B. einem veränderlichen Widerstandswert oder von der Frequenz, kann durch eine „Ortskurve" dargestellt werden. Sie gibt den geometrischen Ort der Spitze des betreffenden Zeigers in der komplexen Ebene als Funktion der Veränderlichen an (Abb.).

Der Wechselstromwiderstand einer Reihenschaltung eines Ohmschen Widerstandes und eines Kondensators ist $\mathfrak{R} = R + 1/(j\omega C)$. Der geometrische Ort für den Ohmschen Widerstand ist die reelle Achse des Koordinatensystems, während der Zeiger, der den Wechselstromwiderstand des Kondensators darstellt, in Richtung der negativen imaginären Achse liegt. Für die Reihenschaltung beider ist die Ortskurve eine Gerade in Richtung der negativen imaginären Achse im Abstande R vom Nullpunkt. Für $\omega = 0$ liegt die Spitze des Zeigers bei $-\infty$. Für $\omega = \infty$ liegt sie auf der reellen Achse.

Der dem Widerstand entsprechende Leitwert ist $\mathfrak{G} = 1/\mathfrak{R}$; die zugehörige Ortskurve ergibt sich aus folgender Überlegung: Schreibt man $\mathfrak{R} = r e^{i\varphi}$, so ist $\mathfrak{G} = e^{-i\varphi}/r$. Länge und Phase des zugehörigen Zeigers ergeben sich also aus $r' = 1/r$; $\varphi' = -\varphi$. Um Leitwert und Widerstand in das gleiche Bild einzeichnen zu können, rechnet man mit der konjugierten Größe $\mathfrak{G}^* = e^{i\varphi}/r$. Dann bleibt beim Übergang vom Widerstand zum Leitwert der Winkel gegen die reelle Achse der gleiche, es ändert sich lediglich die Länge des Zeigers entsprechend dem Kehrwert. Man nennt die Bildung des Leitwertzeigers aus dem Widerstandszeiger *Spiegelung am Einheitskreis* oder *Inversion.* Durch Inversion

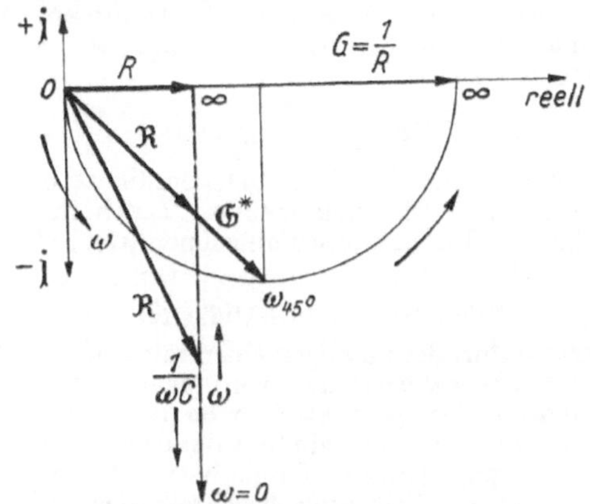

Ortskurve einer Reihenschaltung von Kapazität und Widerstand.

geht jeder Kreis wieder in einen Kreis über und jede gerade Linie als Grenzfall des Kreises in einen Kreis durch den Nullpunkt des Achsenkreuzes. Für den Wechselstromwiderstand $\mathfrak{R}$ ist also die Ortskurve des Leitwertes $\mathfrak{G}^*$ ein Halbkreis mit $1/R$ als Durchmesser. Für $\omega = 0$ ist $|\mathfrak{G}^*| = 0$, für $\omega = \infty$ ist $|\mathfrak{G}^*| = 1/R$. In vielen Fällen ist es einfacher, von der Ortskurve des Leitwerts auszugehen und dazu die Ortskurve des Widerstandes zu bestimmen.

Küpfmüller, K.: Einf. in d. theoret. Elektrotechnik. Berlin 1941.

Ortsmessung →Beobachtung.

Ortsoperator. Der →Observablen „Ortskoordinate" eines Teilchens (z. B. x-Koordinate) wird nach der Quantenmechanik ein Operator q zugeordnet, der mit dem zu q →kanonisch konjugierten →Impulsoperator p der Heisenbergschen Vertauschungsrelation

$$pq - qp = \frac{\hbar}{i}\,1$$

genügt, wobei 1 der Einheitsoperator ist. Hieraus folgt, daß q ein nur kontinuierliches Spektrum, von $-\infty$ bis $+\infty$ reichend, besitzt. Gibt es außer den Funktionen von q keine weiteren mit q vertauschbaren Observablen (Operatoren), so folgt, daß man den Hilbert-Raum darstellen kann durch die komplexwertigen Funktionen $\psi(q')$ (q' reelle Zahl), wobei $(\psi, \varphi) = \int_{-\infty}^{+\infty} \overline{\psi}(q')\varphi(q')dq'$ ist. In dieser Darstellung ist dann der Operator q auf Hauptachsen (auf Diagonalform) transformiert, denn er hat die einfache multiplikative Eigenschaft

$$q\psi(q') = q'\psi(q').$$

Seine Spektralzerlegung lautet hier einfach:

$$q = \int \lambda dE_\lambda; \quad E_\lambda \psi(q') = \begin{cases} 0 & \text{für } q' > \lambda \\ \psi(q') & \text{für } q' \leq \lambda. \end{cases}$$

Da q nur ein kontinuierliches Spektrum besitzt, hat es keine im Hilbert-Raum liegenden Eigenfunktionen. Als singuläre Eigenfunktionen kann man die →δ-Funktionen benutzen:

$$q\delta(q' - \lambda) = \lambda\delta(q' - \lambda).$$

Es gilt dann der Entwicklungssatz:

$$\psi(q') = \int_{-\infty}^{+\infty} \delta(q' - \lambda)\psi(\lambda)\,d\lambda.$$

Statt der eben beschriebenen q-Darstellung kann man auch andere Darstellungen benutzen. Zum Beispiel ist in der p-Darstellung, wo $p\varphi(p') = p'\varphi(p')$ ist:

$$q\varphi(p') = -\frac{\hbar}{i}\frac{\partial}{\partial p'}\varphi(p').$$

Gibt es außer der *einen* Ortskoordinate q_1 noch weitere und evtl. auch mehrere Teilchen, so ist der Hilbert-Raum durch Funktionen $\psi(q'_1, q'_2, \ldots)$ darzustellen mit

$$q_l\psi(q'_1, q'_2, \ldots) = q'_l\psi(q'_1, q'_2, \ldots).$$

Ortsvektor, der im allgemeinen mit $\mathfrak{r}$ bezeichnete Vektor (*Fahrstrahl*), der von einem willkürlich wählbaren Bezugspunkt O nach dem jeweiligen Ort P weist, in dem ein physikalischer Vorgang oder eine physikalische Größe betrachtet wird. In der Punktmechanik etwa beschreibt man die Bewegung eines Massenpunktes m durch die Folge der Endpunkte P_1, P_2, P_3, ... der zu verschiedenen Zeiten t_1, t_2, t_3, ... nach m weisenden Ortsvektoren $\mathfrak{r}(t_1)$, $\mathfrak{r}(t_2)$, $\mathfrak{r}(t_3)$, ..., die die →Bahn des Punktes festlegen (Abb.). In der Feldtheorie legt ein Ortsvektor einen →Aufpunkt fest.

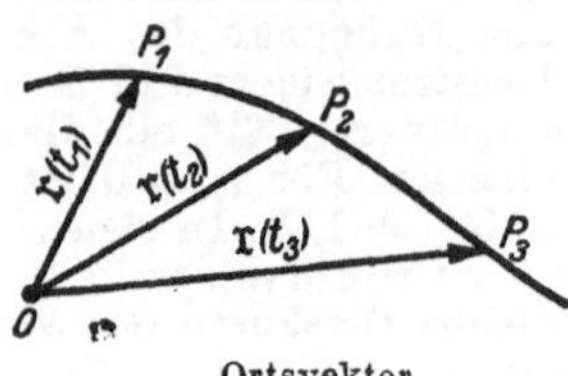

Ortsvektor.

Ortszeit. 1. →Zeitmaße. 2. Begriff der allgemeinen Relativitätstheorie. Ist $d\tau$ das Differential dieser Zeit und dt das Zeitelement im universellen Maß, so besteht die Beziehung $d\tau = \sqrt{g_{44}}\,dt$, wo g_{44} die rein zeitartige Komponente des metrischen Fundamentaltensors der Raum-Zeit-Welt ist. Ortszeit und universelle Zeit unterscheiden sich nur im Gravitationsfeld. Die Ortszeit entspricht der Zeit einer Uhr mit natürlicher Zeitmessung (etwa eines strahlenden Atomes).

O-Serie →charakteristische Röntgenstrahlung.

Osmometer →Osmose.

Osmose, das Hindurchwandern von Flüssigkeit durch eine zwei Flüssigkeiten (Lösungen) trennende semipermeable Wand (→osmotischer Druck). Sie wird mit dem Osmometer beobachtet, einer in ein Bad eintauchenden Flasche, deren Boden durch eine geeignete Membran gebildet wird, und deren Hals in ein kalibriertes Glasrohr übergeht. Füllt man die Flasche etwa mit Alkohol und taucht sie in reines Wasser, so beobachtet man ein Steigen oder ein Fallen des Alkoholspiegels, je nachdem man eine Membran verwendet, die allein für Wasser oder allein für Alkohol durchlässig ist. In der alten Literatur wird dementsprechend Endosmose und Exosmose unterschieden.

Osmotischer Druck. Läßt man in ein in einer Schale befindliches reines Lösungsmittel ein mit einem Steigrohr versehenes Gefäß eintauchen, das mit einer Lösung desselben Lösungsmittels gefüllt ist, und dessen Wände halbdurchlässig (semipermeabel) sind, d. h. nur die Moleküle des Lösungsmittels, nicht dagegen die Moleküle des gelösten Stoffes hindurchlassen, und macht man das Flüssigkeitsniveau in beiden Gefäßen gleich hoch, so beobachtet man ein Ansteigen der Flüssigkeitssäule im Steigrohr, d. h. ein Einströmen des Lösungsmittels in die Lösung bis zu einem bestimmten Grenzwert des Niveauunterschiedes. Der diesem Niveauunterschied entsprechende hydrostatische Überdruck wird als osmotischer Druck bezeichnet.

In der Natur stellen die Zellwände der lebenden Organismen halbdurchlässige Membranen für physiologische wäßrige Lösungen, insbesondere Salzlösungen dar. *Traube* erzeugte dünne Schichten vom Ferrocyankupfer in den Poren eines porösen Tonzylinders, die für Wasser durchlässig, für Rohrzucker undurchlässig sind, und der Botaniker *Pfeffer* stellte mit diesen die ersten quantitativen Versuche an Rohrzuckerlösungen an.

van't Hoff leitete die Gesetze des osmotischen Druckes ab; er fand, daß der osmotische Druck π sehr verdünnter Lösungen dem idealen Gasgesetz folgt, also

$$\pi = \frac{n}{v} RT = cRT,$$

wo n die Anzahl Mole, v das Volumen, c die Konzentration, T die absolute Temperatur und R die allgemeine Gaskonstante bedeuten.

Eucken, A.: Grundriß d. Physikal. Chemie. Leipzig 1948.

Osmotischer Koeffizient. Bei der Berechnung des →osmotischen Druckes von verdünnten Lösungen starker Elektrolyte muß man die gegenseitige elektrostatische Anziehung und Abstoßung der Ionen berücksichtigen. Um auch in diesem Falle bei der Gleichgewichtsberechnung die äußere Form des →Massenwirkungsgesetzes beibehalten zu können, ersetzt man die Konzentrationen der Ionen c durch ihre →Aktivitäten a und definiert einen osmotischen Koeffizienten f_0 durch die Beziehung $a = f_0 c$.

Eucken, A.: Grundriß d. Physikal. Chemie. Leipzig 1948.

Ostwaldsche Stufenregel. Häufig bildet sich bei der Kristallisation eines festen Stoffes aus der Schmelze oder Lösung, bei seiner Kondensation aus der Dampfphase oder bei seiner Bildung durch eine chemische Reaktion zunächst eine labile Modifikation, die sich dann schneller oder langsamer in die unter den gegebenen Bedingungen stabile Modifikation umwandelt. Diese keineswegs immer auftretende Erscheinung hängt mit der verschiedenen Reaktionsgeschwindigkeit, also der Keimbildungs- und Kristallwachstumsgeschwindigkeit der verschiedenen Modifikationen zusammen und wird als Ostwaldsche Stufenregel bezeichnet.

Ost-West-Effekt bei der kosmischen Strahlung, auch *West-Ost-Überschuß* oder *West-Ost-Asymmetrie* genannt, gehört mit dem →Nord-Süd-Effekt zu den *Azimutal-Effekten* und gemeinsam mit dem →Breiten- und →Längen-Effekt zu den *geomagnetischen Effekten* der →kosmischen Strahlung. Bestimmt man mit einem →Zählrohrteleskop die unter einem bestimmten Neigungswinkel gegen die Vertikale einfallende Strahlungsintensität (Zahl der Korpuskeln je Zeiteinheit) aus westlicher und östlicher Richtung, so stellt man, besonders in äquatorialen Gegenden, einen einige % betragenden Überschuß der Westintensität gegenüber der Ostintensität fest (*Johnson* 1935). Mit zunehmender Höhe über dem Meeresniveau wächst der Effekt für die weiche Komponente nicht weiter an (in 20 km Höhe nicht mehr als höchstens 7%). Für die harte Komponente dagegen wird bereits in 10 km Höhe bei 30° geomagnetischer Breite ein Effekt von fast 50% festgestellt. Daraus kann geschlossen werden, daß die harte Komponente überwiegend aus positiven Teilchen (Protonen) entsteht, während die weiche Komponente aus positiv und negativ geladenen Teilchen (Elektronen) erzeugt wird.

Literatur →kosmische Strahlung.

Oszillator, allgemein jedes, insbesondere aber ein einfaches mechanisches oder elektrisches, schwingungsfähiges System. →Dipol, elektrischer, →Hertzscher Oszillator, →Schwinger.

Oszillator, quantenmechanischer. Der Energieoperator des harmonischen Oszillators ist $H = \frac{1}{2m}(p^2 + \omega^2 q^2)$, wobei p der Impuls- und q der Ortsoperator ist. Die Eigenwerte von H sind $\hbar\omega(n + \frac{1}{2})$ mit $n = 0, 1, 2, \ldots$. In der →Schrödinger-Darstellung gehören hierzu die Eigenfunktionen $\varphi_n(q) = e^{-{}^1/_2\xi^2} H_n(\xi)$ mit $\xi = q\sqrt[4]{\frac{2\pi\omega m}{\hbar}}$, wobei $H_n(\xi) = e^{\xi^2}\left(\frac{d}{d\xi}\right)^n e^{-\xi^2}$ die Polynome von *Hermite* sind.

Oszillatormodell des Atomkerns. Ein Atomkern aus Z Protonen und N Neutronen, zwischen denen Wechselwirkungskräfte herrschen, wird modellmäßig so betrachtet, als ob in ihm ein jeweils herausgegriffenes Teilchen sich nur durch dasjenige Anziehungspotential bewegt, welches *im Mittel* von allen übrigen Teilchen gebildet wird. Dieses Potential wird angenähert durch ein *Oszillatorpotential* $V = \frac{1}{2}m\omega^2 r^2$. Die einzelnen Protonen und Neutronen befinden sich dabei in gewissen Zuständen, deren Energiespektrum in der Abbildung links eingezeichnet ist. Die radiale Quantenzahl $n = 1, 2, \ldots$ wird in der Bezeichnung (nb) mit den verschiedenen Drehimpulszuständen l zu Termen $1s, 2p, \ldots$ zusammengefaßt, wo wie bei den Elektronenbahnen $l = 0, 1, 2, \ldots$ mit $s, p, d, f, g, \ldots$ bezeichnet wird. Eine andere Modellannahme wäre das *Potentialtopfmodell*, ganz rechts eingezeichnet, dessen Spektrum von dem des Oszillatormodells nur qualitativ abweicht. Die Wirklichkeit dürfte etwa zwischen beiden Idealisierungen liegen. Bei allen Energietermen sind die zugehörigen Besetzungszahlen (für je eine Teilchensorte, Protonen oder Neutronen) dazugeschrieben und in Klammern die Summen aller bis dahin besetzten Zustände beigefügt.

Nach *Haxel, Jensen* und *Sueß* wird weiter angenommen, daß die Teilchen einer starken Spinbahn-Kopplung unterliegen, die die gewöhnlichen →Thomas-Kräfte um einen Faktor 10 bis 20 überschreitet, so daß eine Aufspaltung der einzelnen entarteten Terme stattfindet, wie sie im mittleren Teil der Abbildung wiedergegeben ist. Unter diesen Voraussetzungen ergibt sich auch zwanglos eine

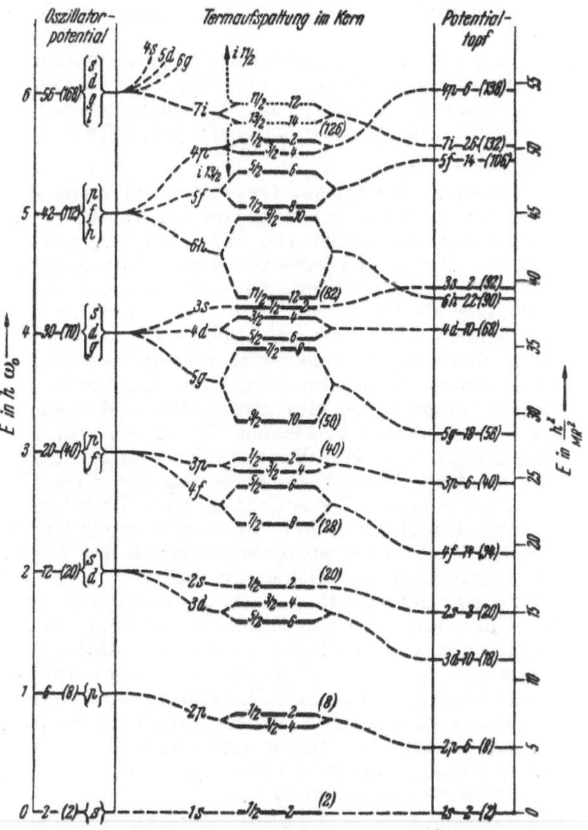

Termschema des Atomkerns nach dem Haxel-Jensen-Sueß-Modell.

Erklärung der „magischen" Nukleonenzahlen 2, 8, 20, 28, 40, 50, 82, 126, sowie der meisten übrigen empirischen Regeln der →Kernsystematik; ferner →Schalenmodell im *Nachtrag*.

Sueß, H. E., O. Haxel u. *J. H. D. Jensen:* Naturwiss. **36**, 153, 155 (1949).

Oszillatorstärke. Die Oszillatorstärke einer Spektrallinie, die dem Übergang von dem Energiewert E_l zum Energiewert E_n entspricht, ist mit $\hbar\omega_{ln} = E_l - E_n$ definiert durch $f_n^l = \frac{2m_e}{\hbar e^2}\omega_{ln}|\mathfrak{p}_{nl}|^2$, wobei m_l die Elektronenmasse, e die Elektronenladung und $\mathfrak{p}_{nl}$ das Matrixelement des Dipolmoments $\mathfrak{p}_{nm} = (\varphi_n, \sum e_k \mathfrak{r}_k \varphi_m)$ sind. Zwischen den →Einsteinschen Übergangswahrscheinlichkeiten A_n^l und den Oszillatorstärken f_n^l besteht dann die Beziehung $f_n^l = \tau A_n^l$ mit $\tau = \frac{1}{2e^2}\frac{3m_e c^3}{\omega_{ln}^2}$. →$f$-Summensatz, →Dispersionsthorie.

Oszillierende Reihe →Konvergenz.

Oszillograph, Gerät zur Aufzeichnung des zeitlichen Verlaufs von Schwingungsvorgängen. Von großer praktischer Bedeutung sind der *Schleifenoszillograph*, bei dem eine stromdurchflossene Drahtschleife sich in einem Magnetfeld bewegt, und der →*Kathodenstrahloszillograph*, der als spannungs- oder stromanzeigendes Element einen Elektronenstrahl benutzt. Für Demonstrationen geeignet ist der →*Glimmlichtoszillograph*, bei dem die Länge der Glimmlichtbedeckung einer drahtförmigen Kathode sich im Rhythmus der zu untersuchenden Schwingung ändert.

Oszillographische Zeitmessung →Zeitregistrierung.

ounce, abgek. oz, angelsächsische Masseneinheit (→pound). Im System avoirdupois: 1 oz.av. ≡ $^1/_{16}$ lb.av. = 28,3495 g; im System apothecary oder troy: 1 oz.ap. (bzw. t.) ≡ $^1/_{12}$ lb.ap. (bzw. t.) = 31,103$\bar{5}$ g.

Oxydation, Reduktion. Oxydation im engeren Sinne bedeutet die Bindung von Sauerstoff, Reduktion die Aufnahme von Wasserstoff. Im erweiterten Sinne wird jeder Übergang von niederer zu höherer positiver Wertigkeitsstufe eines Atoms oder Ions als Oxydation (z. B. bei der Bildung von elementarem Chlor aus Chlorwasserstoff) und jeder Übergang von höherer zu niederer positiver Wertigkeitsstufe als Reduktion (z. B. bei der Entstehung eines Salzes des zweiwertigen Mangans aus Permanganat) bezeichnet. In diesem Sinne sind Oxydations- und Reduktionsvorgänge stets miteinander gekoppelt, da Änderung der Wertigkeit einer Abgabe oder Aufnahme eines Elektrons entspricht, und per saldo in jeder chemischen Umsetzung die Zahl der abgegebenen gleich der Zahl der aufgenommenen Elektronen ist.

Oxydations-Reduktions-Potential, stellt sich an der Phasengrenze eines Zweiphasensystems Metall/Lösung ein (→einfache Elektrode, →Galvani-Spannung), wenn die Elektronen (⊖) →potentialbestimmend sind und eine Reaktionsbindung mit reduzierbaren bzw. oxydierbaren Stoffen vorliegt, die als Elektronen-Nehmer und als Elektronen-Geber wirken (*Redox-Elektrode*).

Allgemeine Formulierung:

$$\underbrace{\ominus + \text{oxydierte Form}}_{\ominus\text{-Nehmer}} \rightarrow \underbrace{\text{reduzierte Form der mitpotentialbestimmenden Stoffe}}_{\ominus\text{-Geber}}$$

Beispiele:

1. Verschiedene Wertigkeitsstufen eines Metalles: $\ominus + Fe^{3+} \rightarrow Fe^{2+}$; Galvani-Spannung:

$$g = \underline{g} + \frac{RT}{F} \ln \frac{a_{Fe^{3+}}}{a_{Fe^{2+}}},$$

$\underline{g}$: Grundwert der Galvani-Spannung bei $a_{Fe^{3+}} = a_{Fe^{2+}}$ (→Spannungsreihe).

2. →Chinhydron-Elektrode.

Handb. d. Experimentalphysik XII/2. Leipzig 1933. — *Michaelis, L.:* Oxydations-Reduktions-Potentiale. Berlin 1933.

Oxydkathode →Glühkathoden.

oz, Symbol für die Masseneinheit →ounce.

Ozonbildung durch elektrische Entladung. Der durch Dissoziation von molekularem Sauerstoff in der Entladung gebildete atomare Sauerstoff bildet durch Anlagerung an O_2-Moleküle Ozon O_3. Herabsetzung der Rückbildung zu O_2 durch Verwendung tiefer Temperaturen. Im Siemens-*Ozonisator* (Abb.) strömt das Gas durch Röhren; katalytische Wirkung metallischer Elektroden wird durch Anwendung der stillen Wechselstromentladung zwischen den metallischen Außenbelegungen der Röhre vermieden. Ozonbildung in der Atmosphäre →Ozonschicht.

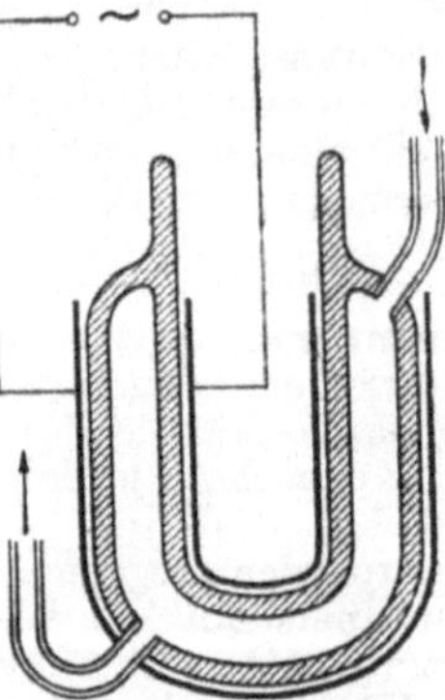

Siemens-Ozonisator.

Ozonisator →Ozonbildung.

Ozonlücke, Wellenlängenbereich bei ∼2000 Å, in dem das Sonnenlicht nicht durch das atmosphärische →Ozon absorbiert wird.

Ozonosphäre →Ozonschicht.

Ozonschicht (*Ozonosphäre*). Unter dem Einfluß des Sonnenlichtes von $\lambda < 2000$ Å dissoziiert in Höhen von 25 bis 50 km der Sauerstoff O_2 und rekombiniert durch Dreierstoß zu Ozon O_3. Durch Absorption im Spektralbereich 3000 bis 2000 Å zerfällt das Ozon wieder, so daß sich unter dem Einfluß der Sonnenstrahlung ein photochemisches Gleichgewicht herstellt. Dieses ist vom Tagesgang und Jahresgang der Bestrahlung abhängig. Demgemäß findet sich über den Tropen unabhängig von der Jahreszeit ein geringer Ozonbetrag (etwa 1,7 mm bei Normaldruck und -temperatur), in mittleren Breiten und im Frühjahr in Polargebieten ein hoher (3 bis 4 mm), während im Polarsommer und -winter der Gehalt ständig absinkt zu einem Minimum kurz vor Anbruch des Polartages. Nach den tieferen Schichten unter 25 km hin nimmt die Produktion rasch ab, und es setzt vor allem in der Troposphäre eine lebhafte Vernichtung des Ozons durch Anlagerung an feste und flüssige →Dunstteilchen ein. Das oben erzeugte Ozon wird durch Turbulenz und Vertikalbewegung nach unten und durch Advektion horizontal verfrachtet, wodurch enge Zusammenhänge mit der Wetterlage entstehn. Das Maximum des Ozongehaltes liegt mit 0,2 bis 0,3 mg m^{-3} bei 20 bis 30 km; in Bodennähe sind etwa 0,02 bis 0,04 mg m^{-3} vorhanden.

Das Ozon und seine Schwankungen sind biologisch außerordentlich wichtig, weil es die UV-Strahlung < 3000 Å abschirmt. Den thermischen Aufbau der →Atmosphäre beeinflußt es durch die nahezu totale Sonnenstrahlungsabsorption im UV, die schon in der obersten Schicht mit geringster Konzentration erfolgt, so daß hier die →Strahlungsgleichgewichtstemperatur auf etwa +50 °C bei 50 km steigt. Außerdem regeln vermutlich Ozon und Kohlensäure gemeinsam durch ihre bei 13 bis 16 μ zusammenfallenden Absorptionsbanden auch die Temperatur der unteren Stratosphäre von 10 bis 30 km.

Götz, P.: Erg. d. kosm. Physik **1** (1931); **3** (1938). — *Brasefield, Ch. J.:* Phys. Bl. **5**, 411 (1949).

Ω, Symbol für die Widerstandseinheit →Ohm.

P

p, Symbol für die technische Krafteinheit →Pond.

p-, Symbol für die →Vorsatzsilbe Pico-.

P, 1. Symbol für die CGS-Einheit →Poise. 2. →P-Terme.

Paarbildung. Bei den Reaktionen zwischen Elementarteilchen sind immer die drei Erhaltungssätze der Ladung, der Energie und des Impulses zu erfüllen. Die beiden ersten allein lassen es bereits zu, daß z. B. aus einem Lichtquant ein Teilchenpaar, bestehend aus einem positiven und einem negativen Partner, erzeugt wird, sofern die Energie $h\nu$ des Quants mindestens ebenso groß ist wie die Summe der Ruhenergien mc^2 derselben (*Paarbildung, Materialisation*). Die Befriedigung des Impulssatzes erfordert aber die Beteiligung eines weiteren Teilchens, das den Rückstoßimpuls aufnimmt. Der häufigste Fall von Paarbildung ist die Entstehung eines *Elektronenpaares* (*Elektronenzwilling*), bestehend aus einem Elektron und einem Positron, die stets im Kernfelde eines Atomkerns stattfindet. Die hierfür erforderliche Mindestenergie des Lichtquants beträgt $2m_0c^2 = h\nu = 1{,}637 \cdot 10^{-6}$ erg $= 1{,}022$ MeV. Die Abb. zeigt

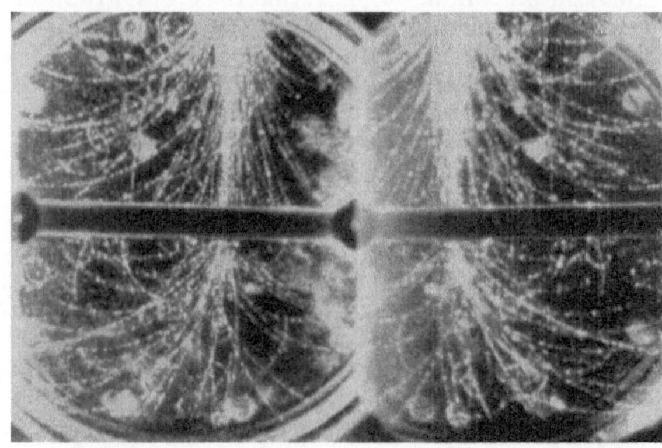

Bildung von Elektronenpaaren an einer Bleifolie in der Nebelkammer.

die im magnetischen Felde abgelenkten Bahnen von Elektronenpaaren.

Für die Absorption der γ-Strahlen spielt neben dem Compton- und dem Photoeffekt die Paarbildung für γ-Energien > 1 MeV eine um so größere Rolle, je höher das Atomgewicht des Absorbers ist. Von etwa 50 MeV ab wird auch die Paarbildung an Elektronen bereits merklich, und zwar um so mehr, je leichter der Absorber ist.

Der inverse Prozeß ist die *Paarvernichtung* (*Zerstrahlung*) zweier entgegengesetzt geladener Teilchen (Elektron und Positron), bei der aus Gründen der Impulserhaltung zwei Lichtquanten mit je der Energie $h\nu = m_0c^2$ entstehen (*Vernichtungsstrahlen*, →Zerstrahlung).

Zur Theorie der Paarbildung →Löchertheorie, →Quantenelektrodynamik.

Paarbildung, innere. Ein →angeregter Kern geht im allgemeinen durch Aussendung von γ-Strahlen in den Grundzustand über. Oft erfolgt aber der Übergang auch so, daß die Energie des angeregten Zustandes auf ein Elektron der Atomhülle (meist aus der K- oder L-Schale) übertragen wird, welches das Atom mit einer Energie verläßt, die gleich der Anregungsenergie vermindert um die Ablösearbeit des betreffenden Hüllelektrons ist (e^--Linie, →β-Spektrum). In besonderen Fällen, wenn die Anregungsenergie genügend groß ist, kann diese auch in der Weise abgestrahlt werden, daß statt eines γ-Quantes ein Elektronenpaar emittiert wird (innere Paarbildung). Dabei ist die Summe der kinetischen Energien der beiden Partner gleich der Anregungsenergie, vermindert um die Ruhmasse von zwei Elektronen (≈ 1 MeV). Welche der drei Möglichkeiten überwiegt, hängt von den Spin- und Symmetrieeigenschaften der Zustände des Atomkernes ab.

Paartheorie der Kernkräfte. Es wird angenommen, daß die Kräfte zwischen Nukleonen durch Austausch von Paaren von positiven und negativen Elektronen bzw. Mesonen zustande kommen. Im Anschluß an Fermis Theorie des β-Zerfalls bildete der Austausch von Elektron und Neutrino, später von positiven und negativen Elektronen den ersten Versuch zur Deutung der →Kernkräfte. Mit Rücksicht auf die Reichweite der Kernkräfte hat man schließlich die Mesonenpaartheorie formuliert. Die Paartheorien liefern in elementarer Weise den Sättigungscharakter der Kernkräfte. Die konkurrierende →symmetrische Theorie wird heute fast ausschließlich untersucht.

Marshak, R. E., u. *H. A. Bethe:* Phys. Rev. **53**, 677 (1938).

Paarvernichtung →Paarbildung, →Zerstrahlung.

Packungsanteil (Packungsbruch) eines Atomkerns, das Verhältnis $f = (M - A)/A$ (M →Massenwert, A Massenzahl); nicht zu verwechseln mit der →Bindungsenergie je Nukleon.

Packungsbruch →Packungsanteil.

Panchromasie →Emulsion, photographische.

Pankratisches Fernrohr, ein Fernrohr, dessen Vergrößerung bei meist konstanter Baulänge stetig veränderlich ist. →Erdfernrohr.

Pantix-Röhren →Röntgenröhren.

Panzerung von Meßgeräten, ihr Einbau in ein Gehäuse aus Weicheisen zum Schutz gegen magnetische Störungen. →Schirmwirkung, magnetische.

Papille →Nervus opticus.

Parabel →Kegelschnitte.

Parabelmethode →Massenspektroskopie.

Parabolische Differentialgleichung →elliptische Differentialgleichung.

Parabolische Geschwindigkeit. Ein von der Erde (oder einem anderen Himmelskörper) mit der Anfangsgeschwindigkeit v_0 unter einem Winkel φ gegen das Lot abgeschleuderter Körper beschreibt eine hyperbolische, parabolische oder elliptische Bahn um den Erdmittelpunkt, je nachdem die Radialkomponente seiner Anfangsgeschwindigkeit $v_0 \cos\varphi \gtreqless v_e$ ist (v_e →Entweichgeschwindigkeit). $v_0 = v_e/\cos\varphi$ ist die dem Winkel φ entsprechende parabolische Geschwindigkeit. Sie ist bei gegebenem φ die Mindestgeschwindigkeit, bei der der Körper nicht zur Erde zurückkehrt.

Parabolische Koordinaten →krummlinige Koordinaten.

Parabolische Schicht, Modell einer Ionosphärenschicht, in der sich die →Elektronendichte N mit der Höhe z gemäß der Gleichung $N = N_0[1 - (z/z_0)^2]$ ändert (N_0 Elektronendichte im Schichtmaximum, z vom Schichtmaximum aus gezählt, $2z_0$ Schichtdicke). Die parabolische Schicht kommt offenbar der wahren Schichtform sehr nahe und hat den Vorteil, daß sich mit ihr relativ einfach rechnen läßt.

Paraboloid, eine Fläche 2. Grades, deren Gleichung $\frac{x^2}{a^2} \pm \frac{y^2}{b^2} = 2z$ lautet. Man unterscheidet zwei Fälle: 1) *Elliptisches* Paraboloid. Ein solches liegt vor, wenn die Konstanten a und b das gleiche Vorzeichen haben und in obiger Gleichung das +-Zeichen gilt. 2) *Hyperbolisches* Paraboloid. Für dieses müssen a und $b > 0$ sein, und es gilt das —-Zeichen.

Bieberbach, L.: Analyt. Geometrie. Leipzig 1944.

Parabolspiegel, ein Hohlspiegel von der Form eines Rotationsparaboloids. Er bildet den →Brennpunkt über die ganze Öffnung frei vom →Öffnungsfehler im unendlich fernen Achsenpunkt ab. Hingegen gibt er mit weit geöffneten Strahlenbündeln kein scharfes Bild von flächenhaften Objekten, da er von der Erfüllung der →Sinusbedingung erheblich abweicht; denn die Brennweite einer bestimmten Spiegelzone ist gleich der Strahllänge zwischen Brennpunkt und Spiegelzone und als solche keine Konstante, wie es die Sinusbedingung fordern würde.

Parachor, eine aus Oberflächenspannung (σ) und Molvolumen (V_m) gebildete Größe (*Sugden* 1924),

$$\frac{M}{\varrho_{\text{Flüss.}} - \varrho_{\text{Gas}}}\, \sigma^{1/4} \cong V_{m_{\text{Flüss.}}}\, \sigma^{1/4} = P_{ch}$$

(M Molekulargewicht, ϱ Dichte). Ähnlich wie die Molrefraktion setzt sich der Parachor insbesondere organischer Verbindungen additiv aus Atom-Inkrementen zusammen, wobei die Bindungsart zusätzlich berücksichtigt wird. Inkremente: C 4,8; H 17,1; O 20,0; O in OH 13,3; O in Estern 18,4; Cl 54,3; Br 68,0; N 12,5; C=C, C=O, N=O, N=N, C=N 23,2; C≡C, C≡N 46,6; 6-Ring 6,1. Zum Beispiel p-Benzochinon additiv 236,1, exp. 236,8. Der Parachor kann zur Konstitutionsaufklärung vor allem organischer Substanzen herangezogen werden. Physikalische Deutung der empirisch aufgefundenen Parachor-Beziehung (*Eucken*): Durch Verknüpfung des Molvolumens mit der Oberflächenspannung erhält man eine temperaturunabhängige, dem Nullpunktsvolumen proportionale und daher additive Größe.

Paradoxon, in der älteren Physik beliebte Bezeichnung für Erscheinungen, die auf den ersten Blick der Erwartung entscheidend zu widersprechen scheinen, z. B. das hydrostatische Paradoxon, die Tatsache, daß die auf den Boden eines mit Flüssigkeit gefüllten Gefäßes wirkende Druckkraft nicht von der Flüssigkeitsmenge, sondern nur von ihrer Höhe abhängt.

Parakristallin oder *pseudoamorph* sind feste Körper, deren Teilchen in einer Richtung einfach-periodisch oder in einer Ebene zweifach-periodisch angeordnet, in den übrigen Richtungen jedoch nur annähernd geordnet oder ganz regellos verteilt sind. Beispiele: feinverteilte Kohle und verschiedene Gele. Echt-amorphe Körper besitzen dagegen in keiner Richtung periodische Teilchenanordnung; ist eine solche für kleine Bereiche durch ähnliche Atomabstände und Koordinationszahlen angedeutet, so spricht man auch von *pseudokristallinen* Körpern. Das ist bei festen amorphen Substanzen (z. B. Gläsern) und bei Flüssigkeiten, insbesondere Schmelzen, wohl immer der Fall.

Parallaktische Bewegung, der durch die →Apexbewegung der Sonne entstehende Anteil der scheinbaren Raumbewegung der Sterne. Vgl. →Pekuliarbewegung.

Parallaxe, die scheinbare Verschiebung, die zwei in verschiedenen Entfernungen befindliche Gegenstände oder Bilder bei Änderung der Blickrichtung gegeneinander zeigen. Diese Erscheinung tritt bei seitlichen Bewegungen des Auges in der Austrittspupille eines Gerätes auf, wenn das vom Objektiv erzeugte Bild und das Fadenkreuz oder die Strichplatte nicht in einer Ebene liegen. Die Einstellung auf Freiheit von Parallaxe wird viel benutzt, um Bild und Fadenkreuz möglichst genau in eine Ebene zu bringen. Meist zeigt die Einstellung dann auch die beste Bildschärfe. →die folgenden Artikel.

Parallaxe, astronomische. 1. *Tägliche Parallaxe* ist der Winkel, den die Richtung von einem Himmelskörper des Sonnensystems zum Beobachter mit der Richtung vom Himmelskörper zum Erdmittelpunkt bildet. Der Winkel ist am größten, wenn das Gestirn im Horizont steht; in diesem Fall gilt für die Horizontalparallaxe P: $\sin P = r/d$ (r Erdradius, d Abstand des Gestirns vom Erdmittelpunkt). Die Horizontalparallaxe der Sonne beträgt 8″.80 (→Sonnenparallaxe), die des Mondes etwa 1°.

2. *Jährliche Parallaxe* π ist der in Bogensekunden gemessene Winkel, den die Richtungen von einem Fixstern zu den beiden Endpunkten der großen Halbachse der Erdbahn miteinander einschließen. Dieser Winkel ist der Entfernung d des Fixsterns umgekehrt proportional. Es gilt $\pi = 206\,265\; a/d$, wobei a die große Halbachse der Erdbahn (→astronomische Einheit) bedeutet. Mit $a = 1.495 \cdot 10^{13}$ cm folgt $\pi = \frac{3.08 \cdot 10^{18}}{d}$, wenn d in cm angegeben wird. Die Entfernung $d = 3.08 \cdot 10^{18}$ cm, für die $\pi = 1''$ wird, bezeichnet man als 1 →Parsec (pc) und benutzt sie als Einheit für Fixsternentfernungen. Gelegentlich dient auch die Parallaxe π direkt zur Kennzeichnung der Abstände von Fixsternen. Die größte bisher gemessene Parallaxe (Proxima Centauri) beträgt 0″.762.

Zur Bestimmung jährlicher Parallaxen gibt es verschiedene Verfahren. Man unterscheidet:

a) Trigonometrische Parallaxen. Sie folgen aus Beobachtungen der Position des Parallaxensterns relativ zu schwachen Hintergrundsternen seiner Umgebung in Abständen von einem halben Jahr. Die erste derartige Parallaxenmessung erfolgte durch *Bessel* (1838) bei dem Stern 61 Cygni ($\pi = 0''.35$). Die Beobachtung geschieht heute ausschließlich photographisch mit Hilfe langbrennweitiger optischer Systeme. Die erreichbare Genauigkeit beträgt etwa $\pm 0''.015$, so daß die trigonometrischen Parallaxen nur für Abstände bis zu 30 pc ($\pi > 0''.03$) zuverlässig sind. Bis zu dieser Entfernung sind jetzt rund 1500 Parallaxen bekannt.

b) Säkulare Parallaxen. Hierbei dient als Basis an Stelle des Erdbahnhalbmessers a_0 die sich linear mit der Zeit vergrößernde Strecke, die das Sonnensystem bei seiner Bewegung gegenüber den Fixsternen in Richtung auf den →Apex beschreibt. Die in 1 Jahr zurückgelegte Strecke beträgt etwa $4a_0$. Diese Apexbewegung hat eine entgegengesetzt gerichtete „parallaktische" Bewegung der Fixsterne an der Sphäre zur Folge, die im Winkelmaß der Parallaxe proportional ist. Da sich der parallaktischen Bewegung noch die unbekannten zufällig verteilten →„Pekuliar"-Bewegungen der einzelnen Sterne überlagern, können aus den säkularen Bewegungen keine individuellen Parallaxen abgeleitet werden, sondern nur die mittleren Parallaxen bestimmter Gruppen von Sternen, bei denen man die Annahme machen kann, daß die Pekuliarbewegungen den Mittelwert Null haben.

c) Sternstromparallaxen. Unter Sternstrom oder Bewegungshaufen versteht man eine Gruppe von Sternen gleicher Raumgeschwindigkeit, deren Eigenbewegungen an der Sphäre daher nach einem Punkt, der sog. Vertexrichtung des Sternstroms, konvergieren. Wenn die jährliche Eigenbewegung μ in Bogensekunden, die Radialgeschwindigkeit ϱ in $\text{km}\,\text{sec}^{-1}$ und der Winkelabstand γ eines Haufensterns vom Vertex des Stroms bekannt sind, so folgt aus einer einfachen geometrischen Betrachtung für die Parallaxe des Sterns in Bogensekunden

$$\pi = 4.74 \frac{\mu}{\varrho \operatorname{tg} \gamma}.$$

Die Methode gibt genauere Parallaxen als die trigonometrische; sie hat sich bisher auf einige 100 Sterne anwenden lassen, die zu verschiedenen Bewegungshaufen gehören. Die bekannteste Gruppe sind die Hyaden ($\pi = 0''.027$).

d) Dynamische Parallaxen. Kennt man in einem Doppelsternsystem außer der scheinbaren Bahn an der Sphäre auch die Absolutdimensionen der Bahn, entweder aus einer spektroskopischen Bahnbestimmung oder angenähert aus der Umlaufszeit mit Hilfe des 3. Keplerschen Gesetzes, wobei eine Hypothese über die Gesamtmasse des Systems erforderlich ist (hypothetische Parallaxen), so gibt der Quotient zwischen scheinbarer großer Halbachse α der Bahn in Bogensekunden und Absolutwert der großen Halbachse a in Einheiten der großen Halbachse der Erdbahn a_0 die Parallaxe $\pi = \frac{\alpha\, a_0}{a}$ des Doppelsterns.

e) Photometrische Parallaxen. Ist von einem Stern außer der scheinbaren →Größenklasse m auch die absolute Größe M bekannt, so folgt die Parallaxe π aus der Beziehung $M - m = 5 + \log \pi - \delta/\pi$, wobei δ den Betrag der interstellaren Absorption in Größenklassen je Parsec bedeutet. Wegen der mangelhaften Kenntnis von δ ist die Genauigkeit des Verfahrens bei längeren Lichtwegen in der →galaktischen Absorptionsschicht beschränkt. Die absolute Größe M läßt sich mit einer Genauigkeit von $\pm 0{,}5$ Größenklassen spektroskopisch aus den Intensitätsverhältnissen bestimmter Absorptionslinien bestimmen (spektroskopische Parallaxen). Bei den periodischen Veränderlichen vom →RR Lyrae- und vom →δ Cephei-Typ folgt die absolute Größe auf $\pm 0{,}3$ Größenklassen aus der Periodenlänge, bei Neuen Sternen (→Novae) ist die absolute Helligkeit im Maximum des Lichtausbruchs $-7^m\!.0 \pm 1^m$. Bei $m = 20^m$ und $M = -5^m$ (δ Cephei-Sterne) wird der Entfernungsmodul $m - M = 30^m$ und $\pi = 10^{-6}$ Bogensekunden; die photometrischen Parallaxen reichen also bis zu Entfernungen von über 1 Million Parsec, d. h. weit über das Milchstraßensystem hinaus bis zu den nächsten →Spiralnebeln.

Ein weiteres photometrisches Verfahren der Entfernungsbestimmung geht aus von der Intensität der in den Sternspektren erscheinenden Absorptionslinien des interstellaren Gases, die mit wachsender Entfernung ziemlich stetig zunimmt. Auch die durch die staubförmige interstellare Materie bewirkte Verfärbung der Sterne kann als Kriterium für die Entfernung dienen.

Schlesinger, F.: General Catalogue of Stellar Parallaxes. Yale University Obs. 1935 (enthält 5000 trigonometrische, 2500 dynamische und 6000 spektroskopische Parallaxen). — *Becker, W.:* Sterne u. Sternsysteme. Dresden u. Leipzig 1950.

Parallaxe bei Meßgeräten. Bei einem Meßgerät mit körperlichem Zeiger befindet sich dieser in einem bestimmten Abstand über der Skale. Blickt man schief auf Zeiger und Skale, so liest man — je nach der Blickrichtung — einen zu kleinen oder zu großen Meßwert ab. Dieser Parallaxenfehler läßt sich vermeiden, wenn man in die Skale einen Spiegel einlegt und nun die Ablesung so vornimmt, daß sich dabei der Zeiger mit seinem Spiegelbild deckt. Eine Vermeidung des Parallaxenfehlers erhält man auch, wenn man statt eines körperlichen Zeigers einen Lichtzeiger benutzt, wie z. B. beim Spiegelgalvanometer.

Parallaxenkataloge →Sternkataloge.

Parallelbanden →Valenzschwingung.

Parallele Kräfte →Kräfteaddition.

Parallelen-Axiom. Durch einen gegebenen Punkt kann eine und nur eine Gerade gezogen werden, die zu einer gegebenen Geraden parallel ist. Dies schon in den „Elementen" des *Euklid* formulierte →Axiom hat schon in der Antike die Frage entstehen lassen, *warum* wir von der Richtigkeit dieses Axioms überzeugt sein dürfen. Eine Präzisierung und Ausgestaltung von Auffassungen, die schon in der Antike gehegt worden sind, vollzog *Kant* (1724—1804), als er erklärte, es handle sich hier um einen Fall von Erkenntnis a priori, begründet aus der „reinen Anschauung" heraus, welche als ebenso sichere Erkenntnisgrundlage zu betrachten sei wie der mathematisch-logische Beweis. Einige Jahrzehnte nach Kants Tode wurde diese Lehre erschüttert durch den von den Mathematikern *Gauß*, *Lobatschewsky*, *Bolyai* geführten Nachweis, daß eine „*nichteuklidische Geometrie*", welche von der Leugnung des Parallelen-Axioms ausgeht, zu einem in sich harmonischen Gedankensystem entwickelt werden kann, welches zwar der anschaulichen Raumauffassung widerspricht, aber als abstraktes Lehrgebäude einwandfrei ist. Die daran anknüpfenden Gedanken *Riemanns* sind dann seit 1915 durch die allgemeine →Relativitätstheorie für die Physik fruchtbar gemacht worden; *Einstein* hat hiermit eine dem →Empirismus entsprechende Auffassung der Geometrie entwickelt, welche eine philosophisch-metaphysische Begründung des Parallelen-Axioms nicht mehr zuläßt. Seine Rechtfertigung liegt vielmehr in der Tatsache, daß die daraus abgeleiteten Lehrsätze (z. B. der Satz von der Summe der Dreiecks-Winkel) durch die *Erfahrung* als richtig erwiesen werden, dies aber nur innerhalb gewisser Grenzen, nämlich unter Ausschluß sowohl *sehr großer* Raumgebiete

(→Kosmologie) als auch vielleicht *sehr kleiner* Raumgebiete (→Elementarlänge). →Anschaulichkeit.

Parallelprojektion →Kristallprojektion.

Parallel- und Reihenschaltung. 1. *Widerstände* →Stromverzweigung; 2. →*Kondensator*; 3. *Stromquellen.* a) *Reihenschaltung* (*Serienschaltung*). Es sei U_0 die Urspannung einer einzelnen →Stromquelle, R_i ihr innerer Widerstand, R_a der Widerstand des äußeren Widerstandes. Sind n gleichartige Stromquellen hintereinander geschaltet, so beträgt der innere Widerstand der „Batterie" $n R_i$, und diese liefert eine Stromstärke

$$i = \frac{n U_0}{R_a + n R_i}. \qquad (1)$$

Hieraus folgt für $R_a \gg n R_i$: $i = n U_0/R_a$, für $R_a \ll n R_i$: $i = U_0/R_i$. Ein Vorteil entsteht also nur im ersten Fall. b) *Parallelschaltung.* Sind n gleichartige Stromquellen parallel geschaltet, so beträgt der innere Widerstand der Batterie R_i/n, und sie liefert eine Stromstärke

$$i = \frac{U_0}{R_a + R_i/n} = \frac{n U_0}{n R_a + R_i}. \qquad (2)$$

Hieraus folgt für $R_a \gg R_i/n$: $i = U_0/R_a$, für $R_a \ll R_i/n$: $i = n U_0/R_i$. Ein Vorteil entsteht also nur im zweiten Fall.

Gelegentlich kann auch eine Kombination beider Schaltungsweisen vorteilhaft sein. Wie eine einfache Rechnung zeigt, erzielt man bei gegebenem U_0 einer Stromquelle vom inneren Widerstand R_i im äußeren Widerstand R_a die größte Stromleistung, wenn $R_i = R_a$ ist. Stehen n gleiche Stromquellen vom inneren Widerstand R_i^0 zur Verfügung, so wird dieser Bedingung bei gegebenem R_a genügt, wenn man n_r von ihnen in Reihe und n_p solcher Batterien parallel schaltet, derart, daß $n_r/n_p = R_a/R_i^0$ ist, wobei $n_r n_p = n$ ist.

Parallelverwachsung, eine scheinbare Verwachsung zweier oder mehrerer Kristallindividuen derart, daß alle analogen Kristall- oder Gitterelemente, z. B. Flächen, Kanten, Gittergeraden, in diesen Individuen parallel liegen. In Wirklichkeit handelt es sich wohl meist um ein einziges Individuum, dessen Flächen z. T. so unregelmäßig stufenförmig ausgebildet sind, daß sie eine Verwachsung mehrerer parallelgestellter Individuen vortäuschen. Unter Parallelverwachsung wird andererseits manchmal auch die →regelmäßige Verwachsung verschiedener Kristallarten verstanden.

Paramagnetismus. Ein paramagnetischer Körper nimmt im magnetischen Feld eine Magnetisierung an, welche proportional zum Feld ist und die gleiche Richtung hat. Nach der Atomtheorie tritt Paramagnetismus immer auf, wenn die Atome oder Moleküle der Substanz schon ohne Magnetfeld ein magnetisches Moment besitzen, welches frei im Raum drehbar ist. Im Magnetfeld werden die Momente gegen die desorientierende Wirkung der Temperaturbewegung ein wenig ausgerichtet. Für die Suszeptibilität χ ergibt sich dann das →Curiesche Gesetz: $\chi = C/T$. Aus der Curie-Konstanten C erhält man die Größe der magnetischen Momente. Wenn die Elementarmagnete in ihrer freien Drehbarkeit von der Umgebung ein wenig behindert werden, treten Abweichungen vom Curieschen Gesetz auf, welche in vielen Fällen angenähert durch das →Curie-Weißsche Gesetz $\chi = C/(T - \Theta)$ dargestellt werden können.

Ein Atom, dessen Elektronenschalen entweder vollständig oder gar nicht besetzt sind, hat kein magnetisches Moment. In den normalen Salzen sind die äußeren Schalen der Ionen stets voll besetzt oder leer. Paramagnetismus beobachtet man an Salzen daher nur dann, wenn innere Schalen unvollständig besetzt sind. Das ist z. B. bei den Seltenen Erden und den Ionen der Eisengruppe der Fall. Die Eisengruppe umfaßt die Atome und Ionen mit mehr als 18 und weniger als 28 Elektronen, bei denen die $3d$-Schale teilweise besetzt ist. Sie beginnt mit dem Sc^{++}- und Ti^{+++}-Ion, umfaßt die Fe-, Ni- und Co-Ionen und endet mit dem Cu^{++}-Ion. Das Cupro-Ion hat kein magnetisches Moment. Bei den Seltenen Erden enthalten die paramagnetischen Ionen mehr als 54 und weniger als 68 Elektronen mit einer unvollständig besetzten $4f$-Schale. Bei ihnen stimmen die gemessenen Momente recht gut mit denen überein, die man theoretisch auf Grund der spektroskopischen Regeln erwartet. Bei den Ionen der Eisengruppe bewirken die Ionen der Umgebung schon stärkere Abweichungen. Bei den höheren Übergangsgruppen, der Palladium- und Platin-Gruppe, sind die Abweichungen noch stärker, weil dort der Bindungscharakter schon teilweise homöopolar ist. Von den 2atomigen Molekülen mit rein homöopolarer Bindung sind nur das NO- und O_2-Molekül paramagnetisch. Bei Metallen beobachtet man manchmal einen temperaturunabhängigen Paramagnetismus, welcher von dem Spin der Leitungselektronen herrührt. Alle paramagnetischen Atome und Moleküle besitzen auch einen Diamagnetismus, der jedoch in der Regel wegen seiner viel geringeren Größe neben dem Paramagnetismus nicht bemerkbar ist. Wegen des Paramagnetismus komplexer Ionen →Komplexverbindungen.

Stoner, E. C.: Magnetism and Matter. London 1934. — *van Vleck, J. H.:* Electric and Magnetic Susceptibilities. Oxford 1932.

Parameter. Besteht ein funktioneller Zusammenhang zwischen drei (oder mehr) Variablen, und wird er derart dargestellt, daß dabei die eine von ihnen konstant gehalten wird, so nennt man diese den Parameter der Darstellung. Beispiel: eine Zustandsgleichung $f(p, V, T) = \text{const.}$ Bei Konstanthaltung von p, V oder T als Parameter ergeben sich mit $p = \text{const}$ die Isobaren, mit $V = \text{const}$ die Isopyknen, mit $T = \text{const}$ die Isothermen des Stoffes. →Kurvenparameter, →einparametrige Kurvenschar.

Parameter, kristallographische (*Punktlagen-* oder *Atomparameter*) sind als Koordinaten m, n, p einer Punktlage oder eines Gitterpunktes die Symbolindizes des ganzen, aus der Punktlage $[m, n, p]$ durch Symmetrieoperationen der Raumgruppe ableitbaren Gitterkomplexes. Sie werden wie die Punktkoordinaten in Gitterkonstanten a, b, c als Einheiten ausgedrückt. Sie kehren auch in den Symbolen aller Punkte des Gitterkomplexes wieder, entweder mit umgekehrten Vorzeichen oder hinzuaddierten Konstanten oder in veränderter Reihenfolge. So sind z. B. die Symbole aller Punktlagen eines Gitterkomplexes mit den Parametern m, n, p in der Raumgruppe $P4_2$:

$$[m\,n\,p],\ [n\,\overline{m}\,\tfrac{1}{2}+p],\ [\overline{m}\,\overline{n}\,p],\ [\overline{n}\,m\,\tfrac{1}{2}+p].$$

Im hexagonalen System kommen als Punktkoordinaten auch die Parameterdifferenzen $m - n$ vor.

Als Parameter (*Gitterparameter*) werden bisweilen auch die Gitterkonstanten a, b, c bezeichnet.

Parameterdarstellung →Kurvenparameter.

Paramorphose →Pseudomorphose.

Para-Stellung →Isomerie.

Parasystem der Erdalkalien →Orthosystem der Erdalkalien.

Parawasserstoff →Orthowasserstoff.

Paraxialer Bildpunkt, das im →fadenförmigen Raum entworfene Bild eines Dingpunkts.

Paraxiales Gebiet →fadenförmiger Raum.

Parazustand, Orthozustand. Ein quantenmechanisches Problem für zwei Teilchen vom Spin $\frac{1}{2}$ habe die Lösungen $\varphi_1(\mathfrak{r})$ und $\varphi_2(\mathfrak{r})$. Da für jedes Teilchen zwei Spinrichtungen a (↑) und b (↓) möglich sind und wegen der Nichtunterscheidbarkeit der Teilchen 1 und 2 und des Pauli-Prinzips die Gesamtwellenfunktion φ' antisymmetrisch sein soll gegen Vertauschungen $1 \rightleftharpoons 2$, so ergeben sich durch Kombination vier verschiedene Lösungen:

$$\psi_{I} = a(1)\,a(2)\,\varphi_A,$$

$$\varphi_A = \frac{1}{\sqrt{2}}\{\varphi_1(\mathfrak{r}_1)\varphi_2(\mathfrak{r}_2) - \varphi_2(\mathfrak{r}_1)\varphi_1(\mathfrak{r}_2)\},$$

$$\psi_{II} = b(1)\,b(2)\,\varphi_A,$$

$$\varphi_S = \frac{1}{\sqrt{2}}\{\varphi_1(\mathfrak{r}_1)\varphi_2(\mathfrak{r}_2) + \varphi_2(\mathfrak{r}_1)\varphi_1(\mathfrak{r}_2)\},$$

$$\psi_{III} = \frac{1}{\sqrt{2}}\{a(1)\,b(2) + b(1)\,a(2)\}\varphi_A,$$

$$\psi_{IV} = \frac{1}{\sqrt{2}}\{a(1)\,b(2) - b(1)\,a(2)\}\varphi_S.$$

Von diesen vier Lösungen gehören die ersten drei zum Spineigenwert 1 (paralleler Spin) und zur antisymmetrischen Ortsfunktion und bilden den sog. *Orthozustand*, einen Triplettzustand, während der vierte zum Spineigenwert 0 und zur symmetrischen Ortsfunktion gehört und den *Parazustand*, einen Singulettzustand, beschreibt. (Diese immer wieder verwechselten Bezeichnungen lassen sich praktisch nur daran merken, daß Ortho und Triplett ein t gemeinsam haben.) So ist z. B. der stabile Zustand des →Deuterons (Spin 1) ein Orthozustand.

Parhelium →Orthohelium.

Parität, in der Quantenmechanik die Eigenschaft einer Eigenfunktion, bei einem Vorzeichenwechsel aller Ortskoordinaten — also bei einer Spiegelung am Ursprung — ihr Vorzeichen bei gleichbleibendem Absolutwert entweder beizubehalten oder zu ändern. Im ersten Fall liegt ein *gerader*, im zweiten Fall ein *ungerader* Zustand vor. Die Eigenschaft der Parität, zu der es kein klassisches Analogon gibt, kann also durch die Worte gerade und ungerade bezeichnet werden. Oft benutzt man auch den Operator „P", welcher jene Koordinatentransformation ausführt und demgemäß, da $P^2 = 1$ (d. h. Einheitsoperator) ist, die Eigenwerte ± 1 hat. Die Einteilbarkeit der Eigenfunktionen in gerade und ungerade ist dem Umstand zu verdanken, daß die in der Hamilton-Funktion stehenden Potentialfunktionen symmetrisch sind. Bei Entartung, d. h. wenn zu einem Eigenwert mehrere linear unabhängige Eigenfunktionen gehören, brauchen die Eigenfunktionen nicht eine bestimmte Parität zu haben. Jedoch läßt sich eine derart unbestimmte Eigenfunktion darstellen als lineare Kombination entarteter Eigenfunktionen von bestimmter Parität.

Beispiele: Die Eigenfunktionen des harmonischen Oszillators haben die Parität der Quantenzahl n, d. h. nach dem Gesetz der Matrizenmultiplikation $(-1)^n$; sie sind also gerade bei geradem n und ungerade bei ungeradem. Die bei sphärisch symmetrischem Potential hinsichtlich der magnetischen Quantenzahl m entarteten Eigenfunktionen der Wellengleichung für ein Teilchen im Raum haben sämtlich die Parität der Drehimpulsquantenzahl l, also $(-1)^l$.

Alle bekannten Hamilton-Funktionen haben gerade Parität; ungerade ist z. B. der elektrische Dipolmoment-Operator, dessen Matrixelemente deshalb alle verschwinden, wenn nicht die Eigenfunktionen des Anfangs- und Endzustandes entgegengesetzte Paritäten haben. Allgemein hat der Operator eines elektrischen 2^l-Pol-Moments die Parität $(-1)^l$, der eines magnetischen aber $(-1)^{l+1}$. Daher sagt die *Laportesche Regel* der Spektroskopie: Nur zwischen Zuständen verschiedener Parität findet der Übergang durch elektrische Dipolstrahlung statt, verallgemeinert: Elektrische 2^l-Pol-Strahlung und magnetische 2^{l-1}-Pol-Strahlung kommen bei geradem l nur vor zwischen Zuständen *derselben*, bei ungeradem l nur zwischen Zuständen *verschiedener* Parität. Dieser Regel entsprechen auch die Auswahlregeln für die Multipolstrahlung bei isomeren Kernübergängen. →Isomere Kerne.

Parsec, abgek. pc, astronomisches Längenmaß zur Angabe von Entfernungen im Bereich des Fixsternhimmels, auch *Astron*, *Makron*, *Metron* oder *Sternweite* genannt. Das pc ist definiert als der Abstand, den ein Fixstern der →Parallaxe $\pi = 1''$ von der Sonne hat. $1\,\text{pc} = a/\sin 1'' = 648\,000\,a/\pi = 206\,264{,}8$ →astron. Einh., oder mit den beiden Werten für die astron. Einh. $1\,\text{pc} = 3{,}0837 \cdot 10^{13}\,\text{km}$ bzw. $1\,\text{pc} = (3{,}0872 \pm 0{,}0004) \cdot 10^{13}\,\text{km} = 3{,}2633$ Lichtjahre, $1\,\text{kpc} = 10^3\,\text{pc}$, $1\,\text{Mpc} = 10^6\,\text{pc}$.

Partialbruchzerlegung →Integrationsmethoden.

Partialdruck, Partialdampfdruck, der Druck, den ein in einem Gasgemisch befindliches Gas zum Gesamtdruck beiträgt. In einem idealen Gasgemisch, also nur dann, wenn das →Daltonsche Gesetz (Additivität der Partialdrucke) erfüllt ist, ist er gleich dem Druck, den das betreffende Gas ausüben würde, wenn es allein das gesamte Gasvolumen erfüllen würde. Steht das Gasgemisch im Gleichgewicht mit einer Lösung, so spricht man auch vom Partialdampfdruck.

Partialfunken, die einzelnen Teilfunken, welche in einer Funkenstrecke auftreten, wenn sich eine elektrische Schwingung über diese entlädt. →Funkenentladung.

Partialschwingungen, -töne →Teilschwingungen.

Partialvolumen eines in einer Gasmischung befindlichen Gases ist das Volumen, welches das Gas bei gleichem Druck und gleicher Temperatur einnehmen würde, wenn es allein vorhanden wäre.

Partielle Differentialgleichung, eine Gleichung, die zur Bestimmung einer Funktion $u = u(x, y, \ldots)$ von mehreren (mindestens zwei) unabhängigen Variablen dient und in welcher neben diesen und der gesuchten Funktion u partielle Ableitungen derselben nach den Variablen auftreten. Ebenso wie bei gewöhnlichen Differentialgleichungen *müssen* letztere auftreten, während u und die Variablen in die partielle Differentialgleichung nicht einzugehen brauchen. So stellt z. B. $\partial u/\partial x = 0$ eine partielle Differentialgleichung für die Funktion $u = u(x, y, \ldots)$ dar.

Eine partielle Differentialgleichung lösen, heißt eine Funktion $u = u(x, y, \ldots)$ finden, die, in die Differentialgleichung eingesetzt, diese zu einer Identität macht. Eine solche Lösung heißt ein *Integral* der Differentialgleichung. Im vorstehenden Beispiel ist jede willkürliche Funktion $u = u(y \ldots)$, die *nicht* von x abhängt, ein Integral der vorgegebenen Differentialgleichung. Treten in einer solchen nur die ersten Ableitungen $\partial u/\partial x$, $\partial u/\partial y, \ldots$ auf, so spricht man von einer partiellen Differentialgleichung 1. Ordnung, deren allgemeinste Form demnach $F(u, x, y, \ldots, \partial u/dx, \partial u/\partial y, \ldots) = 0$ ist. Ist F insbesondere in den Ableitungen linear, so spricht man von einer *linearen* partiellen Differentialgleichung 1. Ordnung, die stets auf die Form $A(x, y, u)\frac{\partial u}{\partial x} + B(x, y, u)\frac{\partial u}{\partial y} = C(x, y, u)$ gebracht werden kann, wobei — wie es nachstehend durchweg vorausgesetzt werde — u nur von zwei Variablen x und y abhänge: $u = u(x, y)$. Geometrisch stellt das Integral dann eine Fläche im dreidimensionalen Raum dar. Entsprechend heißt eine partielle Differentialgleichung von 2. Ordnung, wenn die höchste auftretende Ableitung von u von 2. Ordnung ist. Von der Vielzahl der hier möglichen Fälle ist insbesondere für die Anwendungen die *lineare* partielle Differentialgleichung 2. Ordnung

$$L(u) = A(x, y)\frac{\partial^2 u}{\partial x^2} + 2B(x, y)\frac{\partial^2 u}{\partial x\,\partial y} + C(x, y)\frac{\partial^2 u}{\partial z^2} + D(x, y)\frac{\partial u}{\partial x} + E(x, y)\frac{\partial u}{\partial y} + F(x, y)\,u(x, y) = G(x, y)$$

von größter Bedeutung. Ist $G = 0$, so nennt man die Differentialgleichung *homogen*, andernfalls ($G \neq 0$) *inhomogen*. Zur Lösung von partiellen Differentialgleichungen hat die Theorie eine Reihe von Verfahren entwickelt, von denen eine wichtige die Methode der →Charakteristiken ist.

In der theoretischen Physik läßt sich eine große Mannigfaltigkeit von Problemen durch partielle Differentialgleichungen beschreiben, die sich für spezielle Werte der im vorstehenden Typ der linearen Differentialgleichung 2. Ordnung $L(u) = G(x, y)$ auftretenden Koeffizienten $A, B, \ldots$ ergeben. Man kann diese auch in der Form $A\frac{\partial^2 u}{\partial x^2} + 2B\frac{\partial^2 u}{\partial x\,\partial y} + C(x, y)\frac{\partial^2 u}{\partial y^2} = \Phi\left(x, y, u, \frac{\partial u}{\partial x}, \frac{\partial u}{\partial y}\right)$ schreiben. Ist $A = C = 1$, $B = \Phi = 0$, so ergibt sich die (zweidimensionale) *Potential-* oder *Laplacesche Gleichung* $\Delta_2 u = \frac{\partial^2 u}{\partial x^2} + \frac{\partial^2 u}{\partial y^2} = 0$. Ist $A = -C = 1$, $B = \Phi = 0$ und setzt man $y = ct$, wobei c eine Konstante und t eine neue, physikalisch die Zeit darstellende Variable ist, so resultiert die (eindimensionale) *Wellengleichung* $\frac{\partial^2 u}{\partial x^2} = \frac{1}{c^2}\frac{\partial^2 u}{\partial t^2}$, durch welche Wellenvorgänge beschrieben werden. Setzt man schließlich $A = 1$, $B = C = 0$ und $\Phi = \frac{\partial u}{\partial y}$ und führt wiederum eine neue „Zeit"-Variable $y = \eta t$ ein, so gelangt man zur (eindimensionalen) Differentialgleichung der *Ausgleichvorgänge* $\frac{\partial^2 u}{\partial x^2} = \frac{1}{\eta}\frac{\partial u}{\partial t}$, die Wärmeleitungs- und Diffusionserscheinungen beschreibt. Die drei genannten Gleichungen („Differentialgleichungen der mathematischen Physik") sind Spezialfälle allgemeinerer Gleichungen, in denen Abhängigkeit von allen drei Raumkoordinaten auftritt, und zwar lautet die dreidimensionale Potentialgleichung $\Delta u = 0$, die dreidimensionale Wellengleichung $\Delta u = \frac{1}{c^2}\frac{\partial^2 u}{\partial t^2}$, die dreidimensionale Wärmeleitungsgleichung $\Delta u = \frac{1}{\eta}\frac{\partial u}{\partial t}$, wobei $\Delta = \frac{\partial^2}{\partial x^2} + \frac{\partial^2}{\partial y^2} + \frac{\partial^2}{\partial z^2}$ der →Laplace-Operator ist.

Webster, A., u. *G. Szegö:* Partielle Differentialgleichung der mathemat. Physik. Leipzig 1930. — *Sommerfeld, A.:* Vorl. über theoret. Physik VI. Leipzig 1948. — *Baule, B.:* Die Mathematik d. Naturf. u. Ingenieurs. Leipzig 1944. — *Sauter, F.:* Differentialgleichungen d. Physik. Samml. Göschen 1070. Berlin 1950.

Partielle Differentiation. Ist $u = f(x, y, z, \ldots)$ eine Funktion der Variablen $x, y, z, \ldots$ und bildet man den Differentialquotienten von f nach irgendeiner der Veränderlichen, etwa x, während man die anderen Variablen als Konstante behandelt, so spricht man von einer partiellen Differentiation von f nach x. Das Ergebnis heißt der *partielle Differentialquotient* oder die *partielle Ableitung* 1. Ordnung $\partial f/\partial x$, manchmal auch f_x. Das im Gegensatz zur gewöhnlichen Differentiation hier verwendete geschwungene ∂-Zeichen soll zum Ausdruck bringen, daß alle Veränderlichen, von denen f abhängt, als Konstanten zu behandeln sind, mit Ausnahme jener, die im „Nenner" des Differentialquotienten steht. Die partielle Ableitung wird ebenso wie die gewöhnliche definiert, also

$$\frac{\partial f}{\partial x} = \lim_{h\to 0}\frac{f(x+h, y, z, \ldots) - f(x, y, z, \ldots)}{h}.$$

Entsprechend ist die partielle Ableitung von f nach y definiert:

$$\frac{\partial f}{\partial y} = \lim_{k\to 0}\frac{f(x, y+k, z, \ldots) - f(x, y, z, \ldots)}{k}.$$

Beispiel: Die Funktion $f(x, y) = x^2 + y^3 - 4xy$ besitzt die beiden partiellen Ableitungen 1. Ordnung $\partial f/\partial x = 2x - 4y$, $\partial f/\partial y = 3y - 4x$. Wenn die Funktion f nur von zwei Variablen abhängt, besitzen die beiden partiellen Ableitungen 1. Ordnung eine unmittelbare anschauliche Bedeutung. Es stellt dann f eine Fläche im gewöhnlichen dreidimensionalen Raum dar und $\partial f/\partial x$ wegen $y = \text{const}$ den Anstieg, den die Tangente im Berührungspunkt an die Schnittkurve der Fläche mit der zur y-Achse senkrechten Ebene besitzt.

Da im allgemeinen die partielle Ableitung einer Funktion von mehreren Variablen wiederum eine solche ist, kann man weitere partielle Ableitungen von ihr bilden und gelangt so zu denen höherer Ordnung: $\frac{\partial^2 f}{\partial x^2} = f_{xx}$, $\frac{\partial^2 f}{\partial x\,\partial y} = f_{xy}$, $\frac{\partial^2 f}{\partial y^2} = f_{yy}$, $\frac{\partial^3 f}{\partial x^2\,\partial y} = f_{xxy}$ usw. Die erste ist die partielle Ableitung nach x von der partiellen Ableitung von f nach x usw. Wichtig ist der *Satz von Schwarz*, der die Vertauschbarkeit der „gemischten" Ableitungen besagt. Er lautet: Ist $z = f(x, y)$ eine Funktion zweier Veränderlichen und existieren in der

Umgebung eines Punktes $P(x, y)$ die Ableitungen $\frac{\partial f}{\partial x}, \frac{\partial f}{\partial y}, \frac{\partial^2 f}{\partial x \partial y}$, und ist letztere in P stetig, so existiert dort auch $\frac{\partial^2 f}{\partial y \partial x}$, und es ist $\frac{\partial^2 f}{\partial x \partial y} = \frac{\partial^2 f}{\partial y \partial x}$. Unter entsprechender Erweiterung der Voraussetzungen gilt der Satz auch für Funktionen mit mehr als zwei Veränderlichen und für höhere geometrische Ableitungen.

Courant, R.: Vorl. über Differential- u. Integralrechnung. Berlin 1948. — *Rothe, R.:* Höhere Mathematik. Leipzig 1948. — *v. Mangold-Knopp:* Höhere Mathematk. Leipzig 1948.

Partielle Integration, Bezeichnung für die Regel $\int u(x)\, dv(x) = u(x)\, v(x) - \int v(x)\, du(x)$, die es gestattet, ein Integral teilweise (= partiell) auszuwerten. Da oft das neue Integral $\int v\, du$ einfacher als das ursprüngliche $\int u\, dv$ zu lösen ist, gelingt durch ein- oder mehrfache Anwendung dieser Regel oft die Auswertung von $\int u\, dv$.

Beispiel:

$$\int \underbrace{\ln x}_{u} \underbrace{dx}_{dv} = \underbrace{x}_{v} \underbrace{\ln x}_{u} - \int \underbrace{x}_{v} \underbrace{\frac{dx}{x}}_{du} = x \ln x - x .$$

Literatur →partielle Differentiation.

Partielle molare Größen. Eine partielle molare Zustandsgröße (z. B. das partielle Molvolumen) einer Komponente eines Gemisches oder einer Lösung ist die Änderung, die die betreffende Zustandsgröße erfährt, wenn unter Konstanthaltung von Druck und Temperatur ein Mol dieser Komponente einer unendlich großen Menge der Mischung hinzugefügt wird. Sie ist daher gleich dem partiellen Differentialquotienten der betreffenden Zustandsgröße nach der Molzahl der betreffenden Komponente.

Bei einer chemischen Umsetzung, bei der die Konzentrationen der einzelnen Teilnehmer sich nicht nennenswert ändern, sowie allgemein für chemische Umsetzungen in idealer Mischung ist die Änderung ΔZ der betrachteten Zustandsgröße aus den partiellen molaren Werten z_i berechenbar. Entstehen bei der Reaktion ν_1 Moleküle des ersten Stoffes, ν_2 Mole des zweiten Stoffes, allgemein ν_i Mole des i-ten Stoffes, so ist

$$\Delta Z = \sum_i \nu_i z_i ,$$

wo ν_i positiv oder negativ ist, je nachdem der betreffende Stoff bei der Umsetzung entsteht oder verschwindet. →Potential, chemisches.

Partielle Reflexion elektrischer Wellen, bei der nur ein Teil der einfallenden Energie reflektiert wird, während der andere hindurchgeht, tritt in der Ionosphäre nur in unmittelbarer Nähe der →Grenzfrequenz auf. Die Breite des partiell reflektierten Frequenzbereiches hängt im wesentlichen von der Dicke der reflektierenden Schicht ab und ist nur bei extrem dünnen Schichten beträchtlich.

Partikel = *Teilchen*, vor allem für Bestandteile einer höheren Einheit, speziell im Sinne von →Elementarteilchen, Elementarpartikeln, aber auch für größere Gebilde, wie die Teilchen in →kolloidalen Lösungen und in →Aerosolen, benutzt.

Partikelfeld. Jedes Elementarteilchen läßt sich im Sinne der Wellenmechanik durch eine →Wellengleichung beschreiben, welche man bei dualer Betrachtung auch als ursprünglich gegeben ansehen kann. Jeder Partikelart entspricht eine besondere Wellengleichung und definiert ein ihr eigentümliches Wellenfeld. Bekannte Typen relativistisch invarianter Wellengleichungen sind neben den Maxwellschen Gleichungen für →Photonen die →Diracsche für das Elektron und die →Kemmerschen Gleichungen für Yukonen mit dem Spin 0 oder 1. Partikel ohne Wechselwirkungen werden durch linear homogene Wellengleichungen 1. Ordnung gekennzeichnet, deren Wellenfunktionen im allgemeinen aus mehreren Komponenten bestehen, welche sich bei Koordinatenänderungen in charakteristischer Weise mittransformieren. Jede Partikelsorte liefert danach eine ihr eigentümliche →Darstellung der Gruppe der Koordinatentransformationen. Umgekehrt kann man die Teilchen durch die spezielle Darstellung der Transformationsgruppe kennzeichnen. Bekanntlich sind die Maxwellschen Gleichungen gegen die 15parametrige Transformationsgruppe der Kugelverwandtschaften invariant (unter deren Einfluß stets Kugeln in Kugeln transformiert werden), und es zeigt sich, daß die →Wellengleichungen der Elementarteilchen, obwohl sie diese allgemeine Invarianzeigenschaft der Maxwellschen Gleichungen nicht teilen, gerade durch die Darstellungen der Gruppe der Kugelverwandtschaften gekennzeichnet werden. Sei ψ ein Ausdruck für die Gesamtheit der Wellenfunktionen und D der Operator der Wellengleichungen, so lautet diese symbolisch $D\psi = 0$. Sie läßt sich aus einem Variationsprinzip ableiten: $\delta \int L\, dx_1 \ldots dx_4 = 0$, dessen Lagrange-Funktion L bei komplexer Wellenfunktion ψ in ψ und ψ^* bilinear ist und folgendermaßen lautet:

$$L = \psi^* D \psi .$$

Wentzel, G.: Quantentheorie d. Wellenfelder. Wien 1943. — *de Broglie, L.:* Théorie des particules élémentaires à spin. Paris 1943.

Partikuläres Integral →Differentialgleichung, gewöhnliche.

Pascalsches Dreieck, die Anordnung, die sich ergibt, wenn man die Koeffizienten der Faktoren $a^{n-k} b^k$ der n-ten Potenz des Binoms $(a + b)^n = \sum_{k=0}^{n} \binom{n}{k} a^{n-k} b^k$ für $n = 1, 2, 3, \ldots$ untereinander schreibt. Man erhält für

$n = 0$	1
$n = 1$	1 1
$n = 2$	1 2 1
$n = 3$	1 3 3 1
$n = 4$	1 4 6 4 1
$n = 5$	1 5 10 10 5 1
$n = 6$	1 6 15 20 15 6 1
$n = 7$	1 7 21 35 35 21 7 1
	. . . .

Man erhält die nachfolgende Zeile, indem man mit 1 nach links ausgerückt beginnt und dann stets zwei Koeffizienten der letzten Reihe addiert und diesen Wert zwischen jene in der neuen Zeile anschreibt.

Paschen-Back-Effekt. Bei schwachen Feldern kann sich der Zeeman-Typus jeder Linie eines Multipletts ungestört von dem Zeeman-Typus der Nachbarlinien ausbilden (→Zeeman-Effekt). Bei wachsenden Feldern würden sich die Zerlegungsbilder durchdringen. Noch ehe es dazu kommt, findet eine gegenseitige Beeinflussung der Zeeman-Typen statt. Bei starken Feldern (magnetische Aufspaltung groß gegen die ursprünglichen Schwingungsdifferenzen im Multiplett) verhält sich

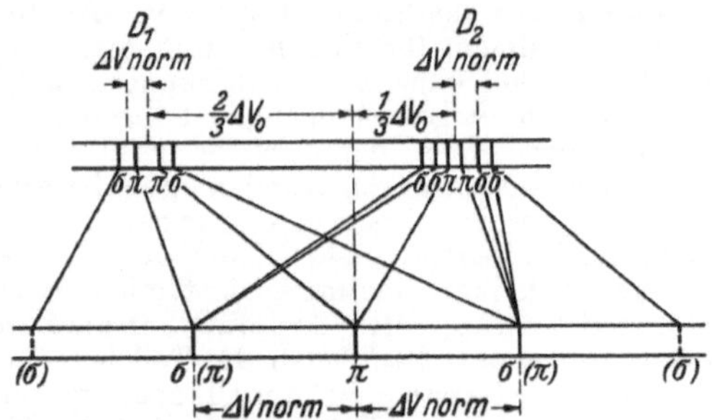

Magnetooptische Verwandlung der D-Linien.

schließlich angenähert jedes Liniengebilde wie eine Einfachlinie und zeigt den normalen Zeeman-Effekt (Abb.).

Paschensches Gesetz. Die Anfangsspannung einer Entladung (Zündspannung, Funkenspannung) ist nur eine Funktion des Produktes von Schlagweite (Elektrodenabstand) und Druck; Konsequenz des allgemeinen →Ähnlichkeitsgesetzes der Gasentladungsphysik. Von *Paschen* ursprünglich für die Plattenfunkenstrecke aufgestellt. (→Zündung einer Gasentladung, Abb.)

Paschen, F.: Ann. Phys. **37**, 69 (1889).

Paschen-Serie des H-Atoms, entsteht bei den Übergängen von den Zuständen mit der Hauptquantenzahl $n_1 = 4, 5, 6, \ldots$ zu $n_2 = 3$ und hat also die Wellenzahlen $\frac{1}{\lambda} = \nu = \frac{R}{9} - \frac{R}{n_1^2}$ (R Rydberg-Konstante). →Wasserstoffspektrum.

Passageinstrument →Meridiankreis.

Paßfehler einer optischen Kugel- oder Planfläche, die Abweichung der Fläche von der genauen Krümmung bzw. Ebenheit. Er wird ermittelt, indem man ein →Probeglas von entgegengesetzt gleich großer Krümmung bzw. ein Planprobeglas gegen die Fläche so anlegt, daß →Newtonsche Ringe auftreten. Bei kreisrunden Ringen liegt Rundpaßfehler, bei elliptischen Ringen Langpaßfehler (Ovalpaßfehler) vor.

Passivität. Der passive Zustand eines Metalls ist durch eine praktisch vollkommene *Hemmung des Übergangs der Metallionen* vom Metall in eine angrenzende Lösungsphase gekennzeichnet. Die *Passivierung* erfolgt bei vielen Metallen durch anodische Belastung einer Metall-Elektrode. Man kann sie an Hand einer bei konstanter Stromstärke aufgenommenen Spannungs-Zeit-Kurve verfolgen. Wie am Beispiel der anodischen Polarisierung von Blei in Schwefelsäure bei der →Abscheidungspolarisation näher beschrieben wird, kommt es als Folge des immer stärker gehemmten Bleiionenüberganges zu einem schnellen Spannungsanstieg, welcher den Übergang in den passiven Zustand anzeigt. Statt des Stromes kann man auch die polarisierende Spannung vorgeben. Der Eintritt des passiven Zustands macht sich dann als starke Abnahme der Stromstärke bemerkbar. Ist ein E_h-Wert von etwa 1,7 V erreicht, so werden statt der Bleiionen die Elektronen übergangsfähig und damit →potentialbestimmend; im Sinne eines Redox-Mechanismus kommt es zu einer Oxydation des Bleisulfats zu Bleidioxyd.

Die Hemmung des Metallionenüberganges, die gleichzeitig eine Hemmung der Metallkorrosion (→mehrfache Elektrode) bedeutet, kann mehr oder weniger vollkommen sein. Dementsprechend gibt es ein *Übergangsgebiet* vom aktiven Metall über einen teilweise passiven Zustand bis zur vollkommenen Passivität. Durch genügend lange und genügend starke kathodische Polarisierung läßt sich das Metall wieder in den aktiven Zustand überführen.

Auch ohne anodische Belastung kann ein Metall in den passiven Zustand gebracht werden, indem man es mit einem *Oxydationsmittel*, z. B. mit konzentrierter Salpetersäure, behandelt.

Die starke Hemmung des Metallionenüberganges, die zur Passivität führt, ist verschiedenartigen Ursachen zugeschrieben worden. Bei der Passivierung des Bleis in Schwefelsäure werden die Pb^{++}-Ionen offensichtlich durch die im Stromfluß entstehenden Sulfat- und Oxydschichten am weiteren Übergang gehindert, so daß die Deutung als sog. Bedeckungs- oder mechanische Passivität im Sinne einer hemmenden Zwischenschicht keine Schwierigkeiten macht. Aber auch bei äußerlich blank bleibenden passiven Metallen ist es gelungen, sehr dünne hemmende Oxydschichten nachzuweisen, die u. U. nur als „zweidimensionale Adsorptionsschichten von Sauerstoff“ ausgebildet sind. Man kann also allgemein die Passivität auf eine hemmende Deckschicht zurückführen.

Handb. d. Experimentalphysik XII/2. Leipzig 1933. Handb. d. Physik XIII. Berlin 1928. Handb. d. Metallphysik I/2. Leipzig 1940. — *Evans, U. R.:* Korrosion, Passivität u. Oberflächenschutz von Metallen. Berlin 1939.

Pathologische Funktion →vernünftige Funktion.

Patterson-Analyse. Die Fourier-Reihe mit den *Strukturfaktoren* F_{hkl}^2, d. h. den Intensitäten der Röntgenstrahlinterferenzen an Kristallen, als Koeffizienten ergibt in der Summe ihrer Glieder eine für das Kristallgitter wichtige Größe, nämlich die Häufigkeiten δ der im Gitter vorkommenden Atomschwerpunktsabstände in allen Richtungen. Die von *A. L. Patterson* **1935** aufgestellte Reihe hat die Form

$$\delta_{mnp} = \frac{1}{V} \sum_h \sum_k \sum_l F_{hkl}^2 \cos 2\pi(hm + kn + lp),$$

worin V das Volumen der →Elementarzelle ist. Die m, n, p sind jedoch nicht die Koordinaten von Gitterpunkten, sondern die der Endpunkte von Strecken, die in einem gemeinsamen Ursprung beginnen und den Abstand zwischen Atomen des Gitters nach Größe und Richtung angeben. Die Frage, wie sich die Abstände im Gitter aneinanderschließen und welche Atome sie verbinden, bleibt offen und kann nur durch Probieren beantwortet werden.

Ebenso wie die →Fourier-Analyse wird auch die Patterson-Analyse meist zweidimensional ausgeführt in der Form der Projektion auf eine Ebene senkrecht zu einer Zonenachse. Eine wichtige Vereinfachung des Patterson-Verfahrens ist die →Harker-Methode.

Pauli-Prinzip, -Verbot = →Ausschließungsprinzip.

Pauli-Prinzip im Kern. Da der Atomkern aus Protonen und Neutronen aufgebaut ist, also Elementarteilchen vom Spin $\frac{1}{2}$, die der Fermi-Statistik genügen, muß auch im Kern das Paulische →Ausschließungsprinzip gelten. Alle quantenmechanischen Teilchenzustände im Kern, wie sie im →Oszillator- oder →Hartree-Modell berechnet werden, dürfen nur von höchstens je einem Proton *und* Neutron besetzt werden.

pc, Symbol für die Längeneinheit →Parsec.

Pe, Symbol der →Pécletschen Kennzahl.

peck, abgek. pk, in den englisch sprechenden Ländern benutztes Hohlmaß für Trockensubstanzen, in Großbritannien definiert als 2 →gallon (Brit), in den USA als $^1/_4$ →bushel (USA): 1 pk (Brit) = 9,0922 dm³, 1 pk (USA) = 8,8098 dm³.

Pécletsche Kennzahl, *Pe*. Es sei v die Geschwindigkeit einer Strömung, a die Temperaturleitzahl, l eine kennzeichnende Länge. Dann ist $Pe = vl/a$ eine dimensionslose Zahl. Sie ist neben der →Reynoldsschen Zahl *Re* maßgebend für den Wärmeübergang bei erzwungener Strömung unter Vernachlässigung der Schwerkraft. Mit der →Prandtlschen Kennzahl *Pr* besteht die Beziehung $Pe = Pr\, Re$. Daher ist die Pécletsche Kennzahl im allgemeinen entbehrlich.

Pedion ist die einzelne Fläche als Kristallform. Es ist die allgemeine Form $\{hkl\}$ der Klasse 1, außerdem die spezielle Form $\{h0l\}$ der Klasse n, $\{010\}$ der Klasse 2 und die Basis $\{001\}$ der Klassen $2n$, 4, $4n$ bzw. $\{0001\}$ der Klassen 3, $3n$, 6, $6n$.

Peilfehler durch Raumwelle. Die Reflexion von Radiowellen an der Ionosphäre erfolgt derart, daß die Polarisationsebene der reflektierten Welle im allgemeinen nicht mehr mit der Großkreisebene durch Sender und Empfänger zusammenfällt. Die Welle weist vielmehr eine Komponente senkrecht zu dieser Ebene auf. Durch diese Querkomponente wird in einer Rahmenantenne eine Spannung induziert, auch wenn deren Ebene auf der Großkreisebene senkrecht steht (Minimumstellung). Der Rahmen muß daher aus der wahren Peilrichtung herausgedreht werden, bis die Summe aller induzierten Spannungen gerade gleich Null wird. Der entstehende Peilfehler kann bis zu 90° betragen. Er ändert sich dauernd vollkommen unregelmäßig, entsprechend der laufenden Änderung des Polarisationszustandes. Abhilfe durch Trennung von Boden- und Raumwelle (Impulspeilung) oder durch Anwendung von Antennensystemen, die nur die vertikale Komponente der einfallenden Wellen aufnehmen (Adcock-Peiler).

Pekuliarbewegung. Die beobachtete Bewegung der Sterne im Raume setzt sich zusammen aus ihrer Relativbewegung gegenüber einem System von Umgebungssternen (Pekuliarbewegung) und der →Apexbewegung der Sonne relativ zu diesem System. Der durch die Apexbewegung entstehende Anteil der Raumbewegung wird als *parallaktische* Bewegung bezeichnet. Die Trennung von parallaktischer und Pekuliarbewegung ermöglicht die Bestimmung von Sternparallaxen (→Parallaxen).

p-Elektron, ein Elektron mit der Bahndrehimpulsquantenzahl $l = 1$.

Peltier-Effekt (*Peltier* 1834), der inverse Effekt zur →Thermokraft. Fließt durch die Grenzfläche zweier Leiter A und B ein elektrischer Strom der Stromdichte J (der Strom fließe von A nach B), so entsteht in der Grenzfläche der beiden Leiter je Flächen- und Zeiteinheit die Wärmemenge (*Peltier-Wärme*) $Q = P_{AB} J$, wo P_{AB} der *Peltier-Koeffizient* des Leiterpaares A, B ist. Mißt man J in $\mathrm{A\,cm^{-2}}$ und Q in $\mathrm{W\,cm^{-2}}$, so erhält man P_{AB} in der Einheit 1 V. Es ist $P_{AB} = -P_{BA}$. Zwischen P_{AB} und der differentiellen →Thermokraft e_{AB} des Leiterpaares besteht die →Thomsonsche Beziehung $P_{AB} = T e_{AB}$. P_{AB} ist stark temperaturabhängig und in Einkristallen nichtkubischer Kristallsymmetrie von der kristallographischen Orientierung des elektrischen Stromes abhängig. Für $T \to 0$ °K wird nach dem Nernstschen Wärmetheorem $P_{AB} \to 0$.

Ein *transversaler Peltier-Effekt* tritt in nichtkubischen Leiterkristallen auf. Ist ein solcher Kristallstab von einem elektrischen Strom durchflossen, so entsteht eine Temperaturdifferenz senkrecht zum Strom, die näherungsweise proportional der Stromstärke ist. Der Effekt wurde bereits 1857 von *W. Thomson* vorausgesagt und bildet die Grundlage der Deutung des →Lenard-Effektes.

Handb. d. Metallphysik I/1, Teil I. Leipzig 1935.

Peltier-Wärme, die beim →Peltier-Effekt entstehende Wärmemenge in der stromdurchflossenen Grenzfläche zweier verschiedener elektrischer Leiter. Sie tritt nicht nur bei zwei metallischen Leitern, sondern auch in einem elektrochemischen Zweiphasensystem I/II mit den →potentialbestimmenden Ionen i im reversiblen *Stromfluß* meßbar auf. Die Abgabe von Wärme aus dem Stoffsystem an die Umgebung wird durch positives Vorzeichen gekennzeichnet.

Die Peltier-Wärme ${}_{\mathrm{I,II}}\Pi_i$ setzt sich additiv aus der latenten *Durchtrittswärme* ${}_{\mathrm{I,II}}L_i$ und den *Überführungswärmen* Q^* der innerhalb der beiden Phasen beweglichen Ionenarten zusammen. L_i ist nach $T({}_{\mathrm{I}}s_i - {}_{\mathrm{II}}s_i)$ durch die Änderung der partiellen Entropie s_i der Ionen i gegeben.

Die Summierung $\sum \Pi_{\mathrm{Ion}}$ der Peltier-Wärmen an den Phasengrenzen einer Kette führt zu der beim reversiblen Arbeiten der Kette meßbar auftretenden latenten Reaktionswärme $\mathfrak{L}$.

Beispiel:
Anodisch belastete Metall-Elektrode I/II

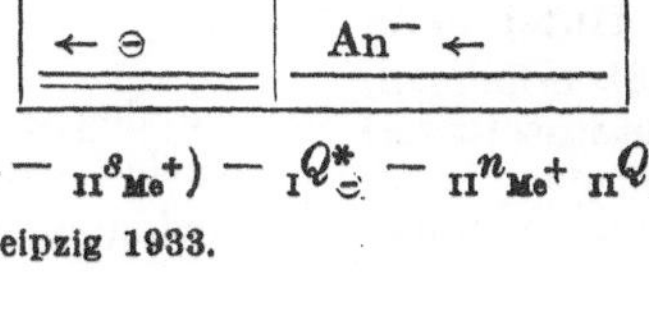

I	II
$Me^{\pm}$	$\to Me^{+} \to$ H_2O
$\leftarrow \ominus$	$An^{-} \leftarrow$

Feste Phasen werden durch zweimaliges, flüssige Phasen durch einmaliges Unterstreichen gekennzeichnet.

$$ {}_{\mathrm{I,II}}\Pi_{\mathrm{Me^+}} = T\left({}_{\mathrm{I}}s_{\mathrm{Me^+}} - {}_{\mathrm{II}}s_{\mathrm{Me^+}}\right) - {}_{\mathrm{I}}Q^*_{\ominus} - {}_{\mathrm{II}}n_{\mathrm{Me^+}}\, {}_{\mathrm{II}}Q^*_{\mathrm{Me^+}} + {}_{\mathrm{II}}n_{\mathrm{An^-}}\, {}_{\mathrm{II}}Q^*_{\mathrm{An^-}} $$

Handb. d. Experimentalphysik XII/2. Leipzig 1933.

Pendel, ein um eine feste, meist horizontale Achse drehbarer starrer Körper, der allein unter dem Einfluß des Schwerefeldes eine Schwingbewegung ausführen kann (Abb. 1). Genauer nennt

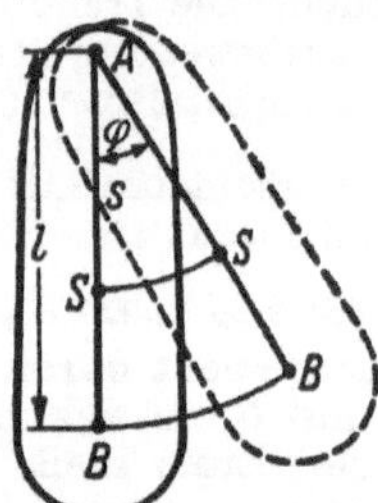

Abb. 1. Physisches Pendel.

man eine derartige Anordnung ein *physisches* (besser ein physikalisches) Pendel und will damit sagen, daß es sich um einen pendelnden *Körper* handelt. Das *mathematische* Pendel ist eine Idealisierung, bei der man sich die gesamte schwingende Masse in einen *Massenpunkt* m vereinigt denkt, der an einem Ende eines masselosen, nicht dehnbaren Fadens angebracht ist, während das andere feste Fadenende das Schwingungszentrum M darstellt. Es kann durch eine kleine, schwere Masse an einem langen Faden sehr angenähert verwirklicht werden. Die Zeit T zwischen zwei aufeinanderfolgenden gleichsinnigen Durchgängen durch eine beliebige Lage des Pendels ist seine *Schwingungsdauer.*

I. Mathematisches Pendel. Infolge der Bindung an das Zentrum M durch den Faden kann sich der Massenpunkt m nur auf einer Kugelfläche vom Radius l (Pendellänge) bewegen, weshalb man das mathematische Pendel auch *sphärisches Raum-* oder *Kugelpendel* nennt. Bezeichnet man die Lagekoordinaten von m in einem Koordinatensystem, dessen Ursprung mit M zusammenfällt, mit x, y, z, so muß stets die Bedingungsgleichung $F = x^2 + y^2 + z^2 - l^2 = 0$ erfüllt sein (l = Pendellänge). Das Pendel hat also 2 Freiheitsgrade. Es ist zweckmäßig, sphärische Polarkoordinaten r, ϑ, φ einzuführen, weil dann $r = l = \text{const}$ ist, also nur noch $\vartheta = \vartheta(t)$ und $\varphi = \varphi(t)$ Funktionen der Zeit sind. Die Zahl der Freiheitsgrade läßt sich durch Einführung einer weiteren Bedingung auf 1 einschränken. Verlangt man nämlich, daß das Azimut $\varphi = \text{const}$ (etwa $= 0$) sein soll, so bedeutet dies, daß das Pendel stets in der gleichen Ebene schwingen muß, und in Verbindung mit der Nebenbedingung $F = 0$, daß die Bewegung von m auf einem Kreisbogen verlaufen muß. Dieses einfachste Pendel nennt man daher auch *ebenes* oder *Kreispendel.* Die Bewegung eines solchen wird durch die Gleichung $ml\ddot{\vartheta} = -\mathfrak{K}_t$, also $ml\ddot{\vartheta} + mg\sin\vartheta = 0$ oder $l\ddot{\vartheta} + g\sin\vartheta = 0$ beschrieben, wie aus der Abb. 2 abzulesen ist. Die Bewegung ist also unabhängig von der Masse m des (idealisierten) Pendelkörpers. Die Pendelgleichung ist sofort zu integrieren, wenn man nur kleine Auslenkungen zuläßt, da dann $\sin\vartheta \approx \vartheta$ gesetzt werden kann. Die Bewegungsgleichung lautet dann $\ddot{\vartheta} + \omega_0^2\vartheta = 0$ mit $\omega_0 = \sqrt{g/l}$ und läßt erkennen, daß die Pendelbewegung (gemäß Voraussetzung) eine ungedämpfte →Schwingung mit der Kreisfrequenz ω_0 ist, woraus für die Schwingungsdauer $T = 2\pi\sqrt{l/g}$ folgt. Diese ist also unabhängig sowohl von der Masse m als auch von der Amplitude ϑ (*Isochronie*) und lediglich eine Funktion der Pendellänge l und der (örtlich nicht konstanten) Fallbeschleunigung g. Durch Messung von T kann daher g bei bekanntem l ermittelt werden (Schweremessung). Bei größeren Amplituden ϑ sind die Pendelschwingungen nicht mehr isochron, vielmehr gilt nun $\ddot{\vartheta} + \omega_0^2\sin\vartheta = 0$. Ihre Lösung wird, wenn als Anfangsbedingung $\vartheta(0) = \vartheta_0$ und $\dot{\vartheta}(0) = 0$ gesetzt wird, durch das elliptische Integral erster Gattung

$$t = \frac{1}{\omega_0}\int_0^{\vartheta} d\left(\frac{x}{2}\right) \Big/ \sqrt{\sin^2\frac{\vartheta_0}{2} - \sin^2\frac{x}{2}}$$

gegeben. Mit Hilfe der Substitution $\sin(x/2) = \sin(\vartheta_0/2)\sin y$ wird

$$\frac{d(x/2)}{\sqrt{\sin^2(\vartheta_0/2) - \sin^2(x/2)}} = \frac{dy}{\sqrt{1 - k^2\sin^2 y}}$$

mit $k = \sin(\vartheta_0/2)$.

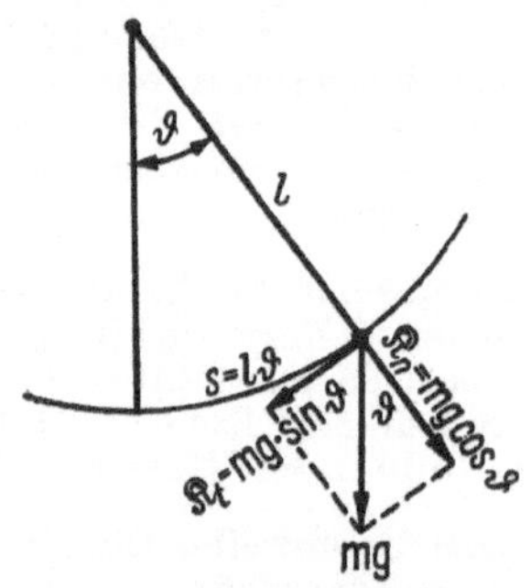

Abb. 2. Kreispendel.

Damit ergibt sich für die Schwingungsdauer

$$T = 4\sqrt{\frac{l}{g}}\int_0^{\pi/2}\frac{dy}{\sqrt{1 - k^2\sin^2 y}}$$

$$= 2\pi\sqrt{\frac{l}{g}}\left(1 + \frac{1}{4}\sin^2\frac{\vartheta_0}{2} + \left(\frac{3}{8}\right)^2\sin^4\frac{\vartheta_0}{2} + \cdots\right).$$

Diese Gleichung drückt die Abhängigkeit der Schwingungsdauer von der Amplitude ϑ_0 aus. Die Abweichung von der Isochronie ist in erster Näherung durch $\Delta T = \pi\sqrt{\frac{l}{g}}\frac{\vartheta_0^2}{8} > 0$ gegeben, um welchen Betrag T gegenüber dem Fall $\vartheta_0 \to 0$ vergrößert wird.

Ein Pendel, bei dem die Schwingungsdauer unabhängig vom Ausschlag ist, ist das von *Ch. Huyghens* angegebene Zykloidenpendel (Abb. 3). Es ist

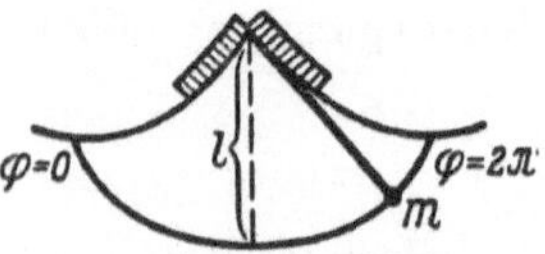

Abb. 3. Zykloidenpendel.

ein Fadenpendel, das sich beim Ausschlag an zwei seitliche, zykloidenförmige Backen anlegt. Seine Schwingungsdauer beträgt *stets* genau $T = 2\pi\sqrt{l/g}$.

Läßt man die Nebenbedingung $\varphi = \text{const}$ fallen, so wird die Bewegung der Pendelmasse eine räumliche, die auf der Kugeloberfläche $F = x^2 + y^2 + z^2 - l^2 = 0$ verläuft. Es gelten dann die Bewegungsgleichungen (→Lagrangesche Gleichung 1. Art): $m\ddot{x} = \lambda x$, $m\ddot{y} = \lambda y$, $m\ddot{z} = -mg + \lambda z$. Durch Zerlegung in zwei Komponenten kann man zeigen, daß die Bewegung des Kugelpendels bei kleinen Ausschlägen der eines zweidimensionalen isotropen Oszillators entspricht: $\ddot{x} = -\frac{g}{l}\,x$, $\ddot{y} = -\frac{g}{l}\,y$. Wegen der allgemeinen Integration obiger Bewegungsgleichung sei auf die Literatur verwiesen.

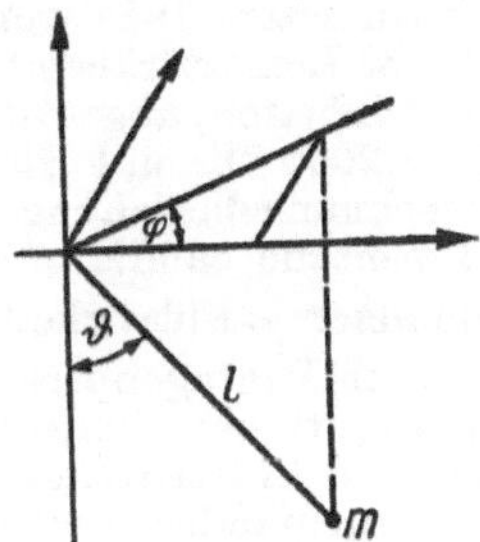

Abb. 4. Kugelpendel.

II. Physisches Pendel. Nunmehr ist die räumliche Ausdehnung des schwingenden Körpers zu berücksichtigen. Dies äußert sich durch Eingehen seines Trägheitsmomentes in die Bewegungsgleichung. Ist J das Trägheitsmoment, M die Masse des Pendelkörpers und s der Abstand seines Schwerpunktes S (Abb. 1) vom Aufhängepunkt A, so lautet die Bewegungsgleichung $J\ddot{\varphi} = -Mgs \sin\varphi$ bzw. für hinreichend kleine Ausschläge $\ddot{\varphi} + \frac{Mgs}{J}\varphi = 0$. Diese Gleichung besagt, wie ein Vergleich mit der Bewegungsgleichung des mathematischen Pendels zeigt, daß ein durch J, M, s charakterisiertes physikalisches Pendel einem mathematischen von der Länge $l = J/(Ms)$ entspricht (*korrespondierendes* Pendel). Die Größe l wird *korrespondierende* oder *reduzierte Pendellänge* genannt. Der auf der Verbindungsgeraden Aufhängepunkt A — Schwerpunkt S liegende Punkt B (Abb. 1), der von A um die Länge l entfernt ist, heißt der *Schwingungsmittelpunkt. Huyghens* hat bewiesen, daß das physische Pendel die gleiche Schwingungsdauer T hat, wenn man die ursprünglich durch A gehende Drehachse durch B legt: Aufhängepunkt A und Schwingungsmittelpunkt B eines physischen Pendels sind miteinander vertauschbar, ohne daß sich die reduzierte Pendellänge und damit auch die Schwingungsdauer T ändert. Hierauf beruht das →Reversionspendel. Ein physisches Pendel, dessen reduzierte Pendellänge $l = 2s$ ist, ist gegenüber Änderungen von l (und auch von s) am wenigsten empfindlich (→Uhren).

Eine Abart des physischen Pendels ist das *Rollpendel*, ein zylindrischer Körper, dessen Schwerpunkt S infolge ungleichförmiger und *auch* nichtsymmetrischer Massenverteilung außerhalb der Zylinderachse, etwa im Abstand s von ihr entfernt, liegt (Abb. 5). Daher führt der Zylinder, wenn er aus seiner Gleichgewichtslage gebracht wird, auf einer horizontalen Ebene unter dem Einfluß des Schwerefeldes eine „rollende Schwingbewegung", also eine Schwingung um eine *bewegliche* Achse, aus. Jene besteht aus einem translatorischen und einem rotatorischen Anteil. Für hinreichend kleine Auslenkungen φ beträgt die Schwingungsdauer $T = 2\pi\sqrt{\frac{MR^2 + J - 2MRs}{Mgs}}$, wobei M die Masse, J das Trägheitsmoment des Zylinders bez. der Zylinderachse, s den Schwerpunktsabstand von jener, R den Zylinderradius und g die Fallbeschleunigung bedeuten.

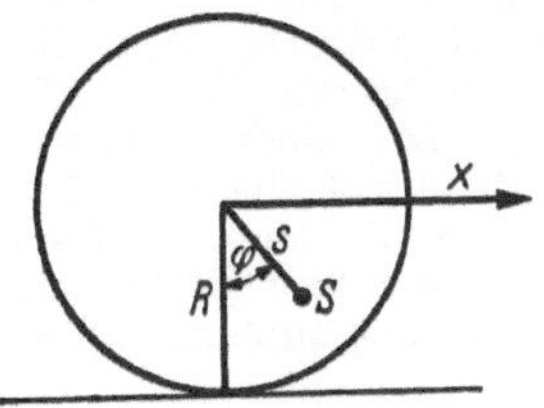

Abb. 5. Rollpendel.

Werden zwei (Kreis-) Pendel irgendwie miteinander gekoppelt, so entsteht ein Schwingsystem mit zwei Freiheitsgraden. Sonderfälle davon sind das →*Doppelpendel* und das *sympathische* Pendel (Oberbecksches Pendel). Letzteres besteht aus zwei nebeneinander in der gleichen Ebene schwingenden Pendeln (Abb. 6), die durch einen Faden verbunden sind, an dem ein die →Kopplung vermittelndes kleines Gewicht G befestigt ist oder die durch eine Feder oder Gummischnur verbunden sind.

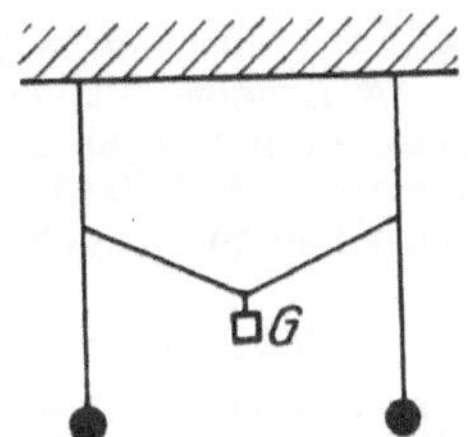

Abb. 6. Overbecksches Pendel.

Sommerfeld, A.: Vorl. über theoret. Physik I. Leipzig 1948. — *Schaefer, Cl.:* Theoret. Physik I. Berlin 1944.

Pendel, gekoppelte →Pendel, →Doppelpendel.

Pendellänge, mathematische, reduzierte, →Pendel, →Uhren.

Pendeltag, die Dauer eines Umlaufs des →Foucault-Pendels, $T = T_0/\sin\varphi$, in der geographischen Breite φ. (T_0 Sterntag.)

Pendeluhren →Uhren.

Pendelunterbrecher (*Helmholtz*), dient zur Erzeugung kurzer Stromstöße von bekannter Dauer. Es besteht aus einem schweren, elektromagnetisch ausgelösten Pendel, das beim Fallen mittels zweier von ihm berührter Kontakte einen Strom schließt und wieder öffnet. Die Stromdauer hängt von dem Abstand der Kontakte und der Pendelgeschwindigkeit (Fallhöhe) ab.

Müller-Pouillet: Lehrb. d. Physik IV/1. Braunschweig 1932.

Pendel-Vervielfacher → Photoelektronen-Vervielfacher.

Penetrationszwilling →Zwilling.

Penning-Effekt, Erniedrigung der Zündspannung eines Gases durch Zumischung einer Komponente, dessen Ionisierungsspannung U_i unter der Anregungsspannung U_{met} der metastabilen Zustände des Grundgases liegt. Beispiel: Durch Zumischung von Ar mit $U_i = 15{,}7$ V zu Ne mit $U_{met} = 16{,}6$ V in einer Konzentration von 0,006% erniedrigt sich die Zündspannung des Ne von 750 auf 180 V. Durch Tilgung der metastabilen Zustände durch Bestrahlung mit Neonlicht geht die Zündspannungserniedrigung wieder zurück.

Penning, F. M.: Z. Physik **46**, 335 (1928).

Pentagondodekaeder, die spezielle Form $\{hk0\}$ der Kristallklassen 23 und $23i$. Es wird von 12 gleichen fünfeckigen Flächen gebildet, die von 4 untereinander gleichen Kanten und einer davon verschieden langen begrenzt sind. Die Form $\{hk0\}$, $h > k$, wird als *positives*, die Form $\{kh0\}$ als *negatives* Pentagondodekaeder bezeichnet (Abb. 1).

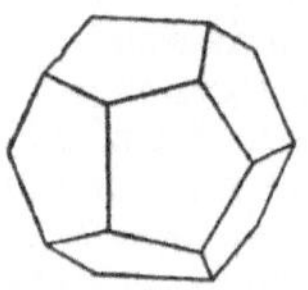

Abb. 1. Pentagondodekaeder.

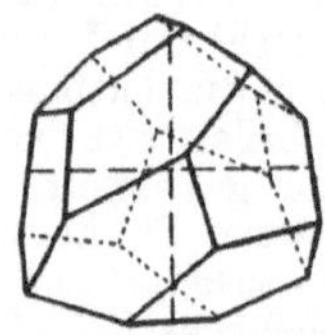

Abb. 2. Tetraedrisches Pentagondodekaeder.

Das *tetraedrische Pentagondodekaeder* (Abb. 2) besitzt 12 gleiche fünfeckige Flächen, von deren 5 Begrenzungskanten nur zwei gleich sind, und ist die allgemeine Form $\{hkl\}$ der Kristallklasse 23. Es gibt 4 verschiedene Stellungen der Form; für $h > k > l$ ist

$\{hkl\}$ das linke, $\{khl\}$ das rechte positive,
$\{hk\bar{l}\}$ das rechte, $\{kh\bar{l}\}$ das linke negative

tetraedrische Pentagondodekaeder. Von diesen Formen sind die rechten und linken zueinander enantiomorph.

Pentagonikositetraeder, auch Plagieder oder Gyroeder genannt, die allgemeine Form $\{hkl\}$ der kubischen Klasse 43. Sie besteht aus 24 von unregelmäßigen Fünfecken begrenzten gleichen Flächen (Abb.). Für $h > k > l$ wird $\{hkl\}$ als *linkes*, $\{khl\}$ als *rechtes* Pentagonikositetraeder bezeichnet. Beide Formen sind enantiomorph zueinander.

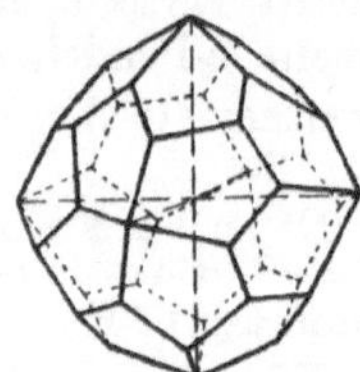

Pentagonikositetraeder.

pentane candle = →Pentan-Kerze.

Pentan-Kerze, in Großbritannien pentane candle genannt, Einheit der →Lichtstärke, welche in Großbritannien von 1898 bis 1909 als primäre Lichteinheit diente (→photometrische Einheiten). Die Pentanlampe ist eine Flammeneinheitslichtquelle, welche *Harcourt* 1877 zunächst als dochtlose 1-Kerzen-Pentanlampe konstruierte und später von ihm als 1-Kerzen-Pentandochtlampe (1887) und 10-Kerzen-Pentandochtlampe (1898) entwickelt wurde. Die pentane candle sollte ursprünglich möglichst gleich der sperm candle (→Spermazeti-Kerze) werden und war definiert als der 10. Teil der Lichtstärke der Harcourtschen 10-Kerzen-Pentandochtlampe. Von 1909 ab wurde sie durch einen entsprechenden Satz von Kohlefadenlampen einer Farbtemperatur von etwa 2050 °K definiert und aufbewahrt und repräsentierte in dieser Definition unter dem Namen →International Candle Power (I.C.P.) bis zum Jahre 1947 die primäre Lichteinheit in dem auch von England angenommenen System der →Internationalen Lichteinheiten. 1948 wurde sie von der →Candela (cd), der Lichtstärkeeinheit im System der →neuen Lichteinheiten, abgelöst. Bei der Farbtemperatur $T_f = 2050$ °K gilt für die pentane candle die Umrechnungsbeziehung zur →Hefner-Kerze (HK): 1 pentane candle = 1,11 HK.

Pentanthermometer →Flüssigkeitsthermometer.

Pentaprisma, auch Pentagonprisma, ein Prisma, dessen →Hauptschnitt ein Fünfeck ist (Abb. 1). Seine Eintritts- und Austrittsflächen E und A stehen senkrecht zueinander, und die verspiegelten Flächen Sp_1 und Sp_2 bilden mit ihnen einen Winkel von 112,5°. Der Ablenkungswinkel δ zwischen ein- und austretendem Lichtstrahl ist dann 90°. Zu beachten ist aber, daß bei Drehungen des Prismas innerhalb der Zeichenebene der Kreuzpunkt der Lichtstrahlen wandert (Abb. 2). Bei Kippungen des Prismas aus der Zeichenebene heraus tritt eine Änderung von δ auf. Die Reflexionsflächen müssen verspiegelt sein, da die Strahlen nicht totalreflektiert werden. Eine Bilddrehung oder Seitenvertauschung tritt nicht auf. In gleicher Weise wie das Pentaprisma wirken zwei Spiegel, die an den Ort der Reflexionsflächen des Prismas gebracht werden und in fester gegenseitiger Lage gehalten werden. Für $\delta = 90°$ ist dann $\varphi = 45°$ (*Pentaspiegel*).

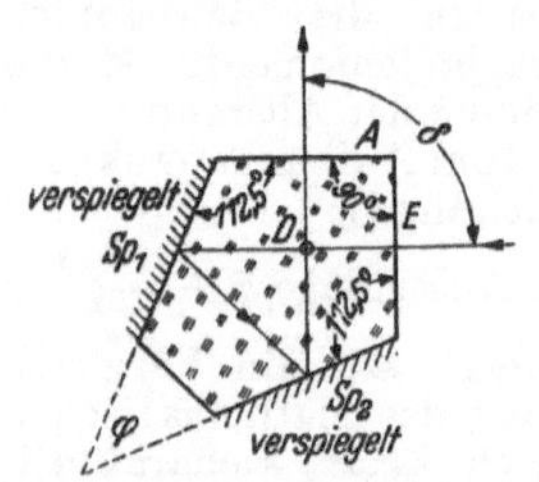

Abb. 1. Pentaprisma.

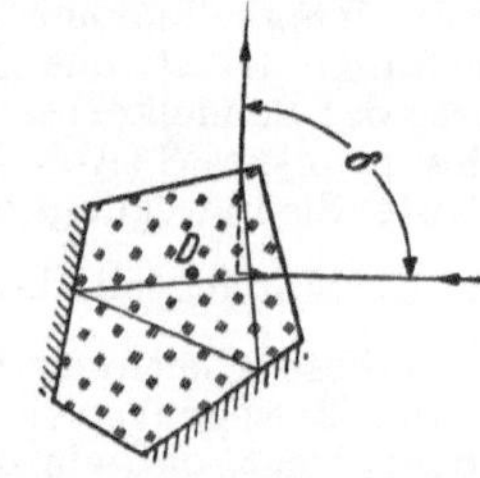

Abb. 2. Drehung des Pentaprismas. (D Drehpunkt.)

Pentaspiegel →Pentaprisma.

Pentode, die wichtigste →Mehrgitterröhre mit Steuergitter, Schirmgitter und Bremsgitter zwischen Glühkathode und Anode. Das Bremsgitter hat im allgemeinen Kathodenpotential und verhindert den Sekundärelektronenaustausch zwischen den positiven Elektroden, Schirmgitter und Anode. Für den von der Kathode fortgeführten Strom gilt die Beziehung

$$i_{ges} = k\sigma^{2/3}(U_g + D_{sgg}\,U_{sg\,eff})^{3/2},$$

wo k, σ und D_{sgg} Röhrenkonstanten und $U_{sg\,eff}$ das Effektivpotential in der Schirmgitterebene sind, das den Einfluß von Bremsgitter und Anodenspannung mit enthält. Er verteilt sich auf Schirmgitter und Anode den jeweiligen Potentialen entsprechend. Im i_a—U_a-Kennlinienfeld steigt infolgedessen der Anodenstrom bei kleinen Werten der Anodenspannung rasch an und zeigt dann Sättigungscharakter. Innenwiderstand (1 bis

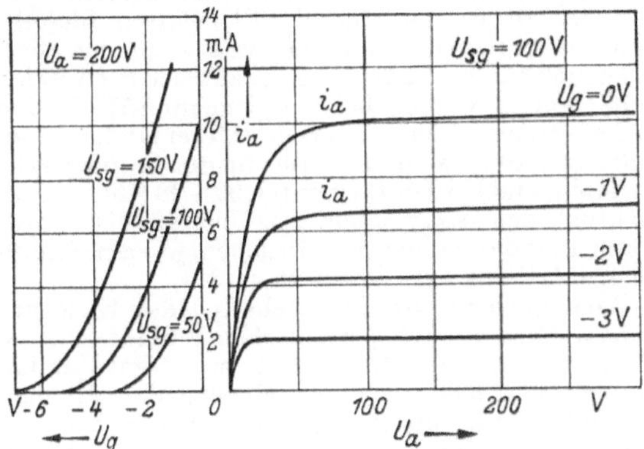

Kennlinienfeld einer Pentode (AF 7).

2 MΩ) und Verstärkungsfaktor (Größenanordnung einige Tausend) von Pentoden sind groß, die Gitteranodenkapazität dagegen klein (in günstigen Fällen 10^{-3} pF). Die Pentode ist daher die ideale Verstärkerröhre für Vorverstärkerstufen mit großer Spannungsverstärkung. Als →End- und Senderöhre hat sie gegenüber der Triode den Vorteil eines größeren Wirkungsgrades und kleineren Gitterspannungsbedarfes (einige V).

Rothe, H., u. *W. Kleen:* Grundl. u. Kennlinien d. Elektronenröhren. Leipzig 1948.

Penumbra →Sonnenflecken.

Peptisation durch Ultraschall. Die Lösungsgeschwindigkeit von Kolloiden (z. B. Metallhydroxyden) kann bei geeigneten Herstellungsbedingungen durch Einwirkung von Ultraschallwellen stark erhöht werden.

Perigäum des Mondes, der erdnächste, *Apogäum* der erdfernste Punkt der Mondbahn.

Perihel oder *Sonnennähe*, der Punkt einer Planetenbahn, in dem der Planet der Sonne am nächsten steht. Im Perihel ist die Bewegung am raschesten. Die Erde befindet sich im Perihel ungefähr am 1. Januar.

Perihelbewegung. Die Bahnellipsen der Planeten und Monde werden durch Störungen derart beeinflußt, daß sich die große Bahnachse bzw. die Richtung des Perihels dreht. *Leverrier* fand nun im Jahre 1845, daß die beobachtete Bewegung des Merkurperihels im Jahrhundert um 38″ größer ist als der Wert, der sich infolge der störenden Einwirkungen der anderen Planeten, insbesondere der Venus, auf Grund der Störungstheorie ergibt. Heute wird ein noch etwas größerer Überschuß, nämlich 43″, angenommen. Entweder müssen also die Beobachtungen falsch sein, oder es muß noch einen bis jetzt unbekannten störenden Körper geben, oder es kann das der Störungstheorie zugrunde gelegte Gravitationsgesetz nicht streng gelten. *Leverrier* vermutete denn auch, daß die überschüssige Perihelbewegung des Merkur hervorgerufen würde durch einen bisher noch nicht beobachteten intramerkuriellen Planeten. Man hat jahrzehntelang bei Sonnenfinsternissen nach einem solchen Planeten gesucht, aber ohne Erfolg. *Seeliger* hat dann eine Erklärung zu geben versucht, indem er eine Störung des Merkur durch die Gravitationswirkung jenes Staubringes um die Sonne annahm, der den Anlaß zu der Erscheinung des →*Zodiakallichtes* gibt. Neues großes Interesse hat schließlich die Perihelbewegung des Merkur auf sich gelenkt, als die inzwischen von *Einstein* aufgestellte allgemeine Relativitätstheorie eine Perihelbewegung von fast genau dem beobachteten Betrage verlangte. Auch bei den anderen Planeten verlangt die Relativitätstheorie eine zusätzliche Perihelbewegung, doch ist diese sehr viel kleiner als beim Merkur und deshalb die Übereinstimmung zwischen Theorie und Beobachtung auch schwerer nachzuprüfen.

Die Ursache für die relativistische Perihelbewegung ist einmal das durch die allgemeine →Relativitätstheorie abgeänderte Gravitationsgesetz, außerdem aber auch die von der Geschwindigkeit abhängige Masse. Das Auftreten einer nachweisbaren Perihelbewegung erfordert das Zusammentreffen einer nicht allzu kleinen Exzentrizität der Planetenbahn und eines ausreichend starken Gravitationsfeldes. Diese Bedingungen sind beim Merkur weitaus am besten erfüllt. Doch besteht bei ihm der Nachteil der Schwierigkeit von Präzisionsbeobachtungen wegen seiner Sonnennähe und seiner Phasen. Deshalb ist neuerdings vorgeschlagen worden, entsprechende Untersuchungen auch am Mars anzustellen.

Clemence, G. M.: Relativist. Effekte b. d. Planetenbewegung. Phys. Bl. **6**, 248 (1950).

Perimeter, zur Messung der Grenzen des →Gesichtsfeldes dienender, um eine Achse drehbarer halbkreisförmiger Metallbogen mit Gradeinteilung. Es wird das Auftauchen bzw. Verschwinden auf seiner Innenfläche verschiebbarer (farbiger oder farbloser) Marken bei verschiedenen Bogenstellungen und ruhendem Auge bestimmt.

Perimetrischer Kreisel →Kurvenkreisel.

Periode →periodische Funktion, →Schwingungsdauer.

Perioden-Leuchtkraft-Beziehung, die Beziehung zwischen der absoluten Helligkeit und der Periode des Lichtwechsels der →δ Cephei-Sterne. Die Lichtwechselperiode ist um so länger, je größer die durchschnittliche absolute Helligkeit ist. Man kann also aus der Lichtwechselperiode eines δ Cephei-Sternes ohne weiteres auf seine absolute Helligkeit schließen und aus dieser in Verbindung mit seiner scheinbaren Helligkeit auf seine Entfernung. Die Perioden-Leuchtkraft-Beziehung wurde 1912 von Miss *Leavitt* bei den δ Cephei-Sternen in der Kleinen Magellanschen Wolke entdeckt, dann an δ Cephei-Sternen der Milchstraße geeicht und hat für die Durchforschung des Weltalls größte Bedeutung erlangt. Denn ihr ist es in erster Linie zu verdanken, daß man noch von so fernen Objekten wie den außergalaktischen Nebeln zuverlässige Entfernungen ableiten konnte.

Periodische Funktion, eine Funktion $f(z)$, für die in ihrem Definitionsbereich die Beziehung $f(z + w) = f(z)$ gilt, wenn w eine bestimmte, von Null verschiedene Zahl ist, die als *Periode* von $f(z)$

bezeichnet wird. Eine Funktion kann mehrere Perioden haben. Sind etwa w_1 und w_2 zwei solche, so ist auch $\overline{w} = n_1 w_1 + n_2 w_2$, mit $n_{1,2} \gtreqless 0$ und ganzzahlig, eine Periode von $f(x)$. Deutet man die möglichen Werte aller Perioden einer eindeutigen Funktion als Elemente einer →Menge, so gilt der Satz, daß diese im Endlichen keinen Häufungspunkt besitzt. Die Perioden einer eindeutigen Funktion können nicht beliebig klein werden, vielmehr gibt es eine kleinste, die *primitive* Periode w_0. Jede andere ist dann durch $w = n w_0 (n = \pm 2, \pm 3, \ldots)$ gegeben. Besitzt eine eindeutige Funktion außer den Perioden $w = n w_0$ keine anderen, so liegt eine *einfach-periodische* Funktion vor. Für sie gilt also allgemein $f(z + n w_0) = f(z), n = \pm 1, \pm 2, \pm 3, \ldots$ Beispiel: Die Funktion $\sin z$ ist eine einfach-periodische Funktion mit der primitiven Periode $w_0 = 2\pi$. Alle anderen möglichen Perioden sind $w = 2\pi n$. Die Funktion $\operatorname{tg} z$ ist ebenfalls einfach-periodisch mit der primitiven Periode π.

Außer den einfach-periodischen gibt es noch *doppelperiodische* Funktionen, also solche, die der Funktionalbeziehung $f(z + n w_0 + m \overline{w}_0) = f(z)$ genügen, in der w_0 und $\overline{w}_0$ zwei linear unabhängige Größen und n, m ganzzahlig sind. Es gilt der wichtige Satz: Eine periodische Funktion kann *nur einfach-* oder *doppelperiodisch* sein, „höhere" Periodizitäten gibt es nicht. Die Werte w_0 und $\overline{w}_0$ nennt man das primitive Periodenpaar von $f(z)$. Sind $f(z)$ und $g(z)$ zwei doppelperiodische Funktionen mit dem primitiven Periodenpaar w_0 und $\overline{w}_0$, so sind $f(z) \pm g(z)$, $f(z) \cdot g(z)$ und $f(z)/g(z)$ sowie die Ableitungen $f'(z)$ und $g'(z)$ wiederum in w_0 und $\overline{w}_0$ periodisch; jedoch brauchen w_0, $\overline{w}_0$ nicht notwendig das primitive Periodenpaar der aus $f(z)$ und $g(z)$ gebildeten Funktionen zu sein. Als bekanntes Beispiel einer doppelperiodischen Funktion sei das elliptische Integral erster Gattung $u(z) = \int_0^z d\zeta / \sqrt{(1 - \zeta^2)(1 - k^2 \zeta)^2}$ bzw. dessen Umkehrfunktion, die elliptische Funktion, genannt.

Knopp, K.: Funktionentheorie III. Samml. Göschen 703. Berlin 1944. — *Hurwitz-Courant:* Funktionentheorie. Berlin 1929. — *Baule, B.:* Die Mathematik d. Naturf. u. Ingenieurs VI. Leipzig 1944. Handb. d. Physik II. Berlin 1928.

Periodische Systeme →mehrfach periodische Systeme.

Periodisches System der Elemente. Die →Atomgewichte der chemischen Elemente und die nahe chemische Verwandtschaft vieler chemischer Elemente, wie z. B. die der Halogene, Alkalien usw., führte nach mehreren Versuchen schließlich zu dem von *Lothar Meyer* und *Mendelejeff* aufgestellten periodischen System der Elemente, in dem die Elemente nach wachsendem Atomgewicht in horizontalen *Perioden* und vertikalen *Gruppen* angeordnet sind (Anhang III, Tabelle 10). Elemente, die miteinander chemisch verwandt sind, stehen untereinander in der gleichen Gruppe. In jeder Gruppe ist die chemische Wertigkeit die gleiche, und zwar schreitet von links nach rechts die Wertigkeit gegen Sauerstoff um eine Einheit fort: Na_2O, MgO, Al_2O_3, SiO_2, P_2O_5, SO_3, Cl_2O_7. Von rechts nach links nimmt die Wertigkeit gegen Wasserstoff zu: HF, H_2O, NH_3, CH_4. Allerdings ist die so schematisch abgeleitete Wertigkeit oft nicht die häufigste.

In der 0-ten Gruppe stehen die chemisch inaktiven Edelgase, in der 1. Gruppe die Alkalien, deren chemische Verwandtschaft und Gleichartigkeit der Spektren das augenfälligste Beispiel ist; daneben die Gruppe der Erdalkalien usw. Links neben jedem Element steht seine Ordnungszahl, unter dem Element das Atomgewicht. Nur an vier Stellen muß man von der Reihenfolge wachsenden Atomgewichtes abweichen, nämlich bei den Elementen der Ordnungszahlen 18—19, 27—28, 52—53, 90—91, um ähnliche Elemente in dieselbe Gruppe schreiben zu können. An zwei Stellen allerdings muß diese Tabelle aus praktischen Gründen unterbrochen werden, bei den Elementen 57–71, den →Lanthaniden, die chemisch untereinander kaum unterscheidbar sind und alle in die Gruppe IIIa gehören, und bei den Elementen 90—98 (theoretisch bis 103), den →Actiniden. Das Verständnis hierfür kann aber das Aufbauprinzip geben, wie am Schluß dieses Artikels kurz skizziert wird.

Aber auch andere Eigenschaften der Elemente zeigen einen typisch periodischen Verlauf, wie die Abb. 1—6 zeigen. Abb. 1 gibt die Atomvolumina wieder, bei denen sich die Gruppe der Alkalien besonders abzeichnet. Ähnlich ist es bei den linearen Ausdehnungskoeffizienten nach Abb. 2

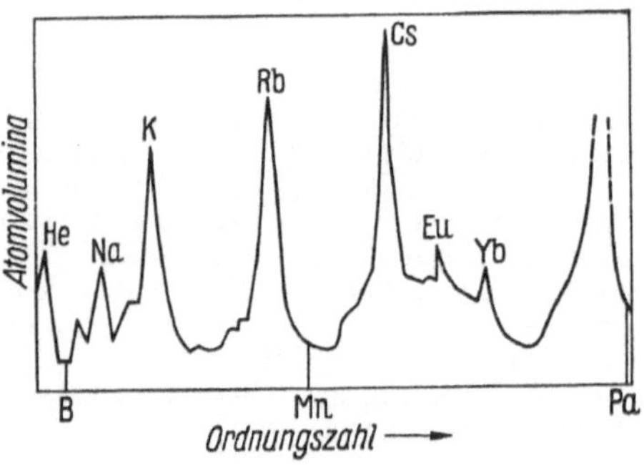

Abb. 1. Atomvolumina.

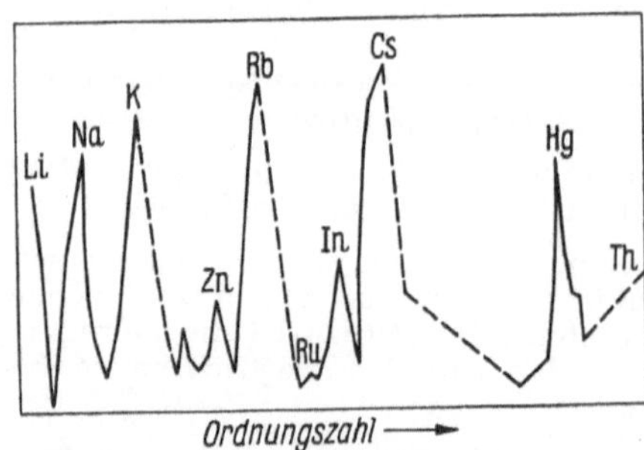

Abb. 2. Linearer Ausdehnungskoeffizient.

und bei dem Leitvermögen nach Abb. 3. Abb. 4 zeigt die Schmelzpunkte. Charakteristische Periodizität zeigt auch die Ionisierungsenergie (Abb. 5).

Ein tieferes Verständnis des periodischen Systems der Elemente brachte die Aufklärung über den Aufbau des Atoms nach der Durchführung der Rutherfordschen Streuversuche mit α-Teilchen. Danach besteht das Atom aus einem positiv geladenen Kern, dessen Ladungszahl mit der Ordnungszahl identisch ist. Die Ladungszahl wiederum gibt die Zahl der Elektronen im neutralen Atom an, die als Wolke den Kern umgeben. →Atome.

Die sichtbaren Spektren zeigen ebenfalls dieselbe Periodizität wie etwa die chemischen Eigenschaften. Das →Röntgenspektrum dagegen zeigt ein lineares Anwachsen von $\sqrt{\nu}$ (ν Frequenz) mit der Ordnungszahl. →Moseleysches Gesetz.

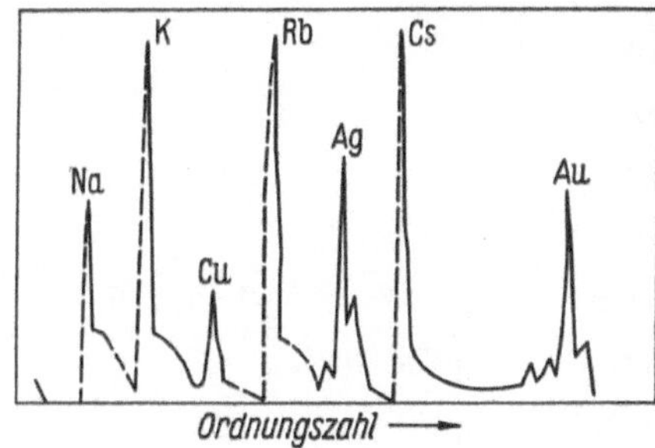

Abb. 3. Leitvermögen.

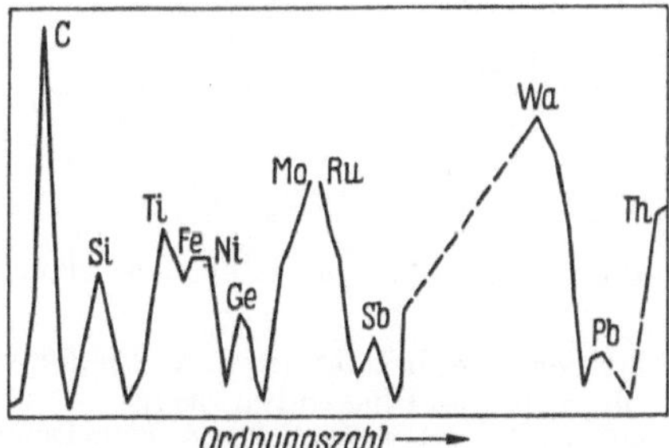

Abb. 4. Schmelzpunkte.

Die endgültige Aufklärung des Zusammenhanges zwischen der stetig zunehmenden Ordnungszahl und der Periodizität vieler Eigenschaften brachte die →Quantenmechanik, wobei insbesondere das Pauli-Prinzip eine ausschlaggebende Rolle spielt.

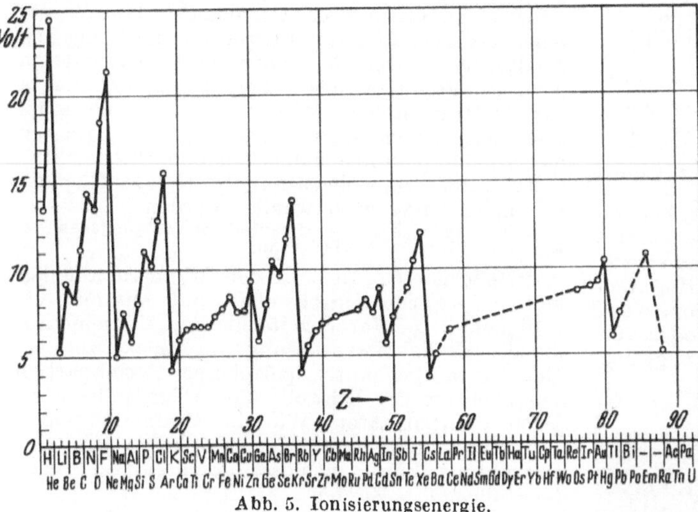

Abb. 5. Ionisierungsenergie.

Nach dem →Aufbauprinzip kann man das Periodische System der Elemente verstehen, die Grundterme der Atome bestimmen und die Spektren qualitativ ordnen (Tabelle 11, Anh. III). Der Grundterm wird sich aus einer Elektronenkonfiguration ergeben, bei der alle Elektronen möglichst tiefe Quantenzustände nl besetzt haben.

1. *Wasserstoff.* 1 Elektron. Der Grundzustand hat also die Konfiguration $1s$ und ist ein ${}^2S_{1/2}$-Term. Alle angeregten Terme sind Dubletterme. Genau dasselbe gilt für He+, Li++ usw., wobei ++ die zweifache Ionisierung bezeichnet.

2. *Helium.* Grundzustand also Konfiguration $1s^2$ und damit ein ${}^1S$-Term. Angeregte Zustände haben Konfiguration $1snl$ mit $n > 1$. Es gibt Triplett- und Singuletterme (→Ortho- und Parhelium). Der niedrigste Triplettzustand entsteht aus $1s\,2s$ und ist ein ${}^3S_1$-Term; er ist metastabil.

3. *Lithium.* Die $1s$-Schale (K-Schale) ist bereits bei He besetzt. Der Grundzustand des Li ist also $(1s^2\,2s)\,{}^2S_{1/2}$. Die angeregten Terme entstehen aus $1s^2nl$, und es ist $L = l$ und $S = {}^1/_2$. Daraus folgt die Wasserstoffähnlichkeit des Spektrums, da nur das eine Elektron außerhalb der abgeschlossenen Schale wesentlich beteiligt ist.

4. *Beryllium.* Grundzustand also $(1s^2\,2s^2)\,{}^1S_0$. Wird nur ein Elektron angeregt, so erhält man aus $1s^2\,2snl$ angeregte Singulett- und Tripletterme, ähnlich wie beim He. Es können aber auch beide äußere Elektronen gemäß $1s^2n_1l_1n_2l_2$ angeregt werden, was zu einer größeren Fülle von Termen, den anomalen Termen, Anlaß gibt, die oberhalb oder noch gerade dicht unterhalb der Ionisierungsenergie liegen.

Beim Bor mit der Elektronenkonfiguration $1s^2\,2s^2\,2p$ wird begonnen, die $2p$-Schale zu besetzen, die beim Neon mit 6 Elektronen abgeschlossen ist, womit das zweite Edelgas nach Helium erreicht ist. Die 2. Periode des Systems mit zusammen 8 Elementen ist damit abgeschlossen. Bei der Ausbildung der 3. Periode von Na bis A wiederholt sich in der M-Schale derselbe Prozeß wie bei Li und Ne in der L-Schale, worauf vor der Vollendung dieser Schale zunächst der Aufbau der N-Schale beginnt. Der weitere Fortgang des Aufbaus ist aus der Abb. 6 abzulesen. Es wiederholt sich von hier an bei jeder Schale das Spiel, daß ihr Aufbau nach der Vollendung der 1. Untergruppe abbricht, und daß dann zunächst der Aufbau von noch nicht aufgebauten Untergruppen innerer Schalen vollzogen bzw. begonnen wird. Nach Vollendung der 2. Untergruppen jeder Schale wird zunächst immer die 1. Untergruppe der folgenden Schale aufgebaut. Der Aufbau einer 4. Untergruppe (Lanthaniden, Actiniden) erfolgt jeweils nach Einbau des ersten Elektrons in die 3. Untergruppe der folgenden Schale.

Auch die chemische Wertigkeit erfährt ihre Erklärung. Na hat ein Elektron außerhalb der festen Schale. Dieses kann leicht entfernt werden, so daß Na einwertige →polare Verbindungen gern eingeht, wie z. B. NaCl, wobei Cl das vom Natrium abgegebene Elektron gern anlagert, um die $3p$-Schale aufzufüllen. Aber auch bei homöopolaren Verbindungen des Natriums (z. B. NaH) kann sich nur das eine außerhalb der Schale sitzende Elektron betätigen, wie es die Theorie zeigt, was ebenfalls Einwertigkeit zur Folge hat. Beim Ca dagegen sind es gerade 2 Elektronen, die sich leicht abspalten lassen, daher die Zweiwertigkeit wie z. B. in $CaCl_2$.

Die Perioden des Systems beruhen also darauf, daß sich nach abgeschlossenen Schalen wiederum dieselben Terme (auch angeregte) wiederholen

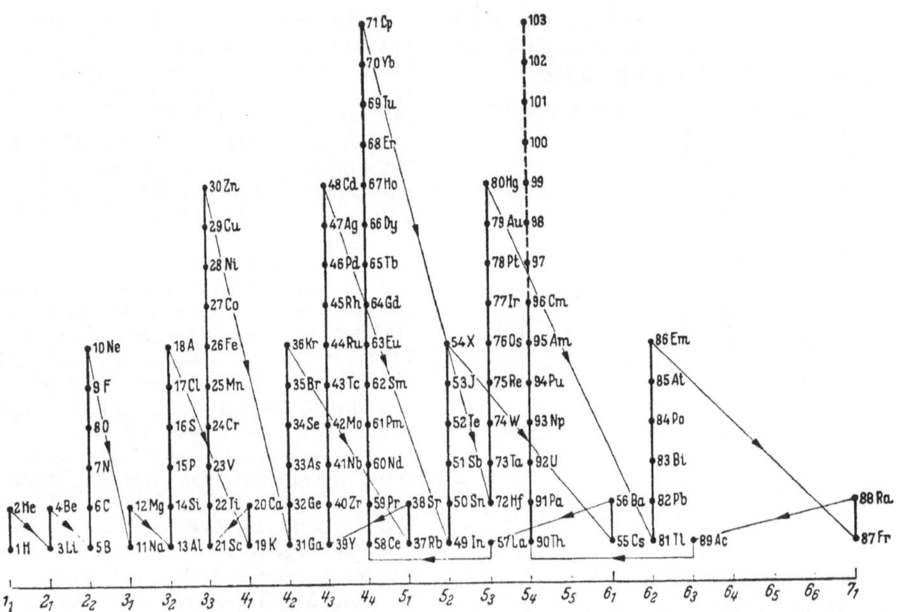

Abb. 6. Schrittweiser Aufbau der Untergruppen und Schalen im Periodischen System. (Zu ergänzen durch 97 Bk und 98 Cf.)

müssen. Das →Aufbauprinzip läßt also leicht alle Eigenschaften der Periodizität erklären.

Für die höheren Schalen ist die energetische Reihenfolge nicht durch die Hauptquantenzahl n allein gekennzeichnet. So kommt es, daß vom Kalium an erst $4s$-Elektronen und dann erst beim Sc $3d$-Elektronen eingebaut werden. Ähnliches wiederholt sich dann bei den Seltenen Erden La bis Cp und an anderen Stellen (Abb. 6).

Herzberg, G.: Atomspektren u. Atomstruktur. Dresden u. Leipzig 1936.

Periodogramm. Erweitert man die Analyse von Schwingungen auf nichtperiodische Vorgänge, so tritt an die Stelle der →Fourier-Reihe das Fourier-Integral. Um festzustellen, ob in einem nichtperiodischen Vorgang $F(t)$ periodische Anteile verborgen sind, zerlegt man den Gesamtvorgang in Zeitabschnitte der Länge Δt (→Analyseninterval). Das Fourier-Integral $\int_t^{t+\Delta t} F(z) e^{-2\pi i \nu z} dz$ (ν Frequenz) heißt Periodogramm von $F(t)$ zur Zeit t. Durch Vergleich der zu verschiedenen Zeitpunkten t gehörenden Periodogramme kann man feststellen, ob eine Komponente bei einer bestimmten Frequenz während des ganzen Schwingungsverlaufs unverändert vorhanden (*persistent*) oder nur kurzdauernd (*variabel*) ist. Die Abbildung zeigt das

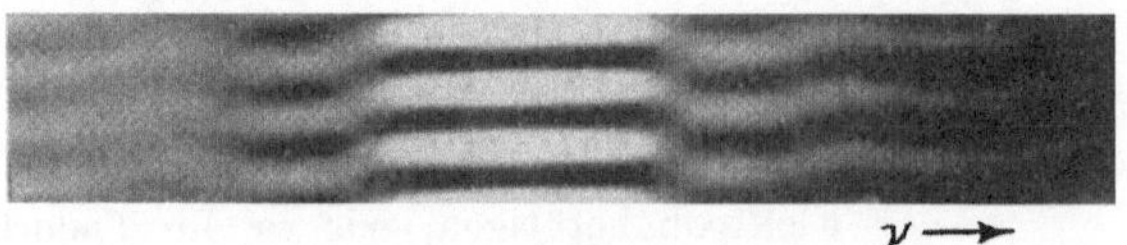

Periodogramm.

Periodogramm eines sinusförmigen Schwingungszuges von begrenzter Länge; die Periodogrammamplitude wird durch den Helligkeitskontrast der Rasterstruktur, der Phasenwinkel durch die Lage der relativen Helligkeitsmaxima wiedergegeben. →Periodograph, →Phasendiagramm.

Stumpff, K.: Grundl. u. Methoden d. Periodenforschung. Berlin 1937.

Periodograph. Mit den Mitteln der harmonischen Analyse lassen sich nur Vorgänge bearbeiten, deren Verlauf als streng periodisch vorausgesetzt werden kann. Bei Schwingungen allgemeiner Art und Beobachtungsreihen führt dagegen nur eine Analyse zum Ziel, die keine Voraussetzungen über die Periodizität des zu analysierenden Vorganges benötigt. Das mathematische Verfahren zur Bewältigung nichtperiodischer Probleme ist die auf der Fourier-Transformation aufgebaute Periodographie, das dem Linienspektrum der harmonischen Analyse entsprechende kontinuierliche Spektrum der Periodographie das →Periodogramm. Geräte zur instrumentellen Berechnung von Periodogrammen heißen Periodographen. Sie arbeiten meist nach photomechanischen oder lichtelektrischen Prinzipien, wobei als analysierendes Element Parallellinienraster verwendet werden.

Meyer-Eppler, W.: Experimentelle Schwingungsanalyse. Erg. d. ex. Naturw. XXIII, 1950.

Peripheriewerte, die mit den Minimalfeldhelligkeiten (→Farbenfeldschwelle) und Minimalzeithelligkeiten (→Farbenzeitschwelle) übereinstimmende Helligkeitsverteilung im Spektrum bei Reizung ausgedehnter peripherer Retinapartien mit oberhalb der Schwelle des →Tagessehens gelegenen Intensitäten. Wie die Minimalfeld- und -zeithelligkeiten sind die Peripheriewerte das Charakteristikum farbloser Lichtempfindungen (→Stäbchen, →Zapfen).

Peritektikum →Zustandsdiagramm.

Perizykloidische Bewegung →Poinsot-Bewegung.

Perlit →Eisen.

Perlmutterwolken, eine besondere Form von →irisierenden Wolken, die relativ oft im südlichen Norwegen beobachtet werden und in Höhen von 22 bis 29 km liegen. Sie erreichen ihre schönste Färbung einige Zeit nach Sonnenuntergang, wenn der Himmel schon dunkel ist, sie selbst aber noch von der Sonne beleuchtet sind. Die Wolke entsteht nach Art der oberen →Föhnwelle, wenn stürmische hochreichende Nordwestwinde das norwegische Gebirge überqueren. Die Tropfengröße ist zwischen 1 und 5 μ; jedoch ist die Herkunft des Wassers in der sonst äußerst trockenen Stratosphäre noch nicht geklärt.

Hann, J., u. *R. Süring:* Lehrb. d. Meteorologie. 1. Teil. Leipzig 1939.

Perlschnurblitz →Gewitter.

Permalloy, eine Eisen-Nickel-Legierung mit 78,5% Ni, 21,5% Eisen, welche sich vor anderen ferromagnetischen Substanzen durch ihre hohe Permeabilität auszeichnet. Wenn man die Legierung bis 600 °C langsam abkühlt und dann in Luft abschreckt, erreicht man eine Anfangspermeabilität von $\mu_a = 10000$. Bei langsamem Abkühlen entsteht eine Überstruktur und geringere Permeabilität. Durch geringe Zusätze von Chrom oder Molybdän kann man angenähert die gleiche Permeabilität bei einfacherer Wärmebehandlung erreichen. Mo-Permalloy, welches 3% Mo, 78,5% Ni, Rest Eisen enthält, wird auch Permalloy C genannt. Permalloy B ist eine Legierung mit nur etwa 50% Ni. Gelegentlich werden alle Fe-Ni-Legierungen mit 50 bis 80% Ni als Permalloy bezeichnet.

Becker, R., u. *W. Döring:* Ferromagnetismus. Berlin 1939. — *Keinath, G.:* ATM Z 913-1 bis 5 (1931 bis 1934). — *Elmen, G. W.:* Bell Syst. techn. J. 15, 113 (1936).

Permanentes Gas, überholte Bezeichnung für diejenigen Gase, die man unter gewöhnlichen Bedingungen nicht durch bloßen Druck verflüssigen kann, und die man daher in früherer Zeit nicht für verflüssigbar hielt. Permanent wäre nur ein im strengen Sinne ideales Gas.

Permanente Magnete oder *Dauermagnete*, ferromagnetische Körper, welche eine von äußeren Feldern möglichst wenig abhängige remanente Magnetisierung besitzen. Man verwendet sie als Kompaßnadeln, in Magnetometern zum Anzeigen und Messen von Magnetfeldern und vor allem in Drehspul- und Nadelgalvanometern und vielen anderen Meßgeräten zur Erzeugung eines zeitlich möglichst konstanten magnetischen Feldes im Luftspalt. Von dem Material eines permanenten Magneten muß man außer einer großen Remanenz auch eine große Koerzitivkraft verlangen, damit das der Magnetisierung entgegengesetzte entmagnetisierende Feld, welches die Pole an den Enden der Magnetnadeln bzw. an der Oberfläche des Luftspaltes in Galvanometern hervorrufen, die remanente Magnetisierung möglichst wenig schwächt. Ist im Luftspalt eines magnetischen Kreises das Volumen und die Höhe des Magnetfeldes vorgeschrieben, so kommt man mit einer um so geringeren Materialmenge für den permanenten Magneten aus, je größer der Maximalwert des Produktes BH (B Induktion, H Feldstärke) auf dem im zweiten (linken oberen) Quadranten liegenden Teil der →Hystereseschleife ist (→Güteziffer). Durch geeignete Wahl von Querschnitt und Länge des permanenten Magneten und passende Polschuhe muß man dann erreichen, daß der Magnet sich in dem magnetischen Zustand mit maximalem BH befindet. Früher benutzte man als permanente Magnete gehärtete Eisen-Kohlenstoff-Legierungen mit ziemlich hoher Remanenz, aber verhältnismäßig kleiner Koerzitivkraft. Heute bevorzugt man andere →Magnetstähle oder Eisen-Nickel-Aluminium- sowie Cobalt-Nickel-Aluminium-Legierungen (→Oerstit), welche viel höhere Koerzitivkräfte besitzen und zugleich geringere Alterungserscheinungen zeigen.

Becker, R., u. *W. Döring:* Ferromagnetismus. Berlin 1939. — *Neumann, H.:* ATM Z 912-1 (1937).

Permanenz, magnetische. Bei Werkstoffen für permanente Magnete ist in dem Magnetisierungszustand, der für die Verwendung normalerweise hergestellt wird, die Induktion B nahezu eine lineare Funktion der Feldstärke H, solange diese nicht zu große Werte annimmt. Man kann also schreiben (passend für das msVA-System)

$$B = \mu_r \mu_0 H + M_p$$

(μ_r reversible Permeabilität, μ_0 magnetische →Feldkonstante). Die Größe M_p in obiger Gleichung, also die Induktion bei der Feldstärke $H = 0$ in dem Zustand mit linearer Magnetisierungskurve, heißt Permanenz des Magneten.

Permanenz von Symmetrieeigenschaften. Die Eigenfunktionen eines entarteten Energieeigenwertes müssen zu einer bestimmten Darstellung der →Symmetriegruppe des physikalischen Systems gehören. Werden nun beliebige Störungen stetig eingeschaltet, so ändern sich zwar die Eigenfunktionen, aber die irreduzible Darstellung, zu der sie gehören, muß dabei erhalten bleiben. Diese Permanenz der Darstellungen ist ein wichtiges Hilfsmittel zur Ordnung der Atom- und Molekülterme und ihrer Spektren.

Permeabilität. Unter der *absoluten* Permeabilität eines Stoffes versteht man (geschrieben in einem Einheitensystem mit 4 Grundgrößen) das Verhältnis $\mu\mu_0 = B/H$ der magnetischen Induktion B zur magnetischen Feldstärke H, wobei μ_0 die magnetische →Feldkonstante oder absolute Permeabilität des Vakuums ist. μ ist die *relative* Permeabilität und eine reine Zahl. Im Internationalen elektrischen Maßsystem ist $\mu_0 = 4\pi \cdot 10^{-7}\ \mathrm{VA^{-1}\,m^{-1}s}$, im absoluten msVA-System gleich der reinen Zahl 1, so daß im letzteren zwischen der absoluten und der relativen Permeabilität nicht unterschieden und nur von der Permeabilität schlechthin (einer reinen Zahl) gesprochen wird. Der Betrag von μ ist in beiden Maßsystemen der gleiche. Der Kehrwert η $1/\mu$ der relativen Permeabilität wird auch als *Resistenz* bezeichnet.

In paramagnetischen Substanzen ist $\mu > 1$, in diamagnetischen ist $\mu < 1$. Die Differenzen gegen 1 sind in diesen Stoffen klein. In ferromagnetischen Stoffen ist μ sehr viel größer und von der Feldstärke und der magnetischen Vorbehandlung abhängig. Bei normalen ferromagnetischen Stoffen steigt sie längs der Neukurve mit wachsender Feldstärke von einem bestimmten Anfangswert, der *Anfangspermeabilität*, erst linear, dann rascher an, bis sie in Feldern von der Größenordnung der Koerzitivkraft einen Maximalwert, die *Maximalpermeabilität*, erreicht. Bei höheren Feldstärken sinkt μ rasch ab bis auf kleine Werte in der Sättigung. Außer der so definierten Größe benutzt man im Ferromagnetismus noch weitere, ähnliche (relative) Größen:

Die *reversible Permeabilität* wird in einem kleinen Wechselfeld gemessen, welches dem konstanten mittleren Feld überlagert wird. Sie ist gleich dem Verhältnis der Wechselanteile von Induktion und Feldstärke im Grenzfall sehr kleiner Feldstärke. Im unmagnetischen Zustand ist die reversible

Permeabilität mit der Anfangspermeabilität identisch. Sie fällt in der Regel mit wachsender Feldstärke monoton ab und zeigt nur sehr geringe Hystereseerscheinungen.

Die *differentielle Permeabilität* ist gleich dem Differentialquotienten $\mu_{\text{diff}} = dB/dH$ der →Neukurve oder →Hystereseschleife. Sie ist bei jedem →Barkhausen-Sprung streng genommen unendlich groß und springt zwischen zwei Barkhausen-Sprüngen auf den Wert der reversiblen Permeabilität. Gewöhnlich meint man mit μ_{diff} die Ableitung einer ausgeglätteten Induktionskurve bzw. den Mittelwert des wahren Differentialquotienten über ein Kurvenstück, welches viele kleine Barkhausen-Sprünge umfaßt.

Die *irreversible Permeabilität* ist gleich der Differenz zwischen der differentiellen Permeabilität und der reversiblen Permeabilität. Sie mißt den Beitrag der irreversiblen Barkhausen-Sprünge zur Magnetisierungsänderung. In der Nähe der Koerzitivkraft besitzt sie ein ausgeprägtes Maximum.

Die *ideale Permeabilität* ist gleich dem Quotienten von B und H längs der idealen →Magnetisierungskurve.

Als *Instabilität s der Permeabilität* eines ferromagnetischen Materials bezeichnet man die relative Änderung der reversiblen Permeabilität beim Übergang vom unmagnetischen Zustand zum Remanenzpunkt. Ist μ_A die Anfangspermeabilität und μ_R die reversible Permeabilität im remanent magnetisierten Zustand nach einer Magnetisierung bis zur Sättigung, so gilt $s = (\mu_A - \mu_R)/\mu_A$. Von den in der Schwachstromtechnik verwendeten Induktionsspulen verlangt man, daß ihre Induktivität durch einen vorübergehenden starken Störstrom nicht bleibend geändert wird. Die Permeabilität des Kernmaterials darf deshalb nach einer starken Magnetisierung nicht wesentlich anders sein als vorher. Je nach den Anwendungen verlangt man eine Instabilität, die unter 0,5% bis 2% liegt.

Becker, R., u. *W. Döring:* Ferromagnetismus. Berlin 1939.

Permeabilität des Vakuums →Feldkonstante, magnetische.

Permeameter, Geräte zur Messung der Permeabilität ferromagnetischer Materialien. Sie arbeiten nach der →Jochmethode, unterscheiden sich aber hinsichtlich der Art, wie der Einfluß des Joches und des Luftspaltes an den Einspannungsstellen erfaßt oder ausgeschaltet wird.

Neumann, H.: ATM J 63-1 (1935).

Permenorm = →Permalloy B.

Perminvar, Firmenbezeichnung für die ferromagnetische Legierung mit der Zusammensetzung 30% Fe, 45% Ni, 25% Co, hat bei geeigneter Wärmebehandlung eine →Hystereseschleife ungewöhnlicher Form, welche bei der Feldstärke $H = 0$ sehr schmal ist, bei Feldern von der Größenordnung der Koerzitivkraft sehr viel breiter. Die Remanenz ist klein und die reversible →Permeabilität im Remanenzpunkt nur sehr wenig von der Anfangspermeabilität verschieden. Perminvar wird wegen dieser geringen Instabilität der →Permeabilität in der Schwachstromtechnik verwandt.

Keinath, G.: ATM Z 913-1 (1931).

Permutation von n Individuen (*Elementen*) nennt man die verschiedenen Anordnungen, die man aus den n Elementen bilden kann. Sind die Elemente alle voneinander verschieden, so ist die Anzahl der Permutationen $P(n) = n! = 1 \cdot 2 \cdot 3 \cdots n$ (→Fakultät). Für große Werte von n ist $n! \sim \sqrt{2\pi n}\, n^n e^{-n}$ (→Stirlingsche Formel). Sind von den n Elementen gewisse untereinander gleich, und zwar n_1, die die Eigenschaft 1, n_2, die die Eigenschaft 2 usw. besitzen, so ist

$$P_{1,2,\ldots,i}(n) = \frac{n!}{n_1!\, n_2! \ldots n_i!}.$$

Beispiel: Die drei verschiedenen Elemente seien 1, 2, 3. Dann sind $P(3) = 3! = 6$ Permutationen möglich, dies sind die Anordnungen 123, 132, 213, 231, 312, 321. Sind zwei Elemente gleich, etwa 2 und 3, sind also die Permutationen der Elemente 1, 2, 2 zu bilden, so ist $P(3) = \frac{3!}{2!} = 3$, d. s. die Anordnungen 122, 212, 221.

Permutationsgruppe →symmetrische Gruppe.

Perot-Fabry-Interferometer, eine Luftplatte, welche von zwei Glas- oder Quarzplatten gebildet wird (→Interferenzspektralapparat). Zur Erzeugung einer großen Zahl miteinander interferenzfähiger Lichtbündel ist einmal für vollkommenste Planparallelität gesorgt, zum anderen sind die begrenzenden Glas- (Quarz-) Platten auf den einander zugekehrten Flächen durchlässig verspiegelt. Ein auf die obere Platte fallendes, monochromatisches Lichtbündel (Abb.) wird dadurch in viele, aus der

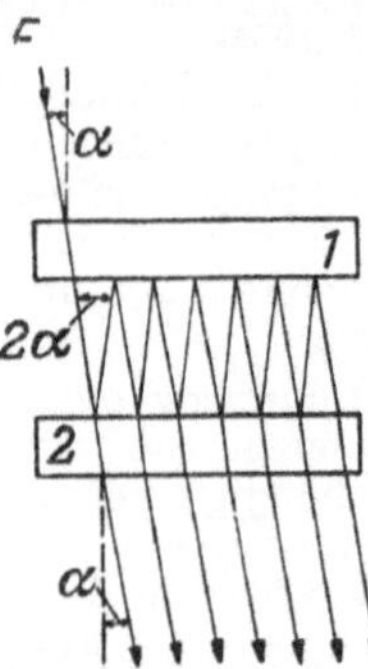

Prinzip des Perot-Fabry-Interferometers.

1, 2 Glas- oder Quarzplatten als Begrenzung der Luftplatte; die einander zugewendeten Flächen von *1* und *2* sind durchlässig verspiegelt. *E* Einfallsrichtung der zu untersuchenden Strahlung.

Platte *2* austretende, kohärente Lichtbündel zerlegt. Jedes von diesen hat gegenüber den benachbarten den gleichen Gangunterschied. Es entstehen im ∞ liegende Interferenzkurven gleicher Neigung von großer Schärfe. Maximale Intensität ergibt sich für alle kleinen Einfallswinkel α, für welche gilt (→Interferenzspektralapparate): $2d \cos\alpha = m\lambda$ (m ganzzahlig). Fällt auf die Platte *1* senkrecht ein monochromatisches, diffuses Lichtbündel ein, das also alle möglichen kleinen Winkel α enthält, so erblickt der dem einfallenden Bündel entgegenschauende Beobachter wegen der Rotationssymmetrie ein System konzentrischer, heller Interferenzringe auf dunklem Untergrund. Durch eine in den Strahlengang des austretenden Lichtes gebrachte Sammellinse können die Interferenzringe in die Brennebene der Linse verlegt und dort photographiert werden.

Das Perot-Fabry-Interferometer wird einmal mit meßbar veränderlicher Dicke der Luftplatte (eine Begrenzungsplatte mikrometrisch verschiebbar) oder mit konstanter Luftplattendicke hergestellt. Im letzteren Fall wird der Abstand zwischen den Begrenzungsplatten durch sehr genau gearbeitete Ringe aus Invar fixiert. Derartige Interferometer bezeichnet man als Etalons. Sie werden mit Luftplattendicken zwischen 1 und 100 mm hergestellt.

Das Perot-Fabry-Interferometer mit mikrometrisch verschiebbarer Platte gestattet die absolute Messung einzelner Wellenlängen in der gleichen Weise wie beim →Michelson-Interferometer. Relative Wellenlängenmessungen, etwa Feinstrukturuntersuchungen, werden am einfachsten mit Etalons konstanter Dicke vorgenommen. Man erhält für zwei dicht benachbarte Wellenlängen zwei sich überlagernde Interferenzringsysteme, die gelegentlich koinzidieren. Für diese Koinzidenzen sind die Gangunterschiede der beiden Wellenlängen ganzzahlig. Man mißt aber stets die Durchmesser der innersten, hellen Ringe für die einzelnen Wellenlängen. Aus den Durchmessern lassen sich diese berechnen.

Zur Verhinderung von Luftdruckschwankungen und damit verbundener Änderung der Brechzahl der Luft setzt man das Etalon in eine Druckkammer, in welcher ein konstanter Druck aufrechterhalten wird. Ferner muß die Temperatur des Arbeitsraumes sehr konstant gehalten werden.

Die besonderen Vorzüge des Perot-Fabry-Interferometers sind das sehr große →Auflösungsvermögen, seine relativ hohe →Lichtstärke und das völlige Fehlen falscher Linien (Geister).

Handb. d. Physik XVIII, XIX, XX. Berlin 1929. – *Kohlrausch, F.:* Prakt. Physik I. Leipzig u. Berlin 1950.

perpetuum mobile. 1. *perpetuum mobile 1. Art*, eine Maschine, die ohne Energiezufuhr beliebig lange mechanische Arbeit leistet, und die es daher, weil dem →Energieprinzip widersprechend, nicht geben kann. Die in zahllosen Fällen erwiesene Unmöglichkeit eines perpetuum mobile 1. Art liefert eine der Hauptstützen des Energieprinzips.

2. *perpetuum mobile 2. Art*, eine Maschine, die nichts weiter bewirkt als die ständige Leistung mechanischer Arbeit und die Abkühlung eines Wärmereservoirs, und die es daher, weil nicht dem Energieprinzip, wohl aber dem 2. Hauptsatz der Thermodynamik widersprechend, nicht geben kann. Die empirisch erwiesene Unmöglichkeit eines perpetuum mobile 2. Art kann zur Begründung des 2. Hauptsatzes dienen.

Perrinsche Ölschichten →Ölschichten, dünne.

Persistenz der Moleküle. In der elementaren Gastheorie nimmt man an, daß ein Molekül nach jedem Zusammenstoß die Erinnerung an den Zustand vor dem Stoß verloren hat, daß z. B. ein Molekül nach dem Zusammenstoß im Mittel keinen Impuls mehr in der ursprünglichen Bewegungsrichtung besitzt. Dies ist bei genauer Rechnung nicht der Fall, worauf zuerst *H. Jeans* aufmerksam machte. Jedes Molekül hat im Mittel nach dem Zusammenstoß noch eine Geschwindigkeitskomponente in der ursprünglichen Bewegungsrichtung. Diese Erscheinung bezeichnet man als Persistenz der Geschwindigkeit. Der Quotient der mittleren Komponente der Geschwindigkeit eines Moleküls nach dem Zusammenstoß in der ursprünglichen Bewegungsrichtung zum Wert der ursprünglichen Geschwindigkeit dieses Moleküls vor dem Stoß wird als *Persistenzverhältnis* bezeichnet. Es ist abhängig von der Geschwindigkeit des betrachteten Moleküls. Mittelt man über alle möglichen Geschwindigkeiten eines Moleküls, so erhält man das *mittlere* Persistenzverhältnis. Im Falle eines einfachen Gases wird dieses gleich 0,406. Stößt ein schweres Molekül gegen ein leichtes, so ist das Persistenzverhältnis nahezu gleich Eins und im umgekehrten Falle des Stoßes eines leichten Moleküls gegen ein schweres nahezu gleich Null. Diese Verhältnisse spielen auch eine Rolle bei der Bremsung schneller Neutronen. (→thermische Neutronen, →Bremsstoffe.)

Persistenz einer Schwingung. Eine Sinusschwingung heißt persistent, wenn ihre Frequenz und Amplitude während des ganzen Beobachtungszeitraums unverändert bleibt. Sind dagegen Frequenz und Amplitude nur zeitweilig konstant, so heißen sie *quasipersistent.* Die Persistenz von Schwingungen spielt in der Periodographie eine große Rolle (→Periodogramm, →Phasendiagramm).

Persönlicher Fehler. Der Begriff des persönlichen Fehlers spielt bei den meisten Feinmessungen eine entscheidende Rolle, bei denen die äußerste Grenze der Beobachtungsgenauigkeit erreicht werden soll. Man versteht hierunter alle Fehler, die durch die physiologischen Verschiedenheiten und das individuelle Reaktionsvermögen der Beobachter bedingt sind. Hierher gehören z. B. Fehler bei der Koinzidenzherstellung durch verschiedene Beobachter. Einen Sonderfall der persönlichen Fehler bildet die *persönliche Gleichung*, die in der praktischen Astronomie wegen der hochentwickelten feinen Beobachtungsmethoden von besonderer Bedeutung ist. Sie charakterisiert die unterschiedliche Reaktionsdauer der einzelnen Beobachter beim Erfassen und Registrieren der Sternantritte an die Fäden im Gesichtsfeld des Fernrohres, wobei auch die Helligkeit der Sterne eine bedeutende Rolle spielt. Die persönlichen Fehler sind mit der Zeit veränderlich. Zur Feststellung ihres Einflusses auf die Ergebnisse von Feinmessungen sind eingehende Untersuchungen erforderlich. Durch besondere Anordnung der Messungen oder besondere instrumentelle Vorrichtungen kann ihr Einfluß weitgehend ausgeschaltet werden. So kann z. B. der Betrag der persönlichen Gleichung bei der Registrierung von Sterndurchgängen mittels des Repsoldschen „unpersönlichen Mikrometers" ganz erheblich vermindert werden.

Newcomb-Engelmann: Populäre Astronomie. Leipzig 1948.

Persönliche Gleichung →persönlicher Fehler.

Perspektive (Raumdarstellung) in optischen Bildern, hängt nur ab von der Lage der →Eintrittspupille zu den abgebildeten Raumdingen, hat daher mit den besonderen Eigenschaften des optischen Instruments (z. B. mit der Brennweite) nichts zu tun. Die Perspektive bei der Bildbetrachtung ist *natürlich*, wenn die vom Augenpunkt (von der →Austrittspupille) gemessenen →Bildwinkel gleich den von der Eintrittspupille gemessenen Dingwinkeln sind. Deshalb ist der für eine *richtige* Tiefendeutung notwendige perspektivisch-naturgetreue Betrachtungsabstand von Photos gleich der Entfernung zwischen Eintrittspupille und →Einstellebene, multipliziert mit dem →Abbildungsmaßstab der Aufnahme. Beim freien Sehen liegt das Zentrum der Perspektive stets in der Lichtrichtung hinter den Gegenständen (*entozentrischer* Strahlengang), dasselbe gilt von den meisten optischen Geräten, wenn die Eintrittspupille als perspektivisches Zentrum hinter der Einstellebene liegt; vom Beobachter entferntere Objekte erscheinen kleiner als gleich große nähere. Beim *telezentrischen* Strahlengang rückt die Eintrittspupille ins Unendliche, gleich große Dinge erscheinen also stets gleich groß, ob nah oder weit entfernt (wichtig für Meßmikroskope u. a. Meßgeräte). Völlig unnatürlich wirkt die Perspektive beim *hyperzentrischen* Strahlengang, bei dem die Eintrittspupille vor der Einstellebene liegt, nähere Objekte erscheinen kleiner als gleich große weiter entfernte (z. B. bei Lupenbeobachtung, wenn die Lupe entfernt vom Auge gehalten wird).

Czapski-Eppenstein: Grundzüge d. Theorie d. opt. Instrumente. Leipzig 1924.

Perzentil →Mittelwerte in der Kollektivmaßlehre und Statistik.

Petrolätherthermometer →Flüssigkeitsthermometer.

Petzval-Bedingung, die notwendige Bedingung für die anastigmatische →Bildfeldebnung optischer Systeme:

$$P = -\sum (1/r_i)\,[(1/n_i') - (1/n_i)] \approx 0$$

(r_i Krümmungsradius der i-ten abbildenden Fläche des Systems; n_i, n_i' →Brechungszahlen auf der Lichteinfalls- und auf der Lichtaustrittsseite der i-ten Fläche). Die Summe ist über alle Flächen zu erstrecken.

Ist das optische System aus dünnen Linsen in Luft aufgebaut, die aber endliche Abstände voneinander haben dürfen, so läßt sich die Petzval-Bedingung umformen in

$$P = \sum 1/(n_i F_i) \approx 0$$

(F_i →Brechkraft der i-ten Linse, n_i Brechungszahl der i-ten Linse), summiert über sämtliche Linsen. In dieser Fassung ist P unabhängig von den →Durchbiegungen der Linsen und von den Entfernungen zwischen ihnen.

Petzval-Summe →Abbildungsfehler, →Petzval-Bedingung.

Pfeifen →Musikinstrumente, →Galton-Pfeife.

Pferdestärke, abgek. PS, in der Technik übliches Leistungsmaß. Die PS ist in den einzelnen Ländern verschieden definiert, in den deutsch sprechenden Ländern als 75→Kilopondmeter/Sekunde: 1 PS = 75 kpm/s = 735,499 W_{abs}. In Frankreich wird die PS →cheval-vapeur (CV) genannt. Bezüglich der englisch sprechenden Länder →horse power. — →Anhang III, Tabelle 4.

Pferdestärkenstunde, abgek. PSh, in der Technik benutztes Energiemaß, das die Arbeit angibt, die eine Maschine der Leistung 1 →Pferdestärke (PS) während einer Stunde abgibt: 1 PSh = 270000 kpm = 2647796 Nm. In Frankreich heißt die PSh cheval-heure (ch. h.). →Anhang III, Tabelle 3.

Pfriembüschel →Büschelentladung.

Pfund-Bogen, ein in Luft brennender Gleichstromlichtbogen (3—5 A, 220 V) zwischen zwei Eisenelektroden, liefert das Linienspektrum des Eisens mit großer Intensität vom ultravioletten bis zum ultraroten Spektralgebiet. Diese Eisenspektrallinien werden nach internationaler Vereinbarung als Wellenlängennormalen bei spektrometrischen Untersuchungen benutzt. Dabei dürfen wegen des →Poleffektes in unmittelbarer Nähe der Elektroden (Linienverbreiterung und -verschiebung infolge Starkeffekts) nur die mittleren, 1 bis 2 mm breiten Partien des 10 bis 15 mm langen Bogens als Strahlungsquelle für die Eisennormalen benutzt werden.

Handb. d. Physik XIX. Berlin 1929.

Pfundmaße. Das Pfund diente früher in zahlreichen Ländern als Grundlage der Masseneinheiten, stellte jedoch in den einzelnen Ländern verschieden große Massen dar. Heute wird in Deutschland und Österreich das Pfund, soweit es noch im täglichen oder Wirtschaftsleben gebraucht wird, gleich 0,5 kg gesetzt. Wissenschaftliche Bedeutung besitzt das Pfund nur noch im Britischen Empire und in den USA, wo es die Grundeinheit für die Masse der nationalen Maßsysteme und *gesetzliche* Einheit darstellt (→pound).

Pfund-Serie des H-Atoms, entsteht bei den Übergängen von den Zuständen mit der Hauptquantenzahl $n_1 = 6, 7, 8, \ldots$ zu $n_2 = 5$ und hat also die Wellenzahlen $\frac{1}{\lambda} = \bar{\nu} = \frac{R}{25} - \frac{R}{n_1^2}$ (R Rydberg-Konstante). →Wasserstoffspektrum.

ph, Symbol für die allgemeine Einheit der spezifischen Lichtausstrahlung →Phot.

p_H →Wasserstoffionen-Konzentration.

Pharoid →Lichttechnik, optische.

Phase von Schwingungen und Wellen. Eine harmonische *Schwingung* sei durch ihre Gleichung $x = x_0 \sin(\omega t + \varphi)$ dargestellt. Dann versteht man unter ihrer *Phase* das — graphisch durch einen Winkel (*Phasenwinkel*) darstellbare — Argument $\omega t + \varphi$ des sin. φ heißt die *Phasenkonstante.*

Die *Phasendifferenz* (*Phasenverschiebung*) zweier gleichfrequenter Schwingungen $x = x_0 \sin(\omega t + \varphi)$ und $x' = x_0' \sin_0'(\omega t + \varphi')$ ist also $|\varphi - \varphi'|$. Bei zwei voneinander unabhängigen Schwingungen können die Phasenkonstanten wegen der Periodizität des sin immer so gewählt werden, daß $|\varphi - \varphi'| \leqq \pi$ ist. Zwei gleichfrequente Schwingungen sind „*in Phase*", wenn $|\varphi - \varphi'| = 0$ (bzw. $2n\pi$, n ganze Zahl) ist.

Betrachtet man die einzelnen Punkte der gleichen *Welle*, bei denen die φ ja Funktionen des Abstandes vom Ursprung sind, so besteht natürlich eine solche Freiheit der Wahl nicht, und die Phasendifferenzen zwischen ihnen können beliebig große Werte annehmen, z. B. $2n\pi$ für homologe Punkte, etwa zwei um n Wellenlängen voneinander entfernte Maxima (Wellenberge). Eine wichtige Rolle spielen die Phasendifferenzen bei der →Interferenz zweier Wellen. Bei kohärenten Lichtquellen entstehen solche durch →Gangunterschiede.

Phasen eines Stoffes. Dieser Begriff wurde von *Gibbs* in die Betrachtung thermodynamischer Gleichgewichte von Ein- und Mehrstoffsystemen mit und ohne chemische Umwandlungen eingeführt. *Gibbs* nennt Körper, die sich in Zustand und Zusammensetzung, unabhängig von Menge und Form, unterscheiden, verschiedene Phasen des betrachteten Stoffes. Die Erfahrung lehrt, daß verschiedene solche Phasen aneinander grenzen und im Gleichgewicht nebeneinander bestehen können; dies sind →koexistierende Phasen. Jede Phase ist in sich homogen; mehrere räumlich getrennte Körper, die in Zustand und Zusammensetzung einander gleich sind, etwa Kristalle, die mit ihrer Lösung im Gleichgewicht stehen, werden als nur eine Phase angesehen. Da Gase bestrebt sind, jeden ihnen zur Verfügung stehenden Raum gleichmäßig zu erfüllen, kann im Gleichgewicht nur eine Gasphase bestehen.

Phasenabhängigkeit der Hörempfindung. Der Klangeindruck eines stationären Gemisches von sinusförmigen Schallschwingungen ist von der gegenseitigen Phasenlage der einzelnen Teilschwingungen unabhängig, solange der Frequenzabstand zweier benachbarter Teilschwingungen einen bestimmten Wert (∼20 Hz) nicht unterschreitet. Sobald jedoch dieser Fall eintritt, schwingen die von den Teilschwingungen erregten Stellen der Basilarmembran infolge Überschneidung nicht mehr unabhängig voneinander, und es kommt, je nach der gegenseitigen Phasenlage, zu periodischen Lautstärkeerhöhungen und -erniedrigungen (→Schwebungen). →Ohmsches Gesetz, akustisches.

Phasenbildung →Katalyse.

Phasenblende, eine Vorrichtung, die Ladungsträger nur während einer sehr kurzen Zeitspanne hindurchläßt. Sie ist ein Hilfsmittel zur Vereinfachung der Bewegungsvorgänge in hochfrequenten Wechselfeldern, die zu →Laufzeiterscheinungen an hindurchfliegenden Ladungsträgern führen. Die Phasenblende entspricht der Aperturblende der Optik im Gebiet der Laufzeiterscheinungen. Ihre Wirkung gleicht der einer stroboskopischen Scheibe. Eine Phasenblende läßt sich durch einen Ablenkkondensator mit einer dahinter angeordneten Blende verwirklichen, wobei die Ladungsträger durch den Ablenkkondensator mit der gleichen Frequenz hin und her gependelt werden, die das Wechselfeld im Laufraum hat. Die durch die Blende hindurchgelassenen Elektronenreihen treten dann immer in den gleichen Phasenbereich des Laufraum-Wechselfeldes ein.

Phasendiagramm. Die Vermutung, daß in einem Schwingungsvorgang $F(t)$ oder in einer Beobachtungsreihe periodische Anteile enthalten sind, kann dadurch geprüft werden, daß man das Phasendiagramm des Vorgangs für die vermutete Periodenlänge berechnet oder mit Hilfe eines →Periodographen registriert. Das Phasendiagramm 1. Art wird aus dem →*Faltungsintegral*

$$\int_0^{\Delta t} F(t-\tau)\, e^{-2\pi i \nu_0 \tau}\, d\tau = f(t)\, e^{i\varphi(t)}$$

gewonnen, indem man die Änderungsgeschwindigkeit $d\varphi/dt$ des Phasenwinkels φ betrachtet. Nur bei persistenten Periodizitäten ist $d\varphi/dt$ konstant. Für das Phasendiagramm 2. Art, das eng mit den bei Stroboskopen auftretenden Erscheinungen verknüpft ist, muß das →Fourier-Integral

$$\int_t^{t+\Delta t} F(\tau)\, e^{-2\pi i \nu_0 \tau}\, d\tau = f_1(t)\, e^{i\psi(t)}$$

berechnet werden. Der Phasenwinkel ψ wird konstant, wenn die Versuchsfrequenz ν_0 mit einer der in $F(t)$ enthaltenen Frequenzkomponenten übereinstimmt. Frequenzabweichungen machen sich durch einen mit t zu- oder abnehmenden Phasenwinkel bemerkbar. So zeigt die Abbildung das

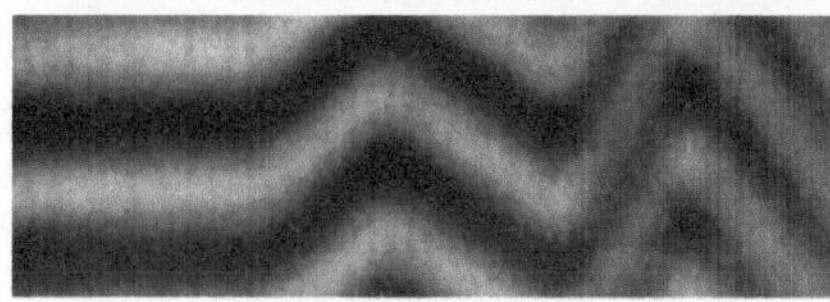

Phasendiagramm.

mit einem Periodographen registrierte Phasendiagramm einer längeren Kurve mit quasipersistenten, einander ablösenden Sinuswellen wechselnder Periode.

Stumpff, K.: Grundl. u. Methoden d. Periodenforschung. Berlin 1937.

Phasendifferenz →Phase von Schwingungen und Wellen.

Phasenfokussierung, nach optischen Gesichtspunkten betrachtete Verdichtungen von Ladungsträgern, die in hochfrequenten Feldern als Folge der Trägheit bewegter Ladungsträger auftreten (→Laufzeiterscheinungen). Dabei werden die Anhäufungen der Elektronen als zeitliche Fokussierung in Analogie zur Richtungsfokussierung der Strahlenoptik gesetzt. Der Wirkungsgrad von →Laufzeitgeräten hängt im wesentlichen von der mehr oder weniger guten Phasenfokussierung ab, also von der Phasendifferenz, innerhalb derer die Elektronen oder Ionen einer Fokussierung unterliegen.

Phasenfrequenz, der Kehrwert der Schwingungsdauer einer harmonischen Schwingung im Gegensatz zur →Gruppenfrequenz.

Phasengeschwindigkeit, die Geschwindigkeit, mit der die →Phase einer fortschreitenden Welle wandert. Sie ist gleich dem Produkt aus →Wellenlänge und →Frequenz. Ist die Phasengeschwindigkeit von der Wellenlänge abhängig, dann bezeichnet man dies als →Dispersion. Man hat dann wohl zu unterscheiden zwischen Phasengeschwindigkeit, →Gruppengeschwindigkeit und →Signalgeschwindigkeit. Als →Lichtgeschwindigkeit und →Schallgeschwindigkeit schlechthin bezeichnet man meist die Phasengeschwindigkeit; insbesondere ist die →Brechungszahl durch das Verhältnis der Phasengeschwindigkeiten festgelegt. Dagegen mißt man bei den direkten Lichtgeschwindigkeitsmessungen (Laufzeit von Lichtsignalen) die Signalgeschwindigkeit. Bezüglich der Phasengeschwindigkeit elektrischer Wellen →Reflexionshöhe.

Phasengrenzflächen. Verschiedene Phasen, also homogene stoffliche Bereiche, sind voneinander durch Grenzflächen getrennt. Beim Durchschreiten derartiger Grenzflächen ändern sich die Eigenschaften der Materie, wie Dichte, Brechungszahl u. a. Allerdings handelt es sich nicht um unstetige Übergänge im mathematischen Sinne, sondern in Wirklichkeit liegen Grenzschichten vor, die eine Dicke in der Größenordnung der Molekelabmessungen haben (→Oberflächenstruktur). Dickere Übergangsschichten (bis zu einigen 100 Å), in denen allmähliche Eigenschaftsänderungen erfolgen, treten bei Flüssigkeiten in der Nähe der kritischen Temperatur auf (*van der Waals*).

An Phasengrenzflächen herrschen gegenüber dem Phaseninnern insofern abweichende energetische Verhältnisse, als in ihnen die Molekeln nicht allseitig von stoffgleichen Nachbarn umgeben sind. Daher treten besondere →Grenzflächenenergien auf, die bewirken, daß die Phasengrenzflächen eine bestimmte Gestalt annehmen (→Oberflächengestalt). Auf dem Vorhandensein restlicher Bindungskräfte beruhen auch die →Adsorptionserscheinungen. Überhaupt besitzen Phasengrenzflächen insofern eine ausgezeichnete Bedeutung, als sie den gesamten Stoff- und Energieaustausch zwischen verschiedenen Phasen vermitteln, z. B. bei der Verdampfung und Kondensation, bei der Kontaktkatalyse, bei heterogenen chemischen Reaktionen, bei der Benetzung usw. In Systemen mit extrem großer Oberflächenentwicklung, wie sie in den →Kolloiden vorliegen, spielen Grenzflächenerscheinungen naturgemäß eine besondere Rolle. Grenzflächen zwischen kondensierten (flüssigen oder festen) und gasförmigen Phasen bezeichnet man auch als Oberflächen.

Diskussionstagung über Grenzflächenvorgänge. Z. Elektrochemie **44**, 458 (1938).

Phasengrenzkräfte →Grenzflächenenergie.

Phasenintegral. Sind p und q zwei kanonische Variable der klassischen Mechanik eines periodisch sich bewegenden Systems, so bezeichnet man das Integral $\oint p\,dq$, genommen über eine Periode der Bewegung, als Phasenintegral. Dieses Integral tritt in der älteren Bohrschen Quantentheorie in der Quantisierungsbedingung auf, die lautet

$$\oint p\,dq = nh,$$

wobei n eine ganze Zahl und h das Plancksche Wirkungsquantum sind.

Phasenkonstante →Phase von Schwingungen und Wellen, →Schwingung.

Phasenkontrastverfahren. Ungefärbte mikroskopische Objekte, deren Brechzahl sich nur wenig von der des umgebenden Mittels unterscheidet, können durch das Phasenkontrastverfahren nach *Zernicke* sichtbar gemacht werden. Nach der Abbeschen Theorie der optischen Abbildung im →Mikroskop entstehen in der Austrittspupille eines Mikroobjektivs Beugungsbilder verschiedener Ordnung von der Eintrittspupille des Mikrokondensors. Die Strahlen der Beugungsbilder ergeben dann durch Interferenz in der Bildebene des Mikroskops die Abbildung des Gegenstandes. Durch geeignete Formgebung der Eintrittspupille des Mikrokondensors und durch Anbringung eines *Phasenplättchens* entsprechender Form, Brechzahl, Dicke und Absorption in der Austrittspupille des Mikroobjektivs können die durch das zentrale Beugungsbild hindurchtretenden Strahlen nach ihren Phasen und ihrer Amplitude so geändert werden, daß das entstehende Bild des ungefärbten Objektes ebenso starke Kontraste zeigt wie ein gefärbtes Objekt.

Köhler, A., u. *W. Loos:* Naturwiss. **29**, 61 (1941). — *Richter, R.:* Optik **2**, 342 (1947). — *Zernicke, F.:* Physica **9**, 686 (1942).

Phasenkubus, ein Begriff, der bei der Zuordnung der thermischen Gitterwellen eines Kristallgitters zu deren Ausbreitungsvektoren (darunter versteht man einen Vektor, der in die Fortpflanzungsrichtung einer Welle fällt und dessen Länge gleich deren reziproker Wellenlänge ist) eine wesentliche Rolle spielt. Der Ausbreitungsvektor $\mathfrak{K}$ einer Gitterwelle ist nicht eindeutig festgelegt. Dies wird erst erreicht durch die Forderung:

$$-\tfrac{1}{2} \leqq (\mathfrak{K}, \mathfrak{a}_\beta) \leqq \tfrac{1}{2},$$

wo die $\mathfrak{a}_\beta$ ($\beta = 1, 2, 3$) die drei Translationen des Gitters sind. Damit sind die Endpunkte aller zulässigen Ausbreitungsvektoren, wenn man sie vom Nullpunkt des reziproken Gitters aus zieht, auf einen Raum beschränkt, der Phasenkubus genannt wird, obgleich er nur im regulären Kristallsystem ein Kubus ist. Die Form des Phasenkubus ist abhängig von der Wahl der Gittertranslationen. Jede solche Wahl erfüllt aber den Zweck der eindeutigen Zuordnung von Ausbreitungsvektor und Gitterwelle.

Born, M.: Dynamik d. Kristallgitter. Berlin u. Leipzig 1923.

Phasenmodulation. Wird bei einer Schwingung $s = S_0 \sin(\omega_0 t + \varphi_0)$ der Nullphasenwinkel φ_0 durch Modulierzeichen beeinflußt, so spricht man von Nullphasenwinkelmodulation oder abgekürzt Phasenmodulation. Die größte Phasenabweichung φ_{01} wird *Phasenhub* oder *Modulationsgrad* genannt. Er ist der Amplitude der Modulierschwingung proportional, aber unabhängig von der Höhe der Modulierfrequenz, die nur die Geschwindigkeit der Phasenänderung bestimmt, und kann im Gegensatz zur →Amplitudenmodulation größer als 1 werden. Erfolgt die Änderung des Phasenwinkels φ_0 im Rhythmus einer sinusförmigen Wechselspannung $U_1 \sin \omega_1 t$, so nimmt der mathematische Ausdruck für die phasenmodulierte Schwingung die Form an $s_{ph} = S_0 \sin(\omega_0 t + \varphi_{01} \sin \omega_1 t)$. Die periodisch vor sich gehende Phasenänderung bewirkt eine Frequenzänderung. Zwischen beiden besteht die Beziehung $\Delta\omega = d\varphi/dt$. Der Augenblickswert der Frequenz ist also $\omega_{ph} = \omega_0 + \varphi_{01}\omega_1 \cos \omega_1 t$ und die maximale Frequenzänderung $\Delta\omega_{ph\,\max} = \varphi_{01}\omega_1$. Durch trigonometrische Umformung erhält man für die phasenmodulierte Schwingung

$$s_{ph} = S_0[\sin \omega_0 t \cos(\varphi_{01} \sin \omega_1 t) + \\ + \cos \omega_0 t \sin(\varphi_{01} \sin \omega_1 t)].$$

Daraus ergibt sich mit Hilfe der Bessel-Funktionen die Spektrumsgleichung der phasenmodulierten Schwingung für die Amplitude $S_0 = 1$ zu

$$\begin{aligned} s_{ph} = {} & J_0(\varphi_{01}) \sin \omega_0 t + \\ & + J_1(\varphi_{01}) [\sin(\omega_0 + \omega_1)t - \sin(\omega_0 - \omega_1)t] + \\ & + J_2(\varphi_{01}) [\sin(\omega_0 + 2\omega_1)t + \sin(\omega_0 - 2\omega_1)t] + \\ & + J_3(\varphi_{01}) [\sin(\omega_0 + 3\omega_1)t - \sin(\omega_0 - 3\omega_1)t] + \\ & \cdots\cdots\cdots\cdots\cdots\cdots \\ & + J_n(\varphi_{01}) [\sin(\omega_0 + n\omega_1)t \pm \sin(\omega_0 - n\omega_1)t], \end{aligned}$$

wo $J_n(\varphi_{01})$ die Bessel-Funktionen 1. Art sind (Abb. 1).

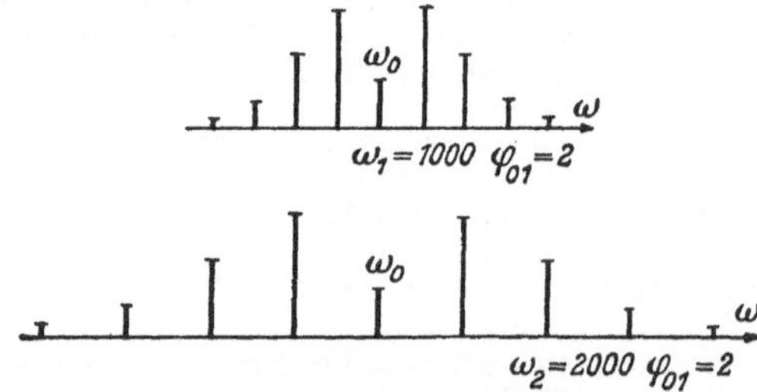

Abb. 1. Frequenzspektrum einer phasenmodulierten Schwingung ω_0 für die Modulierfrequenzen $\omega_1 = 1000$ Hz und $\omega_2 = 2000$ Hz und gleichen Phasenhub $\varphi_{01} = 2$.

Beiderseits des Trägers erhält man ein breites Band von Einzelfrequenzen symmetrisch zum Träger. Bei konstanter Modulieramplitude ist unabhängig von der Modulierfrequenz die Amplitude der Seitenschwingungen gleicher Ordnung stets gleich. Das Frequenzspektrum verbreitert sich aber proportional mit der Modulierfrequenz. Mit kleiner werdendem Phasenhub fallen die Amplituden der Seitenschwingungen höherer Ordnung rasch ab. Bei kleinem Hub braucht man nur die Seitenbänder 1. Ordnung zu berücksichtigen, man spricht dann von Phasenmodulation 1. Ordnung im Gegensatz zur „reinen" Phasenmodulation, wo auch die Seitenfrequenzen höherer Ordnung auftreten.

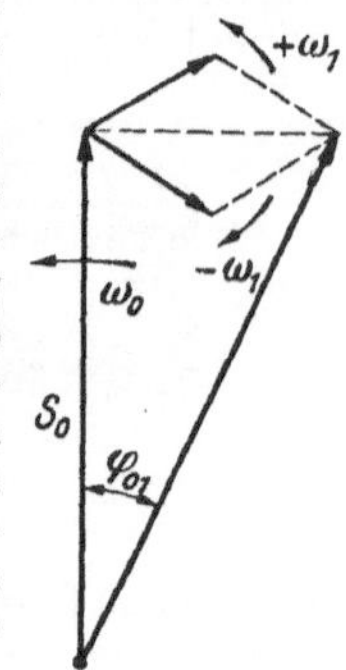

Abb. 2. Zeigerdiagramm einer phasenmodulierten Schwingung.

Im Zeigerdiagramm (Abb. 2) liegt bei der Phasenmodulation 1. Ordnung die Resultierende der Seitenbandfrequenzen im Gegensatz zur Amplitudenmodulation stets senkrecht zum Vektor der Trägerwelle. Bei größerem Phasenhub ist außer der Phasenmodulation eine zusätzliche Amplitudenmodulation vorhanden.

Das einfachste Verfahren zur Erzielung einer Phasenmodulation ist die Umwandlung einer amplitudenmodulierten Schwingung in eine phasenmodulierte. Dazu ist durch Zusetzen einer unmodulierten Schwingung der gleichen Frequenz zum Träger die Phase des Trägers um 90° zu drehen. Zur →Demodulation muß die phasenmodulierte Schwingung in eine amplitudenmodulierte Schwingung umgewandelt werden.

Prokott, E.: Modulation in d. elektr. Nachrichtentechnik. Leipzig 1943.

Phasenplättchen →Phasenkontrastverfahren.

Phasenraum, bei einem mechanischen System von f Freiheitsgraden mit den generalisierten Koordinaten $q_1, q_2, \ldots, q_f$ und den generalisierten Impulsen $p_1, p_2, \ldots, p_f$ der $2f$-dimensionale Raum aller Koordinaten und Impulse.

Phasenraumzellen. In der klassischen Statistik wurde der →Phasenraum in Zellen eingeteilt, deren Volumen in weiten Grenzen willkürlich blieb. Wesentlich war nur die Gleichheit der Volumina. Die →Quantenstatistik unterscheidet sich von der klassischen unter anderem dadurch, daß man den Phasenraum in Zellen der Größe h^{3N} (N Zahl der Teilchen, h Wirkungsquantum) einteilt.

Phasenregel (*Gibbs*). Für heterogene thermodynamische Gleichgewichte mit und ohne chemische Umsetzungen, an denen N unabhängige Bestandteile beteiligt sind, gilt nach *Gibbs* für die Anzahl P der Phasen und die Anzahl F der frei wählbaren Versuchsbedingungen (Temperatur, Druck, Zusammensetzung der einzelnen Phasen) — die Freiheiten des Systems — die Phasenregel:

$$P + F = N + 2.$$

Gleichgewichte, für die $P = N + 2$, also $F = 0$ ist, heißen *nonvariant* oder *invariant*; solche mit *einer* Freiheit, für die also durch die Wahl etwa der Temperatur alles übrige bestimmt ist, werden *univariante* oder *monovariante*, auch *vollständige* Gleichgewichte genannt, während Gleichgewichte mit mehr als einer Freiheit, also z. B. *divariante* Gleichgewichte mit $F = 2$, auch *unvollständige* Gleichgewichte genannt werden.

Thermodynamisch ergibt sich die Phasenregel aus folgender Überlegung: Für jede Phase existiert eine Zustandsgleichung zwischen Temperatur, Druck und Konzentrationen der Bestandteile, also P Gleichungen. Im Gleichgewicht sind Druck und Temperatur überall gleich, und da jede Phase mit jeder anderen, unabhängig von der Existenz der übrigen Phasen, im Gleichgewicht sein muß, ist die Konzentration eines jeden Bestandteils in einer Phase maßgebend für seine Konzentrationen in den übrigen Phasen. Berücksichtigt man überdies die zwischen den Gesamtmengen dieser Bestandteile auf Grund chemischer Umsetzungsgleichungen (Erhaltung der Masse und der Atomarten) vorhandenen Abhängigkeiten, so hat man als unabhängige Variable außer Druck und Temperatur noch die Konzentrationen der unabhängigen Bestandteile in einer Phase, also insgesamt $2 + N$ Variable. Diese sind durch die P Gleichungen eindeutig bestimmt, wenn $P = 2 + N$ ist. Es kann also P niemals größer als $2 + N$ sein. So können von einer einheitlichen chemischen Substanz im Gleichgewicht gleichzeitig nie mehr als 3 Phasen existieren, unabhängig davon, wie viele Modifikationen wir von ihr kennen, und diese 3 Phasen können auch nur bei einem ganz bestimmten Druck und einer bestimmten Temperatur (dem →*Tripelpunkt*) koexistieren. Bei zwei unabhängigen Bestandteilen, etwa einer wäßrigen Salzlösung, können bei einem bestimmten Druck und einer bestimmten Temperatur 4 Phasen nebeneinander existieren: *Quadrupelpunkt.* Ist dagegen P kleiner als $2 + N$, so ist $P - 2 - N = F$ die Anzahl der Bedingungen, die frei gewählt werden können.

Phasenschieber, Einrichtung zur Erzeugung einer Wechselspannung, die gegenüber der erregenden Spannung zeitlich um einen einstellbaren Winkel verschoben ist. In der Bauweise als Drehstromasynchronmaschine, bei der der als Sekundärspannungsquelle dienende Schleifringanker nicht umläuft, sondern mittels eines Schneckenrades zur Einstellung der Winkelverschiebung verdreht werden kann, vielfach auch für Meßzwecke gebräuchlich, z. B. bei Wechselstromprüfschaltungen mit getrenntem Strom- und Spannungskreis. Für sehr kleine Leistungen kann auch Brückenschaltung (Abb.) mit Kondensator (oder Induktivität) und regelbarem Widerstand verwendet werden. Geometrischer Ort für das Potential des

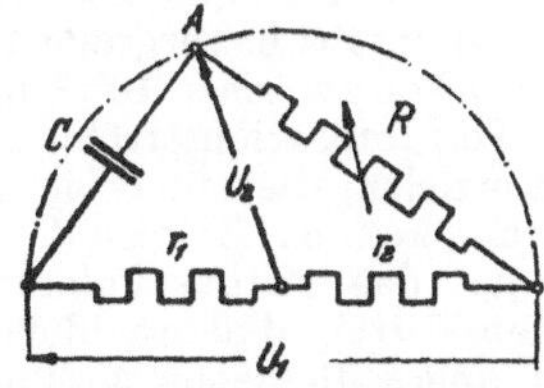

Phasenschieber für sehr kleine Leistungen. U_1 erregende Spannung, U_2 geregelte Spannung.

Verbindungspunktes A von Kondensator C und regelbarem Widerstand R ist der Halbkreis über dem an der primären Spannung U_1 liegenden Widerstandszweig $r_1 r_2$.

Phasensprung. Ein solcher, d. h. eine sprunghafte Änderung der →Phase einer Welle (Abb.), kann auf verschiedene Weise zustande kommen,

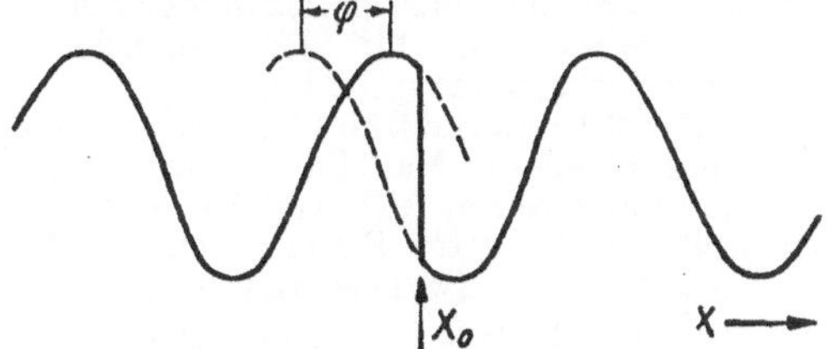

Phasensprung vom Betrag φ an der Stelle x_0.

z. B. beim Licht bei der Reflexion an der Grenze gegen einen Stoff mit kleinerer Brechungszahl (Sprung π), bei der →Metallreflexion und bei der →Beugung an einer Kante (Sprung $\pi/4$), beim Schall bei der Reflexion an einer festen Wand (Sprung π).

Phasenverschiebung, die Hervorrufung einer Phasendifferenz oder auch eine solche selbst. →Phase von Schwingungen.

Phasenvolumen →Boltzmann-Statistik, →adiabatische Invarianz.

Phasenwinkel →Phase von Schwingungen und Wellen.

Philips-Miller-Verfahren →Schallaufzeichnung.

Philips-Vakuummeter, spezielle Form des →Ionisationsmanometers ohne Glühkathode; statt dessen ist ein von einem Permanentmagneten herrührendes Magnetfeld vorhanden. Die Arbeitsweise ist folgende (Abb.): Die infolge der natürlichen Raum-

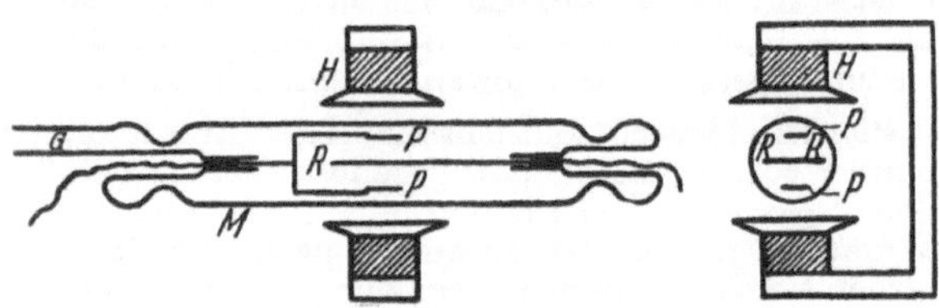

Philips-Vakuummeter.

ionisation in dem verdünnten Gase der Manometerröhre M vorhandenen Elektronen laufen von den plattenförmigen Kathoden P auf die ringförmige Anode R zu, wobei sie durch das Magnetfeld H derart fokussiert werden, daß sie eine große Anzahl von Pendelschwingungen zwischen den Kathodenplatten P machen, ehe sie die ringförmige Anode R erreichen. Infolgedessen wird ihre Bahn in der Manometerröhre sehr stark verlängert und die Zahl ionisierender Stöße vergrößert. Es ist daher möglich, bei Drucken zwischen 10^{-3} und 10^{-5} bzw. 10^{-4} und 10^{-6} Torr Ionisationsströme zwischen 1000 und 10 μA zu erzielen, die mit Zeigerinstrumenten abgelesen werden können. Infolge des Fehlens von Glühdrähten hat das Philips-Vakuummeter darüber hinaus den Vorteil, daß erhebliche Undichtigkeiten in der angeschlossenen Vakuumapparatur und das dadurch bedingte Ansteigen des Druckes ihm keinen Schaden zufügen.

Penning, F. M.: Physica **4**, 71 (1937). Philips Techn. Rdsch. **11**, 116 (1949).

Phlogiston, der hypothetische unwägbare Stoff, als den man sich die Wärme vor der Erkenntnis ihres Wesens als Energieform — teilweise noch bis weit in das 19. Jahrhundert hinein — vorstellte.

Phon, Symbol phon, arithmetische →Zählungseinheit vom Betrage Eins, die zum besonderen Hinweis an Zahlenwerte der →Lautstärke angefügt wird. Es haben sich im Laufe der Zeit verschiedene Definitionen für die dimensionslose Größe Lautstärke herausgebildet.

Die „subjektive Lautstärke" stellt für die Lautstärke eines Schalls ein Maß der subjektiven Lautheitsempfindung durch Hörvergleich mit einem Normalschall festgelegter Frequenz ($f_n = 10^3$ Hz) und festgelegten Bezugsschalldruckes ($p_{0_{eff}} = 2 \cdot 10^{-4}\,\mu$bar) dar (s. auch Normblatt DIN 1318). Diese Lautstärke L ist definiert durch die Gleichung $L = 20 \lg(p'_{eff}/2 \cdot 10^{-4}\,\mu\text{bar})$, in der p'_{eff} denjenigen experimentell einstellbaren Schalldruck des Normalschalls bedeutet, bei dem Normalschall und zu messender Schall als gleich laut empfunden werden. An die Zahlenwerte dieser Lautstärke L wird der hinweisende Zusatz „phon" angefügt. Früher wurde die subjektive Lautstärke über einen Bezugsschalldruck $p_{0_{eff}} = \sqrt{10} \cdot 10^{-4}\,\mu$bar definiert: $L_{alt} = 20 \lg(p'_{eff}/\sqrt{10} \cdot 10^{-4}\,\mu\text{bar}) = L - 3{,}9794$; Zahlenwerte dieser älteren Lautstärkegröße L_{alt} werden durch den Zusatz „phon_{alt}" gekennzeichnet. Daß für ein und denselben zu charakterisierenden Schall sich die Zahlenwerte L und L_{alt} um rund 4 unterscheiden, darf nicht zu Schlußfolgerungen auf eine entsprechende „Differenz" zwischen den zugehörigen „Einheiten" phon und phon_{alt} verleiten; beides sind arithmetische →Zählungseinheiten vom Betrage Eins: phon $\equiv 1 \equiv \text{phon}_{alt}$.

Im Normblatt DIN 5045 ist eine „objektive Lautstärkengröße" durch einen „DIN-Lautstärkemesser" definiert worden, die mit L_{DIN} bezeichnet wird. Die vom DIN-Lautstärkemesser angezeigten Zahlenwerte werden zur besonderen Hervorhebung dieser dimensionslosen Größe L_{DIN} mit dem Zusatz „phon_{DIN}" versehen, der gleichfalls lediglich eine arithmetische Zählungseinheit vom Betrage Eins darstellt: $\text{phon}_{DIN} \equiv 1$.

Phonisches Rad, Rad oder Scheibe mit einer oder mehreren gleichförmigen Teilungen, mit deren Hilfe beim Umlauf die Frequenzen musikalischer Klänge erzeugt werden können (Tonhöhenbestimmung), z. B. bei elektrischen Musikinstrumenten. Es beruht meist auf dem optischen oder magnetischen Prinzip. Durch verschieden geformte periodische Zeitfunktionen entstehen verschiedene Klangfarben (Abb.).

Einige Zeitfunktionen beim phonischen Rad.

Beim Bau von Zahnradgetrieben, die zum Antrieb phonischer Räder dienen, kann man die temperierte kleine Terz durch 44/37, die temperierte große Sekunde durch 55/49 und den temperierten Halbton durch 196/185 mit guter Annäherung darstellen.

Phoronomie = *Kinematik* oder *Bewegungslehre*, der Teil der Mechanik, welcher sich mit den →Bewegungen von Körpern beschäftigt, sie analysiert und in verschiedene Typen ordnet, ohne die Frage nach dem Entstehen der Bewegung aufzuwerfen.

Phosphen, durch elektrische oder mechanische („Druckphosphen") Reizung des Auges erzeugte, räumlich undefinierte („diffuse") und zumeist unbunte Lichtempfindung.

Phosphore sind anorganische oder organische Stoffe, welche nach Erregung mit kurzwelligem (ultraviolettem) Licht, Elektronenstrahlen oder Röntgenstrahlen gewisse Zeit nachleuchten. Sie zeigen also jene Erscheinung kalten Leuchtens, die als →Phosphoreszenz bezeichnet wird. Der Ausdruck kommt von dem Element Phosphor, welches ebenfalls eine Art kalten Leuchtens, nämlich die →Chemilumineszenz, zeigt. Dagegen zeigt das Element Phosphor nicht die Lumineszenzerscheinung, welche heute als Phosphoreszenz bezeichnet wird.

Man unterscheidet *Reinstoff-* und *Fremdstoffphosphore.* Die ersten sind sehr selten, sie zeigen auch nur kurzes →Nachleuchten. Zu ihnen gehören die meisten Erdalkaliwolframate und -molybdate, doch ist noch nicht geklärt, ob nicht die Leuchteigenschaft an irgendwelche Zentren mit Spuren anderer Stoffe gebunden ist. Von den organischen Stoffen gehören die Carbazolprodukte zu den Reinstoffphosphoren. So leuchtet reinstes Carbazol im ultravioletten Licht kräftig hellblau und etwa 6 s in einem rötlich gelben Lichte nach.

Die Zahl der Fremdstoffphosphore ist wesentlich größer. Ihr Nachleuchten kann viele Stunden, ja Monate betragen. Sie bestehen aus einem Grundmaterial, welchem sehr geringe Mengen eines Schwermetalls zugesetzt sind (→Aktivator oder Phosphorogen). Durch einen →Glühprozeß wandern Atome des Schwermetalls in das Kristallgitter des Grundmaterials und bilden dort →Störzentren, welche für den Leuchtvorgang verantwortlich sind. Solche Phosphore heißen auch →Kristallphosphore, da sie nur im kristallisierten Zustand leuchtfähig sind. Ein sehr viel verwendeter Phosphor ist das mit Kupfer aktivierte Zinksulfid, auch →Sidotblende genannt, mit grünem Nachleuchten. Bekannt sind auch die von *Lenard* untersuchten →Erdalkaliphosphore. — Organische Fremdstoffphosphore werden dadurch erhalten, daß fluoreszierende organische Substanzen in anorganische, organische, amorphe oder kristalline Stoffe eingebettet werden. Bekannt sind die →Borsäurephosphore, welche entstehen, wenn Borsäure als Einbettungsmaterial dient. Hier gibt z. B. Fluoreszein in einer Verdünnung von $1:10^6$ noch deutliche Phosphoreszenz. Ferner leuchten verschiedene aromatische Stoffe, in Alkohol gelöst, bei —145 °C intensiv nach und werden Alkoholphosphore genannt. Der →Leuchtmechanismus der organischen Phosphore ist noch unbekannt. Relativ am besten geklärt ist er bei den Kristallphosphoren.

Phosphoreszenz, die Art der Lumineszenz, also des sog. kalten Leuchtens, welche erst nach Beendigung der Erregung auftritt. Diese kann durch kurzwelliges Licht, Kathodenstrahlen oder Röntgenstrahlen erfolgen. Im Gegensatz zur Phosphoreszenz steht die →Fluoreszenz, welche während der Erregung vorhanden ist. Charakteristisch für die Phosphoreszenz ist also das →Nachleuchten. Dieses kann bis zu mehreren Monaten betragen, kann aber auch so kurz sein, daß es Schwierigkeit bereitet, zwischen Fluoreszenz und Phosphoreszenz zu unterscheiden. Deshalb muß die Definition schärfer sein. Die Fluoreszenz ist ein Vorgang, welcher sich innerhalb eines Atoms oder Moleküls abspielt, also ein monomolekularer Vorgang. Die →Abklingung ist exponentiell. Bei der Phosphoreszenz hingegen ist eine Elektrizitätsbewegung zu beobachten; ein Elektron scheint sich vom Phosphoreszenzzentrum gelöst zu haben. Die Wiedervereinigung, die zu beliebiger Zeit später erfolgen kann, ist ein bimolekularer Vorgang, die Abklingungskurve eine Hyperbel. Die Wiedervereinigung kann durch die thermische Bewegung gefördert werden. Das bedeutet, daß die gespeicherte →Lichtsumme durch Wärme sofort ausgetrieben, die Abklingung also durch Wärme wesentlich beschleunigt werden kann. Umgekehrt kann durch Kälte die gespeicherte Lichtsumme eingefroren und zu beliebiger Zeit später durch Erwärmung ausgetrieben werden. Ein weiteres Charakteristikum der Phosphoreszenz ist die Tatsache, daß die Lichtsumme, welche in einem Phosphor gespeichert werden kann, beschränkt ist. Neben dieser Phosphoreszenz gibt es noch ein kurzes Nachleuchten, welches eine Art Mittelstellung zwischen Fluoreszenz und Phosphoreszenz einnimmt und als →Spontanleuchten bezeichnet wird. Seine Helligkeit ist nicht beschränkt, sondern hängt nur von der Stärke der Erregung ab. Das Nachleuchten ist nicht einfrierbar, und die Abklingung zeigt einen bimolekularen Vorgang an.

Man unterscheidet *Reinstoff-* und *Fremdstoffphosphore,* bei diesen sind →Aktivatoren in sehr geringer Konzentration zugesetzt und für den Leuchtvorgang verantwortlich. Beide Gruppen gibt es sowohl bei den anorganischen wie auch bei den organischen →Phosphoren. Relativ am besten geklärt ist der →Leuchtmechanismus bei den anorganischen sog. →Kristallphosphoren, denn sie sind am meisten durchforscht. Bei ihnen ist der ganze Kristall am Leuchtakt beteiligt; daher ist auch die Phosphoreszenz nach Auflösen des Kristalls verschwunden. Wesentlich bei ihnen ist der Einbau der Störstellen, meist durch die Aktivatoren; bekannt ist z. B. der Phosphor ZnSCu; das ist Zinksulfid als Grundsubstanz, in welche Kupfer als Aktivator in sehr geringer Menge eingebaut ist. Dieser Einbau erfolgt beim →Glühprozeß. Es genügen außerordentlich geringe Mengen der Aktivatorsubstanz. Lichtabsorption kann sowohl im Grundgitter als auch an den Störtermen erfolgen, bei der Absorption durch das Grundgitter erfolgt →Energiewanderung zu den Phosphoreszenzzentren. Die beiden Absorptionen unterscheiden sich durch die Lage der Absorptionsbanden.

Bei Kristallphosphoren gibt es keine Fluoreszenz wie bei Gasen und organischen Verbindungen. Ausnahmen sind die mit Seltenen Erden, Mangan und Chrom aktivierten Phosphore. Es gibt also nur Nachleuchten mit langen Abklingzeiten und spontanes Nachleuchten mit sehr kurzen Abklingzeiten.

Als Grundmaterialien für Kristallphosphore eignen sich besonders Zinksulfid, Cadmiumsulfid und Zinksilikat, ferner die (als →Lenard-Phosphore bezeichneten) Oxyde und Sulfide der Erdalkalien. Als Aktivatoren eignen sich fast alle Schwermetalle, besonders Kupfer, Silber, Mangan, Wismut und die Seltenen Erden. Man kann auch →Mischphosphore herstellen, in welchen entweder mehrere Grundmaterialien oder mehrere Aktivatoren vorhanden sind. Die Bestandteile werden vor dem Glühprozeß gemischt; der nach dem Glühen entstandene Mischphosphor hat jedoch andere Eigenschaften als eine ungeglühte Mischung beider Phosphore. Technisch von großer Bedeutung für →Leuchtschirme von Fernsehröhren ist der Mischphosphor ZnCdSAg, also der Zinkcadmiumsulfid-Phosphor, welcher mit Silber aktiviert ist. Der Cadmiumgehalt bestimmt die spektrale Verteilung der Lichtemission, so daß man durch Veränderung des Cadmiumgehaltes alle Farben von Blau (ohne Cd) bis Rot (90% Cd) erhalten kann.

Die organischen Phosphore sind ihrer Natur nach völlig verschieden von den Kristallphosphoren. Auch bei ihnen gibt es Reinstoffphosphore, wenn auch selten. Zum Beispiel fluoresziert reinstes Carbazol im ultravioletten Licht kräftig hellblau und leuchtet einige Sekunden in rötlich gelbem Licht nach. Die meisten organischen Substanzen jedoch, welche Fluoreszenz zeigen, leuchten nicht nach. Bettet man sie aber in anorganische oder organische, amorphe oder kristalline Stoffe ein, so zeigen sie deutlich eine Phosphoreszenz. Weiteres →Phosphore.

Phosphoreszenzzentrum →Leuchtzentrum.

Phosphorogen oder →Aktivator, Schwermetallatome, welche in geeigneten Grundmaterialien die Fähigkeit der →Phosphoreszenz erzeugen.

Phosphorographie, Methode zum Nachweis ultraroter Strahlung von Wellenlängen bis zu etwa $1{,}5\,\mu$. Das Ultrarotspektrum wird auf eine ebene

Schicht eines zum Leuchten angeregten Leuchtstoffs, z. B. Sidotblende, projiziert. Die Strahlung löscht je nach ihrer Intensität die Phosphoreszenz mehr oder weniger aus. Auf dem Leuchtstoff entsteht also ein „negatives Bild" des Ultrarotspektrums. Legt man danach eine unbelichtete photographische Platte auf die Leuchtstoffschicht, so erhält man ein photographisches Positiv des Spektrums.

Schaefer, Cl., u. *F. Matossi:* Das ultrarote Spektrum. Berlin 1930.

Phosphoroskop, nach *Becquerel* ein Gerät zur Messung kurzer Nachleuchtdauern bei Phosphoreszenzerscheinungen. Das einfachste Phosphoroskop ist eine rotierende Scheibe, auf welche der Leuchtstoff aufgetragen ist. Nur an einer Stelle der Scheibe wird der Leuchtstoff mit kurzwelligem Licht erregt. Man sieht dann deutlich das Nachleuchten als kreisförmige Leuchterscheinung mit abnehmender Intensität. *Becquerel* hat bei seinem Phosphoroskop zwei Scheiben benutzt, welche sektorförmige Ausschnitte besaßen und auf einer Achse rotierten. Das Präparat befand sich zwischen beiden Scheiben und wurde von einer Seite erregt, während man von der entgegengesetzten Seite das Nachleuchten beobachtete. Da die sektorförmigen Ausschnitte um einen veränderlichen Winkel versetzt waren, wurde man durch das bei der Erregung ausgesandte Licht des Phosphors nicht geblendet. Eine andere Modifikation des Phosphoroskops, wie sie sich heute im Laboratorium gut bewährt, zeigt die Abbildung. Der Phosphor ist

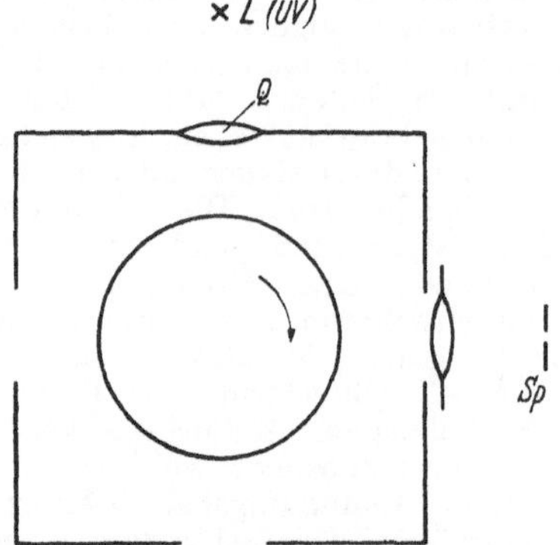

Phosphoroskop.
L UV-Lichtquelle, *Q* Quarzlinse, *Sp* Spalt des Spektroskops.

außen auf dem rotierenden Zylinder aufgetragen. Durch Einstellen verschiedener Rotationsgeschwindigkeiten kann man die Intensität des Nachleuchtens zu verschiedenen Zeiten messen. Um kürzeste Nachleuchtdauern (bis $3 \cdot 10^{-9}$ s) zu messen, sind Anordnungen mit Kerr-Zellen benutzt worden. Auch eine stehende Ultraschallwelle ist als Lichtunterbrecher verwendet worden. →Fluorometer.

Phot, abgek. ph, allgemeine Bezeichnung für die Einheit der spezifischen →Lichtausstrahlung. Zusammenhang mit der →Kerze (K): 1 ph = 1 lm/cm^2 = 1 K.sterad/cm^2. Im System der Hefner-→Lichteinheiten heißt sie Hefner-Phot (Hph), im System der Internationalen Lichteinheiten Internationales Phot (Iph) und im System der heute üblichen neuen Lichteinheiten Phot (ph). Bei einer →Farbtemperatur von 2042,5 °K (Temperatur des erstarrenden Platins) gilt die Umrechnungsbeziehung 1 ph = 0,981 Iph = 1,107 Hph.

Photo- → auch lichtelektrisch.

Photochemie, umfaßt diejenigen chemischen Reaktionen, die unter der Wirkung des Lichtes (praktisch im Wellenlängenbereich von etwa 1000 bis 10000 Å) verlaufen. Grenzgebiete der Photochemie sind: *Thermische Absorption*, →*lichtelektrischer Effekt*, →*Fluoreszenz* und →*Phosphoreszenz*; in gewissem Sinne ihre Umkehrung ist die →*Chemilumineszenz*. Photochemisch wirksam ist nur die durch die äußeren Elektronen, die zugleich chemische Bindungselektronen sind, verursachte Lichtabsorption.

Die Bedeutung der Photochemie für die Forschung liegt in der Möglichkeit, unter der Wirkung des Lichtes chemische Reaktionen ablaufen zu lassen, die u. U. auf keine andere Art hervorgerufen werden können, und mit Hilfe ihrer Ergebnisse Aussagen über atomare bzw. molekulare Bindungskräfte machen zu können. Vor allem für die Erforschung der Atom- und Radikalreaktionen sind durch sie zahlreiche neue Erkenntnisse gewonnen worden. Auch für die Atomtheorie hat die Photochemie viele Aufschlüsse gebracht (z. B. Prädissoziation). Praktisch bedeutungsvolle photochemische Prozesse sind die →*Kohlensäureassimilation* der Pflanzen, die Grundlage des gesamten organischen Lebens, ferner die Photochemie der Erdatmosphäre, die den *Energiehaushalt* der Erde weitgehend regelt, zahlreiche technisch verwertete Synthesen und Umsetzungen und die →*Photographie*.

Wichtige Gesetze der Photochemie sind: das →*Drapersche Gesetz* (1845), das *Gesetz von* →*Bunsen und Roscoe* (1857) und das *Einsteinsche* →*Äquivalentgesetz* (1905 bzw. 1912). Man hat zu unterscheiden zwischen photochemischen →*Primär-* und →*Sekundärprozessen*. Nach der Absorption eines Lichtquants von genügend hoher Energie (genügend kleiner Wellenlänge) kann entweder eine Anregung des absorbierenden Atoms oder Moleküls stattfinden oder — in den meisten Fällen — ein absorbierendes Molekül unmittelbar dissoziiert werden. Angeregte Atome oder Moleküle haben eine Lebensdauer von der Größenordnung 10^{-8} s, bei „metastabilen" Zuständen von einigen Größenordnungen mehr. Während dieser Zeit kann die aufgenommene Energie strahlungslos im →Stoß zweiter Art abgegeben werden und in kinetische oder chemische Energie (Dissoziation, Umlagerung, Polymerisierung usw.) übergehen. Bei unmittelbarer Dissoziation können die Moleküle in normale oder optisch angeregte Atome bzw. Radikale aufgespalten werden. Stöße zweiter Art sind die Ursache für *photochemische* →*Sensibilisierungen*.

Die wichtigste photochemische Meßgröße ist die →*Quantenausbeute*, d. h. die je absorbiertes Lichtquant umgesetzte Zahl von Molekülen.

Bonhoeffer, K. F., u. *P. Harteck:* Grundl. d. Photochemie. Dresden 1933. — *Eggert, J.:* Lehrb. d. Physikal. Chemie. Leipzig 1948. — *Kistiakowski, G. B.:* Photochem. Reactions. New York 1928.

Photochemische Quantenausbeute → Quantenausbeute 1.

Photochlorid, Adsorptionsverbindung Chlorsilber-metallisches Silber, entsteht, wenn Chlorsilber eine Zeitlang dem Licht ausgesetzt wird. →Weigert-Effekt.

Photodynamische Wirkung in der Biologie, die Wirkung von Farbstoffen, durch welche die Organismen bei vitaler Anfärbung gegen sonst unwirksames Licht empfindlich gemacht werden. Die Photodynamie entspricht der →Sensibilisierung bei photochemischen Reaktionen, bei der ebenfalls durch Zufügen eines absorbierenden Farbstoffes zur reagierenden Substanz (z. B. zur photographischen Schicht) die Reaktion durch solche Lichtquanten ermöglicht wird, welche von der Substanz allein nicht absorbiert werden und daher trotz ausreichenden Energiegehalts unwirksam bleiben. Die Farbstoffmoleküle nehmen also die Lichtquanten auf und übertragen deren Energie auf die reagierenden Substanzen, an die sie adsorbiert sind. Photodynamisch wirksam sind vor allem fluoreszierende Farbstoffe, wie Eosin, Rhodamin, Cyanin u. v. a. Ferner ist Zutritt von Sauerstoff nötig, was die Beteiligung von Oxydationsprozessen anzeigt. Die photodynamischen Reaktionen der Organismen entsprechen etwa denen durch UV, sind also meist Schädigungen oder Tötungen sowie Mutationen (→Strahlenschädigung). Schwache Lichtdosen wirken bisweilen erregend und lösen Bewegungen aus, z. B. bei Infusorien und Bakterien. Die treffertheoretische Analyse der photodynamischen Tötung und Mutation von Mikroorganismen (Bakterien, Pilzsporen) zeigt, daß die Wirkungen durch *Treffer* von Einzelquanten ausgelöst werden (→Treffertheorie).

Tennent, D.H.: Amer. Naturalist 72, 97 (1938). – *Metzner, P.:* Tab. Biol. IV, 496 (1927). – *Kaplan, R.W.:* Planta 38, 1 (1950).

Photoeffekt = →lichtelektrischer Effekt.

Photoelastische Verfahren stellen eine Anwendung kristalloptischer Methoden auf die Untersuchung von Spannungszuständen starrer, durchsichtiger Körper dar, die einem Druck oder Zug oder beidem (wie bei der Biegung, Scherung, Drillung) unterworfen sind (*Spannungsoptik*).

Dem Spannungszustand, gegeben durch einen Tensor mit den Hauptspannungen $\sigma_1, \sigma_2, \sigma_3$, entspricht eine →Spannungsdoppelbrechung, die durch eine →Indikatrix mit den Hauptbrechungszahlen n_1, n_2, n_3 charakterisiert werden kann, wobei

$$n_1 - n_0 = c_1\sigma_1 + c_2(\sigma_2 + \sigma_3)$$
$$n_2 - n_0 = c_1\sigma_2 + c_2(\sigma_1 + \sigma_3)$$
$$n_3 - n_0 = c_1\sigma_3 + c_2(\sigma_1 + \sigma_2),$$

n_0 die Brechungszahl des ungespannten Materials, c_1, c_2 Materialkonstanten. Sind die Modelle aus ebenen Platten herausgeschnitten und wirken die Kräfte in der Plattenebene, so gilt für eine senkrecht zur Plattenebene fortschreitende Lichtwelle $n_2 - n_1 = (c_1 - c_2)(\sigma_2 - \sigma_1)$ oder die *Hauptgleichung der Spannungsoptik* $\Gamma = C(\sigma_1 - \sigma_2)d/\lambda$ [Γ = Gangunterschied in Wellenlängen λ, $C = (c_1 - c_2)/v_0$, v_0 = Lichtgeschwindigkeit im ungespannten Material, d = Schichtdicke]. Weil der Spannungszustand nur der absoluten Größe nach von den c, sonst allein von der Form des Objekts und dem Ort der angreifenden Kräfte abhängig ist, können die Ergebnisse der Untersuchung an durchsichtigen Modellen auf die Beanspruchung formgleicher Metallkörper übertragen werden. Für die Modelle werden meist Phenol-Formaldehyd-Kunstharze (Dekorit, Bakelit usw.), mitunter auch Zellon oder Plexiglas benutzt, deren Materialkonstanten kleiner als diejenigen der Kunstharze sind.

Zur Untersuchung werden die Modelle zwischen zwei Polarisatoren gebracht, die aus je einer →Polarisationsfolie und einem $\lambda/4$-Blättchen (→Glimmerblättchen) bestehen. Die Polarisatoren sind etwa 30 cm große, parallel angeordnete Kreisscheiben. Die Schwingungsrichtungen der Folien stehen senkrecht zueinander. Sind die beiden Folien dem Objekt zugewandt, so ist das von einer Milchglasscheibe ausgehende, durch den Polarisator auf das Objekt fallende Licht linear polarisiert; liegen die $\lambda/4$-Blättchen dem Objekt zugewandt, so wird das Licht zirkular-polarisiert.

Im gespannten Zustand zeigen die Modelle zwischen gekreuzten Polarisationsfolien in zirkularpolarisiertem Licht ein System von *Isochromaten* (isochromatische Kurven, →Interferenzbilder). Abb. 1 ist einem Interferenzbild eines zweiachsigen

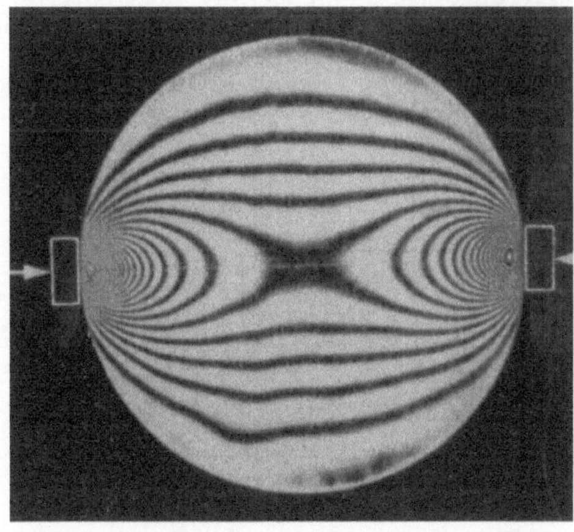

Abb. 1. Isochromaten eines unter einseitigem Druck stehenden Dekoritzylinders.

Kristalls im konvergenten polarisierten Licht sehr ähnlich; bei Verwendung linear-polarisierten Lichts treten ebenso wie dort die schwarzen Hyperbeln bzw. das Kreuz der *Isoklinen* (Isogyren, →Interferenzbilder) hinzu. Jedoch ist die Reihenfolge der Gangunterschiede die entgegengesetzte. Verwendet man weißes Licht, so ist die →Interferenzfarbe am Zylinderrand grau ($\Gamma = 0$); die von außen nach innen folgenden, zunächst ellipsenähnlichen Lemniskaten zeigen das Rot I., II., . . . Ordnung ($\Gamma = 1, 2, \ldots$) und weisen somit auf nach innen zunehmende Druckspannungen hin. Die Isoklinen verbinden Orte gleicher Hauptspannungsrichtungen; diese sind für die Orte längs der Isoklinen parallel den beiden Polarisatorschwingungsrichtungen. Ein weiteres Beispiel zeigt die Abb. 2.

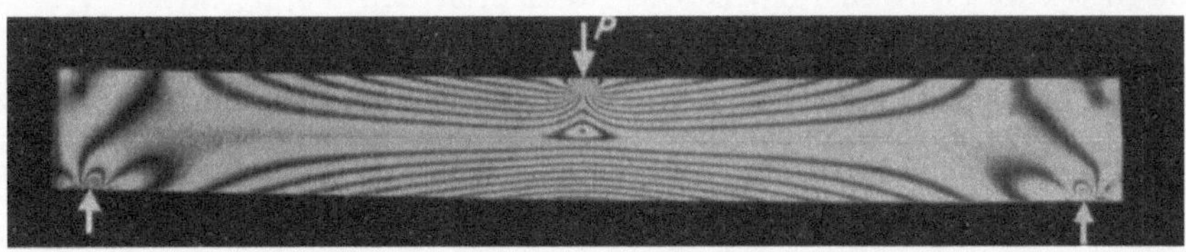

Abb. 2. Isochromaten eines auf Biegung beanspruchten Dekoritstabes.
(Beide Abbildungen sind Aufnahmen des Spannungsoptischen Laboratoriums der T. H. München.)

Modelle mit *räumlicher* Spannungsoptik, bei denen die Spannungsrichtungen nicht in einer Ebene liegen, werden nach dem *Erstarrungsverfahren* untersucht, d. h. die Objekte werden im Erweichungszustand bei etwa 80 °C belastet, bei Beibehaltung der einwirkenden Kräfte abgekühlt und hinterher in Platten zerschnitten.

Föppl, L., u. *E. Mönch:* Prakt. Spannungsoptik. Berlin 1950.

Photoelektronen-Vervielfacher (Multiplier). Der Photostrom einer Photozelle kann durch Heranziehung eines ionisierbaren Füllgases verstärkt werden. Ein zweiter Weg, den Photostrom im Innern der Zelle zu verstärken, ist die Anwendung der Sekundärelektronenemission fester Körper. Die Photoelektronen werden hier auf eine dritte Elektrode (*Prallelektrode*) geleitet, von der an der getroffenen Stelle wieder Elektronen in die Umgebung austreten. Unter geeigneten Bedingungen ist es möglich, daß mehr Elektronen austreten als einfallen [vgl. *R. Kollath*, Phys. Z. **38**, 202 (1937)]. Man unterscheidet Vervielfacher mit magnetischer Fokussierung, Vervielfacher mit elektrostatischer Fokussierung und fernerhin dynamische Vervielfacher.

1. Der *magnetische Vervielfacher* nach *Slepian-Zworykin* (Abb. 1) arbeitet mit magnetischer Quer-

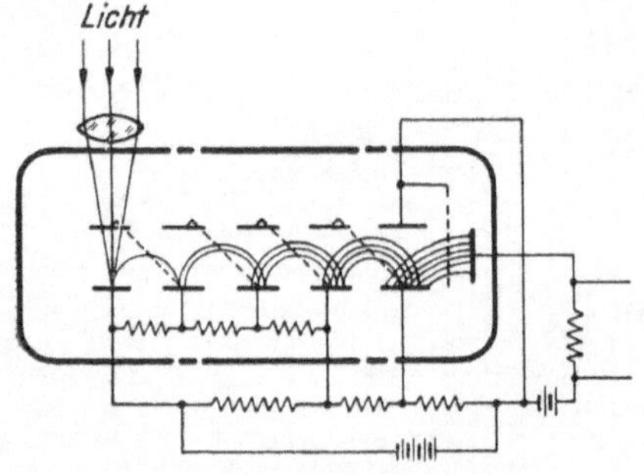

Abb. 1. Elektronenvervielfacher nach *Slepian-Zworykin*.

feldfokussierung. Bei ihm bewegen sich die Elektronen, ausgehend von der Photokathode, auf aneinandergereihten, nahezu halbkreisförmigen Bahnen, welche durch die Überlagerung von elektrischem und magnetischem Feld zustande kommen. Am Ende jeder Halbkreisbahn befindet sich eine Prallelektrode. Der je Stufe erzielbare Vervielfachungsfaktor v, das Verhältnis von Sekundärstrom zu Primärstrom, hängt von der Stufenspannung ab. Man erzielt an Oberflächen nach Art der zusammengesetzten →Photokathoden, die sich für die vorliegenden Zwecke bisher am geeignetsten erwiesen, bei 100 V Stufenspannung eine Vervielfachung von 3 bis 5. Die magnetischen Feldstärken, die dabei zur Fokussierung der Elektronen aufgewandt werden müssen, liegen bei den üblichen Betriebsspannungen im Bereich von 50 bis 100 Oe. So erfordert z. B. eine Stufenspannung von 100 V ein magnetisches Feld von rund 60 Oe bei den in der Praxis gewählten Bahndurchmessern von etwa 1 cm. Die erzielbare Gesamtstromstärke läßt sich in folgende Formel kleiden: $I_{ges} = \sigma_i \Phi v^n$. Dabei bedeuten σ_i die Stromempfindlichkeit der Photokathode, Φ den Lichtstrom, v den mittleren Vervielfachungsfaktor, n die Stufenzahl. Der Vervielfacher eignet sich vor allem zur Verstärkung kleiner und kleinster Photoströme. Die Stufenzahl kann jedoch nicht beliebig hoch getrieben werden. Andernfalls ergeben sich Schwierigkeiten bei der Raumladungsüberwindung der abzuführenden Elektronen und bei der Zuführung der hohen Gesamtspannungen. Bei vernünftiger Anwendung dieses Prinzips sind Gesamtverstärkungen von 10^6 bis 10^8 erzielbar. Bei $v = 5$ und $n = 9$ ist bereits eine über 10^6-fache Verstärkung möglich. Für eine gute Wirkung ist wesentlich, daß möglichst alle ausgelösten Elektronen auf die nächste Prallelektrode gelangen.

2. *Vervielfacher mit elektrostatischer Fokussierung.* a) Beim *Prallgittervervielfacher* oder *Netzvervielfacher* nach *G. Weiss* und *W. Kluge* findet die Vervielfachung des Photostromes an einer Reihe von hintereinander angeordneten Metallmaschengittern statt. Diese Gitter haben im Gegensatz zu der sonst in der Röhrentechnik üblichen Bezeichnungsweise keine steuernde Wirkung. Sie bestehen aus feinen Netzen mit ungefähr 40000 Maschen je cm² und werden nacheinander von den Elektronen getroffen, die an den voranstehenden Netzen ausgelöst wurden (Abb. 2). Die

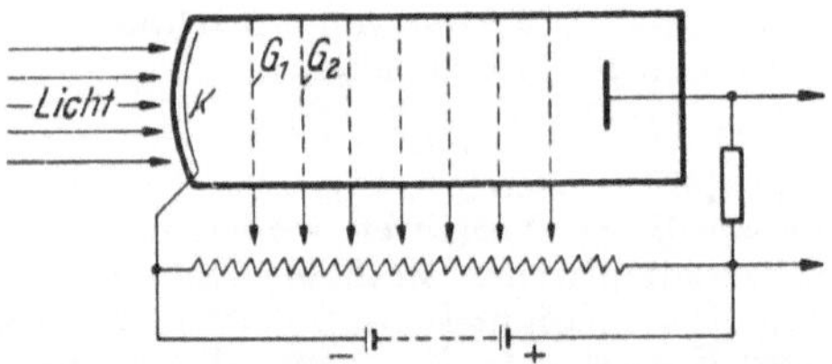

Abb. 2. Prallgittervervielfacher nach *Weiss* und *Kluge*.

Fortschreitungsrichtung der Elektronen im Prallgittervervielfacher ist im wesentlichen geradlinig. Zur vollständigen Ausnutzung der Verstärkungsmöglichkeiten sind noch Fokussierungseinrichtungen erforderlich, um den schrittweisen Aufprall der Elektronen von Gitter zu Gitter zu erzwingen. Am einfachsten ist die Fokussierung durch elektrostatische Wandladungen. b) Die eleganteste und zugleich mit bestem Wirkungsgrad arbeitende Vervielfacherbauart ist der *Schaufelvervielfacher*. Er ist aus dem *L*-Vervielfacher von *Zworykin* hervorgegangen. Die Prallelektroden sind schaufelförmig ausgebildet (Abb. 3). Auf diese Weise entstehen beim Anlegen der Spannung zwischen je zwei Prallelektroden elektrische Zylinderlinsen, welche die Fokussierung der Elektronen besorgen. Der Endstrom dieses Vervielfachers läßt sich ebenfalls in die Formel $I_{ges} = \sigma_i \Phi v^n$ kleiden. Bezüglich der Anwendung und Stufenzahl gelten die gleichen oben erwähnten Einschränkungen.

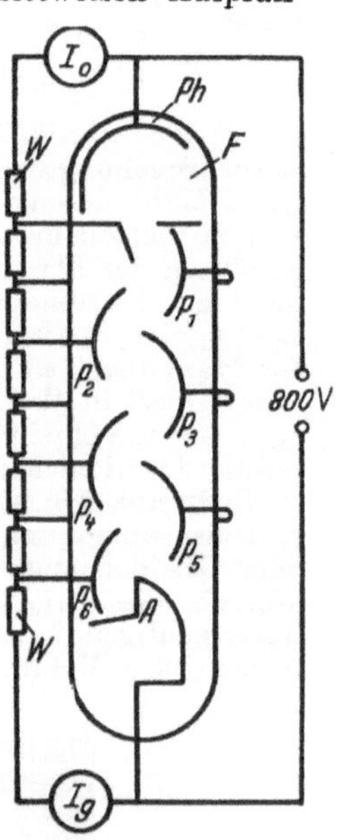

Abb. 3. Schaufelvervielfacher nach *Zworykin*.

3. Bei dem von *Farnsworth* entwickelten *dynamischen Vervielfacher* (*Pendelvervielfacher*) werden die aus einer Photokathode P_1 ausgelösten Elektronen durch ein hochfrequentes Feld derart zu

einer gegenüberstehenden Prallelektrode P_2 hin beschleunigt, daß die dort ausgelösten Sekundärelektronen von der nächsten Halbwelle des Wechselfeldes wieder zurück gegen die erste Platte beschleunigt werden (Abb. 4). Mit den dort aus-

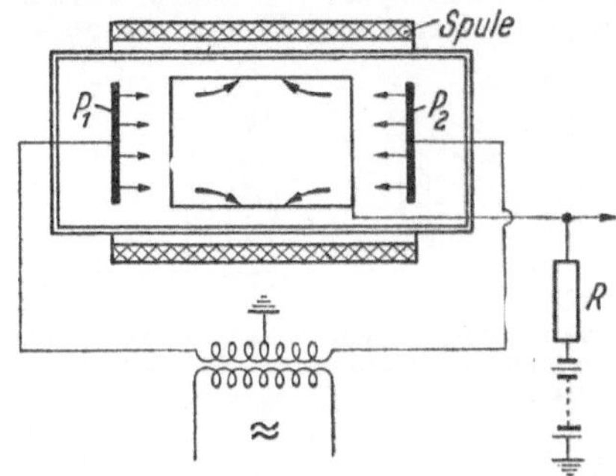

Abb. 4. Dynamischer Vervielfacher nach *Farnsworth*.

gelösten Sekundärelektronen beginnt dann durch die darauffolgende Halbwelle des Feldes dasselbe Spiel von neuem. Durch ein radial nach außen gerichtetes Feld, das durch eine ringförmige Auffangelektrode erzeugt wird, werden die sich immer mehr verstärkenden, hin und her pendelnden Elektronenwolken schließlich nach außen getrieben und als verstärkter Elektronenstrom von der Ringelektrode aufgenommen. Der dynamische Vervielfacher ist bedeutsam für die Fernsehaufnahmetechnik geworden.

Die Vorteile, welche die Vervielfacher aller Spielarten aufzuweisen haben, sind im wesentlichen zwei: Einmal wird gegenüber dem Röhrenverstärker an Raum gespart, und zum zweiten liegt der →Störpegel tiefer als bei den üblichen Photozellen mit nachgeschaltetem Röhrenverstärker. Ein höherer Gesamtspannungsaufwand ist dabei allerdings unvermeidbar. Die Vervielfacher arbeiten als Verstärker linear bis zu den Frequenzen, die noch keine Laufzeiterscheinungen zur Folge haben, frequenzunabhängig.

Zworykin, V. K.: Z. techn. Phys. 17, 170, 623 (1936). — *Kluge, W.:* ebd. 18, 218 (1937). — *Farnsworth, P. T.:* J. Franklin Inst. 218, 411 (1934). — *Brüche, E.*, u. *A. Recknagel:* Elektronengeräte. Berlin 1941.

Photoelemente →Halbleiter-Photoelemente, →Thallofidzelle.

Photographie. Als Photographie wird jedes Verfahren zur Herstellung eines Bildes von Gegenständen mit Hilfe photochemischer Prozesse bezeichnet. Von den abzubildenden Dingen ausgehende Lichtstrahlung erzeugt nach Passieren einer optischen Abbildungseinrichtung (→photographischer Apparat) auf einer dünnen, meist ebenen Schicht einer photochemisch reagierenden Substanz ein optisches Bild. Als lichtempfindliche Substanzen dienen die Halogene des Silbers (→Emulsion, photographische) in Form dünner Schichten auf ebenen Glas- oder Zelluloidunterlagen (photographische Platte bzw. Film) oder auf Papier (lichtempfindliches Papier). Durch den photochemischen Prozeß wird in der Schicht metallisches Silber abgeschieden (→Elementarprozeß, photographischer). Die abgeschiedene Silbermenge hängt von der an der betreffenden Stelle absorbierten Strahlungsenergie ab. Sie ist aber stets so gering, daß sie mit unbewaffnetem Auge nicht erkennbar ist (latentes photographisches Bild, →Elementarprozeß, photographischer). Deshalb muß eine →*Entwicklung* zur Sichtbarmachung des latenten Bildes vorgenommen werden, an welche sich dann noch die Haltbarmachung des entwickelten Bildes in der lichtempfindlichen Schicht anschließt (→Fixierung, photographische).

Das durch die Entwicklung erzeugte, feinverteilte Silber ruft eine Schwärzung der photographischen Schicht hervor. Diese ist um so intensiver, je größer die auffallende Strahlungsenergie gewesen ist. Somit erscheinen gerade die im optischen Bild hellsten Partien in der entwickelten Schicht als größte Schwärzungen, während die nur von geringer oder überhaupt keiner Strahlung getroffenen Stellen, also die dunklen Partien des optischen Bildes, nur wenig oder nicht geschwärzt sind. Das photochemisch in der Schicht erzeugte Bild ist also ein *Negativ* des optischen Bildes.

Ein *Positiv* mit einer der wirklichen Helligkeitsverteilung des optischen Bildes entsprechenden Schwärzung liefert der *Kopierprozeß*. Das fertige, stets auf einer photographischen Platte oder einem Film aufgenommene Negativ wird mit der Schichtseite auf eine andere noch unbelichtete Schicht gelegt und durch die durchsichtige Unterlage gleichmäßig mit Licht bestrahlt. Entsprechend seiner Schwärzung läßt das Negativ an seinen verschiedenen Stellen mehr oder weniger Licht auf die unbelichtete Schicht gelangen. In dieser entsteht jetzt ein positives latentes Bild, das durch Entwicklung und Fixierung dann das endgültige Positiv ergibt. Die zur Herstellung von Positiven benutzten lichtempfindlichen Schichten haben eine geringere Empfindlichkeit (→Sensitometrie) als das Negativmaterial. Sie befinden sich entweder auf Glasplatten bzw. Filmen aus Zelluloid und ergeben dann Durchsichts- und Projektionsbilder, oder sie werden auf Papierunterlagen aufgetragen und liefern die Aufsichtsbilder.

Das zur Gewinnung von Negativen benutzte lichtempfindliche Material hat im allgemeinen eine sehr große Lichtempfindlichkeit, um mit möglichst kurzen Belichtungszeiten auch bei geringen Lichtintensitäten auszukommen.

v. Angerer, E.: Wiss. Photographie. Leipzig 1931. — *Eggert, J.:* Aus Forschung u. Technik d. neuzeitl. Photographie. Phys. Bl. 6, 56 (1950).

Photographische Objektive sind optische Systeme, die besonders zur Bilderzeugung in photographischen Kammern (→Lichtbildgeräte) dienen. Je nach dem Verwendungszweck unterscheiden sie sich durch ihren →Korrektionszustand, ihre →relative Öffnung und ihre Konstruktion. Ihre Aufgabe ist es, meist in großer Entfernung befindliche, ausgedehnte Objekte auf einer ebenen Fläche verzeichnungsfrei und scharf abzubilden. Sie werden deshalb hinsichtlich *aller* wesentlichen →Abbildungsfehler korrigiert. Die Kunst des rechnenden Optikers besteht darin, unter Beschränkung auf möglichst einfache konstruktive Anordnungen die Fehler möglichst zu verkleinern und die Restfehler so zu verteilen, daß sie, dem Verwendungszweck des Objektivs entsprechend, möglichst wenig stören. So soll die chromatische Korrektion der spektralen Empfindlichkeit des Aufnahmematerials angepaßt sein, wobei zu beachten ist, daß das Objektiv vielleicht visuell scharf eingestellt werden soll. Für das früher gebrauchte nicht sensibilisierte Aufnahmematerial und für gleichzeitige visuelle Einstellung vereinigte man die Brennpunkte für die Fraunhofersche Linien G' und d (photographische Korrektion). Besteht zwischen der visuellen Scharfeinstellung und der Stelle der besten Schärfe für die photographische Schicht eine Einstelldifferenz, so spricht man von chemischer Fokusdifferenz. Ist durch Verwendung geeigneter Gläser eine Farbenvereinigung höherer Ordnung erzielt, so spricht man von →Apochromaten. Außer der Achromasie der Schnittweite ist auch der Farbenvergrößerungsfehler zu beseitigen, also Achromasie der Brennweite zu fordern, wenn man bei größeren Bildwinkeln farbige Säume bei Farbaufnahmen oder verwaschene Ränder bei gewöhnlichen Aufnahmen vermeiden will.

Von den Schärfenfehlern (→Abbildungsfehler) ist besonders die sphärische Aberration (→Aberration, sphärische), gegebenenfalls auch deren chromatische Differenz zu beseitigen (Sphärochromasie). Der Ort der besten Strahlenvereinigung ist dort, wo der Einfluß der durch die sphärische Aberration bedingten →Zerstreuungskreise am geringsten ist. Ist die Korrektion oder sphärische Aberration so, daß das Objektiv →Zonenfehler zeigt, so bleibt bei Abblendung der Ort der besten Strahlenvereinigung nicht erhalten, und man spricht dann von einer Einstelldifferenz.

Da photographische Objektive nicht nur Punkte der optischen Achse, sondern ein ausgedehntes Bildfeld scharf abbilden sollen, ist Erfüllung der von *Abbe* zuerst aufgestellten Sinusbedingung erforderlich. Sofern die sphärische Aberration korrigiert und die Sinusbedingung für gewisse konjugierte Punkte erfüllt ist, ist das photographische System für diese Punkte aplanatisch (→Aplanasie). In Abweichung hiervon bezeichnet man gewisse Typen von symmetrischen Doppelobjektiven als →Aplanate. Weiterhin erfolgt Korrektion der Koma, des Astigmatismus, der Bildfeldwölbung und der Verzeichnung. Von Astigmatismus freie oder nahezu freie Objektive heißen →Anastigmate.

Scharfe Einstellung auf eine bestimmte Einstellebene erfolgt entweder durch Veränderung des Abstandes zwischen Objektiv und photographischer Platte oder auch durch Verschiebung einzelner Objektivlinsen. Meist wird dabei die Vorderlinse verschoben, und man spricht dann von Frontlinseneinstellung.

Zur Veränderung der Abbildungstiefe (→Tiefenschärfe) und zur Erzielung der besten Plattenschwärzung und möglicherweise zur Verbesserung der optischen Korrektion befindet sich in, vor oder hinter dem Objektiv eine Aperturblende. Diese Blende zur Veränderung des →Öffnungsverhältnisses ist entweder in Form eines festen Blendensatzes verschiedener fester Durchmesser oder in Form einer →Irisblende ausgeführt.

Die Belichtungszeit wird durch einen Zentralverschluß, der sich dann im Blendenraum des Objektivs befindet, oder durch einen Schlitzverschluß vor der Bildebene geregelt. Der Schlitzverschluß ergibt kürzere Belichtungszeiten. Da aber die Belichtung der Bildpunkte zeitlich nacheinander erfolgt, treten bei schnell bewegten Objekten Verzerrungen auf. In optischer Hinsicht sind Photoobjektive meist als Systeme brechender zentrierter Kugelflächen aufgebaut. In neuerer Zeit ist man aber auch zur Verwendung von spiegelnden Flächen, oft in Verbindung mit brechenden, übergegangen. Zur Astrophotographie wird viel das →Schmidt-Spiegelsystem benutzt. Die Abb. 1 bis 6 zeigen den schematischen Aufbau einiger Hauptformen photographischer Objektive. Je nach Aufbau und Leistungsfähigkeit unterscheidet man ziemlich willkürlich gewisse Gruppen, wie Kleinbildobjektive, →Teleobjektive, →Kinoobjektive, Porträtobjektive, Reproduktionsobjektive, Universal-Satz- und Weitwinkelobjektive.

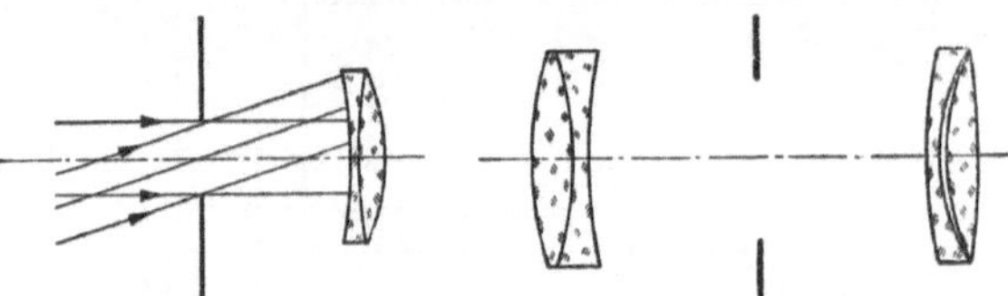

Abb. 1. Französische Landschaftslinse. Photographisches Objektiv mit Vorderblende.

Abb. 2. Petzval-Porträtobjektiv.

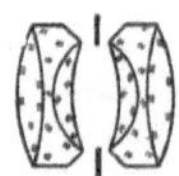

Abb. 3. Symmetrisches Objektiv. v. Höeghs Doppelanastigmat „Dagor“.

Abb. 4. Symmetrisches Weitwinkelobjektiv. v. Höeghs anastigmatischer Meniskus „Hypergon“.

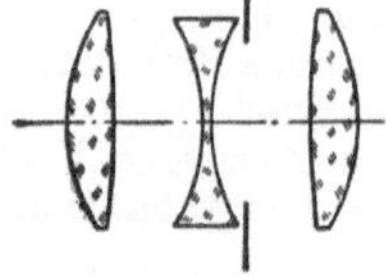

Abb. 5. Triplett. H. D. Taylors Cooke-lens.

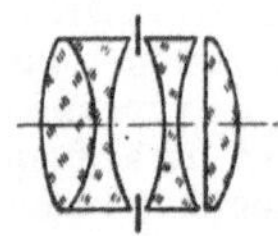

Abb. 6. Verkittetes Triplett. P. Rudolphs „Tessar“.

Photoobjektive werden mit Brennweiten von etwa 8 (Kleinfilmaufnahme-Objektive) bis 800 mm (Luftbildmeßgeräte-Objektive) hergestellt. Öffnungsverhältnisse wurden bis etwa 1 : 0,8 erzielt. Die Bildwinkel betragen 20° und in Sonderfällen bis 200°. Prüfung von Photoobjektiven →Objektivprüfverfahren.

Harting, H.: Photographische Optik. Pößneck/Thür. 1948. — *Merté, Richter* u. *v. Rohr:* Das photogr. Objektiv. Wien 1932.

Photographische Platte →Emulsion, photographische.

Photographische Wirkung der Röntgenstrahlen. Der Primärvorgang ist im wesentlichen der gleiche wie beim Licht. Die absorbierte Strahlung bildet aus dem Ag^+-Ion des AgBr-Kristalles ein neutrales Ag-Atom. Während jedoch beim Licht die Quantenausbeute Φ = Anzahl der Ag-Atome/Anzahl der absorbierten Lichtquanten etwa 1 beträgt, ist Φ bei Röntgenstrahlen etwa 1000. Die Zahl der tatsächlich für die Schwärzung maßgebenden Körner in der entwickelten und fixierten Schicht, wieder je absorbiertes Quant, ist aber bei Licht nur etwa $^1/_{300}$, bei Röntgenstrahlen dagegen 1.

Gemessen wird die photographische Wirkung als die Schwärzung S mittels Schwärzungsmesser, in denen die Schwächung der Intensität eines Lichtstromes i_0 einer Beleuchtungslampe auf i_1 durch die geschwärzte Schicht beobachtet wird. Die Schwärzung wird dann definiert als $S = \log i_0/i_1$ und als Ordinate aufgezeichnet in Beziehung zum Logarithmus der Beleuchtungsmenge L als Abszisse. L setzt sich zusammen als Produkt aus einer Beleuchtungsstärke l und der Bestrahlungszeit t, hier also der Röntgenstrahlen: $L = lt$. Diese Aufzeichnung ergibt die Schwärzungskurve, die bei

Röntgenstrahlen grundsätzlich den gleichen Verlauf zeigt wie bei Licht, also auch Umkehrerscheinungen. Der geradlinige Teil, zwischen etwa $S = 0{,}5$ und $S = 2$, ermöglicht eine proportionale Steigerung der Schwärzung mit der Bestrahlungsmenge L. Da die Röntgenstrahlenmenge proportional dem Produkt aus der Stromstärke in der Röntgenröhre und der Zeit ist, werden demnach gleiche Schwärzungen durch gleiche mA s-Produkte erzeugt.

Will man bei Momentaufnahmen (z. B. $^1/_{100}$ s) eine ausreichende Schwärzung erzielen (etwa $S = 0{,}7$ bis $1{,}0$), so muß eine sehr hohe Stromstärke, bis zu 1000 mA, in dieser kurzen Zeit durch die Röhre fließen. Da dies aber noch nicht ausreicht und der notwendigerweise kleinste Brennfleck eine höhere Belastung nicht verträgt, müssen noch →Verstärkerfolien angewandt werden.

Da die Röntgenstrahlen mit ihrem großen $h\nu$ bzw. ihrer geringen Wellenlänge von der photographischen Schicht viel weniger absorbiert werden als Licht, wird zur Erhöhung der Schwärzung eine Verdopplung der absorbierenden Schicht durch doppelseitig begossene Filme erzielt. Außerdem kann man die Röntgenemulsionen durch Sensibilisatoren für das kurzwellige Gebiet empfindlicher machen.

Eggert, J., u. *H. Gajewski:* Einf. in d. techn. Röntgenphotographie. Leipzig 1942.

Photoionisation, →Ionisation freier oder gebundener Atome bzw. Moleküle durch lichtelektrische Abspaltung von Elektronen. Im einzelnen unterscheidet man: 1. Photoionisation von freien Atomen und Molekülen (→lichtelektrischer Effekt an Gasatomen). 2. Photoionisation an adsorbierten Atomen (→lichtelektrischer Effekt, selektiver). 3. Photoionisation von Atomen, die in ein Dielektrikum eingebaut sind (→lichtelektrische Leitung).

Photokatalyse. Vorgänge, bei denen das Licht katalytisch wirkt, die also im gleichen Sinne verlaufen wie die normale Dunkelreaktion, können photochemisch entweder beschleunigt oder verlangsamt werden (positive oder negative Photokatalyse). Unter Umständen sind nur sehr geringe Energiebeträge zum Umsatz großer Molekülzahlen erforderlich (→Kettenreaktionen; Beispiel: Chlorknallgasbildung aus H_2 und Cl_2). In einigen Fällen ist ein wellenlängenabhängiger Einfluß des katalysierenden Lichtes beobachtet worden; so wird die Oxydation von Pyrogallol durch violettes Licht verzögert, durch rotes beschleunigt (*Trautz* 1906).

Photokathoden, die Kathoden von →lichtelektrischen Zellen. Besondere Formen:

I. Zusammengesetzte Photokathoden. Massive Alkalimetalle haben sich als Photokathoden für viele Zwecke als ungeeignet erwiesen. Der Dampfdruck der Kathoden ist zu hoch, und man erhält daher keine zeitliche Konstanz der →spektralen Empfindlichkeitskurve. An zusammengesetzten Photokathoden ist neben anderen günstigen Eigenschaften dieser Übelstand weitgehend behoben. Sie bauen sich aus drei Schichten auf: dem *Trägermetall*, der *Zwischenschicht* und der adsorbierten *Alkalimetallschicht*. Als Trägermetall hat sich am besten eine undurchsichtige Silberschicht, als Zwischenschicht eine Alkalioxydschicht bewährt. Die Zwischenschicht hat dabei eine Dicke von etwa 1000 Moleküllagen. Die adsorbierte Alkalimetallschicht ist von atomarer Dicke. Man hat diesen Photokathoden das Strukturschema [Ag]—M_2O—M gegeben, was die wirklichen Verhältnisse natürlich nur ganz roh wiedergibt. M bedeutet das jeweils verwendete Alkalimetall. Dem Trägermetall gibt man zumeist eine Klammer, um die Reihenfolge der Schichten zu kennzeichnen. Die spektralen Empfindlichkeitskurven gehen aus der Abb.

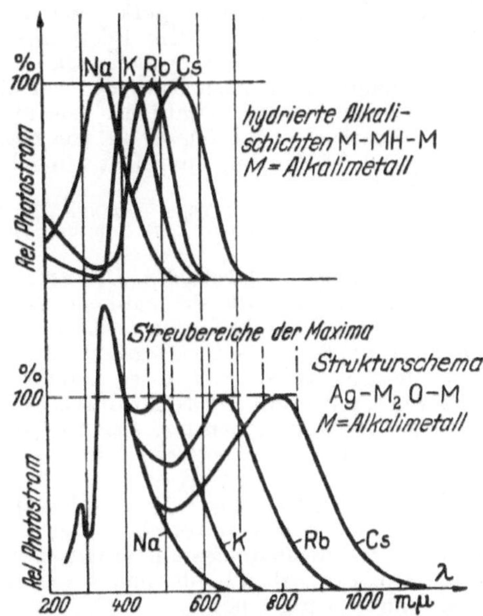

Spektrale Empfindlichkeit von zusammengesetzten Photokathoden

hervor. Von besonderer praktischer Bedeutung sind die zusammengesetzten Photokathoden mit Cäsium. Zwecks Erhöhung der Ultrarotempfindlichkeit und Herabsetzung von lichtelektrischen Ermüdungserscheinungen baut man in deren Oxydzwischenschicht zusätzlich Silber- und Cäsiumatome ein, so daß Photokathoden mit dem Strukturschema [Ag]—$Cs_2O \cdot Cs \cdot Ag$—Cs entstehen. Ihre →langwellige Grenze liegt etwa bei $1{,}4\,\mu$, das selektive Maximum, auch „langwelliges" Maximum genannt, bei $0{,}8\,\mu$. Beide Werte zeigen bei einer Vielheit äußerlich gleich behandelter Zellen eine Streuung. Gemäß der Abb. ist der selektive →lichtelektrische Effekt bei allen Alkalimetallen durch die Wirkung der Oxydzwischenschichten in Richtung längerer Lichtwellen verschoben. Das zeigt der Vergleich mit den hydrierten Alkalischichten, die eine Hydridzwischenschicht besitzen. Das Strukturschema lautet dort: [M]—MH—M. — An den zusammengesetzten Oxydphotokathoden ist der Photoeffekt im Ultravioletten nicht normal. Es treten dort zwei, bei genügender Ausdehnung der Messung ins UV noch mehr spektrale Maxima, die kurzwelligen Maxima auf. Sie sind bisher noch nicht befriedigend gedeutet worden. Die →Quantenausbeute beträgt im langwelligen Maximum etwa 1%. Die zusammengesetzten Oxydphotokathoden haben die älteren hydrierten Kathoden fast völlig verdrängt. Sie haben einen wesentlich geringeren Dampfdruck und sind gegenüber Temperaturschwankungen weitgehend unempfindlich. Grundsätzlich hat man bei zusammengesetzten Photokathoden hinsichtlich der Wahl der Zwischenschicht vielfältige Möglichkeiten, soweit deren

Dicke einen aus der Erfahrung hergeleiteten Wert nicht überschreitet. Neben zahlreichen anorganischen Verbindungen und Dielektrika eignen sich sogar organische Substanzen und Farbstoffe. Es ergeben sich dann jeweils andere spektrale Lagen der selektiven Maxima. An Photokathoden mit Naphthalinzwischenschichten werden spektrale Empfindlichkeitskurven mit ausgesprochener Bandenstruktur beobachtet. Eine praktische Bedeutung kommt bis heute nur den Photokathoden mit Oxydzwischenschicht zu. Nahezu alle Photozellen sind heute mit solchen Kathoden versehen. Die langwelligen Maxima sämtlicher zusammengesetzter Photokathoden erfahren die von *Gudden* und *Pohl* gegebene Deutung des selektiven →lichtelektrischen Effektes.

Kluge, W.: Phys. Z. **34**, 844 (1933). – *Olpin, A. R.:* Phys. Rev. **36**, 251 (1930). – *Suhrmann, R.,* u. *D. Dempster:* Phys. Z. **35**, 148 (1934).

II. Durchsichtige Photokathoden. Die Erfahrung hat gezeigt, daß man die Schichtdicke von zusammengesetzten Photokathoden (vgl. I) — ohne merkliche Einbuße an →Quantenausbeute — so stark reduzieren kann, daß diese durchsichtig werden. Photozellen mit derartigen Kathoden besitzen kein Lichteintrittsfenster, sondern werden mit durchfallendem Licht bestrahlt. Durchsichtige Photokathoden vom Typ [Ag]—Cs_2O—Cs ermöglichen die Konstruktion moderner →Bildwandler, insbesondere für das Ultrarotsehen. An Photokathoden aus →Antimon-Cäsium erhält man die optimale Quantenausbeute überhaupt nur dann, wenn sie durchsichtig sind.

Kluge, W.: Z. techn. Phys. **16**, 184 (1935). – *Görlich, P.:* Z. techn. Phys. **18**, 460 (1937). – *de Boer, J. H.:* Elektronenemission u. Adsorptionserscheinungen. Leipzig 1937.

III. Dünne Photoschichten, eingebürgerte, allerdings wenig exakte Bezeichnung aller Photokathoden, die aus einer hauchdünnen oder auch unsichtbaren dünnen Alkalimetallschicht auf einem Schwermetall, wie Platin, Wolfram oder Silber u. a., bestehen. Für das Studium der Adsorptionserscheinungen in Verbindung mit der Elektronenemission sind besonders die dünnen Cäsiumschichten auf Wolfram bedeutsam geworden. Das Maximum der lichtelektrischen →Ausbeute und das Minimum der →Austrittsarbeit erhält man an solchen Schichten nach *Langmuir* dann, wenn der Bedeckungsgrad der Wolframoberfläche den Wert 0,67 hat. Die Cäsiumschicht ist in diesem Falle nicht ganz „monoatomar". Nach *de Boer* wird man kaum fehlgehen in der Annahme, daß bei einer einatomigen Adsorptionsschicht auf vier Wolframatome ein Cäsiumatom kommt, so daß unter Berücksichtigung aller Korrekturfaktoren $3{,}56 \cdot 10^{14}$ Atome je cm^2 auf dem Wolfram adsorbiert werden können. Nach einer Theorie von *Langmuir* wird angenommen, daß das Cäsiumatom als Ion an der Wolframoberfläche haftet, so daß es durch die →Bildkraft am Metall festgehalten wird. Das Ion und sein Spiegelbild stellen einen Dipol dar, dessen Achse senkrecht zur Grenzfläche steht. Bei der Adsorption mehrerer Cäsiumatome auf der Wolframoberfläche entsteht dann eine elektrische Doppelschicht, deren positive Seite von der Wolframoberfläche abliegt. Sie ist mit einem Potentialsprung verbunden, der in diesem Fall die Austrittsarbeit herabsetzt. So wird die Austrittsarbeit der reinen Wolframoberfläche durch eine nahezu monoatomare Cäsiumschicht von 4,53 eV auf 1,38 Ve erniedrigt. Vermindert oder erhöht man diese optimale Bedeckung, so erhöht sich die Austrittsarbeit, und die lichtelektrische Ausbeute nimmt ab. An dünnen unsichtbaren Alkalischichten auf spiegelndem Silber läßt sich der Verlauf der spektralen →lichtelektrischen Empfindlichkeit gut aus den optischen Konstanten des Silbers verstehen.

de Boer, J. H.: Elektronenemission u. Adsorptionserscheinungen. Leipzig 1937. – *Langmuir, I.:* Z. angew. Chem. **64**, 728 (1933). – *Fleischer, R.,* u. *H. Teichmann:* Die lichtelektr. Zelle. Dresden u. Leipzig 1932.

Photolumineszenz. Unter Lumineszenz versteht man das Auftreten einer Leuchterscheinung, die ohne Mitwirkung der Temperatur zustande kommt. Je nach der Erregungsart unterscheidet man verschiedene Arten der Lumineszenz. So bedeutet *Photolumineszenz* das Auftreten einer Leuchterscheinung infolge Erregung durch Licht. Hierher gehören also die →*Fluoreszenz* (Leuchten eines Stoffes *während* der Erregung) und die →*Phosphoreszenz* (Leuchten *nach* Beendigung der Erregung). Nicht hierher gehören aber das Leuchten des Glühwürmchens (→Biolumineszenz) und das Leuchten infolge radioaktiver Bestrahlung (→Radiolumineszenz) oder das Leuchten infolge Erregung durch Kathodenstrahlen (Kathodenlumineszenz).

Bei Lichterregung ist von besonderem Interesse die spektrale Verteilung des erregenden Lichtes (→Erregungsverteilung) und des ausgesandten Lichtes, bezogen auf eine bestimmte Wellenlänge des erregenden Lichtes. Dies kann einfach gemessen werden mit Hilfe →gekreuzter Spektra. →Lumineszenz, →Leuchtstoffe.

Photolyse, der normale photochemische Primärprozeß (→Primärreaktion, photochemische), bestehend in einer Aufspaltung der absorbierenden Moleküle in Atome bzw. Radikale. Es sind aber auch andere Primärreaktionen, z. B. Umlagerungsreaktionen, möglich, speziell bei einer primären Molekülanregung. So findet z. B. bei Bestrahlung der wäßrigen Lösungen von Malein- oder Fumarsäure mit ultraviolettem Licht eine Umwandlung dieser Stoffe in die stereoisomeren Formen statt:

$$\begin{pmatrix} \mathrm{H\ C\ COOH} \\ \| \\ \mathrm{H\ C\ COOH} \end{pmatrix} = \begin{pmatrix} \mathrm{H\ C\ COOH} \\ \| \\ \mathrm{HOOC\ C\ H} \end{pmatrix}$$

und

$$\begin{pmatrix} \mathrm{H\ C\ COOH} \\ \| \\ \mathrm{HOOC\ C\ H} \end{pmatrix} = \begin{pmatrix} \mathrm{H\ C\ COOH} \\ \| \\ \mathrm{H\ C\ COOH} \end{pmatrix}.$$

Da die Quantenausbeute der Maleinsäurebildung größer ist als die der Fumarsäurebildung, stellt sich bei längerer Belichtungszeit ein photochemisches Gleichgewicht von etwa 75% Maleinsäure und 25% Fumarsäure ein.

Photometer. Da unmittelbare Lichtmessungen mit dem Auge überhaupt nicht und selbst Schätzungen nur schwer durchführbar sind, benötigt man besondere Geräte, Photometer genannt, mit denen eine Einstellung zweier benachbarter Flächen auf gleichen Helligkeitseindruck, also gleiche Leuchtdichte, möglich ist (→Photometrie). Photometer zur subjektiven Lichtmessung bestehen aus der Vergleichsvorrichtung, dem eigentlichen Photometer, auch Photometerkopf genannt, und der Lichtschwächungsvorrichtung, mit der die durch die Vergleichslichtquelle im Photometerokular hervorgerufene Gesichtsfeldleuchtdichte stetig verändert werden kann. Bekannte Photometer sind die von→*Lummer-Brodhun, Bechstein, Weber-Voege* und *König-Martens,* letzteres insbesondere für spektralphotometrische Messungen eingerichtet. Ferner →Fettfleck-, →Schattenphotometer.

Die *Photometerbank* besteht im wesentlichen aus zwei parallelen Laufschienen mit Millimeterteilung, so daß die Entfernungen zwischen den auf verschiebbare Wagen gesetzten Lichtquellen und den ebenfalls verschiebbaren Photometern genau bestimmt werden können.

Sewig, R.: Handb. d. Lichttechnik. Berlin 1938.

Photometerlampen →Normallichtquellen.

Photometrie (*Lichtmessung*), Verfahren zur Ermittlung der →Leuchtdichte, →Lichtstärke, →Beleuchtungsstärke und des →Lichtstromes. Dabei wird grundsätzlich das normale menschliche Auge als allein maßgebender Beobachter verwandt. Das geschieht, indem man verlangt, daß der international vereinbarten →spektralen Hellempfindlichkeit gemäß gemessen werden muß. Dabei ist es belanglos, ob tatsächlich mit dem Auge (*subjektiv*) oder mit lichtempfindlichen Geräten (*objektiv*) gemessen wird.

1. *Subjektive Photometrie.* Bei subjektiven Messungen hat sich das Verfahren der Einstellung auf gleichen Helligkeitseindruck (gleiche Leuchtdichte) gegenüber dem der Einstellung auf gleiche Sehschärfe fast vollständig durchgesetzt. Man unterscheidet je nachdem, unter welchen Bedingungen die Einstellung auf gleichen Helligkeitseindruck vorgenommen wird, zwischen →isochromem und →heterochromem Vergleich, ferner dem →Kleinstufen- und dem →Filterverfahren. Bei heterochromen Messungen hat sich auch das →Flimmerverfahren sehr bewährt (Einstellung auf Flimmerminimum, nicht zu verwechseln mit dem von Physiologen gelegentlich gebrauchten Verschmelzungsfrequenzverfahren, bei dem auch auf Verschwinden des Flimmerns eingestellt wird).

Bei der subjektiven Photometrie beurteilt das Auge mit Hilfe eines →Photometers, wann zwei Flächen, deren jede durch eine der zu vergleichenden Lichtquellen beleuchtet wird, gleich hell erscheinen. Um hierbei eine Genauigkeit von etwa 1% zu erzielen, müssen 1. die Vergleichsfelder des Photometers in scharfen Grenzen aneinanderstoßen, muß 2. die spektrale Energieverteilung beider Vergleichsfelder weitgehend übereinstimmen, 3. die Größe des Gesichtsfeldes rund zwei Bogengrade betragen, müssen ferner 4. die Gesichtsfeldleuchtdichten zwischen 25 und 100 asb liegen, 5. die Messungen mit helladaptiertem und ausgeruhtem Auge in lichtschwacher Umgebung durchgeführt werden, 6. die zur Messung herangezogenen Personen im Mittel eine der genormten →spektralen Hellempfindlichkeit entsprechende Augenempfindlichkeit aufweisen und schließlich 7. grundsätzlich Beobachtungs*reihen* durchgeführt und gemittelt werden.

2. *Objektive Photometrie.* Objektive Photometer beruhen heute fast ausschließlich auf dem Photo- oder dem Thermoeffekt. Sie können nicht nur wie das Auge als Nullinstrument, sondern auch als Ausschlaginstrument verwendet werden. Auf gute Angleichung der spektralen Empfindlichkeit des verwendeten Strahlungsempfängers an die genormte →spektrale Hellempfindlichkeit muß dann besonders Wert gelegt werden, wenn das objektive Photometer nach Eichung mit einem Licht bestimmter spektraler Zusammensetzung auch ein Licht gänzlich anderer spektraler Energieverteilung im Sinne der Definition der lichttechnischen Größen richtig messen soll. Ein gut angepaßtes Photoelement ist das →Filterphotronelement nach *Dresler,* während das Königsche →künstliche Präzisionsauge ein Beispiel für die sorgfältige Anpassung der spektralen Empfindlichkeit eines Thermoelementes darstellt. In beiden Fällen wird diese Anpassung durch geeignete Glasfilter erreicht. Gelegentlich werden auch Alkaliphotozellen zur objektiven Photometrie herangezogen, namentlich seitdem es gelungen ist, stabile, von den Schwankungen der Netzspannung unabhängige Gleichstromverstärker zu bauen. Doch handelt es sich hierbei sowie bei allen Thermoempfängern um Laboratoriumsgeräte, während die Photoelemente dank ihrer Robustheit und ihrer höheren Photostromausbeute, die einen direkten Anschluß an tragbare Zeigerinstrumente möglich macht, sich auch für technische Messungen als sehr geeignet erwiesen haben. Bei höheren Anforderungen an die Meßgenauigkeit sind jedoch auch hier bestimmte Vorsichtsmaßregeln zu beachten. So darf die lichtempfindliche Schicht eines Photoelementes höchstens mit etwa 1000 lx beleuchtet werden, und der innere Widerstand des angeschlossenen Mikroamperemeters soll 100 Ω in keinem Fall überschreiten. Auch soll die elektrische Belastung des Photoelementes bei seiner Eichung nicht allzusehr von der bei der eigentlichen Messung vorliegenden verschieden sein.

Handb. d. Lichttechnik. Berlin 1938. — *Sewig, R.:* Objektive Photometrie. Berlin 1935. — *Lange, B.:* Die Photoelemente u. ihre Anwendung. Leipzig 1936. — *Arndt, W.:* Prakt. Lichttechnik. Berlin 1938.

Photometrie der Gestirne. (Zur Definition des astronomischen Größenklassensystems →Helligkeit, scheinbare, der Sterne.)

1. *Visuelle Photometer.* Der Stern wird mit einem künstlichen Vergleichsstern verglichen, der neben dem natürlichen Stern in das Gesichtsfeld des Okulars gespiegelt wird. Im Lichtweg des künstlichen oder des natürlichen Sternes befindet sich eine Schwächungsvorrichtung, mit der man auf Helligkeitsgleichheit einstellt. Die Einstellgenauigkeit beim Vergleich der Lichtquelle beträgt nur etwa $\pm 0{,}1$ Größenklasse, infolge der →Szintillation sieht der natürliche Stern etwas anders aus als der künstliche. Bei Verwendung von Flächenphotometrie lassen sich höhere Meßgenauigkeiten erreichen. Man bringt hierzu das Auge direkt in den Brennpunkt des Fernrohrs, so daß man das Objektiv als gleichmäßig erleuchtete Fläche sieht. Die Einstellung auf Helligkeitsgleichheit mit einer in ihrer Leuchtdichte meßbar veränderlichen Vergleichsfläche erfolgt mit einem →Lummer-Brodhun-Würfel.

2. *Photographische Photometrie.* Die mit einem →Astrographen oder →Schmidt-Spiegel gewonnenen Aufnahmen von Sternfeldern werden mit Hilfe eines →Mikrophotometers ausgewertet. Als Maß für die Helligkeit dienen Schwärzung oder Durchmesser des Sternbildchens in der photographischen Schicht bzw. eine aus beiden Größen kombinierte „*Bildstärke*". Auf jeder Aufnahme muß eine Anzahl von Sternen bekannter Helligkeit vorhanden sein, die die Beziehung zwischen Bildstärke und Größenklasse festlegen, mit deren Hilfe man dann die Größenklassen der unbekannten Objekte bestimmt. Wegen der optischen Bildfehler kann die Bildstärke noch vom Abstand von der optischen Achse abhängen, so daß eine „*Gesichtsfeldkorrektion*" angebracht werden muß. Die erzielbare Meß-

genauigkeit beträgt etwa $\pm 0{,}05$ Größenklassen. Durch Verwendung von Farbfiltern und verschiedenartig sensibilisierten Platten lassen sich die Helligkeiten in verschiedenen Wellenlängenbereichen bestimmen und daraus →Farbenindizes ableiten. Das Verfahren der photographischen Photometrie wird u. a. überall dort angewandt, wo es sich um die Bestimmung der Helligkeit vieler Objekte handelt; der Hauptvorteil liegt in der großen Reichweite, die bis zu den schwächsten photographierbaren Sternen reicht, der Vielzahl der auf einer Platte abgebildeten Objekte und in der Möglichkeit, die Platten in einem Archiv beliebig lange aufzubewahren und für Vergleichs- und Kontrollzwecke jederzeit wieder hervorzuholen.

3. *Photoelektrische Photometrie.* Im Brennpunkt des Fernrohrs oder Spiegelteleskops wird hinter einem Diaphragma, das einen einzelnen Stern ausblendet, eine Alkaliphotozelle angebracht. Der Photostrom ist nach Anbringung einer Korrektion für die Untergrundshelligkeit und die thermische Emission der Photokathode proportional der in der Zelle absorbierten Strahlung, also proportional der Intensität in einem bestimmten Wellenlängenbereich. Die Messung des Photostroms erfolgt am einfachsten elektrometrisch nach dem Aufladeverfahren, doch kommt auch eine Verstärkung des Photostroms und besonders die Anwendung von →Photoelektronenvervielfachern in Betracht. Die mittleren Meßfehler betragen nur einige tausendstel Größenklassen; man wendet daher die lichtelektrische Photometrie überall dort an, wo es auf hohe Genauigkeit ankommt, z. B. bei der Beobachtung veränderlicher Sterne. Durch Verwendung verschiedenartiger Zellen und Farbfilter lassen sich auch sehr genaue Farbenindizes bestimmen. Das lichtelektrische Verfahren hat eine geringere Reichweite als das photographische oder visuelle. Der Grund dafür ist in der Hauptsache die thermische Emission der Photokathoden, die einen erheblichen→Dunkelstrom hervorruft. Durch Kühlung mit flüssiger Luft läßt sich die thermische Emission wesentlich herabsetzen und die Reichweite verbessern. Außer Alkaliphotozellen hat man neuerdings auch Bleisulfidzellen als lichtelektrische Umformer für eine Photometrie der Sterne im Infrarot benutzt.

4. *Thermische Empfänger.* An thermischen Empfängern sind vorwiegend →Thermoelemente, daneben aber auch →Bolometer und →Radiometer zur Messung der Gesamtstrahlung von Sternen und Planeten, zur Untersuchung der Intensitätsverteilung im infraroten Sonnenspektrum und, unter Benutzung größter Spiegelteleskope als Strahlungssammler, auch zur Messung der Intensitätsverteilung im Spektrum heller Sterne benutzt worden. Wegen des schlechten Wirkungsgrades der thermischen Empfänger ist die Reichweite um mehr als 5 Größenklassen geringer als beim photoelektrischen Verfahren.

5. *Spektralphotometrie* (→ auch Spektroskopie der Gestirne). Die Messung der Intensitätsverteilung im kontinuierlichen Sternspektrum zum Zwecke der Bestimmung von →Sterntemperaturen erfolgt fast durchweg mit Verfahren der photographischen Photometrie. Die meist mit →Objektivprisma oder spaltlosem Spektrographen aufgenommenen Sternspektren werden im →Mikrophotometer registriert. Zur Untersuchung von Linienintensitäten und Konturen von Spektrallinien geht man von Aufnahmen mit Spaltspektrographen aus, deren Auswertung ebenfalls im Registrierphotometer erfolgt.

6. *Flächenphotometrie.* Handelt es sich um die Messung der Gesamthelligkeit flächenhafter Objekte, so kommt hauptsächlich das lichtelektrische Verfahren in Betracht, welches über die Fläche zu summieren vermag und so den unmittelbaren Anschluß an Sternhelligkeiten gestattet. Bei der Untersuchung von Helligkeitsverteilungen ist im allgemeinen das photographische Verfahren vorzuziehen, da hier die ganze Fläche gleichzeitig abgebildet wird und Durchsichtsschwankungen der Atmosphäre keinen Einfluß haben. Für manche Aufgaben, z. B. Bestimmung der Helligkeitsverteilung auf der Sonnenscheibe (Randverdunklung), ist das lichtelektrische oder thermoelektrische Verfahren zweckmäßig; bei sehr geringen Flächenhelligkeiten, z. B. des →Zodiakallichts, kommt auch wegen der hohen Empfindlichkeit des Auges für geringe Leuchtdichten die visuelle Photometrie in Frage.

Bei den meisten photometrischen Messungen ist eine Berücksichtigung der Lichtschwächung durch die Erdatmosphäre erforderlich, →Extinktion.

Handb. d. Experimentalphysik XXVI. Leipzig 1937. – Handb. d. Astrophysik II, 1. u. 2. Teil. Berlin 1929/31 u. 1936. – *Siedentopf, H.:* Grundriß d. Astrophysik. Stuttgart 1950.

Photometrische Einheiten →Lichteinheiten.

Photometrische (auch lichttechnische) Größen. Die photometrischen Größen bilden ein selbständiges System von Größen, die neben den sonst in der Physik verwendeten Begriffen entstanden sind, weil die Photometrie zur Lösung der ihr gestellten Aufgabe das menschliche Auge mit seinen Eigenarten berücksichtigen muß. Zwischen den photometrischen und den entsprechenden Strahlungsgrößen der Physik bildet neben dem →Lichtäquivalent M die →spektrale Hellempfindlichkeit des Auges das Bindeglied. Bewertet man z. B. den spektralen Strahlungsfluß $\Phi_{s\lambda}$ einer Lichtquelle entsprechend der spektralen Hellempfindlichkeit V_λ über das gesamte Spektrum, so erhält man den →Lichtstrom gemäß:

$$\Phi = \frac{1}{M} \int\limits_{\lambda=0}^{\infty} V_\lambda \Phi_{s\lambda} \, d\lambda .$$

In gleicher Weise gelangt man von den anderen korrespondierenden Strahlungsgrößen wie →Strahldichte, →Strahlstärke und →Bestrahlungsstärke zur →Leuchtdichte, →Lichtstärke und →Beleuchtungsstärke. Letztere lassen sich auch vom Lichtstrom her definieren. Eine Zusammenstellung aller photometrischen Größen und Einheiten enthält das Normblatt DIN 5031. →Lichteinheiten.

Handb. d. Lichttechnik, A 4. Berlin 1938. – *Arndt, W.:* Prakt. Lichttechnik. Berlin 1938.

Photometrisches Grundgesetz, gibt den Lichtstrom an, den ein Flächenelement df_1 mit der Leuchtdichte B beim Ausstrahlungswinkel ε einem

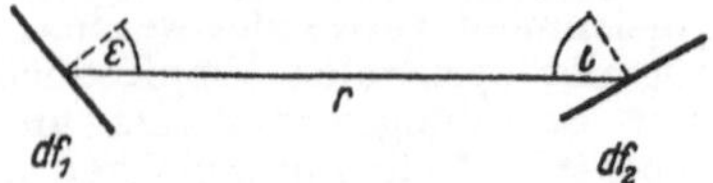

Zum photometrischen Grundgesetz.

um die Strecke r entfernten Flächenelement df_2 beim Einstrahlungswinkel i zustrahlt. Es ist:

$$d^2\Phi = B \frac{df_1 \cos\varepsilon \, df_2 \cos i}{r^2} .$$

Photometrische Kataloge →Sternkataloge.

Photometrisches Strahlungsäquivalent →Lichtäquivalent.

Photon, Bezeichnung der →*Lichtquanten*, die besonders dann benutzt wird, wenn ihr korpuskularer Charakter hervorgehoben werden soll. Ein Photon ist ein Energiequantum vom Betrage $h\nu$, Impuls $h\nu/c$ und Drehimpuls $\hbar = h/2\pi$. Nur der Zahlenwert dieser Größen ist quantentheoretisch. Ihr Verhältnis folgt bereits aus der klassischen Elektrodynamik.

Experimente zum Nachweis korpuskularer Eigenschaften des Lichtquants sind →lichtelektrischer Effekt und →Compton-Effekt. Lichtquanten haben weder Ladung noch magnetisches Moment. Ihre Ruhmasse verschwindet. Letzteres braucht vom Standpunkt der Wellentheorie der Elementarteilchen nicht ganz richtig zu sein, weil die virtuelle Emission und Reabsorption von Elektronenpaaren, die nur mit geringer Wahrscheinlichkeit möglich ist, eine gewisse Ruhmasse liefern kann. Doch ist die Berechnung der →Selbstenergie des Lichtquants noch umstritten. Eine sehr präzise Wiederholung des Cavendish-Versuches zur Bestimmung des Coulomb-Gesetzes zeigt, daß die Ruhmasse des Lichtquants sicher kleiner als $2{,}5 \cdot 10^{-16}$ Elektronenmassen ist. Die Gültigkeit des Coulomb-Gesetzes ist damit bis zu einer Entfernung von der Ladung von etwa 10 km gesichert. Beide Aussagen sind allein durch die Grenze der Empfindlichkeit der Meßanordnung bestimmt. Eine von Null verschiedene Ruhmasse des Lichtquants würde die Gültigkeit der →Eichinvarianz in Frage stellen, die für den Satz von der Erhaltung der Ladung fundamental ist.

Die virtuelle Erzeugung von Elektronenpaaren durch Lichtquanten muß bei abwechselnder Emission und Absorption durch benachbarte Lichtquanten zu einer →Austauschkraft zwischen Lichtquanten mit einer Reichweite von der Größe der →Compton-Wellenlänge führen. Auch hier scheitern quantitative Aussagen an der mangelnden Konvergenz.

Plimpton, S. J., u. *K. E. Lawton:* Phys. Rev. **50**, 1066 (1937).

Photon (Einheit), von *Troland* eingeführte Einheit der →Empfindungsleuchtdichte. Das Photon ist nur im System der →Internationalen Lichteinheiten definiert und stellt die Empfindungsleuchtdichte dar, die ein Beobachter erhält, wenn er durch eine Pupillenöffnung von 1 mm² Querschnitt eine Fläche betrachtet, deren Leuchtdichte gerade 1 IK/m² = 10^{-4} Isb beträgt. Neuerdings wird für diese Einheit auch die Bezeichnung *troland* benutzt.

Photophorese. Kleine Teilchen (Größenordnung 10^{-4} bis 10^{-6} cm), die in einem Gas schweben, bewegen sich bei intensiver Bestrahlung mit Licht. Manche Teilchen bewegen sich in der Richtung der Lichtstrahlung (positive Photophorese, nach *Ehrenhaft* bei Au, Ag, Hg), andere in entgegengesetzter Richtung (negative Photophorese, nach *Ehrenhaft* bei Bi, J, Se, S). Eine direkte Lichtwirkung (Lichtdruck) kann nur positive Photophorese zur Folge haben. Der Effekt ist von 760 bis 55 Torr druckunabhängig und z. T. auch unabhängig von der Natur der Gase. Eine quantitative Deutung der Erscheinung steht noch aus. Nach *Gerlach* und *Westphal* liegt möglicherweise eine →Radiometerwirkung vor.

Ehrenhaft, P.: Ann. d. Phys. (4) **56**, 81 (1918). – *Gerlach, W.*, u. *W. Westphal:* Verh. dtsch. phys. Ges. **21**, 218 (1919).

Photoschichten →Photokathoden.

Photosphäre der Sonne heißen die Schichten, in denen die uns erreichende Licht- und Wärmestrahlung der Sonne ausgesandt wird. Der visuelle Anblick oder eine normale photographische Aufnahme der Sonnenscheibe zeigen daher ein Bild der Photosphäre. Man sieht dabei: 1. daß die Flächenhelligkeit der Scheibe zum Rande hin abnimmt (*Randverdunklung*), 2. daß der *Sonnenrand vollkommen scharf* ist, 3. daß die Photosphäre eine *körnige Feinstruktur* besitzt, die →Granulation,

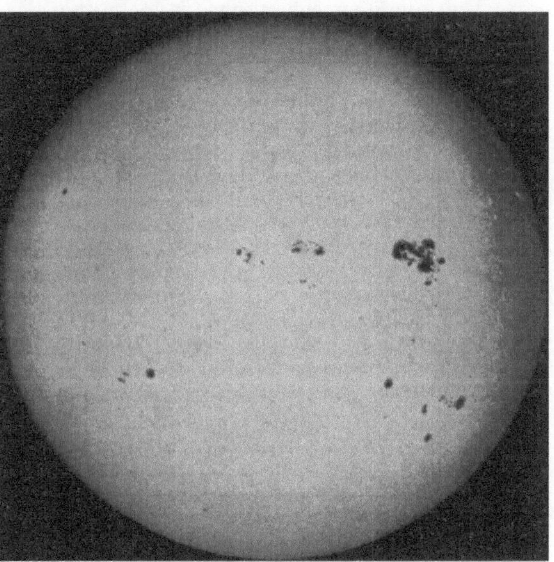

Aufnahme der Sonnenphotosphäre (Mt. Wilson).

4. daß in zeitlich wechselndem Umfang *Störgebiete* vorhanden sind, die →Sonnenflecken und →Sonnenfackeln.

Die Randverdunklung ist von der Wellenlänge abhängig und bei kleinen Wellenlängen stärker als bei großen. Die folgende Tabelle gibt eine Übersicht über die Randverdunklung für 4 Wellenlängen. φ ist der Winkel der Visierlinie gegen die Normale zur Sonnenfläche, $\sin\varphi$ der Abstand vom Mittelpunkt der Sonnenscheibe mit dem Sonnenradius als Einheit.

Helligkeitsverteilung auf der Sonnenscheibe.

φ	$\sin\varphi$	6700 Å	5960 Å	5060 Å	4260 Å
0°	0,000	1,000	1,000	1,000	1,000
30°	0,500	0,941	0,932	0,915	0,904
50°	0,766	0,835	0,812	0,769	0,736
60°	0,866	0,758	0,729	0,668	0,626
70°	0,940	0,674	0,628	0,548	0,499
75°	0,966	0,616	0,576	0,480	0,408

Die Randverdunklung ist eine Folge der Temperaturzunahme in der Photosphäre nach innen. In der Mitte der Scheibe ($\varphi = 0$) kann man in tiefere und daher heißere Schichten blicken als am Rande, wo infolge des längeren Lichtweges die aus tieferen Schichten kommende Strahlung stärker absorbiert wird. Die Theorie des Aufbaus der Sonnenatmosphäre, die auf *Schwarzschild* (1906) zurückgeht, ist seither ständig ausgebaut und den Fortschritten der Erkenntnisse über die chemische Zusammensetzung der Sonnenatmosphäre und der

Theorie des Absorptionskoeffizienten angepaßt worden. Als Parameter für den Gang von Temperatur, Gasdruck, Elektronendruck usw. mit der Höhe in der Atmosphäre dient die optische Tiefe τ, das Integral des Absorptionskoeffizienten $\varkappa$ über die geometrische Tiefe h, also $\tau = \int_0^h \varkappa\, dh$. Von *R. Wildt* wurde 1939 nachgewiesen, daß negative Wasserstoff-Atomionen H^- den Hauptbeitrag zum kontinuierlichen Absorptionskoeffizienten liefern. Die quantenmechanische Berechnung des Betrages und der Wellenlängenabhängigkeit der H^--Absorption führte zu einer guten Übereinstimmung mit den Beobachtungen über die Randverdunklung und die Intensitätsverteilung im kontinuierlichen Spektrum der Sonne.

In der folgenden Tabelle ist die Druck- und Temperaturverteilung in der Photosphäre nach einem von *C. de Jager* (1947) berechneten Atmosphärenmodell dargestellt. Dabei ist angenommen, daß das Verhältnis der Zahl der Wasserstoffatome zur Zahl der Metallatome gleich 6000 : 1 ist und das mittlere Molekulargewicht entsprechend einem hohen Heliumgehalt den Wert 1,5 besitzt. Die Tabelle gibt in Abhängigkeit von der optischen Tiefe τ die Temperatur T, den Gasdruck p, den Elektronendruck p_e und die geometrische Höhe h.

Aufbau der Photosphäre nach einer Modellberechnung von *de Jager*.

τ	T	p [dyn cm^{-2}]	p_e [dyn cm^{-2}]	h
0,01	4950	$0{,}13 \cdot 10^5$	1,9	210km
0,1	5180	0,45	6,0	98
0,2	5400	0,65	10	68
0,5	5940	1,09	27	28
1,0	6530	1,39	87	0
1,5	6970	1,54	195	− 9
2,0	7300	1,64	363	−15
3,0	7950	1,76	978	−23
4,0	8220	1,84	1380	−28
5,0	8380	1,91	1780	−33

Die lineare Dicke der Photosphäre zwischen den optischen Tiefen $\tau = 0{,}2$ und $\tau = 4{,}0$ (zwischen diesen Grenzen wird etwa 85% der austretenden Strahlung emittiert) beträgt rund 100 km. Dem entspricht auf der Sonnenscheibe ein Winkel von etwa 0,″1, von dieser Größenordnung muß daher die Unschärfe des Sonnenrandes sein.

Unterhalb der Photosphäre wird die Schichtung infolge der hier beginnenden Ionisation der H-Atome instabil, so daß hier Konvektionsströme entstehen, die die Erscheinungen der →Granulation hervorrufen. An der oberen Grenze der Photosphäre führt die Absorption in den Fraunhofer-Linien, die insgesamt 8,3% der Photosphärenstrahlung beträgt, zu einem lokalen Temperaturanstieg und möglicherweise auch zu einer Instabilität.

Unsöld, A.: Physik d. Sternatmosphären. Berlin 1938. — *Siedentopf, H.:* Grundriß d. Astrophysik. Stuttgart 1950.

Photostrom, ein durch →lichtelektrischen Effekt erzeugter Elektronenstrom.

Photosynthese →Assimilation der Kohlensäure.

Phototransistor →Transistor.

Photozelle = →lichtelektrische Zelle.

Photozellen-Kompensator, eine im Laboratorium bewährte selbsttätige Kompensationsanordnung; dient in Verbindung mit einem Strommesser zur Messung kleiner Gleichspannungen, insbesondere zur Temperaturmessung mit Thermoelementen. Die Vorzüge, die sich bei Verwendung dieser Anordnung an Stelle eines direkt zeigenden Instrumentes ergeben, sind folgende: 1. Unabhängigkeit der Anzeige vom Widerstand des Thermoelementes und der Zuleitungen in weiten Grenzen. 2. Unabhängigkeit der Anzeige von Temperaturschwankungen des Anzeigeinstrumentes. 3. Möglichkeit der Benutzung eines Tintenschreibers. 4. Schnelle Einstellung des angeschlossenen Gerätes. Wirkungsweise (Abb.): Die zu messende Spannung U_x

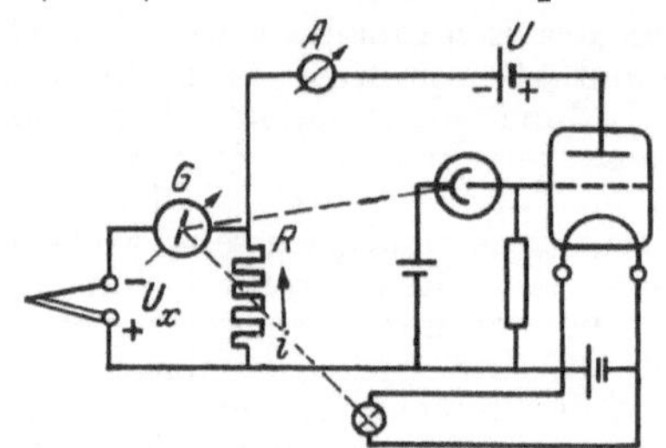

Photozellen-Kompensator.

wird gegen den Spannungsabfall geschaltet, der an dem stromdurchflossenen Widerstand R entsteht. Dabei wird der durch R fließende und vom Strommesser A angezeigte Strom i so lange durch photoelektrische Regelung des Röhrenwiderstandes geändert, bis das richtkraftlose Spiegelgalvanometer G keinen Ausschlag mehr zeigt, d. h. bis beide Spannungen gleich groß sind. Es ist dann $U_x = i R$. Bei bekanntem R kann also der Strommesser A direkt in Spannungseinheiten geeicht werden. Die photoelektrische Regelung erfolgt mittels eines Lichtflecks, der beim Ausschlag des Spiegelgalvanometers die Photozelle mehr oder weniger belichtet, hierdurch wird die Gittervorspannung und damit der Anodenstrom der Röhre gesteuert. Meßgenauigkeit und Einstellzeit des Photozellen-Kompensators sind praktisch durch den benutzten Strommesser bestimmt.

ATM J 932-3 (Okt. 1938).

Photozellenrauschen. Bei vollständig abgedunkelter Photozelle mit nachgeschaltetem Verstärker und Schallsender wird an diesem ein →Rauschen beobachtet. Es setzt sich aus dem →Schrot-Effekt des thermischen Emissionsstromes der Photokathode und dem Wärmegeräusch des ersten Gitterkreises zusammen. Bei Belichtung der Zelle tritt der Schrot-Effekt des lichtelektrischen Emissionsstromes hinzu. Das Wärmegeräusch ist im allgemeinen kleiner als der Schrot-Effekt. In Vakuumzellen ist der Schrot-Effekt im Sättigungsgebiet dem Photostrom proportional. Auch unterhalb der Sättigungsspannung behält er seinen Wert, was auf das Fehlen der Elektronen-Raumladung vor der Photokathode zurückzuführen ist. An gasgefüllten Photozellen ist der Schrot-Effekt viel größer als an Vakuumzellen. Das ist bei dem Vorgang der Stoßionisation nicht anders zu erwarten, wo gegenüber den klar übersichtlichen Verhältnissen im Vakuum dauernde Zusammenstöße der Elektronen mit Gasmolekülen und das Aufprasseln von Ionen auf die Kathode erfolgen. Der Schrot-Effekt wächst an diesen mit zunehmender Anodenspannung schneller als der Photostrom. Unter diesen Umständen ist es günstiger, eine Vakuumzelle mit einer Verstärkungsstufe mehr zu nehmen, als eine gasgefüllte Zelle zu verwenden und Verstärkung zu sparen. Der Einfluß des Schrot-Effektes ist am besten aus der Gleichung *Schottkys* zu erkennen: $k = \sqrt{e/(i_0 \tau)}$, wobei k zugelassenes Verhältnis von Störstromamplitude zu Signalstromamplitude, e Ladung des Elektrons, τ Zeitintervall des Signales, i_0 Amplitude des Signalstromes ist. Bei der Wahl eines Wechsellichtes von 500 Hz und $k = 1/20$ ergibt sich hieraus eine Mindesteingangs-Stromamplitude von $3{,}18 \cdot 10^{-14}$ A, was einem Amplitudenwert des Lichtstromes von etwa $1{,}5 \cdot 10^{-9}$ lm entspricht. Hierbei ist eine Stromempfindlichkeit der Zelle von $\sigma_i = 20\,\mu$A/lm zugrunde gelegt. Genauere Betrachtungen lehren, daß bei mittleren Lichtmodulationsfrequenzen auch der →Flackereffekt an Photozellen berücksichtigt werden muß. Bei hohen Lichtmodulationsfrequenzen ist dagegen der Schrot-Effekt allein in Rechnung zu stellen. — Das Rauschen der →lichtelektrischen Halbleiterzellen ist stärker als das thermische Rauschen eines Widerstandes gleicher Größe. Das ergibt sich aus den allgemeinen Eigenschaften der →Halbleiter.

Handb. d. Experimentalphysik XIII/2. Leipzig 1928.

Physik, Geschichte, →Anhang I.

Physik, klassische, →klassische Physik.

Physik des Weltalls →Kosmologie.

Physikalisch-Technische Bundesanstalt (PTB), 1947 in Braunschweig als *Physikalisch-Technische Anstalt* ins Leben gerufen, hat für das Gebiet der Bundesrepublik Deutschland Aufgaben und Befugnisse der früheren →Physikalisch-Technischen Reichsanstalt übernommen. Sie ist das Staatsinstitut und technische Oberbehörde der Bundesrepublik für das Einheiten- und Eichwesen.

Die Tätigkeit der Bundesanstalt umfaßt die wissenschaftliche Bearbeitung aller Fragen des physikalisch-technischen Meßwesens, insbesondere Untersuchungen, welche die Lösung wissenschaftlicher Probleme von großer Tragweite und Wichtigkeit auf physikalischem und technischem Gebiet bezwecken. Auf dem Gebiet des Einheitenwesens obliegt der Bundesanstalt die Darstellung, Aufbewahrung und Entwicklung der physikalischen und technischen Maßeinheiten, sowie die Sicherung der Einheitlichkeit der Maße. Auf dem Gebiet des Eichwesens erledigt die Bundesanstalt die ihr durch Gesetze übertragenen Aufgaben. Weiter führt sie auf Antrag Prüfungen von Meßinstrumenten, Anlagen, Apparaten und Geräten, sowie von Stoffen in bezug auf ihre Struktur und auf ihre elektrischen, magnetischen, thermischen, optischen und akustischen Eigenschaften durch. Die Bundesanstalt vertritt die Bundesrepublik gegenüber den Staatsinstituten des Auslandes und einer Reihe internationaler Fachorganisationen (→Meterkonvention, Abschnitt 4a—c). Falls für das Einheiten- und Eichwesen gesetzgeberische Maßnahmen erforderlich werden, hat die Bundesanstalt die entsprechenden Vorschläge zu machen.

Die Bundesanstalt unterhält außer Fachreferaten und der Hauptwerkstatt z. Z. 47 Laboratorien; diese sind in 6 Fachabteilungen (für Mechanik, Elektrizität und Magnetismus, Wärme und Druck, Optik, Akustik, Atomphysik) zusammengefaßt worden. Zur Organisation der Bundesanstalt gehören weiter das Kuratorium und die Vollversammlung. Sie gibt das „Amtsblatt der Physikalisch-Technischen Bundesanstalt" und die „Wissenschaftlichen Abhandlungen der Physikalisch-Technischen Bundesanstalt" heraus.

Physikalisch-Technische Reichsanstalt (PTR), 1887 auf Anregung von *Werner v. Siemens* in Berlin-Charlottenburg gegründet. Im Jahre 1923 wurde ihr die damalige „Reichsanstalt für Maß und Gewicht", die 1869 als „Kaiserliche Normalaichungskommission" errichtet worden war, als Abteilung I für Maß und Gewicht angegliedert.

Die allgemeine Aufgabe der PTR bestand in der wissenschaftlichen Bearbeitung aller Fragen des physikalisch-technischen Meßwesens, insonderheit in der Festlegung und Sicherung der gesetzlichen Maßeinheiten, und in der Förderung der physikalischen Forschung. Durch die Angliederung der Reichsanstalt für Maß und Gewicht wurde die PTR Oberbehörde für das Maß-, Gewichts- und Eichwesen in Deutschland. Die Prüftätigkeit der PTR erfolgte in überwiegendem Maße auf Antrag der privaten Wirtschaft. Als deutsches Staatsinstitut entsandte die PTR satzungsgemäß Vertreter in die zur Organisation der →Meterkonvention gehörenden Comités Consultatifs des Internationalen Komitees für Maß und Gewicht.

Die Präsidenten der PTR waren: *H. v. Helmholtz* (1887—1894), *F. Kohlrausch* (1895—1905), *E. Warburg* (1905—1922), *W. Nernst* (1922—1924), *F. Paschen* (1924—1933), *J. Stark* (1933—1939), *A. Esau* (1939—1945).

Die PTR hat die „Mitteilungen der Physikalisch-Technischen Reichsanstalt", später „Amtsblatt der Physikalisch-Technischen Reichsanstalt", und die „Wissenschaftlichen Abhandlungen der Physikalisch-Technischen Reichsanstalt" herausgegeben.

Heute sind die Aufgaben und Befugnisse der PTR für die Bundesrepublik Deutschland von der →Physikalisch-Technischen Bundesanstalt in Braunschweig, für die Deutsche demokratische Republik vom →Deutschen Amt für Maß und Gewicht in Weida (Thür.) und Berlin C 2 übernommen worden. In den Räumen der früheren PTR in Charlottenburg befindet sich noch eine Dienststelle, die von der Stadt Berlin etatisiert wird.

Physiker, Lebensdaten, →Anhang II.

Picein, ein bei Zimmertemperatur fester →Vakuumkitt, der zur Erweichung und Herstellung der Verbindung auf 80 °C erwärmt wird. Dampfdruck bei Zimmertemperatur $4 \cdot 10^{-4}$ Torr.

Pickering-Serie. Das He^+-Ion hat als Einelektronensystem ganz entsprechende Terme und Linienserien wie das Wasserstoffatom. Mit der Rydberg-Konstante R lauten die Terme $4\,R/n^2$ ($n = 1, 2, 3, \ldots$). Die Serie mit den Wellenzahlen $\nu = 4\,R(1/4^2 - 1/n^2)$, $n = 5, 6, \ldots$, die also den Übergängen $n \to 4$ entspricht, heißt die Pickering-Serie. Sie wird in zahlreichen Sternspektren beobachtet.

Pico-, abgek. p-; →Vorsatzsilben.

Pierce-Schaltung →Huth-Kühn-Schaltung.

pièze, abgek. pz, in Frankreich gebräuchliche Druckeinheit des →MTS-Systems: 1 pz $= 1\ \mathrm{m}^{-1}\,\mathrm{t}\,\mathrm{s}^{-2} = 10^3\ \mathrm{N\,m}^{-2}$ (→Druckeinheiten).

Piezoelektrizität. Nichtreguläre Kristalle mit einer polaren Kristallachse erhalten bei mechanischer Verformung eine elektrische →Polarisation. Die Richtung des entstehenden elektrischen →Dipolmoments fällt mit der Richtung der polaren Achse zusammen. Die bekanntesten Piezokristalle sind Turmalin und Quarz. Sie haben infolge des nichtregulären Kristallaufbaues bereits ein natürliches Dipolmoment, sind also natürliche →Elektrete. Durch eine mechanische Verformung eines solchen Kristalles werden die Abstände zwischen den Ionen des Kristallgitters, damit also die elementaren Dipolmomente und auch das resultierende Dipolmoment des Kristalles verändert. Die Größe der mechanischen Verformung und die durch diese verursachte Änderung des Dipolmoments sind einander proportional. In letzter Zeit haben piezoelektrische Kristalle, speziell Quarz, für die Hochfrequenz- und Ultraschalltechnik große Bedeutung erlangt. →Schwingquarz.

Scheibe, G.: Piezoelektrizität d. Quarzes. Dresden 1938. — Handb. d. Experimentalphysik X. Leipzig 1930.

Piezometer, Geräte zur Messung der Kompressibilität von Flüssigkeiten, bestehend aus einem Gefäß, das zur Vermeidung einer Eigendehnung innen und außen unter gleichen Druck gesetzt wird. Bei dem Piezometer von *Oersted* (Abb.) befindet sich die zu untersuchende Flüssigkeit im Gefäß A und ist durch eine in ihr nicht lösliche Flüssigkeit (meist Quecksilber) abgeschlossen. Das Gefäß A befindet sich in einem mit Wasser gefüllten größeren Gefäß, das mittels eines Kolbens unter Druck gesetzt werden kann. Die Zusammendrückung wird am Stande des Quecksilbers abgelesen.

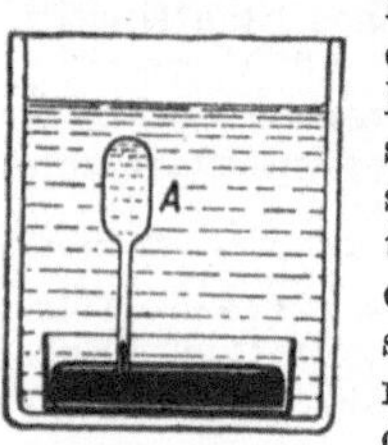

Piezometer von *Oersted.*

In neuerer Zeit hat vor allem *P. W. Bridgeman* Flüssigkeiten bis zu Drucken von 30000 at untersucht. Da unter diesen Bedingungen sogar die üblichen Stahlsorten plastisch werden, so benutzt er Gefäße aus Wolframcarbiden (Carboloy). Bei so hohem Druck nimmt die Viskosität der Flüssigkeiten um mehrere Zehnerpotenzen zu. Äther wird zäh wie Honig, Kautschuk spröde wie Glas. →Höchstdrucke.

Piezooptische Konstanten sind Koeffizienten in Gleichungen der Deformationsdoppelbrechung.

Handb. d. Physik XXI. Berlin 1929.

Piezoquarz →Piezoelektrizität, →Schwingquarz.

Piezotropie, die Art der thermodynamischen Verknüpfung einer Zustandsgröße mit dem Druck, die je nach der Bedingung →polytrop, →adiabatisch usw. sein kann.

Pigmente = →Farbstoffe des Tier- oder Pflanzenreichs.

Pigmentepithel, zwischen der →Netzhaut und der Augenwandung gelegenes Gewebe meist hexagonaler, mit braunschwarzen Pigmentnadeln (Fuscin) gefüllter Zellen, deren Aufgabe in der Absorption nicht durch die Pupille in das Augeninnere gelangender oder die Sinneszellschicht der Netzhaut durchdringender Strahlen besteht. Bei niederen Wirbeltieren wandert das Fuscin bei Helladaptation (→Adaptation) zwischen die Sehzellen und isoliert sie optisch voneinander. An dem Aufbau des →Sehpurpurs ist das Pigmentepithel durch Lieferung von Vitamin A und Lutein beteiligt.

Pigmentpapiere, hinsichtlich ihres →Farbtons und dessen →Sättigung genormte Farbpapiere (z.B. im →Farbatlas); allgemeiner: durch die Erzeugung von →Oberflächenfarben ausgezeichnetes Papier.

Pile (engl. = Meiler), neuerdings auch Reactor — deutsch sehr wenig exakt *Uranbrenner, Uranofen* oder *Uranbatterie* —, ist eine Anordnung, in der die →Uranspaltung mit Hilfe einer →Kettenreaktion im technischen Maßstab durchgeführt wird. Ein solches Aggregat besteht aus Barren von reinstem Uranmetall, die, in Aluminium gekapselt, in die matrixartig angeordneten Aushöhlungen eines Graphitblocks, der als →Moderator wirkt, eingelassen sind (Abb). Die Kettenreaktion setzt erst mit einer bestimmten →kritischen Größe der Uranmenge ein. Die Bedingungen für das Anlaufen der Kettenreaktion sind im übrigen im pile die folgenden:

Zu Beginn ist ein Neutron oder eine geringe Anzahl Neutronen erforderlich, die vereinzelte Spaltungen am Uran 235 auslösen. Derartige Neutronen sind aus Höhenstrahlprozessen oder durch Spontanspaltung immer anwesend; sie werden auch durch die α-Strahlung des Urans in Wechselwirkung mit den Kernen des Halterungsmaterials oder der Moderatoren sowie in Verunreinigungen erzeugt. Diese erste Neutronengeneration muß sich vermehren, und zwar in geometrischer Progression, so daß für jedes vorhandene Neutron, das Spaltung veranlaßt, im Mittel mehr als ein neues spaltungauslösendes Neutron entsteht. Der *Vermehrungsfaktor* muß also größer als 1 sein. Sind in einer Neutronengeneration N thermische Neutronen vorhanden, die bevorzugt Spaltungen auslösen, so kommt dazu ein gewisser Anteil schneller Neutronen, der ebenfalls Spaltung verursacht. Die Zahl N ist also mit einem Faktor $e > 1$ zu multiplizieren, dem Vermehrungsfaktor für schnelle Neutronen. Von diesen Ne Neutronen wird ein Bruchteil $p < 1$ durch Resonanzeinfang (→Resonanzprozesse) vom Uran 238 verschluckt. Übrig bleibt eine für die Spaltung vom Uran 235 wirksame Neutronenzahl Nep. Von diesem wird wieder ein weiterer Anteil durch Absorption im Halterungsmaterial, im Moderator und in Verunreinigungen unwirksam gemacht, so daß Nep noch einmal mit einem Faktor $f < 1$ zu multiplizieren ist. Werden je Spaltung zwei bis drei Neutronen, im Mittel d Neutronen frei, so ist die Anzahl der Folgegeneration gegeben durch $N' = Nepfd$.

Die Bedingung für den Beginn der Kettenreaktion lautet also: $N' > N$ oder $N'/N = epfd > 1$. Wird $N' < N$, also $epfd < 1$, so bricht die Kettenreaktion ab, und für $N' = N$ bzw. $epfd = 1$ läuft sie kontinuierlich weiter. Man ersieht daraus, daß der Vermehrungsfaktor $K = epfd$ ist. Diese Überlegung gilt exakt nur für eine unendlich große Uranmenge, bei der der Anteil der durch die Oberfläche entweichenden Neutronen zu vernachlässigen ist. Da ein pile aber im Verhältnis zur mittleren Weglänge der Neutronen bereits sehr groß ist, so ist die sich tatsächlich hieraus ergebende Korrektur geringfügig.

Um also die Kettenreaktion zu regulieren, ist es notwendig, den Faktor K im Bereich zwischen >1 und <1 zu variieren. Das geschieht mit Hilfe von neutronenabsorbierenden Substanzen, insbesondere Cadmium- und Borstahlstäben, die in den pile hineingeschoben werden und damit auf den Absorptionsanteil f vergrößernd wirken. Cadmium und Borstahl zeigen einen besonders großen →Einfangquerschnitt für thermische Neutronen und sind daher zu diesem Zweck besonders geeignet.

Die Verschiedenheit des Vermehrungsfaktors K von 1 bedingt aber auch die Geschwindigkeit, in der die Neutronenproduktion und mit ihr die Energieerzeugung anwächst oder abfällt. Infolge der hohen Geschwindigkeiten der Neutronen (etwa 10^9 cm/s für schnelle und 10^5 cm/s für thermische) laufen die Bremsvorgänge in Bruchteilen von Sekunden ab. Die freie Weglänge dieser Teilchen liegt in der Größenordnung einiger Zentimeter, und schon nach ~200 Zusammenstößen mit den Atomen des Graphits ist ein Neutron thermisch geworden. Demgemäß kann die Energieproduktion in kleinsten Zeiträumen ins Ungemessene ansteigen, aber auch auf Null absinken. Die Regulierung mit Hilfe beweglicher Cadmiumstäbe wäre bei dieser Labilität viel zu träge, um eine Steuerung bewirken zu können, wenn alle Neutronen jeweils im Augenblick der Spaltung selbst entständen. Da jedoch 1% über neutronenstrahlende Spaltprodukte gebildet wird, deren Halbwertszeiten zwischen Sekunden und einer Minute liegen, ist eine Regulierung dank dieser *verzögerten Neutronen* möglich.

Hat ein pile die für das Anlaufen nötige Größe und wird durch Einführen von Cadmiumstäben erreicht, daß $K < 1$ ist, so bleibt die Kettenreaktion aus. Werden jetzt die Neutronenfänger vorsichtig entfernt, und zwar nur so viel, daß der Vermehrungsfaktor um ein geringes den Wert 1 übersteigt, daß also $K = 1 + x$ ist, so setzt die Kettenreaktion ein. Dann gilt $N' = NK = N + Nx$. Nx ist also der das Anwachsen der Reaktionskette bewirkende Anteil der Gesamtneutronenproduktion. Sorgt man jetzt dafür, daß die Anzahl dieser Neutronen kleiner ist als die Anzahl der verzögerten Neutronen, so wird, da ja alle Primärneutronen durch Spaltung und Einfang verbraucht werden, der Neutronenbedarf für das Aufschaukeln der Kettenreaktion gerade aus den verzögerten Neutronen gedeckt. Es tritt in der Nachlieferung dieser Neutronen ein solcher Zeitverlust auf, daß die Reaktion trotz der mechanischen Trägheit der Cadmiumstäbe gesteuert werden kann. So ist es möglich, die Reaktion, die ungesteuert schon in 10^{-6} s zu einer Energieproduktion führen kann, die die völlige Zerstörung der pile-Anlage bedeuten würde, ungeheuer fein zu regulieren. Beim ersten Anlaufen des am 2. 12. 42 in Amerika in Betrieb genommenen Aggregats wurde ein $K = 1{,}0006$ eingestellt und so die Zeit, in der sich die Neutronenintensität jeweils verdoppelte, auf 4 Stunden heraufgesetzt.

Wenn bei gegebener Einstellung des Neutronenfängers die Neutronenproduktion sich aufschaukelt, so wird entsprechend Energie, d. h. Wärme, entwickelt. Diese entsteht im wesentlichen aus der kinetischen Energie der Uranspaltprodukte und somit in den Uranblöcken, so daß die Atome des Urans in erhöhte Wärmebewegung geraten. Das bewirkt, daß das an sich sehr schmal begrenzte Energiegebiet des Resonanzeinfangs sich etwas verbreitert. Damit steigt die Wahrscheinlichkeit des Neutroneneinfangs durch Uran 238, und K wird verkleinert. Bei Wärmeverlust steigt K dann wieder an, so daß sich allmählich ein Gleichgewicht der Energieproduktion einstellt und $K = 1$ wird. In ähnlicher Weise wirkt auch das Cadmium, dessen Einfangsquerschnitt mit der Temperatur ebenfalls zunimmt.

Bei längerem Betrieb tritt durch die gebildeten Spaltprodukte — es handelt sich zum großen Teil um Seltene Erden mit sehr hohen Einfangsquerschnitten für Neutronen — ein reaktionsverzögerndes Moment ein, da diese Stoffe im Maße ihrer Entstehung Neutronen absorbieren und somit K verkleinert wird. Durch entsprechende Regulierung mittels der Cd-Stäbe wird diesem Effekt entgegengearbeitet. Trotzdem muß das Spaltmaterial von Zeit zu Zeit entfernt werden, da ja schließlich das gesamte spaltbare Material in Spaltprodukte umgewandelt wird. Diese Operation ist infolge der starken Radioaktivität der Spaltprodukte äußerst schwierig und kann nur hinter Strahlenschutzwänden mit vollständig mechanisierten Apparaten vorgenommen werden. Die Strahlungsaktivität eines Kilogramms dieser Spaltprodukte entspricht unmittelbar nach ihrer Bildung ~1000 t Radium.

Bei der Inbetriebnahme eines pile ist zunächst das Uran 235 das energieliefernde Isotop. Von den bei einer Spaltung frei werdenden Neutronen wird eines benötigt, um die Kettenreaktion aufrecht zu erhalten. Ein Teil der weiteren Neutronen wird durch den Prozeß $^{238}U(n, \gamma)\,^{239}U$ verbraucht. Aus dem ^{239}U entsteht durch β-Zerfall über ^{239}Np das ebenfalls durch langsame Neutronen spaltbare ^{239}Pu. Nach einiger Betriebszeit kann dieses an der Kettenreaktion mitbeteiligt zu sein.

Bei der Umsetzung von 1 kg U 239 werden $1{,}5 \cdot 10^{10}$ kcal frei, das sind $1{,}75 \cdot 10^{7}$ kWh. Lediglich 0,1% der Masse des Urans wird so in Energie umgewandelt.

Die z. Zt. bestehenden piles dienen drei Zwecken. Einmal wird mit ihrer Hilfe Plutonium gewonnen

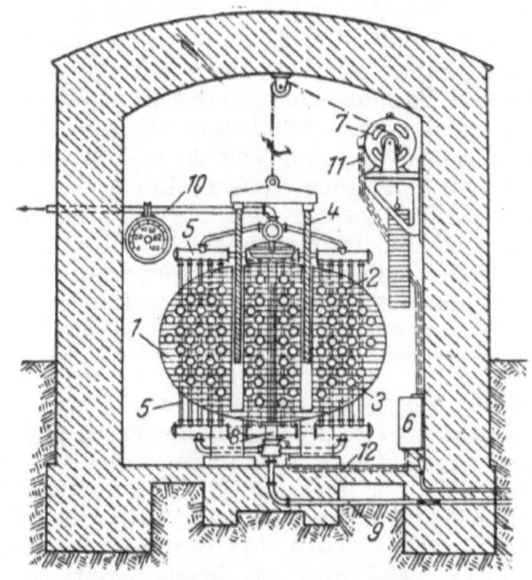

Schematische Darstellung einer Einheit zur Plutoniumherstellung und Energielieferung. *1* Graphitblock; *2*, *3* die U-Stäbe, die in Al-Schalen eingekapselt sind und von Kühlung umflossen werden; *4* Regelstäbe aus Borstahl oder Cadmium (Neutronenfänger); *5*, *9*, *10* Kühlsystem; *6*, *7*, *8*, *11*, *12* automatische Regelung des Multiplikationsfaktors *K*.

(Abb.). Dann bilden sie die Grundlage für die Entwicklung einer zukünftigen Energieerzeugung, und schließlich werden sie als Neutronenquellen u. a. für die Gewinnung radioaktiver Substanzen benutzt.

Neuerdings werden auch Versuche unternommen, den Prozeß in einem pile so zu lenken, daß je Spaltprozeß aus U 238 (vielleicht auch aus Th) durch ein überschüssiges Neutron mindestens ein neuer spaltbarer Kern entsteht (sog. *breeding*). Es ist dann vielleicht möglich, die ganze Uranmenge nach wiederholter Raffination in Plutonium bzw. etwa vorhandenes ^{232}Th in ^{233}U zu verwandeln. Es scheint, daß dies eine Vorbedingung dafür ist, daß die bekannten Uranvorkommen für eine Energiegewinnung in großem Maßstabe ernstlich in Frage kommen.

Hahn, O.: Die Kettenreaktion des Urans u. ihre Bedeutung. Düsseldorf 1948. — *Vogt, H.:* Atomenergie u. Atomumwandlung. Darmstadt 1948. — *Westphal, W.:* Atomenergie. Meisenheim/Glan 1948 — Naturwiss. u. Med. in Deutschland 1939/46 — Kernphysik u. kosm. Strahlen. II. Wiesbaden 1947.

Pilotballone, geschlossene Ballone aus Gummi, die mit Wasserstoff oder Helium gefüllt sind und eine nur wenig mit der Höhe veränderliche Steiggeschwindigkeit haben. Sie werden von dem horizontalen Wind in der Höhe vertragen, und man kann deshalb aus der Horizontalprojektion ihrer Bahn den Wind in verschiedenen Höhenschichten abgreifen. Der Punkt im Raum, wo der Ballon sich befindet, wird aus einer Visierung vermittels Theodolit unter der Annahme konstanter Steiggeschwindigkeit ermittelt oder durch optischen Doppelt- oder Mehrfachanschnitt von mehreren Punkten am Boden aus. Letzteres Verfahren ist genauer und gibt auch Aufschluß über die Schwankung der Steiggeschwindigkeit des Ballons unter dem Einfluß der Vertikalbewegungen. Die optische Visierung ist nur möglich, wenn keine Behinderung durch Wolken, Nebel oder starken Dunst vorhanden ist; man erhält also nur eine Schönwetterauswahl der Höhenwinde. Deshalb wird das moderne Verfahren der Peilung mit elektrischen Wellen bevorzugt, das von der Bewölkung unabhängig ist. Es gestattet neben der Richtungspeilung auch eine Messung der Schrägentfernung des Ballons. Dadurch wird die Voraussetzung der konstanten Steiggeschwindigkeit ebenso entbehrlich gemacht wie Doppel- und Mehrfachanschnitte oder etwa der Einbau eines den Luftdruck anzeigenden Senders an den Ballons. Die elektrische Entfernungsmessung erfolgt am einfachsten mit den für Flugzeugortung entwickelten Verfahren, die unmittelbar die Laufzeit eines vom Boden ausgesandten und am Ballon gespiegelten Signales zu messen gestatten. Höhenwindmessungen mit Pilotballonen sind bis 42 km gelungen. Über neue amerikanische Konstruktionen s. *Brasefield* (Literatur).

Handb. d. meteorol. Instrumente. Berlin 1935. – Meteorol. Taschenb. V. Leipzig 1939. – *Brasefield, Ch. J.:* Phys. Bl. 5, 411 (1949).

Pinakoid, aus zwei parallelen Ebenen bestehende offene Form. Es ist die allgemeine Form $\{hkl\}$ der triklinen Kristallklasse i und tritt auf als spezielle Form: $\{h0l\}$ in der Klasse 2, $\{010\}$ in der Klasse n, $\{h0l\}$ und $\{010\}$ in der Klasse $2i$, $\{100\}$ und $\{010\}$ in der Klasse $2n$, $\{100\}$, $\{010\}$ und $\{001\}$ in den Klassen 22, $22i$ und als Basis $\{001\}$ in den Klassen $\bar{4}$, $\bar{4}2$, $4i$, 42, $42i$ bzw. $\{0001\}$ in den Klassen $3i$, 32, $32i$, $3m$, $32m$, $6i$, 62, $62i$.

Pinch-Effekt, die Selbsteinschnürung der positiven Säule einer Gasentladung unter der Wirkung ihres eigenen magnetischen Feldes.

pint, abgek. pt (gespr. „paint", deutsch *Pinte*); 1. Hohlmaß für Flüssigkeiten in den englisch sprechenden Ländern, definiert als 1 liquid pint $\equiv 1/8$ →gallon: 1 pt (Brit) = 0,56826 dm³, 1 pt (USA) = 0,47318 dm³. 2. Hohlmaß für Trockensubstanzen, im Britischen Empire gleich dem liquid pint (Brit.), in den USA definiert als 1 dry pint $\equiv 1/64$ bushel(USA): 1 dry pint(USA) = 0,55061 dm³.

Piperscher Satz →Riccoscher Satz.

Pipette →Bürette.

Pirani-Manometer →Widerstandsmanometer.

Pitot-Rohr, ein hakenförmiges →Staurohr zur Messung der Strömungsgeschwindigkeit bzw. des Gesamtdruckes mittels einer an dem vorderen, der Strömung zugewandten Ende des Rohres angebrachten Anbohrung.

Pizzicato, besondere Art der Tongebung beim Streichinstrument: die Saite wird durch Zupfen zum Erklingen gebracht. Bei der gezupften Saite ist der Grundton stets der stärkste Teilton; bei der gestrichenen braucht das nicht der Fall zu sein. Die Abb. zeigt die Stärke der ersten 8 Teil-

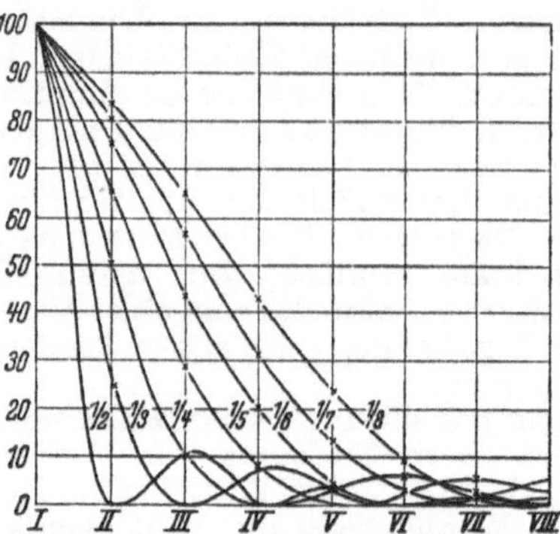

Stärke der Teiltöne der gezupften Saite. Die Abszissen *I*, *II*, ... bedeuten den 1., 2., ... Teilton; die Ordinaten sind die zugehörigen relativen Tonstärken.

töne der gezupften Saite in Abhängigkeit von der Zupfstelle (1/2 bis 1/8 der Länge). →Musikinstrumente.

pk, Symbol für das Hohlmaß →peck.

Plagieder = →Pentagonikositetraeder.

Planck-Boltzmann-Konstante k, meist nur →Boltzmann-Konstante genannt.

Planck-Funktion →spezifische Wärme der Gase.

Plancksches Strahlungsgesetz →Strahlungsgesetze.

Plancksches Wirkungsquantum →Wirkungsquantum, Plancksches.

Plancksche Zustandssumme. Betrachtet man eine Gesamtheit von vollkommen gleichen Systemen, von denen jedes der nichtentarteten Energieeigenwerte ε_i $\varepsilon_1, \varepsilon_2, \ldots, \varepsilon_i$ fähig ist, so ist die Zustandssumme gegeben durch

$$Z = \sum_i \exp[-\varepsilon_i/(kT)].$$

Daraus findet man leicht alle thermodynamischen Funktionen der Gesamtheit; z. B. ist die freie Energie $F = -kT \ln Z$. Der Druck $p = kT \partial \ln Z/\partial v$.

Im Falle eines kontinuierlichen (oder nahezu kontinuierlichen) Energieeigenwertspektrums kann man die Summation in Z ersetzen durch eine Integration. Man spricht dann vom *Zustandsintegral.*

Beispiele: 1) *Plancks Oszillator.* In diesem Falle ist $\varepsilon_i = (i + 1/2)h\nu$, wo ν die Frequenz des Oszillators und i eine positive ganze Zahl. Es ist dann

$$Z = \sum_{i=0}^{\infty} \exp\left[-\frac{h\nu}{kT}\left(i + \frac{1}{2}\right)\right] = 1\Big/\left[2\,\mathfrak{Sin}\,\frac{h\nu}{2kT}\right].$$

2) *Fermi-Oszillator.* Dies ist ein besonders einfaches System, das nur der beiden Energiewerte 0 und ε fähig ist. Daher

$$Z = 1 + \exp[-\varepsilon/(kT)].$$

Planetarische Nebel, kleine Nebelflecke ring-, kreisförmiger oder unregelmäßiger Struktur mit einem Zentralstern von hoher Oberflächentemperatur (25000 bis 80000 °K), durch dessen Ausstrahlung die Nebelhülle zum Leuchten angeregt wird. Im Milchstraßensystem sind etwa 150 Planetarische Nebel bekannt. Die Nebelhülle sendet ein Emissionsspektrum aus, in dem die Linien von H, He I, He II und O III (→Nebellinien) hervortreten. Bei den H- und He-Linien handelt es sich um ein →Rekombinationsleuchten der durch die UV-

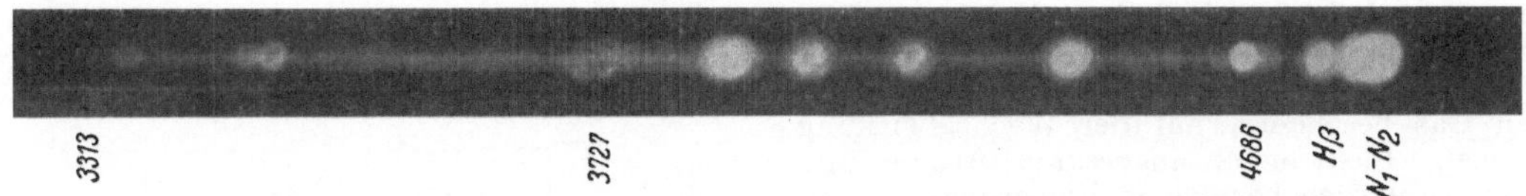

Objektivprismenaufnahme des Planetarischen Nebels NGC 7662 nach *Wright*.

Strahlung des Zentralsterns ionisierten Atome; die OIII-Linien, bei denen es sich um verbotene Übergänge handelt, werden durch Elektronenstoß angeregt. Aus den Linienkonturen folgt, daß die Nebelhüllen expandieren. Die Auswärtsgeschwindigkeiten sind bei den meisten Nebeln von der Größenordnung 10 bis 20 km s^{-1}; beim Crabnebel NGC 1952 erfolgt die Expansion mit einer Geschwindigkeit von 1300 km s^{-1}, so daß meßbare Gestaltsänderungen auftreten. Der daraus berechenbare Beginn der Expansion um etwa 1000 n. Chr. fällt nahe zusammen mit dem Aufleuchten einer →Supernova an der gleichen Stelle der Sphäre, die für das Jahr 1054 n. Chr. aus chinesischen und japanischen Annalen nachgewiesen wurde. Es wird vermutet, daß es sich bei allen Planetarischen Nebeln um die Folgezustände von Nova- oder Supernova-Ausbrüchen handelt. Bei der Nova Herculis 1934 konnte die Entstehung einer sich mit der Geschwindigkeit 290 km s^{-1} entfernenden Nebelhülle unmittelbar beobachtet werden. Aus der Expansionsgeschwindigkeit läßt sich die Lebensdauer eines planetarischen Nebels zu etwa 15000 Jahren abschätzen. Die Zentralsterne haben trotz hoher Oberflächentemperatur nur relativ geringe Leuchtkraft, die absoluten Größen betragen etwa $+3^m$ bis $+6^m$. Sie haben daher kleine Radien und hohe Dichten und stehen →weißen Zwergsternen nahe.

Becker, W.: Sterne u. Sternsysteme. Leipzig 1942. — *Wurm, K.:* Neuere Ergebnisse u. Stand d. Erforschung d. planetar. Nebel. Naturwiss. **36**, Heft 9 u. 10 (1949). — *Siedentopf, H.:* Grundriß d. Astrophysik. Stuttgart 1950.

Planeten →Sonnensystem, →Merkur, →Venus, →Mars, →Jupiter, →Saturn, →Uranus, →Neptun, →Pluto, →Planetoiden. Kleine oszillatorische Bewegungen, die neuerdings an einigen Fixsternen beobachtet wurden, deuten darauf hin, daß auch außerhalb des Sonnensystems verhältnismäßig kleine nicht selbstleuchtende Begleiter von Sternen vorkommen. Doch sind diese dunklen Begleiter immer noch sehr viel größer als etwa unsere Erde.

Planetenbewegung →Sonnensystem, →Perihelbewegung, →Störungstheorie.

Planetensystem. Die Gesetzmäßigkeiten im Bau des →Sonnensystems — vor allem die Übereinstimmung der Umlaufs- und Rotationsrichtungen der →Planeten mit der Rotationsrichtung der Sonne, die geringen Neigungen der Planetenbahnen gegeneinander und die kreisähnliche Form der Bahnen — lassen es als ausgeschlossen erscheinen, daß die zum Sonnensystem gehörenden Körper sich zufällig im Weltenraum zusammengefunden haben; sie weisen vielmehr unbedingt auf einen gemeinsamen Ursprung des Systems hin. Die Ansichten gehen aber noch auseinander darüber, ob sich die Planeten neben der Sonne innerhalb eines „Urnebels" an verschiedenen Stellen herausgebildet haben (*Kant, v. Weizsäcker*), ob sie durch Rotationsinstabilität von der Sonne abgetrennt worden sind (*Laplace*) oder ob sie ihre Entstehung einem katastrophalen Ereignis verdanken, das seine Ursache in der Einwirkung eines fremden Sternes bei einem nahen Vorübergang (*Chamberlin* und *Moulton, Jeans, Jeffreys*) oder einem Zusammenprall (*Gifford*) hat oder ob sie das Ergebnis des Zusammentreffens der Sonne mit einer Wolke interstellarer Materie sind (*Alfvén*). →Kant-Laplacesche Theorie.

Gudzent, D.: Die Entstehung d. Planetensystems. Phys. Bl. **6**, 102 (1950). — *Newcomb-Engelmann:* Populäre Astronomie. Leipzig 1948. — *Jeffreys, H.:* Monthly Not. R. A. S. **108**, Nr. 1 (1948).

Planetoiden. Zwischen der Bahn des Mars und der des Jupiter gibt es eine deutliche Lücke in der Anordnung der Bahnen der Planeten, die aber von einer großen Schar von Zwergplaneten, den *Planetoiden, kleinen Planeten* oder *Asteroiden* bevölkert ist. Man kennt bis heute rund 1600 Planetoiden. Mit der einzigen Ausnahme der Vesta sind sie für das unbewaffnete Auge unsichtbar. Ihre Durchmesser und ihre Massen sind außerordentlich klein. Selbst der Durchmesser der größten überschreitet nicht einige 100 km, und die Gesamtmasse aller Planetoiden zusammen dürfte jedenfalls kleiner als 1% der Erdmasse sein. Die Albedo scheint von Objekt zu Objekt große Unterschiede zu zeigen. Beobachtete Rotationseinflüsse auf die scheinbare Helligkeit, die sich der Phasenkurve überlagern, deuten auf eine unregelmäßige Gestalt der Planetoiden hin, was die Vermutung zu bestätigen scheint, daß es sich bei diesen Körpern um unregelmäßige Bruchstücke eines früheren größeren Planeten handelt. Manche der Planetoiden bieten einzeln oder in Gruppen besonders auch für die Himmelsmechanik interessante Fälle durch Form und Lage ihrer Bahn dar.

Planflächen, in der Optik ebene brechende oder spiegelnde Flächen. Abweichungen von der Ebenheit, die bei der brechenden Planfläche $\leqq \lambda \cos\varepsilon'/4(n'-n)$, bei der spiegelnden Planfläche $\leqq \lambda/8 \cos\varepsilon$ sind, beeinträchtigen die optische Planheit nicht.

Ronchi, V.: Lezioni di Ottica Ondulatoria. Bologna 1940.

Plangitter, ein ebenes Beugungsgitter; Gegensatz: Konkavgitter. *Plangitterspektrograph* →Gitterspektralapparat.

Planimeter, ein Gerät zur mechanischen Messung des von einer Kurve eingeschlossenen Flächeninhalts. Dies geschieht im allgemeinen durch gleitendes Rollen längs der das Flächenstück einschließenden Randkurve. Das Ergebnis wird an einer Meßmarke abgelesen. Über den Mechanismus, die Theorie und Konstruktion der Planimeter vgl. die Literatur über mathematische Instrumente und praktische Mathematik.

v. Sanden, H.: Prakt. Analysis. Leipzig 1948. — *Willers, A.:* Math. Instrumente. Berlin 1928.

Plankonvexe (plankonkave) Linsen, Linsen mit einer Planfläche und einer konvexen (konkaven) Fläche. Der eine Hauptpunkt liegt im Scheitel der konvexen (konkaven) Fläche.

Planspiegel, ein ebener, vorder- oder rückseitig reflektierender Spiegel; bildet Objekte rechtläufig rückwendig ab (→Abbildung).

Planwellen →ebene Wellen.

Plasma, nach *Langmuir* ein hoch ionisiertes Gas, in dem die Trägerkonzentration so groß ist, daß gegenüber dem neutralen oder nur schwach ionisierten Gas besondere, auf der Wechselwirkung der Ionen, Elektronen, angeregten Atome und Strahlungsquanten beruhende Eigenschaften auftreten; läßt sich auffassen als Gemisch von Neutralgas, Elektronengas, Ionengas, Gas angeregter Atome und Lichtquantengas; kommt vor in Gasentladungen (positive Säule der Glimm- oder Bogenentladung, Niedervoltbogen), Sternatmosphären, planetarischen Nebeln, hocherhitzten Gasen (Flammen), Explosionen, Ionosphäre.

Wegen der hohen Trägerdichte hat das Plasma eine hohe elektrische Leitfähigkeit (im Hochstrombogen von der Größenordnung der metallischen), die sich, da der Beitrag der trägen Ionen zu vernachlässigen, aus der Beweglichkeit b_- und der Konzentration N_- der Elektronen errechnet: $\sigma = eN_-b_-$. Größere Raumladungen können sich nicht ausbilden; die Konzentrationen der Träger beider Polarität werden daher am gleichen Ort bis auf statistische Schwankungen gleich: $N_- \approx N_+ \approx N$, $N_+ - N_- \ll N$, Quasineutralität des Plasmas (*Schottky*). Weitere Folge: Diffusionsvorgänge der Träger verlaufen gekoppelt als →ambipolare Diffusion.

Im stationären Plasma müssen die Trägerverluste durch Rekombination und Abdiffusion in die Randzone, die quadratisch bzw. linear mit der Trägerdichte wachsen, und die Energieverluste durch Abstrahlung und Wärmeleitung durch ständige Energiezufuhr und Neuionisation ersetzt werden. Möglichkeiten hierfür sind: Stromleistung, die primär als kinetische Energie von den Elektronen aufgenommen wird (Säulenplasma), Einschuß schneller Elektronen (negatives Glimmlicht, Glühkathodenentladung), Zufuhr von Wärmeenergie (Gas im Kingschen Kohleofen, Flamme), Einstrahlung von ultraviolettem Licht (Ionosphäre, Planetarische Nebel). Ein Beispiel eines nichtstationären, sich durch Strahlung abkühlenden thermischen Plasmas ist die Anodenflamme des Hochstrombogens.

Zwischen den Komponenten des Plasmas finden durch elastische und unelastische Stöße dauernd energetische Wechselwirkungen statt. Ionisation und Rekombination, Anregung und Stöße zweiter Art, Emission und Reabsorption bedingen ein stationäres Gleichgewicht der Konzentrationen der verschiedenen Komponenten, indem eine Komponente, z. B. ein bestimmter Anregungszustand, genau so oft durch anregende Stöße und Reabsorption erzeugt wird, wie er durch Emission und Stöße zweiter Art vernichtet wird.

Wenn nach außen keine oder nur (gegen den Energieumsatz im Innern) vernachlässigbare Energie- und Trägerverluste stattfinden, stellt sich thermisches Gleichgewicht zwischen den Komponenten her, ein Fall, der mit genügender Annäherung in Sternatmosphären, hocherhitzten Gasen, Hochdruckentladungen (Bogensäule) realisiert ist: *isothermes* zum Unterschied vom *nichtisothermen* Plasma. Ionisationsgrad und Konzentration der angeregten Zustände lassen sich nach den Prinzipien der thermodynamischen Statistik berechnen (Eggert-Saha-Formel für den Ionisationsgrad, Boltzmann-Verteilung für die Konzentration angeregter Zustände, wobei die Plancksche Zustandssumme eingeführt werden muß, wenn die Zahl der angeregten und ionisierten Atome nicht klein gegen die Zahl der Atome im Grundzustand ist). Ergebnisse solcher Rechnung zeigt Abb. 1. Bei zwei-

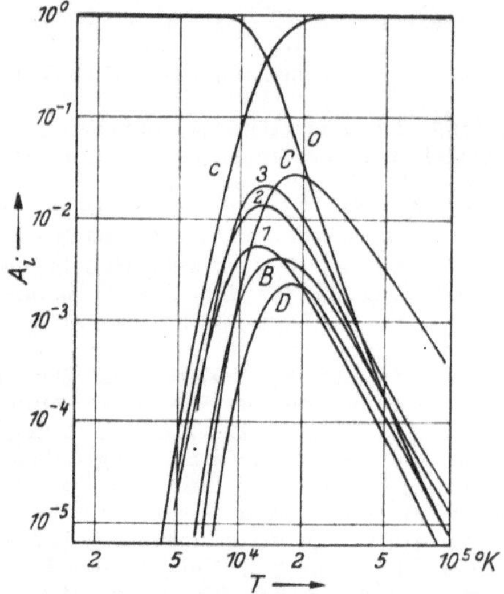

Abb. 1. Relative Besetzungszahlen A_i im Hg-Plasma von 10^4 Torr.

0	$1\,^1S_0$ (Grundterm)	B	Terme zwischen	6,1	u.	8,1 V
1	$2\,^3P_0$	C	,, ,,	8,1	u.	9.8 V
2	$2\,^3P_1$	D	,, ,,	9,8	u.	10,4 V
3	$2\,^3P_2$	c	Ionisationsgrad.			

atomigem Grundgas ist die Dissoziation zu berücksichtigen. Zur klassischen Wärmeleitung (Transport kinetischer Energie) tritt hinzu Transport von Anregungs-, Ionisierungs- und Dissoziationsenergie durch angeregte, ionisierte und dissoziierte Atome und Moleküle, sowie die Diffusion von Lichtquanten. Die Ionisations- (Abb. 2) und Dissoziationswärmeleitung spielt in Bogenentladungen

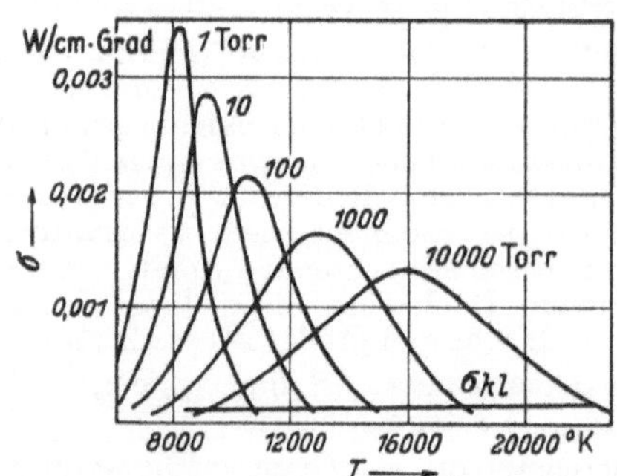

Abb. 2. Ionisationswärmeleitung im Hg-Plasma.

eine Rolle; im Sternplasma überwiegt der Energietransport durch Strahlung (Opazität).

Im nichtisothermen Plasma (z. B. positive Säule der Glimmentladung, Niedervoltbogen) zeigen die Elektronen trotz des fehlenden thermischen Gleichgewichts nach Messungen mit →Langmuir-Sonden Maxwellsche Geschwindigkeitsverteilung. Ihre Einstellung erfolgt durch Energieaustausch in dem räumlich und zeitlich statistisch schwankenden, von der zufälligen Anordnung der Elektronen und Ionen hervorgerufenen Mikrofeld. Genauere Diskussion ist schwierig, da wegen der weitreichenden Coulombschen Felder die klassischen Begriffsbildungen Stoßquerschnitt und freie Weglänge ihren präzisen Sinn verlieren. Aussagen über

Mittelwerte und Schwankung der Mikrofelder sind möglich. Um jeden Ladungsträger bildet sich, wie in der Debye-Hückelschen Theorie starker Elektrolyte, durch Überschuß oder Defizit an Elektronen eine Raumladungswolke mit dem Radius $D = \sqrt{kT\varepsilon_0/(Ne^2)}$ (*Debye-Radius*), die das Feld abschirmt. Das Plasma zerfällt daher in Mikrozellen dieser Größe, die sich in erster Näherung nicht mehr beeinflussen und unabhängig voneinander statistisch schwanken. Als Ersatz für die freie Weglänge läßt sich die Relaxationsstrecke s der Elektronen definieren, die gleich dem mittleren Flugweg ist, auf dem ein Elektron durch Wechselwirkung mit dem Mikrofeld gerade eine Energieänderung um die mittlere thermische Energie kT erleidet. Je nach der Berechnungsmethode mit verschiedenem Zahlenfaktor ergibt sich $s = \gamma \cdot (4\pi\varepsilon_0)^2 \cdot (kT)^2/(e^4 N)$. Nach *Davydov* ist $\gamma = \dfrac{2}{3\ln(0{,}43 \cdot 4\pi\varepsilon_0 \cdot kT/(e^2 N^{1/3}))]}$. Im Vergleich mit Messungen von *Langmuir* sind die berechneten Werte von s größenordnungsmäßig zu hoch.

Wie den Elektronen, so kann man jedem Plasmapartner und jeder in ihm vorhandenen Energieform eine Temperatur zuordnen: z. B. der Ionentranslation eine Ionentemperatur, dem angeregten Zustand eine Termtemperatur, dem ionisierten Zustand eine Ionisationstemperatur. Das ist definitionsgemäß die Temperatur, die ein System im thermodynamischen Gleichgewicht bei derselben mittleren Translationsenergie bzw. Besetzungszahl des angeregten oder ionisierten Zustandes haben müßte. Während im isothermen Plasma alle diese Temperaturen zusammenfallen, unterscheiden sie sich im nichtisothermen Plasma je nach der Beteiligung der betreffenden Energieform am Energieverlust nach außen und der Intensität ihrer Wechselwirkung mit den Elektronen. Metastabile Zustände nehmen fast immer die aus der Elektronentemperatur und dem Boltzmann-Prinzip folgende Besetzungszahl an. Mit steigender Elektronenkonzentration gleichen sich wegen der wachsenden Stoßzahl schließlich alle Energiearten (zuerst die angeregten Zustände) der Elektronentemperatur an (Übergang von der Niederdruck- in die →Hochdruckentladung).

Durch Wechselwirkung der Plasmapartner mit dem Mikrofeld treten als typisch für das Plasma gewisse Erscheinungen auf: Linienverbreiterung, Erniedrigung der Ionisierungsspannung, Verschwinden höherer Serienglieder, Auftreten verbotener Linien, Rekombinationsspektren, Bildung instabiler Moleküle. Die Anwesenheit freier Ladungen bedingt besonders für die Ausbreitung elektromagnetischer Wellen (→Ionosphäre) wichtige dielektrische Eigenschaften. Die relative Dielektrizitätskonstante des Plasmas ist frequenzabhängig:

$$\varepsilon = 1 - \frac{\omega_0^2}{\omega^2}, \qquad \omega_0^2 = \frac{Ne^2}{\varepsilon_0 m_e}$$

[*Ecclesche Beziehung*, ω_0 *Plasmaeigenfrequenz* (*Langmuir*), ε_0 elektrische →Feldkonstante]. Die Trägheit der Ladungsträger führt bei Störung der quasineutralen Verteilung zu *Plasmaschwingungen*. Die Elektronen sind im homogenen Plasma quasielastisch gebunden, da die trägeren Ionen nicht folgen können, und schwingen unabhängig in ihrer Phase mit der Plasmaeigenfrequenz. Fortschreitende, allerdings verschwindend wenig Energie transportierende Wellen ergeben sich erst bei Berücksichtigung des Elektronendruckes. Durch die überlagerte thermische Bewegung und die Streuung an Ionen und Atomen sind die Schwingungen gedämpft und nur in einem günstigen Konzentrationsbereich (dem Dezimeterwellen entsprechen) zu beobachten. Die Auskopplung von Plasmaschwingungen merklicher Intensität gelingt in besonderen Anordnungen, wo sich unter Mitwirkung der Elektroden phasenaussortierende und anfachende Prozesse abspielen können. Der Mechanismus der Ionenschwingung beruht darauf, daß bei örtlich benachbarten Konzentrationsunterschieden ähnlich wie bei der ambipolaren Diffusion rücktreibende Kräfte auf die Ionen ausgeübt werden. Die Rechnung ergibt die Existenz fortschreitender Wellen mit dem Dispersionsgesetz

$$\omega_i^2 = \frac{Ne^2}{\varepsilon_0 m_i} \, \frac{1}{1 + (\lambda/2\pi D)^2}$$

(*D Debye-Radius*, m_i Ionenmasse). Mit zunehmender Wellenlänge nähern sich →Phasen- und →Gruppengeschwindigkeiten dem Wert $v = \sqrt{kT_e/m_i}$, der der Schallgeschwindigkeit eines Gases der Elektronentemperatur T_e entspricht.

In der Tabelle sind für einige typische Plasmen die charakteristischen Größen nach *Rompe* und *Steenbeck* zusammengestellt.

Rompe, R., u. *M. Steenbeck:* Erg. exakt. Naturwiss. 18, 257 (1939).

Grundgas/Vorkommen	Hg Niedervoltbogen	Luft Ionosphäre	Neon Leuchtrohr	Luft Lichtbogen	Hg Hochdrucklampe
Druck	$5 \cdot 10^{-3}$ Torr	10^{-2} Torr	1 bis 5 Torr	1 atm	10 atm
Entladungsstrom [A]	0,1	—	1	10	5
Leitfähigkeit [Ω^{-1}cm^{-1}]	10^{-2}	$3 \cdot 10^{-5}$	3	$2 \cdot 10^{-1}$	$3 \cdot 10^{-1}$
Atomkonzentration [cm^{-3}]	$1{,}8 \cdot 10^{14}$	$3{,}6 \cdot 10^{14}$	3,7 bis 18,0 $\cdot 10^{16}$	$5{,}8 \cdot 10^{18}$	$5 \cdot 10^{19}$
Elektronen- (= Ionen-) Konzentration [cm^{-3}]	10^{10}	10^{6}	$5 \cdot 10^{12}$	10^{14}	10^{16}
Konz. angeregt. Atome [cm^{-3}]	10^{8}	10^{3}	10^{13}	10^{14}	10^{15}
Elektronentemperatur [°K]	30000°	250°	25000°	6500°	7500°
Ionentemperatur [°K]	1000°?	250°	1500°?	6500°	7500°
Gastemperatur [°K]	300°	250°	400°	6500°	7500°
Ionisationstemperatur [°K]	3000°	2500°	7500°	6500°	7500°
Debye-Radius [cm]	$1{,}2 \cdot 10^{-1}$	$1{,}1 \cdot 10^{-1}$	$4{,}9 \cdot 10^{-4}$	$5{,}6 \cdot 10^{-5}$	$6{,}0 \cdot 10^{-6}$
Linearer Mittelwert des Mikrofeldes [Vcm^{-1}]	8,2	0,018	510	3900	82000
Relaxationsstrecke [cm]	$8{,}7 \cdot 10^{2}$	$7{,}4 \cdot 10^{3}$	1,6	$9{,}0 \cdot 10^{-3}$	$2{,}0 \cdot 10^{-4}$
Elektroneneigenfrequenz [s^{-1}]	$9 \cdot 10^{8}$	$9 \cdot 10^{6}$	$2 \cdot 10^{10}$	$9 \cdot 10^{10}$	$9 \cdot 10^{11}$
Wellenlänge [cm]	33	$3{,}3 \cdot 10^{3}$	1,5	$3{,}3 \cdot 10^{-1}$	$3{,}3 \cdot 10^{-2}$

Plasmaschwingungen →Plasma.

plastics = →Polyplaste.

Plastik, 1. *spezifische.* Bei Betrachtung räumlicher Gegenstände durch binokulare optische Geräte wird das Verhältnis des Objektivabstandes zum Augenabstand nach dem Vorschlag von *Czapski* als spezifische Plastik bezeichnet. →binokulare Fernrohre, →Stereoskop. 2. *totale,* das Produkt aus spezifischer Plastik und Fernrohrvergrößerung. Auf der Steigerung der totalen Plastik beruht das größere Tiefenunterscheidungsvermögen bei Beobachtung durch Fernrohre mit vergrößertem Objektivabstand (Stangenfernrohre, Relieffernrohre, Scherenfernrohre). →binokulare Fernrohre.

Plastizität, die Fähigkeit eines Stoffes zu einer bleibenden (= plastischen) Formänderung vor Eintritt des Bruches (Gegensatz →Sprödigkeit). In der Literatur über die mechanischen Eigenschaften kolloiddisperser Stoffe wird häufig zwischen Plastizität für die Stoffe mit →Fließgrenze und →Fluidität für die Stoffe ohne Fließgrenze unterschieden. Die Plastizität ist durch die beiden Größen →Streckgrenze und→Verfestigung zu kennzeichnen. Je größer diese sind, um so kleiner ist die Plastizität, denn nach um so kleineren plastischen Verformungen wird die Bruchfestigkeit erreicht. Da diese Größen von den Versuchsbedingungen (Verformungsgeschwindigkeit, Temperatur) abhängen, so stellt die Plastizität keinen scharf umrissenen Begriff, sondern mehr eine qualitative Kennzeichnung dar. Sie nimmt mit abnehmender Verformungsgeschwindigkeit, zunehmender Temperatur und zunehmendem hydrostatischem Druck zu (→Sprödigkeit).

Plastizität von Einkristallen. Infolge der kristallinen Struktur findet die plastische Verformung durch →Gleiten nach kristallographisch bestimmten Gleitebenen und Gleitrichtungen statt. Das unmittelbare Ergebnis eines Verformungsversuchs ist die →Dehnungskurve; eine von der Orientierung und der Verformungsart unabhängige Beschreibung der plastischen Eigenschaften eines Kristalls ergibt die →Verfestigungskurve. Ihre Kenngrößen, die kritische →Schubspannung und die →Verfestigung nehmen mit abnehmender Temperatur nur mäßig zu, so daß ein bei Zimmertemperatur gut verformbarer Kristall auch bei sehr tiefen Temperaturen noch verhältnismäßig gut verformbar ist (im Gegensatz zu den viskosen Stoffen, →Viskosität). Von der Gleitgeschwindigkeit sind beide Größen nur wenig abhängig, so daß von ihrem Einfluß vielfach abgesehen werden kann; bei extrem kleinen und großen Geschwindigkeiten muß er jedoch berücksichtigt werden (→Streckgrenze, →Sprödigkeit).

Die *Theorie der Kristallplastizität* ist für die allgemeine Kristallphysik insofern von Bedeutung geworden, als sie eindeutig nachgewiesen hat, daß der →Idealkristall als Näherung ganz ungeeignet ist, um die beobachteten Erscheinungen zu beschreiben. Seine Schubfestigkeit und seine elastische Verformung sind größenordnungsmäßig größer als die der wirklichen Kristalle (→Realkristall). Es wurde daher angenommen, daß Fehlstellen des Realkristalls für seine niedrige Schubfestigkeit verantwortlich zu machen sind (*W Voigt, A. Smekal*), und am Anfang der theoretischen Untersuchungen standen ausführliche Diskussionen über →Fehlstellen; aber erst in neuerer Zeit konnten konkrete Vorstellungen über die Natur derselben gewonnen werden (*W. Shockley*). Theoretische und experimentelle Gründe sprechen dafür, daß sich die plastisch wirksamen Fehlstellen an den →Mosaikgrenzen befinden (*U. Dehlinger, A. Kochendörfer*). Definierte Vorstellungen sind dann über eine besondere Art von Atomanordnungen, die →Versetzungen, gebildet worden, welche an den Fehlstellen vorgebildet sind und unter dem Einfluß der äußeren Schubspannung und der thermischen Schwankungen entstehen und durch die idealen Gitterbereiche wandern (*M. Polanyi, E. Orowan, G. J. Taylor, J. M. Burgers*). Sie erfordern zur Bildung und Wanderung nur die niederen, tatsächlich beobachteten Schubspannungen. Mit diesen Vorstellungen konnte die Existenz einer kritischen Schubspannung und ihre Temperatur- und Geschwindigkeitsabhängigkeit quantitativ richtig beschrieben werden (*R. Becker, E. Orowan*). In vereinfachter Form wurde letztere von *Prandtl* (→Fließgesetze) abgeleitet. Diese Vorstellungen ermöglichen auch eine begründete Theorie der →Verfestigung. Die Temperatur- und Geschwindigkeitsabhängigkeit derselben ergibt sich daraus, daß die wandernden Versetzungen an Fehlstellen zunächst aufgehalten, dann aber thermisch wieder aufgelöst werden können, was im Verhältnis zu ihrer Bildung um so rascher erfolgt, je höher die Temperatur ist (*A. Kochendörfer*). Auch die →Erholung ist als eine Folge der Auflösung der gebundenen Versetzungen im entlasteten Kristall zu verstehen (*W. G. Burgers, G. Masing*). Wenn so die Theorie viele grundlegende Erscheinungen deuten konnte, so sind doch noch manche Fragen ungeklärt. Insbesondere weiß man noch wenig darüber, weshalb nicht alle Kristalle gleich gut plastisch verformbar sind. Für die gute Verformbarkeit der Metalle mit reiner oder überwiegender metallischer Bindung dürfte das Elektronengas von Bedeutung sein (*H. Eyring, L. Graf*).

In neuerer Zeit ist es auch gelungen, die wesentlichen Erscheinungen bei den *vielkristallinen Stoffen* theoretisch zu erfassen und eine physikalische Deutung der technisch wichtigen Kennwerte zu gewinnen (*A. Kochendörfer, U. Dehlinger*). →Versprödung.

Bei den ***kolloiddispersen Stoffen*** werden viele konventionelle Verfahren angewendet, um ihre Plastizität durch Maßzahlen angeben zu können (→Plastometer). Sie sind zum großen Teil in ihrer Bedeutung nur schwer zu übersehen. In neuerer Zeit erst sind mehrere nach wissenschaftlichen Gesichtspunkten durchgebildete Verfahren entwickelt worden.

Schmid, E., u. *W. Boas:* Kristallplastizität. Berlin 1935. — *Kochendörfer, A.:* Plast. Eigensch. von Kristallen u. metall. Werkstoffen. Berlin 1941. — *Houwink, R.:* Elastizität, Plastizität u. Struktur d. Materie. Dresden u. Leipzig 1938 — Rep. of Bristol Conf. on Strength of Solids. London 1948.

Plastometer, Geräte zur Messung der →Plastizität. Meist verbreitet ist das Plastometer von *J. Williams.* Es besteht aus zwei parallelen Kreisplatten, zwischen denen sich der zu untersuchende Stoff befindet, und die einander genähert werden. Als Maß der Plastizität dient die Annäherungsgeschwindigkeit dh/dt bei gegebener Kraft k (*Stefan* und *Natanson*):

$$\frac{dh}{dt} = \frac{2\pi h^3 k}{3\eta F^2}$$

(h jeweilige Schichtdicke, F Fläche der Platten, η dynamische Viskosität). Das Gerät ist also ein

Viskosimeter für sehr große Zähigkeiten, mit dem man allerdings wegen der Kompliziertheit der Stoffbewegung (radial und axial) keine genauen Werte erhält. Nach *Scott* beträgt die maximale Schubspannung

$$\tau = \frac{3hk}{2rF^2}$$

(r Plattenradius) und die Gleitgeschwindigkeit

$$c = \frac{4r\,dh/dt}{9h}.$$

Philipoff, W.: Viskosität d. Kolloide. Dresden 1942.

Platinit, Eisen-Nickel-Legierung mit 46% Ni (etwa 0,15% C), deren Wärmeausdehnung der des Glases gleich ist ($\alpha = 6$ bis $7 \cdot 10^{-6}$ grad^{-1}), die sich also (statt Platin) zum Einschmelzen in Glas eignet.

Platinpunkt, Gleichgewichtstemperatur zwischen reinem festen und flüssigen Platin, die beim Erstarren des flüssigen Platins bestimmt wird (Platinerstarrungspunkt). Der Platinpunkt t_{Pt} ist sekundärer Fixpunkt der Internationalen →Temperaturskala: $t_{Pt} = 1769$ °C (Int. 1948). Besondere Bedeutung besitzt er für die neuen →photometrischen Einheiten, in deren Definition er wesentlich eingeht. Zur Realisierung des Platinpunktes sind etwa 150 g reinen Platins (Verunreinigungen <0,01%) erforderlich. Der Platinpunkt t_{Pt} ist auf etwa $\pm 1°$ reproduzierbar. Die Messungen des monochromatischen Intensitätsverhältnisses der schwarzen Strahlung beim Platin- und →Goldpunkt ergaben, ausgewertet nach der Internationalen →Temperaturskala von 1948, als Mittelwert $t_{Pt} = 1769{,}4 \pm 1$ °C (Int. 1948). In der thermodynamischen Temperaturskala ist der Platinpunkt T_{Pt} auf etwa $\pm 4°$ realisierbar und ergibt sich über den →Eispunkt T_0 zu $T_{Pt} = (2042{,}5 \pm 4)$ °K (bei Berücksichtigung der Unsicherheiten für den Absolutwert des Goldpunktes und der zweiten →Strahlungskonstanten).

Platinthermometer →Widerstandsthermometer.

Platinzyanüre, Doppelsalze der Form $MePt(CH_4) + 4\,H_2O$, leuchten bei Erregung mit ultraviolettem Licht oder Röntgenstrahlen. Die Leuchtfähigkeit ist eine Eigenschaft des Moleküls, im Gegensatz zur Leuchtfähigkeit der →Kristallphosphore. Bekannt ist das →Bariumplatinzyanür, mit welchem die Röntgenstrahlen entdeckt wurden.

Plattenkondensator →Kondensator, →Kapazitätsformeln, →Randkorrektion.

Platonisches Jahr →Erddrehung.

Plattenschwingungen. Biegungssteife Platten haben — genau wie Membranen — Eigenschwingungen, deren Frequenzen unharmonisch zueinander liegen. Die Verteilung der Eigenfrequenzen und die jeweils auftretende Schwingungsform hängen von der Berandung der Platte und dem Ort der Anregung ab. Die Lage der Knotenlinien läßt sich mit Hilfe der Chladnischen →Klangfiguren sichtbar machen. Ferner →Musikinstrumente.

Hort, W., u. *A. Thoma:* Die Differentialgleichungen d. Technik u. Physik. Leipzig 1944.

Platzwechsel von Molekülen oder allgemein von Bausteinen eines festen oder flüssigen Stoffes tritt ohne äußere Wirkungen schon infolge der thermischen Bewegung ein (*Selbstdiffusion*), wenn deren Energie genügt, um ein Molekül usw. aus einer stabilen Gleichgewichtslage in eine andere zu überführen. Er kann aber auch unter der Wirkung innerer Spannungen erfolgen, wobei dann die durch solche Platzwechsel ermöglichten Deformationen einen Ausgleich dieser Spannungen herbeiführen. Im Sinne dieser Anschauung besteht der Unterschied zwischen gewöhnlichen Flüssigkeiten und amorphen Stoffen wesentlich nur darin, daß bei sinkender Temperatur die Zahl der Platzwechsel und damit die Deformierbarkeit stetig abnimmt. →Atomverteilung, →Diffusion im Festkörper, →Fehlordnungstheorie der Festkörper, →Ionenleiter, fester.

Plausibelster Wert →Ausgleichungsrechnung, →arithmetisches Mittel.

Playback-Gerät, ein Gerät zur Rückumwandlung von Visible-Speech-Spektrogrammen (→sichtbare Sprache) in hörbare Sprache. Es arbeitet nach einem lichtelektrischen Verfahren und benutzt zur Erzeugung der Sprache einen →Sprachgenerator.

Pleochroismus. Die Absorption des Lichts verschiedener Wellenlängen ist in farbigen Kristallen von der Schwingungsrichtung abhängig. So erscheint etwa ein Rubin (roter Korund, Al_2O_3) in polarisiertem weißem Licht, das senkrecht zur optischen Achse durch den Kristall fällt und parallel zur optischen Achse schwingt (außerordentlicher Strahl) gelbrot; dreht man den Kristall um die Strahlrichtung, bis die Schwingungsrichtung senkrecht zur optischen Achse verläuft (ordentlicher Strahl), so erscheint der Kristall blaurot. Bei schrägem Einfall des Lichts gegenüber der optischen Achse geht der Farbton des außerordentlichen Strahls mit wachsender Neigung aus dem Gelbrot stetig ins Blaurot über. Optisch zweiachsige Kristalle zeigen eine noch größere Vielfalt der Absorptionsfarben (→Absorptionsfläche). Die Abhängigkeit der Absorptionsfarben von der Schwingungsrichtung heißt *Pleochroismus* oder, wohl wegen des Farbwechsels für die beiden aufeinander senkrechten Schwingungen einer Wellenrichtung, auch *Dichroismus*.

Pleochroismus wird im allgemeinen mit dem Polarisationsmikroskop beobachtet, und zwar nur mit dem Polarisator, ohne Analysator, bei Drehung des Kristalls auf dem Mikroskoptisch. Beide senkrecht zueinander schwingenden Wellen einer Fortpflanzungsrichtung kann man nebeneinander im →Dichroskop betrachten.

Handb. d. Physik XX. Berlin 1928.

Pleochroitische Höfe, auch *Halos* (→Pleochroismus), sind kleine kugelförmige, teilweise zersetzte Gebiete kristallisierter Mineralien um radioaktive Einschlüsse. Sie entstehen durch das Beschießen mit α-Teilchen und erscheinen in Dünnschliffen der Mineralien als dunkle, mehr oder weniger scharf kreisförmig begrenzte Flecken. Nicht selten beobachtet man mehrere konzentrische Grenzen, entsprechend den Reichweiten der bei verschiedenen Zerfallsprozessen ausgesandten α-Teilchen.

Der Grad der →Verfärbung liefert ein ungefähres Maß für das *Alter* des Minerals.

Pleurosigma angulare →Objektprüfverfahren.

Plosivlaute →Sprache.

Plurale Prozesse (*Mehrfachprozesse*) →Austauschkraft zwischen Elementarteilchen.

Pluto, erst im Jahre 1930 von *Tombaugh* am Lowell Observatory entdeckter Planet; mittlere Entfernung von der Sonne $5906 \cdot 10^6$ km, Umlaufszeit 247,70 Jahre. Auffallend ist die starke

Neigung der Bahn gegen die Ekliptik (17°) und die beträchtliche Exzentrizität (0,25), infolge deren der Planet in der Nähe des Periastrons sich sogar innerhalb der Neptunbahn bewegt. Bei der großen Neigung der Bahn ist jedoch für einen Zusammenstoß keine Gefahr. Zur Zeit ist Pluto ein Sternchen 15. Größe. Sein Licht ist gelblich. Über seine Masse weiß man nichts Sicheres. Sie ist jedenfalls als sehr klein anzunehmen, nachdem *Kuiper* kürzlich seinen Durchmesser nur zu 5800 (nach früheren Messungen 11250) km bestimmt hat. Nach einer Hypothese von *O'Neill* war Pluto ursprünglich ein Trabant des Neptun, der sich infolge irgendeiner äußeren Einwirkung von ihm trennte, was auch seine Besonderheiten erklären soll.

Newcomb-Engelmann: Populäre Astronomie. Leipzig 1948.

Plutonium, Pu, Transuran-Element mit der Kernladungszahl 94, kommt in der Natur praktisch nicht vor. (Häufigkeitsverhältnis im Uranerz Uran : Plutonium 1 : 10^{-14}, s. u.) Plutoniumisotope können künstlich hergestellt werden. Als erstes fanden 1941 *Seaborg, Segré, Kennedy* und *Lawrence* das Plutonium 239, welches später als erstes künstliches Isotop überhaupt in wägbaren und sichtbaren Mengen an der University of California hergestellt worden ist. Das Element gehört in die Gruppe der →Actiniden. Plutonium bevorzugt bereits die niederen Wertigkeiten (die vierte ist die beständigste), jedoch sind auch die höheren noch ziemlich beständig.

Plutoniumisotope können gespalten werden, Plutonium 239 schon durch thermische Neutronen, ähnlich wie das →Actino-Uran. Wie dieses wird es deshalb als →Atombrennstoff und in reinster Form als Atom-Explosivstoff benutzt. Seine technische Herstellung erfolgt im →Pile aus Uran 238 durch Anlagerung von Neutronen nach folgender Kernreaktionsgleichung:

$$\,^{238}_{92}\mathrm{U} + n = \,^{239}_{92}\mathrm{U} \xrightarrow[\beta^-]{23^{\mathrm{m}}} \,^{239}_{93}\mathrm{Np} \xrightarrow[\beta^-]{2{,}3^{\mathrm{d}}} \,^{239}_{94}\mathrm{Pu} \xrightarrow[\alpha]{24\,000^{\mathrm{a}}}.$$

Dieser Prozeß liefert auch die Spuren von Plutonium in natürlichen Uranvorkommen. Die Neutronen entstehen dort durch die kosmische Ultrastrahlung, durch (α, n)-Prozesse der Strahlen der in Uranerzen vorhandenen natürlichen radioaktiven Isotope mit leichten Atomarten und die →Spontanspaltung des Actino-Urans.

Das im Pile entstehende Plutonium kann auf Grund seiner vom Uran verschiedenen chemischen Eigenschaften von diesem getrennt werden. Die hierzu nötigen Operationen müssen wegen der starken Radioaktivität der anderen Reaktionsprodukte im Pile, insbesondere der →Spaltprodukte, durchweg vollautomatisch und ferngesteuert hinter Strahlenschutzwänden durchgeführt werden.

Alle bis Ende Februar 1949 bekannten Plutoniumisotope sind im Diagramm unter →radioaktive Zerfallsreihen aufgeführt, aus dem auch die Zugehörigkeit zu einer der Zerfallsreihen zu ersehen ist. Die Herstellungsprozesse und radioaktiven Konstanten sind jeweils bei der Zerfallsreihe angegeben, der das betreffende Isotop angehört.

Hahn, O.: Künstl. Elemente. Weinheim/Bergstr. u. Berlin 1948. — *Cork, J. M.:* Radioactivity and Nuclear Physics. New York 1947. — *Westphal, W.:* Atomenergie. Meisenheim/Glan 1948.

Pohlsches Maßsystem. *R. W. Pohl* ersetzte die Längeneinheit Zentimeter des →Mieschen Maßsystems durch die Grundeinheit Meter. Das Pohlsche m-s-$\mathrm{V_{int}}$-$\mathrm{A_{abs}}$-System war auf das MKS-System nicht abgestimmt, unterschied sich jedoch von diesem nur um Faktoren, welche um einige 10^{-4} von 1 abweichen:

$$\mathrm{J_{int}} = p\,q^2\,\mathrm{J_{abs}} = 1{,}00019\,\mathrm{J_{abs}}.$$

Nach dem 1. 1. 1948 ist *Pohl* zu dem auf das MKS-System abgestimmten m-s-$\mathrm{V_{abs}}$-$\mathrm{A_{abs}}$-Maßsystem, dem System der absoluten elektrischen Einheiten (→Maßsysteme, elektrische, Abschnitt II, 2b), wie sie am 1. 1. 1948 international eingeführt worden sind, übergegangen.

Poinsot-Bewegung, die Bewegung eines kräftefreien Kreisels. A, B, C seien die Hauptachsen seines Trägheitsellipsoides. Ist $\mathfrak{B}$ der Kreiselimpuls und T die kinetische Energie des Kreisels, so gelten die Sätze

$$\mathfrak{B} = \text{const} \quad (1), \qquad T = \text{const} \quad (2).$$

Der Kreiselimpuls ist nach Größe und Richtung konstant. Seine Normalebene bezeichnet man als *invariable Ebene.*

Aus der Bedingung, daß der Betrag B des Kreiselimpulses konstant sein muß, ergibt sich als geometrischer Ort des Endpunktes des Drehvektors $\mathfrak{u}$ ein Ellipsoid, das koaxial mit dem Trägheitsellipsoid ist. Man nennt es das *Impulsellipsoid.*

Nach dem Energiesatz liegt der Endpunkt des Vektors $\mathfrak{u}$ auf einem zweiten Ellipsoid, das ebenfalls koaxial mit dem Trägheitsellipsoid ist. Es wird *Energieellipsoid* oder *Poinsot-Ellipsoid* genannt. Die Schnittkurve der beiden Ellipsoide gibt die *Polhodie,* auf der sich der Endpunkt des Drehvektors $\mathfrak{u}$ bewegt. Das Energieellipsoid ist dem Trägheitsellipsoid ähnlich, von dem es sich nur durch den Maßstabfaktor $M/2T$ unterscheidet. M ist die Masse des Kreisels.

Bei konstantem $\mathfrak{B}$ und konstantem T muß die Projektion von $\mathfrak{u}$ auf $\mathfrak{B}$ konstante Länge haben. Das heißt, der Endpunkt des Vektors $\mathfrak{u}$ liegt immer auf der invariablen Ebene. Durch Abrollen der Polhodie auf dieser invariablen Ebene entsteht die *Herpolhodie* und damit die Bewegung des kräftefreien Kreisels, die man *Nutation* nennt. Die invariable Ebene tangiert das Energieellipsoid. Da aber das Energieellipsoid dem Trägheitsellipsoid ähnlich ist, hängt die Nutationsbewegung des kräftefreien Kreisels außer von den Anfangsbedingungen nur von der Gestalt des Trägheitsellipsoides ab.

1. *Nutation des symmetrischen kräftefreien Kreisels.* Bei diesem sind Energieellipsoid und Impulsellipsoid Rotationsellipsoide um die Symmetrieachse des Kreisels, die man als Figurenachse wählt. Damit wird die Polhodie zu einem Kreise um die Figurenachse und die Herpolhodie zu einem Kreise um die Impulsachse. Die Drehung erfolgt um den Festpunkt und den Berührungspunkt des Energieellipsoids mit der invariablen Ebene, den man *Pol der Bewegung* nennt (Abb. 1). In den Abbildungen ist er mit P bezeichnet und die Symmetrieachse des Kreisels als C-Achse. Fällt der Drehvektor in Richtung der Symmetrieachse des Kreisels, so hat der Kreiselimpuls dieselbe Richtung wie der Drehvektor. Da der Kreiselimpuls raumfest ist, behält auch die

Kreiselachse ihre Richtung im Raume bei. Eine Nutationsbewegung findet nicht statt.

Fällt dagegen der Drehvektor nicht in Richtung der Symmetrieachse, so treten Nutationsbewegungen auf. Wir haben zwei Fälle zu unterscheiden:

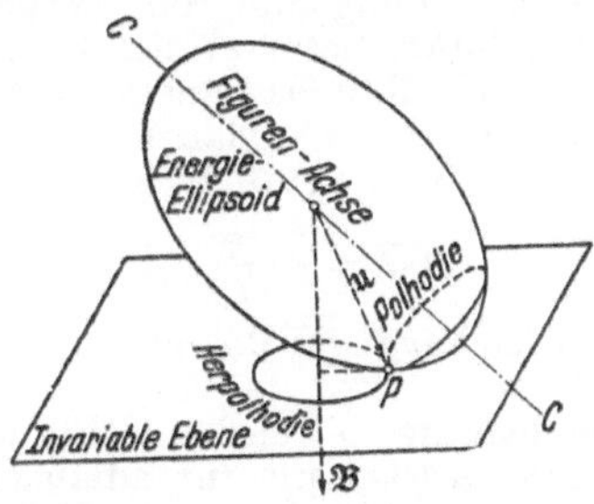

Abb. 1. Das Abrollen des Energieellipsoids auf der invariablen Ebene beim symmetrischen Kreisel.

a) *Abgeplatteter Kreisel*, $\Theta_C > \Theta_A$; abgeplattetes Trägheitsellipsoid; Reihenfolge der Achsen: Figurenachse, Impulsachse, Drehachse; *perizykloidische* Bewegung; der Polhodiekegel umschließt den Herpolhodiekegel (Abb. 2).

b) *Verlängerter Kreisel*, $\Theta_C < \Theta_A$; verlängertes Trägheitsellipsoid; Reihenfolge der Achsen: Figurenachse, Drehachse, Impulsachse; *epizykloidische* Bewegung; der Polhodiekegel rollt außen auf dem Herpolhodiekegel ab (Abb. 3).

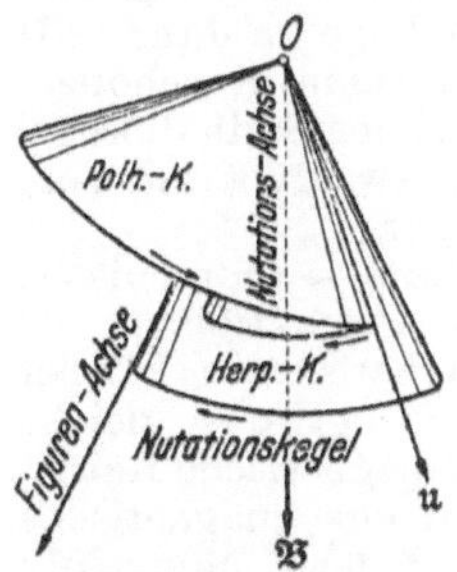

Abb. 2. Nutationsbewegung des abgeplatteten symmetrischen Kreisels.

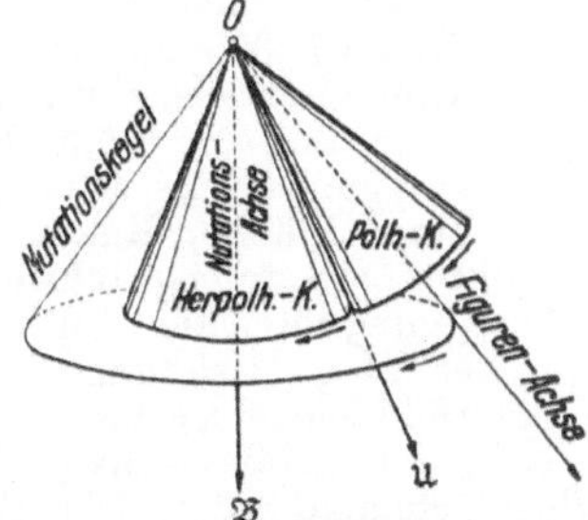

Abb. 3. Nutationsbewegung des verlängerten symmetrischen Kreisels.

In beiden Fällen rollt der Polhodiekegel auf dem Herpolhodiekegel mit zeitlich unveränderlicher Geschwindigkeit ab. Die Figurenachse beschreibt um die Impulsachse einen Kreiskegel, den sie mit konstanter Geschwindigkeit durchläuft. Man nennt diese Bewegung deshalb auch *reguläre Nutation*. Die Bezeichnung ist allerdings nicht einheitlich. Bei manchen Autoren heißt sie auch reguläre Präzession.

Ist ϑ der halbe Öffnungswinkel des Nutationskegels, so gilt für die Nutationsgeschwindigkeit n, mit der die Kreiselachse die Impulsachse umfährt:

$$n = u \frac{\Theta_C}{\sqrt{\Theta_A^2 + (\Theta_C^2 - \Theta_A^2)\sin^2\vartheta}}. \tag{3}$$

Für kleine Winkel ϑ wird näherungsweise:

$$n \approx u \frac{\Theta_C}{\Theta_A}. \tag{3a}$$

Wie man daraus ersieht, wird

$n < u$ für den verlängerten Kreisel,
$n > u$ für den abgeplatteten Kreisel,
$n = u$ für den Kugelkreisel.

Der Umlaufsinn von n ist stets gleich dem Umlaufsinn von u.

2. *Nutation des unsymmetrischen kräftefreien Kreisels.* Bei diesem rollt das dreiachsige Energieellipsoid auf der invariablen Ebene ab, wobei der Abstand vom Ellipsoidmittelpunkt zur invariablen Ebene konstant bleibt. Der Öffnungswinkel der Nutation und die Größe der Drehgeschwindigkeit u und damit auch die Geschwindigkeit des Nutationsumlaufes der Figurenachse schwanken.

Die Polhodiekurven sind in der Abb. 4 dargestellt. Man sieht daraus: Die Kurven um das größte Trägheitsmoment (C-Achse) und das kleinste Trägheitsmoment (A-Achse) sind geschlossene Kurven, die um die Hauptträgheitsachse herumlaufen. Sie entfernen sich nie weit

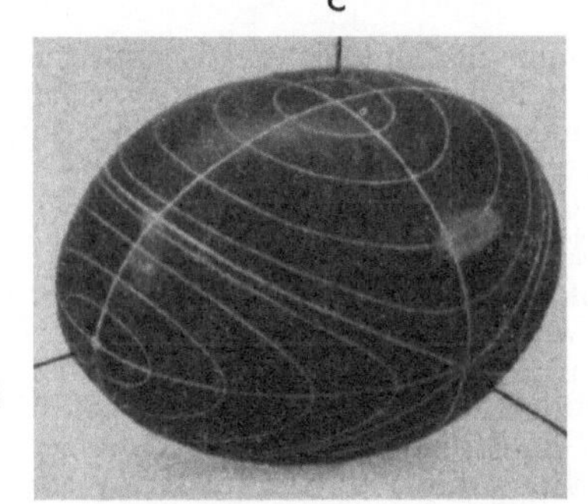

Abb. 4. Die Polhodien auf dem Energieellipsoid. (Die Kurven $A-B$, $A-C$, $B-C$ sind die Hauptschnitte des Ellipsoids und keine Polhodiekurven.)

von der Hauptträgheitsachse, die sie umfahren, wenn zu Anfang der Winkel zwischen Drehachse und Hauptträgheitsachse klein war. Auch der Nutationswinkel der Figurenachse bleibt immer klein, wenn er zu Anfang klein war. Man nennt deshalb die Achse des größten und die des kleinsten Trägheitsmomentes *stabile* Drehachsen. Betrachtet man dagegen die Achse des mittleren Trägheitsmomentes (B), so läuft die Polhodie vom Punkt B um das ganze Ellipsoid herum. Bringt man also den Kreisel um die mittlere Hauptträgheitsachse zur Rotation, so kann er wohl um diese Achse kräftefrei rotieren. Stößt man aber die kleinste Nutation an, so wird er sich vollkommen überschlagen. Die Achse des mittleren Hauptträgheitsmomentes ist eine *labile* Drehachse. Damit ist auch der Beweis erbracht, daß die Nutation des symmetrischen Kreisels stabil ist. Denn die Symmetrieachse ist stets eine Achse des größten oder kleinsten Trägheitsmomentes.

Die Herpolhodiekurven der stabilen Nutation sind ebene Kurven, die aus gleichen Kurvenstücken bestehen. Die Kurven schließen sich im allgemeinen nicht. Sie sind symmetrisch um den Kreiselimpuls 𝔅 angeordnet und liegen zwischen einem kleinsten und größten Kreise um 𝔅. Die Nutation der kleinsten Trägheitsachse ist epizykloidisch, die Nutation der größten dagegen perizykloidisch. Die Herpolhodie ist stets gegen den Kreiselimpuls gekrümmt.

Schließlich ist noch die Bewegung der Figurenachse des Kreisels zu besprechen. Es ist dies die im Experiment beobachtete Nutation. Sie entsteht durch das Abrollen der Polhodiekurve auf der Herpolhodiekurve. Dabei schwankt die Abrollgeschwindigkeit (Drehgeschwindigkeit des Kreisels) proportional dem Abstand der Polhodiekurve vom Mittelpunkt des Trägheitsellipsoides. Liegt die Rotationsachse in der Nähe des kleinsten oder größten Trägheitsmomentes, so beschreibt das Ende der Kreiselachse Schleifen um den Kreiselimpuls als Mittelpunkt, die sich stets nach einem halben Umlauf der Polhodie wiederholen. Die Nutationen müssen sich in einem Gebiet halten, das durch zwei Kreiskegel um den Kreiselimpuls begrenzt ist.

Erfolgt dagegen die Rotation um die mittlere (labile) Hauptträgheitsachse, so beschreibt diese eine wachsende Spirale um den Kreiselimpuls. Schließlich überschlägt sich der Kreisel völlig. Die Nutationen werden bei entgegengesetzter Achsenrichtung klein, und das Spiel beginnt von neuem.

Man kann die Nutationen des kräftefreien unsymmetrischen Kreisels mit elliptischen Funktionen und elliptischen Integralen berechnen (bewiesen von *G. C. Jacobi*).

Grammel, R.: Der Kreisel, seine Theorie u. seine Anwendungen. Berlin 1950. — ***Müller-Pouillet:*** Lehrb. d. Physik I/2. Braunschweig 1929.

Poinsot-Ellipsoid →Poinsot-Bewegung.

Poise, abgek. P, die CGS-Einheit der dynamischen Zähigkeit (→Viskosität): $1\ \mathrm{P} \equiv 1\ \mathrm{cm}^{-1}\mathrm{g\,s}^{-1}$.

Poiseuille-Gesetz = →Hagen-Poiseuille-Gesetz.

Poiseuille-Strömung. Bei Strömungen zäher Flüssigkeiten, die nur von festen Wänden oder einer freien Oberfläche parallel der X-Achse begrenzt werden, ist nach der Kontinuitätsgleichung $du/dx = 0$. Daher entfallen die Trägheitskräfte, die in den Navier-Stokesschen Gleichungen als quadratische Glieder enthalten sind. Für die Strömung durch ein gerades Rohr folgt die Hagen(1839)-Poiseuille(1840)-Strömung (Abb.), bei der ein

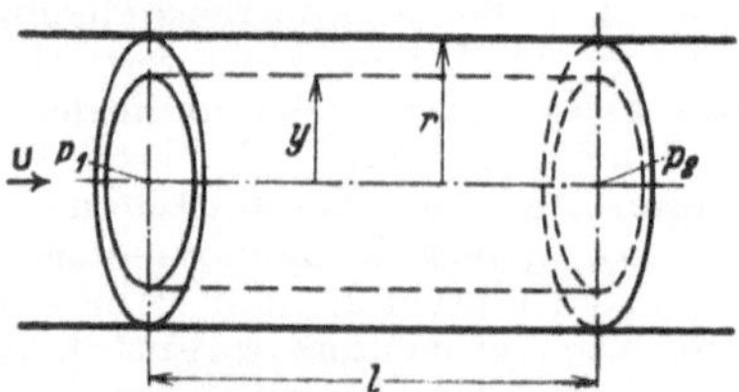

Zur Rohrströmung.

Druckgefälle in der Strömungsrichtung Reibungskräften τ an den Mantelflächen zylindrischer Flüssigkeitsträger vom Radius y das Gleichgewicht hält,

$$-\tau = \frac{p_1 - p_2}{l}\,\frac{y}{2}.$$

Integriert man über den Querschnitt des Rohres, so erhält man mit Hilfe des elementaren Ansatzes für die Scherkräfte infolge der Zähigkeit $\tau = \eta\,du/dy$ eine parabolische Verteilung der Strömungsgeschwindigkeit

$$u = \frac{p_1 - p_2}{4\eta l}\,(r^2 - y^2)$$

und die Durchflußmenge je s

$$Q = \int_0^r 2\pi y\,dy\,u = \frac{\pi r^4}{8\eta}\,\frac{p_1 - p_2}{l}$$

→Hagen-Poiseuille-Gesetz). Da die Hagen-Poiseuille-Strömung eine exakte Lösung der Navier-Stokesschen Gleichungen ist, kann sie zur genauen Bestimmung der Zähigkeit mit Hilfe der Ausflußmethode (Ausfluß-→Viskosimeter) benutzt werden, sofern man die Beschleunigung am Einlauf in das enge Rohr und die Anlaufstrecke bis zum vollausgebildeten Geschwindigkeitsprofil berücksichtigt.

Poisson-Gleichung. Befindet sich in einem elektrischen Felde eine Raumladung von der örtlichen Dichte ϱ, so ist die →Laplacesche Differentialgleichung $\Delta U = 0$ zu verallgemeinern in

$$\Delta U = -\frac{\varrho}{\varepsilon_0}$$

(*Poissonsche Gleichung*). (U Potential, ε_0 elektrische →Feldkonstante.)

Poisson-Konstante → Querkontraktion.

Poissonsches Gesetz, gilt für adiabatische Zustandsänderungen idealer Gase. Bezeichnet p den Druck, V das Volumen und $\varkappa = c_p/c_v$ das Verhältnis der spezifischen Wärmen, so gilt $pV^\varkappa = \mathrm{const.}$ →Adiabate.

Pol (math.) →Laurent-Reihe; (physikal.) →die folgenden Artikel.

Pol der Bewegung →Poinsot-Bewegung.

Pole, elektrische, 1. die Abnahmeklemmen einer Spannungs- oder →Stromquelle, 2. die positive bzw. negative Ladung eines elektrischen →Dipols.

Pole, erdmagnetische. Der Punkt B auf der Nordhalbkugel, in dem der magnetische Feldvektor senkrecht steht, ist südmagnetisch. Er lag 1945 in 76,0° N, 102,0° W; infolge der Säkularvariation hat er sich aus seiner Lage im Jahr 1904 (70,6° N, 96,7° W) um etwa 600 km verschoben. Der nordmagnetische Pol A auf der Südhalbkugel lag 1945 in 68,2° S, 145,5° E, etwa 1600 km vom Antipodenpunkt von B entfernt.

Pol einer Fläche, Kante, Zone →gnomonische Projektion, →stereographische Projektion.

Pole, magnetische. Ein magnetisierter Körper mit der Magnetisierung $\mathfrak{J}$ erzeugt das gleiche Magnetfeld wie eine scheinbare magnetische Raumladung der Größe $-\operatorname{div}\mathfrak{J}$ und eine magnetische Oberflächenladung, welche gleich der Komponente der Magnetisierung in Richtung der äußeren Normalen ist. Bei einem in Längsrichtung permanent magnetisierten Stabe ist im Mittelteil die Magnetisierung homogen, nach den Enden zu fällt sie in-

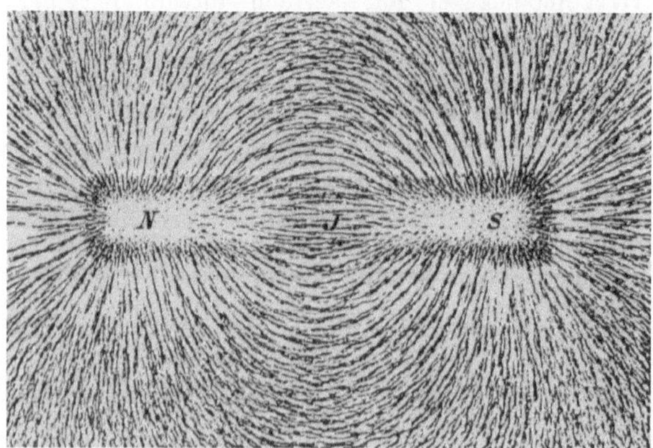

Feldlinienbild eines Stabmagneten.

folge der Wirkung des entmagnetisierenden Feldes ab. Die scheinbaren magnetischen Ladungen konzentrieren sich also nahe den Enden. Das Feld sieht in einigem Abstand so aus, als ob der Stab in der Nähe der Enden zwei fast punktförmige magnetische Ladungen trüge. Man nennt diese Stellen die Pole des Magneten. Derjenige Pol, welcher sich bei freier Dreharbeit des Magneten nach Norden richtet, heißt *Nordpol* oder *positiver Pol*, der andere *Südpol* oder *negativer Pol*. Die Größe der scheinbaren magnetischen Ladung heißt die *Polstärke*. Sie ist gleich dem Produkt aus Magnetisierung und Querschnitt im Mittelteil des Magneten. Die Kraftwirkungen von Stabmagneten aufeinander lassen sich angenähert aus dem magnetischen →Coulombschen Gesetz berechnen. Gleichnamige Pole stoßen sich ab, ungleichnamige ziehen sich an. Dieses Ersetzen eines Stabmagneten durch zwei magnetische Ladungen an seinen Polen gilt jedoch nur als Näherung und ist bei kugelförmigen Magneten überhaupt nicht möglich. →magnetische Punktpole.

Polaphot, ein →Polarisationsphotometer, geeignet für Messungen des Reflexions- und Transmissionsgrades klarer Stoffe.

Polardiagramm. Trägt man von einem festen Ausgangspunkt die jeweils zugehörigen Werte des Auftriebs A und des Widerstandes W bzw. der →Profilbeiwerte c_a und c_w der Größe und der Richtung nach auf, so ergibt sich ein Schaubild, das als Polardiagramm für die Kennzeichnung der Eigenschaften eines Tragflügels Eingang gefunden hat (*Lilienthal*). Da der Auftrieb wesentlich größer

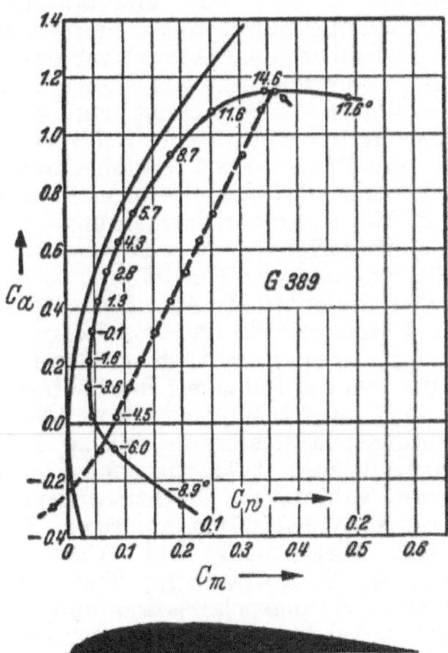

Polardiagramm des Profils Göttingen 389.

als der Widerstand ist, wählt man nach einem Vorschlag von *Eiffel* zweckmäßig einen 5fach vergrößerten Maßstab des Widerstandes. Das Polardiagramm wird ferner durch die Momentenkurve (M- bzw. c_m-Kurve) des Profils ergänzt (Abb.).

Polare Achsen sind kristallographische Symmetrieachsen, die durch keine Symmetrieoperation so mit sich selbst zur Deckung gebracht werden, daß die eine ihrer Richtungen mit der Gegenrichtung zusammenfällt. Alle Drehungs- und Schraubungsachsen sind für sich allein polar. Erst zusätzliche Symmetrieelemente, welche die beiden Richtungen der Symmetrieachse vertauschen, z. B. eine auf der Symmetrieachse senkrecht stehende 2zählige Drehungsachse oder Spiegelebene, entkleiden die Symmetrieachse ihres polaren Charakters. Polare Achsen sind: die 2zähligen Drehungsachsen der Klassen 2, $2n$, 32, $32m$, die 3zähligen Achsen der Klassen 3, $3n$, 23, $23n$, die 4zähligen Achsen der Klassen 4, $4n$ und die 6zähligen Achsen der Klassen 6, $6n$.

Polare Bindung (=heteropolare Bindung=Ionenbindung; manchmal auch „Ionenbeziehung" genannt) liegt dann vor, wenn von den aneinander gebundenen Atomen eines eine starke, das andere eine geringe →Elektronegativität hat. Das elektronegativere „zieht" dann ein fremdes Elektron zu sich hinüber. Das so entstandene negative Ion zieht das übriggebliebene positive Ion elektrostatisch an. Dieser Bindungstyp liegt selten ganz rein vor. Er überwiegt z. B. in den Alkalihalogenidkristallen. Meist tritt die polare Bindung gemischt mit der →kovalenten auf; die Valenz hat dann „polaren Charakter" und ein permanentes →Dipolmoment. *Pauling* u. a. drücken mit Hilfe der atomaren Elektronegativitätsskala den polaren und den kovalenten Anteil (Charakter) einer Bindung in Prozenten aus (→Elektronegativität). Eine Bindungs-Eigenfunktion $\Phi = a\varphi$ (kovalent) $+ b\psi$ (polar) enthält danach $a^2 \cdot 100\%$ kovalenten Anteil und $b^2 \cdot 100\%$ polaren; $a^2 + b^2 = 1$. Die Tatsache, daß die polare Wechselwirkung zwischen zwei Ionen, z. B. im NaCl-Kristall, keine Absättigung zeigt wie die kovalente, war gelegentlich der Anlaß, an Stelle der Ausdrücke „polare Bindung" oder „Ionenbindung" den Ausdruck „Ionenbeziehung" zu verwenden. Historisch ist zu bemerken, daß *Kossel* [Ann. d. Phys. **49**, 229 (1916)] seine Theorie der Valenz und Wertigkeiten auf der Vorstellung aufbaute, daß Atome höherer Elektronegativität, z. B. solche mit nahezu kompletter Schale, die Lücken ihrer äußeren Elektronenschalen (Oktettlücken) auf Kosten der Liganden zum Oktett (Oktett-Theorie) ergänzen, und den Liganden dann statisch anziehen.

Polarer Vektor →Vektor, axialer, polarer.

Polarform →bilineare Form.

Polarfront →Zyklone, außertropische.

Polarimeter (*Polaristrobometer*), Instrumente zur Messung des Drehvermögens optisch aktiver Substanzen. In der einfachsten Ausführung sind es Polarisationsmikroskope oder -apparate mit um die Tubusachse drehbarem Analysator. Zur Erhöhung der Meßgenauigkeit werden in den Strahlengang zwischen den beiden Polarisationsprismen *Halbschatten*vorrichtungen eingeführt. Diese teilen das Gesichtsfeld in zwei längs eines Felddurchmessers aneinanderstoßende Hälften, in denen die Schwingungsrichtungen des polarisierten Lichtes unter einem meist kleinen Winkel gegen die Grenzgerade verlaufen, dem *Halbschattenwinkel* oder einfach *Halbschatten* ε. Erreicht wird das entweder durch zwei gleich dicke Kristallplatten, die das Gesichtsfeld je zur Hälfte ausfüllen und deren Schwingungsrichtungen miteinander den Winkel 2ε und mit der gemeinsamen Berührungsfläche Winkel ε einschließen (z. B. →Calderonsche Halbschattenplatte), oder durch zwei gleich dicke, entgegengesetzt drehende Quarzplatten (→Soleilsche Doppelplatte) oder kompliziertere Anordnungen

(z. B. →Bracescher Kompensator oder zwei Nicols, s. u.). Das Halbschattenprinzip beruht darauf, daß das Gesichtsfeld nicht auf maximale Dunkelheit eingestellt wird, sondern auf die Beleuchtungsgleichheit der beiden aneinandergrenzenden, mäßig beleuchteten Hälften (*Halbschattenstellung*), weil das Auge dafür viel empfindlicher ist als für die Feststellung des Maximums einer zeitlich veränderlichen Dunkelheit.

Als Beispiel eines Halbschattenpolarimeters sei das von *Lippich* erwähnt (Abb.). Der Halbschatten wird durch zwei Polarisatoren N_1 und N_2 erzeugt,

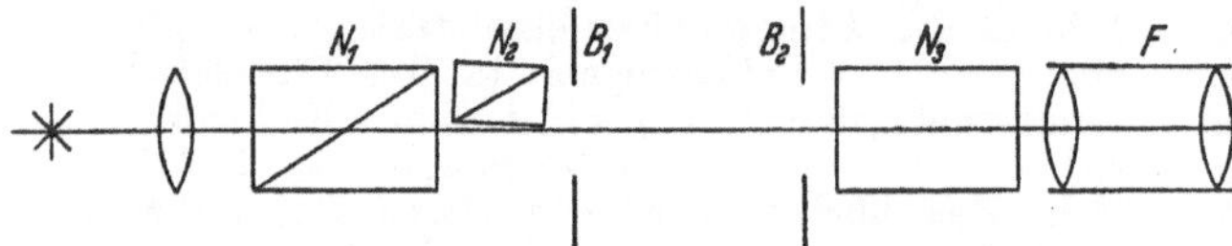

Halbschattenpolarimeter nach *Lippich*.

von denen N_1 doppelt so lang und breit (in der Zeichnungsebene) als das „Halbprisma" N_2 ist und sich zur Änderung des Halbschattenwinkels ε um die Längsachse drehen läßt. Der Halbschattenwinkel beträgt 1 bis 10°. Die optische Drehung kann auf einige Sekunden genau gemessen werden. B_1 und B_2 sind Gesichtsfeldblenden, von denen B_1 die Größe, B_2 die Helligkeit des Gesichtsfeldes bestimmt. N_3 ist Analysator, F ein Fernrohr.

Bei der Bestimmung der Drehung von Zuckerlösungen (*Saccharimetrie*) wird mit einem unveränderlichen Halbschatten von etwa 8° gearbeitet. Zwischen Polarisator und Analysator des Polarimeters (*Saccharimeters*) befindet sich die Lösung in einem Rohr von 10 bis 20 cm Länge und eine Keilkompensation (→Kompensatoren), die so eingestellt wird, daß sie die Drehung durch die Zuckerlösung wieder rückgängig macht. Das ist auch bei weißem Licht deshalb möglich, weil die Rotationsdispersionen von Quarz und von Zuckerlösungen nahezu gleich sind. Der geringe Unterschied wird durch die Filterung des weißen Lichtes durch eine 15 mm dicke Schicht einer 6prozentigen Kaliumdichromatlösung in Wasser eliminiert.

Handb. d. Physik XIX. Berlin 1928.

Polarisation der Atome →Polarisation, dielektrische.

Polarisation, chemische. Die potentialbestimmenden Vorgänge an der Phasengrenze eines elektrochemischen Zweiphasensystems, einer →Elektrode, laufen nicht mit beliebig großer *Reaktionsgeschwindigkeit* ab. Die hierauf zurückgehende, im Stromfluß auftretende Verschiebung der →Galvani-Spannung ist als chemische Polarisation bezeichnet worden. Insbesondere spricht man von chemischer Polarisation, wenn die maßgebende Hemmung nicht beim Durchtritt der potentialbestimmenden Ionen durch die elektrochemische →Doppelschicht, sondern bei den sich anschließenden oder vorausgehenden *Phasengrenzreaktionen* auftritt. Im wesentlichen besteht jedoch kein Unterschied gegenüber der ähnlich definierten →Aktivierungspolarisation. Ein besonders gut untersuchtes Beispiel eines chemisch gehemmten Ionenüberganges ist der Übergang der Metallionen mit *Komplexbindung*. Unterliegt die Bildung bzw. der Zerfall des Komplexes größeren Hemmungen, so machen sich die bei anodischem oder kathodischem Stromfluß auftretenden Abweichungen vom stromlosen Gleichgewichtszustand als entsprechend große Polarisation bemerkbar.

Foerster, F.: Elektrochemie wäßriger Lösungen. Leipzig 1922.

Polarisation, dielektrische. Der Begriff der dielektrischen Polarisation geht auf *Faraday* zurück. Allgemein ist unter Polarisation der Zustand eines Körpers zu verstehen, welcher an zwei entgegengesetzten Enden der Quantität nach gleiche, der Qualität nach entgegengesetzte Eigenschaften aufweist. Jedes →Dielektrikum, auch der luftleere Raum, ist nach *Faraday* in Elementarteilchen aufzulösen, deren jedes einzelne im elektrischen Feld polarisiert wird. Wird also ein Dielektrikum in ein elektrisches Feld gebracht, so findet innerhalb des Körpers eine elektrische Verschiebung statt. Der vom Dielektrikum herrührende Anteil des →Verschiebungsstromes besteht darin, daß eine bestimmte Elektrizitätsmenge durch die Flächeneinheit senkrecht zur Verschiebungsrichtung fließt. Die Größe dieser Elektrizitätsmenge bildet dann ein Maß für die →Verschiebung bzw. dielektrische Polarisation.

Nach neueren Vorstellungen vom Aufbau der Materie lassen sich drei verschiedene Polarisationsvorgänge im Dielektrikum unterscheiden: Elektronenpolarisation, Atompolarisation und Orientierungspolarisation. Unter →*Elektronenpolarisation* versteht man die Verschiebung der negativen Elektronenhülle eines Atoms gegenüber dem positiven Atomkern; sie bewirkt eine räumliche Trennung der Ladungsschwerpunkte eines Atoms, deren Größe gegenüber den Atomdurchmessern sehr gering ist, und erfolgt mit sehr kleiner Einstellzeit. Als *Atompolarisation* bezeichnet man die Abstandsvergrößerung der elektrischen Schwerpunkte von polaren Molekülen, deren Ladungsschwerpunkte auch schon im feldfreien Raum nicht zusammenfallen; sie führt also zur Vermehrung eines bereits im Molekül vorhandenen →Dipolmomentes mit ebenfalls sehr geringer Einstellzeit. *Orientierungspolarisation* bedeutet die Ausrichtung regellos gelagerter Dipolmoleküle im elektrischen Feld; sie erfolgt mit einer wesentlich größeren Einstelldauer, die von der Zähigkeit des Stoffes abhängt. Elektronen- und Atompolarisation folgen wegen ihrer geringen Einstellzeiten bis zu hohen Frequenzen zeitlichen Feldänderungen so gut wie momentan, während die Orientierungspolarisation schon bei verhältnismäßig niedrigen Frequenzen nachhinkt. Elektronen- und Atompolarisation sind von der Temperatur unabhängig; dagegen ist die Orientierungspolarisation umgekehrt proportional der absoluten Temperatur, da den ausrichtenden Kräften des elektrischen Feldes der desorientierende Einfluß der thermischen Bewegung entgegenwirkt (→Polarisierbarkeit).

Polarisation, elektrische, der Vektor $\mathfrak{P}$ der elektrischen Polarisation, der zur Beschreibung des von der Materie bedingten Anteils des Feldzustandes im →Dielektrikum eingeführt wird und auch →Elektrisierung genannt wird.

Polarisation elektrischer Wellen. Die von einem Dipol abgestrahlten elektrischen Wellen sind linear polarisiert. Bei vertikalem Dipol steht der elektrische Feldvektor senkrecht zur Erdoberfläche und behält bei guter Bodenleitfähigkeit (Seewasser) diese Richtung bei. Bei geringer Bodenleitfähigkeit hat der Feldvektor eine Neigung in der Fortpflanzungsrichtung der Wellen.

Die Polarisation von elektrischen Wellen nach Reflexion an der Ionosphäre ist im allgemeinen vollkommen willkürlich und zeitlich schwankend, da sich das Feld am Empfangsort zusammensetzt aus den Wellen, die auf verschiedenen Ausbreitungswegen dorthin gelangen (→Ausbreitung elektrischer Wellen), wobei jede Welle unter dem Einfluß des magnetischen Erdfeldes noch in die ordentliche und die außerordentliche Komponente (→Dispersionstheorie der Ionosphäre) aufgespalten sein kann. Nur bei Überwiegen eines Ausbreitungsweges erhält man eine Bevorzugung einer bestimmten Polarisation, so z. B. während der Nacht im Rundfunkwellenbereich auf der Nordhalbkugel eine linksdrehend elliptische.

Peilungen bei Anwesenheit von Raumwellen sind daher nur mit Anordnungen möglich, deren Wirkungsweise unabhängig vom Polarisationszustand ist. Die Beobachtung des Polarisationszustandes erfolgt meist mit gekreuzten Dipolen, die über Verstärker mit den beiden Plattenpaaren einer Braunschen Röhre verbunden sind.

Vilbig, F., u. *J. Zenneck:* Fortschr. d. Hochfrequenztechnik II. Leipzig 1943. — *Bergmann, L.*, u. *H. Lassen:* Ausstrahlung, Ausbreitung u. Aufnahme elektr. Wellen. Berlin 1940. — *Beckmann, B.:* Die Ausbreitung d. elektr. Wellen. Leipzig 1948.

Polarisation, elektrochemische. Wird aus einer elektrochemischen →Kette mit der Ruhespannung U_R Strom entnommen, so stellt sich eine →Arbeitsspannung U_i ein. Die Verschiebung der Spannung $\Delta U = U_i - U_R$ geht auf Ohmsche Spannungsabfälle innerhalb der die Kette aufbauenden Phasen und auf Verschiebungen der →Galvani-Spannung an den einzelnen Phasengrenzen zurück. Man kann letztere als *Polarisation von Elektroden* bezeichnen, wenn man unter →Elektrode ein elektrochemisches Zweiphasensystem versteht und die Polarisation definiert nach

Δg	=	g_i	—	g_R
Polarisation		Galvani-Spannung im Stromfluß		Galvani-Spannung im Ruhezustand

Im elektrochemischen Schrifttum wird der Begriff Polarisation oft auf eine durch „Elektrolyse“ hervorgerufene Verschiebung der Galvani-Spannung beschränkt.

Δg ist *meßbar* als Änderung der Spannung U einer Bezugskette (→Bezugselektrode):

$$\Delta g = U_i - U_R.$$

Entsprechend den verschiedenartigen *Ursachen*, auf die man die im Stromfluß auftretende Verschiebung der Galvani-Spannung zurückführen kann, lassen sich mehrere Polarisationsarten unterscheiden. Experimentell und theoretisch am leichtesten überschaubar sind die →*Widerstandspolarisation*, die →*Konzentrationspolarisation* und die →*Aktivierungspolarisation* einfacher Elektroden. Diese *Grundpolarisationsarten* führen, wenn man einen konstanten Strom vorgibt, nach einem von der Polarisationsart abhängigen Zeitgesetz zu einem stationären Wert der Polarisation. Bei vorgegebener Polarisation fällt der Strom auf einen stationären Wert, den *Reststrom*, ab. Die stationären Werte von J und Δg liefern →Strom-Spannungs-Kurven, welche sich bei den drei Grundpolarisationsarten in charakteristischer Weise unterscheiden und in vielen Fällen zur Kennzeichnung der Polarisationseigenschaften einer Elektrode erreichen. Bei der theoretischen Ableitung der Strom-Spannungs-Kurven spielen die nach Art und Ort verschiedenen *Hemmungen* des potentialbestimmenden Ionenübergangs (gehemmte Wanderung bzw. Diffusion bzw. gehemmter Durchtritt

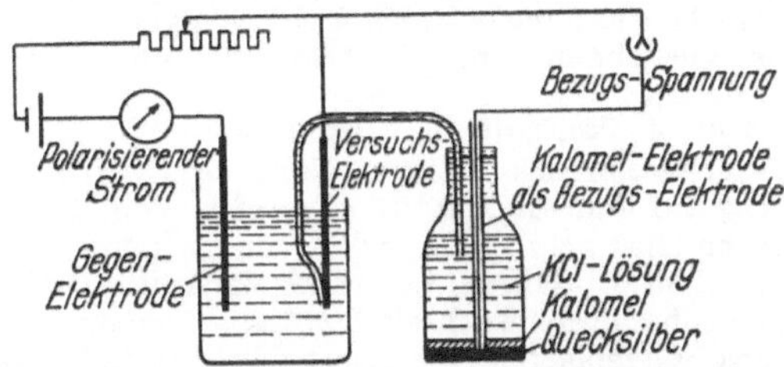

Messung der elektrochemischen Polarisation einer Elektrode.

der Ionen durch die →Doppelschicht) eine wesentliche Rolle. Wenn gleichzeitig mehrere Hemmungen maßgebend an der Verschiebung der Galvani-Spannung beteiligt sind, kommt es zu einer *Überlagerung* mehrerer Polarisationsarten, z. B. zu einer Überlagerung von Konzentrations- und Aktivierungspolarisation. *Verwickeltere* Polarisationserscheinungen treten auf, wenn durch die Phasenendumsätze (→Strom-Stoff-Umsatz) Größe und Struktur der Phasengrenze oder der potentialbestimmende Mechanismus geändert werden. (→Abscheidungspolarisation.)

Handb. d. Experimentalphysik XII/2. Leipzig 1933. Handb. d. Physik XIII. Berlin 1928. Handb. d. allg. Chemie VIII/2. Leipzig 1931. Handb. d. Metallphysik I/2. Leipzig 1940.

Polarisation von Elektronenwellen. Da das Elektron einen Spin besitzt, so gibt es nach der Dirac-Gleichung des Elektrons zwei verschiedene Wellen (positiver Energie) desselben Impulses, die sich durch die Spinorientierung unterscheiden, etwa dadurch, daß für die eine der Spin in Richtung, für die andere entgegen der Richtung der Fortpflanzung (des Impulses) eingequantelt ist. Diese beiden Fälle entsprechen etwa der links und rechts zirkularpolarisierten Lichtwelle.

Polarisation des Himmelslichtes. Das Himmelslicht ist überall teilweise polarisiert. Am größten Teil des Himmels ist die Polarisationsebene die Ebene durch Sonne, anvisierten Punkt und Beobachter. Im Punkt maximaler Polarisation, 90° über der Sonne im Sonnenvertikal, ist das Polarisationsverhältnis im Mittel 0,8, unterliegt aber starken Schwankungen und nimmt im Sonnenvertikal zur Sonne und ihrem Gegenpunkt hin ab bis zu den neutralen Punkten von *Babinet* etwa 17° über der Sonne und von *Arago* etwa 20° über ihrem Gegenpunkt. Unter diesen Punkten steht die Polarisationsebene senkrecht auf dem Sonnenvertikal bis zum *Brewster*schen Punkt etwa 10° unter der Sonne. Die Abstände dieser Punkte von der Sonne und ihrem Gegenpunkt schwanken systematisch mit der Sonnenhöhe und unregelmäßig mit der Wetterlage. Bei Polarisationsebenen steiler als 45° gegen den Horizont spricht man von positiver, flacher als 45° von negativer Polarisation; die Grenzlinie zwischen beiden, auf der die Polarisationsebene unter 45° geneigt ist, heißt neutrale Linie.

Durch →Rayleigh-Streuung in reiner Luft kann die normale Polarisation des größten Himmelsteiles erklärt werden. Die negative Polarisation in der Nähe von Sonne und Gegensonnenpunkt, sowie das unter 1,0 liegende Polarisationsverhältnis im Maximalpunkt werden entweder durch sekundäre Diffusion, d. h. Mitwirkung des zweimal an Luftmolekeln gestreuten Lichtes, erklärt oder durch das an gröberen Dunstteilchen gestreute Licht. Die zweite Anschauung ist noch nicht genügend theoretisch ausgebaut, um eine Entscheidung treffen zu können.

Handb. d. Geophysik VIII. Berlin 1943.

Polarisation des Lichtes. Fällt ein Lichtstrahl schräg auf eine Glasplatte, so wird er zum großen Teil ins Glas gebrochen und zu einem kleinen Teil unter dem Einfallswinkel reflektiert. Wie *Malus* 1807 beobachtete, wechselt Licht, das nacheinander an zwei Glasplatten reflektiert wird, beim Drehen der einen Platte um die Richtung des zwischen beiden Platten verlaufenden Strahles seine Helligkeit und kann ganz ausgelöscht werden in dem Fall, daß die Einfallsebenen beider Platten senkrecht aufeinander stehen (*Malusscher Versuch*). Die Erscheinung findet dadurch ihre Erklärung, daß die Transversalschwingungen der an einer Glasplatte gespiegelten Lichtwelle nicht beliebige und stets wechselnde Richtungen haben wie gewöhnliches Licht, sondern nur eine ausgezeichnete (*polarisiertes* oder *linear polarisiertes Licht*). Völlige Auslöschung wird allerdings nur dann erreicht, wenn der gebrochene und der reflektierte Strahl senkrecht aufeinander stehen. Der Einfallswinkel i wird in diesem Fall als *Polarisationswinkel* bezeichnet. Seine Größe ist gegeben durch $\operatorname{tg} i = n$, n Brechungszahl der Glasplatte (*Brewsters Gesetz*, Abb.). Die Einfallsebene heißt *Polarisationsebene*.

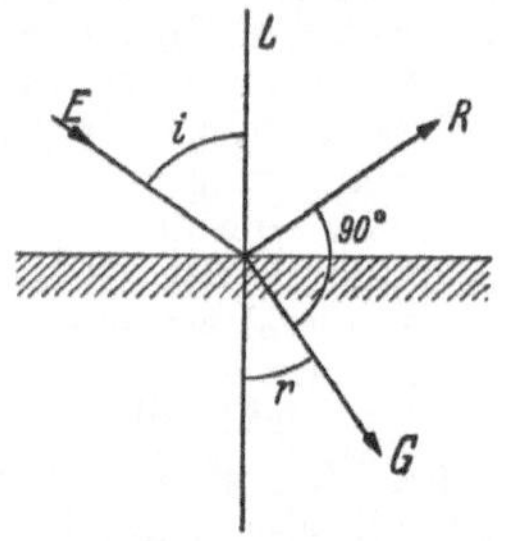

Brewsters Gesetz.
E einfallender, R reflektierter, G gebrochener Strahl, L Einfallslot.

Um die Intensität des reflektierten Lichtes zu erhöhen, verwendet man mehrere aufeinandergelegte Glasplatten (*Glasplattensatz*). Dabei wird auch der durchgehende, gebrochene Strahl teilweise polarisiert (*partielle Polarisation*).

Gewöhnlich wird jedoch linear-polarisiertes Licht mit Hilfe von →Polarisationsprismen erzeugt. Eine dritte Methode der Lichtpolarisation beruht auf der Absorption einer der beiden senkrecht zueinander schwingenden Wellen in einer farbigen Kristallplatte (→Pleochroismus). Als ältester Polarisator dieser Art dient eine Turmalinplatte, die parallel zur optischen Achse aus dem Kristall geschnitten wird. Der Pleochroismus des Turmalins ist sehr stark: die ordentliche Welle wird bei einer Plattendicke von wenigen Millimetern fast ganz absorbiert, die außerordentliche erscheint je nach Färbung des Kristalls in einem kräftigen, meist grünen oder braunen Ton. In neuerer Zeit werden für den gleichen Zweck dünne Schichten parallelgerichteter Kristalle organischer Verbindungen verwandt (z. B. Perjodide des Chininsulfats), die ebenfalls nur eine linear-polarisierte Welle hindurchlassen und sich vom Turmalin dadurch vorteilhaft unterscheiden, daß die durchgehende Welle durch Absorption fast gar nicht geschwächt wird (*Polarisationsfolien, Bernotare*).

Die Frage, ob die *Schwingungsrichtung* in der Einfallsebene (*Fr. Neumann*) oder senkrecht dazu (*A. Fresnel*) liegt, wurde durch die Versuche von *H. Hertz* an elektromagnetischen Schwingungen geklärt: Neumanns Schwingungsrichtung ist die der magnetischen Feldstärke $\mathfrak{H}$, Fresnels die der elektrischen Feldstärke $\mathfrak{E}$ (im Vakuum und praktisch in allen Gasen) oder der elektrischen Verschiebung $\mathfrak{D}$ (in allen flüssigen und festen Körpern). Seitdem wird als Schwingungs- oder Polarisationsrichtung stets die Fresnelsche, senkrecht zur Einfallsebene liegende, angegeben. Die Ebene durch Strahl und Fresnelsche Schwingungsrichtung wird als *Transversal-* oder *Schwingungsebene* bezeichnet.

Laufen zwei linear-polarisierte Wellen von gleicher Wellenlänge λ und mit senkrecht aufeinander stehenden Polarisationsebenen in gleicher Fortpflanzungsrichtung, so interferieren sie derart miteinander, daß sich die beiden Schwingungen an jedem Ort vektoriell addieren. Die resultierenden Schwingungsrichtungen drehen sich um die Fortpflanzungsrichtung; eine volle Umdrehung erfolgt längs der Strecke einer Wellenlänge. Während dieser Periode ändert sich im allgemeinen auch die Länge der Schwingungsvektoren, und ihre Projektionen auf die zur Fortpflanzungsrichtung senkrechte Ebene (Wellenfront) werden von einer Ellipse eingehüllt (*elliptische Polarisation* oder *Rotationspolarisation*). Sind die beiden Wellen um $\lambda/4$ gegeneinander verschoben und haben sie gleiche Amplituden, so wird die Ellipse zu einem Kreis (*Zirkularpolarisation*). Ist der Gangunterschied $n\lambda$ oder $(n + \frac{1}{2})\lambda$, $n = 1, 2, 3, \ldots$, so resultiert wieder linear-polarisiertes Licht, dessen Schwingungsrichtung und Amplitude sich vektoriell aus den Amplituden der beiden zueinander senkrecht schwingenden Wellen zusammensetzt.

Elliptische und zirkulare Polarisation können durch Reflexion an den beiden Grenzflächen planparalleler Platten (→Fresnelsches Parallelepiped) oder beim Durchgang von Strahlen durch doppelbrechende Platten erzeugt werden, die Zirkularpolarisation z. B. beim Durchgang durch Plättchen, die einen Gangunterschied von $\lambda/4$ zwischen den beiden senkrecht zueinander schwingenden Wellen für eine bestimmte Wellenlänge hervorrufen ($\lambda/4$-Blättchen, →Glimmerblättchen).

Handb. d. Physik XIX u. XX. Berlin 1928.

Polarisation, permanente elektrische, eine Polarisation oder →Elektrisierung, die auch nach Herausnehmen des Dielektrikums aus einem elektrischen Feld bestehenbleibt und als elektrisches Analogon zur permanenten Magnetisierung von ferromagnetischen Substanzen zu betrachten ist, obwohl sie auf durchaus andere Weise zustande kommt. →Elektret.

Polarisation der Röntgenstrahlen. Die →*charakteristische Röntgenstrahlung* ist unpolarisiert. Die →*Bremsstrahlung* ist teilweise polarisiert (*Barkla* 1905), da die Richtung der Kathodenstrahlen bei ihrer Entstehung eine Vorzugsrichtung darstellt. Die unter einem Winkel von 90° gestreute Strahlung ist vollständig polarisiert, wie nach der Theorie von *J. J. Thomson* für die →*Streuung der Röntgenstrahlen* verständlich ist. Man bestimmt den Polarisationsgrad einer vorgegebenen Röntgenstrahlung durch Intensitätsmessungen an der unter einem Winkel von 90° gestreuten Strahlung in einer Ebene senkrecht zum primären Röntgen-

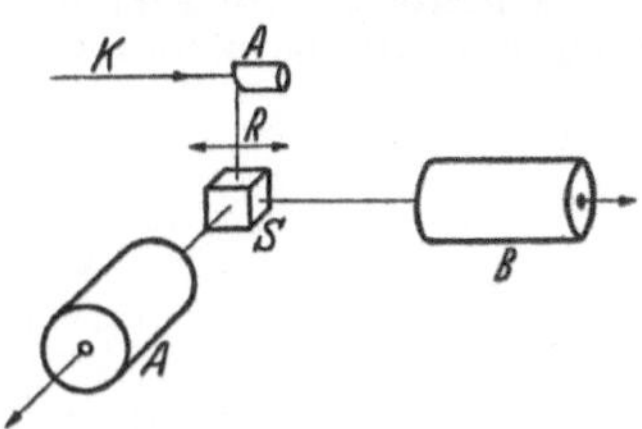

Anordnung zum Nachweis der Polarisation der Bremsstrahlung.
K Kathodenstrahlrichtung, *A* Antikathode, *R* Röntgenstrahlung unter 90° zur Kathodenstrahlrichtung, *S* Streukörper, *A* und *B* Ionisationskammer in verschiedenen Stellungen.

strahl. Die Abb. zeigt schematisch die Versuchsanordnung zum Nachweis der Polarisation und zum Messen des Polarisationsgrades. →Polarisationsfaktor.

Handb. d. Physik XXIII/2. Berlin 1933. – *Barkla, C. G.:* Phil. Trans. Roy. Soc. Lond. (A) **204**, 467 (1905).

Polarisation der Spektrallinien. Die Spektrallinien eines Atoms sind nicht polarisiert, solange sich das Atom nicht in einem äußeren Felde befindet, das eine Vorzugsrichtung im Raume auszeichnet. Für die Intensität der Komponente des Lichtes, deren elektrischer Vektor in x-Richtung liegt, ist maßgebend das Absolutquadrat des Matrixelementes der x-Komponente des Dipolmomentes $\left(e \sum_{i=1}^{f} x_i\right)_{nm}$, wobei die Summation sich über die f Elektronen des Atoms erstreckt. Wegen der räumlichen Symmetrie sind die Matrixelemente der x-, y-, z-Komponenten des Dipolmomentes gleich. Dies ist aber nicht mehr der Fall, wenn ein äußeres Feld, etwa ein Magnetfeld, vorhanden ist. Beim →Zeeman-Effekt entspricht die Linie, die durch den Übergang $m \to m$ hervorgerufen wird, der Ausstrahlung eines Dipols, dessen elektrisches Moment in Richtung des Magnetfeldes schwingt; die Linien mit $m \to m \pm 1$ entsprechen einem Dipol, dessen Moment in der Ebene senkrecht zum Felde rotiert.

Polarisation des Sternlichtes. Nach neuen Beobachtungen an der Yerkes-Sternwarte ist das Licht einiger entfernter Sterne teilweise polarisiert. Der Polarisationsgrad, der nicht merklich von der Wellenlänge abhängt, beträgt etwa 10%. Es handelt sich durchweg um Sterne mit positivem →Farbenexzeß, deren Licht also durch Streuung im interstellaren Staub gerötet ist. Wenn die Polarisation durch Streuung an Partikeln der →interstellaren Materie hervorgerufen wird, so müßte es sich um die Wirkung länglicher Teilchen handeln, deren Achsen durch äußere Einwirkung, vermutlich durch interstellare Magnetfelder, parallel gerichtet sind.

Joos, G.: S.-B. math.-naturwiss. Abt. bayr. Akad. Wiss. 7. 6. 1950.

Polarisation des Vakuums. In der →Quantenelektrodynamik, speziell in der →Diracschen Löchertheorie, ergibt sich, daß man auch im Vakuum (Abwesenheit von Elektronen und Positronen) die Maxwellschen Gleichungen durch nichtlineare Glieder abzuändern hat. Während man die gewöhnlichen Maxwellschen Gleichungen aus dem Variationsprinzip (im Lorentzschen Maßsystem)

$$\delta \int L\,dx\,dy\,dz\,dt = 0 \quad \text{mit} \quad L = \tfrac{1}{2}(\mathfrak{E}^2 - \mathfrak{H}^2)$$

durch Variation der elektrodynamischen Potentiale erhält, kann man nach *Euler* und *Heisenberg* L für den Fall, daß die vorkommenden Wellenlängen groß gegen die Compton-Wellenlänge des Elektrons sind, ersetzen durch:

$$L = \tfrac{1}{2}(\mathfrak{E}^2 - \mathfrak{H}^2) + \\ + \frac{1}{360\pi^2}\frac{e^4 h^5}{m^4 c^7}\{(\mathfrak{E}^2 - \mathfrak{H}^2)^2 + 7(\mathfrak{E}, \mathfrak{H})^2\} + \cdots.$$

Der Vektor $\mathfrak{D} = \partial L/\partial\mathfrak{E}$ ist dann nicht mehr mit $\mathfrak{E}$ identisch, so daß man $\mathfrak{P} = \mathfrak{D} - \mathfrak{E}$ als Polarisationsvektor des Vakuums bezeichnen kann.

Grob anschaulich läßt sich die Polarisation verstehen als virtuelle (nicht wirkliche) Trennung von Positronen-Elektronen im Vakuum durch das angelegte Feld. So ist auch die Streuung von Licht an Licht wie von Licht an starken elektrischen Feldern möglich, liegt aber unterhalb der Beobachtungsmöglichkeiten.

Zur Erklärung der Stabilität des Elektrons wurde (schon auf rein klassischem Wege) mehrfach versucht, durch geringfügige (nichtlineare) Änderungen der Maxwellschen Gleichungen eine Punktladung endlicher Energie möglich zu machen. In diesen Theorien tritt dann auch eine Polarisation des Vakuums (aber nur in unmittelbarer Nähe der Punktladung) auf, da für die entsprechenden Lagrange-Funktionen nicht mehr $\partial L/d\mathfrak{E} = \mathfrak{E}$, sondern $\partial L/\partial\mathfrak{E} = \mathfrak{D} \neq \mathfrak{E}$ ist.

Wentzel, G.: Quantentheorie d. Wellenfelder. Wien 1943. – *Weyl, H.:* Raum, Zeit, Materie. Berlin 1925 (Miesche Theorie). – *Heitler, W.:* Theory of Radiation. Oxford 1946. – *Heisenberg, W.*, u. *H. Euler:* Z. Phys. **98**, 714 (1936). – *Serber, R.:* Phys. Rev. **48**, 49 (1935). – *Uhling, E. A.:* ebd. **48**, 55 (1935).

Polarisationsapparate sind Kombinationen von zwei Polarisationsvorrichtungen, dem Polarisator und dem Analysator, →Polarisationsmikroskop, →Nörremberg, →Polarimeter.

Polarisationsarbeit →Energiedichte des elektrischen und magnetischen Feldes.

Polarisationsebene →Polarisation des Lichtes.

Polarisationseffekt in der Massenspektroskopie. Treffen Kathoden- oder Kanalstrahlen im Vakuum auf Metallteile, so bilden sich in der Regel an den getroffenen Stellen isolierende Schichten, die dann durch den Strahl selbst elektrisch aufgeladen werden und ihn ablenken. Dadurch sind besonders bei den ersten massenspektrographischen Arbeiten große experimentelle Schwierigkeiten aufgetreten. Die Erklärung dafür ist folgende: Wenn keine besonderen Vorsichtsmaßnahmen getroffen werden, sind an der Oberfläche der Metallteile stets dünne Häute von organischen Verbindungen vorhanden, die beim Auftreten der Strahlen zerschlagen werden. Dadurch bilden sich an den getroffenen Stellen kohlenstoffhaltige Schichten, die gut isolieren und sich aufladen können. Durch Vergolden der Metallteile kann der Effekt beträchtlich herabgesetzt werden.

Aston, F. W.: Mass Spectra and Isotopes. London 1942. – *Shaw, E.:* Phys. Rev. **44**, 1009 (1933).

Polarisationsellipsoid →Elektronenpolarisation.

Polarisationsfaktor. Jeden unpolarisierten Lichtstrahl von der Intensität $I = A^2$ kann man sich zerlegt denken in zwei senkrecht zueinander schwingende linear polarisierte Strahlen gleicher Amplitude $\frac{1}{2}\sqrt{2}A$. Wählt man die Schwingungsrichtungen senkrecht und parallel zur Ebene durch den primären und einen unter dem Winkel ϑ dazu gebeugten Strahl, so ist die Intensität des senkrecht zu der Ebene schwingenden für alle ϑ konstant gleich $A^2/2$, die Intensität des in ihr schwingenden Strahles aber gleich $\frac{1}{2}A^2 \cos^2\vartheta$. Die Intensität des gebeugten Strahles erleidet daher durch die Polarisation eine Schwächung, die nach *J. J. Thomson* (1893) durch den *Polarisationsfaktor* $\frac{1}{2}(1 + \cos^2\vartheta)$ berücksichtigt wird.

G. Barkla wies 1906 nach, daß Röntgenstrahlen bei der Streuung an festen Körpern polarisiert werden. Daher ist der Polarisationsfaktor bei der →Kristallstrukturbestimmung zu berücksichtigen.

Polarisationsfarben, Bezeichnung für →Interferenzfarben, die in Polarisationsapparaten, insbesondere im Polarisationsmikroskop, beobachtet werden.

Polarisationsfehler →Peilfehler durch Raumwelle.

Polarisationsfolien →Polarisation des Lichtes.

Polarisationskapazität. Nimmt man die →Polarisation Δg einer →Elektrode als Funktion der in der Zeit t vom Strom i transportierten Ladung $Q = it$ bzw. $\int_0^t i\,dt$ auf, so kann man die Neigung $P = d\Delta g/dQ$ der $\Delta g(Q)$-Kurve benutzen, um die *Polarisierbarkeit* P der Elektrode zu kennzeichnen. Oft wird auch der Kehrwert $1/P$ der Polarisierbarkeit angegeben und als *Polarisationskapazität* $C = dQ/d\Delta g$ bezeichnet. Die Maßzahl von C ist gleich derjenigen der Ladung, welche nötig ist, um die Galvani-Spannung der Elektrode um 1 V zu verschieben. Die so definierte Kapazität ist eine Funktion der Polarisierungszeit. Sie nähert sich mit Annäherung an den stationären Zustand dem Wert ∞.

Für einen gewissen Polarisationsbereich Δg läßt sich eine *mittlere Polarisierbarkeit* $\Delta g/\Delta Q$ bzw. eine mittlere Polarisationskapazität $\Delta Q/\Delta g$ angeben.

Die *Anfangskapazität* C, die sich aus der Neigung der im Nullpunkt der $\Delta g(Q)$-Kurve angelegten Tangente ergibt, geht unter bestimmten Voraussetzungen in die Kapazität der elektrochemischen →Doppelschicht über.

Handb. d. Experimentalphysik XII/2. Leipzig 1933. — *Gatty, O.*, u. *E. C. R. Spooner:* The Electrode Potential Behaviour of Corroding Metals in Aqueous Solutions. Oxford 1938.

Polarisationsmikroskop. Es unterscheidet sich von einem gewöhnlichen Mikroskop durch Einrichtungen zur Beobachtung in polarisiertem Licht. Dazu besitzt es zwei Polarisationsprismen, gewöhnlich Nicols, von denen das eine vor dem Objekt, das andere zwischen Objektiv und Okular angebracht ist. Das erste Prisma polarisiert das Licht (*Polarisator*). Das zweite dient zur Untersuchung der Interferenzerscheinungen im Objekt (*Analysator*). Beide Prismen sind drehbar um die Tubusachse angeordnet, werden jedoch meist so benutzt, daß ihre Schwingungsrichtungen senkrecht zueinander stehen (*gekreuzte Nicols*). Die Untersuchung wird meist, wie bei anderen Mikroskopen, in parallelstrahligem (parallelem) Licht ausgeführt. Dazu wird das divergente Licht einer Lichtquelle durch eine Sammellinse, den Kondensor, der sich an den Polarisator anschließt, parallelstrahlig gemacht. Das Mikroskop wird in diesem Fall als *Orthoskop* bezeichnet (Abb. 1). Zur Untersuchung der optischen Achsen und der damit verbundenen Erscheinungen kann das Mikroskop durch Einschalten einer zusätzlichen Kondensorlinse (*KL*, Abb. 2) in ein *Konoskop* umgewandelt werden, das mit stark konvergentem Licht arbeitet. Im Konoskop wird nicht ein wirkliches Bild wie B_1 (Abb. 1)

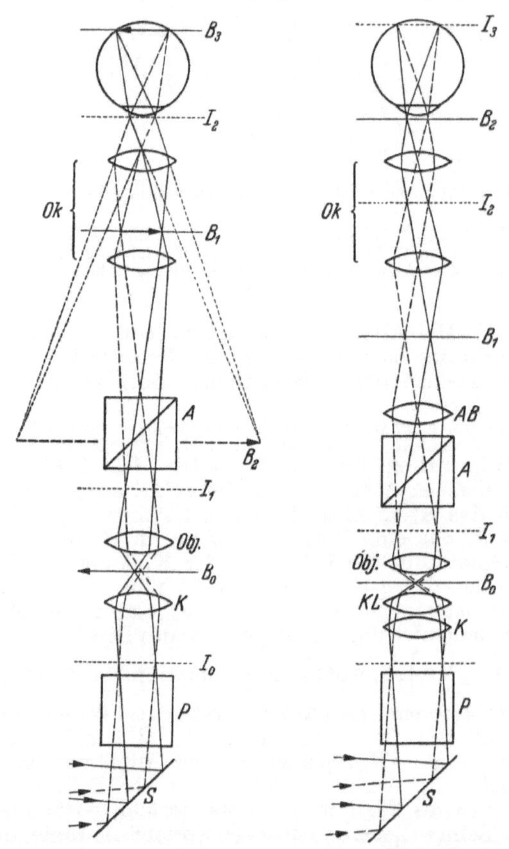

Abb. 1. Orthoskop. Abb. 2. Konoskop.

A Analysator, *AB* Amici-Bertrandsche Linse, B_0 Gegenstand, $B_1, \ldots$ wirkliche Bilder, *I* Interferenzbilder, *K* Kondensor, *KL* zusätzliche Kondensorlinse, *Obj* Objektiv, *Ok* Okular, *P* Polarisator.

beobachtet, sondern das Interferenzbild I_1 der durch das Objekt hindurchgegangenen Lichtstrahlen in der dem Auge zugewandten Brennebene des Objektivs, entweder mit bloßem Auge unter Fortlassung des Okulars (nach *A. v. Lasaulx*) oder stark vergrößert mit Hilfe des Okulars und einer zwischen Analysator und Okular geschalteten Sammellinse (*Amici-Bertrandsche Linse, G. B. Amici* 1830, *E. Bertrand* 1878).

Zu den Hilfsmitteln des Polarisationsmikroskops gehören Gipsplättchen, Glimmerblättchen und Kompensatoren, die zwischen Objektiv und Analysator so eingeschoben werden, daß ihre Schwingungsrichtungen unter 45° zu denen der Nicols verlaufen.

Über die Verwendungsmöglichkeit des Polarisationsmikroskops →Interferenzerscheinungen im parallelstrahligen und →Interferenzbilder im konvergenten polarisierten Licht.

Burri, C.: Das Polarisationsmikroskop. Basel 1950.

Polarisationsphotometer. Bei diesen Photometern wird die Schwächung, die polarisiertes Licht durch ein Analysatorprisma erfährt, benutzt, um zwei Lichtströme miteinander zu vergleichen. Im Interesse der Meßgenauigkeit empfiehlt es sich, den einen Lichtstrom gegenüber dem anderen um nicht mehr als im Verhältnis 1 : 10 zu schwächen. Das bekannteste Polarisationsphotometer ist das →Spektralphotometer nach *König* und *Martens*.

Polarisationsprismen sind Prismen aus Kalkspat oder seltener Quarz, durch die unpolarisiertes Licht in zwei senkrecht zueinander schwingende linear polarisierte Wellen zerlegt wird. Außer dem →Nicol und seinen Variationen, die sämtlich die eine der beiden Wellen ablenken und absorbieren, werden hauptsächlich für Polarimeter noch folgende, aus zwei Teilen zusammengekittete Prismen nach 1. *Rochon* (aus Kalkspat, Abb. 1a, oder Quarz, Abb. 1b), 2. *Sénarmont* (Kalkspat, Abb. 2, oder Quarz) und 3. *Wollaston* (Kalkspat, Abb. 3), sowie das die Totalreflexion ausnutzende, aus einem Stück bestehende *Dove-Prisma* (Abb. 4)

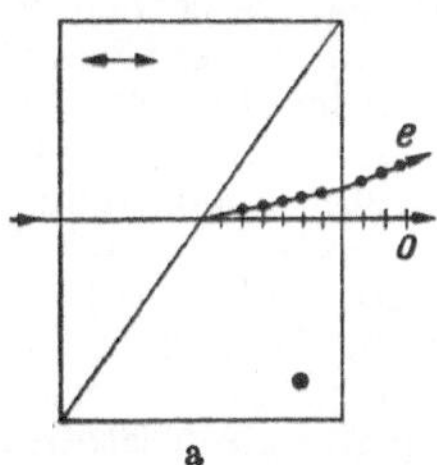

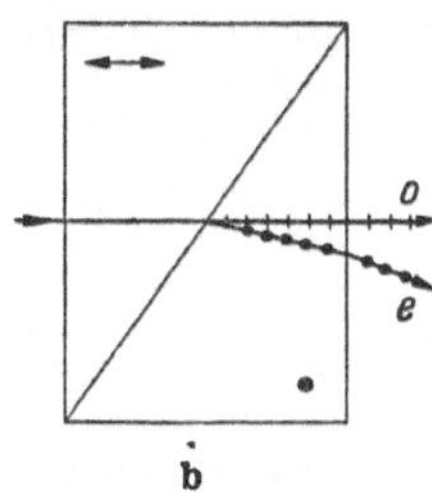

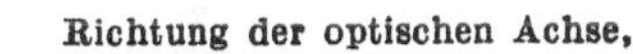
Richtung der optischen Achse,
optische Achse senkrecht zur Bildebene,

in der Bildebene,
senkrecht zur Bildebene schwingende Welle.

Abb. 1. Rochon-Prisma. a) aus Kalkspat. b) aus Quarz.

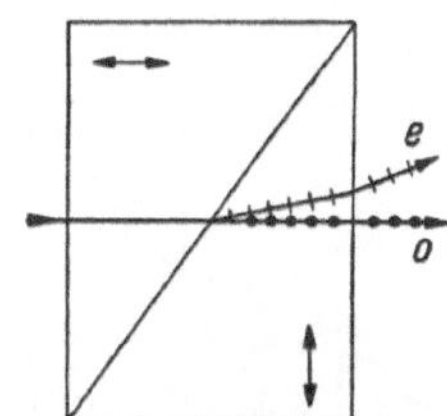

Abb. 2. Sénarmont-Prisma aus Kalkspat.

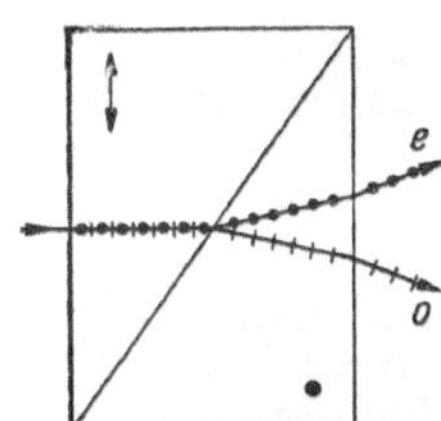

Abb. 3. Wollaston-Prisma.

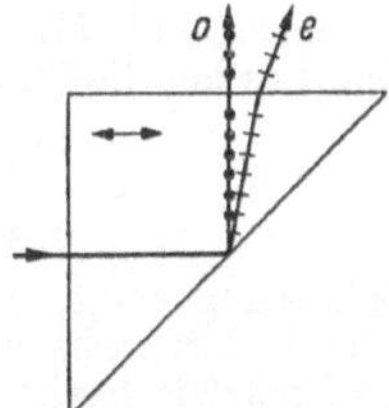

Abb. 4. Dove-Prisma.

verwendet. Die Diagonale der Abb. 1 bis 3 gibt die auf der Zeichnungsebene senkrechte Kittschicht an. Der Strahlengang und die Richtung der optischen Achse sind in allen Abbildungen vermerkt.

Handb. d. Physik XX. Berlin 1928.

Polarisationsstrom. Zwei gleichartige, gegeneinander geschaltete Elektroden können *im Stromfluß* durch die auftretende →*Polarisation* so verändert werden, daß *nach Abschalten* des polarisierenden Stromes die kathodisch belastete Elektrode gegenüber der anodisch belasteten eine Spannung aufweist, die eine gewisse Zeit nach dem Abschalten noch bestehenbleibt. Während vor dem Stromfluß die aus den beiden Elektroden bestehende Kette die EMK Null hatte, zeigt sie jetzt eine endliche EMK, die bei Kurzschließen der Kette zu einem dem polarisierenden Strom entgegengesetzten *Polarisationsstrom* Veranlassung gibt. Als Polarisationsart kommt in Frage: 1. →Konzentrationspolarisation, Entstehen einer →Konzentrationskette, 2. →Abscheidungspolarisation.

Beispiele: Zweiphasensystem Metall/Lösung als Elektrode.

1. $Pt/H_2SO_4/Pt$. Durch genügend langen und starken Stromfluß entsteht die →Knallgaskette.

2. $Pb/H_2SO_4/Pb$. Durch Stromfluß entsteht die Kette $Pb/H_2SO_4/PbO_2/Pb$, welche dem →Bleisammler entspricht.

Polarisator, eine optische Vorrichtung, die aus natürlichem Licht linear polarisiertes Licht erzeugt, z. B. ein →Polarisationsprisma, eine Polarisationsfolie usw. →Polarisation des Lichtes.

Polarisierbarkeit, elektrochemische →Polarisationskapazität.

Polarisierbarkeit, elektrische. Die elektrische Polarisation eines →Dielektrikums erweist sich als proportional der elektrischen →Feldstärke. Der Quotient aus elektrischem Moment (→Dipolmoment) und erzeugender Feldstärke heißt elektrische Polarisierbarkeit. Dabei wird ihrer Definition noch eine unterschiedliche Substanzmenge (ganzer dielektrischer Körper, Volumeneinheit eines Dielektrikums, einzelnes Molekül usw.) zugrunde gelegt.

Die auf die Volumeneinheit eines Dielektrikums bezogene Polarisierbarkeit nennt man meist *Elektrisierbarkeit* ψ; diese ist definiert als das Verhältnis der →Elektrisierung $\mathfrak{P}$ zur elektrischen Feldstärke $\mathfrak{E}_0$, die im Feldraum vor Einbringen des Dielektrikums herrscht:

$$\mathfrak{P} = \psi \mathfrak{E}_0 .$$

Der Einfluß der →Entelektrisierung, die bei nicht vollständiger Ausfüllung des Feldraumes mit dem Dielektrikum auftritt, ist also nicht in $\mathfrak{E}_0$ enthalten, sondern in die Definition von ψ einbegriffen. (Bei experimentellen Bestimmungen von ψ sollte also zweckmäßigerweise das zu messende Dielektrikum das Kondensatorfeld vollkommen ausfüllen.)

Die *molekulare* elektrische Polarisierbarkeit bezieht sich auf das einzelne Molekül und ist definiert als der Quotient aus elektrischem Moment $\mathfrak{m}_e$ eines Moleküls und der Vakuumfeldstärke $\mathfrak{E}_0$

$$\mathfrak{m}_e = \alpha \mathfrak{E}_0 .$$

Auch hier steckt die Wirkung der Entelektrisierung in α. Die →Elektrisierung $\mathfrak{P}$, d. h. das in der Volumeneinheit erzeugte elektrische Moment, ergibt sich dann zu

$$\mathfrak{P} = N_L \varrho\, \mathfrak{m}_e = N_L \varrho\, \alpha\, \mathfrak{E}_0$$

(ϱ →Dichte; N_L →Loschmidt-Konstante). Bei der zahlenmäßigen Auswertung dieser Beziehung ist darauf zu achten, daß die Zahlenwerte für ϱ und N_L auf die *gleiche* Masseneinheit (entweder →mol oder g) bezogen eingesetzt werden, erforderlichenfalls unter Benutzung des →Molekulargewichts (M), des Umrechnungsfaktors zwischen mol und g.

Solange man, wie z. B. in nichtpolaren Gasen, Dämpfen und verdünnten Lösungen, die Wechselwirkung zwischen den einzelnen Molekülen vernachlässigen, d. h. die für die Polarisierung wirksame Feldstärke $\mathfrak{E}_w$ in einem das ganze Feld ausfüllenden Medium gleich der Vakuumfeldstärke $\mathfrak{E}_0$ setzen kann, folgt für die molekulare elektrische Polarisierbarkeit

$$\alpha = \frac{\varepsilon_0 (\varepsilon - 1)}{N_L \varrho} = \frac{\varepsilon_0\, \xi}{N_L \varrho}$$

(ε_0 elektrische →Feldkonstante, ε relative →Dielektrizitätskonstante, ξ elektrische →Suszeptibilität). In nichtpolaren Flüssigkeiten und festen Körpern ist dagegen die Wechselwirkung des einzelnen Moleküls mit den umgebenden Molekülen zu berücksichtigen. In diesem Fall ergibt sich für die wahre Feldstärke:

$$\mathfrak{E}_w = \mathfrak{E}_0 + \frac{1}{3\varepsilon_0}\, \mathfrak{P}$$

und entsprechend für die molekulare elektrische Polarisierbarkeit die *Clausius-Mosottische Gleichung:*

$$\alpha = \frac{3\varepsilon_0}{N_L \varrho}\, \frac{\varepsilon - 1}{\varepsilon + 2}\,.$$

Die Erfahrung zeigt, daß in grober, erster Näherung die Polarisierbarkeit eines Moleküls additiv aus den Polarisierbarkeiten der das Molekül bildenden Atome zusammengesetzt ist:

$$\alpha \approx \sum_n s_n\, \alpha_n,$$

wobei α_n die Polarisierbarkeit der n-ten Atomsorte und s_n die Zahl dieser Atome im Molekül bedeuten. Für nichtpolare Moleküle ist die Polarisierbarkeit α von der Größenordnung 10^{-42} bis 10^{-41} A s m² V⁻¹.

Bei Dipolsubstanzen enthält α außer den temperaturunabhängigen Gliedern der →Elektronen- und Atompolarisation (→Polarisation, dielektrische) noch ein Glied, welches von der Orientierungspolarisation, d. h. der Ausrichtung von den Molekülen eigenen Dipolen im elektrischen Feld, herrührt; dieser Anteil von α ist umgekehrt proportional der absoluten Temperatur T und berechnet sich nach der klassischen Langevinschen Formel zu

$$\alpha^{\mathrm{Or}} = \frac{|\mathfrak{m}_e|^2}{3kT}$$

(k →Boltzmann-Konstante, $\mathfrak{m}_e$ →elektrisches Moment des Dipolmoleküls). Die auf das →Mol bezogene molare oder Molpolarisierbarkeit ist um den Faktor L (→Loschmidt-Zahl) größer als α.

Joos, G.: Lehrb. d. theoret. Physik. Leipzig 1945. Handb. d. Experimentalphysik X. Leipzig 1930.

Polaristrobometer →Polarimeter.

Polarkoordinaten →krummlinige Koordinaten.

Polarkoordinaten-Oszillograph →Braunsche Röhre.

Polarlicht →Nordlicht.

Polarographie, eine *elektrochemische Analysenmethode,* die auf der Aufnahme von Stromspannungskurven unter Verwendung einer sich polarisierenden, tropfenden →Quecksilberelektrode als Versuchselektrode und einer ruhenden Quecksilberelektrode als Gegenelektrode beruht. Da die Grenzfläche Quecksilber/Lösung der ruhenden Elektrode sehr groß gegenüber der der Tropfelektrode ist, so kann die ruhende Elektrode als praktisch unpolarisierbar angesehen werden, also gleichzeitig als →Bezugselektrode dienen. Meist wird in einem *Polarographen* eine gleichmäßig ansteigende Spannung vorgegeben und der sich einstellende Strom photographisch registriert.

Die Tropfelektrode wird im allgemeinen *kathodisch* belastet. Die Anwesenheit reduzierbarer Stoffe, z. B. von Metallionen, macht sich als Ansteigen des Stromes bemerkbar. Da es sich bei der auftretenden Polarisation im wesentlichen um →Konzentrationspolarisation handelt, so tritt mit wachsender Polarisation schließlich ein →Grenzstrom i_{Gr} auf. Es kommt zur Ausbildung einer *Stufe* oder *Welle.* Bei mehreren reduzierbaren Stoffen treten entsprechend viele Stufen oder Wellen auf. Die *Lage* der Stufe, gekennzeichnet durch das Halbwellenpotential ε, ist charakteristisch für die Art des reduzierbaren Stoffes. Im

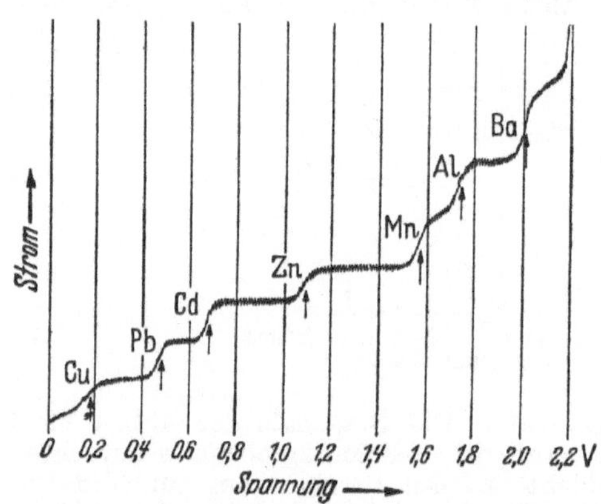

Abb. 1. Polarographische Stromspannungskurve.

wesentlichen erfolgt die Abscheidung nach der →Spannungsreihe. Die *Höhe* der Stufen ist unter gleichbleibenden Versuchsbedingungen proportional der Konzentration der abgeschiedenen Stoffe; man kann also die Polarographie zur qualitativen und quantitativen Analyse einer Lösung reduzierbarer Stoffe benutzen.

Die Anwendung der Quecksilber-Tropfelektrode bietet folgende *Vorteile:* 1. Durch die ständige Erneuerung der Oberfläche werden unreproduzierbare stoffliche Änderungen, wie sie an einer festen Elektrode unvermeidlich sind, ausgeschaltet. 2. Die hohe →Überspannung des Wasserstoffs an Quecksilber verschiebt die Entwicklung des Wasserstoffs stark ins negative Gebiet. Auch sehr unedle Metalle, z. B. die Alkalimetalle, können als Amalgame abgeschieden werden.

Die bei der Aufnahme eines Polarogramms durch das Tropfen auftretenden Zacken lassen sich durch ein Galvanometer mit großer Schwin-

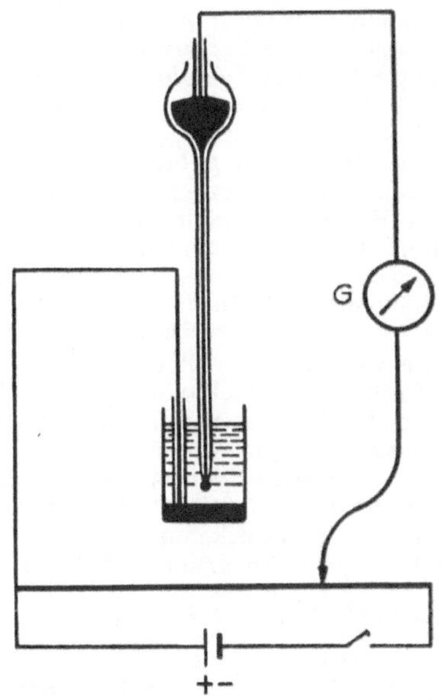

Abb. 2. Schaltschema für die polarographische Analyse.

gungsdauer mildern. Es wird im wesentlichen ein mittlerer Strom registriert, für den man folgende Zahlenwertgleichung ableiten kann:

$$\bar{i} = \frac{k\sqrt{D}\,c}{10^{(U-\varepsilon)\,0{,}058}+1}$$

(U angelegte Spannung, k Konstante [bei konstanter Tropfgeschwindigkeit], D Diffusionskonstante, c Konzentration der reduzierbaren einwertigen Ionen, ε Halbwellenpotential bei $\bar{i} = i_{Gr/2}$).

v. Stackelberg, M.: Die wiss. Grundl. d. Polarographie. Z. Elektrochem. **45**, 466 (1939); Polarographische Arbeitsmethoden. Berlin 1950.

Polaroid, Firmenbezeichnung einer →Polarisationsfolie.

Polbahn = Polhodie, →Kreisel, →Poinsot-Bewegung.

Polbüschel →Gleitentladung.

Poldiagramm →Textur.

Poleffekt, die Erscheinung, daß die Wellenlängen von im Lichtbogen erzeugten Metallspektren je nach der Länge des Bogens geringfügige Unterschiede zeigen. Die Ursache ist wahrscheinlich ein →Stark-Doppler-Effekt infolge des Potentialgradienten in den Doppelschichten an den Elektroden.

Handb. d. Physik XXI. Berlin 1929.

Polflucht der Kontinente, von *Alfred Wegener* aufgestellte Theorie, nach der die weitgehende Konzentrierung der Kontinente in den Raum beiderseits des Äquators dadurch zu erklären sei, daß die auf dem Magma schwimmenden Kontinentalschollen durch die Zentrifugalkraft in Richtung auf den Äquator getrieben werden. Die Theorie liefert Erklärungen für verschiedene Erscheinungen, z. B. für die Auffaltung der jungen Hochgebirge Europas und Zentralasiens, und wird durch verschiedene geologische, botanische und zoologische Beobachtungen gestützt, ist aber heute in zunehmendem Maße umstritten. Immerhin hat sie zumindest einen erheblichen heuristischen Wert gehabt.

Wegener, A.: Die Entstehung d. Kontinente u. Ozeane. Braunschweig 1941.

Polhodie, Polhodiekegel, Polkegel →Kreisel, →Poinsot-Bewegung.

Polhöhenschwankungen. Wie aus den Beobachtungen des internationalen →Breitendienstes hervorgeht, liegt die Rotationsachse innerhalb der Erde nicht fest, sondern die Pole wandern um eine mittlere Lage auf spiraligen Bahnen innerhalb eines Kreises von 0,3 Bogensekunden, das sind 10 m Radius. Die Bewegung erfolgt im Sinne der Erdrotation. Die Umlaufszeit beträgt durchschnittlich 433 Tage (*Chandlersche Periode*). *Euler* berechnete für eine vollkommen starre Erde einen Umlauf des Pols in 304 Tagen auf einer Kreisbahn um die Hauptträgheitsachse. Die Verlängerung der Periode wird dadurch bewirkt, daß die Erde nicht starr, sondern elastisch nachgiebig ist. Außer den periodischen Polschwankungen glaubt man auch eine sehr geringe fortschreitende Bewegung des Nordpols in Richtung auf Grönland feststellen

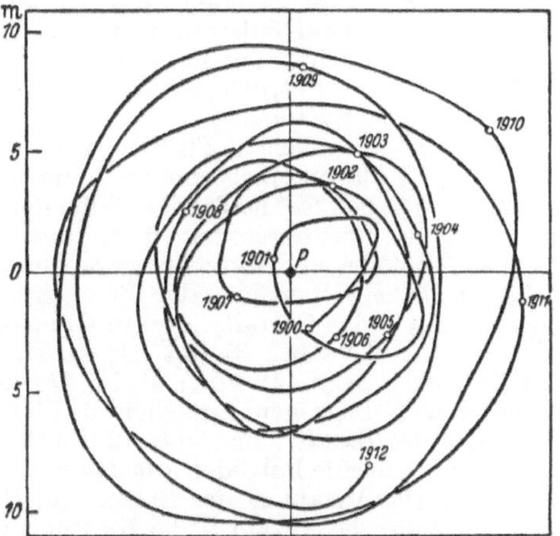

Bahn des Nordpols um die mittlere Pollage während der Jahre 1910 bis 1912. Die Jahreszahl steht bei der Pollage am Jahresanfang (nach *Wanach*).

zu können. Sie beträgt im Mittel jährlich 0,0047 ± 0,0007 Bogensekunden, das sind (14 ± 2) cm in der Richtung 42° westl. Länge.

Wanach, B.: Die Polhöhenschwankungen. Ergebn. exakt. Naturw. **2** (1923). — *Stumpff, K.:* Die Erde als Planet. Verständl. Wissenschaft 42. Berlin 1939.

Polkante, Polkantenwinkel →Rhomboeder.

Polonium, Po, radioaktives Element mit der Kernladungszahl 84. Als erstes Isotop dieses Elementes fanden 1898 *P.* und *M. Curie* das jetzt Radium-F genannte Isotop $^{210}_{84}$Po, welches der →Uran-Radium-Reihe angehört. Chemisch ist es als höchstes Homologes der 6. Hauptgruppe des Periodischen Systems anzusehen. Seine chemischen Eigenschaften sind denen des Tellurs ähnlich. — Alle bis März 1949 aufgefundenen Poloniumisotope sind in dem Diagramm bei dem Stichwort →radioaktive Zerfallsreihen aufgeführt.

Meyer-Schweidler: Radioaktivität. Berlin u. Leipzig 1927. — *Przibram, K.:* Radioaktivität. Samml. Göschen 317. Berlin u. Leipzig 1932.

Polschuhe, die in einem magnetischen Kreise mit Luftspalt an den Luftspalt angrenzenden ferromagnetischen Teile, welche meist aus anderem Material bestehen als die übrigen Teile des Kreises. In einem Galvanometer sind z. B. auf die Enden des permanenten Magneten zwei halbzylindrische Polschuhe aus Weicheisen aufgesetzt, welche zusammen mit einem zylindrischen Weicheisenkern dem Magnetfeld im zylindrischen Luftspalt die gewünschte radiale Richtung geben. Wenn man bei Elektromagneten sehr hohe Felder erreichen will, macht man die Polschuhe kegelförmig und stellt sie aus einer Fe-Co-Legierung mit 30% Co her, weil diese Legierung eine besonders hohe Sättigungsmagnetisierung besitzt.

Polsequenz, internationale, eine Folge von etwa 500 Sternen nahe dem Himmelsnordpol, deren photographische und photovisuelle Größenklassen bis 20^m sehr sorgfältig bestimmt worden sind. Sie dient als *Fundamentalsystem* bei der Photometrie von Sternen, deren Helligkeit durch Anschluß an die System-Sterne gemessen wird.

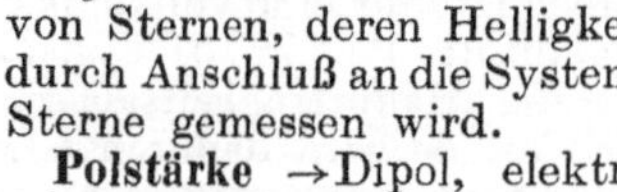

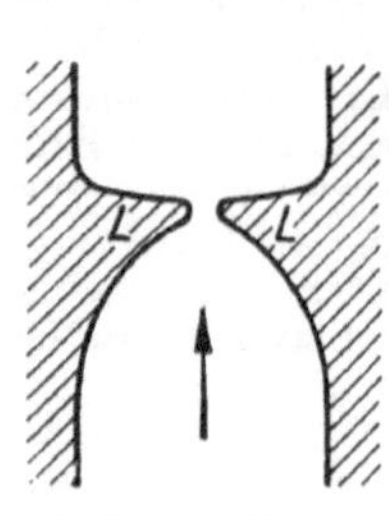

Polsterpfeife.

Polstärke →Dipol, elektrischer, →Pole, magnetische.

Polsterpfeife, dient nach *Wethlo* zur Veranschaulichung der Wirkungsweise des Kehlkopfs, indem ein Luftstrom zwei Polsterlippen *L* zu Kippschwingungen erregt.

Polydispersität →disperse Systeme.

Polyeder, ein von ebenen Flächen begrenzter Körper. Sind die Flächen insbesondere kongruente regelmäßige Vielecke, so heißt das Polyeder ein *regelmäßiges*. Es gibt deren nur fünf, und zwar 1) das *Tetraeder*, dessen Begrenzungsflächen vier Dreiecke sind, von denen in jeder Ecke drei zusammenstoßen; 2) das *Oktaeder*, dessen Oberfläche aus 8 Dreiecken besteht; 3) das *Ikosaeder*, das von 20 Dreiecken begrenzt wird; 4) das *Hexaeder* (Würfel), dessen Begrenzungsflächen 6 Vierecke sind; 5) das *Dodekaeder*, das von 12 Fünfecken begrenzt wird. Für alle Polyeder gilt der *Eulersche Polyedersatz*: Die Anzahl E der Ecken und F der Flächen übertrifft die Anzahl K der Kanten um 2, $E + F = K + 2$.

Polyelektronen, molekülartige Gebilde aus positiven und negativen Elektronen, welche wegen der Rekombination positiver und negativer Elektronen zu γ-Quanten nur eine begrenzte Lebensdauer haben, die unter günstigen Umständen 10^{-6} s erreichen kann. Es ist diskutiert worden, →Mesonen als Polyelektronen zu verstehen. Doch sind die elektromagnetischen Bindungsenergien (die etwa von chemischer Größenordnung sind) zu gering, um die Stabilität der Mesonen beim Durchgang durch Materie verständlich zu machen. Der in dem Begriff Polyelektronen steckende Hinweis, daß unter neu zu beobachtenden Teilchen Verbundsysteme vorkommen können, verdient jedoch, besonders wenn man an nukleare Wechselwirkungskräfte denkt, Beachtung. →Positronium im *Nachtrag*.

Wheeler, J. A.: Phys. Rev. 68, 283 (1945).

Polymer, ein von *Berzelius* eingeführter Ausdruck, um Verbindungen gleicher relativer Zusammensetzung, aber verschiedenen Molekulargewichts zu unterscheiden (z. B. NO_2 und N_2O_4). Die Verbindung mit höherem Molekulargewicht heißt ein Polymer der anderen. Nach *P. Karrer* besteht Polymerisation darin, daß kleinere Moleküle durch Nebenvalenzen zusammengelagert werden, während in der organischen Chemie unter Polymerisation die Verbindung kleinerer Moleküle zu größeren durch Hauptvalenzen verstanden wird. Diese Art der Polymerie, d. h. der Verkettung der Moleküle einer Substanz unter Bildung bestimmter oder verschieden großer Polymere, ist charakteristisch für ungesättigte Verbindungen; so geht z. B. die Polymerisation des Acetaldehyds unter Aufspaltung der C=O-Doppelbindung vor sich. Ein aus zwei Molekülen gebildetes Polymer wird ein *Dimer*, ein aus drei Molekülen gebildetes Polymer wird *Trimer* genannt. Unter den modernen Kunststoffen und in der Biochemie spielen die Hochpolymeren (→Eukolloide) eine wichtige Rolle. Die Polymerisation tritt oft spontan ein; sie kann durch Gegenwart der verschiedensten Stoffe beschleunigt werden.

Staudinger, H.: Organ. Kolloidchemie. Braunschweig 1950.

Polymolekularität, die Eigenschaft makromolekularer Stoffe, aus verschieden großen Molekülen zu bestehen. Sie ist eine Stoffeigenschaft und kein Dispersionszustand und daher wohl von der Polydispersität (→disperse Systems) zu unterscheiden.

Staudinger, H.: Organ. Kolloidchemie. Braunschweig 1950.

Polymorphie →Modifikation.

Polynom, ein Ausdruck von der Form

$$P(x) = \sum_{i=0}^{n} a_i x^2 = a_0 + a_1 x + a_2 x^2 + \cdots + a_n x^n$$

(a_i = const). Der Exponent n der höchsten auftretenden Potenz von x, deren Koeffizient $a_n \neq 0$ ist, heißt der *Grad* des Polynoms. Der Ausdruck Polynom wird auch gebraucht, um eine aus mehr als zwei Summanden bestehende Summe, etwa $(a + b + c + d + \cdots)$ zu bezeichnen. Darin können a, b, c konstant oder variabel sein. Im Sonderfall, daß nur zwei Summanden vorliegen, spricht man von einem Binom. →Hermite-, →Laguerre-Polynome, Legendresche →Kugelfunktionen.

Polyplaste (engl. plastics), neuere Bezeichnung makromolekularer „Kunststoffe“ (Bakelit, Igelit, Zelluloid, Kunsthorn, Plexiglas, synthetischer Kautschuk u. dgl. sowie →Silikone).

Normblatt-Entwurf DIN 7731.

Polysynthetische Verwachsung →Zwillinge.

Polytrope, nach *Zeuner* eine Kurve, längs derer ein ideales Gas eine umkehrbare Zustandsänderung erleidet, welche ähnlich der adiabatischen ist, sich von ihr aber dadurch unterscheidet, daß im differentialen Prozeß die zugeführte Wärme dQ nicht 0, sondern proportional der Temperaturerhöhung dT, also $dQ = \gamma dT$ ist. Man kann also eine Polytrope als eine Linie definieren, längs derer ein Körper bei konstanter Wärmekapazität eine umkehrbare Zustandsänderung erleidet. Es läßt sich zeigen, daß alle →Kreisprozesse, die aus zwei festliegenden Isothermen und zwei Polytropen mit gleichem, aber beliebigem γ bestehen, den gleichen maximalen Wirkungsgrad haben.

Für polytrope Zustandsänderungen gelten folgende Gleichungen:
$p = \text{const}\, \varrho^k$, $T = \text{const}\, \varrho^{k-1}$, $T = \text{const}\, p^{(k-1)/k}$.
Zwischen k und den spezifischen Wärmen c_p und c_v sowie γ besteht die Beziehung $k = (c_p - \gamma)/(c_v - \gamma)$. Für $\gamma = 0$ gehen diese Gleichungen in die entsprechenden adiabatischen Beziehungen über. Setzt man $k = (n + 1)/n$, so heißt $n = 1/(k - 1)$ die *Klasse* der Polytrope.

Polytrope spielen eine wichtige Rolle bei den Problemen der atmosphärischen Zirkulation und des Aufbaus der Fixsterne (→polytrope Glaskugeln).

Emden, R.: Glaskugeln. Leipzig 1907. Handb. d. Physik IX. Berlin 1926.

Polytrope Gaskugeln. Unter einer Gaskugel der Polytropenklasse n (→Polytrope) ist eine solche zu verstehen, bei welcher der Gasdruck gleich dem Gesamtdruck und proportional $\varrho^{(n+1)/n}$ ist, und in deren Inneren also ein Gasteilchen, das sich verschiebt und dabei in bezug auf Temperatur, Druck und Dichte mit dem jeweils verdrängten Gasteilchen übereinstimmt, eine polytrope Zustandsänderung durchmacht. Ist nun der Gesamtdruck p proportional $\varrho^{(n+1)/n}$, aber wegen des hinzukommenden Strahlungsdruckes größer als der Gasdruck (wie es im Inneren eines Sternes im allgemeinen der Fall ist), so bleibt der Aufbau in bezug auf Dichte- und Gesamtdruckverteilung derselbe wie bei einer polytropen Gaskugel der Klasse n, wenn auch dann die Gasteilchen bei Verschiebungen keine polytrope Zustandsänderungen mehr durchmachen. Wenn von Aufbau nach einer Polytropen der Klasse n gesprochen wird, so ist dies deshalb allgemein so zu verstehen, daß eine Beziehung $p \sim \varrho^{(n+1)/n}$ besteht und daß der Aufbau in bezug auf Dichte und Gesamtdruckverteilung dem einer polytropen Gaskugel der Klasse n gleicht.

Die Polytrope $n = 3$ ist dadurch ausgezeichnet, daß eine frei im Raum schwebende Gaskugel, deren einzelne Teile Zustandsänderungen gemäß dieser Polytropen erleiden, sich durch lauter Gleichgewichtszustände völlig gleichförmig zusammenzieht oder ausdehnt. Jedes Volumelement der Kugel erleidet bei Änderungen des Kugelradius gewisse Änderungen der Dichte, der Temperatur und des Druckes, die in einem festen Verhältnis zur Änderung des Radius stehen.

Literatur →Polytrope.

Poncelet, französisches →Leistungsmaß, gleich 100 →Kilopondmeter (kpm): 1 Poncelet ≡ 100 kpm = 0,980665 kW_{abs}.

Pond, abgek. p, Bezeichnung für das →Normgewicht der Masseneinheit →Gramm: 1 p ≡ g_n g = 980,665 dyn; Grundeinheit der Kraft im technischen (cm p s)-System (→Maßsysteme, mechanische; →Krafteinheiten).

Population. Vergleicht man das →Hertzsprung-Russell-Diagramm von Sternen der Sonnenumgebung mit dem von →Kugelsternhaufen, so zeigen sich wesentliche Unterschiede. Die beiden Typen von Sterngemischen bezeichnet *Baade* als Population I (Sonnenumgebung) und Population II (Kugelhaufen). Die typischen Merkmale der Population I (Abb.) sind das Vorhandensein von hellen O- und B-Sternen und die Anwesenheit von offenen →Sternhaufen. Bei Population II liegt der Riesenast erheblich höher und teilt sich bei Go-Sternen in einen horizontalen und einen schrägen Zweig auf. Im horizontalen Teil liegen alle RR Lyrae-Sterne; nach *M. Schwarzschild* soll er sogar ausschließlich aus diesen bestehen. Der Zwergast in der Population II entzieht sich wegen der geringen scheinbaren Helligkeit bisher noch der Beobachtung. Beide Populationen treten gemeinsam im Milchstraßensystem und in Spiralnebeln auf, wobei die zentralen Teile vorwiegend aus Sternen der Population II bestehen, während Population I in den äußeren Teilen und damit auch in der Sonnenumgebung auftritt. In Kugelsternhaufen und anscheinend auch in elliptischen extragalaktischen Nebeln ist nur ein Sterngemisch der Population II vertreten.

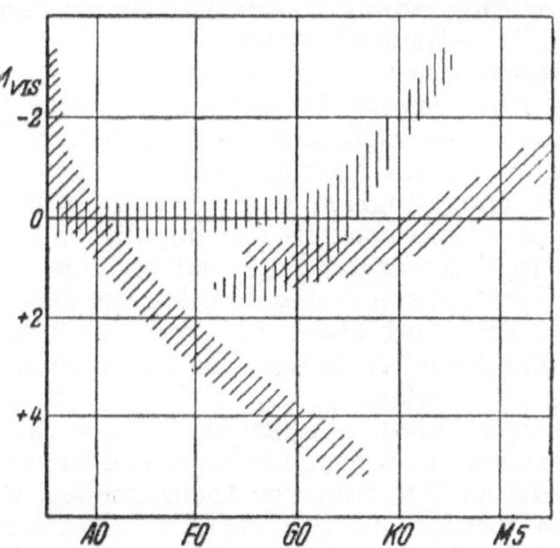

Hertzsprung-Russell-Diagramm der Population I (schräg schraffiert) und der Population II (senkrecht schraffiert).

Baade, W.: Ap. J. **100**, 137 (1944). — *Fricke, W.:* Naturwiss. **35**, 52 (1948).

Porenstatistik →Kapillarkondensation.

Porro-Prismensysteme. In vielen optischen Instrumenten, besonders in Prismenfeldstechern, werden zur Aufrichtung der vom astronomischen Fernrohrsystem erzeugten kopfstehenden Bilder Prismen und Prismensysteme (→Umkehrsysteme) benutzt. Hierbei sind viel die von *Ignazio Porro* angegebenen reflektierenden Prismensysteme in Gebrauch. Ihr wesentlicher Teil besteht aus einem gleichschenklig rechtwinkligen Prisma mit zwei Reflexionsflächen (Abb. 1). Durch zueinander senkrechte Anordnung von zwei solcher Prismen entsteht das Porrosche Prismensystem 1. Art (Abb. 2). Zieht man die beiden Teilprismen auseinander, so ist es möglich, den zwischen Objektiv und Gesichtsfeldblende liegenden Strahlengang zusammenzufalten und hierdurch die Baulänge eines Fernrohrs zu verkürzen (Abb. 3). Eine weitere Form eines bildaufrichtenden Prismensystems ergibt sich dadurch, daß auf die Hypotenusenfläche eines Prismas nach Abb. 1 zwei gewöhnliche rechtwinklige Prismen aufgesetzt werden (Abb. 4). Aus Fertigungs- und Konstruktionsgründen ist hierbei oft die Porro-Prismensystem 2. Art genannte Anordnung geteilt (in der

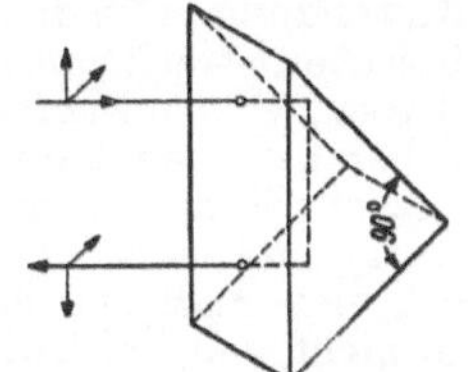

Abb. 1. Mit 2 Reflexionsflächen benutztes 90° Prisma.

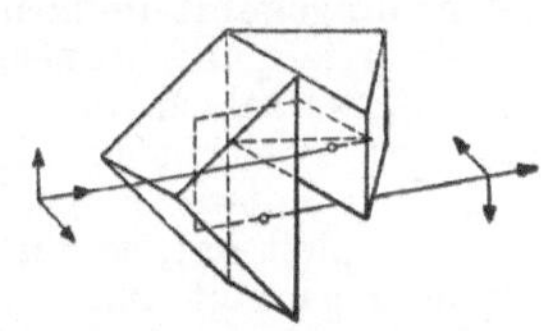

Abb. 2. Porro-Prismensystem 1. Art.

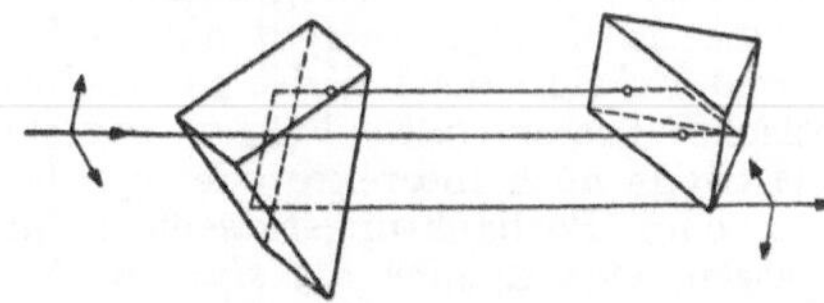

Abb. 3. Durch Porro-Prismensystem 1. Art zusammengefalteter Strahlengang.

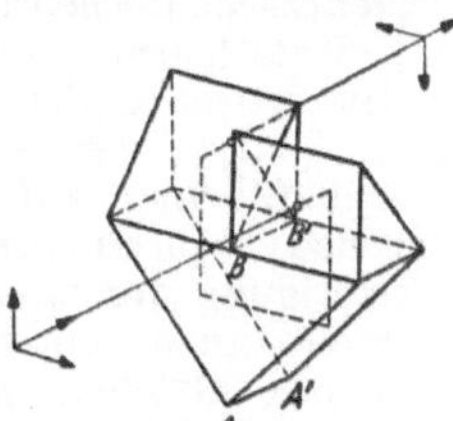

Abb. 4. Porro-Prismensystem 2. Art.

Ebene AA' und BB'), und die dann spiegelbildlich entstehenden, aus je zwei um 90° gedrehten rechtwinkligen Prismen bestehenden Teile sind aus je einem Stück gefertigt.

Positionseffekt →Gen.

Positiv →Orgel.

Positiv, photographisches →Photographie, →Entwicklung.

Positive Bandengruppe werden bestimmte Bandensysteme neutraler Moleküle genannt, die in der positiven Säule luftgefüllter Geißler-Röhren auftreten (*Deslandres*). Beim Molekül N_2: 1. positive Gruppe Triplettsystem zwischen 5030 und 14700 Å, 2. pos. Gr. Triplettsystem zwischen 2690 und 5440 Å, (3. pos. Gr. gehört zum Molekül NO), 4. pos. Gr. Triplettsystem zwischen 2260 und 2900 Å. Beim Molekül CO: 3. pos. Gr. Triplettsystem zwischen 2830 und 3495 Å; 4. pos. Gr. 1200 bis 2800 Å, Singulettsystem, Kombination mit dem Molekül-Grundzustand.

Positiv definiter Operator. Ein →Operator A heißt positiv definit, wenn $(f, Af) > 0$ für alle f.

Positive Flamme →Bogenflammen, →Kohlelichtbogen.

Positiver Primärstrom →lichtelektrische Leitung.

Positivismus im Sinne der Physik hat nichts Wesentliches gemein mit dem Positivismus im Sinne der Geisteswissenschaften (Geschichte, Rechtswissenschaft). Es handelt sich um erkenntnistheoretische Auffassungen, die vor allem von *Mach, Kirchhoff, Ostwald* herrühren und später insbesondere durch *Carnap* weiter gepflegt worden sind; vor allem aber haben sie in den großen theoretischen Entwicklungen der modernen Physik eine breite Auswirkung und Anwendung gefunden, welche umgekehrt die positivistische Betrachtungsweise vertieft und präzisiert haben. Obwohl keine Meinungsverschiedenheit darüber bestehen kann, daß der Positivismus in diesem Sinne in der modernen Entwicklung eine große und fruchtbare Rolle gespielt hat, so sind doch viele maßgebende Physiker geneigt, ihn als eine nicht voll befriedigende, sondern nur teilweise berechtigte Auffassung anzusehen. Der Positivismus betont, daß es sich bei aller Theorienbildung immer nur darum handelt, die *Erfahrungstatsachen als solche* „vollständig und auf einfachste Weise zu beschreiben". Theoretische Thesen oder Fragen, welche sich nicht als (wenn auch indirekte oder symbolische) Aussagen oder Beobachtungstatsachen interpretieren lassen, sind danach als *sinnlose* Aussagen und *Scheinprobleme* zu bezeichnen. Sinnlos — oder nicht „sachhaltig" — ist also die These, daß es einen „Weltäther" gibt, daß aber das Koordinatensystem, in dem er ruht, grundsätzlich unbeobachtbar ist. Die Beseitigung dieser These der Lorentzschen Theorie durch die →spezielle Relativitätstheorie war deshalb ein ebenso typisch positivistischer Schritt, wie auch die Einsteinsche Analyse des →Gleichzeitigkeitsbegriffes, mit Zurückführung auf unmittelbar Beobachtbares. Ebenso typisch positivistisch war Heisenbergs Beseitigung der alten Bohrschen atomaren Elektronenbahnen unter Zurückziehung auf beobachtbare Größen, wie Energiewerte, Übergangswahrscheinlichkeiten usw. Auch das ältere Beispiel der Maxwellschen Theorie gehört hierher: Der Verzicht auf ein mechanisches Äthermodell, welches eine „Erklärung" der Maxwellschen Gesetze liefern sollte, entspricht der Tendenz des Positivismus, die Aufgabe der Theorie grundsätzlich nicht als „Erklärung", sondern als *Beschreibung* zu bezeichnen — entsprechend der schon von *Kirchhoff* zum Entsetzen vieler Zeitgenossen ausgesprochenen Tatsache, daß sogar die Mechanik selber nichts als „Beschreibung" liefert.

Die *Einwände* gegen den Positivismus beruhen überwiegend nur auf Mißverständnissen — die erhebliche Umstellung, welche die von ihm vertretene Auffassungsweise verlangt, wird gewöhnlich nur in halber Folgerichtigkeit durchgeführt und kann *dann* leicht als scheinbar widerspruchsvoll erwiesen werden. Die ernsthafteren Einwände, welche für verschiedene maßgebende Physiker einen Grund zu deutlicher Distanzierung gegenüber dem Positivismus bildeten, liegen im wesentlichen in der Linie folgender Erwägung (*Sommerfeld*): Je tiefer die Forschung in die Naturgeheimnisse eindringt, desto deutlicher erweisen Gesetzmäßigkeiten von tiefer *mathematischer Harmonie* ihre herrschende Bedeutung, und die zuversichtliche Erwartung der Auffindbarkeit solcher Gesetze ist ein Leitfaden und Hauptantrieb erfolgreicher Forschung. *Diese* Verhältnisse kommen nach Sommerfelds Ansicht im Positivismus nicht genügend zur Geltung. Jedenfalls aber bedeutet der →Empirismus, dessen Anerkennung in der modernen Physik unbestritten ist, bereits ein erhebliches Entgegenkommen gegenüber dem Positivismus.

Positron, auch *Positon,* →Elementarteilchen, Tabelle, synonym mit positives →Elektron, Ladung $+e$, magnetisches Moment $\mu = +e\hbar/(m_e c_0)$ bzw. $+\mu_0 e\hbar/2m_e$, Spin $s = \hbar/2$, Masse mindestens näherungsweise gleich der des Elektrons $m \approx m_e = 0{,}91 \cdot 10^{-27}$ g. Auch das Positron ist stabil. Doch kommt es wegen des Elektronenüberschusses im allgemeinen nicht frei vor. Es entsteht künstlich oder auch unter den Partikeln der kosmischen Strahlung durch →Paarerzeugung aus Lichtquanten oder durch Umwandlung von Protonen in Neutronen bei positiven β-Prozessen. Die Seltenheit der Positronen gegenüber den Elektronen entspricht dem Fehlen der negativen Protonen. Betr. Paarerzeugung und Rekombination →Löchertheorie des Elektrons, →Antipartikel.

Rosenfeld, L.: Nuclear Forces, Amsterdam 1948.

Positronenstrahler, radioaktive Atomarten, die sich unter Aussendung von Positronen umwandeln. →β-Zerfall, →Radioaktivität.

Positronium →im *Nachtrag.*

Potential, *allgemeine* Bezeichnung für eine *Klasse* von Funktionen mehrerer Veränderlicher, denen gemeinsam ist, daß partielle Differentiation nach einer der unabhängigen Variablen zu Größen mit eigener physikalischer Bedeutung führt.

Ursprünglich war der Potentialbegriff auf solche skalare Ortsfunktionen beschränkt, aus denen sich durch Gradientenbildung (→Gradient) bekannte Kraftfelder herleiten lassen. Es war insbesondere das Gravitationsfeld einer anziehenden Masse, zu dem die erste Potentialfunktion 1773 von *Lagrange* angegeben wurde. Formale Analogien, die später auf verschiedenen Gebieten der theoretischen Physik gefunden wurden, führten dazu, die Bezeichnung Potential in einem weiteren als ursprünglich festgelegten Sinn zu verwenden. So spricht man z. B. von →thermodynamischen Potentialen, worunter man gewisse, von zwei thermodynamischen Zustandsvariablen abhängige Funktionen versteht, die die Eigenschaft haben, daß die partiellen Ableitungen nach ihnen andere Zustandsvariablen ergeben. So ist z. B. das thermodynamische Potential $G = G(T, p)$ eine Funktion der Temperatur T und des Druckes p mit der Eigenschaft, daß durch partielle Differentiation daraus →Entropie S und Volumen v gewonnen werden können, denn es gelten die Gleichungen

$$\left(\frac{\partial G}{\partial T}\right)_p = -S \quad \text{bzw.} \quad \left(\frac{\partial G}{\partial p}\right)_T = v. \tag{1}$$

Beispiele anderer „Potentiale" im weiteren Sinne sind das elastische Potential, das Deformationspotential, das Vektorpotential. Letzteres ist eine vektorielle Größe, aus der ebenfalls durch einen Differentiationsprozeß (Rotorbildung) ein anderer Vektor physikalischer Bedeutung gewonnen werden kann.

Sieht man von diesen, erst nachträglich aus Analogiegründen entstandenen „erweiterten" Potentialen ab, so kann das Potential als diejenige skalare Ortsfunktion definiert werden, aus der sich eine wirbelfreie Vektorgröße bestimmter physikalischer Bedeutung mittels Gradientenbildung herleiten läßt. Ist etwa $\mathfrak{A}$ der wirbelfreie Vektor, also überall

$$\operatorname{rot} \mathfrak{A} = 0, \tag{2}$$

so ist dies nach den Rechenregeln der Vektoranalysis notwendige und hinreichende Bedingung dafür, daß eine skalare Funktion $V = V(\mathfrak{r})$ der Raumkoordinaten $\mathfrak{r}\{x, y, z\}$ mit der Eigenschaft

$$\mathfrak{A} = \operatorname{grad} V(\mathfrak{r}) \tag{3}$$

existiert. Dies folgt aus der Identität

$$\operatorname{rot} \operatorname{grad} V \equiv 0. \tag{4}$$

Die in Gl. (3) auftretende Funktion $V = V(\mathfrak{r})$ heißt das zu $\mathfrak{A}$ gehörige *Potential*. Die Eigenschaft von $\mathfrak{A}$, wirbelfrei zu sein, ist also damit identisch, daß $\mathfrak{A}$ als Gradient von V dargestellt werden kann. Dies drückt man gelegentlich durch die Bezeichnungsweise aus: $\mathfrak{A}$ ist ein Potentialvektor.

Vertreter von Potentialvektoren sind z. B. alle →Zentralkräfte, und es war, wie schon eingangs erwähnt, deren Spezialfall des durch das Newtonsche Anziehungsgesetz gegebenen Vektors der Gravitationskraft, aus welchem heraus sich durch die Lagrangesche Entdeckung der Potentialbegriff entwickelte. Zur weiteren Erläuterung desselben sei kurz darauf eingegangen.

Es seien M eine feste und m eine bewegliche Masse, die beide punktförmig angenommen werden. (Beispiel: M = Sonne, m = Erde.) Ist r ihr gegenseitiger Abstand (Abb.) und $\mathfrak{r}^\circ$ ein von M

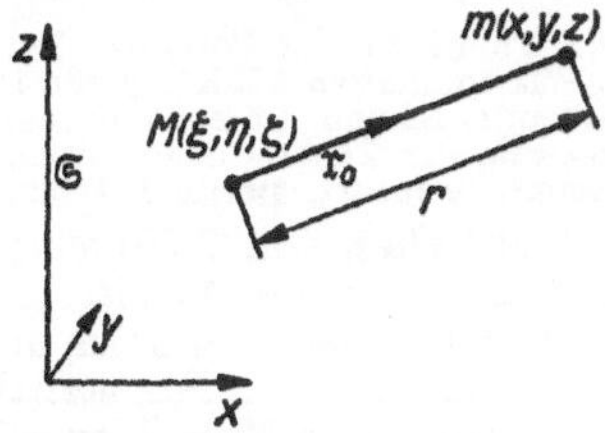

Zum Newtonschen Potential.

nach m weisender →Einheitsvektor, dann erfährt m eine nach M gerichtete Kraft

$$\mathfrak{K} = -f \frac{Mm}{r^2} \mathfrak{r}^\circ \tag{5}$$

(f Gravitationskonstante). In bezug auf ein kartesisches Koordinatensystem $\mathfrak{S}$ habe m bzw. M die Koordinaten x, y, z bzw. ξ, η, ζ. Dann sind die drei rechtwinkligen Komponenten X, Y, Z von $\mathfrak{K}$ parallel zu den Achsen von $\mathfrak{S}$ durch

$$\left.\begin{aligned} X &= -f M m \frac{x-\xi}{r^3}, \\ Y &= -f M m \frac{y-\eta}{r^3}, \\ Z &= -f M m \frac{z-\zeta}{r^3} \end{aligned}\right\} \tag{6}$$

mit

$$r = \sqrt{(x-\xi)^2 + (y-\eta)^2 + (z-\zeta)^2} \tag{7}$$

gegeben.

Die Lagrangesche Entdeckung bestand darin, daß sich X, Y, Z als partielle Differentialquotienten nach den jeweiligen Achsenrichtungen x, y, z derselben Ortsfunktion

$$V = f \frac{Mm}{r} \tag{8}$$

darstellen lassen, denn es gilt

$$\begin{aligned} \frac{\partial V}{\partial x} &= f M m \frac{\partial \frac{1}{r}}{\partial x} = -f \frac{Mm}{r^2} \frac{\partial r}{\partial x} \\ &= -f \frac{Mm}{r^2} \frac{x-\xi}{r} = X \end{aligned} \tag{9}$$

und zwei analoge Beziehungen für $\partial V/\partial y$ und $\partial V/\partial z$. Die durch Gl. (8) definierte Ortsfunktion ist das zu dem Vektor $\mathfrak{K}$, Gl. (5), gehörige Potential, das aus ohne weiteres verständlichen Gründen „Newtonsches Potential" genannt wird. Für den Fall, daß m der Anziehung von nicht nur einer einzigen Masse M, sondern einem aus n Massen M_i ($i = 1, 2, \ldots, n$) bestehenden *Systems* unterliegt, ist das Potential Gl. (8) abzuändern in

$$V(\mathfrak{r}) = f m \sum_{i=1}^{n} \frac{M_i}{r_i}, \tag{9}$$

wobei r_i die Entfernung zwischen m und M_i bedeutet. Zu dem allgemeinsten Ausdruck des Newtonschen Potentials gelangt man, wenn statt der Idealisierung der anziehenden Massen zu Punkten die tatsächlich stets vorliegende *kontinuierliche* Massenverteilung berücksichtigt wird. Dann geht das Potential Gl. (9) über in den Ausdruck

$$V(\mathfrak{r}) = f m M \iiint_G \frac{\varrho \, d\bar{\tau}}{r}. \tag{10}$$

In ihm bedeutet $\varrho = \varrho(\mathfrak{r})$ die Dichte der Massenverteilung, die als (nicht notwendig stetige, aber beschränkte) Funktion des Ortes bekannt sein muß. Die Integration ist über das gesamte mit Masse erfüllte Gebiet G zu erstrecken. In gewissen Sonderfällen liegen flächenhafte bzw. linienhafte „Massebelegungen" vor, d. h. man kann sich mit guter Annäherung die anziehenden Massen auf einer Fläche F bzw. längs einer Kurve L verteilt denken. Dann wird das Potential durch über F bzw. L zu erstreckende Integrale ausgedrückt:

$$V(\mathfrak{r}) = f m M \iint_F \frac{\eta \, df}{r}, \tag{11}$$

$$V(\mathfrak{r}) = f m M \int_L \frac{\varkappa \, ds}{r} \tag{12}$$

(η Flächendichte, $\varkappa$ Liniendichte). Aus den beiden letzten Formeln leitet man zwei Potentialausdrücke für die als →„Doppelschicht“ bzw. →„Dipol“ bezeichneten Anordnungen ab, denen insbesondere in der Theorie des elektrostatischen Feldes große Bedeutung zukommt.

Mit den durch die Gl. (10) bis (12) gegebenen Ausdrücken läßt sich, sofern eine Massenverteilung als Funktion des Ortes bekannt ist, grundsätzlich das Newtonsche Potential beliebiger Massenanordnungen berechnen, was die Auswertung von Integralen verlangt. Diese Aufgabe kann jedoch auf Grund einer von *Laplace* gemachten Entdeckung auf die Lösung einer Differentialgleichung zurückgeführt werden, der die oben angegebenen Potentialausdrücke genügen. Diese sind im wesentlichen gegeben durch die Funktion

$$V(\mathfrak{r}) \sim \frac{1}{r}, \qquad (13)$$

die der *Laplaceschen Differentialgleichung*

$$\Delta\left(\frac{1}{r}\right) = \frac{\partial^2 \frac{1}{r}}{\partial x^2} + \frac{\partial^2 \frac{1}{r}}{\partial y^2} + \frac{\partial^2 \frac{1}{r}}{\partial z^2} \equiv 0 \qquad (14)$$

genügt. Differenziert man die Gl. (10) bis (12) zweimal nach den Koordinaten des Aufpunkts, der *außerhalb* der anziehenden Massen angenommen wird, so kann die Δ-Bildung unter dem Integral vorgenommen werden (Integrationsvariable sind ξ, η, ζ), und man findet unmittelbar, daß das (Newtonsche) Potential der Laplaceschen Gleichung

$$\Delta V(\mathfrak{r}) = 0 \qquad (15)$$

genügt, die in diesem Zusammenhang auch *Potentialgleichung* genannt wird. Statt das (Newtonsche) Potential von räumlich, flächen- oder linienhaft verteilten Massen durch die Gl. (10) bis (12) zu erklären, kann man es auch als Lösung der drei-, zwei- oder eindimensionalen Laplaceschen Differentialgleichung (15) definieren. Zur eindeutigen Festlegung des Potentials ist noch die Vorgabe von Randbedingungen erforderlich (→Randwertprobleme der Potentialtheorie).

Da Gl. (14) nicht nur die spezielle, das Newtonsche Potential darstellende Funktion $1/r$ zur Lösung hat, ist die Möglichkeit gegeben, den Potentialbegriff zu erweitern, was dahingehend geschieht, daß man als *Potentialfunktion jede Lösung der Potentialgleichung* (13) definiert. In dieser Definition sind die eingangs genannten „allgemeinen“ Potentiale (elastisches Potential usw.) *nicht* enthalten. Die Gesamtheit sämtlicher Untersuchungen über die Eigenschaften der Lösungen der Potentialgleichung $\Delta V = 0$ bildet den Inhalt der Potentialtheorie, die in der Mechanik und insbesondere in der Theorie der Elektrizität weitgehende Anwendung fand.

Die für die Potentialtheorie grundlegende Differentialgleichung (15) von *Laplace* ergibt sich, wie oben ausdrücklich betont wurde, unter der Voraussetzung, daß der Aufpunkt sich außerhalb der anziehenden Massen befindet. Diese Bedingung wurde zunächst gestellt, weil anderenfalls der Integrand in Gl. (10) singulär wird und es dann einer besonderen Konvergenzbetrachtung bedarf. Eine solche zeigt indessen, daß auch dann das Integral (10) einen Sinn hat und sich die Verhältnisse innerhalb der gravitierenden Massen dahingehend ändern, daß die Laplacesche Gleichung durch

$$\Delta V(\mathfrak{r}) = -4\pi\varrho \qquad (16)$$

ersetzt werden muß, in der ϱ die vom Ort abhängige Dichte der Massenverteilung bedeutet. Gl. (16) heißt die *Poissonsche Differentialgleichung* und ist eine Verallgemeinerung der Laplaceschen Gleichung. In massefreien Raumgebieten ($\varrho = 0$) ergibt sich Gl. (15) als Sonderfall von Gl. (16).

Aus der Definition des Potentials folgt, daß es nicht eindeutig festgelegt ist, sondern eine beliebige Konstante zu ihm hinzugefügt werden kann, ohne daß dadurch an seiner Haupteigenschaft, daß sein Gradient ein (zwangsläufig wirbelfreier) Vektor bestimmter physikalischer Bedeutung ist, etwas geändert wird. Denn ist $\operatorname{grad} V = \mathfrak{K}$, so ist auch $\operatorname{grad}(V + \text{const}) = \mathfrak{K}$. Das Potential ist also nur bis auf eine willkürliche additive Konstante bestimmt, über die im allgemeinen so verfügt wird, daß $\lim_{r \to \infty} V \to 0$ geht.

Ist der wirbelfreie Vektor, der aus einem Potential herleitbar ist, eine →Massenkraft, liegt also ein Kraftfeld vor, dessen Betrag der Masse (allg. der Quantität), auf die die Kraft einwirkt, proportional ist, so muß, wenn $\mathfrak{K}$ der (wirbelfreie) Kraftvektor ist, für ihn die Darstellung gelten

$$\mathfrak{K} = m\mathfrak{F}, \qquad (17)$$

wobei m das Symbol für die von $\mathfrak{K}$ beeinflußte Quantität (mechanisch eine Masse, elektrisch eine Ladung) ist. Gl. (17) bringt unmittelbar die Proportionalität zu m zum Ausdruck. Ein Beispiel einer Kraft vom Typ (17) stellt die Gravitationskraft Gl. (5) dar. Der zweite Faktor $\mathfrak{F}$, der die Kraft je Quantität*seinheit* ($m = 1$) ist, heißt *Feldstärke*. Ist nun $\mathfrak{K}$ eine wirbelfreie Kraft, so muß es $\mathfrak{F}$ ebenfalls sein, d. h. beide Vektorgrößen müssen aus Potentialen herleitbar sein. Gl. (17) läßt erkennen, daß sich die zu $\mathfrak{K}$ und $\mathfrak{F}$ gehörigen Potentiale nur durch die multiplikative (!) Konstante m unterscheiden. Es ist nun lediglich eine Sache der Zweckmäßigkeit, wie man in einem solchen Fall die Potentialfunktion festlegt. Man kann dies so tun, daß ihr Gradient den Kraftvektor $\mathfrak{K}$ liefert; dann ist der Faktor m in die Potentialfunktion mit aufzunehmen. Beispiel: Gl. (8) und Gl. (5). Hier führt Gradientenbildung von (8) unmittelbar zu (5). In vielen Fällen, wie insbesondere in der →Elektrostatik, ist es aber zweckmäßiger, nicht mit der Kraft (Coulombsche Kraft), sondern mit der elektrischen Feldstärke zu rechnen. In solchen Fällen wird diese als die (primäre) wirbelfreie Vektorgröße angesehen, und es wird mit dem zu ihr gehörigen Potential gerechnet.

Kellog, O. D.: Foundation of Potential Theory. Grundlehren d. math. Wissenschaften XXXI. Berlin 1929. — *Sternberg:* Potentialtheorie. Samml. Göschen 901/944. Berlin 1925 u. 1926. — *Wangerin, A.:* Theorie d. Potentials u. d. Kugelfunktionen. Samml. Schubert. Berlin 1921/22.

Potential, chemisches, von *Gibbs* eingeführte Bezeichnung für die partielle Ableitung der freien Energie F nach der Molzahl n_i eines der Bestandteile einer Mischphase unter Konstanthalten von Temperatur, Volumen und Molzahlen $n_1, n_2, \ldots, n_j$ aller übrigen Komponenten: $\mu_i = \left(\frac{\partial F}{\partial n_i}\right)_{T, v, n_j}$. Für den Zusammenhang mit partiellen Ableitungen anderer thermodynamischer Funktionen nach der Molzahl →thermodynamische Funktionen.

Für reine Stoffe ist das chemische Potential gleich dem molaren thermodynamischen →Potential. Ideale Lösungen und Mischungen sind dadurch gekennzeichnet, daß in ihnen das chemische Potential der einzelnen Bestandteile gleich dem molaren thermodynamischen Potential der reinen Komponenten ist.

Potential, elektrisches. Das elektrische Potential bestimmt den Zustand des Feldes, das einen geladenen Körper umgibt. Von diesem Standpunkt aus kann das Potential eines elektrisch geladenen Körpers an irgendeiner Stelle des elektrischen Feldes als die Arbeit definiert werden, die notwendig ist, um die Einheit der Ladung aus unendlicher Entfernung an diese Stelle zu bringen. Man hat es also bei dem elektrischen Potential mit ganz ähnlichen Gesetzmäßigkeiten zu tun wie bei der Magnetostatik und der Gravitation.

Das Potential φ ist eine skalare Raumfunktion. In wirbelfreien Feldern, in denen allein es eindeutig definiert ist, gibt sein Gradient die Feldstärke: $\mathfrak{E} = -\operatorname{grad}\varphi$. Das Minuszeichen entspricht der Vorzeichenbestimmung für die elektrische Ladung und dem Richtungssinn der elektrischen →Feldstärke. Flächen gleichen Potentials heißen →Äquipotentialflächen. Mit diesen bildet die Feldstärke als Potentialgradient ein System orthogonaler Trajektorien. Über die →elektrostatische Gleichgewichtsbedingung $\operatorname{rot}\mathfrak{E} = 0$ ergibt sich für das Potential die homogene *Laplacesche Potentialgleichung* $\Delta\varphi = 0$, die das Potential in allen *ladungsfreien Raumpunkten* bestimmt. Sie ist nur für Fälle besonderer geometrischer Symmetrie in der Ladungsanordnung streng lösbar. Beispiele: a) lineares Problem $\left(\Delta\varphi = \frac{d^2\varphi}{dx^2} = 0\right)$: $\varphi = c_1 x + c_2$; b) kugelsymmetrisches Problem $\left(\Delta\varphi = \frac{1}{r^2}\frac{d}{dr}\left(r^2\frac{d\varphi}{dr}\right) = 0\right)$: $\varphi = \frac{c_1}{r} + c_2$; c) zylindersymmetrisches Problem $\left(\Delta\varphi = \frac{1}{r}\frac{d}{dr}\left(r\frac{d\varphi}{dr}\right) = 0\right)$: $\varphi = c_1 \ln r + c_2$. Die Integrationskonstanten c_1 und c_2 bestimmen sich aus den Randbedingungen: 1. felderzeugende Ladungsverteilung (Quellenbedingungen $\oint \mathfrak{D}\cdot d\mathfrak{f} = Q$, $\operatorname{div}\mathfrak{D} = \eta$, $\operatorname{Div}\mathfrak{D} = \sigma$); 2. Stellen des Bezugspotentials $\varphi = 0$ im Raum (→Erdpotential). Die Feldstärke ergibt sich jeweils durch Gradientenbildung. Bei mehreren felderzeugenden Ladungsanordnungen addieren sich in jedem Raumpunkt die Potentiale algebraisch und die Feldstärken vektoriell. Auf allen Leiteroberflächen ist das Potential konstant (→Elektrizitätsverteilung auf Leitern).

In Gebieten *räumlich verteilter Ladung* wird das Potential durch die inhomogene *Poissonsche Potentialgleichung* $\Delta\varphi + \eta/(\varepsilon\varepsilon_0) = 0$ bestimmt (η und ε →Raumladungsdichte bzw. →Dielektrizitätskonstante als Funktion des Raumes). Ihre Lösungen für geometrisch einfache Anordnungen in Vakuum oder Luft ($\varepsilon = \text{const}$) spielen für die Behandlung von Problemen der →Raumladung eine wichtige Rolle.

Potential, elektrisches, spezieller Ladungsanordnungen. Folgende Lösungen der Laplaceschen homogenen Potentialgleichung (→Potential, elektrisches) für spezielle Ladungsanordnungen sind von praktischer Bedeutung:

a) Punktladung Q:

$$\varphi = Q/(4\pi\varepsilon\varepsilon_0).$$

b) Mehrere Punktladungen Q_i:

$$\varphi = \frac{1}{4\pi\varepsilon_0}\sum\frac{Q_i}{\varepsilon r_i}.$$

c) Räumlich verteilte Ladung ($\eta = \operatorname{div}\mathfrak{D}$):

$$\varphi = \frac{1}{4\pi\varepsilon_0}\int\frac{\eta\,d\tau}{\varepsilon r}.$$

d) Flächenhaft verteilte Ladung ($\sigma = \operatorname{Div}\mathfrak{D}$):

$$\varphi = \frac{1}{4\pi\varepsilon_0}\int\frac{\sigma\,df}{\varepsilon r}.$$

e) Elektrischer Dipol vom Moment $\mathfrak{m}_e$:

$$\varphi = \mathfrak{m}_e\cdot\mathfrak{r}/(4\pi\varepsilon\varepsilon_0 r^3).$$

f) Räumlich verteilte Dipole, z. B. polarisiertes Dielektrikum vom Volumendipolmoment $\mathfrak{P}$ (Moment/Volumen):

$$\varphi = \frac{1}{4\pi\varepsilon_0}\int\frac{\mathfrak{P}\cdot\mathfrak{r}}{\varepsilon r^3}\,d\tau.$$

g) Elektrische Doppelschicht vom Flächendipolmoment $\vec{\tau}$ (Moment/Fläche):

$$\varphi = \frac{1}{4\pi\varepsilon_0}\int\frac{\vec{\tau}\cdot\mathfrak{r}}{\varepsilon r^3}\,df = \frac{1}{4\pi\varepsilon_0}\int\frac{\tau}{\varepsilon}\,d\Omega.$$

h) Potentialsprung an der Doppelschicht:

$$\operatorname{Grad}\varphi = \mathfrak{n}_{-+}(\varphi_+ - \varphi_-) = \vec{\tau}/(\varepsilon\varepsilon_0).$$

Potentiale einer elektrochemischen Einzelphase. *I. Chemische Potentiale* ${}_I\mu_i$ *der am Aufbau einer Phase I beteiligten Ladungsträger i* (einschließlich Elektronen).

II. Elektrische Potentiale einer Phase I:

a) *Äußeres elektrisches Potential* ${}_I\psi$, gegeben durch die gesamte Überschußladung und die Kapazität der Phase *I*, meßbar im Abstand 10^{-4} cm von der Oberfläche.

b) *Oberflächenpotential* ${}_I\chi$, z. B. in Form einer Dipolschicht, von der Oberflächenstruktur abhängig.

c) *Inneres elektrisches Potential:* ${}_I\varphi = {}_I\psi + {}_I\chi$. Zusammenfassung der beiden rein elektrischen Potentiale.

III. Elektrochemische Potentiale der Ionen einer Phase I: Zusammenfassung des chemischen Potentials ${}_I\mu_i$ eines z_i-wertigen Ions *i* mit einem elektrischen Potential der Phase *I*.

a) *Reales Potential* ${}_I\alpha_i$ eines *Ions i:* ${}_I\alpha_i = {}_I\mu_i + z_i F\,{}_I\chi$. Zusammenfassung des nur vom Phaseninneren abhängigen chemischen Potentials des Ions *i* mit dem durch die Oberflächenstruktur bedingten Oberflächenpotential. Der negative Wert $-{}_I\alpha_i$ stellt ein Maß für denjenigen Teil der Ablösearbeit des Ions *i* dar, der beim Herausheben des Ions durch die Phasengrenze hindurch zu leisten ist. Die dem äußeren Potential ${}_I\psi$ entsprechende Arbeit, welche je nach Aufladung der Phase verschieden ist, muß erst auf dem weiteren Wege beim Übergang ins ladungsfreie Unendliche aufgewendet werden. Ist die Phase *I* ungeladen, so reicht ${}_I\alpha_i$ aus, um die Austrittsarbeit A_i des Ions *i* zu kennzeichnen. Wichtiger Sonderfall: Elektronenaustrittsarbeit $A_\ominus = -\alpha_\ominus/F$ aus einer metallischen Phase *I*. Die starke Abhängigkeit des α_i-Wertes von der Struktur der Oberfläche bedingt, daß sich definierte Werte von A_i nur messen lassen, wenn man für die Herstellung einer definierten Oberfläche der Phase *I* sorgt.

b) *Elektrochemisches Potential* ${}_I\eta_i$ *eines Ions i:*

$${}_I\eta_i = {}_I\mu_i + z_i F\,{}_I\varphi = {}_I\mu_i + z_i F\,{}_I\psi + z_i F\,{}_I\chi = {}_I\alpha_i + z_i F\,{}_I\psi.$$

Zusammenfassung von chemischem Potential μ_i, äußerem elektrischem Potential ψ und Oberflächenpotential χ. Das elektrochemische Potential η_i eines geladenen Teilchens i entspricht dem chemischen Potential μ_i eines neutralen Teilchens, d. h. durch η_i wird die bei der Aufladung ψ für die Ablösung eines Ions i insgesamt aufzuwendende Arbeit gemessen. Bezüglich der Anwendung der oben definierten Potentiale zur elektrochemischen Kennzeichnung eines Zweiphasensystems →Galvani-, →Volta-Spannung.

Handb. d. Experimentalphysik XII/2. Leipzig 1933.

Potential, elektrodynamisches. Geht man mit dem Ansatz des →Vektorpotentials $\mathfrak{H} = \text{rot}\,\mathfrak{A}$ in die erste →Maxwellsche Gleichung $\dot{\mathfrak{B}} = -\text{rot}\,\mathfrak{E}$ ein, so entsteht

$$-\text{rot}\,\mathfrak{E} = \text{rot}\,\dot{\mathfrak{A}} \quad \text{und} \quad \mathfrak{E} = -\mu\mu_0\dot{\mathfrak{A}} - \text{grad}\,\varphi.$$

Bei der Integration kommt eine Integrationskonstante, $\text{grad}\,\varphi$, hinzu, deren Rotation verschwindet; das ist aber ein Gradientenfeld. φ kann mit dem elektrostatischen Potential identifiziert werden, $\mathfrak{A}$ und φ, die elektrodynamischen Potentiale, sind aber noch nicht eindeutig bestimmt. Die Transformation

$$\mathfrak{A} \to \mathfrak{A}' + \text{grad}\,\chi, \quad \varphi \to \varphi' - \chi$$

läßt die Maxwellschen Gleichungen invariant (Eichtransformation). Zur Festlegung bevorzugt man in der Optik die Normierung $\text{div}\,\mathfrak{A} = 0$. In der Elektrodynamik ist die Normierung $\text{div}\,\mathfrak{A} + \varepsilon\varepsilon_0\dot{\varphi}/c^2 = 0$, die von der Form einer Kontinuitätsgleichung für die elektrodynamischen Potentiale ist, wegen ihrer Lorentz-Invarianz angemessener.

Sommerfeld, A.: Vorl. über theoret. Physik III. Leipzig 1949.

Potential, elektrokinetisches, oder ζ-Potential, derjenige Anteil der →Galvani-Spannung, welcher im diffusen Teil der elektrochemischen →Doppelschicht liegt. Es beeinflußt maßgebend die Größe der elektrokinetischen Effekte. →Elektrokinetik.

Potential, logarithmisches, eine Lösung der →Laplaceschen Gleichung für den Fall, daß ein Potential V nur von zwei Koordinaten, etwa den kartesischen x und y, jedoch nicht von z abhängt, also der Differentialgleichung

$$\Delta_2 V(x, y) = \frac{\partial^2 V}{\partial x^2} + \frac{\partial^2 V}{\partial y^2} = 0 \qquad (1)$$

genügt. Eine Lösung ist

$$V \sim \ln \frac{1}{r}, \qquad (2)$$

wenn $r = \sqrt{(x_0 - x)^2 + (y_0 - y)^2}$ die Entfernung zweier Punkte $P(x_0, y_0)$ und $Q(x, y)$ ist. Hat eine Kraft $\mathfrak{K}$ die Eigenschaft, der Gradient von Gl. (2) zu sein, so muß sie die Ortsabhängigkeit

$$|\mathfrak{K}| \sim \frac{1}{r} \qquad (3)$$

haben, also umgekehrt proportional der 1. Potenz des Abstandes sein. Man kann Gl. (3) als ein „Newtonsches Gesetz der Ebene" ansehen und V als das dazugehörige Newtonsche „zweidimensionale" Potential, da beide in der Ebene im übertragenen Sinne dieselbe Rolle spielen wie die entsprechenden „dreidimensionalen" Größen (Newtonsche Anziehungskraft und Potential) im Raume.

Das logarithmische Potential ist eine analytische Ortsfunktion, die, sofern der Aufpunkt außerhalb der die Kraft ausübenden Masse liegt, beliebig hohe Ableitungen hat. Das logarithmische Potential hat enge Beziehungen zur Funktionentheorie, die beweist, daß die reellen und imaginären Anteile u und v einer analytischen komplexen Funktion $w = u(x, y) + iv(x, y)$ zwei zueinander „konjugierte" Potentialfunktionen sind. Das bedeutet, daß sowohl u als auch v für sich allein Gl. (1) genügen und außerdem die →Cauchy-Riemannschen Differentialgleichungen erfüllen. Geometrisch heißt dies, daß die Kurvenscharen $u(x, y) = \text{const}$ und $v(x, y) = \text{const}$ aufeinander senkrecht stehen. Deutet man eine von ihnen, etwa $u = \text{const}$, als Äquipotentiallinien, so ist $v = \text{const}$ die dazugehörige Kraftlinienschar oder umgekehrt. Als wichtige Eigenschaft des logarithmischen Potentials sei noch seine Invarianz gegenüber konformer Abbildung genannt.

Kellog, O. D.: Foundations of Potential Theory. Grundlehren d. math. Wiss. in Einzeldarst. XXXI. Berlin 1929. — *Wangerin, A.:* Theorie d. Potentials u. d. Kugelfunktionen. Berlin 1921/29. — *Sternberg, W.:* Potentialtheorie. Samml. Göschen 901, 944. Berlin 1925/26.

Potential, magnetisches. Bei Abwesenheit von elektrischen Strömen ist das magnetische Feld $\mathfrak{H}$ wirbelfrei, kann also als der negative Gradient eines magnetischen Potentials φ_m dargestellt werden: $\mathfrak{H} = -\text{grad}\,\varphi_m$. Ist $\mathfrak{J}$, der Vektor der Magnetisierung, als Funktion des Ortes gegeben, so gilt

$$\varphi_m = \frac{1}{4\pi\mu_0} \iiint\limits_{\text{Raum}} \frac{(\mathfrak{J}\mathfrak{r})}{r^3}\, dV$$

($\mathfrak{r}$ Ortsvektor vom Volumenelement dV zum Aufpunkt). In absoluten elektrischen Einheiten ist $\mu_0 = 4\pi \cdot 10^{-7}\,\text{VsA}^{-1}\text{m}^{-1}$. Da der Vektor $\mathfrak{B} = \mu_0\mathfrak{H} + \mathfrak{J}$ der Induktion quellenfrei ist, so genügt das magnetische Potential der Differentialgleichung $\mu_0 \Delta\varphi = \text{div}\,\mathfrak{J}$. Für das Magnetfeld eines dünnen stromdurchflossenen Drahtes kann man im Raum außerhalb des Stromes auch ein magnetisches Potential definieren, doch ist dessen Wert nicht eindeutig. Beim einmaligen Umlauf um den Strom ändert es sich um $\pm i$ (H in A m^{-1}, i in A, Längen in m) bzw. in der Definition der elektrischen und magnetischen →Größen, in denen der Nenner $4\pi\mu_0$ im obigen Ausdruck für φ_m entfällt und auf welche die symmetrischen Gaußschen CGS-Einheiten (H in Oe, i in esE, Länge in cm) abgestimmt sind, um $4\pi i/c$ (c Lichtgeschwindigkeit). Dieses magnetische Potential ist gleich dem räumlichen Winkel, unter dem der stromdurchflossene Leiter vom Aufpunkt aus erscheint, multipliziert mit $i/4\pi$ bzw. i/c. Die Differenz des magnetischen Potentials zwischen zwei Punkten nennt man *magnetische Spannung*.

Potential, Newtonsches, die Potentialfunktion, aus der sich das gemäß dem →Newtonschen Gravitationsgesetz (bzw. dem diesem formal gleichen →Coulombschen Gesetz) von mehreren diskret oder kontinuierlich verteilten Massen (bzw. Elektrizitätsmengen) erzeugte Feld durch Gradientenbildung herleiten läßt. Es seien zunächst zwei Massenpunkte m und m_1 angenommen, deren Lage im Raum durch die Koordinaten ξ, η, ζ bzw. x_1, y_1, z_1 angegeben werden. Ist m der angezogene Massenpunkt, so wirkt auf ihn nach dem Gravitationsgesetz die Kraft $\mathfrak{K} = f\frac{m m_1}{r^2}\mathfrak{r}°$, wobei $\mathfrak{r}°$ ein in die Verbindungslinie von m und m_1 fallender Einheitsvektor, $r = \sqrt{(\xi - x_1)^2 + (\eta - y_1)^2 + (\zeta - z_1)^2}$ deren Entfernung und f die Gravitationskonstante ist. Für die anziehende Kraft kann man auch schreiben $\mathfrak{K} = m f \frac{m_1}{r^2}\mathfrak{r}°$. Der zweite Faktor kann als negativer Gradient von $U = f\frac{m_1}{r}$ geschrieben werden, der das Newtonsche Potential des anziehenden Massenpunktes darstellt. Wirken mehrere, etwa n Massenpunkte m_i ($i = 1, 2, \ldots, n$), so wird auf m die anziehende Kraft $\mathfrak{K} = f m \sum_{i=1}^{n} \frac{m_i}{r_i^2} \mathfrak{r}_i^0$ ausgeübt. Auch hier kann ein Potential $U = f \sum_{i=1}^{n} \frac{m_i}{r_i}$ angegeben werden. Es ist im wesentlichen durch die von den drei Raumkoordinaten abhängige Funktion $1/r$ gegeben, die daher oft auch allein Potentialfunktion heißt. Bezüglich des zweidimensionalen Potentials →Potential, logarithmisches.

Um die physikalische Bedeutung des Potentials zu ermitteln, mögen die Kräfte den Massenpunkt m aus seiner ursprünglichen Lage $P(\xi, \eta, \zeta)$ in eine andere $P_1(\xi_1, \eta_1, \zeta_1)$ bringen. Die dabei geleistete Arbeit ist dann $A = \int_P^{P_1} \mathfrak{K}(\mathfrak{r})\, d\mathfrak{r}$ $= -m \int_P^{P_1} \operatorname{grad} U\, d\mathfrak{r} = m[U(P) - U(P_1)]$, d. h. (bis auf den Faktor m) gleich der Änderung der Potentialwerte.

Durch geeignete Normierung wird das Potential $U(x, y, z)$ an einer Stelle x, y, z im Raum meist so festgelegt, daß es die Arbeit darstellt, die geleistet werden muß, um eine Einheitsmasse m (bzw. die elektrische Ladungseinheit) aus dem Unendlichen bis an die Stelle x, y, z zu bringen.

Liegt statt der diskreten Massenpunkte m_i eine kontinuierliche Massenverteilung vor, so sind die Formeln für das Potential abzuändern. Bei einer räumlichen Massenverteilung mit der Dichte ϱ, die eine Funktion des Ortes sein kann, geht die Summe in ein Raumintegral über. Es wird $U = f \iiint \frac{\varrho}{r}\, d\tau$. Zu integrieren ist über das masseerfüllte Gebiet. Liegt der angezogene Punkt (Aufpunkt) außerhalb desselben, so ist das Integral →„vernünftig". Es läßt sich aber zeigen, daß das Integral auch endlich bleibt, wenn der Aufpunkt in das Integrationsgebiet fällt.

Von den Eigenschaften des Potentials seien noch folgende erwähnt: Das durch das oben angegebene Integral definierte Potential ist, sofern der Aufpunkt außerhalb der anziehenden Massen liegt, eine beliebig oft differenzierbare Ortsfunktion. Sie genügt der Laplaceschen Differentialgleichung $\Delta U = \frac{\partial^2 U}{\partial x^2} + \frac{\partial^2 U}{\partial y^2} + \frac{\partial^2 U}{\partial z^2} = 0$. Liegt dagegen der Aufpunkt innerhalb der gravitierenden Massen, so gilt die Poissonsche Gleichung $\Delta U = -4\pi\varrho$, die die Laplacesche als Sonderfall für $\varrho = 0$ enthält. Funktionen, die diesen Gleichungen genügen, nennt man Potentialfunktionen schlechthin (oder auch harmonische Funktionen). Das Newtonsche Potential $U \sim \frac{1}{r}$ ist ein für die Physik wichtiger Sonderfall. Man kann das Potential auch unmittelbar als Lösung der Gleichung $\Delta U = 0$ definieren. Bezüglich des Verhaltens des Potentials im Unendlichen sei noch bemerkt, daß es dort so verschwindet, daß $\lim_{r \to \infty} (U r) = M$ gilt, wenn M die Gesamtmasse des Körpers bedeutet. Für die Ableitungen gilt ähnliches. Jedes Potential stellt in einem gewissen „Regularitätsgebiet" eine analytische Funktion dar und besitzt daher partielle Ableitungen beliebig hoher Ordnung. Wegen diesbezüglicher und weiterer Einzelheiten vgl. die Literatur.

Kellog, O. D.: Foundations of Potential Theory. Grundlagen d. math. Wiss. in Einzeldarst. XXXI. Berlin 1929. — *Wangerin, A.:* Theorie d. Potentials u. d. Kugelfunktionen. Berlin 1922/21. — *Sternberg, W.:* Potentialtheorie. Samml. Göschen 901, 944. Berlin 1925/26.

Potentiale, retardierte. Infolge der endlichen Laufzeit (Geschwindigkeit c), mit der sich die Wirkung einer Änderung einer felderzeugenden Ursache ausbreitet, tritt diese Wirkung in der Entfernung r vom Ursprungsort erst um die Zeitspanne (Latenzzeit) r/c später ein als am Ursprungsort (→Retardierung). Die retardierten Potentiale haben daher im zeitlich veränderlichen elektrischen bzw. magnetischen Felde die Gestalt

$$\varphi = \frac{1}{4\pi\varepsilon\varepsilon_0} \int \frac{\varrho(t - r/c)}{r}\, d\tau,$$

$$\mathfrak{A} = \frac{1}{4\pi} \int \frac{\mathfrak{J}(t - r/c)}{r}\, d\tau.$$

Sommerfeld, A.: Vorl. über theoret. Physik III. Wiesbaden u. Leipzig 1948.

Potential, thermodynamisches, die Funktion G eines thermodynamischen Systems, die durch die Entropie S und Enthalpie H des Systems bei der Temperatur T gegeben ist in der Form

$$G = H - TS.$$

Bei isothermen Vorgängen, die bei konstantem Druck vor sich gehen, nimmt das thermodynamische Potential im allgemeinen ab; nur bei reversiblen Zustandsänderungen ändert es sich nicht. Die Gleichgewichtsbedingung für ein System, das sich auf konstanter Temperatur und unter konstantem Druck befindet, ist daher die, daß das thermodynamische Potential des Systems ein Minimum ist.

Für das thermodynamische Potential ist auch die Bezeichnung *freie* →*Enthalpie* gebräuchlich.

Zeise, H.: Thermodynamik I. Leipzig 1944.

Potentialbestimmendes Ion, ein Ion, welches auf Grund seiner Durchtrittsfähigkeit die →Galvani-Spannung an der Phasengrenze eines elektrochemischen Zweiphasensystems einstellt. Auch die am potentialbestimmenden Mechanismus teilnehmenden Moleküle und Ionen werden als *potentialbestimmend* bezeichnet (→Elektrode, einfache).

Potentialfunktion →Potential, →Potential, Newtonsches, →Randwertproblem der Potentialtheorie.

Potentialfunktion einer Valenzbindung, entspricht einem bestimmten Kraftgesetz zwischen den Partnern, das die Änderung der Kraft bzw. der Bindungsenergie mit dem Abstand r regelt. Für sehr kleine Verrückungen (z. B. wenig angeregte Atomschwingungen) kann in vielen Fällen in erster Näherung eine harmonische Kräftefunktion angenommen werden: Kraft $= -ar$, potentielle Energie $E = \frac{a}{2} r^2$, Frequenz $= \frac{1}{2\pi} \sqrt{\frac{a}{m}}$, a = Kraftkonstante, m = reduzierte Masse. Als besonders nützlich hat sich ein von *Morse* vorgeschlagenes Potential erwiesen, das eine strenge Behandlung mittels der Schrödinger-Gleichung gestattet und mancherlei Abwandlungen erfahren hat:

$$E = D e^{-2a(r - r_0)} - 2D e^{-a(r - r_0)}$$

(D Dissoziationsenergie, a Konstante, r_0 Gleichgewichtsabstand).

Morse, Ph. M.: Phys. Rev. 34, 57 (1929).

Potentialgefälle, -gradient →Potential; ferner →luftelektrisches Feld.

Potentialklemmen. Bei genauen Messungen an Metallwiderständen, insbesondere mit kleinen Nennwerten oder bei Widerständen, bei denen die Zuleitungen eine Rolle spielen (Widerstandsthermometer), verwendet man außer den Zuleitungen für den Strom noch besondere Potentialleitungen, über die kein Strom fließt, wenn der Widerstand durch ein Kompensationsverfahren gemessen wird. Der Widerstand hat dann vier Außenklemmen, von denen zwei als Potentialklemmen bezeichnet werden. Der zwischen den Potentialklemmen liegende Teil des Widerstandes ist dadurch exakt definiert.

Potentialkoeffizient. Betrachtet man den Fall, daß n beliebige elektrische Leiter mit den Potentialen φ_i ($\varphi_1 \ldots \varphi_n$) in einem Dielektrikum verteilt sind, und bezeichnet mit Q_i ($Q_1 \ldots Q_n$) die Ladungen der Leiter, so ist das Potential φ_i eines jeden Leiters linear von den Ladungen aller Leiter abhängig. Es gilt dann:

$$\varphi_i = \sum_1^n {}_k K_{ik} Q_k .$$

Die Faktoren K_{ik} (von der Dimension einer reziproken Kapazität) heißen nach *Maxwell* Potentialkoeffizienten und bilden eine symmetrische Matrix ($K_{ik} = K_{ki}$; →Reziprozitätsgesetz). Sie sind bestimmt durch die Verteilung der Leiter und der Dielektrika, falls deren mehrere vorhanden sind. Die Faktoren K_{ik} werden auch als *elektrische Induktivitäten* bezeichnet. Die potentielle elektrische Energie der gesamten Leiteranordnung läßt sich darstellen als

$$W_{\text{pot}} = \tfrac{1}{2} \sum_1^n {}_i \sum_1^n {}_k K_{ik} Q_i Q_k .$$

Potentialkurve von Molekülbindungskräften. Trägt man die potentielle Energie eines Atoms als Funktion seines Abstandes von der Ruhelage im Molekülverband in einem Diagramm auf, so

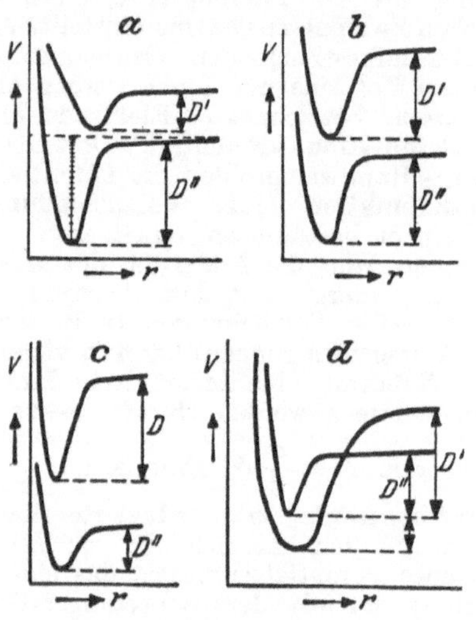

Potentialkurven.

erhält man seine Potentialkurve (Abb.). Ist diese eine Parabel, so führt das Atom bei Energiezufuhr eine *harmonische Schwingung* aus; ist sie eine Kurve höheren Grades, so ist die Schwingung *anharmonisch*. Potentialkurven ohne Minimum führen zu keiner stabilen Kernlage, sondern zur *Dissoziation*. Zu jedem Anregungszustand der Elektronen gehört eine andere Potentialkurve. Die Gestalt und relative Lage der Potentialkurven zweier miteinander kombinierender Elektronenterme bedingen die Intensitätsverteilung des Bandensystems (→Franck-Condon-Prinzip). Kreuzen sich Potentialkurven verschiedener Anregungszustände, so kann es zu den Erscheinungen der →Bandenstörungen sowie der →Prädissoziation kommen.

Jede Potentialkurve geht bei großen Kernabständen in eine Abszissenparallele über, deren Höhe über dem Potentialminimum die *Dissoziationsarbeit* des betreffenden Elektronenzustandes angibt.

Potentialschwelle →Tunneleffekt.

Potentialsonden, luftelektrische, auch *Ausgleicher* oder *Kollektoren* genannt, Meßelemente zur Bestimmung des →luftelektrischen Feldes (atmosphärischen Potentialgefälles). Bringt man einen beliebig gestalteten Leiter isoliert in ein elektrisches Feld, so wird in ihm durch Influenz Ladungstrennung hervorgerufen (→Luftelektrische Meßtechnik). Auf der neutralen Linie seiner Oberfläche mündet eine Äquipotentialfläche, die sein Potential bestimmt. Messung der Potentialdifferenz gegen Erde liefert einen Proportionalwert der Feldstärke. Messung mit bewegtem oder abwechselnd dem Feld exponiertem und gegen dieses abgeschirmtem Influenzkörper ergibt Potentialschwankungen, die der Feldstärke proportional sind (*mechanischer Kollektor, Feldmühle*). — Durch Abfuhr der Influenzladung von einem beliebigen Punkt des Körpers kann das Einmünden einer anderen Äquipotentialfläche erzwungen werden; damit wird Messung der Potentialdifferenz zwischen gegebenen Punkten des Feldes möglich. Zur Beschleunigung dieses Ausgleichsprozesses bzw. der Ladungszu- oder -abfuhr bedient man sich kapazitiver Ladungstrennung (*Tropfkollektor*) bzw. der ionisierenden Wirkung von Flammengasen, glühenden Körpern (*Flammenkollektoren, Glimmsonden, Lunten*) oder radioaktiven Stoffen (*radioaktive Kollektoren*). Messung der Potentialdifferenz eines solchen „Ausgleichers" gegen Erde oder einen zweiten Kollektor mittels hochisolierter Meßanordnung (statisches Elektrometer, Röhrenelektrometer) liefert das luftelektrische Potentialgefälle.

Potentialströmung. Läßt sich eine Strömung mit Hilfe des →Geschwindigkeitspotentials darstellen, so ist sie wirbelfrei, da in diesem Bereich die Wirbelkomponenten und damit der Wirbelvektor verschwinden (→Wirbelfeld). Sie wird in diesem Falle als Potentialströmung bezeichnet. Nach den →Helmholtzschen Wirbelsätzen können unter dem Einfluß konservativer Kräfte keine Wirbel in der Flüssigkeit entstehen. Wenn eine Bewegung aus der Ruhe heraus entsteht, so muß sie wirbelfrei bleiben, solange keine Reibungskräfte, z. B. in der →Grenzschicht an festen Wänden, auf sie einwirken. In einzelnen Bereichen, in denen keine Grenzschichten enthalten sind, kann daher die Potentialströmung auch bei wirklichen Flüssigkeiten den Strömungsvorgang angenähert wiedergeben. Daher ist trotz dieser Einschränkungen die Theorie der Potentialströmungen für die Behandlung zahlreicher Strömungserscheinungen sehr wertvoll. Für Potentialströmungen lautet mit dem Laplaceschen Operator $\Delta = \frac{\partial^2}{\partial x^2} + \frac{\partial^2}{\partial y^2} + \frac{\partial^2}{\partial z^2}$ die →Kontinuitätsgleichung $\Delta \varphi = 0$. Die Eulerschen Gleichungen nehmen die Form an:

$$\frac{\partial \varphi}{\partial t} + \frac{u^2 + v^2 + w^2}{2} + P + U = F(t),$$

worin $P = \int dp/\varrho$ die sog. Druckfunktion und U das Potential der äußeren Kräfte sind. Als Randbedingung an festen Oberflächen (n = Richtung der Normalen auf die Oberfläche) gilt $\partial \varphi / \partial n = 0$. Bei zweidimensionalen Strömungsproblemen werden mit Vorteil die Methoden der Funktionentheorie angewendet (→komplexes Potential). Dreidimensionale Potentialströmungen werden häufig mit Hilfe der → Quell-Senken-Methode behandelt.

Prandtl, L.: Führer durch d. Strömungslehre. Braunschweig 1948.

Potentialtopf, Bezeichnung für ein Kastenpotential $V(r)$ (Abb.), wie es zur angenäherten Beschreibung des Potentials für ein Nukleon im

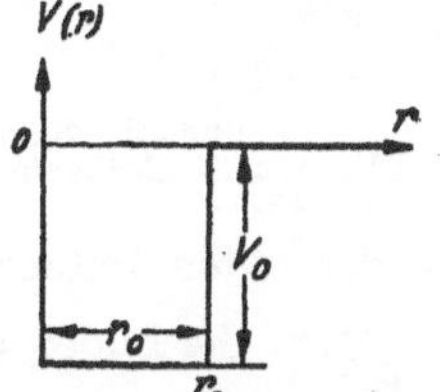

Potentialtopf.
V_0 Betrag des Potentials,
r_0 seine Reichweite,
r Abstand vom Koordinatenursprung.

Atomkern verwendet wird. Das Energiespektrum eines Teilchens im Potentialtopf ist in der Abb. bei →Oszillatormodell eingezeichnet.

Potentialtopfmodell →Oszillatormodell.

Potentialwall →Tunneleffekt.

Potentialwirbel →Wirbelbewegung.

Potentielle Elektrolyte →Elektrolyte.

Potentielle Energie oder *Lageenergie,* die Energie (Arbeitsfähigkeit), welche einem Körper auf Grund seiner Lagebeziehungen zu den Körpern seiner Umgebung bzw. in einem Kraftfelde zukommt. Sie ist nach dem Energieprinzip gleich der Arbeit, welche bei Ausschluß von Energieverlusten (Reibung usw.) erforderlich war, um den Körper aus einer vorgegebenen Anfangslage A in die von ihm eingenommene Lage B zu bringen. Wirkt also auf ihn längs eines Wegelements $d\mathfrak{s}$ des Weges zwischen Anfangs- und Endlage die Kraft $\mathfrak{K}$, so ist die bei der Verschiebung an ihm geleistete Arbeit und demnach auch seine potentielle Energie in der Endlage

$$U = -\int_A^B \mathfrak{K}\, d\mathfrak{s}.$$

Das negative Vorzeichen rührt daher, daß der Körper potentielle Energie gewinnt bzw. verliert, wenn er gegen die Richtung bzw. in Richtung der Kraft $\mathfrak{K}$ verschoben wird.

Die Wahl der Anfangslage A ist willkürlich, und daher ist die potentielle Energie auch immer nur bis auf eine additive Konstante definiert. Das ist belanglos, da in den physikalischen Gleichungen immer nur Differenzen potentieller Energie auftreten. Im irdischen Schwerefelde pflegt man die potentielle Energie eines Körpers auf die Erdoberfläche oder das Meeresniveau zu beziehen. Bildet der Körper einen Teil eines elastischen Systems, so ist es zweckmäßig, sie auf den entspannten Zustand des Systems zu beziehen. Befindet er sich in einem Kraftfelde, das von einer einzigen oder von mehreren räumlich verteilten Massen, Ladungen usw. erzeugt wird, so bezieht man sie meist auf seine Lage in unendlicher Entfernung von jenen, also außerhalb des Bereichs ihrer Kraftwirkung. Sie ist dann negativ oder positiv, je nachdem der Körper eine Anziehung oder eine Abstoßung erfährt.

Die potentielle Energie spielt nicht nur in der Mechanik, sondern auch in der Physik der Stoffe eine wichtige Rolle. Sie tritt dort auf als Bindungsenergie der Moleküle, insbesondere in den festen Stoffen, als chemische Energie der in den Molekülen gebundenen Atome, als elektrische Energie der Elektronen der Atomhüllen, als Bindungsenergie der Protonen und Neutronen in den Atomkernen usw.

Potentielle Energie für spezielle Leiteranordnungen →Energie des elektrostatischen Feldes.

Potentielle Temperatur →Adiabate, →Adiabatenpapiere.

Potentiometer, Gerät zur →Spannungsteilung.

Potentiometrische Titration, die Aufnahme des Verlaufs der Titration mit einer →*Elektrode,* welche auf die bei der Titration reagierenden Ionen oder Moleküle *anspricht.* Durch Gegenschalten einer geeigneten →Bezugselektrode entsteht eine Kette, deren meßbare Urspannung sich bei Zugabe der Titrationslösung ebenso ändert wie die →Galvani-Spannung der Versuchselektrode.

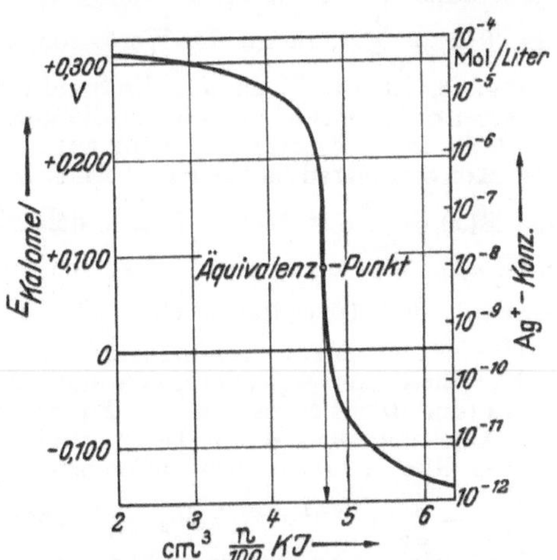

Potentiometrische Titration einer $AgNO_3$-Lösung mit KJ-Lösung.

Der Äquivalenzpunkt tritt als Wendepunkt in einem steilen Anstieg oder Abfall der Titrationskurve auf. Anwendung bei Neutralisations-, Fällungs- und Redox-Reaktionen.

Beispiel: Titration von Ag^+-Ionen mit KJ.

Müller, E.: Elektrometrische Maßanalyse. Dresden u. Leipzig 1942. — *Lange, E.,* u. *E. Schwartz:* Z. phys. Chem. **129**, 111 (1927). — *Böttger, W.:* Potentiometr. Maßanalyse. Physikal. Methoden d. analyt. Chemie, Teil 3. Leipzig 1939.

Potenzreihe, eine Reihe von der Form $\mathfrak{P}(z) = \sum_{i=0}^{\infty} a_i (z - z_0)^i = a_0 + a_1 (z - z_0) + a_2 (z - z_0)^2 + \cdots$. Die in ihr auftretenden Größen a_i sind Konstanten, während z eine stetig Veränderliche und z_0 ein bestimmter Wert derselben ist. Durch Einführung der Variablen $x = z - z_0$ kann man $\mathfrak{P}(z)$ in die Form $\mathfrak{P}(x) = \sum_{i=0}^{\infty} a_i x^i = a_0 + a_1 x + a_2 x^2 + \cdots$ bringen. Für das Rechnen mit derartigen Potenzreihen ist es erforderlich zu wissen, für welche Werte von x die Reihe konvergiert. Sicher ist dies immer für $x = 0$ der Fall: $\mathfrak{P}(0) = a_0$. Gibt es noch andere Werte für x, etwa den Wert $x = x_1$, für die $\mathfrak{P}(x)$ konvergiert, so konvergiert die Reihe auch für alle $|x| \leqq x_1$, d. h. für Werte von x, die im Intervall $-x_1 \leqq x \leqq x_1$ liegen. Gibt es eine Zahl r derart, daß $\mathfrak{P}(x)$ für alle $|x| < r$ konvergent, für alle $|x| > r$ dagegen divergent ist, so heißt r der *Konvergenzradius* von $\mathfrak{P}(x)$, welche Bezeichnung darauf zurückzuführen ist, daß ein Kreis mit dem Radius r um den Punkt $x = 0$ (bzw. $z = z_0$) auf der Zahlengerade das Konvergenzintervall von $\mathfrak{P}(x)$ ausschneidet. [Ist x eine komplexe Zahl, so konvergiert $\mathfrak{P}(x)$ für alle x, die innerhalb des um $x = 0$ mit dem Radius r aus der Gaußschen Zahlenebene herausgeschnittenen *Kreis*gebietes liegt.] Das Verhalten von $\mathfrak{P}(x)$ für $x = r$, d. h. an den Enden des Konvergenzintervalls (bzw. bei komplexen x auf dem Rand des Konvergenzbereiches), bleibt unbestimmt. Konvergiert $\mathfrak{P}(x)$ für *jedes* x, so heißt die Reihe *beständig konvergent*. In diesem Falle schreibt man $r \to \infty$.

Beispiele: Die Exponentialfunktion e^x, deren Potenzreihendarstellung $e^x = \sum_{i=0}^{\infty} \frac{x^i}{i!}$ ist, konvergiert für jeden Wert von x, stellt also eine beständig konvergente Potenzreihe dar, deren Konvergenzradius $r \to \infty$ ist. Für die geometrische Reihe $\mathfrak{P}(x) = \sum_{i=0}^{\infty} x^i$, die nur für Werte von $|x| < 1$ konvergiert, ist $r = 1$. In den Endpunkten des Konvergenzintervalls $x = \pm 1$ weist die geometrische Reihe keine Konvergenz mehr auf.

Der Konvergenzradius einer gegebenen Potenzreihe $\mathfrak{P}(x) = \sum_{i=0}^{\infty} a_i x^i$ läßt sich aus den Koeffizienten a_i berechnen, und zwar gilt nach *Cauchy-Hadamard*, daß $1/r = \lim_{n\to\infty} \sup \sqrt[n]{|a_n|}$ ist. Jede Potenzreihe mit einem Konvergenzradius $r \neq 0$ stellt innerhalb ihres Konvergenzintervalls eine differenzierbare (und damit eo ipso stetige) Funktion dar, deren Ableitung man durch Differentiation der einzelnen Glieder (gliedweises Differenzieren) findet: $\frac{d\mathfrak{P}}{dx} = \sum_{i=0}^{\infty} a_i i x^{i-1} = a_1 + 2a_2 x + 3a_3 x^2 + \cdots$, die den gleichen Konvergenzradius r wie $\mathfrak{P}(x)$ besitzt. Für die bekanntesten elementaren Funktionen gelten folgende spezielle Potenzreihenentwicklungen: $e^x = \sum_{i=0}^{\infty} \frac{x^i}{i!}$ konv. für $|x| < \infty$, $\sin x = \sum_{i=0}^{\infty} (-1)^i \frac{x^{2i+1}}{(2i+1)!}$ konv. für $|x| < \infty$, $\cos x = \sum_{i=0}^{\infty} (-1)^i \frac{x^{2i}}{(2i)!}$ konv. für $|x| < \infty$, $\operatorname{tg} x = \sum_{i=0}^{\infty} (-1)^{i+1} \frac{2^{2i}(2^{2i}-1) B_i}{(2i)!} x^{2i-1} = x + \frac{x^3}{3} + \frac{2}{15} x^5 + \frac{17}{315} x^7 + \cdots$ (B_i →Bernoullische Zahl) konv. für $|x| < \frac{\pi}{2}$, $\ln(1+x) = \sum_{i=1}^{\infty} \frac{(-1)^{i+1}}{i} x^i$ konv. für $1 \geqq x > -1$. Spezialfall: $\ln 2 = 1 - \frac{1}{2} + \frac{1}{3} - \frac{1}{4} + \cdots$, $\arcsin x = x + \sum_{i=1}^{\infty} \frac{1\cdot 3\cdot 5 \cdots (2i-1)}{2\cdot 4\cdot 6 \cdots 2i} \frac{x^{2i+1}}{2i+1} = x + \frac{1}{2}\frac{x^3}{3!} + \frac{1\cdot 3}{2\cdot 4}\frac{x^5}{5} + \cdots$ konv. für $|x| \leqq 1$.

Binomische Reihe: $(1+x)^n = \sum_{i=0}^{\infty} \binom{n}{i} x^i$ konv. für $|x| < 1$ mit beliebigen n. Weitere spezielle Potenzreihen sind die →Taylorsche, die MacLaurinsche, die →hypergeometrische Reihe u. a. Potenzreihen, die für alle x konvergieren, stellen die besondere Klasse der für alle Werte von x regulären Funktionen dar, die man als *ganze* Funktionen bezeichnet. Hat ihre Potenzreihendarstellung endlich viele Glieder, liegt also die Form $f(z) = \sum_{i=0}^{n} a_i z^i$ vor ($a_n \neq 0$, aber $a_m = 0$, $m \geqq n+1$, n endlich), so spricht man von einer *ganzen rationalen* Funktion (*Polynom*). Hat dagegen die Reihe unendlich viele Glieder, so heißt die durch sie hergestellte Funktion $f(z) = \sum_{i=0}^{\infty} a_i z^i$ eine *ganze transzendente* Funktion. Beispiel: $e^z = \sum_{i=0}^{\infty} \frac{z^i}{i!}$, $\sin z = \sum_{i=0}^{\infty} (-1)^i \frac{z^{2i+1}}{(2i+1)!}$ usw.

Knopp, K.: Theorie u. Anwendung d. unendl. Reihen. Berlin 1948. — *Falkenberg, H.:* Elementare Reihenlehre. Samml. Göschen 943/1027. Berlin 1944/45.

Potenzsumme, die Summe der m-ten Potenzen der n ersten Zahlen: $s_m(n) = \sum_{i=1}^{n} i^m$. Sie bilden die Glieder einer arithmetischen Reihe m-ter Ordnung. Beispiel: Für $m = 3$ lautet die Reihe $1^3 + 2^3 + 3^3 + \cdots + n^3$. Als Summenformel ergibt sich für $m = 0$: $s_0(n) = n$; für $m = 1$ (Summe der n ersten Zahlen) $s_1(n) = n(n+1)/2$; für $m = 2$ (Summe der Quadrate der n ersten Zahlen) $s_2(n) = n(n+1)(2n+1)/6$; für $m = 3$ (Summe der Kuben der n ersten Zahlen) $s_3(n) = n^2(n+1)^2/4 = s_1^2(n)$; für $m = 4$: $s_4(n) = n(n+1)(2n+1)(3n^2+3n-1)/30$ usw. Die $s_m, s_{m-1} \ldots$ sind miteinander durch gewisse Rekursionsformeln verknüpft, etwa durch: $1 + \binom{m+1}{1} s_m(n) + \binom{m+1}{2} s_{m-1}(n) + \cdots \binom{m+1}{m} s_1(n) + s_0(n) = 1 + s_0(n) + \sum_{k=1}^{m} \binom{m+1}{k} s_{m+1-k}(n) = (n+1)^{m+1}$, u. a.

Über die Berechnung von Potenzsummen nach *Newton* →elementar-symmetrische Funktionen.

Potsdamer Schweresystem →Fallbeschleunigung, absolute, →Gravimetrie.

pottle, in Großbritannien benutztes Hohlmaß für Flüssigkeiten, definiert als $^1/_2$ →gallon (Brit): 1 pottle = 2,27304 dm³.

Poulson-Schwingung →Lichtbogenschwingung.

pound, abgek. lb, Grundeinheit für die Masse in den nationalen Maßsystemen Großbritanniens und der USA. Man unterscheidet zwischen den beiden Systemen *avoirdupois* (av) für den allgemeinen Gebrauch und *apothecary* (ap) oder *troy* (t) für Drogen und Edelmetalle.

Das pound *avoirdupois* (lb.av.) ist in beiden Ländern die allgemeine gesetzliche Einheit. In Großbritannien wird das lb.av. durch das *Imperial Standard Pound* definiert und verkörpert (Weights and Measures Act von 1878). Dieses Urnormal ist ein 1844 hergestellter Zylinder aus Platin, dessen Durchmesser etwas kleiner ist als seine Höhe; in seinen Mantel ist eine flache, rundherum gehende Furche eingeschnitten, um den Zylinder mit einer Elfenbeingabel anheben und bewegen zu können. Von dem Imperial Standard Pound wurden fünf Kopien angefertigt, vier aus Platin und eine aus der internationalen Platin-Iridium-Legierung. Als gesetzliche Umrechnung (1898) für Eichwesen und Handel gilt 1 imper. lb = 0,45359243 kg; nach der letzten Vergleichsmessung zwischen Imperial Standard Pound und Kilogrammprototyp aus dem Jahre 1933 wird als bester Wert für wissenschaftliche Zwecke 1 imper. lb = 0,453592338 kg benutzt.

In den USA wurde durch Cong. Metric Act von 1866 und die Mendenhall-Order von 1893 das *US-Pound* durch eine zahlenmäßige Relation zum Kilogrammprototyp definiert: 1 US-lb ≡ 0,4535924277 kg (Ergebnis der Vergleichung zwischen Imperial Standard Pound und Kilogrammprototyp aus dem Jahre 1883). Bei einer Zusammenlegung des englischen und amerikanischen Pound ist für die Zukunft der gemeinsame Wert 1 imper. lb = 1 US-lb = 0,4535923 kg vorgesehen.

Das lb.av. ist in 7000 *grain* (gr) unterteilt. Die Systeme apothecary und troy sind durch die Festsetzung definiert, daß 1 lb.ap. ≡ 1 lb.t. (nicht mehr üblich) ≡ 5760 gr ist. Dabei ist 1 gr in Großbritannien der 7000. Teil des imper.lb, in den USA der 7000. Teil des US-lb. Wegen des geringfügigen Unterschiedes zwischen imper.lb und US-lb sind die britischen und US-Masseneinheiten praktisch gleichzusetzen. Teile und Vielfache des lb.av. und des lb.ap. bzw. t. sind: 1 lb.av. ≡ 7000 gr ≡ 256 dram (dr. oder dm.av.) ≡ 16 ounce (oz.av.) ≡ $^1/_{100}$ short hundred weight (sh.cwt.) ≡ $^1/_{112}$ long hundred weight (l.cwt.) ≡ $^1/_{2000}$ short ton (sh.tn.) ≡ $^1/_{1200}$ long ton (l.tn. oder t); 1 lb.ap. ≡ 5760 gr ≡ 12 ounce (oz.ap. oder oz.t.) ≡ 96 dram apothecary oder drachm (dr. oder dm.ap.) ≡ 240 pennyweight (dwt) ≡ 288 scruples (s).

pound weight, abgek. lb.wt. oder Lb, Gewichts- oder technische Krafteinheit der nationalen angelsächsischen Maßsysteme. Das lb.wt. stellt das Gewicht eines lb.av. (→pound) bei der →Normfallbeschleunigung g_n = 9,80665 m/s² = 32,1741 ft/s² dar: 1 lb.wt. = 0,453592 kp = 4,44822 N.

Pound weight/square inch, pound weight/square foot sind britisch-amerikanische →Druckeinheiten.

poundal, Krafteinheit des foot-pound (avoirdupois)-second-Systems (→Maßsysteme, mechanische): 1 poundal ≡ 1 ft.lb (av)/s² = 0,138255 N = 14,0981 p.

Poyntingscher Satz, Vektor. Der Energiesatz der Elektrodynamik

$$(\mathfrak{E}\cdot\dot{\mathfrak{D}}) + (\mathfrak{H}\cdot\dot{\mathfrak{B}}) + (\mathfrak{E}\cdot\mathfrak{G}) + \operatorname{div}(\mathfrak{E}\times\mathfrak{H}) = 0 \quad (1)$$

oder

$$\frac{\partial}{\partial t}(w_e + w_m) + \psi + \operatorname{div}\mathfrak{S} = 0, \quad (2)$$

wenn man mit $\mathfrak{S}$ den Vektor

$$\mathfrak{S} = \mathfrak{E}\times\mathfrak{H}, \quad (3)$$

mit w_e, w_m die elektrische bzw. magnetische Energiedichte, mit ψ die räumliche Dichte der Stromwärmeleistung bezeichnet, ergibt in integraler Form

$$\frac{\partial}{\partial t}\int (w_e + w_m)\, dV + \int R J^2 dV + \int \mathfrak{S}\cdot d = 0. \quad (4)$$

Damit ergibt sich für den Vektor $\mathfrak{S}$ (*Poyntingscher Vektor*) die Deutung als Dichte des *Energiestroms.*

Bei einer ebenen Welle (→elektromagnetische Wellen), wo $\mathfrak{E}$ und $\mathfrak{H}$ senkrecht auf der Ausbreitungsrichtung stehen, zeigt er die Ausbreitungsrichtung der Energie an. Dies gilt allgemein. $\mathfrak{S}/c^2$ stellt die durch eine fortschreitende elektromagnetische Welle übertragene Impulsdichte dar, die sich an Grenzflächen als →Strahlungsdruck äußert.

Sommerfeld, A.: Vorl. über theoret. Physik III. Leipzig 1949. *Mie, G.:* Lehrb. d. Elektrizität u. d. Magnetismus. Stuttgart 1949.

Pr, Symbol der →Prandtlschen Zahl.

Prädissoziation von Molekülen ist ein strahlungsloser Molekülzerfall, der verbunden ist mit abnorm kurzer Lebensdauer eines angeregten Zustandes. Im Bandenspektrum gibt sich ein solcher Prozeß im vorzeitigen Abbrechen oder Unscharfwerden der Rotationslinien einer Einzelbande zu erkennen. Es kommt auch vor, daß jenseits einer solchen Stelle wieder scharfe Rotationslinien zur Ausbildung gelangen. Prädissoziation tritt ein, wenn für einen bestimmten Elektronenanregungszustand die Summe von Elektronen-, Schwingungs- und Rotationsenergie größer wird als die Dissoziationsarbeit in einem anderen Elektronenzustand (Abb.).

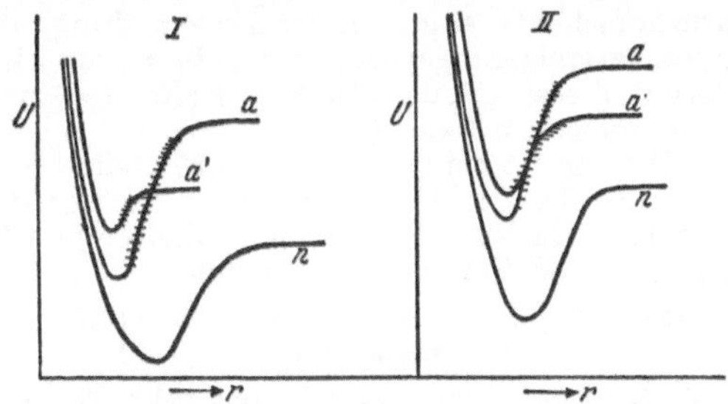

Prädissoziation.

Die Zerfallswahrscheinlichkeit ist aber nur dann groß, wenn der Zerfall ohne wesentliche Änderung von Kernabstand und Kernrelativgeschwindigkeit erfolgen kann. Es kreuzen sich dann im allgemeinen die →Potentialkurven der beiden Elektronenzustände an einer Stelle, wo die eine bereits abszissenparallel verläuft. Die Prädissoziation wurde besonders von *V. Henri* und Mitarbeitern untersucht.

Präionisation. Von den negativen Termen eines Atoms kann ohne Änderung der Energie ein Übergang in den ionisierten Zustand erfolgen, bevor das Atom durch Strahlung in ein tieferes Niveau übergegangen ist. Diesen Vorgang nennt man Präionisation. Präionisation und Strahlung stehen also im Wettstreit miteinander. Wird die Wahrscheinlichkeit für die Ionisation zu groß, so verliert der negative Term überhaupt den Charakter eines diskreten Energieniveaus und geht ganz im Kontinuum unter.

Prallelektrode, Prallgitter-Vervielfacher →Photoelektronen-Vervielfacher.

Prandtl-Rad, Kreiselmodell für Vorführungszwecke.

Müller-Pouillet: Lehrb. d. Physik I/1. Braunschweig 1929.

Prandtlsche Regel. In *dem* Bereich der Unterschallgeschwindigkeit, wo die elastischen Eigenschaften der Gasströmung nicht mehr vernachlässigt werden können, kann man diesen Einfluß in erster Näherung dadurch ermitteln, daß man in der Berechnung nur die Größen 1. Ordnung berücksichtigt. *Prandtl* (1922) hat aus der Potentialtheorie abgeleitet, daß die Druckunterschiede und damit auch der Auftrieb der kompressiblen Strömung im Vergleich zu der inkompressiblen Strömung um das gleiche Profil in 1. Näherung um das $1/\sqrt{1 - Ma^2}$-fache stärker sind (*Ma* Machsche Zahl). Diese Beziehung (Prandtlsche Regel) gilt nur für schlanke Profile und kleine Anstellwinkel und auch in diesen Fällen nur, solange die Schallgeschwindigkeit an keiner Stelle der Strömung erreicht wird.

Prandtlsche Zahl. Wenn in Strömungsfeldern infolge von Temperaturunterschieden zwischen den strömenden Medien und den Begrenzungswänden ein Energieaustausch stattfindet, so muß die dynamische Ähnlichkeit durch Aussagen über die thermische Ähnlichkeit ergänzt werden. Aus den Dimensionsbetrachtungen an Hand der Differentialgleichungen folgt als eine Kenngröße, die nur Stoffwerte enthält, die dimensionslose Prandtlsche Zahl $Pr = \nu/a$ [$\nu = \eta/\varrho$ kinematische Zähigkeit; $a = \lambda/(c_p \varrho)$ Temperaturleitzahl; λ Wärmeleitfähigkeit]. Die Änderung der Temperatur ϑ des strömenden Mediums infolge eines aufgeprägten Temperaturunterschiedes Θ gegenüber der Wandung, das Temperatursteigerungsverhältnis $\Delta\vartheta/\Theta$, ist eine Funktion dieser Größe, $\Delta\vartheta/\Theta = F(Re, Pr)$ und der Reynoldschen Zahl *Re*.

Für Wasser ist bei 0 °C $Pr = 13{,}57$, bei 100 °C $Pr = 1{,}72$. Bei den idealen Gasen folgt aus der kinetischen Gastheorie Unabhängigkeit von *Pr* von Druck und Temperatur; es gilt

Atomzahl	1	2	3	4 u. mehr
$Pr =$	0,67	0,73	0,83	1,00

Für Wasserdampf ist $Pr \approx 1$, für zähe Flüssigkeiten $Pr \gg 1$.

Für $Pr \simeq 1$ ergibt die Theorie der Wärmeübertragung bei laminarer und turbulenter Strömung eine in 1. Näherung gleichlautende Beziehung $q = \tau g c_p \, d\vartheta/dw$ zwischen der Schubspannung τ und dem Wärmeaustausch q. Bei zähen Flüssigkeiten ($Pr \gg 1$) ist diese Näherung nicht mehr zulässig.

Präzession der Erdachse. Die Erde ist ein →Kreisel, der sich in einem Sterntag (86164 s) einmal um seine Achse dreht (→Erdrotation). Infolge der Zentrifugalkräfte bei der Rotation ist die Erde keine Kugel, sondern ein abgeplattetes Rotationsellipsoid. Die Anziehung von Sonne und Mond, die in der Ekliptikebene stehen, sucht den äquatorialen Massenring in die Ekliptikebene hereinzuklappen und damit den Winkel ϑ zwischen Erdachse und Pol der Ekliptik zu verkleinern. Unter diesem Moment beschreibt die Erdachse eine reguläre Präzession (→Präzession des Kreisels) um den Pol der Ekliptik (Abb.). Die Knotenlinie, d. h. die Schnittfläche zwischen Äquatorebene und Ekliptikebene, läuft dabei in der Ekliptikebene um. Dadurch verschiebt sich der Frühlingspunkt (r) rückläufig. Infolgedessen heißt diese Bewegung *retrograde* Präzession der Erdachse. Nach astronomischen Messungen ist:

ϑ = Neigung des Äquators gegen die Ekliptik = 23° 27′ (gegenwärtig),

T_p = Zeit eines vollen Präzessionsumlaufes = 25730 Jahre.

Die Bedeutung des Fortschreitens des Frühlingspunktes liegt in unserer Jahresrechnung. Wir rechnen als Jahr den Umlauf der Erde vom Frühlingspunkt zu Frühlingspunkt. Es heißt tropisches Jahr.

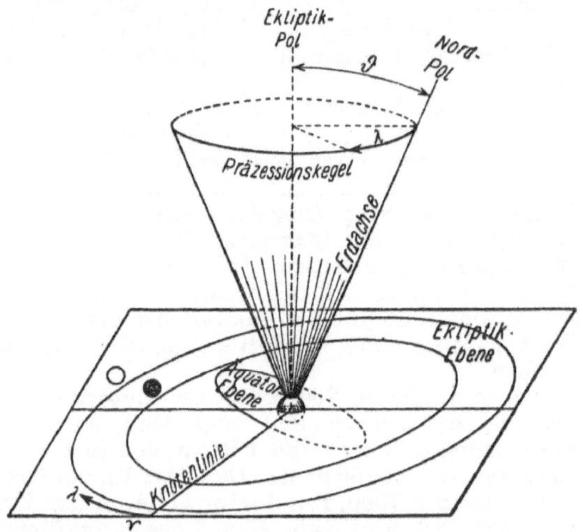

Präzession der Erdachse.

Dagegen heißt der volle Umlauf der Erde um die Sonne siderisches Jahr oder Sternjahr. Da der Frühlingspunkt am Sternhimmel fortschreitet, muß das tropische Jahr von dem Sternjahr abweichen. Zur Begleichung der Differenz muß etwa alle 71 Jahre ein Schalttag ausfallen. Der Julianische Kalender baut auf dem Sternjahr auf, während der Gregorianische Kalender, der jetzt auf der ganzen Welt eingeführt ist, das tropische Jahr zugrunde legt (→Zeitmaße).

Klein, F., u. *A. Sommerfeld:* Über d. Theorie d. Kreisels. Leipzig 1897—1910. — *Müller-Pouillet:* Lehrb. d. Physik I/1. Braunschweig 1929.

Präzession des Kreisels. 1. *Allgemeines.* Eine Präzession des Kreiselimpulses entsteht, wenn ein äußeres Moment senkrecht zum Kreisesimpuls wirkt. Ferner muß bei stabiler Rotationsachse die Figurenachse den Kreiselimpuls stets umfahren. Die Präzession der Kreiselachse muß also im Mittel der Präzession des Kreiselimpulses entsprechen. Dies gilt sowohl für den symmetrischen als auch für den unsymmetrischen Kreisel bei stabiler Rotationsachse.

2. *Reguläre Präzession des symmetrischen Kreisels.* Bei der regulären Präzession läuft sowohl die Kreiselachse als auch die Impulsachse mit konstanter Präzessionsgeschwindigkeit $\mathfrak{p}$ um. Dies ist ein Sonderfall, der nur bei dem symmetrischen Kreisel möglich ist. Hierzu muß der Kreiselimpuls $|\mathfrak{B}| = \text{const}$ und das Kraftmoment $|\mathfrak{M}| = \text{const}$ sein. Ferner muß $\mathfrak{M}$ in Richtung der Tangente des Umlaufes vom Endpunkt $\mathfrak{B}$ gehen. Außerdem müssen bestimmte Anfangsbedingungen erfüllt werden.

Jeder symmetrische Kreisel, dessen Schwerpunkt auf der Symmetrieachse liegt, kann bei richtig gewählten Anfangsbedingungen im Schwerefeld der Erde eine reguläre Präzession um die Lotlinie beschreiben. Man unterscheidet den *auf der Spitze tanzenden Kreisel* (Abb. 1) und das *Kreiselpendel* (Abb. 2). Da $\mathfrak{M}$ stets horizontal liegt, muß der

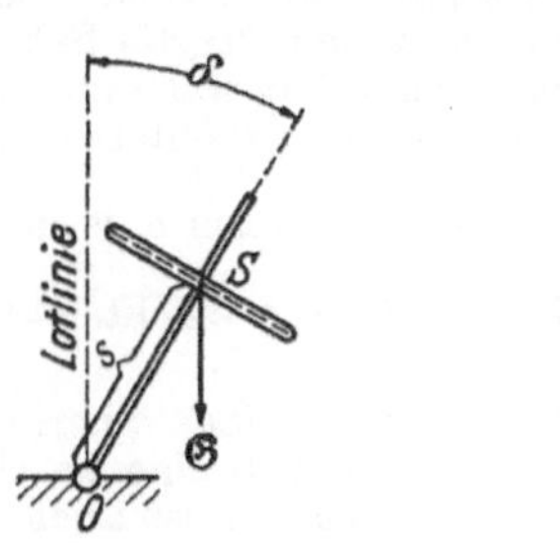

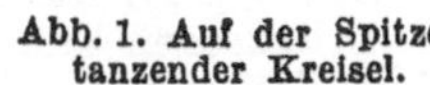

Abb. 1. Auf der Spitze tanzender Kreisel.

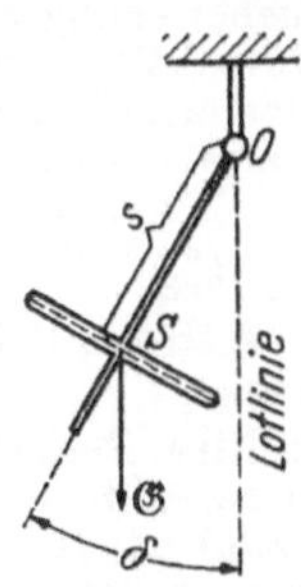

Abb. 2. Kreiselpendel.

Endpunkt von $\mathfrak{B}$ in einer horizontalen Ebene wandern, wobei sowohl der Impulsvektor als die Figurenachse einen Kreiskegel um die Lotlinie beschreiben. Ist die Drehgeschwindigkeit der Präzession gleich $\mathfrak{p}$, die Drehgeschwindigkeit des Kreisels gleich $\mathfrak{f}$ — gesehen von dem mit $\mathfrak{p}$ umlaufenden Beobachter — und die Drehgeschwindigkeit des Kreisels im Raume $\mathfrak{u}$, dann gilt:

$$\mathfrak{u} = \mathfrak{f} + \mathfrak{p}. \tag{1}$$

Für den Drehimpuls gilt entsprechend:

$$\mathfrak{B} = \mathfrak{B}_f + \mathfrak{B}_p. \tag{2}$$

Dabei ist $\mathfrak{B}$ = Gesamtimpuls des Kreisels, $\mathfrak{B}_f$ = Impuls durch die Kreiseldrehung $\mathfrak{f}$, $\mathfrak{B}_p$ = Impuls durch die Präzessionsdrehung $\mathfrak{p}$.

Bei schnell laufendem Kreisel ergibt sich für die Präzessionsgeschwindigkeit

$$p \approx \frac{Gs}{f\Theta_G}. \tag{3}$$

Dabei ist G das Gewicht des Kreisels, s der Abstand des Schwerpunktes vom Unterstützungspunkt und Θ_G das Trägheitsmoment des Kreisels um die Symmetrieachse; p ist gleichsinnig mit f bei dem auf der Spitze tanzenden Kreisel, dagegen gegensinnig bei dem Kreiselpendel.

Aus Gl. (2) sehen wir, daß eine reguläre Präzession nur möglich ist, wenn dem Kreisel der zugehörige Drehimpuls $\mathfrak{B}_p$ erteilt wird.

Bei dem auf der Spitze tanzenden Kreisel gibt es eine Stabilitätsgrenze

$$(\Theta_G u_G)^2 > 4 G s\, \Theta_A \cos\delta. \tag{4}$$

Θ_A ist das Trägheitsmoment um die äquatoriale Achse, berechnet für den Festpunkt 0. Fällt die Drehgeschwindigkeit um die Symmetrieachse u_G unter diesen Betrag, so fällt der Kreisel um.

Außer der regulären Präzession kann der schwere Kreisel auch eine reguläre Nutation ausführen. Sie läuft stets gleichsinnig mit der Kreiseldrehung. Für verschwindendes Schweremoment geht sie in die freie Nutation (→Poinsot-Bewegung) über.

3. *Pseudoreguläre Präzession des symmetrischen Kreisels.* Die reguläre Präzession kommt nur unter ganz bestimmten Anfangsbedingungen zustande. Sind diese nicht erfüllt, so überlagern sich Nutationen über die Präzessionsbewegung. Bei schnell laufendem Kreisel ist die Nutationsfrequenz groß und die Präzessionsfrequenz klein. Dann kann in guter Näherung die Kopplung zwischen beiden Bewegungen vernachlässigt werden, und man legt über die reguläre Präzession die Nutation des kräftefreien Kreisels. Die Kreiselspitze beschreibt bei einem symmetrischen Kreisel Zykloiden, und zwar kann die gemeine, die verlängerte und die verkürzte Zykloide vorkommen.

4. *Allgemeine Präzession des symmetrischen Kreisels.* Will man die Präzession eines langsam laufenden Kreisels, z. B. die torkelnde Bewegung eines auslaufenden Kreisels, berechnen, so darf man die Kopplung zwischen den beiden Bewegungen nicht vernachlässigen. Man muß dann die →Kreiselgleichungen streng lösen. Dies gelingt bei einem konstanten Kraftfeld, z. B. für den schweren symmetrischen Kreisel. Man erhält elliptische Integrale, die großenteils tabelliert sind.

5. *Die Präzession des unsymmetrischen Kreisels.* Wir beschränken uns auf die Bewegung der stabilen Drehachsen des unsymmetrischen Kreisels. Bis heute ist es noch nicht gelungen, diese Präzession analytisch allgemein zu berechnen. Man weiß jedoch:

1) Eine reguläre Präzession des unsymmetrischen Kreisels ist nicht möglich, wenn Eigendrehung des Kreisels vorhanden ist.

2) Es gibt auch beim unsymmetrischen Kreisel eine einfachste Bewegung, die sich bei bestimmten Anfangsbedingungen einstellt. Man nennt sie *reine* Präzession. Die Gestalt der Bahnkurve der reinen Präzession hängt nur von der Massenverteilung des Kreisels und dem Neigungswinkel der Figurenachse zur Lotlinie ab.

3) Über diese Bahnkurven lagern sich im allgemeinen Falle die Nutationen, die näherungsweise mit den Nutationen des kräftefreien unsymmetrischen Kreisels übereinstimmen.

4) *O. Staude* ist es gelungen, eine Sonderbewegung des unsymmetrischen schweren Kreisels für ganz bestimmte Anfangsbedingungen streng zu berechnen. Es handelt sich hier um eine Torkelbewegung des Kreisels.

5) Ausführliche Diskussionen der Stabilitätsbedingungen des schweren unsymmetrischen Kreisels finden sich bei *R. Grammel* und *H. Gebelein.*

Klein, F., u. *A. Sommerfeld:* Über die Theorie des Kreisels. Leipzig 1897—1910. — *Grammel, R.:* Der Kreisel, seine Theorie u. seine Anwendungen. Berlin 1950. — *Müller-Pouillet:* Lehrb. d. Physik I/1. Braunschweig 1929.

Präzession, reguläre →Präzession des Kreisels.

Präzisionsauge, künstliches. Bei dem von *H. König* angegebenen künstlichen Präzisionsauge werden zweckmäßig ausgefilterte Bereiche des sichtbaren Spektrums nacheinander durchgemessen. Dabei wird die Ausfilterung so vorgenommen, daß jeweils aneinander anschließende schmale Filterdurchlaßbereiche der Thermosäule eine mit der IBK-Kurve übereinstimmende Empfindlichkeit verleihen. Mit den von *König* angegebenen acht Filtern erreicht man eine so vollkommene Anpassung, daß auch monochromatische Lichter auf $\pm 1\%$ genau gemessen werden können.

Präzisionsmaß →Beobachtungsfehler.

Präzisionsmassen, kernphysikalische. Die genauesten Massenwerte werden mit dem doppelfokussierenden *Präzisions-Massenspektrographen* (→Massenspektroskopie) nach der →Dublettmethode gewonnen.

Präzisionswiderstände, Widerstände aus Manganin oder ähnlichen Widerstandswerkstoffen mit kleinem Temperaturkoeffizienten der elektrischen Leitfähigkeit und mit einer kleinen Thermokraft gegen Kupfer, die so genau abgeglichen sind, daß sie um nicht mehr als $\pm 3 \cdot 10^{-4}$ von ihrem Sollwert abweichen; sie können von den zuständigen Staatsinstituten auf ihre Richtigkeit beglaubigt werden. Als Präzisionswiderstände werden ausgeführt: Normalwiderstände, Widerstandssätze für Meßzwecke (→Stöpselwiderstände und Kurbeldekadenwiderstände), Spannungsteiler, Widerstände in Kompensatoren und Meßbrücken.

Bei Präzisionswiderständen für Wechselstrom wird außerdem gefordert, daß sie praktisch kapazitäts- und induktivitätsfrei sind. Man führt diese Widerstände mit bifilarer Wicklung oder bei Widerstandswerten über 100 Ω mit Gegenwicklung nach *Chaperon* oder unterteilter Gegenwicklung nach *Wagner* und *Wertheimer* aus.

Presbyopie →Alterssichtigkeit.

Preßgaskondensator →Kondensator.

Preßmagnete = permanente Magnete, welche durch Pressen eines geeigneten pulverisierten Materials, evtl. mit Bindemitteln, hergestellt werden (→Tromalit, →Pulvermagnete).

Prestonsche Regel: Terme mit gleicher Nebenquantenzahl (L) und gleicher inneren Quantenzahl (J) spalten im magnetischen Feld gleich auf. Daher ist auch die Zeeman-Effekt-Aufspaltung von Linien gleichartiger Termkombination, insbesondere von Linien gleicher Serie, die gleiche (→Zeeman-Effekt).

Prevostsches Gesetz. Für Temperaturstrahler gilt allgemein der Erfahrungssatz, daß die von einem Körperelement emittierte Strahlungsleistung nur von den Vorgängen innerhalb des Körperelementes abhängt. Demnach emittiert z. B. ein Körper A von 100°C gegen einen ihm gegenüber befindlichen Körper B stets den gleichen Betrag an strahlender Energie, unabhängig davon, ob B eine Temperatur von z. B. 0° oder 1000°C hat. Die Tatsache, daß A im ersten Fall abgekühlt, im zweiten erwärmt wird, ist nur eine Folge des Umstandes, daß B im ersten Falle weniger, im letzten mehr emittiert als A.

Primärelemente, die galvanischen Elemente, im Gegensatz zu den Akkumulatoren.

Primärform →Grundform.

Primärreaktion, photochemische. Photochemische Primärreaktionen können in einer *Dissoziation* der absorbierenden Molekel in Atome bzw. Radikale (*Warburg*, *Nernst*) oder in der Überführung der Molekel aus dem normalen in einen angeregten Zustand (*Stern* und *Volmer*) bestehen. Beide Möglichkeiten sind experimentell nachgewiesen worden. Nur die primären photochemischen Reaktionen sind von der Wirkung des Lichtes abhängig; an sie schließen sich im allgemeinen →*Sekundärreaktionen* an, die keinen Unterschied gegenüber normalen chemischen Dunkelreaktionen aufweisen (→Photolyse).

Es ist möglich, daß ein Teil der aus der Strahlung aufgenommenen Energie durch →Stöße 2. Art ohne Ausstrahlung und ohne chemisch wirksame Stöße abgegeben wird. Die mittlere Verweilzeit der angeregten Zustände beträgt nämlich nur 10^{-8} bis 10^{-9} s. Nur wenn das Atom bzw. das Molekül nicht direkt unter Aussendung eines Lichtquants in den Normalzustand zurückkehren kann (metastabile Zustände), ergeben sich wesentlich größere mittlere Lebensdauern. Atome oder Moleküle mit metastabilen Zuständen sind deshalb photochemisch besonders wirksam (Quecksilber). Es ist andererseits auch möglich, daß ein gewisser Energiebetrag den Molekülen aus ihrer Wärmebewegung entzogen wird. Selbst wenn die Primärreaktion nicht ganz den für die Sekundärreaktion erforderlichen Energiebetrag ergibt, kann diese also — besonders unter erhöhter Temperatur — eintreten.

Bonhoeffer, K. P., u. *P. Harteck:* Grundl. d. Photochemie. Dresden 1933.

Primärstrom, lichtelektrischer →lichtelektrische Leitung.

Primitive Periode. Ist $f(x)$ eine →periodische Funktion, d. h. gilt, wenn $p \neq 0$ eine bestimmte feste Zahl ist, $f(x + p) = f(x)$, so ist auch, wenn n eine ganze Zahl ist, $f(x + np) = f(x)$. Die Zahl, um die das Argument einer periodischen Funktion vermehrt werden kann, ohne daß sich ihr Wert ändert, nennt man ihre *Periode*. Die kleinste Periode heißt die primitive Periode. Beispiel: Für die trigonometrischen Funktionen $\sin x$ und $\cos x$ ist die primitive Periode $p = 2\pi$, da nur für diesen und keinen kleineren Wert von p identisch $\frac{\sin}{\cos}(x + 2\pi) = \frac{\sin}{\cos} x$ gilt. Für die tg- und ctg-Funktion dagegen ist $p = \pi$, $\operatorname{tg}(x + \pi) = \operatorname{tg} x$.

Principle of detailed balance →Gleichgewicht, kinetisches.

Prinzip von d'Alembert →d'Alembert-Prinzip.

Prinzip von Castigliano →Minimalprinzipe der Elastizitätstheorie.

Prinzip der extremalen Entropievermehrung. Bei kleinen Abweichungen vom thermodynamischen Gleichgewicht in Gasen läßt sich die Boltzmann-Gleichung der →kinetischen Gastheorie zur Bestimmung der Verteilungsfunktion f der Moleküle auf ein Extremalprinzip zurückführen, bei dem die Entropievermehrung je s und cm³ unter bestimmten Nebenbedingungen extremal wird. Unter allen Verteilungsfunktionen mit gegebenen Komponenten des Wärmestromes und der Reibungsspannung ist die sich wirklich einstellende Verteilungsfunktion diejenige, bei der die Entropievermehrung durch die Zusammenstöße der Moleküle je s und cm³ ein Minimum wird.

Enskog, D.: Diss. Uppsala 1917. — *Kohler, M.:* Z. Phys. **124**, 772 (1947).

Prinzip der geradesten Bahn, ein von *H. Hertz* aufgestelltes mechanisches Prinzip, ein Spezialfall des Gaußschen →Prinzips des kleinsten Zwanges. *Hertz* beschreibt den Bewegungszustand eines aus n Massenpunkten m_i ($i = 1, 2, \ldots, n$) bestehenden Systems durch seine Masse m, die Geschwindigkeit v, die Beschleunigung b und die Bahnkrümmung k, die wie folgt definiert werden:

$$m = \sum_{i=1}^{n} m_i, \tag{1}$$

$$m v^2 = \sum_i m_i \dot{\mathfrak{r}}_i^2 = \sum_i m_i (\dot{x}_i^2 + \dot{y}_i^2 + \dot{z}_i^2), \tag{2}$$

$$m b^2 = \sum_i m_i \ddot{\mathfrak{r}}_i^2 = \sum_i m_i (\ddot{x}_i^2 + \ddot{y}_i^2 + \ddot{z}_i^2), \tag{3}$$

$$m k^2 = \sum m_i \left(\frac{d^2 \mathfrak{r}_i}{d s^2}\right)^2 = \sum m_i \left[\left(\frac{d^2 x_i}{d s^2}\right)^2 + \left(\frac{d^2 y_i}{d s^2}\right)^2 + \left(\frac{d^2 z_i}{d s^2}\right)^2\right]. \tag{4}$$

Dabei bedeutet $\mathfrak{r}_i$ den nach dem Massenpunkt m_i weisenden Ortsvektor mit den Komponenten x_i, y_i, z_i und

$$ds = v\,dt \tag{5}$$

das Bogenelement der Bahn. Mit Benutzung der Beziehung

$$\frac{d^2\mathfrak{r}}{ds^2} = \frac{d}{ds}\left(\frac{\dot{\mathfrak{r}}}{\dot{s}}\right) = \frac{1}{\dot{s}}\,\frac{d}{dt}\left(\frac{\dot{\mathfrak{r}}}{\dot{s}}\right) = \frac{\dot{s}\ddot{\mathfrak{r}} - \dot{\mathfrak{r}}\ddot{s}}{\dot{s}^3} \tag{6}$$

läßt sich aus Gl. (4) die Beziehung

$$m k^2 = \frac{1}{\dot{s}^4}(\Sigma\, m_i \ddot{\mathfrak{r}}_i^2 - \ddot{s}\,\Sigma\, m_i) \tag{7}$$

herleiten, aus der mit Gl. (1), (3) und (5) für die Krümmung

$$k^2 v^4 = b^2 - \ddot{s}^2 \tag{8}$$

folgt. *Hertz* postuliert nun, daß das Punktsystem, falls es keinen Kräften unterliegt, sich mit konstanter Geschwindigkeit auf „geradester" Bahn bewegen soll. In diesem Fall wird 1) $\ddot{s} = 0$ und 2) bei gegebenen Lagekoordinaten und Geschwindigkeiten $k = \min$, d. h.

$$\delta(k^2 v^4) = \delta\left(\frac{m}{2}\,k^2 v^2\right) = 0. \tag{9}$$

Hieraus folgt wegen $\dot{s} = 0$ nach Gl. (3) und (8)

$$\Sigma\, m_i \ddot{\mathfrak{r}}_i \delta \ddot{\mathfrak{r}}_i = 0, \tag{10}$$

was identisch ist mit der sich aus dem →Prinzip des kleinsten Zwanges ergebenden Bewegungsgleichung für den Sonderfall, daß das System kräftefrei ist. Eine andere Formulierung hierfür ergibt sich aus dem →Maupertuisschen Prinzip in der Jacobischen Form, die sich dann in die elegante Form

$$\delta \int ds = 0 \tag{11}$$

bringen läßt: *Ein kräftefreies System bewegt sich auf einer geodätischen Linie.*

Hertz, H.: Die Prinzipien d. Mechanik. Leipzig 1910.

Prinzip von Jacobi →Jacobi-Prinzip.

Prinzip der kleinsten Wirkung →Euler-Maupertius-Prinzip, →Hamilton-Prinzip.

Prinzip des kleinsten Zwanges (*Gauß*). Unterliegt ein vollkommen freier Massenpunkt m der Einwirkung einer Kraft $\mathfrak{K}$, so erfährt er eine Beschleunigung $\ddot{\mathfrak{r}}$ ($\mathfrak{r}$ Ortsvektor vom Nullpunkt eines Koordinatensystems nach dem Massenpunkt), die mit $\mathfrak{K}$ durch die Newtonsche Bewegungsgleichung $\mathfrak{K} = m\ddot{\mathfrak{r}}$ verknüpft ist. Wird m nun einer Bedingung unterworfen, d. h. ist der Massenpunkt gezwungen, seine Bewegung längs einer Kurve oder auf einer gewissen Fläche auszuführen, so erfährt er durch die zu erfüllende Nebenbedingung einen Zwang Z, der ihn hindert, sich so zu bewegen, wie wenn $\mathfrak{K}$ *allein* auf ihn wirkte. Als Maß dieses Zwanges setzt *Gauß* das Quadrat der Differenz aus der unter Beachtung der Nebenbedingung eintretenden tatsächlichen Beschleunigung $\ddot{\mathfrak{r}}$ und der Beschleunigung $\mathfrak{K}/m$, die im Falle völliger Bewegungsfreiheit eintreten würde, an: $Z = m(\ddot{\mathfrak{r}} - \mathfrak{K}/m)^2$. Der Faktor m, die Masse, wird noch hinzugefügt, um dem durch Nebenbedingungen hervorgerufenen Zwang auf verschieden große Massen Rechnung zu tragen.

Gauß postuliert nun, daß die Masse m, die irgendwelchen Bindungen unterworfen ist, eine *solche* Beschleunigung erfährt, daß der Zwang Z ein Minimum wird, verglichen mit allen anderen, mit den Nebenbedingungen verträglichen Beschleunigungen. *Diese* allein sind zu variieren, während die Koordinaten und Geschwindigkeiten konstant zu halten sind. Es ist also stets $\delta\mathfrak{r} = 0$, $\delta\dot{\mathfrak{r}} = 0$ (Gaußsche Variation) zu setzen, d. h. zum Vergleich werden alle möglichen Bewegungen mit gleichen Lagen und Geschwindigkeiten, jedoch verschiedenen Beschleunigungen herangezogen. Die wirklich eintretende Bewegung hat eine solche Beschleunigung, daß Z ein Minimum wird.

Dieses vorerst nur für einen einzelnen Massenpunkt aufgestellte Prinzip gilt auch für ein System von n Massenpunkten. Es wird dann behauptet, daß die wirklich eintretende Beschleunigung $\ddot{\mathfrak{r}}_i$ des i-ten Massenpunktes, auf den die Kraft $\mathfrak{K}_i$ wirken möge, so beschaffen ist, daß der Zwang $Z = \Sigma[m_i(\ddot{\mathfrak{r}}_i - \mathfrak{K}_i/m_i)^2]$ ein Minimum wird. Es läßt sich zeigen, daß, falls die zu erfüllenden m Nebenbedingungen etwa die Form $\varphi_k(\mathfrak{r}_1, \mathfrak{r}_2, \ldots, \mathfrak{r}_n) = 0$ $(k = 1, 2, \ldots, m)$ haben, aus der Forderung: $Z = $ Minimum, die Lagrangeschen Bewegungsgleichungen folgen.

Bei skleronomen, d. h. nicht die Zeit t enthaltenden Nebenbedingungen liefert das Gaußsche Zwangsprinzip: $m_i\ddot{\mathfrak{r}}_i = \mathfrak{K}_i + \Sigma\,\lambda_k \operatorname{grad}_i \varphi_k = \mathfrak{K}_i + {}$ $+ \Sigma\,\lambda_k \frac{\partial \varphi_k}{\partial \mathfrak{r}_i}$ ($\lambda_k = $ Lagrangescher Multiplikator). Ist die Bedingungsgleichung (der Einfachheit halber sei nur eine angenommen) eine Differentialgleichung $\varphi(\dot{\mathfrak{r}}, \mathfrak{r}, t) = 0$, die die Zeit explizit enthält (rheonome Bedingungsgleichung), so liefert das Gaußsche Prinzip als Bewegungsgleichung:

$$m_i\ddot{\mathfrak{r}}_i = \mathfrak{K}_i + \Sigma\,\lambda_k \frac{\partial \varphi_k}{\partial \dot{\mathfrak{r}}_i}.$$

Ferner →Methode der kleinsten Quadrate, →le Chatelier-Braunsches Prinzip.

Prinzip des mangelnden, zwingenden Grundes →Wahrscheinlichkeitsrechnung.

Prinzip von Maupertuis →Euler-Maupertuis-Prinzip.

Prinzipe der Mechanik. Die →Newtonschen Bewegungsgleichungen der Mechanik, die es gestatten, bei Kenntnis der auf irgendein mechanisches System wirkenden Kräfte die dadurch verursachte Bewegung zu ermitteln oder gegebenenfalls umgekehrt aus der Bewegung auf die wirkenden Kräfte zu schließen, lassen sich in verschiedene andere Formen überführen, die zwar inhaltlich der Newtonschen Gleichung äquivalent sind, also dasselbe wie diese leisten, jedoch formal von ihnen abweichen. Diese anderen Formulierungen nennt man „*Prinzipe der Mechanik*". Sie haben den Vorteil, oft, insbesondere wenn sehr verwickelte Verhältnisse vorliegen, die Bewegungsgleichung leichter zu liefern als die unmittelbare Anwendung der Newtonschen Gleichung. Dies liegt im wesentlichen daran, daß man die kartesischen Koordinaten verläßt und →generalisierte Koordinaten verwendet. Je nach der Art der ein solches Prinzip formulierenden Gleichung unterscheidet man *Differential-* und *Integralprinzipe*. Bei ersteren handelt es sich um Differentialgleichungen, während die Integralprinzipe die Bewegungsgleichungen durch die Forderung liefern, daß ein gewisses Integral einen Extremwert annehmen soll. Deshalb nennt man die Integralprinzipe auch Extremal- bzw. Variationsprinzipe. Ihnen ist eigentümlich, daß die zu variierende Größe eine →Wirkung, d. h. von der Dimension [Arbeit · Zeit] ist. Daher spricht man auch von dem Prinzip der kleinsten Wirkung.

In Form einer Extremalaussage lassen sich nicht nur die mechanische Bewegungsgleichung, sondern auch wichtige Gesetze aus anderen Teilgebieten der Physik ausdrücken (etwa das →Fermat-Prinzip der Optik). In der Mechanik kommen wegen ihrer Anwendungsmöglichkeiten besonders große Bedeutung zu dem Prinzip der virtuellen Verschiebung, dem d'Alembertschen Prinzip, den aus ihnen herzuleitenden →Lagrangeschen Gleichungen und der ihnen äquivalenten Integraldarstellung, dem →Hamiltonschen Prinzip. Eine Verallgemeinerung der Lagrangeschen Gleichungen sind die →Gibbs-Appelschen Bewegungsgleichungen. →d'Alembert-Prinzip, →Prinzip der geradesten Bahn; Prinzip der kleinsten Wirkung →Euler-Maupertuis-Prinzip; →Prinzip des kleinsten Zwanges, →Prinzip der virtuellen Verschiebung, →Jourdain-Prinzip.

Schaefer, Cl.: Die Prinzipe d. Dynamik. Berlin 1919. Handb. d. Physik V. Berlin 1927. — *Sommerfeld, A.:* Vorl. über theoret. Physik I. Leipzig 1948.

Prinzip der mechanischen Ähnlichkeit, zuerst von *Kamerlingh-Onnes* (1888) ausgesprochen, bildet die kinetische Grundlage des Gesetzes der →korrespondierenden Zustände, welches besagt, daß die Zustandsgleichung für große Gruppen nicht allzu verschiedener Stoffe identisch wird, wenn man Druck, Temperatur und Volumen nicht in ihren üblichen Einheiten, sondern in Vielfachen der kritischen Größen des betreffenden Stoffes mißt. Bezogen auf die kritischen Größen $p_r = p/p_{kr}$, $t_r = T/T_{kr}$, $v_r = V/V_{kr}$ soll dann der Zusammenhang zwischen p_r, t_r und v_r (den sog. reduzierten Zustandsvariablen) für die ganze Stoffgruppe gleich sein. Das Prinzip der mechanischen Ähnlichkeit verlangt erstens die geometrische Ähnlichkeit der Moleküle der verglichenen Stoffe, wobei es wohl nur nötig ist, die äußeren Verhältnisse des Molekülbaues, die in der Zustandsgleichung mitspielen, zu betrachten. Zweitens ist es nötig, daß die Kraftfunktionen der verglichenen Molekülpaare durch jene Veränderung der Längeneinheit der Moleküldimensionen bis auf einen Zahlfaktor ineinander übergeführt werden können, bei der auch die geometrisch ähnlichen Moleküle gleiche Maßzahlen erhalten. Bei den leichtesten Molekülen kommen typische Quanteneffekte ins Spiel.

Prinzip der mikroskopischen Reversibilität →mikroskopische Reversibilität.

Prinzip vom Minimum der potentiellen Energie, der allgemeine Satz, daß stabile Gleichgewichtszustände eines Systems dadurch gekennzeichnet sind, daß ihnen — verglichen mit unmittelbar benachbarten Zuständen — ein Minimum der potentiellen Energie des Systems entspricht. →Gleichgewicht, →Minimalprinzipe der Elastizitätstheorie.

Prinzip der schnellsten Ankunft, unsachlicher Ausdruck für das →Fermat-Prinzip.

Prinzip der virtuellen Arbeit, Geschwindigkeit →Prinzip der virtuellen Verschiebung.

Prinzip der virtuellen Verschiebung. Es liege ein freies, d. h. ein *keinen* Nebenbedingungen (→Bedingungsgleichungen) unterworfenes System von n Massenpunkten m_i ($i = 1, 2, \ldots, n$) vor. Ihre Lagen mögen durch die $3n$ rechtwinkligen Komponenten x_i, y_i, z_i der nach dem i-ten Massenpunkt m_i weisenden n Ortsvektoren $\mathfrak{r}_i$ beschrieben werden. Der Massenpunkt m_i unterliege der Einwirkung von ν Kräften $\overline{\mathfrak{K}}_k^{(i)}$ ($k = 1, 2, \ldots, \nu$), deren Resultierende $\sum\limits_k \overline{\mathfrak{K}}_k^{(i)} = \mathfrak{K}_i$ ist, welche die ebenfalls rechtwinkligen Komponenten X_i, Y_i, Z_i habe. Es herrscht dann an dem Punktsystem Gleichgewicht, wenn $X_i = Y_i = Z_i = 0$, d. h. $\mathfrak{K}_i = 0$. Diese $3n$ Bedingungen lassen sich in eine einzige zusammenfassen, indem man sie mit den willkürlichen Größen δx_i, δy_i, δz_i multipliziert und addiert, was zu $\sum\limits_i (X_i \delta x_i + Y_i \delta y_i + Z_i \delta z_i) = 0$ führt. Dieser Ausdruck ist wegen der Willkür der Faktoren δx_i, δy_i, δz_i mit obigen $3n$ Gleichgewichtsbedingungen völlig gleichwertig. Deutet man nun die δx_i, δy_i, δz_i als die Komponenten eines infinitesimalen (virtuellen, s. dazu w. u.) Verrückungsvektor $\delta \mathfrak{r}_i$, um den man die durch $\mathfrak{r}_i$ gekennzeichnete Lage von m_i variiert, so stellt die Summe $\sum\limits_i (X_i \delta x_i + Y_i \delta y_i + Z_i \delta z_i) = \sum\limits_i (\mathfrak{K}_i \delta \mathfrak{r}_i)$ die bei der infinitesimalen (virtuellen) Verrückung des gesamten Systems geleistete (virtuelle) Arbeit dar, die nach obigem für den Fall des Gleichgewichts des Systems verschwindet. Es läßt sich daher der Satz formulieren: Ein mechanisches, völlig freies System von Massenpunkten ist dann im Gleichgewicht, wenn die bei einer beliebigen infinitesimalen Verrückung des Systems geleistete Arbeit gleich Null ist. Diese Formulierung für die (übrigens notwendige und hinreichende) Gleichgewichtsbedingung eines freien Punktsystems nennt man *Prinzip der virtuellen Verschiebungen* (Verrückungen) oder *Prinzip der virtuellen Arbeit*. Ferner ist die Bezeichnung *Prinzip der virtuellen Geschwindigkeiten* gebräuchlich.

Man kann der das Prinzip ausdrückenden Gleichung $\delta A = \sum\limits_i (\mathfrak{K}_i \delta \mathfrak{r}_i) = 0$, die, wie die Vektorform zeigt, unabhängig vom Koordinatensystem ist, noch eine elegantere Form geben, sofern die Kräfte $\mathfrak{K}_i$ aus einem →Potential V_i ableitbar sind, also $\mathfrak{K}_i = -\operatorname{grad} V_i$ gilt. Dann ist $\sum V_i = V$ die gesamte potentielle Energie des Punktsystems, und für diese gilt $\sum (\mathfrak{K}_i \delta \mathfrak{r}_i) = -\sum (\operatorname{grad} V_i) \delta \mathfrak{r}_i = -\delta V = 0$, d. h. ein aus freien Massenpunkten bestehendes System befindet sich im Gleichgewicht, wenn die potentielle Systemenergie einen Extremwert besitzt (→Gleichgewichtslagen).

Das Prinzip der virtuellen Verschiebungen ist für das bisher vorausgesetzte freie System trivial. Indessen liegt die Bedeutung des Prinzips gerade darin, daß es formal auch für *unfreie* Systeme gilt, d. h. für solche, die gewissen, etwa $m < 3n$ Bindungen unterworfen sind. Werden diese der Einfachheit halber vorerst als holonom oder skleronom (→Bedingungsgleichungen) angenommen, so sind sie von der Form $\varphi_j(\mathfrak{r}_1, \mathfrak{r}_2, \ldots, \mathfrak{r}_n) = 0$ ($j = 1, 2, \ldots, m$). Man kann nun die Gleichgewichtsbedingung auch für das gebundene System gemäß dem Prinzip der virtuellen Verschiebung durch die Forderung $\delta A = \sum (\mathfrak{K}_i \delta \mathfrak{r}_i) = 0$ gewinnen, darf indessen jetzt die Verschiebungen δx_i nicht mehr (wie bei einem freien System) willkürlich wählen, sondern muß verlangen, daß sie →virtuelle Verrückungen sind, d. h. den Bedingungsgleichungen $\varphi_j(\mathfrak{r}_1, \mathfrak{r}_2, \ldots, \mathfrak{r}_n) = 0$ genügen. Dies verlangt, daß neben $\delta A = 0$ noch $\varphi_j(\mathfrak{r}_1 + \delta \mathfrak{r}_1, \mathfrak{r}_2 + \delta \mathfrak{r}_2, \ldots) = 0$ oder

$$\sum \left(\frac{\partial \varphi_j}{\partial x_i} \delta x_i + \frac{\partial \varphi_j}{\partial y_i} \delta y_i + \frac{\partial \varphi_j}{\partial z} \delta z_i \right) = \sum_i \frac{\partial \varphi_j}{\partial \mathfrak{r}_i} \delta \mathfrak{r}_i = 0$$

gilt. Diese Gleichungen lassen sich mit Hilfe von m Lagrange-Multiplikatoren λ_j, wie leicht ersichtlich, in $\sum_i \left(\mathfrak{K}_i + \sum_j \lambda_j \frac{\partial \varphi_j}{\partial \mathfrak{r}_i}\right) \delta \mathfrak{r}_i = \sum_i \left(\mathfrak{K}_i + \sum_j (\lambda_j \operatorname{grad}_i \varphi_j) \delta \mathfrak{r}_i\right) = 0$ zusammenfassen. In dieser Summe sind von den $3n$ Größen $\delta \mathfrak{r}_i$ nur $3n - m$ unabhängig, da m von ihnen durch die Bedingungen $\varphi_j = 0$ bestimmt werden. Wählt man nun die m Multiplikatoren λ_j so, daß die in den Klammern der m *unfreien* Variationen der $\delta \mathfrak{r}_i$ enthaltenen Ausdrücke verschwinden, so müssen auch die Faktoren der übrigen $3n - m$ *freien* Variationen $\delta \mathfrak{r}_i$ verschwinden; d. h. es gelten die $3n$ Gleichungen $\mathfrak{K}_i^* = \mathfrak{K}_i + \sum_j \lambda_j \frac{\partial \varphi_j}{\partial \mathfrak{r}_i} = \mathfrak{K}_i + \sum_j (\lambda_j \operatorname{grad}_i \varphi_j) = 0$ einzeln. Sie enthalten insgesamt $3n + m$ Unbekannte, nämlich die $3n$ die Gleichgewichtslage bestimmenden Koordinaten $\mathfrak{r}_i(x_i, y_i, z_i)$ und die m Lagrange-Multiplikatoren λ_j. Zu ihrer Bestimmung stehen aber auch $3n + m$ Gleichungen zur Verfügung, und zwar die $3n$ zuletzt hergeleiteten Beziehungen $\mathfrak{K}_i^* = 0$ und die m Bedingungsgleichungen $\varphi_i = 0$. Das Gleichgewichtsproblem ist also eindeutig lösbar. Über die physikalische Bedeutung der Lagrange-Multiplikatoren →Zwangskräfte.

Liegen nicht, wie vorerst der Einfachheit halber angenommen, holonome skleronome, sondern holonome rheonome Bedingungsgleichungen vor, so tritt die Zeit t noch als zusätzliche Variable in den Nebenbedingungen auf. Da nun Gleichgewicht in jedem Augenblick, etwa für $t = t_0$, herrschen muß, bleiben obige Überlegungen und daher auch das Endergebnis vollkommen erhalten, wenn nur in der Nebenbedingung $t = t_0$, also = const, gesetzt wird. Man kann also die das Prinzip der virtuellen Verschiebung ausdrückenden Gleichungen formal auch für den Fall, daß holonome rheonome Nebenbedingungen bestehen, übernehmen, indem man die Zeit *nicht* variiert. Die virtuellen Verschiebungen $\delta x_i, \delta y_i, \delta z_i$ bei etwa l vorliegenden zeitabhängigen Nebenbedingungen $\psi_k(x_i, y_i, z_i, t) = 0$ $(k = 1, 2, \ldots, l)$ genügen also auch der linearen Beziehung $\sum_i \left(\frac{\partial \psi_k}{\partial x_i}\delta x_i + \frac{\partial \psi_k}{\partial y_i}\delta y_i + \frac{\partial \psi_k}{\partial z_i}\delta z_i\right) = 0$. Sie sind wohl zu unterscheiden von den wirklichen Verrückungen, die zum Unterschied $\delta \bar{x}_i, \delta \bar{y}_i, \delta \bar{z}_i$ genannt werden mögen. Für diese gilt ersichtlich $\sum \left(\frac{\partial \psi_k}{\partial x_i}\delta \bar{x}_i + \frac{\partial \psi_k}{\partial y_i} d \bar{y}_i + \frac{\partial \psi_k}{\partial z_i}\delta \bar{z}_i + \frac{\partial \psi_k}{\partial t} dt\right) = 0$. Sie sind daher (definitionsgemäß) *keine* virtuellen Verschiebungen. Auch für den Fall, daß die Bedingungen nicht holonom, also von der Form $\sum_i [a_k(x_i, y_i, z_i) d x_i + b_k(x_i, y_i, z_i) d y_i + c_k(x_i, y_i, z_i) d z_i + d_k(x_i, y_i, z_i) dt] = 0$ sind ($k = 1, 2, \ldots, l$ = Anzahl der existierenden nichtholonomen Bedingungen), bleibt das Prinzip der virtuellen Verschiebung erhalten, nämlich in der Form $X_i + \sum \lambda_k a_k = 0$, gleichgültig, ob die nichtintegrable Differentialform skleronom ($d_k = 0$) oder rheonom ($d_k \neq 0$) ist.

Schaefer, Cl.: Die Prinzipe d. Dynamik. Berlin 1919. — *Boltzmann, L.:* Vorl. über d. Prinzipe d. Mechanik I. Leipzig 1897.

Prinzipalfunktion →Hamilton-Prinzip.

Prinzipalserie →Hauptserie.

Prisma →die folgenden Artikel, →Minimalablenkung.

Prisma, achromatisches. Fügt man zwei Prismen verschiedenen Glases so aneinander, daß die Basis des einen an der brechenden Kante des anderen liegt, und wählt man den brechenden Winkel jedes Prismas so, daß die Farbenzerstreuungen gleich groß sind, so kompensiert die Zerstreuung des einen die des anderen. Die Ablenkung des ersten Prismas wird dann aber nur teilweise von der des zweiten Prismas aufgehoben, und es bleibt eine Restablenkung. Eine solche Prismenkombination heißt achromatisches Prisma, da sie einen Lichtstrahl annähernd ohne Farbenzerstreuung ablenkt. Da streng die Kompensation nur für zwei Farben gilt, so treten noch geringe Farbränder auf (sekundäres Spektrum).

Prisma, geradsichtiges. Wenn man zwei oder mehr Prismen verschiedener Glasarten so aneinanderfügt, daß die Basis des einen an der brechenden Kante des nächsten liegt, und wenn man den brechenden Winkel jedes Prismas so wählt, daß der Betrag des Ablenkungswinkels für eine bestimmte Wellenlänge für alle Prismen der gleiche ist, aber verschiedene Richtung hat, so kann man die Anordnung derart treffen, daß für diese Wellenlänge ein auftretender Lichtstrahl keine Gesamtablenkung erleidet. Da aber die Farbenzerstreuungen (Dispersionen) sich nur teilweise aufheben, bleibt eine restliche Farbenzerstreuung. Eine solche Prismenanordnung, die von *G. Amici* angegeben wurde, heißt geradsichtiges oder Geradsichtprisma (Prisme à vision directe) oder Amicisches Prisma. Es wird viel in Hand- oder Taschenspektroskopen benutzt. Von den vorhergenannten Geradsichtprismen sind die geradsichtigen Umkehrprismen zu unterscheiden. →Umkehrprismen.

Prisma mit fester Ablenkung. Infolge der Abhängigkeit der Brechzahl von Einfallswinkel und Wellenlänge ist auch der Ablenkungswinkel eines gewöhnlichen Einzelprismas von beiden abhängig. Bei Benutzung eines Spektralapparates als Monochromator ist aber die Veränderung der Stellung des Fernrohres gegenüber dem Kollimatorrohr bei Veränderung der Wellenlänge sehr hinderlich. Nach *Abbe* kann man Prismen herstellen, die, ohne achromatisch zu sein, für jede Spektralfarbe die gleiche Ablenkung zeigen. Solche Prismen mit fester Ablenkung erlauben es, Spektralapparate mit fester gegenseitiger Lage von Kollimator und Fernrohr auszuführen, bei denen durch Prismendrehung verschiedene Wellenlängeneinstellungen erzielt werden und bei denen die Prismen im Minimum der Ablenkung durchsetzt werden. Diese Prismenanordnungen enthalten außer den geeignet angeordneten brechenden Flächen eine reflektierende Fläche.

Eine viel benutzte, von *Abbe* angegebene Anordnung mit drei polierten Flächen mit 90° Ablenkung zeigt Abb. 1. Man kann sie sich aus dem

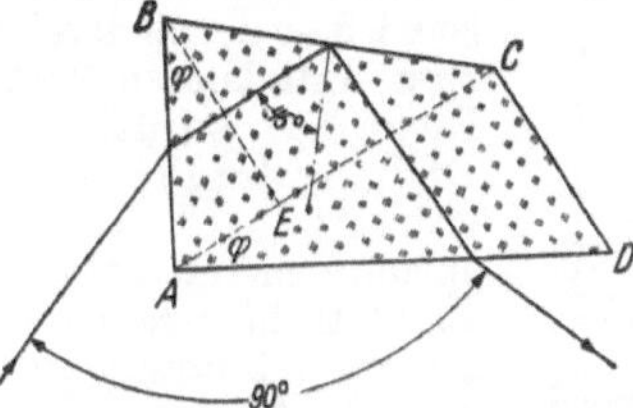

Abb. 1. Dispersionsprisma mit fester Ablenkung von 90° nach *Abbe*.

rechtwinkligen Reflexionsprisma BCE mit 90° Ablenkung und den davor und dahinter befindlichen Dispersionsprismen mit gleichen brechenden Winkeln φ zusammengesetzt denken. Die Größe des brechenden Winkels ist durch die Glasart bestimmt und darf einen solchen Betrag annehmen, daß beim Zusammensetzen der Dispersionsprismen ohne Reflexionsprisma einwandfreier Strahlendurchgang gewährleistet ist. Das Prisma ist jeweils für die Wellenlänge eingestellt, bei der die auf die Reflexionsfläche BC auffallenden Strahlen unter 45° einfallen; dann werden die gedachten Begrenzungsflächen BE und AC der Halbprismen ABE und CAD senkrecht durchstoßen, und die Ablenkungswinkel der beiden Halbprismen sind entgegengesetzt gleich. Übrig bleibt also nur die Ablenkung durch Spiegelung an der Fläche BC, d. h. die feste Ablenkung von 90°. Durch Drehung des Gesamtprismas, also durch Wechseln des Eintritts- und Austrittswinkels, kann dieser Strahlengang für jede gewünschte Wellenlänge erzielt werden. Durch passende Wahl des „Reflexionsprismas“ können auch andere feste Ablenkungswinkel erzielt werden. Abb. 2 zeigt eine Anordnung für 60° Ablenkungswinkel.

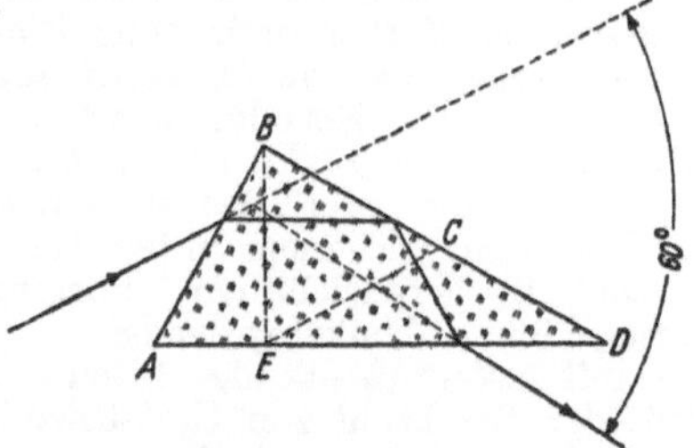

Abb. 2. Dispersionsprisma mit fester Ablenkung von 60° nach *Abbe*.

Eine weitere Prismen-Spiegel-Einrichtung wird nach *Fuchs-Wadsworth* benannt. Hier ist die Gesamtablenkung, die sich aus der des Prismas und der des Spiegels zusammensetzt, gleich Null, wenn die gut ebene Spiegelfläche senkrecht zur Halbierungslinie des brechenden Winkels liegt (Abb. 3).

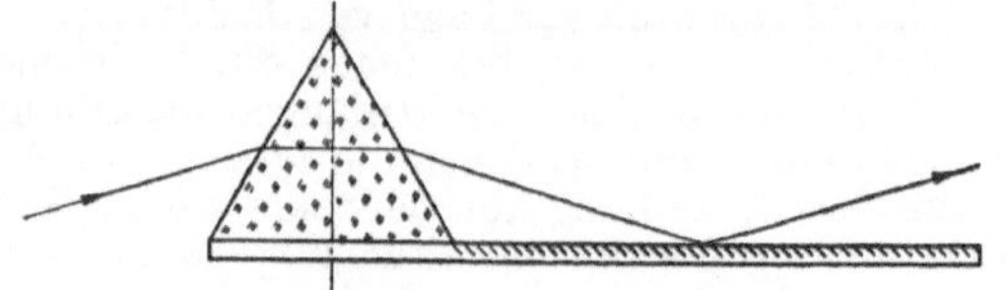

Abb. 3. Prismen-Spiegel-Anordnung nach *Fuchs-Wadsworth* mit fester Ablenkung von 0°.

Durchläuft ein homogener Lichtstrahl das Prisma symmetrisch, also im →Minimum der Ablenkung, so wird er durch den Spiegel in die zum einfallenden Strahl parallele Richtung zurückgeworfen. Bei Drehung der Prismen-Spiegel-Anordnung wird jeder in der ursprünglichen Richtung einfallende Lichtstrahl gerade dann das Prisma im Minimum der Ablenkung durchlaufen, wenn er nach Reflexion am Spiegel wieder in eine zur ursprünglichen parallele Richtung abgelenkt wird. Bei anderer Lage des Spiegels zur Symmetrielinie des Prismas ergeben sich von Null abweichende feste Ablenkungswinkel. Auch die in Abb. 4 dargestellte

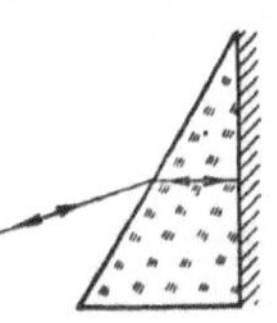

Abb. 4. Autokollimationsprisma mit fester Ablenkung von 180°.

Autokollimationsprismenanordnung stellt ein System mit einer festen Ablenkung von 180° dar. Durch Drehung kann erreicht werden, daß bei fester Einfallsrichtung nur eine bestimmte einstellbare Wellenlänge senkrecht auf die Prismenfläche fällt, die dann in sich zurückgeworfen wird.

Durch passende Wahl der Drehpunkte für die Prismensysteme mit fester Ablenkung kann erreicht werden, daß trotz Drehung keine oder keine wesentlichen zusätzlichen seitlichen Verschiebungen des abgelenkten Strahles auftreten.

Prisma, totalreflektierendes. Die Spiegelung in Reflexionsprismen kann durch Reflexion an Metall- oder an totalreflektierenden Glasflächen erfolgen. In der praktischen Optik zieht man totalreflektierende Flächen vor, da dann die Lichtverluste im Prisma kleiner werden. Ob →Totalreflexion eintritt, hängt von der Brechzahldifferenz gegenüber dem anstoßenden Medium und vom Einfallswinkel des Lichtstrahls an dieser Fläche ab, und infolgedessen können durch Prismen mit totalreflektierender Fläche nur begrenzte Strahlenkegel hindurchgeschickt werden. Die Abb. zeigt die Verhältnisse bei einem 90°-Reflexionsprisma.

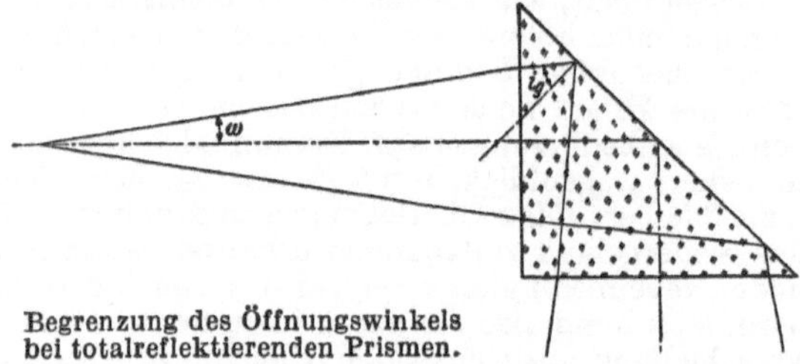

Begrenzung des Öffnungswinkels bei totalreflektierenden Prismen.

Für ein in Luft befindliches 90°-Reflexionsprisma ist bei einer Brechzahl des Glases von $n = 1{,}52$ der größtmögliche kreisförmige Öffnungswinkel des Strahlenbüschels $2\omega = 12{,}2°$; für $n = 1{,}62$ $2\omega = 22{,}4°$. Bei Strahlenkegeln mit größerem Öffnungswinkel müssen die reflektierenden Flächen verspiegelt sein oder Gläser mit höherer Brechzahl verwendet werden.

Prisma (kristallographisch), eine offene Kristallform, die aus einer Folge gleichwertiger, sich in parallelen Kanten schneidender Flächen besteht. Ihr Querschnitt ist ein gleichseitiges Vieleck, dessen Winkel entweder sämtlich gleich sind oder abwechselnd zwei verschiedene Werte aufweisen. Zur ersten Gruppe gehören das trigonale, tetragonale und hexagonale Prisma mit 3, 4 bzw. 6 Flächen, zur zweiten das monokline mit 4, das rhombische mit 4, das ditrigonale, ditetragonale und dihexagonale mit 6, 8 bzw. 12 Flächen. Die Prismen sind mit Ausnahme des monoklinen sämtlich spezielle Formen (Abb. 1 bis 8).

1. *Monoklines Prisma,* die allgemeine Form $\{hkl\}$ einschließlich der speziellen Formen $\{0kl\}$ und $\{hk0\}$ der Holoedrie $2i$.

2. *Rhombisches Prisma,* die Formen $\{0kl\}$, $\{h0l\}$, $\{hk0\}$ der Klassen 22 und $22i$ und $\{hk0\}$ der Klasse $2n$.

3. *Trigonale Prismen* $\{hki0\}$ der Klassen 3, $3m$, $\{10\bar{1}0\}$ und $\{\bar{1}010\}$ der Klassen 3, $3n$, $3m$ und $\{11\bar{2}0\}$ und $\{\bar{1}\bar{1}20\}$ der Klassen 3, 32, $3m$, $32m$.

4. *Ditrigonale Prismen* $\{hki0\}$ der Klassen 32, $3n$, $32m$.

5. *Tetragonale Prismen* $\{hk0\}$ der Klassen $\bar{4}$, 4, $4i$, sowie $\{110\}$ und $\{100\}$ aller 7 tetragonalen Klassen.
6. *Ditetragonale Prismen* $\{hk0\}$ der Klassen $\bar{4}2$, 42, $4n$, $42i$.
7. *Hexagonale Prismen* $\{hki0\}$ der Klassen $3i$, 6, $6i$, $\{10\bar{1}0\}$ der Klassen $3i$, 32, $32i$, $32m$, 6, 62, $6i$, $6n$, $62i$ und $\{11\bar{2}0\}$ der Klassen $3i$, $3n$, $32i$, 6, $6i$, 62, $6n$, $62i$.
8. *Dihexagonale Prismen* $\{hki0\}$ der Klassen $32i$, 62, $6n$, $62i$.

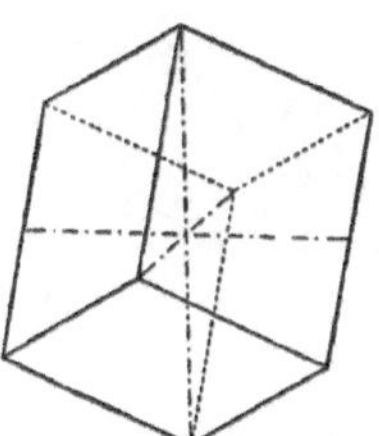

Abb. 1. Monoklines Prisma.

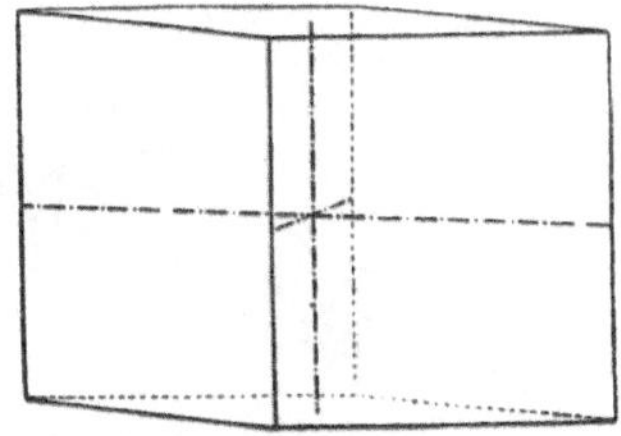

Abb. 2. Rhombisches Prisma.

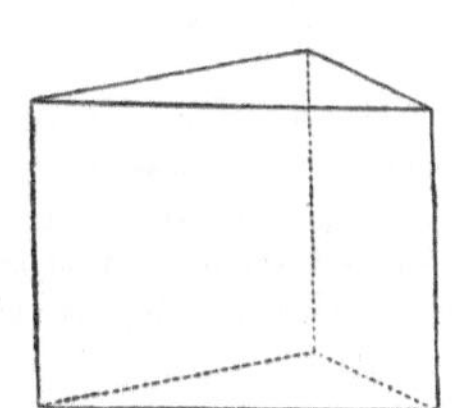

Abb. 3. Trigonales Prisma.

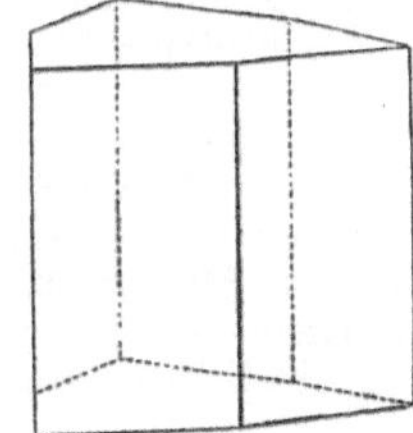

Abb. 4. Ditrigonales Prisma.

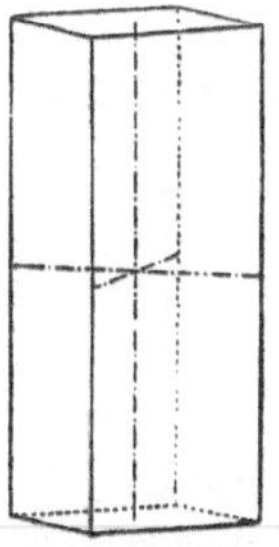

Abb. 5. Tetragonales Prisma.

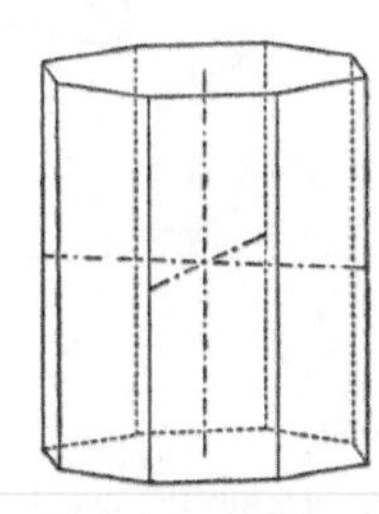

Abb. 6. Ditetragonales Prisma.

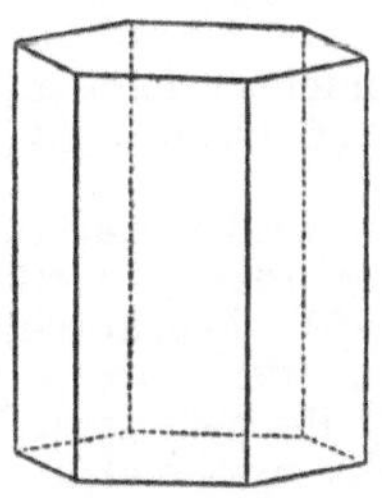

Abb. 7. Hexagonales Prisma.

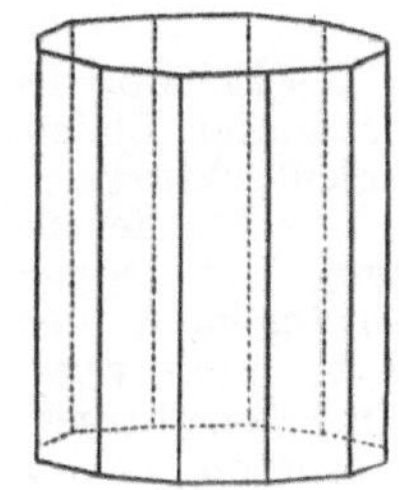

Abb. 8. Dihexagonales Prisma.

Bei den trigonalen und hexagonalen Prismen bezeichnet man die Formen $\{10\bar{1}0\}$ als Prismen 1. Art, $\{11\bar{2}0\}$ als Prismen 2. Art und $\{hki0\}$ als Prismen 3. Art. Umgekehrt sind die tetragonalen Formen $\{100\}$ Prismen 2. Art, $\{110\}$ Prismen 1. Art und $\{hk0\}$ wiederum Prismen 3. Art.

Prismatisches System = →rhombisches Kristallsystem, →Kristallklassen.

Prismenfeldstecher, -fernrohr, ein meist →binokulares Fernrohr, bei dem durch →Umkehrprismen eine Bildaufrichtung erfolgt.

Prismenkamera, Verbindung eines →Astrographen oder →Spiegelteleskops mit einem →Objektivprisma oder einem spaltlosen Spektrographen (→Sternspektrograph) zur Erzeugung von Sternspektren.

Prismenspektralapparat, Gerät zur spektrometrischen Untersuchung, beruht auf der →Dispersion, also der Wellenlängenabhängigkeit der Brechzahl durchsichtiger Stoffe.

Grundsätzlicher Aufbau des Prismenapparates (Abb.): Die Lichtquelle, deren Strahlung zu analysieren ist, wird auf den senkrecht zur Zeichenebene stehenden, engen Spalt *Sp* abgebildet. *Sp* befindet sich in der Fokalebene der achromatischen Sammellinse L_1 (Kollimatorlinse). Das von *Sp* kommende Licht verläßt L_1 als Parallellichtbündel und durchsetzt das Prisma *P* aus einer geeigneten brechenden Substanz (Glas, Quarz, Steinsalz usw.). Die das Prisma *P* verlassende Strahlung ist in Parallelbündel verschiedener Wellenlängen aufgefächert. Diese Bündel werden durch eine zweite Sammellinse L_2 in deren Brennfläche zu monochromatischen Bildern des Spaltes *Sp* fokussiert; es entsteht ein Spektrum. Beim →Prismenspektrographen bringt man an den Ort der Brennfläche von L_2 eine photographische Platte und erhält dann auf dieser ein negatives Bild des Spektrums.

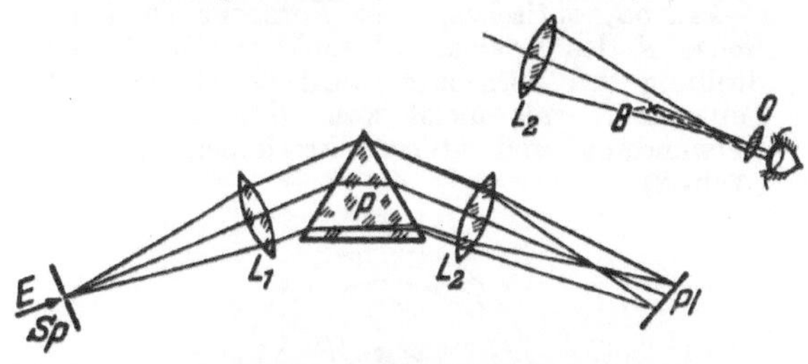

Prismenspektralapparat (schematisch).
P Prisma, *Sp* Spalt, L_1 Kollimatorlinse, L_2 Kameralinse (unteres Bild) bzw. Fernrohrobjektiv (oberes Teilbild), *Pl* photographische Platte, *O* Okular, *B* virtuelles, einfarbiges Bild des Spaltes *Sp* für ein auf endliche Entfernung akkommodiertes Auge, *E* Einfallsrichtung der zu untersuchenden Strahlung.

Für visuelle Beobachtung des Spektrums betrachtet man dieses durch eine Lupe *O* (Okular). L_2 und *O* bilden dann zusammen ein auf ∞ eingestelltes Fernrohr. Diese Spektralapparate für visuelle Betrachtung nennt man →Spektroskope und →Spektrometer. Statt der visuellen Beobachtung benutzt man, speziell im ultraroten Spektralgebiet, Strahlungsmeßgeräte (Thermosäule, Thermoelement, Radiometer, Mikroradiometer, Bolometer).

Der weitaus größte Teil der spektrometrischen Untersuchungen im ultravioletten, sichtbaren und nahen ultraroten Spektralgebiet wird mit Spektrographen durchgeführt (→Glasprismenspektrograph, →Ultraviolettspektrograph, →Vakuumspektrograph). Für besondere Zwecke, z. B. für Untersuchungen von Raman-Spektren, werden auch sehr lichtstarke Spektrographen mit Flüssigkeitsprismen (Zimtsäureäthylester) verwendet. Flüssigkeitsprismen haben zwar große, aber stark temperaturabhängige →Dispersion.

Kohlrausch, F.: Prakt. Physik I. Leipzig u. Berlin 1950. Handb. d. Physik XVIII. Berlin 1929.

Prismenspektrometer, ein →Prismenspektralapparat zur visuellen Untersuchung von Spektren. Das vom Spalt *Sp* (Abb. 1) kommende Licht wird durch die Kollimatorlinse L_1 parallel gemacht,

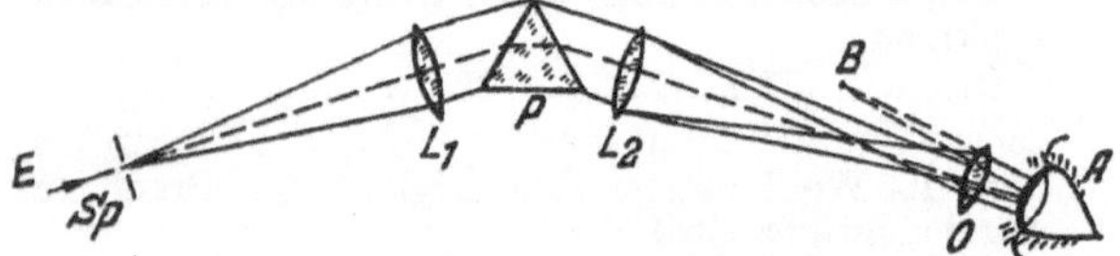

Abb. 1. Prinzip des Prismenspektrometers mit Strahlengang. *P* Glasprisma, L_1 Kollimatorlinse, *Sp* Spalt, L_2 Fernrohrobjektiv, *O* Fernrohrokular, *B* monochromatisches, virtuelles Bild für ein auf endliche Entfernung akkommodiertes Auge, *E* Eintrittsrichtung der zu untersuchenden Strahlung.

durchsetzt ein Glasprisma *P* oder ein System mehrerer solcher Prismen und gelangt in das auf ∞ eingestellte Fernrohr, bestehend aus der Objektivlinse L_2 und dem Okular *O*. Das Okular enthält ein Fadenkreuz zur exakten Einstellung auf einzelne Spektrallinien. Da das Gesichtsfeld des Okulars nur einen kleinen Teil des gesamten Spektrums zu überblicken gestattet, muß das Spektrum nach und nach durch das Okulargesichtsfeld hindurchgeführt werden. Dies geschieht auf zwei verschiedene Arten:

Spektrometer mit schwenkbarem Fernrohr. Das Prisma wird stets in die Minimumstellung gedreht (→Prisma, optisches). Das Fernrohr ist um die Achse *A* des Prismas schwenkbar. Die jeweilige Stellung des Fernrohres wird an einem großen Teilkreis *K* mit meist zwei Nonien, oft unter Verwendung von Ablesemikroskopen, bestimmt (Abb. 2).

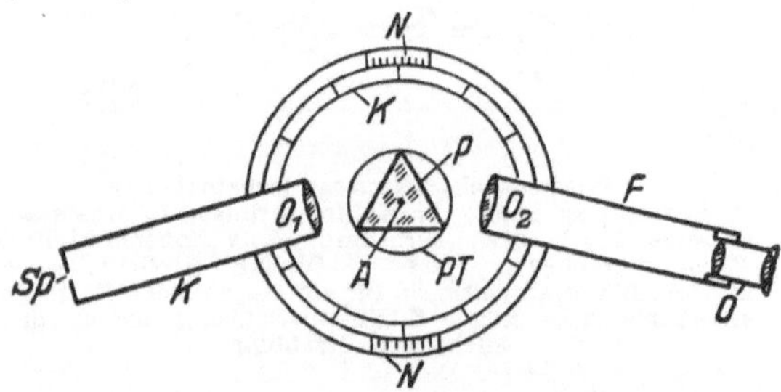

Abb. 2. Prismenspektrometer mit schwenkbarem Fernrohr. *P* Prisma, *PT* Prismentisch, drehbar um die Achse *A*, *K* festes Kollimatorrohr mit Spalt *Sp* und Kollimatorobjektiv O_1, *F* um *A* schwenkbares Fernrohr mit Objektiv O_2 und Okular *O* (es ist ein zweilinsiges Okular mit Augen- und Feldlinse gezeichnet), *K* Teilkreis, *N* Nonius.

Spektrometer mit konstanter Ablenkung. Kollimator und Fernrohr bilden einen unveränderlichen, meist 90° betragenden Winkel miteinander. Um die verschiedenen Spektralbereiche in das Okulargesichtsfeld zu bringen, wird das Prisma mit einer Mikrometerschraube um seine Achse gedreht. Die Drehung wird an einer Meßtrommel abgelesen.

Zwei gebräuchliche Spektrometerkonstruktionen mit konstanter Ablesung sind:

Das Wadsworth-Spektrometer (Abb. 3). Mit einem 60°-Prisma ist ein ebener Oberflächenspiegel starr verbunden. Die Spiegelfläche bildet mit der Mittelebene des Prismas meist einen Winkel von 45°. Um *O* ist die Prisma-Spiegel-Kombination drehbar. Die gesamte Ablenkung des Strahlenganges beträgt 90°.

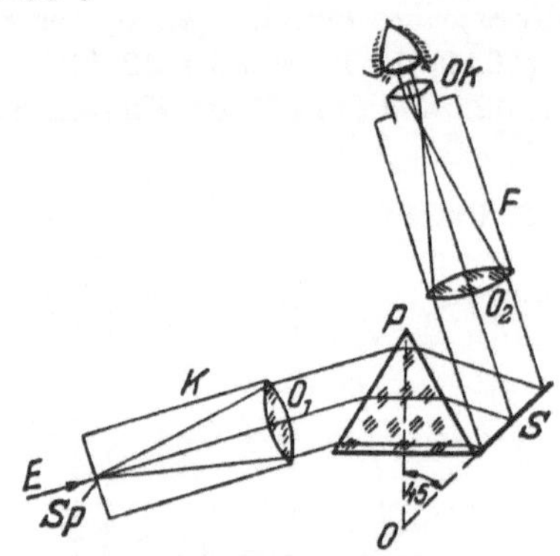

Abb. 3. Wadsworth-Spektrometer.

P 60°-Prisma, *S* Oberflächenplanspiegel, mit *P* starr verbunden, *K* feststehender Kollimator mit Spalt *Sp* und Kollimatorobjektiv O_1, *F* feststehendes Fernrohr mit Objektiv O_2 und Okular *Ok*, *O* Drehpunkt des Spiegelprismas, *E* Eintrittsrichtung der zu untersuchenden Strahlung.

Das Abbe-Spektrometer (Abb. 4). Eine konstante Ablenkung von ebenfalls 90° ergibt das von *Abbe* angegebene Prisma. Es kann als Kombination zweier 30°- und eines 90°-Prismas betrachtet werden. An der Hypotenuse des letzteren findet Totalreflexion statt.

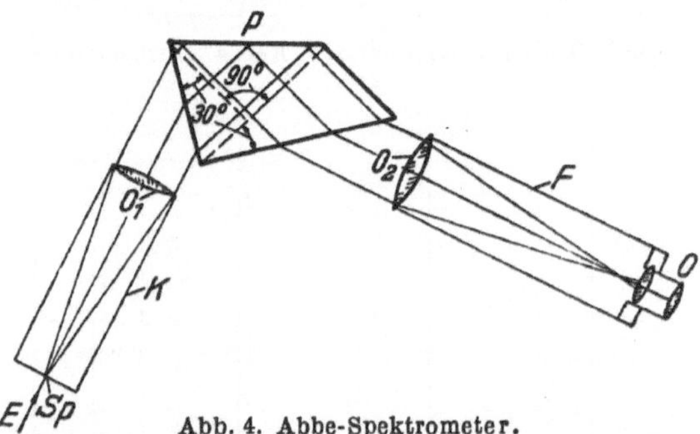

Abb. 4. Abbe-Spektrometer.

P Abbesches Prisma, *K* feststehender Kollimator mit Spalt *Sp* und Kollimatorobjektiv O_1, *F* feststehendes Fernrohr mit Objektiv O_2 und Okular *O*, *E* Eintrittsrichtung der zu untersuchenden Strahlung.

Die Eichung der Spektrometer erfolgt mit Hilfe bekannter Linienspektren (Edelgas- und Eisenlinienspektren).

Das Prismenspektrometer wird ferner zur Messung der Dispersionskurve (der Wellenlängenabhängigkeit der Brechzahl) lichtdurchlässiger Substanzen verwendet. Aus der Substanz wird ein Prisma hergestellt. Mit Hilfe bekannter Wellenlängen und nach Messung des brechenden Winkels des Prismas kann die Brechzahl für jede Wellenlänge aus dem Minimum der Ablenkung leicht bestimmt werden (→Minimalablenkung).

Die Spektrometer lassen sich auch als →Monochromatoren verwenden. Spektrometer für das ultrarote Spektralgebiet →Ultrarotspektrometer.

Für das einwandfreie Arbeiten mit dem Spektrometer ist dessen vorzügliche Justierung unerläßlich.

Kohlrausch, F.: Prakt. Physik I. Leipzig u. Berlin 1950. Handb. d. Physik XVIII. Berlin 1929.

Prismenspektrograph, ein →Prismenspektralapparat, in welchem das zu untersuchende Spektrum photographisch aufgenommen wird. Bei einem guten Spektrographen ist zur Erzielung einer optimalen Abbildungsgüte die Kollimatorlinse L_1 (Abb.) chromatisch korrigiert. Ferner muß das Prisma P für den Schwerpunkt des zur Untersuchung gelangenden Spektralgebietes das Minimum der Ablenkung ergeben (→Minimalablenkung).

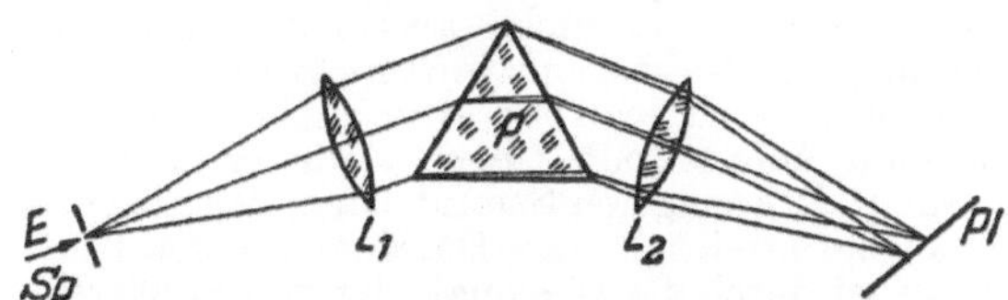

Einfacher Prismenspektrograph (schematisch).
P Prisma, Sp Spalt, L_1 Kollimatorobjektiv (chromatisch korrigiert), L_2 Kameraobjektiv, Pl photographische Platte, E Eintrittsrichtung der zu analysierenden Strahlung.

Die Kameralinse braucht im allgemeinen nicht korrigiert zu sein; aber die photographische Platte Pl muß schräg gestellt werden, weil die Vereinigungsweite von L_2 für langwellige Strahlung größer ist als für kurzwellige. Bei sehr guten Spektrographen verwendet man zur Bildfeldebnung auch ein korrigiertes Kameraobjektiv. Eine dann noch verbleibende Krümmung des Bildfeldes kompensiert man durch gebogene photographische Platten. Diese sind stets vertikal verschiebbar angebracht, um mehrere Spektren übereinander auf einer Platte aufnehmen zu können.

Hauptsächlich drei Faktoren bestimmen die Leistungsfähigkeit eines Spektrographen: das →Auflösungsvermögen, die →Dispersion und die →Lichtstärke.

Für ein einwandfreies Arbeiten mit einem Spektrographen ist seine saubere optische Justierung unerläßlich.

Zur Analyse eines Spektrums nimmt man außer diesem noch ein oder zwei bekannte Vergleichsspektren auf derselben Platte auf. Am besten wird das Vergleichsspektrum mit verkürzter Spaltlänge in das zu untersuchende Spektrum photographiert. Dann lassen sich die Lagen der unbekannten Linien mit denen der bekannten in einem →Spektrokomparator vergleichen und Wellenlängenbestimmungen durchführen. Als Vergleichsspektrum im gesamten sichtbaren und im ultravioletten Spektralgebiet bis 1800 Å wird nach internationaler Vereinbarung das Linienspektrum des Eisenlichtbogens (→Pfundbogen) benutzt.

Je nach dem zu untersuchenden Spektralgebiet werden spezielle Spektrographenkonstruktionen verwendet; →Glasprismenspektrograph, →Ultraviolettspektrograph, →Vakuumspektrograph.

Kohlrausch, F.: Prakt. Physik I. Berlin u. Leipzig 1950. Handb. d. Physik XVIII. Berlin 1929.

Probeglas, besteht aus je einer, zur Vermeidung der Durchbiegung genügend dicken, plankonvexen und plankonkaven, genau sphärischen Linse mit gleichen Radien aus hartem Glas oder Quarz. Es dient zum Prüfen polierter Linsenflächen hinsichtlich Radien und Flächengüte. Die konkave Hälfte des Probeglases wird nach sehr sorgfältiger Reinigung auf eine konvexe Linsenfläche bzw. die konvexe Hälfte des Probeglases auf eine konkave Linsenfläche aufgelegt. Stimmen die Radien von Probeglas und Linsenfläche nicht genau überein, ist aber die Linsenfläche kugelförmig, so entstehen konzentrische Newtonsche Interferenzringe gleicher Dicke. Längliche oder verzerrte Interferenzfiguren zeigen Abweichungen von der Kugelgestalt an. Stimmen die Radien genau überein, so entstehen keine Interferenzen; man spricht dann von „Schwarzpasse" oder bei anderer Beobachtungsart der Interferenzen von „Weißpassung". Die Probegläser selbst müssen gegeneinander in jeder Stellung „Weißpassung" zeigen. Ihre Radien werden mit Hilfe eines Ringsphärometers oder auf optischem Wege bestimmt. Bei Planplatten stellt man gegebenenfalls 3 Platten her, die alle gegeneinander Weißpassung zeigen müssen.

Kohlrausch, F.: Prakt. Physik I. Leipzig u. Berlin 1950.

Produkt, unendliches →unendliches Produkt.

Produktenregel, Leibnizsche: Es seien $u = u(x)$ und $v = v(x)$ zwei n-mal differenzierbare Funktionen von x. Die n-te Ableitung des Produktes $y = uv$ ist dann durch die (dem binomischen Lehrsatz äußerlich ähnliche) Formel

$$\frac{d^n(uv)}{dx^n} = \binom{n}{0} u^{(n)} v + \binom{n}{1} u^{(n-1)} v' + \cdots + \binom{n}{n-1} u' v^{(n-1)} + \binom{n}{n} u\, v^{(n)} = \sum_{k=0}^{n} \binom{n}{k} u^{(n-k)} v^k .$$

Produktraum →Zusammensetzung von Teilsystemen.

Profilbeiwerte. Um zahlenmäßige Ergebnisse von Versuchen (→Modellversuchen) und Rechnungen in einer übersichtlichen Form darzustellen, werden die Kräfte und Momente auf den Staudruck $\varrho v^2/2$ und auf die größte Projektionsfläche $F = bt$ des Flügels bezogen. Die gebräuchlichsten Beiwerte sind:

der *Auftriebs*beiwert $c_a = \dfrac{A}{F\varrho v^2/2}$;

der *Widerstands*beiwert $c_w = \dfrac{W}{F\varrho v^2/2}$, der sich (→Profilwiderstand und →induzierter Widerstand) zu

$$c_w = c_{w_0} + c_{wi} \quad \text{mit} \quad c_{wi} = \frac{c_a^2 F}{\pi b^2}$$

ergibt, und der *Momenten*beiwert

$$c_m = \frac{M}{F\varrho v^2/2\cdot t}.$$

Profilprojektor. Projektionsgeräte verschiedenster Art werden häufig in der industriellen Meßtechnik benutzt. Sie liefern von den zu prüfenden Werkstücken reelle Bilder, die bei Verzeichnungsfreiheit und Einhaltung eines vorgegebenen Abbildungsmaßstabes unmittelbar mit der Zeichnung verglichen werden können (Formvergleich). Die Beleuchtung kann durch Auflicht- oder daran vorbeistreifendes Licht (Durchlicht) oder Kombination beider erfolgen. Zur Abbildung gelangt immer nur die Umrißform (Profil) des Prüfstücks, nicht aber ein bestimmter Schnitt. Selbst bei Beleuchtung mit „parallelem" Licht ist zu beachten, daß die Lichtquellen eine endliche Größe haben, wodurch die Strahlen eines Bündels zwar untereinander parallel, die Bündel selbst aber gegeneinander endlich große Neigungen haben. Geeignet zur Abbildung sind besonders dünne ebene Objekte mit scharfen Kanten, Umrißformen von Drehkörpern nicht zu großen Durchmessers usw. Durch Veränderung der Vergrößerung bei unscharfer Einstellung des Prüflings entstehen Meßfehler, weswegen man den

Strahlengang der Abbildung zum Objekt hin telezentrisch ausbildet (→telezentrische Abbildung). Da bei einem vorgegebenen Projektionsobjektiv der Abbildungsmaßstab durch den Abstand zwischen Objektiv und Auffangschirm gegeben ist, darf bei derartigen Geräten zur Scharfstellung der Abbildung nur der Prüfling in Richtung der optischen Achse verschoben werden, da sich sonst auch bei telezentrischem Gang der Hauptstrahlen der Abbildungsmaßstab ändert. Bei den käuflichen Profilprojektoren verwendet man Abbildungsmaßstäbe von 10 : 1 bis 50, evtl. 100 : 1. Das objektive Gesichtsfeld hat hierbei 60 mm bis 12, evtl. 6 mm Durchmesser. Die Abweichung vom Sollwert durch Verzeichnungsfehler der Projektionsobjektive ist über das gesamte Gesichtsfeld meist kleiner als $^1/_2$%.

Räntsch, K.: Die Optik in der Feinmeßtechnik. München 1949.

Profilwiderstand. Entsprechend der Tragflügeltheorie kann man den Widerstand von Tragflächen aus den Messungen und Rechnungen der ebenen (zweidimensionalen) Strömung ermitteln, wenn man für Werte gleicher Auftriebsintensität den Anteil des Widerstandes, der sich aus der räumlichen Anordnung ergibt, hinzufügt. Der erstere Teil enthält sowohl den Reibungswiderstand als auch den Widerstand infolge der Ablösung der Strömung, während der zweite den →induzierten Widerstand umfaßt $W = W_0 + W_i$. Der Profilwiderstand W_0 kann für die verschiedenen Profilformen im Windkanal bestimmt werden, und zwar entweder unmittelbar an Modellen mit unendlicher Spannweite oder aus einem Vergleich von Modellen gleichen Profiles mit verschiedenen Spannweiten.

Progressive Phosphoreszenz. Wird Benzol in Alkohol gelöst und diese Lösung auf —158 °C abgekühlt, so entstehen neue Fluoreszenzbanden, welche →Lösungsspektren (*Goldstein*) genannt werden. Bei weiterer Abkühlung steigt die Intensität und die Dauer des Nachleuchtens dieser Banden. *Kowalski* fand nun, daß die volle Leuchtintensität dieser Banden erst erreicht wird, nachdem die abgekühlte Lösung längere Zeit mit dem erregenden, ultravioletten Licht bestrahlt worden ist, und hat Anklingungszeiten bis zu 100 s gefunden. Er hat diese Erscheinung des allmählichen Erreichens der vollen Leuchtintensität progressive Phosphoreszenz genannt. Im reinen Benzol ist die Erscheinung nicht zu beobachten.

Projektion, optische →Abbildung, →Projektionsapparat, →Mikroprojektion.

Projektionsapparat, *Bildwurfgerät, Bildwerfer,* entwirft von durchsichtigen Vorlagen oder Gegenständen ein vergrößertes Bild. Die durchsichtigen, meist photographisch hergestellten Vorlagen heißen Diapositive. Gelegentlich dienen als Vorlagen auch Glasskalen von Meßgeräten oder Mikropräparate. Folgende Formate sind in Benutzung:

		dabei ausgenutztes Bildformat	
a) Allgemeines Diaformat	8,5×10 cm	7,5× 9	cm
b) Allgem. Kleinbildformat	5× 5 cm	23 ×35	mm
c) Normaltonfilm	35 mm	15,2×20,9	mm
d) Schmalfilm	16 mm	9,6× 7,16	mm
e) Kleinfilm	8 mm	3,3× 4,4	mm

Der Strahlengang eines Bildwerfers ist in Abb. 1 dargestellt. Die Lichtquelle L, eine Glühlampe hoher Leuchtdichte oder eine Bogenlampe, wird durch einen Kondensor K, der die Wirkung einer →Feldlinse hat, in die →Eintrittspupille des →Projektionsobjektivs P abgebildet. Die Kondensorbrennweite ist so zu wählen, daß das in der Pupille des Objektivs P entstehende Bild L' der Lichtquelle diese gerade ausfüllt. Ist das Lichtquellenbild kleiner, so wird die Lichtstärke des Projektionsobjektivs nicht ausgenutzt und der größtmögliche Lichtstrom wird nicht erreicht; ist es größer, so wird das Diapositiv unnütz erwärmt, und man könnte mit einem kleineren Leuchtsystem, d. h. geringeren Stromkosten, den gleichen Lichtstrom erreichen. Der Durchmesser des Kondensors ist durch die Diagonale des zu projizierenden Diapositivs O bestimmt. Hinter der Lampe befindet sich meist ein Kugelspiegel S, der ein Bild des Lampenleuchtsystems so erzeugt, daß das Bild der Glühlampenwendel in den Zwischenräumen der Wendel L selbst entsteht, wodurch die mittlere Leuchtdichte der Glühlampe erhöht wird. Das Projektionsobjektiv P entwirft ein Bild

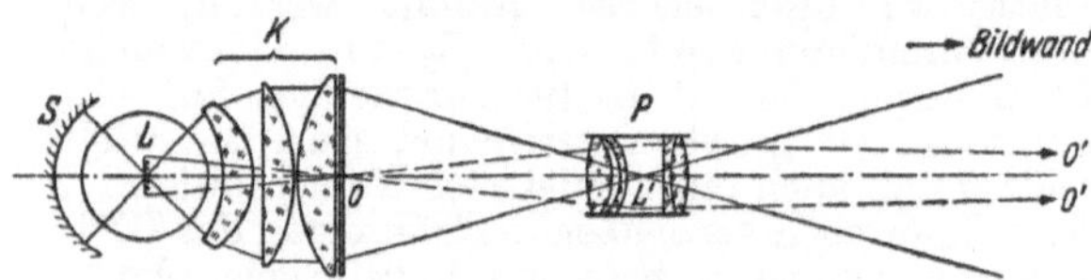

Abb. 1. Strahlengang bei Diaprojektion.

des Diapositivs O auf der Bildwand O'. Eintrittspupille des gesamten Projektionsapparates ist die Glühlampe, deren scharfes Bild in der Austrittspupille des Projektionsobjektivs, die gleichzeitig Austrittspupille des gesamten Projektionsapparates ist, entsteht. Da die Umrandung des Diapositivs die Eintritts- und der Rand des Bildes auf der Bildwand Austrittsluke ist, ist dieses gleichmäßig ausgeleuchtet.

Größe der Lampe, Brennweite und Durchmesser des Kondensors, Format und Brennweite, Bildweite und Öffnungsverhältnis des Projektionsobjektivs stehen in engen Beziehungen zueinander, die mit Hilfe der Abbildungsgleichungen ermittelt werden können.

Von der vorgenannten *Dia*projektion (Projektion im Durchlicht) ist die *Epi*projektion (Projektion im Auflicht) zu unterscheiden. Hierbei werden undurchsichtige Bilder oder auch flache Gegenstände in geeigneter Weise hell beleuchtet. Die Lichtverluste sind durch Zerstreuung des Lichtes an dem zu projizierenden Gegenstand sehr groß, weswegen als Projektionsobjektive für Epiprojektion solche von sehr großem Öffnungsverhältnis bei relativ geringer Vergrößerung gewählt werden.

Bei Kinoprojektoren (Laufbildwerfer) wird meist der in Abb. 2 dargestellte Strahlengang benutzt. Die Lichtquelle L, die möglichst gleichmäßig sein soll, wird durch einen passenden Hohlspiegel S, meist von asphärischer Form (Rotationsellipsoid), oder durch Kombinationen von Hohlspiegel und Linsen im Filmfenster oder in der Nähe des Filmfensters abgebildet. Durch die optischen Fehler dieser Abbildung (sphärische Aberration und Nichterfüllung der Sinusbedingung) werden Einzelheiten der Lichtquelle verwischt. Die Brennweite des Hohlspiegels muß so sein, daß das Bild des Bogenlampenkraters oder der Lampe immer etwas größer als das Filmfenster ist, d. h. daß dieses immer voll ausgeleuchtet ist. Das Projektionsobjektiv bildet dann den Film, der sich

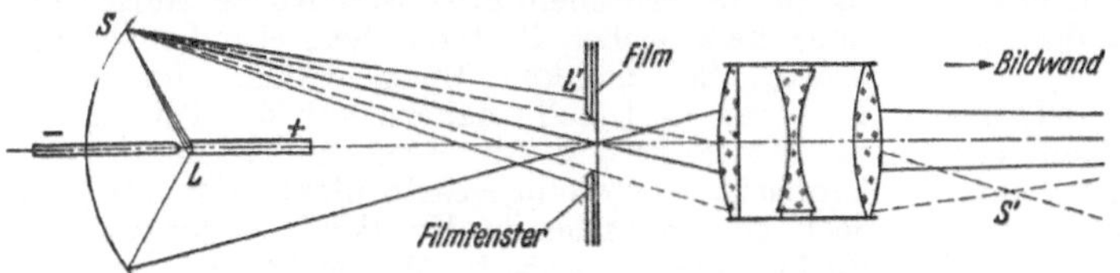

Abb. 2. Strahlengang bei Kinoprojektion.

am Filmfenster vorbeibewegt, auf der Bildwand ab. Die Projektionsbrennweite ist durch Format und Projektionsentfernung gegeben. Eintrittspupille dieser Anordnung ist der Spiegel S, Austrittspupille sein Bild S'. Die Projektionsobjektive müssen einen größeren Durchmesser haben, als sich auf Grund des Durchmessers des axialen Strahlenbüschels in der Objektiveintrittsöffnung ergibt, damit die durch die seitlichen Bildteile hindurchgegangenen Strahlen erfaßt werden.

Naumann, H.: Optik f. Konstrukteure. Halle 1949.

Projektionsobjektive bilden die Vorlage auf der Bildwand ab. Ihre Brennweite richtet sich nach Format und Projektionsentfernung. Sie werden mit bestimmten Außendurchmessern (Fassungsdurchmessern) für bestimmte Bildformate hergestellt (s. Tabelle). Sie sind oft vom Petzval- oder Triplettyp (→Photoobjektiv).

Projektionsformat	Objektivbrennweite cm	Fassungsdurchmesser mm
Epidiaskop 14×14 bis 20×20 cm	35 bis 80	80 bis 200
Diapositiv 8,5×10 cm	15 „ 80	42,5; 52,5; 62,5
Kleinbild 5×5 cm (Bildformat 23×35)	8 „ 20	42,5; 52,5; 62,5
Normaltonfilm 35 mm	4 „ 20	42,5; 52,5; 62,5
Schmalfilm 16 mm	1,5 „ 7,5	25,4; 32,8; 42,5; 52,5; 62,5
Kleinfilm 8 mm	1,0 „ 2,5	18; 25,4

Projektionsokulare. Während bei visueller mikroskopischer Beobachtung die Bildfeldwölbung nicht sehr stört, da der Beobachter dies teils durch Akkommodation oder durch Bewegen der Feineinstellung ausgleichen kann, ist dieser Abbildungsfehler bei →Mikroprojektion sehr störend. Es werden deshalb besondere für Projektion geeignete Mikrookulare (→Okulare) hergestellt, bei denen neben den anderen bei Okularen zu beachtenden Korrektionen besonders das Bildfeld geebnet wird. Bekannte Systeme solcher Art sind Okulare mit negativer Brennweite (Homale).

Projektionsoperator, ein beschränkter →selbstadjungierter Operator P mit $P^2 = P$. Ist $\mathfrak{M}$ ein Teilraum des →Hilbert-Raumes $\mathfrak{H}$, so kann man jedes f aus $\mathfrak{H}$ zerlegen in $f = g + h$, wobei g in $\mathfrak{M}$ liegt und h auf allen Elementen von $\mathfrak{M}$ orthogonal ist. $g = Pf$ definiert dann einen Projektionsoperator. Ebenso gehört zu jedem oben durch $P^2 = P$ definierten P ein Teilraum $\mathfrak{M}$.

Projektiv = →Projektionsobjektiv.

Promethium, Pm (ältere Namensvorschläge *Illinium, Cyclonium*), gehört zur Gruppe der →Lanthaniden; Kernladungszahl 61. Stabile Isotope kommen in der Natur nicht vor, da nach der →Mattauchschen Regel alle Isotope des Promethiums instabil und Isotope mit Halbwertszeiten in der Größenordnung des Alters der Erde unbekannt sind.

Die längerlebigen Promethiumisotope werden als Spaltprodukte in den →Piles in wägbaren Mengen erzeugt; jedoch ist ihre Isolierung wegen der außerordentlichen Aktivitäten der Spaltprodukte schwierig durchzuführen. Zuerst haben *Marinsky, Glendenin* und *Coryell* Promethiumisotope chemisch nachgewiesen. Bis März 1949 ist eine ganze Reihe aktiver Isotope bekanntgeworden. Die Herstellungsprozesse und radioaktiven Konstanten sind in der untenstehenden Tabelle ausgeführt.

Hahn, O.: Künstl. neue Elemente. Weinheim/Bergstr. u. Berlin 1948. – *Mattauch, J.*, u. *A. Flammersfeld:* Isotopenbericht, Sonderh. d. Z. Naturf. 1948.

Entstehung bzw. Herstellungsprozesse und radioaktive Konstanten der Promethiumisotope

Z	N	A	Halbwertszeit	Strahlenart	Zerfallsenergie in MeV		Entstehung und Herstellungsprozesse
					β	γ	
61	(83)	(144)	1 *a*	K?; I.Ü. ?		0,67	^{143}Nd (*d*, *n*); ^{141}Pr (α, *n*)?
	?	?	12,5 *h*	β^-			? Nd (*n*, γ); ? 61 – β^- →
	?	?	16 *d*	β^-	1,7		? Nd (*d*, *n*)
	86	147	3,7 *a*	β^-	0,20	keine	^{233}U (*n*, Sp.); ^{147}Nd – β^- →
	87	148	5,3 *h*	β^-	2,5	≈0,8	^{147}61 (*n*, γ); ^{148}Nd (*d*, 2*n*); ^{148}Nd (*p*, *n*) ^{145}Nd (α, *p*)
	[87]	(148)	2,7 *d*	β^-	2	vorhanden	^{148}Nd (*d*, 2*n*); ^{148}Nd (*p*, *n*); ^{145}Nd(α, *p*)
	88	149	2,0 ± 0,06 *d*	β^-	1,1	0,24 [schw.]	U (*n*, Sp.); ^{149}Nd – β^- →?; Nd (*n*, ?)
	(90)	(151)	12 *m*	β^-			$^{(151)}$Nd (kurz) – β^- →
	92	153	< 5 *m*	β^-			^{153}Sm ← β^- (hyp.) –
	95	156	< 5 *m*	β^-			^{156}Sm ← β^- (hyp.) –

Proportionalitätsbedingung →Isoplanasiebedingung.

Proportionalitätsgrenze, ein nicht scharf definierter Begriff, die obere Grenze des Bereichs, innerhalb dessen eine elastische Verformung genügend genau als proportional der verformenden Kraft betrachtet werden kann. Sie liegt meist der →Elastizitätsgrenze nahe, ist aber mit ihr nicht identisch.

Proportionalverstärker. Die in einer →Ionisationskammer von einem einzelnen α-Strahl oder Proton gebildeten Ionen geben nach der Sammlung auf einer Elektrode kleine Spannungsstöße, die nach geeigneter Verstärkung in Röhrenverstärker bequem meßbar werden. Hierzu werden Verstärker benötigt, die streng proportional sind (Proportionalverstärker), damit die Ausschläge der ursprünglich gebildeten Ionenmenge proportional sind.

Proportionalzähler →Zähler.

Protactinium, Pa, radioaktives Element, Kernladungszahl 91. Sein längstlebiges Isotop $^{231}_{91}Pa$ gehört der →Actiniumreihe an. Es wurde 1918 von *O. Hahn* und *L. Meitner* aufgefunden. Seine direkte Muttersubstanz ist das Uran-Y. Es zerfällt unter Aussendung von α-Strahlen von 5 MeV und mit einer Halbwertszeit von $3{,}2 \cdot 10^4$ Jahren in Actinium. Dieses Isotop wird meist genau wie das Element, also mit „Protactinium", bezeichnet. Alle bis März 1949 aufgefundenen Protactiniumisotope sind in dem Diagramm bei dem Stichwort →radioaktive Zerfallsreihen aufgeführt.

Chemisch gehört Protactinium zwar zu den →Actiniden; es verhält sich jedoch wie ein Homologes des Tantal, also wie ein Element der fünften Nebengruppe des Periodischen Systems.

Meyer-Schweidler: Radioaktivität. Berlin u. Leipzig 1927. — *Przibram, K.:* Radioaktivität. Samml. Göschen 317. Berlin u. Leipzig 1932.

Protanomalie →Anomalien des Farbensinns.

Protanopie →Farbenblindheit.

Proton, ein Elementarteilchen (→Nukleon), der Kern des Wasserstoffatoms ^1_1H, Ladung 1 positive →Elementarladung. Seine Ruhmasse m_p berechnet sich aus seinem massenspektroskopisch zu $(M_p) = 1{,}007581 \pm 0{,}000004$ bestimmten Molekulargewicht in der physikalischen →Atomgewichtsskala und der →Loschmidtschen Konstanten N_L zu $m_p = (1{,}6723 \pm 0{,}0004) \cdot 10^{-27}$ kg. Daraus ergibt sich seine spezifische Ladung zu $e/m_p = (9{,}5798 \pm 0{,}0006) \cdot 10^7\ C_{abs}\,kg^{-1}$. Spinmoment $s = \hbar/2$, magnetisches Moment $\mu_K = (2{,}79255 \pm 0{,}0001)$ Kernmagnetonen.

Zusammen mit dem →Neutron bildet das Proton einen der beiden Bausteine aller Atomkerne. Seine Wellengleichung ist noch nicht genau bekannt. Oft wird wegen des Spins $s = \hbar/2$ die →Diracsche Wellengleichung benutzt. Doch werden neuerdings auch andere Wellengleichungen diskutiert (→Wellengleichungen der Elementarteilchen).

Negative Protonen sind bisher noch nicht beobachtet worden. Die grundsätzliche Möglichkeit ihrer künstlichen Erzeugung ist wahrscheinlich, doch reichen die bisher verfügbaren Mittel nicht aus, um das Energieäquivalent ihrer Masse aufzubringen.

Rosenfeld, L.: Nuclear Forces. Amsterdam 1948.

Protonenleitung in Metallen →Ionenleitung in Metallen.

Protonenmasse →Proton.

Protonenmikroskop →Feldionenmikroskop im *Nachtrag.*

Protonenprozeß, Atomkernumwandlungen durch Einwirkung von Protonen. →Kernprozesse.

Protonenspin →Proton.

Proton-Proton-Streuung. Die Streuung von Protonen an Protonen gibt wesentliche Aufschlüsse über die zwischen Protonen herrschenden →Kernkräfte. Bei höheren Energien der einfallenden Protonen ($\gtrsim$1 MeV) nähern sich die Teilchen bis auf Abstände von 10^{-13} cm, in denen das Coulombsche Abstoßungsgesetz nicht mehr gilt, sondern eine anziehende Kernkraft vorliegt, deren Vorhandensein sich in Abweichungen von der →Rutherfordschen Streuformel bemerkbar macht. →Kernreaktionen.

Prototropie, in der Lehre von den tautomeren Umlagerungen (→Tautomerie) die Wanderung von Wasserstoff innerhalb eines Moleküls nicht als neutrales Wasserstoffatom, sondern als positives H-Ion, d. h. Protonenwanderung.

Eistert, B.: Chemismus u. Konstitution I. Stuttgart 1948.

Prototyp = →Normale.

Protuberanzen sind leuchtende Gasmassen oberhalb der →Chromosphäre, die bei totalen Sonnenfinsternissen oder im →Koronographen, →Spektroheliographen, →Spektrohelioskop oder →Protuberanzenokular am Rande der Sonnenscheibe beobachtet werden können (visuell am besten im Lichte der Wasserstofflinie H_α). Sie senden, ähnlich wie die Chromosphäre, ein Emissionslinienspektrum aus, wobei eine starke Überanregung der Linien mit hoher Anregungsspannung hervortritt. Auf →Spektroheliogrammen erscheinen sie vor der Chromosphäre in Absorption als dunkle →Filamente.

Die Bewegungsvorgänge in den Protuberanzen sind von *Lyot* und anderen durch Zeitrafferaufnahmen am Koronographen oder Spektroheliographen untersucht worden. Die Protuberanzen zeigen eine große Reichhaltigkeit an Formen und Strömungserscheinungen. Eine große Protuberanz, die eine Längenausdehnung von mehreren 100000 km und eine Höhe von 50000 km haben kann, besteht gewöhnlich aus einer in einigen Bogensekunden Abstand vom Sonnenrand schwebenden Wolke, die durch einige Streifen mit der Chromosphäre in Verbindung steht, längs derer eine Einströmung von der Protuberanz zur Chromosphäre erfolgt. Eine solche Protuberanz kann mit geringen Formänderungen während einer oder mehrerer Sonnenrotationen bestehen bleiben, bis sie schließlich in der Chromosphäre verschwindet. Gelegentlich kommen aufsteigende Protuberanzen vor, bei denen ein Teil der Wolke sich hebt und mit Geschwindigkeiten bis zu mehreren 100 $km\,s^{-1}$ nach außen fortfliegt, wobei die Bewegung streckenweise unbeschleunigt mit plötzlichen Impulsänderungen erfolgt. Die großen Protuberanzen bzw. Filamente meiden die Fleckengebiete und verschwinden, sobald eine Fleckengruppe in ihrer Nähe entsteht. Die Beeinflussung erfolgt wahrscheinlich durch die mit den Flecken verbundenen variablen Magnetfelder. Es gibt aber auch Typen von Protuberanzen (Klasse 3 und 4), die nur in der Nähe von Fleckengruppen vorkommen. Dazu gehören auch die Auswürfe chromosphärischer Materie, die bei Eruptionen auftreten.

Die physikalische Theorie der Protuberanzen steht noch in den Anfängen. Es fehlt vor allem

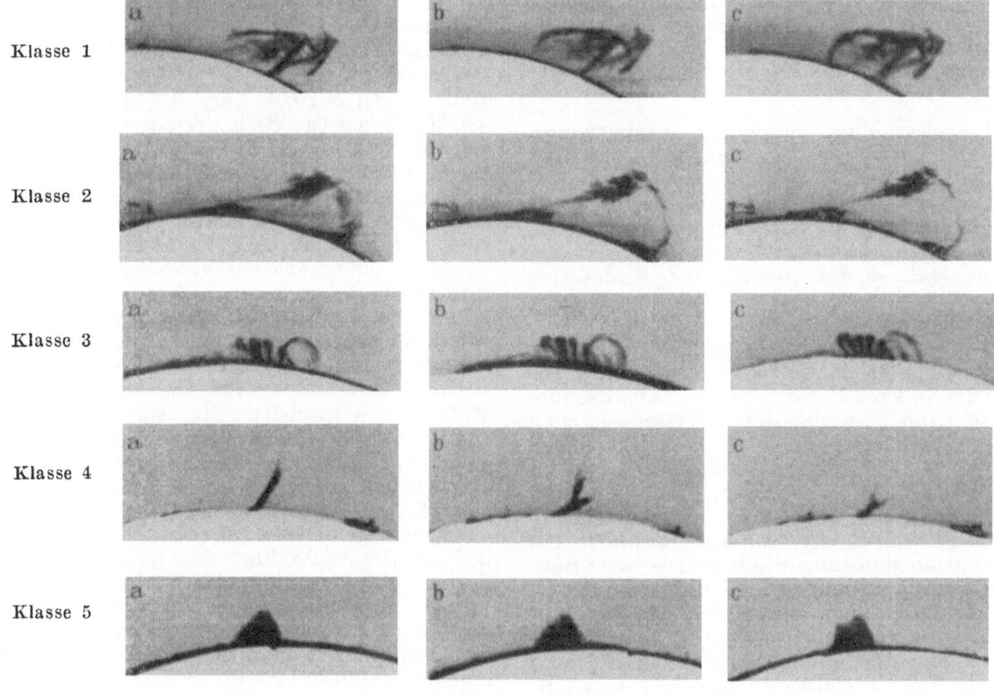

Klassifikation der Protuberanzen nach *E. Petitt.* [Ap. J. 76, 9 (1932).]

	Zeitintervall a/b	Zeitintervall b/c
Klasse 1: Aktiver Typ	19	11 min
Klasse 2: Aufsteigende Protuberanz	5	6 „
Klasse 3: Flecktypus	4	4 „
Klasse 4: Tornadotypus	6	7 min
Klasse 5: Ruhender Typus	15	6 „

die Lösung der Grundprobleme, wie 1. das Gleichgewicht der Protuberanzen aufrechterhalten wird, da der Normalzustand der Protuberanzenmaterie die Ruhe oder die unbeschleunigte Bewegung ist, und wie 2. die plötzlichen Impulse auf die Protuberanzen übertragen werden.

Unsöld, A.: Physik d. Sternatmosphären. Berlin 1938. — *Waldmeier, M.:* Ergebn. u. Probleme d. Sonnenforschung. Leipzig 1941. — *Siedentopf, H.:* Grundriß d. Astrophysik. Stuttgart 1950.

Protuberanzenokular, Vorrichtung zur visuellen oder photographischen Beobachtung der →Protuberanzen. Es beruht auf der Ausblendung eines engen Wellenlängenbereichs um die Wasserstofflinie H_α (6563 Å), wodurch die Helligkeit des Himmelsuntergrundes so weit abgeschwächt wird, daß die im H_α-Licht leuchtenden Protuberanzen am Sonnenrand sichtbar werden. Die Ausblendung erfolgt mit Hilfe eines Spektroskops oder (nach *B. Lyot*) durch →Interferenzfilter.

Proutsche Hypothese, die von *Prout* 1815 ausgesprochene Vermutung, daß das Wasserstoffatom der Elementarbaustein aller übrigen Atome sei. Sie war nahegelegt durch die sehr angenäherte Ganzzahligkeit der damals fast allein bekannten chemischen Atomgewichte der leichteren Elemente, geriet aber in Vergessenheit, nachdem sich bei den schweren Elementen ganz grobe Abweichungen zeigten. Diese haben aber heute durch die Erkenntnis, daß die meisten Elemente →Mischelemente sind, ihre Aufklärung gefunden. In der heutigen Erkenntnis, daß die Atomkerne aus Nukleonen, also aus Protonen (= Wasserstoffkernen) und fast genau gleich schweren Neutronen bestehen, ist die Proutsche Hypothese in verfeinerter Form wieder aufgelebt.

PS, Symbol für die Leistungseinheit →Pferdestärke.

p-Schalen sind Energieniveaus für Elektronen mit dem Bahndrehimpuls $l = 1$. In einer p-Schale haben daher $2(2l + 1) = 6$ Elektronen Platz. →Aufbauprinzip, →Periodisches System.

P-Serie →charakteristische Röntgenstrahlung.

Pseudoadiabate →Feuchtadiabate.

Pseudoamorph →parakristallin.

Pseudoeuklidische Geometrie, die Geometrie der speziellen Relativitätstheorie in der vierdimensionalen Raum-Zeit-Mannigfaltigkeit. Sie entspricht einem Raum der Krümmung Null, unterscheidet sich aber von der gewöhnlichen Euklidischen Geometrie im vierdimensionalen Raum dadurch, daß das Abstandquadrat zweier Punkte mit den rechtwinkligen Koordinaten x_1, y_1, z_1, t_1 bzw. x_2, x_2, z_2, t_2, das gegeben ist durch: $s^2 = (x_2 - x_1)^2 + (y_2 - y_1)^2 + (z_2 - z_1)^2 - c^2(t_2 - t_1)^2$ grundsätzlich beiderlei Vorzeichens sein kann.

Pseudoeuklidische Metrik, die →Metrik der speziellen Relativitätstheorie. Ihr Linienelement lautet: $ds^2 = dx^2 + dy^2 + dz^2 - c^2\,dt^2$, wo x, y, z die drei rechtwinkligen Raumkoordinaten, t die Zeit und c die Vakuumlichtgeschwindigkeit sind. Die Größe ds ist der Abstand der beiden →Weltpunkte mit den Koordinaten x, y, z, t und $x + dx, y + dy, z + dz, t + dt$.

Pseudoharmonischer Schwinger, ein einfacher Schwinger, bei dem die Rückstellkraft R nicht linear mit dem Schwingungsausschlag q wächst.

Die Gleichung für die freien Schwingungen eines ungedämpften pseudoharmonischen Schwingers lautet $a\ddot{q} + R(q) = 0$.

Timoshenko, S.: Schwingungsprobleme d. Technik. Berlin 1932. – *Klotter, K.:* Einf. in d. techn. Schwingungslehre I. Berlin 1951.

Pseudohochvakuum. Besonders sorgfältig gereinigte und mit reinem Gas gefüllte Entladungsröhren zeigen gelegentlich nach längerem Betrieb ein derartiges Ansteigen der Zündspannung, als ob sie auf höchstes Vakuum ausgepumpt wären. Nach *Güntherschulze* sperren Wandladungen das Elektrodenfeld, so daß die Zündung unmöglich wird.

Pseudokristallin = amorph →parakristallin.

Pseudomorphose, Umwandlung einer Kristallart in eine von ihr chemisch verschiedene unter Erhaltung der äußeren Form der ersten. Die Pseudomorphose kann entweder durch fortschreitenden Ersatz der alten Substanz durch die neue erfolgen oder durch Ausfüllen eines Hohlraums, aus dem ein Kristall herausgelöst wurde, durch die neue Substanz. Im ersten Fall ist die Pseudomorphose häufig nicht vollständig, sondern es bleibt ein Kern der alten Substanz erhalten. Die neue Substanz ist häufig ein feinkörniges Kristallaggregat. Pseudomorphosen ohne chemische Änderung sind die mit Modifikationsänderung verbundenen *Paramorphosen* und die →metamikten Kristalle. Man spricht von einer Pseudomorphose der neuen Kristallart *nach* der alten, z. B. Brauneisen FeOOH $\cdot$ n H_2O nach Pyrit FeS_2.

Pseudopotentielle Temperatur, die Temperatur, die ein gegebenes Luftquantum annimmt, wenn durch Aufsteigen längs einer →Feuchtadiabaten (spezielle Pseudoadiabate) zunächst aller Wasserdampf zur Kondensation gebracht und dann eine trockenadiabatische Erwärmung bis zum Druck 1000 mb durchgeführt wird. Von kleinen Definitionsunterschieden abgesehen, ist sie gleichwertig der *äquivalentpotentiellen Temperatur* (häufig, aber falsch „äquipotentielle“ Temperatur genannt). Sie bleibt konstant bei allen Prozessen, die nur in einer Verdampfung oder Kondensation von Wasser und/oder in einer adiabatischen Temperaturänderung bestehen. Insbesondere ändert sie ihren Wert nicht entlang der Feuchtadiabaten, also bei der Wolkenbildung in aufsteigende Luft. Ihre Kontrolle gestattet daher, die der Luft durch Strahlung oder Leitung zugeführte fühlbare und die durch Anreicherung mit Wasserdampf zugeführte latente Wärme zu erfassen. Gemäß der Anschauung, daß eine →Luftmasse bei ihrem horizontalen Transport ihren Wärmegehalt beibehält, wird daher die äquivalentpotentielle Temperatur als Erkennungsmerkmal verwendet, um die Gleichartigkeit von horizontal und vertikal benachbarten oder zeitlich aufeinanderfolgenden Luftmassen festzustellen (z. B. luftmasseneigene →Inversionen).

Schnaidt, F.: Gerlands Beitr. Geophys. **60**, 13 (1943). – *Koschmieder, H.:* Dynam. Meteorologie. Leipzig 1941.

Pseudoreguläre Präzession →Präzession des Kreisels.

Pseudoskalar. Skalar nennt man jede Größe, deren Betrag vom gewählten Koordinatensystem unabhängig ist, die also gegenüber einer Koordinatentransformation invariant bleibt. Den Skalaren gegenüber steht die Gruppe der →Vektoren und →Tensoren, deren Bestimmungsstücke bei einer Koordinatentransformation sich in ganz bestimmter Weise ändern. Man kann indessen durch geeignete Verknüpfungen von vektoriellen Größen zu Skalaren gelangen. Ein Beispiel dafür stellt das →skalare Produkt zweier Vektoren $\mathfrak{A}\{A_x, A_y, A_z\}$ und $\mathfrak{B}\{B_x, B_y, B_z\}$ dar, definiert durch $(\mathfrak{A}\mathfrak{B}) = |\mathfrak{A}|\,|\mathfrak{B}|\cos(\mathfrak{A}, \mathfrak{B})$ in (rechtwinkligen) Komponenten $(\mathfrak{A}\mathfrak{B}) = A_x B_x + A_y B_y + A_z B_z$. Es hat einen vom zufällig gewählten Bezugssystem unabhängigen Wert, ist also ein Skalar. Indessen ist dieser Satz nur dann streng gültig, wenn die beiden Faktoren $\mathfrak{A}$ und $\mathfrak{B}$ gleichzeitig entweder →polare oder →axiale Vektoren sind. Ist einer von ihnen polarer, der andere axialer Natur, so ändert ersterer beim Übergang von dem verwendeten Koordinatensystem zu dem inversen (Rechtssystem in Linkssystem oder umgekehrt) das Vorzeichen, und somit vertauscht auch der „Skalar“ $(\mathfrak{A}\mathfrak{B})$ sein Vorzeichen. Eine solche, nur hinsichtlich ihres Vorzeichens von einem Bezugssystem abhängige skalare Größe nennt man Pseudoskalar, gelegentlich auch Skalar 2. Art, während man „wirkliche“ Skalare auch als solche 1. Art bezeichnet. Ein Beispiel für einen Pseudoskalar stellt das „skalare“ Produkt $F = \mathfrak{C}[\mathfrak{A}\mathfrak{B}]$ dar, das als der „Fluß“ des als polar vorausgesetzten Vektors $\mathfrak{C}$ durch das von den Vektoren $\mathfrak{A}$ und $\mathfrak{B}$ aufgespannte Parallelogramm anschaulich zu deuten ist. Multipliziert man einen polaren Vektor mit einem Pseudoskalar, so ist das Ergebnis offensichtlich ein axialer Vektor, während ein axialer Vektor durch multiplikative Verknüpfung mit einem Pseudoskalar in einen polaren übergeht. Durch Addition bzw. Subtraktion können ersichtlich nur gleichartige Größen verknüpft werden.

Pseudoskopie (*Tiefenverkehrung*) tritt auf bei der Beobachtung durch →binokulare Instrumente, wenn das für das rechte/linke Auge bestimmte Bild dem linken/rechten Auge dargeboten wird. →Stereoskop.

Pseudosymmetrie. Kristalle, deren morphologische Konstanten, das Achsenabschnittsverhältnis und die Winkel zwischen den Koordinatenachsen, denen höhersymmetrischer Kristalle sehr ähnlich sind, täuschen dadurch nicht selten eine höhere Symmetrie vor, als ihnen zukommt. So können z. B. rhombische oder tetragonale Kristalle, deren Achsenabschnittsverhältnisse $a:b:c$ annähernd $1:1:1$ sind, den Eindruck kubischer Kristalle machen. Man bezeichnet solche Kristalle als *pseudo-kubische.* Ebenso spricht man von pseudohexagonalen, -tetragonalen, . . . -monoklinen Kristallen. Von *E. S. Fedorow* wurde darauf hingewiesen, daß viele Kristalle, die nicht dem kubischen oder hexagonalen System angehören, gewisse Beziehungen zu diesen Systemen erkennen lassen. Er nannte sie *hypokubisch* und *hypohexagonal.* Derartige Kristalle weichen oft von der Idealsymmetrie stärker ab als die pseudosymmetrischen. Ihre Strukturen werden auch als *deformierte* kubische oder hexagonale Strukturen bezeichnet. Der Grund für das Auftreten der Hyposymmetrie liegt wohl in der Bedeutung der beiden dichtesten Kugelpackungen für den Aufbau von Kristallgittern. Vgl. auch →*Morphotropie.*

PSh, Symbol für die Energieeinheit →Pferdestärkenstunde.

Psophometer = Geräuschmesser.

Psycho-physisches Grundgesetz, das →Weber-Fechnersche Gesetz.

Psychrometer →Hygrometrie.

pt, Symbol für das Hohlmaß →pint.

PTB = →Physikalisch-Technische Bundesanstalt.

P-Terme sind die Terme, die zur Darstellung D_1 der →Drehgruppe, d. h. zur Bahndrehimpulsquantenzahl $L = 1$ gehören.

PTR = →Physikalisch-Technische Reichsanstalt.

Pulfrich-Photometer. Die zu messende und die Normallichtquelle werden auf der Pupille des Beobachters abgebildet (Abb.). Die Fläche

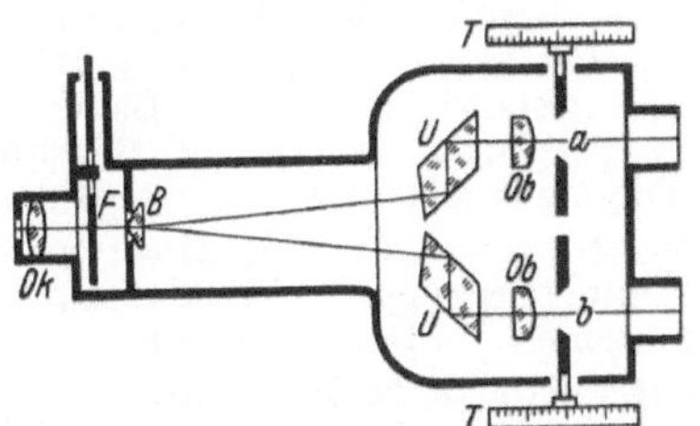

Pulfrich-Photometer.

T Meßtrommeln für die Größe der Eintrittspupillen *a* und *b*, *Ob* Objektive, *U* Umlenkprismen, *B* Biprisma, *F* Filter, *Ok* Okularlupe.

muß so weit entfernt sein, daß kein Teil des Bildes durch die Pupillenbegrenzung abgeschnitten wird. Infolge des Fehlens der zerstreuenden Auffangflächen, die sonst in Photometern angewendet werden, ergeben sich bei dem Pulfrich-Photometer wesentlich höhere Leuchtdichten im Gesichtsfeld als bei Photometern mit streuender Auffangfläche. Die Einstellgenauigkeit wird beim Pulfrich-Photometer dadurch beeinträchtigt, daß die Trennkante der beiden aneinanderstoßenden Vergleichsfelder nicht vollkommen zum Verschwinden gebracht werden kann, wie dies bei guten Photometern mit diffuser Auffangfläche der Fall ist. Wegen des →Stiles-Crawford-Effekts muß möglichst zentral visiert werden, und es dürfen keine allzu großen Intensitätsunterschiede im Photometer auftreten. Das Pulfrich-Photometer kann durch Zubehörteile für die verschiedensten Messungen geeignet gemacht werden, z. B. für Glanz-, Trübungs- und kolorimetrische Messungen.

Pulsationsveränderliche →pulsierende Sterne.

Pulsierende Sterne. Bei den meisten veränderlichen Sternen mit Ausnahme der Bedeckungsveränderlichen dürfte es sich um pulsierende Sterne handeln. Man nimmt an, daß die RR Lyrae-Veränderlichen, die δ Cephei-Veränderlichen und die langperiodischen Veränderlichen pulsierende Sterne sind und daß Pulsationen die Ursache des Temperatur- und Lichtwechsels dieser Sterne sind. Aber auch bei den unregelmäßigen Veränderlichen sind es in erster Linie wahrscheinlich Schwankungen des Sterndurchmessers in Verbindung mit solchen der Temperatur, die die Helligkeitsänderungen verursachen. →veränderliche Sterne, δ Cephei-Sterne, →Mira-Sterne, →RR Lyrae-Sterne.

Pulveraufnahme (*Pulverdiagramm*), die nach einer Pulvermethode mit Röntgenstrahlen belichtete photographische Schicht auf einem Film oder einer Glasplatte.

Pulverfiguren. Bringt man eine Aufschwemmung eines sehr feinen ferromagnetischen Pulvers, am besten γ-Fe_2O_3 in fast kolloidaler Lösung, auf die polierte Oberfläche eines ferromagnetischen Körpers, so beobachtet man im Mikroskop Streifen und Muster, welche davon herrühren, daß die Pulverteilchen sich an den Stellen der größten magnetischen Feldstärke anhäufen. Diese Figuren wurden erstmalig von *Bitter* beobachtet und heißen nach ihm auch *Bittersche Streifen*. Besonders charakteristisch sind die Figuren, die man bei schwacher Magnetisierung der Unterlage in Richtung senkrecht zur Oberfläche erhält. Sie sind ein unmittelbar anschaulicher Beweis für die Richtigkeit der Weißschen Annahme, daß in einem ferromagnetischen Material eine spontane Magnetisierung der einzelnen →Weißschen Bezirke besteht, welche im unmagnetischen Zustand von Ort zu Ort statistisch orientiert ist. In den neuesten Arbeiten von *Elmore* und *Williams* wurde experimentell eindeutig bewiesen, daß die beobachteten Streifen an den Stellen liegen, wo die Wände zwischen Weißschen Bezirken verschiedener Magnetisierungsrichtungen an die Oberfläche stoßen — Ergänzung →im *Nachtrag*.

Becker, R., u. *W. Döring:* Ferromagnetismus. Berlin 1939. — *Bitter, F.:* Introduction to Ferromagnetism. New York u. London 1937. — *Elmore, W. C.:* Phys. Rev. **62**, 486 (1942).

Pulvermagnete sind permanente Magnete, die durch Pressen eines sehr feinkörnigen Pulvers aus reinstem Eisen oder Eisen-Kobalt-Legierungen hergestellt werden. Wenn der mittlere Durchmesser der Pulverkörner kleiner ist als die Dicke der Wände zwischen den Weißschen Bezirken, also unter 100 Å, so können keine Wände und daher auch keine Wandverschiebungen mehr auftreten. Dadurch wird der Ummagnetisierungsvorgang sehr erschwert, die Koerzitivkraft also sehr hoch. Der Erfinder *Néel* gibt Werte bis 500 Oe an.

Fischer, J.: Dauermagnete. Berlin 1949.

Pulvermethoden →Debye-Scherrer-, →Seemann-Bohlin-Methode.

Punktalgläser →Brillen.

Punktereignis, in der Relativitätstheorie jedes durch einen →Weltpunkt nach Ort und Zeit in der vierdimensionalen Raum-Zeit-Welt dargestellte Ereignis.

Punktfehler, mittlerer. Der mittlere Fehler (m.F.) (→Beobachtungsfehler) m_s einer (mehrfach gemessenen) Strecke ist wie die Maßzahl ihrer Länge skalar und nur *ein*dimensional. In ihm sind nicht nur die zufälligen Fehler (→ebd.) der fortschreitenden Messung, sondern auch die am Anfangs- und Endpunkt eintretenden wirksam. Die Lagegenauigkeit eines Punktes in einer Ebene als *zwei*dimensionalem Messungsfeld muß daher aus den m. F. zweier sich in dem Punkt schneidenden Geradenstücke abgeleitet werden. Aus Zweckmäßigkeitsgründen bezieht man die beiden mittleren Streckenfehler auf ein *rechtwinkliges* Koordinatensystem mit fehlerfrei angenommenem Ausgangspunkt und fehlerfrei ausgerichteten Achsen. Damit haben die m. F. *keinen* skalaren Charakter mehr. Jeder auf einer Achse liegende Punkt ist hier durch seine Messungszahl innerhalb der durch den m. F. gegebenen Genauigkeitsgrenzen festgelegt. Ist nun ein Punkt unmittelbar in den Achsenrichtungen oder mittelbar durch Strecken- oder Winkelmessungen oder Kombinationen beider in einem zweidimensionalen Messungsfeld (allgemein als Ebene betrachtet) mit den beiden m.F. m_x und m_y bestimmt, dann gibt der Ausdruck $M = \pm\sqrt{m_x^2 + m_y^2}$ den mittleren zu befürchtenden Abstand des durch Messung erhaltenen Punktes von seiner wahr(scheinlichst)en Lage an. Man bezeichnet M als mittleren Punktfehler. Er ist im Gegensatz zu den m. F. m_x und m_y unabhängig von der Richtung. Er charakterisiert aber nicht die linearen Genauigkeitsunterschiede in den verschiedenen Richtungen, wie sie sich z. B. bei „schleifenden Schnitten gefährlich auswirken". Hierüber vermag nur die →Fehlerellipse etwas auszusagen.

Jordan-Eggert: Handb. d. Vermessungskunde I, Ausgleichsrechnung n. d. Methode d. kleinsten Quadrate. Stuttgart 1935.

Punktglimmlampe →Glimmlampe.

Punktgruppe (*Punktsymmetriegruppe*), Gruppe von Symmetrieelementen, die alle durch einen Punkt gehen. Gruppentheoretischer Ausdruck für →Kristallklasse.

Punkthelle. Wird ein leuchtender Gegenstand im Auge so klein abgebildet, daß weniger als ein Zapfen der Netzhaut überdeckt ist, so ist nicht mehr die →Leuchtdichte, sondern die Punkthelle das Maß für den hervorgerufenen Helligkeitseindruck. Sie wird gemessen durch die auf der Pupille des Beobachterauges hervorgerufene →Beleuchtungsstärke. Symbol P, Einheit die gleiche wie bei der →Beleuchtungsstärke.

Punktkraftgesetze, Sammelname der Gesetze für die zwischen zwei Massenpunkten, Punktladungen oder Punktpolen wirkende Kraft, also das Newtonsche Gravitationsgesetz und die Coulombschen Gesetze.

Punktlage, die Lage *eines* Gitterpunktes, bezogen auf die Koordinatenachsen des Gitters. Mit Hilfe der Symmetrieoperationen des Gitters läßt sich eine Punktlage in andere, gleichwertige Lagen oder in sich selbst überführen. Die Gesamtheit der gleichwertigen, nicht identischen Punktlagen ist ein *Gitterkomplex* und deren Anzahl die *Zähligkeit* des Gitterkomplexes oder der Punktla*gen* (nicht der Punktla*ge*, die fehlerhafterweise meist dem Gitterkomplex begrifflich gleichgesetzt wird).

Die Koordinaten oder *Parameter* einer Punktlage sind den Koordinaten des Punktes zahlenmäßig gleich. Die Punktlage erhält das gleiche Symbol $[mnp]$ oder $[\![mnp]\!]$ wie der Punkt.

Liegt ein Punkt auf keinem Symmetrieelement, so kann man ihn nach drei Richtungen des Raumes bewegen, ohne die Anzahl der Punktlagen seines Gitterkomplexes zu ändern; er besitzt drei Freiheitsgrade. Kommt er jedoch auf eine Drehungsachse, eine Spiegelebene, in das Inversionszentrum oder in den Schnittpunkt der Drehspiegelachse und -ebene, so fällt er mit einem oder mehreren anderen zusammen, und es verringert sich die Anzahl der Punktlagen. Eine Punktlage abseits der genannten Symmetrieelemente führt zum Gitterkomplex maximaler Zähligkeit für eine gegebene Symmetrie; sie wird als *allgemeine* oder *allgemeinste Punktlage* mit drei Freiheitsgraden bezeichnet. Die übrigen Punktlagen sind *spezielle Punktlagen* mit zwei Freiheitsgraden (auf Spiegelebenen), mit einem Freiheitsgrad (auf Drehungsachsen) und ohne Freiheitsgrad (in Inversionszentren, in Schnittpunkten von Drehungsachsen untereinander oder mit Spiegelebenen und in Schnittpunkten der Drehspiegelachsen und -ebenen). In den Symbolen spezieller Punktlagen sind die drei Indizes m, n, p entweder rationale Bruchteile der entsprechenden Gitterkonstanten oder wenigstens z. T. nicht unabhängig voneinander.

Punktlichtlampe →Wolframbogenlampe.

Punktmechanik, der Teil der Mechanik, der sich mit den Bewegungszuständen von →*Massenpunkten* beschäftigt. Man vernachlässigt dabei die räumliche Ausdehnung der bewegten Körper und gelangt zu einer Reihe von allgemeinen Gesetzmäßigkeiten (Bewegungsgesetze und einige intermediären Integrale von ihnen), die *formal* erhalten bleiben, wenn man die Idealisierung eines Körpers als Massenpunkt (wie in der →Stereomechanik) nicht mehr aufrechterhalten kann. Dazu ist jedoch manchmal die Einführung neuer Begriffe (z. B. der des Trägheitsmomentes u. a.) erforderlich.

Punktspektrum →Spektrum eines Operators.

Punktsymmetriegruppe →Punktgruppe.

Punktsysteme = →Raumgruppen.

Punktuell abbildend heißen Linsen, insbesondere Brillengläser, die innerhalb eines vorgeschriebenen →Bildwinkels keinen größeren Zweischalenfehler (→Abbildungsfehler) aufweisen, als der Verwendungszweck zuläßt.

Pistor, H.: Der Augenoptiker III, Einf. in d. Brillenlehre. Pößneck u. Jena 1948.

Punktwärme bedeutet hohe räumliche Verdichtung von Energie vor ihrer Zerstreuung als Wärmeenergie.

1. *Biologisch.* Als 1920 der erste Ansatz zur Einführung der Quantentheorie in physikalisch-biologische Ereignisse speziell beim Studium der Bestrahlungswirkungen gemacht wurde, stand man vor folgender Tatsache: Eine unter Umständen tödliche Röntgenstrahlendosis entspricht einem sehr kleinen inkorporierten Energiebetrag, nur einigen cal. Um dennoch die sehr starke Wirkung zu erklären, muß man sich vorstellen, daß die absorbierte Strahlenenergie bzw. ihre Abbauprodukte (Elektronen) und die daran sich anschließenden Primärprozesse der Absorption Energiekonzentrationen bedeuten, gewissermaßen Engpässe, die vor der allgemeinen Verteilung durchlaufen werden. Man weiß, daß der Abbau der Energie überwiegend in *Elektronendepots* mit einer Energie von der Größenordnung 30 eV erfolgt. Die Frage war, welche biologische Einheit kann durch dieses Depot verändert bzw. zerstört werden. Es bot sich hierfür das biologische Molekül, wie etwa ein Eiweißmolekül, an. Der Vergleich der Energiedepots von etwa 30 eV mit der Energietoleranz eines biologischen Makromoleküls zeigt, daß das Energiedepot zur Veränderung, evtl. zur Zerstörung des Makromoleküls ausreicht. Speziell wurde der Begriff der Punktwärme für die Vorstellung verwendet, daß das Energiedepot eine kurze, aber endliche Zeit im Makromolekül verbleibt und dort Bewegungen der wesentlich durch Hauptvalenzen zusammengehaltenen Atome und Atomgruppen im Molekül herbeiführt. Es ist noch nicht entschieden, in welchem Umfange diese speziellere Vorstellung zutrifft. Man spricht heute mehr von Ionisierungsvorgängen im Anschluß an die Depots.

Dessauer, Fr.: 10 Jahre Forschung a. d. physikal.-med. Grenzgebiet. Leipzig 1931.

2. *Kernphysikalisch* versteht man unter Punktwärme die hohe Temperatur im Innern eines angeregten Atomkerns. →Kernreaktionen, →Thermodynamik im Atomkern.

Pupille, das von der →Iris umgebene, dem Strahleneintritt in das Auge dienende Sehloch, dessen Größe mit dem vom Außenlicht abhängigen Funktionszustand der Iris wechselt (→Adaptation). Die am unversehrten und unbehandelten Auge beobachtbare Pupille ist ihr von der Hornhaut entworfenes visuelles Bild (Eintrittspupille), das etwa 0,6 mm vor dem eigentlichen Sehloch gelegen ist und dessen tatsächliche Größe um etwa das 1,14fache übertrifft. Die *Eintrittspupille* ist bestimmend für die Ausdehnung des →Gesichtsfeldes. Als *Austrittspupille* wird das von der Linse entworfene Bild des Sehlochs bezeichnet.

Purkinje-Phänomen, die mit dem Wechsel zwischen →Tages- und →Dämmerungssehen erfolgende Verschiebung der relativen Helligkeiten farbiger Lichter (→Duplizitätstheorie).

v. Studnitz, G.: Die Duplizitätstheorie. Naturwiss. 28, 129, 152 (1940).

Purkinje-Sanson-Bildchen →Linsenbildchen.

Purpurfarben, in der Farbenlehre Sammelbegriff für Farben mit einem →Farbton zwischen dem Blauviolett des kurzwelligen und dem Rot des langwelligen Endes des sichtbaren Spektralgebietes. Weil diesen Farben kein farbtongleiches Spektrallicht entspricht, wird ihnen gern eine Ausnahmestellung zugesprochen, die ihnen aber in der Farbmetrik keineswegs zukommt, denn sie sind wie jede andere Farbe in ihrem Charakter einzig und allein durch die Verteilung der Erregungen auf die drei Empfangsorgane in der Netzhaut bestimmt (→Dreifarbentheorie). Diese für Purpurfarben charakteristische Erregungsverteilung kommt durch →Farbreize zustande, die vorwiegend Licht im kurzwelligen und langwelligen Spektrumsende bei fehlender mittelwelliger Strahlung enthalten (sog. Mittelfehlfarben, →Optimalfarben). Die gesättigtesten Purpurfarben werden durch Strahlung ausschließlich von den beiden Enden des sichtbaren Gebietes erzeugt; in der →Farbtafel liegen diese auf der sog. Purpurgeraden. — Der Farbton der Purpurfarben wird im System der Helmholtz-Maßzahlen (→Farbmessung) durch die „kompensative Wellenlänge λ_k" beschrieben, da ja für die Purpurfarben keine farbtongleichen Wellenlängen existieren.

Purpurlicht →Dämmerung.

Pyknometer, Wägefläschchen zur Messung der →Dichte.

Pyramidales System = tetragonales Kristallsystem, →Kristallklassen.

Pyramidalfehler. Die üblichen Winkelfehler eines Prismas beziehen sich auf Winkel, die im Hauptschnitt des Prismas zwischen den betreffenden Begrenzungsebenen gemessen werden. Da aber schon durch die Flächennormalen von zwei Begrenzungsflächen, z. B. Ein- und Austrittsfläche eines üblichen 90°-Prismas, der Hauptschnitt eines Prismas festgelegt ist, kann die Normale jeder anderen Prismenfläche, z. B. die der Reflexionsfläche eines 90°-Prismas mit dem Hauptschnitt einen Winkel bilden. Diese Winkelabweichung wird Pyramidalfehler genannt; bei seinem Vorhandensein sind die Kanten des Prismas zueinander nicht genau parallel. Das Prisma bildet dann keine Säule, sondern einen Pyramidenstumpf. Der Pyramidalfehler bewirkt Seiten- und Höhenabweichungen des hindurchtretenden Lichtstrahls sowie eine gewisse Bilddrehung. Bei mehreren Flächen überlagern sich die Wirkungen der verschiedenen Pyramidalfehler.

Pyramiden, offene Kristallformen, deren Flächen und Kanten sich alle in einem Punkt schneiden und deren benachbarte Kanten stets gleiche Winkel einschließen. Die Winkel zwischen aneinanderstoßenden Pyramidenflächen sind entweder sämtlich gleich (bei der trigonalen, tetragonalen und hexagonalen Pyramide mit 3, 4 bzw. 6 gleichen Flächen) oder die aufeinanderfolgenden Winkel wechseln in der Größe ab (rhombische, ditrigonale, ditetragonale und dihexagonale Pyramide mit 4, 6, 8 bzw. 12 Flächen, von denen die Hälfte spiegelbildlich zu den übrigen ist).

1. *Rhombische Pyramide,* allgemeine Form $\{hkl\}$ der Kristallklasse $2n$ (Abb. 1).

2. *Trigonale Pyramide,* die allgemeine Form $\{hkil\}$ (Pyramide 3. Art) einschließlich der speziellen Formen $\{h0\bar{h}l\}$ (1. Art) und $\{hh\overline{2h}l\}$ (2. Art) der Klasse 3 und die spezielle Form $\{h0\bar{h}l\}$ der Klasse $3n$ (Abb. 2).

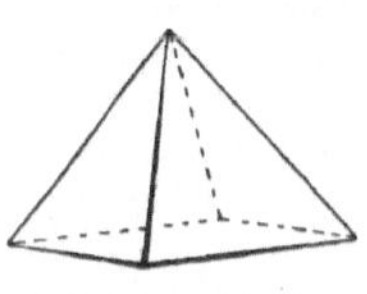

Abb. 1. Rhombische Pyramide.

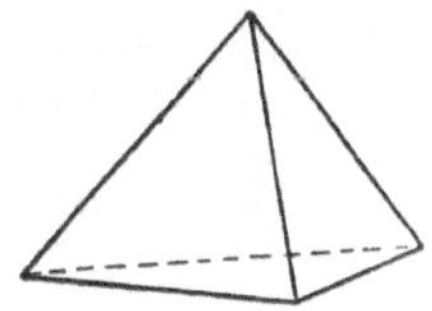

Abb. 2. Trigonale Pyramide.

3. *Ditrigonale Pyramide,* die allgemeine Form $\{hkil\}$ der Klasse $3n$ (Abb. 3).

4. *Tetragonale Pyramide,* die allgemeine Form $\{hkl\}$ der Klasse 4 (Pyramide 3. Art) und die speziellen Formen $\{hhl\}$ (1. Art) und $\{h0l\}$ (2. Art) der Klassen 4 und $4n$ (Abb. 4).

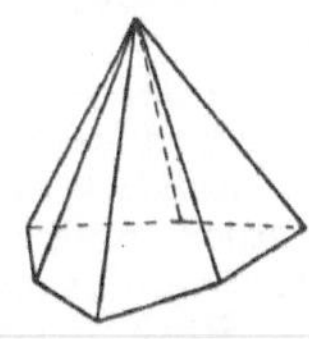

Abb. 3. Ditrigonale Pyramide.

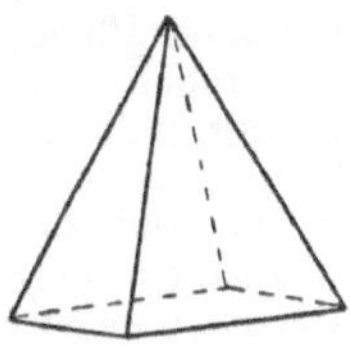

Abb. 4. Tetragonale Pyramide.

5. *Ditetragonale Pyramide,* die allgemeine Form $\{hkl\}$ der Klasse $4n$ (Abb. 5).

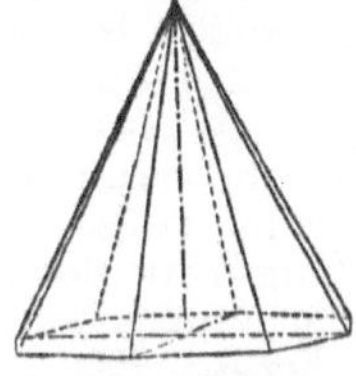

Abb. 5. Ditetragonale Pyramide.

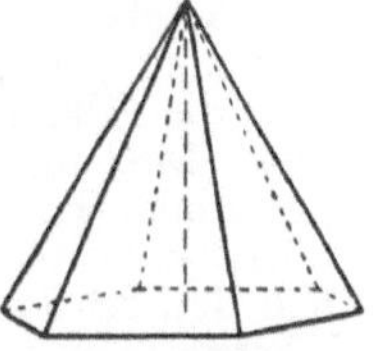

Abb. 6. Hexagonale Pyramide

6. *Hexagonale Pyramide,* die allgemeine Form $\{hkil\}$ (Pyramide 3. Art) der Klasse 6 und spezielle Formen $\{h0\bar{h}l\}$ (1. Art) der Klassen 6 und $6n$ und $\{hh\overline{2h}l\}$ (2. Art) der Klassen $3n$, 6 und $6n$ (Abb. 6).

7. *Dihexagonale Pyramide*, die allgemeine Form $\{hkil\}$ der Klasse $6n$ (Abb. 7).

Bei allen Pyramiden sind *positive* oder *obere* ($l > 0$) und *negative* oder *untere* ($l < 0$) Formen möglich. Bei den Pyramiden 3. Art sind die Formen $\{hkl\}$ und $\{khl\}$ bzw. $\{hkil\}$ und $\{khil\}$ zu

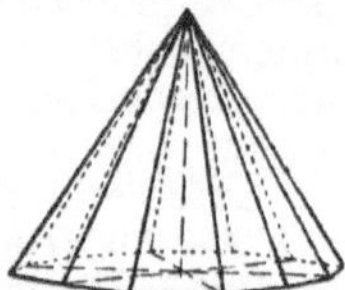

Abb. 7. Dihexagonale Pyramide.

unterscheiden, die man als linke und rechte bezeichnen kann, wenn $h > k$. Zu allen trigonalen und ditrigonalen Pyramiden gibt es außerdem eine inverse Form $-\{hkil\}$. Die Bezeichnungen positive oder negative Pyramide usw. beziehen sich in der morphologischen Literatur bei den trigonalen Formen meist auf ihre Stellung zum rhomboedrischen Achsenkreuz.

Pyramidentetraeder = →Triakistetraeder.

Pyramidenwürfel, die spezielle Form $\{hk0\}$ der kubischen Kristallklassen $23n$, 43, $43i$. Sie besteht aus 24 gleichschenkligen Dreiecken, deren lange Kanten die Kanten eines Würfels bilden,

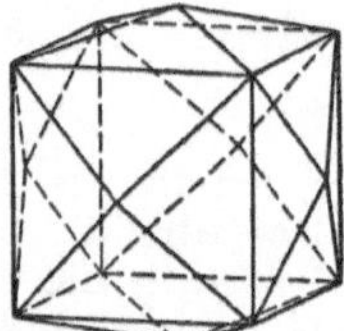

Pyramidenwürfel.

über dessen Flächen sich flache vierseitige Pyramiden erheben (Abb.).

Pyranometer dienen zur Messung der →Globalstrahlung. Da diese in dem Spektralbereich zwischen 0,3 und 2 μ liegt und andererseits aus der Atmosphäre eine langwellige Temperaturstrahlung in dem Bereich zwischen 3 μ und 30 μ eingestrahlt wird, muß man den letzteren Strahlungsstrom durch Glas- oder Quarzfilter von der Messung ausschließen. Nach einem anderen Prinzip wird in dem Pyranometer von *A. Ångström* verfahren. Es enthält vier dünne Manganinstreifen, von denen zwei mit Platinmoor geschwärzt und zwei mit einer Schicht Magnesiumoxyd überzogen sind. Die auf die Plättchen treffende kurzwellige Strahlung wird von den geschwärzten Streifen absorbiert, während die Magnesiumschicht sie fast völlig reflektiert. Die langwellige Strahlung wird dagegen an allen Plättchen in fast gleicher Weise absorbiert. Die kurzwellige Strahlung ruft demnach zwischen den schwarzen und den weißen Streifen einen Temperaturunterschied hervor, der durch Thermoelemente angezeigt wird. Durch zusätzliche elektrische Heizung wird bei der Messung die Temperaturdifferenz auf Null kompensiert. *Effektivpyranometer* (→Pyrgeometer) sind Meßgeräte, die außer der Globalstrahlung auch die langwellige →terrestrische Ausstrahlung (Gegenstrahlung) messen.

Handb. d. Geophysik VIII. Berlin 1942. Handb. d. meteorol. Instrumente. Berlin 1935.

Pyrgeometer. Unter *Effektivstrahlung* versteht man die Differenz zwischen der *Ausstrahlung* einer horizontalen schwarzen Fläche auf der Erde und der *Gegenstrahlung* des Himmels, d. h. der Temperaturstrahlung der Atmosphäre auf diese Fläche (→Globalstrahlung, →terrestrische Ausstrahlung). Der Wert der Ausstrahlung läßt sich nach dem Stefan-Boltzmannschen Gesetz aus Temperatur und Größe der strahlenden Fläche bestimmen. Aus dem gemessenen Wert der Effektivstrahlung und dem Betrag der Ausstrahlung läßt sich dann die Gegenstrahlung des Himmels berechnen. Das ist auch der Zweck der Effektivstrahlenmessungen, die außerdem Aufschluß über die *Strahlungsbilanz der Erdoberfläche* liefern sollen. Effektivstrahlungsmessungen können bei Tage und in der Nacht ausgeführt werden. Bei den Messungen am Tage muß man außer der im Gebiet langer Wellen gelegenen Gegenstrahlung auch den kurzwelligen Strahlungsstrom des Himmels, das indirekte Sonnenlicht berücksichtigen. Beide Strahlungsströme lassen sich gesondert bestimmen, wenn man die Empfängerfläche einmal direkt und sodann unter Zwischenschaltung eines für die langwellige Strahlung undurchlässigen Quarzfilters auf den Himmel richtet.

Geräte für Ausstrahlungsmessungen bei Nacht werden als Pyrgeometer bezeichnet. Erwähnt sei das Pyrgeometer von *K. Ångström* (1905), das ähnlich dem Kompensations-→Pyrheliometer gebaut ist. Es besteht aus vier dünnen Manganinstreifen, von denen zwei vergoldet und zwei geschwärzt sind, die eng nebeneinander ausgespannt dem Nachthimmel ausgesetzt werden. Infolge stärkerer Ausstrahlung kühlen sich die geschwärzten Streifen mehr ab als die blanken. Die geschwärzten Streifen werden durch den Kompensationsstrom erwärmt und auf die gleiche Temperatur wie die blanken Streifen gebracht. Thermoelemente auf der Rückseite des Manganinbleches zeigen diesen Zustand an. Die durch den Kompensationsstrom erzeugte Joulesche Wärme ist ein Maß für die effektive Ausstrahlung. Von *F. Albrecht* (1933) ist ein Registrier-Pyrgeometer angegeben worden, über welches schon längere Erfahrungen vorliegen. Es enthält ein Paar doppelter Messingscheiben, die durch eine Schicht mit schlechter Wärmeleitfähigkeit (Trolitul) getrennt sind. Die obere Scheibe ist auf der dem Himmel zugekehrten Seite geschwärzt, die nach unten gerichtete blank. Der Temperaturunterschied zwischen den Scheiben wird durch Widerstandsthermometer in einer Brückenschaltung gemessen.

Ein auch bei Tage für die Messung der Ausstrahlung brauchbares Gerät stammt von *A. Ångström* (1926). Die schwarzen Streifen werden durch weiße ersetzt, welche die Eigenschaft haben, langwellige Strahlung ebenso zu absorbieren wie die geschwärzten Streifen und das kurzwellige Himmelslicht in dem gleichen Betrage wie die vergoldeten Streifen zu reflektieren.

Handb. d. Geophysik VIII. Berlin 1942. Handb. d. meteorol. Instrumente. Berlin 1935.

Pyrheliometer dienen zur Messung der →Solarkonstanten. In allen diesen Geräten wird die Strahlungsleistung der Sonne kalorimetrisch gemessen. In Benutzung sind die waterflow- und waterstir-Pyrheliometer von *C. G. Abbot*, das Kompensations-Pyrheliometer von *K. Ångström* und das Kompensations-Pyrheliometer des Potsdamer Observatoriums, das von *Tingwaldt* angegeben und von *K. Feußner* durchgreifend verbessert wurde. Bei den Geräten von *Abbot* wird die Strahlung in einer geschwärzten, konisch verlaufenden Kammer, einem schwarzen Körper absorbiert, der von Wasser als kalorimetrischer Substanz umgeben ist. In dem waterflow-Gerät (Strömungspyrheliometer, Abb. 1) fließt durch die Wandung

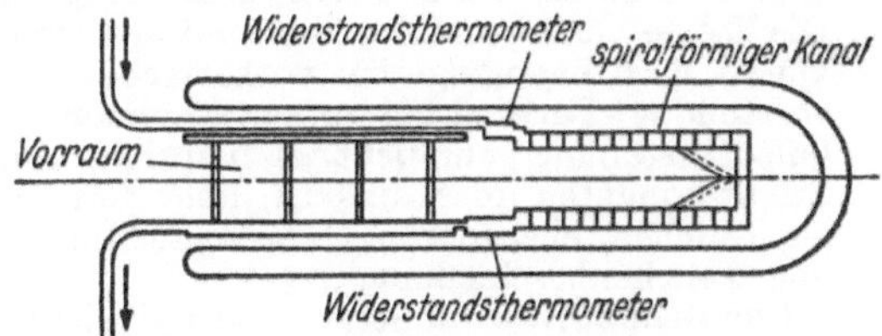

Abb. 1. Strömungspyrheliometer.

Wasser, dessen Temperaturerhöhung elektrisch gemessen wird. Bei dem waterstir-Pyrheliometer (Rührerpyrheliometer, Abb. 2) wird das Wasser durch einen Rührer in Bewegung gesetzt. Diese Geräte sind für den täglichen Gebrauch zu schwerfällig. Sie dienen als Standardinstrumente für die

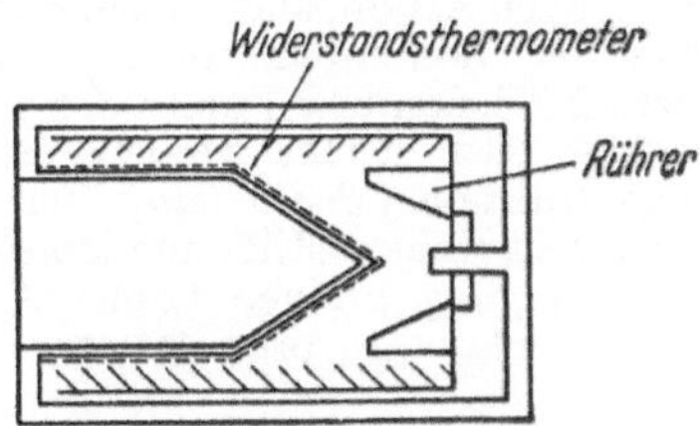

Abb. 2. Rührerpyrheliometer.

Eichung von Relativmeßgeräten. Bequemer im Gebrauch ist das Kompensations-Pyrheliometer von *Ångström*, das für tägliche Beobachtungen geeignet ist. Von zwei möglichst gleichen, geschwärzten, nebeneinander montierten Manganinstreifen wird der eine der Sonnenstrahlung ausgesetzt, während der andere im Schatten steht und elektrisch durch Stromdurchgang auf die gleiche Temperatur gebracht wird. Dieser Zustand wird durch Thermoelemente angezeigt, die auf der Rückseite der Streifen isoliert befestigt sind. Die absorbierte Strahlungsenergie ist gleich der von dem Strom erzeugten Jouleschen Wärme. Bei dem Pyrheliometer des Potsdamer Observatoriums wird das gleiche Kompensationsprinzip verwendet. Doch sind hier die Empfänger als schwarze Körper ausgebildet.

Linke, F.: Handb. d. Geophysik. VIII, Bornträger 1942.

Pyroelektrizität. Einige nichtreguläre Kristalle, z. B. Turmalin und Quarz, haben infolge der besonderen Anordnung ihrer elektrisch geladenen Bausteine im Kristallgitter eine permanente, elektrische →Polarisation, also ein elektrisches →Dipolmoment (→Elektret). Seine Richtung fällt mit der polaren Kristallachse zusammen, bei Turmalin und Quarz also mit der Längenachse. Kühlt man einen solchen Kristall durch Eintauchen in flüssige Luft stark ab, so tritt infolge der thermischen Längenkontraktion des Kristalles eine Änderung seines Dipolmomentes ein. Dieser pyroelektrische Effekt ist also in Wirklichkeit ein piezoelektrischer Effekt (→Piezoelektrizität). Eine Abkühlung bewirkt eine Änderung der Polarisation im gleichen Sinne wie eine Verkürzung des Kristalles in Richtung der polaren Achse; eine Erwärmung wirkt wie eine Dilatation des Kristalles in Richtung seiner Längsachse. Daneben wird die Änderung des Dipolmomentes infolge der Temperaturabhängigkeit der Ionenschwingungen im Kristallgitter beobachtet (*W. Voigt*).

Handb. d. Experimentalphysik X. Leipzig 1930.

Pyrometer, Geräte zur Messung hoher Temperaturen. Dazu gehören →Thermoelemente, →Widerstandsthermometer und die optischen Pyrometer (→Strahlungspyrometer, →Gesamtstrahlungspyrometer). Bei den ersteren muß die Störung, die der temperaturempfindliche Teil an der Meßstelle erzeugt, rechnerisch berücksichtigt oder durch physikalische Mittel kompensiert werden. Verluste durch Ausstrahlung lassen sich durch zusätzliche Heizung ausgleichen (→Gaspyrometer). Die *optischen* Pyrometer leiten die Temperatur aus der von der Meßstelle ausgesandten Strahlungsleistung ab und verursachen daher keine Störung. Während der Temperaturbereich für Widerstandsthermometer und Thermoelemente durch die Hitzebeständigkeit des Materials eingeschränkt ist, können mit optischen Pyrometern beliebig hohe Temperaturen gemessen werden. →Ardometer, →Kreuzfadenpyrometer, →Pyrheliometer, →Pyrgeometer, →Pyranometer.

Pyropto →Strahlungspyrometer.

Pyrosole, Lösungen von Metallen in Schmelzen von Salzen oder Gläsern. Nach neueren Untersuchungen handelt es sich hierbei um echte Lösungen, während in erstarrten Pyrosolen, z. B. den Rubingläsern, kolloide Zerteilungen von Metallen (z. B. Gold) vorliegen.

Lorenz, R., u. *W. Eitel:* Pyrosole. Kolloidforsch. in Einzeldarst. IV. Leipzig 1926.

Pyrradio →Ardometer.

pz, Symbol für die Druckeinheit →pièze.

π-Elektronen sind im Zusammenhang mit der →chemischen Bindung diejenigen, die in einem Molekül, in dem →Resonanz (quantenmechanische) zwischen kanonischen Valenzstrukturen (z. B. Benzol) besteht, für die Bildung der verschiebbaren Doppelbindungen verantwortlich sind. Das Kennzeichen der zugehörigen molekularen Valenzeigenfunktionen, der p_π-Eigenfunktionen, ist eine mit der Molekülebene zusammenfallende Knotenebene. Der Buchstabe π erinnert daran, daß es sich um p-Eigenfunktionen mit der magnetischen Quantenzahl $m = \pm 1$ handelt. Im Gegensatz dazu stehen die σ-Eigenfunktionen, bei denen $m = 0$ ist. Man spricht auch von π- und σ-Bindungen.

Π-Funktion →Gammafunktion.

π-Meson →Meson.

Ψ-Funktion →Gammafunktion, ψ-Funktion = →Schrödinger-Funktion.

Q

qt, Symbol für das Hohlmaß →quart.

Quadrant-Einheiten →Einheitensysteme, elektrische (Abschn. II, 1b).

Quadrat-Altgrad, abgek. $(^{\circ})^2$, →Raumwinkeleinheiten.

Quadrat-Neugrad, abgek. $(^{g})^2$, →Raumwinkeleinheiten.

Quadratische Form. Die Quadrate der Netzebenenabstände d_{hkl} sind Funktionen der Netzebenenindizes h, k, l und der Gitterkonstanten $a, b, c, \alpha, \beta, \gamma$, wobei die Indizes in Gestalt quadratischer Formen in die Funktionen eingehen. Die Indizierung der Interferenzmaxima, die bei der Beugung von Röntgenstrahlen an Kristallen auftreten, wird dadurch wesentlich erleichtert und bei Pulveraufnahmen überhaupt ermöglicht, daß im kubischen System die quadratischen Formen der Indizes von den Gitterkonstanten ganz abgelöst werden können $[d^2 = a^2/(h^2 + k^2 + l^2)]$ und bei den wirteligen Systemen zum Teil: $d^2 = a^2/(h^2 + k^2 + hk) + c^2/l^2$ im hexagonalen und trigonalen System und $d^2 = a^2/(h^2 + k^2) + c^2/l^2$ im tetragonalen System. Die quadratischen Formen $h^2 + k^2 + l^2$, $h^2 + k^2 + kl$ und $h^2 + k^2$ sind in den Internationalen Tabellen zur Bestimmung von Kristallstrukturen, II, 1935, S. 453—501, bis zum Betrag von 1000 zusammengestellt; die für rhomboedrische Gitter Verwendung findenden Formen $hk + kl + lh$ (→Netzebenenabstände) bis 100.

Quadratisches System = tetragonales Kristallsystem, →Kristallklassen.

Quadrupelpunkt (*Vierfachpunkt*) →koexistierende Phasen, →Phasenregel.

Quadruplett → Quartett.

Quadrupolstrahlung. Neben der →Dipolstrahlung kann, besonders wenn die Dipolstrahlung durch Auswahlregeln verboten ist, noch die Quadrupolstrahlung eine Rolle spielen. Sie entspricht dem Gliede $(\mathfrak{k}, \mathfrak{r})$ in der Entwicklung des Retardierungsfaktors $[\exp i(\mathfrak{k}\,\mathfrak{r})]$. →Dipolstrahlung, →Diracsche Strahlungstheorie. Ferner →Kernmomente.

Qualität der Energie. Die Qualität einer Energie wird danach bewertet, wie hoch der (theoretische) Wirkungsgrad ist, mit dem man sie in mechanische Arbeit umsetzen kann. Die geringste Qualität kommt unter allen Energieformen der Wärme zu, welche in einer Wärmekraftmaschine nur dann restlos in mechanische Arbeit umgesetzt werden könnte, wenn sich deren kälterer Wärmespeicher am absoluten Nullpunkt befände. Die Qualität einer Wärmemenge wiederum ist um so geringer, je tiefer ihre Temperatur ist. Nach dem 2. Hauptsatz der Wärmelehre führen alle irreversiblen Naturvorgänge zu einer ständigen Qualitätsminderung des Energievorrats des Weltalls (→Wärmetod).

Qualitätsgrößen →Intensitätsgrößen.

Quantelung, Quantisierung, der Übergang von der klassischen Beschreibungsweise zur → Quantenmechanik mit Hilfe des →Korrespondenzprinzips.

Quanten, ursprünglich nur für die Lichtquanten gebraucht, um die korpuskularen Eigenschaften des Lichtes zu betonen und es doch von eigentlichen Korpuskeln zu unterscheiden. Seit der Entdeckung der Materiewellen ist die Bedeutung des Wortes schwankend und ohne klare Abgrenzung. Die Worte Quant und Partikel sind fast synonym; Quant wird bevorzugt bei vorherrschender Feldvorstellung, Partikel bei vorherrschender Korpuskularvorstellung gebraucht. Man spricht z. B. von Yukawaquanten im Atomkern, aber von Mesonen als Teilchen, ebenso von Quantenaustausch, aber von Teilchenbeschießung.

Quantenäquivalentgesetz →Äquivalentgesetz, Einsteinsches.

Quantenausbeute. 1. *Photochemische Prozesse.* Als Quantenausbeute einer photochemischen Reaktion wird das Verhältnis der Zahl der umgesetzten Moleküle zur Zahl der absorbierten Lichtquanten $h\nu$ bezeichnet. Es ist nicht zu erwarten, daß dieses Verhältnis immer gleich 1 gefunden wird; nur für den vom Licht unmittelbar bewirkten *Primärprozeß* (→Primärreaktion, photochemische) ist die Quantenempfindlichkeit gleich 1 anzunehmen. Je nach Art der sich anschließenden →*Sekundärreaktion* (Rekombination der Primärprodukte, Kettenreaktionen usw.) kann der primäre Umsatz erniedrigt oder erhöht werden. Beispiele: Chlorknallgasreaktion (*Bodenstein*), bei der ein Lichtquant bis zu einigen Millionen Moleküle H_2 und Cl_2 zur Vereinigung bringen kann; Ammoniak- und Methanzersetzung, Assimilation mit Ausbeuten unter 1.

2. *Lichtelektrische Erscheinungen.* Hier versteht man unter der Quantenausbeute das Verhältnis der Zahl der meßbaren Photoelektronen zur Zahl der absorbierten Lichtquanten $h\nu$.

a) *Äußerer lichtelektrischer Effekt.* Beim normalen →lichtelektrischen Effekt ist die Quantenausbeute sehr klein; so wird z. B. an reinen Platinoberflächen bei $\lambda = 200\ \mathrm{m}\mu$ nur ein Wert von 0,06% gemessen. Die Quantenausbeute nimmt zu, je elektropositiver die Metalle sind. Die geringen Werte erklären sich wie folgt: Die Absorption des einfallenden Lichtes im Metall erfolgt auf einer Wegstrecke von etwa 10^{-4} cm. Die überwiegende Zahl der Photoelektronen stammt jedoch aus einer Schicht, die an der Oberfläche des Metalles beginnt und nur etwa 10^{-7} cm, d. h. 10 Atomlagen dick ist. In dieser Schichtdicke wird also nur etwa $^1/_{100}$ des eindringenden Lichtes absorbiert. Die meisten Elektronen, die durch das Licht in tieferen Lagen ausgelöst werden, gelangen überhaupt nicht zur Metalloberfläche. Sie verlieren den aus der Lichtenergie aufgenommenen Energieüberschuß durch Zusammenstöße, bevor sie die Oberfläche erreicht haben. Ihre freie Weglänge im Metall ist zu klein. Nur einem geringen Bruchteil gelingt es, die nötige Energie bis zum Durchtritt ins Vakuum zu bewahren. Es kann demnach unterschieden werden: α) Der *Oberflächeneffekt* (bis 10^{-7} cm Schichtdicke). Er umfaßt Elektronen, die keinen weiten Weg bis zur Trennfläche Metall—Vakuum haben. Er liefert den überwiegenden Anteil aller Photoelektronen aus kompakten Metallen und erklärt somit die geringe Quantenausbeute. β) Der

Volumeffekt. Er stammt von Elektronen, die aus relativ großen Tiefen des Metalles kommen. Sein Beitrag zur Gesamtemission ist gering.

Wenn man zu äußerst dünnen Metallschichten übergeht und dabei die nach beiden Seiten austretenden Photoelektronen mißt, so erhält man wesentlich höhere Quantenausbeuten. So wurden an sehr dünnen Goldfolien mit darauf absorbierten Kaliumatomen Werte von 25,7% gemessen.

An den zusammengesetzten →Photokathoden, wie sie heute in Wissenschaft und Technik verwendet werden, beobachtet man am langwelligen selektiven Maximum (→lichtelektrischer Effekt, selektiver) Quantenausbeuten von rund 1%. Die bisher höchsten Quantenausbeuten an technischen Photozellen weisen die →Antimon-Cäsium-Schichten auf. Man erhält dort am selektiven Maximum Werte von 10%.

b) Die →*lichtelektrische Leitung* in Kristallen läßt nun das quantenhafte Geschehen beim lichtelektrischen Elementarprozeß klar erkennen: An →idiochromatischen Kristallen, z. B. Diamant, wird innerhalb der Fehlergrenzen ein lichtelektrischer Primärstrom mit einer Quantenausbeute von 100% gemessen. Das Quantenäquivalentgesetz ist dort experimentell bestätigt. An Zinkblende (ZnS) und Zinnober (HgS) wurden ähnliche Resultate erhalten. Bei tiefen Temperaturen sind Kristalle wie KCl und AgCl sehr gute Isolatoren, so daß dann auch an diesen Quantenausbeuten von 100% gemessen werden können.

3. *Lumineszenzerscheinungen*. Hier kann die Quantenausbeute bis zu **100%** betragen, wenn ein verdünntes Gas mit sichtbarem oder ultraviolettem Licht zur →Fluoreszenz angeregt wird. Gut fluoreszierende Flüssigkeiten und feste Körper haben eine Quantenausbeute bis **50%**. Erfolgt jedoch die Erregung mit Röntgenstrahlen, so ist der Wert außerordentlich viel geringer, da die Erregung nicht durch die Röntgenstrahlen direkt, sondern durch die abgespaltenen Elektronen erfolgt. Auch bei unmittelbarer Erregung durch Elektronen (z. B. in der Braunschen Röhre) ist die Quantenausbeute gering, da die Elektronen in einer dünnen Oberflächenschicht stecken bleiben.

Bei der Phosphoreszenz fester, kristalliner Körper, den →Kristallphosphoren, kann die Quantenausbeute bis zu **100%** betragen, wenn dafür gesorgt wird, daß jeder Energieverlust, z. B. →Tilgung durch Ultrarot, vermieden wird. Die gesamte gespeicherte Lichtsumme wird dadurch gemessen, daß sie in kurzer Zeit durch Wärme vollkommen ausgetrieben wird.

Bonhoeffer, K. F., u. *P. Harteck*: Grundl. d. Photochemie. — *Landolt-Börnstein*: Physikalisch-chemische Tabellen. — *Fleischer, R.*: Phys. Z. **32**, 217 (1931). — *Gudden, B.*, u. *R. W. Pohl*: Z. Phys. **17**, 331 (1923).

Quantenbahnen →Elektronenbahnen.

Quantenbedingungen. In der älteren Bohrschen Quantentheorie wurden der rein klassisch berechneten Bewegung Zusatzbedingungen, die Quantenbedingungen, auferlegt, die für das Wirkungsintegral $\oint p\,dq$ über eine volle Periode einer periodischen Bewegung ein ganzzahliges Vielfaches von h forderten. Das exakte quantenmechanische Analogon dieser vorläufigen Bedingungen ist die Heisenbergsche Vertauschungsrelation $pq - qp = \frac{\hbar}{i}\,1$ für die *Operatoren* p und q zweier kanonisch konjugierter Größen.

Quantenbiologie. Die Aufgabe der Quantenbiologie ist es, diejenigen Lebenserscheinungen aufzusuchen und zu analysieren, welche Auswirkungen von einzelnen mikrophysikalischen Quantenprozessen sind. Unter den als mikrophysikalisch mitbedingt erkannten organismischen Vorgängen befinden sich solche (z. B. →Mutationen, Reizreaktionen), die allen Lebewesen gemeinsam sind und somit zu dem Erscheinungskomplex gehören, der das „Leben" ausmacht. Die Lebewesen können daher nicht als makrophysikalisch, d. h. streng determinierte „Maschinen" begriffen werden, sondern sind eher den Forschungsgeräten der Atomphysik vergleichbar, welche atomare Einzelakte ins Makrodimensional-Sinnliche verstärken (→Verstärkertheorie). Trotz dieser Erkenntnis ist natürlich ein großer Teil der typischen Lebensprozesse (z. B. viele Entwicklungsabläufe der Individuen, Hormonwirkungen, Stoffwechsel, Reflex- und Instinkthandlungen) makrophysikalisch bedingt. Die die Quantenbiologie interessierenden Lebenserscheinungen sind von diesen streng kausalen „mechanischen" Abläufen (welche z. B. wohl die meisten „zweckgerichteten" Reaktionen umfassen) vor allem durch die die Quantenphysik bezeichnende „statistische" Gesetzlichkeit gekennzeichnet. Allerdings ist auch ein erheblicher Teil der variablen und unreproduzierbaren Vorkommnisse an den Organismen auf das Konto vieler, in den einzelnen Individuen verschiedener, kompliziert zusammenwirkender makrophysikalischer Prozesse zu setzen. Die Auslösung oder Steuerung von statistischen Vorkommnissen an Lebewesen durch Einzelquantenakte ist vor allem dann deutlich, wenn die sie beherrschende Statistik eine exponentielle, monomolekulare ist, wenn also schon ein einziges atomares Ereignis ausreicht, die biologische Reaktion (z. B. Tötung, Mutation, Bewegung) auszulösen. Werden z. B. Bakterien ionisierenden Strahlen ausgesetzt, so sinkt der Bruchteil der Überlebenden exponentiell, analog dem Zerfall radioaktiver Atome, was bedeutet, daß für jedes Bakterium eine konstante Wahrscheinlichkeit besteht, durch ein Ionisationsereignis getötet zu werden. Eine nähere Analyse solcher Vorgänge mit Hilfe der →Treffertheorie zeigt, daß, wenn in einem bestimmten, sehr winzigen Bereich des Bakterienkörpers ein einziger solcher mikrophysikalischer Prozeß stattfindet, die zur Tötung führende Reaktion ausgelöst wird. Bei Bacterium coli findet z. B. die Tötung durch eine einzige unter etwa 5000 im Bakterium zufallsgemäß verteilten Ionisationen statt, der „Treffbereich" umfaßt also etwa $^1/_{5000}$ des Bakteriums. Die mikrophysikalisch ausgelösten Lebenserscheinungen sind meist typische „*Alles-oder-nichts-Reaktionen*", d. h. von einer großen Anzahl organischer Individuen zeigt ein gewisser Anteil die ausgelöste Reaktion in voller Stärke, der restliche Teil überhaupt nicht. Hierin spiegelt sich die unstetige Wirkungsweise der gequantelten auslösenden Agenzien (Lichtquanten, Elektronen, Wärmeschwingungen, Giftmoleküle) wider. Als solche durch atomare Einzelereignisse ausgelöste Lebenserscheinungen haben sich bisher viele biologische Strahlenwirkungen erwiesen, z. B. die Tötung oder Schädigung von Einzelzellern, ja von ganzen vielzelligen Embryonen durch einzelne UV-Quanten, Röntgenionisationen, α-Teilchen usw., ferner die →Mutationen. Auch manche Gifte (Treffergifte, z. B. Phenol, $HgCl_2$) und Hormone töten bzw. verändern Zellen in Eintrefferreaktionen. Zur Infektion eines großen Organismus reicht oft schon das Eindringen eines einzigen makromolekularen Viruspartikels aus. Auch scheint die Bildung spezifischer Antikörper des Serumeiweißes höherer Tiere von einzelnen Antigenmolekülen ausgelöst werden zu können. Neuerdings konnte gezeigt werden, daß Nervenreize und damit psychische Erlebnisse schon durch einzelne Duftstoffmoleküle (bei Schmetterlingen) sowie durch wenige Lichtquanten (beim Menschen) auslösbar sind.

Jordan, P.: Das Bild d. modernen Physik. Hamburg 1947. — *Timofeeff-Ressovsky, N. W.*, u. *E. Zimmer:* Das Trefferprinzip in d. Biologie. Leipzig 1947. — *Rajewsky, B.*, u. *M. Schön:* Biologie I. Naturw. u. Med. i. Deutschland 1939/46. Wiesbaden 1948.

Quantenelektrodynamik. Die Quantenelektrodynamik ist ein spezieller Fall der →Quantentheorie der Wellenfelder. Diese geht aus von einer Lagrange-Funktion $L\left(\psi_\varkappa(\mathfrak{r}, t)\frac{\partial \psi_\varkappa}{\partial x_\nu}\right)$, aus der sich die Wellengleichungen mit Hilfe des Variationsprinzips

$$\delta \int L\, dx^1 \ldots dx^4 = 0$$

herleiten lassen. Die Feldgleichungen lauten dann für die Feldfunktionen $\psi_\varkappa(\mathfrak{r}, t)$:

$$\frac{\partial L}{\partial \psi_\varkappa} - \sum_{\nu=1}^{\nu} \frac{\partial}{\partial x_\nu} \frac{\partial L}{\partial \frac{\partial \psi}{\partial x_\nu}} = 0 .$$

Mit den durch die $\pi_\varkappa = \frac{\partial L}{\partial \dot{\psi}_\varkappa}$ definierten kanonischen Felder kann man die Hamilton-Funktion $H(\pi_\varkappa, \psi_\varkappa) = \sum_\varkappa \pi_\varkappa \dot{\psi}_\varkappa - L;\quad H = \int L\, dx^1\, dx^2\, dx^3$ einführen und die zeitlichen Ableitungen eliminieren. →Energieimpulstensor und Ladungsstromvektor werden auf die für Felder übliche Weise eingeführt.

Die Quantisierung geschieht durch die Vertauschungsrelationen

$$[\psi_\varkappa(\mathfrak{r}), \pi_{\varkappa'}, (\mathfrak{r}')]_- = -\frac{\hbar}{i}\, \delta_{\varkappa\varkappa'}\, \delta(\mathfrak{r} - \mathfrak{r}');$$

$$[\psi_\varkappa(\mathfrak{r}), \psi_{\varkappa'}(\mathfrak{r}')]_- = [\pi_\varkappa(\mathfrak{r}), \pi_{\varkappa'}(\mathfrak{r}')]_- = 0$$

oder

$$[\psi_\varkappa(\mathfrak{r}), \pi_{\varkappa'}(\mathfrak{r}')]_+ = -\frac{\hbar}{i}\, \delta_{\varkappa\varkappa'}\, \delta(\mathfrak{r} - \mathfrak{r}');$$

$$[\psi_\varkappa(\mathfrak{r}), \psi_{\varkappa'}(\mathfrak{r}')]_+ = [\pi_\varkappa(\mathfrak{r}), \pi_{\varkappa'}(\mathfrak{r}')]_+ = 0,$$

wobei die obere Reihe zur Einstein-Bose-Statistik, die zweite Reihe der $+$-Vertauschungsrelationen zur Fermi-Dirac-Statistik führt. Es ist

$$[A, B]_- = AB - BA \quad \text{und} \quad [A, B]_+ = AB + BA .$$

$\delta(\mathfrak{r})$ ist die Diracsche →δ-Funktion.

Für irgendeinen Operator A gilt dann für die zeitliche Entwicklung die Gleichung

$$\frac{dA}{dt} = \frac{i}{\hbar}[H, A].$$

Die Zustände, d. h. die Vektoren des Hilbert-Raumes, werden hierbei konstant gehalten. Statt dessen kann man auch die Vektoren χ zeitlich nach der Gleichung

$$-\frac{i}{\hbar} H\chi = \frac{d\chi}{dt}$$

ändern und die Operatoren konstant lassen.

Für das elektromagnetische Feld setzt man als Lagrange-Funktion

$$L = -\frac{1}{4}\left(\frac{\partial A_\nu}{\partial x_\mu} - \frac{\partial A_\mu}{\partial x_\nu}\right)^2 + A_\mu s_\mu$$

mit A_μ als den Komponenten des Viererpotentials an, woraus sich die Maxwellschen Gleichungen mit dem Viererstrom s_μ ergeben.

Die Quantisierung des Vakuumfeldes ($s_\mu = 0$) führt zu der Existenz der Lichtquanten, da z. B. die Energie die Eigenwerte $\sum_k \hbar\omega_k N_k$ besitzt mit $N_k =$ ganze Zahl.

Werden die Ströme s_ν durch Elektronen hervorgerufen, so muß man diese durch eine Dirac-Welle beschreiben, die klassisch erst als eine kontinuierliche Ladungsverteilung anzusehen ist. Als Lagrange-Funktion ist dann für das Elektronenwellenfeld zusammen mit dem elektromagnetischen Feld anzusetzen.

$$L = -\frac{1}{4}F_{\mu\nu}^2 - \psi^* \alpha_\nu\left(\frac{\hbar}{i}\frac{\partial}{\partial x_\nu} + eA_\nu\right)\psi - m\psi^*\beta\psi$$

mit $F_{\mu\nu} = \frac{\partial A_\nu}{\partial x_\mu} - \frac{\partial A_\mu}{\partial x_\nu}$ und den Diracschen Matrizen α_ν und β. Zur Quantisierung führt man dann also die Vertauschungsrelationen

$$[\psi_\tau(\mathfrak{r}), \psi^*_{\tau'}(\mathfrak{r}')]_+ = \delta(\mathfrak{r} - \mathfrak{r}')\,\delta_{\tau\tau'};\quad [\psi_\tau(\mathfrak{r}), \psi_{\tau'}(\mathfrak{r}')]_+ = 0$$

ein, wobei ψ_σ die vier Komponenten des Diracschen Spinors sind. Diese führen zur Fermi-Statistik der Elektronen. Es läßt sich für die Elektronen mit Wechselwirkung, wie sie oben in der Lagrange-Funktion beschrieben ist, als Näherung die →Breitsche Differentialgleichung ableiten.

Die →Diracsche Strahlungstheorie ist ebenfalls sogleich eine näherungsweise Folgerung des Ansatzes dieser allgemeinen Theorie.

Zur Lösung der Schwierigkeit der negativen Energiezustände in dieser Theorie — denn die Eigenwerte für die Energie der freien Elektronen ergeben sich als

$$\sum_k \hbar\,\Omega_k N_k, \quad \text{mit} \quad \Omega_k = \pm\sqrt{\left(\frac{m}{\hbar}\right)^2 + k^2}$$

— führt man die →*Löchertheorie* ein:

Nach dem Pauli-Prinzip, das durch die symmetrischen Vertauschungsrelationen für die $\psi_\sigma(\mathfrak{r})$, $\psi^*_\sigma(\mathfrak{r})$ garantiert ist, kann man alle Elektronenzustände negativer Energie einmal besetzt denken und diesen Zustand als die neue Definition des „Vakuums" ansehen.

Mit Anwendung dieser Löchertheorie haben die Teilchen, die durch die Quantisierung des Feldes entstehen, nicht mehr alle dasselbe Ladungsvorzeichen. Es gibt dann Elektronen *und* „Positronen". Ein Lichtquant kann dann ein Paar von einem Elektron und Positron erzeugen (→Paarerzeugung). Der Wirkungsquerschnitt hierfür läßt sich im Coulomb-Felde eines Kernes der Ladungszahl Z aus dieser Theorie berechnen mit dem Ergebnis

$$Q \approx Z^2\left(\frac{e^2}{4\pi\hbar}\right)\left(\frac{e^2}{4\pi m}\right)^2\left(\frac{28}{9}\ln\frac{2\hbar k}{m} - \frac{218}{27}\right).$$

Schwierigkeiten der Quantenelektrodynamik sind die auftretenden divergierenden Ausdrücke, z. B. für die Masse des Elektrons. Eine nichtdivergente Theorie ohne willkürliche neue Annahmen konnte bisher noch nicht endgültig aufgestellt werden. Einen wesentlichen Fortschritt brachte die →kovariante Quantenelektrodynamik von *Schwinger*, mit deren Hilfe es auch gelingt, ohne wesentliche Willkür die Linienverschiebung der S-Terme im H-Atom zu bestimmen (→Wasserstoffspektrum).

Wentzel, G.: Quantentheorie d. Wellenfelder. — *Feynman, R. P.:* Phys. Rev. 76, 749, 769 (1949). — *Schwinger, J.:* Phys. Rev. 74, 1439 (1948); 75, 651 (1949).

Quantengewicht →Gewicht, statistisches.

Quantenmechanik. Den ersten Anstoß zur Entwicklung der Quantentheorie gab die Entdeckung des Gesetzes der schwarzen Strahlung durch *Max Planck* im Jahre 1900, das für die Energiedichte $\varrho(\nu, T)$ der Strahlung in Abhängigkeit von der Frequenz ν und Temperatur T liefert:

$$\varrho(\nu, T) = \frac{8\pi h \nu^3}{c^3} \frac{1}{e^{h\nu/kT} - 1}.$$

Hier erscheint zum ersten Male das →Plancksche Wirkungsquantum h.

Die Theorie der →spezifischen Wärme fester Körper und die Einsteinsche Lichtquantenhypothese mit der Erklärung des lichtelektrischen Effektes waren weitere Stufen auf dem Wege zur Quantenmechanik.

Die von *Max Planck* bei der Theorie der Hohlraumstrahlung entwickelte Theorie des harmonischen Oszillators mit seinen gequantelten Energiewerten $h\nu$ (ν = Frequenz des Oszillators), die bisher allen diesen Problemen zugrunde lag, wurde dann von *Bohr* erweitert auf die Theorie der Atome und ihrer Spektren. Obwohl diese ältere Bohrsche Quantentheorie in ihrer Form durch die Quantenmechanik abgelöst wurde, so blieb doch das in ihr angewandte und bewährte Bohrsche →Korrespondenzprinzip der Schlüssel auch für das Verständnis der endgültigen, von *Heisenberg* entdeckten Matrizenmechanik.

Einen zweiten Zugang zu den Gesetzen der Quantenmechanik fand *Schrödinger* in der Wellenmechanik, die sich aber bald als mathematisch äquivalent mit der Heisenbergschen Matrizenmechanik herausstellte. Sowohl die Matrizen- wie die Wellenmechanik sind nur Darstellungen ein und derselben Quantenmechanik, ähnlich wie man ein Problem der klassischen Mechanik sowohl in kartesischen wie auch in Polarkoordinaten beschreiben kann.

Die heutige Quantenmechanik, die eine widerspruchsfreie Beschreibung aller nichtrelativistischen Vorgänge im Atomaren gestattet, geht von der klassischen Mechanik aus. Die →Observablen werden mit Hilfe des Korrespondenzprinzips durch Hermitesche Operatoren ersetzt. Die →Orts- und →Impulsoperatoren müssen der Heisenbergschen →Vertauschungsrelation genügen. Der Hamilton-Operator bestimmt durch die →Bewegungsgleichungen der Quantenmechanik die zeitliche Änderung der Observablen. Die richtige physikalische Interpretation der symbolischen Formeln gibt die →statistische Deutung. Die →Darstellungs- und →Transformationstheorie erlaubt, den einzelnen physikalischen Fragestellungen angepaßte mathematische Formulierungen zu finden.

So erscheint heute die Quantenmechanik als ein ebenso abgerundetes, widerspruchsfreies und in sich geschlossenes Gebiet wie etwa die klassische Newtonsche Mechanik, die sie als Spezialfall enthält, falls von den ausgeführten Messungen und Aussagen keine mit der Heisenbergschen →Ungenauigkeitsrelation im Widerspruch stehende Genauigkeit verlangt wird.

Der Versuch, die Quantentheorie auch auf die relativistischen Vorgänge zu erweitern, ergibt große Schwierigkeiten, da man das die Wechselwirkung der Teilchen untereinander hervorrufende Feld (z. B. das elektromagnetische Feld) nicht mehr durch unrelativistische Potentialfelder ersetzen kann, sondern selbst den Bedingungen der Quantisierung unterwerfen muß. Eine relativistische Quantenmechanik muß daher immer eine →Quantentheorie der Wellenfelder (→Hyperquantelung, →Quantenelektrodynamik) sein. Eine endgültige Formulierung ist aber noch nicht geglückt, da man entweder mit Divergenzschwierigkeiten zu kämpfen hat oder zu deren Vermeidung weitere Annahmen einführen muß, die man bei unseren heutigen experimentellen Kenntnissen leider noch nicht nachprüfen kann, da sie sich erst bei sehr hohen Energien bemerkbar machen können.

Handb. d. Physik XXIV/1. Berlin 1933. — *Heisenberg, W.:* Die Grundprinzipien d. Quantentheorie. Leipzig 1941. — *Jordan, P.:* Anschaul. Quantentheorie. Berlin 1936. — *Dirac, P. A. M.:* Quantum Mechanics. Oxford 1947. — *Kramers, H. A.:* Quantentheorie. Leipzig 1938. — *Wentzel, G.:* Quantentheorie d. Wellenfelder. Wien 1943. — *Heitler, W.:* Quantum Theory of Radiation. Oxford 194[illegible].

Quantenmechanischer Drehimpuls →Drehimpuls, quantenmechanischer.

Quantenoptik, Zusammenfassung aller optischen Erscheinungen, die sich nicht auf Grund der klassischen Theorie verstehen lassen. Zu ihrer Erklärung muß man die →Diracsche Strahlungstheorie oder →Quantenelektrodynamik heranziehen. Die Emission und Absorption von Licht durch Moleküle und Atome und der lichtelektrische Effekt sind typische Beispiele quantenoptischer Erscheinungen.

Quantensprung. Während ohne Einfluß des Strahlungsfeldes die den Atomen entsprechenden Eigenzustände der Energie exakt stationär, d. h. unveränderlich mit der Zeit sind, erfolgen auf Grund der Wechselwirkung mit dem Strahlungsfeld (→Diracsche Strahlungstheorie) Übergänge von einem Energiezustand nach einem anderen unter Emission oder Absorption von Strahlung. Diese nur statistisch beschreibbaren Übergänge bezeichnet man als Quantensprünge.

Quantenstatistik. Diese führt gegenüber der klassischen (→Boltzmann-) Statistik folgende Abänderungen ein: 1. Sie rechnet mit den aus der Quantentheorie folgenden diskreten oder kontinuierlichen Eigenwerten der Energie und der Vielfachheit der Eigenfunktionen. 2. Sie berücksichtigt die endliche Ausdehnung der Phasenzellen. 3. Sie trägt den quantenmechanischen Symmetrieforderungen hinsichtlich der Vertauschung äquivalenter Teilchen Rechnung. 4. Sie berechnet die Übergangswahrscheinlichkeiten mit Hilfe der Quantenmechanik.

Die Quantenstatistik berücksichtigt bei der Abzählung der gleichwahrscheinlichen Mikrozustände konsequent die grundsätzliche Unmöglichkeit der individuellen Unterscheidbarkeit gleichartiger Teilchen. Ist von zwei solchen Teilchen das eine in der Zelle r, das andere in der Zelle s des Phasenraumes, so hat es keinen Sinn zu fragen, welches von den beiden Teilchen sich in der einen oder anderen Zelle befindet. Diese Unmöglichkeit der Unterscheidung beruht auf zwei Umständen: 1. Die beiden Teilchen sind einander völlig gleich;

ein Wiedererkennen eines Teilchens, das wir aus den Augen verloren haben, ist daher unmöglich. 2. Es ist infolge der Ungenauigkeitsrelationen der Quantenmechanik nicht möglich, durch beobachtende Verfolgung der Bahn eines Teilchens der Identität eines Teilchens gewiß zu bleiben; denn die Bahn eines Teilchens kann nur mit einer gewissen endlichen, grundsätzlich nicht unterschreitbaren Ungenauigkeit beobachtend verfolgt werden, und wenn das verfolgte Teilchen einem anderen Teilchen so nahe kommt, daß beide sich hinsichtlich Ort und Geschwindigkeit nicht mehr um Beträge unterscheiden, die groß gegenüber den nicht unterschreitbaren Genauigkeitsgrenzen sind, so werden die beiden Teilchen ineinander verschwimmen. Damit ist aber die Individualität gänzlich verlorengegangen.

Die Quantenmechanik des N-Körperproblems lehrt ferner, daß für gewisse Teilchen die zugehörigen Eigenfunktionen symmetrisch in den N Teilchen sind (Bose-Fall), für andere Teilchen sind die Eigenfunktionen antisymmetrisch in den N Teilchen (infolge des Pauli-Prinzips, entspricht dem Fermi-Dirac-Fall). Hinsichtlich der Gleichgewichtsverteilung einer großen Zahl äquivalenter Teilchen (Massenpunkte, Lichtquanten) führt die Quantenstatistik demgemäß zu zwei verschiedenen Ergebnissen. Die eine Verteilung entspricht der →*Bose-Einstein-Statistik*. Sie ist anzuwenden auf Teilchen mit ganzzahligem Spin (z. B. auf Lichtquanten, Atomkerne mit gerader Massenzahl, He-Atome). Die andere Verteilung entspricht der →*Fermi-Dirac-Statistik*. Sie ist anzuwenden auf Teilchen mit halbzahligem Spin (Elektronen, Protonen, Neutronen, Positronen). Für zusammengesetzte Teilchen (Atome, Moleküle) liefert die Quantentheorie die Regel: Eine Partikelart, die aus einer beliebigen Zahl von „Bose-Teilchen" und einer geraden/ungeraden Anzahl von „Fermi-Dirac-Teilchen" besteht, genügt selber der Bose-Statistik/Fermi-Dirac-Statistik.

Jordan, P.: Statist. Mechanik a. quantentheoret. Grundlage. Braunschweig 1933. — *Müller-Pouillet:* Lehrb. d. Physik IV/4. Braunschweig 1934.

Quantentheorie → Quantenmechanik; Quantentheorie des *Lichtes* →Diracsche Strahlungstheorie; → Quantenelektrodynamik; → Quantentheorie der Wellenfelder.

Quantentheorie der Wellenfelder. Es gibt zwei Zugänge zur Quantentheorie, einerseits von den Bewegungsgleichungen der Partikeln, andererseits von den klassisch aufgefaßten Wellenfeldern her, die den Partikeln und Quanten zugeordnet sind. In dem einen Fall kommen wir zur → Quantenmechanik, in dem anderen zur Quantentheorie der Wellenfelder. Letztere ist umfassender, weil sie von vornherein Ausstrahlung und Absorption, also Teilchenerzeugung und -vernichtung mit umfaßt; erstere kann für spezielle Fragen methodisch überlegen sein.

Die Quantelung eines Partikelfeldes ohne Wechselwirkung führt zu einer Zerlegung des Feldes in Beiträge der einzelnen Normalschwingungen im Feldraum, deren jede sich wie ein linearer harmonischer Oszillator verhält. Sei ω die 2π-fache Eigenfrequenz, dann ist die Oszillatorenergie $\hbar\omega(N+\frac{1}{2})$. N ist die Quantenzahl des Oszillatorzustandes und gibt zugleich die Anzahl der in dem betreffenden Zustand vorhandenen Quanten an. Die Gesamtenergie erhält man durch Summation über alle Eigenzustände. Es ist $E=\sum_k \hbar\omega_k N_k$. Die unendliche Nullpunktsenergie wird als Konstante gewöhnlich ohne weitere Diskussion weggelassen.

Auch der Impuls ist ein Integral der Bewegung. Sei $\mathfrak{k}$ der Wellenvektor, der zur Eigenschwingung ω_k gehört ($|\mathfrak{k}|=2\pi/\lambda$, $\lambda=$Wellenlänge, $\mathfrak{k}/|\mathfrak{k}|=$ Einheitsvektor in Richtung der Wellennormale), so lautet der Impuls $\mathfrak{p}=\sum \hbar\mathfrak{k}N_{\mathfrak{k}}$.

Wellengleichungen mit komplexen Wellenfunktionen lassen sich als Überlagerung zweier reeller Theorien auffassen. Man hat also zweierlei Quanten. Sei die Anzahl der Quanten beider Sorten im Zustand $\mathfrak{k}$ bzw. $N_{\mathfrak{k}}^{\pm}$, so erhält man für Energie und Impuls die alten Formeln gesondert für N^+ und N^-. Nun gibt es bei komplexen Wellenfunktionen (im allgemeinen wenigstens) noch einen weiteren Erhaltungssatz, der die Differenz der Summen über N_k^+ und N_k^- konstant läßt: $Q=e\sum_k(N_k^+-N_k^-)$, und der die Erhaltung der Ladung bedeutet. N_k^+ und N_k^- sind die Anzahlen für Teilchen mit positiver und negativer Ladung.

Diese Ergebnisse gelten im wesentlichen bei beliebigen Transformationseigenschaften der Komponenten der Wellenfunktionen. Das gilt unmittelbar für die Wellengleichungen von Teilchen mit ganzzahligem Spin, für Teilchen mit halbzahligem Spin erst nach Einführung der Diracschen →Löchertheorie, die besonders für die →Dirac-Gleichung ausgearbeitet ist. Ferner ist bei Teilchen mit halbzahligem Spin das Paulische →Ausschließungsprinzip zu beachten, nach dem in *einem* Quantenzustand höchstens ein Elektron sein darf. Mit Rücksicht auf die Löcherhypothese kann man auch sagen, daß die Zahlen der positiven und negativen Quanten in einem Quantenzustand sich höchstens um 1 unterscheiden. Die Eigenwerte von $N_k^+-N_k^-$ sind 0 und ± 1.

Die Teilchenzahlen N sind in der bisherigen Betrachtung Konstante des Systems. Das eigentliche Geschehen besteht in einer Veränderung dieser Zahlen infolge von →Wechselwirkungen zwischen den →Elementarteilchen, die von Kopplungen zwischen meist verschiedenartigen →Partikelfeldern herrühren. Sie bewirken, daß sich die Teilchenzahl N_k, die zu einem bestimmten Impuls $\hbar\mathfrak{k}$ gehört, auf Kosten oder zugunsten eines anderen Impulses vergrößert oder verringert. Bei solchen Wechselwirkungsprozessen werden ständig Teilchen emittiert oder absorbiert oder auch, ohne daß sich die Teilchenzahl nach außen ändert, im gleichen Elementarakt emittiert oder reabsorbiert. In jedem Fall stehen in den Wechselwirkungstermen quantenmechanische Operatoren, die die Erzeugung und Vernichtung von Teilchen beschreiben. Diese kann man schematisch aus der zur Teilchenzahl komplementären Größe, dem Phasenwinkel Φ der Welle, ableiten. Aus der Heisenbergschen Vertauschungsrelation $\Phi N-N\Phi=i$ folgt nämlich für $a=e^{-i\Phi}$ und $a^*=e^{+i\Phi}$:

$$aN=e^{-i\Phi}N=(N+1)\,e^{-i\Phi}=(N+1)\,a,$$
$$a^*N=e^{i\Phi}N=(N-1)\,e^{i\Phi}=(N-1)\,a^*,$$

so daß a und a^* die gesuchten Operatoren zur Beschreibung von Teilchenerzeugungen und -vernichtungen sind. Letztere sind für die Theorie der Wechselwirkung zwischen Elementarteilchen fundamental, während der Phasenwinkel eine Rechengröße ist, die sich in manchen Darstellungen nicht realisieren läßt, z. B. wenn der Operator N Hauptachsenform hat. →Quantenelektrodynamik.

Wentzel, G.: Quantentheorie der Wellenfelder. Wien 1943.

Quantenzahlen. Die Energieeigenzustände der Atome werden durch Quantenzahlen charakterisiert und geordnet. →Hauptquantenzahl, →Drehimpulsquantenzahl, →Aufbauprinzip, →Periodisches System der Elemente, →Gruppentheorie und Quantenmechanik; magnetische Quantenzahl →Zeeman-Effekt.

Quantisierung →Quantelung.

quart, abgek. qt, 1. Hohlmaß für Flüssigkeiten in den englisch sprechenden Ländern, definiert als 1 quart liquid ≡ $^1/_4$ →gallon; 1 qt (Brit) = 1,136 52 dm³, 1 qt (USA) = 0,946 36 dm³. 2. Hohlmaß für Trockensubstanzen in den USA, definiert als 1 quart dry ≡ $^1/_{32}$ →bushel (USA): 1 qt (dry, USA) = 1,101 23 dm³ [in Großbritannien wird für flüssige und Trockensubstanzen das gleiche qt (Brit.) benutzt].

quarter, in Großbritannien benutztes Hohlmaß für Trockensubstanzen, definiert als 8 →bushel (Brit): 1 quarter = 0,290 949 m³.

Quartett, eine Spektrallinie, die einem Übergang zwischen zwei Quadruplettermen entspricht. Für einen Quadrupletterm ist der Spindrehimpuls $S = 3/2$. Gehört der Term zur Bahndrehimpulsquantenzahl L, so spaltet er in die Feinstrukturkomponenten mit $J = L + 3/2,\ L + 1/2,\ \ldots\ |L - 3/2|$ auf. Die möglichen einzelnen Linien eines Quartetts erhält man aus den beiden Termen unter Berücksichtigung der →Auswahlregeln. →Multiplett.

Quartil →Mittelwerte in der Kollektivlehre und Statistik.

Quarzfadenpendel, Vakuummeter nach dem Prinzip des →Schwingungsmanometers. Die Druckmessung erfolgt in der Weise, daß man die Dämpfung, d. h. die Halbwertszeit der Schwingung eines frei in einem verdünnten Gase schwingenden Quarzfadens bestimmt. Da dieser aber schwer zu Schwingungen in einer vorgegebenen Beobachtungsebene zu veranlassen ist, verwendet man besser Doppelpendel (Abb.) in Form einer Schaukel

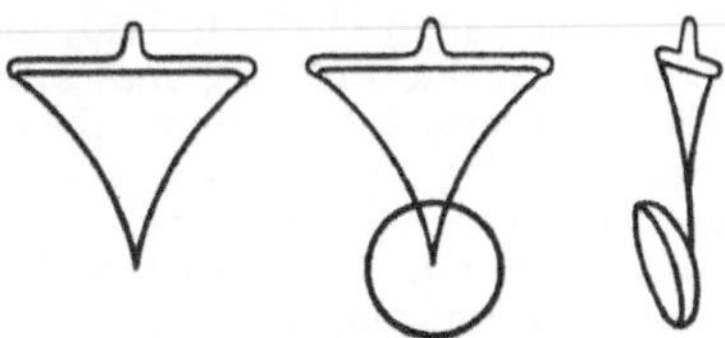

Quarzfadenpendel.

oder zwecks Vergrößerung der Gasreibung zur Messung niedrigerer Drucke Doppelpendel, deren Reibung durch Anbringung eines Scheibchens am unteren Ende des Doppelpendels vergrößert wird.

Quarzfadenradiometer →Radiometer.

Quarzglas, hergestellt durch Verglasung kleinerer Bergkristallstücke, sofern keine zu hohen Ansprüche an die Homogenität gestellt werden; zeichnet sich durch große Durchlässigkeit für ultraviolette Strahlung, sehr geringe elastische Nachwirkung, große Widerstandsfähigkeit gegen schroffen Temperaturwechsel und geringen Wärmeausdehnungskoeffizienten aus. Quarzglas wird bei mittelbaren Bestimmungen der Wärmeausdehnung meist als Vergleichsstoff verwendet, von den tiefsten Temperaturen bis zu Temperaturen von 1000 °C. Es hat die Umwandlungen:

$$\beta\text{-Quarz} \underset{575°}{\longleftrightarrow} \alpha\text{-Quarz} \underset{870°}{\longleftrightarrow} \alpha\text{-Tridymit} \underset{1470°}{\longleftrightarrow} \alpha\text{-Christobalit} \underset{1713°}{\longleftrightarrow} \text{Quarzschmelze.}$$

Für die Wärmeausdehnung kann angesetzt werden: −253 bis +100 °C (t Zahlenwert der Temperatur in °C):

$$l = l_0(1 + 3{,}63 \cdot 10^{-7}t + 1{,}813 \cdot 10^{-9}t^2 - 3{,}40 \cdot 10^{-12}t^3);$$

0 bis 100 °C:

$$l = l_0(1 + 3{,}95 \cdot 10^{-6}t + 1{,}282 \cdot 10^{-9}t^2 - 1{,}688\,t^3).$$

In der Gegend von −80 °C hat Quarzglas ein Dichtemaximum. Unterhalb −253 °C wird das Verhalten wieder normal.

Quarzkeil, ein flacher, aus Bergkristall (Quarz, SiO_2) geschliffener Keil, dessen Schneide senkrecht zu der im Keilwinkel verlaufenden optischen Achse des Kristalls steht oder parallel zu ihr ist. Es ist der einfachste Kompensator der Gangunterschiede doppelbrechender Körper. Die Gangunterschiede der beiden durch den Keil hindurchgehenden, senkrecht zueinander schwingenden Wellen wachsen einfach proportional dem Abstand des Orts des Lichtdurchgangs von der Keilschneide.

Quarzkeile zeigen sehr schön die Folge der Interferenzfarben doppelbrechender Kristalle. Sie reichen meist vom Grau I. Ordnung bis zur III. oder IV. Ordnung. Es werden jedoch auch Keile bis zur X. Ordnung und darüber hinaus geschliffen. Ein nicht vollwertiger Ersatz sind Keile aus Gips $CaSO_4 \cdot 2\,H_2O$ (Gipskeil).

Quarzkeilkompensator (Kompensator von *Michel-Levy*) ist ein Quarzkeil, dessen Verschiebung an einer Mikrometerschraube abgelesen werden kann.

Quarzlampe →Quecksilberdampflampe, →Quecksilberlichtbogen.

Quarzlinsenmethode (*H. Rubens* und *R. W. Wood*), Methode zur Isolierung langwelliger ultraroter Spektralgebiete aus einer zusammengesetzten Strahlung. Sie beruht auf der starken Wellenlängenabhängigkeit der Brechzahl des Quarzes. Für Wellenlängen $> 50\,\mu$ ist seine Brechzahl $n > 2{,}0$, für kurzwellige Ultrarotstrahlung ist n etwa gleich 1,5. Die Quarzlinsenmethode benutzt zwei Quarzlinsen L_1 und L_2 (Abb.). Die von der

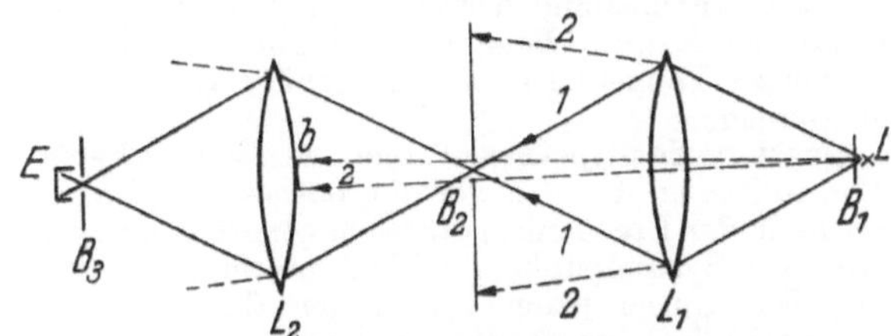

Quarzlinsenmethode.

L Ultrarotstrahlungsquelle, L_1, L_2 Sammellinsen aus Quarz, B_1, B_2, B_3 Blenden, b kleiner Schirm, E Strahlungsempfänger, 1 langwellige, 2 kurzwellige Ultrarotstrahlung.

Blendenöffnung B_1 kommende kurzwellige Strahlung tritt infolge ihrer kleinen Brechzahl divergent aus L_1 aus, während die langwellige Strahlung wegen ihrer großen Brechzahl in der Blendenöffnung B_2 fokussiert wird. Durch die zweite Linse L_2 erfolgt nach dem gleichen Prinzip eine nochmalige Filterung. Der kleine Schirm b hält die durch B_2 hindurchtretende kurzwellige Strahlung ab.

Handb. d. Physik XIX. Berlin 1929.

Quarzoszillator →Schwingquarz.

Quarzphotozelle. Photozellen für Ultraviolett müssen ein für diese Strahlung durchlässiges Lichteintrittsfenster haben. Zu diesem Zwecke gibt man der Zelle ein *Déjardin-Fenster*, d. i. ein nach innen gestülptes kugelförmiges dünnes Glashäutchen, das in dieser Form nur auf Zug beansprucht wird und gleichzeitig geschützt vor mechanischer Zerstörung angeordnet ist. Im kurzwelligen Ultraviolett absorbieren auch diese Glashäute noch zu stark. Eine andere Lösung ist die Verwendung von Quarzplatten, die als Lichteintrittsfenster mit dem Zellenkörper verkittet werden. Auf die Dauer wirkt sich jedoch der Dampfdruck des Kittes nachteilig auf die Photokathode aus. Überdies können hochempfindliche zusammengesetzte →Photokathoden mit Oxydzwischenschicht nicht eingebaut werden, da bei deren Herstellung hohe Temperaturen (bis 400 °C) auftreten. Die Endlösung bringen Zellenkörper aus Hartglas mit Wolframeinschmelzungen. Das Quarzfenster wird hier mit Hilfe von Übergangsgläsern hochvakuumdicht aufgeschmolzen. Wenn dieser Zellenkörper mit einer Photokathode vom Typ $Ag\text{-}Cs_2O\text{-}Cs$ versehen wird, so entsteht eine Photozelle, die nicht nur im UV, sondern auch im Sichtbaren und Ultraroten bis $1{,}4\,\mu$ verwendbar ist.

Kluge, W.: Z. techn. Phys. **16**, 184 (1935). — *Fleischer, R.*, u. *H. Teichmann:* Die lichtelektr. Zelle u. ihre Herstellung. Dresden u. Leipzig 1932.

Quarzquecksilberlampe →Quecksilberdampflampe.

Quarzspektrograph →Ultraviolettspektrograph.

Quarzthermometer →Flüssigkeitsthermometer.

Quarzuhr →Uhren.

Quarzwind, die von einem mit Ultraschallfrequenz schwingendem Quarzkristall in Flüssigkeiten und Gasen erzeugte starke, vom Quarz weg gerichtete Gleichströmung.

Quasielastische Kräfte. Elastische Kräfte sind innerhalb des Gültigkeitsbereichs des Hookeschen Gesetzes dadurch gekennzeichnet, daß sie den Verrückungen innerhalb des elastisch deformierten Körpers proportional sind. Kräfte nichtelastischer Natur, für die eine entsprechende Proportionalität zwischen ihrem Betrag und der durch sie verursachten Verrückung besteht, nennt man quasielastische Kräfte. Beispiel: Die auf ein Pendel wirkende Tangentialkraft bei genügend kleinem Ausschlag.

Quasiergodenhypothese, eine weniger scharfe Formulierung der →Ergodenhypothese. Während im Falle der Ergodenhypothese angenommen wird, daß der Systempunkt im Phasenraum im Laufe der Zeit durch jeden Punkt der Energiefläche hindurchgeht, besagt die Quasiergodenhypothese nur, daß der Systempunkt im Laufe der Zeit jedem Punkt der Energiefläche beliebig nahe kommt.

Quasiharmonischer Schwinger, ein einfacher Schwinger, bei dem die Steifigkeit c oder die Dämpfung b periodische Funktionen der Zeit sind. Die Gleichung für die freien Schwingungen eines quasiharmonischen Schwingers lautet:

$$a\ddot{q} + b(t)\dot{q} + c(t)q = 0.$$

Timoshenko, S.: Schwingungsprobleme d. Technik. Berlin 1932. — *Klotter, K.:* Einf. in d. techn. Schwingungslehre I. Berlin 1951.

Quasikoordinaten. Oft müssen Größen, die in einem physikalischen Problem auftreten, gewissen Bedingungen genügen, d. h. bestimmte Gleichungen erfüllen. Diese können in zweierlei Form vorliegen: Sie können in endlicher Form oder als Differentialausdruck gegeben sein. Es mögen nun Beziehungen vorliegen, die die Differentiale von n Koordinaten x_i $(i = 1, 2, \ldots, n)$ mit m anderen Differentialen $d\xi_j$ $(j = 1, 2, \ldots, m)$ verknüpfen, d. h. es existieren die m differentiellen Formen:

$$d\xi_j = f_1(x_1, x_2, \ldots, x_n)\,dx_1 + f_2(x_1, x_2, \ldots, x_n)\,dx_2 + \cdots,$$

in denen die $f_i(x_1 x_2 \ldots x_n)$ Funktionen der n Koordinaten x_i sind. Hier sind nun wiederum zwei Fälle möglich:

1) Die Differentialform ist integrabel, d. h. sie läßt sich auf die Form $d\xi_j = dF_j(x_1, x_2, \ldots, x_n)$ bringen; dann sind beide Seiten totale Differentiale und die differentielle Beziehung ist einer endlichen Bedingung $\xi_j = F_j(x_1, x_2, \ldots, x_n)$ äquivalent. Dann liegt gegenüber der obenerwähnten endlichen Form nichts Neues vor.

2) Der Differentialausdruck $d\xi_j = \sum_i f_i(x_1, x_2, \ldots, x_n)\,dx_i$ ist *nicht* integrabel. Dann gibt es keine „wirklichen" Koordinaten ξ_j, wenngleich auch die Differentialform bestehen kann.

Solche nicht vorhandenen „endlichen", wohl aber in Differentialform vorkommenden Koordinaten ξ_j nennt man Quasikoordinaten, nach *L. Boltzmann* auch nichtholonome (d. h. nicht ganze) Koordinaten, während die „wirklichen" Größen x_j auch holonome (d. h. ganze) Koordinaten genannt werden. Beziehungen, die für holonome Koordinaten hergeleitet wurden, verlieren vielfach bei Verwendung von Quasikoordinaten ihre Gültigkeit. Ist von den oben angeführten Differentialen $d\xi_j$ ein Teil, etwa p, holonom, liegen also nur $q = m - p$ Quasikoordinaten vor, so nennt man q den Grad der Nichtholonomität.

Quasikristalline Flüssigkeiten sind solche, die in kleinen Bereichen eine kristallgitterähnliche Ordnung zeigen. Das dürfte nach neueren Erkenntnissen bei allen Flüssigkeiten der Fall sein, so daß die Bezeichnung als überholt gelten kann.

Quasiperiodisch nennt man solche von einer Variablen t, etwa der Zeit, abhängige Größen, die in t zwar nicht streng periodisch sind, sich aber von einem periodischen Vorgang nur sehr wenig unterscheiden. Ein Beispiel für einen quasiperiodischen Verlauf stellen etwa sehr schwach gedämpfte Schwingungen dar, die durch den Ausdruck $x(t) = x_0 e^{-\delta t} \sin\omega t$ beschrieben werden. In ihm ist $\delta > 0$ der Dämpfungsfaktor. $x(t)$ ist wegen der zeitabhängigen Amplitude $x_0 e^{-\delta t}$ trotz des Faktors $\sin\omega t$ nicht exakt periodisch; indessen ist bei sehr geringer Dämpfung δ die Amplitudenänderung während einer Periode $T = 2\pi/\omega$ oft so gering, daß mit guter Näherung nach Ablauf der Zeit T

$$e^{-\delta(t+T)} \sin\omega(t+T) \approx e^{-\delta t - \delta T} \sin\omega t \approx e^{-\delta t} \sin\omega t$$

gesetzt werden kann.

Quasipersistent →Persistenz.

Quasistationär, quasistatisch. Eine Zustandsänderung heißt quasistatisch, wenn sie so langsam („unendlich langsam") erfolgt, daß die jeweiligen Zustände des Systems hinreichend genau als →stationär behandelt werden können (quasistationäre Zustände).

Quasistationäre Felder. Die Vernachlässigung des →Verschiebungsstroms kann um so eher erfolgen, je kleiner die in den →retardierten Potentialen auftretende Latenzzeit gegenüber der Schwingungsdauer der elektromagnetischen Welle ist. In diesem Falle spricht man von quasistationären Feldern, und man kommt zurück zum vor-Maxwellschen Standpunkt, der der mathematischen Behandlung leichter zugänglich ist. Es ergibt sich jedoch in diesem Fall keine Ablösung der elektromagnetischen Wellen, also keine Ausstrahlung.

Quaternionen →hyperkomplexe Zahlen.

Quecksilberdampflampe. Je nach dem Quecksilberdampfdruck unterscheidet man zwei bzw. drei Formen derselben, die langgestreckte Niederdruck- und die kurze, gedrungene Hoch- bzw. Höchstdrucklampe (Superhochdrucklampe):

	Niederdruck	Hochdruck	Superhochdruck
Dampfdruck	0,01 ··· 1 Torr	100 Torr ··· 10 atm	50 ··· 200 atm

Im Niederdruckgebiet füllt die positive Säule den ganzen Rohrquerschnitt aus, der Gradient ist klein (0,5 bis 1 V cm^{-1}). Im Hochdruckgebiet ist die Säule thermisch kontrahiert und von der Rohrwand abgelöst; der Gradient steigt mit wachsendem Druck auf 10 V cm^{-1} bei 1 atm und über 50 V cm^{-1} bei 10 atm. Die Unterscheidung von Hochdruck- und Niederdruckentladung ist durch den Übergang von Stoßionisation zur thermischen Ionisation charakterisiert und an dem Verlauf der Lichtausbeute (Abb. 1) erkennbar (im Niederdruckgebiet ist bei 0,1 Torr ein Maximum von 20 lm W^{-1}, starker Anstieg im Hochdruckgebiet auf über 60 lm W^{-1}).

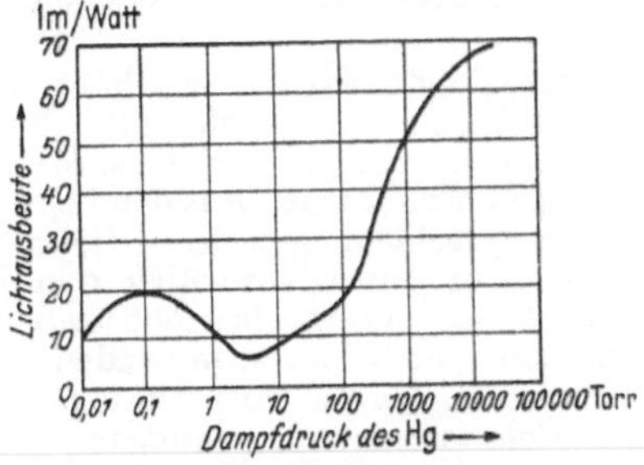

Abb. 1. Lichtausbeute der Hg-Entladung bei konstanter Stromstärke von 4 A. Ø = 27 mm.

Ältere Niederdrucklampen mit flüssiger Hg-Kathode und Eisenanode für Gleichspannung werden durch Kippen gezündet. An Wechselspannung sind solche Lampen wegen der Schwierigkeit beim Wiederzünden nur mit zwei Anoden in Gleichrichterschaltung zu betreiben. Moderne Lampen haben zur Beseitigung der Zündschwierigkeiten aktivierte, vom Bogenstrom aufgeheizte Glühkathoden. Die Zündung erfolgt hier in einer Grundfüllung von Edelgas (einige Torr Neon oder Argon); das als Bodenkörper eingefüllte Quecksilber verdampft infolge der Erwärmung der Entladungsröhre beim Stromdurchgang. Nach Erreichung des Betriebszustandes leuchtet wegen seiner geringeren Anregungsspannung nur der Quecksilberdampf. Soweit die intensive UV-Strahlung der Hg-Resonanzlinie 2537 I.A. nicht direkt verwandt wird, kann sie in Leuchtstoffröhren (Luminophorlampen mit aufgebrannten Belag von Sulfid-, Wolframat- oder Silikatphosphoren) in sichtbare Strahlung verwandelt und die Farbe der Strahlung verbessert werden.

Wegen der höheren Gradienten der Hochdruckentladung kann das Entladungsrohr der Hochdrucklampe relativ klein gehalten werden. Es besteht aus Quarz oder Hartglas (Wandtemperatur > 500 °C) und enthält außer den aktivierten Elektroden eine Zündelektrode (Abb. 2). Die Füllung

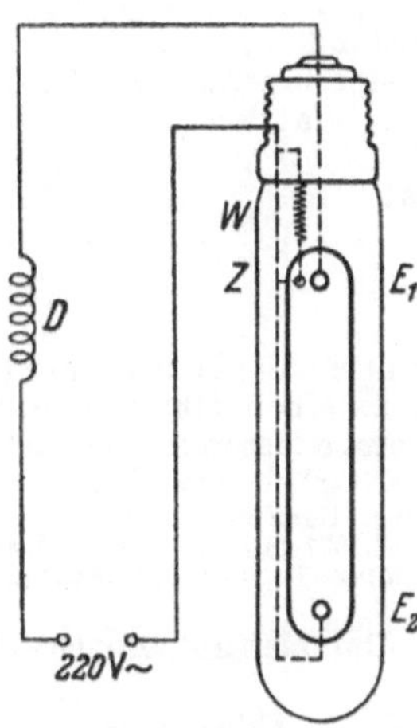

Abb. 2. Aufbau und Schaltung der Hg-Hochdrucklampe. *D* Drossel, E_1, E_2 aktivierte Elektroden, *W* Widerstand, *Z* Zündelektrode.

besteht aus einigen Torr Neon oder Argon und einer abgemessenen Quecksilbermenge, die nach ihrem vollständigen Verdampfen einen bestimmten Wert des Hg-Dampfdrucks realisiert. Die Superhochdrucklampe mit einem Entladungsrohr aus einer dickwandigen Quarzkapillare von 1 bis 3 mm Innendurchmesser muß wassergekühlt werden (*Bol*), bei kugelförmigem Entladungsgefäß genügt Luftkühlung (*Rompe* und *Thouret*).

Beim Übergang von der Niederdruck- und normalen Hochdruckentladung zur Superhochdruckentladung verbreitern sich die Spektrallinien, und es bildet sich ein mit zunehmendem Druck zunehmender kontinuierlicher Untergrund, sowie ein intensives Ultrarotkontinuum im Spektrum aus

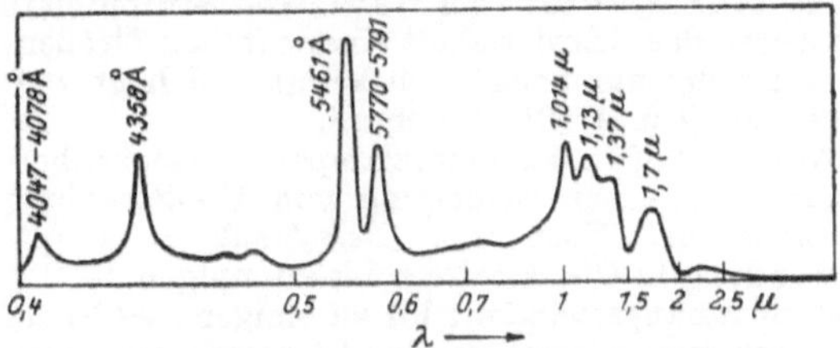

Abb. 3. Spektrum einer Hg-Superhochdrucklampe bei 130 atm. Nach *Uyterhoeven.*

(Abb. 3). Mit dieser Veränderung ist eine Verbesserung der Farbe des Lichtes verbunden. Die Leuchtdichte liegt bei der Hochdrucklampe wegen

Daten technischer Quecksilberdampflampen.

Bezeichnung	HgH 400	HgQ 500	SP 800	
Leistungsaufnahme der Lampe	400	120	800	W
Leistung einschließl. Vorschaltgerät	425	130	900	W
Lampenspannung	130	115	600	V
Zündspannung	180	180	—	V
Lampenstrom	3,5	1,15	1,5	A
Lichtstrom	18000	5000	50000	lm
Lichtausbeute				
Lampe allein	45	41,7	62,5	$\mathrm{lm\,W^{-1}}$
einschließl. Vorschaltgerät	42,3	38,5	55,5	$\mathrm{lm\,W^{-1}}$
Betriebsdruck	1	50	120	atm
Anwärmzeit	4 min	3 min	1 s	
Elektrodenabstand	150	28	10	mm
Rohrdurchmesser innen	—	7,5	1	mm
„ außen	30	10	3	mm
Rohrmaterial	Hartglas	Quarz	Quarz	
Vorschaltgerät	Drossel	Drossel	Trafo	
Bemerkung	—	—	Wasserkühlung	

der eingeschnürten Säule bei Dampfdrucken von 1 bis 10 atm zwischen 200 und 1000 sb. In der Höchstdrucklampe lassen sich bei 200 atm Leuchtdichten bis 180000 sb erreichen.

Bol, G.: Ingenieur, Haag 50, 91 (1935). — *Rompe* u. *Thouret:* Z. techn. Phys. 17, 377 (1936). — *Uyterhoeven, W.:* Elektr. Gasentladungslampen. Berlin 1938. Handb. d. Lichttechnik I. Berlin 1938.

Quecksilber-Dampfstrahlpumpen →Dampfstrahlpumpen.

Quecksilberisotop $^{198}_{80}\mathrm{Hg}$. Über die Bedeutung dieses Isotops →Wellenlängennormale. Es entsteht aus Gold (einem Reinelement) in spektroskopisch nachweisbaren Mengen durch den Prozeß

$$^{197}_{79}\mathrm{Au}(n,\gamma)^{198}_{79}\mathrm{Au}\xrightarrow[2\,\mathrm{d}]{\beta}{}^{198}_{80}\mathrm{Hg}.$$

Quecksilber(licht)bogen, Bogenentladung über flüssiger Quecksilberkathode im Dampf des Metalls in Vakuumgefäßen, Anode beliebig. Zündung erfolgt am einfachsten durch Herstellen einer leitenden Hg-Brücke zwischen den Elektroden (Kippzündung), auch durch Zündstift aus Halbleitermaterial (Ignitron) oder aus der Glimmentladung in einer Grundfüllung von einigen Torr Edelgas unter Bildung eines kleinen, fast punktförmigen Brennflecks, der auf der Quecksilberoberfläche mit einer Geschwindigkeit von etwa $100\ \mathrm{cm\,s^{-1}}$ unregelmäßig umherläuft. Die im Brennfleck verdampfende Quecksilbermenge beträgt etwa $2{,}5\cdot 10^{-4}\ \mathrm{g\,A^{-1}s^{-1}}$. Die Stromdichte ist wegen der Schwierigkeit einer exakten Größenbestimmung nur unsicher bekannt und liegt zwischen 2000 und $20000\ \mathrm{A\,cm^{-2}}$.

Anwendung in der Quarzlampe (→Quecksilberdampflampe) zur Erzeugung von UV-Strahlung (*Höhensonne, Küch* und *Retschinsky*); Hauptanwendung in *Gleichrichtern* bis zu einigen 1000 A und Spannungsfestigkeit bis zu einigen 100 V, da bei Verwendung einer zweiten Elektrode aus Eisen oder Graphit der Bogen nur mit Hg als Kathode brennt und in umgekehrter Richtung nicht zündet (*Ventilwirkung*).

Engel-Steenbeck: Elektr. Gasentladungen II. Berlin 1943.

Quecksilbernormdichte ϱ_n (Hg), definiert als die Dichte des Quecksilbers im physikalischen →Normzustand, d. h. bei $p_0 = 1$ atm und $T_0 = 0\,°\mathrm{C}$: $\varrho_n(\mathrm{Hg}) \equiv \varrho\,{}^{p_0}_{T_0}(\mathrm{Hg})$. $\varrho_n(\mathrm{Hg})$ ist eine physikalische Hilfskonstante, die bei der Realisierung der Druckeinheiten atm und Torr (→Atmosphäre, physikalische) durch das Quecksilberbarometer eine Rolle spielt. Als Mittelwert aus den experimentellen Bestimmungen der →Dichtezahl δ_n (Hg) des Quecksilbers im physikalischen Normzustand resultiert $\delta_n(\mathrm{Hg}) = 13{,}5943_3 \pm 0{,}0001$. Mit dem Meßergebnis $\varrho_m(\mathrm{H_2O})$ für die maximale →Wasserdichte ergibt sich die Quecksilbernormdichte zu ϱ_n (Hg) $= \delta_n(\mathrm{Hg})\,\varrho_m(\mathrm{H_2O}) = 13{,}5950_5 \pm 0{,}0001\ \mathrm{g/cm^3}$.

Quecksilberthermometer →Flüssigkeitsthermometer.

Quecksilber-Tropfelektrode, zeichnet sich dadurch aus, daß durch Austropfen von Quecksilber aus einer Kapillaren die *Phasengrenze* Metall/Elektrolyt *dauernd erneuert* wird. Aus den beim Tropfen auftretenden Verschiebungen der →Galvani-Spannung erhält man Aufschlüsse über den Bau der elektrochemischen →Doppelschicht und den Mechanismus der potentialbestimmenden Reaktion (→Nullpotential). Wegen der *guten Reproduzierbarkeit* von Polarisationserscheinungen (→Polarisation) am tropfenden Quecksilber wird die Tropfelektrode in der →Polarographie verwendet.

Handb. d. Experimentalphysik XII/2. Leipzig 1933.

Quelle →Divergenz.

Quelle und Senke (hydrodynam.). Strömt eine Flüssigkeitsmenge radial von einem Ursprungspunkt fort oder auf ihn zu, so bezeichnet man diesen Punkt als eine Quelle bzw. als eine Senke. Der Ursprung ist ein singulärer Punkt; das Geschwindigkeitspotential ist an dieser Stelle unendlich. Die Lehre von den Quellen und Senken ist in der Hydrodynamik in analoger Weise wie in der Elektrizitätstheorie entwickelt worden; so entspricht z. B. dem elektrostatischen Potential das Potential (in esE) der räumlichen Punktquelle $\varphi = Q/(4\pi r)$, wobei Q die Ergiebigkeit und r den Ortvektor vom Kugelmittelpunkt aus bedeuten. Die Geschwindigkeit $v = Q/(4\pi r^2)$ ist rein radial gerichtet; die Stromfunktion lautet $\psi = \frac{Q}{2}(1 - \cos\vartheta)$. Für die Linienquelle der ebenen Strömung mit der

Quellstärke Q_1 für die Längeneinheit lauten die entsprechenden Beziehungen

$$\varphi_1 = \frac{Q_1}{2\pi}\ln r; \quad v_1 = \frac{Q_1}{(2\pi r)} \quad \text{und} \quad \psi_1 = \frac{Q_1}{2\pi}\vartheta.$$

Das Feld der Linienquelle ist dem des unendlich langen geraden Wirbels ähnlich. Sie gehen durch Vertauschen der Potential- und Stromfunktionen ineinander über, wie dies auch aus einem Vergleich der komplexen Potentiale ersichtlich ist:

Quelle: $\varphi + i\psi = \frac{Q_1}{2\pi}\ln z$, Wirbel: $\varphi + i\psi = i\frac{\Gamma}{2\pi}\ln z$.

Quell- (und Senken-) Strömungen können anderen Potentialströmungen überlagert werden, wobei die Funktionen in ihren einzelnen Beträgen,

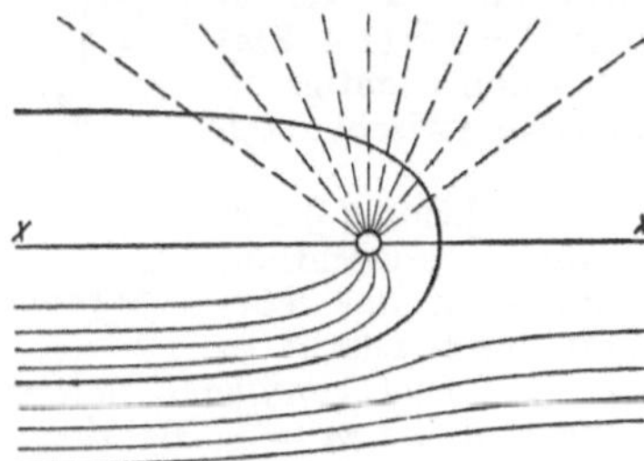

Überlagerung einer Punktquelle und einer Translationsströmung.

die Geschwindigkeiten vektoriell addiert werden. Durch Überlagerungen mit Translationsströmungen erhält man Oberflächenformen einfacher rotationssymmetrischer, zylindrischer und anderer Körper und die äußeren Strömungsfelder hierzu (→ Quellsenke). Auch kontinuierliche Verteilungen von Quellen und Senken auf einer Linie, Fläche oder im Raum sind für die Ermittlung verschiedener Körperformen und der zugehörigen Strömungsbilder geeignet (Abb.).

Quellenfreiheit. Ein Feld beliebiger Art, in dem in einem Gebiet überall die →Divergenz der Feldgröße verschwindet, heißt dort quellenfrei. Ein solches Feld läßt sich stets als Rotation eines Vektorpotentials auffassen.

Quellenfreiheit einer Strömung. Erfüllt eine strömende Flüssigkeit einen allseits durch Kontrollflächen abgegrenzten Raum und entspricht die durch diese zu- und abströmende Flüssigkeitsmenge der Änderung der in dem Raume enthaltenen Flüssigkeitsmenge, so ist das Strömungsfeld quellenfrei. Vermehrt (vermindert) sich die Flüssigkeitsmenge, so müssen sich darin Quellen (Senken) von einer entsprechenden Ergiebigkeit befinden. Bei vielen Strömungsproblemen ist die Quellenfreiheit gegeben, so daß die Berechnung mit den einfacheren Methoden der Potentialtheorie erfolgen kann. →Quelle und Senke, →Kontinuitätsgleichung.

Quellenmäßige Darstellung. Es seien $K(x, \xi)$ und $f(\xi)$ zwei innerhalb eines Intervalls (a, b) gewisse Stetigkeits- und Integrabilitätseigenschaften besitzende Funktionen. Bildet man den Ausdruck

$g(x) = \int_a^b K(x, \xi) f(\xi)\, d\xi$, so wird durch ihn eine

Funktion $g(x)$ in „quellenmäßiger Darstellung" (*Kneser*) definiert. Diese Darstellungsweise einer Funktion spielt in der Theorie der Integralgleichungen eine wesentliche Rolle.

Wiarda, G.: Integralgleichungen. Leipzig 1943. — *Hamel, G.*: Integralgleichungen. Berlin 1937. — *Schaefer, Cl.*: Theoret. Physik I. Berlin 1944.

Quellpunkt →Divergenz.

Quellsenke (→Quelle und Senke). Bringt man eine Punktquelle oder eine Linienquelle und eine zugehörige Senke von gleicher Ergiebigkeit immer näher zusammen, so daß die Ergiebigkeit in gleichem Maße zunimmt, wie der Abstand geringer wird, so bleibt das sog. *Quellmoment* konstant. Man erhält als Grenzwert eine Quellsenke (Dipol). Für den *ebenen* Dipol mit dem Quellmoment $M_1 = \frac{2aQ}{2\pi}$ lauten die Funktionen

$$\varphi_1 = -\frac{M_1 x}{r^2}, \quad \psi_1 = \frac{M_1 y}{r^2},$$

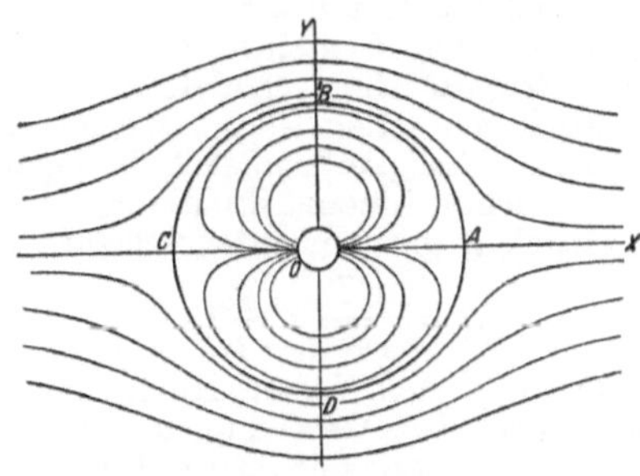

Abb. 1. Strömung um einen Kreiszylinder.

für den *räumlichen* Dipol mit dem Quellmoment $M = 2aQ$

$$\varphi = -\frac{M}{4\pi}\frac{x}{r^3} = -\frac{M}{4\pi}\frac{\cos\vartheta}{r^2},$$

$$\psi = \frac{M}{2}\frac{y^2}{r^3} = \frac{M}{2}\frac{\sin^2\vartheta}{r}.$$

Die Überlagerung einer Translationsströmung und einer Quellsenke ergibt für die Strömung um einen

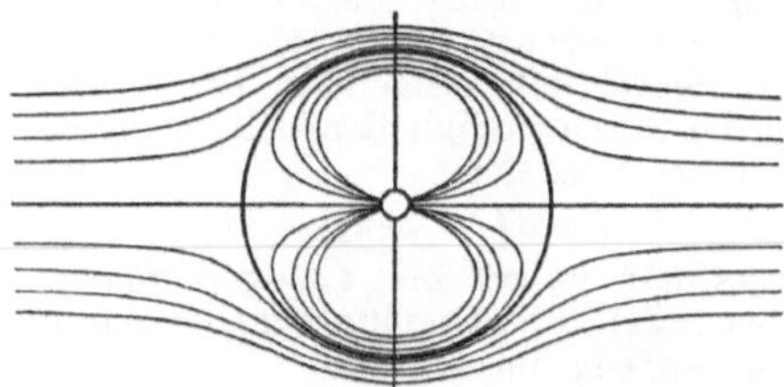

Abb. 2. Strömung um eine Kugel.

Kreis (Abb. 1) bzw. um eine Kugel (Abb. 2) mit dem Radius a die Funktionen

$$\varphi_1' = -Ux\left(1 + \frac{a^2}{r^2}\right) = -U\left(r + \frac{a^2}{r}\right)\cos\vartheta,$$

$$\psi_1' = -Uy\left(1 - \frac{a^2}{r^2}\right) = -U\left(r - \frac{a^2}{r}\right)\sin\vartheta$$

bzw.

$$\varphi' = -Ux - \frac{M}{4\pi}\frac{\cos\vartheta}{r^2} = -Ux\left[1 + \frac{1}{2}\left(\frac{a}{r}\right)^3\right],$$

$$\psi' = -\pi U y^2 + \frac{M}{2}\frac{\sin^2\vartheta}{r} = -\pi U y^2\left[1 - \left(\frac{a}{r}\right)^3\right].$$

Neben der Methode der konformen Abbildungen, die ebene Translationsströmung entlang einer geraden Linie auf die Strömung um einen Kreis mit Hilfe einer Abbildungsfunktion zu transformieren, liefert die Quellsenkenmethode ein zweites Verfahren zur Berechnung des Strömungsfeldes um einen Kreis, das als Grundlage für die weitere Abbildung auf die Strömung um tragflügelähnliche Profile wertvoll ist.

Quellung, im allgemeinen die Aufnahme von Flüssigkeit durch feste Stoffe unter Volumenzunahme. Insbesondere sind →Gele und makromolekulare Stoffe hierzu befähigt. So sind Textilfasern (Cellulose), Gelatine oder Tonmineralien (Bentonit) in Wasser begrenzt quellbar. Kautschuk dagegen quillt z. B. in Benzol unbegrenzt, d. h. die Quellung geht in eine vollständige Auflösung über. Auch im biologischen Geschehen spielen Quellungsvorgänge eine große Rolle (z. B. Quellung des Protoplasmas).

Bei der Quellung treten oft erhebliche Drucke auf (Sprengung von Gesteinen durch quellende Holzkeile). Grundsätzlich handelt es sich beim *Quellungsdruck* um einen →osmotischen Druck, insofern als die Flüssigkeitsmolekeln in das makromolekulare Gerüst hineindiffundieren. Für den Quellungsdruck π gilt dementsprechend

$$\pi = \frac{RT}{\bar{v}} \ln \frac{p_0}{p},$$

wobei p_0 und p den Dampfdruck der reinen Flüssigkeit bzw. des Gels und $\bar{v}$ das partielle Molvolumen der Flüssigkeit im Gel bedeuten. Der Quellungsdruck kann entweder direkt manometrisch gemessen oder aus den Dampfdrucken berechnet werden.

Insgesamt tritt bei der Quellung eine Volumenkontraktion ein; d. h. das Volumen des gequollenen Gels ist kleiner als die Summe der Volumina der aufgenommenen Flüssigkeit und des ungequollenen Stoffes. Die Flüssigkeitsmolekeln werden ja innerhalb des makromolekularen Gefüges gebunden, so daß eine stoffliche Verdichtung erfolgt. Dieser →Solvationsvorgang ist in der Regel exotherm (*Quellungswärme*), dementsprechend nimmt der *Quellungsgrad* mit abnehmender Temperatur zu. Andererseits wächst natürlich die *Quellungsgeschwindigkeit* mit steigender Temperatur und befolgt die Geschwindigkeitsgleichung einer monomolekularen Reaktion

$$dm/dt = k(m_\infty - m_t)$$

(m_∞ maximal, m_t zur Zeit t aufgenommene Flüssigkeitsmenge). Die Quellungsgeschwindigkeit ist also am Anfang am größten.

Bei der Quellung von Makromolekülen mit Elektrolytcharakter, z. B. Proteinen (Gelatine) in Wasser, spielen p_H-Wert (Minimum der Quellung am isoelektrischen Punkt) und Konzentration sowie Art anwesender Salze eine wesentliche Rolle. Für eine gegebene Salzkonzentration gilt die bekannte lyotrope Reihe:

$$SO_4'' < H_2O < Cl' < Br' < J' < SCN'$$

im Sinne zunehmenden Quellungsvermögens. Die bei der Quellung erfolgenden Änderungen der molekularen Abmessungen in hochpolymeren Substanzen können röntgenographisch verfolgt werden (z. B. Hydratation der Cellulose).

Jirgensons, B., u. *M. Straumanis:* Kurzes Lehrb. d. Kolloidchemie. Berlin 1949. General Discussion Faraday Soc., Swelling and Shrinkage. Trans. Farad. Soc. 1946. – *Staudinger, H.:* Organische Kolloidchemie. Braunschweig 1950.

Quellung (mathem.) →Divergenz.

Querdämpfung →Dämpfung von Wellen.

Quereffekt →Zeeman-Effekt.

Querkontraktion. Wird ein Körper gedehnt (gestaucht), so ist seine Dehnung (Stauchung) stets mit einer Verkleinerung (Vergrößerung) Δb seiner zur Richtung der Dehnung (bzw. Stauchung) Δl senkrechten Abmessungen verbunden (Querkontraktion bzw. Querdilatation) (Abb.). Innerhalb gewisser Grenzen ist das Verhältnis der relativen Querkontraktion (Querdilatation) zur relativen Dehnung (Stauchung) eine Materialkonstante, die *Poissonsche Konstante m*. Sie hängt mit dem Elastizitätsmodul E und dem Kompressionsmodul M durch die Beziehung $E = 3M(1 - 2m)$ zusammen. Bei den wichtigsten Metallen liegt sie zwischen 0,3 und 0,4.

Querkontraktion.

Die Querkontraktion (Querdilatation) wird verständlich durch ein Bestreben des Körpers, sein Volumen konstant zu halten. Dies wäre (bei genügend kleinen Deformationen) der Fall bei $m = \frac{1}{2}$. Bei den Metallen (und anderen Stoffen) tritt wegen $m < \frac{1}{2}$ tatsächlich bei der Dehnung (bzw. Stauchung) eine Vergrößerung (bzw. Verkleinerung) des Volumens auf.

Querschnitt, absorbierender →Wirkungsquerschnitt.

Querschwingungen = →Transversalschwingungen.

Quertrieb. Kraftkomponenten senkrecht zur Richtung der Relativbewegung einer Flüssigkeit und eines umströmten Körpers heißen Quertrieb. In der Aerodynamik und den ihr verwandten Gebieten der Hydrodynamik ist die Bezeichnung → *Auftrieb* üblich. → dynamischer Auftrieb, →Magnus-Effekt.

Querwellen = →Transversalwellen.

Quincke-Rohr, dient zum Nachweis der Interferenz von Schallwellen und zur Messung der Wellenlänge, aus der bei bekannter Schallfrequenz die Schallgeschwindigkeit berechnet werden kann. Es besteht aus einem Doppel-U-Rohr (Abb.), dessen einer Schenkel sich posaunenartig ausziehen läßt. Bringt man vor den Eingangsstutzen E eine Schallquelle, so hängt die am Ausgangsstutzen A beobachtbare Lautstärke davon ab, mit welcher Phasendifferenz die Schallwellen nach ihrer Gabelung dort wieder zusammentreffen. Maximale Lautstärke ist immer dann vorhanden, wenn die Weglängen des Schalles in den beiden Rohren sich um ganzzahlige Vielfache der Wellenlänge unterscheiden. Da die aus dem Rohr kommende Welle in das andere Rohr hinübertritt und der dort vorhandenen Welle entgegenläuft und mit ihr interferiert, bildet sich — besonders bei Abstimmung auf maxi-

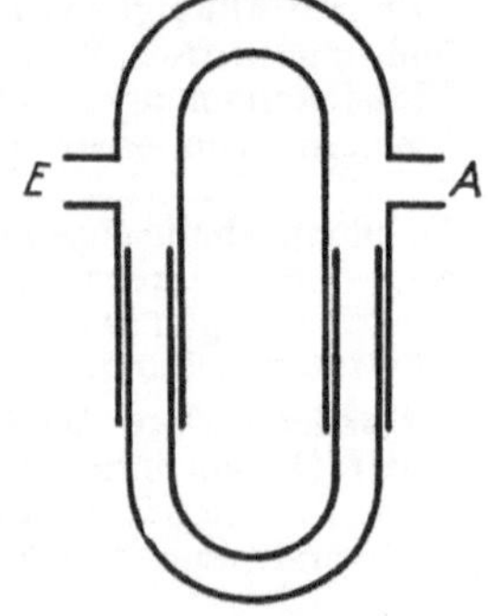

Quincke-Rohr.

male oder minimale Lautstärke — im Rohr eine stehende Welle aus.

Auch das bei der magnetischen →Steighöhenmethode verwendete U-Rohr wird als Quincke-Rohr bezeichnet.

Quintenverwandtschaft →Terzverwandtschaft.

Quintett →Multiplett, →Dublett, →Triplett, →Quadruplett. Für ein Quintett ist $S = 2$.

q-Zahlen. Im Gegensatz zu den →*c*-Zahlen nennt man die →Operatoren oft *q*-Zahlen.

R

r, Symbol für die Dosiseinheit →Röntgen.

R, Formelzeichen der allgemeinen →Gaskonstanten.

°R, Symbol für den Temperaturgrad der →Réaumur-Skala.

Racemat, die Substanz, die aus der Lösung eines äquimolekularen Gemisches von zwei optischen →Antipoden auskristallisiert. Sie ist optisch inaktiv, da sich das Drehungsvermögen der beiden Komponenten gegenseitig aufhebt. Das Racemat kann entweder aus einem Gemisch oder aus einer Molekülverbindung der beiden Komponenten bestehen. Unterscheiden sich die Kristallformen der beiden Antipoden voneinander (→Enantiomorphie), so kann man in seltenen Fällen die Kristalle durch Aussuchen trennen. Im allgemeinen benutzt man die Unterschiede in der Reaktionsgeschwindigkeit optischer Antipoden mit einem anderen optisch aktiven Stoff zur chemischen Trennung eines gelösten racemischen Gemisches.

In vielen Fällen gelingt es, von einer optisch aktiven Form einer chemischen Substanz (→Drehung der Polarisationsebene) zu dem entsprechenden Racemat zu gelangen. Diesen Vorgang bezeichnet man als *Racemisation.* Je nach ihrer Natur zeigen die optisch aktiven Verbindungen ganz verschiedene Beständigkeit gegenüber racemisierenden Einflüssen. Während gewisse optisch aktive Substanzen selbst bei mehrtägigem Erhitzen auf 200 °C nicht verändert werden, vollzieht sich diese Inaktivierung bei anderen Stoffen ohne ersichtliche äußere Einwirkung bei gewöhnlicher Temperatur. Dieser Vorgang wird als *Autoracemisation* bezeichnet.

Wittig, G.: Stereochemie. Leipzig 1930.

rad, Symbol für die →Winkeleinheit Radiant.

Radialbeschleunigung →Beschleunigung.

Radiale Eigenfunktionen. Bei der Lösung der Schrödinger-Gleichung für das Einelektronenproblem bei kugelsymmetrischem Kraftfeld lassen sich die Schrödinger-Funktionen als Produkt einer nur vom Radius abhängigen Funktion und einer Kugelfunktion schreiben (→Abseparieren). Den nur vom Radius abhängigen Faktor bezeichnet man kurz als radiale Eigenfunktion.

Radialgeschwindigkeit der Sterne, radiale Komponente der →Raumbewegung der Sterne (Bewegung in der Sichtlinie). Ihre Bestimmung beruht auf dem Doppler-Effekt, der Verschiebung der Spektrallinien bewegter Lichtquellen. Die Radialgeschwindigkeit v ergibt sich zu $v = c\Delta\lambda/\lambda$ (c Lichtgeschwindigkeit) und wird positiv gerechnet, wenn sich der Stern von uns entfernt. Die beobachteten Radialgeschwindigkeiten müssen vom Einfluß der Erdrotation und der Bahnbewegung der Erde befreit werden, um sie auf den Schwerpunkt des Sonnensystems zu reduzieren. Die Genauigkeit der Radialgeschwindigkeitsbestimmungen ist abhängig von der Dispersion des Spektrographen, von der Schärfe und der Anzahl der gemessenen Linien. Als durchschnittlicher Fehler kann etwa ± 4 km s^{-1} angenommen werden. Mit größerer Dispersion wird etwa ± 1 km s^{-1} erreicht. Die etwa 7000 heute bekannten Radialgeschwindigkeiten sind in Katalogen gesammelt. 70% der in ihnen enthaltenen Werte liegen über 10 km s^{-1}.

Moore, Ch. E.: Publ. Lick Obs. **18** (1932). — *Voûte, H.:* Publ. d. Sternw. Lembang 1921 u. 1928.

Radiant (radian), abgek. rad, →Winkeleinheiten. — *Radiant/Sekunde,* abgek. rad/s, Einheit der →Winkelgeschwindigkeit; Umrechnungsbeziehung zur Umdrehung/Minute: 1 rad/s = $60/2\pi$ U/min = 9,549296 U/min.

Radikal, eine Atomgruppe mit einer oder mehreren freien Valenzen, z. B. $-OH$, $-CH_3$, $-C_2H_5$ usw. Die Theorie der →chemischen Bindung nennt alle Gebilde Radikale, die ein ungepaartes Elektron besitzen, das einer →kovalenten Bindung fähig ist. Besonders wichtig sind organische Radikale. Ein bekanntes Beispiel ist Triphenylmethyl (I Valenzschema, II Elektronenkonfiguration; R = —⟨benzene ring⟩):

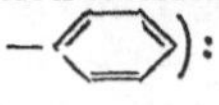

```
     R            R
     |            ..
  R—C—        R : C ·
     |            ..
     R            R
     I            II
```

Hier hat das C-Atom eine freie Valenz. Trotzdem ist das Radikal stabil. Die Ursache ist, daß das Radikal die Möglichkeit zu einer →Resonanz zwischen einer viel größeren Zahl von Valenzstrukturen hat, als wenn die offene Valenz abgesättigt wäre. Der Resonanz entspricht ein Energiegewinn, der das Radikal gegenüber der Reaktion $2\,R_3C^{\cdot} \rightarrow R_3C:CR_3$ stabilisiert. Dem ungepaarten Elektron entspricht ein magnetisches Moment. Der zugehörige →Paramagnetismus ist ein generelles Kriterium für Radikalcharakter. Von den kanonischen Valenzstrukturen des Triphenylmethyls seien fünf mögliche zwischen dem C und *einem* Phenylrest, also die des Monophenylmethylrestes angegeben:

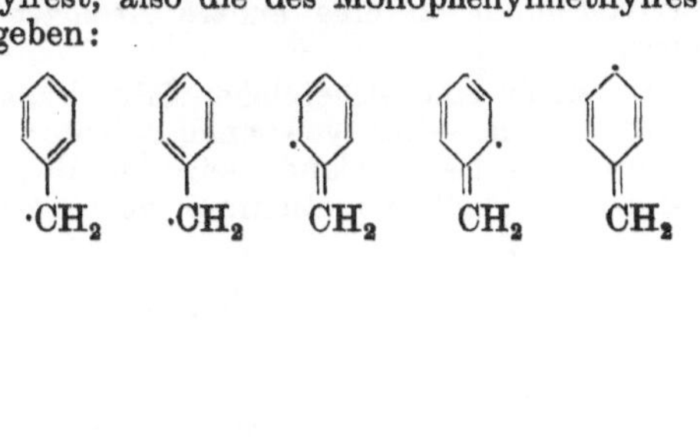

$\cdot CH_2$ $\cdot CH_2$ CH_2 CH_2 CH_2

Radikalflamme →Verbrennungsgeschwindigkeit.

Radikalgitter →Ionengitter.

Radio- als Vorsilbe für Erscheinungen und Größen, die in Zusammenhang mit →elektrischen Wellen stehen, bürgert sich neuerdings auch in der Physik mehr und mehr ein; z. B. Radiowellen für diese Wellen selbst, Radiofrequenz für ihre Frequenz usw. Ferner Vorsilbe für manche radioaktive Atomarten.

Radio-Actinium, RdAc, radioaktives Glied der →Actiniumreihe, Isotop $^{227}_{90}$Th des Thoriums, 1906 von *O. Hahn* aufgefunden. Seine Muttersubstanz ist das →Actinium $^{227}_{89}$Ac. Es zerfällt unter Aussendung von α-Strahlen von etwa 6 MeV und mit einer Halbwertszeit von etwa 18,9 Tagen in Actinium-X.

Meyer-Schweidler: Radioaktivität. Berlin u. Leipzig 1927. *Przibram, K.:* Radioaktivität. Samml. Göschen 317. Berlin u. Leipzig 1932.

Radioaktive Einheiten. Die wichtigste radioaktive Mengeneinheit ist das →Curie, das in seiner alten Definition (C) nur für die Radium-Familie gültig war, in seiner neuen Definition (c) aber für jede radioaktive Atomart gilt. S. auch →Rutherford.

Konzentrationseinheit für Radium-Emanation ist das →Eman. Daneben ist für Emanation die auf einer absoluten Messung des Ionisationsstromes beruhende Mengeneinheit Stat und als zugehörige Konzentrationseinheit die →Mache-Einheit (M.E.) zum Teil noch in Gebrauch.

$$1\ \text{Stat} = 3{,}64 \cdot 10^{-7}\ \text{Curie};$$
$$1\ \text{M.E.} = 1\ \text{Millistat/Liter} = 3{,}64\ \text{Eman} = 3{,}64 \cdot 10^{-10}\ \text{Curie/Liter}.$$

Für die medizinische Dosierung von γ-Strahlen gilt seit 1937 als internationale Einheit das →Röntgen (r). Mit Hilfe der →Eveschen Zahl ergibt sich, daß die Dosisleistung eines punktförmigen Radium C-Präparates der Menge 1 mC in 1 cm Entfernung in Luft 8 r/h beträgt. Etwa dieselbe Dosisleistung erhält man in 1 cm Entfernung von 1 mg Radium, das in ein Platinfilter von 0,5 mm Wandstärke luftdicht eingeschlossen ist. Die Dosierung von Neutronen bietet gewisse Schwierigkeiten. Eine internationale Einheit ist bisher nicht festgesetzt. In Amerika wird eine mit n bezeichnete Dosiseinheit für Neutronen verwendet. Die Neutronendosis 1 n erzeugt in einer genormten, auch für Röntgenstrahlen verwendeten kleinen Ionisationskammer dieselbe Ionenmenge wie die Dosis 1 r Röntgenstrahlen; bezüglich der in Wasser absorbierten Energie der Neutronen bzw. γ-Strahlen ist 1 n ≙ 2,7 r.

Radioaktive Familien = →radioaktive Zerfallsreihen.

Radioaktives Isotop, im Gegensatz zu den stabilen (nicht radioaktiven) Isotopen (Atomarten) eines Elementes ein Isotop, das sich unter Aussendung von Kernstrahlen [α-Strahlen, β^+- oder β^--Strahlen, γ-Strahlen (isomerer Übergang)] oder durch K-Einfang in eine andere Atomart umwandelt.

Heute steht eine erhebliche Zahl künstlich radioaktiver, im →pile gewonnener Isotope zur Verfügung (für Deutschland meist aus dem pile von *Harwell*, England). Mehrere sehr ausführliche Tabellen und genaue weitere Angaben hat *L. Meyer-Schützmeister* mitgeteilt (s. die Literatur).

Liste sämtlicher bis Febr. 1949 bekannter Isotope: *Mattauch, J.*, u. *A. Flammersfeld:* Isotopenbericht. Wiesbaden 1949; Sonderheft der Z. Naturf. 1949. — *Meyer-Schützmeister, L.:* Naturwiss. 37, 501 (1950).

Radioaktive Meßmethoden. Prinzipiell läßt sich jede definierte Wirkung der radioaktiven Strahlung zur Messung verwenden. Die beste und vielseitigste Meßmethode gründet sich auf die ionisierende Wirkung der Strahlen auf Gase. Meßanordnung und Gerät richten sich nach Art der Strahlen (verschiedene Ionisation) und nach der Stärke des jeweiligen Präparates. Wichtigste Anwendung in dieser Richtung finden heute das →Geiger-Müller-Zählrohr, Elektroskop und Ionisationskammer; letztere Anordnung besonders für die Messung starker Präparate mit großer Kammer und Strommessung. Die Methode der →Szintillationsauszählung einzelner Atomstrahlen war zum ersten Studium der Erscheinungen der Radioaktivität wertvoll und hat neuerdings durch die Entwicklung der →Szintillationszähler und Sekundärelektronenvervielfacher (→Photoelektronenvervielfacher) besondere Bedeutung für die γ-Strahlmessung erlangt. Sehr wichtig ist die →Nebelkammermethode, die es erlaubt, einzelne Teilchen exakt messend zu verfolgen. Die Schwärzung der photographischen Platte durch radioaktive Präparate kann zur Messung herangezogen werden. Dieses Verfahren hat sich in der Praxis zur Bestimmung der γ-Strahlung als sehr brauchbar erwiesen (Vergleichsmethode nach *Holthusen* und *Haman*). Die Ausmessung der Bahnen von Kerntrümmern und schweren Teilchen (Uranspaltung, kosmische Strahlung) in der photographischen Schicht hat sehr wertvolle Aufklärungen gebracht und ist zu einer ausgefeilten Meßmethodik vervollkommnet worden.

Radioaktive Schwankungen (*Schweidlersche Schwankungen*). Infolge des Zufallscharakters des Zerfallsprozesses schwankt die Anzahl der in der Zeiteinheit zerfallenden Kerne um einen Mittelwert N. Die Wahrscheinlichkeit, daß statt N Ereignissen M Ereignisse erfolgen, wird durch die Wahrscheinlichkeitsverteilungsformel von *Poisson* gegeben:

$$p_M = \frac{N^M}{M!} e^{-N}.$$

Ist der Mittelwert N groß und die Differenz $N - M$ klein, so wird die Wahrscheinlichkeitsverteilung angenähert durch die Formel von *Gauß* gegeben:

$$p_M = \frac{1}{\sqrt{2\pi N}} e^{-(M-N)^2/2N}.$$

Die prozentualen Abweichungen $\Delta N/N$ vom Mittelwert N, die durch die Zufälligkeit der Ereignisse bedingt sind, lassen sich abschätzen durch die Formel für den prozentualen wahrscheinlichen Fehler:

$$\frac{\Delta N}{N} = 67{,}45 \frac{1}{\sqrt{N}}\ \%.$$

Beispiel: Prüfung einer Verstärkeranordnung mit Geiger-Zählrohr auf statistische Reinheit. Ein radioaktives Präparat, dessen Emission, für genügend kleine Zeitspannen (sehr klein gegen Halbwertszeit) als konstant gelten möge, wird $n$mal (z. B. 20mal) während gleicher Zeitspannen T gemessen. In diesen Messungen werden die Teilchenzahlen $x_1, x_2, x_3, \ldots$ gezählt. Nach den Formeln der Methode der kleinsten Quadrate wird die mittlere Schwankung m der Folge der x-Werte vom Mittelwert ermittelt. Es ist $x = \bar{x} \pm m_x$ und $\bar{x}/T = N$. Wenn nun erstens $m_x \approx \sqrt{\bar{x}}$ ist und wenn zweitens ungefähr die Hälfte der n Meßwerte $x_1, x_2, x_3, \ldots$ in das Intervall $\bar{x} - 0{,}675 \cdot m_x \ldots \bar{x} + 0{,}675 \cdot m_x$ fällt, so ist die Dispersion normal, d. h. die Zählerapparatur ist in Ordnung. Die Genauigkeit der Zeitspanne T muß so groß sein, daß $m_T/T \ll m_x/\bar{x}$ ist.

Radioaktive Zerfallsreihen, in der Natur vorkommende oder künstlich herstellbare radioaktive Atomarten, welche untereinander in genetischem Zusammenhang stehen. Alle Atomarten mit Kernladungszahlen >83 und einige mit den Kernladungszahlen 81, 82 und 83 gehören radioaktiven Zerfallsreihen an. Man unterscheidet vier Reihen, die in der Natur vorkommende →Uran-Radium-, →Thorium- und →Actiniumreihe und die wegen der Kurzlebigkeit ihrer Glieder in der Natur nicht vorkommende bzw. bereits ausgestorbene →Neptuniumreihe (Diagramm S. 252). Es ist jedoch gelungen, auch die Glieder dieser Reihe künstlich herzustellen. Die Massenzahlen aller Glieder einer der obengenannten radioaktiven Zerfallsreihen entsprechen einem bestimmten Ausdruck, $4n$ für die Thoriumreihe, $4n+1$ für die Neptuniumreihe, $4n+2$ für die Uran-Radium-Reihe und $4n+3$ für die Actiniumreihe. Für n sind die ganzen Zahlen zwischen 51 bzw. 52 und 60 zu setzen.

Die radioaktiven Konstanten und die Entstehungs- bzw. Kernprozesse, die zu den einzelnen Gliedern einer Zerfallsreihe führen, sind jeweils bei dem Reihennamen aufgeführt. →Uran-Radium-, →Thorium-, →Actinium- und →Neptuniumreihe, →Radioaktivität.

Das Diagramm (S. 253) zeigt die Stellung der radioaktiven Zerfallsreihen im ZNA-Diagramm des Systems der Atomkerne (Z Protonenzahl, N Neutronenzahl, A Massenzahl) und den genetischen Zusammenhang der Reihen durch gleiche Schraffierung ihrer Glieder. Die bereits lange bekannten Isotope der natürlich vorkommenden radioaktiven Zerfallsreihen sind mit dem für sie üblichen Namen bezeichnet.

Außer den vier großen radioaktiven Familien sind noch Atomarten bekannt, welche jeweils durch einen β-Zerfall (Elektronen- oder Positronenausstrahlung oder K-Einfang) in genetischem Zusammenhang stehen. Alle Glieder einer solchen Reihe sind isobar, d. h. sie haben alle die gleiche Massenzahl. Die meisten bekannten isobaren Zerfallsreihen entstehen bei der →Kernspaltung. →Spaltprodukte.

Meyer-Schweidler: Radioaktivität. Berlin u. Leipzig 1927. — *Przibram, K.:* Radioaktivität. Samml. Göschen 317. Berlin u. Leipzig 1932. — *Hahn, O.:* Künstl. neue Elemente. Weinheim/Bergstr. u. Berlin 1948.

Radioaktivität, die Eigenschaft einer Reihe von Atomarten, sich unter Aussendung einer Strahlung spontan, d. h. ohne jede äußere Einwirkung, in eine andere Atomart umzuwandeln. Sie wurde zuerst 1896 von *H. Becquerel* am Uran entdeckt und in der Folge bei zahlreichen, in der Natur vorkommenden, Elementen nachgewiesen (*natürliche* Radioaktivität). Im Jahre 1934 wurde von *F. Joliot-Curie* die Radioaktivität zahlreicher künstlich erzeugter Atomarten entdeckt (*künstliche* Radioaktivität). Grundsätzlich besteht jedoch kein Unterschied zwischen der natürlichen und künstlichen Radioaktivität, zumal die künstlich erzeugten →Transurane in genetischem Zusammenhang mit den drei natürlichen →Zerfallsreihen stehen. Die Radioaktivität beruht stets auf einer *Instabilität* der Atomkerne infolge eines Überschusses entweder an Protonen oder Neutronen, der bei den verschiedenen radioaktiven Zerfallsarten durch Aussendung verschiedener Strahlenarten beseitigt wird. Als Eigenschaft des Atomkerns ist sie so völlig unabhängig vom chemischen Zustand des radioaktiven Elements. Aus demselben Grunde läßt sich der radioaktive Zerfall in keiner Weise durch hohe oder niedrige Temperaturen, durch Licht oder andere, den Zustand der Elektronenhülle des Atoms beeinflussende Mittel beschleunigen oder verlangsamen.

1. *Natürliche Radioaktivität.* Es gibt in der Natur rund vierzig natürliche radioaktive Atomarten, welche zum größten Teil Isotope der schwersten Elemente vom Thallium 81 bis zum Uran 92 sind. Sie gehören den drei natürlichen →radioaktiven Zerfallsreihen an, innerhalb derer sie in einem genetischen Zusammenhang stehen. Eine natürliche Radioaktivität ist ferner bei vier leichteren Elementen nachgewiesen, und zwar bei Isotopen des Kaliums, Cassiopeiums, Rubidiums und Samariums. Möglicherweise gibt es noch weitere bisher nicht nachweisbare Beispiele, und zwar bei den nach der →Mattauchschen Regel wahrscheinlich instabilen Isobarenpaaren Cadmium-Indium 113 und Antimon-Tellur 123.

Die radioaktiven Stoffe senden entweder →α-Strahlen oder →β-Strahlen, in einzelnen Fällen (→Verzweigungen) auch entweder diese oder jene, und fast immer auch γ- und Röntgenstrahlen aus. Diese Strahlenarten können im magnetischen Feld voneinander getrennt werden.

α-Strahlen sind Heliumkerne des Isotops ${}^4_2$He. Sie haben Energien von einigen MeV. Jede α-strahlende Atomart sendet *α-Teilchen* von ganz bestimmter Energie und Reichweite aus. Die aus dem Kern stammende β-Strahlung besteht aus Elektronen, deren Energien sich von 0 über ein Kontinuum bis zu einer oberen Grenze erstrecken. Diese liegt meist bei einigen MeV, kann aber oft auch nur einige hundert keV betragen. Das Energieprinzip fordert, da die Energiedifferenz zwischen Ausgangs- und Folgekern eine unveränderliche Größe ist, daß in den Fällen, wo β-Strahlen unterhalb der Maximalenergie ausgesandt werden, die Restenergie anderweitig auftritt. Bisher ist es nicht gelungen, sie als Wärmeenergie oder Strahlung nachzuweisen. Man nimmt daher an, daß die Energiedifferenz durch Abstrahlung eines →Neutrinos gedeckt wird, das die Restenergie aufnimmt. Es handelt sich dabei um ein Teilchen der Ladung 0, dessen Ruhemasse vermutlich sehr klein oder wie die eines Lichtquants 0 ist. Der Nachweis dieser Strahlung ist noch nicht geglückt, obwohl bestimmte Experimente sie vermuten lassen. Die ebenfalls aus dem Kern stammende *γ-Strahlung* tritt nach Aussendung eines α- oder β-Teilchens auf. Es handelt sich um eine elektromagnetische Wellenstrahlung kleinerer Wellenlänge als die Röntgenstrahlung. Sie vermag aus den innersten Elektronenhüllen der zerfallenen Atomart →Sekundärelektronen auszulösen (sekundäre β-Strahlen). Da die γ-Strahlung in für jeden Atomkern charakteristischen Energiewerten $h\nu$ auftritt,